U0225892

中国电源学会第八次全国会员代表大会（12月 南京）

学会理事长徐德鸿主持会议并作工作报告

学会党委书记兼副理事长韩家新作财务报告

参会代表认真审议会议文件

与会代表投票选举产生学会第八届理事会

中国电源学会第二十二届学术年会11月在上海召开

1400位代表参加会议，图为会议主会场

中国电源学会理事长、浙江大学徐德鸿教授致辞

弗尼吉亚理工大学李泽元院士作大会报告

IEEE-电力电子学会主席Alan Mantooth教授
作大会报告

湖南大学罗安院士作大会报告

年会程序主席、浙江大学马皓教授主持开幕式

美国电源制造商协会主席Stephen Oliver先生作大会报告

美国电源制造商协会执委Conor Quinn先生作大会报告

阳光电源股份有限公司张彦虎博士作大会报告

富士电机株式会社藤平龙彦博士作大会报告

三菱电机宋高升先生作大会报告

重庆大学杜雄教授作技术讲座

哈尔滨工业大学王勃博士作技术讲座

合肥工业大学张兴教授作技术讲座

上海海事大学吴卫民教授作技术讲座

清华大学张剑波教授作技术讲座

西安交通大学刘进军教授作技术讲座

年会电气女科学家论坛合影

年会电源青年人才论坛现场

年会工业报告现场

年会技术报告现场

年会墙报交流现场

年会优秀论文颁奖仪式

第四届中国电源学会科学技术奖颁奖仪式

学会理事长徐德鸿为杰出贡献奖获奖人李泽元院士颁奖

学会副理事长章进法、学会青年工作委员会主任耿华
为青年奖获奖人颁奖

学会理事长徐德鸿为特等奖获奖单位颁奖

学会副理事长章进法、徐殿国为一等奖获奖单位颁奖

学会副理事长张波、刘进军为二等奖获奖单位颁奖

学会副理事长李占师、陈成辉为优秀产品创新奖
获奖单位颁奖

GaN Systems杯第三届高校电力电子应用设计大赛
启动仪式暨初赛遴选现场

初赛评审会现场

参赛队伍作决赛汇报答辩

决赛测评现场

决赛作品展示

决赛评审及参赛人员合影

学会副理事长章进法博士主持颁奖仪式

本届竞赛承办单位南京航空航天大学阮新波教授致辞

学会理事长徐德鸿为特等奖获奖队伍颁奖

阮新波教授为一等奖获奖队伍颁奖

上海海事大学汤天浩教授、浙江大学吕征宇教授
为二等奖获奖队伍颁奖

章进法博士为大赛赞助商GaN Systems Inc.
及宁波希磁科技有限公司颁发证书

2017国际电力电子创新论坛
（3月 上海）

"曲水行云"新能源电力电子前沿技术研讨会
（5月 绍兴）

2017电力电子与变频电源新技术学术年会
（6月 苏州）

第三届电力电子学科青年学者论坛
（7月 南京）

第五届全国电能质量学术会议暨电能质量行业发展论坛
（8月 西安）

2017光伏电站观摩及技术研讨会
（8月 合肥）

功率变换器磁技术分析测试与应用高级研修班
（5月 福州）

光储系统设计与应用专题研修班
（7月 合肥）

开关电源电磁兼容性专题研修班
（8月 深圳）

新能源车充电与驱动技术专题研修班
（10月 杭州）

宽禁带器件与高功率密度电源技术高级研修班
（12月 上海）

高效率高功率密度电源技术与设计高级研讨班
（12月 南京）

APEC2017国际会议主会场

中国电源学会成员参加APEC2017国际会议

会议同期电力电子产品展览会

佛罗里达中央大学交流

参观佛罗里达太阳能研究中心

佛罗里达太阳能研究中心参观合影

中国电源学会与IEEE-电力电子学会会谈
（3月 美国）

中国电源学会与IEEE-电力电子学会会谈合影

中国电源学会与美国电源制造商协会会员
午餐交流会合影（3月 美国）

中国电源学会与IEEE-电力电子学会工作会议
（11月 上海）

中美电源产业创新论坛（11月 上海）

中国电源学会理事长徐德鸿教授、美国电源制造商协会
主席Stephen Oliver先生共同主持中美电源产业论坛

中国电源学会七届八次常务理事（扩大）会议
（3月 天津）

中国电源学会七届九次常务理事会议
（6月 绵阳）

中国电源学会七届十次常务理事会议
（11月 上海）

《电源学报》第二届四次编委会议
（11月 上海）

中国电源学会第八届理事会第一次全体会议
（12月 南京）

中国电源学会八届一次常务理事会议
（12月 南京）

中国电源行业年鉴 2018

中国电源学会 编著

机械工业出版社

《中国电源行业年鉴2018》由中国电源学会编著，对电源行业整体发展状况进行了综合性、连续性、史实性的总结和描述，是电源行业权威的资料性工具书。本年度《年鉴》共分为八篇，前两篇：政治法规、宏观经济及相关行业运行情况，主要介绍了与电源行业相关领域的国家政策法规、宏观经济环境及相关行业运行情况，为电源行业发展和各个单位的决策提供指导和参考；后六篇：电源行业发展报告及综述、电源行业新闻、科研与成果、电源标准、主要电源企业简介、电源重点工程项目应用案例及相关产品，从各个方面介绍了2017年电源行业的发展状况。

本年鉴可供相关政府职能部门、生产企业、高等院校、科研院所、采购单位、检测服务机构和电源工程技术人员参考。

图书在版编目（CIP）数据

中国电源行业年鉴 . 2018/中国电源学会编著 . —北京：机械工业出版社，2018. 8
ISBN 978-7-111-60715-1

Ⅰ. ①中…　Ⅱ. ①中…　Ⅲ. ①电源 – 电力工业 – 中国 – 2018 – 年鉴　Ⅳ. ①TM91-54

中国版本图书馆 CIP 数据核字（2018）第 192582 号

机械工业出版社（北京市百万庄大街22号　邮政编码100037）
策划编辑：林春泉　　　　　　责任编辑：林春泉
责任校对：张晓蓉　樊钟英　封面设计：鞠　杨
责任印制：常天培
北京圣夫亚美印刷有限公司印刷
2018 年 9 月第 1 版·第 1 次印刷
210mm×297mm·50. 5 印张·25 插页·2086 千字
标准书号：ISBN 978-7-111-60715-1
定价：298. 00 元

凡购本书，如有缺页、倒页、脱页，由本社发行部调换
电话服务　　　　　　　　　　网络服务
服务咨询热线：010-88361066　机 工 官 网：www. cmpbook. com
读者购书热线：010-68326294　机 工 官 博：weibo. com/cmp1952
　　　　　　　010-88379203　金 书 网：www. golden-book. com
封面无防伪标均为盗版　　教育服务网：www. cmpedu. com

《中国电源行业年鉴 2018》编辑委员会

（排名不分先后）

主　任：	徐德鸿	中国电源学会	理事长
		浙江大学	教授
副主任：	韩家新	中国电源学会	党委书记兼副理事长
		国家海洋技术中心	主任
	罗　安	中国电源学会	副理事长
		中国工程院	院士
		湖南大学	教授
	张　波	中国电源学会	副理事长
		华南理工大学	教授
	曹仁贤	中国电源学会	副理事长
		阳光电源股份有限公司	总裁
	陈成辉	中国电源学会	副理事长
		厦门科华恒盛股份有限公司	董事长兼总裁
	刘进军	中国电源学会	副理事长
		西安交通大学	教授
	阮新波	中国电源学会	副理事长
		南京航空航天大学	副院长/教授
	汤天浩	中国电源学会	副理事长
		上海海事大学	教授
	张　磊	中国电源学会	秘书长
委　员：	于　玮	中国电源学会	常务理事
		易事特集团股份有限公司	副总裁
	马　皓	中国电源学会	常务理事
		浙江大学伊利诺伊大学厄巴纳香槟校区	
		联合学院	副院长/教授
	王　聪	中国电源学会	常务理事
		中国矿业大学（北京）	教授
	邓建军	中国电源学会	常务理事
		中国工程院	院士
		中国工程物理研究院流体物理研究所	总工程师
	史平君	中国电源学会	常务理事
		西安四维电气有限责任公司	总经理
	吕征宇	中国电源学会	常务理事
		浙江大学	教授
	刘程宇	中国电源学会	常务理事
		深圳科士达科技股份有限公司	董事长
	刘　强	中国电源学会	常务理事
		深圳市中自网络科技有限公司	董事长
	孙　跃	中国电源学会	常务理事
		重庆大学	教授

		重庆大学自动化学院	党委书记
孙耀杰	中国电源学会		常务理事
	复旦大学		教授
李崇坚	中国电源学会		常务理事
	冶金自动化研究设计院		总工程师/教授
李耀华	中国电源学会		常务理事
	中国科学院电工研究所		所长
肖　曦	中国电源学会		常务理事
	清华大学		教授
张卫平	中国电源学会		常务理事
	北方工业大学		教授
张庆范	中国电源学会		常务理事
	山东大学		教授
张　兴	中国电源学会		常务理事
	合肥工业大学		教授
陈　为	中国电源学会		常务理事
	福州大学		教授
陈亚爱	中国电源学会		常务理事
	北方工业大学		教授
陈道炼	中国电源学会		常务理事
	福州大学		教授
卓　放	中国电源学会		常务理事
	西安交通大学		教授
周志文	中国电源学会		常务理事
	广东志成冠军集团有限公司		执行董事长/总裁
周雒维	中国电源学会		常务理事
	重庆大学		教授
查晓明	中国电源学会		常务理事
	武汉大学		副院长/教授
耿　华	中国电源学会		常务理事
	清华大学		副所长/副教授
徐殿国	中国电源学会		常务理事
	哈尔滨工业大学		副校长/教授
高　勇	中国电源学会		常务理事
	西安工程大学		教授
康　勇	中国电源学会		常务理事
	华中科技大学		教授
彭　伟	中国电源学会		常务理事
	国家海洋技术中心		副主任
傅　鹏	中国电源学会		常务理事
	中国科学院等离子体物理研究所		副所长
谢少军	中国电源学会		常务理事
	南京航空航天大学		教授

主　编：韩家新

副主编：李占师　周雒维

《中国电源行业年鉴2018》编辑部

主　任：陈国珍

编　辑：杨乃芬　柴　博　陈　帆　胡　珺　李　涓

　　　　贾志刚　张　鑫　崔凌云

前　言

　　《中国电源行业年鉴》（简称《年鉴》）是由中国电源学会编著的电源行业权威的资料性工具书，每年出版一期，对上一年度电源行业整体发展状况进行综合性、连续性、史实性的总结和描述，为政府有关部门，为行业科研、生产、采购和应用提供服务和参考。

　　中国电源学会于1983年成立，是国家一级社团法人，以促进我国电源科学技术进步和电源产业发展为己任，既团结了全国电源界的专家学者和广大科技人员，也汇聚了众多的会员企业。中国电源学会经过30余年的努力和奋斗，为我国电源科技进步和产业发展做出了重要贡献，对电源行业发展状况有着深入和全面的了解，是编辑出版《年鉴》的最具权威性的单位。

　　本年度《年鉴》共分为八篇，整体内容划分为两个部分。

　　第一部分是前两篇：政策法规、宏观经济及相关行业运行情况，主要介绍了与电源行业相关的国家政策法规和宏观经济环境及相关行业运行情况，为电源行业的发展和各个单位的决策提供指导和参考。

　　第二部分是后六篇：电源行业发展报告及综述、电源行业新闻、科研与成果、电源标准、主要电源企业简介、电源重点工程项目应用案例及相关产品，从各个方面介绍了上年度电源行业的发展状况。

　　电源行业发展报告及综述篇，进一步丰富了市场分析的细分领域，同时增加了对于相关领域技术发展的综述性文章。

　　电源行业新闻篇，包括学会动态和行业要闻及企业动态，记录了上一年度电源及相关领域的重大事件。

　　科研与成果篇，包括2017年度国家科学技术奖电源及相关领域获奖成果、国家自然科学基金电源及相关领域立项项目名单、2017年中国电源及相关领域授权情况分析，同时通过学会渠道广泛征集、更新了我国电源及相关领域科研团队信息及研究项目信息。

　　电源标准篇，收录了目前仍在执行中的相关国家、行业，以及团体标准，并对2017年内终止及新颁布的标准做了介绍。同时，新增学会团体标准建设综述，内容包含学会团体标准起草组织、审查发布等各阶段的工作情况介绍，以及学会团体标准概要。

　　主要电源企业简介篇，对企业按照地区和主要产品进行分类索引，方便读者查阅。

　　电源重点工程项目应用案例及相关产品篇，新增电源重要工程案例，以目录形式收录了更多电源重点工程案例及新产品，以便读者把握行业发展态势，同时选择优秀产品进行了整版介绍。

　　在本年度《年鉴》编辑过程中，中国自动化产业服务集团、赛迪顾问股份有限公司、深圳中为智研咨询有限公司、OFweek行业研究中心、北京宇博智业投资咨询有限公司、中国电源学会学术工作委员会、中国电源学会信息系统供电技术专业委员会等撰写或推荐了相关行业发展报告及技术综述。学会各专业委员会、会员企业、高等院校、科研院所为《年鉴》提供了内容素材，勤发电子股份有限公司、东莞市石龙富华电子有限公司、西安爱科赛博电气股份有限公司等单位为《年鉴》的出版提供了经费的支持，在此一并表示感谢。

　　《年鉴》是资料性工具书，是电源行业发展的历史记录，希望电源界各个方面，包括企业、高等院校、科研机构、标准制定和咨询服务机构等提供资料，撰写文章，使《年鉴》更全面地反映行业的发展情况。

　　由于本年度《年鉴》出版时间较短，编辑出版水平有待提高，希望社会各界多提意见和建议，对本年度《年鉴》的疏漏、错误之处，敬请批评指正。

《中国电源行业年鉴》编辑部

2018年5月

中国电源学会简介

中国电源学会（以下简称学会）成立于1983年，以电源科技届、学术界和企业界的凝聚优势，团结组织电源科技工作者，促进电源科学普及与技术发展，促进产学研相结合。

学会汇聚了全国电源界的科技工作者及众多的电源企业，目前有个人会员4812人，他们当中有院士、科学家、工程技术人员、企业高管、教师及学生；有企业会员463家，其中副理事长单位7家，常务理事单位24家，理事单位56家，包含了国内外知名的电源企业。同时，学会与几千家企业保持着联系，形成了覆盖全国的服务和信息网络。

学会下设直流电源、照明电源、特种电源、变频电源与电力传动、元器件、电能质量、电磁兼容、磁技术、新能源电能变换技术、信息系统供电技术、无线电能传输技术及装置、新能源车充电与驱动共12个专业委员会，以及学术、组织、专家咨询、国际交流、科普、编辑、标准化、青年共8个工作委员会。另外，还有业务联系的10个具有法人资格的地方电源学会。

学会每年举办各种类型的学术交流会。两年一届的大型学术年会至今已经成功举办了22届，会议规模超过1400人，是国内电源界水平最高、规模最大的学术会议。每四年举办一届国际电力电子技术与应用会议暨博览会（IEEE International Power Electronics and Application Conference and Exposition, IEEE PEAC），是中国电源领域首个国际性会议。此外学会每年还举办各种类型的专题研讨会。

中国电源学会的主要出版物有：《电源学报》《中国电源行业年鉴》《电力电子技术及应用英文学报》（CPSS – TPEA）、电力电子技术英文丛书、《中国电源学会通讯》（电子版）、学会微信公众号等。同时，学会还组织编辑出版系列中文丛书、技术专著以及各种学术会议论文集。

学会设立"中国电源学会科学技术奖"，两年一届，奖励在我国电源领域的科学研究、技术创新、新品开发、科技成果推广应用等方面做出突出贡献的个人和单位。

学会每年举办高校电力电子应用设计大赛，加强国内高校电力电子相关专业学生的相互交流，提高学生创造力及工程实践能力。

学会于2016年正式启动团体标准工作，本着"行业主导、需求为先、系统规划、务实高效"的原则，大力推动团体标准建设，以满足行业发展需要，促进电源行业技术进步、自主创新和产业升级。

学会积极开展继续教育活动，每年举办不同主题的培训班。同时，开展一系列行业服务活动，如科技成果鉴定、技术服务、技术咨询、参与工程项目评价等。

学会地址：天津市南开区黄河道467号大通大厦16层　　邮编：300110
电话：022 – 27680796　27634742　　　　　　　　　　传真：022 – 27687886
网站：www. cpss. org. cn　　　　　　　　　　　　　　邮箱：cpss@ cpss. org. cn

中国电源学会组织机构名单

主要领导人名单

理 事 长：徐德鸿

副理事长：韩家新　罗　安　张　波　曹仁贤　陈成辉
　　　　　刘进军　阮新波　汤天浩

秘 书 长：张　磊

副秘书长：陈　敏

常务理事名单

于　玮	马　皓	王　聪	邓建军	史平君	吕征宇	刘程宇
刘进军	刘　强	汤天浩	阮新波	孙耀杰	孙　跃	李崇坚
李耀华	肖　曦	张　波	张　磊	张庆范	张卫平	张　兴
陈　为	陈成辉	陈道炼	陈亚爱	卓　放	罗　安	周雏维
周志文	查晓明	耿　华	徐德鸿	徐殿国	高　勇	曹仁贤
康　勇	彭　伟	韩家新	傅　鹏	谢少军		

理 事 名 单

于　玮	于吉永	马　皓	马俊礼	马新群	王　聪	王兴贵
王明彦	王念春	王映波	王懿杰	车延博	牛新国	邓建军
卢　刚	叶德智	史平君	丘东元	白　维	白小青	吕征宇
朱国锭	朱忠尼	刘　扬	刘　芳	刘进军	刘树林	刘晓东
刘晓宇	刘程宇	刘　强	汤天浩	许建平	阮新波	孙向东
孙　跃	孙耀杰	苏义鑫	杜　雄	李　虹	李崇坚	李耀华
杨　旭	杨　耕	杨玉岗	杨成林	肖　飞	肖　曦	吴汉熙
吴煜东	何春华	佟为明	汪之涵	张　波	张　森	张　磊
张卫平	张文学	张代润	张庆范	张　兴	张纯江	张承慧
张剑波	陆一星	陆益民	陈　为	陈　敏	陈一逄	陈子颖
陈永真	陈亚爱	陈成辉	陈国荣	陈桥梁	陈海荣	陈道炼
陈冀生	茆美琴	林　桦	卓　放	易扬波	罗　安	周　波
周世兴	周志文	周京华	周维来	周雏维	郑大鹏	孟海军
赵成勇	赵志刚	赵希峰	赵善麒	胡先红	胡家兵	查晓明
柏子平	段卫垠	侯振义	姚飞平	袁宝山	耿　华	钱　平
徐仲周	徐国卿	徐殿国	徐德鸿	高　峰	高大庆	高　勇
涂春鸣	黄敏超	曹仁贤	盛　况	崔纳新	康劲松	康　勇
彭　伟	韩　雁	韩家新	傅　鹏	焦海波	舒　杰	谢少军
蔡　旭	戴永军	戴瑜兴	鞠文耀			

分支机构及主任委员名单

工作委员会：

学术工作委员会	马 皓
组织工作委员会	张卫平
专家咨询工作委员会	张广明
国际交流工作委员会	刘进军
科普工作委员会	章进法
编辑工作委员会	周雒维
标准化工作委员会	康 勇
青年工作委员会	耿 华

专业委员会：

直流电源专业委员会	阮新波
照明电源专业委员会	徐殿国
特种电源专业委员会	史平君
变频电源与电力传动专业委员会	阮 毅
元器件专业委员会	高 勇
电能质量专业委员会	卓 放
电磁兼容专业委员会	张 波
磁技术专业委员会	陈 为
新能源电能变换技术专业委员会	曹仁贤
信息系统供电技术专业委员会	张广明
无线电能传输技术及装置专业委员会	孙 跃
新能源车充电与驱动专业委员会	徐德鸿

地方学会及理事长名单
（按学会名称汉语拼音顺序排列）

重庆市电源学会	徐世六
福建省电源学会	陈道炼
广东省电源学会	张 波
陕西省电源学会	钟彦儒
上海电源学会	汤天浩
四川省电源学会	许建平
天津市电源研究会	车延博
武汉市电源学会	林 桦
西安市电源学会	侯振义
浙江省电源学会	吕征宇

中国电源学会理事单位名单

（按单位名称汉语拼音顺序先行后列排序）

副理事长单位

广东志成冠军集团有限公司	台达电子企业管理（上海）有限公司
深圳市航嘉驰源电气股份有限公司	厦门科华恒盛股份有限公司
阳光电源股份有限公司	易事特集团股份有限公司
中兴通讯股份有限公司	

常务理事单位

安泰科技股份有限公司非晶金属事业部	北京动力源科技股份有限公司
北京中大科慧科技发展有限公司	东莞市石龙富华电子有限公司
佛山市欣源电子股份有限公司	佛山市新光宏锐电源设备有限公司
广州金升阳科技有限公司	航天柏克（广东）科技有限公司
合肥华耀电子工业有限公司	鸿宝电源有限公司
华东微电子技术研究所	茂硕电源科技股份有限公司
宁波赛耐比光电科技股份有限公司	深圳华德电子有限公司
深圳科士达科技股份有限公司	深圳市汇川技术股份有限公司
深圳市英威腾电源有限公司	石家庄通合电子科技股份有限公司
苏州纽克斯电源技术股份有限公司	温州大学
温州现代集团有限公司	无锡芯朋微电子股份有限公司
先控捷联电气股份有限公司	浙江东睦科达磁电有限公司

理 事 单 位

艾思玛新能源技术（江苏）有限公司	安徽博微智能电气有限公司
北京创四方电子股份有限公司	北京大华无线电仪器有限责任公司
北京落木源电子技术有限公司	北京中科泛华测控技术有限公司
成都金创立科技有限责任公司	重庆荣凯川仪仪表有限公司
佛山市杰创科技有限公司	广州回天新材料有限公司
广东寰宇电子科技股份有限公司	广州致远电子有限公司
杭州博睿电子科技有限公司	杭州祥博传热科技股份有限公司
杭州飞仕得科技有限公司	河北奥冠电源有限责任公司
合肥博微田村电气有限公司	核工业理化工程研究院
江苏宏微科技股份有限公司	罗德与施瓦茨（中国）科技有限公司
龙腾半导体有限公司	南京中港电力股份有限公司
南通新三能电子有限公司	宁夏银利电气股份有限公司
赛尔康技术（深圳）有限公司	上海超群无损检测设备有限责任公司
陕西柯蓝电子有限公司	上海长园维安微电子有限公司
上海科梁信息工程股份有限公司	深圳可立克科技股份有限公司
深圳晶福源科技股份有限公司	深圳市保益新能电气有限公司

深圳欧陆通电子股份有限公司	深圳市迪比科电子科技有限公司
深圳市铂科新材料股份有限公司	深圳市商宇电子科技有限公司
深圳市京泉华科技股份有限公司	深圳市中电熊猫展盛科技有限公司
深圳市智胜新电子技术有限公司	四川长虹精密电子科技有限公司
深圳索瑞德电子有限公司	天长市中德电子有限公司
苏州东山精密制造股份有限公司	无锡新洁能股份有限公司
田村（中国）企业管理有限公司	西安翌飞核能装备股份有限公司
西安爱科赛博电气股份有限公司	厦门市爱维达电子有限公司
西安伟京电子制造有限公司	英飞特电子（杭州）股份有限公司
英飞凌科技（中国）有限公司	浙江矛牌电子科技有限公司
浙江艾罗网络能源技术有限公司	中国长城科技集团股份有限公司
浙江榆阳电子有限公司	珠海格力电器股份有限公司

目　　录

第一篇　政策法规

第二篇　宏观经济及相关行业运行情况

第三篇　电源行业发展报告及综述

第四篇　电源行业新闻

第五篇　科研与成果

第六篇 电源标准

第七篇 主要电源企业简介

第八篇　电源重点工程项目应用案例及相关产品

第一篇 政 策 法 规

关于深化科技奖励制度改革的方案

发布单位：国务院办公厅

科技奖励制度是我国长期坚持的一项重要制度，是党和国家激励自主创新、激发人才活力、营造良好创新环境的一项重要举措，对于促进科技支撑引领经济社会发展、加快建设创新型国家和世界科技强国具有重要意义。为全面贯彻落实全国科技创新大会精神和《国家创新驱动发展战略纲要》，进一步完善科技奖励制度，调动广大科技工作者的积极性、创造性，深入推进实施创新驱动发展战略，制定本方案。

一、指导思想和基本原则

（一）指导思想

高举中国特色社会主义伟大旗帜，全面贯彻党的十八大和十八届三中、四中、五中、六中全会精神，以邓小平理论、"三个代表"重要思想、科学发展观为指导，深入学习贯彻习近平总书记系列重要讲话精神和治国理政新理念新思想新战略，认真落实党中央、国务院决策部署，按照建立健全党和国家功勋荣誉表彰制度的总体要求，围绕实施创新驱动发展战略，改革完善科技奖励制度，建立公开公平公正的评奖机制，构建既符合科技发展规律又适应我国国情的中国特色科技奖励体系，大力弘扬求真务实、勇于创新的科学精神，营造促进大众创业、万众创新的良好氛围，充分调动全社会支持科技创新的积极性，为推动科技进步和经济社会发展、建成创新型国家和世界科技强国注入更大动力。

（二）基本原则

——服务国家发展。围绕国家战略全局，改进完善科技奖励工作，调动科技人员积极性、创造性，形成推动科技发展的强劲动力，为提升科技水平、促进创新体系建设、实现创新驱动发展、建设创新型国家服务。

——激励自主创新。以激励自主创新为出发点和落脚点，奖励具有重大国际影响力的科学发现、具有重大原创性的技术发明、具有重大经济社会价值的科技创新成果，奖励高水平科技创新人才，增强科技人员的荣誉感、责任感和使命感，激发创新内生动力。

——突出价值导向。积极培育和践行社会主义核心价值观，鼓励科技人员追求真理、潜心研究、学有所长、研有所专、敢于超越、勇攀高峰。加强科研道德和学风建设，健全科技奖励信用制度，鼓励科技人员争做践行社会诚信、严守学术道德的模范和表率。

——公开公平公正。坚持把公开公平公正作为科技奖励工作的核心，增强提名、评审的学术性，明晰政府部门和评审专家的职责分工，评奖过程公开透明，鼓励学术共同体发挥监督作用，进一步提高科技奖励的公信力和权威性。

二、重点任务

（一）改革完善国家科技奖励制度

坚持公开提名、科学评议、公正透明、诚实守信、质量优先、突出功绩、宁缺毋滥，改革完善国家科技奖励制度，进一步增强学术性、突出导向性、提升权威性、提高公信力、彰显荣誉性。

1. 实行提名制

改革现行由行政部门下达推荐指标、科技人员申请报奖、推荐单位筛选推荐的方式，实行由专家学者、组织机构、相关部门提名的制度，进一步简化提名程序。

提名者承担推荐、答辩、异议答复等责任，并对相关材料的真实性和准确性负责。

提名者应具备相应的资格条件，遵守提名规则和程序。建立对提名专家、提名机构的信用管理和动态调整机制。

2. 建立定标定额的评审制度。

定标。自然科学奖围绕原创性、公认度和科学价值，技术发明奖围绕首创性、先进性和技术价值，科技进步奖围绕创新性、应用效益和经济社会价值，分类制定以科技创新质量、贡献为导向的评价指标体系。自然科学奖、技术发明奖、科技进步奖（以下统称三大奖）一、二等奖项目实行按等级标准提名、独立评审表决的机制。提名者严格依据标准条件提名，说明被提名者的贡献程度及奖项、等级建议。评审专家严格遵照评价标准评审，分别对一等奖、二等奖独立投票表决，一等奖评审落选项目不再降格参评二等奖。

定额。大幅减少奖励数量，三大奖总数由不超过400项减少到不超过300项，鼓励科技人员潜心研究。改变现行各奖种及其各领域奖励指标与受理数量按既定比例挂钩的做法，根据我国科研投入产出、科技发展水平等实际状况分别限定三大奖一、二等奖的授奖数量，进一步优化奖励结构。

3. 调整奖励对象要求。

三大奖奖励对象由"公民"改为"个人"，同时调整每项获奖成果的授奖人数和单位数要求。

分类确定被提名科技成果的实践检验年限要求，杜绝中间成果评奖，同一成果不得重复报奖。

4. 明晰专家评审委员会和政府部门的职责。

各级专家评审委员会履行对候选成果（人）的科技评审职责，对评审结果负责，充分发挥同行专家独立评审的作用。

政府部门负责制定规则、标准和程序，履行对评审活动的组织、服务和监督职能。

5. 增强奖励活动的公开透明度。

以公开为常态、不公开为例外，向全社会公开奖励政策、评审制度、评审流程和指标数量，对三大奖候选项目及其提名者实行全程公示，接受社会各界特别是科技界监督。

建立科技奖励工作后评估制度，每年国家科学技术奖励大会后，委托第三方机构对年度奖励工作进行评估，促进科技奖励工作不断完善。

6. 健全科技奖励诚信制度。

充分发挥科学技术奖励监督委员会作用，全程监督科技奖励活动。完善异议处理制度，公开异议举报渠道，规范异议处理流程。健全评审行为准则与督查办法，明确提名者、被提名者、评审专家、组织者等各奖励活动主体应遵守的评审纪律。建立评价责任和信誉制度，实行诚信承诺机制，为各奖励活动主体建立科技奖励诚信档案，纳入科研信用体系。

严惩学术不端。对重复报奖、拼凑"包装"、请托游说评委、跑奖要奖等行为实行一票否决；对造假、剽窃、侵占他人成果等行为"零容忍"，已授奖的撤销奖励；对违反学术道德、评审不公、行为失信的专家，取消评委资格。对违规的责任人和单位，要记入科技奖励诚信档案，视情节轻重予以公开通报、阶段性或永久取消参与国家科技奖励活动资格等处理；对违纪违法行为，严格依纪依法处理。

7. 强化奖励的荣誉性。

禁止以营利为目的使用国家科学技术奖名义进行各类营销、宣传等活动。对违规广告行为，一经发现，依法依规予以处理。

合理运用奖励结果。有关部门和评价机构要树立正确的价值导向，坚持"物质利益和精神激励相结合、突出精神激励"的原则，适当提高国家科学技术奖奖金标准，增强获奖科技人员的荣誉感和使命感。

按照党和国家功勋荣誉表彰制度的有关规定，对生活确有困难的获奖科技人员，通过专项基金及时予以救助。

强化宣传引导。坚持正确的舆论导向，大力宣传科技拔尖人才、优秀成果、杰出团队，弘扬崇尚科学、实事求是、鼓励创新、开放协作的良好社会风尚，激发广大科技工作者的创新热情。

（二）引导省部级科学技术奖高质量发展

省、自治区、直辖市人民政府可设立一项省级科学技术奖（计划单列市人民政府可单独设立一项），国务院有关部门根据国防、国家安全的特殊情况可设立部级科学技术奖。除此之外，国务院其他部门、省级人民政府所属部门、省级以下各级人民政府及其所属部门，其他列入公务员法实施范围的机关，以及参照公务员法管理的机关（单位），不得设立由财政出资的科学技术奖。

省部级科学技术奖要充分发挥地方和部门优势，进一步研究完善推荐提名制度和评审规则，控制奖励数量，提高奖励质量。设奖地方和部门要根据国家科学技术奖励改革方向，抓紧制定具体改革方案，明确路线图和时间表。

（三）鼓励社会力量设立的科学技术奖健康发展

坚持公益化、非营利性原则，引导社会力量设立目标定位准确、专业特色鲜明、遵守国家法规、维护国家安全、严格自律管理的科技奖项，在奖励活动中不得收取任何费用。对于具备一定资金实力和组织保障的奖励，鼓励向国际化方向发展，逐步培育若干在国际上具有较大影响力的知名奖项。

研究制定扶持政策，鼓励学术团体、行业协会、企业、基金会及个人等各种社会力量设立科学技术奖，鼓励民间资金支持科技奖励活动。加强事中事后监管，逐步构建信息公开、行业自律、政府指导、第三方评价、社会监督的有效模式，提升社会力量科技奖励的整体实力和社会美誉度。

三、工作实施

（一）由科技部、国务院法制办负责修订《国家科学技术奖励条例》并按程序报请国务院审批，由科技部负责修改完善《国家科学技术奖励条例实施细则》，从法规制度层面贯彻落实科技奖励制度改革精神。

（二）关于国家科技奖励具体实施工作中的提名规则和程序、分类评价指标体系、奖励数量和类型结构、评审监督、异议处理等问题，由国家科学技术奖励委员会分别制定相关办法予以落实。

（三）关于鼓励社会力量科技奖励健康发展问题，由科技部研究制定指导性意见，会同有关方面建立安全审查工作机制。

（四）由科技部会同中央宣传部等部门，进一步加强国家科技奖励宣传报道和舆论引导工作。

国家技术转移体系建设方案

发布单位：国务院

国家技术转移体系是促进科技成果持续产生，推动科技成果扩散、流动、共享、应用并实现经济与社会价值的生态系统。建设和完善国家技术转移体系，对于促进科技成果资本化产业化、提升国家创新体系整体效能、激发全社会创新创业活力、促进科技与经济紧密结合具有重要意义。党中央、国务院高度重视技术转移工作。改革开放以来，我国科技成果持续产出，技术市场有序发展，技术交易日趋活跃，但也面临技术转移链条不畅、人才队伍不强、体制机制不健全等问题，迫切需要加强系统设计，构建符合科技创新规律、技术转移规律和产业发展规律的国家技术转移体系，全面提升科技供给与转移扩散能力，推动科技成果加快转化为经济社会发展的现实动力。为深入落实《中华人民共和国促进科技成果转化法》，加快建设和完善国家技术转移体系，制定本方案。

一、总体要求

（一）指导思想

全面贯彻党的十八大和十八届三中、四中、五中、六中全会精神，深入贯彻习近平总书记系列重要讲话精神和治国理政新理念新思想新战略，按照党中央、国务院决策部署，统筹推进"五位一体"总体布局和协调推进"四个全面"战略布局，坚持稳中求进工作总基调，牢固树立和贯彻落实新发展理念，深入实施创新驱动发展战略，激发创新主体活力，加强技术供需对接，优化要素配置，完善政策环境，发挥技术转移对提升科技创新能力、促进经济社会发展的重要作用，为加快建设创新型国家和世界科技强国提供有力支撑。

（二）基本原则

——市场主导，政府推动。发挥市场在促进技术转移中的决定性作用，强化市场加快科学技术渗透扩散、促进创新要素优化配置等功能。政府注重抓战略、抓规划、抓政策、抓服务，为技术转移营造良好环境。

——改革牵引，创新机制。遵循技术转移规律，把握开放式、网络化、非线性创新范式的新特征，探索灵活多样的技术转移体制机制，调动各类创新主体和技术转移载体的积极性。

——问题导向，聚焦关键。聚焦技术转移体系的薄弱环节和转移转化中的关键症结，提出有针对性、可操作的政策措施，补齐技术转移短板，打通技术转移链条。

——纵横联动，强化协同。加强中央与地方联动、部门与行业协同、军用与民用融合、国际与国内联通，整合各方资源，实现各地区、各部门、各行业技术转移工作的衔接配套。

（三）建设目标

到2020年，适应新形势的国家技术转移体系基本建成，互联互通的技术市场初步形成，市场化的技术转移机构、专业化的技术转移人才队伍发展壮大，技术、资本、人才等创新要素有机融合，技术转移渠道更加畅通，面向"一带一路"沿线国家等的国际技术转移广泛开展，有利于科技成果资本化、产业化的体制机制基本建立。

到2025年，结构合理、功能完善、体制健全、运行高效的国家技术转移体系全面建成，技术市场充分发育，各类创新主体高效协同互动，技术转移体制机制更加健全，科技成果的扩散、流动、共享、应用更加顺畅。

（四）体系布局

建设和完善国家技术转移体系是一项系统工程，要着眼于构建高效协同的国家创新体系，从技术转移的全过程、全链条、全要素出发，从基础架构、转移通道、支撑保障三个方面进行系统布局。

——基础架构。发挥企业、高校、科研院所等创新主体在推动技术转移中的重要作用，以统一开放的技术市场为纽带，以技术转移机构和人才为支撑，加强科技成果有效供给与转化应用，推动形成紧密互动的技术转移网络，构建技术转移体系的"四梁八柱"。

——转移通道。通过科研人员创新创业以及跨军民、跨区域、跨国界技术转移，增强技术转移体系的辐射和扩散功能，推动科技成果有序流动、高效配置，引导技术与人才、资本、企业、产业有机融合，加快新技术、新产品、新模式的广泛渗透与应用。

——支撑保障。强化投融资、知识产权等服务，营造有利于技术转移的政策环境，确保技术转移体系高效运转。

二、优化国家技术转移体系基础架构

（五）激发创新主体技术转移活力

强化需求导向的科技成果供给。发挥企业在市场导向类科技项目研发投入和组织实施中的主体作用，推动企业等技术需求方深度参与项目过程管理、验收评估等组织实施全过程。在国家重大科技项目中明确成果转化任务，设立与转化直接相关的考核指标，完善"沿途下蛋"机制，拉近成果与市场的距离。引导高校和科研院所结合发展定位，紧贴市场需求，开展技术创新与转移转化活动；强化高校、科研院所科技成果转化情况年度报告的汇交和使用。

促进产学研协同技术转移。发挥国家技术创新中心、制造业创新中心等平台载体作用，推动重大关键技术转移扩散。依托企业、高校、科研院所建设一批聚焦细分领域的科技成果中试、熟化基地，推广技术成熟度评价，促进技术成果规模化应用。支持企业牵头会同高校、科研院所等共建产业技术创新战略联盟，以技术交叉许可、建立专利池等方式促进技术转移扩散。加快发展新型研发机构，探索共性技术研发和技术转移的新机制。充分发挥学会、行业协会、研究会等科技社团的优势，依托产学研协同共同体推动技术转移。

面向经济社会发展急需领域推动技术转移。围绕环境治理、精准扶贫、人口健康、公共安全等社会民生领域的重大科技需求，发挥临床医学研究中心等公益性技术转移平台作用，发布公益性技术成果指导目录，开展示范推广应用，让人民群众共享先进科技成果。聚焦影响长远发展的战略必争领域，加强技术供需对接，加快推动重大科技成果转化应用。瞄准人工智能等覆盖面大、经济效益明显的重点领域，加强关键共性技术推广应用，促进产业转型升级。面向农业农村经济社会发展科技需求，充分发挥公益性农技推广机构为主、社会化服务组织为补充的"一主多元"农技推广体系作用，加强农业技术转移体系建设。

（六）建设统一开放的技术市场

构建互联互通的全国技术交易网络。依托现有的枢纽型技术交易网络平台，通过互联网技术手段连接技术转移机构、投融资机构和各类创新主体等，集聚成果、资金、人才、服务、政策等创新要素，开展线上线下相结合的技术交易活动。

加快发展技术市场。培育发展若干功能完善、辐射作用强的全国性技术交易市场，健全与全国技术交易网络联通的区域性、行业性技术交易市场。推动技术市场与资本市场联动融合，拓宽各类资本参与技术转移投资、流转和退出的渠道。

提升技术转移服务水平。制定技术转移服务规范，完善符合科技成果交易特点的市场化定价机制，明确科技成果拍卖、在技术交易市场挂牌交易、协议成交信息公示等操作流程。建立健全技术转移服务业专项统计制度，完善技术合同认定规则与登记管理办法。

（七）发展技术转移机构

强化政府引导与服务。整合强化国家技术转移管理机构职能，加强对全国技术交易市场、技术转移机构发展的统筹、指导、协调，面向全社会组织开展财政资助产生的科技成果信息收集、评估、转移服务。引导技术转移机构市场化、规范化发展，提升服务能力和水平，培育一批具有示范带动作用的技术转移机构。

加强高校、科研院所技术转移机构建设。鼓励高校、科研院所在不增加编制的前提下建设专业化技术转移机构，加强科技成果的市场开拓、营销推广、售后服务。创新高校、科研院所技术转移管理和运营机制，建立职务发明披露制度，实行技术经理人聘用制，明确利益分配机制，引导专业人员从事技术转移服务。

加快社会化技术转移机构发展。鼓励各类中介机构为技术转移提供知识产权、法律咨询、资产评估、技术评价等专业服务。引导各类创新主体和技术转移机构联合组建技术转移联盟，强化信息共享与业务合作。鼓励有条件的地方结合服务绩效对相关技术转移机构给予支持。

（八）壮大专业化技术转移人才队伍。

完善多层次的技术转移人才发展机制。加强技术转移管理人员、技术经纪人、技术经理人等人才队伍建设，畅通职业发展和职称晋升通道。支持和鼓励高校、科研院所设置专职从事技术转移工作的创新型岗位，绩效工资分配应当向做出突出贡献的技术转移人员倾斜。鼓励退休专业技术人员从事技术转移服务。统筹适度运用政策引导和市场激励，更多通过市场收益回报科研人员，多渠道鼓励科研人员从事技术转移活动。加强对研发和转化高精尖、国防等科技成果相关人员的政策支持。

加强技术转移人才培养。发挥企业、高校、科研院所等作用，通过项目、基地、教学合作等多种载体和形式吸引海外高层次技术转移人才和团队。鼓励有条件的高校设立技术转移相关学科或专业，与企业、科研院所、科技社团等建立联合培养机制。将高层次技术转移人才纳入国家和地方高层次人才特殊支持计划。

三、拓宽技术转移通道

（九）依托创新创业促进技术转移

鼓励科研人员创新创业。引导科研人员通过到企业挂职、兼职或在职创办企业以及离岗创业等多种形式，推动科技成果向中小微企业转移。支持高校、科研院所通过设立流动岗位等方式，吸引企业创新创业人才兼职从事技术转移工作。引导科研人员面向企业开展技术转让、技术开发、技术服务、技术咨询，横向课题经费按合同约定管理。

强化创新创业载体技术转移功能。聚焦实体经济和优势产业，引导企业、高校、科研院所发展专业化众创空间，依托开源软硬件、3D打印、网络制造等工具建立开放共享的创新平台，为技术概念验证、商业化开发等技术转移活动提供服务支撑。鼓励龙头骨干企业开放创新创业资源，支持内部员工创业，吸引集聚外部创业，推动大中小企业跨界融合，引导研发、制造、服务各环节协同创新。优化孵化器、加速器、大学科技园等各类孵化载体功能，构建涵盖技术研发、企业孵化、产业化开发的全链条孵化体系。加强农村创新创业载体建设，发挥科技特派员引导科技成果向农村农业转移的重要作用。针对国家、行业、企业技术创新需求，通过"揭榜比拼"、"技术难题招标"等形式面向社会公开征集解决方案。

（十）深化军民科技成果双向转化

强化军民技术供需对接。加强军民融合科技成果信息互联互通，建立军民技术成果信息交流机制。进一步完善国家军民技术成果公共服务平台，提供军民科技成果评价、信息检索、政策咨询等服务。强化军队装备采购信息平台建设，搭建军民技术供需对接平台，引导优势民品单位进入军品科研、生产领域，加快培育反恐防爆、维稳、安保等国家安全和应急产业，加强军民研发资源共享共用。

优化军民技术转移体制机制。完善国防科技成果降解密、权利归属、价值评估、考核激励、知识产权军民双向转化等配套政策。开展军民融合国家专利运营试点，探索建立国家军民融合技术转移中心、国家级实验室技术转移联盟。建立和完善军民融合技术评价体系。建立军地人才、技术、成果转化对接机制，完善符合军民科技成果转化特点的职称评定、岗位管理和考核评价制度。构建军民技术交易监管体系，完善军民两用技术转移项目审查和评估制度。在部分地区开展军民融合技术转移机制探索和政策试点，开展典型成果转移转化示范。探索重大科技项目军民联合论证与组织实施的新机制。

（十一）推动科技成果跨区域转移扩散

强化重点区域技术转移。发挥北京、上海科技创新中心及其他创新资源集聚区域的引领辐射与源头供给作用，促进科技成果在京津冀、长江经济带等地区转移转化。开展振兴东北科技成果转移转化专项行动、创新驱动助力工程等，通过科技成果转化推动区域特色优势产业发展。优化对口援助和帮扶机制，开展科技扶贫精准脱贫，推动新品种、新技术、新成果向贫困地区转移转化。

完善梯度技术转移格局。加大对中西部地区承接成果转移转化的差异化支持力度，围绕重点产业需求进行科技成果精准对接。探索科技成果东中西梯度有序转移的利益分享机制和合作共赢模式，引领产业合理分工和优化布局。建立健全省、市、县三级技术转移工作网络，加快先进适用科技成果向县域转移转化，推动县域创新驱动发展。

开展区域试点示范。支持有条件的地区建设国家科技成果转移转化示范区，开展体制机制创新与政策先行先试，探索一批可复制、可推广的经验与模式。允许中央高校、科研院所、企业按规定执行示范区相关政策。

（十二）拓展国际技术转移空间

加速技术转移载体全球化布局。加快国际技术转移中心建设，构建国际技术转移协作和信息对接平台，在技术引进、技术孵化、消化吸收、技术输出和人才引进等方面加强国际合作，实现对全球技术资源的整合利用。加强国内外技术转移机构对接，创新合作机制，形成技术双向转移通道。

开展"一带一路"科技创新合作技术转移行动。与"一带一路"沿线国家共建技术转移中心及创新合作中心，构建"一带一路"技术转移协作网络，向沿线国家转移先进适用技术，发挥对"一带一路"产能合作的先导作用。

鼓励企业开展国际技术转移。引导企业建立国际化技术经营公司、海外研发中心，与国外技术转移机构、创业孵化机构、创业投资机构开展合作。开展多种形式的国际技术转移活动，与技术转移国际组织建立常态化交流机制，围绕特定产业领域为企业技术转移搭建展示交流平台。

四、完善政策环境和支撑保障

（十三）树立正确的科技评价导向

推动高校、科研院所完善科研人员分类评价制度，建立以科技创新质量、贡献、绩效为导向的分类评价体系，扭转唯论文、唯学历的评价导向。对主要从事应用研究、技术开发、成果转化工作的科研人员，加大成果转化、技术推广、技术服务等评价指标的权重，把科技成果转化对经济社会发展的贡献作为科研人员职务晋升、职称评审、绩效考核等的重要依据，不将论文作为评价的限制性条件，引导广大科技工作者把论文写在祖国大地上。

（十四）强化政策衔接配套

健全国有技术类无形资产管理制度，根据科技成果转化特点，优化相关资产评估管理流程，探索通过公示等方式简化备案程序。探索赋予科研人员横向委托项目科技成果所有权或长期使用权，在法律授权前提下开展高校、科研院所等单位与完成人或团队共同拥有职务发明产权的改革试点。高校、科研院所科研人员依法取得的成果转化奖励收入，不纳入绩效工资。建立健全符合国际规则的创新产品采购、首台套保险政策。健全技术创新与标准化互动支撑机制，开展科技成果向技术标准转化试点。结合税制改革方向，按照强化科技成果转化激励的原则，统筹研究科技成果转化奖励收入有关税收政策。完善出口管制制度，加强技术转移安全审查体系建设，切实维护国家安全和核心利益。

（十五）完善多元化投融资服务

国家和地方科技成果转化引导基金通过设立创业投资子基金、贷款风险补偿等方式，引导社会资本加大对技术转移早期项目和科技型中小微企业的投融资支持。开展知识产权证券化融资试点，鼓励商业银行开展知识产权质押贷款业务。按照国务院统一部署，鼓励银行业金融机构积极稳妥开展内部投贷联动试点和外部投贷联动。落实创业投资企业和天使投资个人投向种子期、初创期科技型企业按投资额70%抵扣应纳税所得额的试点优惠政策。

（十六）加强知识产权保护和运营

完善适应新经济新模式的知识产权保护，释放激发创新创业动力与活力。加强对技术转移过程中商业秘密的法律保护，研究建立当然许可等知识产权运用机制的法律制度。发挥知识产权司法保护的主导作用，完善行政执法和司法保护两条途径优势互补、有机衔接的知识产权保护模式，推广技术调查官制度，统一裁判规范标准，改革优化知识产权行政保护体系。优化专利和商标审查流程，拓展"专利审查高速路"国际合作网络，提升知识产权质量。

（十七）强化信息共享和精准对接

建立国家科技成果信息服务平台，整合现有科技成果信息资源，推动财政科技计划、科技奖励成果信息统一汇交、开放、共享和利用。以需求为导向，鼓励各类机构通过技术交易市场等渠道发布科技成果供需信息，利用大数据、云计算等技术开展科技成果信息深度挖掘。建立重点领域科技成果包发布机制，开展科技成果展示与路演活动，促进技术、专家和企业精准对接。

（十八）营造有利于技术转移的社会氛围

针对技术转移过程中高校、科研院所等单位领导履行成果定价决策职责、科技管理人员履行项目立项与管理职责等，健全激励机制和容错纠错机制，完善勤勉尽责政策，形成敢于转化、愿意转化的良好氛围。完善社会诚信体系，发挥社会舆论作用，营造权利公平、机会公平、规则公平的市场环境。

五、强化组织实施

（十九）加强组织领导

国家科技体制改革和创新体系建设领导小组负责统筹推进国家技术转移体系建设，审议相关重大任务、政策措施。国务院科技行政主管部门要加强组织协调，明确责任分工，细化目标任务，强化督促落实。有关部门要根据本方案制订实施细则，研究落实促进技术转移的相关政策措施。地方各级政府要将技术转移体系建设工作纳入重要议事日程，建立协调推进机制，结合实际抓好组织实施。

（二十）抓好政策落实

全面贯彻落实促进技术转移的相关法律法规及配套政策，着重抓好具有标志性、关联性作用的改革举措。各地区、各部门要建立政策落实责任制，切实加强对政策落实的跟踪监测和效果评估，对已经出台的重大改革和政策措施落实情况及时跟踪、及时检查、及时评估。

（二十一）加大资金投入

各地区、各部门要充分发挥财政资金对技术转移和成果转化的引导作用，完善投入机制，推进科技金融结合，加大对技术转移机构、信息共享服务平台建设等重点任务的支持力度，形成财政资金与社会资本相结合的多元化投入格局。

（二十二）开展监督评估

强化对本方案实施情况的监督评估，建立监测、督办和评估机制，定期组织督促检查，开展第三方评估，掌握目标任务完成情况，及时发现和解决问题。加强宣传和政策解读，及时总结推广典型经验做法。

产业关键共性技术发展指南（2017 年）

发布单位：工业和信息化部

一、原材料工业

（一）钢铁

1. 基于大数据的钢铁全流程产品工艺质量管控技术

主要技术内容：

钢铁企业工艺质量大数据平台、全流程工艺质量数据集成技术；高速工艺质量参数采集与存储技术；工艺过程综合监控及预警技术；板坯、钢卷等质量在线评级技术；产品工艺参数追溯分析技术；跨工序产品质量交互分析与异常诊断技术；机械性能在线检测技术；产品晶粒度在线检测技术；表面质量缺陷三维检测技术；全流程工艺产品质量综合评价技术；基于大数据的新产品研发技术。

2. 钢铁定制化智能制造关键技术

主要技术内容：

全流程、定制化的制造系统；钢铁产业供应链智能优化技术；钢铁材料智能化设计与优化技术；钢材组织性能预测、钢种归并和钢铁全流程工艺参数协调优化控制技术；钢铁流程大数据时空追踪同步和大数据与知识混杂的挖掘分析技术；基于生产过程大数据和生产经验的高精度生产模型和知识库；用户定制产品性能参数为牵引的钢种动态归并和钢铁材料组织性能动态预测技术；关键工艺设备的大数据性能预测、智能故障诊断和安全运行调控技术；钢铁全流程泛在无线通讯网络的实现结构、通讯协议和实现装备。

3. 钢铁制造流程余热减量化与深度化利用技术

主要技术内容：

焦炉烟气余热梯级利用技术、荒煤气余热回收发电技术、发电乏蒸汽用于海水淡化技术、烧结矿显热发电技术、干式粒化等余热回收技术；高炉冲渣水制冷、制热及发电技术（高炉区域低品位余热冷热电三联供综合利用）；高炉热风炉烟气余热梯级利用技术；转炉、电炉烟气余热利用技术；连铸坯显热利用技术；大型加热炉烟气源头减量及高效利用技术；余热源头减量就地利用与钢铁生产工艺的协同技术；余热利用与环保、固废处理的协同技术；余热利用与城市、社区环境的协同技术等。

4. 绿色化、智能化钢铁流程关键要素协同优化和集成应用技术

主要技术内容：

多目标优化的炼铁－炼钢界面智能化闭环控制技术；钢水质量窄窗口智能化稳定控制技术；钢铁流程铸－轧界面物质流与能量流协同优化及智能控制技术；钢铁流程物质流与能量流智能协同调配技术。

5. 高品质特殊钢生产应用关键技术

主要技术内容：

耐高温、应力、腐蚀等服役环境适应性的材料设计技术；特殊钢高洁净度冶炼、夹杂物精确控制、均质化与组织精细化控制、精确成型与加工等产品质量稳定控制技术；低成本制造及简化流程技术等。

6. 高品质海洋工程用钢的开发与应用技术

主要技术内容：

自升式平台用 690MPa 级特厚板、大口径无缝管，460MPa 级别导管架平台用钢及配套焊材，可大线能量焊接平台用厚板及配套焊材，大壁厚深海隔水管、管线钢，南海岛礁基础设施用耐候钢、耐海水腐蚀钢筋，海水淡化、化学品船用特种双相不锈钢、高钼超级奥氏体不锈钢，深海集输系统用耐蚀合金、沉淀硬化型不锈钢，深海钻采用高等级高氮奥氏体不锈钢等材料的研发、生产和应用技术；极寒耐低温船舶及海工用钢生产及应用技术；洁净化冶金、均质化连铸、精准组织调控等集成制造技术；低温钢的高效焊接材料与工程化应用技术。

7. 钢材高效轧制技术及装备

主要技术内容：

铸坯直接轧制、中间坯控温轧制、梯度轧制及梯度热处理、高速加热热处理、低温增塑轧制、无头轧制、变厚度轧制、新一代 TMCP 技术等关键技术及装备。

8. 高炉炼铁信息化与可视化技术

主要技术内容：

高炉用原燃料的分级与评价技术；高炉炉况综合测试与诊断技术；高炉炉顶信息采集与优化技术；高炉炉缸炉身工作状态判断与修复技术；高炉取消中心加焦技术；烧结、球团、高炉可视化与视觉进入技术。

9. 高品质铁精矿生产技术与装备

主要技术内容：

基于铁矿石工艺矿物学的高品质铁精矿制备可行性评价技术；大型高效节能细磨装备；智能高效高梯度磁分离技术及装备；磁重复合力场铁矿选矿设备；细粒、微细粒铁矿高效浮选技术与装备；高效环保常温浮选药剂；高品质铁精矿提纯选矿工艺；铁矿选矿生产自动化智能化系统。

10. 低品位难选矿综合选别与利用技术

主要技术内容：

低品位难选铁矿石磨矿－重磁－反浮选技术；钒、钛磁铁矿综合利用技术；尾矿细磨－选别综合再利用技术；复杂难选铁矿石流态化（闪速、流化床、悬浮焙烧）－磁选关键技术；弱还原性气氛形成及控制技术；多参数耦合系统调控技术；焙烧系统中铁矿还原度控制技术；易氧化粉料冷却和余热利用技术及装备；高矫顽力人造磁铁矿分选技术；焙烧装备大型化技术。

11. 氢气竖炉直接还原清洁冶炼技术

主要技术内容：

直接还原工艺与先进节能的煤炭制气技术；焦炉煤气制气技术；蓄热式管式加热炉技术；蓄热式燃气熔融冶炼技术等。

12. 全氧冶金高效清洁生产技术

主要技术内容：

煤气闭环利用的粉矿深度自还原关键技术；全氧冶炼合理炉型设计及高能量密度熔炼工艺技术；多相强湍流全氧全量煤粉高效喷吹及燃烧技术；低成本制氧智能动态调控与 CO_2 高效脱除提质技术。

13. 超超临界电站汽轮机用镍基耐热合金材料设计和生产技术

主要技术内容：

10 吨级镍基耐热合金双真空冶炼技术及稳定化技术；10 吨级镍基耐热合金转子锻件热成型技术；10 吨级及以上（30 吨级）镍基耐热合金铸造高温气缸成套技术。

（二）有色金属

1. 阳极泥火法（NSL）精炼工艺及装备

主要技术内容：

在一个回转式炉体（NSL 炉）内完成对脱铜阳极泥或铅阳极泥熔炼、吹炼、精炼，脱除砷、锑、锡、铅、铋、铜、碲等杂质，实现金银富集；采取熔体搅拌、专用风口的措施，强化冶金反应的传热传质；NSL 炉密封状态下操作的清洁生产与环保技术。

2. 汽车轻量化用高性能铝合金车身板制备技术

主要技术内容：

具有良好冲压成形性和烘烤硬化响应能力的新型 6XXX系铝合金成分设计与优化技术；大规格方型铸锭熔铸、铸锭均匀化退火工艺技术；薄板热连轧－高精度冷轧工艺技术；薄板带表面毛化处理工艺技术；薄板工业化 T4P 热处理工艺技术；薄板纯拉伸矫直、清洗和涂油工艺。

3. 湿法炼铅技术

主要技术内容：

全湿法处理硫酸铅渣技术工艺，采用氯盐直接浸出，浸出液净化后锌粉置换获得海绵铅产品，溶液中的锌采用萃取－电积工艺生产电锌。硫化铅全湿法处理技术工艺，采用氯盐氧化浸出，浸出液净化后熔盐电解获得金属铅，从浸出渣回收硫磺。

4. 铜及铜合金熔体净化技术

主要技术内容：

原料配比及处理技术；合金化技术；铜及铜合金熔体除气技术和除杂（渣）技术；熔体质量在线检测方法（含气量、夹杂物总量等）。

5. 永久阴极铜电解成套技术及装备

主要技术内容：

高性能矢量化摆动剥离技术及智能剥片装置；高效智

能双通道铣耳技术及相关装置；残极挑板回用技术及装置；双激光动态测距智能修正精确定位技术和系统；铜电解智能化和信息化管控一体化操控系统等。

6. 射频超导腔用高纯铌材及腔体的产业化技术

主要技术内容：

高纯度、高 RRR、高均匀性铌材的批量制造技术；高RRR 铌材微观缺陷与机械性能控制技术；高精度热品超导铌腔的制造技术；射频超导腔的电抛光化学处理技术；氮掺杂处理技术；一致性控制技术。

7. 基于光纤传感的铝电解阳极电流精确测量技术

主要技术内容：

低成本单模光纤电流传感器；1·N 电流信号光学分路处理技术；铝电解槽全阳极电流光纤在线准确测量技术；阳极效应预测技术；局部效应诊断技术；电解槽故障诊断技术；电解参数优化控制技术。

8. 有色金属电解槽极板短路自动识别及快速定位技术

主要技术内容：

精确定位技术和自动巡逻拍摄系统；无线通讯系统（含热成像仪的图像无线传输）；图像识别处理系统；报表汇总处理系统。

9. 电子信息核心器件用高纯稀土金属及型材制备技术

主要技术内容：

关键敏感杂质含量满足微纳电子应用要求的 4N5 超高纯稀土金属制备产业化技术；超高纯稀土金属致密铸锭及大尺寸靶材、型材的洁净加工、微观组织控制、防氧化处理等技术。

10. 大型智能可控稀土熔盐电解槽及配套工艺技术

主要技术内容：

稀土金属及合金电解工厂数字化总体设计、工艺流程及布局数字化建模；稀土金属及合金生产线关键智能控制装备及在线检测设备；满足智能生产的大型电解槽；车间生产过程和产品管理数据在线采集及智能优化控制平台。

11. 航空航天用超高强铝合金材料生产应用技术

主要技术内容：

高强铝合金纯净冶炼与凝固技术；高强高韧 7000 系铝合金大规格预拉伸厚板/锻件/型材、2000 系铝合金及铝锂合金板材工业化技术。

12. 3D 打印金属粉末制备及应用技术

主要技术内容：

大功率冷坩埚熔炼技术；电磁约束底注技术；活性金属的超音速层流雾化技术；氧增量控制技术；气雾化制备3D 打印金属粉末（铁基、不锈钢、镍基、钴基等）工艺技术；3D 打印金属粉末应用技术。

13. 氧化铝生产过程智能优化控制技术

主要技术内容：

溶出区域智能优化控制技术；沉降区域智能优化控制技术；分解区域智能优化控制技术；焙烧区域智能优化控制技术；蒸发区域智能优化控制技术；氧化铝生产智能决策系统。

（三）石油化工

1. 丁二烯制己二腈技术

主要技术内容：

新型双齿膦配体及其配合物催化剂制备技术；一步法丁二烯氰氢化制己二腈技术；新型催化剂回收及再生技术。

2. 过氧化氢（HPPO）法制备环氧丙烷技术

主要技术内容：

反应器选型及设计；新型高性能催化剂研制技术；HPPO法工艺流程优化技术。

3. 10万吨/年聚甲氧基二甲醚（DMMn）工业化生产技术

主要技术内容：

三聚甲醛合成与分离精制技术；聚甲氧基二甲醚合成技术；离子液体催化剂；树脂催化剂及反应器等。

4. 水性聚氨酯树脂及下游应用技术

主要技术内容：

丙烯酸酯改性水性聚氨酯技术；有机硅改性水性聚氨酯技术；水性聚氨酯合成革贝斯技术；水性聚氨酯涂料配方技术；水性无溶剂高固含量发泡聚氨酯制备技术等。

5. 高熔体强度聚丙烯直接聚合技术

主要技术内容：

聚合催化剂链转移敏感性在线调控技术；共聚单体分布的聚合物链结构控制技术；多相共聚物形态控制技术等。

6. 高性能氯碱全氟离子膜

主要技术内容：

功能单体中痕量杂质检测及分离技术；特殊含氟单体合成技术；高分子量窄分布的全氟离子聚合物制备技术；高强力四氟乙烯长纤维制备及表面处理技术；功能性亲水涂层控制技术；全氟磺酸/羧酸树脂共挤出成膜装备结构设计；高温复合增强技术及装备；功能化技术及装备；涂覆技术及设备等。

7. 长链支化型高性能聚合物的辐射制备技术

主要技术内容：

聚合物链结构控制技术；聚合物强化辐射效应技术；长支链型聚合物辐照工艺等。

8. 高体感相容性有机硅热塑性硫化胶（SiTPV）制备及应用技术

主要技术内容：

系列硅胶热塑性弹性体（包括 SiR/TPU、SiR/PP、SiR/PAV）动态硫化技术；SSiR/TPU 增容技术；SiTPV 动态硫化反应共混技术；SiTPV 在可穿戴器件中的应用技术；SiTPV 代替传统有机硅橡胶的应用技术。

9. 全生物降解聚丁二酸丁二酯及其共聚物的制备技术

主要技术内容：

酯化催化剂和酯交换催化剂、稳定剂等复配技术；分子链结构设计与控制技术；基于生物基/化石基丁二酸的 PBS 聚合工艺；薄膜级 PBS 的分子结构设计及聚合工艺；PBS 薄膜的加工技术。

10. 无循环甲烷化工艺技术

主要技术内容：

合成气无循环甲烷化工艺；氢碳比分级调节系统；耐高温甲烷化催化剂；内置废热锅炉新型甲烷化反应器。

11. 汽车低成本专用碳纤维开发关键技术

主要技术内容：

优化聚合和纺丝及碳化、（预）氧化等关键生产工艺；原丝的纺丝速度及纺丝液的含固量控制技术；满足汽车典型零部件综合性能要求的汽车大丝束低成本专用碳纤维材料；碳纤维材料性能检测技术。

12. 汽车注塑发泡内饰结构件的生产与应用关键技术

主要技术内容：

发泡注塑内饰结构件，包括发泡 PP、发泡 ABS 内饰件等；发泡注塑件的发泡机理及尺寸、形状控制关键技术；目标零部件结构设计、性能仿真分析及产品本构特性核心技术；发泡注塑模具设计及工艺；发泡结构件强度和韧性调控技术。

（四）建材

1. 陶瓷砖新型干法短流程工艺及设备

主要技术内容：

干法制粉技术；大型粉碎研磨设备和造粒设备；配套的压型、施釉、烧成工艺等相关技术的优化。

2. 先进陶瓷氧化铝原料高效合成与标准化制备技术

主要技术内容：

高纯、超细、高烧结活性氧化铝新型粉体原料关键技术；先进陶瓷粉体材料的低成本、绿色制备工艺和生产装备关键技术；标准化原料制备成套技术；水泥粉磨用高强超耐磨氧化铝磨介制造技术。

3. 新型干法水泥绿色制造技术与装备

主要技术内容：

高效节能料床粉磨技术；高能效预热预分解技术；节能低碳新型熟料水泥；氮氧化合物和粉尘排放技术。

4. 石英玻璃可持续制备技术

主要技术内容：

优质石英矿产开发技术；高纯石英原料提纯技术；高纯石英原料粒度级配及形貌等与熔制工艺（电熔和气炼等）适应性技术；高性能石英玻璃用无氯化工原料综合利用技术；高性能石英玻璃快速沉积装备与沉积技术；高性能石英玻璃稳定化处理技术；高性能掺杂石英玻璃的制备技术。

5. 基于玻璃生产过程大数据的浮法玻璃生产工艺监控软件系统

主要技术内容：

熔化一窑多线的液流分配、锡槽功能分区的锡液循环设计、退火窑精密退火的工程仿真技术等工程设计优化技术；料方与玻璃成分设计、原料颗粒级配、玻璃性质预测等原料监控技术；玻璃液流稳定性、均匀性、工艺参数等熔化监控技术，窑坎、鼓泡与搅拌技术辅助设施的匹配性技术；按用途分类的控制降低玻璃下表面渗锡量技术等成形监控技术；玻璃退火窑空间温度、风量的精密控制与应力产品缺陷分析与来源诊断（不同类型的斑马角、结石、气泡缺陷等）等退火监控技术。

6. 超细、超薄、低介电玻璃纤维及其制品的制造技术

主要技术内容：

"BC"级和"C"级电子纱及布规模化制造技术；高压水枪开纤技术；低介电高硼玻璃纤维成分配方技术；池窑化生产的熔制和拉丝工艺技术；浸润剂技术及规模化开发

技术。

7. 高性能纤维预制体自动化制造技术

主要技术内容：

高性能纤维预制体精密化设计与制备技术；国产商用发动机风扇叶片等关键部件低成本、高效率、规模化机械生产技术；整体多层无屈曲织物结构自动化织造技术；织物多方向、多角度整体制备技术。

8. 纤维增强热塑性复合材料制造技术与装备

主要技术内容：

热塑性树脂与玻璃纤维、碳纤维等增强纤维的浸渍与成型技术，包括各类热塑性复合材料预浸料的工艺技术与装备，以及各类热塑性复合材料制品的拉挤、缠绕、模压、液体膜塑、连续挤拉、注塑等成型工艺与装备。

9. 耐火材料制造技术

主要技术内容：

耐火材料生产线自动化和智能化技术；耐火材料在役诊断、造衬维护集成技术；新型合成原料研发和产业化技术；具有微米、纳米孔径、闭孔结构的系列轻质合成原料相关技术；新型高效、安全、环保型隔热耐火材料产业化技术；结构功能一体化智能型连铸用功能耐火材料产业化技术；新型干法水泥窑用耐火材料配置及全面无铬化技术；耐火材料绿色智能制造集成技术。

10. 硅灰石矿纤的精加工、表面改性及应用技术

主要技术内容：

硅灰石矿精选技术；硅灰石矿纤精加工技术；硅灰石矿纤表面改性技术；硅灰石矿纤作为功能增强材料在塑料、橡胶、造纸等行业中的应用技术；硅灰石作为短纤维石棉替代品用于建筑材料、绝缘体材料、摩擦材料等领域的应用技术；硅灰石作为白色颜料的应用技术；硅灰石尾矿综合利用技术；硅灰石作为土壤调理剂的应用技术。

11. 用于工业废水处理的矿物功能材料深加工技术

主要技术内容：

膨润土等矿物功能材料的改性、改型技术；增加矿物功能材料比表面积、调整表面电荷等技术；矿物功能材料在工业废水处理中的应用技术。

12. 非金属矿采选及深加工技术及装备

主要技术内容：

规模化、机械化、智能化、专用化开采、加工成套技术与装备；选择性破碎及分级干法提纯技术；非金属矿"近零尾矿"加工利用技术；大宗尾矿规模化高端化利用技术；低品位和伴生矿物的选矿提纯及产品应用技术；矿物均化、矿物材料结构与晶体设计技术；矿物提纯、改性、多矿种功能复合等技术；气氛可控煅烧工艺与装备；超导磁、微波活化、光电选应用技术；基于矿物结构的超细粉碎、分级技术。

13. 高精密人造金刚石和立方氮化硼材料生产技术

主要技术内容：

六面顶压机大型化技术；合成工艺测控精密化技术；大颗粒单晶及纳米粉功能化应用技术；晶体纯化与活化技术；提高质量稳定性等技术。

14. 先进玻璃基材料及高附加值玻璃深加工技术及装备

主要技术内容：

高世代 TFT-LED 液晶基板玻璃产业化技术及装备；显示器用基板玻璃、薄膜电池用基板玻璃、中铝玻璃等成套技术及装备；在线和离线透明导电氧化物镀膜玻璃、电/热致变色玻璃制备技术；光伏光热结构功能一体化玻璃制品制备技术；高均匀硫系玻璃稳定制备技术。

15. 复合材料自动铺放技术

主要技术内容：

复合材料自动纤维铺放设备（自动铺丝机）及控制技术；自动纤维缠绕设备及软件技术；CAD/CAM 软件技术；自动铺丝路径建模技术；自动料带层铺设备（包括平面式自动铺带机与曲面式自动铺带机）及软件技术。

二、装备制造业

（一）农业机械

1. 大型轮式拖拉机用无级变速器（CVT）

主要技术内容：

电控技术；CVT 变速箱动态特性分析及优化、动力学仿真、动态试验技术；机械和液压混合双动力、机械换挡、静液压闭式回路调速技术；电控液压换挡换向技术；振动与降低噪声技术；静液压传动装置可靠性技术；发动机和CVT 匹配技术；液压机械匹配技术；电控系统控制策略；故障诊断及应急技术。

2. 大型轮式拖拉机用电液提升器

主要技术内容：

力位传感控制技术；反应灵敏度控制技术；力、位、混合或浮动等方式的自动精确控制技术；农具升降、载荷、入土深度控制技术；电控系统数据信息的设置、采集和应用技术；工况实时监测技术；分配器、变量负载传感节能技术。

3. 联合收获机械用高性能传动带

主要技术内容：

传动带与带轮动力学模型；产品结构优化设计；高性能压缩胶制备技术；耐磨型外包材料预处理技术；传动效率及使用寿命提升技术；疲劳试验及检测控制技术；一次性预成型技术。

（二）工程机械

1. 工程机械绿色化与宜人化设计技术

主要技术内容：

基于能源多样化的节能技术；轻量化设计技术；动力及传动系统节能技术；液压无级变速传动系统技术；产品环境适应性、安全性保障技术。

2. 工程机械产品试验检测与可靠性技术

主要技术内容：

可靠性、耐久性数据采集与实验室再现技术；温度场、噪声、振动等参量的综合检测技术；产品安全性能、环保性能、节能减排、噪声、环境适应性等多参量综合检测技术；整机与零部件可靠性验证方法等试验检测技术；零部件可靠性台架考核的试验方法研究和装备研制；关键部件疲劳寿命预估与可靠性、耐久性研究；产品生命周期动态可靠性设计平台；以及可靠性、耐久性基础知识库和数据库等。

3. 工程机械协同设计与关键部件制造技术

主要技术内容：

分布式协同设计平台；全球研发、设计、制造、销售与服务协同平台；知识共享与知识交易协同设计平台；工程机械后市场产品全生命周期服务、诊断、维修功能数字化平台；大型结构件、液压件、传动件、回转支撑、四轮一带、控制系统等设计制造技术。

4. 大型和超大型工程机械智能型产品研发技术

主要技术内容：

土方机械、工程起重机械等大型超大型产品静动态仿真设计、动态仿真模拟实验技术；材料优化选择与大型超大型结构件、传动部件制造工艺及制作装备；单机产品数字化智能化及大型超大型产品集群智能化施工技术；远程数据传输与故障自诊断技术。

5. 工程机械减振降噪技术

主要技术内容：

振动噪声信号识别与解耦；机舱散热系统优化与降噪设计；排气频谱及消音器优化设计；悬置系统优化与减振设计；液压系统减振降噪控制；低噪声驾驶室的开发与舒适性设计。

6. 工程机械节能减排技术

主要技术内容：

典型工况载荷测试分析技术；整机能效评价技术；整机液压混合动力系统设计与动力匹配技术；新型液压混合动力耦合关键零部件开发设计技术；势能与制动能量回收及再生控制策略。

7. 桥式起重机轻量化技术

主要技术内容：

起重机金属结构轻量化设计技术；紧凑高效起升机构及传动部件研制技术；起重机能效分析及评定技术；起重机安全监控及智能运维技术；起重机结构健康监测及安全评价技术。

（三）仪器仪表

1. 压力传感器设计及制备技术

主要技术内容：

传感器环境适应能力、输出一致性技术；核心部件高性能封装、传感器封装结构设计及过载保护、传感器温度特性补偿及测试等高性能压力传感器设计及制备技术；系统构成、信号处理方法、接口设计、性能设计、低功耗设计、物联网用电源模块、智能传感器系统集成等工业物联网用集成式智能压力传感器设计及制备技术；敏感芯片的设计及制造、全固态无引线封装工艺、高宽温区信号补偿及检测、可靠性强化试验等硅基压力传感器无引线封装制造技术。

2. 高端气相色谱类分析仪器的关键制造技术

主要技术内容：

多品种新型检测器；提升原有 FPD/FID/NPD/ECD/微型热导检测器 u－TCD 等检测器检测指标；EPC/EFC 电子气体压力和流量模块小型化技术；进样系统关键技术。

3. 工业控制巨磁电阻传感器微型化和集成化技术

主要技术内容：

巨磁电阻纳米多层膜材料沉积技术；巨磁电阻单元光刻刻蚀技术；介质光刻固化技术；保护层光刻固化技术；梯度式感知技术；巨磁电阻单元微型化技术；巨磁电阻单元与半导体工艺集成技术；信号高倍细分技术；噪声抑制技术等。

4. 集散控制系统（DCS）/可编程控制器（PLC）冗余设计关键技术

主要技术内容：

冗余诊断技术；冗余的关键数据研究；冗余方式（切换、并联、热备、冷备等原理）选择技术；冗余数据一致化处理技术。

（四）机床工具

1. 全数字高档数控系统技术

主要技术内容：

插补周期；高速超前预处理；前瞻段数；程序段处理速度；最小分辨率；多通道及复合加工控制技术；控制通道及轴数；每通道最大联动轴数；双轴同步控制；数字化通讯接口协议、标准及 IP 实现；纳米级高精度插补技术；样条曲线、曲面插补算法、轨迹平滑、加速度控制、空间刀补技术；机床几何空间误差、热变形等动态误差补偿；智能化编程、加工、保护及故障诊断、远程监控与诊断；可靠性设计、测评标准和评测。

2. 全数字高档伺服驱动技术

主要技术内容：

系列化全数字交流伺服驱动装置；高分辨率编码器数字式接口技术；现场总线通讯接口；系列化全数字主轴服驱动装置；高分辨率编码器数字式接口；高性能交流永磁同步伺服电机；高性能主轴电机；高动态响应和高精度数字电流环、速度环、位置环控制技术；伺服系统振荡态抑制技术；多模态控制技术；伺服参数实时调整技术；高可靠性、高电网适应能力、高功率因数伺服电源技术；模块化伺服驱动技术，参数自整定、故障自诊断功能。

（五）汽车

1. 电驱动系统技术

主要技术内容：

电机与传动装置、逆变器集成技术；高输出密度、高效率永磁电机技术；高速减速器及变速器技术；高可靠、低成本逆变器技术；自动化制造工艺及装备。

2. 智能网联汽车技术

主要技术内容：

多源信息融合技术；车辆协同控制技术；数据安全及平台软件；人机交互与共驾技术；自动驾驶测试场景库与测试技术；高精地图基础数据平台；智能网联汽车基础云控技术；车辆智能计算平台。

3. 动力电池能量存储系统技术

主要技术内容：

正负极、隔膜及电解液等关键材料技术；电池管理系统技术；集成及制造技术；性能测试和评估技术。

4. 动力电池全自动信息化生产工艺与装备

主要技术内容：

工厂总体设计、工艺流程及布局数字化建模；工厂互联互通网络架构与信息模型；生产工艺仿真与优化；生产流程实时数据采集与可视化；现场数据与生产管理软件的信息集成；车间制造执行系统（MES）与企业资源计划（ERP）系统的协同与集成。

5. 汽车节能技术

主要技术内容：

动力系统节能技术；传动系统节能技术；轻量化技术及低阻力技术。

（六）机械基础件

1. 行走机械静液压驱动及液压机械功率分流无级变速装置设计制造技术

主要技术内容：

静液压驱动与机械变速器的匹配与控制技术；系统中闭式高压柱塞泵与液压马达摩擦副的材料、工艺研究及功率匹配技术；高压柱塞泵、液压马达和变速箱壳体的铸造技术；机械变速箱设计制造技术；整体装置的试验检测技术。

2. 高转速大功率多元复合液力调速技术

主要技术内容：

多个液力元件匹配技术；热平衡技术；功率流复杂的工作轮研究；液压控制系统开发；智能化控制器的软硬件开发。

3. 核主泵机械密封与干气密封技术

主要技术内容：

密封组件结构优化与集成，非能动停车密封的设计开发、制造与试验考核，密封摩擦副材料性能与匹配，润滑液膜形成，端面变形控制，热力平衡，长周期运行试验性能测试等核主泵机械密封流体静压式和动压式密封技术；高参数干气密封的流固热耦合设计，抗干扰、热平衡，先进加工制造、组件标准化、密封材料制备，干气密封产品的质量稳定性和可靠性等干气密封的可靠性及新槽型研发技术。

4. 轻量化与复杂液压先进制造及表面处理技术

主要技术内容：

增强型碳纤维或高分子材料等非金属材料液压元件的设计与制造工艺；分层制造工艺、金属熔融激光加工增材制造工艺等复杂液压阀块先进制造工艺；先进的液压缸活塞杆表面镀铬替代涂层工艺；密封的适应性；疲劳耐久性等。

5. 气动控制元件与系统

主要技术内容：

高精度比例电磁铁制造技术、微型比例阀阀芯位移检测技术、比例阀测试技术等气动比例阀设计制造技术；本体设计制造技术、高速开关阀驱动器设计制造技术、高精度低成本阀门开度传感技术等高速开关阀设计制造技术；高性能气缸制造技术、快响应气动伺服控制技术、大负载波动率控制技术、远距离大延迟控制技术、控制器鲁棒性技术等高性能气缸设计制造技术。

6. 高精密超高速轴承设计制造技术

主要技术内容：

基于 SaaS 架构云端轴承智能化参数化设计技术、基于参数化设计的轴承仿真分析技术、轴承试验大数据分析方法应用等轴承智能化设计及仿真分析技术；陶瓷球材料的力学性能及稳定性优化技术；高精密氮化硅、氧化锆陶瓷球近净尺寸成型、烧结关键技术；陶瓷轴承球精密加工与检测技术；结构设计与装配技术；超高速轴承结构优化设计、低温升、润滑、长寿命、高可靠试验、可靠性评价等超高速环保脂润滑轴承关键技术。

7. 齿轮传动设计软件及数据库试验平台

主要技术内容：

具有齿轮几何设计、强度寿命计算、齿面修形计算等功能的开放式通用软件平台；传动系统非线性动力学分析和优化设计；齿轮传动系统制造及性能检测分析等齿轮传动专业设计分析软件；高可靠多功用齿轮材料接触强度、弯曲强度等基础性能数据测试试验平台；齿轮传动效率、寿命、噪声等基础性能评估方法等。

（七）基础工艺

1. 高效造型技术与铸造再生技术

主要技术内容：

可靠、高效、自动、精确、易诊断静压自动造型线，高效率液压缸，伺服控制液压系统，实时位移检测、伺服控制系统及变频技术等高紧实度粘土砂高效造型技术；粘土砂废（旧）砂、树脂自硬砂废（旧）砂、水玻璃砂废（旧）砂和固体废弃物资源化再利用等铸造废（旧）砂的再生技术与设备系统制造技术。

2. 大吨位、外热风、水冷长炉龄冲天炉装备技术

主要技术内容：

单排风口冲天炉炉体、炉气燃烧室、热风换热器、炉身及风口水冷系统、烟尘回吹装置、高效除尘系统、富氧送风系统、渣铁分离装置、炉渣粒化系统、余热回收设备、自动配加料机等装备技术；冲天炉数字智能自动化控制系统；大型有芯感应加热保温电炉、冲天炉炉料（金属炉料、非金属炉料）配料系统、冲天炉配套除尘设备等冲天炉附属设备。

3. 先进热处理工艺及装备关键技术

主要技术内容：

表面改性热处理齿轮强度、寿命及可靠性，齿轮节能、环保表面改性热处理，齿轮表面改性及热处理畸变控制等齿轮抗疲劳表面改性与硬化精密热处理工艺技术；氧氮化工艺，高效环保助氧化剂，气氛含量的变化对氮化层形貌、相结构、氮化层厚度、显微硬度及结合力的影响等高端汽车气门绿色氧氮化热处理装备与技术；机器人的装载及送料，机器人的控制及定位系统，多台热处理设备之间的工艺控制等大型热处理生产线送料及运载用车型机器人及控制系统；废弃油脂的分离、精炼，冷却性能改进、降凝、清净分散、光亮、高温抗氧、金属钝化等淬火油添加剂研发与评定，淬火油热氧化安定性、光亮性评定等生物淬火油研究与应用技术。

4. 航空发动机热端部件高温防护涂层技术

主要技术内容：

发动机热端部件表面预处理技术；抗氧化粘结层制备

技术；高熔点、耐冲刷面层制备技术；异形件涂层均匀化制备技术。

5. 地面燃机及汽轮机用长寿命间隙控制涂层技术

主要技术内容：

长寿命耐蚀可磨耗涂层的设计技术；多组元复合材料的均匀包覆团聚制备关键技术；易烧损可磨耗组分的烧损控制关键技术；涂层孔隙控制及孔隙与性能影响关系关键技术；涂层模拟工况条件下的长寿命考核评价技术。

三、电子信息与通信业

（一）集成电路

1. 集成电路专用设备及材料技术

主要技术内容：

晶粒组织均匀、织构可控的高纯钽锭制备技术；晶粒组织均匀细小、织构分布均匀、织构组份可控的高性能钽靶材制备技术；晶粒组织均匀细小、织构组份可控的高性能平面及管状铌靶材制备技术。

2. IC 封装载板制造技术

主要技术内容：

层间对位技术；细密线路蚀刻技术；微孔激光钻孔技术；电镀均匀性控制技术；薄板生产控制技术。

3. 射频发生器制造技术

主要技术内容：

微波毫米波宽带固态高功率模块的高效率和高稳定技术；功率模块的高效率和高稳定技术；功率测量模块的高稳定和高精度技术；高频功率滤波器的集成化和小型化技术；射频发生器的大功率和小型化技术；射频发生器的新型散热技术；射频发生器的功率输出高精度技术；射频发生器在负载急剧变化情况下的快速保护技术。

4. 半导体制造装备用高精密陶瓷部件制造技术

主要技术内容：

高度轻量化、高尺寸精度、中空闭孔等复杂结构碳化硅、氮化铝陶瓷部件制造共性技术，包括复杂结构陶瓷组件近净尺寸成型、烧结关键技术，高精密陶瓷部件中空制造技术，高精密复杂结构陶瓷部件超精加工技术，高精密陶瓷部件性能检测与评价技术等。

（二）印刷电路

1. 大容量高速高频多层板制造技术

主要技术内容：

高多层对位技术；厚板钻孔技术；高信号完整性背钻技术；高厚径比电镀技术；高可靠性检测技术等。

2. 刚挠结合印制电路板制造技术

主要技术内容：

刚挠结合板层压技术；挠性板金手指制作技术；刚挠结合板揭盖技术；刚挠板制程尺寸匹配控制技术；覆盖膜贴合技术。

3. 大功率厚铜印制电路板制造技术

主要技术内容：

厚铜线路蚀刻技术、厚铜层压技术、厚铜钻孔技术等关键工艺；局部大功率厚铜技术、埋入叠层母排技术、埋入功率芯片技术。

4. 埋嵌类印制电路板制造技术

主要技术内容：

电路板的埋嵌金属技术；埋阻容器件技术；埋芯片技术；埋阻容材料技术；特殊材料埋置技术；埋置类印制板检测技术。

5. 高耐腐蚀要求的印制插头电路板制造技术

主要技术内容：

金手指侧面包金技术结合表面防氧化保护技术。

（三）平板显示

1. 柔性显示器技术

主要技术内容：

OLED 喷墨打印技术与封装技术。

2. 量子点电视机技术

主要技术内容：

采用量子点背光源（QD – BLU）的量子点显示技术。

3. 印刷显示技术

主要技术内容：

量子点显示的 QLED 喷墨打印技术。

（四）太阳能光伏

1. 高纯多晶硅生产技术

主要技术内容：

稳定的电子级多晶硅生产技术；高效节能的大型提纯、高效氢气回收净化、高效化学气相沉积、多晶硅副产物综合利用等装置及工艺技术；硅烷流化床法多晶硅生产工艺，包括放大设计、装置整体运行管理、操作优化、工艺设计等。

2. 光伏电池生产技术

主要技术内容：

背场钝化（PERC）电池、金属穿孔卷绕（MWT）电池、N 型电池、异质结（HIT）电池、背接触（IBC）电池、叠层电池、双面电池等高效电池生产技术；薄膜电池生产技术。

3. 光伏生产专用设备

主要技术内容：

还原/氢化等多晶硅生产设备、大容量高效率多晶铸锭炉和单晶炉、多线切割机、硅片测试分选设备、多晶在线制绒设备、减压扩散炉、全自动丝网印刷机等；高效电池用平板式 PECVD、离子注入机、刻蚀机、原子层沉积镀膜设备（ALD）等关键工艺设备。

（五）数字家庭音视频

1. 智能电视操作系统技术

主要技术内容：

智能电视操作系统设计技术；数字电视功能组件技术等。

2. 基于无线局域网的多房间音乐流媒体音响

主要技术内容：

利用家庭无线网络访问本地、互联网的音乐流媒体的硬件技术；辅助智能设备操作本地网络内无线音箱的工作和流媒体重放的软件技术。

3. 面向智慧家庭的智能无线局域网芯片关键技术

主要技术内容：

芯片的功能模块规划、性能指标定义、智慧家庭通用硬件接口定义；IP设计、逻辑功能设计；线路设计与仿真、工艺偏差调试；版图设计、ESD设计、封装设计、低功耗设计等；

测试实验方案设计；通用产品应用性设计。

4. 大尺寸宽色域电视机技术

主要技术内容：

蓝光LED+量子管技术关键点：量子点、蓝光LED、Open cell频谱三者之间的匹配设计；画质优化技术；图像处理技术；高色域LED技术。

5. 超高清关键技术

主要技术内容：

超高清图像分割合成技术；超高清图像增强处理技术；超高清MEMC；H.265、AVS2格式信号解码和超高码流解码技术，HDMI2.X和USB3.X等新接口技术；GPU和CPU、存储器资源的动态调整、优化及动态功耗调整技术；融合多种技术的可扩展的软硬件系统构架。

6. 高品质音视频流媒体多源呈现传输控制技术

主要技术内容：

音视频高品质流媒体多源至多呈现终端设备的传输控制技术；高品质音视频多源高效播放技术；高品质音视频多源混合呈现管理技术。

7. 虚拟现实核心技术

主要技术内容：

柔性AMOLED、光场显示等近眼显示技术；高性能GPU渲染技术；动作捕捉、传感融合、3D摄像、异构计算、即时定位及地图构建等感知交互技术；满足高带宽、低时延应用场景的通信传输技术；高沉浸交互式影像生产等内容生产技术。

（六）软件和信息技术服务

1. 工业操作系统技术

主要技术内容：

工业计算机操作系统技术；工业云操作系统技术；通用型嵌入式操作系统技术等。

2. 工业应用软件技术

主要技术内容：

基于三维图形平台的智能设计制造系统技术；三维可视化试验设计交互系统技术；智能工厂工业控制软件和工业应用软件技术；工业大数据技术。

3. 安全可靠信息系统生产过程共性研发技术

主要技术内容：

基于安全可靠平台的编译调试技术；跨语言跨平台核心运行框架技术；基于安全可靠平台的系统需求分析与建模技术、数据访问技术、网络应用开发技术、图形处理技术、中间件集成调试技术、版本管理技术；安全可靠平台模型驱动开发技术；安全可靠平台领域框架复用技术；安全可靠平台工作流引擎技术。

4. 安全可靠信息化适配总集及总装技术

主要技术内容：

安全可靠信息系统适配指标体系论证与设计技术；安全可靠信息化适配仿真模拟技术；混成环境适配集成技术；

基础环境及应用系统适配总集技术；安全产品适配及应用总装技术；裁剪定制与优化技术。

5. 面向制造业的信息服务技术

主要技术内容：

基于制造业领域的知识库建设、服务自动化和可视化技术、云计算和大数据运维技术、智能检测技术、远程诊断维护技术、产品全生命周期管理技术；基于智能制造业产品的在线服务技术；服务型制造的个性化定制技术。

6. 智能语音技术

主要技术内容：

复杂环境下语音识别技术和噪音处理技术；语音合成技术；声纹识别技术；语义理解及对话控制技术；智能语音交互云服务技术。

7. 工业互联网平台

主要技术内容：

工业数据清洗技术；管理和建模分析技术；平台开发技术；工业知识模型化技术等。

8. 面向生产企业的大数据服务支撑技术

主要技术内容：

工业大数据采集技术；分布式数据汇聚与交换（消息中间件）技术；工业大数据存储与管理平台技术；工业大数据挖掘技术；工业数据可视化技术。

（七）通信业

1. 大数据网络传输关键技术

主要技术内容：

网络传输的负载均衡技术；拥塞控制机制技术；用户分级和业务分类的动态资源调控技术。

2. 云计算网络关键技术

主要技术内容：

数据中心二层多路径组网技术；数据中心无阻塞组网技术。

3. 高速光通信关键器件和芯片技术

主要技术内容：

窄线宽可调光源；调制及驱动器件；集成相干接收机；高速率模数转换芯片；高速信号处理算法处理芯片和增强型FEC芯片；成帧及复接芯片；40Gb/s和100Gb/s客户侧模块等。

4. LED高速可见光通信器件与模块制造技术

主要技术内容：

通照两用高调制速率、高光效、无荧光粉多基色全光谱白光LED光源；面向可见光谱全覆盖窄带接收的光电探测器；可见光通信专用光电检测芯片；高速可见光通信收发模块。

5. 超宽带矢量信号分析技术

主要技术内容：

宽带高速解调技术；快速自适应分析算法；高性能频率合成技术；通信标准制式信号解析技术；高速数据接收基带处理技术；大带宽低频响射频变频技术；高灵敏度射频接收技术。

6. 低损耗光纤熔接技术

主要技术内容：

光纤物理特征分析技术;光纤高分辨率成像与图像特征识别技术;光纤微米级精确对准技术;放电电弧自动校准技术。

四、消费品工业

(一)纺织

1. 干喷湿法纺高性能碳纤维技术

主要技术内容:

大型、高效聚合导热体系;高稳定化干喷湿法纺丝及高倍牵伸工艺;快速均质预氧化技术和高效节能预氧化碳化装备;干喷湿纺碳纤维表面处理技术及与不同树脂基体、不同复合材料成型工艺相匹配的系列化油剂和上浆剂。

2. 高强高模聚乙烯醇(PVA)纤维关键技术

主要技术内容:

高强高模 PVA 纤维的湿法含硼碱性纺丝技术;脱泡、中和水洗、热处理、凝固浴蒸发等技术;原料添加剂;溶解工艺、上油、热处理等工艺技术提升;综合回收利用等。

3. 印染全流程智能化技术

主要技术内容:

工艺参数数据在线采集与自动控制技术;生产流程在线监控技术;染化料自动称量、输送技术;数字化染色工艺技术;数控染色装备;中央自动化控制系统。

4. 高性能非织造材料加工关键技术

主要技术内容:

高速梳理技术;纺丝牵伸技术;双组份复合纺丝技术;高速稳定均匀铺网成网技术;高速宽幅纺熔复合技术;功能后处理技术。

5. 高性能纤维经编预定型增强复合材料加工技术

主要技术内容:

纤维预定型织物结构设计;定型剂制备;预定型技术;纤维编织技术;树脂传递模塑成型(RTM)工艺等。

6. 高性能热防护纺织品关键技术

主要技术内容:

热防护纤维原料的性能提升;多组分纤维面料复合加工技术;热防护仿真评价方法等。

7. 生物基化学纤维产业化关键技术

主要技术内容:

绿色制浆、浆纤一体化产业化技术;新溶剂法纤维素纤维专用浆制备及溶解 – 纺丝 – 溶剂回收技术;生物基戊二胺、聚酰胺产业化制备关键技术及装备;具有本体阻燃、低温可染和吸湿排汗等性能的纤维及应用;生物质石墨烯宏量制备及石墨烯在功能纤维中的产业化应用技术。

8. 棉纺成套设备智能化加工体系

主要技术内容:

纺纱全流程实时监控技术;连续化纺纱工艺技术;纺纱车间物料智能化输送技术;远程生产过程控制与故障诊断技术;转杯纺纱机与涡流纺纱机微电机驱动与控制技术。

9. 化纤大容量、高效柔性化与功能化技术

主要技术内容:

大容量聚合改性技术及装备;多重在线添加、泵前注入与均匀输送技术;纺丝组件、吹风与成形模块化及互换

技术;纤维异形、细旦、收缩、强度协同调控技术;数字化仿真设计与加工技术;产品智能分级技术;网络化过程控制系统、生产工艺执行系统、生产计划优化系统和全流程供应链的资源管理系统等。

10. 高速数码喷墨印花技术

主要技术内容:

织物低耗预处理技术;墨水在织物表面的渗化控制技术;高速喷墨印花技术及装备;喷墨印花墨水。

11. 活性染料湿短蒸染色技术及装备

主要技术内容:

湿短蒸染色工艺技术及装备;饱和蒸汽对织物汽蒸固色关键技术;活性染料无盐连续染色技术。

(二)轻工

1. 生物基原材料工程菌开发及规模化生产工艺技术

主要技术内容:

采用基因工程技术、发酵工程技术、代谢工程技术、合成生物学技术、高效分离提取技术,开发氨基酸、有机酸、生物醇、生物烯烃、新型酶制剂等生物基材料相关的优良菌种;生物基材料产业化技术;原料底物及废弃物的组分高效分离与高值化利用技术。

2. 高速造纸机高端自动化控制技术

主要技术内容:

盘磨的恒能耗控制技术;连续配浆的全自动控制技术;靴式宽压区压榨的液压控制技术;无绳引纸控制技术;全自动换卷、恒线压卷绕卷纸机控制技术;高精度传动控制系统(DS);智能马达控制系统(MCC);断纸检测分析系统(WMS);在线质量控制系统(QCS);稀释水/唇板横幅定量控制系统;蒸汽及冷凝水回收控制系统(可调热泵);电磁感应加热横幅厚度控制系统;纸病检测系统(WIS);高速复卷机控制系统;液压控制系统;全自动换卷复卷机控制系统等。

3. 电冰箱用高效直线压缩机及控制技术

主要技术内容:

直线压缩机整体结构轻量化技术;活塞密封减摩技术;气流道结构优化技术;消音减振技术;直线压缩机与冰箱制冷系统匹配技术;控制策略与控制算法;批量生产工艺关键技术;直线压缩机性能参数测试技术。

4. 纸基轻质结构减重材料制备技术

主要技术内容:

水力式流浆箱成形技术和高温辊压技术;以 PBO 纤维和高模高强芳纶纤维为原料的纸基复合材料在轨道交通、航空航天领域的应用技术;轨道交通、航空航天用高性能纸基复合材料制备技术。

5. 缝制机械智能缝制及基于物联网的云平台技术

主要技术内容:

缝料智能感知技术;压脚压力、线张力等机器参数自适应、自学习技术;缝制物料智能抓取和输送技术;智能化缝制单元系统集成技术;缝制物联网技术;缝制终端数据实时采集、通讯及数据处理技术。

6. 多层共挤高强度生态环保高档薄膜(农用、包装用功能膜)

主要技术内容：

薄膜成型技术，包括聚合物微纳层叠技术、薄膜多层共挤、配方优化技术，在线多层涂覆、烘干定型折叠等生态工艺技术。薄膜配方技术，包括添加光转换助剂，使用全生物降解树脂、纳米改性PET树脂、PET/PE合金等技术。

7. 油烟高效分离与烟气净化及装备制造技术

主要技术内容：

油烟高效分离技术；烟气在线表征、污染物分解净化等技术与装备。

8. 制革和毛皮硝染主要工序清洁生产技术

主要技术内容：

清洁型化工材料和节水节能机械设备及集成清洁化技术；毛皮硝染从浸水到染色各工序废液循环再生利用以及中水回用技术；高吸收铬鞣技术、有机鞣制技术、非铬金属鞣制技术及其结合鞣技术。

9. 食糖绿色加工与副产物高值利用技术

主要技术内容：

酶－膜耦合绿色制糖工艺技术；无硫澄清工艺、蔗渣基吸附剂、多糖基絮凝剂等绿色加工新技术和化学助剂替代技术；副产物的高值化利用技术。

10. 食品安全危害因子高精度快速检测技术

主要技术内容：

传感器阵列、多元可视等高通量多组分快速检测技术；适合于食品生产、流通环节使用的食品危害因子便携式检测装置；离子液体、石墨烯、金属有机框架材料等新型前处理识别新材料；不同食品中各类风险因子高通量、多组分精准速检测技术；智能化无损检验检测技术。

11. 食品非热加工技术

主要技术内容：

食品冷冻粉碎与真空冷冻干燥技术；规模化高压脉冲电场连续杀菌及大跨度波段电磁场协同无介质非热杀菌技术；规模化、大容量、高稳定性（高压脉冲电场、超高压、脉冲强光、超声波、高密度 CO_2 等）非热加工关键部件与装备；食品非热加工指示物（指示菌、指示酶及其他指示物）的筛选与安全性评价；食品非热加工与新型热加工（微波、射频等）耦合联用技术；食品非热加工在高效提取、快速陈化、定向美拉德反应、新型凝胶等领域的创新应用；食品非热加工过程中的原位分析技术；中低温杀菌与包装保藏连续一体化装备。

12. 天然产物（食品添加剂与配料）生物制备技术

主要技术内容：

天然产物生理活性稳定化预处理技术；天然产物高效提取分离清洁生产技术；天然风味物质酶法转化强化技术；天然风味配料的风味保藏技术与控释技术；天然产物生物催化与制备关键技术；天然生物大分子的酶法制造与定向修饰技术；敏感性天然产物的稳态化与缓控释技术；天然产物生物制备的适用性制备。

（三）医药

1. 化学创新药开发技术

主要技术内容：

针对特定靶点的药物设计技术；先导化合物发现和结构优化技术；药物成药性评价技术。

2. 高质量口服制剂生产技术

主要技术内容：

制剂工艺技术；药用辅料质量、生产过程质量控制技术。

3. 动物细胞大规模高效培养和蛋白质纯化关键技术

主要技术内容：

高表达细胞株构建技术；高密度流加和连续灌注培养技术；蛋白质大规模纯化工艺；无血清培养基和蛋白质纯化介质生产技术。

4. 体外诊断设备及试剂生产技术

主要技术内容：

高速全自动生化、免疫分析仪和分子诊断设备生产技术；新型试剂的开发；试剂的精确度和质量稳定性技术。

五、节能环保与资源综合利用

（一）节能节材

1. 水性、无溶剂及热塑性弹性体树脂合成革制造技术

主要技术内容：

合成革清洁生产用水性树脂、无溶剂树脂、热塑性弹性体树脂（包括功能性、生态性合成革等制造用水性贴面聚氨酯树脂、发泡树脂、改性树脂、超纤含浸树脂、粘结树脂）；与水性树脂配伍的关键助剂（如流平剂、润湿剂、消泡剂、增稠剂、交联剂等）；生态人造革、合成革制造关键工艺技术（如水性干法工艺、水性湿法工艺、水性表处工艺、无溶剂制备合成革工艺等）。

2. H－酸连续法生产技术

主要技术内容：

三氧化硫磺化新技术；连续硝化新技术；催化加氢还原新技术等。

3. 促进剂M（2－巯基苯并噻唑）微反应管道连续法工艺技术

主要技术内容：

新型二硫化碳和硫磺缩合反应催化剂；高压微通道器和反应工艺；高效纯化和分离M的萃取剂和萃取工艺等。

4. 针织物平幅染整加工技术

主要技术内容：

针织物低温连续前处理关键技术；针织物平幅形变控制、均匀施液关键技术；针织物平幅印染加工核心装备；针织物平幅染色工艺技术等。

5. 燃气锅炉烟气深度冷凝余热回收技术

主要技术内容：

燃气锅炉尾部节能装置；烟气深度冷却技术；尾部受热面防腐技术；功率在1000kW以下的家用/商用锅炉产品的关键技术，及其技术应用的结构和安装。

6. 粉体物料高效低能耗换热技术及装备

主要技术内容：

粉体与气体、液体和粉体的高效换热关键技术；粉体低能耗流动技术；耐高温耐磨损全焊接板片制造技术。

7. 基于醇基燃料的燃烧系统节能技术

主要技术内容：

醇基燃料添加剂技术；醇基燃料精准输送智能控制技术；醇基燃料雾化燃烧器技术；自动调节富氧发生装置辅

助醇基燃料充分燃烧技术。

8. 无酸金属材料表面清洗技术与成套装备

主要技术内容：

混合介质涡轮均匀喷射技术；防锈剂配比技术；水、钢砂、防锈剂过滤分离技术及装备；清洗流程工艺、参数、质量数据集成控制系统及技术。

9. 离散制造能效提升技术

主要技术内容：

能效提升基础数据库；离散制造能效定额计算规范；系统能效检测与分析技术；系统能效管控技术。

（二）固体废弃物处理

1. 废旧电池回收技术

主要技术内容：

镍、钴、锰等高价值化学材料的定向循环技术，铁、锂等偏离元素的无害化技术，自动化拆解技术等废旧锂离子动力电池回收技术。废旧铅酸电池铅膏湿法直接回收电池级氧化铅新工艺技术，回收氧化铅的清洁提纯过程和不同晶型控制技术，废铅酸电池废铅板栅的低电耗精炼和合金技术，锑、锡和钡等重金属杂质元素的高值化利用技术等废旧铅蓄电池循环回收利用技术。

2. 冶金与煤电工业固废全产业链协同利用关键技术

主要技术内容：

典型地区铁尾矿和废石资源中有价组分回收与优质建材原料协同优化清洁生产技术；以实时循环回收金属铁微粉为核心的钢渣高效粉磨技术；120 级矿渣微粉低成本制备及大规模工业化生产技术；尾矿废石骨料高性能低碳混凝土整体胶凝材料生产技术；固废比例在 90% ~ 100% 的高性能混凝土大规模制备和应用技术。

3. 烧结墙材生产协同处置污泥技术与装备

主要技术内容：

烧结墙体材料生产协同处置污泥技术与装备；优化组合处置技术；污泥处置过程中的关键工艺；尾气处理；与其他原料的均化；污泥厌氧发酵技术；污泥热解气化技术。

4. 建筑垃圾资源化成套技术

主要技术内容：

建筑垃圾高效破碎技术；轻质物高效分离技术；建筑垃圾再生骨料高性能优化技术；再生混凝土及其制品生产技术；再生骨料高效利用技术；再生混凝土高效利用技术。

5. 冶金熔渣及尾矿协同制备高性能微晶玻璃技术

主要技术内容：

一次结晶连续生产技术；尾矿微晶玻璃制品大规模生产成套装备技术；离心铸造法生产微晶玻璃管材成型自动控制技术；高硅尾矿用于冶金渣高温熔态调制技术。

（三）大气治理

1. 新型无机非金属材料净化空气滤材制备技术

主要技术内容：

具有吸附性能的海泡石、凹凸棒石，以及电气石、稀土矿物、纳米二氧化硅等材料的选择、提纯及加工工艺；适宜粘结剂的选择比对；涂覆浆料的配方和配制工艺；涂覆浆料与 PET 纤维层的复合工艺；新型无机非金属净化空气滤材成型工艺。

2. 全密闭大型预焙铝电解槽清洁生产技术

主要技术内容：

全密闭大型预焙铝电解槽及其制造技术；全密闭大型预焙铝电解槽控制技术；全密闭大型预焙铝电解槽多物理场模拟计算与优化技术；全密闭大型预焙铝电解槽清洁生产技术。

3. 焦炉烟气脱硫脱硝技术

主要技术内容：

氮氧化物燃烧过程控制技术；高硫低氮烟气中低温氮氧化物脱除技术；脱硫脱硝一体化系统集成技术与装备。

4. 建材窑炉低温 SCR 脱硝治理技术

主要技术内容：

低温 SCR 脱硝催化剂低成本制造技术；低温脱硝催化剂抗中毒技术；低温脱硝催化剂活性及寿命评价技术；建材窑炉烟气工况模拟及脱硝工艺优化技术。

5. 有色金属工业窑炉大气污染控制技术及装备

主要技术内容：

大流量低浓度烟气低成本湿法脱硫技术及装备；高尘高湿度含焦油烟气高效非催化还原脱硝技术及装备；高湿度烟气除尘技术及装备；湿法脱硫脱硝一体化技术。

6. 汽车尾气净化器后处理装备与材料的智能生产技术

主要技术内容：

适用于不同载体类型、不同催化剂材料特性的自动化成套涂覆生产设备；具备全自动上/下料、定位、涂覆、称量控制、烘干和烧结、成品（次品）分拣功能的生产技术。

（四）资源综合利用

1. 典型非金属尾矿资源材料化高效利用关键技术

主要技术内容：

石墨、高岭土等典型非金属尾矿的矿物高效分离提取技术；矿物干湿法超细分级技术；多种矿物改性复合技术；高效节能脱水干燥技术；低温煅烧活化技术；尾矿材料化制备技术。

2. 用后耐火材料再生利用制造技术

主要技术内容：

用后耐火材料的分选关键技术；用后耐火材料的均化关键技术；复合耐火材料的结构设计与优化。

3. 冶金尘泥高效综合利用技术

主要技术内容：

冶金尘泥预处理关键技术；冶金尘泥混匀、制球关键技术；冶金尘泥团块加入技术；尘泥循环再利用技术。

4. 碳纤维复合材料废弃物低成本回收及再利用技术

主要技术内容：

连续的热裂解工艺及设备技术、可控的氛围气浓度和热解温度匹配技术等连续热裂解碳纤维复合材料废弃物回收工艺及设备；复合型节能技术、树脂热解产物的高热值重整技术、配套的循环热利用工艺与设备技术等低成本低能耗技术；尾气能源再利用技术、清洁排放处理技术等尾气综合处理技术。

5. 节水型液态熔渣高效热回收与资源化利用技术

主要技术内容：

粒化渣显热高效回收及热品质调控技术；液态炉渣粒化与显热回收工艺及装备技术；粒化渣资源化利用关键技术；液态熔渣显热回收与资源化利用技术。

关于深化"互联网+先进制造业"发展工业互联网的指导意见

发布单位：国务院

当前，全球范围内新一轮科技革命和产业变革蓬勃兴起。工业互联网作为新一代信息技术与制造业深度融合的产物，日益成为新工业革命的关键支撑和深化"互联网+先进制造业"的重要基石，对未来工业发展产生全方位、深层次、革命性影响。工业互联网通过系统构建网络、平台、安全三大功能体系，打造人、机、物全面互联的新型网络基础设施，形成智能化发展的新兴业态和应用模式，是推进制造强国和网络强国建设的重要基础，是全面建成小康社会和建设社会主义现代化强国的有力支撑。为深化供给侧结构性改革，深入推进"互联网+先进制造业"，规范和指导我国工业互联网发展，提出以下意见。

一、基本形势

当前，互联网创新发展与新工业革命正处于历史交汇期。发达国家抢抓新一轮工业革命机遇，围绕核心标准、技术、平台加速布局工业互联网，构建数字驱动的工业新生态，各国参与工业互联网发展的国际竞争日趋激烈。我国工业互联网与发达国家基本同步启动，在框架、标准、测试、安全、国际合作等方面取得了初步进展，成立了汇聚政产学研的工业互联网产业联盟，发布了《工业互联网体系架构（版本1.0）》、《工业互联网标准体系框架（版本1.0）》等，涌现出一批典型平台和企业。但与发达国家相比，总体发展水平及现实基础仍然不高，产业支撑能力不足，核心技术和高端产品对外依存度较高，关键平台综合能力不强，标准体系不完善，企业数字化网络化水平有待提升，缺乏龙头企业引领，人才支撑和安全保障能力不足，与建设制造强国和网络强国的需要仍有较大差距。

加快建设和发展工业互联网，推动互联网、大数据、人工智能和实体经济深度融合，发展先进制造业，支持传统产业优化升级，具有重要意义。一方面，工业互联网是以数字化、网络化、智能化为主要特征的新工业革命的关键基础设施，加快其发展有利于加速智能制造发展，更大范围、更高效率、更加精准地优化生产和服务资源配置，促进传统产业转型升级，催生新技术、新业态、新模式，为制造强国建设提供新动能。工业互联网还具有较强的渗透性，可从制造业扩展成为各产业领域网络化、智能化升级必不可少的基础设施，实现产业上下游、跨领域的广泛互联互通，打破"信息孤岛"，促进集成共享，并为保障和改善民生提供重要依托。另一方面，发展工业互联网，有利于促进网络基础设施演进升级，推动网络应用从虚拟到实体、从生活到生产的跨越，极大拓展网络经济空间，为推进网络强国建设提供新机遇。当前，全球工业互联网正处在产业格局未定的关键期和规模化扩张的窗口期，亟需发挥我国体制优势和市场优势，加强顶层设计、统筹部署，扬长避短、分步实施，努力开创我国工业互联网发展新局面。

二、总体要求

（一）指导思想

深入贯彻落实党的十九大精神，认真学习贯彻习近平新时代中国特色社会主义思想，落实新发展理念，坚持质量第一、效益优先，以供给侧结构性改革为主线，以全面支撑制造强国和网络强国建设为目标，围绕推动互联网和实体经济深度融合，聚焦发展智能、绿色的先进制造业，按照党中央、国务院决策部署，加强统筹引导，深化简政放权、放管结合、优化服务改革，深入实施创新驱动发展战略，构建网络、平台、安全三大功能体系，增强工业互联网产业供给能力。促进行业应用，强化安全保障，完善标准体系，培育龙头企业，加快人才培养，持续提升我国工业互联网发展水平。努力打造国际领先的工业互联网，促进大众创业万众创新和大中小企业融通发展，深入推进"互联网+"，形成实体经济与网络相互促进、同步提升的良好格局，有力推动现代化经济体系建设。

（二）基本原则

遵循规律，创新驱动。遵循工业演进规律、科技创新规律和企业发展规律，借鉴国际先进经验，建设具有中国特色的工业互联网体系。按照建设现代化经济体系的要求，发挥我国工业体系完备、网络基础坚实、互联网创新活跃的优势，推动互联网和实体经济深度融合，引进培养高端人才，加强科研攻关，实现创新驱动发展。

市场主导，政府引导。发挥市场在资源配置中的决定性作用，更好发挥政府作用。强化企业市场主体地位，激发企业内生动力，推进技术创新、产业突破、平台构建、生态打造。发挥政府在加强规划引导、完善法规标准、保护知识产权、维护市场秩序等方面的作用，营造良好发展环境。

开放发展，安全可靠。把握好安全与发展的辩证关系。发挥工业互联网开放性、交互性优势，促进工业体系开放式发展。推动工业互联网在各产业领域广泛应用，积极开展国际合作。坚持工业互联网安全保障手段同步规划、同步建设、同步运行，提升工业互联网安全防护能力。

系统谋划，统筹推进。做好顶层设计和系统谋划，科学制定、合理规划工业互联网技术路线和发展路径，统筹实现技术研发、产业发展和应用部署良性互动，不同行业、不同发展阶段的企业协同发展，区域布局协调有序。

（三）发展目标

立足国情，面向未来，打造与我国经济发展相适应的工业互联网生态体系，使我国工业互联网发展水平走在国际前列，争取实现并跑乃至领跑。

到2025年，基本形成具备国际竞争力的基础设施和产业体系。覆盖各地区、各行业的工业互联网网络基础设施基本建成。工业互联网标识解析体系不断健全并规模化推广。形成3-5个达到国际水准的工业互联网平台。产业体系较为健全，掌握关键核心技术，供给能力显著增强，形成一批具有国际竞争力的龙头企业。基本建立起较为完备可靠的工业互联网安全保障体系。新技术、新模式、新业态大规模推广应用，推动两化融合迈上新台阶。

其中，在2018-2020年三年起步阶段，初步建成低时延、高可靠、广覆盖的工业互联网网络基础设施，初步构建工业互联网标识解析体系，初步形成各有侧重、协同集聚发展的工业互联网平台体系，初步建立工业互联网安全保障体系。

到2035年，建成国际领先的工业互联网网络基础设施和平台，形成国际先进的技术与产业体系，工业互联网全面深度应用并在优势行业形成创新引领能力，安全保障能力全面提升，重点领域实现国际领先。

到本世纪中叶，工业互联网网络基础设施全面支撑经济社会发展，工业互联网创新发展能力、技术产业体系以及融合应用等全面达到国际先进水平，综合实力进入世界前列。

三、主要任务

（一）夯实网络基础

推动网络改造升级提速降费。面向企业低时延、高可靠、广覆盖的网络需求，大力推动工业企业内外网建设。加快推进宽带网络基础设施建设与改造，扩大网络覆盖范围，优化升级国家骨干网络。推进工业企业内网的IP（互联网协议）化、扁平化、柔性化技术改造和建设部署。推动新型智能网关应用，全面部署IPv6（互联网协议第6版）。继续推进连接中小企业的专线建设。在完成2017年政府工作报告确定的网络提速降费任务基础上，进一步提升网络速率、降低资费水平，特别是大幅降低中小企业互联网专线接入资费水平。加强资源开放，支持大中小企业融通发展。加大无线电频谱等关键资源保障力度。

推进标识解析体系建设。加强工业互联网标识解析体系顶层设计，制定整体架构，明确发展目标、路线图和时间表。设立国家工业互联网标识解析管理机构，构建标识解析服务体系，支持各级标识解析节点和公共递归解析节点建设，利用标识实现全球供应链系统和企业生产系统间精准对接，以及跨企业、跨地区、跨行业的产品全生命周期管理，促进信息资源集成共享。

专栏1　工业互联网基础设施升级改造工程

组织实施工业互联网工业企业内网、工业企业外网和标识解析体系的建设升级。支持工业企业以IPv6、工业无源光网络（PON）、工业无线等技术改造工业企业内网，以IPv6、软件定义网络（SDN）以及新型蜂窝移动通信技术对工业企业外网进行升级改造。在5G研究中开展面向工业互联网应用的网络技术试验，协同推进5G在工业企业的应用部署。开展工业互联网标识解析体系建设，建立完善各级标识解析节点。

到2020年，基本完成面向先进制造业的下一代互联网升级改造和配套管理能力建设，在重点地区和行业实现窄带物联网（NB—IoT）、工业过程/工业自动化无线网络（WIA—PA/FA）等无线网络技术应用；初步建成工业互联网标识解析注册、备案等配套系统，形成10个以上公共标识解析服务节点，标识注册量超过20亿。

到2025年，工业无线、时间敏感网络（TSN）、IPv6等工业互联网网络技术在规模以上工业企业中广泛部署；面向工业互联网接入的5G网络、低功耗广域网等基本实现普遍覆盖；建立功能完善的工业互联网标识解析体系，形成20个以上公共标识解析服务节点，标识注册量超过30亿。

（二）打造平台体系

加快工业互联网平台建设。突破数据集成、平台管理、开发工具、微服务框架、建模分析等关键技术瓶颈，形成有效支撑工业互联网平台发展的技术体系和产业体系。开展工业互联网平台适配性、可靠性、安全性等方面试验验证，推动平台功能不断完善。通过分类施策、同步推进、动态调整，形成多层次、系统化的平台发展体系。依托工业互联网平台形成服务大众创业、万众创新的多层次公共平台。

提升平台运营能力。强化工业互联网平台的资源集聚能力，有效整合产品设计、生产工艺、设备运行、运营管理等数据资源，汇聚共享设计能力、生产能力、软件资源、知识模型等制造资源。开展面向不同行业和场景的应用创新，为用户提供包括设备健康维护、生产管理优化、协同设计制造、制造资源租用等各类应用，提升服务能力。不断探索商业模式创新，通过资源出租、服务提供、产融合作等手段，不断拓展平台盈利空间，实现长期可持续运营。

专栏2　工业互联网平台建设及推广工程

从工业互联网平台供给侧和需求侧两端发力，开展四个方面建设和推广：一是工业互联网平台培育。通过企业主导、市场选择、动态调整的方式，形成跨行业、跨领域平台，实现多平台互联互通，承担资源汇聚共享、技术标准测试验证等功能，开展工业数据流转、业务资源管理、产业运行监测等服务。推动龙头企业积极发展企业级平台，开发满足企业数字化、网络化、智能化发展需求的多种解决方案。建立健全工业互联网平台技术体系。二是工业互联网平台试验验证。支持产业联盟、企业与科研机构合作共建测试验证平台，开展技术验证与测试评估。三是百万家企业上云。鼓励工业互联网平台在产业集聚区落地，推动地方通过财税支持、政府购买服务等方式鼓励中小企业业务系统向云端迁移。四是百万工业APP培育。支持软件企业、工业企业、科研院所等开展合作，培育一批面向特定行业、特定场景的工业APP。

到 2020 年，工业互联网平台体系初步形成，支持建设 10 个左右跨行业、跨领域平台，建成一批支撑企业数字化、网络化、智能化转型的企业级平台。培育 30 万个面向特定行业、特定场景的工业 APP，推动 30 万家企业应用工业互联网平台开展研发设计、生产制造、运营管理等业务，工业互联网平台对产业转型升级的基础性、支撑性作用初步显现。

到 2025 年，重点工业行业实现网络化制造，工业互联网平台体系基本完善，形成 3－5 个具有国际竞争力的工业互联网平台，培育百万工业 APP，实现百万家企业上云，形成建平台和用平台双向迭代、互促共进的制造业新生态。

（三）加强产业支撑

加大关键共性技术攻关力度。开展时间敏感网络、确定性网络、低功耗工业无线网络等新型网络互联技术研究，加快 5G、软件定义网络等技术在工业互联网中的应用研究。推动解析、信息管理、异构标识互操作等工业互联网标识解析关键技术及安全可靠机制研究。加快 IPv6 等核心技术攻关。促进边缘计算、人工智能、增强现实、虚拟现实、区块链等新兴前沿技术在工业互联网中的应用研究与探索。

构建工业互联网标准体系。成立国家工业互联网标准协调推进组、总体组和专家咨询组，统筹推进工业互联网标准体系建设，优化推进机制，加快建立统一、综合、开放的工业互联网标准体系。制定一批总体性标准、基础共性标准、应用标准、安全标准。组织开展标准研制及试验验证工程，同步推进标准内容试验验证、试验验证环境建设、仿真与测试工具开发和推广。

> **专栏3 标准研制及试验验证工程**
>
> 面向工业互联网标准化需求和标准体系建设，开展工业互联网标准研制。开发通用需求、体系架构、测试评估等总体性标准；开发网络与数字化互联接口、标识解析、工业互联网平台、安全等基础共性标准；面向汽车、航空航天、石油化工、机械制造、轻工家电、信息电子等重点行业领域的工业互联网应用，开发行业应用导则、特定技术标准和管理规范。组织相关标准的试验验证工作，推进配套仿真与测试工具开发。
>
> 到 2020 年，初步建立工业互联网标准体系，制定 20 项以上总体性及关键基础共性标准，制定 20 项以上重点行业标准，推进标准在重点企业、重点行业中的应用。
>
> 到 2025 年，基本建成涵盖工业互联网关键技术、产品、管理及应用的标准体系，并在企业中得到广泛应用。

提升产品与解决方案供给能力。加快信息通信、数据集成分析等领域技术研发和产业化，集中突破一批高性能网络、智能模块、智能联网装备、工业软件等关键软硬件产品与解决方案。着力提升数据分析算法与工业知识、机理、经验的集成创新水平，形成一批面向不同工业场景的工业数据分析软件与系统以及具有深度学习等人工智能技术的工业智能软件和解决方案。面向"中国制造 2025"十大重点领域与传统行业转型升级需求，打造与行业特点紧密结合的工业互联网整体解决方案。引导电信运营企业、互联网企业、工业企业等积极转型，强化网络运营、标识解析、安全保障等工业互联网运营服务能力，开展工业电

子商务、供应链、相关金融信息等创新型生产性服务。

> **专栏4 关键技术产业化工程**
>
> 推进工业互联网新型网络互联、标识解析等新兴前沿技术研究与应用，搭建技术测试验证系统，支持技术、产品试验验证。聚焦工业互联网核心产业环节，积极推进关键技术产业化进程。加快工业互联网关键网络设备产业化，开展 IPv6、工业无源光网络、时间敏感网络、工业无线、低功耗广域网、软件定义网络、标识解析等关键技术和产品研发与产业化。研发推广关键智能网联装备，围绕数控机床、工业机器人、大型动力装备等关键领域，实现智能控制、智能传感、工业级芯片与网络通信模块的集成创新，形成一系列具备联网、计算、优化功能的新型智能装备。开发工业大数据分析软件，聚焦重点领域，围绕生产流程优化、质量分析、设备预测性维护、智能排产等应用场景，开发工业大数据分析应用软件，实现产业化部署。
>
> 到 2020 年，突破一批关键技术，建立 5 个以上的技术测试验证系统，推出一批具有国内先进水平的工业互联网网络设备，智能网联产品创新活跃，实现工业大数据清洗、管理、分析等功能快捷调用，推进技术产品在重点企业、重点行业中的应用，工业互联网关键技术产业化初步实现。
>
> 到 2025 年，掌握关键核心技术，技术测试验证系统有效支撑工业互联网技术产品研究和实验，推出一批达到国际先进水平的工业互联网网络设备，实现智能网联产品和工业大数据分析应用软件的大规模商用部署，形成较为健全的工业互联网产业体系。

（四）促进融合应用

提升大型企业工业互联网创新和应用水平。加快工业互联网在工业现场的应用，强化复杂生产过程中设备联网与数据采集能力，实现企业各层级数据资源的端到端集成。依托工业互联网平台开展数据集成应用，形成基于数据分析与反馈的工艺优化、流程优化、设备维护与事故风险预警能力，实现企业生产与运营管理的智能决策和深度优化。鼓励企业通过工业互联网平台整合资源，构建设计、生产与供应链资源有效组织的协同制造体系，开展用户个性需求与产品设计、生产制造精准对接的规模化定制，推动面向质量追溯、设备健康管理、产品增值服务的服务化转型。

加快中小企业工业互联网应用普及。推动低成本、模块化工业互联网设备和系统在中小企业中的部署应用，提升中小企业数字化、网络化基础能力。鼓励中小企业充分利用工业互联网平台的云化研发设计、生产管理和运营优化软件，实现业务系统向云端迁移，降低数字化、智能化改造成本。引导中小企业开放专业知识、设计创意、制造能力，依托工业互联网平台开展供需对接、集成供应链、产业电商、众包众筹等创新型应用，提升社会制造资源配置效率。

> **专栏5 工业互联网集成创新应用工程**
>
> 以先导性应用为引领，组织开展创新应用示范，逐步探索工业互联网的实施路径与应用模式。在智能化生产应用方面，鼓励大型工业企业实现内部各类生产设备与信息系统的广泛互联以及相关工业数据的集成互通，并在此基础上发展质量优化、智能排产、供应链优化等应用。在远程服务应用方面，开展面向高价值智能装备的网络化服务，实现产品远程监控、预测性维护、故障诊断等远程服务应用，探索开展国防工业综合保障远程服务。在

<table>
<tr><td>

专栏5　工业互联网集成创新应用工程（续）

网络协同制造应用方面，面向中小企业智能化发展需求，开展协同设计、众包众创、云制造等创新型应用，实现各类工业软件与模块化设计制造资源在线调用。在智能联网产品应用方面，重点面向智能家居、可穿戴设备等领域，融合5G、深度学习、大数据等先进技术，满足高精度定位、智能人机交互、安全可信运维等典型需求。在标识解析集成应用方面，实施工业互联网标识解析系统与工业企业信息化系统集成创新应用，支持企业探索基于标识服务的关键产品追溯、多源异构数据共享、全生命周期管理等应用。

　　到2020年，初步形成影响力强的工业互联网先导应用模式，建立150个左右应用试点。

　　到2025年，拓展工业互联网应用范围，在"中国制造2025"十大重点领域及重点传统行业全面推广，实现企业效益全面显著提升。

</td></tr>
</table>

（五）完善生态体系

构建创新体系。建设工业互联网创新中心，有效整合高校、科研院所、企业创新资源，围绕重大共性需求和重点行业需要，开展工业互联网产学研协同创新，促进技术创新成果产业化。面向关键技术和平台需求，支持建设一批能够融入国际化发展的开源社区，提供良好开发环境，共享开源技术、代码和开发工具。规范和健全中介服务体系，支持技术咨询、知识产权分析预警和交易、投融资、人才培训等专业化服务发展，加快技术转移与应用推广。

构建应用生态。支持平台企业面向不同行业智能化转型需求，通过开放平台功能与数据、提供开发环境与工具等方式，广泛汇聚第三方应用开发者，形成集体开发、合作创新、对等评估的研发机制。支持通过举办开发者大会、应用创新竞赛、专业培训及参与国际开源项目等方式，不断提升开发者的应用创新能力，形成良性互动的发展模式。

构建企业协同发展体系。以产业联盟、技术标准、系统集成服务等为纽带，以应用需求为导向，促进装备、自动化、软件、通信、互联网等不同领域企业深入合作，推动多领域融合型技术研发与产业化应用。依托工业互联网促进融通发展，推动一二三产业、大中小企业跨界融通，鼓励龙头工业企业利用工业互联网将业务流程与管理体系向上下游延伸，带动中小企业开展网络化改造和工业互联网应用，提升整体发展水平。

构建区域协同发展体系。强化对工业互联网区域发展的统筹规划，面向关键基础设施、产业支撑能力等核心要素，形成中央地方联动、区域互补的协同发展机制。根据不同区域制造业发展水平，结合国家新型工业化产业示范基地建设，遴选一批产业特色鲜明、转型需求迫切、地方政府积极性高、在工业互联网应用部署方面已取得一定成效的地区，因地制宜开展产业示范基地建设，探索形成不同地区、不同层次的工业互联网发展路径和模式，并逐步形成各有特色、相互带动的区域发展格局。

<table>
<tr><td>

专栏6　区域创新示范建设工程

开展工业互联网创新中心建设。依托制造业创新中心建设工程，建设工业互联网创新中心，围绕网络互联、标识解析、工业互联网平台、安全保障等关键共性重大技术以及重点行业和领域需求，

</td></tr>
</table>

<table>
<tr><td>

专栏6　区域创新示范建设工程（续）

重点开展行业领域基础和关键技术研发、成果产业化、人才培训等。依托创新中心打造工业互联网技术创新开源社区，加强前沿技术领域共创共享。支持国防科技工业创新中心深度参与工业互联网建设发展。工业互联网产业示范基地建设。在互联网与信息技术基础较好的地区，以工业互联网平台集聚中小企业，打造新应用模式，形成一批以互联网产业带动为主要特色的示范基地。在制造业基础雄厚的地区，结合地区产业特色与工业基础优势，形成一批以制造业带动的特色示范基地。推进工业互联网安全保障示范工程建设。在示范基地内，加快推动基础设施建设与升级改造，加强公共服务，强化关键技术研发与产业化，积极开展集成应用试点示范，并推动示范基地之间协同合作。

　　到2020年，建设5个左右的行业应用覆盖全面、技术产品实力过硬的工业互联网产业示范基地。

　　到2025年，建成10个左右具有较强示范带动作用的工业互联网产业示范基地。

</td></tr>
</table>

（六）强化安全保障

提升安全防护能力。加强工业互联网安全体系研究，技术和管理相结合，建立涵盖设备安全、控制安全、网络安全、平台安全和数据安全的工业互联网多层次安全保障体系。加大对技术研发和成果转化的支持力度，重点突破标识解析系统安全、工业互联网平台安全、工业控制系统安全、工业大数据安全等相关核心技术，推动攻击防护、漏洞挖掘、入侵发现、态势感知、安全审计、可信芯片等安全产品研发，建立与工业互联网发展相匹配的技术保障能力。构建工业互联网设备、网络和平台的安全评估认证体系，依托产业联盟等第三方机构开展安全能力评估和认证，引领工业互联网安全防护能力不断提升。

建立数据安全保护体系。建立工业互联网全产业链数据安全管理体系，明确相关主体的数据安全保护责任和具体要求，加强数据收集、存储、处理、转移、删除等环节的安全防护能力。建立工业数据分级分类管理制度，形成工业互联网数据流动管理机制，明确数据留存、数据泄露通报要求，加强工业互联网数据安全监督检查。

推动安全技术手段建设。督促工业互联网相关企业落实网络安全主体责任，指导企业加大安全投入，加强安全防护和监测处置技术手段建设，开展工业互联网安全试点示范，提升安全防护能力。积极发挥相关产业联盟引导作用，整合行业资源，鼓励联盟单位创新服务模式，提供安全运维、安全咨询等服务，提升行业整体安全保障服务能力。充分发挥国家专业机构和社会力量作用，增强国家级工业互联网安全技术支撑能力，着力提升隐患排查、攻击发现、应急处置和攻击溯源能力。

<table>
<tr><td>

专栏7　安全保障能力提升工程

推动国家级工业互联网安全技术能力提升。打造工业互联网安全监测预警和防护处置平台、工业互联网安全核心技术研发平台、工业互联网安全测试评估平台、工业互联网靶场等。

引导企业提升自身工业互联网安全防护能力。在汽车、电子、航空航天、能源等基础较好的重点领域和国防工业等安全需求迫切的领域，建设工业互联网安全保障管理和技术体系，开展安全产品、解决方案的试点示范和行业应用。

</td></tr>
</table>

专栏7 安全保障能力提升工程（续）

到2020年，根据重要工业互联网平台和系统的分布情况，组织有针对性的检查评估；初步建成工业互联网安全监测预警和防护处置平台；培养形成3～5家具有核心竞争力的工业互联网安全企业，遴选一批创新实用的网络安全试点示范项目并加以推广。

到2025年，形成覆盖工业互联网设备安全、控制安全、网络安全、平台安全和数据安全的系列标准，建立健全工业互联网安全认证体系；工业互联网安全产品和服务得到全面推广和应用；工业互联网相关企业网络安全防护能力显著提升；国家级工业互联网安全技术支撑体系基本建成。

（七）推动开放合作

提高企业国际化发展能力。鼓励国内外企业面向大数据分析、工业数据建模、关键软件系统、芯片等薄弱环节，合作开展技术攻关和产品研发。建立工业互联网技术、产品、平台、服务方面的国际合作机制，推动工业互联网平台、集成方案等"引进来"和"走出去"。鼓励国内外企业跨领域、全产业链紧密协作。

加强多边对话与合作。建立政府、产业联盟、企业等多层次沟通对话机制，针对工业互联网最新发展、全球基础设施建设、数据流动、安全保障、政策法规等重大问题开展交流与合作。加强与国际组织的协同合作，共同制定工业互联网标准规范和国际规则，构建多边、民主、透明的工业互联网国际治理体系。

四、保障支撑

（一）建立健全法规制度。完善工业互联网规则体系，明确工业互联网网络的基础设施地位，建立涵盖工业互联网网络安全、平台责任、数据保护等的法规体系。细化工业互联网网络安全制度，制定工业互联网关键信息基础设施和数据保护相关规则，构建工业互联网网络安全态势感知预警、网络安全事件通报和应急处置等机制。建立工业互联网数据规范化管理和使用机制，明确产品全生命周期各环节数据收集、传输、处理规则，探索建立数据流通规范。加快新兴应用领域法规制度建设，推动开展人机交互、智能产品等新兴领域信息保护、数据流通、政府数据公开、安全责任等相关研究，完善相关制度。

（二）营造良好市场环境。构建融合发展制度，深化简政放权、放管结合、优化服务改革，放宽融合性产品和服务准入限制，扩大市场主体平等进入范围，实施包容审慎监管，简化认证，减少收费；清理制约人才、资本、技术、数据等要素自由流动的制度障碍，推动相关行业在技术、标准、政策等方面充分对接，打造有利于技术创新、网络部署与产品应用的外部环境。完善协同推进体系，建立部门间高效联动机制，探索分业监管、协同共治模式；建立中央地方协同机制，深化军民融合，形成统筹推进的发展格局；推动建立信息共享、处理、反馈的有效渠道，促进跨部门、跨区域系统对接，提升工业互联网协同管理能力。健全协同发展机制，引导工业互联网产业联盟等产业组织完善合作机制和利益共享机制，推动产业各方联合开展技术、标准、应用研发以及投融资对接、国际交流等活动。

（三）加大财税支持力度。强化财政资金导向作用，加大工业转型升级资金对工业互联网发展的支持力度，重点支持网络体系、平台体系、安全体系能力建设。探索采用首购、订购优惠等支持方式，促进工业互联网创新产品和服务的规模化应用；鼓励有条件的地方通过设立工业互联网专项资金、建立风险补偿基金等方式，支持本地工业互联网集聚发展。落实相关税收优惠政策，推动固定资产加速折旧、企业研发费用加计扣除、软件和集成电路产业企业所得税优惠、小微企业税收优惠等政策落实，鼓励相关企业加快工业互联网发展和应用。

（四）创新金融服务方式。支持扩大直接融资比重，支持符合条件的工业互联网企业在境内外各层次资本市场开展股权融资，积极推动项目收益债、可转债、企业债、公司债等在工业互联网领域的应用，引导各类投资基金等向工业互联网领域倾斜。加大精准信贷扶持力度，完善银企对接机制，为工业互联网技术、业务和应用创新提供贷款服务；鼓励银行业金融机构创新信贷产品，在依法合规、风险可控、商业可持续的前提下，探索开发数据资产等质押贷款业务。延伸产业链金融服务范围，鼓励符合条件的企业集团设立财务公司，为集团下属工业互联网企业提供财务管理服务，加强资金集约化管理，提高资金使用效率，降低资金成本。拓展针对性保险服务，支持保险公司根据工业互联网需求开发相应的保险产品。

（五）强化专业人才支撑。加强人才队伍建设，引进和培养相结合，兼收并蓄，广揽国内外人才，不断壮大工业互联网人才队伍。加快新兴学科布局，加强工业互联网相关学科建设；协同发挥高校、企业、科研机构、产业集聚区等各方作用，大力培育工业互联网技术人才和应用创新型人才；依托国家重大人才工程项目和高层次人才特殊支持计划，引进一批工业互联网高水平研究型科学家和具备产业经验的高层次科技领军人才。建立工业互联网智库，形成具有政策研究能力和决策咨询能力的高端咨询人才队伍；鼓励工业互联网技术创新人才投身形式多样的科普教育活动。创新人才使用机制，畅通高校、科研机构和企业间人才流动渠道，鼓励通过双向挂职、短期工作、项目合作等柔性流动方式加强人才互通共享；支持我国专业技术人才在国际工业互联网组织任职或承担相关任务；发展工业互联网专业人才市场，建立人才数据库，完善面向全球的人才供需对接机制。优化人才评价激励制度，建立科学的人才评价体系，充分发挥人才积极性、主动性；拓展知识、技术、技能和管理要素参与分配途径，完善技术入股、股权期权激励、科技成果转化收益分配等机制；为工业互联网领域高端人才引进开辟绿色通道，加大在来华工作许可、出入境、居留、住房、医疗、教育、社会保障、政府表彰等方面的配套政策支持力度，鼓励海外高层次人才参与工业互联网创业创新。

（六）健全组织实施机制。在国家制造强国建设领导小组下设立工业互联网专项工作组，统筹谋划工业互联网相关重大工作，协调任务安排，督促检查主要任务落实情况，促进工业互联网与"中国制造2025"协同推进。设立工业互联网战略咨询专家委员会，开展工业互联网前瞻性、战略性重大问题研究，对工业互联网重大决策、政策实施提供咨询评估。制定发布《工业互联网发展行动计划（2018－2020年）》，建立工业互联网发展情况动态监测和第三方评估机制，开展定期测评和滚动调整。各地方和有关部门要根据本指导意见研究制定具体推进方案，细化政策措施，开展试点示范与应用推广，确保各项任务落实到位。

高端智能再制造行动计划（2018—2020年）

发布单位：工业和信息化部

为落实《中国制造2025》《工业绿色发展规划（2016－2020年）》和《绿色制造工程实施指南（2016－2020年）》，加快发展高端再制造、智能再制造（以下统称高端智能再制造），进一步提升机电产品再制造技术管理水平和产业发展质量，推动形成绿色发展方式，实现绿色增长，制定本计划。

一、必要性

我国作为制造大国，机电产品保有量巨大，再制造是机电产品资源化循环利用的最佳途径之一。再制造产业已初具规模，初步形成了"以尺寸恢复和性能提升"为主要技术特征的中国特色再制造产业发展模式。在再制造产业发展过程中，高端化、智能化的生产实践不断涌现，激光熔覆、3D打印等增材技术在再制造领域应用广泛，如航空发动机领域已实现叶片规模化再制造，医疗影像设备关键件再制造技术取得积极进展，首台再制造盾构机完成首段掘进任务后已顺利出洞。

当前我国经济已由高速增长阶段转向高质量发展阶段。在近十年的机电产品再制造试点示范、产品认定、技术推广、标准建设等工作基础上，亟待进一步聚焦具有重要战略作用和巨大经济带动潜力的关键装备，开展以高技术含量、高可靠性要求、高附加值为核心特性的高端智能再制造，推动深度自动化无损拆解、柔性智能成形加工、智能无损检测评估等高端智能再制造共性技术和专用装备研发应用与产业化推广。推进高端智能再制造，有利于带动绿色制造技术不断突破，有利于提升重大装备运行保障能力，有利于推动实现绿色增长。

二、工作思路和主要目标

全面贯彻党的十九大精神，以习近平新时代中国特色社会主义思想为指导，贯彻落实新发展理念，深化供给侧结构性改革，深入落实《中国制造2025》，加快实施绿色制造，推动工业绿色发展，聚焦盾构机、航空发动机与燃气轮机、医疗影像设备、重型机床及油气田装备等关键件再制造，以及增材制造、特种材料、智能加工、无损检测等绿色基础共性技术在再制造领域的应用，推进高端智能再制造关键工艺技术装备研发应用与产业化推广，推动形成再制造生产与新品设计制造间的有效反哺互动机制，完善产业协同发展体系，加强标准研制和评价机制建设，探索高端智能再制造产业发展新模式，促进再制造产业不断发展壮大。

到2020年，突破一批制约我国高端智能再制造发展的拆解、检测、成形加工等关键共性技术，智能检测、成形加工技术达到国际先进水平；发布50项高端智能再制造管理、技术、装备及评价等标准；初步建立可复制推广的再制造产品应用市场化机制；推动建立100家高端智能再制造示范企业、技术研发中心、服务企业、信息服务平台、产业集聚区等，带动我国再制造产业规模达到2000亿元。

三、主要任务

（一）加强高端智能再制造关键技术创新与产业化应用。培育高端智能再制造技术研发中心，开展绿色再制造设计，进一步提升再制造产品综合性能。加快增材制造、特种材料、智能加工、无损检测等再制造关键共性技术创新与产业化应用。进一步突破航空发动机与燃气轮机、医疗影像设备关键件再制造技术，加强盾构机、重型机床、内燃机整机及关键件再制造技术推广应用，探索推进工业机器人、大型港口机械、计算机服务器等再制造。

专栏1　高端智能再制造关键技术创新与产业化应用

航空发动机与燃气轮机关键件再制造技术创新与产业化应用。开展航空发动机与燃气轮机压气机转子叶片（整体叶盘）、定向柱晶涡轮转子和静子叶片、定向单晶涡轮转子和静子叶片、定向金属间化合物涡轮静子叶片以及大型薄壁机匣等关键件再制造技术创新与产业化应用。

医疗影像设备关键件再制造技术创新与产业化应用。开展CT、PET－CT等医疗影像设备CT球管、高压发生器、高转速液态金属轴承、CT滑环、数字化探测模组的再制造关键技术创新与产业化应用。

（二）推动智能化再制造装备研发与产业化应用。以企业为主导，联合行业协会、科研院所和第三方机构等，促进产学研用金结合，面向高端智能再制造产业发展重点需求，加快再制造智能设计与分析、智能损伤检测与寿命评估、质量性能检测及智能运行监测，以及智能拆解与绿色清洗、先进表面工程与增材制造成形、智能再制造加工等技术装备研发和产业化应用。

专栏2　智能化再制造装备研发与产业化应用

智能再制造检测与评估装备研发与产业化应用。加快研发应用基于声、光、电、磁多物理量融合的再制造旧件损伤智能检测与寿命评估设备，以及基于智能传感技术的再制造产品结构健康与服役安全智能监测设备等。

智能再制造成形与加工装备研发与产业化应用。加快研发应用再制造旧件损伤三维反求系统以及等离子、激光、电弧等复合能束能场自动化柔性再制造成形加工装备等。

（三）实施高端智能再制造示范工程。培育一批技术水平高、资源整合能力强、产业规模优势突出的高端智能再制造领军企业，形成一批技术先进、管理创新的再制造示范企业，建设绿色再制造工厂，带动行业整体水平提升。重点推进盾构机、重型机床、办公成像设备等领域高端智能再制造示范企业建设，鼓励依托再制造产业集聚区建设示范工程。

（四）培育高端智能再制造产业协同体系。鼓励以高值关键件再制造龙头生产企业为中心形成涵盖旧件回收、关键件配套及整机再制造的产业链条。面向化工、冶金和电力等行业大型机电装备维护升级需要，鼓励应用智能检测、远程监测、增材制造等手段开展再制造技术服务，扶持一批服务型高端智能再制造企业。建立高端智能再制造检测评价体系，鼓励开展第三方检测评价。

专栏3　高端智能再制造产业协同体系建设

培育盾构机高值关键件再制造配套企业。开展刀盘、主驱动变速箱、中心回转装置、减速机、高端液压件、螺旋输送机等关键件再制造，形成基本完整的盾构机再制造产业链。

培育服务型再制造企业。鼓励应用激光、电子束等高技术含量的再制造技术，面向大型机电装备开展专业化、个性化再制造技术服务，培育一批服务型高端智能再制造企业。

（五）加快高端智能再制造标准研制。加强高端智能再制造标准化工作，鼓励行业协会、试点单位、科研院所等联合研制高端智能再制造基础通用、技术、管理、检测、评价等共性标准，鼓励机电产品再制造试点企业制订行业标准及团体标准。支持再制造产业集聚区结合自身实际制定管理与评价体系，探索形成地域特征与产品特色鲜明的再制造产业集聚发展模式，建设绿色园区。

（六）探索高端智能再制造产品推广应用新机制。鼓励由设备维护和升级需求量大的企业联合再制造生产和服务企业、科研院所等，创新再制造产学研用合作模式，构建用户导向的再制造产品质量管控与评价应用体系，促进再制造产品规模化应用，建立与新品设计制造间的有效反哺互动机制，形成示范效应。

（七）建设高端智能再制造产业公共信息服务平台。探索建立再制造公共信息服务和交易平台，鼓励与互联网企业加强合作，充分应用新一代信息化技术实施再制造产品运行状态监控及远程诊断，探索建立覆盖旧件高效低成本回收、再制造产品生产及运行监测等的全过程溯源追踪服务体系。

（八）构建高端智能再制造金融服务新模式。积极利用融资租赁、以旧换再、以租代购和保险等手段服务高端智能再制造，推进逆向物流与再制造产品信息共享，探索基于电子商务的再制造产品营销新模式，逐步建立盾构机、医疗影像设备关键件、办公成像设备等再制造产品市场推广新机制。

四、保障措施

（一）完善支持政策。充分利用绿色制造、技术改造专项及绿色信贷等手段支持高端智能再制造技术与装备研发和产业化推广应用，重点支持可与新品设计制造形成有效反哺互动机制的再制造关键工艺突破系统集成项目建设。推动将经认定的再制造产品纳入政府采购目录及绿色工艺技术产品目录。推动通过国家科技计划支持符合条件的高端智能再制造工艺、技术、装备及关键件研发。对符合条件的增材制造装备等高端智能再制造装备纳入重大技术装备首台套、首批次保险等财税政策，加大扶持力度。

（二）规范产业发展。加大对高端智能再制造标准化工作的支持力度，充分发挥标准的规范和引领作用，建立健全再制造标准体系，加快制修订和宣贯再制造管理、工艺技术、产品、检测及评价等标准。进一步完善再制造产品认定制度，规范再制造产品生产，促进再制造产品推广应用。充分发挥相关行业协会、科研院所和咨询机构等作用，强化产业引导、技术支撑和信息服务等，探索建立以产品认定、企业信用为基础的行业自律机制。推动开展第三方检测评价，促进行业规范健康发展。

（三）促进交流合作。充分利用多双边国际合作机制与交流平台，加强高端智能再制造领域的政策交流，推动产品认定等标准互认。支持科研院所等机构围绕高端智能再制造积极开展国际技术交流与学术研讨等活动。深入落实国家自由贸易试验区扩大开放的相关政策，探索开展境外高技术、高附加值产品的再制造。鼓励高端智能再制造企业"走出去"，探索市场化国际合作机制，服务"一带一路"沿线国家工业绿色发展。

（四）强化组织实施。工业和信息化部将加强与有关部门沟通协调，推动建立有利于高端智能再制造产业发展的政策环境，促进产业健康有序发展。指导具备条件的地区工业和信息化主管部门、有关协会等按照本行动计划确定的目标任务，结合当地或本领域实际制定支持高端智能再制造产业发展的工作方案。鼓励有关行业协会、机电产品再制造试点单位等结合本行动计划，联合研究制定具体实施方案。充分利用绿色制造公共服务平台，推动规范化、标准化、信息化实施高端智能再制造行动计划，提升行动计划实施的社会和产业影响力。

太阳能光伏产业综合标准化技术体系

发布单位：工业和信息化部

一、产业发展概述

太阳能光伏产业（以下简称光伏产业）是围绕太阳能电池制造及应用而延伸的产业链总和。根据主要材料不同，太阳能电池技术可分为晶硅电池技术、薄膜电池技术（主要为硅基薄膜电池、碲化镉薄膜电池、铜铟镓硒薄膜电池、砷化镓薄膜电池等）、染料敏化电池技术等。目前，晶硅电池占据市场的主流地位。

随着全球能源短缺和环境问题日益突出，光伏产业作为具有发展前景的可再生能源产业之一，日益受到世界各国的高度重视并快速发展。近年来，我国光伏产业发展迅速，成为能够同步参与国际竞争并取得优势的产业之一。目前我国主要光伏企业已掌握晶硅电池全套生产工艺及万吨级多晶硅生产技术，部分指标处于全球领先水平。2016年，我国光伏产业总产值达到 3360 亿元，光伏电池产量约为 49GW，光伏组件产量约为 53GW，光伏新增并网装机量达到 34.5GW，产业规模继续位居全球首位。

光伏产业链按生产过程和产品分为光伏材料、光伏电池、光伏组件、光伏部件、光伏发电系统、光伏应用以及光伏设备等（如图 1 所示）。

二、总体思路和工作目标

（一）总体思路

深入贯彻落实《国务院深化标准化工作改革方案》的

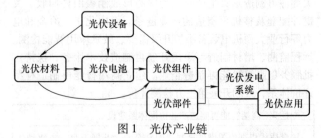

图 1　光伏产业链

精神，围绕光伏产业链的构建，以提升产品质量和技术水平、满足应用需求为出发点，进一步加强光伏产业标准化工作的总体规划和顶层设计。按照统筹全局、突出重点、紧扣实际、循序渐进的原则，成体系开展相关标准的制修订与实施，完善和优化光伏产业综合标准化技术体系，促进光伏产业的持续健康发展。

（二）工作目标

到 2020 年，初步形成科学合理、技术先进、协调配套的光伏产业标准体系，基本实现光伏产业基础通用标准和重点标准的全覆盖，总体上满足光伏产业发展的需求。

三、综合标准化技术体系

光伏产业综合标准化技术体系框架主要包括基础通用、光伏制造设备、光伏材料、光伏电池和组件、光伏部件、光伏发电系统及光伏应用等 7 大方向、35 小类（见图 2）。

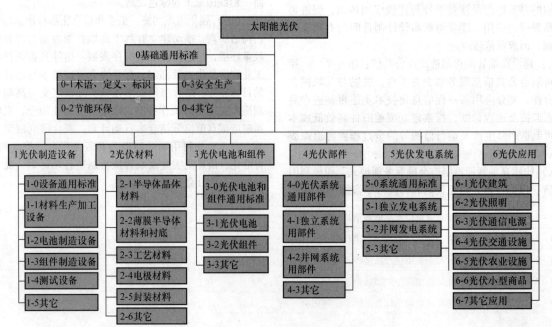

图 2　光伏产业综合标准化技术体系框架

光伏产业综合标准化技术体系表涵盖国家标准和行业标准，包括现有标准、制修订中的标准、拟制修订的标准和待研究的标准，共523项（部分领域分布见表1）。

表1　光伏产业标准统计表

序号	子领域	现行	在现行标准中		制定中	待制订	待研究	总计
			修订中	拟修订				
1	基础通用	7	0	2	5	3	14	31
2	光伏制造设备	5	1	0	6	24	22	58
3	光伏材料	43	5	0	23	61	38	170
4	光伏电池和组件	20	7	6	25	43	26	127
5	光伏部件	9	0	0	11	20	5	45
6	光伏发电系统	28	2	0	10	12	12	64
7	光伏应用	19	0	0	5	3	1	28
	总计	131	15	8	85	166	118	523

基础通用标准主要包括术语、定义、标识、节能环保和安全生产等，标准项目共29项。光伏制造设备标准主要包括材料加工设备、电池制造设备、组件制造设备和测试设备等，标准项目共57项。光伏材料标准主要包括半导体晶体材料、薄膜半导体材料和衬底、工艺材料、电极材料

和封装材料等，标准项目共165项。光伏电池和组件标准主要包括相关的性能要求、测试方法等，标准项目共114项。光伏部件标准主要包括通用部件、独立系统用部件、并网系统用部件等，标准项目共45项。光伏发电系统标准主要包括独立发电系统和并网发电系统等，标准项目共62项。光伏应用标准主要包括光伏建筑、光伏照明等，标准项目共28项。具体标准项目见附表。

四、重点工作

（一）加强综合标准化工作的统筹协调。围绕我国光伏产业链的构成，加强产业链上中下游的合作，注重标准制定与产业发展的结合、国家标准与行业标准的结合、国内标准与国际标准的结合，大力构建科学合理、技术先进、协调配套的光伏产业综合标准化技术体系。

（二）成体系开展急需标准的制修订。根据光伏产业发展需求，系统推进相关标准的制修订工作，积极落实综合标准化技术体系中提出的标准制修订项目。按照基础优先、急用先行的思路，优先开展基础通用标准、试验方法标准，关键技术和产品标准的制定，加快修订技术指标已落后的标准，全面提升标准对产业发展的整体支撑和引领作用。

（三）充分发挥企业、行业组织等各方作用。鼓励光伏产业链上中下游的企业、标准化技术组织、行业协会和专业机构等加强合作、形成合力，共同开展光伏产业综合标准化工作。支持光伏产业的龙头企业、有实力的科研机构在承担国家标准和行业标准制修订工作的基础上，同步参与国际标准制定，推动我国技术成为国际标准。

附表　　　　光伏产业综合标准化技术体系标准明细表

序号	体系编号	标准名称	标准号/计划号	对应国际标准	标准级别	备注
0　基础通用标准						
0-1　术语、定义、标识						
1.	0-1-1	太阳光伏能源系统术语	GB/T 2297-1989	IEC/TS 61836	国家标准	待修订
2.	0-1-2	太阳光伏能源系统图用图形符号	SJ/T 10460-2016		行业标准	现行
3.	0-1-3	太阳电池型号命名方法	GB/T 2296-2001		国家标准	现行
4.	0-1-4	光伏组件型号命名方法				待制定
5.	0-1-5	光伏组件标志（标签或铭牌）规范				待研究
6.	0-1-6	日照曲线分析表达式		IEC 61725		急需制定
0-2　节能环保						
7.	0-2-1	光伏压延玻璃单位产品能源消耗限额	GB 30252-2013		国家标准	现行
8.	0-2-2	工业硅企业单位产品能源消耗限额	20120035-Q-469		国家标准	制定中
9.	0-2-3	多晶硅企业单位产品能源消耗限额	GB 29447-2012		国家标准	现行
10.	0-2-4	多晶硅铸锭企业单位产品能源消耗限额				待研究
11.	0-2-5	直拉单晶硅企业单位产品能源消耗限额				待研究
12.	0-2-6	太阳能级硅片企业单位产品能源消耗限额				待研究
13.	0-2-7	硅基薄膜光伏电池单位产品能源消耗限额				待研究
14.	0-2-8	碲化镉薄膜光伏电池单位产品能源消耗限额				待研究

（续）

序号	体系编号	标准名称	标准号/计划号	对应国际标准	标准级别	备注
15.	0-2-9	铜铟镓硒薄膜光伏电池单位产品能源消耗限额				待研究
16.	0-2-10	离网型风光互补公用供电系统能效等级	20121526-T-424		国家标准	制定中
17.	0-2-11	离网型太阳能光伏供电系统能效等级	20121527-T-424		国家标准	制定中
18.	0-2-12	硅太阳电池工厂废气排放技术要求				待研究
19.	0-2-13	硅太阳电池工厂废液排放技术要求				待研究
20.	0-2-14	薄膜型太阳电池工厂废气排放技术要求				待研究
0-3 安全生产						
21.	0-3-1	改良西门子法制备多晶硅企业安全标准化实施指南	20111476-Q-469		国家标准	制定中
22.	0-3-2	硅烷法制备多晶硅企业安全标准化实施指南				待研究
23.	0-3-3	流化床法制备多晶硅企业安全标准化实施指南				待研究
24.	0-3-4	冶金法制备多晶硅企业安全标准化实施指南				待研究
25.	0-3-5	光伏组件生产环境健康安全评估第1部分：通则和术语定义		IEC 62994-1（在研）		待制定
0-4 其它						
26.	0-4-1	太阳能资源评估方法	QX/T 89-2008		行业标准	现行
27.	0-4-2	光伏产业链质量成本管理基础和术语				待研究
28.	0-4-3	硅太阳能电池工厂设计规范	GB 50704-2011		国家标准	现行
29.	0-4-4	薄膜太阳能电池工厂设计规范	建标〔2011〕17号		国家标准	制定中
1 光伏制造设备						
1-0 设备通用标准						
30.	1-0-1	光伏设备通信接口				待制定
31.	1-0-2	光伏设备间平行通信规范				待制定
32.	1-0-3	光伏生产系统用设备间平行通讯数据定义				待制定
33.	1-0-4	半导体、平板显示器和太阳能电池生产用液体化学品输送部件集成指南				待制定
1-1 材料生产加工设备						
34.	1-1-1	光伏用多晶硅铸锭炉				待制定
35.	1-1-2	光伏用直拉单晶硅炉				待制定
36.	1-1-3	区熔单晶硅炉				待制定
37.	1-1-4	晶体硅线开方机				待制定
38.	1-1-5	半导体材料多线切割机	2014-1728T-SJ		行业标准	制定中
39.	1-1-6	多线切割机线锯张力测量方法				待制定
40.	1-1-7	多线切割机张力性能测试方法				待制定
1-2 电池制造设备						
41.	1-2-1	晶体硅光伏电池用硅片清洗机				待制定
42.	1-2-2	晶体硅光伏电池用硅片制绒机				待制定
43.	1-2-3	晶体硅光伏电池用低压卧式扩散炉				待制定
44.	1-2-4	卧式扩散炉恒温区在线检测方法	20130144-T-469		国家标准	制定中
45.	1-2-5	晶体硅光伏电池用等离子体刻蚀机				待制定
46.	1-2-6	晶体硅光伏电池用湿法刻蚀机				待制定
47.	1-2-7	晶体硅光伏电池用管式PECVD系统				待研究

（续）

序号	体系编号	标准名称	标准号/计划号	对应国际标准	标准级别	备注
48.	1-2-8	晶体硅光伏电池用平板式 PECVD 系统				待研究
49.	1-2-9	晶体硅光伏电池用丝网印刷机				待制定
50.	1-2-10	晶体硅光伏电池印刷用丝网				待制定
51.	1-2-11	晶体硅光伏电池用低温烘干炉				待制定
52.	1-2-12	晶体硅光伏电池用烧结炉				待制定
53.	1-2-13	晶体硅光伏电池测试分选系统				待研究
54.	1-2-14	薄膜光伏电池用激光划刻机				待研究
55.	1-2-15	薄膜光伏电池用磁控溅射镀膜设备				待研究
56.	1-2-16	薄膜光伏电池用热蒸发镀膜设备				待研究
57.	1-2-17	薄膜光伏电池用等离子体增强化学气相沉积设备				待研究
58.	1-2-18	薄膜光伏电池用金属有机化合物化学气相沉淀（MOCVD）设备				待研究
59.	1-2-19	薄膜光伏电池用基板清洗设备				待研究
1-3 组件制造设备						
60.	1-3-1	光伏组件用自动焊接机				待制定
61.	1-3-2	光伏组件用敷设机				待制定
62.	1-3-3	光伏组件用层压机	20153728-T-469		国家标准	制定中
63.	1-3-4	光伏电池组件层压机安全技术要求				待研究
64.	1-3-5	光伏组件用组框机				待制定
65.	1-3-6	光伏组件用打胶机				待研究
66.	1-3-7	薄膜光伏组件用清边设备				待研究
67.	1-3-8	薄膜光伏组件用边缘密封设备				待研究
68.	1-3-9	薄膜光伏组件用清洗机				待研究
1-4 测试设备						
69.	1-4-1	光伏用紫外老化试验箱辐照性能测试方法	2016-0994T-SJ		行业标准	制定中
70.	1-4-2	脉冲氙灯晶体硅电池组件测试仪				待研究
71.	1-4-3	太阳电池组件电致发光缺陷检测仪通用技术条件	20141856-T-339		国家标准	制定中
72.	1-4-4	光伏组件用绝缘测试设备				待研究
73.	1-4-5	光伏组件接地连续性测试设备				待研究
74.	1-4-6	光伏组件串联电阻测试设备				待研究
75.	1-4-7	光伏组件并联电阻测试设备				待研究
76.	1-4-8	太阳电池电性能测试设备检验方法	SJ/T 11061-1996 2010-3150T-SJ		行业标准	修订中
77.	1-4-9	光伏电池型太阳辐照度测量仪				待研究
78.	1-4-10	光伏组件动态载荷试验机				待研究
79.	1-4-11	太阳能电池量子效率测试系统				待研究
1-5 其它						
80.	1-5-1	多晶硅铸造用熔融石英坩埚	20141874-T-469		国家标准	制定中
81.	1-5-2	单晶硅生长用石英坩埚	JC/T 1048-2007		行业标准	现行
82.	1-5-3	多晶硅生产用石墨卡瓣				待制定

（续）

序号	体系编号	标准名称	标准号/计划号	对应国际标准	标准级别	备注
83.	1 – 5 – 4	多晶硅生产用石墨底座				待制定
84.	1 – 5 – 5	太阳能电池硅片用石英舟	JC/T 2065 – 2011		行业标准	现行
85.	1 – 5 – 6	太阳能电池硅片用石英玻璃扩散管	JC/T 2066 – 2011		行业标准	现行
86.	1 – 5 – 7	太阳能电池生产设备安装工程施工及质量验收规范	GB 51206 – 2016		国家标准	现行
2 光伏材料						
2 – 1 半导体晶体材料						
87.	2 – 1 – 1	太阳能级多晶硅	GB/T 25074 – 2010 20141898 – T – 469		国家标准	修订中
88.	2 – 1 – 2	流化床法颗粒硅	20141877 – T – 469		国家标准	制定中
89.	2 – 1 – 3	用区熔法和光谱分析法评价颗粒状多晶硅的规程	20141879 – T – 469		国家标准	制定中
90.	2 – 1 – 4	太阳能级铸造多晶硅块	GB/T 29054 – 2012		国家标准	现行
91.	2 – 1 – 5	太阳能级多晶硅片	GB/T 29055 – 2012		国家标准	现行
92.	2 – 1 – 6	太阳电池用硅单晶	GB/T 25076 – 2010 20151533 – T – 469		国家标准	修订中
93.	2 – 1 – 7	太阳能电池用硅单晶切割片	GB/T 26071 – 2010 20151787 – T – 469		国家标准	修订中
94.	2 – 1 – 8	多晶硅用硅粉	YS/T 724 – 2009 2014 – 1452T – YS		行业标准	修订中
95.	2 – 1 – 9	再生硅料分类和技术条件	YS/T 840 – 2012		行业标准	现行
96.	2 – 1 – 10	改良西门子法多晶硅用硅芯	YS/T 1061 – 2015		行业标准	现行
97.	2 – 1 – 11	直拉法生产单晶硅用籽晶				待制定
98.	2 – 1 – 12	铸造准单晶硅用籽晶				待制定
99.	2 – 1 – 13	太阳能电池用锗单晶	GB/T 26072 – 2010		国家标准	现行
100.	2 – 1 – 14	太阳能电池用锗单晶片和锗衬底片	GB/T 30861 – 2014		国家标准	现行
101.	2 – 1 – 15	太阳能电池用砷化镓单晶	GB/T 25075 – 2010		国家标准	现行
102.	2 – 1 – 16	太阳能电池砷化镓单晶抛光片	20141897 – T – 469		国家标准	制定中
103.	2 – 1 – 17	太阳能电池用锗基Ⅲ – Ⅴ族化合物外延片	20141878 – T – 469		国家标准	制定中
104.	2 – 1 – 18	太阳能电池用硅片正表面二维矩阵标记规范				待研究
105.	2 – 1 – 19	太阳能电池用硅块表面和硅片边缘标记规范				待研究
106.	2 – 1 – 20	太阳能电池用硅片定位框标记规范				待研究
107.	2 – 1 – 21	利用光切技术在线检测光伏电池用硅片原始标记				待研究
108.	2 – 1 – 22	光伏电池用硅材料表面金属杂质含量的电感耦合等离子体质谱测量方法	GB/T 29849 – 2013		国家标准	现行
109.	2 – 1 – 23	光伏电池用硅材料补偿度测量方法	GB/T 29850 – 2013		国家标准	现行
110.	2 – 1 – 24	光伏电池用硅材料中金属杂质含量的电感耦合等离子体质谱测量方法	GB/T 31854 – 2015		国家标准	现行
111.	2 – 1 – 25	光伏电池用硅材料中 B、Al 受主杂质含量的二次离子质谱测量方法	GB/T 29851 – 2013		国家标准	现行
112.	2 – 1 – 26	光伏电池用硅材料中 P、As、Sb 施主杂质含量的二次离子质谱测量方法	GB/T 29852 – 2013		国家标准	现行
113.	2 – 1 – 27	硅的仪器中子活化分析测试方法	20120276 – T – 469		国家标准	制定中

(续)

序号	体系编号	标准名称	标准号/计划号	对应国际标准	标准级别	备注
114.	2-1-28	太阳能级硅片和硅料中氧、碳、硼和磷量的测定二次离子质谱法	GB/T 32281-2015		国家标准	现行
115.	2-1-29	采用高质量分辨率辉光放电质谱法测量太阳能级硅中痕量元素的测试方法	GB/T 32651-2016		国家标准	现行
116.	2-1-30	光伏硅中氧含量的测定 惰性气体熔融红外光谱法				待制定
117.	2-1-31	光伏级硅片裂纹的在线测试 暗室红外成像法				待制定
118.	2-1-32	晶硅中间隙氧含量多次透射-反射红外吸收测量法				急需制定
119.	2-1-33	晶硅中代位碳含量多次透射-反射红外吸收测量法				急需制定
120.	2-1-34	硅中氯离子含量的测定离子色谱法				急需制定
121.	2-1-35	太阳能电池用硅片电阻率在线测试方法	SJ/T 11627-2016		行业标准	现行
122.	2-1-36	利用单面非接触式涡流表测试薄层电阻的电阻率的方法				待研究
123.	2-1-37	脉冲光照微波反射法非接触测量光伏硅材料中过量载流子衰减				待研究
124.	2-1-38	应用涡流传感器非接触测定硅片、硅锭、硅块中过量载流子复合寿命的测试方法				待研究
125.	2-1-39	掺硼掺磷掺砷硅单晶电阻率与掺杂剂浓度换算方法	20110452-T-469		国家标准	制定中
126.	2-1-40	太阳能电池用多晶硅锭、硅片缺陷密度测定方法	20141879-T-469		国家标准	制定中
127.	2-1-41	太阳能电池用铸造多晶硅块缺陷测试红外探伤法				急需制定
128.	2-1-42	太阳能电池用单晶硅片氧化诱生缺陷测试方法				急需制定
129.	2-1-43	光伏硅片晶粒尺寸在线测量方法				待制定
130.	2-1-44	太阳能电池用硅片厚度及厚度变化测试方法	GB/T 30869-2014		国家标准	现行
131.	2-1-45	利用激光三角测量传感器在线非接触测量光伏级硅片厚度及厚度偏差的方法				待研究
132.	2-1-46	硅晶锭尺寸的测定 激光法	20160588-T-469		国家标准	制定中
133.	2-1-47	太阳能电池用硅片几何尺寸测试方法	SJ/T 11630-2016		行业标准	现行
134.	2-1-48	太阳能电池用硅片尺寸及电学表征在线测试方	SJ/T 11628-2016		行业标准	现行
135.	2-1-49	太阳能电池级硅片翘曲度和波纹测试方法	GB/T 30859-2014		国家标准	现行
136.	2-1-50	太阳能电池用硅片外观缺陷测试方法	SJ/T 11631-2016		行业标准	现行
137.	2-1-51	太阳能电池用硅片微裂纹缺陷的测试方法	SJ/T 11632-2016		行业标准	现行
138.	2-1-52	太阳能电池用硅片粗糙度及切割线痕测试方法	GB/T 30860-2014		国家标准	现行
139.	2-1-53	利用激光三角测量传感器在线检测光伏级硅片切割线痕				待制定
140.	2-1-54	太阳能电池用硅片抗弯强度及挠度测试方法				待制定
141.	2-1-55	使用电容探测器在线非接触测试光伏级硅片厚度及厚度变化				待研究
142.	2-1-56	角分辨光散射法监控光伏材料表面粗糙度和质感的条件确定指南				待研究
143.	2-1-57	太阳能电池用硅片和电池片的在线光致发光分析	SJ/T 11629-2016		行业标准	现行
144.	2-1-58	利用多线段光切技术在线检测光伏电池用硅片波纹的方法				待制定

（续）

序号	体系编号	标准名称	标准号/计划号	对应国际标准	标准级别	备注
2-1 半导体晶体材料						
145.	2-1-59	光伏组件中硅片裂纹测试激光扫描法				待制定
146.	2-1-60	硅片损伤层厚度测试方法				待制定
147.	2-1-61	P 型单晶硅片的黑心低效检测方法				待研究
148.	2-1-62	破碎晶体硅片及太阳电池的再利用与回收规范				待研究
149.	2-1-63	光伏级硅粉中 B、P、Fe、Al、Ca 含量的测定电感耦合等离子体发射光谱法				待制定
150.	2-1-64	硅粉中总碳含量的测定 感应炉内燃烧后红外吸收法	GB/T 32573-2016		国家标准	现行
2-2 薄膜半导体材料和衬底						
151.	2-2-1	薄膜太阳能电池用碲化镉	2011-2838T-SJ		行业标准	制定中
152.	2-2-2	薄膜光伏电池用衬底尺寸规范	20120264-T-469		国家标准	制定中
153.	2-2-3	太阳电池用透明导电氧化物膜玻璃	20100959-T-609		国家标准	制定中
154.	2-2-4	掺铝氧化锌型透明导电氧化物玻璃	SJ/T 11484-2015		行业标准	现行
155.	2-2-5	光伏用透明导电薄膜反射和透射雾度的光谱测试方法				待制定
156.	2-2-6	薄膜光伏电池用柔性衬底				待研究
157.	2-2-7	薄膜光伏电池用金属衬底				待研究
158.	2-2-8	薄膜光伏电池用陶瓷衬底				待研究
2-3 工艺材料						
159.	2-3-1	太阳电池用电子级氢氟酸	GB/T 31369-2015		国家标准	现行
160.	2-3-2	光伏电池用磷酸				待制定
161.	2-3-3	光伏电池用三氯氧磷				待制定
162.	2-3-4	光伏电池用硝酸				待制定
163.	2-3-5	光伏电池用硫酸				待制定
164.	2-3-6	光伏电池用盐酸				待制定
165.	2-3-7	光伏电池用氢氧化铵				待制定
166.	2-3-8	光伏电池用异丙醇				待制定
167.	2-3-9	光伏电池用过氧化氢				待制定
168.	2-3-10	光伏电池用无水乙醇				待制定
2-3 工艺材料						
169.	2-3-11	光伏电池生产用高纯水指南				待制定
170.	2-3-12	薄膜光伏电池用 PH_3 磷烷				待研究
171.	2-3-13	薄膜光伏电池用硼烷 B_2H_6				待研究
172.	2-3-14	薄膜光伏电池用甲烷 CH_4				待研究
173.	2-3-15	薄膜光伏电池用二氧化碳 CO_2				待研究
174.	2-3-16	半导体材料切削液	GB/T 31469-2015		国家标准	现行
175.	2-3-17	光伏硅材料金刚线切割用切削液				待制定
176.	2-3-18	光伏用电镀金刚石切割线				待制定

（续）

序号	体系编号	标准名称	标准号/计划号	对应国际标准	标准级别	备注
2－3 工艺材料						
177.	2－3－19	光伏用树脂金刚石切割线	20120274－T－469		国家标准	制定中
178.	2－3－20	光伏用硅切割用钢丝				待研究
179.	2－3－21	光伏用硅切割用碳化硅微粉				待研究
180.	2－3－22	光伏用硅切割用碳化硅微粉圆度测试方法				待研究
181.	2－3－23	太阳能级硅片切割用喷砂玻璃				待制定
182.	2－3－24	太阳能级硅片切割用环氧树脂胶				待研究
2－4 电极材料						
183.	2－4－1	光伏电池用铝浆	SJ/T 11513－2015		行业标准	现行
184.	2－4－2	晶体硅太阳能电池正面银浆				待制定
185.	2－4－3	晶体硅太阳能电池背面银浆				待制定
186.	2－4－4	光伏电池用银浆固含量测试方法				待制定
187.	2－4－5	光伏电池用银浆中银含量测试方法				待制定
188.	2－4－6	光伏涂锡焊带	GB/T 31985－2015		国家标准	现行
189.	2－4－7	晶体硅光伏组件用热浸镀型焊带	SJ/T 11550－2015		行业标准	现行
190.	2－4－8	晶体硅光伏组件用免清洗型助焊剂	SJ/T 11549－2015		行业标准	现行
191.	2－4－9	晶体硅光伏电池用银浆的回收处理规范				待研究
192.	2－4－10	晶体硅光伏电池用银铝浆的回收处理规范				待研究
193.	2－4－11	薄膜光伏组件用浸锡焊带	20153723－T－469		国家标准	制定中
194.	2－4－12	光伏组件用导电胶带				急需制定
2－5 封装材料						
195.	2－5－1	太阳能玻璃第1部分：超白压花玻璃	GB/T 30984.1－2015		国家标准	现行
196.	2－5－2	光伏组件用超薄玻璃	SJ/T 11571－2016		行业标准	现行
197.	2－5－3	光伏真空玻璃	20132028－T－609		国家标准	制定中
198.	2－5－4	光伏组件用增透膜玻璃				急需制定
199.	2－5－5	光伏组件用高反射膜玻璃				待制定
200.	2－5－6	光伏组件用镀膜玻璃膜层耐久性测试方法	2016－0997T－SJ			制定中
201.	2－5－7	光伏玻璃试验方法第1部分：总雾度和雾度分布测试		IEC 62805－1 Ed.1		待制定
202.	2－5－8	光伏玻璃试验方法第2部分：透射比和反射比测试		IEC 62805－2 Ed.1		待制定
203.	2－5－9	光伏电池用背板	2010－3109T－SJ		行业标准	制定中
204.	2－5－10	光伏组件背板用氟塑料薄膜	2016－0995T－SJ		行业标准	制定中
205.	2－5－11	光伏组件背板用聚酯薄膜				待制定
206.	2－5－12	复合型光伏组件背板用基材				待制定
2－5 封装材料						
207.	2－5－13	光伏组件封装用背板胶膜一体化材料				待研究
208.	2－5－14	光伏组件用背板反向应力测试方法				待研究

（续）

序号	体系编号	标准名称	标准号/计划号	对应国际标准	标准级别	备注
2-5 封装材料						
209.	2-5-15	光伏组件封装用乙烯－醋酸乙烯酯共聚物（EVA）胶膜	GB/T 29848-2013 20153724-T-469		国家标准	修订中
210.	2-5-16	光伏组件封装用白色乙烯－醋酸乙烯酯共聚物（EVA）胶膜				待制定
211.	2-5-17	光伏组件用乙烯－醋酸乙烯共聚物交联度测试方法－差示扫描量热法（DSC）	20110738-T-469	IEC 62775	国家标准	制定中
212.	2-5-18	光伏组件用乙烯－醋酸乙烯共聚物交联度测试方法－索氏萃取法（凝胶含量法）				待制定
213.	2-5-19	光伏组件用乙烯－醋酸乙烯共聚物（EVA）中醋酸乙烯（VA）含量测试方法—热重法（TGA）	GB/T 31984-2015		国家标准	现行
214.	2-5-20	光伏组件用聚乙烯醇缩丁醛（PVB）胶膜				急需制定
215.	2-5-21	光伏组件封装用共聚烯烃胶膜				急需制定
216.	2-5-22	地面用光伏组件密封材料硅橡胶密封剂	GB/T 29595-2013		国家标准	现行
217.	2-5-23	光伏组件接线盒灌封胶				待制定
218.	2-5-24	光伏组件用结构胶				待研究
219.	2-5-25	薄膜光伏组件密封用丁基胶				待制定
220.	2-5-26	光伏组件用封框胶带				急需制定
221.	2-5-27	光伏组件接线盒及支架用胶带				待制定
222.	2-5-28	光伏组件封装用电池固定胶带				待制定
223.	2-5-29	光伏组件用阻隔片				待制定
224.	2-5-30	光伏组件用材料测试程序第1-2部分：封装材料－封装胶膜及其他聚合物材料体积电阻率测量方法		IEC 62788-1-2		待制定
225.	2-5-31	光伏组件用材料测试程序－第1-3部分：封装材料－介电强度测试		IEC 62788-1-3		待研究
226.	2-5-32	光伏组件用材料测试程序第1-4部分：封装材料－透射率的测量和太阳加权透光比、黄变指数及紫外截止波长的计算		IEC 62788-1-4		待制定
227.	2-5-33	光伏组件用材料测试程序第1-5部分：封装材料－片状封装材料在受热情况下线性尺寸变化的测试		IEC 62788-1-5		待制定
228.	2-5-34	光伏组件用材料测试程序－第1-6部分：封装材料－光伏组件用乙烯－醋酸乙烯共聚物交联度测试方法		IEC 62788-1-6		待制定
229.	2-5-35	光伏组件用材料测试程序－第2部分：盖板和背板用聚合物材料		IEC 62788-2		待制定
230.	2-5-36	光伏组件用材料测试程序第5-1部分：封边材料测试方法		IEC 62788-5-1 Ed.1.0（在研）		待研究
231.	2-5-37	光伏组件用材料测试程序第5-2部分：封边耐久性评估导则		IEC 62788-5-2 Ed.1.0（在研）		待研究
232.	2-5-38	光伏组件用材料测试程序第6-2部分：聚合物薄膜透湿性测试		IEC 62788-6-2 Ed.1.0（在研）		待研究
233.	2-5-39	光伏组件用材料测试程序－第7-2部分：环境暴露－聚合物材料加速老化测试		IEC/TS 62788-7-2 Ed.1.0（在研）		待研究
234.	2-5-40	光伏组件封装材料加速老化试验方法　高压蒸煮试验（PCT）	20141887-T-469		国家标准	制定中

（续）

序号	体系编号	标准名称	标准号/计划号	对应国际标准	标准级别	备注
2-5		封装材料				
235.	2-5-41	光伏组件封装材料加速老化试验方法紫外高温高湿试验	20141888-T-469		国家标准	制定中
236.	2-5-42	光伏组件封装材料多因素环境老化试验				待研究
237.	2-5-43	光伏背板自然环境暴露试验				待研究
238.	2-5-44	光伏玻璃自然环境暴露试验				待研究
239.	2-5-45	光伏封装胶膜自然环境暴露试验				待研究
240.	2-5-46	1500V光伏组件对封装材料的要求				待研究
241.	2-5-47	光伏组件用铝合金边框	20141889-T-469		国家标准	制定中
242.	2-5-48	柔性薄膜光伏组件用前挡膜	2016-0996T-SJ		行业标准	制定中
2-6		其它				
243.	2-6-1	光伏级高纯石英砂	GB/T 32649-2016		国家标准	现行
244.	2-6-2	电感耦合等离子质谱法检测石英砂中痕量元素	GB/T 32650-2016		国家标准	现行
245.	2-6-3	多晶硅铸锭石英坩埚用熔融石英料	GB/T 32652-2016		国家标准	现行
246.	2-6-4	多晶硅铸锭脱模用氮化硅				待制定
247.	2-6-5	多晶硅用聚乙烯包装材料规范	2013-1551T-SJ		行业标准	制定中
248.	2-6-6	光伏组件连接器电连接接触件				待制定
249.	2-6-7	光伏玻璃用减反射镀膜液				待制定
250.	2-6-8	光伏玻璃用自清洁镀膜液				待制定
251.	2-6-9	光伏玻璃用增透型自清洁镀膜液				待制定
3		光伏电池和组件				
3-0		光伏电池和组件通用标准				
252.	3-0-1	地面用太阳电池标定的一般规定	GB/T 6497-1986		国家标准	现行
253.	3-0-2	光谱标准太阳电池	GB/T 11010-1989		国家标准	现行
254.	3-0-3	光伏器件第1部分：光伏电流-电压特性的测量	GB/T 6495.1-1996 20141851-T-339	IEC 60904-1	国家标准	修订中
255.	3-0-4	光伏器件 第1-1部分：多结光伏器件电流-电压特性的测量		IEC 60904-1-1（在研）		待研究
256.	3-0-5	光伏器件第1-2部分：双面光伏器件电流-电压特性的测量		IEC 60904-1-2（在研）		待研究
257.	3-0-6	钙钛矿太阳电池的电流-电压（I-V）特性的测量				待研究
258.	3-0-7	光伏器件第2部分：标准太阳电池的要求	GB/T 6495.2-1996 20121245-T-339	IEC 60904-2（修订）	国家标准	修订中
259.	3-0-8	光伏器件第3部分：地面用光伏器件的测量原理及标准光谱辐照度数据	GB/T 6495.3-1996 20141852-T-339	IEC 60904-3	国家标准	修订中
260.	3-0-9	光伏器件第4部分：标准光伏器件溯源链建立程序	20141853-T-339	IEC 60904-4	国家标准	制定中
261.	3-0-10	光伏器件第5部分：用开路电压法确定光伏（PV）器件的等效电池温度（ECT）	GB/T 6495.5-1997	IEC60904-5	国家标准	急需修订
262.	3-0-11	光伏器件第6部分：标准太阳电池组件的要求	SJ/T 11209-1999		行业标准	现行
263.	3-0-12	光伏器件第7部分：光伏器件测量过程中引起的光谱失配误差的计算	GB/T 6495.7-2006	IEC60904-7	国家标准	急需修订
264.	3-0-13	光伏器件第8部分：光伏器件光谱响应的测量	GB/T 6495.8-2002	IEC 60904-8	国家标准	急需修订

（续）

序号	体系编号	标准名称	标准号/计划号	对应国际标准	标准级别	备注
3－0　光伏电池和组件通用标准						
265.	3－0－14	光伏器件：第8－1部分：多结光伏器件光谱响应的测量		IEC 60904－8－1（在研）	·	待研究
266.	3－0－15	光伏器件第9部分：太阳模拟器性能要求	GB/T 6495.9－2006 20121246－T－339	IEC 60904－9	国家标准	修订中
267.	3－0－16	光伏器件第9－1部分：准直光束太阳模拟器性能要求		IEC 60904－9－1（在研）		待研究
268.	3－0－17	光伏器件第10部分：线性特性测量方法	GB/T 6495.10－2012	IEC 60904－10	国家标准	急需修订
269.	3－0－18	光伏器件　第11部分：晶体硅太阳电池初始光致衰减测试方法	GB/T 6495.11－2016	IEC 60904－11（在研）	国家标准	现行
270.	3－0－19	光伏器件第12部分：光伏组件红外热成像测试		IEC/TS 60904－12 Ed. 1.0（在研）		待研究
271.	3－0－20	光伏器件第13部分：光伏组件电致发光测试		IEC/TS 60904－13（在研）		待研究
272.	3－0－21	晶体硅光伏器件的I－V实测特性的温度和辐照度修正方法	GB/T 6495.4－1996	IEC 60891	国家标准	急需修订
273.	3－0－22	双面发电光伏器件电性能测试方法				待制定
274.	3－0－23	薄膜光伏电池和组件初始光致衰减测试				待研究
275.	3－0－24	晶体硅光伏器件电致发光图谱				待制定
276.	3－0－25	有机光伏电池和染料敏化太阳能光伏电池电流－电压特性测试方法				待制定
277.	3－0－26	有机光伏电池和染料敏化太阳电池光谱相应测试方法				待制定
3－1　光伏电池						
278.	3－1－1	地面用晶体硅太阳电池总规范	GB/T 29195－2012		国家标准	现行
279.	3－1－2	N型太阳能电池转换效率测试方法				待制定
280.	3－1－3	晶体硅太阳电池颜色测试方法—基于RGB图像处理法				待制定
281.	3－1－4	光伏电池片绒面反射率的测试光电积分法				待制定
282.	3－1－5	光伏电池电极栅线高宽比的测量激光扫描共聚焦显微镜法				制定中
283.	3－1－6	运输过程中晶体硅太阳能电池片机械振动测试方法				待制定
284.	3－1－7	光伏电池用扩散层薄层方块电阻的测量方法				待研究
285.	3－1－8	光伏电池用氮化硅减反射膜厚度和折射率的测量方法				待研究
286.	3－1－9	太阳能电池电化学电容电压PN结结深测试方法	20141857－T－339		国家标准	制定中
287.	3－1－10	光伏电池缺陷电致发光测试方法				待制定
288.	3－1－11	光伏电池缺陷红外测试方法				待制定
289.	3－1－12	光伏电池机械性能测试方法				待研究
290.	3－1－13	聚光光伏电池总规范				待制定
291.	3－1－14	聚光光伏电池文件		IEC/TS62789		待制定
292.	3－1－15	聚光光伏太阳电池和便携电池配件—可靠性评定		IEC 62787（在研）		待制定
293.	3－1－16	碲化镉薄膜太阳能电池	2011－2839T－SJ		行业标准	制定中
294.	3－1－17	晶体硅太阳电池颜色分类等级				待制定
295.	3－1－18	晶体硅太阳电池铝背场剥离强度测试方法				待制定
296.	3－1－19	晶体硅太阳能电池电极与焊带/背板的剥离强度测试方法				待制定

（续）

序号	体系编号	标准名称	标准号/计划号	对应国际标准	标准级别	备注
3-2	光伏组件					
297.	3-2-1	地面用晶体硅光伏组件设计鉴定和定型	GB/T 9535-1998	IEC 61215	国家标准	现行
298.	3-2-2	地面用薄膜光伏组件设计鉴定和定型	GB/T 18911-2002 20130277-T-339	IEC 61646	国家标准	修订中
299.	3-2-3	地面光伏组件设计鉴定和定型第1部分：测试要求		IEC 61215-1		急需制定
300.	3-2-4	地面光伏组件设计鉴定和定型第1-1部分：晶体硅光伏组件测试要求		IEC 61215-1-1（在研）		急需制定
301.	3-2-5	地面光伏组件设计鉴定和定型第1-2部分：碲化镉光伏组件测试要求		IEC 61215-1-2（在研）		待制定
302.	3-2-6	地面光伏组件设计鉴定和定型第1-3部分：非晶硅和微晶硅光伏组件测试要求		IEC 61215-1-3（在研）		待制定
303.	3-2-7	地面光伏组件设计鉴定和定型第1-4部分：铜铟镓硒光伏组件测试要求		IEC 61215-1-4（在研）		待制定
304.	3-2-8	地面光伏组件设计鉴定和定型第1-5部分：柔性（非玻璃基底）光伏组件测试要求		IEC 61215-1-5（在研）		待研究
305.	3-2-9	地面光伏组件设计鉴定和定型第2部分：测试程序		IEC 61215-2（在研）		急需制定
306.	3-2-10	光伏（PV）组件安全鉴定 第1部分：结构要求	GB/T 20047.1-2006 20130278-T-339	IEC 61730-1	国家标准	修订中
307.	3-2-11	光伏（PV）组件安全鉴定 第2部分：测试要求		IEC 61730-2	国家标准	急需制定
308.	3-2-12	晶体硅太阳电池双玻光伏组件设计鉴定和定型				急需制定
309.	3-2-13	地面用晶体硅太阳电池组件总规范	20121244-T-339		国家标准	制定中
310.	3-2-14	可弯曲晶体硅太阳电池组件	20132237-T-339		国家标准	制定中
311.	3-2-15	晶体硅太阳电池组件光致衰减总规范	20121247-T-339		国家标准	制定中
312.	3-2-16	地面用晶体硅光伏组件环境适应性测试要求	20141848-T-339		国家标准	制定中
313.	3-2-17	光伏组件城市环境自然暴露试验及性能评价	2015-0672T-SJ		行业标准	制定中
314.	3-2-18	光伏组件干热砂尘大气环境自然暴露试验及性能评价	2015-0673T-SJ		行业标准	制定中
315.	3-2-19	光伏组件强辐照湿热大气环境自然暴露试验及性能评价	2015-0674T-SJ		行业标准	制定中
316.	3-2-20	光伏（PV）组件紫外试验	GB/T 19394-2003	IEC 61345	国家标准	现行
317.	3-2-21	光伏组件盐雾腐蚀试验	GB/T 18912-2002 20151505-T-339	IEC 61701	国家标准	修订中
318.	3-2-22	光伏组件氨腐蚀试验	20151506-T-339	IEC 62716	国家标准	制定中
319.	3-2-23	光伏组件循环（动态）机械载荷试验 20151507-T-339		IEC 62782	国家标准	制定中
320.	3-2-24	地面用晶体硅光伏组件电势诱导衰减测试方法	20151508-T-339	IEC 62804-1	国家标准	制定中
321.	3-2-25	光伏组件电势诱导衰减测试方法第2部分：薄膜组件		IEC/TS 62804-2（在研）		待制定
322.	3-2-26	光伏组件非均一雪载荷试验		IEC 62938（在研）		待研究
323.	3-2-27	光伏组件加速老化试验方法 高压蒸煮试验（PCT）				待制定
324.	3-2-28	光伏组件加速老化试验方法 紫外高温高湿试验				待制定
325.	3-2-29	海洋环境用光伏组件盐水压力浸渍和温度试验方法				急需制定
326.	3-2-30	地面用光伏组件光电转换效率检测方法	20120655-T-424		国家标准	制定中
327.	3-2-31	光伏组件性能测试和能量评定第1部分：辐照度和温度性能测量和功率评定	20141031-T-339	IEC 61853-1	国家标准	制定中

（续）

序号	体系编号	标准名称	标准号/计划号	对应国际标准	标准级别	备注
3 - 2		光伏组件				
328.	3 - 2 - 32	光伏组件性能测试和能量评定 第2部分：光谱响应，入射角和组件工作温度的测量	20141854 - T - 339	IEC 61853 - 2	国家标准	制定中
329.	3 - 2 - 33	光伏组件性能试验和能量评定第3部分：光伏组件能效评定		IEC 61853 - 3（在研）		待研究
330.	3 - 2 - 34	光伏组件性能试验和能量评定第4部分：标准气候图谱		IEC 61853 - 4（在研）		待研究
331.	3 - 2 - 35	光伏组件在不同气候和应用条件下性能测试第1部分：测试要求		IEC 62892 - 1（在研）		待研究
332.	3 - 2 - 36	光伏组件在不同气候和应用条件下性能测试第2部分：热循环试验程序		IEC 62892 - 2（在研）		待研究
333.	3 - 2 - 37	光伏组件在不同气候和应用条件下性能测试第3部分：封装透光率试验程序		IEC 62892 - 3（在研）		待研究
334.	3 - 2 - 38	运输环境下晶体硅光伏组件机械振动测试方法	SJ/T 11572 - 2016		行业标准	现行
335.	3 - 2 - 39	光伏组件运输试验第1部分：组件包装单元的运输和装卸		IEC 62759 - 1		急需制定
336.	3 - 2 - 40	光伏组件设计、定型和安全鉴定重测导则		IEC/TS 62915（在研）		待制定
337.	3 - 2 - 41	光伏组件包装保护技术要求	20141886 - T - 469		国家标准	制定中
338.	3 - 2 - 42	聚光光伏（CPV）组件和模组设计鉴定与定型	20121248 - T - 339	IEC 62108	国家标准	制定中
339.	3 - 2 - 43	聚光光伏（CPV）组件和模组设计鉴定与定型第9部分：重测导则		IEC 62108 - 9		待研究
340.	3 - 2 - 44	聚光光伏性能测试第1部分：标准条件		IEC 62670 - 1		待制定
341.	3 - 2 - 45	聚光光伏性能测试第2部分：能量测量		IEC 62670 - 2		待制定
342.	3 - 2 - 46	聚光光伏组件和模组安全评定		IEC 62688（在研）		待研究
343.	3 - 2 - 47	聚光组件的电性能测量方法	20141032 - T - 339		国家标准	制定中
344.	3 - 2 - 48	硅基薄膜光伏组件光辐照测试方法				待制定
345.	3 - 2 - 49	地面用硅基薄膜光伏组件总规范	20132236 - T - 339		国家标准	制定中
346.	3 - 2 - 50	柔性硅基薄膜太阳电池组件总规范	20141855 - T - 339		国家标准	制定中
347.	3 - 2 - 51	建筑用柔性薄膜光伏组件				待研究
348.	3 - 2 - 52	柔性薄膜光伏组件卷曲性测试方法				待制定
349.	3 - 2 - 53	柔性薄膜光伏组件抗冰雹性能测试方法				待研究
350.	3 - 2 - 54	铜铟镓硒薄膜光伏组件	20151509 - T - 339		国家标准	制定中
351.	3 - 2 - 55	光伏光热一体化组件				待研究
352.	3 - 2 - 56	光伏建筑一体化（BIPV）组件电池额定工作温度测试方法	20110053 - T - 469		国家标准	制定中
353.	3 - 2 - 57	地面光伏组件 光伏组件设计鉴定和定型质量控制导则		IEC/TS 62941		急需制定
354.	3 - 2 - 58	光伏组件高风速沙尘测试				待制定
355.	3 - 2 - 59	智能化晶体硅光伏组件				待制定
356.	3 - 2 - 60	晶体硅光伏组件电致发光测试方法				待制定
357.	3 - 2 - 61	差异化气候型晶体硅光伏组件技术要求				待制定
358.	3 - 2 - 62	1500V 晶体硅光伏组件技术要求				待制定
359.	3 - 2 - 63	光伏组件产品质量抽样及统计评估方法				待制定
360.	3 - 2 - 64	地面用平面双层夹胶玻璃晶体硅太阳电池组件				待制定

（续）

序号	体系编号	标准名称	标准号/计划号	对应国际标准	标准级别	备注
3－2	光伏组件					
361.	3－2－65	晶体硅光伏组件外形尺寸及安装孔要求				待制定
362.	3－2－66	晶体硅光伏组件蜗牛纹测试方法				待研究
363.	3－2－67	光伏组件回收再利用通用技术要求	20151979－T－609		国家标准	制定中
3－3	其它					
364.	3－3－1	晶体硅光伏（PV）方阵Ⅰ-Ⅴ特性的现场测量	GB/T 18210－2000	IEC 61829	国家标准	急需修订
365.	3－3－2	光伏阵列设计要求		IEC/TS 62548		急需制定
4	光伏部件					
4－0	光伏系统通用部件					
366.	4－0－1	光伏系统用系统平衡部件：设计鉴定自然环境		IEC 62093		急需制定
367.	4－0－2	低压熔断器第6部分：太阳能光伏系统保护用熔断体的补充要求	GB/T 13539.6－2013		国家标准	现行
368.	4－0－3	低压电涌保护器：电涌保护器在直流系统中的特殊应用第11部分：用于光伏发电的电涌保护器性能要求和试验方法	20130629－T－604		国家标准	制定中
369.	4－0－4	光伏系统功率调节器效率测量程序	GB/T 20514－2006	IEC 61683	国家标准	现行
370.	4－0－5	光伏系统用逆变器的安全要求	20111915－Q－604		国家标准	制定中
371.	4－0－6	光伏逆变器数据表和铭牌		IEC 62894		急需制定
372.	4－0－7	光伏发电系统用功率转换设备安全性第1部分：通用要求		IEC 62109－1		急需制定
373.	4－0－8	光伏发电系统用功率转换设备安全性第2部分：逆变器的特殊要求		IEC6 2109－2		急需制定
374.	4－0－9	光伏发电系统用功率转换设备安全性第3部分：对带有集成电子器件的光伏组件的特殊要求		IEC 62109－3（在研）		待制定
375.	4－0－10	光伏发电系统用储能逆变器				待制定
376.	4－0－11	光伏用微型逆变器				待制定
377.	4－0－12	光伏系统用蓄电池充电控制器 性能和功能		IEC 62509		急需制定
378.	4－0－13	地面用光伏组件连接器技术要求	20120656－T－424		国家标准	制定中
379.	4－0－14	光伏专用电线电缆				急需制定
380.	4－0－15	光伏系统太阳跟踪器设计鉴定		IEC 62817		急需制定
381.	4－0－16	光伏系统太阳跟踪器安全要求		PNW 82－1163		待制定
382.	4－0－17	光伏电站太阳跟踪系统技术要求	GB/T 29320－2012		国家标准	现行
383.	4－0－18	光伏系统单轴太阳跟踪系统				待研究
384.	4－0－19	光伏系统双轴太阳跟踪系统				待研究
385.	4－0－20	地面安装光伏支架	20141884－T－469		国家标准	制定中
386.	4－0－21	建筑物安装光伏支架				急需制定
4－1	独立系统用部件					
387.	4－1－1	离网型风能、太阳能发电系统用逆变器第1部分：技术条件	GB/T 20321.1－2006		国家标准	现行
388.	4－1－2	离网型风能、太阳能发电系统用逆变器第2部分：试验方法	GB/T 20321.2－2006		国家标准	现行
389.	4－1－3	离网型光伏系统蓄能电池技术要求				急需制定
390.	4－1－4	小型风光互补发电控制器				待制定
391.	4－1－5	光伏系统直流（DC）负载用连接器—安全要求及测试		IEC 62852		急需制定

（续）

序号	体系编号	标准名称	标准号/计划号	对应国际标准	标准级别	备注
4-2 并网系统用部件						
392.	4-2-1	并网光伏发电专用逆变器技术要求和试验方法	GB/T 30427-2013		国家标准	现行
393.	4-2-2	光伏并网逆变器防孤岛测试程序		IEC 62116		急需制定
394.	4-2-3	并网光伏逆变器整体效率		IEC 62891（在研）		待研究
395.	4-2-4	光伏发电系统用并网功率转换设备电磁兼容性要求和测试方法		IEC 62920（在研）		待研究
396.	4-2-5	光伏并网逆变器加权效率测试与评估技术条件	20141849-T-339		国家标准	制定中
397.	4-2-6	并网光伏逆变器低电压穿越测试规程		IEC/TS 62910		待制定
398.	4-2-7	光伏发电站监控系统技术要求	GB/T 31366-2015		国家标准	现行
399.	4-2-8	光伏发电站无功补偿装置检测技术规程	20130620-T-524		国家标准	制定中
400.	4-2-9	光伏电站有功及无功控制系统的控制策略导则	20132396-T-524		国家标准	制定中
401.	4-2-10	光伏发电站汇流箱技术要求	20120755-T-524		国家标准	制定中
402.	4-2-11	光伏发电站汇流箱检测技术规程	20130619-T-524		国家标准	制定中
4-3 其它						
403.	4-3-1	建筑光伏组件用条形接线盒				待制定
404.	4-3-2	地面用太阳能光伏组件接线盒技术条件	20100582-T-424		国家标准	制定中
405.	4-3-3	光伏组件用接线盒—安全要求及测试		IEC 62790		急需制定
406.	4-3-4	光伏组件接线盒用二极管技术要求	20121525-T-424		国家标准	制定中
407.	4-3-5	光伏组件用旁路二极管静电放电敏感度测试		IEC/TS 62916（在研）		待研究
408.	4-3-6	光伏组件旁路二极管热失控测试		IEC 62979 Ed. 1.0（在研）		待制定
409.	4-3-7	通信用变换稳压型太阳能电源控制器技术要求和试验方法	YD/T 2321-2011		行业标准	现行
410.	4-3-8	通信电源用光伏电缆	YD/T 2337-2011		行业标准	现行
5 光伏发电系统						
5-0 系统通用标准						
411.	5-0-1	光伏系统性能监测测量、数据交换和分析导则	GB/T 20513-2006	IEC 61724	国家标准	现行
412.	5-0-2	光伏系统性能第1部分：监测		IEC 61724-1（在研）		待制定
413.	5-0-3	光伏系统性能第2部分：容量评估方法		IEC/TS 61724-2（在研）		待制定
414.	5-0-4	光伏系统性能第3部分：能量评估方法		IEC/TS 61724-3（在研）		待制定
415.	5-0-5	光伏系统性能第4部分：衰减率评估方法		IEC/TS 61724-4（在研）		待研究
416.	5-0-6	地面用光伏（PV）发电系统 概述和导则	GB/T 18479-2001	IEC 61277	国家标准	现行
417.	5-0-7	光伏发电站设计指南和建议		IEC/TS62738（在研）		待研究
418.	5-0-8	光伏发电系统直流电弧电测与故障		IEC 63027（在研）		待研究
419.	5-0-9	光伏发电系统信息采集模型		IEC/TS 63019（在研）		待研究

（续）

序号	体系编号	标准名称	标准号/计划号	对应国际标准	标准级别	备注
5-0 系统通用标准						
420.	5-0-10	地面光伏系统光伏系统安装质量控制导则		IEC/TS 63049（在研）		待研究
421.	5-0-11	光伏发电站防雷技术要求	GB/T 32512-2016		国家标准	现行
422.	5-0-12	光伏发电站太阳能资源实时监测技术要求	GB/T 30153-2013		国家标准	现行
423.	5-0-13	光伏发电站设计规范	GB/T 50797-2012		国家标准	现行
424.	5-0-14	光伏（PV）发电机组装置安全要求				待制定
425.	5-0-15	光伏系统的结构设计规范				急需制定
426.	5-0-16	光伏电站安全规程	20130618-T-524		国家标准	制定中
427.	5-0-17	光伏方阵场-系统文件资料、试运行测试和系统检查基本要求	20141850-T-339		国家标准	制定中
428.	5-0-18	小型光伏发电系统设计规范	20141859-T-339		国家标准	制定中
429.	5-0-19	光伏电量增发比对试验及统计计算方法				待研究
5-1 独立发电系统						
430.	5-1-1	独立光伏系统技术规范	GB/T 29196-2012		国家标准	现行
431.	5-1-2	独立光伏系统的特性参数	GB/T 28866-2012	IEC 61194	国家标准	现行
432.	5-1-3	独立光伏系统-设计验证		IEC 62124	国家标准	待制定
433.	5-1-4	独立光伏系统验收规范	20100584-T-424		国家标准	制定中
434.	5-1-5	独立太阳能光伏电源系统技术要求	20121524-T-424		国家标准	制定中
435.	5-1-6	独立光伏系统 对系统文件、交收试验和检查的基本要求				待制定
436.	5-1-7	家用太阳能光伏电源系统技术条件和试验方法	GB/T 19064-2003 20063282-T-339		国家标准	修订中
437.	5-1-8	小型独立光伏发电系统规范	20141858-T-339		国家标准	制定中
438.	5-1-9	离网风光互补发电系统安全要求	GB/T 29544-2013		国家标准	现行
439.	5-1-10	离网型户用风光互补发电系统 第1部分：技术条件	GB/T 19115.1-2003		国家标准	现行
440.	5-1-11	离网型户用风光互补发电系统第2部分：试验方法	GB/T 19115.2-2003		国家标准	现行
441.	5-1-12	离网型风光互补发电系统运行验收规范	GB/T 25382-2010		国家标准	现行
442.	5-1-13	离网型风光互补发电系统安全要求	GB/T 29544-2013		国家标准	现行
443.	5-1-14	光伏系统负极接地规范				待制定
5-2 并网发电系统						
444.	5-2-1	光伏系统测试、文件和维护要求第1部分：并网光伏系统文件、交收试验和检查		IEC 62446-1		待制定
445.	5-2-2	光伏系统测试、文件和维护要求第2部分：光伏系统维护		IEC 62446-2（在研）		待研究
446.	5-2-3	光伏系统测试、文件及维护要求第3部分：光伏组件和电站的室外红外光谱测量		IEC/TS 62446-3（在研）		待研究
447.	5-2-4	光伏（PV）系统 电网接口特性	GB/T 20046-2006	IEC 61727	国家标准	现行
448.	5-2-5	光伏系统并网技术要求	GB/T 19939-2005		国家标准	现行
449.	5-2-6	光伏发电系统并网特性评价技术规范	GB/T 31999-2015		国家标准	现行
450.	5-2-7	光伏发电系统接入配电网技术规定	GB/T 29319-2012		国家标准	现行
451.	5-2-8	光伏发电系统接入配电网检测规程	GB/T 30152-2013		国家标准	现行
452.	5-2-9	光伏发电接入配电网设计规范	GB/T 50865-2013		国家标准	现行
453.	5-2-10	光伏发电站接入电网检测规程	GB/T 31365-2015		国家标准	现行

（续）

序号	体系编号	标准名称	标准号/计划号	对应国际标准	标准级别	备注
5−2	并网发电系统					
454.	5−2−11	光伏发电站接入电力系统设计规范	GB/T 50866−2013		国家标准	现行
455.	5−2−12	光伏电站接入电力系统的技术规定	GB/Z 19964−2005 20101630−T−524		国家标准	修订中
456.	5−2−13	并网光伏电站系统效率检测方法				待制定
457.	5−2−14	并网光伏电站继电保护技术规程	20130596−T−524		国家标准	制定中
458.	5−2−15	并网光伏电站启动验收技术规范	20111890−T−524		国家标准	制定中
459.	5−2−16	光伏发电站无功补偿技术规范	GB/T 29321−2012		国家标准	现行
460.	5−2−17	光伏发电站施工规范	GB 50794−2012		国家标准	现行
461.	5−2−18	光伏发电站设计规范	GB 50797−2012		国家标准	现行
462.	5−2−19	光伏发电工程施工组织设计规范	GB/T 50795−2012		国家标准	现行
463.	5−2−20	光伏发电工程验收规范	GB/T 50796−2012		国家标准	现行
464.	5−2−21	屋面并网光伏发电系统第1部分：设计标准				待制定
465.	5−2−22	屋面并网光伏发电系统第2部分：施工与验收规范				待制定
466.	5−2−23	分布式光伏发电并网接口技术规范	20130616−T−524		国家标准	制定中
467.	5−2−24	分布式光伏发电系统远程监控技术规范	20130617−T−524		国家标准	制定中
468.	5−2−25	分布式光伏电站第一部分：设计规范				待研究
469.	5−2−26	分布式光伏电站第二部分：施工、验收基本要求				待研究
470.	5−2−27	分布式光伏电站第三部分：接入电网技术要求及检测方法				待研究
471.	5−2−28	分布式光伏电站第四部分：日常维护指南				待研究
5−3	其它					
472.	5−3−1	建筑太阳能光伏系统设计与安装	10J908−5		行业标准	现行
6	光伏应用					
6−1	光伏建筑					
473.	6−1−1	建筑用太阳能光伏夹层玻璃	GB 29551−2013		国家标准	现行
474.	6−1−2	建筑用太阳能光伏中空玻璃	GB/T 29759−2013		国家标准	现行
475.	6−1−3	光伏蜂窝一体化板				待制定
476.	6−1−4	建筑物电气装置第7−712部分：特殊装置或场所的要求 太阳能光伏（PV）电源供电系统	GB/T16895.32−2008		国家标准	现行
477.	6−1−5	光伏与建筑一体化发电系统验收规范	20111728−T−424		国家标准	制定中
478.	6−1−6	光伏建筑一体化系统运行与维护规范	JGJ/T 264−2012		行业标准	现行
479.	6−1−7	工业厂房光伏建筑一体化屋顶光伏系统				待研究
480.	6−1−8	农村建筑太阳能利用技术条件	20083014−T−326		国家标准	制定中
481.	6−1−9	民用建筑太阳能光伏系统应用技术规范	JGJ 203−2010		行业标准	现行
482.	6−1−10	建筑光伏幕墙采光顶检测方法	20121191−T−333		国家标准	制定中
483.	6−1−11	光伏生态温室建筑指南				待制定
6−2	光伏照明					
484.	6−2−1	太阳能光伏照明装置总技术规范	GB 24460−2009		国家标准	现行
485.	6−2−2	太阳能光伏照明用电子控制装置性能要求	GB/T 26849−2011		国家标准	现行
486.	6−2−3	太阳能草坪灯系统技术规范	20111732−T−424		国家标准	制定中
487.	6−2−4	农村太阳能光伏室外照明装置第1部分：技术要求	NY/T 1913−2010		行业标准	现行

（续）

序号	体系编号	标准名称	标准号/计划号	对应国际标准	标准级别	备注
6-2	光伏照明					
488.	6-2-5	农村太阳能光伏室外照明装置第2部分：安装规范	NY/T 1914-2010		行业标准	现行
489.	6-2-6	道路照明用太阳能光伏电源系统通用技术规范	20141847-T-339		国家标准	制定中
6-3	光伏通信电源					
490.	6-3-1	通信用太阳能电源系统	GB/T 26264-2010		国家标准	现行
491.	6-3-2	通信用太阳能供电组合电源	YD/T 1073-2000		行业标准	现行
492.	6-3-3	通信用嵌入式太阳能光伏电源系统	YD/T 3087-2016		行业标准	现行
6-4	光伏交通设施					
493.	6-4-1	公路沿线设施太阳能供电系统通用技术规范	GB/T 24716-2009		国家标准	现行
494.	6-4-2	太阳能道路交通标志	GA/T 580-2005		行业标准	现行
495.	6-4-3	太阳能黄闪信号灯	GA/T 743-2007		行业标准	现行
496.	6-4-4	太阳能突起路标	GB/T 19813-2005		国家标准	现行
6-5	光伏农业设施					
497.	6-5-5	太阳能光伏滴灌系统	NB/T 32021-2014		行业标准	现行
6-6	光伏小型商品					
498.	6-6-1	便携式太阳能光伏电源	NB/T 32020-2014		行业标准	现行
6-7	其它应用					
499.	6-7-1	直接耦合光伏（PV）扬水系统的评估	GB/T 19393-2003	IEC 61702	国家标准	现行
500.	6-7-2	光伏扬水系统设计鉴定和性能测量		IEC 62253		急需制定

光伏发电专项监管工作方案

发布单位：国家能源局综合司

为规范光伏发电秩序，促进光伏行业健康发展，按照相关法律法规、部门规章和规范性文件规定，制定本工作方案。

一、工作目标

通过专项监管，全面掌握各省（区、市）2017 年度光伏发电基本情况和存在的突出问题，提出监管要求和措施，推动光伏发电政策的贯彻落实，促进光伏行业健康可持续发展。

二、监管依据

1. 《中华人民共和国可再生能源法》（2009 年修订版）
2. 《电力监管条例》（第 432 号国务院令）
3. 《国务院关于促进光伏产业健康发展的若干意见》（国发〔2013〕24 号）
4. 《国家能源局关于可再生能源发展"十三五"规划实施的指导意见》（国能发新能〔2017〕31 号）
5. 《国家能源局关于同意山西大同采煤沉陷区建设国家先进技术光伏示范基地的复函》（国能新能〔2015〕222 号）
6. 《国家能源局关于下达 2016 年光伏发电建设实施方案的通知》（国能新能〔2016〕166 号）
7. 《国家能源局关于推进光伏发电"领跑者"计划实施和 2017 年领跑基地建设有关要求的通知》（国能发新能〔2017〕54 号）
8. 《国家能源局关于公布 2017 年光伏发电领跑基地名单及落实有关要求的通知》（国能发新能〔2017〕76 号）
9. 《国家能源局关于下达 2015 年光伏发电建设实施方案的通知》（国能新能〔2015〕73 号）
10. 《国土资源部 国务院扶贫办 国家能源局关于支持光伏扶贫和规范光伏发电产业用地的意见》（国土资规〔2017〕8 号）
11. 《国家发展改革委 国务院扶贫办 国家能源局 国家开发银行 中国农业发展银行关于实施光伏发电扶贫工作的意见》（发改能源〔2016〕621 号）
12. 《国家能源局 国务院扶贫办关于下达第一批光伏扶贫项目的通知》（国能新能〔2016〕280 号）
13. 《国家能源局 国务院扶贫办关于下达"十三五"第一批光伏扶贫项目计划的通知》（国能发新能〔2017〕91 号）
14. 《国家能源局 国务院扶贫办关于"十三五"光伏扶贫计划编制有关事项的通知》（国能发新能〔2017〕39 号）
15. 国家关于光伏产业发展的其他法律法规和政策规定

三、监管原则

（一）全面评价，重点监管。全面评价本地区光伏发电基本情况，突出重点问题和重点项目，结合当地实际提出监管内容。其中，重点关注光伏领跑者项目、光伏扶贫项目以及新能源微电网示范项目中的分布式光伏项目。

（二）统筹协调，社会参与。根据专项监管工作方案制定与当地实际相适应的监管工作计划，并可委托技术咨询机构提供必要的技术支持。

（三）问题导向，务求实效。针对问题提出行之有效的监管措施和政策建议，推动解决专项监管中发现的突出问题，改善光伏发展环境。

四、主要内容

（一）基本情况。本地区光伏发电国家下达规模、实际并网装机规模和项目数量情况（截至 2017 年底）；光伏项目发电量、上网电量、弃光率情况等。

（二）并网接入情况。光伏项目配套电网建设投资和回购情况；光伏项目并网接入申请受理情况；为光伏扶贫项目开辟绿色通道提供支持情况等。

（三）相关价格及收费政策执行情况。光伏项目价格政策执行情况；地方政府出台的投资补助或补贴政策执行情况；土地使用费用征收范围与征收标准情况；收取土地预处理费及其他费用摊派情况等。

（四）电量收购、电费结算及补贴支付情况。电力消纳措施制定情况；电量全额保障性收购或最低保障小时数执行情况；电费结算和补贴支付情况等。

各派出能源监管机构会同省级能源主管部门可结合本地区实际，增加相应监管内容。

五、时间进度

（一）部署准备阶段（1 月－3 月）。各派出能源监管机构会同省级能源主管部门提出监管重点，制定本地区光伏发电专项监管工作计划。

（二）组织实施阶段（4 月－6 月）。各派出能源监管机构会同省级能源主管部门组织实施专项监管，全面汇总分析有关情况，查找突出问题，提出监管意见和建议，形成本地区光伏发电专项监管报告，于 6 月底前报送市场监管司和新能源司。各地区实施专项监管期间，市场监管司和新能源司选择 1－2 个省份进行重点督查。

（三）总结评价阶段（7 月－9 月）。各派出能源监管机构会同省级能源主管部门对存在问题的电力企业提出整改要求并督促整改。市场监管司会同新能源司汇总分析各地区光伏发电专项监管报告，完成 2017 年度全国光伏发电专项监管报告，适时向社会公开发布。新能源司会同市场监管司研究完善光伏电站开发市场环境监测评价体系，进一步加强光伏年度规模管理。

六、工作要求

（一）**高度重视专项监管工作**。各派出能源监管机构会同省级能源主管部门共同组织成立专项监管工作小组，由一名司局级领导担任组长。加强沟通配合，整合专业技术优势，形成监管合力，规范监管流程，依法依规组织开展专项监管工作。

（二）**严格遵守中央八项规定**。认真履行职责，严肃执法，廉洁奉公，不得干预受检单位正常的生产经营活动，不得向受检单位提出与检查工作无关的要求。

关于促进储能技术与产业发展的指导意见

发布单位：国家发展改革委 财政部 科学技术部 工业和信息化部 国家能源局

储能是智能电网、可再生能源高占比能源系统、"互联网＋"智慧能源（以下简称能源互联网）的重要组成部分和关键支撑技术。储能能够为电网运行提供调峰、调频、备用、黑启动、需求响应支撑等多种服务，是提升传统电力系统灵活性、经济性和安全性的重要手段；储能能够显著提高风、光等可再生能源的消纳水平，支撑分布式电力及微网，是推动主体能源由化石能源向可再生能源更替的关键技术；储能能够促进能源生产消费开放共享和灵活交易、实现多能协同，是构建能源互联网，推动电力体制改革和促进能源新业态发展的核心基础。

近年来，我国储能呈现多元发展的良好态势：抽水蓄能发展迅速；压缩空气储能、飞轮储能，超导储能和超级电容，铅蓄电池、锂离子电池、钠硫电池、液流电池等储能技术研发应用加速；储热、储冷、储氢技术也取得了一定进展。我国储能技术总体上已经初步具备了产业化的基础。加快储能技术与产业发展，对于构建"清洁低碳、安全高效"的现代能源产业体系，推进我国能源行业供给侧改革、推动能源生产和利用方式变革具有重要战略意义，同时还将带动从材料制备到系统集成全产业链发展，成为提升产业发展水平、推动经济社会发展的新动能。为贯彻习近平总书记关于"四个革命、一个合作"的能源战略思想，落实《中华人民共和国国民经济和社会发展第十三个五年规划纲要》和《能源生产和消费革命战略（2016-2030)》任务，促进储能技术与产业发展，提出如下意见。

一、总体要求

（一）指导思想

全面贯彻党的十八大和十八届三中、四中、五中、六中全会精神，深入贯彻习近平总书记系列重要讲话精神，按照中央财经领导小组第六次、第十四次会议和国家能源委员会第一次、第二次会议重大决策部署要求，适应和引领经济社会发展新常态，着眼能源产业全局和长远发展需求，紧密围绕改革创新，以机制突破为重点、以技术创新为基础、以应用示范为手段，大力发展"互联网＋"智慧能源，促进储能技术和产业发展，支撑和推动能源革命，为实现我国从能源大国向能源强国转变和经济提质增效提供技术支撑和产业保障。

（二）基本原则

政府引导、企业参与。 加强顶层设计，加大政策支持，研究出台金融等配套措施，统筹解决行业创新与发展重大共性问题。加强引导和信息服务，推动储能设施合理开放，鼓励多元市场主体公平参与市场竞争。

创新引领、示范先行。 营造开放包容的创新环境，鼓励各种形式的技术、机制及商业模式创新。充分发挥示范工程的试点作用，推进储能新技术与新模式先行先试，形成万众创新良好氛围。

市场主导、改革助推。 充分发挥市场在资源配置中的决定性作用，鼓励社会资本进入储能领域。结合电力体制改革进程，逐步建立完善电力市场化交易和灵活性资源的价格形成机制，还原能源商品属性，着力破解体制机制障碍。

统筹规划、协调发展。 加强统筹规划，优化储能项目布局。重视上下游协调发展，优化从材料、部件、系统、运营到回收再利用的完整产业链。在确保安全的前提下发展储能，健全标准、检测和认证体系，确保产品质量和有序竞争。推行绿色设计理念，研究建立储能产品的梯级利用与回收体系，加强监管，杜绝污染。

（三）发展目标

未来10年内分两个阶段推进相关工作，第一阶段实现储能由研发示范向商业化初期过渡；第二阶段实现商业化初期向规模化发展转变。

"十三五"期间，建成一批不同技术类型、不同应用场景的试点示范项目；研发一批重大关键技术与核心装备，主要储能技术达到国际先进水平；初步建立储能技术标准体系，形成一批重点技术规范和标准；探索一批可推广的商业模式；培育一批有竞争力的市场主体。储能产业发展进入商业化初期，储能对于能源体系转型的关键作用初步显现。

"十四五"期间，储能项目广泛应用，形成较为完整的产业体系，成为能源领域经济新增长点；全面掌握具有国际领先水平的储能关键技术和核心装备，部分储能技术装备引领国际发展；形成较为完善的技术和标准体系并拥有国际话语权；基于电力与能源市场的多种储能商业模式蓬勃发展；形成一批有国际竞争力的市场主体。储能产业规模化发展，储能在推动能源变革和能源互联网发展中的作用全面展现。

二、重点任务

（一）推进储能技术装备研发示范

集中攻关一批具有关键核心意义的储能技术和材料。 加强基础、共性技术攻关，围绕低成本、长寿命、高安全性、高能量密度的总体目标，开展储能原理和关键材料、单元、模块、系统和回收技术研究，发展储能材料与器件测试分析和模拟仿真。重点包括变速抽水蓄能技术、大规模新型压缩空气储能技术、化学储电的各种新材料制备技术、高温超导磁储能技术、相变储热材料与高温储热技术、储能系统集成技术、能量管理技术等。

试验示范一批具有产业化潜力的储能技术和装备。针对不同应用场景和需求，开发分别适用于长时间大容量、短时间大容量、分布式以及高功率等模式应用的储能技术装备。大力发展储能系统集成与智能控制技术，实现储能与现代电力系统协调优化运行。重点包括10MW/100MWh级超临界压缩空气储能系统、10MW/1000MJ级飞轮储能阵列机组、100MW级锂离子电池储能系统、大容量新型熔盐储热装置、应用于智能电网及分布式发电的超级电容电能质量调节系统等。

应用推广一批具有自主知识产权的储能技术和产品。加强引导和扶持，促进产学研用结合，加速技术转化。鼓励储能产品生产企业采用先进制造技术和理念提质增效，鼓励创新投融资模式降低成本，鼓励通过参与国外应用市场拉动国内装备制造水平提升。重点包括100MW级全钒液流电池储能电站、高性能铅炭电容电池储能系统等。

完善储能产品标准和检测认证体系。建立与国际接轨、涵盖储能规划设计、设备及试验、施工及验收、并网及检测、运行与维护等各应用环节的标准体系，并随着技术发展和市场需求不断完善。完善储能产品性能、安全性等检测认证标准，建立国家级储能检测认证机构，加强和完善储能产品全寿命周期质量监管。建立和完善不合格产品召回制度。

（二）推进储能提升可再生能源利用水平应用示范

鼓励可再生能源场站合理配置储能系统。研究确定不同特性储能系统接入方式、并网适应性、运行控制、涉网保护、信息交换及安全防护等方面的要求，对于满足要求的储能系统，电网应准予接入并将其纳入电网调度管理。

推动储能系统与可再生能源协调运行。鼓励储能与可再生能源场站作为联合体参与电网运行优化，接受电网运行调度，实现平滑出力波动、提升消纳能力、为电网提供辅助服务等功能。电网企业应将联合体作为特殊的"电厂"对待，在政府指导下签订并网调度协议和购售电合同，联合体享有相应的权利并承担应有的义务。

研究建立可再生能源场站侧储能补偿机制。研究和定量评估可再生能源场站侧配置储能设施的价值，探索合理补偿方式。

支持应用多种储能促进可再生能源消纳。支持在可再生能源消纳问题突出的地区开展可再生能源储电、储热、制氢等多种形式能源存储与输出利用；推进风电储热、风电制氢等试点示范工程的建设。

（三）推进储能提升电力系统灵活性稳定性应用示范

支持储能系统直接接入电网。研究储能接入电网的容量范围、电压等级、并网适应性、运行控制、涉网保护、信息交互及安全防护等技术要求。鼓励电网等企业根据相关国家或行业标准要求结合需求集中或分布式接入储能系统，并开展运行优化技术研究和应用示范。支持各类主体按照市场化原则投资建设运营接入电网的储能系统。鼓励利用淘汰或退役发电厂既有线路和设施建设储能系统。

建立健全储能参与辅助服务市场机制。参照火电厂提供辅助服务等相关政策和机制，允许储能系统与机组联合或作为独立主体参与辅助服务交易。根据电力市场发展逐步优化，在遵循自愿的交易原则基础上，形成"按效果付费、谁受益谁付费"的市场机制。

探索建立储能容量电费和储能参与容量市场的规则机制。结合电力体制改革，参考抽水蓄能相关政策，探索建立储能容量电费和储能参与容量市场的规则，对满足条件的各类大规模储能系统给予容量补偿。

（四）推进储能提升用能智能化水平应用示范

鼓励在用户侧建设分布式储能系统。研究制定用户侧接入储能的准入政策和技术标准，引导和规范用户侧分布式电储能系统建设运行。支持具有配电网经营权的售电公司和具备条件的居民用户配置储能，提高分布式能源本地消纳比例、参与需求响应，降低用能成本，鼓励相关商业模式探索。

完善用户侧储能系统支持政策。结合电力体制改革，允许储能通过市场化方式参与电能交易。支持用户侧建设的一定规模的电储能设施与发电企业联合或作为独立主体参与调频、调峰等辅助服务。

支持微电网和离网地区配置储能。鼓励通过配置多种储能提高微电网供电的可靠性和电能质量；积极探索含储能的微电网参与电能交易、电网运行优化的新技术和新模式。鼓励开发经济适用的储能系统解决或优化无电人口供电方式。

（五）推进储能多元化应用支撑能源互联网应用示范

提升储能系统的信息化和管控水平。在确保网络信息安全的前提下，促进储能基础设施与信息技术的深度融合，支持能量信息化技术的研发应用。逐步实现对储能的能源互联网管控，提高储能资源的利用效率，充分发挥储能系统在能源互联网中的多元化作用。

鼓励基于多种储能实现能源互联网多能互补、多源互动。鼓励大型综合能源基地合理配置储能系统，实现风光水火储多能互补。支持开放共享的分布式储能大数据平台和能量服务平台的建设。鼓励家庭、园区、区域等不同层次的终端用户互补利用各类能源和储能资源，实现多能协同和能源综合梯级利用。

拓展电动汽车等分散电池资源的储能化应用。积极开展电动汽车智能充放电业务，探索电动汽车动力电池、通讯基站电池、不间断电源（UPS）等分散电池资源的能源互联网管控和储能化应用。完善动力电池全生命周期监管，开展对淘汰动力电池进行储能梯次利用研究。

三、保障措施

（一）加强组织领导

国家发展改革委、国家能源局会同财政部、科技部、工业和信息化部等有关部门统筹协调解决重大问题，建立完善扶持政策，切实推动各项措施落实到位，形成政、产、学、研、用结合的发展局面。依托行业力量建设国家级储能技术创新平台；充分发挥专业协（学）会、研究会作用，引导行业创新方向。建立储能专业咨询委员会，为政府决策提供支撑。推动成立国家级产业联盟，加强产业研究、建立信息渠道。鼓励各省级政府依照已出台的智能电网、微电网、多能互补、"互联网＋"智慧能源、电动汽车充电设施、废旧动力蓄电池回收利用、配电网建设、电力现货市场等相关政策对储能进行支持，并根据实际情况出台配套政策、给予资金支持和开展试点示范工作，对符合条件的储能企业可按规定享受相关税收优惠政策，将储能纳入智能电网、能源装备制造等专项资金重点支持方向，在具备条件的地区开展技术与政策机制综合性区域试点示范，鼓励清洁能源示范省因地制宜发展储能。各地能源及相关主管部门应结合实际，研究制定适合本地的落实方案，因地制宜，科学组织，杜绝盲目建设和重复投资，务实有序推进储能技术和产业发展。国家能源局各派出能源监管机构根据职责积极参与相关机制研究，加强安全和市场监管，督促相关政策和重大示范工程的落实。

（二）完善政策法规

建立健全相关法律法规，保障储能产业健康有序发展。加强电力体制改革与储能发展市场机制的协同对接，结合电力市场建设研究形成储能应用价格机制。积极开展储能创新应用政策试点，破除设备接入、主体身份、数据交互、交易机制等方面的政策壁垒，研究制定适应储能新模式发展特点的金融、保险等相关政策法规。加强储能技术、产品和模式等的知识产权管理与保护。加强储能安全与环保政策法规及标准体系建设，研究建立储能产品生产者责任延伸制度。鼓励储能系统开发采用标准化、通用性及易拆解的结构设计，协商开放储能控制系统接口和通讯协议等利于回收利用的相关信息。

（三）开展试点示范

围绕促进可再生能源消纳、发展分布式电力和微网、提升电力系统灵活性、加快建设能源互联网等重大需求，布局一批具有引领作用的重大储能试点示范工程。跟踪试点示范项目建设运营情况，建立健全促进行业可持续发展的体制机制。鼓励和支持国家级可再生能源示范区及其他具备条件的地区、部门和企业，因地制宜开展各类储能技术应用试点示范。在技术创新、运营模式、发展业态和体制机制等方面深入探索，先行先试，总结积累可推广的成功经验。

（四）建立补偿机制

结合电力体制改革，研究推动储能参与电力市场交易获得合理补偿的政策和建立与电力市场化运营服务相配套的储能服务补偿机制。推动储能参与电力辅助服务补偿机制试点工作，建立相配套的储能容量电费机制。建立健全补偿监管机制，严惩违规行为。

（五）引导社会投资

落实简政放权精神，研究建立程序简化、促进投资的储能投资管理机制，对于独立的储能项目，除《政府核准的投资项目目录》已有规定的，一律实行备案制，按照属地原则备案，备案机关及其权限由省、自治区、直辖市和计划单列市人民政府规定。企业按照地方有关规定向主管部门备案。充分发挥中央财政科技计划（专项、基金）作用，支持开展储能基础、共性和关键技术研发。研究通过中央和地方基建投资实施先进储能示范工程，引导社会资本加快先进储能技术的推广应用。鼓励通过金融创新降低储能发展准入门槛和风险，支持采用多种融资方式，引导更多的社会资本投向储能产业。

（六）推动市场改革

加快电力市场建设，建立储能等灵活性资源市场化交易机制和价格形成机制，鼓励储能直接参与市场交易，通过市场机制实现盈利，激发市场活力。建立健全准入制度，鼓励第三方资本、小微型企业等新兴市场主体参与市场，促进各类所有制企业的平等、协同发展。

（七）夯实发展基础

依托行业建立储能信息公共平台，加强信息对接、共享共用和交易服务。创新人才引进和培养机制，引进一批领军人才，培育一批专业人才，形成支持储能产业的智力保障体系。加强宣传，扩大示范带动效应，吸引更多社会资源参与储能技术研究和产业创新发展。

推进并网型微电网建设试行办法

发布单位：国家发展改革委　国家能源局

为推进能源供给侧结构性改革，促进并规范微电网健康发展，引导分布式电源和可再生能源的就地消纳，建立多元融合、供需互动、高效配置的能源生产与消费模式，推动清洁低碳、安全高效的现代能源体系建设，结合当前电力体制改革，特制定本办法。

第一章　总　　则

第一条　微电网是指由分布式电源、用电负荷、配电设施、监控和保护装置等组成的小型发配用电系统。

微电网分为并网型和独立型，可实现自我控制和自治管理。并网型微电网通常与外部电网联网运行，且具备并离网切换与独立运行能力。本办法适用于并网型微电网的管理。

第二条　微电网须具备以下基本特征：

（一）**微型**。主要体现在电压等级低，一般在 35 千伏及以下；系统规模小，系统容量（最大用电负荷）原则上不大于 20 兆瓦。

（二）**清洁**。电源以当地可再生能源发电为主，或以天然气多联供等能源综合利用为目标的发电形式，鼓励采用燃料电池等新型清洁技术。其中，可再生能源装机容量占比在 50% 以上，或天然气多联供系统综合能源利用效率在 70% 以上。

（三）**自治**。微电网内部具有保障负荷用电与电气设备独立运行的控制系统，具备电力供需自我平衡运行和黑启动能力，独立运行时能保障重要负荷连续供电（不低于 2 小时）。微电网与外部电网的年交换电量一般不超过年用电量的 50%。

（四）**友好**。微电网与外部电网的交换功率和交换时段具有可控性，可与并入电网实现备用、调峰、需求侧响应等双向服务，满足用户用电质量要求，实现与并入电网的友好互动，用户的友好用能。

第三条　微电网应适应新能源、分布式电源和电动汽车等快速发展，满足多元化接入与个性化需求。结合城市、新型城镇及新农村等发展需要，鼓励利用当地资源，进行融合创新，培育能源生产和消费新业态。

第四条　微电网源－网－荷一体化运营，具有统一的运营主体。微电网项目在规划建设中应依法实行开放、公平的市场竞争机制，鼓励各类企业、专业化能源服务公司投资建设、经营微电网项目；鼓励地方政府和社会资本合作（PPP），以特许经营等方式开展微电网项目的建设和运营。电网企业可参与新建及改（扩）建微电网，投资运营独立核算，不得纳入准许成本。

第五条　微电网运营主体应满足国家节能减排和环保要求，符合产业政策要求，取得相关业务资质，可自愿到交易机构注册成为市场交易主体。

第二章　规划建设

第六条　微电网发展应符合能源发展规划、电力发展规划等国家能源专项规划及其相关产业政策。地方能源管理部门应会同有关部门，做好微电网项目与配电网规划、城乡总体规划的衔接。

第七条　电网企业应为微电网提供公平无歧视的接入服务。

第八条　按照《企业投资项目核准和备案管理条例》、《政府核准的投资项目目录》等有关规定，推进"放管服"等有关工作。新建及改（扩）建微电网项目根据类型及构成，由地方政府按照核准（备案）权限，对微电网源－网－荷等内容分别进行核准（备案）。

第九条　省级投资主管部门和能源管理部门根据微电网承诺用户、运营主体情况等，组织行业专家按照微电网相关标准进行评审，并将符合标准的微电网项目予以公示，享有微电网相关政策支持。

第三章　并网管理

第十条　国家发展改革委、国家能源局会同有关部门拟定微电网并网相关管理办法和行业技术标准，指导、监督并网管理工作。

第十一条　微电网并入电网应符合国家及行业微电网技术标准，符合接入电网的安全标准。

第十二条　省级能源管理部门应征求电网企业等相关市场主体意见，制定公布微电网并网程序、时限、相关服务标准及细则。

第十三条　微电网并网前，应由运营主体按照电力体制改革以及电力市场规则有关要求，与并入电网企业签订并网调度协议、购售电合同，明确双方责任和义务，确定电能计量、电价及电费结算、调度管理方式等。

第十四条　微电网接入公用配电网及由此引起的公用配电网建设与改造由电网企业承担。因特殊原因由项目业主建设的，电网企业、项目业主应协商一致。

第四章　运行维护

第十五条　微电网运营主体（或委托专业运营维护机构）负责微电网内调度运行、运维检修管理，源－网－荷电力电量平衡及优化协调运行，以及与外部电网的电力交换。

第十六条 微电网运营主体要建立健全运行管理规章制度，保障项目安全可靠运行。微电网的供电可靠性及电能质量应满足国家及行业相关规范要求，且不低于同类供电区域电网企业的供电服务水平。

第十七条 微电网的并网运行和电力交换应接受电力调度机构统一调度，向电力调度机构上报必要的运行信息。

第十八条 并入电网的微电网可视为可中断系统，不纳入《电力安全事故应急处置和调查处理条例》（国务院令第599号）对电网企业的考核范围。

第五章 市场交易

第十九条 微电网运营主体应依法取得电力业务许可证（供电类），承担微电网内的供电服务。微电网内分布式电源通过配电设施直接向网内用户供电，源－网－荷（分布式电源、配网、用户）应达成长期用能协议，明确重要负荷范围。

第二十条 微电网运营主体要鼓励电源、用户积极参与负荷管理、需求侧响应。鼓励微电网内建立购售双方自行协商的价格体系，构建冷、热、电多种能源市场交易机制。

第二十一条 微电网运营主体在具备售电公司准入条件、履行准入程序后，作为拥有配电网经营权的售电公司（第二类售电公司），开展售电业务。

第二十二条 微电网运营主体负责微电网与外部电网的电力电量交换，按照市场规则参与电力市场交易，承担与外部电网交易电量的输配电费用。相应的价格机制由国务院价格主管部门研究制定，具体由省级价格主管部门组织实施。微电网应公平承担社会责任，交易电量按政府规定标准缴纳政府性基金和政策性交叉补贴。

第六章 政策支持

第二十三条 微电网内部的新能源发电项目建成后按程序纳入可再生能源发展基金补贴范围，执行国家规定的可再生能源发电补贴政策。鼓励各地政府对微电网发展给予配套政策支持。

第二十四条 鼓励微电网项目单位通过发行企业债券、专项债券、项目收益债券、中期票据等方式直接融资，参照《配电网建设改造专项债券发行指引》（发改办财金〔2015〕2909号），享有绿色信贷支持。

第二十五条 省级能源管理部门应会同相关部门研究制定微电网所在地区需求侧管理政策，探索建立微电网可作为市场主体参与的可中断负荷调峰、电储能调峰、黑启动等服务补偿机制，鼓励微电网作为独立辅助服务提供者参与辅助服务交易。省级价格主管部门应研究新型备用容量定价机制，由微电网运营主体根据微电网自平衡情况自主申报备用容量，统一缴纳相应的备用容量费用。

第七章 监督管理

第二十六条 微电网项目和配套并网工程完工后，项目单位应及时组织竣工验收，并将竣工验收报告报送省级能源管理部门和国家能源局派出能源监管机构。

第二十七条 省级能源管理部门组织建立微电网的监测、统计、信息交换和信息公开等体系，开展微电网建设运行关键数据等相关统计工作。微电网运营主体应积极配合提供有关信息，如实提供原始记录，接受监督检查。

第二十八条 省级能源管理部门要密切跟踪微电网建设运行，建立健全考评机制，加强对微电网可再生能源就地消纳、能源综合利用效率、节能减排效益等考核与评估。如不满足本办法中相关要求及行业标准的微电网项目，不享有微电网相关权利与政策支持。

第二十九条 国家能源局派出能源监管机构负责对微电网运营主体准入、电网公平开放、市场秩序、交易行为、能源普遍服务等实施监管；会同省级能源管理部门建立并网争议协调机制，切实保障各方权益。

第三十条 微电网项目退出时，应妥善处置微电网资产。若无其他公司承担微电网内用户供电业务的，由电网企业接收并提供保底供电服务。

第八章 附 则

第三十一条 本办法由国家发展改革委、国家能源局负责解释。各省级政府可依据本办法制定实施细则。

第三十二条 本办法自发布之日起施行，有效期3年。

汽车产业中长期发展规划

发布单位：工业和信息化部　国家发展改革委　科技部

汽车产业是推动新一轮科技革命和产业变革的重要力量，是建设制造强国的重要支撑，是国民经济的重要支柱。汽车产业健康、可持续发展，事关人民群众的日常出行、社会资源的顺畅流通和生态文明的全面跃升。当前，新一代信息通信、新能源、新材料等技术与汽车产业加快融合，产业生态深刻变革，竞争格局全面重塑，我国汽车产业进入转型升级、由大变强的战略机遇期。为落实党中央、国务院关于建设制造强国的战略部署，推动汽车强国建设，制定本发展规划。

一、发展现状与面临形势

（一）我国汽车产业发展成绩显著

进入新世纪以来，我国汽车产业快速发展，形成了种类齐全、配套完整的产业体系。整车研发能力明显增强，节能减排成效显著，质量水平稳步提高，中国品牌迅速成长，国际化发展能力逐步提升。特别是近年来在商用车和运动型多用途乘用车等细分市场形成了一定的竞争优势，新能源汽车发展取得重大进展，由培育期进入成长期。2016 年，我国汽车产销突破 2800 万辆，连续 8 年位居全球第一，其中中国品牌汽车销量占比 50% 左右，市场认可度大幅提高。

汽车产业不断发展壮大，在国民经济中的地位和作用持续增强，对推动经济增长、促进社会就业、改善民生福祉做出了突出贡献。汽车相关产业税收占全国税收比、从业人员占全国城镇就业人数比、汽车销售额占全国商品零售额比均连续多年超过 10%。

与此同时，我国汽车产业大而不强的问题依然突出，表现在关键核心技术掌握不足，产业链条存在短板，创新体系仍需完善，国际品牌建设滞缓，企业实力亟待提升，产能过剩风险显现，商用车安全性能有待提高。巨大汽车保有量带来的能源、环保、交通等问题日益凸显。

（二）汽车产业发展形势面临重大变化

产品形态和生产方式深度变革。 随着能源革命和新材料、新一代信息技术的不断突破，汽车产品加快向新能源、轻量化、智能和网联的方向发展，汽车正从交通工具转变为大型移动智能终端、储能单元和数字空间，乘员、车辆、货物、运营平台与基础设施等实现智能互联和数据共享。汽车生产方式向充分互联协作的智能制造体系演进，产业上下游关系更加紧密，生产资源实现全球高效配置，研发制造效率大幅提升，个性化定制生产模式将成为趋势。

新兴需求和商业模式加速涌现。 互联网与汽车的深度融合，使得安全驾乘、便捷出行、移动办公、本地服务、娱乐休闲等需求充分释放，用户体验成为影响汽车消费的重要因素。互联网社交圈对消费的导向作用逐渐增强，消费需求的多元化特征日趋明显，老龄化和新生代用户比例持续提升，共享出行、个性化服务成为主要方向。

产业格局和生态体系深刻调整。 汽车发达国家纷纷提出产业升级战略，加快推进产业创新和融合发展。发展中国家也在加紧布局，利用成本、市场等优势，积极承接国际产业和资本转移。中国深化改革全面推进，汽车产业国际化发展进程提速。产业边界日趋模糊，互联网等新兴科技企业大举进入汽车行业。传统企业和新兴企业竞合交融发展，价值链、供应链、创新链发生深刻变化，全球汽车产业生态正在重塑。

（三）建设汽车强国具备较好基础和有利条件

新能源汽车和智能网联汽车有望成为抢占先机、赶超发展的突破口。 当前，我国新能源汽车技术水平大幅提升，产业规模快速扩大，产业链日趋完善。支撑汽车智能化、网联化发展的信息技术产业实力不断增强，互联网产业在全球占有一定优势，信息通信领域技术和标准的国际话语权大幅提高，北斗卫星导航系统即将实现全球组网。

潜力巨大、层次丰富的市场需求为产业发展提供持续动力和上升空间。 随着新型工业化和城镇化加快推进，海外新兴汽车市场的发展，我国汽车产量仍将保持平稳增长，预计 2020 年将达到 3000 万辆左右、2025 年将达到 3500 万辆左右。维修保养、金融保险、二手车等后市场规模将快速扩大。同时，差异化、多元化的消费需求，将推动企业在技术、产品、服务、标准等多维度创新发展，抢占新兴领域发展先机。

制造强国战略实施和"一带一路"建设为产业发展提供重要支撑和发展机遇。 智能制造的推广实施将有力推动产业转型升级，工业强基逐步夯实共性技术基础，"一带一路"建设将使海外发展通道更加畅通，沿线市场开发更为便捷，汽车产业协同其他优势产业共谋全球布局、国际发展的机制加快形成。

建设汽车强国，必须紧紧抓住当前难得的战略机遇，积极应对挑战，加强统筹规划，强化创新驱动，促进跨界融合，完善体制机制，推动结构调整和转型升级。

二、指导思想、基本原则和规划目标

（一）指导思想

深入贯彻党的十八大和十八届三中、四中、五中、六中全会精神，牢固树立和贯彻落实创新、协调、绿色、开放、共享的发展理念，推动大众创业、万众创新，推进汽

车产业供给侧结构性改革，调控总量、优化结构、协同创新、转型升级。以加强法制化建设、推动行业内外协同创新为导向，优化产业发展环境；以新能源汽车和智能网联汽车为突破口，引领产业转型升级；以做强做大中国品牌汽车为中心，培育具有国际竞争力的企业集团；以"一带一路"建设为契机，推动全球布局和产业体系国际化。控总量、优环境、提品质、创品牌、促转型、增效益，推动汽车产业发展由规模速度型向质量效益型转变，实现由汽车大国向汽车强国转变。

（二）基本原则

创新驱动、重点突破。深入实施创新驱动发展战略，围绕价值链部署创新链，围绕创新链配置资源链，完善政产学研用协同创新体系，推进技术、管理、体制和模式等创新，全面提升创新能力，实现重点领域和关键环节的突破发展。

协同发展、合作共赢。加快推进设计、制造和服务一体化，实现产品全生命周期网络协同。创新整车与零部件企业合作模式，推进全产业链协同发展。引导信息通信、能源交通、材料环保等与汽车产业深度融合，构建新型产业生态。

市场主导、政府引导。发挥市场在资源配置中的决定性作用和政府宏观调控引导作用，完善法制建设，坚持质量为先，明确法律责任，规范产业发展秩序，突出企业主体地位，鼓励兼并重组，优化产业布局，推动特色优势产业集群发展。

开放包容、竞合发展。优化投资和产品准入管理，深化开放合作，营造统一开放、有序竞争的良好市场环境。鼓励优势企业牢固树立国际化发展理念，统筹利用两种资源、两个市场，积极进行海外布局，加快融入全球市场。

（三）规划目标

力争经过十年持续努力，迈入世界汽车强国行列。

——关键技术取得重大突破。产业创新体系不断完善，企业创新能力明显增强。动力系统、高效传动系统、汽车电子等节能技术达到国际先进水平，动力电池、驱动电机等关键核心技术处于国际领先水平。到2020年，培育形成若干家进入世界前十的新能源汽车企业，智能网联汽车与国际同步发展；到2025年，新能源汽车骨干企业在全球的影响力和市场份额进一步提升，智能网联汽车进入世界先进行列。

——全产业链实现安全可控。突破车用传感器、车载芯片等先进汽车电子以及轻量化新材料、高端制造装备等产业链短板，培育具有国际竞争力的零部件供应商，形成从零部件到整车的完整产业体系。到2020年，形成若干家超过1000亿规模的汽车零部件企业集团，在部分关键核心技术领域具备较强的国际竞争优势；到2025年，形成若干家进入全球前十的汽车零部件企业集团。

——中国品牌汽车全面发展。中国品牌汽车产品品质明显提高，品牌认可度、产品美誉度及国际影响力显著增强，形成具有较强国际竞争力的企业和品牌，在全球产业分工和价值链中的地位明显提升，在新能源汽车领域形成全球创新引领能力。到2020年，打造若干世界知名汽车品牌，商用车安全性能大幅提高；到2025年，若干中国品牌汽车企业产销量进入世界前十。

——新型产业生态基本形成。完成研发设计、生产制造、物流配送、市场营销、客户服务一体化智能转型，实现人、车和环境设施的智能互联和数据共享，形成汽车与新一代信息技术、智能交通、能源、环保等融合发展的新型智慧生态体系。到2020年，智能化水平显著提升，汽车后市场及服务业在价值链中的比例达到45%以上。到2025年，重点领域全面实现智能化，汽车后市场及服务业在价值链中的比例达到55%以上。

——国际发展能力明显提升。统筹利用国际国内两种资源，形成从技术到资本、营销、品牌等多元化、深层次的合作模式，企业国际化经营能力显著提升。到2020年，中国品牌汽车逐步实现向发达国家出口；到2025年，中国品牌汽车在全球影响力得到进一步提升。

——绿色发展水平大幅提高。汽车节能环保水平和回收利用率不断提高。到2020年，新车平均燃料消耗量乘用车降到5.0升/百公里、节能型汽车燃料消耗量降到4.5升/百公里以下、商用车接近国际先进水平，实施国六排放标准，新能源汽车能耗处于国际先进水平，汽车可回收利用率达到95%；到2025年，新车平均燃料消耗量乘用车降到4.0升/百公里、商用车达到国际领先水平，排放达到国际先进水平，新能源汽车能耗处于国际领先水平，汽车实际回收利用率达到国际先进水平。

三、重点任务

（一）完善创新体系，增强自主发展动力

坚持把增强创新能力作为提高产业竞争力的中心环节，坚持创新驱动发展导向，完善创新体系建设，加强核心技术攻关，提升平台服务能力，增强自主发展动力。

1. 完善创新体系。加强顶层设计与动态评估，建立健全部门协调联动、覆盖关联产业的协同创新机制。完善以企业为主体、市场为导向、产学研用相结合的技术创新体系，建立矩阵式的研发能力布局和跨产业协同平台，推进大众创业、万众创新，形成体系化的技术创新能力。充分发挥企业在技术创新中的主体地位，支持高水平企业技术中心建设。鼓励企业、院所、高校等创新主体围绕产业链配置创新资源，组建动力电池、智能网联汽车等汽车领域制造业创新中心。依托汽车产业联合基金等，推动创新要素向产业链高端和优势企业聚集流动。

2. 加强核心技术攻关。发布实施节能与新能源汽车、智能网联汽车技术路线图，明确近、中、远期目标。引导创新主体协同攻关整车及零部件系统集成、动力总成、轻量化、先进汽车电子、自动驾驶系统、关键零部件模块化开发制造、核心芯片及车载操作系统等关键核心技术，增加基础、共性技术的有效供给。加强燃料电池汽车、智能网联汽车技术的研发，支持汽车共享、智能交通等关联技术的融合和应用。

3. 提升支撑平台服务能力。推进技术标准、测试评价、基础设施、国际合作等产业支撑平台建设，完善整车和零部件技术标准体系，形成支撑产业发展的系统化服务能力。提升认证检验检测能力，推进建立汽车开发数据库、工程数据中心和专利数据库，为企业提供创新知识和工程数据的开放共享服务。重点支持具有较好基础、创新能力强、成长性好的产业链服务型企业发展。

专栏1　创新中心建设工程

制定节能汽车、纯电动汽车和插电式混合动力汽车、氢能燃料电池汽车、智能网联汽车、汽车动力电池、汽车轻量化、汽车制造等技术路线图，引导汽车及相关行业自主集成现有创新资源，组建协同攻关、开放共享的创新平台，加大研发投入，共同开展前沿技术和共性关键技术的研发，推动技术成果转移扩散和首次商业化，面向行业、企业提供公共技术服务。

到2020年，完成动力电池、智能网联汽车等汽车领域制造业创新中心建设，实现良好运作；到2025年，创新中心高效服务产业发展，具备较强国际竞争力。

（二）强化基础能力，贯通产业链条体系

产业基础和先进装备是建设汽车强国的重要支撑。夯实安全可控的汽车零部件基础，大力发展先进制造装备，提升全产业链协同集成能力。

1. 夯实零部件配套体系。依托工业强基工程，集中优势资源优先发展自动变速器、发动机电控系统等核心关键零部件，重点突破通用化、模块化等瓶颈问题。引导行业优势骨干企业联合科研院所、高校等组建产业技术创新联盟，加快培育零部件平台研发、先进制造和信息化支撑能力。引导零部件企业高端化、集团化、国际化发展，推动自愿性产品认证，鼓励零部件创新型产业集群发展，打造安全可控的零部件配套体系。

2. 发展先进车用材料及制造装备。依托国家科技计划（专项、基金等），引导汽车行业加强与原材料等相关行业合作，协同开展高强钢、铝合金高真空压铸、半固态及粉末冶金成型零件产业化及批量应用研究，加快镁合金、稀土镁（铝）合金应用，扩展高性能工程塑料、复合材料应用范围。鼓励行业企业加强高强轻质车身、关键总成及其精密零部件、电机和电驱动系统等关键零部件制造技术攻关，开展汽车整车工艺、关键总成和零部件等先进制造装备的集成创新和工程应用。推进安全可控的数字化开发、高档数控机床、检验检测、自动化物流等先进高端制造装备的研发和推广。加快3D打印、虚拟与增强现实、物联网、大数据、云计算、机器人及其应用系统等智能制造支撑技术在汽车制造装备的深化应用。

3. 推进全产业链协同高效发展。构建新型"整车－零部件"合作关系，探索和优化产业技术创新联盟成本共担、利益共享合作机制，鼓励整车骨干企业与优势零部件企业在研发、采购等层面的深度合作，建立安全可控的关键零部件配套体系。推动完善国家科技计划（专项、基金等）项目遴选取向，建立关键零部件产业化及"整车－零部件"配套项目考核指标，鼓励整车和零部件企业协同发展。开展关键零部件和"四基"薄弱环节联合攻关，推进企业智能化改造提升，促进全产业链协同发展。

专栏2　关键零部件重点突破工程

支持优势特色零部件企业做强做大，培育具有国际竞争力的零部件领军企业。针对产业短板，支持优势企业开展政产学研用联合攻关，重点突破动力电池、车用传感器、车载芯片、电控系统、轻量化材料等工程化、产业化瓶颈，鼓励发展模块化供货等先进模式以及高附加值、知识密集型等高端零部件。

到2020年，形成若干在部分关键核心技术领域具备较强国际竞争力的汽车零部件企业集团；到2025年，形成若干产值规模进入全球前十的汽车零部件企业集团。

（三）突破重点领域，引领产业转型升级

大力发展汽车先进技术，形成新能源汽车、智能网联汽车和先进节能汽车梯次合理的产业格局以及完善的产业配套体系，引领汽车产业转型升级。

1. 新能源汽车

加快新能源汽车技术研发及产业化。利用企业投入、社会资本、国家科技计划（专项、基金等）统筹组织企业、高校、科研院所等协同攻关，重点围绕动力电池与电池管理系统、电机驱动与电力电子总成、电动汽车智能化技术、燃料电池动力系统、插电/增程式混合动力系统和纯电动力系统等6个创新链进行任务部署。

实施动力电池升级工程。充分发挥动力电池创新中心和动力电池产业创新联盟等平台作用，开展动力电池关键材料、单体电池、电池管理系统等技术联合攻关，加快实现动力电池革命性突破。

加大新能源汽车推广应用力度。逐步提高公共服务领域新能源汽车使用比例，扩大私人领域新能源汽车应用规模。加快充电基础设施建设，构建便利高效、适度超前的充电网络体系。完善新能源汽车推广应用，尤其是使用环节的扶持政策体系，从鼓励购买过渡到便利使用，建立促进新能源汽车发展的长效机制，引导生产企业不断提高新能源汽车产销比例。不断完善新能源汽车标准体系，提高新能源汽车生产企业及产品准入门槛，加强出厂安全性能检测，强化新能源汽车生产监管，建立健全新能源汽车分类注册登记、交通管理、税收保险、车辆维修、二手车管理等政策体系。逐步扩大燃料电池汽车试点示范范围。

专栏3　新能源汽车研发和推广应用工程

掌握驱动电机及控制系统、机电耦合装置、增程式发动机等关键技术，支持动力电池、燃料电池全产业链技术攻关，实现革命性突破，大幅提升新能源汽车整车集成控制水平和正向开发能力，鼓励企业开发先进适用的新能源汽车产品。建设便利、高效、适度超前的充电网络体系，建立新能源汽车安全监测平台，完善新能源汽车推广应用扶持政策体系。

到2020年，新能源汽车年产销达到200万辆，动力电池单体比能量达到300瓦时/公斤以上，力争实现350瓦时/公斤，系统比能量力争达到260瓦时/公斤、成本降至1元/瓦时以下。到2025年，新能源汽车占汽车产销20%以上，动力电池系统比能量达到350瓦时/公斤。

---

2. 智能网联汽车

加大智能网联汽车关键技术攻关。充分发挥智能网联汽车联盟、汽车产业联合基金等作用，不断完善跨产业协同创新机制，重点攻克环境感知、智能决策、协同控制等核心关键技术，促进传感器、车载终端、操作系统等研发与产业化应用。研究确定我国智能网联汽车通信频率，出台相关协议标准，规范车辆与平台之间的数据交互格式与协议，制定车载智能设备与车辆间的接口、车辆网络安全等相关技术标准。促进智能汽车与周围环境和设施的泛在互联，在保障安全前提下，实现资源整合和数据开放共享，推动宽带网络基础设施建设和多行业共建智能网联汽车大数据交互平台。

开展智能网联汽车示范推广。出台测试评价体系，分阶段、有步骤推进智能网联汽车应用示范，稳步扩大试点范围。示范区内建设测试、验证环境及相应的数据收集分析、管理监控等平台，集中开展智能网联汽车产品性能验证的示范与评价，建立智能网联汽车与互联网、物联网、智能交通网络、智能电网及智慧城市等的信息交流和协同机制，探索适合中国国情、多领域联动的智能网联汽车创新发展模式。加快推进智能网联汽车法律法规体系建设，明确安全责任主体界定、网络安全保障等法律要求。

专栏4　智能网联汽车推进工程

推进智能网联汽车技术创新，着力推动关键零部件研发，重点支持传感器、控制芯片、北斗高精度定位、车载终端、操作系统等核心技术研发及产业化。组织开展应用试点和示范，完善测试评价体系、法律法规体系建设。

到2020年，汽车DA（驾驶辅助）、PA（部分自动驾驶）、CA（有条件自动驾驶）系统新车装配率超过50%，网联式驾驶辅助系统装配率达到10%，满足智慧交通城市建设需求。到2025年，汽车DA、PA、CA新车装配率达80%，其中PA、CA级新车装配率达25%，高度和完全自动驾驶汽车开始进入市场。

---

3. 节能汽车

加大汽车节能环保技术的研发和推广。推动先进燃油汽车、混合动力汽车和替代燃料汽车研发，突破整车轻量化、混合动力、高效内燃机、先进变速器、怠速启停、先进电子电器、空气动力学优化、尾气处理装置等关键技术。不断提高汽车燃料消耗量、环保达标要求，加强对中重型商用车节能减排的市场监管。完善节能汽车推广机制，通过汽车燃料消耗量限值标准、标识标准以及税收优惠政策等，引导轻量化、小型化乘用车的研发和消费。鼓励天然气、生物质等资源丰富的地区发展替代燃料汽车，允许汽车出厂时标称油气两用，开展试点和推广应用，促进车用能源多元化发展。

专栏5　先进节能环保汽车技术提升工程

依托现有资金渠道，按规定建立联合攻关平台，重点攻克先进发动机、混合动力、先进电子电器等乘用车节能环保技术和高压共轨喷射系统、高性价比混合动力总成、高效尾气处理装置等商用车节能环保技术。通过节能汽车车船税优惠、汽车消费税等税收政策，引导、鼓励小排量节能型乘用车消费。

到2020年，乘用车新车平均燃料消耗量达到5升/百公里、怠速启停等节能技术应用率超过50%；到2025年，乘用车新车平均燃料消耗量比2020年降低20%、怠速启停等节能技术实现普遍应用。

（四）加速跨界融合，构建新型产业生态

坚持跨界融合、开放发展，以互联网与汽车产业深度融合为方向，加快推进智能制造，推动出行服务多样化，促进汽车产品生命周期绿色化发展，构建泛在互联、协同高效、动态感知、智能决策的新型智慧生态体系。

1. 大力推进智能制造。推进数字工厂、智能工厂、智慧工厂建设，融合原材料供应链、整车制造生产链、汽车销售服务链，实现大批量定制化生产。引导企业在研发设计、生产制造、物流配送、市场营销、售后服务、企业管理等环节推广应用数字化、智能化系统。重点攻关汽车专用制造装备、工艺、软件等关键技术，构建可大规模推广应用的设计、制造、服务一体化示范平台，推动建立贯穿产品全生命周期的协同管理系统，推进设计可视化、制造数字化、服务远程化，满足个性化消费要求，实现企业提质增效。

2. 加快发展汽车后市场及服务业。引导汽车企业积极协同信息、通信、电子和互联网行业企业，充分利用云计算、大数据等先进技术，挖掘用户工作、生活和娱乐等多元化的需求，创新出行和服务模式，促进产业链向后端、价值链向高端延伸，拓展包含交通物流、共享出行、用户交互、信息利用等要素的网状生态圈。推动汽车企业向生产服务型转变，实现从以产品为中心到以客户为中心发展，支持企业由提供产品向提供整体解决方案转变。鼓励发展汽车金融、二手车、维修保养、汽车租赁等后市场服务，促进第三方物流、电子商务、房车营地等其他相关服务业同步发展。

3. 推动全生命周期绿色发展。以绿色发展理念引领汽车产品设计、生产、使用、回收等各环节，促进企业、园区、行业间链接共生、原料互供、资源共享。制定发布汽车产品生态设计评价标准，建立统一的汽车绿色产品标准、认证标识体系。依托现有资金渠道，按规定支持汽车制造装备绿色改造，推动绿色制造技术创新和产业应用示范。推进汽车领域绿色供应链建设，生产企业在设计生产阶段应采取环境友好的设计方案，确保产品具有良好的可拆解、可回收性。逐步扩大汽车零部件再制造范围，提高回收利用效率和效益。落实生产者责任延伸制度，制定动力电池回收利用管理办法，推进动力电池梯级利用。

专栏6　"汽车＋"跨界融合工程

推进智能化、数字化技术在企业研发设计、生产制造、物流仓储、经营管理、售后服务等关键环节的深度应用，不断提高生产装备和生产过程的智能化水平，推动建立充分互联协作的智能制造体系。围绕跨领域大数据的应用，创新出行和服务模式，推动汽车企业向生产服务型转变。加快推进汽车产业绿色改造升级，积极构建绿色制造体系。

到2020年，智能化水平大幅提升；到2025年，骨干企业研发、生产、销售等全面实现一体化智能转型，主要产品单耗达到世界先进水平。未来10年，汽车服务业在价值链中的比例年均提高2个百分点。

（五）提升质量品牌，打造国际领军企业

坚持把质量建设和品牌建设作为提高产业竞争力的根

本要求，严格质量控制，加强品牌培育，推进企业改革，培育具有国际竞争力的领军企业。

1. 提升质量控制能力。推进汽车企业加强技术研发、质量保证、成本控制、营销服务等能力建设，增强企业产品综合竞争力。引导汽车企业加强可靠性设计、试验与验证技术开发应用，构建包含前期策划、中间监管、售后反馈的质量管理闭环系统，制定和完善产品质量标准体系，完善质量责任担保机制，发挥认证检验检测高技术服务业作用，健全全生命周期的质量控制和追溯机制。引导企业实施质量提升计划，以全面提高服务水平为突破口，以降低汽车故障率和稳定达标排放为工作目标，充分利用互联网、大数据等先进技术，建设汽车质量动态评价系统，持续提升产品品质和服务能力。

2. 加强品牌培育。提高品牌培育意识，引导企业实施品牌战略，夯实中国品牌汽车竞争力基础，强化中国汽车品牌文化内涵设计和推广工作，提升品牌价值。推动建立中国汽车品牌建设促进组织和机制，充分利用国际产业合作、重大活动等机会推广中国汽车品牌。引导行业组织研究建立适合中国汽车产业特色的质量品牌评价体系，积极推动汽车品牌评价国际新秩序建设。改造提升现有汽车产业集聚区，推动产业集聚向产业集群转型升级。密切产融合作，支持优势企业进行国际知名品牌收购和运管。

3. 激发企业发展活力。健全国有企业内部治理和监管机制，加快建立与市场经济相适应的经营决策、选人用人、业绩考核、收入分配等激励约束机制，推行实施国企考核研发投入按比例折算为利润。稳妥推进混合所有制改革，通过市场化手段和多种模式，实现国企和其他非公有制企业在产能、渠道、投融资等方面的合作。充分发挥社会监督机制作用，落实政府投资责任追究制度，引导民营资本、新兴科技企业等依法合规进入汽车领域。

4. 打造龙头企业。支持优势特色企业做大做强，成为具有较强国际竞争力的汽车领军企业，积极培育具有技术创新优势的零部件、连锁维修企业、汽车咨询服务企业成长为"小巨人"。支持以企业为主导开展国内外有序重组整合、企业并购和战略合作，鼓励企业国际化发展。鼓励汽车产业链内以及跨产业的资本、技术、产能、品牌等合作模式，支持优势企业以相互持股、战略联盟等方式强强联合，不断提升产业集中度。

> **专栏7 汽车质量品牌建设工程**
>
> 建立和完善中国汽车质量品牌培育和发展机制，鼓励行业组织建立和推广中国汽车品牌评价标准体系，开展汽车品牌价值专业评价工作，引导行业企业加强品牌培育；鼓励优势企业通过收购国际知名汽车品牌和企业，实施品牌培育的跨越发展。到2020年，骨干汽车企业研发经费占营业收入4%左右，新车平均故障率比2015年下降30%，形成若干世界知名汽车品牌；到2025年，骨干汽车企业研发经费占营业收入6%左右，骨干企业新车平均故障率达到国际一线品牌同等水平，若干中国品牌汽车企业产销量进入世界前十。

（六）深化开放合作，提高国际发展能力

坚持把国际化发展作为汽车产业可持续发展的重要保障，健全服务保障体系，提升国际化经营能力，加强国际合作，加快推动中国汽车产业融入全球市场。

1. 加快"走出去"步伐。引导汽车企业树立国际化发展的战略理念，制定国际化发展战略。发挥多双边合作和高层对话机制作用，促成产业合作整体框架和支持政策协定。深化境外投资管理改革，搭建"汽车产业国际合作绿色通道"。抓住"一带一路"建设、国际产能合作等机遇，加大力度开拓国际市场。鼓励优势企业选择差异化发展路径，逐步从出口贸易为主向投资、技术、管理等深度合作模式转变，实现产品、服务、技术和标准协同"走出去"。支持整车企业协同零部件企业选择重点发展地区建设汽车产业园区，形成科学布局、联动发展的产业格局。推动中国品牌汽车与国际工程项目"协同出海"。

2. 健全国际化服务体系。鼓励行业组织推动建立汽车产业海外发展联盟，着重培育包括政策法规、知识产权和认证等领域的系统性服务能力。整合国内外资源，推动行业企业自主设立汽车产业海外发展基金，联合相关国家和地区政府与社会资本，打造多维度、市场化资金保障体系。鼓励银行业金融机构基于商业可持续发展原则，建立适应汽车企业境外发展的信贷管理和贷款评审制度，加快建立多层次汽车产业境外投资担保体系。促进国内金融和保险机构跨境服务体系建设，探索在海外开展汽车融资租赁和相关保险业务。加大对发达国家尤其是"一带一路"国家和地区标准、认证和检验监管等制度研究，有效破解国际贸易壁垒。整合国内资源，促进中外政府汽车质量安全监管制度交流与合作，完善平行进口等多种贸易方式汽车监督管理。

3. 提高国际化经营能力。充分发挥现有政策的引导作用，鼓励和支持企业开展跨国合作，充分利用国际优势资源设立研发中心，推动产业合作由加工制造环节为主向合作研发、市场营销、品牌培育等产业链高端环节转移。推动企业品牌国际化建设，鼓励多投资主体共建共享国际营销渠道，创新营销模式，打造独立经销品牌。加强与汽车产业相关国际机构、组织的交流与合作，鼓励行业中介机构积极组织重点企业、高等院校等会同国际组织申请全球环境基金等绿色发展应用示范项目，建设新能源汽车分布式利用可再生能源的智能示范区，探索新能源汽车与可再生能源、智能电网的深度融合和协同发展的商业化推广模式，形成可在全球复制推广的经验和样本。

4. 提高国际合作水平。继续扩大对外开放，鼓励利用外资及引进相关先进技术和高端人才，加强与国外企业的战略合作，全面提高合作水平。加强政策引导，促进合资合作品牌与中国品牌共同发展，共同开拓国际、国内两个市场。鼓励合资合作企业加大研发投入，提高本地化开发车型比例。鼓励合资合作企业与内资企业加强技术和人才交流。

专栏8 海外发展工程

基于多双边高层合作机制，促进汽车产业合作战略框架协议达成。鼓励重点企业深化国际合作，在重点国家布局汽车产业园和开展国际产能合作，推动中国品牌商用车与国际工程项目"协同出海"。引导组建汽车产业对外合作联盟，提升汽车企业海外发展服务能力。

到2020年，中国品牌汽车海外市场影响力明显提高，实现向发达国家市场的批量出口；到2025年，中国品牌汽车国际市场占有率大幅提高，实现全球化发展布局。

四、保障措施

（一）深化体制机制改革

深化改革汽车产业管理体制，强化法制化管理，建立健全适合我国国情和产业发展规律的法制化、集约化、国际化管理制度。研究制定机动车生产管理相关法规，明确生产企业、政府等各方责任，建立健全有力的惩罚性赔偿制度和企业退出机制。完善车辆产品随机抽查抽检制度，大力查惩违法违规生产销售行为。逐步完善投资项目管理，实施事前的机动车辆生产企业及产品准入制度，事中的环保信息公开、达标监管及车辆维修信息公开、生产一致性核查制度，事后的缺陷产品召回和环保召回制度"三位一体"的管理体系，简化事前审批，强化事中、事后监管。优化和改革汽车产品公告管理，强化整车企业能力要求，实施委托改装制度。依托企业信息公示系统实现企业信用信息归集共享，加快推进汽车行业企业诚信体系和售后服务质量担保责任体系建设，落实产品质量主体责任和法律责任，建立多部门、跨地区的信用联动惩戒机制。完善内外资投资管理制度，有序放开合资企业股比限制。加强汽车产能监测预警，动态跟踪行业产能变化，定期发布产能信息，引导行业和社会资本合理投资。

（二）加大财税金融支持

依托各类产业投资基金、汽车产业联合基金等资金渠道，支持创新中心建设等8大工程实施。通过国家科技计划（专项、基金等）统筹支持前沿技术、共性关键技术研发。以创新和绿色节能为导向，鼓励行业企业加大研发投入，全面实施营改增试点，落实消费税、车辆购置税等税收政策。积极发挥政策性金融和商业金融各自优势，加大对汽车关键零部件、新能源汽车、智能网联汽车等重点领域的支持力度。支持中国进出口银行在业务范围内加大对汽车企业走出去的服务力度。

（三）强化标准体系建设

充分发挥标准的基础性和引导性作用，促进政府主导制定与市场自主制定的标准协同发展，建立适应我国国情并与国际接轨的汽车标准体系。完善汽车安全、节能、环保等领域强制性标准，健全标准实施效果评估机制。以整车安全与性能评价、基础设施为重点，优化完善新能源汽车标准体系。以功能安全、网络安全为重点，加强智能网联汽车标准体系建设。以轻量化、智能化制造、典型测试工况、先进节能技术为重点，完善节能汽车标准体系。以车辆本质安全、节能高效、严格贯标为重点，加强商用汽车标准的建设和贯彻执行。开展重点领域标准综合体的研究，发挥企业在标准制定中的重要作用。鼓励企业积极采用国际标准，推动汽车相关标准法规体系与国际接轨。积极参与国际标准制定，发挥标准化组织作用，推动优势、特色技术标准成为国际标准，提升我国在国际标准制定中的话语权和影响力。强化认证检验检测体系建设，完善认证认可管理模式。

（四）加强人才队伍保障

加强对汽车人才队伍建设的统筹规划和分类指导，开展汽车人才培养及管理模式等专项研究，健全人才评价体系，完善人才激励机制，优化人才流动机制，改善人才生态环境，构建具有国际竞争力的人才制度。加强汽车学科专业建设，改革院校创新型人才培养模式，强化职业教育和技能培训，搭建普通教育与职业教育的流动通道，着力培养科技领军人才、企业家、复合型等紧缺人才队伍，扩大培养技艺精湛的能工巧匠和高级技师。弘扬工匠精神，推进现代学徒制，支持企业推行订单培养、顶岗实习等人才培养模式，实现培养与产业需求的精准结合。建立科技领军人才、汽车大国工匠等表彰制度。构建汽车产业人才供需对接、互动交流、成长服务等专业特色平台，构建和完善各类人才数据库，指导人才合理流动和定向培养。实施积极开放、有效的人才引进政策，促进国际化人才培养。

（五）完善产业发展环境

着力提高汽车产品节能、环保、安全、智能水平，完善道路交通安全法规和标准，建立道路交通事故深度调查研究机制，对事故车辆存在质量问题的依法追究生产改装企业责任。加快研究制定规范管理低速电动车的指导意见，从源头解决非法生产销售问题。加强机动车污染防治，科学制定并严格执行机动车排放和车用燃料标准，建立实施汽车排气检测与维护制度，鼓励使用清洁车用能源，推广使用节能环保车型，以市场化手段推动老旧、高排放汽车淘汰更新。提高城市规划和交通布局的前瞻性和科学性，合理建设布局城市道路、停车场、加油站、充电站（桩）等基础设施，大力建设安全便捷、畅通高效、绿色智能的现代综合交通运输服务体系。促进汽车共享经济发展，全方位提高汽车使用效率。

（六）发挥行业组织作用

发挥行业组织熟悉行业、贴近企业的优势，为政府和行业提供双向服务。行业组织应加强数据统计、成果鉴定、检验检测、标准制订等能力建设，提高为行业企业发展服务水平。行业组织应密切跟踪产业发展动态，开展专题调查研究，及时反映企业诉求，充分发挥连接企业与政府的桥梁作用。鼓励行业组织完善公共服务平台，协调组建行业交流及跨界协作平台，开展联合技术攻关，推广先进管理模式，培养汽车科技人才。行业组织应完善工作制度，提高行业素质，加强行业自律，抵制无序和恶性竞争。

五、规划实施

各地区、各部门要充分认识推动汽车产业转型升级、由大到强的重大意义，加强组织领导，健全工作机制，强化部门协同，形成发展合力。各部门要根据自身职能，制定工作方案，细化政策措施。各地区要结合当地实际，研究制定具体实施方案，确保各项任务落实到位。工业和信息化部要会同相关部门加强跟踪分析和督促指导，开展年度检查与效果评估，适时对目标任务进行必要调整。研究建立汽车产业发展国家级智库，开展产业发展前瞻性、战略性等重大问题研究，对重大决策提供咨询评估。

促进汽车动力电池产业发展行动方案

发布单位：工业和信息化部 国家发展和改革委员会 科学技术部 财政部

动力电池是电动汽车的心脏，是新能源汽车产业发展的关键。经过十多年的发展，我国动力电池产业取得长足进步，但是目前动力电池产品性能、质量和成本仍然难以满足新能源汽车推广普及需求，尤其在基础关键材料、系统集成技术、制造装备和工艺等方面与国际先进水平仍有较大差距。为加快提升我国汽车动力电池产业发展能力和水平，推动新能源汽车产业健康可持续发展，制定本行动方案。

一、总体要求

（一）指导思想

深入贯彻落实党的十八大和十八届三中、四中、五中、六中全会精神，牢固树立创新、协调、绿色、开放、共享的发展理念，以推动供给侧结构性改革为主线，加快实施创新驱动发展战略，按照《中国制造2025》总体部署，落实新能源汽车发展战略目标，发挥企业主体作用，加大政策扶持力度，完善协同创新体系，突破关键核心技术，加快形成具有国际竞争力的动力电池产业体系。

（二）基本原则

坚持创新驱动。以市场为导向、企业为主体，强化产学研用协同创新体系建设，加快关键核心技术突破，大幅提升产品安全和质量水平。

坚持产业协同。加强政策措施引导，充分发挥行业组织、产业联盟作用，促进动力电池与材料、零部件、装备、整车等产业紧密联动，推进全产业链协同发展。

坚持绿色发展。倡导全生命周期理念，完善政策法规体系，大力推行生态设计，推动梯级利用和回收再利用体系建设，实现低碳化、循环化、集约化发展。

坚持开放合作。充分利用全球资源和市场，创新思路和模式，不断提升合作的层次和水平，积极参与国际标准和技术法规制定，不断提高国际竞争能力。

二、发展方向和主要目标

（一）发展方向

持续提升现有产品的性能质量和安全性，进一步降低成本，2018年前保障高品质动力电池供应；大力推进新型锂离子动力电池研发和产业化，2020年实现大规模应用；着力加强新体系动力电池基础研究，2025年实现技术变革和开发测试。

（二）主要目标

1. 产品性能大幅提升。到2020年，新型锂离子动力电池单体比能量超过300瓦时/公斤；系统比能量力争达到260瓦时/公斤、成本降至1元/瓦时以下，使用环境达－30℃到55℃，可具备3C充电能力。到2025年，新体系动力电池技术取得突破性进展，单体比能量达500瓦时/公斤。

2. 产品安全性满足大规模使用需求。新型材料得到广泛应用，智能化生产制造和一致性控制水平显著提高，产品设计和系统集成满足功能安全要求，实现全生命周期的安全生产和使用。

3. 产业规模合理有序发展。到2020年，动力电池行业总产能超过1000亿瓦时，形成产销规模在400亿瓦时以上、具有国际竞争力的龙头企业。

4. 关键材料与零部件取得重大突破。到2020年，正负极、隔膜、电解液等关键材料及零部件达到国际一流水平，上游产业链实现均衡协调发展，形成具有核心竞争力的创新型骨干企业。

5. 高端装备支撑产业发展。到2020年，动力电池研发制造、测试验证、回收利用等装备实现自动化、智能化发展，生产效率和质量控制水平显著提高，制造成本大幅降低。

三、重点任务

（一）建设动力电池创新中心

推动大中小企业、高校、科研院所等搭建协同攻关、开放共享的动力电池创新平台，引导支持优势资源组建市场化运作的创新中心。加快建设具有国际先进水平的研发设计、中试开发、测试验证和行业服务能力，开展动力电池关键材料、单体电池、电池系统等重大关键共性技术、基础技术和前瞻技术研究，以及知识产权布局和储备研究，为行业提供技术开发、标准制定、人才培养和国际交流等方面的支撑。（工业和信息化部）

（二）实施动力电池提升工程

通过国家科技计划（专项、基金）等统筹支持动力电池研发，实现2020年单体比能量超过300瓦时/公斤，不断提高产品性能，加快实现高水平产品装车应用。鼓励动力电池龙头企业协同上下游优势资源，集中力量突破材料及零部件、电池单体和系统关键技术，大幅度提升动力电池产品性能和安全性，力争实现单体350瓦时/公斤、系统260瓦时/公斤的新型锂离子产品产业化和整车应用。（工业和信息化部、科技部）

（三）加强新体系动力电池研究

通过国家重点研发计划、国家自然科学基金等，鼓励高等院校、研究机构、重点企业等协同开展新体系动力电池产品的研发创新，积极推动锂硫电池、金属空气电池、固态电池等新体系电池的研究和工程化开发，2020 年单体电池比能量达到 400 瓦时/公斤以上、2025 年达到 500 瓦时/公斤。（科技部、工业和信息化部、自然科学基金会）

（四）推进全产业链协同发展

依托重大技改升级工程、增强制造业核心竞争力重大工程包，加大对瓶颈制约环节突破、关键核心技术产业化等的支持，加快在正负极、隔膜、电解液、电池管理系统等领域培育若干优势企业，促进动力电池与材料、零部件、装备、整车等产业协同发展，推进自主可控、协调高效、适应发展目标的产业链体系建设。支持高性能超级电容器系统的研发，进一步加大产业化应用。（工业和信息化部、发展改革委、科技部）

（五）提升产品质量安全水平

结合技术进步、产业发展情况，调整完善动力电池行业规范条件、新能源汽车生产企业及产品准入管理规则等管理措施，加强产品质量和安全性监督检查，促进动力电池生产企业加强技术和管理创新，健全产品生产规范和质量保证体系，确保产品安全生产，提高产品质量在线监测、在线控制和产品全生命周期质量追溯能力，不断提升产品性能和质量安全水平。（工业和信息化部、质检总局）

（六）加快建设完善标准体系

发布实施并不断完善新能源汽车标准化路线图。加强动力电池产品性能、寿命、安全性、可靠性和智能制造、回收利用等标准的制修订工作；制定并实施动力电池规格尺寸、产品编码规则等标准。做好国家标准的贯彻实施工作，鼓励企业建立高于国家标准要求的企业标准体系。支持行业组织和企业积极参与国际标准和技术法规的制定，不断提升在国际标准和技术法规领域的话语权。（工业和信息化部、质检总局）

（七）加强测试分析和评价能力建设

通过中国制造 2025 专项资金、国家科技计划等，支持动力电池检测和分析能力建设。加强测试技术及评价方法研究，加快制定行业通用的测试评价规程，完善企业自主检测、公共服务检测和国家认证检测相结合的评价体系。鼓励研究机构、检测认证机构以及动力电池、新能源汽车生产企业加强产品测试验证等相关数据积累，为产品开发、标准制修订、产品一致性管控夯实基础。（工业和信息化部、发展改革委、科技部、质检总局）

（八）建立完善安全监管体系

实施动力电池生产、使用、报废等全过程监管，鼓励行业组织、专业机构建立产品信息服务平台。完善新能源汽车安全监管体系建设，新能源汽车生产企业应对所销售的整车及动力电池等关键系统运行和安全状态进行监测和管理，建立产品安全预警制度和安全隐患定期排查机制，加强安全事故防范。（质检总局、工业和信息化部）

（九）加快关键装备研发与产业化

通过重大短板装备升级工程等，推进智能化制造成套装备产业化，鼓励动力电池生产企业与装备生产企业等强强联合，探索构建资本与风险共担的合作模式，加强关键环节制造设备的协同攻关，推进数字化制造成套装备产业化发展，提升装备精度的稳定性和可靠性以及智能化水平，

有效满足动力电池生产制造、资源回收利用的需求。（工业和信息化部、发展改革委）

四、保障措施

（一）加大政策支持力度

发挥政府投资对社会资本的引导作用，鼓励利用社会资本设立动力电池产业发展基金，加大对动力电池产业化技术的支持力度。通过国家科技计划（专项、基金）等统筹支持核心技术研发；利用工业转型升级、技术改造、高技术产业发展专项、智能制造专项、先进制造产业投资基金等资金渠道，在前沿基础研究、电池产品和关键零部件、制造装备、回收利用等领域，重点扶持领跑者企业。动力电池产品符合条件的，按规定免征消费税；动力电池企业符合条件的，按规定享受高新技术企业、技术转让、技术开发等税收优惠政策。（工业和信息化部、财政部、税务总局、科技部、发展改革委、商务部）

（二）完善产业发展环境

全面清理整顿不利于全国公平竞争的政策措施。国家统一产品检测标准及规范，地方严格贯彻落实国家标准。加强对第三方检测机构的监督检查，保障检验测试公平公正。落实《电动汽车动力蓄电池回收利用技术政策（2015年版）》；适时发布实施动力电池回收利用管理办法，强化企业在动力电池生产、使用、回收、再利用等环节的主体责任，逐步建立完善动力电池回收利用管理体系。预防和制止垄断行为和不正当竞争行为。加强舆论监督和引导，营造产业发展的良好舆论环境。（工业和信息化部、质检总局、发展改革委、科技部、商务部）

（三）发挥产业联盟作用

在动力电池企业与科研机构、高等学校、上下游产业之间建立有效运行的产学研合作新机制，充分利用现有的基础和条件，建立健全动力电池产业创新联盟，发挥行业协会等组织的作用，围绕共性关键技术开发、知识产权许可和保护、标准研究、政策措施建议等交流协作，加强行业自律管理，促进动力电池及相关产业的协同发展。（工业和信息化部）

（四）加快人才培养和引进

建立多层次的人才培养体系，推进人才培养、引进和引智工作。鼓励企业、科研院所在材料、系统集成等关键核心技术领域，加快培养和聚集一批国际知名领军人才。加强动力电池及系统集成等相关学科建设，鼓励企业、科研院所和高校建立联合培养机制，加强联合培养基地建设，培养相关学科应用型人才。（教育部、人力资源社会保障部、工业和信息化部）

（五）加强国际合作与交流

充分发挥多边或双边合作机制的作用，加强技术标准、政策法规等方面的国际交流与合作，积极参与和推动国际标准和技术法规的制定。鼓励国内企业与国外高水平企业的互利合作，推进动力电池技术和人才交流、项目合作和成果产业化。支持国内动力电池企业技术输出、产品出口以及到国外投资建厂，鼓励有条件的企业在发达国家设立研发机构。（工业和信息化部、质检总局、商务部、科技部）

新一代人工智能发展规划

发布单位：国务院

人工智能的迅速发展将深刻改变人类社会生活、改变世界。为抢抓人工智能发展的重大战略机遇，构筑我国人工智能发展的先发优势，加快建设创新型国家和世界科技强国，按照党中央、国务院部署要求，制定本规划。

一、战略态势

人工智能发展进入新阶段。经过60多年的演进，特别是在移动互联网、大数据、超级计算、传感网、脑科学等新理论新技术以及经济社会发展强烈需求的共同驱动下，人工智能加速发展，呈现出深度学习、跨界融合、人机协同、群智开放、自主操控等新特征。大数据驱动知识学习、跨媒体协同处理、人机协同增强智能、群体集成智能、自主智能系统成为人工智能的发展重点，受脑科学研究成果启发的类脑智能蓄势待发，芯片化硬件化平台化趋势更加明显，人工智能发展进入新阶段。当前，新一代人工智能相关学科发展、理论建模、技术创新、软硬件升级等整体推进，正在引发链式突破，推动经济社会各领域从数字化、网络化向智能化加速跃升。

人工智能成为国际竞争的新焦点。人工智能是引领未来的战略性技术，世界主要发达国家把发展人工智能作为提升国家竞争力、维护国家安全的重大战略，加紧出台规划和政策，围绕核心技术、顶尖人才、标准规范等强化部署，力图在新一轮国际科技竞争中掌握主导权。当前，我国国家安全和国际竞争形势更加复杂，必须放眼全球，把人工智能发展放在国家战略层面系统布局、主动谋划，牢牢把握人工智能发展新阶段国际竞争的战略主动，打造竞争新优势、开拓发展新空间，有效保障国家安全。

人工智能成为经济发展的新引擎。人工智能作为新一轮产业变革的核心驱动力，将进一步释放历次科技革命和产业变革积蓄的巨大能量，并创造新的强大引擎，重构生产、分配、交换、消费等经济活动各环节，形成从宏观到微观各领域的智能化新需求，催生新技术、新产品、新产业、新业态、新模式，引发经济结构重大变革，深刻改变人类生产生活方式和思维模式，实现社会生产力的整体跃升。我国经济发展进入新常态，深化供给侧结构性改革任务非常艰巨，必须加快人工智能深度应用，培育壮大人工智能产业，为我国经济发展注入新动能。

人工智能带来社会建设的新机遇。我国正处于全面建成小康社会的决胜阶段，人口老龄化、资源环境约束等挑战依然严峻，人工智能在教育、医疗、养老、环境保护、城市运行、司法服务等领域广泛应用，将极大提高公共服务精准化水平，全面提升人民生活品质。人工智能技术可

准确感知、预测、预警基础设施和社会安全运行的重大态势，及时把握群体认知及心理变化，主动决策反应，将显著提高社会治理的能力和水平，对有效维护社会稳定具有不可替代的作用。

人工智能发展的不确定性带来新挑战。人工智能是影响面广的颠覆性技术，可能带来改变就业结构、冲击法律与社会伦理、侵犯个人隐私、挑战国际关系准则等问题，将对政府管理、经济安全和社会稳定乃至全球治理产生深远影响。在大力发展人工智能的同时，必须高度重视可能带来的安全风险挑战，加强前瞻预防与约束引导，最大限度降低风险，确保人工智能安全、可靠、可控发展。

我国发展人工智能具有良好基础。国家部署了智能制造等国家重点研发计划重点专项，印发实施了"互联网+"人工智能三年行动实施方案，从科技研发、应用推广和产业发展等方面提出了一系列措施。经过多年的持续积累，我国在人工智能领域取得重要进展，国际科技论文发表量和发明专利授权量已居世界第二，部分领域核心关键技术实现重要突破。语音识别、视觉识别技术世界领先，自适应自主学习、直觉感知、综合推理、混合智能和群体智能等初步具备跨越发展的能力，中文信息处理、智能监控、生物特征识别、工业机器人、服务机器人、无人驾驶逐步进入实际应用，人工智能创新创业日益活跃，一批龙头骨干企业加速成长，在国际上获得广泛关注和认可。加速积累的技术能力与海量的数据资源、巨大的应用需求、开放的市场环境有机结合，形成了我国人工智能发展的独特优势。

同时，也要清醒地看到，我国人工智能整体发展水平与发达国家相比仍存在差距，缺少重大原创成果，在基础理论、核心算法以及关键设备、高端芯片、重大产品与系统、基础材料、元器件、软件与接口等方面差距较大；科研机构和企业尚未形成具有国际影响力的生态圈和产业链，缺乏系统的超前研发布局；人工智能尖端人才远远不能满足需求；适应人工智能发展的基础设施、政策法规、标准体系亟待完善。

面对新形势新需求，必须主动求变应变，牢牢把握人工智能发展的重大历史机遇，紧扣发展、研判大势、主动谋划、把握方向、抢占先机，引领世界人工智能发展新潮流，服务经济社会发展和支撑国家安全，带动国家竞争力整体跃升和跨越式发展。

二、总体要求

（一）指导思想

全面贯彻党的十八大和十八届三中、四中、五中、六

中全会精神，深入学习贯彻习近平总书记系列重要讲话精神和治国理政新理念新思想新战略，按照"五位一体"总体布局和"四个全面"战略布局，认真落实党中央、国务院决策部署，深入实施创新驱动发展战略，以加快人工智能与经济、社会、国防深度融合为主线，以提升新一代人工智能科技创新能力为主攻方向，发展智能经济，建设智能社会，维护国家安全，构筑知识群、技术群、产业群互动融合和人才、制度、文化相互支撑的生态系统，前瞻应对风险挑战，推动以人类可持续发展为中心的智能化，全面提升社会生产力、综合国力和国家竞争力，为加快建设创新型国家和世界科技强国、实现"两个一百年"奋斗目标和中华民族伟大复兴中国梦提供强大支撑。

（二）基本原则

科技引领。把握世界人工智能发展趋势，突出研发部署前瞻性，在重点前沿领域探索布局、长期支持，力争在理论、方法、工具、系统等方面取得变革性、颠覆性突破，全面增强人工智能原始创新能力，加速构筑先发优势，实现高端引领发展。

系统布局。根据基础研究、技术研发、产业发展和行业应用的不同特点，制定有针对性的系统发展策略。充分发挥社会主义制度集中力量办大事的优势，推进项目、基地、人才统筹布局，已部署的重大项目与新任务有机衔接，当前急需与长远发展梯次接续，创新能力建设、体制机制改革和政策环境营造协同发力。

市场主导。遵循市场规律，坚持应用导向，突出企业在技术路线选择和行业产品标准制定中的主体作用，加快人工智能科技成果商业化应用，形成竞争优势。把握好政府和市场分工，更好发挥政府在规划引导、政策支持、安全防范、市场监管、环境营造、伦理法规制定等方面的重要作用。

开源开放。倡导开源共享理念，促进产学研用各创新主体共创共享。遵循经济建设和国防建设协调发展规律，促进军民科技成果双向转化应用、军民创新资源共建共享，形成全要素、多领域、高效益的军民深度融合发展新格局。积极参与人工智能全球研发和治理，在全球范围内优化配置创新资源。

（三）战略目标

分三步走：

第一步，到2020年人工智能总体技术和应用与世界先进水平同步，人工智能产业成为新的重要经济增长点，人工智能技术应用成为改善民生的新途径，有力支撑进入创新型国家行列和实现全面建成小康社会的奋斗目标。

——新一代人工智能理论和技术取得重要进展。大数据智能、跨媒体智能、群体智能、混合增强智能、自主智能系统等基础理论和核心技术实现重要进展，人工智能模型方法、核心器件、高端设备和基础软件等方面取得标志性成果。

——人工智能产业竞争力进入国际第一方阵。初步建成人工智能技术标准、服务体系和产业生态链，培育若干全球领先的人工智能骨干企业，人工智能核心产业规模超过1500亿元，带动相关产业规模超过1万亿元。

——人工智能发展环境进一步优化，在重点领域全面展开创新应用，聚集起一批高水平的人才队伍和创新团队，部分领域的人工智能伦理规范和政策法规初步建立。

第二步，到2025年人工智能基础理论实现重大突破，部分技术与应用达到世界领先水平，人工智能成为带动我国产业升级和经济转型的主要动力，智能社会建设取得积极进展。

——新一代人工智能理论与技术体系初步建立，具有自主学习能力的人工智能取得突破，在多领域取得引领性研究成果。

——人工智能产业进入全球价值链高端。新一代人工智能在智能制造、智能医疗、智慧城市、智能农业、国防建设等领域得到广泛应用，人工智能核心产业规模超过4000亿元，带动相关产业规模超过5万亿元。

——初步建立人工智能法律法规、伦理规范和政策体系，形成人工智能安全评估和管控能力。

第三步，到2030年人工智能理论、技术与应用总体达到世界领先水平，成为世界主要人工智能创新中心，智能经济、智能社会取得明显成效，为跻身创新型国家前列和经济强国奠定重要基础。

——形成较为成熟的新一代人工智能理论与技术体系。在类脑智能、自主智能、混合智能和群体智能等领域取得重大突破，在国际人工智能研究领域具有重要影响，占据人工智能科技制高点。

——人工智能产业竞争力达到国际领先水平。人工智能在生产生活、社会治理、国防建设各方面应用的广度深度极大拓展，形成涵盖核心技术、关键系统、支撑平台和智能应用的完备产业链和高端产业群，人工智能核心产业规模超过1万亿元，带动相关产业规模超过10万亿元。

——形成一批全球领先的人工智能科技创新和人才培养基地，建成更加完善的人工智能法律法规、伦理规范和政策体系。

（四）总体部署

发展人工智能是一项事关全局的复杂系统工程，要按照"构建一个体系、把握双重属性、坚持三位一体、强化四大支撑"进行布局，形成人工智能健康持续发展的战略路径。

构建开放协同的人工智能科技创新体系。针对原创性理论基础薄弱、重大产品和系统缺失等重点难点问题，建立新一代人工智能基础理论和关键共性技术体系，布局建设重大科技创新基地，壮大人工智能高端人才队伍，促进创新主体协同互动，形成人工智能持续创新能力。

把握人工智能技术属性和社会属性高度融合的特征。既要加大人工智能研发和应用力度，最大程度发挥人工智能潜力；又要预判人工智能的挑战，协调产业政策、创新政策与社会政策，实现激励发展与合理规制的协调，最大限度防范风险。

坚持人工智能研发攻关、产品应用和产业培育"三位一体"推进。适应人工智能发展特点和趋势，强化创新链和产业链深度融合、技术供给和市场需求互动演进，以技术突破推动领域应用和产业升级，以应用示范推动技术和系统优化。在当前大规模推动技术应用和产业发展的同时，加强面向中长期的研发布局和攻关，实现滚动发展和持续提升，确保理论上走在前面、技术上占领制高点、应用上安全可控。

全面支撑科技、经济、社会发展和国家安全。以人工智能技术突破带动国家创新能力全面提升，引领建设世界科技强国进程；通过壮大智能产业、培育智能经济，为我国未来十几年乃至几十年经济繁荣创造一个新的增长周期；以建设智能社会促进民生福祉改善，落实以人民为中心的发展思想；以人工智能提升国防实力，保障和维护国家安全。

三、重点任务

立足国家发展全局，准确把握全球人工智能发展态势，找准突破口和主攻方向，全面增强科技创新基础能力，全面拓展重点领域应用深度广度，全面提升经济社会发展和国防应用智能化水平。

（一）构建开放协同的人工智能科技创新体系

围绕增加人工智能创新的源头供给，从前沿基础理论、关键共性技术、基础平台、人才队伍等方面强化部署，促进开源共享，系统提升持续创新能力，确保我国人工智能科技水平跻身世界前列，为世界人工智能发展做出更多贡献。

1. 建立新一代人工智能基础理论体系。

聚焦人工智能重大科学前沿问题，兼顾当前需求与长远发展，以突破人工智能应用基础理论瓶颈为重点，超前布局可能引发人工智能范式变革的基础研究，促进学科交叉融合，为人工智能持续发展与深度应用提供强大科学储备。

突破应用基础理论瓶颈。瞄准应用目标明确、有望引领人工智能技术升级的基础理论方向，加强大数据智能、跨媒体感知计算、人机混合智能、群体智能、自主协同与决策等基础理论研究。大数据智能理论重点突破无监督学习、综合深度推理等难点问题，建立数据驱动、以自然语言理解为核心的认知计算模型，形成从大数据到知识、从知识到决策的能力。跨媒体感知计算理论重点突破低成本低能耗智能感知、复杂场景主动感知、自然环境听觉与言语感知、多媒体自主学习等理论方法，实现超人感知和高动态、高维度、多模式分布式大场景感知。混合增强智能理论重点突破人机协同共融的情境理解与决策学习、直觉推理与因果模型、记忆与知识演化等理论，实现学习与思考接近或超过人类智能水平的混合增强智能。群体智能理论重点突破群体智能的组织、涌现、学习的理论与方法，建立可表达、可计算的群智激励算法和模型，形成基于互联网的群体智能理论体系。自主协同控制与优化决策理论重点突破面向自主无人系统的协同感知与交互、自主协同控制与优化决策、知识驱动的人机物三元协同与互操作等理论，形成自主智能无人系统创新性理论体系架构。

布局前沿基础理论研究。针对可能引发人工智能范式变革的方向，前瞻布局高级机器学习、类脑智能计算、量子智能计算等跨领域基础理论研究。高级机器学习理论重

点突破自适应学习、自主学习等理论方法，实现具备高可解释性、强泛化能力的人工智能。类脑智能计算理论重点突破类脑的信息编码、处理、记忆、学习与推理理论，形成类脑复杂系统及类脑控制等理论与方法，建立大规模类脑智能计算的新模型和脑启发的认知计算模型。量子智能计算理论重点突破量子加速的机器学习方法，建立高性能计算与量子算法混合模型，形成高效精确自主的量子人工智能系统架构。

开展跨学科探索性研究。推动人工智能与神经科学、认知科学、量子科学、心理学、数学、经济学、社会学等相关基础学科的交叉融合，加强引领人工智能算法、模型发展的数学基础理论研究，重视人工智能法律伦理的基础理论问题研究，支持原创性强、非共识的探索性研究，鼓励科学家自由探索，勇于攻克人工智能前沿科学难题，提出更多原创理论，做出更多原创发现。

专栏1　基础理论

1. 大数据智能理论。研究数据驱动与知识引导相结合的人工智能新方法、以自然语言理解和图像图形为核心的认知计算理论和方法、综合深度推理与创意人工智能理论与方法、非完全信息下智能决策基础理论与框架、数据驱动的通用人工智能数学模型与理论等。

2. 跨媒体感知计算理论。研究超越人类视觉能力的感知获取、面向真实世界的主动视觉感知及计算、自然声学场景的听知觉感知及计算、自然交互环境的言语感知及计算、面向异步序列的类人感知及计算、面向媒体智能感知的自主学习、城市全维度智能感知推理引擎。

3. 混合增强智能理论。研究"人在回路"的混合增强智能、人机智能共生的行为增强与脑机协同、机器直觉推理与因果模型、联想记忆模型与知识演化方法、复杂数据和任务的混合增强智能学习方法、云机器人协同计算方法、真实世界环境下的情境理解及人机群组协同。

4. 群体智能理论。研究群体智能结构理论与组织方法、群体智能激励机制与涌现机理、群体智能学习理论与方法、群体智能通用计算范式与模型。

5. 自主协同控制与优化决策理论。研究面向自主无人系统的协同感知与交互，面向自主无人系统的协同控制与优化决策，知识驱动的人机物三元协同与互操作等理论。

6. 高级机器学习理论。研究统计学习基础理论、不确定性推理与决策、分布式学习与交互、隐私保护学习、小样本学习、深度强化学习、无监督学习、半监督学习、主动学习等学习理论和高效模型。

7. 类脑智能计算理论。研究类脑感知、类脑学习、类脑记忆机制与计算融合、类脑复杂系统、类脑控制等理论与方法。

8. 量子智能计算理论。探索脑认知的量子模式与内在机制，研究高效的量子智能模型和算法、高性能高比特的量子人工智能处理器、可与外界环境交互信息的实时量子人工智能系统等。

---

2. 建立新一代人工智能关键共性技术体系。

围绕提升我国人工智能国际竞争力的迫切需求，新一代人工智能关键共性技术的研发部署要以算法为核心，以数据和硬件为基础，以提升感知识别、知识计算、认知推理、运动执行、人机交互能力为重点，形成开放兼容、稳

定成熟的技术体系。

知识计算引擎与知识服务技术。重点突破知识加工、深度搜索和可视交互核心技术，实现对知识持续增量的自动获取，具备概念识别、实体发现、属性预测、知识演化建模和关系挖掘能力，形成涵盖数十亿实体规模的多源、多学科和多数据类型的跨媒体知识图谱。

跨媒体分析推理技术。重点突破跨媒体统一表征、关联理解与知识挖掘、知识图谱构建与学习、知识演化与推理、智能描述与生成等技术，实现跨媒体知识表征、分析、挖掘、推理、演化和利用，构建分析推理引擎。

群体智能关键技术。重点突破基于互联网的大众化协同、大规模协作的知识资源管理与开放式共享等技术，建立群智知识表示框架，实现基于群智感知的知识获取和开放动态环境下的群智融合与增强，支撑覆盖全国的千万级规模群体感知、协同与演化。

混合增强智能新架构与新技术。重点突破人机协同的感知与执行一体化模型、智能计算前移的新型传感器件、通用混合计算架构等核心技术，构建自主适应环境的混合增强智能系统、人机群组混合增强智能系统及支撑环境。

自主无人系统的智能技术。重点突破自主无人系统计算架构、复杂动态场景感知与理解、实时精准定位、面向复杂环境的适应性智能导航等共性技术，无人机自主控制以及汽车、船舶和轨道交通自动驾驶等智能技术，服务机器人、特种机器人等核心技术，支撑无人系统应用和产业发展。

虚拟现实智能建模技术。重点突破虚拟对象智能行为建模技术，提升虚拟现实中智能对象行为的社会性、多样性和交互逼真性，实现虚拟现实、增强现实等技术与人工智能的有机结合和高效互动。

智能计算芯片与系统。重点突破高能效、可重构类脑计算芯片和具有计算成像功能的类脑视觉传感器技术，研发具有自主学习能力的高效能类脑神经网络架构和硬件系统，实现具有多媒体感知信息理解和智能增长、常识推理能力的类脑智能系统。

自然语言处理技术。重点突破自然语言的语法逻辑、字符概念表征和深度语义分析的核心技术，推进人类与机器的有效沟通和自由交互，实现多风格多语言多领域的自然语言智能理解和自动生成。

> **专栏2　关键共性技术**
>
> 1. 知识计算引擎与知识服务技术。研究知识计算和可视交互引擎，研究创新设计、数字创意和以可视媒体为核心的商业智能等知识服务技术，开展大规模生物数据的知识发现。
> 2. 跨媒体分析推理技术。研究跨媒体统一表征、关联理解与知识挖掘、知识图谱构建与学习、知识演化与推理、智能描述与生成等技术，开发跨媒体分析推理引擎与验证系统。
> 3. 群体智能关键技术。开展群体智能的主动感知与发现、知识获取与生成、协同与共享、评估与演化、人机整合与增强、自我维持与安全交互等关键技术研究，构建群智空间的服务体系结构，研究移动群体智能的协同决策与控制技术。
> 4. 混合增强智能新架构和新技术。研究混合增强智能核心技术、认知计算框架，新型混合计算架构，人机共驾、在线智能学习技术，平行管理与控制的混合增强智能框架。

> **专栏2　关键共性技术（续）**
>
> 5. 自主无人系统的智能技术。研究无人机自主控制和汽车、船舶、轨道交通自动驾驶等智能技术，服务机器人、空间机器人、海洋机器人、极地机器人技术，无人车间/智能工厂智能技术，高端智能控制技术和自主无人操作系统。研究复杂环境下基于计算机视觉的定位、导航、识别等机器人及机械手臂自主控制技术。
> 6. 虚拟现实智能建模技术。研究虚拟对象智能行为的数学表达与建模方法，虚拟对象与虚拟环境和用户之间进行自然、持续、深入交互等问题，智能对象建模的技术与方法体系。
> 7. 智能计算芯片与系统。研发神经网络处理器以及高能效、可重构类脑计算芯片等，新型感知芯片与系统、智能计算体系结构与系统，人工智能操作系统。研究适合人工智能的混合计算架构等。
> 8. 自然语言处理技术。研究短文本的计算与分析技术，跨语言文本挖掘技术和面向机器认知智能的语义理解技术，多媒体信息理解的人机对话系统。

3. 统筹布局人工智能创新平台。

建设布局人工智能创新平台，强化对人工智能研发应用的基础支撑。人工智能开源软硬件基础平台重点建设支持知识推理、概率统计、深度学习等人工智能范式的统一计算框架平台，形成促进人工智能软件、硬件和智能云之间相互协同的生态链。群体智能服务平台重点建设基于互联网大规模协作的知识资源管理与开放式共享工具，形成面向产学研用创新环节的群智众创平台和服务环境。混合增强智能支撑平台重点建设支持大规模训练的异构实时计算引擎和新型计算集群，为复杂智能计算提供服务化、系统化平台和解决方案。自主无人系统支撑平台重点建设面向自主无人系统复杂环境下环境感知、自主协同控制、智能决策等人工智能共性核心技术的支撑系统，形成开放式、模块化、可重构的自主无人系统开发与试验环境。人工智能基础数据与安全检测平台重点建设面向人工智能的公共数据资源库、标准测试数据集、云服务平台等，形成人工智能算法与平台安全性测试评估的方法、技术、规范和工具集。促进各类通用软件和技术平台的开源开放。各类平台要按照军民深度融合的要求和相关规定，推进军民共享共用。

> **专栏3　基础支撑平台**
>
> 1. 人工智能开源软硬件基础平台。建立大数据人工智能开源软件基础平台、终端与云端协同的人工智能云服务平台、新型多元智能传感器件与集成平台、基于人工智能硬件的新产品设计平台、未来网络中的大数据智能化服务平台等。
> 2. 群体智能服务平台。建立群智众创计算支撑平台、科技众创服务系统、群智软件开发与验证自动化系统、群智软件学习与创新系统、开放环境的群智决策系统、群智共享经济服务系统。
> 3. 混合增强智能支撑平台。建立人工智能超级计算中心、大规模超级智能计算支撑环境、在线智能教育平台、"人在回路"驾驶脑、产业发展复杂性分析与风险评估的智能平台、支撑核电安全运营的智能保障平台、人机共驾技术研发与测试平台等。
> 4. 自主无人系统支撑平台。建立自主无人系统共性核心技术支撑平台，无人机自主控制以及汽车、船舶和轨道交通自动驾驶支撑平台，服务机器人、空间机器人、海洋机器人、极地机器人支撑平台，智能工厂与智能控制装备技术支撑平台等。

专栏3　基础支撑平台（续）

5. 人工智能基础数据与安全检测平台。建设面向人工智能的公共数据资源库、标准测试数据集、云服务平台，建立人工智能算法与平台安全性测试模型及评估模型，研发人工智能算法与平台安全性测评工具集。

4. 加快培养聚集人工智能高端人才。

把高端人才队伍建设作为人工智能发展的重中之重，坚持培养和引进相结合，完善人工智能教育体系，加强人才储备和梯队建设，特别是加快引进全球顶尖人才和青年人才，形成我国人工智能人才高地。

培育高水平人工智能创新人才和团队。支持和培养具有发展潜力的人工智能领军人才，加强人工智能基础研究、应用研究、运行维护等方面专业技术人才培养。重视复合型人才培养，重点培养贯通人工智能理论、方法、技术、产品与应用等的纵向复合型人才，以及掌握"人工智能＋"经济、社会、管理、标准、法律等的横向复合型人才。通过重大研发任务和基地平台建设，汇聚人工智能高端人才，在若干人工智能重点领域形成一批高水平创新团队。鼓励和引导国内创新人才、团队加强与全球顶尖人工智能研究机构合作互动。

加大高端人工智能人才引进力度。开辟专门渠道，实行特殊政策，实现人工智能高端人才精准引进。重点引进神经认知、机器学习、自动驾驶、智能机器人等国际顶尖科学家和高水平创新团队。鼓励采取项目合作、技术咨询等方式柔性引进人工智能人才。统筹利用"千人计划"等现有人才计划，加强人工智能领域优秀人才特别是优秀青年人才引进工作。完善企业人力资本成本核算相关政策，激励企业、科研机构引进人工智能人才。

建设人工智能学科。完善人工智能领域学科布局，设立人工智能专业，推动人工智能领域一级学科建设，尽快在试点院校建立人工智能学院，增加人工智能相关学科方向的博士、硕士招生名额。鼓励高校在原有基础上拓宽人工智能专业教育内容，形成"人工智能＋X"复合专业培养新模式，重视人工智能与数学、计算机科学、物理学、生物学、心理学、社会学、法学等学科专业教育的交叉融合。加强产学研合作，鼓励高校、科研院所与企业等机构合作开展人工智能学科建设。

（二）培育高端高效的智能经济

加快培育具有重大引领带动作用的人工智能产业，促进人工智能与各产业领域深度融合，形成数据驱动、人机协同、跨界融合、共创分享的智能经济形态。数据和知识成为经济增长的第一要素，人机协同成为主流生产和服务方式，跨界融合成为重要经济模式，共创分享成为经济生态基本特征，个性化需求与定制成为消费新潮流，生产率大幅提升，引领产业向价值链高端迈进，有力支撑实体经济发展，全面提升经济发展质量和效益。

1. 大力发展人工智能新兴产业。

加快人工智能关键技术转化应用，促进技术集成与商业模式创新，推动重点领域智能产品创新，积极培育人工智能新兴业态，布局产业链高端，打造具有国际竞争力的人工智能产业集群。

智能软硬件。开发面向人工智能的操作系统、数据库、中间件、开发工具等关键基础软件，突破图形处理器等核心硬件，研究图像识别、语音识别、机器翻译、智能交互、知识处理、控制决策等智能系统解决方案，培育壮大面向人工智能应用的基础软硬件产业。

智能机器人。攻克智能机器人核心零部件、专用传感器，完善智能机器人硬件接口标准、软件接口协议标准以及安全使用标准。研制智能工业机器人、智能服务机器人，实现大规模应用并进入国际市场。研制和推广空间机器人、海洋机器人、极地机器人等特种智能机器人。建立智能机器人标准体系和安全规则。

智能运载工具。发展自动驾驶汽车和轨道交通系统，加强车载感知、自动驾驶、车联网、物联网等技术集成和配套，开发交通智能感知系统，形成我国自主的自动驾驶平台技术体系和产品总成能力，探索自动驾驶汽车共享模式。发展消费类和商用类无人机、无人船，建立试验鉴定、测试、竞技等专业化服务体系，完善空域、水域管理措施。

虚拟现实与增强现实。突破高性能软件建模、内容拍摄生成、增强现实与人机交互、集成环境与工具等关键技术，研制虚拟显示器件、光学器件、高性能真三维显示器、开发引擎等产品，建立虚拟现实与增强现实的技术、产品、服务标准和评价体系，推动重点行业融合应用。

智能终端。加快智能终端核心技术和产品研发，发展新一代智能手机、车载智能终端等移动智能终端产品和设备，鼓励开发智能手表、智能耳机、智能眼镜等可穿戴终端产品，拓展产品形态和应用服务。

物联网基础器件。发展支撑新一代物联网的高灵敏度、高可靠性智能传感器件和芯片，攻克射频识别、近距离机器通信等物联网核心技术和低功耗处理器等关键器件。

2. 加快推进产业智能化升级。

推动人工智能与各行业融合创新，在制造、农业、物流、金融、商务、家居等重点行业和领域开展人工智能应用试点示范，推动人工智能规模化应用，全面提升产业发展智能化水平。

智能制造。围绕制造强国重大需求，推进智能制造关键技术装备、核心支撑软件、工业互联网等系统集成应用，研发智能产品及智能互联产品、智能制造使能工具与系统、智能制造云服务平台，推广流程智能制造、离散智能制造、网络化协同制造、远程诊断与运维服务等新型制造模式，建立智能制造标准体系，推进制造全生命周期活动智能化。

智能农业。研制农业智能传感与控制系统、智能化农业装备、农机田间作业自主系统等。建立完善天空地一体化的智能农业信息遥感监测网络。建立典型农业大数据智能决策分析系统，开展智能农场、智能化植物工厂、智能牧场、智能渔场、智能果园、农产品加工智能车间、农产品绿色智能供应链等集成应用示范。

智能物流。加强智能化装卸搬运、分拣包装、加工配送等智能物流装备研发和推广应用，建设深度感知智能仓储系统，提升仓储运营管理水平和效率。完善智能物流公共信息平台和指挥系统、产品质量认证及追溯系统、智能配货调度体系等。

智能金融。建立金融大数据系统，提升金融多媒体数据处理与理解能力。创新智能金融产品和服务，发展金融新业态。鼓励金融行业应用智能客服、智能监控等技术和装备。建立金融风险智能预警与防控系统。

智能商务。鼓励跨媒体分析与推理、知识计算引擎与知识服务等新技术在商务领域应用，推广基于人工智能的新型商务服务与决策系统。建设涵盖地理位置、网络媒体和城市基础数据等跨媒体大数据平台，支撑企业开展智能商务。鼓励围绕个人需求、企业管理提供定制化商务智能决策服务。

智能家居。加强人工智能技术与家居建筑系统的融合应用，提升建筑设备及家居产品的智能化水平。研发适应不同应用场景的家庭互联互通协议、接口标准，提升家电、耐用品等家居产品感知和联通能力。支持智能家居企业创新服务模式，提供互联共享解决方案。

3. 大力发展智能企业。

大规模推动企业智能化升级。支持和引导企业在设计、生产、管理、物流和营销等核心业务环节应用人工智能新技术，构建新型企业组织结构和运营方式，形成制造与服务、金融智能化融合的业态模式，发展个性化定制，扩大智能产品供给。鼓励大型互联网企业建设云制造平台和服务平台，面向制造企业在线提供关键工业软件和模型库，开展制造能力外包服务，推动中小企业智能化发展。

推广应用智能工厂。加强智能工厂关键技术和体系方法的应用示范，重点推广生产线重构与动态智能调度、生产装备智能物联与云化数据采集、多维人机物协同与互操作等技术，鼓励和引导企业建设工厂大数据系统、网络化分布式生产设施等，实现生产设备网络化、生产数据可视化、生产过程透明化、生产现场无人化，提升工厂运营管理智能化水平。

加快培育人工智能产业领军企业。在无人机、语音识别、图像识别等优势领域加快打造人工智能全球领军企业和品牌。在智能机器人、智能汽车、可穿戴设备、虚拟现实等新兴领域加快培育一批龙头企业。支持人工智能企业加强专利布局，牵头或参与国际标准制定。推动国内优势企业、行业组织、科研机构、高校等联合组建中国人工智能产业技术创新联盟。支持龙头骨干企业构建开源硬件工厂、开源软件平台，形成集聚各类资源的创新生态，促进人工智能中小微企业发展和各领域应用。支持各类机构和平台面向人工智能企业提供专业化服务。

4. 打造人工智能创新高地。

结合各地区基础和优势，按人工智能应用领域分门别类进行相关产业布局。鼓励地方围绕人工智能产业链和创新链，集聚高端要素、高端企业、高端人才，打造人工智能产业集群和创新高地。

开展人工智能创新应用试点示范。在人工智能基础较好、发展潜力较大的地区，组织开展国家人工智能创新试验，探索体制机制、政策法规、人才培育等方面的重大改革，推动人工智能成果转化、重大产品集成创新和示范应用，形成可复制、可推广的经验，引领带动智能经济和智能社会发展。

建设国家人工智能产业园。依托国家自主创新示范区和国家高新技术产业开发区等创新载体，加强科技、人才、金融、政策等要素的优化配置和组合，加快培育建设人工智能产业创新集群。

建设国家人工智能众创基地。依托从事人工智能研究的高校、科研院所集中地区，搭建人工智能领域专业化创新平台等新型创业服务机构，建设一批低成本、便利化、全要素、开放式的人工智能众创空间，完善孵化服务体系，推进人工智能科技成果转移转化，支持人工智能创新创业。

（三）建设安全便捷的智能社会

围绕提高人民生活水平和质量的目标，加快人工智能深度应用，形成无时不有、无处不在的智能化环境，全社会的智能化水平大幅提升。越来越多的简单性、重复性、危险性任务由人工智能完成，个体创造力得到极大发挥，形成更多高质量和高舒适度的就业岗位；精准化智能服务更加丰富多样，人们能够最大限度享受高质量服务和便捷生活；社会治理智能化水平大幅提升，社会运行更加安全高效。

1. 发展便捷高效的智能服务。

围绕教育、医疗、养老等迫切民生需求，加快人工智能创新应用，为公众提供个性化、多元化、高品质服务。

智能教育。利用智能技术加快推动人才培养模式、教学方法改革，构建包含智能学习、交互式学习的新型教育体系。开展智能校园建设，推动人工智能在教学、管理、资源建设等全流程应用。开发立体综合教学场、基于大数据智能的在线学习教育平台。开发智能教育助理，建立智能、快速、全面的教育分析系统。建立以学习者为中心的教育环境，提供精准推送的教育服务，实现日常教育和终身教育定制化。

智能医疗。推广应用人工智能治疗新模式新手段，建立快速精准的智能医疗体系。探索智慧医院建设，开发人机协同的手术机器人、智能诊疗助手，研发柔性可穿戴、生物兼容的生理监测系统，研发人机协同临床智能诊疗方案，实现智能影像识别、病理分型和智能多学科会诊。基于人工智能开展大规模基因组识别、蛋白组学、代谢组学等研究和新药研发，推进医药监管智能化。加强流行病智能监测和防控。

智能健康和养老。加强群体智能健康管理，突破健康大数据分析、物联网等关键技术，研发健康管理可穿戴设备和家庭智能健康检测监测设备，推动健康管理实现从点状监测向连续监测、从短流程管理向长流程管理转变。建设智能养老社区和机构，构建安全便捷的智能化养老基础设施体系。加强老年人产品智能化和智能产品适老化，开发视听辅助设备、物理辅助设备等智能家居养老设备，拓展老年人活动空间。开发面向老年人的移动社交和服务平台、情感陪护助手，提升老年人生活质量。

2. 推进社会治理智能化。

围绕行政管理、司法管理、城市管理、环境保护等社会治理的热点难点问题，促进人工智能技术应用，推动社会治理现代化。

智能政务。开发适于政府服务与决策的人工智能平台，研制面向开放环境的决策引擎，在复杂社会问题研判、政策评估、风险预警、应急处置等重大战略决策方面推广应用。加强政务信息资源整合和公共需求精准预测，畅通政府与公众的交互渠道。

智慧法庭。建设集审判、人员、数据应用、司法公开和动态监控于一体的智慧法庭数据平台，促进人工智能在证据收集、案例分析、法律文件阅读与分析中的应用，实现法院审判体系和审判能力智能化。

智慧城市。构建城市智能化基础设施，发展智能建筑，推动地下管廊等市政基础设施智能化改造升级；建设城市大数据平台，构建多元异构数据融合的城市运行管理体系，实现对城市基础设施和城市绿地、湿地等重要生态要素的全面感知以及对城市复杂系统运行的深度认知；研发构建社区公共服务信息系统，促进社区服务系统与居民智能家庭系统协同；推进城市规划、建设、管理、运营全生命周期智能化。

智能交通。研究建立营运车辆自动驾驶与车路协同的技术体系。研发复杂场景下的多维交通信息综合大数据应用平台，实现智能化交通疏导和综合运行协调指挥，建成覆盖地面、轨道、低空和海上的智能交通监控、管理和服务系统。

智能环保。建立涵盖大气、水、土壤等环境领域的智能监控大数据平台体系，建成陆海统筹、天地一体、上下协同、信息共享的智能环境监测网络和服务平台。研发资源能源消耗、环境污染物排放智能预测模型方法和预警方案。加强京津冀、长江经济带等国家重大战略区域环境保护和突发环境事件智能防控体系建设。

3. 利用人工智能提升公共安全保障能力。

促进人工智能在公共安全领域的深度应用，推动构建公共安全智能化监测预警与控制体系。围绕社会综合治理、新型犯罪侦查、反恐等迫切需求，研发集成多种探测传感技术、视频图像信息分析识别技术、生物特征识别技术的智能安防与警用产品，建立智能化监测平台。加强对重点公共区域安防设备的智能化改造升级，支持有条件的社区或城市开展基于人工智能的公共安防区域示范。强化人工智能对食品安全的保障，围绕食品分类、预警等级、食品安全隐患及评估等，建立智能化食品安全预警系统。加强人工智能对自然灾害的有效监测，围绕地震灾害、地质灾害、气象灾害、水旱灾害和海洋灾害等重大自然灾害，构建智能化监测预警与综合应对平台。

4. 促进社会交往共享互信。

充分发挥人工智能技术在增强社会互动、促进可信交流中的作用。加强下一代社交网络研发，加快增强现实、虚拟现实等技术推广应用，促进虚拟环境和实体环境协同融合，满足个人感知、分析、判断与决策等实时信息需求，实现在工作、学习、生活、娱乐等不同场景下的流畅切换。针对改善人际沟通障碍的需求，开发具有情感交互功能、能准确理解人的需求的智能助理产品，实现情感交流和需求满足的良性循环。促进区块链技术与人工智能的融合，建立新型社会信用体系，最大限度降低人际交往成本和风险。

（四）加强人工智能领域军民融合

深入贯彻落实军民融合发展战略，推动形成全要素、多领域、高效益的人工智能军民融合格局。以军民共享共用为导向部署新一代人工智能基础理论和关键共性技术研发，建立科研院所、高校、企业和军工单位的常态化沟通协调机制。促进人工智能技术军民双向转化，强化新一代人工智能技术对指挥决策、军事推演、国防装备等的有力支撑，引导国防领域人工智能科技成果向民用领域转化应用。鼓励优势民口科研力量参与国防领域人工智能重大科技创新任务，推动各类人工智能技术快速嵌入国防创新领域。加强军民人工智能技术通用标准体系建设，推进科技创新平台基地的统筹布局和开放共享。

（五）构建泛在安全高效的智能化基础设施体系

大力推动智能化信息基础设施建设，提升传统基础设施的智能化水平，形成适应智能经济、智能社会和国防建设需要的基础设施体系。加快推动以信息传输为核心的数字化、网络化信息基础设施，向集融合感知、传输、存储、计算、处理于一体的智能化信息基础设施转变。优化升级网络基础设施，研发布局第五代移动通信（5G）系统，完善物联网基础设施，加快天地一体化信息网络建设，提高低时延、高通量的传输能力。统筹利用大数据基础设施，强化数据安全与隐私保护，为人工智能研发和广泛应用提供海量数据支撑。建设高效能计算基础设施，提升超级计算中心对人工智能应用的服务支撑能力。建设分布式高效能源互联网，形成支撑多能源协调互补、及时有效接入的新型能源网络，推广智能储能设施、智能用电设施，实现能源供需信息的实时匹配和智能化响应。

专栏4 智能化基础设施

1. 网络基础设施。加快布局实时协同人工智能的5G增强技术研发及应用，建设面向空间协同人工智能的高精度导航定位网络，加强智能感知物联网核心技术攻关和关键设施建设，发展支撑智能化的工业互联网、面向无人驾驶的车联网等，研究智能化网络安全架构。加快建设天地一体化信息网络，推进天基信息网、未来互联网、移动通信网的全面融合。

2. 大数据基础设施。依托国家数据共享交换平台、数据开放平台等公共基础设施，建设政府治理、公共服务、产业发展、技术研发等领域大数据基础信息数据库，支撑开展国家治理大数据应用。整合社会各类数据平台和数据中心资源，形成覆盖全国、布局合理、链接畅通的一体化服务能力。

3. 高效能计算基础设施。继续加强超级计算基础设施、分布式计算基础设施和云计算中心建设，构建可持续发展的高性能计算应用生态环境。推进下一代超级计算机研发应用。

（六）前瞻布局新一代人工智能重大科技项目

针对我国人工智能发展的迫切需求和薄弱环节，设立新一代人工智能重大科技项目。加强整体统筹，明确任务边界和研发重点，形成以新一代人工智能重大科技项目为核心、现有研发布局为支撑的"1＋N"人工智能项目群。

"1"是指新一代人工智能重大科技项目，聚焦基础理论和关键共性技术的前瞻布局，包括研究大数据智能、跨媒体感知计算、混合增强智能、群体智能、自主协同控制与决策等理论，研究知识计算引擎与知识服务技术、跨媒体分析推理技术、群体智能关键技术、混合增强智能新架构与新技术、自主无人控制技术等，开源共享人工智能基础理论和共性技术。持续开展人工智能发展的预测和研判，加强人工智能对经济社会综合影响及对策研究。

"N"是指国家相关规划计划中部署的人工智能研发项目，重点是加强与新一代人工智能重大科技项目的衔接，协同推进人工智能的理论研究、技术突破和产品研发应用。加强与国家科技重大专项的衔接，在"核高基"（核心电子器件、高端通用芯片、基础软件）、集成电路装备等国家科技重大专项中支持人工智能软硬件发展。加强与其他"科技创新2030—重大项目"的相互支撑，加快脑科学与类脑计算、量子信息与量子计算、智能制造与机器人、大数据等研究，为人工智能重大技术突破提供支撑。国家重点研发计划继续推进高性能计算等重点专项实施，加大对人工智能相关技术研发和应用的支持；国家自然科学基金加强对人工智能前沿领域交叉学科研究和自由探索的支持。在深海空间站、健康保障等重大项目，以及智慧城市、智能农机装备等国家重点研发计划重点专项部署中，加强人工智能技术的应用示范。其他各类科技计划支持的人工智能相关基础理论和共性技术研究成果应开放共享。

创新新一代人工智能重大科技项目组织实施模式，坚持集中力量办大事、重点突破的原则，充分发挥市场机制作用，调动部门、地方、企业和社会各方面力量共同推进实施。明确管理责任，定期开展评估，加强动态调整，提高管理效率。

四、资源配置

充分利用已有资金、基地等存量资源，统筹配置国际国内创新资源，发挥好财政投入、政策激励的引导作用和市场配置资源的主导作用，撬动企业、社会加大投入，形成财政资金、金融资本、社会资本多方支持的新格局。

（一）建立财政引导、市场主导的资金支持机制

统筹政府和市场多渠道资金投入，加大财政资金支持力度，盘活现有资源，对人工智能基础前沿研究、关键共性技术攻关、成果转移转化、基地平台建设、创新应用示范等提供支持。利用现有政府投资基金支持符合条件的人工智能项目，鼓励龙头骨干企业、产业创新联盟牵头成立市场化的人工智能发展基金。利用天使投资、风险投资、创业投资基金及资本市场融资等多种渠道，引导社会资本支持人工智能发展。积极运用政府和社会资本合作等模式，引导社会资本参与人工智能重大项目实施和科技成果转化应用。

（二）优化布局建设人工智能创新基地

按照国家级科技创新基地布局和框架，统筹推进人工智能领域建设若干国际领先的创新基地。引导现有与人工智能相关的国家重点实验室、企业国家重点实验室、国家工程实验室等基地，聚焦新一代人工智能的前沿方向开展研究。按规定程序，以企业为主体、产学研合作组建人工智能领域的相关技术和产业创新基地，发挥龙头骨干企业技术创新示范带动作用。发展人工智能领域的专业化众创

空间，促进最新技术成果和资源、服务的精准对接。充分发挥各类创新基地聚集人才、资金等创新资源的作用，突破人工智能基础前沿理论和关键共性技术，开展应用示范。

（三）统筹国际国内创新资源。

支持国内人工智能企业与国际人工智能领先高校、科研院所、团队合作。鼓励国内人工智能企业"走出去"，为有实力的人工智能企业开展海外并购、股权投资、创业投资和建立海外研发中心等提供便利和服务。鼓励国外人工智能企业、科研机构在华设立研发中心。依托"一带一路"战略，推动建设人工智能国际科技合作基地、联合研究中心等，加快人工智能技术在"一带一路"沿线国家推广应用。推动成立人工智能国际组织，共同制定相关国际标准。支持相关行业协会、联盟及服务机构搭建面向人工智能企业的全球化服务平台。

五、保障措施

围绕推动我国人工智能健康快速发展的现实要求，妥善应对人工智能可能带来的挑战，形成适应人工智能发展的制度安排，构建开放包容的国际化环境，夯实人工智能发展的社会基础。

（一）制定促进人工智能发展的法律法规和伦理规范

加强人工智能相关法律、伦理和社会问题研究，建立保障人工智能健康发展的法律法规和伦理道德框架。开展与人工智能应用相关的民事与刑事责任确认、隐私和产权保护、信息安全利用等法律问题研究，建立追溯和问责制度，明确人工智能法律主体以及相关权利、义务和责任等。重点围绕自动驾驶、服务机器人等应用基础较好的细分领域，加快研究制定相关安全管理法规，为新技术的快速应用奠定法律基础。开展人工智能行为科学和伦理等问题研究，建立伦理道德多层次判断结构及人机协作的伦理框架。制定人工智能产品研发设计人员的道德规范和行为守则，加强对人工智能潜在危害与收益的评估，构建人工智能复杂场景下突发事件的解决方案。积极参与人工智能全球治理，加强机器人异化和安全监管等人工智能重大国际共性问题研究，深化在人工智能法律法规、国际规则等方面的国际合作，共同应对全球性挑战。

（二）完善支持人工智能发展的重点政策

落实对人工智能中小企业和初创企业的财税优惠政策，通过高新技术企业税收优惠和研发费用加计扣除等政策支持人工智能企业发展。完善落实数据开放与保护相关政策，开展公共数据开放利用改革试点，支持公众和企业充分挖掘公共数据的商业价值，促进人工智能应用创新。研究完善适应人工智能的教育、医疗、保险、社会救助等政策体系，有效应对人工智能带来的社会问题。

（三）建立人工智能技术标准和知识产权体系

加强人工智能标准框架体系研究。坚持安全性、可用性、互操作性、可追溯性原则，逐步建立并完善人工智能基础共性、互联互通、行业应用、网络安全、隐私保护等技术标准。加快推动无人驾驶、服务机器人等细分应用领域的行业协会和联盟制定相关标准。鼓励人工智能企业参与或主导制定国际标准，以技术标准"走出去"带动人工

智能产品和服务在海外推广应用。加强人工智能领域的知识产权保护，健全人工智能领域技术创新、专利保护与标准化互动支撑机制，促进人工智能创新成果的知识产权化。建立人工智能公共专利池，促进人工智能新技术的利用与扩散。

（四）建立人工智能安全监管和评估体系

加强人工智能对国家安全和保密领域影响的研究与评估，完善人、技、物、管配套的安全防护体系，构建人工智能安全监测预警机制。加强对人工智能技术发展的预测、研判和跟踪研究，坚持问题导向，准确把握技术和产业发展趋势。增强风险意识，重视风险评估和防控，强化前瞻预防和约束引导，近期重点关注对就业的影响，远期重点考虑对社会伦理的影响，确保把人工智能发展规制在安全可控范围内。建立健全公开透明的人工智能监管体系，实行设计问责和应用监督并重的双层监管结构，实现对人工智能算法设计、产品开发和成果应用等的全流程监管。促进人工智能行业和企业自律，切实加强管理，加大对数据滥用、侵犯个人隐私、违背道德伦理等行为的惩戒力度。加强人工智能网络安全技术研发，强化人工智能产品和系统网络安全防护。构建动态的人工智能研发应用评估评价机制，围绕人工智能设计、产品和系统的复杂性、风险性、不确定性、可解释性、潜在经济影响等问题，开发系统性的测试方法和指标体系，建设跨领域的人工智能测试平台，推动人工智能安全认证，评估人工智能产品和系统的关键性能。

（五）大力加强人工智能劳动力培训

加快研究人工智能带来的就业结构、就业方式转变以及新型职业和工作岗位的技能需求，建立适应智能经济和智能社会需要的终身学习和就业培训体系，支持高等院校、职业学校和社会化培训机构等开展人工智能技能培训，大幅提升就业人员专业技能，满足我国人工智能发展带来的高技能高质量就业岗位需要。鼓励企业和各类机构为员工提供人工智能技能培训。加强职工再就业培训和指导，确保从事简单重复性工作的劳动力和因人工智能失业的人员顺利转岗。

（六）广泛开展人工智能科普活动

支持开展形式多样的人工智能科普活动，鼓励广大科技工作者投身人工智能的科普与推广，全面提高全社会对人工智能的整体认知和应用水平。实施全民智能教育项目，在中小学阶段设置人工智能相关课程，逐步推广编程教育，鼓励社会力量参与寓教于乐的编程教学软件、游戏的开发和推广。建设和完善人工智能科普基础设施，充分发挥各

类人工智能创新基地平台等的科普作用，鼓励人工智能企业、科研机构搭建开源平台，面向公众开放人工智能研发平台、生产设施或展馆等。支持开展人工智能竞赛，鼓励进行形式多样的人工智能科普创作。鼓励科学家参与人工智能科普。

六、组织实施

新一代人工智能发展规划是关系全局和长远的前瞻谋划。必须加强组织领导，健全机制，瞄准目标，紧盯任务，以钉钉子的精神切实抓好落实，一张蓝图干到底。

（一）组织领导

按照党中央、国务院统一部署，由国家科技体制改革和创新体系建设领导小组牵头统筹协调，审议重大任务、重大政策、重大问题和重点工作安排，推动人工智能相关法律法规建设，指导、协调和督促有关部门做好规划任务的部署实施。依托国家科技计划（专项、基金等）管理部际联席会议，科技部会同有关部门负责推进新一代人工智能重大科技项目实施，加强与其他计划任务的衔接协调。成立人工智能规划推进办公室，办公室设在科技部，具体负责推进规划实施。成立人工智能战略咨询委员会，研究人工智能前瞻性、战略性重大问题，对人工智能重大决策提供咨询评估。推进人工智能智库建设，支持各类智库开展人工智能重大问题研究，为人工智能发展提供强大智力支持。

（二）保障落实

加强规划任务分解，明确责任单位和进度安排，制定年度和阶段性实施计划。建立年度评估、中期评估等规划实施情况的监测评估机制。适应人工智能快速发展的特点，根据任务进展情况、阶段目标完成情况、技术发展新动向等，加强对规划和项目的动态调整。

（三）试点示范

对人工智能重大任务和重点政策措施，要制定具体方案，开展试点示范。加强对各部门、各地方试点示范的统筹指导，及时总结推广可复制的经验和做法。通过试点先行、示范引领，推进人工智能健康有序发展。

（四）舆论引导

充分利用各种传统媒体和新兴媒体，及时宣传人工智能新进展、新成效，让人工智能健康发展成为全社会共识，调动全社会参与支持人工智能发展的积极性。及时做好舆论引导，更好应对人工智能发展可能带来的社会、伦理和法律等挑战。

促进新一代人工智能产业发展三年行动计划（2018—2020年）

发布单位：工业和信息化部

当前，新一轮科技革命和产业变革正在萌发，大数据的形成、理论算法的革新、计算能力的提升及网络设施的演进驱动人工智能发展进入新阶段，智能化成为技术和产业发展的重要方向。人工智能具有显著的溢出效应，将进一步带动其他技术的进步，推动战略性新兴产业总体突破，正在成为推进供给侧结构性改革的新动能、振兴实体经济的新机遇、建设制造强国和网络强国的新引擎。为落实《新一代人工智能发展规划》，深入实施"中国制造2025"，抓住历史机遇，突破重点领域，促进人工智能产业发展，提升制造业智能化水平，推动人工智能和实体经济深度融合，制订本行动计划。

一、总体要求

（一）指导思想

全面贯彻落实党的十九大精神，以习近平新时代中国特色社会主义思想为指导，按照"五位一体"总体布局和"四个全面"战略布局，认真落实党中央、国务院决策部署，以信息技术与制造技术深度融合为主线，推动新一代人工智能技术的产业化与集成应用，发展高端智能产品，夯实核心基础，提升智能制造水平，完善公共支撑体系，促进新一代人工智能产业发展，推动制造强国和网络强国建设，助力实体经济转型升级。

（二）基本原则

系统布局。把握人工智能发展趋势，立足国情和各地区的产业现实基础，顶层引导和区域协作相结合，加强体系化部署，做好分阶段实施，构建完善新一代人工智能产业体系。

重点突破。针对产业发展的关键薄弱环节，集中优势力量和创新资源，支持重点领域人工智能产品研发，加快产业化与应用部署，带动产业整体提升。

协同创新。发挥政策引导作用，促进产学研用相结合，支持龙头企业与上下游中小企业加强协作，构建良好的产业生态。

开放有序。加强国际合作，推动人工智能共性技术、资源和服务的开放共享。完善发展环境，提升安全保障能力，实现产业健康有序发展。

（三）行动目标

通过实施四项重点任务，力争到2020年，一系列人工智能标志性产品取得重要突破，在若干重点领域形成国际竞争优势，人工智能和实体经济融合进一步深化，产业发展环境进一步优化。

——人工智能重点产品规模化发展，智能网联汽车技术水平大幅提升，智能服务机器人实现规模化应用，智能无人机等产品具有较强全球竞争力，医疗影像辅助诊断系统等扩大临床应用，视频图像识别、智能语音、智能翻译等产品达到国际先进水平。

——人工智能整体核心基础能力显著增强，智能传感器技术产品实现突破，设计、代工、封测技术达到国际水平，神经网络芯片实现量产并在重点领域实现规模化应用，开源开发平台初步具备支撑产业快速发展的能力。

——智能制造深化发展，复杂环境识别、新型人机交互等人工智能技术在关键技术装备中加快集成应用，智能化生产、大规模个性化定制、预测性维护等新模式的应用水平明显提升。重点工业领域智能化水平显著提高。

——人工智能产业支撑体系基本建立，具备一定规模的高质量标注数据资源库、标准测试数据集建成并开放，人工智能标准体系、测试评估体系及安全保障体系框架初步建立，智能化网络基础设施体系逐步形成，产业发展环境更加完善。

二、培育智能产品

以市场需求为牵引，积极培育人工智能创新产品和服务，促进人工智能技术的产业化，推动智能产品在工业、医疗、交通、农业、金融、物流、教育、文化、旅游等领域的集成应用。发展智能控制产品，加快突破关键技术，研发并应用一批具备复杂环境感知、智能人机交互、灵活精准控制、群体实时协同等特征的智能化设备，满足高可用、高可靠、安全等要求，提升设备处理复杂、突发、极端情况的能力。培育智能理解产品，加快模式识别、智能语义理解、智能分析决策等核心技术研发和产业化，支持设计一批智能化水平和可靠性较高的智能理解产品或模块，优化智能系统与服务的供给结构。推动智能硬件普及，深化人工智能技术在智能家居、健康管理、移动智能终端和车载产品等领域的应用，丰富终端产品的智能化功能，推动信息消费升级。着重在以下领域率先取得突破：

（一）智能网联汽车。支持车辆智能计算平台体系架构、车载智能芯片、自动驾驶操作系统、车辆智能算法等关键技术、产品研发，构建软件、硬件、算法一体化的车辆智能化平台。到2020年，建立可靠、安全、实时性强的智能网联汽车智能化平台，形成平台相关标准，支撑高度自动驾驶（HA级）。

（二）智能服务机器人。支持智能交互、智能操作、多机协作等关键技术研发，提升清洁、老年陪护、康复、助残、儿童教育等家庭服务机器人的智能化水平，推动巡检、导览等公共服务机器人以及消防救援机器人等的创新应用。发展三维成像定位、智能精准安全操控、人机协作接口等关键技术，支持手术机器人操作系统研发，推动手术机器人在临床医疗中的应用。到2020年，智能服务机器人环境感知、自然交互、自主学习、人机协作等关键技术取得突破，智能家庭服务机器人、智能公共服务机器人实现批量生产及应用，医疗康复、助老助残、消防救灾等机器人实现样机生产，完成技术与功能验证，实现20家以上应用示范。

（三）智能无人机。支持智能避障、自动巡航、面向复杂环境的自主飞行、群体作业等关键技术研发与应用，推动新一代通信及定位导航技术在无人机数据传输、链路控制、监控管理等方面的应用，开展智能飞控系统、高集成度专用芯片等关键部件研制。到2020年，智能消费级无人机三轴机械增稳云台精度达到0.005度，实现360度全向感知避障，实现自动智能强制避让航空管制区域。

（四）医疗影像辅助诊断系统。推动医学影像数据采集标准化与规范化，支持脑、肺、眼、骨、心脑血管、乳腺等典型疾病领域的医学影像辅助诊断技术研发，加快医疗影像辅助诊断系统的产品化及临床辅助应用。到2020年，国内先进的多模态医学影像辅助诊断系统对以上典型疾病的检出率超过95%，假阴性率低于1%，假阳性率低于5%。

（五）视频图像身份识别系统。支持生物特征识别、视频理解、跨媒体融合等技术创新，发展人证合一、视频监控、图像搜索、视频摘要等典型应用，拓展在安防、金融等重点领域的应用。到2020年，复杂动态场景下人脸识别有效检出率超过97%，正确识别率超过90%，支持不同地域人脸特征识别。

（六）智能语音交互系统。支持新一代语音识别框架、口语化语音识别、个性化语音识别、智能对话、音视频融合、语音合成等技术的创新应用，在智能制造、智能家居等重点领域开展推广应用。到2020年，实现多场景下中文语音识别平均准确率达到96%，5米远场识别率超过92%，用户对话意图识别准确率超过90%。

（七）智能翻译系统。推动高精准智能翻译系统应用，围绕多语言互译、同声传译等典型场景，利用机器学习技术提升准确度和实用性。到2020年，多语种智能互译取得明显突破，中译英、英译中场景下产品的翻译准确率超过85%，少数民族语言与汉语的智能互译准确率显著提升。

（八）智能家居产品。支持智能传感、物联网、机器学习等技术在智能家居产品中的应用，提升家电、智能网络设备、水电气仪表等产品的智能水平、实用性和安全性，发展智能安防、智能家具、智能照明、智能洁具等产品，建设一批智能家居测试评价、示范应用项目并推广。到2020年，智能家居产品类别明显丰富，智能电视市场渗透率达到90%以上，安防产品智能化水平显著提升。

三、突破核心基础

加快研发并应用高精度、低成本的智能传感器，突破面向云端训练、终端应用的神经网络芯片及配套工具，支持人工智能开发框架、算法库、工具集等的研发，支持开源开放平台建设，积极布局面向人工智能应用设计的智能软件，夯实人工智能产业发展的软硬件基础。着重在以下领域率先取得突破：

（一）智能传感器。支持微型化及可靠性设计、精密制造、集成开发工具、嵌入式算法等关键技术研究，支持基于新需求、新材料、新工艺、新原理设计的智能传感器研发及应用。发展市场前景广阔的新型生物、气体、压力、流量、惯性、距离、图像、声学等智能传感器，推动压电材料、磁性材料、红外辐射材料、金属氧化物等材料技术革新，支持基于微机电系统（MEMS）和互补金属氧化物半导体（CMOS）集成等工艺的新型智能传感器研发，发展面向新应用场景的基于磁感、超声波、非可见光、生物化学等新原理的智能传感器，推动智能传感器实现高精度、高可靠、低功耗、低成本。到2020年，压电传感器、磁传感器、红外传感器、气体传感器等的性能显著提高，信噪比达到70dB、声学过载点达到135dB的声学传感器实现量产，绝对精度100Pa以内、噪音水平0.6Pa以内的压力传感器实现商用，弱磁场分辨率达到1pT的磁传感器实现量产。在模拟仿真、设计、MEMS工艺、封装及个性化测试技术方面达到国际先进水平，具备在移动式可穿戴、互联网、汽车电子等重点领域的系统方案设计能力。

（二）神经网络芯片。面向机器学习训练应用，发展高性能、高扩展性、低功耗的云端神经网络芯片，面向终端应用发展适用于机器学习计算的低功耗、高性能的终端神经网络芯片，发展与神经网络芯片配套的编译器、驱动软件、开发环境等产业化支撑工具。到2020年，神经网络芯片技术取得突破进展，推出性能达到128TFLOPS（16位浮点）、能效比超过1TFLOPS/w的云端神经网络芯片，推出能效比超过1T OPS/w（以16位浮点为基准）的终端神经网络芯片，支持卷积神经网络（CNN）、递归神经网络（RNN）、长短期记忆网络（LSTM）等一种或几种主流神经网络算法；在智能终端、自动驾驶、智能安防、智能家居等重点领域实现神经网络芯片的规模化商用。

（三）开源开放平台。针对机器学习、模式识别、智能语义理解等共性技术和自动驾驶等重点行业应用，支持面向云端训练和终端执行的开发框架、算法库、工具集等的研发，支持开源开发平台、开放技术网络和开源社区建设，鼓励建设满足复杂训练需求的开放计算服务平台，鼓励骨干龙头企业构建基于开源开放技术的软件、硬件、数据、应用协同的新型产业生态。到2020年，面向云端训练的开源开发平台支持大规模分布式集群、多种硬件平台、多种算法，面向终端执行的开源开发平台具备轻量化、模块化和可靠性等特征。

四、深化发展智能制造

深入实施智能制造，鼓励新一代人工智能技术在工业领域各环节的探索应用，支持重点领域算法突破与应用创新，系统提升制造装备、制造过程、行业应用的智能化水平。着重在以下方面率先取得突破：

（一）智能制造关键技术装备。提升高档数控机床与工业机器人的自检测、自校正、自适应、自组织能力和智能化水平，利用人工智能技术提升增材制造装备的加工精度和产品质量，优化智能传感器与分散式控制系统（DCS）、可编程逻辑控制器（PLC）、数据采集系统（SCADA）、高性能高可靠嵌入式控制系统等控制装备在复杂工作环境的感知、认知和控制能力，提高数字化非接触精密测量、在线无损检测系统等智能检测装备的测量精度和效率，增强装配设备的柔性。提升高速分拣机、多层穿梭车、高密度存储穿梭板等物流装备的智能化水平，实现精准、柔性、高效的物料配送和无人化智能仓储。

到 2020 年，高档数控机床智能化水平进一步提升，具备人机协调、自然交互、自主学习功能的新一代工业机器人实现批量生产及应用；增材制造装备成形效率大于 450cm³/h，连续工作时间大于 240h；实现智能传感与控制装备在机床、机器人、石油化工、轨道交通等领域的集成应用；智能检测与装配装备的工业现场视觉识别准确率达到 90%，测量精度及速度满足实际生产需求；开发 10 个以上智能物流与仓储装备。

（二）**智能制造新模式**。鼓励离散型制造业企业以生产设备网络化、智能化为基础，应用机器学习技术分析处理现场数据，实现设备在线诊断、产品质量实时控制等功能。鼓励流程型制造企业建设全流程、智能化生产管理和安防系统，实现连续性生产、安全生产的智能化管理。打造网络化协同制造平台，增强人工智能指引下的人机协作与企业间协作研发设计与生产能力。发展个性化定制服务平台，提高对用户需求特征的深度学习和分析能力，优化产品的模块化设计能力和个性化组合方式。搭建基于标准化信息采集的控制与自动诊断系统，加快对故障预测模型和用户使用习惯信息模型的训练和优化，提升对产品、核心配件的生命周期分析能力。

到 2020 年，数字化车间的运营成本降低 20%，产品研制周期缩短 20%；智能工厂产品不良品率降低 10%，能源利用率提高 10%；航空航天、汽车等领域加快推广企业内外并行组织和协同优化新模式；服装、家电等领域对大规模、小批量个性化订单全流程的柔性生产与协作优化能力普遍提升；在装备制造、零部件制造等领域推进开展智能装备健康状况监测预警等远程运维服务。

五、构建支撑体系

面向重点产品研发和行业应用需求，支持建设并开放多种类型的人工智能海量训练资源库、标准测试数据集和云服务平台，建立并完善人工智能标准和测试评估体系，建设知识产权等服务平台，加快构建智能化基础设施体系，建立人工智能网络安全保障体系。着重在以下领域率先取得突破：

（一）**行业训练资源库**。面向语音识别、视觉识别、自然语言处理等基础领域及工业、医疗、金融、交通等行业领域，支持建设高质量人工智能训练资源库、标准测试数据集并推动共享，鼓励建设提供知识图谱、算法训练、产品优化等共性服务的开放性云平台。到 2020 年，基础语音、视频图像、文本对话等公共训练数据量大幅提升，在

工业、医疗、金融、交通等领域汇集一定规模的行业应用数据，用于支持创业创新。

（二）**标准测试及知识产权服务平台**。建设人工智能产业标准规范体系，建立并完善基础共性、互联互通、安全隐私、行业应用等技术标准，鼓励业界积极参与国际标准化工作。构建人工智能产品评估评测体系，对重点智能产品和服务的智能水平、可靠性、安全性等进行评估，提升人工智能产品和服务质量。研究建立人工智能技术专利协同运用机制，支持建设专利协同运营平台和知识产权服务平台。到 2020 年，初步建立人工智能产业标准体系，建成第三方试点测试平台并开展评估评测服务；在模式识别、语义理解、自动驾驶、智能机器人等领域建成具有基础支撑能力的知识产权服务平台。

（三）**智能化网络基础设施**。加快高度智能化的下一代互联网、高速率大容量低时延的第五代移动通信（5G）网、快速高精度定位的导航网、泛在融合高效互联的天地一体化信息网部署和建设，加快工业互联网、车联网建设，逐步形成智能化网络基础设施体系，提升支撑服务能力。到 2020 年，全国 90% 以上地区的宽带接入速率和时延满足人工智能行业应用需求，10 家以上重点企业实现覆盖生产全流程的工业互联网示范建设，重点区域车联网网络设施初步建成。

（四）**网络安全保障体系**。针对智能网联汽车、智能家居等人工智能重点产品或行业应用，开展漏洞挖掘、安全测试、威胁预警、攻击检测、应急处置等安全技术攻关，推动人工智能先进技术在网络安全领域的深度应用，加快漏洞库、风险库、案例集等共享资源建设。到 2020 年，完善人工智能网络安全产业布局，形成人工智能安全防控体系框架，初步建成具备人工智能安全态势感知、测试评估、威胁信息共享以及应急处置等基本能力的安全保障平台。

六、保障措施

（一）加强组织实施

强化部门协同和上下联动，建立健全政府、企业、行业组织和产业联盟、智库等的协同推进机制，加强在技术攻关、标准制定等方面的协调配合。加强部省合作，依托国家新型工业化产业示范基地建设等工作，支持有条件的地区发挥自身资源优势，培育一批人工智能领军企业，探索建设人工智能产业集聚区，促进人工智能产业突破发展。面向重点行业和关键领域，推动人工智能标志性产品应用。建立人工智能产业统计体系，关键产品与服务目录，加强跟踪研究和督促指导，确保重点工作有序推进。

（二）加大支持力度

充分发挥工业转型升级（中国制造 2025）等现有资金以及重大项目等国家科技计划（专项、基金）的引导作用，支持符合条件的人工智能标志性产品及基础软硬件研发、应用试点示范、支撑平台建设等，鼓励地方财政对相关领域加大投入力度。以重大需求和行业应用为牵引，搭建典型试验环境，建设产品可靠性和安全性验证平台，组织协同攻关，支持人工智能关键应用技术研发及适配，支持创新产品设计、系统集成和产业化。支持人工智能企业与金

融机构加强对接合作，通过市场机制引导多方资本参与产业发展。在首台（套）重大技术装备保险保费补偿政策中，探索引人人工智能融合的技术装备、生产线等关键领域。

（三）鼓励创新创业

加快建设和不断完善智能网联汽车、智能语音、智能传感器、机器人等人工智能相关领域的制造业创新中心，设立人工智能领域的重点实验室。支持企业、科研院所与高校联合开展人工智能关键技术研发与产业化。鼓励开展人工智能创新创业和解决方案大赛，鼓励制造业大企业、互联网企业、基础电信企业建设"双创"平台，发挥骨干企业引领作用，加强技术研发与应用合作，提升产业发展创新力和国际竞争力。培育人工智能创新标杆企业，搭建人工智能企业创新交流平台。

（四）加快人才培养

贯彻落实《制造业人才发展规划指南》，深化人才体制机制改革。以多种方式吸引和培养人工智能高端人才和创新创业人才，支持一批领军人才和青年拔尖人才成长。依托重大工程项目，鼓励校企合作，支持高等学校加强人工智能相关学科专业建设，引导职业学校培养产业发展急需的技能型人才。鼓励领先企业、行业服务机构等培养高水平的人工智能人才队伍，面向重点行业提供行业解决方案，推广行业最佳应用实践。

（五）优化发展环境

开展人工智能相关政策和法律法规研究，为产业健康发展营造良好环境。加强行业对接，推动行业合理开放数据，积极应用新技术、新业务，促进人工智能与行业融合发展。鼓励政府部门率先运用人工智能提升业务效率和管理服务水平。充分利用双边、多边国际合作机制，抓住"一带一路"建设契机，鼓励国内外科研院所、企业、行业组织拓宽交流渠道，广泛开展合作，实现优势互补、合作共赢。

工业机器人行业规范管理实施办法

发布单位：工业和信息化部

第一章 总 则

第一条 为促进工业机器人行业持续健康发展，根据《工业机器人行业规范条件》（以下简称《规范条件》）有关规定，制定本办法。

第二条 工业和信息化部对符合《规范条件》的工业机器人企业实行公告管理，企业按自愿原则进行申请。

第三条 本办法适用于中华人民共和国境内的工业机器人本体生产企业和工业机器人集成应用企业。

第二章 职责分工

第四条 工业和信息化部负责对申请公告企业材料进行审核、公示并公告发布符合《规范条件》的工业机器人企业（以下简称规范企业）名单，负责对规范企业监督检查、变更、整改、撤销公告等工作。

第五条 各省、自治区、直辖市工业和信息化主管部门（以下统称省级工业和信息化主管部门）、中央企业（集团）总公司（以下简称央企集团）负责本地区（本集团）申请公告企业的初审、数据汇总及材料报送，对本地区（本集团）规范企业进行监督管理。

第六条 规范企业应自觉保持符合《规范条件》，按照本办法的要求认真开展自查自评，积极配合监督、检查。

第三章 申请、审核及公告

第七条 申请企业编报《工业机器人行业规范公告申请报告》（格式见附件1）并按要求提供相关证明材料，通过所在地省级工业和信息化主管部门或所属央企集团向工业和信息化部提出申请。申请企业应对其材料真实性、完整性负责。

第八条 省级工业和信息化主管部门、央企集团负责对本地区（本集团）的企业申请材料进行初审，并按照《规范条件》要求对企业相关情况进行核实。初审合格后将企业申请材料报送工业和信息化部。

第九条 工业和信息化部委托第三方机构组织专家对申请企业进行评审。

第十条 工业和信息化部对通过专家评审的企业进行公示，公示无异议后予以公告。

第四章 监督检查

第十一条 监督检查采取企业自查自评和现场检查相结合的方式，主要检查规范企业达标项和年度指标符合《规范条件》的情况。

第十二条 规范企业应于每年4月30日前提交上一年度的自查自评报告，由省级工业和信息化主管部门或央企集团审核后于5月31日前报工业和信息化部。央企集团所属企业的自查自评报告应同时抄送所在地省级工业和信息化主管部门。

第十三条 省级工业和信息化主管部门、央企集团应适时对本地区（本集团）的规范企业进行现场检查。对每个规范企业的现场检查原则上不应少于每两年一次。

第十四条 工业和信息化部委托第三方机构组织专家对规范企业自查自评报告进行审查，并根据实际情况和管理需要，不定期组织对规范企业保持符合《规范条件》情况进行现场抽查。

第十五条 鼓励社会组织、公众和媒体对规范企业出现不符合《规范条件》的情况进行监督。

第五章 变 更

第十六条 规范企业发生下列情况之一时，应于变更发生之日起30日内提出变更申请报告（格式见附件3）。

（一）企业名称发生变化的；

（二）企业注册地址发生变化的；

（三）中央企业隶属的央企集团发生变化的；

（四）规范企业之间兼并、重组导致公告内容发生变化的。

第十七条 省级工业和信息化主管部门或央企集团对企业变更申请报告进行初审，合格后报工业和信息化部。

第十八条 工业和信息化部审核合格后进行变更公告。

第十九条 规范企业发生下列情况之一时，企业应于发生变化之日起1年内提出重新公告申请：

（一）企业生产地址搬迁的；

（二）企业发生分立的；

（三）与非公告的工业机器人企业进行兼并、重组的。

第二十条 逾期未重新提出申请的，视为自动放弃原规范企业公告。

第六章 整 改

第二十一条 规范企业发生下列情况之一时，应进行整改：

（一）未按时上报年度自查自评报告的；

（二）年度自查或年度检查发现问题的；

（三）经核实自查自评报告存在虚假统计数据的；

（四）其他不符合《规范条件》要求的。

第二十二条 省级工业和信息化主管部门或央企集团

应督促企业在规定期限内进行整改。被要求进行整改的规范企业，应在完成整改后及时将有关情况经相应的省级工业和信息化主管部门或央企集团报工业和信息化部。

第二十三条　企业在3个月内没有完成整改或整改不合格的，将按照相关程序撤销其规范企业公告。

第七章　撤销公告

第二十四条　规范企业有下列情况之一的，经核实确认后，工业和信息化部将撤销其规范企业公告：

（一）一年以上无机器人销售业绩的；

（二）两年以上无新接机器人订单的；

（三）已停产，并宣布破产或进入破产清算程序的；

（四）被兼并，无独立法人资格的；

（五）填报相关资料有重大弄虚作假行为的；

（六）拒绝接受监督检查的；

（七）不能保持符合《规范条件》，并且拒绝整改或在规定期限内整改仍未达到要求的；

（八）发生经相关政府部门认定的重大责任事故并造成严重社会影响的；

（九）发生其他不符合《规范条件》要求的重大事项的。

第二十五条　对拟撤销规范企业公告的，工业和信息化部将书面告知相关企业，听取企业的陈述和申辩。相关企业在收到书面告知函之日起30日内，可书面提出陈述或申辩。逾期未提出的，视为自动放弃陈述和申辩。

第二十六条　被撤销规范企业公告的，从被撤销之日起2年内不得再次申请《规范条件》公告。

第八章　附　则

第二十七条　本办法由工业和信息化部负责解释，并根据行业发展情况适时进行修订。

第二十八条　本办法自2017年8月15日起实施。

软件和信息技术服务业发展规划（2016—2020年）

发布单位：工业和信息化部

软件是新一代信息技术产业的灵魂，"软件定义"是信息革命的新标志和新特征。软件和信息技术服务业是引领科技创新、驱动经济社会转型发展的核心力量，是建设制造强国和网络强国的核心支撑。建设强大的软件和信息技术服务业，是我国构建全球竞争新优势、抢占新工业革命制高点的必然选择。"十二五"以来，我国软件和信息技术服务业持续快速发展，产业规模迅速扩大，技术创新和应用水平大幅提升，对经济社会发展的支撑和引领作用显著增强。"十三五"时期是我国全面建成小康社会决胜阶段，全球新一轮科技革命和产业变革持续深入，国内经济发展方式加快转变，软件和信息技术服务业迎来更大发展机遇。为深入贯彻《中国制造2025》《国务院关于积极推进"互联网＋"行动的指导意见》《国务院关于深化制造业与互联网融合发展的指导意见》《促进大数据发展行动纲要》《国家信息化发展战略纲要》等国家战略，按照《中华人民共和国国民经济和社会发展第十三个五年规划纲要》总体部署，落实《信息产业发展指南》总体要求，编制本规划。

一、发展回顾

"十二五"期间，我国软件和信息技术服务业规模、质量、效益全面跃升，综合实力进一步增强，在由大变强道路上迈出了坚实步伐。

产业规模快速壮大，产业结构不断优化。 业务收入从2010年的1.3万亿元增长至2015年的4.3万亿元，年均增速高达27%，占信息产业收入比重从2010年的16%提高到2015年的25%。其中，信息技术服务收入2015年达到2.2万亿元，占软件和信息技术服务业收入的51%；云计算、大数据、移动互联网等新兴业态快速兴起和发展。软件企业数达到3.8万家，从业人数达574万人。产业集聚效应进一步突显，中国软件名城示范带动作用显著增强，业务收入合计占全国比重超过50%。

创新能力大幅增强，部分领域实现突破。 2015年，软件业务收入前百家企业研发强度（研发经费占主营业务收入比例）达9.6%。软件著作权登记数量达29.24万件，是2010年的3.8倍。基础软件创新发展取得新成效，产品质量和解决方案成熟度显著提升，已较好应用于党政机关，并在部分重要行业领域取得突破。智能电网调度控制系统、大型枢纽机场行李分拣系统、千万吨级炼油控制系统等重大应用跨入世界先进行列。新兴领域创新活跃，一批骨干企业转型发展取得实质性进展，平台化、网络化、服务化的商业模式创新成效显著，涌现出社交网络、搜索引擎、

位置服务等一批创新性产品和服务。

企业实力不断提升，国际竞争力明显增强。 培育出一批特色鲜明、创新能力强、品牌形象优、国际化水平高的骨干企业，成为产业发展的核心力量。2015年，软件业务收入前百家企业合计收入占全行业的14%，入围门槛从2010年的3.96亿元提高到13.3亿元，企业研发创新和应用服务能力大幅增强，已有2家进入全球最佳品牌百强行列，国际影响力显著提升。一批创新型互联网企业加速发展，进入国际第一阵营，全球互联网企业市值前10强中，中国企业占4家。

应用推广持续深入，支撑作用显著增强。 软件技术加速向关系国计民生的重点行业领域渗透融合，有力支撑了电力、金融、税务等信息化水平的提升和安全保障。持续推进信息化和工业化深度融合，数字化研发设计工具普及率达61.1%，关键工序数控化率达45.4%，有效提高了制造企业精益管理、风险管控、供应链协同、市场快速响应等方面的能力和水平。加速催生融合性新兴产业，促进了信息消费迅速扩大，移动出行、互联网金融等新兴开放平台不断涌现，网上政务、远程医疗、在线教育等新型服务模式加速发展，2015年全国电子商务交易额达21.8万亿元。

公共服务体系加速完善，服务能力进一步提升。 软件名城、园区基地等建设取得新的进展，创建了8个中国软件名城，建设了17个国家新型工业化产业示范基地（软件和信息服务），以及一批产业创新平台、应用体验展示平台、国家重点实验室、国家工程实验室、国家工程中心和企业技术中心等，基本形成了覆盖全国的产业公共服务体系，软件测试评估、质量保障、知识产权、投融资、人才服务、企业孵化和品牌推广等专业化服务能力显著提升。产业标准体系进一步完善。行业协会、产业联盟等在服务行业管理、促进产业创新发展方面的作用日益突出。

同时，必须清醒认识到，我国软件和信息技术服务业发展依然面临一些迫切需要解决的突出问题：一是基础领域创新能力和动力明显不足，原始创新和协同创新亟待加强，基础软件、核心工业软件对外依存度大，安全可靠产品和系统应用推广难。二是与各行业领域融合应用的广度和深度不够，特别是行业业务知识和数据积累不足，与工业实际业务和特定应用结合不紧密。三是资源整合、技术迭代和优化能力弱，缺乏创新引领能力强的大企业，生态构建能力亟待提升。四是网络安全形势更加严峻，信息安全保障能力亟需进一步加强。五是产业国际影响力与整体规模不匹配，国际市场拓展能力弱，国际化发展步伐需要

持续加快。六是行业管理和服务亟待创新,软件市场定价与软件价值不匹配问题有待解决,知识产权保护需要进一步加强。七是人才结构性矛盾突出,领军型人才、复合型人才和高技能人才紧缺,人才培养不能满足产业发展实际需求。

二、发展形势

(一) 以"技术 + 模式 + 生态"为核心的协同创新持续深化产业变革

软件和信息技术服务业步入加速创新、快速迭代、群体突破的爆发期,加快向网络化、平台化、服务化、智能化、生态化演进。云计算、大数据、移动互联网、物联网等快速发展和融合创新,先进计算、高端存储、人工智能、虚拟现实、神经科学等新技术加速突破和应用,进一步重塑软件的技术架构、计算模式、开发模式、产品形态和商业模式,新技术、新产品、新模式、新业态日益成熟,加速步入质变期。开源、众包等群智化研发模式成为技术创新的主流方向,产业竞争由单一技术、单一产品、单一模式加快向多技术、集成化、融合化、平台系统、生态系统的竞争转变,生态体系竞争成为产业发展制高点。软件企业依托云计算、大数据等技术平台,强化技术、产品、内容和服务等核心要素的整合创新,加速业务重构、流程优化和服务提升,实现转型发展。

(二) 以"软件定义"为特征的融合应用开启信息经济新图景

以数据驱动的"软件定义"正在成为融合应用的显著特征。一方面,数据驱动信息技术产业变革,加速新一代信息技术的跨界融合和创新发展,通过软件定义硬件、软件定义存储、软件定义网络、软件定义系统等,带来更多的新产品、服务和模式创新,催生新的业态和经济增长点,推动数据成为战略资产。另一方面,"软件定义"加速各行业领域的融合创新和转型升级。软件定义制造激发了研发设计、仿真验证、生产制造、经营管理等环节的创新活力,加快了个性化定制、网络化协同、服务型制造、云制造等新模式的发展,推动生产型制造向生产服务型制造转变;软件定义服务深刻影响了金融、物流、交通、文化、旅游等服务业的发展,催生了一批新的产业主体、业务平台、融合性业态和新型消费,引发了居民消费、民生服务、社会治理等领域多维度、深层次的变革,涌现出分享经济、平台经济、算法经济等众多新型网络经济模式,培育壮大了发展新动能。

(三) 全球产业竞争和国家战略实施对产业发展提出新任务新要求

世界产业格局正在发生深刻变化,围绕技术路线主导权、价值链分工、产业生态的竞争日益激烈,发达国家在工业互联网、智能制造、人工智能、大数据等领域加速战略布局,抢占未来发展主导权,给我国软件和信息技术服务业跨越发展带来深刻影响。中国制造2025、"一带一路"、"互联网 +"行动计划、大数据、军民融合发展等国家战略的推进实施,以及国家网络安全保障的战略需求,赋予软件和信息技术服务业新的使命和任务;强化科技创新引领作用,着力推进供给侧结构性改革,深入推进大众创业万众创新,加快推动服务业优质高效发展等,对进一步激活软件和信息技术服务业市场主体、提升产业层级提出新的更高要求。

三、指导思想和发展目标

(一) 指导思想

深入贯彻党的十八大、十八届三中、四中、五中、六中全会精神和习近平总书记系列重要讲话精神,坚持创新、协调、绿色、开放、共享的发展理念,顺应新一轮科技革命和产业变革趋势,充分发挥市场配置资源的决定性作用和更好发挥政府作用,以产业由大变强和支撑国家战略为出发点,以创新发展和融合发展为主线,着力突破核心技术,积极培育新兴业态,持续深化融合应用,加快构建具有国际竞争优势的产业生态体系,加速催生和释放创新红利、数据红利和模式红利,实现产业发展新跨越,全力支撑制造强国和网络强国建设。

(二) 发展原则

创新驱动。坚持把创新摆在产业发展全局的核心位置,进一步突出企业创新主体地位,健全技术创新市场导向机制,完善创新服务体系,营造创新创业良好环境和氛围,推动实现产业技术创新、模式创新和应用创新。

协同推进。强化跨部门协作和区域协同,完善政产学研用金合作机制,最大程度汇聚和优化配置各类要素资源。以大企业为主力军、中小企业为生力军,强化产业协同,加速形成技术、产业、标准、应用和安全协同发展的良好格局。

融合发展。以全面实施中国制造2025、"互联网 +"行动计划、军民融合发展等战略为契机,促进软件和信息技术服务业与经济社会各行业领域的深度融合,推动传统产业转型发展,催生新型信息消费,变革社会管理方式。

安全可控。强化核心技术研发和重大应用能力建设,着力解决产业发展受制于人的问题。进一步完善相关政策法规和标准体系,加快关键产品和系统的推广应用。发展信息安全技术及产业,提升网络安全保障支撑能力。

开放共赢。统筹利用国内外创新要素和市场资源,加强技术、产业、人才、标准化等领域的国际交流与合作,提升国际化发展水平。顺应开源开放的发展趋势,深度融入全球产业生态圈,提高国际规则制定话语权,增强国际竞争能力。

(三) 发展目标

到2020年,产业规模进一步扩大,技术创新体系更加完备,产业有效供给能力大幅提升,融合支撑效益进一步突显,培育壮大一批国际影响力大、竞争力强的龙头企业,基本形成具有国际竞争力的产业生态体系。

——**产业规模。**到2020年,业务收入突破8万亿元,年均增长13%以上,占信息产业比重超过30%,其中信息技术服务收入占业务收入比重达到55%。信息安全产品收入达到2000亿元,年均增长20%以上。软件出口超过680亿美元。软件从业人员达到900万人。

——**技术创新。**以企业为主体的产业创新体系进一步完善,软件业务收入前百家企业研发投入持续加大,在重点领域形成创新引领能力和明显竞争优势。基础软件协同创新取得突破，形成若干具有竞争力的平台解决方案并实现规模应用。人工智能、虚拟现实、区块链等领域创新达到国际先进水平。云计算、大数据、移动互联网、物联网、信息安全等领域的创新发展向更高层次跃升。重点领域标准化取得显著进展，国际标准话语权进一步提升。

——融合支撑。与经济社会发展融合水平大幅提升。工业软件和系统解决方案的成熟度、可靠性、安全性全面提高，基本满足智能制造关键环节的系统集成应用、协同运行和综合服务需求。工业信息安全保障体系不断完善，安全保障能力明显提升。关键应用软件和行业解决方案在产业转型、民生服务、社会治理等方面的支撑服务能力全面提升。

——企业培育。培育一批国际影响力大、竞争力强的龙头企业，软件和信息技术服务收入百亿级企业达20家以上，产生5到8家收入千亿级企业。扶持一批创新活跃、发展潜力大的中小企业，打造一批名品名牌。

——产业集聚。中国软件名城、国家新型工业化产业示范基地（软件和信息服务）建设迈向更高水平，产业集聚和示范带动效应进一步扩大，产业收入超千亿元的城市达20个以上。

四、重点任务和重大工程

（一）全面提高创新发展能力

围绕产业链关键环节，加强基础技术攻关，超前布局前沿技术研究和发展，构建核心技术体系，加快信息技术服务创新，完善以企业为主体、应用为导向、政产学研用金相结合的产业创新体系。

加快共性基础技术突破。面向重大行业领域应用和信息安全保障需求，瞄准技术产业发展制高点，加大力度支持操作系统、数据库、中间件、办公软件等基础软件技术和产品研发和应用，大力发展面向新型智能终端、智能装备等的基础软件平台，以及面向各行业应用的重大集成应用平台。加快发展适应平台化、网络化和智能化趋势的软件工程方法、工具和环境，提升共性基础技术支撑能力。

布局前沿技术研究和发展。围绕大数据理论与方法、计算系统与分析、关键应用技术及模型等方面开展研究，布局云计算和大数据前沿技术发展。支持开展人工智能基础理论、共性技术、应用技术研究，重点突破自然语言理解、计算机视听觉、新型人机交互、智能控制与决策等人工智能技术。加快无人驾驶、虚拟现实、3D打印、区块链、人机物融合计算等领域技术研究和创新。

加强信息技术服务创新。面向重点行业领域应用需求，进一步增强信息技术服务基础能力，提升"互联网＋"综合集成应用水平。形成面向新型系统架构及应用场景的工程化、平台化、网络化信息技术服务能力，发展微服务、智能服务、开发运营一体化等新型服务模式，提升信息技术服务层级。加快发展面向移动智能终端、智能网联汽车、机器人等平台的移动支付、位置服务、社交网络服务、数字内容服务以及智能应用、虚拟现实等新型在线运营服务。加快培育面向数字化营销、互联网金融、电子商务、游戏

动漫、人工智能等领域的技术服务平台和解决方案。大力发展基于新一代信息技术的高端外包服务。

加强产业创新机制和载体建设。面向基础软件、高端工业软件、云计算、大数据、信息安全、人工智能等重点领域和重大需求，加强产学研用对接，布局国家级创新中心建设，建立以快速应用为导向的创新成果持续改进提高机制，加快核心技术成果的转化。突出企业技术创新主体地位，推进建设企业技术创新中心，不断提升企业创新能力。引导互联网大企业进一步通过市场化方式向社会开放提供优势平台资源和服务。加强产业联盟建设，探索完善共同参与、成果共享、风险共担机制，强化协同创新攻关。发挥开源社区对创新的支撑促进作用，强化开源技术成果在创新中的应用，构建有利于创新的开放式、协作化、国际化开源生态。

专栏1　软件"铸魂"工程

加快突破基础通用软件。围绕基础通用软件由跟跑到并跑发展战略目标，以安全可靠应用试点为抓手，实现操作系统、数据库等领域核心基础技术突破，建立安全可靠基础软件产品体系。建设安全可靠软硬件联合攻关平台，支持企业和科研机构搭建通用技术创新和应用平台。发展需求分析与设计、编程语言与编译、软件测试验证、过程改进和成熟度评价度量、集成开发等软件工程方法、工具和环境，完善基础通用软件开发和应用生态。

强化网络化软件竞争优势。围绕网络化软件由并跑到领跑发展战略目标，突破虚拟资源调度、大规模并行分析、分布式内存计算等核心技术，引导骨干企业加快研发面向云计算、移动互联网、物联网的操作系统、数据库系统、新型中间件和办公套件。

抢先布局发展智能化软件。围绕抢占智能化软件领跑地位战略目标，突破虚拟资源调度、数据存储处理、大规模并行分析、分布式内存计算、轻量级容器管理、可视化等云计算和大数据技术，以及虚拟现实、增强现实、区块链等技术。支持机器学习、深度学习、知识图谱、计算机视听觉、生物特征识别、复杂环境识别、新型人机交互、自然语言理解、智能控制与决策、类脑智能等关键技术研发和产业化，推动人工智能深入应用和发展。

构筑开源开放的技术产品创新和应用生态。支持企业、高校、科研院所等参与和主导国际开源项目，发挥开源社团、产业联盟、论坛会议等平台作用，汇集国内外优秀开源资源，提升对开源资源的整合利用能力。通过联合建立开源基金等方式，支持基于开源模式的公益性生态环境建设，加强开源技术、产品创新和人才培养，增强开源社区对产业发展的支撑能力。

专栏2　信息技术服务能力跃升工程

强化基础服务能力建设。创新基础通用的信息技术服务方法论，鼓励企业建立网络化、智能化、多行业的知识库。支持企业研发网络化开发和集成平台、异构云环境资源调度管理、微服务管理等关键支撑工具。支持提升信息技术咨询、信息系统方案设计、集成实施、远程运维等服务能力，鼓励相关企业建立信息技术服务管理体系。建设完善一批公共技术服务平台，提升测试验证、集成适配等服务保障能力。

发展服务新模式新业态。创新软件定义服务新理念，鼓励发展新一代信息技术驱动的信息技术服务新业态。整合资源，支持重点企业面向人工智能、虚拟现实和增强现实等领域，提升容器、区块链、开发运营一体化等方面的关键技术服务能力，加快培育各类新型服务模式和业态，促进信息服务资源的共享和利用。依托国家新型工业化产业示范基地（软件和信息服务）及产业园区，组织开展面向"互联网＋"的智能服务试点示范。

专栏2 信息技术服务能力跃升工程（续）

促进企业服务化转型发展。支持重点行业企业发挥基础优势，加速提升信息技术的应用水平，发展基于云计算、大数据分析的新型服务业务。支持软件企业加快向网络化、服务化、平台化转型，研发综合性应用解决方案，并推动其与重点行业企业的跨界联合，实现共赢。

（二）积极培育壮大新兴业态

顺应新一代信息技术创新发展和变革趋势，着力研发云计算、大数据、移动互联网、物联网等新兴领域关键软件产品和解决方案，鼓励平台型企业、平台型产业发展，加快培育新业态和新模式，形成"平台、数据、应用、服务、安全"协同发展的格局。

1. 创新云计算应用和服务

支持发展云计算产品、服务和解决方案，推动各行业领域信息系统向云平台迁移，促进基于云计算的业务模式和商业模式创新。支持云计算与大数据、物联网、移动互联网等融合发展与创新应用，积极培育新产品新业态。支持大企业开放云平台资源，推动中小企业采用云服务，打造协同共赢的云平台服务环境。发展安全可信云计算外包服务，推动政府业务外包。引导建立面向个人信息存储、在线开发工具、学习娱乐的云服务平台，培育信息消费新热点。完善推广云计算综合标准体系，加强云计算测评工具研发和测评体系建设，提高云计算标准化水平和服务能力。

专栏3 云计算能力提升工程

发展面向智能制造的安全可信云计算。鼓励骨干企业开展智能制造资源和服务的可信云计算资源池建设，支撑智能制造全生命周期的各类活动。支持软件和信息技术服务企业跨界联合，发展个性化定制服务、全生命周期管理、网络精准营销、在线支持服务等新业态新模式。

开展云计算应用示范。组织开展工业云服务创新试点，推进研发设计、生产制造、营销服务、测试验证等资源的开放共享，打造工业云生态系统。支持发展第三方专有云解决方案，在政务、金融、医疗健康等领域开展行业应用试点示范，推动核心业务系统向专有云迁移。

提高公共云服务能力。开展公共云服务企业能力评价体系建设，研究完善云服务评价及计量计费标准，支持公共云服务骨干企业建设高水平公共云计算服务平台。鼓励政府部门、公共服务机构、行业骨干企业利用公共云服务构建信息化解决方案。

2. 加快大数据发展和应用

构建大数据产业体系。加强大数据关键技术研发和应用，培育大数据产品体系。发展大数据采集和资源建设、大数据资源流通交易、大数据成熟度评估等专业化数据服务新业态，推进大数据资源流通共享。培育大数据龙头企业和创新型中小企业，打造多层次、梯队化的产业创新主体。优化大数据产业布局，建设大数据产业集聚区和综合试验区。支持大数据公共服务平台建设，发展大数据标准验证、测评认证等服务，完善大数据产业公共服务体系。

发展工业大数据。支持研发面向研发设计、生产制造、经营管理、市场营销、运维服务等关键环节的大数据分析技术和平台，推动建立完善面向全产业链的大数据资源整合和分析平台，开展大数据在工业领域的应用创新和试点示范。依托高端装备、电子信息等数据密集型产业集聚区，支持建设一批工业大数据创新中心、行业平台和服务示范基地，丰富工业大数据服务内容、创新服务模式。

深化大数据应用服务。面向金融、能源、农业、物流、交通等重点行业领域，开发推广大数据产品和解决方案，促进大数据跨行业融合应用，助力重点行业转型发展。以服务民生需求为导向，加快大数据在医疗、教育、交通、旅游、就业、社保、环保、应急管理等领域的应用。支持建立面向政务、社会治理和网络安全领域的大数据平台，强化顶层设计、整合资源，推动大数据技术深入应用，提升政府治理能力和服务水平。

专栏4 大数据技术研发和应用示范工程

加强大数据关键技术产品研发和产业化。开展新一代关系型数据库、分布式数据库、新型大数据处理引擎、一体化数据管理平台、数据安全等关键技术及工具攻关，充分利用开源技术成果，推动构建大数据技术体系。发展大数据可扩展高质量的计算平台及相关软件系统，提升数据分析处理能力、知识发现能力和辅助决策能力，形成较为健全的大数据产品体系。大力发展与重点行业领域业务流程及数据应用需求深度融合的大数据解决方案。

布局推进大数据应用示范。开展大数据产业集聚区创建，支持有条件的地区开展大数据应用创新试点。推动大数据与云计算、工业互联网、信息物理系统等的融合发展，支持建立面向不同工业行业、不同业务环节的大数据分析应用平台，选取重点工业行业、典型企业和重点地区开展工业大数据应用示范，提升工业领域大数据应用服务水平。

3. 深化移动互联网、物联网等领域软件创新应用

加快发展移动互联网应用软件和服务，面向新兴媒体、医疗健康、文化教育、交通出行、金融服务、商贸流通等领域创新发展需求，鼓励建立分享经济平台，支持发展基于软件和移动互联网的移动化、社交化、个性化信息服务，积极培育新型网络经济模式。加强物联网运行支撑软件平台、应用开发环境等研发应用，进一步深化物联网软件技术在智能制造、智慧农业、交通运输等领域的融合应用。加快发展车联网、北斗导航等新型应用，支持智能网联汽车、北斗导航软件技术及应用平台发展。

（三）深入推进应用创新和融合发展

充分发挥软件的深度融合性、渗透性和耦合性作用，加速软件与各行业领域的融合应用，发展关键应用软件、行业解决方案和集成应用平台，强化应用创新和商业模式创新，提升服务型制造水平，培育扩大信息消费，强化对中国制造2025、"互联网+"行动计划等的支撑服务。

1. 支撑制造业与互联网融合发展

围绕制造业关键环节，重点支持高端工业软件、新型工业APP等研发和应用，发展工业操作系统及工业大数据管理系统，提高工业软件产品的供给能力，强化软件支撑和定义制造的基础性作用。培育一批系统解决方案提供商，研发面向重点行业智能制造单元、智能生产线、智能车间、智能工厂建设的系统解决方案，开展试点示范，提升智能

制造系统解决方案能力。推进信息物理系统（CPS）关键技术研发及产业化，开展行业应用测试和试点示范。推动软件和信息技术服务企业与制造企业融合互动发展，打造新型研发设计模式、生产制造方式和服务管理模式。

专栏 5　工业技术软件化推进工程

工业软件及解决方案研发应用。 面向智能制造关键环节应用需求，支持研发计算机辅助设计与仿真、制造执行系统、企业管理系统、产品全生命周期管理等一批应用效果好、技术创新强、市场认可度高的工业软件产品及应用解决方案，进一步突破高端分布式控制系统、数据采集与监控系统、可编程逻辑控制器等工业控制系统核心技术和产品，强化安全可靠程度和综合集成应用能力，推动在重点行业的深入应用。

工业信息物理系统验证测试平台和行业应用示范。 支持工业信息物理系统关键技术及系统解决方案研发和产业化。支持建立工业信息物理系统验证测试平台和安全测试评估平台。面向航空、汽车、电子、石化、冶金等重点行业，开展信息物理系统应用示范。

工业软件平台及 APP 研发和应用试点示范。 支持软件企业联合工业企业，面向重点行业建设基础共性软件平台和新型工业 APP 库，构建工业技术软件体系，开展应用试点示范。支持有条件的地方或行业建设工业 APP 共享交易平台，丰富工业技术软件生态。

专栏 6　面向服务型制造的信息技术服务发展工程

支持制造业向生产服务型加速转型。 引导制造企业建立开放创新交互平台、在线设计中心，充分对接用户需求，发展基于互联网的按需、众包、众创等研发设计服务模式。鼓励大型制造企业发展基于互联网平台、面向产业链上下游的云制造、供应链管理的服务。支持重点工业行业利用物联网、云计算、大数据等技术发展产品监测追溯、远程诊断维护、产品全生命周期管理等在线服务新模式，推动产品向价值链高端跃升。鼓励企业基于产品智能化、供应链在线化的大数据分析挖掘开展供应链金融、融资租赁等新业务。

发展面向制造业的信息技术服务。 推动信息技术服务企业面向制造业研发集成解决方案，提供信息技术咨询、设计和运维服务，开展示范应用和推广。面向工程机械、轨道交通、航空船舶等制造业重点领域，鼓励和支持信息技术服务在智能工厂、数字化车间、绿色制造中的应用，促进个性化定制、网络化协同制造、服务型制造等智能制造新模式的应用推广。大力发展电子商务，鼓励行业电子商务平台创新发展，支撑面向制造业的供应链管理和市场销售。

强化以供需对接为核心的服务支撑。 探索建立面向制造业的信息技术服务公共服务平台，提供共性的研发测试、仿真模拟、人才培训、设备租赁等各项服务。强化供给端和需求端双驱动，搭建信息技术服务企业与制造企业供需对接平台，建立良性对接机制，推广先进经验，促进跨领域合作。加快研制和推广应用面向制造业的信息技术服务标准（ITSS），构建完善的标准体系。

---

2. 支撑重点行业转型发展

面向"互联网＋"现代农业发展需求，围绕农业生产管理、经营管理、市场流通等环节，支持相关应用软件、智能控制系统、产品质量安全追溯系统，以及农业大数据应用、涉农电子商务等发展。面向"互联网＋"能源发展需求，支持发展能源行业关键应用软件及解决方案，推进能源生产和消费协调匹配。坚持鼓励创新和规范引导相结合，发展互联网金融相关软件产品、服务和解决方案，强化对"互联网＋"金融的支撑服务。支持物流信息服务平台、智能仓储体系建设，以及物流装备嵌入式软件等研发应用，提升物流智能化发展水平。支持面向交通的软件产品和系统研发，支撑智能交通建设，提高交通运输资源利用效率和管理精细化水平。

3. 支撑政府管理和民生服务

围绕现代政府社会治理应用需求，鼓励和支持发展一批政府管理应用软件，利用云计算、大数据等新一代信息技术建立面向政府服务和社会治理的产品和服务体系。开展医疗、养老、教育、扶贫等领域民生服务类应用软件和信息技术服务的研发及示范应用，推动基于软件平台的民生服务应用创新。

专栏 7　软件和信息技术服务驱动信息消费工程

发展关键应用软件和行业解决方案。 支持软件企业与其他行业企业深入合作，搭建关键应用软件和行业解决方案的协同创新平台，研发大型管理软件、嵌入式软件等软件产品，提升融合发展能力。面向重点行业领域，布局发展面向云计算、大数据、移动互联网、物联网等新型计算环境的关键应用软件和行业解决方案，构建行业重大集成应用平台。

发展面向重点行业领域的信息技术服务。 面向农业、金融、交通、能源、物流、电信等重点行业，大力发展行业智能化解决方案和数据分析等新型服务。面向医疗、卫生、教育、养老、社保等公共服务领域，创新服务模式，构建新型信息技术服务支撑体系。围绕餐饮、娱乐、出行、文化、旅游等居民生活服务领域消费需求，培育线上线下结合的服务新模式，发展基于软件与互联网的分享经济服务新业态，以及各类创新型的产品和服务。围绕智慧城市建设，重点发展智慧交通、智慧社区、智慧政务等领域的智能化解决方案和服务。支持有条件的地方和企业开展信息消费创新应用示范，推广扩大信息消费的典型经验和模式。

（四）进一步提升信息安全保障能力

围绕信息安全发展新形势和安全保障需求，支持关键技术产品研发及产业化，发展安全测评与认证、咨询、预警响应等专业化服务，增强信息安全保障支撑能力。

发展信息安全产业。 支持面向"云管端"环境下的基础类、网络与边界安全类、终端与数字内容安全类、安全管理类等信息安全产品研发和产业化；支持安全咨询及集成、安全运维管理、安全测评和认证、安全风险评估、安全培训及新型信息安全服务发展。加快培育龙头企业，发展若干专业能力强、特色鲜明的优势企业。推动电子认证与云计算、大数据、移动互联网、生物识别等新技术的融合，加快可靠电子签名应用推广，创新电子认证服务模式。加强个人数据保护、可信身份标识保护、身份管理和验证系统等领域核心技术研发和应用推广。

完善工业信息安全保障体系。 构建统筹设计、集智攻关、信息共享和协同防护的工业信息安全保障体系。以"小核心、大协作"为原则，建设国家级工业信息系统安全保障研究机构，开展国家级工业信息安全仿真测试、计算分析和大数据应用等技术平台建设，形成国家工业信息安全态势感知、安全防护、应急保障、风险预警、产业推进等保障能力。完善政策、标准、管理、技术、产业和服务体系，开展工业控制系统信息安全防护管理等政策及标准制定，加强工控安全检查评估，支持工业控制系统及其安全技术产品的研发，鼓励企业开展安全评估、风险验证、安全加固等服务。

专栏8 信息安全保障能力提升工程

发展关键信息安全技术和产品。 面向云计算、大数据、移动互联网等新兴领域，突破密码、可信计算、数据安全、系统安全、网络安全等信息安全核心技术，支持基础类安全产品、采用内容感知、智能沙箱、异常检测、虚拟化等新技术的网络与边界类安全产品、基于海量数据和智能分析的安全管理类产品，以及安全测评、WEB漏洞扫描、内网渗透扫描、网络安全防护、源代码安全检查等安全支撑工具的研发和应用。

加强工业信息安全保障能力建设。 选取典型工业控制系统及其设备，开展工业防火墙、身份认证等重点网络安全防护产品研发和测试验证。面向石化、冶金、装备制造等行业，遴选一批重点企业，开展网络安全防护产品示范应用。支持工业控制系统网络安全实时监测工具研发及其重点企业的部署应用。建设一批工业信息系统安全实验室，优先支持工业控制产品与系统信息安全标准验证、仿真测试、通信协议安全测评、监测预警等公共服务平台建设，培育一批第三方服务机构。

（五）大力加强产业体系建设

加快构建产业生态，着力培育创新型企业，促进形成以创新为引领的发展模式，强化标准体系建设和公共服务能力提升，加强中央与地方协同，打造一批特色优势产业集群。

构建产业生态。 面向重大应用需求，以构建基础软件平台为核心，逐步形成软件、硬件、应用和服务一体的安全可靠关键软硬件产业生态。以高端工业软件及系统为核心，建立覆盖研发设计、生产制造、经营管理等智能制造关键环节的工业云、工业大数据平台，形成软件驱动制造业智能化发展的生态体系。围绕新型消费和应用，以智能终端操作系统、云操作系统等为核心，面向移动智能终端、智能家居、智能网联汽车等新兴领域，构建相应的产业生态体系。

培育创新型企业。 支持行业领军企业牵头组织实施重大产品研发和创新成果转化，不断提高新型产品和服务的市场占有率和品牌影响力。支持企业面向云计算、大数据、移动互联等新技术新环境，重塑业务流程、组织架构，创新研发模式、管理模式和商业模式，发展新技术、新产品和新服务。加强政策扶持、项目带动和示范引领，培育一批专业化程度、创新能力突出、发展潜力大的细分领域优势企业。支持建设创客空间、开源社区等新型众创空间，发展创业孵化、专业咨询、人才培训、检验检测、投融资等专业化服务，优化改善中小企业创新创业环境。

加强标准体系建设。 面向工业软件、云计算、大数据、信息安全等重点领域，加快产业发展和行业管理急需标准的研制和实施。实施《信息技术服务标准化工作五年行动

计划（2016 - 2020）》，完善和推广信息技术服务标准（ITSS）体系。开展标准验证和应用试点示范，建立标准符合性测试评估和认证体系。支持组建标准推进联盟，推动建立产品研发和标准制定协同推进机制。鼓励支持企业、科研院所、行业组织等参与或主导国际标准制定，提升国际话语权。

打造特色优势产业集群。 支持中国软件名城、国家新型工业化产业示范基地（软件和信息服务）、中国服务外包示范城市、软件出口（创新）基地城市等加大建设力度，做强优势领域和主导产业，提升产业集聚发展水平。支持京津冀、长江经济带、珠江—西江经济带等区域加强软件技术、产品和服务创新，突出特色优势，加快融入全球产业链布局。发挥东北地区装备制造集群优势，发展面向制造业的软件和信息技术服务，助力东北老工业基地振兴。支持中西部地区结合国家相关战略实施，发展特色软件和信息技术服务业。

专栏9 公共服务体系建设工程

强化服务载体建设。 支持各地结合产业基础和市场需求，进一步推动产业基地和专业园区建设，完善优化一批产业创新平台、应用体验展示平台等公共服务载体，打造线上线下相结合的创新创业载体，推动建设众扶、众筹等综合服务平台。支持中国软件名城及试点城市创新公共服务机制，开展公共服务创新试点。建设一批面向中小企业的公共服务平台。鼓励软件和信息技术服务大企业、各类电子商务平台向小微企业和创客群体开放创业创新资源，形成一批低成本、便利化、全要素、开放式的创新创业平台。

提升公共服务能力。 支持各类公共服务平台利用云计算、大数据等新技术汇集数据信息，丰富平台资源，创新服务模式，推动平台互联互通、服务共享。培育一批知识产权、投融资、产权交易、能力认证、产品测评、人才服务、企业孵化和品牌推广等专业服务机构。推动行业协会、产业联盟等第三方中介组织加强自身建设，提升对行业发展和管理的服务支撑水平。以新兴领域软件产品标准和信息技术服务标准为重点，加强软件和信息技术服务标准体系建设，强化标准对产业发展的引领作用。

（六）加快提高国际化发展水平

坚持开放创新，把握"一带一路"等国家战略实施机遇，统筹利用国内外创新要素和市场资源，加强技术、产业、人才、标准化等领域的国际交流与合作，以龙头企业为引领深度融入全球产业生态圈，提升国际化发展水平和层次。

提升产业国际化发展能力。 支持龙头企业等建立完善海外运营机构、研发中心和服务体系，建设境外合作园区，鼓励发展跨境电子商务、服务外包等外向型业务，加快软件和信息技术服务出口，打造国际品牌。依托双边、多边合作机制和平台，加强政企联动，以龙头企业为主体开展重大合作示范项目建设，支持企业联合，发挥产业链协同竞争优势，集群化"走出去"。加强原创技术引进渠道和机制建设，深化与技术原创能力强的国家和地区的产业合作，加快引进人才、技术、知识产权等优势创新资源，提高产业"引进来"的合作层次和利用水平。

强化国际化服务支撑。 鼓励地方从政策、资金、项目

等方面加大对产业国际化发展的支持和推进力度。支持企业、科研机构等积极参与软件和信息技术服务领域国际规则制定和标准化工作，提升国际话语权。发挥行业协会、商会、产业联盟、开源联盟等中介组织的作用，为企业国际化发展提供市场化、社会化服务。充分发挥知识更新工程、海外人才培训等手段的作用，支持软件企业培养国际化人才和引进海外优秀人才。

五、保障措施

（一）完善政策法规体系

深入落实《进一步鼓励软件产业和集成电路产业发展的若干政策》（国发〔2011〕4号），研究制定新形势下适应产业发展新特点的政策措施。完善激励创新的政策措施和机制，强化对软件创新产品和服务的首购、订购支持，鼓励软件企业加大研发投入。引导和鼓励在信息化建设中加大对软件和信息安全的投入。支持制定推动软件技术与其他行业融合发展的政策措施。进一步完善鼓励政府购买服务的相关机制和措施手段。支持有条件的地区开展产业政策创新试点。鼓励地方研究制定加快企业"走出去"的政策措施。加强产业政策执行、评估和监管。推动完善产业相关法规体系。

（二）健全行业管理制度

鼓励利用大数据、云计算等新技术，探索加强行业运行监测分析、预警预判以及事中事后监管的新模式新方法，提升行业管理和服务水平。进一步完善行业标准体系建设，强化标准对行业发展的促进作用。开展行业知识产权分析评议，加强行业态势分析和预警预判，深入推进软件正版化，鼓励企业联合建设软件专利池、知识产权联盟，提升知识产权创造、运用、保护、管理和服务能力。加强软件资产管理和使用，开展软件价值评估和定价机制研究，探索建立科学合理的软件价值评估体系。鼓励研究建立云服务、数据服务等新兴领域交易机制和定价机制。顺应产业发展新趋势新特点，加强产业收入计量标准的研究，完善产业统计制度。强化行业自律，完善行业信用评价体系，进一步规范市场秩序。加强行业智库建设，提升发展决策支撑能力。

（三）加大财政金融支持

创新财政资金支持政策，统筹利用现有资金资源，加大对软件和信息技术服务业发展的支持。采用政府引导、市场化运作方式，探索建立国家软件和信息技术服务业产业投资基金。支持有条件的地方、大企业和投资机构设立产业专项资金或产业基金、创新创业基金、天使创投、股权和并购等各类基金。鼓励运用政府和社会资本合作（PPP）模式，引导社会资本参与重大项目建设。完善企业境外并购、跨境结算等相关金融服务政策。深化产融合作，在风险可控的前提下，推动商业银行创新信贷产品和金融服务，支持软件和信息技术服务企业创新发展，推动政策性银行在国家规定的业务范围内，根据自身职能定位为符合条件的企业提供信贷支持。健全融资担保体系，完善风险补偿机制，鼓励金融机构开展股权抵押、知识产权质押业务，试点信用保险、科技保险，研究合同质押、资质抵押的法律地位和可行性。鼓励企业扩大直接融资，支持具备条件的企业开展应收账款融资、公司信用债等新型融资方式。

（四）创新人才培养

实施人才优先发展战略，加快建设满足产业发展需求的人才队伍。强化人才培养链与产业链、创新链有机衔接，依托重大人才工程，加强"高精尖缺"软件人才的引进和培养。鼓励有条件的地区设立软件和信息技术服务业人才培养基金，重点培养技术领军人才、企业家人才、高技能人才及复合型人才。以学校教育为基础、在职培训为重点，建立健全产教融合、校企合作的人才培养机制，探索建立人才培养的市场化机制，利用信息化手段创新教育教学方式。鼓励高校面向产业发展需求，优化专业设置和人才培养方案。推广首席信息官制度，鼓励企业加强复合型人才的培养和引进。深入实施人才引进政策，重点发挥企业在人才引进中的作用，吸引和集聚海外优秀人才特别是高端人才回国就业创业。建立完善以能力为核心、以业绩和贡献为导向的人才评价标准，大力弘扬新时期工匠精神。

（五）强化统筹协调

建立健全部门、行业、区域之间的协调推进机制，在协同创新、标准制定、行业管理、市场监管、资金保障等方面加强联动合作。引导和推动各地区、各部门因地制宜发展产业，合理布局重大应用示范和产业化项目，分工协作、有序推进。引导和鼓励企业与其他行业企业建立多层次合作创新机制，在技术研发、应用推广、安全保障、资源分配利用等方面实现协同发展。加强规划实施情况动态监测和评估，确保规划实施质量。

信息产业发展指南

发布单位：工业和信息化部　　国家发展改革委

"十二五"以来，我国信息产业发展势头良好，产业体系不断完善，产业链掌控能力显著提高，正日益成为我国创新发展的先导力量、驱动经济持续增长的新引擎、引领产业转型和融合创新的新动力、提升政府治理和公共服务能力的新手段。当前，以信息技术与制造业融合创新为主要特征的新一轮科技革命和产业变革正在孕育兴起，必须紧紧抓住这一机遇，加快发展具有国际竞争力、安全可控的现代信息产业体系，为建设制造强国和网络强国打下坚实基础。为科学引导"十三五"时期信息产业持续健康发展，根据"十三五"规划纲要、《中国制造2025》、《国家信息化发展战略纲要》、《国务院关于积极推进"互联网+"行动的指导意见》（国发〔2015〕40号）、《国务院关于深化制造业与互联网融合发展的指导意见》（国发〔2016〕28号）等的部署，经国务院同意，特制定本指南，实施期限为2016－2020年。

一、发展回顾及面临形势

（一）"十二五"发展回顾

"十二五"时期我国信息产业发展取得显著成效，比较优势和竞争能力发生深刻变化。一是产业规模平稳较快增长。2015年信息产业收入规模达到17.1万亿元。彩电、手机、微型计算机、网络通信设备等主要电子信息产品的产量居全球第一，电话用户和互联网用户规模居世界首位。二是结构优化升级取得实质进展。2015年，软件和信息技术服务业占信息产业收入比重由2010年的16%提高到25%，移动数据及互联网业务收入占电信业收入比重提升至27.6%。电子信息产品竞争力明显提升，对外贸易顺差稳步扩大。三是技术创新能力大幅提升。国内信息技术专利申请总量已超过304.8万件，其中发明专利申请总量和授权量分别超过193.7万件和7.48万件。具有自主知识产权的时分同步码分多址长期演进技术（TD－LTE Advanced）成为第四代移动通信（4G）国际主流标准之一，并实现大规模商用。集成电路设计水平达到16/14纳米，制造业实现28纳米小批量生产。多条高世代平板显示生产线建成投产。安全可靠软硬件实现重要突破，一批骨干企业创新能力和竞争力大幅提升。四是信息基础设施加速升级。宽带接入实现从非对称数字用户线路（ADSL）向光纤入户（FTTH）的跨越，移动通信实现从3G向4G的升级。新增七个国家级骨干直联点建成开通，网间互通质量和效率大幅提升。中国铁塔公司成立，电信基础设施共建共享迈向新高度。五是信息产业支撑引领作用全面凸显。信息产业快速发展带动两化融合水平稳步提升，互联网对经济社会

促进作用逐步显现。2015年网络零售交易额达3.88万亿元，一批互联网龙头企业建立开放平台，成为带动大众创业、万众创新的新渠道、新推力。智慧城市、智慧交通、远程医疗、互联网金融等新业态不断涌现，加速经济社会运行模式深度变革。

但与此同时，我国信息产业核心基础能力依然薄弱，核心芯片和基础软件对外依存度高，要素成本增长较快，关键领域原始创新和协同创新能力急需提升，引领产业发展方向、把握产业发展主导权的能力不强；产品供给效率与质量不高，与发达国家相比，呈现出"应用强、技术弱、市场厚、利润薄"的倒三角式产业结构；信息技术融合应用深度不够，新产品、新业态、新模式发展面临体制机制障碍；网络与信息安全形势依然严峻，安全保障能力亟待提升。

（二）"十三五"发展形势

新一轮技术创新引领产业新变革。全球信息产业技术创新进入新一轮加速期，云计算、大数据、物联网、移动互联网、人工智能、虚拟现实等新一代信息技术快速演进，单点技术和单一产品的创新正加速向多技术融合互动的系统化、集成化创新转变，创新周期大幅缩短，硬件、软件、服务等核心技术体系加速重构，新业态、新模式快速涌现，我国信息产业实现跨越发展的战略机遇窗口正在打开。同时，信息技术与制造、材料、能源、生物等技术的交叉渗透日益深化，我国已形成的局部技术优势将面临新的挑战。

全球信息产业竞争加剧分工格局调整。发达国家依然占据信息产业价值制高点，在大力构建信息经济新优势的同时，积极以信息技术为手段推动再工业化进程，争取未来全球高端产业发展主导权。跨国企业加快重组步伐，以期在工业互联网、人工智能、智能制造等领域形成新布局。一些信息产业新兴国家（地区）加快谋篇，积极参与全球产业再分工，承接资本及技术转移。我国已成为全球最大的信息产品消费市场和制造基地，在互联网、通信服务、设备与终端产品等领域形成了一批龙头企业，在全球产业分工体系中呈跃升态势，具备了跨越发展的条件。同时，也面临发达国家"高端回流"和发展中国家"中低端分流"的双向挤压，以及国内要素禀赋深刻变化、新旧增长动力转换的严峻挑战，转型升级任务更加紧迫艰巨。

国家重大战略实施对信息产业发展提出新要求。从世界范围看，信息产业日益成为重塑经济发展模式的主导力量，创新融合、智能绿色、开放共享成为全球经济发展新特征。在我国，信息产业也日益成为实施创新驱动战略、推进供给侧结构性改革的关键力量。创新驱动、制造强国、

网络强国、"互联网＋"、军民融合等一系列国家重大战略的实施和居民消费升级，要求加快完善信息基础设施、强化信息核心技术能力、提升信息消费体验、加强信息安全保障、优化网络空间治理、繁荣信息产业生态，发挥更强有力的引领和支撑作用。

二、总体要求

（一）指导思想

全面贯彻党的十八大、十八届二中、三中、四中、五中、六中全会精神和习近平总书记系列重要讲话精神，认真落实党中央、国务院决策部署，按照"五位一体"总体布局和"四个全面"战略布局，牢固树立创新、协调、绿色、开放、共享的发展理念，推进供给侧结构性改革，以支撑制造强国和网络强国等重大战略实施为使命，以加快建立具有全球竞争优势、安全可控的信息产业生态体系为主线，坚持追赶补齐与换道超车并举、技术突破与强化应用并重、对外合作与体系创新结合、全面发展与重点推进统筹，着力强化科技创新能力、产业基础能力和安全保障能力，突破关键瓶颈，优化产业结构，提升产品质量，完善基础设施，深化普遍服务，促进深度融合应用，拓展网络经济空间，加快重点项目建设和关键环节发展，带动全面提升信息产业发展质量效益和核心竞争力，推动经济社会持续健康发展，支撑全面建成小康社会奋斗目标如期实现。

（二）基本原则

——创新引领。坚持把创新作为引领发展的第一动力。着力提升核心基础软硬件创新能力，强化关键共性技术研发供给，推动产业链协同创新。强化企业创新主体地位和主导作用，培育一批具有国际竞争力的创新型领军企业。

——融合发展。坚持软件与硬件、技术与产品、产业链上下游等融合协同发展，完善产业生态体系。促进军民用信息技术和产品深度融合，推动信息产业与其他行业跨界融合、集成创新，加快传统行业改造提升，大力发展新业态、新模式。推动数据开放，加强共建共享，提高资源利用效率。

——市场主导。充分发挥市场在资源配置中的决定性作用，更好发挥政府作用，强化企业主体地位和市场应用牵引，深入推进简政放权、放管结合、优化服务，加快转变政府职能，为信息产业创新发展和提质增效营造更加良好的市场环境。

——开放合作。坚持走出去与引进来相结合。进一步提升双向开放合作水平，优化信息网络国际布局，提升产业国际化布局和运营能力，积极推动建立国际互联网发展新秩序，加强国际间信息产业技术、标准、人才及产能合作。

——安全可控。统筹发展和安全，以安全保发展、以发展促安全。强化法治建设、标准制定、技术支撑和市场监管，壮大信息安全产业，推进行业自律和社会监督，健全关键信息基础设施安全保障体系。

——绿色低碳。坚持绿色发展、循环发展和低碳发展。推进信息技术在生产各环节的应用，加速传统产业绿色化

转型。加快提升电子信息产品和设备能效，不断降低信息基础设施能耗水平。提高电子信息产品回收再利用水平。

（三）发展目标

到 2020 年，具有国际竞争力、安全可控的信息产业生态体系基本建立，在全球价值链中的地位进一步提升。突破一批制约产业发展的关键核心技术和标志性产品，我国主导的国际标准领域不断扩大；产业发展的协调性和协同性明显增强，产业布局进一步优化，形成一批具有全球品牌竞争优势的企业；电子产品能效不断提高，生产过程能源资源消耗进一步降低；信息产业安全保障体系不断健全，关键信息基础设施安全保障能力满足需求，安全产业链条更加完善；光网全面覆盖城乡，第五代移动通信（5G）启动商用服务，高速、移动、安全、泛在的新一代信息基础设施基本建成。

2020 年信息产业发展主要指标

	指　　标	2015 年基数	2020 年目标	累计变化
产业规模	信息产业收入（万亿元）	17.1	26.2	［8.9%］
	其中：电子信息制造业主营业务收入（万亿元）	11.1	14.7	［5.8%］
	软件和信息技术服务业业务收入（万亿元）	4.3	8	［13.2%］
	信息通信业收入（万亿元）	1.7	3.5	［15.5%］
产业结构	信息产业企业进入世界 500 强企业数量（家）	7	9	2
	电子信息产品一般贸易出口占行业出口比重（%）	25.5	30	4.5
技术创新	电子信息百强企业研发经费投入强度（%）	5.5	6.1	0.6
	国内信息技术发明专利授权数（万件）	11.0	15.3	［6.9%］
服务水平	固定宽带家庭普及率（%）	40	70	30
	移动宽带用户普及率（%）	57	85	28
	行政村光纤通达率（%）	75	98	23
绿色发展	单位电信业务总量综合能耗比下降幅度（%）	—	10	10
	新建大型云计算数据中心能源使用效率（PUE）	1.5	<1.4	>0.1

注：1. ［ ］内数值为年均增速；
　　2. 信息产业企业进入世界 500 强企业数量指标，指中国大陆进入《财富》500 强的企业数量。

三、主要任务

（一）增强体系化创新能力

构建先进的核心技术与产品体系。围绕产业链体系化部署创新链，针对创新链统筹配置资源链，着力在云计算

与大数据、新一代信息网络、智能硬件等三大领域，提升体系化创新能力。瞄准重大战略需求和未来产业发展制高点，支持专业机构研究发布重点领域技术创新指南，提出瓶颈短板清单及优先级，引导市场主体创新突破。加强产学研用研发力量协调，统筹利用国家科技计划（专项、基金等），支持关键核心技术研发和重大技术试验验证，强化关键共性技术研发供给。加快信息产业军民融合深度发展，在技术研发、产业布局中充分考虑军用需求和国防布局，着力加强军民联合攻关，在优先满足军工需要的同时带动民口技术进步和产业发展。加强前沿领域重大布局，重点在未来网络、量子计算、平流层通信、卫星通信、可见光通信、车联网、地海空天一体化网络、人工智能、类脑计算等关键领域，集中优势资源开展原始创新和集成创新，增强新供给创造能力，抢占产业技术发展主动权和制高点。

建设高水平创新载体和服务平台。充分利用已有创新资源，探索政产学研用联合的新机制新模式，在集成电路、基础软件、大数据、云计算、物联网、工业互联网等战略性核心领域布局建设若干创新中心，开展关键共性技术研发和产业化示范。强化企业技术创新主体地位和主导作用，支持优势企业建设一批高水平技术中心和创新实验室，支持企业联合高校、科研机构等建设重点领域产学研用联盟，积极参与和组建开源社区，支持企业牵头承担国家重大科技研发和产业化项目。整合优化信息科技资源，积极发挥行业协会/联盟、标准化组织、中介组织和智库在战略与政策研究、统计分析、公共服务等方面的作用，建设和提升一批技术创新、成果转化、标准规范、计量测试、认证检测、市场推广等公共服务平台。

强化标准体系建设与知识产权运用。进一步优化国家标准、行业标准、军用标准体系结构，支持发展团体标准，加快构建产业化导向、军民通用的新一代信息技术标准体系，研究制定智能硬件、传感器、智慧家庭、虚拟现实、云计算、大数据、太阳能光伏、锂离子电池等领域综合标准化技术体系。加快基础标准、通用标准、安全标准、测试方法以及重点产品标准制修订工作，不断提升技术、能耗、环保、质量、安全等方面规范要求。积极参与国际标准化战略规划、政策和规则的制定，以国际标准提案为核心，推动我国更多信息通信领域标准成为国际标准；加快转化我国产业发展急需的国际先进标准，推动国际国内标准接轨。建立专利导航产业发展工作机制，加强信息产业关键核心技术知识产权储备和战略布局，推动技术创新成果的知识产权转移转化；鼓励市场主体组建产业知识产权联盟，建立知识产权联合创造、协同运用、共同保护和风险分担的机制；研究制定重点领域知识产权运营策略，健全运营服务体系，促进知识产权的收储、许可和转让；支持引导行业组织、产业联盟加强知识产权分析评议，防控知识产权风险。

（二）构建协同优化的产业结构

打造协同发展产业链。依托优势骨干企业，建设和完善信息网络、云计算、大数据、物联网、工业互联网、智能终端、电子制造关键装备等一批重要产业链，以"硬件+软件+内容+服务"为架构建设形成若干具有国际竞争力的产业生态。支持有条件的企业通过兼并重组、股权投资等方式开展产业链上下游垂直整合和跨领域价值链横向拓展，提升价值创造能力和核心竞争力。以产业集群为中心，实施商标品牌发展战略，提升产业链整体质量水平，加强团体标准、知识产权和公共服务平台建设，强化商标品牌宣传与营销，打造一批具有国际影响力的产业集群区域品牌。

提升产业基础能力。围绕基础软硬件、关键制造工艺、关键电子基础材料和工艺装备等，制定重点领域瓶颈清单，组织实施重点领域"一揽子"突破计划。依托制造业质量提升专项行动，针对信息产业重点产品，组织攻克一批长期困扰产品质量提升的关键共性质量技术。加强可靠性和可测性设计、试验验证，积累准确有效的工艺参数数据，推广采用先进质量管理方法、先进成型和加工方法、在线计量检测装置等，提高电子信息装备、材料和工艺技术的可靠性、一致性、稳定性和有效性。制定和提升一批急需的国家计量基准，加强信息产业相关国家计量测试中心建设，构建信息产业计量测试服务体系。推动基础软硬件、基础材料和工艺装备企业与下游企业对接，组织开展首台（套）、首批次示范应用，加快安全可靠基础软硬件产品的市场化应用和推广。

增强企业创新活力。在信息产业重点领域设立市场化运作的投资基金，支持企业开展兼并重组和引技引智，提高企业利用全球资源和开拓国际市场的能力和水平，形成以大企业集团为核心、集中度高、分工细化、协作高效的产业组织形态。进一步完善和落实支持中小企业发展的财税、金融政策，推动小微企业创业创新基地建设，大力扶持初创期创业创新型企业发展。引导中小企业专注细分市场，激发中小企业创新活力，发展一批专精特"隐形冠军"企业。充分发挥各类平台作用，支持信息产业中小企业创新发展，引导大中小企业建立更紧密协作关系。支持企业将具有核心竞争力的专利技术向标准转化，提高企业综合竞争力。引导企业树立质量为先、信誉至上的经营理念，切实增强质量和品牌意识，培育和弘扬精益求精的工匠精神。全面提升行业企业信息技术运用能力，加快个性化制造、网络化协同制造、智能制造等生产方式变革，创新发展新模式，推动企业向价值链高端转型。

优化产业空间布局。贯彻落实国家区域发展总体战略和主体功能区规划，引导地方发挥比较优势，形成集成电路、基础软件、平板显示、智能终端、信息技术服务、云计算、大数据等重点领域生产力差异化发展格局。重点推动长江经济带、珠三角、京津冀等创新资源密集地区率先突破，建设具有全球竞争力的信息产业创新高地。支持中西部地区立足自身优势承接信息产业转移，重点支持若干基础和条件较好的中心城市提高研发能力和产业层次，在特色领域形成差异化竞争优势。合理引导人才、技术、资金、政策等要素资源集聚，建设一批信息产业领域国家新型工业化产业示范基地，不断提高软件名城建设水平。扎实推进数据中心布局优化，促进数据中心合理利用。

推动产业绿色发展。支持促进企业升级生产技术及工艺，鼓励企业开发绿色产品，推行电子信息产品绿色设计，降低电子信息产品生产和使用能耗，引导绿色生产，促进绿色消费。持续提高电子信息产品中有毒有害物质的限量要求，严格检测环节，确保限用物质含量符合国家标准。研发支撑数据中心能源使用效率（PUE）量值等效可溯源的计量测试技术、方法和装置。鼓励企业研发应用节能型服务器设备，采用高压直流、自然风冷等新型节能技术发展绿色云计算数据中心。加快现有数据中心、基站等信息网络设施的节能改造，鼓励老旧高耗能设备淘汰退网和绿色节能新技术应用。推动废弃电器电子产品处理与资源化利用技术研发，制定废弃电器电子产品及重点拆解产物资源综合利用相关标准，搭建和推广基于互联网的回收服务信息平台，推动生产者履行废弃电器电子产品回收处理相关责任，鼓励专业化回收处理企业发展，促进再制造产业规模化发展。推动统一绿色产品标准、认证、标识体系的建立实施。

（三）促进信息技术深度融合应用

推动信息技术与制造业融合创新。 推动制造业、"互联网+"和"双创"紧密结合，加快新一代信息技术更大范围、更深程度融合渗透和创新应用，推动制造业智能化、绿色化、服务化发展。建立完善智能制造和两化融合管理标准体系，全面推进两化融合管理体系贯标。推进"数控一代"示范工程，加快突破传感器、可编程逻辑控制器（PLC）、工业控制系统等智能制造核心信息设备，提升安全可靠水平。开展智能制造试点示范。推进信息物理系统（CPS）关键技术研发及产业化，构建综合验证平台，开展行业应用测试和试点示范。以工业云、工业大数据、工业电子商务和系统解决方案等为重点，开展制造业与互联网融合发展试点示范，培育一批面向重点工业行业智能制造的系统解决方案领军企业。实施工业云及工业大数据创新应用试点，建设一批高质量的工业云服务和工业大数据平台，推广个性化定制、网络协同制造、远程运维服务等智能制造新模式。建设大型制造企业"双创"平台和为中小企业服务的第三方"双创"服务平台，营造大中小企业协同共进的"双创"新生态。依托强基工程，面向智能制造关键环节应用需求，重点扶持发展一批应用效果好、技术创新强、市场认可度高的工业软件，推动先进适用工业软件在重点行业应用普及。积极推动用信息技术改造提升制造业，着力提高产品和服务附加值。

积极推进"互联网+"行动。 依托互联网平台，大力发展众创、众包、众扶、众筹，促进互联网和经济社会融合发展。建立"互联网+"标准体系，加快互联网及其融合应用的基础共性标准和关键技术标准研制推广。整合政府部门、电信企业、互联网企业、行业机构等各类资源，集成资源申请、能力开放、技术支撑、创业孵化、测试认证、实验环境、业务咨询等创业创新服务，提升信息通信企业对"双创"服务平台的支撑能力。推进"互联网+"安全生产，提升安全生产重点领域企业的全过程、全链条在线监测和预警预控能力，强化跨部门、跨区域信息共享与业务协同。开展新型网络经济培育行动，支持互联网企业、信息技术服务企业、制造企业联合打造服务产业转型的平台经济模式，加快人工智能、云计算、大数据等在经济活动中的发展应用，强化对智慧交通、智慧能源、智慧环保、高效物流、益民服务、普惠金融、智慧医疗、现代农业等的支撑，发展基于电网的通信设施和新型业务。培育信息消费新业态，拓展网络经济新空间。

加快发展信息技术服务。 围绕政务、金融、能源、交通、环保、安全生产、电子商务、数字内容等关键领域，提升信息技术服务企业的咨询设计、软件开发、集成实施、运行维护和测试验证能力。支持信息技术企业突破业务建模、远程智能检查、大规模资源调度管理、自动化运维、数据治理等关键技术，发展互联网运维服务、网络众包服务、微服务、智能服务等新模式、新业态，加强对区块链、人工智能、虚拟现实、增强现实等新兴技术在行业系统解决方案中的应用推广，加快向高端价值服务提供商转型。选择信息技术服务业集聚发展的城市或区域，开展面向制造业的信息技术服务应用示范。总结行业先进实践经验，制定完善信息技术服务相关规范。加快综合集成和智能运维平台研发和产业化进程，提升信息技术服务保障能力。实施信息技术服务标准化工作五年行动计划，完善和推广信息技术服务标准（ITSS），鼓励企业加快服务标准化和产品化。

（四）建设新一代信息基础设施

加快高速光纤宽带网建设。 引导建成一批光网城市，基本完成老旧小区宽带接入铜缆替换，鼓励企业通过引入新技术、更新老旧光缆等，进一步提升光纤宽带网络高速传送、灵活调度和智能适配能力，消除宽带网络接入"最后一公里"瓶颈。进一步优化互联网骨干网络架构，推动网间互通扩容和质量提升。开展新型交换中心试点，完善全方位、多层次、立体化的网络互联体系。推动地面数字电视覆盖网和超高清交互式电视网络设施建设。实施电信普遍服务补偿机制，推动相关企业加快对农村地区宽带网络覆盖和能力提升，基本实现行政村光网全覆盖，并逐步向有条件的自然村延伸。

推动宽带无线接入网络升级演进。 继续推动长期演进（LTE）网络建设，实现深度和广度覆盖，提升网络质量。加速低速率和低频谱利用率网络退网和频率重耕，发展认知无线电技术，拓宽4G网络发展空间，实现频分双工长期演进 LTE FDD 和 TD–LTE 融合发展。加强无线局域网（WLAN）新技术研究，鼓励在城镇热点公共区域推广WLAN 接入，提升 WLAN 与移动通信网络的协同融合能力。推动5G网络研发和应用。加快边远山区、牧区及岛礁等的网络覆盖。

提升应急通信保障能力。 着力提升应急通信保障网络能力、可用性和覆盖范围。完善国家应急通信保障、装备储备体系。支持应急体系相关单位加强应急指挥手段建设，推动与应急通信指挥系统信息共享。加强国家应急通信设施建设和通信保障队伍建设。完善天空地一体的应急通信保障网络，推广突发事件预警信息系统应用。加强应急通信技术支撑能力建设。

增强卫星通信网络及应用服务能力。 统筹规划卫星通信发展，加快卫星通信标准制定和更新，推进关键部件、卫星整机、通信终端和系统、地面信息基础设施协调建设和军民融合发展，推进天地一体化信息网络建设。构建宽带卫星电子政务网、防灾和应急卫星通信网，建设多种卫星端站，补充地面网络难以布设地区的通信需求。推动卫星通信发展，逐步拓展建立区域化、商业化的卫星通信服务体系，持续完善北斗导航技术，加快推动基于北斗的高精度时频设备研发及应用，实现产业安全可控。创新北斗导航应用模式，发展位置服务，开展应用示范。

加强下一代互联网应用和未来网络技术创新。推动下一代互联网改造升级和大规模商用，实现互联网协议第4版（IPv4）向第6版（IPv6）的平滑过渡和业务互通。加强未来网络顶层设计，加强未来网络长期演进的战略布局和技术储备，开展网络体系架构、安全性和标准研究，重点突破软件定义网络（SDN）/网络功能虚拟化（NFV）、网络操作系统、内容分发等关键技术，推动关键技术试验验证，组织开展规模应用试验。

专栏1 国家信息基础设施建设工程

"宽带中国"工程。落实光纤到户国家标准，城镇新建区域直接部署光纤到户网络，已建区域加快实施接入网光纤化改造，在村村通宽带的基础上继续推进光缆进行政村建设。大力推进4G网络建设和运营，加快城市地区的深度覆盖和农村地区的延伸覆盖。适度超前部署超长距离超大容量光传输系统、高性能路由设备、高速链路和智能管控设备，提升网络承载能力和技术水平。扩展西部省份的内容分发网络容量、覆盖范围和服务能力。到2020年实现98%以上行政村通光纤，农村家庭宽带接入能力不低于12Mbps，进一步扩大公益机构宽带覆盖。

5G发展与商用。加快推进5G研发，突破5G核心关键技术，支持标准研发和技术验证，积极推动5G国际标准研制，启动5G商用服务。开展5G频谱规划，满足5G技术和业务发展需求，提升网络能力、业务应用创新能力和商用能力，加速推动试验网、试商用和商用网络建设步伐。大力开展5G应用示范，引导5G与车联网等行业应用融合发展，使我国成为5G技术、标准、产业及应用的领先国家之一。

应急通信服务保障。支持地方政府加强灾害多发地区基层政府部门配置卫星移动终端等应急通信设备。建设"互联网＋应急通信"服务平台。扩容公用应急宽带微型地球站（VSAT）网，推进宽带通信卫星应用示范。增强公众通信网防灾抗毁能力和应急服务能力，进一步提升预警信息发布能力。加强应急通信装备更新完善和储备。

（五）提升信息通信和无线电行业管理水平

创新互联网行业管理。坚持政策引导和依法管理并举、鼓励支持和规范发展并行，促进互联网持续健康发展。创新监管体系，积极运用大数据等先进技术加强对市场主体监管，形成覆盖资源、接入、网络、业务各层面的互联网行业全周期管理体系。完善互联网基础资源管理体系，严格落实网站、域名、IP地址和电话实名制。加快推广使用IPv6地址，推动开放IPv6国际连接。建立和完善多部门联动管理机制，建立新业务备案和发展指引制度，加强互联网与实体经济融合新型业务联合管理。坚持放管结合，推进以信用体系为代表的全流程监管支撑体系建设，强化事中事后监管。建立互联网市场主体信用评价体系，依托国家企业信息公示系统建立企业信息归集共享机制，健全守

信联合激励和失信联合惩戒制度，推进市场分级预警，营造公平诚信的市场环境。加强服务质量监管，保护用户权益和个人信息。积极引导社会力量参与互联网行业管理，完善行业规范与自律公约，引导行业协会和第三方机构开展行业自律、社会监督、评估认证等活动，推进形成政府主导，多方参与的共同治理格局。

完善电信行业管理。着力夯实电信业基础性支撑地位，建设高品质信息基础设施，提升行业服务能力和质量。加快开展电信普遍服务试点工作。深入推进网络提速降费，推动简化电信资费结构，提高电信业务性价比，规范企业经营、服务和收费行为。进一步放开竞争性领域市场准入，抓好自贸区电信领域开放试点，推动对港澳等地区开放合作。

优化无线电频率和卫星轨道资源管理。优化国家频谱资源配置，加强无线电频谱管理，维护安全有序的电波秩序。科学规划和合理配置无线电频率资源，统筹重点业务部门以及战略性新兴产业发展的中长期用频需求，促进宽带中国、信息消费、"中国制造2025"和"互联网＋"行动涉及的无线电业务发展。加强对无线电频率和卫星轨道资源使用的基础性、前瞻性、战略性重大问题及相关技术研究，加强卫星频率和轨道资源的可用性论证，做好卫星网络资料的国际申报、协调及登记工作。开展无线电频谱使用评估，促进频谱资源有效开发利用。深化台站管理，加强事中事后监管。加大无线电管理基础和技术设施建设投入，加强无线电监管能力建设，实现广域、泛在的城区无线电监测网络覆盖，增强电波秩序维护能力。

（六）强化信息产业安全保障能力

完善网络与信息安全管理制度。加紧制定实施关键信息基础设施保护、数据安全、工业互联网安全等领域的部门规章和规范性文件。健全网络与信息安全标准体系，推动出台5G、物联网、云计算、大数据、智能制造等新兴领域安全标准。加强安全可靠电子签名应用推广，推动电子签名法律效力认定。建立健全身份服务提供商管理制度。明确关键信息基础设施安全保护责任，完善涉及国家安全重要信息系统的设计、建设和运行监督机制，进一步加强对互联网企业所有或运营的重要网络基础设施和业务系统的网络安全监管。健全跨行业、跨部门的应急协调机制，切实提升网络与信息安全事件的预警通报、监测发现和快速处置能力。加强政府和企业之间的安全威胁信息共享。加快推动实施网络安全审查制度。

加强大数据场景下的网络数据保护。探索建立大数据时代的网络数据保护体系，推动对网络数据的分级分类监管，强化网络数据全生命周期保护，制定网络数据保护管理政策。督促企业不断完善用户信息泄露社会公告制度，建立健全大数据安全信用体系。加快推动数据加密、防泄露、信息保密等专用技术的研发与应用，推动建立安全可信的大数据技术体系。

推动信息安全技术和产业发展。着力突破关键基础软硬件和信息安全核心技术，增强漏洞挖掘修补、攻击监测溯源等能力，强化"互联网＋"、5G、SDN等新技术、新业态的安全风险应对。实施国家信息安全专项，开展关键

信息基础设施运行安全保护和要害信息系统网络安全试点示范。推动信息安全产品和服务的研发和产业化应用。充分发挥政府引导作用，加快培育骨干企业，发展特色优势企业，打造结构完整、层次清晰、竞争有力的产业格局。

提升工业信息安全保障能力。建立健全工业信息安全政策和标准体系，针对重点行业制定安全管理政策以及管理指南、测评能力要求等安全标准。建立工业信息安全管理体系，完善工业信息安全检查评测和信息共享机制，推动开展安全检查、漏洞发布、信息通报等工作，营造安全的工业互联网环境。建设工业信息安全仿真、测试和验证平台，开展测试评估、安全验证等技术研发，推动安全新技术、新产品试点应用，提升工业信息安全技术保障能力。

专栏2　安全保障能力提升工程

信息安全技术产品。开展芯片安全加固技术攻关，推动我国密码技术的规范化和产业化。加强面向三网融合、物联网、移动互联网、工业互联网、云计算和新一代信息网络的信息安全技术研发应用。加强安全芯片、安全核心信息设备、安全操作系统、安全数据库、安全中间件的研发。研发采用内容感知、智能沙箱、异常检测、虚拟化等新技术的产品，支持防火墙、入侵检测/防御等网络与边界安全类产品的创新和应用，加快高级持续性威胁（APT）防范和产品研发，加强基于海量数据和智能分析的安全管理平台产品的研发和应用。加强信息安全测评、WEB漏洞扫描、软件源代码安全检查等信息安全支撑工具的研发和应用。

信息安全保障。建设基于骨干网的网络安全威胁监测处置平台，形成网络安全威胁监测、态势感知、应急处置、追踪溯源等能力。实施域名系统安全保障工程，提升国家顶级域名系统的接入带宽和安全防护能力，加强公共递归域名解析系统的安全防护和数据备份能力。建设互联网网络安全应急管理平台，提高对互联网网络安全威胁信息和监测数据的分析、研判和行业内应急指挥调度能力。构建工业控制系统信息安全测试、评估、漏洞发布、信息通报等服务平台，完善信息安全保障体系。

（七）增强国际化发展能力

提升产业国际化发展水平。推动引资与引技、引智相结合，鼓励和支持信息产业企业与境外优势企业在研发创新、新产品开发、标准制定、品牌建设等高端环节开展合资合作，提高引进来层次。支持企业在境外设立研发中心，充分利用各种国际创新资源。结合国家重大战略实施，以信息基础设施建设、终端产品产能合作、重大工程总集成总承包等为牵引，带动产业链上下游企业、先进技术标准、信息网络设备、配套服务等体系化、集群化走出去。支持有条件的企业建设境外信息产业合作园区。提供企业走出去国别目录、项目对接等服务，引导金融机构开展金融服务，降低企业走出去风险。深入推动中文域名推广和使用。主动参与国际互联网标准制定，提高参与制定国际规则的能力及影响力。

优化信息网络国际布局。依托"一带一路"战略，构建高效跨境信息通道，推动与周边国家信息通信设施互联互通，创新国际通信设施建设和运营模式，重点打通经中亚到西亚、经南亚到印度洋、经俄罗斯到欧洲等陆上通道，推进重点方向国际海缆建设。完善我国国际通信出入口布局，以亚非欧拉为主要方向提升我国国际互联网能力，加

快推进海外网络服务提供点（PoP）和互联网数据中心（IDC）建设。推进电信企业设立海外分支机构，加强国际通信的质量监测和服务提升，为"走出去"中资企业及海外用户提供更完善、更优质信息服务，实现我国信息业务的海外运营和落地。

四、发展重点

（一）集成电路

以重点整机和重大应用需求为导向，增强芯片与整机和应用系统的协同。着力提升集成电路设计水平，不断丰富知识产权（IP）核和设计工具，突破中央处理器（CPU）、现场可编程门阵列（FPGA）、数字信号处理（DSP）、存储芯片（DRAM/NAND）等核心通用芯片，提升芯片应用适配能力。加快推动先进逻辑工艺、存储器等生产线建设，持续增强特色工艺制造能力。掌握高密度封装及三维（3D）微组装技术，探索新型材料产业化应用，提升封装测试产业发展能力。加紧布局超越"摩尔定律"相关领域，推动特色工艺生产线建设和第三代化合物半导体产品开发，加速新材料、新结构、新工艺创新。以生产线建设带动关键装备和材料配套发展，基本建成技术先进、安全可靠的集成电路产业体系。实施"芯火"创新行动，充分发挥集成电路对"双创"的支撑作用。

专栏3　集成电路产业跨越建设工程

设计。开发移动智能终端芯片、数字电视芯片、网络通信芯片、智能可穿戴设备芯片；面向云计算、物联网、大数据等新兴领域，加快研发基于新业态、新应用的信息处理、传感器、新型存储等关键芯片；逐步突破智能卡、智能交通、卫星导航、工业控制、金融电子、汽车电子、医疗电子等行业芯片。

制造。推进资源整合，加速12英寸65/55nm、45/40nm产能扩充，加快推进32/28nm、16/14nm生产线规模化生产，抓紧布局10/7nm工艺技术研发；建设存储器生产线，加快三维闪存（3D NAND Flash）规模化生产，布局随机动态存储器（DRAM）生产线，开展新型存储器研发及产业化；发展模拟及数模混合、微机电系统（MEMS）、电力电子、高压电路、射频电路等特色专用工艺生产线和化合物集成电路生产线。

封装测试。大力推进系统级封装（SiP）发展，推动芯片级封装（CSP）、圆片级封装（WLP）、硅通孔（TSV）、三维封装产业化。提升和完善集成电路产业芯片、模块及系统级计量测试技术水平和产业化规模。

关键装备和材料。加快开发面向先进工艺的刻蚀机、离子注入机等关键设备及12英寸硅片、靶材等核心材料，形成产业化能力。

（二）基础电子

大力发展满足高端装备、应用电子、物联网、新能源汽车、新一代信息技术需求的核心基础元器件，提升国内外市场竞争力。拓展新型显示器件规模应用领域，实现液晶显示器超高分辨率产品规模化生产、有源矩阵有机发光二极管（AMOLED）产品量产；突破柔性制备和封装等核心技术，完成量产技术储备，开发10英寸以上柔性显示器件。突破微机电系统（MEMS）微结构加工、高密度封装等关键共性技术，加快传感器产品开发和产业化。提升发光二极管（LED）器件性能，推动高端场控电力电子器件

推广应用，开发下一代电力电子器件，支持典型领域推广应用。加强电子级多晶硅、高效太阳能电池及组件封装工艺创新和技术储备，提升光伏发电系统集成水平及储能设备配套水平。积极发展电子纸、锂离子电池、光伏等行业关键电子材料，重点突破高端配套应用市场。提升电子专用设备配套供给能力，重点发展12英寸集成电路成套生产线设备、新型薄膜太阳能电池生产设备、锂离子电池关键材料生产设备、新型元器件生产设备和表面贴装设备。研发半导体和集成电路、通信与网络、物联网、新型电子元器件、高性能通用电子等测试设备。

> **专栏4　基础电子提升工程**
>
> **基础元器件。** 加快超级电容器、高压直流继电器、轮毂电机等核心元件研发和产业化。提高高效节能型微特电机、高可靠长寿命片式固态铝电解电容器等电子元件的市场占有率。掌握机器人用减速器伺服电机、微特电机及其控制系统相关技术。突破锌离子等新型电池储能技术。发展基于400G带宽（干线网）的超低损耗光纤、光电器件、频率元器件、56Gbps高速连接器等通信网络设备元件。发展新型移动智能终端用超小型片式元件和柔性元件、片式声表面波滤波器等产品。发展高端LED和新型电力电子器件，支持典型领域推广应用。
>
> **传感器及敏感元器件。** 提升敏感机理、敏感材料、新型工艺的研发能力，加快推进用于物理量、化学量、生物量中的半导体、陶瓷、高分子有机、光导纤维等各种新型敏感材料、复合功能材料的研发和产业化。提高基于MEMS、薄膜等各种新型工艺技术的应用水平。着重推进重点领域专用传感器产品产业化，发展生物、运动、医学、健康、环境类智能传感器，以及多参量集成传感器及自校准、自诊断、自补偿传感器，完善传感器技术标准体系和量值传递溯源体系建设，提升产品公共计量检测能力。
>
> **新型显示器。** 实现8.5代及以上大尺寸玻璃基板的生产，提高高世代掩膜板、驱动芯片等关键产品的供应水平，支持电子纸、激光显示、柔性显示等新技术开发，突破低温多晶硅（LTPS）、氧化物（Oxide）等先进背板工艺，掌握长寿命、高效率、高分辨率AMOLED生产工艺。加快新工艺新技术导入，实现低功耗、4K×2K超高分辨率产品稳定生产和AMOLED产品量产。
>
> **太阳能光伏。** 支持薄膜、聚光、钙钛矿等新型电池开发和产业化，实现超高纯度、低成本多晶硅量产，提升高效率、高可靠性电池组件市场份额，发展新一代光伏逆变器和系统集成设备。完善产业配套，突破新型光伏电池生产线关键设备的产业化瓶颈，开展光伏行业智能制造试点示范。拓展光伏应用，推动工业园区、重点行业、家庭用户等领域分布式光伏应用，推广新型光伏储能一体化集成产品。
>
> **电子材料。** 以半导体材料为重点，加快功能陶瓷材料、低温共烧陶瓷（LTCC）多层基板、高性能磁性材料、电池材料、LED、新型电力电子器件等量大面广电子功能材料发展。支持用于半导体产业的电子级高纯硅材料、区熔硅单晶和高纯金属及合金溅射靶材、用于新能源汽车、无人机等的动力电池材料及用于通信基站、光伏系统的储能电池材料，以及用于新型显示的高世代玻璃基板、光学膜、偏光片、高性能液晶、有机发光二极管（OLED）发光材料、大尺寸靶材、光刻胶、电子化学品等材料的新技术研发及产业化。
>
> **电子专用设备。** 围绕集成电路、薄膜晶体管液晶显示器（TFT-LCD）和AMOLED显示、高储能锂离子电池、太阳能电池、LED、整机加工等领域，实现制造装备和成套工艺重点突破，形成配套能力，提升国内装备供给能力。推动3D打印设备的研发和产业化。

（三）基础软件和工业软件

建立安全可靠的基础软件产品体系，支持开源、开放的开发模式，重点推进云操作系统、云中间件、新型数据库管理系统、移动端和云端办公套件等基础软件产品的研发和应用。强化技术产品和终端应用协同互动，提升基础软件成熟度，加快集成适配优化。推动工业软件和工业控制系统核心技术和产品的研发及应用，重点突破军工、能源、化工等安全关键行业工业应用软件核心关键技术，构建先进产品体系，形成评测标准与规范；突破高档数控系统、现场总线、通信协议、高精度高速控制和伺服驱动等工业控制系统关键技术，推动中高端数控系统、伺服系统和控制系统研发。构建国家工业软件安全测试平台。加快工业大数据软件与平台布局，促进重要工业领域系统解决方案定制化深度应用，打造工业云应用服务体系。

> **专栏5　软件产业提升发展工程**
>
> **操作系统。** 加强高可信服务器操作系统、安全易用桌面操作系统、新型智能终端操作系统、可信云操作系统的研发和产业化，开发安全可控的操作系统产品。面向数字化产品与智能成套装备需求，研制高安全、高可信的实时工业操作系统，实现与主流控制设备、CPU与总线协议的适配。研制高端装备嵌入式系统。
>
> **工业大数据平台。** 构建覆盖产品全生命周期和制造全业务活动的工业大数据平台，研制设备端嵌入式数据管理平台与实时数据智能处理系统，开发云端工业数据采集、存储、查询、分析、挖掘与应用的工业数据处理平台。
>
> **工业云与制造业核心软件。** 研发"互联网+"工业云体系架构与标准体系，构建知识、数据、服务等资源库。构建面向行业的工业云服务平台，提供数据驱动的企业管理、业务协同、能源管控等服务。加快发展产品生命周期管理、企业资源规划、供应链管理和客户关系管理等制造业核心软件，提高产业化水平。
>
> **工业应用软件。** 面向航空航天装备、高档数控机床与机器人、先进轨道交通装备、海工装备与高技术船舶、电力装备、农机装备等重点领域，研制涵盖全生命周期的行业应用软件及解决方案，重点突破产品创新开发、智能控制与分析优化、装备智能服务等关键技术，发展工业应用软件体系。

（四）关键应用软件和行业解决方案

着力发展基于云计算、大数据、移动互联网、物联网等新型计算框架和应用场景的软件平台和应用系统。针对政府应用、公共服务、行业发展等重点需求，集中突破一批重点应用软件和行业解决方案，深化普及应用。支持软件和信息技术服务企业面向公共服务领域积极开展应用解决方案研发和信息技术服务，推动软件企业与传统行业企业深入合作，加快支撑传统行业转型升级的软件及解决方案发展和应用，培育一批综合性解决方案提供商。

（五）智能硬件和应用电子

突破人工智能、低功耗轻量级系统、智能感知、新型人机交互等关键核心技术，重点发展面向下一代移动互联网和信息消费的智能可穿戴、智慧家庭、智能车载终端、智慧医疗健康、智能机器人、智能无人系统等产品，面向特定需求的定制化终端产品，以及面向特殊行业和特殊网络应用的专用移动智能终端产品。发展高水平"互联网+"人工智能平台，提升消费级和工业级智能硬件产品及服务供给能力。加快智能感知技术创新，重点推动毫米波与太赫兹、蜂窝窄带物联网（NB-IOT）、智能语音等技术在公共安全、物联网等重点领域开展示范应用。支持虚拟现实产品研发及产业化，探索开展在设计制造、健康医疗、文体娱乐等领域的应用示范。丰富智能家庭产品供给，重点加大智能电视、智能音响、智能服务机器人等新型消费类电子产品供给力度，推动完善智慧家庭产业链，引导产业向"产品+服务"转型升级。开展智慧健康养老服务应用，支持健康监测和管理、家庭养老看护等可穿戴设备发展。推广智慧交通创新与应用示范，推动基于宽带移动互联网的智能汽车与智慧交通示范区建设。积极推进工业电子、医疗电子、汽车电子、能源电子、金融电子等产品研发应用。

专栏6　智能产品+服务价值提升工程

新兴智能硬件。发展智能可穿戴、车载、家居、医疗健康、服务机器人和无人机等智能硬件产品，加强低功耗轻量级底层软硬件系统、高精度智能传感、高性能运动和姿态控制、新型人机交互、虚拟现实、快速充电与轻便储能等核心技术及"互联网+"人工智能平台开发。推动重点领域应用示范。发展创新示范区及先进创新平台，加强标准体系建设。

智能感知。大力支持毫米波与太赫兹产业核心技术突破，从公共安全等重点领域切入开展应用示范，开发符合用户需求的安检安防设备和解决方案，建设和完善相关技术标准、应用规范和检测体系。积极发展NB-IOT等低功耗广域物联技术，支持符合条件的地方与骨干企业合作推动NB-IOT技术在智慧城市、环境监测、工业物流等领域的应用，打造开放、协同的低功耗广域物联创新链条。搭建智能语音推广示范平台，推动智能语音识别在重点行业的云应用和服务发展。

虚拟现实。支持开发核心芯片、显示器件、光学器件、传感器等核心器件，加快发展虚拟现实建模仿真、增强现实与人机交互、集成环境与工具等核心技术，支持虚拟现实显示终端、交互设备、内容采集处理设备的开发及产业化。建立虚拟现实产业发展公共服务平台，建设虚拟现实产品、系统、服务标准体系，开展产品服务质量评测验证。

智慧交通。突破快速图像处理、多源信息融合等核心技术，开发支持5G通信、专网通信、北斗导航定位、专用雷达等的车载终端设备，以及智能车载操作系统平台。建设政策协同、技术融合及产融对接平台，发展基于宽带移动互联网的智能汽车和智慧交通应用示范，打造融合型新兴产业集聚区。培育车载终端多元化应用生态，促进智能网联汽车操作系统底层标准化和人车交互（HMI）系统研发产业化，突破一批汽车电子核心关键技术，加快推进自动驾驶辅助系统、车载信息系统、智能导航系统、主动碰撞避免系统的产业化应用。推进重点应用示范区建设，开展智能驾驶、智能路网、智能充电、便捷停车等典型应用场景示范，形成可推广模式。

智慧健康养老服务。开发健康管理类智能可穿戴设备、日常健康监测设备、家庭康复治疗产品、监护设备、家庭/社区用自助式医疗服务终端。支持开展智慧健康养老应用示范，联合相关部门推动出台支持政策。支持企业开展医疗健康电子产品和系统的研发，促进健康保健、居家养老等智能终端与系统的完善。推进数字化普及型医疗诊疗设备的研发及产业化，推动关键部件研发与应用，提升普适性医疗设备产业化能力和技术水平。

数字电视。推动数字电视产业网络化、智能化、服务化转型升级，丰富智慧家庭产品供给，完善智能电视及智慧家庭产业标准体系，推进智能电视芯片及系统研发及应用，加快新型显示终端发展，完善互联网电视接收终端管理服务。推动新一代音视频标准研究和应用。

（六）计算机与通信设备

引导产业链上下游合作，突破高端服务器和存储设备核心处理器、内存芯片和输入/输出（I/O）芯片等核心器件，构建完善高端服务器、存储设备等核心信息设备产业体系。研究神经元计算、量子计算等新型计算技术应用。支持发展低功耗低成本绿色计算产品，强化芯片、软件、系统与应用服务适配，开展绿色计算应用示范，丰富应用服务模式，推动绿色计算生态良性发展。创新绿色计算产业合作机制，搭建绿色计算产品创新公共服务平台，开发和完善绿色计算接口标准、应用规范与产品检测认证体系。加快高性能安全工业控制计算机以及可信计算、数据安全、网络安全等信息安全产品的研发与产业化。支持安全可靠工业控制计算机在电网、水利、能源、石化等国民经济重要领域的应用。开发高速光传输设备及大容量组网调度光传输设备，发展智能光网络和高速率、大容量、长距离光传输、光纤接入（FTTx）等技术和设备。积极推进5G、IPv6、SDN和NFV等下一代网络设备研发制造。

（七）大数据

突破大数据关键技术和产品，培育壮大大数据服务业态，完善大数据产业体系。深化大数据应用创新，发展面向工业领域的大数据服务和成套解决方案。鼓励工业企业整合各环节数据资源，基于大数据应用开展个性化定制、众包设计、智能监测、全产业链追溯、在线监控诊断及维护、工控系统安全监控、智能制造等新业务。引导企业加快商业和服务模式创新，构建基于大数据的民生服务新体系，在公共安全、自然灾害防治、环境保护等城市管理领域，拓展和丰富服务范围、形式和内容。开展大数据产业集聚发展和应用示范区创建工作。在重点行业开展应用试点，推进政府、金融、能源等重要行业大数据系统安全可靠软硬件应用。培育数据采集、数据分析、数据安全、数据交易等新型数据服务产业和企业。在依法合规、安全可控前提下加快大数据交易产业发展，开展第三方数据交易平台建设试点示范。组织制定数据交易流通的一般规则和信息披露制度，逐步完善数据交易流通中的个人信息保护、数据安全、知识产权保护等制度，建立数据交易流通的行业自律和监督机制。

（八）云计算

积极发展基础设施即服务（IaaS）、平台即服务（PaaS）、软件即服务（SaaS）等云服务，提升公有云服务能力，扩展专有云应用范畴，围绕工业、金融、电信、就业、社保、交通、教育、环保、安监等重点领域应用需求，支持建设全国或区域混合云服务平台。大力发展云服务应用软件，促进各类信息系统向云计算服务平台迁移。积极发展基于云计算的个人信息存储、在线工具、学习娱乐等服务。鼓励大企业开放平台资源，加强行业云服务平台建设。建立为中小企业提供办公、生产、财务、营销、人力资源等基本管理服务的云计算平台。大力发展面向云计算的信息系统规划咨询、方案设计、系统集成和测试评估等服务。支持第三方机构开展云计算服务质量、可信度和网络安全等评估评测。优化云计算基础设施布局，建设完善云计算综合标准体系。完善云计算环境下网络信息安全管理体系，加强技术管理系统建设，强化新技术新业务评估，防范网络信息安全风险。

（九）物联网

实施物联网重大应用示范工程，发展物联网开环应用，加快物联网技术与产业发展、民生服务、生活消费、城市管理以及能源、环保、安监等领域的深度融合，形成一批综合集成解决方案。应用物联网技术推动大田耕种精准化、园艺种植智能化、畜禽养殖高效化，促进形成现代农业经营方式和组织形态。以车联网、智慧医疗、智能家居、智能可穿戴设备等为重点，通过与移动互联网融合加快消费领域物联网应用创新。推进物联网感知设施规划布局，深化物联网在智慧城市基础设施管理方面的应用。建立城市级物联网接入管理与数据汇聚平台，推动感知设备统一接入、集中管理和数据共享利用。大力发展工业互联网，成立工业互联网产业联盟，加快制定工业互联网标准体系，推动产业协同创新。组织开展工业互联网试点示范，建设公共服务平台和管理平台，强化基础设施建设，全面打造低时延、高可靠、广覆盖的工业互联网。

专栏7 工业互联网产业推进试点示范工程

开展工业互联网创新应用示范。 支持企业在工厂无线应用、标识解析、工业以太网、IPv6应用、工业云计算、工业大数据及互联网与工业融合应用等领域开展创新应用示范。

建设工业互联网技术实验验证平台。 在明确我国工业互联网关键技术发展路径的基础上，支持相关单位对工业互联网关键技术等构建实验验证平台，对关键技术进行测试、验证和评估。

建设工业互联网关键资源管理平台。 支持相关单位在大数据、云平台等技术的基础上，建设工业互联网标识解析系统。对ICP/IP地址/域名信息备案管理系统进行升级改造，构建面向工业互联网的IPv6地址资源综合管理平台。

建设工业互联网网络数据服务平台。 满足企业在工业数据分析、使用和流转等方面的需求，提供安全可信的计算环境，及工业互联网网络数据流转行为合规性安全审计等功能，支撑工业互联网网络数据管理。

五、政策措施

（一）深化体制机制改革

落实行政审批制度改革要求，积极推动电信法、网络安全法等立法。实现跨部门、跨平台的网上并联审批，取消不必要的审批目录和不合理收费，完善负面清单，积极应用大数据、云计算等新技术创新行业服务和管理方式。加快完善招投标和政府采购机制。加强事中事后监管，完善监测和惩戒机制。积极推动电信领域混合所有制改革，鼓励民间资本通过多种形式参与信息通信业投融资，激发非公有制经济和小微企业的活力与创造力。深化国有电信企业改革，增强企业活力。加大基础电信领域竞争性业务的开放力度，通过市场竞争促进企业提升服务质量。推动制定用户权益和个人信息保护相关法规，以及网络数据和用户信息保护分级分类标准及具体规则。健全产业安全审查机制和法规体系，加强业务开放情况下的网络与信息安全风险控制。加快发展信息产业技术市场，健全知识产权

创造、运用、管理、保护机制，严打假冒伪劣。

（二）完善财税扶持政策

创新财政支持方式，优化财政资金投入，充分利用国家新兴产业创业投资引导基金、先进制造产业投资基金、中小企业发展基金、国家集成电路产业投资基金等政策性基金引导社会资金，支持重大产业化项目发展。加强资源协调，充分利用现有资金渠道支持重大生产力布局、关键产品产业化和重点产品示范项目。完善和落实支持创新的政府采购政策，推动信息产业创新产品和服务的研发应用。鼓励地方积极探索利用政府抵用券等方式支持信息企业引进创新技术、购置或租赁设备、培养人才等。继续落实软件和集成电路税收支持政策，以及研发费用加计扣除和固定资产加速折旧等政策，推动设备更新和新技术应用。推动符合条件的重大信息技术装备列入《首台（套）重大技术装备推广应用指导目录》，通过有关保险补偿试点支持推广应用。

（三）加大金融支持力度

建立完善多层次资本市场，支持符合条件的信息产业创新创业企业充分利用创业板拓宽融资渠道，推动在全国中小企业股份转让系统挂牌的符合条件的信息产业中小企业向创业板转板。丰富信息产业直接融资工具，积极推动项目收益票据、项目收益债、可转债等的应用。加大产融信息对接力度，建立完善跨部门工作协调机制，搭建服务平台。鼓励商业银行创新信贷产品和金融服务，推动知识产权质押融资、股权质押融资、供应链融资、信用保险保单质押贷款等金融产品创新，在风险可控和商业可持续前提下，加大对信息产业发展的金融支持力度。鼓励开发性、政策性金融机构在业务范围内，为符合条件的信息产业相关项目提供信贷支持。按照国家统一部署，引导和支持符合条件的金融机构在试点地区面向电子信息领域创新企业探索开展投贷联动试点，引导银行业金融机构对"中国制造2025"、"互联网＋"行动等涉及的信息产业重点领域实施差别化信贷政策。支持符合条件的信息产业企业建立资金管理平台。鼓励信息产业骨干企业通过并购票据、并购基金、并购债等开展海外并购。

（四）大力培养产业人才

鼓励高校加强信息产业新兴领域学科专业建设，面向产业发展需求制定人才培养目标和质量标准，鼓励校企合作，建立人才实训基地。培养产业急需的各类科研人员、技术人才和复合型人才，联合开展在职人员培训。继续做好国家软件与集成电路人才国际培训基地工作，充分发挥基地作用，缩短人才培养周期。鼓励企业依托行业协会加强人才协作，推动信息产业与传统制造业人才交流。设立融合型就业人才综合信息平台。实施企业经营管理人才素质提升工程和专业技术人才知识更新工程，以急需紧缺人才为重点，着力加强信息技术领域专业技术人才和经营管理人才培养。做好职业培训和职业资格认证工作。加强人才需求调查和预测，建立健全信息产业高层次人才信息库。建设计算机技术与软件专业技术资格（水平）考试和通信专业技术水平考试合格人员数据库，为企业选人用人提供服务。促进人才双向交流，鼓励专业技术人才到国外学习

培训交流，重点实施软件和集成电路人才出国培训专项；继续实施软件和集成电路产业外国专家引进计划，引进一批具有国际影响力的学术技术带头人和关键技术项目负责人。完善适应信息产业发展要求的人才引进和激励政策，创新引进渠道，积极引进新型显示、智能硬件、云计算、大数据等领域高端人才。

（五）切实加强组织实施

在国家制造强国建设领导小组的领导下，工业和信息化部、发展改革委联合牵头，各成员单位分工协作、加强配合，共同推动指南落实。加强上下联动，引导各地区结合实际合理布局、有序推进重大应用示范和产业化项目，减少低水平重复建设和投资，促进差异化发展。充分发挥国家制造强国建设战略咨询委员会和相关行业协会/联盟等的作用，加强对信息产业新技术、新产品、新业态、新模式、新趋势的跟踪研究。建立指南任务落实情况督促检查和第三方评价机制，扎实开展动态监测和中期评估工作。做好"十三五"时期信息产业各行业领域相关规划、政策、专项和工程与本指南的衔接。

云计算发展三年行动计划（2017—2019年）

发布单位：工业和信息化部

一、背景情况

云计算是信息技术发展和服务模式创新的集中体现，是信息化发展的重大变革和必然趋势，是信息时代国际竞争的制高点和经济发展新动能的助燃剂。云计算引发了软件开发部署模式的创新，成为承载各类应用的关键基础设施，并为大数据、物联网、人工智能等新兴领域的发展提供基础支撑。云计算能够有效整合各类设计、生产和市场资源，促进产业链上下游的高效对接与协同创新，为"大众创业、万众创新"提供基础平台，已成为推动制造业与互联网融合的关键要素，是推进制造强国、网络强国战略的重要驱动力量。

党中央、国务院高度重视以云计算为代表的新一代信息产业发展，发布了《国务院关于促进云计算创新发展培育信息产业新业态的意见》（国发〔2015〕5号）等政策措施。在政府积极引导和企业战略布局等推动下，经过社会各界共同努力，云计算已逐渐被市场认可和接受。"十二五"末期，我国云计算产业规模已达1500亿元，产业发展势头迅猛、创新能力显著增强、服务能力大幅提升、应用范畴不断拓展，已成为提升信息化发展水平、打造数字经济新动能的重要支撑。但也存在市场需求尚未完全释放、产业供给能力有待加强、低水平重复建设现象凸现、产业支撑条件有待完善等问题。为进一步提升我国云计算发展与应用水平，积极抢占信息技术发展的制高点，制定本行动计划。

二、总体思路和发展目标

（一）指导思想

全面落实党的十八大和十八届三中、四中、五中、六中全会精神，深入贯彻习近平总书记系列重要讲话精神，**牢固树立和贯彻落实创新、协调、绿色、开放、共享的发展理念，以推动制造强国和网络强国战略实施为主要目标，以加快重点行业领域应用为着力点，以增强创新发展能力为主攻方向，夯实产业基础，优化发展环境，完善产业生态，健全标准体系，强化安全保障，推动我国云计算产业向高端化、国际化方向发展，全面提升我国云计算产业实力和信息化应用水平。**

（二）基本原则

打牢基础，优化环境。从技术研发、标准体系、产业组织等基础环节入手，根据产业、市场在不同阶段的特点和需求适时调整完善政策，引导产业健康快速发展。引导地方根据资源禀赋、产业基础，合理确定发展定位，避免盲目投资和重复建设。

应用引导，统筹推进。坚持市场需求导向，以工业云、政务云等重点行业领域应用为切入点，带动产业快速发展。推动云计算的普及推广与深入应用。支持以云计算平台为基础，灵活运用云模式，开展创业创新，积极培育新业态、新模式。

协同突破，完善生态。推动云计算企业整合资源，建立制造业创新中心，持续提升云计算服务能力。鼓励骨干企业构建开发测试平台，带动产业链上核心芯片、基础软件、应用软件、关键设备、大数据平台等关键环节的发展，打造协作共赢的产业生态，实现产业整体突破。

提升能力，保障安全。高度重视云计算应用和服务发展带来的网络安全问题与挑战，结合云计算发展特点，进一步提升网络安全技术保障能力，制定完善安全管理制度标准，形成健全的安全防护体系，落实企业安全责任。

开放包容，国际发展。支持云计算企业"走出去"拓展国际市场。鼓励企业充分吸收利用包括开源技术在内的国际化资源，支持企业加大在国际云计算产业、标准、开源组织中的参与力度。

（三）发展目标

到2019年，我国云计算产业规模达到4300亿元，突破一批核心关键技术，云计算服务能力达到国际先进水平，对新一代信息产业发展的带动效应显著增强。云计算在制造、政务等领域的应用水平显著提升。云计算数据中心布局得到优化，使用率和集约化水平显著提升，绿色节能水平不断提高，新建数据中心PUE值普遍优于1.4。发布云计算相关标准超过20项，形成较为完整的云计算标准体系和第三方测评服务体系。云计算企业的国际影响力显著增强，涌现2~3家在全球云计算市场中具有较大份额的领军企业。云计算网络安全保障能力明显提高，网络安全监管体系和法规体系逐步健全。云计算成为信息化建设主要形态和建设网络强国、制造强国的重要支撑，推动经济社会各领域信息化水平大幅提高。

三、重点任务

（一）技术增强行动

持续提升关键核心技术能力。支持大型专业云计算企业牵头，联合科研院所、高等院校建立云计算领域制造业创新中心，组织实施一批重点产业化创新工程，掌握云计算发展制高点。积极发展容器、微内核、超融合等新型虚拟化技术，提升虚拟机热迁移的处理能力、处理效率和用户资源隔离水平。面向大规模数据处理、内存计算、科学计算等应用需求，持续提升超大规模分布式存储、计算资源的管理效率和能效管理水平。支持企业、研究机构、产业组织参与主流开源社区，利用开源社区技术和开发者资源，提升云计算软件技术水平和系统服务能力。引导企业加强云计算领域的核心专利布局，开展云计算知识产权分析和风险评估，发布分析预警研究成果，引导企业加强知识产权布局。开展知识产权相关法律法规宣传和培训，提高企业知识产权意识和管理水平。

加快完善云计算标准体系。 落实《云计算综合标准化体系建设指南》，推进完善标准体系框架。指导标准化机构加快制定云计算资源监控、服务计量计费、应用和数据迁移、工业云服务能力总体要求、云计算服务器技术要求等关键急需技术、服务和应用标准。积极开展标准的宣贯实施和应用示范工作，在应用中检验和完善标准。探索创新标准化工作形式，积极培育和发展团体标准，指导和支持标准组织、产业联盟、核心企业等主体制定发布高质量的云计算标准成果。支持骨干企业及行业协会实质性参与云计算技术、管理、服务等方面国际标准的制定。

深入开展云服务能力测评。 依托第三方测试机构和骨干企业力量，以相关国家、行业、团体标准为依托，以用户需求为导向，围绕人员、技术、过程、资源等云计算服务关键环节，建立健全测评指标体系和工作流程，开展云计算服务能力、可信度测评工作，引导云计算企业提升服务水平、保障服务质量，提高安全保障能力。积极推动与国际主流测评体系的结果互认。

（二）产业发展行动

支持软件企业向云计算转型。 支持地方主管部门联合云计算骨干企业建立面向云计算开发测试的公共服务平台，提供咨询、培训、研发、商务等公共服务。支持软件和信息技术服务企业基于开发测试平台发展产品、服务和解决方案，加速向云计算转型，丰富完善办公、生产管理、财务管理、营销管理、人力资源管理等企业级 SaaS 服务，发展面向个人信息存储、家居生活、学习娱乐的云服务，培育信息消费新热点。

加快培育骨干龙头企业。 面向重点行业领域创新发展需求，加大资金、信贷、人才等方面支持力度，加快培育一批有一定技术实力和业务规模、创新能力突出、市场前景好、影响力强的云计算企业及云计算平台。支持骨干龙头企业丰富服务种类，提高服务能力，创新商业模式，打造生态体系，推动形成云计算领域的产业梯队，不断增强我国在云计算领域的体系化发展实力。

推动产业生态体系建设。 建设一批云计算领域的新型工业化产业示范基地，完善产业载体建设。依托产业联盟等行业组织，充分发挥骨干云计算企业的带动作用和技术溢出效应，加快云计算关键设备研发和产业化，引导芯片、基础软件、服务器、存储、网络等领域的企业，在软件定义网络、新型架构计算设备、超融合设备、绿色数据中心、模块化数据中心、存储设备、信息安全产品等方面实现技术与产品突破，带动信息产业发展，强化产业支撑能力。大力发展面向云计算的信息系统规划咨询、方案设计、系统集成和测试评估等服务。

（三）应用促进行动

积极发展工业云服务。 贯彻落实《关于深化制造业与互联网融合发展的指导意见》，深入推进工业云应用试点示范工作。支持骨干制造业企业、云计算企业联合牵头搭建面向制造业特色领域的工业云平台，汇集工具库、模型库、知识库等资源，提供工业专用软件、工业数据分析、在线虚拟仿真、协同研发设计等类型的云服务，促进制造业企业加快基于云计算的业务模式和商业模式创新，发展协同创新、个性化定制等业务形态，培育"云制造"模式，提升制造业快捷化、服务化、智能化水平，推动制造业转型升级和提质增效。支持钢铁、汽车、轻工等制造业重点领域行业协会与专业机构、骨干云计算企业合作建设行业云平台，促进各类信息系统向云平台迁移，丰富专业云服务内容，推进云计算在制造业细分行业的应用，提高行业发展水平和管理水平。

协同推进政务云应用。 推进基于云计算的政务信息化建设模式，鼓励地方主管部门加大利用云计算服务的力度，应用云计算整合改造现有电子政务信息系统，提高政府运行效率。积极发展安全可靠云计算解决方案，在重要信息系统和关键基础设施建设过程中，探索利用云计算系统架构和模式弥补软硬件单品性能不足，推动实现安全可靠软硬件产品规模化应用。

支持基于云计算的创新创业。 深入推进大企业"双创"，鼓励和支持利用云计算发展创业创新平台，通过建立开放平台、设立创投基金、提供创业指导等形式，推动线上线下资源聚集，带动中小企业的协同创新。通过举办创客大赛等形式，支持中小企业、个人开发者基于云计算平台，开展大数据、物联网、人工智能、区块链等新技术、新业务的研发和产业化，培育一批基于云计算的平台经济、分享经济等新兴业态，进一步拓宽云计算应用范畴。

（四）安全保障行动

完善云计算网络安全保障制度。 贯彻落实《网络安全法》相关规定，推动建立健全云计算相关法律法规和管理制度。加强云计算网络安全防护管理，落实公有云服务安全防护和信息安全管理系统建设要求，完善云计算服务网络安全防护标准。加大公有云服务定级备案、安全评估等工作力度，开展公有云服务网络安全防护检查工作，督促指导云服务企业切实落实网络与信息安全责任，促进安全防护手段落实和能力提升。逐步建立云安全评估认证体系。

推动云计算网络安全技术发展。 针对虚拟机逃逸、多租户数据保护等云计算环境下产生的新型安全问题，着力突破云计算平台的关键核心安全技术，强化云计算环境下的安全风险应对。引导企业加大投入，推动云计算环境下网络与边界类、终端与数字内容类、管理类等安全产品和服务的研发及产业应用，加快云计算专业化安全服务队伍建设。

推动云计算安全服务产业发展。 支持企业和第三方机构创新云安全服务模式，推动建设基于云计算和大数据的网络安全态势感知预警平台，实现对各类安全事件的及时发现和有效处置。持续面向电信企业、互联网企业、安全企业开展云计算安全领域的网络安全试点示范工作，推动企业加大新兴领域的研发，促进先进技术和经验的推广应用。

（五）环境优化行动

推进网络基础设施升级。落实《"宽带中国"战略及实施方案》，引导基础电信企业和互联网企业加快网络升级改造，引导建成一批全光网省、市，推动宽带接入光纤化进程，实施共建共享，进一步提升光纤宽带网络承载能力。推动互联网骨干网络建设，扩容骨干直联点带宽，持续优化网络结构。

完善云计算市场监管措施。进一步明确云计算相关业务的监管要求，依法做好互联网数据中心（IDC）、互联网资源协作服务等相关业务经营许可审批和事中事后监管工作。加快出台规范云服务市场经营行为的管理要求，规范市场秩序，促进云服务市场健康有序发展。

落实数据中心布局指导意见。进一步推动落实《关于数据中心建设布局的指导意见》，在供给侧提升能力，通过开展示范等方式，树立高水平标杆，引导对标差距，提升数据中心利用率和建设应用水平；在需求侧引导对接，通过编制发展指引，对国内数据中心按照容量能力、服务覆盖地区、适宜业务类型等要素进行分类，指导用户按照需求合理选择使用数据中心资源，推动跨区域资源共享。

四、保障措施

（一）优化投资融资环境

推动政策性银行、产业投资机构和担保机构加大对云计算企业的支持力度，推出针对性的产品和服务，加大授信支持力度，简化办理流程和手续，支持云计算企业发展。借鉴首台套保险模式，探索利用保险加快重要信息系统向云计算平台迁移。支持云计算企业进入资本市场融资，开展并购、拓展市场，加快做大做强步伐。

（二）创新人才培养模式

依托国家重大人才工程，加快培养引进一批高端、复合型云计算人才。鼓励部属高校加强云计算相关学科建设，结合产业发展，与企业共同制定人才培养目标，推广在校生实训制度，促进人才培养与企业需求相匹配。支持企业与高校联合开展在职人员培训，建立一批人才实训基地，加快培育成熟的云计算人才队伍。

（三）加强产业品牌打造

支持云计算领域产业联盟等行业组织创新发展，组织开展云计算相关技术创新活动、展示体验活动、应用促进活动，打造国内外知名的产业发展平台。加大对优秀云计算企业、产品、服务、平台、应用案例的总结宣传力度，提高我国云计算品牌的知名度。加强对优秀云计算产业示范基地、行业组织的推广，激发各界推动云计算发展的积极性。

（四）推进国际交流合作

利用中德、中欧、中日韩等国际合作机制，加快建立和完善云计算领域的国际合作与交流平台。结合"一带一路"等国家战略实施，逐步建立以专业化、市场化为导向的海外市场服务体系，支持骨干云计算企业在海外进行布局，设立海外研发中心、销售网络，拓宽海外市场渠道，开展跨国并购等业务，提高国际市场拓展能力。

"十三五"现代综合交通运输体系发展规划

发布单位：国务院

交通运输是国民经济中基础性、先导性、战略性产业，是重要的服务性行业。构建现代综合交通运输体系，是适应把握引领经济发展新常态，推进供给侧结构性改革，推动国家重大战略实施，支撑全面建成小康社会的客观要求。根据《中华人民共和国国民经济和社会发展第十三个五年规划纲要》，并与"一带一路"建设、京津冀协同发展、长江经济带发展等规划相衔接，制定本规划。

一、总体要求

（一）发展环境

"十二五"时期，我国各种交通运输方式快速发展，综合交通运输体系不断完善，较好完成规划目标任务，总体适应经济社会发展要求。交通运输基础设施累计完成投资13.4万亿元，是"十一五"时期的1.6倍，高速铁路营业里程、高速公路通车里程、城市轨道交通运营里程、沿海港口万吨级及以上泊位数量均位居世界第一，天然气管网加快发展，交通运输基础设施网络初步形成。铁路、民航客运量年均增长率超过10%，铁路客运动车组列车运量比重达到46%，全球集装箱吞吐量排名前十位的港口我国占7席，快递业务量年均增长50%以上，城际、城市和农村交通服务能力不断增强，现代化综合交通枢纽场站一体化衔接水平不断提升。高速铁路装备制造科技创新取得重大突破，电动汽车、特种船舶、国产大型客机、中低速磁悬浮轨道交通等领域技术研发和应用取得进展，技术装备水平大幅提高，交通重大工程施工技术世界领先，走出去步伐不断加快。高速公路电子不停车收费系统（ETC）实现全国联网，新能源运输装备加快推广，交通运输安全应急保障能力进一步提高。铁路管理体制改革顺利实施，大部门管理体制初步建立，交通行政审批改革不断深化，运价改革、投融资改革扎实推进。

专栏1 "十二五"末交通基础设施完成情况				
指　标	单位	2010年	2015年	2015年规划目标
铁路营业里程	万公里	9.1	12.1	12
其中：高速铁路	万公里	0.51	1.9	—
铁路复线率	%	41	53	50
铁路电气化率	%	47	61	60
公路通车里程	万公里	400.8	458	450
其中：国家高速公路	万公里	5.8	8.0	8.3
普通国道二级及以上比重	%	60	69.4	70
乡镇通沥青（水泥）路率	%	96.6	98.6	98

专栏1 "十二五"末交通基础设施完成情况（续）				
指　标	单位	2010年	2015年	2015年规划目标
建制村通沥青（水泥）路率	%	81.7	94.5	90
内河高等级航道里程	万公里	1.02	1.36	1.3
油气管网里程	万公里	7.9	11.2	15
城市轨道交通运营里程	公里	1400	3300	3000
沿海港口万吨级及以上泊位数	个	1774	2207	2214
民用运输机场数	个	175	207	230

注：国家高速公路里程统计口径为原"7918"国家高速公路网。

"十三五"时期，交通运输发展面临的国内外环境错综复杂。从国际看，全球经济在深度调整中曲折复苏，新的增长动力尚未形成，新一轮科技革命和产业变革正在兴起，区域合作格局深度调整，能源格局深刻变化。从国内看，"十三五"时期是全面建成小康社会决胜阶段，经济发展进入新常态，生产力布局、产业结构、消费及流通格局将加速变化调整。与"十三五"经济社会发展要求相比，综合交通运输发展水平仍然存在一定差距，主要是：网络布局不完善，跨区域通道、国际通道连通不足，中西部地区、贫困地区和城市群交通发展短板明显；综合交通枢纽建设相对滞后，城市内外交通衔接不畅，信息开放共享水平不高，一体化运输服务水平亟待提升，交通运输安全形势依然严峻；适应现代综合交通运输体系发展的体制机制尚不健全，铁路市场化、空域管理、油气管网运营体制、交通投融资等方面改革仍需深化。

综合判断，"十三五"时期，我国交通运输发展正处于支撑全面建成小康社会的攻坚期、优化网络布局的关键期、提质增效升级的转型期，将进入现代化建设新阶段。站在新的发展起点上，交通运输要准确把握经济发展新常态下的新形势、新要求，切实转变发展思路、方式和路径，优化结构、转换动能、补齐短板、提质增效，更好满足多元、舒适、便捷等客运需求和经济、可靠、高效等货运需求；要突出对"一带一路"建设、京津冀协同发展、长江经济带发展三大战略和新型城镇化、脱贫攻坚的支撑保障，着力消除瓶颈制约，提升运输服务的协同性和均等化水平；要更加注重提高交通安全和应急保障能力，提升绿色、低碳、集约发展水平；要适应国际发展新环境，提高国际通道保障能力和互联互通水平，有效支撑全方位对外开放。

（二）指导思想

全面贯彻党的十八大和十八届二中、三中、四中、五中、六中全会精神，深入贯彻习近平总书记系列重要讲话精神和治国理政新理念新思想新战略，认真落实党中央、国务院决策部署，统筹推进"五位一体"总体布局和协调推进"四个全面"战略布局，牢固树立和贯彻落实新发展理念，以提高发展质量和效益为中心，深化供给侧结构性改革，坚持交通运输服务人民，着力完善基础设施网络、加强运输服务一体衔接、提高运营管理智能水平、推行绿色安全发展模式，加快完善现代综合交通运输体系，更好地发挥交通运输的支撑引领作用，为全面建成小康社会奠定坚实基础。

（三）基本原则

衔接协调、便捷高效。充分发挥各种运输方式的比较优势和组合效率，提升网络效应和规模效益。加强区域城乡交通运输一体化发展，增强交通公共服务能力，积极引导新生产消费流通方式和新业态新模式发展，扩大交通多样化有效供给，全面提升服务质量效率，实现人畅其行、货畅其流。

适度超前、开放融合。有序推进交通基础设施建设，完善功能布局，强化薄弱环节，确保运输能力适度超前，更好发挥交通先行官作用。坚持建设、运营、维护并重，推进交通与产业融合。积极推进与周边国家互联互通，构建国际大道通，为更高水平、更深层次的开放型经济发展提供支撑。

创新驱动、安全绿色。全面推广应用现代信息技术，以智能化带动交通运输现代化。深化体制机制改革，完善市场监管体系，提高综合治理能力。牢固树立安全第一理念，全面提高交通运输的安全性和可靠性。将生态保护红线意识贯穿到交通发展各环节，建立绿色发展长效机制，建设美丽交通走廊。

（四）主要目标

到2020年，基本建成安全、便捷、高效、绿色的现代综合交通运输体系，部分地区和领域率先基本实现交通运输现代化。

网络覆盖加密拓展。高速铁路覆盖80%以上的城区常住人口100万以上的城市，铁路、高速公路、民航运输机场基本覆盖城区常住人口20万以上的城市，内河高等级航道网基本建成，沿海港口万吨级及以上泊位数稳步增加，具备条件的建制村通硬化路，城市轨道交通运营里程比2015年增长近一倍，油气主干管网快速发展，综合交通网总里程达到540万公里左右。

综合衔接一体高效。各种运输方式衔接更加紧密，重要城市群核心城市间、核心城市与周边节点城市间实现1～2小时通达。打造一批现代化、立体式综合客运枢纽，旅客换乘更加便捷。交通物流枢纽集疏运系统更加完善，货物换装转运效率显著提高，交邮协同发展水平进一步提升。

运输服务提质升级。全国铁路客运动车服务比重进一步提升，民航航班正常率逐步提高，公路交通保障能力显著增强，公路货运车型标准化水平大幅提高、货车空驶率大幅下降，集装箱铁水联运比重明显提升，全社会运输效率明显提高。公共服务水平显著提升，实现村村直接通邮、具备条件的建制村通客车，城市公共交通出行比例不断提高。

智能技术广泛应用。交通基础设施、运载装备、经营业户和从业人员等基本要素信息全面实现数字化，各种交通方式信息交换取得突破。全国交通枢纽站点无线接入网络广泛覆盖。铁路信息化水平大幅提升，货运业务实现网上办理，客运网上售票比例明显提高。基本实现重点城市群内交通一卡通互通，车辆安装使用ETC比例大幅提升。交通运输行业北斗卫星导航系统前装率和使用率显著提高。

绿色安全水平提升。城市公共交通、出租车和城市配送领域新能源汽车快速发展。资源节约集约利用和节能减排成效显著，交通运输主要污染物排放强度持续下降。交通运输安全监管和应急保障能力显著提高，重特大事故得到有效遏制，安全水平明显提升。

专栏2	"十三五"综合交通运输发展主要指标			
	指　标　名　称	2015年	2020年	属性
基础设施	铁路营业里程（万公里）	12.1	15	预期性
	高速铁路营业里程（万公里）	1.9	3.0	预期性
	铁路复线率（%）	53	60	预期性
	铁路电气化率（%）	61	70	预期性
	公路通车里程（万公里）	458	500	预期性
	高速公路建成里程（万公里）	12.4	15	预期性
	内河高等级航道里程（万公里）	1.36	1.71	预期性
	沿海港口万吨级及以上泊位数（个）	2207	2527	预期性
	民用运输机场数（个）	207	260	预期性
	通用机场数（个）	300	500	预期性
	建制村通硬化路率（%）	94.5	99	约束性
	城市轨道交通运营里程（公里）	3300	6000	预期性
	油气管网里程（万公里）	11.2	16.5	预期性
运输服务	动车组列车承担铁路客运量比重（%）	46	60	预期性
	民航航班正常率（%）	67	80	预期性
	建制村通客车率（%）	94	99	约束性
	公路货运车型标准化率（%）	50	80	预期性
	集装箱铁水联运量年均增长率（%）	10		预期性
	城区常住人口100万以上城市建成区公交站点500米覆盖率（%）	90	100	约束性
智能交通	交通基本要素信息数字化率（%）	90	100	预期性
	铁路客运网上售票率（%）	60	70	预期性
	公路客车ETC使用率（%）	30	50	预期性
绿色安全	交通运输CO_2排放强度下降率（%）	7*		预期性
	道路运输较大以上等级行车事故死亡人数下降率（%）	20*		约束性

注：1. 硬化路一般指沥青（水泥）路，对于西部部分建设条件特别困难、高海拔高寒和交通需求小的地区，可扩展到石质、砼预制块、砖铺、砂石等路面的公路。
2. 通用机场统计含起降点。
3. 排放强度指按单位运输周转量计算的CO_2（二氧化碳）排放。
4. 与"十二五"末相比。

二、完善基础设施网络化布局

（一）建设多向连通的综合运输通道

构建横贯东西、纵贯南北、内畅外通的"十纵十横"综合运输大通道，加快实施重点通道连通工程和延伸工程，强化中西部和东北地区通道建设。贯通上海至瑞丽等运输通道，向东向西延伸西北北部等运输通道，将沿江运输通道由成都西延至日喀则。推进北京至昆明、北京至港澳台、烟台至重庆、二连浩特至湛江、额济纳至广州等纵向新通道建设，沟通华北、西北至西南、华南等地区；推进福州至银川、厦门至喀什、汕头至昆明、绥芬河至满洲里等横向新通道建设，沟通西北、西南至华东地区，强化进出疆、出入藏通道建设。做好国内综合运输通道对外衔接。规划建设环绕我国陆域的沿边通道。

专栏 3　综合运输通道布局

（一）纵向综合运输通道

1. 沿海运输通道。起自同江，经哈尔滨、长春、沈阳、大连、秦皇岛、天津、烟台、青岛、连云港、南通、上海、宁波、福州、厦门、汕头、广州、湛江、海口，至防城港、至三亚。

2. 北京至上海运输通道。起自北京，经天津、济南、蚌埠、南京，至上海、至杭州。

3. 北京至港澳台运输通道。起自北京，经衡水、菏泽、商丘、九江、南昌、赣州、深圳，至香港（澳门）；支线经合肥、黄山、福州，至台北。

4. 黑河至港澳运输通道。起自黑河，经齐齐哈尔、通辽、沈阳、北京、石家庄、郑州、武汉、长沙、广州，至香港（澳门）。

5. 二连浩特至湛江运输通道。起自二连浩特，经集宁、大同、太原、洛阳、襄阳、宜昌、怀化，至湛江。

6. 包头至防城港运输通道。起自包头（满都拉），经延安、西安、重庆、贵阳、南宁，至防城港。

7. 临河至磨憨运输通道。起自临河（甘其毛都），经银川、平凉、宝鸡、重庆、昆明，至磨憨、至河口。

8. 北京至昆明运输通道。起自北京，经太原、西安、成都（重庆），至昆明。

9. 额济纳至广州运输通道。起自额济纳（策克），经酒泉（嘉峪关）、西宁（兰州）、成都、泸州（宜宾）、贵阳、桂林，至广州。

10. 烟台至重庆运输通道。起自烟台，经潍坊、济南、郑州、南阳、襄阳，至重庆。

（二）横向综合运输通道

1. 绥芬河至满洲里运输通道。起自绥芬河，经牡丹江、哈尔滨、齐齐哈尔，至满洲里。

2. 珲春至二连浩特运输通道。起自珲春，经长春、通辽、锡林浩特，至二连浩特。

3. 西北北部运输通道。起自天津（唐山、秦皇岛），经北京、呼和浩特、临河、哈密、吐鲁番、库尔勒、喀什，至吐尔尕特、至伊尔克什坦、至红其拉甫；西端支线自哈密，经将军庙，至阿勒泰（吉木乃）。

4. 青岛至拉萨运输通道。起自青岛，经济南、德州、石家庄、太原、银川、兰州、西宁、格尔木，至拉萨。

5. 陆桥运输通道。起自连云港，经徐州、郑州、西安、兰州、乌鲁木齐、精河，至阿拉山口、至霍尔果斯。

专栏 3　综合运输通道布局（续）

6. 沿江运输通道。起自上海，经南京、芜湖、九江、武汉、岳阳、重庆、成都、林芝、拉萨、日喀则，至亚东、至樟木。

7. 上海至瑞丽运输通道。起自上海（宁波），经杭州、南昌、长沙、贵阳、昆明，至瑞丽。

8. 汕头至昆明运输通道。起自汕头，经广州、梧州、南宁、百色，至昆明。

9. 福州至银川运输通道。起自福州，经南昌、九江、武汉、襄阳、西安、庆阳，至银川。

10. 厦门至喀什运输通道。起自厦门，经赣州、长沙、重庆、成都、格尔木、若羌，至喀什。

（二）构建高品质的快速交通网

以高速铁路、高速公路、民用航空等为主体，构建服务品质高、运行速度快的综合交通骨干网络。

推进高速铁路建设。加快高速铁路网建设，贯通京哈—京港澳、陆桥、沪昆、广昆等高速铁路通道，建设京港（台）、呼南、京昆、包（银）海、青银、兰（西）广、京兰、厦渝等高速铁路通道，拓展区域连接线，扩大高速铁路覆盖范围。

完善高速公路网络。加快推进由 7 条首都放射线、11 条北南纵线、18 条东西横线，以及地区环线、并行线、联络线等组成的国家高速公路网建设，尽快打通国家高速公路主线待贯通路段，推进建设年代较早、交通繁忙的国家高速公路扩容改造和分流路线建设。有序发展地方高速公路。加强高速公路与口岸的衔接。

完善运输机场功能布局。打造国际枢纽机场，建设京津冀、长三角、珠三角世界级机场群，加快建设哈尔滨、深圳、昆明、成都、重庆、西安、乌鲁木齐等国际航空枢纽，增强区域枢纽机场功能，实施部分繁忙干线机场新建、迁建和扩能改造工程。科学安排支线机场新建和改扩建，增加中西部地区机场数量，扩大航空运输服务覆盖面。推进以货运功能为主的机场建设。优化完善航线网络，推进国内国际、客运货运、干线支线、运输通用协调发展。加快空管基础设施建设，优化空域资源配置，推进军民航空管融合发展，提高空管服务保障水平。

专栏 4　快速交通网重点工程

（一）高速铁路

建成北京至沈阳、北京至张家口至呼和浩特、大同至张家口、哈尔滨至牡丹江、石家庄至济南、济南至青岛、徐州至连云港、宝鸡至兰州、西安至成都、成都至贵阳、商丘至合肥至杭州、武汉至十堰、南昌至赣州等高速铁路。

建设银川至西安、贵阳至南宁、重庆至昆明、北京至商丘、济南至郑州、福州至厦门、西宁至成都、成都至自贡、兰州至中卫、黄冈至黄梅、十堰至西安、西安至延安、银川至包头、盐城至南通、杭州至绍兴至台州、襄阳至宜昌、赣州至深圳、长沙至赣州、南昌至景德镇至黄山、池州至黄山、安庆至九江、上海至湖州、杭州至温州、广州至汕尾、沈阳至敦化、牡丹江至佳木斯、郑州至万州、张家界至怀化、合肥至新沂等高速铁路。

（二）高速公路

实施京新高速（G7）、呼北高速（G59）、银百高速（G69）、银昆高速（G85）、汕昆高速（G78）、首都地区环线（G95）等 6

调峰设施建设。

专栏4　快速交通网重点工程（续）

条区际省际通道贯通工程；推进京哈高速（G1）、京沪高速（G2）、京台高速（G3）、京港澳高速（G4）、沈海高速（G15）、沪蓉高速（G42）、连霍高速（G30）、兰海高速（G75）等8条主通道扩容工程。推进深圳至中山跨江通道建设，新建精河至阿拉山口、二连浩特至赛汗塔拉、靖西至龙邦等连接口岸的高速公路。

（三）民用航空

建成北京新机场、成都新机场以及承德、霍林郭勒、松原、白城、建三江、五大连池、上饶、信阳、武冈、岳阳、巫山、巴中、仁怀、澜沧、陇南、祁连、莎车、若羌、图木舒克、绥芬河、芜湖/宣城、瑞金、商丘、荆州、鄂州/黄冈、郴州、湘西、玉林、武隆、甘孜、黔北、红河等机场。

建设青岛、厦门、呼和浩特新机场，邢台、正蓝旗、丽水、安阳、乐山、元阳等机场。建设郑州等以货运功能为主的机场。研究建设大连新机场、聊城等机场。开展广州、三亚、拉萨新机场前期研究。

扩建上海浦东、广州、深圳、昆明、重庆、西安、乌鲁木齐、哈尔滨、长沙、武汉、郑州、海口、沈阳、贵阳、南宁、福州、兰州、西宁等机场。

推进京沪、京广、中韩、沪哈、沪昆、沪广、沪兰、胶昆等单向循环空中大通道建设，基本形成以单向运行为主的民航干线航路网格局。

（三）强化高效率的普通干线网

以普速铁路、普通国道、港口、航道、油气管道等为主体，构建运行效率高、服务能力强的综合交通普通干线网络。

完善普速铁路网。加快中西部干线铁路建设，完善东部干线铁路网络，加快推进东北地区铁路提速改造，增强区际铁路运输能力，扩大路网覆盖面。实施既有铁路复线和电气化改造，提升路网质量。拓展对外通道，推进边境铁路建设，加强铁路与口岸的连通，加快实现与境外通道的有效衔接。

推进普通国道提质改造。加快普通国道提质改造，基本消除无铺装路面，全面提升保障能力和服务水平，重点加强西部地区、集中连片特困地区、老少边穷地区低等级普通国道升级改造和未贯通路段建设。推进口岸公路建设。加强普通国道日常养护，科学实施养护工程，强化大中修养护管理。推进普通国道服务区建设，提高服务水平。

完善水路运输网络。优化港口布局，推动资源整合，促进结构调整。强化航运中心功能，稳步推进集装箱码头项目，合理把握煤炭、矿石、原油码头建设节奏，有序推进液化天然气、商品汽车等码头建设。提升沿海和内河水运设施专业化水平，加快内河高等级航道建设，统筹航道整治与河道治理，增强长江干线航运能力，推进西江航运干线和京杭运河高等级航道扩能升级改造。

强化油气管网互联互通。巩固和完善西北、东北、西南和海上四大油气进口通道。新建和改扩建一批原油管道，对接西北、东北、西南原油进口管道和海上原油码头。结合油源供应、炼化基地布局，完善成品油管网，逐步提高成品油管输比例。大力推动天然气主干管网、区域管网和互联互通管网建设，加快石油、成品油储备项目和天然气

专栏5　普通干线网重点工程

（一）普速铁路

建成蒙西至华中、库尔勒至格尔木、成昆扩能等工程。建设川藏铁路、和田至若羌、黑河至乌伊岭、酒泉至额济纳、沪通铁路太仓至四团、兴国至永安至泉州、建宁至冠豸山、瑞金至梅州、宁波至金华等铁路，实施渝怀、集通、焦柳、中卫至固原等铁路改造工程。

（二）普通国道

实现G219、G331等沿边国道三级及以上公路基本贯通，G228等沿海国道二级及以上公路基本贯通。建设G316、G318、G346、G347等4条长江经济带重要线路，实施G105、G107、G206、G310等4条国道城市群地区拥堵路段扩能改造，提升G211、G213、G215、G216、G335、G345、G356等7条线路技术等级。推进G219线昭苏至都拉塔口岸、G306线乌里雅斯太至珠恩嘎达布其口岸、G314线布伦口至红其拉甫口岸等公路升级改造。

（三）沿海港口

稳步推进天津、青岛、上海、宁波—舟山、厦门、深圳、广州等港口集装箱码头建设。推进唐山、黄骅等北方港口煤炭装船码头以及南方公用煤炭接卸中转码头建设。实施黄骅、日照、宁波—舟山等港口铁矿石码头项目。推进唐山、日照、宁波—舟山、揭阳、洋浦等港口原油码头建设。有序推进商品汽车、液化天然气等专业化码头建设。

（四）内河高等级航道

推进长江干线航道系统治理，改善上游航道条件，提升中下游航道水深，加快南京以下12.5米深水航道建设，研究实施武汉至安庆航道整治工程、长江口深水航道减淤治理工程。继续推进西江航运干线扩能，推进贵港以下一级航道建设。加快京杭运河山东段、江苏段、浙江段航道扩能改造以及长三角高等级航道整治工程。加快合裕线、淮河、沙颍河、赣江、信江、汉江、沅水、湘江、嘉陵江、乌江、岷江、右江、北盘江—红水河、柳江—黔江、黑龙江、松花江、闽江等高等级航道建设。

（五）油气管网

建设中俄原油管道二线、仪长复线、连云港—仪征、日照—洛阳、日照—沾化、董家口—东营原油管道。新建樟树—株洲、湛江—北海、洛阳—临汾、三门峡—西安、永坪—晋中、鄂渝沿江等成品油管道，改扩建青藏成品油管道，适时建设蒙西、蒙东煤制油外输管道。建设中亚D线、中俄东线、西气东输三线（中段）、西气东输四线、西气东输五线、陕京四线、川气东送二线、新疆煤制气外输、鄂尔多斯—安平—沧州、青岛—南京、重庆—贵州—广西、青藏、闽粤、海口—徐闻等天然气管道，加快建设区域管网，适时建设储气库和煤层气、页岩气、煤制气外输管道。

（四）拓展广覆盖的基础服务网

以普通省道、农村公路、支线铁路、支线航道等为主体，通用航空为补充，构建覆盖空间大、通达程度深、惠及面广的综合交通基础服务网络。

合理引导普通省道发展。积极推进普通省道提级、城镇过境段改造和城市群城际路段等扩容工程，加强与城市干道衔接，提高拥挤路段通行能力。强化普通省道与口岸、支线机场以及重要资源地、农牧林区和兵团团场等有效衔接。

全面加快农村公路建设。除少数不具备条件的乡镇、

建制村外，全面完成通硬化路任务，有序推进较大人口规模的撤并建制村和自然村通硬化路建设，加强县乡村公路改造，进一步完善农村公路网络。加强农村公路养护，完善安全防护设施，保障农村地区基本出行条件。积极支持国有林场林区道路建设，将国有林场林区道路按属性纳入各级政府相关公路网规划。

积极推进支线铁路建设。推进地方开发性铁路、支线铁路和沿边铁路建设。强化与矿区、产业园区、物流园区、口岸等有效衔接，增强对干线铁路网的支撑作用。

加强内河支线航道建设。推进澜沧江等国际国境河流航道建设。加强长江、西江、京杭运河、淮河重要支流航道建设。推进金沙江、黄河中上游等中西部地区库湖区航运设施建设。

加快推进通用机场建设。以偏远地区、地面交通不便地区、自然灾害多发地区、农产品主产区、主要林区和旅游景区等为重点，推进200个以上通用机场建设，鼓励有条件的运输机场兼顾通用航空服务。

完善港口集疏运网络。加强沿海、长江干线主要港口集疏运铁路、公路建设。

专栏6 基础服务网重点工程

（一）农村公路

除少数不具备条件的乡镇、建制村外，全部实现通硬化路，新增3.3万个建制村通硬化路。改造约25万公里窄路基或窄路面路段。对约65万公里存在安全隐患的路段增设安全防护设施，改造约3.6万座农村公路危桥。有序推进较大人口规模的撤并建制村通硬化路13.5万公里。

（二）港口集疏运体系建设

优先推进上海、大连、天津、宁波—舟山、厦门、南京、武汉、重庆等港口的铁路、公路连接线建设。加快推进营口、青岛、连云港、福州等其他主要港口的集疏运铁路、公路建设。支持唐山、黄骅、湄洲湾等地区性重要港口及其他港口的集疏运铁路、公路建设。新开工一批港口集疏运铁路，建设集疏运公路1500公里以上。

三、强化战略支撑作用

（一）打造"一带一路"互联互通开放通道

着力打造丝绸之路经济带国际运输走廊。以新疆为核心区，以乌鲁木齐、喀什为支点，发挥陕西、甘肃、宁夏、青海的区位优势，连接陆桥和西北北部运输通道，逐步构建经中亚、西亚分别至欧洲、北非的西北国际运输走廊。发挥广西、云南开发开放优势，建设云南面向南亚东南亚辐射中心，构建广西面向东盟国际大通道，以昆明、南宁为支点，连接上海至瑞丽、临河至磨憨、济南至昆明等运输通道，推进西藏与尼泊尔等国交通合作，逐步构建衔接东南亚、南亚的西南国际运输走廊。发挥内蒙古联通蒙俄的区位优势，加强黑龙江、吉林、辽宁与俄远东地区陆海联运合作，连接绥芬河至满洲里、珲春至二连浩特、黑河至港澳、沿海等运输通道，构建至俄罗斯远东、蒙古、朝鲜半岛的东北国际运输走廊。积极推进与周边国家和地区铁路、公路、水运、管道连通项目建设，发挥民航网络灵活性优势，率先实现与周边国家和地区互联互通。

加快推进21世纪海上丝绸之路国际通道建设。以福建为核心区，利用沿海地区开放程度高、经济实力强、辐射带动作用大的优势，提升沿海港口服务能力，加强港口与综合运输大通道衔接，拓展航空国际支撑功能，完善海外战略支点布局，构建连通内陆、辐射全球的21世纪海上丝绸之路国际运输通道。

加强"一带一路"通道与港澳台地区的交通衔接。强化内地与港澳台的交通联系，开展全方位的交通合作，提升互联互通水平。支持港澳积极参与和助力"一带一路"建设，并为台湾地区参与"一带一路"建设作出妥善安排。

（二）构建区域协调发展交通新格局

强化区域发展总体战略交通支撑。按照区域发展总体战略要求，西部地区着力补足交通短板，强化内外联通通道建设，改善落后偏远地区通行条件；东北地区提高进出关通道运输能力，提升综合交通网质量；中部地区提高贯通南北、连接东西的通道能力，提升综合交通枢纽功能；东部地区着力优化运输结构，率先建成现代综合交通运输体系。

构建京津冀协同发展的一体化网络。建设以首都为核心的世界级城市群交通体系，形成以"四纵四横一环"运输通道为主骨架、多节点、网格状的区域交通新格局。重点加强城际铁路建设，强化干线铁路与城际铁路、城市轨道交通的高效衔接，加快构建内外疏密有别、高效便捷的轨道交通网络，打造"轨道上的京津冀"。加快推进国家高速公路待贯通路段建设，提升普通国省干线技术等级，强化省际衔接路段建设。加快推进天津北方国际航运核心区建设，加强港口规划与建设的协调，构建现代化的津冀港口群。加快构建以枢纽机场为龙头、分工合作、优势互补、协调发展的世界级航空机场群。完善区域油气储运基础设施。

建设长江经济带高质量综合立体交通走廊。坚持生态优先、绿色发展，提升长江黄金水道功能。统筹推进干线航道系统化治理和支线航道建设，研究建设三峡枢纽水运新通道。优化长江岸线利用与港口布局，积极推进专业化、规模化、现代化港区建设，强化集疏运配套，促进区域港口一体化发展。发展现代航运服务，建设武汉、重庆长江中上游航运中心及南京区域性航运物流中心和舟山江海联运服务中心，实施长江船型标准化。加快铁路建设步伐，建设沿江高速铁路。统筹推进高速公路建设，加快高等级公路建设。完善航空枢纽布局与功能，拓展航空运输网络。建设沿江油气主干管道，推动管网互联互通。

（三）发挥交通扶贫脱贫攻坚基础支撑作用

强化贫困地区骨干通道建设。以革命老区、民族地区、边疆地区、集中连片特殊困难地区为重点，加强贫困地区对外运输通道建设。加强贫困地区市（地、州、盟）之间、县（市、区、旗）与市（地、州、盟）之间高等级公路建设，实施具有对外连接功能的重要干线公路提质升级工程。加快资源丰富和人口相对密集贫困地区开发性铁路建设。在具备水资源开发条件的农村地区，统筹内河航电枢纽建设和航运发展。

夯实贫困地区交通基础。实施交通扶贫脱贫"双百"

工程，加快推动既有县乡公路提级改造，增强县乡城镇中心的辐射带动能力。加快推动乡连村公路建设，鼓励有需求的相邻县、相邻乡镇、相邻建制村之间建设公路。改善特色小镇、农村旅游景点景区、产业园区和特色农业基地等交通运输条件。

（四）发展引领新型城镇化的城际城市交通

推进城际交通发展。加快建设京津冀、长三角、珠三角三大城市群城际铁路网，推进山东半岛、海峡西岸、中原、长江中游、成渝、关中平原、北部湾、哈长、辽中南、山西中部、呼包鄂榆、黔中、滇中、兰州—西宁、宁夏沿黄、天山北坡等城市群城际铁路建设，形成以轨道交通、高速公路为骨干，普通公路为基础，水路为补充，民航有效衔接的多层次、便捷化城际交通网络。

加强城市交通建设。完善优化超大、特大城市轨道交通网络，推进城区常住人口 300 万以上的城市轨道交通成网。加快建设大城市市域（郊）铁路，有效衔接大中小城市、新城新区和城镇。优化城市内外交通，完善城市交通路网结构，提高路网密度，形成城市快速路、主次干路和支路相互配合的道路网络，打通微循环。推进城市慢行交通设施和公共停车场建设。

四、加快运输服务一体化进程

（一）优化综合交通枢纽布局

完善综合交通枢纽空间布局。结合全国城镇体系布局，着力打造北京、上海、广州等国际性综合交通枢纽，加快建设全国性综合交通枢纽，积极建设区域性综合交通枢纽，优化完善综合交通枢纽布局，完善集疏运条件，提升枢纽一体化服务功能。

专栏7 综合交通枢纽布局

（一）国际性综合交通枢纽。
重点打造北京—天津、上海、广州—深圳、成都—重庆国际性综合交通枢纽，建设昆明、乌鲁木齐、哈尔滨、西安、郑州、武汉、大连、厦门等国际性综合交通枢纽，强化国际人员往来、物流集散、中转服务等综合服务功能，打造通达全球、衔接高效、功能完善的交通中枢。

（二）全国性综合交通枢纽。
全面提升长春、沈阳、石家庄、青岛、济南、南京、合肥、杭州、宁波、福州、海口、太原、长沙、南昌—九江、贵阳、南宁、兰州、呼和浩特、银川、西宁、拉萨、秦皇岛—唐山、连云港、徐州、湛江、大同等综合交通枢纽功能，提升部分重要枢纽的国际服务功能。推进烟台、潍坊、齐齐哈尔、吉林、营口、邯郸、包头、通辽、榆林、宝鸡、泉州、喀什、库尔勒、赣州、上饶、蚌埠、芜湖、洛阳、商丘、无锡、温州、金华—义乌、宜昌、襄阳、岳阳、怀化、泸州—宜宾、攀枝花、酒泉—嘉峪关、格尔木、大理、曲靖、遵义、桂林、柳州、汕头、三亚等综合交通枢纽建设，优化中转设施和集疏运网络，促进各种运输方式协调高效，扩大辐射范围。

（三）区域性综合交通枢纽及口岸枢纽。
推进一批区域性综合交通枢纽建设，提升对周边的辐射带动能力，加强对综合运输大通道和全国性综合交通枢纽的支撑。
推进丹东、珲春、绥芬河、黑河、满洲里、二连浩特、甘其毛都、策克、巴克图、吉木乃、阿拉山口、霍尔果斯、吐尔尕特、红其拉甫、樟木、亚东、瑞丽、磨憨、河口、龙邦、凭祥、东兴等沿边重要口岸枢纽建设。

提升综合客运枢纽站场一体化服务水平。按照零距离换乘要求，在全国重点打造 150 个开放式、立体化综合客运枢纽。科学规划设计城市综合客运枢纽，推进多种运输方式统一设计、同步建设、协同管理，推动中转换乘信息互联共享和交通导向标识连续、一致、明晰，积极引导立体换乘、同台换乘。

促进货运枢纽站场集约化发展。按照无缝衔接要求，优化货运枢纽布局，推进多式联运型和干支衔接型货运枢纽（物流园区）建设，加快推进一批铁路物流基地、港口物流枢纽、航空转运中心、快递物流园区等规划建设和设施改造，提升口岸枢纽货运服务功能，鼓励发展内陆港。

促进枢纽站场之间有效衔接。强化城市内外交通衔接，推进城市主要站场枢纽之间直接连接，有序推进重要港区、物流园区等直通铁路，实施重要客运枢纽的轨道交通引入工程，基本实现利用城市轨道交通等骨干公交方式连接大中型高铁车站以及年吞吐量超过 1000 万人次的机场。

（二）提升客运服务安全便捷水平

推进旅客联程运输发展。促进不同运输方式运力、班次和信息对接，鼓励开展空铁、公铁等联程运输服务。推广普及电子客票、联网售票，健全身份查验制度，加快完善旅客联程、往返、异地等出行票务服务系统，完善铁路客运线上服务功能。推行跨运输方式异地候机候车、行李联程托运等配套服务。鼓励第三方服务平台发展"一票制"客运服务。

完善区际城际客运服务。优化航班运行链条，着力提升航班正常率，提高航空服务能力和品质。拓展铁路服务网络，扩大高铁服务范围，提升动车服务品质，改善普通旅客列车服务水平。发展大站快车、站站停等多样化城际铁路服务，提升中心城区与郊区之间的通勤化客运水平。按照定线、定时、定点要求，推进城际客运班车公交化运行。探索创新长途客运班线运输服务模式。

发展多层次城市客运服务。大力发展公共交通，推进公交都市建设，进一步提高公交出行分担率。强化城际铁路、城市轨道交通、地面公交等运输服务有机衔接，支持发展个性化、定制化运输服务，因地制宜建设多样化城市客运服务体系。

推进城乡客运服务一体化。推动城市公共交通线路向城市周边延伸，推进有条件的地区实施农村客运班线公交化改造。鼓励发展镇村公交，推广农村客运片区经营模式，实现具备条件的建制村全部通客车，提高运营安全水平。

（三）促进货运服务集约高效发展

推进货物多式联运发展。以提高货物运输集装化和运载单元标准化为重点，积极发展大宗货物和特种货物多式联运。完善铁路货运线上服务功能，推动公路甩挂运输联网。制定完善统一的多式联运规则和多式联运经营人管理制度，探索实施"一单制"联运服务模式，引导企业加强信息互联和联盟合作。

统筹城乡配送协调发展。加快建设城市货运配送体系，在城市周边布局建设公共货运场站，完善城市主要商业区、社区等末端配送节点设施，推动城市中心铁路货场转型升级为城市配送中心，优化车辆便利化通行管控措施。加快完善县、乡、村三级物流服务网络，统筹交通、邮政、商务、供销等农村物流资源，推广"多站合一"的物流节点建设，积极推广农村"货运班线"等服务模式。

促进邮政快递业健康发展。以邮区中心局为核心、邮政网点为支撑、村邮站为延伸，加快完善邮政普遍服务网络。推动重要枢纽的邮政和快递功能区建设，实施快递"上车、上船、上飞机"工程，鼓励利用铁路快捷运力运送快件。推进快递"向下、向西、向外"工程，推动快递网络下沉至乡村，扩大服务网络覆盖范围，基本实现乡乡设网点、村村通快递。

推进专业物流发展。加强大件运输管理，健全跨区域、跨部门联合审批机制，推进网上审批、综合协调和互联互认。加快发展冷链运输，完善全程温控相关技术标准和服务规范。加强危险货物全程监管，健全覆盖多种运输方式的法律体系和标准规范，创新跨区域联网联控技术手段和协调机制。

（四）增强国际化运输服务能力

完善国际运输服务网络。完善跨境运输走廊，增加便利货物和人员运输协定过境站点和运输线路。有效整合中欧班列资源，统一品牌，构建"点对点"整列直达、枢纽节点零散中转的高效运输组织体系。加强港航国际联动，鼓励企业建设海外物流中心，推进国际陆海联运、国际甩挂运输等发展。拓展国际航空运输市场，建立海外运营基地和企业，提升境外落地服务水平。完善国际邮件处理中心布局，支持建设一批国际快件转运中心和海外仓，推进快递业跨境发展。

提高国际运输便利化水平。进一步完善双多边运输国际合作机制，加快形成"一站式"口岸通关模式。推动国际运输管理与服务信息系统建设，促进陆路口岸信息资源交互共享。依托区域性国际网络平台，加强与"一带一路"沿线国家和地区在技术标准、数据交换、信息安全等方面的交流合作。积极参与国际和区域运输规则制修订，全面提升话语权与影响力。

鼓励交通运输走出去。推动企业全方位开展对外合作，通过投资、租赁、技术合作等方式参与海外交通基础设施的规划、设计、建设和运营。积极开展轨道交通一揽子合作，提升高铁、城市轨道交通等重大装备综合竞争力，加快自主品牌汽车走向国际，推动各类型国产航空装备出口，开拓港口机械、液化天然气船等船舶和海洋工程装备国际市场。

（五）发展先进适用的技术装备

推进先进技术装备自主化。提升高铁、大功率电力机车、重载货车、中低速磁悬浮轨道交通等装备技术水平，着力研制和应用中国标准动车组谱系产品，研发市域（郊）铁路列车，创新发展下一代高速列车，加快城市轨道交通装备关键技术产业化。积极发展公路专用运输车辆、大型厢式货车和城市配送车辆，鼓励发展大中型高档客车，大力发展安全、实用、经济型乡村客车。发展多式联运成套技术装备，提高集装箱、特种运输等货运装备使用比重。继续发展大型专业化运输船舶。实施适航攻关工程，积极发展国产大飞机和通用航空器。

促进技术装备标准化发展。加快推进铁路多式联运专用装备和机具技术标准体系建设。积极推动载货汽车标准化，加强车辆公告、生产、检测、注册登记、营运使用等环节的标准衔接。加快推进内河运输船舶标准化，大力发展江海直达船舶。推广应用集装化和单元化装载技术。建立共享服务平台标准化网络接口和单证自动转换标准格式。

专栏8 提升综合运输服务行动计划

（一）旅客联程运输专项行动

建设公众出行公共信息服务平台，为旅客提供一站式综合信息服务。推进跨运输方式的客运联程系统建设，实现不同运输方式间有效衔接。鼓励企业完善票务服务系统，提高联程、往返和异地票务服务便捷性。

（二）多式联运专项行动

加快完善货运枢纽多式联运服务功能，支持货载单元、快速转运设备、运输工具、停靠与卸货站点的标准化建设改造，加快多式联运信息资源共享，鼓励组织模式、管理模式和重大技术创新，培育一批具有跨运输方式货运组织能力并承担全程责任的多式联运经营企业。

（三）货车标准化专项行动

按照"政策引导消化存量、强化标准严把增量"的原则，引导发展符合国家标准要求、技术性能先进的车辆运输车、液体危险货物罐车、模块化汽车列车等货运车辆，强化对非法改装、超限超载货运车辆的治理，推动建立门类齐备、技术合理的货运车型标准体系，推进标准化货运车型广泛应用。

（四）城乡交通一体化专项行动

选取100个左右县级行政区组织开展城乡交通一体化推进行动，完善农村客货运服务网络，支持农村客货运场站网络建设和改造，鼓励创新农村客运和物流配送组织模式，推广应用农村客运标准化车型，推进城乡客运、城乡配送协调发展。

（五）公交都市建设专项行动

在地市级及以上城市全面推进公交都市建设，新能源公交车比例不低于35%，城区常住人口300万以上城市基本建成公交专用道网络，整合城市公交运输资源，发展新型服务模式，全面提升城市公共交通服务效率和品质。

五、提升交通发展智能化水平

（一）促进交通产业智能化变革

实施"互联网＋"便捷交通、高效物流行动计划。将信息化智能化发展贯穿于交通建设、运行、服务、监管等全链条各环节，推动云计算、大数据、物联网、移动互联网、智能控制等技术与交通运输深度融合，实现基础设施和载运工具数字化、网络化，运营运行智能化。利用信息平台集聚要素，驱动生产组织和管理方式转变，全面提升运输效率和服务品质。

培育壮大智能交通产业。以创新驱动发展为导向，针对发展短板，着眼市场需求，大力推动智能交通等新兴前沿领域创新和产业化。鼓励交通运输科技创新和新技术应用，加快建立技术、市场和资本共同推动的智能交通产业发展模式。

（二）推动智能化运输服务升级

推行信息服务"畅行中国"。推进交通空间移动互联网化，建设形成旅客出行与公务商务、购物消费、休闲娱乐相互渗透的"交通移动空间"。支持互联网企业与交通运输企业、行业协会等整合完善各类交通信息平台，提供综合出行信息服务。完善危险路段与事故区域的实时状态感知和信息告警推送服务。推进交通一卡通跨区（市）域、跨运输方式互通。

发展"一站式"、"一单制"运输组织。推动运营管理系统信息化改造，推进智能协同调度。研究铁路客票系统开放接入条件，与其他运输方式形成面向全国的"一站式"票务系统，加快移动支付在交通运输领域应用。推动使用货运电子运单，建立包含基本信息的电子标签，形成唯一赋码与电子身份，推动全流程互认和可追溯，加快发展多式联运"一单制"。

（三）优化交通运行和管理控制

建立高效运转的管理控制系统。建设综合交通运输运行协调与应急调度指挥中心，推进部门间、运输方式间的交通管理联网联控在线协同和应急联动。全面提升铁路全路网列车调度指挥和运输管理智能化水平。开展新一代国家交通控制网、智慧公路建设试点，推动路网管理、车路协同和出行信息服务的智能化。建设智慧航道和智慧海事，提高港口管理水平和服务效率，提升内河高等级航道运行状态在线监测能力。发展新一代空管系统，加强航空公司运行控制体系建设。推广应用城市轨道交通自主化全自动运行系统、基于无线通信的列车控制系统等，促进不同线路和设备之间相互联通。优化城市交通需求管理，提升城市交通智能化管理水平。

提升装备和载运工具智能化自动化水平。拓展铁路计算机联锁、编组站系统自动化应用，推进全自动集装箱码头系统建设，有序发展无人机自动物流配送。示范推广车路协同技术，推广应用智能车载设备，推进全自动驾驶车辆研发，研究使用汽车电子标识。建设智能路侧设施，提供网络接入、行驶引导和安全告警等服务。

（四）健全智能决策支持与监管

完善交通决策支持系统。增强交通规划、投资、建设、价格等领域信息化综合支撑能力，建设综合交通运输统计信息资源共享平台。充分利用政府和企业的数据信息资源，挖掘分析人口迁徙、公众出行、枢纽客货流、车辆船舶行驶等特征和规律，加强对交通发展的决策支撑。

提高交通行政管理信息化水平。推动在线行政许可"一站式"服务，推进交通运输许可证件（书）数字化，促进跨区域、跨部门行政许可信息和服务监督信息互通共享。加强全国治超联网管理信息系统建设，加快推动交通运输行政执法电子化，推进非现场执法系统试点建设，实现异地交换共享和联防联控。加强交通运输信用信息、安全生产等信息系统与国家相关平台的对接。

（五）加强交通发展智能化建设

打造泛在的交通运输物联网。推动运行监测设备与交通基础设施同步建设。强化全面覆盖交通网络基础设施风险状况、运行状态、移动装置走行情况、运行组织调度信息的数据采集系统，形成动态感知、全面覆盖、泛在互联的交通运输运行监控体系。

构建新一代交通信息基础网络。加快车联网、船联网等建设。在民航、高铁等载运工具及重要交通线路、客运枢纽站点提供高速无线接入互联网公共服务。建设铁路下一代移动通信系统，布局基于下一代互联网和专用短程通信的道路无线通信网。研究规划分配智能交通专用频谱。

推进云计算与大数据应用。增强国家交通运输物流公共信息平台服务功能。强化交通运输信息采集、挖掘和应用，促进交通各领域数据资源综合开发利用和跨部门共享共用。推动交通旅游服务等大数据应用示范。鼓励开展交通大数据产业化应用，推进交通运输电子政务云平台建设。

保障交通网络信息安全。构建行业网络安全信任体系，基本实现重要信息系统和关键基础设施的安全可控，提升抗毁性和容灾恢复能力。加强大数据环境下防攻击、防泄露、防窃取的网络安全监测预警和应急处置能力建设。加强交通运输数据保护，防止侵犯个人隐私和滥用用户信息等行为。

专栏9　交通运输智能化发展重点工程

（一）高速铁路、民用航空器接入互联网工程

选取示范高速铁路线路，提供基于车厢内公众移动通信和无线网的高速宽带互联网接入服务。选取示范国内民用航空器，提供空中接入互联网服务。

（二）交通运输数据资源共享开放工程

建设综合交通运输大数据中心，形成数据开放共享平台。增强国家交通运输物流公共信息平台服务功能，着力推动跨运输方式、跨部门、跨区域、跨国界交通物流信息开放与共享。

（三）综合交通枢纽协同运行与服务示范工程

在京津冀、长江经济带开展综合交通枢纽协同运行与服务示范，建设信息共享与服务平台、应急联动和协调指挥调度决策支持平台，实现城市公交与对外交通之间动态组织、灵活调度。

（四）新一代国家交通控制网示范工程

选取公路路段和中心城市，在公交智能控制、营运车辆智能协同、安全辅助驾驶等领域开展示范工程，应用高精度定位、先进传感、移动互联、智能控制等技术，提升交通调度指挥、运输组织、运营管理、安全应急、车路协同等领域智能化水平。

（五）高速公路电子不停车收费系统（ETC）应用拓展工程

提高全国高速公路ETC车道覆盖率。提高ETC系统安装、缴费等便利性，着重提升在道路客运车辆、出租汽车等各类营运车辆上的使用率。研究推进标准厢式货车不停车收费。提升客服网点和省级联网结算中心服务水平，建设高效结算体系。实现ETC系统在公路沿线、城市公交、出租汽车、停车、道路客运等领域广泛应用。

（六）北斗卫星导航系统推广工程

加快推动北斗系统在通用航空、飞行运行监视、海上应急救援和机载导航等方面的应用。加强全天候、全天时、高精度的定位、导航、授时等服务对车联网、船联网以及自动驾驶等的基础支撑作用。鼓励汽车厂商前装北斗用户端产品，推动北斗模块成为车载导航设备和智能手机的标准配置，拓宽在列车运行控制、港口运营、车辆监管、船舶监管等方面的应用。

六、促进交通运输绿色发展

（一）推动节能低碳发展

优化交通运输结构，鼓励发展铁路、水运和城市公共交通等运输方式，优化发展航空、公路等运输方式。科学划设公交专用道，完善城市步行和自行车等慢行服务系统，积极探索合乘、拼车等共享交通发展。鼓励淘汰老旧高能耗车船，提高运输工具和港站等节能环保技术水平。加快新能源汽车充电设施建设，推进新能源运输工具规模化应用。制定发布交通运输行业重点节能低碳技术和产品推广目录，健全监督考核机制。

（二）强化生态保护和污染防治

将生态环保理念贯穿交通基础设施规划、建设、运营和养护全过程。积极倡导生态选线、环保设计，利用生态工程技术减少交通对自然保护区、风景名胜区、珍稀濒危野生动植物天然集中分布区等生态敏感区域的影响。严格落实生态保护和水土保持措施，鼓励开展生态修复。严格大城市机动车尾气排放限值标准，实施汽车检测与维护制度，探索建立重点区域交通运输温室气体与大气污染物排放协同联控机制。落实重点水域船舶排放控制区管理政策，加强近海以及长江、西江等水域船舶溢油风险防范和污染排放控制。有效防治公路、铁路沿线噪声、振动，减缓大型机场噪声影响。

（三）推进资源集约节约利用

统筹规划布局线路和枢纽设施，集约利用土地、线位、桥位、岸线等资源，采取有效措施减少耕地和基本农田占用，提高资源利用效率。在工程建设中，鼓励标准化设计及工厂预制，综合利用废旧路面、疏浚土、钢轨、轮胎和沥青等材料以及无害化处理后的工业废料、建筑垃圾，循环利用交通生产生活污水，鼓励企业加入区域资源再生综合交易系统。

专栏10　交通运输绿色化发展重点工程

（一）交通节能减排工程

支持高速公路服务区充电桩、加气站，以及长江干线、西江干线、京杭运河沿岸加气站等配套设施规划与建设。推进原油、成品油码头油气回收治理，推进靠港船舶使用岸电。在京津冀、长三角、珠三角三大区域，开展船舶污染物排放治理，到2020年硫氧化物、氮氧化物、颗粒物年排放总量在2015年基础上分别下降65%、20%、30%。

（二）交通装备绿色化工程

加快推进天然气等清洁运输装备、装卸设施以及纯电动、混合动力汽车应用，鼓励铁路推广使用交—直—交电力机车，逐步淘汰柴油发电车。加速淘汰一批长江等内河老旧客运、危险品运输船舶。

（三）交通资源节约工程

提高土地和岸线利用效率，提升单位长度码头岸线设计通过能力。积极推广公路服务区和港口水资源综合循环利用。建设一批资源循环利用试点工程。

（四）交通生态环保工程

建设一批港口、装卸站、船舶修造厂和船舶含油污水、生活污水、化学品洗舱水和垃圾等污染物的接收设施，并与城市公共转运处置设施衔接。在枢纽、高速公路服务区建设一批污水治理和循环利用设施。

七、加强安全应急保障体系建设

（一）加强安全生产管理

强化交通运输企业安全管理主体责任，推动企业依法依规设置安全生产管理机构，健全安全生产管理制度，加强安全生产标准化建设和风险管理。实施从业人员安全素质提升工程，加强安全生产培训教育。重点围绕基础设施、装备设施、运输工具、生产作业等方面安全操作与管理，打造全寿命周期品质工程。强化对安全生产法律法规和安全常识的公益宣传引导，广泛传播交通安全价值观与理念。

（二）加快监管体系建设

构建安全生产隐患排查治理和风险分级管控体系，加强重大风险源动态全过程控制，健全交通安全事故调查协调机制。完善集监测、监控和管理于一体的铁路网络智能安全监管平台和信息传输系统。完善国家公路网运行监测体系，实时监测东中部全部路段和西部重点路段的高速公路运行情况，全面实现重点营运车辆联网联控。完善近海和内河水上交通安全监管系统布局，加强远海动态巡航执法能力建设，加强"四类重点船舶"运行监测。提升民航飞机在线定位跟踪能力，建立通用航空联合监管机制，实现全过程、可追溯监管。加快城市公交安全管理体系建设，加强城市轨道交通运营安全监管和物流运行监测。实施邮政寄递渠道安全监管"绿盾"工程，实现货物来源可追溯、运输可追踪、责任可倒查。加快实现危险货物运输全链条协同监管，强化应对危险化学品运输中泄漏的应急处理能力，防范次生突发环境事件。

（三）推进应急体系建设

加强交通运输部门与公安、安全监管、气象、海洋、国土资源、水利等部门的信息共享和协调联动，完善突发事件应急救援指挥系统。完善全国交通运输运行监测与应急指挥系统，加快建设省级和中心城市运行监测与应急指挥系统。加快建设铁路、公路和民航应急救援体系。完善沿海、长江干线救助打捞飞行基地和船舶基地布局，加强我国管辖海域应急搜救能力和航海保障建设。提升深海远洋搜寻和打捞能力，加强海外撤侨等国际应急救援合作。

专栏11　交通运输安全应急保障重点工程

（一）深海远海监管搜救工程

研究启动星基船舶自动识别系统，配置中远程监管救助载人机和无人机，提升大型监管救助船舶远海搜救适航性能，推动深海远海分布式探测作业装备研发与应用。提升南海、东海等重点海域监管搜救能力。

（二）长江干线交通安全工程

完善长江干线船舶交通管理系统、船舶自动识别系统和视频监控系统，强化长江海事巡航救助一体化船舶、公安巡逻船和消防船舶配置，建设大型起重船及辅助装备、库区深潜器等成套打捞系统。加强长江干线船舶溢油应急设备库建设。

（三）铁路安保工程

加快建设国家铁路应急救援基地，加强高铁运行、监控、防灾预警等安全保障系统建设；加大道口平交改立交及栅栏封闭等安全防护设施建设力度。

专栏11 交通运输安全应急保障重点工程（续）

（四）公路安全应急工程

继续实施公路安全生命防护工程。持续开展农村公路隐患治理，加强农村公路隧道隐患整治，继续开展农村公路危桥改造。不断完善道路交通应急体系，提高应急保障能力。

（五）航空安全工程

建设民航安保体系，提高民航空防安全保障和反恐怖防范能力。加强适航审定能力建设，建设全国民航安全保卫信息综合应用平台。依托航空运输等企业加快构建民航应急运输和搜救力量。

（六）邮政寄递渠道安全监管"绿盾"工程

建设行政执法、运行监测、安全预警、应急指挥、决策支持、公共服务等六类信息系统，完善国家邮政安全监控中心，建设省级和重点城市邮政安全监控中心。

八、拓展交通运输新领域新业态

（一）积极引导交通运输新消费

促进通用航空与旅游、文娱等相关产业联动发展，扩大通用航空消费群体，强化与互联网、创意经济融合，拓展通用航空新业态。有序推进邮轮码头建设，拓展国际国内邮轮航线，发展近海内河游艇业务，促进邮轮游艇产业发展。大力发展自驾车、房车营地，配套建设生活服务功能区。鼓励企业发展城市定制公交、农村定制班车、网络预约出租汽车、汽车租赁等新型服务，稳妥推进众包服务，鼓励单位、个人停车位等资源错时共享使用。

（二）培育壮大交通运输新动能

以高速铁路通道为依托，以高铁站区综合开发为载体，培育壮大高铁经济，引领支撑沿线城镇、产业、人口等合理布局，密切区域合作，优化资源配置，加速产业梯度转移和经济转型升级。基本建成上海国际航运中心，加快建设天津北方、大连东北亚、厦门东南国际航运中心，提升临港产业发展水平，延伸和拓展产业链。建设北京新机场、郑州航空港等临空经济区，聚集航空物流、快件快递、跨境电商、商务会展、科技创新、综合保障等产业，形成临空经济新兴增长极。

（三）打造交通物流融合新模式

打通衔接一体的全链条交通物流体系，以互联网为纽带，构筑资源共享的交通物流平台，创新发展模式，实现资源高效利用，推动交通与物流一体化、集装化、网络化、社会化、智能化发展。推进"平台＋"物流交易、供应链、跨境电商等合作模式，鼓励"互联网＋城乡配送"、"物联网＋供应链管理"等业态模式的创新发展。推进公路港等枢纽新业态发展，积极发展无车承运人等互联网平台型企业，整合公路货运资源，鼓励企业开发"卡车航班"等运输服务产品。

（四）推进交通空间综合开发利用

依据城市总体规划和交通专项规划，鼓励交通基础设施与地上、地下、周边空间综合利用，融合交通与商业、商务、会展、休闲等功能。打造依托综合交通枢纽的城市综合体和产业综合区，推动高铁、地铁等轨道交通站场、停车设施与周边空间的联动开发。重点推进地下空间分层开发，拓展地下纵深空间，统筹城市轨道交通、地下道路

等交通设施与城市地下综合管廊的规划布局，研究大城市地下快速路建设。

专栏12 交通运输新领域建设重点工程

（一）通用航空工程

积极发展通用航空短途运输，鼓励有条件的地区发展公务航空。在适宜地区开展空中游览活动，发展飞行培训，提高飞行驾驶执照持有比例。利用会展、飞行赛事、航空文化交流等活动，支持通用航空俱乐部、通用航空爱好者协会等社团发展。规划建设一批航空飞行营地，完善航空运动配套服务，开展航空体育与体验飞行。

（二）国家公路港网络建设工程

以国际性、全国性综合交通枢纽为重点，建设与铁路货运站、港口、机场等有机衔接的综合型公路港；以区域性综合交通枢纽为重点，建设与主干运输通道快速连通的基地型公路港；以国家高速公路沿线城市为重点，形成一批与综合型和基地型公路港有效衔接、分布广泛的驿站型公路港。

（三）邮轮游艇服务工程

有序推进天津、大连、秦皇岛、青岛、上海、厦门、广州、深圳、北海、三亚、重庆、武汉等邮轮码头建设，在沿海沿江沿湖等地区发展公共旅游和私人游艇业务，完善运动船艇配套服务。

（四）汽车营地建设工程

依托重点生态旅游目的地、精品生态旅游线路和国家旅游风景道，规划建设一批服务自驾车、房车等停靠式和综合型汽车营地，利用环保节能材料和技术配套建设生活服务等功能。

（五）城市交通空间开发利用工程

重点在国际性、全国性综合交通枢纽，以高速铁路客运站、城际铁路客运站、机场为主体，建设一批集交通、商业、商务、会展、文化、休闲于一体的开放式城市功能区。鼓励建设停车楼、地下停车场、机械式立体停车库等集约化停车设施，并按照一定比例配建充电设施。

（六）步道自行车路网建设工程

规划建设城市步行和自行车交通体系，逐步打造国家步道系统和自行车路网，重点建设一批山户外营地、徒步骑行服务站。

九、全面深化交通运输改革

（一）深化交通管理体制改革

深入推进简政放权、放管结合、优化服务改革，最大程度取消和下放审批事项，加强规划引导，推动交通项目多评合一、统一评审，简化审批流程，缩短审批时间；研究探索交通运输监管政策和管理方式，加强诚信体系建设，完善信用考核标准，强化考核评价监督。完善"大交通"管理体制，推进交通运输综合行政执法改革，建设正规化、专业化、规范化、标准化的执法队伍。完善收费公路政策，逐步建立高速公路与普通公路统筹发展机制。全面推进空域管理体制改革，扎实推进空域规划、精细化改革试点和"低慢小"飞行管理改革、航线审批改革等重点工作，加快开放低空空域。加快油气管网运营体制改革，推动油气企业管网业务独立，组建国有资本控股、投资主体多元的油气管道公司和全国油气运输调度中心，实现网运分离。

（二）推进交通市场化改革

加快建立统一开放、竞争有序的交通运输市场，营造

良好营商环境。加快开放民航、铁路等行业的竞争性业务，健全准入与退出机制，促进运输资源跨方式、跨区域优化配置。健全交通运输价格机制，适时放开竞争性领域价格，逐步扩大由市场定价的范围。深化铁路企业和客货运输改革，建立健全法人治理结构，加快铁路市场化运行机制建设。有序推进公路养护市场化进程。加快民航运输市场化进程，有序发展专业化货运公司。积极稳妥深化出租汽车行业改革，完善经营权管理制度。

（三）加快交通投融资改革

建立健全中央与地方投资联动机制，优化政府投资安排方式。在试点示范的基础上，加快推动政府和社会资本合作（PPP）模式在交通运输领域的推广应用，鼓励通过特许经营、政府购买服务等方式参与交通项目建设、运营和维护。在风险可控的前提下，加大政策性、开发性等金融机构信贷资金支持力度，扩大直接融资规模，支持保险资金通过债权、股权等多种方式参与重大交通基础设施建设。积极利用亚洲基础设施投资银行、丝路基金等平台，推动互联互通交通项目建设。

十、强化政策支持保障

（一）加强规划组织实施

各有关部门要按照职能分工，完善相关配套政策措施，做好交通军民融合工作，为本规划实施创造有利条件；做好本规划与国土空间开发、重大产业布局、生态环境建设、信息通信发展等规划的衔接，以及铁路、公路、水运、民航、油气管网、邮政等专项规划对本规划的衔接落实；加强部际合作和沟通配合，协调推进重大项目、重大工程，加强国防交通规划建设；加强规划实施事中事后监管和动态监测分析，适时开展中期评估、环境影响跟踪评估和建设项目后评估，根据规划落实情况及时动态调整。地方各级人民政府要紧密结合发展实际，细化落实本规划确定的主要目标和重点任务，各地综合交通运输体系规划要做好对本规划的衔接落实。

（二）加大政策支持力度

健全公益性交通设施与运输服务政策支持体系，加强

土地、投资、补贴等组合政策支撑保障。切实保障交通建设用地，在用地计划、供地方式等方面给予一定政策倾斜。加大中央投资对铁路、水运等绿色集约运输方式的支持力度。充分发挥各方积极性，用好用足铁路土地综合开发、铁路发展基金等既有支持政策，尽快形成铁路公益性运输财政补贴的制度性安排，积极改善铁路企业债务结构。统筹各类交通建设资金，重点支持交通扶贫脱贫攻坚。充分落实地方政府主体责任，采用中央与地方共建等方式推动综合交通枢纽一体化建设。

（三）完善法规标准体系

研究修订铁路法、公路法、港口法、民用航空法、收费公路管理条例、道路运输条例等，推动制定快递条例，研究制定铁路运输条例等法规。加快制定完善先进适用的高速铁路、城际铁路、市域（郊）铁路、城市轨道交通、联程联运、综合性交通枢纽、交通信息化智能化等技术标准，强化各类标准衔接，加强标准、计量、质量监督，构建综合交通运输标准体系和统计体系。完善城市轨道交通装备标准规范体系，开展城市轨道交通装备认证。依托境外交通投资项目，带动装备、技术和服务等标准走出去。

（四）强化交通科技创新

发挥重点科研平台、产学研联合创新平台作用，加大基础性、战略性、前沿性技术攻关力度，力争在特殊重大工程建设、交通通道能力和工程品质提升、安全风险防控与应急技术装备、综合运输智能管控和协同运行、交通大气污染防控等重大关键技术上取得突破。发挥企业的创新主体作用，鼓励企业以满足市场需求为导向开展技术、服务、组织和模式等各类创新，提高科技含量和技术水平，不断向产业链和价值链高端延伸。

（五）培育多元人才队伍

加快综合交通运输人才队伍建设，培养急需的高层次、高技能人才，加强重点领域科技领军人才和优秀青年人才培养。加强人才使用与激励机制建设，提升行业教育培训的基础条件和软硬件环境。做好国外智力引进和国际组织人才培养推送工作，促进人才国际交流与合作。

半导体照明产业"十三五"发展规划

发布单位：国家发展改革委　　教育部　　科技部　　工业和信息化部
　　　　　财政部　　住房城乡建设部　　交通运输部　　农业部　　商务部
　　　　　卫生计生委　　质检总局　　国管局　　国家能源局

一、现状与形势

半导体照明受到世界各国的普遍关注和高度重视，很多国家立足国家战略进行系统部署，推动半导体照明产业进入快速发展期，全球产业格局正在重塑。

（一）全球半导体照明产业呈现新趋势

目前，全球半导体照明技术从追求光效向提升光品质、光质量和多功能应用等方向发展，产业从技术驱动逐渐转向应用驱动。产业规模不断扩大，市场应用领域不断拓宽，从照明、显示逐步向汽车、医疗、农业等领域扩展。产品质量稳步提高，半导体照明相比传统照明节能效果显著提升。2015年，国际上功率型白光LED器件光效达到160lm/W；LED室内照明产品光效达到107lm/W，室外照明产品光效达到96lm/W；白光OLED面板灯光效达到60lm/W。发达国家通过强化标准规范LED市场应用，实施一系列推广应用政策，推动产业发展。

与此同时，全球半导体照明产业的优势资源逐步向骨干龙头企业集聚，企业并购加速，从业内并购逐渐转向跨界融合。企业服务模式不断创新，从产品制造商逐步向产品、服务系统集成商转变，转型升级加速。随着数字化、智能化加快发展，半导体照明出现技术交叉、产业跨界融合的发展趋势。特别是随着智能照明技术的逐步成熟，将在今后一段时期与半导体照明深度融合，为全球半导体照明行业带来新的巨大变革。

（二）我国半导体照明产业持续快速增长

"十二五"期间，我国多部门、多举措共同推进半导体照明技术创新与产业发展，取得了明显成效。

关键技术实现突破。2015年，功率型白光LED器件产业化光效超过150lm/W；自主知识产权的硅衬底功率型白光LED器件产业化光效超过140lm/W；LED室内照明产品光效超过85lm/W，室外照明产品光效超过110lm/W；白光OLED面板灯光效达到53lm/W。智慧照明、农业照明、紫外LED、可见光通信等新的发展方向和应用领域得到拓展。

产业规模持续增长。"十二五"期间，我国半导体照明产值平均年增长率约30%。2015年，半导体照明产业整体产值达4245亿元人民币，同比增长21%；LED功能性照明产值达1550亿元，同比增长32%；LED照明产品产量约60亿只，国内销量约28亿只，占国内照明产品市场的比重约为32%；LED照明产品出口额约120亿美元，同比增长15%。我国已成为世界LED芯片的主要产地。

标准认证渐成体系。发布了一批半导体照明相关国家标准及行业标准，检测能力逐步提升。开展了半导体照明产品安全、节能等认证工作，团体标准试点工作取得进展。我国半导体照明标准化工作处于世界前列，实现了标准、检测和技术服务"走出去"，在国际标准制定上已具备一定的技术基础和组织管理经验。

产业格局初步形成。以LED为主营业务的主板上市公司数量从2010年的2家增长到2015年的25家，我国大陆2家企业跻身全球半导体照明十大芯片、封装企业之列。并购整合成为趋势，以龙头企业为核心的产业集团逐步形成，产业集中度稳步提高。区域发展特色显现，产业由沿海向中西部转移。

（三）我国半导体照明产业面临机遇与挑战

我国半导体照明产业发展面临重要机遇。2011年，我国出台了《中国淘汰白炽灯路线图》，为我国半导体照明产业提供了发展契机；《巴黎协定》的批准实施，有助于推动各国把半导体照明作为照明领域节能降碳的重要措施；"一带一路"战略、《中国制造2025》、城镇化等加快实施，为半导体照明产业开辟了广阔的市场空间；智慧家居、智慧城市建设等推动半导体照明产业加快形成发展新动能，催生新供给。

面对全球半导体照明数字化、智能化以及技术交叉、跨界融合、商业模式变革等发展趋势，我国半导体照明产业存在技术创新与集成能力、系统服务能力以及企业综合竞争力不足等问题，面临产业结构有待升级、产品质量有待提升、品牌影响力有待增强、标准检测认证体系有待完善等重要挑战。我国要实现从半导体照明产业大国向强国转变，迫切需要加快半导体照明产业转型升级。

二、总体要求

（四）总体思路

全面贯彻党的十八大和十八届三中、四中、五中、六中全会精神，深入学习贯彻习近平总书记系列重要讲话精神和治国理政新理念新思想新战略，紧紧围绕"五位一体"总体布局和"四个全面"战略布局，牢固树立创新、协调、绿色、开放、共享的发展理念，紧密结合"一带一路"战略实施，落实《中国制造2025》《"十三五"节能减排综合工作方案》《国务院办公厅关于开展消费品工业"三品"专项行动营造良好市场环境的若干意见》《"十三五"节能环保产业发展规划》，立足产业发展现状和市场需求，以提供以人为本的高质量照明产品为导向，以供给侧结构性改革为主线，推动半导体照明行业增品种、提品质、创品牌，强化创新引领，以应用促发展，加强市场监管，打造具有国际竞争力的半导体照明战略性新兴产业，培育经济新动能，促进节能减排，推进生态文明建设。

（五）基本原则

需求导向，集成创新。以市场需求为导向、技术创新为支撑，科学把握技术创新方向，整合优势资源，扩大有效供给；以应用促发展，带动跨界集成创新，树立绿色消费理念，探索新常态下半导体照明产业发展新模式。

优化存量，开发增量。充分发挥市场对资源配置的决定性作用，重点依托优势资源，优化存量，做大做强总量；拓展思路，创新模式，积极开发增量需求，在技术新方向、应用新领域进行战略布局，提高投入效益。

协调发展，重点推进。围绕优化产业布局，构建产业链，强化技术创新链，统筹布局半导体照明技术创新、科技服务和产业集聚，引导区域协调发展，推动基础较好、具有比较优势的地区形成特色产业和服务集群。

统筹资源，开放合作。结合"一带一路"建设战略的实施，统筹国际国内两个市场、两种资源，在推动高效节能半导体照明产品"走出去"的基础上，进一步开展标准、检测、认证、产能、技术、工程、服务等全方位的国际合作，推动互利共赢、共同发展。

（六）发展目标

到 2020 年，我国半导体照明关键技术不断突破，产品质量不断提高，产品结构持续优化，产业规模稳步扩大，产业集中度逐步提高，形成 1 家以上销售额突破 100 亿元的 LED 照明企业，培育 1～2 个国际知名品牌，10 个左右国内知名品牌；推动 OLED 照明产品实现一定规模应用；应用领域不断拓宽，市场环境更加规范，为从半导体照明产业大国发展为强国奠定坚实基础。2020 年主要发展指标见表 1。

表 1 2020 年主要发展指标

指标类型及名称		指标值 2015 年数值	2020 年目标
技术创新	白光 LED 器件光效（lm/W）	150	200
	室内 LED 照明产品光效（lm/W）	85	160
	室外 LED 照明产品光效（lm/W）	110	180
	白光 OLED 面板灯光效（lm/W）	53	125
产业发展	半导体照明产业整体产值①（亿元）	4245	10000
	LED 功能性照明②产值（亿元）	1552	5400
	LED 照明产品销售额占整个照明电器行业销售总额的比例（%）	40	70
	产业集中度③（%）	7	15
节能减碳	LED 功能性照明年节电量（亿度）	1000	3400
	LED 功能性照明年 CO_2 减排量（万吨）	9000	30600
应用市场份额	功能性照明（%）	30	70

① 整体产值：半导体照明全产业链的产值，包括材料、器件和应用等；

② 功能性照明：为满足人类正常视觉需求，补充/替代自然光而提供的人工照明；

③ 产业集中度：排名前 10 名的企业产值之和在整体产值中的比重。

三、强化创新引领，推进关键技术突破

（七）加强技术创新及应用示范

坚持创新引领，促进跨界融合，实现从基础前沿、重大共性关键技术到应用示范的全产业链创新设计和一体化组织实施。通过国家科技计划（专项、基金等）支持半导体照明基础和共性关键技术研究，加快材料、器件制备和系统集成等关键技术研发，开展 OLED 照明材料设计、器件结构、制备工艺等产业化重大共性关键技术研究。通过工业转型升级资金和产业化示范工程等渠道，大力推进具有自主知识产权的硅衬底 LED 技术和产品应用。引导产品由注重光效提升转向多种光电指标共同改善和增强，提升 LED 产品的光质量和光品质，营造更加安全、舒适、高效、节能的照明环境。加强 LED 照明产品自动化生产装备的研发和推广应用，提高产品生产效率和质量。推动智慧照明、新兴应用等技术集成与应用示范。见专栏 1。

专栏 1 技术创新领域

基础研究及前沿技术：研究大失配、强极化半导体照明材料及其低维量子结构的外延生长动力学、掺杂动力学、缺陷形成和控制规律、应变调控规律；研究低维量子结构中载流子输运、复合、跃迁及其调控规律；研究新概念、新结构、新功能半导体照明材料与器件；研究半导体照明与人因、生物作用机理，探索光对人体健康和舒适性的影响、对不同生物的效用规律，建立光生物效应、光安全数据库。

重大共性关键技术：研究超高能效、高品质、全光谱半导体照明核心材料、器件、光源、灯具的重大共性关键技术；研究新形态多功能智慧照明与可见光通信关键技术；研究紫外半导体光源材料与器件关键技术；开发大尺寸衬底、外延芯片制备、核心配套材料与关键装备；推进硅衬底 LED 关键技术产业化；开发高效 OLED 照明用发光材料，研究新型 OLED 器件与照明产品。

应用集成创新示范：开发面向智慧照明、健康医疗和农业等应用的半导体照明产品和集成系统，开展应用示范。

（八）建立健全创新机制

推动形成以企业为创新主体、政产学研用紧密合作的半导体照明产业创新机制。发挥企业参与国家创新决策的作用，鼓励企业间联合投入开展协同创新研究，联合牵头实施产业化目标明确的国家科技项目。支持企业与科研院所、高校共建新型研发机构，开展合作研究。鼓励企业到境外建立研发机构。鼓励企业对标国际同类先进企业，加强跨界融合、协同创新，推动产业迈向中高端。引导企业参加各类国际标准组织和国际标准制修订工作。鼓励企业加强国际专利部署。

（九）打造专业化创新创业体系

鼓励通过市场化机制、专业化服务和资本化途径，建设集研发设计、技术转移、成果转化、创业孵化、科技咨询、标准检测认证、电子商务、金融、人力培养、信息交流、品牌建设、国际资源对接等一体化的专业化 LED 创新服务平台。鼓励采用众创、众包、众筹、众扶等模式，建设 LED 专业化、市场化、集成化、网络化的"众创平台"。

四、深化供给侧结构性改革，推动产业转型升级

（十）引导产业结构调整优化

鼓励企业从目前以生产光源替代类 LED 照明产品为主，向各类室内外灯具方向发展，鼓励开发和推广适合各类应用场景的智能照明产品，逐步提高中高端 LED 照明产品的生产和使用比重。积极引导、鼓励 LED 照明企业兼并重组，做大做强，培育具有国际竞争力的龙头企业；引导中小企业聚焦细分领域，促进特色化发展。加快生产设备智能化改造，推进智能工厂/数字化车间试点建设，实施 LED 照明产品绿色生产制造示范。加大 LED 照明行业品牌建设力度，积极学习借鉴国际先进的品牌管理模式，引导企业建立和实施自主品牌发展战略，增强品牌管理能力，加大品牌宣传推广，逐步提高自主品牌产品生产和出口比例。鼓励地方优化布局，建设一批半导体照明特色产业及服务集聚区，推动区域产业集群化、差异化发展，探索在重点集聚区开展区域品牌建设试点。

（十一）加强系统集成带动产业升级

推动系统集成发展，加强半导体照明产业跨界融合。推进半导体照明产业与互联网的深度融合，促进智慧照明产品研发和产业化，支撑智慧城市、智慧社区、智慧家居建设。推动半导体照明与装备制造、建材、文化、金融、电子、通讯行业深度融合，在技术研发、示范应用、标准制定等方面协调发展，提升产品附加值，推动半导体照明产业向高端应用升级。

（十二）实施能效"领跑者"引领行动

研究制定综合各类指标的半导体照明产品能效"领跑者"评价体系，定期发布能效"领跑者"名单。研究将符合政府采购政策要求的能效"领跑者"产品纳入节能产品政府采购清单，实行强制采购或优先采购。固定资产投资、中央预算内投资等支持的项目优先选用半导体照明能效"领跑者"产品。加强能效"领跑者"产品宣传推广，鼓励各地对入围能效"领跑者"的产品给予政策支持。

五、强化需求端带动，加快 LED 产品推广

以需求为牵引，全面推动 LED 照明产品在公共机构、城市公共照明、交通运输、工业及服务业、居民家庭及特殊新兴领域等的应用推广，着力提升 LED 照明产品的市场份额。见专栏2。

专栏2　2020 年 LED 高效照明产品推广目标

公共机构：公共机构率先垂范，推广应用3亿只 LED 照明产品。

城市公共照明及交通领域：推动城市公共照明领域照明改造与示范，推广1500万盏 LED 路灯/隧道灯，城市道路照明应用市场占有率超过50%。加强交通运输领域推广应用。

工业及服务业：推动工厂、商场、超市、写字楼等场所 LED 应用，推广15亿只 LED 照明产品。

居民家庭：鼓励城乡居民家庭通过装修、改造等应用 LED 产品，全国推广10亿只 LED 照明产品。

特殊新兴领域：加强 LED 产品在智慧城市、智慧家居、农业、健康医疗、文化旅游、水处理、可见光通信、汽车等领域推广，开展100项示范应用。

（十三）公共机构率先引领

贯彻落实《公共机构节约能源资源"十三五"规划》，推动国家机关办公和业务用房、学校、医院、博物馆、科技馆、体育馆等公共机构开展绿色建筑行动，率先实行照明系统 LED 改造，引领全社会推广应用 LED 照明产品。

（十四）城市公共照明及交通领域推广应用

编制《"十三五"城市绿色照明规划》，推动绿色照明试点示范城市建设。鼓励在新建和改造城市道路、商业区、广场、公园、公共绿地、景区、名胜古迹、停车场和城市绿色建筑示范区使用 LED 道路照明产品。各地新建城市道路照明优先采用 LED 照明产品。加强交通运输领域推广应用，推动轨道交通站台、高速公路服务区、隧道、机场、车站、码头（港口）等场所应用 LED 照明产品。

（十五）工业及服务业 LED 升级改造

推动工业园区内公共照明、厂区照明、厂房照明节能改造，应用 LED 照明产品。鼓励商贸流通、银行金融、通讯、体育、文化等营业场所实施 LED 升级改造。制定《流通领域节能环保技术产品推广目录》，将 LED 照明产品纳入推广目录，引导商贸流通企业采购、销售 LED 照明等绿色产品。研究将符合条件的 LED 照明设备纳入《节能节水专用设备企业优惠所得税目录》，建立绿色供应商目录。

（十六）鼓励居民家庭应用

积极开展城乡居民家庭 LED 照明产品应用推广，提升照明质量与光环境。加强线上线下展示体验，规范电子商务、门店采购等流通渠道，鼓励商家开展"以旧换新"等活动，推进居民家庭 LED 照明产品应用。

（十七）拓展新兴领域应用

选择高海拔、严寒等特殊场所，开展室内外不同场所、不同领域、不同环境的半导体照明应用示范。拓展 LED 照明产品应用范围，推动 LED 在智慧照明、农业照明、健康医疗照明、汽车照明、文化旅游、水处理、可见光通信等领域应用，满足不同应用需求。

六、强化市场监管和质量评价，净化市场环境

（十八）建立健全标准体系

强化半导体照明标准体系的建设和维护工作，根据市场和技术变化及时加以调整和完善，研究建立智能照明标准体系框架。制修订 LED 照明产品检测、性能、安全、规格接口等国家标准，研究制定 LED 与 OLED 照明器具、照明系统术语和定义、智慧照明系统等相关标准，规范 LED 照明产品生产和应用。围绕智慧照明、农业照明、健康医疗照明、可见光通信等领域应用，开展标准研究。针对技术领先、使用范围广、暂时没有国家标准、行业标准的新型 LED 照明产品，积极培育团体标准。积极参与国际标准制定。

（十九）提升检测认证能力

开展测试技术、检测方法研究，分重点、有步骤地制定 LED 器件、光源和灯具检测和评价规范，鼓励研发先进检测设备，加强光品质和照明基础类研究。统一认证标准和程序，开展 LED 照明产品的质量认证、节能认证工作，适时推动统一的绿色产品认证和标识。加强检测认证机构能力建设，提升 LED 照明产品检测认证水平。支持检验检

测机构模式创新，提高我国检验检测机构的市场竞争力。

（二十）强化执法检查监管

强化照明产品执法检查、检测认证监管及质量监督检查，加大 LED 照明产品质量监督抽查力度，严厉打击假冒伪劣、虚标能效等行为，净化市场环境。建立第三方标准、认证、信用评价体系，提升 LED 产品认证的有效性和公信力。建立第三方 LED 节能改造示范项目在线管理平台，开展实施效果跟踪与评价，对产品检测认证工作情况实施监督管理。鼓励企业开展产品和服务标准自我声明公开和监督制度建设，加强自律。

（二十一）开展质量评价工作

开展技术研发、产品品质、应用示范等质量评价，支持我国半导体照明领域有关机构建立一体化研究和评价平台，支撑我国半导体照明产业向品质照明、智能照明转型提升。开展半导体照明产品质量与企业标准和自我声明符合性评价，推动相关机构建立评价机制和公共服务平台，引导半导体照明企业提升产品质量。

七、加强国际与区域合作，提升产业国际竞争力

（二十二）融入全球合作网络

充分利用科技、节能环保、应对气候变化、经贸等领域双多边合作渠道，积极融入全球合作网络，探索合作新模式、新路径、新体制。开展半导体照明技术、标准、标识、检测、认证等国际合作，推动联合共建实验室、研究中心、设计中心、技术服务中心、科技园区、技术示范推广基地。

（二十三）推动标准和认证走向国际化

推动照明标准互联互通、认证标识协调互认，积极主动参与国际标准化工作，鼓励参与半导体照明领域国际标准化战略、政策和规则的制定，支持我国专家担任国际标准化机构职务。培育、发展和推动我国优势、特色技术标准上升为国际标准，建立对话沟通机制，多渠道、多方式促进标识认证双多边协调互认。支持我国与其他国家或区域的标准化机构开展合作，促进半导体照明领域标准的协调一致。

（二十四）引导产业"走出去"

支持具备条件的企业通过建立海外分支机构、境外投资并购、基础设施建设、节能改造工程、产品出口等方式，深化国际产能合作。鼓励企业积极开拓国际市场，引导企业参与境外经贸产业合作区建设，带动我国半导体照明产品和技术输出。研究建立跨境电子商务平台，推动我国产品参与国际市场竞争。充分利用丝路基金、亚洲基础设施投资银行、金砖国家开发银行等融资渠道，开展半导体照明应用示范及推广。鼓励行业技术机构以技术服务等形式，带动我国半导体照明企业"走出去"。实施 LED 照亮"一带一路"行动计划，见专栏3。

专栏3　LED 照亮"一带一路"行动计划

公共服务平台：在有条件和基础的国家或地区，推动合作共建半导体照明技术研发、标准检测、系统设计、质量评价等公共服务平台，开展技术服务并帮助建立标准、检测和质量监管体系。

应用示范项目：在部分国家或地区共建半导体照明应用示范工程，推动我国半导体照明技术和产品在境外重大工程及基础设施

专栏3　LED 照亮"一带一路"行动计划（续）

建设中的应用。

人才培育输出：依托我国专业技术人才教育资源及人才培养体系，为沿线国家或地区培育输送技术、设计、工程、服务等专业人才。

照明产品推广：面向"一带一路"国家或地区推广半导体照明产品，提升照明节能减排能力。

（二十五）推动两岸产业合作

积极推进海峡两岸半导体照明技术研发、标准检测认证、应用示范等合作，推动实施两岸半导体照明合作项目。选择特色区域推动建设两岸产业合作试验区，进一步完善信息交流平台，持续推进人才培养合作，拓展 LED 核心材料在其他应用领域的对话合作。

八、强化协调管理，形成规划实施合力

（二十六）加强规划实施协调配合

加强与相关规划的统筹衔接，加强中央和地方政策协调，完善各项配套政策措施，各部门、各地方协同推进规划实施。相关部门按职能分工科学制定政策和合理配置公共资源，调动和增强相关方的积极性、主动性，鼓励地方出台示范推广、优化产业环境等配套政策。

（二十七）健全多元投入机制

建立多元投入体系，提高资源投入配置效率。运用政府和社会资本合作模式引导社会资本参与基础设施建设等重大工程，运用能源托管等模式开展照明技术改造。通过财税金融政策、种子基金、风险投资等方式，支持创新型小微企业加快成长。

（二十八）组织实施示范工程

围绕规划目标和具体任务，各有关部门加强不同规划、工程的有效衔接，强化分工协作，组织实施示范工程，全面提升产业综合竞争力。见专栏4。

专栏4　示范工程

特色基地示范工程：围绕京津冀协同发展、长江经济带、"一带一路"战略实施，引导半导体照明产业资源及创新要素合理布局，鼓励地方建设半导体照明特色产业及服务集聚区。

城市道路照明应用工程：支持一批城市实施道路照明节能改造，推动城市道路照明应用 LED 产品。

创新应用示范工程：创新机制与模式，支持建设若干 LED 智慧照明、农业照明、健康照明、文化旅游照明等创新应用示范工程。

公共机构照明应用工程：选择一批国家机关、高等院校、医院、博物馆、科技馆、体育馆等公共机构开展 LED 照明升级改造示范，推动公共机构率先应用 LED 照明产品。

国际合作基地示范工程：实施 LED 照亮"一带一路"工程，围绕国际技术创新、孵化转化、标准检测、产业合作，建设若干半导体照明国际合作基地。

（二十九）强化规划实施评估考核

加大规划实施情况督查力度，开展半导体照明推广应用情况评估、跟踪分析。将规划实施情况及 LED 照明产品推广应用情况纳入对各地区、重点用能单位节能目标责任评价考核范围。

第二篇　宏观经济及相关行业运行情况

中华人民共和国
2017 年国民经济和社会发展统计公报（节选）

中华人民共和国国家统计局

2018 年 2 月 28 日

2017 年，各地区各部门在以习近平同志为核心的党中央坚强领导下，不断增强政治意识、大局意识、核心意识、看齐意识，深入贯彻落实党的十八大和十八届三中、四中、五中、六中、七中全会精神，认真学习贯彻党的十九大精神，以习近平新时代中国特色社会主义思想为指导，按照中央经济工作会议和《政府工作报告》部署，坚持稳中求进工作总基调，坚定不移贯彻新发展理念，坚持以提高发展质量和效益为中心，统筹推进"五位一体"总体布局和协调推进"四个全面"战略布局，以供给侧结构性改革为主线，统筹推进稳增长、促改革、调结构、惠民生、防风险各项工作，经济运行稳中有进、稳中向好、好于预期，经济社会保持平稳健康发展。

一、综合

初步核算，全年国内生产总值 827122 亿元，比上年增长 6.9%。其中，第一产业增加值 65468 亿元，增长 3.9%；第二产业增加值 334623 亿元，增长 6.1%；第三产业增加值 427032 亿元，增长 8.0%。第一产业增加值占国内生产总值的比重为 7.9%，第二产业增加值比重为 40.5%，第三产业增加值比重为 51.6%。全年最终消费支出对国内生产总值增长的贡献率为 58.8%，资本形成总额贡献率为 32.1%，货物和服务净出口贡献率为 9.1%。全年人均国内生产总值 59660 元，比上年增长 6.3%。全年国民总收入 825016 亿元，比上年增长 7.0%，如图 1、图 2 所示。

图 1　2013－2017 年国内生产总值及其增长速度

年末全国大陆总人口 139008 万人，比上年末增加 737 万人，其中城镇常住人口 81347 万人，占总人口比重（常住人口城镇化率）为 58.52%，比上年末提高 1.17 个百分点。户籍人口城镇化率为 42.35%，比上年末提高 1.15 个百分点。全年出生人口 1723 万人，出生率为 12.43‰；死

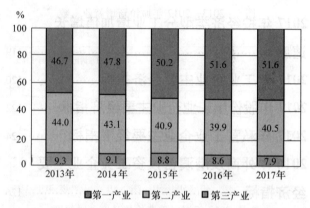

图 2　2013－2017 年三次产业增加值占国内生产总值比重

亡人口 986 万人，死亡率为 7.11‰；自然增长率为 5.32‰。全国人户分离的人口 2.91 亿人，其中流动人口 2.44 亿人，2017 年年末人口数及其构成见表 1。

表 1　2017 年年末人口数及其构成

指标	年末数/万人	比重/%
全国总人口	139008	100.0
其中：城镇	81347	58.52
乡村	57661	41.48
其中：男性	71137	51.2
女性	67871	48.8
其中：0~15 岁（含不满 16 周岁）	24719	17.8
16~59 岁（含不满 60 周岁）	90199	64.9
60 周岁及以上	24090	17.3
其中：65 周岁及以上	15831	11.4

年末全国就业人员 77640 万人，其中城镇就业人员 42462 万人。全年城镇新增就业 1351 万人，比上年增加 37 万人，如图 3 所示。年末城镇登记失业率为 3.90%，比上年末下降 0.12 个百分点。全国农民工总量 28652 万人，比上年增长 1.7%。其中，外出农民工 17185 万人，增长 1.5%；本地农民工 11467 万人，增长 2.0%。

全年居民消费价格比上年上涨 1.6%。涨跌幅度见表 2，月度涨跌幅度如图 4 所示。工业生产者出厂价格上涨 6.3%。工业生产者购进价格上涨 8.1%。固定资产投资价格上涨 5.8%。农产品生产者价格下降 3.5%。

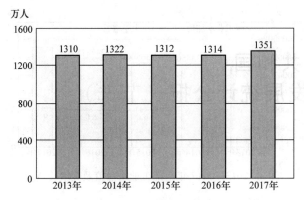

图3 2013—2017年城镇新增就业人数

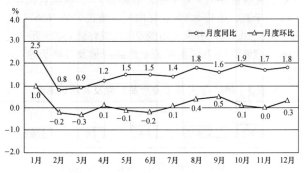

图4 2017年居民消费价格月度涨跌幅度

表2 2017年居民消费价格比上年涨跌幅度

单位:%

指标	全国	城市	农村
居民消费价格	1.6	1.7	1.3
其中:食品烟酒	-0.4	-0.2	-1.1
衣着	1.3	1.2	1.3
居住	2.6	2.5	2.7
生活用品及服务	1.1	1.0	1.2
交通和通信	1.1	1.0	1.4
教育文化和娱乐	2.4	2.4	2.3
医疗保健	6.0	6.8	4.2
其它用品和服务	2.4	2.5	2.4

12月份70个大中城市新建商品住宅销售价格月同比上涨的城市个数为61个，比1月份减少5个；下降的为9个，增加5个，如图5所示。

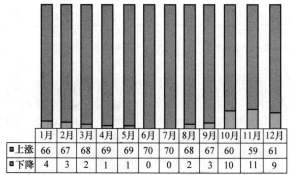

	1月	2月	3月	4月	5月	6月	7月	8月	9月	10月	11月	12月
上涨	66	67	68	69	69	70	70	68	67	60	59	61
下降	4	3	2	1	1	0	0	2	3	10	11	9

图5 2017年新建商品住宅销售价格月同比
上涨、下降城市个数变化情况

年末国家外汇储备31399亿美元，比上年末增加1294亿美元。全年人民币平均汇率为1美元兑6.7518元人民币，比上年贬值1.6%，如图6所示。

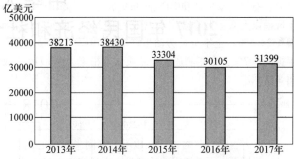

图6 2013—2017年年末国家外汇储备

供给侧结构性改革扎实推进。全年全国工业产能利用率为77.0%，比上年提高3.7个百分点。其中，煤炭开采和洗选业产能利用率为68.2%，比上年提高8.7个百分点；黑色金属冶炼和压延加工业产能利用率为75.8%，提高4.1个百分点。年末商品房待售面积58923万平方米，比上年末减少10616万平方米。其中，商品住宅待售面积30163万平方米，减少10094万平方米。年末规模以上工业企业资产负债率为55.5%，比上年末下降0.6个百分点。全年规模以上工业企业每百元主营业务收入中的成本为84.92元，比上年下降0.25元；每百元主营业务收入中的费用为7.77元，下降0.2元。全年生态保护和环境治理业、公共设施管理业、农业固定资产投资（不含农户）分别比上年增长23.9%、21.8%和16.4%。

新动能新产业新业态加快成长。全年规模以上工业战略性新兴产业增加值比上年增长11.0%。高技术制造业增加值增长13.4%，占规模以上工业增加值的比重为12.7%。装备制造业增加值增长11.3%，占规模以上工业增加值的比重为32.7%。全年新能源汽车产量69万辆，比上年增长51.2%；智能电视产量9666万台，增长3.8%；工业机器人产量13万台（套），增长81.0%；民用无人机产量290万架，增长67.0%。全年规模以上服务业中，战略性新兴服务业营业收入41235亿元，比上年增长17.3%；实现营业利润7446亿元，增长30.2%。全年高技术产业投资42912亿元，比上年增长15.9%，占固定资产投资（不含农户）的比重为6.8%；工业技术改造投资105912亿元，增长16.3%，占固定资产投资（不含农户）的比重为16.8%。全年网上零售额71751亿元，比上年增长32.2%。其中网上商品零售额54806亿元，增长28.0%，占社会消费品零售总额的比重为15.0%。在网上商品零售额中，吃类商品增长28.6%，穿类商品增长20.3%，用类商品增长30.8%。2016年末全国25.1%的村有电子商务配送站点。

发展质量效益改善。全年全国一般公共预算收入172567亿元，比上年增长7.4%。其中税收收入144360亿元，比上年增加13999亿元，增长10.7%，如图7所示。全年规模以上工业企业实现利润75187亿元，比上年增长21.0%。分经济类型看，国有控股企业实现利润16651亿元，比上年增长45.1%；集体企业400亿元，下降8.5%，股份制企业52404亿元，增长23.5%，外商及港澳台商投资企业 18753 亿元，增长 15.8%；私营企业 23753 亿元，增长 11.7%。分门类看，采矿业实现利润 4587 亿元，比上年增长 2.6 倍；制造业 66511 亿元，增长 18.2%；电力、热力、燃气及水生产和供应业 4089 亿元，下降 10.7%。全年规模以上服务业企业实现营业利润 23645 亿元，比上年增长 24.5%。全年全员劳动生产率为 101231 元/人，比上年提高 6.7%。全年制造业产品质量合格率为 93.71%，如图 8 所示。

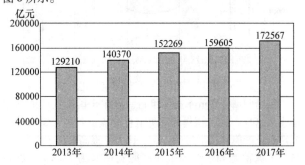

注：图中 2013 年至 2016 年数据为全国一般公共预算收入决算数，2017 年为执行数。

图 7　2013—2017 年全国一般公共预算收入

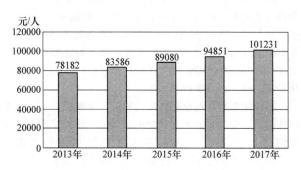

图 8　2013—2017 年全员劳动生产率

二、工业和建筑业

全年全部工业增加值 279997 亿元，比上年增长 6.4%，如图 9 所示。规模以上工业增加值增长 6.6%。在规模以上工业中，分经济类型看，国有控股企业增长 6.5%；集体企业增长 0.6%，股份制企业增长 6.6%，外商及港澳台商投资企业增长 6.9%；私营企业增长 5.9%。分门类看，采矿业下降 1.5%，制造业增长 7.2%，电力、热力、燃气及水生产和供应业增长 8.1%。

全年规模以上工业中，农副食品加工业增加值比上年增长 6.8%，纺织业增长 4.0%，化学原料和化学制品制造业增长 3.8%，非金属矿物制品业增长 3.7%，黑色金属冶炼和压延加工业增长 0.3%，通用设备制造业增长 10.5%，专用设备制造业增长 11.8%，汽车制造业增长 12.2%，电气机械和器材制造业增长 10.6%，计算机、通信和其他电子设备制造业增长 13.8%，电力、热力生产和供应业增长 7.8%。六大高耗能行业增加值增长 3.0%，占规模以上工业增加值的比重为 29.7%。

年末全国发电装机容量 177703 万千瓦，比上年末增长

图 9　2013—2017 年全部工业增加值及其增长速度

7.6%。其中，火电装机容量 110604 万千瓦，增长 4.3%；水电装机容量 34119 万千瓦，增长 2.7%；核电装机容量 3582 万千瓦，增长 6.5%；并网风电装机容量 16367 万千瓦，增长 10.5%；并网太阳能发电装机容量 13025 万千瓦，增长 68.7%，2017 年主要工业产品产量及其增长速度见表 3。

表 3　2017 年主要工业产品产量及其增长速度

产品名称	单位	产量	比上年增长/%
纱	万吨	4050.0	8.5
布	亿米	868.1	-4.3
化学纤维	万吨	4919.6	0.7
成品糖	万吨	1470.6	1.9
卷烟	亿支	23448.3	-1.6
彩色电视机	万台	15932.6	1.0
其中：液晶电视机	万台	15755.9	0.3
家用电冰箱	万台	8548.4	0.8
房间空气调节器	万台	17861.5	24.5
一次能源生产总量	亿吨标准煤	35.9	3.6
原煤	亿吨	35.2	3.3
原油	万吨	19150.6	-4.1
天然气	亿立方米	1480.3	8.2
发电量	亿千瓦小时	64951.4	5.9
其中：火电	亿千瓦小时	46627.4	5.1
水电	亿千瓦小时	11898.4	0.5
核电	亿千瓦小时	2480.7	16.3
粗钢	万吨	83172.8	3.0
钢材	万吨	104958.8	0.1
十种有色金属	万吨	5501.0	2.9
其中：精炼铜（电解铜）	万吨	897.0	6.3
原铝（电解铝）	万吨	3329.0	2.0
水泥	亿吨	23.4	-3.1
硫酸（折 100%）	万吨	9212.9	0.9
烧碱（折 100%）	万吨	3365.2	5.1
乙烯	万吨	1821.8	2.3
化肥（折 100%）	万吨	6184.3	-6.7
发电机组（发电设备）	万千瓦	11830.4	-9.8
汽车	万辆	2901.8	3.2
其中：基本型乘用车（轿车）	万辆	1194.5	-1.4
运动型多用途乘用车（SUV）	万辆	1004.7	9.9
大中型拖拉机	万台	41.8	-32.4
集成电路	亿块	1564.6	18.7
程控交换机	万线	1240.8	-14.9
移动通信手持机	万台	188982.4	2.2
微型计算机设备	万台	30678.4	5.8

全年全社会建筑业增加值 55689 亿元，比上年增长 4.3%。全国具有资质等级的总承包和专业承包建筑业企业实现利润 7661 亿元，增长 9.7%。其中国有控股企业 2313 亿元，增长 15.1%，如图 10 所示。

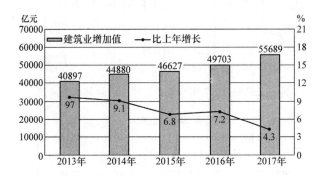

图 10　2013—2017 年建筑业增加值及其增长速度

三、固定资产投资

全年全社会固定资产投资 641238 亿元，比上年增长 7.0%。其中固定资产投资（不含农户）631684 亿元，增长 7.2%。分区域看，东部地区投资 265837 亿元，比上年增长 8.3%；中部地区投资 163400 亿元，增长 6.9%；西部地区投资 166571 亿元，增长 8.5%；东北地区投资 30655 亿元，增长 2.8%。

在固定资产投资（不含农户）中，第一产业投资 20892 亿元，比上年增长 11.8%；第二产业投资 235751 亿元，增长 3.2%；第三产业投资 375040 亿元，增长 9.5%，如图 11 所示。基础设施投资 140005 亿元，增长 19.0%，占固定资产投资（不含农户）的比重为 22.2%，如图 12 所示。民间固定资产投资 381510 亿元，增长 6.0%，占固定资产投资（不含农户）的比重为 60.4%。六大高耗能行业投资 64430 亿元，下降 1.8%，占固定资产投资（不含农户）的比重为 10.2%。2017 年分行业固定资产投资（不含农户）及其增长速度见表 4。固定资产投资新增主要生产与运营能力见表 5。

全年房地产开发投资 109799 亿元，比上年增长 7.0%。其中住宅投资 75148 亿元，增长 9.4%；办公楼投资 6761 亿元，增长 3.5%；商业营业用房投资 15640 亿元，下降 1.2%，见表 6。

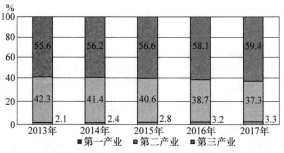

图 11　2013—2017 年三次产业投资占
固定资产投资（不含农户）比重

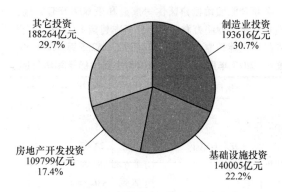

图 12　2017 年按领域分固定资产投资
（不含农户）及其占比

**表 4　2017 年分行业固定资产投资
（不含农户）及其增长速度**

行业	投资额/亿元	比上年增长/%
总计	631684	7.2
农、林、牧、渔业	24638	9.1
采矿业	9209	-10.0
制造业	193616	4.8
电力、热力、燃气及水生产和供应业	29794	0.8
建筑业	3648	-19.0
批发和零售业	16542	-6.3
交通运输、仓储和邮政业	61186	14.8
住宿和餐饮业	6107	3.9
信息传输、软件和信息技术服务业	6987	12.8
金融业	1121	-13.3
房地产业	139734	3.6
租赁和商务服务业	13304	14.4
科学研究和技术服务业	5932	9.4
水利、环境和公共设施管理业	82105	21.2
居民服务、修理和其他服务业	2686	2.4
教育	11084	20.2
卫生和社会工作	7327	18.1
文化、体育和娱乐业	8732	12.9
公共管理、社会保障和社会组织	7931	-2.0

表 5　2017 年固定资产投资新增主要生产与运营能力

指标	单位	绝对数
新增 220 千伏及以上变电设备	万千伏安	24263
新建铁路投产里程	公里	3038
其中：高速铁路	公里	2182
新增、新建铁路复线投产里程	公里	3223
电气化铁路投产里程	公里	4583
新改建公路里程	公里	313607
其中：高速公路	公里	6796
港口万吨级码头泊位新增通过能力	万吨/年	24858
新增民用运输机场	个	11
新增光缆线路长度	万公里	705

全年全国城镇棚户区住房改造开工 609 万套，棚户区改造基本建成 604 万套，公租房基本建成 82 万套。全年全国农村地区建档立卡贫困户危房改造 152.5 万户。

表6 2017 年房地产开发和销售主要指标及其增长速度

指标	单位	绝对数	比上年增长/%
投资额	亿元	109799	7.0
其中：住宅	亿元	75148	9.4
其中：90 平方米及以下	亿元	22367	−9.7
房屋施工面积	万平方米	781484	3.0
其中：住宅	万平方米	536444	2.9
房屋新开工面积	万平方米	178654	7.0
其中：住宅	万平方米	128098	10.5
房屋竣工面积	万平方米	101486	−4.4
其中：住宅	万平方米	71815	−7.0
商品房销售面积	万平方米	169408	7.7
其中：住宅	万平方米	144789	5.3
本年到位资金	亿元	156053	8.2
其中：国内贷款	亿元	25242	17.3
个人按揭贷款	亿元	23906	−2.0

四、国内贸易

全年社会消费品零售总额 366262 亿元，比上年增长 10.2%，如图 13 所示。按经营地统计，城镇消费品零售额 314290 亿元，增长 10.0%；乡村消费品零售额 51972 亿元，增长 11.8%。按消费类型统计，商品零售额 326618 亿元，增长 10.2%；餐饮收入额 39644 亿元，增长 10.7%。

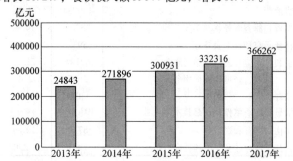

图 13 2013—2017 年社会消费品零售总额

在限额以上企业商品零售额中，粮油、食品、饮料、烟酒类零售额比上年增长 9.7%，服装、鞋帽、针纺织品类增长 7.8%，化妆品类增长 13.5%，金银珠宝类增长 5.6%，日用品类增长 8.0%，家用电器和音像器材类增长 9.3%，中西药品类增长 12.4%，文化办公用品类增长 9.8%，家具类增长 12.8%，通讯器材类增长 11.7%，建筑及装潢材料类增长 10.3%，汽车类增长 5.6%，石油及制品类增长 9.2%。

五、对外经济

全年货物进出口总额 277923 亿元，比上年增长 14.2%，如图 14 所示。其中，出口 153321 亿元，增长 10.8%；进口 124602 亿元，增长 18.7%。货物进出口差额（出口减进口）28718 亿元，比上年减少 4734 亿元。对"一带一路"沿线国家进出口总额 73745 亿元，比上年增长 17.8%。其中，出口 43045 亿元，增长 12.1%；进口 30700 亿元，增长 26.8%，见表 7、表 8、表 9、表 10。

图 14 2013—2017 年货物进出口总额

表7 2017 年货物进出口总额及其增长速度

指标	金额/亿元	比上年增长/%
货物进出口总额	277923	14.2
货物出口额	153321	10.8
其中：一般贸易	83325	11.7
加工贸易	51381	8.8
其中：机电产品	89465	12.1
高新技术产品	45150	13.3
货物进口额	124602	18.7
其中：一般贸易	73299	23.2
加工贸易	29180	11.3
其中：机电产品	57785	13.3
高新技术产品	39501	14.1
货物进出口差额（出口减进口）	28718	—

表8 2017 年主要商品出口数量、金额及其增长速度

商品名称	单位	数量	比上年增长/%	金额/亿元	比上年增长/%
煤（包括褐煤）	万t	817	−7.0	75	64.7
钢材	万t	7541	−30.5	3700	3.1
纺织纱线、织物及制品	—	—		7441	7.4
服装及衣着附件	—	—		10656	2.3
鞋类	万t	450	6.5	3269	5.0
家具及其零件	—	—		3385	7.4
自动数据处理设备及其部件	万台	154208	−3.1	10710	18.1
手持或车载无线电话	万台	121087	−4.8	8503	11.3
集装箱	万个	300	50.6	567	103.2
液晶显示板	万个	193367	1.6	1737	2.3
汽车	万辆	104	43.1	898	27.2

表9　2017年主要商品进口数量、金额及其增长速度

商品名称	单位	数量	比上年增长/%	金额/亿元	比上年增长/%
谷物及谷物粉	万吨	2559	16.4	440	17.2
大豆	万吨	9553	13.8	2688	19.6
食用植物油	万吨	577	4.4	307	11.3
铁矿砂及其精矿	万吨	107474	5.0	5175	35.0
氧化铝	万吨	287	-5.3	75	29.5
煤（包括褐煤）	万吨	27090	6.1	1536	63.7
原油	万吨	41957	10.1	11003	42.7
成品油	万吨	2964	6.4	982	33.3
初级形状的塑料	万吨	2868	11.5	3284	20.1
纸浆	万吨	2372	12.6	1039	28.5
钢材	万吨	1330	0.6	1027	18.2
未锻轧铜及铜材	万吨	469	-5.2	2115	21.3
集成电路	亿个	3770	10.1	17592	17.3
汽车	万辆	124	15.7	3422	16.3

表10　2017年对主要国家和地区货物进出口额及其增长速度

国家和地区	出口额/亿元	比上年增长/%	占全部出口比重/%	进口额/亿元	比上年增长/%	占全部进口比重/%
欧盟	25199	12.6	16.4	16543	20.2	13.3
美国	29103	14.5	19.0	10430	17.3	8.4
东盟	18902	11.9	12.3	15942	22.8	12.8
日本	9301	8.9	6.1	11204	16.3	9.0
中国香港	18899	-0.4	12.3	495	-54.9	0.4
韩国	6965	12.6	4.5	12013	14.4	9.6
中国台湾	2979	12.2	1.9	10512	14.5	8.4
巴西	1962	35.2	1.3	3974	31.4	3.2
印度	4615	19.8	3.0	1107	42.4	0.9
俄罗斯	2906	17.8	1.9	2790	31.0	2.2
南非	1004	18.4	0.7	1649	12.1	1.3

全年服务进出口总额46991亿元，比上年增长6.8%。其中，服务出口15407亿元，增长10.6%；服务进口31584亿元，增长5.1%。服务进出口逆差16177亿元。

全年吸收外商直接投资（不含银行、证券、保险）新设立企业35652家，比上年增长27.8%，见表11。实际使用外商直接投资金额8776亿元（折1310亿美元），增长7.9%，增速比上年加快3.8个百分点。其中"一带一路"沿线国家对华直接投资新设立企业3857家，增长32.8%；对华直接投资金额374亿元（折56亿美元）。全年高技术制造业实际使用外资666亿元，增长11.3%。

全年对外直接投资额（不含银行、证券、保险）8108亿元，按美元计价为1201亿美元，比上年下降29.4%，见

表12。其中，对"一带一路"沿线国家直接投资额144亿美元。

表11　2017年外商直接投资（不含银行、证券、保险）及其增长速度

行业	企业数/家	比上年增长/%	实际使用金额/亿元	比上年增长/%
其中：农、林、牧、渔业	706	26.5	72	-41.6
制造业	4986	24.3	2259	-1.9
电力、燃气及水生产和供应业	372	19.6	235	68.1
交通运输、仓储和邮政业	517	21.7	374	13.6
信息传输、计算机服务和软件业	3169	116.6	1389	157.1
批发和零售业	12283	30.7	770	-23.9
房地产业	737	95.0	1133	-10.4
租赁和商务服务业	5087	9.9	1125	7.5
居民服务和其它服务业	349	42.5	38	16.0
总计	28206	27.8	8776	7.9

表12　2017年对外直接投资额（不含银行、证券、保险）及其增长速度

行业	对外直接投资金额/亿美元	比上年增长/%
其中：农、林、牧、渔业	22	-25.3
采矿业	83	-4.4
制造业	191	-38.4
电力、热力、燃气及水生产和供应业	32	26.5
建筑业	73	37.5
批发和零售业	249	-9.6
交通运输、仓储和邮政业	30	-16.9
信息传输、软件和信息技术服务业	103	-49.3
房地产业	22	-79.6
租赁和商务服务业	349	-17.3
总计	1154	-29.4

全年对外承包工程业务完成营业额11383亿元，按美元计价为1686亿美元，比上年增长5.8%。其中，对"一带一路"沿线国家完成营业额855亿美元，增长12.6%，占对外承包工程业务完成营业额比重为50.7%。对外劳务合作派出各类劳务人员52万人，增长5.7%。

六、交通、邮电和旅游

全年货物运输总量479亿吨，比上年增长9.3%。货物运输周转量196130亿吨公里，增长5.1%。全年规模以上港口完成货物吞吐量126亿吨，比上年增长6.4%，其中外贸货物吞吐量40亿吨，增长5.7%。规模以上港口集装箱吞吐量23680万标准箱，增长8.3%，见表13。

表13 2017年各种运输方式完成货物运输量及其增长速度

指标	单位	绝对数	比上年增长/%
货物运输总量	亿吨	479.4	9.3
铁路	亿吨	36.9	10.7
公路	亿吨	368.0	10.1
水运	亿吨	66.6	4.3
民航	万吨	705.8	5.7
管道	亿吨	7.9	7.3
货物运输周转量	亿吨公里	196130.4	5.1
铁路	亿吨公里	26962.2	13.3
公路	亿吨公里	66712.5	9.2
水运	亿吨公里	97455.0	0.1
民航	亿吨公里	243.5	9.5
管道	亿吨公里	4757.2	13.4

全年旅客运输总量185亿人次，比上年下降2.6%。旅客运输周转量32813亿人公里，增长5.0%，见表14。

表14 2017年各种运输方式完成旅客运输总量及其增长速度

指标	单位	绝对数	比上年增长/%
旅客运输总量	亿人次	185.1	-2.6
铁路	亿人次	30.8	9.6
公路	亿人次	145.9	-5.4
水运	亿人次	2.8	4.1
民航	亿人次	5.5	13.0
旅客运输周转量	亿人公里	32812.7	5.0
铁路	亿人公里	13456.9	7.0
公路	亿人公里	9765.1	-4.5
水运	亿人公里	77.9	7.7
民航	亿人公里	9512.8	13.5

年末全国民用汽车保有量21743万辆（包括三轮汽车和低速货车820万辆），比上年末增长11.8%，其中私人汽车保有量18695万辆，增长12.9%。民用轿车保有量12185万辆，增长12.0%，其中私人轿车11416万辆，增长12.5%。

全年完成邮政行业业务总量9764亿元，比上年增长32.0%。邮政业全年完成邮政函件业务31.5亿件，包裹业务0.3亿件，快递业务量400.6亿件；快递业务收入4957亿元，如图15所示。全年完成电信业务总量27557亿元，比上年增长76.4%，如图16所示。电信业全年新增移动电话交换机容量23646万户，达到242186万户。年末全国电话用户总数161125万户，其中移动电话用户141749万户。移动电话普及率上升至102.5部/百人。固定互联网宽带接入用户34854万户，比上年增加5133万户，其中固定互联网光纤宽带接入用户29392万户，比上年增加6627万户；移动宽带用户113152万户，增加19077万户。移动互联网接入流量246亿G，比上年增长162.7%。互联网上网人数7.72亿人，增加4074万人，其中手机上网人数7.53亿人，

增加5734万人。互联网普及率达到55.8%，其中农村地区互联网普及率达到35.4%。软件和信息技术服务业完成软件业务收入55037亿元，比上年增长13.9%。

图15 2013—2017年快递业务量及其增长速度

图16 2013—2017年年末固定互联网宽带接入用户和移动宽带用户数

全年国内游客50亿人次，比上年增长12.8%；国内旅游收入45661亿元，增长15.9%。入境游客13948万人次，增长0.8%。其中，外国人2917万人次，增长3.6%；香港、澳门和台湾同胞11032万人次，与上年持平。在入境游客中，过夜游客6074万人次，增长2.5%。国际旅游收入1234亿美元，增长2.9%。国内居民出境14273万人次，增长5.6%。其中因私出境13582万人次，增长5.7%；赴港澳台出境8698万人次，增长3.6%。

七、居民收入消费和社会保障

全年全国居民人均可支配收入25974元，比上年增长9.0%，扣除价格因素，实际增长7.3%，如图17、图18所示。全国居民人均可支配收入中位数22408元，增长7.3%。按常住地分，城镇居民人均可支配收入36396元，比上年增长8.3%，扣除价格因素，实际增长6.5%。城镇居民人均可支配收入中位数33834元，增长7.2%。农村居民人均可支配收入13432元，比上年增长8.6%，扣除价格因素，实际增长7.3%。农村居民人均可支配收入中位数11969元，增长7.4%。按全国居民五等份收入分组，低收入组人均可支配收入5958元，中等偏下收入组人均可支配收入13843元，中等收入组人均可支配收入22495元，中等偏上收入组人均可支配收入34547元，高收入组人均可支配收入64934元。全国农民工人均月收入3485元，比上年增长6.4%。

全国居民人均消费支出18322元，比上年增长7.1%，扣除价格因素，实际增长5.4%。按常住地分，城镇居民人均消费支出24445元，增长5.9%，扣除价格因素，实际增

长 4.1%；农村居民人均消费支出 10955 元，增长 8.1%，扣除价格因素，实际增长 6.8%。恩格尔系数为 29.3%，比上年下降 0.8 个百分点，其中城镇为 28.6%，农村为 31.2%。

图 17　2013—2017 年全国居民人均可支配收入及其增长速度

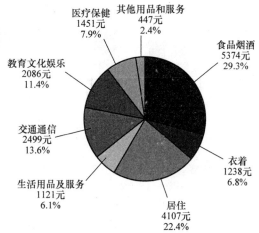

图 18　2017 年全国居民人均消费支出及其构成

按照每人每年 2300 元（2010 年不变价）的农村贫困标准计算，2017 年，年末农村贫困人口 3046 万人，比上年末减少 1289 万人；贫困发生率 3.1%，比上年下降 1.4 个百分点。贫困地区农村居民人均可支配收入 9377 元，比上年增长 10.5%，扣除价格因素，实际增长 9.1%，如图 19 所示。

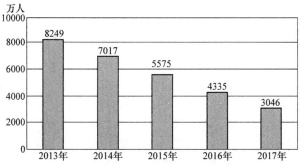

图 19　2013—2017 年年末全国农村贫困人口

年末全国参加城镇职工基本养老保险人数 40199 万人，比上年末增加 2269 万人。参加城乡居民基本养老保险人数 51255 万人，增加 408 万人。参加基本医疗保险人数 117664 万人，增加 43272 万人。其中，参加职工基本医疗保险人数 30320 万人，增加 789 万人；参加城乡居民基本医疗保险人数 87343 万人，增加 42483 万人。参加失业保险人数 18784 万人，增加 695 万人。年末全国领取失业保险金人数 220 万人。参加工伤保险人数 22726 万人，增加 836 万人，其中参加工伤保险的农民工 7807 万人，增加 297 万人。参加生育保险人数 19240 万人，增加 789 万人。年末全国共有 1264 万人享受城市居民最低生活保障，4047 万人享受农村居民最低生活保障，467 万人享受农村特困人员救助供养。全年资助 5203 万人参加基本医疗保险，医疗救助 3536 万人次。国家抚恤、补助各类优抚对象 859 万人。

八、资源、环境和安全生产

全年全国国有建设用地供应总量 60 万公顷，比上年增长 16.4%。其中，工矿仓储用地 12 万公顷，增长 1.6%；房地产用地 11.5 万公顷，增长 7.2%；基础设施等用地 36.5 万公顷，增长 26.1%。

全年水资源总量 28675 亿立方米。全年平均降水量 640 毫米。年末全国监测的 604 座大型水库蓄水总量 3518 亿立方米，比上年末蓄水量有所增加。全年总用水量 6090 亿立方米，比上年增长 0.8%。其中，生活用水增长 2.8%，工业用水增长 0.2%，农业用水增长 0.6%，生态补水增长 1.7%。万元国内生产总值用水量 78 立方米，比上年下降 5.6%。万元工业增加值用水量 49 立方米，下降 5.9%。人均用水量 439 立方米，比上年增长 0.3%。

全年完成造林面积 736 万公顷，其中人工造林面积 390 万公顷，占全部造林面积的 53.0%。森林抚育面积 830 万公顷。截至年底，自然保护区达到 2750 个，其中国家级自然保护区 463 个。新增水土流失治理面积 5.6 万平方公里。

初步核算，全年能源消费总量 44.9 亿吨标准煤，比上年增长 2.9%。煤炭消费量增长 0.4%，原油消费量增长 5.2%，天然气消费量增长 14.8%，电力消费量增长 6.6%。煤炭消费量占能源消费总量的 60.4%，比上年下降 1.6 个百分点；天然气、水电、核电、风电等清洁能源消费量占能源消费总量的 20.8%，上升 1.3 个百分点，如图 20 所示。全国万元国内生产总值能耗下降 3.7%。重点耗能工业企业单位烧碱综合能耗下降 0.3%，吨水泥综合能耗下降 0.1%，吨钢综合能耗下降 0.9%，吨粗铜综合能耗下降 4.8%，每千瓦时火力发电标准煤耗下降 0.8%。全国万元国内生产总值二氧化碳排放下降 5.1%。

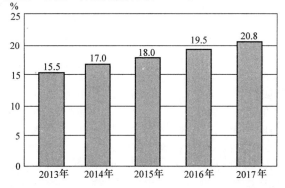

图 20　2013—2017 年清洁能源消费量占能源消费总量的比重

近岸海域417个海水水质监测点中，达到国家一、二类海水水质标准的监测点占67.8%，三类海水占10.1%，四类、劣四类海水占22.1%。

在监测的338个地级及以上城市中，城市空气质量达标的城市占29.3%，未达标的城市占70.7%。细颗粒物（$PM_{2.5}$）未达标城市（基于2015年$PM_{2.5}$年平均浓度未达标的262个城市）年平均浓度48微克/立方米，比上年下降5.9%。

在监测的323个城市中，城市区域声环境质量好的城市占5.9%，较好的占65.0%，一般的占27.9%，较差的占0.9%，差的占0.3%。

全年平均气温为10.39℃，比上年上升0.03℃。共有8个台风登陆。

全年农作物受灾面积1848万公顷，其中绝收183万公顷。全年因洪涝和地质灾害造成直接经济损失1910亿元，因旱灾造成直接经济损失375亿元，因低温冷冻和雪灾造成直接经济损失19亿元，因海洋灾害造成直接经济损失58亿元。全年大陆地区共发生5.0级以上地震13次，成灾11次，造成直接经济损失148亿元。全年共发生森林火灾3223起，森林火灾受害森林面积2.5万公顷。

全年各类生产安全事故共死亡37852人。工矿商贸企业就业人员10万人生产安全事故死亡人数1.639人，比上年下降3.7%；道路交通事故万车死亡人数2.06人，下降3.7%；煤矿百万吨死亡人数0.106人，下降32.1%。

2017 年按经济类型分工业增加值增长速度

指　标	2 月	3 月	4 月	5 月	6 月	7 月	8 月	9 月	10 月	11 月	12 月
国有及国有控股企业增加值_同比增长/%		7.7	5.6	6.2	6.8	6.7	7.8	9	6.6	6.3	5
国有及国有控股企业增加值_累计增长/%	5.4	6.2	6.1	6.1	6.2	6.3	6.5	6.8	6.8	6.7	6.5
私营企业增加值_同比增长/%		7.4	6.8	6.6	7.4	5.5	3.7	5.2	5	5	6.2
私营企业增加值_累计增长/%	6	6.5	6.6	6.6	6.8	6.6	6.2	6.1	6	5.9	5.9
集体企业增加值_同比增长/%		1.5	1.9	3.2	3.9	-3.6	-2.1	-2.6	3.6	-0.7	0.5
集体企业增加值_累计增长/%	-0.1	0.5	0.9	1.4	1.9	1.1	0.7	0.3	0.7	0.6	0.6
股份合作企业增加值_同比增长/%		4.6	-1.1	0.5	5.7	-6.6	-6.9	-8.1	-6.6	-10.6	-8.6
股份合作企业增加值_累计增长/%	-11.2	-4.5	-3.5	-2.7	-1.2	-2	-2.6	-3.2	-3.5	-4.2	-4.6
股份制企业增加值_同比增长/%		7.9	6.9	6.8	7.7	6.7	5.8	7.1	6.1	6.2	6.7
股份制企业增加值_累计增长/%	6.2	6.9	6.9	6.9	7.1	7	6.8	6.8	6.7	6.6	6.6
外商及港澳台投资企业增加值_同比增长/%		7.1	5.5	5.9	8	6.7	7.9	8.9	6.5	6.8	5.7
外商及港澳台投资企业增加值_累计增长/%	6.8	6.9	6.5	6.4	6.7	6.7	6.9	7.1	7	7	6.9

注：1. 从 2011 年起，规模以上工业企业起点标准由原来的年主营业务收入 500 万元提高到年主营业务收入 2000 万元。

2. 2012 年起，国家统计局执行新的国民经济行业分类标准（GB/T 4754-2011），原来的工业行业大类由 39 个调整为 41 个，具体请参见 http://www.stats.gov.cn/tjbz。为便于用户使用，对于工业分大类行业增加值增速以及出口交货值数据，数据库分别提供了 2003-2011 年以及 2012 年至今两个数据库。

3. 为了消除春节日期不同因素带来的影响，增强数据的可比性，自 2013 年起，按照国家统计制度，1~2 月份工业数据一起调查、一起发布，不再单独发布 2 月份当月数据。

（数据来源：国家统计局）

2017 年工业企业主要经济指标

指标	2月	3月	4月	5月	6月	7月	8月	9月	10月	11月	12月
企业单位数_累计值/个	378237	378390	378589	378959	378876	379887	380632	381593	382726	384153	385369
亏损企业_累计值/个	69822	65330	59894	56658	54891	53154	51706	51038	50417	49398	45454
亏损企业_上年同期累计值/个	74203	70129	63805	59706	57895	55681	53448	52842	51242	48992	44043
亏损企业_累计增长/%	-5.9	-6.8	-6.1	-5.1	-5.2	-4.5	-3.3	-3.4	-1.6	0.8	3.2
流动资产合计_累计值/亿元	478505.1	488568.5	495645.2	500632.2	503949.7	508994.7	516599	524557.6	532272	539812.2	534323.3
流动资产合计_上年同期累计值/亿元	437076.6	445199.5	450461.3	455346.8	458989.6	461944	469692.7	475917.3	482432.3	490213.4	487387.6
流动资产合计_累计增长/%	9.5	9.7	10	9.9	9.8	10.2	10	10.2	10.3	10.1	9.6
应收账款_累计值/亿元	117926.8	120404.4	123589.1	125504.9	126495.8	128590.9	129750.1	132281.3	135412.5	138547.2	134778
应收账款_上年同期累计值/亿元	106343.7	108974.3	111682.6	114044	115642.3	117559.3	119008	121610.7	124964.6	128172.4	124172
应收账款_累计增长/%	10.9	10.5	10.7	10	9.4	9.4	9	8.8	8.4	8.1	8.5
存货_累计值/亿元	104041.2	106122.9	108113.5	109141.2	108929.2	110233.4	111312	111925.5	113787.4	115059.5	112551.8
存货_上年同期累计值/亿元	96100.6	96703.5	97663.4	98975	98868	100389.2	101387.8	101541.8	102477.8	103763.3	102923.7
存货_累计增长/%	8.3	9.7	10.7	10.3	10.2	9.8	9.8	10.2	11	10.9	9.4
产成品存货_累计值/亿元	37424.7	38832.9	39888.8	40270.6	40060.8	40732.2	41024.9	40996.6	41908.2	42388.5	41886.1
产成品存货_上年同期累计值/亿元	35258.2	35878.2	36142.1	36847.2	36873.8	37701.8	38022.6	38043.3	38447.8	38902.1	38615.6
产成品存货_累计增长/%	6.1	8.2	10.4	9.3	8.6	8	7.9	7.8	9	9	8.5
资产总计_累计值/亿元	1026624.4	1041788.2	1054211.9	1062934.2	1072033.2	1081201.9	1092301	1104710.2	1114875.9	1123586.3	1122881.5
资产总计_上年同期累计值/亿元	952782.6	965654.8	977167.1	986902	995080.9	1002733	1014170.9	1024047.1	1034982.3	1046945.1	1050111.6
资产总计_累计增长/%	7.8	7.9	7.9	7.7	7.7	7.8	7.7	7.9	7.7	7.3	6.9
负债合计_累计值/亿元	576996.5	585653	592406.8	596562	599720.5	603414.6	608510.7	615691.7	620996.7	626534.8	622963.4
负债合计_上年同期累计值/亿元	541187.1	549614.9	555122.2	560242.6	563840.4	566146.4	571862.4	576851.6	582010.8	589293.8	589273
负债合计_累计增长/%	6.6	6.6	6.7	6.5	6.4	6.6	6.4	6.7	6.7	6.3	5.7
主营业务收入_累计值/亿元	171448.6	277910.8	376988.4	480013.5	595081.4	698053.4	802973.9	904542.7	1000662.9	1080303.3	1164623.8
主营业务收入_上年同期累计值/亿元	150789.4	243759.1	332067.6	422977.1	523864	617120.1	712634.3	803927.7	890658	969683.6	1048476.9

指标											
主营业务收入_累计增长/%	13.7	14	13.5	13.5	13.6	13.1	12.7	12.5	12.4	11.4	11.1
主营业务成本_累计值/亿元	145576.9	236929	322348.4	410996.9	509904.2	598356.6	688005.5	773901.6	855170.1	921091.7	988959.2
主营业务成本_上年同期累计值/亿元	128463.9	208174.1	284156.3	362310.7	449010.7	529236.1	611451.9	689694.8	763475.7	829420.5	892965
主营业务成本_累计增长/%	13.3	13.8	13.4	13.4	13.6	13.1	12.5	12.2	12	11.1	10.8
销售费用_累计值/亿元	4635.5	7360.3	9904.7	12558.9	15535.7	18179.8	20905.5	23680.9	26319.1	28797.4	31801.2
销售费用_上年同期累计值/亿元	4206.6	6692.3	9053.4	11447.7	14096.8	16516	18983	21477	23858.8	26201.2	29077.5
销售费用_累计增长/%	10.2	10	9.4	9.7	10.2	10.1	10.1	10.3	10.3	9.9	9.4
管理费用_累计值/亿元	6576.6	10309.1	13786.5	17396.3	21454.6	25161.6	28947.1	32946.7	36705.9	40341.7	45771.4
管理费用_上年同期累计值/亿元	6086.7	9523	12794.4	16094.2	19752.5	23197	26679.6	30377.9	33848.6	37345.3	42281.1
管理费用_累计增长/%	8	8.3	7.8	8.1	8.6	8.5	8.5	8.5	8.4	8	8.3
财务费用_累计值/亿元	1981.7	3080.7	4121.4	5192.1	6409.2	7492.5	8641.4	9787.9	10848.4	11819	12970.9
财务费用_上年同期累计值/亿元	2006.2	3071.2	4067.1	5084.6	6189.3	7207.4	8251.9	9331.8	10280.4	11180.8	12175
财务费用_累计增长/%	-1.2	0.3	1.3	2.1	3.6	4	4.7	4.9	5.5	5.7	6.5
利息支出_累计值/亿元	1711.6	2720.1	3649.6	4575.4	5653.3	6581.6	7525.9	8588.7	9545.6	10378.2	11422.2
利息支出_上年同期累计值/亿元	1693.9	2690.2	3551.6	4440.2	5441.2	6305.2	7203.4	8198.2	9071.4	9887	11004.4
利息支出_累计增长/%	1	1.1	2.8	3	3.9	4.4	4.5	4.8	5.2	5	3.8
利润总额_累计值/亿元	10156.8	17043	22780.3	29047.6	36337.5	42481.2	49213.5	55846	62450.8	68750.1	75187.1
利润总额_上年同期累计值/亿元	7721.1	13284.2	18307.3	23673.2	29782.6	35040.2	40460.3	45477.1	50668.4	56420.7	62116.6
利润总额_累计增长/%	31.5	28.3	24.4	22.7	22	21.2	21.6	22.8	23.3	21.9	21
亏损企业亏损总额_累计值/亿元	1790.3	2180.5	2787	3302	3770.4	4215.9	4636.2	5114.3	5553.9	5960.9	6843.8
亏损企业亏损总额_上年同期累计值/亿元	2374.8	2998.1	3596.8	4100.7	4646.5	5212.1	5735	6247.5	6782.6	7206.3	8357.8
亏损企业亏损总额_累计增长/%	-24.6	-27.3	-22.5	-19.5	-18.9	-19.1	-19.2	-18.1	-18.1	-17.3	-18.1

注：从 2011 年起，规模以上工业企业起点标准由原来的年主营业务人 500 万元提高到年主营业务收入 2000 万元。

（数据来源：国家统计局）

2017 年股份制工业企业主要经济指标

指　标	2月	3月	4月	5月	6月	7月	8月	9月	10月	11月	12月
股份制工业企业_单位数_累计值/个	303034	303170	303357	303683	308601	309411	310083	310945	311931	313193	314273
股份制工业企业_亏损企业数_累计值/个	51248	48268	44126	41625	41036	39750	38690	38290	37786	37107	34176
股份制工业企业_亏损企业数_上年同期累计值/个	54725	51755	46892	43745	43184	41590	39959	39660	38501	36906	33144
股份制工业企业_亏损企业数_累计增长/%	-6.4	-6.7	-5.9	-4.8	-5	-4.4	-3.2	-3.5	-1.9	0.5	3.1
股份制工业企业_流动资产合计_累计值/亿元	331667	338052.2	344170.4	348836.1	359157.7	361733.5	367230.1	372213.9	377530.6	382415.4	377005.2
股份制工业企业_流动资产合计_上年同期累计值/亿元	304005.1	309407.9	313625.1	317082	326581.6	328253.5	333501.2	337451.7	342078.9	346875.1	343141.1
股份制工业企业_流动资产合计_累计增长/%	9.1	9.3	9.7	10	10	10.2	10.1	10.3	10.4	10.2	9.9
股份制工业企业_应收账款_累计值/亿元	76955.8	78717.2	80865.1	82403.7	84894.8	85763.7	86508.1	87548.4	89414.1	91004.8	87845.7
股份制工业企业_应收账款_上年同期累计值/亿元	69978.9	71972.9	73951.9	75670	78192.7	79329.2	80242.2	81272.5	83262.2	85026.5	81481.5
股份制工业企业_应收账款_累计增长/%	10	9.4	9.3	8.9	8.6	8.1	7.8	7.7	7.4	7	7.8
股份制工业企业_存货_累计值/亿元	74192.3	75751.4	77493.8	78375.4	79797.6	80571	81267.6	81788.8	83184.8	83863.4	82016.5
股份制工业企业_存货_上年同期累计值/亿元	68356.6	68944.5	69799.8	70859.3	72367.5	73211.1	73842.8	74178.9	74998.9	75981.5	75149.2
股份制工业企业_存货_累计增长/%	8.5	9.9	11	10.6	10.3	10.1	10.1	10.3	10.9	10.4	9.1
股份制工业企业_产成品存货_累计值/亿元	27158.5	28171.8	29086.1	29473.2	29773.3	30112.9	30375.8	30394.1	31052	31202.2	30524.3
股份制工业企业_产成品存货_上年同期累计值/亿元	25577.7	26080.6	26377.9	26947.6	27418.8	27880.9	28137.6	28297.4	28656.7	28921.1	28495.3
股份制工业企业_产成品存货_累计增长/%	6.2	8	10.3	9.4	8.6	8	8	7.4	8.4	7.9	7.1
股份制工业企业_资产总计_累计值/亿元	727597	738308.3	748797	757318	782448.7	787732.8	795942.9	803277.9	809925	815360	814438
股份制工业企业_资产总计_上年同期累计值/亿元	677730.4	687032.2	696232.8	703256.3	725957.4	730174.8	738742.8	745337.2	751708	759260	760556.5
股份制工业企业_资产总计_累计增长/%	7.4	7.5	7.5	7.7	7.8	7.9	7.7	7.8	7.7	7.4	7.1
股份制工业企业_负债合计_累计值/亿元	416843.6	422356.2	428047.4	432279.5	445362.2	446963.8	450951.6	454745.3	457688.2	461139.7	457919.1
股份制工业企业_负债合计_上年同期累计值/亿元	393250	399236.2	403108	406701.8	419239.3	420082.1	423944.4	427030.9	430145.9	435116.6	433934.2
股份制工业企业_负债合计_累计增长/%	6	5.8	6.2	6.3	6.2	6.4	6.4	6.5	6.4	6	5.5
股份制工业企业_主营业务收入_累计值/亿元	120929.9	196918.3	267862.3	342256.1	432682.2	506836.6	582726.3	654630.1	722209.2	777843.3	837196.1
股份制工业企业_主营业务收入_上年同期累计值/亿元	105495.7	171126.4	233824.1	298672.4	376681.9	443640.9	512516.1	576642	637261.4	692022.8	747450.8

指标											
股份制工业企业主营业务收入_累计增长/%	12	12.4	13.3	13.5	13.7	14.2	14.9	14.6	14.6	15.1	14.6
股份制工业企业主营业务成本_累计值/亿元	710435.7	663072.8	617119.9	560119.1	499329.9	434556.6	370820.9	293250.7	229196	167952.7	102642.2
股份制工业企业主营业务成本_上年同期累计值/亿元	636893.6	592277.8	546601.5	495138.2	440168	380785.4	323026.7	256084.7	200249.3	146195.5	89810.6
股份制工业企业主营业务成本_累计增长/%	11.5	12	12.9	13.1	13.4	14.1	14.8	14.5	14.5	14.9	14.3
股份制工业企业销售费用_累计值/亿元	21823.5	19747.2	18108.3	16327.2	14461.4	12572.9	10747.6	8519.1	6693.5	4977.7	3135.3
股份制工业企业销售费用_上年同期累计值/亿元	19711.2	17753.5	16209.1	14584.1	12911.8	11217.7	9590.7	7672.5	6053.3	4475.4	2809
股份制工业企业销售费用_累计增长/%	10.7	11.2	11.7	12	12	12.1	12.1	11	10.6	11.2	11.6
股份制工业企业管理费用_累计值/亿元	32491.3	28586.9	26091.2	23420.1	20624.3	17899.1	15278.3	12146.7	9599.1	7161.7	4577.1
股份制工业企业管理费用_上年同期累计值/亿元	29749.3	26222.6	23849.3	21413.2	18812.1	16333.5	13928.6	11138.7	8838.2	6552.5	4188.2
股份制工业企业管理费用_累计增长/%	9.2	9	9.4	9.4	9.6	9.6	9.7	9	8.6	9.3	9.3
股份制工业企业财务费用_累计值/亿元	10853.4	9839.9	9038.5	8152.8	7205.8	6227.9	5344.7	4222.1	3346.1	2501.4	1606.2
股份制工业企业财务费用_上年同期累计值/亿元	10015	9174	8410.6	7615.3	6724.1	5861.5	5032.1	4060.4	3253.4	2447.7	1589.9
股份制工业企业财务费用_累计增长/%	8.4	7.3	7.5	7.1	7.2	6.3	6.2	4	2.8	2.2	1
股份制工业企业利息支出_累计值/亿元	9289.2	8451.5	7777.7	7000	6155.2	5368.3	4627.3	3658.5	2905.7	2167.9	1361.8
股份制工业企业利息支出_上年同期累计值/亿元	8966.2	8061.2	7388.9	6664.3	5874.9	5129.5	4428.8	3549.9	2832.7	2137.4	1348.1
股份制工业企业利息支出_累计增长/%	3.6	4.8	5.3	5	4.8	4.7	4.5	3.1	2.6	1.4	1
股份制工业企业利润总额_累计值/亿元	52404.4	48019.5	43723	39096.7	34629.3	29907.3	25658.4	20049.5	15677.1	11671.5	6976.7
股份制工业企业利润总额_上年同期累计值/亿元	42442	38772.3	34883.5	31380.3	28089.8	24338.8	20754.6	16083.8	12372.7	8964.1	5223.5
股份制工业企业利润总额_累计增长/%	23.5	23.9	25.3	24.6	23.3	22.9	23.6	24.7	26.7	30.2	33.6
股份制工业企业亏损企业亏损总额_累计值/亿元	5092.7	4359.2	4028.3	3710.8	3354.7	3031	2679.6	2208.1	1885.1	1507	1243.1
股份制工业企业亏损企业亏损总额_上年同期累计值/亿元	6381.2	5411.1	5100	4656.5	4244.6	3846	3426.2	2955.9	2611.8	2176	1713.9
股份制工业企业亏损企业亏损总额_累计增长/%	-20.2	-19.4	-21	-20.3	-21	-21.2	-21.8	-25.3	-27.8	-30.7	-27.5

注：从2011年起，规模以上工业企业起点标准由原来的年主营业务收入500万元提高到年主营业务收入2000万元。
（数据来源：国家统计局）

2017 年私营工业企业主要经济指标

指　标	2月	3月	4月	5月	6月	7月	8月	9月	10月	11月	12月
私营工业企业单位数_累计值/个	216049	216138	216281	216535	214638	217834	218509	219581	220436	221585	222473
私营工业企业亏损企业数_累计值/个	30369	28712	25860	24334	23546	22902	22245	22151	21871	21735	20099
私营工业企业亏损企业数_上年同期累计值/个	32093	30519	27285	25239	24455	23601	22542	22464	21868	21136	19016
私营工业企业亏损企业数_累计增长/%	-5.4	-5.9	-5.2	-3.6	-3.7	-3	-1.3	-1.4	0	2.8	5.7
私营工业企业流动资产合计_累计值/亿元	112284.6	114959.9	117122.9	119281.8	119853.5	123390.7	125744.8	128206	130256.1	131353.9	130724.5
私营工业企业流动资产合计_上年同期累计值/亿元	102760.4	105060.5	106865.6	108844.9	109257.5	112581.7	114726.9	116536.4	118494.9	119882.4	119747.6
私营工业企业流动资产合计_累计增长/%	9.3	9.4	9.6	9.6	9.7	9.6	9.6	10	9.9	9.6	9.2
私营工业企业应收账款_累计值/亿元	29115.2	29863.8	30781.7	31417.3	31605.3	32508.6	33019.5	33537.4	34525	35097.2	35027.4
私营工业企业应收账款_上年同期累计值/亿元	26402.5	27029.1	27837.6	28568.2	28905.8	29779.2	30319.3	30818	31858.8	32526	32254
私营工业企业应收账款_累计增长/%	10.3	10.5	10.6	10	9.3	9.2	8.9	8.8	8.4	7.9	8.6
私营工业企业存货_累计值/亿元	26176.9	27050	27582.3	27976.4	27852.2	28673.3	29030.9	29463.2	30064.1	30234.3	30132.4
私营工业企业存货_上年同期累计值/亿元	23591.8	24111	24482.5	24983.1	24938.7	25797.9	26136.9	26561.1	26983	27371	27373.3
私营工业企业存货_累计增长/%	11	12.2	12.7	12	11.7	11.1	11.1	10.9	11.4	10.5	10.1
私营工业企业产成品存货_累计值/亿元	10911.3	11423.1	11745.2	11982.7	11953.9	12318.1	12485.7	12642.2	12922.8	12968.2	12904.1
私营工业企业产成品存货_上年同期累计值/亿元	10177.1	10453.2	10657.2	10970.9	10987.2	11392.2	11554.8	11773.6	11968.6	12100.6	12046.7
私营工业企业产成品存货_累计增长/%	7.2	9.3	10.2	9.2	8.8	8.1	8.1	7.4	8	7.2	7.1
私营工业企业资产总计_累计值/亿元	217830.4	222048.8	226736.8	230755.9	231761.4	239425.3	243204.2	247144.3	250287.8	251378.9	250796.7
私营工业企业资产总计_上年同期累计值/亿元	200508.9	204475	208386.7	212278	212947.2	220105.7	224094.8	227619.5	230847.1	233162.8	233778.2
私营工业企业资产总计_累计增长/%	8.6	8.6	8.8	8.7	8.8	8.8	8.5	8.6	8.4	7.8	7.3
私营工业企业负债合计_累计值/亿元	113657.9	116171.7	118200.1	119814.2	119940.3	123561.3	125028	127110.4	128735.6	129647.6	129350.2
私营工业企业负债合计_上年同期累计值/亿元	105754	107988.1	109552.2	111300.5	111619.7	114923.2	116492.9	118079.3	119644.2	121182	121039.6

指标										
私营工业企业负债合计_累计增长率/%	6.9	7	7.6	7.6	7.3	7.5	7.5	7.6	7.9	7.6	7.5
私营工业企业主营业务收入_累计值/亿元	400259.6	376345.9	352943.1	320868.7	285692.3	248806.3	208125.3	167609.7	130694.4	95434.6	58617.8
私营工业企业主营业务收入_上年同期累计值/亿元	367870.7	344367.3	319484	289175.6	256785.1	221636	184296.4	148923.2	116271.1	84667	52347.4
私营工业企业主营业务收入_累计增长率/%	8.8	9.3	10.5	11	11.3	12.3	12.9	12.5	12.4	12.7	12
私营工业企业主营业务成本_累计值/亿元	348344.6	328849	308942.7	281048.5	250525.7	218276.1	182458.1	146828	114378.2	83317.1	50909.1
私营工业企业主营业务成本_上年同期累计值/亿元	320771.3	301469.7	280163.6	253775.1	225377.4	194430.7	161528.6	130341.9	101663.1	73880.4	45461.4
私营工业企业主营业务成本_累计增长率/%	8.6	9.1	10.3	10.7	11.2	12.3	13	12.6	12.5	12.8	12
私营工业企业销售费用_累计值/亿元	9417.5	8655.1	8017.6	7206	6321.8	5484.2	4615.6	3731.3	2923.3	2161.9	1359.4
私营工业企业销售费用_上年同期累计值/亿元	8495.2	7774.1	7164.7	6442.5	5655.2	4892.7	4102.9	3339.3	2630.8	1943.4	1231.2
私营工业企业销售费用_累计增长率/%	10.9	11.3	11.9	11.9	11.8	12.1	12.5	11.7	11.1	11.2	10.4
私营工业企业管理费用_累计值/亿元	13336.6	11987.7	11056.3	9930.3	8732.8	7572.7	6352.7	5171.1	4071.4	3026.5	1927.5
私营工业企业管理费用_上年同期累计值/亿元	12060.9	10809.7	9911.9	8908.1	7818.5	6768	5671.6	4655.5	3683	2722.5	1747.4
私营工业企业管理费用_累计增长率/%	10.6	10.9	11.5	11.5	11.7	11.9	12	11.1	10.5	11.2	10.3
私营工业企业财务费用_累计值/亿元	3663.1	3326.2	3079.5	2768.9	2436.9	2114.4	1780.5	1431.9	1135.1	853.1	547.7
私营工业企业财务费用_上年同期累计值/亿元	3355.1	3078.8	2837.9	2566.7	2268.2	1981.4	1665.9	1360	1100.2	824.7	516.2
私营工业企业财务费用_累计增长率/%	9.2	8	8.5	7.9	7.4	6.7	6.9	5.3	3.2	3.4	6.1
私营工业企业利息支出_累计值/亿元	2583	2329.6	2170.9	1949.4	1712.1	1496.9	1255.4	1016.4	816.4	612.5	385.7
私营工业企业利息支出_上年同期累计值/亿元	2513.3	2249.4	2076.5	1881.2	1657	1445.8	1225	997.3	801	602.3	382.3
私营工业企业利息支出_累计增长率/%	2.8	3.6	4.5	3.6	3.3	3.5	2.5	1.9	1.9	1.7	0.9
私营工业企业利润总额_累计值/亿元	23753.1	21943.6	20285.6	18285.9	16332.1	14161.6	11887.5	9611.3	7507	5553	3522.3
私营工业企业利润总额_上年同期累计值/亿元	21256.3	19469.2	17761.2	15973.3	14329.3	12402.4	10354.2	8433.8	6566	4789.8	3066.8
私营工业企业利润总额_累计增长率/%	11.7	12.7	14.2	14.5	14	14.2	14.8	14	14.3	15.9	14.9
私营工业企业亏损企业亏损总额_累计值/亿元	911.3	837.1	758	696.8	644.3	590	513.8	470.7	409.3	340.2	265.3
私营工业企业亏损企业亏损总额_上年同期累计值/亿元	970.1	896.3	834	773.6	709.9	650.4	576.2	514.7	446.7	388.7	300.3
私营工业企业亏损企业亏损总额_累计增长率/%	-6.1	-6.6	-9.1	-9.9	-9.2	-9.3	-10.8	-8.5	-8.4	-12.5	-11.7

注：从2011年起，规模以上工业企业起点标准由原来的年主营业务收入500万元提高到年主营业务收入2000万元。
（数据来源：国家统计局）

2016 年外商及港澳台投资工业企业主要经济指标

指标	2月	3月	4月	5月	6月	7月	8月	9月	10月	11月	12月
外商及港澳台投资工业企业单位数_累计值/个	50169	50181	50184	50203	49613	49688	49720	49734	49780	49854	49911
外商及港澳台投资工业企业亏损企业数_累计值/个	15395	14027	12983	12385	11833	11446	11114	10823	10746	10396	9479
外商及港澳台投资工业企业亏损企业数_上年同期累计值/个	16064	15084	13921	13112	12567	11998	11472	11183	10845	10243	9164
外商及港澳台投资工业企业亏损企业数_累计增长/%	-4.2	-7	-6.7	-5.5	-5.8	-4.6	-3.1	-3.2	-0.9	1.5	3.4
外商及港澳台投资工业企业流动资产合计_累计值/亿元	119685.8	122148.6	122954.1	123495.6	122440.1	124270.1	126075.3	128945.9	131014.1	133913	133442.3
外商及港澳台投资工业企业流动资产合计_上年同期累计值/亿元	108098.1	109962.2	110794.6	111908.3	111202.4	112168.3	114201.5	116619.6	118428.5	121404.4	122219.2
外商及港澳台投资工业企业流动资产合计_累计增长/%	10.7	11.1	11	10.4	10.1	10.8	10.4	10.6	10.6	10.3	9.2
外商及港澳台投资工业企业应收账款_累计值/亿元	36624	37189.2	38168.4	38498.9	38030.1	39092.3	39500.3	40983.7	42208.8	43751.4	43393
外商及港澳台投资工业企业应收账款_上年同期累计值/亿元	32412.3	32878.3	33539.1	34135.2	33997.6	34695.4	35182.3	36797.6	38097.8	39447.3	39247.5
外商及港澳台投资工业企业应收账款_累计增长/%	13	13.1	13.8	12.8	11.9	12.7	12.3	11.4	10.8	10.9	10.6
外商及港澳台投资工业企业存货_累计值/亿元	24459.6	24801.9	25181.2	25473.8	25168.2	25728.1	26163.1	26218.2	26598.9	27097.4	26446.8
外商及港澳台投资工业企业存货_上年同期累计值/亿元	22824.6	22732.5	22919.3	23150	22634.9	23248.4	23702.9	23533.3	23618.4	23895.4	23782.6
外商及港澳台投资工业企业存货_累计增长/%	7.2	9.1	9.9	10	11.2	10.7	10.4	11.4	12.6	13.4	11.2
外商及港澳台投资工业企业产成品存货_累计值/亿元	8567.9	8826.1	9011.7	9079.2	8981.1	9284.1	9330.5	9302	9510.7	9752.6	9769.8
外商及港澳台投资工业企业产成品存货_上年同期累计值/亿元	8180.7	8271.8	8245.2	8364.3	8202.8	8466.9	8581.7	8406.1	8474.7	8664.3	8632.1
外商及港澳台投资工业企业产成品存货_累计增长/%	4.7	6.7	9.3	8.5	9.5	9.7	8.7	10.7	12.2	12.6	13.2
外商及港澳台投资工业企业资产总计_累计值/亿元	206984.7	209801.7	211234	212165.9	210792.2	213815.1	215523.2	219174.6	221717.4	224713.6	224714.4
外商及港澳台投资工业企业资产总计_上年同期累计值/亿元	191070.5	193447.7	195072.5	196715.4	195426.4	197896.1	199960.3	202951.4	205375.2	208775.9	210487.3
外商及港澳台投资工业企业资产总计_累计增长/%	8.3	8.5	8.3	7.9	7.9	8	7.8	8	8	7.6	6.8
外商及港澳台投资工业企业负债合计_累计值/亿元	110496.1	112552.6	113273.5	113982.8	113471	115009.8	115802.8	118467.9	120067.4	122090.5	121492.6
外商及港澳台投资工业企业负债合计_上年同期累计值/亿元	102341.3	103835.4	104885.9	105966.4	105557.9	106409.5	107774.1	109886.4	111552	113185.6	114058.1
外商及港澳台投资工业企业负债合计_累计增长/%	8	8.4	8	7.6	7.5	8.1	7.4	7.8	7.6	7.9	6.5

指标											
外商及港澳台投资工业企业主营业务收入_累计值/亿元	38307.6	61864.1	83383.2	105721	128592	151223.8	173884.9	197339.7	220091.8	239263.6	259181.2
外商及港澳台投资工业企业主营业务收入_上年同期累计值/亿元	34300.1	55459.7	75094.3	95002.2	115537.2	136083.4	156655.4	178045.7	198427.4	216877.2	235023.3
外商及港澳台投资工业企业主营业务收入_累计增长/%	11.7	11.5	11	11.3	11.3	11.1	11	10.8	10.9	10.3	10.3
外商及港澳台投资工业企业主营业务成本_累计值/亿元	32550.8	52560	70936.8	90007.1	109556	128837.2	148082.2	167847.4	187121.3	202905.4	218913.5
外商及港澳台投资工业企业主营业务成本_上年同期累计值/亿元	29227.7	47146.9	63852.6	80800.4	98328.5	115730	133241.2	151408.9	168730	183916.8	198245
外商及港澳台投资工业企业主营业务成本_累计增长/%	11.4	11.5	11.1	11.4	11.4	11.3	11.1	10.9	10.9	10.3	10.4
外商及港澳台投资工业企业销售费用_累计值/亿元	1237.5	1981.4	2681.6	3394	4147.2	4869.2	5595.7	6385.7	7125.2	7837.8	8643.2
外商及港澳台投资工业企业销售费用_上年同期累计值/亿元	1185.2	1879.7	2546.2	3199.7	3899.2	4578.9	5254	5962.5	6602.7	7285.3	8100.3
外商及港澳台投资工业企业销售费用_累计增长/%	4.4	5.4	5.3	6.1	6.4	6.3	6.5	7.1	7.9	7.6	6.7
外商及港澳台投资工业企业管理费用_累计值/亿元	1612.1	2560	3422.6	4307	5238.3	6162	7063.6	8103.9	9034.4	10015.5	11262.9
外商及港澳台投资工业企业管理费用_上年同期累计值/亿元	1549.7	2435.1	3254.5	4083.3	4938.3	5815.4	6661.4	7594.9	8471	9408.8	10593.9
外商及港澳台投资工业企业管理费用_累计增长/%	4	5.1	5.2	5.5	6.1	6	6	6.7	6.7	6.4	6.3
外商及港澳台投资工业企业财务费用_累计值/亿元	247.4	374.5	503	631.4	749.2	895.5	1013.3	1147.6	1264.3	1375.7	1486.6
外商及港澳台投资工业企业财务费用_上年同期累计值/亿元	281.5	404.2	533.4	677.8	820.1	954.5	1086.2	1219.3	1320.8	1417.4	1506.7
外商及港澳台投资工业企业财务费用_累计增长/%	-12.1	-7.3	-5.7	-6.8	-8.6	-6.2	-6.7	-5.9	-4.3	-2.9	-1.3
外商及港澳台投资工业企业利息支出_累计值/亿元	225.7	353.6	479.6	597.8	720.2	853.2	960.7	1112.4	1234.6	1339.2	1507.3
外商及港澳台投资工业企业利息支出_上年同期累计值/亿元	224.8	354.1	467.7	586.5	699	810.5	915.4	1064.5	1163.2	1269.2	1414.8
外商及港澳台投资工业企业利息支出_累计增长/%	0.4	-0.1	2.5	1.9	3	5.3	4.9	4.5	6.1	5.5	6.5
外商及港澳台投资工业企业利润总额_累计值/亿元	2452.1	4208.1	5605.8	7112.8	8646.3	10197.7	11809.4	13514.3	15132.8	16842.9	18752.9
外商及港澳台投资工业企业利润总额_上年同期累计值/亿元	1889.3	3385.6	4680.3	5984.3	7269.2	8660.6	10008.6	11400.3	12767	14338.4	16193.5
外商及港澳台投资工业企业利润总额_累计增长/%	29.8	24.3	19.8	18.9	18.9	17.7	18	18.5	18.5	17.5	15.8
外商及港澳台投资工业企业亏损企业亏损总额_累计值/亿元	419.1	506.1	643.1	777.7	881.2	978.8	1059.8	1147.9	1246.9	1305	1417.3
外商及港澳台投资工业企业亏损企业亏损总额_上年同期累计值/亿元	503.4	603.3	724.9	846.4	1001.3	1114.1	1207.2	1270.6	1342.5	1433.2	1523.3
外商及港澳台投资工业企业亏损企业亏损总额_累计增长/%	-16.7	-16.1	-11.3	-8.1	-12	-12.1	-12.2	-9.7	-7.1	-8.9	-7

注：从2011年起，规模以上工业企业起点标准由原来的年主营业务收入500万元提高到年主营业务收入2000万元。

（数据来源：国家统计局）

2017年工业主要产品产量

指标	2月	3月	4月	5月	6月	7月	8月	9月	10月	11月	12月
发电机组指标											
发电机组（发电设备）产量_当期值/万千瓦		1166	1157.3	1167.9	1614.6	895.4	774.4	1184	1033.4	946.2	1191
发电机组（发电设备）产量_累计值/万千瓦	1437.2	2599.1	3754.5	4918.6	6533.9	7427.2	7935.6	9096.9	10127.5	10814.5	11832.7
发电机组（发电设备）产量_同比增长/%		0.9	53.1	-20.1	4.4	-16.8	-8.7	-16	7.3	-22.4	-9.9
发电机组（发电设备）产量_累计增长/%	-2.9	-1.1	10.9	1.5	2.2	-0.5	-2.1	-4.7	-3.5	-3.3	-7.3
电工仪器仪表指标											
电工仪器仪表产量_当期值/万台		1753.5	1705.2	1727.3	2016.3	1842.7	1946.8	2118.6	1868.4	2170.7	2295.8
电工仪器仪表产量_累计值/万台	2031.5	3844.2	5961.3	7818.4	9806.3	11984	13930.8	16049.3	18403.7	20306.9	22378.4
电工仪器仪表产量_同比增长/%		7.9	-11.8	-20	-9.7	-16.4	0.5	-9.8	-19	-0.8	19
电工仪器仪表产量_累计增长/%	0.1	3.3	-12.4	-14.3	-13.9	-11.9	-10.4	-10.3	-9	-8.4	-5.6
集成电路指标											
集成电路产量_当期值/亿块		136.3	129.4	136.2	145	133.3	151.7	139.6	134.3	136.2	150.3
集成电路产量_累计值/亿块	200.8	337.1	463	599.1	744	878.2	1030	1150.6	1283.5	1416.6	1564.9
集成电路产量_同比增长/%		30.4	26.2	25	23.4	17.7	29.9	20.4	12.6	9.6	8.8
集成电路产量_累计增长/%	24.2	26.4	25.4	25.1	23.8	23.7	24.7	22.1	20.7	19.4	18.2
工业机器人指标											
工业机器人产量_当期值/套		10163	9782	10057	12614	12458	12121	13085	9445	11243	12682
工业机器人产量_累计值/套	13662	25220	35073	44360	59097	71631	82175	95351	104793	118169	131079
工业机器人产量_同比增长/%		78.2	57.4	47.3	61.1	90.4	61.3	103.2	63.7	45.8	56.5
工业机器人产量_累计增长/%	29.9	55.1	51.7	50.4	52.3	57	63	69.4	68.9	68.8	68.1
移动通信基站设备指标											
移动通信基站设备产量_当期值/万信道		2220.5	2307.7	2823.1	2815.6	2493.2	2511.8	2005.2	1919.6	2127.3	1822.5
移动通信基站设备产量_累计值/万信道	4316.5	6395.4	8699.3	11522.5	14337.7	16830.9	19342.7	21380.4	23300	25412.2	27233.4
移动通信基站设备产量_同比增长/%		-36.6	-30.6	-15.5	2.2	-1.2	12.4	-24	-11.7	-28.4	-19.9
移动通信基站设备产量_累计增长/%	-28.6	-33	-32.4	-28.9	-24.4	-21.7	-18.5	-18.9	-18.4	-19.3	-19.4
移动通信手持机指标											
移动通信手持机（手机）产量_当期值/万台		17379.6	15214.9	14929.4	17303.4	16356.8	16284.1	19000.2	18042.3	18982.5	18630.9
移动通信手持机（手机）产量_累计值/万台	30605.2	48389.1	60762.7	76875.7	93601.3	110081.8	126287.5	144797.8	161916.9	176271.1	192207.5
移动通信手持机（手机）产量_同比增长/%		14.5	4.1	0	0.5	0.9	-1.4	7.3	4	-0.5	-13.7
移动通信手持机（手机）产量_累计增长/%	4.1	8.5	9.8	9.1	6.4	4	2.8	3.4	5.3	3.6	1.6

指标	2月	3月	4月	5月	6月	7月	8月	9月	10月	11月	12月
电子计算机整机指标	2月	3月	4月	5月	6月	7月	8月	9月	10月	11月	12月
电子计算机整机产量_当期值/万台		3220.8	2598.8	2829.5	3358.2	2977.9	3434.2	3737.8	3361.2	3662.7	3382.3
电子计算机整机产量_累计值/万台	4267.4	7578.6	10172.5	13002.7	16372.4	19328.1	22798.5	26354.2	29429.9	33071.8	36376.4
电子计算机整机产量_同比增长/%		3.2	-0.7	2.5	19.9	20.9	21.4	9.4	4.2	6.2	3.9
电子计算机整机产量_累计增长/%	-2.1	-2.5	-1.7	-0.8	2.7	5	7.4	7.9	7.5	7.5	7
微型计算机设备指标	2月	3月	4月	5月	6月	7月	8月	9月	10月	11月	12月
微型计算机设备产量_当期值/万台		2818.6	2265.4	2402.3	2896.9	2504.9	2961.9	3096.6	2696	2937.6	2803.9
微型计算机设备产量_累计值/万台	3712.8	6570.2	8835.7	11251	14145.6	16677.1	19694.3	22602.6	25004.3	27953.8	30678.4
微型计算机设备产量_同比增长/%		8.3	3.6	2.2	18.9	23.2	25.2	5.3	-1.8	-0.3	1.1
微型计算机设备产量_累计增长/%	-1.1	2.1	2	2.1	5	7.3	10	9.5	8.2	7.5	6.8
彩色电视机指标	2月	3月	4月	5月	6月	7月	8月	9月	10月	11月	12月
彩色电视机产量_当期值/万台		1465.1	1273.9	1201.1	1311.2	1273.5	1545.7	1756.7	1749	1800.3	1881.9
彩色电视机产量_累计值/万台	2130.3	3600.2	4886.9	6094.5	7422.7	8700.7	10253.2	12008.2	13780.8	15584.3	17233.1
彩色电视机产量_同比增长/%		-5.4	-11.6	-6.6	-3.4	-2.4	-3.1	3.5	10.9	8.8	6.9
彩色电视机产量_累计增长/%	-6	-5.8	-7.9	-7.3	-6.4	-5.8	-5.2	-3.7	-1.3	0.8	1.6
汽车指标	2月	3月	4月	5月	6月	7月	8月	9月	10月	11月	12月
汽车产量_当期值/万辆		269.5	220.9	218.2	225	207.3	213.4	291.8	260.1	310.7	305.4
汽车产量_累计值/万辆	459	732.6	952.7	1172.3	1396.8	1604.1	1818.1	2278.9	2349.4	2673.1	2994.2
汽车产量_同比增长/%		4.8	0.3	4.1	6.2	4.3	4.7	3.1	0.6	1.8	0.4
汽车产量_累计增长/%	11.1	9	6.9	6.4	6.3	6	5.9	4.9	5.3	4.1	3.2
基本型乘用车（轿车）指标	2月	3月	4月	5月	6月	7月	8月	9月	10月	11月	12月
基本型乘用车（轿车）产量_当期值/万辆		105.7	86	85.5	90.5	86.6	89.2	119	104.8	126.8	125.3
基本型乘用车（轿车）产量_累计值/万辆	188.5	294.2	379.7	465.2	555.3	641.8	731.4	900.9	948.4	1073.7	1199
基本型乘用车（轿车）产量_同比增长/%		-4.8	-8.3	-5.8	-1	-3.7	0.1	-0.3	-4.4	0.5	2.2
基本型乘用车（轿车）产量_累计增长/%	6.3	2	-0.5	-1.5	-1.4	-1.7	-1.1	-1.7	-1.3	-1.1	-0.8
运动型多用途乘用车（SUV）指标	2月	3月	4月	5月	6月	7月	8月	9月	10月	11月	12月
运动型多用途乘用车（SUV）产量_当期值/万辆		89.4	71.7	70.1	71.8	66.6	70.4	92.8	88.7	109.3	105.9
运动型多用途乘用车（SUV）产量_累计值/万辆	155.3	246.8	318.4	389.6	461.4	527.9	600	717	778.5	911.6	1033.4
运动型多用途乘用车（SUV）产量_同比增长/%		23.7	11	15.5	15.4	12.1	9.8	4.6	4.1	0	-3
运动型多用途乘用车（SUV）产量_累计增长/%	24.9	25.5	21.7	20.8	19.7	18.6	17.2	16.1	14.1	9.4	9.1
动车组指标	2月	3月	4月	5月	6月	7月	8月	9月	10月	11月	12月
动车组产量_当期值/辆		214	173	73	398	170	198	264	302	276	344
动车组产量_累计值/辆	204	418	591	664	1062	1214	1412	1676	1978	2256	2600
动车组产量_同比增长/%		-49.3	-34.2	-71.1	6.4	-17.9	-17.8	-9.3	-9.6	-9.2	17
动车组产量_累计增长/%	-58.1	-54	-49.6	-53.4	-41	-39.5	-37.2	-34	-31.1	-29	-25.2

（数据来源：国家统计局）

2017 年能源主要产品产量

发电量指标	2月	3月	4月	5月	6月	7月	8月	9月	10月	11月	12月
发电量_当期值/亿千瓦时		5168.9	4767.2	4947	5203	6047.4	5945.5	5219.6	5038.1	5196.3	5698.6
发电量_累计值/亿千瓦时	9315.3	14587.2	19382.4	24367.7	29598.3	35697.6	41659.4	46891.4	51944.3	57118.2	62758.2
发电量_同比增长/%		7.2	5.4	5	5.2	8.6	4.8	5.3	2.5	2.4	6
发电量_累计增长/%	6.3	6.7	6.6	6.4	6.3	6.8	6.5	6.4	6	5.7	5.7
风力发电量指标	2月	3月	4月	5月	6月	7月	8月	9月	10月	11月	12月
风力发电量_当期值/亿千瓦时		220.4	249	248.9	196.6	180.2	182.7	200	229.6	281.6	270.9
风力发电量_累计值/亿千瓦时	398	621.2	871.7	1118.4	1326.9	1522.1	1715.7	1914	2146.8	2434.5	2695.4
风力发电量_同比增长/%		12.1	15.4	10.1	13.3	11.6	24.3	36.8	11.7	24.9	25.7
风力发电量_累计增长/%	26.9	21.8	19.8	17.3	17.9	18	19.4	21	19.7	20.7	21.4
太阳能发电量指标	2月	3月	4月	5月	6月	7月	8月	9月	10月	11月	12月
太阳能发电量_当期值/亿千瓦时		48.5	50.2	54.7	53.2	55.7	54.7	55.6	53.6	55.8	53
太阳能发电量_累计值/亿千瓦时	74.8	122.8	173	227.7	288.7	352.1	409.1	469.7	533.8	590.6	647.5
太阳能发电量_同比增长/%		28.7	24.6	30.9	29.3	26.7	18.7	25.2	35.7	45.2	46.8
太阳能发电量_累计增长/%	29.6	31	30.7	30.5	35.1	36.3	34	31.6	34.1	35.5	38

（数据来源：国家统计局）

2017 年固定资产投资情况

指　标	2月	3月	4月	5月	6月	7月	8月	9月	10月	11月	12月
固定资产投资完成额_累计值/亿元	41377.89	93777.06	144326.84	203718.27	280604.83	337409.49	394150.13	458478.18	517817.98	575057.05	631683.96
固定资产投资完成额_累计增长/%	8.9	9.2	8.9	8.6	8.6	8.3	7.8	7.5	7.3	7.2	7.2
国有及国有控股固定资产投资额_累计值/亿元	14662.42	33086.79	51476.33	72912.14	102021.7	123012.55	143826.66	168164.14	189881.3	211295	232887.21
国有及国有控股固定资产投资额_累计增长/%	14.4	13.6	13.8	12.6	12	11.7	11.2	11	10.9	11	10.1
房地产开发投资_累计值/亿元	9854.34	19291.92	27731.58	37594.68	50610.22	59761.08	69493.88	80644.45	90544.36	100386.55	109798.53
房地产开发投资_累计增长/%	8.9	9.1	9.3	8.8	8.5	7.9	7.9	8.1	7.8	7.5	7
第一产业固定资产投资完成额_累计值/亿元	885.84	2334.51	3930.75	5938.23	8694.14	10676.58	12701.6	14972.62	17095.86	18978.95	20892.35
第一产业固定资产投资完成额_累计增长/%	19.1	19.8	19.1	16.9	16.5	14.4	12.2	11.8	13.1	11.4	11.8
第二产业固定资产投资完成额_累计值/亿元	14495.56	35093.59	54595.58	77572.06	105806.53	127150.34	148228.52	171787.17	193533.27	214618.02	235751.4
第二产业固定资产投资完成额_累计增长/%	2.9	4.2	3.5	3.6	4	3.4	3.2	2.6	2.7	2.6	3.2
第三产业固定资产投资完成额_累计值/亿元	25996.49	56348.96	85800.51	120207.98	166104.15	199582.56	233220.01	271718.38	307188.85	341460.08	375040.22
第三产业固定资产投资完成额_累计增长/%	12.2	12.2	12.1	11.6	11.3	11.3	10.6	10.5	10	10.1	9.5
中央项目固定资产投资完成额_累计值/亿元	1402.89	3219.22	4993.78	7035.45	9639.81	12064.37	13631.88	16133.21	18138.89	20227.48	23551.56
中央项目固定资产投资完成额_累计增长/%	-7	-7.1	-9.2	-10.2	-10.9	-7.2	-27.6	-6	-5.9	-5.8	-5.7
地方项目固定资产投资完成额_累计值/亿元	39975	90557.84	139333.06	196682.81	270965.02	325345.12	380518.25	442344.97	499679.09	554829.57	608132.41
地方项目固定资产投资完成额_累计增长/%	9.5	9.9	9.6	9.4	9.5	8.9	9.7	8	7.8	7.8	7.7
新建固定资产投资完成额_累计值/亿元	21131.38	49416.75	77393.05	110435.43	153658.05	184592.5	216084.42	251356.01	282739.05	313550.14	342684.62

项目											
新建固定资产投资完成额_累计增长/%	8.8	9.4	9.5	9.6	10.4	10.9	11.1	10.6	10.7	11.2	9.9
扩建固定资产投资完成额_累计值/亿元	67597.37	60703.9	54763.72	48151.96	41624.55	35909.1	29376.29	21719.1	15417.73	9782.91	4119.24
扩建固定资产投资完成额_累计增长/%	-0.4	-1.8	-1.5	-1.6	-1.9	-0.5	-0.9	0.5	2.6	2.3	4.4
改建固定资产投资完成额_累计值/亿元	91873.25	82827.61	74080.15	64720.8	55311.95	47205.5	38844.96	28247.91	19824.54	12637.67	5145
改建固定资产投资完成额_累计增长/%	9.5	8.6	8.5	9	9	9.9	10.9	10.8	10.4	11.5	12.2
建筑安装工程固定资产投资完成额_累计值/亿元	441771.54	404110.11	364779.11	323681.52	278815.15	238279.38	198767.09	144542.49	102593.75	66708.87	29918.21
建筑安装工程固定资产投资完成额_累计增长/%	7.7	7.7	7.7	7.6	8.2	8.8	9.2	9.2	9.8	10.1	9.9
设备工器具购置固定资产投资完成额_累计值/亿元	114057.51	102413.67	91861.8	80766.72	69492.86	59593.65	48651.4	35423	24650.49	15903.07	6611.27
设备工器具购置固定资产投资完成额_累计增长/%	3.7	4.7	4.9	6	6.1	7.1	7.5	7.7	7.2	9.9	10.5
其他费用固定资产投资完成额_累计值/亿元	75854.92	68533.27	61177.07	54029.94	46142.12	39536.45	33186.34	23752.78	17082.6	11165.11	4848.41
其他费用固定资产投资完成额_累计增长/%	9.5	8.8	8.4	8.8	7.8	6.9	6.6	5.7	5.5	3.8	0.8
房屋施工面积_累计值/万平方米	1090853.82	1058709.15	1023361.51	988387.59	956680.65	924160.19	889167.26	853172.09	821495.24	781987.23	738325.48
房屋施工面积_累计增长/%	-6.7	-6	-5.7	-5.6	-5.3	1	0.9	2.3	3.5	4.3	4.8
房屋竣工面积_累计值/万平方米	213609.03	161024.33	136944.31	117954.16	102488.74	88167.7	72621.65	56829.89	45179.44	35313.11	22164.03
房屋竣工面积_累计增长/%	-7.9	-3.1	3.4	4.9	2.6	6.7	5.3	7.6	12.6	18.7	14.1
新增固定资产_累计值/亿元	382267.74	297528.47	252838.09	213680.54	178821.2	148812.7	120147.26	86472.39	61896.45	42200.34	19859.17
新增固定资产_累计增长/%	9	9.8	14.1	16.6	18.9	21.8	24.9	28.5	33.8	39.2	24.5

（数据来源：国家统计局）

2017 年民间固定资产投资

指　标	2月	3月	4月	5月	6月	7月	8月	9月	10月	11月	12月
民间固定资产投资_累计值/亿元	24977.42	57313.45	88052.83	124328.78	170238.96	204640.28	239147.79	277519.63	313734.47	348143.44	381509.5
民间固定资产投资_累计增长/%	6.7	7.7	6.9	6.8	7.2	6.9	6.4	6	5.8	5.7	6
第一产业民间固定资产投资_累计值/亿元	739	1946	3207	4778	6968	8562	10234	12074	13837	15412	16911
第一产业民间固定资产投资_累计增长/%	18.9	21.1	20	16.9	16.6	16.3	14.6	14.3	15.6	14	13.3
第二产业民间固定资产投资_累计值/亿元	11179	27438	42851	61074	83300	100485	117365	135907	153354	170079	186404
第二产业民间固定资产投资_累计增长/%	2.9	4.9	3.8	4	4.8	4.3	4	3.4	3.2	3.2	3.8
第三产业民间固定资产投资_累计值/亿元	13059	27930	41995	58476	79971	95593	111549	129539	146543	162652	178194
第三产业民间固定资产投资_累计增长/%	9.4	9.8	9.2	9.1	9	8.9	8.4	8.2	7.7	7.6	7.7

（数据来源：国家统计局）

2017 年电子信息制造业运行情况

来源：工业和信息化部

2017 年，我国宏观环境持续好转，内需企稳回暖，外需逐步复苏，结构调整、转型升级步伐加快，企业生产经营环境得到明显改善。电子信息制造业实现较快增长，生产与投资增速在工业各行业中保持领先水平，出口形势明显好转，效益质量持续提升。

一、生产情况

生产保持较快增长。2017 年，规模以上电子信息制造业增加值比上年增长 13.8%，增速比 2016 年加快 3.8 个百分点；快于全部规模以上工业增速 7.2 个百分点，占规模以上工业增加值比重为 7.7%。其中，12 月份增速为 12.4%，比 11 月份回落 2.6 个百分点。

出口形势有所好转。2017 年，出口交货值同比增长 14.2%（2016 年为下降 0.1%），快于全部规模以上工业出口交货值增速 3.5 个百分点，占规模以上工业出口交货值比重为 41.4%。其中，12 月份出口交货值同比增长 13.2%，比 11 月份回落 3.4 个百分点，如图 1 所示。

通信设备行业生产、出口保持较快增长。2017 年，生产手机 19 亿部，比上年增长 1.6%，增速比 2016 年回落 18.7 个百分点；其中智能手机 14 亿部，比上年增长 0.7%，占全部手机产量比重为 74.3%。实现出口交货值比上年增长 13.9%，增速比 2016 年加快 10.5 个百分点，如图 2 所示。

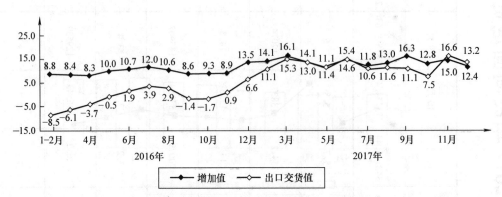

图 1　2016 年以来电子信息制造业增加值和出口交货值分月增速/%

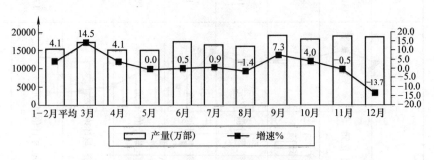

图 2　2017 年手机月度生产情况

计算机行业生产、出口情况明显好转。2017 年，生产微型计算机设备 30678 万台，比上年增长 6.8%（2016 年为下降 9.6%），其中笔记本电脑 17244 万台，比上年增长 7.0%；平板电脑 8628 万台，比上年增长 4.4%。实现出口交货值比上年增长 9.7%（2016 年为下降 5.4%），如图 3 所示。

家用视听行业生产持续低迷，出口增速加快。2017 年，生产彩色电视机 17233 万台，比上年增长 1.6%，增速比 2016 年回落 7.1 个百分点；其中液晶电视机 16901 万台，比上年增长 1.2%；智能电视 10931 万台，比上年增长 6.9%，占彩电产量比重为 63.4%。实现出口交货值比上年增长 11.8%，同比加快 10 个百分点，如图 4 所示。

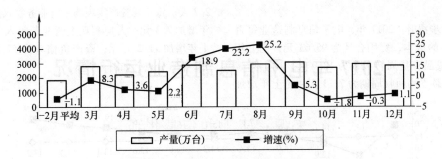

图3　2017年微型计算机设备月度生产情况

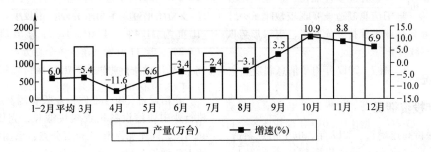

图4　2017年彩色电视机月度生产情况

电子元件行业生产稳中有升，出口增速加快。2017年，生产电子元件44071亿只，比上年增长17.8%。实现出口交货值比上年增长20.7%，增速比2016年加快18.1个百分点，如图5所示。

电子器件行业生产、出口实现快速增长。2017年，生产集成电路1565亿块，比上年增长18.2%。实现出口交货值比上年增长15.1%（2016年为下降0.7%），如图6所示。

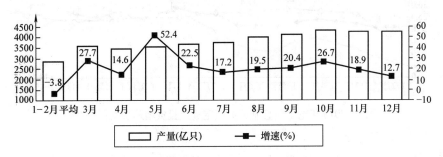

图5　2017年电子元件月度生产情况

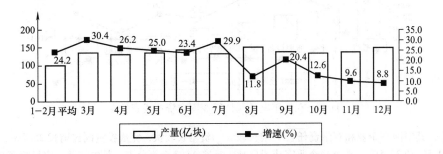

图6　2017年集成电路月度生产情况

二、效益情况

行业效益持续改善。2017年，全行业实现主营业务收入比上年增长13.2%，增速比2016年提高4.8个百分点；实现利润比上年增长22.9%，增速比2016年提高10.1个百分点。主营业务收入利润率为5.16%，比上年提高0.41个百分点；企业亏损面16.4%，比上年扩大1.7个百分点，亏损企业亏损总额比上年下降4.6%。2017年末，全行业应收账款比上年增长16.4%，高于同期主营业务收入增幅3.2个百分点；产成品存货比上年增长10.4%，增速同比加快 7.6 个百分点。

运行质量进一步提升。2017 年，电子信息制造业每百元主营业务收入中的成本、费用合计为 95.63 元，比上年减少 0.24 元；产成品存货周转天数为 12.9 天，比上年减少 0.4 天；应收账款平均回收周期为 71.1 天，比上年增加

2.7 天。每百元资产实现的主营业务收入为 131.4 元，比上年增加 7.3 元；人均实现主营业务收入为 119.8 万元，比上年增加 11.2 万元；资产负债率为 57.3%，比上年下降 0.2 个百分点，如图 7 所示。

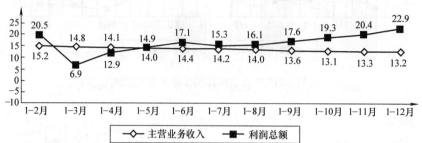

图 7 2017 年电子信息制造业主营业务收入、利润增速变动情况/%

三、固定资产投资情况

固定资产投资保持高速增长。2017 年，电子信息制造业 500 万元以上项目完成固定资产投资额比上年增长 25.3%，增速比 2016 年加快 9.5 个百分点，连续 10 个月保持 20% 以上高位增长。电子信息制造业本年新增固定资产同比增长 35.3%（2016 年为下降 10.9%），如图 8 所示。

通信设备、电子器件行业投资增势突出。2017 年，整机行业中通信设备投资较快增长，完成投资比上年增长 46.4%，同比加快 16.1 个百分点；家用视听行业完成投资比上年增长 7.6%；电子计算机行业完成投资比上年下降 2.3%。电子器件行业完成投资比上年增长 29.9%；电子元件行业完成投资比上年增长 19.0%，如图 9 所示。

内资企业投资增长较快。2017 年，内资企业完成投资

图 8 2017 年电子信息制造业固定资产投资增速变动情况/%

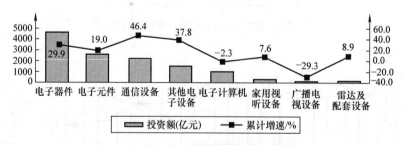

图 9 2017 年电子元件行业固定资产投资情况

比上年增长 29.1%，其中国有企业和有限责任公司增长较快，增速分别为 40.5% 和 32.5%。港澳台企业完成投资比上年增长 10.5%。外商投资企业完成投资比上年增长 13.7%。

西部地区投资增速领跑，东北地区投资明显好转。2017 年，东部地区投资增长平稳，完成投资同比增长 17.1%，增速比 2016 年回落 1.6 个百分点，其中河北、广东投资增长较快，分别增长 46.4% 和 41.9%；中部地区投

资增长较快，完成投资同比增长 25.7%，增速比 2016 年提高 11.7 个百分点，其中江西、安徽投资增长较快，分别增长 76.2% 和 24.6%；西部地区投资增速领跑，完成投资同比增长 46.1%，增速比 2016 年提高 26.3 个百分点，其中云南、贵州、四川投资增长较快，同比分别增长 338.9%、120.9% 和 118.0%；东北地区投资由降转升，完成投资同比增长 39.7%（2016 年为下降 29.6%），黑龙江、辽宁投资分别增长 109.7% 和 60.8%，如图 10 所示。

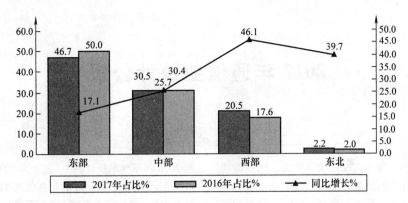

图 10　2017 年投资情况

2017 年通信业统计公报

来源：工业和信息化部

2017 年，我国通信业深入贯彻落实党中央、国务院决策部署，积极推进网络强国战略，加强信息网络建设，深入落实提速降费，加快发展移动互联网、IPTV、物联网等新型业务，为国民经济和社会发展提供了有力支撑。

一、行业保持较快发展

（一）电信业务总量大幅提高，电信收入增长有所加快

初步核算，2017 年电信业务总量达到 27557 亿元（按照 2015 年不变单价计算），比上年增长 76.4%，增幅同比提高 42.5 个百分点。电信业务收入 12620 亿元，比上年增长 6.4%，增速同比提高 1 个百分点，如图 1 所示。

全年固定通信业务收入完成 3549 亿元，比上年增长 8.4%。移动通信业务实现收入 9071 亿元，比上年增长 5.7%，在电信业务收入中占比为 71.9%，较上年回落 0.5 个百分点，如图 2 所示。

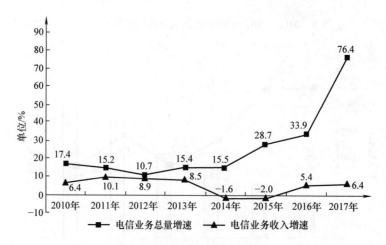

图 1　2010—2017 年电信业务总量与业务收入增速情况

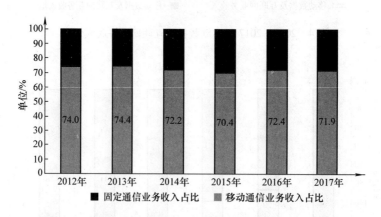

图 2　2012—2017 年固定通信和移动通信收入占比变化情况

（二）数据及互联网业务稳定增长，话音等传统业务继续萎缩

宽带中国战略加快实施带动数据及互联网业务加快发展。2017 年，在固定通信业务中固定数据及互联网业务收入达到 1971 亿元，比上年增长 9.5%，在电信业务收入中占比由上年的 15.2% 提升到 15.6%，拉动电信业务收入增

长 1.4 个百分点，对全行业业务收入增长贡献率达 21.9%。受益于光纤接入速率大幅提升，家庭智能网关、视频通话、IPTV 等融合服务加快发展。全年 IPTV 业务收入 121 亿元，比上年增长 32.1%；物联网业务收入比上年大幅增长 86%，如图 3 所示。

2017 年，在移动通信业务中移动数据及互联网业务收入 5489 亿元，比上年增长 26.7%，在电信业务收入中占比从上年的 38.1% 提高到 43.5%，对收入增长贡献率达 152.1%，如图 4 所示。

随着高速互联网接入服务发展和移动数据流量消费快速上升，话音业务（包括固定话音和移动话音）继续呈现大幅萎缩态势。2017 年完成话音业务收入 2212 亿元，比上年下降 33.5%，在电信业务收入中的占比降至 17.5%，比上年下降 7.3 个百分点，如图 5 所示。

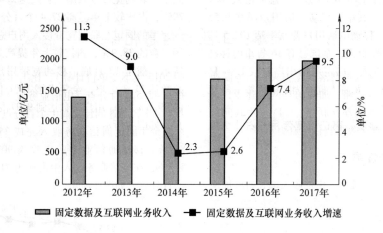

图 3　2012—2017 年固定数据及互联网业务收入情况

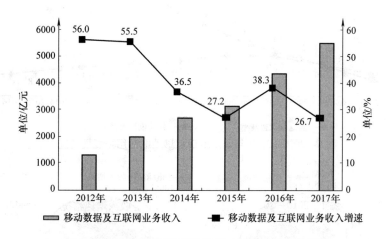

图 4　2012—2017 年移动数据及互联网业务收入情况

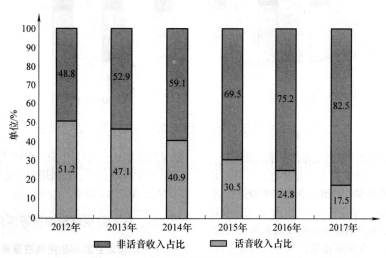

图 5　2012—2017 年电信收入结构（话音和非话音）情况

二、网络提速和普遍服务效果显现

（一）电话用户规模稳步扩大，移动电话普及率首次破百

2017 年，全国电话用户净增 8269 万户，总数达到 16.1 亿户，比上年增长 5.4%。其中，移动电话用户净增 9555 万户，总数达 14.2 亿户，移动电话用户普及率达 102.5 部/百人，比上年提高 6.9 部/百人，全国已有 16 省市的移动电话普及率超过 100 部/百人。固定电话用户总数 1.94 亿户，比上年减少 1286 万户，每百人拥有固定电话数下降至 14 部，如图 6 所示。

（二）网络提速效果显著，高速率宽带用户占比大幅提升

进一步落实网络提速要求，加快拓展光纤接入服务和优化 4G 服务，努力提升用户获得感。截止 12 月底，三家基础电信企业的固定互联网宽带接入用户总数达 3.49 亿户，全年净增 5133 万户。其中，50Mbps 及以上接入速率的固定互联网宽带接入用户总数达 2.44 亿户，占总用户数的 70%，占比较上年提高 27.4 个百分点；100Mbps 及以上接入速率的固定互联网宽带接入用户总数达 1.35 亿户，占总用户数的 38.9%，占比较上年提高 22.4 个百分点，如图 7 所示。截至 12 月底，移动宽带用户（即 3G 和 4G 用户）总数达 11.3 亿户，全年净增 1.91 亿户，占移动电话用户的 79.8%。4G 用户总数达到 9.97 亿户，全年净增 2.27 亿户，如图 8 所示。

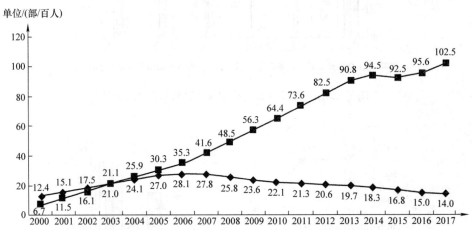

图 6　2000—2017 年固定电话、移动电话用户发展情况

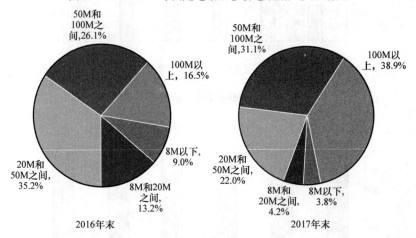

图 7　2016—2017 年固定互联网宽带各接入速率用户占比情况

（三）普遍服务继续推进，农村宽带用户增长加速

2017 年末，电信业完成 3.2 万个行政村通光纤的电信普遍服务任务部署。全国农村宽带用户达 9377 万户，全年净增用户 1923 万户，比上年增长 25.8%，增速较上年提高 9.3 个百分点；在固定宽带接入用户中占 26.9%，占比较上年提高 1.8 个百分点，如图 9 所示。

（四）行业融合加深，新业务发展动能强劲

加快培育新兴业务，扎实提高 IPTV、物联网、智慧家

庭等服务能力。2017 年末，IPTV 用户数达到 1.22 亿户，全年净增 3545 万户，净增用户占光纤接入净增用户总数的 53.5%，如图 10 所示。

三、移动数据流量消费等新兴业务继续大幅攀升

（一）移动互联网应用加快普及，户均流量翻倍增长

4G 移动电话用户扩张带来用户结构不断优化，支付、视频广播等各种移动互联网应用普及，带动数据流量呈爆炸

式增长。2017年，移动互联网接入流量消费达246亿GB，比上年增长162.7%，增速较上年提高38.7个百分点，如图11所示。全年月户均移动互联网接入流量达到1775MB/月/户，是上年的2.3倍，12月当月户均接入流量高达2752MB/

月/户。其中，手机上网流量达到235亿GB，比上年增长179%，在移动互联网总流量中占95.6%，成为推动移动互联网流量高速增长的主要因素，如图12所示。

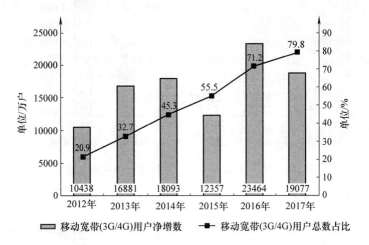

图8　2012—2017年移动宽带用户（3G/4G）发展情况

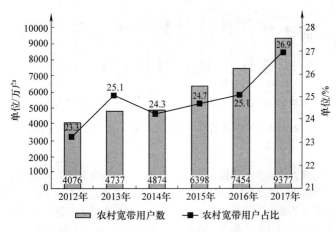

图9　2012—2017年农村宽带接入用户情况

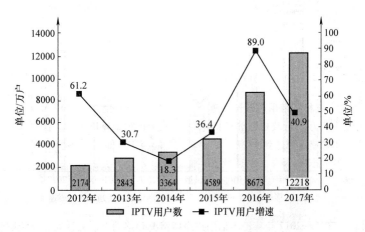

图10　2012—2017年IPTV用户及增速情况

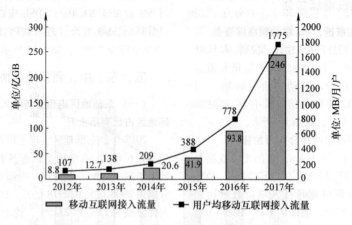

图 11　2012—2017 年移动互联网接入流量增长情况

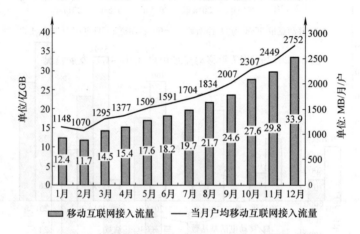

图 12　2017 年各月当月户均移动互联网接入流量增长情况

（二）互联网应用替代作用增强，传统业务持续下降

2017 年，全国移动电话去话通话时长 2.69 万亿分钟，比上年减少 4.3%，降幅较上年扩大 2.8 个百分点。全国移动短信业务量 6644 亿条，比上年减少 0.4%。其中，由移动用户主动发起的点对点短信量比上年减少 30.2%，占移动短信业务量比重由上年的 28.5% 降至 19.9%。彩信业务量只有 488 亿条，比上年减少 12.3%。移动短信业务收入 358 亿元，比上年减少 2.6%，如图 13 所示。

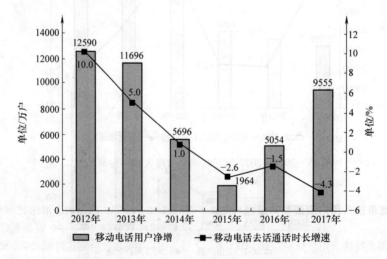

图 13　2012—2017 年移动电话用户净增情况和移动电话去话通话时长增速

四、网络基础设施建设继续加强

（一）信息网络建设扎实推进，4G移动网络深覆盖

着力提升网络品质，加快光纤网络建设，完善4G网络覆盖深度，不断消除覆盖盲点，移动网络服务质量和覆盖范围继续提升。2017年，全国净增移动通信基站59.3万个，总数达619万个，是2012年的3倍。其中4G基站净增65.2万个，总数达到328万个，如图14所示。

（二）光缆加快建设，网络空间综合实力加强

2017年新建光缆线路长度705万km，全国光缆线路总长度达3747万km，比上年增长23.2%。"光进铜退"趋势更加明显，截至12月底，互联网宽带接入端口数量达到7.79亿个，比上年净增0.66亿个，增长9.3%。如图15所示。其中，光纤接入（FTTH/O）端口比上年净增1.2亿个，达到6.57亿个，占互联网接入端口的比重由上年的75.5%提升至84.4%。xDSL端口比上年减少1639万个，总数降至2248万个，占互联网接入端口的比重由上年的5.5%下降至2.9%，如图16所示。

五、东、中、西部地区协调发展

（一）东部地区电信业务收入继续占据半壁江山，中西部地区占比有所上升

2017年，东部地区实现电信业务收入6759亿元，比上年增长6.6%，占全国电信业务收入比重为53.5%，占比较上年减少0.5个百分点。中部和西部实现电信业务收入分别为2908亿元和2978亿元，比上年增长7.4%和8.5%，占比分别为23%和23.5%，比上年提升了0.1个、0.4个百分点，如图17所示。

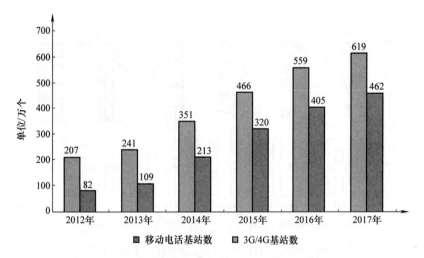

图14　2012—2017年移动电话基站发展情况

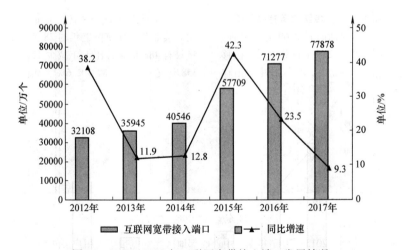

图15　2012—2017年互联网宽带接入端口发展情况

（二）东中西部光纤宽带接入用户渗透率均超过八成，西部地区提升明显

2017年，东、中、西部光纤接入用户分别达到14585万户、7708万户和7100万户，比上年分别增长24.9%、29.3%和38.5%。西部地区增速比东部和中部分别快13.6个和9.2个百分点。东、中、西部光纤接入用户在固定宽带接入用户中的占比分别达到83.2%、85.2%和85.9%，其中西部地区较上年大幅提高10.4个百分点，如图18所示。

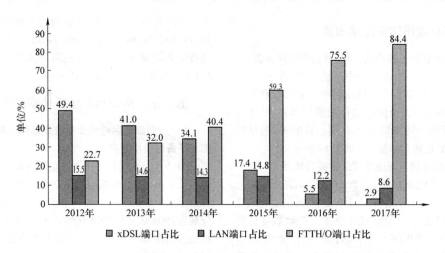

图 16　2012—2017 年互联网宽带接入端口按技术类型占比情况

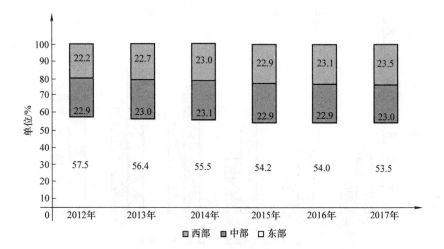

图 17　2012—2017 年东、中、西部地区电信业务收入比重

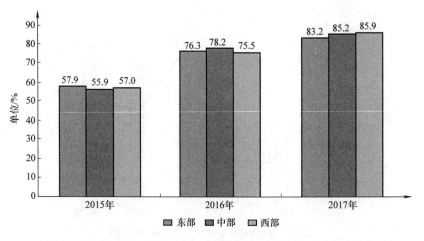

图 18　2015—2017 年东、中、西部地区光纤宽带接入用户渗透率

（三）东、中、西部移动数据业务均呈现加快发展态势，西部增长接近两倍

2017 年，东、中、西部地区移动互联网接入流量分别达到 121 亿 GB、59.9 亿 GB 和 64.9 亿 GB，比上年分别增长 151%、154% 和 198.1%，西部增速比东部、中部增速分别高 47.1 个和 44.1 个百分点。东、中、西部地区月户均流量达到 1780MB/月/户、1680MB/月/户、1865MB/月/户，西部比东部和中部分别高 85MB/月/户和 185MB/月/户，如图 19 所示。

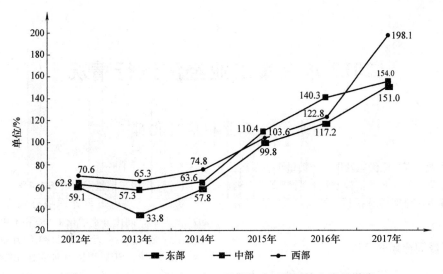

图 19　2012—2017 年东、中、西部移动互联网接入流量增速

2017 年汽车工业经济运行情况

来源：工业和信息化部

2017 年汽车工业实现平稳健康发展，产销量再创新高，连续九年蝉联全球第一，行业经济效益增速明显高于产销量增速，中国品牌市场份额继续提高，新能源汽车发展势头强劲。

一、汽车销量同比增长 3%

2017 年，汽车产销分别完成 2901.5 万辆和 2887.9 万辆，同比分别增长 3.2% 和 3%。

12 月，汽车生产 304.1 万辆，同比和环比分别下降 0.7% 和 1.3%，销售 306 万辆，同比和环比分别增长 0.1% 和 3.5%，如图 1 所示。

（一）乘用车销量同比增长 1.4%

2017 年，乘用车累计产销分别完成 2480.7 万辆和 2471.8 万辆，同比分别增长 1.6% 和 1.4%。其中，轿车产销分别完成 1193.8 万辆和 1184.8 万辆，同比分别下降 1.4% 和 2.5%；SUV 产销分别完成 1028.7 万辆和 1025.3 万辆，同比分别增长 12.4% 和 13.3%；MPV 产销分别完成 205.2 万辆和 207.1 万辆，同比分别下降 17.6% 和 17.1%；交叉型乘用车产销分别完成 53 万辆和 54.7 万辆，同比分别下降 20.4% 和 20%，如图 2 所示。

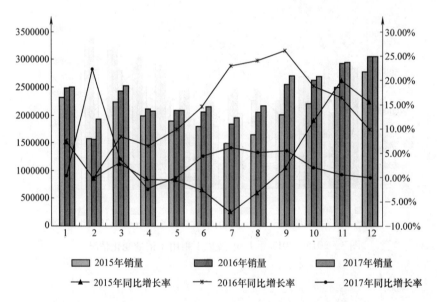

图 1　2015—2017 年月度汽车销量及同比变化情况

12 月，乘用车产销分别完成 261 万辆和 265.3 万辆，同比分别下降 1.3% 和 0.7%。其中，轿车产销分别完成 123 万辆和 120 万辆，同比分别下降 1.3% 和 4.4%；SUV 产销分别完成 113.5 万辆和 117.3 万辆，同比分别增长 4.2% 和 8.4%；MPV 产销分别完成 19.9 万辆和 22.8 万辆，同比分别下降 19.5% 和 16%；交叉型乘用车产销分别完成 4.6 万辆和 5.2 万辆，同比分别下降 25.6% 和 18.7%。

1. 1.6 升及以下乘用车销量同比下降 1.1%

2017 年，1.6 升及以下乘用车累计销售 1719.3 万辆，同比下降 1.1%，占乘用车销量比重为 69.6%，下降 1.8 个百分点。

12 月，1.6 升及以下乘用车销售 188.8 万辆，同比下降 2.3%，占乘用车销量比重为 71.1%，下降 1.1 个百分点，如图 3 所示。

2. 中国品牌乘用车市场份额同比提高 0.7 个百分点

2017 年，中国品牌乘用车累计销售 1084.7 万辆，同比增长 3%，占乘用车销售总量的 43.9%，占有率同比提升 0.7 个百分点；其中，轿车销量 235.4 万辆，同比增长 0.6%，市场份额 19.9%；SUV 销量 621.7 万辆，同比增长 18%，市场份额 60.6%；MPV 销量 172.8 万辆，同比下降 22.8%，市场份额 83.5%。

12 月，中国品牌乘用车共销售 129.4 万辆，同比增长 3.4%，占乘用车销售总量的 48.8%，提高 1.9 个百分点。

（二）商用车销量同比增长 14%

2017 年，商用车产销累计分别完成 420.9 万辆和 416.1 万辆，同比分别增长 13.8% 和 14%。分车型产销情况看，客车产销同比分别下降 3.8% 和 3%；货车产销同比均增长 16.9%。

12 月，商用车生产 43.2 万辆，同比增长 3.1%，销售 40.7 万辆，同比增长 5.7%，如图 4 所示。

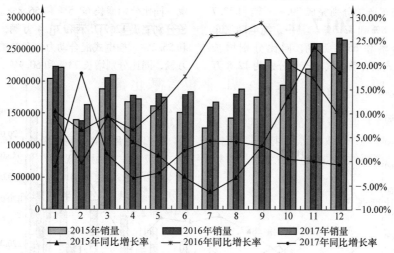

图 2　2015—2017 年月度乘用车销量及同比变化情况

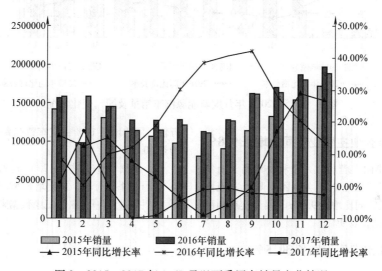

图 3　2015—2017 年 1.6L 及以下乘用车销量变化情况

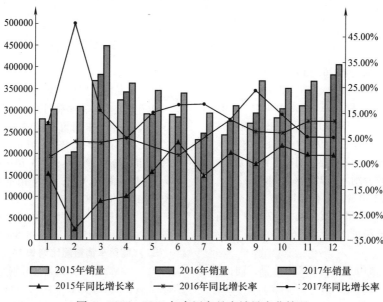

图 4　2015—2017 年商用车月度销量变化情况

二、新能源汽车销量同比增长 53.3%

2017 年，新能源汽车产销分别完成 79.4 万辆和 77.7 万辆，同比分别增长 53.8% 和 53.3%。其中，纯电动汽车产销分别完成 66.7 万辆和 65.2 万辆，同比分别增长 59.8% 和 59.6%；插电式混合动力汽车产销分别为 12.8 万辆和 12.4 万辆，同比分别增长 28.5% 和 26.9%。

12 月，新能源汽车产销分别完成 14.9 万辆和 16.3 万辆，同比分别增长 68.5% 和 56.8%。其中，纯电动汽车产销分别完成 12.9 万辆和 14.4 万辆，同比分别增长 67.7% 和 56.2%；插电式混合动力汽车产销分别完成 2 万辆和 1.9 万辆，同比分别增长 73% 和 60.9%，如图 5 所示。

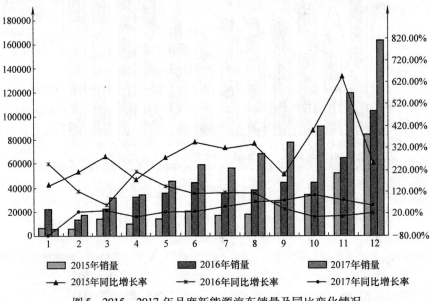

图 5　2015—2017 年月度新能源汽车销量及同比变化情况

三、1～11 月重点企业主营业务同比增长 9.8%

行业内重点企业（集团）营业收入及利税均高于上年同期。1～11 月，汽车工业重点企业（集团）累计实现主营业务收入 35835.8 亿元，同比增长 9.8%。累计实现利税总额 5760.2 亿元，同比增长 8.9%。

四、1～11 月汽车出口同比增长 30.5%

根据海关统计口径，1～11 月，汽车整车累计进口 114 万辆，同比增长 19%；汽车整车累计出口 95.6 万辆，同比增长 30.5%。

11 月汽车整车进口 12.3 万辆，同比增长 14%；汽车整车出口 11.6 万辆，同比增长 42.3%。

（注：上述一、二、三中数据来自汽车工业协会）

2017 年我国光伏产业运行情况

来源：工业和信息化部

一、总体运行情况

2017 年，受国内光伏分布式市场加速扩大和国外新兴市场快速崛起双重因素影响，我国光伏产业持续健康发展，产业规模稳步增长、技术水平明显提升、生产成本显著下降、企业效益持续向好、对外贸易保持平稳。

（一）**产业规模稳步增长。**2017 年我国多晶硅产量 24.2 万吨，同比增长 24.7%；硅片产量 87GW，同比增长 34.3%；电池片产量 68GW，同比增长 33.3%；组件产量 76GW，同比增长 31.7%。产业链各环节生产规模全球占比均超过 50%，继续保持全球首位。

（二）**技术水平不断提升。**P 型单晶及多晶电池技术持续改进，常规产线平均转换效率分别达到 20.5% 和 18.8%，采用钝化发射极背面接触技术（PERC）和黑硅技术的先进生产线则分别达到 21.3% 和 19.2%。多晶硅生产工艺进一步优化，行业平均综合电耗已降至 70kW·h/kg 以下。

（三）**生产成本显著下降。**在技术进步及生产自动化、智能化改造的共同推动下，我国领先企业多晶硅生产成本降至 6 万元/吨，组件生产成本降至 2 元/瓦以下，光伏发电系统投资成本降至 5 元/瓦左右，度电成本降至 0.5~0.7 元/千瓦时。

（四）**企业效益持续向好。**受惠于市场规模扩大，企业出货量大幅提高，同时由于技术工艺进步带动生产成本下降，我国光伏企业盈利水平明显提升，上游硅料、硅片、原辅材、以及下游逆变器、电站等环节毛利率最高分别达到 45.8%、37.34%、21.8%、33.54% 和 50%。

（五）**对外贸易保持平稳。**2017 年 1~11 月，我国光伏产品出口总额为 131.1 亿美元，同比增长 1.4%；多晶硅进口量 14.4 万吨，同比增长 17.3%。受全球光伏市场继续扩大影响，我国光伏产品出口量快速增长，但产品出口价格持续下滑，墨西哥、巴西、印度等新兴市场增速提升，其中对印度出口跃居第一位。

二、面临的形势和困难

（一）**产能持续释放，市场供需压力加大。**从供给侧来看，各环节新增及技改产能在 2018 年逐步释放，从需求侧来看，国际国内新增市场规模增速将会放缓。此消彼长将导致 2018 年我国光伏市场供需失衡，上下游各环节产品价格将进一步下探，企业将会承受较大压力。

（二）**产品结构单一，产业技术创新薄弱。**我国光伏产品以晶体硅电池为主，且主要集中在常规电池环节，产品结构相对单一，在异质结（SHJ）等高效电池和产品可靠性方面与国外相比仍存差距，基础研究亟待提升。此外，我国在光伏高端电池工艺及装备、材料方面仍有不足，包括黑硅、PERC、N 型技术等所需的关键设备仍依赖进口，智能化工厂系统集成能力仍有待提升。

（三）**弃光限电严重，东西部供需矛盾突出。**东、中、西部协同消纳市场没有形成，省间交易存在壁垒，输电通道建设滞后于光伏等新能源发展，加上现有电网调峰能力及灵活性不足、西北本地消纳能力有限，造成西北部地区弃光限电严重，东西部供需不均衡。

（四）**光伏补贴拖欠，影响产业链正常运行。**光伏市场规模快速扩大和可再生能源附加征收不足，补贴资金缺口明显，多数光伏发电项目难以及时获得补贴，增加了全产业链资金成本，特别是光伏企业以民营企业居多且业务单一，融资能力较弱，市场波动易导致行业风险快速集聚。

（五）**受贸易保护影响，光伏"走出去"前景不容乐观。**近年来我国光伏产业发展快速，使得其成为部分国家贸易保护的主要产品。新一轮贸易调查更加关注中国企业，贸易摩擦频发，阻碍了我国光伏"走出去"的步伐，导致全球光伏应用成本快速上升，不利于推动全球光伏应用。

三、重点工作

随着全球能源短缺和环境污染问题凸显，光伏产业已成为各国普遍关注和重点发展的新兴产业。为进一步规范我国光伏产业发展、推动产业转型升级，促进我国光伏产业迈向全球价值链中高端，下一步我们将重点做好如下工作：

1）发布智能光伏产业行动计划。深入实施《中国制造 2025》，发布《智能光伏产业发展行动计划（2018-2020 年）》。推动光伏产业智能化升级，鼓励大数据、NB-IOT 等信息技术在光伏领域应用；推动互联网、大数据、人工智能与光伏产业深度融合。探索推进在建筑、水利、农业、扶贫等领域应用示范建设。合力推动智能光伏产业发展，积极培育世界级先进制造业集群。

2）加强行业规范管理。继续实施《光伏制造行业规范条件》，组织开展相关申报工作，对已进入规范条件的企业进行抽检，继续动态调整规范条件公告名单，推动行业规范与相关政策加强协同联动，有效规范行业发展秩序。

3）完善公共服务平台建设。面向产业发展需求，完善标准、检测等公共服务平台建设，发挥平台作用，为行业发展提供数据支撑。指导相关单位抓紧实施工业强基工程等项目。加快推进《太阳能光伏产业综合标准化技术体系》实施，提升产业配套能力。

4）坚持"引进来"与"走出去"相结合。贯彻"一带一路"倡议，整体谋划产业链布局，增强我们引领商品、资本、信息等全球流动的能力，利用好国际国内两个市场、两种资源，突出技术、品牌、市场，更深更广融入全球供给体系，鼓励企业适时适度开展海外建厂和拓展海外业务，配合相关部门做好贸易纠纷应对工作。

2017 年风电并网运行情况

来源：国家能源局

据行业统计，2017 年，新增并网风电装机 1503 万千瓦，累计并网装机容量达到 1.64 亿千瓦，占全部发电装机容量的 9.2%。风电年发电量 3057 亿千瓦时，占全部发电量的 4.8%，比重比 2016 年提高 0.7 个百分点。2017 年，全国风电平均利用小时数 1948 小时，同比增加 203 小时。全年弃风电量 419 亿千瓦时，同比减少 78 亿千瓦时，弃风限电形势大幅好转，见表 1。

2017 年，全国风电平均利用小时数较高的地区是福建（2756 小时）、云南（2484 小时）、四川（2353 小时）和上海（2337 小时）。

2017 年，弃风率超过 10% 的地区是甘肃（弃风率 33%、弃风电量 92 亿千瓦时），新疆（弃风率 29%、弃风电量 133 亿千瓦时），吉林（弃风率 21%、弃风电量 23 亿千瓦时），内蒙古（弃风率 15%、弃风电量 95 亿千瓦时）和黑龙江（弃风率 14%、弃风电量 18 亿千瓦时）。

表 1　2017 年风电并网运行统计数据

省（区、市）	累计并网容量	发电量	弃风电量	弃风率	利用小时数	省（区、市）	累计并网容量	发电量	弃风电量	弃风率	利用小时数
北京	19	3	—	—	1854	湖北	253	48	—	—	2098
天津	29	6	—	—	2095	湖南	263	50	—	—	2097
河北	1181	263	20.3	7%	2250	重庆	33	7	—	—	2267
山西	872	165	11	6%	1992	四川	210	35	—	—	2353
山东	1061	166	—	—	1784	陕西	363	54	2	4%	1893
内蒙古	2670	551	95	15%	2063	甘肃	1282	188	91.8	33%	1469
辽宁	711	150	13.2	8%	2142	青海	162	18	—	—	1664
吉林	505	87	22.6	21%	1721	宁夏	942	155	7.7	5%	1650
黑龙江	570	108	17.5	14%	1907	新疆	1806	319	132.5	29%	1750
上海	71	17	—	—	2337	西藏	0.8	0.1	—	—	1672
江苏	656	120	—	—	1987	广东	335	62	—	—	1841
浙江	133	25	—	—	2007	广西	150	25	—	—	2280
安徽	217	41	—	—	2006	海南	31	6	—	—	1848
福建	252	65	—	—	2756	贵州	369	63	—	—	1818
江西	169	31	—	—	1995	云南	819	199	5.7	3%	2484
河南	233	30	—	—	1721						

注：1. 容量单位：万千瓦；电量单位：亿千瓦时；

　　2. 并网容量、发电量、利用小时数来源于中电联；

　　3. 弃风电量、弃风率来源于国家可再生能源中心、相关电网企业。

2017 年全国电力工业统计数据

来源：国家能源局

1 月 22 日，国家能源局发布 2017 年全国电力工业统计数据，见表 1。

表 1　全国电力工业统计数据一览表

指标名称	计算单位	全年累计		指标名称	计算单位	全年累计	
		绝对量	增长			绝对量	增长
全国全社会用电量	亿千瓦时	63077	6.6	6000 千瓦及以上电厂发电设备利用小时	小时	3786	-11
其中：第一产业用电量	亿千瓦时	1155	7.3				
第二产业用电量	亿千瓦时	44413	5.5	其中：水电	小时	3579	-40
工业用电量	亿千瓦时	43624	5.5	火电	小时	4209	23
轻工业用电量	亿千瓦时	7493	7.0	电源基本建设投资完成额	亿元	2700	-20.8
重工业用电量	亿千瓦时	36131	5.2	其中：水电	亿元	618	0.1
第三产业用电量	亿千瓦时	8814	10.7	火电	亿元	740	-33.9
城乡居民生活用电量	亿千瓦时	8695	7.8	核电	亿元	395	-21.6
全口径发电设备容量	万千瓦	177703	7.6	电网基本建设投资完成额	亿元	5315	-2.2
其中：水电	万千瓦	34119	2.7	发电新增设备容量	万千瓦	13372	10.1
火电	万千瓦	110604	4.3	其中：水电	万千瓦	1287	9.2
核电	万千瓦	3582	6.5	火电	万千瓦	4578	-9.3
并网风电	万千瓦	16367	10.5	新增 220 千伏及以上变电设备容量	万千伏安	24263	-0.5
并网太阳能发电	万千瓦	13025	68.7	新增 220 千伏及以上输电线路回路长度	千米	41459	18.5
6000 千瓦及以上电厂供电标准煤耗	克/千瓦时	309	-3.0				
全国线路损失率	%	6.4	-0.1				

注：全社会用电量指标是全口径数据，电源、电网基本建设投资为纳入行业统计的大型电力企业完成数。

第三篇　电源行业发展报告及综述

2017 年中国电源学会会员企业 30 强名单

序号	公司名称	主要产品领域
1	华为技术有限公司	不间断电源、逆变器、站点电源、高效模块化数据中心等
2	阳光电源股份有限公司	光伏逆变器、风能变流器、储能变流器等
3	台达电子企业管理（上海）有限公司	通信电源及系统、UPS、计算机及网络设备用交换式电源供应器、计算机及消费电子适配器、直流模块电源、照明及背光电源、变频器及工业自动化系统、太阳能、风能变换器及新能源发电系统、新能源汽车车载
4	易事特集团股份有限公司	UPS、EPS、分布式发电、电动汽车充电桩
5	深圳市汇川技术股份有限公司	变频器、伺服驱动器、PLC、HMI、伺服/直驱电机、传感器、一体化控制器及专机、工业视觉、机器人控制器、电动汽车电机控制器等
6	深圳市科陆电子科技股份有限公司	直流屏、电力操作电源、UPS、照明电源、LED 驱动电源、模块电源
7	深圳市航嘉驰源电气股份有限公司	PC 电源、机箱、电源适配器、移动电源、电源转换器、充电器
8	深圳科士达科技股份有限公司	UPS、精密空调、蓄电池、机柜、光伏逆变器、储能
9	厦门科华恒盛股份有限公司	信息化设备用 UPS、工业动力 UPS 系统设备、建筑工程电源、数据中心产品、新能源产品、配套产品
10	茂硕电源科技股份有限公司	开关电源、LED 室内/户外照明产品驱动、FPC、光伏逆变器、智能充电桩
11	深圳麦格米特电气股份有限公司	变频器、伺服驱动器、驱动系统、车用电机控制器、光伏逆变器等
12	北京动力源科技股份有限公司	通信电源、EPS、高压变频器，新能源电源等
13	伊戈尔电气股份有限公司	电感模式电源产品、电子模式电源产品、特种变压器、电力变压器及变压器铁心组件等
14	深圳市京泉华科技股份有限公司	LED 驱动电源、高/低频变压器、三相变压器等
15	深圳可立克科技股份有限公司	开关电源、LED 驱动电源、磁性器件、新能源产品等
16	深圳欧陆通电子股份有限公司	电源适配器、工业 IT 电源等
17	杭州中恒电气股份有限公司	通信电源、高压直流电源（HVDC）、电力操作电源、新能源电动汽车充换电系统、智慧照明、储能等产品及电源一体化解决方案
18	英飞特电子（杭州）股份有限公司	LED 驱动电源、开关电源等
19	东莞市石龙富华电子有限公司	电源适配器、LED 驱动电源等
20	合肥华耀电子工业有限公司	工业开关电源、LED 驱动电源、军品电源、新能源充电机
21	协丰万佳科技（深圳）有限公司	通信电子、开关电源等
22	广东志成冠军集团有限公司	UPS、逆变电源（INV）、EPS、高压直流电源、电动汽车充电站及管理系统、太阳能光伏并网发电系统等
23	鸿宝电源有限公司	稳压器、稳压电源、EPS、UPS、变频器等

（续）

序号	公司名称	主要产品领域
24	深圳市英可瑞科技股份有限公司	汽车充电电源、电力电源、通信电源、工业电源等
25	深圳奥特迅电力设备股份有限公司	工业电源、核电电源、电动汽车充电电源、电能质量治理装置、储能及微网系统、电动汽车充电整体方案提供等
26	北京新雷能科技股份有限公司	模块电源、厚膜工艺电源及电路、逆变器、特种电源等
27	苏州纽克斯电源技术股份有限公司	LED 电源、照明灯具、电子镇流器
28	深圳市英威腾电源有限公司	UPS、EPS、逆变电源及机房配套产品
29	深圳市金威源科技股份有限公司	通信电源、远供电源、高压直流电源、太阳能光伏、LED 电源和汽车充电控制电源等
30	西安爱科赛博电气股份有限公司	特种电源、电能质量控制设备等

注：1. 此名单以会员企业提供的 2017 年企业销售数据、上市公司年报等数据为依据得出，未提供数据的会员企业未进行排行。

2. 此名单中仅对主要产品为电源整机的会员企业进行了排行，主要产品为蓄电池、锂电池、功率器件等配套产品的会员企业未列入其中。如深圳市比亚迪锂电池有限公司、理士国际技术有限公司 、上海吉电电子技术有限公司、无锡新洁能股份有限公司等。

3. 同时涉及电源产品以外其他产品的会员企业，根据电源部分的经营数据进行排行。

2017 年度中国电源行业发展报告

中自产业服务集团

一、调研背景

（一）调查对象

在承继历届电源研究及调查优势与成功经验的基础上，2017 年中国电源产业调查的范围延伸到了电源市场的各个板块，包括业内专家学者、厂商、传统渠道商、IT 渠道商、系统集成等企业和机构。具体包括：最终用户、产品供应商、维护与支持提供商、渠道商、系统集成商。

（二）数据来源与调查方法

本届调查主要采取了电话呼叫、问卷调查、线上调查、公开渠道搜集等方式收集信息，并辅助以焦点小组讨论以及专家集中评审等多种方式，以期更加全面、科学地调查和评估中国电源产业发展状况和电源产品与企业的基本状况。在抽样过程上，综合运用了双重抽样、逐次抽样、分阶段抽样、分层抽样、整群抽样、等距抽样等多种方法，以确保调查数据的精确度，综合衡量其优劣。

（三）样本分布（见表1）

表 1　2017 年中国电源调查样本区域分布

样本分布区域	比例
华北（北京、天津、河北、山西）	14.32%
华东（上海、江苏、浙江、安徽、福建、山东、台湾、江西）	38.02%
华南（广东、广西、海南）	38.77%
华中（河南、湖北、湖南）	3.95%
东北（辽宁、黑龙江、吉林、内蒙古）	0.74%
西南（重庆、贵州、云南、西藏）	1.98%
西北（陕西、甘肃、新疆、宁夏、青海）	2.22%
合计（87 家）	100%

数据来源：中国电源学会；中自集团 2018，4。

（四）合作机构介绍

1. 中国电源学会

中国电源学会成立于 1983 年，是在国家民政部注册的国家一级社团法人，业务主管部门是中国科学技术协会。中国电源学会的专业范围包括：通信电源、不间断电源（UPS）、通用交流稳定电源、直流稳压电源、变频电源、特种电源、蓄电池、变压器、元器件、电源配套产品等。

中国电源学会下设直流电源、照明电源、特种电源、变频电源与电力传动、元器件、电能质量、电磁兼容、磁技术、新能源电能变换技术、信息系统供电技术、无线电能传输技术及装置、新能源车充电与驱动共 12 个专业委员会，以及学术、组织、专家咨询、国际交流、科普、编辑、标准化、青年共 8 个工作委员会。另外还有业务联系的 10 个具有法人资格的地方电源学会。

学会每年举办各种类型的学术交流会。两年一届的大型学术年会至今已经成功举办了 22 届，会议规模超过 1400 人，是国内电源界水平最高、规模最大的学术会议。每四年举办一届国际电力电子技术与应用会议暨博览会（IEEE International Power Electronics and Application Conference and Exposition，IEEE PEAC），是中国电源领域首个国际性会议。此外学会每年还举办各种类型的专题研讨会。

中国电源学会的主要出版物有《电源学报》《中国电源行业年鉴》《电力电子技术及应用英文学报》（CPSS - TPEA）、电力电子技术英文丛书、《中国电源学会通讯》（电子版）、学会微信公众号等。同时，学会还组织编辑出版系列中文丛书、技术专著以及各种学术会议论文集。

学会设立"中国电源学会科学技术奖"，两年一届，奖励在我国电源领域的科学研究、技术创新、新品开发、科技成果推广应用等方面做出突出贡献的个人和单位。学会积极开展继续教育活动，每年举办不同主题的培训班。同时，开展一系列行业服务活动，如科技成果鉴定、技术服务、技术咨询、参与工程项目评价等。

2. 中自产业服务集团

中自产业服务集团（简称"中自集团"）是集杂志、网站、会议、研究及数字移动媒体为一体的中国自动化产业链整合传播、营销、咨询和投资服务机构，拥有网刊会及数字移动合一的专业平台以及政府部门、行业组织、专家学者、企业家、用户、投资机构等各种社会资源。旗下有《变频器世界》、《智慧工厂》（原《PLC&FA》杂志）、《智能机器人》等品牌期刊，历经 20 年的发展，奠定了其在业界的权威地位，在国内外享有较高声誉。更有中自网 www.ca168.com、中自移动数字传媒 www.cadmm.com 等专业网站。中自集团通过传媒优势，整合各种资源，与国内外著名自动化组织、企业建立了广泛的联系和交流，每年举办数十个论坛和研讨会。其中"变频器行业企业家论坛""电力电子论坛""自动化大会"已成为每年一度的行业权威盛会，对推动中国自动化行业持续发展起到了积极的作用。

近 20 年来，中自集团致力于为中国自动化产业发展提供专业的传播、营销和咨询服务，推动这一市场持续快速发展。并随着企业对于跨越式发展的追求，于 2009 年涉足对这一产业的投融资服务，为业内高成长性企业对接资本市场提供专业支持。中自集团先后开展了一系列服务，协助十多家企业登陆资本市场，也为国际企业在中国市场实现成功并购提供专业咨询，典型案例包括但不限于：指导并协助多家企业获得国家发改委、科技部及工信部的专项基金支持，为上市打好坚实基础；为证监会发审委提供行业研究报告及相关企业业绩证明；为某企业引进投资、解决用地问题，协助登陆资本市场；参与并促成业内几宗大的并购；为业内企业上市及融资提供专业支持。

目前，中国自动化及新能源领域的高成长性企业不断涌现，经过集团筛选的适合投资的企业也达到数十家。中自集团拟从种子期的培育、发展期的投资以及上市前的包装等各个阶段提供服务。同时，由于国内资本市场竞争激烈以及同一行业上市容量有限等因素，部分企业将选择海外上市等渠道；另一方面，海外有实力的企业也将在中国寻求并购等，以快速进入这一全球最大的市场。因此，中自集团也在与海外有关专业机构合作，为相关企业提供多渠道、多形式的投融资服务。

中自集团现已拥有 1000 余家企业合作伙伴，常年企业合作伙伴 300 余家，粉丝级合作伙伴 100 余家，拥有庞大数据的读者俱乐部、企业家俱乐部及媒体联盟，秉承铁肩担道义的传媒使命，经过近 15 年发展，中自集团已由单一媒体成功转型为中国自动化产业立体传播、营销、咨询和投资服务机构。除了一如既往做好整合传播和全产业链营销工作，在新的历史机遇面前，中自集团整合各种优质资源，打造创新服务平台，借此推进企业与高校、资本以及供应链的深入对接，加快创新成果转化，共建技术协作平台，借助资本推动，为业内成长性企业腾飞提供实质性保障，并一起联合更多相关机构为产业持续发展做出更大贡献。

二、2017 年中国电源行业市场概况分析

（一）2017 年中国电源行业市场规模分析

我国已进入"十三五"规划关键时期，5G、大数据、云计算、"互联网 +"、"中国制造 2025"、轨道交通、新能源电动汽车等都瞄准新一代信息技术、高端装备等战略重点产业，成为电源行业新的增长点。

工信部公布的《云计算发展三年行动计划（2017—2019 年)》明确提出，到 2019 年，我国云计算产业规模将达到 4300 亿元，未来云计算产业链市场空间巨大，电源系统市场的增量空间将持续扩大。

"十三五"能源规划的提出，以新能源为支点的我国能源转型体系正加速变革，大力发展新能源已上升到国家战略高度。国家出台了一系列政策措施积极扶持新能源产业，风电、光伏发电、微网储能、分布式能源等成为新能源发展的重点，新能源行业已进入发展的快车道。

此外，新能源电动汽车领域，也迎来了快速发展的机遇期。根据统计，2017 年全国 27 个省份和 77 个城市出台了相关鼓励政策。其中 84 项涉及新能源汽车产业政策，73 项涉及充电桩政策，49 项涉及补贴政策。根据《"十三五"国家战略性新兴产业发展规划》要求，到 2020 年，将实现新能源汽车产销量 200 万辆以上，累计产销量 500 万辆，

预计国内充换电设备市场规模将超过 1000 亿元。根据 2018 年国家能源局印发的《2018 年能源工作指导意见》，2018 年内国家计划建成充电桩 60 万个，其中公共充电桩 10 万个，私人充电桩 50 万个，释放了极大的政策利好。

随着上述应用行业的高速发展，2017 年中国电源产业呈现出良好的发展态势，产值规模同比 2016 年增长率为 12.9%，总产值达 2321 亿元（见表 2 和图 1）。中国电源行业的规模分析主要指产值，包含国内销售、出口、OEM/ODM 等几个部分，本报告涉及的数值如未特意表明均指产品产值（不包含港、澳、台等地区，以下同）；另外报告分析的电源行业仅指电子电源，不包括化学电源和物理电源。

表 2　2015—2017 年中国电源产业产值规模

年份	2015 年	2016 年	2017 年
产值/亿元	1924	2056	2321
增长率	6.10%	6.90%	12.90%

数据来源：中国电源学会；中自集团 2018，4；2017 年度包含变频器产品产值。

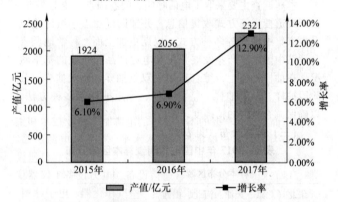

数据来源：中国电源学会；中自集团 2018，4。

图 1　2015—2017 年中国电源产业产值规模

（二）2017 年中国电源行业市场特征分析

1. 中国电源行业进入门槛分析

（1）技术壁垒

电源技术是采用半导体功率器件、电磁元件、电池等元器件，运用电气工程、自动控制、微电子、电化学、新能源等技术，将粗电加工成高效率、高质量、高可靠性的交流、直流、脉冲等形式的电能的一门多学科交叉的科学技术。高性能电源产品具有高效率、高可靠性、高功率密度、优良的电磁兼容性等要求，需要专精于电路、结构、软件、工艺、可靠性等方面的技术人员构成的团队共同进行研发，其中高端电源领域对制造工艺、可靠性设计等方面的要求更高，需要长期、大量的工艺技术经验积累和研发投入。按照国际行业标准建立开发、测试的管理平台，需要更高水平的知识产权识别和管理能力，同时需要投入大量满足国际标准的测试仪器设备。

（2）企业资质认证壁垒

通信、航空、航天、国防、铁路等领域的设备制造商需要对电源厂家的资产规模、管理水平、历史供货情况、生产能力、产品性能、销售网络和售后服务保证能力等方面进行综合评审，只有通过设备厂商的资质认定，电源厂

家才能进入其采购范围。为获得以上所述行业设备厂商的资质认证，企业一般需要先行通过行业或管理机构的第三方认证。国防军工行业客户一般要求 GJB9000 军工产品质量管理体系认证等资质；国际通信客户一般要求 ISO9000、ISO14000 等资质；新能源汽车客户一般要求 ISO/TS16949、ISO14000、ISO9000、ISO26262 等资质。

（3）规模效应壁垒

电源产品所选用的电子元器件及配套材料具有很强的通用性，因此可以形成规模效应。电源生产企业只有形成规模效应，通过批量生产产品，才能有效的降低产品成本，取得价格优势，获得相应的市场份额。

2. 中国电源行业市场集中度与竞争分析

中国电源企业主要分布在三个区域：这三大区域经济发展最快，轻重工业均较发达，信息化建设和科技研发水平较高，为技术密集型的电源行业的研发、生产以及销售提供了充分的条件和便利的场所。中国电源行业已形成了高度市场化的状态，生产电源产品的厂商数量众多，市场集中度较低，且企业规模普遍差别很大。

（1）开关电源

中国开关电源行业市场化程度较高，呈现完全竞争的市场格局，但工业开关电源市场集中度较高，行业前 10 家企业所占市场份额高达 76.1%。

开关电源行业已形成了完善的产业链，上游国际主流元器件供应商控制了开关电源 IC 芯片的制造技术，中游电源制造商根据其掌握的不同水平的电源制造专业技术和生产能力为下游客户提供不同技术水平、类型的电源产品。开关电源行业下游为工业自动化控制、军工设备、科研设备、LED 照明、工控设备、通信设备、电力设备、仪器仪表、医疗设备、半导体制冷制热、空气净化器、电子冰箱、液晶显示器、视听产品、安防监控、电脑机箱、数码产品等领域。

（2）UPS

目前发达国家的 UPS 市场成熟度高，中高端 UPS 市场基本上被伊顿、维谛、施耐德这三家世界 500 强企业所垄断，三家合计市场占有率超过 75%，除此以外的其他欧美本土 UPS 制造企业则多转型为品牌经销商，仍在中高端市场保持一定的影响力；在中低端 UPS 市场，跨国公司因不具有成本优势而市场份额不如中高端市场，品牌经销商则表现活跃。总体而言，发达国家市场经销商网络比较发达，市场进入门槛较高。

而大部分发展中国家的市场成熟度较低，小功率 UPS 市场需求巨大，在线式 UPS 中高端产品市场尚处于培育期，跨国 UPS 巨头对当地市场介入程度不深，本土制造厂商缺乏竞争实力，因此，市场竞争以经销商进口产品为主，市场呈自由竞争格局。鉴于发展中国家市场潜力巨大，发展迅速，且市场进入门槛不高，本土公司可采取与当地知名经销商合作的策略，扩大中低端市场份额，确立差异化竞争优势，逐步树立自有品牌形象，并在中高档产品方面发挥比较成本优势，积极与跨国企业展开竞争。

（3）模块电源

国内模块电源技术含量不高，市场占有率低，尤其是在中大功率领域，模块电源效率低，体积大，不能满足要求。我国有模块电源生产厂家约几百家，以私营企业、小型企业为主，整体竞争力水平较低，行业集中度较低，市场排名前 10 家厂商的市场占有率不到 60%，且多数是国际品牌，本土品牌较少。尤其在中低端模块电源产品市场，行业基本呈现完全竞争状况，而在高端产品市场，由于相应的技术、工艺等的制约，市场集中度较高，市场份额主要被领先的国际跨国公司占领。

在模块电源领域，外资企业凭借较高的技术水平、品牌优势和遍及全球的营销网络等迅速抢占国内市场份额，而内资企业则相对逊色。

从销售收入占比来看，艾默生的模块电源销售收入占国内模块电源销售总收入的 12.11%，位居第一，爱立信占比为 7.41%，排名第二，Victor 占比为 6.41%，排名第三。市场份额前三的企业均为国外企业，我国国内企业中模块电源领先企业瑞谷和新雷能的占比分别为 5.61% 和 5.21%，排名第四、第五。

（4）新能源电源

随着国内光伏逆变器市场表现出巨大的潜力，逆变器市场竞争更为激烈，逆变器价格越来越接近盈利临界点。更低的价格对光伏逆变器生产厂商的技术研发水平、产品生产实力等方面都提出极高要求。缺乏自主研发技术，以购买原器件组装为主的中小逆变器生产企业将面临生存考验，难以获得持续发展。而注重技术积累和技术创新、具有深厚技术研发能力的主流厂商，凭借各方面所拥有的综合优势将获得更大的发展空间。

国内风电变流器厂商整体起步较晚，在风电行业发展初期，主要的风电变流器厂商包括 ABB、西门子、Converteam 等。随着国家支持政策的陆续出台，风电变流器的进口替代与国产化率显著提升，国内产品在国内市场逐渐占据主导地位，进口产品的市场占有率逐年下滑，部分企业甚至淡出了国内风电市场竞争。国内风电变流器市场的主流产品为 1.5MW 与 2MW，国内厂商通过多年的研发在技术实力上已经达到了国外领先厂商的水平。

（5）变频器电源

国内大部分本土企业成立时间不长，产品进入市场的时间也较短，因此在产品成熟度和知名度方面还很难与国外品牌媲美，与国外品牌仍存在一定差距。

低压变频器市场小幅下滑且市场集中度有所下降，除了两大巨头 ABB、西门子占据 21% 的市场份额，3 ~ 10 名的市场占有率相差不大，外资品牌在国内变频器市场的占有率仍维持在 60% ~ 70%。而国产品牌今年内虽有上升趋势，但是市场占有率提升方面仍不明显，如汇川市场占有率为 6%，位列第三位；英威腾为 4%，跻身前十大低压变频器厂商。

国内品牌如汇川技术等，与国际品牌 ABB、西门子的差距日渐缩小。ABB、西门子等以中高端市场为主，产品应用主要集中在起重、冶金、建材、机床和食品饮料等项目型市场；而处于第二阵营的汇川、台达、施耐德等则主要专注于中低端的 OEM 和高端风机泵类市场。从市场份额来看，汇川技术目前牢牢占据低压变频器市场份额第三的位置。

3. 中国电源行业利润情况分析

近年来，中国电源行业利润总额呈现波动态势，经历了 2013 年下降之后，2014—2016 年连续三年增长。近三年来，受新能源汽车和分布式电站的发展，行业盈利能力不断提升。

2017 年大多数电源行业上市企业利润均实现增长。2017 年阳光电源归属于上市公司股东的净利润为 10.24 亿元，比上年同期增长 85%，主要原因是电站系统集成业务和逆变器海外销售业务均增长较快。而汇川技术 2017 年归属上市公司股东的净利润为 10.6 亿元，比上年同期增长 13.76%。2017 年，我国电源行业利润总额为 200 亿元 ~ 300 亿元。

（1）行业产品获利能力呈平稳态势

2011—2016 年，中国电源行业毛利率和销售利润率保持平稳态势，分别维持在 16% 和 13% 左右。2017 年电源行业毛利率下降为 15.91%，销售利润率下降为 12.99%。分析样本企业得出，大多数企业生产的低端产品，产能过剩，价格下降，盈利空间缩小；另外，部分企业出现成本费用控制力削弱的现象，三项费用增长率较高，导致毛利率与销售利润率出现大幅度下降。但与其他电力设备行业相比，电源行业的销售利润仍处于较高水平。

（2）行业资产获利能力有所提升

从数值上看，2011—2015 年，中国电源行业总资产报酬率平稳，均保持在 15% 左右。这主要是由于 2011 年以来，大量电源企业上市，融资能力增强，经过新项目的实施、运营之后，资产获利能力均保持在一个稳定的水平。2016 年，受利润增长的影响，行业总资产报酬率大幅提升；2017 年，我国电源行业总资产报酬率约为 20.86%，较 2016 年有所下降，但仍维持在较高水平。

（3）行业资本运营水平稳定

2012 年，受光伏产业供过于求的影响，电源行业资本保值增值率大幅下降。近年来，新能源汽车市场需求的增长在一定程度上带动了电源行业的发展；2012—2016 年，行业资本运营水平稳定，资本保值增值率均维持在 110% 左右。2017 年行业资本保值增值率约为 111.44%。

（4）2018 年行业利润水平分析

影响行业利润规模的影响因素，主要包括：销售量、生产成本、价格、税收等。

"十三五"期间，我国将加快分布式电源建设。放开用户侧分布式电源建设，推广"自发自用、余量上网、电网调节"的运营模式，鼓励企业、机构、社区和家庭根据自身条件，投资建设屋顶式太阳能、风能等各类分布式电源。鼓励在有条件的产业聚集区、工业园区、商业中心、机场、交通枢纽及数据存储中心和医院等推广建设分布式能源项目，因地制宜发展中小型分布式中低温地热发电、沼气发电和生物质气化发电等项目。支持工业企业加快建设余热、余压、余气、瓦斯发电项目。这一举措将有效推动电源行业的需求增长。

从成本来看，在电源整体成本中，电阻占比不大，在 3% 左右；不过电容却占到材料成本的 10%，2018 年涨幅已经超过 100%，这等于电源毛利直接减少 10 个百分点，所以材料成本压力比较大。激烈的市场竞争环境促使电源大厂也在不断调整价格，电源成品价格已经探底。目前，中小功率电源本身毛利率就不高，电源企业已基本无法自我消化材料涨价带来的成本压力。

（三）2017 年中国电源行业市场结构分析

1. 2017 年中国电源产品结构分析

由于电源产品覆盖的产品种类众多，同时还大量存在各种非标准化的定制化电源产品。根据中国电源学会长期跟踪研究，对 UPS、通信电源、电力电源等重点电源进行了重点的分析研究。当前，对于电源的分类，还没有形成统一的口径，我们的研究主要从以下几个维度进行细分：

按功率变换形式分类：目前的输入功率主要有交流电源（AC）和直流电源（DC）两类；负载要求也主要有 AC 和 DC 两类，所以电力电子电源产品有四大类：AC - DC 电源转换产品；DC - DC 电源转换产品；DC - AC 电源转换产品；AC - AC 电源转换产品。

按电源产品功能和效果分类，主要有：开关电源（包含通信电源、照明电源、PC 电源、服务器电源、适配器、电视电源、家电电源等）；UPS（包含 AC UPS 和 DC UPS 等）；逆变器（包含光伏逆变器、车载逆变器等）；线性电源（包含电镀电源、高端音响电源等）；其他（包含变频器、特种电源等）。

按照电源生产的商业模式不同，可分为定制电源和标准电源。定制电源是利用电力电子器件、相关自动化控制技术及嵌入式软件技术对电能进行变换及控制，并为满足客户特殊需要而定制的一类电源。按行业的细分又可以划分为消费类定制电源和工业类定制电源两大类。标准电源是根据国内外的电源标准和要求制造的电源，标准电源针对的是所有需求的用户，是统一、标准化的产品，不是仅针对满足某些特定需求的用户而定制的产品。

根据电源学会的研究表明，规模较大的电源类型有 IT 及消费类电源、通信电源、照明电源、UPS、变频器、逆变器等。

开关电源应用十分广泛，主要使用于工业自动化控制、军工设备、科研设备、LED 照明、工控设备、通信设备、电力设备、仪器仪表、医疗设备、半导体制冷制热、空气净化器、电子冰箱、液晶显示器、视听产品、安防、计算机机箱、数码产品等领域。目前，除了对直流输出电压纹波要求极高的场合外，开关电源已经全面取代了线性稳压电源，主要用于小功率场合。在许多中等容量范围内，开关电源逐步取代了相控电源，例如，通信电源领域、电焊机、电镀装置等的电源。

其中照明电源又可以分为镇流器、LED 驱动电源、其他等三类，2017 年 LED 驱动电源发展速度较快，成为拉动细分市场增长的主要动力。计算机电源主要指传统个人计算机（PC）电源和一体化 PC 电源两类，传统 PC 电源基本趋于饱和，增长乏力，但是一体化 PC 电源成长性非常好。通信类电源主要包含通信电源、直放站电源等，随着国家 4G 的落实和 5G 的启动，预计"十三五"期间通信电源会保持较好的增长势头。

逆变器主要包含光伏逆变器、便携式逆变器、车载逆变器等类型。其中，光伏逆变器随着绿色能源的兴起，在"十三五"期间将会爆炸性地增长。

UPS 主要分为后备式、在线式和在线互动式三个种类，其中在线式 UPS 占据整体规模的 80% 左右。UPS 主要应用在数据中心、办公场所、工业生产、交通等领域和行业。随着数据中心在中国的快速发展，UPS 的市场规模也会持续发展。

变频器主要分为低压变频器和中高压变频器，当前以低压变频器为主，但是高压变频器的市场潜力更大一些。传统的起重行业、电梯行业以及注塑机等行业增长速度虽然有所减缓，但数字城市和智能交通的高速建设和发展将带动变频器细分产品的平稳增长。

线性电源主要应用在研究机构、工矿企业以及其他工业领域，需求比较平稳，每年的市场规模变化不大。

2017 年受益于国家相关政策的推动，新能源汽车充电站、充电桩以及相关驱动控制器市场出现爆发式增长，市场规模日渐扩大。

2. 2017 年中国电源区域结构分析

从中国电源产业的区域分布结构来看，目前大部分的电源仍在华南、华东两大区域生产，这些区域也正是中国制造业最为发达和集中的区域。根据对中国电源学会会员企业资料统计分析，华南占比最大，华东次之，见表 3。

表 3　2017 年中国电源区域结构分析结果

（以会员企业为样本）

区　　域	比例（企业数目）	市场占比
华北（北京、天津、河北、山西）	14.32%	4.09%
华东（上海、江苏、浙江、安徽、福建、山东、台湾、江西）	38.02%	40.67%
华南（广东、广西、海南）	38.77%	52.56%
华中（河南、湖北、湖南）	3.95%	0.46%
东北（辽宁、黑龙江、吉林、内蒙古）	0.74%	1.81%
西南（重庆、贵州、云南、西藏）	1.98%	0.07%
西北（陕西、甘肃、新疆、宁夏、青海）	2.22%	0.34%
合计（110 家）	100%	100%

数据来源：中国电源学会；中自集团 2018，4。

3. 2017 年中国电源行业结构分析

随着新兴行业的快速发展，以往占市场比重不大的行业如新能源汽车、新能源、LED 驱动、IT 通信等对电源的需求将呈现出了快速增长的势头，增长速度相对较快。具体市场结构来看（见图 2），IT 及消费类电子、工业控制、LED 驱动、新能源占应用市场前列，占比分别约为 42.81%、23%、11.34%、11.02%；新电动车次之，为 7.07%；医疗和其他领域加起来占 4.76%。

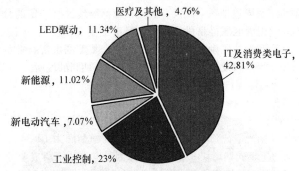

数据来源：中国电源学会；中自集团2018，4。

图 2　2017 年中国电源行业结构示意图

三、2017 年中国电源企业整体概况

（一）2017 年中国电源企业数量分布

由于电源产业相关产品的多样性以及产品应用的广泛性，使得电源产业中相关的电源企业数量相对较多。同时，由于电源产品制造的技术门槛以及资金要求都不是太高，这也客观上导致了电源产品相关研发和生产的企业数量众多。但随着近年来电源产品标准化程度和竞争程度不断提高，以及市场对产品技术水平的要求日益提升，一些缺乏核心技术和开发能力的中小企业生存环境日趋严苛，电源产业显现出由分散向相对集中转变的态势。2017 年中国电源企业数量约为 1.6 万家，较上一年数量略有下降（见表 4 和图 3）。

表 4　2015—2017 年中国电源企业数量分析

年份	2015 年	2016 年	2017 年
企业数量/千家	17.8	17.1	16.0
增长率	0.89%	-3.90%	-6.50%

数据来源：中国电源学会；中自集团 2018，4。

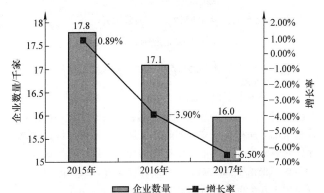

数据来源：中国电源学会；中自集团2018，4。

图 3　2015—2017 年中国电源企业数量分析

（二）2017 年中国电源企业区域分布

如图 4 所示，中国电源企业主要分布在三个区域：一是珠江三角洲，主要是深圳、东莞、广州、珠海、佛山等地；二是长江三角洲，主要是上海、苏南、杭州一带；三

是北京及周边地区。武汉、西安、成都等地也有一定的分布。这三大区域经济发展最快，轻重工业均较发达，信息化建设和科技研发水平较高，为技术密集型的电源行业的研发、生产以及销售提供了充分的条件和便利的场所。

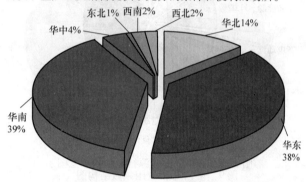

数据来源：中国电源学会；中自集团2018，4。

图4　2017年中国电源企业区域分布示意图

（三）2017年中国电源企业类型分布

我国电源市场经过历练得到了长足的发展，形成了较完整的产业链，各产品领域发展已先后进入竞争激烈期，企业数量大都增长缓慢，甚至出现负增长。根据中国电源学会会员企业资料，2017年中国电源企业类型分布大致如图5所示。

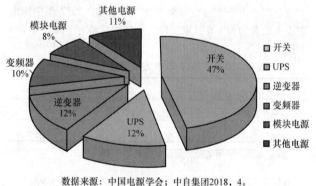

数据来源：中国电源学会；中自集团2018，4。

图5　中国电源企业细分领域分布

四、2017年中国电源市场产品结构分析

电源是向电子设备提供功率的装置，也称电源供应器，是能够将电力能源的形式进行控制、转换的装置。电源产品覆盖的产品种类众多，同时还大量存在各种非标准化的定制化电源产品，当前对于电源的分类，还没有形成统一的口径，根据中国电源学会长期跟踪研究，我们的研究主要从以下几个维度进行细分：

1）按转换类型的不同，可细分如下：①根据转换的形式分类：AC - AC、AC - DC、DC - DC、DC - AC；②根据转换的方法分类：线性电源、开关电源；③根据调控的效果分类：稳压、恒流、调频、调相。但电源应用范围广泛，电源产品种类繁多，同时还大量存在各种非标准化的定制化电源产品。

2）按电源功能的不同，可分为：①开关电源（包含通信电源、照明电源、PC电源、服务器电源、适配器、电视电源、家电电源等）；②UPS（包含 AC UPS 和 DC UPS 等）；③逆变器（包含车载逆变器、光伏逆变器等）；④变频器和其他电源等。

根据统计的便利性，下面按电源功能分类进行产品结构分析。

（一）开关电源市场分析

近年来，我国开关电源市场稳定增长，由于其具有小体积、重量轻、高功率密度、高效率、低功耗、高可靠性、稳定输出等众多优势，广泛应用于各大领域。开关电源可分为标准化产品和非标准化产品，标准化产品主要应用在消费电子及 PC 电源领域，非标准化产品主要应用在工业、新能源、通信等领域。根据下游应用行业发展情况，预计开关电源行业当前的销售额平均每年有 7% ~ 10% 的幅度增长。

根据中国电源学会对会员企业的统计分析，包括占市场份额较大的 TDK - Lambda、可立克、茂硕、台达等，其中 TDK - Lambda 立足中国超过 20 年，保持全球工业电源最大市场占有率。2017 年开关电源市场增长率约为 8.89%，市场规模约 1323.3 亿元（见表5和图6）。

表5　2015—2017 年中国开关电源产品市场分析

年份	2015 年	2016 年	2017 年
开关电源/亿元	1149.8	1215.3	1323.3
增长率	5.10%	5.70%	8.89%

数据来源：中国电源学会；中自集团 2018，4。

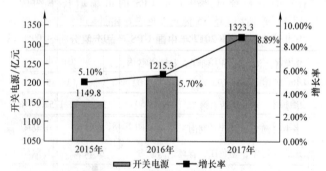

数据来源：中国电源学会；中自集团2018，4。

图6　2015—2017 年开关电源市场规模变化趋势（亿元,%）

从我国开关电源的应用领域来看（见图7），目前我国开关电源主要集中在工业领域，占比达 53.94%，其次为消费电子类领域，占比达 33.05%。两者总占比超过 85% 以上，行业需求领域集中度非常高。未来，随着一些新兴行业的快速发展，预计以往占市场比重不大的行业如电力、交通、新能源等对开关电源的需求将呈现出了快速增长的势头，增长速度相对较快。

全国开关电源的供应商主要分布在华北、华东和华南，分布在其他区域的企业只有 26%。从产业集群来看，主要形成了珠三角地区、长三角地区，以及北京、天津、河北附近的首都经济圈地区三大产业区，另外在西安、武汉也

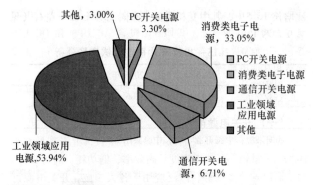

数据来源：中国电源学会；中自集团2018，4。

图7 中国开关电源按应用领域细分
市场分布图

有少量开关电源企业分布。

（二）不间断电源市场分析

过去，UPS主要应用于工业制造领域，近几年UPS新增市场空间主要来自于国内各行业的信息化建设。2017年随着"互联网+"时代的到来，IT的迅速发展，移动互联网、物联网、云计算等数据业务需求呈现爆炸式增长。我国作为一个发展中的新兴数据中心市场，近几年保持40%左右的增速发展，从而带动UPS产品的需求快速增长。而且随着电信、轨道交通等领域信息化加大建设，以及由资源共享需求和绿色节能驱动规模化、集约化大型数据中心建设，中大功率UPS（≥10kV·A）市场份额逐步提升，已逐渐取代小功率UPS成为市场的主角。

根据中国电源学会对市场主要企业（占市场份额45%左右）的分析统计，2017年UPS的市场增长率约为32.17%，产值约135.35亿元（见表6和图8）。

表6 2015—2017年中国UPS产品产值分析

年份	2015年	2016年	2017年
UPS/亿元	93.2	102	135.35
增长率	7.10%	9.50%	32.17%

数据来源：中国电源学会；中自集团2018，4。

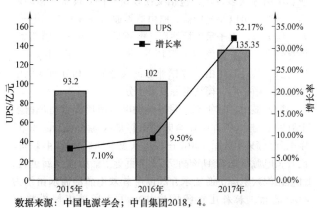

数据来源：中国电源学会；中自集团2018，4。

图8 2015—2017年国内UPS产值及
增速（单位：亿元，%）

细分市场来看（见图9），UPS产品主要应用在政府、电信、金融、互联网、制造等五大行业，销售额占比超过

50%，交通、医疗、保险行业增速最快。

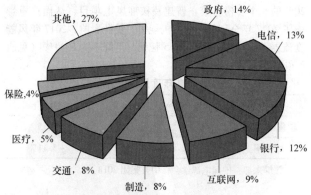

数据来源：中国电源学会；中自集团2018，4。

图9 中国UPS应用领域结构图

（三）逆变器市场分析

GTM Research宣布，2017年太阳能光伏逆变器出货量达到创纪录的98.5GW，较之2016年增长23%。全球逆变器供应商出货量中，华为以26%的市场份额蝉联全球出货量第一，阳光电源、SMA分别以17%和9%的市场份额名列第二、第三。统计发现，位列前20名的供应商出货量均超过1GW，累计占全球总出货量的93%，创GTM Research自2010年以来全球逆变器出货量统计单年度数值新高。

2017年我国光伏市场受"630"抢装、"930"抢装、光伏扶贫政策推动、对分布式光伏上网电价下调预期而导致的抢装等多种因素的拉动下，新增装机为53.06GW，增速高达53.62%，再次刷新历史高位，累计装机达到了130.25GW，位居全球首位。受行业发展拉动，2017年逆变器产品规模达到243.7亿元人民币，同比增长37.6%（见表7和图10）。根据国家对清洁能源和新能源产业的推动，2021年逆变器产品的规模将达到360.4亿元人民币。

表7 2015—2017年中国逆变器电源产品结构分析

年份	2015年	2016年	2017年
逆变器/亿元	147.5	177.1	243.7
增长率	17.10%	20.10%	37.60%

数据来源：中国电源学会；中自集团2018，4。

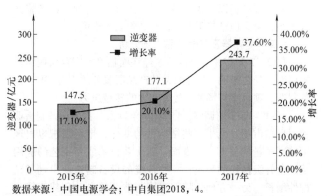

数据来源：中国电源学会；中自集团2018，4。

图10 2015—2017年国内逆变器销售额及增速
（单位：亿元，%）

2017年2月，国家能源局下发通知，规定弃风率超过20%的6个省份，禁止新建及核准风电项目，从而严重影响了2017年全年的行业装机规模，受此影响，2017年风能变流器销售额也下降至31.5亿元，下降率为5.11%（见表8和图11）。

表8　2015—2017年度风能变流器规模分析

年份	2015年	2016年	2017年
销售额/亿元	32.2	33.2	31.5
增长率	3.00%	3.30%	-5.11%

数据来源：中国电源学会；中自集团2018，4。

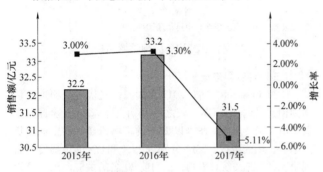

图11　2015—2017年度风能变流器规模分析

随着中国开始更加重视分布式发电市场，中国户用市场在2018年将继续稳步增长，超过2GW。这意味着中国分布式光伏尤其是扎根农村的户用光伏在未来一两年时间仍有巨大发展空间，相对应的专注于组串式逆变器研发与生产的企业将获得更多发展机会。

根据国内市场发展趋势，集中型逆变器需求逐渐下滑但仍占据绝大部分市场容量；组串型逆变器，往大功率方向继续扩展，主要应用于各类村级扶贫电站及工商业屋顶电站；户用型逆变器受到国内补贴下降影响，开始由单相逆变器向三相小功率逆变器需求增长。

从区域看，传统华东、华北市场扶贫工作趋于结束，后续市场主要集中于商业户用屋顶市场；同时，该区域逆变器市场格局相对稳定，新品牌进入难度较大。

海外市场仍以南美洲及东南亚新兴市场为主，老牌光伏市场容量大但已趋于下滑，新品牌切入难度大。

（四）变频器及其他产品市场分析

自2012年以来，我国传统经济面临着去库存与调结构的局面。受之影响，工业自动化产品所服务的下游OEM设备制造、项目型市场都承受着较大的转型压力。

经过4年多的调整，自2016年以来，我国设备制造业和项目型市场发生了一些结构性的变化，市场需求也出现了较高质量的复苏。一方面，随着新技术或新工艺的应用及设备升级换代的影响，一些传统的设备制造业出现了结构性增长。另一方面，随着我国制造业的自动化或智能化水平提升，以3C制造为代表的新兴设备制造也取得了快速发展。自2016年下半年以来，我国的工业自动化产品市场需求出现了较快增长。2017年中国工业自动化市场规模同比增长16.5%，其中变频器类产品同比增长13%左右（见表9和图12）。

表9　2015—2017年中国变频器市场分析

年份	2015年	2016年	2017年
变频器/亿元	192.9	206.6	233.5
增长率	6.00%	7.10%	13.00%

数据来源：中国电源学会；中自集团2018，4。

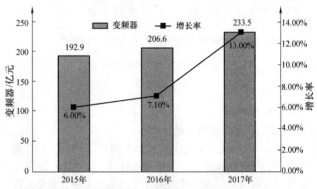

数据来源：中国电源学会；中自集团2018，4。

图12　中国中高压变频器市场规模及增长情况

2018年变频器在中国有巨大的需求潜力。全国潜在变频器市场约1200亿~1800亿元。而截止今年，国内累计推广应用变频调速装置800万~1200万kW，约80亿~120亿元，仅占潜在市场的7%左右。基于此，美、日以及欧洲的各大变频生产公司几乎全部云集中国市场，外资变频器一度占据了95%以上的中国变频器市场份额。

变频器主要分为低压变频器和中高压变频器，当前以低压变频器为主，但是高压变频器的市场潜力更大一些。传统的起重、电梯以及注塑机等行业增长速度虽然有所减缓，但数字城市和智能交通的高速建设和发展将带动变频器细分产品的平稳增长。

（五）模块电源市场分析

模块电源是新一代的电源产品，主要应用于民用、工业和军用等众多领域，包括交换设备、接入设备、移动通信、微波通信以及光传输、路由器等通信领域和汽车电子、航空航天等。由于采用模块组建电源系统具有设计周期短、可靠性高、系统升级容易等特点，模块电源的应用越来越广泛。尤其近几年由于数据业务的飞速发展和分布式供电系统的不断推广，模块电源发展十分迅速。

数据显示，近年来，我国模块电源市场需求呈现稳步上升的态势，2012年我国电源销售规模为35亿元，2016年上升至59.4亿元，2013—2016年复合增长率为14.14%。比开关电源年均6.41%高7.73个百分点。行业发展迅速，且根据模块电源下游需求，2017年模块电源的需求量约为63.9亿元，未来几年我国模块电源市场销售规模将以12%~18%增长速度发展。

五、2017年中国电源市场应用行业结构分析

（一）IT及消费电子行业

1. 通信行业分析

2017 年，受技术和市场周期影响，全球电信投资下滑，国内通信电源行业也经历了基础投资规模缩减的状况。相较于前三年（2014 年、2015 年、2016 年）的 4G 大规模建设投资，2017 年包括中国铁塔及中国移动、中国电信、中国联通在内的电信运营商在 4G 基础建设方面投资均出现不同程度的下降，2017 年移动电话基站个数为 619 万个（见图 13），比 2016 年增加 10.73%，但同比新增移动电话基站数下降 35.48%。这也导致 2017 年通信电源增长下滑至 7.07% 左右，市场值约 128.48 亿元（见表 10 和图 14）。

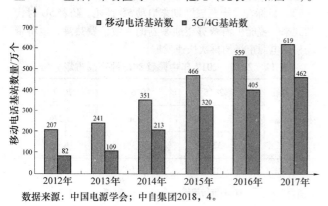

数据来源：中国电源学会；中自集团2018，4。

图 13　2012—2017 中国移动电话基站发展情况

表 10　2015—2017 年中国通信电源产品市场分析

年份	2015 年	2016 年	2017 年
通信电源/亿元	102	120	128.48
增长率	20%	17.65%	7.07%

数据来源：中国电源学会；中自集团2018，4。

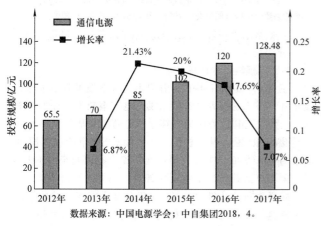

数据来源：中国电源学会；中自集团2018，4。

图 14　2012—2017 年中国通信电源行业市场规模

2018 年政府工作报告将 5G 规划进"中国制造 2025"，我国有望率先实现 5G 商用引领全球，5G 时代即将到来。中国联通公布了最新 5G 商用时间表：2018 年进行 5G 规模试验，2019 年进行 5G 预商用，2020 年正式商用 5G。据 GSMA 预测，到 2025 年，全球将有 12 亿个 5G 连接，中国将占据其中约 1/3 的份额，领先欧洲的 19% 和美国的 16%。根据中国信息通信研究院（工信部电信研究院）2017 年 6 月发布的《5G 经济社会影响白皮书》，5G 商用

将开启运营商的网络大规模建设高峰，尤其是初期，设备制造商将成为最大的经济产出单位（收益者）。如图 15 所示，预计 2020 年电信运营商在 5G 网络设备商的投资将超过 2200 亿元。且随着 5G 商用的持续深入，其他行业在 5G 设备上的支出将稳步增长，到 2030 年预计各行业各领域在 5G 设备上的支出将超过 5200 亿元，设备制造企业在总收入中的占比接近 69%。通信电源作为网络设备运行不可或缺的配套设备，销售额也将随之增长。

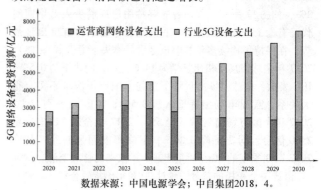

数据来源：中国电源学会；中自集团2018，4。

图 15　运营商和各行业 5G 网络设备支出预计

2. 数据中心分析

全球进入"互联网＋"时代，万物互联、云计算、AI、大数据等技术在各行各业广泛渗透，并伴随着 5G 时代即将来临，数据的产生、处理、交换、传递呈几何级增长，从而驱动数据中心产业加速发展。2017 年我国数据中心（IDC）市场保持快速增长，市场总规模达到 980 亿元，同比增长 37.16%（见表 11 和图 16）。未来三年整体 IDC 市场增速仍将保持在 35% 以上，到 2018 年中国 IDC 市场规模将接近 1400 亿元。

表 11　2013—2017 年中国数据中心投资规模分析

年份	2013 年	2014 年	2015 年	2016 年	2017 年
数据中心投资规模/亿元	262.44	372.14	518.51	714.5	980
增长率		41.80%	39.33%	37.80%	37.16%

数据来源：中国电源学会；中自集团2018，4。

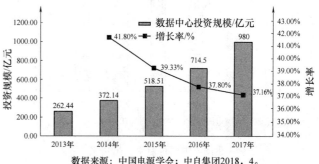

数据来源：中国电源学会；中自集团2018，4。

图 16　2013—2017 年中国数据中心投资规模与预测图

整体行业在绿色节能的主题背景下，高密度场景应用需求、能耗、资源整合等多方面的挑战给当前的数据中心产业提出更高的要求，在此市场需求推动下，数据中心将

朝着模块化、集约化、规模化的趋势发展：模块化的数据中心能实现快速部署、柔性扩充等方面的建设需求；集约化数据中心部署则可以节省数据中心之间的交互成本，有利于降低部署和运维成本；规模化的数据中心则是可以充分满足海量数据的处理需求。

3. 移动智能终端行业

统计数据显示，中国移动智能终端设备规模季度增速放缓，自2016年第二季度起，移动智能终端增速就跌破2%，如图17所示。移动智能终端用户规模步入低增速时代已有七个季度。其中4G手机随着市场饱和首度出现颓势，在保持了连续多年的增长之后，掉头下滑（见图18）。2017年全球市场手机出货量为14.6亿部，同比下滑0.5%。IDC表示，全球市场出货量下滑与中国市场需求不振有很大关系，欧洲市场出货量下滑3.5%，美国市场则持平，2017年中国市场出货量下滑5%。2017年全球PC出货量2.60亿台，同比下降0.26%，下降幅度明显收窄，其中2017第四季度的PC出货量出现6年以来的首次上涨，这给PC市场一个积极的信号，预计2018年出货量企稳。

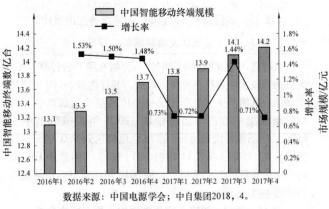

图17 中国智能移动终端规模

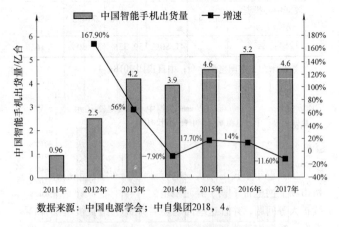

图18 中国智能手机出货量

受智能手机终端等移动设备销量增长放缓，作为终端配件之一的移动电源同样面临增长乏力的困境。但因消费者对移动智能终端的更换周期较短，出货量依旧会处在一个很高的水平。而且行业处于创新阶段，新产品新技术不断涌现，如可穿戴设备、AR/VR等领域。据预测，全球

在增强现实（AR）和虚拟现实（VR）上的支出在2018年将达到178亿美元，相比2017年的91亿美元预计将增长95.60%，2017—2021年复合年增长率预计为98.80%左右。2017年全年可穿戴设备将出货1.16亿台，到2021年将达到2.52亿台。

在此环境下，2017年中国移动电源市场将达276亿元，较2016年增长16.9%（见表12和图19）。当前中国及全球主要国家都在积极部署5G试验。2017年年初工信部、国家发改委发布《信息通信行业发展规划（2016—2020年)》，目标在"十三五"期末启动5G商用。随着5G时代的到来，智能机消费有望迎来新的一波消费热潮，也将带动移动电源市场的再次快速发展。

表12 2015—2017年中国移动电源产品市场分析

年份	2015年	2016年	2017年
移动电源/亿元	220	236	276
增长率	33.3%	7.3%	16.99%

数据来源：中国电源学会；中自集团2018，4。

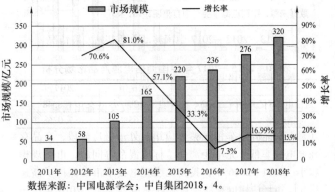

数据来源：中国电源学会；中自集团2018，4。

图19 2011—2018年中国移动电源市场规模及预测

4. 无线充电

在iPhone 8和iPhone X搭载无线充电技术后，全球无线充电市场已被激活。随着无线充电方案技术瓶颈的不断突破，无线充电有望成为智能手机、智能家居乃至整个物联网设备的标配。根据数据，全球无线充电市场在2017年的市场规模约40亿美元，预计到2022年会增长至140亿美元，年均增长率达27%（见图20）。

根据数据（见图21），2017年全球无线充电接收端产品出货3.25亿部，其中智能手机约有3亿部。另外，发射端约有0.75亿部规模。预计到2020年，无线充电接收端出货量将突破10亿部，发射端在2021年也将达约5亿部的规模，全球无线充电市场规模将从2015年的17亿美元增长至2024年的145亿美元，年复合增长率达到27%。

伴随着行业龙头苹果、三星等手机厂商的主力推进无线充电功能，无线充电技术将加快普及速度，逐步从智能手机向平板电脑、笔记本电脑、医疗设备等多方面渗透，带动行业整体发展。利好产业链无线充电方案设计、电源芯片企业、磁性材料、FPC、模组封装企业。

我国无线充电市场发展落后于国外，无论在智能手机

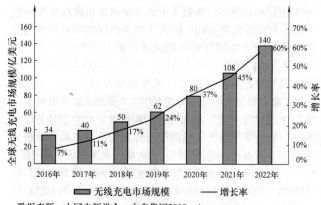

图20　2016—2022年全球无线充电市场规模及预测

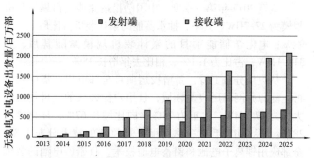

图21　2013—2025年无线充电收发设备出货量

还是在新能源汽车领域整体应用仍处于推广阶段,产品存在充电效率低、充电距离短、标准混乱等问题,市场规模较小。2014—2016年,我国无线充电技术市场保持了高速增长,市场应用以智能手机无线充电器为主,2016年市场规模增加到1.5亿元(见表13和图22)。

表13　2015—2017年中国无线充电市场分析

年份	2015年	2016年	2017年
无线充电/亿元	0.8	1.5	2.4
增长率	150%	100%	60.00%

数据来源:中国电源学会;中自集团2018,4。

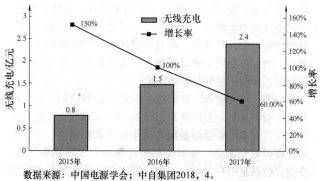

图22　2015—2017年中国无线充电技术市场规模分析

(二)新能源行业分析

1. 光伏发电行业

2017年,全球光伏市场强劲增长,新增装机容量达102GW,同比增长33.7%,累计光伏容量达到405GW。传统市场如美国、欧洲和日本的新增装机容量将分别达到12.5GW、8.8GW和6.8GW,依然在全球光伏市场中占据重要位置。印度市场持续发力,2017年新增装机将达到9.6GW。新兴市场不断涌现,光伏应用在亚洲、拉丁美洲诸国进一步扩大,泰国、智利、墨西哥等国装机规模快速提升。

2017年,我国光伏市场受"630"抢装、"930"抢装、光伏扶贫政策推动、对分布式光伏上网电价下调预期而导致的抢装,分布式市场加速扩大和印度、南美洲等新兴市场快速崛起等多重因素的带动下,中国光伏发电新增装机为53.06GW,同比增加18.52GW,增速高达53.62%,再次刷新历史高位,累计装机达到了130.25GW,位居全球首位(见表14和图23)。而此前太阳能"十三五"规划的目标仅105GW,已经提前并超额完成了"十三五"规划目标。按照目前的发展趋势来看,预计到2020年底,中国光伏发电累计装机容量将有望达到250GW。

表14　2013—2017年光伏发电新增装机容量(单位:GW)

年份	2013年	2014年	2015年	2016年	2017年
光伏发电新增装机/GW	12.92	10.6	15.13	34.54	53.06
同比增长	—	-17.96%	42.74%	128.29%	53.62%

数据来源:中国电源学会;中自集团2018,4。

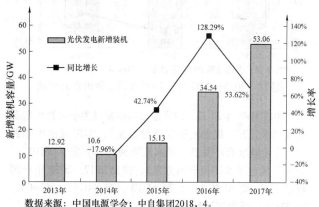

图23　2013—2017年光伏发电新增装机容量

虽然近年来我国光伏发电行业发展迅速,但也存在光伏市场上网电价下调、弃光限电、可再生能源补贴缺口继续扩大等问题,并且这些问题随着地面电站发展继续伴随左右,短期内这些问题也难以解决。同时,地面电站主要靠领跑者计划拉动,本身装机量已比较有限。在这一系列因素催生下,我国分布式光伏发电爆发。

数据显示,2017年中国分布式光伏新增装机19.44GW,同比增加15.21GW,增幅高达3.7倍,占总新增装机的比重为36.64%,较2016年提升24.39个百分点,并创历史新高。此外,2017年分布式新增装机不仅是2016

年的 4.7 倍、2015 年的 14 倍、2014 年的 9.5 倍和 2013 年的 24.3 倍，还远超 2016 年底的累计装机（10.32GW）。因此，可以说 2017 年是中国分布式光伏发展的元年。

2. 风力发电行业

2017 年中国风电新增装机 19.7GW，较 2016 年的 23.4GW 下降 15.4%（见表 15 和图 24），新增装机量下降与"三北"弃风地区项目停建、海上风电未实现规模化等因素密切相关。2017 年累计并网装机容量达到 1.64 亿 kW，占全部发电装机容量的 9.2%。风电年发电量 3057 亿 kWh，占全部发电量的 4.8%，比重比 2016 年提高 0.7 个百分点。2017 年，全国风电平均利用小时数 1948h，同比增加 203h。全年弃风电量 419 亿 kWh，同比减少 78 亿 kWh，弃风限电形势大幅好转。

表 15　2015—2017 年全国风电新增装机量及增速

年份	2015 年	2016 年	2017 年
风电新增装机量/GW	30.8	23.4	19.7
同比增长	32%	−24%	−15.40%

数据来源：中国电源学会；中自集团 2018，4。

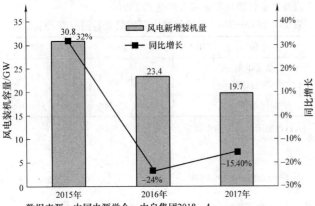

数据来源：中国电源学会；中自集团 2018，4。

图 24　2015—2017 年全国风电新增装机量及增速

2017 年 7 月 28 日，国家能源局印发《关于可再生能源发展"十三五"规划实施的指导意见》，实现可再生能源产业持续健康有序发展。国家能源局同时下发了《2017—2020 年风电新增建设规模方案》，提出 2017—2020 年全国新增建设规模分别为 30.65GW、28.84GW、26.6GW、24.31GW，计划累计新增风电装机 110.41GW。预计在弃风率下降、红六省逐渐解禁、电价驱动等多因素作用下，2018 年新增风电装机有望反转。到 2020 年，新增装机量预计将达到 38.3GW，年均复合增长率将达到 25%。

尽管我国风电市场新增装机量下滑，但行业市场集中度却呈现进一步提升的态势。和全球大趋势一样，我国的新增吊装容量市场份额同样在向前几名的整机商集中，前五名的整机商的市场份额从 2016 年的 60.0% 升至 67.1%，提升了 7.1 个百分点。

具体来看，金风科技以超过 5GW 的新增吊装容量卫冕第一；远景能源当年发力位列第二名，实现了超过 3GW 的新增装机容量，吊装项目遍布 20 个省份，其中在 11 个省份的新增吊装容量均超过了 100MW，也是在去年整体市场

表现不佳的情况下，为数不多的、新增装机出现增长的整机商。风电变流器方面，国内主要企业深圳市禾望电气股份有限公司于 2017 年在 A 股成功上市。

3. 储能系统

国家发改委发布的《可再生能源发展"十三五"规划》，将"推动太阳能多元化利用""推动储能技术示范应用"列为"十三五"期间可再生能源发展的主要任务。实际上，经过多年努力，我国储能行业的技术产品均得到长足发展，行业已经进入了产业化初期，未来市场空间可观。

在国家政策的大力支持和储能企业的共同努力下，我国储能呈现多元发展的良好态势，储能技术总体上已经初步具备了产业化的基础。截至 2016 年底，中国储能市场的累计装机量约为 24.2GW，同比增长 2.5%，累计装机容量世界排名第二。

截至 2017 年第三季度，中国已投运储能项目累计装机规模为 27.7GW。其中，抽水蓄能的累计装机占比最大，为 99%；电化学储能项目的累计装机规模紧随其后，为 318.1MW，占比为 1.1%，相比去年增长 18%。

从应用分布上看，新增投运项目全部应用在集中式可再生能源并网和用户侧领域，且用户侧领域的装机规模最大，为 17.8MW，比重为 78%，同比增长 67%，环比增长 287%。从 2017 年第三季度用户侧领域的技术分布上看，全部应用锂离子电池和铅蓄电池技术，且铅蓄电池的装机占比最大，为 54%。从企业排名上看，2017 年第三季度中国新增投运储能项目中装机规模排在前五位的储能系统提供商的总装机规模，占中国 2017 年第三季度新增投运项目装机规模的 80%。五家企业的项目，绝大部分应用在用户侧领域，比重接近 70%，项目多集中在江苏、浙江、广东等华东、华南地区，以在工业园区的应用为主。

4. 智能电网

自 2016 年 2 月"互联网 + 智慧能源"（能源互联网）的指导意见出台以来，能源互联网产业经历近两年的发展，其关键技术、商业模式、工程项目已经初具规模。2017 年 3 月 6 日，国家能源局确定了首批 56 个"互联网 + 智慧能源"（能源互联网）示范项目名单。我国能源互联网发展迈向新台阶，试点工程的推广也带动了能源互联网技术、商业模式的创新发展。

在技术革新层面，能源互联网技术不断推陈出新，并且逐步向着更深层次发展，实现了对能源互联网空间适应性、源荷多元性、结构多样性、运行灵活性、整体可控性、电网交互性的大幅提升，初步实现了改善电能质量、提高网架结构可靠性与弹性、增强不同区域之间能量的调度协调性、增加负荷的主动调控能力、承载信息双向流动、提高能源总体利用效率等技术目标。

在商业模式层面，目前部分能源互联网试点工程已经具备了脱离补贴、脱离优惠政策的独立运营能力，这部分工程项目大多以综合能源服务为主要的营销策略，不仅向用户提供电能服务，还有供热制冷服务、大数据服务等，在全方位满足用户需求的同时，制定差异化的用户营销策略和服务套餐。

目前我国电网在智能化投资的比例较低，但是随着电

网智能化的推进,智能化投资在电网投资中的比例将显著提升。如图25所示,智能电网第一阶段(2009—2010年)的电网总投资为5510亿元,智能化投资为341亿元,年均智能化投资为170亿元,占电网总投资的6.2%;第二阶段(2011—2015年)电网总投资预计为15000亿元,智能化投资为1750亿元,年均电网投资350亿元,占总投资的11.7%;第三阶段(2016—2020年)电网总投资为14000亿元,智能化投资为1750亿元,年均智能化投资350亿元,占总投资的12.5%。

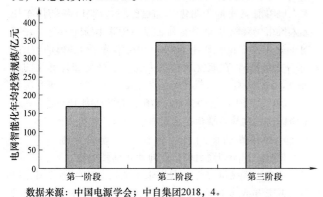

数据来源:中国电源学会;中自集团2018,4。

图25　各阶段电网智能化年均投资规模

(三)交通行业

1. 新能源汽车行业

目前我国的新能源汽车发展已由培育期进入成长期,2017年又是新能源汽车快速发展的一年,新能源汽车生产79.4万辆,销售77.7万辆,分别同比增长53.8%和53.3%。自从2012年国务院发布《节能与新能源汽车产业发展规划》后,我国新能源汽车2016年、2017年销量连续两年超过全球新能源汽车销量的一半。

如图26所示,2017年中国新能源汽车销量77.7万辆,同比增长53.25%,连续三年位居全球最大的新能源汽车产销市场。2017年中国新能源乘用车销量57.80万辆,较2016年增长72.02%;新能源商用车销量19.80万辆,较2016年增长15.79%。

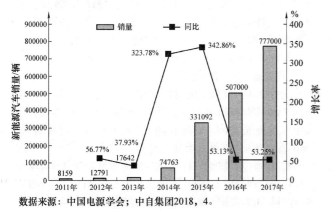

数据来源:中国电源学会;中自集团2018,4。

图26　中国新能源汽车销量

全球新能源汽车销售量从2011年的5.1万辆增长至2017年的162.1万辆,6年时间销量增长30.8倍。未来随

着支持政策持续推动、技术进步、消费者习惯改变、配套设施普及等因素影响不断深入,预计2022年全球新能源汽车销量将达到600万辆,相比2017年增长2.7倍。2017年全球应用于电动汽车动力电池规模为69.0GWh,是消费电子、动力、储能三大板块中增量最大的板块。预计到2022年全球电动汽车锂电池需求量将超过325GWh,相比2017年增长3.7倍。

作为新能源汽车重要部件的电机控制器在新能源汽车市场的强劲带动下,2017年的装机量和市场规模分别为77.7万套和110亿元,市场规模较2016年增加15%(见表16和图27)。

表16　2011—2017年中国新能源汽车电机控制器市场规模

年份	2011年	2012年	2013年	2014年	2015年	2016年	2017年
电机控制器市场规模/亿元	1.57	2.36	3.31	14.6	78	96	110
增长率		50%	40%	341%	434%	23%	15%

数据来源:中国电源学会;中自集团2018,4。

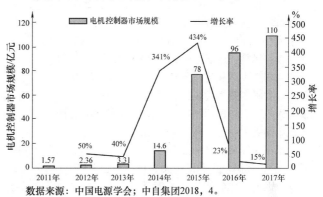

数据来源:中国电源学会;中自集团2018,4。

图27　2011—2017年中国新能源汽车电机
控制器市场规模

车载充电机是新能源汽车必不可少的核心零部件,其市场规模随着新能源汽车市场的快速增长而扩大。2016年,电动汽车车载充电机市场规模约19.8亿元,未来几年随着新能源汽车产量的逐年提升,预计到2020年国内电动汽车车载充电机市场规模将达到77亿元(见图28)。

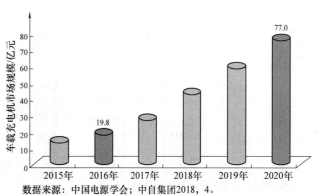

数据来源:中国电源学会;中自集团2018,4。

图28　2015—2020年中国车载充电机市场规模

2. 轨道交通行业

我国城市轨道交通运营里程逐年稳步上升，2017 年，全国城市轨道交通运营里程已达 5021.7 公里。但是，从城市轨道交通布局结构看，城市轨道建设发展极为不均。北上广深地铁里程全国通车里程的 60%，北京和上海城市地铁里程就超过全国已通车里程的 40%。

国务院新闻办此前发表的《中国交通运输发展》白皮书指出，"十三五"期间，我国要加快 300 万以上人口城市轨道交通成网，新增城市轨道交通运营里程约 3000 公里。未来五年，中国城市轨道交通的建设必将掀起新一轮高潮。预计到 2023 年，城市轨道交通运营里程将有望超过 8000 公里，城市轨道车辆密度或将达到 7.4 辆/公里。

3. 无人机行业

我国的无人机行业经过 30 多年的发展，形成了配套齐全的研发、制造、销售和服务体系，从事无人机行业的单位或企业有 300 家以上，目前在研和在用的无人机型多达上百种，小型无人机技术逐步成熟，战略无人机已进入试飞阶段，攻击无人机已多次成功试射空地导弹。民用无人机发展潜力巨大，可应用于航拍、农业、植保、快递、灾后搜救、数据采集等领域，不仅能够代替人完成部分体力要求大、工序繁琐、危险程度高的工作，降低劳动人员的人身损害风险，还能提高工作效率，有效改善工作质量。

与国外市场相比，我国的无人机市场起步较晚，但近年来以大疆创新为代表的中国民用无人机企业的快速崛起，使无人机产品在民用领域的应用取得实质性进展，国内无人机市场需求总量呈现加速增长的态势。

根据全球无人机网在 2017 年 5 月发布的《2017 中国市场状况》，我国军用和民用无人机需求总额将会从 2013 年的 6.2 亿美元增至 2022 年的 22.8 亿美元，年复合增长率为 15.57%，10 年需求总额超过 134 亿美元。

（1）民用无人机市场

随着无人机技术的逐步成熟，民用无人机在日常生活中已经得到了广泛的应用。数据显示，2017 年中国民用无人机市场销售规模达到 79 亿元（见图 29）。随着无人机应用领域的逐渐扩大，无人机市场需求逐渐提升，预计有望在 2018 年突破 100 亿元大关，市场规模达到 134 亿元。

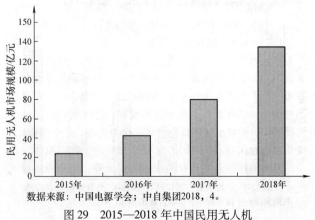

数据来源：中国电源学会；中自集团2018，4。

图 29　2015—2018 年中国民用无人机
市场规模及预测

（2）军用无人机市场

中国军用无人机虽然发展起步晚，但发展迅速，从 20 世纪 60 年代开始的几十年里，中国先后研制出多种无人机并列装部队，进入 21 世纪后，中国军用无人机开始爆发式发展，发展出了"翼龙"系列无人机、"彩虹"系列无人机等性能优良的无人机，并且其中多个机型已经实现出口，走向世界。

我国军用无人机市场前景广阔。《中国制造 2025》中提出，"将航空航天装备列入重点领域进行大力推广，推进无人机等航空装备产业化"。数据显示，2015 年我国军用无人机市场规模为 45.2 亿元，仅为全球市场的 10%，在我国军费开支中占比约 0.48%，而美国军备高峰期占比为 0.7% ~ 0.8%。在航空装备无人化、小型化和智能化的趋势下，我国军用无人机市场发展迅速。中商产业研究院预计，2018 年中国军用无人机市场规模将达到 123 亿元，未来将保持持续稳定增长。

4. 充电站/桩

目前，我国的充电桩行业尚处在基础设施完善的初期，除了几个一线城市之外，人们很少能找到比较明显的充电站。但随着这几年国家的大力支持，近几年我国的充电桩企业和充电桩与日俱增，发展迅速。

据国家能源局披露的数据显示，截至 2017 年底，我国各类充电桩达到 45 万个，其中全国私人专用充电桩 24 万个，公共充电桩 21 万个，保有量位居全球首位，是 2014 年的 14 倍。尽管目前建设数量较大，但仍然滞后新能源汽车发展，目前新能源汽车车桩比约为 3.5:1，远低于 1:1 的建设目标。随着整个新能源汽车产业链的逐渐成熟以及市场需求的逐步释放，充电桩等配套基础设施建设提速已成燃眉之急。而且目前公共充电桩利用率不足 15%，由于布局不合理，维护不到位，部分地区也出现了不少的故障和僵尸桩。

计划 2018 年积极推进充电桩建设，年内建成充电桩 60 万个，其中公共充电桩 10 万个，私人充电桩 50 万个。

充电桩的建设和运营仍保持较高的集中度，特来电、国网、星星充电、普天新能源等四大运营商的市场占比约为 86%。其中国家电网投资 63.3 亿元，建设 42304 个，占比 61%；特锐德投资 30 亿元，建设 97559 个，占比 29%；万帮新能源投资 8.1 亿元，建设 28521 个，占比 8%；中国普天投资 2.1 亿元，建设 14660 个，占比 2%。

（四）医疗行业分析

随着全球人口数量的持续增加、社会老龄化程度的提高以及健康保健意识的不断增强，全球医疗设备市场在近几年保持持续增长。根据 Evaluate Med Tech 的统计预测，2020 年全球医疗器械市场将达到 4775 亿美元，2016—2020 年间的复合年均增长率为 4.1%。全球医疗设备电源市场在医疗设备行业持续发展的背景下，也呈现出稳定增长的态势，2012 年全球医疗设备电源市场规模约为 6.42 亿美元，到 2017 年市场规模达 8.67 亿美元左右，年复合增长率为 6.2%（见图 30）。

受益于政策扶持、人口老龄化及基层医疗机构需求放量等因素的驱动，医疗设备市场保持持续增长。根据数据，

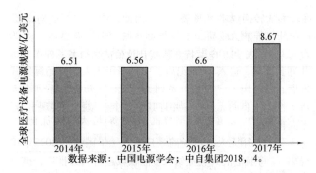

数据来源：中国电源学会；中自集团2018，4。

图30 2014—2017年全球医疗设备电源规模预测

2017年我国医疗器械市场规模达到5233.4亿元，增长率达到8.4%（见图31）。

数据来源：中国电源学会；中自集团2018，4。

图31 中国医疗器械市场规模

（五）LED照明行业

随着LED照明市场规模的持续较快增长，LED驱动电源市场需求将进一步被释放出来，预计未来几年全球LED驱动电源销售规模仍将保持增长，但增速有所下降。LED驱动电源是LED照明产品不可或缺的一部分，也是影响LED照明产品稳定性的主要因素之一。全球LED照明市场的快速增长推动了LED照明驱动电源行业不断发展，2017年全球LED照明驱动电源产值规模达到366亿元，同比增长15.1%，中国增速略高于全球市场，产值规模达到245亿元，同比增长23.7%。伴随着LED照明市场持续快速发展，LED照明驱动电源市场成长空间巨大，预计2018年中国LED驱动电源产值将达290亿元，同比增长18.4%。

LED驱动电源的销售市场主要集中在中国、欧洲、美国和日本市场等区域。中国是LED驱动电源的主要生产基地，特别是珠三角和长三角地区，由于电子配套产业链完善，并且劳动力成本（包括研发人员成本）相对较低，已成为全球LED驱动电源行业的主要集聚地。2015年全球接近69%的LED驱动电源由中国大陆企业生产，销售额达24.50亿美元。

LED驱动电源因为其具有较高的技术壁垒、品牌壁垒和产品认证壁垒，市场集中度比较高。在全球LED驱动电源市场上，明纬、飞利浦和英飞特等企业占据领导地位，国内市场还有茂硕电源、上海鸣志、崧盛电子、健森科技、广州凯盛、石龙富华等。随着行业竞争不断加剧，价格竞争日趋激烈，特别是中小功率市场，很多公司的毛利率已经降至15%左右。

六、2017年中国电源市场区域结构分析

中国电源企业主要分布在三个区域：一是珠江三角洲，主要是深圳、东莞、广州、珠海、佛山等地；二是长江三角洲，主要是上海、苏南、杭州一带；三是北京及周边地区。武汉、西安、成都等地也有一定的分布。这三大区域经济发展最快，轻重工业均较发达，信息化建设和科技研发水平较高，为技术密集型的电源行业的研发、生产以及销售提供了充分的条件和便利的场所。中国电源行业已形成了高度市场化的状态，生产电源产品的厂商数量众多，市场集中度较低，且企业规模普遍差别很大。

（一）华东区域分析

华东地区正在向"国际制造业基地"发展。其工业生产总值不仅占据全国重要地位，而且增长率也高于全国水平。作为国内最具综合经济实力、人口密度最高、最富裕、市场购买力最强的区域之一，华东区域历来被企业视为重点布局区域。华东地区包含上海市、江苏省、浙江省、安徽省、山东省、江西省等省市。第一类：常州、嘉兴、无锡、上海、舟山、南京、苏州、宁波、绍兴、湖州等地区，其中常州、嘉兴、无锡、上海、舟山为一个亚类，南京、苏州、宁波、绍兴、湖州为一个亚类。华东地区总体上已经进入工业化中期，工业化总体水平高于全国平均水平，工业化发展速度也快于全国平均速度。第二类：泰州、杭州、扬州。导致华东地区工业化进程差异的原因是地区之间经济发展水平（指标为人均收入水平）、产业结构（指标为三次产业占GDP比重）。依靠发展第二产业是迅速推进工业化重要手段。华东地区各省市的各地级市工业化进程也不均衡。从华东地区各地级市的工业化进程来看，各地级市之间的工业化进程差异也很大。上海市工业化水平最高，处于后工业化阶段，内部差异小。

（二）华南区域分析

华南地区一般包含广西壮族自治区、广东省、海南省、福建省、台湾省以及香港、澳门两个特区。珠江三角洲经济区，简称珠三角经济区，是组成珠江的西江、北江和东江入海时冲击沉淀而成的一个三角洲，面积有10000多平方公里。一般来说它的最西点定义在三水。2009年1月8日，《珠江三角洲地区改革发展规划纲要（2008—2020年）》规划范围以广东省的广州、深圳、珠海、佛山、江门、东莞、中山、惠州和肇庆为主体，辐射泛珠江三角洲区域。

（三）华北区域分析

华北地区包括北京、天津、河北、山西、内蒙古等省市自治区。华北地区有发展经济得天独厚的条件，两大直辖市北京、天津作为华北经济圈的核心城市，130公里的超近距离，使两者联系起来极为便利，且河北的一些城市穿插其间，构成了区域特色。北京作为首都，是全国政治、文化中心和国际交流中心，又是全国公路、铁路枢纽，有全国最大的航空港，具有特殊的区位优势；北京高新技术产业发达，资金雄厚。人力资源丰富，有中国其他城市无法比拟的优越性。天津是老工业基地，轻工业比较发达，并且是国际性现代化港口城市；天津的滨海新区有120多平方公里的土地资源。河北省面积18.8万平方公里，在空

间地理位置上构成北京、天津的腹地，为其提供充足的土地和劳动力等生产要素，也是北京、天津产业转移的大后方。

（四）其他区域分析

西部大开发的范围包括重庆、四川、贵州、云南、西藏、陕西、甘肃、青海、宁夏、新疆、内蒙古、广西等12个省、自治区、直辖市，面积685万平方公里，占全国的71.4%。2016年国内生产总值156529.19亿元，占全国的21%。西部地区资源丰富，市场潜力大，战略位置重要。但由于自然、历史、社会等原因，西部地区经济发展相对落后，人均国内生产总值仅相当于全国平均水平的2/3，不到东部地区平均水平的40%，迫切需要加快改革开放和现代化建设步伐。当前和今后一段时期，是西部地区深化改革、扩大开放、加快发展的重要战略机遇期。要重点抓好基础设施和生态环境建设；积极发展有特色的优势产业，推进重点地带开发；发展科技教育，培育和用好各类人才；国家要在投资项目、税收政策和财政转移支付等方面加大对西部地区的支持，逐步建立长期稳定的西部开发资金渠道；着力改善投资环境，引导外资和国内资本参与西部开发；西部地区要进一步解放思想，增强自我发展能力，在改革开放中走出一条加快发展的新路。

七、中国电源产业发展趋势

（一）上下游产业发展对未来电源行业成本价格影响分析

电源产业链上中下游分别为原材料供应商、电源制造商、整机设备制造商、行业应用客户。

1）上游主要为控制芯片、功率器件、变压器、PCB等电子器件供应商。

2）中游主要为模块电源、定制电源、大功率电源及系统制造商。

3）下游主要为通信设备、航空航天及军工整机、铁路设备等制造商。

1. 供应商议价能力

根据表17的分析可以得出，现阶段电源行业原材料供应商对电源行业的议价能力较弱。

表17　电源行业供应商议价能力分析

指标	表现	结论
企业数量	电源行业各类原材料供应商数量众多，市场呈现完全竞争状态	企业数量较多，议价能力较弱
产品独特性	电源需要的原材料基本为普通材料，没有太多的特殊要求。因此，产品独特性较低	同质化导致其议价能力较低
前向一体化能力	电源行业需要的原材料为一些基本材料，与电源制造差距较大。因此，材料供应商实现前向一体化的能力较弱	运营商前向一体化能力较弱

2. 购买商议价能力

综合来看，电源行业主要实行定制的生产模式，且存在较大的转换成本（见表18）。因此，电源购买商对电源行业的议价能力较强。

表18　电源行业购买商议价能力分析

指标	表现	结论
用户数量	电源产品广泛应用于通信、电力、轨道交通、计算机、医疗等多领域，客户数量众多	用户数量多，市场大，议价能力较弱
购买数量	电源产品在下游产品中所占的比重较小，用户购买数量较小	议价能力较弱
转换成本	应用于不同领域的电源产品差异性较大，产品异质性较高，转换成本较高	议价能力较强
同质化程度	应用于不同领域的电源产品差异性较大，产品异质性较高，且大多下游企业要求电源生产企业为其定制相应的产品	议价能力较强

3. 替代品威胁

电源作为用电设备中必不可少的设备，不存在替代品。因此，替代品威胁较小。但是，随着下游市场对所需的电源产品越来越专业，技术、环保等各方面的要求越来越高，将会存在高端产品对中低端产品的替代。

4. 总结

综合对比，可以看出整体的竞争强度较大，竞争激烈，原材料价格上涨，人工成本今年来不断上升，决定了电源的生产成本出现大幅下降的可能性不大。而行业技术日益成熟，产品供给不断增加，以及国外企业在华投资力度加大等条件的影响，电源产品的价格呈现下降趋势。

（二）未来行业发展趋势分析

首先，电源产品将呈现绿色化、高频化。21世纪的节电和环境保护，将使多种智能开关技术广泛应用，电源供电结构由集中式向分布式发展。分布供电方式具有节能、可靠、经济、高效和维护方便等优点。该方式不仅被现代通信设备采用，而且已为计算机、航空航天、工业控制系统等采纳，还是超高速型集成电路的低电压电源的最理想的供电方式。在大功率场合，比如电镀、电解电源、电力机车牵引电源、中频感应加热电源、电动机驱动电源等领域也有广阔的应用前景。同时，电源已由传统集中供电制向分布供电制发展。采用分布式供电制后，单模块电源的容量一般较小，因而可以实现高频化。

而随着产品性能发展到一定阶段后，人性化设计显得尤为重要，为了让用户更轻松、更自如地应用产品，产品的使用方便性、全自动功能、环境适用功能、环保和节能功能越来越多，为用户的安装和使用提供方便。

对电源企业而言，未来要更多地直接与用户接触，了解用户需求，使产品设计更加适合用户需求，推动电源产品的发展，使得产品更加成熟，从产品结构而言，一体化、多元化的电源产品将是未来发展的趋势。因此，设计服务将是电源最重要的增值服务之一，尤其是为客户提供实际的解决方案，在行业技术要求比较强的定制电源制造业，从 OEM 到 ODM 在价值链上增加了设计环节，向产业链上游延伸，逐步占领高端增值环节。

此外，电源产品由于其产品的多样性以及应用的广泛性，使得未来电源企业在销售的渠道模式上将不能简单采取某种固定的渠道模式。未来的渠道销售模式，一定是根据产品自身的特点以及产品应用的行业特征，来进行一种多样性的渠道策略组合，即采用网络销售、体验式销售、垂直营销等相结合的多种销售渠道。

（三）未来电源产业市场发展预测

近年来，受益于国内宏观经济持续稳步发展和全球产业加速转移，我国在全球电源市场发展占比持续提升，成长起来一批在细分领域具有一定规模和核心竞争力的企业。同时，随着国内宏观经济的持续发展，尤其是国内对新能源汽车、光伏发电、数据中心、LED 照明等产业的持续性投入，进一步推动了国内电源产业的迅速增长。

根据电源行业历史数据，以及相关因素影响分析，中国电源产业产值预计见表 19 和图 32。

表 19　2018—2022 年中国电源产业产值增长速度预测

年份	2018 年	2019 年	2020 年	2021 年	2022 年
产值/亿元	2521	2803	3072	3342	3616
增长率	8.60%	11.20%	9.60%	8.80%	8.20%

数据来源：中国电源学会；中自集团 2018，4。

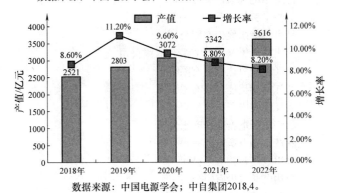

数据来源：中国电源学会；中自集团2018,4。

图 32　2018—2022 年中国电源产业产值增长速度预测

八、鸣谢单位（按照汉语拼音排序）

安泰科技股份有限公司非晶金属事业部
北京动力源科技股份有限公司
北京泛华恒兴科技有限公司
北京锋速精密科技有限公司
北京合康新能科技股份有限公司
北京汇能精电科技股份有限公司
北京汇众电源设备厂
北京津宇嘉信科技股份有限公司
北京群菱能源科技有限公司
北京世纪金光半导体有限公司
北京汐源科技有限公司

北京星原丰泰电子技术股份有限公司
常州诚联电源股份有限公司
常州市创联电源科技股份有限公司
东莞立德电子有限公司
东莞市石龙富华电子有限公司
东文高压电源（天津）股份有限公司
佛山市柏克新能科技股份有限公司
佛山市南海赛威科技技术有限公司
佛山市新光宏锐电源设备有限公司
广东创电科技有限公司
广东科谷电源股份有限公司
广东志成冠军集团有限公司
广州华工科技开发有限公司（华南理工大学科技开发公司）
广州金升阳科技有限公司
广州凯盛电子科技股份有限公司
广州市宝力达电气材料有限公司
杭州飞仕得科技有限公司
杭州快仝新能源科技有限公司
杭州士兰微电子股份有限公司
杭州易泰达科技有限公司
杭州中恒电气股份有限公司
杭州中恒电气股份有限公司
航天长峰朝阳电源有限公司
合肥华耀电子工业有限公司
河北远大电子有限公司
湖北台基半导体股份有限公司
湖南晟和电子技术有限公司
华东微电子技术研究所
华为技术有限公司
江门市安利电源工程有限公司
江苏爱克赛电气制造有限公司
江苏宏微科技股份有限公司
江苏坚力电子科技股份有限公司
雷诺士（常州）电子有限公司
理士国际技术有限公司
茂硕电源科技股份有限公司
美尔森电气保护系统（上海）有限公司
梦网荣信科技集团股份有限公司
南京中港电力股份有限公司
南通江海电容器股份有限公司
宁波赛耐比光电科技有限公司
宁国市裕华电器有限公司
宁夏银利电气股份有限公司
青岛威控电气有限公司
青岛云路新能源科技有限公司
厦门法拉电子股份有限公司
厦门科华恒盛股份有限公司
厦门市爱维达电子有限公司
厦门兴厦控恒昌自动化有限公司
山东镭之源激光科技股份有限公司

山东山大华天科技集团股份有限公司（山东山大华天科技股份有限公司）

山东新风光电子科技发展有限公司

陕西长岭光伏电气有限公司

上海百纳德电子信息有限公司

上海贝岭股份有限公司

上海大周信息科技有限公司

上海吉电电子技术有限公司

上海科梁信息工程股份有限公司

上海雷诺尔科技股份有限公司

上海全力电器有限公司

上海申世电气有限公司

上海稳利达科技股份有限公司

上海长园维安微电子有限公司

上海正远电子技术有限公司

上海众韩电子科技有限公司

深圳奥特迅电力设备股份有限公司

深圳科士达科技股份有限公司

深圳可立克科技股份有限公司

深圳麦格米特电气股份有限公司

深圳欧陆通电子有限公司

深圳市柏瑞凯电子科技有限公司

深圳市比亚迪锂电池有限公司

深圳市创容新能源有限公司

深圳市飞尼奥科技有限公司

深圳市国耀电子科技股份有限公司

深圳市航嘉驰源电气股份有限公司

深圳市核达中远通电源技术有限公司

深圳市汇川技术股份有限公司

深圳市嘉莹达电子有限公司

深圳市金威源科技股份有限公司

深圳市京泉华科技股份有限公司

深圳市科陆电子科技股份有限公司

深圳市蓝海华腾技术股份有限公司

深圳市新能力科技有限公司

深圳市亿铖达工业有限公司

深圳市英威腾电气股份有限公司

深圳市知用电子有限公司

深圳市中电熊猫展盛科技有限公司

石家庄通合电子科技股份有限公司

四川长虹欣锐科技有限公司

台达电子企业管理（上海）有限公司

天津市鲲鹏电子有限公司

天长市中德电子有限公司

田村（中国）企业管理有限公司

温州楚汉光电科技有限公司

温州市创力电子有限公司

无锡安特源科技股份有限公司

无锡东电化兰达电子有限公司

无锡芯朋微电子股份有限公司

无锡新洁能股份有限公司

武汉泰可电气股份有限公司

武汉新瑞科电气技术有限公司

武汉永力科技股份有限公司

西安爱科赛博电气股份有限公司

西安龙腾新能源科技发展有限公司

西安索普电气技术有限公司

西安伟京电子制造有限公司

西屋港能企业（上海）股份有限公司

先控捷联电气股份有限公司

许继电源有限公司

扬州凯普电子有限公司

阳光电源股份有限公司

伊戈尔电气股份有限公司

亿曼丰科技（深圳）有限公司

易事特集团股份有限公司

英飞特电子（杭州）股份有限公司

浙江东睦科达磁电有限公司

浙江高泰昊能科技有限公司

浙江矛牌电子科技有限公司

浙江三辰电器股份有限公司

浙江正泰电源电器有限公司

中川电气科技有限公司

中达电通股份有限公司

中国长城计算机深圳股份有限公司

中兴通讯股份有限公司能源产品部

重庆荣凯川仪仪表有限公司

专顺电机（惠州）有限公司

中国电源技术研究发展情况
——基于 2017 年中国电源学会第二十二届学术会议

中国电源学会学术工作委员会　马皓、陈仲、白志红

一、引言

电力电子技术自诞生起，已经取得了辉煌的成就，目前已渗透在工业制造、交通运输、电力、国防、信息、医疗、家居等各个领域。由美国工程技术界评出的 20 世纪对人类社会生活影响最大的 20 项工程技术成就中，也都不同程度地应用了电力电子技术。功率器件是电力电子的核心和基础，经历了从电流控制器件，如晶闸管、功率 GTR、GTO，到场控器件，如功率 MOSFET、IGBT 的发展历程。20 世纪 90 年代出现了 SMART 功率器件、智能功率模块（IPM）、TOPSWITCH 等，将功率器件与其驱动、保护等电路集成在一个硅片或一个模块上，形成了电力电子集成化、智能化的概念。功率器件发展至今已有 60 年的时间，硅材料器件的性能几乎达到了其极限，很难满足今后电力电子应用场合对转换效率、电压应力、承受温度等方面的更高要求。在此基础上，以碳化硅（SiC）和氮化镓（GaN）为代表的第三代宽禁带功率器件应运而出。21 世纪初，这些宽禁带功率器件得到迅速发展，并开始实现商业化。电力电子功率变换技术与电力电子器件同步发展，除发明了众多功率变换的电路拓扑外，还创造了吸收、多重化、谐振开关、谐振环、功率因数校正、有源滤波、多电平、无线电能传输和系统集成等概念和应用；在控制技术方面出现了相控、PWM 控制、以状态空间平均法为代表的建模理论等；在仿真手段方面出现多种商用软件，如 PSPICE、SABER、SIMPLIS 等。大功率、高频化、高功率密度、集成化、智能化、高可靠性是电力电子的发展趋势。

在国家颁布的"十三五"规划中提出，要推动新能源汽车、新能源和节能环保产业快速壮大，构建可持续发展新模式，其中电力电子是实现这些目标至关重要的技术。可以预见，未来相当长的时间内电力电子产业仍将维持高速发展。作为高技术应用性的行业，中国电源产业也将有更大的发展空间和更多的机遇，同时也要面临国外企业的激烈竞争。值此之际，2017 年 11 月 3 - 6 日，中国电源学会第二十二届学术年会在上海市顺利召开。中国电源学会学术年会至今已有 30 多年历史，是中国乃至亚洲电源领域规模最大、水平最高的综合性电源学术盛会。本届年会汇聚境内外电源学术界、产业界和政府部门的高层人士以及电源相关专业在校研究生等，共计参会人数超过 1400 人，录用论文 453 篇。会议特邀 7 场大会报告、8 场技术讲座、40 个主题分会场 206 场报告、7 个工业报告分会场 40 场报告、2 个时段共 247 篇墙报交流论文。本文基于此次学术会议，介绍中国电源技术研究的发展情况。

二、中国电源技术研究发展概况

1. 新颖开关电源：直流变换技术、功率因数校正技术

现代开关电源正朝着高功率密度、高转换效率、低成本、小体积以及高性能的方向发展。同时，新能源的发展也使得直流变换器的需求日益增加，高功率密度和低损耗等技术指标也变得愈发重要。为实现这些技术要求，轻量化和高频化是功率变换器的必然趋势。南京航空航天大学的金科教授等为进一步降低高频变换器的工作损耗，提出了一种正激变换器和反激变换器相结合的混合式 DC/DC 变换器。该拓扑中，正激变换器主要实现功率传递，反激变换器则主要实现磁复位和调节输出电压的功能。该混合式拓扑在高压输入、低压输出的场合优势明显，开关管和二次侧二极管均实现 ZCS，降低了开关损耗，有利于实现变换器的高频化和小型化。北京交通大学的李艳副教授等对高频条件下变换器寄生参数对电路性能的影响做了进一步研究。在对一种双向多模态谐振型隔离直流变换器分析的基础上，搭建了包含各种寄生参数的小信号模型，得到可实现开关管 ZVS 的死区时间与寄生参数的关系，从而给出了保证开关管软开关的最佳死区时间范围，为电路的设计提供了有效参考。南京航空航天大学的阮新波教授等提出了一种离散模型的近似方法，来解决当 Boost 变换器采用前沿和后沿调制方式时搭建离散模型过于复杂的问题。利用该方法所得的近似模型能够准确到一半开关频率，使环路设计更加简单、方便。北方工业大学的张卫平教授等为解决传统光伏均衡器结构中，变换器数目多、结构复杂、成本高、难以大规模推广的缺点，提出了单输入多输出隔离型电流均衡器的反激型和正激型拓扑结构。新拓扑中每个 PV 组串仅需要一个功率开关，大大降低了成本和设计复杂度，且均衡器的输出功率能提高 33%。

2. 逆变器及其控制技术

逆变器广泛应用于工业生产的各个方面，控制器的性能优劣对逆变系统的稳定性具有决定性的作用。国内很多学者对逆变器及其控制技术进行了较为深入的研究，取得了许多成果。燕山大学的孙孝峰教授等提出了一种新的 Tan - Sun 坐标变换体系，可以将零序分量的三相不平衡交流量直接变换为两个不含有二次谐波分量的直流量。该坐标变换体系应用于不平衡条件下的三相三线制逆变器中，不仅能够实现对三相不平衡电流的直流解耦，而且还能够实现对逆变器数学模型的精确解耦，为逆变器系统的分析

和设计提供了一种新的解决思路。针对弱电网下逆变器的稳定性问题，华中科技大学周青峰等提出一种在并网公共耦合点（PCC）并联一个有源电容变换器（ACC）来调节电网阻抗的方法，使得电网阻抗与逆变器输出阻抗的比值满足奈奎斯特稳定判据，从而保证逆变器对电网阻抗的宽范围变化有较好的鲁棒性。湖南大学罗安院士等提出了一种鲁棒单电流谐振抑制与功率快速调节方法，其主要包括鲁棒并网电流反馈有源阻尼控制、同步参考系准比例积分控制和功率前馈控制，该方法能提高逆变器系统对电网阻抗变化和频率偏移的鲁棒性，并且能加快系统响应速度。此外，对逆变器系统的在线监测和诊断技术也得到发展。合肥工业大学的马铭遥教授将 IGBT 功率模块建模方法与数据统计分析相结合，提出了一种基于三维数据建模的 IGBT 功率模块键合线健康监测方法。根据模块的饱和压降、正向导通电流和结温三者之间的特定关系，绘制三维曲面，利用三维曲面的位置变化来对功率模块键合线进行监测。针对逆变器功率管开路故障，浙江大学的马皓教授等提出了一种基于平均电压及误差自适应阈值的快速诊断方法，该方法只需要对系统内已有的信号作简单的计算，避免了增加额外的硬件电路和软件负担，并且通过采用误差自适应诊断阈值来消除死区、延时、采样误差、电感偏差等因素的影响，保证了高鲁棒性和诊断速度。这些状态监测和诊断技术，为逆变器系统的可靠运行和保护提供了保障。

3. SiC、GaN 器件、新型功率器件及其应用

近年来，由于高频、高效率、电流密度和可靠性的要求，以 SiC、GaN 为代表的新型功率器件受到了广泛关注和发展，国内学者在新型功率器件的封装结构和应用等方面也取得一定的成果。浙江大学徐德鸿教授等给出了一种适用于 SiC MOSFET 的压接式封装方法。针对 SiC MOSFET 压接式封装难点，提出了小尺寸的弹性压针"fuzz button"进行芯片表面连接的方法。另外，压接式器件内部没有提供芯片与基板间的电气绝缘，因此散热器也包含在导通电流的回路中。为避免由散热器厚度引起的回路寄生电感增大，研究了一种较薄且具有足够散热效率的微通道散热器。西安理工大学的马丽副教授等提出了一种 1200V 电压领域的新型 RC-IGBT 结构。通过刻蚀及离子注入在器件背面形成氧化槽与 P 柱区，消除传统 RC-IGBT 正向导通时电压回跳效应。将传统结构的 RC-IGBT 和新型 RC-IGBT 结构对比，正向导通压降从 3.3V 下降到 1.8V，关断时间从 880ns 减少到 680ns，进一步有效折中了 IGBT 器件正向压降与关断时间的矛盾关系。湖南大学王俊教授等对 SIC BJT 在高温应用下的性能进行了探究。通过对一个 1.15kW、500kHz 的 Boost 样机测试发现，系统的效率随着温度的升高有所降低，但变化幅度并不明显，并且在温度 200℃ 时，系统的效率仍保持在 97.15%，这很好地体现了 SiC BJT 在高温条件运行时的高效性和稳定性。

4. 高频磁性元件和集成磁技术

磁性元件的高频化能够有效实现无源元件的高功率密度和小型化，进而使得高频开关电源具有效率高、体积小、重量轻等特点。相较于传统的工频磁性元件，高频磁性元件在高频运行时，其材料、结构和性能都有着较大的不同之处。同时，磁性元件的集成化和平面化有助于磁路的小型化，从而降低寄生参数、降低损耗、提高功率密度并有利于散热。台达电子的章进法博士等基于变压器共模感应电荷在一、二次绕组间的作用机理，推导出对变压器的等效共模噪声模型，并且提出以等效共模噪声电压源为观测量，详细讨论了影响变压器共模 EMI 性能的 6 个关键管控因素。对一、二次绕组物理结构进行调整，可获得共模噪声的平衡和改善，为变压器品质管控和电源整机电磁兼容设计提供参考。南京航空航天大学的陈乾宏教授等针对电子滑环系统中旋转变压器较强耦合性导致使用基波近似分析法存在较大误差的问题，给出了 S/S 补偿谐振变换器一、二次电流精确的表达式，为控制策略的实施提供了依据，并提出了一种星型联结的三相感应式电子滑环系统，有效实现软开关和提高功率传输能力，适用于大功率场合应用。

5. 新能源电能变换技术

随着传统化石能源的日益紧缺以及人类对能源需求的日益增长，太阳能、风能等新能源发电产业得到了国家的大力支持，电能变换技术在新能源领域得到了广泛的应用，也不断取得技术进步。重庆大学姚骏教授等详细分析了电网对称故障下电网电压跌落程度和风速变化对双馈感应发电机（DFIG）的电磁暂态过程和输出无功电流极限的影响，推导了故障持续期间 DFIG 定子侧无功电流及网侧变换器无功电流的极限表达式，并结合风电场并网导则要求，提出了故障期间 DFIG 风电场的有功、无功电流分配原则及其改进控制策略。与传统控制策略相比，故障期间采用所提改进控制策略可使 DFIG 风电场的故障穿越能力和所并电网电压暂态水平显著提高，并减小风电场输出有功功率的变化和增强 DFIG 风电系统的运行稳定性。福州大学陈道炼教授提出了一种强升压能力的单级三相电压型准 Z 源光伏并网逆变器，解决了传统准 Z 源逆变器不适合低输入电压或宽变化范围输入电压逆变场合的缺陷，在电压输入低和波动大的新能源发电场合具有重要的应用前景。对于新能源并网逆变器中用到的锁相环，清华大学的耿华副教授给出了静止坐标系锁相环（FRF-PLL）通用设计框架，可实现已有 FRF-PLL 方案的统一，还可扩展诸多新型 PLL，其提出的稳定性与收敛机理的量化分析方法，为 FRF-PLL 的实际应用提供了重要参考。南京航空航天大学陈新教授则研究了锁相环的频率特性及其对并网稳定性的影响，发现引入锁相环会等效并联一个额外阻抗，其控制结构和参数会影响并网逆变器输出阻抗特性，尤其是低频段特性。这些研究进展为并网逆变器的设计提供了很好的指导。

6. 电能质量技术、分布式系统、智能电网与微型电网

随着科技发展，越来越多的电力电子变换器以及非线性负载被接入电网，导致电网谐波问题严重。三相有源电力滤波器作为一种新型电力电子装置，因其优良的性能在电网谐波补偿方面应用广泛。另外，随着传统能源的减少以及人们对用电质量的不断重视，由分布式电源、储能装置、保护装置等通过控制系统有机组成的微电网逐渐成为研究的热点。微电网的一个重要特点是可以分别运行在独立模式和并网模式，并且在两模式之间可进行无缝切换。华中科技大学的戴珂副教授等针对传统三相 APF 只能工作

在网侧电压为正序的局限性，提出了一种相序检测方法以适应更广泛的工作环境，并基于此进一步提出了相序自适应的控制策略。无论是相序检测方法或是其控制策略均无需添加任何硬件设施，且不必对 APF 原有控制系统做出较大的改变。西安交通大学的贾要勤副教授等对微电网处于独立运行和并网运行时的控制策略及并网同步方法进行了研究。针对传统下垂控制方法不适用于微电网低压阻性线路环境的问题，采用虚拟阻抗及二次调频调压的下垂控制方法作为微电网独立运行时的控制策略，通过基于 $\alpha\beta$ 坐标系下的快速相位同步方法来加快逆变器并入微电网或微电网并入大电网的速度。当微电网处于并网运行时，采用 $\alpha\beta$ 坐标系下的 PQ 控制将各微源控制为电流源。在此基础上，通过采用公共耦合点处的联络功率控制策略，实现微电网并网运行时与大电网间的联络功率控制。

7. 照明电源与消费电子相关技术

LED 与传统照明光源，如白炽灯、荧光灯相比，具有诸多优点：工作寿命长，能够工作超过 10 万 h，远远高于传统照明光源；对环境无污染，属于冷光源，不含有汞等重金属蒸气；光效强，LED 等的光效能够达到 150lm/W；色彩多样性，能够通过混合 RGB 三基色的 LED，得到相应色域的光谱。LED 因其优异的特性，得到了广泛的应用，如 LCD 的背光照明、路灯照明、家居照明，以及装饰照明灯等。为了保证 LED 高效稳定的工作，LED 驱动电路成为不可或缺的重要部分。哈尔滨工业大学的徐殿国教授等针对传统两级结构驱动电路高成本、低可靠性的问题，提出基于 SEPIC 和 Flyback 的单级 LED 驱动器，采用一次侧控制策略，实现了对 LED 的输出电流的控制管理。SEPIC 电路工作在断续模式，实现了功率因数校正作用，Flyback 完成能量的传递。由于采用了单级拓扑结构，降低了系统成本，减少了控制环路，提高了控制系统的可靠性。所提的一次侧控制策略，能够取消传统二次侧反馈的电路环路，提升了系统的整体功率密度，避免传统光耦的光衰问题。通过实验测定，在额定状态下，功率因数能保持在 0.995 以上，总谐波失真满足 IEC 61000 - 3 - 2 C 的标准，在额定输入 AC220V 条件下，额定负载的工作效率能够达到 89%。重庆大学的罗全明教授等提出了一种单级串联型 N 路输出电流独立控制的 LED 驱动电源，单级结构能保证自动实现功率因数校正功能，且功率因数高。$N-1$ 个由开关管、二极管、输出滤波电容组成的有源输出单元和一个仅由二极管、输出滤波电容组成的无源输出单元串联，构成串联型 N 路输出结构，通过对 N 路输出电流采样并进行闭环控制，保证各开关管工作占空比不同，即可实现 N 路输出电流独立控制。这种控制方法具有简单、容易实现、模块化设计的优点。实验结果表明，三路输出电流能够按要求实现独立控制，功率因数校正功能自动实现，功率因数保持在 0.998 以上。

8. 特种电源

特种电源是为特殊用电设备供电专门设计制造的电源，其技术指标要求不同于通用电源，对输出的电压、电流波形、输出频率等有特殊要求，对电源的稳定度、精度、动态响应及纹波要求特别高。特种电源在航空航天、工业、环保、医疗、科研等方面具有广泛应用，且发展潜力巨大，

对于国防军事，特种电源更有普通电源不可取代的用途。国内学者对特种电源的研究也不断深入。中科院合肥物质科学研究院的傅鹏研究员等针对为磁体电源、微波电源和中性束电源等各类脉冲运行系统提供脉冲功率的三相三绕组变压器开展研究。考虑到短路阻抗是变压器的一个非常重要的性能参数，对变压器运行时输出电压的高低、承受短路电动能力有直接的影响，是判断变压器能否投入运行的重要参数之一，对三相三绕组变压器的高压 - 中压短路阻抗、高压 - 低压短路阻抗和中压 - 低压短路阻抗进行了详细的计算分析，并通过对变压器的短路阻抗试验测量，验证了计算分析的正确性。中国科学院大学的刘坤等提出了基于 10 级电池的级联型高压大电流快速充电技术，并详细地研究了实现该技术的电路和控制策略，包括基于光纤的通信系统设计、基于光纤的驱动电路设计、级联系统的控制器设计、电压和电流检测电路设计、不同故障信号复用电路设计、闭环控制器设计以及应用于多组负载的充电切换方式设计等。实验结果表明该电路的平均充电功率能达到 92kJ/s。

9. 电磁兼容技术

当今，随着电力电子技术的发展，开关电源向高频、高功率密度的方向发展，同时，其电磁环境也趋于恶劣和复杂。因此，采取有效措施来降低电力电子设备中存在的电磁干扰（EMI）问题、最大限度地提高电源的抗干扰能力，成为电力电子领域一个很重要的研究方向，对于提高电力电子设备整体的安全可靠性具有重要意义。西安交通大学陈文洁教授等为解决高功率密度电源中，EMI 滤波器体积较大的问题，介绍了一种有源抑制策略，采用有源 EMI 滤波器来代替传统无源 EMI 滤波器。该策略通过对电源输入侧共模干扰耦合路径的分析以及输入侧干扰电阻值的测量和计算，采用互感器采样电容注入的拓扑对高功率密度电源进行 EMI 滤波。利用该有源抑制策略，可以实现很好的滤波效果并有效降低滤波器的体积，提高了一次电源的功率密度。北京交通大学李虹教授等提出了一种共源极型中点钳位拓扑，可以有效抑制非隔离光伏并网逆变器共模电流干扰的影响。与已有拓扑相比，新拓扑具有并网电流谐波含量低的优点，同时在共模电压恒定及共模电流干扰抑制等方面，具有较大优势，为光伏并网逆变器提供了新的选择和参考。

10. 无线电能传输技术

相比较于传统的插电式供电方式，无线电能传输技术由于不存在物理接触，具有清洁、安全、灵活的特点而被广泛应用到不同场合。但目前主流的磁耦合式无线电能传输技术仍存在传输距离低、耦合系数低、错位耐受量低等实际应用问题。针对这些问题，国内外研究团队从磁场耦合研究、电路拓扑研究、新型材料研究等多角度对无线电能传输技术进行了改善和创新。重庆大学的孙跃教授等针对常用磁耦合机构存在的绕线较多、结构笨重、耦合系数较低等问题，提出了一种应用于电动汽车静态无线充电的凹凸型磁耦合机构。在考虑远离磁饱和及磁损不显著增加的情况下，通过减小磁心厚度来提高磁心利用率，并进行了耦合结构的优化设计，有效提高了系统耦合系数。西安交通大学的王来利教授以串联 - 串联补偿的无线电能传输

系统为研究对象，提出了一种采用变频移相控制时能够同时实现恒压与零电压开通的频率区间存在性判断方法，基于此判断方法并根据相角裕量与系统安全要求，合理地对谐振网络参数进行限定，实现后级恒压输出与前级逆变器零电压开通的基础上，同时满足 ZVS 相角与安全要求。上海交通大学的唐厚君教授和郑州轻工业学院的金楠副教授等提炼了采用变换光学设计超材料器件的方法与流程，应用超材料灵活调控电磁场分布。以磁场集中器、移位介质和超散射体为例，分析了超材料器件的设计思路及变换光学的应用方法，仿真验证了上述器件对无线输电系统的改善作用。浙江大学的马皓教授等针对无线电能双向传输系统具有复杂性，并且需要在系统的一、二次侧实现同步和功率控制的问题，提出了一种基于系统有功和无功测量的双向能量传输控制策略。通过采集二次侧逆变器输出的有功及无功功率大小，以锁相方式控制一、二次侧驱动信号的同步以及频率锁定，在没有一、二次侧通信的基础上能够实现功率的大小及方向控制和系统的同步。

11. 电动汽车

近年来，新能源汽车由于其本身环保节能的特性和国家政策支持而被广泛应用，电动汽车、混合电动汽车等新能源汽车的销量逐年上涨。与传统内燃机汽车相比，新能源汽车最明显的区别在于驱动形式的不同，如何实现高功率、高效率、低噪声驱动一直是高校和企业研究的重点之一。而作为新能源汽车与电网的接口，充电机承担着为电动汽车充电的角色，需要满足高可靠性、高效率、高功率密度等要求。哈尔滨工业大学的徐殿国教授等针对永磁同步电机传统高频信号注入法产生噪声的问题，提出了一种基于随机高频注入法的无传感器控制策略，通过随机注入两种频率高频信号代替传统方法中注入固定频率高频信号方式，且注入信号频率控制器可以在注入频率的范围内分散电流谱，实现在不降低电机转子位置信息估算精度的前提下，削弱由高频电压注入而引起的噪声。浙江大学的姚文熙副教授等提出了一种新的图腾柱无桥 PFC 整流器控制方法，不对电流过零点进行检测，通过对功率 MOSFET 漏源两端电压进行检测并且和设定的阈值进行比较得到触发信号 ZCD，控制图腾柱无桥 PFC 工作在 CRM 模式，可以有效降低变换器的开关损耗和检测电路的损耗。浙江大学的吴新科教授等为降低半桥 LLC 变换器的 EMI，从变压器层间寄生电容和绕组电位的分布入手，对比分析了传统中心抽头整流结构和非对称结构对变压器共模电流的影响，通过二次侧整流结构的改变，有效降低了变换器低频段的 EMI。

12. 信息系统供电技术：UPS、直流供电、电池管理

UPS 可提供高精度、高稳定性的电压波形，具有承受电网扰动甚至间断的能力，因此 UPS 电源系统在航天、通信、医疗和国防等领域得到了广泛的应用。现今，UPS 正向高效率、高频率、智能化、模块化以及节能环保等方向发展。直流供电技术的使用，提高了我国电能使用效率，简化电流传输过程，减少了线路运行过程中变流装置的数量及损耗，是推进可持续发展、绿色发展的必要举措。但直流电运行过程中还存在设备可靠性、大容量直流变换器

设计以及复杂工况下的控制策略等问题有待研究和解决。浙江大学的徐德鸿教授等从 UPS 系统设计、调制及后期维护等角度考虑，提出了一种应用于三相四线制 UPS 系统中 PWM 整流器与逆变器的统一控制方案。该方案基于 abc 静止坐标系单相独立控制，能够同时适用于 PWM 整流器和逆变器的控制。针对其主要控制指标要求及不同控制系统的相似性分析，设计了三个通用控制功能模块：瞬时值控制模块、谐波控制模块和相位同步模块。通过对不同输入信号的选择，其控制内核可以分别实现 PWM 整流器和逆变器的控制，并能够满足动态响应、THD 和相位同步等主要控制指标要求。使用该统一控制方案，能够有效缩短控制系统开发周期，简化程序代码的调试和维护工作。南京航空航天大学的刑岩教授等介绍了一种基于全桥逆变器的改进型调制策略，可以在不对直流侧分压电容电压采样的条件下，只根据逆变器调制比对其进行相应控制，从而实现中性点电压的自平衡。同时，基于该调制策略引出相应的电网电压前馈策略，能有效消除电网电压扰动的影响。南京航空航天大学的谢少军教授等为进一步提高直流供电系统的电能质量和供电可靠性，提出了一种采用耦合电感的电流源型双向直流储能变换器，该变换器可实现全负载范围软开关，且具有低压侧相电流纹波小、变换效率及功率密度高等优点。

13. 电池技术

近年来，锂离子电池由于其能量密度高、电压平台高等优点，已成为大多数新能源汽车储能电源系统的选择。大量的单体电池常通过串联、并联和混联来组成电池包，以满足电压、容量等应用要求。随着时间推移，电池会出现不可避免的老化、不一致等问题，这些问题正是电池技术的研究热点。同济大学的魏学哲教授等对并联模组中单体电池参数不一致的演变规律进行了探究。通过对若干不一致分布的电池模组在不同环境温度下进行循环老化测试和定期检测发现，在相同的工作条件下，相对较大的初始参数不一致分布会导致并联模组整体性能衰减速率较快。同时并联模块中存在参数自均衡机制，该机制使得并联模组中的参数不一致程度会随着老化而逐渐减小。其构建的并联模组的电热寿命耦合模型，对电池不一致的演变趋势和规律的模拟与实验吻合较好，有助于电池组的设计和使用。北京交通大学的张彩萍副教授等研究了三元锂离子电池容量增量曲线（IC 曲线）与电池老化密切相关的特征参数及其变化规律，建立了三元锂离子电池容量估计模型。针对特征量之间的多重共线性问题，提出了基于主成分回归的容量估计模型。实验结果表明，所建模型容量估计误差在 2% 以内。该方法不仅能给出电池的健康状态，而且可以识别电池的老化模式，为电池寿命管理策略提供依据。而对于电池低温下的应用，哈尔滨工业大学吕超副教授等给出了一种基于机理模型的预热策略。在使用高频交流脉冲对电池进行预热过程中，电流幅度根据电池温升与荷电状态动态调整，使得电池内部负极反应极化过电势的值小于平衡电势，抑制锂沉积等副反应，实现了低温环境下锂电池健康快速地预热。

数据中心不间断供电技术综述

中国电源学会信息系统供电技术专业委员会
陈四雄、张广明、谢少军、何春华等

一、引言

随着互联网技术与应用的快速发展，云计算、云存储、大数据等相关新型互联网业务规模与日俱增，数据中心进入规模化建设阶段。根据 2016 年中国 IDC 圈发布的《2016—2017 年 IDC 产业发展研究报告》，2016 年我国互联网数据中心（IDC）产业市场继续保持 37.8% 的高速增长率，市场总规模达到 714.5 亿元，未来三年将持续上升，预计 2019 年将接近 1900 亿元。数据中心巨大规模的建设与应用，导致数据中心对供电需求快速增长，根据 ICT Research 机构测算，2016 年中国数据中心耗电量已逾 1000 亿 kWh 之巨，相当于三峡水电站年发电总量。与此同时，全球数据中心用电量也已超过 10000 亿 kWh。据美国媒体调查，全球各大网站仅数据中心的用电功率，就相当于 30 个核电站的供电功率，巨大的用电容量给数据中心的建设和运营都带来了全新的挑战。

在节约能源方面，数据中心举足轻重，不仅对提倡绿色节约型社会意义重大，也直接关系到数据中心运营效益。电力是数据中心长期运营成本中的主要成本，根据 IBM 公司的统计表明，能源成本占数据中心总运营成本的 60%。因此，数据中心在运营期间如何有效节约电力成本是数据中心绿色节能的关键所在。以厦门科华恒盛投建的北京亦庄数据中心运营数据分析为例，数据中心建设有 4000 个机柜，单柜平均按 3.5kW 负荷计算，全年仅服务器负载在满载运行下电力消耗将高达 1.23 亿 kWh。在此基础上如每年可实现节能 1%，则所减少的全年电力消耗可达 120 万 kWh！可见，作为数据中心基础设施关键组成部分的不间断供电系统，其设计方案的合理性、经济性直接影响数据中心运行安全与运营效益。

随着新型功率半导体器件的发展、新型电力电子电能变换拓扑的发明与应用，以及现代控制理论与数字控制技术的发展，数据中心不间断供电技术得到了显著的提升，对供电系统的可靠性、成本与节能、配置灵活性和可扩展性等提供了有效的技术支撑。

二、当代数据中心不间断供电技术需求

用户需求是推动数据中心不间断供电技术发展的源动力。随着互联网和大数据产业的不断发展，数据中心的数据信息量越来越大，实时在线的用户数也越来越多，由于电力中断而导致的相同时间的业务停运所造成的经济损失不断上升。因此，业主对数据中心的不间断供电系统在可靠性、节能、可用性、可扩展性、安全、新能源应用等方面均提出了更高的要求。

1. 可靠性

大型数据中心供电的任何故障都可能给业主和客户带来重大的经济损失或者灾难性的后果。因此，数据中心能否可靠运营的关键之一是 IT 设备的不间断供电。在保证不间断供电的前提下，不断提升不间断供电构架的可靠性，是数据中心用户一直以来的核心需求。

数据中心不间断供电系统一般包括高压配电系统、变压器、柴油发电机组、低压配电系统、防雷器、UPS、电池组、列头柜、机架分配单元（PDU）、连接器等组成环节。每一个环节都对应着一定的可靠性，而且它们之间的可靠性指标可能相差很大，而一个系统的可靠性往往取决于可靠性最低的那个环节，任何一个环节失效，都可能导致不间断供电系统的故障。目前，各数据中心客户对系统的可靠性都提出了明确的要求，各大互联网运营商建设机房中明确要求各系统的设计须满足 GB 50174—2017《数据中心设计规范》及相关标准中的强制性要求。

为保证重要数据中心不间断供电的高可靠性，除了提升每一个环节和设备的基础可靠性之外，客户还希望从系统规划设计的角度，通过对供电系统进行设备冗余、不间断供电回路冗余设计等方法来实现。例如针对单回路供电系统，不间断供电设备可采用"1 + 1"系统、"N + 1"系统、"N + X"系统等设备并联冗余方法；针对供电回路的可靠性冗余，可采用"2N"冗余系统等。

2. 可用性

随着数据中心单位时间运行价值的提升，客户对数据中心的可用性也提出了明确的要求。对于数据中心不间断供电系统，根据当前不同规模数据中心的划分，不同级别的数据中心对数据中心供电系统可用性要求，见表 1。

3. 可扩展性

可扩展性是指在机房规划设计和建设中，不间断供电系统的设备布局设计和安装工程需要为日后系统的可改造和升级功能提供必要的条件。可扩展性的需求主要源自于负载设备的变化升级、数据中心分期建设及系统扩容等客户对未来数据中心建设的不确定性。

由于数据中心基础设施的建设属于重资产投入。如果客户没有立刻进驻，则一次性的基础设施投入可能导致项目收益率下降，严重影响数据中心业主的经济效益。因此，数据中心业主会根据客户需求进度，分期建设相应区域的数据中心，例如，目前的微模块数据中心就是典型的分期

表1　机房分级与可用性要求

GB 50174—2017	A 级机房		B 级机房	C 级机房
《数据中心设计规范》可用性要求	"容错"系统，可用性最高		"冗余"系统，可用性居中	"基本需求"，可用性最低
TIA - 942 - A	Ⅳ级数据中心	Ⅲ级数据中心	Ⅱ级数据中心	Ⅰ级数据中心
《数据中心通信网络基础设施标准》可用性要求	"容错的"，场地基础设施的容量和能力能够允许任何有计划地操作而不导致关键设备破坏	"不间断维护的"，场地基础设施在任何情况下的任何有计划地操作都不会中断计算机硬件运行	"有冗余部件的"，对比1级数据中心，有冗余部件的2级的设备较难受到有计划或者无意的行为影响而遭受破坏	"基础的"，易受有计划的或无意的行为影响而遭受破坏的

注：TIA - 942 - A《数据中心通信网络基础设施标准》对数据中心等级定义最先由 Uptime 学院在它的白皮书《采用分类等级的方式定义场地基础设施性能的工业标准》中定义。

建设解决方案。数据中心的分期建设需求，对于不间断供电系统的可扩展性也提出相应的可扩展性要求。

4. 节能

从数据中心对电力的规划和实际需求来看，数据中心是重要的高耗能产业。以目前常见的拥有1000个机柜的中型数据中心为例，假定平均每个机柜负载量按3.5kW估算，则每年的用电量可达3066万kWh。如果国家商业平均电价按1元/kWh计算，则年均电费逾3000万元。根据行业运营经验，数据中心电费在整个运维费用中所占比例可超过60%的水平。可见，对于中大型数据中心，用电节能十分重要。目前越来越多的数据中心在建设时将数据中心电源使用效率（PUE）值列为一个关键指标，追求更低的PUE值，建设绿色节能数据中心已经成为业内共识。

5. 安全

数据中心对不间断供电系统安全需求除了要求不间断外，还主要涉及设备安全与人身安全需求。在数据中心的日常运行中，除了直接断电会影响IT系统安全运行并可能造成重大经济损失外，供电回路的雷击浪涌脉冲、供电的电能质量、供电回路的零地共模干扰等也将对IT系统产生显著的安全威胁。数据中心不间断供电系统安全设计中，通常采用适当的电气隔离与合理接地的方法，以提升设备安全水平和人员安全水平。

6. 新能源

随着数据中心的大规模建设与应用，作为耗能大户的数据中心行业，电力费用是数据中心最主要的运营成本，可占数据中心总运营成本的60%以上。另外，新能源的应用技术不断成熟，应用成本逐步贴近传统能源。因此，数据中心业主对新能源的引入与应用保持了高度的关注。

近些年，西方发达国家一些领先企业在光伏发电、生物质发电、风力发电、地热发电、潮汐发电等可再生能源的开发以及在数据中心供能运用方面进行了成功的尝试，建设了一批采用可再生能源供电的绿色数据中心。比如美国，采用生物质发电、光伏发电、风力发电的可再生能源组合，为部分数据中心提供了超过100MW的供电保障能力。美国苹果公司、谷歌、亚马逊、微软等全球科技巨头，自2007年开始，便积极投身于可再生能源的研究和应用。其中，谷歌计划在2025年之前，数据中心实现完全由清洁能源供电。美国苹果公司在过去一年扩建的3个数据中心使用的都是可再生能源。与此同时，我国不少企业也在尝试大力发展建设绿色新能源数据中心，利用光伏发电、生物质发电以及冷热电三联供技术的组合应用，建设完全使用可再生能源、实现零碳排放的数据中心。

三、当代数据中心不间断供电技术现状与优化

从需求分析可知，数据中心用户对于不间断供电系统的关注重点在于供电系统可靠性、能效与节能、运维与管理。因此，白皮书聚焦于当前数据中心不间断供电技术关键领域进行研究分析，主要包括：供电系统构架优化研究、供电系统能效与节能、供电系统可靠性建模与计算、可靠度与可用度的关系等方面。

数据中心供电系统构架的核心是不间断电源系统（Uninterruptible Power System, UPS），组成该系统的主要设备有交流 UPS 或直流 UPS。为满足数据中心不同可靠性等级的供电要求，目前业界采用不同的不间断供电构架解决方案。

对于 Tier Ⅰ级机房供电系统，不间断电源系统配置无冗余。对于 Tier Ⅱ级机房供电系统，不间断电源系统则采用设备多机并联冗余方案，即"N + X"不间断冗余供电系统。其中"N"为扩容系统，"X"为冗余机机数量，不间断供电设备常见形式为交流 UPS。事实上，如果设计采用直流不间断供电系统，直流 UPS 也适用。对于规模较大、可靠性要求较高的 Tier Ⅲ级或 Tier Ⅳ级机房供电系统，不间断电源系统则采用"2N"供电系统。"2N"供电系统不但实现了不间断供电功能，还大幅度提高了不间断供电系统的可靠性。另外，为进一步提升可靠性，每路不间断供电回路中还可以采用"N + X"设备冗余系统。

典型数据中心交/直流不间断供电构架如图1所示，在直流供电构架应用中，由于服务器电源 PSU 通常采用通用电源，其第一级在图中仍标示为 AC/DC。由图中可知，无论是交流不间断供电构架还是直流不间断供电构架，前端市电、油机与 ATS 到配电给不间断设备输入基本是相同的，从不间断设备输出到12V负载供电输入也基本是相同的。因此，为简化问题分析，白皮书讨论的数据中心不间断供电构架范围将从220/380V 交流市电配电起，到服务器+12V 直流电源止，不涉及服务器内部主板电能变换环节，所涉及变换级数、供电效率、可靠性等均在该范围内讨论。

如图1所示，现在主流数据中心不间断供电构架，无

论是交流 UPS 不间断供电构架、还是直流 UPS 供电构架基本都是 4 级电能变换。

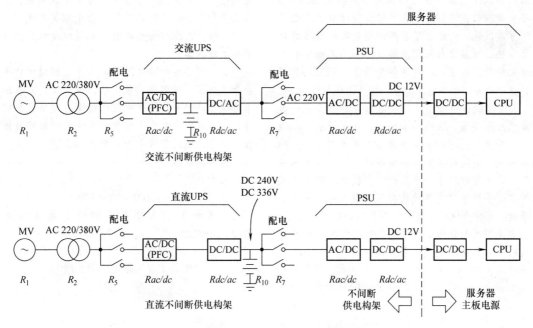

图 1　当前主流不间断供电构架变换结构

1. 供电构架分析

对于交流 UPS 不间断供电系统，交流 UPS 采用 AC/DC 与 DC/AC 两级变换，后备储能单元置于两级变换中间。对于服务器 PSU，通常采用交流 220V 输入，直流 +12V 输出。业界在分析 PSU 时，通常认为只存在一级 AC/DC 变换。但现实情况是 PSU 中实际存在 AC/DC 和 DC/DC 两级变换，对于具备 PFC 技术的 PSU，第一级 AC/DC 为 PFC 整流环节，而后级将整流后的高压直流 DC/DC 降压到 IT 负载所需的直流 +12V。

对于直流不间断供电系统，业界在分析直流 UPS 时，通常认为它只有 AC/DC 一级变换环节。但事实上，直流 UPS 通常都有 AC/DC 与 DC/DC 两级电能变换。这是由于当前业界直流 UPS 技术的现行方案通常采用 Boost 型 PWM 整流变换器，它决定了输出直流电压必须高于输入相电压的峰峰值。因此，为了既满足市电输入 PFC 值为 1 的要求，又要实现直流 +240V 或直流 +336V 输出供电电压的需要，则需要采用后级 DC/DC 实现直流隔离降压变换。对于直流 240V 直流不间断电源构架，服务器电源 PSU 一般采用通用交流服务器电源，也有两级变换，如图 1 中直流不间断供电拓扑所示。

2. 效率分析

从目前电力电子行业变换效率发展水平来看，AC/DC、DC/AC 和 DC/DC 单级变换最高效率基本都可以达到 98%。对于服务器 PSU，目前两级变换效率根据 80PLUS 服务器电源认证，钛金效率最高可达 96%，可假定第 3 级在现在效率基础上去掉 1 级变换后效率提升为 97%。变压器及配电等其他损耗最大可按 3% 估算，即效率 97%。

那么，各不间断供电构架下最高效率计算可得

1）交流 UPS 不间断供电系统

$$\eta_{交流} = 98\% \times 98\% \times 96\% \times 97\% = 89.4\%$$

2）直流 UPS 不间断供电系统

$$\eta_{直流} = 98\% \times 98\% \times 96\% \times 97\% = 89.4\%$$

可见，事实上交流不间断供电构架与直流不间断构架最高效率基本一致。同时，对于系统工作在 25% 或 100% 负载情况下，从现有技术分析而言，交流不间断供电系统与直流不间断供电系统的系统供电效率也基本一致。

根据数据中心不间断供电系统分析结果，供电系统电能变换架构与级数直接影响数据中心供电系统的效率、可靠性、可用性、安全性与可扩展性。因此，为提升数据中心供电系统效率与可靠性，应尽量减少系统的电能变换级数，并形成相应的供电构架。考虑到前述现有供电系统存在 4 级电能变换，可通过合并、缩减功率变换级数，并根据后备储能电池挂接位置、直流配电方案形成数据中心 3 级、2 级、1 级等电能变换的不间断供电构架设计方案。白皮书正文对各级电能变换的数据中心不间断供电构架的可行性进行系统的优化设计与分析，并总结对比了各种优化设计方案的特点，详细内容可参见白皮书相关内容。

四、结语

数据中心不间断供电系统架构发展，逐步出现从交流到直流、集中到分布、塔机到模块化等发展趋势，但变化的实质其实是，数据中心不间断供电系统后备储能位置的变化和后备直流储能逐步变为用于市电故障后备用发电机起动和切换时间内维持向负载供电的过渡备用能源的变化。供电架构只有更好，没有最好，选择与业务匹配的技术才是最佳选择。

备注：

本文内容来源于《数据中心不间断供电技术白皮书》部分章节并适当编辑，该白皮书除系统地研究数据中心优化供电架构方案以外，还给出了不间断供电架构的可靠性模型与计算方法、可靠度与可用度的关系、不间断供电架构节能与能效提升对数据中心电源使用效率（PUE）指标的影响等数据中心不间断供电系统热门技术问题的探讨。

当前，业界对数据中心不间断供电系统的研究主要集中在工程集成应用层面，围绕现有产品、技术开展可靠性与节能等方面研究。《数据中心不间断供电技术白皮书》则力图从供电系统、不间断电源设备的设计理论与技术等专业角度，系统地研究数据中心不间断供电技术。白皮书从用户对数据中心不间断供电系统的应用需求入手，包括可靠性、可用性、可扩展性、节能、安全性和新能源等需求，分析和对比当前国内外数据中心常见不间断供电架构的特点，系统地研究数据中心优化供电架构方案，并以此展望未来技术发展。同时，附件给出了不间断供电架构的可靠性模型与计算方法、可靠度与可用度的关系、不间断供电架构节能与能效提升对数据中心电源使用效率（PUE）指标的影响，以及国内外数据中心基础设施及供电技术等主要标准概况等。

该白皮书由中国电源学会信息系统供电技术专业委员会牵头起草，陈四雄、张广明、谢少军、何春华等行业知名专家参与编制，并请中国电源学会理事长徐德鸿教授作序，可为数据中心不间断供电系统设计与建设提供专业的技术参考。现已正式发布，敬请各位行业专家、学者、同行工程师选购和参阅。

联系方式：

中国电源学会：022－27686709

中国电源学会信息系统供电技术专业委员会：0592－5168721

《数据中心不间断供电技术白皮书》目录

撰稿单位介绍：

1. 中国电源学会信息系统供电技术专业委员会

中国电源学会信息系统供电技术专业委员会将围绕信息供电系统技术在金融、通信、制造、数据中心、云计算、大数据的应用，引导中国电源行业健康发展，建设高效、节能、高可靠的数据中心工作服务。信息系统供电技术专业委员会将协助中国电源学会开展相关工作。同时，组织相关企业、高等院校、科研院所、直接用户等，开展信息系统供电方案设计与应用研究，开展新产品（新技术）、新成果交流会，收集行业新技术、新成果，为企业、高校、设计院、客户之间搭建成果对接桥梁，促进新技术推广应用与科技成果产业化。让广大用户共同分享信息系统供电技术最新科研成果。

2. 专业委员会秘书处单位

厦门科华恒盛股份有限公司是中国电源学会信息系统供电技术专业委员会秘书处单位，创立于 1988 年，2010 年深圳 A 股上市（股票代码 002335），30 年来专注电力电子技术研发与设备制造，是行业首批"国家认定企业技术中心""国家火炬计划重点项目"承担单位、国家重点高新技术企业、国家技术创新示范企业和全国首批"两化融合管理体系"贯标企业。公司拥有能基、云基、新能源三大业务体系，产品方案广泛应用于金融、工业、交通、通信、政府、国防、军工、核电、教育、医疗、电力、新能源、云计算中心、电动汽车充电等行业，服务于全球 100 多个国家和地区的用户。

2017年中国UPS市场研究报告

赛迪顾问股份有限公司

一、国家产业政策大力推动

近几年来，针对互联网、信息消费、云计算、大数据、人工智能等热点领域，国家相继出台了促进方案和政策（见表1），政策的推动将使得网络环境逐步完善，手机作为入口将不断激发移动互联网应用的需求。随着互联网经济的蓬勃发展，再加上云计算、大数据、移动互联网、物联网、人工智能等应用的不断丰富，企业上云趋势逐渐爆发，企业对数据中心服务的需求迅猛增长，从而带动对UPS等基础设施的需求稳步持续增长。

云计算、大数据作为"互联网+"各个传统行业进行融合发展的技术基础平台，在"互联网+"战略落地的过程中扮演着基石的作用。人工智能将成为继互联网之后下一个时代发展的新引擎，随着人工智能技术的成熟，及应用深化与落地，面向个人助理、安防、自动驾驶、金融、教育等行业的AI场景化应用将产生巨大的计算资源需求缺口，数字化、网络化、移动化技术的不断成熟与广泛融合，新业态和新市场具有更高成长性与更大的市场规模，孕育着更多产业发展机遇，将有效拉动金融、政府、能源、交通、制造等行业，激发对IT基础设备的建设和投资力度。UPS设备作为IT基础设施之一，其需求量随之将飞速提升。

表1　国家相关产业政策

政策名称	颁布部门	年份	政策要点
《中华人民共和国国民经济和社会发展第十三个五年规划纲要》	国务院	2016	构建现代化通信骨干网络，提升高速传送、灵活调度和智能适配能力。开展网络提速降费行动，简化电信资费结构，提高电信业务性价比 鼓励互联网骨干企业开放平台资源，加强行业云服务平台建设，支持行业信息系统向云平台迁移。推动互联网医疗、互联网教育、线上线下结合等新兴业态快速发展 支持公共云服务平台建设，布局云计算和大数据中心，推动制造、金融、民生、物流、医疗等重点行业云应用服务
《大数据产业发展规划（2016—2020年）》	工业和信息化部	2016	引导地方政府和有关企业统筹布局数据中心建设，充分利用政府和社会现有数据中心资源，整合改造规模小、效率低、能耗高的分散数据中心，避免资源和空间的浪费 鼓励在大数据基础设施建设中广泛推广可再生能源、废弃设备回收等低碳环保方式，引导大数据基础设施体系向绿色集约、布局合理、规模适度、高速互联方向发展 加快网络基础设施建设升级，优化网络结构，提升互联互通质量
《工业绿色发展规划（2016—2020年）》	工业和信息化部	2016	大力推进工业能源消费结构绿色低碳转型，鼓励企业开发利用可再生能源，加快工业企业分布式能源中心建设 加快绿色数据中心建设。发展大规模个性化定制、网络协同制造、远程运维服务，降低生产和流通环节资源浪费
《电信业务分类目录（2015年版）》	工业和信息化部	2015	对互联网数据中心业务进行细化，并增加互联网资源协作服务业务（云计算服务），进一步明确了业务属性范围
《关于促进大数据发展的行动纲要》（以下简称《纲要》）	国务院	2015	提出2017年底前形成跨部门数据资源共享共用格局；2018年底前建成国家政府数据统一开放平台
《关于积极推进"互联网+"行动的指导意见》	国务院	2015	到2018年，健康医疗、教育、交通等民生领域互联网应用更加丰富，线上线下结合更加紧密 到2025年，网络化、智能化、服务化、协同化的"互联网+"产业生态体系基本完善，"互联网+"新经济形态初步形成

（续）

政策名称	颁布部门	年份	政策要点
《工业和信息化部关于贯彻落实＜国务院关于积极推进"互联网＋"行动的指导意见＞的行动计划（2015—2018年）》	工业和信息化部	2015	推进电信基础设施共建共享、互联互通，引导云计算数据中心优化布局，推动数据中心向规模化、集约化、绿色化发展。优化升级互联网架构，推进互联网基础资源科学规划和合理配置
《关于促进云计算创新发展培育信息产业新业态的意见》	国务院	2015	对符合布局原则和能耗标准的云计算数据中心，支持其参加直供电试点，满足大工业用电条件的可执行大工业电价，并优先安排用地
《关于国家绿色数据中心试点工作方案》	工业和信息化部、国家机关事务管理局、国家能源局	2015	到2017年，围绕重点领域创建百个绿色数据中心试点，制定绿色数据中心相关国家标准4项，推广绿色数据中心先进适用技术、产品和运维管理最佳实践40项，制定绿色数据中心建设指南

二、技术发展现状分析

2017年全球UPS市场对产品智能化、高端化、个性化要求明显。

1. 智能化

随着人工智能技术在各行各业应用的不断深入，数据中心场地设施和基础设施的数字化和智能化也逐渐成为趋势。UPS中的智能化是指在UPS主机的输出端增设DB9接口、RS232、RS485接口，SNMP卡或者AS/400通信接口，加上安装在微机或者微机网络平台上能适应各种操作系统运行环境的、具有电源监控功能的UPS供电系统，而数字化则是采用数字控制手段控制UPS，使UPS能有效满足各种负载要求。配合DCIM智能软件，采集基本能耗信息，可监控电源使用情况和设备使用率，可预测电源使用情况，优化空间布局等，便于数据中心做未来规划。另外，数字化、智能化的UPS具有实时监控、人机交互、自动传呼、故障检测、自动保存、UPS自检、远程监控等功能。

2. 定制化

2017年，以AWS、Microsoft Azure、Google Cloud、Alibaba Cloud为代表的大型公有云业务保持两位数增长，业务需求的快速增长推动服务商对超大规模数据中心的投资；而Google、Amzon等大型服务商近年来的IT基础架构部署基本都向厂商进行定制化生产，这种方式不仅简化了流程、降低了交付周期，而且根据自身业务需求设计的定制化UPS更能符合业务需求。不仅是大型公有云用户，近年包括交通、能源、半导体等行业用户，也开始推行定制化。人工智能、大数据的应用需求的快速增长，也在不断促进定制化UPS的趋势。

3. 绿色化

提高UPS逆变器的开关频率，可以有效地减少装置的体积和重量，并可消除变压器和电感的音频噪声，同时改善输出电压的动态响应能力。在UPS输入端采用高频整流，可以获得较高的功率因数，较低的谐波电流，使UPS具有较好的输入特性。IGBT高频逆变技术驱动功率小而饱和压降低，已经应用于直流电压为600V及以上的变流系统，IGBT模块是由IGBT与FWD通过特定的电路桥接封装而成的模块化半导体产品；封装后的IGBT模块可直接应用于变频器、UPS等设备上；IGBT模块具有节能低损耗、高开关频率、安装维修方便、散热稳定等特点，符合数据中心绿色节能化的发展趋势。

三、中国UPS市场销售额大幅上升

随着移动互联网、云计算、大数据、人工智能的应用深化，催生了许多大规模乃至超大规模数据中心的建设、混合云和公有云服务市场的兴起、政务云及智能制造水平的不断提升，人工智能加速对传统行业的渗透，物联网和工业互联网的应用推进，成为UPS市场增长的主要动力。

集中型的大型、超大规模数据中心的不断投入，UPS产品的功率越来越高，销售额保持大幅度上升。根据赛迪顾问统计，2017年中国UPS整体市场销售额为61.70亿元，与2016年相比同比增长10.7%。从销量来看，2017年中国UPS整体市场销量为155.89万台，同比下降21.0%，如图1所示。受原材料成本上涨和UPS功率段结构影响，市场平均价格大幅度增长。

四、UPS产品继续向大功率和模块化迁移

从功率段结构来看，2017年中国UPS市场大功率迁移趋势持续进行，100kVA以上的产品占比进一步扩大，占整体市场的44.0%，200kVA以上的产品继续保持迅猛的增长势头，销售额已成为第一大产品结构比例，达到31.7%，10kVA以下的细分市场进一步萎缩至22.4%，如图2所示。

赛迪顾问将中国UPS市场细分为中小功率市场和大功率市场。中小功率市场是指电容量在20kVA以下的UPS产品，其中容量在10kVA以下的产品为小功率机，而容量在10~20kVA的产品为中功率机；而大功率市场是指电容量在20kVA以上的UPS产品。

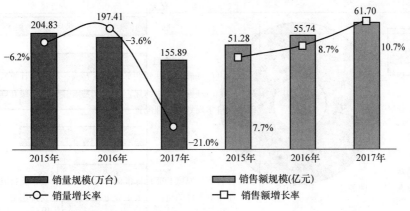

数据来源：赛迪顾问，2018，2。

图1 2015—2017年中国UPS市场规模与增长

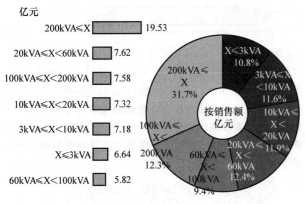

数据来源：赛迪顾问，2018，2。

图2 2017年中国UPS市场产品结构（按功率段）

根据赛迪顾问统计，2017年中国中小功率UPS整体市场销售额为21.70亿元，较2015年下降了4.3%；2017年中国大功率UPS整体市场销售额为34.00亿元，与2015年相比获得快速增长，同比增长19.1%，如图3所示。

从系统架构来看，模块化UPS产品自身的特点使模块化UPS更加匹配现代数据中心的需求。2017年模块化UPS

仍保持高速增长，占比进一步增加，规模为17.59亿元，与2016年相比同比增长31.78%，份额达到整体UPS市场的28.5%，如图4所示。

五、国产品牌发展势头强劲

赛迪顾问调研数据显示，2017年，中国UPS市场品牌竞争依然激烈（见表2）。Vertiv更名后发展势头强劲，占据市场第一的份额。2017年，国产品牌获得了突破性的进步，科华、华为等国产品牌发展势头强劲，科华继续以高端UPS市场为主要阵地，在制造业、交通行业实现突破性发展，占据中国整体UPS市场第二、国产UPS第一的份额。华为通过模块化战略迅速进驻UPS市场，主攻大功率产品的推广，2017年以ISP行业大型数据中心建设、国内三大运营商集采的大功率UPS市场、参与各地政务云建设等优势为基础，提升华为UPS品牌形象，带动中小功率UPS市场，在2017年依旧保持高速增长。

赛迪顾问调研数据显示，从销量规模来看，山特整体销量占据市场第一位，科士达以33.52万台的销量占据国产品牌销量第一。

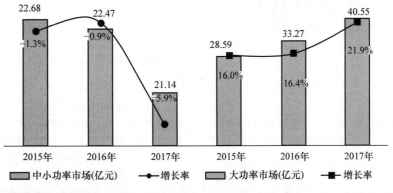

数据来源：赛迪顾问，2018，2。

图3 2015—2017年中国分功率段UPS市场规模与增长

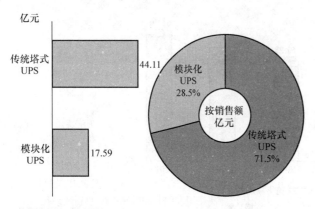

数据来源：赛迪顾问，2018，2。

图4 2017年中国UPS市场产品结构（按系统架构）

表2 2017年中国UPS市场品牌竞争排名（按销售额）

排名	品牌
1	Vertiv
2	科华
3	华为
4	施耐德
5	山特
6	科士达
7	伊顿
8	台达
9	英威腾
10	易事特

六、电信运营、互联网和金融是主要应用行业

电信运营、金融、互联网、政府、制造等行业是2017年UPS主要应用行业（见图5）。赛迪顾问调研数据显示，2017年在UPS平行市场中，互联网服务商和基础电信运营商仍然保持旺盛投资热情，占比最高，UPS市场销售规模达到11.41亿元，占整体市场的18.5%，金融行业加速拥抱互联网，云化进程明显加快，包括银行、保险、证券等在内的金融行业市场占整体市场13.3%。互联网巨头BAT加速公有云布局，数据中心建设规模在快速扩张，UPS市场销售规模7.22亿元，占整体市场的11.7%。随着智能制造战略的不断推进，制造业在生产线建设及企业上云的需求不断涌现，制造行业是2017年成长较快行业。

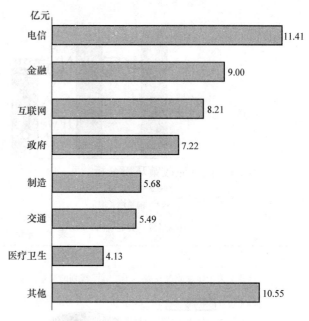

数据来源：赛迪顾问，2018，2。

图5 2017年中国UPS市场行业结构

未来从市场行业结构变化趋势及未来行业发展的需求来看，预计未来三年，随着人工智能、物联网等应用驱动，将快速带动电信、互联网、政府等行业IT应用需求，相应的电信、互联网、政府、金融、制造等仍将是UPS市场的主要争夺地。

撰稿单位介绍：赛迪顾问股份有限公司（简称"赛迪顾问"）直属于工业和信息化部中国电子信息产业发展研究院，是中国首家上市咨询公司（股票代码：HK08235）。旗下拥有赛迪投资顾问、赛迪企业管理顾问、赛迪县域经济顾问、赛迪信息工程设计和赛迪监理五家控股子公司。

赛迪顾问股份有限公司总部设在北京，并在上海、广州、深圳、西安、武汉、南京、成都、贵州等地设有分支机构，拥有300余名专业咨询人员，业务网络覆盖全国200多个大中型城市。建有100多个数据库，数据涵盖宏观、中观、微观等多经济领域，年度发布200多篇行业研究报告。

中国光伏逆变器行业发展报告

OFweek 行业研究中心

一、中国光伏行业政策环境分析

1. 国内光伏产业政策

光伏逆变器是电力电子技术在可再生能源领域中的关键应用,它的功用是将光伏组件所发出的直流电转变成正弦波电流,接入负载或者并入到电网中,是光伏系统中核心器件。而光伏行业属于国家倡导和鼓励发展的领域,我国先后颁布了一系列法律法规及政策文件对其进行大力扶持,见表1。

表1　光伏产业相关政策法规

序号	文件名称	发布单位	发布日期
1	《国务院关于印发能源发展"十二五"规划的通知》(国发〔2013〕2号)	国务院	2013年1月1日
2	《产业结构调整指导目录(2013年本)》(国家发展和改革委员会令第21号)	国家发改委	2013年2月16日
3	《国务院关于促进光伏产业健康发展的若干意见》(国发〔2013〕24号)	国务院	2013年7月15日
4	《分布式发电管理暂行办法》(发改能源〔2013〕1381号)	国家发改委	2013年7月18日
5	《国家能源局关于开展分布式光伏发电应用示范区建设的通知》(国能新能〔2013〕296号)	国家能源局	2013年8月9日
6	《关于支持分布式光伏发电金融服务的意见》(国能新能〔2013〕312号)	国家能源局	2013年8月22日
7	《国家能源局关于印发分布式光伏发电项目管理暂行办法的通知》(国能新能〔2013〕329号)	国家能源局	2013年8月29日
8	《关于光伏发电增值税政策的通知》(财税〔2013〕66号)	财政部	2013年9月23日
9	《国家认监委、能源局关于加强光伏产品检测认证工作的实施意见》(国认证联〔2014〕10号)	国家认监委	2014年2月8日
10	《国家能源局关于印发加强光伏产业信息监测工作方案的通知》(国能新能〔2014〕113号)	国家能源局	2014年3月10日
11	《国务院办公厅关于印发能源发展战略行动计划(2014—2020年)的通知》(国办发〔2014〕31号)	国务院办公厅	2014年6月7日
12	《国家能源局关于进一步落实分布式光伏发电有关政策的通知》(国能新能〔2014〕406号)	国家能源局	2014年9月2日
13	《国家能源局、国务院扶贫办关于印发实施光伏扶贫工程工作方案的通知》(国能新能〔2014〕447号)	国家能源局	2014年10月11日
14	《国家能源局关于推进分布式光伏发电应用示范区建设的通知》(国能新能〔2014〕512号)	国家能源局	2014年11月21日
15	《国家能源局关于下达2015年光伏发电建设实施方案的通知》(国能新能〔2015〕73号)	国家能源局	2015年3月16日
16	《国家能源局、工业和信息化部、国家认监委关于促进先进光伏技术产品应用和产业升级的意见》(国能新能〔2015〕194号)	国家能源局、工信部、国家认监委	2015年6月1日
17	《国家能源局关于推进新能源微电网示范项目建设的指导意见》(国能新能〔2015〕265号)	国家能源局	2015年7月13日
18	《国家能源局关于调增部分地区2015年光伏电站建设规模的通知》(国能新能〔2015〕356号)	国家能源局	2015年9月24日
19	《国家能源局关于建立可再生能源开发利用目标引导制度的指导意见》(国能新能〔2016〕54号)	国家能源局	2016年2月29日
20	《电力发展"十三五"规划(2016—2020年)》	国家发展改革委、国家能源局	2016年11月7日

（续）

序号	文件名称	发布单位	发布日期
21	《太阳能发展"十三五"规划》	国家能源局	2016 年 12 月 8 日
22	《国家发展改革委关于调整光伏发电、陆上风电标杆上网电价的通知》	国家发改委	2016 年 12 月 28 日
23	《国家能源局关于可再生能源发展"十三五"规划实施的指导意见》	国家能源局	2017 年 7 月 19 日
24	《国家发展改革委关于 2018 年光伏发电项目价格政策的通知》	国家发改委	2017 年 12 月 19 日
25	《国家发展改革委办公厅国家能源局综合司关于开展分布式发电市场化交易试点的补充通知》	国家发改委、国家能源局	2017 年 12 月 28 日
26	《国家能源局国务院扶贫办关于下达"十三五"第一批光伏扶贫项目计划的通知》	国家能源局国务院扶贫办	2017 年 12 月 29 日
27	《国家能源局关于 2017 年光伏发电领跑基地建设有关事项的通知》	国家能源局	2017 年 12 月 29 日

资料来源：OFweek 行业研究中心。

2. 国内光伏补贴政策

近几年，国家逐步降低了对光伏发电的补贴力度（见图 1）。在 2013 年，一类至三类资源区新建光伏电站的标杆上网电价分别为每千瓦时 0.90 元、0.95 元、1.00 元。2017 年 12 月 19 日《国家发展改革委关于 2018 年光伏发电项目价格政策的通知》显示，2018 年 1 月 1 日之后，一类至三类资源区新建光伏电站的标杆上网电价分别调整为每千瓦时 0.55 元、0.65 元、0.75 元，相比于 2013 年电价每千瓦时下调 0.35 元、0.30 元、0.25 元，下降幅度分别为 38.89%、31.58%、25%。但是对于村级光伏扶贫电站（0.5MW 及以下）标杆电价则维持不变。另外维持几年不变的分布式国家补贴也下调 0.05 元至 0.37 元，而户用分布式光伏扶贫项目度电补贴标准保持不变。

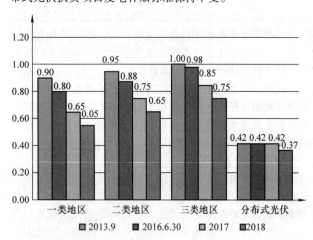

资料来源：OFweek 行业研究中心。

图 1 近年国家补贴变化情况（单位：元）

OFweek 行业研究中心认为，光伏发电行业作为新能源行业的分支，摆脱对补贴的依赖性是大势所趋，区别只在于时间的不同，而且国家补贴逐年下降已得到业内普遍共识。另外国家补贴逐年下降也促使光伏由"补贴驱动型"市场向"技术驱动型"市场转变，并进一步促使光伏系统成本下降。

据 OFweek 行业研究中心统计数据显示，光伏组件占系统成本的 45% 左右，BOS 成本占系统成本的 40% 左右，而 BOS 成本下降空间有限，涉及产品劳动等（如线缆、电气设备等）价格相对刚性，不具备大幅下降的条件。所以降低系统成本的重任落在光伏组件，光伏组件可以通过提高工艺水平降低生产成本，还可以通过技术进步提高电池转换效率，从而摊薄单位费用。组件价格下降带动光伏度电成本降低，但成本的降低需要产业链各个环节共同努力，如硅片由多晶向单晶转变；使用电子级多晶硅料；发展高效电池片，减少银浆；光伏系统跟踪器的应用，打造智能组件等，主要任务在光伏组件环节。所以国家补贴逐年下降倒逼企业研发投入，促进行业技术进步，从而早日实现平价上网。

二、中国光伏行业发展现状分析

1. 国内光伏装机概况

根据国家能源局（NEA）统计数据显示，2017 年中国光伏发电新增装机 53.06GW，其中，光伏电站 33.62GW，同比增长 11%；分布式光伏 19.44GW，同比增长 3.7 倍。截至 2017 年 12 月底，全国光伏发电累计装机达到 130.25GW，其中光伏电站 100.59GW，分布式光伏 29.66GW，见表 2。

表 2 2013—2017 年光伏装机

（单位：GW）

	新增装机量/GW			累计装机量/GW		
	总量	光伏电站	分布式	总量	光伏电站	分布式
2013 年	10.95	10.15	0.08	17.45	16.32	3.1
2014 年	10.6	8.55	2.05	28.05	23.38	4.67
2015 年	15.13	13.74	1.39	43.18	37.12	6.06
2016 年	34.54	30.31	4.23	77.42	67.1	10.32
2017 年	53.06	33.62	19.44	130.25	100.59	29.66

资料来源：OFweek 行业研究中心。

2. 国内光伏装机类型

2017 年，中国分布式光伏新增装机 19.44GW，同比增加 15.21GW，增幅高达 3.7 倍，占总新增装机的比重为 36.64%，较 2016 年提升 24.39 个百分点，并刷新创历史新高。此外，2017 年分布式新增装机不仅是 2016 年的 4.7

倍、2015 年的 14 倍、2014 年的 9.5 倍和 2013 年的 24.3 倍，还远超 2016 年底的累计装机（10.32GW）。因此，可以说 2017 年是中国分布式光伏发展的元年。

2017 年，中国光伏电站新增装机 33.62GW，同比增加 3.31GW，增幅仅有 11%，而此前 2016 年的增幅却高达 121%，2015 年增幅也超过了 60%。由此可见，受补贴拖欠、土地资源和指标规模有限、分布式光伏的爆发式增长等多重因素制约，光伏电站增长开始逐渐呈现放缓迹象。

3. 国内光伏装机预测

截至 2017 年底，中国光伏发电累计装机达到了 130.25GW，

而此前太阳能"十三五"规划的目标仅 105GW，已经提前并超额完成了"十三五规划目标"。按照目前的发展趋势来看，预计到 2020 年底，中国光伏发电累计装机将有望达到 250GW。

三、中国光伏逆变器产业发展现状分析

1. 光伏逆变器行业发展阶段分析

光伏逆变器已有几十年的发展历史，每一阶段的进步均与功率器件和电力电子控制技术的发展息息相关。具体的发展阶段如图 2 所示。

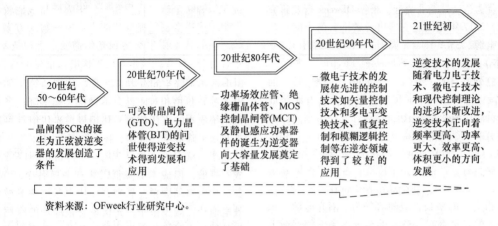

资料来源：OFweek 行业研究中心。

图 2　光伏逆变器的发展史其实就是功率器件和电力电子控制技术的发展史

现在的光伏逆变器市场未来的发展趋势类似于变频器、UPS 行业，呈现三个阶段的高增长：第一阶段：国内市场快速启动高速增长；第二阶段：国内市场平稳增长，进口替代维持高于行业的增长；第三阶段：抢占海外市场，维持高增长。目前国内光伏逆变器市场处于第二阶段，行业处于平稳成长期。

2. 光伏逆变器行业发展的影响因素

（1）行业发展的有利因素分析

◆ 可再生能源对传统能源的替代趋势日益明显

全球环境恶化、化石能源短缺等问题已成为世界性的问题。国际能源署预测，到 2020 年，可再生能源将占全球能源生产总量的 25%；欧盟提出，到 2020 年，可再生能源在欧盟总能源中占能源消费比将达到 20%；2009 年我国提出争取到 2020 年非化石能源占一次能源消费比重达到 15% 左右。长期来看，太阳能、风能发电产业凭借可再生、绿色环保等优势将得到长足发展，替代传统能源趋势日益明显。

◆ 产业政策支持

太阳能光伏和风能发电产业的启动和快速发展离不开各国能源政策的鼓励和支持。在制定扶持政策时，主要采用确定上网电价、投资补贴、税收优惠等方式，吸引更多的投资人、供应商积极参与，以促进太阳能、风能等可再生能源行业的稳定发展。

◆ 技术进步降低太阳能光伏、风能发电成本

太阳能光伏和风能发电产业良好的发展前景，吸引了大量资源用于投入太阳能光伏发电和风能发电技术的研发。随着技术的持续进步、更新升级，其发电的成本呈持续降

低趋势，加快了光伏和风能发电的普及应用，为光伏逆变器、风能变流器生产企业扩大生产规模将创造良好机遇。

（2）行业发展的不利因素分析

太阳能光伏、风能发电与传统能源发电相比成本较高，目前行业发展还有赖于行业政策的扶持。将来随着太阳能光伏、风能发电技术的不断完善和传统化石能源发电成本的不断上升，这一劣势将逐渐被弥补。

此外，可再生能源发电的特点之一是分布式接入，太阳能、风能具有间歇性，对电网的接纳能力提出新的挑战。但随着电网技术的发展，包括智能电网、电力储能等技术的应用，将提高电网对可再生能源电力的接纳能力。

OFweek 行业研究中心认为国内光伏逆变器行业未来发展的最重要影响因素是国际化的问题，显然国内的市场还是非常有限的。但是光伏逆变器的销售与电池组件的销售存在不同，主要原因是光伏逆变器是需要进行现场售后服务的，而电池组件的现场售后服务明显少得多。因此国际化的道路只有两条：1）在国外设点（初期成本较大，面临众多本地厂商的竞争，但是可以进行长期的竞争）；2）利用国内低廉的成本进行 OEM（利润率较低）。

3. 国内光伏逆变器产业链结构

光伏电站通常包括光伏电池组件、直流电缆、光伏逆变器、配电保护柜和电力变压器等。目前光伏电池组件的主要厂家有天合光能、隆基乐叶、阿斯特阳光电力、韩华新能源、晶科能源等；电缆、配电保护和电力变压器等通用电器的厂家有特变电工、国电南自、南瑞继保、天威保变、银利电气等。

而从光伏逆变器来说，其上游供应商为电力电子元器件、微电子芯片、集成电路、电力电容器、变压器、机柜机箱壳体制造等行业，与传统电力电子行业的采购链相同，无特殊之处。光伏逆变器的下游需求领域为地面电站、荒漠电站、山地电站、工商业屋顶电站、家庭电站等。

4. 全球光伏逆变器行业竞争格局

目前全球光伏逆变器市场基本被中国以及国际几大巨头瓜分，欧洲是全球光伏市场的先驱，具备完善的光伏产业链，光伏逆变器技术处于世界领先地位；中国作为光伏后起之秀，新增装机已经连续多年保持全球第一，从而也造就国内一批优秀逆变器企业崛起。根据OFweek行业研究中心数据显示，2017年光伏逆变器出货量排名前十的厂家为华为、阳光电源、SMA Solar（德国）、ABB（瑞士）、东芝三菱（日本）、特变电工、Schneider Electric（法国）、SolarEdge（以色列）、GE（美国）、Fronius（奥地利）。前十大厂家占比超过80%，而前五大厂家出货量占比超过68%，总体来看光伏逆变器集中度较高。

（1）海外光伏逆变器企业竞争格局

◆ 德国艾思玛（SMA Solar）是老牌光伏逆变器厂商，技术成熟、口碑良好、产品线分布广泛，占据了德国和美国大部分市场，在2010年以前全球市场份额在40%以上。尽管今年光伏市场不断增长，但随着华为、阳光电源、东芝三菱等竞争者的异军突起，SMA的全球市场份额逐渐下降到2012年的25%，直至2015年被华为超越。由于SMA的产品价格和利润率较高，目前其销售额和利润仍位居榜首，但随着竞争日益加剧和利润率降低，SMA也开始寻求转型，推出新产品并向新兴海外市场进军。

值得一提的是，随着中国相关部门批准收购后，目前SMA已正式持有中国江苏兆伏爱索新能源公司72.5%的股份。另外，SMA已经向兆伏爱索支付了大约4000万欧元现金用于收购后者的股份，此次收购交易可回溯至2013年1月1日。兆伏爱索是中国领先的光伏逆变器制造商，该公司在扬州的工厂产能已准备扩增。此次收购使得SMA公司可进入中国市场，据称中国光伏市场已经成为未来最重要的光伏市场。

◆ 瑞士ABB集团是电力和自动化技术的大型企业，涉及电力、工业、交通和基础设施等多个行业领域。ABB从2003年开始在中国进行电源产品的研发和销售，具有一定技术和市场积累。2013年，ABB收购Power - One，并在中国建立集中式光伏逆变器的生产线。ABB的优势在于广阔的产品范围、深厚的技术积累和灵活的资本运作。其最初的光伏逆变器产品脱胎于变频器产品，后来通过收购Power - One提升了技术水平，又建立中国生产线降低了成本。目前ABB的市场份额位居前列。2017年1月1日，ABB将太阳能、电动汽车充电和电力质量业务重新整合进电气部门。

◆ 日本东芝三菱电机产业系统株式会社（TMEIC）成立于2003年，起初深耕冶金行业、造纸行业、起重机系统，以及中压传动系统，2010年进入光伏逆变器行业，并随着中国和日本市场的发展而迎来上升期。2016年TMEIC的光伏逆变器出货量已达到3.6GW，有赶超ABB的趋势。

（2）国内光伏逆变器企业竞争格局

2013年我国逆变器厂家高达300多家，经历了一轮以价格战为主导的行业洗牌，至2017年底经常参与集中式逆变器招标的企业不超过10家。2017年，我国逆变器出货量前五名的企业与2014年、2015年、2016年基本保持一致，华为以及阳光电源分别作为组串式逆变器和集中式逆变器龙头稳居行业前两名。

◆ 华为技术有限公司成立于1987年，以销售通信设备起家，目前业务领域广泛。华为2000年左右涉足电源领域，2013年进入光伏逆变器市场，并迅速成长为全球光伏逆变器出货量前三甲之一，另外2015年至2017年间，连续3年蝉联全球出货量第一。华为产品线比较单一，主要做组串式逆变器，提供智能光伏电站解决方案。华为将电源产品的技术积累移植到光伏逆变器上，技术比较成熟；结合自身4G无线技术实现光伏电站信息的远程集中监控，具有一定技术创新和亮点；顺应当前光伏市场从集中式向分布式转化的趋势，具有战略眼光。此外，华为利用已有的通信渠道、公司品牌、较低价格进行海外营销，目前已在日本、东南亚等地区开拓出市场。

◆ 阳光电源成立于1997年，是国内最早专攻光伏逆变器行业的厂家之一，从2010年起该公司的光伏逆变器销量和口碑就位居国内厂家前列，作为光伏逆变器老牌龙头企业，近三年出货量稳居全球前三。阳光电源的光伏逆变器产品线非常齐全，涵盖3kW ~ 3MW功率范围，光伏产品范围包括微型逆变器、组串式逆变器、集中式逆变器、光伏配件、监控软件、集成方案等。阳光电源的优势在于产品口碑较好、技术积累成熟、产品线齐全、配套产品丰富。随着光伏逆变器市场竞争日趋激烈，阳光电源已开始布局进军风电变流器、储能系统、电动汽车等其他新能源领域。

另外阳光电源多年布局海外市场，德国、日本等发达国家市场是公司长期耕耘的重点市场，同时公司积极布局印度、墨西哥、土耳其等一系列光伏装机加速发展的国家和地区，在巴基斯坦、泰国、印度、菲律宾等"一带一路"沿线十多个国家和地区开拓了广阔的应用市场。公司于2010年进入印度市场，2017年已累计实现超过1GW供货；公司目前已为多个土耳其光伏电站项目提供逆变器产品。大部分新兴市场属于经济欠发达地区，相比欧美发达国家，对产品价格更为敏感。与传统欧美逆变器厂商相比，阳光电源的产品具有明显的价格优势。

◆ 国内的光伏逆变器厂家还包括东方日立、锦浪、固德威、易事特等。东方日立（成都）电控设备有限公司是由中国东方电气集团有限公司与日本株式会社日立制作所组建的合资公司，产品主要包括光伏逆变器、高压大功率变频器、动态无功补偿装置、风电变流器等，其光伏逆变器性价比较高，在业界具有一定口碑。

四、中国光伏逆变器技术发展现状分析

1. 光伏逆变器应用场合及特点

光伏逆变器的应用场合主要包括荒漠电站、山地电站、工商业屋顶电站、家庭电站。

荒漠电站的特点是，功率很大（几十至几百MW）；土地便宜且易于使用；光资源分布较均匀；在发电侧并网，

（续）

	集中式逆变器	组串式逆变器	集散式解决方案
单台容量	500～1500kW	<80kW	1000kW
故障	故障率低，故障范围大	故障率高，故障范围小	故障率较低，故障范围较小
可靠性	逆变器数量少，控制简单，系统稳定性较好	逆变器数量多，交流侧管理复杂，系统稳定性较差	逆变器数量少，直流配电柜较多
通信	传统布线通信，故障不易排查	无线通信，故障易排查	传统布线通信，故障不易排查
设备维护	损失大、不方便	损失小、方便	损失大、不方便
成本	安装成本低，维护成本高	安装成本高，维护成本低	安装成本居中，维护成本居中
单台价格	0.18～0.25 元/W	0.25～0.45 元/W	0.2～0.4 元/W

一般无储能系统；并入 10kV/35kV 高压电网；一般无人值守；要求较强的电网支撑和外送等。荒漠电站对光伏逆变器的要求是，成本低；可靠性高、故障率低；维护简便；施工周期短；集成监控管理。近几年新安装的光伏电站大多是荒漠电站。

山地电站的特点是，功率中上（几至几十 MW）；可使用地面不规则；光资源分布不均匀；建设成本高；发电效率较低；根据需求可适当配置储能系统；一般无人值守等。山地电站对光伏逆变器的要求是，选型和施工需考虑山地承载能力；需考虑大风、泥石流等自然因素的影响，防护等级要求高；要求分散或多路 MPPT 跟踪；可靠性高。

工商业屋顶电站的特点是，功率中小（几 kW 至几 MW）；可使用地面受限；并入 380V 电网；自发自用，多余电量可上网也可自行存储。工商业屋顶电站对光伏逆变器的要求是，初次投资成本低；安全性高；质量可靠；噪声小等。

家庭电站的特点与工商业屋顶电站接近，但功率更小，通常小于 3kW。

2. 光伏逆变器主要技术路线

当前光伏逆变器的具体技术路线主要有以下三类：集中式逆变器、组串式逆变器、集散式解决方案。

集中式逆变器将光伏组件大规模串并联以后集中逆变馈入电网。单台逆变器功率较大，功率器件一般采用大电流 IGBT，拓扑结构采用一级 DC/AC 全桥逆变加工频隔离变压器。体积较大，防护等级低，一般室内立式安装。

组串式逆变器将一串光伏组件逆变后，多台逆变器交流端并联馈入电网。单台逆变器功率较小，功率器件一般采用 MOSFET 或小电流 IGBT，拓扑结构通常采用非隔离 DC/DC 升压加 DC/AC 全桥逆变。体积较小，防护等级高，可室外壁挂式安装。

集散式解决方案是在传统光伏汇流箱基础上，增加 DC/DC 升压变换硬件单元和 MPPT 控制软件单元，构成智能光伏控制器实现多路 MPPT 的分散跟踪；改进的光伏汇流箱输出电压升高至 820～1000V 后，至逆变器集中逆变。其特点是可以提高电站整体 MPPT 效率，并光伏逆变器损耗分散到汇流箱中，降低散热设计难度。

在实际使用中，集中式逆变器一般用于日照均匀的大型厂房、荒漠电站、地面电站等大型发电系统中，系统总功率在兆瓦级以上，安装成本低，维护较方便。组串式逆变器一般用于屋顶电站、日照不均匀的山地电站，系统总功率较小，使用灵活，MPPT 精度高，发电效率高。集散式解决方案更接近一种折衷的技术路线，效率高于集中式逆变器，成本低于组串式逆变器。三种技术路线对比见表 3。

表 3　三种技术路线对比

	集中式逆变器	组串式逆变器	集散式解决方案
主要器件	光伏组件、直流电缆、汇流箱、直流配电、逆变器、隔离变压器、交流配电	光伏组件、直流电缆、逆变器、交流配电	光伏组件、直流电缆、直流配电柜、逆变器、隔离变压器、交流配电

3. 光伏逆变器研究现状

集中式逆变器是当前大功率地面电站的主流选择，代表企业包括阳光电源、SMA、TMEIC、特变电工、东方电气等。当前大型集中式逆变器的技术和性能比较成熟，各厂家更多致力于差异化竞争。阳光电源与阿里云合作成立了"智慧光浮云"电站运维管理平台，为集团用户建立标准化的运行维护管理平台。TMEIC 近年在上海和盐城设立工厂，试图降低成本。特变电工提供云计算平台和集中控制，并推出了 2MW 的超大型逆变器。东方电气推出了高性能三电平 500kW 光伏逆变器，并提供风光储集成化解决方案。

随着组串式逆变器价格逐渐降低、技术逐渐成熟，其应用案例也越来越多。代表企业包括华为、阳光电源、SMA 等。华为一方面优化单体逆变器设计，采用无熔丝、无风扇设计，提供高精度智能组串检测、在线分析和定位故障，另一方面强化全面、智能地提供服务，例如无线通信技术、无人机巡检、清扫机器人和智能营维云中心等。阳光电源推出了轻型易搬运逆变器、超高效率逆变器等差异化产品，也提供远程诊断、智能电站服务。

集散式解决方案技术源于美国的 Satcon（2013 年被长城能源收购），目前主要有禾望电气、无锡上能等公司在使用。禾望电气的特点是提供一体化交钥匙设计，施工周期短。此外，禾望电气也在开展智能电站服务。

五、中国光伏逆变器产业发展趋势

1. 光伏逆变器行业供给变动趋势分析

目前全球光伏逆变器企业有 200 家左右，全球市场份额主要被中国以及国际几大巨头瓜分。但国际光伏逆变器市场的竞争格局也正在发生变化，以华为、阳光电源、上能电气、特变电工为代表的国产品牌逆变器厂商已经成功进入国际市场，并获得了一定的市场占有率。近年来，随着国产品牌国际影响力的提高，国内供应商在国际太阳能市场上的份额也呈逐年上升趋势。

而在国内光伏行业发展初期，光伏逆变器主要以国际品牌为主，近年来随着我国光伏事业的快速发展，作为光伏发电系统核心设备的逆变器产品也成长迅速，逐渐涌现出一批光伏逆变器生产厂商，主要包括华为技术有限公司、阳光电源股份有限公司、特变电工西安电气科技有限公司、深圳科士达科技股份有限公司等。市场竞争渐趋激烈，对生产厂商的技术水平要求越来越高，光伏逆变器国际市场和国内市场的市场竞争渐趋充分，从当前的趋势来看，国产自主品牌供应商在我国的市场份额还将逐渐扩大。

2. 光伏逆变器行业盈利水平趋势分析

由于光伏行业发展初期，逆变器进入壁垒低，大量厂家涌入逆变器市场，激烈的市场竞争推动行业技术进步和价格下降。经历了 2011—2012 年（外资企业退出市场）、2013—2014 年（内资品牌价格战争夺市场）两轮行业洗牌，逆变器价格趋于稳定。以最具代表性的集中式逆变器为例（2016 年市场渗透率接近 70%），其价格变动幅度在 2014 年之后逐渐缩小。我们认为，逆变器本身占系统成本低（2017 年底价格为 0.15 元/W，占系统成本不足 3%），而对整个发电系统运行至关重要，未来价格进一步下降空间有限。

光伏逆变器产能过剩导致价格下降将是必然，但是光伏逆变器属于轻资产制造业，产能弹性很大，有许多企业采取外包政策，库存较小，因此逆变器价格下降幅度并不会出现组件的降价幅度。随着未来光伏发电上网电价的降低，光伏逆变器行业毛利率水平将有所下降。但随着光伏逆变器技术的不断发展、市场规模的不断扩大、生产成本的不断降低，预计行业利润水平将会呈现下降的趋势。

3. 光伏逆变器行业市场需求规模预测

2017 年我国光伏装机指标（包括领跑者以及普通年度建设规模指标）为 22.4GW，较 2016 年出现较大幅度下滑。但由于 2019 年无"6·30"抢装潮，将推动部分 2018 年指标项目加快建设进度以在 2018 年内并网享受 2018 年电价，部分对冲 2017 年建设指标减少的影响，集中式电站装机规模不会出现大幅度下滑。分布式电站方面，分布式电站在用户侧已基本实现平价上网，分布式电力交易试点将拓展可开发屋顶资源并提升电站收益水平，分布式电站将保持高速发展。OFweek 行业研究中心认为，2018 年全国装机规模整体将保持平稳增长，下游新增装机将有力支撑国内市场逆变器需求。

撰稿单位介绍：OFweek 行业研究中心重点专注于光通信、激光、显示、智能硬件、智能家居、物联网、人工智能、云计算、锂电、太阳能光伏、新能源汽车、智能电网、LED 照明、机器人等高科技领域，提供极具战略价值的数据信息服务。

资深的专家顾问团队、一流的分析师调研团队，是 OFweek 行业研究中心相关服务的最核心价值所在。

OFweek 中国高科技行业门户强大的资料数据库，是 OFweek 行业研究中心相关服务专业性和权威性的最大保证。

电源上市公司 2017 年年报统计

中国电源学会

2017 年，中国经济持续平稳增长，实体经济业绩整体向好。同时随着全社会电气化程度日趋提高，电源作为重要支撑产业的战略地位提升，市场规模进一步扩大。2017 年总产值达 2321 亿元，同比增长 12.9%。

另外，从 2016 年底以来，中国证监会加快了对首次公开发行（IPO）的审核节奏，新股上市激增。据统计，2017 年沪深交易所 IPO 达到 437 宗，创出 A 股市场 IPO 数量历史最高纪录，比 2016 年增长 93%。

行业的发展以及政策的支持在电源上市企业数量上也有明显体现。据中国电源学会统计，2017 年共有 8 家电源企业成功登陆 A 股市场，超过 2011—2016 年行业新增上市企业数量总和。至此，沪深两市电源上市企业数量达到 24 家。

这里统计的电源上市企业是指以生产、销售电源整机为主营业务的沪深交易所上市企业，不包括新三板挂牌企业。其产品包括不间断电源（UPS）、开关电源、LED 驱动电源、模块电源、充电桩/充电电源、电机控制器、光伏逆变器、变频器、特种电源等；不包括为电源企业生产或研发配套产品的企业，如功率器件及半导体芯片、集成电路、滤波器、电阻、电容器、变压器、磁性材料等厂商；另外，电源业务只占小部分的综合型上市企业，因无法准确剥离电源相关业务数据，也未统计在内。

总体来看，电源上市企业数量虽然不多，但其公司规模、市场占有率、财务表现、研发投入等多项指标均领跑电源行业，是产业发展以及技术创新的风向标。本文通过解读其 2017 年度报告，希望为电源企业提供参考，并在一定程度上反映电源行业发展情况。

一、总体情况概述

1. 电源企业上市板块及所属主要行业情况

报告中列出的电源上市企业共 24 家，其中上证主板 3 家，深证中小板 10 家，深证创业板 11 家。按照证监会规定的大的行业分类，其中 20 家企业属于电气机械和器材制造业，另外 4 家企业属于计算机、通信和其他电子设备制造业。具体情况见表 1 和图 1、图 2。

表 1　电源企业上市板块及所属主要行业（同一板块按上市时间排序）

上市板块	企业名称	证券代码	上市时间	所属主要行业
上证主板	动力源	600405	2004/4/1	计算机、通信和其他电子设备制造业
	鸣志电器	603728	2017/5/9	电气机械和器材制造业
	禾望电气	603063	2017/7/28	电气机械和器材制造业
中小板	科陆电子	002121	2007/3/6	电气机械和器材制造业
	奥特迅	002227	2008/5/6	电气机械和器材制造业
	英威腾	002334	2010/1/13	电气机械和器材制造业
	科华恒盛	002335	2010/1/13	电气机械和器材制造业
	中恒电气	002364	2010/3/5	电气机械和器材制造业
	科士达	002518	2010/12/7	电气机械和器材制造业
	茂硕电源	002660	2012/3/16	计算机、通信和其他电子设备制造业
	可立克	002782	2015/12/22	计算机、通信和其他电子设备制造业
	麦格米特	002851	2017/3/6	电气机械和器材制造业
	伊戈尔	002922	2017/12/29	电气机械和器材制造业
创业板	合康新能	300048	2010/1/20	电气机械和器材制造业
	汇川技术	300124	2010/9/28	电气机械和器材制造业
	阳光电源	300274	2011/11/2	电气机械和器材制造业
	易事特	300376	2014/1/27	电气机械和器材制造业
	通合科技	300491	2015/12/31	电气机械和器材制造业
	蓝海华腾	300484	2016/3/22	电气机械和器材制造业
	英飞特	300582	2016/12/28	计算机、通信和其他电子设备制造业
	新雷能	300593	2017/1/13	电气机械和器材制造业
	英搏尔	300681	2017/7/25	电气机械和器材制造业
	盛弘股份	300693	2017/8/22	电气机械和器材制造业
	英可瑞	300713	2017/11/1	电气机械和器材制造业

从表1和图2中也可以看出，相对其他成熟行业，电源行业的上市历程依然处于起步阶段，发展速度也较为缓慢。从2004年第一家电源企业——动力源登陆上证主板到2016年13年间，电源上市企业数量逐步增加到16家。2017年电源企业上市步伐明显开始加快，一年新增8家。前文提到，这主要是源于电源作为重要支撑产业的战略地位提升，同时也有2017年IPO审核加速的原因。

数据显示，2010年也较为特殊，这一年新增电源上市企业6家。这与当时国内外经济环境和资本市场政策也有关系。走过2008年、2009年金融风暴的低谷，世界经济企稳复苏，中国经济继续保持平稳而繁荣的增长态势，投资者信心逐步恢复，中国企业上市及融资热情高涨。同时由创业板开闸引起的企业上市浪潮仍在持续，全年共有347家企业在境内资本市场上市，融资额为720.59亿美元，上市数量和融资额均刷新2007年纪录。这6家电源上市企业也是当年上市大军的一部分。

除此以外，2010年电源企业集中上市也是国内电源行业阶段性发展的结果。当年上市的几家企业科华恒盛、科士达、英威腾、合康新能、汇川技术、中恒电气集中在UPS、

变频器、通信电源领域。这些产品标准化程度较高，有利于企业开展规模化经营并率先在资本市场取得突破。

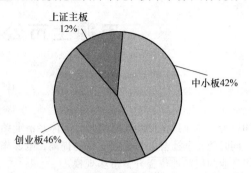

图1　中国电源上市企业所属板块

2. 电源企业主要产品及业务情况

本次报告所摘录的电源企业主体业务主要分布在新能源、新能源汽车、电力、工业自动化控制、轨道交通、节能环保、通信等行业，与国家近几年的基础建设投资及政策重点关注行业领域高度一致。根据年报中的内容，各企业主要产品及业务情况见表2。

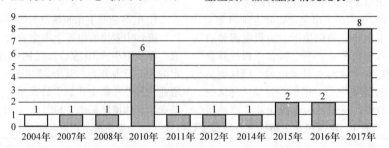

图2　各年份上市企业数量（其余年份为0）

表2　电源上市企业主要产品及业务（排序同表1）

企业名称	主营产品和服务
动力源	通信电源、EPS、高压变频器、新能源电源等
鸣志电器	电机与驱动器、LED驱动电源、开关电源等
禾望电气	风电变流器、光伏逆变器、电气传动类产品
科陆电子	智能电网、新能源发电运营、车联网、储能、主动配网改造、产业园区综合能源服务等
奥特迅	工业电源、核电电源、电动汽车充电电源、电能质量治理装置、储能及微网系统、电动汽车充电整体方案提供等
英威腾	变频器、控制器、光伏逆变器、UPS等
科华恒盛	信息化设备用UPS、工业动力UPS电源系统设备、建筑工程电源、数据中心产品、新能源产品、配套产品
中恒电气	充电桩、通信电源等
科士达	UPS、精密空调、蓄电池、机柜、光伏逆变器、储能
茂硕电源	开关电源、LED室内/户外照明产品驱动、FPC、光伏逆变器、智能充电桩
可立克	开关电源、LED驱动电源、磁性器件、新能源产品等
麦格米特	变频器、伺服驱动器、驱动系统、车用电机控制器、光伏逆变器等
伊戈尔	LED驱动电源、变压器等
合康新能	高、中低压及防爆变频器在内的全系列变频器产品、伺服产品、新能源汽车及相关产品
汇川技术	变频器、伺服驱动器、PLC、HMI、伺服/直驱电机、传感器、一体化控制器及专机、工业视觉、机器人控制器、电动汽车电机控制器等
阳光电源	光伏逆变器、风能变流器、储能变流器等

（续）

企业名称	主营产品和服务
易事特	UPS 电源、EPS 电源、光伏逆变器及光伏发电系统集成产品、电动汽车充电桩
通合科技	充电桩、电动汽车车载电源、电力操作电源模块和电力操作电源系统
蓝海华腾	中低压变频器、伺服驱动器、电动汽车电机控制器、逆变器等电力电子产品的研发、制造、销售和服务
英飞特	LED 驱动电源、开关电源等
新雷能	模块电源、厚膜工艺电源及电路、逆变器、特种电源等
英博尔	电机控制器为主，车载充电机、DC/DC 变换器等
盛弘股份	电动汽车充电桩、光伏逆变器、储能变流器、锂电池、铅酸电池等
英可瑞	汽车充电电源、电力电源、通信电源、工业电源等

这 24 家企业，按照其重点产品可以进一步归类（注：这里的重点产品是指其销售收入占企业营业总收入 40% 以上，无重点产品的企业归入多元产品一类），见表 3 和图 3。

表 3　电源上市企业按重点产品分类
（同类别企业按上市时间先后排序）

主要产品	上市企业	企业数（家）	占比
开关电源（包括通信电源、LED 驱动电源等）	动力源、中恒电气、茂硕电源、可立克、英飞特、伊戈尔	6	25%
不间断电源（UPS）	奥特迅、科华恒盛、科士达	3	13%
变频器	英威腾、合康新能、汇川技术	3	13%
充电桩/充电电源	通合科技、英可瑞	2	8%
电机控制器、驱动系统	蓝海华腾、鸣志电器	2	8%
光伏逆变器	阳光电源	1	4%
风电变流器	禾望电气	1	4%
模块电源	新雷能	1	4%
智能电网	科陆电子	1	4%
电能质量产品	盛弘股份	1	4%
多元产品	易事特、麦格米特、英博尔	3	13%
总计		24	100%

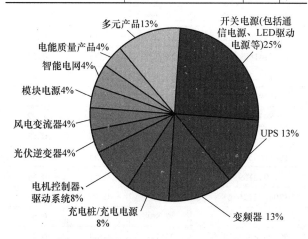

图 3　中国电源上市企业主要产品分类

3. 2017 年电源上市企业规模分析

营业收入、资产总额和企业人数是一个企业的基础数据，也是反映企业规模的主要指标。24 家上市电源企业 2017 年的营业收入（包括主营业务收入和非主营业务收入）、资产总额、企业人数，见表 4。

表 4　2017 年电源上市企业营业收入、资产总额及企业人数
（按营业收入排序）

企业名称	证券代码	营业收入/元	资产总额/元	企业人数
阳光电源	300274	8886060068.67	16248005972.55	2661
易事特	300376	7317580005.63	10750304505.82	1619
汇川技术	300124	4777295690.69	9047119842.62	6619
科陆电子	002121	4376025786.02	15460833600.10	4977
科士达	002518	2729616152.70	3816220213.02	2789
科华恒盛	002335	2412344741.63	6234271307.94	3792
英威腾	002334	2122310971.78	3219057724.81	2949
茂硕电源	002660	1652076282.01	2047914695.95	2622
鸣志电器	603728	1628391306.18	2168980628.25	2527
麦格米特	002851	1494449391.01	2301016181.57	2357
合康新能	300048	1350928406.91	4686364357.43	2461
动力源	600405	1221877504.28	2895419650.75	2835
伊戈尔	002922	1148839628.21	1354868459.81	3089
可立克	002782	924081241.87	1146804812.26	3520
禾望电气	603063	878145238.83	2815728443.84	710
中恒电气	002364	866109400.94	2673206648.38	1947
英飞特	300582	763290592.24	1473689726.94	1200
蓝海华腾	300484	578998851.26	1121448455.28	499
英博尔	300681	536230469.57	905784638.97	770
盛弘股份	300693	451287050.70	801773776.72	607
英可瑞	300713	380495152.89	908838719.64	279
奥特迅	002227	366535958.90	1070589003.15	689
新雷能	300593	346228401.66	756838530.23	1041
通合科技	300491	216878674.13	602287369.98	411
总计		47426175968.71	94507367266.01	52970

从表 4 可以看到，24 家电源上市企业 2017 年的营业收入总额为 474.26 亿元，其中 2017 年度营业收入在 50 亿元以上有 2 家，20~50 亿元之间的有 5 家，10~20 亿元之间的有 6 家，4~10 亿元之间的有 7 家，2~4 亿元之间的有 4 家，其中阳光电源以 88.86 亿元的营业收入排名上市企业第一位。

2017 年 24 家电源上市企业资产总额总计 945.07 亿元，

其中资产总额在 100 亿元以上的有 3 家；50 ~ 100 亿元之间的有 2 家；10 ~ 50 亿元之间的有 13 家。10 亿元以下的有 6 家。其中阳光电源以 162.48 亿元的资产总额排在第一位。

2017 年 24 家电源上市企业在职总人数是 52970 人，其中人员规模在 1000 人以上的有 17 家，300 ~ 1000 人的有 6 家，300 人以下的有 1 家，汇川技术以 6619 人排名第一。

按国家统计局发布的《统计上大中小微型企业划分办法（2017）》中工业类大中小企业划分标准，满足企业人员超过 1000 人同时营业收入超过 40000 万元划为大型企业；企业人数 300 ~ 1000 人同时营业收入 2000 ~ 40000 万元的为中型企业；企业人数在 20 ~ 300 人以下且营业收入在 2000 万元以下的为小型企业。

按此标准，24 家电源上市企业中有 16 家属于大型企业，7 家属于中型企业，1 家属于小型企业。

值得注意的是，24 家电源上市企业中有 20 家企业营业收入在 40000 万元以上，高于大型企业营业收入的最低标准，禾望电气、蓝海华腾、英博尔、盛弘股份 4 家企业是由于企业人数低于 1000 人，下划一档归入中型企业。另外，所有企业的营业收入都高于中型企业营业收入的最低标准 2000 万元，但是英可瑞的企业人数低于 300，被划入小型企业范畴。这也是由于电源上市企业大部分技术装备程度比较高，所需劳动力或手工操作的人数比较少。

电源行业有 1.6 万多家企业，大部分都是中小型企业。从表 4 也可以看出，电源上市企业是行业中规模较大、实力较强的龙头企业。

二、财务数据分析

通过年报数据对上市电源企业分析，主要通过以下四个方面进行，分别是营运能力（包括总资产周转率、应收账款周转率、应付账款周转率、存货周转率四个指标）、获利能力（包括毛利率、净利率、加权平均净资产收益率、每股收益四个指标）、偿债能力（包括流动比率、速动比率、资产负债率三个指标）、发展潜力（净资产增长率、营业收入增长率、营业利润增长率三个指标）。

（一）营运能力指标分析

企业的营运能力是指企业充分利用现有资源创造价值的能力，主要是从企业资金使用的角度来进行的。营运能力的强弱关键取决于周转速度。

本报告从总资产周转率、应收账款周转率、应付账款周转率、存货周转率四个指标进行一一列举分析。

1. 总资产周转率

总资产周转率是综合评价企业全部资产的经营质量和利用效率的重要指标，通常被定义为营业收入与平均资产总额之比。周转率越大，说明总资产周转越快，销售能力越强。

从表 5 中可以看出，电源上市企业资产周转率平均值为 0.60，上期资产周转率平均值为 0.67，同比下降 10.44%。

伊戈尔、鸣志电器、可立克的资产周转率在电源上市企业中排名前三，分别为 1.05、0.96 和 0.85，从这一指标来看，这些企业资产周转速度快，资产利用率较高。

资产周转速度和企业资产管理能力有关，同时也会受行业所处阶段影响。当行业处于上升通道，企业总资产规模大幅增加，短期内也会造成资产周转速度下降。表 5 显示，24 家电源上市企业有 21 家总资产余额同比上升，平均增幅高达 33.91%。

表 5　2017 年电源上市企业总资产周转率（按总资产周转率高低排序）

企业名称	营业收入/元	期末资产余额/元	期初资产余额/元	同比	本期周转率	上期周转率
伊戈尔	1148839628.21	1354868459.81	830593738.52	63.12%	1.05	1.10
鸣志电器	1628391306.18	2168980628.25	1214863519.79	78.54%	0.96	1.30
可立克	924180241.87	1146804812.26	1035101631.91	10.79%	0.85	0.83
科士达	2729616152.70	3816220213.02	2821754966.88	35.24%	0.82	0.65
麦格米特	1494449391.01	2301016181.57	1442128681.90	59.56%	0.80	0.90
英博尔	536230469.57	905784638.97	467566686.37	93.72%	0.78	0.92
茂硕电源	1652076282.01	2047914695.95	2273730374.07	-9.93%	0.76	0.63
易事特	7317580005.63	10750304505.82	9168373617.88	17.25%	0.73	0.57
英威腾	2122310971.78	3219057724.81	2583141491.48	24.62%	0.73	0.28
盛弘股份	451287050.70	801773776.72	461331383.75	73.80%	0.71	1.07
阳光电源	8886060068.67	16248005972.55	11656799146.66	39.39%	0.64	0.65
英可瑞	380495152.89	908838719.64	348434926.02	160.83%	0.61	1.22
汇川技术	4777295690.69	9047119842.62	7973872037.37	13.46%	0.56	0.53
蓝海华腾	578998851.26	1121448455.28	1001165367.38	12.01%	0.55	0.99
新雷能	346228401.66	756838530.23	571010159.23	32.54%	0.52	0.69
英飞特	763290592.24	1473689726.94	1704823126.25	-13.56%	0.48	0.51
动力源	1221877504.28	2895419650.75	2684309467.85	7.86%	0.44	0.51
科华恒盛	2412344741.63	6234271307.94	5062606022.72	23.14%	0.43	0.43

（续）

企业名称	营业收入/元	期末资产余额/元	期初资产余额/元	同比	本期周转率	上期周转率
禾望电气	878145238.83	2815728443.84	1809959448.97	55.57%	0.38	0.47
通合科技	216878674.13	602287369.98	565463153.44	6.51%	0.37	0.41
奥特迅	366535958.90	1070589003.15	1000568830.00	7.00%	0.35	0.36
中恒电气	866109400.94	2673206648.38	2653846611.44	0.73%	0.33	0.42
科陆电子	4376025786.02	15460833600.10	12223676773.13	26.48%	0.32	0.28
合康新能	1350928406.91	4686364357.43	4927803809.80	-4.90%	0.28	0.34
平均值				33.91%	0.60	0.67

2. 应收账款周转率

应收账款周转率是指企业的应收账款在一定时期内周转的次数，是销售收入与应收账款平均值的比率，用来估计营业收入变现的速度和管理的效率。一般认为周转率越高越好。应收账款周转率高，表明公司收账速度快，平均收账期短，坏账损失少，资产流动快，偿债能力强。

从表6中可以看出，这24家电源上市企业的平均应收账款周转率是3.61。但排名第一的科陆电子指标远高于平均值，如果剔除这一特殊值，其余23家企业的应收账款周转率是3.03。

表6　2017年电源上市企业应收账款周转率（按应收账款周转率高低排序）

企业名称	主营业务收入/元	期末应收账款余额/元	期初应收账款余/元	周转率
科陆电子	4308998915.75	3292354347.17	2629116097.91	17.45
奥特迅	348711240.70	269429090.24	269934172.02	5.87
科华恒盛	2382469162.41	1118529809.04	832185060.84	5.04
英威腾	2115284127.84	829081520.15	385789259.91	4.95
合康新能	1222039558.41	1084727901.77	976566291.73	4.83
中恒电气	536511211.06	719068346.72	612373929.53	4.65
汇川技术	4777295690.69	1419109900.95	1130722741.98	3.83
科士达	2707643841.30	1183360261.91	778337151.79	3.69
阳光电源	8877637985.27	5045615835.55	3763033162.31	3.65
茂硕电源	1626208314.78	479781809.01	588888514.16	3.34
易事特	7317580005.63	3355104476.04	2992087668.38	3.00
可立克	909984888.55	250005998.58	214531513.53	2.69
通合科技	215200607.40	143946915.44	102699013.20	2.58
蓝海华腾	572773247.17	324530445.47	268458735.15	2.50
英飞特	716960384.96	176949295.29	165218378.79	2.38
新雷能	216368088.28	126881168.65	100548654.18	2.37
麦格米特	1488955157.89	426213776.88	308631584.79	2.34
鸣志电器	1628391306.18	399994039.81	370680177.76	2.21
英搏尔	536012371.39	205327237.93	161202284.63	1.76
禾望电气	876063089.96	924374481.23	748439626.24	1.72
盛弘股份	447013073.00	253259163.29	217372653.06	1.58
英可瑞	380495152.89	290427786.44	177804502.92	1.55
伊戈尔	1145501960.45	226205307.35	147728387.59	1.45
动力源	1213602772.59	870815056.50	1012371007.44	1.29
平均值				3.61

不同行业的应收账款周转率差别很大。工信部数据显示，2017年，电子信息制造业应收账款周转率为5.06。对比这一细分行业中电源企业，茂硕电源、可立克、英飞特、动力源的应收账款周转率分别是3.34、2.69、2.38、1.29，均低于电子信息制造业平均值。

通常情况下，电气机械和器材制造业应收账款周转率低于其他行业，但历年平均值在3左右。由表6可以看出，该细分行业20家电源上市企业中，11家电源企业应收账款周转率低于行业平均值。当然这与行业本身生产周期长、设备安装复杂、产品投入运营时间长等特点有关，但另一方面，也反映了电源企业对应收账款的管理尚有较大的改善空间。公司的应收账款如能及时收回，公司的资金使用效率便能大幅提高。

3. 应付账款周转率

应付账款周转率是指年内应付账款的周转次数，是反映企业应付账款的流动程度。应付账款周转率是主营业务成本与平均应付账款余额的比率。应付账款周转率值越小，表明企业的议价能力越强，相应对供应商的账款就越长；反之，应付账款周转率高，表明应付账款账期越短，议价

能力越弱，公司总是需要尽快付清欠款。

表7显示，24家电源上市企业的平均应付账款周转率为2.8。易事特应收账款周转率最高，为6.70。科陆电子最低，为1.39。值得一提的是，科陆电子应收账款周转率为行业最高，为17.45，在电源上市企业中排名第一，且远远高于第二名奥特迅5.87的周转速度。高应收账款周转率以及低应付账款周转率的组合，显示出企业报告期内资金使用效率非常高。

表7 2017年电源上市企业应付账款周转率（按应付账款周转率由低到高排序）

企业名称	主营业务成本/元	期末应付账款/元	期初应付账款/元	应付账款周转率
科陆电子	3002897966.71	2357683435.23	1977728288.03	1.39
动力源	824864609.67	490120855.98	676706950.66	1.41
通合科技	137906258.82	104462681.00	66162545.74	1.62
合康新能	967685194.90	553663064.48	467689262.59	1.89
蓝海华腾	345009860.13	124527105.38	233906565.66	1.93
盛弘股份	223323947.48	118891368.30	110008250.66	1.95
新雷能	100033955.19	51038257.42	45954956.52	2.06
英可瑞	226130037.73	127350522.17	70977155.92	2.28
阳光电源	6463747015.69	2985042192.29	2672576635.28	2.28
麦格米特	1024527247.70	499044537.84	363352843.89	2.38
中恒电气	388845585.70	166806521.34	140587764.82	2.53
英搏尔	365413195.40	146177220.94	133643003.64	2.61
茂硕电源	1312042119.22	464776641.01	503074401.40	2.71
奥特迅	212540951.45	82217584.31	71345831.46	2.77
科华恒盛	1594544208.19	597405674.98	533302530.76	2.82
英飞特	495164257.60	201753911.90	146666438.01	2.84
禾望电气	373504028.86	107292120.27	138601029.15	3.04
英威腾	1316623151.88	444180711.93	364316697.54	3.26
科士达	1830771542.37	714468593.81	370772897.26	3.37
汇川技术	2621932122.34	804350596.22	683830969.78	3.52
可立克	712198543.51	195007877.69	195007877.69	3.65
伊戈尔	820599733.66	226678998.84	183552852.64	4.00
鸣志电器	1007366350.48	274357788.89	221471629.10	4.06
易事特	5902252374.19	1075332894.78	685750298.97	6.70
平均值				2.80

4. 存货周转率

存货周转率是营业成本与存货平均总额的比率，是反映企业销售能力强弱、存货是否过量和资产流动能力的一个指标，也是衡量企业生产经营各环节中存货运营效率的

一个综合性指标。

由表8可以看出，24家电源上市企业的2017年存货周转率平均值为3.52，2016年为3.47，同比小幅提高1.44%。

表8 电源上市企业存货周转率
（按本期存货周转率高低排序）

企业名称	主营业务成本/元	存货期末余额/元	存货期初余额/元	本期存货周转率	上期存货周转率
易事特	5902252374.19	745284982.38	455704766.65	9.83	9.10
可立克	712198543.51	116182405.16	95528246.42	6.73	6.88
茂硕电源	1312042119.22	203103287.66	213641418.59	6.30	5.29
科华恒盛	1594544208.19	275422369.65	246533165.61	6.11	4.31
科士达	1830771542.37	428433943.68	331526352.26	4.82	3.55
伊戈尔	820599733.66	184244063.73	158473310.09	4.79	4.59

（续）

企业名称	主营业务成本/元	存货期末余额/元	存货期初余额/元	本期存货周转率	上期存货周转率
鸣志电器	1007366350.48	254877279.21	209030478.15	4.34	4.65
英飞特	495164257.60	155563699.47	85271223.84	4.11	6.08
通合科技	137906258.82	42401834.86	31844197.50	3.71	3.75
阳光电源	6463747015.69	2372619443.62	1339703932.16	3.48	3.40
英可瑞	226130037.73	79632974.53	61202922.17	3.21	3.20
汇川技术	2621932122.34	1031200608.57	751045132.56	2.94	2.90
英威腾	1316623151.88	494081842.16	437473897.19	2.83	2.44
动力源	824864609.67	278372880.16	310464709.14	2.80	2.71
英搏尔	365413195.40	149383007.89	135223986.35	2.57	2.18
麦格米特	1024527247.70	482720836.46	347051671.38	2.47	2.37
科陆电子	3002897966.71	1370778887.90	1085297576.44	2.45	2.37
蓝海华腾	345009860.13	140787371.92	147504258.84	2.39	3.44
盛弘股份	223323947.48	100825218.06	94018575.14	2.29	2.78
禾望电气	373504028.86	196602985.08	235074429.47	1.73	1.37
合康新能	967685194.90	665052543.24	602754903.92	1.53	1.62
中恒电气	388845585.70	281646717.12	282086752.06	1.38	1.84
奥特迅	212540951.45	227916193.21	239048219.93	0.91	1.05
新雷能	100033955.19	148571264.78	123288394.02	0.74	1.52
平均值				3.52	3.47

（二）获利能力分析

对电源上市企业获利能力的分析，本报告从毛利率、净利率、加权平均净资产收益率和每股收益四个指标进行。

1. 毛利率

毛利率是毛利与销售收入（或营业收入）的百分比，反映的是一个商品经过生产转换内部系统以后增值的那一部分。

由表9可以看出，2017年电源行业上市企业平均毛利率高达34.83%，最高值禾望电气57.46%，最低值易事特也达到19.23%。据深交所发布的数据，2017年深市制造业29个细分行业的平均销售毛利率为23.18%。横向对比，电源上市企业的毛利率远高于制造行业平均值，也说明企业具有较强的技术研发能力，产品附加值较高。

2. 净利率

净利率是在毛利率的基础上，考虑了企业期间费用、税负等因素的净利润与营业收入的比值，更进一步反映了企业真实的经营状况和费用控制水平。

由表9可以看出，2017年电源行业上市企业平均净利率为10.52%。国家统计局发布的数据显示，2017年规模以上工业企业主营业务收入利润率为6.46%。可见，电源行业上市企业的净利率也属于比较高的水平。

但是，国家统计局数据也显示，2017年制造业毛利率和净利率与去年基本持平略有提升。而电源上市企业的毛利率和净利率都在同比下降。表9显示，24家电源行业上市企业的平均毛利率和平均净利率同比分别下降4.84个百分点和5.86个百分点。可以预见，随着行业上游原材料涨价、人工成本不断增加，电源行业竞争愈发激烈，电源企业保持高额利润空间以及良好业绩依然面临着诸多挑战。

表9　电源上市企业毛利率、净利率指标分析（按本期毛利率高低排序）

企业名称	本期毛利率	上期毛利率	同比	本期净利率	上期净利率	同比
禾望电气	57.46%	55.43%	3.66%	26.49%	32.45%	−18.37%
盛弘股份	49.99%	51.34%	−2.63%	10.20%	14.30%	−28.67%
英可瑞	49.99%	51.34%	−2.63%	10.20%	14.30%	−28.67%
汇川技术	45.27%	48.12%	−5.92%	23.82%	26.78%	−11.05%
新雷能	45.23%	47.69%	−5.16%	10.28%	12.65%	−18.74%
奥特迅	40.88%	33.21%	23.10%	4.08%	2.50%	63.20%
蓝海华腾	39.85%	44.75%	−10.95%	22.15%	22.91%	−3.32%
鸣志电器	38.14%	39.17%	−2.63%	10.20%	10.64%	−4.14%
英威腾	37.79%	39.52%	−4.38%	10.00%	4.91%	103.67%
通合科技	35.44%	40.35%	−12.17%	4.94%	18.43%	−73.20%

（续）

企业名称	本期毛利率	上期毛利率	同比	本期净利率	上期净利率	同比
科华恒盛	33.72%	36.90%	-8.62%	18.26%	10.18%	79.37%
中恒电气	32.97%	44.45%	-25.83%	6.80%	18.20%	-62.64%
科士达	32.84%	36.81%	-10.79%	13.61%	17.15%	-20.64%
英飞特	32.30%	35.28%	-8.45%	3.28%	10.23%	-67.94%
动力源	31.98%	32.87%	-2.71%	1.70%	2.14%	-20.56%
英搏尔	31.86%	28.40%	12.18%	15.72%	16.04%	-2.00%
麦格米特	31.33%	33.77%	-7.23%	10.44%	13.07%	-20.12%
科陆电子	29.89%	31.86%	-6.18%	10.57%	8.76%	20.66%
伊戈尔	28.30%	29.94%	-5.48%	6.78%	8.09%	-16.19%
阳光电源	27.26%	24.59%	10.86%	11.41%	9.10%	25.38%
合康新能	22.43%	35.57%	-36.94%	4.08%	15.69%	-74.00%
可立克	22.10%	23.80%	-7.14%	6.21%	7.09%	-12.41%
茂硕电源	19.64%	22.20%	-11.53%	1.51%	1.07%	41.12%
易事特	19.23%	17.26%	11.41%	9.75%	8.97%	8.70%
平均值	34.83%	36.86%	-4.84%	10.52%	12.74%	-5.86%

3. 加权平均净资产收益率

加权平均净资产收益率是指报告期内净利润与平均净资产的比率，强调经营期间净资产赚取利润的结果，是一个动态的指标，反映的是企业的净资产创造利润的能力。一般来说，企业净资产收益率越高，企业自有资本获取收益的能力越强，运营效果越好，对企业投资人、债务人的保证程度越高。

加权平均净资产收益率高于同期银行利率是上市公司经营的合格线。由表 10 可以看出，电源上市企业加权平均净资产收益率为 11.43%，远高于同期银行利率。

Wind 数据显示，2017 年 A 股整体净资产收益率为 10.87%。横向比较，电源上市企业的加权平均净资产收益率略高于 A 股平均值。

4. 每股收益

每股收益，是衡量上市公司盈利能力最重要的财务指标。它反映普通股的获利水平。该指数越高，表明企业所创造的利润越多。一般绩优股的每股收益要稳定在 0.3 元以上。

由表 10 可以看出，2017 年 24 家上市电源企业平均每股收益为 0.5237，处于比较"值钱"的行列。

表 10　电源上市企业加权平均净资产收益率、每股收益
（按加权平均净资产收益率高低排序）

企业名称	加权平均净资产收益率	每股收益（元）
英搏尔	27.17%	1.31
英可瑞	24.21%	1.9
汇川技术	20.98%	0.65
蓝海华腾	19.57%	0.62
易事特	17.86%	0.31
科士达	17.72%	0.64
伊戈尔	16.27%	0.79
阳光电源	15.47%	0.71

（续）

企业名称	加权平均净资产收益率	每股收益（元）
科华恒盛	13.10%	1.55
英威腾	12.94%	0.2992
鸣志电器	12.93%	0.579
禾望电气	12.74%	0.6
盛弘股份	12.61%	0.61
科陆电子	10.96%	0.3391
麦格米特	10.06%	0.69
可立克	6.99%	0.1348
新雷能	6.75%	0.31
合康新能	2.74%	0.06
中恒电气	2.74%	0.11
英飞特	2.73%	0.13
通合科技	2.62%	0.07
奥特迅	1.85%	0.0673
动力源	1.80%	0.04
茂硕电源	1.51%	0.05
平均值	11.43%	0.5237

（三）偿债能力分析

对于负债偿债能力分析，报告从流动比率、速动比率以及资产负债率三个指标进行。

1. 流动比率

流动比率是企业流动资产对流动负债的比率，用来衡量企业流动资产在短期债务到期以前，可以变为现金用于偿还负债的能力。一般说来，比率越高，说明企业资产的变现能力越强，短期偿债能力亦越强；反之则弱。一般认为流动比率应在 2 以上比较安全。

由表 11 可以看出，电源上市企业的流动比率均值是 2.72，且大部分企业的该指标都在均值 2 以上，处在相对安全的区间。

表11　2017年电源上市企业偿债能力指标
（按流动比率高低排序）

企业名称	流动比率	速动比率	资产负债率
中恒电气	7.27	6.32	11.27%
禾望电气	6.92	6.41	15.31%
新雷能	5.16	3.76	26.52%
英可瑞	4.32	3.92	21.78%
英搏尔	3.73	2.94	29.05%
鸣志电器	3.66	3.13	22.08%
盛弘股份	3.62	3.14	27.06%
奥特迅	2.96	1.99	24.53%
通合科技	2.68	2.40	28.41%
可立克	2.62	2.24	27.42%
蓝海华腾	2.38	2.04	36.99%
汇川技术	2.24	1.91	36.71%
科士达	2.22	1.90	40.54%
麦格米特	2.15	1.56	38.05%
英威腾	1.96	1.52	35.80%
阳光电源	1.67	1.37	56.78%
合康新能	1.59	1.17	43.56%
科华恒盛	1.41	1.27	40.83%
动力源	1.30	1.07	52.02%
伊戈尔	1.23	1.75	35.07%
易事特	1.07	0.95	59.11%
科陆电子	1.04	0.85	67.88%
茂硕电源	1.03	0.85	55.93%
英飞特	0.99	0.70	37.14%
平均值	2.72	2.30	36.24%

2. 速动比率

速动比率指速动资产对流动负债的比率。它是衡量企业流动资产中可以立即变现用于偿还流动负债的能力。一般认为不应该低于1。由表11可以看出，电源上市企业的速动比率均值是2.30，结合流动比率，可以看出电源上市企业的短期偿债能力较强，财务安排相对谨慎。

3. 资产负债率

资产负债率是期末负债总额与资产总额的比率。资产负债率反映在总资产中有多大比例是通过借债来筹资的，也可以衡量企业在清算时保护债权人利益的程度。

如果资产负债率过高，表明企业财务风险较大。过低则意味着没有充分利用资金杠杆。

一般认为，资产负债率在40%～60%之间比较适宜。2017年，A股上市公司整体资产负债率达83.89%，剔除金融行业后资产负债率大幅下降，为59.92%，均处于近年低点附近。

由表11可以看出，电源上市企业的平均资产负债率是36.24%，反映出电源上市企业融资较少，财务杠杆比率较低，资金管理比较保守。

（四）发展潜力

对电源上市企业发展潜力的分析，从净资产增长率、主营业务收入增长率、营业利润增长率三个指标进行分析。

1. 净资产增长率

净资产增长率反映了企业资本规模的扩张速度，是衡量企业总量规模变动和成长状况的重要指标，如果在较高量企业总量规模变动和成长状况的重要指标，如果在较高净资产收益率的情况下，又保持不错的净资产增长率，则表示企业未来发展更加强劲。

对于电源上市企业来说，2017年24家企业平均净资产增长率为48.36%（见表12），属于高速增长阶段。结合之前数据，电源上市企业加权平均净资产收益率均值为11.43%，整体发展态势良好。

表12　2017年电源上市企业发展潜力指标分析
（按净资产增长率高低排序）

企业名称	净资产增长率	营业收入增长率	营业利润增长率
英可瑞	194.20%	-2.13%	-69.46%
英搏尔	140.76%	31.57%	-0.80%
盛弘股份	132.10%	1.03%	-113.76%
鸣志电器	118.08%	10.79%	3.07%
伊戈尔	99.97%	30.48%	-101.24%
麦格米特	90.04%	29.57%	10.20%
科陆电子	81.68%	38.27%	150.85%
禾望电气	71.14%	8.81%	-0.24%
动力源	61.47%	-4.73%	/
新雷能	54.15%	-37.94%	-17.42%
易事特	18.74%	0.21%	44.08%
阳光电源	17.77%	48.06%	86.98%
蓝海华腾	15.92%	-13.86%	-1.97%
汇川技术	15.07%	30.53%	42.34%
科士达	14.93%	56.16%	31.03%
科华恒盛	13.89%	37.45%	181.57%
英威腾	12.14%	61.73%	916.15%
通合科技	4.04%	-2.42%	-60.38%
可立克	1.81%	10.26%	-31.47%
英飞特	1.61%	11.73%	-61.58%
奥特迅	1.57%	-0.59%	1950.47%
中恒电气	0.52%	-5.67%	-77.72%
合康新能	0.26%	-8.87%	-74.71%
茂硕电源	-1.30%	27.38%	3042.89%
平均值	48.36%	14.91%	/

2. 营业收入增长率

营业收入增长率可以用来衡量公司的产品生命周期，判断公司发展所处的阶段。一般来说，如果营业收入增长率超过10%，说明公司产品处于成长期，将继续保持较好的增长势头，尚未面临产品更新的风险，属于成长型公司。如果主营业务收入增长率在5%～10%之间，说明公司产品已进入稳定期，不久将进入衰退期，需要着手开发新产品。如果该比率低于5%，说明公司产品已进入衰退期，保持市场份额已经很困难，一般认为，当主营业务收入增长率低于-30%时，说明公司主营业务大幅滑坡，预警信号产生。

据wind数据统计，A股公司2017年营业收入较上一年增长17.54%。

由表12可以看出，2017年30家电源上市企业主营业务收入增长率为14.91%，略低于平均值，但仍然处于成长阶段。

3. 营业利润增长率

营业利润增长率越高，说明企业获利能力越强，企业发展所需的自有资金积累越充分，发展基础越牢固，反之，说明企业获利能力越弱，发展基础越弱。由表12可以看出，2017年24家电源上市企业平均营业利润增长率两级分化非常严重。动力源实现扭亏为盈，营业利润从 −6255615.59 元大幅增加到 11495063.36 元。另外，还有 5 家企业增长率在 100% 以上。茂硕电源和奥特迅两家企业今年业绩有了明显改善，2016 年基数较小，营业利润同比增加 3042.89% 和 1950.47%。而后 12 家企业都出现了负增长的情况。

三、企业研发情况

电源行业已逐步发展为技术驱动型行业，对于各电源企业来说，想要在激烈的行业竞争中生存，掌握相应的核心技术才是最根本的手段，所以从研发的资金和人员投入等也能在一定程度上看出企业的竞争力以及发展潜力。各企业年报中的情况分析如下。

首先，从研发资金投入占营业收入的比例看。按照国家高新技术企业认定标准中对于研发费用的规定，对于最近一年销售收入在 20000 万元以上的企业，研发投入比例需要达到 3% 以上。

由表 13 可以看出，24 家电源上市企业中只有 1 家低于这个比例，平均占比高达 8.86%。可见大多数企业对于研发方面是非常看重的。

其次，从研发人员数量和占比看。年报反映出电源上市企业电源普遍研发人员占比较高。由表 13 可以看出，24 家电源企业研发人数占比平均值 25.81%，占比在 10% 以上的有 22 家，行业前 9 名占比都在 30% 以上。

表 13　电源上市企业研发投入情况（按研发投入与营业收入占比高低排序）

企业名称	研发投入			人数		
	营业收入/元	资金/元	营业收入占比	研发人数	研发人数占比	总人数
新雷能	346228401.66	69470373.50	20.06%	370	35.54%	1041
通合科技	216878674.13	30555204	14.09%	117	28.46%	·411
汇川技术	4777295690.69	592208629.65	12.40%	1697	25.63%	6619
禾望电气	878145238.83	106863097.36	12.17%	229	32.25%	710
麦格米特	1494449391.01	176521296.57	11.81%	661	28.04%	2357
奥特迅	366535958.90	42846918.99	11.69%	276	40.06%	689
中恒电气	866109400.94	97069370.26	11.21%	569	29.22%	1947
英威腾	2122310971.78	237225026.59	11.18%	1239	42.01%	2949
合康新能	1350928406.91	135961171.43	10.06%	602	24.46%	2461
鸣志电器	1628391306.18	76361143.96	9.71%	253	10.01%	2527
盛弘股份	451287050.70	42773293.01	9.48%	195	32.13%	607
英飞特	763290592.24	71620553	9.38%	215	17.92%	1200
动力源	1221877504.28	114242189.73	9.35%	401	14.14%	2835
科华恒盛	2412344741.63	210929179.53	9.00%	948	25.00%	3792
蓝海华腾	578998851.26	49879998.19	8.61%	212	42.48%	499
科陆电子	4376025786.02	301697317.28	6.89%	1972	39.62%	4977
英可瑞	380495152.89	25348949.87	6.66%	62	22.22%	279
英搏尔	536230469.57	34404351.93	6.42%	110	14.29%	770
科士达	2729616152.70	127792349.69	4.68%	395	14.16%	2789
伊戈尔	1148839628.21	49226061.96	4.28%	243	7.87%	3089
阳光电源	8886060068.67	352242228.54	3.96%	983	36.94%	2661
茂硕电源	1652076282.01	62328089.01	3.77%	273	10.41%	2622
易事特	7317580005.63	221481264.61	3.03%	705	43.54%	1619
可立克	924180241.87	27548753	2.98%	107	3.04%	3520
平均值			8.86%		25.81%	

四、结语

在市场经济条件下，上市公司公开披露的年报传递了其财务状况、经营成果和现金流量等信息，是评估企业价值的重要来源，也是检验上市公司盈利性与成长性的最好工具。本报告了整理 2017 年度 24 家重点电源上市企业年报，分析了其关键指标和财务数据。

总体来看，电源上市企业是电源行业中的领军企业，规模比较大，财务安排相对稳健，营运能力、获利能力表现良好，尤其是重视研发，产品毛利率和净利率较高，行业发展后劲十足。但是在复杂的经济环境以及日益激烈的市场竞争中，还需要充分挖掘内部潜力资源，提高资金使用效率，合理利用财务杠杆，以达到各种资源配置最优化。

也要注意到，虽然同是电源上市企业，但所属行业细分领域不同，各家企业的业绩表现、财务状况也有很大差异，要对每家企业做出准确的判断，还必须对其商业模式、战略管理，以及公司治理等进行更深入的分析。

2017 年电源及相关配套上市企业情况介绍

本部分内容汇总了 54 家上市/挂牌电源及配套企业公布的 2017 年年报。其中，电源企业部分，沪深交易所上市企业 24 家，新三板挂牌企业 12 家；电源配套企业部分，沪深交易所上市企业 7 家，新三板挂牌企业 11 家。部分停牌或延迟披露年报的企业未收录在内，一些无法单独剥离电源业务的综合型公司也未收录在内。

对上市企业分别从企业情况概要、基本营销数据、主营业务发展情况、研发情况、投资情况、面临主要风险六个方面进行归纳整理，部分企业年报中没有明确提及投资情况等相关内容，介绍中也略去相关项目。

注：上市企业年报数据来源于上海证券交易所网站、深圳证券交易所网站、全国中小企业股份转让系统、巨潮资讯网。

电源上市企业

上证主板

1. 北京动力源科技股份有限公司

股票简称： 动力源
股票代码： 600405
上市时间： 2004 - 04 - 01
所属板块： 上证主板
企业情况概要

报告期内，公司继续致力于电力电子技术领域相关产品的研发、制造、销售以及相关服务、系统集成解决方案。公司业务核心为使用电子元器件与软件控制技术对电能进行变换和控制，目前主要产品按技术方向和应用领域分为直流电源、交流电源、高压变频器及综合节能服务、新能源汽车车载电源、动力总成、非车载充电系统及业务等。

基本营销数据

报告期内，公司实现营业收入 122187.75 万元，同比减少 4.38%；营业利润 1149.51 万元，同比增加 283.76%；利润总额 2192.28 万元，同比减少 17.70%；归属于母公司所有者的净利润 1999.26 万元，同比减少 26.40%；报告期内公司经营活动产生现金净流量为 - 7381.35 万元，与去年同期相比，现金流量减少 133.23%。

主营业务发展情况

1) 新能源业务：2017 年在电机及电机控制器方面，完成 2016 年立项的 18kW、60kW 两款产品的开发验证及结项工作，并完成了产品强检、上公告、进免征目录等全部流程，为业务线后续市场推广奠定业绩基础。2017 年下半年立项的 4.5T 物流车用 75kW 电机与电机控制器产品在 2017 年底完成样机开发工作。

在氢燃料车用 DC - DC 电源方面，完成 30kW 系列化产品开发及验证工作，并在年底前取得批量订单，并与亿华通公司签署合作协议。

在车载电源方面，完成 A00 级乘用车载电源产品立项及开发工作，年底完成原理样机，为业务线开发车载电源系列产品提供技术平台，同时也为进入乘用车领域奠定市场基础。车载电源产品是业务线 2017 年在实践中确立的战略方向，并明确为业务线 2~3 年的战略重点，是支撑业务线发展的突破点和着力点。

充电桩产品完成了 4 款 14 个型号产品的产品开发和第三方认证。

在光伏领域，公司依托自身技术优势，成功开发出功率优化器和户用式光伏逆变器。

2) 通信业务：公司通信业务传统基站通信电源市场容量收缩，销售收入较 2016 年下降约 20%，对公司的经营业绩造成较大的冲击。公司面对挑战，积极开发新产品，在产品研发上获得了重大突破，高功率密度、98% 高效整流模块研发成功，标志着通信开关电源技术达到国际先进水平；适用于 5G 的通信电源开发完毕，96% 高效模块、高品质电源产品实现大规模应用；混合能源电源集成系统推向国际市场；电源智能化研发也在持续推进，有效提升了全线产品的竞争优势。

研发情况

截至 2017 年 12 月 31 日，公司参与制定的各类电源类国家或行业标准近 50 项，公司累计获得各类专利及软件著作权超过 200 项。

2017 年，动力源 DHINV 系列变频器、高效率通信电源研发取得突破性进展；氢燃料车用 DC - DC 电源成功研发并推向市场，此外，纯电动物流车电机与电机控制器成功开发，并完成工信部上车公告。同时公司也成功地开发了新能源电动汽车充电桩系列产品。公司成功引进多项节能新技术，并与技术方开展战略合作。其中与技术合作方共同申报的"焦炉荒煤气显热回收利用技术"目前已经入选《国家重点节能低碳技术推广目录》。

面临主要风险

1) 行业竞争风险：我国电力电子设备制造行业生产企业数量众多、市场集中度相对较低，行业竞争相对激烈。若公司未来不能持续强化技术优势以及保持优秀的市场服务能力，公司的核心竞争力将会被弱化，影响公司的行业地位以及市场开拓能力，进而影响公司的经营业绩与盈利能力。

2) 技术风险：随着市场竞争加剧，技术更新换代周期越来越短，客户对产品性能的要求越来越高。如果公司未来不能合理、持续地加大技术投入，不能及时准确地把握技术、产品和市场发展趋势，未能适时开发出高质量、高技术标准、符合节能环保要求的新产品，将难以维持公司的核心竞争力，对公司的盈利能力及市场份额造成不利影响。

3）运营管理风险：随着公司业务规模的进一步扩张，公司若不能及时调整和优化管理结构，将可能面临管理失效、运营安全难以保障的风险。

4）应收账款回收风险：随着公司经营规模的扩大，公司应收账款预计仍将保持在较高水平，如果公司不能有效管理应收账款回款进度，一方面，公司营运资金压力将进一步增加，可能对公司经营造成不利影响；另一方面，一旦出现大额坏账损失将对公司财务状况产生不利影响。

5）税收政策风险：动力源及下属子公司安徽动力源、迪赛奇正、动力聚能、科耐特已通过高新技术企业认定或复审。报告期内上述企业减按15%的税率缴纳企业所得税。如果动力源及下属子公司不能持续符合高新技术企业的相关标准，或国家调整高新技术企业所得税以及合同能源管理项目增值税、营业税和企业所得税政策或是降低税收优惠的幅度，公司未来税后经营业绩将受到一定影响。

6）宏观经济和产业政策变动风险：公司的节能服务、新能源光伏、新能源电动汽车相关产品等业务受宏观经济政策和产业政策变动较大。行业环境发生重大变化、政策支持不能及时到位、扶持资金不能及时到位等均有可能对公司相关业务产生不利影响。

2. 上海鸣志电器股份有限公司

股票简称：鸣志电器
股票代码：603728
上市时间：2017 – 05 – 09
所属板块：上证主板
企业情况概要

公司主要业务专注于信息化技术应用领域的控制执行元器件及其集成产品的研发和经营，并在自动化和智能化领域中有所拓展。基于多年的探索和应用积累，公司掌握核心的现场总线技术、自产产品系统集成技术、控制电机及其驱动技术、LED 智能驱动技术。

公司业务重点为：控制电机及其驱动系统，LED 智能照明控制与驱动产品。公司还经营设备状态管理产品和系统、电源电控及继电器代理贸易及全球跨境电商平台等业务。

基本营销数据

报告期内，公司实现营业收入 162839 万元，同比增长 10.4%；利润总额 18981 万元，同比增长 1.85%；实现归属于上市公司股东的净利润 16599 万元，同比增长 5.8%；公司基本每股收益为 0.58 元，同比减少 11.39%；公司总资产为 216898.06 万元，同比增加 78.54%；净资产收益率 12.06%，比上年同期减少 10.34 个百分点。

主营业务发展情况

1）公司控制电机经营规模持续扩大。工厂自动化、安防系统、舞台及景观灯光、医疗设备、通信设备等领域为公司报告期内控制电机的主要应用方向。公司继续扩大主营业务，加大市场开拓力度，持续为国内外客户提供深度定制解决方案，提高产品的竞争力。此外，公司持续进行自动化改造，公司产品生产能力和产品质量稳定性提高为

经营规模持续扩大提供了保障。2017 年，公司 HB 步进电机出货量 1143 万台，比上年增长 15%，PM 步进电机出货量 375 万台，比上年增长 17%。

2）公司关键技术产品控制电机驱动产品大幅增长。报告期内，国内外自动化水平持续提高。受工业自动化、3C、电池装备、太阳能装备、医疗仪器、电子半导体、工业机器人、包装机械等行业发展的拉动，公司各类驱动产品销售有显著提升。2017 年，安浦鸣志及美国 AMP 合计收入 24100 余万元，比上年增长 35%。

3）公司 LED 智能电源在国外市场有较大力度拓展。自 2016 年下半年起，公司在海外大力拓展 LED 智能电源，同时推广防水性 LED 电源、防爆性 LED 电源、大功率 LED 电源以及户外照明控制系统。报告期内，公司 LED 智能电源销售取得可观的业绩，销售收入达 18439 万元，比上年增长 2.47%。

投资情况

2017 年 5 月，公司在德国法兰克福设立安浦鸣志德国公司，该公司目前为销售型公司，目的是布局欧洲，拓展公司自动化相关产品市场。

研发情况

公司 2017 年研发支出 76361143.96 元，同比增长 9.71%。公司智能基站电机 17HD0433 – 02/14HS5401 – 01N 获得科学技术部等四部委颁发的国家重点新产品证书。截至本报告日，公司及控股子公司拥有在有效期内国内外专利技术 98 项（其中：国内发明专利 11 项，美国发明专利 9 项，实用新型专利 72 项，外观设计专利 6 项），软件著作权 82 项。

面临主要风险

1）政策与市场风险：公司业务的下游多属国民经济重要领域，易受国家宏观经济政策影响，下游行业的市场需求的波动可能影响到公司产品的市场需求。公司有较高比例产品出口，公司将直面日本企业在控制电机及其驱动系统领域、欧美企业在智能 LED 驱动与控制产品领域的竞争压力。此外，国际贸易战随时可能开打，并可能持续较长时间，公司的出口业务可能因此受到较大影响。

2）毛利率下降风险：公司产品的毛利率处于较高水平。但随着公司业务规模的扩大、人力成本及管理成本的上升、市场竞争的加剧等，公司的毛利率将有下降风险。

3）应收账款增加形成坏账风险：公司经营规模的持续扩大将导致应收账款持续增长，并有可能出现坏账的风险。

4）人力成本上升风险：公司在国内经济发达地区拥有完善的经营网络。公司人力成本较高。为使公司更有竞争力，吸引和留住人才，薪酬福利进一步的提高将使得公司面临盈利水平降低的风险。

5）管理控制风险：公司业务在国内外市场进行布局并有较多境内外子公司，公司经营网络、经营区域以及业务规模日趋扩大，公司的员工人数和管理人员也将显著增加，公司经营体系趋于复杂化，管理难度加大，管理成本上升，管控风险也将因此增大，公司存在管理风险。

6）汇率波动风险：公司境外收入占比较高，境外收入规模有增长趋势，主要以美元、欧元、日元为结算货币。

汇率变动对公司的经营业绩产生较大影响,若汇率发生较大不利变动,将会给公司产生汇兑损失。人民币升值时,会使公司面临较大的风险。

3. 深圳市禾望电气股份有限公司

股票简称: 禾望电气

股票代码: 603063

上市时间: 2017/07/28

所属板块: 上证主板

企业情况概要

公司专注于电能变换领域,帮助客户实现高效、可靠、高品质的发电、用电和电能传输。公司经过多年的研发投入,目前形成了以电力电子技术、电气传动技术、工业通信/互联技术和整机工艺/制造工艺技术为核心的技术平台。以技术平台为基础,公司根据产品类别的不同,建立了以中小功率变流器、兆瓦级低压变流器、IGCT 中压变流器和级联中压变流器为核心的四大产品平台,并通过不同产品平台间的交叉与扩展,在多个应用工艺领域不断丰富产品系列,目前主要产品包括风电变流器、光伏逆变器、电气传动类产品等。

基本营销数据

报告期内,公司总资产为 2815728443.84 元,归属于母公司股东权益为 2384703617.28 元。报告期内,公司实现营业总收入 878145238.83 元,比上年同期增长 8.71%;实现利润总额 256259926.22 元,比上年同期减少 10.50%;实现归属于母公司股东净利润 232662840.71 元,比上年同期减少 11.24%,实现扣除非经常性损益后归属于母公司净利润 205785175.95 元,比上年同期减少 15.71%。

主营业务发展情况

1) 进一步优化产品结构。公司凭借突出的产品质量优势和服务水平优势,经过多年来不懈努力在新能源电控系统领域,特别是风电变流器领域,建立了一定的竞争优势。公司较好地抓住了风电行业的发展机遇,一直坚持高性能、高品质、合理定价的策略,以拓展风电行业的市场;同时,公司在光伏逆变器领域实现了产品创新,新产品优异的性能将得到客户的认可,光伏逆变器收入占比提升;公司低压变频器和工程变频器在多点试用的基础上,开始正式投放市场。岸上电源迅速切入市场。

2) 继续提升风电变流器竞争力。公司将充分利用现有的技术、研发、成本、质量和管理等方面的优势,针对风力发电的新需求,通过加大设备投入和研发投入等措施,有效地满足客户对于产品优化的各项要求,从而提升公司的竞争实力。公司以为客户提供高性价比的产品和服务为宗旨不断完成新客户的突破,进一步提升了公司风电客户覆盖度。

3) 大力布局海上风电。依托陆上风电变流器多年的技术积累,在先进技术和优质产品的基础上,公司突破海上风电存在的防护和可靠性难点,多点试运行稳定,为未来海上风电的市场增长做好充分准备。

研发情况

截至 2017 年 12 月 31 日,公司累计拥有有效专利 46 项

(其中发明专利 24 项),拥有软件著作权 42 项;2017 年获得专利 4 项(其中发明专利 1 项),软件著作权 9 项。这些专利和著作权为改善产品技术性能、提高产品质量等级提供了可靠的专业技术保障。公司长期坚持研发的高投入以保持技术领先态势,2017 年研发费用为 6947.04 万元,占公司营业收入的比重为 20.06%,与 2016 年相比增长 5.40%。

面临主要风险

1) 行业政策风险:随着行业的发展和技术的逐渐成熟,政府鼓励政策可能会进行渐进式调整,对新能源发电的补贴力度下调,下调补贴将对发电环节的投资回报造成影响,进而影响新能源发电设备的市场需求。公司作为新能源发电项目的设备提供者,收入和利润规模的变化都会受到政策调整和新能源发电项目建设规模的影响,存在一定的波动性。

2) 产品价格以及毛利率下降的风险:报告期内,公司综合毛利率总体处于较高水平,但随着市场竞争呈逐步加剧的态势。如果公司在发展过程中不能持续保持技术领先优势,不断提升市场营销和本地化服务能力,控制产品和人力成本,将有可能面临市场份额下滑,技术、服务能力被竞争对手超越的风险,存在毛利率下降的风险。

3) 应收账款持续增长及无法收回的风险:随着公司业务的持续发展,应收账款规模也随之相应扩大。受风力发电行业项目建设进度和付款节奏的影响,期末公司应收账款账面价值较大,且各期周转速度较慢,存在应收账款增长较快导致的坏账损失风险和应收账款周转率下降的风险。受行业发展增速放缓情况的影响,若个别客户遭遇经营困难等不利情形,发生不能及时收回大额应收款项的情况,将对公司的经营业绩造成较大不利影响。

4) 税收优惠政策变动的风险:税收优惠金额对公司净利润影响仍然较大。若未来公司不能继续被认定为高新技术企业,或因国家政策变化或自身原因无法继续享受增值税退税、企业所得税优惠、研发费用加计扣除优惠政策,则公司经营业绩将受到不利影响。

创业板

4. 北京合康新能科技股份有限公司

股票简称: 合康新能

股票代码: 300048

上市时间: 2010 - 01 - 20

所属板块: 深证创业板

企业情况概要

北京合康新能科技股份有限公司,曾用名北京合康亿盛变频科技股份有限公司,创建于 2003 年,是一家专业从事工业自动化控制和新能源装备研发生产企业,是隶属于北京中关村高科技园区的高新技术企业。目前,合康新能拥有遍布全国的办事处和完善的售后服务网络,产品销往全球六大洲 20 多个国家和地区。公司的主营业务已经从工业自动化节能设备制造领域进行延伸,形成了主要的三大板块:节能设备高端制造业、节能环保项目建设及运营产业、新能源汽车总成配套及运营产业。产品广泛应用于冶

金、电力、矿业、水泥、石油、市政、电梯、机床、塑胶、核工业、航天风洞、新能源汽车、轨道交通、环保、光伏等领域。

基本营销数据

报告期内，公司实现营业总收入 135092.84 万元，较上年同期下降 4.69%；实现营业利润 3953.40 万元，较上年同期下降 75%；实现利润总额 4781.10 万元，较上年同期下降 82%；实现归属于上市公司股东的净利润 6760.33 万元，较上年同期下降 62.2%；公司基本每股收益为 0.06 元，较上年同期下降 62.5%；公司资产总额 468636.44 万元，较上年末下降 5%。

主营业务发展情况

报告期内，公司的主营业务已经从工业自动化节能设备制造领域进行延伸，形成了主要的三大板块：节能设备高端制造业、节能环保项目建设及运营产业、新能源汽车总成配套及运营产业。

高压变频器行业领先：国内高压通用变频器最近几年连续呈现下滑态势，2017 年高压变频器市场规模仍然处于下行区间。公司作为国内高压变频器行业的龙头企业，2017 年依然保持市场占有率，占据着行业的领先地位。2017 年高压变频器订单金额达到 57959.10 万元，去年同期增长 6.56%。

中低压变频器加速发展：截至报告期中低压变频器国产化率仍不高，市场空间相对较大。公司整合武汉合康和长沙日业的资源，加速发展中低压变频器产业，提高市场份额；2017 年中低压订单金额 18181.85 万元，比去年同期增长 70.56%。

伺服系统重点发展：公司整合资源，加大研发投入和市场开发力度，提升技术实力和市场占有率，经过努力，公司伺服驱动系统订单数量为 27886.68 万元，比去年同期增长 136.22%。

新能源汽车总成配套业务及充电桩产业链协同发展：依托合康动力整车控制器优势，控股子公司合康动力已与多家主流厂商形成配套关系，整车控制器及电源辅助控制系统销量已居国内领先地位，在业内已经享有较高声誉。但是 2017 年公司受到国家政策及市场竞争加剧的影响，公司新能源汽车产品销售规模和市场份额都有一定程度的萎缩。新能源总成及配套产品及运营产业订单金额 20621.71 万元，比去年同期减少 70.25%。

节能环保项目建设及运营产业，本报告期内华泰润达继续开拓市场，订单共计 14873.22 万元，比去年同期减少 52.68%，订单金额虽然下降，但利润贡献依然稳定，2017 年超额完成业绩承诺，实现了净利润 67784933.89 元。

研发情况

截至 2017 年 12 月 31 日，公司总人数 2461 人，其中研发系统 602 人，占比 24.46%，公司正在加强各产品研发技术人员的招聘力度，加快研发队伍的建设。报告期内，公司研发投入共 135961171.43 元，占营业收入的 10.06%。

2017 年 1—12 月，公司重要研发项目包括：功率单元升级及小型化设计、控制系统模块化设计、同步无扰切换的设计开发、空水冷一体化变压器柜开发、HC PcTools（合康高压变频器工具包）、并联型功率单元设计、150kW 一机四枪直流充电桩项目（欧标）、30~150kW 单、双枪新机型第二代、新计费板充电机项目、宇通国标项目、分体桩终端 &240kW 模块柜项目、8 米纯电动客车集成化系统总成研究、3.5T 纯电动集成化系统总成研究、4.5T 集成化系统总成研究、HID500-T4-0.75-7.5kW 中小功率变频器设计开发、HID580 系列大功率变频器、双向逆变电机驱动器、24V 转 540V DC/DC 升压模块、低成本 1.5kWDC/DC 模块、小功率 25kW 驱动电机控制器、大功率驱动电机控制器、新车载充电机、中小功率电驱、畅的租车无人值守和有人值守兼容功能版本及车管家管理平台等。

投资情况

本期投资设立的子公司包括：洛阳畅的智能科技有限公司、石家庄畅的科技有限公司、长沙市日业电子科技有限公司、合康国际融资租赁有限公司、贵州贵旅智慧旅行服务有限公司、贵州贵旅畅的科技有限公司、温州畅韵德能源科技有限公司、武汉合康电子科技有限公司；通过收购股权设立的子公司包括：肃北华泰博伦能源有限责任公司、长沙威康动力技术有限公司，工商注销的子公司是文山创能农业光伏开发有限公司，转让股权的子公司为北京畅的科技开发有限公司。其中，肃北华泰博伦能源有限责任公司从购买日至期末的净利润为 -1802429.29 元，长沙威康动力技术有限公司从购买日至期末的净利润为 -4232859.23 元；北京畅的科技开发有限公司的期末净利润为 -16797089.47 元。

面临主要风险

1）政策风险：公司的三大主营业务都属于国家产业政策鼓励发展的方向。若国家支持能源消耗行业改造升级、新能源汽车大力发展、节能减排、保护环境的产业政策及政府补助优惠政策发生变化，或者推动相关产业政策的执行力度放缓，将会影响本公司业务的发展，进而影响本公司的经济效益。

2）高低压变频器市场竞争风险：受宏观环境产能过剩矛盾影响，高毛利的高性能高压变频器需求减少；同时，国内外厂商持续竞争将会摊薄公司的毛利，公司将面临高压变频器不能维持较高毛利的风险。未来低压变频器的中高端市场竞争将日趋激烈。市场上同类产品和服务增多，导致企业利润率下降。

3）新能源汽车业务风险：由于下游电动汽车行业受产业政策影响较大，公司新能源汽车业务发展的同时也面临下游行业变化带来的风险；从供给方变化的情况看，未来电动汽车电机控制器市场竞争可能加剧，如果公司不能在市场竞争中通过持续的技术创新保持领先优势，则公司存在因此难以拓展更多新客户，甚至失去现有客户的风险。

4）技术开发及升级换代风险：随着市场竞争的加剧，技术更新换代周期越来越短，如果公司不能保持持续创新的能力，不能及时准确把握技术、产品和市场发展趋势，将削弱已有的竞争优势，从而对公司产品的市场份额、经济效益及发展前景造成不利影响。

5）商誉减值风险：由于公司非同一控制下的企业合并公司数量越来越多，尤其是收购华泰润达的交易，公司形成的商誉金额较大。根据企业会计准则规定，需在未来年度每年年终进行减值测试。如果国家政策变化、行业发展不乐观、标的企业自身业务下降或者其他因素导致标的企业未来经营状况和盈利能力未达预期，则公司存在商誉减值的风险。

6) 应收账款回收风险：随着业务规模的扩大，公司应收账款余额逐步增加，如果未来公司客户的经营状况发生重大不利变化，可能导致一定的应收账款回收风险。

7) 管理风险：随着公司经营规模的逐步扩大，公司在经营决策、内部管理和风险控制等方面面临的挑战也将增加。

5. 深圳市汇川技术股份有限公司

股票简称： 汇川技术
股票代码： 300124
上市时间： 2010 – 09 – 28
所属板块： 深证创业板

企业情况概要

公司是专门从事工业自动化和新能源相关产品研发、生产和销售的高新技术企业。经过 15 年的发展，公司已经从单一的变频器供应商发展成机电液综合产品及解决方案供应商。目前公司主要产品包括：①服务于智能装备领域的工业自动化产品，包括各种变频器、伺服系统、控制系统、工业视觉系统、传感器、高性能电机等核心部件及机电液一体化解决方案；②服务于工业机器人领域的核心部件、整机及解决方案，包括机器人专用控制系统、伺服系统、SCARA 机器人等；③服务于新能源汽车领域的动力总成产品，包括各种电机控制器、辅助动力系统、高性能电机、DC/DC 电源及动力总成系统等；④服务于轨道交通领域的牵引与控制系统，包括牵引变流器、辅助变流器等；⑤服务于设备后服务市场的工业互联网解决方案，包括工业云、应用开发平台等。公司产品广泛应用于新能源汽车、电梯、空压机、工业机器人/机械手、3C 制造、锂电池、轨道交通等行业。

基本营销数据

报告期内，公司实现营业总收入 4777295690.69 元，较上年同期增长 30.53%；实现营业利润 1184633769.62 元，较上年同期增长 42.34%；实现利润总额 1202251579.68 元，较上年同期增长 15.20%；实现归属于上市公司股东的净利润 1060041825.69 元，较上年同期增长 13.76%；公司基本每股收益为 0.65 元，较上年同期增长 10.17%。

主营业务发展情况

随着我国制造业转型升级及自动化生产水平提升，设备制造业及终端市场对工业自动化产品需求增长较快。在报告期内，公司通过深入推进技术营销和行业营销经营策略，在众多细分行业取得较好的竞争优势，公司的通用自动化（包含伺服系统、PLC、通用变频器等产品）、工业机器人等业务取得快速增长。

通用自动化业务：把握市场趋势，持续推行行业营销，销售收入取得快速增长：通过聚焦行业与大客户，发挥"工控＋工艺"优势，公司通用自动化业务（包括通用变频器、通用伺服、PLC&HMI 等产品）同比增长 78%。

电梯一体化业务：受益于老客户份额的持续提升、新客户数量的增多、多产品销售等因素，公司电梯一体化业务在 2017 年实现销售收入 11.21 亿元，同比增长 16%。公司在电梯行业的市场占有率持续提升，领先地位得到进一步巩固。

工业机器人业务：2017 年是公司工业机器人业务进行规模推广的元年。报告期内，工业机器人、南京汇川、上海莱恩合计实现销售收入 0.83 亿元，同比增长 184%。

新能源汽车业务：2017 年随着新的补贴政策的实施，整个新能源汽车产业链的利润空间受到挤压，公司在年初制定了"巩固大巴车、发力物流车、布局乘用车"的经营策略并得到了有效执行，新能源客车电控产品的发货数量总体上保持平稳，新能源物流车电控产品收入实现快速增长，新能源乘用车实现动力总成产品"零"的突破以及为部分车型开始批量供货。报告期内，新能源汽车业务共实现销售收入 9.14 亿，同比增长 8%。

研发情况

报告期内，公司拥有研发人员 1697 人，数量占比 25.74%，研发投入金额 59221 万元。公司获得发明专利 47 项、实用新型专利 46 项、外观设计专利 23 项、软件著作权 8 项。已达成研发目的的项目包括：MD500 系列小功率变频器、MD810 系列多传变频器、MD880 系列多传变频器、第三代两象限控制器、新一代乘用车电机控制器、乘用车高速电机等。

投资情况

公司在报告期内新设全资子公司苏州汇川联合动力系统有限公司、汇川技术（东莞）有限公司、汇创鑫股权投资管理（深圳）有限公司，其中汇创鑫股权投资管理（深圳）有限公司盈利 534980.21 元，新设参股公司南京磁之汇电机有限公司、佛山市招科创新智能产业投资基金（有限合伙），参股比例分别为 50%、34.29%。报告期内总投资金额为 328626800 元，投资盈亏 –2165266.94 元。

面临主要风险

1) 宏观经济波动导致市场需求下滑的风险：公司产品所服务的下游行业与国家宏观经济、固定资产投资、出口等政策密切相关。当宏观经济出现波动时，这些行业势必会受到较大影响，从而影响公司产品的市场需求。

2) 房地产市场下滑导致电梯行业需求下滑的风险：房地产调控政策以及房价下滑的预期，对房地产市场需求造成了一定影响。由于公司电梯行业产品的销售收入占比较高，当房地产市场出现下滑时，公司在电梯行业的销售收入和利润将受到较大影响。

3) 新能源汽车产业政策调整的风险：新能源汽车领域发展前景广阔，但因行业处于发展初期，产业格局尚未定型，产业政策仍需完善与调整。若新能源汽车产业政策出现较大调整，将影响公司新能源汽车业务。

4) 竞争加剧及业务结构变化，导致毛利率下降的风险：目前公司在许多行业主要与外资品牌相竞争。如果外资品牌调整经营策略、加大本土化经营力度，则公司面临的竞争势必加剧，从而导致公司产品的毛利率下降。如果其他内资品牌在技术、产品和经营模式等方面全面跟进，则公司会面临内资品牌的全面竞争，从而也会导致产品价格下降，毛利率下滑。另外，随着公司轨道交通牵引系统、高压变频器、伺服电机等低毛利率产品的销售比重的增加，也会对公司的综合毛利率产生影响。

5）应收账款不断增加，有形成坏账的风险：随着公司高压变频器等工程型产品销售规模逐渐增大，由其行业特点导致的应收账款也会逐渐加大。

6）公司规模扩大带来的管理风险：近年来随着公司资产规模、人员规模、业务范围的不断扩大，仍然存在较大的管理风险。

7）核心技术和人才不足导致公司竞争优势下降的风险：公司在电机控制算法、总线技术等核心技术上，仍然落后于外资主流品牌。随着公司技术创新的深入，技术创新在深度和广度上都将会更加困难。如果公司现有的盈利不能保证公司未来在技术研发方面的持续投入，将会削弱公司的竞争力。

6. 阳光电源股份有限公司

股票简称：阳光电源
股票代码：300274
上市时间：2011 - 11 - 02
所属板块：深证创业板

企业情况概要

阳光电源是一家专注于太阳能、风能、储能等新能源电源设备的研发、生产、销售和服务的国家重点高新技术企业。主要产品有光伏逆变器、风能变流器、储能系统、电动车电机控制器，并致力于提供全球一流的光伏电站解决方案。

基本营销数据

报告期内，公司实现营业收入 888606.01 万元，同比增长 48.01%；营业成本为 646410.74 万元，同比增长 42.78%；销售费用 51814.48 万元，同比增长 81.14%；管理费用 61089.54 万元，同比增长 42.07%；经营活动产生的现金流量净额 85535.58 万元，同比下降 - 1.21%。

主营业务发展情况

光伏逆变器领域：阳光电源 SunAccess 系列光伏逆变器涵盖 3~3000kW 功率范围，转换效率全线突破 99%，全面满足各种类型光伏组件和电网并网要求，稳定高效运行于高温、高海拔、风沙、盐雾、低温等各种自然环境，连续十多年保持中国第一，市场占有率超过 30%。同时，产品广泛应用于德国、意大利、西班牙、美国、澳大利亚等 50 多个国家和地区，是亚洲最大的光伏逆变器制造商，被全球用户评为最受欢迎的中国光伏逆变器品牌。

电站业务：基于近 20 年的光伏逆变技术积淀，阳光电源致力于提供全球领先的智慧能源解决方案。项目类型覆盖各类应用场景并积极探索"光伏＋"创新模式，先后成功参与北京奥运鸟巢、上海世博会、国家"送电到乡"工程、国家"光伏扶贫"工程、国家分布式光伏发电示范区、国家"光伏领跑者"计划等诸多重大光伏发电项目，为新能源产业发展提供了良好示范。

风能变流器：阳光电源风能变流器涵盖 1500~7500kW 功率等级，电压等级 690V、3300V，包括全功率风能变流器和双馈风能变流器，全面覆盖国内主流风力机机型。

储能系统：阳光电源拥有全球领先的新能源电源变换技术，并依托全球一流的锂电池技术，目前可提供单机功率 5~1000kW 的储能逆变器、锂电池、能量管理系统等储能核心设备，同时推出能量搬移、微电网和电力调频等一系列先进的系统解决方案。

新能源汽车驱动系统：公司核心产品光伏逆变器先后通过 UL、TÜV、CE、Enel - GUIDA、AS4777、CEC、CSA、VDE 等多项国际权威认证与测试，已批量销往德国、意大利、澳大利亚、美国、日本等 50 多个国家。截至 2017 年底，公司在全球市场已累计实现逆变设备装机 6000 万 kW。公司先后荣获"国家重点新产品"、"中国驰名商标"、中国新能源企业 30 强、全球新能源企业 500 强、国家级"守合同重信用"企业、安徽"最佳雇主"等荣誉，是国家级博士后科研工作站设站企业、国家高技术产业化示范基地、国家认定企业技术中心、《福布斯》"中国最具发展潜力企业"等，综合实力跻身全球新能源发电行业第一方阵。

研发情况

报告期内，公司继续加大研发投入，积极开展自主知识产权的申报工作。全年新增 195 项专利权，均系原始取得。其中国外专利 19 项，国内发明专利 94 项、实用新型专利 71 项、外观专利 11 项。另有 308 项新增专利申请正在审查过程中，其中国外专利 74 项、国内发明专利 104 项、实用新型专利 118 项、外观专利 12 项。对于公司提高自主创新能力，形成企业自主知识产权和核心竞争力具有十分重要意义。截至 2017 年末，公司累计获得专利权 737 项，其中发明 249 项、实用新型 420 项、外观设计 68 项，并且依托领先的技术储备，公司积极推动行业内相关标准的制定和优化，已先后组织起草了多项中国国家标准。

另外，阳光电源自主投建的 10 米法电波暗室完成整体建设并投入使用，这是国内配电容量最大、设计最先进的新能源专业暗室，采用隔离式供电设计，可覆盖光伏逆变器、储能逆变器、风能变流器及新能源汽车电机控制器等产品的电磁兼容性能测试需求，测试精确性达一线专业检测机构水平。该暗室的建成与投入使用，强化了公司在检测能力方面的领先优势，助力进一步打造极致产品和体验。

面临主要风险

1）政策性风险：可再生能源发电现阶段的发电成本和上网电价均高于常规化石能源，仍需政府政策扶持。扶持政策均由各国政府自行制定，如果主要市场的宏观经济或相关的政府补贴、扶持政策发生重大变化，将在一定程度上影响行业的发展和公司的盈利水平。

2）竞争加剧带来的毛利率降低风险：在国内市场巨大潜力的吸引下，越来越多企业进入光伏逆变器、风能变流器制造行业，公司面临的市场竞争日趋激烈。如果公司在技术创新、新产品开发和成本控制方面不能保持领先优势，公司产品面临产品毛利率下降的风险。

3）光伏电站系统集成项目施工管理的风险：光伏电站

项目投资金额大、周期短，既涉及地面资源，又涉及各类商业屋顶资源，不仅投资决策非常慎重，而且在项目建设实施中存在诸多不确定因素，可能导致工程延期，难以及时并网发电，给公司的工程管理带来了新的难度，工程的流动资金需要加大。

4）应收账款周转风险：国内光伏行业项目金额大、付款周期长等特点，将会导致应收账款较快增加并存在一定的回款风险。为防范信用风险，加速资金周转，公司制定了严格的信用管理制度和赊销政策。

7. 易事特集团股份有限公司

股票简称： 易事特
股票代码： 300376
上市时间： 2014 - 01 - 27
所属板块： 深证创业板

企业情况概要

公司创立于1989年，是智慧城市和智慧能源系统解决方案供应商、全球新能源企业500强、国家火炬计划重点高新技术企业，专注于智慧城市&大数据、智慧能源（含光伏发电、充电桩、智能车库）及轨道交通（含监控、通信、供电）等战略性新兴产业投资、建设与发展，高新技术产品研发、制造、销售与服务。拥有全资或控股子公司近80家，在全球设立268个客户中心，覆盖全球100多个国家和地区。公司主要核心产品包括：高端电源装备、数据中心、光伏系统集成、新能源汽车充电桩等新能源设备及系统、智能微电网及储能系统产品。

基本营销数据

报告期内公司实现营业收入731758.00万元，较上年同期增长39.51%；营业利润73003.72万元，较上年同期增长44.08%；利润总额79190.23万元，较上年同期增长45.98%；归属于上市公司股东的净利润71406.88万元，较上年同期增长51.40%。基本每股收益0.31元，较上年末增加34.78%；公司资产总额10750304505.82万元，较上年末增加17.25%；净资产4350610455.16万元，较上年末增加18.74%。

主营业务发展情况

公司凭借28年的持续技术创新取得的核心技术、知识产权，在中国移动、中国电信、广电、百度、腾讯等优质IDC数据中心项目的经验积累，公司高端电源装备、智慧城市与IDC数据中心业务竞争优势凸显，实现快速增长。报告期内，公司IDC数据中心业务销售收入为226058.23万元，较上年同期增长67.75%。

报告期内，公司前瞻性部署投建的光伏电站在报告期内陆续并网发电，进入业绩释放期，新能源发电收入呈现爆发式增长，实现收入29597.71万元，较上年同期增长240.79%，成为公司新的利润增长点。同时，公司积极参与国家精准扶贫战略，着力组织实施光伏扶贫项目，光伏系统集成产品的销售业绩在报告期内继续保持稳定增长，实现销售收入470289.22万元，较上年同期增长24.07%。

新能源车充电桩及相关产品主要包括新能源汽车经销、户外一站式充电柜、一体式充电机、V2G双向充电机、分体式直流充电桩、交流充电桩等。业务开展主要采取直销、经销及合作共建等多种商业模式。随着新能源汽车及充电桩市场的稳步崛起，公司充分发挥遍布全国各地的充电桩市场营销网络资源优势，积极布局与开拓各地市场。报告期内，新能源车充电桩等相关销售收入为4284.81万元，较上年同期增长221.10%。

报告期内，公司自主开发的微电网控制多功能光伏并网逆变器、智能网关、储能变流器、智能微电网能量管理系统（EMS）等先进技术产品逐步实现产业化，已成功应用于工业园区微电网、分布式光伏储能电站、微网型光伏储能充电站示范工程建设，形成削峰填谷、电力调频调压、海岛柴光储微电网等储能及微电网系统解决方案。伴随国家能源局、电监局、地方政府、电网公司对智能微电网、储能电站工程项目规划投资建设工作的积极引导，军民融合、精准扶贫工作的不断深入呈现出来的刚性市场需求，以及海外新能源技术市场的有序拓展，公司储能电站、智能微电网业务逐步成为新的利润增长点。

技术研发情况

报告期内，公司围绕"互联网＋智慧能源"产业技术及市场发展需求，采用高效电能变换、分层分布式实时控制技术，开发出并/离网多用型250kW、500kW储能变流器、智慧型能量管理系统（EMS），成功应用于集中式光伏辅助储能电站、用户侧分布式光储电站、光储能电动汽车充电站、工业园区调峰储能电站电项目建设。

报告期内，公司开展了①绕线转子无刷双馈电机设计与制造；②绕线转子无刷双馈电机变频驱动器产品研制与示范应用；③基于绕线转子无刷双馈电机的分布式风力发电、高效柴油发电技术开发平台建设；④绕线转子无刷双馈电机高压变频调速节能系统开发及示范应用研究。研制出100kW/6kV、500kW/10kV绕线转子无刷双馈电机，125kW、250kW绕线转子无刷双馈电机变频驱动控制器，成果将应用于造纸、冶金、水泥、石化、矿山、火力发电厂等行业大功率高压电机变频调速节能系统。

报告期内，公司组织实施的智能配电网核心装备研发及产业化项目主要开展如下几个方面的技术研发工作：①配电网智能装置设计与研制；②智能配电网通信网络设计与设备研制；③智能配电网自愈合控制策略研究与装置研制；④分布式电源并网控制装置研制与示范应用；⑤工业园区能效系统设计与示范工程规划建设。成果适用于智能配电网改造、智能配电网工程项目建设。

报告期内，公司采用含直流母线结构的分级电池能量管理系统，支持V2G模式的电动汽车大功率快速充放电技术，能源互联网的大数据背景下的充电站有序充电管理技术和电动汽车有序预约充电技术；研制具有电网负荷削峰填谷、电动汽车有序充电、充电站设施的高效利用等多功能的新一代数字化智能电动汽车充放电装置及管理系统。项目成果应用于光储充新能源汽车充电站建设。

报告期内，公司结合相关产品产业技术升级需要，联合高校开展高频隔离型双向直流变换器电路与控制技术研究开发工作，攻克中小功率低压电池储能变换器核心技术，研制适合48V以下电池电压等级、5～10kW容量、具有能量双向流动功能的高频隔离型直流变换器模块，应用于用户侧光储电站、集散式储能系统电池充放电管理、移动电源装置等。

报告期内，公司结合日益广泛发展的光伏扶贫、分布式光伏电站运行维护管理的需要，开发基于云平台，集发电能力预测、发电效能分析、电池阵列健康状态监测、设备故障预警、日常运行记录等功能于一体的经济运行与维护管理的全寿命周期智能管理系统，成功应用于自营光伏发电站，以及推广应用于国内外光伏电站检测管理。

报告期内，公司对自有发明专利技术《微电网型不间断电源系统》开展了实施研究工作，率先实现集多能源应用、动态能量管理、智能负荷管理、不间断供电于一体的大及超大功率不间断绿色供电功能。产品推广应用于工业园区、大规模工业自动化生产线、大型数据中心等需要高可靠性、大容量供电保障场所。

报告期内，公司结合海外市场、通信基站等市场发展需要，研制出新一代高效、智能化 3 ~ 5kW 用户侧并离网光伏储能逆变器，并实现量产。

投资情况

截至目前，公司在安徽、陕西、江苏、山东、河北、内蒙古、河南、广东等地投资建设并实现并网发电的集中及分布式光伏电站项目共计 30 余项，装机总量近 500MW，其中，公司 2016 年度非公开发行的募投项目在报告期内均实现全部并网发电，为公司光伏新能源业务贡献可持续的业绩来源。

公司实施重大资产重组项目，收购生产基地位于越南的宁波宜则 100% 股权。收购完成后，公司将在光伏逆变器、系统集成和电站运营业务的基础上，继续向上游拓展公司光伏组件和电池的制造业务，带动集团公司产业向东南亚乃至欧美全球延伸，实现产业的空间腾挪，有效避免欧美等国家地区对中国光伏企业双反政策的不利影响，实现垂直一体化的光伏新能源全产业链布局，整合产业链上游资源将加大自有产品在光伏产业中的比重，提升整体利润水平，提高公司综合竞争力和盈利能力。

面临主要风险

1）市场竞争风险：公司持续加大高端电源装备、数据中心、逆变器、充电桩及储能系统业务的开拓力度，努力拓展市场份额。公司未来可能面临日益激烈的市场竞争，给公司进一步扩大市场份额、提高市场竞争地位带来一定的压力。公司的高端电源装备、数据中心、逆变器、充电桩及储能系统业务已经具备了较好的市场优势，但在国内国际市场巨大潜力的吸引下，很多企业进入数据中心、光伏等产业，公司面临的市场竞争日趋激烈。针对市场竞争，公司将进一步加大研发力度，持续推动产品往系统化、整体解决方案方向发展，实现产品技术领先和差异化战略，并努力提供一站式系统服务，提高产品和业务的附加值。

2）产业政策变动风险：公司执行的智慧城市 & 大数据（含 UPS、智能配电、动环监控等）、智慧能源（含光伏发电、储能系统、微电网、充电站、智能车库）、轨道交通（含一体化供电系统、通信及综合监控等）三大战略新兴产业与国家宏观经济政策、能源政策、节能环保政策等密切

相关，未来公司可能面临着国家出于宏观调控需要，调整相关产业政策的风险，从而给公司的业务发展造成不利影响。

3）光伏电站系统集成项目建设及运维管理的风险：光伏电站项目从开发、建设期，投资金额大、周期短，涉及土地资源，在项目开发、建设实施中存在诸多不确定因素，可能导致工程延期，难以及时并网发电，给公司的项目建设带来风险，对建设期流动资金需求加大。

4）应收账款回收风险：由于国内光伏行业具有单个项目金额大、付款周期长等特点，将会导致公司应收账款余额较快增加。

5）管理风险：公司为进一步拓展光伏业务，公司在全国范围内设立了较多子公司、孙公司等，使得下属公司管理难度加大。

8. 石家庄通合电子科技股份有限公司

股票简称： 通合科技
股票代码： 300491
上市时间： 2015 - 12 - 31
所属板块： 深证创业板

企业情况概要

公司是一家致力于电力电子行业技术创新、产品创新、管理创新，以高频开关电源及相关电子产品研发、生产、销售、运营和服务于一体，为客户提供系统能源解决方案的高新技术企业。公司成立于 1998 年，并于 2012 年整体变更为股份有限公司，2015 年 12 月 31 日成功在深交所创业板挂牌上市。作为一家极具潜力的知识密集型高新技术企业，公司持续稳定发展，现有员工 400 多人，研发人员占比达到 28.9%。历经十余年的快速发展，公司产品已涉及充换电站充电电源系统（充电桩）及电动汽车车载电源、电力操作电源模块和电力操作电源系统等多个领域，销售网络遍及全国 20 多个省市自治区，产品远销海外。

基本营销数据

报告期内，公司实现营业总收入 21687.87 万元，较上年同期下降 2.59%；实现营业利润 1036.40 万元，较上年同期下降 60.38%；实现利润总额 1128.06 万元，较上年同期下降 75.02%；实现归属于上市公司股东的净利润 1071.75 万元，较上年同期下降 73.88%。

主营业务发展情况

报告期内，公司主要从事高频开关电源及相关电子产品的研发、生产和销售。主要产品包括充换电站充电电源系统（充电桩）及电动汽车车载电源、电力操作电源。

作为最早涉足国内充换电站充电电源系统（充电桩）及电动汽车车载电源领域的企业之一，在充换电站充电电源系统（充电桩）方面，通合科技为新能源汽车充电解决方案提供商，包括实现城市充电网络统一管理功能的充电站运营管理系统、实现单个充电站实时管理功能的充电站监控系统、实现计量计费功能的充电桩、实现交直流变换功能的核心功率变换单元。借助多年的核心技术优势和行业经验积累，公司积极介入国内电动汽车充换电站建设，为客户提供整体解决方案和关键设备，已成为国内多家知

名新能源领域企业的主要供货商。迄今为止，通合科技的充电设施为众多新能源汽车提供充电服务，设备已遍布全国各主要区域。

公司在电动汽车车载电源方面，主要包含两类产品，分别为车载 AC - DC 充电机和车载 DC - DC 变换器，对于车载电源产品，公司在 2017 年增加了人力和物力的投入，通过研发中心进行车载电源的产品研发和升级工作，主要产品包括不同功率等级、高功率密度的汽车级 DC - DC 变换器和 OBC，以及面向未来发展的燃料电池汽车所需的车载电源产品。整个产品序列对 2018 年车载产品结构调整和客户类型的突破将起到关键的推动作用。

电力操作电源系统是指为发电厂、变电站的电力自动化系统、高压断路器分合闸、继电保护装置、自动装置、信号装置、通信系统、遥控执行系统及事故照明等设备提供交流电源、直流电源、交流不间断电源的电力自动化电源设备，其可靠性、安全性直接影响到电力系统供电的可靠性和安全性。电力操作电源模块是电力操作电源系统的核心部件，主要包括充电模块、监控模块、通信模块、逆变模块等。

研发情况

公司长期坚持研发的高投入，2015 年、2016 年、2017 年研发费用为 2009.80 万元、2282.61 万元和 2787.65 万元，占公司营业收入的比重分别为 10.84%、10.25% 和 12.85%。2017 年公司研发费用较上年同期增长 22.13%。截至报告期末，公司技术研发人员 117 人，占员工总人数的 28.95%。其中，公司核心技术人员均拥有多年高频开关电源及相关产品的研发经验，多位核心技术人员为业内的技术专家。公司累计获得专利 53 项、软件著作权 31 项。

车载电机控制器项目已经过量产阶段，基于该技术平台的产品通过了中汽研汽车检验中心的强检测试，取得了强检报告，进行了整车联调实验，截至 2017 年 12 月 31 日项目处于验收状态。该项目填补了公司在电机驱动方向的技术空白，完成了该项技术的产品转化，丰富了公司在新能源汽车功率变换领域的产品系列，提高了公司的竞争力。

新一代电动汽车充电机完成了设计转换、小批量试制和量产阶段，截至 2017 年 12 月 31 日项目处于验收状态。基于该技术平台的产品，率先取得符合"2017 国网一纸化要求"的直流充电机型式试验报告，并进行了市场验证，取得了客户认可。该项目的完成，提高了公司电动汽车充电机产品的性能、功率密度，降低了成本，提高了公司产品的竞争力。

双向隔离功率变换器是储能微网系统中的重要组成设备，可采用冗余设计，平滑扩展，系统可靠性高。报告期内，该项目处于开发阶段，正在进行样机的测试和性能提升；新一代水冷车载 DC - DC 电源产品采用适用于汽车应用的扁平化设计，功率密度显著提升。报告期内，该项目已完成设计转换，进入小批量试制阶段。

投资情况

2017 年，公司投资参股北京宏通投资管理有限公司，所占股份 49%。

面临主要风险

1）毛利率下降的风险：在国家政策的大力扶持下，新能源汽车产业迅猛发展，前景广阔，形成了众多企业争相进入的局面，公司凭借先发优势所带来的高毛利将难以维持；同时在公司产品应用的各行业，由于竞争所导致的产品价格下降趋势将长期存在。如果不能持续有效降低产品成本，必然会导致公司毛利率下降。

2）研发风险：随着国内外经济、科技和新能源产业的快速发展，电力电子行业必将随下游行业的发展而进行技术更新。由于技术产业化与市场化存在着不确定性，公司新产品的研发仍存在不能如期开发成功以及产业化后不能符合市场需求从而影响公司持续竞争优势及盈利能力的风险。若公司在技术创新机制、人才梯队建设和研发方向把控方面未能很好地适应新的产品研发及技术创新的需要，未来公司将逐渐丧失技术优势。

3）行业政策风险：公司产品目前主要应用于新能源电动汽车和电力等行业。公司目前所处行业的发展不仅取决于国民经济的实际需求，也受到国家政策的较大影响。如果主要市场的宏观经济运行情况或相关的政府扶持、补贴政策发生重大变化，将在一定程度上影响行业的发展和公司的盈利水平。

4）应收账款快速增长的风险：在保障公司正常运营资金的情况下优化客户结构，将资源向重点客户倾斜，给予其较长信用账期。同时，充换电站充电电源系统（充电桩）的行业结算周期更长，未来的应收账款余额将会继续增加。如果未来公司主要客户经营情况发生较大变化，导致应收账款不能按合同规定及时收回或发生坏账，将可能出现资金周转困难而影响公司发展，同时影响公司盈利能力的情况。

5）存货增长风险：随着公司销售规模的扩大，安全库存的增加，期末存货余额将会继续增加，同时对公司的存货管理水平提出了更高的要求。未来如果公司存货管理水平未能随业务发展而逐步提高，存货的增长将会占用较大规模的流动资金，将导致公司资产流动性风险。

9. 深圳市蓝海华腾技术股份有限公司

股票简称：蓝海华腾
股票代码：300484
上市时间：2016 - 03 - 22
所属板块：深证创业板

企业情况概要

蓝海华腾作为一家专业致力于工业自动化控制产品研发、生产和销售的国家高新技术企业和软件企业，是目前国内主要的电动汽车电机控制器供应商，也是内资企业中技术领先的中低压变频器和伺服驱动器产品供应商。公司产品在满足国际标准的前提下，针对中国应用环境和不同行业的应用需求，进一步强化了产品的可靠性和环境的适用性设计，提高产品的性能和可靠性，能更好地适应各种恶劣环境；产品客户化设计和行业化设计可以很好地满足各种高、中端的应用需求。

基本营销数据

报告期内，公司继续专注主营业务，实现营业收入57899.89万元，同比下降14.58%；实现归属于上市公司股东的净利润12826.84万元，同比下降17.39%；营业成本34825.93万元，同比下降7.01%；经营活动产生的现金流量净额7608.62万元，同比增长65.85%。

主营业务发展情况

蓝海华腾是目前国内主要的电动汽车电机控制器供应商，也是内资企业中技术领先的中低压变频器供应商。

电动汽车电机控制器业务方面，2017年，国家对新能源汽车补贴政策调整，受补贴退坡、补贴目录重审、"三万公里"申请补贴限制以及管理准入标准重新评定等因素影响，全年新能源商用车产销不及预期，电机电控行业竞争加剧，公司客户需求下降，公司优化和调整客户结构，新的电控产品推广以及新客户的拓展和应用正处在一个过渡和放量过程，公司电动汽车电机控制器产品业务因此受到一定影响，导致公司营业收入下降。

中低压变频器业务方面，受工业自动化控制行业复苏和持续向好的影响，中低压变频器销售收入实现了一定程度的增长。

研发情况

报告期内，公司拥有研发人员212人，数量占比达42.48%；公司投入研发费用4988.00万元，占营业收入的比例8.61%，为研发体系的正常运转提供资金保障。报告期内，公司新取得专利9项（其中发明专利1项），截至报告期末，公司累计取得专利48项（其中发明专利4项）。

在电动汽车电机控制器方面：公司除了开展针对特定客户的定制化驱动系统研发，也完成包括集成式新能源汽车动力系统驱动器、集成式辅助控制系统、车载逆变电源充电系统、电动汽车高压配电安全管理系统、集成VCU蓝牌车四合一控制器、物流车主驱动控制器等项目的研发并投产。同时，在新能源乘用车电机控制器研发方面，公司已经开发多款针对性样机并与客户进行测试和再开发。

中低压变频器和伺服驱动器方面：公司推出全新VA系列主轴伺服驱动器，采用高解析精度的方式，配合高性能的同步电主轴，可以实现100000∶1以上的调速比，该产品已经在各类规格电主轴上得到完整测试验证，并已经取得客户的认可和应用。

投资情况

公司在报告期内使用自有资金600万元、1000万元于辽宁锦州、江西新余分别新设全资子公司：锦州蓝海华腾新能源技术有限公司和新余华腾投资管理有限公司，尚未对整体生产和经营带来重大影响。

面临主要风险

1）电动汽车电机控制器业务风险：从产业政策影响角度看，由于下游新能源汽车行业受产业政策影响较大，公司电动汽车电机控制器业务发展的同时也面临下游行业变化带来的风险。另一方面，随着国内电动汽车电机控制器生产企业研发进程的加快和成熟产品的推出，以及外资企业参与国内竞争的力度不断加强，未来电动汽车电机控制器市场竞争可能加剧，导致公司收入增速下降或市场占有率下降的风险。

2）税收优惠政策变化风险：公司享受的税收优惠政策主要包括增值税退税和所得税优惠。如果公司因国家政策变化无法继续享受增值税退税或所得税优惠政策，则公司经营业绩将受到不利影响。此外，2017年度，公司的国家高新技术企业认证有效期即将到期，未来公司是否仍能通过高新技术企业重审存在不确定性，如果不能享受高新技术企业15%的所得税优惠税率，将对公司未来净利润产生不利影响。

3）应收账款回收风险：随着公司业务规模的扩大，特别是电动汽车电机控制器业务的增长，公司应收账款余额逐步增加，如果未来市场环境发生剧烈变动，下游客户的经营状况可能发生重大不利变化，抑或受新能源汽车补贴资金拨付时间较长且逐渐减少等因素影响，可能出现现金流紧张而支付困难的情形，则会导致一定的应收账款回收风险。

4）产品价格波动风险：从整个产业看，未来电动汽车电机控制器产品价格下降是一种趋势，电动汽车电机控制器产品毛利率也可能因价格的降低而下降。随着中低压变频器和伺服驱动器在国内的逐步普及、市场的逐渐成熟以及行业内企业竞争的加剧，中低压变频器和伺服驱动器产品的整体价格可能面临下行压力，从而导致行业内企业盈利水平下降。

5）原材料价格波动及供应紧张的风险：报告期原材料成本是公司主营业务成本的主要组成部分，原材料价格波动对公司毛利率水平有着重要影响。虽然报告期内公司主要原材料市场价格变动较小，但由于基础原材料价格本身存在波动，且IGBT的高端产品目前仍被少数企业掌握，公司未来存在因原材料价格上升导致毛利率下滑而引起盈利下降的风险。同时，公司还存在极端情况下IGBT等原材料供应紧张，进而对公司生产经营产生不利影响的风险。

6）管理风险：随着公司经营规模的逐步扩大，公司在经营决策、内部管理和风险控制等方面面临的挑战也将增加。

7）生产经营场所依赖租赁的风险：公司目前的办公用房和生产厂房均为租赁取得。公司存在因租赁情况发生变化导致生产经营受到临时性影响的风险。

8）成长性风险：公司现处于成长期，经营规模相对较小，抵抗市场风险和行业风险的能力相对较弱；若出现市场竞争加剧、市场开拓受阻、宏观经济下滑，公司发展可能受到不利影响。同时，公司所主营的工业自动化控制产品属于更新换代相对较快的技术密集型产品，若公司在未来发展过程中未能持续保持技术进步以满足客户和市场对产品需求的更新和变化，则公司的业务和发展也可能受到制约。另外，公司未来经营还面临着新产品开发风险、核心研发人员流失和技术失密风险、投资项目达不到预期风险等不确定因素的影响。因此，公司的未来发展面临着一定的成长性风险。

10. 英飞特电子（杭州）股份有限公司

股票简称：英飞特

股票代码：300582

上市时间：2016 - 12 - 28

所属板块：深证创业板

企业情况概要

公司是一家从事 LED 驱动电源的研发、生产、销售和技术服务的国家火炬计划重点高新技术企业，LED 驱动电源销售规模位居全球前列。公司的主要产品 LED 驱动电源主要应用于路灯、隧道灯、高杆灯等户外 LED 功能性照明灯具；投光灯、洗墙灯、护栏灯等 LED 景观照明灯具；工矿灯、面板灯、条形灯、射灯、筒灯、吸顶灯、天花灯等室内 LED 照明灯具。公司具有较强的自主创新能力，设有省级企业研究院、高新技术企业研究开发中心、企业技术中心和企业博士后科研工作分站、杭州院士专家工作站，并承担和参与了"2011 年国家科技支撑计划""国家高技术研究发展计划（国家 863 计划）"等重点研究开发项目。

基本营销数据

报告期，公司实现营业收入 763290592.24 元，同比增长 12%，营业利润 23238890.97 元，同比下降 62%；实现归属于上市公司股东的净利润 2502 万元，同比下降 62.6%；公司基本每股收益为 0.13 元，同比下降 68.3%；公司总资产为 1473689726.94 元，同比下降 11.25%；净资产为 935681135.01 元，同比增长 1.37%。

主营业务发展情况

公司自成立以来，一直专注于 LED 照明驱动电源，连续数年销售规模位居全球前列。2017 年，LED 驱动电源销售收入为 6.99 亿元，占营业收入的 91.57%。公司主流 LED 驱动电源产品的关键技术指标有自主研发的输出电流电压可编程的恒功率技术和高防雷技术。以上两项技术在行业内处于领先地位，应用了以上两项技术的 LED 驱动电源产品在公司总销售收入占比呈上升态势，且在行业内同等产品等级中具有一定的品牌技术优势。

报告期内，公司推出了 EUK 系列恒功率可调产品、HUK 立式工矿灯系列产品、DALI 驱动产品，用于印度的 EDC 产品系列和应用于智能控制系统的控制器产品。此外，公司增加了对新能源汽车充电产品领域的研发投入，针对低速车市场，推出 6015、6018、6020、7215、7218 铅酸电池 OBC 产品；同时加快高速车领域部署，开发 6.6kW 高速车 OBC 产品；针对充电桩市场，继续完善现有充电桩方案。

公司销售区域涵盖中国、北美、欧洲、日韩、南美、东南亚、中东等全球 50 多个国家和地区，并在美国、欧洲设立了子公司，在欧美市场建立了独立的营销和服务网络，拥有"国家知识产权优势企业""国家专利运营试点企业""工业企业知识产权运用标杆""浙江省专利优秀奖"等政府资质及荣誉，公司品牌的良好口碑已赢得新老客户的广泛认同。

研发情况

报告期内，拥有研发人员 215 人，全年研发投入 7162.06 万元，同比增长 44.09%。公司及子公司共拥有授权专利 221 项，其中包括 22 项美国发明专利和 98 项中国发明专利，主要研发项目包括：智能 LED 照明驱动电源、可编程 DALI 控制电源、600V 超高压输入智能 LED 照明驱动电源等。

投资情况

2017 年 1 月 8 日召开的第一届董事会第二十一次会议、第一届监事会第八次会议以及 2017 年 1 月 24 日召开的 2017 年第一次临时股东大会审议通过了《关于使用募集资金对全资子公司进行增资的议案》，同意公司使用结余的募集资金 12255.44 万元对浙江英飞特进行增资，其中 12000.00 万元计入浙江英飞特注册资本，255.44 万元计入浙江英飞特资本公积。

面临主要风险

1）市场竞争加剧的风险：LED 驱动电源产品进入市场化竞争阶段，市场竞争日趋激烈。公司部分现有或潜在竞争对手具有较高的品牌知名度、较完善的分销网络、较稳定的客户基础或对目标市场有更深的了解，其可能会投入更多的产品研发、推广和销售资源，加剧市场竞争。如公司无法成功与现有或未来竞争对手抗衡，则公司的行业地位、市场份额、经营业绩等均会受到不利影响。

2）产品价格下降的风险：电子产品普遍呈现同款产品价格逐年下降的趋势，而原材料却不断上涨，核心材料供货紧张，进一步挤压利润空间。随着市场竞争的加剧、供求关系的影响、生产效率的提高及生产成本的下降，公司 LED 驱动电源产品价格存在下降趋势，若公司不能通过有效降低产品生产成本来抵消价格下降的风险，或者无法持续推出新产品进行产品结构的升级，公司产品价格的下降将导致产品毛利率的下降，并最终影响公司的盈利能力。

3）人才流失风险：公司所处的 LED 驱动电源行业对人才需求量大，竞争激烈，而合适人选有限。如发生人才流失，则会对公司正常的生产经营造成不利影响，并可能延误公司开发及推出新产品，进而对公司的发展前景产生不利影响。

4）投资快速增加对公司经营业绩影响较大的风险：滨江总部大楼和桐庐生产基地（一期）主体部分均已建成投入使用，但仍有部分附属工程尚未完工以及其他后续投入。如果未来核心客户需求出现萎缩或下滑，且公司不能开拓新客户或市场来弥补，公司暂时闲置的房产无法全部出租获取收益，新能源汽车充电领域研发、产销无法达到预期，相关固定资产折旧、无形资产摊销、利息支出等会给公司经营业绩造成重大不利影响，公司存在未来业绩大幅下滑的风险。

11. 北京新雷能科技股份有限公司

股票简称：新雷能

股票代码：300593

上市时间：2017 - 01 - 13

所属板块：创业板

企业情况概要

公司是国内领先的专业电源供应商，自成立以来，一直致力于为客户提供专业化、个性化的电源产品。公司主要致力于高效率、高可靠性、高功率密度电源产品的研发、生产和销售，主要产品包括模块电源、定制电源及大功率电源及系统，产品在通信、航空、航天、军工、铁路、电力、工控、广电等各行业得到广泛的应用。国内大部分竞争对手只能在中低端产品与公司形成竞争关系，其产品在技术性能、品牌影响力等方面大都落后于公司，在高端产品公司则面临着国际电源厂商的竞争。

基本营销数据

报告期公司总销售收入 34622.84 万元，与上年比较下降了 0.69%；其中航空航天军工电子领域实现收入 15098.32 万元，与上年比较下降了 6.22%；通信领域实现收入 14433 万元，与上年比较上升 1.26%；铁路行业实现收入 1636.53 万元，与上年比较增长了 21.57%；电力、安防、工控等其他领域实现收入 3414.66 万元，与上年比较增长了 8.46%；报告期内实现营业利润 3845.35 万元，比上年下降 17.42%，主要是营业成本、管理费用和计提的资产减值损失增加所致。

主营业务发展情况

报告期内，公司主营业务未发生重大变化，主要致力于高效率、高可靠性、高功率密度电源产品的研发、生产和销售，主要产品包括模块电源、定制电源及大功率电源及系统，产品在通信、航空、航天、军工、铁路、电力、工控、广电等各行业得到广泛的应用。

通信、电力、铁路领域：公司的电源产品在通信领域应用超过 15 年，具备深厚的技术基础及研发实力；近年开始研发大功率电源正式进入通信大功率电源领域，通过不断研发和摸索以及对客户需求的不断跟进，在通信大功率电源行业迅速取得突破。目前与公司合作多年的国内客户有大唐移动以及烽火通信，国外客户有诺基亚（原公司客户阿尔卡特-朗讯并入诺基亚）、三星电子。

航空、航天及军工领域：公司自 2000 年开始涉足航空、航天及军工领域，陆续取得了《三级保密资格单位证书》、国军标 GJB9001B—2009 军工产品质量体系认证、原总装备部"装备承制单位资格"认证，通过了厚膜混合集成电路国军标生产线审核。报告期公司获得国家某重点运载火箭型号办公室对该型号"首次飞行任务圆满成功的感谢信"；"北京市企业技术中心"资格通过北京市经信委 2017 年贯标审查。

研发情况

公司自成立以来，始终坚持"科技领先"的发展理念，在电源研制及其相关领域取得了包括几十项专利在内的诸多核心技术。截至 2017 年 12 月 31 日，公司累计拥有有效专利 46 项（其中发明专利 24 项），拥有软件著作权 42 项；2017 年获得专利 4 项（其中发明专利 1 项），软件著作权 9 项。这些专利和著作权为改善产品技术性能、提高产品质量等级提供了可靠的专业技术保障。由于公司客户主要集中于通信、航空航天及军工、铁路等大型设备商，这些客户均需要技术领先的电源产品，所以公司长期坚持研发的高投入以保持技术领先态势，2017 年研发费用为 6947.04 万元，占公司营业收入的比重为 20.06%，与 2016 年相比增长 5.40%，持续研发产出的新技术和新产品，将奠定公司未来发展的良好基础。

面临主要风险

1）市场竞争风险：随着我国信息化建设的深入推进，电源行业也得到了前所未有的发展机遇。公司与行业内国际一流品牌相比，在资金实力、技术储备、品牌影响力等方面尚存一定的差距。随着电源行业持续发展，不断有新进入者加入，公司也面临着新进入者所带来竞争加剧的风险。

2）研发风险：公司为保持市场领先优势，提升公司的技术实力和核心竞争力，需要不断加大投入，进行新产品研发、新技术创新，以便应对下游企业对公司电源产品质量和应用的提升及拓展的要求。由于未来市场发展趋势存在不确定性，新产品研发、新技术产业化存在一定风险，公司可能面临新技术、新产品研发失败或市场推广达不到预期目标的风险。

3）核心人员流失、技术泄密的风险：研发人才、销售人才、管理人才是公司的核心资源，尤其是对公司开发新产品、持续发展起着关键的作用，核心人员稳定对公司具有重要影响。如果公司不能持续吸引并留住高素质人才，将可能对公司的竞争优势和持续健康发展产生不利影响。

4）电源技术是电力电子技术、控制理论、热设计、电子兼容性设计、磁性元器件设计等技术的综合集成，相关技术需要经过多年技术积累和产品研发。如果公司的核心技术泄密，公司可能将失去行业内的竞争优势，这会对公司经营活动产生不利影响。

5）下游行业需求波动风险：公司电源产品广泛应用于通信、航空、航天、军工、铁路、电力、工控、广电等领域，报告期内以通信、航空、航天及军工为主。4G 网络建设投资、国防投资和高铁投资的持续增长，一定程度上促进了公司电源产品的应用和推广，但仍不能排除下游各行业受自身行业需求和投资周期等因素的影响，减少采购公司产品的可能。

6）募集资金投资项目风险：本次募集资金拟投资于高效率、高可靠、高功率密度电源产业化基地项目，是公司主营业务产品生产技术和流程的优化升级，并加强公司的研发能力。项目的可行性分析是基于目前的国家产业政策、国内外市场条件做出的，若国家产业政策发生变化或随着时间的推移，在项目实施及后期经营过程中可能因生产、技术、市场、管理、人才等因素，影响公司的经营业绩。另外，本次募集资金投资项目建设完成后，公司固定资产折旧将大幅上升，如果市场情况发生变化，项目难以达到预期的收益，会对公司未来经营业绩将产生一定影响。

7）应收账款快速增长的风险：报告期公司期末应收账款净额为 12688.12 万元，占流动资产的比例为 23.21%。随着公司销售规模的扩大和客户结构的优化，应收账款可能将继续增加。公司主要客户为大型通信网络设备企业、航空、航天及军工企业等知名度较高、信誉良好、资金雄厚、支付能力较强的公司，如果未来公司主要客户经营情况发生较大变化，公司将可能出现资金周转困难而影响公司发展以及应收账款发生坏账风险。

8）劳动成本上涨导致利润下降的风险：公司所处行业属于技术密集型和劳动密集型行业，人力成本是公司成本的重要构成。随着我国经济的快速发展，国民收入水平逐年增加，劳动力价格逐年提高；同时，随着公司募集资金投资项目的投产、公司经营规模的扩大，员工数量将逐渐增加，公司迁址将增加一定的成本费用，公司劳动成本将逐年上升，如果收入规模增长速度放缓，公司未来利润水平存在下降的风险。

9）客户集中风险：公司电源产品的客户主要集中在通信、航空、航天、军工等行业，其中通信行业的集中度较高，决定了公司的客户集中度也相对较高。报告期内，公司前五名客户销售收入合计占当期营业收入的比例为33.46%，客户相对集中，可能导致公司未来增长部分受制于重要客户的需求，并承受失去重要客户或大额订单所带来的市场风险。

12. 珠海英搏尔电气股份有限公司

股票简称： 英搏尔
股票代码： 300681
上市时间： 2017 – 07 – 25
所属板块： 创业板

企业情况概要

英搏尔是一家专注于电动车辆电机控制系统技术自主创新与产品研发的高新技术企业，主营业务系以电机控制器为主，车载充电机、DC – DC 变换器、电子油门踏板等为辅的电动车辆关键零部件的研发、生产与销售。公司产品广泛运用于新能源汽车、中低速电动车、场地电动车等领域。

基本营销数据

报告期内，公司实现营业总收入 53623.05 万元，较上年同期增长 31.56%；实现营业利润 9658.41 万元，较上年同期增长 45.43%；实现归属于上市公司股东的净利润 8429.54 万元，较上年同期增长 28.94%。公司基本每股收益为 1.31 元。

主营业务发展情况

公司的电机控制器、车载充电机、DC – DC 变换器以及电子油门踏板等产品在新能源汽车领域目前主要集中在纯电动乘用车方面，享受了行业增长的红利。报告期内，公司新能源汽车业务收入达到 24438.73 万元，同比增长 228.67%。

报告期内，公司的中低速车业务实现销售收入 24630.88 万元，同比下滑 23.4%，这主要是由于两方面的原因。一方面，公司进一步优化客户结构，主动放弃未来达不到升级和规范要求的中低速车企业客户；另一方面，有规模的中低速整车厂为应对市场需求，普遍调整产品结构，下调车型配置，相应的配套零部件产品单价降低。针对这样的市场环境，公司通过技术产品创新和加强内控成本管理，保证了中低速车产品利润率的稳定。报告期内，公司的中低速车业务毛利率达到 28.44%，相比去年提升了 4.20%。

研发情况

报告期内，公司研发费用投入 3440.44 万元，占当期营业收入的 6.42%。公司的研发人员数量也从 2016 年的 89 人增长到 110 人。公司一直坚持走自主研发，技术创新之

路。截至报告期末，公司已经获得证书或正在申请的发明专利 29 项、实用新型专利 88 项、外观设计专利 9 项、软件著作权 11 项。

经过多年的技术储备，2013 年起，公司先后为吉利、长沙众泰、康迪等汽车整车厂批量提供符合"双 80"标准的纯电动乘用车电机控制器等关键零部件。2015 年起，公司向上述客户批量提供符合"双 100"标准的纯电动乘用车电机控制器。目前，公司已成为国内纯电动乘用车主流电机控制器供应商。

面临主要风险

1）原材料价格波动风险：公司产品原材料主要由电子元器件、结构件、线束以及辅助材料等构成，其中电子元器件占成本比重最高，主要包括电容器件、芯片、连接器件以及绝缘栅效应管等。报告期内，直接材料占成本 90% 以上，如果主要原材料价格发生波动，将会对公司产品成本产生影响。

2）新能源汽车产业政策调整风险：新能源汽车行业尚处于发展初期，产业格局尚未稳定，相关的产业政策仍处于不断的变化和调整当中。若新能源汽车产业政策出现较大调整，比如补贴退坡的力度超出预期，将影响新能源汽车行业的整体需求，从而对公司的销售产生影响。

3）中低速电动车产业政策变动风险：中低速电动车仍然是公司重要业务构成之一，2017 年公司中低速电动车收入相较之前有所下滑，但仍然占据 45.93% 的比例。若中低速电动车产业政策发生较大调整，可能对公司经营产生影响。

4）市场竞争风险：虽然本行业具有较高进入壁垒，但并不排除其他具有相关设备和类似生产经验的企业进入该行业；此外现有竞争对手也可能通过加大投资力度，不断渗透到公司优势领域。如果公司不能持续提升技术水平、增强创新能力、扩大产能规模和提高经营管理效率，则可能在市场竞争中处于不利地位，对生产经营产生重大影响。

5）研发风险：公司所处电动车辆电机控制器制造行业为技术密集型行业，新产品、新技术的开发能力以及新产品研制成功后能否符合市场需求十分关键。如果公司不能及时准确地把握行业发展趋势，持续进行技术创新，公司现有的竞争优势将被削弱，从而对公司未来的经营产生不利影响。

6）财务风险：较大存货规模对公司流动资金产生压力并影响到公司持续增长；此外，如果下游市场经营环境发生重大变化，使得客户既定产品需求受到影响，也有可能使得公司产生存货积压和减值的压力。此外，随着公司客户数量的增加和营业收入规模的扩大，公司应收账款余额将会持续增加，若不能及时收回，仍然可能影响到公司的现金流，增加流动资金压力，影响经营规模持续增长。

7）管理风险：报告期内，公司经营规模持续增长，公司的管理人员和工人数量也将随之增加。随之而来的管理和经营决策的难度也会加大。如果公司缺乏明晰的战略发展目标，缺少充分可行的投资项目，公司的组织管理体系和人力资源将无法满足公司资产规模扩大后的要求，对公司的持续发展产生影响。

8）核心技术人员和管理人员流失的风险：作为高新技术企业，公司对技术人才和管理人才的需求较大，核心人才的流失将对公司未来发展造成不利影响。如果核心技术人员和关键管理人员短期内大批流失，仍可能对公司经营业绩和可持续发展能力造成不利影响。

9）所得税优惠政策变动风险：报告期内，公司作为高新技术企业，适用 15% 的所得税率。若上述税收优惠政策发生变化，或公司难以持续保持高新技术企业资格，将对公司的盈利产生影响。

13. 深圳市盛弘电气股份有限公司

股票简称：盛弘股份
股票代码：300693
上市时间：2017 – 08 – 22
所属板块：创业板
企业情况概要

公司专注于电力电子技术，从事电力电子设备的研发、生产、销售和服务。公司运用电力电子变换和控制技术开发了不同的产品应用，目前主要产品包括电能质量设备、电动汽车充电桩、新能源电能变换设备、电池化成与检测设备等。公司所开发的各类产品的核心技术皆为电力电子变换和控制技术。具体而言，公司根据不同应用领域的需求情况，运用该核心技术开发出不同种类的产品，使产品能实现变换和控制电力的核心功能，满足不同应用场景下不同电力形式的需要。

基本营销数据

报告期内，公司实现营业总收入 451287050.70 元，较上年同期增长 4616928.98 元，较上年同期增长 1.03%；实现利润总额为 53790017.28 元，较上年同期下降 28.54%；实现归属于上市公司股东的净利润为 46014798.01 元，较上年同期下降 27.95%。

主营业务发展情况

电能质量业务：公司主要电能质量产品包括有源滤波设备以及无功补偿设备。报告期内，公司把握住低压电能质量市场快速发展的机遇，配合电网配电台区三相不平衡问题迫切的治理需求，大力推广 SVG、SPC 等产品。同时，积极开拓电能质量新领域，成功推出实时动态型电压调节器（AVC – RTS）、低电压线路调压器（LVR）等新产品，进一步完善电能质量产品序列，使电能质量业务得到持续稳定增长。报告期内公司电能质量业务收入为 217950506.04 元，较上年增长 64.70%。

电动汽车充电桩产品：凭借多年的充电桩行业经验积累，配合公司研发技术优势，公司针对不同的客户及应用场景研发出了便携式移动充电机、智能柔性充电堆等新产品。同时为大型公交场站、出租车集中充电站、公共停车场、物流园补电站等应用场景针对性地提供一揽子设计、施工、运营等服务。2017 年公司充电桩产品受到市场竞争激烈、国家新能源汽车补贴政策及各地方政策落地较晚，以及以国家电网为主的充电桩市场波动等不利因素叠加影响，导致公司 2017 年充电桩产品收入为 143905560.61 元，较 2016 年下降 41.76%。

新能源电能变换设备：公司生产的新能源电能变换设备包括光伏逆变器和储能变流器，两种设备均属电力电子技术在新能源领域的应用。公司储能变流器产品涵盖了 10kW ~ 1MW 的储能及微网主流机型，采用模块化设计，可以灵活适用于电网级储能和商业级微网应用。

电池化成及检测设备：公司生产的电池化成及检测设备包括锂电池系列和铅酸电池系列。公司电池检测设备主要用于动力锂电池配组成为电池组以后的检测和模拟测试。这个环节关系到锂电池组的性能稳定性和可靠性，对其出厂测试和评估有着重要的作用。2017 年公司陆续为哈尔滨光宇、湖南桑顿、合肥国轩、安徽理士等新能源动力电池龙头企业交付相关产品及提供服务，进一步奠定了公司在电池化成及检测设备技术领跑者的地位。

研发情况

2017 年，公司研发投入累计为 42773293.01 元，占 2017 年营业收入的比例为 9.48%。

主要成果有：

1）为丰富电能质量产品线，自主研发中功率电压暂降补偿装置。以多个模组串联的高压超级电容的均压方案，采用多模块并联冗余、旁路快速强迫关断及电压暂降快速检测和切换技术。

2）目前在铅酸电池生产过程中，存在着极大的能量浪费。公司研发进行负极充电放电的电源产品。实现铅酸电池正式生产前的化成，有效提高生产效率和减小生产过程中电能浪费。

3）目前的电池检测行业，只有部分国外设备能实现电流分档，但由于造价高和应用不便，导致该产品得不到大面积的推广。公司看好这一细分市场的前景，利用不同功率大小的通道并联技术与通道间的进入和推出技术研发出高精度的测试仪器，让电芯在每个阶段的充电电流都能实现较高的精度，让电池的一致性提高。

4）为解决旅游景区、租车公司及其他不方便设置固定充电设施导致诸多新能源电动车无法充电的痛点，公司自主研发出 30kW 便携式移动充电车。

5）储能产品线推出集成配电柜功能的智能切换柜，可以实现多种分布式电源接入、并离在网毫秒级切换，可以实现能量调度管理功能。

面临主要风险

1）宏观经济风险和行业风险：公司所处行业属国家战略性新兴产业，国家宏观政策变化、宏观经济风险加剧、能源发展战略、产业结构、市场结构调整、行业资源整合、市场供需变动等因素都有可能对公司的盈利能力造成冲击。

2）毛利率下降的风险：报告期内，公司综合毛利率总体处于较高水平，但市场竞争呈逐步加剧的态势。如果公司在发展过程中不能持续保持技术领先优势，不断提升市场营销和本地化服务能力，控制产品和人力成本，将有可能面临市场份额下滑，技术、服务能力被竞争对手超越的风险，存在毛利率下降的风险。

14. 深圳市英可瑞科技股份有限公司

股票简称：英可瑞

股票代码：300713

上市时间：2017 – 11 – 01

所属板块：创业板

企业情况概要

深圳市英可瑞科技股份有限公司成立于2002年，为国家高新技术企业，2017年11月1日在创业板顺利上市。公司主要从事电力电子行业领域中，智能高频开关电源及相关电力电子产品的研发、生产和销售。公司业务定位于智能高频开关电源核心部件产品及解决方案供应商，目前产品按应用领域划分，主要包括电力操作电源模块及系统，电动汽车充电电源模块及系统，以及其他电源产品。产品广泛应用于新能源汽车、轨道交通、电力、通信、冶金、化工、石油，以及直流照明、激光设备等行业。

基本营销数据

报告期内，公司实现营业收入380495152.89元，同比下降2.13%，实现归属上市公司股东的净利润84231784.24元，同比下降13.78%；实现扣除非经常性损益后归属于上市公司股东的净利润79334233.23元，同比下降18.64%。

主营业务发展情况

公司的电动汽车充电电源产品包括：电动汽车充电电源模块、电动汽车充电电源系统。2017年，随着国家有关部门对新能源汽车产业的补贴政策进行优化调整，新的政策落地后，新能源汽车充电设施的建设得到快速推进。在前三季度公司电动汽车充电电源产品销售收入持续增长，在四季度因受上游供应商的功率半导体器件供应紧缺及价格上涨，造成订单不能按期交付，使公司营业总收入较上年同期下降2.13%。市场竞争的加剧、上游主要原材料的价格上涨，使公司产品毛利率有一定下降。

公司电力操作电源产品主要包括电力操作电源充电模块、监控模块等核心部件及电力操作电源系统。公司在2017年依靠扎根行业多年形成的品牌优势、产品的丰富性及系统解决方案的能力，电力操作电源产品营业收入占公司总营业收入的12.84%，较上年同期下降2.79%，公司产品市场占有率进一步提升，电力操作电源产品行业领先的地位进一步得到巩固。

研发情况

在智能高频开关电源领域里，具有良好的技术储备和可持续研发能力。截至本报告期末，公司已取得专利17项、软件著作权22项。

公司对技术研发持续高投入，组建了优秀的技术研发团队。主要核心技术团队人员自公司设立之初就进入公司工作，技术团队稳定，且不断增加新的骨干人员。截至2017年12月31日，公司技术研发人员62人，占员工总人数22.22%。

面临主要风险

1）产业政策、税收政策变动风险：新能源汽车产业属于国家"十三五"重点鼓励发展的产业，发展前景广阔，但因行业处于发展初期，产业格局未成型，产业政策仍处于调整及完善阶段。若与新能源汽车相关的产业政策出现较大的调整，将对公司汽车充电电源产品业务产生影响。

2）原材料价格波动风险：公司的主要原材料包括电子元器件、磁元件、结构件、辅助材料等，其中电子元器件包括电解电容、半导体集成电路、半导体场效应管、印制电路板等。报告期内，直接材料占成本93%以上，如果主要原材料价格发生较大波动，将会对公司产品成本产生较大影响。

3）市场竞争风险：公司持续加大电力操作电源模块及系统、汽车充电电源模块及系统业务的开拓力度，努力拓展市场份额。国内巨大的市场面前，很多企业会进入并参与竞争，公司面临的市场竞争日趋激烈，加大毛利率下降的风险。

4）研发风险：公司所处行业属于技术密集型行业，对持续的研发能力要求较高。由于技术转化与市场存在不确定性，公司新产品的研发存在不能如期开发成功、开发新产品不符合市场需求、新产品开发滞后于别的竞争对手，从而对公司未来的经营产生不利影响。

5）管理风险：报告期内，公司的经营规模持续扩大，随着新能源汽车产业进一步强势发展，公司的资产和收入规模预计将得到增长，公司的人员规模也将增加，公司面临的管理压力也越来越大，存在一定的管理风险。

中小板

15. 深圳市科陆电子科技股份有限公司

股票简称：科陆电子

股票代码：002121

上市时间：2007 – 03 – 06

所属板块：深圳中小板

企业情况概要

公司是一家国内领先的综合能源服务商，从智慧能源的发、输、配、用、储到能效管理云平台、新能源汽车及充电站运营管理云平台等都能提供完整解决方案。公司已基本形成了围绕以智慧能源为核心的产品链、商业运营生态圈和金融服务体系。企业成立于1996年，于2007年3月在深圳证交所挂牌上市。公司荣获"2017年度中国储能产业最具影响力企业奖""2017年度中国储能产业最佳商用储能项目奖""2017年度中国储能产业最具影响力人物奖""2017年中国物流知名品牌""2017年度充电设施创新企业""2017年度最佳充电运营服务商""中国智慧物流与智能制造装备技术优秀品牌""2017'一带一路'中国新能源国际智能智造突出贡献奖"。

基本营销数据

报告期，公司实现营业收入4376025786.02元，同比增长38.40%；利润总额528010773.98元，比上年同期增长78.24%；实现归属于上市公司股东的净利润458661846.58元，同比增长68.75%；公司基本每股收益为0.34元，同比增加47.83%；公司总资产为13408950085.07元，同比增长42.08%；归属于上市公司股东的净资产为4817576966.87元，同比增长81.68%。

主营业务发展情况

报告期内公司已初步形成了围绕以智慧能源为核心的产品链、商业运营生态圈和金融服务体系：

1）公司的产品链主要包含智能配电一、二次设备、智能用电仪器仪表设备、新能源接入设备、储能系统设备、新能源汽车充电设备、芯片设计、智能安防和智能交通监控设备、围绕新能源产品制造的工业自动化以及围绕能源服务的数据采集和软件系统。

智能配电网相关产品方面，公司通过配电网产品产业链整合，加大一、二次产品融合速度，可以为两万亿配电网改造提供符合新标准的主体设备，包括一、二次融合的柱上开关、环网柜和变压器台区，静态录波型故障指示器取得重大突破。公司配电网产品在国家电网公司和南方电网公司一、二次设备招投标上多点开花，连续中标，EPC工程总承包服务开始发力。

储能领域方面，公司整合了储能电池、PCS（双向变流器）、BMS（电池管理系统）、EMS（能量调度系统）等核心技术的产业链，使得产品在质量、成本、效率等方面具有综合优势和核心竞争力。其中，电网级储能系统、商用储能系统、户用储能系统已广泛应用于电网发电侧、电网用电侧和无电地区。公司利用能量实时调控与优化运行的核心技术为独立电网和微电网解决了稳定运行的难题；利用储能设备的快速响应和精确控制能力为大型火电机组解决了发电侧辅助服务中调频、AGC控制等难题。公司在用户侧通过削峰填谷，起到电网侧调峰的作用，通过需量调度控制为终端电力用户大幅降低用电成本，此技术已被广泛应用于工商业领域。

2）公司的商业运营生态圈主要包括新能源电动汽车生态圈、新能源并网发电运营等综合能源服务。新能源汽车运营方面，公司从核心功率模块、充电设备的自主研发生产以及动力电池与整车核心部件的产业链纵向整合，从充电场站运营延伸至新能源物流车运营、新能源大巴车运营和乘用车分时租赁横向布局，形成了车桩一体的新能源汽车运营的生态体系。2017年公司智慧充电网络云平台服务于新能源汽车生态圈成员企业，包括充电运营商、新能源汽车运营商、新能源汽车个人用户、充电业务销售、新能源汽车经销商等近百家充电运营商，并完成数十家互联互通，共接入充电场站数百个，接入充电桩近万台，服务新能源汽车上万辆，充电量近5000万度。公司全资子公司科陆能源公司专注从事合同能源管理、新能源投资、建设及运营等新能源方面相关业务，在全球大力发展清洁能源的背景下，于2013年进军新能源并网发电运营领域，目前正在运营的光伏电站、风力电站总计约460MW。

3）公司的金融服务体系主要包含围绕智慧能源的保险和融资服务，现正快速发展中。

研发情况

2017年，公司研发投入301697317.28元，占全年营业收入约6.89%；公司研发人员1972人，占员工总数的39.62%。报告期内，公司共申请专利151项，获得专利166项；截至2017年12月31日，公司（含控股子公司）共申请专利1140项，获得专利624项。

投资情况

报告期内，公司积极拓展各产业链，进行了多项增资、并购及设立新子公司，投入自筹资金共计653960361.49万

元，投资回报 – 16235228.0元，包括收购全资子公司广东顺意电工绝缘器材有限公司、广东省顺德开关厂有限公司、佛山市顺德区顺开输配电设备研究开发有限公司、察布查尔锡伯自治县科陆电子科技有限公司；收购上海卡耐新能源有限公司，占股20.2%，收购EGYPTIAN SMART METERS COMPANY（S. A. E），占股60.0%；收购广东顺德农村商业银行股份有限公司，占股0.005%；新设全资子公司山东科陆售电有限公司、浙江科陆售电有限公司、无锡陆金新能源科技有限公司、深圳市科陆智慧能源有限公司、无锡科陆新能源科技有限公司、科陆中电绿源（天津）新能源汽车科技有限公司、河北科陆中电绿源新能源汽车科技有限公司、南昌市科陆智能技术有限公司、南昌科陆新能源汽车有限公司、江西科陆智慧科技有限公司、广东粤新顺机电设备安装有限公司、分宜县陆能新能源有限公司、宜春市科陆储能技术有限公司、大同市智慧科陆储能技术有限公司、佛山市顺德区顺又捷售后服务有限公司、广州科陆中电绿源新能源汽车有限公司，新设湖南科陆中电绿源新能源汽车有限公司，占股80.0%；新设山西泰华科陆新能源科技有限公司，占股46.67%；新设广东九傲电气有限公司，占股25.0%；增资浙江山顶资产管理有限公司，占股30.0%，增资湖南乐善新能源有限公司，占股20.0%。

面临主要风险

1）产业政策变化风险：公司产品主要应用于智能电网和新能源等战略性新兴产业。近年来，国家与地方政府先后出台了各种政策鼓励新能源电动汽车、储能等战略性新兴产业的发展，公司面临着良好的发展机遇，同时也存在风险，若未来相关产业政策发生较大调整，可能会对公司业务发展带来一定影响。

2）公司规模扩大及新业务拓展带来的管理风险：随着公司业务的快速发展，公司控股或参股公司在持续增加，公司资产规模、经营业务范围和地域范围进一步扩大，对经营团队的管理水平、风控能力、反应速度、资源整合能力等方面均对公司提出了更高的要求。尽管公司管理团队经验丰富，但如果公司在规模扩大的过程中不能有效地进行管控，资源没有得到有效配置，将对公司发展形成一定风险。

3）技术失密和核心技术人员流失的风险：人才是公司发展的根本，技术优势一直是公司的核心竞争优势之一。公司通过对研发技术人才多年的培养及储备，目前已拥有一支专业素质高、经验丰富、创新能力强的研发团队。公司已通过核心技术人员股权激励等方式，有效提高了核心技术人员和研发团队的忠诚度和凝聚力，但随着公司所处行业竞争的加剧，公司仍存在技术失密和核心技术人员流失的风险。如果出现技术泄露或核心技术人员流失情况，将会对公司产生不利影响。

4）企业并购整合风险：近年来，公司通过投资、并购、参股等多种方式积极推进公司的战略部署。在完成并购后，如公司与标的公司管理团队整合不及预期，不能做到资源与业务的有效整合，标的公司业绩未能兑现承诺等情形，从而可能导致公司投资并购效果不达预期，甚至拖

累公司业绩的风险。

5）流动性风险：近年来，公司在新能源方面的业务扩张较快。新能源行业属于资金密集型行业，在项目开发过程中需要大量的资金投入。由于经营规模扩大、融资规模增加，导致公司资产负债率有所上升。若公司新能源业务的开拓达不到预期，或国家宏观经济形势、信贷政策和资本市场发生重大变化或调整，可能导致公司的融资受到限制或公司的融资成本上升，使公司面临一定的资金周转压力。

16. 深圳奥特迅电力设备股份有限公司

股票简称： 奥特迅
股票代码： 002227
上市时间： 2008 - 05 - 06
所属板块： 深证中小板

企业情况概要

公司成立于 1998 年，国家级高新技术企业，大功率电力电子设备整体方案解决商。作为电力自动化电源细分行业的龙头企业，公司负责起草或参与制定了 40 多项国家及行业标准，是我国目前唯一一家核安全级电源供应商。公司拥有 20 年工业大功率充电设备研发、制造、运行经验。公司业务主要涵盖智能一体化电源设备、电动汽车充电、电能质量治理设备。

基本营销数据

2017 年度，公司取得阶段性经营成果，实现营业收入 36653.60 万元，与去年同期相比增加 1.54%；归属于母公司所有者的净利润 1484.01 万元，与去年同期相比增加 62.80%。

主营业务发展情况

公司现有主营业务主要分为智能一体化电源设备、电动汽车充电业务、电能质量治理设备。

智能一体化电源设备：历年来，公司直流操作电源设备在国网、南网的同类设备供应商中交付与运营的设备一直名列前茅；2017 年开发的基于智能型母联装置的高可靠性直流电源系统将为两网带来更高运行可靠性，也将为公司带来新的利润增长点。

电动汽车充电业务：受制于日益增长的充电需求与充电基础设施的供给，城市电力负荷与公用停车位数量紧张的矛盾日益突出，公司第二代充电技术——集约式柔性公共充电堆突破了原来一车一桩（固定功率）模式，为有效解决上述矛盾提供了良好的整体解决方案。在报告期内，集约式柔性公共充电堆技术在兰州皋兰充电站、广州竹山停车场充电站一期、广州门口岗停车场充电站、广州珍宝大厦充电站、广州市第二公共汽车公司增城职教园充电站、广州市第二公共汽车公司番禺金山谷充电站、广州珠吉公交车充电站、广州龙洞公交车充电站等多地区获得了客户的肯定与广泛运用。

电能质量治理设备：公司产品进入全面"模块化"阶段，原有 400V 50A APF、75A APF、50kvar SVG 等模块化产品持续备货及销售，并完成了 100A APF、100kvar SVG 等模块化产品的小批量试制、优化及市场投放。负责电能

质量业务的子公司西安奥特迅电力电子技术有限公司通过高新技术企业复审认证、知识产权管理体系认证，并且荣获 2017 年陕西省电源协会"行业领军企业"称号。

研发情况

报告期末，公司专业从事研发与技术的人员达 276 人，占公司员工总数的 40.06% 左右。

在电力自动化电源领域，开发了基于智能型母联装置的高可靠性直流电源系统、新一代具备内阻测试功能的电池监测系统、故障录波仪。

在电动汽车充电领域，公司启动了深圳市重大项目"智能共享型电动汽车大功率充电设备关键技术研究与产业化"，重点研究基于双路串并交错并联 LLC 电路的宽范围高效率 30kW 充电模块、MW 级高融合度电动汽车柔性充电堆集成技术以及多目标、自适应的动态功率加权控制策略等技术，积极开展大功率充电相关技术研究和试点建设，积极开展基于堆技术的集约式柔性公共充电模式研究，为电动汽车充电基础设施建设，探索全新的发展模式。

投资情况

报告期内自建奥特迅工业园，涉及行业是不间断电源和新能源汽车充电，本期投入金额为 26699361.96 元，项目进度 20%。

面临主要风险

1）政策风险：公司产品目前主要应用于电力和新能源电动汽车等行业。公司目前所处行业的发展不仅取决于国民经济的实际需求，也受到国家政策的较大影响。未来存在政府调整扶持政策或减小扶持力度的可能性，这将对新能源汽车及相关产业的发展带来不利的影响。

2）技术革新风险：电力电源技术更新快、研发周期长、市场需求多变，相关产品、技术的生命周期逐步缩短。如果公司不能持续保持技术创新，不能及时准确把握技术、产品和市场的发展趋势并实现技术和产品升级，现有的技术和产品将面临被淘汰的风险，对公司的经济效益及发展前景造成不利影响。

3）毛利率下降的风险：新能源汽车产业发展前景广阔，形成了众多企业争相进入的局面，在一定时期内将导致行业竞争加剧，公司利用先发优势所带来的高毛利将难以维持；同时在公司产品应用的各行业，由于竞争所导致的产品价格下降趋势将长期存在。

4）经营管理的风险：随着公司发展规模的不断扩大，公司目前下设多家子公司，业务覆盖面不断延展。如果公司在管理上不能及时适应规模迅速扩张的需要，将削弱公司的市场竞争力。

17. 深圳市英威腾电气股份有限公司

股票简称： 英威腾
股票代码： 002334
上市时间： 2010 - 01 - 13
所属板块： 深证中小板

企业情况概要

公司专注于工业自动化和能源电力两大领域，向用户提供最有价值的产品和解决方案，依托于电力电子、自动

控制、信息技术，业务覆盖工业自动化、新能源汽车、网络能源及轨道交通。主要产品涵括工业物联网解决方案、控制器、变频器、伺服系统、高效能电机、新能源汽车动力总成系统、主电机控制器、辅助电机控制器、驱动电机、车载充电电源、充电桩、数据中心基础设施、光伏发电、电能治理、城市轨道交通牵引系统、工程车牵引系统、矿用车牵引系统、列车空调控制器等。产品广泛应用于起重、机床、电梯、石油、金属制品、电线电缆、塑胶、印刷包装、纺织化纤、建材、冶金、煤矿、新能源汽车、轨道交通、电源、光伏等行业。

基本营销数据

公司 2017 年实现营业收入 2122310971.78 元，同比增加 60.30%；营业利润 22368.90 万元，同比增加 916.15%；归属于上市公司股东的净利润 22585.50 万元，同比增加 231.81%。公司基本每股收益为 0.2992 元，较上年同期上升 231.71%；公司资产总额 3219057724.81 元，较上年末增加 24.62%；归属于上市公司股东的净资产 1848072186.30 元，较上年末增加 12.14%。

主营业务发展情况

工业自动化方面：公司通用变频器竞争力强，不断推出高性价比的通用变频器，其中 Goodrive20 高性能矢量变频器曾获十大年度最具竞争力创新产品称号。专用变频器方面，不断推出了针对不同行业的行业专用变频器，提供一体化的整体解决方案，其中 Goodrive300 - 21 系列空压机双变频一体机获得"2017 中国工控自动化领域年度最佳产品奖"。伺服业务 2017 年开始扭亏为盈，高性能 DSV200 系列伺服主轴驱动器 2017 年底正式面市。

新能源汽车方面：公司的新能源汽车业务已经涵盖电机控制器、电机、车载电源和充电桩等产品。电机控制器方面，适用车型涵盖了新能源客车、物流车、环卫车和乘用车等，2017 年电控产品凭借优秀的综合实力通过宇通各项审核，跻身宇通客车供应商。电机方面，收购普林亿威，补充驱动电机产品，完善新能源汽车产业链，形成电驱电控一体化解决方案。

网络能源方面：电源公司于 2017 年再次获得"国家级高新技术企业"称号。公司模块化 UPS 电源销售量位居前茅，并能够提供多种数据中心解决方案。光伏公司，分布式光伏逆变器销量增长喜人，2017 年的收入在 2016 年的基础上翻两番，并获得"2017 年度最受欢迎分布式光伏逆变器企业"称号。

轨道交通方面：2017 年 9 月，深圳市英威腾交通技术有限公司中标深圳地铁 9 号线西延长线工程地铁车辆电气系统项目，实现从 0 到 1 的首单突破。成为继中车集团之后中国轨道交通市场唯一具备 100% 自主知识产权、研发能力和产业化能力的牵引系统供应商，也是该领域广东省唯一具备持续研发能力的本土企业。

研发情况

公司不但拥有在国内内资品牌中领先的研发能力和综合技术水平，更参与到了行业标准的制定中，公司所研发的矢量变频器代表了国际先进水平，相对其他内资品牌具备更加突出的产品性能和质量优势，也奠定了与外资知名品牌同台竞技的基础。公司拥有深圳市第一个变频器工程技术研究中心，设有技术委员会和研发中心，建立了专业化分工的高效技术创新体系和行之有效的创新激励机制。近年来通过持续加大研发投入力度、人才引进、强化研发和技术力量，逐渐打造出一支技术精湛、创新力强的研发团队。公司拥有专业从事产品开发的核心领军人才与骨干人才梯队，研发技术人才储备充分。公司目前拥有多项专利和软件著作权，所有产品均为自主研发，拥有全部知识产权。公司在变频器的软件算法领域和硬件设计领域拥有多项关键技术储备，为今后的长期持续发展奠定了良好基础。公司研发的自主化轨道交通车辆牵引系统可参与国内外的项目投标，进一步成为公司实施进口替代的有力武器，达到降低建设成本和提升服务水平的最终目标。

投资情况

报告期，公司公开发行可转换公司债券预案，拟公开发行可转换公司债券，总额不超过人民币 68800 万元，投资《低压变频器产品智能化生产扩产建设项目》《苏州技术中心建设项目》及补充流动资金。

本年度处置子公司深圳市英威腾能源管理有限公司部分股权，原持股 55.58%，处置股权 35%，剩余股权为 20.58%，从而丧失对能源管理公司的控制权。

公司第四届董事会第二十七次会议审议通过了《关于注销全资子公司徐州英威腾电气设备有限公司的议案》，同意注销全资子公司徐州英威腾电气设备有限公司，并授权董事长及其授权人员办理相关事宜。

面临主要风险

1）宏观经济及政策风险：行业的发展与国家宏观经济和宏观政策密不可分，当宏观经济不振，或者宏观政策落地效果不佳时，均会影响到公司产品的销售和收入的增长。

2）市场竞争风险：市场已进入充分竞争时代，如果竞争对手调整经营策略或者提升产品技术能力，则可能对公司构成威胁，影响公司经营业绩。

3）人才流失风险：作为以研发、销售为主导的高新技术企业，人才对企业的发展至关重要。随着业务的快速发展，对高素质人才的需求逐步加大，招聘引进的人才需要通过培训、融合才能适应公司的经营模式和理念。人才引进与企业目标存在一定差距。如何培养和引进人才，保持人才队伍的稳定是公司的重点工作，同时，由于行业竞争激烈，公司也面临着人才流失的风险。

18. 厦门科华恒盛股份有限公司

股票简称：科华恒盛
股票代码：002335
上市时间：2010 - 01 - 13
所属板块：深证中小板

企业情况概要

公司于 1988 年创立，2010 年深圳 A 股上市，2017 年，公司在能基（UPS、高端定制电源、军工电源、电力自动化系统）、云基（云动力、云服务、云安全）和新能源（光伏、储能、微网、售电、电动汽车充电系统）三大业务板块均取得战略性突破。同时，公司深耕市场，进一步推动能基、云基、新能源三大业务有机融合，发展出"地铁＋光伏"等新的业务模式和整体解决方案，进一步促进公司从设备制造商向整体解决方案和技术服务提供商转型。报告期内，公司进一步优化组织、强化运营变革，公司运营质量和盈利能力均得到优化。

基本营销数据

报告期内，公司实现营业收入2412344741.63元，同比增长36.29%；归属于上市公司股东的净利润426208114.86元，同比增长148.42%；基本每股收益1.55元，同比增长131.34%。

主营业务发展情况

报告期内，公司的主要业务为能基（UPS、定制电源、军工电源、电力自动化系统）、云基（数据中心、数据安全、云资源服务）和新能源（光伏、储能、微网、电动汽车充电系统）三大业务领域，并在能基、云基、新能源三大业务的基础上，深耕细分市场，不断拓展轨道交通、国防军工及核电业务领域。

云基业务：报告期内，公司完成了对天地祥云的100%并购，并在此基础上，整合公司旗下云计算相关业务，成立独立运营的"科华恒盛·云集团"。报告期内，云集团获得了2017中国IT市场年会五项大奖、GITC2017"互联网最佳服务奖""2017年度中国IDC产业最具影响力企业奖"等荣誉。

能基业务：2017年，公司能基业务在金融、通信、公共等领域继续保持领先。核电领域，公司获颁业界首批民用核安全设备设计和制造许可证，并研制出国内第一套核电厂1E级K3类UPS（包括充电器、逆变器）设备，打破国外技术垄断，同时成功中标中广核"华龙一号"首堆项目——广西防城港核电站二期工程。军工领域，公司参与建军90周年阅兵信息保障，因贡献突出受到褒奖。报告期内，高可靠的产品质量及高效率的服务能力，使公司为央视鸡年春晚哈尔滨分会场、厦门金砖会议和天津全运会开幕式等提供全方位的电源保护，并均取得圆满的成绩。

新能源业务：报告期内，公司连续第三年入选全球新能源企业500强。在售电领域，公司在广东等地探索售电业务。在充电桩领域，公司入选万科集团供应商，助力电动汽车绿色出行。作为国内领先的新能源解决方案及综合能源服务提供商，公司"基于绿色能源灵活交易的智慧分布式微电网云平台试点示范项目"入选国家能源局首批"互联网＋"智慧能源（能源互联网）示范项目。报告期内，公司获得"中国充电桩年度成长最快企业""中国逆变器市场年度成长最快企业"等多项荣誉。

研发情况

2017年公司完成专利申报274项：申请发明85项、实用新型128项、外观专利37项、软件备案24项。截至2017年，公司共有发明专利67项、实用新型193项、外观专利126项，合计有效授权专利386项，软件著作权备案229项，即获得有效知识产权615项。

云基方面，依托自主领先的数据中心设计技术、数据中心智能组网与监控技术及丰富的工程设计和建设经历，公司陆续推出、优化了云动力生态节能型数据中心、模块

化数据中心、微型数据中心等各种行业级整体解决方案和产品系列，包括基础的硬件产品和软件产品，如千柜级以上大型数据中心的动环和运维管理系统，同时，公司继续优化领先的量子通信技术在高安全等级数据中心解决方案中的应用、系统性能，可为国防军工、政府、金融等重要客户打造新型节能、高安全保密等级的数据中心。

能基方面，开发了基于锂电池后备储能的高效率UPS产品，并获得客户批量订单；开发的800kVA高效率大功率高频化UPS、480V系统的工业用大功率UPS系列产品、2MW的城市轨交能量回馈系统，丰富了高端电源产品线配置。在自主研发的核级UPS通过核电厂1E级K3类产品认证后，成功将400kVA的核电UPS系统应用到防城港二期的华龙一号中，继续保持公司在大功率高端电源市场国内领先的行业地位。基于公司多年在能基方面的技术积累，公司的"重大工程灾备电源关键技术与产业化"获得了福建省2016年度科学技术进步一等奖，"大功率多能源不间断电源系统关键技术及应用"获得我国教育部2017年度技术发明一等奖。

新能源电动汽车充电方面，开发了新一代高效率的AC/DC充电模块，全面提升充电系统的运行效率和经济效益；开发的大容量柔性充电系统技术和产品、基于广域应用的充电桩运营云管理系统等全面提升了公司在城市站级充电站、高速公路电动汽车充电站、酒店及停车场电动汽车充电站、家庭电动汽车充电桩等应用场合的市场竞争能力，为公司在电动汽车能源与管理业务拓展奠定了坚实的产业化基础。

投资情况

2017年，公司继续坚持"内生增长＋外延并购"的策略。在云计算基础领域，完成了对天地祥云100%股权的战略收购，通过对现有的品牌、团队和技术等资源的整合，提升了IDC运营规模和营销能力，真正实现了云计算基础服务＋增值服务的业务布局，初步实现了"从硬到软""从产品到方案，从方案到平台"的战略转型。报告期内，公司完成了中经云数据存储科技（北京）有限公司股权的退出，并实现了约1.3亿元的投资收益。

19. 杭州中恒电气股份有限公司

股票简称：中恒电气

股票代码：002364

上市时间：2010－03－05

所属板块：深证中小板

企业情况概要

2017年，公司以能源互联网产业布局为基础，扎实推进各业务领域协调发展，塑造业务发展新格局，提高云平台服务化质量，促进高压直流电源系统高速增长，巩固储能系统、智能微网等业务的向好势头，发挥平台优势和产品优势，以一体化综合能源服务为根本，强化线上与线下、通道与枢纽、设施与设备的功能衔接，提升精细化、个性化服务的连续性、无缝化水平，为能源互联网产业全面发展打下坚实的根基。

基本营销数据

报告期内，公司实现营业收入 866109400.94 元，比上年度下降 2.81%；营业成本 852633450.45 元，比上年度增长 14.78%；公司研发投入 97069370.26 元，比上年度增长 18.86%；归属于上市公司股东净利润为 63774347.23 元，比上年度下降 59.71%。

主营业务发展情况

（1）公司电力信息化业务

1）横向上，覆盖智能调度、智能运检、智能电网、能源规划咨询业务领域。报告期内，公司拳头产品继电保护整定计算、在线校核业务、电力精益生产管理系统仍保持龙头地位；参与建设了国家电网一体化电量与线损管理系统重点项目，与国网能源研究院合作构建国内第一个城市能源研究院，有效推动了以咨询为切入点带动公司产品系列的全面发展。

2）纵向上，进军新能源、大数据、云计算业务领域。公司持续深化新能源发电业务；通过参与国家电网全业务统一数据中心分析域的建设，扩充公司技术体系，开展了针对国网大数据平台、网络爬虫技术研究，并取得了重要突破；其次，公司结合电力体制改革发展进程，将配网经营、需求侧管理、售电管理、增值服务等融为一体，为配售电公司提供面向综合服务产业的一体化解决方案。

（2）电力电子产业

1）新能源汽车充电设备：报告期内，公司牵头制定了"浙江制造"团体标准 0230—2017《电动汽车交流充电桩》，全面开展了光储充一体化、柔性充电、V2G 及 V2H 技术等协同工作模式的技术升级，并通过智能调控和充放电系统的一体化工作网络，构筑可移动模块式超级充电站，开发基于削峰填谷的超高功率充电设备及综合解决方案，为行业发展创造更大的生态价值。

2）高压直流电源系统：2017 年公司深挖业务应用，布局国内市场，屡次中标 BAT、通信运营商、互联网云计算、数据港、军工、电网等 IDC 机房建设与改造项目，获得了阿里集团独家供应商资质；掘金国际市场，在东南亚电信柬埔寨数据中心取得突破，品牌认可度和产品美誉度不断提高，在高压直流电源领域独占鳌头。

3）直流电源系统：公司开发出一系列高效稳定、节能环保的成套电源系统产品，满足用户的多样化需求，保障数据传输安全可控。报告期内，公司面向 4G 时代精益化管理的需求和 5G 技术的革新，研制出的通信微电源系统，进一步实现了产品的稳定性优化和增效节能，降低了建设和运维成本；基于中心端动环云弹性扩展管控应用，为用户提供通信基站动力环境智慧监控及供电解决方案，更加高效地满足客户应用需求的升级转变，实现公司电源系统业务稳健增长。

4）LED 电源：公司在专业照明系统的基础上融入了云计算、光伏、储能、充电设备、高压直流电源的核心技术，设计开发出光储充智慧照明系统、PLC/ZigBee 智能照明控制系统、HVDC 集中供电照明系统。报告期内，公司创新推出的 350W/24V 恒压源，荣获中国照明网第七届"金手指奖"并被评选为"优秀 LED 电源品牌"。

（3）能源互联网领域

1）社会运维服务：在社会运维服务领域，公司有效发挥区位优势，提供从前期设计到后期管理的个性化能源管理全面解决方案，构建"智慧运维"样板服务商，中恒云能源分别与深圳市易电能源互联网科技有限公司、重庆寒阳售电股份有限公司等签署了股权合同，通过线上线下串联、平台共享、资源集中管控等多种途径，进一步扩大公司产业布局，快速建立市场优势。

2）储能领域："钱江锂电 500kW/2000kWh 集装箱储能系统"并网运行项目，作为目前浙江省用户侧最大的锂电池储能项目，公司在数据中心机房备电服务系统 + 储能应用的基础上，结合了削峰填谷和退役动力电池梯次利用技术，将储能监控与能量管理系统进行成功应用，为公司打造多能生态网、继续探索"储能＋"新应用模式积累了实践经验。2017 年 12 月，由子公司上海煦达主导设计的国内首套 MWh 级梯次储能系统投运于国网江苏省电力公司的并网智能互动平台，以梯次储能支撑能源互联网，带动储能系统成本进入 1 元/Wh 新时代，上海煦达利用微网控制系统协调多种电源的无缝切换和不间断供电的技术实施方案成功获得日本客户认可，开创了中国公司首次在日本开展智能微网项目商业化运营的先河。

研发情况

报告期内，公司拥有研发人员 569 人，占比 29.22%，年度研发支出总额 9707 万元，较上年同期的 8167 万元增加 18.86%，研发支出占营业收入的比率 11.21%，较上年同期增加 2.05%。本期公司研发投入资本化的项目是，中恒云能源知能平台，金额为 952 万元。

投资情况

报告期内公司投资新设煦达新能源欧洲有限公司，尚未对整体生产经营和业绩的影响，清算注销宁波中恒晖瑞电子有限公司，投资收益为 – 18108.35 元。

面临主要风险

1）行业政策风险：公司主营业务涉及行业的市场发展较容易受到国家总体经济政策和宏观经济环境的影响，若主要的宏观经济、政府补贴趋势发生重大变化，产业政策扶持及落地不及预期，补贴退坡边际效应递减，将在一定程度上影响公司该类业务的发展及公司盈利能力。

2）市场竞争风险：通信产业链发展、政企信息化支出、5G 测试及应用等方面进展都不及预期，作为两大上游产业的新能源汽车整车制造和电池技术目前尚存在诸多问题，特高压电网建设和新能源汽车市场接受度不及预期，充电网建设滞后，光伏海外市场波动。未来诸多市场的竞争及波动因素都会对公司市场带来可能的冲击。

3）应收账款可能带来的财务风险：光伏、储能行业具有单个项目金额大、付款周期长等特点，将会导致公司应收账款余额较快增加，若行业经营环境变化、客户财务状况恶化、信用状况改变，就会加重公司应收账款负担，面临可能的风险。

4）人才流失风险：目前的行业对人才需求量大，竞争激烈，未来的发展前景很大程度上也依靠于以核心管理人员及研发人员为主的优秀人才队伍的获取、吸引及培养能力。但如果出现技术泄密、核心技术研发人员离职流失、或公司核心人才加盟竞争对手或成立竞争公司，人才缺失漏洞无法快速填补替代，将对公司持续进行的研发技术创新、市场开拓竞争产生不良影响。

20. 深圳科士达科技股份有限公司

股票简称： 科士达
股票代码： 002518
上市时间： 2010 – 12 – 07
所属板块： 深证中小板

企业情况概要

科士达公司成立于 1993 年，是一家专注于电力电子技术及新能源领域的智能网络能源供应商。公司作为中国不间断电源产业领航者、行业领先的安全用电环境一体化解决方案提供商、新能源发电系统解决方案提供商，主要致力于数据中心关键基础设施产品、新能源光伏发电系统产品、储能系统产品、电动汽车充电产品的研发、制造及一体化解决方案应用。公司坚持"市场导向 + 技术驱动"的发展思路，经过 25 年的行业深耕，建立了行业领先的营销网络平台及供应链生产平台，并构筑了完善的自主知识产权体系及业界领先的研发平台体系，并以此形成了企业可持续发展的核心竞争力，为公司业绩持续健康稳定增长奠定坚实基础。

基本营销数据

报告期内，公司实现营业总收入 272961.62 万元，比上年同期增长 55.94%；实现营业利润 40603.03 万元，比上年同期增长 31.03%；实现利润总额 41181.04 万元，比上年同期增长 23.01%；实现归属于上市公司股东的净利润 37143.94 万元，比上年同期增长 25.55%。基本每股收益 0.64 元，同比增长 25.5%。公司资产总额 3816220213.02 元，较上年末增加 35%；归属于上市公司股东的净资产 2264352031.43 元，较上年末增加 14.93%。

主营业务发展情况

数据中心关键基础设施产品：公司作为最早进入数据中心产品领域的国内企业，数据中心关键基础设施产品已包含不间断电源（UPS）、精密空调、精密配电、蓄电池、网络服务器机柜、动力环境监控等设备和系统，广泛应用于金融、通信、政府机构、军工、轨道交通、电力、制造等行业和领域，是保障数据中心信息安全、可靠运行必不可少的关键设备。报告期内，公司数据中心关键基础设施产品实现营业收入 164443.31 万元，同比增长 28.76%；其中，得益于公司产品可靠性及转换效率等技术提升，公司大功率 UPS 产品在报告期内收入实现大幅增长，市场占有率稳定提升。

新能源光伏发电系统产品：公司现有新能源光伏及储能系统产品主要包括：集中并网光伏逆变器、分布式光伏逆变器、智能汇流箱、防逆流箱、直流配电柜、太阳能深循环蓄电池、监控及家用逆变器、模块化储能变流器、大功率储能变流器、太阳能深循环电池等，在报告期内新能源光伏及储能系统产品实现营业收入 91546.26 万元，同比增长 137.22%。报告期内，公司新能源光伏及储能业务得

益于产品的全功率范围覆盖、针对市场痛点的有效技术解决方案以及精准的市场推广策略，在新能源光伏行业、海内外市场均获得了广泛认可，为未来的稳定发展奠定了坚实的基础。

电动汽车充电桩产品：公司电动汽车充电桩产品体系中目前包括一体式直流充电机、分体式直流充电机、便携式直流充电机、车载式直流充电机、落地式交流充电机、壁挂式交流充电机。报告期内，公司电动汽车充电桩产品实现营业收入 14774.82 万元，同比增长 108.55%，凭借着在研发、生产、采购及渠道等方面的整体优势，在报告期内公司充电桩业务得到了爆发式的增长。

研发情况

报告期内，研发投入 127792349.69 元，比上年同期增长 51.38%，占营业收入的 4.68%；研发人员 395 人，占公司人员的 14.16%。报告期内，公司取得发明专利 9 项，实用新型专利 4 项，外观设计专利 12 项，并在报告期内，再次被认定为高新技术企业。

各产品的研发情况如下：

（1）数据中心产品

微单元数据中心：报告期内，公司在原来微单元数据中心（IDU）1.0 基础上，对产品进行持续优化，并推出了升级的 2.0 版本。新版本产品通过标准化工作，提高部件标准化水平，缩短交货时间，能有效提高客户满意度。

微模块数据中心：报告期内，公司的微模块数据中心（IDM）在报告期内推出了 3.0 版本，该版本增加最新 50kVA 高频 UPS 模块、行级空调等，其中 50kVA 高频 UPS 模块能有效降低配电成本；而行级空调则实现柔性输出及优化气流组织，做到精确匹配制冷需求的同时提高制冷效率。

UPS 系列产品：报告期内，公司致力于提供丰富的产品系列以尽可能满足客户的不同需求和使用环境。公司开发完成最大功率可达 150kVA 的插框式 UPS，此款产品可嵌入 19 英寸宽标准机柜，完全贴合小型数据中心和机房 IDU 的设计需求。YMK 系列高频大功率模块 UPS，继 50kVA 模块开发完成后，在相同尺寸下，完成了 60kVA 模块的开发。YDC 三进三出系列塔式机型最大容量由 80kVA 拓展到 200kVA，为客户提供了更小空间更低成本的产品方案。高频单相机方面，6/10kVA 的单进单出 UPS、10/15/20kVA 的三进单出 UPS 均堆出了更高功率密度的小型化系列产品。

高频单相机方面，适用于数据中心的 6kVA/10kVA RT 高效率机型开发完成，各项指标符合国家一类标准；专门针对北美的 120V 电压制式，从 1kVA 到 50kVA 的单相及三相 UPS 机型已研发成功，为拓展海外 UPS 市场奠定基础。

Starscope 动力与环境监控系统：报告期内，Starscope 动力与环境监控系统对数据中心基础设施进行数据采集和分析，并通过对数据中心设施的监控、管理和优化，帮助运维人员实现简单运维，让运维管理更高效，进而保障数据中心绿色安全高效运行。针对 IDU 和 IDM 开发了相应版本监控软件系统，并成功申请 2 个新软件著作权；在硬件部分，成功开发一体化监控主机和网点型采集器，对监控系统进行了硬件完善。

（2）光伏逆变器产品

2017 年，公司在集中式光伏逆变器及组串式光伏逆变器产品方面均成功开发出 1500V 系统产品，其中，集中式产品的 1500V 1.25MW 单机已成功投入市场运营；组串式 1500V 6 路 MPPT 产品已完成样机测试。上述产品的成功研发，使得公司的逆变器产品从系统上实现降低光伏发电成本、提高系统发电效率的效果。伴随着公司高压系统产品的成功开发，公司的组串式逆变器产品单相、三相也已实现全功率范围覆盖。在产品认证方面，公司的集中式、组串式逆变器产品均获得国网 3A 认证。同时，报告期内，公司的监控系统也已全面实施应用。

（3）储能产品

报告期内，公司完成并离网切换型 PCS 的研发，产品功率等级涵盖 30～630kW；并成功完成 50kW 模块化 PCS 及系统的研发，实现了功率等级 50～600kW 的覆盖；完成 50kW 模块化直流变换器及系统的研发，实现了功率等级 50～300kW 的覆盖；并成功完成了 EMS 系统、MWh 级集装箱系统、第二代光储混合逆变器的研发。随着 2017 年几款储能系列产品的相继研发成功，公司已经具备提供含电池、电池 BMS、散热系统、消防系统、PCS、EMS、升压变等系统集成能力，并可根据市场需求提供微电网解决方案、调频解决方案、削峰填谷解决方案、光储充系统解决方案等。

（4）电动汽车充电系列产品

2017 年，在充电桩整桩方面，公司完成了一体式（单枪/双枪/四枪）直流快速充电机 15～200kW 系列产品、一体式（单枪/双枪）直流快速充电机（小型化 80kW）产品、一体式直流快速充电机（移动式 40kW）产品、分体式直流快速充电机 150～400kW 系列产品、3.5kW/7kW/42kW 壁挂式与立柱式单枪交流充电桩系列产品、7kW 一体落地式单枪/双枪（分充）交流充电桩广告机系列产品、7kW/42kW 一体落地式单枪/双枪（分充）交流充电桩系列产品的产品开发；其中，一机四枪一体式充电桩，可实现单枪在满功率、四分之三功率、二分之一功率以及四分之一功率之间切换，可以满足充电场站白天大功率补电、夜间多枪同时小功率充电的使用需求，能够有效减少客户在夜间的维护以及人力成本。在充电桩模块方面，已形成电压等级为 500V 和 750V 的 15kW、20kW 产品系列；其中，新研发 20kW 充电桩模块在功率提升的同时，充分考虑现有的客户使用和升级扩容，保持电源模块的尺寸与公司现有 15kW 模块完全相同，从而进一步保证客户在保持系统结构不变的情况下，有效提升充电功率，缩短充电时间。目前，充电桩产品全系列通过国家智能电网用户端质量监督检测中心认证、中国计量认证、中国质量认证、国网电力科学研究院实验验证中心认证、中检南方相关充电桩测试、中国电动汽车充电基础设施促进联盟认证，转换效率、兼容性等各项指标都处于行业领先水平。

（5）直流电源产品

公司继续加强在 AC/DC、DC/DC 电源模块、光伏模块产品和系统产品的研发，完善通信电源、高压直流、电力电源、定制电源、光伏新能源的产品系列。其中通信电源产品完成了 1U、2.5U 高效模块及其系统开发，完成核心机

房、IDC 数据中心大电源系统开发，提前布局 5G 电源，成功取得铁路 CRCC 认证，入围多条铁路和地铁项目，进一步拓展了公司在铁塔及三大运营商的集采业务。

（6）电池产品

报告期内，公司电池系列产品成功开发出 12V 系列高功率电池，并已进行批量试产。高功率电池的顺利开发，在数据中心的实际应用中能有效降低建设用地面积、电池维护成本、空调运行能耗，真正地实现了"低碳、绿色"。

投资情况

在报告期内，全资设立荷兰科士达科技股份有限公司、深圳同科新能源有限公司、安达市同科新能源有限公司。子公司广东科士达工业科技有限公司本报告期净利润较上年同期增长 5835.31%，主要原因为本期高附加值产品的销售额增长以及加强费用管控所致；子公司深圳市科士达软件科技有限公司本报告期净利润较上年同期增长 292.76%，主要原因为本期加强研发投入以及实行单独的绩效考核制度，导致销售额增长所致。

面临主要风险

1）法律风险：随着公司在海外分支机构的设立和海外业务的不断扩张，由于当地法律环境的复杂性，虽然公司力求遵守所有当地适用的法规且无意违反，但仍可能存在各种难以预见的风险。公司将一如既往地采取主动评估和预防措施，并积极应对有关风险。

2）政策风险：公司光伏新能源及储能产品和电动汽车充电桩产品市场发展受政策的影响，国家大力发展新能源行业和推广电动汽车充电设施建设为未来方向，但如果政策未及时落地、扶持效果不及预期，将对公司经营产生影响。为有效控制上述风险，公司将紧密跟踪政策动向和市场变化，采取有效的应对措施，以满足市场需求和抢占市场份额。

3）战略风险：公司所处的数据中心产业和新能源产业发展迅速且复杂多变，现有市场竞争日益激烈，新技术、新产品、新商业模式不断涌现，产业发展方向的不确定性大大增加，给公司的战略选择带来极大挑战。面向未来，公司将紧紧围绕数据中心产业和新能源产业深耕细作，将"以客户为中心"作为最根本的战略选择，持续深入理解、挖掘并满足多样化的客户需求，向市场推出更加优质的产品和服务，帮助客户不断降低综合成本，以保持和扩大我们的竞争优势，从而不断提升企业的经营业绩。

4）财务风险：公司的财务风险主要体现在应收账款回款方面，随着公司业务规模不断增长，应收账款总额也在不断地扩大，特别是光伏新能源产品回款周期长、回款风险大的问题一直存在。公司一方面组织资源加紧推动客户回款，另一方面加强对客户信用的评估，选择回款风险较小的项目，降低应收账款回款风险。

5）汇率波动风险：随着公司海外业务占总营业收入的比重增加，且公司海外业务主要以美元结算，鉴于人民币汇率走势的不确定性，公司存在以外币结算的收入按人民币计量时波动的风险，因此人民币汇率波动可能造成公司业绩波动。公司将通过适时开展外汇套期保值业务，或在业务合同中约定固定汇率并在适当时机启动价格谈判的做

法，有效控制汇率风险。

21. 茂硕电源科技股份有限公司

股票简称： 茂硕电源
股票代码： 002660
上市时间： 2012 - 03 - 16
所属板块： 深证中小板

企业情况概要

公司主要业务涵盖消费电子类开关电源、LED 室内/户外照明产品驱动电源、光伏逆变器、智能充电桩、新能源光伏电站投资、新能源汽车充电运营、FPC、投资并购等多种领域，形成了"主业 + 创新 + 创投"的发展基调。消费电子类电源和 LED 驱动电源是公司的传统主业，公司在该领域经过多年的大力发展，已成为全球领先的电源解决方案供应商和国内电源行业的标志性企业。

基本营销数据

本报告期实现营业总收入 1652076282.01 元，同比增长 27.77%；营业利润 22304758.01 元，同比增长 3042.89%；利润总额 27407883.52 元，同比下降 1.15%；归属于上市公司股东的净利润为 13065004.57 元，同比增长 830.65%。

主营业务发展情况

目前，公司的消费电子类电源产品由公司控股子公司惠州茂硕能源科技有限公司负责生产和制造，公司控股子公司茂硕电气主要负责光伏产业的逆变器研发、生产和销售；公司的二级子公司深圳茂硕新能源科技有限公司从以光伏电站开发、投建为主，变成了光伏电站运营为基础、充电桩投建运营为主。2017 年度，在充电站 EPC 总包业务方面，茂硕新能源利用自身承建光伏电站的优势和经验，顺利过渡承建新能源电动汽车充电站，不但成功中标九江北汽充电桩采购项目，还顺利完成该项目建设，并获得业主认可。目前茂硕新能源已具备投资建设能力，逐步开始在全国各地投建新能源汽车充电站，为后续立足深圳、向全国扩散充电设施奠定了基础力量。

研发情况

报告期内，公司 SPS 消费类电源方面，研发技术骨干开发完成开关电源 18W/24W/36W/40W/65W 等系列，完成新产品开发共 96 个系列型号；SPS 开关电源完成安规认证取证共 168 个系列，完成多款定制产品的开发设计、多系列标准产品定义及开发。2017 年公司还拓宽了开关电源产品应用方面新的领域：组织开发了①2.5kW 激光电源项目；②激光打印机电源方面项目；③电动工具电源项目等，逐步完善了公司单个功能电源到智能系统的多元化产品。

LED 驱动电源方面，2017 年上半年研发推出自主研发智能电源，主要包括集中供电智能系统和 DALI 控制智能电源。2.4kW 级集中供电智能系统主要面向隧道、球场等区域性照明，无需线路改造，可直接升级老产品，与传统 LED 电源相比具有更高的可靠性、易用性和性价比。集中供电系统与摄像机、传感器等组成物联网，可实现智慧城市的互联互通协同共享。功率等级从 25W 到 240W 的全系列 DALI 电源主要应用于地铁、智慧城市照明等场景，并已

获得 DALI 会员认证。同时，研发推出新一代大功率非隔离电源 LNC/LTN/LPN 等系列，产品覆盖多个功率段，多种应用场景，并进行标准化设计。2017 年度，LED 方面开发完成 LED 驱动电源 LUP、LTP（DALI 版）、EHC、LTN、MEP 等系列标准产品及多款客制品的开发，完成 A 类 60 款，B 类 91 款；合计建立 655 个成品料号，出样 4633pcs 样机，丰富了公司产品线，为客户灯具更新换代提供更多选择。同时基于集中控制理念的物联网智能控制系统也进入了试产阶段。

投资筹资情况

报告期，公司在努力做好主业的同时，根据市场情况和自身发展的实际需要充分利用好资本市场平台，优化资本结构，促进公司可持续发展。2017 年 10 月 13 日，公司收到深圳证券交易所出具的《关于茂硕电源科技股份有限公司 2017 年非公开发行公司债券符合深交所转让条件的无异议函》（深证函（2017）455 号），对公司申请确认发行面值不超过 3 亿元人民币的 2017 年非公开发行公司债券无异议。目前，该事项正在进行中。

报告期内，公司与前海九派共同设立基金，根据公司战略布局调整，通过基金平台，紧跟市场形势，围绕投资热点，寻找盈利性强、成长性高的投资标的，通过增资或股权转让的方式持有投资标的的股权，待时机成熟后推进产业并购工作，为公司可持续发展寻求新的发展方向，有利于公司分散经营风险，培育新的持续增长的利润来源，增强公司盈利能力和综合竞争实力。

报告期内，经公司第四届董事会 2017 年第 4 次临时会议、2017 年第 3 次临时股东大会审议通过，同意公司以 15300 万元的股权交易对价转让方正达 34% 的股权。交易顺利实施后，公司获得 15300 万元人民币的股权转让价款，增加公司的营运资金，有利于公司优化资产结构，符合公司的长期发展战略和全体股东的根本利益。

面临主要风险

1）市场竞争加剧及毛利率下降的风险：普通开关电源各品牌的市场集中度相对较低，各品牌之间的竞争较为激烈。LED 驱动电源虽然为开关电源行业中的新兴细分产业，但新进制造商的不断增加也使其竞争日趋激烈，来自国内外的竞争压力仍将持续甚至加大，如公司无法保持竞争优势，则公司的行业地位、市场份额、经营业绩等均会受到不利影响。

此外，电子产品普遍呈现同款产品价格逐年下降的趋势。长期来看，随着市场竞争的加剧、供求关系的影响、生产效率的提高，公司各类电源产品价格存在下降趋势，若公司不能通过有效降低产品生产成本来抵消价格下降的风险，或者无法持续推出新产品进行产品结构的升级，公司产品价格的下降将导致产品毛利率的下降，从而影响到公司的财务状况和经营业绩。

2）技术及产品研发风险：虽然公司对电源的技术研发一直处于行业领先水平，但是如果公司技术不能持续进步、保持行业领先，或是研发方向决策错误，开发的新产品不能很好地适应市场需求，公司的竞争能力将被削弱。

3）资产减值的风险：公司完成对湖南方正达的收购，

形成 131038709.71 元的商誉，随着 FPC 行业竞争日趋激烈，若湖南方正达不能较好地完成承诺业绩，则存在商誉减值的风险。

4）光伏发电项目执行标杆上网电价下调的风险：2017年 12 月 19 日，国家发改委发布《国家发展改革委关于 2018 年光伏发电项目价格政策的通知》，根据当前新能源产业技术进步和成本降低情况，降低 2018 年 1 月 1 日之后投运的光伏电站标杆上网电价，Ⅰ 类、Ⅱ 类、Ⅲ 类资源区光伏上网电价调整为 0.55 元、0.65 元和 0.75 元，整体下调 0.1 元。分布式光伏项目度电补贴下调 0.05 元，由原来的 0.42 元下调到 0.37 元。《通知》同时规定，2018 年 1 月 1 日以后投运的光伏发电项目，执行 2018 年光伏发电标杆上网电价；随着光伏行业的爆发式增长，企业的竞争日益激烈，可以预测国家取消补贴的政策将变成现实。

22. 深圳可立克科技股份有限公司

股票简称： 可立克
股票代码： 002782
上市时间： 2015 - 12 - 22
所属板块： 深证中小板

企业情况概要

公司成立于 2004 年，主要从事电子变压器和电感等磁性元件以及电源适配器、动力电池充电器和定制电源等开关电源产品的开发、生产和销售。公司的磁性元件产品主要应用于资讯类、UPS 电源、汽车电子和逆变器等电子设备，开关电源产品主要应用于网络通信、消费类电子、电动工具、LED 照明以及工业及仪表等领域。依靠自身努力和多年稳健经营，公司积累了一批在各领域拥有领先市场地位的优质客户。公司主要客户大多数为国内外上市公司（或其子公司）或细分行业龙头。公司连续多年入选中国电子元件行业协会发布的中国电子元件百强企业，公司的电子变压器制造综合实力位于国内领先地位。

基本营销数据

公司 2017 年度营业总收入为 92418.02 万元，较上年同期增长 11.26%，主要是磁性元件新能源部分产品销售收入增加所致。2017 年度营业利润、利润总额和归属于上市公司股东的净利润分别为 5649.73 万元、6546.27 万元及 5742.14 万元，分别较上年同期减少 31.47%、23.81%、2.50%。

主营业务发展情况

公司是全球 UPS 客户主流供应商之一，报告期内，部分 UPS 客户逐步开拓新能源领域，公司紧跟客户的需求，对客户的需求反应较迅速，以"优质的产品 + 优质的服务"打动客户，核心客户的订单量稳中有升。

（1）磁性元件类产品

轨道交通领域，报告期内，公司开发的 25kW、75kW 云轨充电产品性能经受实际运行考验；13kW、75kW 主变压器、谐振电感、BOOST 电感产品，在材料及结构上的创新设计能满足轨道及车载的严苛环境，已开始量产，并已与苏州地铁线深度合作。

充电桩领域，据高工产业研究院（GGII）数据显示，

2017 年中国新增充电桩 21.4 万个，同比增长 51.2%，未来仍将保持较快增长。2017 年公司在充电桩领域产品营收超 8000 万元，预计 2018 年有望超过 1.2 亿元，随着新能源车市场的逐步扩张将迎来更高增长。主要客户包括科士达、科华、中恒电气、台达、英威腾等。

新能源领域，报告期内，公司在光伏、风能领域业务增长迅速，产品包括 20 ~ 80kW 全系列光伏逆变器用磁性元件、1.5 ~ 20kW 全系列光伏逆变器用磁性元件、SOLAREDGE 光伏系列电感以及 1 ~ 5kW 储能磁性元件等。公司新能源领域业务 2017 年取得超过 200% 的增长。

新能源汽车领域，自 2015 年以来，新能源汽车行业进入发展快车道，据高工产业研究院（GGII）数据显示，2017 年新能源汽车销售量达到 77.7 万辆，同比增长 53.3%。公司可提供 3.6kW、7.2kW、11kW OBC 解决方案。2017 年 7 月公司顺利通过欧美知名电动汽车供应商审核。

（2）电源类产品

报告期内公司在电动工具、网络通信、定制化电源等领域继续保持优势地位。通过从定制化—标准化的分步分类实施，实现公司电源产品的规模化效应，进而具备更强的竞争力。

在商用卫星通信领域，公司在报告期内业务取得突破式进展，顺利进入国际一流厂商的供应商体系。

积极开发中高功率智能化电源平台、新能源储能产品等，其中包括便携储能产品、家庭储能产品、楼宇储能、多功能电源模块等产品系列，涵盖高中低功率产品，满足不同客户的需求，力求在该领域取得突破性进展。

研发情况

公司一直致力于技术研发和产品创新，注重研发投入，根据公司发展战略的总体要求，通过建立能够吸引高水平研发人才及开展高层次合作的平台，提升公司为客户高效率的提供产品设计开发完整解决方案的能力，增强研发团队实力，提升公司对客户的响应速度，并在保持现有产品竞争力的基础上逐步开拓新领域，提升产品附加值，形成与其他竞争对手的比较优势，满足公司品牌建设、市场开拓及生产规模扩大的需求。

报告期内，公司研发投入共 27548753.43 元，占销售收入的 2.98%；公司研发系统 107 人，公司员工占比为 3.04%。

投资情况

公司在报告期新设可立克盛势蓝海前瞻（深圳）投资企业（有限合伙），投资金额 31000000.00 元，持股比例 49.96%。本期投资盈亏 4742.86 元。

面临主要风险

1）市场风险：公司所处行业为充分竞争的行业，公司产品的终端应用领域主要覆盖计算机、网络通信、UPS、消费类电子及汽车电子等，科技的进步以及经济周期的波动等因素，都会对这些产业产生一定影响，进一步影响到公司产品的市场需求。

2）客户相对集中的风险：经过充分的市场竞争后，公司产品的下游行业例如计算机电源、UPS 电源等行业，呈

现出集中度较高的特点。由于这些企业规模普遍较大,对公司产品的需求也较大,从而导致公司的客户相对集中。若公司主要客户大幅降低对公司产品的采购数量,将给公司经营业绩造成一定影响。

3)原材料价格波动风险:公司主要原材料为漆包线、磁心、半导体、硅钢片等,生产成本以直接材料成本为主。原材料供应的持续稳定性及价格波动幅度对公司盈利影响较大。

4)政策风险:公司产品出口比重较大,主要出口地为欧美地区。目前,欧美地区国家对电子产品的环保、节能要求越来越高。相关出口政策的变化,短期内,将会对公司产品的出口带来一定影响。

23. 深圳麦格米特电气股份有限公司

股票简称: 麦格米特

股票代码: 002851

上市时间: 2017 - 03 - 06

所属板块: 深证中小板

企业情况概要

公司以电力电子及相关控制技术为基础,专注于电能的变换、控制和应用以及家电、智能制造领域的各类电气设备核心部件及整机的研发、制造和销售。公司目前产品主要包括智能家电电控产品、工业电源、工业自动化、新能源汽车核心部件等几大类,并正在进入智能采油设备、电击器等新兴领域。其中,智能家电电控产品的主要细分产品包括显示电源、变频家电功率转换器、智能卫浴整机及部件等;工业电源主要细分产品包括医疗设备电源、通信及电力设备电源、工业导轨电源等;工业自动化主要细分产品包括伺服、变频驱动器、可编程序逻辑控制器、数字化焊机、工业微波设备等;新能源汽车核心部件包括电机驱动器、车载充电机、DC/DC 模块、电力电子集成模块(PEU)、充电桩模块等。

基本营销数据

2017 年公司实现营业收入 149444.94 万元,同比增长29.48%,营业利润为 17110.34 万元,同比增长 10.20%,归属于上市公司股东的净利润为 11705.33 万元,同比增长6.73%。其中受公司实施 2017 年度限制性股票激励计划形成的股份支付的影响,管理费用增加 1096.98 万元,销售费用增加 193.86 万元,剔除该影响因素,营业利润为18401.18 万元,同比增长 18.52%,利润总额为 18533.90万元,同比增长 7.82%,归属于上市公司股东的净利润为12996.17 万元,同比增长 18.50%。

主营业务发展情况

公司以电力电子及相关控制技术为基础,专注于电能的变换、控制和应用以及家电、智能制造领域的各类电气设备核心部件及整机的研发、制造和销售。

智能家电电控产品:2017 年公司智能家电电控产品销售收入 7.32 亿元,比 2016 年增长 35.43%,其中变频空调控制器在海外市场取得规模突破,增长超过 200%,智能卫浴整机增长超过 60%。随着居民消费升级和国际产业转移向纵深发展,公司在智能家电电控方面将持续投入,扩大

产能,提升品质,优化产品性价比,进一步满足客户需求。

工业电源产品:2017 年公司工业电源产品销售收入4.26 亿元,比 2016 年增长 18.65%,其中,医疗电源继续稳健增长,通信及电力电源保持基本稳定,以导轨电源为主的海外市场增长良好。但新能源汽车充电桩电源和 DC/DC 电源模块受行业政策因素,销售增长不及预期。公司在工业电源领域经过多年积累,在扩大魏德米勒销售的同时,陆续开拓 EXICOM、爱立信、ABB、诺基亚、CISCO 等海外客户,为未来的发展奠定了基础。

工业自动化产品:公司在注塑机等行业的伺服产品销售稳定增长,在电子设备、工程机械、轨道交通空调、机床、供暖、3C、锂电等的过程控制和运动控制行业不断拓展 PLC 的发展机遇,并逐步与变频器形成协同。

新能源汽车驱动控制器和 PEU 产品由于国家补贴政策影响,增长与预期相差较多,但主要是整车厂的订单延迟,2017 年底整车厂已经逐步启动了相关车型的采购计划。公司在新能源汽车行业耕耘多年,相关技术积累和产品方案获得多家整车厂商的认可。

研发情况

公司 2017 年研发投入为 17652.12 万元,同比增长39.30%。围绕电力电子和相关控制技术领域自主构建了功率变换硬件技术平台、数字化电源控制技术平台和系统控制与通信软件技术平台三大核心技术平台,累计拥有有效使用的专利已超过 350 项。

各项研发成果和技术积累不断交叉延伸,以工业技术升级传统家电产业技术,将家电产业经营理念应用于工业领域,不断向上下游渗透,实现跨领域的互补经营模式,为公司构建多样化产品布局和跨领域经营模式打下了坚实的技术基础。

投资情况

公司主要子公司包括深圳市麦格米特驱动技术有限公司、浙江怡和卫浴有限公司、株洲麦格米特电气有限责任公司、深圳市麦格米特控制技术有限公司,在 2017 年收购深圳市春晖能源有限公司、沃尔吉国际科技发展(深圳)有限公司、杭州乾景科技有限公司,新设西安麦格米特电气有限公司、深圳市麦格米特焊接技术有限公司。

面临主要风险

1)平板显示电源收入增长空间不确定的风险:平板显示电源是公司的主要产品之一,在过去几年销售收入出现过下降的情形,2017 年因乐视业务大幅下降,造成平板显示电源产品销售收入一定程度下降,但公司在商业显示电源方面销售稳定并有增长的潜力,同时,公司继续跟进小米、乐视等互联网电视企业的电源需求,开拓商业显示电源、激光投影电源及其他新兴显示电源方面市场,预计未来公司在显示电源领域依然具备增长潜力。

2)毛利率下降的风险:2017 年公司主营业务毛利率分别为 31.19%,较 2016 年下降 2.56 个百分点,主要是因为:①低毛利的智能家电电控产品快速增长,尤其是海外市场增长迅猛,推动变频空调控制器销售增长超过 200%,导致低毛利产品的销售占比提升,拉低了公司整体毛利水平;②新能源汽车电驱电控部件由板件销售为主,逐步向

集成部件（PEU）为主转换，整体产品单价上升，但毛利率下降。

3）存货规模较大的风险：2017 年末，公司存货规模较大，账面价值分别为 48272.08 万元，较 2016 年末增长 39.09%，增幅略低于销售收入的增长。由于公司产品种类较多，且面对增长预期非常确定的市场环境，因此，采取适度加大原材料备货的采购模式；同时，由于 2017 年存在关键元器件缺料问题和国家补贴政策的影响，导致公司在变频家电、智能卫浴、新能源汽车等产品上均不同程度出现出货延迟问题，也一定程度增加了公司库存水平。

24. 伊戈尔电气股份有限公司

股票简称： 伊戈尔
股票代码： 002922
上市时间： 2017 - 12 - 29
所属板块： 深证中小板

企业情况概要

公司专注于消费及工业领域用电源及电源组件产品的研发、生产及销售。公司产品可广泛应用于消费及工业领域的各类电子电器、电气设备。目前公司产品主要集中应用于节能、高效、前景广的照明、工业自动化及清洁能源行业。

基本营销数据

公司本报告期实现合并营业总收入 1148839628.21 元，同比增长 30.47%；合并营业利润 98734084.21 元，同比增长 17.04%；合并利润总额 98558953.74 元，同比增长 13.12%；归属于上市公司股东的净利润为 77755536.89 元，同比增长 8.55%。

主营业务发展情况

照明电源：公司主要为国内外一流的灯饰制造商，如飞利浦、宜家、Kichler 等提供中高端照明电源及服务。公司的中小功率 LED 驱动电源行业排名第一。

工业控制用变压器产品：公司在 2017 年 6 月通过了株式会社日立制作所采购本部的外注审查，日立制作所各工厂可以直接向公司采购，标志着公司成为日立制作所内部供应链成员之一。

新能源用变压器：公司的新能源用变压器产品主要应用于光伏发电领域，是定制化产品。公司提供高效率、低损耗变压器，是国内较早进入美国、日本、欧盟市场的厂商，为国内外中高端新能源设备制造商、工程承包商配套，包括华为、合肥阳光、明电舍等。

研发情况

截至报告期末，公司拥有 79 项专利，其中发明专利 13 项，实用新型专利 58 项、外观设计专利 8 项。其中报告期内已授权实用新型专利 30 项，受理专利 5 项（其中发明专利 3 项、实用新型专利 2 项）。专利技术已转化为具体项目成果。报告期内研发费用支出 4922.61 万元，占当年营业收入的 4.28%。

报告期研发投入主要在照明、工业控制、新能源行业三个方向：①照明行业主要进行 LED 照明电源、景观灯电器箱、照明灯具的研发，陆续推出了 0 ~ 10V、DALI、2.4G 遥控调光调色、分段调光、开关控制调色、3 合 1 调光、WIFI 调光、蓝牙调光、ZigBee 等一系列智能调光产品。②工业控制行业主要进行环形变压器、EI 变压器等工业控制用变压器的设计开发。启动高效节能电气箱、漏感隔离变压器、散热隔离变压器、大功率环形变压器等研发项目。③新能源行业主要进行光伏与风能发电用变压器、高频变压器的设计开发，报告期内完成了 8 字型串联漆包扁平线立绕电感、50kW 磁集成 PFC 电感、高窗口利用率的立绕线圈结构、高频率化电感立绕线圈绕线技术等项目的研发。

投资情况

报告期内正在进行的重大的业务非股权投资为吉安伊戈尔厂房建设工程，截至报告期末累计实际投入金额 49434350.00 元，截至报告期末累计实现的收益 20802412.72 元，目前尚未完全发挥产能。

面临主要风险

1）国际化经营风险：国际化经营风险公司出口业务占营业收入比重较大，近几年的出口销售比重超过 50%。国外市场受国际政治、经济变动、汇率波动和国际贸易冲突与摩擦的影响较大，致使公司国际化经营面临一定风险。

2）市场竞争加剧的风险：近年来国际知名厂商在我国建立生产基地，国内也有一批竞争实力较强的企业，市场竞争将更为激烈。如果发生决策失误，市场拓展不力，不能保持技术、生产水平的先进性，或者市场供求状况发生了重大不利变化，公司将会面临不利的市场竞争。

3）管理风险：随着公司规模不断扩大，公司的资产规模、产销规模、人员规模等将进一步扩大，公司所处的内外部环境也将发生较大变化，对公司的管理能力将提出更高的要求。如果公司管理不能适应快速发展的需要，将对公司的发展造成不利影响。

4）技术研发风险：公司所处行业的综合性较强，对各项技术要求较高。由于各项技术不断处于更新换代过程中，以及受自身研发条件限制，某些新技术成果可能无法按照计划完成开发，或者该技术成果在技术、性能、成本等方面不具备竞争优势，以及如果公司技术研发偏离了下游行业的技术发展方向，将导致公司技术研发成果无法应用于市场，从而对公司业务发展造成不利影响。

5）知识产权风险：公司在技术研发及专利申请过程中无法完全知悉竞争对手相关技术研发的进展，可能会侵犯其知识产权；其他竞争者亦可能侵犯公司知识产权。如果公司侵犯其他竞争者知识产权，或行业内其他竞争者侵犯公司知识产权，将对公司经营业绩产生不利影响。

6）主要原材料价格波动的风险：公司原材料主要为硅钢片、铜材、电子元器件，硅钢片和铜材为大宗商品，其采购价格受近年来大宗商品市场影响。未来，如果大宗商品市场价格大幅波动，则可能对公司经营产生不利影响。

7）劳动力成本上升的风险：近年来我国劳动力成本持续上升，公司产品人工成本亦呈逐年上升趋势。如果劳动力成本增幅过快，将对公司利润带来不利影响。

8）汇率变动风险：公司近几年出口比重逐年增加，出口收入占比超过 50%。未来人民币对美元、欧元、日元的汇率波动可能对公司业绩产生一定影响。

新三板

25. 北京星原丰泰电子技术股份有限公司

股票简称： 星原丰泰

股票代码： 430233

上市时间： 2013 - 07 - 04

所属板块： 新三板

企业情况概要

公司成立于 2004 年，公司是专业从事高频模块电源研发、生产与销售的高新技术企业。公司通过多年的模块电源技术开发及制造经验的积累，逐渐形成了一系列的核心技术和先进的电源生产检测工艺，并拥有完整的半自动化电源生产线及严格的质量管理、控制工艺流程，为通信、铁路、电力、新能源等领域的客户提供具有行业针对性的整体电源解决方案，以及电源产品的行业应用服务。公司主要靠研发、生产和销售模块电源产品获得利润和现金流。

基本营销数据

报告期内，公司实现营业收入 23777691.53 元，同比降低 23.88%；净利润为 -7065489.01 元，报告期末，公司净资产为 9449196.46 元，同比降低 42.78%。公司资产余额为 43864369.41 元，较上年末的 51408648.55 元，减少了 7544279.14 元，下降了 14.68%。

主营业务发展情况

报告期，DC - DC 电源模块产品占比同期增加 5.69 个百分点，开板组合电源产品占比同期减少 1.31 个百分点，其他产品（军品电源、微功率电源）占比同期减少 4.38 个百分点，减少原因主要是受经营地址变动和市场影响，报告期各类别收入结构变动不大，销售收入仍以 DC - DC 模块及开板组合电源为主。

市场开发加强了铁路信号产品生产的研发投入，取得了实质性进展，本年度取得产品散热技术的专利。公司产品经客户单位检测和试用，2017 年新开发产品 60% 以上已实现批量供货。

研发情况

2014 年开始公司开发人员与高校知名教师团队携手研制电源产品测试系统。公司在 2017 年立项开发的三代机测试系统已经进入验证阶段，为实现生产过程自动化推进了一大步。

公司自主研发的 ERP 系统，2017 年实现了全线使用，多项专利正在申请中。

面临主要风险

1）短期营运资金不足风险：公司 2017 年度、2016 年度经营活动产生的现金流量净额分别为 - 1580249.91 元、-26392.98 元，公司在短期内还是会存在运营资金紧张、不足的风险。

2）市场风险：公司主要服务的铁路等行业受到国家政策的调控，国家大力投入发展的情况下公司业绩会有大幅提升，相反一旦国家政策收紧有可能造成公司的销售业绩下降等的风险。

26. 北京津宇嘉信科技股份有限公司

股票简称： 津宇嘉信

股票代码： 430726

上市时间： 2014 - 05 - 06

所属板块： 新三板

企业情况概要

公司主要从事轨道交通信号电源、电力操作电源、应急电源（EPS）的研发、生产、销售和服务。铁路、轨道交通、电网和石化领域企业是公司的主要客户。公司拥有一支稳定的研发、生产和销售团队，依托自主研发实力，取得了一系列科研成果。公司的研发、生产、销售、服务均严格按照 ISO9001 质量管理体系和 ISO14001 环境管理体系认证标准执行。公司信号电源产品主要应用于轨道交通领域，可为铁路（普铁、城际铁路、市域铁路、高铁客运专线等）、城市轨道交通、地方铁路及冶金工矿铁路专用线等广大用户提供成套电源供电系统一体化解决方案；公司的电力操作电源系统产品主要面向电力发电、电网输变电、轨道交通、冶金、石油、石化、军事工业等多个领域，市场巨大、应用广泛。

基本营销数据

报告期，公司实现营业收入 66358979.60 元，同比上升 9.72%；利润总额 -25205794.56 元，比上年减少亏损 61.43%；公司基本每股收益为 - 0.36 元，同比增加 62.11%；公司总资产为 206876143.60 元，同比下降 14.62%；加权平均净资产收益率（依据归属于挂牌公司股东的净利润计算）为 -17.72%。

主营业务发展情况

2017 年铁路及城市轨道信号电源产品实现营收 44389561.03 元，同比下降 10.59%，主要原因是：①受宏观经济影响，发标数量减少；②产品属于站后四电项目，下半年发标项目滞后；③各地地铁项目受到国家发改委审批趋严的影响，部分城市没有通过审核。另外，公司优势区域发标数量较少；2017 年电力操作电源产品实现营收 19557402.15 元，同比增长 224.77%，实现了期初制定的巩固市场份额的目标。

1）信号电源产品收入比去年同期下降 10.59%，主要原因是由于多数订单项目执行延期造成，尚未达到收入确认的条件，及公司内部调整所致。

2）电力操作电源收入增加，主要原因是随着公司销售人员及市场客户网络进行重新整合定位的完成，导致销售订单稳步上升所致，在未来几年中，随着市场整合的完成及健全销售网络，销售业绩将稳定增长。

3）太阳能产品收入下降较大主要原因是公司年中已出售原负责该业务的北京日佳电源有限公司。

4）其他业务收入增加 50.15%，是由于公司综合考虑生产安排、库存储备、资金需求、市场价格波动等原因后增加原材料销售所致，有利于公司业务正常开展，提高库存管理，减少资金占用。

研发情况

报告期内，公司技术人员 48 人，占员工总数的 35%。公司通过加强对研发项目的审批，避免浪费，2017 年科技开发费下降 3614068.54 元。

面临主要风险

1）季节性波动的风险：公司主要客户来自于轨道交通领域及电力系统领域，投资、建设、安装调试、验收、销售回款的季节性较强。公司销售呈明显的季节性分布，并由此影响公司营业收入和利润也呈季节性分布。

2）市场竞争风险：随着国内轨道交通投资和国家高铁建设的快速发展，各企业在市场销售方面加大投入以及电力操作电源企业较多，随着竞争的加剧，公司未来面临收入、毛利率下降的风险。

3）应收账款的风险：应收账款余额 109078781.63 元，金额较大。虽然铁路、轨道交通、电网和石化领域企业是公司主要客户，历史上发生坏账损失的比例很小，但如果未来国内外宏观经济环境、客户经营状况等发生变化，或将使公司应收账款账龄增大、资金周转速度降低，甚至面临个别客户坏账的风险损失。

4）收入、净利润下降的风险：报告期内，公司实现营业收入 66358979.60 元，较上年同期增加 9.72%；归属于母公司股东的净利润 -25201984.90 元，较上年同期上升 62.03%；虽较上年同期好转，但公司仍然亏损。

27. 武汉永力科技股份有限公司

股票简称：永力科技
股票代码：830840
上市时间：2014 - 07 - 15
所属板块：新三板

企业情况概要

公司于 2000 年 9 月成立，公司是处于电源产品开发与制造行业的生产商，拥有三相有源功率因数校正、移相式全桥软开关变换、大功率恒流并联均流、射频环境的抗干扰等核心技术，拥有高新企业证书、安全生产标准化证书等经营资质，为特定行业电源客户提供高标准、高可靠、高素质的产品和服务。公司通过直销模式开拓业务，收入主要来源于电源类产品及光电通信产品的销售。

基本营销数据

报告期公司营业收入保持稳定增长，共实现营业收入 122786061.35 元（上期 100600753.76 元），同比增长 22.05%，公司营业成本 72997799.11 元（上期 58108294.14 元），同比上升 25.62%，上升幅度与营业收入增长率 22.05% 基本同步，报告期公司营业利润 27212676.18 元（上期 3649742.28 元），同比上升 73.23%，报告期公司实现净利润 26443023.48 元（上期 22547904.02 元），同比上升 17.27%。

主营业务发展情况

报告期公司营业收入保持稳定增长，共实现营业收入 122786061.35 元（上期 100600753.76 元），同比增长 22.05%，其中：模块类收入达 26559824.26 元，同比增长 20.94%，主要是由于公司经过近四年的技术研发和市场培育，终于在模块电源类业务上实现重大突破，取得了较快增长；另外，大功率电源类收入同比增长 33.32%，也实现了稳定增长；总体上看，公司各项收入保持稳定增长态势，

主要产品订单稳中趋升。

电源类收入：报告期公司电源类收入 80582930.53 元（上期 14752638.76 元），同比增长 33.32%，主要是报告期公司加大市场拓展力度，在稳定老客户的同时，获得了一批新客户订单，使公司电源类收入获得了较快增长。

光电类收入：报告期公司光电类收入 12593420.41 元（上期 14752638.76 元），同比下降 14.64%，主要是公司部分光电类销售合同还未交货所致。

模块类收入：报告期公司模块类收入 26559824.26 元（上期 21961712.25 元），同比增长 20.94%，主要是报告期公司加大市场拓展力度，获得了一批新的订单，使公司模块类收入获得了较快增长。

技术服务收入：报告期公司技术服务收入 341858.17 元（上期 1341007.72 元），同比下降 74.51%，主要是报告期公司以生产为主，对外提供技术服务较少所致。

SMT 加工收入：报告期公司该类收入 240559.04 元（上期 90212.28 元），同比上升 166.66%，主要是报告期公司承接此类加工增多所致。

研发情况

公司重视研发投入以提高产品的核心竞争能力。截至报告期末，共拥有专利 32 项，其中：发明专利 4 项、实用新型专利 24 项、外观设计专利 4 项。报告期内，公司技术人员 126 人，占员工总数的 44.1%。

投资情况

报告期公司转让参股的武汉钧恒科技股份有限公司股权获得投资收益 5030698.62 元。

面临主要风险

1）客户依赖风险：公司前五名客户本期的营业收入为 10079.37 万元，占总体营业收入的比例为 84.22%。存在一定的客户依赖风险。

2）税收优惠政策变化风险：2012 年度公司获得该项税收优惠为 1924095.62 元，占同期归属于母公司所有者的净利润比重为 8.07%。2015 年度、2016 年度、2017 年度公司获得该项税收优惠分别为 4285425.80 元、9281423.83 元、2092456.22 元；占同期归属于母公司所有者的净利润比重分别为 12.36%、34.87%、7.69%。如果未来该优惠政策发生变化或者公司不再满足条件，公司业绩将受到一定程度影响。

3）同业竞争风险：公司第一大股东中国宝安集团股份有限公司是以对外投资控股为主的上市集团公司，虽然宝安集团为此出具了《避免同业竞争承诺函》，但随着中国宝安投资业务的发展，未来仍存在其所投资企业的业务与永力科技存在交叉或竞争的可能。

4）控制风险：①控股股东不当的控制风险：公司第一大股东中国宝安占总股本的 52%，在公司董事会占有多数席位，且董事长系中国宝安委派。中国宝安作为以对外投资控股为主的上市集团，其投资的产业链长、行业广泛，若其利用其对公司的控股地位，对公司进行不当控制，可能会给公司经营和其他权益股东带来风险。②内部人控制风险：副董事长等六人在公司合计持股比例为 46.08%，将可能通过其所持有的股份行使表决权或利用其担任公司高

级管理人员的职务来对公司的发展战略、生产经营和利润分配等决策产生重大影响。③无实际控制人的影响：截至2016年12月31日，公司的控股股东中国宝安不存在实际控制人，公司股东之间亦没有签署一致行动协议，因此，公司无实际控制人的情况可能影响公司的运营管理。

5）核心技术人员流失的风险：公司作为高新技术企业，高素质的科研人才是公司发展的动力源泉。若对科研人员激励、科研经费的落实、研发环境的营造等方面的措施不能满足公司发展需要，将会影响到研发团队和管理人才积极性、创造性的发挥，造成人才流失。

6）行业技术风险：公司所处电源行业技术发展迅速，因此，从事电源研发生产的企业将面临研发实力保有、技术持续提升的行业技术变化风险。

7）市场风险：随着国家对军民融合战略的推进，民用电源行业竞争的加剧，潜在市场竞争者可能逐步接触和进入军用电源行业，公司或会面临日益激烈的行业竞争，甚至会导致整个军用电源产品制造商的毛利率下降。

8）政策风险：军用品市场相比民用电源市场，更易受到政策因素影响，军备采购、军费计划及行业管制等政策的变化，或将对公司经营造成不利影响。

28. 北京汇能精电科技股份有限公司

股票简称： 汇能精电
股票代码： 830996
上市时间： 2014 - 08 - 13
所属板块： 新三板

企业情况概要

公司是一家专业从事高效电源产品的研发、生产、销售及各种电源应用系统设计和工程服务的高新技术企业，属于电气机械和器材制造业，产品主要包括太阳能充放电控制器、离网逆变器、光伏电源控制逆变一体机、智能网络化混合电源产品解决方案及配套网络化智能设备仪表产品等。经过多年的发展，公司已经形成了比较成熟的商业模式。公司在近两年大力发展销售代理商，目前已在国内多个城市，以及德国和新西兰发展了独家代理商。公司产品面向工业领域、商用领域和民用领域，客户群体主要包括：太阳能电池组件制造商、太阳能项目集成商、政府招标项目、民用太阳能发电客户以及销售代理商。

基本营销数据

报告期内公司实现营业收入18920.24万元，同比增加49.65%；实现净利润847.75万元，同比增加7.96%。截至报告期末，公司资产总额22644.48万元，较上年末增加45.18%；负债总额10098.62万元，较上年末增加207.00%；净资产12546.42万元，较上年末增加1.94%。

主营业务发展情况

报告期内，公司承接了"金太阳二期太阳能户用系统工程项目控制逆变一体机""中国政府援助古巴太阳能发电系统"等较大型民用系统集成类产品订单，影响销售业绩同比上升。报告期内，公司经营端取得产品创新和市场拓展方面的进步。公司经过客户评估和筛选，已在巴基斯坦、加拿大确立独家或大客户经销商；经过对英国市场的考察，已决定制定合理政策在关键时间建立经销商制度。

公司与天津蓝天太阳科技有限公司于2017年7月11日签订"控制逆变一体机"产品的采购合同，合同金额为1924万元。公司与西藏翔君实业有限公司于2017年7月18日签订"控制逆变一体机"产品的采购合同，合同金额为1683万元。

研发情况

公司于2017年6月27日，公司取得《一种测试太阳能光伏发电系统最大功率点跟踪算法性能的方法》的发明专利。

面临主要风险

1）扶持政策变化的风险：各国政府都推出了对可再生能源的扶持政策，推动了光伏发电市场的快速发展，同时也降低了光伏发电的成本。如果各国政府相关扶持政策发生重大变化，上网电价下降幅度超过光伏发电的成本下降幅度，将影响光伏发电行业的发展，并对本公司的经营业绩产生影响。

2）国际贸易摩擦风险：目前太阳能光伏产品应用市场主要集中在欧美等发达国家，国内市场仍处于起步阶段，国内制造的太阳能光伏产品主要用于出口。近两年，美国和欧盟先后对从我国进口的光伏产品发起了反倾销和反补贴调查，对我国的光伏行业影响巨大。尽管通过政府间的磋商与谈判，"双反"调查对中国光伏行业带来的影响暂时告一段落，但光伏行业未来的发展仍然存在变数，进而对公司的产品销售带来不确定的影响。

3）市场竞争加剧的风险：公司目前是国内较大的太阳能控制器制造企业，公司太阳能控制器产品在国内光伏发电市场占有较大的市场份额。在国内市场巨大潜力的吸引下，越来越多的同行业跨国公司进入中国市场，众多国内新兴企业也试图进入太阳能控制器制造行业，公司面临的市场竞争日趋激烈。

4）核心技术人员流失的风险：公司在太阳能控制器的研发与设计方面处于国内领先地位。公司各项核心技术是由以核心技术人员为主的研发团队经过多年的技术开发和行业实践取得，目前公司员工和管理团队的稳定性较高，但在公司未来的发展过程中，人才流失依然是潜在的风险。

5）汇率波动风险：随着海外业务的拓展，公司的产品目前主要出口销售到国外，以欧元、美元作为结算货币，而原材料绝大部分从国内采购，采购以人民币结算。2016年美元兑人民币汇率持续走强，预计未来震荡幅度有一定加大趋势，可能对未来公司经营业绩产生影响。

6）应收账款风险：报告报告期内公司加快应收账款回收力度，但是至报告期末应收账款余额为6488.63万元，绝对金额仍然较大，应收账款余额过高影响公司的运营效率，同时也可能产生大额坏账的风险。

29. 东文高压电源（天津）股份有限公司

股票简称： 东文高压
股票代码： 833343
上市时间： 2015 - 08 - 17
所属板块： 新三板

企业情况概要

公司是中国高压电子行业中的领先者，创立于1998年，公司以高精度高压直流开关电源的研发生产制造为主，可划分为军用电源与民用电源两大类。公司的军用电源产品均执行国家军用标准，多为定制研发产品。在销售模式上，公司采用直销的方式，直接与使用单位签订购销合同。因此，公司是以完成定制化开发、组织生产、实现产品测试、定时交货、最后完成收款，实现企业收入和盈利。在民用电源市场上，公司仍以定制化研发生产为主，通过自身经营发展积累资源，打造公司自身的研发、生产以及销售团队，凭借市场化运作方式，以技术研发为立足点，将公司具备相对技术优势的产品推向民用电源市场。

基本营销数据

报告期，公司实现营业收入23023498.17元，同比增长10.83%；公司在报告期期末的利润总额为2323003.42元，同比去年3722272.25元减少37.59%；净利润为1944624.99元，同比去年减少38.48%。公司基本每股收益为0.39元，同比减少38.10%；公司总资产为23381206.58元，同比增长17.83%；净资产为14789810.33元，同比增长15.14%。

主营业务发展情况

公司业务立足于高压直流开关电源行业，以客户需求为导向，深层次纵向挖掘客户所需，为客户提供系统化的电源设计。报告期内，公司运用高压直流开关电源设计开发技术系统平台，为客户提供 AC-DC 系列、DC-DC 系列高压直流开关电源产品的研发、设计、生产服务。在整个生产过程中，需要研发、质量检测、生产等各部门密切配合，以实时对产品的制造过程进行监督和调整，为客户提供一体化高精度高压电源产品解决方案。另外，由于公司采取订单驱动的生产策略，因此公司不存在货物积压现象。公司主要通过为各行业客户提供制造定制化高压直流开关电源产品和研发服务来获取收入和利润。

公司在报告期期末的营业收入为23023498.17元，比上年末增加2250186.79元，增幅10.83%。①定型产品增多，产品批量化生产：部分客户产品已完成试制阶段，进入定型阶段，因此报告期内大批量订单数量增多。②产品价格上浮：部分产品上调价格；部分产品进行升级，推出高端类别，价格普涨。③新客户源不断增多：继续加大网络推广力度，通过网络搜索主动与公司联络进行产品订购的新客户增多；口碑推广，由于公司研发技术、产品质量及价格方面有诸多优势，老客户推荐新客户，新客户增多。

研发情况

报告期内，公司的研发支出为204.55万元，占公司营业收入的9.85%；公司研发部目前有员工16人，占公司员工的15.39%。公司生产销售的电源产品，对产品各项参数要求各异，属于定制化设计和生产。因此公司研发新品较多，也因此公司非常重视知识产权的保护工作，报告期内共申报专利4项，其中实用新型专利2项，发明专利2项，截至报告期末，公司共拥有有效专利51项，其中发明专利27项。2017年12月顺利通过知识产权管理体系认证。

投资筹资情况

2016年搬至新厂房，新购入大量大型设备及办公家具，2017年均为正常购买生产及办公设备。2017年未发生其他与投资活动有关的现金变化。

2016年增加长期贷款163万元，偿还短期贷款50万元，由于本年新增贷款，故贷款利息增加。

面临主要风险

1）涉密信息泄露风险：公司为军工相关保密资质认证单位，公司的营业收入部分来自军方客户，如果相关涉密信息泄露，或者不满足保密资质条件，可能导致公司被取消军品生产资质，进而失去军工客户，给公司的持续经营带来风险。

2）军工企业信息披露限制：公司为军工三级保密资质认证单位，根据相关规定，本年度报告中对供应商及军方客户的名称、对应交易金额等涉密信息，通过代称、汇总表述、定性说明等方式进行披露，此种信息披露方式符合国家保守秘密规定和涉密信息公开披露的相关规定，但可能会影响投资者对公司经营状况和盈利能力的判断。

3）综合管理水平亟待提高的风险：现阶段公司管理结构相对简单，随着市场规模不断扩大以及公司实施精细化管理策略的要求，未来公司在机制建立、战略规划、组织设计、运营管理、资金管理和内部控制等方面的管理水平将面临更大的挑战。

4）存货余额较大的风险：公司2017年末，存货余额6979039.04元，占同期资产总额的29.71%，存货占总资产比例较2016年上升33.48%，仍然较高，公司2017年度存货周转率1.34，存货周转率较低，可能会影响公司的资金周转速度，增加公司的费用支出，增加存货发生跌价损失的风险。

30. 先控捷联电气股份有限公司

股票简称： 先控电气
股票代码： 833426
上市时间： 2015-09-09
所属板块： 新三板

企业情况概要

公司专注于高端数字化电源产品的研发、生产和销售推广，以不间断电源（UPS）及数据中心基础设施、新能源汽车充电电源（充电桩）及储能产品作为现阶段的主流产品和研发方向，同时为客户提供技术和运营维护服务。2017年7月，公司被河北省科学技术厅认定为"科技小巨人"企业，荣获河北省工信厅"河北省中小企业名牌产品"荣誉称号，被评为"工信部绿色数据中心先进适用技术产品""中国新能源汽车行业年度最佳充电服务保障奖"，彰显了公司行业知名度和影响力。

基本营销数据

报告期内，公司实现营业收入190805498.41元，同比增长42.66%；归属于挂牌公司股东的净利润20652137.48元，同比增长8.59%；归属于挂牌公司股东的扣除非经常性损益后的净利润23047547.54元，同比增长29.87%。截至报告期末，公司实现总资产185614049.48元，净资产

114820081.97 元，比期初分别增长 8.62% 和 13.57%。

主营业务发展情况

报告期内，公司以高端数字化不间断电源产品为基础，大力度开拓 IDC 数据中心产品集成业务，由单一设备制造商向提供数据中心供电基础设施整体解决方案转型发展，市场竞争力持续提升，包括 UPS 在内的数据中心产品实现销售收入 115826943.99 元，占总收入 60.70%，同比增长 55.89%；同时公司以建设光储充一体化充电站为突破口，探索智能充电系统集成和运维服务业务，充电电源产品实现销售收入 50571319.98 元，占总收入 26.50%，同比增长 14.97%。公司加大国际市场开拓力度，以深耕已有市场和积极拓展新区域新客户并举，出口实现销售收入 41447088.28 元，同比增长 74.09%；公司在以变频电源为核心的港口岸电电源系统领域取得重大突破，岸电电源产品实现销售收入 4272553.06 元，占总收入 2.24%，为公司此类业务在 2018 年度实现更大幅度增长奠定了坚实基础。

研发情况

报告期内，公司持续加大核心产品研发投入，研发费用支出 13855699.61 元，比去年同期增加 24.27%。包括大功率模块化 UPS 系统、光储充一体化多功能充电站、双向储能变换装置等一大批关键核心技术研发成果已经处于行业前列，为后续公司在数据中心产品、新能源汽车充电桩和储能系统三大业务方向发展奠定了坚实的技术基础。

报告期内公司储能式 UPS 项目被河北省工业和信息化厅列入"河北省工业新产品新技术开发指导计划"，且被河北省科学技术厅列为新能源产业重大科技成果转化项目，并获得研发专项资金 100 万元人民币。同时公司技术中心被河北省工业和信息化厅认定为 A 级工业企业研发机构，被河北省科技厅认定为"科技小巨人"企业，被石家庄高新区命名为"优秀高新技术企业"，参与"通信用模块化不间断电源"YD/T 2165—2017 行业标准的起草。截至目前，公司获得发明专利 2 项、实用新型专利 23 项、外观设计专利 7 项、软件著作权 25 项。报告期内，公司新增实用新型专利 4 项，外观设计专利 2 项；并有 5 项发明专利、2 项实用新型专利、1 项外观专利已被受理，充分体现出公司强大的创新能力和核心竞争力，并为业绩持续快速增长提供强有力的技术支撑。

投资情况

2017 年 7 月 24 日公司召开第一届董事会第十六次会议，审议并通过《关于投资设立全资子公司上海先控捷联新能源科技有限公司的议案》，子公司上海冀先新能源科技有限公司于 2018 年 3 月 20 日取得上海市青浦区市场监督管理局核准的营业执照，注册资本人民币 1000 万元整，经营范围：从事新能源科技、节能科技、信息科技领域内的技术开发、技术咨询、技术服务、技术转让，合同能源管理，供电，新能源电动汽车充换电设施建设运营，销售新能源电动汽车充电设备。

面临主要风险

1）市场竞争及毛利率降低风险：随着模块化 UPS 应用的广泛推广和国家政策支持力度的加强，市场潜力进一步被挖掘，吸引包括世界 500 强在内的更多企业进入该领域

拓展，公司进一步扩大市场份额面临着日趋激烈的市场竞争，如果公司在市场开拓、技术创新、新产品开发和成本控制方面不能保持领先优势，公司将面临竞争压力不断加大和产品毛利率下降的风险。

2）政策变动风险：公司目前产品主要应用于 IDC 机房和新能源电动汽车等行业，相关行业的发展不仅取决于国民经济的实际需求，也受到国家政策的较大影响。如果主要市场的宏观经济运行情况或相关的政府扶持、补贴政策发生重大变化后，行业自身内生发展动力未达到预期，将在一定程度上影响公司的发展和盈利水平。

3）应收账款增加风险：至报告期末，公司应收账款为 69605884.79 元，较期初增加 27863903.30 元。虽然公司重点客户为行业内知名度较高、信誉良好、资金雄厚、支付能力较强的公司，但如果公司不能按合同规定及时收回账款或发生坏账，将可能出现资金周转困难而影响公司发展，同时影响公司盈利能力。

4）存货减值风险：截至报告期末，公司存货净额为 39316524.49 元，占当期流动资产的 23.62%；存货跌价准备余额为 7099900.48 元，占存货比重为 15.30%。跌价准备绝对金额和占比都较高，如果公司产品大量滞销或市场价格大幅下降，将使公司进一步面临因存货减值造成损失的风险。

5）技术和产品更新风险：由于公司产品具有技术更新快、生命周期短等特点，用户对产品的功能要求不断提高，因此公司需要不断进行新技术、新产品的研发和升级。如果公司不能准确把握技术、产品及市场的发展趋势；或公司对产品和市场需求的把握出现偏差；或者因各种原因造成研发进度的拖延，将会使公司丧失技术的市场优势，从而产生风险。

31. 山东镭之源激光科技股份有限公司

股票简称： 镭之源
股票代码： 833611
上市时间： 2015 - 09 - 30
所属板块： 新三板

企业情况概要

公司是专业从事激光电源以及其他专用电源设备的生产商。公司拥有一支以行业专家为技术核心、以高学历工程师为骨干、具备综合创新能力的技术研发团队。通过 16 年持续的研发技术投入，不断提升科技创新能力的同时，凭借在行业内的领先地位和技术优势，先后获得 ISO9001 质量体系认证、欧盟国家 CE 认证等，公司目前拥有 2 项发明专利、8 项实用新型专利、1 项外观设计专利。公司依托这些技术资源优势自主设计和研发出 CO_2 激光电源、半导体激光电源、室分设备模块化 UPS 等产品，采用"直销"的方式，提供给下游激光设备生产企业，从而获取收入、利润和现金流。

基本营销数据

公司 2017 年实现营业收入 36870981.02 元，同比增长 36.40%，归属于挂牌公司股东的净利润 14408924.83 元，同比增长 96.78%，营业收入和净利润均获得快速增长。报

告期末，公司资产总额 55312491.86 元，同比增加 24.68%；归属于挂牌公司股东的净资产为 48204780.52 元，同比增加 34.67%。

主营业务发展情况

报告期内，公司管理层一方面坚持以市场需求为导向，继续专注于主营业务激光电源的稳健发展，进一步完善经营管理体系，稳步实施市场拓展工作，公司内部管理和品牌形象都得到了很大提升，公司总体发展保持良好势头；另一方面积极展开行业拓展，丰富和优化现有经营模式，开拓智能终端市场，相应增强了公司竞争力。公司注重技术创新和产品研发，2017 年度新取得发明专利 1 项。本期营业收入比上年同期同比增加 36.40%，毛利率比上期同比增加 4.76 个百分点。

研发情况

报告期内公司继续加大研发投入，研发费用同比增加 89.73%，拥有研发人员 12 人，占总人数 17.9%。2017 年 10 月 17 日，公司获得一项发明专利《一种电子散热器》，目前共拥有 2 项发明专利、8 项实用新型专利、1 项外观设计专利。

投资情况

2017 年 2 月 21 日，公司以现金 300000.00 元收购济南挺峰软件技术有限公司 100% 的股权。本年度公司已将 2015 年度购买的元邦 7 号环保指数基金 400 万元和 2017 年度购买的元邦牡丹稳健型开放式集合理财计划 1000 万元赎回。截至 2017 年 12 月 31 日，理财产品余额为 0 元，本年度实现投资收益 2630054.55 元。

面临主要风险

技术人员流失风险：随着我国电源技术和工艺的不断进步，电源产品的技术含量逐步提高，对技术人才的需求也不断提高。保持技术人员队伍的稳定，并不断吸引优秀人才的加盟，是企业保持技术创新能力的关键。而核心技术人员的流失将对行业内企业的经营产生不利影响。

32. 宁波赛耐比光电科技股份有限公司

股票简称：赛耐比
股票代码：834662
上市时间：2015 - 12 - 07
所属板块：新三板

企业情况概要

公司技术属于制造业中的半导体照明用、高可靠、长寿命的驱动电源技术。公司致力于 LED 驱动电源的研发、生产、销售与服务。公司的 LED 驱动电源产品约 90% 直接出口，公司与所有客户的合作均为买断式销售，与客户的关系维护主要依靠个性增值化设计与产品品质。2017 年以来，公司在继续保持原有"哑铃式"发展的商业模式下，重点突出研发与市场外销两大模块。同时，加快了子公司江西甬宁电子科技有限公司主要承担的电源核心部件之一线圈的产能提升，以满足公司因电源订单的不断增长而带来的线圈采购量的放大需求。公司中长期的发展目标包括加快中大功率产品的研发，加强市场推广，启动 LED 智能调光领域产品及智能充电系统产品的研究和开发。

基本营销数据

2017 年，公司实现营业收入 16266.49 万元，比上年增长 22%；毛利率 40.22%，较上期增加 2.58%，归属于挂牌公司股东的净利润 32707402.73 元，同比增加 16.80%，基本每股收益 0.80 元，同比增加 13.82%。资产总计 121217774.41 元，同比增加 31.71%。

主营业务发展情况

报告期内，公司重点开发的中大功率 LED 驱动电源新产品至少有 5 个系列相关的产品，其中有大功率防水、超薄等系列新产品，这些新产品都是在业内领先并首推的产品。

报告期内，针对智能调光产品的开发，公司推出了 DALI 调光模块。该产品最大的优点就是原来非调光产品连接使用后就变成了调光电源，可以配合其他调光器、控制器等成为 DALI 调光系统的一环，应用极为方便。这一系列新产品的推出受到了客户的广泛欢迎。

本期公司的营业利润较上期增加 8730319.04 元，增长 30.71%。

研发情况

公司技术研发和产品创新计划将以 LED 驱动电源为重点，同时进军以电源为核心的高科技产品。

LED 驱动电源方面，公司将对驱动电源核心材料 IC（集成电路）进行深入研发。将在现有普通 IC 的基础上升级加入适宜 LED 特性的电路及技术，研发出 LED 驱动电源专用 IC，提高产品的性能和可靠性，提升产品的性价比。

对于大功率驱动电源，公司将以提高光电转换效率为核心。同时，公司也将对大功率驱动电源进行智能调光功能研发。

在高科技电源产品方面，公司主要的研发方向为智能电池充电电源。

投资情况

根据 2018 年 1 月 26 日江西甬宁电子科技有限公司股东会决议，江西甬宁电子科技有限公司申请增加注册资本 1000 万元，其中，宁波赛耐比光电科技股份有限公司出资 840 万元，王爱华出资 160 万元，增资后注册资本由 200 万元变更为 1200 万元；增资完成后，宁波赛耐比光电科技股份有限公司占比 80%，王爱华占比 20%；江西甬宁电子科技有限公司已于 2018 年 3 月 19 日办理工商变更登记。

面临主要风险

1）公司实际控制人不当控制或变动的风险：公司实际控制人张莉、李琪、祝长军、范中兆合并直接持有公司 89.77% 的股份。公司实际控制人有可能存在实施不当控制风险。此外，公司仍可能存在实际控制人变动的风险。

2）高新技术企业资质不能获批的风险：公司《高新技术企业证书》将于 2019 年 11 月 30 日到期。到期后，公司需要重新申请国家高新企业资质，但存在不能获批的风险。

3）出口退税政策变动的风险：公司产品销售以出口为主，并按国家相关规定享受出口退税优惠且公司主要产品出口退税率较高。在其他条件不变的情况下，若出口退税税率下降将在一定程度上对公司经营业绩产生不利影响。

4）高级管理人员、核心技术人员流失及技术泄密的风险：公司丰富的经验和技术由相关部门的高级管理人员及核心技术人员掌握，受内外部因素影响，一旦上述人员发生违反保密/竞业禁止协议约定的情形，仍有可能导致技术泄密，对公司经营造成不利影响。

5）市场竞争加剧风险：目前 LED 照明行业企业的数量和规模都不断扩大，行业市场竞争日趋激烈。如公司在竞争中处于不利地位，则公司的行业地位、市场份额、经营业绩等均可能受到不利影响。

6）国际贸易摩擦风险：公司的 LED 驱动电源产品都是直接或者间接出口。如果未来上述国家对公司产品出台进口配额、反倾销、反补贴、增加进口关税等贸易保护政策，公司的经营业务可能遭受不良影响。

7）汇率波动风险：公司以境外销售为主，公司外币收入较多，且这种现象会长期存在。汇率的大幅波动可能会对公司生产经营产生一定的不利影响。

8）新业务发展风险：公司计划在发展传统 LED 驱动电源基础上，开发 LED 智能调光领域与智能充电领域产品，研发和市场开拓需要一定投入和时间，且公司进入该等领域后将可能面对与现有业务不同的市场环境。因此公司未来存在新业务发展不如预期的风险。

33. 无锡安特源科技股份有限公司

股票简称：安特源
股票代码：834667
上市时间：2015 – 12 – 16
所属板块：新三板
企业情况概要

公司依靠经验丰富的研发设计团队及技术积累，根据行业市场发展和客户的需求研究开发产品。公司在拥有核心技术和知识产权的基础上，进行 LED 驱动的生产制造。公司通过直销及代理商分销的方式为客户提供 LED 驱动电源及技术服务，实现销售收入。同时，公司凭借优质的产品及售后服务，在拥有众多优质客户的同时不断拓展新客户，确保公司未来营业收入的稳步增长。

基本营销数据

报告期内实现营业收入 8016.02 万元，较上一年度增长了 49.39%，报告期内营业利润为 – 21.08 万元，较上一年度减少亏损 96.80%；报告期内产品销售平均毛利率为 17.86%，较上一年度增长 2.86%，本年度净利润 – 7.37 万元，较上一年度减少亏损 97.76%。

主营业务发展情况

报告期内实现营业收入 8016 万元，较上一年度增长了 49.39%，主要由于一段时期内公司调整客户结构、调整产品结构取得了一定成果，同时国内市场逐渐回暖，大客户订单持续且稳定，实现了报告期内营业收入的大幅增长。报告期内产品销售平均毛利率为 17.86%，较上一年度增长 2.86%，主要由于公司日常对产品毛利的分析管控，优化产品设计提高生产效率，使得产品毛利率在销售收入大幅增长的情况下仍然保持着小幅提升。本年度净利润 – 7.37 万元，虽小幅亏损，但较上一年度减少亏损 97.76%。

投资情况

报告期内，报告期末购买江苏银行短期理财产品余额为 350 万元，截至报告期末未赎回。

面临主要风险

1）客户集中度风险：报告期内，公司对前五大客户的销售额占主营业务收入的比例为 90.60%，比重有所上升，风险因素显现。主要由于市场回暖及上一年度在调整客户结构引入优质客户后客户的订单相对稳定且订单量逐步增长，一方面对公司的营收增长有一定贡献，但另一方面客户高集中度风险同时显现出来。

2）市场竞争加剧及行业发展不利因素：缺乏行业标准 LED 照明行业正处于快速发展时期，下游照明灯具尚未形成相对统一的行业标准。这意味着驱动电源企业必须针对灯具厂商不同的产品规格设计针对性的产品方案，导致驱动电源在市场上出现众多种规格，进而造成研发与生产资源的极大浪费。行业标准的缺乏已成为影响行业发展的不利因素。

3）资金短缺风险：报告期内公司应收账款周转率为 4.55%，库存周转率为 4.21%，数据指标虽较前一年度有所好转，但为保证及时交货，前期原材料安全库存仍占比重较大，占用了一定的运营资金，另一方面为满足产能需求，有投入先进生产设备及泰州子公司后续注资的预期，需要一定数量的资金支持。公司流动资金紧张，内部资金有限，融资途径同样有限，而外部债券融资财务成本较高，公司未来发展存在现金缺短风险。

4）技术开发和升级滞后的风险：随着电源产品向高频、高功率、高效率、高可靠、智能化方向发展，对电源的研发技术要求，尤其是大功率 LED 驱动电源的技术要求显著提高，工艺技术和行业经验也非常重要，需要长时间的行业累积。为了保持并不断提升公司自身的竞争优势，公司必须及时将成熟、实用、先进的技术用于自身产品的设计开发和技术升级。如果公司技术不能持续进步、保持行业领先，或是研发方向决策错误，开发的新产品不能很好地适应市场需求，将对公司的持续发展产生不利影响。

34. 广东科谷电源股份有限公司

股票简称：科谷电源
股票代码：836751
上市时间：2016 – 04 – 15
所属板块：新三板
企业情况概要

公司是一家综合研发、生产、销售及服务为一体的 LED 驱动电源高新科技企业，研发生产的 LED 驱动电源，拥有自主知识产权，并获得 ENEC、CCC、UL、TUV、CE、CB、SAA、SEMKO、RoHs 等国内外权威认证机构证书。公司产品销售采用直销为主、经销为辅的方式，通过向不同客户销售差异化和个性化的产品获得利润。

基本营销数据

报告期内，公司实现营业收入 116651057.13 元，增幅为 12.74%；实现净利润 6857523.85 元，较 2016 年度增长了 4.59%；实现归属于上市公司股东的净利润 6857523.85

元，较 2016 年度增长了 4.59%；公司基本每股收益为 0.62 元，同比下降 6.06%；公司实现总资产 94418896.04 元，同比增长 31.28%；净资产 36164961.61 元，同比增长 45.91%。

主营业务发展情况

公司的主营业务收入是 LED 灯具驱动电源，报告期内，公司收入各组成部分比重基本保持稳定增长。对比上年同期，公司营业收入增长 13181601.79 元，增长幅度为 12.74%。其中，中小功率 LED 驱动电源产品销售收入 92801398.55 元，较上年增长 8919012.13 元，增幅为 10.63%，主要原因是公司的中小功率产品技术成熟，满足客户的需求。大功率 LED 驱动电源销售收入 23849658.58 元，较上年增加 4262589.66 元，增长幅度为 21.76%，主要原因是商业应用市场对大功率 LED 驱动电源的需求持续加大，公司加大了对大功率 LED 驱动电源的投入并取得了效果。

研发情况

截至报告日，公司研发人员 35 人，占员工总数的 20.11%。目前公司已获得授权的专利有 31 项，其中发明专利 4 项，实用新型专利 17 项，外观专利 10 项。

投资情况

公司拥有 1 家全资子公司，公司名称为江苏科谷电子有限公司，成立时间 2013 年 12 月 23 日，注册资本 1000 万元，实缴资本 1000 万元，注册地址为常州市金坛区直溪镇工业集中区直溪大道 16 号，法定代表人李锦红，经营范围：LED 电源、灯饰电源、音响电源、电子适配器、充电器、灯饰（不含橡塑制品）的生产、销售，经营目标主要是立足于打造华东地区研发、生产、销售基地，以解决公司产能不足的问题。该子公司已于 2017 年 3 月投产，本年度实现销售收入 11840635.03 元，净利润 - 836503.57 元，2018 年的销售目标为 3000 万元。

面临主要风险

1）市场竞争加剧及毛利率下降风险：LED 照明行业作为节能环保的新兴行业，市场高速扩张，产品质量亦良莠不齐，同时，LED 驱动电源新进制造商的不断增加也使其竞争日趋激烈。随着市场的不断细分，来自国内外的竞争压力仍将持续甚至加大，可能导致公司的产品售价降低及毛利率降低。

2）技术与产品开发的风险：LED 行业属于技术创新型行业，且竞争者众多，随着行业竞争的加剧，新的技术创新不断涌现，公司如果不能持续对技术的研发创新，巩固并扩大竞争优势，公司已有的专利技术可能被竞争对手更先进的技术所替代，导致公司产品的竞争力下降，相应的市场也可能被挤占。

35. 南京欧陆电气股份有限公司

股票简称： 欧陆电气

股票代码： 871415

上市时间： 2017 - 05 - 19

所属板块： 新三板

企业情况概要

公司致力于工业自动化和新能源相关产品的研发、生产、销售和服务，主要产品包括变频器、伺服电机、中小型风力发电机、风机控制器、逆变器等，并为广大用户提供分布式并网发电系统、离网发电系统、风光互补供电系统、光伏提水系统等，是中小型离/并网供电、微电网应用整体解决方案供应商。公司拥有独立的研发部门和系统的研发流程，多年的行业经验和技术累积，以拥有自主知识产权的工业自动化控制技术为基础，能够根据市场变化、客户需求及时为客户提供适用的产品和个性化的解决方案，形成安装、调试、定期维护、运行维护、技术升级、远程数据分析等一系列配套服务。公司主要产品所采用的核心技术均为自主研发。

基本营销数据

报告期内，公司营业收入 8311.84 万元，较上年度增长 6.14%；公司营业利润 570.11 万元，较上年度下降 30.18%，净利润 654.74 万元，比上年下降 14%；公司基本每股收益为 0.13 元，同比下降 13%；公司总资产为 11882.94 万元，同比上升 7.33%；净资产为 6625.67 万元，同比增加 10.97%。

主营业务发展情况

公司工业自动化产品收入较上一年度下降 7.8%，主要由于公司工控类产品正逐步由普通工业控制类产品向中高端工业自动化产品转型，伺服系统等工业自动化产品正处在研发与市场开拓阶段，随着公司中高端产品市场开拓进一步深化，公司工业自动化产品具有良好的市场前景。

报告期内，公司新能源发电产品及应用工程业务收入较上年度增长 21.35%，主要原因是公司在风能等新能源发电业务领域具有一定的市场声誉和市场竞争力，使得项目资源和业务收入逐年增长。

研发情况

公司一贯重视产品研发工作，公司及子公司于 2017 年度收到国家专利局正式授权公告的专利共计 7 项，其中：发明专利 1 项，实用新型专利 6 项。

2017 年 11 月，江苏省科技厅下发批复，同意欧陆电气成立"风光互补微逆变并网/离网发电系统工程技术研究中心"。该中心将紧跟风光互补并网/离网发电国内外前沿技术，捕捉最新产品动向，力争缩短我国在该领域与技术领先国家的差距。研究中心的建立不仅大大增强了公司的研发实力，对我国在该领域的技术进步也具有积极意义。

公司始终重视科技人才的引进和培养。2017 年度，江苏省科技厅、教育厅联合下发批复，同意公司与东南大学联合成立"江苏省研究生工作站"。该工作站是由欧陆电气出资建设，引入东南大学科研团队，共同开展自动化和智能制造等方面的技术研究。同时，该工作站也是公司引进和培养专业技术人才的重要基地。

投资情况

报告期内，公司拥有中智电气南京有限公司共一家全资子公司，成立于 2014 年 9 月 28 日，注册资本 3500 万元。子公司中智电气尚处于筹建阶段，财务数据未超过公司相应指标的 10%。经营范围：电气设备、控制器、风能及光伏发电设备、电源及控制设备、机电设备、电子产品、电子元器件、仪器仪表、电机设计、研发、生产、加工、销售及售后服务;工业自动化控制系统设计、安装及技术服务;计算机软硬件研发、销售及技术服务、技术转让;机电设备安装;自营和代理各类商品及技术的进出口业务。

面临主要风险

1) 公司实际控制人不当控制或变动的风险:公司实际控制人为江华和杨晓英,二者系夫妻关系。实际控制人合计直接持有公司91.36%的股份,处于绝对控制地位,且担任公司的董事及高级管理人员,对公司的生产经营有重大影响。虽然公司已经建立健全了较为完善的法人治理结构和内部控制制度,但如果公司各组织机构不能有效行使职责,内部控制制度不能有效发挥作用,实际控制人可会通过对公司的生产经营和财务决策的控制而导致损害其他股东利益的风险。

2) 市场竞争加剧风险:报告期内,中低压变频器等工控类产品、新能源发电类设备销售及应用工程等业务是公司收入和利润的重要来源。目前,我国中低压变频器行业市场竞争较为激烈,国内品牌包括汇川技术、英威腾等,外资品牌主要有ABB、西门子、施耐德、安川等。公司自主研发的中小型风力发电机和逆变器等新能源发电产品及其离网发电工程近年来市场占有率逐年提高,但该市场也存在一定竞争压力,各大系统集成商、上海致远等新三板挂牌公司在该领域内具有一定的竞争力。公司面临着因各业务领域市场竞争加剧,导致公司收入增速下降或盈利能力下降的风险。

3) 行业政策变动风险:风能发电与传统能源发电相比成本较高,风电产业作为战略性新兴产业,行业发展还有赖于行业政策的扶持。如果国家行业政策发生改变,削减对风电、太阳能等新能源产业的扶持力度,则会对公司发展产生不利影响。

4) 核心人才流失风险:强大的技术研发团队、精干的市场业务团队和优秀的企业管理团队是公司保持业务增长、维持核心竞争力的关键。近年来,随着市场竞争的日益加剧,行业内企业对人才的争夺也日趋激烈,存在公司优秀人才流失的风险,从而对公司未来发展造成不利影响。

36. 百纳德(扬州)电能系统股份有限公司

股票简称: 百纳德

股票代码: 871749

上市时间: 2017 - 08 - 10

所属板块: 新三板

企业情况概要

百纳德创立以来,一直专注于从事UPS的研发、生产及销售。目前,公司的产品和服务得到了轨道交通、高速公路、医疗、广电、电力等领域用户的认可。公司按用户的需求,为客户量身定制适合的产品和技术解决方案,超越用户的期望提供超值的产品和服务。同时公司也注重自主研发,获得了国家级高新技术企业认定,并形成了一系列具有市场竞争力的核心技术,公司自主研发、生产和销售UPS/EPS、交直流稳压电源、精密净化电源、直流电源、

逆变器、铅酸免维护蓄电池等全系列电源相关产品,且部分产品获得高新技术产品认证,为用户提供性能优良、质量可靠、价格合理、服务一流的产品。

基本营销数据

报告期内公司实现营业收入24253781.63元,上年同期21332732.33元,同比增加了13.69%;实现营业利润 -2252831.28元,较上年同期减少2038928.00元,降幅953.20%。本期归属于挂牌公司股东的净利润为 -836223.99元,较上期减少989.04%。

主营业务发展情况

通过与南京航空航天大学产学研的合作,UPS产品加入了航天技术的电流环软件设计,使得产品可靠性及性能得到很大提升。2017年公司的UPS单单、三单、三三、模块化产品分别获得了通信行业泰尔实验室的认证、节能认证,获得了节能产品政府采购第二十三期产品目录,也获得了三个高新技术产品认定证书。

研发情况

公司设有研发中心,主要负责技术指导和产品的设计和研发。研发人员根据下游市场的变化和需求,制订研发方案,依靠公司的技术力量,进行产品研发。公司的研发包括在结构、材质和工艺等方面对老产品进行改进,提高产品的性能或扩大了产品使用功能以及采用新技术原理、新设计构思设计产品。2017年6月15日,公司收到设有阈值电压的节电交流接触器的发明专利证书。

投资情况

本期合并范围内的子公司有2家,其中上海百纳德能源科技有限公司为控股子公司,百纳德公司占其股权比例为99%,云南海佩能源科技有限公司是于2017年1月18日成立的全资子公司,纳入2017年度的合并范围。

面临主要风险

1) 实际控制人不当控制的风险:方徽与袁玉琴系夫妻关系,二人为百纳德的创始人,能够对公司的经营管理和决策产生重大影响。若其利用相关管理权对公司的经营决策、人事、财务等进行不当控制,则可能损害公司或潜在投资者的利益。

2) 公司治理风险:公司于2017年4月5日整体变更为股份公司。由于公司整体变更为股份公司后规范化经营的时间不长,内控制度尚未经过完整的实践检验,在执行过程中难免会遇到一些偏差。而公司管理层及员工对相关制度的理解和执行尚需一个过程。因此股份公司设立初期,公司仍存在一定公司治理和内部控制风险。

3) 市场竞争加剧的风险:公司主要定位于工业级定制化产品领域,超过50%以上产品系根据客户要求定制。目前已上市的同行业公司以研发生产商业级标准化UPS为主,但上市公司也正计划进军工业级定制化不间断电源领域,未来将与公司形成直接竞争,公司面临市场竞争加剧的风险。

4) 宏观经济和行业政策变化的风险:公司所处不间断电源行业的发展与国家经济发展水平以及国家出台的行业政策密切相关。如果未来宏观经济发生重大变化或相关行业政策出现不利变动,将对不间断电源行业产生一定的负

面影响，进而对公司运营产生不利影响。

5）技术泄密和优秀技术人员流失的风险：公司 UPS 产品技术含量高，尤其是高端产品的研发和生产，更需要既精通专业知识又具备行业经验的优秀人才。若公司不能有效维持核心人员的激励机制并根据环境变化而持续完善，将会影响到核心人员的积极性、创造性的发挥，甚至造成核心人员的流失。公司核心技术人员的流失可能导致核心技术流失或泄密，并且将影响公司进行技术研发和更新，导致公司的竞争力下降，从而对公司的生产经营造成重大影响

6）客户集中度较高的风险：2017 年度、2016 年度公司对前五大客户销售额分别为 12952405.63 元、14730506.76 元，占营业收入的比例分别为 53.40%、69.05%，公司报告期内各期前五大客户有所变动，但前五大客户销售额占销售收入的比重仍较高，因此公司存在客户集中度较高而导致因个别大客户订单无法实现而引起的业绩波动的风险。

7）税收优惠政策变动的风险：公司已于 2015 年 10 月 10 日被江苏省科学技术厅、江苏省财政厅、江苏省国家税务局、江苏省地方税务局认定为高新技术企业，由于高新技术企业资格每 3 年需重新认证，如果公司未来不能被继续认定为高新技术企业或相应的税收优惠政策发生变化，公司将不再享受相关税收优惠，按 25% 的税率缴纳企业所得税，所得税税率的提高将对公司经营业绩产生一定影响。

8）应收账款余额较大的风险：报告期末，公司应收账款余额为 9275612.45 元，占本期营业收入的比例为 38.24%，占流动资产的比例为 42.87%，占总资产的比例为 26.54%。随着公司地铁业务的不断发展，应收账款期末余额也相应增加。由于公司所在行业具有项目金额大、垫资周期长的特点，若应收账款无法及时收回，将对公司生产经营带来不利影响。

电源配套上市企业

上证主板

1. 上海贝岭股份有限公司

股票简称：上海贝岭
股票代码：600171
上市时间：1998 – 09 – 24
所属板块：上证主板
企业情况概要

公司主业为集成电路设计业务，公司于 2008 年被认定为集成电路设计企业，专注于集成电路芯片的设计和产品应用开发，以上千种集成电路产品服务于多个行业约 2000 家最终用户，是国内集成电路产品主要供应商之一。报告期内，公司集成电路产品业务包括计量及 SoC、电源管理、通用模拟、非挥发存储器、高速高精度 ADC 五大产品领域，主要目标市场为电表、手机、液晶电视及平板显示、机顶盒等各类工业及消费电子产品。

基本营销数据

2017 年公司共实现营业收入 56187.40 万元，较上年增长 10.37%；其中：主营业务收入为 51735.12 万元，较上年增长 11.35%；其他业务收入为 4452.28 万元，较上年增长 0.09%。2017 年公司共实现毛利 13560.94 万元，其中：主营业务毛利为 10129.40 万元，较上年增长 237.08 万元，增幅为 2.40%；其他业务毛利为 3431.54 万元，较上年增长 140.86 万元，增幅为 4.28%。2017 年公司实现归属于上市公司股东的扣除非经常性损益的净利润 5656.36 万元，较上年 3046.00 万元相比增加 2610.36 万元。

主营业务发展情况

公司是集成电路设计企业，提供模拟和数模混合集成电路及系统解决方案。公司主业属于集成电路设计，主营业务分为集成电路产品、集成电路贸易和测试业务三部分，其收入分别占主营业务总收入的 57.88%、41.80% 和 0.32%，其毛利分别占主营业务毛利的 87.65%、12.45% 和 - 0.10%。细分业务中，集成电路产品是指公司自行设计、研发并销售的集成电路产品业务，报告期内将非挥发存储器、高速高精度 ADC 两块规模依然较小的业务与通用模拟业务合并，继续按智能计量、通用模拟和电源管理三类业务进行划分，产品主要应用于消费电子、通信、工业应用等领域，是公司的核心业务和毛利的主要来源。

报告期内，公司 LDO、DC/DC、DRIVER 三大业务方向的目标产品研发进展顺利，进一步完善了每条产品线的深度及广度，尤其是 DC/DC 产品板块，高压大电流、高效同步的降压 DC/DC 系列产品性能达到国内领先水平，深受客户好评。DC/DC 业务成长明显，全年销售数量增长达到 30%。

报告期内，公司自主研发的通用 EEPROM 系列产品进展顺利，7 款新产品已经量产；5 款新产品工程正在验证，2 款新产品顺利完成设计开发，另有 2 款新产品立项。

报告期内，公司在高速高精度 ADC 产品的研发和市场推广方面持续投入。第一代和第二代 ADC 产品在北斗导航、信号接收等领域实现小批量销售，并且已为多家客户送样并设计导入，受到了客户的广泛赞誉。用于核磁共振的中频接收机芯片已经成功在客户端设计导入，有望在 2018 年产生销售。此外，第三代射频采样高速 ADC 研发进展顺利，有望在 2018 年底至 2019 年初出样。

研发情况

报告期内研发投入 68210931.12 元，占营业收入比例 12.14%，公司研发人员的数量 192 人，占公司总人数的比例 52%。

报告期内，公司共申请专利 29 项，其中发明专利 28 项；授权专利 15 项，其中发明专利 12 项；获得集成电路布图设计专有权 12 项、软件著作权 2 项。截至 2017 年底，公司（含子公司）累计申请专利 593 项，授权专利 398 项，其中发明专利 187 项。公司集成电路布图设计登记拥有总量 241 项，软件著作权 10 项。

投资情况

报告期内，公司以持有华鑫证券有限责任公司 2% 股权参与上海华鑫股份有限公司重大资产重组事项，共计确认投资收益 11851 万元。

报告期内，公司收购深圳市锐能微科技有限公司，通

过发行股份及支付现金方式购买锐能微100%股权，标的物交易价格为59000万元，其中现金支付比例为40%，股份支付比例为60%。

面临主要风险

1）集成电路设计产业风险：从全球范围看，集成电路已经日益成为成熟产业。系统整机厂垂直整合趋势明显，产业集中度越来越高，集成电路设计业的竞争压力日益加剧。

2）战略风险：公司主营业务为集成电路设计，主要营业收入来自智能计量及SoC、电源管理、通用模拟、非挥发存储器、高速高精度ADC等五大类产品业务。由于工业控制领域的集成电路产品开发难度大、市场导入周期较长，短期对公司主营业务难以产生显著贡献。

3）智能计量业务：目前国网智能表计应用的主要风险在于两点：一是国网本轮改造接近尾声，国网招标需求减少，下一年招标不确定性较大；二是从技术角度看，国网下一代智能表计的相关标准正在制定中，同样存在较大不确定性。

4）通用模拟业务：由于晶圆产能的持续紧张，制造成本不断提升，同时通用模拟集成电路还面临着竞争对手众多、价格竞争日益激烈的局面，产品利润空间不容乐观。

5）电源管理业务：2018年晶圆厂产能持续紧张，公司电源管理产品的原材料涨价，成本上升，将对产品的供货保证及利润增长带来不利的影响。

6）高速高精度ADC业务：高速高精度ADC大多用于工业领域，客户对成本不敏感，但是对产品的品牌、性能、质量和可靠性极为关心，其整机产品考核认证周期较长且不可预测性也较强，对公司的市场推广工作带来较大风险和不确定性。

7）市场及技术开发风险：公司产品业务市场大多已激烈竞争多年，部分产品同质竞争严重，销售价格竞争激烈。同时，公司存在研发效率不高和人才竞争力不足的现象。

8）生产运营风险：2018年度，加工产能持续紧张、原材料涨价，将造成部分产品供应短缺及生产成本上升。

2. 天通控股股份有限公司

股票简称： 天通股份
股票代码： 600330
上市时间： 2001-01-18
所属板块： 上证主板

企业情况概要

公司创办于1984年，拥有多家控股公司和参股公司，是国内首家由自然人控股的上市公司，是集科研、制造、销售于一体的国家重点高新技术企业。公司主要从事电子材料（包含磁性材料、蓝宝石材料、压电晶体材料和电子产品）研发、生产和销售，高端专用装备的研发、制造和销售。

基本营销数据

报告期内，公司实现营业收入217936万元，同比增长28.82%，资产总计5455605679.96元，同比增加14.43%，利润总额173981199.88元，同比增长36.57%，归属上市公司股东的净利润15686万元，同比增长42.17%。

主营业务发展情况

（1）电子材料

磁性材料事业管理团队通过持续研发投入和技术创新，不断推进主营产品技术升级，加大市场开发力度，优化升级产品销售结构，同时，通过有效控制采购和制造成本，提高管理效率和生产效率，保证主营产品的综合竞争力，在2016年的基础上进一步提升了公司在报告期的盈利能力，取得了较好的业绩增长。磁性材料制造本期实现销售收入61991万元，较上年同期增加7.46%，毛利率增加2.69个百分点。

蓝宝石晶体事业管理团队抓住LED照明市场渗透率不断提高、外延企业持续扩产的机会，通过补充瓶颈设备，产能持续提升，衬底工厂实现满负荷运行。银厦长晶工厂二期顺利扩产，进一步提升了晶体的生长能力。此外，通过实施市场多元化的策略，蓝宝石的手表表镜、盖板等产品成功进入高端手表、智能手表表镜、智能移动终端盖板和工业医疗设备盖板等市场。摄像头保护片和指纹识别片等产品也顺利和国内的一线智能手机厂商合作。通过团队的努力，奠定了公司蓝宝石事业国内领先的地位，实现了销售的大幅增长。蓝宝石晶体材料制造本期实现销售收入35971万元，较上年同期增加74%，毛利率增加24.86个百分点。

压电晶体事业管理团队围绕"做强、做新、做优"的方针，一方面加强内部管理，降本增效，提高产品质量；另一方面稳定国内市场，积极拓展国外市场。压电晶体产业已经形成4英寸、6英寸LT、LN各种轴向晶体、晶片的量产能力，产品质量获得国内外客户认证。在长晶、晶片黑化等关键技术上，申请多项发明专利，技术处于行业领先水平。压电晶体产业报告期内围绕新品开发及工艺提升方面实现了超级跨步，成功研发LT/LN系列产品及晶片黑化，实现了LT/LN黑化工艺从研发进入成熟阶段并实现量产。通过工艺匹配度的优化，LT/LN晶体批量生产且合格率已稳定。

电子产品产业2017年通过强化对标杆客户的服务，生产线自动化改造，以及ODM能力的提升，全面改善了产品制造质量和交付柔性，增强了产品竞争力。为加强与材料业务的协同效应，根据公司发展战略，新拓展了新能源、汽车电子和云存储方面的业务。从业务范畴、业务规模及公司当前的竞争能力比较评估，当前公司已崛起为长三角电子制造服务明星企业，天通精电已成为业内具有影响力的品牌。电子部件制造与服务本期实现销售收入63381万元，较上年同期增加59.25%，毛利率减少1.32个百分点，主要是由于本期自购料业务量的增加。

（2）高端专用装备产业

专用装备制造与安装业务本期实现销售收入66950万元，较上年同期减少6.6%，毛利率降低1.88个百分点。装备产业本期受与子公司之间关联交易抵消的影响，营收略有下降。同时装备产业本期加大研发投入，随着新产品的开发，产量提高，有助于后续营收及利润的提升。

研发情况

报告期公司研究开发费用 122266815.70 元，较上年同期增加 32.31%，研发投入总额占营业收入比例 5.61%；公司研发人员数量 710 人，研发人员数量占公司总人数的比例 15.22%。

公司依托国家企业技术中心和浙江省重点企业研究院两个平台，加强与国内多所知名高校的交流互动与合作，持续加大研发投入，组建了新品开发部，全面提升技术研发和新产品开发能力；强化材料中试转化功能，完善和建立异型产品个性化设计所需的不同的材料制造标准，提升公司对应特殊要求产品的能力。

投资情况

1）经公司 2017 年 4 月 14 日召开的六届三十一次董事会及 2017 年 5 月 8 日召开的 2016 年年度股东大会审议批准，公司变更了部分募集资金投资项目，将原项目"智能移动终端应用大尺寸蓝宝石晶片项目"中的部分募集资金投资金额 4.34 亿元变更为"年产 70 万片新型压电晶片项目""年产 2 亿只智能移动终端和汽车电子领域用无线充电磁心项目"，上述两个新项目涉及的募集资金投资金额分别为 2.58 亿元、1.76 亿元。截至本报告期末，上述项目均处于设备投入阶段，尚未产生收益。

2）经公司 2017 年 9 月 27 日召开的七届四次董事会审议通过，同意公司控股子公司天通银厦总投资 38600 万元建设大尺寸蓝宝石晶体长晶项目二期，其中第一步投资 17300 万元完成"四英寸 LED 用高品质蓝宝石晶棒专用晶体"项目建设，第二步投资 21300 万元完成"六英寸 LED 用高品质蓝宝石晶棒专用晶体"项目建设。资金来源为银川育成凤凰科创基金合伙企业（有限合伙）及银川育成投资有限公司合计以增资入股方式投资 20000 万元，其余资金由天通银厦自筹。截至本报告期末，上述增资事项已完成，天通银厦的注册资本由 79400 万元变更为 99400 万元；上述项目已投入金额 14237.1 万元，完成总投资进度的 36.88%。

面临主要风险

1）技术创新风险：预期新增新产品市场较大，盈利能力较强，但是技术突破和市场开发都需要较长周期，存在技术能力不足和市场无法及时打开的问题，可能会影响盈利的按计划贡献。

2）市场风险：随着市场产能扩张、行业整合兼并，产品供需平衡导致产品销售竞争加剧，产品销售价格下降，造成产品获利能力下降，影响公司整体盈利能力。

3）原材料价格波动风险：2017 年有色金属高位运行，人民币升值幅度较大，2018 年有色金属存在继续涨价的可能、人民币还存在继续升值的预期，对公司盈利能力可能会造成一定影响。

4）应收账款风险：2018 年对于部分 PSS 客户而言，同样存在因为产业环境恶化带来的经营危机，进而给公司带来应收账款管理方面的坏账损失扩大的风险，将极大负面影响公司达成年度经营目标。

5）技术人才流失的风险：技术的不断创新离不开高素质管理人才和技术人才。在多年快速发展过程中，公司管理团队和核心技术人员相对稳定，积累了丰富的经验。随着公司不断发展，对高层次管理人才、技术人才的需求将不断增加。如果公司的人才培养和引进方面跟不上公司的发展速度，甚至发生人才流失的情况，公司的研发能力将受到限制，使产品在市场上的竞争优势削弱，从而将对经营业绩的成长带来不利影响。

6）劳动力市场风险：近两年员工流动性较高，劳动力市场风险大。

3. 厦门法拉电子股份有限公司

股票简称： 法拉电子
股票代码： 600563
上市时间： 2002 – 12 – 10
所属板块： 上证主板

企业情况概要

公司从事的主营业务为薄膜电容器的研发、生产和销售，产品涵盖全系列薄膜电容器，公司拥有许多原创性的核心技术，在薄膜电容器行业的技术制高点上占据一席之地。每年均以主营业务收入 3% 以上的资金投入自主、原创性的开发，并已形成体系，逐步由电容器设计开发延伸至材料研究、工装模具开发、生产设备开发等。

基本营销数据

全年实现营业收入 16.98 亿元，同比增长 11.60%，实现归属于母公司所有者的净利润 4.24 亿元，同比增长 8.73%。2017 年内销市场实现收入 10.72 亿元，同比增长 10.02%，外销市场实现收入 5.99 亿元，同比增长 14.72%。

主营业务发展情况

公司从事的主营业务为薄膜电容器的研发、生产和销售。2017 年度，面对原材料价格上涨、人民币升值、市场竞争愈加激烈等复杂的企业经营环境，公司新一届经营班子统一思想，积极推行简洁、高效的管理理念，全面系统地思考和布局"精益化、信息化、自动化"工作，稳扎稳打，有条不紊地组织推进各厂自动化项目、优化供应链管理竞争机制、调整产品结构和生产布局、东孚新区的搬迁投产等工作。在公司全体员工共同努力下，有效缓解了材料、人工及各项成本费用增长带来的压力，全年实现营业收入 16.98 亿元，同比增长 11.60%，实现归属于母公司所有者的净利润 4.24 亿元，同比增长 8.73%。

研发情况

报告期内，公司研发支出总额 7108.80 万元，研发投入占营业收入比例为 4.19%，研发人员 245 人，占总员工数的 11.95%。公司针对市场发展趋势及要求，加大了对新型能源用薄膜电容器的研发力度，提高了产品的整体技术水平，加快了量产的速度，使公司具有贴近市场、反应迅速、技术服务强等优势。

投资情况

公司子公司上海美星电子有限公司、厦门市欣园精工电子有限公司均已纳入合并报表范围，除此外，公司报告期内未持有及买卖其他上市公司及金融企业股权。目前，公司主要子公司包括：

上海美星电子有限公司，其所处的行业为电子元件制造，主要产品为变压器，报告期末其注册资本为1128万元，总资产为15979.49万元，净资产为7,713.38万元。

上海鹭海电子有限公司，其所处的行业为电子元件制造，主要产品为变压器，报告期末其注册资本为100万元，总资产为189.03万元，净资产为132.65万元。

沭阳美星照明科技有限公司，其所处的行业为电子元件制造，主要产品为变压器，报告期末其注册资本为1000万元，总资产为1277.35万元，净资产为1007.26万元。

沭阳凯迪光电有限公司，其所处的行业为电子元件制造，主要产品为变压器，报告期末其注册资本为200万元，总资产为372.15万元，净资产为216.88万元。

公司主要子公司厦门法拉欣园精工电子有限公司其所处的行业制造业，报告期末其注册资本为500万元，总资产4643.44万元，净资产为708.17万元。

面临主要风险

1）主要原材料价格波动风险：公司主要原材料聚丙烯膜、聚酯膜和有色金属占公司生产成本的比重较大，原材料价格的波动将对毛利率水平带来影响。如果原材料价格短期内出现大幅波动，可能对公司的经营造成影响。

2）出口经营面临的风险：公司产品出口占比不小。如果欧美经济持续低迷，或者产品销往的国家和地区的政治、经济环境及贸易保护政策等发生不利变化，公司可能面临出口业务波动的风险。

3）汇率变动风险：人民币汇率的变动区间逐步扩大，持续升值将会对市场开拓及经营业绩产生不利影响。

4. 杭州士兰微电子股份有限公司

股票简称：士兰微
股票代码：600460
上市时间：2003－03－11
所属板块：上证主板

企业情况概要

公司经营范围是，电子元器件、电子零部件及其他电子产品设计、制造、销售；机电产品进出口。主要产品包括集成电路、半导体分立器件、LED（发光二极管）产品等三大类。经过将近20年的发展，公司已经从一家纯芯片设计公司发展成为目前国内为数不多的以IDM（设计与制造一体化）模式为主要发展模式的综合型半导体产品公司。公司属于半导体行业，公司被国家发展和改革委员会、工业和信息化部等国家部委认定为"国家规划布局内重点软件和集成电路设计企业"，陆续承担了国家科技重大专项"01专项"和"02专项"多个科研专项课题，同时也是国家"910"工程的重要承担者。

基本营销数据

2017年，公司营业总收入为274179万元，较2016年同期增长15.44%；公司营业利润为11922万元，比2016年同期增加777.13%；公司利润总额为11891万元，比2016年同期增加34.19%；公司归属于母公司股东的净利润为16949万元，比2016年同期增加76.75%。

主营业务发展情况

2017年，公司集成电路和分立器件产品的营业收入分别较去年同期增长14.03%、16.79%。集成电路产品中，LED照明驱动电路、IPM功率模块、MCU电路、数字音视频电路、MEMS传感器等产品的出货量保持较快增长。分立器件产品中，快恢复管、MOS管、IGBT、IPM模块等产品增长较快。

2017年，公司IPM功率模块产品在国内白色家电（主要是空调、冰箱、洗衣机）、工业变频器等市场持续取得突破。2017年，国内多家主流的白电整机厂商在变频空调等白电整机上使用了超过200万颗士兰IPM模块。

2017年，公司加速度计产品已大批量出货，质量保持稳定；六轴惯性单元、光传感器产品、磁传感器产品、压力传感器产品、硅麦克风等产品已开始客户推广。

2017年，公司发光二极管产品的营业收入较去年同期增加19.91%，产品毛利率得到较大幅度的提升。随着新建产能的释放，公司子公司士兰明芯公司实现扭亏为盈。

2017年下半年，公司已建成6英寸的硅基氮化镓集成电路芯片中试线，涵盖材料生长、器件研发、GaN电路研发、封装、系统应用的全技术链。

2017年，公司子公司士兰集成公司通过进一步挖潜，积极扩大产出，共产出5英寸、6英寸芯片230.99万片，比去年同期增加11.32%。

2017年，公司重要参股公司士兰集昕公司通过有效组织技术力量，加快8英寸生产线建设进度：3月末，8英寸线产出第一片合格芯片；6月末，8英寸线正式投入量产；12月份，8英寸线实现月产15000片的目标。2017年，8英寸线共产出芯片5.71万片，在一定程度上缓解了士兰集成芯片产能紧张的局面，对第四季度士兰微整体营收的提升起到了积极作用。2018年，公司将进一步加快8英寸芯片生产线投产进度，加快高压集成电路、功率器件等产品导入量产，为持续推动士兰微电子整体营收的较快成长发挥更大作用。

2017年，公司子公司成都士兰公司外延芯片车间产能和模块车间产能得到进一步扩充。经过长达七年的建设，公司在西部的半导体制造基地已初具规模并日益发挥重要作用。今后，公司将在外延芯片制造、功率模块、MEMS传感器产品封装等领域持续加大投入，使其经济效益得到进一步提升。

2017年12月18日，公司与厦门市海沧区人民政府签署了《战略合作框架协议》：公司与厦门半导体投资集团有限公司拟共同投资220亿元人民币，拟在厦门规划建设两条12英寸90~65nm的特色工艺芯片生产线和一条4/6英寸兼容先进化合物半导体器件生产线，项目采取分期分阶段实施。上述协议的签订，有利于公司加快在半导体产业链的布局，有利于公司进一步发挥设计制造一体模式在特色工艺芯片生产线和先进化合物半导体器件生产线的技术、市场、人才、运营等方面的优势，为士兰微的长远发展奠定坚实的基础。

2018年，公司将根据董事会提出的"持续提升能力，发挥IDM模式的优势、聚焦新的市场和高端应用"总的指导思想,在集成电路、特种功率器件、MEMS 传感器、LED 等多个技术领域持续加大投入;利用公司在多个芯片设计领域的积累,提供针对性的芯片产品和系统应用解决方案,不断提升产品质量和口碑,提升产品附加值。

研发情况

作为国内半导体领域中以 IDM(设计与制造一体化)为主要模式的公司,研发支出主要分为设计研发和制造工艺研发。报告期内,研发投入 279482840.51 元,投入占比 10.19%,研发人员 1648 人,人数占比 30.46%。报告期内,研发项目仍主要围绕电源管理产品平台、功率半导体器件与模块技术、数字音视频技术、射频/模拟技术、MCU/DSP 产品平台、MEMS 传感器产品与工艺技术平台、发光二极管制造及封装技术平台等几大方面进行。通过这些研发活动,公司不断丰富现有的产品群,如推出 IGBT 等功率器件和功率模块产品,推出 LED 电源电路、数字音视频电路、MCU 电路、MEMS 传感器等产品,推出高品质的 LED 芯片和成品。

投资情况

8 英寸芯片生产线项目:截至 2017 年年底,已完成项目投资 137194.37 万元,项目进度 90%。11 万伏变电站工程项目:该项目总投资为 3800 万元,截至 2017 年年底,已完成项目投资 3690.37 万元,项目进度 100%。士兰集成产能提升项目:该项目总投资为 15000 万元,截至 2017 年年底,士兰集成已完成该项目投资 12490.03 万元,项目进度 85%。士兰明芯 LED 芯片中后道扩产项目:该项目总投资为 27000 万元,截至 2017 年年底,士兰明芯已完成该项目投资 27101.55 万元,项目进度 93%。士兰明芯 LED 生产厂房扩建项目:该项目总投资为 7500 万元,截至 2017 年年底,士兰明芯已完成该项目投资 7718.68 万元,项目进度 100%。士兰明芯 LED 产能拓展项目:该项目总投资为 15000 万元,截至 2017 年年底,士兰明芯已完成该项目投资 14630.10 万元,项目进度 90%。

面临主要风险

1)宏观经济风险:半导体行业受宏观经济形势波动影响较大。受全球性金融危机的长期影响,全球总需求增长缓慢,全球经济复苏还将是一个较为长期的过程。2018 年,仍有一些问题和趋势值得关注:①需要密切关注美国实施的"宽财政 + 紧货币"政策组合对流动性、投资者风险偏好和全球金融市场的影响。②要特别关注其他主要发达经济体货币政策正常化进程及其影响。一旦主要发达经济体货币政策收紧过快,导致长期利率抬升,可能对宏观经济和资产价格产生较大影响,阻碍复苏进程并引发金融风险。③须重视逆全球化和保护主义风险。

2)行业周期风险:半导体行业存在明显的行业周期。近年来,随着技术发展和应用领域更新加速,行业周期呈现缩短趋势。

3)新产品开发风险:随着半导体消费终端产品市场更新频率的加快,公司产品创新的风险也在加大。如果公司的创新不能踏准市场需求的节奏,公司将浪费较大的资源,并丧失市场机会,不能为公司的发展提供新的动力。

5. 深圳市京泉华科技股份有限公司

股票简称: 京泉华
股票代码: 002885
上市时间: 2017 – 06 – 27
所属板块: 深证中小板

企业情况概要

公司专注于电子元器件行业,主要从事磁性元器件、电源及特种变压器研发、生产及销售业务。公司主要产品包括高频变压器、低频变压器、电源适配器、裸板电源、光伏逆变电源、数字电源、三相变压器、特种电抗器等。公司的产品广泛应用于家用电器、消费电子、UPS、LED 照明、通信、光伏发电等领域。报告期末,根据公司的未来战略发展规划,响应公司在日常经营过程中具体业务开展的实际需要,面向新兴市场,公司扩增营业范围至光伏逆变器;UPS;新能源磁性器件;汽车电子、新能源汽车充电设备;通信电源、轨道交通类磁性器件;储能系统电源、电力电子及医疗电子产品等领域。

基本营销数据

2017 年,公司实现营业总收入 113991.10 万元,同比增长 26.83%;实现营业利润 6096.85 万元,同比下降 3.81%;实现利润总额 6362.90 万元,同比下降 7.50%;实现归属于上市公司股东的净利润为 5823.54 万元,同比下降 2.98%。

主营业务发展情况

公司主要生产磁性元器件、电源和特种变压器三大类产品。

报告期内,凭借良好的产品质量、大规模高效率的生产能力、快速响应的研发实力、良好的售后服务,与多家国际高端电子设备厂商展开持续稳固的合作。公司产品的技术水平、质量均获得了客户的认同,稳定优质的客户资源不仅为公司带来了稳定的营业收入,而且提升了公司产品品牌市场知名度,为公司长期持续稳定发展奠定了坚实基础。

2017 年,公司坚持积极稳健的经营策略,各生产经营指标和财务状况运行良好。公司在磁性元器件、特种变压器的生产与销售业务中继续保持竞争优势,年内销售收入稳中有升;同时,公司的电源产品业务为公司的经营发展创造了新的销售额和带来了新的利润增长点。报告期内,公司通过持续挖掘产能和加大国内外市场开拓力度,巩固提升客户对公司产品的认可度和忠诚度,不断推动公司经营业绩的稳步增长。

研发情况

截至本报告期末,公司及其子公司已取得发明专利 20 项,实用新型专利 66 项,外观专利 24 项。

2017 年度,公司在执行和陆续新投入的研发项目,主要如下:

1)《新能源光伏储能项目 I》,该项目产品是一款光伏储能领域双向 DC – DC 变换器,采用 DSP 全数字化控制,精确而复杂的算法保证了高精度及高可靠性的运作,便于远程控制等。

2)《新能源光伏储能项目 II》,该项目产品是一款单相 DC-DC 变换器，该 DC-DC 变换器采用 DSP 全数字化控制，高压侧具有过电压、欠电压保护以及反接保护，低压侧有过电压、欠电压保护，过电流、短路和反接保护。

3)《大型台式系列打印机电源项目》，该项目产品是一款具备多组输出、全电压输入的绿色高效率电源，高精度、高可靠性、内置数字式 MCU 逻辑功能控制各电压时序。

4)《大功率微波炉电源项目》，该项目产品是一款多组输出的全电压输入高功率密度高效率电源，内置交错主动式 PFC 设计，高精度、高可靠性、高性价比设计。

5)《白板系列电源项目》，该项目产品是一款国际通用全范围电压输入，低待机功耗，在整个负载范围内均具有高效率，超薄设计，保护功能完善，高可靠性的产品。

6)《一种 UPS 电感组件》，该项目产品解决了多个电感之间的 EMI 漏磁干扰及相互散热问题，提高产品的可靠性。

7)《充电桩磁性器件项目》，该项目产品解决了充电设备噪声问题，提升了整个充电桩的工作效率。

8)《汽车双向充电项目》，该项目产品解决了单磁路器件在三相电当中的运用问题，实现了相关磁性器件的扁平化、散热方式的更优化和高频三相的零序流。

投资情况

根据中国证券监督管理委员会于 2017 年 6 月 9 日签发的证监许可 [2017] 882 号文《关于核准深圳市京泉华科技股份有限公司首次公开发行股票的批复》，公司获准向社会公开发行人民币普通股 2000.00 万股，每股发行价格为人民币 15.53 元。股款以人民币缴足，共计人民币 31060.00 万元，扣除承销及保荐费用、发行登记费以及其他交易费用共计人民币 5394.18 万元后，净募集资金共计人民币 25665.82 万元，上述资金于 2017 年 6 月 21 日到位。

公司在报告期内投资京泉华科技产业园，本报告期投入金额 95751701.12 元，截至报告期末累计实际投入金额 150425959.79 元，投资方式为自建，属于固定资产投资。

面临主要风险

1)市场风险：一方面随着国际产业转移的进一步深化，行业技术的快速发展，全球分工体系和市场竞争格局可能发生较大变化；另一方面随着宏观经济形势的影响，下游相关行业市场景气度存在周期性波动，可能使得部分客户减少向公司采购，导致公司面临订单减少的情形。若公司不能准确判断产业发展方向，紧跟行业技术发展趋势，将可能失去现有的行业和市场地位。

2)主要原材料价格波动风险：公司生产经营所需的主要原材料是铜材、硅钢片及配套材料。报告期内，公司直接材料占总成本的平均比重较高。近年来，受市场需求和国际金融危机影响，铜、钢等大宗商品交易价格波动较为剧烈，并直接造成铜材和硅钢片价格的较大波动，主要原材料价格波动增加了公司的生产经营的难度，并可能导致产品销售成本、毛利率的波动。

3)汇率波动风险：公司出口业务主要采用美元或港币结算，因此受人民币汇率波动的影响较为明显。汇率波动的影响主要表现在两方面：一方面影响产品出口的价格竞争力，人民币升值将一定程度削弱公司产品在国际市场的价格优势；另一方面汇兑损益造成公司业绩波动。

4)核心技术人员流失及核心技术失密的风险：尽管公司采取各种措施防止公司核心技术对外泄露，但若出现公司核心技术人员大量外流甚至核心技术严重泄密，将会对公司创新能力的保持和竞争优势的延续造成重大不利影响。

5)人力成本上涨的风险：随着我国经济的快速发展，国民收入水平逐年增加，劳动力价格逐年提高，公司劳动成本将逐年上升，从而面临营业成本及费用逐年增加的局面，如果收入规模增长速度放缓，公司未来利润水平存在下降的风险。

6)外协加工模式风险：公司部分产品或产品的部分生产环节属于劳动密集型制造，为降低公司经营成本，提高公司盈利能力，公司采用了较大比例的外协加工，虽然公司不存在依赖单一或少数几个外协加工商的情况，但如果其中一些主要外协加工商发生意外变化，或公司未能对外协加工商进行有效的管理和质量控制，将可能对公司生产经营造成不利影响。

7)存货跌价风险：公司主要从事磁性元器件、电源和特种变压器产品的研发、生产和销售。为了满足不同领域不同客户的多样化需求，公司拥有较多的产品系列，同时也加大了存货规模，不能排除因为市场的变化导致存货出现存货跌价、积压和滞销的情况，从而产生公司财务状况恶化和盈利水平下滑的风险。

8)应收账款坏账风险：随着公司经营规模的扩大，应收账款金额将持续增加，如宏观经济环境、客户经营状况等发生变化或公司采取的收款措施不力，应收账款将面临发生坏账损失的风险。

9)募集资金投资项目实施过程中的风险：公司本次募集资金将用于磁性元器件生产建设项目、电源生产建设项目、研发中心建设项目及信息化系统建设项目。但如募集资金项目在建设过程中出现管理不善导致不能如期实施、市场环境突变或市场竞争加剧等情形，将对募集资金投资项目的实施和盈利能力产生不利影响。

10)公司规模快速扩张带来的管理风险：本次募投项目实施后，公司资产、业务和人员规模将进一步扩大，从而使得公司现有组织架构和运营管理模式面临新的考验。

11)海外业务拓展风险：拓展海外市场可能存在很多不确定性，当地政治经济局势、法律法规和管制措施的变化都将对公司海外业务的经营造成影响，此外，若公司的海外业务管理和售后服务跟不上，也将阻碍海外业务的拓展。

创业板

6. 湖北台基半导体股份有限公司

股票简称： 台基股份
股票代码： 300046
上市时间： 2010-01-20
所属板块： 深证创业板
企业情况概要

公司主营业务为大功率半导体器件及其功率组件的研

发、制造、销售及服务,2016 年 6 月通过全资收购北京彼岸春天影视有限公司新增影视业务,形成"半导体 + 泛文化"双主业经营模式。半导体业务主要产品为功率晶闸管、整流管、电力半导体模块等,广泛应用于工业电气控制和电源设备。公司全资子公司彼岸春天是互联网影视内容提供商,主要业务为影视制作(互联网影视开发与制作及院线电影开发与制作)、商业定制业务、娱乐营销业务。

基本营销数据

报告期公司实现营业总收入 27865.18 万元,同比增长 15.10%;利润总额 6707.84 万元,同比增长 47.52%;归属于上市公司股东的净利润 5338.78 万元,同比增长 38.51%;基本每股收益 0.3758 元,同比增长 38.52%;加权平均净资产收益率 6.55%,同比增长 1.66 个百分点。

主营业务发展情况

功率半导体业务情况:2017 年,公司抓住功率半导体市场回暖机遇,通过产品结构和市场结构的调整优化,保障了功率半导体销售收入同比增长。公司全年销售各类功率半导体器件 127.93 万只(包括晶闸管、模块、芯片、组件、散热器等),同比增长 12.72%,其中晶闸管销售 52.96 万只,同比增长 22%;模块销售 58.95 万只,同比增长 0.37%。在市场结构方面,公司抓住钢铁铸造等领域环保和节能改造,以及高压电机软起动行业迅速上升的契机,铸造行业器件和高压器件发货量同比大幅增加。新领域开拓取得有效进展,公司通过了部分高端客户的现场审核,自主研发的晶闸管阀组成功应用于各类脉冲功率电源、直流断路器项目中,与某科研单位合作的限流直流断路器通过专家评审验收;产品成功运用于世界首台机械式高压直流断路器上,并通过某电网公司验收,得到用户好评。IGBT、焊接模块、机车器件产销量同比大幅提升,同时在"煤改电"和轨道交通领域的开发也有所突破,公司功率半导体器件应用领域不断拓展。2017 年公司面临一定的交付压力,生产忙而有序,效率显著提高;产品质量稳定提升,客户投诉率下降;工艺改进和节能降耗不断进步,成本控制收到实效。公司通过了高新技术企业复审,获得湖北省第十三届"守合同重信用"单位、2017 年襄阳市工业企业百强等荣誉称号,促进了公司健康高效发展。

泛文化业务:公司全资子公司彼岸春天是互联网影视内容提供商,拥有完整的互联网内容产业链,业务布局包括网络剧、商业定制剧、院线电影、定制视频、娱乐营销等。目前影视制作业务以网络剧为主,销售模式主要为定制模式,即网络播映平台委托彼岸春天拍摄其特定需求的网络剧,并以买断的形式获取网络剧的版权。本报告期,彼岸春天完成多部网络剧的拍摄和制作,以及首部院线电影的拍摄宣传和上映。由于电影票房未达预期,部分平台定制网剧项目因延期拍摄无法在本报告期确认收入,导致彼岸春天营业收入、净利润未能实现预期。

研发情况

2017 年,公司研发支出 11145193.82 元,同比上升 21.63%,研发人员 58 人,研发投入占比 4.00%,同比上升 5.82%。报告期内,公司持续进行的研发项目主要有 7.5kV 高压器件、焊接模块和 IGBT 模块、ETO(新型高压

场控可关断晶闸管器件)、高功率脉冲开关等,器件种类不断丰富,除个别在研外均已实现量产,成为新的增长点,增强了公司的核心竞争力。研发项目进展情况如下:

7.5kV 高压器件:器件研发水平达到 8.5kV,具备 6 英寸量产能力。公司全压接高压器件产品形成全系列,销售额保持快速增长,成为新的增长点。

焊接模块和 IGBT 模块:项目已完成发改委验收,各项关键技术取得突破,建成自动化 IGBT 模块(暨焊接模块)生产线,产销量不断扩大。

ETO 器件:项目已完成,取得多项科研成果,通过科技部组织的验收。后续将深化成果应用,尽快形成中试能力。

高功率脉冲开关组件:器件研发水平达到 300kA,脉冲功率开关组件达到 40kV。2017 年公司持续在该产品技术领域保持领先,在特种电源和新能源领域呈现迅速增长态势。

投资情况

投资活动产生的现金流量净额为 – 12869.73 万元,同比增加 2.79%,主要原因:一是报告期购理财产品比上年同期减少;二是公司收购北京彼岸春天股权款支出减少;三是筹资活动产生的现金流量净额为 – 365.40 万元,同比增加 89.71%,主要是报告期利润分配流出现金同比减少 3186.60 万元。

面临主要风险

1)宏观经济环境的影响:公司所处的电力电子行业和宏观经济环境密切相关,经济增速下行会抑制功率半导体行业需求,进而加剧市场竞争,对公司经营造成负面影响。尽管公司产品主要应用于电机控制和电源等节能领域,市场领域宽广,但现阶段市场总体上仍处于缓慢回升状态

2)技术与工艺开发的风险:功率半导体新技术、新工艺、新产品发展较快,对企业技术创新能力要求较高。公司现在的产品技术和工艺水平虽然在国内领先,但与国际先进水平尚有差距,如果新产品研发进度缓慢,工艺改进停滞不前,将在国内高端市场和应用领域拓展中处于劣势。

3)商誉减值风险:公司 2016 年完成了对北京彼岸春天影视有限公司的收购,形成较大金额的商誉,该等商誉不作摊销处理,但需要在未来每年会计年末进行减值测试,若彼岸春天在经营中不能较好地实现收益,那么收购标的资产所形成的商誉将会有减值风险,从而对公司经营业绩产生不利影响。

4)市场竞争风险:功率半导体行业竞争激烈。近年来功率半导体市场需求持续不旺,行业产能过剩,部分企业被迫降价促销,同时国际功率半导体器件企业竞相进入中国市场,加剧了市场竞争。

5)影视文化业务整合风险:公司已形成"半导体 + 泛文化"双主业经营模式,由于公司和彼岸春天的主营业务分属不同行业,所以在文化理念、经营模式、人力资源等方面存在差异,如果双方不能实现有效融合,将可能导致双方产生对未来发展的分歧,给公司的内部整合带来不确定性。

6)核心人才流失的风险:彼岸春天属于影视传媒业,

对核心人员具有一定依赖性。随着影视传媒行业的发展和变化，不排除彼岸春天由于核心技术人才流失等因素导致公司竞争力下降的影响。

中小板

7. 南通江海电容器股份有限公司

股票简称： 江海股份

股票代码： 002484

上市时间： 2010－09－29

所属板块： 深证中小板

企业情况概要

公司主要从事电容器及其材料、配件的生产、销售和服务，前身为1958年10月成立的南通江海电容器厂。公司是高新技术企业、江苏省电容器及材料产业创新联盟盟主单位，连续多年入选中国电子元件行业协会评选的中国电子元件行业百强企业。公司全面整合各类资源，突出专业化、精细化、个性化，拉长电容器产业链，打造电解电容器、薄膜电容器、超级电容器三大产品群，使公司成为全球电容器和能量存储方案的提供者。

基本营销数据

2017年，公司合并报表实现营业收入1666811782.97元，同比2016年增长36.22%；归属于上市公司股东的净利润190028633.11元，同比2016年增长27.5%，归属于上市公司股东的净资产3115899537.23元，同比2016年增长4.72%。

主营业务发展情况

电容器是公司目前最主要的收益来源，报告期占主营收入的83%，而工业类电容器占有68.5%的份额，在全球具有竞争优势；薄膜电容器的研发生产起步于2011年，已在许多应用领域得到用户的认证并批量销售，处于快速发展阶段。

公司另一个战略发展的产品是超级电容器，被广泛应用于智能三表、电动汽车、轨道交通、风电系统、工程机械、节能安全电梯、AGV、电动工具、军工等领域。公司超级电容器和湖北海成电子小型铝电解电容器项目建设抓紧推进，焊针式铝电解电容器已扩产30%，为公司三大产品群的持续发展奠定了坚实基础。公司锂离子超级电容器的技术性能达到国际先进水平。

公司把握了优势产品高压大型电容器市场需求旺盛的机会，扩大了市场占有率和覆盖率。薄膜电容器已真正进入量产创利阶段，自动化程度和生产效率进一步提高，电网、军工等应用领域的研发和市场跟进效果良好，与优普电子的协同效应逐步体现。

斥资十亿日元收购ELNA公司股权，为提升车载电容技术打下了基础。

公司申请了多项专利，荣获南通市市长质量奖。

研发情况

报告期内，公司研发支出总额79188388.14元，研发人员362人，比2016年上升2.26%。公司开展的研发项目紧紧围绕发展战略和市场需求，在三大产品群投入研发资源，并走产学研用合作研发道路。通过短、中期制定的研发计划项目的实施开发出新产品、新技术、新工艺，提升产品技术性能和市场竞争力，增强公司的核心竞争力，为公司持续、健康发展提供不竭动力。

投资情况

本期公司投资设立全资孙公司南通江海电容器有限公司。新设宇东箔材科技南通有限公司，投资金额3120000.00元，占股39%，主要业务生产铝碳复合电极箔。

公司收购优普电子（苏州）有限公司，投资金额180000000.00元，占股100%，主要业务生产金属化膜电容器、平贴式电容器等。

公司增资日本ELNA株式会社，投资金额62430000.13元，占股15.81%，主要业务电子零件的制造和销售（电容器、印制电路板）。

面临主要风险

1）贸易保护主义和汇率波动的风险：由于美国贸易保护主义和人民币近年来的持续升值，会对向美国出口和出口产品的收益带来负面影响。

2）环保新政引发的材料短缺和成本上升对经营效益的影响：由于环境保护和治理的要求，国家有关部门相继出台了新的更严格的排放标准，引起整个铝电解电容器行业的腐蚀箔、化成箔、铝箔成本上升，供应紧张。

3）多项目同时进行投入的财务风险：由于市场需求持续旺盛，从核心材料到产品普遍供不应求。去年开始公司利用募投资金、自有资金，分别投入铝电解电容器（包括腐蚀箔、化成箔、大型电容器、小型电容器、片式固态电容器）、薄膜电容器（包括真空镀膜、工业用薄膜电容器、车载薄膜电容器模组）、超级电容器（包括EDLC、LIC）项目建设。届时多项目固定资产转入，将摊薄即期利润。

新三板

8. 无锡芯朋微电子股份有限公司

股票简称： 芯朋微

股票代码： 430512

上市时间： 2014－01－24

所属板块： 新三板

企业情况概要

本公司是集成电路产业链中的集成电路设计公司，采用国际流行的无生产线设计（Fabless）模式，专注于产品的市场开拓和设计研发，生产主要采用委托外包形式。公司拥有国内功率集成半导体技术领域的一流研发团队，设立有国家级博士后企业工作站和江苏省功率集成电路工程技术中心，是国家工信部认定的集成电路设计企业、科技部认定的高新技术企业、江苏省民营科技企业、江苏省创新型企业。公司承担并完成了多项国家及省、市的科研开发任务项目，共已取得49项专利技术和79项集成电路布图设计保护，为智能家电、标准电源、移动数码、网络通信及LED照明等电子产品生产企业提供高可靠和高效率的各种电源管理集成电路产品。

基本营销数据

报告期，公司实现营业收入274490663.10元，同比增长 19.59%；2017 年资产总计 272265078.66 元，同比增长 9.36%。毛利率 36.37%，归属于挂牌公司股东的净利润 47484181.87 元，相比上年同期增长 58.01%，扣除非经常性损益后的净利润为 3801.27 万元，同比增长 88.81%。基本每股收益 0.62 元，相比上年同期增长 58.01%。

主营业务发展情况

公司继续加大研发与技术创新力度，发展核心技术，2017 年公司研发投入为 4318.10 万元，比去年同期增长 4.90%，占公司销售收入的 15.73%。报告期内，公司共设计定型了多款新产品，分别应用于智能家电、标准电源、移动数码、工业驱动等公司主要应用领域，并已逐步向市场展开推广及销售，也对公司未来的主营业务收入创造了新的增长机会。

报告期内，公司除在智能家电市场继续保持稳定增长外，依靠技术优势转型产品结构，积极开拓各类新型产品应用市场，并提供 AC + DC 全套电源解决方案，整体市场上升迅速。公司标准电源市场持续扩张，业绩显著。智能家电与标准电源市场的持续增长，是公司净利润快速增长的重要因素。新市场产品主要应用于各类新型智能家电、手机充电器、机顶盒、网关适配器等，市场容量巨大。

报告期内，公司盈利能力持续上升，公司的营业收入为 27449.07 万元，同比增长 19.59%；净利润为 4748.42 万元，同比增长 58.01%，扣除非经常性损益后的净利润为 3801.27 万元，同比增长 88.81%。

研发情况

2017 年公司研发投入为 4318.10 万元，比去年同期增长 4.90%，占公司销售收入的 15.73%。报告期内，公司共设计定型了多款新产品，分别应用于智能家电、标准电源、移动数码、工业驱动等公司主要应用领域，并已逐步向市场展开推广及销售，也对公司未来的主营业务收入创造了新的增长机会。

目前，公司已开发出 500 多个型号的产品，并获得了客户的认可。截至报告期公司共已取得 49 项专利技术和 79 项集成电路布图设计保护专利。

除此之外，公司将逐步规划拓展新的技术领域：

1）电源芯片内核数字化技术：将数字信号处理技术用于电源管理电路之中，可实现仅用模拟技术难以实现的更复杂控制功能，以满足多重任务的复杂电子系统对电源管理产品自适应调整控制的要求，是公司未来的重要技术发展方向之一。

2）电源芯片集成化技术：在消费电子领域，电源的轻薄短小一直都是优化用户体验的重点需求，这就要求公司新一代产品支持更小的体积、更高的集成度、更少的外围器件。公司将从半导体晶圆高低压集成器件工艺技术和高功率密度封装技术两大方向协同推进新一代更高集成度的电源管理芯片及其解决方案的研发，降低电源方案元器件数量，改善加工效率，缩小方案尺寸，降低失效率，提高系统的长期可靠性。

投资情况

报告期内，公司使用部分闲置资金购买中低风险、短期（不超过一年）的银行短期理财产品。报告期内，投资总额为 7900 万元，实现投资收益总额为 125.79 万元。

面临主要风险

1）市场风险：集成电路行业是一个快速发展的高科技行业，各种新技术、新产品不断更新，一方面产生了巨大的市场机遇，另一方面也导致市场变化较快，需要公司不断开发出适销对路的新产品以求跟上市场的需求。

2）技术更新风险：集成电路设计在国内尚属于成长中的新兴产业，新技术可能随着行业的发展环境和国际国内消费市场的变迁而发生变革，公司若不能及时跟上新技术变革的步伐，将对公司业务的持续开展和市场的进一步开拓产生不利影响。

3）核心人才流失风险：集成电路设计行业对设计人员的专业技术能力和各技术团队的密切合作依赖程度较高。相对稳定的技术研发团队是公司一切比较优势的基础和来源，而核心人才的流失无疑将对公司的持续经营带来重大的风险。

4）实际控制人不当控制风险：公司实际控制人张立新持股占总股本的 47.4%，在公司担任董事长职务，同时为公司法定代表人。若公司实际控制人利用其控股地位，通过行使表决权对公司进行不当控制，可能给公司未来经营和其他股东带来风险。

5）对非经常性损益依赖的风险：公司非经常性损益主要来自政府对公司承担的政府科研项目的补贴，该类补贴存在一定的不确定性，若不能持续获得，将会对公司的利润造成一定的影响。

9. 江苏宏微科技股份有限公司

股票简称： 宏微科技

股票代码： 831872

上市时间： 2015 – 01 – 27

所属板块： 新三板

企业情况概要

公司是由一批长期在国内外从事电力电子产品研发和生产，具有多项专利的科技专家组建的高科技企业。江苏宏微科技有限公司被认定为国家重点高效新技术企业、国家高新技术企业化示范基地、企业院士工作站、国家 IGBT 和 FRD 标准起草单位之一；公司承担多项国家项目。公司的业务范围包括：新一代电力电子分立器件及模块，包括 IGBT、FRD、VDMOS、标准模块及用户定制模块；新型电力电子器件的动态、静态参数测试系统与装置；高效节能解决方案，包括动态节能照明电源、开关电源、逆变及变频装置等。

基本营销数据

报告期内，公司实现营业收入 20564.36 万元，较上年 19233.05 万元增长 6.92%；归属于挂牌公司股东的净利润 1358.72 万元，较上年 1159.3 万元增长 17.20%。截至 2017 年 12 月 31 日，公司总资产 26049.77 万元，净资产 14634.35 万元，资产负债率为 42.02%，经营活动产生的现金流量 1130.17 万元，增幅为 14.6%。

主营业务发展情况

公司设立以来立足于电力电子元器件行业，专注于为客户提供高性价比的新型功率半导体芯片、分立器件和模块化产品。截至报告期末，公司拥有专利65项，其中发明专利27项。公司"设计－制造－封装－销售"的一体化模式不仅树立了民族品牌，使自产的分立器件和模块不完全依赖于进口芯片，同时通过自身的研发、设计和生产能力，特别是芯片研发设计能力的不断提升，进一步增强了抵御市场风险的能力和提高利润率。

报告期内，公司积极布局新能源汽车市场，并加大了在该领域的研发投入。电动汽车用IGBT模块在SVG行业应用中逐步放量，同时客户定制化产品也开始批量销售。

报告期内，公司实现营业收入20564.36万元，较上年19233.05万元增长6.92%；营业收入增长的主要原因为公司继续发挥和增强产能交付、质量品质、营销渠道等竞争优势，调整和优化产品结构初见成效，其中分立器件和模块销售收入增幅33.55%，弥补了芯片和电源模组产品销售收入的下滑，最终使得销售收入总体增长6.92%。

技术研发情况

2017年12月27日公司通过知识产权管理体系认证。公司通过实施知识产权管理体系有效地防范知识产权法律风险，争取知识产权资产的保值增值，为公司赢得竞争。

投资情况

2017年3月10日，用公司闲置资金人民币16万元作为中国银行的利率掉期保证金，起息日期2017年3月10日—2018年3月6日，因中国银行的1500万元贷款在2018年3月13日继续转贷，因此该笔资金继续作为利率掉期保证金存放在中国银行的保证金账户中。

2017年6月19日用公司闲置资金人民币50万元购置中银智享人生员工薪酬福利计划理财产品，期限一年，截至2017年12月31日还未赎回。

2017年8月15日用公司闲置资金人民币100万元购买中国银行中银日结月累理财产品，于2017年8月30日赎回，收益1232.87元。

面临主要风险

1) 市场竞争风险：目前国内功率半导体器件企业的整体水平还比较低，生产能力主要集中于低端产品领域。在以新型功率半导体器件如IGBT、FRED、高压MOS为代表的高技术、高附加值、市场份额更大的中高档产品领域，国外企业拥有绝对的竞争优势，如果国际品牌厂商加大本土化经营力度，国产品牌厂商在技术、经营模式方面全面跟进和模仿，市场竞争将日趋激烈；此外，新能源领域用IGBT芯片的系列化生产将逐步形成产业链，且国际国内竞争者相继进入这一市场，在不远的将来，这一市场的竞争将变得更加激烈。

2) 应收账款余额较高及不能及时收回的风险：公司的应收账款余额较大，占资产总额的比例较高。截至2017年12月31日公司应收账款账面净额8115.46万元，占资产总额的31.15%。但是如果相关客户经营状况发生重大不利变化，应收账款存在不能及时收回的风险。

10. 深圳深爱半导体股份有限公司
股票简称：深深爱

股票代码：833378
上市时间：2015－08－28
所属板块：新三板

企业情况概要

公司属于半导体分立器件行业，主要生产、销售功率半导体器件及芯片，是一家集自主设计、自主研制、生产、销售于一体的高科技企业。

先后通过ISO9001、ISO14001、QC080000管理体系。公司拥有良好的采购、销售渠道，与主要的供应商、客户建立了稳定的合作关系。公司通过直销方式开拓业务，以销售主要产品（双极型功率晶体管、MOSFET器件、功率驱动IC、肖特基二极管、IGBT器件、快恢复二极管、LED驱动芯片及模块、CMOS－IC等100余品种）为收入来源。

公司产品广泛应用于LED照明、节能照明、智能电源、智能家居、消费类电子、通信等领域。报告期内，公司的商业模式未发生变化。

基本营销数据

报告期内，公司营业收入44203.61万元，同比增加8061.09万元，增幅22.3%。营业成本42512.8万元，同比上年增幅14.19%，毛利率3.83%，上年同期毛利率-3.01%；本期归属于挂牌公司股东的净利润为-61323043.24元，上年同期-72135754.12元。

主营业务发展情况

报告期内，公司营业收入44203.61万元，同比增加8061.09万元，增幅22.3%。但因消化库存、产能利用率不足、计提资产减值等原因导致公司利润率仍处于较低水平，未能实现盈利目标。

研发情况

2017年2月，深圳深爱半导体股份有限公司推出第五代高性能高压F系列MOSFET产品。

面临主要风险

1) 成本上升风险：公司面临着原材料价格上升的风险，加之近几年来薪酬福利水平的提升，导致公司成本进一步增加，并影响公司的利润水平。

2) 技术人才流失风险：公司作为以高新技术为核心竞争力的高新技术企业，核心技术人员以及核心技术是公司命脉所在。如果公司核心技术人员流失，会很大程度上影响到企业持续发展创新的步伐，而一旦发生技术失密，则可能会对企业造成损失，影响到企业的竞争力。

3) 市场竞争风险：公司所处半导体分立器件行业属于技术较为成熟的行业，竞争较为激烈。近年来，随着越来越多的国内生产企业开始进入半导体分立器件行业，部分同行生产企业通过增加生产线或进行技术改造，产能及质量得到较大提升，在一定程度上对公司现有市场占有率构成影响。

4) 财务风险：公司因传统照明领域市场业绩下滑，公司产品所处的领域相对低端，生产经营遭遇了困难，在严峻的经营环境和经营业绩下，来自企业外部及内部各种风险因素骤然显现，经营亏损进一步扩大，造成公司出现财务风险。

11. 江苏坚力电子科技股份有限公司

股票简称： 坚力科技

股票代码： 833701

上市时间： 2015 – 09 – 30

所属板块： 新三板

企业情况概要

公司主要从事滤波器、滤波组件、电抗器和电磁兼容预测试系统等电磁兼容相关产品的研发、生产、销售与服务。公司一直专注于为用户提供"全方位的电磁兼容解决方案"，既可以对客户产品的电磁兼容特性进行测试，并在此基础上为客户设计电磁兼容解决方案，也可定制研发符合客户需求的电磁兼容产品。公司主要客户有深圳市中兴康讯电子有限公司、深圳华为公司（包括深圳市华灏机电有限公司和深圳市华荣科技有限公司）、烽火通信科技股份有限公司等。

基本营销数据

报告期内，公司完成营业收入 42316229.18 元，较 2016 年度下降了 3.69%；实现净利润 1996450.86 元，较 2016 年下降了 57.40%。截至 2017 年 12 月 31 日，公司注册资本为 26000000 元，总资产为 74417009.54 元。

主营业务发展情况

公司在盈利方面，通过销售自主研发的滤波器等电磁兼容产品实现盈利。为了稳定和提高产品利润率，公司一方面持续自主研发，开发适合客户需求的产品，在保持产品科技含量、市场竞争力的同时，加强前瞻性的技术研发与产品设计投入，系统化为客户提供整体解决方案，寻求更为广阔的发展空间；另一方面，注重加强工艺流程控制，提高产品的质量，增强客户满意度。

报告期内，国内经济增速整体放缓，实体经济有所下滑，公司围绕"团结、拼搏、创新、超越"和让客户满意的经营宗旨，竭尽全力为客户设计开发系统化的电磁兼容解决方案，生产制造适销对路的产品，实现了销售业绩的稳定。报告期内，公司完成营业收入 42316229.18 元，较 2016 年度下降了 3.69%。

研发情况

2017 年 11 月，公司一种大电流馈通式滤波器取得了江苏省高新技术产品认定证书。截至本年度末，公司共计有 16 项实用新型专利。

筹资情况

2017 年 12 月 20 日，公司取得了《全国中小企业股份转让系统关于江苏坚力电子科技股份有限公司股票发行股份登记的函》，确认公司发行股份 9333334 股。公司注册资本由 1666.6666 万元增至 2600 万元，并办理了工商变更登记手续。

面临主要风险

1）行业竞争加剧风险：国内滤波器市场发展迅猛，但与发达国家和地区相比尚处于初级阶段，高端产品技术水平差距较大，而中低端产品竞争日趋激烈，存在价格恶性竞争、虚假宣传、不正当商业竞争、假冒伪劣等现象，市场竞争风险加剧。

2）通信设备市场需求变动的风险：目前公司主要客户为通信设备企业，通信设备市场需求直接受移动通信运营商资本支出影响，其资本支出决定移动通信系统集成商的业务规模，如果移动电信运营商通信直放站的建设减少，通信主设备商对滤波器产品的采购减少，将对公司业务增长带来不利影响。

3）原材料价格波动的风险：公司主要原材料为磁环、漆包线、电容、电感等主要材料，占营业成本的比例逾七成。近年来，由于铜价的波动导致漆包线等原材料价格出现较大波动，给公司的利润增长带来较大的不确定性。

4）实际控制人控制不当风险：公司控股股东、实际控制人潘奇荣直接控制公司 40.38% 的股份，因此，实际控制人有可能利用其对公司的控股地位，通过行使表决权对公司经营决策、投资方向、人事安排等进行不当控制，从而损害公司及其他股东利益。

5）人才储备风险：随着公司规模的不断扩大，如果企业文化、考核和激励机制、约束机制不能满足公司发展的需要，将使公司难以吸引和稳定核心技术人员，面临专业人才缺乏和流失的风险。

12. 宁夏银利电气股份有限公司

股票简称： 银利电气

股票代码： 834654

上市时间： 2015 – 12 – 09

所属板块： 新三板

企业情况概要

公司成立于 1992 年，位于宁夏银川（国家级）经济技术开发区，是一家从事电力电子磁性器件研发、生产、销售的高新技术企业，是国内同行业中唯一产品覆盖电力电子电磁元件全部应用领域的企业。主要的产品包括：三相滤波电抗器、高频变压器、水冷电抗器、空心电抗器及隔离变压器等，广泛应用于大功率不间断电源、变频器、光伏逆变器、风电变流器、有源滤波器、动态无功补偿等工业技术领域，主要应用于新能源、轨道交通、电能质量等行业领域。报告期内，公司开始涉及新能源汽车领域，研发新能源汽车配套汽车级磁性元件。

基本营销数据

报告期，公司实现营业收入 50443841.76 元，同比下降 –22.47%；毛利率 16.40%，同比下降 42.9%，实现归属于上市公司股东的净利润 –6585314.14 元，同比下降 234.39%；公司基本每股收益为 – 0.22 元，同比下降 234.39%；公司总资产为 134678252.50 元，同比下降 0.90%；净资产为 78167647.34 元，同比下降 8.74%。

主营业务发展情况

截至 2017 年 12 月 31 日，公司资产总额为 134678252.50 元，较上年度末减少 0.90%，负债总额 56510605.16 元，比上年度末增加 12.46%；净资产总额 78167647.34 元，比上年度末减少 8.74%。报告期内，公司实现营业收入 50443841.76 元，同比减少 22.47%；净利润 –6585314.14 元，较上年度有一定幅度下降。报告期内，公司营业收入与净利润同比有一定幅度下降的主要原因为：①公司处于产品结构转型时期，公司积极研发试制用于替代传统变压器的电力电子变压器以及应用于新能源汽车的新型汽车级电磁元件新产品，并逐步减少一些零散的、技术含量较低的传统产品；目前公司已经积极申请新技术专利，但新产品的销售尚未形成规模，造成收入的下降；②报告期内原材料价格的大幅度上涨，造成公司成本增加，毛利率水平下降；③公司积极推进电力电子变压器及新能源汽车配套汽车级电磁元件新产品的研发，报告期内研发费用为645.05万元，较上年增长幅度较大。随着公司产品技术含量的不断提高以及对新能源汽车市场的不断开拓，预期2018年公司收入和利润将有所上升。

研发情况

公司不断提升研发技术水平，形成了16项专利，比如三相滤波电抗器制作技术、四相五柱式电抗器制造技术、高频环形变压器漏感控制工艺技术等，具有较强的产品核心竞争力。同时，公司也取得了质量管理体系认证证书、职业健康安全管理体系认证证书、环境管理体系认证证书、国际铁路行业标准IRIS认证证书、轨道交通及电子组件焊接资质认证证书以及ISO/TS16949认证证书，提升了公司的产品质量管理水平。

面临主要风险

1）行业政策风险：公司所处行业为当前国家政策鼓励产业之一，国家产业政策扶持和投资将直接影响本行业的产品销售需求，未来政策变化将对公司经营带来一定影响。

2）市场竞争加剧的风险：公司所处的细分行业变压器、整流器和电感器制造业的从业企业较多，市场集中度低，竞争相对激烈，导致行业的利润水平不高，未来该细分行业存在市场竞争加剧的风险。

3）原材料价格波动风险：行业的产品成本受原材料市场波动的影响较大。原材料价格的波动，将直接影响到变压器和电感器产品的成本，进而影响行业从业企业的经营业绩。

4）公司经营业绩下滑的风险：报告期内，公司营业收入为5044.38万元，较上年下降22.47%；净利润出现亏损658.53万元，较上年净利润490.02万元出现了一定幅度下降。

5）公司治理的风险：公司制定了较为完备的公司治理制度，管理人员学习、贯彻执行力度还有待进一步提高，短期内仍存在公司治理不规范、相关内部控制制度不能完全得到有效执行的风险。

6）主要客户相对集中的风险：报告期内，公司对前五大客户的销售额为3257.06万元，占同期营业收入比例的64.57%，前五大客户销售占比较高，公司存在客户相对集中的风险。若公司目前的主要客户因经营状况发生变化，或其他因素减少对公司产品的采购，可能会给公司经营带来一定影响。

13. 广东创锐电子技术股份有限公司

股票简称： 创锐电子
股票代码： 836029
上市时间： 2016 – 02 – 26
所属板块： 新三板

企业情况概要

公司作为能源行业测试方案和自动化测试系统供应商，目前主要服务于电源行业、电池行业、充电桩行业、光伏行业，并且同时提供相应的生产自动化解决方案。主要为客户提供测量数据精准、自动化水平高、质量优势明显的自动化测试系统。公司具有较强的研发能力，尤其在可编程交流电源供应器、电源综合自动测试系统、充电桩测试、光伏逆变器测试、测试软件、ATE + HIPOT测试夹具等方面，技术水平在行业内处于领先地位。公司拥有5项发明专利、5项实用新型专利、7项计算机软件著作权、3项软件产品登记证书，并有3项发明专利进入实质审查阶段。同时，公司系国家高新技术企业，是广东省人力资源和社会保障厅认证的博士后创新实践基地，并与广东工业大学、华东交通大学等高校保持着密切的科研合作关系。报告期内，公司的主营业务依然是系统测试及相关配件的销售和维修，主要的收入来源依然是电源类系统测试。

基本营销数据

2017年全年实现营业收入13214291.76元，比2016年同期增长2.86%。2017年实现归属于挂牌公司股东的净利润为515479.51元，比2016年同期减少58.92%，截至2017年12月31日，公司资产总额为14304443.00元，比2016年期末增长1.91%。净资产总额为9566826.77元，比上年末增加了5.70%。

主营业务发展情况

报告期内，公司加大了对充电桩、电源测试系统的产品完善及改进的投入，拓展了一部分业务，预计将会成为2018年公司新的营业增长点。2017年公司计划完成两个新产品：快充移动电源自动测试系统、共模干扰自动测试系统。其中快充移动电源自动测试系统于2017年4月成功推向市场；共模干扰自动测试系统于2017年9月形成新产品推向市场。2016年公司研发的三个产品：光伏逆变器测试系统、充电桩测试系统和动力电池测试系统，2017年公司针对2016年研发的产品做了大力推广，并且配合客户试用，改进产品，但是因受到新能源汽车行业市场的影响，2017年上述产品的销售情况并不理想，公司坚信并持续跟进，做好准备迎接新能源市场的发展。

研发情况

公司2017年研发投入为160.50万元，占同期营业收入的12.47%。2017年5月31日，公司第五项发明专利"一种电源器件自动测试机"获得授权，专利号：ZL201410847922.6；2017年5—6月，公司分别取得了名称为"一种直流充电桩纹波测量装置"（证书号：第6166763号）、"一种可热能回收的充电桩"（证书号：第6189409号）、"一种充电桩"（证书号：第6167336号）的三项实用新型专利证书；2017年4月，公司获得软件名称为"可编程交流电源的数字变频软件"的计算机软件著作权登记证书（证书号：软著登字第1696951号）。2017年7月28日，公司认证通过获得了《知识产权管理体系认证证书》，证书编号：18117IPO812ROS。2017年12月，创锐电子全资子公司东莞市怂赞电子有限公司（现已更名为东莞市创锐新能源有限公司）正在进行"国家高新技术企业"认证的相关工作。

面临主要风险

1）人才紧缺风险：能源测试行业属技术密集型行业，对技术人员的专业技术水平要求较高。公司致力于满足客户不同的要求，以硬件设备为基础、以开放型软件为核心，为企业提供个性化定制的能源测试系统，必将对人才能力和行业经验的要求更高。

2）技术替代风险：用户随着技术的变化而不断提出新的功能需求，因此公司现有产品存在一定的更新换代风险。另一方面，公司在新产品和项目实施的过程中，可能出现技术难点。行业技术的先进程度影响整个行业的发展和公司技术的更新。因此公司存在新产品的技术替代风险。

3）市场竞争风险：目前能源测试仪器市场上，中高端市场与低端市场分别由国外品牌与国内品牌占据。外资企业的经营实力及技术水平较强，竞争优势明显。国内小企业因为没有研发成本，从而推出低价策略竞争，而国外大型企业为了抢占市场，也开始调节价格，从而对公司的盈利能力造成一定不利影响。

4）公司治理的风险：由于股份公司成立时间较短，治理制度的执行需要一个完整经营周期的实践检验，内部控制体系也需要进一步完善。因此公司未来经营中存在因治理制度不能有效执行、内部控制制度不够完善，而影响公司持续、稳定、健康发展的风险。

5）应收账款回收风险：2017年12月31日，公司应收账款为4285402.00元，应收账款净额占当期营业收入比例为32.43%。随着经营规模的扩大，公司应收账款可能进一步增加，如果公司未来不能及时发现原有优质客户经营情况恶化等极端情形，出现应收账款不能按期收回或无法回收、发生坏账的情况，将对公司业绩和生产经营产生不利影响。

6）净利润依赖政府补助的风险：报告期内，公司净利润对政府补助存在较大依赖，如果公司今后不能增强公司的盈利能力，政府减少甚至取消对公司的补助，公司的净利润将会存在负增长的风险。

7）公司所租赁的经营场所未取得房产证的风险：公司租赁的经营场所的出租方尚未取得房屋产权证，租赁合同存在被认定为无效的风险。

8）新能源测试系统依赖于政府对新能源电动汽车的鼓励政策的风险：2016年，公司研发完成的充电桩测试系统和年底刚上马研发的新项目动力电池测试系统，是随着电动汽车的发展而形成增长的两大项目产品。而电动汽车的发展，特别是充电桩行业的快速发展，有一部分因素是取决于政府的鼓励政策。若政府鼓励政策不能快速地落实，电动汽车未能快速发展，相应地，公司的新能源测试系统的快速发展也有较大的风险。

14. 深圳市力生美半导体股份有限公司

股票简称： 力生美
股票代码： 837169
上市时间： 2016 - 5 - 16
所属板块： 新三板

企业情况概要

公司自设立以来专业从事于IC设计，主营业务为功率半导体器件设计、测试、销售和服务。作为典型的Fabless运营模式公司，公司处于高度分工的半导体产业链顶端，负责产品的定义和电路、版图的设计，集成电路芯片的生产和封装等环节均采取外包形式由代工厂（圆片厂、封装厂等）根据公司的工艺要求加工制作，成品交由公司测试通过后由公司自行销售或通过代理商销售给客户。公司终端客户主要包括电子、通信电子、音视频产品等行业企业。经过十余载的发展耕耘，公司积累了丰富的开发经验，在行业内树立了"力生美"品牌，拥有较强的市场开拓能力，形成了成熟的商业模式。

基本营销数据

2017年度，公司营业收入6380.55万元，较上年同期增加14.92%，净利润为660.92万元，较上年同期增加1.11%。2017年度，公司营业成本为3990.47万元，较上年同期增加522.22万元，同比增长15.06%。

主营业务发展情况

公司产品按其应用领域的不同可划分为"节能型"和"智慧型"两大类型产品。

1）"节能型"产品：符合国际最新的能效标准，广泛应用于消费电子（例如咖啡机、电饭煲）、通信电子（例如移动终端、ADSL）、音视频产品（例如LCDTV）。

2）"智慧型"产品：随着物联网概念的提出，智能家居产品会成为未来市场主流，"智慧型"开关电源产品也就成为必然。另外，由欧美大厂主导围绕智能手机、智能外设的新的USB协议"Type－C"国际标准，也对后期的电源产品提出"智慧型"要求。

目前，公司围绕上述两大类型应用已开发出六个系列40余款集成电路产品。

报告期内，公司陆续推出一系列用于消防行业的电源产品，并在报告期内获得市场一致认同，产量及销量相应增长。

研发情况

2017年公司加大新产品的研发投入，导致报告期内的研发费用较上年同期增加176.19万元，同比增长20.42%；公司研发人员37人，较2016年增加15.63%。

面临主要风险

1）实际控制人不当控制风险：公司实际控制人罗小荣持股51.17%，担任董事长职务。若公司实际控制人利用其控股地位进行不当控制，可能给公司未来经营和其他股东带来风险。

2）市场风险与行业波动风险：集成电路产业受到国内外经济环境的深刻影响。特别是现阶段，公司主要设计、销售面向中低端消费类产品的集成电路产品，公司的经营效益与国内外集成电路产品市场需求和集成电路行业波动保持较高的关联度。

3）技术进步的风险：集成电路产品的市场生命周期不断缩短，产品淘汰速度加快，对集成电路设计公司的设计以及研发能力提出了更高的要求，如果公司不能紧跟新技术变革的步伐，设计出满足市场需求的集成电路产品，将对公司业务的持续开展和市场的进一步开拓产生不利影响。

4）对高素质人才依赖的风险：由于集成电路行业发展迅猛，国内对相关高素质人才的需求日益增加，对人才的争夺也日趋激烈，公司能否继续吸收并保留高素质的人才，对公司未来的发展至关重要。

5）委托生产风险：公司采用无生产线的委托加工经营模式，即仅从事集成电路产品的设计、销售业务，将晶圆制造及封装测试工序外包。随之而来的风险是晶圆代工、封装、测试等环节需要依赖供应商的工艺平台，在产能、交货期限以及不可抗力因素方面，公司存在一定程度的委托加工风险。

6）国家税收政策变化的风险：公司于2016年11月15日通过高新技术企业资格复审，有效期为3年；公司之子公司苏州力生美于2015年7月6日取得高新技术企业证书，有效期为3年。如果国家的税收优惠政策在未来发生变化，或其他原因导致公司不再符合高新技术企业的认定条件，公司将不能继续享受上述优惠政策，公司的盈利水平将受到一定程度影响。

15. 新华都特种电气股份有限公司

股票简称： 新特电气

股票代码： 837503

上市时间： 2016－05－08

所属板块： 新三板

企业情况概要

公司成立于1985年，立足于变压器行业，以变频调速用变流变压器为主要领域，以电抗器、其他变压器等为补充领域。公司经过多年的自主研发积累，已经掌握了一系列变压器及电抗器产品的生产制造工艺、核心技术，并拥有一支专业的核心研发团队。公司实现收入、利润，获取现金流的主要方式为变频调速用变流变压器、其他变压器及电抗器产品的生产和销售。公司产品主要通过直接销售的方式销售给包括利德华福、荣信股份、汇川电气、罗克韦尔在内的变频器厂商。

基本营销数据

报告期间内公司的营业收入为19815.57万元，对比同期上升49.74%，公司营业利润为35695210.71元，同比上升5561.31%；公司利润总额为35601309.15元，相较2016年630511.24元，上升5561.31%；2017年公司净利润为3221.41万元，对比同期上升1036.72%。基本每股收益0.44元，同比上升300%。

主营业务发展情况

报告期内公司变压器、电抗器和其他收入占营业收入比例和上年同期比较，构成变动不大，主要还是变压器产品占比最大，2017年是87.43%，2016年是85.47%；其次是电抗器占比2017年是5.44%，2016年是6.84%，说明公司产品市场较为稳定。报告期内主营业务收入中的其他收入主要包括维修收入、配件收入等；其他业务收入主要为北京变频的房租收入、公司变卖生产废料收入以及销售外购商品的收入。

报告期主营业务收入比上年同期增长62400162.65元，

变动比例48.90%，主要原因是公司主动调整了产品线，将主要力量集中到公司的核心产品上，提升了变压器产品的市场竞争力，使得变压器收入比上年同期增长60144021.48元，变动比例53.17%。

投资情况

公司在报告期内投资16679727.88元，用于特种变压器生产基地和研发中心项目。

面临主要风险

1）受宏观经济波动影响的风险：公司主要产品为高压变频器的配套产品，主要终端用户为电力、冶金、煤炭、石油化工等行业。宏观经济的波动直接影响上述行业对产品的需求。如果宏观经济形势出现不利变化，公司销售额、利润将面临下滑的风险。

2）原材料价格波动风险：公司成本中原材料成本是主要成本，如果原材料价格出现大幅波动，将对公司营运资金的安排和生产成本的控制带来不确定性，从而面临利润波动的风险。

3）客户相对集中的风险：公司的下游高压变频器行业的集中度较高，该因素决定了公司的客户基础相对较为集中。虽然公司不存在严重依赖于少数客户的情况，但如果主要客户因经营情况发生重大变化而减少对公司的采购，将在一定时期内影响公司的产品销售和盈利能力。

4）应收账款不能按时收回的风险：公司应收账款周转速度偏低，且报告期内周转率呈下降趋势，数额较大的应收账款可能会影响到公司的资金周转速度和经营活动现金流量，存在发生坏账损失的可能。

5）技术更新风险：国家节能环保政策导向将加速行业优化升级及产品更新换代，传统变压器改造已在全国城乡逐步推进，节能及智能型变压器将成为市场的主流产品。行业标准及客户需求的提高将对公司的研发能力提出更高的要求，相关技术难度的增高将使公司的技术水平面临更加严峻的挑战。如果公司不能在技术创新上占得先机，将使公司在未来的市场竞争力下降，从而对公司的发展造成不利影响。

6）实际控制人控制不当的风险：公司实际控制人谭勇、宗丽丽夫妇合计持有公司74.67%的股份，能对公司的决策实施控制。若公司的内部控制有效性不足、公司治理结构不够健全、运作不够规范，可能会导致实际控制人控制不当，损害公司和中小股东利益的风险。

16. 湖南丰日电源电气股份有限公司

股票简称： 丰日电气

股票代码： 837442

上市时间： 2016－06－28

所属板块： 新三板

企业情况概要

公司是一家蓄电池、电气成套设备生产商与电气技术方案服务商，拥有14项发明专利，57项实用新型专利，具备较好的市场基础与较强的技术力量，为通信、铁路、电力及轨道交通等行业客户提供各类高性能的阀控式铅酸蓄电池产品、电气成套设备及电气技术服务。公司主要通过订单化生产经营模式，在客户下达中标通知书或订单后，针对订单情况组织原材料采购、生产产品，最后销售给客户，并给予客户及时和完善的售后服务与技术支持，从而获取相应的收入和利润。公司收入来源主要为给三大通信运营商、中国铁塔、中国中车、南方电网等客户提供蓄电池产品、电气成套设备及相关技术服务取得的销售收入。

基本营销数据

报告期末，公司资产总额为 60007.01 万元，较上年末上升 14.94%，公司负债总额为 40687.75 万元，较上年末上升 19.54%，公司营业收入 36102.06 万元，较上年同期增长 25.57%，本期归属于挂牌公司股东的净利润 1149.35 万元，较上年同期上升 3.66%。

主营业务发展情况

电池产品：2017 年度，电池产品实现 28066.40 万元销售收入，较上期增长 38.67%，占营业收入比重由上期 70.4% 上升至 77.74%。

电源产品：2017 年度，电源产品实现 7742.62 万元销售收入，较上期减少 592.35 万元，下降 7.11%。占营业收入比重由 28.99% 下降至 21.45%。

面临主要风险

1）锂电池产品的竞争风险：近年来，锂电池需求增长较快，已大量应用在手机、笔记本电脑、电动工具、电动自行车、电动汽车、通信基站、医疗器械及移动照明等领域。如其成本与销售价格持续下降，将可能进入铅酸蓄电池传统领域，对铅酸蓄电池造成较大的竞争压力。

2）原材料价格波动风险：铅是公司生产阀控式密封铅酸蓄电池的主要原材料，因此铅价波动对公司生产成本影响较大。

3）公司销售较为集中的风险：公司对中国铁塔股份有限公司、中国移动通信集团和中国中车股份有限公司的销售占公司营业收入的比例较高，如果未来上述客户减少对公司产品的采购，将会对公司产品的销售产生部分不利影响。

4）对大股东资金占用的风险：由于公司资金需求较大，公司占用控股股东丰日集团及公司实际控制人以及部分关联方较多资金，如果相关资金不能继续使用将对公司正常运营产生一定影响。

17. 杭州祥博传热科技股份有限公司

股票简称：祥博传热

股票代码：871063

上市时间：2017 - 03 - 06

所属板块：新三板

企业情况概要

2017 年 3 月 6 日，祥博传热正式在全国中小企业股份转让系统挂牌。公司属于电力电子元器件制造行业，专业从事为客户提供电力半导体（晶闸管、IGBT、IGCT 等）器件传热系统解决方案和各类散热器产品的研发、生产与销售。公司目前的主要客户为电能、轨道交通、光伏、风电及新能源汽车等高新技术领域的成套设备制造商。公司主要产品利润来源于大功率电力电子散热技术方案设计和真空钎焊、搅拌摩擦焊等关键性生产工艺技术。产品实现需要运用到一些专有生产设施和生产工艺技术，因此产品的售价与原辅材料的采购价有较大的差价，附加值相对较高。

基本营销数据

2017 年，公司营业收入为 76462246.65 元，较 2016 年同期增长 22.83%；公司毛利率 43.26%。公司归属于挂牌公司股东的净利润 11189117.98 元，较 2016 年同期增长 10.54%。基本每股收益 0.28 元，较上年同期增加 12%。

主营业务发展情况

报告期内，公司按年初制定的企业经营计划稳步推进各项工作，实现营业收入 7646.22 万元，同比增长 22.83%，实现净利润 1118.91 万元，同比增长 10.54%。截至 2017 年 12 月 31 日，公司总资产 11487.05 万元，净资产 6119.69 万元。

市场开发方面，公司在维护老客户的基础上，不断与相关行业的潜在客户进行沟通，进行前期的技术洽谈工作，2017 年加大了新能源汽车领域市场开发，业务订单也有较大增长。

技术研发方面，公司把研发重点放在用于特高压直流输电、柔性直流输电、轨道交通、新能源汽车、光伏、风电等装置的散热技术和产品上，报告期内有多项新产品获得客户的认可并投入生产。

随着产品批量增大，为了抢占市场，公司适当降低了部分大批量产品的销售价格，因此报告期内营业收入同比增长 22.83%，营业成本同比增长 30.92%。

研发情况

2017 年，祥博传热继续把研发重点放在用于直流输电、新能源汽车、轨道交通等领域的散热技术和产品上，上半年共获授权专利 2 项，多款新能源汽车领域的散热器产品开始试产。

公司的核心技术和产品基本由公司自主研发并拥有知识产权，公司研发活动由客户需求和公司技术发展方向决定，为加大新产品、新技术的研究推广力度，公司每年确保对技术开发的投入，技术开发费用实行专款专用。公司建立的研发平台被杭州市科学技术委员会认定为市级高新技术研发中心。公司还广泛与行业及相关高校进行合作技术研发，先后与浙江大学、北京工业大学、西安交通大学、中国计量学院、中国电力科学研究院等建立技术合作关系。重点向用于特高压直流输电、柔性直流输电等装置的各种类型散热器产品及相关配套设备等方向发展，研究开发技术含量高、市场前景广的产品并实现产业化。

投资情况

2017 年 12 月 26 日，公司在浙江省湖州市长兴经济技术开发区成立全资子公司浙江祥博散热系统有限公司，注册资本 3500 万元，主要研发、制造、销售新能源汽车动力电池散热器。

面临主要风险

1）与下游市场景气度密切相关的风险：公司生产的散热器广泛应用于直流输电、轨道交通、光伏、风电、新能源汽车等工业制造业领域。下游市场受国家宏观经济及发展政策影响较大，近年来受益于电力工业系统总体投资规模的稳定增长、轨道交通、新能源发电、新能源汽车等行业的国家宏观政策扶持，散热器市场的需求均呈现旺盛的增长趋势。如下游市场需求增长放缓或需求显著下降，将对公司的经营状况、营业收入、营业利润产生重大影响，存在经营业绩下滑的风险。

2）原材料价格波动风险：公司的主要原材料为铜材、铝材及其粗加工产品。在报告期内铜、铝等原材料的价格持续走低，公司产品的生产成本随之降低，为公司贡献了一部分利润。如果未来原材料的价格上涨，将直接增加公司产品的生产成本，减弱公司的成本优势，加剧行业的竞争。

3）产品技术研发的风险：公司的核心产品需要时刻紧跟直流输电、轨道交通、光伏、风电、新能源汽车产品来进行研发，满足下游产品技术更新的需求。公司如果不能继续保持足够的投入，将存在技术不能与下游市场保持同步节奏而导致市场流失的风险。在散热器的新产品开发领域，虽然公司已经具备了相关的核心技术，但在产品设计定型、与下游产品磨合匹配、产品的批量生产以及研发产品的市场营销等方面均面临相关不确定性因素的风险，影响新产品的投产和产生效益。

4）公司治理风险：股份公司成立时间较短，公司及管理层规范运作意识的提高、相关制度切实执行及完善均需要一定过程。因此，公司短期内仍可能存在治理不规范、相关内部控制制度不能有效执行的风险。

5）实际控制人不当控制的风险：公司共同实际控制人夏波涛、娄晓微系夫妻关系，两人合计通过直接和间接的方式持有公司股份 3288 万股，占公司总股本比例为82.20%，处于绝对控制地位。两人在公司重大事项决策、监督、日常经营管理上均可施予重大影响。因此，公司存在实际控制人利用其绝对控制地位对重大事项施加影响，从而使得公司决策偏离中小股东最佳利益目标的风险。

6）税收优惠政策发生变化的风险：公司及全资子公司均为高新技术企业，分别于 2015 年 9 月 17 日、2016 年 10 月 21 日取得《高新技术企业证书》，证书有效期为三年，如果《高新技术企业证书》到期后，公司不能被继续认定为高新技术企业或相应的税收优惠政策发生变化，公司将不再享受相关税收优惠。因此，由上述所得税优惠政策变化导致的所得税税率的提高将对公司经营业绩产生一定影响。

18. 深圳市海德森科技股份有限公司

股票简称：海德森
股票代码：870945
上市时间：2017 – 03 – 09
所属板块：新三板
企业情况概要

公司成立于 2004 年，所属行业为制造业（C）－电气机械及器材制造业（C38）－输配电及控制设备制造（C382）－其他输配电及控制设备制造（C3829），主要产品与服务项目是数据机房能量管理等相关电力电子产品的研发、生产、销售和服务，为 IT 数据机房智能化提供解决方案。2017 年 10 月，公司完成第一次股票发行。本次股票发行新增 540 万股，于 2017 年 12 月 15 日在全国中小企业股份转让系统公开转让。

基本营销数据

报告期内，公司实现营业收入 121154661.40 元，同比增长 64.87%；利润总额和净利润分别为 19766384.35 元和16243978.59 元，同比分别增长 43.08% 和 35.82%。

主营业务发展情况

报告期内，公司实现了业务全面快速发展，在技术研发方面加大了投入，新取得了国家高新技术企业证书和母线系统及其母线槽和插接箱实用新型专利；在市场开拓方面，加强与核心优质客户的合作，并在新产品的批量应用上取得突破；在产品质量上，不断优化产品方案，满足客户的个性化需求；内部控制方面，规范公司的各种经营行为，加强考核和激励体系的建设，核心技术、销售人员队伍稳定发展，经营管理效率和效果显著提高，公司实现稳定快速增长。

2017 年公司实现营业收入 121154661.40 元，较去年同期的 73483837.26 元，增长 47670824.14 元，增幅 64.87%，增长原因主要是精密母线产品收入增加以及新增的产品UPS 和电池的收入增加所致。受市场需求、公司积极开拓新客户举措及重大项目（东涌云谷、广州化龙数据中心项目）的影响，精密母线产品 2017 年实现收入 6656684.63元，较去年同期增长 6505279.51 元，增幅 4296.6%，新增UPS 和电池产品的销售收入分别为 18495348.90 元、16619196.62 元。

研发情况

公司在报告期内取得了一系列证书：

1）母线槽实用新型专利证书；

2）取电插头实用新型专利证书；

3）断路器、热插拔组件及其适配器实用新型专利证书；

4）配电柜及其检测装置实用新型专利证书；

5）取电装置及其插接箱实用新型专利证书。

投资情况

截至报告期末，股份公司下设 1 家全资子公司和 1 家控股子公司，分别为东莞海德森能量管理有限公司和北京海德森卓信科技有限公司。其基本情况如下：

1）全资子公司：东莞海德森能量管理有限公司：注册资本：100 万元，股权结构：深圳市海德森科技股份有限公司占比 100%，主营业务：能量管理系统、机房设备、电力电子产品、计算机软硬件、高低压配电及电气产品、新能源产品的研发、技术咨询和技术转让；产销：能量管理系统、机房设备、电力电子产品、计算机软硬件、高低压配电及电气产品、新能源产品；物业管理、物业租赁。本期净利润：－112204.67 元。

2）控股子公司：北京海德森卓信科技有限公司：注册资本：100 万元，股权结构：深圳市海德森科技股份有限公司占比 51%，主营业务：技术咨询、技术服务、技术开发、技术转让、技术推广；货物进出口、技术进出口。本期净利润：－19235.18 元。

面临主要风险

1）管理风险：随着公司业务规模不断扩大，产品和服务结构进一步完善，面临的市场竞争进一步加剧，对公司生产经营管理、人才储备、技术研发、资本运作等方面将提出更高要求。如果公司的组织模式、管理制度和管理人员未能跟上公司内外部环境的变化，则公司面临一定的管理风险。

2）行业竞争激烈风险：公司所处行业属于技术型行业，公司面临产品技术更新换代、行业竞争激烈的情形，2017 年、2016 年及 2015 年，公司实现营业收入分别为12115.47 万元、7348.38 万元、5430.91 万元，实现净利润分别为 1624.40 万元、1195.98 万元、828.84 万元，如果公司对技术、产品及市场发展趋势的判断出现偏差，将可能造成公司现有的优势和竞争力下降。

3）实际控制人不当控制的风险：截至本报告出具之日，公司股东张华山先生和陈振华女士系夫妻关系，为公司控股股东及实际控制人。若公司实际控制人利用其对公司的控制地位，通过行使表决权或其他方式对公司的经营、投资、人事、财务等进行不当控制，可能对公司及公司其他股东的利益产生不利影响，存在因股权集中及实际控制人不当控制带来的风险。

4）存货减值风险：公司存货余额在一直保持较高水平，2015 年末、2016 年末和 2017 年末的存货分别为 14711681.99元、8479027.68 元、19172087.95 元，占各期期末总资产比例达到 23.89%、12.56%、13.09%，若未来部分主要产品价格下降，可能导致减值损失，影响公司利润。

5）人员及技术风险：公司的产品生产和技术创新依赖于在生产过程中积累起来的核心技术及掌握和管理这些技术的科研人员、技术人员和关键管理人员，核心技术的泄密、核心技术人员和关键管理人员的流失将会对公司的正常生产和持续发展造成重大影响。

6）公司主要经营场所租赁风险：公司目前办公地址位于深圳市南山区粤海街道威新软件园 1 号楼 1 楼东翼，租赁期限自 2017 年 5 月 15 日至 2019 年 5 月 31 日，如果租房协议期满后因各种原因无法续租，公司将不得不寻找替代场所开展生产办公，将对公司未来生产经营形成不确定性影响。

7）核心技术人员流失的风险：公司自成立以来，一直十分重视研发人才的培养，为技术开发人员提供了良好的薪酬福利，并制定了多种政策鼓励新产品、新技术、新工艺研发，并与核心技术人员签订了保密协议。但随着市场竞争的日益激烈，对核心技术人才的争夺将日趋激烈，将可能会造成公司核心技术人员的不稳定，从而对公司的新品开发项目及长远发展造成不利影响。

第四篇 电源行业新闻

学会动态

中国电源学会第八次全国会员代表大会12月在南京胜利召开

2017年12月24日，中国电源学会第八次全国会员代表大会在南京胜利召开。中国电源学会第八届理事会候选人、首届监事会候选人，及全国会员代表共160人出席会议。中国电源学会理事长徐德鸿主持会议。

学会党委书记兼秘书长韩家新宣读了《中国科协关于同意中国电源学会召开第八次全国会员代表大会的批复》及中国科协向大会发出的贺信。信中中国科协对大会的胜利召开表示祝贺，向与会代表及全体电源科技工作者表示问候，并对中国电源学会的工作予以充分肯定。同时，中国科协还对学会今后的工作提出指示。

徐德鸿理事长代表第七届理事会向大会做工作报告，报告全面总结了过去四年学会在学术交流、科学普及、期刊编辑、承接政府转移职能、国际合作等方面工作中取得的成绩，总结了相关经验并认真分析了存在的问题和不足，同时对新一届理事会提出了建议。与会代表认为报告内容客观中肯，全面深刻，一致审议通过。会议还同时审议通过了第七届理事会财务报告，《中国电源学会章程修订草案》、中国电源学会会费标准、《中国电源学会监事会工作条例》。

会上，全体代表通过不记名投票方式选举产生了中国电源学会第八届理事会和首届监事会成员，而后新当选理事选举产生了常务理事和学会主要领导人。浙江大学徐德鸿教授连任学会理事长，韩家新、罗安、张波、曹仁贤、陈成辉、刘进军、阮新波、汤天浩当选副理事长，台达电子章进法博士当选监事长。

学会新一届理事会选举产生后，徐德鸿理事长向与会代表介绍了学会秘书长改为专职聘任制的情况，并提名学会原副秘书长张磊为学会秘书长，由新当选理事表决通过。

会议最后，徐德鸿理事长宣布授予李占师、冯士芬、阮毅名誉理事的决定，并现场颁发了证书。

自党的十九大召开以来，学会高度重视十九大精神的贯彻落实工作，本次会议现场专门设置中国电源学会十九大精神宣传展板，并向全体会员代表发放了十九大精神辅导材料，号召广大电源科技工作者深入学习领会党的十九大精神，确保十九大精神在电源界落地生根、开花结果。

本次会议圆满完成各项既定议程，顺利完成学会换届选举工作。会议同期还召开了学会第八届理事会第一次全体会议以及第八届理事会第一次常务理事会议，就学会新一届理事会发展规划进行讨论，为学会今后的发展奠定了良好基础，也为学会工作指明了方向。

中国电源学会第二十二届学术年会11月在上海成功举办

2017年11月3~6日，由中国电源学会主办的中国电源学会第二十二届学术年会在上海举行并取得圆满成功。本次年会集会、展、赛、奖于一体，涵盖了国际顶尖水平的学术报告、全方面多角度的学术交流以及内容丰富的同期活动，成为中国电源学术史上规模最大、学术水平最高、录用论文最多，以及辐射范围最广的综合性学术盛会。

中国电源学会学术年会至今已有30多年历史。本次会议聚集了来自境内外电源学术界、产业界和政府部门的高层人士以及电源相关专业在校研究生1400余人，录用论文453篇，与会人数与录用论文数再创新高。会议特邀7场大会报告、8场技术讲座、40个技术报告分会场206场报告、7个工业报告分会场40场报告、2个时段共247篇墙报交流论文、评选出20篇优秀论文及9家会议特别贡献企业。会议现场共有51家企业展示最新产品，年会期间还举行了第四届中国电源学会科学技术奖颁奖仪式及成果展示、第三届高校电力电子应用设计大赛决赛及颁奖仪式、中美电源产业创新论坛、青年电源人才论坛以及电气女科学家论坛等丰富活动。

11月3日会议正式开幕前，组委会组织了8场专题讲座，针对目前行业共同关注的可靠性、交流电机驱动、虚拟同步发电机、并网逆变器稳定分析、锂电池充电、控制技术、系统交互和小信号分析以及宽禁带器件等技术话题特邀相关专家进行深入讲解。当天，GaN Systems杯第三届高校电力电子应用设计大赛也在紧张地进行。

11月4日早，本届年会开幕式正式举行，会议程序委员会主席、浙江大学马皓教授担任主持。中国电源学会理事长徐德鸿教授致开幕辞，会议承办单位阳光电源股份有限公司副总裁张友权先生致欢迎辞。开幕式上同时举行了第四届中国电源学会科学技术奖颁奖仪式。

开幕式后，进入大会报告环节，美国工程院院士、中国工程院外籍院士、弗尼吉亚理工大学李泽元教授，IEEE-电力电子学会主席、阿肯色大学Alan Mantooth教授，中国工程院院士、湖南大学罗安教授，美国电源制造商协会主席Stephen Oliver先生、执委Conor Quinn先生，阳光电源股份有限公司张彦虎博士，富士电机株式会社藤平龙彦博士，三菱电机宋高升先生等国内外知名专家受邀进行报告，受到参会代表的热烈欢迎。

11月4日下午和5日中午分别举行了两个时段的墙报交流环节，共安排247篇论文进行现场交流，作者通过张贴墙报的方式展示了自己的论文，并与参会代表进行了面对面的交流，两个时段的会场主席根据论文作者的现场表现分别评选出5位优秀分会场报告人。

为鼓励女科技工作者、青年电源科技工作者相互交流，4日晚间，会议专门组织了电气女科学家论坛、电源青年人才论坛活动。电气女科学家论坛邀请了哈尔滨工业大学郑萍教授、北京交通大学黄辉教授进行了精彩报告，60余位与会电气女科技工作者就相关话题展开深入讨论。电源青年人才论坛以国际化之挑战–讨论如何发表高水平论文、开展国际化交流合作作为主题进行专题交流。论坛首先由中国电源学会青年工作委员会主任耿华副教授介绍了一年来青年工作委员会的主要工作，同时邀请了CPSS TPEA英文学报主编刘进军教授，国际期刊编委Josep M. Guerrero等专家学者就英文期刊投稿、如何撰写高水平国际期刊论文等进行了介绍，同时第四届电源科技奖青年奖获奖者也在论坛中分享了自己的经验。

11月5~6日全天，会议设置40个主题技术报告分会场共计206场报告，内容涉及新颖开关电源：直流变换技术、功率因数校正技术；新能源电能变换技术；电动汽车；无线电能传输技术；特种电源；信息系统供电技术：UPS、直流供电、电池管理；照明电源与消费电子相关技术；逆变器及其控制技术；电机驱动控制；SiC、GaN器件、新型功率器件及其应用；变换器相关技术；电磁兼容技术；电能质量技术、分布式系统、智能电网与微型电网；高频磁元件和集成磁技术；可靠性相关技术等。分会场主席根据报告人表现，共计评选出40位优秀报告人。

同时设置7个主题工业报告分会场共计40场报告，涉及主题包括：新型功率半导体器件及其应用问题；高频磁材料、磁元件及其设计应用；电源的安规、可靠性及其设计问题；储能元件及能源管理技术；新能源汽车电源及变换器技术；高效高功率密度电源及其变换器技术；新能源电能变换、储能及智能电网技术等。

11月5日下午，由中国电源学会与美国电源制造商协会联合举办的中美电源产业创新论坛，在年会期间举行。会议由中国电源学会理事长徐德鸿教授、美国电源制造商协会主席Stephen Oliver先生共同主持，株洲中车时代电气股份有限公司半导体事业部罗海辉博士、厦门科华恒盛股份有限公司易龙强博士、台达电子（上海）研发中心主任章进法博士以及美国电源制造协会代表Stephen Oliver先生、Conor Quinn先生发表主旨报告，来自中美电源产业的200余位代表参加会议，就新能源、新能源车、储能、数据中心供电、消费类电源等话题进行交流。

年会颁奖仪式由本届会议程序委员会主席马皓教授主持，现场颁发了20篇年会优秀论文奖及大会特别贡献企业奖。美国工程院院士、中国工程院外籍院士、弗尼吉亚理工大学李泽元教授，中国工程院院士、装甲兵工程学院臧克茂教授，向获奖论文作者代表颁发证书。同时大会组委会向为本次会议顺利召开提供大力支持的9家企业单位颁发了大会特别贡献企业奖，由中国电源学会理事长徐德鸿教授向获奖企业代表颁奖。

本次会议同期还召开了中国电源学会七届十次常务理事会议，《电源学报》编委会议，《CPSS TPEA》英文学报编委会议，中国电源学会－斯普林格出版社英文电力电子丛书编委会议及学会各分支机构工作会议等。

第四届中国电源学会科学技术奖颁奖仪式11月在上海顺利举行

2017年11月4日，第四届中国电源学会科学技术奖颁奖仪式在上海举行，仪式中向弗尼吉亚理工大学李泽元教授颁发杰出贡献奖，向华北电力大学等单位完成的《谐波和电压暂降关键技术与核心装备研发应用》项目颁发特等奖，同时还颁发了一等奖2项、二等奖6项、优秀产品创新奖6项以及青年奖3人。来自境内外电源学术界、产业界和政府部门的1400余位专业人士共同见证了这场盛大的颁奖仪式。

"中国电源学会科学技术奖"（国科奖社证字第0220号）是由国家科技部批准，在国家科技奖励办公室登记备案的代表本行业、本专业在全国范围内评选的最高科技奖励，奖励在我国电源领域的科学研究、技术创新、新品开发、科技成果推广应用等方面做出突出贡献的个人和单位。

该奖项自2011年设立以来，每两年评选一届，至2017年共成功评选四届，共计获奖项目61个，获奖人419名。评奖活动本着公开、公平、公正的原则，力求如实反映我国电源科技发展的最高水平。

第四届中国电源学会科学技术奖于2017年4月15日~7月24日公开接受项目申报，共收到项目类申报27项，个人类推荐12项。经过59位相关领域专家参与的初评、项目评审会会审、面向社会公示、中国电源学会常务理事会审批等一系列环节，最终评选出项目特等奖1项、一等奖2项、二等奖6项，优秀产品创新奖6项，个人类杰出贡献奖1人、青年奖3人。

其中，中国电源学会科技奖特等奖授予国内外首创的重大技术发明，技术上有重大创新，技术指标达到国际同类技术的领先水平，推动电源及相关领域的技术进步，并且已产生了显著的经济效益或者社会效益的项目。

荣膺本届特等奖的项目为华北电力大学、国网河北省电力公司电力科学研究院等单位完成的《谐波和电压暂降关键技术与核心装备研发应用》。该项目也因此获得了国家科学技术奖的提名资格。

中国电源学会理事长、浙江大学徐德鸿教授为特等奖获奖项目颁奖。国网河北省电力公司电力科学研究院电网技术中心主任段晓波代表项目组领奖。

获得第四届中国电源学会科学技术奖一等奖获奖项目为《高效高功率密度车载充电机技术平台》，完成单位为台达电子企业管理（上海）有限公司；《基于广域在线监测的电能质量提升关键技术及装备研发与应用》，完成单位为国网江苏省电力公司电力科学研究院等单位。

中国电源学会副理事长、哈尔滨工业大学徐殿国教授为一等奖获奖项目颁发获奖证书。台达电子企业管理（上海）有限公司设计中心主任章进法博士及国网江苏省电力公司电力科学研究院陈兵主任分别作为项目代表上台领奖。

之后，中国电源学会副理事长、华南理工大学张波教授，中国电源学会副理事长、西安交通大学刘进军教授为本届电源科技奖二等奖获奖项目颁奖。六个获奖项目分别是：《园区智能微电网关键技术研究与集成示范》《城市轨道交通供电系统再生能量回馈装置研究》《集中式光伏并网逆变器关键技术研究及工程应用》《局域配电网电能质量优化控制研究》《超高压交联电缆状态检测用阻尼振荡波脉冲电源研制》《大型运输机低谐波高功率密度多脉冲整流电源》。

此外，第四届中国电源学会科学技术奖还评选出优秀产品奖获奖项目六项。分别是《125W~24kW影视照明系列电子电源》《LED数字式可调电源（LUD、EBD、EUG、EUD系列产品）》《分布式高效并网逆变器Zeverlution Pro 33K/40K》《MAC系列电能质量综合治理模块及其应用》《新能源超宽超高电压输入隔离模块电源PVxx-29Bxx系列》《SpaceR实时仿真平台》。中国电源学会副理事长李占师；中国电源学会副理事长、厦门科华恒盛股份有限公司董事长陈成辉为其颁奖。

由于名额有限，而申报者众多，本届青年奖项竞争尤为激烈。浙江大学电气工程学院应用电子学系电力电子技术研究所吴新科教授、清华大学电机系电力电子与电机系统研究所孙凯副教授、湖南大学电气与信息工程学院陈燕东副教授获得第四届中国电源学会科学技术奖青年奖。中国电源学会副理事长、台达电子企业管理（上海）有限公司设计中心主任章进法博士；第二届电源科技奖青年奖获奖人、中国电源学会青年工作委员会主任、清华大学耿华副教授为三位获奖人颁发了奖杯和证书。

颁奖活动最后宣布的是第四届中国电源学会科学技术奖杰出贡献奖获得者——美国工程院院士、中国工程院外籍院士、弗吉尼亚州立及理工大学、IEEE Fellow 李泽元教授。李泽元教授是国际电力电子学科和工程技术领域最有影响力的专家，长期从事电力电子领域的教学及研究，在高频电力电子功率变换及系统方面取得卓越成就，同时长期致力于促进中国电力电子学科及技术发展，为电力电子技术和产业的发展做出了杰出贡献。

中国电源学会理事长、浙江大学徐德鸿教授为李教授颁发了杰出贡献奖奖杯和证书。李教授在获奖致辞中表示对于获得这份大奖感到十分荣幸，同时以"My incredible journey"为题，简短精彩地回顾了自己的学术生涯，感谢导师、科研团队以及家人对自己长期的支持。台下的与会学者们也对这位 40 年如一日在电力电子行业兢兢业业、做出杰出贡献的专家报以了热烈的掌声。

至此，第四届中国电源学会科学技术奖评奖活动圆满落幕。本届电源科技奖评奖活动以及颁奖仪式汇聚了电源行业顶尖人才和优秀成果，有效促进了电源科技创新和科技成果产业化，进一步推动了电源科技事业的发展，得到行业企业和广大科技工作者的广泛认可。第五届电源科技奖评奖活动将于 2019 年举办。

GaN Systems 杯第三届高校电力电子应用设计大赛 11 月在上海举办

2017 年 11 月 3 日，GaN Systems 杯第三届高校电力电子应用设计大赛在上海举行。南京航空航天大学在众多参赛队伍中脱颖而出，斩获决赛特等奖。此外，2 支队伍获得一等奖，3 支队伍获得二等奖，4 支队伍获得优胜奖。

高校电力电子应用设计大赛是中国电源学会自 2015 年发起的一项面向全国高校学生的一项具有探索性工程实践活动，是全国电力电子领域最高水平的大学生竞赛。目前已成功举办三届。本届大赛由中国电源学会、中国电源学会科普工作委员会主办，南京航空航天大学承办。

第三届大赛以"高效高功率密度逆变器设计"为题目，于 2017 年 3 月 20 日发布竞赛方案征集通知，之后共吸引了来自全国 29 所高校的 31 支队伍报名参赛。参赛学校涵盖面广泛，既有电力电子技术领域的老牌强校，又有近年来成长迅猛的新型院校。

6 月 4 日，大赛组委会在南京举行了启动仪式，并召开了评审委员会会议，对报名参赛的项目计划书进行首次评审，评选出 20 支队伍进入初赛，同时给各参赛队提出了方案改进意见。

进入初赛的各参赛队采用赞助商免费提供的 GaN 器件及芯片级电流传感器开始了参赛作品的设计工作，并于 9 月初提交了阶段研究报告和样机。9 月 9 日，在南京召开了大赛中期评审会议，最终评出 10 支队伍获得本次决赛参赛资格。

本次决赛开幕式上，中国电源学会副理事长章进法博士致辞，对进入决赛的参赛队表示了热烈的祝贺，同时对各位评审专家、赞助商代表等与会者的到来表示了欢迎。高校电力电子应用设计大赛为广大高校电力电子及相关专业学生提供了一个学以致用、理论联系实践的展示平台，激励更多学生进行电力电子技术领域的创新。同时，也有利于推动高等学校专业教学改革，促进电力电子技术产业化人才培养。

GaN Systems 的 CEO Jim Witham 先生亲临开幕式并发表致辞。Jim Witham 先生从第三代工业革命谈起，向与会者介绍了新型 GaN 器件的优势和前景，并肯定了中国电源学会主办的高校电力电子应用设计大赛对促进新型功率器件的普及和发展所起的重要作用。

本届大赛的联合赞助商宁波希磁科技有限公司董事长王建国先生也发表致辞，预祝大赛圆满成功。

之后的决赛环节，分为汇报答辩和样机性能测试两个环节。今年的比赛题目极具挑战性，一方面涉及 GaN 器件的应用，另一方面性能指标要求高，输出电压要稳定，谐波要小，而且对输入电流纹波要小。但是参赛队伍所提出的技术方案非常新颖，且各具特色。而且经过初评、预赛的不断改进，汇报方案也有了很大完善和提升，在回答评委答辩时逻辑清晰，思路敏捷，展现出当代大学生的专业素质和个人风采。

此外，决赛作品非常精致，性能、功率密度很高。GaN Systems 的 CEO Jim Witham 先生对决赛作品赞不绝口，评价真是 Art（艺术品）！

本次评委委员会委员包括中国电源学会副理事长、科普委员会主任、台达上海设计中心主任章进法博士；中国电源学会科普委员会副主任、上海海事大学汤天浩教授；中国电源学会科普委员会副主任、浙江大学吕征宇教授；南京航空航天大学阮新波教授、西安理工大学张辉教授；宁波希磁科技有限公司董事长王建国先生；GaN Systems 应用工程师李全春先生。

经过评审委员会的严格而又慎重的评审，本次大赛唯一的特等奖花落南京航空航天大学，上海电力大学以及西安交通大学获得一等奖，重庆理工大学、黑龙江科技大学、浙江大学获得二等奖。进入决赛的另外 4 所高校，东南大学、南京理工大学泰州科技学院、西安理工大学以及西北工业大学获得优胜奖。

11 月 5 日晚，GaN Systems 杯第三届高校电力电子应用设计大赛颁奖仪式在中国电源学会第二十二届学术年会交流晚宴之前举行。1000 多人的会场座无虚席。颁奖仪式由竞赛主要发起人、中国电源学会副理事长章进法博士主持，南京航空航天大学教授阮新波颁奖仪式代表承办方致辞，回顾了本次大赛情况，介绍了今年大赛参赛队伍多以及参赛水平高等特点。

在现场向获奖参赛队颁发了证书和奖金，同时向大赛冠名赞助商 GaN Systems Inc. 以及联合赞助商宁波希磁科技有限公司颁发了证书。

2017 国际电力电子创新论坛 3 月在上海举办

由中国电源学会和慕尼黑博览集团共同举办的 2017 国际电力电子创新论坛于 2017 年 3 月 14～15 日在上海新国际博览中心成功举办。

本次论坛聚焦行业三大热点，包括电力电子新器件与电源创新技术、智能电网的电源应用与关键技术、智能运动－－智能制造与交通电气化的核心三个主题分会场。

中国电源学会副秘书长张磊主持开幕式，上海电源学会理事长、上海海事大学、汤天浩教授，中国电源学会副理事长、台达电子上海研发中心主任、章进法博士，上海交通大学、蔡旭教授，上海大学、徐国卿教授主持各主题会议，会议共计演讲 17 场，到会总人数 715 人。

重庆市电源学会 3 月正式成立并召开第一次会员大会

2017 年 3 月 18 日，重庆市电源学会正式成立，并成功地召开了第一次会员大会。大会选举产生第一届理事会，并由理事会推选产生学会第一届领导班子。大会还确立了未来发展方向和近期工作计划。

重庆市科学技术协会副主席张基荣及学术部部长雷颖茹、重庆市民政局民间组织管理局局长余东海、中国电源学会理事长徐德鸿及副秘书长张磊、重庆通信学院训练部副部长卢明伦、重庆市九龙园区管理委员会相关领导及来自上海电源学会、重庆市电子学会、重庆市半导体行业协会、四川省重庆商会及会员代表共 300 余人参加大会。

大会由学会秘书处、重庆雅讯电源技术有限公司总经理周国均主持。大会审议通过了《章程（草案）》，确立了"团结合作、互助发展、共赢提高"的办会宗旨，选举了第一届理事会成员，由理事会推选产生了学会第一届领导班子成员。中电科技集团重庆声光电有限公司党委书记徐世六当选理事长，当选副理事长的有：重庆大学电气工程学院教授杜雄、重庆邮电大学自动化学院院长王平、重庆理工大学电气与电子工程学院院长李山、重庆交通大学机电与车辆工程学院教授殷时蓉。重庆雅讯电源技术有限公司总经理周国均当选为秘书长。

中国电源学会理事长徐德鸿在致辞中表示，重庆市电源学会第一次会员大会开的非常成功，具有特殊的意义，是重庆市社会经济生活中的一大盛事，从此，在重庆市的电源行业工作者组成了一个共同的大家庭。

重庆通信学院训练部副部长卢明伦致辞，提出军民融合的重要性，地方企业、高校如何更好地参与到"军民融合"，把学会平台打造好。

重庆市科学技术协会副主席张基荣代表主管部门讲话：提出学会作为党和政府联系高校、企业的桥梁和纽带，是政府团结科技工作者的助手。

重庆市民政局民间组织管理局局长余东海讲话：非常高兴参加了重庆市电源学会第一次会员大会，在此代表重庆市民政局对成功召开这次会议表示衷心祝贺！我充分相信在徐理事长的带领下，通过全体会员的共同努力，一定为重庆和西南地区的经济文化交流做出应有的贡献。

新当选的理事长徐世六讲话，宣布了学会工作计划：1）完成学会组织架构；2）举办重庆市电源学会首届学术年会；3）举办军民两用电源技术专题研讨会；4）举办首届校企人才交流会；5）举办电源科普活动。今后，学会将秉承本会宗旨，依靠理事会的力量，发挥全体会员的共同智慧，全心全意为行业服务，不断开创学会工作的新局面。

为期半天的重庆市电源学会第一次会员大会暨成立大会在和谐、热烈的气氛中圆满闭幕，与会代表纷纷表示，本次大会内涵丰富，要以成立学会为契机，充分发挥重庆市及西南地区电源行业的集体优势，努力把学会办成政府信任的、会员信赖的团结之家、服务之家、发展之家。

四川省电源学会第一次会员大会暨成立大会 10 月在成都召开

2017 年 10 月 28 日，四川省电源学会在成都市望江宾馆召开了第一次会员大会暨成立大会。四川省科学技术协会副主席刘进及学会部部长刘先让、四川省民政厅行政审批处胡和、中国电源学会理事长徐德鸿及副秘书长张磊、成都市成华区人民政府龙潭管委会、西南交通大学、西华大学、西安市电源学会、四川省电力电子学会、四川省川联科技装备业商会等相关领导以及与会代表近 80 人参会。

大会由四川升华电源科技有限公司总经理冯骏主持，会议表决通过了《四川省电源学会章程（草案）》；选举了第一届理事会和监事；并通过召开第一届第一次理事会，选举了学会领导班子。西南交通大学许建平教授当选理事长，中国电子科技集团公司第二十九研究所功率电子总师王斌研究员、西南交通大学舒泽亮教授、四川大学张代润教授当选副理事长，四川升华电源科技有限公司总经理冯骏当选秘书长。

当选理事长许建平讲话，致谢了理事会的信任，也表达了发展建设学会的决心，并对学会将来的发展方向做出了规划。

中国电源学会理事长徐德鸿向大会致辞，介绍了中国电源学会现阶段的发展盛况以及学会工作的经验，对四川省电源学会的成立表示祝贺并充满信心。

四川省科学技术协会副主席刘进在大会中做了重要讲话，传达了十九大相关思想，并对四川省电源学会的成立提出了新要求，寄予了新的期望。

大会圆满地完成了各项议程，在和谐、热烈的气氛中完美闭幕。

中国电源学会代表团 3 月出访美国参加 APEC2017 国际会议并与合作单位进行交流

2017 年 3 月 25 日～4 月 1 日，中国电源学会理事长徐德鸿等有关人员参加于美国佛罗里达州召开的 APEC2017 国际会议，期间与美国电源制造商协会（PSMA）、IEEE –

电力电子学会（PELS）进行了工作会谈，会后访问了佛罗里达中央大学、佛罗里达太阳能中心、佛罗里达大学等高校科研机构并进行交流，部分会员单位代表参与了相关活动。

APEC2017 国际会议全称为 Applied Power Electronics Conference and Exposition，是目前全球电力电子领域规模最大、涉及内容最全、参会人员最多的综合性会议。本次会议在美国佛罗里达州坦帕会展中心举行，会议共计安排大会报告 6 场，技术讲座 18 场，工业报告会场 20 个，技术报告会场 40 个，同期举办电力电子产品展览会参展企业达到 300 余家。

3 月 26 日中国电源学会与美国电源制造商协会（PSMA）联合组织了双方会员代表午餐交流会，促进中美双方企业的相互间的交流与了解，期间双方领导团队就相互间的合作进行了商讨。

3 月 28 日，中国电源学会与 IEEE – 电力电子学会（PELS）进行了领导层会谈，双方回顾了 2016 年的合作情况，就 2017 年及今后的合作进行了充分的沟通，并达成合作共识。

会后中国电源学会有关人员及会员企业代表参观访问了佛罗里达中央大学、佛罗里达太阳能中心、佛罗里达大学等高校科研机构并进行座谈交流。

"曲水行云"新能源电力电子前沿技术研讨会 5 月成功举办

由中国电源学会新能源技术专委会主办，浙江大学能源互联网联盟、迈为电子技术（上海）有限公司协办的 2017 年度"曲水行云"新能源电力电子前沿技术研讨会于 2017 年 5 月 13 日～14 日在浙江省绍兴市绍兴饭店召开。期间，来自国内电力电子学界十余所高校约 60 名知名专家学者和高年级研究生围绕电力电子领域的热点研究和先进技术展开了热烈的探讨。

研讨会由浙江大学电气学院李武华教授致欢迎辞，合肥工业大学张兴教授和南京航空航天大学邢岩教授分别主持了会议的主要进程。各位专家报告了各自研究领域的科研成果，并对最新研究成果进行充分交流和研讨。

本次会议邀请到清华大学耿华副教授就"电力电子发电单元同步问题初探"发表主题演讲，并分享他的见解。合肥工业大学杨淑英副教授就"异步电驱动电机参数在线辨识算法研究"进行专题报告。燕山大学赵巍就"电力电子化低压发配电系统建模与稳定性研究"阐述了主要研究成果；杭州电子科技大学自动化学院的张尧老师针对"基于网络控制技术的电力电子系统研究"发表见解；南京航空航天大学吴红飞副教授在"基于高频有源整流器的单级隔离升降压变换技术研究"方面向大家作了专题汇报。

浙江大学电气工程学院陈敏副教授在"柔性微型电网中基于 Droop 控制的分布式能源变换器孤岛模式、并网模式运行及其无缝切换技术"方面分享了自己的研究体会。东南大学宁光富博士围绕一类"适用于新能源发电接入中压直流系统的新型 ZCS 直流变换器"开展研讨。最后，来自日本 Myway 公司的松野先生就分布式实时仿真系统 PE –

Expert4 和 Typhoon 为大家做了宣传和演示。会议的最后还特别邀请了清华大学的杨耕教授为青年电力电子学者的报告进行点评和总结。

技术研讨会上，众多电力电子学者分享学术心得、碰撞出耀眼的灵感火花；会后师生坦诚相待，围绕研究生成长的挑战与对策进行了充分的交流。曲水行云、学友相聚，分享学术之道，品味人生。

2017 电力电子与变频电源新技术学术年会 6 月在苏州成功召开

2017 年 6 月 30 日至 7 月 2 日，由中国电源学会变频电源与电力传动专业委员会、深圳汇川技术股份有限公司和上海大学联合主办，《电机与控制应用》杂志社、变频器世界杂志社协办的"2017 电力电子与变频电源新技术学术年会"在深圳市汇川技术有限公司苏州公司成功召开。来自全国各地的专家、学者、工程技术人员和企业界人士约 190 余人参会。

中国电源学会理事长、浙江大学徐德鸿教授代表中国电源学会致辞，会议主办方的领导们到会祝贺并致辞，我国电气工程学科奠基人和开拓者之一、上海大学陈伯时教授为本届学术年会发来贺词。中国电源学会变频电源与电力传动专业委员会主任委员、上海大学阮毅教授作大会工作报告，会议开幕式由中国电源学会变频电源与电力传动专业委员会副主任委员兼秘书长、上海大学陈息坤主持。

本届学术年会邀请到来自清华大学、上海大学、天津大学、南京航空航天大学等中国顶级的电气工程学科知名专家马小亮、赵争鸣、阮新波、徐国卿、罗建等多位专家就功率半导体开关器件多时间尺度瞬态建模、基于变换器无滞后模型及调节器差分设计方法、包络线跟踪电源（ET）技术、电动汽车智能驱动与运动控制、电动和混动汽车动力系统等电气工程学科当前的研究热点作专题学术报告，共享电力电子与变频电源技术的最新成果。会议期间，与会代表畅所欲言，各自就电力电子学科的发展态势、产品研发、工程实践问题等电力电子与变频电源新技术领域感兴趣的问题进行了热烈互动，发表自己的真知灼见。这次大会必将对我国电力电子技术在节能、新能源发电和电力传动应用领域的发展起到积极的推动作用。

第三届电力电子学科青年学者论坛 7 月召开

2017 年 7 月 1 日至 3 日，第三届电力电子学科青年学者论坛在南京成功召开。本次论坛由中国电源学会青年工作委员会主办、南京航空航天大学自动化学院承办，吸引了国内高校与科研院所青年学者的积极参与，参会代表包括国内 51 所高校院所的 138 位青年学者。

电力电子学科青年学者论坛是由中国电源学会青年工作委员会发起，旨在增强我国电力电子学科青年学者之间的学术交流，促进电力电子与电力传动学科的发展，活跃本学科领域的学术气氛，并通过开展专业前沿与职业规划研讨，促进青年学者的发展。作为电力电子学科一个新兴的学术论坛，已得到广大青年教师的积极关注和响应，成为电力电子学科具有广泛影响力的高层次学术论坛。

7月2日上午，第三届电力电子学科青年学者论坛在南京金鹰尚美酒店正式拉开帷幕，中国电源学会副理事长、南京航空航天大学自动化学院副院长阮新波教授致欢迎辞，对来自全国各高校和研究院所的青年教师代表表示热烈欢迎。上午的开幕式和大会报告分别由南京航空航天大学陈新教授和重庆大学杜雄教授主持。中国电源学会理事长、浙江大学徐德鸿教授作了"与青年朋友展望电力电子未来"的特邀报告，针对电力电子学科的未来技术发展与青年教师进行深入交流。天津大学何晋伟教授、上海交通大学马柯特别研究员、南京航空航天大学吴红飞副教授和致茂电子叶思辛经理等青年学者和行业专家分别作了精彩的学术报告，报告的主题分别为"分布式电源协同的微电网功率和电能质量控制方法""复杂工况下电力电子系统可靠性评估关键技术""三端口功率变换方法与关键技术"和"微电网实验室模拟平台及回收式交流负载介绍"。各位专家、学者的大会报告引起了参会青年学者的极大兴趣，参会代表与报告专家进行了充分的交流和热烈的讨论。

7月2日下午，论坛针对"新能源发电技术的发展及其关键电力电子问题"和"新器件与新技术的发展给电力电子带来的机遇和挑战"主题开展了两场主题研讨沙龙，分别由上海交通大学朱淼特别研究员和浙江大学李武华教授主持。特邀嘉宾南京航空航天大学阮新波教授作了精彩的主旨报告，与会专家学者就沙龙主题所涉及目前电力电子学科发展中面临的主要问题和挑战踊跃发言，并结合自己的研究经验各抒己见，现场学术交流氛围浓厚。

本次论坛为参会青年学者提供了一个很好的交流平台，广大青年学者汇聚一堂畅所欲言，共同探讨学术前沿和学科发展，交流彼此最新研究成果。

第五届全国电能质量学术会议暨电能质量行业发展论坛8月召开

由中国电源学会电能质量专委会和亚洲电能质量产业联盟联合主办的第五届全国电能质量学术会议暨电能质量行业发展论坛于8月17日–19日在西安隆重召开。

本届会议以"能源互联网时代电能质量机遇与挑战"为主题，旨在介绍在能源互联网大趋势和电力改革大背景下，电能质量领域所面临的新需求、新机遇、新挑战。从多个领域和视角对电能质量领域的学术、技术发展状态进行深入探讨交流，引领电能质量领域的技术发展潮流和方向，为业界提供一个高水平的交流与合作平台。来自电力公司、电力科研院所、电力设计院、高等院校、权威检测机构、大型设备制造商、企业高层等近400位电能质量领域的专家、学者在世界历史文化名城西安会聚一堂，共襄盛举！共同探讨电能质量技术的挑战和机遇，推动电能质量技术与行业的持续创新和发展。

为期两天的第五届全国电能质量学术会议暨电能质量行业发展论坛包括大会报告、电能质量行业发展论坛，以及标准与综合、设备与研究、控制与实现、新能源与微网、监测与评估、治理与应用等六个分论坛，并设有墙报论文张贴、电能质量新技术、新成果产品展示区，便于参会嘉宾对电能质量技术发展现状有更直观的了解。

8月18日上午，中国工程院院士、湖南大学教授罗安，中国电源学会理事长、浙江大学教授徐德鸿，中国电源学会电能质量专委会主任委员、西安交通大学教授卓放，亚洲电能质量联盟主席黄炜，西安交通大学电气工程学院党委书记成永红，西安理工大学自动化与信息工程学院院长刘涵，西安爱科赛博电气股份有限公司董事长白小青出席会议并分别致辞。致辞表示，随着国家的快速发展，对电能质量也提出了更新、更高的要求，电能质量的行业发展进入全新的机遇期，其研究应用领域也在不断拓展扩大，检测和治理技术日新月异，对促进能效提升和产业健康持续发展，具有重要的意义。我辈作为电能质量的接班人，一定一如既往地为电能质量行业做出贡献。

开幕式结束后，进入正式的大会报告环节。中国工程院院士罗安、华北电力大学肖湘宁、航空工业机电集团公司副总经理李开省、全球能源互联网研究院周胜军、中国科学院电工所裴玮、四川大学的刘俊勇、西安交通大学电气工程学院李更丰、江苏省电力科学研究院张宸宇、武汉大学电气学院副院长查晓明、河北省电力科学研究院段晓波、西安爱科赛博电气股份有限公司李春龙等专家就电力电子化、超高次谐波、能源互联网、电力改革、大数据、储能以及技术监督管理等电能质量领域热点技术作了主题报告。

与会专家表示，在大背景下，电能质量已经与广大人民群众的生产生活息息相关，随着我国政策推进地不断加快，产业结构不断升级优化，电能质量领域面临新的发展机遇。落实好国家有关政策，推进行业有序发展，促进创新成果应用是电能质量领域从业人员义不容辞的义务和责任。"

第一天会议结束后，全体与会代表来到西安爱科赛博电气股份有限公司参观。西安爱科赛博电气股份有限公司专注于电力电子电能变换和控制领域，主要为用户提供高性能特种电源和新型电能质量控制设备和解决方案。产品主要应用于航空军工、特种工业、精密装备和电力新能源四大领域，是第一批国家级高新技术企业，是国家火炬计划重点高新技术企业，公司技术中心先后被认定为西安市企业技术中心、陕西省企业技术中心和陕西省电能质量工程研究中心；并先后通过了各军工产品资质的认证，是业界的领军企业。收到全体参观代表的热烈好评。

8月19日，电能质量行业发展论坛和六大主题分论坛同步进行，行业论坛由亚洲电能质量产业联盟黄炜秘书长开始，为大家带来了《电气设计师电能质量认知度调查报告》，详细介绍了电气设计师的角度对电能质量问题的认识、影响电能质量方案设计的关键因素及目前主要选用的电能质量设计方案。

安徽大学朱明星、中国电力科学研究院吴鸣、第三代半导体产业技术创新战略联盟于坤山、四川大学汪颖、上海电力学院陆如、西安博宇电气有限公司刘军成等专家，分别从三相不平衡、中低压直流配电、第三代半导体、电压暂降、电力体制改革与监测分析等角度，深入解读在电能质量领域的前瞻发展方向和关键技术，引发了与会众人深刻的思考和热烈的提问。

深圳市盛弘电气有限公司、山东山大华天科技集团股份有限公司、新风光电子科技股份有限公司等企业，也带来了典型的案例数据与大家分享交流、促进合作。

在论坛最后，特别邀请了中国电源学会第一批团体标准的编制人：西安交通大学卓放老师和安徽大学朱明星老师，为大家介绍了本次3项团体标准的使命、编制历程、标准亮点等内容。此3项标准均已完成意见征集工作，进入报批流程。在后期正式发布后，需要能够真正服务用户的需要，促进行业的良性竞争和有序发展。

经过前期精心准备和同行专家的大力支持，共收到各种电能质量方面的学术论文160余篇，从多个领域和视野对现阶段电能质量问题进行了深入探讨，会议期间在各个分论坛及墙报论文张贴处宣讲。最终评选出10位优秀论文并进行颁奖。这些成果在深层次上推进电能质量行业的技术交流，将会有力地促进全国电能质量行业的发展。

本次学术会议为电能质量领域的管理单位、高等院校、研究院所和制造企业提供了一个高端对话平台。吸引了众多的行业专家与技术精英参与，专家们积极互动、踊跃交流，为电能质量技术发展建言献策，为推动我国电能质量技术发展与成果应用做出重要贡献。

2017光伏电站观摩及技术研讨会8月在合肥成功举办

2017年8月17日－18日，由中国电源学会新能源电能变换技术专委会主办、安徽省新能源协会协办、阳光电源股份有限公司承办的2017光伏电站观摩及技术探讨会在合肥召开。来自全国各地的专家、学者和企业界人士约40余人参加本次活动。

本次活动以水上电站参观和座谈交流为主，大会组织全体代表，先后参观淮南市潘集48MW水上漂浮光伏电站、肥东县梁园镇100MW渔光互补光伏电站，并就电站的先进技术召开技术研讨会。会上阳光电源股份有限公司光储事业部张跃火作了关于水上电站解决方案的专题汇报，同与会代表共同分享阳光电源在水上电站建设方面的经验，并探讨未来的技术难点与发展方向。经过对电站现场的实地观摩，研讨会上各院校专家及企业代表积极畅谈心得、感受。

本次电站观摩及研讨会取得了圆满成功，专委会也将根据行业发展特点及市场需求，及时举办各类活动，为会员单位提供一个畅所欲言的交流平台。

电气女科学家论坛11月在上海成功举办

2017年11月4日，作为中国电源学会第二十二届学术年会期间的一项重点活动，"电气女科学家论坛"在上海成功举办。

此次论坛汇聚了电气及电源技术领域几十位优秀女性科技工作者代表，他们在教育领域爱岗敬业、教书育人，同时在漫漫科研路上，勇于创新、争创一流，体现了巾帼不让须眉的精神和气魄。此次，论坛还有相关企业、学生代表等与会者近百人。

论坛开幕式上，中国电源学会理事长徐德鸿教授和副理事长刘进军教授分别致辞。徐德鸿教授在致辞中指出，越来越多的女性科技工作者在电源技术领域发挥了举足轻重的作用。举办本次论坛有利于女性科技工作者之间彼此沟通，互动有无，进一步激发女性科技工作者对于科研的热情和信心。

论坛正式开始，首位作报告的论坛嘉宾郑萍教授是工学博士，哈尔滨工业大学电气工程及其自动化学院教授，博导，电磁与电子技术研究所副所长，国家杰出青年科学基金获得者，教育部长江学者特聘教授。主持国家自然科学基金、国家863计划等科研项目20多项，获国家技术发明奖二等奖等奖励及荣誉称号30多项。发表科技论文180多篇，其中SCI检索46篇，EI检索120篇，申请国家发明专利51项，已获授权35项。

郑萍教授在题为"多相永磁容错电机系统"的报告中指出，传统三相电机对自身故障无容错能力，限制了其在极端状态、极限环境下工作的潜力；我国航空航天、核电设备及新能源汽车领域对电机的高可靠性、容错性能要求苛刻，多相容错电机系统成为技术核心。多相永磁容错电机系统的研究目标是针对极限应用场合，研究具备高隔离性能的电机结构方案；以及研究高功率密度、高效率、高容错性能的系统设计方案。

北京交通大学黄辉教授也作了题目为"魅力电气 美好生活"的精彩报告。

黄辉教授，工学博士，现为北京交通大学电器工程学院教授。博士生导师。获得首届北京市高等学校青年教学名师奖、北京市青年教师教学基本功比赛理工A组一等奖、最佳演示奖，被评为北京市师德先进个人。主持多项各级科研、教改项目，发表包括SCI检索在内的论文多篇。

黄辉教授从电动机理论基础以及发电机、变压器理论基础讲起，以独特的视角，阐述了电气的科技进步、思想指导以及与美好生活的联系。

之后是自由讨论阶段，与会者就嘉宾的报告提问，也提出了很多精彩的观点，嘉宾与与会者互动，现场气氛热烈轻松。

至此论坛正式闭幕。此次论坛通过学术报告和自由交流的形式，为女性科研从业者搭建了良好的互动平台，有利于促进女科学家在科学技术领域取得更加丰硕的研究成果。

中美电源产业创新论坛11月在上海成功举办

2017年11月5日，由中国电源学会（CPSS）与美国电源制造商协会（PSMA）联合主办的中美电源产业创新论坛在上海举行。来自中美电源领域的200余位专家学者以及产业界代表，就新能源、新能源车、储能、数据中心供电、消费类电源等话题进行交流。

中美电源产业创新论坛是中国电源学会第二十二届学术年会期间同期举办的一项重点活动，旨在针对中美两国电源行业现状，加强中美双方企业的交流与合作，促进两国产业共同发展。会议由中国电源学会理事长徐德鸿教授、美国电源制造商协会主席 Stephen Oliver 先生共同主持。

论坛共包括三个主题。中美双方代表围绕每个主题分别发表报告。围绕第一个主题"新能源、新能源汽车、储能"发表报告的中方代表罗海辉博士，国家重点领域创新团队核心成员，现任株洲中车时代电气股份有限公司半导体事业部 IGBT 制造中心主任。报告针对 IGBT 在新能源领域应用的技术特点与发展趋势，介绍了新能源领域概况及应用需求；中车新能源应用 IGBT 芯片技术特点；中车新能源应用 IGBT 模块技术特点；中车新能源应用 IGBT 发展趋势等。

美方代表美国电源制造商协会主席 Stephen Oliver 先生就这一主题也发表了报告，介绍了宽禁带半导体在可再生能源领域的应用，通过讲解功率晶体管的进展历程，比较了 SiC、Si、GaN 的不同特性，指出高效率和高密度功率器件在可再生能源领域的作用。

第二个主题是数据中心以及 IT 设备电源。科华恒盛股份有限公司技术中心副经理兼预研部经理易龙强博士发表题为"数据中心不间断供电系统可靠性热点问题研究"的报告。针对数据中心不间断供电系统的热点问题进行分析与阐述，包括不间断供电设备对供电系统可靠性的提升作用、不间断供电系统构架可靠性分析与结论、数据中心可靠度与可用度之间的关系等，为读者从另一个视角重新认识数据中心不间断供电系统可靠性，并消除一些行业误解。

美方代表美国电源制造商协会执委 Conor Quinn 先生发表了题为"信息技术和数据中心设备的架构转变"的报告。报告从效率、冗余、能源储存几个方面讲解了电源架构革命的进程，并给出了具体案例。

论坛最后一个主题是关于消费类电源：智能手机、笔记本计算机、电视等。台达电子（上海）研发中心主任章进法博士以"电源适配器技术进步与发展趋势"为题发表报告。在对笔记本计算机和消费产品的交流适配器的市场趋势分析的基础上，报告讨论了关键技术的发展趋势和挑战，最后介绍了世界上最小适配器的设计细节。

Stephen Oliver 先生就这一主题发表其在论坛的第二份报告。题目为"高频生态系统驱动新应用及新方案"。

论坛就每个主题都安排了问答时间，由每个主题报告人解答与会者提出的疑难问题，与会者踊跃提问，与报告人积极互动，会议现场气氛热烈。此外，所有主题结束之后的茶歇和酒会环节，会者们就关心的话题和领域再次自由探讨交流。

中美电源产业创新论坛的成功举办，为国内外电源企业提供了一个良好的互动交流平台，有利于推动电源行业技术进步和产业发展。

CPSS – Springer 电力电子英文丛书首本专著正式出版

2017 年，由中国电源学会（CPSS）与全球知名出版机构——德国斯普林格出版集团（Springer）合作推出的首本英文专著《Control Techniques for LCL – Type Grid – Connected Inverters》正式出版并在全球范围发行。

为了促进中国电力电子学者的国际交流与合作，加速中国电力电子英文专著的出版，2015 年，经中国电源学会

（CPSS）与德国斯普林格出版集团（Springer）双方沟通并达成协议，合作出版 CPSS – Springer 电力电子英文丛书。中国电源学会成立该英文丛书编辑委员会，负责推荐评审英文丛书的选题，Springer 集团负责英文丛书的出版，面向全球发行。

首本英文专著《Control Techniques for LCL – Type Grid – Connected Inverters》主要讨论运用 LCL 型并网逆变器的控制技术，提高系统稳定性、控制性能和并网谐波抑制能力。本书将详细的理论分析、设计实例和实验验证有效结合，对电力电子研究生、研究员以及从事可再生能源发电系统并网逆变器相关工作的工程师们具有重要的参考价值。

本书第一作者阮新波教授现任南京航空航天大学自动化学院副院长。是中国电源学会直流电源专业委员会主任委员、IEEE Fellow，教育部"长江学者"特聘教授，国家杰出青年科学基金获得者，中组部"万人计划"领军人才，享受国务院政府特殊津贴。阮新波教授已出版专著 8 部，参编教材 2 部，在国内外期刊和重要会议上发表论文近 300 多篇，其中被 SCI 收录 100 余篇、EI 收录近 300 篇。

中国电源学会是电力电子领域唯一的国家一级社团组织，已出版中文版《电源学报》，2016 年底与 IEEE – 电力电子学会合作推出了英文期刊《CPSS Transactions on Power Electronics and Applications》（缩写：CPSS TPEA），目前已出版两期，填补了国内电力电子领域英文期刊的空白。

德国斯普林格作为全球最大的科技出版商之一，以学术性出版物闻名于世。它拥有强大的 STM 和 HSS 电子书收藏和档案，以及全面的混合访问和开放获取期刊。

中国电源学会此次与斯普林格合作推出英文丛书，面向全球推介我国电力电子领域学者的优秀著作，为展示我国电力电子行业的前沿研究成果提供了一个新的国际化平台，有利于扩大对外学术交流与合作，推动中国以及全球电力电子科技进步和知识创新。

功率变换器磁技术分析测试与应用高级研修班5 月在福州成功举办

由中国电源学会主办，福州大学电气工程与自动化学院、中国电源学会磁技术专业委员会、科普工作委员会承办的功率变换器磁技术分析测试与应用高级研修班于 2017 年 5 月 6 至 8 日在福州大学成功举办，来自全国各企事业单位代表 80 余人参加了本次研修班。

本课程是中国电源学会连续第四次在福州举办此类高级研修班，旨在梳理电磁基本理论的基础上，结合功率变换器产品中磁元件的具体分析、设计、测试与应用，使工程师能从电磁场机理上深入认识磁元件的各项性能及其影响因素以及设计考虑点，改变传统设计方法的局限性。

中国电源学会磁技术专业委员会主任委员，福州大学电气工程与自动化学院陈为教授作为本次研修班的总策划及主讲专家，从电磁基本概念、磁元件绕组高频损耗分析与绕组设计、磁原件电磁干扰特性分析与设计、磁性材料及其应用等方面进行了系统深入的讲解。福州大学陈庆彬老师、林苏斌老师更是对磁元件绕组高频损耗分析、电磁干扰特性以及电磁场仿真分析方法和软件使用进行了讲解

授课。

本次培训是在结合去年同期培训课程的基础上，加入了很多的实例讲解的环节，对反激变压器、PSFB 和 LLC 电路、变压器共模噪声特性测量与影响因素分析等问题作了具体的分析和讲解。同时演示了 4 个专题实验，包括：高频磁性材料损耗测量与损耗特性分析；变压器绕组交流电阻测量及绕组损耗和影响因素分析；滤波器差、共模插入损耗测量与近场磁耦合影响分析；变压器共模噪声特性测量与影响因素分析。通过实验，使学员对相关理论知识有了直观的认识，加深了对相关内容的理解，提高了学员实际解决问题的能力。通过对磁波的测试直观了解磁元件的各种特性，充分体会了实验环节对本次研修班的作用。

在正式授课时间之外，为使大家能够更加充分地交流和提问，每天课程结束后，专门安排 1 小时自由交流时间。授课老师与各位学员充分交流，并针对每个学员的问题给予细致的答疑解惑。

经过三天的紧张授课，研修班圆满结束，大家对本次研修班给予了充分的认可，认为在授课内容设置上理论与实践相结合，实验教学加深了学员对授课内容的直观理解，对于工程师的实际研发工作具有很强的针对性和指导性。

光储系统设计与应用专题研修班 7 月成功举办

由中国电源学会主办，中国电源学会新能源电能变换技术专委会、中国电源学会学术委员会、中国电源学会科普工作委员会、合肥工业大学承办的光储系统设计与应用专题研修班于 2017 年 7 月 28 至 30 日在合肥成功举办，来自全国各院校及企事业单位的 50 余名代表参加了本次研修班。

中国电源学会常务理事，合肥工业大学电气学院张兴教授主持开幕仪式并宣读了贺词。从光伏系统应用新趋势、光伏逆变电源及储能系统设计、太阳电池、电站设计与系统特色应用等全面解读国内光伏产业。课程理论联系实际，从提高我国光伏产业技术人员的技术水平和创新能力角度出发，着眼设计基础，同时也聚焦热点问题，通过授课与大型光伏电站现场考察、研讨相结合，有效提高了学员的技术及应用能力，推动我国光伏产业的进一步发展。

本次课程邀请到合肥工业大学张兴教授、北方工业大学张卫平教授、华北电力大学戴松元教授、中科院电工研究所可再生能源发电系统研究室吕芳博士、中国电力科学研究院储能与电工新技术研究所李建林博士、英飞凌科技中国有限公司陈子颖博士、上海鹰峰电力电子有限公司洪英杰总经理、阳光电源电站事业部副总经理胡兵博士等 8 位国内知名学者、专家从多角度分析了光伏产业的发展前景及技术新方法，课程内容涵盖了光伏在多能互补集成应用中的模式和机遇、新型太阳电池研究进展、光伏电站的精细化设计与综合利用、PV 组串的功率优化与均衡技术、规模化储能系统发展及其在光伏发电领域中的应用、功率半导体新技术在光伏逆变器中的应用、光伏逆变器中关键

无源器件的设计与应用、光伏微电网逆变器及其虚拟同步机控制。提高了工程师们在实际工作中分析、解决问题的能力，提升了光伏系统及其电源产品的设计水平和技术含量。

7 月 30 日上午，安排全体学员到肥东梁园镇实地参观了 100MW 渔电互补光伏电站，2800 亩光伏电站规模庞大，通过现场工程师们详细的讲解，大家了解了电站转换效率、电站检测等方面的技术要点。并且对智能电网管理的光伏系统有了进一步的认识，收获颇丰。

经过两天半的紧张授课，研修班圆满结束，大家对本次研修班给予了充分的认可，认为在授课内容设置上理论讲解与参观考察相结合，对工程师在光伏电源设计的实际研发具有很强的针对性和指导性。

开关电源电磁兼容性专题研修班 8 月在深圳成功举办

由中国电源学会主办，哈尔滨工业大学深圳研究生院、中国电源学会电磁兼容专业委员会、科普工作委员会承办的开关电源电磁兼容性专题研修班于 2017 年 8 月 19 至 20 日在深圳成功举办，来自全国各企事业单位代表 30 余人参加了本次研修班.

课程主要讲解了电磁兼容（EMC）的测试和相关标准、电磁干扰（EMI）产生的原理以及电磁兼容设计的主要技术和方法，使学员了解电磁兼容原理，具备分析和解决开关电源电磁干扰问题的能力，掌握电磁兼容设计方法。

本次培训特邀华南理工大学电力学院张波教授主持了开班仪式，邀请到哈尔滨工业大学深圳研究生院和军平博士、浙江大学电力电子技术研究所，博士生导师、中国电源学会电磁兼容专业委员会副主任陈恒林老师、中国电源学会理事、上海电源学会副秘书长黄敏超老师以及苏州泰思特电子科技有限公司胡小军高级工程师担任本次培训的授课老师，课程通过大量的实例分析及现场演示等教学方式从电磁兼容标准、开关电源传导干扰、辐射干扰产生原理及模型、电磁干扰滤波器技术、瞬态干扰抑制、电磁抗浪涌问题诊断及解决方法、电磁干扰解决措施等方面进行了系统深入的讲解。

通过本次培训，学员们在老师的指导下通过动手调试滤波器和查找电磁干扰源等手段，对电磁干扰有了直观的认识，掌握了电磁兼容的基本技术和问题的解决方法，对于缩短产品开发周期、增强产品竞争力、节省研发经费等方面具有重要意义。

在正式授课时间之外，为使大家能够更加充分地交流和提问，每天课程结束后，专门安排了半个小时的自由交流时间。几位老师与各位学员充分交流，针对每个学员的问题给予细致的答疑解惑。

经过两天的紧张授课，研修班圆满结束，大家对本次研修班给予了充分的认可，认为在授课内容设置上理论与实践相结合，实验教学更是加深了学员对授课内容的直观理解，对工程师的实际研发工作具有很强的针对性和指导性。

新能源车充电与驱动技术专题研修班 10 月在杭州成功举办

由中国电源学会主办，浙江大学承办的"新能源车充电与驱动技术专题研修班"于 2017 年 10 月 20 至 22 日在杭州成功举办，来自全国各院校及企事业单位的 70 余名代表参加了本次研修班。

中国电源学会理事长、浙江大学工学部副主任、电力电子技术研究所所长徐德鸿教授主持了开班典礼，并介绍了本次研修班的主讲老师美国国家工程院院士，IEEE Fellow，Kaushik Rajashekara 博士。主要围绕电动、混合动力汽车系统构架、电机驱动和控制技术、汽车用 IGBT 和 SiC 器件技术、无线充电技术以及充电电源技术等专题进行了全面深入的探讨和分析。

随着电动及混合动力汽车的普及，越来越多的企业及个人对电动汽车领域的技术越来越有兴趣。本次专题研修班是第三次在国内举办，本次研修班还邀请了南京航空航天大学的陈乾宏教授、浙江大学的杨家强、王正仕副教授，以及英飞凌、汇川技术等国内新能源车一流厂商共同授课。课程从电动汽车驱动及控制技术；电动汽车用 IGBT 和 SiC 器件技术应用；无线充电器：变参数条件下 IPT 谐振变换器的分析和设计；新能源汽车充电电源技术等多个方面，系统地介绍了新能源车变换器、充电设备的设计方法和技术方向。

经过三天的紧张授课，研修班圆满结束，大家对本次研修班给予了充分的认可，认为在授课内容设置上理论与实践相结合，对工程师的实际研发工作具有很强的针对性和指导性。

高效率、高功率密度电源技术与设计高级研讨班 12 月在南京成功举办

由中国电源学会主办，南京航空航天大学、中国电源学会科普工作委员会承办的"高效率、高功率密度电源技术与设计高级研讨班"于 2017 年 12 月 2 至 3 日在南京成功举办，来自全国各企事业单位、高校科研院所的 60 余位代表参加了本次研讨班。

本课程是中国电源学会第三次和南京航空航天大学联合举办此类专题高级研讨班，本次培训课程是面向企业技术人员开展的一次综合性电力电子技术理论知识培训，内容涉及直流变换器、PFC 变换器、新器件应用、电磁兼容设计、全桥变换器的软开关技术、LLC 谐振变换器以及航空电源变换技术，目的是为企业技术人员提供如何实现电源高效率、高功率密度的途径，拓展技术人员的知识层面，提高企业人员的研发设计能力。

本次培训是由中国电源学会培训部特邀台达（上海）电力电子设计中心主任、中国电源学会副理事长章进法博士和南京航空航天大学自动化学院副院长、博士生导师、"长江学者"特聘教授、中国电源学会直流电源专业委员会主任、学术工作委员会副主任阮新波教授、西安交通大学杨旭教授等国内知名专家学者担任本次培训的主讲老师，同时邀请了南京航空航天大学陈新教授、陈杰副教授、南

京理工大学姚凯副教授、苏州大学季清博士共同授课。

参加本次研讨班的代表们绝大部分为企业总工程师、高级工程师以及研究员、教授、副教授等高级技术人才。几位老师精彩地讲解以及对一些问题有针对性的解答得到了大家的认同。课间大家更是围住了老师们，对工作中、技术上遇到的问题和技术难点提出了询问，老师们图文并茂的解答不时引起大家的感叹。

3 日下午，与会代表们参观了南京航空航天大学自动化学院阮新波老师的实验室，从电源整机到各类变换器样机，代表们在每一件样品前驻足观看。调试设备前更是人头攒动，实验室老师对设备的讲解以及实验演示引起大家的兴趣。

经过两天的紧张授课，本次研讨班圆满结束，大家对本次研讨班的成功举办给予了充分的认可，认为在授课内容设置上理论与实践相结合，加深了学员对各类变换器设计的直观理解，对工程师的实际研发工作具有很强的针对性和指导性。

宽禁带器件与高功率密度电源技术高级研修班 12 月在上海成功举办

由中国电源学会举办，上海海事大学承办的国际高端专家先进技术课程——宽禁带器件与高功率密度电源技术高级研修班于 2017 年 12 月 19 至 21 日在上海海事大学物流工程学院成功举办。

本次研修班是连续第五年在上海海事大学物流工程学院举办此类高级研修班，特邀德国科学院院士、国际著名电力电子专家 Leo Lorenz 博士担任主讲，他曾在全球各地的著名高等学校、研究机构和国际会议讲授过该类课程，深受欢迎。同时还邀请了中国电源学会理事长、浙江大学徐德鸿教授、北方工业大学张卫平教授、上海海事大学汤天浩教授、西安交通大学王来利教授、德国英飞凌公司、加拿大 GaN Systems 公司等国内外知名专家、学者一同授课。来自全国企事业单位、高校、在校研究生等百余人参加了此次研修班。

在本次研修课中，Leo Lorenz 博士全面系统地介绍了最新功率半导体器件，包括：碳化硅和氮化镓技术，深入分析高频开关器件的结构、参数特性、器件选择与保护，着重破解业界在紧凑与高效电源应用的难题。通过课程的学习和相互交流，能更深刻理解新的功率器件的原理与参数特性，掌握应用技术的关键，为在电动汽车、电气驱动与机器人等领域的应用奠定坚实的技术基础。徐德鸿教授、张卫平教授分别针对电力电子技术与应用展望、开关变换器的建模及其应用等众多前沿技术作了精彩报告，王来利教授对新型器件 GaN 器件的应用与集成化作了精彩的演讲。另外，英飞凌、加拿大 Gan System 公司两家知名企业高级研发人员也对 IGBT 开关特性及其驱动技术、GaN E – HEMT 器件原理及其应用等课题作了精彩的宣讲。课堂间隙中，更是学员们对工作、学习中不甚了解的问题提出了疑问，老师们则认真地回答了大家的问题，不时引起大家的热烈掌声。

行业要闻

2017 年全社会用电量同比增长 6.6%

国家能源局发布 2017 年全社会用电量等数据：

2017 年，全社会用电量 63077 亿 kW·h，同比增长 6.6%。分产业看，第一产业用电量 1155 亿 kW·h，同比增长 7.3%；第二产业用电量 44413 亿 kW·h，增长 5.5%；第三产业用电量 8814 亿 kW·h，增长 10.7%；城乡居民生活用电量 8695 亿 kW·h，增长 7.8%。

2017 年，全国 6000kW 及以上电厂发电设备累计平均利用小时为 3786h，同比减少 11h。其中，水电设备平均利用小时为 3579h，同比减少 40h；火电设备平均利用小时为 4209h，同比增加 23h。

2017 年，全国电源新增生产能力（正式投产）13372 万 kW，其中水电 1287 万 kW，火电 4578 万 kW。

2017 年电力行业大事记

2017 年，随着增量配电业务试点的不断推进以及全国各地售电公司的公示，电力体制改革中市场化最重要的一环逐渐被放大，同时也让我们看到了更多的可能性；

2017 年，一大波电力央企换了"新的名字"；

2017 年，输配电行业发展稳健推进，电网规划建设、农网改造升级、输配电价布局等政策相继出台；

让我们一起回顾 2017 年电力行业发生了哪些大事！

政策篇

1.《推进并网型微电网建设试行办法》的发布与宣贯，并网型微电网真的来了

2017 年 7 月 24 日，国家发展改革委国家能源局关于印发《推进并网型微电网建设试行办法》的通知正式公布。12 月 22 日下午，国家能源局召开了"推进并网型微电网建设试行办法"宣贯会。再次强调了并网型微电网的四大特征：微型、自治、清洁、友好，并就推进并网型微电网建设进行了相关部署。并网型微电网真的来了！

2. 国家发改委办公厅印发《关于全面推进跨省跨区和区域电网输电价格改革工作的通知》

2017 年 8 月 22 日，从国家发改委获悉，为建立科学合理的输配电价形成机制，国家发改委办公厅印发《关于全面推进跨省跨区和区域电网输电价格改革工作的通知》，决定在省级电网输配电价改革实现全覆盖的基础上，开展跨省跨区输电价格核定工作，促进跨省跨区电力市场交易。

3. 六部委发布《电力需求侧管理办法》（修订版）

2017 年 9 月 26 日获悉，为贯彻落实供给侧结构性改革有关部署，促进供给侧与需求侧相互配合、协调推进，国家发改委、工业和信息化部、财政部、住房城乡建设部、国务院国资委、国家能源局 6 部门联合印发了《关于深入推进供给侧结构性改革做好新形势下电力需求侧管理工作的通知》（以下简称《通知》）。

结合新形势和新任务，国家发改委等 6 部门对现行的《电力需求侧管理办法》进行了修订，2011 年 1 月 1 日发布的《电力需求侧管理办法》同时废止。

4.《完善电力辅助服务补偿（市场）机制工作方案》印发

2017 年 11 月 15 日，国家能源局印发《完善电力辅助服务补偿（市场）机制工作方案》（下称《方案》），《方案》指出，实现电力辅助服务补偿项目全覆盖，鼓励采用竞争方式确定电力辅助服务承担机组，鼓励储能设备、需求侧资源参与提供电力辅助服务，允许第三方参与提供电力辅助服务。《方案》鼓励电力用户参与提供电力辅助服务，用户可结合自身负荷特性，自愿选择与发电企业或电网企业签订保供电协议、可中断负荷协议等合同，约定各自的电力辅助服务权利与义务。

5. 国家发改委、能源局印发《关于开展分布式发电市场化交易试点的通知》

2017 年 11 月，国家发改委、国家能源局印发了《关于开展分布式发电市场化交易试点的通知》。文件明确，分布式发电是指接入配电网运行、发电量就近消纳的中小型发电设施。分布式发电项目可采取多能互补方式建设，鼓励分布式发电项目安装储能设施，提升供电灵活性和稳定性。

行业篇

1. 微电网、能源互联网、多能互补集成优化等示范工程向前推进

2017 年 2 月 6 日，国家能源局发布《关于公布首批多能互补集成优化示范工程的通知》，首批多能互补集成优化示范工程共安排 23 个项目，包括张家口"奥运风光城"多能互补集成优化示范工程等 17 个终端一体化集成供能系统，张家口张北风光热储输多能互补集成优化示范工程等 6 个风光水火储多能互补系统。

5 月，国家发展改革委、国家能源局下发《关于新能源微电网示范项目名单的通知》，公布 28 个新能源微电网示范项目，其中涉及北京延庆新能源微电网示范区项目、太原西山生态产业区新能源示范园区、青岛董家口港新能源微电网示范工程项目等。

7 月 6 日，国家能源局发布《关于公布首批"互联网+"智慧能源（能源互联网）示范项目的通知》，共有涉及城市能源互联网、园区能源互联网、基于电动汽车的能源互联网等 9 大类的 55 个项目成功入围。

2. 中央企业集团层面公司制改制电力行业企业已基本完成

国务院 7 月份发布《中央企业公司制改制工作实施方案》，要求按照全民所有制工业企业法登记、国资委监管的中央企业全部改制为按照公司法登记的有限责任公司或股份有限公司。截至 12 月 18 日，中央企业集团层面公司制改制方案已全部批复完毕，各省级国资委出资企业改制面达到 95.8%。其中，11 月 30 日国家电网正式更名为"国家电网有限公司"，12 月 4 日大唐集团正式更名为"中国大唐集团有限公司"，12 月 12 日中核集团正式更名为"中国核工业集团有限公司"。

3. 电力现货市场建设试点稳步开启

2017 年 8 月 28 日，国家发展改革委、国家能源局联合印发《关于开展电力现货市场建设试点工作的通知》（发改办能源〔2017〕1453 号），确定南方（以广东起步）、蒙西、浙江、山西、山东、福建、四川、甘肃等 8 个地区作为第一批试点，要求试点地区加快制定现货市场方案和运营规则、建设技术支持系统，2018 年底前启动电力现货市场试运行；同时，积极推动与电力现货市场相适应的电力中长期交易。9 月，浙江实施了《浙江电力现货交易市场规则》咨询项目国际竞争性谈判，通过两轮竞争，多次谈判，最终花落由美国区域电力系统运行与管理商 PJM 公司与中国电力科学研究院组成的联合体，目前正在按计划进行中标后的相关工作。浙江省政府就该项目以 4000 万元人民币招标，委托方要完成浙江电力市场设计与规则编制。

4. 国电集团与神华集团正式合并重组为国家能源集团

2017 年 8 月 28 日，经国务院批准，中国国电集团公司与神华集团有限责任公司合并重组为国家能源投资集团有限责任公司。9 月 21 日，北京市工商行政管理局正式下发核准告知书："神华集团有限责任公司"于 9 月 17 日被核准变更为"国家能源投资集团有限责任公司"。11 月 20 日上午，国家能源集团召开干部大会，中组部高选民副部长宣读中央关于国家能源集团领导班子的任命决定，并提出工作要求；中央决定，乔保平担任党组书记、董事长，凌文担任董事、总经理、党组副书记。11 月 28 日，国家能源投资集团有限责任公司召开重组成立大会。

5. 电网公司转型综合能源服务商

2017 年 10 月 22 日，国家电网公司在系统内部下发《关于在各省公司开展综合能源服务业务的意见》，明确将综合能源服务作为主营业务，将综合能源服务业务作为新的利润增长点，培育新的市场业态，从卖电向卖服务转身，提升公司市场竞争力。同时提出工作目标：做强做优做大综合能源服务业务，推动公司由电能供应商向综合能源服务商转变，到 2020 年，确保累计实现业务收入达 500 亿元左右，力争实现 600 亿元左右，市场份额得到显著提升。

南方电网综合能源有限公司于 2010 年 12 月 20 日挂牌成立，主营"节能服务、能源综合利用、新能源和可再生能源开发、分布式能源、电动车充换电"等业务。2017 年 2 月 13 日，负责电力供应的广东电网在广州正式成立了一家综合能源投资有限公司，设置了综合能源、增量配网建设与投资、分布式能源、电动汽车投资与运营、市场化售电、能效服务等 6 个新兴业务经营模块。

6. 省级输配电价全覆盖全国省级电网输配电价盘点排行

2017 年 11 月 7 日，国家发改委召开"成本监审和成本调查"专题新闻发布会，对十八大以来价格改革取得的进展和成效进行了全面总结，其中对涉及电力行业输配电成本监审做了阶段性总结。从 2014 年到 2017 年，我国输配电价改革先后经历了破冰、扩围、提速、全覆盖四个阶段。截至 2017 年 11 月，输配电成本监审共核减与输配电不相关、不合理的费用约 1200 亿元，平均核减的比例达 14.5%。以此为基础，在电网投资大幅增长、电量增速趋缓的情况下，国家最终核减了 32 个省级电网准许收入约 480 亿元。

7. 售电侧市场竞争机制初步建立

随着 2017 年江苏售电侧改革试点、第二批增量配电网

业务改革试点获批，起步于广东、重庆的售电侧改革试点在全国达到 10 个，增量配电业务试点则达到了 195 个。售电侧改革试点极大激发了社会投资热情，售电公司如雨后春笋般涌出。据国家发展改革委 2017 年 7 月 26 日发布的信息，全国在电力交易机构注册的售电公司已有 1800 多家。

2017 年 2 月 28 日，国家发展改革委、国家能源局印发《关于同意江苏省开展售电侧改革试点的复函》，同意江苏省开展售电侧改革试点。继 2016 年国家发展改革委、国家能源局公布 105 个首批增量配电业务改革试点项目后，2017 年 3 月 31 日，两部门联合复函，同意宁夏宁东开展增量配电业务改革试点。11 月 21 日，国家发展改革委、国家能源局公布第二批增量配电业务项目，共 89 个。11 月 30 日，两部门联合印发《关于加快推进增量配电业务改革试点的通知》，宣布启动第三批增量配电业务改革试点，要求各地于 12 月 29 日前报送符合条件的试点项目，每个地级市至少要有一个试点。

2017 年清洁能源发电量同比增长 10%

"清洁能源发电量同比增长 10%，增速高于火电 4.8 个百分点；其中，水电、核电、风电、太阳能发电量同比分别增长 1.7%、16.5%、26.3% 和 75.4%。"国家发改委政策研究室主任兼新闻发言人严鹏程 1 月 22 日在国家发改委定时定主题发布会做上述表示。

2017 年，电力市场建设初具规模，交易电量累计 1.63 万亿 kW·h，同比增长 45%，占全社会用电量比重达 26% 左右，同比提高 7%，为工商企业减少电费支出 603 亿元。

值得一提的是，跨省跨区电力市场化交易有效减少了弃水弃风弃光。初步统计，跨省跨区清洁能源送出电量 5870 亿 kW·h，占总送电量的 54.5%。去年西南水电送出 2638 亿 kW·h，增长 10.2%。去年实现风电、光伏发电跨省外送市场化交易电量 366 亿 kW·h，同比增加 26%，有效缓解了"三北"地区弃风弃光压力。

此外，记者获悉，2017 年全社会用电量 6.3 万亿 kW·h，同比增长 6.6%，增速较去年同期提高 1.6%。其中，一产、二产用电量同比分别增长 7.3% 和 6.6%，增速分别提高 2.0% 和 2.7%；三产和居民生活用电量同比分别增长 10.7% 和 7.8%，增速分别回落 0.6% 和 3.1%。从发电情况看，2017 年全国发电量同比增长 6.5%，其中火电发电量同比增长 5.2%，清洁能源发电量同比增长 10%，增速高于火电 4.8%。

分产业看，二产用电对全社会用电增长的贡献率为 60.2%，拉动全社会用电量增长 3.9 个百分点。制造业用电量同比增长 5.8%，其中，增长较快的是石油加工炼焦及核燃料加工业、交通运输电气电子设备制造业、通用及专用设备制造业，分别增长 12.2%、10.3% 和 10.3%。三产用电实现两位数快增长，其中，信息传输、计算机服务和软件业用电同比增长 14.6%，交通运输、仓储和邮政业用电量增长 13.3%。

回顾 2017 年我国新能源并网情况

近日，国家能源局召开新闻发布会介绍了 2017 年度新

能源并网、投诉举报、放管服改革、清洁取暖规划等相关情况。新能源和可再生能源司副司长梁志鹏在会上介绍了2017 年度我国新能源并网情况。

一是可再生能源装机规模持续扩大。截至 2017 年底，我国可再生能源发电装机达到 6.5 亿 kW，同比增长 14%。其中，水电装机 3.41 亿 kW、风电装机 1.64 亿 kW、光伏发电装机 1.3 亿 kW、生物质发电装机 1488 万 kW，分别同比增长 2.7%、10.5%、68.7% 和 22.6%。可再生能源发电装机约占全部电力装机的 36.6%，同比上升 2.1 个百分点，可再生能源的清洁能源替代作用日益突显。

二是光伏成同比增长最快的可再生能源。2017 年，可再生能源发电量 1.7 万亿 kW·h，同比增长 1500 亿 kW·h；可再生能源发电量占全部发电量的 26.4%，同比上升 0.7 个百分点。其中，水电 11945 亿 kW·h，同比增长 1.7%；风电 3057 亿 kW·h，同比增长 26.3%；光伏发电 1182 亿 kW·h，同比增长 78.6%；生物质发电 794 亿 kW·h，同比增长 22.7%。

三是可再生能源利用水平不断提高。2017 年全年弃水电量 515 亿 kW·h，在来水好于去年的情况下，水能利用率达到 96% 左右；弃风电量 419 亿 kW·h，弃风率 12%，同比下降 5.2 个百分点；弃光电量 73 亿 kW·h，弃光率 6%，同比下降 4.3 个百分点。

2017 年全球各类可再生能源发电最新成本数据全披露

可再生能源署（IRENA）发布《可再生能源发电成本报告》，披露全球范围内 2017 年投运的生物质发电、地热发电、水电、陆上风电、海上风电、光热发电、大型地面光伏的加权平准发电成本（levelised cost of electricity，简称 LCOE，以 2016 年美元不变价格计算）。针对每一种技术，LCOE 的计算考虑全生命周期内的投资、运营成本和收益，包括资本成本（中国和经合组织国家为 7.5%，其他国家 10%）。

——水电：2017 年 LCOE 为 0.05 美元/kW·h，比 2010 年（0.04 美元/kW·h）上涨 25%

——陆上风电：2017 年 LCOE 为 0.06 美元/kW·h，比 2010 年（0.08 美元/kW·h）下降 25%

——地热发电：2017 年 LCOE 为 0.07 美元/kW·h，比 2010 年（0.05 美元/kW·h）上涨 40%

——生物质能源发电：2017 年 LCOE 为 0.07 美元/kW·h，比 2010 年（0.07 美元/kW·h）持平

——海上风电：2017 年 LCOE 为 0.14 美元/kW·h，比 2010 年（0.17 美元/kW·h）下降 17%

——光热发电：2017 年 LCOE 为 0.22 美元/kW·h，比 2010 年（0.33 美元/kW·h）下降 33%

——大型地面光伏：2017 年 LCOE 为 0.10 美元/kW·h，比 2010 年（0.36 美元/kW·h）下降 72%

在以上各类可再生能源发电技术中，除了水电、地热发电成本上升以外，其他技术自 2010 年以来都有明显下降，尤其是光伏成本下降超过 70%。IRENA 认为，风电、光伏、光热成本下降主要源于三个因素：1）技术进步带来的效率提高；2）竞标逐步替代固定上网电价补贴；3）出现了一批有实力有经验的开发商，开发的项目规模化。

在 2017 年在 20 国集团（G20）范围内的化石能源发电 LCOE 成本范围在 0.05 美元/kW·h 到 0.17 美元/kW·h 之间。可见，各类可再生能源发电技术中的成本已经低于或接近化石能源发电成本。

2017 年全球新增光伏装机容量 102GW 中国占比过半

2017 年全球新增装机容量 102GW，同比增长 33.7%。其中，中国 2017 年装机 53GW，全球装机占比过半，系第一大市场，预计 2018 年装机为 55～60GW，持续领跑全球。同时，印度有望超越美国成为全球第二大市场；墨西哥、巴西等新兴国家实现高速增长。预计 2018～2020 年全球装机增速为 5%－10%，持续稳定增长。

1. 美国：受贸易保护政策影响，装机增速放缓

2016 年因补贴调整预期，迎来抢装。2017 年在 201 法案的预期下进一步拉动需求，预计随着装机项目分部多样化及社区太阳能项目的推进，2018 年新增装机将维持 11GW。

201 法案影响有限，中国对美出口依赖度下降。2018 年 1 月 201 法案落地，首年税率 30%，2.5GW 电池产品豁免，税率逐年递减 5% 至 15%。优于 2017 年 ITC 提案中折合约 100% 的税率。2017 年中国光伏产品出口向新兴市场转移，对美国出口产品占比不足 5%，受 201 法案影响有限。

2. 印度：2022 年装机 100GW

2017 年印度人均用电量 1122kW·h，仅为世界平均水平的 1/3，近 2.4 亿人处于缺电状态，年均电力缺口约 13%。预计 2018—2040 年印度电力市场总需求维持约 5% 的复合增速，2040 年总需求达 3288kW·h。除此之外，印度光资源良好，绝大多数年均光照 2000h 以上，光伏度电成本较低。丰富的光照资源以及旺盛的用电需求促使光伏成为最优选择。

2017 年印度新增装机 9.6GW，同比增长 122%，全球第三。预计 2018 年新增装机 11GW，有望成为全球第二大市场。同时有望在 2020 年累计装机达到 100GW。印度组件本土产能有限，严重依赖中国进口，2017 年装机 10GW，组件 90% 以上依赖进口，80% 以上从中国进口。

3. 日本：受政策影响，装机放缓

日本市场补贴持续调整，装机需求放缓，2017 年日本新增装机约 7GW，同比下降 24%。2017 年 4 月再次下调 FIT 补贴，连续 6 年调价，且价格不足 2012 年导入 FIT 制度期的一半，影响新增装机。预计 2018 年日本新增装机维持 7GW 水平，未来增量有限。

4. 欧洲：整体需求稳中有增

2003 年—2011 年德国、意大利等国在政策资金的引领下装机达到高点。2011 年中欧债危机爆发，市场逐渐萎缩，欧洲 FIT 补贴价格从 2004 年 0.57 欧元/kW·h 降至 2014 年的 0.12 欧元/kW·h。2016 年《可再生能源法》改革方案，德国取消政府指定购买，转向市场竞价发放补贴。意大利、

丹麦等效仿买，2016 年需求下滑。2017 年土耳其、德国、英国、荷兰和法国 5 个国家新增装机占比达 2/3。土耳其、德国增长较快，平抑英国下滑影响，同时，组件价格下降也有望带来需求的回升。预计 2018 年新增装机 11GW，同比增长 20%。

5. 拉美进入上升期，北非潜力巨大

墨西哥发布的《可再生能源利用特别计划》等明确表明要增加可再生能源发电装机量。巴西则公布了十年能源扩张计划议案 PDE2016，预计该国在 2026 年实现超过 13GW 太阳能光伏安装量。北非太阳能年辐射 2000～3000kW·h/m²，累计装机量却不足 3.4GW，全球占比仅 1%，预计未来有望步入 GW 级梯队。

2017 全球光伏逆变器排行榜新出炉

日前，行业第三方权威调研机构 GTM Research 发布了 2017 全球光伏逆变器出货量榜单。根据榜单，全球前十大逆变器企业分别为华为（26.4%）、阳光电源（16.7%）、SMA（8.7%）、ABB（5.6%）、上能（4.6%）、特变电工（3.9%）、PowerElectronics（2.9%）、三菱电机（2.8%）、施耐德（2.6%）、SolarEdge（2.5%）。

表 2017 全球逆变器市场份额（按出货量）

Global PV Inverter Market Shares Full-Year "Estimate		
Global PV Inverter Market Share by Shipments (MWac)		
Ranking	Company	Market Share
1	Huawei	26.4%
2	Sungrow Power Supply	16.7%
3	SMA	8.7%
4	ABB*	5.6%
5	Sineng	4.6%
6	TBEA SunOasis*	3.9%
7	Power Electronics	2.9%
8	TMEIC	2.8%
9	Schneider Electric	2.6%
10	SolarEdge Technologies	2.5%

2017 年全球逆变器市场规模为 98.563GW，同比增长 23%。根据统计，2017 年有 20 家企业光伏逆变器出货量超过 1GW，这 20 家企业的总出货量占据了全球 93% 的市场份额，是自 2010 年以来的最高水平。

随着市场更加集中，强者恒强的"马太效应"愈发明显。2015 年—2017 年三年里，全球前四大光伏逆变器企业排行保持不变，而华为自 2015 年以来已经连续三年位居全球第一。

该报告显示，就细分市场而言，2017 年全球三相组串逆变器出货量为 46.233GW，同比增长 49%。2017 年集中式逆变器出货量为 42.382GW。值得注意的是，2017 年组串式逆变器出货量首次超过集中式，规模约为 4GW。

组串式逆变器由于多路 MPPT 优势带来的发电量更高、能更好地适应复杂的环境，更精细的管理颗粒度，更高的可靠性，更低的维护成本等优势使其在大型地面电站应用中获得青睐，以 2017 年中国光伏领跑者基地项目为例，组串逆变器产品占比超过 80% 以上。而 GTM 的这份报告也恰恰证明了组串式逆变器在大型地面电站已经成为主流的应用趋势。

我国光伏年发电量首超 1000 亿 kW·h

国家能源局公布，2017 年 1～11 月，我国光伏发电量达 1069 亿 kW·h，同比增长 72%，光伏年发电量首超 1000 亿 kW·h。

据介绍，1069 亿 kW·h 的光伏发电量可替代 3300 万 t 标准煤，减排二氧化碳 9300 万 t。

据悉，2017 年我国光伏发电发展呈现三个新特点：

一是分布式光伏发展提速。2017 年 1 至 11 月，分布式光伏新增装机 1723 万 kW，为 2016 年同期新增规模的 3.7 倍。

二是光伏新增装机分布地域转移特征明显。2017 年 1 至 11 月，西北地区光伏新增装机占比同比下降 17 个百分点，而中东部成为我国光伏发电热点地区，其中华东地区和华中地区新增装机同比分别增加 9 个百分点和 6 个百分点。

三是新方式促进光伏发电发展。"光伏领跑者"计划的实施取得良好效果，光伏产业技术进步明显，成本实现大幅下降。

2017 年太阳能光伏行业十大新闻事件

2017 年，我国光伏行业以雄健的笔风书写了关于一个新能源的故事，在这一年，光伏产业就像它依存的太阳一般，光芒万丈。但与此同时，在平价上网前夕，光伏市场竞争正在加剧，行业整合正在进行，企业面临生死挑战。

1. 可再生能源"十三五"规划：下发未来四年光伏电站计划指标

2017 年，国家能源局发布了《关于可再生能源发展"十三五"规划实施的指导意见》（以下简称"意见"），与意见一同下发的还有具体到各省的十三五期间的光伏电站计划指标。

根据意见，从 2017 年至 2020 年，光伏电站的新增计划装机规模为 5450 万 kW，领跑技术基地新增规模为 3200 万 kW，两者合计的年均新增装机规模将超过 21GW。

就指导意见来看，上述新增规模对应的仅是地面电站的计划指标，并不包括不限建设规模的分布式光伏发电项目、村级扶贫电站以及跨省跨区输电通道配套建设的光伏电站。

另外，北京、天津、上海、福建、重庆、西藏、海南等 7 个省（区、市），可以自行管理本区域"十三五"时期光伏电站建设规模，根据本地区能源规划、市场消纳等条件有序建设，也并不受上述规划规模限制。而甘肃、新疆（含兵团）、宁夏目前弃光限电严重，暂不安排 2017—2020 年新增建设规模，待弃光限电情况明显好转后另行研究确定。

意见还要求，各省（区、市）2017 年度新增建设规模优先建设光伏扶贫电站，不再单独下达集中式光伏扶贫电站规模；河北、山东、河南、江西、湖南、湖北、云南、广东等提前使用 2017 年建设规模超过 50 万的省份新增建设规模全部用于建设光伏扶贫电站。

2. 绿证交易启动：有望缓解补贴压力

2017 年 7 月 1 日，国家能源局组织召开绿色电力证书（简称"绿证"）自愿认购启动仪式。在绿证自愿认购正式启动的当天，国家能源局、国家发改委以及财政部三部委率先表态购买绿证，20 余家企业宣布达成绿证认购意向，合计绿证意向购买数量近 2 万个，相当于 2000 万 kW·h 绿色电力。与会专家认为，此次"绿证"的落地实施，为可再生能源发展初步建立了依靠市场的机制，缓解了可再生能源补贴压力。

所谓绿证，即绿色电力证书，是国家对发电企业每兆瓦时非水可再生能源上网电量颁发的具有独特标识代码的电子证书，是非水可再生能源发电量的确认和属性证明以及消费绿色电力的唯一凭证。

一个符合资格的非水可再生能源发电项目，原则上其每发 1MWh 电量，就能获得一个绿证。而发放的绿色电力证书归属权为发电项目对应的发电企业。然后获得绿证并通过资格审核的发电企业，可申请在绿色电力证书自愿认购平台上开户，并出售证书。

由于绿证的价格不能高于该部分清洁电量应获得的国家补贴。按照目前光伏及风电的补贴水平，光伏绿证的价格在 700～800 元左右，风电绿证的价格在 180～200 元左右。

虽然绿证自愿认购的启动轰动了整个新能源界，但却并不意味着它获得了成功。数据显示，截至 2017 年 9 月 11 日，绿证售卖了近 21000 个，其中企业买家共有 43 家，购买绿证数量为 18950 个；个人购买绿证人数为 1357 人，购买数量达到 1787 个。截至 10 月 31 日，绿证的认购者共有 1576 名，共认购 21257 个绿证。

由数据可以发现，除开在绿证自愿认购正式启动当天达成的近 2 万个绿证的购买意向，此后绿证的售卖可谓"叫好不叫座"。企业及民众对绿证的购买意向都不够强烈。与之形成鲜明对比的是不断增加的挂牌待交易绿证个数。截至 10 月底，已有 800 多万个绿证被核发，然而却只有 2 万多个绿证被购买。

3. 保利协鑫与中环股份：单晶、多晶巨头之间跨时代的联合

自光伏行业发展以来，关于单晶与多晶两条技术路线的争议便一直是行业中的热点。近年来，单晶技术得到了突破式的发展，成本得到了空前的降低，部分业内人士一度认为单晶将取代多晶在行业中的主导地位。然而多晶技术的发展也不遑多让，金刚线切割技术的普及让多晶产业的成本取得进一步的下降。今年以来，先有隆基向行业公开其全球领先的单晶低衰减技术，后又有保利协鑫宣布无偿转让 TS 产品成熟的黑硅制绒技术，单晶、多晶的发展可谓齐头并进，难分先后。与往年多晶一家独大的情势不同的是，目前单晶多晶两条技术路线均在飞速发展之中，谁也无法确定未来到底是单晶的天下还是多晶的天下。

在此情况之下，原先各自为政、甚至常常互怼的单晶、多晶企业悄然转变了态度。协鑫系布局光伏全产业链，其中包括了单晶产业；中环股份也开始投资多晶硅产业。

2017 年 8 月 11 日，多晶龙头保利协鑫与单晶龙头中环股份签订合作协议的消息一经爆出，便震惊了整个光伏行业。

根据协议，双方将在多个方面进行合作。其中，在多晶硅生产制造环节，中环股份将对保利协鑫在建的新疆多晶硅项目进行增资；在单晶硅棒生产制造环节，保利协鑫将参股中环股份在建的中环光伏四期单晶硅棒项目的部分股权，同时后续双方约定择机共同出资建设新的单晶硅棒项目；在单晶硅片加工环节，中环股份将视单晶硅片加工产能需求情况，参股保利协鑫的标的切片工厂，由保利协鑫以股权转让方式出让部分股权给中环股份，共同寻求双方在单晶硅棒生产制造环节和单晶硅片加工环节的产能匹配。此外，双方将以上股权合作基础上，在光伏电站开发以及光伏产业相关的管理、技术、研发等方面进行全方位交流合作。

根据协议内容可知，保利协鑫与中环股份此次合作内容包括项目增资、参股、产能匹配等等多个方面，不难发现此次保利协鑫与中环股份之间的合作绝不仅仅只是战略上的合作，而是牵扯技术、资本、股权等多方面的深层次合作。而各自作为多晶和单晶领域龙头的协鑫和中环，双方的业务、技术以及产业布局都极具互补性。

今年 10 月，两大巨头的合作正式拉开帷幕。中环股份子公司与保利协鑫子公司共同投资组建了内蒙古中环协鑫光伏材料有限公司（简称"中环协鑫"）。

根据资料，中环协鑫注册资本为 1000 万元人民币，资本组成为中环股份出资 150 万元，持股比例 15%；中环光伏出资 550 万元，持股比例 55%；苏州协鑫出资 300 万元，持股比例 30%。

事实上协鑫与中环的牵手早已初见端倪，在今年 6 月 30 日，天津中环已经宣布 1.5 亿元参股新疆协鑫，股权比例为 10%。而直到 8 月 11 日两家公司才正式"联姻"。

11 月 28 日晚，保利协鑫和中环股份同时公告称，天津中环继 1.5 亿投资新疆协鑫多晶硅项目后，再度增资 3 亿元，累计投资 4.5 亿元，股份转让完成后，保利协鑫和天津中环将分别持有新疆协鑫已发行股本的 70% 及 30%。同时，保利协鑫、天津中环、内蒙古中环共同增资内蒙古中环协鑫 29.9 亿元。增资完成后，内蒙古中环协鑫注册资本将由 1000 万元增加至 30 亿元，股权比例不变。

协鑫与中环的合作在 2017 年只是一个开始，如果一切顺利，未来他们双方将进行更加深入的合作。

4. 汉能复牌终获进展 李河君领 8 年禁令

2017 年 9 月 4 日，汉能薄膜发布复牌进展最新公告。根据公告，此前证监会对汉能股票复牌提出的两个必要条件，汉能已经完成其一，复牌获得进展。根据公告，李河君不得再担任任何香港上市公司或非上市公司的董事或参与任何管理工作，取消资格为期 8 年。

在 2017 年 8 月 29 日，香港高等法院原讼法庭对于是否要取消汉能薄膜发电前主席李河君和四名独立非执行董事的董事资格的聆讯中，香港证监会代表律师在庭上要求取消李河君的董事资格，并对李河君实施长达 12 年的禁令。

在此之前，证监会对汉能提出复牌的两个必要条件：

第一，李河君及四位独立非执行董事（包括赵岚、王同渤、徐征及王文静），同意在证监会展开证券及期货条例（第 571 章）第 214 条之民事程序（「第 214 条程序」）中不抗辩责任和证监会寻求的法院命令。

第二，汉能需要发报一份披露文件，对公司的活动、业务、资产、负债、财务绩效和前景等资料做出详细披露。

目前，证监会提出的第一个复牌必要条件已经完成，而李河君面临 8 年的禁令。此外，汉能在公告中表示将继续竭尽所能，努力达成披露文件之第二个复牌必要条件。

5. 隆基股份单晶 PERC 电池效率连续突破

近年来，在光伏领跑者计划的引导之下，我国光伏市场向高效化转变的趋势明显。各种高效组件以优异的性能获得了市场青睐，占有率有不断上升的趋势，其中以 PERC 组件最为火爆。目前，隆基、协鑫、晶科、晶澳、天合、阿特斯等国内一线厂商都在积极扩产，PERC 组件大有引领 2018 年光伏市场之势。

2017 年 10 月 17 日，隆基股份宣布，经德国弗劳恩霍夫太阳能系统研究所（Fraunhofer ISE CalLab）测试认证，其单晶 PERC 电池光电转换效率达到 22.71%，创下新的 PERC 电池世界纪录。

短短 10 天之后，也就是 10 月 27 日，隆基再次宣布将单晶 PERC 电池转换效率刷新为 23.26%。

在此之前，行业普遍认为 PERC 电池可量产效率极限在 23% 以内，而之后的发展似乎也验证了这一说法，PERC 电池效率纪录很长一段时间始终没有突破 23%。所以隆基 23.26% 的效率不仅仅再次刷新了世界纪录，而且突破了所谓的效率极限，让人们看到了 PERC 技术对电池效率的巨大提升潜力。

在连续刷新世界纪录之后，隆基适时公布了扩产计划，表示将现有的 5GW 单晶组件产能在 2018 年二季度全部转为 PERC 产线。据了解，隆基计划在今年底将 22% 效率水平的 PERC 电池技术导入生产基地，预计 2018 年叠加组件新型技术，实现 340～345W 的组件功率。

6. 海润闹剧：光伏"老兵"命途多舛

作为一家老牌光伏企业，海润光伏由光伏教父"杨怀进"创立，与光伏产业一起经历了 10 多年的沉浮，可谓是光伏界的"老兵"。按理来说，经历光伏行业的低谷之后仍然屹立不倒的企业都是大牛，在如今行业爆发的年代，大多经历了光伏寒冬期而不死的企业都获得了极大的发展，多数成为行业的佼佼者。但是海润光伏是比较特殊的一个，短短 3 年时间，海润光伏已经两次"披星戴帽"。

2017 年，海润光伏独立董事"罢免孟广宝董事职务"的事件闹得沸沸扬扬，之后前董事孟广宝又对海润反咬一口，让人直叫看不懂，而这件事情的来龙去脉还得从海润近年来的发展细细道来。

由于经营状况屡出问题，海润光伏一直在积极寻找战投，以期渡过难关。而在这个过程中，华君电力的主动合作给了海润一根救命稻草，当时的风评是海润光伏终于遇见了自己的"白马骑士"。资料显示，华君电力在此之前已经拥有了一家可出产光伏组件的子公司，而且和江苏多家光伏企业有过接触，并购横跨光伏产业的上、中、下游，其母公司为华君控股，实际控制人为孟广宝，而孟广宝就

是今年引发海润闹剧的主角。

2016 年 3 月 21 日，海润光伏发布定增预案，募集资金总额约 20 亿元。定增完成后，"华君系"借此成为海润新晋入主的第一大股东。此后海润光伏在 2016 年 6 月聘任孟广宝先生为公司总裁。2017 年 1 月，海润光伏发布定增预案（修订稿），华君电力认购本次非公开发行股票后，持股比例将达到 10.44%，华君电力实控人孟广宝连同其配偶所能够控制的股权比例为 10.54%，可以支配海润光伏重大的财务和经营决策，正式成为海润光伏的实际控制人。在此之后"华君系"高管全面入驻海润光伏董事会，5 个非独立董事席位中的 4 席被"华君系"所占据，孟广宝开始掌握海润光伏的绝对控制权。

海润光伏本期望在孟广宝的带领之下实现千亿市值光伏企业的梦想，谁知事与愿违，孟广宝的带领似乎有点"跑偏"。

资料显示，2016 年下半年，光伏企业海润在新任董事长孟广宝的带领下，居然大举投资房地产业务，并成立了不少房地产公司。而且大量的投资给海润光伏带来了巨额债务，据统计，2015 年海润光伏的短期借款仅为 8 亿元，到了 2016 年这一数字飙升为 32 亿元，仅仅 2016 年下半年海润光伏的短期借款就增加了 22 亿元。

2017 年 4 月，海润光伏发布 2016 年度业绩预告显示，2016 年度海润光伏巨亏近 12 亿元，联系其 2016 上半年的净利增长，全年出现如此巨额的亏损实在令人咋舌。雪上加霜的是，由于被大华会计师事务所（特殊普通合伙）出具无法表示意见的审计报告，刚刚"摘帽"的海润光伏再次"戴帽"。

业绩下滑、内控缺失、债台高筑、大肆投资与主营业务无关的房地产，这些都是"华君系"入驻之后海润光伏发生的变化。

截至 2017 年 4 月 28 日收盘，海润光伏的总市值跌破 100 亿元。而 5 月 3 日复牌开始，披星戴帽的股票 ∗ST 海润连续出现 5 个"一"字跌停，成为"1 元股"。

2017 年 7 月 10 日，海润光伏独立董事徐小平提请召开临时股东大会，要求罢免董事长孟广宝。7 月 12 日晚间，海润发布公告称，公司于 7 月 12 日召开的董事会临时会议审议通过了关于解除孟广宝总裁、董事长、董事职务的三项议案，且三项议案均以 6 票赞成、1 票反对获得通过。值得一提的是，三项议案获得的唯一反对票，均由孟广宝本人投出。

此后，∗ST 海润召回"老臣"，聘任邱新为公司总裁、李延人为公司董事长。关于 ∗ST 海润的罢免董事风波终于落下帷幕。

"华君系"被迫退出海润光伏之后，被罢免的孟广宝并不甘心，面对通过海润向"华君系"旗下公司输送利益的质疑，他表示否定，并表示为海润光伏提供了多笔担保，称仍被海润欠款。海润在之后的公告中对于孟广宝的说法进行了否定，并不再回应孟广宝的发声。

7. 绿能宝现兑付危机：未来难寻出路

作为光伏行业第一家登陆纽约纳斯达克市场的互联网金融企业，在 2016 年登录纳斯达克之初，绿能宝承载了业

内人士不少的期望。而绿能宝的宣传也达到了很好的效果，开创先河的"互联网金融 + 光伏"理念、钢琴家郎朗的代言、史玉柱、许家印等资本界大鳄的投资，一时之间，公交、地铁站都能看到绿能宝的广告。绿能宝也不负众望，初期取得了不错的战果，但是好景不长，之后不久绿能宝就因为存在"自融"嫌疑而备受质疑。

2017 年 4 月 17 日，绿能宝发布联合声明，称由于光伏补贴延迟等原因，致使平台提现出现逾期现象。并承诺最长将在 180 日内按照 T + 30 日通过平台向投资人进行兑付，并做相应补偿。

但是在这场兑付危机之中，绿能宝一次又一次的食言激起了投资者的愤怒。首先，绿能宝的兑付速度一慢再慢。据统计，绿能宝逾期兑付金额累计超过 2.2 亿元，涉及线上投资人 5746 人，按照承诺，绿能宝需要在 180 日内完成对这些投资人的兑付，然而截至 6 月 21 日，绿能宝兑付的投资人仅为 206 名，兑付总金额为 327 万元；7 月份之后绿能宝兑付速度突然减缓。眼看无法完成承诺，绿能宝相关负责人甚至破罐子破摔地传出"最慢 30 年完成兑付"的言论，彻底让投资者愤怒了。其次，绿能宝不但兑付速度慢，而且兑付金额很低，一直到所谓的 180 日内的兑付期限快到的时候，绿能宝兑付的金额才几百万而已，相对于 2.2 亿元的逾期兑付总金额简直杯水车薪。

绿能宝兑付危机爆发之后，不少感觉被骗的投资者跑到原先疑似为绿能宝站台的史玉柱微博底下留言：还钱！资本大鳄史玉柱不堪其扰，最终发微博否认自己是绿能宝的股东，并再三强调，自己与 SPI 绿能宝的唯一关系就是 SPI 欠他钱。史玉柱最后还表示，已经转告 SPI 创始人彭小峰，督促其还款。

而让人觉得蹊跷的是，面对危机，绿能宝内部也出现了大问题。自兑付危机爆发之后，绿能宝在上海、北京各地的办事处人走楼空，"创始人彭小峰已跑路"等流言四起。面对投资者的质疑，绿能宝兑付负责人毛毅峰曾承诺绿能宝绝不跑路，并保证每周兑付不低于 1 次，最慢 30 年完成兑付。"最慢 30 年"这一超长的兑付期限引来业界一片哗然，但更令人大跌眼镜的是做出此承诺的毛毅峰在 12 天之后向绿能宝提出辞职。据爆料，毛毅峰的辞职信中提到，其 2016 年后半段被绿能宝集团以绩效名义扣去 20% 工资未补发，已被欠薪三个月。之前振振有词的负责人转眼辞职，辞职之后还倒打一把。

另一方面，有关苏州市公安局苏州工业园区分局或已对绿能宝以"涉嫌非法吸收公众存款"立案侦查的消息开始疯传。绿能宝立马成了过街老鼠，最惨的是投资者，在毛毅峰辞职之后，连"最慢 30 年"的兑付都不可靠了，他们的钱不知道什么时候能拿回来。彼时媒体戏称：说好的 30 年兑付呢？

内外忧患之中，绿能宝的母公司，在美国纳斯达克刚上市一年多的 SPI 正面临退市风险。从 SPI 上市首日到绿能宝兑付危机爆发，其股价从 18.9 美元/股跌到 1 美元/股，暴跌 95%。根据纳斯达克的退市标准，股价若长期低于"1 美元"，有可能被强行退市。此外财报显示，SPI 自 2015 年开始便一路亏损，而且亏损幅度正在不断扩大。

在此情况下，SPI 于 6 月 30 日收到了纳斯达克交易所的退市裁定。好在 SPI 抓住了一根临时救命稻草，及时向纳斯达克申请了听证会。按照相关规定，纳斯达克交易所暂停了对 SPI 的退市程序，SPI 于 7 月 12 号得以正常开盘。但这只是暂时的，因为一旦 SPI 无法履行听证会提出的各种要求，SPI 的股票依然有可能在纳斯达克被终止交易。

目前，这场由逾期兑付引发的危机远远没有结束，但让投资者稍感安慰的是，在沉寂了几个月之后，绿能宝在 10 月 12 日终于发布了最新公告。公告显示，最新逾期总额为 63113.49 万元（包括申请提现逾期 48771.10 万元，未到期项目投资 14342.39 万元），涉及线上投资人 11064 人。截至 10 月 11 日，绿能宝成功兑付 1313 人，总额 10214281 元；尚余 9751 人有待兑付。

从 2.2 亿到 6.3 亿，几个月时间绿能宝的逾期金额近乎涨了三倍，可见申请提现的投资人越来越多，几乎增加了一倍。好消息是绿能宝已经自 10 月 16 日起开始了相对稳定的兑付，从绿能宝官网公布的兑付信息可以发现，10 月 16 日至 12 月 8 日，绿能宝每周都会向投资者兑付 4、5 次，每次的兑付金额为 26 万元，每次兑付的人数大概为 50 人左右。近日，绿能宝发布关于暂时调整兑付方案的说明，称由于近期电费收入困难等原因，每日兑付金额暂时由 26 万/日调整为 13 万/日。绿能宝还表示，预计年底前可回款 5000 万元左右，该笔资金到位后，将加大兑付力度。

8. 行业聚焦：领跑者基地落地

2017 年 9 月 22 日，国家能源局下发《关于推进光伏发电"领跑者"计划实施和 2017 年领跑基地建设有关要求的通知》，根据通知，本期拟建设不超过 10 个应用领跑基地和 3 个技术领跑基地，其中应用领跑基地和技术领跑基地规模分别不超过 650 万 kW 和 150 万 kW。随着通知的下发，各大省市地区对第三批领跑者基地的角逐也拉开了帷幕。第三批光伏"领跑者"计划拟建设不超过 10 个应用领跑基地和 3 个技术领跑基地，由地方自愿申报，通过竞争方式优选产生。

2017 年 11 月 22 日，国家能源局官网公布了 2017 年光伏发电应用领跑基地和技术领跑基地拟入选名单，根据公告，第三批光伏"领跑者"计划在全国范围内优选了 10 个应用领跑基地，3 个技术领跑基地。

与前两批"光伏领跑者"基地相比，第三批"光伏领跑者"基地有几点不同的地方。第一，新增的技术领跑基地主要采用的是自主研发、市场尚未应用的前沿技术或突破性技术产品，以推动尚未建成生产线、形成产能的前沿产品为目的。第二，健全了工作激励惩戒等制度，根据规划，每期领跑基地控制规模为 800 万 kW。而 13 个领跑者基地共 650 万 kW，预留的 150 万 kW 规模，将视情对建设速度快、并网消纳落实、实施效果好的应用领跑基地所在地给予增加等量建设规模等方式予以鼓励。第三，对采用的组件效率提高要求。本期应用领跑基地采用的多晶硅电池组件和单晶硅电池组件的光电转换效率应分别达到 17% 和 17.8% 以上；技术领跑基地采用的多晶硅电池组件和单晶硅电池组件的光电转换效率应分别达到 18% 和 18.9% 以上。

据了解，应用领跑基地将于2018年3月31日前完成竞争优选，6月30日前全部开工建设，12月31日前全部容量建成并网；技术领跑基地将于2018年4月30日前完成竞争优选，2019年3月31日前全部开工建设，6月30日前全部容量建成并网。

9. 央企规模最大重组落定：世界最大的可再生能源发电公司诞生

11月28日，国家能源投资集团有限责任公司（下称"国家能源集团"）在北京正式成立，被称为央企最大规模的重组终于尘埃落定。

国家能源集团由神华集团有限责任公司（下称"神华集团"）和中国国电集团公司（下称"国电集团"）合并重组而成，资产规模超过1.8万亿元，拥有33万名员工、8家科研院所、6家科技企业，成为仅次于国家电网、两大油企之后中国最大的能源企业之一。

国家能源集团创了4个"全球之最"。分别是世界最大的煤炭公司、世界最大的火电公司、世界最大的可再生能源发电公司和世界最大的煤制油、煤化工公司。

至此，长久以来关于神华集团与国电集团的"绯闻"终于落地，国电集团是国内五大发电集团之一，风电总装机居世界第一；神华集团是以煤为基础，煤、电、路、港、航一体化发展的综合性能源集团，这两家企业合为一体，今后该如何发展？

国家能源集团董事长乔保平表示，集团将聚焦煤炭、发电主业，大力实施"三去一降一补"，化解产能过剩，优化布局结构，推进绿色发展，大力实施创新驱动发展战略，全面深化内部改革，加快完善现代企业制度，积极发展混合所有制经济，加大"走出去"力度，全力打造具有全球竞争力的世界一流综合能源集团。

虽然国家能源集团成立之后，未见什么大动作，但是在新能源大势之下，作为世界最大的可再生能源发电公司，国家能源集团必然会在新能源发电领域有布局。

而在重组之前，神华集团曾表示，已经编制了新能源发电装机千万千瓦路线图，计划到2018年集团风电、太阳能发电装机突破1000万kW，重点在新能源发电消纳较好的中部、东部区域建设新增项目。而在此之前，国电集团已经是风电总装机居世界第一的企业。新成立的国家能源集团或将延续两家企业对新能源的发展模式，着力布局风电及太阳能发电。

国家能源集团的成立标志着世界最大的可再生能源发电公司的诞生。近年，以光伏、风电等为代表的新能源的高速发展与煤炭业的日薄西山形成了鲜明的对比。神华集团在合并前夕对新能源领域的一系列布局彰显了神华集团对新能源发展的重视，这也说明了能源清洁化已经是大势所趋。为顺应行业趋势，新集团或将加强新能源版块的布局，并对新能源行业起到积极的影响。在这雾霾漫天的时代，业内人士都希望新的集团能够对我国的新能源发展做出良好的示范及推进作用。

10. 沸沸扬扬：美国启动"201调查"

2017年4月27日，美国太阳能公司Suniva提请美国国际贸易委员会（ITC），要求运用"201条款"，对非美国制造的所有太阳能光伏产品实施贸易救济，设立最低进口价格。随后一个月，ITC发布公告，称应国内光伏企业Suniva申请，对全球光伏电池及组件发起保障措施调查（"201"调查）。

而根据ITC公告，由于案情复杂，"201"调查将延期至30天至9月22日做出损害认定，并在11月22日前向总统提交调查报告。

美国时间9月22日（北京时间9月23日凌晨），ITC就5月17日立案的光伏电池及组件"201调查"做出损害裁决，认定进口产品对美国内产业造成了严重损害，下一步将研究对进口产品采取限制措施。

目前，ITC已经向美国总统特朗普提出了3份不同的贸易救济措施建议，其主旨是通过配额、关税以及许可证等形式来限制光伏产品进口。是否采取贸易救济措施，以及具体采用何种贸易救济措施，最终将由特朗普做出决定，并于2018年1月12日起采取保护措施。

对于闹得沸沸扬扬的"201"调查，中国商务部贸易救济调查局局长王贺军表示，美国此举不仅增加光伏产品全球正常贸易的不确定性，也无助于美国国内光伏产业整体健康、均衡发展。

如果Suniva公司的这一申请获得通过，全球光伏贸易战将全面升级。鉴于此，国内包括协鑫、隆基、阿特斯、晶科、晶澳、天合光能等10多家巨头企业曾公开发布声明反对美国"201"贸易调查。

事实上，不止我国光伏界对美国"201"贸易调查强烈不满，美国国内的反对声也是此起彼伏。据了解，ITC做出损害裁决之后，美国有16名参议员和53个众议院联名起来反对"201调查"，而且有来自内华达州、科罗拉多州、马萨诸塞州、北卡罗来纳州的四位州长向ITC递交了联名信，认为"201调查"将对其所在州的太阳能产业造成毁灭性打击，导致空前的失业。

而对美国"201调查"反应最激烈的貌似是韩国，据报道，针对美国"201调查"，韩国贸易、工业及能源部可能向世贸组织提出申诉。

2017年11部委发布16项光伏重磅政策

2017年国家都发布了哪些光伏利好政策？相关政策盘点：

1. 国家能源局：《能源技术创新"十三五"规划》

1月，国家能源局编制了《能源技术创新"十三五"规划》，《规划》中分析了能源科技发展趋势，以深入推进能源技术革命为宗旨，明确了2016年至2020年能源新技术研究及应用的发展目标。

《能源技术创新"十三五"规划》聚焦于清洁能源技术的发展，而在清洁能源当中，太阳能发电技术又作为重中之重来发展，可见太阳能发电技术未来良好的发展前景。与此同时，作为光伏发电的技术方向之一，部分薄膜发电技术成为了本次规划要集中攻关的新型高效低成本光伏发电关键技术。另外，《规划》也体现了对电网技术的重视，以实现大规模清洁能源的消纳，并降低弃光率。

原文重点指出：在新能源电力系统技术领域，重点攻克高比例可再生能源分布式并网和大规模外送技术、大规模供需互动、多能源互补综合利用、分布式供能、智能配电网与微电网等技术；实现可再生能源大规模、低成本、高效率开发利用，支撑 2020 年非化石能源占比 15% 的战略目标。

2. 国家发改委和国家能源局：《能源发展" 十三五"规划》

1 月 17 日，国家发改委和国家能源局正式印发《能源发展"十三五"规划》，是"十三五"时期我国能源发展的总体蓝图和行动纲领。指出 2020 年我国能源发展主要目标是：非化石能源消费比重提高到 15% 以上，天然气消费比重力争达到 10%，煤炭消费比重降低到 58% 以下等。

同时，政策中提到，鼓励分布式光伏发电与设施农业发展相结合，推进绿色能源乡村建设。完成 200 万建档立卡贫困户光伏扶贫项目建设。

原文重点指出：2020 年，太阳能发电规模达到1.1 亿 kW以上，其中分布式光伏 6000 万 kW、光伏电站4500 万 kW、光热发电 500 万 kW，光伏发电力争实现用户侧平价上网。

3. 国家发展改革委、财政部、国家能源局：《关于试行可再生能源绿色电力证书核发及自愿认购交易制度的通知》

2 月，国家发展改革委、财政部、国家能源局发布《关于试行可再生能源绿色电力证书核发及自愿认购交易制度的通知》。在 7 月 1 日，国家能源局正式启动绿证认购。

截至 2017 年 9 月 11 日，绿证已经售卖了近 21000 个，其中企业买家共有 43 家，购买绿证数量为 18950 个；个人购买绿证人数为 1357 人，购买数量达到 1787 个，购买金额将近 40 万元。

原文重点指出：鼓励各级政府机关、企事业单位、社会机构和个人在全国绿色电力证书核发和认购平台上自愿认购绿色电力证书，作为消费绿色电力的证明。

根据市场认购情况，自 2018 年起适时启动可再生能源电力配额考核和绿色电力证书强制约束交易。

4. 中共中央、国务院：《关于深入推进农业供给侧结构性改革加快培育农业农村发展新动能的若干意见》光伏发电列入 2017 年中央一号文件

2 月 5 日，中共中央、国务院公开发布《关于深入推进农业供给侧结构性改革加快培育农业农村发展新动能的若干意见》（以下简称《意见》），对农村发展进行了指导。

《意见》指出，要实施农村新能源行动，推进光伏发电，逐步扩大农村电力、燃气和清洁型煤供给。

这是光伏发电首次被列入中央一号文件，可见通过光伏扶贫、"光伏 + 农业"等模式的发展，光伏发电已经在我国农村得到了推广应用。

5. 国家能源局：《2017 年能源工作指导意见》

2 月 10 日，国家能源局研究制订了《2017 年能源工作指导意见》。

《意见》明确了 2017 年的光伏发电规模指标，并强调了光伏扶贫以及光伏领跑者的发展。对于弃光率超过 5% 的省份暂停安排新建光伏发电规模，这对于弃光限电的恶化

起到了有效的抑制作用。

原文重点指出：进一步优化光伏扶贫工程布局，优先支持村级扶贫电站建设，对于具备资金和电网接入条件的村级电站，装机规模不受限制。加强并网消纳、费用结算等统筹协调工作，确保项目建设运营落实到位。

光伏扶贫：年内计划安排光伏扶贫规模 800 万 kW，惠及 64 万建档立卡贫困户。其中，村级电站 200 万 kW，惠及 40 万建档立卡贫困户；

太阳能发电：积极推进光伏、光热发电项目建设，年内计划安排新开工建设规模 2000 万 kW，新增装机规模1800 万 kW。

6. 工信部：《太阳能光伏产业综合标准化技术体系》

4 月 25 日，工业和信息化部组织制定了《太阳能光伏产业综合标准化技术体系》。

原文重点指出：光伏产业综合标准化技术体系框架主要包括基础通用、光伏制造设备、光伏材料、光伏电池和组件、光伏部件、光伏发电系统及光伏应用等 7 大方向、35 小类光伏产业综合标准化技术体系表涵盖国家标准和行业标准，包括现有标准、制修订中的标准、拟制修订的标准和待研究的标准，共 500 项。

7. 财政部：《政府采购货物和服务招标投标管理办法》

7 月 11 日，财政部对外公布了新的《政府采购货物和服务招标投标管理办法》（财政部令第 87 号，以下简称"87 号令"），提出了一系列针对性措施，以解决政府采购项目中质次价高、恶性竞争、效率低下等饱受社会诟病的问题。87 号令自 2017 年 10 月 1 日起施行。

87 号令的提出，从制度设计和执行机制上规定了相关的解决措施，强化采购需求和履约验收管理，减少违规操作空间、保障采购质量，将有效遏制塑胶跑道最低价中标问题。

原文重点指出：采购人应当在货物服务招标投标活动中落实节约能源、保护环境、扶持不发达地区和少数民族地区、促进中小企业发展等政府采购政策。

8. 国家能源局：《关于可再生能源发展"十三五"规划实施的指导意见》

7 月 19 日，国家能源局发布了《关于可再生能源发展"十三五"规划实施的指导意见》（以下简称"意见"），与此意见一同下发的还有具体到各省的十三五期间的光伏电站计划指标。

根据上述指导意见汇总的数据，从 2017 年至 2020 年，光伏电站的新增计划装机规模为 5450 万 kW，领跑技术基地新增规模为 3200 万 kW，两者合计的年均新增装机规模将超过 21GW。

原文重点指出：按照市场自主和竞争配置并举的方式管理光伏发电项目建设。对屋顶光伏以及建立市场化交易机制就近消纳的 2 万 kW 以下光伏电站等分布式项目，市场主体在符合技术条件和市场规则的情况下自主建设；

9. 国家能源局、工信部及国家认监委：《关于提高主要光伏产品技术指标并加强监管工作的通知》

8 月，国家能源局、工信部及国家认监委联合下发《关于提高主要光伏产品技术指标并加强监管工作的通知》。

原文重点指出：《通知》规定，自 2018 年 1 月 1 日起，新投产并网运行的光伏发电项目的光伏产品供应商应满足《光伏制造行业规范条件》要求。

其中，多晶硅电池组件和单晶硅电池组件的光电转换效率市场准入门槛分别提高至 16% 和 16.8%。2017 年国家能源局指导有关省级能源主管部门及市县级政府部门组织的先进光伏发电技术应用基地采用的多晶硅电池组件和单晶硅电池组件光电转换效率"领跑者"技术指标分别提高至 17% 和 17.8%。

10. 国家能源局、国务院扶贫办：《关于"十三五"光伏扶贫计划编制有关事项的通知》

8 月 1 日，为加快推进光伏扶贫工程，保障光伏扶贫项目的扶贫效果，国家能源局、国务院扶贫办发布关于"十三五"光伏扶贫计划编制有关事项的通知。

原文重点指出：应精准识别扶贫对象，合理选择建设规模，对于村级电站，国家能源局和国务院扶贫办根据各省（区、市）光伏扶贫的需求，确定脱贫攻坚期间各省（区、市）村级电站建设规模，并于 2017 年一次性下达。

对于集中式光伏扶贫电站，分年度分批下达规模，并纳入各省（区、市）光伏发电年度总规模统筹考虑。请各省（区、市）根据自身扶贫任务、电网接入条件、政府筹资条件确定光伏扶贫建设类型和规模，作为本地区光伏扶贫年度计划报送国家能源局。

11. 国家能源局：《关于减轻可再生能源领域涉企税费负担的通知》

8 月 31 日，国家能源局发布《关于减轻可再生能源领域涉企税费负担的通知》，《通知》强调，对纳税人销售自产的利用太阳能生产的电力产品，实行增值税即征即退 50% 的政策，从 2018 年 12 月 31 日延长到 2020 年 12 月 31 日。

原文重点指出：各地方政府一律不得向可再生能源投资企业收取没有法律依据的资源出让费等费用，不得将应由各级政府承担投资责任的社会公益事业投资转嫁给可再生能源投资企业或向其分摊，不应强行要求可再生能源投资企业提取收益扶贫。

已经向风电、光伏发电、光热发电等可再生能源开发投资项目收取资源出让费（或有偿配置项目）的地方政府，应在通知发布一年内完成清退。

12. 9 月 22 日，国家能源局发布《关于推进光伏发电"领跑者"计划实施和 2017 年领跑基地建设有关要求的通知》（以下简称"通知"）。

第三批领跑者基地从基地的分类、规划、监督管理、激励奖惩等各方面对于领跑者计划进行了完善，保证了领跑者项目的先进性以及对行业的引导性。与此同时，对于多晶组件以及单晶组件效率要求的调整以及对于恶性低价竞争的避免也体现了其公平性。

原文重点指出：从投资者方面的要求来看，应用领跑基地的重点是上网电价，即要求投资者选用达到领跑技术指标的光伏产品，并将比当地光伏发电标杆上网电价低 10% 的电价作为企业竞价的入门门槛；

为尽可能防范企业恶意低价竞争，此次新增领跑者基地在竞标过程中明确申报最低电价比次低电价每度电低 5 分钱以上的，直接判定不得入选。

13. 国土资源部、国务院扶贫办、国家能源局：《关于支持光伏扶贫和规范光伏发电产业用地的意见》

9 月 25 日，国土资源部、国务院扶贫办、国家能源局日前联合印发《关于支持光伏扶贫和规范光伏发电产业用地的意见》（国土资规〔2017〕8 号，以下简称《意见》），强化光伏扶贫用地保障，进一步细化规范光伏发电产业用地管理，切实加强光伏发电项目用地的监管。

《意见》明确了光伏电站建设对土地的利用规范，但也同时强调，禁止以任何方式占用永久基本农田，严禁在国家相关法律法规和规划明确禁止的区域发展光伏发电项目。

原文重点指出：对深度贫困地区脱贫攻坚中建设的光伏发电项目，以及国家能源局、国务院扶贫办确定下达的全国村级光伏扶贫电站建设规模范围内的光伏发电项目的用地，予以政策支持，光伏方阵使用永久基本农田以外的农用地的，在不破坏农业生产条件的前提下，可不改变原用地性质。

14. 国家能源局：《关于加快推进深度贫困地区能源建设助推脱贫攻坚的实施方案》

10 月 31 日，国家能源局发布《关于加快推进深度贫困地区能源建设助推脱贫攻坚的实施方案》。

《方案》中表示，督促相关省（区）将风电、光伏建设规模向" 三区三州" 等深度贫困地区倾斜。在下达" 十三五" 光伏扶贫规模计划时，对《关于实施光伏发电扶贫工作的意见》附表中的深度贫困县予以重点支持。优先支持" 三区三州" 因地制宜、按照相关政策建设光伏扶贫项目。

原文重点指出：配合财政部做好保障光伏扶贫项目补贴优先发放相关工作，确保深度贫困地区光伏扶贫项目补贴及时到位。结合农网改造工程，保障深度贫困地区光伏扶贫项目电网接入，督促电网企业做好相关服务工作，加快并网进度。

15. 国家发展改革委：《关于全面深化价格机制改革的意见》

11 月 8 日，国家发展改革委印发《关于全面深化价格机制改革的意见》（发改价格〔2017〕1941 号），以下简称《意见》，文件第十条中明确提出到 2020 年实现光伏上网电价与电网销售电价相当。

原文重点指出：到 2020 年，市场决定价格机制基本完善，以"准许成本＋合理收益"为核心的政府定价制度基本建立，促进绿色发展的价格政策体系基本确立，低收入群体价格保障机制更加健全，市场价格监管和反垄断执法体系更加完善，要素自由流动、价格反应灵活、竞争公平有序、企业优胜劣汰的市场价格环境基本形成。

完善可再生能源价格机制。根据技术进步和市场供求，实施风电、光伏等新能源标杆上网电价退坡机制，2020 年实现风电与燃煤发电上网电价相当、光伏上网电价与电网销售电价相当。完善大型水电跨省跨区价格形成机制。

开展分布式新能源就近消纳试点，探索通过市场化招标方式确定新能源发电价格，研究有利于储能发展的价格机制，促进新能源全产业链健康发展，减少新增补贴资金需求。完善电动汽车充换电价格支持政策，规范充换电服务收费，促进新能源汽车使用。

16. 国家能源局、国家发改委：《解决弃水弃风弃光问题实施方案》

11月13日，国家能源局、国家发改委正式下发《解决弃水弃风弃光问题实施方案》（以下简称《方案》），明确按年度实施可再生能源电力配额制，并在2020年全国范围内有效解决弃水弃风弃光问题。

2017年光伏并网逆变器抽查合格率不到80%

日前，国家质量监督检验检疫总局公布了2017年国家监督抽查电子电器、电工及材料等8大类产品质量状况。从近5年的抽查情况看，产品抽查合格率分别为88.9%、92.3%、91.1%、91.6%、91.5%，2017年同比2016年下降了0.1个百分点。

其中，在电工及材料这一类产品抽查结果分析中，光伏并网逆变器抽查合格率不到80%。

此前在2017年7月至10月，质检总局组织开展了第3批童车等50种产品质量国家监督抽查，涉及日用及纺织品、电子电器、轻工产品、建筑和装饰装修材料、农业生产资料、机械及安防产品、电工及材料产品等7类产品。

此次共抽查了上海、江苏、浙江、安徽、广东等5个省、直辖市27家企业生产的27批次光伏并网逆变器产品。

此次抽查依据NB/T32004-2013《光伏发电并网逆变器技术规范》等标准的要求，对光伏并网逆变器产品的保护连接、接触电流、固体绝缘的工频耐受电压、额定输入输出、转换效率、谐波和波形畸变、功率因数、直流分量、交流输出侧过/欠电压保护等9个项目进行了检验。

抽查发现有6批次产品不符合标准的规定，涉及额定输入输出、转换效率、谐波和波形畸变、功率因数、直流分量、交流输出侧过/欠电压保护项目。

2017年抽查的27家企业生产的27批次光伏并网逆变器产品中，有6批都属于不合格产品，产品合格率不足80%，而其他类型电工及材料产品合格率均在80%以上。

就抽查结果，进行了相关采访。广州三晶电气总经理欧阳家淦表示，不足80%的合格率对应的除了一些逆变器确实存在产品质量问题外，还有一些是由逆变器实际参数设置与国家标准不匹配造成的，所以整体结果在可理解的范畴内。"比如针对电压范围，农村电网稳定性相对较差，电压波动大，所以实际运行过程中需要更宽的电压范围，而国家标准范围是一个相对窄的范围，不能完全满足所有应用场合的需要。"这也意味着，不只是光伏逆变器产品品质本身待提高，包括行业相关标准、门槛也需要进一步完善，更贴合产品的实际应用环境，使标准更具有广适性。

实际上，在2016年的抽查结果中，逆变器产品不合格的主要问题就出在为交流输出侧过/欠电压保护、谐波和波形畸变两个项目。逆变器的过欠压保护值国家标准为195.5~253V，在这样看似并不严苛的标准下，光伏逆变器产品却连续几年成为不合格的重灾区。根本问题在于不同地区的电网水平参差不齐，比如我国部分地区配电变压器容量不足，负载过大/过小，电网的电压范围上限高达270V左右，下限只有180V左右。

对于目前现行的光伏逆变器国家标准，据了解，业内一些企业的解决方法为针对产品的不同应用环境设置不同的企业标准，包括严格按照国家标准生产的逆变器产品，以及一些适应地区性标准的产品，分类供客户选择，以增强其逆变器产品在不同区域的适应能力，同时提高发电收益。

但是如果所有的光伏电站都不顾电网的稳定，疯狂输出超出安全范围的电力，必然会伤害电网的稳定性并带来安全隐患。一旦电网的稳定性因为光伏电力的接入而受到影响，那限电也将不可避免。

对此，业内人士建议，"想要解决根本问题，除了逆变器制造商本身严格把控逆变器产品质量，地区的电网建设也必须要得到加强，并根据光伏、风电等新能源电力的特点而进行电网技术改进，克服新能源电力不稳定的困难，最大程度的接入新能源电力。同时也需要改善光伏电站的稳定输出，确保光伏电力的输出电压在安全范围之内。"

户用光伏呈爆发式增长态势

近5年来，我国光伏行业增长速度一年比一年快，每一年都在创造历史，每一年的发展都超过市场预期。2017年光伏发电市场规模快速扩大，新增装机5306万kW，其中，光伏电站3362万kW，同比增加11%；分布式光伏1944万kW，同比增长3.7倍。到2017年12月底，全国光伏发电装机达到1.3亿kW，其中，光伏电站10059万kW，分布式光伏2966万kW。

中国分布式光伏发电正呈现爆发式增长态势，与2016年相比，2017年地面电站同比增长率从118%下降到3%，而分布式光伏电站同比增长率从206%上升至300%，分布式光伏在新增光伏市场中占比由12%提升至36%。2017年被众多光伏人认为是户用光伏发展元年，其表现远超预期。2015年我国家庭光伏并网用户仅有2万户，2016年新增用户为14.98万户，增幅达到惊人的749%，到2017年据不完全统计已实现新增用户50万户，装机容量约占4GW，增速达250%。

从分布式新增装机布局看，由西北地区向中东部地区转移的趋势明显。华东地区新增装机1467万kW，同比增加1.7倍，占全国的27.7%；华中地区新增装机为1064万kW，同比增长70%，占全国的20%；西北地区新增装机622万kW，同比下降36%。浙江、山东、安徽三省分布式光伏新增装机占全国的45.7%。户用光伏方面，尤以山东、河北、浙江、广东、江苏、安徽等为代表的省份，2017年以万户单位级的安装速度迅速发展。国网山东电力受理并网数据显示，截至2017年底，山东电网共办理分布式并网11.5万户。据浙江省太阳能行业协会统计，截至2017年底，浙江省家庭屋顶光伏并网户数已近15.8万户。

截至2017年底全球微电网装机容量逼近21吉瓦

美国市场研究机构Navigant Research日前发布了新的微

电网研究报告称,对全球6个主要区域的微电网项目进行了跟踪和分析。

报告中称,截至2017年第四季度,已确定的全球微电网项目数量达到1869个,累计装机容量达到20.7GW(包括经营中、开发中和计划中)和60个新项目。

据悉,自2017年第二季度以来,全球微电网市场迅速发展,尤其是受到沙特阿美2.2GW微电网项目的推动。

"尽管亚太地区和北美地区仍然占据了微电网所有容量的四分之三,但这次研究报告更新的主要转变是中东和非洲地区在总容量超过3GW的所有地区中跃居第三位",Navigant Research研究分析师Adam Wilson说,"在这次更新中,欧洲的容量出现了不寻常的下降,总计达到1.8吉瓦。这是由于一些项目更新,其总数向下调整以正确反映其当前状态。"

微电网市场现状分析全球80%的待建项目均位于中国

微电网可以为工业企业提供不间断的电力供应,或为一些电网覆盖不到的居民用户供电。另外,微电网还可以与电网进行联合运营,以降低工业电价,并实现与智能设备的整合。彭博新能源财经的项目数据库显示,微电网市场已经开始向亚洲转移,且更加倾向于为更大的项目提供电网服务,而非仅仅为偏远地区供应电力。

目前,我们的数据库中共收录了281个已完工的微电网项目,其可再生能源装机容量达725MW。如果算上目前仍在建设中的177个项目完工后的容量,则微电网中的可再生能源容量将增长至5GW。

迄今为止,微电网主要是以小型电厂的形式存在,通过总计400MW的可再生能源发电容量为偏远地区和岛屿提供电力。不过,根据待建项目数据显示,微电网市场的重心已经开始向工业和商用项目转移,这不仅包括很多位于偏远地区的矿山,还包括许多希望提高供电可靠性、促进可再生能源整合,并使用电网服务的工业园区和校园设施。

我们的数据库列出了分布在90个国家的微电网项目。目前,在经合组织和中国以外的国家和地区中,微电网的装机容量不到全球总量的30%。

尽管风电在最初阶段更受青睐,但如今光伏在微电网可再生能源容量中所占的比例已达一半以上。未来光伏容量将在离网项目中占据主导优势。

现阶段,全球约80%的待建项目均位于中国。中国政府已出台政策,鼓励可再生能源电力产出向需求中心转移、推动电力产出的分散化,并刺激针对配电网的投资建设。受此鼓励,绝大部分微电网项目都集中在工业园区。

我国首个微电网获得售电许可

记者从中国国电集团获悉,其所属龙源电力集团股份有限公司承建的吐鲁番新能源城市微电网示范项目,近日获得售电许可,成为我国首个获得电力业务许可证(供电类)的微电网。

所谓微电网,是指由分布式电源、用电负荷、配电设施、监控和保护装置等组成的小型发配用电系统,分为并网型和独立型两种,可实现自我控制和自治管理。其中,并网型微电网既可以与外部电网并网运行,也可以离网独立运行。

据龙源电力有关负责人介绍,吐鲁番新能源城市微电网是我国首个微电网示范项目,于2013年底建成投产。项目在293栋居民楼顶建设屋顶光伏8.7MW,同期建设1座10kV开关站及监控中心、1座1MW储能装置、1座公交充电站等,通过微电网系统向区域内5700多户居民及机关事业单位、商业用户、地缘热泵等用户供电。

该项目实行"自发自用、余量上网、电网调剂"的运营机制,项目公司在微电网区域内具有经营权、管理权和售电权。电力业务许可证的取得,标志着负责该项目的龙源吐鲁番新能源有限公司顺利取得配售电业务资质,成为拥有配电网运营权的售电公司。

相比于美国、日本和欧洲,我国的微电网起步较晚。两年前,微电网项目建设被正式提升至国家层面,要求在电网未覆盖的偏远地区、海岛等,优先选择新能源微电网方式,探索独立供电技术和经营管理新模式。

28个新能源微电网示范项目获批特高压助力跨区域减排

电网是优化配置电能资源的重要载体,更是可再生能源消纳的关键路径。党的十八大以来的5年中,中国电网高速发展,不仅规模领跑世界,而且技术装备和安全运行水平进入国际先进行列。这5年,中国从运行3条到投运14条特高压输电大通道,再到新建9条特高压大通道,电压等级、输送容量、输送距离不断刷新世界纪录,基本形成了西电东送,北电南供的特高压输电网络。目前,中国电网已成为世界风电并网规模最大、光伏消纳增长最快的电网。

根据规划,我国"十三五"期间继续结合风电、光伏等可再生能源开发,融合储能、微网应用,推动可再生能源电力与储能、智能输电、多元化应用新技术示范,推动多能互补、协同优化的可再生能源电力综合开发。

近年来,微电网技术越来越成熟。微电网具有灵活的运行方式和可调度的性能,既可接入配电网运行,也可作为独立电网运行,其发展将有力促进可再生能源的就地消纳、就地平衡。今年5月,28个新能源微电网示范项目获批;7月,《推进并网型微电网建设试行办法》下发,旨在推进电力体制改革,切实规范、促进微电网健康有序发展,建立集中与分布式协同、多元融合、供需互动、高效配置的能源生产与消费体系。

加快建设特高压输电大通道和可再生能源并网工程,能够扩大可再生能源的消纳范围,满足京津冀鲁、长三角等受电省份的可再生能源用电需求,是解决可再生能源消纳问题的关键之举。

今年7月,甘肃酒泉送湖南特高压工程正式投运,电能传输距离2383km,再次刷新世界纪录。这条线路将甘肃的风能、太阳能发出的清洁电能送往湖南,每年可送电400亿kW·h,满足湖南1/4的用电需求。过去5年,中国特高压建设在技术、标准、重大装备等方面已实现完全自主,让中东部 16 个省份近 9 亿人用上来自西部的清洁能源。

2013 年, 为加快京津冀等地区大气污染综合治理, 国家能源局提出了 12 条重点输电通道实施方案。2014 年 5 月,《国家能源局关于加快推进大气污染防治行动计划 12 条重点输电通道建设的通知》下发, 要求抓紧推进 12 条重点输电通道相关工作, 其中含 "四交五直" 特高压工程和 3 条 ±500kV 输电通道。2016 年 12 月 2 日, 国家发展改革委正式发文核准建设陕西锦界、府谷电厂 500kV 送出工程。至此, 大气污染防治行动计划 12 条重点输电通道全部获得国家核准。据统计, 12 条重点输电通道的建成, 可新增约 7000 万 kW 的输电能力, 每年可减少上述地区标煤消费 1 亿 t 以上。

据最新数据统计, 2017 年上半年, 北京电力交易中心省间清洁能源交易电量累计完成 1663 亿 kW·h, 同比增长 2.0%, 减少受电地区标煤燃烧 5332 万 t, 分别减少二氧化硫和二氧化碳排放 399 万 t 和 13266 万 t。风电、太阳能等可再生能源电量完成 258 亿 kW·h, 同比增长 37.8%。

值得一提的是, 今年 8 月 9 日, 西电东送当日送电达到 8.9 亿 kW·h, 其中, 统调清洁能源发电量占比高达 96%。在此之前, 南方电网西电东送电量已经连创新高, 售电量由 2011 年的 969 亿 kW·h 增长到 2015 年的 1890 亿 kW·h, 翻了一番, 年均增长 18%。

7 月 29 日 9 时, 南方电网综合能源公司中山格兰仕光伏发电项目在建成 700 多天后, 累计发电量突破 1 亿 kW·h。该项目设置在格兰仕中山基地 42 栋共 60 万 m² 的厂房屋顶, 装机容量为 52.38MW, 是目前全球最大单厂区分布式光伏发电项目。如果按 25 年的运营期来算, 总发电量预计近 12.5 亿 kW·h。

分布式电源并网问题的解决, 需要简化并网手续、及时转付补贴资金、持续创新服务模式。国家电网公司于 2012 年和 2013 年接连出台相关措施, 促进包括分布式光伏在内的分布式电源并网。

2017 全球智能电网、电池储能和能效企业风投达 15 亿美元

Mercom 资本集团日前发布 2017 年智能电网、储能和能效报告称, 2017 年全球电池储能、智网和能效企业风投资金累计达到 15 亿美元, 较之 2016 年的 13 亿美元上涨 15.4%。

电池储能

2017 年电池储能企业获得风投累计达到 7.14 亿美元, 涉及交易 30 个, 去年同期为 3.65 亿美元, 同比增长 95.6%; 企业融资 (包括债务和公共市场融资) 累计达到 8.9 亿美元, 同比增长 64.8%。

储能下游企业是获得融资最多的一类, 总计 6800 万美元, 锂离子电池企业获得 6500 万美元融资。

单笔交易金额最大的是 MicrovastPowerSystems 获得 4 亿美元融资, BatteryEnergyStorageSolutions 获得 6600 万美元融资。

2017 年共有 86 位风投商进入电池储能领域, 2016 年的数据为 62。此外, 2017 年电池储能企业债务和公共市场融资累计达到 1.77 亿美元, 涉及交易 12 个, 具体包括 3 个项目融资和 9 个电池储能项目融资。

2017 年电池储能领域共有 6 笔并购交易, 其中已经披露的有 2 笔。2016 年为 11 笔, 披露的有 2 笔。

智能电网

2017 年, 智能电网领域获得风投资金共计 4.22 亿美元, 涉及交易 45 个, 去年为 3.89 亿美元, 涉及交易 42 个。

获得单笔风投金额最大的企业是 ChargePoint, 在两次融资中分别获得 8200 万美元和 4300 万美元, 其次是 Actility, 获得融资 7500 万美元。

2017 年共有 86 家投资商进入智能电网企业, 包括 ABBTechnologyVentures、BraemarEnergyVentures、ChrysalixVentureCapital、CleanEnergyFinanceCorporation 和 GEVentures 等。

2017 年, 智能电网企业共有 5 笔债务和公共市场融资, 总计达到 7.74 亿美元, 去年同期为 2.24 亿美元。但今年没有智能电网企业实现 IPO。

此外, 智能电网领域共有 27 笔并购交易, 披露的仅有 7 笔, 累计规模达到 25 亿美元。

能效

2017 年能效领域的风险投资资金从去年的 5.28 亿美元跌至 3.84 亿美元, 涉及交易 38 个。包括债务和公共市场融资在内的企业融资总额为 33 亿美元, 而 2016 年则为 38 亿美元。

风险投资资金最多的公司包括 View 公司, 获得融资 1 亿美元, 其次是 KinestralTechnologies 公司获得融资 6500 万美元, RENEWEnergy 公司获得融资 4000 万美元。

2017 年共有 51 位投资者参与了能效领域投资交易, 而 2016 年则有 72 位投资者参与。2017 年, EnergyImpactPartners 是最活跃的投资者。

在 2017 年, 能源效率公司宣布的债务和公共市场融资在 16 项交易中下降到 29 亿美元, 而 2016 年的 16 项交易中所筹集的数额为 32 亿美元。2017 年, 七项房地产清洁能源 (PACE) 融资交易带来了超过 16 亿美元。相比之下, 2016 年有 12 宗交易达 23 亿美元。

2017 年能效领域有两宗证券化交易, 规模达到 5.81 亿美元, 而 2016 年则有九宗证券化交易, 达 18 亿美元。2014 年以来, 证券化交易已经累计达到 24 宗交易, 规模超过 45 亿美元。

2017 年能效领域的并购活动下降至 10 笔, 其中披露的已有 3 笔。2016 年共发生 14 起并购交易, 5 起披露交易金额。最大的披露交易是由 IDGCapital, MLS 和义乌组成的中国财团以 5.26 亿美元收购 LEDvance。2017 年储能产业盘点, 储能接受市场检验的时代已经来临。

2017 年储能产业盘点, 储能接受市场检验的时代已经来临

2017 年是国内外储能发展异常繁忙的一年

在各类储能技术中, 电化学储能的发展速度最快, 锂离子电池、钠硫电池、铅蓄电池和液流电池等技术的发展已进入快行道。据 CNESA (中关村储能产业技术联盟) 项目库的不完全统计, 2000—2017 年全球电化学储能的累计

投运规模为 2.6GW，容量为 4.1GWh，年增长率分别为 30% 和 52%；2017 年新增装机规模为 0.6GW，容量为 1.4GWh，全年已有超过 130 个项目投运。

从 2016 年开始，电化学储能进入一个快速应用期，储能项目的建设呈现"多、大、热"的现象。据 CNESA 统计，2016 年—2017 年全球规划和在建项目的规模达到 4.7GW，越来越多的项目有望在近一两年投运；为满足电力系统对大型化储能的需求，电化学储能单个项目的建设容量也在不断加大，据统计 2016 年—2017 年 10MW（含）以上的项目总量超过 40 个；各国对储能应用参与热度也在增强，据 CNESA 统计，2015 年共有包括美国、中国、德国在内的 10 个国家部署了电化学储能系统，2017 年则有来自北美洲、南美洲、非洲、欧洲、大洋洲和亚洲在内的近 30 个国家都投运了储能项目，呈现出储能的全球化应用趋势。

我国电化学储能的发展速度更是引人注目。据 CNESA 数据，2000 年—2017 年电化学储能的累计投运规模近 360MW，占全球投运规模的 14%，年增长率近 40%，超过全球增速。在 2016 年—2017 年期间，我国规划和在建的项目规模近 1.6GW，占全球规划和在建规模的 34%，我国有望在未来几年引领产业发展。

2017 年也是各国储能支持政策频出的一年

作为较早发布储能政策的国家，美国对储能的政策支持正从加州向马萨诸塞州、俄勒冈州、夏威夷州等 10 个州延伸。英国、奥地利、捷克、意大利、澳大利亚、印度和中国都在 2017 年颁布了储能发展政策。储能政策的纵向深度支持和区域横向的广度覆盖是 2017 年全球储能快速发展的有利支撑。

2017 年 10 月份，我国首个国家级大规模储能技术及应用发展的政策，《关于促进储能技术与产业发展的指导意见》正式发布。指导意见指出要推进储能技术装备研发示范、推进储能提升可再生能源利用水平应用示范、推进储能提升电力系统灵活性稳定性应用示范、推进储能提升用能智能化水平应用示范和推进储能多元化应用支撑能源互联网应用示范的五大领域的工作。目前，大连、宜春、北京、邯郸等都已出台地方储能支持政策，未来将有更多省市结合当地资源和产业优势制定相关政策；同时涉及储能在电力市场的准入机制和价格补偿机制的政策细则应该是下一步储能政策支持的重点。

在加州明确 1.325GW 的电力采购计划之后，俄勒冈州、马萨诸塞州和纽约州也都先后公布了电力事业单位的储能采购目标；新墨西哥州已经将储能作为公共事业公司规划中的一种资源；马里兰州则推动在全州范围内指定的场地设计、建设、融资和运营可再生能源的储能项目。英国和澳大利亚是近期储能发展较快的国家，政策的跟进也非常及时。英国的政策重点是将储能纳入"英国智能灵活能源系统发展战略"，给予储能参与英国电力市场的合理身份，并肯定其作用；澳洲多地政府则制定了储能安装激励计划，通过补贴重点支持用户侧储能系统。

2017 年更是储能系统与市场需求深度磨合的一年

虽然产业发展热度加剧、速度加快，在政策支持下，市场逐渐为储能打开了大门，但我们不得不清醒地认识到，目前的储能发展还是以政策驱动为主，实现盈利、走向商业化发展的道路仍然充满不确定性和挑战。储能成为备受关注的"蓝海"产业，2016 年全球在储能领域的投融资金额超过 43.3 亿美元，社会的认知和参与给产业带来了信心，但随着示范向市场化应用的转换，"独立于市场"的示范场景将结束，政策支持逐步弱化，储能将参与真实的市场运行和竞争，技术性能、系统配置、应用模式、获利方式的适用性、科学性都要接受市场的检验，储能与市场深度磨合的模式已经开启。

2017 年分别有 2.1GW 和 4.8GW 的电池储能项目获得参与英国 T-1 和 T4 容量市场的拍卖资格。但由于储能时长较短，考虑到其对电力系统压力承担能力有限，兼顾对其他长时间的非储能技术参与的公平性，经过评估，英国 BEIS（英国商业能源和供应战略部）在 2017 年 12 月确认，针对 T-4 和 T1 的容量拍卖，削减半小时电池储能的降级因子。这给做短时灵活调节具有优势的储能系统提出了新要求，短期看制约了短时储能在容量市场的应用，但也刺激着储能运营商去积极开发长时储能解决方案。

已有 265MW 储能参与调频的 PJM 市场近期也修改了调频市场规则。由于在高爬坡率时段，RTO 需要大规模的发电机组或负荷的投切保持系统平衡，在降低 RegD（高爬坡率但能量有限）资源采购量的同时也要求参与 RegD 的储能延长电网充放电时间。规则的修订表明储能与其他资源在市场的平等竞争已经展开，如何在新规则中谋求利益、寻找和争取最合理的空间是市场给储能提出的新考验。

储能产品的标准化开发也亟待加强，以德国为例，到 2017 年其户用储能系统安装量为 52000 套，工商业领域光储系统的需求也很大，但其大规模推广开始面临来自缺乏标准产品、标准技术、标准接口和标准商业模式的压力；另外消防、健康和安全等方面也需要标准化的解决方案。如果这些问题不解决，储能应用很难在德国大规模的全面铺开。

在未来储能的市场化应用中，市场需求与技术能力不断磨合，提高了技术的市场适用性、储能系统中硬件、软件和接口的性能以及与其他设备的配合在项目运行中将不断优化完善、在参与电力市场过程中，储能在系统中的定位、应用内容和价值实现将在不断博弈和修正中达到最优、在市场化的电力价格机制下，储能替代其他设备和系统的优势将逐步验证、储能还需尽快制定标准和规范来满足用户对环境、安全的需要。上述的工作和产生的问题会在一定时间内遏制储能的发展速度，但这并不消极，储能的发展需要在不断的探索、尝试、甚至于失败再调整的与市场深度磨合中不断前行，经历了市场的检验才是最具有竞争力和生命力的产业。

2017 年中国储能产业十大事件

2017 年中国储能产业微风已起，首个国家级储能产业政策正式发布，中国储能市场朝着商业化方向快速迈进。本文结合对中国储能产业的长期追踪，对 2017 年中国储能产业十大事件进行总结。

1.《关于促进我国储能技术与产业发展的指导意见》

发布，明确未来 10 年中国储能产业发展目标和重点任务

2017 年 10 月 11 日，国家发改委、财政部、科技部、工信部、能源局联合下发《关于促进我国储能技术与产业发展的指导意见》。作为中国储能产业第一个指导性政策，《储能指导意见》瞄准现阶段我国储能技术与产业发展过程中存在的政策支持不足、研发示范不足、技术标准不足、统筹规划不足等问题，提出未来 10 年中国储能产业发展的目标和五大重点任务。该政策的制定对于中国储能产业发展具有里程碑意义，明确了储能在我国深入推进能源革命、建设清洁低碳安全高效的现代能源体系中的战略定位，推动着中国储能产业健康发展。

2.《完善电力辅助服务补偿（市场）机制工作方案》印发，鼓励储能设备提供辅助服务

国家能源局发布《完善电力辅助服务补偿（市场）机制工作方案》，面对电力系统运行管理新形势，着力完善和深化电力辅助服务补偿（市场）机制，制定了详细的阶段性发展目标和主要任务。这是继《并网发电厂辅助服务管理暂行办法（电监市场〔2006〕43 号）》之后，又一个重要的推动全国性的电力辅助服务工作的纲领性文件。《工作方案》提出按需扩大电力辅助服务提供主体，鼓励储能设备、需求侧资源参与提供电力辅助服务，允许第三方参与提供电力辅助服务。

3. 山西省启动电储能参与调峰调频辅助服务项目试点工作

山西能源监管办发布《关于鼓励电储能参与山西省调峰调频辅助服务有关事项的通知》。《通知》是全国首个针对电储能参与辅助服务的项目管理规则。为确保电储能顺利参与辅助服务市场交易，《通知》对项目管理、电价政策、并网调度策略等方面的问题提出了工作方案。山西省储能参与辅助服务试点工作涉及调峰和调频两种辅助服务品种，包括联合式和独立式等两种电储能设施参与方式。首批调峰试点容量规模初步确定为不超过 30 万 kW，首批调频试点容量规模初步确定为不超过 12 万 kW。

4. 江苏省《客户侧储能系统并网管理规定》发布，储能并网开始有据可依

国网江苏省电力公司发布《客户侧储能系统并网管理规定》。规定对 35kV 及以下电压等级接入、储能功率 20MW 以下的客户侧储能系统的并网工作流程进行了明确规范。10（6，20）kV 及以上电压等级接入的客户侧储能系统，地市公司调控中心负责组织相关部门开展并网验收和并网调试工作；380（220）伏接入的客户侧储能系统，市/区县公司客户经理负责组织相关部门（单位）开展并网验收和并网调试。

5. 储能企业加大工商业储能项目部署力度，江苏、北京、广东成为全国热点地区

根据 CNESA 储能项目库对中国储能项目的追踪统计，江苏、北京、广东成为 2017 年国内储能项目规划建设投运最为热点的三个地区。上述地区经济发达，工商业园区多、用电负荷大，并且工商业用户的峰谷电价差较大，利用储能削峰填谷拥有一定的电费管理空间。在上述地区，以南都电源、欣旺达、科陆电子、中天科技等为代表的储能企业持续加大项目部署力度，一方面多个建成项目投运，另一方面不断发布百兆瓦时级的项目签约和建设计划。

6. 地方辅助服务市场建设相继启动，鼓励储能作为独立市场主体参与交易

根据 CNESA 储能政策库对中国储能相关政策的持续追踪，继 2016 年末东北电力辅助服务市场专项改革试点率先启动以来，2017 年山东、福建、新疆、山西等省区先后发布电力辅助服务市场化建设试点方案和运营规则。各地结合当地不同的发电和负荷特点，在调峰或调频领域构建辅助服务市场化交易机制。各地均对储能给予与发电企业、售电企业、电力用户平等的市场主体身份。电储能既可以以独立市场主体身份为电力系统提供辅助服务，也可以在发电侧通过与机组联合的方式参与市场交易共享收益。

7. 可再生能源调峰消纳问题日益突出，储能在发电侧的灵活性应用不断受到重视

由于电力系统的调峰能力有限、送出通道规划建设相对滞后等原因，我国可再生能源消纳问题日趋严重。面对上述问题，2017 年储能的灵活性应用价值不断受到发电侧的应用和重视。一方面基于大型综合能源基地的风光水火储多能互补系统开始建设，储能成为必不可少的组成部分；另一方面，发电企业和储能厂商联合探索"光伏＋储能"、"风电＋储能"的新型集成、调度解决方案，以华能青海直流侧光伏储能项目、北控清洁能源西藏羊易储能电站、黄河水电青海风电场储能项目等为代表的可再生能源发电领域储能项目先后投运或启动规划建设。

8. 动力电池回收利用体系开始建立，各方积极布局梯次利用储能市场

我国新能源汽车产销量连年快速增长，面对即将迎来的大批量退役动力电池，国务院发布《生产者责任延伸制度推行方案》，开始建立电动汽车生产者责任延伸制度和动力电池回收利用体系。根据 CNESA 研究部对梯次利用储能市场的调研，2017 年，新能源汽车企业、储能系统集成企业、动力电池企业、PACK 和 BMS 企业、电池回收企业等产业链的各个参与方纷纷加紧布局梯次利用储能市场。工商业园区 MW 级梯次利用示范项目投运、铁塔公司发布退役动力电池招标计划等一系列动态进一步激发了梯次利用储能市场的热度。

9. 四类储能技术成为 2018 年国家重点研发计划重点支持方向

科技部国家重点研发计划"智能电网技术与装备"重点专项 2018 年项目申报指南发布，按照大规模可再生能源并网消纳、大电网柔性互联、多元用户供需互动用电、多能源互补的分布式供能与微网、智能电网基础支撑技术 5 个创新链（技术方向），共部署 23 个重点研究任务。在储能领域，梯次利用动力电池规模化工程应用关键技术、高安全长寿命固态电池的基础研究、MW 级先进飞轮储能关键技术研究、液态金属储能电池的关键技术研究等成为 2018 年技术研究课题。

10. 首批新能源微电网和能源互联网示范项目名单发布，储能成为关键支撑技术

2017 年，国家发改委、国家能源局先后发布"首批新能源微电网示范项目名单"和"首批'互联网＋'智慧能源"示范项目名单，28个新能源微电网示范项目和56个能源互联网示范项目获批。从已发布的项目规划方案来看，28个项目中有25个项目配置了电储能或储热单元，绝大多数能源互联网项目也规划了储能设施，储能已经成为新能源微电网、能源互联网等新型能源应用模式的关键支撑技术。

CNESA研究部对全球和中国储能产业发展动态进行持续追踪。有关2017年中国储能市场的项目、厂商、政策动态，将在CNESA研究部年度储能产业研究报告《储能产业研究白皮书2018》中进行全面总结和深度分析，并将于2018年4月的储能国际峰会期间正式发布。

2017储能行业：纪元开启提速跃进

2017年是储能发展史上里程碑式的一年。这一年，国家级储能政策出台，标志着储能春天的来临，企业加快开拓储能市场，并在实践中不断探索可复制的商业模式。这一年，动力电池产业继续吸引各路巨资进入，产能过剩开始引发市场担忧。这一年，动力电池厂商"压力山大"，上游原材料涨价、下游整车厂压价，降本增效成关键词。

1. 政策提速储能发展

"千呼万唤始出来。"从征求意见到正式出台，历时6个月的首个系统性的储能产业发展政策《关于促进储能技术与产业发展的指导意见》终于在2017年10月问世。《指导意见》首次明确了储能在我国能源产业中的战略定位，提出未来10年储能领域的发展目标和五大任务。《指导意见》对中国储能产业发展具有里程碑意义，明确了储能在我国深入推进能源革命、建设清洁低碳安全高效的现代能源体系中的战略定位，推动着中国储能产业健康发展。

这是一个承上启下的文件，承上——此前储能从未有过独立的、专门的、全面的政策文件；启下——《指导意见》之后，将会出台更多细致、具体的储能实施细则。政策推动下，沉寂多时的储能产业由此焕发出勃勃生机，标志着储能春天来临，储能盛宴开启。

值得注意的是，《指导意见》中提出，鼓励相关企业通过市场化思维，在电力体制改革的基础上，丰富储能的应用场景，同时先进储能将纳入中央和地方预算内资金重点支持方向，发挥资金引导作用。言下之意，国家给予储能行业专项财政支持的可能性越来越小。

没有补贴未必是坏事。在储能产业发展的最初阶段，储能技术路线不明确，创新进步空间大，商业化方向尚不清晰，在国家层面直接以补贴方式发展储能产业或将适得其反，扭曲能源市场化的发展进程，相较之下，通过触发市场化行为则能更好地推广储能。

除国家级储能产业政策外，《完善电力辅助服务补偿（市场）机制工作方案》的印发、山西省启动电储能参与调峰调频辅助服务项目试点工作、江苏省发布《客户侧储能系统并网管理规定》以及山东、福建、新疆、山西等省区启动电力辅助服务市场化建设试点方案和运营规则等政策措施，也正让储能逐步摆脱传统体制、机制束缚，助推储能发生量和质的改变。

2. 市场技术共同发力

"春色满园关不住。"相比其他能源行业，储能行业起步较晚，政策出台较晚，但发展速度惊人。

2017年11月，中国建筑工程总公司所属中建三局中标全球规模最大的全钒液流电池储能电站——大连液流电池储能调峰电站国家示范项目一期工程。这是国家能源局批准的首个大型化学储能国家示范项目，总规模为200MW/800MWh。

当前中国已是全球最大的化学储能应用市场，据中关村储能产业技术联盟的不完全统计，截至2017年第三季度，中国已投运储能项目累计装机规模为27.7GW，其中抽水蓄能累计装机占比最大，为99%，电化学储能项目累计装机规模紧随其后，为318.1MW，占比为1.1%，相比2016年同期增长18%。

储能产业蓬勃发展，使储能电池成为其中最耀眼的板块。目前商业化应用的电池有锂电池以及钒电池、铅炭电池等。与此同时，根据市场需求以及不同的应用场所，其他储能技术创新、突破的步伐在2017年加速推进，呈现"百家争鸣，百花齐放"的态势。压缩空气储能、飞轮储能、超导储能、钠硫电池、石墨烯基电池、固态电池在技术上不断攻克着一个又一个障碍。殊途同归，尽管上述技术路线不尽相同，但它们有一个共同的目标：低成本、长寿命和高安全。

伴随储能规模应用，开发超高功率、安全的储能电池技术是未来重要的研发方向，这一点已成为业内共识。随着成本不断下降、经济性不断提高，储能技术新纪元时代已经可以展望。

3. 商业模式持续进化

"路漫修远，上下求索。"储能产业也如其他新兴产业一样，商业模式的探索从未止步。

在商业化应用方面，在用户侧通过峰谷电价差实现套利、在电网侧探索试行容量电价、发电侧推动建立灵活电源补偿机制等模式的实践逐渐增多。

目前，储能商业项目应用最多的是峰谷价差套利，江苏、北京、广东成为2017年国内储能项目规划建设投运最热的3个地区，引发储能企业的竞相部署。协鑫智慧能源、南都电源、欣旺达、科陆电子、中天科技等企业建成投运储能项目屡见报端。

在新能源发电领域配套建设储能电站，是解决新能源消纳难题的一个有效办法。2017年储能的灵活性应用价值不断受到发电侧的应用和重视。一是基于大型综合能源基地的风光水火储多能互补系统开始建设，储能成为必不可少的组成部分；二是发电企业和储能厂商联合探索"光伏＋储能""风电＋储能"的新型集成、调度解决方案，以华能青海直流侧光伏储能项目、北控清洁能源西藏羊易储能电站、黄河水电青海风电场储能项目等为代表的可再生能源发电领域储能项目先后投运或启动规划建设。

诚然，储能的价值和意义毋庸赘述，但在市场经济下，任何商业项目都要算一笔经济账，储能成本高、经济性差是目前绕不过的一道坎，投资回报率低削弱了储能项目的融资吸引力。

不过，储能的经济性问题是暂时性的，随着技术进步、储能规模扩大以及示范项目的推进，储能经济性正加速到来，2018 年—2019 年储能或迎来拐点，届时储能可推广的商业模式将极大拓展——光伏＋储能、与电动车快充模式结合的储能、服务电能质量改善的移动应急储能、离网地区储能、与火力调频电站结合的调频储能等。

4. 动力电池冰火叠加

"海上明月共潮生。"动力电池是另一种储能形式，应用在新能源汽车上，即为移动的储能设备。近两年伴随新能源汽车的快速发展，作为其"心脏"的动力电池也步入高速发展期。一时间，大量资本蜂拥而入，在动力电池领域内掀起投资热潮。

2017 年动力电池行业投资依旧火热：宁德时代 131.2 亿投资新建基地、银隆 100 亿元规划新能源南京产业园、泰尔集团 100 亿建新能源汽车全产业链项目、孚能科技 80 亿联手北汽打造动力电池基地……

2017 年锂电池行业共发生 46 起扩产投资事件，电芯和 PACK 领域最为集中，为 23 起，占 50%；其次是正极材料和隔膜领域，分别产生了 5 起和 4 起扩产投资事件。

从投资额来看，这 46 起事件总共产生 644.52 亿元的投资额。其中电芯和 PACK 领域占比最大，总投资额为 404.46 亿元，占比 62.75%；紧随其后的是负极材料领域，投资额为 98 亿元，占比 15.21%。

然而动力电池行业一半是火焰、一半是海水。目前，国内动力电池企业 200 余家，预计 2017 年动力电池整体产能将破 200GWh，而 2017 年各类新能源汽车对应的锂电装机或仅为 30GWh，产能利用率仅为 15% 左右，过剩危机已然来临。这轮产能过剩是结构性产能过剩，特点是低端产品过剩，中高端产品稀缺。产能过剩带来的直接影响是动力电池企业面临上挤下压局面、库存严重以及行业集中度的进一步提升。

2017 年，宁德时代、比亚迪两家企业的市场份额接近 50%，前 10 大企业的市场份额达到了 75%，行业一线企业通过技术优势逐渐蚕食市场份额，二三线产业低端产能面临被淘汰的危机，电池产业竞争格局正从群雄逐鹿进入寡头竞争阶段。

"立足当下，着眼未来。"动力电池企业应开始有序考虑和谋划，布局国际市场、加快实施智能制造等无疑将成为良策。

5. 三元电池一枝独秀

"一枝梅傲百花残。"进入 2017 年，在众多动力电池技术路线中，三元电池一枝独秀，装机高歌猛进，这主要得益于补贴的倾斜。2017 年 1 月 1 日起实施的《关于调整新能源汽车推广应用财政补贴政策的通知》提高了电动乘用车能耗要求和续航里程门槛要求，同时引入动力电池新国标，提升动力电池的安全性、循环寿命、充放电性能指标要求。《通知》明确提出高能量密度电池车型将获得 1 - 1.2 倍补贴，而三元锂电池因能量密度高、体积小、重量轻等优点，开始成为市场主流。

2017 年 3 月份出台的《促进汽车动力电池产业发展行动方案》中，要求到 2020 年新型锂离子动力电池单体比能量超过 300Wh/kg，系统比能量达到 260Wh/kg。具有强大储能优势的三元锂电池可分为两类——镍钴锰酸锂电池（NCM）和镍钴铝酸锂（NCA），能量密度分别是 170Wh/kg 和 230Wh/kg，均优于其他类型锂电池；从技术层面来看，三元锂电池提升空间更大，预计三元锂电池能力密度最高可达 300 ~ 330Wh/kg。

水涨船高，三元电池的强力市场需求带来对原材料钴等的巨大需求，当前中国 80% 以上的钴需求来自电池领域，供不应求的市场基本面促使钴价飙升。目前钴金属价格在 30 美元/磅左右，且一货难求。2017 年钴首现 2000t 以上的供需缺口，今后国内电池领域对钴的需求量将保持 11.7% 的复合增长率，且缺口将逐步扩大，钴价继续走高几成定势。

一边是上游原材料价格疯涨，一边是下游新能源汽车补贴退坡，动力电池企业两头受压，降成本压力下，扩大生产规模、提升标准生产、降低采购交易成本成为电池厂商的不二选择，同时三元电池技术路线也在向 622 和 811 高镍材料方向迈进。

6. 回收利用蓝海开启

"宜未雨而绸缪"与动力电池火热相呼应，电池回收起步。2017 年初，国务院办公厅印发《生产者责任延伸制度推行方案》，《方案》指出，电动汽车及动力电池生产企业应负责建立废旧回收网络。动力电池回收由此迎来行业发展新机遇，投资蓝海正式开启。

此后，国家标准委又发布了《车用动力电池回收利用拆解规范》《电动汽车用动力蓄电池产品规格尺寸》《汽车动力蓄电池编码规则》《车用动力电池回收利用余能检测》等国标，使动力电池回收向前迈进一大步，构建起一个比较完善的国家标准体系。

随着新能源车保有量的持续增长，与规模庞大的动力锂电池需求相伴相生的是锂电池回收和梯次利用的行业机遇，发展动力锂电池回收和梯次利用产业，既避免环境污染和资源浪费，也兼具可观的经济效益。

动力电池从电动汽车上退役，仍然具有 70% ~ 80% 的容量，将其价值发挥到极致是企业探索的方向。2017 年新能源汽车企业、储能系统集成企业、动力电池企业、PACK 和 BMS 企业、电池回收企业等产业链各参与方，纷纷加紧布局梯次利用储能市场。工商业园区 MW 级梯次利用示范项目投运、铁塔公司发布退役动力电池招标计划等一系列动态进一步激发了梯次利用储能市场的热度。

据中国汽车技术研究中心预测，到 2020 年前后，我国纯电动（含插电式）乘用车和混合动力乘用车动力电池累计报废量将达到 12 万 ~ 17 万 t。

分析认为，从废旧动力锂电池中回收钴、镍、锰、锂及铁和铝等金属所创造的市场规模将会在 2018 年爆发，达到 52 亿元，2020 年达到 136 亿元，2023 年将超过 300 亿元。

中国动力电池回收体系需要一步一个脚印的踏实前行，虽然政策在不断完善，明确了动力电池回收责任主体，各城市对电池回收利用政策也进行了积极探索，但在落实方面差距甚远，体系还存在短板。

此外，动力电池回收是一个复杂、相互制约的产业，其发展需要多方合力，形成良性互动循环，才能推动产业快速发展。

2017 风电发展大事件回顾

对于步入而立之年的中国风电产业来说，2017 年是普通的年份，却又是不寻常的一年。这是变革之年、转型之年，也是承上启下之年、孕育希望之年。

自 1986 年国内第一个风电场在山东荣成并网发电以来，中国风电筚路蓝缕，一路走来，不仅创造了"中国速度"，更为全球风电发展闯出了"中国路径"，探索出了"中国方案"。发展总与问题相伴，转型总与阵痛相随。诚然，光环之下的中国风电也面临着增速放缓、消纳不畅、布局欠合理、核心制造能力待增强等短板。或许，正是这一个个看似细枝末节问题的解决最终推动了整个行业持续进步。

坚持有质量的发展！2017 年，中国风电正以变革之势开启下一个 30 年。

1. 数字化成风口智能化运维大势所趋

如果选出 2017 年风电行业的一个高频词，这个词一定是数字化。数字化不是新概念，但从未像今天这样与风电行业如此紧密结合。

从当年的工业化和信息化"两化融合"，到后来的互联网化、智能化，再到如今的数字化。无论名称如何变换，数字化的内核精髓已经并将持续影响风电产业的成长轨迹。

当前，风电产业正处于爬坡过坎的关键节点，一方面弃风限电等行业顽疾仍然困扰着行业，既有优质资源又具备良好消纳条件的待开发区域越来越少；另一方面，源于平价上网的趋势，度电成本下降的压力，向纵深化、精细化发展的需求，行业步入了"骨头里挑肉"的精耕细作时代。在这种状况下，如何保证年新增装机量保持在一个合理稳定的规模？如何通过运维优化风电场投资收益？这都亟需前沿创新技术激活整个行业。

数字化意味着高效率、高精度，也意味着精益化、定制化。伴随我国风电快速发展，风机数量急剧增加，面对庞大的存量市场和可预见的增量市场，以 ABC 技术（即人工智能、大数据和云计算）为代表的数字化技术正重塑着风电开发建设和运维模式，特别是在风电后市场中将发挥越来越重要的作用，引领着风电智能化运维方向。

数字化技术对于风电行业来说，已不是噱头和花哨的概念，而是真正帮助行业提升效益，降低全生命周期度电成本。不仅锦上添花，更直面产业痛点，破解行业顽疾，这才是新技术的生命力所在。

2. 试水直接交易探路市场化消纳机制

2017 年 11 月初，张家口可再生能源电力在冀北电力交易中心挂牌交易最终结果发布：11 月份清洁能源供暖交易电量 1930 万 kW·h，22 家可再生能源发电企业的 30 个风电项目中标，成交后，风电上网电价为 0.05 元/kW·h，最终的风电供暖用户电价降至 0.15 元/kW·h。这是全国首个将可再生能源电力纳入电力市场直接交易的成功范例，为打破清洁能源供暖推广瓶颈，促进风电当地消纳趟出了新路。

从最终的成交价来看，0.05 元/kW·h 的价格仅为当地标杆上网电价的 1/10，风电企业参与市场交易或是不得已而为之。但对整个行业而言，这一试水印证了缓解弃风限电、改善新能源消纳仍有较大的提升空间，也为"市场电"打开了一个突破口。

无独有偶，今年以来，蒙西电网风电多项运行数据创历史新高：4 月 17 日风电最大发电电力达到 1038.2 万 kW，占全网实时出力的 42.02%；5 月 5 日风电单日发电量接近 2 亿 kW·h，占当日全网发电量的 33.4%。

"弃风"问题是一个全局性问题，在"弃风"的背后，交织着复杂的各种因素：有技术性因素，也有非技术性因素；有传统能源的因素，也有新能源自身的因素；有电网公司的因素，也有地方政府的因素；有电力市场交易机制不完善的因素，也有法律法规贯彻执行不到位的因素……在纷繁复杂的多种因素中，只有牵住"牛鼻子"，才能盘活"整盘棋"。蒙西电网的经验也表明，即使在现有的技术条件下，风电消纳仍有改善空间。关键看我们有没有勇气打破阻碍可再生能源应用的制度藩篱，能否以创新思路构建适应风电等可再生能源消纳的新体制。

3. 强制配套储能引争议，额外建设成本谁承担

2017 年 6 月，青海省发改委印发《青海省 2017 年度风电开发建设方案的通知》，明确 2017 年青海规划 330 万 kW 风电项目，各项目须按照建设规模的 10% 配套建设储电装置，储电设施总规模 33 万 kW。通知一出，业界哗然，争议接踵而至。是否在发展产业上有厚此薄彼之嫌？不建储能设施，难道意味着风电项目将受弃风限电困扰？如果真有必要建设，那么建设成本和责任该由谁承担？

青海正打造中国千亿元锂电产业基地，而风电产业在青海的总体量相对较小，话语权弱。风电项目强制配套储能，对于当地锂电储能行业无疑是重大利好。因此，在不少风电行业人士看来，这一产业政策有厚此薄彼之嫌。

诚然，储能有助于解决"弃风"，也是未来的发展方向，但并非眼下解决"弃风"问题的必备条件。正如业内人士所言，有些问题远未达到技术层面，是管理协调的问题。

从必要性而言，中国在仅有 5% 的非水可再生能源电量的情况下就出现了 20% 以上的限电损失，与先进国家相比差距很大。即使没有配套储能，电网通过技术和管理方式的创新，也完全有能力大幅改善新能源消纳水平。从经济性而言，若要求风电企业承担昂贵的储能配套，则会大大稀释整个风电项目的经济性，影响风电开发的积极性。即使真有必要建设配套储能设施，该由哪一方承担投资和建设成本也应进一步商榷。

在一片争议声中，青海省发改委最终表态，不再强制配套储能。回头来看，青海出台这一政策或是出于促进风电等新能源长远持续健康发展的初衷，但良好的初衷最终要变为各方认可的好政策，仍需很多周全的考虑和细化的工作，这也将考验主管部门的决策智慧。

4. 分散式风电提速开发思路和模式嬗变

2017 年，无论是主流的发电企业还是中东部的重点省

份，提出明确的分散式风电项目计划的不在少数，有的已经落地，有的正在快速推进中。从集中式开发一统天下到集中式和分散式两条腿走路，折射出的是我国风电开发思路和模式之变。"起了大早，赶了晚集"的分散式风电能否由此扭转尴尬的境地，真正步入发展的快车道？

分散式风电具有天然的优势，但尴尬的是，我国分散式风电并网量只占全国风电并网总量的1%左右，远远低于欧洲水平，其发展水平也总体滞后于我国分布式光伏。

实际上，早在2009年，我国就提出分散式风电概念。2010年，陕西狼尔沟就开展实施了分散式风电项目。主管部门陆续出台一系列政策力挺分散式风电发展。遗憾的是，政策的推动并未带来所期待的开花结果。

究其原因，因素是多方面的。从投资回报来说，分散式风电项目容量相对较小，开发单位成本相对较高。国内风电投资主体单一，绝大部分是国有资本，对投资少、规模小的分散式风电积极性不足。从配套支持来说，各省区分散式风电规划编制和电力消纳研究滞后，政府的引导不够。分散式风电的推动没有和县域经济的发展结合起来，尤其是和广大农村、农户的利益没有切实结合起来，未得到地方政府支持。从技术层面说，分散式风电项目呈现多样化，对机组的适应性提出了个性化要求，整机厂商对市场研究不足，尤其是在定制化风机和小型风电标准方面比较欠缺，也没有对分散式风电发展起到应有的引领作用。

对于已告别"野蛮生长"阶段，亟需提升发展质量和优化布局的中国风电产业而言，发展分散式风电已成为提高风能利用率，推动产业发展的必然选择。与此前单纯的政策推动不同，这一次，风电开发企业将具有更多的内生动力。

就整个行业而言，分散式风电发展的核心不是技术问题，而是风电开发思路的转变，不是简单的建设模式的变化，而是涉及风电行业的深层次理念转变。但愿，"起了大早，赶了晚集"的窘境能从此改变。

5. 事故频发塑造安全文化方治本

这一年，风电人的心被一连串的重大安全事故牵动着。

从表面看，安全事故暴露出的是操作人员心存侥幸、安全主体责任没有落到实处、风险管控措施执行不到位等问题。深层原因则在于，作为新兴的风电行业，安全管理体系尚待完善，安全文化还没有真正生根发芽。

很多事故看似偶然，实则，偶然背后有其必然。根据海因里希安全法则，一个重大安全事故的背后，隐藏着几十个轻微事故和上百个潜在隐患。不着力消除这些潜在隐患，重大安全事故的发生，只是时间的问题。

历经上百年发展的煤炭、火电等传统的能源行业，都具有较为完善的安全培训和安全生产管理体系，而风电作为新能源最近十几年才快速发展起来，在这一过程中，行业的主要聚焦点在于通过技术创新推动度电成本下降。

如今，我国风电产业已从追求"量"进入到追求"质"的阶段。如何把安全文化和安全标准体系同步建立起来，完善安全培训和教育体系、唤醒安全意识、推广安全技能，已变得越来越迫切，这也是检验风电行业是否成熟的一个标志。

近年来，风电企业虽然也在探索制定安全操作规范，但是，规范制定容易，贯彻落实难，在整个行业和从业人员中形成一种内化于心、外化于行的安全文化更难。

我国风电技术最初是从国外引进，通过消化、吸收、再创新，逐步发展起来。在这一过程中，一些企业急于求成，对技术囫囵吞枣，对细节不求甚解。业内就有观点认为，从某种程度上说，现阶段海上风电升压站爆燃类事故的出现有其必然性，根源则在于我们对各种技术细节的忽视。

风电作为长跑型行业，要获得持续发展，就必须立足于长远。注重每一个细节，建立系统、科学、细致的安全文化，营造浓厚的安全文化氛围，才是预防安全事故发生的长效做法。望新一年，安全文化在行业落地生根，生产事故少些、少些、再少些。

6. 大唐退出华创整机商洗牌加速

2017年春节刚过，大唐集团即在北京产权交易所发布挂牌公告，出售旗下华创风能的股权。这一标志性事件预示着风电整机制造行业正呈现出"强者愈强、弱者愈弱"的格局，产业的集中度由此进一步提升。

华创风能成立于2006年。2011年7月，华创风能与"五大发电"之一的大唐集团进行战略重组。彼时，风电行业如日中天，风电运营商纷纷将触角伸向风电制造环节。在此背景下，大唐重组华创风能，有意将其打造成主流的风电制造企业。

2011年—2012年，风电行业步入"寒冬"，大多数风机制造商面临订单减少的压力。在此状况下，背靠大唐集团，华创风能在市场拓展方面获得了极大的先天优势。截至2014年底，华创风能有超过一半的订单来自大唐集团。

然而，很多失败不是败在弱点上，而是败在优势里。在大唐集团雄厚的资产实力和订单保障情况下，单一客户依赖性太强成了致命伤。几年下来，华创风能的经营状况和市场竞争力表现平淡。

没伞的孩子才会拼命奔跑。当时普遍认为，发电集团的整合会让独立风机制造商分到的市场蛋糕越来越小。现在回头看，成长比较好的却正是独立整机商。由于缺少可以背靠的"大树"，独立风电整机企业较早就开始探索自建风电场的途径，实现盈利模式的多元化。

2017年5月，华创风能交易案最终完成，盾安集团接盘华创风能，这标志着风电整机制造实现进一步整合，产能集中度提升已是必然之势。未来，行业上下游会出现更多类似的合并、收购，优势和资源将进一步向领先企业聚合，排名靠后的整机商将面临订单锐减，不得已退出市场的尴尬境地。

7. 试点平价上网厘清隐性成本

经过两个多月的遴选，2017年9月初，国家能源局正式公布风电平价上网示范项目名单。列入目录的示范项目共13个。这13个示范项目将担负起探路风电平价上网的重任。

根据规划，到2020年，风电与煤电上网电价相当，即所谓的"风火同价"。一方面距离这一时间节点越来越近；另一方面2018年实施新的风电标杆电价后，也意味着要着手制定下一次电价"退坡"的幅度。是要再经历一次"退坡"？还是一步到位取消补贴？除了弃风限电这一显性因素外，还有哪些隐性成本制约着风电平价上网？种种疑问，都需要主管部门摸清风电行业真实的电价承受水平。

显然，平价上网是风电的大势所趋，这一点业内没有争议。争议点在于，该实现什么样的平价上网？平价上网路径该怎样设计？从这个意义上讲，这13个示范项目的实践经验，将成为日后风电平价上网路线图设计的重要决策参考。作为平价上网的先行者，这13个示范项目不仅是为风电平价上网探路，也是为整个新能源行业平价上网摸索经验。

2017年风电并网运行情况

据行业统计，2017年，新增并网风电装机1503万kW，累计并网装机容量达到1.64亿kW，占全部发电装机容量的9.2%。风电年发电量3057亿kW·h，占全部发电量的4.8%，比重比2016年提高0.7个百分点。2017年，全国风电平均利用小时数1948h，同比增加203h。全年弃风电量419亿kW·h，同比减少78亿kW·h，弃风限电形势大幅好转。

2017年，全国风电平均利用小时数较高的地区是福建（2756h）、云南（2484h）、四川（2353h）和上海（2337h）。

2017年，弃风率超过10%的地区是甘肃（弃风率33%、弃风电量92亿kW·h），新疆（弃风率29%、弃风电量133亿kW·h），吉林（弃风率21%、弃风电量23亿kW·h），内蒙古（弃风率15%、弃风电量95亿kW·h）和黑龙江（弃风率14%、弃风电量18亿kW·h）。

2017年全国风电弃风电量和弃风率实现"双降"

国家能源局新能源和可再生能源司副司长梁志鹏24日表示，2017年，全国风电弃风电量同比减少78亿kW·h，弃风率同比下降5.2个百分点，实现弃风电量和弃风率"双降"。

梁志鹏在国家能源局24日举行的发布会上说，2017年，大部分弃风限电严重地区的形势均有所好转，其中甘肃弃风率下降超过10个百分点，吉林、新疆、宁夏、内蒙古、辽宁弃风率下降超过5个百分点，黑龙江弃风率下降接近5个百分点。2017年，弃光电量73亿kW·h，弃光率6%，同比下降4.3个百分点。

截至2017年底，我国可再生能源发电装机达到6.5亿kW，同比增长14%。可再生能源发电装机约占全部电力装机的36.6%，同比上升2.1个百分点，可再生能源的清洁能源替代作用日益突显。2017年，可再生能源发电量1.7万亿kW·h，同比增长1500亿kW·h。

占地407平方公里！世界最大离岸风电厂于英国动工

根据欧洲风能协会（EWEA）的数据，欧洲目前共有87座离岸风场，主要集中在英国和德国北海，总发电量达14GW，占全球市场九成。而英国更是离岸风电的泱泱大国，为世界最大的离岸风电场域。

现在最大规模的离岸风电场域位于英国伦敦外海，伦敦阵列（London Array）范围达100km，发电量达630MW，可为50万户家庭供电。而最大的风机则位于德国，风机轮轴高度达178m，装备叶片后，风机高度达246.5m，每年可生产10500MW·h电力。

而今后世界最大的离岸风电场域将会更换地点。丹麦离岸风电公司Ørsted（沃旭能源）已开始在英国建设比伦敦阵列更大的风电厂，占地407m²的Hornsea Project One海上风电场位于约克郡外海120km处，发电量可达1.2GW，为全球第一个突破1GW的离岸风电厂，计划在2020年投产，之后将可为100万户家庭供电。

用于固定风机的单桩（Monopile）由离岸工程公司GeoSea装备，该安装船Innovation可一次运载4座单桩，一座桩长65m，重约800t，直径则是8.1m，目前已装备174座单桩。海事工程公司A2SEA也将在今年3月开始运送风机。

Hornsea Project单座风机发电量达7MW，高度为190m，叶片运转总面积为18600m²，根据报导，该风机每运转一次可产生25h电力。Ørsted除了Hornsea Project One，还计划开始动工Hornsea Project Two，预计该电厂可为160万户家庭供电。而Project Three还处于发展初期，位置预计在前两个风电厂附近。

风电计划总监Duncan Clark表示，这些风电厂不仅可以让英国加速脱碳，还可以为英国格里姆斯比与东北地区提供工作机会。

英国能源局在2016年中批准Hornsea Project Two计划，电厂将坐落在格里姆斯比外海89km处，包含300座风机，完工后预计发电量可达1.8GW，而Project Three预计可以产生2.4GW的电力，并为200多万户家庭供电。

随着离岸风电的发展越来越稳定，风机的功率与规模越来越高，研究分析公司MAKE预计到了2024年，离岸风电风机功率将翻倍达到12MW左右，且该成长动能将在2020年开始，将由英国领先。

2017水电行业：平稳变革绿色转型

2017年，水电行业整体处于发展低谷，《电力"十三五"规划》释放信号表明：水电行业各主要指标均有下调，水电高速成长期已过。同时，受开发成本增加、弃水严重等负面因素影响，水电投资速度明显放缓。然而，中国水电主动变革、绿色转型仍值得期待。

这一年，弃水首次写入政府工作报告。

这一年，解决弃水问题政策频繁发布。

这一年，世界在建最大水电站——白鹤滩开工。

这一年，中央环保督察引发了一系列关停小水电风波。

这一年，水电企业积极谋求新发展方式——IPO。

这一年，小水电开启绿色转型发展之路。

这一年，水电"走出去"继续刷新纪录。

……

梳理回顾过去一年水电行业的重要事件，期待新的一年逆势而上、铿锵前行。变革路口，中国水电能否抓住机遇，再创辉煌，我们拭目以待。

1. 政策组合拳破解弃水

2017 年，弃水问题得到国家高度重视，首次写入政府工作报告。

随着大量在建水电站即将投运，"十三五"期间仅川滇两省的弃水电量有可能飙升至 1000 亿 kW·h 以上。为此，2017 年政府工作报告提出，抓紧解决机制和技术问题，优先保障可再生能源发电上网，有效缓解弃水、弃风、弃光状况。

政府工作报告中关注弃水问题体现出国家解决此问题的决心。但是，理顺清洁能源与化石能源之间利益补偿机制、可再生能源配额制、跨区域电力外送利益协调、电源建设与电网规划之间关系、电力市场交易机制等一系列问题，绝非朝夕间即可完成。

可喜的是，2017 年国家和地方相继推出政策组合拳，以解决"清洁能源白白浪费"问题。《2017 年度推进电力价格改革十项措施》（以下简称《十项措施》）、《关于促进西南地区水电消纳的通知》（以下简称《通知》）和《解决弃水弃风弃光问题实施方案》先后下发，弃水问题有望得到一定缓解。2017 年 5 月，四川省发布的《十项措施》有近一半涉及弃水；国家发改委、国家能源局 2017 年 10 月 24 日发布的《通知》共涵盖加强规划统筹、加快规划内的水电送出通道建设、加强水火互济的输电通道规划和建设、加强国网与南网输电通道规划和建设、建立健全市场化消纳机制等 11 项措施，给低谷中的水电行业注入了一剂强心剂。

11 项措施看上去都是点到为止、老生常谈，但涉及内容比较全面，包括水火关系、碳市场、电力现货交易、辅助服务、输电通道、流域联合调度等多方面，统筹的概念引领《通知》全文。相信在未来不断研究、完善、细化各项措施后，水电"物美价廉"却卖不出去的问题可以得到解决。

2. 世界在建最大水电站开工

2017 年水电行业最引人瞩目的事件，莫过于 8 月 3 日白鹤滩水电站主体工程全面建设，将世界水电带入"百万单机时代"。作为水电装机规模全球第二、在建规模全球第一的水电站，白鹤滩水电站开建更是金沙江下游继溪洛渡、向家坝水电站建成投产和乌东德水电站核准建设以来，中国乃至世界水电史上又一具有里程碑意义的事件。

白鹤滩水电站建成后总装机容量 1600 万 kW，比三峡工程低 600 万 kW，比世界第三大水电站伊泰普多 200 万 kW，多年平均发电量 624.43 亿 kW·h，相当于北京市 2015 年全年用电量的 2/3。

白鹤滩水电站主要特性指标均位居世界水电工程前列：单机容量 100 万 kW 世界第一、300m 级高坝抗震参数世界第一、圆筒式尾水调压井规模世界第一、无压泄洪洞规模世界第一、300m 级高坝全坝使用低热水泥混凝土世界第一、装机容量 1600 万 kW 世界第二、拱坝总水推力 1650 万 t 世界第二、拱坝坝高 289m 世界第三、枢纽泄洪功率世界第三、工程综合技术难度名列世界前茅。

白鹤滩电站又是唯一一座全部实现设备国产化的水电站，是我国重大水电装备又一次历史性大飞跃，电站将在全球率先使用单机容量百万千瓦级机组，对提升我国机电设备国际竞争力具有重要意义。100 万 kW 的单机容量，超过了国内外很多水电站的总装机规模，电站建成后，电能将大容量、远距离外送，也将促进全国联网的建设。依托白鹤滩水电站建设，可全面提升我国水电行业的勘测、设计、施工、运行管理水平，提升中国水电开发核心能力。

3. 抽蓄建设全面提速

2017 年是抽水蓄能提速全面建设的一年，不仅项目建设多点开花，我国还开启了海水抽蓄的前瞻性研究。

截至目前，我国已经建成潘家口、十三陵、天荒坪、泰山、宜兴等一批大型抽水蓄能电站，抽水蓄能电站装机容量已跃居世界第一。伴随项目建设提速，全国百万千瓦级以上大容量的抽水蓄能电站在建项目已有 20 多座。

2017 年，国家电网公司投资建设的河北易县、内蒙古芝瑞、浙江宁海、浙江缙云、河南洛宁、湖南平江 6 座抽水蓄能电站同时开工，掀起了抽蓄建设的高潮。

抽蓄电站体量很小，但工程建成投运后，将显著增强电力系统调峰能力、提高电网消纳能力，有效缓解弃风弃光。尤其随着西部、北部大型风电、太阳能基地的建设，迫切需要送端地区配套抽蓄电站。

2017 年，我国基本摸清了海水抽水蓄能电站的资源情况。国家能源局圈出 8 个海水抽蓄电站做示范站点，海水抽蓄电站的前瞻性研究将提升海岛多能互补、综合集成能源利用模式。不过，由于海水抽蓄电站的投资成本、技术攻关、设备研发等诸多问题待解，示范项目落地仍需时日。

虽然抽水蓄能建设近两年明显加快，但在电力装机中的占比仍不到 2%，不能满足能源系统发展的需要。需要注意的是，抽蓄电站等电网基础设施投资大、建设周期长，随着后续抽蓄电站的建设提速，我国将大幅度提高抽水蓄能机组在电力装机中的占比，中长期经济效益更加凸显。

4. "走出去"呈现多赢格局

作为开拓国际市场的主力军，水电企业 2017 年"走出去"继续呈现出多元化多赢的格局。

这一年，中国电建、中国三峡"走出去"势头迅猛之势不减。除了竞标水电项目，一个显著特征是开启收购模式，其中一个典型案例是中国电建成功收购哈萨克斯坦水利设计院，目前正在推进收购澳大利亚设计咨询公司的各项工作。这种收购模式将为中企在海外市场开拓提供重要学术支持。

纵观水电"走出去"的模式，购买股权、购买电站、EPC 总承包……每个项目都不同。以三峡集团巴基斯坦卡洛特项目提前实现融资关闭为标志，水电"走出去"的海外投融资模式不断创新升级。这种称为"有限追索的项目融资"方式，是国际上通行的融资模式。但到目前，还没有哪一个水电项目能在短时间实现融资关闭，在中国海外投资项目里，真正实现这种方式融资的少之又少。卡洛特项目提前实现融资关闭，为未来更多的项目融资提供了经验。

中资企业海外的水电建设质量也经得起检验，2017 年更是迎来收获期：中国电建承建的斯伦河二期工程 2017 年荣获柬埔寨王国最高工程质量奖，该荣誉相当于柬埔寨的"鲁班奖"。

从2017年水电企业"走出去"的情况看，中国水电产业已不仅是制造、设计、施工、技术全产业链"出海"，更提高了档次，并不断升级，具备了更强的国际竞争力。

5. 企业 IPO 逆势求进

2017年水电行业身处低潮，不少企业为解决自身发展问题，纷纷启动上市融资。

华能水电2017年12月15日在上交所挂牌交易最引人注目。华能水电此次共发行新股18亿股，占总股本比例10%，募资总额为39.06亿元，创2016年以来上市企业最大发行规模及投资者中签率最高两项纪录。

华能水电是由中国华能集团控股的大型流域水电企业，拥有澜沧江全境流域的水电开发权，是我国第二大水电企业，装机容量和发电量仅次于已在A股上市的"长江电力"，此次上市的募集资金将全部用于澜沧江干流苗尾水电站、乌弄龙水电站、里底水电站建设。

华能水电IPO对改善国内电力结构、建立科学合理的能源格局具有重要意义。尤其是该公司自筹资金建设上述三个水电站项目，有利于其尽早扩大产能规模，提高其整体盈利能力，也有利于项目发电机组早日达产，更有效提升华能水电公司整体利润水平。

除华能水电外，2017年还有不少水电企业跑步加入资本市场：四川能投发展和广西恒电控股均在去年开启香港上市之路；欧亚水电、安河雷波水电、东河水电、重庆开州等小水电企业也于2017年递交挂牌股转申请。与大企业登陆主板不同，小水电企业更倾向于扎堆融资灵活、审批快的新三板。

无论是主板、港股，还是新三板，均是水电企业绝佳的资本运作平台，同时也是其解决资金问题、做大做强的有效途径。

6. 环保督察关停多地小水电

2017年，小水电行业刮起一场环保大风暴，更是中央环保督查组查出全国小水电站无序开发问题最多的一年。督查结果显示，很多省市小水电站开发强度过大和无序开发问题突出，由此带来河道减水或断流等诸多生态影响。如何减少水电开发建设对环境的影响，真正使水电与环境保护融为一体，仍是小水电行业必须直面的问题。

环保督察结果直接暴露出我国小水电业主为了私利，在建设运行中对生态需水保障不力，更暴露出地方政府生态环保监督工作尚未做到位。

环保督察还引发了全国各地自然保护区小水电关停之争，甘肃祁连山、安徽岳西、四川眉山小水电关停事件震动业内。2017年，很多省市开始对本辖区的自然保护区小水电站进行全面梳理排查，建立问题台账，逐一制定整改方案。去年9月底前祁连山区域内水电站生态环境问题得到全面整改，祁连山区域范围内159座水电建设项目全面排查完成。如今，国家级自然保护区生态环境问题整改仍在继续，部分水电设施的违规建设和违规运行对生态造成的破坏问题已得到有效解决，未来水电开发建设和生态环境保护将协同共进。2017年小水电在保护与开发之间寻求

平衡。

去年，由于个别地方环保部门未妥善处理好遗留问题并暴力执法，直接引发自然保护区小水电站业主与当地政府对簿公堂。

在执行环保督查令过程中，地方政府已处在"进退两难"的境地。自然保护区小水电站拆还是留？如何解决错综复杂的历史欠账问题？需要地方政府制定因地制宜的方案，推动小水电成为全生命周期的清洁能源。

7. 小水电踏上绿色转型路

2017年是绿色小水电创建首年，也是小水电生态年，更是小水电转型元年。

创建绿色小水电符合中央推动绿色发展的决策部署。水利部先后出台《关于推进绿色小水电发展的指导意见》《农村水电增容扩容改造河流生态修复指导意见》《绿色小水电评价标准》，为今后一个时期绿色小水电建设理清了思路。国家对小水电发展政策逐渐清晰，小水电开发与河流生态环保是相辅相成和谐共生毋庸置疑。

2017年水利部正式启动绿色小水电创建，令人遗憾的是绿色小水电创建首年，小水电大省——四川、云南全部缺位，仅有陕西、浙江、海南、辽宁、福建等12个省（自治区）上报了小水电，与水利部预期相距甚远。而且，首批申报者几乎均为国营企业，自愿申报的业主屈指可数。"开局"虽"不利"，但政府主管部门力推小水电绿色转型的决心并未动摇。今年水利部将继续创建一批有影响力的绿色小水电站，力争年内再创建200座绿色小水电站。

2017年小水电绿色转型之路和中央对小水电发展新要求高度契合。现在的小水电不仅发电，还要满足灌溉、供水、生态景观用水等多种需求。因此，2017还是调整小水电功能和提高综合利用水平的一年。

未来小水电绿色转型还需要小水电业主下决心、花资金改变不合理的发展模式，尤其是摒弃牺牲生态环境换取发电效益增长的做法。

令人欣慰的是，地方省份2017年探索小水电绿色转型发展有了突破性进展。福建出台了全国首个水电站生态电价管理办法，该办法是发挥价格机制作用推进水电生态转型升级的重大政策突破，为各地探索和推进小水电绿色转型提供了借鉴和参考。

8. 水库联合调度防洪"减负"

2017年，水库群联合调度抗洪减灾作用凸显，流域水资源优化配置发挥出最佳效果。

2017年，三峡水库为应对长江一号洪水"挺身而出"，从7月1日14时开始降低出库流量，到3日14时的黄金48h内，三峡水库连续五次削减出库流量累计超七成，三峡电站停运发电机组19台。同属三峡集团的三峡、溪洛渡、向家坝三个水库联合发力，将32.07亿 m^3 洪水拦截在长江上游，防洪效果显著。

在此期间，三峡电站出力由1812万kW减少至600万kW，开机台数由28台减小至9台，停机达68%，三峡-葛洲坝梯级电站共计停机26台。而且，在长江汛初时期，短时间降幅如此之大的调度力度，在三峡水库14年运行史上极其少有，以往只在助力2015年"东方之星"客轮打捞

救援上运用过一次。

正是因为有了调峰驯洪的水库群联合调度,长江防总可以站在全流域的高度精细调度水库,为中下游防洪"减负"。

2017 年也迎来了一次实力大扩充,中游清江、洞庭湖区等 7 座控制性水库群纳入联合调度后,调度范围由上游扩展至中游城陵矶控制断面以上,水库群"军团"从 21 座增加到 28 座,从全流域的视角来看,未来联调联控抗洪能力进一步得到提升。

水库群联合调度决策是一个复杂的过程,也是一项技术要求非常高的工作,需要考量各水库目标以及水文、气象等随机因素,更需要完善联合调度体制机制,水库群的联合调度研究和应用还有很长的路要走。

放审批权促生物质发电迅速增长

"十二五"生物质发电装机规划的落空让不少人对《生物质能发展"十三五"规划》存有质疑,可通过政策引导、审批权下放等手段,截至 2016 年底原定 1500 万 kW 的生物质装机规模已完成 1214 万 kW。

7 月 28 日,国家能源局印发《关于可再生能源发展"十三五"规划实施指导意见》(以下简称《意见》),同时发布《生物质发电"十三五"规划布局方案》(以下简称《方案》),明确"十三五"期间生物质发电政府支出方向等问题。《方案》显示,到 2020 年,我国 31 个省(区、市)符合国家可再生能源基金支持政策的生物质发电规模总计将达 2334 万 kW,是原"十三五"规划目标的 155.6%。

比"十三五"规划目标增长 55.6%

兼具经济、生态与社会等综合效益的生物质发电,是可再生能源中的重要组成部分。据国家能源局日前发布的《2016 年度全国生物质发电监测评价报告》显示,截至 2016 年底,全国生物质发电并网装机容量 1214 万 kW(不含自备电厂),占全国电力装机容量的 0.7%,占可再生能源发电装机容量的 2.1%,占非水可再生能源发电装机容量的 5.1%。全国生物质发电量达 647 亿 kW·h,占全国总发电量的 1.1%,占可再生能源发电量的 4.2%,占非水可再生能源发电量的 17.4%。

据《生物质能发展"十三五"规划》显示,到 2020 年我国计划生物质发电装机量 1500 万 kW,而此次《方案》明确到 2020 年,我国 31 个省(区、市)符合国家可再生能源基金支持政策的生物质发电规模总计将达 2334 万 kW,比"十三五"规划目标增长 55.6%。

"从现有装机规模来看,'十三五'生物质发电装机 1500 万 kW 是一个很切实的目标。"国家可再生能源中心产业发展部研究员窦克军认为,2016 年底生物质发电装机容量已经超过 1200 万 kW,由此看来 1500 万 kW 的目标并不高,这也是规划调整的主要原因。

此次《意见》将生物质发电(主要包括农林生物质发电和垃圾焚烧发电)"十三五"规划布局规模一次性下达,并要求各省(区、市)能源主管部门根据规划布局,组织开展项目核准工作,每年 2 月底之前上报上一年度项目核准及建设运行情况。

窦克军特别强调了这一上报机制,"这就是规模大幅度提高的主要原因。"窦克军表示,严格的上报制度说明审批权的下放。2015 年初国家发展改革委印发《关于加强和规范生物质发电项目管理有关要求的通知》明确,农林生物质发电非供热项目由省级政府核准;农林生物质发电热电联产项目,城镇生活垃圾焚烧发电项目由地方政府核准,使得生物质发电项目的审批权也进一步下放。

"就目前而言,生物质发电的电价是可再生能源中最高的,这也是导致项目规模预期增长的因素。"窦克军认为,从地方角度看,都希望通过项目来达到地方利益和发展,作为国家大力支持、投资规模大且上网电价高的生物质发电就成为香饽饽。

去年我国生物质发电替代 2030 万吨标准煤

下放审批权使生物质发电规模得到快速发展,同时相关部门也将严格控制项目类型,推进生物质热电联产项目。《方案》明确,规划 2334 万 kW 的生物质发电项目,分别是 1312 万 kW 的农林生物质热电联产,以及 1022 万 kW 的垃圾焚烧热电联产项目。《意见》也提出,大力推进农林生物质热电联产,从严控制只发电不供热项目。

"热电联供综合效率高于直燃发电,可更好的充分利用资源。"窦克军表示,生物质发电热电联产有利于改善供暖地区的环境,有效替代燃煤。

《生物质能发展"十三五"规划》把积极推动生物质成型燃料在商业设施与居民采暖中的应用作为建设重点。要求加快大型先进低排放生物质成型燃料锅炉供热项目建设。

此次《意见》明确,因地制宜推进城镇生活垃圾焚烧热电联产项目建设。将农林生物质热电联产作为县域重要的清洁供热方式,为县城及农村提供清洁供暖,为工业园区和企业提供清洁工业蒸汽,直接替代县域内燃煤锅炉及散煤利用。

近年来,生物质发电带来的环保效益显著。《2016 年度全国生物质发电监测评价报告》显示,2016 年,我国生物质发电共替代化石能源 2030 万 t 标准煤,减排二氧化碳约 5340 万 t。农林生物质发电共计处理农林剩余物约 4570 万 t;垃圾焚烧发电共计处理城镇生活垃圾约 10450 万 t,约占全国垃圾清运量的 37.3%。

事实上,生物质燃料的原料主要是农林业废弃物,不仅可直接代替燃煤发电供暖以减少污染物排放,从原料端也可以减少农林业废弃物焚烧带来的直接污染。

据了解,我国生物质资源丰富,能源化利用潜力大。全国可作为能源利用的农作物秸秆及农产品加工剩余物、林业剩余物和能源作物、生活垃圾与有机废弃物等生物质资源总量每年约 4.6 亿 t 标准煤。

发展生物质发电仍需政策引导扶持

虽然可利用量很高,但由于农林业废弃物等燃料密度低、体积大,存在着季节性强,收集运输困难的问题,原材料收购成为制约生物质发电大规模发展的一个重要因素。加上原材料分散在广大农村,收集储运费用贵,人力成本上涨,导致成本居高不下。

"原料问题是大问题，也是老问题。"窦克军说，生物质发电企业"吃不饱"的问题不是一朝一夕能解决的。《国家创新驱动发展战略纲要》中提到，国家要发展生态绿色高效安全的现代农业技术，推动农业机械化，规模化发展，有利于生物质能发电行业规模收购原材料，降低运输成本，同时也有助于缓解生物质资源的季节性、分散性与生物质能利用的连续性、集中性的矛盾。

由于原料运输等问题，加之目前生物质发电平均每千瓦1万元以上的单位造价，使得在现有技术水平和政策环境下，生物质能源开发利用成本高，扣除财税补贴、土地优惠、电价政策外，大部分生物质能发电企业仍处于亏损之中。

"我国东部经济较发达地区，当地政府支付垃圾处置价格较高，因此受到垃圾焚烧发电投资企业青睐，但一些地区由于缺乏统一规划出现了资源竞争，导致运营企业'吃不饱'问题出现。"窦克军说，这些问题加上资源分散、规模小、生产不连续等特点，从产业整体状况分析，我国生物质发电及生物质燃料行业目前仍处在政策引导扶持期。

此前，《生物质能发展"十三五"规划》中就明确将生物质能利用纳入国家能源、环保、农业战略，协同推进，充分发挥生物质能综合效益。并建立生物质能优先利用机制，加大扶持力度，引导地方出台措施支持现有政策之外的其他生物质发电方式。

此次《意见》在资金补贴方面明确，各级能源主管部门组织当地区可再生能源电力建设，除了考虑电网接入和市场消纳保障外，还应考虑当地可再生能源电价附加征收情况，以及其他补贴资金来源等因素。《意见》还鼓励各级地方政府多渠道筹措资金支持可再生能源发展。同时，要求各级能源主管部门和各派出能源监管机构会同有关部门监测评价生物质发电项目电费结算、补贴资金到位以及企业经营状况，向社会及时发布信息，提醒企业投资经营风险，合理把握可再生能源电力建设节奏。

ITER 大型超导磁体系统首个部件在中国研制成功

ITER 大型超导磁体系统首个部件26日在安徽合肥科学岛上研制成功，该项目是由中国科学院等离子体物理研究所承担研制的。

"国际热核聚变实验堆（ITER）计划"是目前全球规模最大、影响最深远的国际科研合作项目之一，由中国、美国、日本、俄罗斯、欧盟、韩国、印度等国家和地区共同参与。ITER 也是实现未来商业用聚变能的关键一步。

核聚变能因其清洁、环保、安全、原料丰富等特点，被认为是人类未来最有希望的能源之一。

此次研制成功的磁体馈线系统是 ITER 部件中最为复杂的系统之一，包含31套不同的馈线，单套长度30－50m，总重量超过1600t，共计6万余个部件。作为 ITER 超导磁体系统供电、冷却和提供诊断信号的关键集成通道，被称之为 ITER 主机的生命线。该系统在高温超导电流引线、超导接头、低温绝热、低温高压绝缘等核心技术方面取得了诸多国际领先成果。

中国于2006年正式参加 ITER 计划。中国科学院等离子体物理研究所继自主建成世界上首个全超导托卡马克核聚变实验装置东方超环 EAST 之后，在 ITER 超导磁体馈线系统、ITER 大型电源等项目上均提出了最优方案并被国际组织采纳，实现中国创造，不仅消除了 ITER 未来运行风险，也展示了世界领先的技术水平。

通过承担国家大科学工程项目和参加 ITER 计划，中国自主发展关键聚变工程技术，在不断创新中实现多项中国创造，填补国际空白，形成了在低温超导材料方面中国占国际市场份额的60%、高温超导电流引线100%完全由中国提供的局面。实现了超导材料、低温材料、大功率电源器件等技术和部件从无到有、到规模化生产并向欧美西方发达国家出口的飞跃。

2017 年火电行业依然过剩

2018年1月22日举行的国家发改委新闻发布会公布了2017年全社会用电量数据。

国家发改委政策研究室主任兼新闻发言人严鹏程介绍，2017年，全社会用电量6.3万亿kW·h，同比增长6.6%，增速较去年同期提高1.6个百分点。

厦门大学中国能源政策研究院院长林伯强对21世纪经济报道记者分析，2017年6.6%的电力消费增长与6.9%的经济增速基本上是相互匹配的，这说明中国经济增长高于市场预期是有依据的。

根据国家能源局的统计，2017年全国电源基本建设投资额完成2700亿元，同比下降20.8%。其中水电完成618亿，同比增长0.1%；火电完成740亿元，同比下降33.9%；核电完成395亿元，同比下降21.6%。

此外，严鹏程介绍，发改委2017年会同各地相关部门和电力企业大力推进电力市场化交易，电力市场建设初具规模，交易电量累计1.63万亿kW·h，同比增长45%，占全社会用电量比重达26%左右，同比提高7个百分点，为工商企业减少电费支出603亿元。

电力消费需求或已走出底部

2017年的全社会用电量结构引人关注。

严鹏程在1月22日的新闻发布会上指出，一产、二产用电量同比分别增长7.3%和6.6%，增速分别提高2.0和2.7个百分点；三产和居民生活用电量同比分别增长10.7%和7.8%，增速分别回落0.6和3.1个百分点。

分产业看，二产用电对全社会用电增长的贡献率为60.2%，拉动全社会用电量增长3.9个百分点。

其中，制造业用电同比增长5.8%，增长较快的是石油加工炼焦及核燃料加工业、交通运输电气电子设备制造业、通用及专用设备制造业，分别增长12.2%、10.3%和10.3%。

同时，三产用电实现两位数较快增长，其中，信息传输、计算机服务和软件业用电同比增长14.6%，交通运输、仓储和邮政业用电量同比增长13.3%。

在三产用电中，新经济新业态的拉动不容忽视。根据国家统计局局长宁吉喆在1月18日的介绍，2017年实物商品网上零售额增长28%，非实物商品网上零售增长更快，快递业务量保持了近30%的增长。

林伯强分析，从用电消费来看，电力消费需求已经走出了2014年以来的下行周期底部，预计未来电力消费增速有望保持一个较快的增速。

"用电增速受气候和天气因素影响比较大，抛开气候和天气因素不谈，从经济增长需求的拉动而言，预计2018年全社会用电量可能比2017年略高。"国网能源研究院前副院长胡兆光对21世纪经济报道记者分析。

弃水弃风弃光减少

根据国家能源局统计，从发电侧来看，2017年，全国6000kW及以上电厂发电设备累计平均利用小时为3786h，同比减少11h。

其中，水电设备平均利用小时为3579h，同比减少40h；火电设备平均利用小时为4209h，同比增加23h。

对此，林伯强分析，火电平均利用小时数实现同比增长主要是火电去产能的原因，但目前的火电平均利用小时数还远远低于正常状况下的5000h，火电行业依然过剩。

严鹏程在1月22日的新闻发布会上介绍，从发电情况看，2017年全国发电量同比增长6.5%，其中火电发电量同比增长5.2%。清洁能源发电量同比增长10%，增速高于火电4.8个百分点；其中，水电、核电、风电、太阳能（5.090，0.01，0.20%）发电量同比分别增长1.7%、16.5%、26.3%和75.4%。

对此，航禹太阳能董事长丁文磊对21世纪经济报道记者分析，在各种电源中，太阳能发电量的增速最高，一方面与其基数比较小有关系，另一方面说明太阳能发电还具备广阔的发展空间。预计2018年太阳能的装机规模将略有下降，大约在45GW。

严鹏程介绍，跨省跨区电力市场化交易有效减少了弃水弃风弃光。

初步统计，跨省跨区清洁能源送出电量5870亿kW·h，占总送电量的54.5%，其中，完成西南水电送出2638亿kW·h，增长10.2%，为减少西南水电弃水发挥了积极作用；实现风电、光伏发电跨省外送市场化交易电量366亿kW·h，同比增加26%，缓解了"三北"地区弃风弃光压力。

在2017年12月26日召开的全国能源工作会议上，国家能源局局长努尔·白克力表示，国家能源局将推动弃水弃风弃光电量和限电比例逐年下降，到2020年在全国范围内基本解决该问题。

中国国电集团公司与神华集团有限责任公司合并重组

2017年8月28日，经党中央、国务院批准，中国国电集团公司与神华集团有限责任公司合并重组为国家能源投资集团有限责任公司（简称"国家能源集团"）。时隔整整3个月，随着重组成立大会的召开，国家能源集团于11月28日正式成立，能源央企新"航母"诞生了。

能源"巨无霸"

资产规模超过1.8万亿元，拥有4个世界之最

资产规模超过1.8万亿元，拥有33万名员工、8家科研院所、6家科技企业，形成煤炭、常规能源发电、新能源、交通运输、煤化工、产业科技、节能环保、产业金融等8大业务板块……重组后的国家能源集团可谓能源"巨无霸"，按照2016年年年底的口径计算，它同时拥有了4个世界之最——

作为世界最大的煤炭生产公司，国家能源集团拥有生产煤矿83个（露天煤矿16个），核定产能4.29亿t。煤炭供应全国及日、韩等多个国家和地区。拥有世界最先进、规模最大的神东矿区千万吨矿井群。

作为世界最大的火力发电生产公司，国家能源集团拥有火电装机1.67亿kW，电站遍布全国31个省区市，以及澳大利亚、南非、印度尼西亚等国家。超低排放机组、大容量高参数机组、新能源装机，以及以节能环保及装备制造为主的高科技产业等在行业内处于领先地位。

作为世界最大的可再生能源发电生产公司，国家能源集团拥有风电装机达3300万kW，年发电量570亿kW·h，盈利能力、管理水平、国际化规模国内领先。

作为世界最大煤制油、煤化工公司，国家能源集团投入煤制油化工生产运营项目共28个，运营和在建煤制油产能526万t，煤制烯烃产能288万t，拥有多项关键自主知识产权工艺技术。

此外，国家能源集团还拥有2155km的铁路，年吞吐量3亿t的港口，以及80艘自有船舶的船队。在重载铁路建设运营方面，也处于行业领先水平。

重组成立国家能源集团，是做强做优做大中央企业的有效途径。"正如国务院国资委主任肖亚庆所说，两家企业的"强强联合"，将加快打造一家规模实力更强、协同优势更为突出、产业结构更为合理的综合性能源集团，更好发挥央企在保障国家能源安全、促进经济健康发展中的作用。

煤电"一家亲"

将助推煤电行业进入更可持续、稳定发展的状态

重组之前，神华集团以煤为主业，是煤、电、路、港、航一体化发展的综合性能源集团；国电集团则以电为主业，是我国五大发电集团之一，风电总装机居世界第一，在火电超低排放、脱硫脱硝等领域技术优势明显。过去，神华集团的煤产量、国电集团的发电量分别都占全国总产量的15%左右。重组之后，煤与电成了"一家亲"，会擦出怎样的火花呢？

"我们常说煤电两个行业坐在'跷跷板'上，煤价上涨，发电企业就吃亏，煤价下来，发电企业的日子就好过些。"中国人民大学国企研究中心研究员李锦介绍，近年来，随着煤炭去产能力度的加大，煤价出现上涨，相应的，发电企业经营状况就受到了影响。来自国家能源局的数据显示，前三季度，我国煤炭采选业实现利润2262亿元，同比增长7.2倍，与之形成鲜明对比的是——前三季度，电力、热力生产和供应业实现利润2593亿元，同比下降23.7%，比去年同期回落18个百分点。

"之前神华的电厂没有燃料采购部门，不用担心煤炭，而别的火力发电厂可能要存两个星期的煤才觉得踏实。"国家能源集团总经理凌文表示，两家合并为一家以后，国电所有电厂的供煤一定是有保证的，"当然，今后还要考虑到转运成本、煤种搭配，不能简单地算量，但我们会逐步加

大对电厂供煤的保障力度。"

"煤电一体化之后，产业链上下游要素之间进行了整合，可以减轻企业对市场价格变动的影响，让煤电行业进入更可持续、稳定发展的状态。"在李锦看来，国家能源集团的成立将会对我国煤电行业产生巨大影响，"会从根本上推动我国煤电一体化进程的加快，倒逼和引导着其他一些企业效仿重组，这也正是我国能源体制革命的重要方向。"

"重组既是深化国企改革、推进中央能源企业优化布局结构的必然要求，也是推动能源结构调整转型升级、防范和化解煤炭煤电产能过剩的重大举措。"肖亚庆用若干个"有利于"分析了此次重组对能源行业的重大意义：有利于理顺煤电关系、实现煤电一体化发展，提升企业整体盈利能力和经营效益；有利于缓解同质化发展、资源分散等突出问题，推动企业在更高层次、更高水平上实现资源优化配置；有利于发挥双方在产业链上下游的协同效应，形成煤电一体化经营机制；有利于进一步优化业务结构，提升绿色发展水平；有利于整合双方科技资源，加快关键技术突破；有利于统筹内部产能，加快落实煤炭、煤电去产能任务，提高煤电利用效率。

"1+1＞2"

将加快推进资产、业务、机构、人员、管理等全方位融合。

"1+1"能否真正"大于2"，事关重组的成效。前不久，在党的十九大央企代表团开放日上，凌文在回答记者提问时曾表示，国有资产战略性重组，既是"包办婚姻"，也是"自由恋爱"，两家企业都很欢迎，"重组不是简单的'合并同类项''物理拼盘'，一定要结合供给侧改革，争取产生'化学反应'。"

"化学反应"该如何产生？李锦表示，重组之后，下一步重点工作有几个方面：一进行领导机构、人员的整合；二进行产业链条的深度整合，不只是形式上的合并，而要进行内在重组，实现资源的最佳配置，提高全要素生产率；三提升科技创新能力，让企业收获更具有科技含量的新动能。此外，这次重组还将推动国企改革的加快。作为投资经营公司，国家能源集团将向"小总部、大企业"的方向发展，管理体制也将呈现出新的变化。

国家能源集团董事长乔保平表示，下一步将加快推进资产、业务、机构、人员、管理、文化和党建全方位融合，保障重组工作圆满完成，切实发挥协同效应，确保重组红利充分释放，实现"1+1＞2"的重组效果。将以推进供给侧结构性改革为主线，聚焦煤炭、发电主业，大力实施"三去一降一补"，化解产能过剩，优化布局结构，推进绿色发展，大力实施创新驱动战略，全面深化内部改革，加快完善现代企业制度，积极发展混合所有制经济，加大"走出去"力度，积极参与"一带一路"建设，全力打造具有全球竞争力的世界一流综合能源集团。

16 部门印发《关于推进供给侧结构性改革防范化解煤电产能过剩风险的意见》

近日，国家发展和改革委员会、工业和信息化部、财政部、人力资源和社会保障部、国土资源部、环境保护部、住房和城乡建设部、交通运输部、水利部、中国人民银行、国务院国有资产监督管理委员会、国家质量监督检验检疫总局、国家安全生产监督管理总局、国家统计局、中国银行业监督管理委员会、国家能源局16部委联合印发《关于推进供给侧结构性改革防范化解煤电产能过剩风险的意见》。

意见指出："十三五"期间，全国停建和缓建煤电产能1.5亿kW，淘汰落后产能0.2亿kW以上，实施煤电超低排放改造4.2亿kW、节能改造3.4亿kW、灵活性改造2.2亿kW。到2020年，全国煤电装机规模控制在11亿kW以内，具备条件的煤电机组完成超低排放改造，煤电平均供电煤耗降至310克/kW·h。

主要任务：

（一）从严淘汰落后产能。严格执行环保、能耗、安全、技术等法律法规标准和产业政策要求，依法依规淘汰关停不符合要求的30万kW以下煤电机组（含燃煤自备机组）。有关地区、企业可结合实际情况进一步提高淘汰标准，完善配套政策措施，及时制定关停方案并组织实施。

（二）清理整顿违规项目。按照《企业投资项目核准和备案管理条例》（国务院令673号）、《国务院关于印发清理规范投资项目报建审批事项实施方案的通知》（国发〔2016〕29号）等法律法规要求，全面排查煤电项目的规划建设情况，对未核先建、违规核准、批建不符、开工手续不全等违规煤电项目一律停工、停产，并根据实际情况依法依规分类处理。

（三）严控新增产能规模。强化燃煤发电项目的总量控制，所有燃煤发电项目都要纳入国家依据总量控制制定的电力建设规划（含燃煤自备机组）。及时发布并实施年度煤电项目规划建设风险预警，预警等级为红色和橙色省份，不再新增煤电规划建设规模，确需新增的按"先关后建、等容量替代"原则淘汰相应煤电落后产能；除国家确定的示范项目首台（套）机组外，一律暂缓核准和开工建设自用煤电项目（含燃煤自备机组）；国务院有关部门、地方政府及其相关部门同步暂停办理该地区自用煤电项目核准和开工所需支持性文件。

落实分省年度投产规模，缓建项目可选择立即停建或建成后暂不并网发电。严控煤电外送项目投产规模，原则上优先利用现役机组，2020年底前已纳入规划基地外送项目的投产规模原则上减半。

（四）加快机组改造提升。统筹推进燃煤机组超低排放和节能改造，东部、中部、西部地区分别在2017年、2018年、2020年底前完成具备条件机组的改造工作，进一步提高煤电高效清洁发展水平。积极实施灵活性改造（提升调峰能力等）工程，深入挖掘煤电机组调节能力，提高系统调节运行效率。

（五）规范自备电厂管理。燃煤自备电厂要纳入国家电力建设规划，不得以任何理由在国家规划之外审批燃煤自备电厂，京津冀、长三角、珠三角等区域禁止新建燃煤自备电厂。燃煤自备电厂要严格执行国家节能和环保排放标准，公平承担社会责任，履行相应的调峰义务。

（六）保障电力安全供应。加强电力预测预警分析，定期监测评估电力规划实施情况，并适时进行调整。要及时做好电力供需动态平衡，采取跨省区电力互济、电量短时互补等措施，合理安排电网运行方式，确保电力可靠供应和系统安全稳定运行。

积极推进重组整合

文件还提出积极推进重组整合。鼓励和推动大型发电集团实施重组整合，鼓励煤炭、电力等产业链上下游企业发挥产业链协同效应，加强煤炭、电力企业中长期合作，稳定煤炭市场价格；支持优势企业和主业企业通过资产重组、股权合作、资产置换、无偿划转等方式，整合煤电资源。

实施差别化金融政策，鼓励金融机构按照风险可控、商业可持续的原则，加大对煤电企业结构调整、改造提升的信贷支持。

盘活土地资源，其中，转产为生产性服务业等国家鼓励发展行业的，可在5年内继续按原用途和土地权利类型使用土地。

2017 全球超大规模数据中心已超过 390 个，中国占 8%

据 Techcrunch 报道，Synergy Research 研究发现，2017年是全球新的超大规模数据中心的突破年，全球超大规模数据中心已超过 390 个，且没有放缓现象。Synergy 预计到2019 年底全球将有超过 500 个超大规模数据中心。

以前来讲，很多人觉得只有诸如亚马逊、苹果、Facebook 和 Google 之类的超大规模运营商才需要大规模数据中心提供计算，以最大限度地提高效率。然而，随着数据需求发展，越来越多的企业开始建立超大规模数据中心，其中就包括腾讯和百度。

从数据来看，目前绝大多数超大规模数据中心设在美国，占到了 44%，中国位居第二为 8%，其次是 6% 的日本和英国。

面向超大规模数据中心的下一代电源解决方案

如今，现代 IT 环境正在迅速发展和演变，已经超出现有数据中心基础设施的能力和容量。数据中心将面临更多的用户，更多的数据和新技术，并承载着更加广泛分布的信息。实际上，最新的"思科云指数"的调查报告显示了云计算和数据中心平台内正在发生多大的演变：

超大规模数据中心内的流量将在 2020 年增长 5 倍。

到 2020 年，超大规模数据中心的流量将占所有数据中心流量的 53%。

此外，根据调查机构 IDC 公司的调查，服务提供商在扩展云计算架构实施的同时，继续在性能提升和成本降低方面寻求新的突破。此外，托管即服务模式将继续从传统模式转向基于云计算的交付机制，如基础设施即服务，刺激托管服务器的超大规模增长（2013—2018 年复合年增长率为 15% ~ 20% ）。

在当今的数字经济中，数据中心必须以超大规模的容量运行，以满足用户需求，保持市场竞争力，并提供新的数字服务。

超大规模数据中心被设计为大规模可扩展的计算架构。为了达到这样的规模和密度，超大规模数据中心围绕服务器利用率、能效、冷却、空间占用情况进行了优化。这样做的一种方式是通过自动化交付从服务器到机架的关键资源来实现。

但是，如何以超大规模的速度部署超大规模数据中心？如果组织正在进行超大规模部署或重大数据中心更新，那么考虑快速部署机架，电源效率以及如何快速启动和运行数据中心至关重要。

超大规模数据中心效率的需要

最近一份名为"美国数据中心能源使用情况报告"的调查报告指出，2010—2020 年间，数据中心能源效率的提高将节省 6,200 亿 kW·h 的电能。研究人员预计，从现在到 2020 年，美国数据中心能源消费总量将增长 4%。未来5 年与过去 5 年的增长率相同，达到约 730 亿 kW·h。

如今，超大规模数据中心寻求提高效率来降低成本。这些新的效率水平使组织可以重新调整冷却要求，降低能源费用，并允许组织以相同的冷却能力实现更多的计算能力。但是，并不止于此。超大规模的能力也围绕着可扩展性和速度。那么，组织如何更快、更有效地部署超大规模数据中心呢？如何快速部署这些关键机架，以确保最佳运行并减少人为部署错误？同样，如果组织现在正运营一个超大规模的数据中心，并希望进行大规模的更新改造呢？组织在功耗方面可能已经达到瓶颈，因此组织必须扩展空间来改善和提高能源效率和整体密度。但是，最终来自哪里呢？

新技术正在影响能源和电力效率

为了帮助超大规模数据中心更快地部署机架设备，减少错误，提高效率，Server Technology 公司最近实现了一项功能，允许自动配置 PDU.

基本上，零接触配置（Zero Touch Provisioning）是通过特定的 DHCP 服务器选项和服务器技术配置（STIC）协议以及简单的 TFTP 服务器配置来实现的。这个过程允许在PDU 初始引导期间或者在需要时配置 PDU 根据需要自动进行网络设置、用户许可更新或对 PDU 配置的其他改变。ZTP 是指新出厂或空配置设备上电启动时采用的一种自动加载版本文件（包括系统软件、配置文件、补丁文件）的功能。

ZTP 可以实现非常快速的部署，这是企业的网络化PDU 快速启动和运行的关键之一。一旦这些设备启动，他们立即开始提供关键的电源和控制信息，以及数据中心内的环境监控。请记住，使用智能 PDU 的最终回报是能够收集有价值的数据点，监控和控制电源，并围绕容量做出更好的决策。

ZTP 非常适合应用在超大规模的数据中心环境。这些类型的系统有助于：

减少部署的时间和成本。

自动化流程以帮助最大限度地减少配置错误。

消除对额外设备的需求。

提高可扩展性和能源效率。

允许管理员快速部署机架以满足超大规模需求。

此外，组织可以将 ZTP 系统与下一代高密度插座技术（HDOT）耦合在一起。因此，组织不仅可以自动将 PDU 应用到超大型数据中心，还可以利用强大的功率密度功能和插座技术。高功率密度和减少机柜空间需要新型和技术创新的 PDU 系统。借助服务器技术的新型插座系统，组织可以大幅缩减机架空间，提供行业标准的 C13 和 C19 电源插座。在规划未来的设计时，HDOT 有助于减少 PDU 设备在数据中心机架中部署的物理空间。像服务器技术那样的解决方案如今可以使用高密度插座技术（HDOT）。

总结

在超大规模的数据中心生态系统中，收集关键信息是成功的关键。通过网络 PDU 的部署，可以将自动化和数据智能与管理架构集成在一起。这就是为什么在创建超大规模数据中心容量时，组织选择具有远程监控和管理功能的机架 PDU 至关重要。这些类型的解决方案有助于提供更多的数据中心智能，显著地改善电源配置，并帮助组织进行容量规划和远程控制。

超大规模数据中心的构建需要考虑到规模，并且能够满足新兴用例的需求。随着大数据、人工智能，以及其他云计算应用等新的需求对超大规模数据中心如何利用其关键资源有着更大的影响，超大规模数据中心解决方案将需要扩大规模，实现优化。这意味着利用可以帮助管理最关键的数据中心组件的技术。超大规模的数据中心将继续围绕智能配电资源，同时提高数据中心效率。例如，管理电源和自动交付 PDU 是设计高密度超大规模数据中心解决方案的一个好方法。

数据中心模块化：兼顾安全与节能

从 6 月 1 日起，我国网络安全工作有了基础性的法律框架，针对网络亦有了更多法律约束，中国信息安全行业进入新的时代。《中华人民共和国网络安全法》进一步完善了个人信息保护规则，今后，两强相争、各执一词的尴尬局面或可避免。

菜鸟和顺风在六一儿童节这天搞出了大事情。两家的隔空大战使得云计算产业的安全、可控性与数据服务商的话题引起了人们的关注，并无意中暴露出"互相攫取用户信息，并用于非正常用途"的惊人消息。

也正是在同一天，《中华人民共和国网络安全法》正式生效。从 6 月 1 日起，我国网络安全工作有了基础性的法律框架，针对网络亦有了更多法律约束，中国信息安全行业进入新的时代。《网络安全法》进一步完善了个人信息保护规则，今后，两强相争、各执一词的尴尬局面或可避免。

除了立法明确安全厂商责任重大，《网络安全法》还建立了关键信息基础设施安全保护制度，确立了关键信息基础设施重要数据跨境传输的规则，这对数据中心的安全建设也起到了积极的作用。数据中心的安全与节能减排，一直都是各大中心的关注焦点，2017 中国数据中心市场年会上，各位与会者给出了自己的建议。

模块化设计是安全前提

数据中心的安全早已不是新鲜话题，尤其是进入云时代，云架构让数据中心的安全边界崩塌，一切都可能渗透到云上的安全威胁，是数据中心面临的最大安全问题。由于数据中心都托管和处理着海量高价值的数据信息，包括个人客户数据资料、财务信息和企业商业机密等，安全显得尤为重要。

新华三集团产品线负责人介绍，网络是数据传输的载体，数据中心网络安全建设一般要考虑几个方面：合理规划网络的安全区域以及不同区域之间的访问权限，保证针对用户或客户机进行通信提供正确的授权许可，防止非法的访问以及恶性的攻击入侵和破坏。

建立高可靠的网络平台，为数据在网络中传输提供高可用的传输通道，避免数据的丢失，并且提供相关的安全技术，防止数据在传输过程中被读取和改变也是对数据中心安全性的要求。此外，数据中心还要提供对网络平台支撑平台自身的安全保护，保证网络平台能够持续地高可靠运行。

该负责人分析，为了进行合理的网络安全设计，首先要求对数据中心的基础网络，采用模块化的设计方法，根据数据中心服务器上所部署的应用的用户访问特性和应用的核心功能，将数据中心划分为不同的功能区域。

"基础设计模块化设计理念应该成为规划设计建造的企业哲学。"中国电子节能技术协会数据中心节能技术委员会执行副主任张广明说。

以模块化迎接挑战

"目前数据中心建设技术发展非常快，也出现了很多新的技术。但是综合来看，面临的挑战仍然存在。"张广明分析，"连续运行的能力是数据中心基础设施建设的第一指标；随着 IT 设备供应率的提高，质量对高密度支架的支撑能力变成了一个难题；节能的问题已经在影响着数据中心建设和运行的能力。"

针对以上挑战，模块化设计理念就凸显出了优势。

可用性是数据中心的第一个重要指标。"可用性是指在规定的环境条件下，在规定的时间段内，数据中心能够保证正常运行的概率，其中包括可修复性。可修复性要求我们连续运行，这就迫使我们必须要走模块化的道路。"张广明说。

适应性也是数据中心基础设施非常重要的一面。"IT 设备的技术发展，技术变化的周期是 2 ~ 3 年。作为基础设施，总要做一些适应性的变化，不可能三两年就重新再建一个。适应性这种特殊的情况，促进了模块化建设理念的诞生和进展。"张广明说。

采用模块化的架构设计方法可以在数据中心中清晰区分不同的功能区域，并针对不同功能区域的安全防护要求来进行相应的网络安全设计。"这样的架构设计具有很好的伸缩性，根据未来业务发展的需要，可以非常容易地增加新的区域，而不需要对整个架构进行大的修改，具备更好的可扩展性。"张广明说。

降低成本也需要用模块化的方法解决。数据中心规划周期往往是 15 ~ 20 年，但是业务开展初期，业务量很少，要达到规划的数据量需要时间。在这种情况下，如何随着业务的增长做基础设施的逐步投入，模块化就可以解决。"模块化的理念既可以随着经济的增长，又可以降低能耗。从数据中心价值的三要素来看，模块化是一个必然的趋势。"张广明说。

用空间定义效率

"模块化配置是数据中心标准的配置，而对于中小型的机房和用户来说这个方案更加有意义。"华为技术有限公司网络能源产品线专家李辉说。

中小企业几十平方米以下的应用场景，被称为一体化模块数据机房。"里面有一个一体化的数据中心，第一次实现了将制冷、供电都放在一个空间里，将配置做成极端的标准化。我们将工程不断地简化，通过模块化和标准化，实现数据中心高效和可靠。如何将传统的机房改成标准化、美观、合理的机房，这是我们目前努力的方向。"李辉说。

用空间定义效率，李辉介绍，正是通过模块化的产品和解决方案，才能实现这一目标。"通过模块化和标准化的技术，不需要太复杂非常规的手段就可以把能源使用率（PUE）降到 1.4 以下；模块化产品还能通过对电池参数的实时监测、报警以及管理，实现数据中心的可靠性。"

目前，住建部发布了新国家标准《数据中心设计规范》，自 2018 年 1 月 1 日起实施，原《电子信息系统机房设计规范》同时废止。新规范的推出，正迎合了当下新型数据中心的建设需求。

新规范当中，对 A 级数据中心性能要求进行了补充；还对数据中心选址增加了补充条款；同时增加灾备数据中心相关条款；对数据中心主机房的温度等参数进行了调整；还增加了后备柴油发电机组性能要求；最后从安全角度出发，增加了备用电源设计要求和接地做法。

"数据中心是一切信息化的基础，《数据中心设计规范》作为数据中心建设标准，将为数据中心的技术先进、节能环保、安全可靠保驾护航。"李辉说。

UPS 储能要求新趋势

如今，UPS 在工业领域、通信基站、数据中心等领域得到了广泛而深入的应用，各种高端精密设备也随之大量增加，不仅对供电质量提出了更高的要求，同时对供电的连续性也需要更加可靠的保障。随着 UPS 市场的高速发展，UPS 配套的电池需求也在日益增加，长期以来，铅酸蓄电池一直是 UPS 电源的标配，另一方面，而锂电池、超级电容器、飞轮等技术和产品也使 UPS 的储能方式发生更多的改变。

兆瓦时分钟的时代到来

行业专家最近在 LinkedIn 网站上看到一个产品公告，德国 Piller 公司推出了一个高速小型飞轮 UPS，可以在长达 1min 的时间内提供 1MW 的电能，专家评论说，这似乎意味进入了 "兆瓦时分钟" 的时代。

虽然飞轮储能对于数据中心市场来说并不陌生，但与

UPS 采用传统的蓄电池相比，其接受度有限。最近，锂电池正在 UPS 领域进行推广和应用，许多主要的 UPS 制造商都在证明这一点。目前，这些 UPS 制造商正在推广替代传统铅酸蓄电池的锂电池，并希望将其作为一种长期的 " 行业标准 " .

飞轮 UPS 在数据中心应用中的使用分为两大类：一类是采用电网供电的大型低速重型旋转 UPS，还有采用柴油机组供电的旋转式 UPS（DRUP）。第二类是用于替代 UPS 蓄电池的高速直流飞轮 UPS 无论用什么类型的飞轮 UPS，它们通常可以提供 15 ~ 60s 的电力支持，而其使用的空间要比铅酸蓄电池组小得多。

曾有一家铅酸蓄电池供应商宣称他们的 UPS 电池可以提供 5min 或更短时间的应用，这似乎很奇怪。所以人们在关于 UPS 备用时间的思考方面似乎有一些分歧。如今只有少数企业和托管服务提供商使用，例如杜邦 Fabros 技术公司（现被 Digital Realty 公司收购）为其在美国的一些数据中心设施使用了飞轮。高速飞轮的一个主要的优点是具有更高的功率密度（在尺寸和重量方面相比），并且可以在非常短的时间（15 ~ 60s）内释放其储存的旋转动能。

功率密度 VS 能量密度

在蓄电池选用上，目前铅蓄电池仍然是 UPS 市场主流。然而大多数人应该知道铅蓄电池的功率密度和能量密度之间的差异。功率是一个瞬时测量值（kW），而能量代表在一段时间（kW · h）内输送或消耗的功率。讨论蓄电池特性时，这个区别特别重要。其密度通常与其物理尺寸和重量相关。根据其设计和化学性质，蓄电池的功率密度和能量密度并不直接相关。例如，蓄电池可能能够在很长时间（即 10h）内输送大量的能量，但是在非常短的时间内输送大量的能量时，其放电容量将会受到更多限制（5 ~ 15min）。这是铅酸蓄电池常见的非线性放电特性，蓄电池的安时额定值（AH）通常基于 10hC10（甚至 20hC20）的放电率。

但是，随着负载电流（功率）的增加，蓄电池有效的放电容量将大大降低。在典型的数据中心 UPS 应用中，一组额定容量为 100 AH 的蓄电池的任务是将其储存的能量放电至 5h，但可能只能提供 C10 额定容量的 25% 至 30%，持续放电的时间为 15min 或更少。例如：放电电流为 120A 时，可以放电 0.25h；放电电流为 250A 时，可以放电 0.1h，其放电直至达到其低压截至点（通常每个 2V 电池标称值将下降到大约 1.75V）。其结果是在 UPS 关机时，蓄电池组的电压由 12V 降至 10.5V，以避免电池损坏。

随着 UPS 的蓄电池电压下降，放电容量将进一步减少。例如：由 240 块电池串联的电池组电压为 480V，在放电时其电量降低 10%，降到 432V（或更低）。而为负载提供恒定功率，这导致电池组的电流消耗了 10% 或更多。尽管这些都是简化的例子，但是，为了确保在数据中心应用的高功率放电速率下具有足够的放电容量，这需要更大的电池容量。而锂电池与其相反，即使在较高的放电速率下，锂电池电压在负载下也将保持相对恒定，直到它们接近放电曲线的末端。另外，这个比较并不考虑铅酸蓄电池的年限和状况。这就是为什么在很多情况下需要将铅酸蓄电池并

联两组或多组的原因，就是为了最大限度地降低单组蓄电池失效的风险。

锂电池的使用寿命也比传统的阀控密封铅酸蓄电池更长，而且使用温度范围更高，长期总拥有成本（TCO）更低，但与铅酸蓄电池相比，其部署的前期成本更高。然而，锂电池对于数据中心的应用来说是相对较新，人们一直在期待采用锂电池的UPS在实际的数据中心运行条件下具备更长时间工作的性能。

超级电容器（Super-Cap）

虽然超级电容器技术已经推出了很长一段时间，但是对于数据中心应用来说还没有给予太多的重视，因为像飞轮UPS一样，它只提供了相对较短的供电时间。但是，有一些全球主要UPS生产厂商提供超级电容作为传统蓄电池的替代品。他们推出的超级电容器模块的体积大约为7×7×35英寸（1英寸=0.0254m）。额定电压为62V，重35磅，但可以提供高达2000A的电流。它可以在比铅酸蓄电池和锂电池更高的温度范围（-40°F至+150°F）下工作，预计使用寿命超过15年，几乎不需要人工维护。

尽管没有进行成本估算，但是生产厂商声称，与相同放电容量的飞轮相比，它拥有更低的长期总拥有成本（TCO）。相比之下，传统铅酸蓄电池需要提供5min的最小运行时间，至少有两组，以确保它可靠地支持100kW的负载，特别是当蓄电池接近第4到5年的使用寿命周期时。超级电容器和飞轮的生产厂商也承诺在15年内降低TCO，因为铅酸蓄电池在这段时间内需要更换和回收三次或更多次。此外，超级电容器的理念与飞轮相似，可以为备用发电机在30s或更短的时间内启动负载提供电力支持。超级电容和飞轮UPS也可以用来延长使用寿命，应对任何短期的电力异常中断。而这些电力中断通常会导致UPS电源频繁切换到电池，严重缩短电池寿命。

边缘数据中心的电源

过去一年，微型数据中心和边缘数据中心得到了很多关注。预计这两种数据中心将满足优化物联网设备预期的本地化网络流量，以及早期部署5G网络的需求，此外，还需要在紧凑的布局中采用某种形式的备用电源，这将受益于更新的储能技术。

电网级的能量存储

虽然行业中一直在讨论短时间的供电可以应对电网停电，直到备用发电机起动开始为数据中心负载供电，但是这种方法也可以应用在电网级储能方面，其部署将提高电网的峰值容量和总体可靠性。此外，这样的方法还可以提高将太阳能和风能可持续但间歇性的能源纳入其中的能力。

在过去的一年里，已经有多个使用锂电池的兆瓦级电网储能的公告，以支持峰值负载，从而最大限度地减少了天然气发电厂的需求。

通用电气公司最近宣布了一个合作项目：南加州爱迪生公司（SCE）和通用电气公司采用了电网边缘的概念，将天然气燃气涡轮机和电池进行整合。SCE公司开始运行两个新的混合动力电动燃气涡轮（EGT）机组，这两个机组采用的是通用电气公司安装的涡轮机、电池和电力控制器的组合。每个机组的功率都在50MW范围内，并配备了一组能够提供10MW时和4MW·h功率的蓄电池。

另一种正在部署的电网规模储能技术是钒氧化还原液流电池，其能量储存在流体（在两个储罐之间流动）中进行充电和放电。

中国一家公司正在使用这项技术建设一座200兆瓦的电厂。虽然这个例子是关于电网级能量存储，但是在100英亩（1英亩=4046.856平方米）的土地上建设100兆瓦的主机托管和网络规模的数据中心，这似乎并不是很牵强，因此可能缩短了UPS的续航时间（或者没有使用UPS）。这个数据中心拥有自己的多兆瓦储能系统，或通过能源供应商的合作，采用其专用资源。

因此，虽然可靠性和可用性以及推测的"9"数量已经成为数据中心文化的基础，但随着新型储能技术的部署变得更加可靠和普遍，数据中心对于UPS的短暂运行将会变得更加可以接受。

结语

专家对2018年的数据中心预测很简单：似乎有一些组织正在争夺数据中心的可用性标准。因此，虽然并非所有的数据中心运营商都在为其UPS备份时间达到"兆瓦时分钟"做好准备，但每个组织都需要根据自己的业务需求来提出他们的数据中心对"适用性"的要求。

中国新能源汽车销量连续三年全球市场份额最高

我国已经连续三年位居全球新能源汽车产销第一大国。从市场增速、产业链成熟度、投资热度等指标衡量，新能源汽车已成为近年来我国战略性新兴产业的一道亮丽风景。但随着行业竞争不断加剧，财政补贴的技术门槛日益增高，新能源汽车的高增长能否持续？充电基础设施建设怎样适应消费者的期待？

个人消费接近全年新能源乘用车销量的75%，4家中国企业进入全球新能源汽车销量前10名，动力电池出货量超越日韩成为全球第一大生产国……

无论从市场增速、全球排名、产业链成熟度、投资热度等指标衡量，新能源汽车都是近年来我国战略性新兴产业的一道亮丽风景。不过，财政部等部门发布通知，提高新能源汽车财政补贴的技术门槛，并加大财政补贴退坡力度，直至2020年补贴完全退出。那么，新能源汽车的高增长还能持续吗？

超50%

2017年新能源汽车保有量全球占比

销量、增速、市场份额最高，产业技术水平显著提升

2015年新能源汽车销售33.1万辆，同比增长3.4倍。其中，纯电动汽车销售24.7万辆，同比增长4.5倍。

2016年新能源汽车销售50.7万辆，同比增长53%。其中，纯电动汽车销售40.9万辆，同比增长65.1%。

2017年新能源汽车销售77.7万辆，同比增长53.3%。其中，纯电动汽车销售65.2万辆，同比增长59.6%。

简单的数据对比，可以看出我国新能源汽车发展的三大趋势：一是高增长，得益于财政补贴、牌照优惠、不限行等鼓励措施，2015年以来，连续三年销量全球第一，增速均超过 50%；二是伴随着补贴退坡、销量基数增大，新能源汽车增速逐渐回落，但 2017 年新能源乘用车销量中个人消费超七成，说明个人消费市场正在快速兴起；三是纯电动汽车依然是主力，2017 年占比 83.9%，高于 2016 年的 80.7% 和 2015 年的 74.6%。

那么，中国这个"全球第一"的含金量究竟如何？

2017 年，全球新能源汽车总销量超过了 142 万辆，累计销售突破了 340 万辆。截至 2017 年底，我国新能源汽车累计销量达到 180 万辆，在全球累计销量中超过 50%。

统计显示，2017 年全球前五大新能源乘用车（纯电动和插电式混合动力）销售中，美国新能源乘用车销量近 20 万辆，同比增长 26%，占国内市场份额为 1.2%；挪威销量 6.22 万辆，增速超过 25%，国内市场份额高达 39%；德国销量为 5.36 万辆，同比翻番，国内市场份额达 1.6%；法国销量提升至 3.6 万辆，同比增长 26%，国内市场份额达 1.7%。当然，增速最快的中国，新能源乘用车销售约 55.6 万辆，同比增长 69%，国内市场份额 2.1%。

所以，无论是销量、增速还是全球市场份额，中国均为世界第一，而且与第二名的差距正在越来越大。

"我国新能源汽车产业技术水平也显著提升。乘用车主流车型续驶里程已经达到 300 公里以上，与国际先进水平同步。"工业和信息化部部长苗圩说，2017 年，领先企业的动力电池单体的能量密度达到了每公斤 2 瓦时，价格达到了每瓦时 1.2 元人民币。这两个指标比 2012 年分别提高了 2 倍、下降了 70%。此外，新能源汽车的整车、动力电池的骨干企业研发投入占比达到了 8% 以上，高于全球行业平均水平。

3.5∶1

新能源汽车车桩比

全国公共充电桩 21 万个，城际高速快充站建设提速

"单位有几个充电桩，1 公里远的购物中心地下车库也可充电，就是小区物业始终以安全为由，不同意在停车位旁安充电桩，还是不方便。"北京的刘先生前年购买了一辆电动车，他的充电经历道出了许多车主的心声。

国家能源局副局长刘宝华说，居住地建桩问题 2017 年正在逐步解决。据不完全统计，全国私人专用充电桩 24 万个，均为交流慢充。其中，北京 8.3 万个、上海 7.8 万个、广东 3.9 万个，三地保有量占全国比重超过 80%。以北京为例，个人购买电动汽车约 10.7 万辆，充电设施安装比例接近 80%。

"2017 年，公共充电桩建设也在稳步增长。"刘宝华说，截至去年底，我国已建成公共充电桩 21 万个，保有量位居全球首位。其中，交流桩 8.6 万个、直流桩 6.1 万个、交直流一体桩 6.6 万个。城际高速快充站建设提速，建成充电站 1400 多个，涉及 19 个省市区、服务 3.1 万公里的高速公路。

不过，在苗圩看来，全国 3.5∶1 的车桩比，依然满足不了消费者充电的需求。"随着新能源汽车数量的持续增长，充电基础设施结构性供给不足的问题日益凸显，整体规模仍显滞后。"苗圩说，2020 年，我国规划建设公共充电桩数量约 50 万个，但是同 2020 年规划中的 200 万辆年产销量和 500 万辆保有量相比，充电桩数量仍然不相匹配，

车桩比甚至有恶化的趋势。此外，我国充电设施的布局也不够合理，公共充电桩的使用率还不到 15%，可持续的商业发展模式还没有形成，依然存在着运营企业盈利困难和消费者反映充电价格偏高的双向矛盾。

刘宝华说，我国充电设施整体技术水平依然偏低。各类充电设施只能实现单向充电，还难以与电网互动，私人充电设施无法提供智能共享服务。

200 万辆

2020 年规划年产销目标

"双积分"政策提振信心，多管齐下突破增长瓶颈

"2017 年我国新能源汽车 77 万辆的销量，比 2015 年翻了一倍多。但是，要完成 2020 年 200 万辆的年产销目标，还需要长时间的努力。"科技部负责人日前表示，"双积分"（平均燃油消耗量、新能源汽车积分并行）政策颁布后，行业对 2018 年销量达到 100 万辆持乐观态度。不过，要达到 2020 年全年销售 200 万辆的目标，仍任重道远。

这样的担心不是没有道理，全国乘用车市场信息联席会议的统计显示，在 2017 年新能源乘用车累计销售约 55.6 万辆，纯电动乘用车销量约为 44.9 万辆，其中，微型纯电动汽车的销量超过了 30 万辆，占比高达 67%。究其原因，一是在山东、河南等地，为了吸引用户，很多微型电动车干脆当低速电动车卖，不用上牌、不用考驾照，照样可以上路行驶；二是在新能源号牌资源紧张的一线城市，一些消费者倾向于买辆微型电动车；三是售价相对低廉的微型电动车受到租车市场、共享车市场欢迎。

"微型电动车大行其道，还应该从供给角度找原因。"国家信息中心副主任徐长明说，在市场上，70 多万元起售的特斯拉 Model S 之下，可买的纯电动车只剩下补贴后 20 万元价位的腾势、比亚迪 E6 和荣威 ERX5 寥寥数款，中间大概有 50 万元的价格区间内几乎都是空白，"双积分"政策的实施，就是要解决这一供给断档。

尽管对"双积分"政策抱有信心，但徐长明还是认为，政策驱动的市场不久将遇到发展的瓶颈。"新能源汽车连续 4 年的高速增长，离不开三大政策的助力，一是高额的补贴；二是牌照、限行方面的优惠；三是公交车、物流车等领域的政策干预。"徐长明预测，鉴于补贴退坡、限牌城市新能源小客车牌照供给紧张、大规模推广城市新能源物流车仍存难度，增长的瓶颈很有可能出现在年销量 100 万辆至 130 万辆之时。

如何让更多非限购城市的消费者因自发需求而购买电动汽车，是实现 200 万辆新能源车年销售目标的关键。而要实现这一点，必须要解决用户痛点。徐长明说，国家信息中心一项用户调研显示，纯电动车用户最不满意的，一是续驶里程不够长，二是充电时间长、充电不方便。中国电动汽车百人会理事长陈清泰认为，电动汽车快速增长的基础，是电动车的性价比和便利性要达到或超过燃油车。因此，除了技术进步，充电基础设施也必须跟上。

断崖式下降：2017 年新能源汽车补贴政策解读

近日，北京市经信委公示了今年第三批新能源汽车财

政补助资金情况，共涉及 15728 辆车，拟拨付资金 8.15 亿元。尽管新能源汽车的补贴退坡，但是由于指标上升，加上前两批补助资金，今年北京新能源汽车财政补助资金已超 16 亿元。

今年各大城市补贴情况，设置上限

今年 7 月，北京、深圳、广州、重庆、成都、贵阳、贵州、柳州、广元、广安、江西、宿迁、厦门 13 个省市出台了 2017 新能源汽车补贴政策。除成都、柳州、广元、江西、宿迁补贴标准低于中央补助标准的 50% 外，其余省市均按照中央补助的 50% 执行。其中，限购城市有北京、天津、上海、广州、深圳、贵阳、杭州。

按照国家政策，设置中央和地方财政补贴上限，地方各级财政补贴不得超过中央补贴的 50%，各类车型在 2019—2020 年，中央和地方补贴标准和上限要在现行基础上退坡 20%，在新能源车目录车型的，到 2017 年 12 月 31 日免征购置税。按照车型和续航里程，纯电动车续航里程在 100～150km 的，补贴数额 2 万元/辆；150～250km 的，3.6 万元/辆；大于 250km 的，4.4 万元/辆；插电增程式电动车，续航里程大于或等于 50km 的，补贴 2.4 万元/辆；燃料电池车型 20 万元/辆。

以北京为例，北京市级补助金额按中央补助的 50% 执行，汽车生产企业申请当地和中央的财政补助总额最高不得超过车辆售价的 60%。同时，北京政策要求对车辆要提供不低于 3 年或 6 万 km 的质保期限，对动力电池、电机和整车控制器等关键零部件提供不低于 5 年或 20 万 km 的质保期限。新能源汽车在北京享受单独摇号，不限行的政策。以一辆续航里程在 100～150km 的纯电动车来说，国家补贴 2 万元，北京市补贴国家补贴的 50%，即一万元，补贴总额一共 3 万元。而一辆续航里程大于 250km 的纯电动汽车能拿到一共 6.6 万元的补贴。

在上海，纯电动车补贴政策和北京基本一样，而续航里程大于等于 50km 的增程式也能获得 3.4～4.8 万元/辆的补贴，还能免费获得专用号牌。广州政策稍有不同，非个人用户购买的新能源汽车申请地方财政补贴，累计行驶里程需达 3 万 km（作业类专用车除外），补贴标准和技术要求按车辆获得行驶证年度执行。部分油电混动车型可获得 1 万元当地补贴。其他城市参照国家标准，结合当地实际情况作轻微调整，如深圳、天津的新能源汽车享受路桥费，充电费，自用充电设计和安装费等补贴，以及享受当日停车位免首次（首 1 小时）临时停车费的优惠。

应对补贴退坡，突破电池技术是关键

2017 年，国内新能源车市场继续迅猛增长。有关新能源、纯电动汽车，无论对于普通百姓，还是业内人士，大家关心的问题依然是 2018 年新能源汽车的补贴是否会被取消或下调？2016 年到 2017 年，补贴直降 40%，断崖式的退坡让人着实摸不着头脑。新能源汽车补贴将在 2018 年缩水 20% 的消息在网上引发热议。

2017 年新能源汽车全年产销规模在 70 万辆上下，规模增长速度明显，2017 年产销规模有提升，但并不能为 2018 年规模的扩张提供有力的保障。双积分政策的提前，要实现 2020 年 200 万辆的产销规模目标，2018 年是关键的一

年。新能源汽车主要成本是动力电池，补贴主要针对动力成本而言。新能源客车规模有限，2017 年、2018 年销售规模在 10 万辆上下，出于高安全性考虑，磷酸铁锂、钛酸锂电池仍然是主流，能量提升不可能太高，所以磷酸铁锂、钛酸锂价格下降空间不大；三元电池有一定提升空间，主要用于电动乘用车。所以，技术突破，降低动力电池的成本是摆脱补贴依赖性的关键。

尽管新的补贴政策还没有出台，但"十三五"规划纲要草案已经给出了明确的蓝图。草案提出，实施新能源汽车推广计划，大力发展纯电动汽车和插电式混合动力汽车，重点在于突破动力电插能量密度、高低温适应性等关键技术，全国新能源汽车累计产销量将达到 500 万辆。根据国家发展蓝图，业内专业人士预测，明年可能一部分车型的补贴将会继续缩水，但并不是所有的车型补贴都会下降，反之，续航里程长、电池能量密度高的车型，补贴可能还会上升。

小结：

今年是新能源汽车补贴政策退坡断崖式下降的一年，与去年相比，越来越多的消费者已经能够接受新能源汽车，补贴退坡直至取消是必然趋势，对于企业来说，降低动力电池的成本，突破电池技术是关键。

充电桩盈利拐点将至，"黎明前夕"行业面临洗牌

目前，我国充电桩建设远未达到政府规划提出的 2020 年建成 480 万个充电桩、车桩比 1：1 的水平，亟待跳跃式发展。

然而，尽管汽车充电服务行业具有广阔前景，但由于我国目前电动汽车推广的主要市场在一线城市，地价高昂等成本因素，让充电桩企业感到"压力山大"。尚无明确盈利模式的情况下，充电服务业如何撑到行业盈利拐点的到来，成了当下充电桩运营商们的首要任务。

充电桩产业将迎接盈利拐点

记者了解到，目前大多数桩企与停车场的合作形式是由充电运营商进行建设和管理，停车场管理方收取电费和一定比例的服务费分成。由于此前收取的费用低于停车费收益，使得停车场管理方并不热衷于充电车位的管理。

记者调查发现，此前新能源车续航和电池电容比较低，一般续航里程 150km 左右的微型电动车的电池容量在 15kW·h 左右。按此计算，充电运营公司以每度电 0.5～0.8 元的价格向用户收取充电服务费，即便电动车在电池充满的情况下，能够收取的服务费也仅有 7.5～12 元。

如此来看，相比目前北京大部分停车场 10 元/h 的停车收费且不能覆盖，商业逻辑和盈利模式走不通，物业公司和停车场管理方当然不会陪着充电运营公司"赔钱赚吆喝"，在充电桩的使用与维护方面缺乏积极性自然也就可以理解了。

星星充电副总经理郑隽一也表达了相同的看法。"说到底就是成本问题"，郑隽一认为，目前燃油车和电动车对于停车位所有者来说，收取的核心费用都是停车费。当充电服务费低于停车费时，屈身停车场的电桩想盈利当然无望。

然而，充电桩产业盈利的一个关键自变量正在发生变化：当下电动车续航里程不断提升，其所对应的电池容量也在不断提高。

以市面上主流的几款电动车为例，吉利帝豪 EV300、北汽 EU260、比亚迪 e5 和腾势 400 的电量分别达到了 41kW·h、41kW·h、43kW·h 和 62kW·h。按此计算，充电服务费一跃升至 30～50 元区间，不但覆盖了车厂的停车费用，同时出现了极大的盈余。

对此，郑隽一表示，随着新能源汽车续航和吞吐能力的提升，未来单位面积、单位小时的收益将不断提升。迎来盈利拐点后，行业势必发生一系列模式创新，从而带动提供场地和供电合作方的积极性，拉动销量形成良性循环。

三年内进入行业洗牌期

然而，尽管各家充电桩大家都知道目前"充电桩不盈利"，但摆在不远处的蛋糕却又如此诱人。

数据显示，截至目前我国新能源汽车保有量已超过 100 万辆，累计建成公共充电桩达到 19.5 万个。就上述数据来看，无论是新能源车还是充电桩，其保有量与"双五百万"目标还有很大差距，专家所称的数十亿元蓝海似乎并非海市蜃楼。

随着电动汽车用户数量的激增以及电车服务费的显著提升，充电桩盈利拐点似乎渐行渐近。

智充科技 CEO 丁锐认为，充电桩行业真正的危险集中在未来的 1～3 年，大量的设备面临老化失修。因为各家都是自有资产，绝大多数企业不会选择整合，结果就是没有导流运营能力的运营商"最后就是死掉"。

事实上，较早进入行业"跑马圈地"的充电桩运营商们，自然不想在黎明前夕倒下，都在努力撑到用户数量和盈利拐点的到来。有业内人士表示，一些大而广的全国性充电桩运营商，进来了就不能退，因为已经砸了几个亿甚至几十个亿在里面，只能不停地往前走。

北京富电科技董事长庞雷在接受记者采访时表示，有些企业之所以扛不住，是因为在建桩之初没有进行调研和商业模式演练。在进入北京市场时，没有对交通出行特征、商业布局特点、桩址电动车保有量以及周边是否有增值服务衍生业态等做充分调研。在此基础上贸然大规模建桩"每天使用率连一次都保证不了，自然会难以为继。"

后补贴时代充电桩市场将迎来爆发

中国电动汽车百人会论坛（2018）公布数据显示，2017 年我国新能源汽车产销量分别同比增长 53.8% 和 53.3%，达到 79.4 万辆和 77.7 万辆，均创历史新高，根据中国汽车工业协会预计，2018 年国内新能源汽车市场销量将超过 100 万辆。

自从新能源汽车迎来井喷发展，国内充电桩等基础充电设施的建设一直没有跟上发展脚步。截至 2017 年底，全国共建成公共充电桩 21.4 万个，同比增长了 51%。但相比 2017 年新能源汽车销量增幅而言，充电桩等基础设施的配套增长速度仍不够。

这是最好的时代，也是最坏的时代。中国已然成为新能源产业的最大市场。市场与政策的双引擎加持，加上新

能源汽车、车联网、智能制造等行业的蓬勃发展，进一步推动了新能源汽车产业的飞速发展。然而，随着新能源汽车补贴滑坡，市场竞争越来越激烈。一方面是光明的发展前景，另一方面企业也面临巨大压力。而新能源汽车产业的充电桩等充电设施，由于发展速度稍落后于新能源汽车与锂电，在未来几年或迎来爆发，成为产业的新盈利点。

市场起步，政策先行

近年来，随着充电桩等基础设施建设发力，新能源汽车充电设施的政策利好也频出。早在 2015 年，我国就出台了《电动汽车充电基础设施发展指南（2015 年—2020 年）》以及《关于加快电动汽车充电基础设施建设的指导意见》；2016 年—2017 年，多部委又联合下发了《关于加快居民区电动汽车充电基础设施建设的通知》《加快单位内部电动汽车充电基础设施建设的通知》等，大大解决了物业不配合、电力接入困难等问题，为充电桩在相关场所的落地扫清了诸多障碍。

国家规划到 2020 年将建设"四纵四横"城际电动汽车快速充电网络，新增超过 800 座城际快速充电站。新增集中式充换电站超过 1.2 万座，分散式充电桩超过 480 万个，满足全国 500 万辆电动汽车充换电需求。

而在省级行政区域中，全国共有 49 个省市出台了 70 项电动汽车充电新政。公共类充电桩保有量领先的是北京、广东、上海、江苏、山东，其中北京的充电需求以私人乘用车为主，而广东、山东、江苏、山西主要供给公交、出租等公共交通。

为了新能源汽车行业健康发展，很多城市调整了充电设施的补贴政策。下调整车补贴，上调充电桩补贴。

根据深圳财委和深圳发改委 2017 年 7 月 26 日印发《深圳市 2017 年新能源汽车推广应用财政支持政策》的通知，汽车补贴大幅下调，与此同时，充电桩的补贴比去年高一倍。其中，新建直流充电设备的补贴标准从原有的 300 元/kW 提升到 600 元/kW，交流充电设备补贴从 150 元/kW 提升到 300 元/kW。

此外，包括北京、唐山、贵阳、厦门、石家庄等 30 多个省市，都在政策中明确了对充电桩的补贴额。

规模滞后利用率低

事实上，尽管我国政策上的利好不断，使得充电设施快速发展，推动我国公共充电桩保有量居全球首位，但是充电基础设施与同期新能源汽车发展的规模仍然不匹配，结构性供给不足等问题日益凸显，整体规模滞后。

根据国家发改委在《电动汽车充电基础设施发展指南（2015 年—2020 年）》中提出的目标，到 2020 年，新增集中式充换电站超过 1.2 万座，分散式充电桩超过 480 万个，以满足全国 500 万辆电动汽车充电需求。

而截至 2017 年底，全国公共类充电基础设施与随车配建私人类充电基础设施共计约 44.6 万个，全球保有量第一，全国新能源汽车保有量约为 172.9 万辆，目前新能源汽车车桩比约为 3.8∶1，这与 1∶1 的建设目标相去甚远。

好消息是，国家电网方面已经有所行动。近日，国家电网对外放出消息，其计划到 2020 年建设电动汽车公共充电桩 12 万个，建成覆盖京津冀鲁、长三角地区所有城市及

其他地区主要城市的公共充电网络。此外，还将在已建成的全球最大智慧车联网平台基础上，接入充电桩300万个。这意味着国内充电桩数量在未来还将出现大幅增长。

充电桩数量与新能源汽车的发展不匹配已成了不争的事实，而由于布局不够合理，结构性供给不足等，致使公共充电桩的使用率还不到15%。

充电桩利用率低已成为制约充电行业发展的突出问题。而除了充电桩布局不合理，其他诸如维护不到位、车桩充电接口不兼容、互联互通水平较低等都是造成充电桩利用率低，难以满足消费者需求的重要原因，而这也是目前充电桩行业面临的棘手问题。

寻求可持续发展模式实现盈利破冰

事实上，尽管充电桩市场需求大，但其可持续的商业发展模式仍未形成，存在着运营企业盈利困难和消费者充电价格偏高的双向矛盾。

而随着充电桩市场的集中化发展，以及新能源汽车市场需求的不断迸发，如何打造更智能、使用率更高的新能源汽车充电模式，已成为行业发展的关键。

目前，借助于互联网＋、大数据等技术手段，促进信息的开放共享、互联互通，让车辆和充电桩网络更加匹配，是提升用户体验，扩大市场规模的必要手段。

未来，在"互联网＋"、智能充放电等新技术的应用下，车桩入网以后就可实现共享，建桩、建网、建站的比例可以缩小，效率得以提升。显然，充电桩行业未来几年仍需快马加鞭发展，解决行业存在的分布不均衡、运营不规范等诸多问题，探索可持续发展的盈利模式。

机构看市：充电桩市场广阔，智能充电前景最佳

分析人士指出，尽管短期内充电桩企业盈利有限，但随着充电行业迎来高速发展期，长期业绩值得期待。

目前存在的分布不均衡、运营不规范等诸多问题限制了企业的发展，使得充电桩建设前期投入资金较大，而盈利却有限。随着新能源汽车产销量的持续放量，以及各地充电桩建设运营补贴政策逐渐出台，结合目前车桩比亟待提高之现状，充电桩相关企业已进入高速发展时期，业绩表现也值得期待。

据介绍，目前国内相对规模化运营商有13家，其中龙头企业分别为特来电、国网公司、星星充电和中国普天，其保有量总和占全国公共类充电基础设施的86%。其中，特来电投建并运营了97559个充电桩，占比46%，位居首位。第二名国网42304个，占比20%。随后是星星充电28521个和中国普天14660个。

据数据统计发现，截至目前，共有43家充电桩相关上市公司披露2017年报业绩预告，业绩预喜公司数达到30家，从预告净利润同比增幅来看，南洋股份、英威腾、龙星化工、金冠电器、科陆电子等5家公司报告期内净利润均有望同比翻番。此外，茂硕电源也有望在2017年实现同比扭亏。

从数据来看，对于充电桩板块的后市表现，证券机构普遍认为，新能源充电桩市场广阔。中国银河证券进一步指出，智能充电是充电桩板块中前景最佳的细分领域，市场现状仍是一片蓝海，大功率快充设备、V2G等智能充电设备将在2020年前后实现示范应用。

电池技术和充电便利度成为新能源汽车产业爆发的关键

眼下，全球汽车产业正以意想不到的速度发生着翻天覆地的变革，同时也催生了诸多新业态的产生。在这个过程中，汽车的电动化与智能化成为企业发力和行业竞争的焦点。相较于其他国家，我国在汽车电动化方面率先进入产业化进程，自主发展的格局已经形成。

"2017年我国新能源汽车的保有量和销售量都取得了进展，政策上已经逐步形成了全环节、中长期、可持续的政策扶持体系，也正在探索用户市场的激励措施。"日前，在中国电动汽车百人会论坛上，科技部部长万钢表示，经过近20多年的努力，我国新能源汽车产业在研发、市场、政策创新和基础建设等方面已经呈现出明显的综合优势。其中，在研发体系方面建立了三纵三横的布局和纯电驱动的研发战略，产学研紧密融合，大中小企业融通，形成产业链供应体系。在产业发展上，从整车到零部件的产业链条基本形成，转型升级的速度也在加快，龙头骨干企业和一些新兴企业正在加速形成。

相关数据显示，2017年，我国新能源汽车产量79.4万辆，销量77.7万辆，产量占比达到了汽车总产量的2.7%，连续三年居世界首位；技术水平有了显著的提升，乘用车主流车型的续驶里程已经达到300公里以上，与国际先进水平同步；充电网络的建设稳步推进，截至去年年底，全国共建成公共桩21.4万个，同比增长51%，保有量居全球首位。

虽然产业技术在不断突破，用户市场得到了快速发展，但我国新能源汽车产业也暴露出过度依赖政策扶持、动力电池技术受质疑以及充电难等一系列问题。

工信部部长苗圩表示，从我国产业发展来看，随着新能源汽车渗透率和保有量的不断提升，产业发展进入了新阶段，但一些发展不平衡、不充分的问题也逐步凸显：一是充电基础设施仍然是发展的短板；二是政策体系仍需要完善；三是核心技术还需要进一步突破；四是后市场流通服务体系有待健全。

眼下，全球主要发达国家均大力度推动汽车产业转型，全球主要汽车公司、有影响力的互联网科技公司纷纷加入新能源汽车领域的竞争。在未来的竞争格局中，我国的新能源汽车产业又该如何应对挑战呢？

"我们正在经历一场伟大的汽车革命，支撑汽车革命的是新能源和信息技术的快速进步，必须跳出电动汽车，来评估它对未来经济社会的影响。"中国电动汽车百人会理事长陈清泰认为。

针对我国新能源汽车产业当前发展中的短板，国家能源局副局长刘宝华表示，电动汽车的发展还需要国家在政策、资金方面大力支持，政策部门、产业部门以及广大的企业，都对它的未来发展充满了信心。电池技术和充电便利程度是推动产业爆发的关键所在，充电基础设施是电动汽车推广的重要保障，需要进一步加强规划、加快建设，为绿色交通的快速发展提供高质量的电力保障。

对于未来内燃机的应用和出路，万钢表示，未来内燃机的发展方向仍然有专用化、电子化和轻量化的趋势。从现在的发展趋势看，内燃机与电动化相结合将成为车用动力技术发展的一个新方向，应该更加注重内燃机与电动化融合发展方面的技术革新。与此同时，内燃机技术要以提升燃油效率、降低排放为主线，逐渐在关键技术上发力，在这些领域当中组织科研攻关，以期在交通领域的节能减排、应对气候变化当中发挥重要的作用。

2017 年动力电池仍是新能源汽车投诉的"重灾区"

一场轰轰烈烈的汽车革命已经拉开大幕，电动化仅仅是个开始。在电动化变革大潮中，动力电池是当之无愧的旗手。

中国汽车工业协会统计数据显示，2017 年我国新能源汽车产销分别达到 79.4 万辆和 77.7 万辆，同比分别增长 53.8% 和 53.3%。同时，动力电池数据也很亮眼。据中国化学与物理电源行业协会动力电池应用分会统计，2017 年，我国新能源汽车动力电池装机量已达 37.27GW·h。尽管如此，我们必须得承认，动力电池还有很多不足，离用户所期尚有距离。

动力电池仍是投诉的"重灾区"

据业内机构统计，2016 年，涉及新能源汽车的相关投诉 51 宗；2017 年投诉量略降，减少到 40 宗。从处理率看，2016 年的处理率达 100%；2017 年约为 70%。

值得一提的是，2017 年的 40 宗汽车投诉案件中，电机问题投诉 14 宗，占比 35%；动力电池问题投诉 26 宗，占比达 65%。可见，动力电池仍是新能源汽车投诉的"重灾区"。

总的来看，用户反映的动力电池问题有电量虚标造成续驶里程不足、低温无法快充等，都是一些给用户使用新能源汽车带来实际困扰的问题。

用户投诉折射动力电池行业现状

动力电池的容量影响着新能源汽车续驶里程的长短，续驶里程影响着新能源汽车的价格，这些因素左右着消费者的选购意愿。

由于影响续驶里程的因素比较多，涉及电池容量、驾驶习惯、车重、温度等，这便给企业虚标电量和续驶里程提供了空间，为了增加销量，即使主观故意夸大，企业也总能给出"合理"解释。

此外，也有用户投诉新能源汽车在冬季"快充变慢充"。其中一个案例，4S 店给出的答复是"冬天过去就好了"，用户自己检测发现，车辆冬季无法快充的原因在于动力电池加热功能发生故障。其实，问题并非不可解决，只是这些动力电池小问题给用户带来的体验极其糟糕，影响了新能源汽车在用户心中的形象。

在实验室里，我国的动力电池技术堪与国际巨头比肩，但在应用端依然存在不少问题，很多细节上的小毛病对于动力电池本身可能不是大问题，但在用户端就会被放大。动力电池企业要以用户的需求为中心，着力解决影响用户体验的问题。

新能源汽车"革命"尚未成功，动力电池同仁仍需努力。

工信部：2017 年 1～12 月锂电池产量 117894.7 万只

2017 年 1～12 月，我国电池制造业主要产品中，锂离子电池累计完成产量 117894.7 万自然只，累计同比增长 31.25%。

1. 生产

2017 年 1～12 月，我国电池制造业主要产品中，锂离子电池累计完成产量 117894.7 万自然只，累计同比增长 31.25%。

2. 销售

2017 年 1～12 月，我国电池制造业累计完成出口交货值为 924.8 亿元，同比增长 18.3%，累计产销率达 95.5%，同比下降 1.7%。

3. 效益

在效益方面，2017 年 1～12 月，全国规模以上电池制造企业累计主营业务收入 6538.3 亿元，同比增长 26.45%，实现利润总额 422.3 亿元，同比增长 19.17%。其中锂离子产品主营业务收入 3749.3 亿元，同比 34.47%，实现利润总额 285.8 亿元，同比增长 25.8%。

2017 年支持无线充电功能的消费品出货量增长 40%

电动汽车、移动设备和工业应用正在重新关注无线充电技术。

众所周知，电在空气中传播的距离很长，但是离开了电线，好像从来没有一种实用或者可靠的方式可以给电子设备供电。

实际上，无线供电已经出现很多年了。无线供电能否延长电池的寿命，目前尚不完全清楚。但是，终端设备处理能力和功能日益增强，相比之下，电池容量改善缓慢，为了缓解日益增长的功能和落后的电池之间的矛盾，以及应对电动汽车和连接性工业应用等新兴市场的持续增长，无线充电重新引起了人们更多的关注。

"我记得，10 年前或 15 年前，医疗植入物就可以使用袖带或线圈进行充电，这样就不必回去做手术了。"西门子－Mentor 公司的产品营销经理 Jeff Miller 说。"或者在卡车上给轮胎压力监测系统充电时，因为轮胎上没有电线，没法进行有线充电，而且你肯定也不想把轮胎拆下来，所以必须采用不同的方法进行充电。"

大部分无线充电应用场景涉及工业、汽车或可充电电动牙刷等低端消费类产品，但是现在，智能手机也越来越多地集成了无线充电功能。智能手机主要基于 Qi 标准，该标准依靠发射器和接收器之间的磁感应完成能量传输，在充电过程中，发射端和接收端需要靠得很近，基本上都快接触上了。

除此之外，人们还在努力开发能在几英尺之外以同样的充电时间完成手机充电的方案，而且这种方案除了给手机充电，还有可能在同一时间利用磁场、超声波、激光或各种频率的射频信号给许多其他装置充电，除了充电之外，甚至还可以传输媒体数据。

"不通过电缆传输电力的基础物理学已经问世几十年了，难点不在于通过空气传输电力，而是能够在受限的场强范围内，不受干扰地传输电力，同时能够把成本降下来，使之成为大众化的产品。"无线充电联盟（WPC）主席Menno Treffers 称。该联盟的目标是将之前两个竞争性的技术规范合并，统一到其用于近场手机充电的 Qi 标准中。

Treffers 说，要让大多数无线充电产品产生并实际能够提供智能手机充电所需的 5W 或更高功率的电力，是一件非常困难的事情。

"做个看起来像是在 15 英尺之外给手机充电的演示很简单，真正重要的是数据。"他说。"如果你只是向一个需要 5W 功率的设备传输毫瓦级别的电力，那基本上毫无用处。使用磁感应技术，你可以得到 5W 的充电功率，但是有的电器的功耗是 2.4kW，笔记本计算机和无人机功耗也在 60W 到 100W 之间。远处充电可以帮您实现永远不再需要充电的梦想，但是，理想很丰满，现实很骨感，我们远远没有到解决更高功率无线充电难题的程度。"

无线充电的优势

根据 IHSMarkit 2 月份发布的一份报告，消费者希望摆脱充电插头带来的不便的欲望，帮助 2017 年支持无线充电功能的消费品出货量增长了 40%，至大约 5 亿部。到 2022 年，配备无线充电功能的智能手机将达到 9000 万部。

2014 年是智能手机搭载无线充电功能的元年。当时，星巴克安装了 PowerMat 的充电板，该充电板采用 PMA 标准（现由 AirFuel Alliance 管理），麦当劳在其位于英国的 50 家门店安装了支持竞争性的 Qi 标准的充电器。这也反应了无线充电标准的分化，三星和 AT&T 支持 PMA，飞利浦、高通和诺基亚支持无线充电联盟的 Qi。

苹果去年新机支持 Qi 标准的决策打破了两种竞争标准的力量平衡，这场战斗最终以今年 1 月 8 日公布的整合两种标准的协议而告终。IHSMarkit 的报告预测，三星和苹果手机采用统一的无线充电标准，将促使其他手机制造商加入进来，并进一步提升用户数量。

远距离充电

另外一条大新闻来自 FCC，最近，它认证通过了两款支持远距离无线充电的产品：一个是 3 英尺，另一个是 80 英尺（1 英尺 = 0.3048m）。现在为智能手机电池充电的商业产品中，还没有一个超过几英寸的。

去年 12 月，FCC 认证通过了一款名为 WattUp 的中场发射器，它是一个基于射频技术的一对多充电单元，可以在三英尺距离使用 900MHz 和 5.8 Ghz 为设备充电。

它还认证通过了 Powermat 公司的 3 瓦 PowerSpot 发射器，该发射器采用射频技术，最远充电距离可达 80 英尺。它使用通常为 ISM 保留的 915MHz，频段也可以在 850 ~ 950MHz 之间，这是 UHF RFID 产品的更典型频段。

根据编写这份 IHSMarkit 报告的 Victoria Fodale 的说法，众多的技术和监管问题使得我们很难估计何时我们可以看到远距离的无线充电商用产品。

Solis 表示："现在的远距离无线充电产品都没有商业价值，因为它们需要进行太多的权衡。尽管它不是一个完美的解决方案，但是，如果在几英尺范围之内还可以继续使用设备，即便只是涓流充电，帮助减缓电池电量的消耗，这也是件令人高兴的大事。"

无线充电应用中的能量水平下降很快，超过几英尺之后，很难继续保持信号强度。根据 Teffer 的说法，这还需要把信号的功率提高到很高水平，以至于会违反当地的广播规定甚至安全规定。很难在功率、安全性和效率之间找到一个很好的平衡点。

Powercast 的首席运营官兼首席技术官 Charles Greene 说，"支持远距离无线充电的手机是行业的圣杯。"Powercast 是最近获得 FCC 批准销售支持对手机电池进行 5 ~ 10 英尺远距离充电的产品的两家公司之一。

"物理特性确实会造成一些限制，"Greene 说。"当你离电源越来越远时，能量会逐渐下降。有一些方法可以解决这个问题，但是这些方法会缩小充电范围，并且更难以创建一个可以进行一对多充电的区域，这正是我们所关注的难点。"

Powercast 在智能手机充电上采用了 Qi 标准，但是它并没有放弃自家的 RF 充电技术。相反，它正在开发一款支持 Qi 的手机充电器，并将之集成进自家的发射器中，该产品可能会在今年第三季度上市。

Greene 说："Qi 标准确实非常成熟，但它也有其局限性。通常情况下，它是一对一而不是一对多的解决方案，而且它需要一个电源板。我们能够提供搭载了其他解决方案的组合。通过桌面上的发射器，我们可以在一夜之间（从远处）给手机提供 10% 至 15% 的电量，我们可以进一步改进，使之达到 50%，这样一来，我可以把这个发射器放在我的床头柜或桌子上，它可以全天连续给手机充电，也许永远也不需要插上有线充电器。"

WiTricity 的 CTO Morris Kesler 称，无线充电器肯定能够实现比当今更高的功率，并至少在短距离内实现一对多充电，WiTricity 是 2007 年从麻省理工学院孵化出来的一家公司，旨在把 MIT 教授 Marin Solja？i？的研究成果转化为商业化的磁共振无线传输。

WiTricity 表示，它将在今年晚些时候提供可充电的停车垫，作为一家汽车制造商首款高端电动汽车的配件进行销售。根据汽车大小，该系统可提供 3.6 ~ 11kW 的功率，效率高达 93%。它可以在几米的范围内传输电力，使得车主可以正常停车，而不是必须把汽车停在停车垫几公分之处。

"电力能够传输多远取决于发射器和接收器的大小以及你的功率水平，但磁共振的优点之一是能够进行一对多连接，"Kesler 说。"人体对磁场没有太大反应，所以不需要担心磁共振对人体的影响。如果你试图在一个 10 米左右的房间内发送能量，你可能会想用天线，将信号发射到特定地点。"

他说，没有理由认为手机是唯一可使用无线充电的市场。虽然电动汽车（EV）市场刚刚起步，但是广义来讲，很多工厂和仓库都有自动化地面车辆、工业机械，几乎任何用电而且能移动的东西也都是无线充电的潜在市场，还包括医疗应用和植入物。

"你必须小心效率问题，"他说。"如果你打算以70%的效率使用一千瓦的电源，那么你将需要处理300瓦热量的消耗，这可是一个棘手的问题。"

电源适配器成产品问题重灾区

电源适配器，也叫外置电源，是众多电器产品的标配，是小型便携式电子设备及电子电器的供电电压变换设备，常见于手机、液晶显示器和笔记本电脑等电子产品上。

电源适配器对电子产品的用电安全有着很大的影响，也在一定程度上决定了电子产品的安全系数。但必须得承认的是，国内电源适配器检测不合格的现象仍旧很多。

2017年5月27日，成都市工商局公布了2017年第一季度手机电池、电源适配器质量抽检结果，本次抽检的手机电池全部合格，标称商标为"强中王""ABS亚比仕"等25批次电源适配器不合格，不合格项目涉及标记和说明、危险的防护、电气间隙、爬电距离、结构要求、抗电强度、电源端子骚扰电压、辐射骚扰等。

2017年7月至10月，广东省质监局在天猫、京东、1号店、国美、苏宁、亚马逊等电商平台上对婴幼儿服装、电风扇、电源适配器、灯具、水嘴、插头插座等6种电子商务产品质量开展了"双随机"专项监督抽查。据了解，本次抽查了广东省内22家生产企业的25批次电源适配器产品。经检验，发现6批次不合格，不合格产品发现率为24%。

2017年8月，江苏常州检验检疫局武进办事处曾截获一批未加贴CCC标志的进境笔记本电脑用电源适配器，货物合计19400只，总值15万余美元。

而2017年10月，深圳市市场监督管理局组织开展了电源适配器（充电器）、电池充电器产品质量监督抽查，监督抽查共抽查检测71家受检单位生产的100批次产品，发现不合格产品25批次。

近日，富士胶片株式会社也发布公告，称收到多起相机电源适配器AC-5VF插头出现裂痕的报告。受影响机型有X-A3/X-A10/XP90/XPXP90H/XP95/XP120/XP125。为了防止出现触点等风险，决定停止销售该插头，并将召回受影响批次插头。

产品问题重灾区

目前，电源适配器不合格已经成为电子产品问题的重灾区，不少事故也都是由电源适配器引起。

业内人士表示，电子适配器需符合国家强制性标准，如果存在质量缺陷，会造成电子设备损毁，情节严重或造成火灾等安全事故。

2018年1月13日凌晨，大连甘井子区诺维溪谷小区21号楼1户人家中，燃起了熊熊大火，烧毁了5口人赖以生存的家，还差点要了5口人的命。而"凶手"就是儿童玩具，一架"充电航拍超大遥控飞机"。据了解，此次大火系遥控飞机玩具在充电时引发。

类似的事故还有很多。2017年1月，杭州的1位消费者从超市给孩子买了1辆电动遥控车，可是没想到的是，孩子才玩到第二天，充电时充电器就爆炸了。孩子家长表

示，她刚把充电器连接上去充电，充电器就嘭一下炸开来，灯全都跳闸了，她的手也被炸黑了，有点麻麻的。

电源适配器的问题不是近期才出现，而是一直以来都是"重灾区"。2016年国家质检总局日前发布上半年国家监督抽查产品质量状况的公告就显示，电源适配器质量问题较突出，产品抽查不合格率为22.8%，不合格率仍旧不低。

电源企业应把好关

随着科技的进步和人们生活水平的提高，家用电子产品日益增多，电源适配器的应用也越发普及。而因为型号复杂、价位较低，在电子产品的原装电子适配器出现故障后，很多消费者会购买型号匹配的同款产品，但很多非原装的电源适配器都存在缺陷，并没有经过CCC安全认证，这也给消费者带来了许多安全隐患。

据了解，电源适配器所引发的事故大多都是散热能力差而导致。在经过长时间通电且温度过高时，就会出现元件老化等问题，一些劣质的电源适配器更是会发生短路、爆炸和意外触电等事故。

电子产品的安全隐患我们没办法完全杜绝，但可以通过提高技术水平和质量要求来避免因电源适配器缺陷而引发的安全事故。想要做好这一块，电源企业是关键。电源企业要做的不仅是提高自身技术水平，更需要做的是把好关，做好自身监督。而风险的降低，也更能树立品牌形象，扩大市场份额，度自身的发展百利而无一害。

政策"点亮"我国半导体照明产业

金砖国家厦门峰会期间，厦门之夜璀璨华美，包含建筑、山体、岸线、公园的1400多个夜景工程项目逐渐点亮。主题为"金色丝路，五彩厦门"的城市灯光，给中外宾朋留下了深刻印象。鲜为人知的是，这些流光溢彩的灯光工程是应用了半导体照明设备。

半导体照明作为一种新型光源，具有强劲的竞争力。"产业规模不断扩大，市场应用领域不断拓宽，从照明、显示逐步向汽车、医疗、农业等领域扩展。"日前国家发展改革委、财政部等13部门联合印发的《半导体照明产业"十三五"发展规划》（以下简称《规划》），不仅对我国半导体照明的发展态势进行了概括，还提出到2020年，半导体行业产值达到1万亿元、从半导体照明大国转向产业强国、培育1家以上销售额过百亿企业等目标。

专家表示，《规划》体现了节能减排、绿色发展、科技强国的国家意志。对于目前处在"由大变强"阶段的半导体照明产业来说，《规划》的出台正逢其时。财政政策对于半导体照明行业"产学研用"各方面的支持，对促进产业发展起到了关键性作用。

《规划》出台促半导体照明行业由大变强

国家半导体照明工程研发及产业联盟秘书长吴玲在接受记者采访时表示，半导体照明是继白炽灯、荧光灯之后照明光源的又一次革命。半导体照明是用固态发光器件作为光源的照明，包括发光二极管（LED）和有机发光二极管（OLED），具有耗电量少、寿命长、色彩丰富、耐震动、可控性强等特点。LED体积小，便于进行照明设计，在建

筑、汽车中已经出现了很多"见光不见灯"的设计，更有助于体现照明的美感。

吴玲告诉记者，"十二五"期间，我国半导体照明在信号、景观、显示、背光的应用已经基本成熟，并得到大规模的应用。同时，功能性照明领域的应用从 2013 年开始爆发式增长。

"实际上，早在 2009 年和 2013 年，国家发改委、财政部、科技部等 6 部门就先后印发了《半导体照明节能产业发展意见》和《半导体照明节能产业规划》，旨在引导半导体照明节能产业健康有序发展。"吴玲告诉记者，随着 LED 照明技术的快速发展和产品替代速度加快，我国已经成为半导体照明产业大国。

据她介绍，从 2003 年到 2016 年，我国半导体照明产业产值实现了从 0～5216 亿元的突破；技术水平快速提升，与国际先进水平差距进一步缩小。"十三五"期间，我国继续推动和引导 LED 照明产业健康发展。国家发改委、环资司委托国家半导体照明工程研发及产业联盟，联合 10 家相关机构组织编制了《规划》。

目前，我国半导体照明应用随着技术发展，产业也步入了新的发展阶段，逐步从替代照明市场进入到以智能化、个性化为特征的、按需照明及超越照明应用领域。

"这个时候，无论在产业导向还是创新驱动和发展环境上，都需要更完善的顶层设计，需要政策给企业一个'风向标'，让整个行业能够有共同的发展愿景。"吴玲说。

"2016 年智能照明、超越照明等创新应用成果显著。半导体照明技术与 AR（增强现实）、VR（虚拟现实）、物联网、大数据等技术的融合催生了许多新的应用领域。此外，一些新兴的细分市场关注程度明显提高，车用 LED、小间距 LED、植物照明、禽类照明、紫外（UV）LED、红外（IR）LED 等市场纷纷进入行业主流视线。特别是随着智能照明技术的逐步成熟，将在今后一段时期与半导体照明深度融合，为全球半导体照明行业带来新的巨大变革。"吴玲推断，这将为半导体照明产业带来发展机遇。

资金支持促半导体照明行业掌握核心技术

半导体照明行业科技含量高，在"产学研用"方面亟需财政政策的支持。记者注意到，《规划》提出，通过国家科技计划（专项、基金等）支持半导体照明基础和共性关键技术研究，加快材料、器件制备和系统集成等关键技术研发，开展 OLED 照明材料设计、器件结构、制备工艺等产业化重大共性关键技术研究。通过工业转型升级资金和产业化示范工程等渠道，大力推进具有自主知识产权的硅衬底 LED 技术和产品应用。

"材料、器件制备和系统集成等关键技术都是国内 LED 照明企业的弱点所在，只有掌握了核心技术，才能够真正掌握话语权。"吴玲告诉记者，关键技术的研究与创新是推动我国半导体照明产业由大变强的决定性因素，财政政策对于关键技术研究给予支持，一方面有助于解决企业创新要素分散，创新能力不足的问题；另一方面也为企业下一步发展指明了方向，特别是从追求光效到追求光质量和光品质，从扩大产能到智能制造，从单一的照明产品到超越照明应用的转变。

"自 2009 年以来，财政部经建司与教科文司'联袂'对我国半导体照明行业给予了财政奖补支持。没有财政政策引导性的支持，就没有目前半导体行业这种欣欣向荣的局面。"《规划》主要起草人、国家半导体照明工程研发及产业联盟常务副秘书长阮军表示，"除了中央财政给予的资金支持外，地方政府也启动了资金扶持计划，推动半导体照明产业技术再进步。"

据了解，2017 年，地方政府继续密集实施针对重点、优势产业技术的相关资金扶持计划，多地将半导体照明列入重点支持范围，资金大部分用于技术研发、产业化以及相关的示范应用。扶持的方式包括无偿资助、贷款贴息和有偿股权投资、优先股、可转债等方式，资金额度从几十万元到上千万元不等，其中深圳市单项扶持额度上限达到 3000 万元。

"这些资金扶持计划涵盖了外延芯片—器件封装—示范应用—材料装备等 LED 产业链的各个环节，不仅有对技术研发和产业化实施的支持，还包括了对商业模式探索的鼓励。通过资金扶持，半导体照明不论是产品技术，还是最终的产业化，都将得到进一步推动。"阮军说。

对比传统的荧光灯，LED 照明具有更加节能环保、使用寿命更长、发光效率高、元件更小等优势，这也是一直以来政府强推 LED 照明的主要原因。《规划》提出，要实施能效"领跑者"引领行动。研究制定综合各类指标的半导体照明产品能效"领跑者"评价体系，定期发布能效"领跑者"名单。研究将符合政府采购政策要求的能效"领跑者"产品纳入节能产品政府采购清单，实行强制采购或优先采购。固定资产投资、中央预算内投资等支持的项目，优先选用半导体照明能效"领跑者"产品。加强能效"领跑者"产品宣传推广，鼓励各地对入围能效"领跑者"的产品给予政策支持。

阮军分析说，"领跑者"行动对于半导体照明产业的主要促进作用在于：推广更高能效和品质的 LED 照明产品，引导生产企业在保证 LED 照明产品符合相应标准基础上采用更低能耗的生产方法和工艺，以市场化方式鼓励企业创先争优、加强技术创新，促进产业能效水平不断提升，进一步规范应用市场。对于行业转型升级、智能制造水平的提高，具有重要的促进作用。

2017 年智能照明　汽车照明等五大 LED 照明领域进展

2017 年，这些领域的飞速发展，为 LED 行业注入了新的活力，种种新景象也预示着照明行业未来更为广阔的发展前景。

景观照明

从杭州 G20 峰会，北京"一带一路"峰会到厦门金砖五国会议……我国景观亮化项目一次次竞相绽放，一次次惊艳世界来宾，促进城市夜游经济繁荣的同时，也感动和丰富着城市居民的文化生活。

受惠于国家相关政策的推出以及上述重大活动的带动，景观亮化工程近几年被大幅提上日程，甚至俨然成为各地规划方案中的标配。近期多重利好更是助力景观照明行业集中爆发，基础设施建设、城市夜游经济、特色小镇、一带一路、PPP 等的发展是行业快速增长的重要推手。

这块诱人的"蛋糕"直接导致众多企业争相参与布局景观亮化市场。正处于风口上的照明企业 2017 年中标喜讯连连，以利亚德、奥拓电子、名家汇、飞乐音响、无锡照明等为代表的企业一面通宵达旦，一面赚得盆满钵盈。

有数据显示，2016 年中国景观亮化市场规模达到 558 亿元，预计 2017 年中国景观亮化市场规模将达到 678 亿元，增长率达 21.5%，中国已然成为全球最大的景观亮化市场。专家表示，未来 5 年乃至 8 年将是"用光创造价值"的辉煌灿烂期。甚至有业内人士将此称作"百年一遇"。

然而，许多城市盲目上马城市景观照明项目，套用其他城市亮化项目，造成的一个典型问题是千城一面，景观亮化项目建筑规划不统一、不协调、不和谐。还会因为大面积的亮化，给城市造成严重光污染，给城市居民生活带来不利影响。

欣慰的是，上海 10 月份率先发布《上海市景观照明总体规划》，《杭州市城市照明管理办法》也将于 2018 年 2 月 1 日正式实施，景观照明有望步入规范化轨道，有助于景观照明的健康发展。

智能照明

"智能照明"一词在 LED 照明行业已火热了多年。但在过去，智能照明多是"雷声大雨点小"，因技术不够成熟、市场培育不够等原因，难以落地，2017 年，这一局面有了一定程度上的改观。

首先，智能照明绝不会仅仅作为一个灯具存在，而是成为智能家居的一部分贯穿于我们的工作、生活之中。2017 年，语音识别技术的发展以及智能音箱的普及，为家庭智能照明之路打开了一扇新的大门，从飞利浦照明 Hue 先后与京东"叮咚智能音箱"、百度 AI 操作系统 DuerOS 携手到 GE 也为自家"CbyGE"智能灯泡产品引入了语音控制功能……智能照明真正开始人性化。

这两年，不仅三雄极光、雷士集团、飞乐音响、欧普照明、飞利浦照明、立达信、生迪光电、鸿雁电器等照明企业纷纷加速布局智能（家居）照明，诸如华为、海尔、中兴、京东、百度、阿里、美的、小米等跨界巨头也开始切入智能照明（家居）领域。由于智能照明涉及照明、控制技术、传感器、人工智能、语音识别、工业设计以及物联网等多个领域，单一企业难以全面渗入，多业态跨界合作势必是推动智能照明发展的有效方式。那么这些疯狂跨界的巨头们未来能否如愿以偿夺得"地盘"？还要看智能照明产品能否真正被消费者接受。一些智能照明厂商在实体店加大对智能照明产品的展示，以"润物细无声"的方式让消费者更加深入地去感受智能照明产品，是一种不错的普及方式。

其次，智慧路灯为什么这么火？这是因为大家将它作为了构建智慧城市的一个切入点，路灯如血管和神经一样覆盖着城市的躯体，形成了智慧城市所需要的感知网络。现在，一些一体化灯杆已经可实现照明、一键呼叫、WiFi、环境监测、人员监测、车辆监测、信息发布、摄像、汽车充电等功能，比如上海三思的智慧路灯。然而，即使有运营商来建设智慧路灯，但方案中涉及气象、交通、城市建设、广告管理等不同领域，而这些领域在国内隶属于不同机构和部门管理，运营商与涉及的不同部门之间关于业务的沟通协调，是否能达成一致，操作起来也不是那么容易。另外，要在确保道路功能照明正常运行的前提下，再考虑路灯以外的各种功能载体，不能本末倒置。总而言之，智慧路灯的未来必须与城市发展、市民生活紧密结合，才能产生最大的效能。

2017 年智慧路灯比较突出的进展是随着 NB - IOT 新一代网络技术的发展，越来越多的 NB - IOT 智慧路灯商用项目快速落地。此外，智慧路灯各方正在尝试引入 PPP 及增值业务联合投资及收益分成等新商业模式。

正如专家所言，技术要严谨，但绝不能用现在的想法去框死智慧路灯的未来。社会、经济、技术的演进会带来各种可能，一个行业发展方向有无数的可能，这也正是它的魅力所在。

关于智能照明另外一个未引起足够重视的应用领域是智能建筑，大多数建筑仍采用传统的照明控制方式。智能化控制是当今建筑发展的主流技术之一，智能照明自动控制系统不但能够节约能源，减少维护费用，改善照明质量，还可以实现楼宇智能照明控制，为人们提供健康、舒适的工作环境。从这个角度而言，智能照明市场潜力巨大。一个典型范例是飞利浦照明完成的位于北京中国建筑科学研究院（CABR）的近零能耗示范楼，该楼运用了 PoE 智能互联办公照明技术。

植物照明

植物照明的一大表现形式是植物工厂。这一年，植物工厂可以说有了突破性的发展。金沙江、京东、软银等众多巨头布局植物工厂，松下等生产的蔬菜也已经在一些超市里售卖，中科三安植物工厂蔬菜更是登上了金砖国宴，甚至有植物栽培系统跟随工作人员飞入了太空、登上科考船。全球植物工厂在商业模式上也进行了大量的探索，农场餐厅、新零售的出现也给现代农业的发展以新的启示……植物工厂的火越烧越旺，并且正在快速进入商业化研发与应用层面，产业前景诱人。食品安全问题的严峻性、水资源减少与土地沙漠化、土壤污染、城市人口增加，以及 LED 技术的应用成本下降等更加彰显了植物工厂的商业价值，因此成为 LED 照明产业发展毋庸置疑的新蓝海。

植物工厂被认为是真正的农业 4.0 技术，目前我国已掌握了植物工厂的五大核心技术，即"LED 节能光源创制、光温耦合节能环境控制、营养液栽培、蔬菜品质调控以及智能化管控"，而且在 LED 人工光源技术这一"核心中的核心"技术上，还处于全球领先地位，国家层面对植物工厂的发展也十分认可，并且得到了一些资本的投入。不过，植物工厂还存在初期建设成本较高、能耗较大、蔬菜价格较高等问题。在现阶段，基础研究、技术突破、降低成本、加强推广以及建立可持续盈利的商业模式都非常重要。另外，植物工厂是一个系统集成工程，在植物栽培和很多领域需要技术积累，因此需要跨界合作。

总之，植物工厂的未来发展引人遐想，专家表示，三五年之后，植物工厂将会像雨后春笋一样出现。可以肯定的是，在众多利好条件的推动下，在社会发展迫切需求的促进下，在跨界创新的不断创造中，中国的植物工厂研发与产业化发展必将大放异彩，跻身世界植物工厂产业强国之列。

健康照明

2017年诺贝尔生理学或医学奖授给了三位美国遗传学家，杰弗里·霍尔、迈克尔·罗斯巴什和迈克尔·扬，因为他们发现了昼夜节律分子机制，也就是平常所说的生物钟，引发人们对健康的讨论。这对照明人来说无疑是一种启示，更是一个机遇。实际上，该研究成果与照明息息相关。褪黑素的分泌具有明显的昼夜节律，光色和光照强度会影响褪黑素分泌和释放，比如研究发现人体生物钟对蓝光波长的光最敏感，适当的增加蓝光的照明，可以达到缓解疲劳的作用。

近年LED造成的蓝光危害、频闪、人体节律紊乱、人眼视网膜损害、光生物辐射等问题日渐显现，使行业意识到健康照明的普及刻不容缓。加之光照对人体健康的影响机理研究的不断深入以及健康照明标准的不断推出，该领域逐渐成为LED企业重点关注和布局之地。业内人士认为，目前国内外光健康产业技术及市场均处在同一个初始阶段的起跑线上，可拓展市场空间巨大，是一个巨大的蓝海市场。此时，LED企业加速LED的光品质与健康医疗光照技术的提升正当时。

汽车照明

随着LED照明产业的竞争加大，各大LED厂商都在纷纷探寻新的蓝海市场，汽车照明产业凭借高毛利和广阔的市场潜力已经成为各家企业看好的重点。

2017年，欧司朗研发出用于智能车头灯的新技术，并与德国大陆集团成立车用照明合资公司；Cree联手车灯巨头宜事达，共商LED车灯大计；亿光铜锣厂产能将专攻车用LED应用，2017年营收比重约5%，2018年将持续扩充车用、小间距以及传感器元件等产品，预计2018年车载比重将拉升到10%以上；隆达在大陆车后供应链抢先攻下一城，与大陆前三大车后灯厂广州正澳电子结盟，打开LED车用照明新市场；鸿利智汇收购丹阳谊善车灯，并与晶元光电达成合作，解决车规级LED芯片知识产权问题……从国际巨头欧司朗到处于夹缝中的台企，再到国内上市企业，LED车灯已经成为LED厂商发力的一大重要方向。

不过，汽车供应链的产业生态保守，产品认证时间较长，目前汽车原厂的元件供应多半由少数国际大厂垄断。随着技术的进一步突破，以及中国本土厂商的持续发力，市场的垄断局势有望逐渐被打破。

近两年新能源汽车、自动驾驶、智能汽车等热点及趋势更是强烈吸引着车用LED厂商展开投资。技术先进的汽车照明系统可以防眩光，利用红外线和紫外线灯识别障碍物，而且市场上的供应商也不断引入能够适应环境条件变化、响应紧急制动的信号灯。

根据市场研究分析师预计，2017~2021年期间，全球汽车照明市场年复合增长率将达8%。市场增长主要源自LED模组的标准化及其不断优化所带来的成本下降，提高了LED的市场渗透率，使得越来越多的车型能够应用LED照明技术。

2017年中国电能质量治理产业现状与市场规模分析

全球工业的快速发展对能源消耗需求迅速增加，至20世纪70年代，造成能源大量消耗、能源价格快速上涨，以致能源危机发生。与此同时，矿物能源的使用对自然环境产生破坏，出现全球气候异常。在此背景下，各国政府出台能源节约政策，鼓励节能产品应用和技术推广。20世纪90年代，为企业、项目提供降低能耗、提高能效、减少排放等方面技术、装备、运营支持与服务的节能服务行业逐渐在我国兴起，目前已成为国家重点鼓励发展的科技服务业，是现代服务业的重要组成部分。

近年来，我国节能服务业总产值持续快速增长，成为以市场机制推动节能减排的重要力量。根据中国节能协会节能服务产业委员会《"十二五"节能服务产业发展报告》，2015年我国节能服务产业总产值达3127亿元，自2005年以来年复合增长率达52%。（相关报告：智研咨询发布的《2017—2022年中国电能质量治理行业市场深度调查与未来发展趋势研究报告》）

一、行业市场情况

1. 电能质量治理设备制造业发展状况

（1）行业发展历程

电能质量治理设备制造业的发展，主要体现在无功补偿技术和谐波治理技术的不断创新和改进。

① 无功补偿技术

我国无功补偿细分产业的发展经历了技术引进、消化吸收和进口替代的过程，随着电力监管部门对用户功率因数要求的提高和企业对电能质量重要性认识的提升，无功补偿装置在国内的市场需求自2004年左右开始爆发。

无功补偿方法有多种，从传统的带旋转机械的方式到现代的电力电子元件的应用，经历了数十年的发展历程，先后出现了调相机、固定补偿电容器、SVC、SVG等产品。

同步调相机和固定补偿电容器：早期的无功补偿装置是同步调相机和固定补偿电容器。前者运行成本高、安装复杂，后者补偿容量较大，但不能连续调节，而且可能与系统发生谐振。同步调相机补偿方式在目前的无功补偿项目中已不再使用。固定补偿装置主要由电力电容器、电抗器和机械开关构成，是一种较简单的无功补偿装置，可分级、分组投切，但不属于动态无功补偿，因其价格低廉，适用于负荷波动不频繁的场所。固定补偿装置是70年代最普遍的无功补偿方式，随着电力电子的应用以及电力部门的考核要求，固定补偿不能满足系统无功的变化，同时因为系统谐波，固定补偿装置对谐波放大形成隐患，该技术目前已逐渐淘汰。

SVC（静止型动态无功补偿装置）：随着电力电子技术的发展及其在电力系统中的应用，应用晶闸管技术的SVC进入无功补偿的舞台，并逐渐占据主导地位。SVC是一种快速调节无功功率的装置，具有反应时间快（5~20MS）、运行可靠、无级补偿、分相调节、能平衡有功、适用范围广和价格低廉等优点，有较好的抑制不对称负荷的能力，应用十分广泛。SVC 从 70 年代起在国外投入运行，我国从 80 年代开始研究 SVC 技术及其应用。

SVG（静止无功发生器）：将自换相桥式电路通过电抗器或直接并联在电网上，适当调节桥式电路交流侧输出电压的相位和幅值，或直接控制其交流侧电流，使该电路吸收或者发出满足要求的无功电流，实现动态无功补偿的目的。与 SVC 相比，SVG 的响应速度更快、运行范围更宽、谐波电流含量更小，并且电压较低时，SVG 仍可向系统注入较大的无功电流，其储能元件的容量较其所提供的无功容量要小。

② 谐波治理技术

谐波治理技术的演变大致经历了以下几个阶段：

第一阶段：主要针对高压专线电网中的谐波问题，电弧炉、中频炉等大容量非线性负荷，谐波的治理技术采用无源滤波技术 – LC 滤波回路，主要通过了解电网线路阻抗，有针对性地设计特征次谐波 LC 滤波回路，实现对固定次数的谐波滤出，但有谐振的危险，对设计方案、元器件性能、检测数据有较高要求，无法满足系统变化的需求。

第二阶段：采用电容器回路安装电抗器的技术保护补偿电容器来达到抑制谐波的作用，其一般只能最多减少 30% 左右的谐波流入电网，因此该技术不能减少谐波源对公用电网所造成的危害。

第三阶段：随着谐波问题逐渐由专用电网向公用电网转移，有源滤波技术快速发展，成为目前行业技术发展的主流：一方面，公用电网负载容量普遍较小、数量众多，产生的谐波次数和谐波量波动大，采用无源滤波技术不但不能解决谐波问题而且有可能引起谐振；另一方面，公用电网无功补偿大多采用集中补偿，谐波抑制技术易造成补偿回路过载，而有源滤波技术从补偿电网中检测出谐波电流和基波无功，由补偿装置产生一个与该谐波电流大小相等而方向相反的补偿电流，从而使电网电流只含基波成分，同时动态补偿基波无功功率，使电网无功功率因数达 0.99。有源滤波技术能对频率和幅值都变化的谐波及无功功率进行跟踪补偿，且补偿特性不受电网阻抗的影响。

（2）行业发展现状

为了合理高效的利用电能，发达国家 75% 以上的电能需经过变换或控制后使用，这一比例仍在不断提高。与发达国家相比我国用电环境更为复杂，且目前我国电能仍主要采用传统输配方式，电力电子技术在输配电、用电过程中应用程度相对较低，电能质量问题较为突出，主要表现在：①我国是生产制造业大国，产业结构中重工业与高耗能企业占据较高份额，如钢铁、冶金、石油、化工、水泥、建材等，这些企业的生产设备与装置易产生谐波、闪变、电压跌落、三相不平衡等电能质量问题，并通过电网将这些电能质量问题传递给其他广大电力用户，造成严重的电网污染；②由于我国电能质量监测与监管机制尚不完善，难以做到"谁污染、谁治理"，电能质量问题主要体现在用户侧市场，我国对电能质量治理的需要也更加迫切、要求更高。

虽然我国电能质量问题较发达国家更为突出，但截至目前我国电能质量治理水平及对电能质量问题产生危害的认识水平仍然不高，电能质量治理的方式较为粗放，部分工业企业仅出于避免罚款的目的而被动地装设治理装置，电能质量治理装置应用的广度和深度均与发达国家存在较大差距，导致电网系统污染现象较为严重。造成上述现状的原因主要有两方面：①制度层面上，我国对电能质量治理的相关约束机制还有待进一步完善，尽管我国早在 1995 年即颁布了《电力法》，并于 1996 年出台《电力供应与使用条例》，但总体上这些法规在内容的科学性、可操作性及实际贯彻执行上已不能及时适应全社会环境保护的压力、电力工业的快速发展、用电设备的日益复杂及用户对电能质量的更高要求，我国于 2009 年、2010 年才相继出台《供电监管办法》和《电力需求侧管理办法》。②长期以来，我国工业、交通运输业、商业等用电产业生产运营方式较为粗放，精细化管理程度较低，制造业水平较为低端，对优质电能的使用需求不足且缺乏足够的认识；另外，装配电能质量治理装置需要一定前期投入，影响企业收益，因而电能质量治理装置在下游电力用户中的应用水平较低。

近几年，我国电能质量治理及相关电力电子设备制造业发展较为迅速，迎来极佳的行业发展契机：①受惠于节能减排、清洁能源发展、制造业转型升级等多项产业政策的支持；②不仅在输变电、发电行业及钢铁、冶金、煤炭等传统制造业中的应用规模日益增长，电能质量治理设备在城市轨道交通、智能电网、电动汽车、数据中心以及高端制造业中的应用亦不断拓展和深化；③国内电力电子及应用技术水平的突飞猛进。

我国传统的无功补偿市场主要在供电、输配电一侧。作为制造业大国，近年来用电设备及用电负荷大幅增加，导致电能质量问题日益突出，促进了用电侧无功补偿市场的快速增长。中国电源工业协会数据显示，用户侧无功补偿装置对新增发电装机容量的比例约 0.3∶1，即每增加 1kVA 发电容量，需配套 0.3kvar 低压无功补偿装置；用户侧无功补偿装置在替代更换市场对存量发电装机容量的比例为 0.03∶1，即 1kVA 发电容量可带来 0.03kvar 低压无功补偿装置需求。在我国电力装机容量不断增长的背景下，2010 年–2014 年我国用户侧无功补偿市场规模从 2010 年的 68.8 亿元逐步增至 2014 年的 88.7 亿元，年复合增长率达 6.56%。考虑到未来对电网质量管理的不断加强，以及对原有无功补偿装置的替代更新，低压无功补偿的市场容量会进一步扩大，预计到 2020 年市场规模会达到 144.31 亿元，年复合增长率达 7.69%。

通过对一些用电负荷的分析测试，冶金行业的谐波含量约为 30% ~35%，化工、制药、建材行业谐波含量约为 30%，民用及办公负荷的谐波含量不低于 10%，由此估计全部电力负荷中谐波含量不低于 15%，这些谐波大部分没有得到有效治理。受益于产业政策支持、下游应用市场需求拉动及电力电子行业内部不断进步，近年来我国谐波治理设备市场规模快速增长，由 2010 年的 2.87 亿元增至 2014 年的 10.05 亿元，年复合增长率达 36.80%。预计到 2020 年我国谐波治理市场规模将达 17.80 亿元，2014 年—

2020 年复合增长率达 10.02%。

2. 电力电子设备制造业发展概况

电力电子技术的核心是电力电子元器件技术。电力电子元器件的发展先后经历了整流器时代、逆变器时代和变频器时代，并促进了电力电子技术在许多新领域的应用。20 世纪 50 年代第一只晶闸管问世，以此为基础开发的可控硅整流装置成为电气传动领域的一次革命。大功率的工业用电由工频（50Hz）交流发电机提供，但大约 20% 的电能是以直流形式消费。大功率硅整流器能够高效率地将工频交流电转变为直流电，因此在 20 世纪 60、70 年代，大功率硅整流管和晶闸管的开发与应用得以迅速发展。20 世纪 70 年代全球能源危机的发生，使交流电机变频调速因节能效果显著而得到快速发展。变频调速的关键技术是将直流电逆变为 0～100Hz 的交流电。

20 世纪 70、80 年代，随着变频调速装置的普及，大功率逆变用的晶闸管、巨型功率晶体管（GTR）和门极可关断晶闸管（GTO）成为当时电力电子器件的主角。这一阶段的电力电子技术已能够实现整流和逆变，但工作频率较低，仅局限在中低频范围内。80 年代后，大规模集成电路技术的发展，为现代电力电子技术的发展奠定了基础。将集成电路技术的精细加工技术和高压大电流技术有机结合，出现了一批全新的全控型功率器件：功率 MOSFET 的问世，促使中小功率电源向高频化发展；绝缘栅双极型晶体管（IGBT）的出现，为大中型功率电源向高频发展带来机遇。

由于在降低能源消耗、提升能源使用效率、确保用电安全等方面良好的应用效果，电力电子技术目前已涉及国民经济的众多部门，广泛应用于电力、汽车、现代通信、机械、石化、纺织、家用电器、灯光照明、冶金、铁路、医疗设备、航空、航海等众多行业。发达国家超过 75% 的电能经过电力电子变换或控制后使用，预计未来将达到 95% 以上的使用率。我国由于产业发展起步较晚，大部分电能仍采用传统输配方式，电力电子技术使用率远低于发达国家，仍存在较大提升空间。近年来，受益于国家加大对传统产业节能减排的投入力度，以及新能源、智能电网、电动汽车等新兴产业的快速发展，我国电力电子行业不断拓展市场广度和深度，市场规模不断扩大。

未来，电力电子技术将向以下几个方向发展：①集成化：高度集成化将使电力电子装置体积更小、重量更轻、功率密度更高、性能更优；②智能化：装置更具自动调节能力，从而获得更高的性能指标，包括高效率、高功率因数、宽调速范围、快速准确的动态性能及高故障容错能力等；③通用化：有效扩大使用范围，降低制造成本；④信息化：现代信息技术应用于电力传动系统中，使其不仅是转换、传送能量的装置，也成为传递和交换信息的通道。

3. 行业未来发展趋势

（1）产品和技术方面的未来发展趋势

电能质量治理的核心是能够对所供应的电力进行控制、变换，为用户或负荷提供质量合格、性能稳定、符合要求的电力，其中无功补偿与谐波抑制技术是电能质量治理的关键支撑技术。

随着各种变频器、换流器、整流装置在负荷侧的大量使用，电网中存在着大量波动负荷和非线性负荷。电力电子装置开始成为完成这种控制和变换的关键，基于全控的 IGBT 器件的静止无功发生器（SVG）和有源电力滤波器（APF）成为电能质量治理技术发展的主要方向。近年来，电力电子装置逐渐向高频化、高功率密度及低损耗的方向发展。新的拓扑结构、控制方法层出不穷。多电平结构的 SVG、APF 开关损耗小、等效输出高频纹波小、输出滤波设计简单，可大大提高装置的功率密度，逐渐成为设计的主流。

提高功率因数已不是 SVG 的唯一功能，简单的谐波抑制和不平衡补偿功能也能由 SVG 实现。有源滤波器的分次补偿功能可充分利用有源滤波器的容量，但同时也需要大量的计算，此时 FPGA 芯片显示出其并行处理的强大功能。同时，基于硬件逻辑门电路设计的 FPGA 芯片更加稳定可靠，运行更安全。考虑到现场的可维修性和工程配置的灵活组合，模块化的有源补偿或滤波产品得到了广泛认可。但多模块并联时，每个模块的输出滤波支路也并联运行，增大了和系统阻抗谐振的可能性，稳定运行能力减弱。

随着电力系统的改变，特别是分布式电源高密度地接入电网，对电能质量治理技术产生以下新的需求：负荷侧同时也是电源侧，电网结构复杂性和分布式电源的不确定性，使供配电系统的电能质量恶化，其中有功率不平衡引起的电压不稳定、低频振荡、损耗增大问题尤为严重。而解决上述问题的关键技术是储能技术和有功补偿技术，这是电能质量治理领域的未来发展方向之一。

有功控制技术是电能质量治理的关键技术之一，储能发电是实现有功控制的主要手段。在分布式电源接入电网和负荷终端对有功控制的需求、储能技术进步促使成本降低，以及产业政策支持的驱动之下，储能发电产业已开始呈现爆发式增长趋势。在未来的几年内，储能电产业价值规模将在每年数百亿元左右，意味着有功控制技术将成为电能质量治理产业重要的支撑技术之一。

随着新一轮电改政策的推动，以及互联网、物联网技术的发展，需求侧能管理愈发受到政府、企业的重视，区域供配电网络会进一步整合各种供用电设备，实现智能互联、信息互通，大量用电企业会依托云数据平台和智能设备，开展第三方运维和托管，将出现集能源供应、能源管控、能源调度、能源使用一体化的新型工商业企业集群，导致智能化、定制化柔性电力技术迅猛发展。

（2）电力行业格局改变，推动电力设备制造企业转型升级

2015 年 3 月，中共中央、国务院发布《关于进一步深化电力体制改革的若干意见》（中发［2015］9 号），推进新一轮电力体制改革，力求回归电能的商品属性，形成市场决定电价的机制，以电价为中心引导资源的有效开发和合理利用，提高能源使用效率和安全可靠性，促进公平竞争、节能环保。基于上述规划意见，电力行业格局将发生改变，具体表现在：为降低用电成本，大用户将更加积极地利用光伏、风能、余热、余压等可再生能源建设分布式能源，提高能源自给率；大用户将更加重视负荷控制和储能电源建设，通过调峰降低购电成本；对输配电业务的有

序放开，将会有企业集中购电，并通过综合优化资源配置对某一区域内的分散的中小电力用户提供优质、安全、可靠的电力，降低电力用户的用电成本。

电力行业格局的改变，为电能质量治理及相关电力电子设备制造业创造了巨大的市场需求，同时更多分布式电源高密度接入电网、电网结构的日趋复杂和不确定性提高，也对行业提出了更多要求。传统企业仅局限于设备制造、简单技术服务的业务模式已无法适应行业发展。只有在具备综合能源服务管理能力，拥有设备制造能力的同时兼具软件开发和系统集成能力，并且拥有个性化定制电能质量治理解决方案能力和全业务流程精细化管理能力的企业，才能在未来行业发展中保持竞争优势。

（3）产业趋于整合，行业集中度将进一步提高

我国电力市场规模庞大，对各类型电气设备需求量较大，经过多年发展催生出大量围绕发电、输配电、用电环节开拓业务的电力设备制造商。随着行业竞争日趋加剧，低价恶性竞争时有发生，产品质量、技术、服务无法得到可靠保证。

由于用电安全可靠对生产、生活及社会稳定发展的极端重要性，未来产品质量低下、缺乏持续创新能力和运维服务能力的供应商势必遭到市场淘汰，少数在研发技术、系统集成、定制化产品设计等方面具备竞争优势的领先设备制造企业将可能通过拓展业务领域、技术革新、横向并购等方式扩大市场份额。

4. 行业供求状况及变动原因

（1）影响行业需求的主要因素

宏观经济景气周期和固定资产投资：电能质量治理及相关电力电子设备制造业与宏观经济的周期波动存在一定相关性。宏观经济周期处于扩张期时，基础设施、制造业、房地产等行业固定资产投资规模增加，将拉动电能质量治理及相关电力电子设备的需求。反之，本行业需求将受到抑制。

我国产业转型升级进程：为了促进经济长期、健康、持续发展，我国正逐步摆脱粗放、低效的传统经济增长方式，转而追求经济增长的质量和效益，推动产业转型升级，加大力度扶持信息技术、航空航天、高端装备、精密制造等战略新兴产业。这些新兴产业对电能质量有较高的要求，其发展将有力地带动电能质量治理相关行业的增长。

行业法规政策的制定与执行：近年来我国电力工业快速发展、用电设备日趋复杂、电力用户对电能质量要求逐步提高，我国在供电、输配电、用电领域的法规制度在科学性、可操作性及实际执行上尚不足以适应快速变化的电力环境。随着环保压力的加大、用电安全和质量日益受到重视，我国电能质量监测与监管机制将逐步完善，并对本行业的稳步健康发展产生积极作用。

（2）影响行业供给的主要因素

行业技术进步：伴随着电力工业及下游电力应用市场的不断发展，包括电力质量治理及其他电力电子设备的应用领域不断拓展，应用环境日趋复杂，要求设备制造商在产品、技术、工艺等领域持续研发，不断开发出满足用户特定用电需求的电力设备。

资金：电能质量治理行业在我国发展时间较短，市场集中度较低，市场参与者多为民营中小企业，资金主要来自于自身积累，融资能力较弱。而行业的特点要求企业必须在生产、研发、质检等方面进行持续投入，因而资金投入是否充足将对行业供给产生影响。

5. 行业利润水平和变动趋势

受益于国家产业政策推动及下游电力用户对电能质量的不断重视，电能质量治理设备拥有较为庞大的市场需求，加之电能质量治理装置及相关电力电子产品较高的技术含量和定制化产品特点，行业整体保持较高的盈利水平，毛利率一般在 30% 以上。同时，随着宏观经济的持续稳步增长及节能降耗的要求的日趋严格，预计行业未来仍将保持较高的盈利能力。由于行业自身的发展和经营环境的变化，预计行业盈利水平将向两极发展：基本型、通用型产品领域竞争加剧，利润水平呈下降趋势；符合市场需求、技术含量高、可靠性强的产品拥有较高技术门槛，盈利能力较强。另外，新企业的进入使得行业竞争更加激烈，将对行业平均盈利水平产生一定程度影响，但具备产品质量、研发创新、品牌、业务经验、营销服务网络等核心竞争优势的企业将能够通过新产品的推出、技术工艺革新等措施获取较高水平的利润。

二、行业竞争状况

1. 行业竞争格局与市场化程度

电能质量治理在我国起步较晚，行业成长初期相关产品市场尤其是高端产品大部分被国际厂商垄断。自 2000 年以来，国内企业吸收、学习国外先进技术，综合利用电力电子技术并结合国内用电特点推出多种国产电能质量治理设备，加之国家产业政策及行业用户对该领域的逐步重视和支持，国内市场迅速成长。产业的繁荣也同时催生出众多的市场参与者，可大致分为三类：第一类为大型电气集团的电能质量治理业务板块，该类集团产品丰富，产品线覆盖发电、输配电、用电等多个电气领域，电能质量治理仅为其庞大业务中的一部分，比如瑞士 ABB 集团、法国施耐德集团，以及国内的中国西电集团公司、上海电气集团等。

第三类企业仅从事成套装置的研发生产，不具备核心元器件生产能力，主要向其他元器件供应商采购。

目前，电能质量治理及相关电力电子设备制造业的市场化程度已达到较高水平，但产业集中度较低。各市场参与主体之间围绕产品、技术、服务、品牌等方面形成良性竞争态势，龙头企业在产品质量、研发创新、生产工艺、技术服务能力及产业链拓展等方面引领行业发展。

2. 行业壁垒

（1）研发技术

电力电子技术是实现弱电控制与强电运行、信息技术与先进制造技术有机融合的关键技术，是实现传统产业自动化、智能化、节能化、机电一体化的桥梁。电能质量治理设备的研发生产作为电力电子技术的重要运用，综合电力系统设计、微电子、自动控制、信息科学、材料科学、仿真技术、机械结构设计等多种学科，研发、设计、生产

出质量好、可靠性高的符合行业客户要求的设备，需要一定的研发积累和顺应市场变化持续不断的研发创新，因而该行业属于技术密集型产业，具有较高的技术壁垒。

（2）行业经验与品牌

鉴于行业用户在电力系统领域投入较大，电能质量的优劣对其正常生产运营、节能降耗起到至关重要的作用，因此行业用户在采购电能质量治理设备时，除严格考察产品的质量、可靠性、稳定性、安全性外，对供应商的项目业绩、综合服务能力、技术团队、是否拥有同类项目经验等亦是供应商投标、用户决策的重要考察因素。项目（尤其是市场影响力较大的高端项目）经验丰富、口碑良好、拥有品牌优势的供应商对特定行业用户的需求、应用环境拥有较为深刻的理解，而这些经验和知识是在众多的业务经验和长期的客户服务过程中不断总结和积累形成的。市场新进入者缺乏对特定用电行业特殊需求的深入理解，业务经营顺利开展的难度较大。

（3）人才

电能质量治理及电力电子的技术涵盖面较广，涉及电气、电子、控制、信息、材料、机械等等众多学科领域，且行业正处于快速发展期，需要大量具备多学科复合背景的研发人员，熟练掌握相关技术的工程技术人员，以及拥有丰富行业经验的管理人员和营销人员。这些人才大多已在业内领先企业工作，新进入者如无法获得所需的各类人才则难以与业内领先企业竞争。

（4）资金

为提升产品质量，并不断扩大生产规模实现规模效益，电能质量治理设备生产企业需要投入大量资金用于购买先进的生产设备和质量检测设备。另外，为适应行业技术发展需要、保持竞争优势，电能质量治理设备生产企业必须持续进行研发投入，并投资于先进的研发设备，以不断增强技术创新能力、提升工艺水平，确保产品质量。

三、影响行业发展的有利因素和不利因素

1. 有利因素

（1）下游市场需求旺盛促进行业发展

① 宏观经济及下游行业固定资产投资规模持续增长带动行业发展

长期以来，我国宏观经济一直保持平稳快速增长。近期国家着力调整经济结构，改变经济增长方式，GDP 增速有所放缓，但仍保持每年 7% 左右的增长速度。伴随经济增长而来的固定资产投资规模增加、人民生活水平提高，导致对电力消费需求的增加，工业、商业、交通运输、民用等各部门对电力设备的需求的扩张将显著带动电力电子设备制造业的发展。

对于下游各主要应用市场，近年来我国城市轨道交通发展迅速，运营里程由 2011 年的 1713km 增至 2016 年的 4153km，年复合增长率达 19.38%。《"十三五"规划纲要》明确提出新增城市轨道交通运营里程约 3000km，南京、南昌、成都、呼和浩特等多地发布至 2020 年左右的城市轨道交通建设规划，中期内我国将在该领域进行大规模投资。城市轨道交通供配电系统普遍存在牵引站谐波与无功、中

压系统供电电缆充电电容的容性无功倒送等电能质量问题，因而对电能质量治理设备需求巨大。

电能质量治理设备在新能源领域亦有广泛应用。定速风力发电机受风电出力、风速干扰影响下电压波动明显，无功补偿是解决风电并网问题的重要技术手段。无功与电压调节能够保证光伏电站并网点的电压水平和电网电压质量。由于传统化石能源日趋枯竭及其对自然环境的破坏，国家大力发展可再生能源，近年风电和光伏发电发展迅猛，为电能质量治理行业提供了广阔的发展空间。

由于具有零排放的特点，电动汽车已成为全球汽车工业发展的必然，拥有广阔的发展前景。发展电动汽车产业的前提是进行大规模的充电站建设，《电动汽车科技发展"十二五"专项规划》提出，到 2015 年左右，在 20 个以上示范城市和周边区域建成由 40 万个充电桩、2000 个充换电站构成的网络化供电体系，满足电动汽车大规模商业化示范能源供给需求。大功率整流充电装置是为电动汽车提供动能的主要设备，由于整流装置在使用过程中会发生高次谐波，如不加装谐波治理装置则将浪费大量能源，因此在进行电动汽车充电站基础建设时，有源滤波和混合滤波是必备的电能质量治理装置。

② 节能降耗要求相关产业加大对电能质量治理的投入

随着工业化、城镇化进程加快和消费结构升级，我国能源需求呈刚性增长，受国内资源保障能力和环境容量制约，我国经济社会发展面临的资源环境瓶颈约束更加突出，因此大力推动节能降耗迫在眉睫。2016 年国务院颁布《"十三五"节能减排综合工作方案》，明确节能减排总体目标——到 2020 年，全国万元国内生产总值能耗比 2015 年下降 15%，能源消费总量控制在 50 亿 t 标准煤以内。全社会对环境保护、节能减排的重视，将促进用电行业加大在电能质量治理领域的投入。

③ 产业转型升级促使下游电力用户更加重视电能质量

我国是制造业大国，产业结构中重工业与高耗能产业占工业总产值比重较高，如钢铁冶金、石油化工、水泥建材等。这些传统产业的生产设备与装置易产生谐波、闪变、电压跌落、三相不平衡等电能质量问题，损害用电设备、降低设备利用率、增加线路损耗，严重影响了电力系统安全运行、降低生产效率、增加能源消耗。面对严峻的环保和市场竞争压力，传统制造业必须转型升级，走新型工业化道路，推动技术进步，提高能源使用效率。

与此同时，云计算、高端装备、精密制造、先进轨道交通等新兴产业快速发展，逐步成为我国经济增长的新引擎。这些产业在运营过程中，涉及大规模数据中心、高精度数控机床、工业机器人等先进生产制造方式，对电能质量要求极高。

因而新兴产业的迅猛增长也将为电能质量设备制造业创造可观的市场空间。

④ 电力需求及电力投资增长助推行业发展

2007 年—2016 年，我国发电量从 32777 亿 kW·h 增至 59111 亿 kW·h，年复合增长率达 6.77%。同时，我国电网投资保持平稳快速增长，国家电网 2016 年度投资规模为 4977 亿元，同比增长 10.16%。预计未来几年，我国电力

消费需求和电网投资规模仍将呈现平稳增长态势，这将对电能质量治理设备及其他电力电子设备创造广阔的市场空间。

（2）国家产业法规政策大力扶持

自20世纪90年代以来，国家不断出台政策法规，推动电能质量治理设备制造业的发展。一方面，国家制定《中华人民共和国电力法》、《电力供应与使用条例》等法规，监督管理电力市场秩序，要求安全、经济、合理的供电、用电，供用电质量应符合国家和行业标准，此举从立法层面保障了电能质量治理设备的广泛市场需求。另一方面，国家从产业政策层面积极推动行业发展，2015国务院颁布《中国制造2025》，提出制造业是国民经济的主体，以"创新驱动、质量为先、绿色发展、结构优化、人才为本"为基本方针，大力推动包括电力设备在内的十大需要重点突破发展领域，明确要求"推进新能源和可再生能源装备、先进储能装置、智能电网用输变电及用户端设备发展，突破大功率电力电子器件、高温超导材料等关键元器件和材料的制造及应用技术，形成产业化能力。"多项法规政策的颁布和实施，将为电能质量治理及相关电力电子设备制造业的稳步发展营造良好的政策和法制环境。

（3）行业技术水平不断提升推动下游市场需求增长

从早期采用传统的带旋转机械的方式到现代电力电子技术的广泛应用，技术水平的不断进步是电能质量治理行业发展的重要推动力量。随着核心元器件制造水平的逐步提升、产品性能的不断优化、可靠性的持续提高、制造成本的不断降低，电能质量治理装置及相关电力电子设备应用领域的广度和深度将得到进一步拓展，下游市场需求将得到进一步开发。

2. 不利因素

（1）对电能质量问题的认识有待进一步深化

经过多年的发展，发达国家在发电、输配电、用电各环节对电能质量已经达到一个较高的重视程度。我国由于起步较晚，经济增长方式尚未完成从粗放型向集约型的转变，部分电力用户仅从避免处罚的角度被动投资电能质量治理设备，政策制定、供电、用电部门对电能质量设备在确保用电安全、降低能源损耗、提供生产效率等方面的积极作用缺乏全面深刻的认识。

（2）优秀的管理、技术人才缺乏，难以满足行业快速发展的需要

电力电子技术属于多学科交叉应用领域，要求研发、管理人员具备多方面复合知识背景，并对产品应用领域拥有一定程度的理解。由于行业较为新兴且发展速度较快，而优秀人才的培养需要一个长期过程，因此综合具备多领域知识结构和丰富实践经验的优秀研发技术人员、项目管理人员较为缺乏。

（3）融资渠道有限，制约优势企业发展

电能质量治理及相关电力电子设备制造领域市场化程度较高，市场参与者多为中小企业。为把握行业快速发展的良好机遇，企业需要投入大量资金购置生产、检测设备以扩大生产规模，并在研发领域持续投入开发新产品、新技术，因而对资金的需求较为迫切。目前，中小企业融资渠道有限，这在一定程度上制约了业内优势企业的业务发展和持续创新。

半导体产业态势：竞争加剧，中国力量崛起

从主要半导体公司公布的第三季度财报预期来看，2017年无疑将成为丰收的一年，各分析机构也纷纷上调增长预期，普遍认为2017年全球半导体产业增长率至少在15%以上，这将是自2010年以后最好的年景。"全球半导体产业竞争加剧，中国半导体产业自主可控力量正在崛起。"中国半导体行业协会信息部主任任振川在IC China新闻发布会发言中指出，"我们希望通过年度盛会IC China能推进中国半导体自主可控的崛起，以及加强与国际市场的开放融合。"

宏观2017年全球半导体产业三大趋势
供应紧张

存储器价格狂飙，是2017年全球半导体能取得两位数增长的关键。自2016年7月至2017年7月，DRAM价格在短短一年时间翻了一番多，市场调研机构IC Insights预计，2017年DRAM市场规模同比增长55%，NAND闪存市场规模同比增长35%。存储器市场规模占半导体市场总规模的四分之一左右，所以其价格波动对全行业影响非常大，据IC Insights估算，若不计入DRAM和NAND闪存，2017年半导体增长率将只有6%，比16%的增长预期下降10个百分点。依靠DRAM和NAND闪存的出色表现，三星半导体在2017年第二季度超越英特尔，终结英特尔20多年雄踞半导体龙头位置的记录。

资本冷却

另一方面，在经历了连续两年（2015年—2016年）千亿美元级别的并购大年之后，2017年半导体行业在资本市场动作较小，如果不将Mobileye视为半导体公司，那么2017年截至目前总并购金额仅在20亿美元左右。在外，美国政府针对中国背景资本的收购审查更加严格，莱迪思收购案被美国总统特朗普否决；在内，证券市场新规与形势转变导致此前几起资本运作搁浅，回归A股之路一波三折的豪威科技，仍未有明确方向，而兆易创新已停止对芯成半导体的收购。

竞争加剧

并购等操作资本市场减少了，但半导体行业资本支出并未减少。单三星一家公司，2017年上半年就在半导体领域豪掷110亿美元，英特尔于2017年正式量产其10nm Fin-FET工艺，SK海力士也宣布考虑扩产DRAM，台积电宣布3nm工厂将落户台南，再加上自2015年开始中国境内规划的十来条新产线，目前产能紧张状况，在一两年之后或将发生大逆转。

下游应用行业大势
新型电子元器件成为新时代主体

随着下游消费电子产品日益向轻薄化、智能化方向发展，电子元器件也正在进入以新型电子元器件为主体的新时代。电子元器件由原来只为适应整机的小型化及新工艺要求为主的改进，变成以满足数字技术、微电子技术发展所提出的特性要求为主，而且是成套满足的产业化发展

阶段。

新型电子元器件具有高频化、片式化、微型化、薄型化、低功耗、响应速率快、高分辨率、高精度、高功率、模块化等特征，相配套的制作工艺精密化、流程自动化，生产环境也要求越来越高。

我国作为电子元器件的生产和消耗大国，电子元件的产量已占全球的近39%以上。国内厂商始终跟进发展潮流，不断提高自身的技术能力和产品质量，追赶国际先进企业，努力缩短差距，以便更好地满足国内市场对于电子元器件的需求。

摩尔定律濒临极限，但电子信息产业仍将持续进展

英特尔的创始人之一戈登·摩尔曾经做过这样一个预言：每两年微处理器的晶体管数量都将加倍——意味着芯片的处理能力也加倍，这就是半导体行业中最著名的"摩尔定律"，这种指数级的增长，促使20世纪70年代的大型家庭计算机转化成80、90年代更先进的机器，然后又孕育出了高速度的互联网、智能手机和现在的车联网、智能冰箱和智能温控器等。

但是从2000年—2005年间，摩尔定律的间隔开始逐渐放缓到两三年，最近更是演变为每隔4年倍增一次，因此，业界正逐渐走向硅芯片的性能极限，但这就意味着电子信息产业走到了尽头吗？不，与以往首先改善芯片、软件随后跟上的发展趋势不同，以后半导体行业的发展将首先看软件，然后反过来看要支持软件和应用的运行需要什么处理能力的芯片来支持，由于新的计算设备变得越来越移动化，新的芯片中，可能会有新的一代的传感器、电源管理电路和其他的硅设备。而量子计算、DNA数据存储、神经形态计算等一系列新技术将继续推行业发展。

产业应用热点发生转移，汽车电子成热点

如今，电子信息产业的应用热点已从最初的计算机、通信扩展至物联网硬件产品、汽车电子等领域，尤其是智能网联汽车的迅速发展，为传感器、MCU（微控制单元）、激光设备、红外设备、雷达设备、GPS等行业带来新的发展机遇。

随着汽车电子所需传感器种类、数量的不断增加，厂商必须不断研制出新型、高精度、高可靠性、低成本和智能化的传感器；随着汽车电子占整车比重的不断提高，MCU在汽车领域的应用将超过家电和通讯领域使用的数量，成为世界上最大的MCU应用领域；随着车辆需要精确感知周围状态并对环境形成反馈，激光、红外、雷达等处理装置越发先进；随着车联网需要对大量数据进行传输和交换，数据总线技术应用日益普及。

当前，众多国内外知名半导体厂商均重点推出了旗下智能汽车系列的芯片产品；众多通信厂商则致力于针对联网汽车研发高速率、低延迟的先进通讯技术；传统车企则和科技巨头们强强联手争相抢夺无人驾驶制高点……可以想象，在未来，汽车就是一步跑在轮子上的"超级智能手机"。

智能制造成电子信息产业新蓝海

自2008年金融危机之后，世界经济的重心从互联网、金融等虚拟产业重新转移回实体制造业。在全球制造业都在发展时遭遇瓶颈（资产可用度不高、数据透明度差、工业信息安全问题、生产灵活性差以及持续上升的人工成本等）之时，美国提出了"工业互联网"，日本提出工业复兴计划，德国提出了"工业4.0"，中国提出了"中国制造2025"。这些计划的核心就是利用以物联网为代表的新兴技术来对原有的制造业进行改造升级。

新一代信息技术与制造业的深度融合，将促进制造模式、生产组织方式和产业形态的深刻变革，这也是电子信息产业的一片新蓝海。目前，美、德等着力推进智能制造的发达国家，均有一批电子信息领域的优秀跨国企业提供技术和服务支撑，比如GE的Predix工业互联网操作系统，西门子的MindSphere物联网操作系统…欧美这些企业已经在信息技术与制造业融合上走在世界的前列，抢占了技术和标准的制高。

但我国也不甘落后，2016年12月，工信部发布了国家《智能制造"十三五"发展规划》，《规划》提出，到2020年，明显增强智能制造发展基础和支撑能力，传统制造业重点领域基本实现数字化制造。到2025年，智能制造支撑体系基本建立，重点产业初步实现智能转型。

中国成半导体最大需求市场

供应紧张、资本冷却、竞争加剧、波诡云谲，迎来好年景的半导体产业正培育着更多变数。作为全球最大集成电路消费市场的中国，也在变化中寻求机会，以尽力改善对外依存度过高的现状。近年来，中国半导体一直保持两位数增速，制造、设计与封测三业发展日趋均衡，但根据规划，我国半导体自给率在2020年要达到40%，即行业总规模达到9300亿元（据中半协的统计数据，2016年全行业销售额为4335.5亿元），要实现这一目标，这两年的发展极为关键。

设计业，看自主发展

莱迪思（以FPGA产品为主营业务）收购案被否决，标志着通过收购海外公司来加速产业发展的思路已经不太现实，越是关键领域，美国等国家对于中国的限制就会严格，只有自主发展，才是破除限制的根本方法。

长期来看，美国否决莱迪思案，这对于中国FPGA产业发展不一定是坏事。虽然领先于中国的竞争对手，但莱迪思与赛灵思和英特尔（收购了原FPGA厂商Altera）的差距也很大，只要中国厂商技术路线选择合理，政府创造更好的发展环境，在FPGA这样一个细分长周期行业中，成长起一两家可以与世界级对手竞争的厂商还是有可能的。在2017 IC China期间，高云、安路科技、西安智多晶微都会发布其最新FPGA产品。

制造业，看稳扎稳打

集成电路制造是三业中与世界水平差距最大的一项。2017年风光无限的存储器市场上，中国是买单的一方，无论是DRAM还是NAND闪存，现在的自给率仍然是零。正在建设中的长江存储，将率先向3D NAND市场发起冲锋。不过，存储器市场竞争惨烈，几十年来实力弱的竞争对手纷纷出局，如今已经形成寡头局面。如何发展存储器产业，读者可以到IC China期间举办的《全球高科技产业发展大预测》论坛去听一下行业分析机构的看法。

在晶圆代工市场，中国厂商同样面临着挑战与机遇。一方面中国设计公司在快速成长，本土设计公司天然有支持本土制造厂商的倾向；另一方面制造业发展所需资金、人力与知识积累的门槛越来越高，在这些方面中国厂商与世界领先厂商的差距有拉大的趋势。如何在现有基础上稳扎稳打，逐步缩小与世界先进水平的差距，相当考验中芯国际、华宏宏力、华力微等中国制造厂商的经营能力。

封测业，看力争先进

封测业与世界先进水平差距最小。根据 IC Insights 数据，2016 年全球前十大委外封测厂中有三家来自大陆，其中长电科技跻身前三，与日月光、安靠和矽品同处第一集团。通富微电和天水华天也均位列前十。长电科技董事长王新潮在 IC China 前夕表示，中国半导体要赶上世界先进水平大约还需要十年时间，但封装技术门槛相对较低，国内发展基础相对较好，所以封测业追赶速度比设计和制造更快。中国半导体第一个全面领先全球的企业，最有可能在封测业出现。

2017 年半导体行业：机遇与挑战同在

作为科技的最前沿，半导体行业在 2017 年备受关注，主要因为芯片行业的市场规模在不断扩大，不过半导体的制程微缩脚步的放缓、制程技术的转换、市场缺口的不断扩大，让 2017 年的半导体行业几家欢喜几家愁。涨价成为供应链上永恒不变的话题，不断的涨价也进一步拉大厂商之间的差距，行业资源越发集中。

各种芯片不断涨价

前面已经提到，2017 年半导体行业的最大话题莫过于涨价。其中涨价很大部分集中在 DRAM 内存和 NAND 闪存两者。从统计来看，2017 年的内存和闪存的涨价幅度接近 50%，不过在 2017 年年底，内存和闪存均出现了降价的情况。降价的原因有两个：一方面是三星、海力士、美光、东芝等厂商开始表出扩产的意愿，虽然在短时间内依然无法解决供需问题，但对于市场和用户来说依然是利好消息；另一方面是智能手机的全球出货量开始趋向稳定，未来手机的产品更新换代频率会降低，市场需求变小，不降价，产品就没有竞争力。

在 2017 年，全球智能手机出货量在 14.6 亿部左右，预计 2018 年全球的智能手机的为 15.3 亿部。作为全球最大的智能手机市场，中国市场的出货量已经在 2017 年出现下滑，从 2016 年的 5 亿部降低到 4.5 亿部，而 2018 年还将会继续下滑。

除了市场紧缺之外，芯片最源头的晶圆、各种化学材料的单价也在快速上涨，而且晶圆订单排期都需要等上几个月的时间才能拿到货，原材料的缺货让其价格上涨，进一步制造成本提高，加剧终端产品价格上涨。随着扩产和市场逐渐饱和，NAND 和 DRAM 开始降价。

制程微缩难度加大

在 2017 年，台积电、三星均量产了 10nm 工艺的逻辑芯片，领先英特尔一步。不过英特尔一直表示，三星、台积电的 10nm 在单位面积的晶体管只与英特尔 14nm 工艺相当，三星和台积电只是在玩数字游戏。不过英特尔在 2017 年依然跳票了原本计划来到的 10nm 工艺，将其推迟到 2018 年，而三星、台积电方面将计划在 2018 年开始出货 7nm 工艺。

从目前来看，深紫外光刻机已经难以满足 7nm 及往后的制程提升，极紫外光刻机在 2017 年也已经粉墨登场，不过按照台积电、三星方面的说法，第一代的 7nm 还将会继续使用深紫外光刻机，极紫外光刻机最少要等到第二代的 7nm 才会使用。

制程的微缩不可能一直进行下去，虽然英特尔、台积电、三星均在规划 3nm 晶圆的开发。不过在业界人士看来，7nm 是半导体制造最后一个重要节点，再往后的制程必要性难以想象，主要原因有两个：第一个成本原因，按照台积电方面的说法，IC 设计厂商的 16nm 工艺晶圆合作开发费用超过了 1 亿美元，随着制程的微缩，价格还将会继续走高，这势必会让很多厂商退而求其次；第二是性能的提升，在 7nm 之后，晶体管内的电子不稳定会进一步加巨，电子击穿晶体管壁造成漏电的情况也将会增加，制程的进一步微缩似乎不再是必要的，毕竟漏电带来的问题让制程更新的意义不大，选择更加成熟、稳妥的工艺会更符合厂商的利益。

量子计算机出场

在 2018 年的 CES 大会上，英特尔在此公布 49qubit 的量子计算芯片，虽然未能达到大规模量产应用，不过量子超算的时代似乎已经不远了。按照英特尔官方的说法，49 位量子计算芯片的性能相当于 5000 颗 i7 – 8700K 处理器。与此同时，IBM 也宣布完成了 50 位量子芯片的开发工作，不过并未向外界透露性能如何。

随着量子超算芯片的出现，量子计算机时代已经不远了，不过目前只有英特尔和 IBM 做出了试验品，台积电虽然在积极布局，不过目前并没有发布样品，三星同样如此。不过量子计算机是半导体工艺极限之后，未来科技发展的新方向，相信英特尔、台积电、三星、格芯（格罗方德）都会有所准备。

2017 年收购事件

2017 年的半导体行业的主题之一就是并购：

1) 贝恩资本以 180 以美元收购东芝半导体；
2) 英特尔宣布以 153 亿美元收购 mobileye；
3) 高通宣布以 470 亿美元收购恩智浦半导体；
4) 博通也意欲强制收购高通。

这四大收购中，英特尔最为波澜不惊，将目标瞄准了未来的车联网世界；高通收购恩智浦遭到反垄断调查，终于在 2018 年初，欧盟基本同意高通收购恩智浦；与前两者相比，博通收购高通似乎有点鲸吞之意，博通与高通的市值相差不多，而且高通这两年面临着各国的反垄断调查，给了博通机会；东芝半导体业务的收购更像是一场肥皂剧，贝恩资本、鸿海集团、博通等展开竞购，再加上西部数据的搅和，让这场收购变得看点十足，不过最终花落贝恩资本。

RRAM 和 MRAM 的到来

2017 年闪存和内存的大幅度涨价，再次点起了台积电对于存储器的兴趣，RRAM 和 MRAM 是一种介于 DRAM 内存和 NAND 闪存之间的存储芯片，既拥有 DRAM 的速度，有具备闪存在断电时依然可以保留数据的特点，未来的存储器也会偏向于非易失性存储的方向发展。英特尔和美光合作开发的傲腾就属于这样类型的闪存。

不过目前价格偏高，而且更多情况下时作为机械硬盘的高速缓冲内存，可以提升硬盘的读写性能，但是要其取代现有的固态硬盘还为时尚早。

2017 年改变中国半导体行业的十大现象

回顾过去的 2017 年，中国半导体行业热闹非凡，在时代前进的脚步推动下，中国对半导体行业的重视程度已上升到新的高度。这一年中，中国半导体行业经历了争议、并购、新老交替、诉讼案等一系列变革。也迎来了资本的青睐、政府的支持、企业集体上市，这些变化都彰显出该行业的欣欣向荣。

2017 年，党的十九大报告提到要加快建设制造强国，加快发展先进制造业，推动互联网、大数据、人工智能和实体经济深度融合，形成新动能。而半导体行业则是建设制造强国、网络强国的核心和基础，是互联网、大数据、人工智能等新兴产业的重要载体。

【盘点】2017 年改变中国半导体行业的十大现象

1. 政府企业引领晶圆建厂高潮

晶圆是半导体行业的根基，是一切的基础，中国对于半导体行业的重视从晶圆厂中的投资就可见一斑。来自 SEMI 数据显示，2017 年中国晶圆厂建设投资达到 60 亿美元，而在 2018 年这个数字将达到 66 亿美元。其中，政府和企业纷纷投资共建晶圆厂，掀起了一阵高潮。

2017 年 2 月 10 日，Global foundries 与成都市政府在成都高新区宣布合作，正式启动 12 吋晶圆生产制造基地建设；3 月 1 日江苏时代芯存举行 12 吋相变存储器项目动工仪式；8 月 2 日，华虹集团与无锡市人民政府在无锡举行战略合作协议签约仪式，计划在无锡建设 12 吋晶圆厂；12 月 10 日，江苏中璟航天半导体全产业链项目开工，将建设盱眙中璟航天半导体 8 吋 CIS 晶圆；12 月 18 日，厦门市海沧区人民政府与士兰微共同签署战略合作框架协议，规划建设两条 12 吋特色工艺芯片生产线及一条先进化合物半导体器件生产线；12 月 26 日，粤芯 12 吋芯片制造项目在广州破土动工。

2. 中国存储产业掀起革命浪潮

2017 年 11 月，紫光集团旗下的长江存储成功研发 32 层 3D NAND Flash 芯片，已经送样验证。半导体行业中的存储领域，一直都是中国政府和企业钻研的重要节点，如此一来也形成了福建晋华、合肥长鑫与紫光集团在内的三大阵营。中国半导体行业存储领域三大阵营的确立，也是为未来国家层面的竞争确立了基本盘和基建桩。

其意义不可谓不重大！值得一提的是，中国半导体行业发展，除了加强 3D NAND 技术研发，对 DRAM 存储器也非常的感兴趣。长江存储下一步就是进军 DRAM 内存领域，其 DRAM 很有可能直接进入 20/18nm 先进工艺时代。

这些革命性的技术改变，对于拉近国内厂商和国外三星等大厂的差距起到重要的作用。

3. 中国 IC 设计产业再创新高

据媒体报道，根据 CCID 提供的数据，2017 年中国集成电路（IC）产业销售收入为 5355.2 亿元，约合 805.29 亿美元。中国集成电路产业销售收入占到全球集成电路产业营收额的 3401.89 亿美元的 23.67%，占到全球半导体产业营收额的 19.7%。

数据上来看，中国 IC 设计产业再创新高，鼓舞人心！总的来说，2017 年中国 IC 设计产业高速发展是受益于全球半导体产业的快速发展，但也和中国发展半导体行业本身具备的优势以及政府的大力支持有关。

纵观 2017 年中国 IC 设计产业发展，国内厂商技术发展仅限于低端产品的状况已逐步改善，华为海思的高端手机应用处理芯片已率先采用 10nm 先进制程，海思、中兴微的 NB-IoT、寒武纪、地平线的 AI 布局也已在国际崭露头角，展锐、大唐、海思、新岸线的 5G 部署也在顺利进行中。

4. 大基金布局中国半导体行业

中国半导体行业的蓬勃发展，吸引了众多资本的青睐，当然最重要的是来自于国家的支持。2014 年 6 月，《国家集成电路产业发展推进纲要》提出成立专项国家产业基金，即国家集成电路产业投资基金（又名"大基金"），如今大基金一期已经全面布局完成。在 2017 年大基金不断地买买买，密集布局中国半导体行业，全面助推中国集成电路产业发展。

4 月 10 日，华芯投资旗下基金 Unic Capital Management 与 Xcerra 达成价值 5.8 亿美元的收购协议，此次是大基金第一次直接进行国际并购；8 月 28 日，大基金通过协议转让方式收购兆易创新 11% 的股份，成为第二大股东；9 月 29 日，大基金拟认购长电科技 29 亿元非公开发行股票，持股比例不超过 19%，成第一大股东；11 月 22 日，汇发国际和汇信投资向大基金转让汇顶科技 6.65% 的股份，大基金成为汇顶科技第四大股东。

5. 中国 AI 芯片异军突起迎来融资潮

2017 年，人工智能领域备受瞩目，全球科技企业都对该领域进行布局。受此影响下，中国也将对半导体行业投入巨资。据相关数据统计，中国已经对一个芯片产业项目投入 200 亿美元，投资总额可能高达 1500 亿美元。

总体来看，半导体行业围绕着人工智能领域中，已经涌现出一大批尖子选手。

2017 年 8 月，寒武纪科技完成 1 亿美元 A 轮融资；10 月，深鉴科技完成 4000 万美金 A+ 轮融资；10 月，地平线机器人完成 1 亿美元 A+ 轮融资；12 月，ThinkForce 完成 4.5 亿元 A 轮融资。

中国 AI 芯片异军突起的态势无人能挡，震惊全球！

6. 国内半导体企业争相上市

半导体行业的前景和热门程度，在股市上很直观地体现出来。

2017 年 2 月 20 日，上海富瀚微电子在深圳创业板上市；4 月 10 日，江化微电子材料在上交所上市；4 月 17 日，长川科技在深圳创业板上市；5 月 4 日，韦尔股份在上海证券交易所上市；5 月 23 日，苏州晶瑞在深交所成功上市；6月6日，圣邦微电子在深圳创业板上市；6月15日，江丰电子在深圳创业板上市；7月5日，富满电子在深圳创业板上市；7月6日，睿能科技在上交所上市；7月12日，国科微在深圳创业板上市；11月3日，盛美在美国纳斯达克上市。

7. 国际知识产权纠纷诉讼不断

4月12日Veeco在美国对中微供应商SGL展开专利侵权诉讼；7月13日中微向福建省高级人民法院正式起诉Veeco上海专利侵权；12月，美光在美国起诉晋华侵害其DRAM营业秘密。

半导体产业的蓝海到来，导致其明面上暗地里的争斗也是不可开交。此前，台积电的专利侵权诉讼对于中芯国际造成很大的影响，并且借机成了中芯国际的小股东。

而今年三星的资本支出计划相当积极，从去年的113亿美元增加至260亿美元，大幅提高了一倍，这就是企图对中国企业先发制人的铁证，其目标是进一步推进新技术引领潮流，让中国企业更不能随意跨入专利雷池。

8. 半导体行业并购大戏上演

半导体行业在2017年来到了一个发展新高度，同时从年初到年尾都在不断地上演并购大戏。知名的就有英特尔收购Mobileye、苹果携手贝恩资本以182亿美元购得东芝芯片业务、联发科收购络达等，都为今年半导体行业的发展画上了绚丽的一笔。

2017年年初，联发科收购络达拉开了这场大戏的帷幕；3月13日，英特尔宣布以153亿美元收购无人驾驶公司Mobileye；3月28日，全资子公司TDK - Micronas已与欧洲ASIC大厂ICsense签订全资收购协议；3月29日，射频和混合信号集成电路供应商MaxLinear同意以每股13美元现金价格收购Exar公司；9月8日，Littlefuse将以现金和股票交易收购IXYS的全部流通股；9月20日苹果携手贝恩资本以182亿美元竞标，购得东芝芯片业务；9月23日，Canyon Bridge公司宣布以5.5亿英镑的价格收购Imagination；10月25日，苹果宣布收购新西兰初创公司Powerby-Proxi；11月17日，博通公司（Broadcom）宣布其已经完成了对网络设备制造商Brocade通信系统公司的收购；11月20日，芯片制造商Marvell Technology宣布将以约60亿美元收购规模较小的竞争对手Cavium公司。

9. 巨头联手成立瓴盛科技引争议

2017年5月25日，大唐电信发布一纸公告，宣布将与高通、建广、智路资本、联芯科技合资成立瓴盛科技。长达九个月的谈判和沟通，这起注定要搅动半导体行业风云的大事件终于尘埃落定。

四方将合资30亿人民币成立瓴盛科技（贵州）有限公司，其中北京建广出资占比34.643%、美国高通出资24.133%、智路资本出资17.091%、联芯科技以立可芯的股权出资24.133%。

10. 比特大陆成中国第二大IC设计公司

2017年12月，台积电10nm来自比特大陆的订单超过海思；比特大陆成为台积电今年大陆第二大客户，并且在封装公司有巨大需求和议价能力。对此，芯谋研究预测称比特大陆或成为2017年中国第二大集成电路设计公司。

总结

2017年对于半导体行业来说是风起云涌的一年，历史上半导体产业历经了两次产业转移，而目前正借助消费电子时代向中国转移。这对于中国半导体行业来说，也是迎来了一个新的发展机遇。展望2018年，正处于集成电路发展新周期的中国将会凭借着本次产业转移浪潮迅速崛起，成为半导体产业的新中心。

第三代半导体产业化在即有望入驻多领域

12月16日，第三代半导体产业技术创新战略联盟理事长吴玲在半导体发展战略研讨会上表示，2018年是第三代半导体产业化准备的关键期。到2025年，第三代半导体器件将在移动通信、高效电能管理中国产化率占50%；LED通用照明市场占有率达到80%，核心器件国产化率达到95%；第三代半导体器件在新能源汽车、消费类电子领域实现规模应用。

第三代半导体是以氮化镓和碳化硅为代表的宽禁带半导体材料。目前，第一代、第二代半导体技术在光电子、电力电子和射频微波等领域器件性能的提升已经逼近材料的物理极限，难以支撑新一代信息技术的可持续发展，难以应对能源与环境面临的严峻挑战，难以满足高新技术及其产业发展，迫切需要发展新一代半导体技术。

中微半导体副总经理季华认为，第三代半导体产业化需要从全产业链考虑，不仅是制造和设备，还包括关键零部件。同时，国产设备企业需要参与全球竞争，才能够实现健康稳健发展。

吴玲还称，我国第三代半导体创新发展的时机已经成熟，处于重要窗口期。但目前仍面临多重紧迫性。其中，光电子材料和器件领域与国际先进水平相比处于并跑状态；功率半导体材料和器件、射频材料和器件与国际先进水平相比处于跟跑状态。目前，国际上已经有近10家企业具有商业化产品，英飞凌量产器件2018年将大规模推出。此外，还有产业化生产线薄弱、技术团队缺乏等问题。

乾照光电董事长金张育表示，第三代半导体凭借其宽禁带、高热导带、高击穿电场、高抗辐射性能等特点，市场应用潜力巨大。公司将通过投资和并购的方式，吸收优秀人才，加大研发力度，走在行业前端。

兴业证券认为，2018年第三代半导体设备行业将迎来景气拐点。本轮投资以大陆本土企业为主导，国产设备公司将进入订单和业绩兑现期。半导体行业作为战略新兴产业，技术突破与下游投资加速，将带来设备需求规模快速扩张。

2016年，国务院印发《"十三五"国家科技创新规划》，发布面向2030年的6项重大科技项目和9项重大工程，第三代半导体是"重点新材料研发及应用"重大项目的组成部分。同年，国务院成立国家新材料产业发展领导小组，贯彻实施制造强国战略，加快推进新材料产业发展。

半导体再度上演并购、扩产潮，汽车物联网成绝佳机遇

2017年全球半导体市场交出了满意的答卷。尽管缺货

潮和涨价潮的爆发让全球半导体涨声一片，也让半导体行业充满挑战，但智能手机、无线充电、物联网、智能汽车、人工智能、5G 等市场的不断崛起或持续火热，让半导体行业过了个肥年。展望 2018 年，过去的机遇和挑战是否能够延续？半导体产业将迎来怎样发展？

市场增长始料不及

2017 年，由于产能预估不足，在市场需求的爆发的拉动下，半导体产业出现了近年来少有的供不应求局面，许多企业的业绩都非常漂亮。

WSTS 数据显示，2016 年集成电路市场占整个半导体市场的 81.6%，因此，集成电路市场对整个半导体市场的表现具有重要的影响。在经过 2016 年几乎可以忽略不计的增长之后，2017 年的集成电路市场预期增长 22.9%。

威世中国 & 香港地区销售副总裁卢志强表示："对半导体行业来说，2017 年是不寻常的一年，这不仅因为一些新市场和现有终端市场的需求激增，而且因为某些关键产品类别的限量供应，导致市场对某些半导体产品的需求非常强劲。对于威世来说，多数终端市场的需求增长明显，尤其是在汽车和工业市场。总体来讲，客户仍然充满信心。"

Microchip 总裁兼首席运营官 Ganesh Moorthy 也表示："2017 年，半导体行业发展势头十分强劲，在多方面实现了两位数增长。Microchip 也同样保持着强劲势头，增长速度甚至超出行业平均水平，所有产品线、全球所有地区和所有最终市场都保持增长。"

上海芯导电子科技有限公司产品应用总监刘宗金表示："今年我们的业绩也实现了快速增长，增长幅度达到了 70%。"（访谈视频）

对于 2018 年，Moorthy 认为，2018 年半导体行业仍有许多增长推动因素，但增速将低于 2017 年。

然而，最近 Gartner 公司预估，2018 年全球半导体收入预计将达到 4510 亿美元，比 2017 年的 4190 亿美元增长 7.5%，这相当于 Gartner 之前估计的 2018 年增长率 4% 的两倍。

IC Insights 的预测则更为乐观：2018 年半导体产品出货量将增长 9%，或将首次突破万亿单位，攀升至 10751 亿美元。

因应缺货全球开启扩产潮

缺货和涨价是 2017 年半导体行业的主旋律，以至于成为老生常谈的话题，许多读者已不再感兴趣。

数据显示，2012 年—2016 年硅晶圆的价格非常稳定，但到了 2017 年第一季度涨价 10%，第二季度硅晶圆价格继续上涨，累计涨幅已超过 20%。而其他半导体产品的涨价潮则是持续受到 2016 年以来原材料涨价的影响，到了 2017 年，需求端的爆发，则让存储器、电容器等产品领域出现了价格暴涨和严重缺货的情况。

Qorvo 公司亚太区销售总监 Charles Wong 表示："本轮半导体涨价本质在于全球硅片需求和供给 2016—2017 年"剪刀差"的形成。同时也是受到产业链材料，人工成本上浮的影响。在这样的大环境下，如何确保产能，保证供货，同时对成本结构进行优化成为在今后市场竞争中的重要因素。"

刘宗金表示："2017 年整个半导体市场都处于比较紧张的缺货状态，我们确实有些客户目前还处于缺货状态。"

对于这一现象，深圳市福斯特半导体有限公司销售总监侯国伟则感叹道："缺货非常让人头痛。半导体的产品生产有一定的周期，比如客户开发周期需要一段时间，因此，当产品通过了客户验证可以导入批量生产的时候，突然出现缺货那是非常头痛的，损失不光是生意，还可能损失信誉。"

侯国伟分析认为，客观地说今年缺货是全球性的，在电源领域，中高功率 MOSFET 的缺货现在更严重，短期内缺货可能还会持续一段时间。

根据市调机构统计，半导体硅晶圆缺货状况要到至 2021 年才会缓解，其中，全球 12 寸硅晶圆需求更为强劲，至 2021 年的五年内，年复合成长率约 7.1%，至于 8 寸硅晶圆年复合成长率约 2.1%。

为应对缺货问题，半导体企业采取了各种方法。

刘宗金透漏："我们一定会保持我们客户的生产的正常运行，不能让客户的生产出现断线，我们是从上游的资源链提前去做布局。上游资源链是我们一大优势，芯片设计、生产、封装、封测都是我们自己在做。现在我们已经进行了整个产业链的升级，明年我们会推出八寸线产品，这样我们的芯片产能会大大提升，明年产品供应会有很好的改善。"

侯国伟则表示福斯特是从两方面去解决缺货问题。首先，"我们要做的是保证对现有客户稳定的配合，不能让现有的客户出现生产断线问题。至于新开发的市场，我们只能谨慎的前进。如果产能没有扩张，我们尽量不去开发新的客户。"

其次，福斯特在研发和设计上加大投入，不断地将产业往上游扩展。"现在除了在重庆投资封装厂，我们正在惠州规划新的晶圆厂。目前，惠州工厂的基础建设已经开始了，预计 2018 年 6 月建设完工，然后开始先引进封装线，接着再引进六寸的晶圆线。预计封装线的年产能为 50 亿只，由于目前重庆的封装厂已经达到 50 亿支，到时我们将是行业中的一股不可忽视的力量。"

扩产已经成为半导体行业的共识，这从半导体生产设备的旺盛需求可以看出来。

SEMI 预测，2017 年半导体设备销售额为破纪录的 559 亿美元，2018 年中国的设备销售增长率将达到 49.3%，销售额将达到 113 亿美元。

SEMI 台湾区总裁曹世纶表示："由于芯片需求强劲、存储器定价居高不下、市场竞争激烈等因素持续带动晶圆厂投资向上攀升，许多厂商都以前所未见的手笔投资新建晶圆厂与相关设备。"

英特尔、美光、东芝、威腾电子以及格罗方德等许多公司都在 2017、2018 年增加晶圆厂投资，但整体晶圆厂设备支出大幅增加主要还是来自韩国三星及海力士这两家厂商。

资料显示，2017 年韩国整体投资金额激增主要是因为三星支出大幅成长，其成长幅度可望达到 128%，从 80 亿美元增至 180 亿美元。海力士的晶圆厂设备支出也增加约

70%，达 55 亿美元，创下该公司有史以来最高纪录。

据韩媒 BusinessKorea 报道，三星电子平泽厂 1 号线的二楼工程、SK 海力士韩国清州厂和中国无锡的扩产案将完工，预定 2018、2019 年投产。估计三星华城厂和平泽厂二楼量产后，DRAM 产能将从当前的每月 37 万片晶圆、2019 年增至每月 60 万片晶圆。

而 2018 年中国许多 2017 年完工的晶圆厂可望进入设备装机阶段。不同于过去，2018 年中国本土元件制造商的晶圆厂设备支出金额将首次赶上外来厂商水准，达约 58 亿美元，而外来厂商预计将投资 67 亿美元。包括长江存储、福建晋华、华力、合肥长鑫等许多新进厂商，都计划大举投资设厂。

并购潮将再次上演

2017 与 2018 年半导体晶圆厂设备支出金额创下历史新高，反映出市场对先进元件的需求持续增长。然而，由于利润紧缩、竞争加剧，2018 年半导体产业并购潮将卷土重来。

IC Insights 数据显示，2015 年全球半导体产业收购案合计金额创下历史新高，达到 1073 亿美元后开始下滑。2016 年全球半导体并购交易合计金额为 998 亿美元，2017 年则大幅下滑至 277 亿美元。

2017 年上半年的收购交易并不多，但 11 月份博通欲以 1030 亿美元收购高通的极具野心的计划再次使得小型芯片制造企业更迫切地想被收购。而且 2017 年投资环境的变化影响着资本并购的热情，业界预测，2018 年并购局面或将回归正轨。

Charles 认为："目前整体半导体市场的增长较为缓慢，同时公司数量较多，因而通过并购能够有效地提升股价，直接给予投资者信心。可以预期半导体业合并仍将会持续进行。合并中不乏博通收购高通这样的强强合并。"

正如 Charles 所言，进入 2018 年后，许多大的并购案新闻逐渐释放。

1 月 18 日，在高通作出一系列承诺之后，欧盟委员会今日正式批准了高通 380 亿美元收购恩智浦半导体交易。

同时，有消息指出，瑞萨电子正与美信半导体协商，瑞萨欲以 200 亿美元收购美信。但美信否认了这一消息。

据路透社透露，美国最大的军用和太空半导体设备供应商 Microsemi 正在探索更多的可能性，当中就包括被收购。据知情人士表示，这单交易即将达成。

中国方面，中国证监会官网近日披露，华灿光电重组方案经并购重组委审核获得有条件通过。华灿光电披露以 16.5 亿元收购美新半导体 100% 股权。在历时近一年半之后，国内 MEMS 行业首个大规模并购案完成了全部行政审批。

汽车、物联网备受关注

业界对 2018 年的市场表示乐观，因此对产能扩张充满信心，而这些都源于应用市场的给力。

IC Insights 预计，智能手机、汽车电子系统以及物联网将是 2018 年半导体产品出货量增长率最高的领域。2018 年快速增长的 IC 单元类别包括：工业/其他应用专用模拟（预计增加 26%）；消费类专用模拟（预计增长 22%）；工业/其他专用模拟（22%）；32 位微控制器（21%）；无线通信专用模拟（18%）和汽车专用模拟（17%）。

卢志强也认为："在我看来，今年以及今后几年半导体行业的重大事件是物联网、汽车、5G、虚拟现实/增强现实（VR/AR）和人工智能（AI）。"

Moorthy 也预计，2018 年工业、汽车和物联网等最终市场的增长可能会更为强劲。

Charles 也非常看好物联网。"2018 年整个半导体产业仍将延续平稳增长的态势。其中 IoT 的相关领域将会成为增长亮点。与之而来的 5G 相关领域也将迎来爆发期。2018 年 Qorvo 将继续巩固在移动终端和基础设施领域的优势，寻求快速增长。公司在 IoT 以及 5G 等领域做了提前布局，在 2018 年将会有一系列新产品面世。"

物联网

他强调，物联网是整个通信产业的又一次革命，物联网希望通过通信技术将人与物，物与物进行连接。这样的技术将在未来彻底改变现有的通信方式。LPWAN 是物联网的解决方式之一，专为低带宽、低功耗、远距离、大量连接的物联网应用而设计。这其中的 RF 功能的实现，将对半导体行业带来新的要求，也同时带来了巨大的机会。Qorvo 针对物联网以及 LPWAN 提供的全套 RF 解决方案将使得物联网的实现更加简单和高效。

另外，新能源汽车和工业自动化也备受关注。

卢志强透漏："这些市场也是我们在中国的核心市场，威世中国将继续关注汽车行业，包括传统和新能源汽车、机车，以及工业应用领域，包括自动化、机器人、电网和互连市场。由于中国政府对改善环境做出了承诺，新能源汽车和充电桩对半导体和被动元件供应商来说都是绝佳的机遇。工业 4.0 将带来生产自动化和数据交换的新时代。这一转型将改变工厂内运营优化以及与生态系统内其他公司交互的方式。我们坚信，我们领先且创新的产品技术将为客户带来价值，帮助他们创造先进且有竞争力的产品。"

Charles 表示，针对工业 4.0，集成化，系统化是不可阻挡的必然趋势。Qorvo 在移动终端和基础设施领域都是集成化和系统化的引领者。Qorvo 同时拥有 GaN、GaAs、BAW/SAW 等不同种类自由工艺生产线。具备把各种工艺的芯片通过 MCM 的方式进行高集成的能力，这也成为 Qorvo 区别于其他竞争对手的独特优势。在今后的 5G 时代，这样的高集成需求将变得愈加突出。

Moorthy 也表示："我们将充分利用这些市场和其他市场的增长机遇。我们的目标是成为客户的整体系统解决方案供应商，整合我们广泛的解决方案产品组合，支持客户通过创新手段实现增长、降低系统总成本并缩短上市时间。"

另外他提到："中国市场对于 Microchip 十分重要，我们通过派遣到 18 个不同办事处的专职员工为中国数以万计的客户提供服务，这些办事处邻近客户的开发和制造地点。2018 年，我们将继续致力于拓展在中国的业务，具体措施是为现有客户和新客户提供创新且极具竞争力的解决方案，助力其实现成功。我们将继续通过全国技术讲座、研讨会和丰富的大学计划专注于培训客户和培养未来的工程师。"

不过，卢志强认为，这些应用将以多种方式为半导体技术带来挑战。微处理器和内存有助于提高分析能力，而传感器、显示器和电源管理与模拟功能提高了用户接口的能力。检测或输送和转换充足能量的半导体设备采用的尺寸和集成工艺技术与数字产品截然不同，将这两者结合在一起，将是半导体行业的一大挑战。

盈利与技术双双突破，集成电路公司望加速发展

要政策有政策，要业绩有业绩。这就是国产集成电路板块的现状及未来前景。

工信部25日表示，国家集成电路（IC）产业投资基金正在募集第二期资金。国家对该行业将继续投入真金白银扶持。与此同时，据上证报资讯统计，已经公布2017年年报或业绩快报的集成电路行业公司，逾六成2017年实现盈利并业绩同比增长，近三成盈利同比增长超过50%。国产集成电路公司呈现盈利与技术双突破的良好局面，行业开始步入快速成长期。

盈利能力明显增强

与以往徒有概念不同，A股集成电路公司已站上"业绩风口"。

上证报资讯统计50家芯片概念公司的2017年年报，有33家公司业绩实现了同比增长，占比超过六成。其中，纳思达、长电科技、兆易创新、太极实业、士兰微等13家公司业绩增长超过50%，占比近三成。

业绩快报显示，纳思达2017年营业收入215.32亿元，同比增长270.89%；归属于上市公司股东的净利润10.32亿元，同比增长1589.28%。公司表示，业绩快速增长主因是2016年11月收购了Lexmark International Inc.（美国利盟公司）。长电科技2017年实现营业收入238.56亿元，同比增长24.54%；归属于上市公司股东的净利润为3.43亿元，同比增长222.89%。对于净利润快速增长，公司表示主要系报告期内原长电及JSCK（长电韩国）归属于上市公司股东的净利润大幅增长。

自主研发的力量也体现在了业绩中。作为国产存储稀缺标的，兆易创新2017年营业收入20.3亿元，同比增长36.32%；归属于上市公司股东的净利润3.97亿元，同比增长125.26%。北斗星通是北斗产业链龙头，公司2017年实现营业收入22.04亿元，同比增长36.3%；归属于上市公司股东的净利润1.05亿元，同比增长102.99%。

尽管一季度是行业淡季，但多家IC上市公司还是展现了不俗的盈利能力。海特高新一季度实现净利润为3586.04万元，同比增长229.91%；博敏电子一季度实现净利润为1578.44万元，同比增长31.2%；中颖电子一季度业绩增长也达到30.27%。

此外，上海贝岭、南大广电、超华科技、华微电子、中国海防、晶方科技、太极实业、士兰微、富满电子等公司的2017年业绩增长均超过50%。

机构与牛散齐增持

逐渐展现出良好盈利潜力的集成电路公司，备受各路资金青睐。

上证报资讯统计，截至一季度末，多家集成电路公司获得香港中央结算有限公司、中信证券及多家银行证券投资基金的大力增持。作为第三代半导体龙头，扬杰科技一季度十大流通股东榜出现了新的机构面孔：香港中央结算有限公司、中国农业银行股份有限公司-宝盈科技30灵活配置混合型证券投资基金、中国银行-嘉实主题精选混合型证券投资基金是新进股东，前者是北上资金。

同样获得机构增持的还有中颖电子。公司一季度十大流通股东榜显示，四川海之翼股权投资基金管理有限公司-海之翼一期管理基金、广东恒阔投资管理有限公司、中信证券成为新进股东，合计增持2.18%；公司还获得香港中央结算有限公司增持。

统计显示，截至一季度末，上海新阳等多只IC概念股获得牛散增持。例如，周海燕一季度增持上海新阳145.68万股，持股达到2.5%。徐琦一季度增持紫光国芯800万股，持股1.32%，成为公司第六大股东；徐琦还持有四维图新4000万股，占比3.12%，位列第五大股东，并持有过士兰微、国科微等集成电路公司的股份。

机构和牛散持续看好集成电路板块，一个重要的投资逻辑是这个板块优质公司的盈利能力愈发强劲。在经历了数十年的国家扶持和企业界的努力后，中国集成电路产业已步入快速成长和业绩收获期；而随着大基金一期和二期资金的投入，中国集成电路产业发展有望再加速。

研发投入与技术成果高增长

2017年我国半导体全行业销售额达5411亿元，规模增长之外，研发和技术也获得了长足的进步。上证报记者统计显示，A股集成电路公司的研发费用和研发成果均持续高增长。

自主研发是公司可持续发展的终极动力。2017年年报显示，国产集成电路公司在研发上持续加大投入。比如，兆易创新研发人员达253人，占比61.41%；研发支出1.67亿元，占营收的8.23%，同比增长63.31%。北斗星通研发人员达到875人，占比21.16%，同比增长62.64%；研发投入1.89亿元，占营收的8.57%，同比增长66.5%。华天科技2017年研发投入3.53亿元，同比增长21.87%。

持续的研发投入也获得丰硕回报。截至2017年底，兆易创新已申请718项专利，获得261项专利，涵盖了NOR Flash、NAND Flash、MCU等芯片关键技术领域。目前，公司产品涵盖了NOR Flash的大部分容量类型，公司具有国内产品系列和应用覆盖最全的嵌入式应用Flash产品线。

担纲北斗芯片重任的北斗星通，2017年研发项目达到140个，完成结题项目38个。公司在GNSS芯片、微波陶瓷介质元器件、汽车电子和"北斗+通信"等方向进行了重点研发投入，促进产品和技术升级；公司控股子公司和芯星通国内首发了28nm低功耗GNSS芯片。

有集成电路公司高管表示，集成电路是典型的"资金密集、技术密集、人才密集"型产业，摩尔定律驱动技术快速迭代，持续的高投入是保持公司竞争力永续的必须和关键。尽管研发投入在迅猛增长，但与国外巨头相比，这些研发投入还是远远不够的。中国集成电路产业要走向高端，要获得自主创新的核心技术，还需要下重金，还需花

大工夫。

国内 IC 设计上市公司 2017 年业绩亮眼

近日，多家国内 IC 设计领域上市企业 2017 年度业绩相继披露。根据全球半导体观察统计，截至 2 月 28 日，已经披露最新业绩的 IC 设计公司超 19 家。

综合各家数据来看，2017 年共有 17 家公司实现净利润增长，超过亿元的达 9 家，其中，纳思达、四维图新、欧比特、北斗星通、华微电子、富满电子、以及芯朋微 7 家企业的净利润实现了 50% 以上的同比增长幅度。

尤其是纳思达，其业绩表现更为亮眼，2017 年实现营收超 200 亿，同比增长 270.89%，归属上市公司股东的净利润也达 10.32 亿元，同比增长高达 1589.28%，是唯一一家营收超百亿的 IC 设计上市企业。

纳思达在业绩快报中指出，2017 年之所以创造了如此可观的业绩，主要是因为报告期内将 2016 年 11 月收购的 Lexmark International Inc.（美国利盟公司）2017 年全年营收纳入了合并报表。

值得注意的是，受与国民投资（国民技术子公司）合作成立产业投资基金的前海旗隆北京、深圳两地相关人员失联事件影响，2017 年国民技术损失 4.5 亿元，也成为 2017 营收、净利润双双下滑的主要原因，其中净利润下跌幅度更是高达 581.15%。

除了上述已经披露的年度业绩企业之外，兆易创新、上海贝岭以及盈方微等 IC 设计厂商也披露了 2017 年度业绩预告。

其中，近年来正寻求产品线扩充的存储器 IC 设计企业兆易创新预计，2017 年将实现归属于上市公司股东的净利润约为 3.81 亿元到 4.16 亿元，同比增长幅度将落在 116.19% 到 136.03% 之间。

事实上，随着近年来中国集成电路产业结构调整带来的效果逐渐显现，国内 IC 设计业的发展更加利好。

据集邦咨询此前的研究报告显示，2017 年中国 IC 设计业产值预估为 2006 亿元，年增率为 22%，预估 2018 年产值有望突破 2400 亿元，维持约 20% 的年增速。

此外，国家大基金二期投资项目也将有所调整，从一期重点投资的 IC 制造领域转而增加 IC 设计领域的投资项目，集邦咨询预估，大基金在 IC 设计领域的投资比重将增加至 20% ~ 25%。

电源及磁件行业 2017 年回顾与展望

2017 年可谓是"黑天鹅"年，特朗普意外当选、民粹主义搅动欧盟、中东地区冲突频发、萨德与朝鲜问题、全球贸易保护主义抬头、比特币价格暴涨……然而，尽管面临多重挑战，世界经济还是进入相对强势的复苏轨道。2017 年全球大多数主要经济体均走强，是 3 年来世界经济表现最好的一年。

全球经济复苏也令电子产业大感意外，由于产能预估不足，导致无论是主动元件还是被动元件都出现严重缺货和涨价的现象。记者在采访时发现，许多电源、电子变压器、电感器和软磁等磁件企业 2017 年的业绩都有所增长。

然而，无论是在"涨价潮"，亦或是在"新国货运动"和"出海潮"中，往往都是"肥水流入外人田"，中国电源和磁件企业只能眼睁睁地看着外资企业"吃肉"。甚至，随着传统终端市场的不断衰退和集中化，新兴市场不断涌现，低价同质化、技术水平较低以及人才结构失衡等问题将成为中国电源和磁件企业的"灰犀牛"，未来将更加无法抵御"倒闭潮"和"三角债"危机，高端化发展将止步不前，无法抓住新机遇。

不过，2018 年已有好兆头。在无线快充、新能源、机器人、智能硬件、数据中心、军工等市场的拉动之下，以及通过上市等资本化运作和自动化升级，电源与磁件行业将迎来新的发展机遇。

好现象

尽管传统终端市场增速趋缓，且产业越来越集中，成本也不断上涨，行业竞争越来越激烈，然而在过去的 2017 年，电源与磁件行业仍有许多好现象值得我们记述。

业绩增长

国际货币基金组织（IMF）指出，2017 年全球大多数主要经济体均走强，该年可能是 3 年来世界经济表现最好的一年。IMF 还预计，2017 年全球 75% 的经济体增速都将加快，为世界经济近 10 年来最大范围的增长提速。

受全球经济复苏的影响，2017 年电源与磁件企业的营收均有不同程度的增长。

2017 年 1 ~ 9 月中国电子变压器出口数量达到 210449 万只，同比增长 12.03%，达到 136057 万美元；2016 年全球电感市场大约为 32 亿美元，2017—2024 年期间的复合年增长率为 3.94%；2016 年全球磁铁和磁性材料市场达到 322 亿美元。到 2017 年，市场将达到 349 亿美元，到 2022 年将达到 517 亿美元，从 2017 年到 2022 年的年复合增长率为 8.2%。

东莞铭普光磁股份有限公司研发经理於汉斌在接受记者采访时表示："2017 年整个磁件行业呈现红红火火、欣欣向荣的局面，铭普 2017 年发展状况也挺好的，2017 年也顺利喜迎上市。"据了解，铭普光磁 2017 年 9 月 29 日成功登陆深交所中小板 A 股，市值达到 28.5 亿元。

深圳顺络电子股份有限公司绕线产品经理欧阳过也表示："整个行业处于缺货的状态，所以很多磁件企业都不缺订单，整个行业的发展态势都还是挺乐观的。"据了解，顺络电子 2017 年上半年则实现营业收入 8.14 亿元，同比上年增长 8.53%。

深圳市创世富尔电子有限公司工程部经理张坚则显得雄心勃勃，他说："创世富尔 2017 年发展呈稳步上升态势，重点战略方向是新能源汽车及充电桩领域，2017 年开发了不少上市公司客户，目前产品呈供不应求的火爆场面，我们公司也正在逐步壮大。"据了解，创世富尔是一家生产电子变压器、滤波器、电感器件的专业厂家，年产量近 1 亿件，预计 2017 年实现总营收 8000 ~ 10000 万元。

东莞大忠电子有限公司工程部副总经理文成波也认为，行业整体呈上升趋势，大忠电子的营收整体比 2016 年好。据了解，大忠电子主要产品有电子变压器、电感、霍尔传感器、充电器、适配器、电抗器、非晶器件等，2016 年大忠电子有限公司的营收为5.13亿元。

另外，记者也采访了深圳振华富电子有限公司技术中心主管工程师康武闯。他表示，振华富2017年相对来说比较稳定，营收比2016年好一点，但竞争越来越激烈。据了解，深圳振华富电子有限公司是一家国家高新技术企业，专业致力于磁性元件、微波元件、敏感元件、电子模块和功能组件的科研与生产，其财报显示，2017年上半年营收为2.018亿元。

攀越高端

客观而言，中国的大部分电源、电子变压器、电感器产品水平处于中低端水平，同质化恶性竞争越来越激烈。然而，从2017年来看，越来越多的企业想逃离竞争白热化的红海市场，决心向高端市场挺进。在接受《磁性元件与电源》记者采访时，陆河县伟德电子有限公司运营部厂长陈泉明不禁感慨，在今年（2017年）看来，磁件行业供应的领域越来越高端。

比如非常火热的人工智能（AI），原以为跟磁件行业很难有直接的关系。但记者在采访中却发现，业界也早已在暗中观察，蓄力跟进。

铭普光磁於汉斌认为："从中国目前的行情来看，AI肯定也会成为下个热门领域，可能会取代部分传统的人工生产模式，整个社会也是越来越朝智能化发展。AI目前仍处于萌芽状态，尤其是在低端产业，现在还不是很多需求，现在主要还是在手机领域，等成熟了之后才逐步推进到磁件企业。我们公司的一些的生产环节也在渐渐利用AI技术。"

创世富尔张坚也表示："AI目前在无人驾驶公交等领域做出贡献，AI行业未来肯定在智能机器人及移动无线充电等领域大有发展，我们公司未来的发展也将会涉及AI行业。"

除了AI之外，在谈及2017年的大事件或关键词时，业界都非常关注无线充电、智能汽车、新能源汽车、5G通信和数据中心等领域。

张坚认为，2017年深圳第一批无人公交的运行，这是行业大事件，智能汽车和无人驾驶等新技术为磁件行业带来了挑战与机遇，将对磁件行业在更高频、宽频等技术的开发起到促进作用。

越峰电子材料股份有限公司研发部资深课长林秉翰则认为，苹果手机使用无线充电设计是行业的大事件。手机龙头品牌确定使用无线充电设计会让其他品牌跟进类似设计，对于充电模块设计（Tx，Rx）、充电效率提升的研究会加大加速开展，进而从携带式组件进展到大型车用无线充电模块，对于未来新能源产品的开发应用影响是非常广大的，一旦无线充电技术普及会加速电子组件的进度，改善人类的生活、交通等等。

於汉斌也提到了无线充电。他认为无线充电一旦规模性发展市场前景不可限量。不过，刚开始会比较乱，等洗牌过后无线充电市场才能趋于稳定。顺络本身在无线充领域的地位也挺高的，是国内较早进入无线充领域的磁件企业之一。

另外，他还提到更多的领域。他认为，5G通信将实现网络技术的更新换代，无线充电和车载电子都很热门，这些对行业来讲都是重大利好的消息，促进行业更好的发展，电子变压器、电感器都是这些领域的基础部件，毫无疑问将会获得更大的发展。

文成波则从大忠电子自身的发展聊到了热点领域，其中包括：充电桩、家电、无线充电和数据中心等，他认为这些领域的发展对他们公司的产品推广起到重要推动作用。

这些领域也因此成为许多磁件企业2018年的发展重点。林秉翰直接表示，越峰电子2017年明确开发方向为车载产品、云端伺服、充电系统的应用，并配合制程改善、自动化与省力化（两化合一），达到成本降低并提升效率。"

於汉斌则透漏，铭普光磁未来主要重点将放在新能源汽车和5G通信，因为铭普在通信的优势十分明显。

文成波则表示2018年大忠电子还是会重点关注传统家电市场、充电桩、光伏、数据中心、智能家居这几个市场。由于很多原材料是由大忠自己生产，因此在成本的把控上有很多的优势，另外，大忠对许多新领域已着手关注，机遇合适的时候也可及时提供相关的产品。

张坚表示，创世富尔未来将在新能源汽车、充电桩以及无线充电领域大力布局，他们拥有将近20年开关电源变压器及电感生产经验、成熟稳定的人力资源及生产资源配置。

不过，由于这些领域是相对新的高端领域，因此新产品的研发和生产将成为行业企业新的研究课题。林秉翰表示："随着汽车的智能化、制造工业4.0转型与云端伺服中心的发展和需求推动，在近年磁性元件行业不论是产品规格与产品应用都让磁性行业备受挑战，2017年度是行业面对变化的开端也正因如此，产品定位与产品研发会是重点环节。"

对于未来的技术趋势，张坚表示："展望未来，我认为行业未来技术趋势是双高（高Ui、高Bs）及组合镍铁氧体磁芯，将主导电子变压器电感器行业。"

於汉斌认为不管未来行业技术怎么变化，还是离不开电子变压器和电感这些基础器件，从技术趋势而言，主要还是往模块化、集成化发展。

文成波认为对于器件而言，技术趋势主要还是从物理性质改进，比如体积越来越小、越来越扁平化。

林秉翰认为组件/材料方面，高直流叠加、高频、低损耗将为趋势。制程方面，自动化、智能化是重要的发展趋势。

正如林秉翰所言，业界越来越认可自动化生产的重要性。大忠电子工程部副部长李成也认为高频化、小型化、自动化是未来的行业发展趋势。博众达电子品质部主管杜民认为技术发展趋势主要还是朝着自动化发展，因为各方面的成本都在提高，自动化生产可以大大减少人工成本。

A股上市

2016年被动元件龙头村田与TDK的资本支出分别高达15.36亿美元和14.31亿美元，都占公司营收14%。可见，资本投入是维持被动元件市场发展的关键，尤其是新市场新应用的崛起对被动元件提出了新的要求，产品升级与投产都需要大量的资本投入。

但尽管整个行业都知道资本运作的重要性，然而一直以来，许多磁件企业却只能登陆新三板，即使磁件行业在2016年迎来了新三板上市潮。但"国内能有磁件企业上中小板真是不容易啊！"依旧是磁件同行的共同心声，磁件行业发展至今可以上中小板的企业寥寥无几，已经上中小板的企业只有麦捷科技、顺络电子等少数企业。

2017年，酝酿已久的3家登陆中小板的磁件企业终于顺利敲钟，它们分别是京泉华、铭普光磁、伊戈尔。

深圳市京泉华科技股份有限公司于2017年6月27日起在深圳证券交易所中小企业板上市交易。京泉华2017年上半年实现营业收入4.73亿元，相比2016年同期增长20.78%。2016年的营收为8.99亿元。

9月29日，铭普光磁在深交所举行上市敲钟仪式，成功登陆深交所中小板A股。

12月29日，伊戈尔电气股份有限公司首发申请获证监会通过，登陆深交所中小板。2017年1~6月，伊戈尔营业收入为5.17亿元，2016年全年营收达到8.8亿元。

相对于动辄几千万、上亿补贴的半导体等主动器件行业，电子变压器和电感器领域等"低端领域"，一直是"阳光照耀不到的地方"，通常是被政府政策所遗忘的角落。然而，中国制造业的强大在于产业链配套的齐全，没有低端哪有高端，如果磁件行业技术水平得不到提升，"中国制造"的实现也比较悬。政策改变较难，磁件当自强，资本化成为企业解决资本问题的重要方式。

灰犀牛

2017年"灰犀牛"多见于许多媒体报道，指的是太过于常见以至于人们习以为常的风险。大家对倒闭、破产、三角债等比较严重的风险非常警惕，或因习以为常，或因无力改变，就视而不见听而不闻了。然而2017年这些习以为常的风险则变得越来越突出。

低价竞争

"涨价"、"缺货"是2017年无法绕过的两大关键词，纵观2017年，以存储芯片、被动元器件、功率器件为主的缺货涨价对电子产业链上下游供需市场带来超乎以往的影响。内存企业赚得盆满钵满，价格被炒得很高，因此有人将内存视为期货。

而被动元件中MLCC也降幅很大，缺货严重。风华高科日前表示，正常电子元器件每年降价5%~10%，MLCC涨价周期为每3~5年一次。自2016年下半年以来，风华高科已经上调3次，整体幅度为5%~30%。

而反观磁件行业，原材料涨价缺货一方面对磁件企业的生产和成本控制造成了挑战，另一方面不但无法在此次涨价潮中受益，甚至更被"压榨"。

接受记者的采访时，李成表示："涨价缺货影响是比较大，整个行业都被波及。"

林秉翰表示："越峰电子遇到原物料缺货的状况，我司利用系统管理、供货商开发并配合精益生产达到物料使用优化，避免物料缺货影响销售。"张坚也表示，创世富尔在涨价缺货方面是通过提前预估做好备料准备。於汉斌则表示，对于应对材料涨价问题，他们公司主要也是通过生产

环节来控制成本。比如在产品生产方面，许多环节都自己生产，减少许多流通环节，大大缩减了生产成本，这使得涨价的影响得到稀释。

由于国内磁件企业大多处于中低端水平，无法进入汽车、无线充等高速发展的领域，因此无法享受新兴市场的带动。特别是在家电等传统市场出现低迷的时候，一些企业则采用低价恶意竞争等手段。欧阳过表示，顺络2017年整体只能说是稳定发展，发展势头并不是特别突出。这个主要由产业特性所决定的，一些低端的产业准入门槛不高，所以乱象丛生，从而导致增收不增利的现象十分明显，这对他们公司多多少少也是有影响。

也因为产品同质化严重，竞争激烈，因此磁件行业成为终端客户抵御涨价的"牺牲品"。2017年广东省电子变压器电感器行业协会在走访中发现，一些磁件企业叫苦连天，声称家电厂商"太过傲慢"，通过拖欠尾款、招标压价和罚款等方式对磁件企业实行"无底线"压价。这种情况再遭遇原材料涨价，使得磁件企业"瑟瑟发抖"。

低价恶性竞争现象是老生常谈的话题，一直以来大家都默认了这种局面。然而随着"新国货"的不断崛起，国产品牌的不断"出海"，随着传统终端市场的集中度越来越高，这种模式越来越不可持续。

比如光伏逆变器领域，GTM Research发布的报告显示，全球光伏逆变器市场逐渐集中，自2016年上半年起前十大制造商的出货量占比80%。而事实上，排名前五的厂商就超过了全球一半的逆变器出货量。

另一方面，在小米、华为和格力等企业大打爱国牌的民粹式营销的带动之下，新国货运动逐渐兴起，新国货要求"质高价低"，品质逐渐成为硬性要求。

因此，随着市场集中度和产品品质要求越来越高，磁件企业的技术水平将成为生存发展的关键，不可视而不见。

自动化水平低与人才失衡

近期，成都等二三线城市先后发起城市人才争夺战，希望通过留住和吸纳优秀人才，来补齐当地的招商引资政策的短板。产业内迁是近年电子制造行业的发展趋势之一，因此有人担心，这场人才争夺战有望成为企业内迁的一剂强心剂，也有可能引发磁件行业的内迁潮。

但是於汉斌判断，珠三角未来仍是主要的制造业基地，只不过未来智能化制造会比较多一点，制造业产业正在升级调整。随着技术升级，一些落后技术产能的企业也将被淘汰。

据其透露，公司起点高，离目标可能就比较近点，铭普早就进行了自动化布局了，与其他外资磁件企业相比起码不会落后很多。

而近些年来，"转型升级"是电子变压器和电感器等电子制造企业的发展重点，不过企业普遍在往自动化生产转型，但却忽略了人才结构的转型，人才失衡问题最终将导致企业无法升级。

中瑞电子在近两年的年度报告中都提到人才缺乏的问题，而许多其他磁件企业也经常在年度报告或季度财报中提到人才紧缺问题。从种种迹象表明，磁件行业人才失衡的问题在磁件行业中已然十分突出。中瑞指出，他们公司

十分渴望提高研发生产能力，从公司的发展来看，研发人才的水平参差不齐，并且研发人员还满足不了公司当下的研发要求。

新机遇

正如前面所提到，中国市场对世界经济的贡献值越来越高，熟悉中国国情的人常常表示"跟着政策，有吃有喝"。实际上，新能源汽车、充电桩和光伏等新能源领域，中国可谓是全球的主要推动力，在政策的推动之下，新能源市场发展迅速。与此同时，中国巨大的市场规模也有许多的发展机遇。

汽车与充电桩

德国汽车工业协会预测称，2018 年全球汽车销量有望增长 1% 至 8570 万辆。Corey Melvin 数据显示，全球汽车市场预计到 2019 年将增长到 1 亿辆。

新能源汽车方面，2017 年 1～7 月，中国新能源汽车产销分别完成 27.2 万辆和 25.1 万辆，比上年同期分别增长 26.2% 和 21.5%。而根据"十三五"规划，至 2020 年，我国新能源汽车产销量要达到 500 万辆。

充电桩方面，截至 2017 年 10 月底，我国已累计建成公共充电桩 19.5 万个，较去年同期增长 82%；私人充电桩 18.8 万个，同比增长 214%。充电桩市场的活跃，也给大功率电源市场带来了活力。国家发改委计划到 2020 年，新增集中式充换电站超过 1.2 万座，分散式充电桩超过 480 万个，满足全国 500 万辆电动汽车充电需求。

对于充电桩市场，於汉斌表示，政府对充电桩的支持挺大的，很多客户也有需求的意向，整体的态势很好，来年的话，可能会有更好的发展。林秉翰表示，新能源汽车与充电桩产品应用是越峰电子在 2018 年度全力开展的项目。文成波则更是表示，2017 年充电桩的订单比 2016 年增长了至少 20%，随着东莞飞腾计划的实施，明年充电桩的市场和需求将更强。

MarketsAndMarkets 预测，从 2020 年到 2025 年电动汽车无线充电市场的复合年增长率将达到 49.38%，到 2025 年将达到 70.948 亿美元的市场规模。

据 Strategy Analytics 估计，2018 年全球汽车电子总销售量达到 2890 亿美元，年复合增长率达到 7.3%。2019 年全球汽车电子产值将从 2013 年的 1975 亿美元增长到 3011 亿美元。

据前瞻产业研究院，预计到 2020 年市场规模达到 338.2 亿美元（约 2200 亿元人民币）。2020 年中国车联网的渗透率由 2016 年的 4.8% 上升为 18.1%；车联网用户到 2020 年达到 4410 万。

5G 通信

日前工信部宣布我国启动 5G 技术研发试验第三阶段工作，比原计划提前了半年时间。三大运营商都释放了 5G 布局加速的信号，明确 2018 年将进行大规模测试组网以及 5G 网络预商用试验。预测显示，中国在未来 5G 投资上将达到 2 万亿人民币的规模，到 2035 年 5G 将在全球创造 12.3 万亿美元的经济产出，全球 5G 价值链将创造 3.5 万亿美元的经济产出。

爱立信表示，到 2026 年，中国由 5G 带动的商业规模将高达 1589 亿美元（约合 10493 亿元人民币）。其中，能源和工业领域为 300 亿美元，占比 19%；制造领域 280 亿美元，占比 18%；公众安全领域为 200 亿美元，占比 13%；医疗领域为 190 亿美元，占比 12%；公众交通为 160 亿美元，占比 10%；媒体娱乐为 140 亿美元，占比 9%；汽车领域为 130 亿美元，占比 8%。

军工行业

国务院办公厅日前印发了《关于推动国防科技工业军民融合深度发展的意见》，这是推动国防科技工业军民融合深度发展的顶层设计和行动纲领。

近年来，我国国防科技工业军民融合取得了实质性进展和阶段性成果。"民参军"迈上新台阶。目前，取得武器装备科研生产许可证的主要企业里，民营企业已占 2/3 以上，优势民营企业占比近一半。

2025 年中国国防信息化开支将增长至 2513 亿元，年复合增长率 11.6%，占 2025 年国防装备费用（6284 亿元）比例达到 40%。未来 10 年国防信息化产业总规模有望达到 1.66 万亿元。

物联网

据前瞻产业研究院预计，到 2020 年，全球物联网市场收入将达 8.9 万亿美元。中国信息通信研究院表示，中国已正式迈入物联网 2.0 时代，预测 2020 年我国移动物联网市场将超过 4 万亿元。

工信部预计于 2018 年我国物联网业务总体市场规模可达到 1.5 万亿元人民币，年均复合增长率可达 25%。到 2020 年，中国物联网的整体规模将超过 1.9 万亿元，平均年增长 30% 以上。

根据麦肯锡报告指出，预估至 2025 年，因物联网科技串联带动的智能家居、办公室、工厂、移动装置等九大领域，相关应用的产值将高达 11.1 兆美元。其中三大商机健康照护、智能管理、智能制造将在 5 年内爆发，以智能制造成长最快。

可穿戴设备

Future Market Insights 预测，2016—2026 年全球消费电子市场将以 15.0% 的复合年增长率增长，可穿戴电子设备的需求比消费电子设备和智能家居设备要大。

IDC 预计，2021 年可穿戴设备市场的出货量将从 2017 年的 1.132 亿件增加约 2.223 亿件。2017 年第三季度中国可穿戴设备市场出货量为 1288 万台，同比增长 18.7%。基础可穿戴设备（不支持第三方应用的可穿戴设备）同比增长 6.7%；而智能可穿戴设备同比增长达到 264.8%，其中绝大部分来自于 4G 儿童手表市场的迅猛发力。

厨电与家居市场

据 GfK 全国零售监测数据显示，2017 年 1～8 月，中国家电市场（包含大家电，小家电，黑电以及厨房电器）零售额达 5237 亿元，同比增长 11%。其中家用空调、厨房电器以及影音产品增速领先整体市场，零售额同比增长分别达到 27%、18% 和 32%。

中怡康预测，2017 年厨电市场将继续以高增长的姿态继续挺进，全年厨电市场规模将达到 968 亿元，同比增长 14.4%。

《2017 年中国洗碗机行业白皮书》显示，2016 年，洗碗机市场零售额达 19.8 亿元，同比增长 104.8%；截至 2017 年 8 月，洗碗机市场零售额已达 24.2 亿元，超 2016 年全年零售额总量，同比增长 134.7%。

Transparency 预测，2016 年智能家居的全球市场规模为 300.2 亿美元。从 2017 年到 2025 年，复合年增长率为 14.6%，到 2025 年底，这个市场的机会可能会达到 976.1 亿美元。

Forrester Research 预测，2022 年智能家居设备在美国的安装数量将达到 2.44 亿，高于 2016 年的 2400 万。到 2022 年，50% 的美国家庭或 6630 万人至少拥有一台智能音箱。2022 年美国智能音箱的总装机量将达到 1.662 亿台，高于 2017 年的 21.3 台。

到 2022 年，美国有 20% 的家庭将使用至少一个智能家庭设备，至少有 2700 万家庭使用智能家庭设备。从智能家居设备的总体市场来看，从 2017 年到 2022 年复合年增长率为 42%。

数据中心

随着 4G、5G 移动网络，以及物联网的蓬勃发展，网络传输数据将爆量增加到超越你我的想象。目前谷歌、阿里巴巴等公司动辄几亿、十亿美元以上的金额投资数据中心已成为常态，而数据中心的建设热潮也让许多电源和磁件企业尝到了发展的甜头。

根据调查机构 Hexa 的报告，数据传输中断和丢失导致数据中心 UPS 电源需求上升，预计 2020 年全球数据中心不间断电源（UPS）市场规模预计将达到 56.7 亿美元。

机器人市场

工信部指出，2017 年工业机器人产量将首次突破 10 万。中国在 2017 年前 10 个月中已经突破了这一大关，全年产量或将到 12 万。

MarketStudyReport.com 预测，全球重型工业机器人市场 2017—2021 年复合增长率为 7.71%。

Research and Markets 预测，2022 年全球联网自动化市场规模预计将从 2017 年的 23.2 亿美元增长到 168.9 亿美元，预测期内的复合年增长率为 48.7%。

2017—2023 年人形机器人市场预计复合年增长率为 46.05%，到 2023 年达到 41.43 亿美元。预测消费类机器人市场在预测期间的复合年增长率为 22.35%，到 2023 年达到 149.11 亿美元，较 2018 年的 54.38 亿美元有所增长。预计军事机器人市场规模将从 2017 年的 167.9 亿美元增长到 2022 年的 308.3 亿美元，复合年增长率为 12.92%。

据国际机器人联合会的最新报告，2017 年专业服务机器人的销售量将同比增加 12%，达到 52 亿美元的新纪录。预计在 2018—2020 年间实现 20%～25% 的复合年增长率。2017 年家用/个人用服务机器人的销售量同比增长 30%，并将在 2018—2020 年间实现 30%—35% 的复合年均增长率。到 2020 年，该类机器人的销售量将达到 4000 多万台。

充电器市场

2017—2021 年，Technavio 预测全球电动车充电适配器市场在预测期间将以 50% 以上的复合年增长率增长。

Research and Markets 预计，2016—2020 年全球 AC -DC 适配器市场将以 2.09% 的复合年增长率增长。

IHS 预计，2015 年外部电源适配器和充电器市场将超过 80 亿美元，到 2018 年达到 90 亿美元的高峰。其中大部分增长是由智能手机，平板电脑和新兴技术驱动的。

随着对电池供电需求日益增长的需求，便携式电子产品的需求日益增长，到 2022 年全球电池充电器市场预计将达到 188 亿美元。

Technavio 预计，全球无线充电器市场年复合增长率将超过 26%。

汽车照明

据 TMR 统计，到 2025 年底，全球汽车照明市场可能达到 4637.27 亿美元，2017 年至 2025 年复合年增长率为 5.7%。2016 年亚太地区占据主导地位，占全球汽车照明市场份额的 46% 以上。

Market Research Future：全球汽车内饰环境照明市场在全球市场已经有了显著的增长，未来的需求预计将以约 6% 的复合年增长率增长。

Research and Markets 预计，2017 年汽车环境照明市场的复合年增长率将达到 14.41%，预计到 2022 年将达到 53.0 亿美元，而 2017 年将达到 27.1 亿美元。预计到 2020 年，智能照明市场总量将达到 81 亿美元，2015 年至 2020 年的年均复合增长率为 22.07%。

医疗电子市场

MaketStudyReport 数据显示，2017 年—2024 年医疗电子市场的年均复合增长率的增长率为 20%，到 2024 年医疗电子市场将超过 1480 亿美元。

未来几年，中国医疗电子市场将持续平稳增长，年均复合增长率达 18.2%；其中，移动医疗、可穿戴医疗及便携式医疗发展最为迅速。

CMIC 报告显示，2017 年中国医疗电子市场规模将达到 2630.44 亿元，同比增长 29.1%，2017—2019 年持续高速增长，2019 年将达到 4155.28 亿元。

根据 IDC 的数据显示，2016 年全球穿戴式装置大约以 32.8% 的 CAGR 成长，预计在 2020 年达到 2.37 亿台的出货量。

无人机

工信部日前印发的《关于促进和规范民用无人机制造业发展的指导意见》提出，到 2020 年，民用无人机产业持续快速发展，产值达到 600 亿元，年均增速 40% 以上。到 2025 年，民用无人机产值达到 1800 亿元，年均增速 25% 以上。

ReportsnReports 预测，无人机市场预计到 2023 年将从 2017 年的 178.2 亿美元增长到 488.8 亿美元，（2017—2023 年）的复合年增长率为 18.32%。

国内无人机需求主要集中在军用市场，10 年需求总额将达到 154 亿美元，约占 10 年无人机支出总额的 76%，年均复合增长 13%。

空气净化器

TechSci Research 预测，全球空气净化器市场预计到 2021 年将达到 290 亿美元。

Marketinsightsreports 预计，到 2024 年，全球住宅空气

净化器市场规模将达到 86 亿美元，预计在 2016—2024 年预测期内，复合增长率将超过 6.0%。

预计到 2024 年底，亚太地区空气净化器市场将达到 30.3 亿美元，预测期内复合年增长率为 10.0%。预计到 2024 年，北美居民空气净化器市场预计将到 260 亿美元，预测期内复合年增长率为 4.0%。

海内外铝电解电容产业链涨价不断

11 月以来，台湾地区铝电解电容公司股价均大幅上涨，其中龙头立隆电子涨幅 25.96%，其他厂商钰邦、智宝、金山电、凯美涨幅分别为 34.42%、85.57%、25.88%、127.06%；上游电极箔厂商立敦涨幅 70.74%。全球铝电解电容龙头日系厂商 Nippon Chemi - con 近一年股价涨幅 80%，至今涨幅超过 40%；全齐第二大铝电解电容器厂商 Nichicon 近一年股价涨幅 48%，至今涨幅 35%。

铝电解电容应用领域广泛，日系供应商占据半壁江山。电容器根据电介质的不同主要分为铝电解电容器、钽电解电容器、陶瓷电容器和薄膜电容器四大类，其中铝电解电容器具有单位体积 CV 值高和性价比高等显著优点，占据了 30% 的电容器市场份额。铝电解电容器是由阳极箔、阴极箔、中间隔着电解纸卷绕后，再浸渍工作电解液，然后密封在铝壳中而制成的电容器。

铝电解电容器主要作用为通交流、阻直流，具有滤波、消振、谐振、旁路、耦合和快速充放电的功能，与其他电容器相比，具有体积小、储存电量大、成本低的特性；根据台湾工业研究院统计，全球铝电解电容器应用领域分布为消费性电子产品占 45%、工业占 23%、资讯 13%、通信 7%、汽车 5% 和其他 7%。消费类铝电解电容器主要用于节能照明、电视机、显示器、计算机及空调等消费类市场；工业类铝电解电容器主要用于工业和通信电源、专业变频器、数控和伺服系统、风力发电及汽车等工业领域。

根据电子元器件行业协会统计，2017 年全球铝电解电容器市场规模预计为 82 亿美金，自然增长率为 3% ~ 5%。目前，根据 Paumanok Publications Inc 统计，日本、台湾地区、韩国和中国是全球铝电解电容器的主要生产国家和地区，全球前五大铝电解电容器厂商有 4 家是日本企业，其分别是为 Nippon Chemi - con、Nichicon、Rubycon Panasonic，日系厂商占全球铝电解电容器市场份额超过 60%。

需求端：日系厂商退出中低端市场，需求向内地及台湾地区转移。近年来，日本企业一方面由于生产成本高，产品利润率低（例如全球铝电解电容器龙头 Nippon Chemi - con 2016H1 净利润率为 0.8%），部分日厂不堪亏损逐渐退出中低档铝电解电容器市场；另一方面由于汽车电子、服务器等带动铝电解电容需求，日系厂商专注于附加值较高的汽车和工业领域，释出消费类电子电容器和材料市场领域给非日系厂商，需求向内地及台湾地区转移。

供给端：上游电子铝箔缺货不断，价格喊涨。铝电解电容器主要原材料包括电极箔、铝壳、引出线、电解纸、橡胶塞等，其中电极箔是生产铝电解电容器的关键性基础材料，用于承载电荷，占铝电解电容器生产成本的 30% ~ 60%。电极箔是高纯铝经过轧制、腐蚀、化成等一系列工序加工而成，其生产要求高。电极箔的性能在很大程度上决定着铝电解电容器的容量、漏电流、损耗、寿命、可靠性、体积大小等多项关键技术指标，亦是铝电解电容器产业链中价值需要技术含量的部分之一。

电极箔采购转向大陆：根据智研咨询统计，电极箔供应厂商主要来自日本和中国，其中中国为铝箔重要生产地，占据约 70% ~ 80% 产量，由于日本电极箔厂商结构调整，空调、家电、洗衣机等家电产品所需电容器铝箔材料量大，厂商向中国铝箔厂商购买铝箔产品，因此也造成中国铝箔供不应求。

环评严格限制电极箔产能：根据华锋股份披露，电占到电极箔材料成本超过 20%。由于电极箔耗电量高，由于电极箔生产会排放酸性废水和刺激性气体，政府今年为环保严格管制废水处理额度，环保压力加大导致部分产能停产，小型铝箔厂被淘汰出局。

上游铝价上涨带动铝箔涨价：根据台湾中时电子报新闻，业者表示，铝材料占铝箔整体成本大约 50%，铝原料价格从 2017 年初每公吨 1800 美元，到 2017 年 12 月已涨到 2200 美元，铝箔材料 2017 年 10 月到 11 月涨幅约 8% 到 10%。根据台湾中时电子报新闻，目前台系铝电解电容器厂认为，2018 年高中低压铝箔均可能短缺，目前铝箔供不应求，预估中国 11 月、12 月铝箔短缺影响程度在 15% ~ 25%。铝箔材料的短缺，导致下游铝电容等被动元器件再掀涨价风波。从拉货时程来看，受到日系电容器厂商销售策略改变以及中国上游铝箔材料供不应求等因素影响，日系电容器厂商交货时程，已经从原先的 6 周拉长到 12 周，部分日系电容器厂商交货时程甚至达到半年。一方面日系电容器产品交期拉长，我们认为下游客户有望加大非日系电容器厂商的订单，拉动内地及台湾地区电容器供应商订单。另一方面，价格方面，日系和台系电容器厂商已经涨价，内地电容器厂商有望受益于全球涨价潮；上游电子铝箔及电极箔也有望在缺货浪潮下价格提升。

超级电容器储能机制研究获重大进展

基于多孔活性炭材料和离子液体电解质的双电层电容器（EDLC）具有快速充放电、良好循环稳定性和宽工作电压窗口等优点，是一种极具前景的电化学储能器件。研究 EDLC 在离子液体中的储能机理，尤其是表征离子液体阴阳离子各自本征结构对多孔活性炭电容特性的影响作用机制、从微观层面揭示储能机理，对恰当选择离子液体，进而合理构筑高性能 EDLC 具有重要指导意义。

近日，中国科学院兰州化学物理研究所清洁能源化学与材料实验室阎兴斌团队在对 EDLC 在离子液体储能机理的研究中取得重要进展。研究人员制备出 4 种纳米二氧化硅接枝的离子液体，利用充放电过程中只允许离子液体的一种离子自由进出活性炭孔道的特点，实现了对阴阳离子分别进行分析的目的。其成果可为研究 EDLC 中离子液体阴阳离子各自的储能行为提供新策略。

二氧化硅接枝离子液体的结构特点是，一种离子（阳离子 $BMIMM^{++}$、NBu_4^+ 或阴离子 NTf_2^-、PF_6^-）是自由的；而起平衡电荷作用的带反电荷离子：三氟甲磺酰亚胺阴离子（NTf-）和甲基咪唑阳离子（MIM+），以共价键的方式连接到尺寸在 7nm 的二氧化硅纳米颗粒上。该研究所选活性炭材料绝大部分孔的孔径小于 4nm，使得连接到二氧化硅的离子被挡在活性炭孔道外面，而待测自由离子（阳离子 BMIM+、NBu4+ 或阴离子 NTf2-、PF6-）可通过孔道。在此基础上，简单的电化学测试即可实现对自由进入孔道离子的定量分析，即利用循环伏安曲线电流的大小直接反应离子贡献的容量。

基于以上方法，研究团队发现，以商用活性炭 YP-50F 为电极，可以表征阳离子 BMIM+、NBu4+ 和阴离子 NTf2-、PF6- 各自贡献的容量以及每种离子贡献容量的特定电压窗口。使用石英晶体微天平（EQCM），研究人员进一步表征了活性炭 YP-50F 在离子液体（BMIM-NTf2）的储能机理，并结合 BMIM+ 和 NTf2- 各自的电化学性质，对储能机理进行了更深层次的解释。

相关研究成果发表在《自然-通讯》上。该研究得到了国家自然科学基金、兰州化物所"一三五"重点培育项目的资助。

企业动态

阳光电源 2017 年营收额首次超越竞争对手 SMA

中国主流光伏逆变器制造商阳光电源股份有限公司公布了 2017 年未经审计的初步营收额。营收额数字表明，公司首次超越了欧洲竞争对手（SMA）艾思玛太阳能技术股份公司。此次公布的未经审计的 2017 年初步财务业绩"快报"显示，阳光电源营收额达到 88 亿元人民币（约合 14 亿美元），比 2016 年增长了 47.57%，出现首次超越。

未经审计的 2017 年初步财务业绩"快报"显示，公司营收额达到 88 亿元人民币（约合 14 亿美元），比 2016 年增长了 47.57%。

SMA 报道称，2017 年全年初步营收额为 8.9 亿欧元（约合 10.8 亿美元）。公司表示，2017 年中国光伏装机量达到创纪录的 53GW，这是公司营收额达到最高值的原因，这并不令人惊讶。不过，阳光电源也表示，前一年海外市场拓展支持营收增长了 47.57%。

公司净利润比 2016 年增长了 76.73%。初步净利润约为 1.85 亿元人民币。

阳光电源再度荣获中国专利优秀奖

为强化知识产权创造、保护、运用，加快知识产权强国建设，更好地支撑创新发展，国家知识产权局近日公布了第十九届中国专利获奖项目名单。阳光电源凭借《一种并网发电系统谐振抑制的控制方法及装置》再度荣获"中国专利优秀奖"，这也是公司第二次获得该奖项。

中国专利奖是我国专利领域的最高奖项，是国家知识产权局和世界知识产权组织共同审核授予的中国专利界的奖项。评选标准不仅强调项目的专利技术水平和创新高度，更注重其在市场转化过程中的运用情况，同时还对其保护状况和管理情况提出要求。经过择优推荐、初审受理、专

业评审、评审委员会复审、征求社会意见和最终审定等层层筛选后，阳光电源最终脱颖而出获得殊荣。

此次获奖专利率先提出了基于并网点电压（电流）谐振幅值自动闭环调节方法，根据不同的谐振机理，自动适应并网环境，极大提升逆变器可靠性和电网适应能力。截至目前，阳光电源已申请专利 1216 件，获得专利权 692 件，以实际行动和具体成果为技术实力派注入更多内涵与动力。

阳光电源荣获全球首张 DC 1500V 组串逆变器 TÜV 证书

12 月 27 日，德国莱茵 TÜV（以下简称 TÜV 莱茵）向阳光电源 SG125HV 组串逆变器颁发 TÜV 证书，这同时也是全球首张 DC 1500V 组串式光伏逆变器 TÜV 证书。TÜV 莱茵大中华区太阳能及燃料电池技术服务副总裁邹驰骋、TÜV 莱茵大中华区太阳能及燃料电池技术服务总经理李卫春、阳光电源高级副总裁赵为等双方企业代表共同出席了颁证仪式。

颁证仪式上，邹驰骋副总裁表示："从全球市场来看，北美和欧洲的大部分光伏电站系统也正逐步向直流 1500V 递进。很高兴看到阳光电源率先推出首款 DC 1500V 组串式光伏逆变器，并顺利通过测试及获得 TÜV 认证，再次证明了阳光电源不管是组串式还是集中式光伏逆变器产品在全球光伏领域的技术领先优势。"

近年来，业界一直希望实现以更先进的技术让光伏的发电成本持续下降，并优化发电效率。直流 1500V 电压系统相比常规的 1000V 系统，可以减少安装成本，在电流不变的前提下提升电压，从系统上实现降低光伏发电成本，提高系统发电效率的效果。但与此同时，直流 1500V 系统对光伏逆变器及其他核心部件设计提出了更高的技术挑战，需要逆变器及相关器件制造厂商积极应对。

此次获得 TÜV 证书的 SG125HV 产品，额定功率为 125kW，是全球首款额定功率超过 100kW 的组串式逆变器，直流侧电压为 1500V，最高支持 1.5 倍超配，可以大幅降低系统成本、提高发电收益。产品采用阳光电源自主专利五电平技术，最大效率超 99%，内设高效散热系统，可以实现 50℃ 下高温不降额的效果，同时支持电力载波 PLC 通信，节省通信电缆成本。对比现有的光伏逆变器，SG125HV 具有更高的市场竞争力。

阳光电源高级副总裁赵为在仪式中再次感谢 TÜV 莱茵对该项目的支持："我们在 2007 获得了首张集中式光伏逆变器 TÜV 证书，时隔 10 年又获得了首张 DC 1500V 组串式光伏逆变器 TÜV 证书，感谢 TÜV 莱茵专家团队在直流高压安全防护设计方面提供的支持与帮助，阳光电源 SG125HV 逆变器得以顺利通过认证，是阳光电源技术创新的又一成果。近年来，光伏逆变器的技术处于高速发展阶段，阳光电源一直致力于研发更具市场竞争力的产品，在确保安全、可靠、品质的同时为客户提高发电量以及经济收益。"未来，阳光电源还将继续与 TÜV 莱茵携手，将国外的质量标准和应用经验与国内的先进制造和产品设计相结合，实现光伏领域技术创新与安全品质的深度融合。

阳光电源浮体产品助力全国首个漂浮式光伏扶贫电站并网

近日，阳光电源浮体公司供货的全国首个漂浮式光伏扶贫电站成功并网发电。该项目位于河南省周口市淮阳县贾庄村，由淮阳县光伏扶贫工作领导小组投资，利用村庄闲置水面建设，总装机容量200kW，系全国首例水面漂浮式光伏扶贫村级电站。

国家能源局、国务院扶贫办曾多次下发指导意见，将光伏扶贫列为精准扶贫十大工程之一。早在2013年，阳光电源即提出光伏扶贫建议，并率先在安徽肥东县开展试点。此次在水面"种太阳"是阳光电源扶贫行动又一次新的尝试。利用小型闲置的水域，结合"渔光互补"叠加收益模式，将水下养鱼与水上发电相结合，有效盘活闲置水面资源，扩大资源最大化利用，提高单位土地面积产值，以此带动贫困地区的收入。据当地村长介绍：项目建成后，为贫困户年均增收约1000元，同时一定程度上解决了贫困户就业，让全村贫困户切实感受到了"水上漂浮电站＋渔业养殖"带来的双重经济效益。

该项目采用阳光电源超长耐候材料的第三代浮体产品，预应力凹弧设计、承载性高，设计寿命可达25年。项目建设中，阳光浮体公司严把质量关，从材料研发、设备选型、系统集成到漂浮方阵布局、电站设计，每项方案均经过严谨的仿真及实测验证，确保提供最优质高效的先进浮体及漂浮系统解决方案，打造经得起检验的光伏民生精品工程。

科华恒盛2017年净利同比增长148.42%

科华恒盛（002335）4月15日晚公布2017年年报，报告期内，公司实现营业收入24.12亿元，同比增长36.29%；归属于上市公司股东的净利润4.26亿元，同比增长148.42%；基本每股收益1.55元，同比增长131.34%。

科华恒盛表示，2017年，公司在"一体两翼"的战略指引下，继续优化运营管理，不断提升公司治理水平。对外，公司聚焦行业，深耕市场，在"能基业务"为主体、"云基础服务业务"和"新能源业务"为两翼的三大业务板块，持续推动向解决方案和技术服务提供商转型，并且不断推出多场景融合的技术解决方案，如"光伏＋交通""数据中心＋光伏"等，公司业绩得以实现多级驱动。对内，公司继续整合关键资源，优化业务流程，深化信息化建设，完善组织结构，加强风险管控，公司经营的效率和效益均得到明显提升。公司秉承"爱拼、团结、共赢"的企业文化，坚持"目标管理＋绩效合约"模式，2017年公司全面推行利润绩效签约制，完善利润中心机制，鼓励利润分享、风险共担，"力出一孔"，公司战略转型成效逐步显现。

业内人士介绍，科华恒盛实施"内生增长＋外延并购"的策略已经在业绩方面有所斩获。在云计算基础领域，该公司完成了对天地祥云100%股权的战略收购，通过对现有的品牌、团队和技术等资源的整合，提升了IDC运营规模和营销能力，真正实现了云计算基础服务＋增值服务的业务布局，初步实现了"从硬到软""从产品到方案，从方案到平台"的战略转型。科华恒盛完成了中经云数据存储科技（北京）有限公司股权的退出，并实现了约1.3亿元的投资收益。

中金公司研报指出，科华恒盛收购整合基本完成，数据中心业务2018年有望迎来高增长。2017年公司业务重心在于收购后的业务整合工作，成立"云集团"后由原天地祥云总裁石军统一管理，有望尽快完善业务流程，发挥二者的协同效应。但科华原计划的数据中心机柜出租业务进度有所放缓，建设进度和出租率均低于预期，拖累全年业绩。但认为公司在实现核心客户的突破后，2018年机柜出租率将迎来显著提升，从而推动板块业绩迎来高增长。

"一体两翼"引领，科华恒盛云集团正式授牌

依托上市公司这艘"航空母舰"，云业务成为科华恒盛业务体系中首架腾飞的"战斗机"。8月16日，厦门科华恒盛股份有限公司举行云集团授牌仪式，宣布通过整合旗下多家子公司资源，以集团形式将领先的云动力、云安全、云服务整体解决方案推向市场，帮助各行业客户创造更大价值。

科华恒盛自2014年启动公司战略转型至今，成果斐然。在"一体两翼"发展战略指引下，以UPS、定制电源、军工电源、电力自动化系统为主的能源基础业务成为科华恒盛稳健发展的"主体"，以云动力、云安全、云服务为核心的云业务和以光伏、储能、微网、电动汽车充电系统为主的新能源业务成为公司实现跨越式发展的"两翼"。

凭借上市公司"航空母舰"的平台优势，科华恒盛期待在市场上有突出表现的云服务、新能源、军工、轨道交通等业务战略单元都能乘势起飞，壮大成为一架战力十足的"战斗机"。

云业务无疑是科华恒盛近年来发展最为迅猛、市场战略最为清晰的业务板块。

截至目前，科华恒盛已在北上广自建三大云计算中心，在全国形成华北、华东、华南、西南四大数据中心集群。通过战略并购，科华恒盛迅速提高了公司在云计算领域的市场占有率和行业地位，标志着公司从数据中心系列产品及整体解决方案提供商向云计算服务运营商转变，极大提升了公司核心竞争力。

从高端UPS拓展到数据中心"交钥匙工程"，从代建到自主投资建设运营数据中心，从云计算物理基础延展到"软硬结合"的云计算基础技术服务。

科华恒盛不断推进电力安全、通信安全、数据安全为一体的高安全绿色数据中心建设，发挥建设高效安全物理基础架构的优势，向技术服务转型，推动增值服务，在云计算的IaaS层和PaaS层开发产品及提供技术服务，成为云计算基础服务提供商。

2017年6月，根据科华恒盛战略规划及云业务发展需要，经公司研究，决定成立云业务战略委员会和云集团。作为科华恒盛负责云业务发展的战略业务板块，云集团将在公司总体战略指导下独立运营，石军先生被任命为云集团总裁。

对此，科华恒盛董事长兼总裁陈成辉先生表示，成立

云集团是向整个业界昭示公司将以集团力量展现我们在云业务领域的价值和能力。

"创造，创业，从今天开始。"在授牌仪式上，陈成辉先生勉励云集团成员。

科华恒盛入选国家能源局首批"互联网+"智慧能源示范项目

日前，国家能源局公布首批 56 个"互联网+"智慧能源（能源互联网）示范项目，厦门科华恒盛股份有限公司申请的"基于绿色能源灵活交易的智慧分布式微电网云平台试点示范项目"成功入选。科华恒盛致力于打造生态型能源互联网，近几年持续加大对能源互联网的投入比重，此次入选国家智慧能源项目，可以说是科华恒盛领跑新能源行业的一个缩影。

迈出能源互联的关键一步

智能微网被普遍认为是全球能源发展的一个前沿领域，它是发电侧、输电侧、用电侧统一智能管理的小型电力系统。我国《能源发展"十三五"规划》明确指出，鼓励具备条件地区开展多能互补集成优化的微电网示范应用。

基于多年来在光伏、园区微网、智能平台的深厚实践，科华恒盛全力打造基于绿色能源灵活交易的智慧分布式微电网云平台试点示范项目，这是一次对公司整体实力的大考验。

该项目的建设内容（如下图）包括建设光伏发电系统、微网储能系统、新能源汽车充电系统等能源互联网基础设施；建立能量管理、智能运维、智能用电三个平台，保证能源系统的高效可靠运行管理；建设能源互联网绿色能源灵活交易平台，开展售电业务，实现各种能源交易和结算。

科华恒盛通过将先进的产品、技术、解决方案融入示范项目中，旨在为能源互联网项目更广阔的应用提供实践样本。目前，该项目一期正在科华恒盛的"科华企业技术创新园区"和台商投资区进行重点建设。

在微网、储能领域，科华恒盛今年推出了一系列整体解决方案，包括微电网系统解决方案、城市级微网储能方案、无电/弱电地区微网储决方案、离网系统方案，可广泛应用于工厂、办公楼、数据中心、医院、学校、无电地区等场所。

"光伏+"产生显著综合效益

受政策与需求的双推动，光伏市场近年来再度进入活跃期。

科华恒盛在电力电子行业拥有 29 年的研发制造经验，通过发挥电力变换和智能监控的核心技术优势，推出多系列逆变器产品与监控运维系统，具备高可靠性、高转换效率、方便建设维护等优势，光伏并网电站、分布式发电实施案例已经遍及全国。在本月举行的 2017 中国 IT 市场年会上，科华恒盛斩获"2016—2017 中国逆变器市场年度成长最快企业"大奖。

结合当下光伏产业朝着多元化利用的发展趋势，科华恒盛正在有序推进分布式光伏、"光伏+"综合利用、光伏电站、光伏扶贫等建设。

济宁耀盛 20MW 农光互补光伏电站是科华恒盛在山东投资建设的首个农业和光伏集合发电项目，计划总装机容量 20MW，总投资 1.8 亿元。自 2016 年 4 月并网发电以来，已连续稳定运行近一年的时间，整体发电量达设计院可研电量。

该项目可以说是以光农互补模式获得综合效益的典范：光伏大棚内的菌类种植每亩每年可产生利润约 6 万元，同时为附近的村民提供上百个就业机会；光伏发电每亩每年又可产生 15 万元的发电收益；2016 年的发电量相当于节约标准煤约 0.9 万 t，环保效益明显。

新能源产业方兴未艾，这一庞大市场正引得各大企业摩拳擦掌。未来，科华恒盛除了在光伏发电项目继续发力，还将更主动地融入"互联网+"智慧能源战略行动计划，推动储能、微网技术在新能源领域的应用，积极研究降低发电成本。

科华恒盛获颁业界首批民用核安全设备设计和制造许可证

近日，国家核安全局颁发了一批民用核安全设备设计和制造许可证，科华恒盛成为 UPS、充电器、逆变器行业首批同时取得两项证书的企业，标志着公司已完全具备 1E 级充电器、逆变器、不间断电源在内的核级电源设备的设计和制造资质。

国家核安全局对科华恒盛民用核安全设备设计和制造许可证取证申请进行了审查，认为公司已具备《民用核安全设备监督管理条例》第十三条及《民用核安全设备设计制造安装和无损检验监督管理规定》第八条所要求的各项能力，决定批准申请，并颁发此证。

科华恒盛 29 年来专注电力电子技术研发与设备制造，由公司自主研发的大功率 UPS，无论是技术还是市场都在国内处于领先地位，这为科华恒盛参与民用核安全设备的设计和制造奠定坚实基础。

核级 UPS 设备被誉为高端电源的"皇冠明珠"，它是核电厂的重要控制系统保护电源。在科华恒盛成功中标中广核"华龙一号"首堆项目——广西防城港核电站二期工程前，我国在役和在建的核电工程的 1E 级 K3 类 UPS 设备全部依赖进口。

为打破国外企业对我国核电 UPS 设备的垄断地位，推进核电设备国产化和核电项目自主化进程，科华恒盛果断确立核工业为公司的高端电源战略市场，同时与中广核工程有限公司强强联手，研制出国内第一套核电厂 1E 级 K3 类 UPS（包括充电器、逆变器）设备，打破国外技术垄断。

这套核级 UPS 设备可以为核电厂的 DCS、反应堆堆芯控制系统 RPN 等重要负荷供电，确保在核事故发生时能可靠地停堆，避免因停电造成核泄漏；也可应用在核燃料生产过程、核废料处理生产过程，确保生产过程安全可靠。

核电工业的技术门槛高、行业壁垒高、科研投入高，科华恒盛选择走自主化发展道路是艰难的，却是必要的。

经过多年艰辛研发，科华恒盛不仅获得十余项核电产品专利和软件著作权，还主导起草《核电用 UPS 系统技术要求》，参编《压水堆核电厂常规岛用直流/交流逆变器技术要求》，依据 HAF003《核电厂质量保证安全规定》建立并实施了堪称行业内最高标准的核质量保证体系，奠定了在国内核电 UPS 领域的领先者地位。

同时，科华恒盛在经过各核电集团单位严苛的评审和鉴定程序后，通过了中广核集团、中核集团、国家核电的供应商源地评审，并顺利入选中核集团、中广核集团、国家核电的合格供应商名录。

目前，除核岛级产品领域外，科华恒盛的常规岛及 BOP 厂房的核电产品还应用在广西防城港核电站一期工程、阳江核电站、红沿河 5～6 号机组、504 厂、云南核工业测试研究中心等项目。

作为民用核安全设备设计和制造的持证单位，科华恒盛注重提高核安全意识，已建立了完善有效的核质量保证体系，以确保民用核安全设备的质量和可靠性。未来，科华恒盛将在核岛及常规岛领域持续发力，为推动我国核电事业的发展提供高可靠电源保障和优质服务。

科华恒盛高可靠电源解决方案助力天津全运会开幕式

日前，第 13 届全国运动会在天津奥林匹克中心体育场开幕。台前，上万名演员与运动员演绎"逐梦远航"的美丽篇章；幕后，科华恒盛高可靠电源解决方案与技术工程师团队全力守护场馆的照明系统。

天津全运会开幕式在昵称为"水滴"的天津奥林匹克中心体育场举行，全程全屏激光投影与真人表演、场外建筑灯光秀进行巧妙合成，成为开幕式展演的一次重大创新。

"水滴"是天津的地标建筑，占地面积 8 万平方米，可容纳观众 6 万人。如此庞大的体育建筑对于照明系统的供电保障有着极为严苛的要求。针对"水滴"启动电流大、功率因数低等特点，科华恒盛在开幕前组建了专业技术团队进行实地勘察，量身定制了完整的电源保障解决方案，最终获得天津市体育局专家团认可。

据悉，"水滴"属于旧场馆改造，虽然时间紧任务重，但科华恒盛仅用时 24 个小时就完成了从产品下单到运抵现场的过程，后经过连续 7 天的安装调试和带载测试，圆满完成系统安装，科华恒盛应时而动的高效服务赢得肯定。

在当晚的演出中，科华恒盛数十套大功率 UPS 以及近百套 EPS 为场馆的照明金卤灯、应急疏散照明等照明系统提供了可靠的电力支持。

为保证方案应用万无一失，科华恒盛在开幕前进行了多次带载测试与综合演练，制定了完备的应急预案，相应的备板备件也提前就位。在演出过程中，由近十位资深技术工程师组成的服务保障队伍值守现场，践行了科华恒盛主动式服务的理念。

科华恒盛高端电源产品系列采用先进的全数字化控制技术，具备快速的故障自诊断和处理能力，大大提升了供电可靠性。同时，通过关键部件冗余设计、独立双风道结构、强大的电池管理功能，令整机使用更安全耐用，可为大型场馆的核心设备、重要负载等提供高可靠性的纯净电能。

本届全运会，科华恒盛高可靠电源解决方案还应用在天津科技大学体育馆、团泊体育中心橄榄球场、天津中医药大学体育馆、团泊体育基地田径训练馆、天津全运会主新闻中心等十个重要场馆，全方位护航田径、游泳、跳水、花样游泳、橄榄球、艺术体操、蹦床、篮球、射击等赛事以及新闻媒体报道的顺利进行。

据了解，科华恒盛创立于 1988 年，专注电力电子技术领域，连续 19 年领跑中国高端电源产业。在"一体两翼"发展战略的引领下，致力于为企业客户和消费者提供具有竞争力的智慧电能、云服务、新能源三大解决方案，助力全球 100＋国家和地区的用户提升业绩、优化运营，创造更大价值。

《中国企业社会责任蓝皮书（2017）》发布，台达名列外企第六强

"2017 中国社会责任百人论坛暨首届北京责任展"于 2017 年 11 月 7 日在北京举办，台达受邀参与本次盛会，并于现场分享台达实践企业社会责任及企业节能减排自主承诺的具体经验。本次活动由中国社科院经济学部企业社会责任研究中心指导、中国社会责任百人论坛主办、中星责任云社会责任机构承办，活动开幕当天重磅发布了《中国企业社会责任蓝皮书（2017）》。台达在"中国外资企业 100 强社会责任发展指数"排名第 6 强，同时位居包含央企、民企、外企的"中国企业 300 强社会责任发展指数"评价中排名第 26 强，排名持续提升。同时也是受评价企业中首家企业社会责任发展指数达五星级水平的台资企业。

台达中国区企业社会责任委员会主席王治平代表出席本次活动并表示，台达持续通过各种方式，推动企业社会责任，紧密接轨 2015 年联合国发布的 17 项可持续发展目标（Sustainable Development Goals，SDGs），并专注聚焦于教育质量、可负担能源、就业与经济成长、工业/创新基础设施、责任消费/生产、气候行动与全球伙伴关系等 7 项。在日常运营中，通过三大面向来具体实践企业社会责任，包含公司治理、环保节能、员工照顾与社会参与。未来，台达将继续致力于减少温室气体排放及执行各项环保活动，持续研究如何更有效地使用能源、管理能源，一方面对环保有益，另一方面也落实企业可持续发展。

台达致力创新研发高效率的节能产品与解决方案，从 2010 年到 2016 年间，共为全球客户节省约 208 亿度电，相当于减少 1107 万吨的二氧化碳排放。此外，台达还力行厂区改造，制定并实施节能五年计划。2011—2016 年台达在全球 30 多个生产网点共推行节电方案 1177 项，并主动承诺在 2009—2014 年主要运营网点用电密集度减少 50% 的基础上，2020 年台达整体用电密集度再减少 30%，管理范围扩大至新设厂区、建筑大楼与数据中心。绿色建筑节能方面，过去 10 多年，台达在全球打造了 25 座工厂办及学术捐赠的绿色建筑，其中获得 16 座认证的绿色建筑，2016 年共节约 1520 万度电，约相当于减少了 10027 吨碳排放。

台达自 2005 年起，每年发布全球社会责任报告，2014 年成立"台达中国区企业社会责任委员会"后，每年参照社科院《中国企业社会责任报告编写指南（CASS－CSR3.0）》、国际标准化组织《ISO26000：社会责任指南（2010）》，发布企业社会责任报告书。《2016 台达中国区企

业社会责任报告》获得了中国企业社会责任报告评级专家委员会"五星级（卓越）"评价，这也是台达中国区首次获评五星级的报告，彰显了外界对台达多年来积极履行企业社会责任（CSR）、践行企业经营使命"环保 节能 爱地球"的认可。

《企业社会责任蓝皮书》由中国社会科学院社会责任研究中心编制。自 2009 年以来，已连续 9 年发布，是中国企业社会责任领域最具影响力、权威性的研究成果之一。蓝皮书从责任管理、市场责任、社会责任、环境责任四大板块进行评定，对中国企业 300 强、省域国企、国企 100 强、民企 100 强、外企 100 强以及电力、家电、房地产等 16 个重点行业的社会责任发展指数进行了系统研究。

台达通信电源解决方案助高原高寒铁路畅行无忧

近日，台达通信电源解决方案被某高寒、高原环境地区的铁路项目选中，为其通信系统提供稳固的动力保障。这条由青海省格尔木市到新疆库尔勒的铁路，全长 1240 公里，连接青藏铁路和南疆铁路，是我国西北路网骨架的重要组成部分。因为地理环境的特殊性，在选择通信电源方案时，恶劣自然环境下的稳定性成为铁路用户的重要考量。

由于高原高寒铁路通信系统对产品的质量要求非常严格，台达推荐采用 MCS 系列通信电源产品搭配 N 系列小功率 UPS 以及配套蓄电池，组成了具备高可靠性、高效率更抗严苛环境的通信电源解决方案。

根据项目的特点和布点情况，台达所提供的通信电源供电方案分为两类，车站枢纽通信机房供电方案和区间通信站供电方案。车站/枢纽通信机房负载量较大，系统容量配置一般在 250～350A 之间，后备电池采用 400Ah 外置电池组。区间通信站负载量较小，系统容量配置一般在 100～150A 之间，后备电池采用 100～150Ah 内置电池组。MCS 系列通信电源产品可承受的电网电压变化范围为 AC90V～300V；具有重量轻、高功率密度、高效率、负载均流技术先进、均流特性极佳等优点；可装设低压隔离开关，保护电池以避免过度放电；安装维护极为方便。

配套采用的 N 系列 UPS 拥有紧凑设计，使其占地面积与市场上其他同类产品相比节省约 31% 以上，双转换在线式拓扑结构，可提供稳定与可靠的正弦波电源。其领先业界的产品优势可为用户创造更多效益：输出功率因数达 0.9，整机效率高达 93%，既能提供安全的电源保障，还能为用户节省长期使用的电费成本。最重要的是，N 系列 UPS 采用先进的数字控制（DSP）技术，具有快速计算能力，可提高系统稳定性，为负载提供精准电压。同时拥有宽输入电压范围，哪怕是遭遇极端恶劣的环境，依然可以维持稳定供电，协助铁路用户保护其系统和应用程序。

作为中国绿色环境整体解决方案专家，台达通信电源解决方案一直以来凭借稳定、可靠的产品性能享誉业界，曾在京石武客运专线、青藏铁路、胶济线、兰新高铁等多条铁路建设项目中表现优异，深得铁路用户信赖。未来，台达也根据铁路行业用户的需求，整合出符合不同应用环境的解决方案，力求提供更加可靠的电源保障。

台达电能质量方案成功应用于中国移动

近年来，伴随着互联网业务的迅速崛起，国内 IDC（互联网数据中心）机房建设发展迅速，同时也面临着政府提出的用电安全与节能要求。近日台达自主研发、生产的新一代有源电力滤波器（Active Power Filter, APF），就被成功应用于中国移动某大型 IDC 机房，通过采用台达 PQC 系列有源电力滤波器（APF）改善 IDC 机房内严重的电网谐波问题，实现数据机房电力谐波与双向无功的治理，消除谐波与容性无功带来的安全隐患，提高机房运行的可靠性。

随着电力电子等技术的发展，现代 IDC 机房的用电负载也在不断发生变化，高可靠、节能、节约与绿色清洁供电已经成为主要的发展方向。高频化的 HVDC、UPS 广泛使用，通过大量变频节能技术提高能效利用率，供电拓扑也开始大量使用一路市电与一路不间断电源供电模式。然而变频化的 HVDC、UPS、开关电源产生大量容性无功，变频器则产生大量的谐波。容性无功不仅会导致功率因数低而需电容柜无功补偿，而且在油机供电时会导致油机的进机运行，在供电最重要的时刻导致电力中断从而造成损失，容性无功与谐波的问题已经成为制约 IDC 可靠性提高的重要因素，特别是在油机供电情况下的可靠性。

通过现场勘探和调研，台达为该 IDC 机房的容性无功与谐波治理问题提供了 PQC 系列有源电力滤波器（APF）。这套产品的主要组成部分为全控半导体器件与并网电抗，通过控制器实时检测负载电流，采用业界最为先进的电流分解算法与控制算法，实现实时的谐波、无功、不平衡补偿，并且规避传统 LC 补偿谐振的风险，是高性能电能质量治理装置。

和业界其他方案相比，台达 PQC 系列有源电力滤波器（APF）具有"模块化、插拔式设计""满足 Class A EMI 性能""最高 50℃ 环温适应能力""双向无功补偿能力""SVG + 电容器统一控制"五大显著优势。这就保证了在投入使用后，IDC 机房用户仍可灵活交换机柜，后期扩容，同时单模块故障不影响系统运行。完全满足运营商数据中心对电源设备 EMI 的要求，通过统一控制，达到最高的客户性价比。

目前，已经投入使用的台达 PQC 系列有源电力滤波器，在 IDC 机房得到了很好的应用，容性无功得以补偿，并保持功率因数稳定大于 0.97；同时综合解决数据中心的功率因数问题与谐波问题，彻底消除谐振风险，有效改善机房电能环境，提升系统可靠性，深受用户认可。

台达机器人打造高效率电池装配线

作为世界上第一代商业化应用的可再充电池，铅酸电池无疑是蓄电池家族的老前辈了。蓄电池市场发展至今，虽然锂离子电池风头正劲，但铅酸电池仍然凭借着高安全性和低成本优势，在无需高重量比能量的应用中占据了主力位置。作为稳定电源和主要的直流电源，铅酸电池在电动车、汽车、通信、电力、铁路、航空、能源等社会生活的各个领域，依然用量巨大、需求广泛。

在 UPS、储能电站等领域，铅酸电池仍然是首选应用

与此同时，铅酸电池也在不断改善升级过去传统的制造工艺。目前国内生产铅酸电池的厂家有近千家，面对持续增长的市场需求，提高生产效率已经成为当务之急。

机器人，在电池生产线中进行小型部件的装配，如电池极柱的取放，小型电池的涂胶，用 O 形胶圈、平垫、螺纹压件等对电池极柱进行密封，以及在注酸口处盖胶帽等工序，用自动化解决方案替代了手工操作的生产流程，不仅提升了制造效率，更显著节约了生产成本。

这一方案中配备了 3 台台达 SCARA 工业机器人协同运作。在铅酸电池装配线上，铅酸电池从左向右流动，第一台 SCARA 工业机器人进行 O 型圈的装配；第二台 SCARA 工业机器人进行平垫的装配；第三台 SCARA 工业机器人做螺纹压垫的装配，以及在振动盘处的螺纹压垫正反面检测。

整条装配线采用台达可编程控制器（PLC）AS300 系列做总控，用人机界面 DOP - B07E411 做触控及显示，通过工业以太网交换机 DVS008I00 交互信号，通过及时传输每台 SCARA 工业机器人的装配信号，实时监控铅酸电池的装配状态。装配线利用 PLC 的 IO 信号控制。

变频器的起停，搭配视觉系统做零组件的筛选

盖胶帽工位是铅酸电池组装过程中的一个重要步骤，在该工位上，电池通过定点固定作业，由于涉及生产效率的问题，规定每个电池的盖胶帽（共 6 个）作业时间不能超过 6s。为此，台达重新设计了更符合加工要求的工具夹具，大幅提高了生产效率。

通过视觉设备对螺纹压垫进行监测筛选也是非常重要的环节，该项目采用台达工业相机 DMV1000 加环形光源 80W 的方案，通过监测结果信号，驱动气动阀门做剔除动作，并控制振动盘送料的启停。

整个项目的装配工艺涉及以下两个难点：

1）需要判断 SCARA 工业机器人抓取到 O 形圈，并将其放到铜柱底端的动作。解决办法是将夹具设计成可伸缩夹具，同时在间隙处安装一个触点传感器，利用该信号来做判断。

2）多任务模式应用。在 SCARA 机器人做 O 形圈抓取及放置动作的时候，要时刻检测振动盘上的物料是否已经到位，该到位信号不能根据机械手停在等待区来做判断，而是要时刻检测对象是否已经到位，并控制振动盘启停，这时就要用到多任务指令 MultiTask。

台达这套解决方案优化了螺纹压垫的检测及剔除信号的发送，提升产品质量及装配效率，并为客户节省可观的成本。在此基础上，客户更将 SCARA 单机装配做成了标准的控制柜单元，后期在其他生产线的应用中，只需更换工具头，便能适应多种应用环境及多种规格电池的生产。

借助于台达工业机器人的高效率制造方案，铅酸蓄电池的产能与效率也将实现不断提升。相信未来这一蓄电池家族的老前辈，仍然能够在众多领域大显身手，为工业发展及社会生活提供高效安全的二次电源供应。

易事特再度入选全球新能源企业 500 强榜单

日前，第七届"一带一路"国际能源高峰论坛暨全球新能源企业 500 强峰会在人民日报社举办，《中国能源报》联合人民网舆情监测室及中国能源经济研究院在会上共同发布了全球新能源企业 500 强榜单。易事特连续 5 年上榜，在本届榜单上位居第 158 名。

2017 年，"全球新能源 500 强"上榜企业分别来自 34 个国家和地区。易事特等 198 家中国企业进入"500 强"榜单，比去年（193 家）增加 5 家，占 39.6%，居首位，远多于排名第二的美国（64 家）和排名第三的日本（58 家）。

据《中国能源报》统计数据显示，中国入选企业总营业收入达 10940 亿元，首次突破万亿元大关，也是全球唯一突破万亿元大关的国家，比去年增加 1025 亿元；平均每家企业营业收入 55.25 亿元，比去年增加 3.88 亿元。

近年来，易事特大力实施国际化战略，积极拓展海外营销网点，布局高端电源和新能源领域市场，先后中标迪拜帆船酒店、德国 IBM 数据中心机房、美国首条无人驾驶地铁（夏威夷）、马里国家光伏电站等一批优质项目，打破了国际龙头垄断，展示了中国制造的品牌实力，在全球的新能源产业中占据了一席之地。

易事特集团打造南京研发和制造基地进一步深耕全国充电桩市场

2 月 12 日上午，2017 年江苏省重大项目集中开工现场推进会在南京举行。江苏省委书记李强、省长石泰峰、省政协主席蒋定之、省委副书记、南京市委书记吴政隆出席了推进会。

江苏省此次集中开工的重大项目达 1363 个，项目涵盖了科创载体、产业、生态环保、民生和基础设施等领域，其中有 230 个项目被列入江苏省重大项目。

据了解，重大项目中，具有高端技术水平和产业化规模的战略性新兴产业项目 50 个，具有先进研发能力和产业集聚能力的创新载体项目 20 个。这批项目抢占行业发展制高点，引领或紧跟世界前沿技术，通过协同创新推动新兴产业加速发展，是产业迈向中高端的重要支撑。

易事特南京研发和制造基地作为其中一项重大项目参加了现场推进会并举行了隆重的开工仪式。易事特集团董事长何思模教授作为企业家代表发言。何思模董事长表示，易事特南京研发和制造基地由上市公司易事特集团投资建设，主要新建新能源汽车充电桩设备研发制造、IDC 整体机房研发制造、智能微电网生产厂房和设施。项目预计 2018 年 8 月竣工。

易事特一项发明获美国发明专利

易事特 9 月 6 日晚间公告，公司近日取得美国专利商标局颁发的 1 项发明专利证书——METHOD FOR MEASURING FREQUENCY OF PHASOR OF POWER SYSTEM（一种电力系统相量频率测量方法）。

该项发明专利提出一种不受基准电平干扰、能防止造成由于非同步采样导致的频谱泄露现象、极大提升非线性负荷渗透率高的电网频率检测准确度的频率测量方法，为复杂电网环境条件下逆变器的并/离网控制提供核心技术支撑。专利成果已应用于光伏并网逆变器等产品，显著提升了其对电网环境的适应能力，产生出良好的技术经济效益。

公司表示，该项发明专利技术属于与公司光伏逆变器、储能变流器、UPS 电源、直流充电桩等相关的关键核心技术，专利的取得不会对公司近期生产经营产生重大影响，但对上述相关产品电网环境适应能力、市场竞争力的提升产生积极影响，有利于公司进一步完善知识产权保护体系，发挥自主知识产权优势，巩固公司在电源领域的技术领先地位。

中兴通讯荣获 2017 年度国家技术发明奖和国家技术进步奖

2018 年 1 月 8 日上午，2017 年度国家科学技术奖励大会在人民大会堂召开。中兴通讯作为项目参与单位荣获国家技术发明奖（二等奖）和国家技术进步奖（二等奖）两个奖项。

国家技术发明奖为国家科学技术奖励三大奖项之一，由国务院设立。按照有关规定，从 2017 年起，每年三大奖的授奖总数由以前的不超过 400 项，改为不超过 300 项，竞争更加激烈。国家技术发明奖授予运用科学技术知识做出产品、工艺、材料及其系统等重大技术发明的我国公民。

中兴通讯长期以来坚持对技术研发的大力投入，根据普华永道最新发布的《2017 年全球创新 1000 强企业研究报告》，中兴通讯凭借 18 亿美元研发投入位居国内上市企业第二名，研发强度 12.6%。公司有 3 万余名国内外研发人员专注于行业技术创新，凭借不断积累的创新能力，中兴通讯 PCT 国际专利申请三度居全球首位。近期，首届"中兴青年科学家奖"正式启动，是中兴通讯贯彻"技术创新，持续推动中国科学技术进步"的又一重要举措。

未来三年，中兴通讯将借助"5G 先锋"的领先者优势，继续保持高强度研发投入，坚持技术领先，将聚集一流人才、合规和内控作为公司发展的根本，同时保持对新技术的持续跟踪和新模式的不断探索，实现公司在 5G 时代的行业地位稳固提升。

志成冠军一项目顺利通过重大科技成果鉴定

2017 年 3 月 12 日，中国机械工业联合会在广东省东莞市组织召开了由湖南大学联合广东志成冠军集团有限公司、中国舰船研究院等共同完成的"海岛/岸基大功率特种电源系统关键技术与成套装备及应用"重大科技成果鉴定会。专家组一致认为："该项目根据国家和国防的重大需求，开展了海岛/岸基大功率特种电源系统关键技术的研究与成套装备的开发，形成了国家相关领域的装备能力。该成果填补了国内空白，整体技术达到国际先进水平，部分技术指标国际领先。"

航嘉获评 2016—2017 年度大中华区电源适配器行业十强优秀供应商

3 月 30 日，"艾森杯 2017 第七届大中华区电子变压器电感器电源适配器行业评选颁奖盛典"在东莞正式落下帷幕。航嘉机构旗下深圳市航嘉驰源电气股份有限公司获评"2016—2017 年度大中华区电源适配器行业十强优秀供应

商"。同时入选的还有比亚迪电子、天宝集团、光宝电源、赛尔康技术、欧陆通电子等行业知名企业。

本届行业评选由大比特资讯和《品质》栏目联合主办，广东省电子变压器电感器行业协会和中国电源学会磁技术专业委员会协办。该评选会为磁性元件与电源行业权威而具有影响力的评选盛会，由政府领导、业界精英、协会领导、媒体记者等 400 多位行业精英参会，评选近 200 家入围企业，角逐三大奖项，共 40 个奖。评选活动旨在客观、准确、真实地反映中国磁性元件和电源企业发展情况，通过表彰优秀，树立榜样，提升企业品牌意识，激励企业进步成长，促进企业"做强、做大、做优"。

航嘉荣膺深圳市 2017 年度工业百强企业

深圳市经贸信息委联合深圳市统计局于 2018 年 3 月 22 日发布"2017 年深圳市工业百强企业"名单，航嘉机构旗下"深圳市航嘉驰源电气股份有限公司"入选"深圳市 2017 年度工业百强企业"。同时入选的还有华为、中兴、比亚迪等知名企业。自 2011 年以来，航嘉电气已连续 7 年入选深圳工业百强。

2017 年深圳市工业经济继续保持了平稳较快的发展态势，全市规模以上工业增加值突破 8000 亿元大关，达 8087.6 亿元，同比增长 9.3%。其中我市工业百强企业作为我市龙头企业是推动我市工业经济发展的主要力量，2017 年工业百强企业实现工业总产值 17166.6 亿元，占全市规模以上工业总产值的 55.9%，同比增长 11.2%；实现工业增加值 4677.6 亿元，占全市规模以上工业增加值的 57.8%，同比增长 10.5%，高于全市平均增速 1.2 个百分点。

深圳市工业百强企业评选活动遵循国际通行原则，主要以营业收入（或者销售收入）、税收、净利润、所有者权益、总资产、研发费用和从业人数等指标对全市工业企业进行统计评估。深圳市工业百强企业自 2009 年举办以来，提供了深圳市大企业的发展状况的权威信息，已成为深圳企业界的知名品牌评选活动。

汇川技术荣获 2017 CCTV 中国上市公司 50 强、社会责任 10 强

12 月 11 日至 12 日，以"建设现代化经济体系"为主题的 2017 央视财经论坛暨中国上市公司峰会在北京盛大举行。央视财经频道推出"CCTV 中国十佳上市公司评选"，并发布 2017 CCTV 中国上市公司 50 强榜单。深圳市汇川技术股份有限公司（股票代码：300124）荣获 2017 CCTV 中国上市公司社会责任十强。

中国上市公司峰会是中国上市公司高规格的全国性盛会。央视财经表示，今年的评选异常严格，评估委员会从"创新、成长、回报、治理、责任"5 个维度为考察基础遴选出 50 家优质公司样本股，来判定企业的成长性、创新型和可持续性。汇川技术以十佳"社会责任"上市公司之一，跻身 2017 CCTV 中国上市公司 50 强榜单。

企业社会责任是指企业在创造利润、对股东利益负责的同时，还要承担起对利益相关者和全社会的责任，以实

现企业与经济社会可持续发展的协调统一。

作为民族品牌，汇川技术以拥有自主知识产权的工业自动化技术为基础，长期坚持进口替代，推动中国制造业的发展，实现企业价值与客户价值的共同成长。

公司产品在我国工业设备制造业实现高效、精密、环保的产业升级中做出了巨大的贡献。经过十多年的发展，汇川技术已成为电气综合产品及解决方案供应商，通过自身技术创新，推动能源消费和生产方式的变革，帮助人类积极应对棘手的环境挑战。公司产品广泛应用于工业控制的各类不同行业，包括机床、印刷包装、电梯、起重、纺织、线缆、塑料机械、造纸、化工、制药等，另一方面大量使用在如风机、水泵、注塑机、空压机等节能改造行业。

公司生产的注塑机电液混合伺服驱动系统，与传统的注塑机液压系统相比，节能率达到50%～60%；贯穿纺织全产业链的工艺电子化、装备智能化系统方案，节能降耗，让生产更高效、品质更可靠；为空压机客户定制的变频专机，让终端产线用气更稳定；广泛应用于乘用车、物流车和大巴的新能源汽车电机控制器，助力人们更绿色的出行；在岸电领域，汇川技术已成为改善港口大气污染、船舶靠岸"零排放"的重要力量……

秉承"取之于社会，用之于社会"的理念，汇川技术在保持自身稳定、健康发展的同时，一直热衷于社会公益事业。公司在浙江大学、华中科技大学、南京航空航天大学、哈尔滨工业大学、西安交通大学5所高等学府设立"汇川奖学金"，用于奖励学业优异的学生以及作为贫困学生的生活补助；同时与多所职业院校联合建设"汇川技术实验室"，为职业院校培养实用型工控技术人才。

汇川技术：聚焦轴网生态发力新能源汽车

一家民营高新技术企业如何在科技更新迭代飞速的今天，从零开始，迅速发展成为市值400多亿元的行业巨头？

自2010年上市以来，汇川技术（300124）业绩持续增长，近三年，公司收入和净利润的复合增长率都在20%以上，远超行业及同业上市公司。目前，公司已经是国内规模很大的中低压变频器与伺服系统供应商，全球领先的电梯一体化控制器供应商。

随着市场的变化，汇川技术业务还扩展至新能源汽车以及工业机器人等热门领域。公司的成长空间如何？未来业务还将有什么布局？证券时报记者采访到了汇川技术董事长朱兴明，他用"一轴一网一生态"简单7个字概括了汇川技术的使命与蓝图。

一轴一网一生态

"汇川现在所有的业务都围绕'轴'、'网'和'生态'展开，电能转换成机械能是通过电机来转换的，它是一个通过传动对位置的移动变化进行精准控制的过程。我们一直在思考如何在传动轴的高精度控制、高能效控制和高安全控制方面表现得更好。我们现在在精密控制领域可以将一个圆周划分为800万等分，我们做到每一个等分的控制。"朱兴明说。

第二个技术就是网。互联网更多是解决终端消费，而汇川是为企业提供智能化解决方案，从底层的工业总线到

工业以太网、工业互联网，汇川编织了一张面向工业自动化未来的智慧工厂的大网。

第三个是生态。"过去国内制造业对设备要求不高，而国家提出供给侧改革后企业只有使用更高品质的设备，才能生产出满足日益提升的社会消费需求的产品，应对愈加激烈的市场竞争。汇川一直在帮助企业研究更符合高品质需求的装备，推动行业生态优化，使产业更加高效文明。这是汇川业绩增长的很重要的原因。"朱兴明说。

此前披露的半年报显示，汇川技术2017年上半年度营业收入19.37亿元，同比增加32.24%，主要得益于公司自动化业务的快速增长。

汇川技术以低压变频器起家，注重对核心技术的自主化研究，目前已经掌握了矢量变频器、伺服系统、可编程序控制器、编码器、永磁同步电动机等产品的核心技术，并且已经成为国内工业控制领域的领军企业。经过10多年的发展，公司已经从单一的变频器供应商发展成集驱动、控制、电机、精密机械为一体的机电一体化解决方案供应商。公司业务涵盖工业自动化、工业机器人、新能源汽车和轨道交通四大领域。

重点切入新能源车领域

除了工控领域，新能源汽车是汇川技术目前切入的重点领域。然而受新能源汽车补贴政策调整的影响，汇川的新能源汽车业务数据并不理想。半年报显示，公司上半年新能源汽车业务完成收入1.46亿，同比下降48%。

对于新能源汽车业务的下降，朱兴明向记者表示，下降是暂时性的，新能源汽车领域的未来仍然可期。新能源乘用车将是公司未来主攻的方向，2016年新增研发人员300多人主要研究方向就是乘用车。

朱兴明说："新能源汽车是大势所趋，汽车产业在100多年后发生重大的技术变革，对汇川来讲是幸运的，这是中国产业百年难遇的弯道超车的机会。汇川瞄准了这一块市场，我们45%的研发费用投入汽车板块。汽车的收入占总收入的四分之一，但是研发投入占总体投入的一半（不算装备）。目前，公司产品在品质和成本方面，还没有达到国际一流厂家的要求，但在2019、2020年会达到跟国际一流厂家的一样的品质。"多家券商研究报告指出，公司的新能源汽车业务触底，下半年将显著改善。

世界风云变幻，唯有专注才能永恒。从变频器、PLC，到伺服、电机，从机器人运动控制到工业视觉，无论是小身材大门道的SV820N伺服驱动器，精巧却强悍的MD200变频器，还是欧系极简工业范的IS810N伺服驱动，抑或是开创国内多传驱动新局面的MD880变频器，汇川技术专注于电机驱动与控制、电力电子、工业网络通信领域，致力于中高端设备厂商提供整体解决方案，最大程度地提升客户体验。"我们做的事情是改变每一个行业生态，为了让他们变得更优。"朱兴明这样说。

目前，汇川技术的自动化控制系统已经深入到80多个细分行业，并与这些细分行业的龙头在工控领域进行合作。每天有2亿人享受上上、下下的电梯运送，有16万台新能源汽车确保消费者绿色出行。通过持续创新的技术研发，目前能降低注塑机50%以上的能耗，用岸电系统取代重油

燃烧，保护港口自然环境，减少化工引燃等行业的废水排放，探索陶瓷水泥等中粉尘行业的静电除尘。汇川用实干精神让老百姓的生活更便利，环境更宜居。

"智能制造在中国发展速度超乎想象。中国5年之内会有很多企业达到工业3.0。汇川目前做到了2.5的水平。我们信心十足，对于一些空白技术领域，汇川都有关注并试图切入。制造业在国内是辛苦活，我认为我们现在的阶段是赚'铜'的钱，未来有一天可以赚'金子'的钱。"朱兴明说。

科士达再次成功入围中央政府采购协议供货名单

近日，中央政府采购网发布了"中央国家机关2017—2018年空调协议供货采购项目中标公告"，科士达再次成功入围中央政府采购协议供货名单。

中央国家机关政府采购中心（以下简称"央采"）隶属于国务院机关事务管理局，于2003年1月成立，是中央国家机关政府集中采购的执行机构，其主要职责是负责统一组织实施中央国家机关政府集中采购目录中的项目采购，是中国政府采购领域级别高、覆盖面最广的采购项目，央采对入围厂商的产品品质、技术含量、售后服务、企业综合实力等各方面条件均设置了严格的国家采购标准。科士达凭借高品质产品、优质的服务以及覆盖全国的售后服务体系脱颖而出，再次成功中标本次项目。

本次科士达入围央采产品涵盖25个功率段制冷量从7kW~100kW下的60款精密空调产品，再次体现了用户对科士达质量、技术、服务和综合实力的全方面认可。目前，产品及方案已广泛应用于国家新闻出版广电总局、国家广播电影电视总局、中国电影科学技术研究所、中国银行业监督管理委员会、国家统计局、中国科学院、国家海洋局、国家食品药品监督管理总局、国家卫星气象中心、公安部、中国医学科学院、国家体育总局、各地市国家税务局、北邮、华北电力大学、北师大、北航等高校、人力资源和社会保障部等全国诸多政府行业高端用户，助力政府部门信息化建设。

科士达作为机房建设专家，同时作为行业领先的数据中心关键基础设施一体化解决方案提供商，科士达致力于为机房空调行业提供绿色、高效、安全的产品。在机房制冷系统方面，科士达不仅发挥产品优势和技术优势，打造行业领先的节能型机房精密空调系统，而且充分发挥自身在机房建设方面的丰富经验，从规划、设备部署等方面进行了梳理与总结。

科士达电源助力天津全运会

持续13天的全国体育盛宴，第十三届全运会在天津体育馆谢幕。运动健儿们通过一场场对决，为全国观众献上一场精彩绝伦的运动盛宴。其中不乏林丹、孙杨、马龙等著名的高水平运动员，更有众多业余运动爱好者在全运会舞台上展现自我。为全面支撑整个全运会的报道，科士达在电源保障方面做足了功课，力保比赛现场画面的直播平稳、顺畅。

在过去的13个比赛日中，科士达40套高频UPS以及上千节高性能蓄电池为比赛直播提供了可靠的电力支持。为保证直播工作万无一失，科士达在几周前便完成了设备的安装、测试工作，这套电源解决方案在应用中从未出现故障。直播期间，科士达技术人员一直坚守岗位，为设备完美运行打造了优质可靠的电力环境。

科士达高端电源产品系列全负载范围的效率都处于行业领先地位，采用行业内独特的冗余设计，在兼容传统并机冗余设计的基础上，能够实现UPS的单机冗余。为客户节省大量的运营成本，同时降低低碳排放和标准煤的燃烧，为绿色地球做出贡献。

近年来，科士达在保障重要活动、大型项目的电力安全方面积累了丰富的应用案例，为国家三峡工程、青藏铁路、西气东输工程、大庆油田、2008北京奥运会、2010年上海世博会、2010广州亚运会、2014北京APEC峰会、建军90周年阅兵等在内的众多国家重点工程提供高可靠电力保护，全力护航中国信息化建设事业。

先控电气微模块为河北联通打造新一代高效节能的IDC机房

日前，先控电气为河北联通提供了新一代的微模块解决方案，该方案为河北联通IDC机房提供了一个整合的、标准的、最优的、智能的、具备很高适应性的基础设施环境，打造了一个全新的高密度低功耗模块化数据中心。

先控微模块系列产品采用高集成All-in-room设计，集成机柜、制冷、供配电、管理等单元，可实现双列密闭/开放冷热通道多种部署，单柜功率支持最高可达21kW，有行间级或房间级两种制冷方式可选；并且采用高效率模块化UPS与一体化智能配电柜，可实现通道级、机柜级门禁，通道级、机柜级照明，广泛应用于中、大型数据中心。

此次，先控电气为河北联通IDC机房提供了7套双列冷通道微模块产品，包含冷通道部署、数百套服务器机柜、PDU，以及配套的列头柜、配电柜、CMS-500KVA模块化UPS电源系统等。从前期的现场考察、方案制定，到后期的设备安装就位、开机调试，先控电气都安排了专业的现场服务团队全程跟踪，力求将工作做细致、做完善，优化系统运行方式，确保机房安全稳定运行，牢记责任、精益求精、全力以赴。

先控微模块产品的独特设计是在支持具体的业务需求的同时，保持其未来进一步发展的机会。其灵活性能够根据当前业务的需要进行现有的预算设计，同时能满足之后单独扩展以容纳新的业务需求，避免产生不必要的浪费。并且提供了一个可预测的制造工艺，可以被一遍又一遍的复制，增加了可靠性，加快了制造与建设速度。借助其可预测性，微模块数据中心的构建通过采用一致的和可重复的过程构建，规避了传统的施工方法，确保了对质量的控制。再者，新的模块化建设可以经受住外界因素所造成的延误和中断，降低建设实施成本与运维成本。

作为数据中心整体解决方案的行业领航者，先控电气专注多年，产品线得到了最大程度的完善与丰富，能够提供IDC机房全力支持，已经成为全球提供最完整IDC机房

"一体化整体解决方案"的供应商之一。显而易见，此次受到青睐，用户看中的不仅仅是先控产品本身，更看中整体方案提供能力以及完善的售前、售中、售后服务，为河北联通 IDC 整合扩建、系统优化与节能奠定了坚实的基础。

先控电气顺利通过中国移动供应商常态认证审核

近日，先控捷联电气股份有限公司顺利通过"中国移动供应商常态认证"审核。

2017 年 8 月 28 日，公司迎来了中国移动供应商认证审核，审核组对我公司先进的产品技术性能，规范的生产流程，科学合理的管理机制给予了高度评价。

公司顺利通过审核，得益于公司长期以来秉承"专注、专业、卓越"的发展理念，坚守以市场为导向、以创新为动力、以质量求生存、以发展求壮大、以领先的技术及产品优势，贯彻可持续发展的环保理念，为实现社会、环境及利益相关者的和谐共生贡献自己一份力量。

华耀公司再获国家高新技术企业认定

2017 年 9 月 1 日，国家科技部公示了 2017 年上半年获认定的国家级高新技术企业（以下简称"高企"）名单，华耀公司名列其中。国家高企每三年复审认定一次，此次为华耀公司 2008 年首次被认定国家高企后连续四届获重新认定。

根据《高新技术企业认定管理办法》，认定高企的关键定量指标有：企业科技人员占当年职工总数的比例不低于 10%、近一年研究开发费用总额占同期销售收入总额的比例不低于 3%、近一年新产品收入占企业同期总收入的比例不低于 60%。

2016 年，华耀公司科技人员占当年职工总数比例为 47.5%、研究开发费用总额占同期销售收入总额的比例为 3.5%，新产品占同期总收入的比例为 77%；在评价期间，公司技术中心被认定为国家企业技术中心，并获授权专利 40 项（其中发明专利 7 项）和各项科技创新成果等，取得了良好市场收益，达到并超越高新技术企业认定的各项指标要求。

"美的－芯朋微电子技术联合实验室"成立

随着人们对能源使用、环境保护的观念越来越强，节能、环保、智能逐步成为消费者对家电产品新的诉求。海尔、格力、美的、海信等一批中国自有品牌已经得到国外经销商与消费者的认可，给"中国制造"赋予了新的内涵。家电产品在满足消费者日常使用需求的基础上，智能化、时尚化、健康化特征凸显，搭载 WiFi 功能的智能家电比例提升明显，各大家电企业还开发出拥有人机交互、机器互联以及自学模式等更多智能化功能的产品，不断拉近智能家居与现实生活的距离，未来智能家居的发展相当值得期待。

芯朋微电子的电源管理芯片在智能家居市场的市占率领先，随着家电智能化程度的不断提高，设计研发应用于智能家居领域的电源管理芯片，是顺应家用电器产品智能化发展趋势的必然要求。

2017 年 4 月 19 日，美的－芯朋 微电子技术联合实验室成立，双方携手共同开发下一代新产品。与美的公司 2007 年从电磁炉产品开始合作，目前已扩展至智能电饭煲、电压力锅、油烟机、空调扇、直流风扇、洗衣机等多种生活家电，使得公司 2017 年在家电市场的占有率进一步扩大。

英威腾与天传所成功签订战略合作协议

11 月 7 日下午，深圳市英威腾电气股份有限公司与天水电气传动研究所有限责任公司战略合作签约仪式在英威腾工博会展台隆重举行。英威腾集团总裁兼董事长黄申力先生与天传所董事长王有云先生分别代表双方企业签订了战略合作协议，各级领导、各位来宾、以及行业媒体朋友们，共同见证这一盛会。

天水电气传动研究所有限责任公司是我国电气传动及自动化产品的主要科研开发生产基地。产品涵盖自动化控制系统、钻采与矿山电控系统、变频节能产品、电能质量产品、新能源产品及高精度特种电源等。作为拥有大型电气传动系统与装备技术国家重点实验室的科研型企业与石油钻机传动技术归口所，在石油、冶金、煤炭、电力、加速器行业拥有 1000 套以上的应用业绩，具备强劲的科研实力及丰富的行业电气系统集成的经验。

英威腾自 2002 年成立以来，专注于工业自动化和能源电力两大领域，以"竭尽全力提供物超所值的产品和服务，让客户更有竞争力"为使命，向用户提供最有价值的产品和解决方案。作为国家火炬计划重点高新技术企业，依托于电力电子、自动控制、信息技术，英威腾业务覆盖工业自动化、新能源汽车、网络能源及轨道交通等领域。

英威腾与天传所战略合作协议的签署，标志着英威腾与天传所进入长期稳定的战略合作关系，双方在业务范围、经营模式、市场覆盖、技术科研等多方面具有明显的互补优势，在石油、冶金、煤炭、电力以及新能源等领域，建立产品、技术、营销及资本等多层面的战略合作伙伴关系，将有利于双方大力开拓广阔的国内外市场，有利于双方产品及产业格局的优化升级，有利于提升双方的行业影响力和国际知名度。

阿尔法特与英威腾达成战略结盟

近日，国内数据中心市场上具有较强品牌影响力的本土化厂商深圳市阿尔法特网络环境有限公司（简称阿尔法特），与深圳市英威腾电气股份有限公司（简称英威腾）通过增资方式达成战略结盟。双方将在产品、销售网络、渠道资源等多个方面协同发展，整合完善产品链，更好地服务客户数据中心建设，在业务拓展上实现互利共赢。

据了解，基于出色的市场表现、持续的品牌创新，阿尔法特将获得深圳市英威腾电气股份有限公司（简称英威腾）全资子公司深圳市英创盈投资有限公司（简称英创盈）现金增资。增资完成后，英创盈持有阿尔法特 10% 的股权。

作为一项极具实质意义的深度合作，此次增资是阿尔法特与英威腾实现战略结盟的重要一步。阿尔法特将利用此次增资继续扩大生产规模，提高公司盈利能力和综合竞争力，同时其资信程度也将进一步提高，为今后实现更大业务拓展奠定坚实基础。

英威腾成立于2002年，致力于成为全球领先、受人尊敬的工业自动化和能源电力领域的产品与服务提供商，2010年在深交所A股上市。英威腾目前拥有16家控股子公司，产品范围涉及多个领域。其中在能源电力方面，英威腾拥有UPS系统的核心技术，产品凭借高可靠性、高性价比被各个重点行业用户广泛应用。

作为数据中心领域的领先厂商，阿尔法特始终以专注研发创新的精神，在数据中心领域精耕细作，并依托承载系统、冷却方案、电力解决方案、环控系统、监控系统等五大产品线，打造了智能微模块数据中心解决方案、集装箱式数据中心解决方案、定制化超算中心解决方案、一体化微型数据中心解决方案等四大综合数据中心解决方案。

显而易见，基于双方的业务背景，阿尔法特和英威腾在数据中心基础设施领域，具有产品整合、业务互补的巨大前景，而此次战略结盟也将有力推动双方在相关业务领域进行深度融合，在客户、销售网络以及产品、市场上形成优势互补，共同推进渠道资源和市场份额的拓展。

此次英创盈增资阿尔法特，有利于阿尔法特抓住数据中心市场爆发式增长的机遇，并优化产品结构，拓宽公司的发展空间，对实现公司的战略发展和产业布局具有重要的意义。

金升阳荣获"2017年广东省制造业500强"

11月28日，2017广东省制造业发展年会暨广东制造业500强企业峰会在东莞隆重召开，会上公布最新500强企业名单。广州金升阳科技有限公司（以下简称金升阳）再创佳绩——荣获"2017年广东省制造业企业500强"称号，位列第397位，较之2016年度（432位）提升35个名次。

"2017广东省制造业500强"企业评审由广东省制造业协会、广东省产业发展研究院、广东省社会科学院企业竞争力研究中心联合开展，评审考量的是企业的综合实力，对企业的营业收入、净利润、资产总额、所有者权益、研发费用等多个相关指标均有较高要求。金升阳凭借着领先的技术水平、优秀的技术创新能力、规范化的制度管理以及可观的营销成果获得评审专家的一致认可。

19年来，金升阳一直致力于研发、生产微功率电源模块，以领先的技术实力为起点、以持续的创新为发展动力，推动并领导中国微功率电源模块的发展。此次再列"500强企业"并获得35个名次的提升，不仅仅是对金升阳电源模块产品的肯定，也是对金升阳这一年来发展及品牌竞争力的肯定。

儒卓力和英飞凌达成亚洲市场分销协议

儒卓力全球营销总监Gerhard Weinhardt表示："亚洲市场对于电源和汽车应用特别感兴趣，还有自动化和照明控制领域也已成为焦点。我们看到电动自行车和电动摩托车在亚洲地区拥有很大的市场；特别在中国市场，我们可以

通过英飞凌产品系列提供最相配的产品。相比欧洲地区，中国推动电动汽车市场发展的力度更大。"

与亚洲市场密切相关的电源领域产品包括电源管理MOSFET、IGBT、SiC和驱动器产品。就汽车领域而言，市场重点是霍尔传感器、电流传感器以及特定的微控制器。加密技术是另一个重要领域，英飞凌在这个市场提供可保护系统免受黑客攻击的特定高端解决方案。

儒卓力战略营销总监Andreas Mangler解释说："英飞凌是针对目标市场创新产品领域的顶尖企业。我们和英飞凌公司成功合作了20多年，双方关系不断发展壮大。我相信通过全球供应链和集中化流程管理，我们也能够使得亚洲客户受益匪浅。"

这次扩大分销领域的长期目标是增加亚洲市场的份额。中国的市场规模巨大，将成为达成这个目标的主要因素。儒卓力将依靠强大的现场应用工程师（FAE）团队及其有关设计项目解决方案（design-in）的工作来实现目标。

联电携手英飞凌成立创新中心，专注智能驾驶和新能源汽车

日前，联合汽车电子有限公司（以下简称联电）与英飞凌科技（中国）有限公司（以下简称英飞凌）共同宣布，双方共建的创新中心正式成立。双方将通过该中心进一步加强在汽车电子核心技术的深度合作，为未来汽车电子新产品的开发、智能驾驶和新能源汽车的创新应用开拓道路。

联电副总经理郭晓潞博士、电子控制器业务部总监李君博士、英飞凌汽车电子事业部全球总裁Peter Schiefer先生、英飞凌汽车电子事业部副总裁及大中华区区域中心负责人徐辉女士分别致开幕词，共同展望了基于创新中心开展更紧密创新合作的美好未来。郭晓潞博士和Peter Schiefer先生现场为创新中心揭牌，并签署了合作备忘录。双方管理层还为创新中心执行委员会委员颁发了聘书，对他们在联电-英飞凌合作项目上的长期付出和取得的成绩给予认可和嘉奖，并表达了对未来合作的期许，希望借助该平台继续扩大合作，共同成长，携手推动中国汽车电子行业发展。

创新中心的成立是继今年三月举办联电-英飞凌创新日活动后首个落地项目，是双方长期合作的重要成果之一。创新中心设立在联电上海总部，双方将共同委派技术专家常驻创新中心，在日常工作中实现实时技术交流，分享各自领域的先进研究资源和成果，以更精准地把握中国汽车电子行业的发展方向。

过去10年，联电和英飞凌在汽车电子零部件产品开发与生产上共同累积了丰富的经验，并建立起深厚的伙伴关系。在未来汽车行业的发展中，双方都将共同致力于电动化、网联化、智能化和共享化这四大核心趋势的战略布局。创新中心的成立，也象征着双方在落实规划和深入合作方面迈出了坚实一步。

英飞特子公司签订1亿元采购合同

英飞特（300582）9月1日晚间发布公告，公司全资

子公司浙江英飞特光电有限公司与杭州华普永明光电股份有限公司于 2017 年 9 月 1 日签署了一份《LED 驱动电源采购合同》，并取得了采购合同原件。采购 LED 户外电源数量 90 万台，采购金额 10500 万元。

公司称，合同总金额（不含税）约占公司 2016 年度经审计的年度营业总收入的 13.73%。本合同是公司及全资子公司单体较大的 LED 驱动电源产品采购合同。合同的签署标志着公司整体实力得到了客户的进一步认可。本合同若能顺利实施，对公司 2017—2018 年度的经营业绩将产生积极影响，将进一步提高公司产品在中国市场的影响力和品牌形象。

"宏微－北汽新能源 IGBT 联合实验室"成立

"新能源全球伙伴大会"在北京举行，我司董事长赵善麒博士应邀出席此次会议。会上，北汽新能源邀请我司董事长赵善麒博士与华为、深圳新锐科技、宁波菲仕、北京世纪金光及日本瑞萨等公司董事长、总经理共同为"北汽新能源电力电子与电驱技术协同开发实验室"揭牌。这一汇聚多方优势资源的实验室是北汽新能源"开放共享"战略在技术层面的又一次落地，是宏微科技进军新能源汽车产业、与整车制造厂深入合作的新开端。

自 2017 年起，宏微与北汽新能源就联合开发定制化车用 IGBT 产品进行了多次会谈与技术交流，于 2017 年 12 月 12 日，双方正式签署"新能源联合实验室合作协议"，宣布成立"宏微－北汽新能源 IGBT 联合实验室"。

宏微－北汽新能源 IGBT 联合实验室，计划从芯片设计到模块设计与封装再到电机控制器设计与生产，江苏宏微与北汽新能源联合打造电机控制器产业链。试验室将建设车用级 IGBT 模块封装平台、测试平台和可靠性试验平台。深入开展电动汽车控制器使用的高性能、高可靠性 IGBT 模块研发与应用研究，以实现提高车用 IGBT 性能，提升电机控制器性价比和可靠性的目的。

宏微具有从 600~1700V IGBT 芯片设计、模块封装、特性分析及可靠性研究完整的设计研发和生产能力，自产 600~1200V IGBT 芯片已在工业电机控制器领域大批量应用，打破了国外 IGBT 芯片长期的垄断地位。研发的车用 MOSFET、IGBT 模块，已在国内外应用于电动叉车、高尔夫球车、电动物流车及低速电动车；研发的 IGBT DCDC 电源模块，已大规模应用于电动大巴。

北京新能源汽车股份有限公司具有电动汽车整车和电机控制器完整的研发和生产基地，连续三年在国内新能源电动车市场占据前列的位置，属于国内纯电动汽车市场行业领军者，具有丰富的产品线和雄厚的技术实力。宏微与北汽合作成立电动汽车电控 IGBT 模块应用实验室对提高电机驱动器的性价比，提升在行业中的竞争力具有重大意义。北汽掌握了电动汽车中电控的核心技术，宏微掌握了电控中 IGBT 模块的核心技术，双方强强联合，优势互补，制造出性价比更好、可靠性更高的电动汽车控制器产品。

福建创四方传感器有限公司新能源电量传感器项目奠基

2017 年 8 月 18 日上午 11：18，福建创四方传感器有限公司综合楼奠基典礼在施工现场隆重举行。

新能源电量传感器项目总占地面积 8061.1m²，规划建设 9700m²，总投资 3000 万元。其中投资 1000 万元建设综合车间 9700m²；投资 1000 万元，用于购置全自动视觉贴片机、无铅回流焊、自动锡焊机、激光打标机、平行绕线机、环形绕线机、传感器编程系统、测试系统等设备；投资 1000 万元，用于流动资金。项目产品全部采用国际先进技术生产。

Firstack 荣获国家高新技术企业

自 2011 年成立以来，Firstack 一直保持高速的增长，对 IGBT 驱动产品进行持续的开发和创新，在技术成果转化方面已达到国际领先水平，驱动产品以可靠、智能、灵活受到众多央企及行业龙头青睐。

2017 年 11 月，根据国家《高新技术企业认定管理办法》和《高新技术企业认定管理工作指引》的相关规定，杭州飞仕得科技有限公（简称：Firstack）被认定为国家高新技术企业。2018 年 1 月，公司也已收到了由浙江省科学技术厅、浙江省财政厅、浙江省国家税务局、浙江省地方税务局联合颁发的"国家高新技术企业"认定证书，由此正式迈入国家高新技术企业行列。本次被评定为国家高新技术企业，是公司发展史上的又一个里程碑，今后，Firstack 将继续引入高素质的人才团队，为自主创新提供根本保证；更加注重自主创新、保护知识产权，提升企业核心竞争力；继续加大科研投入，充实企业创新发展后劲；进一步加强公司技术创新能力以及科技成果转化能力，为企业持续、健康、快速发展提供强有力的技术支撑。

同时 2017 年度 Firstack 也获得杭州市高新技术企业研发中心、杭州市大学生见习基地、新能源汽车创新创业大赛全球总决赛二等奖、最受投资人关注奖等荣誉。

爱科赛博中标多地轨道交通项目

近期，爱科赛博连续中标南宁地铁 3 号线、西安北至机场城际线、汕头比亚迪云轨线、无锡地铁一号线南延线、长春轨道交通北湖线有源滤波器项目。

南宁地铁 3 号线全长 27.96km，是重点联系江北与江南五象新区之间的骨干线。

西安北至机场城际轨道是陕西省第一条城际铁路线，连接陆空两大综合交通枢纽，起自西安北站北广场，向北跨越渭河，经秦汉新城、空港新城至西安咸阳国际机场，全长 29.25km。

汕头市比亚迪跨座式单轨产业项目配套试验线选址位于汕头市金平区，试验线线路起自汕头大学停车点，依次沿大学路、规划学林路、规划金凤西路行进至鲇济。

无锡地铁一号线是无锡首条轨道交通线路，南延线工程北起一号线南端终点长广溪站，终点为南方泉站。

长春轨道交通北湖线是连接长东北开放开发先导区及长春老城区的枢纽线路，全长 13.4km。

爱科赛博加快电能质量产品在轨道交通市场的应用推广，以优质产品和样板工程运行实例为基础，拓展轨道交通市场，取得明显成效，为进一步提升产品在轨交市场应用打下了基础。

SMA 中国助力江苏首个公交场站光伏电站

据金山网 2017 年 12 月 26 日消息，南徐公交停保场光伏发电站实现并网发电。这标志着江苏省省首个公交场站光伏发电站在镇江落地。

"镇江公交南徐停保场光伏发电站是全省首个正式建成并实现并网发电的'公交场站'光伏发电站。"该项目建设企业江苏泽阳能源有限公司总经理谈伟介绍说，从今年 11 月中旬开始，在南徐公交亭保场内的建筑屋顶和棚顶安装了约 5000m² 的太阳能电池板，预计每年可发电 50 万 kW·h。

谈伟表示，南徐公交停保场光伏发电站的建成，实现了停保场内电力的自发自用，不仅能为办公区域及车辆充电提供电力，多余的电力还将传输至国家电网销售。同时，每年将减少二氧化碳 382.5t，等效减少标煤消耗 143.3t。

该电站采用了 SMA 中国 33kW 光伏逆变器产品：Zeverlution Pro 33K。该产品体积小重量轻，具备先进的有功/无功调节功能，适应弱电网环境，最大转换效率高达 98.5%，可以显著提高发电量并带来更好的投资收益。内置 Type Ⅱ 交直流防雷，光伏组件抗 PID（可选）等重要功能。Zeverlution Pro 33K 具备双路 MPPT，可灵活应用于屋顶、荒山荒坡、光伏扶贫等通过 380V 低压并网的中小型分布式电站。

祥博传热挂牌新三板

大智慧阿思达克通讯社 3 月 6 日讯，香橙会研究院从全国中小企业股转系统官网获悉，杭州祥博传热科技股份有限公司（证券简称：祥博传热 证券代码：871063）的挂牌申请获得批准，并于 3 月 6 日挂牌。祥博传热 2014 年度、2015 年度净利润分别为 187.60 万元、927.49 万元。

公告显示，祥博传热 2014 年度、2015 年度营业收入分别为 4594.61 万元、5470.64 万元；净利润分别为 187.60 万元、927.49 万元。

香橙会研究院资料显示，祥博传热主营业务为专业从事为客户提供电力半导体（晶闸管、IGBT、IGCT 等）器件传热系统解决方案和各类散热器产品的研发、生产与销售。

欧盟发 2017 年全球企业研发投入排行榜：华为全球第六较上年上升两位

根据欧盟委员会公布的 2017 年全球企业研发投入排行榜，华为以 103.63 亿欧元排名全球第六，较上一年排名上升两位。榜单前三位分别为大众汽车（136.72 亿欧元）、谷歌母公司 Alphabet（128.64 亿欧元）、微软（123.68 亿欧元）。

该项调查纳入了 2016 年会计年度中研发投资额在 2400 万欧元以上的 2500 家企业，其中美国 821 家、欧盟 567 家、中国 481 家（含中国台湾 105 家）、日本 365 家、韩国 70 家。从行业来看，投入比例最高的是电子信息与技术、健康行业和通信业。

据了解，华为 2016 年研发费用支出首次超过 100 亿美元，达人民币 763.91 亿元（注：按 2016 年 12 月 31 日汇率折算约合 110 亿美元），占到整体收入的 14.6%；近十年累计投入的研发费用超过 3130 亿元（450.7 亿美元）。这家公司通过全球 15 个研究院/所、36 个联合创新中心，在全球范围内开展创新合作，共同推动技术的进步；在华为从事研究与开发的人员约 8 万名，占比员工总数的 45%。

截至 2016 年底，华为累计获得专利授权 62519 件；累计申请中国专利 57632 件，累计申请外国专利 39613 件。其中 90% 以上为发明专利。

IDC：华为 2017 年继续领跑中国智能手机市场

据 IDC 发布的中国智能手机市场 2017 年四季度及 2017 年全年报告显示，2017 年 4 季度和全年，华为继续领跑中国智能手机市场，四季度市场份额达 21.3%，领先第二名 oppo 近 4 个百分点，全年市场份额为 20.4%。

IDC 在报告中指出，2017 年四季度，华为 Mate 10 和 Mate 10 Pro 系列在四季度十分畅销，成为苹果在中国 600 美元以上高端市场的有力对手。当季华为在 600 美元以上高端市场的份额从 2016 年 4 季度的 2% 增加至 2017 年 4 季度的 8%，猛增 400%。随着三星在中国市场折戟，华为在高端 Android 智能手机领域终于占得一席之地。

在高端市场获得快速增长的同时，华为在 200 美金以下的低端市场份额亦有所增加。这得益于华为低端机型和旗下荣耀品牌机型在四季度出货量的快速增长。同时，得益于 nova 系列的畅销，华为在 2017 年四季度的高、中、低全线市场均有良好表现。

报告同时显示，苹果市场份额当季及全年同比均有所增加。虽然 iPhone X 在 11 月初发布时供应不足，但到本季度末供应紧张的局面有所缓和。2017 年季度，苹果平均售价同比提高 23.9%，主要得益于 iPhone X 出货量增加。

2017 年 4 季度中国智能手机市场同比下跌 15.7%，全年下跌 4.9%。"2017 年，中国智能手机企业产品门类升级乏力，新机型不足以调动消费者的购买兴趣，导致市场整体呈下跌趋势。五大巨头市场份额继续膨胀，小企业举步维艰。"IDC 亚太地区客户端设备研究经理 Tay Xiaohan 表示，顶级智能手机企业在明年要如何通过单价 200 美元以上产品来推动消费升级，这是我们需要关注的重点。

华为为迪拜机场建设开通全球首个 Tier III 级模块化数据中心

日前据悉，华为公司为迪拜国际机场建设的一个模块化数据中心开通运营。

这个数据中心设施是世界上首个通过 Uptime Institute 的 Tier III Facility 认证的模块化数据中心，获得这个认证表明数据中心是同时可维护的，并且可以在不中断 IT 硬件操作的情况下进行有计划的维护。

华为公司中东地区董事总经理兼副总裁 Alaa ElShimy 表示："它是目前全球先进的、独特的 Tier III 认证数据中心之一，可确保高水平的可用性、可维护性、弹性和无缝的业务连续性。"

迪拜国际机场是中东地区最大的民用航空枢纽。它需要一个新的数据中心来托管自己的私有云环境，迪拜机场表示与华为公司开展了密切合作，共同设计和建设了这个数据中心设施。

这个模块化数据中心的建设时间是建立传统数据中心所花费的时间的一小部分，并且可以很容易地运送到不适合构建传统数据中心的地方。

这个项目于 2016 年 10 月宣布的，并在短短 400 天内建成交付，正好与阿联酋 2 月份的创新月相吻合。

迪拜机场执行副总裁 Michael Ibbitson 表示，"迪拜机场的业务技术基础设施将处理超过 24 万名乘客和 1, 100 架次航班的工作量，其零停机时间以及数百个内部和外部系统管理，高可靠性和适应性是迪拜机场对于业务技术基础设施的关键要求。这个数据中心提高了我们的运营效率，并增强了我们发展、创新和增强客户体验的能力。"

这个数据中心是华为公司计划建设的两个模块化数据中心设施中的第一个。一旦第二个数据中心建成运营，这两个数据中心将采用高速光纤连接，以实现高级备份和灾难恢复功能。而第二个数据中心的建设日期尚未确定。

中国移动选择华为 CloudFabric 解决方案构建 SDN 数据中心网络

近日，华为宣布其 CloudFabric 解决方案将帮助中国移动打造位于呼和浩特、哈尔滨数据中心的私有云资源池，支撑中国移动由传统 IT 系统向云计算平台的集中化演进。

呼和浩特、哈尔滨数据中心现已全面承接中国移动私有云资源池的扩展需求。2016 年，中国移动已经建设完成了私有云资源池一期项目。此次为二期一阶段工程，整体规模又全面扩大，该项目建成后将成为全球最大规模的 OpenStack 资源池。

继 2016 年全面承接哈尔滨数据中心私有云资源池一期项目后，华为 CloudFabric 解决方案此次又承接呼和浩特、哈尔滨数据中心二期一阶段工程，充分体现了中国移动对华为 CloudFabric 解决方案的肯定。

云计算是中国移动的重要战略之一。根据中国移动确定的云计算体系划分，私有云主要面向公司内部 IT 系统提供基础设施云服务，涵盖了业务平台、IT 支撑系统和其他内部系统。目前，中国移动对私有云资源池的资源需求不断增加，当前的五大私有云资源池依然难以支撑，迫切需要扩大建设。

与此同时，中国移动在私有云资源池的建设上一直坚持"整体规划、适度超前"的原则，对于新建项目又提出了更高的要求：均衡考虑规模与效率，在满足多种复杂业务需求的同时，提高数据中心设备使用效率；跨 POD 部署业务，并实现异厂家互通；简化运维，实现业务与网络可视化管理，从而降低数据中心的运维成本。

华为 CloudFabric 解决方案完美匹配中国移动创新提出的 POD 与多级 Spine – Leaf 网络架构，通过引入分布式网关、SDN DCI 等关键技术，不仅做到了资源网络部署自动化，为不同类型业务提供了高可靠和高性能转发服务；引入三段式 VxLAN（虚拟扩展局域网）方案，并通过控制器北向 API 与云管平台深度集成，实现多 POD 业务统一入口、协同部署，根据不同业务安全等级要求，灵活定义跨 VPC 互通流量是否过防火墙；同时，提供涵盖拓扑管理、快速故障定位、统计分析等方面的 SDN 网络运维工具，实现了应用、逻辑、物理网络三网互视的拓扑管理，VxLAN 层面的连通性检测与故障定位，以及 Openstack 环境下带宽定制与 VxLAN 流量统计等功能。

华为 CloudFabric 解决方案已经服务于全球 120 多个国家的 1200 多个数据中心网络，通过为客户打造敏捷、开放、安全的云数据中心，帮助运营商、企业/行业构建云服务市场的核心竞争力。

中车时代电气参与创建首个功率半导体器件及应用创新中心

9 月 22 日上午，湖南省 IGBT 产业对接会暨中国 IGBT 技术创新与产业联盟第三届学术论坛在株洲举办，IGBT 产业链的 10 余家单位签署框架协议，约定共同创建功率半导体及应用创新中心。创新中心将通过协同技术、人才、资金等资源，打通技术研发供给、商业化等链条，打破国外垄断，推动我国新型功率半导体技术的突破。

据悉，创新中心由中车时代电气、国家电网、南方电网等业内知名单位共同参与组建，汇集企业、高校、科研院所、投资基金，通过打通产业链上下游，形成"材料—器件—装置—应用"的完整产业链，打造利益共同体，共同解决我国在功率半导体器件领域的共性技术。

中车大功率半导体器件助推特高压工程走出国门

近日，中车高压大电流晶闸管（8500V）成功中标巴西美丽山特高压直流输电项目订单，该项目是中国在海外投资、建设、运营等全部参与的首个特高压直流输电工程，实现了中国特高压技术"走出去"的国家战略。在前期技术及商务谈判中，公司与国外品牌同台竞技，再次在单个工程项目中全部中标送受两端换流阀，项目份额 100%。

巴西美丽山项目是世界第四大水电站—美丽山水电站的送出工程，装机容量 1100 万 kW，工程建设包括一条 2084km 的 ±800kV 特高压输电线路及两端换流站，是美洲第一条特高压直流输电项目，项目计划 2018 年 2 月投入运行。该工程建成后将使巴西在特高压输电技术领域不仅处于南美洲的领先地位，更站在世界能源技术前沿，为巴西水电南送带来革命性变革。

近两年来，凭借可靠的产品质量和强大的品牌影响力，中车先后密集中标了酒泉－湖南、上海庙－临沂、扎鲁特－青州、昌吉－古泉等多条特高压直流输电工程订单，已经成为全球输配电领域半导体器件的领军者。

中车专注输配电领域多年，已成长为国家高端电力装备实施"走出去"及"一带一路"建设等国家战略的重要力量。而此次中标的巴西美丽山工程大量采用了中国标准，公司自主研发的大功率晶闸管器件就是其中的核心技术之一。此外，基于全球输配电工程及技术需求，公司又陆续开发出了电网用 IGBT 及更大尺寸的晶闸管器件，公司大功率半导体产业将全力在更大范围参与全球竞争，助推我国特高压工程走出国门。

麦格米特深交所上市

深圳麦格米特电气股份有限公司（下称麦格米特）于 3 月 6 日成功在深圳证券交易所挂牌交易，证券代码（002851），公司普通股股份总数为 1.77 亿股，其中 4450 万股于今日起上市交易流通，发行价为 12.17 元/股，市盈率为 22.99 倍。

据公开资料显示，麦格米特以电力电子及工业控制技术为核心，成功构建起涵盖智能家电、工业自动化、定制电源三大领域的业务版块，其产品广泛应用于平板显示、智能家电、医疗、通信、IT、电力、节能照明、工业自动化、新能源汽车、轨道交通等众多行业，并不断在新领域渗透和拓展。

麦格米特自 2003 年成立以来，以成为全球一流的电气控制与节能领域的方案提供者作为公司愿景，经过 14 年的研发投入和技术积累，公司建立起以电力电子及相关控制技术为基础，功率变换硬件技术平台、数字化电源控制技术平台和系统控制与通讯软件技术平台三大平台为架构的核心技术平台，不断通过技术交叉应用及延伸，满足客户多元性的产品和解决方案需求，为公司构建多样化产品布局打下了坚实的技术基础。

截至 2016 年 12 月 31 日，公司拥有有效使用的专利 290 余项，其中发明专利 37 项，聚集 500 名专业研发工程师，建立了业界一流的产品研发、测试及制造的软硬件平台，通过了 ISO9001、ISO14001、ISO13485、ISO16949 等权威认证，赢得了 40 多个国家的 600 多家客户的信任。

格力电器加码智能装备参与洛阳轴承混改

对于珠海格力电器股份有限公司（下称格力电器，000651. SZ）来说，不甘心只做"家电巨头"，智能装备成为其加码的新方向。

近日，格力电器与河南省工信委、洛阳市政府签署了战略合作框架协议，将共建中国洛阳自主创新智能制造产业基地项目，包括中原智能制造产业研究院和公共服务平台，并在 3 ~ 5 年内形成包括机器人、智能机床、精密模具、小家电在内的自主品牌。

该项目用地约 5000 亩（1 亩 = 666.67m²），总投资约 150 亿元，一次规划，分期实施。项目建成后的年产值预计将逾 300 亿元。

此外，格力电器还将参与河南省属企业洛阳 LYC 轴承有限公司（下称洛阳轴承）的混合所有制改革。

洛阳轴承始建于 1954 年，前身是国家"一五"期间 156 个重点建设项目——洛阳轴承厂。该公司目前是国内轴承行业生产规模大、配套服务能力强的综合性轴承制造企业之一，至今仍保持着轴承精度高、结构复杂、外形尺寸大等多项中国轴承行业纪录。

9 月 18 日晚间，格力电器发布公告称，确实参与了洛阳轴承的混合所有制改革，此事目前只是意向。格力电器在该智能制造项目中所起的只是牵头作用，全部投资并非仅由格力电器一家完成，目前该项目正处于规划阶段。

这是今年洛阳市第二次接到董明珠的"大单"。

8 月 8 日，洛阳市与珠海银隆新能源有限公司（下称珠海银隆）签订框架协议，联合建造总投资为 150 亿元的产城融合产业园。产业园计划实现年产 1 万辆纯电动商用车、年产 5000 辆纯电动特种专用车、年产 5000 辆新能源环卫车，以及新能源皮卡车、纯电动农机具等多个新能源车型。

去年底，在格力电器收购珠海银隆的提案被股东会否决后，格力电器董事长兼总裁董明珠以个人身份增资了这家新能源公司。

珠海银隆成立于 2009 年，主业以锂电池材料供应、研发、生产、销售为核心，并延伸到电动汽车动力总成。目前，董明珠以 17.46% 的持股份额居珠海银隆的第二大股东之位，且担任该公司董事兼名誉董事长。

格力电器这两个同在洛阳的智能装备项目与新能源汽车项目之间能否会产生协同效应，还有待观望。

近年来，格力电器围绕智能装备领域布局的动作频繁。董明珠此前曾透露，格力电器的智能装备从 2013 年起步至今，已经累计产出自动化装备 5500 余台套，累计产值超过 20 亿元。该公司先后在珠海和武汉设立了 4 个研发和生产基地，产品已覆盖伺服机械手、工业机器人、数控机床等 10 多个领域。

今年上半年，格力电器实现营收 691.85 亿元，同比增加 40.67%；归属上市公司股东净利润 94.52 亿元，同比增加 47.64%。虽然格力电器业绩表现不俗，但美的集团空调业务的同比涨幅相对较高，业界有观点认为格力"空调老大地位不保"。

同时，格力电器智能装备业务的期内收入 9.62 亿元，同比增长逾 27 倍，成为仅次于空调业务、生活电器业务的第三大业务。

格力电器与珠海银隆达成合作进军新能源汽车领域

2 月 21 日消息，格力电器公告表示于珠海银隆新能源有限公司达成战略合作协议。珠海银隆主要业务包括新能源电动汽车、混合动力汽车、驱动电机、电动空调、充电设备等相关技术的设计、研发和生产。此次合作的达成意味着珠海银隆将正式进军新能源汽车领域。

合作协议达成后，格力电器与珠海银隆双方及其子、分公司将利用各自产业优势，在智能装备、模具、铸造、汽车空调、电机电控、新能源汽车、储能等领域进行合作。

在同等条件下，一方优先采购对方产品，购买对方服务。以一个年度为一个周期，双方相互的优先采购和总金额不超过人民币200亿元。

事实上，格力电器与珠海银隆的合作筹划已久，这还要从最初的资本合作开始。

格力电器去年7月5日公告显示，拟向珠海银隆新的全体股东发行股份收购其持有的银隆新能源合计100%股权，并计划向含员工持股计划在内的不超过10名特定投资者发行股份配套募集资金。

随后格力宣布以130亿收购珠海银隆等100%股权，收购完成后，珠海银隆将成为格力电器的全资子公司。

但此举遭到格力电器众多股东反对，10月31日发布的公告显示，此收购案遭股东反对未通过。

12月15日，董明珠以个人名义于中集集团、北京燕赵汇金国际投资有限责任公司、大连万达集团股份有限公司、江苏京东邦能投资管理有限公司等知名企业共同增资30亿，获得珠海银隆22.388%的股权。

后来，万达集团董事长王健林在谈到入股珠海银隆时表示，格力投资银隆失败之后，她给王健林打了个电话，说希望这个项目能成长起来。"王总一听说，好 我支持你。要多少？后来我说10亿。他说没问题。后来刘总也参与进来，然后中集（集团）也参与进来，他们拿完剩下的王总说我全包了，所以就变成5亿。"

通合科技通过"2017 国网一纸化要求"

近日，石家庄通合电子科技股份有限公司（通合科技300491）通过认证，率先取得符合"2017 国网一纸化商务证明要求"的直流充电机型式实验报告。

国家电网公司集中规模招标采购供应商资质能力核实证明简称"一纸证明"，是企业参与国家电网公司相应集中招标活动时所必需的证明文件，它是作为投标文件全部支持证明资料信息数据的集中应答文件。

2017 年 10 月 16 日，国网公司发布《国家电网公司关于开展 2017 年度电动汽车充电设备供应商资质能力核实工作的公告》（以下简称公告），公告特别强调充电设备的恒功率区间，对自动功率切换的功率等级进行了详细要求。公告一经发布在充电设备行业内激起了很大的波澜，业内从业人员和相关企业开始了对相关要求的解读和应对措施的准备。

由于此次公告要求的"时间紧、任务重"，很多企业都放弃了努力，认为这次公告专为"有准备"的公司而设。石家庄通合电子科技股份有限公司，在得知公告要求后，迅速组织研发骨干力量对公告的技术要求进行了研究，并凭借多年的行业技术积累，迅速研发出了符合公告要求的120kW 直流充电机，送至"国网电力科学研究院实验验证中心"进行检验，并成功获得型式实验报告，成为第一批符合公告要求的充电设备供应商。

据悉，通合科技公司成立于1998年，历经10余年的快速发展，于2015年成功上市，股票代码300491。公司专注于高频开关电源技术的研发与创新，产品已涉及充换电

站充电电源系统（充电桩）及电动汽车车载电源、电力操作电源模块和电力操作电源系统等多个领域，销售网络遍及全国20多个省市自治区，产品远销海外。公司致力于提供可靠度卓越的产品和服务，使电气能源更安全、有效、便捷地造福人类。

泰开自动化中标国网新疆莎车 – 和田 750kV 输变电工程智能一体化电源系统

泰开自动化 2017 年 12 月顺利中标国网新疆电力有限公司莎车 ~ 和田 750kV 输变电工程智能一体化电源系统，累计中标额 330 万元。

公司自 2012 年首次中标国家电网 750kV 超高压变电站智能一体化电源系统以来，在超高压、特高压领域已经连续 5 年实现业绩突破，成为国网公司在超高压、特高压变电站智能一体化电源系统的常规供货商，公司产品应用涵盖了国内全电压等级。

由泰开自动化公司为灵州 ±800kV 直流换流站设计完成的国内首套"三电五充"一体化电源系统与直流换流站三重保护的配置完美契合，填补了国内空白。

武新电气助力大容量液流电池储能项目

2017 年 11 月 6 日，10Mwp 光伏 + 10Mwp/40Mwh 光储用一体化示范项目开工仪式在枣阳隆重举行。湖北省枣阳市委书记何飞、市长孟艳清等一行领导莅临仪式并做了重要讲话。该示范项目一期工程 3.5MWp 光伏和 3MW/12MWh 储能系统将于 2018 年上半年完成，届时该储能系统会是国内已安装的容量规模位于前列的液流电池储能项目。

作为主动配电网核心装备提供商和湖北省电能质量知名企业，武汉武新电气科技股份有限公司将为该储能项目提供一系列智能电力装备，涵盖智能配电、综合保护、电能优化控制、直流电源等环节，目前已顺利完成第一期供货。

本次储能项目成功实施，进一步验证了公司主动配电网核心装备的产业化实力。同时，武新电气将继续坚持以"电力电子变换与控制装备"为核心，电能质量控制和智能微电网电能变换（光伏发电及充电桩）双轮驱动，坚持产品领先战略，在产品定义、技术创新、供应链管控、工艺检验标准化、知识产权规范、客户需求挖掘、系统化解决方案等方面深耕细节，提升智能装备的核心竞争力！

东方艾罗发布全球首款高功率三相储能逆变器 SOLAX X3 – Hybrid 系列

近日，东方艾罗在光伏储能逆变器领域再次迎来重大突破，由其完全自主研发的全球首款高功率三相储能逆变器 SOLAX X3 – Hybrid 系列顺利通过测试并开始转入量产阶段。由此，全球光伏储能逆变器也揭开了新的篇章。

据介绍，该三相储能逆变器由艾罗逆变器研发团队经

过 3 年时间的研发，将其命名为 SOLAX X3 – Hybrid 系列，型号包括 5kW、6kW、8kW 和 10kW 等，其最大电池充放电功率达到 10kW，处于世界领先水平。齐全的型号，为家用和商用客户的使用提供了灵活和扩展性的解决方案。另外，X3 – Hybrid 三相储能逆变器还有 EPS 应急离网、远程监控、多种通信方式等多种功能，这将为电网老化、供电不足等电网不稳定的国家和地区客户带来福音。

根据目前市场预订单统计，预计到 2018 年底，艾罗全球三相储能逆变器的发货量将达到 30000 台。瑞士投资银行曾在分析报告"电网公司将因储能而面临一场风暴"中指出：越来越多的家庭会安装储能系统，形成一个个小的电站，而这些小电站可以连成一体成为微电网，各个家庭的电量可以互相调配使用，从而脱离国家电网。由此，储能逆变器的应用将是新能源发展的大趋势，预计到 2020 年市场容量将会达到 500 万套。艾罗 X3 – Hybrid 三相储能逆变器可以多台并联，使家用安装和商业应用可扩展的电池储存性成为现实，将是智能微电网的主力军。

东方艾罗定位于新能源电力运营服务商，一直致力于新能源产品的技术研发和生产，其储能逆变器系列产品的技术更是处于世界前沿。从 2013 年第一代低压储能机到现在的第四代高压储能机，短短几年新产品陆续问世。据不完全统计，截至目前 SOLAX X – Hybrid 系列储能机已占据澳洲、英国、德国等各大主要光伏市场，出货量全球领先。

中恒云能源打造的锂电池储能系统正式并网运行

由浙江钱江锂电科技有限公司（以下简称"钱江锂电"）投资，杭州中恒云能源互联网技术有限公司（以下简称"中恒云能源"）承建的 500kW/2000kWh 集装箱储能系统于 2017 年 11 月 1 日正式并网试运行。该项目的成功标志着中恒云能源在智慧储能领域取得了阶段性的成果，为继续在互联网＋智慧能源领域探索提供经验，助推能源互联网储能新技术，新模式和新业态的发展，同时为致力于成为世界一流的能源互联网运营商打下坚实的基础！"钱江锂电 500kW/2000kWh 集装箱式储能系统"是目前浙江省用户侧最大的锂电池储能项目，也是双方在储能商业化应用的首次合作。该项目的成功投运为中恒云能源与钱江锂电未来在储能领域更广泛的合作奠定坚实基础。中恒云能源作为项目的 EPC 总包方，从方案设计、技术选型、项目实施、并网运行等环节都坚持"高标准、严要求"的原则，稳扎稳打，成功实现项目的并网运行。自主研发的储能监控与能量管理系统为项目的安全、稳定运行，以及后续运维、运营提供了强有力的保障。

中恒高压直流电源系统（HVDC）助力张北云计算数据中心建设

近日，在"张北云计算数据中心某项目"招标中，凭借高压直流电源广泛的产品应用、出色的产品性能和优质

的技术服务，中恒电气独占鳌头，取得此次项目全额中标，中标金额：5000 余万元人民币。此次项目中标，再次肯定了中恒电气高压直流电源（HVDC）的技术优势，进一步促进高压直流电源在云计算产业领域的应用。一直以来，中恒电气始终将云计算、大数据行业作为重点领域予以拓展，并在产品技术层面不断创新，全面满足了云计算、大数据行业客户的多元化需求。本次中标不仅充分显示了客户对中恒电气高压直流电源的肯定，而且切实体现了公司在高压直流电源行业的市场优势地位。

伊顿牵手南网首个太阳能屋顶发电项目济宁落成

从空中俯视，一望无际的太阳能光伏板连成一片。从办公楼到厂房，再到停车场，覆盖面积达 53000m² 的厂区全被蔚蓝色的光伏板覆盖，在阳光的照耀下熠熠生辉。

这是山东济宁高新工业区康泰路一隅，也是伊顿中国济宁工业园区所在地。在《能源》记者到访不久前，伊顿首个太阳能屋顶光伏发电项目刚刚并网发电。

"项目总装机 5.22MW，年发电量约 610 万 kW·h，将全部用于伊顿济宁工厂的生产用电。计划每年节约电费 60 余万元，并减少约 4500t 的温室气体排放。"12 月 12 日，在济宁工业园区太阳能屋顶项目落成典礼上，伊顿中国区总裁刘辉的上述表示。

"这是伊顿在中国地区首个太阳能屋顶光伏发电项目。伊顿中国将以此为起点，协调近 30 个工厂屋顶资源进行后期开发建设。"

首个太阳能屋顶发电落成

资料显示，伊顿于 1993 年进入中国市场并设立首家合资企业——伊顿液压系统（济宁）有限公司，主要生产用于农业和建筑设备的转向器和液压摆线马达。此后，通过并购、合资和独资的形式，伊顿迅速发展在中国的业务。

目前，济宁工厂已经成为伊顿车辆集团在中国规模最大的工厂，拥有员工 570 多名，建成 12 条气门生产线，7 条装配线及 11 个挤压锻压单元。

"我们非常高兴能与南网能源公司合作推动这个意义重大的项目，促进新能源的开发利用。太阳能屋顶发电项目在济宁的顺利落成标志着伊顿中国的绿色工厂建设迈出了重要一步。"刘辉说。

对此，济宁市高新区党工委委员、管委会调研员李征高度评价，希望伊顿中国进一步坚定在济宁高新区投资的信心，把四期项目做好，将更多的先进制造带到济宁高新区。南网能源与高新区企业在新能源开发利用方面能够积极对接，打造更多的示范企业和典型项目。

值得关注的是，作为该项目的 EPC 总包方，南方电网综合能源有限公司实力也不容小觑。

"济宁分布式光伏发电项目是南方电网和伊顿战略合作的第一个项目。该项目于 2017 年 3 月初开工建设，经过 5 个多月的紧张施工，于 2017 年 8 月底正式并网发电。项目在今天落成，标志着南方电网综合能源有限公司和伊顿公司太阳能光伏发电领域深度合作的开始。"南方电网综合能

源有限公司上海分公司总经理黄海清坦言。

近 30 家工厂屋顶将陆续投用

济宁工厂作为伊顿太阳能屋顶发电项目的第一站,将为伊顿在更多中国工厂推动新能源建设提供样板。

"2018 年,伊顿济宁工业园将进行四期扩建项目,厂房屋面将全部设计为光伏屋面,铺设发电效率更高的多晶光伏组件,并大力推进储能项目。"刘辉透露。

据悉,为支持该项目四期建设,伊顿中国董事会 12 月刚刚批复了 1.8 亿元经费用于厂房扩建的投入。

"伊顿济宁工厂是屋面提供方也是使用方,省心省力。而并不专长的项目管理、备案、立项、并网等由业主南网能源承担。这一模式可以实现双赢,且非常可复制。"刘辉坦言。

"与屋顶提供方有两种合作模式,一种是常见的工业电价打折,另一种是针对用电量较少的,出租金直接租赁屋顶资源。"黄海清介绍,"我们与国内众多企业在该领域开启了合作,如中船工业、东风汽车、中国建筑等,但与伊顿这样的跨国公司合作还是第一次。"

据悉,一直专注于新能源领域开发的南网能源,除海上风电和分布式能源站外,近期还加大了对屋顶分布式光伏的投资。

"目前并网项目已达 500MW,其中 95% 是屋顶光伏,仍有 700MW 的项目有待开发。"黄海清说。

斯达连续九年参加 PCIM 欧洲展

2017 年 PCIM 欧洲展于 5 月 16 日在纽伦堡开幕,斯达半导体携多款新品盛装亮相。本次是斯达自 2009 年以来第九次参加此全球大规模的功率半导体器件行业盛会。斯达用烧结工艺开发的新能源汽车用 1200V/800A 两单元 IGBT 模块和 300A 的 SiC 模块获得了大量关注,公司新开发的 IPM 模块和 TIM 模块也收到了很多送样需求。

新能源车用模块仍是主角,吸引多方关注

本次斯达半导体展厅设计的主题是新能源车用模块,展示了斯达在上海新增的车用模块生产线(上海道之科技有限公司)的基本情况及公司通过 TS16949 质量管理体系以全面提高车用模块的品质管控。在产品方面,重点展示了新能源汽车用 IGBT 模块,包括处于量产状态的 650V/400A P3 模块和 650V/800A P4 模块及对应的高可靠性银浆烧结版本。

本年度的新产品主要包括车用 Pin – fin 版 1200V/800A C6.1 模块、62mm 1200V/300A 碳化硅模块及预涂敷相变导热材料模块系列(TIM)等。斯达新产品吸引了大量客户和同行的驻足,斯达欧洲公司的同事热情地向众多参观者进行详细讲解。

斯达今年推出了为新能源汽车开发的采用高可靠性封装工艺的 Pin – fin 版本 1200V/800A C6.1 模块,可在当前业界工业级模块的基础上进一步大幅提高模块的功率密度和可靠性水平。

不断创新,以领先技术满足客户更高需求

秉承"品质成就梦想,创新引领未来"的理念,斯达一直注重创新,并不断研发新技术以满足客户更高需求。

目前,新一代以碳化硅器件为代表的宽禁带半导体器件应用领域不断扩展,为此斯达已推出多款碳化硅模块并成功应用于光伏逆变器和电动汽车等领域,目前均处于批量生产状态。斯达也在与客户进行密切配合,积极扩大碳化硅模块产品线,不断满足各行业客户提出的对功率器件具有更高功率密度、更高性能的要求。

预涂敷相变材料相较于客户端涂敷导热硅脂可较大幅度降低模块安装的接触热阻,同时预涂敷导热材料具有更好的涂敷一致性和长期稳定性,方便客户安装使用。因此,在预涂敷相变导热材料系列模块方面,斯达的产品进一步扩展到 62mm 系列、C5 系列、C6 系列、C6.1 系列、P2 系列、L 系列及 F 系列等。目前斯达出货到欧洲市场的模块已经在逐步切换为预涂敷模块,相信国内市场很快也会出现同样的要求。

斯达欧洲快速成长,有望成为新的增长点

本次展会斯达欧洲研发中心有多位同事参加,为来访的客户详细讲解斯达的新产品。在过去的一年里,斯达欧洲研发中心开发出多项前沿模块封装工艺技术及多款新型功率器件,并与众多欧洲一线客户建立了深入的合作关系。目前,斯达欧洲研发中心拥有十多位拥有丰富从业经验的从事功率器件开发达 10 年以上的研发人员,且研发队伍在进一步发展壮大之中。

几年来,在斯达欧洲同事的辛勤努力之下,斯达在欧洲市场取得了很大进步,众多欧洲一线客户都在积极导入斯达的模块产品或进一步提高斯达产品的份额,目前进展顺利,相信欧洲市场会成为斯达新的增长点。

亨通光电联手国充充电布局全国新能源汽车生态充电网

6 月 6 日消息,新三板挂牌公司国充充电(837195)近日发布公告称,A 股上市公司亨通光电(600487)以现金方式认购国充充电 12.64% 的股份,交易金额为 6000.83 万元。

公告显示,国充充电的估值为 4.15 亿元,经双方协商,亨通光电以现金方式出资 6000.83 万元认购国充充电本次发行的新股 542.57 万股,占国充充电本次发行完成后股份总额的比例为 12.64%,每股认购价格为 11.06 元。

本次收购完成之后,亨通光电将持有国充充电 12.64% 的股份,成为国充充电第三大股东。亨通光电还在公告中披露到,公司拟分阶段增持国充充电股权,达到控股国充充电的目标。

挖贝网了解到,亨通光电致力于发展新能源汽车充电业务,拥有新能源汽车充电桩、充电桩、用电缆等新能源汽车充电专用产品,在苏州吴江地区已建成多个新能源汽车充电站。

亨通光电称,此次投资国充充电是为了结合国充充电在新能源汽车充电站布局的优势,实现强强联合,共同发展新能源汽车充电业务,推动公司新能源汽车充电业务由吴江向全国发展。

近年来,新能源领域受到了国家和市场的广泛关注和重视。国家在新能源汽车及相关领域出台了一系列涉及宏观、安全、技术、基建等方面的优惠政策。截至 2016 年底,国家已出台 39 项各类新能源汽车领域相关政策,14 项征求意见稿,其中涉及"充电设施"的共有 7 项。

根据需求预测结果,到 2020 年,新增集中式充换电站超过 1.2 万座,分散式充电桩超过 480 万个,以满足全国 500 万辆电动汽车充电需求。

据挖贝新三板研究院资料显示,国充充电于 2016 年 5 月 4 日登陆新三板,主要从事新能源汽车充电桩研发、生产、销售,场站建设及充电运营,管理云平台开发及运营,新能源汽车三电领域生产和测试设备等高端领域电源产品。

国充充电科技江苏股份有限公司,创始于 1994 年,是中国领先的新能源商用汽车充电及运营服务商,首家以充电桩为主营业务上市的国家高新技术企业,是国内最早进入新能源汽车充电领域的民营企业之一。服务于上海世博会、香港九龙巴士、上海、江苏、海南、陕西、四川等地公交、商旅等商用车领域,并出口白俄罗斯、以色列、保加利亚等地。

亨通光电与国充充电强强联合,共同发展新能源商用汽车产业及充电运营网络,重点推动全国新能源智慧城市、智慧交通生态网络的建设,实现中国乃至世界新能源商用汽车发展的新跨越。

科泰电源收购捷泰新能源股权发力新能源车市场

上海科泰电源(9.270,−0.32,−3.34%)股份有限公司(以下简称"公司")于 2016 年 11 月 18 日签署了《关于上海捷泰新能源汽车有限公司之股权转让协议》(以下简称"捷泰股权转让协议")及《关于捷星新能源科技(苏州)有限公司的股权转让合同》(以下简称"捷星股权转让合同"),拟收购上海捷泰新能源汽车有限公司(以下简称"捷泰新能源")60% 股权,并转让捷星新能源科技(苏州)有限公司(以下简称"捷星新能源")49% 股权。2016 年 11 月 21 日,公司召开的第三届董事会第十八次会议审议通过了《关于收购捷泰新能源股权的议案》及《关于转让捷星新能源股权的议案》。同日,公司披露了《关于收购捷泰新能源股权的公告》(公告编号:2016 − 070)及《关于对外转让捷星新能源股权的公告》(公告编号:2016 − 071),并于 2017 年 3 月 1 日披露了《关于对外转让捷星新能源股权的进展公告》(公告编号:2017 − 008)。

截至本公告披露日,前述股权收购及转让事项已全部实施完毕,并办理了工商变更登记手续。同时,公司为捷星新能源在交通银行和苏州银行的授信所提供的保证担保已经全部解除。

经过本次交易,捷泰新能源成为公司全资子公司。作为公司新能源汽车运营平台,捷泰新能源积极开展全国网络布局,在上海运营及售后服务中心的基础上,在重点业务区域设立了子公司,为客户提供属地化的租售运营服务。

未来,公司将加大力度发展新能源物流车运营业务,将捷泰新能源打造成为新能源汽车应用整体解决方案供应商。同时,公司也将持续关注新能源汽车相关领域的产业机会,进一步完善公司新能源汽车板块的业务构成。

奥特迅柔性矩阵充电堆:破解电动汽车"充电难"

深圳奥特迅电力设备股份有限公司研发的、具有自主知识产权的柔性矩阵充电堆技术将电动汽车充电站内全部或部分智能充电模块及监控系统集成在一起,利用计算机控制技术对智能充电模块进行集中控制及动态分配,为电动汽车动力电池提供电能。这一技术有望提升充电桩利用率,减少大量的投资浪费。

一边是大规模规划,另一边是利用率极低,这是当前我国充电桩布局建设面临的两难困境。数据显示,现阶段国家电网公司运营充电桩单桩日均充电时长为 0.35h,整体利用率仅为 1.46%。截至今年 1 月份,南方电网系统累计共建充电桩 4356 台,大部分也存在空置情况。

根据国家发改委等多部门下发的《电动汽车充电基础设施发展指南(2015—2020 年)》,到 2020 年,全国新增集中式充换电站超过 1.2 万座,分散式充电桩超过 480 万个,以满足全国 500 万辆电动汽车的充电需求。对此,中国电动汽车百人会首席专家张永伟表示,"倘若建桩策略不变,可以预期,未来将造成巨量投资浪费"。

《经济日报》记者调研发现,充电桩技术落地赶不上电池"升级"速度,这是目前充电桩利用率低的一大重要原因。当前,新能源汽车充电倍率快速提升,而目前处于空置的充电桩有相当一部分的充电速度都很慢,这意味着,今天布下的桩,很可能一两年后就会被车主弃用。

由于前期充电标准不统一,一段时间以来,我国各类电动汽车的储能电池容量和充电倍率各不相同,对充电机输出功率要求差异较大。为满足各类电动汽车的充电需求,充电机的输出功率被设计得很大,在给储能容量较小的电动汽车充电时,将造成充电能力的浪费;如果充电机的输出功率设计得较小,虽然可以提高充电机的利用率,在给储能容量较大的电动汽车充电时,又延长了充电时间,给车主带来不便。

而且,随着动力电池技术的快速发展,未来电动汽车对充电系统的功率需求越来越大,如何在适当增加投资的情况下,利用现有充电设施适应未来大功率的充电需求,一直是业内充电设施建设的困惑之一。

记者了解到,深圳奥特迅电力设备股份有限公司研发的、具有自主知识产权的柔性矩阵充电堆技术将电动汽车充电站内全部或部分智能充电模块及监控系统集成在一起,利用计算机控制技术对智能充电模块进行集中控制及动态分配,为电动汽车动力电池提供电能。这一技术有望提升充电桩利用率,减少大量的投资浪费。

奥特迅董事长萧霞告诉记者,相比较传统的充电桩技术,柔性矩阵充电堆具有以下特点:一是能够满足未来"电池升级"的充电需求,避免了充电桩的反复撤建。柔性矩阵充电堆技术可以根据车辆需求,自动识别并分配所需的最大充电功率,确保每台新能源汽车都能以最大功率进行充电。

二是相对集中式的柔性矩阵充电堆能够降低运营难度。柔性矩阵充电堆技术利用一个充电柜,可同时满足 10 余个充电桩的电力供应，并安排专人维护。一方面，这可以较容易地避免燃油汽车霸占充电桩位；另一方面，有专人值守和运行维护，理论上发生事故的概率较低，即使发生事故，也能第一时间发现并采取措施。

三是新的商业模式可以形成电网、运营商、场地方及车主的利益共同体。一旦提高了充电桩的利用率，就能够提升各参与方的积极性。此外，该技术应用无需新增土地，可以采取停车场内建站的模式。比如，在大型停车场内腾出 10 到 20 个车位，强制要求车辆快进快出，不能长期占用车位，这种改造存量的方式可以避免城市新增土地带来的压力。同时，在商业模式上，可以和停车场进行充电手续费的分成，保证停车场的改造动力。

此外，采取柔性矩阵充电堆技术还可以避免浪费。相比较于建设分散式充电桩，建设柔性矩阵充电堆的投资成本仅为后者的四分之一。以深圳为例，当前的燃油乘用车日均行驶里程约 50km，如果替换成 60kW·h 电行驶 500km 的电动车，一座 800kW 的集中式充电站（按照一天满负荷充电时间 10h 折算）可满足约 1200 辆车的充电需求，投资约 240 万元。如果用分散式充电桩满足 1200 辆车的需求，则需要建设 1200 个充电桩，需要投入约 1200 万元。如果算上电网的配套，减少的投入和避免的浪费就更可观了。

对于新技术，张永伟建议，在落实新能源汽车充电基础规划的过程中，应充分考虑到以柔性矩阵充电堆为代表的新技术的先进性，对规划进行适当调整，并在专利保护、标准制定方面给予协助。同时，应选取区域对柔性矩阵充电堆技术进行试点，在验证其先进性后，扩大推广范围。

铅酸电池龙头理士国际 4.91 亿元收购商业物业

2017 年 7 月 26 日晚间，铅酸电池龙头企业之一的理士国际，发布一则关于建造合约及收购物业的公告称，按每平方米 8 万元人民币（单位下同）的费率，预期以 4.91 亿元的代价，与开发商订立位于中国深圳市南山区蛇口港湾大道太子湾商务广场 E 座的发展地盘，楼面面积约为 6141.3m²。

公司称该物业将用作商业用途，收购后或将作为集团的主要办事处，同时，公司管理层表示中国商业物业市场将呈上升趋势，因此认为此次获得的价格是实质上是优惠的。

股价忽涨忽跌，市场已现分歧

行业整合进度已近完成，叠加铅价下降＋并购回收业务双效影响，公司股价开启了一波大涨。随着产业集中度整理完毕，到了 2016 年底，铅价也开始自高点下跌，就在同一时间，理士国际斥资 1.15 亿元收购废旧蓄电池回收及再生产铅业务太和县大华能源科技 60% 的股权，通过垂直整合扩张，使得原材料供应方面更加稳定。

多重因素叠加下，公司股价拉升战开始了，期间伴随着 127% 净利润增长的靓丽业绩公布，公司的业务收入全面大比例提升，这使得公司股价几乎是一口气从 0.84 港元冲到了 1.93 港元的高点，涨幅高达 130%。

然而股价上涨势头也因铅价底部强势回升而被迫终止，

2017 年 4 月份来一路阴跌，但就在市场没有任何消息出来的 7 月 14 日，公司股价突然拉升近 8 个百分点，并在相隔一个交易日 7 月 18 日再次拉升 7.43%，之后小涨状态依然持续着。

就在投资者处于一片茫然状态中时，公司股价从 7 月 24 日又开始下跌了，然后理士国际大资金砸向地产开发的消息放了出来，正如文章篇头提及。

这不禁让人产生了疑问：坚持了这么多年的 100% 铅酸电池业务龙头企业，为何突然矛头转向了地产业务，难道公司的铅酸电池业务真要穷途末路了吗？

铅酸电池并未淘汰，理士国际未来仍有期待

理士国际的铅酸电池业务仍在增长，市场需求依旧有爆炸点。公司拥有 100% 的铅酸电池业务，其中尤以备用电池为最主要的种类，其次是起动电池，动力电池和其他种类的占比则较小。

相比与行业的另外两大巨头——天能动力和超威动力，他们业务重点区域则集中在动力电池的范畴，因此，作为第三大铅酸电池企业，理士国际在备用电池领域独大，在起动电池中发力的策略有效避免了过强的竞争压力。

公司 2016 年的营收全部大幅度上升，其中主要贡献的起动电池类型，受益于公司持续开拓汽车电池市场，并跻身成为中国主要汽车制造商新的主要电池供应商，营收增幅达到近 70%。

作为近期极其热门的锂电池，一直被投资者认为是铅酸电池未来的替代品，但就目前形势来看，锂电池对铅酸电池的冲击尚未显现，铅酸电池最大的制约因素仍是环保政策。

而对于起动电池来说，由于铅酸电池的大电流放电性能优于锂电池，因此作为传统汽车的启动电源是很难被锂电池替代的。相信随着汽车行业的持续增长，公司起动电池业务也将有乐观的未来。

当然，最大的看点仍属于备用电池了。备用电池产品根据电池的应用细分为不间断电源系统（UPS）、电信通信、其他消费类产品及可再生能源电池 4 个主要市场。公司由于从主要电信运营商获取到大量订单，已成为规模较大的电信通信电池供应商。

而现阶段通信电池最大的想象空间当属 5G 概念，随着近期 5G 的各种核心技术问题得以解决，5G 也将离生活越来越近。同时，5G 的铺开很难绕开基站建设这一步，这就意味着其实并不用等到 5G 真正在生活中普及，在基建建设期时，公司的通信电池或已能够受益，这样来看的话，公司该业务市场空间的增长并没有想象中那么远。

创力股份新三板募资 1.52 亿元

9 月 15 日消息，浙江创力电子股份有限公司（证券简称：创力股份证券代码：831429）今天正式在新三板公开发行股票 1520 万股（全部为不受限售股份），募集资金 1.52 亿元。股票发行募集资金用于公司主营业务的拓展、新的商业模式二期建设和研发，偿还部分贷款以及部分募集资金将用于补充公司快速发展所需的流动资金。

本次股票发行数量为 1520 万股，发行价格为每股 10

元，募集资金 1.52 亿元。发行对象为 14 名，分别在册股东 2 名和新增投资者 12 名，温州海汇金投创业投资企业（有限合伙）、在册股东蔡志平分别认购 2000 万元、500 万元；嘉兴慧海股权投资合伙企业（有限合伙）、平阳金投股权投资基金合伙企业（有限合伙）各认购 1500 万元。

挖贝新三板研究院资料显示，创力股份主营业务结构为动力环境监控系统、能耗管理系统、综合节能系统、门禁系统等产品及系统集成的销售及后续服务，同时提供相关技术服务。

创力股份本次发行主办券商为申万宏源证券，法律顾问为浙江泽厚律师事务所。

伊戈尔 IPO 过会

证监会公布了《第十七届发审委 2017 年第 39 次会议审核结果公告》，伊戈尔电气股份有限公司（以下简称"伊戈尔"）首发申请获通过。

资料显示，伊戈尔是一家专注于消费及工业领域用电源及电源组件产品的研发、生产及销售的公司。此前披露的招股书显示，伊戈尔拟在深交所公开发行 3300 万股，计划募集资金 4.15 亿元，其中 1.5 亿元用于偿还银行贷款及补充流动资金，其余将投向新能源用高频变压器产业基地、LED 照明电源生产、伊戈尔研发中心项目。

英可瑞创业板 IPO 获批

证监会近期发布的消息显示，深圳市英可瑞科技股份有限公司（以下简称"英可瑞"）获 IPO 批文，保荐机构为中信建投。

公开资料显示，英可瑞主要从事电力电子行业领域中，智能高频开关电源及相关电力电子产品的研发、生产和销售。此前披露的招股书显示，英可瑞拟于创业板公开发行不超过 1416.67 万股，计划募集资金 3.85 亿元，拟投资于智能高频开关电源产业化项目、智能高频开关电源研发中心项目以及其他与主营业务相关的营运资金。

证监会 6 月 14 日披露的《创业板发审委 2017 年第 48 次会议审核结果公告》显示，英可瑞首发申请获通过。

京泉华科技深交所上市

如今，京泉华已成为国内磁性元器件和电源行业知名供应商，产品被广泛应用于家用电器、消费电子、LED 照明、光伏发电等领域。而其客户群更是名企云集：世界五百强企业施耐德集团、格力集团、富士康集团、伊顿集团以及伟创力集团……

从 2016 年 3 月报送申报稿，到今年 5 月过会、6 月获得证监会批文，相较于不少企业，深圳京泉华科技股份有限公司（下称"京泉华科技"）IPO 之路顺利得多。

6 月 27 日消息，京泉华科技今日登陆深交所中小板上市，公开发行股份数量不超过 2000.00 万股，占发行后总股本的比例不低于 25.00%，发行价格 15.53 元/股，股票代码为 002885。

今日京泉华科技的开盘价为 18.64 元/股，开盘后直接拉涨停报 22.36 元，涨 6.83 元，涨幅 43.98%，总市值

17.9 亿元。

浙江艾罗：掘金"能源互联网"

砥砺奋进的五年·创新创业成果巡展

在自家房顶上安装太阳能电池板，满足家庭供电外，有剩余的出售给发电厂。杰里米·里服金在其著作《第三次工业革命》里描绘的情景，如今在地球的各个角落都有案例。

现实生活中还有更厉害的，依赖于一款"智能微网储能机"的设备，光伏发电可以在家庭微电网和大电网之间实现"智能管理"，它的研发者和生产商便是浙江艾罗网络能源技术有限公司（以下简称艾罗），凭借这一项目，艾罗获得第三届中国创新创业大赛新能源及节能环保行业总决赛第三名。

谈起大赛，艾罗总经理欧余斯告诉记者，大赛不仅使艾罗成为行业的标杆，也带"火"了智能微网储能逆变器的销售。目前，艾罗已在德国、英国、澳大利亚、荷兰等 16 个国家设立销售和售后服务点。近日，艾罗在光伏储能逆变器领域再次迎来重大突破，其完全自主研发的高功率三相储能逆变器 SOLAXX3 - Hybrid 系列顺利通过测试并开始转入量产阶段。

"买方市场"策略

偌大的贴片车间内，灯光明亮，两条流水线前，身着防静电工作服的工人们正专心地将细小的器件贴入主板。在这两条流水线后，则是一排检测仪器，每一块主板都必须通过人工和设备检测方能进行下一步组装。

与许多企业"往上游走"的战略不同，艾罗始终坚持"以买方市场为主导"的理念，在光伏逆变器细分领域市场上精耕细作。

"我们已尝试与能源管理软件企业合作，将家电用物联网的方式串联起来，并用储能型逆变器进行能源管理。"说起自家"拳头"产品，欧余斯如数家珍。公司每年投入的研发费用上千万元，率先推出首台智能微网储能逆变器，掀起了一场光伏产业革命——智能微网储能逆变器能合理分配使用光伏、电池和电网电能，最大限度提高光伏自发自用比例，优化节省家庭电费开支。

"电池片、组件技术并不是靠规模取胜，而是应该以市场为机制，让市场决定谁该淘汰。"欧余斯认为，传统光伏安装已经发展得相当成熟，但市场环境正在发生剧烈变化，经过近 10 年的发展，光伏产业相对成熟之后，很多国家已经完成甚至超出政府制定的光伏安装目标。

一台逆变器的爆发

光伏发电最重要的特点是周期性和波动性，这也是它的局限性所在。"现在 FIT 补贴（一种新能源补贴政策）已经基本取消，白天的多余电量基本等于免费送给电网，并给电网造成沉重压力，同时晚间还需要通过电网高价买电。"欧余斯直言。

欧余斯告诉记者，传统逆变器配合太阳能电板，将太阳能转化成交流电，供家庭使用。但由于一般家庭平均七成用电是在晚间，就造成了白天太阳能发电输入电网，晚

上再从电网买电的过程——"这就好比，你一会儿从水池里运水到家里水缸，一会儿把水缸里的水汇入水池，频繁的流动让水池波动不断。"

艾罗的智能微网储能机，在传统逆变器的基础上，加入储能单元，通过监控芯片，时时跟踪家庭电力使用状况。太阳能电池发出的电量，首先供给家庭使用，多余电量储存在电池里面供晚间使用，这样可以确保家庭用电自给自足，不依赖电网。"这样一方面可以平衡电网，削峰填谷，降低电网负担。另外一方面，也可以使家庭电力使用低价波谷电能，降低家庭开支。"欧余斯表示。

更积极的意义在于，这样就可以确保光伏发电完全在居民侧，确保其对电网没有任何负担，从而彻底打破了电网对光伏发展的瓶颈。

在《第三次工业革命》一书中，杰里米·里服金描绘第三次工业革命将以分布式新能源蓬勃发展，来改变人类生产生活的方式：数以亿计的人们将在自己家里、办公室里、工厂里生产出自己的绿色能源，并在"能源互联网"上与大家分享。现实当中，以德国、英国为代表的欧洲国家，其智能型光伏发电成本已经略低于市电价格。"可以预期在未来 1~3 年智能型光伏安装量将会有一轮爆发式增长，这也会彻底地改变整个电网能源结构。"欧余斯说。

"十三五"规划为艾罗展现了宏伟蓝图。随着国家"一带一路"倡议构想的提出以及《中国制造 2025》的持续推进，艾罗将坚持以市场为导向、技术创新为核心，紧紧围绕能源物联网方向进行产业布局，加大核心产品（智能微网）光伏储能逆变器及相关产品的的技术研发、产品更新和市场开拓，积极开展与互联网的深度融合，争当"一带一路"倡议建设的先锋，力争跻身全球能源物联网和智能微电网领域的全球领先者。

茂硕电源：3 千万元投资设立产业并购基金、1122 万元回购子公司股权

昨（13）日晚间，茂硕电源发布公告，为充分发挥产业优势和金融资本优势，实现共赢，公司与深圳市前海九派资本管理合伙企业（有限合伙）（下称"前海九派"）签订《合作协议》。

公司以现金人民币 3000 万元认购前海九派拟发行的九派新兴产业股权投资基金合伙企业（有限合伙）（暂定名，具体以工商登记为准，下称"基金"）份额，占基金出资比例 30%；前海九派及其关联方或指定第三方认缴基金出资金额人民币 2000 万元，占基金出资比例 20%；剩余认缴基金出资金额人民币 5000 万向社会其他投资者募集，基金规模暂定为人民币 1 亿元。

据公告显示，基金主要投资领域以互联网、新技术、新零售、智能制造等为主要投资方向。

同日，茂硕电源再发公告，公司与茂硕电气及其他股东深圳市前海南方睿泰基金管理有限公司（下称"南方睿泰"）、深圳合生力技术有限公司（下称"合生力技术"）签订了《深圳茂硕电气有限公司股权回购协议》；经各方协商一致，公司以 1122 万元的价格回购南方睿泰持有的茂硕电气 18.1818% 股权，股权回购价格依照南方睿泰投资金额

加投资金额乘以年化 8% 的利率计算，合生力技术放弃与茂硕电源共同回购的权利；回购完成后，茂硕电气仍是公司的控股子公司，本次回购股权不涉及合并报表范围变化。

据公告显示，茂硕电气的经营范围包括：新能源汽车智能充电桩及充电柜、有线及无线充电机、智能电力电子变换装置、智能监控与网络管理及装置、电气控制设备的研发和销售；计算机及其周边设备、软件产品的研发、销售及相关配套业务；经营进出口业务。以下项目涉及应取得许可审批的，须凭相关审批文件方可经营：新能源汽车智能充电桩及充电柜、有线及无线充电机、智能电力电子变换装置、智能监控与网络管理及装置、电气控制设备的生产。

公司表示，本次公司股权回购事项，是公司对现有下属企业股权架构的调整优化，使得公司更加专注于核心业务发展，推动产业布局，提高公司管理和运营效率。

三辰电器新三板挂牌

2 月 28 日消息，全国中小企业股转系统公告显示，浙江三辰电器股份有限公司（证券简称：三辰电器 证券代码：870952）的挂牌申请获得批准，并于今日挂牌。

公告显示，三辰电器 2014 年度、2015 年度、2016 年 1~6 月营业收入分别为 3994.55 万元、4764.22 万元、2031.36 万元；净利润分别为 -826.91 万元、-14.50 万元、163.58 万元。

挖贝新三板研究院资料显示，三辰电器的主营业务为变电站直流电源系统及其智能单元的研发、制造、销售和服务。

欧陆电气新三板挂牌

5 月 19 日消息，全国中小企业股转系统公告显示，南京欧陆电气股份有限公司（证券简称：欧陆电气 证券代码：871415）的挂牌申请获得批准，并于今日挂牌。

公告显示，欧陆电气 2014 年度、2015 年度、2016 年 1~9 月营业收入分别为 5487.87 万元、9302.57 万元、6019.37 万元；净利润分别为 451.20 万元、830.02 万元、563.54 万元。

挖贝新三板研究院资料显示，欧陆电气主营业务为变频器等工业自动化控制设备、新能源发电设备的研发、生产与销售以及以风能和太阳能为主的新能源应用工程服务。

欧陆电气本次挂牌上市的主办券商为安信证券，法律顾问为北京市君泽君律师事务所，财务审计为中汇会计师事务所（特殊普通合伙）。

海德森新三板募资 3078 万元

12 月 15 日消息，深圳市海德森科技股份有限公司（证券简称：海德森 证券代码：870945）今天正式在新三板公开发行股票 540 万股（全部为无限售条件股份），募集资金 3078 万元。本次募集资金主要用于补充公司流动资金、锂电池检测系统研发投资、精密母线生产线建设投资、偿还银行贷款。

本次股票发行数量为 540 万股，发行价格为每股 5.70

元，募集资金 3078 万元，发行对象为 5 名，其中自然人黄慧红认购 570 万元；自然人肖贵阳认购 912 万元；共青城乔格理投资管理合伙企业（有限合伙）认购 684 万元；北京恒盛博睿科技有限公司认购 570 万元；自然人丁伟认购 342 万元。

挖贝新三板研究院资料显示，海德森主营业务仍为数据机房能量管理相关电力电子产品的研发、生产、销售和服务。

盛弘股份成功登陆创业板

2017 年 8 月 22 日，深圳市盛弘电气股份有限公司（证券简称：盛弘股份；证券代码：300693）成功在深圳证券交易所挂牌上市，创业板再添优质企业。盛弘股份本次公开发行股票 2281.00 万股，其中公开发行新股 2281.00 万股，发行价格 14.42 元/股，新股募集资金 3.29 亿元，发行后总股本 9123.36 万股。

南山区副区长肖辉参与了上市敲钟仪式并发表致辞。肖辉表示，盛弘股份成立 10 年来，一直立足南山、锐意进取、精益求精，一步步成长为国内大功率电力电子技术行业的领军企业。

盛弘股份董事长方兴则表示，公司将致力于把盛弘股份打造成世界一流的电力电子技术公司，为新能源事业的蓬勃发展做出我们应有的贡献，为创业板呈献一个优秀的上市公司。

在南山区这片创业沃土的扶持下，作为深圳市南山区第 137 家上市公司，盛弘股份表示，在未来三年，公司将围绕"绿色能源、高能效、低排放"的主题，继续挖掘电力电子技术的应用潜力，进一步拓展新市场。同时公司将依托现有的模块化大功率电源产品技术平台，加大力度研究开发新技术。

鸣志电器 3 亿收购新三板公司运控电子

9 月 25 日，上市公司鸣志电器（603728）发布公告，公司拟投资 3 亿元，取得运控电子（832187）99.3563% 的股份。

根据公开资料，鸣志电器于今年的 5 月 9 日在上交所上市，上市时间不足 5 个月。本次"大手笔"收购新三板挂牌公司，其资本运作效率不可谓不快。

鸣志电器的主营业务是控制电机及其驱动系统、LED 智能照明控制与驱动等产品的研发、生产。虽然鸣志电器的业务看起来并无特别，但据悉，鸣志电器产品的技术水平堪称顶尖。

2014 年 11 月，鸣志电器成功中标全球最大的 500m 口径球面射电望远镜项目。这个望远镜位于贵州省的喀斯特洼坑中，被誉为"中国天眼"，由我国天文学家南仁东于 1994 年提出构想，历时 22 年建成，于 2016 年 9 月 25 日落成启用。而鸣志电器的步进电机和驱动器产品能够适应极其严苛环境的要求，为其提供稳定、精密、持久的运行。

对于本次收购，鸣志电器表示，收购运控电子能够拓展公司产品市场，增强公司未来盈利能力。

鸣志电器称，运控电子是国内仅次于公司的生产混合式步进电机的公司，在国内安防设备、纺织机械应用领域的市占率排名靠前。其小机座号系列的步进电机产品线和公司的既有产品线有较强互补性。收购运控电子将会巩固公司在国内混合式步进电机市场的统治性地位，提升公司在国内乃至全球市场的市占率。

本次收购，业绩承诺方向鸣志电器承诺，运控电子 2017—2019 年实现净利润将不低于 2450 万元、2750 万元和 2982 万元，并确保三年合计不低于 8182 万元。

2015 年、2016 年和 2017 年上半年，本次收购标的运控电子的净利润分别为 1725.36 万元、2452.79 万元和 1097.80 万元；同比分别增长 155.37%、42.16% 和 15.45%。若运控电子经营保持稳定，实现业绩承诺要求难度不高。

8 月 7 日，运控电子的实际控制人许国大以协议转让的方式增持了公司 70.58 万股，占公司总股本的 2.03%，增持均价 3.47 元/股，对应公司市值 1.21 亿元。对比本次的三亿元收购价，此次交易许国大获利颇丰。

鸣志电器上交所上市

上海鸣志电器股份有限公司 5 月 9 日在上海证券交易所挂牌上市，股票简称"鸣志电器"，股票代码"603728"。鸣志电器本次共发行 8000 万股 A 股股票，每股发行价格 11.23 元，占发行后总股本的比例为 25%，发行后总股本为 3.2 亿股。

鸣志电器自 1998 年成立以来，专注于信息化技术应用领域的控制执行元器件及其集成产品的研发和经营。公司主要产品为控制电机及其驱动系统、LED 智能照明控制与驱动产品以及设备状态管理整体解决方案、电源电控与继电器代理贸易等。鸣志电器在全球 HB 步进电机市场占有较高的行业地位，是最近十年之内唯一改变 HB 步进电机全球竞争格局的新兴企业。围绕信息化技术的普及和发展，公司的核心业务实现有序外延扩张。对 AMP 和 Lin Engineering 的收购使得公司在美国硅谷同时具备对控制电机和电机驱动系统的话语权，促进控制电机及其驱动系统的综合业务的发展。

近年来，鸣志电器业绩保持较突出的优势和盈利能力。招股意向书披露，公司 2014 年到 2016 年综合毛利率分别达到 34.24%、36.68% 及 39.17%。其中，控制电机及其驱动系统产品的毛利率水平更为显著，分别达 37.21%、40.47% 及 45.03%，呈持续增长趋势，盈利能力稳定。

全球步进电机生产量和需求量巨大，随着控制要求的提高和技术集成化的发展，下游应用领域不断深化，步进电机综合产品是未来市场的重要发展方向。深圳前瞻研究院认为，我国步进电机制造行业出口额前景广阔，预计未来几年，我国步进电机出口方面将保持逐年增长态势，且年增速在 10% 以上。根据国家对工业自动化领域的"十三五"规划，预计 2015—2020 年工厂自动化应用领域将会进一步拓展，国内对步进电机的需求量也将逐年上升。

本次鸣志电器发行所募集资金将投向控制电机产能增加、LED 控制与驱动产品扩产、北美技术中心建设以及美国 0.9° 混合式步进电机扩产等项目。公司将改造在闵北工业区内部分厂房，增加生产设备，发挥规模效益，巩固在电机行业的地位。国内技术中心和北美技术中心的建成，也将加速提升公司技术研发水平和产品技术含量，有利于经营效益的进一步提高。未来三年，公司将通过募集资金投资项目的实施，全面提升产品研发能力和生产制造的自动化水平，进一步提高产品的技术含量，降低生产成本，同时优化产品结构，巩固提高公司主要业务的市场地位，把鸣志电器打造成信息化、自动化和智能化技术应用领域产品的世界级的研发与制造企业。

维谛技术中标中国移动直属重点项目

维谛技术有限公司（Vertiv，原艾默生网络能源）在电源产品的研发及应用技术上一直拥有领先优势，无论是高压直流电源、通信电源，还是户外一体化电源，能够为用户的各种特定场合提供全面的解决之道。这个优势在中国移动私有云资源池（呼和浩特、哈尔滨数据中心）项目建设中又一次得到了很好的体现。

在中国移动私有云资源池（呼和浩特、哈尔滨数据中心）36V~48V 嵌入式电源采购招标中，就是基于维谛技术（Vertiv）在电源行业的领先优势和技术实力，以及产品完善的功能设计，而采用了其提供的 NetSure 系列直流电源系统。

私有云资源池项目是中国移动直属重点项目之一，也是中国移动目前在建的最大的数据中心。私有云资源池项目工程具有超大建设规模、项目复杂、技术超前等特点，并且对项目质量、工期、规范性以及 IT 基础架构建设具有极高的要求。

在此次采购招标中，中国移动私有云资源池（呼和浩特、哈尔滨数据中心）需要将 36V~48V 嵌入式电源设备，安装在 19 寸标准服务器机柜内，提供 336V 高压直流转 48V 直流电给服务器供电。根据项目的实际需求，中国移动针对应用产品提出了极为细化的具体要求，产品在具备可靠性能的同时，还需要满足在特定规格及快速安装方面的要求。

作为一款满足机架终端 -48V 供电需求的理想产品方案，维谛技术（Vertiv）为该项目提供的 NetSure 系列直流电源系统，以领先的技术参数和工艺设计，以及结构紧凑、容量大、高功率密度等突出特性赢得了中国移动的高度评价。具体来讲，该系统 1U 高度的设计最大程度迎合了客户对产品规格的特殊需求，并节省了机架空间，而且系统所拥有的 97% 的高效率，将为客户带来更大节能效益。同时，系统设计支持前操作、后接线，操作维护简单方便。此外，作为系统最大的亮点，该系统采用双路输入和模块 N+1 备份设计，具备更高的可靠性。

综合而言，这些显著的核心价值有效满足了中国移动私有云资源池（呼和浩特、哈尔滨数据中心）对 36V~48V 嵌入式电源的应用需求。更为重要的是，该项目的成功中标，不仅进一步体现了维谛技术（Vertiv）在电源领域的技术优势，而且展示了维谛技术（Vertiv）满足运营商兼顾通信业务以及大量现网设备升级改造带来的不同供电方案需求的强大实力。

第五篇　科研与成果目录

第四届中国电源学会科学技术奖获奖成果

特等奖

谐波和电压暂降关键技术与核心装备研发应用

项目类别： 科技进步奖－技术开发类

完成单位： 1. 华北电力大学
2. 国网河北省电力公司电力科学研究院
3. 国网北京市电力公司
4. 国网山西省电力公司电力科学研究院
5. 梦网荣信科技集团股份有限公司
6. 国网福建省电力有限公司电力科学研究院

完成人： 肖湘宁、徐永海、陶顺、段晓波、袁敞、迟忠君、王金浩、齐林海、周文、马素霞、徐绍军、胡文平、郭自勇、雷达、林焱

项目亮点： 针对电能质量两大主要问题——谐波和电压暂降的试验装备研发、评估体系构建及其监测系统开发、综合治理装置研制三个方面，开展关键技术研究，集成成果在多个省级电网和用户实现推广应用。

项目介绍：

项目属于电气工程学科，涉及电力系统、电力电子和计算机应用。

电力能源是国民经济发展的重要基础，电能质量对电网安全稳定运行和用户优质可靠用电至关重要。而高度电力电子化与强非线性特性使电能质量扰动现象和交互影响机理错综复杂，以谐波和电压暂降为主的电能质量污染造成的经济损失巨大（欧盟和美国年损失超过1000亿美元）。谐波和电压暂降关键技术成为国内外研究的焦点，是国家关注、亟待攻克的重大技术难题。

课题组在国家科技支撑计划支持下，跨学科联合攻关，取得系列创新成果：①提出了CVT谐波传感系数修正方法，研究了谐波传感试验平台与CT末屏谐波测量装置，解决了高电压等级谐波准确测量难题。②揭示了电压暂降对敏感设备的影响机理，研究了暂降数模一体化试验平台，量化修正了典型设备暂降耐受特性曲线，为电气设备制造提供了技术支撑。③提出了由三要素及33个子项构成的成本模型、经济评估计算方法与评价指标，奠定了电能质量经济评估的理论基础。④创建了全方位电能质量评估体系，研发的监测评估系统解决了复杂电网超大规模高级分析和高效处理难题。⑤发明了串并联侧相互支撑的电压电流协调综合控制方法，研制了世界首套（10kV/4MVA）模块化多电平统一电能质量控制装置（MMC－UPQC）。

自主研发取得的集成成果已在9个省级电网和用户中推广应用。世界首创的MMC－UPQC现场运行良好。本项目为保障供用电安全可靠、提质增效发挥了显著作用，近三年直接经济效益达10.12亿元。获授权发明专利27项，

发表论文123篇（SCI和EI 77篇），出版专著4部；制订国标6项，其中电压暂降标准获中国机械工业科学技术奖；上海电能质量经济性调查成果获得国家发改委高度评价："对下一步完善电能质量管理工作，深入开展相关政策研究有着重要借鉴意义"；电能质量监测评估和暂降试验预估为北京重大活动政治保电做出贡献，全国人大常委会办公厅等致信感谢；由韩英铎院士和罗安院士主持的中国电源学会科技成果鉴定认为，整体技术达到国际领先水平。

一等奖

高效高功率密度车载充电机技术平台

项目类别： 科技进步奖－技术开发类

完成单位： 台达电子企业管理（上海）有限公司

完成人： 章进法、孙浩、尤培艾、孟岳勇、平定钢、卢增艺、闫维仪、杨海军

项目亮点： 国际领先的车载充电机技术平台，软开关变换器和全数字化控制技术、新型磁集成技术，高效高功率密度，标准化兼容可扩充技术平台。

项目介绍：

车载充电机是新能源汽车的重要电气部件，也是新能源汽车发展的重要技术支撑，研究开发高效高功率密度车载充电机技术平台具有重要的技术和经济意义。本项目瞄准国内和国际新能源汽车发展的机会，研究开发了以3.3kW车载充电机为基础的车载充电机技术平台，在符合全球输入电压和输出范围在DC200 450V内连续可调的条件下整机效率不低于95%，最高效率达到96.5%，功率密度达到1kW/L，技术性能指标达到国际领先水平。本项目研究的主要技术特点及解决的关键技术问题包括：

1）基于两级变换器结构，采用多相交错并联PFC电路，保证网侧电网品质和全球通用输入设计条件下的高效率，同时也降低了输入纹波电流，实现EMI滤波器设计的小型化。

2）采用全软开关LLC串联谐振DC/DC变换器。通过变母线电压控制技术及变换器综合优化控制方法，在有效解决LLC串联谐振DC/DC变换器宽输出范围调节能力的同时，保证了变换器全负载范围的软开关工作，达到变换器的高效率，同时通过提高变换器工作频率，提高功率密度。

3）全数字化控制技术。从交错并联PFC到谐振DC/DC变换器全数字化控制方法，提高了控制的灵活性，有效解决了变母线电压控制及变换器综合优化控制问题。通过全数字化控制技术，同时提高了电源变换器的智能化并提升了技术平台的扩展性。

4）研究提出了磁集成技术。多相PFC的电感集成和谐振变换器的变压器与谐振电感集成的新型集成解决方案，不仅明显减小了磁性元件的尺寸和减少了数量，提高了效

率和功率密度，同时有效解决了车载环境下磁性元件的抗振、可靠性及可制造性和成本问题。

5）研究开发了三维机械结构设计方法，提出反扣式安装结构，实现紧凑式设计的高效能热管理。提出并采用了多种先进的密封方式，包括 CIPG、FIPG 以及 FSW 等，在保证产品 IP6K9K 的密封性能的同时，实现整体结构设计的小型化和低成本，并进而实现电气设计的水冷和风冷条件的通用性，达到标准化和可扩展性。

本项目在 3.3kW 车载充电机平台开发的基础上，通过基础单元标准化的设计理念已成功开发了针对国内市场的 3.3kW、6.6kW 系列和针对国际市场的 3.6kW、7.2kW 及 11kW 系列车载充电机产品，同时实现了技术和元器件设计制造的兼容性和通用性。相关产品的技术性能指标处于国际领先水平，已在国内和欧美多家主导车厂为主力新能源汽车配套采用，并已取得了明显的经济效益。

基于广域在线监测的电能质量提升关键技术及装备研发与应用

项目类别： 科技进步奖 – 技术开发类

完成单位： 1. 国网江苏省电力公司电力科学研究院
2. 南京国臣信息自动化技术有限公司
3. 东南大学
4. 中国电力科学研究院
5. 江苏安方电力科技有限公司

完成人： 陈兵、李群、黄强、陈文波、袁晓冬、许杏桃、罗珊珊、史明明、顾伟、康文斌

项目亮点： 电能质量在线监测数据高级分析及电压暂降治理技术

项目介绍：

劣质电能会引起供电异常、设备损坏、损耗增加，严重时会导致自动化生产线中断、精密加工产品报废等重大生产事故和经济损失，全面提升电网和用户供用电质量是现代电力系统发展亟需解决的重大课题。长期以来，电能质量监测和治理停留在单点、单线路、单用户和局部监测治理，因缺乏对多数据源和多接口的系统集成手段，广域电能质量监测网难以形成，无法实现多点、同步、实时监测，无法全局掌握指标分布情况及传递影响，以致谐波传递对电网设备的影响得不到量化评估、电压暂降传递带来的问题得不到根治，电能质量提升及优质供电受到明显影响。

本项目通过产学研用合作，从监测体系、数据分析、试验治理等方面关键技术进行攻关，研制和开发了技术领先的关键装备和系统，主要技术创新如下：

1）提出了分层分布式电能质量在线监测体系及多源异构数据统一集成技术，攻克了多源数据格式、多类型终端接口和多协议一致性的难题，建成了国内外规模最大的省级电能质量广域在线监测系统；

2）提出了基于数据挖掘的评估、识别、预测相关性归一化分析方法，建成了电能质量决策支持分析系统，突破了电能质量海量监测数据高级分析及实用化困难的技术瓶颈；

3）提出了基于谐波传递函数和谐波损耗计算模型的电网设备谐波影响评估方法，研制了功率级电网设备谐波影响试验平台；

4）提出了基于直流侧附加拓扑的电压暂降治理技术，研制了模块化电压暂降治理产品，实现了任意暂降深度和持续时间的补偿，解决了敏感设备易受电压暂态事件影响的难题。

本项目获得授权国家发明专利 17 件、软件著作权 16 件，发表 SCI/EI 论文 15 篇，专著 1 部，发布国家标准 3 项、行业标准 3 项、国网公司标准 3 项，研究成果经中国电机工程学会鉴定，技术水平达到国际领先。项目形成的产品通过国家和行业权威检测机构认证，已在国内 23 个省份的能源、化工、制造等传统行业和半导体加工、精密仪器制造等新技术行业广泛应用，同时远销巴基斯坦等国际市场。本成果经济和社会效益显著，具有极大的推广应用前景。

二等奖

园区智能微电网关键技术研究与集成示范

项目类别： 科技进步奖 – 技术开发类

完成单位： 1. 北方工业大学
2. 中国电力科学研究院
3. 欣旺达电子股份有限公司
4. 天津瑞能电气有限公司

完成人： 周京华、李建林、胡长斌、陈亚爱、孙威、侯立军、徐少华

项目亮点： 本项目分别从装置级、系统级两方面对园区智能微电网关键技术展开研究。

项目介绍：

本项目对园区智能微电网的核心关键技术进行研究，研发具有完全自主知识产权、应用于大规模分布式发电领域的关键装置与系统级控制，开展用户侧光伏微电网集成创新，推动我国的园区智能微电网大规模应用。

项目分别从装置级、系统级两方面对园区智能微电网关键技术展开研究。在装置级方面，主要研究智能微电网电能质量治理技术、集散式光伏并网逆变器控制技术、储能双向功率变流器控制技术、分布式协同优化控制装置。在系统级方面，主要研究园区智能微电网的建模与仿真、微电网系统储能容量优化配置、智能微电网的优化运行与能效管理技术。

以上关键技术的研究，目的是突破园区智能微电网发展过程中存在的关键技术瓶颈，解决示范应用中存在的实际工程问题，为智能微电网的进一步推广及高效应用奠定基础，以获得更大的社会效益和经济效益。

城市轨道交通供电系统再生能量回馈装置研究

项目类别： 科技进步奖 – 技术开发类

完成单位： 株洲中车时代电气股份有限公司（株洲中车时代装备技术有限公司）

完成人： 刘可安、尚敬、张铁军、何多昌、翁星方、张志学、陈雪

项目亮点：本项目构建了城市轨道交通再生制动能量回馈系统解决方案和稳定的产品控制平台。

项目介绍：

本项目在充分考虑了国内技术条件的基础上进行了方案优选，开发的再生能量回馈装置可将列车的再生能量反馈至 10kV、35kV 或 AC 1180V、AC 400V 交流电网，回馈的能量可在中压交流环网中供多种负荷使用，使列车再生电能得到最大限度的重复再利用。本项目对系统拓扑方案、高精度并网控制技术、变流器多重化技术、变流器间歇工作特性、变流器控制器设计等关键技术进行了研究，取得多项创新。

创新点1：提出了具有高可用性及高可靠性特点的城市轨道供电系统再生能量回馈技术路线，解决了再生能量回馈装置与现有城市轨道交通供电系统兼容性难题，构建了城市轨道交通再生制动能量回馈系统解决方案和产品平台。

创新点2：基于列车车载变流器实时控制平台，开发并应用了满足并网要求的逆变器控制技术（包括多重化变流器载波移相技术、并联模块协同控制技术等关键技术），构建了稳定的产品控制平台，攻克了城市轨道运营环境电磁辐射多样化、复杂性难题及并网控制问题，提高了控制系统的稳定性、高效性及可靠性。

创新点3：实现了再生能量回馈装置一机多能化设计。该装置除具有制动能量回馈功能外，还具有与城市轨道供电系统整流机组协同牵引供电功能、实时静态无功补偿功能。

创新点4：提出将逆变器交流侧电抗器集成到升压变压器中的变压器结构形式，国内首创并应用了轴向四分裂式高漏抗高解耦率变压器设计技术，攻克了变压器多绕组间解耦率低、互感高，绕组间相互耦合严重的难题，实现多重化载波移相技术的应用及各重支路的不干扰独立运行。

创新点5：针对城市轨道供电系统再生负荷周期性、多变性特点对装置性能指标的测试难题，创建了再生能量回馈装置脉冲功率源测试技术及方法，构建了以城市轨道交通供电系统Ⅵ级负荷标准的开发试验平台，成功解决了回馈系统的实验室试验考核难题。

本项目获授权发明专利4件、授权实用新型专利3件、学术论文7篇，制定国家标准1项。获株洲市科技进步二等奖，湖南省科技进步二等奖，中国专利优秀奖。并通过了湖南省科技成果鉴定和第三方测试。本项目成果已批量应用于城市轨道交通供电系统领域中，累计销售近70套，产值超过1.4亿元，本项目成果与现有城市轨道牵引供电系统兼容性好，总体技术达到国际先进水平。在轨道交通领域，相比于目前的车载制动电阻和地面制动电阻，顺应国家节能减排政策，开启了城市轨道交通节能应用的新篇章，其成果产品可以有效解决了城市轨道车辆制动能量浪费问题，实现再生能量的节约及高效重复利用，总体节能达到15%，同时减少了车辆采购成本和地铁运营成本，降低了碳排放。该成果的应用也有利于打破国外的核心技术壁垒和垄断，极大地提高了我国城市轨道交通供电系统能量的利用和管理水平，对我国城市轨道交通的发展、节能、环保都有重要的社会意义和经济效益，是城市轨道交通供电系统发展的重要方向，开启了高端装备产业的新时代，成为中国高端装备的名片。

集中式光伏并网逆变器关键技术研究及工程应用

项目类别：科技进步奖–技术开发类
完成单位：1. 北京交通大学
　　　　　　　2. 保定市思格电气科技有限公司
完成人：李虹、胡涛、王子成、杨志昌、王绪广、曾洋斌、任芳
项目亮点：研究完成高可靠性、高效率、高电磁兼容性的集中式光伏并网逆变器

项目介绍：

集中式光伏并网逆变器关键技术研究及工程应用项目属于电力电子研究领域。光伏发电系统作为可再生能源开发利用的典型代表，是国家新能源战略至关重要的组成部分，而光伏并网逆变器则是光伏发电系统实现能源可靠、安全、稳定地传输、利用、存储的关键设备。研究高效率、高可靠性、高稳定性的光伏并网逆变器不仅可以弥补光伏电池板效率低下的技术缺陷，而且能够将新能源接入电网的不利影响降至最低，对确保光伏发电系统安全、稳定、高效地运行具有十分关键的技术意义。

然而，光伏并网发电的接入对传统电力系统的不利影响非常明显，其逆变器的并网质量、可靠性和安全性已成为界定光伏发电系统优劣的重要标准。目前，国内外均已制定相应的规范和标准专用技术，对光伏并网逆变器的运行方式、电能质量、电磁兼容性、安全与保护等方面提出了更高的要求。而国内的产品与技术现状暂时落后于国际先进水平，亟待研究开发既能够满足高标准又能具有低成本的高效率、高可靠性、高稳定性的光伏逆变器。为了突破技术"围墙"，迫切需要对光伏并网逆变器的关键技术开展深入研究和创新攻关。

本项目经过多年的研究攻关，完成了基于混沌SPWM控制光伏并网逆变器的研制。在高可靠性光伏并网逆变器设计、基于混沌SPWM控制算法抑制并网逆变器电磁干扰研究、最大功率点跟踪算法研究、光伏并网逆变器拓扑研究、高可靠性光伏并网逆变器控制软件设计、光伏并网逆变器多主技术和高冗余化设计等关键技术上取得了长足进展；在基于频闪映射的光伏并网逆变器的稳定性分析、基于双重傅里叶级数量化计算混沌SPWM控制下并网逆变器频谱、混沌SPWM控制下并网逆变器损耗与温升研究等方面取得了理论性突破。该产品研制成功后，能够实现光伏并网逆变器高效稳定运行，并且电磁兼容性好，MPPT效率高，前景十分可观，具有较高的市场推广及应用价值。

本项目的研究成果已经成功应用在光伏并网逆变器产

品中，所研制的光伏并网逆变器产品已经在全国多家光伏电厂得到应用，经运行表明，能够实现光伏并网逆变器高效稳定运行，并且电磁兼容性好，MPPT 效率高，运行情况安全稳定，总体水平达到了当前国内外同类产品的领先水平。本项目已申请专利 8 项，其中获授权发明专利 3 项，获授权实用新型专利 1 项，获得计算机软件著作权 6 项，发表论文 22 篇，其中 SCI 收录 6 篇，EI、ISTP 收录论文 12 篇。

局域配电网电能质量优化控制研究

项目类别：科技进步奖 – 基础研究类
完成单位：1. 西安交通大学
　　　　　　2. 西安西驰电能技术有限公司
　　　　　　3. 广西电网有限责任公司电力科学研究院
完成人：易皓、王丰、雷万钧、李昱、郭敏、瞿灏、王振雄
项目亮点：以先进控制策略优化局域配电网电能质量治理水平

项目介绍：

本项目针对现有电能质量治理技术的不足，例如对高次谐波控制效果不佳、抗扰性不强，系统级治理不完善，协调控制不合理等问题，从单机性能、局域配电网综合治理以及微电网谐波控制三方面展开研究，以期通过改进有源型电能质量治理设备的控制方式，实现更优异、更经济的治理效果。

1）治理设备单机性能改善方面，设计了矢量谐振调节器与三电平滞环控制器相结合的电流控制器结构，提高了对高频谐波电流的稳态调节效果，同时，增强了设备的抗扰性能。

2）局域配电网综合治理方面，构建了电能质量综合治理系统，包含控制主机、监测单元以及分布连接的治理设备。系统基于局域配电网参数，优化控制指令，通过少量关键点治理设备的协调运行，实现整个局域配电网电能质量的综合提升。

3）微电网谐波控制方面，构建了基于微源等效谐波阻抗动态调节的谐波控制策略，实现了依据微源剩余容量动态调整谐波出力大小的目标，并通过谐波阻抗的二次调节改善母线电压，使微电网在面对宽范围变化的负载情况时始终维持良好的母线电压质量。

相关研究成果已申请发明专利 14 项，实用新型专利 3 项，软件著作权 2 项，发表 SCI 论文 16 篇，EI 论文 30 篇。项目关键技术实现了产业化，应用于西安西驰电能技术有限公司产品，并取得了直接经济效益 3756 万元；部分成果借助广西电网有限责任公司电力科学研究院主导的配电网改造提升项目得以验证，表现出显著的社会效益。

超高压交联电缆状态检测用阻尼
振荡波脉冲电源研制

项目类别：技术发明奖
完成单位：国网江苏省电力公司电力科学研究院
完成人：陈杰、曹京荥、周立、夏荣、李陈莹、谭笑、胡丽斌

项目亮点：研制的超高压阻尼振荡波电源系统，高压开关中高压可控硅通断控制同步性在 1μs 以内，无晕电感最大局放量在 1pC 以内，达到 250kV 等级耐高压的特性和无局放的要求。

项目介绍：

项目隶属脉冲功率电源技术领域。

高压交联电力电缆投运前运输摆放方式、附件质量及安装工艺、过程及环境等因素将严重影响其运行可靠性。目前，超低频（0.1Hz）耐压、工频谐振耐压等手段难以发现此类缺陷隐患，使得电缆投运后故障率相对较高，项目针对这一难题，研制超高压交联电缆状态检测用阻尼振荡波电源系统，为电缆线路运行状态检测提供了全新有效的技术手段。

主要创新点如下：

1）对超高压阻尼振荡波电源系统高压开关中高压可控硅通断控制同步性进行研究，开发可开断 250kV 的光控开关系统，光电可控硅开关的打开和闭合时间在 1μs 以内，达到 250kV 等级耐高压的特性和无局放的要求。

2）开展阻尼振荡波电源系统电感电晕特性的研究，研制无晕电感，峰值电压（250kV）时最大局放量小于 1pC，并满足高压交联电缆振荡波局部放电检测和定位技术对系统稳定性和信号灵敏性的要求。

3）开展阻尼振荡波电源系统局放信号辨识去噪性能研究，研制具有自主知识产权的高压交联电缆状态检测用阻尼振荡波电源系统，并完成车改化，其性能参数达到或超过国外同类产品，填补了国内空白，可开展局放测量、缺陷定位和诊断分析，有效性得到现场时间验证。

4）开展阻尼振荡波电源应用性能研究，对不同绝缘缺陷电缆进行阻尼振荡波耐压试验，分析了幅值与试验时间的相互关系、局放检测和定位特性规律，建立了特征谱图库，可指导现场的缺陷检测。

项目研究成果广泛应用于电缆制作企业（上缆藤仓、远东电缆）、市政工程（南京铁建、米兰集团）、电网运行单位以及检测服务商。

项目共获国家专利 9 项，其中发明专利 5 项；发表学术论文 12 篇，其中 EI 检索 4 篇；编制企业标准 2 项（已发布），专著 1 部，研制出国内首套具有自主知识产权的超高压交联电缆状态检测用阻尼振荡波电源系统 1 套。

项目验收专家一致认为"项目研究发现了振荡波在不同衰减系数和不同频率击穿电压中的变化规律，创建了阻尼振荡波电压下 220kV 交联电缆试品系统的典型缺陷局放图谱库；研制的 220kV 交联电缆阻尼振荡波测试系统在现场得到应用，项目成果达到国际领先水平"。

大型运输机低谐波高功率密度
多脉冲整流电源

项目类别：科技进步奖 – 技术开发类
完成单位：合肥华耀电子工业有限公司
完成人：李善庆、陈乾宏、孙靖宇、张莹莹、郭翔、李承红、张池、程心前
项目亮点：国内首创大型运输机襟、缝翼驱动系统用低谐

波、高功率因数、高安全性、高可靠性系列整流电源。

项目介绍：

本项目是为大型运输机襟、缝翼驱动系统专门研制的。本项目将飞机提供的三相交流电（115V，360~720Hz）经18脉冲移相整流得到270V直流电，给襟、缝翼驱动系统提供动力电源；襟翼PDU动力电源（28kW）由两路独立的14kW电源组成，每路14kW电源分别向襟翼PDU执行部件的一台电动机供电；缝翼PDU动力电源（22kW）由两路独立的11kW电源组成，每路11kW电源分别向缝翼PDU执行部件的一台电动机供电。

本项目采用的关键技术有：18脉冲自耦移相整流技术、主桥嵌入电感及电感耦合的低谐波抑制技术、高功率因数设计技术、电磁兼容设计技术、高功率密度优化设计技术、安全性设计技术、环境适应性设计技术、机载电源特性设计技术、适航性设计技术、高可靠性设计技术、低噪声设计技术、数字化结构设计技术和先进的工艺设计技术，解决了机载大功率电源的低谐波、高功率因数、电磁兼容性、安全性、环境适应性、适航性、高可靠、体积小、重量轻等难题，通过了机载电源的电源特性要求（《飞机供电特性》GJB—181A-2003）的测试，实现了设计目标。

本项目研制成功填补了我国飞机和机载设备电源领域的空白。2013年通过了安徽省经信委组织的新产品鉴定，鉴定结论为：总体技术达国内领先水平。本项目获发明专利2项、实用新型专利1项，获省级科技成果2项，省级工业精品1项，制定企业标准2项，参与制定国家军用标准1项，发表论文3篇，该项目团队于2014年获安徽省委组织部组织的安徽省"115"产业创新团队认定。

本项目技术还应用到预警机、无人机以及大型地面电子设备的供电系统中，产品也从单一的规格型号发展成为系列产品，功率范围从11~200kW。该项目从2013年开始，累计形成销售额突破2亿元，经济效益非常显著。

本项目技术难度极大，在研制过程中采用了很多创新性技术，本项目的成功实施，加速了我国飞机由液压驱动向全电驱动转变，提高了我国飞机制造水平，打破国外技术封锁，本项目还可以推广应用在各种军民用飞机和机载设备、工业、交通、煤矿、公共安全等领域，市场前景十分广阔，对我国国防建设和国民经济的发展有巨大的促进作用，经济效益和社会效益十分显著。

优秀产品创新奖

125W~24kW 影视照明系列电子电源

完成单位： 1. 北方工业大学

2. 北京莱斯达电子科技股份有限公司

项目亮点： 专注技术前沿，专业化的无频闪、全功率系列、大视场照明电子电源产品

项目介绍：

本产品主要应用于影视照明，实现在低功耗下取得"人造小太阳"的照明效果。产品涵盖了电子镇流器的控制、建模、匹配技术，触发器和测试装置等原创核心与成套技术。基于发明专利研发的系列产品，改变了我国影视照明领域长期依赖进口的局面，在气体放电灯照明系统的技术和产品研发领域具有基石的创新意义。使我国成为继德国之后第2个掌握这种技术的国家。研制出125W~24kW影视照明电子电源系列产品，并已规模化生产。产品经过3个生命周期，可靠稳定，为我国大型场馆、电视直播和媒体照明提供了现代化照明环境。本系列产品的创新点如下：

1）用于大功率"交流无频闪MH灯用电子电源系统"的自适应控制策略和低频声共振抑制技术，开发了大功率软开关的PFC电路和DC-DC变换器，使电源整机效率达94%、灯的寿命延长1.5倍，解决了地磁对MH灯的影响和45℃高温环境运行的两大技术难题。

2）用于小功率"交流无频闪MH灯用电子电源系统"的高频谐振式单级电源电路以及一种通过减少能量破坏起振条件的高频声共振抑制技术，相对传统技术整机效率提升到93%，成本降低了1/5，功率密度提高了1/3。

3）研制出新型高压电子触发器，使体积和成本均降低到传统触发器的1/10，消除了起动噪声影响同期录音和重复启动两大难题。

本产品与重大事件关联的照明系统：2008年北京奥运会主火炬照明、多哈亚运会电视转播、俄罗斯电视台演播室和交通部汽车碰撞试验室等。

中国电工技术学会对本产品的鉴定结论是"技术发明为国内首创，填补了国内空白，达到了世界先进水平，在功率等级和运行环境温度两项指标领先于国际同类产品。"

LED 数字式可调电源

（LUD、EBD、EUG、EUD 系列产品）

完成单位： 英飞特电子（杭州）股份有限公司

项目亮点： 解决了现有LED驱动电源产品技术成本高、种类多、标准化程度低和规模化生产难度大等瓶颈，实现了LED驱动电源输出数字式可调、一机多用和技术标准化。

项目介绍：

LED作为新一代革命性光源，经过近几年的高速发展，已经在越来越多的照明应用中凸显了其节能环保和智能可控的优势。但是灯具厂商对LED驱动电源多样化的需求，要求电源供应商提供非常齐全和繁杂的型号供其选择，造成了大量的研发资源浪费和成本居高不下。另外，未来智慧城市建设将利用路灯杆作为WiFi、监控等载体，因此未来智慧照明急需一种集数字化、恒功率、输出可调、智能调光、Dim-off（调光关断）及超低待机功耗的智能LED驱动电源。

为了解决上述问题，公司通过引进高端技术人员，从数字编程控制技术、PWM（脉冲宽度调制技术）、智慧城市发展趋势、技术标准化、资源节约、LED智能控制技术等多方面进行研究，开发出了一种兼容0~10V、PWM、TIMER、DALL等多种调光方式，并具有光衰补偿、Dim-off（调光关断）、待机功耗超低（小于或等于1W）、高功率密度（体积小）、宽电压范围输入（满足AC 90~305V

全球电网需求）、外部过温保护（OTP）等特点，符合未来 LED 照明产业智能化发展的总体趋势，也符合建设智慧城市、发展智慧经济的总体思路的数字式可调 LED 驱动电源，并已形成产业化。同时，通过全面研究 LED 驱动电源信号线传输多种命令的方式并开发出系列界面简单操作方便的可编程软件，使得编程线与调光线合二为一，使用户可满足在不额外布线的情况下进行 LED 灯具替换，大幅度节约了成本。

从产品主要技术指标分析：本项目研发的产品输入电网范围为 AC 90 ~ 305V；在 AC 220V 输入和满功率输出工况下，PF > 0.975；在满功率输出工况下，THD < 10%；输出电流电压数字编程范围为 50% ~ 100%；待机功耗满足 ≤ 0.5W@ AC 220V 输入，Dim – off；能通过软件实现智能定时调光。上述指标在国内外都是处于领先的水平。

从项目获得知识产权方面分析：截至 2016 年底，本产品相关技术已获软件著作权 1 项，授权专利 9 项，其中美国发明专利 1 项，中国发明 2 项，实用新型 6 项。

从项目经济效益分析：经济效益：从产品研制工作启动（2014 年 1 月初）至产品提前验收并量产（2016 年 5 月底），累计实现销售收入 11662.17 万元，利润 1718.95 万元，税金 410.04 万元，出口创汇 388.78 万美元。截止 2016 年 12 月 31 日（原计划截止时间），公司销售"LED 数字式可调电源"共 1619414 套，总销售收入 20354.81 万元，利润 2830.19 万元，经济效益良好。

分布式高效并网逆变器 Zeverlution Pro 33K/40K

完成单位： 艾思玛新能源技术（江苏）有限公司

项目亮点： 高安全性、高可靠性、高效率、长寿命

项目介绍：

该系列产品是针对德国、英国、澳大利亚和中国等不同国家的分布式光伏电站需求而研制的 33kW/40kW 功率等级三相光伏并网逆变器。该产品充分考虑屋顶、山丘、鱼塘、海岛等不同环境下对光伏并网逆变器的要求，从安全可靠性、长寿命运行和高效率等方面进行设计和技术攻关，取得多项关键技术突破，获得 10 余项国际专利和 20 余项国内专利。该产品不仅获得德国实验室严格可靠性测试，还经过 TüV 等国际认证机构认证，先后获得 IEC 标准 IEC62109 认证、欧盟 CE 和 NENEN50438 认证、德国 VDE – AR – 4015 认证、英国 G59 认证、澳大利亚 AS/NZS3100 和 AS4777 认证、中国 NB/T 32004—2013 和 GB/T 19964—2012 认证等证书。该项目获得多个产品奖项，包括江苏省科学技术进步二等奖、2017SNEC 十大亮点最高奖——太瓦级钻石奖、2017 全球智能逆变器创新技术贡献奖等。自上市以来已在扬州艳阳天 100MWp 鱼光互补电站项目、湖北随州 100MWp 山地丘陵电站项目、德国海边 60MWp 项目、英国海湾 50MWp 项目、广州京东物流园 10MWp 项目、太仓耐克 2.5MWp 屋顶电站项目、扬中市政府 1.26MWp 屋顶电站项目、上海西门子工厂 0.3MWp 屋顶电站项目、金坛凡登 0.8MWp 电站项目等多个电站应用，累计装机容量 600MWp 以上，累计发电 550GWh 以上，累

计产生经济效益 4.6 亿元，累计减少碳排放量 520 千吨。该产品的产量和安装量均处在快速增长阶段。

MAC 系列电能质量综合治理模块及其应用

完成单位： 西安爱科赛博电气股份有限公司

项目亮点： 功率密度最大的电能质量综合治理模块

项目介绍：

本系列产品包括智能模块化有源电力滤波器、静止无功发生器、有功功率平衡装置三个系列化产品，系列化产品的技术指标达到国际领先水平。

本产品通过研究以下技术：

1. 供用电系统谐波的有源抑制技术及应用；
2. 无功及不平衡的有源抑制技术；
3. 高功率密度的功率变换电路设计；
4. 采用有源阻尼的方案解决多模块并机的问题；
5. 采用基于换热器的散热方案解决高防护等级户外设备的散热问题。

研发了目前业内功率密度最大的 MAC 系列电能质量综合治理模块，并基于该模块开发在电力配网端的各种应用产品。

本项目属于电力电子新型高端装备制造领域，本项目的实施，可以较好地实现已有科技成果产业化，其在配用电系统的推广应用，可以促进新型城镇化配电网建设更好地进行，提高配电网的安全性与可靠性。依托本项目实施，本企业将建成国内领先、国际先进的有源电能质量关键设备研发中心和工程平台，先进电力电子设备研发和现代化制造平台，细分领域领先的产品制造商和解决方案提供者，为智能电网行业和配网建设的可持续发展做出贡献。

新能源超宽超高电压输入隔离模块 电源 PVxx –29Bxx 系列

完成单位： 广州金升阳科技有限公司

项目亮点： 该系列电源采用该公司自主专利技术，实现了 DC 200 ~ 1500V 超宽超高电压输入，产品具有输入欠电压保护功能，防反接功能，输出过电压、短路、过电流保护功能，并且通过了 CE/CSA/UL 认证。

项目介绍：

针对当前 DC 1500V 光伏发电技术的发展趋势和相关配件市场需求，广州金升阳科技有限公司匠心研制并推出与之相匹配的 PVxx –29Bxx 系列电源。该系列电源可直接从 1500V 高压端取电为光伏系统的监控电路供电，简化了光伏系统电路的设计，避免了采用市电或蓄电池供电引起的建设、维护成本过高等问题，提升了光伏发电系统综合效益。该产品具有的多重保护功能，在电源模块或者外部电路工作异常时，进一步提升了电源及其负载的安全性能。

光伏组件电压要求高达 DC 1500V，电源模块如果采用单个功率器件，其电压规格至少需要 DC 2200V，此规格器件非常规电压等级，难以采购且成本高昂，可靠性低。PVxx –29Bxx 系列采用双变换器串联形式，从而可选择成熟可靠的常规开关器件，并通过特殊电路技术使两个变换

器均压效果保证在5%以内，降低了对高压非常规器件的依赖性，且提高了产品可靠性。

PVxx－29Bxx 系列电源采用了反激拓扑结构，选择了成熟可靠的常规电压规格开关器件，功率转换单元采用双绕组、双管串联形式和同步隔离驱动的设计方案，高压起动电路采用了该公司高压起动专利技术，具有起动时间快、短路保护性能好、短路功耗低等特点，同时产品具有输入欠电压、输出过电流、短路过电压等多重保护电路，从而实现产品的高可靠特性。

1）DC 200～1500V 超宽电压输入，支持更多光伏组串。

目前，光伏组件最高电压从 DC 1000V 上升到 DC 1500V 已成为光伏行业发展趋势。在该发展趋势下，光伏系统可增加更多的组串，有效降低系统端成本。PVxx－29Bxx 系列光伏电源模块具有 DC 200～1500V 超宽超高电压输入，符合客户简化设计的需求。

2）CE/CSA/UL 认证电压高达 DC 1500V。

PVxx－29Bxx 系列产品满足 EN62109 和 UL1741 认证标准，认证电压高达 DC 1500V，产品可靠性高，可有效保护系统安全。

3）自带输入欠电压保护功能，客户系统更稳定。

光伏系统能量来源于光照，易受到早晚太阳光强弱变化的影响，系统电压时高时低，导致系统频繁重启。PVxx－29Bxx 系列产品设计了输入欠电压保护，并且启动和关闭电压阈值设计了充足的余量，可以避免客户系统频繁重新启动，维持系统稳定性。

4）工作海拔高达 5000m。

光伏系统的应用环境比较苛刻，很多客户系统处于高海拔场合。PVxx－29Bxx 系列产品的设计满足工作在海拔5000m 的场合，并经过了气压可靠性测试验证，确保了产品可靠性；该系列产品可适合高原场合的运用，适用范围广，安全可靠。

SpaceR 实时仿真平台

完成单位： 北京北创芯通科技有限公司

项目亮点： SpaceR 具有强实时性，保证严格的时钟机制和极小的仿真步长，在配合 FPGA 片上仿真时可做到几百纳秒级别的仿真步长，这对于解决目前电力电子系统开关数量多、频率高、要求开关暂态模拟精度高以及系统逐渐多样化提供了强大的技术保证。

项目介绍：

电力电子系统非常复杂，且具有非线性、时变的特点，故其设计和分析的难度较大，一般需要借助一些仿真工具来辅助产品的设计，以缩短其开发周期、降低开发费用并提高可靠性。实时仿真技术是辅助电力电子产品设计的常用手段，使仿真环境与现实世界接轨。相比国外，国内很少有人对半实物仿真这一课题展开研究，对适用于电力电子领域半实物仿真系统展开研究的就更少了。更为严重的是，国内开发出的各类半实物仿真系统大多建立在他人的硬件设备基础上，自身仅对软件系统进行了特定的开发。因此，针对电力电子领域对半实物仿真系统的需求，研制

出一套实时性好、仿真精度高、容量大、价格低廉、通用性好的半实物仿真平台具有十分重要的意义。

SpaceR 集成了用于电力电子和电力系统的多种专属模型库，最小步长可以达到几个微秒甚至纳秒级别，可以精准仿真电力电子系统的动态响应过程，并能将系统的任意过渡过程通过高速实时 I/O 系统输出为电信号，用于闭环控制或者展示。除此之外，系统还配备了方便工程设计的模块化功能单元，能够灵活实现与外部实物系统的交互；良好的人机界面接口提供了柔性的工程化工具模块，让设计者可以全程免除编程，几乎只需拖拽鼠标即可实现程序积木式的所见即所得设计效果。

系统由开发主机、模型解算单元和 I/O 接口单元组成。开发主机主要为软件仿真集成开发环境，兼顾仿真过程的监控功能；计算单元用于模型的解算和与硬件 I/O 接口单元的通信；I/O 接口单元主要为物理信号处理单元，实现仿真数据与物理信号的交互。实际被控设备接入后，三者即构成一套软硬件一体化的闭环仿真测控系统。

SpaceR 实时仿真平台的最大创新点是异构联合仿真。半实物仿真平台最初采用基于 CPU 的仿真器，其中 CPU 负责模型运算（步长一般为 25μs），FPGA 负责 I/O 管理及脉冲补偿。随着电子技术的发展，器件开关频率越来越高，超出脉冲补偿算法的范围，出现了基于 FPGA 的仿真器。仿真器中，FPGA 负责模型运算，充分发挥了其并行处理的能力，仿真步长可以达到 0.25μs，即使开关频率达到几十万赫兹，也可保证仿真的精度。当仿真模型复杂度增加，使基于 FPGA 的仿真模型开发显得相对困难时，为了充分发挥 CPU 和 FPGA 各自的特点，设计出了基于 CPU＋FPGA 结构的仿真器。它将与电力电子开关相关的仿真模型放在 FPGA 上进行运算，将复杂的电网、机械模型、控制器模型、通信系统等放在 CPU 上运行。基于 FPGA＋CPU 的联合实时仿真既满足了电力电子系统高频率、多非线性开关的要求，同时还可以满足系统规模越来越大的要求，将快速高精度模型与相对低速率的电网模型分开处理，完全适应了当前电力电子系统的发展趋势。

杰出贡献奖

获奖人： 李泽元

美国弗吉尼亚理工大学教授

个人亮点： 国际电力电子学科和工程技术领域最有影响力的专家

获奖人简介：

李泽元教授长期从事电力电子领域的教学及研究工作，在高频电力电子功率变换与电力电子系统技术的研究与教学方面做出了一系列卓越贡献，是国际电力电子学科和工程技术领域最有影响力的专家。他是美国弗吉尼亚理工大学杰出教授，美国国家科学基金会（NSF）电力电子系统研究中心（CPES）创办人及主任，他是美国国家工程院院士、中国台湾"中央研究院"院士、中国工程院外籍院士。

李教授曾荣获美国太空总署表彰证书；美国电气电子工程师协会（IEEE）电力电子学会最高荣誉 William E. Newell 电力电子奖；国际 PCIM（电力转换与智能运动）

学术年会表彰他在电力电子教育领域的领先成就的教育奖以及表彰他在电力电子系统技术的创新引领作用的 Arthur E. Fury 奖；欧洲著名的 SEW - Euro Drive 基金会 Ernst - Blickle 奖；IEEE Medal in Power Engineering；曾任美国电气电子工程师协会（IEEE）电力电子学会主席，IEEE "电力电子专家大会（PESC）" 主席，及多次担任国际电力电子学会大会主席。

李教授在国际重要期刊发表论文 290 篇，国际学会论文 710 篇，学术专集 13 部，美国专利 83 项。根据微软的引用索引数据库，在全球 250 多万有著作的工程学科的研究者中，李教授引证次数（H 引证），排名前三名。

他所开创的软开关技术包括准谐振技术、零电压及零电流切换技术、零电压多谐振技术和零电压脉宽调节转换技术等，在过去的 30 多年间引领了软开关技术的研究与发展。他所提出的多相式电压调节（VR）模块技术均已成为现代电力电子领域的核心技术，在全世界广泛应用于个人计算机、服务器到云计算等作为核心处理器的供电解决方案。他所领导的世界著名的电力电子系统工程研究中心（CPES），基于电力电子系统模块集成与自动化制造理念，研发了一系列新型电力电子集成模块技术，在 21 世纪初已被全球电力电子工业界大量采用。他提出并研发成功的多级级联高电压大容量逆变器技术经过多年的发展成为各种高压大功率变换器在不同应用场合的重要技术基础，已广泛应用于中压电机驱动以及用于电力系统的静止无功补偿器（SVG）和同步无功发生器（STATCOM）等。

李教授长期积极推动电力电子技术领域的产学研结合。他在 1983 年创办了美国弗吉尼亚大学电力电子中心（VPEC）与产学合作计划，并担任该中心主任。1998 年，成立了包括弗吉尼亚理工大学、威斯康星大学、伦斯勒理工大学、波多黎各大学、北卡罗来纳农工大学等 5 所大学跨学科的、隶属于美国国家科学基金会的电力电子工程研究中心（NSF ERC），并联合 90 家工业合作伙伴开展多学科大规模的产学合作计划。在过去 30 年内共有 215 家国际性的公司（包括中国多家著名公司）成为中心的会员单位。该中心开发了多种的电力电子关键技术并移转至工业界，深深地影响了相关工业界的设计与制造流程。该中心不论在产业合作，还是技术移转与教育成果皆被美国国家科学基金会（NSF）列为模范研究中心。

李教授是电力电子技术及学科领域杰出的导师。多年以来，他为电力电子科教领域及工业界培养了一大批非常突出、非常优秀的高层次专业人才。他所领导的美国国家电力电子系统工程研究中心（CPES）至今已培养了 150 名博士和 171 名硕士研究生，还包括来自 35 个国家和地区的 275 位访问学者和访问教授。他所培养的学生大多已成为国际上电力电子学科的学术骨干和带头人，或是成为在工业界电力电子企业的领军人才。有 25 位毕业生创办企业，且有两位毕业生已评为美国工程院院士。

青年奖

获奖人：吴新科
浙江大学教授

个人亮点： 高频高效软开关 DC - DC 变流技术研究及其应用

获奖人简介：

吴新科，博士/教授，2000 年和 2002 年在哈尔滨工业大学电气工程及其自动化学院分别获学士和硕士学位，2006 年在浙江大学电气工程学院获博士学位。2007—2009 年在浙江大学电气工程学院博士后流动站工作，出站后留在浙江大学电力电子技术研究所工作，2015 年 12 月晋升教授。2010 年 11 月至 2012 年 4 月在美国弗吉尼亚理工大学的电力电子系统研究中心（CPES）工作学习。

在高性能电力电子变流技术及其应用领域进行了十多年持续而深入的研究，已承担国家自然科学基金项目 3 项，主持完成了多项国家高新技术项目（863）子课题和国家支撑计划项目子课题，以及多项高频高效变流技术相关的企事业单位合作项目。在多个合作项目的持续资助下，围绕高效率转换这一主题，结合多种 AC - DC 和 DC - DC 变流系统要求，在新型软开关变流器拓扑及其推演方法、高效高可靠同步整流驱动方法、多输出无源自均流方法、高频全谐振 DC - DC 变换方法等方面取得了系列创新性成果，部分研究成果成功应用到大功率 LED 驱动电源产品和大功率交流适配电源产品中，大幅提高了产品的效率和性能，取得了很好的经济和社会效益。

吴教授迄今已发表 SCI/EI 论文 130 多篇，其中 SCI 期刊论文 30 余篇，已获授权美国专利 7 项、中国发明专利 30 余项。因在高频高效变流技术领域取得了比较突出的学术成绩，他获 2015 年国家自然科学优秀青年基金，浙江省杰出青年基金，全国优秀博士学位论文提名奖（2009 年），获中国电源学会科学技术奖一等奖 2 项，浙江省科学技术二等奖 1 项，中国电源学会三等奖 1 项。2012 年受聘杭州市钱江特聘专家，2013 年入选浙江省 151 人才工程，获 IEEE 电力电子应用会议（PEAC'2014）优秀论文奖。

担任的主要社会兼职包括：2014 年起担任中国电源学会照明专委会委员；2016 年起担任《IEEE Trans. Power Electron.》副主编（Associate Editor）；担任中国电源学会英文会刊《CPSS Trans. Power Electron. and App.》的副主编（Associate Editor）。在多个国际会议（ECCE - Asia 和 ITEC - Asia）组织了宽禁带功率器件及其应用的分论坛，参与组织了电源学报的《宽禁带电力电子器件及其应用》专刊；多次担任 IEEE 国际会议（APEC、ECCE 等）分会主席，担任多个电力电子国际会议（ECCE - Asia）的技术程序委员会委员。

获奖人：孙凯
清华大学副教授

个人亮点： 立足学科前沿，面向工程应用，坚持国际视野

获奖人简介：

孙凯，副教授，博士生导师。2000 年 7 月于清华大学电机系本科毕业，获工学学士学位，清华大学优秀毕业生；2006 年 1 月于清华大学电机系博士毕业，后留校任教。2007 年获得 "清华大学优秀博士后" 荣誉称号，2013 年获 "中达青年学者奖"，入选北京高校青年英才计划。现担任

清华大学电机系电力电子与电机系统研究所所长,担任 IEEE 高级会员、IEEE 电力电子学会功率与控制技术委员会委员、可持续能源技术委员会委员、IEEE 工业电子学会可再生能源系统技术委员会委员,担任电力电子学科国际权威期刊《IEEE Transactions on Power Electronics》副编辑、《IEEE Journal of Emerging and Selected Topics in Power Electronics》副编辑,并兼任《International Journal of Power Electronics》《Journal of Power Electronics》《Chinese Journal of Electrical Engineering》《分布式能源》等国内外期刊编辑。担任电力电子学科顶级国际会议 IEEE ECCE2017 技术程序委员会副主席,担任 IEEE IFEC2018 国际竞赛副主席。

目前主要从事电力电子与电力传动学科的教学和科研工作,研究方向包括新能源发电系统、微电网、能源互联网中的电力电子技术等。近年来,主持国家自然科学基金 3 项(面上项目 2 项、青年基金 1 项)、国家重点研发计划子课题 1 项、国家 863 计划子课题 1 项、国家国际科技合作专项 1 项、国家重点实验室课题 3 项,以及与国内外企业合作课题 20 余项。获得中国电工技术学会科学技术一等奖、国家自然科学基金委优秀结题项目。发表论文 240 余篇,其中 SCI 收录(含收录)论文 44 篇(含高被引论文 3 篇)、EI 收录论文 173 篇,论文 SCI 他引次数达到 687 次,Google Scholar H－index 达到 22,获得授权发明专利 14 项。

主要学术贡献与科研成果包括:

1)面向大容量光伏发电的并网应用,提出了基于直流母线电压信号的模块化并联 T 型三电平并网逆变器及其效率优化策略,实现了 8 模块并联,不仅将容量提升至 1.25MW,而且将综合能量转换效率提高了 0.5%～1%。所研发技术通过与企业合作已应用于超过 9.22GW 的光伏并网机组和储能系统中,在国内同级别市场占有率达到 20%,年平均提高发电量 8.6 亿千瓦时,已累计创造产值 6.915 亿元。

2)针对中小功率新能源(光伏、热电发电、电池储能)系统,提出了单相非隔离并网逆变器的拓扑推衍方法,并据此发明了具有高效率、低漏电流特性的 H6 逆变器、中点箝位型全桥逆变器和五电平双降压逆变器,为单相光伏并网系统提供了全新的解决方案。成果突破了国外的专利封锁,为我国企业提供了自主知识产权的核心技术,得到了美国工程院院士李泽元教授、Ned Mohan 教授、加拿大工程院院士 Bin Wu 教授等权威专家的高度评价。

3)面向新能源综合应用的微电网系统,提出了交直流混合微电网的能量管理与优化调度算法、负荷功率分配精度提升方法、分布式储能单元充放电优化控制方法和交直流接口变换器控制与故障保护策略,显著提高了系统的能量利用效率、控制精度、可靠性和稳定性,已将成果成功应用于中丹可再生能源发展项目"上海神舟新能源微电网"、南京江宁智能电网产业园区等 9 个微电网工程中,显著提升了光伏等新能源发电的占比,降低了系统故障率,已累计创造产值 3500 万元。

获奖人:陈燕东
湖南大学副教授

个人亮点:"湖南省青年科技奖""湖南省优秀博士学位论文"获得者,主持国家重点研发计划课题 1 项,获国家技术发明二等奖 1 项(排名第 4)、中国专利金奖 1 项(排名第 2)、其他省部级一等奖 3 项(均排名第 2)。

获奖人简介:

陈燕东,男,博士,副教授,博士生导师,"湖南省青年科技奖""湖南省优秀博士学位论文"获得者。2003 年本科毕业于湖南大学测控技术与仪器专业,2006 年获湖南大学测试计量技术及仪器专业工学硕士学位,2007 年在长沙理工大学任助教,2009 年在长沙理工大学任讲师,2014 年获湖南大学电气工程专业工学博士学位,2014 年担任国家电能变换与控制工程技术研究中心助理研究员,2017 年任湖南大学副教授、博士生导师。目前担任 IEEE Member,中国电源学会照明电源专业委员会委员、中国电源学会青年工作委员会委员、中国电源学会高级会员、中国电机工程学会会员、湖南省电工技术学会理事、湖南省电工技术学会工作委员会委员、湖南省智能电力设备联盟专家委员会委员,"国家电能变换与控制工程技术研究中心"青年骨干,IEEE、IET 等期刊审稿人、国家自然科学基金函评人。

主要从事大功率电能变换与控制、新能源发电装备/场站建模与控制等方向研究工作。近 5 年来,主持国家重点研发计划智能电网专项课题 1 项、国家自然科学基金面上项目 1 项、湖南省自然科学基金面上项目 1 项、湖南省优秀博士学位论文获得者资助项目等,作为主要研发人员参与国家重点研发计划、国家 973 计划、863 计划、国家自然科学基金重点项目及面上项目、湖南省科技重大专项等 10 余项课题。率先开展大功率电磁搅拌、大电流电解、中间包电磁加热、海岛/岸基大功率特种电源等关键技术与重大装备研究,并在新能源并网发电与电能质量控制关键技术与装备领域取得了突出成果。

1)发明了冶金电磁搅拌特种电源系统核心技术,作为主要研究人员,研制出世界首套 2.8m 宽、350mm 厚辊式板坯大电磁搅拌系统,并在南京钢铁成功投运,使我国进入该领域世界领先行列。获 2014 年国家技术发明二等奖 1 项(排名第 4),中国专利金奖 1 项(排名第 2),湖南省专利一等奖(排名第 2)。

2)突破了低纹波、低功耗、大电流电解电源核心技术,作为核心研究人员,研制出我国首台高精度 50kA 大电流电解电源,与国际知名 DYNAPOWER 公司产品相比,电流纹波由 2% 下降到 0.5%,电耗降低 12%,提升了超薄铜箔品质;提出了兆瓦级高压级联单相特种电源核心技术,研发出我国首套 30t 中间包电磁加热系统。获 2013 年中国机械工业科学技术一等奖 1 项(排名第 2),入选 2013 节能中国十大应用技术(排名第 2)。

3)突破了大功率能量快速变换与切换、多机稳定控制、严酷环境下电源适应性三大核心技术,作为核心人员,研发出我国首套 15MW 海岛特种电源成套装备,其部分性能指标优于国外同类水平,整体技术达到国际先进水平,部分指标国际领先。

4)主持研发了 4Mvar 的大型光伏电站电能质量综合调

节装置；提出了快速无功支撑的阻容性逆变器及其并联功率分配方法，实现无功功率快速支撑与谐振抑制。成果被 IEEE Trans. Power Electron. 前主编 Frede Blaabjerg 教授（IEEE Fellow）等国际知名学者引用并高度评价。获中国电力科学研究院科学技术奖二等奖 1 项。

获授权发明专利 23 项，软件著作权 12 项。在 IEEE、IET、中国电机工程学报等期刊上发表 SCI/EI 论文 57 篇，SCI 收录 16 篇（其中 IEEE 一区论文 5 篇、影响因子 7.168，IEEE/IET 系列期刊 11 篇），SCI 他引 43 次，1 篇获"中国百篇最具影响国内学术论文"。获国家技术发明二等奖 1 项（排名第 4）、中国专利金奖 1 项（排名第 2）、省部级一等奖 3 项（均排名第 2）。

2017 年度国家科学技术奖电源及相关领域获奖成果

序号	项目名称	奖种	获奖等级	主要完成人	主要完成单位
1	高动态 MEMS 压阻式特种传感器及系列产品	技术发明奖	二等奖	赵玉龙，赵立波，田边，蒋庄德，王冰，王瑞	西安交通大学，昆山双桥传感器测控技术有限公司，西安定华电子股份有限公司
2	电力线路行波保护关键技术及装置	技术发明奖	二等奖	董新洲，施慎行，王宾，钱国明，毕见广，邹捷龙	清华大学，国电南京自动化股份有限公司，北京衡天北斗科技有限公司，国网陕西省电力公司
3	大型互联电网阻尼特性在线分析与控制技术及应用	技术发明奖	二等奖	闵勇，陆超，陈磊，韩英铎，徐飞	清华大学
4	22 ~ 14nm 集成电路器件工艺先导技术	技术发明奖	二等奖	叶甜春，徐秋霞，陈大鹏，殷华湘，霍宗亮，张卫	中国科学院微电子研究所，武汉新芯集成电路制造有限公司，复旦大学
5	特高压 ± 800kV 直流输电工程	科学技术进步奖	特等奖	李立涅，刘振亚，舒印彪，刘泽洪，尚涛，黎小林，苟锐锋，马为民，黄莹，陆剑秋，吴宝英，陆家榆，王健，宓传龙，周远翔，印永华，罗兵，张喜乐，梁政平，高理迎，蔡希鹏，张月华，于永清，王建生，余军，洪潮，梁言桥，陈东，吕金壮，齐磊，李侠，彭宗仁，王琦，李正，张万荣，胡蓉，卢理成，余波，马斌，司马文霞，李海英，方森华，党镇平，贺智，种芝艺，薛春林，郑劲，郭振岩，冯晓东，汤晓中	国家电网公司，中国南方电网有限责任公司，中国西电集团公司，中国电力科学研究院，南方电网科学研究院有限责任公司，国网北京经济技术研究院，西安电力电子技术研究所，特变电工沈阳变压器集团有限公司，清华大学，南京南瑞继保电气有限公司，电力规划总院有限公司，保定天威保变电气股份有限公司，许继集团有限公司，西安西电变压器有限责任公司，华北电力大学，西安西电电力系统有限公司，中国电力工程顾问集团中南电力设计院有限公司，中国电力工程顾问集团西南电力设计院有限公司，中国电力工程顾问集团华东电力设计院有限公司，中国能源建设集团广东省电力设计研究院有限公司，中国电力工程顾问集团西北电力设计院有限公司，北京电力设备总厂有限公司，西安交通大学，重庆大学，江苏神马电力股份有限公司，大连电瓷集团股份有限公司，桂林电力电容器有限责任公司，机械工业北京电工技术经济研究所，抚顺电瓷制造有限公司，淄博泰光电力器材厂
6	强电磁环境下复杂电信号的光电式测量装备及产业化	科学技术进步奖	二等奖	李红斌，叶国雄，鲁平，陈庆，王忠东，罗苏南，张秋雁，肖浩，李永兵，童悦	华中科技大学，国网江苏省电力公司，中国电力科学研究院，南京南瑞继保电气有限公司，贵州电网有限责任公司，易能乾元（北京）电力科技有限公司，北京世维通科技发展有限公司
7	支撑大电网安全高效运行的负荷建模关键技术与应用	科学技术进步奖	二等奖	鞠平，赵兵，吴峰，范越，侯俊贤，陈谦，金宇清，王琦，余一平，卫志农	河海大学，中国电力科学研究院，国网河南省电力公司，国网江苏省电力公司，国网福建省电力有限公司，国网西藏电力有限公司

（续）

序号	项目名称	奖种	获奖等级	主要完成人	主要完成单位
8	大规模风电联网高效规划与脱网防御关键技术及应用	科学技术进步奖	二等奖	穆钢，严干贵，李国庆，艾小猛，迟永宁，蔡国伟，谭洪恩，胡伟，陈兴良，罗卫华	东北电力大学，国网辽宁省电力有限公司，华中科技大学，中国电力科学研究院，国网吉林省电力有限公司，清华大学，国网宁夏电力公司
9	特大型交直流电网技术创新及其在国家西电东送中的应用	科学技术进步奖	二等奖	饶宏，许超英，余建国，汪际峰，陈允鹏，赵建宁，吴小辰，赵杰，蔡泽祥，曾勇刚	中国南方电网有限责任公司，南方电网科学研究院有限责任公司，广东电网有限责任公司，清华大学，华南理工大学，南京南瑞继保电气有限公司，南京南瑞集团公司
10	低能耗插电式混合动力乘用车关键技术及其产业化	科学技术进步奖	二等奖	王晓秋，王健，陆珂伟，冷宏祥，罗思东，葛海龙，马成杰，郜可峰，张鹏君，顾铮珉	上海汽车集团股份有限公司
11	新一代交流传动快速客运电力机车研究与应用	科学技术进步奖	二等奖	奚国华，张大勇，樊运新，闵兴，查广军，陈喜红，曲天威，黄成荣，王迁，索建国	中国中车集团公司，中车株洲电力机车有限公司，中车大连机车车辆有限公司，中车株洲电力机车研究所有限公司，中车株洲电机有限公司

2017 年度国家自然科学基金电源及相关领域立项项目

序号	项目类别	项目名称	依托单位	项目负责人
1	重大项目	大规模气体开关同步特性及脉冲调制机制	西北核技术研究所	孙凤举
2	重大项目	电脉冲高效叠加的影响因素及规律	西安交通大学	邱爱慈
3	重大项目	直接驱动型超高功率电脉冲产生与调制的基础研究	西安交通大学	邱爱慈
4	重点项目	变频器供电永磁同步电动机电磁振动关键基础问题研究	山东大学	王秀和
5	重点项目	多变流器－大电网次/超同步相互作用及其稳定性研究	清华大学	谢小荣
6	重点项目	多相直驱永磁风力发电变流一体化系统关键基础问题研究	湖南大学	黄守道
7	重点项目	非有效接地配电系统接地故障相主动降压安全运行的基础理论研究	长沙理工大学	曾祥君
8	重点项目	含储能的复杂多电机系统协同设计与冗余高效控制研究	西安交通大学	梁得亮
9	重点项目	基于对称固体氧化物燃料电池可逆循环的综合能源系统基础问题研究	西安交通大学	吴错
10	重点项目	应用于多电发动机的内装式电励磁双凸极起动/发电机系统的关键基础问题	南京航空航天大学	周波
11	国家杰出青年科学基金	电力系统保护控制	华北电力大学	毕天姝
12	国家杰出青年科学基金	电力系统可靠性	重庆大学	谢开贵
13	国家杰出青年科学基金	电力系统能量管理与运行控制	清华大学	吴文传
14	创新研究群体项目	分散式储能系统汇聚效应机理及应用研究	中国电力科学研究院有限公司	李建林
15	优秀青年科学基金项目	GaN 超高频电力电子系统	南京航空航天大学	张之梁
16	优秀青年科学基金项目	并网逆变器优化设计与控制	山东大学	高峰
17	优秀青年科学基金项目	高性能储能器件用关键部件材料的基础研究及产业化	清华大学	杨颖
18	优秀青年科学基金项目	气、电联合系统中储能的鲁棒协调规划方法研究	华中科技大学	方家琨
19	优秀青年科学基金项目	综合能源电力系统规划与运行优化理论与方法	湖南大学	黎灿兵
20	国际（地区）合作与交流项目	不同风电接入水平下的中国及瑞典电网惯量估算	中国电力科学研究院有限公司	迟永宁
21	国际（地区）合作与交流项目	大规模风电并网的有功功率模型预测控制策略研究	中国农业大学	叶林
22	国际（地区）合作与交流项目	大型超导风力发电机研究	华中科技大学	曲荣海
23	国际（地区）合作与交流项目	电动车用高速非晶合金开关磁阻电机综合设计及实用技术研究	哈尔滨工业大学	柴凤
24	国际（地区）合作与交流项目	含高比例分布式电源的巴基斯坦社区型独立微网规划与运行控制技术	华南理工大学	管霖
25	国际（地区）合作与交流项目	基于学习的多分布式发电单元的协同控制方法研究	清华大学	耿华
26	国际（地区）合作与交流项目	交直流混联系统建模与控制	哈尔滨工业大学	徐殿国
27	国际（地区）合作与交流项目	适应近海可再生能源发电的能量转换系统建模、优化及设计	重庆大学	冉立
28	国际（地区）合作与交流项目	智能电网电压监测的宽频微型压电－压阻耦合效应传感器	清华大学	何金良
29	海外及港澳学者合作研究基金	高效率高功率密度空间行波管电子功率调节器	中国科学院电子学研究所	欧阳紫威

（续）

序号	项目类别	项目名称	依托单位	项目负责人
30	联合基金项目	城市智能配电网保护与自愈控制关键技术	西南交通大学	何正友
31	联合基金项目	大规模新能源发电主动支撑与源网协同控制	华北电力大学	刘吉臻
32	联合基金项目	电解质动力学对超级电容器充放电性能的影响	香港城市大学深圳研究院	MAVILA CHATHOTH
33	联合基金项目	多馈入直流系统换相失败评估理论与柔性控制技术基础研究	华南理工大学	李晓华
34	联合基金项目	分布式发电集群接入自治控制及运行	清华大学	沈沉
35	联合基金项目	高比例分布式新能源发电分层自治控制及集群经济运行研究	中国电力科学研究院有限公司	王伟胜
36	联合基金项目	高比例可再生能源未来电网的源网协调—一体化规划基础理论与关键技术研究	清华大学	鲁宗相
37	联合基金项目	高速铁路电磁环境与系统级电磁兼容理论及应用研究	北京交通大学	闻映红
38	联合基金项目	含高比例电力电子装备的电力系统多时间尺度动态稳定机理与控制	中国电力科学研究院有限公司	孙华东
39	联合基金项目	含高比例谐波电磁力驱动下换流站滤波设备噪声机理与抑制措施	西安交通大学	汲胜昌
40	联合基金项目	基于对称固体氧化物燃料电池可逆循环的综合能源系统基础问题研究	西安交通大学	吴锴
41	联合基金项目	基于复杂事件处理和深度学习的电压稳定协同感知与控制研究	清华大学	陆超
42	联合基金项目	交直流混合电网的故障耦合特性与继电保护新原理研究	西安交通大学	宋国兵
43	联合基金项目	面向安全高效运行的动力电池智能管理系统研究	山东大学	段彬
44	联合基金项目	面向城市能源系统的广义动态需求响应理论与方法研究	清华大学	康重庆
45	联合基金项目	面向适应性和差异性的锂离子动力电池组建模和状态估计方法研究	北京理工大学	穆浩
46	联合基金项目	输变电设备运行状态无源智能传感关键技术	华南理工大学	郝艳捧
47	联合基金项目	双弓受流下接触网波动传播规律与弓网参数匹配特性	西南交通大学	高仕斌
48	联合基金项目	突破一维电阻极限的碳化硅单极型高压器件基础研究	浙江大学	盛况
49	联合基金项目	压电与形状记忆合金复合型热能发电技术与方法研究	吉林大学	沈燕虎
50	联合基金项目	压接型IGBT器件封装的多物理场相互作用机制	华北电力大学	崔翔
51	联合基金项目	应对架空线柔性直流电网线路故障的主动控制技术基础研究	华中科技大学	文劲宇
52	面上项目	本安开关变换器输出短路火花放电机理与引燃能力及可控抑爆方法研究	西安科技大学	刘树林
53	面上项目	变应力条件下漏电断路器可靠性的实时评价及预测	河北工业大学	李奎
54	面上项目	超高频功率变换器拓扑及其控制关键技术研究	哈尔滨工业大学	王懿杰
55	面上项目	超级电容储能系统在线状态监测与优化管理的基础研究	同济大学	韦莉
56	面上项目	次级断续与初级横向偏移时直线感应牵引电机的电磁特性与防冲击控制	北京交通大学	吕刚
57	面上项目	大功率直流固态功率控制器高功率密度集成化关键技术研究	南京航空航天大学	王莉
58	面上项目	大规模分布式电源接入能源互联网的三方谐波责任定量评估	西南交通大学	符玲
59	面上项目	大规模海上风电场群分布式自治与协调控制研究	河海大学	王冰

（续）

序号	项目类别	项目名称	依托单位	项目负责人
60	面上项目	大型变压器潜发性故障在线辨识及其柔性保护策略研究	上海电力学院	邓祥力
61	面上项目	单级无变压器非隔离型光伏并网逆变器关键技术研究	燕山大学	王宝诚
62	面上项目	单向步进式超声波电机的动力学模型和实验研究	东南大学	金龙
63	面上项目	氮化镓晶体管高频和高速开关应用的负面效应机理及解决方案	南京航空航天大学	张方华
64	面上项目	电动汽车用开绕组永磁同步电动机直接转矩控制研究	南京航空航天大学	黄文新
65	面上项目	电动汽车中多相感应电机和飞轮混合动力系统的关键理论和技术研究	浙江大学	杨家强
66	面上项目	电动拖拉机多模式动力耦合复合电机系统研究	江苏大学	全力
67	面上项目	电解质动力学对超级电容器充放电性能的影响	香港城市大学深圳研究院	MAVILA CHATHOTH
68	面上项目	电力调度系统定向攻击的虚构陷阱抗毁性主动安全防护方法研究	长沙理工大学	苏盛
69	面上项目	电－气互联网络相依特性与协同优化方法研究	华南理工大学	张勇军
70	面上项目	定子分块永磁型混合励磁开关磁阻电机及其调磁控制研究	西安交通大学	丁文
71	面上项目	动态可控负荷参与电力系统调频辅助服务理论与方法研究	东南大学	李扬
72	面上项目	断口真空开关多间隙真空电弧协同作用特性与调控机理研究	大连理工大学	廖敏夫
73	面上项目	多电飞机非相似余度电刹车及其无压力传感器控制研究	西北工业大学	李兵强
74	面上项目	多电飞机高压直流供电系统故障机理及保护策略研究	西北工业大学	李伟林
75	面上项目	多电力变换装置并网对电压稳定的影响及其预防性控制方法研究	湘潭大学	李帅虎
76	面上项目	多电平变流器空间矢量和载波调制策略等效关系研究	西安交通大学	何英杰
77	面上项目	多目标条件下的无线电能传输系统电磁环境优化策略研究	东南大学	黄学良
78	面上项目	多项式逼近方法及其在电力系统稳定性问题中的应用研究	浙江大学	吴浩
79	面上项目	恶意数据对电力系统有功调度的影响机理分析及其防御策略研究	湖南大学	刘绚
80	面上项目	非平稳运行模式下航天器电源广义稳定裕度评价方法研究	哈尔滨工业大学	张东来
81	面上项目	分布式非线性负载谐波阻尼特性及其对系统谐波谐振影响的研究	重庆大学	雍静
82	面上项目	分散式储能系统汇聚效应机理及应用研究	中国电力科学研究院有限公司	李建林
83	面上项目	风电系统时变间谐波的解析建模与并网交互影响及危险区域研究	华北电力大学	陶顺
84	面上项目	复杂电网环境下的闪变包络提取与参数在线检测方法研究	湖南大学	高云鹏
85	面上项目	复杂电网严重故障下的多岛式主动故障隔离技术研究	中国电力科学研究院有限公司	马世英
86	面上项目	复杂工况下功率半导体器件多时间尺度热行为研究	上海交通大学	马柯
87	面上项目	复杂环境下直流微电网的优化、控制与稳定性研究	中南大学	杨建
88	面上项目	高比例可再生能源电力系统中广义储能的系统价值评价与研究	上海理工大学	孙伟卿
89	面上项目	高电压中大功率鼠笼复合实心转子自起动永磁同步电动机系统研究	山东大学	杨玉波

（续）

序号	项目类别	项目名称	依托单位	项目负责人
90	面上项目	高渗透风电与电力系统交互作用的 KuU 不确定性建模机制研究	清华大学	石立宝
91	面上项目	高渗透率并网风电频率动态响应控制及其对电力系统频率特性影响机理研究	华中科技大学	胡家兵
92	面上项目	高渗透率分布式新能源发电接入下的电网谐波不确定性交互影响机理研究	福州大学	邵振国
93	面上项目	高速铁路牵引网电弧故障继电保护原理研究	西南交通大学	韩正庆
94	面上项目	高温气冷堆传热工质高压氦气驱动电机全空间热交换机理研究	哈尔滨理工大学	陶大军
95	面上项目	高温强电场薄膜电容器电介质材料的结构设计及介电储能性能研究	清华大学	李琦
96	面上项目	高效能目标下单液流锌镍电池优化与自适应控制研究	广西大学	林小峰
97	面上项目	高性能功率变换器 DC – Link 电容模组关键技术研究	武汉理工大学	朱国荣
98	面上项目	高压大容量 IGBT 换流阀蒸发冷却换热机理及热电耦合特性研究	中国科学院电工研究所	阮琳
99	面上项目	高压电力电子变压器多耦合下功率传输机理及综合优化模型研究	清华大学	郑泽东
100	面上项目	高压直流真空开断中电磁热力多场强紧耦合精细仿真及应用	天津工业大学	刘晓明
101	面上项目	功率变换器高频磁性元件宽频段全功能模型研究	福州大学	陈为
102	面上项目	含动态控制区域的有源配电网区域协同控制	东南大学	窦晓波
103	面上项目	含虚拟惯量的大规模风电并网系统振荡机理及控制措施研究	华北电力大学	马静
104	面上项目	航空发动机用 12/10 极自解耦式无轴承开关磁阻起动/发电机及其控制的基础研究	北京航空航天大学	王惠军
105	面上项目	环保型高压断路器中 SF_6 替代气体熄弧与绝缘特性研究	沈阳工业大学	徐建源
106	面上项目	换流变压器油纸绝缘局部放电特性与机理研究及绝缘状态评估	山东大学	李清泉
107	面上项目	混合直流输电线路故障分析及继电保护研究	西安科技大学	高淑萍
108	面上项目	基于 GaN HEMTs 的微变换单元集成型复杂电力电子装备的性能优化与容错运行方法	华中科技大学	刘邦银
109	面上项目	基于 LIBS 技术的真空开关设备真空度带电检测机理研究	西安交通大学	王小华
110	面上项目	基于 Z 源逆变器的高速大功率永磁发电机电能变换与并网控制	湖南大学	黄科元
111	面上项目	基于磁控溅射技术制备陶瓷隔膜及其提高锂离子电池性能的机理	中国科学院上海微系统与信息技术研究所	谢晓华
112	面上项目	基于端口频率特性的微网基波频率谐振机理及抑制技术研究	西安交通大学	刘增
113	面上项目	基于分时能量注入、自适应谐振的 ICPT 电动汽车无线充电机理及关键技术研究	厦门大学	陈文芗
114	面上项目	基于共模电流的变频电机系统在线监测方法研究	清华大学	张品佳
115	面上项目	基于故障暂态波形时频特征的柔性直流配电网保护与故障定位	华北电力大学	贾科
116	面上项目	基于光载波及光时域拉伸技术的超快电磁脉冲传感与检测方法的基础研究	西安交通大学	丁晖

（续）

序号	项目类别	项目名称	依托单位	项目负责人
117	面上项目	基于级联型多电平变换器的贯通式同相供电系统关键控制策略研究	北方工业大学	周京华
118	面上项目	基于键合图理论的综合能源系统动态状态估计研究	华北电力大学	陈艳波
119	面上项目	基于模块化封装与拓扑集成的高功率密度固态变压器研究	华中科技大学	陈宇
120	面上项目	基于能量时移调控的新能源电力系统高渗透率风/光发电消纳调度机理研究	东北电力大学	崔杨
121	面上项目	基于平行 CPSS 结构的智慧能源调度机器人及其知识自动化理论	华南理工大学	余涛
122	面上项目	基于深度学习大数据技术的电网安全稳定智能分析和评估研究	清华大学	胡伟
123	面上项目	基于数据挖掘、风险对冲与经济激励的配电网规划方法研究	清华大学	程林
124	面上项目	基于双磁环调控并联磁流体双腔的高精度光纤电流传感器研究	哈尔滨理工大学	杨玉强
125	面上项目	基于特高压直流线路电晕电流与可听噪声关联规律的可听噪声间接检测法研究	北京航空航天大学	刘颖异
126	面上项目	基于推拉式磁场激励的电动汽车运动过程无线传能机制研究	重庆大学	戴欣
127	面上项目	基于无源性的多变换器电源系统稳定性及其控制研究	北京信息科技大学	王久和
128	面上项目	基于稀疏表示的电力线路故障特征分析和继电保护研究	清华大学	施慎行
129	面上项目	基于小电容的动态无功补偿及其对分布式发电接入配电网的电压稳定控制研究	湖南大学	程苗苗
130	面上项目	基于新型预锂化技术的锂离子电容器设计及作用机理研究	同济大学	郑剑平
131	面上项目	基于直流侧混合谐波抑制方法的串联型多脉波整流技术研究	哈尔滨工业大学	孟凡刚
132	面上项目	基于阻抗源双逆变级间接式矩阵变换器驱动开绕组永磁同步电机系统的研究	哈尔滨工业大学	刘洪臣
133	面上项目	集成谐振单元及嵌入谐振模态的 AC–DC 变换器关键技术研究	西南交通大学	马红波
134	面上项目	计及机组间复杂动态交互作用的风电场等值建模方法研究	哈尔滨工业大学	李卫星
135	面上项目	间接矩阵变换器–多永磁电机系统协同运行控制	天津大学	史婷娜
136	面上项目	静态密封双定子高温超导电机及其自预防失超机理研究	中国石油大学（华东）	王玉彬
137	面上项目	局部放电瞬态电磁脉冲形成的微观机理及宏观表征研究	上海交通大学	胡岳
138	面上项目	具有高转矩密度宽速范围恒功率性能的电动汽车用无稀土开关磁阻电机及其功率系统优化驱动研究	天津工业大学	蔡燕
139	面上项目	具有弱电网稳定与电网调节功能的新型 MMC 电池储能换流器	上海交通大学	李睿
140	面上项目	考虑工程实际的电抗器电磁振动建模仿真与验证	河北工业大学	闫荣格
141	面上项目	考虑控制耦合的微电网动态特性多时间尺度分析方法研究	武汉大学	孙建军
142	面上项目	考虑实际风速时空分布的风力发电机组故障特征分析与机电联合故障识别研究	华北电力大学（保定）	万书亭
143	面上项目	可再生能源接入下的大规模负荷感知模型及调控策略研究	华北电力大学	孙毅
144	面上项目	空间离子流作用下直流输电线路电磁暂态特性及仿真方法	清华大学	张波
145	面上项目	宽禁带器件高频航空变换变流拓扑控制与系统集成	南京航空航天大学	任小永

（续）

序号	项目类别	项目名称	依托单位	项目负责人
146	面上项目	两自由度多稳态压电振动能量采集系统的基础理论与关键行为研究	浙江工商大学	王光庆
147	面上项目	两自由度直线－旋转感应电机电磁耦合与运动耦合研究	河南理工大学	司纪凯
148	面上项目	密集输电通道雷击风险多参量融合预警方法研究	国网电力科学研究院	谷山强
149	面上项目	面向混合储能的有源阻抗网络功率变换系统基础问题研究	浙江大学	胡斯登
150	面上项目	面向交流传动的模块化多电平变换器优化运行关键技术研究	清华大学	王奎
151	面上项目	面向宽禁带器件高性能电力电子系统的多域模型协同设计方法及应用	浙江大学	陈国柱
152	面上项目	面向终端集成供能系统的多元可控负荷规模化互补协同方法	武汉大学	王波
153	面上项目	纳米改性变压器油放电微观参数的测定及电学改性机制研究	西安交通大学	董明
154	面上项目	能主动抑制电池内部退化的车载锂离子电池系统管理与控制研究	上海交通大学	杨林
155	面上项目	柔性需求响应参与多微网能源供需系统的交互机制与协调调度方法研究	浙江工业大学	张有兵
156	面上项目	弱电网下电压控制型并网变流器分层控制关键技术研究	上海电力学院	赵晋斌
157	面上项目	深度学习驱动的微网群互动合作与优化运行研究	中国科学院电工研究所	裴玮
158	面上项目	石墨电极气体开关的电弧氧化反应机制及其调控方法的研究	华中科技大学	李黎
159	面上项目	适合电池梯次利用和混用的模块化多电平电池储能系统关键技术研究	上海交通大学	凌志斌
160	面上项目	输电网络重构与负荷自适应恢复的广域协同优化	浙江大学	林振智
161	面上项目	输入分流型混合动力汽车用轴向磁场调制型电磁变速系统研究	哈尔滨工业大学	佟诚德
162	面上项目	数字控制变流器的准解析大信号建模方法研究	杭州电子科技大学	杭丽君
163	面上项目	水电站大容量高压发电机定子单相接地故障保护原理研究	长沙理工大学	王媛媛
164	面上项目	四轮独立驱动电动汽车用模块化多单元磁通切换永磁轮毂电机研究	东南大学	花为
165	面上项目	钛合金阳极氧化物纳米管的结构调控与掺杂改性及其超级电容的研究	南京理工大学	宋晔
166	面上项目	提升多直流馈入系统中高压直流交流故障支撑能力的基础理论与关键技术	华南理工大学	汪娟娟
167	面上项目	往复式高压直流断路器拓扑及其在直流电网中协调保护机理研究	华北电力大学	赵成勇
168	面上项目	微型柔性超级电容器及其阵列应用于电子器件的研究	成都信息工程大学	陈燕
169	面上项目	先进绝热压缩空气储能系统动态建模及电网协同调度技术研究	华中科技大学	苗世洪
170	面上项目	响应驱动的电力系统统一暂态稳定分析与控制理论研究	中国电力科学研究院有限公司	孙华东
171	面上项目	谐波分离与复用磁耦合谐振无线电能传输机理及关键技术研究	中国矿业大学	夏晨阳
172	面上项目	新能源基地风火孤岛直流外送系统的频率协调控制研究	华北电力大学	张海波
173	面上项目	新型混合励磁变磁通直线电机工作机理及关键技术研究	浙江大学	卢琴芬

（续）

序号	项目类别	项目名称	依托单位	项目负责人
174	面上项目	新型热电磁混合式脱扣器关键问题与断路器网络化选择性保护研究	沈阳工业大学	宗鸣
175	面上项目	虚拟同步发电机功率分配优化控制关键技术研究	西安交通大学	王跃
176	面上项目	虚拟同步发电机与交流电网交互特性及振荡抑制研究	南京航空航天大学	陈杰
177	面上项目	用于城市核心区供电的直流网络运行模式与控制策略研究	山东大学	李可军
178	面上项目	用于退役电池储能系统的层次化电池动态成组方法研究	山东大学	施啸寒
179	面上项目	有源中点钳位型多电平变换器综合优化控制策略的研究	安徽大学	胡存刚
180	面上项目	增强型磁场调制初级永磁直线电机及其高性能控制	江苏大学	赵文祥
181	面上项目	真空开关横磁触头横 – 纵磁场分量对电弧特性影响的研究	西安交通大学	修士新
182	面上项目	支撑新能源消纳的广域储能集群研究	太原理工大学	韩肖清
183	面上项目	直流固态变压器双向功率变换及控制的研究	浙江大学	徐德鸿
184	面上项目	直流微网中多永磁同步风机组间的分布式协调预测控制	西安交通大学	寇鹏
185	面上项目	直驱式波浪发电用横向磁通混合磁场调制直线发电机及其控制系统研究	东南大学	胡敏强
186	面上项目	轴向永磁辅助磁阻型复合转子高速电机及其无位置传感器控制技术研究	沈阳工业大学	刘爱民
187	面上项目	主动配电网动态多目标鲁棒进化优化方法研究	天津大学	徐弢
188	青年科学基金项目	DC – DC 变换器与磁通切换电机磁性元件功能集成化关键问题研究	杭州电子科技大学	沈磊
189	青年科学基金项目	NPC/H 五电平逆变器低开关频率有限控制集模型预测控制研究	江苏师范大学	王贵峰
190	青年科学基金项目	变压器铁芯剩磁检测与消磁原理的分析、仿真及验证研究	天津城建大学	戈文祺
191	青年科学基金项目	并网逆变器发电系统的直流电压时间尺度动态过程分析与控制	南京工程学院	熊连松
192	青年科学基金项目	不对称负载下盘式对转永磁同步电机的控制策略研究	湖南大学	吴轩
193	青年科学基金项目	不确定性环境下考虑韧性提升的主动配电网运行方法	上海交通大学	徐潇源
194	青年科学基金项目	采用旋转矢量开关拓展调制矩阵变换器无功功率的机理和方法	广东工业大学	官权学
195	青年科学基金项目	超导磁控串联补偿限流技术的机理研究	上海理工大学	姚磊
196	青年科学基金项目	持续随机扰动环境下智能电网 AGC 均衡协同控制方法研究	深圳大学	王怀智
197	青年科学基金项目	充电站电力线载波通信系统匹配阻抗估计新方法研究	西安理工大学	梁栋
198	青年科学基金项目	串联接入电网的电压源型变流器暂态特性与故障穿越研究	长沙理工大学	姜飞
199	青年科学基金项目	垂直轴风力发电用不平衡初级轴向磁通磁悬浮发电机机理研究	中国石油大学（华东）	刘静
200	青年科学基金项目	磁谐振式无线输电系统前端监测理论及控制策略研究	深圳大学	尹健
201	青年科学基金项目	大功率逆变型特高压直流电源输出电压纹波特性研究	华中科技大学	马少翔
202	青年科学基金项目	大型陆上风电场风机布局与集电系统综合优化研究	电子科技大学	胡维昊
203	青年科学基金项目	单三相混合分布式发电系统的谐振模态及稳定域边界研究	东南大学	洪芦诚
204	青年科学基金项目	低采样比下大功率永磁同步发电机多采样多预测低开关频率控制研究	郑州轻工业学院	郭磊磊
205	青年科学基金项目	低热载荷诱导 IGBT 初始缺陷产生机制及寿命建模研究	重庆大学	赖伟
206	青年科学基金项目	电参数可调型高功率磁开关研究	中国人民解放军国防科技大学	李嵩

（续）

序号	项目类别	项目名称	依托单位	项目负责人
207	青年科学基金项目	电磁继电器质量形成过程的不确定性建模及稳健设计	哈尔滨工业大学	邓杰
208	青年科学基金项目	电动汽车复合补偿型无线充电系统的关键问题研究	北京理工大学	邓钧君
209	青年科学基金项目	电动汽车开关磁阻电机集成化驱动拓扑及能量管理研究	中国矿业大学	程鹤
210	青年科学基金项目	电动汽车用绕组分离型同步磁阻永磁电机关键技术研究	东南大学	张淦
211	青年科学基金项目	电动汽车用双转子混合励磁轴向磁通切换电机设计与效率优化控制研究	西安理工大学	赵纪龙
212	青年科学基金项目	电极烧蚀导致的 FLTD 气体开关绝缘子劣化机理及其绝缘防护研究	三峡大学	江进波
213	青年科学基金项目	电力市场环境下高灵活性微电网与配电网联合规划方法研究	东南大学	吴志
214	青年科学基金项目	电力信息物理系统的频率态势预测及负荷紧急控制技术	东南大学	王琦
215	青年科学基金项目	动态无线供电系统的功率波动与平抑策略研究	天津工业大学	王宁
216	青年科学基金项目	断路器开断过程零区电弧微观行为的诊断分析与机理研究	西安交通大学	孙昊
217	青年科学基金项目	多变流器接入的交流和直流微电网主动式及非破坏性孤岛检测技术研究	天津大学	陈晓龙
218	青年科学基金项目	多端口模块化直流固态变压器集成优化及功率协调控制研究	南京理工大学	季振东
219	青年科学基金项目	多目标可重构的微网多态无扰动切换分层递阶控制结构和策略研究	西安石油大学	吴莹
220	青年科学基金项目	多相永磁同步电机驱动系统的随机 PWM 调制策略研究	山东理工大学	刘剑
221	青年科学基金项目	多源直流微网中高增益串联混合型多端口 DC - DC 变换器的研究	三峡大学	郗玢鑫
222	青年科学基金项目	多种非理想条件下 MMC - HVDC 控制策略研究	中国矿业大学（北京）	梁营玉
223	青年科学基金项目	多重风险制约下含高比例风电电力系统消纳调度方法研究	华中科技大学	李远征
224	青年科学基金项目	非理想电网条件下 NPC 三电平逆变器中点电压不平衡机理与控制方法研究	南京理工大学	吕建国
225	青年科学基金项目	风电功率多尺度预测不确定性及其对电力系统经济调度的影响机理研究	华北电力大学	阎洁
226	青年科学基金项目	负荷聚合商业务场景下负荷响应机理与短期预测方法研究	中国农业大学	苏娟
227	青年科学基金项目	复杂电能质量环境下的电力弹簧多目标协调控制研究及应用	长沙理工大学	罗潇
228	青年科学基金项目	高可靠性双端级联式多电平逆变器单母线并联技术研究	淮海工学院	吴迪
229	青年科学基金项目	高渗透率并网发电系统的柔性统一阻抗适配器研究	合肥工业大学	李飞
230	青年科学基金项目	高速列车级联 H 桥整流器主动安全控制与调制策略研究	四川大学	王顺亮
231	青年科学基金项目	高铁永磁同步牵引电机同步调制区无位置传感器控制技术研究	西北工业大学	陈哲
232	青年科学基金项目	高压直流电缆附件电场分布与界面电荷特性协同调控机理研究	天津大学	李忠磊
233	青年科学基金项目	光伏直流升压汇集系统关键控保技术研究	重庆大学	奚鑫泽
234	青年科学基金项目	含海上风电的交直流电力系统线性潮流模型与高效调度方法研究	湖南大学	谭益
235	青年科学基金项目	含虚拟同步机的微电网频率稳定约束优化调度研究	重庆大学	文云峰
236	青年科学基金项目	基于 LCL 滤波器的多电飞机变频电网有源电力滤波技术研究	西安电子科技大学	戴志勇

（续）

序号	项目类别	项目名称	依托单位	项目负责人
237	青年科学基金项目	基于博弈论的高渗透率微网群分布式优化控制技术研究	浙江大学	张建良
238	青年科学基金项目	基于磁通门原理的保护用电流互感器残留剩磁快速在线检测和消除方法研究	浙江大学	郑太英
239	青年科学基金项目	基于弹性测度的综合能源电力规划模型研究	国网能源研究院有限公司	伍声宇
240	青年科学基金项目	基于电磁操作机构的开关电器人工智能控制技术的研究	福州大学	汤龙飞
241	青年科学基金项目	基于多雪崩电离畴的砷化镓光导开关雪崩导通机理研究	西北核技术研究所	胡龙
242	青年科学基金项目	基于分布式模型预测控制的风电场有功控制系统的研究	山东大学	赵浩然
243	青年科学基金项目	基于分数比可饱和脉冲变压器和 Marx 调制技术的全固态微秒准方波脉冲电源研究	中国人民解放军国防科技大学	程新兵
244	青年科学基金项目	基于改进数值方法的全转速范围开关磁阻电机无位置传感器控制	东南大学	彭飞
245	青年科学基金项目	基于高频注入信号时空分布特性的特高压直流接地极线路保护及故障处理策略研究	重庆大学	滕予非
246	青年科学基金项目	基于广义预测补偿直流磁控电抗器的多构型 FACTS 技术研究	东南大学	李周
247	青年科学基金项目	基于广域信息的电力系统无模型自适应电压协调控制研究	西南交通大学	赵艺
248	青年科学基金项目	基于集合器分层优化的入网电动汽车控制策略研究	天津大学	高爽
249	青年科学基金项目	基于能量交互的谐振型双向直流变换器全周期多分辨率能效优化技术研究	武汉大学	方支剑
250	青年科学基金项目	基于区块链技术的能量信息化多能微网研究	清华大学	张放
251	青年科学基金项目	基于时间隧道与虚拟狼群策略的大型互联发电生态系统的智能发电控制	三峡大学	席磊
252	青年科学基金项目	基于输入－状态稳定理论的独立电力系统稳定性分析与控制方法研究	西安交通大学	秦博宇
253	青年科学基金项目	基于隧穿磁阻传感与空气流体模型的直流电晕可听噪声研究	东南大学	李振
254	青年科学基金项目	基于碳化硅功率器件的三相高功率因数 AC－DC 谐振变换器研究	江苏师范大学	李春杰
255	青年科学基金项目	基于陶瓷匹配网络的压电变压器无电感驱动研究	安徽大学	琚斌
256	青年科学基金项目	基于通用开关耦合电感单元的 PWM 型高变比 DC－DC 变换器建模方法研究	南京理工大学	姚佳
257	青年科学基金项目	基于凸松弛理论的有源配电网有功－无功分布式协调优化研究	中国农业大学	巨云涛
258	青年科学基金项目	基于移频理论的交直流混联电网多尺度暂态模型与多速率仿真方法研究	中国科学院电工研究所	叶华
259	青年科学基金项目	基于有源功率解耦的三相 AC－DC 型电力电子变压器研究	苏州大学	何立群
260	青年科学基金项目	基于预测校正技术的配电网故障定位方法研究	河南工程学院	郭壮志
261	青年科学基金项目	基于主动变能统一模型理论的多直线电机系统同步控制研究	华侨大学	王荣坤
262	青年科学基金项目	基于阻抗无源性重塑的变流器与电网交互谐振抑制理论与方法研究	电子科技大学	李凯
263	青年科学基金项目	集成式铁路统一电能质量控制系统及其"站－网－车"交互作用研究	湖南大学	胡斯佳
264	青年科学基金项目	集中电励磁容错双凸极电机振动噪声与控制机理研究	上海电力学院	赵耀

（续）

序号	项目类别	项目名称	依托单位	项目负责人
265	青年科学基金项目	计及多能源耦合特性的区域综合能源系统可靠性评估研究	天津大学	侯恺
266	青年科学基金项目	计及虚拟同步与阻抗重构的一体化谐振抑制理论及其在组串型光伏逆变集群中的应用机制研究	中国电力科学研究院有限公司	张军军
267	青年科学基金项目	舰船中大功率高速发电机用电磁轴承系统建模与振动控制技术研究	中国人民解放军海军工程大学	苏振中
268	青年科学基金项目	交流电晕放电可听噪声的声源时域模型与计算方法研究	华北电力大学	李学宝
269	青年科学基金项目	交易驱动的配电网运行机制、模型与方法	上海交通大学	陈思捷
270	青年科学基金项目	交直流混合输电系统中级联变流器双向阻抗匹配特性的研究	华北电力大学（保定）	田艳军
271	青年科学基金项目	交直流微电网群的多端直流互联与潮流优化技术研究	哈尔滨工业大学	王盼宝
272	青年科学基金项目	精密直线电机多维力形成机制及其控制策略研究	哈尔滨工业大学	王明义
273	青年科学基金项目	开关变换器复杂动力学特性的简化分析方法研究	西北工业大学	吴旋律
274	青年科学基金项目	开关频率与谐波电流协同控制的柔性直流换流阀降损方法研究	重庆大学	罗永捷
275	青年科学基金项目	考虑不确定性和预想事故集的增强电压稳定在线电网拓扑优化方法研究	山东理工大学	王蕾
276	青年科学基金项目	可及性受限制的海上风电场发电可靠性评估方法	上海电力学院	黄玲玲
277	青年科学基金项目	可替代型气制变压器油中流注传播模式转变的机理研究	上海电力学院	卢武
278	青年科学基金项目	雷电流冲击导致的复合材料紧固结构火花放电形成机制与控制方法研究	合肥工业大学	杜斌
279	青年科学基金项目	面向交直流混合配电网的高频链模块化电力电子变压器研究	中国科学院电工研究所	高范强
280	青年科学基金项目	面向配电网的新型多端口电力电子变压器关键技术研究	昆明理工大学	鲁思兆
281	青年科学基金项目	面向容错与减振的多相感应电机时空双尺度协同驱动控制研究	北京交通大学	刘自程
282	青年科学基金项目	面向新能源消纳的工业园区负荷虚拟储能特性建模与控制方法研究	武汉大学	廖思阳
283	青年科学基金项目	面向长电缆线连接的树干式多并网逆变器系统的中频振荡抑制技术研究	杭州电子科技大学	何远彬
284	青年科学基金项目	模块化多电平换流器功率密度提升方法的研究	华北电力大学	熊小玲
285	青年科学基金项目	纳秒脉冲下纳米改性变压器油击穿特性研究	中国科学院电工研究所	王琪
286	青年科学基金项目	内嵌式永磁同步电机参数对电流矢量角偏导项的观测及高精度最大转矩电流比（MTPA）控制算法的研究	中国科学院深圳先进技术研究院	孙天夫
287	青年科学基金项目	配电网单相接地故障层次化零残流消弧关键技术研究	武汉理工大学	唐金锐
288	青年科学基金项目	气、电联合系统中储能的鲁棒协调规划方法研究	华中科技大学	方家琨
289	青年科学基金项目	适应统一潮流控制器复杂运行工况的线路继电保护原理研究	南京工程学院	孔祥平
290	青年科学基金项目	适用于电动滑行系统的新型盘式轴向磁通开关磁阻电机优化设计研究	中国民航大学	高洁
291	青年科学基金项目	适用于高渗透率分布式电源接入的主动配电网同步相量测量方法	华北电力大学	刘灏
292	青年科学基金项目	适用于直流串联型风电场的风电变流器及风机间解耦方法	上海交通大学	施刚
293	青年科学基金项目	输电线路动态安全裕度辨识及自适应过负荷保护	重庆大学	王建

（续）

序号	项目类别	项目名称	依托单位	项目负责人
294	青年科学基金项目	双三相永磁同步电机的效率优化及容错控制技术研究	西安理工大学	周长攀
295	青年科学基金项目	四自由度永磁式磁悬浮飞轮电机高集成设计及动态－机理双解耦控制	江苏大学	袁野
296	青年科学基金项目	随机电力系统的有界波动域内可靠度最大化控制	河海大学	孙黎霞
297	青年科学基金项目	特高压直流架空输电线路全场域电场的飞行器测量方法研究	北京航空航天大学	崔勇
298	青年科学基金项目	调焦系统高转矩密度盘式直驱永磁游标电机研究	哈尔滨工业大学	赵飞
299	青年科学基金项目	微型柔性超级电容器及其阵列应用于电子器件的研究	成都信息工程大学	陈燕
300	青年科学基金项目	无刷双馈船舶轴带发电系统多模式运行控制策略研究	黄冈师范学院	刘毅
301	青年科学基金项目	协调自治的多能源形式负荷调度方法研究	西安交通大学	邵成成
302	青年科学基金项目	新型 TMR－超导混合式弱磁传感器的研究	中国科学院电工研究所	伍岳
303	青年科学基金项目	新型定子聚磁式永磁记忆电机研究	东南大学	阳辉
304	青年科学基金项目	新型非对称转子永磁聚磁式同步磁阻电机研究	山东大学	赵文良
305	青年科学基金项目	新型高压大功率碳化硅肖特基势垒 IGBT 的载流子输运与调控机理研究	重庆大学	蒋梦轩
306	青年科学基金项目	新型贯通式同相供电变换器拓扑及控制技术研究	中国矿业大学（北京）	田旭
307	青年科学基金项目	新型偏置磁链电机设计机理及其零序电流控制策略的研究	香港理工大学深圳研究院	牛双霞
308	青年科学基金项目	新型微细电火花脉冲电源拓扑及其控制关键问题研究	南京理工大学	杨飞
309	青年科学基金项目	信息能源深度融合模式下多源异质微电网分布式协同控制策略研究	华中科技大学	来金钢
310	青年科学基金项目	压电与形状记忆合金复合型热能发电技术与方法研究	吉林大学	沈燕虎
311	青年科学基金项目	应对风电爬坡事件的机组组合建模及自适应极限场景方法研究	华中科技大学	艾小猛
312	青年科学基金项目	应用于中压直流配电网的中频变压器绕组振动产生机理及抑制技术研究	中国人民解放军海军工程大学	王瑞田
313	青年科学基金项目	永磁容错电机磁阻转矩的提升机理与容错控制	江苏大学	陈前
314	青年科学基金项目	永磁容错电机电磁转矩脉动抑制及故障运行时的无传感器控制方法研究	北京航空航天大学	徐金全
315	青年科学基金项目	永磁同步电机多步预测控制方法研究	浙江大学	牛峰
316	青年科学基金项目	用于退役电池储能系统的层次化电池动态成组方法研究	山东大学	施啸寒
317	青年科学基金项目	有限非精确广域量测下的复杂配电网动态拓扑感知技术研究	上海交通大学	罗林根
318	青年科学基金项目	有源电力滤波器选频次谐波补偿两个关键问题的改进研究	厦门大学	李钜
319	青年科学基金项目	真空直流强迫分断零区弧后电流特性及其控制方法研究	南京理工大学	秦涛涛
320	青年科学基金项目	直流－脉冲复合场下高压直流电缆附件电树枝生长机理及抑制方法	天津大学	韩涛
321	青年科学基金项目	直流气体开关自放电特性计算方法	西北核技术研究所	罗维熙
322	青年科学基金项目	直流微电网宽频域母线电压波动问题及其抑制对策研究	湖南大学	周乐明
323	青年科学基金项目	智能电网与电动车融合网络构建及运营策略的基础性研究	香港大学深圳研究院	林润生
324	青年科学基金项目	自储能多端背靠背柔直在主动配电网运行优化中的应用研究	南京工程学院	葛乐
325	地区科学基金项目	电力市场下大型风储系统配置和调控运行关键技术的研究	广西大学	李滨

（续）

序号	项目类别	项目名称	依托单位	项目负责人
326	地区科学基金项目	高比例可再生能源电力网络中电能质量扰动交互影响与衍生次生机理的研究	兰州理工大学	陈伟
327	地区科学基金项目	高速移动环境下列车实时受流非接触式牵引供电系统关键技术研究	兰州交通大学	李若琼
328	地区科学基金项目	高温超导非晶合金变压器主绝缘击穿特性研究	江西理工大学	刘道生
329	地区科学基金项目	高效能目标下单液流锌镍电池优化与自适应控制研究	广西大学	林小峰
330	地区科学基金项目	混合储能系统改善鼠笼式风电机组性能控制方法研究	内蒙古工业大学	田桂珍
331	地区科学基金项目	基于SOGI及功率权重占空比前馈控制的单相级联型光伏并网逆变器功率平衡控制	华东交通大学	叶满园
332	地区科学基金项目	极端天气下预防调度与恢复调度的协调优化方法研究	广西大学	覃智君
333	地区科学基金项目	集群风电系统混沌动力学行为分析与控制研究	新疆大学	张宏立
334	地区科学基金项目	太阳能热发电系统用斯特林直线发电机关键技术研究	兰州理工大学	杨巧玲
335	地区科学基金项目	虚拟电厂动态划分提升新能源并网消纳方法研究	新疆大学	樊艳芳
336	地区科学基金项目	永磁风力发电机绕组过电压致损规律及保护对策研究	新疆大学	何山
337	地区科学基金项目	永磁自旋式新型机械变磁通永磁电机设计与调磁机理研究	江西理工大学	刘细平
338	地区科学基金项目	智能电网环境下的考虑风险因素的安全经济运行完全分布式快速优化研究	广西大学	杨林峰
339	应急管理项目	大功率高集成智能功率模块场路耦合模型与性能优化研究	山东师范大学	华庆
340	应急管理项目	高集成度强解耦性无轴承磁通切换型起动/发电机系统的关键技术研究	南京航空航天大学	王宇
341	应急管理项目	集成电池储能的模块化多电平变换器特性分析及优化控制	华中科技大学	林桦
342	应急管理项目	能主动抑制电池内部退化的车载锂离子电池系统管理与控制研究	上海交通大学	杨林
343	应急管理项目	新能源发电信息物理融合系统的动态轨迹特征识别及自适应控制方法	中国电力科学研究院有限公司	陈宁

2017 年中国电源及相关领域授权专利情况分析

一、概述

专利作为一种无形资产，具有巨大的商业价值，专利的质量与数量是企业创新能力和核心竞争能力的体现。近年来，我国电源行业得到了长足的发展，企业创新能力不断提高，专利申请数量快速增长，本文希望通过对专利情况的分析，从一个侧面反映我国电源行业科技动态、市场走向和发展情况，为行业技术发展提供参考。

本文分析涉及的专利是指 2017 年内获得中国专利授权的电源相关发明专利，未包括实用新型专利以及外观设计专利。相关专利主要通过重要关键字及主要申请人检索等方式进行搜集，搜集来源为 http：//www. soopat. com。

本篇分析报告对专利数量、申请地区、申请人、专利大类等进行统计分析，并与 2016、2015 年数据进行比较。

二、电源领域整体专利状况

（一）专利数量对比分析

据不完全统计，2017 年获得授权的电源相关发明专利共计 6209 项，2016 年为 5211 项，2015 年为 4922 项，反映了我国电源技术创新愈发活跃的趋势，如图 1 所示。

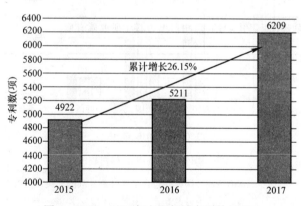

图 1 2015～2017 年电源领域专利数量对比

（二）专利地区分析

1. 国内国外对比

在 2017 年授权专利中，专利申请人所在地区为国内的专利有 4995 项，占比 80.5%，专利申请人所在地区为国外的专利有 1214 项，占比 19.5%，具体如图 2 所示。

对比 2015 年、2016 年数据，国内申请量在 2017 年出现较大增加，相比 2016 年的 3921 项，增加幅度达到 27.4%，国外申请量出现小幅下降，是近三年的最低值。从总量占比看，国内申请量占比有一定增加，从 75% 左右升至 80%，反映了国内积极踊跃的申请态势。

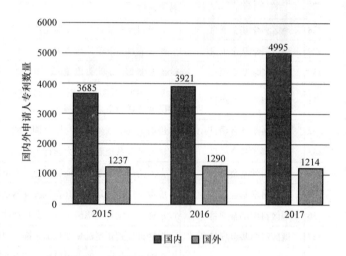

图 2 2015～2017 年国内外申请人专利数量对比

2. 国内各省份比较

如图 3 所示，广东省作为专利大省，专利总数保持领先态势。对比各省之间申请量，江苏省与广东省之间的差距有所缩小，江浙沪地区仍然为整体专利贡献集中度最高地区，北京市呈持续增长态势，而台湾省 2017 年专利申请数量相对 2016 年下降幅度较大。

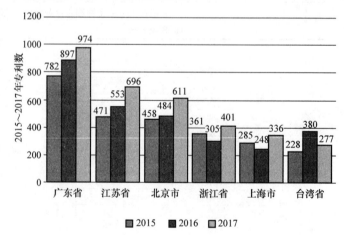

图 3 2015～2017 年专利数前 6 名省份对比

从专利分布来看，地区之间不平衡状态有所减缓。

1）由图 4 所见，2017 年大陆地区专利授权数均有一定增加，其中华东地区遥遥领先，专利总数 1665 个，较 2016 年增加幅度为 31.3%，华南、华北地区紧随其后，增幅分别为 15.3%、40.5%，西南、港澳台、华中地区专利总数相当。华东、华北、华南的专利数增加幅度小于华中、西北、东北，因此地区间的差距有所缩小。

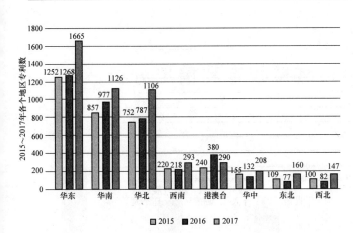

图4 2015～2017年各个地区专利数对比

（续）

地区	省份	专利数（项）	合计（项）
华中	湖南省	112	208
	湖北省	96	
东北	辽宁省	93	160
	黑龙江省	45	
	吉林省	22	
西北	陕西省	123	147
	新疆维吾尔自治区	13	
	甘肃省	6	
	宁夏回族自治区	4	
	青海省	1	

2）我国东北、西北地区专利数最少。但相对2016年，东北地区增幅达到107.8%，授权总数160个，成为2017年增幅最大地区。港澳台地区由于台湾省专利数的大幅减少而总体有所下降，下降幅度达到23.7%。

各地区之间的总体差距较2016年有所缩小，但是从各个地区内各省市之间的比较看，各省市之间的最大值、最小值之间的差距仍然很大。表1列出了各个省市、区、直辖市、特别行政区专利数量，从表中可见，华南地区的第一名广东省与最后一名海南省之间相差487倍，地区内差距较小的属于东北地区和华中地区，分别是4.23倍和1.17倍。

表1 2017年授权专利申请人所在地区分布表

地区	省份	专利数（项）	合计（项）
华东	江苏省	696	1665
	浙江省	401	
	上海市	336	
	安徽省	211	
	江西省	21	
华南	广东省	974	1126
	福建省	99	
	广西壮族自治区	51	
	海南省	2	
华北	北京市	611	1106
	山东省	247	
	河南省	86	
	河北省	64	
	天津市	59	
	山西省	34	
	内蒙古自治区	5	
西南	四川省	184	293
	重庆市	68	
	云南省	20	
	贵州省	20	
	西藏自治区	1	
港澳台	台湾省	277	290
	香港	12	
	澳门	1	

3. 国外各个国家地区比较

美国、欧盟、日本一直是在中国申请电源相关专利数量最多的三个国家和区域，但是从2015—2017年的数量对比看，各国家/区域有不同程度的起伏，日本下降是最多的，从533项下降至383项，欧盟总体上是上升的，而美国在2017年数量则有所下降。总体来说，日本和欧盟的差距有所缩小，美国仍然维持2016的排名，列第三。

除了美欧日外，专利申请的前5名还包括韩国和英国。虽然两国与美欧日相比差距较大，但是值得注意的是，两个国家的专利数量连年增加：韩国从2015年的101项小幅上升至2017年的122项，而英国从2015年的14项上升至32项，体现了两个国家对于中国市场的重视，如图5所示。

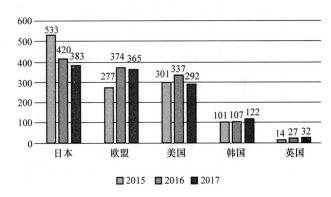

图5 2015—2017年国外申请专利数前5名对比

注：本次欧盟成员国统计包含了统计到专利的成员国，没有专利统计的成员国没有计算在内。具体包括了：德国、瑞士、荷兰、奥地利、法国、瑞典、芬兰、丹麦、意大利、比利时、爱尔兰。

（三）专利申请人类型分析

1. 从申请人类型看

虽然企业作为创新主体，创新数量和比例均保持领先，但是在比例上，2017年比2016年有所下降，从81.28%下降至76.99%，而高校的比例有所上升，从2016年的10.45%上升至14.43%，个人专利所占比例也有小幅上升，从3.64%上升至4.19%，但是产学研的合作却并不乐观，在2015年的峰值也只有4.33%，到了2017年更是下降到2.54%，与2016年基本持平，如图6所示。

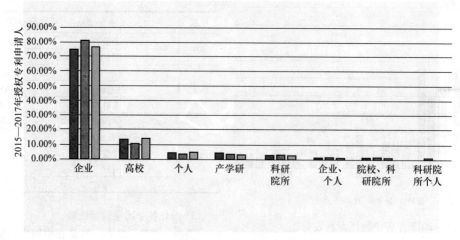

■ 2015　■ 2016　□ 2017

图 6　2015～2017 年授权专利申请人类型分布图

2. 高校及科研院所申请情况分析

2017 年和 2016 年一致的是，前 10 名中全部都为高校，仍然没有科研院所。前 3 名则由华南理工大学、南京航空航天大学和电子科技大学变为东南大学、电子科技大学和华南理工大学，华北电力大学和武汉大学没有进入前 10，取而代之的是哈尔滨工业大学和上海交通大学，具体见表 2。

表 2　2017 年高校独立申请量前 10 名名单

2017 年排名	2016 年排名	申请人	专利数
1	4	东南大学	42
2	3	电子科技大学	41
3	1	华南理工大学	39
4	5	浙江大学	33
5	2	南京航空航天大学	33
6	10	山东大学	26
7	8	西南交通大学	24
8	11	哈尔滨工业大学	21
9	6	西安交通大学	18
10	14	上海交通大学	16

3. 独立申请专利数量前 10 企业

表 3 列出了独立申请数前 10 的企业名单。2017 年排名前 10 的企业并未有较大变化，2016 年前 10 名中有 8 家仍在列，但广东易事特电源股份有限公司、通用电气公司跌出前 10，取而代之的是丰田自动车株式会社和台达电子企业管理（上海）有限公司。前 10 名排位有一定变化，矽力杰半导体技术（杭州）有限公司的专利数量有较大增幅，跻身第五名，而深圳市英威腾电气股份有限公司未进入前五。从企业所属国家/省/市/自治区/特别行政区来看，国

内品牌与国际品牌的竞争更为激烈，国内品牌主要来自于广东省、华东地区（安徽省、上海市、浙江省）、台湾省，而国际品牌来自德国、日本、美国，并以德国最有竞争力，有 2 家入选。

表 3　2017 年企业独立申请专利数量前 10 名

申请人	专利数	关键词分布
台达电子工业股份有限公司	110	控制，转换，电源，光源
华为技术有限公司	59	控制，电源，功率，转换，变换器，充电，滤波
阳光电源股份有限公司	55	逆变器，光伏，电平
西门子公司	39	充电，变流器，变压器
矽力杰半导体技术（杭州）有限公司	38	变换器，控制电路
台达电子企业管理（上海）有限公司	35	转换，变换
深圳市英威腾电气股份有限公司	34	变频器
高通股份有限公司	30	无线，发射，转换
丰田自动车株式会社	29	车辆，控制，变换
罗伯特·博世有限公司	28	储能，变换

图 7 及表 3 中的关键词分布说明了前 10 名企业的技术布局和投入力量。除了高通的技术重点主要在无线通信网络以及数字信息的传输外，绝大部分厂商将交流直流变换（H02M）作为投入重点，而阳光电源在此领域中的专利数量最多，接下来则是矽力杰半导体；而 H02J：供电或配电的电路装置或系统、电能存储系统也是厂商重要发力点，仅次于 H02M，投入较大的厂商包括华为、阳光电源和罗伯特·博世。

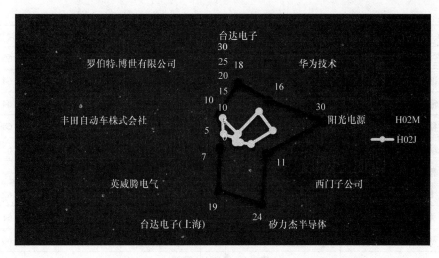

图7　2017年独立申请专利数前10名企业专注领域分析图

（四）专利关键字对比分析

通过大数据挖掘，对全部专利进行关键字分析，剔除一般意义词汇（如方法、装置、系统等）后，统计出关键字出现频率，表4列出了出现50次以上的重点关键字。

表4　2017年电源发明专利关键字出现频率统计表

序号	关键词	频数	频率	序号	关键词	频数	频率
1	控制	1269	20.44%	16	电池	298	4.80%
2	电源	1158	18.65%	17	开关	288	4.64%
3	充电	1936	31.18%	18	汽车	227	3.66%
	充电方法	158		19	无线	215	3.46%
	充电装置	137			无线充电	64	
	充电系统	120			无线电能传输	4	
	充电器	131		20	电压	196	3.16%
	充电控制	84		21	直流	191	3.08%
	无线充电	122		22	电力	174	2.80%
	充电电路	55		23	结构	165	2.66%
	充电设备	42		24	保护	154	2.48%
	其他充电关键词	1087		25	发电	153	2.46%
4	变压/变压器	1005	16.19%	26	检测	153	2.46%
5	电路	851	13.71%	27	变频/变频器	150	2.42%
6	储能	509	8.20%	28	变流/变流器	148	2.38%
7	变换/变换器	435	7.25%	29	自动	148	2.38%
8	功率	433	6.97%	30	滤波	146	2.35%
9	驱动	411	6.62%	31	电流	145	2.34%
10	转换	375	6.04%	32	电机	143	2.30%
11	LED	358	5.77%	33	控制电路	136	2.19%
12	转换器	306	4.93%	34	模块	135	2.17%
13	设备	303	4.88%	35	滤波器	133	2.14%
14	电动汽车相关	287	4.62%	36	电子	132	2.13%
	电动车	77		37	充电器	131	2.11%
	电动工具	6		38	控制系统	131	2.11%
	电动机	11		39	能源	129	2.08%
	电动汽车	120					
	充电站	33					
	充电桩	40					
15	其他电动关键词（排除电动汽车相关）	245	3.95%				

（续）

序号	关键词	频数	频率	序号	关键词	频数	频率
40	新能源	127	2.05%	74	模式	65	1.05%
41	谐振	126	2.03%	75	恒流	64	1.03%
42	输出	123	1.98%	76	调节	64	1.03%
43	移动	123	1.98%	77	无线电	64	1.03%
44	电动汽车	120	1.93%	78	单元	63	1.01%
45	智能	119	1.92%	79	逆变器	63	1.01%
46	DC	118	1.90%	80	冷却	62	1.00%
47	开关电源	117	1.88%	81	网络	61	0.98%
48	制备	107	1.72%	82	绕组	60	0.97%
49	车辆	102	1.64%	83	组件	59	0.95%
50	控制器	100	1.61%	84	快速	58	0.93%
51	电平	97	1.56%	85	故障	57	0.92%
52	高压	97	1.56%	86	蓄电	57	0.92%
53	电容	95	1.53%	87	直流电	57	0.92%
54	功能	91	1.47%	88	切换	56	0.90%
55	光伏	91	1.47%	89	三相	56	0.90%
56	混合	91	1.47%	90	并联	55	0.89%
57	测试	87	1.40%	91	集成	55	0.89%
58	管理	86	1.39%	92	监测	55	0.89%
59	逆变	86	1.39%	93	交流	55	0.89%
60	整流	86	1.39%	94	启动	55	0.89%
61	散热	80	1.29%	95	优化	55	0.89%
62	电动车	77	1.24%	96	能量	54	0.87%
63	分布式	77	1.24%	97	补偿	53	0.85%
64	电能	75	1.21%	98	车载	53	0.85%
65	供电	75	1.21%	99	耦合	53	0.85%
66	制造	73	1.18%	100	干式	51	0.82%
67	连接	71	1.14%	101	双向	51	0.82%
68	驱动器	69	1.13%	102	材料	50	0.81%
69	同步	70	1.13%	103	配电	50	0.81%
70	线圈	70	1.13%	104	输入	50	0.81%
71	终端	69	1.11%	105	通信	50	0.81%
72	传输	68	1.10%	106	蓄电池	50	0.81%
73	电站	67	1.08%				

电源、控制、变压器/变压等作为基础的关键词，频次和频率却呈现相反态势：电源关键词总体呈下降趋势，频次由 2015 年的 1615 下降至 2017 年的 1158，频率则由 32.35% 下降到 18.65%，降幅明显；但是变压/变压器却继续 2016 年以来的上升趋势，今年的频率和频次又小幅上升，频率由 2016 年的 818 上升到 2017 年的 1005，频次则由 15.70% 上升到 16.19%。

关键词的频次变化一定程度体现了技术热点的转移。下降幅度较大的关键词见表 5。

表5　2015—2017 年降幅 10％以上电源发明专利关键字统计表

下降幅度	关键词
50％以上	逆变器、光伏、三相
30％～50％	开关电源、供电、模块、恒流、高压、电站、蓄电池、车辆
10％～30％	控制电路、集成、智能、电平、并联、控制器、电动车、DC、驱动、LED

但是与此同时，一些关键词的上升幅度几乎达到了飙升的程度，见表6。

表6　2015—2017 年升幅 10％以上电源发明专利关键字统计表

上升幅度	关键词
500％以上	储能、新能源
100％～500％	制备、干式
50％～100％	谐振、无线电、电网、充电
10％～50％	变压器、车载、变频器、耦合、滤波器、转换器

在热点关键词下的主要专利获得企业/高校，见表7。

表7　2015—2017 年升幅 50％以上关键词对应高校/企业列表

关键词	频次	2015—2017 年升幅	专利获得企业/院校
新能源	127	619.11％	深圳龙电电气股份有限公司，国家电网系
储能	509	520.76％	罗伯特·博世有限公司，山东大学，浙江大学，国家电网系
干式	51	152.68％	国家电网系，ABB 技术有限公司，中变集团上海变压器有限公司
谐振	126	92.08％	华南理工大学，浙江大学，南京航空航天大学
无线电	64	87.90％	东南大学，华南理工大学
电网	172	68.33％	国家电网系，湖南大学，华南理工大学，浙江大学

三、新能源相关技术的专利状况分析

（一）专利数量对比分析

如图8所示，在2017 年搜集的6209 项专利发明中，新

能源领域的相关发明共有 1270 项，占比 20.6％，无论在数量还是相关技术的占比上，都呈现上升态势。和总体数量表现略有不同，新能源专利数在 2016 年经历了一定的下降，但是 2017 年强力回弹，达到了近三年的高点，体现了该领域活跃的研发状态。

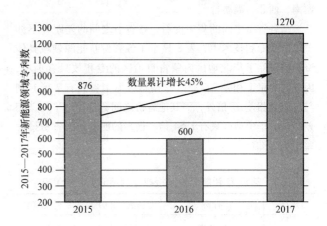

图8　2015—2017 年新能源领域专利数量对比

（二）专利地区分析

1. 国内国外对比

2017 年新能源授权专利中，国内申请数量 1163 项，国外申请数量 107 项，占比分别为 91.6％、8.4％。在新能源领域中，国内发明数量占绝对上峰。

2. 国内各省份比较

根据申请人所在地进行统计，图9 列出了各省市专利贡献情况：北京市、江苏省、广东省占比在 10％以上，上海市、安徽省在 5％以上，山东省、浙江省、湖南省占比 5％，其他各省份占比均在 5％以下。这个排名和整体电源技术专利排名略有不同，第一梯队虽然仍然是北京市、江苏省、广东省，但具体排名却不尽相同，而在整体技术中并不占优势的山东省、安徽省在新能源领域却能占有一席之地，整体电源技术排名靠前的台湾省在新能源领域并不占优势。在新能源领域，华中地区的实力不可忽视。

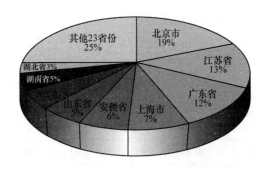

图9　2017 年新能源领域专利主要贡献省/市及授权数占比

各个地区的排名也因此与整体专利技术排名略有不同，整体专利技术排名相对靠前的华南地区被华北地区超过，位列第三；而华东地区无论在整体电源技术还是新能源领域专利数都位于第一名。此外，电源整体领域中 4~8 名的西南、华中、东北、西北、港澳台则变为了华中、东北、西南、西北、港澳台。

从各省份之间的集中度看，各省份之间的差距并不如整体电源专利技术大，表 8 显示了各省份新能源领域具体专利数。除了华北地区内蒙古自治区的专利数只有 1 项，因此与北京市相差 222 倍，华南地区海南省只有 2 项专利与广东省相差 67 倍外，而其他省份之间数量相对平均，相差最少的华中地区只有 1.54 倍，最多的西南地区省份最大差距为 30 倍。

表 8 2017 年新能源领域授权专利所在省份分布表

地区	省份	专利数(项)	地区专利数(项)
华东	江苏省	151	372
	上海市	85	
	安徽省	70	
	浙江省	58	
	江西省	8	
华北	北京市	222	348
	山东省	63	
	河南省	20	
	河北省	19	
	天津市	16	
	山西省	7	
	内蒙古自治区	1	
华南	广东省	134	180
	福建省	23	
	广西壮族自治区	21	
	海南省	2	
华中	湖北省	54	89
	湖南省	35	
东北	辽宁省	32	60
	黑龙江省	17	
	吉林省	11	

（续）

地区	省份	专利数(项)	地区专利数(项)
西南	四川省	30	58
	重庆市	15	
	贵州省	8	
	云南省	4	
	西藏自治区	1	
西北	陕西省	26	42
	新疆维吾尔自治区	11	
	甘肃省	4	
	青海省	1	
港澳台	台湾省	13	14
	香港	1	

3. 国外各个国家地区比较

在新能源领域，国外的整体数量较少，但分布国家却更加集中，欧盟成员国中的德国占比达到 37.38%，位列第一，虽然美国在整体电源技术中只列第三，但是在新能源领域却略占优势，超过日本位列第二，韩国在新能源领域也占有一席之地，达到 9.35%。前两名的德国和美国占据了约总体 60% 的份额，说明在新能源领域国内企业的竞争对手主要也来自于这两个国家，如图 10 所示。

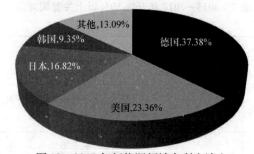

图 10 2017 年新能源领域专利申请人
所属国家及数量占比

（三）专利申请人类型分布

1. 申请人类型

与整体电源领域的申请人类型相似，创新主体依次为企业、高校、产学研结合、个人、科研院所，无论是整体电源专利技术还是新能源领域，产学研结合情况都不乐观，虽然新能源中产学研比例略有提高，但是也只有约 6% 的份额，说明产学研合作仍然需要一个长期的过程。如图 11 所示。

2. 新能源主要申请企业名单（独立申请数量前 10 名）

表 9 显示了独立申请专利数排名。来自安徽省的阳光电源股份有限公司是当之无愧的第一梯队，专利数达到了 42 件，而整体电源技术中的台达电子企业管理（上海）有

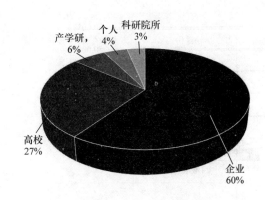

图 11　2017 年新能源领域主要申请主体类型及贡献率

限公司和华为技术有限公司排名相对靠后，在该领域没有显著优势；而排在第二名的则是湖南省的南车株洲系，南车株洲电力机车研究所有限公司、株洲南车时代电气股份有限公司、南车株洲电力机车有限公司合计专利数达到 26 项；第三名则是德国的罗伯特·博世有限公司。结合电源整体专利技术的企业专业领域分析，阳光电源股份有限公司主要集中在光伏/逆变器细分方向，而罗伯特·博世有限公司主要集中在储能领域，充分说明了博世公司对中国储能市场的重视以及决心，也是在储能领域中国企业的主要竞争对手。

表 9　2017 年新能源领域独立申请前 10 名企业

申请人	专利数（项）
阳光电源股份有限公司	42
罗伯特·博世有限公司	16
西门子公司	11
南车株洲电力机车研究所有限公司	11
株洲南车时代电气股份有限公司	9
台达电子企业管理（上海）有限公司	8
北京天源科创风电技术有限责任公司	7
南车株洲电力机车有限公司	6
华为技术有限公司	6
广东易事特电源股份有限公司	6

3. 新能源领域高校及科研院所申请情况分析

从表 10 可以看出，新能源领域的院校排名和整体电源领域有所不同，电子科技大学、西南交通大学、西安交通大学、上海交通大学不在独立申请前 10 名中，取而代之的是同济大学、清华大学、湖南大学、桂林电子科技大学，但

新能源领域排名前三的院校在整体电源领域也进入前 10：山东大学、浙江大学、华南理工大学，体现了三所学校在电源领域领先的研究实力。而这三所学校所在地区也是专利申请量贡献的主要地区，充分说明该地区在新能源领域的较强竞争力。

表 10　2017 年新能源领域高校独立申请量前 10 名名单

申请人	专利数（项）
山东大学	17
浙江大学	13
华南理工大学	13
同济大学	11
南京航空航天大学	11
清华大学	10
湖南大学	10
哈尔滨工业大学	10
桂林电子科技大学	10
东南大学	9

（四）新能源专利关键字数量分布

通过大数据采集和分析，共得出 6 个与新能源有关的关键词：逆变/逆变器、光伏、并网、变流器、分布式、储能、锂电池，而从近三年的数量和占比来看，产业热点发生了明显的转移，2015 年合计占比达到 78.75% 的逆变/逆变器、光伏、并网到 2017 年合计占比只达到 27.12%，而储能则从 2015 年的 5.55% 直线上升到 48.43%，分布式、锂电池并没有明显的起伏，变流器则在 2016 年达到峰值 36.55%，2017 年又回落到 2015 年上下，见图 12。

四、总结

综上分析，可以看出，在电源领域，尤其新能源细分行业，我国研发状态活跃，竞争也很激励；从地区角度看，除了传统的北京、江苏、广东等经济强省/市外，山东、安徽、湖北、湖南是新起之秀，尤其在新能源领域，研发活跃，数量上占有一席之地；从行业角度看，有的细分领域充分竞争，比如 LED 领域，技术创新属于落潮态势，有的细分行业成为企业追逐并大力投入的领域，比如储能和变换；而从国家角度看，国外在中国竞争没有数量方面的优势，在某些细分领域，与国内企业会展开较为激烈的竞争，国内企业的最大竞争对手是德国企业，美国企业次之。

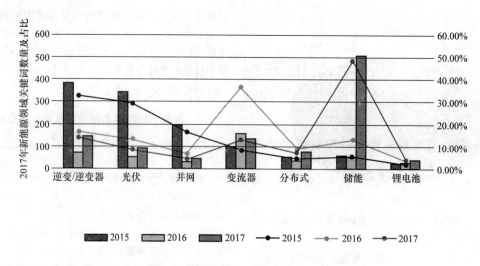

图 12　2017 年新能源领域关键词数量及占比变化图

电源相关科研团队简介

（按照团队名称汉语拼音顺序排列）

1. 安徽大学—工业节电与电能质量控制省级协同创新中心

地址：安徽省合肥市九龙路 111 号，安徽大学磬苑校区理工 B 座

邮编：230601

电话：0551-63861862

传真：0551-63861862

网址：http：//www3. ahu. edu. cn/jdcx/

团队人数：127

团队带头人：王群京

主要成员：李国丽、郑常宝、赵吉文、胡存刚、陈权

研究方向：高节能电机及其控制，电力电子装置，电能质量检测与治理

团队简介：

工业节电与电能质量控制协同创新中心（以下简称"中心"）是安徽大学牵头，联合东南大学、安徽省电力公司、马钢（集团）控股有限公司、安徽皖南电机股份有限公司和合肥通用机械研究院等作为核心共建单位，由共同致力于提升科技创新能力和拔尖创新人才培养能力、服务和引领工业节电与电能质量控制领域技术创新、应用和推广的高等院校、科研院所、企业和国际创新机构等单位联合组建的非法人实体组织。

中心的宗旨是：面向制约区域可持续发展的节能和能源安全等重大问题，本着"优势互补，深度融合，协同创新，利益共享，对外开放，支撑发展"的原则，在安徽省能源局指导下，基于长期项目和人才合作，依托安徽大学和东南大学国家重点学科和平台，以安徽电力、马钢和皖南电机等重点企业及其技术中心为工程化示范和产业化基地，改革协同创新模式和机制，联合共建工业节电与电能质量控制协同创新中心，在工业节电和用电质量及安全等重点领域，搭建高技术研发平台、技术转移平台、公共技术服务平台、科技型企业孵化平台和高层次人才培养平台，建成服务全省，辐射周边，在国内具有较大影响的公共协同创新中心，通过政产学研合作机制，整合各类资源，开展联合技术创新，推动高耗能传统产业技术升级，提高能源、钢铁等支柱产业经济和社会效益，孵化和催生节电产品战略性新兴产业，促进区域经济社会可持续发展。

通过中心实现政产学研实质性联合，发挥政府职能部门主导作用，建立高等院校与企业间的产学研合作对口支援关系，实现能力互补和研发风险的分担；融合高校和企业各自的人才优势、技术优势，集聚和培养一批高层次技术人才；面向产业，建立产学研结合的公共科技创新平台，形成一批在国内具有一流水平的产学研开发基地和产业化基地，加快学校科学技术向企业转移；承担和实施一批国家和省级重大科技项目，不断缩短企业产品技术研发周期，提升产业创新水平，加快相关产业的科技进步；攻克一批制约产业发展的工业节能和用电安全共性关键技术，形成具有国际竞争力的自主品牌、自主知识产权，形成系列化的国家、行业以及地方标准；通过中心的技术辐射、产品辐射和服务辐射功能，为行业单位和用户提供多层面，专业化的服务。

在研项目：

国家级及省部级科研项目清单

序号	项 目 名 称	编号	项目类别
1	基于多支持向量机和重心邻域估计的永磁直线电机空间谐波抑制研究	（51277002）	国家自然科学基金
2	矿山用大型主排水泵电机系统节能技术的研究与应用	（2013BAF01B01）	国家科技支撑课题
3	大型机电装备绿色节能技术研究与应用——大型流体机械节能技术研究与应用	（2013BAF01B02）	国家科技支撑课题
4	公共机构节能关键技术研发及示范——暖通综合节能技术	（2012BAA13B01）	国家科技支撑课题
5	燃烧过程多光谱分析仪器的开发与应用——燃烧过程多光谱分析仪信息综合平台研发	（2012YQ220119）	国家重大科学仪器设备开发专项
6	脉冲随机系统的稳定性、随机镇定及其在神经网络中的应用研究	（11301004）	国家自然科学基金
7	基于 GPU 的 directionlets 域 SAR 图像相干斑噪声抑制并行算法研究	（61370110）	国家自然科学基金
8	有源中点箝位型变换器 SHEPWM 控制策略的优化研究	（51307002）	国家自然科学基金
9	基于虚拟样机建模的永磁球形电机自适应反演协同控制研究	（51307001）	国家自然科学基金
10	基于多信息局部相关模型的视频标注研究	（61300056）	国家自然科学基金
11	移动云计算环境下软件跨平台运行与安全机制关键技术研究	（61300169）	国家自然科学基金
12	基于面部结构特征先验信息的人脸特征点深度值估计方法研究	（61370109）	国家自然科学基金

（续）

序号	项 目 名 称	编号	项目类别
13	多窗实值离散 Gabor 展开与变换理论及快速算法	（61372137）	国家自然科学基金
14	极短沟道 MOST 的二维器件模型与电路模拟器器件模型统一建模的研究	（61376098）	国家自然科学基金
15	基于第一性原理的阻变存储器存储机理和优化方案的研究	（61376106）	国家自然科学基金
16	全息视频显示的 LCOS 原理研究	（61377006）	国家自然科学基金
17	不确定环境下基于风险态度和偏好关系相容性的群决策模型及其在供应商选择中的应用	（71301001）	国家自然科学基金
18	基于多辛算法的金属材料电磁场超强透射机理研究	（51477001）	国家自然科学基金
19	序关系描述下的多源遥感图像配准算法研究	（61401001）	国家自然科学基金
20	基于 EOG 的人体行为识别算法及其应用研究	（61401002）	国家自然科学基金
21	基于跨媒体随机点积图模型的网络图像事件分析研究	（61402002）	国家自然科学基金
22	基于线性贝叶斯 MAP 估计和稀疏表达模型的图像插值算法研究	（61402003）	国家自然科学基金
23	SAR 图像配准中仿射不变特征提取和变换参数估计算法研究及快速实现	（61402004）	国家自然科学基金
24	多维多粒度粗糙集模型和算法研究	（61402005）	国家自然科学基金
25	面向网状结构数据的粒化方法、模型及其应用研究	（61402006）	国家自然科学基金
26	基于经验软件工程方法的云计算工作流系统设计的研究	（61402007）	国家自然科学基金
27	辛时域离散伽略金算法及其在典型微纳结构电磁仿真中的应用	（61471001）	国家自然科学基金
28	基于车辆身份的 VANET 安全机制及其系统评估方法研究	（61472001）	国家自然科学基金
29	基于多模态视觉模型的行为事件分析研究与应用	（61472002）	国家自然科学基金
30	基于分布多极磁场模型的三自由度永磁球形电动机位置检测研究	（51407002）	国家自然科学基金
31	新型通用配电网静止同步补偿器拓扑及其控制策略研究	（51407001）	国家自然科学基金
32	基于多普勒调制复合字典匹配分解与重构的列车轴承声信号调理研究	（51505001）	国家自然科学基金
33	基于切换系统理论的机电伺服转台多工况优化控制	（51507001）	国家自然科学基金
34	电动汽车驱动与制动一体化混合能量源系统研究	（51507002）	国家自然科学基金
35	基于栅栏图像 SVD 相位相关算法的直线电机动子位置超精密测量研究	（51577001）	国家自然科学基金
36	基于随机相位调制的自然场景压缩成像方法与实现研究	（61501001）	国家自然科学基金
37	极化码串行抵消解码算法误码特性研究	（61501002）	国家自然科学基金
38	有向图谱理论在图像匹配中应用研究	（61501003）	国家自然科学基金
39	基于矩量法与渐近波形估计技术的动态海面宽带电磁散射特性研究	（61501004）	国家自然科学基金
40	基于多目标优化的约束模式挖掘方法研究	（61502001）	国家自然科学基金
41	基于形状信息和结果反馈的多图谱图像分割方法	（61502002）	国家自然科学基金
42	基于概率超图直推式学习的交互式图像检索方法研究	（61502003）	国家自然科学基金
43	分子层次上肺癌子型标记物识别的计算模型研究	（61502004）	国家自然科学基金
44	基于图像前景关联的协同抠图技术研究	（61502005）	国家自然科学基金
45	通用时序逻辑表达下的视频时空行为理解研究与应用	（61502006）	国家自然科学基金
46	适用于可逆信息隐藏算法的图像质量评价标准研究	（61502007）	国家自然科学基金
47	SPN 型分组密码的新型代数分析方法研究	（61502008）	国家自然科学基金
48	基于图像灰度熵分解的密文图像高载荷可逆信息隐藏	（61502009）	国家自然科学基金
49	开放式云平台中基于跨域用户的数据隐私保护技术	（61572001）	国家自然科学基金
50	基于局部中层特征的密集场景视频分析研究	（61572029）	国家自然科学基金
51	大规模有向网络的拉普拉斯嵌入、聚类和半监督学习	（61572030）	国家自然科学基金
52	密码学安全且实际有效的动态频谱拍卖机制研究	（61572031）	国家自然科学基金

（续）

序号	项　目　名　称	编号	项目类别
53	复杂事件设计下分布式事件触发协调控制方法研究	（61573021）	国家自然科学基金
54	电网间谐波、谐波分析新方法研究	（2.01234E+13）	教育部博士点基金
55	安徽省高节能电机高技术研究实验室建设	（2013020405）	安徽省自主创新项目
56	新型矿用绞车机电一体化设计	（6061343）	安徽省教育厅重点项目
57	基于新型拓扑及其控制的NPC多电平变流器功率器件损耗不均的解决方案研究	（KJ2013A011）	安徽省教育厅
58	三自由度永磁球形电机伺服控制系统的研发	（KJ2013A012）	安徽省教育厅
59	设备状态流形特征表示与诊断研究	（KJ2013A010）	安徽省教育厅
60	智能消防侦察机器人的研制	（1401b042010）	安徽省科技强警项目
61	中点箝位型多电平变流器功率器件损耗均衡控制研究	（1308085ME81）	安徽省自然科学基金
62	公安机关大数据管理平台及智能搜索引擎的研发	（1301b042003）	安徽省科技攻关项目
63	多自由度永磁球形电动机结构优化及位置检测研究	（1308085QE82）	安徽省自然科学基金
64	陶瓷义齿复杂型面高效磨削加工关键技术研究	（1308085QE93）	安徽省自然科学基金
65	汽车车桥零件的高效加工技术	（1301022079）	安徽省科技攻关项目
66	切削刀具的仿生设计及减阻机理的研究	（1308085ME63）	安徽省自然科学基金
67	谐波对电网设备影响研究及技术经济评价		河北省电力研究院
68	青年骨干教师项目-电动汽车电驱及储能系统研究		安徽大学
69	非线性随机振动压电能量回收方法研究	（1408085ME81）	安徽省自然科学基金
70	基于超级电容的电动汽车用高效混合能量源系统研究	（1508085QE98）	安徽省自然科学基金
71	基于电压模型的感应电机无速度传感器矢量控制的全状态稳定性研究	（1408085QKL99）	安徽省自然科学基金

中心近三年横向课题项目清单

序号	项　目　名　称	产学研合作单位	负责人
1	光伏逆变器系列产品的研发	安泰科技	王群京
2	离网光伏发电控制逆变器的研发	安泰科技	胡存刚
3	有源中点钳位型光伏变流器的研发	江苏东润光伏科技有限公司	胡存刚
4	土壤理化性质数据采集与分析系统的研发	农业部南京农业机械化研究所	胡存刚
5	履带式机器人在安徽电网中应用的可行性研究	安徽省电科院	李国丽
6	iHev混合动力汽车驱动电机设计	安徽江淮汽车有限公司	王群京
7	微电网系统关键技术研究与示范	安徽安泰科技股份	王群京
8	变压器电抗器火灾案例及消防机器人	安徽省电科院	李国丽
9	矿用SVG控制驱动系统及装置的研发	淮南万泰集团	王群京
10	100kW电动大巴控制器无速度传感器矢量控制软件开发	合肥阳光电源有限公司	漆星
11	感应电机通风冷却模型设计	中国船舶重工集团公司第七一二研究所	张茂松
12	异型螺栓加工工艺技术研究2	宁波浩渤工贸有限公司	李桂华
13	电视视频检测系统	安徽科大讯飞信息科技股份有限公司	李腾
14	光伏微电网建模与仿真技术研究项目	安徽省电科院	王群京
15	APF装置、SVG控制及驱动系统、电能质量监测专家系统（第一阶段）的研发	安徽合凯电力保护设备有限公司	王群京
16	钢铁企业薄板生产线电压凹陷治理装置研发	安徽合凯电力保护设备有限公司	郑常宝
17	宝钢直属厂部主干网电能质量状态分析与研究	上海宝钢安大电能质量有限公司	朱明星
18	谐波对电网设备影响研究及技术经济评价	国网河北省电力公司电力科学研究院	朱明星

（续）

序号	项　目　名　称	产学研合作单位	负责人
19	城市地铁注入配网谐波测量分析及接入系统方案评估	河北电力研究院	朱明星
20	连云港旗台作业区散货泊位电网无功补偿及电动机节电运行方法研究	交通运输部水运科学研究所	朱明星
21	马钢 511BDS、31BDS 35kV 供配电系统和电炉设备节电运行技术研究与应用	马鞍山钢铁股份有限公司	朱明星
22	具有储能装置的分布式光伏发电系统关键技术研究	安徽合凯电力保护设备有限公司	王群京
23	100A 有源电力滤波器的研发(合肥市节能院奖励)	合肥市科技局	王群京
24	光伏微电网关键技术研究与示范应用	安徽安泰科技股份	王群京
25	储能型双向变流器的研发	安徽贵博新能有限公司	胡存刚
26	电动汽车用高效电机电驱及制动回收系统关键技术研究	南京研旭电气科技有限公司	丁石川
27	便携式电能质量测试仪器研发	安徽节源节能科技有限公司	朱明星
28	山江重工电弧炉干扰发生量及解决方案研究	湖北山江重工有限公司	朱明星
29	合肥金太阳通威子站光伏并网电能质量问题及解决方案研究	赛维 LDK 光伏科技(合肥)工程有限公司	朱明星
30	IPQ-1 电能质量便携式测试仪器研发	上海勤礼信息技术有限公司	朱明星
31	配电网电能质量测试与评估技术服务项目	上海柴油机股份有限公司	朱明星
32	城市地铁注入配网谐波测量分析及接入系统方案评估	河北电力研究院	朱明星

SCI、EI 收录成果清单

序号	科研成果名称	发表时间	收录
1	Depth Estimation of Face Images Using the Nonlinear Least-Squares Model	2013	SCI
2	Directionlet-based denoising of SAR images using a Cauchy model	2013	SCI
3	A multiscale products technique for denoising of DNA capillary electrophoresis signals	2013	SCI
4	SAR Image Despeckling with Adaptive Multiscale Products Based on Directionlet Transform	2013	SCI
5	Virtual neighbor based connectivity preserving of multi-agent systems with bounded control inputs in the presence of unreliable communication links	2013	SCI
6	Distributed event-triggered control of multi-agent systems with combinational measurements	2013	SCI
7	Face recognition with multi-resolution spectral feature images	2013	SCI
8	Resilient L2-L∞ Filtering of Uncertain Markovian Jumping Systems within the Finite-Time Interval	2013	SCI
9	Robust finite-time estimation of Markovian jumping systems with bounded transition probabilities	2013	SCI
10	Nonnegative Signal Decomposition with Supervision	2013	SCI
11	A Novel Symplectic Multi-Resolution Time-Domain Scheme for Electromagnetic Simulations	2013	SCI
12	Finite-time boundedness of uncertain time-delayed neural network with Markovian jumping parameters	2013	SCI
13	Output regulation of a class of continuous-time Markovian jumping systems	2013	SCI
14	L2-L∞ fuzzy control for Markov jump systems with neutral time-delays	2013	SCI
15	Laddered Multilevel DC/AC Inverters used in Solar Panel Energy Systems	2013	SCI
16	Hybrid Split-Capacitors and Split-Inductors Applied in Positive Output Super-Lift Luo-Converters	2013	SCI
17	Low-Rank Affinity Based Local-Driven Multilabel Propagation	2013	SCI
18	A detection method for bearing faults using null space pursuit and S transform	2014	SCI
19	Directionlet-based method using the Gaussian mixture prior for SAR image despeckling	2014	SCI
20	A Novel Image Denoising Algorithm Using Linear Bayyesian MAP Estimation Based on Sparse Representation	2014	SCI
21	A denoising method based on null space pursuit for infrared spectrum	2014	SCI
22	A high quality single-image super-resolution algorithm based on linear Bayesian MAP estimation with sparsity prior	2014	SCI

（续）

序号	科研成果名称	发表时间	收录
23	Classification of gait rhythm signals between patients with neuro-degenerative diseases and normal subjects: Experiments with statistical features and different classification models	2014	SCI
24	A portable embedded drug precursor gas detection and identification device based on cataluminescence-based sensor array	2014	SCI
25	Optimal finite-time passive controller design for uncertain nonlinear Markovian jumping systems	2014	SCI
26	Robust Control, Optimization, and Applications to Markovian Jumping Systems	2014	SCI
27	Suboptimal Event-Triggered Consensus of Multiagent Systems	2014	SCI
28	Gene differential coexpression analysis based on biweight correlation and maximum clique	2014	SCI
29	Unbiased estimation of Markov jump systems with distributed delays	2014	SCI
30	Stochastic Systems: Modeling, Optimization and Applications	2014	SCI
31	A cataluminescence sensor system for diethyl ether based on CdO nanostructure	2014	SCI
32	Feature extraction for identification of drug and explosive concealed by body packing based on positive matrix factorization	2014	SCI
33	Microarray data classification using the spectral-feature-based TLS ensemble algorithm	2014	SCI
34	Application of BW-ELM model on traffic sign recognition	2014	SCI
35	Super-Lift Boost Converters	2014	SCI
36	Optimum Design of the Precise Surface Plate Based on Thermal Deformation Experiment and FEA	2014	SCI
37	Almost asymptotic regulation of Markovian jumping linear systems in discrete-time	2014	SCI
38	Fault estimation for T-S fuzzy Markovian jumping systems based on the adaptive observer	2014	SCI
39	On-line Fault Diagnosis of Main Reducer based on the Noise Characteristic Parameters	2013	EI
40	光伏发电并网系统的仿真建模及对配电网电压稳定性影响	2013	EI
41	Selective Harmonic Elimination PWM Method Applied to Three-level Photovoltaic NPC Inverter	2013	EI
42	Design and Analysis of Permanent Magnetic Spherical Motor with Cylindrical Poles	2013	EI
43	Structural Optimization of Double-secondary PMSLM Based on Spatial Harmnic Suppression	2013	EI
44	Design and Performance Analysis of Small Denture Machining Equipment	2013	EI
45	Design of a 5-Axis CNC Machine Tool Applied to Dental Restoration	2013	EI
46	Simulation model of photovoltaic generation grid-connected system and its impacts on voltage stability in distribution grid	2013	EI
47	The Design of Motor Multi- Objective Inverse Optimization System based on Genetic Algorithm	2013	EI
48	Adaptive Output Feedback Control for Permanent Magnet Spherical Motor by Fuzzy	2013	EI
49	Design and Analysis of Permanent Magnet Spherical Motor with Cylindrical Poles	2013	EI
50	基于图像求逆相位相关算法检测电机转子位置	2013	EI
51	直线电机动子位置检测的图像亚像素测量算法	2013	EI
52	一种新型基于直流电容局部充电的升压型多电平逆变器	2013	EI
53	飞秒激光全息并行加工中的多焦点均一性	2013	EI
54	Gravity Neighborhood Estimation Algorithm Based for Cylinder Linear	2013	EI
55	基于太阳跟踪的自动光谱采集系统研制	2013	EI
56	Recognition Algorithm For Plant Leaves Based On Adaptive Supervised Locally Linear Embedding	2013	EI
57	Online Measurement on Flatness and its Uncertainty of Small Work-piece	2013	EI
58	A Novel Ensemble Algorithm for Tumor Classification	2013	EI
59	A Mass Spectra-Based Compound-Identification Approach with a Reduced Reference Library	2013	EI

(续)

序号	科研成果名称	发表时间	收录
60	基于监督局部线性嵌入算法的玉米田间杂草识别	2013	EI
61	Event-triggered control of multi-agent systems with suboptimal triggering	2013	EI
62	Inferring transcriptional modules from microarray and chip-chip data using penalized matrix decomposition	2013	EI
63	Improved Predictive Functional Control for Induction Motor Drive System	2013	EI
64	Research of Plant-Leaves Classification Algorithm based on Supervised LLE	2013	EI
65	Speech Stream Detection for Noisy Environments Based on Empirical Mode Decomposition	2013	EI
66	Efficient Search with Multi-Modality for Video Commercial	2013	EI
67	Camera based cross devices manipulating with augmented reality	2013	EI
68	Investigation on Best Switching Angles to Obtain Lowest THD for Multilevel DC/AC Inverters	2013	EI
69	Immune Genetic Programming and it's application in bioprocess modeling	2013	EI
70	Research of dynamic compensation method based on Hammerstein model for Wiener model sensor	2013	EI
71	Prediction of cytochrome P450 inhibition using ensemble of extreme learning machine	2013	EI
72	Laplacian transformation for average consensus of directed multi-agent networks	2013	EI
73	Dynamic Multiple Spectral Similarity Measures for Compound Identification	2013	EI
74	CMM Measurement Error Model Based on High-order Lagrange Interpolation	2013	EI
75	基于有限时间的一类不确定 Lipschitz 非线性系统无源滤波	2013	EI
76	Design and Set up of Optical System for Holographic Femtosecond Laser Processing	2013	EI
77	一种改进的大尺度高光谱流形降维算法	2013	EI
78	Theory of Lamb Wave Transducers and Their Applications for Gas and Liquid Sensing	2014	EI
79	Electro-Thermal Loss Analysis of The 3L-ANPC Converters	2014	EI
80	Surface roughness prediction and experimental analysis in a grinding the material of zirconia used by dental restoration	2014	EI
81	纯相位菲涅尔全息图的反馈迭代算法及其硅基液晶显示	2014	EI
82	飞秒激光加工中折射率失配引起的像差问题及其矫正	2014	EI
83	Bionic Joint Surface Shape's Influence on Coating Tool's Bonding Strength between Coating and Substrate.	2014	EI
84	Analyze and Improve Lifetime in 3L-NPC Inverter from Power Cycle and Thermal Balance	2014	EI
85	A SVPWM Based on Fluctuate Capacitor Voltage in 3L-NPC Back-to-Back Converter Applied to Wind Energy	2014	EI
86	Adaptive Tracking Control using Partitioned RBFNN in Permanent Magnet Spherical Motor System	2014	EI
87	Dynamic Modeling, Characteristic Analysis and Co-simulation of the Permanent-Magnet Spherical Actuator	2014	EI
88	Adaptive Fuzzy Decoupling Control for Permanent Magnet Spherical Motor Dynamic System	2014	EI
89	Analysis of frequency inverter loss under 3 different PWM modulation methods	2014	EI
90	Three-phase PV Inverter Based on Segmentation Fuzzy PID Control	2014	EI
91	Research on a Photovoltaic System of MPPT Hysteresis Control based on Adaptive FIR Filter	2014	EI
92	Research of Orientation Detection Method for Spherical Motor and Effect on PD Control System Based on Machine Vision	2014	EI
93	Research of hybrid PV inverter with energy storage function	2014	EI
94	An enhanced method based on wavelet for power quality compression	2014	EI
95	Solar controller driving 50W LED	2014	EI
96	Implementation of a cascade D-STATCOM under unbalanced conditions	2014	EI
97	Evolutionary identification algorithm for Hammerstein system and its convergence analysis	2014	EI

（续）

序号	科研成果名称	发表时间	收录
98	Design of the nonlinear Predictive Functional Controller for turntable servo system	2014	EI
99	Image interpolation based on fractal method in contourlet domain	2014	EI
100	Leakage Field Computational Analysis of Closed Slot Motor Based on Ansoft	2014	EI
101	Voltage Differential Feedback Control for Three-phase PV Inverter Based on Repetitive Control	2014	EI
102	Rotor Orientation Detection Method of Spherical Motor Based on Single 2-DOF Optical Sensor	2014	EI
103	Adaptive Fuzzy Tracking Control Based on Backstepping for Permanent Magnet Spherical Motor	2014	EI
104	Identification of switched Hammerstein model of radar antenna servo system using the RLS-PSO algorithm	2014	EI
105	组合核函数多支持向量机的直线电机建模	2014	EI
106	影响电容式电压互感器谐波传递特性的关键参数	2014	EI
107	基于参考阻抗法的多不平衡源责任分摊定量评估	2014	EI

行 业 标 准

标准号	名 称	编制单位	发表年度
1. JB/T 11315—2013	工业缝纫机用交流永磁同步电动机技术条件	全国小功率电机标准化委员会	2013 年
2. JB/T XXXXX—201X	推杆用电动机通用技术条件	全国小功率电机标准化委员会（进行中）	
3. JB/T XXXXX—201X	小功率齿轮减速异步电动机	全国小功率电机标准化委员会（进行中）	
4. JB/T 11707—2013	《YE2 系列（IP55）高效率三相异步电动机技术条件（机座号 80-355）》	安徽省电机产品标准化技术委员会	2013 年
5. JB/T 11708—2013	《YFE2 系列（IP55）风机专用高效率三相异步电动机技术条件（机座号 80-400）》	安徽省电机产品标准化技术委员会	2013 年
6. JB/T 11709—2013	《YSE2 系列（IP55）水泵专用高效率三相异步电动机技术条件（机座号 80-355）》	安徽省电机产品标准化技术委员会	2013 年
7. JB/T 11280—2013	《YX 系列高效率高压三相异步电动机技术条件（机座号 355-630）》	安徽省电机产品标准化技术委员会	2013 年
8. JB/T 5879—2013	《YSB 系列三相机床冷却电泵》	全国旋转电机标准化技术委员会	2013 年
9. JB/T 6741—2013	《YSD 系列变极双速三相异步电动机》	全国旋转电机标准化技术委员会	2013 年
10. JB/T 10445—2014	《YR 系列 10kV 绕线转子三相异步电动机技术条件（机座号 400-630）》	安徽省电机产品标准化技术委员会	2014 年
11. JB/T 10446—2014	《Y、YX 系列 10kV 三相异步电动机技术条件及能效分级（机座号 400-630）》	安徽省电机产品标准化技术委员会	2014 年
12. JB/T XXXXX—201X	《小功率单相串励电动机通用技术条件》	全国旋转电机标准化技术委员会（进行中）	
13. JB/T 9542—201X	《双值电容异步电动机通用技术条件》	全国旋转电机标准化技术委员会（进行中）	

企业标准与规范

标准号	名 称	编 制 单 位
1. DB34/T 1879—2013	《YP2 系列宽频三相异步电动机技术条件（机座号 63-355）》	安徽省电机产品标准化技术委员会（2013 年）

（续）

标准号	名　　称	编 制 单 位
2. DB34/T 1878—2013	《YLV 系列低压大功率三相异步电动机技术条件（机座号400-450）》	安徽省电机产品标准化技术委员会（2013 年）
3. DB34/T 1880—2013	《YXVF 系列高效率变频调速三相异步电动机技术条件（机座号 80-355）》	安徽省电机产品标准化技术委员会（2013 年）
4. —	智能过电压综合抑制装置企业标准	企业产品标准信息公共服务平台（2014 年）
5. —	自适应小电流选线装置企业标准	企业产品标准信息公共服务平台（2014 年）
6. —	无线接点测温装置企业标准	企业产品标准信息公共服务平台（2014 年）
7. —	智能低压快切换装置企业标准（智能低压快速切换装置）	企业产品标准信息公共服务平台（2014 年）
8. —	电能质量治理装置验收技术规范	安徽省电能质量专业标准化技术委员会（进行中）
9. Q/HK 02—2015	《消弧及过电压保护装置》	企业产品标准信息公共服务平台（2015 年）
10. Q/HK 03—2015	《开关消弧装置》	企业产品标准信息公共服务平台（2015 年）
11. Q/HK 04—2015	《电网智能专家测控装置》	企业产品标准信息公共服务平台（2015 年）
12. Q/HK 05—2015	《高压限流熔断器组合保护装置企业标准》	企业产品标准信息公共服务平台（2015 年）

新 产 品

名　　称	编 制 单 位
1. YXEJ 系列高效率电磁制动三相异步电动机（机座号 80-315）	安徽皖南电机股份有限公司（2014 年）
2. YFB 系列粉尘防爆型三相异步电动机（机座号 80-355）	安徽皖南电机股份有限公司（2014 年）
3. YYB 系列油泵专用三相异步电动机（机座号 90-280）	安徽皖南电机股份有限公司（2014 年）
4. YBBP 系列隔爆型变频调速三相异步电动机（机座号 80-355）	安徽皖南电机股份有限公司（2013 年）
5. YE3 系列（IP55）超高效率三相异步电动机（机座号 80-355）	安徽皖南电机股份有限公司（2013 年）
6. YXVF 系列高效率变频调速三相异步电动机（机座号 80-355）	安徽皖南电机股份有限公司（2013 年）
7. SHK-BOD 自脱离大容量组合式过电压保护器	安徽国科电力设备有限公司（2013 年）
8. SHK-JDZ 电网故障智能专家测控装置	安徽国科电力设备有限公司（2013 年）

专 利

名　　称	类型	专利号	获批时间	发明人
1. 一种商用车后桥装配线有轨小车定位机构	发明专利	ZL201110299409.4［P］	2013	谢峰，赵吉文，魏瑞，杨智能，邵世超
2. 易于集成制造的高性能微型电磁式振动能量采集器	发明专利	ZL201010248136.6	2013	王佩红，刘慧，杨卓青
3. 便携式采集读数摄像机	发明专利	ZL201110245908.5［P］	2013	程鸿，吴海燕，韦穗，张成，沈川
4. 高精度编码器和角度传感器的制备方法	发明专利	ZL201110141385.X	2013	王磊，蔡柯，岳廷
5. 一种稀土永磁铁氧体材料及其制备方法	发明专利	ZL201110153849.9	2013	刘先松，尹萍，冯双久
6. 一种小功率电动机的定子拆卸工装	发明专利	ZL201110274374.9	2013	姚春龙，王群京，李国丽，赵志伟，徐卫，王超，尹丽
7. 一种离合器电动机的摩擦片组件	发明专利	ZL201110079462.3	2013	姚春龙，王群京，赵志伟，徐卫，王超

（续）

名　称	类型	专利号	获批时间	发明人
8. 一种基于光纤的磁镊探针	发明专利	ZL201110220889.0	2014	徐峰，俞本立，曹志刚，朱军，吕卫卫，冯飞，武为江
9. 一种单端操作的亚阈值存储单元电路	发明专利	ZL201210036104.9	2014	吴秀龙，柏娜，谭守标，李正平，孟坚，陈军宁，徐超，代月花，龚展立
10. 一种高速低功耗自关断位线灵敏放大器	发明专利	ZL201210035924.6	2014	陈军宁，柏娜，吴秀龙，谭守标，李正平，孟　坚，徐太龙，蔺智挺，余群龄
11. 一种 SRAM 位线漏电流补偿电路	发明专利	ZL201210052508.7	2014	谭守标，吴秀龙，柏娜，李正平，孟坚，陈军宁，徐超，高珊，李瑞兴
12. 一种红外触摸屏	发明专利	ZL201210177155.3	2015	郭星，吴建国，刘正义，周济人，吴璠，吴海辉，李炜
13. 多磁极各向异性永磁磁环的制备方法	发明专利	ZL201210287288.6	2014	刘先松，高尚，冯双久，金大利，王超，姜坤良，徐娟娟
14. 一种基于光转换的井下无线对讲通信系统	发明专利	CN201210124916.9	2014	胡艳军，许耀华，陈全
15. 一种便于通信的可编程逻辑控制器	发明专利	CN201410084138.4	2014	王守谦，李晓辉
16. 基于遥感影像优化 PROSAIL 模型参数的叶面积指数和叶绿素含量的反演方法	发明专利	ZL201210367345.1	2015	梁栋，黄文江，黄林生，关青松，张东彦，胡根生
17. 一种基于非线性切换系统的伺服转台建模方法	发明专利	201310633750.8	2013	张倩，王群京，叶超，李国丽
18. 一种基于非线性切换系统的伺服转台控制器	发明专利	201310633749.5	2013	张倩，王群京，叶超，李国丽
19. 一种电流滞环逆变器控制方法	发明专利	201310686857.9	2013	胡存刚
20. 一种可旋转的机器手爪	发明专利	201310140626.8	2013	李国丽，王群京，刘国华，许家紫
21. 多个电动推杆驱动的机械臂	发明专利	201310110923.8	2013	李国丽，王群京，刘国华，许家紫
22. 一种基于 PLC 的工厂智能照明系统	发明专利	201410395825.8	2014	张倩，李国丽，张悦，张木银
23. 基于动态摩擦补偿的永磁球形电机转子自适应控制系统	发明专利	201410035175.6	2014	过希文，王群京，文彦，钱喆，周睿，赵双双，赵元，尹雅芹
24. 三电平变换器 SHEPWM 与 SVPWM 平滑切换的混合调制方法	发明专利	201410069842.2	2014	胡存刚，魏中原
25. 三电平逆变器 SHEPWM 调制方法	发明专利	201410275780	2014	陈权，王群京，李国丽，胡存刚，秦昌伟，程龙
26. 一种多电平空间矢量调制方法	发明专利	201410797117.7	2014	胡存刚，魏中原，陈权
27. 五电平 ANPC 变换器悬浮电容电压控制方法	发明专利	201410810131.6	2014	胡存刚，胡军，魏中原，张云雷
28. 一种具有短脉冲补偿功能的 MOSFET 驱动器	发明专利	201410811361.4	2014	胡存刚
29. 一种具有短脉冲抑制功能的 MOSFET 驱动器	发明专利	201410810120.8	2014	胡存刚
30. 多边界条件下钢包精炼变压器容量及参数的确定方法	发明专利	201410355114.5	2014	朱明星等

（续）

名　称	类型	专利号	获批时间	发明人
31. 一种三相三线制不平衡系统等效负荷线阻抗的计算方法	发明专利	201410424514. X	2014	朱明星等
32. 一种基于磁控电抗器（MCR）的电压暂降发生装置	发明专利	201510192026. 5	2015	朱明星等
33. 基于并网点特征谐波电压测量的分布式电源孤岛检测方法	发明专利	201510219972. 4	2015	朱明星等
34. 一种小功率电动机滑套加工装置	实用新型	ZL201320070617. 1	2013	王群京，李国丽，徐卫，姚春龙，赵志伟，芮云萍，程小伟，叶秀玲，韩余华
35. 一种防误触架空线的报警系统	实用新型	ZL201320063912. 4	2013	刘政怡，魏赛，吴建国，郭星，李炜
36. 一种可旋转的机器手爪	实用新型	ZL201320206801. 4	2013	李国丽，王群京，刘国华，许家紫
37. 一种机器手爪	实用新型	ZL201320205656. 8	2013	李国丽，王群京，刘国华，许家紫
38. 机器手爪的行走底座	实用新型	ZL201320205650. 0	2013	李国丽，王群京，刘国华，许家紫
39. 新型电机用离心风扇	实用新型	ZL201220399967. 8	2013	郭家荣，文明，赵时生，章新启，李炜，严杰
40. 新型电机机座	实用新型	ZL201220400031. 2	2013	查冬英，赵时生，郭家荣，沈雅丽，王慧，裴孝龙
41. 新型电机铝机座	实用新型	ZL201220399708. 5	2013	徐燕，康希武，沈雅丽，赵时生，李志平，郭家荣
42. 异步电动机	实用新型	ZL201220698619. 0	2013	陈学锋，张利兵，许锋，唐国英，王慧
43. 三相异步电动机定、转子结构	实用新型	ZL201220698620. 3	2013	许锋，陈学锋，张利兵，章新启，李炜
44. 三相异步电动机	实用新型	ZL201220698806. 9	2013	张利兵，陈学锋，许峰，吴丹，郭耀东
45. 一种自驱动卡盘夹紧机构	实用新型	ZL201320467594. 8	2013	陈学锋，徐红华，张忠根，郭耀东，鲁鹏飞
46. 一种自驱动卡盘双刀架的端盖加工机构	实用新型	ZL201310331833. 1	2013	孙跃，许权，蒋小兵，陈虎生，方新耀
47. 一种基于 PLC 的工厂智能照明系统	实用新型	ZL201410395825. 8	2014	张倩，李国丽，张悦，张木银
48. 一种无线现场手持数字电缆检测系统	实用新型	CN201420356394. X	2014	张红伟，蒋光明，李如意，张公泉，邹明荃
49. 矿用运载小车位置读取装置及其应用	实用新型	CN201420352386. 8	2014	谢峰，雷小宝，张坤坤，江宏亮，李辉
50. 一种新型液晶显示器支架	实用新型	CN201420223419. 9	2014	李双东，莫道宏，袁光辉
51. 一种投影仪吊箱	实用新型	CN201420223416. 5	2014	李双东，莫道宏，袁光辉
52. 二维码标签保护装置	实用新型	CN201420055696. 3	2014	张东彦，赵晋陵，黄林生，梁栋，廖同庆，黄文江
53. 基于单总线转换器的粮仓储粮料位检测装置	实用新型	CN201420074471. 2	2014	张红伟，黄志华，谢宝林，陈天宇，李晓辉

（续）

名　称	类型	专利号	获批时间	发明人
54. 窄线宽激光器线宽高精度测量系统	实用新型	CN201320869272.6	2014	吕亮，张文华，杜正婷，向荣，杨波，吴爽，邓涵元，赵力杰，曹志刚，刘宇，俞本立
55. 一种基于无线通信的室内空气质量监控系统	实用新型	CN201420053512.X	2014	王守谦，李晓辉
56. 输电线路大风灾害在线预警装置的无线数据采集电路	实用新型	CN201420096797.5	2014	李伟，范明豪，程登峰，费婷婷，杨可军，周保亮，孙登第，阮瑞
57. 一种太阳能汽车的智能控制系统	实用新型	CN201420104725.0	2014	陈晓宁，欧长江，吴飞，何红燕，张坛，刘洋，董宏廷
58. 一种电动车电源管理系统	实用新型	CN201420105207.0	2014	陈晓宁，欧长江，吴飞，何红燕，张坛，刘洋，董宏廷
59. 一种基于磁控电抗器的电渣炉不平衡配电系统的治理装置	实用新型	CN201420488310.8	2014	陈列，朱明星，摆国睿，王群京，孙贺，龚光华，武胜奎，高红艳，赵海东
60. 一种小功率电动机的定子冲片结构	实用新型	ZL201520245053.X	2015	徐卫，王群京，姚春龙，赵志伟，李国丽

所 获 荣 誉

名　称	获奖等级
1. 特高压与新能源背景下的安徽电网安全经济运行关键技术研究(2014年度)	安徽省科技进步一等奖
2. 电动机智能逆向多目标优化技术及其应用(2013年度)	安徽省科技进步二等奖
3. 绝缘电气设备中SF₆气体的分解产物与其故障关系的研究及应用(2013年度)	安徽省科技进步二等奖
4. 基于多参数监测的电力节能减排优化管控系统(2013年度)	国家环境保护科学技术三等奖
5. 基于净化处理技术的SF₆温室气体减排措施研究及推广应用(2013年度)	国家环境保护科学技术三等奖
6. 变电站接地网腐蚀预测方法与防腐技术应用研究(2013年度)	安徽省科技进步三等奖
7. 皖电东送淮南至上海特高压交流输电示范工程(2014年度)	国家电网公司科学技术进步特等奖
8. 安徽省"合芜蚌创新人才奖"(王群京)(2013年度)	安徽省人民政府
9. 全国优秀科技工作者(王群京)(2013年度)	中国科协
10. 安徽青年科技奖(胡存刚)(2013年度)	省级
11. 安徽省教学名师(李国丽)(2013年度)	省级
12. 宝钢优秀教师奖(李国丽)(2014年度)	省部级
13. 城市轨道交通接入配电网关键问题研究与应用(2014年度)	国网河北省电力公司

2. 安徽工业大学—优秀创新团队

地址：安徽省马鞍山市湖东路29号
邮编：243000
电话：0555-2316595
团队人数：8
团队带头人：刘晓东
主要成员：葛芦生、陈乐柱、郑诗程、方炜、胡雪峰、刘宿城、杨云虎
研究方向：电力电子功率变换技术
团队简介：

本团队包括教授6人、副教授1人、讲师1人，其中7人具有博士学位，涉及电力电子、高电压技术、电力系统和控制理论工程等多个相关学科。围绕着"电力电子功率变换技术"核心研究方向，主要从事以下方面的研究：1）数字开关电源开发和应用；2）新能源发电及智能微电网技术的研究；3）特种电源及其应用。本团队已获得国家自然科学基金7项，国家外专局项目1项，安徽省科技攻关项目1项，安徽省自然科学基金1项，安徽省教育厅基金项目1项，马鞍山市科技局项目1项，申请国家专利6项，发表论文30余篇。与此同时，基于在开关电源和新能源变换等技术方面积累的较为丰富的理论和实践经验，团队成员积极地将部分先进的研究成果向应用领域转化，扩大了

电力电子功率变换技术在国民经济领域的应用范围，促进 了地方经济的发展。

在研项目：

名　　　称	类别	项目号	经费	负责人
1. 基于 OFDM 的 DC-DC 并联系统无线网络控制技术研究	国家自然科学基金	50877001	80 万元	葛芦生教授
2. 集光伏准并网的混合电池储能拓扑优化及其稳定运行理论研究	国家自然科学基金	51577002	60 万	胡雪峰教授
3. 随机跳变-切换系统有限时间补偿控制	国家自然科学基金	61304066	20 万元	刘晓东教授排名第二
4. 电力电子系统大信号频域近似解析方法研究	国家自然科学基金	51407003	26 万	刘宿城博士
5. 微电网电力电子接口的工程化大信号综合方法研究	安徽省自然科学基金	1508085QE97	8 万	刘宿城博士
6. 计及分布参数直流微网的稳定性评估及电能质量分析与控制	安徽省自然科学基金	1708085ME106	8 万	刘晓东教授
7. 电动汽车大功率高效快速充电技术研究	安徽省教育厅重点项目	KJ2016A804	6 万	刘晓东教授
8. 直流微电网的能量动态均衡控制研究	安徽省教育厅重点项目	KJ2017A067	6 万	方炜教授
9. 西门子 PLC 传动控制系统基础软件开发与应用	企业课题	RD13206002	15.6 万	刘晓东教授
10. 屏蔽门冗余电源模块研制	企业课题		20 万	方炜教授

科研成果：

科 研 项 目

名　　　称	类别	项目号	经费	负责人
1. 超低压大电流开关功率变换器动态性能关键技术的研究	国家自然科学基金	50877001	2009.1-2011.12 32 万	刘晓东教授
2. 脉冲阻塞式斩波控制交交变频原理探索	国家自然科学基金	50707003	2008.1-2010.12 22 万	郑诗程教授
3. 直流微电网的暂态特性分析及其控制策略研究	国家自然科学基金	51277001	2013.1-2016.12 26 万元	方炜教授
4. 电动汽车大功率快速充电技术研究	国家外专局项目	W20123400001	2013.1-2013.12 4 万元	刘晓东教授
5. 家庭太阳能光伏电源的应用开发	省科技厅十五攻关项目	6022010		郑诗程教授
6. 光伏发电系统的柔性控制策略研究	安徽省教育厅优秀青年基金项目	2006jql086zd		郑诗程副教授
7. DC/DC 功率变换器混杂切换特性分析与研究	安徽省自然科学基金	1308085ME66	2013.7-2015.7 5 万元	方炜教授
8. 单相太阳能光伏并网发电用系列逆变器研究及其产业化	马鞍山市科技局		2013.01-2014.12 10 万元	郑诗程教授
9. 低压 SVG 装置研发	企业课题		2012.01-2013.12 10 万元	郑诗程教授
10. 风光互补型逆变器的研发	企业课题		2012.01-2013.12 10 万元	郑诗程教授

科研论文：

1. 杨云虎. 唐世庆. 朱文杰等. 单相 PWM 整流器的输入电流 H_∞ 重复控制方案 [J]. 电机与控制学报，2016，20（2）：21-28.

2. 胡雪峰，王琳，代国瑞等. 单开关高增益 Boost-Sepic 集成变换器 [J]. 中国电机工程学报，2015，35（8）：2018-2025.

3. 刘晓东，胡勇，方炜，刘雁飞. 直流微电网节点阻抗特性与系统稳定性分析[J]. 电网技术，2015，39（12）：3463-3469.

4. 方炜，刘晓东，刘宿城，刘雁飞. 基于分段仿射模型的DC/DC变换器预测控制研究[J]. 电子科技大学学报，2015，44（3）：381-386.

5. 王智，方炜，刘晓东. 基于单周期控制的三相三开关PFC整流器的分析和设计[J]. 电工电能新技术，2015，34（1）：52-56.

6. W. Fang, X. D. Liu, S. C. Liu, Y. F. Liu, A Digital Parallel Current-Mode Control Algorithm for DC-DC Converters [J]. IEEE Transactions on Industrial Informatics, 2014, 10 (4): 2146-2153.

7. 刘宿城，周雒维，卢伟国. 通过小信号环路估计DC/DC开关变换器的大信号稳定区域[J]. 电工技术学报，2014，29（4）：63-69.

8. 刘晓东，葛玲，方炜，刘雁飞. Buck-Boost变换器线性与非线性复合控制[J]. 电机与控制学报，2014，18（11）：106-111.

9. W. Fang, X. D. Liu, Y. F. Liu, Optimal Control Strategy for Buck Converter Under Successive Load Current Change [J]. Transactions of Nanjing University of Aeronautics & Astronautics, 2014, 31(5): 530-537.

10. 刘晓东，李飞，方炜，吴静，刘雁飞. 直流微网中双向直流变换器的控制[J]. 电源学报，2014，（5）：40-44.

11. 方炜，张辉，刘晓东. 无刷直流电动机双闭环控制系统的设计[J]. 电源学报，2014，（2）：35-42.

12. 王智，方炜，刘晓东. 数字控制的单周期PFC整流器的设计与分析[J]. 中国电机工程学报，2014，34（21）：3423-3431.

13. 胡雪峰，戴国瑞，龚春英等. 一种高增益低开关应力改进交错型Boost变换器[J]. 电工技术学报，2014，29（12）：80-87.

14. 胡雪峰，龚春英，陈杰等. 一种高增益交错耦合电感直流变换器[J]. 中国电机工程学报，2014，34（3）：380-386.

15. W. Fang, X. D. Liu, Y. F. Liu. A New Digital Control Algorithm for Dual -Transistor Forward Converter [J]. IEEE Transactions on Industrial Informatics, 2013, 9 (4): 2074-2081.

16. Liu Sucheng, Zhou Luowei, Lu Weiguo. Simple analytical approach to predict large-signal stability region of a closed-loop boost DC-DC converter[J]. IET Power Electronics, 2013, 6(3): 488-494.

17. 韩莉，刘晓东，方炜. 并行电流模式控制的SR-Buck变换器的数字控制与实现[J]. 电源学报，2013，（2）：12-17.

18. 刘晓东，姜婷婷，方炜. DC/DC变换器并联均流技术[J]. 安徽工业大学学报（自然科学版），2013，30（01）：54-59.

19. 方炜，王青，刘晓东. DC/DC变换器的PWA模型及预测控制[J]. 电子技术应用，2013，39（2）：52-55.

20. 方炜，邱亚杰，刘晓东，刘雁飞. 基于电容电荷平衡的Boost型变换器控制研究[J]. 电子科技大学学报，2013，42（2）：244-247.

21. 方炜，刘晓东，刘雁飞. 双管正激变换器的电荷平衡控制算法研究[J]. 重庆大学学报，2013，36（5）：70-74.

22. Liu Sucheng, Zhou Luowei, Lu Weiguo. Li Anxin. Analysis of near-field magnetic resonant energy coupling for high power Light-emitting diode illumination[J]. International Journal for Computation and Mathematics in Electrical and Electronic Engineering, 2012, 31(4): 1246-1258.

23. 胡雪峰，韦徵，陈轶涵等. LCL滤波并网逆变器的控制策略[J]. 中国电机工程学报，2012，32（27）：142-148.

24. 胡雪峰，龚春英. 具有高增益的双相直流变换器设计[J]. 高电压技术，2012，38（3）：737-742.

25. 胡雪峰，龚春英，陈新等. 三相T型滤波并网逆变电源的网侧电流直接控制技术[J]. 电工技术学报，2012，27（1）：9-16.

26. 刘晓东，姜婷婷，方炜. DC/DC变换器平均电流自动均流并联控制的研究[J]. 电子技术应用，2012.38（12）：60-63.

27. 郑诗程，邓荣军，陈玲. 基于脉冲阻塞原理的波头连续型三相交-交变频系统研究[J]. 电工技术学报，2012，27（5）：149-155.

28. Liu Sucheng, Zhou Luowei, Liu Xiaodong, Lu Weiguo. Design and analysis of a high efficiency linear power amplifier[J]. International Journal of Electronics, 2011, 98(10): 1421-1432.

29. 胡雪峰，龚春英. 光伏并网逆变器的直接预测控制策略及其DSP实现[J]. 电工技术学报，2011，26（1）：102-106.

30. 郑诗程，陈玲；曹小虎. 基于脉冲阻塞原理的三相AC/AC系统等脉宽斩波控制[J]. 电力自动化设备，2011，31（3）：62-70.

31. 刘晓东，罗标，方炜，刘雁飞. Buck变换器负载连续跳变动态特性分析与控制[J]. 电源学报，2011，（3）：11-19.

32. 刘晓东，邱亚杰，方炜等. Boost变换器电容电荷平衡动态最优控制[J]. 电力自动化设备，2011，31（5）：63-66.

33. X. D. Liu, J. Wu, S. C. Liu, W. Fang, Y. F. Liu. A Current Control Strategy of Three-phase Grid-connected Inverter with LCL Filter Based on One-cycle Control[C]. 2014 17th International Conference on Electrical Machines and Systems (ICEMS), 2014, 939-943.

34. R. Xu, W. Fang, X. D. Liu, Y. Liu, Y. Hu, Y. F. Liu. Design and Experimental Verification of On-board Charger for Electric Vehicle[C]. 2014 IEEE International Power Electronics and Application Conference and Exposition (IEEE

PEAC'2014)，2014，1-6.

35. X. D. Liu, L. Han, W. Fang, Y. F. Liu. Modeling and Design of SR-Buck Converter with Parallel Current Mode Control Method[C]. IEEE Conference on Industrial Electronics and Applications，(ICIEA'2013)，1221-1226.

36. W. Fang, Z. Wang, X. D. Liu, Y. F. Liu. A Novel One-cycle Control Strategy for Three-Phase Power Converter[C]. IEEE Conference on Industrial Electronics and Applications(ICIEA'2013)，544-548.

37. Xiao-Dong. Liu, Ling Ge, Wei Fang, Yan-Fei. Liu. An Algorithm for Buck-Boost Converter Based On the Principle of Capacitor Charge Balance[C]. Industrial Electronics and Applications(ICIEA)，2011 6th IEEE Conference，21-23 June 2011：1365-1369.

38. Xiao-Dong. Liu, Ping Nie, Wei Fang. The Digital Control for Two-Transistor Forward Converter Based on Capacitor Charge Balance[C]. Industrial Electronics and Applications(ICIEA)，2011 6th IEEE Conference，21-23 June 2011：1588-1592.

39. 承良超，葛芦生，陈宗祥，刘雁飞. 数据丢包对 DC/DC 无线并联均流系统的影响[J/OL]. 电源学报，http://kns. cnki. net/kcms/detail/12. 1420. TM. 20161021. 1005. 002. html

40. 张瑞，汪健，陈宗祥，葛芦生. 并联 DC-DC 变换器无线数字通信技术[J/OL]. 电源学报，http://kns. cnki. net/kcms/detail/12. 1420. TM. 20160804. 1407. 004. html

41. 汪涛，刘升，葛芦生. 并联 DC/DC 系统中高速无线通信接收装置的设计[J/OL]. 电源学报，http://kns. cnki. net/kcms/detail/12. 1420. TM. 20160721. 1630. 047. html

42. 汪健，葛芦生，陈宗祥. 基于二重积分滑模控制 DC/DC 变换器的研究[J]. 电力电子技术，2015，49(11)：17-18.

43. 宁平华，陈乐柱，丁鑫龙，夏兴国. 双 RCD 箝位的双管正激变换器研究[J]. 电源学报，2016，14(3)：124-130.

44. 陈乐柱，杜荣权，穆瑜. 有源滤波器的最优安装点和检测点的研究[J]. 电源学报，2015，13(5)：10-14.

45. 郑诗程，徐礼萍，黄加虎. 一种新型三相锁相环研究与设计[J]. 控制工程，2016，23(5)：734-739.

46. 郑诗程，徐礼萍，郎佳红，方四安. 基于重复 PI 控制和前馈控制的静止无功发生器[J]. 电工技术学报，2016，31(6)：219-225.

47. 郑诗程，彭勃，徐礼萍. T 型三电平拓扑的 PWM 控制策略[J]. 电力系统及其自动化学报，2016，28(2)：93-97.

48. 方炜，丁辰晨，甘洋洋，刘晓东，刘宿城. 一种基于混杂系统的 Boost 变换器切换控制算法[J]. 电源学报，2016，14(5)：60-67.

49. 刘晓东，徐朋，方炜，徐瑞，刘宿城. 3kW 车载充电机的研究与实现[J/OL]. 电源学报，http://www. cnki. net/kcms/detail/12. 1420. TM. 20160714. 1545. 015. html

50. 刘扬，刘晓东，方炜，刘文杰. BP 神经网络流量计量的户用电子水表设计[J]. 仪表技术与传感器，2016，(6)：33-36.

51. 吴静，刘晓东，方炜，刘宿城. 一种并网逆变器的电容电流单周期控制技术[J]. 电源学报，2016，14(3)：62-68.

52. 吴贵洋，王建章，胡雪峰. 适于可再生能源发电储能系统中的双向变换器[J/OL]. 电源学报，http://kns. cnki. net/kcms/detail/12. 1420. TM. 20170309. 1433. 002. html

53. 胡雪峰，李永超，李琳鹏等. 具有高增益、低输入电流纹波的 Boost 变换器研究[J]. 高电压技术，2017，43(1)：16-22.

54. 李琳鹏，胡雪峰，李永超，程宇. 一种混合耦合电感和开关电容的 DC-DC 升压变换器[J]. 电源学报，2016，14(5)：112-119.

55. 王倩倩，胡雪峰，李永超，黄媛媛. 用于可再生能源发电的改进的平方型 Boost 变换器[J]. 电气应用，2016，35(16)：48-53.

56. 李永超，胡雪峰，李琳鹏，章家岩. 一种零电流纹波交错 Boost 变换器[J/OL]. 电源学报，http://www. cnki. net/kcms/detail/12. 1420. TM. 20160721. 1630. 019. html

57. 杨云虎，唐世庆，朱文杰等. 单相 PWM 整流器的输入电流 H_ ∞ 重复控制方案[J]. 电机与控制学报，2016，20(2)：21-28.

58. Xiaodong Liu; Qingqing Li; Sucheng Liu; Wei Fang. Weighted controller structure of DC-DC converters for a-daptive regulation to large-signal operations[C]. International Power Electronics and Motion Control Conference(IPEMC-ECCE Asia)，2016 8th IEEE Conference，22-26 May 2016：64-69.

发明专利：

1. 方炜、王智、刘晓东. 一种三相高功率因数整流器的控制电路及其控制方法：中国，ZL 201320180648. 2[P]. 2013-9.

2. 陈宗祥、葛芦生、何胜方等. 新型低端 MOSFET/IGBT 负压箝位驱动电路及其控制方法：中国，CN201210176271[P].

3. 葛芦生、陈宗祥、何胜方. 单相光伏并网发电系统功率解耦电路及其控制方法：中国，CN201210142055[P].

4. 刘晓东、方炜、刘雁飞. 一种双管正激功率变换器的控制电路及其控制方法：中国，ZL 201110458878. 6[P]. 2013-9.

5. 刘雁飞、葛芦生. 电流源 MOSFET 驱动芯片：中国，CN201010502449[P].

3. 北京交通大学—电力电子与电力牵引研究所团队

地址：北京市海淀区上园村 3 号北京交通大学电气工程楼 602

邮编：100044

电话：010-51687064

传真：010-54684029

网址：http://ee.bjtu.edu.cn/xisuo/dianlidianzisuo.php

团队人数：18

团队带头人：郑琼林、游小杰

主要成员：郑琼林、游小杰、杨中平、林飞、李虹、孙湖、郝瑞祥、贺明智、王琛琛、李艳、刘建强、郭希铮、黄先进、王剑、杨晓峰、周明磊

研究方向：轨道交通牵引供电与传动控制（高速列车、重载列车和城轨列车），特种电源（工业、军工），电力电子技术在电力系统中应用，光伏发电并网与控制，高性能低损耗电力电子系统，宽禁带器件应用，能源互联网

团队简介：

北京交通大学电力电子与电力牵引研究所（简称电力电子研究所）成立于 2004 年，主要从事电力电子和电力牵引领域的研究工作，是电力牵引教育部工程研究中心的依托单位。所在的电力电子学科为北京市重点学科。北京交通大学是台达电力电子科教基金资助的十所高校之一，中国高校电力电子学术年会四个发起单位之一。北京交通大学电力电子研究所团队有教授 5 人，副教授 7 人，讲师 4 人，博士生和硕士生 130 余人，近年来发表学术论文 200 余篇，其中 SCI 论文近 40 篇，EI 论文 100 余篇，出版科技专著 9 部，已授权发明专利 30 余项，获软件著作权 20 余项。获省部级科技进步奖二等奖和三等奖各 1 项，培养优秀硕士/博士毕业生和荣获国家级奖学金学生 20 余人次。

近年来研究所围绕高速列车牵引传动与控制、重载列车牵引传动与控制、特种工业电源、特种军用电源、宽禁带器件应用、光伏发电并网与控制、柔性直流输电技术、电能质量控制技术和能源互联网等领域开展研究工作，研制出多个系列电能变换与节能装备，并成功实现了产业化。研究所自成立以来，承担并完成了许多国家科技支撑项目、国家重大研究计划、国家自然科学基金项目、"863"项目、铁道部项目、国防科技项目、台达科教基金项目和企业横向课题等许多科研项目，在这些项目中，研究所在国内率先研制成功了交流传动互馈试验台，可用于大功率牵引电机及其他电机的控制、试验和测试等；建设了国内先进的电力牵引综合实验平台，并在该平台上开发了大功率电力机车牵引传动控制系统；完成了国内最大功率的航天试验用电源，特种军用电源，大功率电解、电镀等工业电源的研制。

北京交通大学电力电子研究所与许多科研机构和公司建立了长期的密切合作关系。与世界最大的 SVC 制造商荣信电力电子股份有限公司签署协议共建电力牵引教育部工程研究中心；与中国中车股份有限公司、北京卫星制造厂等单位签署了产学研战略联盟协议；与北京京仪椿树整流器有限责任公司签署了共建电力电子联合实验室的协议；此外，还与北京京仪绿能电力系统工程公司、北京敬业电工集团等十余家知名企业建立了产学研合作关系，为企业的核心技术研发提供技术支持，同时也获得了研究所发展所需要的资金支持，并为研究生的培养提供了实践基地。

在研项目：

类 别	项目号	名 称
1. 国家重点研发计划	2016YFE0131700	电力电子能量路由器及其控制技术研究
2. 北京市科委项目	Z161100002216008	轨道交通车载储能与传动关键技术研究——牵引传动能效提升技术
3. 北京市教工委项目		北京市轨道交通再生制动能量处理方式调研及节能应用展望
4. 大型电气传动系统与装备技术国家重点实验室开放基金	SKLLDJ042016005	基于混合储能的矿山用模块化大功率四象限变流器拓扑及其关键技术
5. 国家自然科学基金面上项目	51577010	基于扩展描述函数与 Floquet 理论的功率变换器级联系统建模和稳定性分析
6. 国家自然科学基金青年科学基金项目	51507009	轨道交通无变压器牵引传动系统控制策略研究
7. 科技部"973"项目	2011CB7111006	高速列车运行性能综合影响因素研究
8. 科技部科技支撑项目	2009BAG12A01-F01-2	高速列车电气系统仿真平台
9. 北京市科委项目	Z141100003114011	大功率电力机车辅助变流器 IGBT 驱动电路研制
10. 北京教委项目		北京市支持中央高校共建项目——城市轨道交通北京实验室
11. 北京市自然科学基金面上项目	3142015	轨道交通能馈式牵引变流器的混沌控制宽频带电磁干扰抑制方法研究
12. 中央高校基本科研业务费	2015JBC026	基于车地一体化的轨道交通新能源牵引控制技术研究

（续）

类　别	项目号	名　称
13. 国际合作项目，日本东芝公司		逆导型（RC）IGBT 模块在牵引变流器中应用的研究
14. 国际合作项目，日本东芝公司		新型电力机车辅助变流器系统
15. 国际合作项目		超级电容器的分析与试验研究
16. 国际合作项目		超级电容在工程机械上应用
17. 国际合作项目，日本富士电机公司		基于逆阻型 IGBT 模块组成的 T 型三电平逆变电路
18. 军工项目，兵器装备集团		＊＊＊武器系统驱动电源
19. 军工项目，北京航天奥详通风科技有限公司		轨道交通用交流永磁同步电机驱动器研发
20. 企业项目，中车青岛四方车辆研究所有限公司		SiC 器件在逆变器中的应用技术研究
21. 企业项目，北京中兴天传电气技术有限公司		钻井机超级电容储能控制板
22. 企业项目，苏州能讯高能半导体有限公司		氮化镓功率器件测试与应用平台研发
23. 企业项目，中车永济电机有限公司		异步电机控制技术与应用研究
24. 企业项目，中车永济电机有限公司		永磁电机控制软件开发
25. 企业项目，中车永济电机有限公司		辅助控制单元软硬件开发
26. 企业项目，中车永济电机有限公司		基于 SiC 功率器件的导轨电车辅助变流器研究
27. 企业项目，中车青岛四方车辆研究所有限公司		电气化铁路车网谐振研究
28. 企业项目，中车青岛四方车辆研究所有限公司		永磁牵引电机无传感器控制技术研发
29. 企业项目，中车大连机车研究所有限公司		电力机车过分相辅助绕组连续供电辅助系统技术开发
30. 企业项目，中国船舶工业系统工程研究院		电磁环境测量
31. 企业项目，北车大连电力牵引研发中心有限公司		产学研战略联盟持续推进协议
32. 企业项目，中车唐山机车车辆有限公司		电力电子牵引变压器性能计算分析
33. 企业项目，中车长春轨道客车股份有限公司		CRH380CL 动车组牵引系统研究与跟踪
34. 企业项目，中车唐山机车车辆有限公司		轨道车辆牵引传动和列车网络控制技术研究（二期）
35. 企业项目，中车青岛四方车辆研究所有限公司		现代有轨电车混合储能系统样机研究
36. 企业项目，中车青岛四方车辆研究所有限公司		高能效电力牵引动力包技术方案研究

（续）

类　　别	项目号	名　　称
37. 企业项目，中车青岛四方车辆研究所有限公司		轨道交通永磁同步电机高性能控制策略研究
38. 企业项目，中车青岛四方机车车辆股份有限公司		城轨交通永磁同步牵引传动控制系统研发
39. 永济新时速电机电器有限责任公司		牵引传动系统直流电压脉动抑制技术
40. 企业项目，国网智研院		碳化硅器件模型仿真数据库测试及碳化硅功率器件变流器控制电路测试
41. 企业项目，国网智研院		高压大容量 DC/DC 变换器的运行特性及电气应力分析

科研成果：

一、主要论著

1. 郑琼林，赵佳，樊嘉峰. 直线电机轮轨交通牵引传动系统［M］. 北京：中国科学技术出版社，2010.

2. 郑琼林，耿文等. 电力电子电路精选常用元器件·实用电路·设计实例［M］. 北京：电子工业出版社，1996.

3. 杨中平. 新干线纵横-日本高速铁路技术［M］. 2版. 北京：中国铁道出版社，2012.

4. 杨中平. 漫话高速列车［M］. 北京：中国铁道出版社，2012.

5. 林飞，杜欣等. 电力电子应用技术的 MATLAB 仿真［M］. 北京：中国电力出版社，2009.

6. 魏庆朝，龙许友，蔡昌俊，郑琼林，柳拥军. 直线电机轮轨交通概论［M］. 北京：中国科学技术出版社，2010.

二、主要期刊论文

1. Chenchen Wang, Kun Wang, Xiaojie You. Research on Synchronized SVPWM Strategies Under Low Switching Frequency for Six-Phase VSI-Fed Asymmetrical Dual Stator Induction Machine［J］. IEEE Transactions on Industrial Electronics, 2016, 63(11): 6767-6776. (SCI 检索)

2. Hong Li, Shiheng Wang, Lv Jinhu, Xiaojie You, Xinghuo Yu. Stability Analysis of the Shunt Regulator with Nonlinear Controller in PCU based on Describing Function Method［J］. IEEE Transactions on Industrial Electronics, 2017, pp: 1. (SCI 检索)

3. Zhao Hongyan, Zheng Trillion Q., Li Yan, Du Jifei, Shi Pu. Control and Analysis of Vienna Rectifier Used as the Generator-Side Converter of PMSG-based Wind Power Generation Systems［J］. Journal of Power Electronics, 2017, 17(1): 212-221. (SCI 检索)

4. Liang Mei, Li Yan, Zheng Trillion Q. An Improved Analytical Model for Predicting the Switching Performance of SiC MOSFETs［J］. Journal of Power Electronics, 2016, 16(1): 374-387. (SCI 检索)

5. Van-Tien Pham, Zheng Trillion Q., Yang Zhong-ping, Lin, Fei, Do, Viet-dung. A DTC Stator Flux Algorithm for the Performance Improvement of Induction Traction Motors［J］. Journal of Power Electronics, 2016, 16(2): 572-583. (SCI 检索)

6. Li, Hong, Liu, Yongdi, Lu, Jinhu, Zheng, Trillion Q., Yu, Xinghuo, Suppressing EMI in Power Converters via Chaotic SPWM Control Based on Spectrum Analysis Approach［J］. IEEE Transactions on Industrial Electronics, 2014, 61(11): 6128-6137. (SCI 检索)

7. Wang, Chenchen, Li, Yongdong, Analysis and Calculation of Zero-Sequence Voltage Considering Neutral-Point Potential Balancing in Three-Level NPC Converters［J］. IEEE Transactions on Industrial Electronics, 2010, 57(7): 2262-2271. (SCI 检索)

8. Jia, Pengyu, Zheng, Trillion Q., Li, Yan, Parameter Design of Damping Networks for the Superbuck Converter［J］. IEEE Transactions on Power Electronics, 2013, 28(8): 3845-3859. (SCI 检索)

9. Hong Li, Zhong Li, Wolfgang A. Halang, Fenlan Wang, Nanlin Tan. Design of Analogue Chaotic PWM for EMI Suppression［J］. IEEE Transactions on Electromagnetic Compatibility, 2010, 52(4): 1001-1007. (SCI 检索)

10. Huan Xia, Huaixin Chen, Zhongping Yang, Fei Lin, Bin Wang. Optimal Energy Management, Location and Size for Stationary Energy Storage System in a Metro Line Based on Genetic Algorithm［J］. Energies, 2015, 8(10): 11618-11640. (SCI 检索)

11. Yan Li, Pengyu Jia. Zheng T. Q. Active damping method to reduce the output impedance of the DC-DC converters［J］. IET Power Electronics. 2015, 8(1): 88-95. (SCI 检索)

12. Fang Li, Xiaojie You, Yan Li. Control loop design of sequential switching shunt regulator considering the influence of double section functioning［J］. IET Power Electronics. 2014, 7(4): 998-1007. (SCI 检索)

13. Li, Yan, Chen, Qian, Zheng, Trillion Q. Method for improving the audio susceptibility and input impedance of stacked boost converters[J]. IET Power Electronics[J]. 2014, 7(10): 2486-2495. (SCI 检索)

14. Li, Yan, Jia, Pengyu, Zheng, Trillion Q. Research on input-voltage feedforward control for high-order converter topologies[J]. IET Power Electronics, 2014, 7 (11): 2778-2790. (SCI 检索)

15. Wang J, Yang Z, Lin F, et al. Harmonic Loss Analysis of the Traction Transformer of High-Speed Trains Considering Pantograph-OCS Electrical Contact Properties [J]. Energies, 2013, 6(11): 5826-5846. (SCI 检索)

16. Wang B, Yang Z P, Lin F, et al. An improved genetic algorithm for optimal stationary energy storage system locating and sizing[J]. Energies, 2014, 7(10): 6434-6458. (SCI 检索)

17. Yan Li, Trillion Q. Zheng, Yajing Zhang, Meiting Cui, Loss Analysis and Soft-Switching Behavior of Flyback-Forward High Gain DC/DC Converter with GaN FET[J]. Journal of Power Electronics, 2016, 16(1): 84-92. (SCI 检索)

18. Liang, Mei, Zheng, Trillion Q., Li, Yan. An Improved Analytical Model for Predicting the Switching Performance of SiC MOSFETs[J]. Journal of Power Electronics, 2016, 16 (1): 374-387. (SCI 检索)

19. Li, Yan, Zheng, Trillion Q., Chen, Qian. Research on High Efficiency Non-Isolated Push-Pull Converters with Continuous Current in Solar-Battery Systems [J]. Journal of Power Electronics, 2014, 14(3): 432-443. (SCI 检索)

20. Chen, Qian, Zheng, Trillion Q., Li, Yan, Shao, Tiancong. The Effect of Transformer Leakage Inductance on the Steady State Performance of Push-pull based Converter with Continuous Current[J]. Journal of Power Electronics, 2013, 13 (3): 349-361. (SCI 检索)

21. Li, Yan, Zheng, Trillion Q., Zhao, Chuang, Chen, Jiayao. Modeling and Regulator Design for Three-Input Power Systems with Decoupling Control[J]. Journal of Power Electronics, 2012, 12(6): 912-924. (SCI 检索)

22. Xi Zheng Guo, Xiaojie You, Design Method for the LCL Filters of Three-phase Voltage Source PWM Rectifiers[J]. Journal of Power Electronics, 2012, 12(4): 559-566. (SCI 检索)

23. Gao, Jilei, Zheng, Trillion Q., Lin, Fei. Improved Deadbeat Current Controller with a Repetitive-Control-Based Observer for PWM Rectifiers[J]. Journal of Power Electronics, 2011, 11(1): 64-73. (SCI 检索)

24. MingLei Zhou, Xiaojie You, Chenchen Wang. The influence of mistuned motor parameters on vector control performance and on line slip frequency correction strategy for induction machine operated under one-pulse PWM mode[J]. IEEJ Transactions on Electrical and Electronic Engineering, 2014, 9(6): 675-684. (SCI 检索)

25. Zhao, J., Zheng, T. Q., Zhang, W., Fang, J., Liu, Y. M. Influence analysis of structural parameters on electromagnetic properties of HTS linear induction motor[J]. Physica C- Superconductivity and Its Applications, 2011, 471(21-22): 1474-1478. (SCI 检索)

26. Hong Li, Zhong Li, Fei Lin, Bo Zhang. Suppressing Harmonics in Four-Quadrant AC-DC Converters with Chaotic SPWM Control[J]. International Journal of Circuit Theory and Applications(IJCTA), 2014, 2(4): 331-342. (SCI 检索)

27. Hong Li, Fei Lin, Zhong Li, Xiaojie You, Trillion Zheng, Bo Zhang. The Application of CPWM Control for EMI Suppression[J]. The international journal for computation and mathematics in electrical and electronic engineering(COMPEL), 2013, 32(3): 750-762. (SCI 检索)

28. Hong Li, Zhong Li, Bo Zhang, Qionglin Zheng, Wolfgang Halang, The stability of a chaotic PWM boost converter[J]. International Journal of Circuit Theory and Applications (IJCTA), 2011, 39(5): 451-460. (SCI 检索)

29. Hu T, Lin F, Yang Z, et al. A novel flux-weakening control strategy for permanent magnet synchronous motor[J]. International Journal of Materials & Product Technology, 2012, 45(1- 4): 239-248. (SCI 检索)

30. Chang F, Yang Z, Wang Y, et al. Fault Characteristics and Control Strategies of Multi-terminal High Voltage Direct Current Transmission Based on Modular Multilevel Converter [J]. Mathematical Problems in Engineering, 2015, 2015 (10): 1-11. (SCI 检索)

31. 杨晓峰, 薛尧, 郑琼林, 林智钦, 牟雅洁, 陈博伟, 五十岚征辉. 采用逆阻型子模块的新型模块化多电平换流器 [J]. 中国电机工程学报, 2016, 36 (7): 1885-1891. (EI 检索)

32. 杨晓峰, 薛尧, 陈博伟, 牟雅洁, 林智钦, 郑琼林, 五十岚征辉, 王志冰. 具有直流故障阻断能力的逆阻型模块化多电平换流器 [J]. 中国电机工程学报, 2017, (出版中) (EI 检索)

33. 杨晓峰, 林智钦, 郑琼林, 游小杰. 模块组合多电平变换器的方波脉冲循环调制策略 [J]. 中国电机工程学报, 2013, 33 (9): 42-47. (EI 检索)

34. 杨晓峰, 郑琼林, 林智钦, 薛尧, 王志冰, 姚良忠, 陈博伟. 用于直流电网的大容量 DC/DC 变换器研究综述 [J]. 电网技术, 2016, 40 (3): 670-677. (EI 检索)

35. 杨晓峰, 郑琼林, 薛尧, 林智钦, 陈博伟. 模块化多电平换流器的拓扑和工业应用综述 [J]. 电网技术, 2016, 40 (1): 1-10. (EI 检索)

36. 郑琼林, 杨晓峰, 游小杰. 城市轨道交通直流自耦变压器牵引供电系统 [J]. 都市快轨交通, 2016, 29 (3): 101-107.

37. 林智钦, 王志冰, 杨晓峰, 黄先进, 郑琼林, 李琰, 姚良忠. 模块化多电平高压 DC/DC 变换器的电感参数设计 [J]. 中国电机工程学报, 2016, 36 (9): 2470-2477. (EI 检索)

38. 周明磊，王琛琛，游小杰. 基于交流电机定子磁链的 CHMPWM 切换策略［J］. 中国电机工程学报，2016，36（14）：3955-3963.（EI 检索）

39. 郝瑞祥，雷浩东，贺涛，游小杰. 一种具有自动均压均流特性的组合式 LLC 谐振变换器［J］. 电工技术学报，2016，31（20）：151-160.（EI 检索）

40. 陈骞，郑琼林，李艳，单电感电流连续型推挽类拓扑的推衍和特性研究［J］. 中国电机工程学报，2012，33（6）：85-92.（EI 检索）

41. 杨晓峰，林智钦，郑琼林，游小杰. 一种新型四象限混合型模块组合多电平变换器［J］. 中国电机工程学报，2013，33（12）：107-113.（EI 检索）

42. 黄先进，郝瑞祥，张立伟，孙湖，郑琼林. 液气循环压缩空气储能系统建模与压缩效率优化控制［J］. 中国电机工程学报，2014，34（13）：2047-2054.（EI 检索）

43. 杨晓峰，林智钦，郑琼林，游小杰. 模块组合多电平变换器的研究综述［J］. 中国电机工程学报，2013，33（6）：1-15.（EI 检索）

44. 杨晓峰，郑琼林. 基于 MMC 环流模型的通用环流抑制策略［J］. 中国电机工程学报，2012，32（18）：59-65.（EI 检索）

45. 周明磊，游小杰，王琛琛，王剑，李强. 电流谐波最小 PWM 开关角的计算及谐波特性分析［J］. 中国电机工程学报，2014，34（15）：2362-2370.（EI 检索）

46. 杨晓峰，王晓鹏，范文宝，郑琼林. 模块组合多电平变换器的环流模型［J］. 电工技术学报，2011，26（5）：21-27.（EI 检索）

47. 杨晓峰，范文宝，王晓鹏，郑琼林. 基于模块组合多电平变换器的 STATCOM 及其控制［J］. 电工技术学报，2011，26（8）：7-13.（EI 检索）

48. 王蓓蓓，郑琼林，张捷频，李艳. 无源无损软开关中压控可变电容的研究［J］. 电工技术学报，2015，30（9）：79-86.（EI 检索）

49. 贾鹏宇，李艳，郑琼林. 电压型级联系统中减小源变换器输出阻抗的有源阻尼控制方法［J］. 电工技术学报，2015，30（8）：71-82.（EI 检索）

50. 贾鹏宇，郑琼林，李艳，王蓓蓓. 级联系统中 Buck 充电调节器前馈控制方法［J］. 电工技术学报，2014，29（10）：134-140.（EI 检索）

51. 张雅静，郑琼林，马亮，卢远宏. 采用双环控制的光伏并网逆变器低电压穿越［J］. 电工技术学报，2013，28（12）：136-141.（EI 检索）

52. 陈骞，郑琼林，李艳，贾鹏宇，郑岩，万成安. 一种高效率蓄电池放电调节器的优化设计与损耗分析［J］. 电工技术学报，2013，28（8）：224-232.（EI 检索）

53. 李艳，郑琼林，陈嘉垚，赵闯. 带解耦控制的三输入直流变换器建模及调节器设计［J］. 电工技术学报，2013，28（4）：109-118.（EI 检索）

54. 方晓春，胡太元，林飞，杨中平. 基于交直轴电流耦合的单电流调节器永磁同步电机弱磁控制［J］. 电工技术学报，2015，30（2）：140-147.（EI 检索）

55. 方晓春，原佳亮，赵冬，林飞，杨中平. 基于永磁同步电机定子磁链轨迹跟踪的中间 60°同步调制动态性能优化［J］. 电工技术学报，2015，30（10）：108-114.（EI 检索）

56. 范文进-Pham Van Tien，郑琼林，杨中平，林飞，宋文胜. 基于连续型定子磁链轨迹的异步牵引电机低转矩脉动控制算法［J］. 电工技术学报，2015，30（12）：228-236.（EI 检索）

57. 赵坤，王椹榕，王德伟，杨中平，游小杰. 车载超级电容储能系统间接电流控制策略［J］. 电工技术学报，2011，26（9）：124-129.（EI 检索）

58. 王琛琛，齐龙，苟立峰，周明磊. 基于无速度传感器的异步电机并联加权矢量控制［J］. 电工技术学报，2015，30（10）：131-137.（EI 检索）

59. 王琛琛，管勃. 一种兼顾二极管钳位型三电平变换器中点电位平衡的窄脉冲处理方法［J］. 电工技术学报，2015，30（19）：136-143.（EI 检索）

60. 王琛琛，张灿，游小杰. 基于双调制波的中点电压平衡算法［J］. 电工技术学报，2012，27（3）：164-170.（EI 检索）

61. 王琛琛，周明磊，游小杰. 大功率交流电力机车脉宽调制方法［J］. 电工技术学报，2012，27（2）：173-178.（EI 检索）

62. 王琛琛，李永东. 多电平变换器拓扑关系及新型拓扑［J］. 电工技术学报，2011，26（1）：92-99.

63. 齐丽英，王琛琛，周明磊，王剑. 一种异步电机的电流环解耦控制方法［J］. 电工技术学报，2014，29（5）：174-180.（EI 检索）

64. 周明磊，游小杰，王琛琛，李强. 特定次谐波消除调制方式的谐波特性分析［J］. 电工技术学报，2013，28（9）：11-20.（EI 检索）

65. 周明磊，游小杰，王琛琛. 方波工况下基于 q 轴电流误差的异步电机转子磁场定向误差校正策略［J］. 中国电机工程学报，2012，32（33）：98-104.（EI 检索）

66. 周明磊，游小杰，王琛琛. 电力机车牵引传动系统矢量控制［J］. 电工技术学报，2011，26（9）：110-115.（EI 检索）

67. 杨晓峰，郑琼林，林智钦，薛尧，王志冰，姚良忠，陈博伟. 用于直流电网的大容量 DC/DC 变换器研究综述［J］. 电网技术，2016，40（3）：670-677.（EI 检索）

68. 杨晓峰，郑琼林，薛尧，林智钦，陈博伟. 模块化多电平换流器的拓扑和工业应用综述［J］. 电网技术，2016，40（1）：1-10.（EI 检索）

69. 李艳，郑琼林，周蕾，周兴. 光伏发电系统中嵌入式滤波直流电路的应用研究［J］. 太阳能学报，2013，34（5）：780-786.（EI 检索）

70. 顾赟，杨中平. 牵引直线感应电机推力优化控制的研究［J］. 铁道学报，2011，33（4）：46-52.（EI 检索）

71. 杨中平，刘建强，孙湖，郑琼林. 直线感应牵引电机互馈试验台控制策略研究［J］. 铁道学报，2009，31（3）：36-42.（EI 检索）

三、主要发明专利

1. 郑琼林，游小杰，林飞，等．磁浮列车长定子段换步方法：中国，ZL 200510011878.6［P］．2007-01.

2. 郑琼林，杨晓峰，贺明智，等．牵引供电高压综合补偿装置的直接挂网方式：中国，ZL 200810238811.X［P］．2010-12.

3. 郑琼林，杨晓峰，贺明智，等．基于高压综合补偿装置实现同相牵引供电的直接挂网装置：中国，ZL 200810238810.5［P］．2010-11.

4. 郑琼林，杨晓峰，贺明智，等．牵引供电直挂式高压综合补偿装置：中国，ZL 200810226792.9［P］．2010-10.

5. 郑琼林，杨晓峰，贺明智，等．模块组合型牵引供电网电能质量调节系统：中国，ZL 200910087469.2［P］．2011-2.

6. 郑琼林，杨晓峰，黄先进，等．牵引供电用单相模块组合型有源电力滤波器：中国，ZL 200910087470.5［P］．2010-12,

7. 杨晓峰，郑琼林，游小杰，等．一种基于级联结构的模块化动态电压调节系统：中国，ZL201210232759.3［P］．2014-12.

8. 杨晓峰，郑琼林，游小杰，等．一种模块组合多电平变换器的方波脉冲循环调制方法：中国，ZL 201210105237.7［P］.

9. 郑琼林，王蓓蓓，邵天骢，张捷频，等．具有能量有源回馈吸收回路的变换器桥臂电路及变换器：北京，ZL201310513213.X［P］．2014.1.8.

10. 郑琼林，邵天骢，韩娜，李艳，张立伟，游小杰，等．零电流软开关变换器：北京，ZL201310320356.9［P］．2013-11-27.

11. 李虹，刘永迪，郑琼林，游小杰，王博宇，王琛琛，林飞，孙湖，王诗姮．基于傅里叶级数的锯齿载波混沌SPWM频谱分析方法：中国，201310156794.6［P］．2016-2-17.

12. 郝瑞祥，杜东苓，李虹，郑琼林，孙湖，游小杰．一种H6单相非隔离光伏并网逆变器及其调制方法：中国，201410010489.0［P］．2015-12-2.

13. 郑琼林，马浩宇，冉旺，杜玉亮，黄先进，刘建强．一种位置检测方法和位置传感器：北京，ZL201410023729.0［P］．2014-4-30.

14. 李虹，徐艳明，郑琼林，杨志昌，林飞，杨中平，郭希铮，游小杰，孙湖．SiC MOSFET仿真模型的建模方法：中国，CN201510203136.7［P］.

所获荣誉：

1. 郑琼林，北京市优秀教师奖，1997年。

2. 郑琼林，铁道部青年科技拔尖人才，1998年。

3. 郑琼林，铁道部科技进步奖，1999年。

4. 郑琼林，詹天佑铁道科技青年奖，铁道部，2005年。

5. 郑琼林，中达学者，台达环境与教育基金会，2007年。

6. 杨中平，詹天佑铁道科技青年奖，铁道部，2011年。

7. 贺明智，郑琼林，游小杰，郝瑞祥等，高频直流制备多晶的兆瓦级电气系统，北京市科学技术二等奖，2012年。

8. 郭希铮，中国北车年度科技成果奖一等奖，2012年。

9. 贺明智，郑琼林，游小杰等，智能型工业用大功率开关电源终端系统，北京市科学技术三等奖，2014年。

10. 贺明智，北京市劳动模范，2015年。

11. 杨中平，教育部科技进步奖——科普二等奖，教育部，2016年。

4. 重庆大学—电磁场效应、测量和电磁成像研究团队

地址：重庆市沙坪坝区沙正街174号重庆大学
邮编：400044
电话：023-65105242
传真：023-65105242
团队人数：9
团队带头人：何为
主要成员：熊兰、杨帆、张占龙、徐征、王平、肖冬萍、毛玉星、汪金刚、刘坤

研究方向： 电磁场测量与成像

在研项目：

1. 血流动力—血管偶联损伤机制在高血压脑出血发病中的作用及豆纹动脉破裂特异性影像学预警征象研究，负责人：何为，科技部国家基础研究规划项目（973计划），经费400万元。

2. 开放式电阻抗成像原理和技术研究，负责人：何为，科技部国家高技术研究发展计划（863计划），经费261万元。

3. 电阻抗成像关键技术及装置研究，负责人：何为，科技部国际科技合作项目，经费315万元。

4. 基于低场核磁共振原理的硅橡胶复合绝缘子伞裙老化无损测量方法，负责人：徐征，国家自然科学基金面上项目，经费82万元。

5. 低场单边核磁共振原理和浅层皮肤成像临床试验应用研究，负责人：何为，国家自然科学基金面上项目，经费80万元。

6. 生物组织磁感应测量应用技术开发，负责人：徐征，科技部其它科技计划项目，经费150万元。

7. 智能电网物联网平台课题研究，负责人：毛玉星，其它部门科技计划项目，经费90万元。

8. 车载FlexRay总线技术的研究与应用开发，负责人：王平，重庆市科技计划项目应用开发计划一般项目，经费60万元。

9. 联合开发电动汽车用一体化电机及其驱动系统，负责人：刘和平，横向科技项目，经费150万元。

10. 便携式高压杆塔接地电阻在线监测预警系统，负责

人：张占龙，横向科技项目，经费 67 万元。

科研成果：

1. 何为. Inverse Application of Charge Simulation Method in Detecting faulty Ceramic Insulators and Processing Influence from Tower［J］. IEEE Transactions on Magnetics，2006，vol. 42（4），pp. 723-726，（SCI：000236675200056）

2. 杨帆. Calculation of Ionized Field of HVDC Transmission Lines by the Meshless Method［J］. IEEE Transactions on Magnetics，2014-06.

3. 张占龙. Super-fast multipole method for power frequency electric field in substations［J］. COMPEL-THE INTERNATIONAL JOURNAL FOR COMPUTATION AND MATHEMATICS IN ELECTRICAL AND ELECTRONIC ENGINEERING，2014-02-17（SCI：000332135500043）

4. 熊兰. Experimental study on calcium carbonate precipitation using electromagnetic field treatment［J］. WATER SCIENCE AND TECHNOLOGY（SCI：000321336200018）

5. 张占龙. Optimization Design and Research Character of the Passive Electric Field Sensor［J］. IEEE SENSORS JOURNAL，2014.（SCI：000328692800011）

6. 徐征. A Portable NMR Sensor Used for Assessing the Aging Status of Silicone Rubber Insulator［J］. APPLIED MAGNETIC RESONANCE（SCI：000327402000006）

7. 杨帆. Investigation on characteristics of argon corona discharge under atmospheric pressure［J］. INDIAN JOURNAL OF PHYSICS（SCI：000316357200014）

8. 汪金刚. Research on Dust Concentration Measurement Technique and Experiment Based on Charge Induction［J］. MEASUREMENT TECHNOLOGY AND ENGINEERING RESEARCHES IN INDUSTRY（SCI：000329080300069）

9. 毛玉星. Extraction of affine invariant features for shape recognition based on ant colony optimization［J］. JOURNAL OF SYSTEMS ENGINEERING AND ELECTRONICS（SCI：000298353800018）

10. 刘坤. Development and Application of a Novel Ion Focus Device under Ambient Conditions［J］. CHINESE JOURNAL OF ANALYTICAL CHEMISTRY（SCI：000318745100025）

所获荣誉：

1. 余成波，杨永明，陈学军，陶红艳，杨佳，汪金刚，杨如民，黄丛虎，金纯，2012-J-2-42-D02 基于网络环境的发电设备在线监测技术研究及应用。重庆市科学技术奖科技进步二等奖。

2. 电力系统变电站内电磁环境测量分析系统研究与应用，电力系统变电站内电磁环境测量分析系统研究与应用。贵州省科技进步三等奖。

3. 动脉硬化测量系统，与四川宇峰科技发展有限公司合作，获得国家重点新产品称号。

4. 无创脑水肿动态监护仪，与重庆博恩富克医疗设备有限公司合作，获得重庆市重点新产品称号。

5. 重庆大学—高功率脉冲电源研究组
地址：重庆市沙坪坝区沙正街 174 号重庆大学 A 区电气工

程学院高压系

邮编：400044

电话：023-65111795

传真：023-65102442

网址：http：//www. cee. cqu. edu. cn/pulse/

团队人数：30

团队带头人：姚陈果

主要成员：米彦，李成祥，董守龙

研究方向：全固态微秒/纳秒/皮秒脉冲的产生与测控技术，脉冲电场的生物医学应用，输配电设备绝缘在线监测与故障诊断技术

团队简介：

重庆大学高功率脉冲电源研究组成立于 20 世纪 90 年代末，依托于重庆大学输配电装备及系统安全与新技术国家重点实验室，一直从事高功率脉冲电场/磁场的产生与测控技术及其在输配电设备绝缘在线监测和生物电磁学方面的应用研究。研究组的相关研究成果在《IEEE Trans.》、《中国电机工程学报》等国内外高水平期刊上发表论文 90余篇，被 SCI 收录 40 余篇；授权发明专利 20 余项，其中一项以 1000 万元实现成果转让；培养研究生 30 余名。研究组在生物电磁学方面的应用研究形成了较鲜明的特色，在国内外具有一定的学术影响力。

在研项目：

1. 高浪涌电流耐受的低损耗换流阀关键技术研究及设备研制，国家重点研发计划，2016—2019。

2. ERCP 联合高压脉冲电场微创肝胆胰肿瘤精准电消融系统研制，国家自然科学基金重大科研仪器研制项目，2018—2021。

3. 基于微秒脉冲调制高频纳秒脉冲电场诱导凋亡并激发不可逆电穿孔效应治疗肿瘤的基础研究，国家自然科学基金面上项目，2015—2018。

4. 微/纳秒复合脉冲电场协同诱导细胞融合的基础研究，国家自然科学基金面上项目，2017—2020。

5. 高频复合脉冲生物电学基础及应用，重庆市杰出青年科学基金，2015—2018。

6. 饱和电抗器主绝缘在脉冲电压作用下的绝缘失效及绝缘设计研究，先进输电技术国家重点实验室开放基金项目，2017—2018。

7. 低强度高频纳秒脉冲电场联合碳纳米管治疗肿瘤的应用基础研究，重庆市科委基础科学与前沿技术研究专项，2016—2019。

科研成果：

1. 中压配电网内外过电压在线监测系统及方法研究，2004 年教育部提名国家科技进步二等奖。

2. 配电网内外过电压在线监测技术及装置研究，2004年重庆市科技进步二等奖。

6. 重庆大学—节能与智能技术研究团队
地址：重庆市沙坪坝区重庆大学汽车工程学院

邮编：400044

电话：023-65106243

传真：023-65106243

网址：https://www.researchgate.net/profile/Xiaosong_Hu2

团队人数：6

团队带头人：胡晓松（"国家青年千人计划"）

主要成员：谢翌、张财智、唐小林、卢少波、杨亚联

研究方向：节能与智能技术

团队简介：

本团队面向国家新能源汽车技术发展的重大战略需求，以"中国制造 2025"及国家重点研发计划为支撑，结合重庆优越的汽车工业环境，依托重庆大学机械传动国家重点实验室、重庆自主品牌汽车协同创新中心及汽车工程学院，以储能系统动力学、动态系统控制与优化为主要切入点，重点研究先进动力电池/超级电容管理算法和机电复合动力传动系统优化与控制，为新能源汽车产业提供必要的理论基础与应用技术。

团队针对车辆工程学科特色，以基础理论研究为先导、工程应用研究为落脚点，坚持理论与实践并行的理念，针对新能源汽车动力电池、动力总成最优设计与控制等热点领域存在的前沿共性问题展开系统和深入研究。团队将通过与国内外同行紧密协同，围绕动力电池/超级电容管理、混合动力系统优化等方向建立国内领先的高水平科研能力。

本团队现在高级职称者 2 人，副高职称者 3 人，中级职称者 1 人，在读硕士、博士共计 30 余人。

在研项目：

1. "国家 2011 计划"重庆自主品牌汽车协同创新中心动力电池/燃料电池性能、热安全与热管理平台建设项目，0237001104104，国家 2011 计划，2016.1—2019.1

2. 纯电动汽车动力电池系统热管理分析与设计优化，02440026051126，小康工业，2016.10—2017.10

3. 插电式混合动力汽车能效实时优化策略研究，20160103，吉林大学汽车仿真与控制国家重点实验室开放重点基金，2016.10—2019.9

4. 一体化机电耦合电驱动系统集成设计技术研究及应用，CSTC2015ZDCY-ZTZX6000，重庆市电动汽车产业共性关键技术创新主题专项，2015.12—2018.9

5. 混合动力电子无级变速器 EVT 关键技术研究及样车研发，106112016CDJZR335521，中央高校基本科研业务费专项重点项目，2016.1—2017.12

科研成果：

1. 创造性地提出了锂离子电池模型有用性概念及基于此概念的状态估计、健康预测与最优充电算法，提高复杂车载环境下锂离子电池管理的精度和鲁棒性。

动力电池及其管理技术是各国竞相占领的技术制高点，对我国自主突破新能源汽车技术瓶颈至关重要。作为电池管理系统的核心，建模、估计和控制算法研究极具科学与工程应用价值。申请人提出了全新的评估电池模型结构有用性的指标，即对模型的复杂度、在训练和验证数据上的精度，及推广模型到多个电池上的能力的一个综合评价。通过新颖的全局优化方法，实现了最优的锂离子电池模型参数辨识，揭示了电池参数与工作环境的相关性。在此基础上，针对不同种类锂离子电池，系统地对比研究了十二

种电池模型，发现了在车载环境下最有用的模型结构，为开发先进的基于模型的电池管理算法提供了新的思路。结合有用性模型概念，提出了全新的锂离子电池状态（SOC/SOP/SOH/SOL）估计算法，通过大量实验和对比分析，验证了其在复杂多变环境下的精度、鲁棒性和自纠错能力。提出了电-热-老化耦合条件下的多目标最优锂离子电池充电策略，充分揭示了充电时间、能量损失、电池老化之间的最佳折中关系，对先进电池充电技术具有突破性意义。

相关研究成果共发表高水平 SCI 论文 20 篇，他引 1150 余次（WoS SCI 他引 630 余次），ESI 高被引论文 5 篇。两篇论文分别为 J. Power Sources 和 Energy 杂志主页重点宣传的高影响力文章（WoS SCI 他引分别超过 250 和 120 次）。研究成果得到了该领域国际权威加拿大工程院 Johan McPhee 院士积极的正面评价："... With respect to a novel index of battery model usefulness, a good comparison of circuit-based models for Li-ion batteries is presented by Hu et al. The outcomes are insightful to the field of BMS..."（胡等人提出一个全新的评价电池模型有用性的指标，并很好地比较了锂离子电池等效电路模型，得到了一些对电池管理领域有启发意义的重要结果）。中国工程院陈清泉院士和清华大学欧阳明高教授在其论文中也多次正面评价申请人的相关工作。鉴于在电池管理领域的贡献，获三名 IEEE 会士联合提名，并通过严格学术评议，成功获得 IEEE 高级会员称号。基于上述研究成果，正准备美国发明专利 1 项、中国发明专利 2 项。作为客座编辑，在知名 SCI 期刊 IEEE Trans. on Sustainable Energy 杂志上组织"储能系统与电池管理技术"专刊。多次受加州大学伯克利分校、密歇根大学、清华大学等单位邀请做学术报告。研究内容受到德国慕尼黑工业大学 Andreas Jossen 教授、美国圣地亚哥州立大学 Chris Mi 教授等电池管理领域著名专家团队的跟进研究。

2. 系统研究了新能源车辆机电复合动力传动系统的优化和控制方法，解决了构型分析、部件配置和能量管理的快速优化问题。

（插电式）混合动力汽车作为重要的节能减排技术，是世界各大汽车公司的研发重点。如何有效地协调多个机电部件从而最大化节能效果（或车辆经济性）是该技术的关键和难点，因此系统层面的优化与控制研究具有理论和应用价值，能够为车辆机电复合动力总成的工程化开发提供必要的理论基础与指导。

申请人对凸建模和凸优化方法进行了深入的研究，揭示了其在混合动力系统优化中的适用性与独特优势，创新性地解决了部件配置和能量管理策略的快速联合优化难题。成功推广该方法到不同构型的油电混合动力车辆、插电式混合动力车辆、燃料电池混合动力车辆的系统优化中，通过大量的对比研究，验证了其准确度和在计算效率上的突出优势。在此基础上，建立了多目标凸优化框架，揭示了不同优化目标之间的最佳折中关系，包括电池寿命与燃油经济性之间的相互影响等。提出了智能电网环境下的插电式混合动力车辆电池包大小、充电策略、能量管理之间的集成优化方法，为攻克车辆与电网交互下的全局功率流优化难题提供了新思路。同时，结合其他优化方法，设计了

动态交通数据反馈下的（插电式）混合动力车辆的预测能量管理策略，其节油效果和实时性突出，具有明显的应用价值。

相关研究成果共发表高水平 SCI 论文 15 篇，他引 600 余次（WoS SCI 他引 300 余次），ESI 高被引论文 4 篇，参编英文专著 1 部（Wiley 出版）、中文专著 1 部、译著 1 部。一篇论文成为 Applied Energy 杂志主页重点宣传的高影响力文章（WoS SCI 他引超过 40 次）。基于凸优化方法的计算平台正被瑞典 Volvo Truck 集团用于开发和优化新一代的电气化车辆，取得了良好的社会经济效益。研究成果获得欧盟高度认可和资助，2015 年获得欧盟"玛丽·居里夫人学者基金"，将与英国汽车界在插电式混合动力汽车方向上进行深度的项目合作。国际同行对研究成果给予了高度评价，该领域国际权威瑞士联邦工程院 Lino Guzzella 院士认为："…convex optimization has attracted attention in the research field of energy management for HEVs, an alternative method for the optimization of the power flows in HEVs, … more efficient than for example DP…"（凸优化引起了混合动力车辆能量管理领域的关注，作为一种创新的方法，在混合动力车辆优化中比其他一些方法更高效）。受 IEEE Trans. Vehicular Technology 主编 Yuguang Fang 教授邀请，以通信作者身份发表综述文章"Energy Management in Plug-in Hybrid Electric Vehicles: Recent Progress and a Connected Vehicles Perspective"。受中南大学钟掘院士和浙江大学杨华勇院士邀请，列出的两个车辆机电复合传动系统优化难题成功入选"液压与传动"学科方向的关键科学难题（教育部制造科学领域"10000 个科学难题"）。作为客座编辑，在 IEEE Trans. Transportation Electrification 和机械工程学报上组织"电气化车辆系统优化与控制"专刊两期。Lino Guzzella 院士、美国密歇根大学 Huei Peng 教授、美国俄亥俄州立大学 Giorgio Rizzoni 教授等混合动力车辆领域著名专家团队在申请人研究成果的基础上开展了跟进研究。

3. 深入分析了超级电容等效电路模型的有用性及阻抗特性，提出了建模与 SOC 估计的新方法。

由于在重型汽车、工程机械、机车、国防领域中应用越来越广泛，超级电容及其管理技术已经成为学术界和工业界的研究热点。超级电容建模、状态估计、充放电控制研究具有重要理论意义和应用价值。

申请人成功推广电池模型结构有用性指标到超级电容模型评价中，系统地对比分析了多种超级电容等效电路模型结构，发现了在车载环境下的最佳结构。结合 EIS 手段，通过大量实验测试与分析，充分揭示了超级电容的阻抗特性，并提出了基于阻抗的建模新方法。在此基础上，建立了分数阶超级电容建模与 SOC 估计算法框架，对先进超级电容管理技术的研发具有一定的促进作用。

上述研究成果已发表高水平 SCI 论文 5 篇，他引 50 余次（WoS SCI 他引 40 余次），其中发表在 J. Power Sources 上的论文成为 ESI 高被引论文，其它一些成果还在审稿或整理中。英国牛津大学著名超级电容管理专家 David Howey 教授对研究成果进行了高度评价，其认为"…while three common circuits being compared for an electric vehicle applica-tion, in terms of usefulness, for the first time…are really interesting and beneficial…"（在电动汽车应用中，三个常用电路的有用性第一次得到对比研究，相关结果十分有趣和有用）。研究成果被 David Howey 教授、德国卡尔斯鲁尔理工大学 Andre Weber 教授等多家团队跟踪研究。

所获荣誉：

在团队带头人胡晓松教授领导及团队成员的共同努力下，团队带头人及成员获得荣誉如下：

1. 2017 年度第十三批"国家青年千人计划"。

2. 2016 年底第八批"重庆市百人计划"。

3. 2016 年度世界可持续性论坛 World Sustainability Forum 授予"Emerging Sustainability Leaders Award"（世界可持续性领域青年领袖奖，全球仅两位入选）。

4. 2015 年度欧盟地平线 2020"玛丽·居里夫人学者基金"（获批率低于 10%，新能源车辆领域唯一入选的中国籍研究者，将与英国克兰菲尔德大学汽车研究中心展开深度的项目合作）。

5. 2015 年度美国机械工程师协会能源系统最佳论文奖（ASME Energy Systems Best Paper Award，第一个获此奖励的中国籍学者）。

6. 2015 年高被引论文奖（Most Cited Journal of Power Sources Articles, Journal of Power Sources, Elsevier）。

7. 2015 年度国际新能源期刊 Applied Energy 高被引论文奖。

8. 2014 年度高被引论文奖（Most Cited Energy Articles, Energy, International Journal, Elsevier）。

9. 2015 年度国际权威 SCI 期刊 Journal of Power Sources 杰出审稿人奖。

10. 2015 年度国际权威 SCI 期刊 Energy Policy 杰出审稿人奖。

11. 2014 年度国际权威 SCI 期刊 Applied Energy 杰出审稿人奖。

12. 2014 年度国际权威 SCI 期刊 Energy Conversion and Management 杰出审稿人奖。

13. 2014 年度国际权威 SCI 期刊 Energy 杰出审稿人奖。

7. 重庆大学—无线电能传输技术研究所

地址： 重庆市沙坪坝区沙正街重庆大学自动化学院
邮编： 400044
电话： 13508368896
网址： http://www.wptchina.com.cn/
团队人数： 8
团队带头人： 孙跃
主要成员： 孙跃、苏玉刚、戴欣、王智慧、唐春森、叶兆虹、余嘉、朱婉婷
研究方向： 无线电能传输系统关键技术与实现
团队简介：

重庆大学无线电能传输技术研究所（WPTCQU）前身为重庆大学电力电子与控制工程研究所，成立于 2005 年。专业从事无线电能传输技术及系统的理论研究、技术开发

与工程实现。研究所核心研发团队教授3人、副教授3人、中职2人。固定合作研究与技术开发人员5人，外聘国际高级专家3人。研究所招收和培养全日制硕士研究生、博士研究生和在职工程硕士研究。在校全日制研究生60余人。

研究所紧密围绕无线电能传输技术，从事应用基础理论、技术开发与推广工作。先后承担国家863计划项目、国家自然科学基金项目和重庆市政府计划项目共20项。承担企业委托和合作研发重要科技开发项目50余项。累计科研和科技项目经费3000余万元。

先后获得国家教育部、重庆市、中国电源学会、中国仪器仪表学会科学技术奖5项。在国际国内重要刊物上发表高水平论文300余篇，其中SCI、EI核心检索150余篇。受理与授权国家发明专利近60余项。

研究所拥有"无线电能传输技术国际联合研究中心（国家级）"、"中国—新西兰无线电能传输技术国际联合研究中心""无线电能传输技术重庆市工程研究中心""重庆市无线电能传输技术工程实验室"。

研究所拥有各类无线电能传输技术试验平台、先进测试/分析仪器，具有良好的科学研究软/硬环境，为全方位培养研究生的科学研究、技术开发与工程实践等科技能力和人文素质提供良好的工作条件。

在研项目：

1. 自组织无线电能传输网关键技术研究，国家自然科学基金面上项目。

2. 基于电场耦合无线电能传输关键技术研究，国家自然科学基金项目。

3. 公共线携能通信系统关键技术研究，国家863项目二级子课题。

4. 面向智能电网的无线电能传输关键技术研究，校企合作项目（700万元）。

5. 大功率无线电能传输系统效率最优控制策略研究，国家自然科学基金面上项目。

科研成果：

1. 2009年度重庆市科技进步二等奖："非接触电能传输技术及装置"。

2. 2010年度中国仪器仪表学会科技创新奖（团队奖）。

3. 2013年度教育部高等学校科学研究优秀成果奖二等奖：高效多自由度无线电能传输技术及装置。

4. 重庆市技术发明二等奖：新型高性能无线电能传输技术及应用。

所获荣誉：

1. 重庆市科学技术奖2次。

2. 中国仪器仪表学会科技创新奖（团队奖）1次。

3. 教育部高等学校科学研究优秀成果奖1次。

8. 重庆大学—新能源电力系统安全分析与控制团队

地址： 重庆市沙坪坝区沙正街174号重庆大学电气工程学院

邮编： 400044

电话： 13638301298

传真： 023-65112740

团队人数： 6

团队带头人： 熊小伏

主要成员： 卢继平（教授）、雍静（教授）、周念成（教授）、姚俊（教授）、欧阳金鑫（副教授）、王强钢（讲师）

研究方向： 电力系统保护与控制，电能质量分析与治理

团队简介：

本研究团队主要围绕智能电网从事相关基础理论及应用研究，立足于风力发电、光伏发电等新能源以及微电网、智能变电站等新技术的研究前沿，致力于智能电网的安全分析技术、防护技术以及智能控制技术的研究。在新能源并网故障分析与保护控制、智能变电站运行安全技术与计量、电力系统风险评估与气象灾害预警等研究领域积累了较强的技术基础。

在研项目：

1. 国家自然科学基金面上项目"微网黑启动恢复的关键控制技术及优化决策系统研究"，2013—2016。

2. 国家自然科学基金面上项目"非理想电网条件下大电容混合风电场运行理论与柔性控制技术研究"，2015—2018。

3. 国家自然科学基金面上项目"主动配电网短路电流水平在线估计及管理策略"，2016—2019。

4. 国家能源局特高压交流课题研究项目"特高压短路电流研究"，2015—2016。

5. 国家自然科学基金（青年基金）项目"大规模双馈式风电机组群暂态等值建模方法研究"，2014—2016。

科研成果：

2012年以来团队承担或已完成国家及省部级项目10余项，已发表SCI论文30余篇、EI论文80余篇，获得发明专利40余项。

所获荣誉：

1. 获教育部提名国家科学技术奖-自然科学二等奖，2005。

2. 南方电网公司科学技术奖一等奖，2009。

3. 重庆市科技进步一等奖，2015。

9. 重庆大学—新型电力电子器件封装集成及应用团队

地址： 重庆市沙坪坝区沙正街174号重庆大学电气工程学院

邮编： 400044

电话： 13883801036

团队人数： 10

团队带头人： 冉立

主要成员： 李辉、周林、曾正、陈民铀、徐盛友

研究方向： 电力电子器件可靠性及状态监测、碳化硅SiC器件封装和定制化设计、新型电力电子系统集成及应用

团队简介：

团队由 10 名教师组成，其中团队负责人为国家"千人计划"人才、教育部"长江学者"冉立教授。团队成员结构合理且研究方向涉及器件、变流器及新能源电力系统的应用，团队成员几乎都有海外留学或在著名国际企业工作的经历，且团队成员之间具有长期协作和合作的基础。本团队一直从事电力电子技术及其在新能源电力系统应用研究，在电力电子器件可靠性以及新能源发电系统的状态监测与运行控制方面有着坚实的研究基础。

团队建有中英碳化硅电力电子技术联合实验室，以新型电力电子器件及其系统应用的安全可靠性为研究方向，以提高综合效益包括系统安全和可靠性为目标，研究新一代电力电子装备（包括用电设备），并且追求全新的集器件和变流器系统一体化的技术，开展新型电力电子器件封装集成及应用的研究。

在研项目：

1. 973 子课题：智能电网中大规模新能源电力安全高效利用基础研究/新能源电力设备安全评估，2012CB215205。

2. 科技部中丹国际合作项目：高效和可靠风力发电系统关键技术合作研究。

3. 科技部中英国际合作项目：高可靠性新能源并网系统关键技术及可靠性评估研究。

4. 国家自然基金面上项目：风电变流器热应力疲劳寿命评估及控制策略研究。

5. 国家自然基金面上项目：计及疲劳累积效应的变流器功率器件寿命评估与预测研究。

6. 国家自然基金面上项目：大型光伏并网系统谐振机理及抑制策略研究。

科研成果：

1. 在电力电子器件可靠性方面，揭示了电力电子功率半导体器件老化的渐变过程机理，提出了通过动态建模方法研究了器件初、中期状态的微弱特征与系统工作点随机变化的影响，研究了电力电子器件的状态监测方法，并通过英国政府机构 KTP（Knowledge Transfer Partnership）计划，与企业共同投资约 25 万英镑实现了技术产品化。两次获美国 IEEE 工业应用协会年度最佳论文奖。

2. 在新能源发电系统方面，尤其在风力发电状态监测与控制方面，团队负责人开创性地提出并实现了全新的电机和电力电子换流器设计概念，较早提出了机、网侧变流器协调控制的风电机组故障穿越策略，研究了风电机组关键部件状态监测、故障诊断和健康状态评估的新方法。获省部级二等奖 1 项，近三年发表学术论文 60 多篇，其中 SCI 一区论文达 20 多篇。

10. 重庆大学——周雒维教授团队

地址： 重庆市沙坪坝区沙正街 174 号重庆大学 A 区 6 教 6221-3

邮编： 400044

电话： 023-65102287

传真： 023-65102287

团队人数： 老师 5 人，学生 48 人

团队带头人： 周雒维

主要成员： 周雒维、杜雄、罗全明、卢伟国、孙鹏菊

研究方向： 功率变流器的可靠性研究，电力电子系统分析、建模及智能控制，电力电子电路拓扑结构及控制算法的研究，半导体照明驱动电源及系统研究，光伏直流微网系统研究，电动汽车与电网互动技术研究，电能质量测量与控制

团队简介：

团队从 20 世纪 80 年代就开始从事电力电子技术理论和应用研究，承担了国家自然科学基金、重庆市自然科学基金、教育部春晖计划和教育部博士点科研基金等项目。进行了有源电力滤波器（APF）、人工神经网络在电力谐波监测和控制和功率因数校正（PFC）技术等方面的研究，先后提出了有源电力滤波器谐波电流检测和控制新方法、基于神经网络的自适应谐波电流检测方法、单周控制有源滤波器、直流侧 APF 和双频变换器等方法和思路。其中，双频变换器的研究构想为团队首创，在国内外共发表了近 20 篇高水平论文；功率因数校正研究方面，团队首次将 APF 技术应用到直流侧，并取得了良好的效果，获得了中国高校自然科学二等奖和重庆市电力科学技术奖，并发表国内外高水平论文近 30 篇。团队在功率因数校正方面也取得了一定的研究成果，先后承担了国家自然科学基金 2 项、重庆市自然科学基金 1 项，在国内外发表高水平论文十余篇。目前，团队依然奋斗在电力电子学科研究的第一线，承担了多个研究项目，如国家科学基金重点项目"可再生能源发电中功率变流器的可靠性研究"等。

近 10 年来，课题组培养了一大批优秀的博士、硕士研究生，如杜雄（全国百篇优博获得者）、卢伟国（全国百篇优博提名）、孙鹏菊（重庆市优博）和杜茗茗（重庆市优硕）等，这些博士后来都成长成为实验室的骨干力量。

在研项目：

1. 国家自然科学基金面上项目，51677016，电压源型变流器群与电网动态互联系统的稳定性分析及控制，2017/01—2020/12。

2. 国家自然科学基金项目，基于热网络参数辨识的变流器热疲劳老化健康状态评估，2016/01—2019/12。

3. 国网公司总部科技项目，柔性直流换流器在大扰动工况下的控制特性研究，2015/11—2017/11。

4. 中国电科院项目：并网逆变器-电网系统振荡的非线性建模和分析，2016/11—2017/11。

5. 国家自然科学基金面上项目，51577019，高效高可靠两级多路无源恒流 LED 驱动电源研究，2016/01—2019/12。

6. 国家自然科学基金面上项目，51377185，开关功率变换器的大信号稳定控制策略研究，2014/01—2017/12。

科研成果：

一、获奖和专利

1. 中国高校自然科学一等奖"电力电子变换器控制新方法的研究"，周雒维，杜雄，罗全明，周林，2007 年 12 月。

2. 中国高校自然科学二等奖"有源电力滤波器谐波电

流检测和控制技术研究"，吴宁，周雒维，王群，谢品芳，苏向丰，2001 年 2 月。

3. 教育部"中国高校优秀骨干教师奖"，2002 年 12 月。

4. 教育部科技进步三等奖"电网电流波形畸变有源补偿系统研究"，侯振程，罗世国，周雒维，李再华，1997 年 12 月。

5. 美国发明专利（US Patent No. 6，249，108）"Unified Constant-frequency Integration reset control of single phase active power filters" K. Smedley，Luowei Zhou，June，2001。

6. 周雒维，付志红，苏向丰. 具有上升沿提升能力的电流脉冲下降沿线性可调的控制方法及装置：中国，200410081518. 9［P］.

7. 周林，蒋建文，周雒维. 统一恒频控制三相四线制有源电力滤波器控制方法：中国，200410022095. 3［P］.

8. 付志红，苏向丰，周雒维. 感性负载的脉冲电流下降沿线性可调装置：中国，200420105625. 6［P］.

二、代表性论文

1. Pengju Sun, Can Gong, Xiong Du, Yingzhou Peng, Bo Wang, and Luowei Zhou. Condition Monitoring IGBT Module Bond Wires Fatigue Using Short-Circuit Current Identification.［J］. IEEE Trans. Power Electronics.

2. Pengju Sun, Can Gong, Xiong Du, Haibo Wang, Yingzhou Peng, and Luowei Zhou. Online Condition Monitoring for both IGBT Module and DC-Link Capacitor of Power Converter Based on Short-Circuit Current Simultaneously［J］. IEEE Trans. Industrial Electronics.

3. Luowei Zhou, Zicheng Li. A novel active power filter based on the least compensation current control method［J］. IEEE Trans. Power Electron, 2000, 15（4）：655-659.

4. Luowei Zhou, Smedley KM. Unified. constant-frequency integration control of active power filters［C］. Applied Power Electronics Conference and Exposition, Fifteenth Annual IEEE, 2000, 1：406-412.

5. Smedley KM, Luowei Zhou. Unified constant-frequency integration control of active power filters［J］. IEEE Trans. Power Electron, 2001, 16（3）：428-436.

6. Xiong Du, Luowei Zhou, Heng-Ming Tai. Double-Frequency Buck Converter［J］. IEEE TRANSACTIONS ON INDUSTRIAL ELECTRONICS, 2009, 56（5）：1690-1698.

7. Ruzbehani M, Luowei Zhou, Mirzaei N. Improvement of One-Cycle Controller Response with a Current Mode Controller［J］. JOURNAL OF POWER ELECTRONICS, 2010, 10（1）：21-26.

8. Ruzbehani M, Luowei Zhou, Wang MY. Bifurcation diagram features of a dc-dc converter under current-mode control［J］. CHAOS SOLITONS & FRACTALS, 2006, 28（1）：205-212.

9. Lu Weiguo, Zhou Luowei, Luo Quanming, Wu Junke. Non-invasive chaos control of DC-DC converter and its optimization［J］. International Journal of Circuit Theory and Appli-cations. 2011，39：159-174.

10. Quanming Luo, Shubo Zhi, Can Zou, Weiguo Lu, Luowei Zhou. An LED Driver With Dynamic High-Frequency Sinusoidal Bus Voltage Regulation for Multistring Applications［J］. IEEE Transactions on Power Electronics, 2014. 29（1）：491-500.

11. Pengju Sun, Luowei Zhou, Keyue Ma Smedley. A Reconfigurable Structure DC-DC Converter With WideOutput Range and Constant Peak Power［J］. IEEE Transactions on Power Electronics, 2011. 26(10)：2925-2935.

12. Weiguo Lu, Shuang Lang, Luowei Zhou, Herbert Ho-Ching Iu, Tyrone Fernando. Improvement of Stability and Power Factor in PCM Controlled Boost PFC Converter With Hybrid Dynamic Compensation［J］. IEEE Transactions on Circuits and Systems I：Regular Papers, 2015. 62（1）：320-328.

13. Sucheng Liu, Luowei Zhou, Weiguo Lu, Simple analytical approach to predict large-signal stability region of a closed-loop boost DC-DC converter［J］. IET Power Electronics, 2013. 6（3）：488-494.

14. Xiong Du, Luowei Zhou, Hao Lu, Heng-Ming Tai, DC Link Active Power Filter for Three-Phase Diode Rectifier［J］. IEEE Transactions on Industrial Electronics, 2012. 59（3）：1430-1442.

所获荣誉：

1. 中国高校自然科学一等奖，"电力电子变换器控制新方法的研究"。

2. 中国高校自然科学二等奖，"有源电力滤波器谐波电流检测和控制技术研究"。

3. 教育部科技进步三等奖，"电网电流波形畸变有源补偿系统研究"。

4. 重庆市自然科学三等奖，"电力谐波监测与控制新方法研究"。

5. 重庆市电力科学技术奖，"有源电力滤波新方法的研究"。

11. 大连理工大学—电气学院运动控制研究室

地址： 辽宁省大连市高新区凌工路 2 号大连理工大学电气工程学院

邮编： 116023

电话： 0411-84708490

团队人数： 15

团队带头人： 张晓华

主要成员： 郭源博、李林、张铭、李伟、李浩洋、张宇、夏金辉

研究方向： 智能机器人与运动控制，电力牵引交流传动控制，无功补偿与谐波抑制

团队简介：

大连理工大学电气工程学院运动控制研究室现有教授 1 人，讲师 1 人，博士研究生 6 人，硕士研究生 7 人。多年来从事智能机器人与运动控制、电力牵引交流传动控制、

无功补偿与谐波抑制等领域研究工作。先后承担基于超长波的管道机器人失踪定位技术、海底管道内爬行器及其检测技术和 X 射线实时成像检测管道机器人的研制等多项国家"863 计划"项目，以及故障条件下电能质量调节器的强欠驱动特性与容错控制研究、传感缺失条件下电力牵引变流器的动态参数辨识与控制技术、灵长类仿生机器人悬臂运动仿生与控制策略研究等多项国家自然科学基金项目。在电力电子系统建模与非线性控制、电力电子系统故障诊断与容错控制、土木工程结构振动主动控制等方面具有坚实的工作基础和较强的技术力量。

在研项目：

1. 故障条件下电能质量调节器的强欠驱动特性与容错控制研究（国家自然科学基金项目）。

2. 传感缺失条件下电力牵引变流器的动态参数辨识与控制技术（国家自然科学基金项目）。

3. 电力牵引变流器的故障诊断与容错控制（企业横向课题）。

4. 高可靠性功率超声清洗驱动电源（企业横向课题）。

5. 嵌入式通用矿用提升机交流变频节能电控系统（企业横向课题）。

科研成果：

教材专著：

1. 张晓华. 控制系统数字仿真与 CAD［M］. 3 版. 北京：机械工业出版社，2010.（"十一五"国家级规划教材）

2. 张晓华. 系统建模与仿真［M］. 2 版. 北京：清华大学出版社，2015.（"十一五"国家级规划教材，国家精品教材）

代表性论文和专利：

1. Zhang Yu, Li Luyu, Cheng Baowei, Zhang Xiaohua. An Active Mass Damper Using Rotating Actuator for Structural Vibration Control［J］. Advances in Mechanical Engineering, 2016, 8（9）：1-7.

2. Haiming Qi, Jinrui Ye, Xiaohua Zhang, Hongjun Chen. Wireless Tracking and Locating System for In-pipe Robot［J］. Sensors and Actuators A：Physical, 2010, 159（1）：117-125.

3. Haiming Qi, Xiaohua Zhang, Hongjun Chen, Jinrui Ye. Tracing and Localization System for Pipeline Robot［J］. Mechatronics, 2009, 19（1）：76-84.

4. 周鑫，陈宏钧，徐浩. 非理想电网电压下基于谐波功率注入方法的三相并网型变换器的控制［J］. 中国电机工程学报，2016，36（1）：215-223.

5. 周鑫，陈宏钧，刘博，李林. 快速且谐波不敏感的电网电压同步方法［J］. 中国电机工程学报，2015，35（9）：2194-2201.

6. 张晓华，郭源博，周鑫，陈宏钧. PWM 整流器的欠驱动特性与非线性控制［J］. 中国电机工程学报，2011，31（33）：85-92.

7. 程红太，赵旖旎，张晓华. Acrobot 动态伺服控制及其对称虚约束方法研究［J］. 自动化学报，2010，36

（11）：1594-1600.

8. 基于甚低频功率电磁脉冲的管道内外通迅装置：中国，ZL 200810064022.9［P］.

9. 欠驱动悬摆运动控制实验装置：中国，ZL 200810064459.2［P］.

10. 金属管道内移动载体全程示踪定位装置：中国，ZL 200810064196.5［P］.

11. 欠驱动机械装置 Acrobot 的动态伺服控制方法：中国，ZL 200810137555.5［P］.

所获荣誉：

1. 管内移动机器人技术研究与应用，国家科技进步三等奖，1999。

2. 管内移动机器人产业化开发，航天部科技进步二等奖，1998。

12. 大连理工大学—特种电源团队

地址： 辽宁省大连市高新园区凌工路 2 号大连理工大学电气工程学院

邮编： 116024

电话： 13889626136

传真： 0411-84706489

团队人数： 10

团队带头人： 李国锋

主要成员： 李国锋、王宁会、王志强、戚栋、杨振强

研究方向： 高压脉冲电源，高精度直流高压电源，交流/直流电弧炉供电系统

团队简介：

大连理工大学特种电源团队多年来从事脉冲功率技术、电磁兼容技术、无损检测与探伤技术、新型电源技术、大功率电弧冶炼装置及控制系统、电磁场理论和应用技术研究工作，研究成果成功应用于材料冶金、资源环境、海军舰船维修保障等领域，取得了良好的社会经济意义和国防意义。该团队重视与国内外电气、化工和材料领域主要研究单位的合作，注重学科交叉、融合，已经形成了高等院校、科研院所和有色金属企业的产-学-研联合体，有利于基础研究成果直接转化为企业的创新技术。先后承担了和正在承担国家高技术研究发展计划（863 计划）新材料技术领域"新型平板显示技术"重大专项"PDP 用 MgO 晶体材料技术研究及产业化"；国家高技术研究发展计划（863 计划）资源环境技术领域低品位菱镁矿高效制备电熔镁砂的节能减排技术与装备专题项目"菱镁矿高效制备电熔镁节能减排技术与装备"；国家国际科技合作专项项目"菱镁矿绿色生产电熔镁关键技术及装备合作研究"。在低温等离子体发生器、电弧热等离子体、电弧射流等离子体、等离子体材料改性、超大功率装备检测及控制等方面，具备较强的技术力量和扎实的理论基础。

在研项目：

国家国际科技合作专项，2014DFR50880，菱镁矿绿色生产电熔镁关键技术及装备合作研究，2014/04-2017/04。

科研成果：

1. 王志强，唐瑶，李国锋，刘志刚. 一种超低频高压电源：中国，ZL201110405447.3 ［P］. 2013-08-23.

2. 李国锋，王志强，王宁会，王进君，王翠华，李思国，任泽成. 一种制备微细导电纤维的方法：中国，ZL200810010667.4 ［P］. 2010-06-02.

3. 李国锋，王志强，王宁会，王进君，王翠华，李思国. 一种控制微细粒子聚集形态的方法：中国，ZL200810010668.9 ［P］. 2010-02-17.

13. 大连理工大学—压电俘能、换能的研究团队

地址： 辽宁省大连市甘井子区凌工路 2 号大连理工大学大黑楼 A 座 422

邮编： 116023

电话： 0411-8470009-3422

团队人数： 12

团队带头人： 董维杰

主要成员： 董维杰、白凤仙、孙建忠

研究方向： 基于压电材料的振动能量的研究

团队简介： 主要研究领域为机电系统测量与控制、功能材料传感器与执行器。

在研项目： 国家自然科学基金（No.61340052）

科研成果：

近五年的科研成果：

1. 白凤仙，马桂帅，董维杰，孙建忠. 悬臂梁压电振动能量收集系统输出功率的优化研究［J］. 电子学报，2014，42（5）：883-889.（EI 检索号：20142917947034）。

2. Guan Lijuan, Bai fengxian, Dong weijie. Design and testing of wind energy harvester based on PVDF. Key Engineering Materials Vol. 613 (2014) pp 185-192 ⓒ(2014) Trans Tech Publications, Switzerland doi: 10.4028/www.scientific.net/KEM.613.185。

3. 白凤仙，包华宇，董维杰，夏书峰. 压电振动能量收集系统中二极管整流电路的 RC 等效模型分析［J］. 电源学报，2014，（3）：22-26.

4. 白凤仙，董维杰，闰朋超. 基于 FPGA 的压电变压器相位控制的设计与研究，压电与声光，2013，35（5）：676-680.（EI Page one 收录）

5. 马桂帅，白凤仙，董维杰. 自供电同步开关电感阻尼电路功率特性分析［J］. 电源学报，2012，37-41.

6. 白凤仙，董维杰，闰朋超. 基于频率特性的 Rosen 压电变压器参数的仿真测量和分析［J］. 电源学报，2011，（3）：1-6.

7. 党永，董维杰，白凤仙. 压电叠堆联接方式及低频发电特点的研究［J］. 电源学报，2011，（4）：56-61.

8. 白凤仙，董维杰，包华宇，孙建忠. 阵列式压电俘能拓宽频带的研究. 压电与声光。

14. 电子科技大学—功率集成技术实验室

地址： 四川省成都市建设北路二段四号电子科技大学沙河校区科技实验大楼 8 楼

邮编： 610054

电话： 028-83204101

传真： 028-83207120

网址： http://www.me.uestc.edu.cn/team/viewTeam?id=22

团队人数： 22

团队带头人： 张波教授

主要成员： 李肇基、罗萍、李泽宏、方健、罗小蓉、陈万军、乔明、唐鹤、贺雅娟、邓小川、王卓、任敏、张有润、张金平、高巍、明鑫、甄少伟、周泽坤、周琦、章文通、周锌等

研究方向： 功率半导体技术

团队简介：

电子科技大学功率集成技术实验室（PITEL）隶属于微电子与固体电子学院，是"电子薄膜与集成器件国家重点实验室"和"电子科技大学集成电路研究中心"的重要组成部分。现有 9 名教授/研究员、11 名副教授，198 名在读全日制硕士研究生和 30 名博士研究生，被国际同行誉为"全球功率半导体技术领域最大的学术研究团队"和"功率半导体领域研究最为全面的学术团队"。

实验室瞄准国际一流，致力于功率半导体科学和技术研究，研究内容涵盖分立器件（从高性能功率二极管 MCR、双极型功率晶体管、功率 MOSFET、IGBT、MCT 到 RF LDMOS，从硅基到 SiC 和 GaN）、可集成功率半导体器件（含硅基、SOI 基和 GaN 基）和功率集成电路（含高低压工艺集成、高压功率集成电路、电源管理集成电路、数字辅助功率集成及面向系统芯片的低功耗集成电路等）。

历经二十载创新，实验室发展了具有普适性的理论、技术和工艺平台，达到国际先进或领先水平，取得显著的经济和社会效益。

近年来共发表 SCI 收录论文 300 余篇。在电子器件领域顶级刊物 IEEE Electron Device Letters（EDL）和 IEEE Transactions on Electron Devices（T-ED）上共发表论文 60 余篇。继 2012 年在 EDL 上发表 7 篇论文，论文数位列全球前列以后，2015 年在 T-ED 上发表 8 篇文章，论文数再次列全球前三（在固态功率与高压器件领域居全球第一）。本领域国际顶级学术会议 IEEE ISPSD（International Symposium on Power Semiconductor Devices and ICs）收录论文数自 2006 年实现零的突破后，从 2011 年起均居全球研究团队前列，其中 2013 年名列第一。

实验室牵头或参研十余项国家科技重大专项；在研国家自然科学基金项目 16 项。截至 2016 年底已获美国专利授权 10 项，已获中国发明专利授权 300 余项。据中国专利局 2013 年报告，在 IGBT 等多个领域专利授权数居国内前列。牵头获 2010 年国家科技进步二等奖、2009 年和 2016 年四川省科学技术进步一等奖、2014 年高等学校科学研究优秀成果自然科学二等奖和首届四川电子科学技术一等奖（2015）；与中国电科 24 所合作获 2011 年中国电子科技集团公司科技发明一等奖；与上海华虹 NEC 合作获 2011 年中国电子学会电子信息科学技术二等奖。与企业合作承担了国家高技术产业发展计划、四川省产业发展关键重大技术项目、江苏省产业化转化项目、广东省教育部产学研结合

项目、粤港关键领域重点突破项目等产业化项目；面向市场研发出 100 余种产品；为企业开发出 60V-600V 功率 MOS、600V-900V 超结（SJ）MOS、IGBT、120V-700V BCD、高压 SOI 等生产平台，部分产品打破国外垄断、实现批量生产，已销售数亿只。

实验室已培养博士 50 名、硕士 600 余名，其中多人成为国内外本领域骨干。实验室负责人入选 2010 年 ISPSD 的 TPC 成员和 2014 年 IEEE 功率半导体器件与集成电路技术委员会的 12 名委员之一，并于 2015 年选为 IEEE T-ED 编辑。

在研项目：
1. 宽禁带半导体大功率电力电子器件的可靠性研究。
2. 提高 SoC 供电精度的 CMOS 低压差线性稳压器关键技术研究。
3. 高压 SiC IGBT 埋岛增强型新机构与模型研究。
4. 片上动态电压缩放功率变换器环路补偿技术的研究与实现。
5. 中低压 SiC 材料、器件及其在电动汽车充电设备中的应用示范。
6. 高压大功率 SiC 材料、器件及其在电力电子变压器中的应用示范。
7. 多相功率驱动单芯片集成方法及能量输运研究。
8. 超高压 SOI 器件的界面电荷岛耐压模型与新结构。
9. Si 基 GaN 增强型功率开关器件阈值电压调控机理与新结构。
10. 超低功耗基准源架构及关键技术研究。
11. 高温 SiC DMOS 器件电热物理场耦合模型与加固新结构研究。
12. 高短路关断压接型 IGBT/FRD 芯片结构与工艺设计。
13. 半桥驱动器芯片技术开发。
14. 高压器件设计及模型和智能核（IP）的建立。
15. 节能 & 汽车电子产品设计。
16. 基于能量优化的电源管理技术研究。
17. IGBT 器件研究与产品开发。
18. 600 伏以上高速低功耗功率芯片设计研究。
19. 超大功率 RF LDMOS 的产品研究。
20. 硅基 GaN 功能集成与硅工艺融合技术研究。
21. SiC PiN 二极管器件研制。
22. SiC MOSFET 产品研制。

科研成果：
1. 800V 级高压驱动集成电路。
2. SOI 高压器件介质场增强理论与技术。
3. 薄层 SOI 高压驱动集成电路。
4. 功率集成电路 PSM 模式理论与技术。
5. 体内场优化高 EB 耐压对管。
6. 横向高压 DMOS 器件体内场优化理论与新结构。
7. 功率 MOS 器件电荷平衡理论与新结构。
8. 功率集成电路高能效高精度关键技术。
9. 横向功率 MOS 集成的 CS 模型与技术。
10. 高压、超低功耗功率 MOS 器件新结构及模式。

11. 横向高压器件衬底终端技术与耐压模型。
12. 硅基 GaN 功率开关器件场控能带调制模型与技术。

所获荣誉：
1. 国家科技进步二等奖，2010 年。
2. 四川省科学技术进步一等奖，2016 年。
3. 四川省科学技术进步一等奖，2009 年。
4. 教育部自然科学二等奖，2012 年。
5. 首届四川电子科学技术一等奖，2015 年。
6. 中国电子科技集团公司科技发明一等奖，2011 年。
7. 中国电子学会电子信息科学技术二等奖，2011 年。
8. 国防发明技术三等奖，2011 年。

15. 电子科技大学—国家 863 计划强辐射实验室电子科技大学分室

地址：四川省成都市建设北路二段四号电子科技大学沙河校区逸夫楼 416
邮编：610054
电话：028-83202103
传真：028-83201709
团队人数：7
团队带头人：李天明
主要成员：李浩、汪海洋、周翼鸿、胡标
研究方向：高功率微波，毫米波技术
团队简介：

项目研究小组所在的实验室为国家"863"强辐射重点实验室电子科大分部，在实验室建设方面得到了国家有关部门的强有力的资助。我们拥有三套强流电子束加速器，可以从事低阻、高阻与重复脉冲等各类高功率微波源的实验研究，拥有各类适用于大功率、高功率真空电子器件的电源与磁场系统。在国家"211""985"建设及学校的支持下，我们花费了近 400 万元购置了从厘米波到亚毫米波的测试设备，建立了微波暗室。同时，实验室拥有自主开发的粒子模拟软件 CHPIC，以及引进的用于粒子模拟的 MAGIC、MAFIA 及高频场分析的 HFSS、CST 软件包。另外，电子科技大学自 50 年代建校时就设有电真空器件系，是国内微波管研制的"两所、两厂、一校"之一，具有完整的微波管加工工艺线。

在研项目：
1. 2.6MW 磁控管研究。
2. C 波段回旋波整流器研究。
3. 3mm 回旋光研究。
4. 三模天线研究。
5. ＊＊＊双工器研究。
6. ＊＊＊＊效应研究。

所获荣誉：
在"863"计划的资助下，完成了 S 波段相对论磁控管，新型相对论磁控管研制，永磁包装相对论磁控管，S 波段 3kW 螺旋线连续波行波管等课题，研制的 8mm 相对论奥罗管，永磁包装相对论磁控管和可调谐相对论磁控管等获得国防科技进步奖、军队科技进步奖多次。

16. 东南大学—江苏电机与电力电子联盟

地址： 江苏省南京市玄武区四牌楼 2 号东南大学动力楼

邮编： 210096

电话： 025-83794152

传真： 025-83791696

网址： http：//www.jempel.org/

团队人数： 143

团队带头人： 程明

主要成员： 程明（教授）、花为（教授）、张建忠（研究员）、樊英（副教授）、王政（副教授）、王伟（讲师）

研究方向： 电机与电力电子，电机驱动及应用，新能源发电，电动汽车和轨道交通等领域

团队简介：

江苏电机与电力电子联盟（Jiangsu Electrical Machines & Power Electronics League，简称 JEMPEL）是由国内电机与控制学科领域首位 IEEE Fellow、著名电机与控制专家、东南大学特聘教授程明博士领衔，东南大学电气工程学院六名专任教师为核心，多名长江学者、千人计划等专家为支撑，50 余名博士后和博士、硕士研究生为骨干的科研团队，研究领域涵盖电机与电力电子及其在新能源发电、电动汽车、轨道交通和伺服系统等领域的应用。

JEMPEL 在电机与电力电子及其在新能源发电、电动汽车、轨道交通和伺服系统等领域的应用技术方面，开展了长期的研究，积累了丰富的成果。先后承担了国家 973 计划、863 计划、国家自然科学基金重点项目、国家自然科学基金重大国际合作研究项目等各类课题 90 余项；共发表论文 370 余篇，其中 SCI 收录 140 余篇；申请中国发明专利 100 余件，已获授权发明专利 60 多件。

JEMPEL 以培养电机与控制领域高水平人才为己任，以高水平科学研究促进高层次人才培养，始终践行东南大学"止于至善"的人才培养理念，先后为社会培养了近百位电机与控制领域英才，其中包括一名 IEEE Fellow，两名国家优秀青年基金获得者，两位全国优秀博士学位论文提名奖获得者，四位江苏省优秀博士学位论文获得者。

JEMPEL 以国际化作为加强人才培养和促进科学研究的重要推手，全体教师均有至少一年以上的海外留学经历，博士研究生大部分具有一年以上的海外联合培养经历。迄今为止，先后与美国、加拿大、英国、法国、意大利和丹麦等国的知名高校开展项目合作或联合人才培养。此外，JEMPEL 成员活跃于国内外的各种学术交流活动，追踪国际学术前沿动态，与国内外同行分享科研成果和经验。

为了及时交流电机与电力电子领域的最新科研成果，促进产学研合作，同时为毕业研究生与企业对接提供平台，JEMPEL 建立了自己的会员体系，JEMPEL 殷切期盼与联盟有过合作关系或者有合作意向、有志于电机与电力电子技术进步的创新企业加入联盟，与 JEMPEL 共创新型电机及其控制技术的美好未来。

在研项目：

项 目 名 称	项目类别
1. 高可靠性电机系统的设计与容错控制	国家 973 计划
2. 电气无级变速双功率流风力发电机组关键技术研究	国家 863 计划
3. 定子永磁型风力发电系统关键基础问题	国家自然科学基金重点项目
4. 新型双定子无刷双馈风力发电系统及其控制	国家自然科学基金重大国际合作研究项目
5. 新能源汽车用新型电机系统	国家自然科学基金优秀青年科学基金
6. 基于双定子多相复合永磁电机的高速电梯牵引驱动系统	国家自然科学基金面上项目
7. 基于永磁场调制的无刷双馈风力发电机及其系统研究	国家自然科学基金面上项目
8. 电动汽车高可靠开绕组混合励磁机驱系统容错运行关键技术研究	自然科学基金面上项目

科研成果：

专利（部分，2015 年度）

名 称	发明人	专利号	申请日	授权日
1. 一种单逆变器双电机系统的控制方法	程明、王伟、张邦富、王亚	201210584914.8	2012.12.28	2015.05.06
2. 永磁同步电机容错型牵引模块及其控制方法	程明、王伟、张邦富、王亚	201310211092.3	2013.05.29	2015.06.03
3. 基于电流信号的风电机组的叶片不平衡故障诊断方法	张建忠、杭俊、程明、朱瑛	201210396295.X	2012.10.17	2015.06.03
4. 一种直线电机抱闸装置	张建忠、汪仁杰、吴串国、饶坤、蒋新苗	201310443867.X	2013.09.26	2015.11.18

（续）

名　称	发明人	专利号	申请日	授权日
5. 一种永磁同步电机匝间短路故障诊断的方法	张建忠、杭俊、程明	201310424228.9	2013.09.17	2015.11.18
6. 一种快速调磁的永磁涡流调速器	张建忠、汪仁杰、程明	201310542565.8	2013.10.25	2015.11.18
7. 一种电磁转矩补偿实现最大风能快速平稳跟踪的控制方法	樊英、夏子朋、张丽、顾玲玲	201310478739.9	2013.10.14	2015.7.15
8. 一种混合式电流源型能量传输与驱动设备	王政、程明、邹志翔	ZL201210545093.7	2012.12.14	2015.9.16
9. 一种复合式磁通切换电机	花为、张淦、程明	ZL201210274466.1	2012.8.3	2015.2.18
10. 一种模块化转子的定子表面贴装式双凸极永磁电机	花为、张淦、程明	ZL2013101199 39.5	2013.4.8	2015.3.18
11. 一种双速绕组开关磁阻电机	花为、华浩、吴中泽、程明	ZL201310036804.2	2013.1.30	2015.6.3
12. 混合动力汽车用电子无级调速系统	花为、华浩、柯海波、程明	ZL201210346044.0	2012.9.18	2015.7.29
13. 一种四极式无轴承开关磁阻电机	花为、华浩、鹿泉峰、程明	ZL201310168356.1	2013.5.6	2015.10.7

期刊论文（部分，2015年度）：

1. Qingsong Wang, Ming Cheng, Zhe Chen, and Zheng Wang. Steady-state analysis of electric springs with a novel δ control[J]. IEEE Transactions on Power Electronics, vol.30, no.12, pp: 7159-7169, Dec.2015.（王青松，程明，陈哲，王政. 基于一种新型δ控制的电力弹簧稳态分析方法）

2. Cao Ruiwu, Cheng Ming, Zhang Bangfu. Speed control of complementary and modular linear flux-switching permanent magnet motor[J]. IEEE Transactions on Industrial Electronics, vol.62, no.7, pp: 4056-4064.（曹瑞武，程明，张邦富. 互补型模块化磁通切换永磁直线电机速度控制）

3. Sun Le, Cheng Ming, and Jia Hongyun. Analysis of a novel magnetic-geared dual-rotor motor with complementary structure[J]. IEEE Transactions on Industrial Electronics, vol.62, no.11, pp: 6737-6747, Nov.2015.（孙乐，程明，贾红云. 新型互补结构的磁齿轮双转子电机的分析）

4. Jun Hang, Jianzhong Zhang, Ming Cheng. Online inter-turn fault diagnosis of permanent magnet synchronous machine using zero sequence components[J]. IEEE Transactions on Power Electronics, vol.30, no.12, pp: 6731-6741, 2015.（杭俊，张建忠，程明. 基于零序分量的永磁同步电机在线故障诊断）

5. Zheng Wang, Jian Chen, Ming Cheng, and Yang Zheng. Fault-Tolerant Control of Paralleled-Voltage-Source-Inverter-Fed PMSM Drives[J]. IEEE Transactions on Industrial Electronics, vol.62, no.8, pp: 4749-4760, Aug.2015.（王政，陈健，程明，郑扬. 并联电压源型逆变器的永磁同步电机容错控制）

6. Wei Hua, Gan Zhang, and Ming Cheng. Flux-regulation theories and principles of hybrid-excited flux-switching machines[J]. IEEE Transactions on Industrial Electronics, vol.62, no.9, pp: 5359-5369, 2015.（花为，张淦，程明. 混合励磁磁通切换电机的调磁原理）

7. Gan Zhang, Wei Hua, Ming Cheng, and Kai Wang. Investigation of an improved hybrid-excitation flux switching brushless machine for HEV/EV applications[J]. IEEE Transactions on Industry Applications, vol.51, no.5, pp: 3791-3799, 2015.（张淦，花为，程明，王凯. 一种改进的应用于混合动力/纯电动汽车领域的混合励磁磁通切换电机）

8. Ying Fan, Li Zhang, Ming Cheng, and K. T. Chau. Sensorless SVPWM-FADTC of a New Flux-Modulated Permanent-Magnet Wheel Motor Based on a Wide-Speed Sliding Mode Observer[J]. IEEE Transactions on Industrial Electronics, vol.62, no.5, pp: 3143-3151, May.2015.（樊英，张丽，程明，K. T. Chau. 基于宽速滑模观测器的磁场调制型永磁轮毂电机无位置传感器控制研究）

9. Gan Zhang, Wei Hua, and Ming Cheng. Design and Comparison of Two Six-Phase Hybrid-Excited Flux-Switching Machines for EV/HEV Applications[J]. IEEE Transactions on Industrial Electronics, in press (DOI: 10.1109/TIE.2015.2447501).（张淦，花为，程明. 应用于纯电动/混合动力汽车领域的两台六相混合励磁磁通切换电机的设计及对比）

10. Lingyun Shao, Wei Hua, and Ming Cheng. Mathematical Modeling of a Twelve-Phase Flux-Switching Permanent Magnet Machine for Wind Power Generation[J]. IEEE Transactions on Industrial Electronics, in press (DOI: 10.1109/TIE.2015.2461514).（邵凌云，花为，程明. 十二相磁通切换永磁风力发电机的数学建模）

11. Jia Hongyun, Wang Jianan, Cheng Ming, Hua Wei, Fei Shuming. Mathematical model of radial suspending force for a new stator-permanent magnet bearingless machine[J]. IEEE Transactions on Magnetics, Nov.2015, 51(11): 8205104.（贾红云，王嘉楠，程明，花为，费树岷. 一种新型定子永磁型无轴承电机的径向悬浮力数学模型）

12. Feng Li, Wei Hua, and Ming Cheng. Nine-phase flux-switching permanent magnet brushless machine for low speed and high torque applications[J]. IEEE Transactions on Magnetics,

2015，51（3）：8700204.（李烽，花为，程明.低速高转矩场合用九相磁通切换型永磁电机）

13. Sa Zhu, Ming Cheng, Wei Hua, Xiuhua Cai, and Minghao Tong, Finite Element Analysis of Flux-Switching PM Machine Considering Oversaturation and Irreversible Demagnetization[J]. IEEE Transactions on Magnetics, vol. 51, no. 11, pp: 1-4, Nov. 2015. （朱洒，程明，花为，蔡秀花，佟明昊.考虑硅钢片过饱和和永磁体不可逆退磁的永磁体磁通切换电机有限元分析）

14. Zhang Bangfu, Cheng Ming, Wang Jiabing, Zhu Sa. Optimization and analysis of a yokeless linear flux-switching permanent magnet machine with high thrust density[J]. IEEE Transactions on Magnetics, Nov. 2015, 51（11）：8204804.（张邦富，程明，汪佳斌，朱洒.优化分析一种高推力密度的无轭部磁通切换永磁直线电机）

15. Wei Hua, Gan Zhang, and Ming Cheng. Investigation and design of a high power flux-switching permanent magnet machine for hybrid electric vehicles[J]. IEEE Transactions on Magnetics, 2015, 51（3）：8201805.（花为，张淦，程明.混合动力汽车用大功率磁通切换永磁电机的分析和设计）

16. Li Xiangling, Chau K. T., Cheng Ming. Comparative analysis and experimental verification of an effective permanent-magnet vernier machine[J]. IEEE Transactions on Magnetics, Vol. 51, No. 7, 8203009, July. 2015. （李祥林，邹国棠，程明.一种高效永磁游标电机的比较分析和实验验证）

17. Li Zhang, Ying Fan, Chenxue Li, and Chunhua Liu. Design and Analysis of a New Six-Phase Fault-Tolerant Hybrid-Excitation Motor for Electric Vehicles[J]. IEEE Transactions on Magnetics, vol. 51, no. 11, Nov. 2015.（张丽，樊英，李臣学.电动汽车用六相混合励磁容错电机的设计与分析）

18. Wei Hua, Peng Su, Ming Shi, Guishu Zhao, and Ming Cheng. The influence of magnetizations on bipolar stator surface-mounted permanent magnet machines[J]. IEEE Transactions on Magnetics, vol. 51, no. 3, pp. 8201904, 2015. （花为，苏鹏，施铭，赵桂书，程明.定子表面贴装式永磁电机不同充磁方向特性分析）

19. Qingsong Wang, Ming Cheng, and Bing Zhang. An improved topology for the current fed parallel resonant half bridge circuits used in fluorescent lamp electronic ballasts[J]. Journal of Power Electronics, vol. 15, no. 2, pp. 567-575, March 2015.（王青松，程明，张兵.电流馈电式半桥荧光灯电子镇流器的优化拓扑）

20. Cheng Ming, Sun Le, Giuseppe Buja, and Song Lihua. Advanced electrical machines and machine-based systems for electric and hybrid vehicles[J]. Energies, vol. 8, no. 9, pp. 9541-9564, Sep. 2015.（程明，孙乐，朱塞佩.布亚，宋利华.电动汽车的新型电机与驱动技术）

21. Yu Feng, Cheng Ming, Chau K. T., Li Feng. Control and performance evaluation of multiphase FSPM motor in low-speed region for hybrid electric vehicles[J]. Energies, vol. 8, no. 9, pp. 10335-10353, Sep. 2015.（於锋，程明，邹国棠，李烽.混合动力汽车用多相 FSPM 电机的控制及性能评估）

22. Ying Fan, Weixia Zhu, Zhongbing Xue, Li Zhang, and Zhixiang Zou. A multi-Function Converting Technique for Vehicle-to-Grid[J]. Energies, vol. 8, no. 8, pp. 7638-7653, 2015.（樊英，祝卫霞，薛钟兵，张丽，邹志祥.V2G 多功能双向互动技术）

23. 程明，王青松，张建忠.电力弹簧理论分析与控制器设计[J].中国电机工程学报，vol. 35, no. 10, pp. 2436-2444, 2015.（Ming Cheng, Qingsong Wang, Jianzhong Zhang, Theoretical analysis and controller design of electric springs）

24. 李祥林，程明，邹国棠.聚磁式场调制永磁风力发电机输出特性改善的研究[J].中国电机工程学报，vol. 35, no. 16, pp. 4198-4206, 2015.（Xianglin Li, Ming Cheng, and Chau K. T. Research on improvement of output characteristics of the flux-concentrating field-modulated permanent-magnet wind power generator）

25. 朱瑛，程明，花为，张邦富，王伟.基于滑模变结构模型参考自适应的电气无级变速器无传感器控制[J].电工技术学报，vol. 30, no. 2, pp. 64-72, 2015.（Ying Zhu, Ming Cheng, Wei Hua, Bangfu Zhang, Wei Wang. Sensorless control for electrical variable transmission based on sliding mode model reference adaptive system）

26. 徐帅，张建忠.多电平电压源型逆变器的容错技术综述[J].电工技术学报，vol. 30, no. 21, pp. 39-50, 2015.（Shuai Xu, Jianzhong Zhang. Overview of Fault-Tolerant Techniques for Multilevel Voltage Source Inverters）

27. 张建忠，姜永将.基于等效热网络法的定频双转子永磁风力发电机的热分析[J].电工技术学报，vol. 30, no. 2, pp. 87-97, 2015.（Jianzhong Zhang, Yongjiang Jiang. Thermal Analysis of Constant Frequency Double Rotor Permanent Magnet Generator Based on Equivalent Thermal Network Method）

28. 张兵，王政，储凯，程明.NPC 型三电平逆变器容错控制模式下的母线电容电压波动分析及其抑制[J].电工技术学报，vol. 30, no. 7, pp. 52-61, 2015.（Bing Zhang, Zheng Wang, Kai Chu, Cheng Ming. Analysis of Fluctuation in DC Link Capacitor Voltage of NPC Three-level Inverter and Its Mitigation under Fault Tolerant Control Mode）

所获荣誉：

1. 国家自然科学一等奖（获得者：程明，获奖项目：定子励磁型无刷电机及控制系统基础理论与关键技术研究）。

2. 中国机械工业科学技术一等奖，（获奖项目：定子励磁型无刷电机系统关键技术及应用）。

3. 程明教授被授予 IEEE Fellow。

4. 2015 年度 IAS 年会一等奖。

5. 成员多次获得 ICEMS 会议最佳论文奖。

6. 两位国家优秀青年基金获得者。

7. 两位全国优秀博士学位论文提名奖获得者。

8. 五位江苏省优秀博士学位论文获得者。

17. 东南大学—先进电能变换技术与装备研究所

地址：江苏省南京市四牌楼 2 号

邮编：210096

网 址：http://ee.seu.edu.cn/2017/0508/c13614a188809/page.htm

团队人数：7

团队带头人：陈武

主要成员：陈武、郑建勇、赵剑锋、梅军、尤鋆、曲小慧、曹武

研究方向：高压大功率电力电子技术在电力系统及工业应用

团队简介：

先进电能变换技术与装备研究所依托于东南大学电气工程学院，主要从事电力电子与电能变换领域的重大基础理论与前沿关键技术研究，包括直流电网装备、交直流输配电装备、新能源并网发电、电能质量治理、分布式储能、高压大功率工业电源、无线电能传输和 LED 照明驱动等，多项研究成果已成功得到工业应用。

近年来，研究所承担参与了国家 863 计划、国家自然科学基金、江苏省自然科学基金、江苏省重点研发计划、国家电网科技支撑等科研项目 80 余项，年均科研经费 600 万元。研究所现有研究人员 50 余人，包括教授 3 人，副教授 3 人，讲师 1 人，博士后、硕博士研究生 40 余人。

在研项目：

1. 可调度式智能兆瓦级光伏发电装置研发与产业化。

2. 智能型模块化电力电子变压器开发。

3. 大型光伏电站直流升压汇集接入关键技术及设备研制。

4. 配网电力电子变压器拓扑及控制策略专题研究。

科研成果：

该研究所先后承担包括国家 863 计划、国家自然科学基金、教育部博士点基金、江苏省自然科学基金、江苏省高技术研究计划、江苏省科技成果转化重大专项等项目在内的各类研究课题 60 多项。

所获荣誉：

荣获教育部自然科学一等奖 1 项、江苏省科学技术二等奖 1 项、三等奖 2 项，全国工商联科技进步三等 1 项，南京市科学技术进步二等奖 1 项。

18. 福州大学—功率变换与电磁技术研发团队

地址：福建省福州市闽侯县上街镇学园路 2 号福州大学电气工程与自动化学院

邮编：350116

电话：0591-22866583

团队人数：40 多人

团队带头人：陈为

主要成员：陈为、毛行奎、董纪清、陈庆彬、林苏斌、汪晶慧、张丽萍、谢文燕

研究方向：开关电源高频电磁技术，超高频（百兆赫兹）薄膜电感，传导 EMI 预测诊断与抑制，无线电能传输技术，磁性元件高频损耗，磁性元件磁集成和平面磁性元件

团队简介：

福州大学功率变换与电磁技术研发团队将电磁技术与电力电子功率变换技术结合，在国家级、省部级项目下，在国内率先开拓了电力电子高频磁技术的研究方向，十多年来持续开展了大量和系统的基础和应用基础研究以及与企业界的广泛技术合作，内容涉及与电力电子、电力系统和电器等领域相关的电磁技术的各个方面，获得国内外学术界和工业界广泛认可，建立了年富力强的研发团队和先进仪器设备的实验室。现有高级职称教师 5 人，中级 2 人，实验员 1 人，在学博士生 6 人，硕士生 30 多人。

研究团队目前以开关电源高频电磁技术、超高频（百兆赫兹）薄膜电感、传导 EMI 预测诊断与抑制、无线电能传输技术、磁性元件高频损耗、磁性元件磁集成和平面磁性元件等为研究方向，涵盖了开关电源中电磁技术的各个方面。在研究广度和深度上都处于国内外领先水平。

在研项目：

1. 谐振式无线电能传输磁耦合系统关键技术研究（2015-2017），国家自然科学基金（青年）；

2. 功率变换器磁元件磁芯损耗关键技术研究（2013-2016），国家自然科学基金；

3. 微功率光伏逆变器集成化平面化高频磁技术研究（2013-2015），国家自然科学基金（青年）；

4. 功率变换器磁元件电磁兼容磁电综合模型研究（2013-2016），国家教育部博士点专项基金；

5. 不同频率叠加励磁下的磁芯损耗测量与模型研究（2015-2018），福建省自然科学基金；

6. 功率变换器 EMI 高频段特性及其控制技术研究（2014-2016），福建省自然科学基金；

7. 高压直流输电换流阀用饱和电抗器磁芯损耗测量与模型研究（2016~2019），福建省自然科学基金。

科研成果：

本研究团队以开关电源中的电磁技术为研究对象，深入研究其内在机理及应用，获得多项国家级、省部级基金项目的支持，并与多家国内外企业进行产学研合作，将研究成果应用于实际产品中，获得业内高度评价。

1. 研究团队承担国家自然科学基金 5 项，高等学校博士学科点专项科研基金 1 项，福建省自然科学基金 7 项，福建省高校杰出青年人才基金 1 项，福建省青年人才创新基金 1 项等。

2. 与国内外著名企业合作，包括华为、艾默生、伊顿、台达、美的、山特、田村、青岛云路、欧姆龙和天宇等，已承担横向项目 20 多项，到校总经费达 500 多万元。2014 年 8 月获得华为技术有限公司 2011 实验室颁发的最佳合作团队称号。

3. 团队已发表了包括 IEEE 学刊、中国电机工程学报、电工技术学报等高级别刊物以及 IEEE 国际学术会议等论文 100 多篇，申请了 24 项专利。

4. 承担了 IEC 国际标准和国内标准的制定工作。

所获荣誉：

本研究团队在长期的研究工作中获得了各科研院校和企业的广泛认可。团队所获荣誉如下：

1. 团队负责人陈为教授连续两届当选中国电源学会（全国一级学会）常务理事，磁技术专委会主任委员。

2. 团队负责人陈为教授作为 IEC/TC51/WG9 中国工作组负责人，负责 IEC 国际标准的制定工作。

3. 中国电源学会的磁技术专委会挂靠福州大学电气工程与自动化学院，并在我院建立了中国电源学会电力电子磁元件技术培训基地。

4. 与华为技术有限公司的长期合作中获"华为技术有限公司最佳合作伙伴奖"。

5. 所培养博士研究生中获得卢嘉锡优秀博士生奖 1 次；硕士研究生获国家奖学金 3 次。

6. 研究生获得全国研究生电子设计竞赛 1 等奖 1 次、2 等奖 3 次，本科生获全国大学生电子设计竞赛全国一等奖 1 项、二等奖 5 项、省一等奖 7 项。

7. 获中国电源学会年会优秀论文奖 1 次；获中国功率变换器磁元件联合学术年会优秀论文奖 4 次。

19. 福州大学—智能控制技术与嵌入式系统团队

地址： 福建省福州市大学新区学园路 2 号福州大学电气学院

邮编： 350116

传真： 0591-22866581

团队人数： 9

团队带头人： 王武

主要成员： 蔡逢煌、林琼斌、柴琴琴

研究方向： 新能源的控制技术，嵌入式技术开发

团队简介：

专注于研究智能控制、嵌入式软硬件协同设计、信号处理技术、嵌入式计算机系统等。主要开展了先进控制理论与控制算法及其在工程中的应用研究，优化控制技术理论及其在复杂工业过程的应用技术研究，网络化系统控制技术及网络安全运行研究，人工智能在生物信息系统的应用研究，电力电子系统建模、算法分析以及数字化实现的应用研究。

团队负责人为王武博士、教授。形成了结构合理、多学科交叉的科研教学团队，其中高级职称 2 人，博士 5 人。团队成员依托福建省医疗器械与医药技术重点实验室和福州大学—厦门华侨恒盛股份有限公司联合实验站，目前培养了研究生 30 余人。多年来完成了 5 项国家自然科学基金项目和数项省部级科学研究项目，在学术会议与期刊发表 160 多篇研究论文，获得福建省科学进步奖三等奖 3 项。并将学科研究成果引入教学领域和生产领域，促进产、学、研相辅相成，互相促进。团队目前承担省自然科学基金项目 2 项和企业合作项目 4 项。在嵌入式系统研究方面，与国际多家知名企业建立了联合实验室：福州大学—freescale 嵌入式系统设计及应用实验室、福州大学—英飞凌嵌入式技术共建实验室和福州大学—TI 嵌入式技术共建实验室。

在研项目：

企业创新项目：

基于新型拓扑与控制技术的电力电子变换装置研制（2014/3-2016/6）。

科研成果：

2013 年获得了福建省科技进步三等奖（获奖项目名称：太阳能光伏发电系统逆变器）。

20. 广西大学—电力电子系统的分析与控制团队

地址： 广西壮族自治区南宁市大学路 100 号广西大学电气工程学院

邮编： 530004

电话： 13878809870

团队人数： 6

团队带头人： 陆益民

主要成员： 陈延明，李国进，黄洪全，黄良玉，陈苏

研究方向： 电力电子系统的非线性分析与控制，工业特种电源开发，电气精密测量技术

团队简介：

广西大学电气工程学院"电力电子系统分析与控制"研究团队共有 6 名教师，其中教授 3 人、副教授 2 人、讲师 1 人。本研究团队一直致力于电力电子系统基础理论及其应用技术的研究。近年来围绕电力电子系统的拓扑结构、稳定性分析和控制方法、工业特种电源开发和电气精密测量技术等方面开展了大量的研究工作，并取得了一系列的研究成果。本团队承担 4 项国家自然基金项目、1 项国家科技型中小企业技术创新基金项目以及多项省部级科研项目和企业横向项目。研制了医用 X 射线机电源、通信电源、焊接电源、冲击接地电阻、电气设备介质损耗测量装置和无功补偿装置快速复合继电器等电力电子装置。在《International Journal of Circuit Theory and Applications》《International Journal of Bifurcation and Chaos》《中国电机工程学报》《电工技术学报》《控制理论与应用》《机械工程学报》等学术刊物和 IEEE 等重要国际会议发表论文 60 多篇，获得国家专利授权多项。

在研项目：

1. Yimin Lu, Qianqian Liang, Xianfeng Huang. Parameters self-tuning PID controller circuit with memristors[J]. International Journal of Circuit Theory and Applications, 25 January 2017, DOI：10.1002/cta.2316

2. Yimin Lu, Xianfeng Huang, Shaobin He, Dongdong Wang, Zhang, Bo. Memristor based van der Pol oscillation circuit. International Journal of Bifurcation and Chaos, 24(12), pp: 1450154.1-15, 2014/12/1.

3. 马海龙，于田芬，陈延明等. 基于恒导通时间控制的自驱动 PFC 的研制[J]. 电源技术，2015.12，39(12).

4. 苏琦，陆益民，黄险峰. 电压反馈型 BOOST 变换器闭环控制系统的分岔及混沌[J]. 广西大学学报(自然科学版)，05 期，1192-1200，2015/10/25.

5. 于田芬，韦熹，王飞，陈延明等. 改进型数字无桥 PFC 变换器的研制[J]. 制造业自动化，2015，37(12)：

145-147.

6. 李国进，董第永，陈双. 磷酸铁锂电池的 SOC 预测 [J]. 计算机仿真，2015，32(3)：163-168.

7. 王东东，陆益民，张波. IFOC 感应电动机分岔混沌的单双时滞反馈控制 [J]. 电机与控制学报，10 期，55 - 59 + 67，2014.

8. 陈延明，王会雄，王振民等. 一种全桥 LLC 软开关焊接电源 [J]. 焊接学报，2014(5)：9-12.

9. 张峰，王婷，熊建荣，陈延明等. 恒定导通时间控制的交错式功率因数校正电路 [J]. 广西大学学报：自然科学版，2014，39(6)：1278-1284.

10. 陈延明，杨美珍，王振民，李国进等. 一种半桥 LLC 谐振软开关焊接电源 [J]. 焊接学报，2013，12：005.

11. 梁伟健，黄洪全. 基于有功功率的小电流接地选线注入法的研究 [J]. 自动化与仪器仪表，2012，(1)：19-21.

12. 莫里克，黄洪全，李国进，陈延明等. 一种单相弧焊逆变器的功率因数校正电路 [J]. 广西大学学报：自然科学版，2012，37(2)：366-370.

13. 杨达亮，卢子广，杭乃善，李国进. 三相电压型 PWM 整流器准定频直接功率控制 [J]. 中国电机工程学报，2011，31(27)：66-73.

14. 陈延明，陈辉华，张成等. 一种峰值电流控制的全桥软开关弧焊逆变器 [J]. 焊接学报，2011，32(5).

15. 张城，莫里克，张盼，陈延明等. 一种非线性载波控制的功率因数变换电路 [J]. 电力电子技术，2011，45(11)：89-91.

16. 李国进，易丐，林瑜. 仿人机器人的一种双向动力学建模方法 [J]. 广西大学学报：自然科学版，2011，36(6)：1009-1015.

17. 黄良玉，韦以明，陈凤翔，莫少莹. 含参数扰动 Liu 混沌系统的反步设计自适应控制研究 [J]. 广西大学学报自然科学版，2010，Vol.35，No.6：1057-1062.

18. 陈延明，王娟，武江峰等. 一种改进的零电压零电流倍流整流变换器 [J]. 电工技术学报 (核心期刊)，2009，24(12)：82-87.

19. 陆益民，张波，尹丽云. DC/DC 变换器的切换仿射线性系统模型及控制 [J]. 中国电机工程学报 (核心期刊)，2008，28(15)：16-22. [EI 收录 (082611336989)]

20. 陆益民，张波，毛宗源. 混沌 SPWM 原理及其谐波抑制特性分析 [J]. 机械工程学报，2006，42(1)：126-129. [EI 收录 (06139783778)]

21. 陆益民，毛宗源，张波. 感应电动机间接磁场定向控制系统振荡的功率谱分析 [J]. 机械工程学报，2004，40(12)：5-9. [EI 收录 (05058822201)]

22. 陆益民，毛宗源，张波. 基于免疫算法的混沌多模型控制策略 [J]. 控制理论与应用，2004，21(1)：30-34. [EI 收录 (04328306731)]

23. Lu, Yi Min、Chen, Ming、Huang, Xian Feng, Synchronizing chaos in memristor based van der Pol oscillation circuits [J]. 2014 IEEE International Power Electronics and Application Conference (IEEE PEAC ' 2014),

2014/11/5-2014/11/8, pp：1154-1158，2014/11/5.

24. Lu, Yi Min、Huang, Xian Feng、Wang, Juan Ping、Zhu, Z. Q., Motion control in a free piston energy converter based on a neural adaptive PID decoupling controller [J]. 9th International Symposium on Linear Drives for Industry Applications, LDIA 2013, 2013/7/7-2013/7/10, pp：454-460, Hangzhou, China, 2013.

25. 陆益民，金麒麟，黄险峰. 实用新型专利：忆容器的实现电路. 专利号：ZL 2014 2 00772906.0 专利申请日：2014 年 12 月 9 日. 授权公告日：2015 年 5 月 13 日.

26. 陆益民，朱志勇，黄险峰. 实用新型专利：一种基于忆阻器的 Duffing-van der Pol 振荡电路. 专利号：ZL 2013 2 0856113.2，专利申请日：2013 年 12 月 20 日，授权公告日：2014 年 7 月 23 日.

27. 陆益民，陈茗，黄险峰. 发明专利：一种基于忆阻器的自适应 PD 控制器电路. 专利号：201310719515.2，专利申请日：2013 年 12 月 20 日，授权公告日：2016 年 12 月 07 日.

28. 陆益民，梁倩倩，黄险峰. 发明专利：一种基于忆阻器的单神经元 PID 控制器电路. 专利号：201410154785.8，专利申请日：2014 年 4 月 17 日，授权公告日：2016 年 11 月 30 日.

29. 李国进，陈延明，廖云峰，欧玉平，吴兰坤，徐兴科，胡丹. 实用新型专利：一种基于零电压过度软开关的 X 射线机功率因数校正电路. 专利号：ZL 2013 2 0666907.2，专利申请日：2013 年 10 月 28 日，授权公告日：2014 年 4 月 02 日.

30. 李国进，陈延明，廖云峰，赵凤波，谢永恒，简坤兴. 实用新型专利：一种基于无源无损吸收电路的 X 射线机功率因数校正电路. 专利号：ZL 2013 2 0666910.4，专利申请日：2013 年 10 月 28 日，授权公告日：2014 年 4 月 02 日.

31. 李国进，陈延明，廖云峰，滕寿宇，马培威，潘英昂，杨欧. 一种 X 射线机的有源功率因数校正电路. 专利号：ZL 2013 2 0666908.7，专利申请日：2013 年 10 月 28 日，授权公告日：2014 年 4 月 02 日.

科研成果：

1. Yimin Lu, Qianqian Liang, Xianfeng Huang. Parameters self-tuning PID controller circuit with memristors [J]. International Journal of Circuit Theory and Applications, 25 January 2017, DOI：10.1002/cta.2316

2. Yimin Lu, Xianfeng Huang, Shaobin He, Dongdong Wang, Zhang, Bo. Memristor based van der Pol oscillation circuit [J]. International Journal of Bifurcation and Chaos, 24(12), pp：1450154.1-15, 2014/12/1.

3. 马海龙，于田芬，陈延明等. 基于恒导通时间控制的自驱动 PFC 的研制 [J]. 电源技术，2015.12，39(12).

4. 苏琦、陆益民、黄险峰，电压反馈型 BOOST 变换器闭环控制系统的分岔及混沌 [J]. 广西大学学报 (自然科学版)，05 期，1192-1200，2015/10/25.

5. 于田芬，韦熹，王飞，陈延明等. 改进型数字无桥

PFC 变换器的研制［J］. 制造业自动化，2015，37（12）：145-147.

6. 李国进，董第永，陈双. 磷酸铁锂电池的 SOC 预测［J］. 计算机仿真，2015，32（3）：163-168.

7. 王东东、陆益民、张波，IFOC 感应电动机分岔混沌的单双时滞反馈控制［J］. 电机与控制学报，10 期，55-59＋67，2014.

8. 陈延明，王会雄，王振民等. 一种全桥 LLC 软开关焊接电源［J］. 焊接学报，2014（5）：9-12.

9. 张峰，王婷，熊建荣，陈延明等. 恒定导通时间控制的交错式功率因数校正电路［J］. 广西大学学报：自然科学版，2014，39（6）：1278-1284.

10. 陈延明，杨美珍，王振民，李国进等. 一种半桥 LLC 谐振软开关焊接电源［J］. 焊接学报，2013，12：005.

11. 梁伟健，黄洪全. 基于有功功率的小电流接地选线注入法的研究［J］. 自动化与仪器仪表，2012，（1）：19-21.

12. 莫里克，黄洪全，李国进，陈延明等. 一种单相弧焊逆变器的功率因数校正电路［J］. 广西大学学报：自然科学版，2012，37（2）：366-370.

13. 杨达亮，卢子广，杭乃善，李国进等. 三相电压型 PWM 整流器准定频直接功率控制［J］. 中国电机工程学报，2011，31（27）：66-73.

14. 陈延明，陈辉华，张成等. 一种峰值电流控制的全桥软开关弧焊逆变器［J］. 焊接学报，2011，32（5）.

15. 张城，莫里克，张盼，陈延明等. 一种非线性载波控制的功率因数变换电路［J］. 电力电子技术，2011，45（11）：89-91.

16. 李国进，易丐，林瑜. 仿人机器人的一种双向动力学建模方法［J］. 广西大学学报：自然科学版，2011，36（6）：1009-1015.

17. 黄良玉，韦以明，陈凤翔，莫少莹. 含参数扰动 Liu 混沌系统的反步设计自适应控制研究［J］. 广西大学学报自然科学版，2010，Vol. 35，No. 6：1057-1062.

18. 陈延明，王娟，武江峰等. 一种改进的零电压零电流倍流整流变换器［J］. 电工技术学报（核心期刊），2009，24（12）：82-87.

19. 陆益民，张波，尹丽云. DC/DC 变换器的切换仿射线性系统模型及控制［J］. 中国电机工程学报（核心期刊），2008，28（15）：16-22.［EI 收录（082611336989）］

20. 陆益民，张波，毛宗源. 混沌 SPWM 原理及其谐波抑制特性分析［J］. 机械工程学报，2006，42（1）：126-129.［EI 收录（06139783778）］

21. 陆益民，毛宗源，张波. 感应电动机间接磁场定向控制系统振荡的功率谱分析［J］. 机械工程学报，2004，40（12）：5-9.［EI 收录（05058822201）］

22. 陆益民，毛宗源，张波. 基于免疫算法的混沌多模型控制策略［J］. 控制理论与应用，2004，21（1）：30-34.［EI 收录（04328306731）］

23. Lu, Yi Min、Chen, Ming、Huang, Xian Feng, Synchronizing chaos in memristor based van der Pol oscillation circuits［J］. 2014 IEEE International Power Electronics and Application Conference and Exposition（IEEE PEAC＇2014），2014/11/5-2014/11/8, pp：1154-1158, 2014/11/5.

24. Lu, Yi Min、Huang, Xian Feng、Wang, Juan Ping、Zhu, Z. Q.，Motion control in a free piston energy converter based on a neural adaptive PID decoupling controller［J］. 9th International Symposium on Linear Drives for Industry Applications, LDIA 2013, 2013/7/7-2013/7/10, pp：454-460, Hangzhou, China, 2013.

25. 陆益民，金麒麟，黄险峰. 实用新型专利：忆容器的实现电路. 专利号：ZL 2014 2 00772906.0 专利申请日：2014 年 12 月 9 日. 授权公告日：2015 年 5 月 13 日.

26. 陆益民，朱志勇，黄险峰. 实用新型专利：一种基于忆阻器的 Duffing-van der Pol 振荡电路. 专利号：ZL 2013 2 0856113.2，专利申请日：2013 年 12 月 20 日，授权公告日：2014 年 7 月 23 日.

27. 陆益民，陈茗，黄险峰. 发明专利：一种基于忆阻器的自适应 PD 控制器电路. 专利号：201310719515.2，专利申请日：2013 年 12 月 20 日，授权公告日：2016 年 12 月 07 日.

28. 陆益民，梁倩倩，黄险峰. 发明专利：一种基于忆阻器的单神经元 PID 控制器电路. 专利号：201410154785.8，专利申请日：2014 年 4 月 17 日，授权公告日：2016 年 11 月 30 日.

29. 李国进，陈延明，廖云峰，欧玉平，吴兰坤，徐兴科，胡丹. 实用新型专利：一种基于零电压过度软开关的 X 射线机功率因数校正电路. 专利号：ZL 2013 2 0666907.2，专利申请日：2013 年 10 月 28 日，授权公告日：2014 年 4 月 02 日.

30. 李国进，陈延明，廖云峰，赵凤波，谢永恒，简坤兴. 实用新型专利：一种基于无源无损吸收电路的 X 射线机功率因数校正电路. 专利号：ZL 2013 2 0666910.4，专利申请日：2013 年 10 月 28 日，授权公告日：2014 年 4 月 02 日.

31. 李国进，陈延明，廖云峰，滕寿宇，马培威，潘英昂，杨欧. 一种 X 射线机的有功功率因数校正电路. 专利号：ZL 2013 2 0666908.7，专利申请日：2013 年 10 月 28 日，授权公告日：2014 年 4 月 02 日.

所获荣誉：

1. 2011 年获第十一届广西青年科技奖。
2. 2008 年获广西高校优秀人才资助计划资助。
3. 2004 年广西专家百人团第一批聘请专家。
4. 2012 年获第六届中国高校电力电子及电力传动学术年会优秀论文奖。
5. 2013 年获全国自动化教育学术年会优秀论文奖。
6. 2016 年获中国自动化学会中南六省（区）第 34 届学术年会优秀论文奖。

21. 国网江苏省电力公司电力科学研究院—电能质量监测与治理技术研究团队

地址：江苏省南京市江宁区帕威尔路 1 号

邮编：211103
电话：025-68686380
传真：025-68686000
团队人数：15
团队带头人：袁晓冬
主要成员：陈兵、史明明、罗珊珊、李强、柳丹、朱卫平
研究方向：电网海量电能质量数据分析与高级应用技术，
　　　　　面向优质电力园区的定制电力技术，新能源、
　　　　　储能及微电网技术研究及应用

团队简介：

江苏省电力公司电力科学研究院电能质量监测与治理技术研究团队建成了国内规模最大、功能最全的省级电能质量监测网，覆盖了1365个监测点，覆盖了大型污染源负荷、电气化铁路和新能源发电企业等非线性用户，具有谐波、间谐波、电压不平衡度、电压偏差、频率偏差和电压波动和闪变的实时在线监测分析功能，具备电能质量综合评估、指标异常预警等功能，为省公司运维检修部生产管理提供有力支撑。

实验室自主研发了电能质量在线监测终端和电压监测仪的一键式检测系统，可实现电能质量在线监测设备功能、精度和通信协议的完整检验，为省公司物质招标检测把好入网关。

实验室还承担了省内变电站的普测评价、新能源发电企业的技术监督和污染源用户电能质量问题治理分析工作，其中电能质量现场测试、动态无功补偿现场试验和低电压穿越检测项目已获得中国合格评定国家认可委员会（CNAS）的认证。

近年来，实验室积极开展电力电子技术在电网中的应用研究，承担了优质电力园区的设计开发、高压直流输电换流阀、统一潮流控制器MMC换流阀的研究工作。相关研究成果获得省部级科技进步奖7项、省公司科技进步奖11项、申请发明专利36项、软件著作权7项、发表学术论文58篇、制定国家、行业和国网标准22项。

在研项目：

1. 国网项目-电能质量大数据分析关键技术研究及应用。

2. 国网项目-电能质量扰动传播及预警系统研究。

3. 国网项目-高压碳化硅器件高温氧化工艺技术研究。

4. 国网项目-典型用电负荷电能质量发射特性研究。

5. 国网项目-基于物联网的配电网状态感知和分析研究。

6. 国网项目-分布式新能源并网检测与运维管理技术研究与应用。

7. 国网项目-多源分布式新能源发电直流供电运行控制技术研究与应用。

8. 省公司项目-分布式新能源电能质量主动调节技术研究。

9. 省公司项目-电压暂降对电力敏感用户影响分析及综合防治技术研究。

科研成果：

1. 江苏沿海大规模风电接入电网技术及工程应用研

究，省政府三等奖，2012年。

2. 冲击性负荷与新能源集中接入地区电能质量评估预警技术研究，电力安全生产成果三等奖，2012年。

3. 冲击性负荷与新能源集中接入地区电能质量评估预警技术研究，省公司一等奖，2012年。

4. 江苏电网无功补偿优化配置研究，省公司一等奖，2012年。

5. 大规模高铁牵引负荷友好接入电网技术及应用，省政府三等奖，2013年。

6. 大规模高铁牵引负荷友好接入电网技术及应用，电工技术学会二等奖，2013年。

7. 电气化铁路对江苏电网运行影响的测试研究和应对措施分析，省公司一等奖，2013年。

8. 江苏沿海大规模风电并网关键技术研究及其示范应用，省公司一等奖，2013年。

9. 沿海大规模风电并网检测与安全运行关键技术研究及应用，电力建设一等奖，2014年。

10. 电能质量高级分析关键技术研究及应用，国家电网公司科学技术进步奖二等奖，2015年。

11. 南京青奥会优质电力园区多DFACTS设备优化配置与协调控制技术及应用，第三届中国电源学会科学技术奖一等奖，2015年。

12. 沿海大规模风电并网检测与安全运行关键技术及应用，省公司一等奖，2015年。

13. 城市配电网高密度区域供电关键技术研究及应用，电力建设科技进步奖二等奖，2015年。

14. 适用于多场景微电网的设计、运行控制与检测关键技术研究与应用，电力建设科技进步奖三等奖，2015年。

15. 分布式储能提高城市负荷中心供电质量的关键技术研究及应用示范，电力建设科技进步奖三等奖，2015年。

16. 适用于多场景微电网的设计、运行控制与检测关键技术研究与应用，国家电网公司科学技术进步奖二等奖，2015年。

17. 适用于多场景微电网的设计、运行控制与检测关键技术研究与应用，省公司一等奖，2015年。

18. 分布式储能提高城市负荷中心供电质量的关键技术研究及应用示范，省公司二等奖，2015年。

19. 多种可再生能源优化互补的海岛微电网规划建设技术研究与应用，江苏省经研体科技进步奖一等奖，2015年。

20. 多种可再生能源优化互补的海岛微电网规划建设技术研究与应用，国网经研体系科学技术进步奖先进技术推广应用类三等奖，2015年。

所获荣誉：

1. 江苏省电力公司电力科学研究院先进集体，2013年。

2. 江苏省电力公司安全生产先进集体，2014年。

3. 江苏省电力公司电力科学研究院标兵专业室，2014年。

4. 江苏省工人先锋号，2014年。

5. 江苏省电力公司电力科学研究院标兵专业室，2015年。

6. 中国质量协会全国五星级现场管理班组，2014 年。

7. 袁晓冬劳模创新工作室，2015 年。

8. 江苏省电力公司电力科学研究院文明部室，2015 年。

22. 国网江苏省电力公司电力科学研究院—主动配电网攻关团队

地址：江苏省南京市江宁区帕威尔路 1 号

邮编：211000

电话：025-68686850

传真：025-68686000

团队人数：14

团队带头人：袁晓冬

主要成员：袁晓冬、陈兵、李强、朱卫平、史明明、柳丹、陈亮、孔祥平、李斌、杨雄、吕振华、贾萌萌、韩华春、吴楠

研究方向：品质电力、协调控制、友好互动、弹性控制、试验检测

团队简介：

主动配电网攻关团队主要研究方向为品质电力、协调控制、友好互动、弹性控制、试验检测。具备 4 个科研小组，基于国网及省公司科技项目，结合主动配电网实验室建设，旨在培养一支具有高技术水平和创新能力的联合攻关研究人才队伍。

在研项目：

1. 适应交直流混联受端电网的大规模海上风电接入方式优化及运行控制技术研究（国网牵头项目），2017～2019。

2. 基于物联网的配电网状态感知与分析研究（国网牵头项目），2016～2018。

3. 多源分布式新能源直流供电运行控制关键技术研究及示范应用（国网牵头项目），2015～2016。

4. 基于分布式能源的智能微电网关键技术（江苏省科技支撑计划项目），2015～2017。

5. 电能质量大数据分析关键技术研究及应用（国网参与项目），2016～2018。

6. 基于组串型逆变器的光伏电站并网特性实证性研究与测试（国网参与项目），2016～2017。

7. 高压碳化硅器件高温氧化工艺技术研究（国网参与项目），2015～2017。

8. 分布式新能源/储能/主动负荷联合优化运行与测试技术研究示范（国网参与项目），2015～2016。

9. 典型用电负荷电能质量发射特性研究（国网参与项目），2014～2016。

10. 大规模沿海风电参与电网调频控制方法研究及物理仿真平台实现（省公司科技项目），2017～2018。

11. 互联网＋能源综合利用系统研究及示范（省公司科技项目），2016～2017。

12. 分布式新能源电能质量主动调节技术研究（省公司科技项目），2016～2017。

科研成果：

一、论文著作

发表论文百十余篇，其中主要论文成果如下：

1. Determination of optimal supercapacitor-lead-acid battery energy storage capacity for smoothing wind power using empirical mode decomposition and neural network, Electric Power Systems Research, SCI

2. Photovoltaic planning process for untypical region, Unifying Electrical Engineering and Electronics Engineering, SCI

3. Power Quality Prediction, Early Warning, and Control for Points of Common Coupling with Wind Farms, Energies, SCI

4. Points of Common Coupling with Wind Farms", JEET SCI

5. A novel genetic algorithm based on all spanning trees of undirected graph for distribution network reconfiguration, MPCE, SCI

6. 主动配电网三相解耦潮流算法，电工技术学报，EI

7. 基于变量代换的辐射型配电网潮流算法，高电压技术，EI

8. Research on Portable Balance Devices and Balancing Strategy for Batteries, IEEE APPEEC 2016, EI

9. A Decoupled Three-phase Power Flow Algorithm for Distribution Networks Containing Multi-transformer-branches, IEEE APPEEC 2016, EI

10. Establishment of key grid-connected performance index system for integrated PV-ES system, NEFES 2016, EI

11. A Coordinated Voltage Control Scheme for Power System with Large-scale Wind, RPG Conference2015, EI

12. A Novel Generation Method for Typical Meteorological Year Data in Solar Utilization, ASEI 2015, EI

13. Control simulation and experienal verification of MPPT based on RT-LAB, ASEI 2015, EI

14. Real time simulation and research on photovoltaic power system based on RT-LAB, ASEI 2015, EI

15. Sliding Mode and Predictive Current Control for Vienna-type Retifiers, ICEMS, EI

16. Empirical Study of System-level PV power plant power factor adjustment relying on PV inverter, ICEMS2014, EI

17. Two-stage Stochastic Model of Unit Commitment with Wind Farm, CICED2014, EI

18. 含风电场的机组组合二阶段随机模型及其改进算法，电工技术学报，EI

19. 典型的清洁能源发电及冲击性负荷对电网电能质量的影响分析，电网技术，EI

20. 包含多种分布式电源的广义负荷模型辨识与适应性研究，电力系统保护与控制，EI

21. 包含多种分布式电源的广义负荷模型辨识与适应性研究，电力系统保护与控制，中文核心

22. 基于三相光伏微源的串联校正器参数设计方法，电测与仪表，中文核心

23. 考虑分布式电源接入的电网源荷时序随机波动特性概率潮流计算，水电能源科学，中文核心

二、授权专利

授权各级别共40余项，其中主要专利如下：

1. 一种晶闸管控制变压器式可控电抗器优化控制方法：中国，201310659680.3［P］.

2. 一种基于发电预测误差的光伏系统储能容量配置方法：中国，201310432253.1［P］.

3. 电网事故分闸辅助分析方法：中国，201310660356.3［P］.

4. 电气化铁路牵引侧两相STATCOM治理装置的控制方法：中国，201210484093.0［P］.

5. 基于ETAP的电气化铁路电能质量综合治理方法：中国，201210490569.1［P］.

6. 基于DIgSILENT的并网型光伏仿真发电系统：中国，201210002657.2［P］.

7. 电子式电压互感器的频率特性检测系统：中国，201320556256.1［P］.

8. 一种基于介质分压的一体化光电电压传感器：中国，201320614842.7［P］.

9. 一种可扩展的闭环同步配电自动化终端检测平台：中国，201420703600.X［P］.

10. 一种用于柱上开关馈线自动化终端的诊断装置：中国，201420773035.4［P］.

11. 用于馈线自动化测试的数据再现装置：中国，201420774548.7［P］.

12. 一种配电自动化集成试验检测装置：中国，201520290959.3［P］.

13. 一种标准电流与故障电流检测用电流分配系统：中国，201520329898.7［P］.

14. 多套配电自动化终端遥测检测中电流源施加系统：中国，201520332219.1［P］.

15. 具有自动泄放控制装置的微电网并网开关辅助灭弧装置：中国，201520583677.2［P］.

三、颁布标准

参与标准中已颁布的标准共12项，如下：

1. 国家标准，牵头，电能质量经济性评估第2部分：公用配电网的经济性评估方法，2016-12-13。

2. 国网公司企业标准，牵头，电能质量监测技术规范第1部分：电能质量监测主站，2015-02-26。

3. 行业标准，参与，柔性直流输电用电压源型换流阀电气试验，2016-01-07。

4. 国家标准，参与，电能质量经济性评估第1部分：电力用户的经济性评估方法，2016-12-13。

5. 国家标准，参与，电能质量经济性评估第3部分：数据收集方法，2016-08-29。

6. 国家标准，参与，电能质量监测设备通用要求，2016-08-29。

7. 国家标准，参与，电能质量术语，2016-02-24。

8. 行业标准，参与，优质电力园区供电技术规范，2015-04-02。

9. 行业标准，参与，干扰性用户接入电力系统技术规范，2014-10-15。

10. 国网公司企业标准，参与，电能质量监测技术规范第3部分：监测终端与主站间通信协议，2015-02-26。

11. 国网公司企业标准，参与，电能质量监测技术规范第2部分：电能质量监测装置，2015-02-26。

12. 行业标准，参与，串联谐振型故障电流限制器技术规范，2013-11-28。

四、学术奖励

获得各级学术奖励共30余项，其中主要奖励如下：

1. 互联网+分布式光伏服务体系研究及光e宝平台研制，2016年国家电网公司第二届青年创新创意大赛金奖。

2. 分布式光伏专用低压反孤岛关键技术研究及应用，2016年度电力建设科学技术进步奖三等奖。

3. 分布式电源规模化安全接入试验检测关键技术及应用，2016年度电力建设科学技术进步奖三等奖。

4. 分布式光伏发电并网反窃电技术研究及示范应用，2016年度电力建设科学技术进步奖三等奖。

5. 城市配电网高密度区域供电关键技术研究及应用，2015年度电力建设科技进步奖二等奖。

6. 适用于多场景微电网的设计、运行控制与检测关键技术研究与应用，2015年度电力建设科技进步奖三等奖。

7. 分布式储能提高城市负荷中心供电质量的关键技术研究及应用示范，2015年度电力建设科技进步奖三等奖。

8. 南京青奥会优质电力园区多DFACTS设备优化配置与协调控制技术及应用，2015年度第三届中国电源学会科学技术奖一等奖。

9. 适用于多场景微电网的设计、运行控制与检测关键技术研究与应用，2015年国家电网公司科学技术进步奖二等奖。

10. 电能质量高级分析关键技术研究及应用，2015年国家电网公司科学技术进步奖三等奖。

11. 沿海大规模风电并网检测与安全运行关键技术研究及应用，2014年度电力建设科技进步奖一等奖。

12. 省级电网分布式光伏并网安全管理，2013年度国家电网公司管理创新成果三等奖。

13. 基于多源数据融合的电网故障诊断预警技术研究与应用，2016年度国网江苏省电力公司科学技术奖一等奖。

14. 分布式光伏规模化接入配电网关键技术研究，2016年度国网江苏省电力公司科学技术奖二等奖。

15. 分布式光伏发电并网反窃电技术研究及示范应用，2016年度国网江苏省电力公司科学技术奖三等奖。

16. 适用于多场景微电网的设计、运行控制与检测关键技术研究与应用，2015年江苏省电力公司科学技术进步奖一等奖。

17. 沿海大规模风电并网检测与安全运行关键技术及应用，2015年江苏省电力公司科学技术进步奖一等奖。

18. 分布式储能提高城市负荷中心供电质量的关键技术研究及应用示范，2015年江苏省电力公司科学技术进步奖二等奖。

19. 多种可再生能源优化互补的海岛微电网规划建设技术研究与应用，2015年度江苏省经研体科技进步奖一等奖。

20. 多种可再生能源优化互补的海岛微电网规划建设技

术研究与应用，2015 年度国网经研体系科学技术进步奖先进技术推广应用类三等奖。

所获荣誉：

一、集体荣誉

1. 2015 袁晓冬劳模创新工作室。

2. 2015 江苏省电力公司电力科学研究院 2015 年度标兵专业室。

3. 2015 国家电网青年创新创意大赛铜奖。

4. 2014 江苏省工人先锋号。

二、个人荣誉

1. 袁晓冬，2016 电力行业电能质量及柔性输电标准化技术委员会"标准化先进工作者"称号。

2. 陈兵，2016 国网江苏省电力公司第三届"国网江苏省电力公司青年五四奖章"。

3. 史明明，2016 江苏省电力公司国家电网公司重大科技示范工程南京西环网统一潮流控制器（UPFC）建设先进个人。

4. 袁晓冬，2015 年国家电网公司优秀青年岗位能手。

5. 陈兵、孙健、李强，江苏省电力公司 2015 年优秀专家人才后备。

6. 袁晓冬，2014 年第十四届江苏省青年科技奖。

7. 袁晓冬，2014 年江苏省五一劳动奖章。

8. 袁晓冬，2014 年"江苏最美青工"称号。

9. 袁晓冬，国网公司专业领军人才。

23. 哈尔滨工业大学—电力电子与电力传动研究团队

地址： 黑龙江省哈尔滨市南岗区西大直街 92 号

邮编： 150001

电话： 0451-86413420

传真： 0451-86413420

网址： http://peed.hit.edu.cn/

团队人数： 15

团队带头人： 徐殿国

主要成员： Carlo Cecati、刘晓胜、高强、王高林、杨明、于泳、张相军、贵献国、王懿杰、张学广、杨华、武建

研究方向： 电力电子化电力系统，交流电机驱动控制

团队简介：

团队以哈尔滨工业大学电气工程系的电力电子与电力传动研究所为主体，电力电子与电力传动研究所的前身是成立于 1953 年的"电力传动教研室"。专业名称为"工业企业电气自动化专业"；1978 年专业名称改为"工业电气自动化"；1981 年获国务院第一批"工业自动化"学科硕士学位授予权；1987 年获得"电力传动及其自动化"学科硕士学位授予权；1997 年成为"电力电子与电力传动博士点"，并设有电气工程学科博士后流动站。徐殿国教授成为该学科点首位博士生导师、学科带头人；2004 年原"工业电气自动化教研室/专业"整体改建为"电力电子与电力传动研究所"。

自身人才建设方面，团队现有教师 15 人，包括：教授 8 人，副教授 5 人，讲师 2 人。其中，IEEE Fellow 2 人，外专千人 1 人，中达学者 1 人，中达青年学者 1 人，国家自然科学基金优青 1 人，黑龙江省杰青 1 人，国防科工委有突出贡献中青年专家 1 人，黑龙江省青年五四奖章 1 人，黑龙江省十大杰出青年 1 年，国务院政府特殊津贴获得者 1 人，博导 8 人。

在学生培养方面，团队每年招收硕士生约 40 人，每年招收博士生 6 ~ 10 人。截至 2016 年，团队已累计培养毕业博士生 77 人、硕士生 277 人。目前，在读博士和硕士研究生共 103 人。多年来，所培养的毕业生在航天航空企业、国家电网等大型国企、西门子等著名外企、华为等著名民企以及全国很多高校等单位发挥着重大作用，研究所毕业生一直受到用人单位的欢迎和好评。

在科研与教学平台建设方面，利用国家"985 工程"资助、"211 工程"资助、国家科研项目资助和企业资助，建立了国内一流的电力电子与电力传动学科的多种科研平台。目前，团队建设了国际先进电驱动技术创新引智基地（111 计划）、电驱动与电推进技术教育部重点实验室、黑龙江省现代电力传动与电气节能工程技术研究中心、可持续能源变换与控制技术黑龙江省重点实验室、黑龙江省伺服驱动及电机监测评价中心。

在学科的高端人才建设方面，以哈工大为依托，电力电子与电力传动研究所启动了高等学校学科创新引智计划（"111 计划"）——国际先进电驱动技术创新引智基地，引进了以国际学术大师美国工程院院士、英国皇家工程院院士、美国威斯康星大学麦迪逊分校的 Thomas A Lipo 教授和德国科学院院士、欧洲电力电子中心主任 Leo Lorenz 博士为首的一批国际著名学术大师或著名学者；2014 年 7 月聘请了 IEEE Transactions on Industrial Electronics 前主编、意大利拉奎拉大学电气工程系 Carlo Cecati 教授为哈工大电力电子与电力传动学科首席学术顾问，Cecati 教授并于 2016 年入选国家外专千人计划；还聘请了以韩国首尔国立大学教授、国际电力电子学科著名学者 Seung-Ki Sul 教授为代表的一批国际知名学者为哈工大兼职教授。此外，哈工大电力电子与电力传动学科还聘请了以美国伊顿（Eaton）公司（电气）中国研究院总监陆斌博士为代表的一批国内外企业专家为哈工大兼职/客座教授，全面提升哈工大电力电子与电力传动学科国际合作与交流平台的水平与质量，全面打造国际一流学科的学术氛围。

在学科的目标建设方面，电力电子与电力传动学科以徐殿国教授课题组团队为核心，面向国家重大需求和国际学术前沿，立足国际最新电力电子学科理论与技术成果，以国家发展战略重大需求为牵引，探索具有国际先进性与国家特色的当代电力电子与电力传动领域重大科学问题和重大工程技术问题，努力将哈工大电力电子与电力传动学科打造成具有国际一流水平的科学研究与人才培养平台。

在研项目：

1. 国家科技重大专项，伺服驱动及电机测试规范、标准研究与测试平台，2012ZX04001051，2012.01-2017.09，负责人：徐殿国。

2. 高等学校学科创新引智计划（"111 计划"），B14014、国际先进电驱动技术创新引智基地、2014/01-2018/12，负责人：徐殿国。

3. 国家科技支撑计划项目，大功率港口起重专用变频器的关键技术开发与应用，2014.01～2017.06，负责人：徐殿国。

4. 国家自然科学基金重点项目，51237002、基于电压源型换流器的风电场多端直流输电系统关键技术研究、2013/01-2017/12，负责人：徐殿国。

5. 国家自然科学基金面上项目，51477034、模块化多电平换流器电容电压波动抑制技术研究、2015/01-2018/12，负责人：徐殿国。

6. 国家自然科学基金优秀青年科学基金项目，交流永磁电机驱动系统先进控制策略研究（51522701），2016.1-2018.12，负责人：王高林。

7. 国家自然科学基金面上项目，紫外线灯驱动参数优化方法及其生物效应敏感性研究（51577042）2016.01-2019.12，复杂人：张相军。

8. 国家自然科学基金资助项目，高功率密度电机系统服役规律与可靠运行机制，（51690182），2017.01-2010.12，负责人：王高林、杨明、于泳。

9. 国家自然科学基金资助项目，基于电机驱动系统的齿轮故障诊断技术，51677037，2017.01-2020.12，负责人：杨明。

10. 国家自然科学基金项目，变频调速系统的多目标故障诊断与容错控制，2014.01～2017.12，负责人：于泳。

11. 国家自然科学基金资助项目，面向电力能源互联网的电力线载波通信核心网络理论研究，2017.1-2020.12 负责人：刘晓胜。

12. 大功率 LED 驱动系统单级对称多复合交直流变换器研究，国家自然科学基金，51407044，负责人：王懿杰。

13. 光宝电力电子技术科研基金项目，PRC20140729，超高频功率变换器关键技术研究，2014/06-2017/06，负责人：徐殿国。

14. 台达电力电子科教发展计划重点项目，面向高动态品质的永磁电机无传感器先进控制策略研究（DREK2015002），2015.7.1-2017.7.1，负责人：王高林，徐殿国。

15. 黑龙江省自然科学基金面上项目，无电解电容永磁电机驱动系统谐振抑制及多性能协同控制研究（E2016028），2016.7-2019.7，负责人：王高林。

16. 国家重点实验室开放课题重点项目，高性能紫外线灯电子镇流器及组网技术研究，2015.01-2017.12，负责人：张相军，徐殿国。

17. 黑龙江省自然科学基金，基于 RGB LED 与微网技术的植物工厂补光系统关键技术研究，E2015009，负责人：王懿杰。

18. 台达电力电子科教发展计划，LED 驱动系统单级复合准谐振交直流变换器研究，DREG2015011，负责人：王懿杰，徐殿国。

19. 中国博士后科学基金第八批特别资助，超高频 LED 驱动系统关键技术研究，2015T80348，负责人：王懿杰。

20. 哈尔滨工业大学基础研究杰出人才 III 类，照明电源拓扑及其控制技术，HIT. BRETIII. 201510，负责人：王懿杰。

科研成果：

团队主要以电力电子化电力系统、交流电机驱动控制两个研究方向为重点，通过国家科技重大专项、国家 863 计划、国家自然科学基金重点项目、国家自然科学基金项目、台达电力电子科教发展计划重大项目、台达电力电子科教发展计划重点项目、黑龙江省科技计划项目等项目支撑，在新能源技术领域、装备制造技术领域、节能降耗技术领域、电动机能效提升技术领域、油田潜油电机驱动与在线测试领域、智能电网通信与电力线载波通信领域等，展开了广泛、深入的研究。团队在电驱动与电推进技术、电力电子变换器技术、新能源发电技术等研究领域一直保持国内领先水平，特别是在交流电机驱动控制、交流伺服系统领域取得了诸多国际领先成果，受到国际同行的高度认可，研究成果广泛地应用于西门子、罗克韦尔、美的、英威腾、新时达、广州数控、哈尔滨同为电气等工业产品中。近五年发表论文 300 余篇，其中在 IEEE Transactions on Industrial Electronics 和 IEEE Transactions on Power Electronics 为主的 IEEE 会刊上发表论文 70 篇。发明专利授权 65 项。

所获荣誉：

1. 863 计划，壁面爬行遥控检查机器人试验，国家科技进步三等奖，1996。

2. 863 计划，磁吸附式爬壁机器人，黑龙江省科技进步一等奖，1997。

3. 863 计划，壁面爬行遥控检查机器人，航天工业总公司科技进步一等奖，1995。

4. 航天工业总公司，电流型逆变器异步机变频可调速系统，航天工业部科技进步二等奖，1986。

5. 航天工业总公司，FA 用步进电动机组件，航天工业总公司科技进步二等奖，1988。

6. 航天工业总公司，交流伺服电机与数字伺服系统，航空部科技进步二等奖，1992。

7. 航天工业总公司，1.38kW 交流伺服电动机系统，航天工业总公司科技进步二等奖，1995。

8. 航天工业总公司，微机控制研磨机，航天工业总公司科技进步二等奖，1993。

9. 863 计划，壁面清洗爬壁机器人，黑龙江省科技进步二等奖，2001。

10. 863 计划，直接驱动电机及控制系统，航天工业总公司科技进步三等奖，1991。

11. 台达环境与教育基金项目，无位置传感器 IPMSM 鲁棒高效控制技术研究，2012 年台达电力电子科教发展计划优秀项目。

12. 黑龙江省自然基金项目，低压配电网智能跳频数字通信机理研究，2010 年黑龙江省高等院校自然科学类一等奖。

13. 台达环境与教育基金重点项目，伺服驱动系统机械谐振抑制技术研究，2014 年台达电力电子科教发展计划优秀项目。

24. 哈尔滨工业大学—电能变换与控制研究所

地址：黑龙江省哈尔滨市南岗区西大直街 92 号哈工大 403
　　　信箱

邮编：150006

电话：0451-86412811

传真：0451-86402211

网址：http://pe.hit.edu.cn

团队人数：17

团队带头人：李浩昱

主要成员：杨世彦、王卫、贲洪奇、邹继明、郑雪梅、
　　　　　杨威、刘晓芳、刘桂花、刘鸿鹏等

研究方向：电力电子系统数字控制技术，特种电源理论及
　　　　　应用，极端环境电力电子技术，新能源并网逆
　　　　　变及稳定性研究，交/直流微电网技术，电能存
　　　　　储系统高效变换

团队简介：

　　哈尔滨工业大学电能变换与控制研究所主要围绕可再生能源发电、分布式能源与微网系统以及特种电能变换等领域，在电路拓扑、控制方法、工程应用等方面开展科学研究。经过 30 多年在该方向上几代人的积淀，目前在人才培养、研究应用等方面均取得一定的成就，并保持平稳、持续的发展趋势。近年来积极与美、英、日等国外与国内高校开展学术交流，与相关研究机构及科研人员建立了良好的学术合作关系。此外，研究所与国内外诸如国际整流器、艾默生、台达电子、华为等相关企业，国家电网、航天科技、中航工业等所属研究院、所均保持良好的科研合作关系，同时每年向其输送大量的本、硕、博士毕业生，实现了优势互补、可持续发展的产、学、研一体合作模式。

　　电能变换与控制研究所科研团队现有专职教师 17 人，包括教授 7 人、副教授 7 人、讲师 3 人，其中国家级教学名师 1 人、博士生导师 5 人。累计毕业博士、硕士研究生近 300 人，目前在读研究生 50 余人，本科生 60 余人。团队教师获国家级和省部级教学、科研成果奖 10 项，出版专著、教材 10 部，发表 SCI/EI 科研论文 300 余篇、拥有国家发明专利 30 余项。目前，在研国家自然科学基金 7 项、其他企业合作科研项目 5 项，年平均科研经费 300 余万元，为本单位持续深入的科学研究提供充足的资金支持。

在研项目：

　　一、国家自然科学基金（在研）

　　1. 基于混合型有源平衡电抗器的多脉波整流系统（51677036）。

　　2. 基于 SOC 在线估算的锂电池组直接均衡技术（51677042）。

　　3. 故障下双馈风力发电系统无源性暂态建模及其运行过程中的全阶无抖振滑膜控制研究（51577039）。

　　4. 提升弱电网光复渗透极限关键技术研究（514770033）。

　　5. 基于辅助环节的三相全桥单级 PFC 及其在电网不平衡时的运行机理与控制方法研究（51377036）。

　　6. 弱电网暂态下光伏并网发电系统多目标协同控制研

究（51307033）。

　　7. 高性能中频多脉波变压整流技术研究（51307034）。

　　二、其他（在研）

　　1. 基于电压型控制的交流微网运行模式无缝切换技术研究，光宝基金项目（PRC20151382）。

　　2. 串联储能系统多单体直接均衡技术研究. 光宝基金项目（PRC20151382）。

　　3. WH-30 型双极性微弧氧化脉冲电源系统研制，横向课题。

　　4. 车载充电电源技术的研究，横向课题。

　　5. 直流侧谐波注入四象限电流源 HVDC 应用研究，横向项目。

　　6. 分布式电源接入对黑龙江配电网影响的综合评估研究，横向项目。

科研成果：

　　一、专著

　　1. 串联储能电源能量变换与均衡技术（哈尔滨工业大学出版社）。

　　2. 开关电源中的有源功率因数校正技术（机械工业出版社）。

　　二、专利

　　1. 串联储能电源三单体直接均衡器，ZL 200810063915.1。

　　2. 串联电池组多单体直接均衡器，ZL201310653378.7。

　　3. 交流电源自动转换装置，201510474960.6。

　　4. 双反星形整流系统的直流侧谐波抑制系统与方法，201210589605.X。

　　5. 双反星形晶闸管整流系统的直流侧谐波抑制系统与方法，201310229494.6。

　　6. 基于交错并联 Boost 型 APFC 电路的 12 脉波整流系统的直流侧谐波抑制系统及方法，201310625795.0。

　　7. 多脉波整流系统的直流侧回收式谐波抑制系统及方法，ZL201010299733.1。

　　8. 微弧氧化负载阻抗谱在线测试方法及实现该方法在线测试系统，ZL20121008026.0。

　　9. 模块化组合直流变换器输入均压控制方法，201510400564.9。

　　10. 独立输出直流变换器的串联输入均压控制方法，201510400509.X。

　　11. 用于微弧氧化的高频大功率多波形电源，ZL 03 1 32601.3。

　　12. 变压器原边电压箝位三相单级桥式高功率因数 AC/DC 变换器，200810064307.2。

　　13. 无源箝位单相单级桥式功率因数校正变换器及其控制方法，200910071727.8。

　　14. 适用于电流源型隔离全桥升压类拓扑的无源无损缓冲电路，201010116880.0。

　　15. 三相单级功率因数校正电路起动与磁复位方法及实现电路，201010118070.9。

　　三、已完成科研项目

　　国家自然科学基金（完成）：

　　1. 多脉波整流系统直流侧谐波抑制方法研究

（51107019）。

2. 光伏并网发电系统与电网间阻抗匹配关系及系统稳定性研究（51077017）。

3. 基于牵引器运行信息的水平井套管状态特征提取与识别方法研究（51074056）。

4. 微弧氧化电源负载特性与脉冲能量作用效能的研究（50977018）。

5. 三单体组合电流型全桥单级 PFC 及其磁件集成方法与设计理论研究（51107017）。

国家"863"高科技项目：

6. 水平井测试用牵引机器人。

7. 多波形微弧氧化脉冲电源研制。

8. 解放牌混合动力城市客车电机驱动及控制系统。

台达基金项目（完成）：

9. 串联储能电源高效均衡系统的研究。

10. 高渗透率光伏发电系统并入弱电网关键技术。

11. 基于动力电池参数辨识的充电系统自适应控制方法研究。

12. 一种三相软开关高功率因数 AC/DC 功率变换技术的研究。

其他（完成）：

13. 微弧氧化用宽范围调节系列脉冲电源。

14. 多波形系列脉冲电镀电源。

15. 15000A 高频大功率稀土电解电源。

16. 反激式微弧氧化电流脉冲电源。

17. 超级电容及电动汽车关键技术。

18. 微弧氧化脉冲功率电源及相关技术。

19. 30kW 并联组合式脉冲能量控制电源。

20. DDZ-150 中频多波形脉冲电镀电源。

21. DDL-200 低频多波形脉冲电镀电源。

22. 15kW 充电机用三相有源功率因数校正电源研发。

23. 多功能阳极氧化电源研制。

24. WH-30 型微弧氧化专用脉冲电源。

25. 电镀金脉冲电源及检测控制系统。

26. 电镀金用精密恒流脉冲电源。

27. WH-140 型微弧氧化用双向不对称大功率脉冲电源研制。

28. WH-10 型微弧氧化脉冲电源。

29. 高频大功率稀土电解电源研制。

所获荣誉：

1. 阀金属表面原位生长功能陶瓷模层的结构设计与机理研究，2007 年黑龙江省科学技术奖（自然类）二等奖。

2. 超级电容电动汽车及关键技术，2015 年黑龙江省科学技术奖发明一等奖。

25. 哈尔滨工业大学—模块化多电平变换器及多端直流输电团队

地址： 黑龙江省哈尔滨市南岗区西大直街 92 号哈尔滨工业大学电机楼 10018

邮编： 150001

电话： 0451-86418442

传真： 0451-86413420

网址： http://hitee.hit.edu.cn/

团队人数： 12

团队带头人： 徐殿国

主要成员： 杨荣峰、张学广、武健、李彬彬、于燕南、刘瑜超、刘怀远、周少泽、石邵磊、张毅、王倩楠等

研究方向： 模块化多电平拓扑、模拟、控制与应用，多端直流输电，电网稳定性

团队简介：

隶属于哈尔滨工业大学电气工程及自动化学院，电力电子与电力传动专业，建立了一支以教授、博士研究生为主的高水平专业研究团队，获得政府与企业多项资助。与国内企业如哈尔滨同为电气股份有限公司开展了级联型中压无功补偿装置研究，同上海新时达开展了中压电机驱动的级联变频器研究，形成了产学研用四位一体战略联盟，解决了多项企业技术难题。

在研项目：

自然科学基金：

1. 基于电压源型换流器的风电场多端直流输电系统关键技术研究。

2. 模块化多电平换流器电容电压波动抑制技术研究。

科研成果：

发表 SCI 文章多篇，专利多项。

1. Li Binbin, Yang Rongfeng, Xu Dianguo. Analysis of the phase-shifted carrier modulation for modular multilevel converters [J]. IEEE Transactions on Power Electronics. 2015, vol. 30, pp: 297.

2. Li Binbin, Shi Shaolei, Wang Bo, Wang Gaolin, Wang Wei, Xu Dianguo. Fault Diagnosis and Tolerant Control of Single IGBT Open-Circuit Failure in Modular Multilevel Converters [J]. IEEE Transaction on Power Electronics. 30(4), APR 2016, 3165-3176. (SCI 000365953100042)

3. Li Binbin, Yi Zhang, Gaolin Wang, Dianguo Xu. Modulation, Harmonic Analysis, and Balancing Control for a New Modular Multilevel Converter [J]. Journal Power Electronics (JPE), 2016, 16(1): 163-172. EI: 20160501862242. (SCI: 000368383100018)

4. Xu Rong, Yu Yong, YangRongfeng, Wang Gaolin, Xu Dianguo, Li Binbin, Sui Shunke. A novel control method for transformerless H-Bridge cascaded STATCOM with star configuration [J]. IEEE Transactions on Power Electronics, v. 30, n. 3, pp: 1189-1202, March 2015

5. 杨荣峰，陈荷，随顺科，于泳，徐殿国，王高林. 级联无功补偿装置的电容电压平衡控制方法，专利号 201310150847.3，授权日 2014.12.31，发明专利。

26. 哈尔滨工业大学—先进电驱动技术创新团队

地址： 黑龙江省哈尔滨市南岗区一匡街 2 号，哈尔滨工业

大学科学园 2C 栋

邮编: 150080

电话: 0451-86403086

传真: 0451-86403086

网址: http://blog.hit.edu.cn/zhengping

团队人数: 5

团队带头人: 郑萍

主要成员: 刘勇, 佟诚德, 白金刚, 隋义

研究方向: 永磁电机系统, 新能源汽车

团队简介:

团队依托于哈尔滨工业大学电磁与电子技术研究所。团队有教师 5 人, 博硕士研究生 20 余人, 教师中有教授 2 人, 副教授 1 人, 讲师 2 人, 所有教师均具有博士学位。团队带头人郑萍教授获国家杰出青年基金、教育部长江学者特聘教授、并入选国家"万人计划"领军人才; 团队青年教师佟诚德入选哈尔滨工业大学"青年拔尖人才"选聘计划, 并破格晋升为副教授。

团队指导的博硕士研究生成绩突出, 获国家、省、校级奖励及荣誉称号 50 多项, 其中获全国优秀博士学位论文提名奖 1 人, 教育部"博士研究生学术新人奖"1 人, 黑龙江省优秀硕士学位论文 4 人, 黑龙江省优秀博士毕业生 4 人, 黑龙江省优秀硕士毕业生 7 人, 哈尔滨工业大学研究生"十佳英才"3 人。毕业的研究生有国外博士后、国内 985 院校教师、企业和科研院所的部门主管及研发骨干。

在研项目:

1. 国家杰出青年科学基金, 51325701, 新型特种电机的理论及工程应用技术, 2014/01-2017/12。

2. 国家自然科学基金重点项目, 51637003, 混合永磁型永磁同步电机的关键基础科学问题, 2017.01-2021.12。

3. 国家自然科学基金面上项目, 51377033, 圆筒型错齿结构横向磁通永磁直线发电机系统的研究, 2014/01-2017/12。

4. 国家自然科学基金面上项目, 51377030, 磁场调制型无刷双转子能量转换器的研究, 2014/01-2017/12。

5. 国家自然科学基金青年基金, 51407042, 混合动力汽车用轴向磁通电气变速系统的研究, 2015/01-2017/12。

6. 国家自然科学基金青年基金, 51607046, 纯电动汽车用单双层混合绕组型模块化多相容错永磁同步电机的研究, 2017.1-2019.12。

7. 国家自然科学基金青年基金, 51607047, 混合动力汽车用电磁行星齿轮变速器的研究, 2017.1-2019.12。

科研成果:

1. 团队近年来承担重要科研项目 20 余项, 其中国家 863 计划项目 2 项, 国家杰出青年基金项目 1 项, 国家自然基金面上项目 5 项、青年基金项目 3 项等。

2. 发表科技论文 220 多篇, 其中 SCI 检索 65 篇, EI 检索 149 篇。

3. 申请中国发明专利 80 项, 已获授权 53 项, 其中有 1 项获全国发明展览会银奖。

4. 获国家技术发明二等奖、天津市科技进步一等奖、黑龙江省自然科学二等奖等科技奖励 10 多项。

所获荣誉:

1. 郑萍, 国家"万人计划"领军人才, 2016 年。

2. 郑萍, 国家杰出青年科学基金, 2013 年。

3. 郑萍, 长江学者"特聘教授", 2014 年。

4. 郑萍, 科技部创新人才推进计划"中青年科技创新领军人才", 2014 年。

5. 郑萍, 第十一届中国青年科技奖, 2010 年。

6. 郑萍 (排名 4), 国家技术发明二等奖, 2007 年。

7. 郑萍 (排名 2), 天津市科技进步一等奖, 2013 年。

8. 郑萍 (排名 1), 黑龙江省自然科学二等奖, 2010 年。

9. 郑萍, 全国优秀博士学位论文提名奖指导教师, 2012 年。

10. 刘勇 (排名 5), 天津市科技进步一等奖, 2013 年。

11. 刘勇 (排名 3), 天津市科技进步二等奖, 2014 年。

12. 佟诚德 (排名 10), 天津市科技进步一等奖, 2013 年。

13. 佟诚德, 黑龙江省第三届"知识产权杯"高校发明创新竞赛优秀指导教师, 2015 年。

14. 佟诚德, 教育部博士研究生学术新人奖, 2011 年。

15. 白金刚, ICEM2014 最佳论文奖, XXIth International Conference on Electrical Machines (电机领域三大国际会议之一), 2014 年。

16. 隋义, 黑龙江省第三届"知识产权杯"高校发明创新竞赛一等奖, 2015 年。

27. 哈尔滨工业大学 (威海) —可再生能源及微电网创新团队

地址: 山东省威海市文化西路 2 号哈尔滨工业大学 (威海) 信息与电气工程学院

邮编: 264209

电话: 18963172108

传真: 0631-5687208

网址: http://homepage.hit.edu.cn

团队人数: 7

团队带头人: 曲延滨

主要成员: 宋蕙惠, 孟凡刚, 李军远, 吴世华, 杜海, 张扬

研究方向: 风力发电、光伏发电控制技术, 微电网控制技术, 控制理论及应用, 电力电子与电力传动

团队简介:

可再生能源及微电网创新团队由 1 名教授, 2 名副教授, 4 名讲师组成。已承担了国家自然科学基金面上项目 1 项, 国家自然科学基金国际合作交流项目 1 项, 国家自然科学基金青年基金 2 项, 山东省自然基金 2 项, 山东省中青年科学家基金 1 项, 山东省科技攻关项目 2 项。

在研项目:

1. 微网储能系统的能量成型协调控制策略研究 (中韩

国际合作交流项目），国家自然科学基金，6151101019。

2. 双馈风电切换哈密顿系统建模与低电压穿越的能量成型控制研究，国家自然科学基金，61403099。

3. 吊舱推进系统操控技术及永磁同步电机技术研究，工信部联装［2013］411 号，国家工信部高技术船舶科研项目。

科研成果：

1. Huihui Song, Yanbin Qu. Energy-based excitation control of doubly-fed induction wind generator for optimum wind energy capture［J］. Wind energy, 201206, Vol. 16 P645-659。

2. H. Su, Y. B. Qu. A model of feedback control system on network and its stability analysis［J］. Commun Nonlinear Sci Numer Simulat, 201211, Vol. 18 (7) p1822-1831.

3. Wenxue Li, Huihui Song, Qu Yanbin. Global exponential stability for stochastic coupled systems on networks with Markovian switching［J］. Systems & Control Letters, 201306, Vol. 62 (6) P 468-474.

4. Huihui SONG, Yanbin QU. Energy-based modeling and control for grid-side converter of doubly fed wind generator［J］. 控制理论与应用（英文版），2012，Vol. 10 (4) P435-P440.

5. 双馈感应风力发电系统基于能量的机网侧联合控制算法，ZL201010160383.0。

所获荣誉：

1. 埃尼奖可再生能源领域正式提名奖，2013 年度。

2. 山东高等学校优秀科研成果奖，三等奖，2013 年。

3. 山东省优秀研究生指导教师，2012 年。

28. 哈尔滨工业大学—动力储能电池管理创新团队

地址： 黑龙江省哈尔滨市西大直街 92 号，哈尔滨工业大学，逸夫楼 603 - 605

邮编： 150001

电话： 0451 - 86416031

传真： 0451 - 86416031

网址： http://homepage. hit. edu. cn/pages/lvchao

团队人数： 10

团队带头人： 吕超

主要成员： 李俊夫、陈树成、刘海洋、刘恩会、张禄禄、宋彦孔、张韬、夏博妍、绳亿、冯馨仪

研究方向： 基于电化学模型的锂离子电池电、热行为仿真，基于时频域联合分析的锂离子电池内部健康状态原位快速测量，基于电化学模型的锂离子电池高精度 SOC/SOH 估计，基于内部析锂抑制的电池低温健康预热，含有电池储能的微网优化调度。

团队简介：

团队致力于锂离子电池电化学建模、仿真技术的研究。经过多年的积累，已经初步突破了电化学模型参数难以获取的瓶颈问题，并逐步将电化学模型应用于不同背景的电池管理问题。电池电化学模型具有精度高、物理意义明确的优点，是经验模型和等效电路模型无法比拟的。传统的研究中，电化学领域将电化学仿真模型用于优化电池材料，而电池管理领域中至多应用等效电路模型。因此，本团队的研究具有鲜明的跨领域特点，填补了学科之间的空白。

课题组关注的领域包括：

1. 基于电化学模型的锂离子电池电、热行为仿真。用于电池管理系统开发、系统级半实物仿真过程中的电池建模。

2. 基于时频域联合分析的锂离子电池内部健康状态原位快速测量。用于锂离子电池内部健康特征提取，用于电池性能评价；也可以用于电池分组筛选。

3. 基于电化学模型的锂离子电池高精度 SOC/SOH 估计。利用电化学模型精度高、能够获取老化过程中内部参数演化规律的特点，将模型获参数信息与传统 SOC/SOH 估计技术相结合，能够获得更高的估计精度。

4. 基于电化学模型低温性能仿真的低温预热。针对高纬度地区冬季电动车使用的瓶颈问题，提出采用脉冲电流内部预热的电池加热技术，并在预热过程中利用低温电池性能仿真模型，考虑抑制析锂副反应发生，闭环控制脉冲频率、幅值和占空比。

在研项目：

1. 面向性能在线评估的锂离子电池机理模型仿真关键技术研究，国家自然科学基金面上项目，2015. 01 - 2018. 12。

2. 锂离子电池寿命预测，中航工业集团公司沈阳飞机设计研究所，2016. 01 - 2018. 12。

3. 基于机理模型的锂离子电池健康状态评估，上海空间电源研究所，2017. 01 - 2018. 12。

4. 储能系统电池健康状态与剩余寿命预测研究及软件开发，上海电气集团股份有限公司中央研究院，2017. 05 - 2018. 05。

5. 动力电池低温加热技术研究，上海博强微电子有限公司，2017. 11 - 2018 - 11。

科研成果：

一、发表文章

2013

1. Weilin Luo #, Chao Lyu *, Lixin Wang, Liqiang Zhang. An Approximate Solution for Electrolyte Concentration Distribution in Physics - based Lithium - ion Cell Models［J］. Microelectronics Reliability, 2013, 53(6): 797 - 804.

2. Weilin Luo #, Chao Lyu *, Lixin Wang, Liqiang Zhang. A New Extension of Physics - based Single Particle Model for Higher Charge - discharge Rates［J］. Journal of Power Sources, 2013, 241: 295 - 310.

3. Liqiang Zhang #, Chao Lyu *, Lixin Wang, Weilin Luo, Kehua Ma. Thermal - Electrochemical Modeling and Parameter Sensitivity Examination of Lithium - ion Battery［J］. Chemical Engineering Transactions, 2013, 33: 943 - 948.

4. Chao Lyu# *, Liqiang Zhang, Weilin Luo, Kehua Ma, Lixin Wang. Evaluation on Performance of Lithium - ion Batteries Based on Internal Physical and Chemical Parameters, ［J］.

Chemical Engineering Transactions, 2013, 33: 949 - 954.

5. Junfu Li #, Lixin Wang, Chao Lyu *, Weilin Luo, Kehua Ma, Liqiang Zhang. A Method of Remaining Capacity Estimation for Lithium - Ion Battery [J]. Advances in Mechanical Engineering, 2013, 2013: 1 - 7.

6. Liqiang Zhang #, Chao Lyu *, Lixin Wang, Jun Zheng, Weilin Luo, Kehua Ma. Parallelized Genetic Identification of the Thermal - Electrochemical Model for Lithium - Ion Battery [J]. Advances in Mechanical Engineering, 2013, 2013: 1 - 12.

7. Liqiang Zhang #, Chao Lyu *, Weilin Luo, Lixin Wang. Identification of the Li + Initial Inserted Rate of Electrode Materials in Li - ion Batteries: Based on Multi - Objective Genetic Algorithm [J]. 8th IEEE International Conference on Industrial Electronics and Applications, ICIEA 2013, Melbourne, Australia, 2013. 06. 19 - 06. 21.

2014

8. Liqiang Zhang #, Lixin Wang, Gareth Hinds, Chao Lyu *, Jun Zheng, Junfu Li. Multi - objective optimization of lithium - ion battery model using genetic algorithm approach [J]. Journal of Power Sources, 2014, 270: 367 - 378.

9. Junfu Li#, Chao Lyu *, Lixin Wang, Liqiang Zhang, Chenhui Li. Remaining Capacity Estimation of Li - ion Batteries Based on Temperature Sample Entropy and Particle Filter [J]. Jounal of Power Sources, 2014, 268: 895 - 903.

10. Liqiang Zhang #, Chao Lyu *, Gareth Hinds, Lixin Wang, Weilin Luo, Jun Zheng, Kehua Ma. Parameter Sensitivity Analysis of Cylindrical LiFePO$_4$ Battery Performance Using Multi - physics Modeling [J]. Journal of the Electrochemical Society, 2014, 161 (5): A762 - A776.

11. Liqiang Zhang#, Lixin Wang, Chao Lyu *, Junfu Li, Jun Zheng. Non - destructive Analysis of Degradation Mechanisms in Cycle - aged Graphite/LiCoO$_2$ Batteries [J]. Energies, 2014, 7(10): 6282 - 6305.

12. Liqiang Zhang #, Lixin Wang, Chao Lyu *, Jun Zheng, Fangfei Li. Multi - physics Modeling of Lithium - ion Batteries and Charging Optimization [C]. Prognostics and System Health Management Conference, PHM 2014, Zhangjiajie City, P. R. China, 2014. 08. 24 - 08. 27.

2015

13. Junfu Li#, Lixin Wang, Chao Lyu *, Liqiang Zhang, Han Wang. Discharge Capacity Estimation for Li - ion Batteries Based on Particle Filter under Multi - operating Conditions [J]. Energy, 2015, 86: 638 - 648.

14. 吕超, 郑君, 罗伟林, 王立欣, 等. 锂离子电池热耦合 SP + 模型及其参数化简 [J]. 电源学报. 2015, 13(3): 28 - 35.

2016

15. Chao Lyu #, Qingzhi Lai *, Lixin Wang, Junfu Li, Wei Cong. A Healthy Charging Method Based on Estimation of Average Internal Temperature Using an Electrochemical - ther-

mal Coupling Model for LiFePO$_4$ Battery [C]. Prognostics and System Health Management Conference, PHM 2016, Chengdu City, P. R. China, 2016. 10. 19 - 10. 21.

16. Junfu Li #, Chao Lyu *, Lixin Wang, Tengfei Ge. Model - based Method for Estimating LiCoO$_2$ Battery State of Health and Behaviors [C]. IEEE International Conference on Prognostics and Health Management, Ottawa, Canada: ICPHM 2016, 2016. 06. 20 - 06. 22.

17. Junfu Li #, Lixin Wang, Chao Lyu *, Han Wang, Xuan Liu, New Method for Parameter Estimation of an Electrochemical - thermal Coupling Model for LiCoO2 Battery [J]. Jounal of Power Sources, 2016, 307: 220 - 230.

18. Junfu Li #, Qingzhi Lai, Lixin Wang, Chao Lyu *, Han Wang. A Method for SOC Estimation Based on Simplified Mechanistic Model for LiFePO4 Battery [J]. Energy, 2016, 114: 1266 - 1276.

19. 刘璇, 王立欣, 吕超, 李俊夫等. 锂离子电池建模与参数识别 [J]. 电源学报. (网络优先发表)

20. 吕超, 葛腾飞, 丛巍, 于洪海, 赖庆智. 铅酸电池机理模型的简化求解 [J]. 电源学报. (网络优先发表)

2017

21. Chao Lyu#, Qingzhi Lai *, Tengfei Ge, Honghai Yu, Lixin Wang, Na Ma. A Lead - acid Battery's Remaining Useful Life Prediction by Using Electrochemical Model in the Particle Filtering Framework [J]. Energy, 2017, 120: 975 - 984.

22. Junfu Li#, Lixin Wang, Chao Lyu *. State of charge estimation based on a simplified electrochemical model for a single LiCoO$_2$ battery and battery pack [J]. Energy, 2017, 133: 572 - 583.

23. Chao Lyu # *, Qingzhi Lai, Ruifa Wang, Yankong Song, Haiyang Liu, Lulu Zhang and Junfu Li, A Research of Thermal Coupling Model for Lithium - ion Battery Under Low - temperature Conditions. 2017 Prognostics and System Health Management Conference [C], Harbin, China, 2017. 7. 9 - 12.

24. Chao Lyu# *, Wei Cong, Haiyang Liu, Lulu Zhang, A Novel Parameters Acquisition Method Based on Electrochemical Impedance Spectroscopy Mathematical Model in Lithium Ion Cell, 2017 Prognostics and System Health Management Conference [C]. Harbin, China, 2017.

25. 吕超, 宋彦孔, 张禄禄, 赖庆智, 李俊夫, 张滔, 王立欣. 基于热耦合模型的锂离子电池低温预热策略研究. 中国电源学会第二十二届学术年会（论文集）[C]. 中国上海, 2017.

申请专利

[1] 王立欣, 吕超, 李俊夫, 罗伟林, 张刚, 锂离子电池电化学和热耦合模型的获取方法: 中国, 201510337596. 9 [P]. 2015 - 06 - 17.

[2] 吕超, 刘璇, 赖庆智, 王立欣, 一种锂离子电池组均衡控制方法: 中国, 201610153222. 6 [P]. 2016 - 03 - 18.

[3] 吕超, 刘璇, 赖庆智, 王立欣, 一种锂离子电池

长寿命快速充电方法：中国，201610398328. 2 ［P］. 2016 - 06 - 08.

［4］吕超，葛腾飞，丛巍. 一种粒子滤波与机理模型相结合的二次电池寿命预测方法：中国，201610363499. 1 ［P］.

［5］吕超，丛巍，白瑾珺. 一种单体锂离子全电池参数获取方法：中国，201710100658. 3 ［P］. 2017 - 02 - 23.

［6］吕超，刘海洋，丛巍. 一种基于阻抗谱的锂离子电池内部健康特征提取方法：中国，201710852303. X，［P］.

［7］吕超，宋彦孔. 基于电化学 - 热耦合模型的锂离子电池无析锂低温加热方法：中国，201711459857. X ［P］.

所获荣誉：

1. 自然科学基金青年项目"锂离子电池 PHM 特征库构建方法研究"获 2014 年度电工学科优秀结题项目。

2. 吕超副教授在"2017 年电工学科自然基金交流会"上，被推举为"储能与电力系统组"召集人。

3. 吕超副教授现为 IEEE Access、Energy、IEEE Transactions on Transportation Electrification 等高水平国际期刊审稿人。

4. 吕超副教授是国际会议 2017 IEEE International Transportation Electrification Conference and Expo，Special Session on Advanced Energy Storage and Its Integration into E - Transportation and Smart Grid 的组织者。

5. 吕超副教授是国际会议 International Symposium on E-lectric Vehicles 的 Scientific Advisory Committee 成员。

6. "基于热耦合模型的锂离子电池低温预热策略研究"获 2017 年电源学会年会储能分会场唯一优秀报告。

29. 海军工程大学—舰船综合电力技术国防科技重点实验室

地址：湖北省武汉市解放大道 717 号

邮编：430033

电话：027 - 65461920

传真：027 - 65461969

团队人数：固定研究人员 142 人、博士后 13 人，在读博士生 95 人、硕士生 55 人

团队带头人：马伟明

主要成员：马伟明、肖飞、王东、付立军、鲁军勇、汪光森、孟进、刘德志

研究方向：实验室主要从事舰船综合电力、电磁发射和新能源接入三大技术领域的科学研究和人才培养任务，研究层次涵盖应用基础理论研究，关键技术攻关和重大装备研制。

团队简介：

舰船综合电力技术国防科技重点实验室源于 1986 年由张盖凡教授牵头组建的多相电机课题组，1996 年经海军批准成立电力电子技术研究所，2003 年经国防科工委、总装备部批准建设舰船综合电力技术国防科技重点实验室，马伟明院士任实验室主任。

30 年来，实验室始终瞄准世界科技发展前沿和国防装备发展需求，在舰船能源与动力、电磁发射武器与装备、新能源接入等领域开展了一系列应用基础理论研究，关键技术攻关和重大装备研制，取得了一批具有革命性意义的原创性成果，成为电气领域的创新研发中心，为国家科技进步、国防装备现代化建设和高层次人才培养做出了重大贡献。

在研项目：

实验室目前承担科研项目 84 项，其中：国家自然科学基金 24 项（重大项目 2 项，优秀青年基金 2 项，面上项目 5 项，青年基金 15 项），国家 973 课题 2 项，国防 973 项目 2 项（牵头单位），武器装备演示验证 3 项，军委科技委前沿创新计划 1 项，国防预研基金 9 项，国防预研 10 项，国防基础科研 8 项，型号研制（科研）18 项，后勤和军内科研 4 项，国家"十三五"军民融合专项 1 项，其他 2 项。

科研成果：

1. 集成化发电技术。包含十二相同步整流发电机系统、交直流集成式双绕组发电机系统、高速感应发电机系统等。

2. 舰船综合电力系统。包含发供电分系统、输配电分系统、变配电分系统、电力推进分系统、能量管理分系统等。

3. 电磁发射装置。

4. 新能源接入技术。包含风力发电变流器、光伏发电变流器、多能源智能微网等。

所获荣誉：

实验室先后获国家科技进步奖创新团队奖、一等奖、二等奖，军队科技进步一等奖等重大科技奖励 30 余项，连续被国家自然科学基金委评为"创新研究群体"，2008 年获"中国人民解放军科技创新群体奖"，2011 年被评为"全军人才建设先进单位"、"总装备部 2006 - 2010 年装备预先研究先进集体"，并获国家科技部"十一五"国家科技计划执行团队奖，2012 年荣立集体一等功，2015 年被授予"创新强军马伟明模范团队"。

30. 合肥工业大学—张兴教授实验室

地址：安徽省合肥市屯溪路 193 号合肥工业大学屯溪路校区逸夫楼 203

邮编：230009

电话：13605601932

团队人数：90

团队带头人：张兴

主要成员：马铭遥（教授、安徽省百人计划、海外引进）、谢震（教授），杨淑英（副教授）、王付胜（副教授）、王佳宁（副教授、海外引进）、刘芳（讲师、博士）、李飞（讲师、博士）

研究方向：光伏并网逆变器技术，风电变流器及其控制，微网逆变器及储能技术，电动汽车电驱动技术

团队简介：

自 1998 年以来，以张兴教授为核心的科研团队以太阳能、风力并网发电技术为主攻方向，依托电力电子与电力

传动国家重点学科和教育部光伏工程研究中心，专心致力于我国逆变器龙头企业阳光电源的产学研合作，在太阳能光伏并网、风电变流器、微网逆变器及储能控制以及电动汽车电驱动等技术研究方面取得了丰硕的科研成果，并且为包括阳光电源在内的新能源电源企业输送了一批包括博士、硕士在内的高素质人才，取得了良好的社会经济效益。目前团队有研究生和博士共82人，研究生导师教师8人，其中：教授3人，副教授3人，讲师2人。

团队具备先进的实验室条件，拥有光伏并网、风力发电变流器、微电网及储能实验室，并在阳光电源联合建立了多个产学研工程研究平台，为研究成果的产业化提供了必要的研究实验条件。

在研项目：

1. 分布式光储发电集群灵活并网关键技术及示范（2016YFB0900301），国家重点研发计划项目。

2. 7MW级风电变流器及控制系统产业化关键技术研发（2012BAA01B04），科技部十二五科技支撑计划。

3. 多逆变器并网系统谐振机理及抑制策略的研究（51277051），自然基金面上项目。

4. 中压三电平永磁全功率风电变流器多目标优化及双模式并网控制研究（51677049），自然基金面上项目。

5. 三电平模块化光伏并网系统的配置和控制研究（2013JYBS0636），教育部博士点基金。

6. 大型机械能-电能转换回收利用关键技术研究及示范（2014BAA04B02），科技部科技支撑计划。

7. 永磁同步电机转矩跟踪控制及参数辨识技术的研究，阳光电源股份有限公司产学研项目。

8. 基于多种分布式能源的虚拟同步机控制技术研究，阳光电源股份有限公司产学研项目。

9. 光伏微电网关键技术研究及逆变设备研制（2015AA050607），国家863计划。

10. 双馈风力发电机高电压穿越关键技术研究（51277050），自然基金面上项目。

11. 基于多电平冗余工作特性的IGBT功率模块在线健康状态监测（JZ2015GJQN0328），国家自然科学青年科学基金。

12. 三电平模块化光伏并网系统的配置和控制研究（20130111110026），教育部博士点基金。

13. 基于多种分布式能源的虚拟同步机控制技术研究，阳光电源产学研项目。

14. 多变逆变器并网谐振研究，阳光电源产学研项目。

15. 双馈风电机组次同步谐振及其抑制，阳光电源产学研项目。

16. 电动汽车用磁阻电机优化驱动控制策略研究，阳光电源产学研项目。

科研成果：

1. 光伏并网逆变器研究及其系列产品：在光伏并网逆变器相关技术研究中，在科技部"十五"科技攻关等多项课题的支持下，完成了多项核心技术的研究，包括：光伏并网逆变器系列产品、光伏模组与并联技术、光伏系统的低电压穿越技术和光伏系统的优化设计等。与阳光电源合作研发的光伏并网系列产品已成功参与北京奥运鸟巢、上海世博会以及其他国内外大型并网发电项目。

2. MW级风电变流器产品（2~3MW）："十一五"期间，团队与阳光电源联合承担并合作完成了两项"十一五"国家科技支撑计划项目——1.5MW以上直驱式风电机组控制系统及变流器的研制与产业化（2006BAA01A20）、1.5MW以上双馈式风电机组控制系统及变流器的研制与产业化（2006BAA01A18），项目按期顺利验收，该项目于2008年实现了产业化，目前已装备了40多个商业风场。

3. 中压三电平永磁全功率变流器（5~7MW）："十二五"期间，团队又与阳光电源联合承担了"十二五"国家科技支撑计划项目——7MW级风电变流器及控制系统产业化关键技术研发（2012BAA01B04），该项目采用中压三电平永磁全功率变流器设计，2016年1月该产品通过了湘电风能的技术实验测试，并于2017年2月通过了张北风电场现场。

4. 基于虚拟同步机（VSG）控制的微网逆变器：该项目成果于2014年10月成功应用于海拔4800m的西藏措勤微电网项目，采用了团队与阳光电源联合研制的基于虚拟同步发电机（VSG）技术的2台500kV·A微电网逆变器，既实现了2台500kV·A VSG与2台30kV·A风机、500kV·A的光伏风电、300kV·A柴油发电机并联组成的"风-光-储-柴联合发电微电网"独立向措勤县城供电的目标，又实现了"风-光-储-柴联合发电微电网"与措勤县960kV·A水电站联合向县城供电的目标，真正地实现了措勤县城高品质微电网供电的目标。

5. 电动车用电机控制器：以100kW电动大巴用异步电机控制器性能提升项目、60kW永磁电机控制器开发项目为起点，团队与阳光电源共同合作，针对电机控制中的参数辨识、弱磁运行等核心问题开展研究，有效提升了车辆续航里程和司机驾驶体验，同时根据市场需要相继推出不同功率等级电机控制器，针对开关磁阻电机在电动车中的应用也开展了积极的预研。

31. 河北工业大学—电池装备研究所

地址：天津市红桥区河北工业大学
邮编：300130
电话：15822197288
团队人数：35
团队带头人：关玉明
主要成员：肖艳军、商鹏、许波、刘伟
研究方向：机电一体化成套设备及关键技术
团队简介：

以关玉明教授为科研带头人，以肖艳军副教授、商鹏副教授、许波实验师、刘伟讲师为骨干的一个集产学研为一体的科研团队。本团队多年来致力于机电一体化成套设备及其关键技术的研究，受多公司委托，设计开发和改进了多个生产线及其相关设备。近两年来与本团队合作过的公司包括：邢台海裕锂能公司、广州明佳包装机械有限公司、赤峰卉源建材有限公司、清河汽车研究院等；本团队

设计加工的设备包括：吸音板自动生产线设备、布料设备、3M无纺棉大卷自动包装线、3M滤芯自动包装线、轧机设备、锌空电池设备等。

目前重点研究新能源电池装备及相关电池制造工程化技术，投入主要精力在动力锂离子电池自动化生产线设计研发方面，在研设备包括：电池原材料干燥装置，极片干燥装置，浆料制备装置，电芯干燥装置，注液装置，加速浸润装置等，并且电芯干燥装置已经处于产品加工阶段。

在研项目：

1. 电池原材料干燥设备。
2. 浆料制备。
3. 极片烘烤设备。
4. 电芯烘烤设备。
5. 注液设备。
6. 加速浸润设备。
7. 海苔卷自动包装生产线。

科研成果：

近两年申请发明专利25项，已授权3项，申请实用新型专利33项。发表核心及以上论文34篇。

32. 河北工业大学—电器元件可靠性团队

地址：天津市红桥区丁字沽河北工业大学电气工程学院

邮编：300130

电话：022-60204360

传真：022-26549256

团队人数：8

团队带头人：李志刚

主要成员：李玲玲、姚芳、唐圣学、黄凯

研究方向：寿命预测，失效分析，新能源可靠性

在研项目：

一、国家科技支撑计划

1. 太阳光伏系统户外试验场技术研发与示范，课题：多种光伏系统户外测试技术研究。

2. 支撑地方优势产业的制造业信息化综合集成应用示范，课题：面向河北省支柱产业的制造业信息化综合集成应用示范。

二、国家自然科学基金

1. 分布式发电系统中电热疲劳器件的健康状态估计及其剩余寿命预测。

2. 严苛工作环境下绝缘栅双极性晶体管的可靠性及寿命预测。

3. 基于盲源变点分析的光伏微网变流器疲劳损伤随机过程特性与剩余寿命在线预测研究。

三、高校博士点项目

分布式发电机组中功率器件在线工作温热云分析模型及失效预测

四、河北省、天津市科技支撑、自然基金项目若干

33. 湖南大学—电动汽车先进驱动系统及控制团队

地址：湖南省长沙市岳麓区麓山南路湖南大学电气与信息工程学院

邮编：410082

网址：http://eeit.hnu.edu.cn/index.php/dee/dee-lecturer/835-150107221

团队人数：10

团队带头人：刘平

主要成员：刘平、姜燕、卢继武、李慧敏、樊鹏、陈叶宇、孙千志等

研究方向：电动汽车高性能变换器系统及电机驱动控制

团队简介：

团队研究方向为电动汽车高性能变换器系统及电机驱动控制。研究方向涉及电动汽车、电力电子、电机控制等。主要内容包括：电动汽车动力总成系统级匹配优化与建模仿真、电动汽车用高密度新型电力电子变换器及数字控制、电机状态估计与无传感器牵引控制、电动汽车驱动系统的主动热管理等。

团队负责人刘平博士，2005年本科、2008年硕士和2013年博士皆毕业于重庆大学电气工程学院国家重点实验室，2012年为香港理工大学研究助理，2013—2014年在加拿大Mcmaster大学MacAuto研究中心从事加拿大自然科学与工程研究基金项目，下一代卓越效率与性能的电气化车辆动力总成的博士后研究。2014年11月回国就职于湖南大学电气与信息工程学院。目前，团队成员中有副教授2名，博士2名，助理教授1名，硕士生3名，兼职科研人员2名，以及本科生若干。

在研项目：

1. 国家自然科学基金项目：电热约束下电动汽车准Z源逆变器驱动系统的优化控制研究。

2. 国家自然科学基金项目：分布式驱动的增程式电动汽车运行模式优化与整车协调控制研究。

3. 湖南大学青年教师成长计划项目：电动汽车驱动系统的实时热状态观测。

科研成果：

发表SCI和EI论文20余篇；发明专利6项，合著教材1本。共参与或主持电动汽车驱动相关的纵横向及国际课题近10项。

1. 参与加拿大科技部、加拿大自然科学与工程研究基金与美国Chrysler公司资助项目：下一代卓越效率与性能的电气化车辆动力总成（合作导师Ali Emadi教授，IEEE Fellow，Canada Excellence Research Chair（CERC）in Hybrid Powertrain，国际混合动力汽车传动系统专家，IEEE Transactions on Transportation Electrification创办人和主编，IEEE车辆应用技术学报、IEEE电力电子学报和IEEE工业电子学学报等副编辑）。

2. 参与企业项目：低压纯电动车动力总成开发以及多目标优化的异步电机牵引控制。

3. 参与863子项：50kW纯电动轿车一体化电机及其驱动系统研究。

4. 主持中央高校科研项目：基于双向Z源逆变器的电动汽车驱动系统与控制策略。

5. 主持某研究所项目：100kW BLDC无位置传感器驱

动系统及数字控制。

6. 参与香港创新科技署项目：50kW 采用谐振拓扑的独立快速电动汽车充电机。

7. Magne, P. Ping Liu, Bilgin, B. Emadi, A. Investigation of impact of number of phases in interleaved dc-dc boost converter [J]. Transportation Electrification Conference and Expo(ITEC), IEEE, vol. no. pp: 1, 6, Dearborn, MI, 14-17 June 2015.

8. 刘平. 电动汽车双向准 Z 源逆变器系统及控制研究 [D]. 重庆：重庆大学，2013.

9. Liu, HePing, Ping Liu, et al. Design and digital implementation of voltage and current mode control for the quasi-Z-source converters [J]. IET Power Electronics, 2013, 6(5): 990-998.

10. Ping Liu, Heping Liu. Permanent-magnet synchronous motor drive system for electric vehicles using bidirectional Z-source inverter [J]. IET Electrical Systems in Transportation, 2012, 2(4): 178-185.

34. 湖南大学—工业高效电能变换与电能质量控制理论与新技术研究团队

地址： 湖南省长沙市岳麓区麓山南路湖南大学电气与信息工程学院
邮编： 410082
电话： 13908460566
传真： 0731-88823700
网址： http://www.hnu.edu.cn
团队人数： 10
团队带头人： 罗安院士
主要成员： 沈征教授（千人计划）、王俊（青年千人）、涂春鸣教授、帅智康教授（国家优青）、欧阳红林教授、荣飞副教授、陈燕东副教授、马伏军副教授、程苗苗副教授
研究方向： 大功率冶金特种电源系统，大功率电力电子器件，配电网电能质量控制，新能源分布式发电，微电网控制，企业综合电气节能

团队简介：

本团队依托于湖南大学国家电能变换与工程技术研究中心，长期从事大功率冶金特种电源、大功率电力电子器件、电能质量控制、分布式发电、微电网控制等高效电能变换与节能控制领域的科学研究与工程应用。20 多年来，团队硕果累累，本团队提出的高效电力电子变换装置及其控制技术，为推动我国大功率电磁搅拌、电磁加热、大电流电解和电能质量控制等电能变换与节能装备的发展起到了重要作用，克服了大功率电能变换与高效电能质量控制领域技术及装备的关键工程技术难题，经济社会效益显著，推动了该领域的科技进步。

在研项目：

1. 国家重点研发计划课题：高效能量传递与转换关键技术与装备。

2. 国家自然科学基金重点项目：微网多逆变器并联及

电能质量控制方法研究。

3. 国家自然科学基金优秀青年基金项目：电能质量先进控制技术。

4. 国家自然科学基金面上项目：含微源的典型用电负荷电能质量发射特性研究。

5. 国家自然科学基金面上项目：新型电能质量调节与故障限流复合系统关键技术研究。

6. 国家自然科学基金面上项目：微网多逆变器并联谐振与环流抑制理论研究。

7. 国家自然科学基金面上项目：整晶圆特大容量 IGBT 器件研究。

8. 湖南省科技重大专项：智能化大型电磁冶金成套装备关键技术研发与应用示范。

科研成果：

团队科研成果：

1. 2014 年度国家技术发明二等奖，冶金特种大功率电源系统关键技术与装备及其应用。

2. 2010 年度国家科技进步二等奖，大型企业综合电气节能关键技术及应用。

3. 2006 年度国家科技进步二等奖，电能质量先进控制方法及工程应用。

4. 2014 年度中国专利金奖，两相逆变电源系统及其综合控制方法。

5. 2013 节能中国十大应用技术，冶金用大功率特种电源拓扑与先进控制技术。

6. 2012 年度湖南省技术发明一等奖，电力电子混合和混杂系统先进控制方法及应用。

7. 2009 年度中国专利奖优秀奖，注入式混合型有源电力滤波器的复合控制方法。

8. 2009 年度中国发明协会第五届"发明创业奖"特等奖。

9. 2007 年度湖南省科技进步一等奖，输配电关键技术与装备及其工程应用。

10. 2007 年度机械工业科学技术一等奖，电网新型节能技术与系列装备及其工程应用。

近年来，本研究团队在大功率冶金特种电源系统、大功率电力电子器件、先进电能质量控制、新能源发电、微电网控制等领域发表 IEEE、IET 等国内外学术论文 300 余篇，其中 SCI 收录 50 余篇，获美国发明专利 12 项、中国发明专利 80 余项，实用新型专利 30 余项。

所获荣誉：

1. 团队学术带头人罗安教授是中国工程院院士，沈征教授是 IEEE Fellow，2010 年，团队入选教育部"长江学者和创新团队"。

2. 2015 年，罗安教授获何梁何利基金奖的"科学与技术进步奖"。

3. 2015 年，罗安教授获"中达学者称号"。

4. 2015 年，罗安教授获"湖南省劳动模范"。

5. 2016 年，帅智康教授获"国家自然科学基金优秀青年基金"。

6. 2014 年，帅智康教授获"全国优秀博士学位论文"。

7. 2013 年，罗安教授获"全国优秀科技工作者"。

8. 2013 年，罗安教授获"湖南光召科技奖"。

9. 2006 年，沈征教授获"IEEE 电力电子期刊年度最佳论文奖"。

10. 2003 年，沈征教授获美国国家科学基金（NSF）杰出青年科学基金奖（CAREER Award）。

11. 2003 年，沈征教授获"IEEE 汽车电子期刊年度最佳论文奖"。

35. 华北电力大学—电气与电子工程学院新能源电网研究所

地址：北京德外朱兴庄北农路 2 号

邮编：102206

电话：010-61773741

传真：010-61773744

团队人数：10

团队带头人：肖湘宁

主要成员：赵成勇、徐永海、颜湘武、郭春林、陶顺、郭春义、杨琳、袁敞、许建中

研究方向：柔性直流输电，电力系统电能质量，多 FACTS 协调，电动汽车与电网融合

团队简介：

华北电力大学电气与电子工程学院下设 12 个研究所（取消教研室编制），新能源电网研究所于 2005 年成立，组成人员主要来自全国知名高校博士毕业生。现有教授 5 人，其中博导 4 人，副教授 3 人，讲师 2 人。目前，全所科研项目主要承担国家科技部、国家自然科学基金和国网公司重大项目。现有在校博士生 15 人，在校硕士研究生 89 人。几年来科研任务经费位居全院前 3 名。团队成员定期成为新能源电力系统国家重点实验室专职研究人员，负责高电压大容量电力变换子实验室、柔性直流输电子实验室、电力系统电能质量子实验室和电动汽车与新能源电网融合子实验室建设和相应研究方向的科研任务。

在研项目：

承担国家级科研项目 10 余项：

1. 电能质量复合控制技术及装置，国家科技支撑计划重大项目。

2. 优质电力园区关键技术研究与示范应用，国家科技支撑计划项目。

3. 电动汽车充电基础设施关键技术，国家科技支撑计划重大项目。

4. 柔性直流供电关键技术研究，863 计划主题课题。

5. 电动汽车充电设备电气检测技术及标准，863 计划重大项目。

6. 电动汽车充电对电网的影响及有序充电，863 计划重大项目子课题。

7. 利用 STATCOM 提高 HVDC 运行可靠性的机理研究，国家自然科学基金项目。

8. 微网环境下电动汽车与可再生能源的协调增效机理与优化方法，国家自然科学基金项目。

9. 电压暂降特性分析与评估指标研究，国家自然科学基金项目。

10. 基于电流物理分量功率理论的电流质量评估体系研究，国家自然科学基金项目。

11. Control & protection strategies of HVDC based on single full-bridge converter，韩国 LS Industrial Systems，C. Ltd。

12. 电动汽车充电负荷特性、建模及影响，法国电力公司。

科研成果：

1. 起草 5 项电能质量国家标准。

2. 出版专著 4 部，SCI 收录论文 10 余篇。

3. 授权发明专利 20 余项。

所获荣誉：

近年来，获得省部级科技进步奖 9 项。

36. 华北电力大学—先进输电技术团队

地址：北京市昌平区北农路 2 号华北电力大学教五楼 D204

邮编：102206

电话：010-61773733

传真：010-61773844

团队人数：8

团队带头人：崔翔

主要成员：崔翔、李琳、卢铁兵、张卫东、赵志斌、齐磊、焦重庆、卞星明

研究方向：先进输电技术，大功率电力电子器件，电力系统电磁兼容

团队简介：

研究团队隶属新能源电力系统国家重点实验室（华北电力大学），长期从事先进输电技术研究。主要研究领域包括电磁场理论及其应用、电磁环境与电磁兼容、特高压交直流输电技术与装备、高电压大容量电力电子装备、高电压大功率电力电子器件等。

在研项目：

一、主持"973"项目课题

交直流特高压线路无线电干扰和可听噪声产生机理及本征特性（2011CB209402）。

二、参与"863"项目

1. 电网潮流控制技术及装置研发（2012AA050401）。

2. ±1100kV 直流换流阀样机研制（2012AA052701）。

3. 柔性直流供电关键技术研究（2013AA050105）。

三、主持国家自然基金重点项目

复杂环境下特高压直流输电线路的离子流和合成电场特性的研究（51037001）。

四、主持国家自然基金面上和青年项目

1. 特高压可控并联电抗器基础理论与关键技术研究（51277064）。

2. 交直流并行导线电晕引起的无线电干扰的产生机理及分析模型研究（51177041）。

3. 高压大电流 IGBT 模块内部多物理场分析与拓扑优化研究（51477048）。

4. 高压柔性直流换流阀系统的动态电磁特性研究（51277065）。

5. 材料电磁屏蔽效能测试的屏蔽室法的尺寸效应、位置效应和本征特性（51307055）。

6. 污秽环境下导线表面状态的变化机理与应用研究（51377096）。

科研成果：

1. 揭示了不同分裂导线周围空间离子流瓣形分布规律以及直流输电线路存在建筑物和有人员活动的离子流场分布规律，提出了基于上流有限元法的三维离子流场的计算方法，提出了基于有限元和有体积法的混合电场时域计算方法，获得了工频电场对直流电晕放电的影响规律。研究成果应用于国家电网公司、南方电网公司特高压直流输电线路的工程设计，取得了良好的社会和经济效益。

2. 围绕特高压直流输电换流阀、柔性直流输电换流阀、高压直流断路器、DC-DC 变换器研制中的关键电磁问题，开展基础理论与关键技术研究。与国网智能电网研究院长期合作，在换流阀系统的宽频建模、瞬态电气均衡、电磁场与其它物理场分析、结构优化设计等方面开展了大量研究工作，成果直接应用于我国 ±800kV、±1100kV 特高压直流换流阀以及 ±320kV 柔性直流换流阀的自主研制。在高压高频电力变压器电磁与绝缘设计、损耗特性及温升分析、宽频建模及外特性分析等方面开展了大量的前期研究，为大容量高压高频电力变压器研制奠定了基础。

3. 围绕大功率压接型 IGBT 和焊接性 SiC MOSFET 封装中的并联芯片的均流控制、电、热、磁、机械应力等多物理场分析与结构优化、驱动与封装一体化的电磁兼容问题、封装中的绝缘体系开展研究，为国产化高压大功率压接型 IGBT 的研制奠定基础。

所获荣誉：

1. ±800kV 特高压直流输电换流阀研制及应用，2014 年度北京市科学技术奖一等奖。

2. 电网雷击防护关键技术与工程应用，2014 年度中国电力科学技术进步奖一等奖。

3. 特高压串补关键技术研究、装置研制及工程应用，2014 年度中国电力科学技术奖一等奖。

4. ±800kV 特高压直流输电技术开发、装备研制及工程应用，2013 年度中国电力科学技术进步奖一等奖。

5. ±800kV 超大容量特高压直流输电关键技术、设备研制和工程应用，2013 年度中国电力科学技术奖一等奖。

37. 华北电力大学—直流输电研究团队

地址： 北京市昌平区北农路 2 号华北电力大学

邮编： 102206

电话： 010-61773744

网址： http：//www.vsc-hvdc.com/

团队人数： 4

团队带头人： 赵成勇

主要成员： 郭春义、许建中、张建坡

研究方向： 传统直流，柔性直流，混合直流

团队简介：

全部科研项目围绕直流输电，已结题项目 30 余项，在研横向课题 15 项。

在研项目：

1. 国家 863 计划课题，柔性直流供电关键技术研究。

2. 国家自然科学基金，利用 STATCOM 提高 HVDC 运行可靠性机理研究。

科研成果：

发表 SCI 检索论文 20 余篇，EI 检索论文 200 余篇。

38. 华东师范大学—微纳机电系统课题组

地址： 上海市东川路 500 号华东师范大学信息楼

邮编： 200241

电话： 021-54345160

传真： 021-54345119

团队人数： 15

团队带头人： 王连卫

主要成员： 王连卫、徐少辉、朱一平、熊大元

研究方向： 锂离子电池，超级电容器，电化学传感器

团队简介：

团队目前主要从事微细加工用于新型高效微型储能装置。例如开展基于硅微通道板的三维锂离子电池研究，基于微通道板结构，发展出宏孔导电网络，开展纳米氧化物/纳米石墨烯/宏孔大点网络为电极的大体积比容量的超级电容器研究。

在研项目：

因 2017 年正好处于旧项目结题，新项目申请，暂无能源类在研项目。

科研成果：

已在国外 SCI 杂志（如 J. Mater. Chem. A 等）发表论文逾 20 篇。

39. 华南理工大学—电力电子系统分析与控制团队

地址： 广东省广州市天河区五山路 381 号华南理工大学 30 号楼宏生科技楼

邮编： 510641

电话： 020-87112508

传真： 020-87110613

网址： www.scut.edu.cn/ep

团队人数： 60

团队带头人： 张波

主要成员： 丘东元、杜贵平、陈艳峰、王学梅、肖文勋、谢帆、张玉秋

研究方向： 电力电子系统的非线性分析与控制，高效电能变换拓扑，无线电能传输技术、可靠性分析

团队简介：

本团队经过 10 多年的共同努力和发展，已经成为国内外电力电子学科有较大影响力的团队，是全国电工学科唯一连续获得 2 项国家自然科学基金重点项目资助的团队（2009.1-2014.12，基金号：50937001；2015.1-2019.12，基

金号：51437005），在电力电子系统的非线性分析与控制、高效电能变换拓扑、无线电能传输技术和可靠性分析等方面处于领先水平。

在研项目：

1. 分数阶电路系统谐振无线电能传输机理及关键问题研究，国家自然科学基金重点项目，51437005，2015.1~2019.12，项目主持人：张波。

2. 安全舒适高可靠植入式脊髓电刺激器无线供电方法和系统研究，国家自然科学基金面上项目，51677074，2017.1~2020.12，项目主持人：丘东元。

3. 多应力下电动汽车变流器功率器件的可靠性及控制方法，国家自然科学基金面上项目，51577074，2016.1-2019.12，项目主持人：王学梅。

4. 分布式DC-DC变换器不连续系统稳定性分析和控制，国家自然科学基金青年项目，51507068，2016.01~2018.12，项目主持人：谢帆。

5. 基于分数阶微积分的永磁直线伺服系统机电耦合场分析和特性研究，国家自然科学基金青年项目，51607073，2017.1~2019.12，项目主持人：张玉秋。

6. 基于忆阻器的高性能功率变换器机理及特性研究，广东省自然科学基金自由申请项目，2014A030313247，2015.01~2017.12，项目主持人：陈艳峰。

7. 基于磁耦合谐振的电动车动态无线供电技术研究，广东省自然科学基金自由申请项目，2016A030313515，2016.6~2019.6，项目主持人：肖文勋。

8. 高效率低谐波铝型材表面处理高频电源装备及其产业化，广东省应用型科技研发专项资金项目，2015B020238012，2015.10~2018.09，项目主持人：杜贵平。

科研成果：

在国际著名出版社 Wiley Press 出版英文专著2部，此外还在机械工业出版社、电子工业出版社出版教材2部；在国内外重要刊物上发表论文450多篇，会议论文100多篇，其中收录SCI论文87篇，EI论文215篇；授权发明专利120多项，其中2项为美国发明专利；获得1项国家技术发明二等奖、1项中国机械工业科学技术发明一等奖、2项中国专利优秀奖、2项广东省专利优秀奖、1项教育部技术发明二等奖、1项广东省技术发明二等奖，以及多项省部级科学技术奖励。

所获荣誉：

团队拥有"中达学者"1名，"国务院特殊津贴专家"1名，"南粤优秀教师"1名，"珠江科技新星"1名，是华南理工大学电力学院唯一在学校三个聘期考核优秀的团队。

40. 华中科技大学——半导体化电力系统研究中心

地址： 湖北省武汉市珞喻路1037号华中科技大学电气学院
邮编： 430074
电话： 027-87558627
传真： 027-87558627
网址： http://csps.seee.hust.edu.cn/

团队人数： 50~60
团队带头人： 袁小明教授
主要成员： 袁小明（教授）、胡家兵（教授）、占萌（教授）
研究方向： 大规模风力发电复杂电力系统分析与控制，柔性直流输电技术等

团队简介：

华中科技大学电气与电子工程学院袁小明教授领导建立的实验室成立于2011年9月。实验室主要的研究方向是大规模风力发电复杂电力系统分析与控制，研究内容包括：风力发电接入电力系统的独特性，风电电力系统的复杂性，风力发电控制系统的稳定性以及大规模风电的可预测性。

因电力电子变流器在负荷端（储能装置）、发电端（可再生能源）及输电线路（高压直流输电）的大量应用，传统电力系统正经历大的历史变革：即需要考虑电力电子化或者说是半导体化电力系统的运行与控制。基于此，实验室从早期的可再生能源与电力系统研究中心（Center for Renewable Energy and Power System）更名为半导体化电力系统研究中心（Center for Semiconducting Power System）。

目前，实验室专任教师从早期的2名发展为4名：袁小明教授，胡家兵教授，占萌教授，张喜成工程师。研究生也从早期的20名发展到现今约50名。在袁小明教授的带领下，课题组先后主持973项目（大规模风力发电并网基础科学问题研究），承担国家电网项目（风机建模及大规模风电对电力系统低频振荡影响的机理分析）、国家自然科学基金重大项目（随机——确定性耦合电力系统动态稳定控制的理论与方法）和科技支撑计划（风光储输示范工程关键技术研究）等。

21世纪是能源、信息、材料、生命科学的时代。课题组本着着眼能源、放眼世界、引领潮流的目标前进，欢迎各位有志青年加入，一起探索新变革。

在研项目：

1. 973项目，大规模风力发电并网基础科学问题研究。

2. 国家自然科学基金重大项目，随机-确定性耦合电力系统动态稳定控制的理论及方法。

3. 青年973项目，柔性直流输电换流器安全运行裕度的基础研究。

4. 国家电网项目，风机建模及大规模风电对电力系统低频振荡影响的机理分析。

5. 科技支撑计划，风光储输示范工程关键技术研究。

科研成果：

近年国际会议论文：

1. Impact of the Voltage Feed-Forward and Current Decoupling on VSC Current Control Stability in Weak Grid Based on Complex Variables, Energy Conversion Congress and Exposition (ECCE), 2015 IEEE。

2. DFIG-based Wind Turbines With Virtual Synchronous Control: Inertia Support in Weak Grid, Power & Energy Society General Meeting, 2015 IEEE。

3. Amplitude-Phase-Locked Loop Estimator of Three-Phase Grid Voltage Vector, Power & Energy Society General Meeting,

2015 IEEE。

4. Wind Power Transmission through LCC-HVDC with Wind Turbine Inertial and Primary Frequency Supports, Power & Energy Society General Meeting, 2015 IEEE。

5. Inertial Control Methods of Variable-Speed Wind Turbine: Comparative Studies, Power & Energy Society General Meeting, 2015 IEEE。

6. Stability of DC-Link Voltage Affected by Phase-Locked Loop for DFIG-Based Wind Turbine Connected to a Weak AC System, Electrical Machines and Systems(ICEMS), 2014 17th International Conference on。

7. A Novel Inertial Control Strategy for Full-Capacity Wind Turbine with PLL by Optimizing Internal Potential Response, Electrical Machines and Systems(ICEMS), 2014 17th International Conference on。

8. Dynamic Compensating Strategy and En-stabilizing Compensator to Enhance the Stability of Wind Farms Integrated into Weak Grid, Electrical Machines and Systems(ICEMS), 2014 17th International Conference on。

9. Synchronizing Stability of DFIG-based Wind Turbines Attached to Weak AC Grid, Electrical Machines and Systems(ICEMS), 2014 17th International Conference on。

10. Stability of DC-link Voltage as Affected by Phase Locked Loop in VSC When Attached to Weak Grid, PES General Meeting ｜ Conference & Exposition, 2014 IEEE。

11. Providing Inertial Support from Wind Turbines by Adjusting Phase-Locked Loop Response, PES General Meeting ｜ Conference & Exposition, 2014 IEEE。

12. Effect of Reactive Power Control on Stability of DC-Link Voltage Control in VSC Connected to Weak Grid, PES General Meeting ｜ Conference & Exposition, 2014 IEEE。

近年国际期刊论文：

1. DC-Bus Voltage Control Stability Affected by AC-Bus Voltage Control in VSCs Connected to Weak AC Grids, IEEE Journal of Emerging and Selected Topics in Power Electronics (Volume：PP , Issue：99)。

2. Voltage Dynamics of Current Control Time Scale in a VSC-Connected Weak Grid, IEEE Transactions on Power Systems(Volume：PP, Issue：99)。

3. On Inertial Dynamics of Virtual-Synchronous-Controlled DFIG-based Wind Turbines。

4. Modeling of grid-connected DFIG-based wind turbines for DC-link voltage stability analysis。

5. Modeling of VSC Connected to Weak Grid for Stability Analysis of DC-Link Voltage Control。

6. Virtual Synchronous Control for Grid-Connected DFIG-Based Wind Turbines. Emerging and Selected Topics in Power Electronics。

近年国内期刊论文：

1. 大规模风电并网基本问题框架［J］. 电力科学技术学报，2012，27（01）：16-18.

2. 储能技术在解决大规模风电并网问题中的应用前景分析［J］. 电力系统自动化，2013，37（1）：14-18.

所获荣誉：

近年发明专利：

1. 一种用于风力发电系统的直流电压控制单元及方法。

2. 一种由直流电压生成变换器内频的同步控制方法及系统。

3. 一种基于自频率同步的电压矢量稳定器及控制方法。

4. 基于功率平衡的双馈感应发电机内频率同步方法及装置。

5. 一种基于交叉耦合的多频带锁相方法及系统。

6. 基于锁相环的电压矢量稳定器及其控制方法。

41. 华中科技大学—创新电机技术研究中心

地址： 武汉市洪山区珞喻路 1037 号华中科技大学

邮编： 430074

电话： 027 - 87559483

传真： 027 - 87544355

网址： http：//caemd. seee. hust. edu. cn

团队人数： 86

团队带头人： 曲荣海

主要成员： 蒋栋、李健、李大伟、孔武斌、孙海顺、孙伟、高玉婷

研究方向： 电机设计、分析、驱动及控制系统集成

团队简介：

创新电机技术研究中心（以下简称"中心"）依托华中科技大学电气与电子工程学院、强电磁工程与新技术国家重点实验室和新型电机技术国家地方共建联合工程研究中心，由国家"千人计划"专家曲荣海教授创立于 2011 年 9 月，以满足国家和地方电机企业技术需求为目标，以雄厚的科研实力和先进的研发理念为手段，围绕高端电机设计、分析、驱动及控制系统集成开展工作，从拓扑结构和理论方面开拓创新。

中心注重人才汇聚和培养，拥有一支充满活力、具有海内外科研背景的研究团队，包括国家"千人计划"特聘专家，青年"千人计划"专家，湖北省"百人计划"专家，以及博士后创新人才支持计划和青年人才托举工程项目获得者，同时拥有两位中国工程院院士和两位美国工程院院士作为顾问。此外，还有博士后 3 名，助理 3 名，博士研究生 26 名，硕士研究生 34 名。中心近年毕业研究生 28 人，其中硕士研究生 21 人，博士研究生 7 人，另出站博士后 3 人。中心培养的研究生中有 2 人获湖北省优秀硕士/博士学位论文奖，2 人获批 2017 博士后创新人才支持计划，4 人进入国内大学任教，4 人赴美国、德国等知名高校继续深造。

中心重视先进成果转化，致力发展成为世界一流的电机及系统研究中心，推进我国电机技术进步和产品升级。研究对象包括但不限于各类新型电机及系统，如磁场调制电机、电动汽车和高铁永磁牵引电机、超导发电机、永磁风力发电机、高速同步电机、伺服电机、低速超大转矩电机、直线电机等。

在研项目：

近年来主要研究工作包括：电动大巴牵引电机及驱动器、高铁永磁牵引电机、伺服电机系列化产品设计、轻型电动车驱动电机、轴向磁通永磁电机、风力发电机、高效工业电机、直线电机等。

共承担各类国家和省部级重大科研项目 25 项，包括国家科技支撑计划（1 项）、科技重大专项（2 项）、863 计划（1 项）、国家强基工程项目（1 项）、国家自然科学基金 9 项（包括"重点项目"1 项、"国际合作重点项目"2 项，面上项目 1 项，青年项目 6 项）、教育部"创新团队"（1 项）、工信部智能制造综合标准化和新模式应用项目（1 项）、国家重点研发计划项目（3 项）、湖北省科技重大专项（1 项）、湖北省科技支撑计划（1 项）、广东省科技重大专项（1 项）、博士后创新人才支持计划（1 项）、青年人才托举工程项目（1 项）等。同时，中心还与多家国有、民营企业开展机器人、航空等高性能电机及驱动系统的技术研发（25 项）。

科研成果：

中心立足国际科技前沿，积极组织和参与国际学术交流活动，成立至今已在电机相关领域发表 SCI/EI 论文 260 余篇，其中 5 篇获国际顶级学术会议最佳论文奖；申请发明/实用新型专利 80 余项。中心成员积极参与国际学术交流活动，近两年来参加国际权威学术会议 60 余人次，组织或参与组织国际会议 20 余人次，邀请国内外著名专家来访 20 余人次。相关研究成果不断应用于风力发电、电动汽车、船舶动力、航空推进、高档数控机床、高铁牵引、石油和天然气等行业，正逐渐为企业创造良好的经济效益。

所获荣誉：

中心承担的"电动汽车驱动电机系统"项目获"2013 年中国产学研合作创新成果奖"。承担的"磁场调制永磁同步交流伺服电机关键技术及应用"项目获 2017 年湖北省科技进步一等奖。

团队所撰写论文分获 17th & 20th International Conference on Electrical Machines and Systems（ICEMS 2014 & 2017），IEEE Energy Conversion Congress and Expo（ECCE）2016 和 International Conference on Electrical Machines（ICEM）2016 最佳论文奖。

42. 华中科技大学—电气学院高电压工程系高电压与脉冲功率技术研究团队

地址： 湖北省武汉市珞喻路 1037 号华中科技大学电气学院高压楼

邮编： 430074

电话： 027-87544242

传真： 027-87559349

网址： http://www.husthv.com/

团队人数： 30

团队带头人： 林福昌

主要成员： 戴玲、李化、李黎、张钦、刘毅、王燕、黄汉深

研究方向： 脉冲功率器件及其可靠性评估，脉冲功率电源，电力系统过电压，绝缘在线监测，电力设备故障诊断，气体放电等

团队简介：

华中科技大学电气学院高电压工程系脉冲功率与高电压新技术研究组是一支具有高度团结拼搏精神、踏实肯干的研究团队。现有教师 8 人，其中教授 1 人、副教授 3 人、讲师 1 人，工程技术人员 3 人。现有博士研究生、硕士研究生 30 余人。研究组承担国家自然科学基金项目，国家 863 计划，国防预研项目，教育部新世纪优秀人才支持计划，参与了多项国家大科学工程的工作，完成了大量横向开发课题。

课题组主要研究方向为：脉冲功率技术，高电压与绝缘技术，高电压新技术。

在脉冲功率方向，研究内容包括脉冲功率电源集成技术，高储能密度脉冲电容器技术，高功率、大通流开关技术，高精度控制与测量技术等；在高电压与绝缘技术方面，研究内容包括：外绝缘积污特性，变压器状态评估与诊断方法，电缆绝缘状态评估与检测方法，新型直流滤波和交流高压干式电容器技术，电力系统过电压与绝缘配合等；在高电压新技术方面，积极拓展脉冲功率技术在石油勘探、高压大容量直流断路器，高集成度、高可靠性柔性直流换流阀，新型可控串联补偿快速开关方面的研究。

研究成果获教育部科学技术进步奖一等奖一项，发表 SCI。EI 收录论文百余篇，获得中国国家发明专利和软件著作权十余项。

在研项目：

1. 氙灯可靠性考核平台电源模块改造。
2. 雾霾闪络机理研究。
3. 真空触发开关技术方案和样机。
4. 智能开断技术研究及产品研制。
5. 电容式电压互感器冲击响应特性试验研究。
6. 过电压仿真平台。
7. 电磁发射用脉冲电源研究。
8. 液电脉冲及等离子体。
9. 纳秒脉冲气体放电。

科研成果：

1. 神光Ⅲ装置。
2. 电缆绝缘状况在线诊断评估装置。
3. 重频纳秒脉冲源。
4. 电力变压器绕组诊断技术。
5. 过电压仿真软件。
6. 高寿命电容器。
7. 中压真空触发开关。

所获荣誉：

1. 获 2015 年湖北省技术发明二等奖。
2. 获 2009 年教育部科技进步一等奖。

43. 华中科技大学—高性能电力电子变换与应用研究团队

地址： 湖北省武汉市洪山区珞喻路 1037 号华中科技大学

邮编：430074
电话：13607136896
传真：027-87559303
团队人数：15
团队带头人：康勇
主要成员：陈坚、康勇、彭力、戴珂、张宇、裴雪军、
　　　　　邹旭东、林新春、陈宇、陈材、梁琳
研究方向：电力电子与电力传动

团队简介：

该团队由陈坚教授创建，自20世纪70年代开始研制船用电力电子变流装置，现组长为康勇教授，组员15人。多年来，在电力电子装置的高可靠性、高性能数字化控制、新型电力电子拓扑、交流传动、模块化及并联冗余技术、电磁兼容、电能质量控制和风力发电等领域开展了深入研究。

从2013年开始，团队依托华中科技大学强电磁工程与新技术国家重点实验室，通过培养、引进人才与协同创新，建立了先进半导体与封装集成实验室，在校内建成约310m²的超净实验室，研究人员专业背景涵盖电力电子器件、封装、集成与应用，从事包括宽禁带功率器件、半导体脉冲功率器件、大功率IGBT封装、高功率密度变换器等方向的研究工作。并于2015年参加"Google Little Box"全球竞赛，成功研制出性能指标超竞赛要求的全碳化硅封装集成一体化电源，是最终有实物及验证结果的80多个世界顶尖团队之一，亚洲唯一团队。该团队与10余家电源企业建立了合作关系，研制过多种电源产品，曾荣获多项省部级奖励。

在研项目：

国家自然科学基金6项，台达基金重大项目1项，部级研究开发项目20余项，研究院所、企业合作项目多项。

科研成果：

SCI收录的代表性论文：

1. Li Peng, Yong Kang, Xuejun Pei, and Jian Chen. A Novel PWM Technique in Digital Control[J]. IEEE Trans. on Industrial Electronics, Vol. 54, No. 1, p. 338-346, Feb. 2007.

2. P. Zhu, X. Li, Y. Kang, and J. Chen. Control Scheme for a Universal Power Quality Manager in a Two-phase Synchronous Rotating Frame[J]. IEE Proceedings-Generation Transmission and Distribution (IEE Proc. -Gener. Transm. Distrib.), Vol. 151, No. 5, p. 590-596, September 2004.

3. Liming Liu, Pengcheng Zhu, Yong Kang, and Jian Chen. Power-Flow Control Performance Analysis of a Unified Power-Flow Controller in a Novel Control Scheme[J]. IEEE Trans. on Power Delivery, Vol. 22, No. 3, p. 1613-1619, July 2007.

4. Fangrui Liu, Shanxu Duan, Fei Liu, Bangyin Liu, and Yong Kang. A Variable Step Size INC MPPT Method for PV Systems[J]. IEEE Trans. on Industrial Electronics, Vol. 55, No. 7, p2622-2628, July 2008.

5. Yu Chen, Yong Kang. A Fully Regulated Dual-Output DC-DC Converter with Special-Connected Two Transformers (SCTTs) Cell and Complementary Pulsewidth Modulation-PFM (CPWM-PFM)[J]. IEEE Trans. on Power Electronics, Vol. 25, No. 5, p. 1296-1309, May 2010.

6. Fang Luo, Shuo Wang, Fei (Fred) Wang, Dushan Boroyevich, Nicolas Gazel, Yong Kang, and Andrew Carson Baisden. Analysis of CM Volt-Second Influence on CM Inductor Saturation and Design for Input EMI Filters in Three-Phase DC-Fed Motor Drive Systems[J]. IEEE Trans. on Power Electronics, Vol. 25, No. 7, p. 1905-1914, July 2010.

7. F. Liu, Y. Kang, Y. Zhang, S. Duan, X. Lin. Improved SMS Islanding Detection Method for Grid-connected Converters[J]. IET Renewable Power Generation, Vol. 4, Iss. 1, p36-42, Jan 2010.

8. Y. Chen, X. Pei, S. Nie, Y. Kang. Monitoring and Diagnosis for the DC-DC Converter Using the Magnetic Near Field Waveform[J]. IEEE Trans. on Industrial Electronics, Vol. 58, No. 5, p1634-1647, May 2011.

9. Y. Chen, Y. Kang, S. Nie, and X. Pei. The Multiple-Output DC-DC Converter with Shared ZCS Lagging Leg[J]. IEEE Trans. on Power Electron., Vol. 26, No. 8, pp: 2278-2294, Aug. 2011.

10. Y. Chen, Y. Kang. The Variable-bandwidth Hysteresis-Modulation Sliding-Mode Control for the PWM-PFM Converters[J]. IEEE Trans. on Power Electron., Vol. 26, No. 10, pp: 2727-2734, Oct. 2011.

11. Yu Chen, Yong Kang. An Improved Full-Bridge Dual-Output DC-DC Converter Based on the Extended Complementary Pulsewidth Modulation Concept[J]. IEEE Trans. on Power Electronics, Vol. 26, No. 11, pp: 3215-3229, Nov. 2011.

12. Sheng Hu, Xinchun Lin, Yong Kang, and Xudong Zou. An Improved Low-Voltage Ride-Through Control Strategy of Doubly Fed Induction Generator During Grid Faults[J]. IEEE Trans. on Power Electronics, Vol. 26, No. 12, pp: 3653-3665, Dec 2011.

13. Mingyu Xue, Yu Zhang, Yong Kang, Yongxian Yi, Shuming Li, and Fangrui Liu. Full Feedforward of Grid Voltage for Discrete State Feedback Controlled Grid-Connected Inverter with LCL Filter[J]. IEEE Trans. on Power Electronics, Vol. 27, No. 10, pp: 4234-4247, Oct. 2012.

14. Xuejun Pei, Songsong Nie, Yú Chen, Yong Kang. Open-Circuit Fault Diagnosis and Fault-Tolerant Strategies for Full-Bridge DC-DC Converters[J]. IEEE Trans. on Power Electronics, Vol. 27, No. 5, pp: 2550-2565, May 2012.

15. Xuejun Pei, Yong Kang. Short-Circuit Fault Protection Strategy for High-Power Three-Phase Three-Wire Inverter[J]. IEEE Trans. on Industrial Informatics, Vol. 8, No: 3, pp: 545-553, Aug. 2012.

16. F. Liu, Y. Zhang, M. Xue, X. Lin, Y. Kang. Investigation and evaluation of active frequency drifting methods in multiple grid-connected inverters[J]. IET Power Electronics, Vol. 5, Iss. 4, pp: 485-492, 2012.

17. Yu Zhang, Mi Yu, Fangrui Liu, and Yong Kang. Instantaneous Current-Sharing Control Strategy for Parallel Operation of UPS Modules Using Virtual Impedance[J]. IEEE Trans. on Power Electronics, Vol. 28, No. 1, pp: 432-440, Jan 2013.

18. C. Chen, X. Pei, Y. Chen, and Y. Kang. Investigation, Evaluation, and Optimization of Stray Inductance in Laminated Busbar[J]. IEEE Trans. on Power Electronics, Vol. 29, No. 7, pp: 3679-3693, July 2014.

19. Li Tong, Xudong Zou, ShuShuai Feng, Yu Chen, Yong Kang, Qingjun Huang, and Yanrun Huang. An SRF-PLL-Based Sensorless Vector Control Using the Predictive Deadbeat Algorithm for the Direct-Driven Permanent Magnet Synchronous Generator [J]. IEEE Trans. on Power Electronics, Vol. 29, No. 6, pp: 2837-2849, June 2014.

20. Songsong Nie, Xuejun Pei, Yu Chen, Yong Kang. Fault Diagnosis of PWM DC-DC Converters Based on Magnetic Component Voltages Equation[J]. IEEE Trans. on Power Electronics, Vol. 29, No. 9, pp: 4978-4988, Sep. 2014.

21. Yu Qi, Li Peng, Manlin Chen, Zeyi Huang. Load Disturbance Suppression for Voltage-controlled Three-phase Voltage Source Inverter with Transformer[J]. IET Power Electronics, Vol. 7, Iss. 12, pp. 3147-3158, 2014.

22. Yu Chen, Zhihao Zhong, Yong Kang. Design and Implementation of a Transformerless Single-Stage Single-Switch Double-Buck Converter with Low DC-link Voltage [J]. IEEE Trans. on Power Electronics, Vol. 29, No. 12, pp: 6660-6671, 2014.

23. Zhang Yu, Li Minying, Kang Yong. PID Controller Design for UPS Three-Phase Inverters Considering Magnetic Coupling[J]. Energies, Vol. 7, No. 12, pp: 8036-8055, Dec. 2014.

24. Qian Liu, Li Peng, Yong Kang, Shiying Tang, Deliang Wu, and Yu Qi. A Novel Design and Optimization Method of an LCL Filter for a Shunt Active Power Filter [J]. IEEE Trans. on Industrial Electronics, Vol. 61, No. 8, pp: 4000-4010, Aug. 2014.

25. Xuejun Pei, Songsong Nie, Yong Kang. Switch Short-Circuit Fault Diagnosis and Remedial Strategy for Full-Bridge DC-DC Converters [J]. IEEE Trans. on Power Electronics, Vol. 30, No. 2, pp: 996-1004, Feb. 2015.

26. Shan Gao, Xinchun Lin, Shangjun Ye, He Lei, Yong Kang. Transformer Inrush Mitigation for Dynamic Voltage Restorer Using Direct Flux Linkage Control[J]. IET Power Electronics, Vol. 8, No. 11, pp: 2281-2289, Nov. 2015.

27. Xuejun Pei, Wu Zhou, Yong Kang. Analysis and Calculation of DC-Link Current and Voltage Ripples for Three-Phase Inverter with Unbalanced Load[J]. IEEE Trans. on Power Electronics, Vol. 30, No. 10, pp: 5401-5412, Oct 2015.

28. Yu Zhang, Yongxian Yi, Peimeng Dong, Fangrui Liu, Yong Kang. Simplified Model and Control Strategy of Three-Phase PWM Current Source Rectifiers for DC Voltage Power Supply Applications[J]. IEEE Journal of Emerging and Selected Topics in Power Electronics. Vol. 3, No. 4, pp: 1090-1099, Dec 2015.

29. Huang Qingjun, Zou Xudong, Zhu Donghai, Kang Yong. Scaled Current Tracking Control for Doubly Fed Induction Generator to Ride-Through Serious Grid Faults [J]. IEEE Trans. on Power Electronics, Vol. 31, No. 3, pp: 2150-2165, Mar 2016.

30. Gang Wen, Yu Chen, Zhihao Zhong, Yong Kang. Dynamic Voltage and Current Assignment Strategies of Nine-Switch-Converter-Based DFIG Wind Power System for Low-Voltage Ride-Through (LVRT) Under Symmetrical Grid Voltage Dip[J]. IEEE Trans. on Industry Applications. Vol. 52, No. 4, pp: 3422-3434, Jul-Aug 2016.

31. Chen Xu, Ke Dai, Xinwen Chen, Yong Kang. Voltage Droop Control at Point of Common Coupling with Arm Current and Capacitor Voltage Analysis for Distribution Static Synchronous Compensator Based on Modular Multilevel Converter [J]. IET Power Electronics. Vol. 9, Issue 8, pp: 1643-1653, Jun 29 2016.

32. Yu Chen, Zhihao Zhong, Yong Kang. Function-integrated Network for Flying-capacitor Three-level DC-DC Conversion System[J]. Electronics Letters. Vol. 52, No. 9, pp: 754-755, Apr. 28 2016.

33. Deliang Wu, Li Peng. Characteristics of Nearest Level Modulation Method with Circulating Current Control for Modular Multilevel Converter[J]. IET Power Electron., Vol. 9, Iss. 2, pp: 155-164, Feb 2016.

34. Deliang Wu, Li Peng. Analysis and Suppressing Method for the Output Voltage Harmonics of Modular Multilevel Converter[J]. IEEE Trans. on Power Electronics, Vol. 31, No. 7, pp: 4755-4765, July 2016.

35. Yu Chen, Yuqing Cui, Xinying Wang, Xiaoguang Wei, Yong Kang. Design and Implementation of the Low Computational Burden Phase-shifted Modulation for DC-DC Modular Multilevel Converter[J]. IET Power Electronics, Vol. 9, Issue 2, Special Issue: SI, pp: 256-269, Feb. 10 2016.

36. Chen Xu, Ke Dai, Xinwen Chen, Yong Kang. Unbalanced PCC voltage regulation with positive- and negative-sequence compensation tactics for MMC-DSTATCOM [J]. IET Power Electronics, Vol. 9, Iss. 15, pp: 2846-2858, 2016.

37. Yu Chen, Shanshan Zhao, Zuoyu Li, Xiaoguang Wei, Yong Kang. Modeling and Control of the Isolated DC-DC Modular Multilevel Converter for Electric Ship Medium Voltage Direct Current (MVDC) Power System[J]. IEEE Journal of Emerging and Selected Topics in Power Electronics, Vol. 5, Issue: 1, Pages: 124-139, 2017.

38. Qingxin Guan; Yu Zhang; Yong Kang; Josep M. Guerrero. Single-phase Phase-locked Loop Based on Derivative Elements[J]. IEEE Trans. on Power Electronics, vol. 32, Issue 6, pp. 4411-4420, June, 2017.

获授权的代表性发明专利：

1. 康勇，彭力，陈坚，张宇，付洁. 瞬时电压 PID 模拟控制的逆变电源：ZL200510019711.4［P］.

2. 康勇，彭力，张凯，何俊，陈坚. 数字控制的逆变电源及其控制方法：ZL200610019712.3［P］.

3. 康勇，邹旭东，段善旭. 基于飞轮储能的柔性交流输电系统：ZL200710052137.1［P］.

4. 彭力，康勇，陈坚，王淑惠，阮燕琴. 瞬时电压 PID 电流 PI 数字控制的逆变电源：ZL200910060885.3［P］.

5. 康勇，邹旭东，林新春. 一种高压输电线路除冰方法及装置：ZL200810047181.8［P］.

6. 康勇，陈宇，彭力. 一种多路输出直流-直流变换器：ZL200910061559.4［P］.

7. 康勇，陈宇，彭力. 一种全桥双输出直流-直流变换器：ZL200910062018.3［P］.

8. 康勇，陈宇，彭力. 复用桥臂的双输出直流-直流变换器：ZL200910062618.X［P］.

9. 彭力，康勇，陈坚，刘虔，白雪竹. 一种多维状态数字控制的逆变电源：ZL201010284052.8［P］.

10. 邹旭东，丰树帅，童力，康勇. 基于电流预测的永磁同步电机控制方法及系统：ZL201210209338.9［P］.

11. 戴珂，王欣，康勇，刘聪，段科威，余强胜，张文祥. 一种基于无功补偿电容的电能质量调节装置及其控制方法：ZL201210171246.6［P］.

12. 邹旭东，陈鉴庆，黄清军，康勇. 基于反电流跟踪的双馈风机低电压穿越控制方法及系统：ZL201310396492.6［P］.

13. 陈宇，文刚，康勇. 适用于九开关变换器的滑模控制方法：ZL201210416916.6［P］.

14. 张宇，张晓琳，王多平，周志文，李民英，匡金华. 大功率并网逆变器抑制启动冲击电流的装置及其方法：ZL201220016930.2［P］.

15. 张宇，易永仙，匡金华. 基于虚拟电阻的电流源型整流器及并网控制方法：ZL201310005770.0［P］.

16. 张宇、周志文、李民英、王振华、李署明. 一种实现逆变器并网/离网无缝切换的装置及方法：ZL201310291787.7［P］.

所获荣誉：

1. 国家科技进步三等奖 1 项。

2. 广东省科学技术二等奖 2 项。

3. 中国机械工业科学技术二等奖 2 项。

4. 中国电源学会科学技术发明二等奖 1 项。

5. 日内瓦国际发明博览会银奖 1 项。

6. 中国产学研合作创新个人奖 1 项。

7. 康勇教授获"中达学者"称号。

44. 吉林大学—地学仪器特种电源研究团队

地址：吉林省长春市西民主大街 938 号

邮编：130026

电话：0431-88502473

传真：0431-88502382

网址：http://ciee.jlu.edu.cn/

团队人数：4

团队带头人：于生宝

主要成员：李刚、周逢道、王世隆

研究方向：地球物理仪器中的电源技术.

团队简介：

吉林大学仪器科学与电气工程学院地学仪器特种电源研究团队。承担国家科技支撑计划重点项目课题、国家高技术研究发展计划（863 计划）重大项目课题和国土资源部公益性行业科研专项课题等国家、省部级项目，研究经费 1000 多万元。在地学仪器研究方向取得多项有创新的研究成果。曾获得国家科技发明奖 2 项、教育部科技发明一等奖 1 项、教育部科技进步二等奖 2 项、吉林省科技进步一等奖 1 项、二等奖 1 项，在国内外发表学术论文 40 多篇，授权国家发明专利 5 项。

在研项目：

1. 国家"863 项目"课题，直升机吊舱时间域航空电磁勘查发射接收系统。

2. 吉林省科技攻关项目，时间域半航空电磁探测系统研究。

3. 国家"863 项目"课题，海洋可控源电磁勘察甲板监控系统硬件研制。

4. 国家自然科学基金项目，基于矩阵变换器的电磁发射系统关键技术研究。

科研成果：

1. 研制我国第一台电磁驱动可控震源。

2. 研制了地面瞬变电磁探测系统，国内 40 多家单位采用。

3. 研制了国内第一套吊舱式直升机时间域航空电磁探测系统。

4. 研制了国内第一套大功率地空电磁探测系统。

所获荣誉：

1. 2014 年，"地、空协同时频电磁探地系统关键技术及应用"国家科技发明二等奖。

2. 2010 年，"地下水核磁共振探测与波场联合成像关键技术"获国家科技发明奖。

3. 2013 年，"地、空协同电磁探测关键技术及应用"获教育部科技发明一等奖。

4. 2007 年，浅层全程瞬变电磁探测仪器及应用，教育部科学技术进步二等奖。

45. 江南大学—新能源技术与智能装备研究所

地址：江苏省无锡市滨湖区江南大学物联网学院

邮编：214122

电话：15961809365

团队人数：22

团队带头人：颜文旭

主要成员：颜文旭、惠晶、方益民、吴雷、樊启高、

　　许德智、卢闻洲、沈锦飞、肖有文

研究方向：智能电网技术，电能质量控制，新能源技术（风、光伏、燃料电池），特种电机控制，电力电子技术

团队简介：

　　江南大学新能源技术与智能装备研究团队在负责人颜文旭教授的带领下。负责科研项目约25项，包括多个国家自然科学基金项目、省部级资助项目等；团队培养毕业研究生约50名，目前在读硕士生20余名。

在研项目：

　　目前，在研项目10余项，其中国家级和部级课题6项，横向课题10余项，年均经费200万元以上。

　　1. 电磁共振式无线电能传输充电装置开发。

　　2. 基于机器视觉的复合涂层织造产品智能检测与包装集成系统研发。

　　3. 基于统一内模原理控制器的并网变流系统谐波控制技术研究。

　　4. 网络控制系统基于量化反馈方法的优化与稳定性研究。

　　5. 主/被动轮臂混合机构救援机器人主动地形自适应控制基础研究。

　　6. 大宗粮食（食品）射频杀虫（菌）关键技术与装备研究。

科研成果：

　　团队近三年发表学术70余篇，其中SCI检索近20篇，EI检索40余篇。申请授权专利近20项，已授权10项。

　　1. 30kW无线电能传输技术。

　　2. 80kW无线电能传输技术。

　　3. 电网谐波分析与功率因数校正控制及电力系统无功功率动态软开关补偿技术。

　　4. 400kW/50KHz高频感应加热电源。

　　5. 10kV高压电机智能化软启动器。

　　6. 钢丝无铅等温热处理生产线自动控制系统。

　　7. 10kV高压固态软起动器。

　　8. 大功率高压脉冲电场发生器技术。

　　9. 大宗食品杀菌杀虫射频连续处理装备。

　　10. 三电平变换器三相PWM整流器控制200kVA直驱式永磁电机驱动控制系统。

　　11. 电动公交车120kW永磁无刷直流电机驱动系统。

　　12. 永磁同步电机无位置传感器静止定位、重载启动及低速重载控制技术。

所获荣誉：

　　1. 团队近三年获得市厅级以上奖项7项。

　　2. 高效能驱动系统共性关键技术及其应用，教育部科技进步奖一等奖。

46. 兰州理工大学—电力变换与控制团队

地址：甘肃省兰州市兰工坪路287号

邮编：730050

电话：0931-2973506

传真：0931-2973506

团队人数：6

团队带头人：王兴贵

主要成员：王兴贵、陈伟、杨维满、郭永吉、林洁、李晓英、郭群、王琢玲

研究方向：电力电子技术，运动控制系统，新能源发电控制技术

团队简介：

　　本团队主要研究人员8人，其中教授2人，副教授3人、讲师3人。团队带头人王兴贵教授具有丰富的工程实践经验，现为甘肃省"555"跨世纪学术技术带头人，甘肃省第一层次领军人才。团队近年来共完成和在研各类科研项目20多项。

　　本团队主要研究应用于电力系统、电气传动、特种电源等领域的新型变流器拓扑结构、相关控制理论和技术。主要内容涉及高压大容量单元串联变流器、大容量单元并联变流器、并网逆变器、双向变流器、多功能变流器、无电网污染整流器及其控制技术。

　　近年来主要致力于：适用于微电网、新能源发电和分布式发电中的逆变器、储能双向变流器、风力发电变流器及其控制策略的研究；适于矿井提升机和石油电驱动钻机的单元串、并联大功率变流器拓扑结构和控制技术；高能脉冲电源主电路拓扑和控制技术；通用变换器的关键技术研究。

在研项目：

　　1. 一种微源逆变器串联的微电网系统关键问题研究（国家自然科学基金）。

　　2. 高功率密度电源高效液体冷却技术研发与示范（国家重点研发计划）。

　　3. 大规模光伏接入条件下配电网铁磁谐振机理分析及治理研究（横向项目）。

　　4. 复杂运行条件下中压多级式微电网三相不平衡改善方法研究（甘肃省自然科学基金）。

　　5. 基于MMC的大功率矿井提升机变流器研究（大型电气传动系统与装备技术国家重点实验室项目）。

　　6. 通用主动式电能质量控制装置UAPQC核心技术攻关及其产业化（甘肃省科技支撑工业计划项目）。

科研成果：

　　团队近年来共发表学术论文50多篇，承担国家级、省部级和服务于厂矿企业的各类科研项目20多项。

获省部级奖的项目：

　　1. 合金材料凝固过程电场处理用高能脉冲电源研制，获甘肃省科技进步二等奖。

　　2. 风光柴发电控制系统研制，获甘肃省科技进步三等奖。

　　3. 电压跌落随机预估基础理论以及动态电压校正的实验研究，获甘肃省科技进步二等奖。

所获荣誉：

　　获省部级科技进步二等奖两项、三等奖一项。

47. 辽宁工程技术大学—电力电子技术及其磁集成技术研究团队

地址：辽宁省葫芦岛市兴城市辽宁工程技术大学电控学院

邮编：125100

电话：13314091005

团队人数：40

团队带头人：杨玉岗

主要成员：杨玉岗、李洪珠、荣德生、郭瑞、闫孝姮、刘春喜、王继强、韩占岭、马玉芳、罗林

研究方向：电力电子变换器及其磁集成技术，双向 DC – DC 变换器，无线电能传输，矿用隔爆兼本质安全型交流电机软起动器，矿用挖掘机变频改造技术，电磁调速电动机、开关磁阻电机和高速电机

团队简介：

辽宁工程技术大学电力电子技术及其磁集成技术研究团队目前有教授 2 人，副教授 3 人，讲师 4 人，助教 1 人，在读研究生 30 余人，其中具有博士学位人员 5 人，具有硕士学位人员 5 人。本团队主要从事电力电子与电力传动领域的研究工作，包括电力电子变换器及其磁集成技术、双向 DC/DC 变换器、无线电能传输技术、矿用隔爆兼本质安全型交流电机软起动器、矿用挖掘机变频改造技术、电磁调速电动机、开关磁阻电机和高速电机等研究方向。本团队已承担国家自然科学基金项目 4 项，承担省部级科研项目和企业委托项目 10 余项，出版著作 2 部，发表论文 100 余篇，获得国家专利 10 余项，获得省市级科技奖励 10 余项，部分研究成果在相关企业得到推广和应用，取得良好的经济和社会效益。本团队已培养硕士研究生 100 余人，其中考取国家 985 高校博士 4 人，获得国家奖学金 10 人，获得辽宁省优秀硕士学位论文 2 人，获得校级优秀硕士学位论文 10 余人，获得辽宁省优秀毕业生 6 人，获得校级优秀毕业生 10 余人，毕业研究生大多就职于京、津、沪、深、杭州、沈阳、大连、青岛、合肥等地高校和知名企业，从事电气工程领域的技术工作。

在研项目：

1. 新能源发电系统用交错并联磁集成双向 LLC 谐振变换器的研究，国家自然科学基金项目。

2. 双向 DC-DC 变换器的交错并联磁集成理论与控制方法，国家自然科学基金项目。

3. 交错并联磁集成双向 LLC 谐振变换器的研究，辽宁省教育厅重点实验室基础研究项目。

科研成果：

承担国家和省部级科研项目 10 余项；出版著作 2 部；在国际 IEEE 期刊、国际 IEEE 会议和国内核心期刊《中国电机工程学报》《电工技术学报》等刊物上发表论文 100 余篇，其中 SCI 和 EI 收录论文 50 余篇；获得授权发明专利 2 项，获得实用新型专利 10 余项、申请发明专利 10 项；获得辽宁省科学技术奖和辽宁省自然科学学术成果奖等奖励 10 余项。

所获荣誉：

团队成员获得辽宁省百千万人才 2 人，获得辽宁省优秀硕士学位论文 2 人，获得校级优秀硕士学位论文 10 余人，获得辽宁省优秀毕业生 6 人，获得校级优秀毕业生 10 余人，获得国家奖学金 10 人。

48. 南昌大学—吴建华教授团队

地址：江西省南昌市学府大道 999 号南昌大学信息工程院

邮编：330031

电话：0791-83968358

传真：0791-83969338

网址：http://www.ncu.edu.cn

团队人数：4

团队带头人：吴建华

主要成员：吴建华、石晓瑛、肖露欣、刘国强、徐春华

研究方向：数字图像处理，图像加密，电力信号检测与识别，电力信号扰动检测与识别

在研项目：

1. 随机多参数分数离散余弦变换及图像加密研究，国家自然科学基金项目，编号 61662047，经费 38 万元，2017/1/1—2020/12/31。

2. 电能表测试线路信号扰动分量的自适应检测方法研究及软件开发，国网江西省电力科学研究院，经费 27 万元，2015.9.1—2016.12.31。

3. 装置软件开发，国网江西省电力科学研究院，经费 10.5 万元，2015.9.1—2016.12.31。

科研成果：

已完成课题：

1. 主持：一种基于压缩感知的联合图像压缩/加密方法，中国发明专利，专利号：ZL 2012 1 0361052.2（申请日 2012.9.26，公开日 2014.11.26，IPC 分类号 H04N19/13）。

2. 参与：地方高校研究生学术道德建设的理论研究与实践探索，2014 年江西省教学成果奖二等奖，证书号：2014 0000295。

3. 参与：非线性负荷下电能计量校验系统的研制与技术分析平台的建立，2014 年国网江西省电力公司科技进步一等奖，证书号：CG-2014102-506-G10。

4. 参与：视频监控技术的发展及其在侦查中的应用研究，公安部科学技术成果（项目来源：公安部公安理论及软科学研究计划，编号 2013LLYJJXST042；成果登记号：公成验软登 2015004），2014 年 12 月 20 日。

近年来部分发表期刊论文：

1. Jianhua Wu*, Fangfang Guo, Yaru Liang, Nanrun Zhou. Triple color images encryption algorithm based on scrambling and the reality-preserving fractional discrete cosine transform [J]. Optik-International Journal for Light and Electron Optics, Volume 125, Issue 16, August 2014, pp. 4474-4479. (SCI WOS：000340018400056)。

2. Nanrun Zhou, Aidi Zhang, Jianhua Wu, Dongju Pei, Yixian Wang. Novel hybrid image compression-encryption algo-

rithm based on compressive sensing [J]. Optik -International Journal for Light and Electron Optics, Volume 125, Issue 18, September 2014, pp. 5075-5080. (SCI WOS: 000342263400009)

3. Yaru Liang, Guoping Liu, Nanrun Zhou and Jianhua Wu*. Image encryption combining multiple generating sequences controlled fractional DCT with dependent scrambling and diffusion [J]. Journal of Modern Optics, Vol. 62, No. 4, Feb. 2015, pp. 251-264. (SCI WOS: 000349544500001)

4. Jianhua Wu, Jinqiang Zhu, Qiegen Liu, Ye Zhang*. Human mouth-state recognition based on learned discriminative dictionary and sparse representation combined with homotopy [J]. Multimedia Tools and Applications, Vol. 74, Issue 23, Dec. 2015, pp. 10697-10711. (WOS: 000364493700025).

5. 梁亚茹, 吴建华*. 基于压缩感知和变参数混沌映射的图像加密[J]. 光电子·激光, 2015, 26(3): 605-610. (EI: 20151900818048)

6. Yaru Liang, Nanrun Zhou, Jianhua Wu*. New image encryption algorithm combining fractional DCT via polynomial interpolation with dependent scrambling and diffusion [J]. The Journal of China Universities of Posts and Telecommunications, 2015, 22(5): 1-9. (EI: 201610102064658)

7. LI Cui-mei, ZENG Ping-ping, ZHU Jin-qiang, WU Jian-hua*. Human mouth-state recognition based on image warping and sparse representation combined with homotopy [J]. Journal of Donghua University (English edition), 32(4): 658-664, 2015. (EI 源刊)

8. 朱莉, 邓娟, 徐钦, 吴建华*. 噪声环境中听觉频率跟随响应信号分析[J]. 东南大学学报: 自然科学版, 2015, 45(4): 625-630. (EI: 20153201119748)

9. Zhu Li, Deng Juan, Wu Jian-Hua, Zhou Nan-Run. Experimental analysis of auditory mechanism of neural phase-locking based on sample entropy [J]. Acta Physica Sinica, 2015, 64 (18): 184302-1-184302-10. (SCI WOS: 000362977200023)

10. Yaru Liang, Guoping Liu, Nanrun Zhou, Jianhua Wu*, Color image encryption combining a reality-preserving fractional DCT with chaotic mapping in HSI space[J]. Multimedia Tools and Applications, Vol. 75, No. 11, 1 June 2016, pp. 6605-6620. (SCI WOS: 000378553700027)

11. Jian Ma, Jun Zhang, Luxin Xiao, Kexu Chen, Jianhua Wu*. Classification of power quality disturbances via deep learning[J]. IETE Technical Review, 2016, published online 28 July 2016, http://dx. doi. org/10. 1080/02564602. 2016. 1196620(SCI)

12. 马建, 陈克绪, 肖露欣, 吴建华*. 基于受限玻尔兹曼机的电能质量复合扰动识别[J]. 南昌大学学报(理科版), 2016, 40(1): 30-34.

13. Jianhua Wu*, Mengxia Zhang, Nanrun Zhou. Image encryption scheme based on random fractional discrete cosine transform and dependent scrambling and diffusion[J]. Journal of Modern Optics, 2017, 64(4): 334-346. (SCI)

14. 肖露欣, 吴建华*, 马建, 陈克绪. 基于降噪自编码的电能质量扰动识别[J]. 南昌大学学报(理科版), 2017. (已录用, 待发表)

49. 南昌大学—信息工程学院能源互联网研究团队
地址: 江西省南昌市学府大道999号南昌大学自动化系
邮编: 330031
电话: 13870809767
传真: 0791-83969681
网址: http://ies. ncu. edu. cn/
团队人数: 6
团队带头人: 余运俊
主要成员: 余运俊(副教授)、万晓凤(教授)、王淳(教授)、杨胡萍(教授)、聂晓华(副教授)、夏永洪(副教授)、博士生、硕士生
研究方向: 光伏发电智能控制, 能源路由器, 低碳电力, 电力电子装置及其数字控制, 包括: 电能质量控制设备, 如APF, UPQC, SVC, dSTATCOM; 新能源与分布式发电并网、组网及储能技术; PEBB(系统集成)技术应用及高可靠性、模块化技术; 新型电机及控制系统
团队简介:
南昌大学能源互联网研究团队。团队成员包括3名教授, 3名副教授, 博士研究生和硕士研究生40多名。目前, 团队在研科研项目约20项, 包括多个重大项目、国家自然科学基金项目、国际科技合作项目等。团队已培养毕业研究生50多名。
在研项目:
1. 科技部国际科技合作项目1项。
2. 国家自然科学基金5项。
3. 江西省自然科学基金5项。
4. 企业合作项目6项。
科研成果:
近年发表学术论文100余篇, 申请专利20项, 包括:
1. 新能源汽车电源控制系统。
2. 配电网故障诊断系统。
3. 配电网智能优化控制系统。
4. 光伏发电最大功率跟踪控制。
5. 双向DC-DC电路及其控制。
6. 新型小型水利发电机及其群组控制。
所获荣誉:
省部级科技进步奖4项, 包括江西省科技进步二等奖3项, 中国有色金属工业科技进步二等奖1项。

50. 南京航空航天大学—高频新能源团队
地址: 江苏省南京市江宁区将军大道29号南京航空航天大学
邮编: 211106
电话: 15605178258
网址: http://www. nuaa. edu. cn/

团队人数：20

团队带头人：张之梁

主要成员：任小永、李浩然、顾东杰、吴亚奇、董舟、胡栋栋、程祥、杨阳、许可、徐志魏等

研究方向：高频模块电源

团队简介：

南航自动化学院模块电源组，由张之梁教授领军，主要研究高频电力电子、高频低功率芯片、电力电子在新能源变换中应用技术、电动汽车电力总成。

在研项目：

1. 国家自然科学基金面上项目，项目主持，超高频（30 MHz-300 MHz）功率变换与系统集成，2014/01～2017/12，在研，主持。

2. 国家自然科学基金面上项目，基于恢复效应的分布式微模块自重组电池储能系统与控制，2016/01～2019/12，在研，主持。

3. 教育部霍英东青年教师基金，基于 GaN 器件的超高频电力电子系统，2016/05～2019/05，在研，主持。

4. 江苏省杰出青年基金，GaN 超高频电力电子系统，2016/08～2019/08，在研，主持。

5. 江苏省前瞻性联合研究项目，BY2015003-04，基于 SiC IGBT 的高性能电力电子变压器系统，2015/07～2017/06，在研，主持。

科研成果：

IEEE Trans on Power Electron. 论文（SCI 一区）

1. Zhi-Liang Zhang, Y. Q. Wu, D. J. Gu and X. Ren. Quantization mechanism on current ripple in digital LLC converters for battery charging applications[J]. IEEE Trans. Power Electron. , accepted.

2. Zhi-Liang Zhang, X. Cheng, Z. Y. Lu and D. J. Gu. SOC estimation of lithium-ion batteries with AEKF and Wavelet Transform Matrix[J]. IEEE Trans. Power Electron. , Early Press.

3. Zhi-Liang Zhang, Z. Dong, X. W. Zou, D. Hu, and X. Ren. A digital adaptive driving scheme for eGaNHEMTs in VHF converters[J]. IEEE Trans. Power Electron. , Early Press.

4. Zhi-Liang Zhang, Z. Dong, D. D. Hu, X. W. Zou, and X. Ren. Three-level gate drivers for eGaNHEMTs in isolated resonant SEPIC converters[J]. IEEE Trans. Power Electron. , Early Press.

5. Zhiliang Zhang, X. W. Zou, Y. Zhou, Z. Dong and X. Ren. A 10-MHz eGaN isolated Class-Φ2 DCX[J]. IEEE Trans. Power Electron. , Vol. 32, No. 3, pp. 2029-2040, Mar. 2017. Early press.

6. Zhi-Liang Zhang, X. Cheng, Z. Y. Lu and D. J. Gu. SOC estimation of lithium-ion battery pack considering balancing current[J]. IEEE Trans. Power Electron. , accpeted.

7. Zhiliang Zhang, H. D. Gui, D. J. Gui, Y. Yang and X. Ren. A hierarchical active balancing architecture for lithium-ion batteries[J]. IEEE Trans. Power Electron. , Early press.

所获荣誉：

1. 2016 年获江苏省杰出青年基金。

2. 2016 年获教育部霍英东基金。

3. 2016 年入选"江苏省 333 工程"。

4. 2016 年入选"江苏省六大人才高峰"。

5. 2015 年度《中国电机工程学报》优秀审稿专家。

6. 2015 年江苏省电工技术学会"优秀工作者"荣誉称号。

7. 入选 2013 年南京市"321 海外领军型科技创新创业人才"。

51. 南京航空航天大学—国家国防科工局"航空电源技术"国防科技创新团队、"新能源发电与电能变换"江苏省高校优秀科技创新团队

地址：江苏省南京市江宁区将军大道 29 号南京航空航天大学自动化学院（江宁区将军路校区）

邮编：211106

电话：13611590061

传真：025-84892368

团队人数：25

团队带头人：周波

主要成员：邢岩、谢少军、龚春英、王慧贞、黄文新、刘闯、王莉、张卓然、张方华、肖岚等

研究方向：航空电源系统，新能源发电与电能变换技术，电机及其控制技术

团队简介：

本团队现有人员 25 人，其中具有工学博士学位 25 人，教授（含研究员）12 人，副教授 12 人，讲师 1 人。团队重点研究航空电源系统、新能源发电与电能变换技术、电机及其控制技术。近年来主持国家、省部级科研项目及横向科研课题数十项，获国家技术发明二等奖、日内瓦国际发明展金奖、国防技术发明一等奖各 1 项，省部级二等奖、三等奖多项；每年获授权发明专利 20 多件，每年 100 多篇论文被国际三大检索收录。团队成员共有 15 人次进入国家、省部级人才计划，其中包括：国家自然科学基金优秀青年基金获得者 1 人，国家"万人计划"青年拔尖人才 1 人，教育部新世纪优秀人才支持计划 1 人，"511"国防科技人才计划 1 人，江苏省"333"工程培养对象第二层次 1 人、第三层次 5 人，江苏省"六大人才高峰"高层次人才 3 人，江苏省青蓝工程（学术带头人）3 人；12 人次获得国家、省部级荣誉称号，其中包括：全国模范教师、享受国家政府特殊津贴专家、全国优秀科技工作者、国防科技工业百名优秀博士/硕士、江苏省优秀（先进）科技工作者、江苏省有突出贡献中青年专家、江苏省十大杰出专利发明人等。研究团队继 2008 年被评为国家国防科工局"航空电源技术"国防科技创新团队后，2011 年又被评为江苏省高校优秀科技创新团队。

在研项目：

主持国家自然科学基金优秀青年基金 1 项，国家自然科学基金 16 项，江苏省杰出青年基金、江苏省自然科学基

金、高等学校博士学科点专项科研基金、江苏省科技成果转化专项资金项目、江苏省科技支撑计划（工业部分）、江苏省产学研前瞻性联合研究项目、总装备部探索研究子项目、霍英东教育基金会基础性研究课题、大型客机电源系统科技攻关项目等十多项，主持横向课题数十项。

科研成果：

1. 2009 年双凸极电机及其起动发电系统，国家技术发明二等奖。

2. 2008 年电励磁双凸极发电机与起动发电系统，国防技术发明一等奖。

3. 2011 年 A Novel Doubly Salient Brushless DC Machine and its Control Technology，第 39 届日内瓦国际发明展金奖。

4. 2001 年 3kVA 高频软开关单相/三相静止变流器研制，国防科学技术二等奖。

5. 2006 年航空静止变流器的研制，国防科学技术进步奖二等奖。

6. 2008 年高速开关磁阻电机的关键技术，国防科技进步二等奖。

7. 2008 年基于燃料电池输入的独立/并网双模式运行静止变流器技术研究，国防科学技术二等奖。

8. 2011 年航空静止变流技术，国防技术发明奖二等奖。

9. 2012 年航空电源变换技术，教育部技术发明二等奖。

10. 2014 年飞机应急发电系统切向磁钢永磁同步电机，国防技术发明二等奖。

11. 2000 年 1kVA 高频软开关三相变流器研制，国防科学技术三等奖、江苏省科技进步三等奖。

12. 2004 年 28V/1kVA/36V/400Hz 航空静止变流器的研制，国防科学技术进步奖三等奖。

13. 2007 年 3kVA 高压直流输入三相静止变流器及其冗余并联技术研究，国防科学技术三等奖。

所获荣誉：

1. 国家自然科学基金优秀青年基金，张卓然。

2. 国家"万人计划"青年拔尖人才，张卓然。

3. 全国模范教师，周波。

4. 享受国家政府特殊津贴，周波。

5. 全国优秀科技工作者，周波。

6. 教育部"新世纪优秀人才计划，张卓然。

7. 江苏省杰出青年基金，张卓然。

8. 江苏省十大杰出专利发明人，王慧贞。

9. 江苏省有突出贡献中青年专家，周波。

10. 江苏省优秀科技工作者，周波。

11. 江苏省先进科技工作者，谢少军。

12. 江苏省优秀教育工作者，周波。

13. 国防科技工业百名优秀博士/硕士，周波。

14. 江苏省优秀青年骨干教师，邢岩、肖岚、谢少军。

15. 南京青年科技之星，刘闯。

16. 中国航空学会青年科技奖，张卓然。

52. 南京航空航天大学—航空电力系统及电能变换团队

地址： 江苏省南京市江宁区胜太西路 169 号

邮编： 211106

团队人数： 10

团队带头人： 杨善水

主 要 成 员： 杨善水、戴泽华、王丹阳、吴静波、刘力、唐彬鑫

研究方向： 飞机供配电系统，电能管理等

团队简介：

本团队属于南京航空航天大学自动化学院电气工程系，主要研究方向为航空供配电系统及飞机电能管理领域，导师理论水平扎实、工程经验丰富，团队成员对科研工作充满热情、勤奋好学、团队意识突出。本团队与中国商飞、中航工业 115 所、609 所、105 所等合作紧密，完成了多个研究任务，在航空供配电研究方面经验丰富。

在研项目：

配电系统半物理实验平台。

科研成果：

1. 混合电网数字仿真软件平台：针对大型客机的电网结构及供配电系统，搭建了混合电网数字仿真软件平台，作为电源系统设计的工具，实现对关键技术演示验证和系统性能的初步分析，进一步明确电源系统技术要求，提高对供应商技术产品的集成和验证能力。

2. 自动配电物理验证平与集成技术研究：通过自动配电物理验证平台建设与集成技术研究，实现混合电源系统数字仿真性能的验证和优化，完成自动配电系统、配电网电弧故障监测和电网保护功能的演示验证。完成对电源系统初步概念方案进行评估，完成某型客机电源系统概念方案。通过高功率密度自动配电技术半物理实验平台，进一步明确电源系统技术要求。

53. 南京航空航天大学—先进控制实验室

地址： 江苏省南京市江宁区将军大道 29 号

邮编： 211106

电话： 025 – 84892301

网址： http：//cae. nuaa. edu. cn/showSz/470 – 1043

团队人数： 10

团队带头人： 叶永强

主要成员： 赵强松、任建俊、熊永康、竺明哲、曹永锋

研究方向： 电力电子先进控制、逆变器抗扰控制、电机抗扰控制等

团队简介：

团队成员均为高学历的中青年科研人员，其中教授 1 名，副教授 1 名，博士生 3 名，硕士生 5 名。

在研项目：

1. 在研横向课题：局部放电检测研究。

2. 在研国家自然基金课题：逆变器控制。

科研成果：

1. J. Ren, Y. Ye*, Q. Zhao, G. Xu, and M. Zhu. Uncertainty

and disturbance estimator – based current control scheme for PMSM drives with a simple parameter tuning algorithm[J]. IEEE Transactions on Power Electronics, vol. 32, no. 7, pp: 5712 – 5722, Jul. 2017.

2. Y. Ye* and Y. Xiong. UDE – based current control strategy for LCCL – type grid – tied inverters[J]. IEEE Transactions on Industrial Electronics, vol. 65, no. 5, pp: 4061 – 4069, May 2018.

3. Y. Ye*, G. Xu, Y. Wu, and Q. Zhao, Optimized switching repetitive control of CVCF PWM inverters[J]. IEEE Transactions on Power Electronics, online first, DOI: 10. 1109/TPEL. 2017. 2740565.

4. Q. Zhao and Y. Ye*. A PIMR – type repetitive control for a grid – tied inverter: Structure, analysis, and design [J]. IEEE Transactions on Power Electronics, vol. 33, no. 3, pp: 2730 – 2739, Mar. 2018.

5. Y. Wu and Y. Ye*. Internal Model based disturbance observer with application to a CVCF PWM inverter[J]. IEEE Transactions on Industrial Electronics, online first, DOI: 10. 1109/TIE. 2017. 2774734.

54. 南京航空航天大学—航空电能变换与能量管理研究团队

地址：江苏省南京市江宁区胜太西路 169 号
邮编：211106
电话：13912988096
传真：025-84893500
团队人数：8
团队带头人：龚春英
主要成员：王慧贞、张方华、陈新、秦海鸿、陈杰、邓翔、王愈
研究方向：航空二次电源（TRU&ATRU、航空静止变流器、直流变换器），微型电网电能变换装置和能量管理，分布式发电系统建模及稳定性分析，宽禁带半导体器件的高频与高温应用，高功率密度电能变换，电力电子变换器的可靠性提升与寿命预测，电力电子变换器的电磁兼容性。

团队简介：

南京航空航天大学电气工程系航空电能变换与微型电网能量管理团队，包括 4 名教授、2 名副教授、1 名高级工程师、1 名讲师，团队指导在学博士研究生 10 名、硕士研究生 50 名。团队包括航空电能变换技术实验室、微型电网能量管理实验室、航空起动发电技术实验室、高温电力电子变换技术实验室。在航空二次电源领域，主要研究高功率因数整流、高功率密度逆变技术、高功率密度直流变换技术、电力电子变换器的故障诊断和寿命预测、直流微电网的瞬态功率抑制、宽禁带半导体器件的高温和高频应用技术、航空起动发电技术等方向的研究；在微型电网能量管理领域，主要研究微型电网中新能源的电能预测与管理、微型电网的稳定性分析、大功率储能变流器、大功率并网

逆变器、电动汽车充放电机、高可靠 LED 驱动器等方向的研究。

龚春英教授/博导，承担国家 973、国防型号、NSF 基金等项目，研究方向为航空二次电源；

王慧贞研究员，承担国家 863、国防型号等项目，研究方向为起动/发电、电机控制、电能变换；张方华教授/博导，承担国家 863、国防型号、NSF 基金等项目，研究方向为航空二次电源和特种电源、微网电能变换器、LED 驱动器等；陈新教授，承担国家 863、企业合作等项目，研究方向为微型电网系统稳定性分析和控制、能量管理；秦海鸿副教授，承担 NSF 基金等项目，研究方向为新型宽禁带半导体器件的应用；陈杰副教授，承担 NSF 基金等项目，研究方向为微网电能变换器和微型电网控制；邓翔高工，承担多项校企合作项目，承担企业合作项目，研究方向为航空二次电源；王愈讲师/博士，研究方向为微型电网电能管理。

在研项目：

1. 国家 863 计划（2014—2016）孤岛型智能微电网关键技术研究与示范。

2. 国家自然科学基金（2014—2017）基于特征参数监测的电力电子系统主电路故障统一预测方法研究。

3. 国家自然科学基金（2017—2020）适用于高速电机驱动的 SiC 基逆变器高速开关行为评价及其改善方法。

4. 教育部博士点基金（2014—2016）基于碳化硅器件的适合高温环境的高效率功率变换器。

5. 国家自然科学基金（2014—2016）中小型风力发电系统的功率控制与动态载荷抑制研究。

6. 江苏省自然科学基金（2013—2016）提高中小型风电机组控制性能及可靠性的关键技术研究。

7. 江苏省自然科学基金（2013—2016）分布式发电系统中电力电子装置谐波振荡与稳定性研究。

8. 江苏省产学院前瞻联合研究（2014—2017）具备微网双模式工作能力的高可靠微电网稳定装置研制。

9. 江苏省产学院前瞻联合研究（2015—2017）低成本户用型光储一体化微电网变换器研究。

10. 国家电网公司专项科技项目（2015—2018）基于阻抗的分布式发电系统建模分析和测量。

11. 光宝科技电力电子科研基金（2016—2018）GaN 器件的高频控制补偿及智能驱动研究。

12. 校企合作项目（2016—2017）高功率密度 270V/28V/3kW 直流变换器、高功率密度 28V/1kVA 航空静止变流器模块、混合供电半物理验证系统、瞬态峰值功率补偿技术研究、270V/350W 高压 DC—DC 模块研究、微电网系统应用关键技术研究、刹车用高瞬态响应 28V/270V/4kW 直流变换器、高功率密度 150kVA 三相航空静止变流器、10kW 宽变压宽变频（1k ~ 2kHz）三相高功率因数整流器、航空二次电源系统稳定性分析与仿真。

科研成果：

团队先后承担包括国家 973 重点基础研究项目、863 计划、国家自然科学基金、型号研制任务等在内的 30 余项重要科研项目，在国内外权威期刊、会议发表研究论文 200

余篇，获得授权发明专利40余项。相关成果，如15项航空静止变流器、高功率因数整流器、起动发电控制器和电机已装机应用；多项微型电网电能变换装置和管理系统平台已应用或完成演示验证。

所获荣誉：

获得国家技术发明二等奖1项、省部级科技进步和技术发明奖二等奖5项、省部级科技进步奖三等奖4项。

1. 航空电源变换技术，教育部发明二等奖，2012年。

2. 航空静止变流技术，国防技术发明二等奖，2011年。

3. 双凸极电机及起动发电系统，国家技术发明二等奖，2009年。

4. 电励磁双凸极电机起动发电系统，国防技术发明一等奖，2008年。

5. 模块化静止变流器的研制，国防科学技术二等奖，2006年。

6. 3kVA高频软开关单/三相变流器研制，国防科技进步二等奖，2001年。

55. 南京航空航天大学—模块电源实验组

地址： 江苏省南京市江宁区将军大道29号南京航空航天大学

邮编： 211100

电话： 025-84896662

传真： 025-84896662

网址： http：//ruanxb. nuaa. edu. cn/

团队人数： 7

团队带头人： 阮新波

主要成员： 陈乾宏、金科、张之梁、刘福鑫、方天治、任小永

研究方向： 电力电子系统集成，包络线电源跟踪，超高频电力电子变换技术，无频闪无电解电容LED驱动电源，并网型逆变器，开关电源传导电磁干扰的建模与抑制

团队简介：

本团队现有教师7名，其中教育部长江学者特聘教授1人，国家杰出青年基金获得者1人，江苏省"333高层次人才培养工程"中青年科学技术带头人1人，江苏省"青蓝工程"中青年学术带头人1人，教授4人，副教授3人。近年来，主持国家科技重大专项项目及课题、国家杰出青年基金、国家自然科学重点基金、"863"高技术课题、国家自然科学基金等科技项目10余项，并承担多项部省级科技项目。在阮新波教授的带领下，本团队已建设成为研究特色鲜明，研究方向明确，研究成果突出，教学水平优良，科研条件良好，管理制度健全的优秀科研团体。

在研项目：

1. 电力电子变换技术，国家杰出青年科学基金，2016年1月—2020年12月。

2. 现代移动通信系统中高效率高跟踪带宽包络线跟踪电源研究，国家自然科学基金面上项目，2016年—2019年。

3. 基于恢复效应的分布式微模块自重组电池储能系统与控制，国家自然科学基金面上项目，2016年—2019年。

4. 输入串联型逆变器组合系统的关键技术研究，国家自然科学基金面上项目，2015年—2018年12月。

5. 激光远程能量传输系统关键技术研究，国家自然科学基金面上项目，2014年—2017年。

6. 基于GaN功率晶体管的高功率密度分布式电源系统的研究，国家自然科学基金面上项目，2014年—2017年。

7. 超高频（30~300MHz）功率变换与系统集成，国家自然科学基金面上项目，2014年—2017年。

8. 直流变换器级联系统稳定性研究，国家自然科学基金面上项目，2013年—2016年。

9. 远程激光充电系统研究（BK20130036），江苏省自然科学基金杰出青年基金，2014年—2016年。

科研成果：

1. 高效率高功率密度高可靠性电力电子变换若干关键基础理论成果，获2014年度教育部高等学校科学研究优秀成果奖（科学技术）、自然科学奖一等奖。

2. 高功率密度低电压调整率多路输出模块电源成果，2012年12月通过国防科工局组织的鉴定，获2013年度中国电源学会科技进步奖二等奖。

3. 15kW相控阵雷达电源成果，2001年12月通过国防科工委组织的鉴定，并获2002年国防科学技术二等奖。

4. 基于高压输入直流电源模块的电源系统成果，2007年12月通过国防科工委组织的鉴定，并获2008年国防科学技术进步三等奖。

5. 3kVA高压直流输入三相静止变流器及其冗余并联运行成果，2006年12月通过国防科工委组织的鉴定，并获2007年国防科学技术进步三等奖。

6. 20A/48V软开关高频开关通信电源成果，1997年12月通过中国航空工业总公司组织的部级鉴定，并获得1998年度中国航空工业总公司（部级）科学技术进步奖三等奖。

7. 28.5V/100A高频软开关电子变压整流器成果，1999年12月通过中国航空工业总公司组织的部级鉴定，并获2000年江苏省国防科技进步奖一等奖。

所获荣誉：

1. 2015年当选IEEE Fellow。

2. 2015年被评为国家杰出青年科学基金获得者。

3. 2014年被评为国家科技部"创新人才推进计划"中青年科技创新领军人才。

4. 2012年被评为享受国务院特殊津贴专家。

5. 2007年被评为教育部长江学者特聘教授。

6. 2004年度入选教育部新世纪优秀人才支持计划。

7. 2011年被评为江苏省"333高层次人才培养工程"第二层次培养对象人选。

8. 2007年被评为江苏省"333高层次人才培养工程"首批中青年科学技术带头人。

9. 2002年被评为江苏省"333新世纪科学技术带头人培养工程"第三层次培养对象。

10. 2002年被评为江苏省高校"青蓝工程"第二期计

划中青年学术带头人培养人选。

11. 2003 年被评为"中达学者"。

12. 2014 年入选 Elesevier 中国高被引作者榜单。

13. 2012 年被 IEEE Transactions on Industrial Electronics 授予杰出贡献奖。

14. 2011 年被授予江苏省第三期"333 工程"突出贡献奖。

15. 2007 年荣获第九届中国航空学会青年科技奖。

16. 2007 年被评为江苏省新长征突击手标兵。

17. 2006 年被评为江苏省十大优秀专利发明人。

18. 2001 年江苏省人民政府授予"九五"产学研先进个人。

56. 南京理工大学—自动化学院先进电源与储能技术研究所

地址： 江苏省南京市孝陵卫街 200 号南京理工大学自动化学院

邮编： 210094

电话： 025-84315468-7083

团队人数： 13

团队带头人： 李磊

主要成员： 李磊、姚凯、李强、胡文斌、江宁强、戚志东、吕广强、颜建虎、杨飞、季振东、姚佳、王谱宇、孙金磊

研究方向：

1. 现代电力系统分析、运行与控制研究。本研究方向主要研究集中在含柔性交流输电系统、新能源并网的电力系统稳定性分析的理论和方法，稳定控制的理论及其实现。在柔性多端直流输电（VSC-HVDC）、新能源并网技术、海上风电场接入、微电网及潮流控制器设计方面，主要从事多端柔性直流系统的协调下垂控制策略、启动控制策略、交流故障控保和直流故障控保设计研究；在中高压大功率电力电子技术方面，主要从事级联型中高压变频器、基于模块化多电平的电力电子变压器等的设计与控制理论研究。

2. 新型永磁电机设计及其系统控制研究。本研究方向针对目前现有的永磁风力发电机存在的问题以及特定的使用环境，从发电机的拓扑结构出发，研究不同结构与永磁材料对电机性能的影响，拓展永磁风力发电机的应用范围；结合电机的结构特点，对电机控制方法与控制策略展开研究。

3. 电力电子变换器理论及应用研究。本研究方向主要包括单相/三相功率因数校正变换器、DC-DC 变换器（模块电源、小信号建模）、新能源并网逆变器、电动汽车充电桩技术、电力电子变压器、多电平变换器、矩阵变换器、电火花加工用脉冲电源、电磁干扰和电磁兼容等方面的研究。

4. 轨道交通电气自动化技术应用研究。本研究方向主要集中在轨道交通电气牵引全过程建模、仿真与优化、轨道交通节能、轨道交通运营优化及装备等方面，已产生了很好的经济和社会效益。

5. 电动汽车、储能系统动力电池管理。本研究方向主

要集中在电池测试与建模、电池参数估计、电池热管理、电池均衡系统设计及策略开发、电池智能充电方法、电池故障诊断、电池梯次利用等研究。

团队简介：

本团队学科在研究上，坚持理论与实践相结合、强电与弱电相结合、元件与系统相结合的研究思路，面向国民经济发展建设需要，紧紧跟踪国际高水平研究方向与成果，已形成了自己的研究特色和优势。近年来，团队在电力电子、电机驱动与控制、电网智能控制等领域，先后承担并完成多项国家自然科学基金和江苏省自然科学基金项目，获得多项省部级科技进步奖，取得了一批具有自主知识产权的科研成果，产业化成果尤其显著，取得了良好的经济与社会效益。团队主要研究领域涵盖电力电子变换器、功率因数校正和参数在线监测、高频环节多电平交流直接变换和逆变技术、新型永磁电机设计与控制、电力电子磁性元件优化设计、电磁干扰预测诊断、新型微细电火花脉冲电源、电力电子在电力系统中的应用等方面。

本团队近五年来完成和参与了 20 余项纵向科研项目和数十项横向科研项目，科学研究水平不断提高。在 IEEE Transactions on Industrial Electronics、IEEE Transactions on Power Electronics、Renewable Energy、IEEE Transactions on Power System、IEEE APEC、ECCE、IECON、《中国电机工程学报》、《电工技术学报》等国内外重要期刊、会议上发表高质量的学术论文 100 余篇。出版了《多电平交-交直接变换技术及其应用》学术专著。已申请中国发明专利和实用新型专利数十项。团队成员获得江苏省科技进步一等奖、国防科技进步二等奖等多项奖励。多名教师担任国家自然科学基金、江苏省自然科学基金等项目的评审专家和 IEEE Transactions on Industrial Electronics、IEEE Transactions on Power Electronics、IEEE ECCE、IEEE IECON、《中国电机工程学报》、《电工技术学报》等国内外专业期刊和会议的审稿专家。

本团队与国内外相关高校、学术组织建立了广泛的联系，与南瑞集团、国网电科院、国电南瑞科技、南车集团、南京地铁、华为、中兴、台达、艾默生、通用电气、德国柏林工业大学、德国轨道技术研究院等知名公司保持着良好的交流与合作关系。

在研项目：

1. 姚凯，国家自然科学基金面上项目，51677091，电力电子变换器输出电解电容 ESR 和 C 的非侵入式在线辨识关键技术研究，2017~2020，63 万元。

2. 江宁强，国家自然科学基金项目，含换流器电力系统双时标直接法暂态稳定分析，2016~2019，54 万元。

3. 颜建虎，国家自然科学基金项目，正弦磁链型高功率密度横向磁通永磁风力发电机研究，2015~2018，27 万元。

4. 戚志东，国家自然科学基金项目，负载扰动下燃料电池动态特性的分数阶建模与控制研究，2014~2017，78 万元。

5. 杨飞，江苏省自然科学基金青年科学基金项目，BK20160837，新型高频微细电火花脉冲电源拓扑、控制建模

与电磁干扰预测关键问题研究，2016/07—2019/06，20万元。

6. 李磊，江苏省自然科学基金项目，BK20161499，双向高频链多电平逆变技术研究，2016/07～2019/06，10万元。

7. 颜建虎，江苏省自然科学基金青年科学基金项目，BK20140785，聚磁式横向磁通永磁盘式风力发电机研究，2014～2017，25万元。

科研成果：

SCI 期刊论文：

1. Kai Yao, Qingsai Meng, Fei Yang, Siwen Yang. A novel control scheme of three-phase single-switch quasi-CRM boost rectifier. IEEE Transactions on Power Electronics, early access.

2. Abdul Hakeem Memon, Kai Yao, Qingwei Chen, Jian Guo, Wenbin Hu. Variable-on-time control to achieve high input power factor for CRM integrated buck-flyback PFC converter. IEEE Transactions on Power Electronics, early access.

3. Kai Yao, Xufeng Zhou, Fei Yang, Siwen Yang, Cheng Cao, Chunyan Mao. Optimum 3rd current harmonic during non-dead-zone and its control implementation to improve PF for DCM Buck PFC converter. IEEE Transactions on Power Electronics, early access.

4. Qiang Li, Kai Yao, Junchao Song, Hairui Xu, Yehua Han. A series diode method of suppressing parasitic oscillation for boost PFC converter operated in discontinuous conduction mode. IEEE Transactions on Power Electronics, early access.

5. Kai Yao, Xiaopeng Bi, Siwen Yang. An e-capless ac-dc CRM flyback LED driver with variable on-time control. Journal of Power Electronics, early access.

6. Fei Yang, Xinbo Ruan, Gang Wu and Zhihong Ye. Discontinuous Current Mode Operation [11] Puyu Wang, Xiao-Ping Zhang, Paul F. Coventry and Ray Zhang. Start-up control of an offshore integrated MMC multi-terminal HVDC system with reduced DC voltage, IEEE Transactions on Power Systems, vol. 31, no. 4, pp: 2740-2751, Jul. 2016.

7. Puyu Wang, Xiao-Ping Zhang, Ray Zhang, Paul F. Coventry and Zhou Li. Control and protection sequence for recovery and reconfiguration of an offshore integrated MMC multiterminal HVDC system under DC faults. International Journal of Electrical Power & Energy Systems, vol. 86, pp: 81-92, Mar. 2017.

8. Yan Jianhu, Feng Yi, Dong Jianning. Study on dynamic characteristic of wind turbine emulator based on PMSM, Renewable Energy, 2016. 11. 01, 97: 731～736.

9. Yan Jianhu, Zhang Qiongfang, Feng Yi. Effect of Slot opening on the cogging torque of fractional-slot concentrated winding permanent magnet brushless DC motor. Journal of Magnetics, 2016. 3. 01, 21(1): 78～82.

10. Kai Yao, Xincheng Hu, Qiang Li, Minghui Yin. A novel control to achieve optimal reduction of the e-cap's ripple current for discontinuous conduction mode boost PFC converter. IEEE Transactions on power Electronics, June 2016, 31

(6): 4331-4342.

11. Kai Yao, Qingsai Meng, Yuming Bo, Wenbin Hu. Three-phase single-switch DCM boost PFC converter with optimum utilization control of switching cycles. IEEE Transactions on Industrial Electronics, Jan. 2016, 63(1): 60-70.

12. Kai Yao, Weijie Tang, Xiaopeng Bi, Jianguo Lyu. An online monitoring scheme of dc-link capacitor's ESR and C for boost PFC converter. IEEE Transactions on Power Electronics, Aug. 2016, 31(8): 5944-5951.

13. Kai Yao, Weijie Tang, Wenbin Hu, Jianguo Lyu. A current-sensorless online ESR and C identification method for output capacitor of buck converter. IEEE Transactions on Power Electronics, Dec. 2015, 30(12): 6993-7005.

14. Kai Yao, Wenbin Hu, Qiang Li, Jianguo Lyu. A novel control scheme of DCM boost PFC converter. IEEE Transactions on Power Electronics, Oct. 2015, 30(10): 5605-5615.

15. Jia Yao, Alexander Abramovitz, Keyue Ma Smedley. Analysis and design of charge pump assisted high step-up tapped inductor SEPIC converter with an "inductor-less" regenerative snubber. IEEE Transactions on Power Electronics, 2015, 30(10): 5565-5580.

16. Jia Yao, Alexander Abramovitz, Keyue Ma Smedley. Steep gain bi-directional converter with a regenerative snubber. IEEE Transactions on Power Electronics, 2015, 30(12): 6845-6856.

17. Fei Yang, Xinbo Ruan, Qing Ji and Zhihong Ye. Input Differential-Mode EMI of CRM Boost PFC Converter. IEEE Transactions Power Electronics, 28(3), pp: 1177-1188, 2013.

18. Kai Yao, Xinbo Ruan, Xiaojing Mao, Zhihong Ye. Reducing storage capacitor of a DCM Boost PFC converter. IEEE Transactions on Power Electronics. 2012, 27(1): 151-160.

19. Kai Yao, Xinbo Ruan, Xiaojing Mao, Zhihong Ye. Reducing storage capacitor of a DCM Boost PFC converter. IEEE Transactions on Power Electronics, Jan. 2012, 27(1): 151-160.

20. Kai Yao, Xinbo Ruan, Chi Zou, Zhihong Ye. Three-phase single-switch boost power factor correction converter with high input power factor. IET Power Electronics, Dec. 2012, 58(7): 1095-1103.

21. Kai Yao, Xinbo Ruan, Xiaojing Mao, Zhihong Ye. Variable-duty-cycle control to achieve high input power factor for DCM Boost PFC converter. IEEE Transactions on Industrial Electronics, May 2011, 58(5): 1856-1865.

22. Lei Li, Jundong Yang, Qinglong Zhong. Novel family of single-stage three-level AC choppers, IEEE Transactions on Power Electronics, 2011, 26(2): 504-511.

23. Lei Li, Qinglong Zhong. Novel zeta mode three-level ac direct converter. IEEE Transactions on Industrial Electronics, 2012, 59(2): 897-903. Lei Li, Dongcai Tang. Cascade three-

level ac-ac direct converter, IEEE Transactions on Industrial Electronics, 2012, 59(1): 27-34.

24. Lei. Li, Dongcai Tang, Cascade three-level ac-ac direct converter. IEEE Transactions on Industrial Electronics, 2012, 59(1): 27-34.

25. Fei Yang, Xinbo Ruan, Yang Yang and Zhihong Ye. Interleaved Critical Current Mode Boost PFC Converter with Coupled Inductor. IEEE Transactions Power Electronics, 2011, 26(9): 2404-2413.

26. Jianhu Yan, Heyun Lin, Yi Feng, and Z. Q. Zhu. Control of a grid-connected direct-drive wind energy conversion system. Renewable Energy, 2014, 66: 371-380.

27. Ningqiang Jiang, Hsiao-Dong Chiang. Damping torques of multi-machine power systems during transient behaviors. IEEE Transactions on Power Systems, 2014, 29(3): 1186-1193.

28. Ningqiang Jiang, Hsiao-Dong Chiang. Energy function for power system with detailed DC model-construction and analysis. IEEE Transactions on Power Systems, 2013, 28(4): 3756-3764.

29. Ningqiang Jiang, Hsiao-Dong Chiang. Numerical investigation on the damping property of power system in transient behavior. IEEE Transactions on Power Systems, 2013, 28(3): 2986-2993.

30. Jun Qian, Fei Yang, Jun Wang, Lauwers Bert, and Dominiek Reynaerts. Material removal mechanism in low-energy micro-EDM process. CIRP Annals-Manufacturing Technology, 2015, 64(1): 225-228.

31. Jia Yao, Alexander Abramovitz, Yu Wang, Hongjie Weng, Jianfeng Zhao. Safe-triggering-region control scheme for suppressing cross current in static transfer switch. Electric Power Systems Research, 2015, 125: 245-253.

32. Jianhu Yan, Heyun Lin, Yi Feng, Xun Guo, Yunkai Huang and Z. Q. Improved sliding modemodel reference adaptive system speed observer for Zhu. Fuzzy control of direct-drive permanent magnet synchronous generator wind power generation system. IET Renewable Power Generation, 2013, 7(1): 28-35.

33. Jianhu Yan, Heyun Lin, Yi Feng, Z. Q. Zhu, Ping Jin, and Yujing Guo. Cogging torque optimization of flux-switching transverse flux permanent magnet machine. IEEE Transactions on Magnetics, 2013, 49(5): 2169-2172.

34. Kai Yao, Xinbo Ruan, Chi Zou, Zhihong Ye. Three-phase single-switch boost power factor correction converter with high input power factor. IET Power Electronics, 2012, 58(7): 1095-1103.

35. Zhendong Ji, Jianfeng Zhao, Yichao Sun. Fault-tolerant control of cascaded H-Bridge converters using double zero-sequence voltage injection and DC voltage optimization. Journal of Power Electronics, 2014, 14(5): 946-956.

主要授权专利:

1. 李磊, 徐烨, 韦余娟. 基于正激变换器的高频隔离式三电平逆变器: 中国, ZL201310189221.3 [P]. 2015.

2. 姚凯, 阮新波. 采用有源储能电容变换器的 AC/DC 变换器: 中国, ZL201310302756.7 [P]. 2015.

3. 姚凯, 毕晓鹏, 吕建国, 付晓勇, 孟庆赛. 低输出电流峰均比的 CRM Flyback LED 驱动器: 中国, ZL201410056250.7 [P]. 2015.

4. 姚凯, 阮新波, 胡文斌, 吕建国, 李强. PF 为 1 的长寿命 DCM Boost PFC 变换器: 中国, ZL201310362018.1 [P]. 2015.

5. 戚志东, 彭富明, 徐胜元, 单梁, 刘猛, 张旭. 质子交换膜燃料电池测控平台: 中国, ZL201310112315.0 [P]. 2014.

6. 李磊, 胥佳梅, 项泽宇, 柳成, 赵卫. 基于推挽变换器的高频隔离式三电平逆变器: 实用新型专利, ZL201420139039.7 [P]. 2014.

7. 李磊, 胥佳梅, 项泽宇, 柳成, 潘敏. 高频隔离型升压式三电平逆变器: 实用新型专利, ZL201420268611.X [P]. 2014.

8. 李磊, 项泽宇, 胥佳梅, 柳成, 赵卫, 一种高频隔离式五电平逆变器: 实用新型专利, ZL201420139037.8 [P]. 2014.

9. 李磊, 项泽宇, 赵卫, 胥佳梅, 柳成, 反激高频隔离式三电平逆变器: 实用新型专利, ZL201420318039.3 [P]. 2014.

10. 胡文斌, 王勇博, 姚凯, 吕建国, 哈进兵, 李培伟, 吴超飞, 余良辉. 基于粒子群算法的轨道交通牵引功率平衡运行图设计方法: 中国, ZL201110419990 [P]. 2013.

11. 胡文斌, 王勇博, 姚凯, 吕建国, 哈进兵. 一种基于遗传算法的城市轨道交通节能运行图设计方法: 中国, ZL201110311427.X [P]. 2013.

12. 李磊, 徐正宏, 赵勤, 胡伟, 朱玲, 吴奇, 高伟, 曹宏林. 基于反激变换器的高频隔离式交-交型三电平交-交变换器: 中国, ZL200910232474.8 [P]. 2013.

13. 李磊, 徐正宏, 朱玲, 胡伟, 赵勤, 高伟, 吴奇, 曹宏林. 基于 Cuk 变换器的高频隔离式三电平直-直变换器: 中国, ZL200910035881.X [P]. 2013.

14. 季振东, 赵剑锋, 刘巍, 孙毅超, 朱泽安. 一种三角形连接的链式 H 桥直挂式逆变器相间直流侧电压平衡控制方法: 中国, ZL201310355018.9 [P]. 2015.

15. 季振东, 赵剑锋, 朱泽安, 刘巍, 孙毅超, 姚晓君. 一种双零序电压注入的链式并网逆变器容错控制方法: 中国, ZL201310479229.3 [P]. 2015.

16. 季振东, 赵剑锋, 刘巍, 孙毅超, 朱泽安. 一种基于谐波分析的级联逆变器 H 桥单元故障检测方法: 中国, ZL 201310480072.6 [P]. 2014.

17. 李磊, 朱玲, 胡伟, 赵勤. 基于 Cuk 变换器的高频隔离式三电平交-交变换器: 中国, ZL200910035052.1 [P]. 2012.

18. 李磊, 唐栋材, 杨开明, 仲庆龙, 杨君东, 韦徽. 组合式三电平交-交变换器: 中国, ZL200810196191.8 [P]. 2012.

19. 姚凯，阮新波，冒小晶．高功率因数 DCM Boost PFC 变换器：中国，ZL201010017289.X［P］．2012.

20. 林鹤云，颜建虎，冯奕．磁通切换型聚磁式横向磁通永磁风力发电机：中国，ZL201010100924.0［P］．2012.

21. 林鹤云，颜建虎，冯奕．磁通切换型横向磁通永磁风力发电机：中国，ZL200910026058.2［P］．2011.

22. 林鹤云，颜建虎，冯奕．磁通切换型混合励磁横向磁通永磁风力发电机：中国，ZL200910026057.2［P］．2011.

23. 赵剑锋，季振东，翟广平，蒋本洲，冯祖康，于鹏，孙毅超，王梦蔚，李修飞．一种基于容错设计的大功率电力电子变压器：中国，ZL201010603538.3［P］．2011.

24. 赵剑锋，季振东，刘巍，孙毅超．基于零序和负序电压注入的级联型并网逆变器直流侧平衡控制方法：中国，ZL 201310101371.4［P］．2013.

25. 赵剑锋，姚佳．一种具有故障环流抑制作用的固态开关切换控制方法：中国，ZL201210083841.4［P］．2012.

26. 赵剑锋，姚佳，王梦蔚．一种基于级联型变流器的多功能快速开关装置：中国，ZL 201110341235.3［P］．2012.

主要出版专著：

李磊．多电平交-交直接变换技术及其应用［M］．北京：科学出版社，2015.12.

主要的软件著作权：

1. 胡文斌．Tsim 电气牵引系统参数测试、封装和自动建模综合输入软件，登记号：2011SR14653。

2. 胡文斌．Tsim 电气牵引系统应力与功耗散热仿真分析软件，登记号：2011SRO14650。

3. 胡文斌．Tsim 轨道电气供电系统仿真分析软件，登记号：2011SR015213。

所获荣誉：

1. 李磊，2004 年，高频交流环节 AC-AC 变换器研究，江苏省科学技术进步一等奖，排名第 3，证书编号：01-018-3。

2. 李磊，2004 年，高频交流环节 AC/AC 变换器研究，国防科学技术三等奖，排名第 2，证书编号：2004GFJ3376-2。

3. 阮新波，陈武，金科，刘福鑫，顾琳琳，王蓓蓓，姚凯，陈乾宏，严仰光，高效率高功率密度高可靠性电力电子变换若干关键基础理论，教育部自然科学一等奖，证书编号：2014-034，2015。

4. 阮新波，任小永，温振霖，姚凯，高功率密度低电压调整率多路输出模块电源，中国电源学会科技进步二等奖，证书编号：CPS2013007-4，2013。

5. 徐龙祥，姚凯，谢振宇，周瑾，金超武，朱小春，张小雷，王军，崔东辉，片状无轴承永磁电机机理研究，国防科学技术三等奖，证书编号：2006GFJ3403-2，2006。

57. 清华大学—电力电子与电气化交通

地址：北京海淀区清华园西主楼 2-304

邮编：100084

电话：010-62772450

传真：010-62772450

团队人数：30

团队带头人：李永东

主要成员：肖曦、郑泽东、孙凯、姜新建、王善铭、陆海峰、许烈、王奎、孙宇光

研究方向：大容量电力电子变换器及其在调速节能领域的应用，交流电机的全数字化控制及其在数控机床/机器人、高铁电力牵引和舰船电力推进中的应用，新能源发电及储能

团队简介：

目标：发挥团队在现代电力电子技术方向的传统优势，力争把已掌握的核心技术及最新的科技成果在现代电气化交通系统，如高铁、电动汽车、船舰、大飞机及数控机床/机器人等高端应用中得到推广。

研究方向：电力电子与电机控制，电气化交通，特种电源系统。电力电子与电机控制是团队成员的学科方向，包括电力电子变换器、电机控制与电力传动系统、电机设计及故障诊断等，需要进一步深入研究，并作为研究团队的学科和学术支撑；电气化交通（包括轨道交通、电动汽车、船舰和大飞机等）的多电和全电化驱动，包括相应的局域电力系统，是高性能电机控制系统和电力电子技术的最高端应用，是未来能源消费领域的重要革命；特种电源系统包括军用甚低频通信电源、大飞机电源系统、特种电机驱动系统等。其中军用通信电源采用电力电子高频变换器代替传统的模拟电路，实现通信电源的高效、高动态响应和高精度控制，频率的改变比较灵活，是对潜通信的重大革命性变化。大飞机电源系统包括启动发电一体化、环控、电除冰和电作动等，是影响我国 C919，929 供电核心技术国产化的关键。

在研项目：

一、纵向项目

1. 2016.05～2018.05，国家重点研发计划项目，大型光伏电站直流升压汇集接入关键技术及设备研制。

2. 2015.01～2018.01，国家科技部 863 项目，光伏微电网双向变流器研制及关键技术研究。

3. 2014.01～2016.12，北京市自然科学基金项目，级联多电平矩阵变换器控制理论及应用。

4. 2013.01～2016.12，国家自然科学基金委员会/面上项目，电容箝位多电平矩阵变换器拓扑理论及控制系统研究。

二、国际合作与交流项目

2013.01～2016.12，2014 中英合作交流项目-国家自然科学基金委员会（NSFC）与诺丁汉大学，电容箝位多电平矩阵变换器拓扑理论及控制系统研究。

三、横向项目

1. 2015.05～2017.04，中国商用飞机集团，大型民机多电电气系统实时仿真平台建设。

2. 2015.05～2018.04，中国电子集团圣非凡公司，电力电子技术与新器件在通信领域的研究。

3. 2014.07～2015.12，日立永济电气设备（西安）有限公司项目，机车牵引控制器研发。

4. 2014.01～2015.10，中船重工 701 所项目，15 相感应式电动机。

科研成果：

1. 2007.01～2009.12，国家自然科学基金委员会/面上项目，基于虚坐标系的多电平变换器的控制及应用研究优秀结题项目。

2. 2007.01～2009.12，科技部/国家高技术研究发展计划（863 计划）探索类项目，高效大容量电机驱动系统能量转换与关键控制技术。

3. 2006.12～2009.11，科技部/国家支撑计划项目，1.5MW 以上双馈式风电机组集中及远程监控技术。

4. 2013.01～2014.06，北京利德华福（施耐德电气）公司项目，新拓扑中压变频器原理样机的研究项目。

5. 2008.10～2012.10，中英合作交流项目-China-UK Seminar on Future Reliable Renewable Energy Conversion Systems and Networks（FRENS：未来可靠的可再生能源转换系统和网络）。

6. 2011.02～2012.02，日本东芝公司项目，The optimization of the electric locomotive drive system considered the power supply system in the Chinese railroad。

7. 2010.03～2011.12，法国 Alstom Power System 公司项目，风力发电系统中的变流器的开发。

8. 2009.07～2012.06，台达电力电子科教发展计划重点项目，分布式新能源发电系统能量管理及储能研究。

9. 2007.03～2008.03，美国 GE Global Research Center 项目，Advancing Turbine Grid Integration Controls to Enable Large Scale Wind Integration。

10. 2006.03～2007.03，日本三菱重工公司项目，Development of the auto-tuning methods of Induction motors。

11. 2004.03～2005.03，日本三菱重工公司项目，Development and Verification of Sensor-less Vector Control Method for Compressor Ripple Torque。

12. 1997.06～1998.06，韩国三星电子公司项目，Sensor-less Vector Control of Induction Motor。

13. 2012/01～2013/12，湖南恒信科技开发有限公司项目，轨道交通用再生电能回馈系统开发。

14. 2011/05～2013/12，中国船舶重工集团公司第七〇四研究所项目，1MW 高功率因数整流器研制与试验。

15. 2013/09～2014/09，中国电力科学研究院项目，新型多电平电压源换流器建模及特性研究。

16. 2013/07～2014/07，广州地铁设计研究院限公司项目，现代储能式有轨电车牵引供电系统仿真分析。

17. 2013/03～2014/12，南车株洲时代电力牵引研究所项目，电力电子变压器技术研究。

18. 2012/05～2013/12，中国船舶重工集团公司第七一二所项目，大功率变换低噪声控制技术研究。

19. 2012/03～2014/12，湖北三江航天红峰控制有限公司，HT110 电力驱动控制器技术开发。

20. 2012/01～2013/12，洛阳源创公司项目，具有 PWM 整流能量回馈型高压变频调速系统。

21. 2011/03～2013/12，南车株洲时代电力牵引研究所项目，高压大功率多电平变换器。

22. 2010.05～2011.12，北车集团永济电机厂项目，交流电机矢量控制牵引逆变器。

23. 2010.05～2011.12，中国船舶重工集团公司第七一三所项目，大功率电源。

24. 2009.07～2011.07，华大学自主研发项目，高速列车牵引供电及传动关键技术研究。

25. 2009.05～2010.12，北京航天发射技术研究所项目，交流永磁同步伺服控制器。

26. 2009.03～2010.09，北京利德华福电气公司，具有 PWM 整流能量回馈性高压变频调速系统。

所获荣誉：

一、科研成果获奖

1. 2014 年中国机械工业联合会与中国机械工程学会科学技术奖特等奖，大功率风电机组研制与示范。

2. 2013 年国家技术发明二等奖，交流电机系统的多回路分析技术及应用。

3. 2010 年国家自然基金项目优秀结题报告，基于虚坐标系的多电平变换器的控制及应用研究。

4. 2009 年 PCIM' China 国际会议最佳论文。

5. 2008 年北京市科技进步奖三等奖，双馈式风电机组集中及远程监控技术。

6. 1995 年首届清华大学优秀博士后十佳之一。

7. 1993 年日本电气学会工业应用年会"Shunben Shorei"优秀论文奖。

8. 1992 年获霍英东教育基金会高等院校青年教师优选资助。

9. 1985 年首届欧洲电力电子及应用国际会议十佳论文之一。

二、教学成果获奖

1. 2012 年清华大学校级先进工作者。

2. 2010 年清华大学毕业生就业工作"先进个人"称号。

3. 2010 年清华大学优秀博士学位论文指导教师。

4. 2007 年"现代电力电子学"课程获清华大学研究生精品课。

5. 1998、2002、2004、2005 年清华大学研究生"良师益友"称号获得者。

58. 清华大学—新能源与节能控制研究中心

地址：北京市海淀区清华大学自动化系

邮编：100084

电话：010-62770559

传真：010-62786911

团队人数：20

团队带头人：杨耕

主要成员：耿华、李旭春

研究方向：可再生能源发电系统及其控制技术，微网能量

管理及控制技术，储能系统状态监测及应用技术，电力电子技术与电机驱动系统

团队简介：

清华大学自动化系新能源与节能控制研究中心正式成立于 2010 年，包括高性能电力系统实时仿真实验室、故障诊断实验室和电力电子实验室。在可再生能源发电系统的故障诊断和控制技术、生态环境的检测与控制技术、蓄电储能的控制技术和电力电子技术与电机驱动系统等多个方向开展研究工作。自 2010 年以来，中心先后承担了包括国家重点研发计划、863 计划、国家自然科学基金、国家自然科学基金中英重大国际合作和中美清洁能源合作项目等在内的几十项国家级科研项目，与国际知名跨国企业，如德国 Semikron 公司、美国罗克威尔自动化公司、倍加福公司、NEC 公司和欧姆龙公司分别建立了联合实验室。

在研项目：

1. 风电场并网与传输关键技术，国家自然科学基金项目。

2. 风力发电机组控制系统的关键技术，国家自然科学基金项目。

3. 微网能量管理及控制技术，国家重点研发计划项目、863 计划项目和国际合作项目。

4. 永磁同步机无速度传感器系统及其应用（压缩机等），校企合作项目。

5. 专用变频器及特殊电源装置，校企合作项目。

6. 电能质量治理及 FACTS 装置，校企合作项目。

7. 高精度多维随动系统，校企合作项目。

8. 动力电池动态数学模型以及参数辨识方法，自主科研项目。

科研成果：

先后承担或参与了包括国家重点研发计划、863 计划、国家自然科学基金重点项目、中英重大国际合作、中美清洁能源合作项目等在内的国家级科研项目 20 余项，在国内外权威期刊、会议发表研究论文 100 余篇，获得授权发明专利 10 余项。相关成果，如 MW 级风电变流器、中低压有源电力滤波器、中低压 STATCOM、永磁同步机无速度传感器系统等已通过产学研合作得到了推广应用。

59. 清华大学—汽车工程系电化学动力源课题组

地址： 清华大学李兆基科技大楼

邮编： 100084

电话： 010－62787815

网址： http：//thueps.org/

团队人数： 14

团队带头人： 张剑波

主要成员： 张剑波、李哲、葛昊、孙瑛、汪尚尚、黄福森、吴正国、司德春、滕冠兴、刘中孝、方儒卿

研究方向：

1. 大型锂离子电池的热设计

锂离子电池的热参数测量；

锂离子电池的产热率测量；

锂离子电池的热电耦合模拟及验证；

锂离子电池的热设计优化。

2. 锂离子电池的老化和耐久性研究

多应力耦合研究；

老化机理研究。

3. 电池管理系统

荷电状态（State of charge，SOC）估计；

健康状态（State of health，SOH）估计；

析锂机理研究；

锂离子电池低温充电。

4. 大电流和低箔载量下的膜电极设计

膜电极的构效关系；

梯度化膜电极设计；

有序化膜电极设计。

5. 燃料电池零下启动研究

零下启动机理研究；

零下启动策略开发。

团队简介：

电化学动力源研究室采用实验、模型、模拟相结合的方法，研究车用锂离子电池和质子交换膜燃料电池的性能、老化机理、寿命预测、设计等问题，重点关注电化学能量储存与转换装置大型化后出现的分布不均匀现象。

在研项目：

1. 国家重点研发计划，高功率电池、新型超级电容模型化开发共性技术研究。

2. 自然科学基金面上，驱动与储能用电池的老化机理解析与老化状态建模。

3. 科技部中日合作，客车燃料电池水管理与低温启动研究。

科研成果：

近 5 年来发表论文 40 余篇，申请专利 10 余项。

60. 山东大学—分布式新能源技术开发团队

地址： 山东省济南市经十路 17923 号

邮编： 250061

电话： 0531-81696186

传真： 0531-88399385

团队人数： 16

团队带头人： 刘淑琴

主要成员： 边忠国、郭人杰、王黎明、钱保岐、李德广、赵方、于文涛、梁振光、张川、张宇喆、周君民、刘明芬

研究方向： 垂直轴风力发电机，风光互补小功率电源

团队简介：

山东大学高度重视磁悬浮轴承技术的人才培养和创新团队建设，充分利用自身的人、财、物优势给予各方面的支持，形成了以学科带头人刘淑琴教授为核心，以科研基地和多个重大科研项目为载体，结构合理、团结协作的学术研究团队。目前，团队共有成员 21 人，具备丰富的理论知识和动手实践经验，包括具有高级职称 5 人，具有博士

学位 8 人。

在研项目：

1. 企业委托项目，一种垂直轴风力发电机的新型叶片。

2. IEA Wind Task 27, Development and Deployment of Small Wind Turbine Labels for Consumers and Small Wind Turbines in High Turbulence Sites。

3. 苏州市项目，离网型磁悬浮垂直轴风光互补小型电站效率和可靠性研究。

4. 山东省自然科学基金，经济型风电储能飞轮电磁悬浮技术研究。

科研成果：

1. 磁悬浮垂直轴自调桨距风力发电机：1）采用垂直轴结构和永磁悬浮轴承技术，基本克服了机械摩擦阻力，结构简单，有效降低了风力发电机的起动力矩和切入风速，无需启动装置就可以在低风速时自启动，提高了效率。2）桨距调节机构简单、有效，叶片在叶轮转动中能根据风速大小自动调节桨距，保持最佳迎风角，且具有自动失速保护功能和噪声低的特点。

2. 磁悬浮垂直轴外转子风光互补路灯：1）垂直轴外转子风力机。结构形式可以塔杆的上端是太阳能电池板和路灯，垂直轴风机在中间。也可以塔杆的上端是垂直轴风机和路灯，太阳能电池板在中间。安装方式灵活。2）垂直轴风机比水平轴噪声小。3）磁悬浮轴承可以达到微风发电，而且由于无摩擦效率高，寿命长。4）风光互补智能控制器。标准充电电压：24V（范围为 21.6～27V）功能包括风能、太阳能多路充电控制，并实现最大功率跟踪。防过充、防过放控制，浮充控制，防飞车、防电池反接等保护功能，具有温度补偿、风机自动卸荷、刹车等功能。路灯夜晚亮灯小时数根据需要可以灵活设置，并可以设置为根据天黑天亮程度自动亮灭。

所获荣誉：

2014 年 11 月垂直轴磁悬浮自调桨距风力发电机成果获得中国产学研合作创新成果奖，国科奖社证字第 0191 号。

61. 陕西科技大学—新能源发电与微电网应用技术团队

地址： 陕西省西安市未央大学园区陕西科技大学

邮编： 710021

电话： 029-86168631

传真： 029-86168631

网址： http://www.sust.edu.cn

团队人数： 5

团队带头人： 孟彦京

主要成员： 孟彦京、石勇、陈景文、刘宝泉、王素娥

研究方向： 风力发电控制技术，光伏发电及储能技术，电力传动技术，微电网控制技术等。

团队简介：

陕西科技大学新能源发电与微电网应用技术团队是以孟彦京教授为负责人，从事风力发电控制技术，光伏发电及储能技术，电力传动技术和微电网控制技术等方面研究

与实践工作的团队，成员包括五名教师（其中教授 2 名，副教授 2 名，讲师 1 名）和博硕士研究生 16 名。近年来主持各类横纵向科研课题 20 余项，总经费 1000 余万元，获得省级政府奖励 3 项，授权专利 50 余项，在核心以上级别期刊发表行业论文 100 余篇，其中 SCI、EI 收录 10 篇。

团队从事的核心工作是应用技术的推广工作，以与企业为主，特别是在轻工自动化（如造纸机传动系统、复卷机传动系统等）领域享有较高的声望。近几年，在新能源应用方面也取得了一定成就，自 2008 年起开始从事风力发电控制技术的研究工作，2011 年起从事光伏发电的研究工作，2012 年在金太阳工程的支持下在校园屋顶建设了876kW 容量的光伏电站，年发电量近 70 万度。目前，主要以新能源应用技术和电力传动技术为主要研究方向开展相关的研究和应用推广工作。

在研项目：

1. 基于空间电压矢量的异步电动机软起动控制理论与方法研究（国家自然科学基金面上项目）。

2. 风力发电集成控制系统（陕西省自然科学基础研究项目）。

3. 火电厂低电压穿越技术研究（陕西省工业攻关项目）。

4. 全自治多直流微电网协调运行关键技术研究（企业合作）。

5. 电动教练车储能系统（企业合作）。

科研成果：

1. 在北大版核心以上期刊发表科研论文 100 余篇，其中 EI、SCI 收录 10 篇。

2. 授权发明专利 12 项，实用新型专利 30 余项。

3. 省级成果鉴定 3 项。

所获荣誉：

1. 获得 2012 年度陕西省科学技术三等奖 1 项。

2. 获得 2013 年度陕西省科学技术二等奖 1 项。

3. 获得 2016 年度中国轻工亚联合会二等建 1 项。

4. 获得 2016 年度咸阳市科技进步二等奖 1 项。

62. 上海大学—新能源电驱动团队

地址： 上海市静安区延长路 140 号自动化楼

邮编： 200072

电话： 021-56331562

团队人数： 18

团队带头人： 徐国卿

主要成员： 徐国卿、罗建、黄苏融、阮毅、张琪、高艳霞、陈息坤、汪飞、宋文祥、邵定国、高瑾、杨影、代颖、吴春华、王爽、赵剑飞、仇志坚、石坚

研究方向： 新能源汽车电驱动关键技术研究

团队简介：

徐国卿教授是我校电力电子与电力传动学科带头人，上海大学电机控制研究所所长，为学科方向带头人之一。

罗建教授是国家"千人计划"创新型人才、中科院"百人计划"，为学科方向带头人之一。

黄苏融教授是国务院特殊津贴专家，台达学者，上海大学新能源电驱队团队创始人，为学科方向带头人之一。

上海大学新能源汽车电驱动团队在科研、社会服务能力以及团队影响力等方面，硕果累累。承担国家十五、十一五和十二五期间新能源汽车国家 863 项目课题十几项；开发的新能源汽车电驱动系统和相关核心专利技术，成功应用于产业化；团队成员拥有 8 项国际 PCT 和美国专利、25 项中国发明专利，发表论文 300 余篇（SCI 检索 60 余篇，国际一区检索 10 余篇，EI 检索 240 余篇）。

在新能源汽车电力电子与智能控制研究方向，开展前瞻性研究并取得创新性成果。在基于电驱系统参数的电动汽车打滑与稳定性快速检测方法、车辆滑移率-转矩双闭环运动控制结构与控制方法、车辆能源-运动-驱动三闭环系统控制结构和混合动力能量管理实时优化方法等方面的研究处于国际先进或领先水平。开发的电驱动系统技术实现产业化，发明的凸台母排及功率组件专利技术被广泛应用于产业，研制的混合动力整车控制器实现产业化。

团队建立了电动力的多物理域性能评价分析-多回路参数匹配-多层面协同控制的仿真与实验平台，聚焦新能源汽车电驱动系统及其功能部件的基础核心与前沿关键技术，面向产业发展需求，通过与 GE、Ford 等国际著名企业的合作，深化新能源汽车电机基础理论与前沿技术研究，持续与国内知名企业（上海电气、上海电驱动和南车时代等）开展产学研用合作，提升行业影响力。

在高品质能量变换与智能电网研究方向，开发的高能效 LED 照明核心技术应用于产业化，智能电网调控理论及实施方法的研究处于国内先进行列。

团队建立智能电网仿真与实验平台，聚焦分布式新能源发电、智能电网的关键科学问题和工程技术难题，深度研究分布式发电接入控制、高品质能量变换技术、多微电网调控技术、智能用电与柔性负载技术等，提升团队创新能力和人才培养质量。

在人才培养与教学方面，努力提高研究生教学与科研质量，培育并奖励研究生优秀学位论文，鼓励研究生积极参加海外学术交流、国际会议和国际竞赛等。在已有上海市精品课程的基础上，加强教学团队与国家级教材建设，冲击国家级精品课程。

在研项目：

1. 电动车电机驱动系统电磁兼容设计技术与应用，国家科技支撑计划课题。

2. 高动态响应工业机器人伺服系统关键问题研究，教育部博士后基金。

3. 工业机器人伺服电机及产业化关键技术，经信委—产学研专项。

4. 用于中大型工业机器人伺服驱动系统的研究及应用验证，上海市科委攻关项目。

5. 高性价比混合动力机电耦合系统开发及产业化，2015 年国家科技支撑计划项目。

6. 异步电机低开关频率的模型预测优化控制研究，国家自然科学面上基金项目。

7. 新能源车用低成本永磁磁阻电机关键技术研发及产

业化，上海市战略性新兴产业项目。

8. 高效智能动力包研制及产业化，上海市经信委重大技术装备研制项目。

9. 新能源轿车电动力总成及产业化，上海市吸收创新项目。

10. 高速大功率风扇无传感器驱动研究，横向项目。

11. 含电动汽车与可再生能源的电力系统安全风险评估与优化调度研究，上海市自然科学基金。

12. 引入智能机器人的温室作物生长专家系统研发及应用示范，上海市科委重点项目。

13. 电动汽车车载充电机，企业横向项目。

科研成果：

1. 863 重大项目，电机系统关键共性技术与评价体系研究。

2. 863 重大项目，轮边电驱动系统关键零部件及其底盘应用技术研究。

3. 863 重大项目，商用车电驱动系统全产业链开发。

4. 863 重大项目，乘用车电驱动系统全产业链开发。

5. 2015 年国家科技支撑计划项目，高性价比混合动力机电耦合系统开发及产业化。

6. 863 节能与新能源汽车重大课题，车用高性价比永磁驱动电机及其控制系统规模产业化技术攻关。

7. 上海市科委攻关，电动汽车用永磁磁阻同步电机的高效率轻量小型化设计与制造技术研究。

8. 上海市经信委，电动车辆用高密度永磁电机及其控制系统产品关键技术与应用。

9. 上海市科研，科委-高效率低成本新能源汽车电机产品的开发与技术研究。

10. 863 项目，轮毂电机分布式驱动系统及纯电动集成底盘微型车辆。

11. 上海市吸收创新项目，新能源轿车电动力总成及产业化。

12. 上海市战略性新兴产业项目，新能源车用低成本永磁磁阻电机关键技术研发及产业化。

13. 横向，升压电机系统与电励磁同步电机技术研究。

14. 横向，电工钢应力对电机性能影响仿真试验。

15. 横向，电工钢磁特性改进。

16. 深港合作项目，Plug-in 混合动力码头车关键技术研究与应用。

17. 香港创新科技基金，微混电动汽车动力系统开发。

18. 香港创新科技基金基于无线通信的车辆安全增强系统。

19. 面向互联网＋的电动汽车智能控制与管理平台。

所获荣誉：

1. 上海大学新能源电驱队团队自 1996 年以来，已完成 20 余项国家级（自然科学基金、863 和国家科技支撑计划）重点项目课题。

2. 完成美国威斯康星大学、福特汽车、通用汽车、通用电气、美国 TIMKEN 公司和西门子公司委托的国际合作项目。

3. 配合上海电驱动、上海安乃达、上海大郡、南车时代、一汽、东风、长安汽车、上海磁浮交通等企业设计开发电动汽车、轨道交通和磁悬浮交通用驱动电机。

4. 为多家企业设计开发永磁伺服电机系统。

5. 获得省部级科技一等、三等奖各一项，2010 年获上海市科技进步一等奖，2011 年获中国国际工业博览会银奖。

63. 上海海事大学—电力传动与控制团队

地址： 上海市浦东新区海港大道 1550 号
邮编： 201306
网址： http：//www.shmtu.edu.cn/
团队人数： 12
团队带头人： 汤天浩
主要成员： Benbouzid、汪懿德、谢卫、陆凯元、王天真、韩金刚、姚刚、王润新、Nicolas、陈昊、彭越
研究方向： 船舶电力系统及其控制，新能源及其电力电子装置，港航设备自动检测、故障诊断与容错控制

团队简介：

团队以港口、船舶等航运系统及海洋开发等领域的电气工程技术应用为特色，重点研究船舶电力系统及其控制，新能源及其电力电子装置，港航设备故障诊断与容错控制。近年来目前发表学术论文 100 余篇，其中 SCI/EI 检索论文 80 余篇；获得国家级和省部级项目 20 余项。

在研项目：

1. 国家自然科学基金项目（61503242），面向一类非正弦波永磁同步电机的建模与控制方法的研究。

2. 国家自然科学基金项目（51477094），新型双功率流变磁力丝杠波浪发电机系统的研究。

3. 国家自然科学基金（61304186），一类混合动力船舶电力推进系统能量优化管理与控制策略研究。

4. 中华人民共和国交通运输部项目（2014329810360），大功率港口岸电电源谐波检测与抑制技术研究。

5. 上海市自然科学基金面上项目（15ZR1419800），主从式多电平变换器变直流电压比有限状态模型预测控制研究。

科研成果：

1. Wang Tianzhen, Xu Hao, HanJingang, et al. Cascaded H-Bridge Multilevel Inverter System Fault Diagnosis Using a PCA and Multi-class Relevance Vector Machine Approach[J]. IEEE Transactions on Power Electronics, 2015, 30 (12): 1-12. (SCI)

2. Hao Chen, et al. Modeling and Vector Control of Marine Current Energy Conversion System Based on Doubly Salient Permanent Magnet Generator[J], IEEE trans. sustainable energy, 2015, 7(1): 1-10(SCI)

3. Jingang Han, Jean-Frederic Charpentier and Tianhao Tang. An Energy Management System of Fuel Cell/Battery Hybrid Boat[J]. Energies 2014, 7, 2799-2820(SCI)

4. Mohamed Benbouzid, BriceBeltran, YassineAmirat, GangYao, JingangHan, Hervé Mangel. Second-order sliding mode control for DFIG-based wind turbines fault ride-through capability enhancement [J]. ISA transactions, May 2014, 53 (3): 827-833(SCI)

5. Weimin Wu, Yuanbin He, Tianhao Tang, Frede Blaabjerg. A new design method for the passive damped LCL and LLCL filter-based single-phase grid-tied inverter [J]. IEEE Transactions on Industrial Electronics, 60 (10), pp: 4339-4350, 2013. (SCI)

6. Zhibin Zhou, Franck Sciuller, J. F. Charpentier. Mohamed EH Benbouzid, Tianhao Tang. Power smoothing control in a grid-connected marine current turbine system for compensating swell effect[J]. IEEE Transactions on Sustainable Energy, 4(3), pp: 816-826, 2013. (SCI)

7. Zhibin Zhou, M. E. H. Benbouzid, J. F. Charpentier, F. Sciuller and Tianhao Tang. A review of energy storage technologies for marine current energy systems[J]. Renewable & Sustainable Energy Reviews, vol. 18, pp: 390-400, February 2013. (SCI)

8. 专著：汤天浩等，船舶电力推进系统[M]. 北京：机械工业出版社，2015.

9. 专利：压电磁场调制器. 2012.1.30. ZL 200710042683.7 [P].

10. 译著：汤天浩等，船舶电力系统[M]. 北京：机械工业出版社，2014.

11. 译著：谢卫等，非常规电机[M]. 北京：机械工业出版社，2015.

所获荣誉：

1. 上海市千人 2 两名，上海市海外名师 1 名，上海东方学者 1 名。

2. 复杂电子设备智能综合故障诊断技术及应用，2008 年上海科技进步奖二等奖。

3. 散货港口自动化运输系统容错控制，2004 年上海科技进步奖三等奖。

4. 法国国家棕榈教育骑士勋章。

5. 上海市育才奖，2009，2014。

64. 上海交通大学—风力发电研究中心

地址： 上海市闵行区东川路 800 号上海交通大学智能电网大楼 523 室
邮编： 200240
电话： 021-34207001
传真： 021-34207001
团队人数： 9
团队带头人： 蔡旭
主要成员： 朱淼、李睿、谢宝昌、高强、张建文、曹云峰、郑毅、施刚
研究方向： 风力发电系统，风力发电交直流输电，大容量储能

团队简介：

上海交通大学风力发电研究中心致力于风力发电、直流输电以及储能技术的科研和教学工作，主要从事风电机

组电气控制系统、大规模风电交直流并网以及大容量电池储能接入技术研究。

与上海电气联合研发了 1.25MW、2MW 和 3.6MW 双馈风电变流器、整机控制器以及 2MW 风机电动变桨控制系统并实现了产业化(上海电气集团);研究了模块智能化风电变流器关键技术并应用与 3MW 全功率风电变流器中。提出了电网友好型风电场的架构及指标体系,机组及风场的动态控制模型,风储联合发电策略,成果得到示范应用。形成了面向复杂电力电子控制应用的控制器平台、面向机电系统控制的监控平台和风电机组气动-机-电实时联合仿真系统。

团队研制的大容量电池储能系统的高压直挂接入装备已通过国家 863 验收,研究了面向微电网的电池储能系统关键技术,对储能系统如何提高风电接入能力进行了研究。

在风电机组及风电场的动态建模技术方面,基于 Power Factory 和 PSCAD 针对国内主要厂商的机组建立了动态镜像模型,为含有大型风电场的电网仿真奠定了基础,研究了大规模电网友好型风电场关键技术以及多风电场集群控制系统。

对海上风电直流网采用直流汇聚传输进行了系统分析和经济评估,取得了一系列理论成果,针对直流网的关键装备 DC-DC 变换器作了系统的理论研究及试验样机开发。

团队与国内外学术机构长期保持学术沟通,承接并完成国家级、省部级研究项目及国内外企业委托项目,取得了一系列论文及专利成果。

在研项目:

1. 崇明岛智能电网总体技术方案和可持续发展模式研究,国家科技支撑计划。

2. 带有 DC/DC 直流电压变换的大型新能源多端直流接入系统,中英联合研究国家自然科学基金。

3. 海上风电场送电系统与并网关键技术研究及应用,国家 863 项目。

4. 复杂 Z 源功率变换器理论及其在海上直流风电传输中的应用基础,国家自然科学基金。

5. 基于电热暂态特性的大功率风电变流器状态控制机制,国家自然科学基金。

6. 复合级联多电平电池储能功率转换系统研究,国家自然科学基金。

7. 用于海上风电场电力传输的轻型直流输电 VSC-HVDC 基础技术研究,上海市科委项目。

8. 海上风电场直流网络的拓扑优化与运行控制及直流组网关键设备样机研制,国网重大课题。

9. 考虑资源时空特性的大型新能源发电基地功率控制技术研究,国网重大课题。

10. 崇明岛智能电网总体设计方案,国网重大课题。

科研成果:

1. 上海交通大学风力发电研究中心承接 20 多项国家 863 项目、国家自然科学基金项目,30 多项上海市科委项目,100 多项企业重大项目。与上海电气合作研制的风电变流器,风电整机控制器,风电变桨控制系统已在上海电气实现产业化,产生重大的社会效益和经济效益。为华锐风电研制的 3MW 感应电机全功率变流器已在位于盐城的国家

能源海上风电技术装备研发中心试验平台使用。开发的风场动态聚合模型、风电机组动态模型已用于我国第一个千万千瓦风电基地-甘肃酒泉基地的风电场光伏电站集群控制系统,并于 2015 年通过 863 项目验收。与甘肃风电中心联合研发的风电变流器直接耦合超级电容储能的 3M 风电机组已在国内第一个电网友好型风电场-酒泉鲁能风场投入试运行,并通过了 863 项目验收。与上海电力公司合作的支持风电分散接入的 2MW 储能装置及其风储联合发电系统已在崇明岛东滩风电场成功运行。完成了第一套基于 Bladed-RTDS 的气动-机-电多工具联合实时风电机组仿真平台。

2. 团队在国内外高水平期刊发表论文 EI(SCI)论文 300 多篇。

3. 团队申请授权的发明专利 30 多项。

所获荣誉:

1. 蔡旭教授团队获得 2015 年上海市科技进步二等奖:大型风力发电机组电气控制系统关键技术及产业化。

2. 李睿副教授获 IEEE 电力电子协会年度期刊最佳论文奖二等奖。

3. 朱淼特别研究员及其法籍留学生获得 IEEE ICIEA 2015 最佳论文提名奖。

4. 蔡旭教授的博士生常怡然获得第一届直流输电与电力电子创新杯大赛 1 等奖。

65. 四川大学—高频高精度电力电子变换技术及其应用团队

地址: 四川省成都市一环路南一段 24 号四川大学电气信息学院

邮编: 610065

电话: 028-85469866

传真: 028-85400976

团队人数: 30

团队带头人: 张代润

主要成员: 赵莉华、李媛、佃松宜、刘宜成、肖勇、段述江、吴坚

研究方向: 高频射频开关电源技术,高精度电力电子变换技术,新型电力电子基础理论,新型电力电子研究技术,新型电力电子控制技术。

团队简介:

本研究团队主要有教师、研究生组成,致力于高频射频开关技术和高精度电力电子变换技术的基础理论、研究技术、控制技术等方面的研究、开发和应用工作。

在研项目:

1. 高频开关电源研究。

2. 有源电力滤波器研究。

3. 动态无功补偿研究。

4. 光伏发电逆变器研究。

5. 风力发电逆变器研究。

6. 特种开关电源研究。

科研成果:

1. 有源电力滤波器及其应用。

2. 动态无功补偿方案及应用。

3. 光伏发电逆变器及应用。

所获荣誉：

获 2004 年"中联重科杯"华夏建设科学技术二等奖。

66. 天津大学—自动化学院电力电子与电力传动课题组

地址： 天津市南开区卫津路 92 号天津大学自动化学院

邮编： 300072

电话： 13602064036

团队人数： 13

团队带头人： 王萍教授

主要成员： 贝太周、张志强、王慧慧、陈博、王耕籍、毕华坤、张博文、周雷、赵晨栋、王智爽、傅传智、闫瑞涛

研究方向： 分布式新能源发电及电能质量控制，分布式光伏并网系统运行与控制，直流微电网

团队简介：

在人员结构层次上，该团队现含有 1 名科研学术带头人（教授职称）、6 名博士研究生以及 6 名硕士研究生。目前，主要从事直流微电网、分布式新能源并网发电及电能质量方面的相关研究。在团队带头人的领导和影响下，团队成员始终以锐意进取的科研情怀、求真务实的首创理念、勤勉互助、精诚协作、继往开来，不断取得丰硕的科研成果。近年来，该团队发表国内外高水平论文近 30 篇。

在研项目：

1. 电动汽车用高效宽增益双向直流变换器及及其运动控制国家自然科学基金项目。

2. 光伏电站直流升压汇集接入系统及装置仿真技术和测试技术国家重点研发计划项目。

科研成果：

近年代表性论文：

1. Bei Taizhou, Wang Ping. Robust frequency locked loop algorithm for grid synchronization of single-phase applications under distorted grid conditions [J]. IET Generation, Transmission & Distribution. (已录用, SCI)

2. Bei Taizhou, Wang Ping, Yang Liu, Zhou Zhe. Dynamic sliding mode evolution PWM controller for a novel high-gain Interleaved DC-DC converter in PV system [J]. Journal of Applied Mathematics, 2014. (SCI)

3. Wang Wei, Wang Ping, Bei Taizhou, Cai Mengmeng. DC Injection control for grid-connected single-phase inverters based on virtual capacitor, Journal of Power Electronics, 2015, 15(5): 1338-1347, SCI

4. Xue Li-Kun, Wang Ping, Wang Yi-Feng, Bei Tai-Zhou, Yan Hai-Yun. A four-phase high voltage conversion ratio bidirectional DC-DC converter for battery applications [J]. Energies, 2015, 8(7): 6399-6426. (SCI)

5. Huihui Wang, Ping Wang, Tao Liu. Power Quality Disturbance Classification Using the S-transform and Probabilistic Neural Network [J]. Energies. (已录用, SCI)

6. Ping Wang, Chendong Zhao, Yun Zhang, Jing Li, Yongping Gao. A Bidirectional Three-level DC-DC Converter with a Wide Voltage Conversion Range for Hybrid Energy Source Electric Vehicles, Journal of Power Electronics. (已录用, SCI)

7. Yun Zhang, Jilong Shi, Lei Zhou, Jing Li, Mark Sumner, Ping Wang, and Changliang Xia. Wide input-voltage range Boost three-level DC-DC converter with Quasi-Z source for fuel cell vehicles [J]. IEEE Transactions on Power Electronics, (已录用, SCI)

8. 贝太周, 王萍, 蔡蒙蒙. 注入三次谐波扰动的分布式光伏并网逆变器孤岛检测技术 [J]. 电工技术学报, 2015, 30(7): 44-51. (EI)

9. 王萍, 王尉, 贝太周, 李楠. 数字控制对并网逆变器的影响及抑制方法 [J]. 天津大学学报（自然科学与工程技术版），(已录用, EI)

10. 亓才, 王萍, 贝太周, 王慧慧, 李楠. 无需虚拟正交量的单相并网逆变器矢量控制 [J]. 电网技术, 2015, 39(12): 3470-3476. (EI)

11. 王萍, 蔡蒙蒙, 王尉. 基于自适应陷波滤波器的有源阻尼控制方法 [J]. 电机与控制学报, 2015, 19(9): 108-116. (EI)

12. 王慧慧, 王萍. 基于改进数学形态学与 S 变换的暂态电能质量扰动检测 [J]. 天津大学学报（自然科学与工程技术版）. (已录用, EI)

13. Bei Taizhou, Wang Ping, Wang Wei. Modeling and simulation of single-phase photovoltaic grid-connected inverter [J]. Proceedings of 5th International Conference on Power Electronics Systems and Applications, PESA 2013. (EI)

14. Wang Huihui, Wang Ping. Comparison of detection methods for power quality in micro-grid [J]. Proceedings of 6th International Conference on Power Electronics Systems and Applications. PESA 2015. (EI)

15. Ping Wang, Mengmeng Cai. Adaptive notch filter based active damping control for grid-connected inverter [J]. 3rd International Symposium on Electrical & Electronics Engineering, EEESYM 2014. (EI)

16. Ping Wang, Zhe Zhou, Mengmeng Cai, Jingbin Zhang. An improved multistage variable-step MPPT algorithm for photovoltaic system [J]. Applied Mechanics and Material, 2013. (EI)

17. Wang Ping, Guo Lin, Zhou Zhe, Chen Liuye. Switch-mode AC stabilized voltage supply based on PR controller [J]. Proceedings of 5th International Conference on Power Electronics Systems and Applications, PESA 2013. (EI)

18. Wang Ping, Liu Can, Guo Lin. Modeling and simulation of full-bridge series resonant converter based on generalized state space averaging [J]. zApplied Mechanics and Materials, 2013, (EI)

19. Wang Wei, Wang Ping. A Novel Power Decoupling Technique for Single-Phase Photovoltaic Grid-Connected Inverter

［J］. Proceedings of 5th International Conference on Power Electronics Systems and Applications, PESA 2013. （EI）

20. Ping Wang, Liu Yang. Parameter Optimization of Virtual Impedance for Parallel Inverter［J］. Advanced Materials Research, 2014. （EI）

21. Qiliang Zhang, Ping Wang, Liu Yang. Research of compensated AC regulated power supply in electric power systems based on a high-frequency isolated transformer［J］. Advanced Materials Research, 2013. （EI）

申请专利：

1. 王萍, 贝太周, 石记龙, 戚银. 一种具有预滤波功能的单相频率自适应同步锁相系统：发明专利, 专利申请号：201510309663.6［P］.

2. 王萍, 贝太周. 一种基于相位扰动的分布式并网逆变器孤岛检测系统：发明专利, 专利申请号：201510565709.0［P］.

3. 王萍, 石记龙, 张云. 一种光伏发电用宽范围输入型升降压三电平直流变换器：中国, 201610152686.5［P］.

所获荣誉：

曾获天津市南开区青年博士团暨天津市高校大学生科技作品竞赛二等奖（DSP 应用技术类）。

67. 同济大学—磁浮与直线驱动控制团队

地址： 上海市曹安公路 4800 号, 同心楼 505 室

邮编： 201804

电话： 13651743710

网址： http://www.toongji.edu.cn

团队人数： 12

团队带头人： 林国斌

主要成员： 林国斌, 任敬东, 廖志明, 徐俊起, 高定刚, 潘洪亮, 荣立军, 吉文, 韩鹏, 胡杰

研究方向： 磁浮车辆设计, 悬浮控制, 直线驱动控制, 悬浮电磁铁, 直线电机

团队简介：

国家磁浮交通工程技术研究中心下属车辆研究室, 专业从事磁浮车辆整车设计和关键部件设计。牵头设计制造了中国第一列高速磁浮试验样车。牵头设计制造了中国第一列面向工程应用的国产化样车。

在研项目：

国家支撑"十三五"课题：

600km/h 高速磁浮车辆总体方案设计, 200km/h 中速磁浮车辆总体方案设计。

科研成果：

国产高速磁浮试验车, 面向工程应用的高速磁浮国产化样车, 中低速磁浮工程试验车、磁浮控制系统设备等。

68. 同济大学—电力电子可靠性研究组

地址： 上海市曹安公路 4800 号同济大学电气工程系

邮编： 201804

电话： 15909393698

团队人数： 9

团队带头人： 向大为

主要成员： 向大为、许哲雄、李巍

研究方向： 电力电子状态监测与故障诊断技术, 新能源发电, 电机运行与控制

团队简介：

本课题组以提高电力电子系统运行可靠性为目标, 研究相关监测、诊断、控制以及测试新技术。

在研项目：

1. 2016.1~2016.12, 电力电子高可靠性关键技术及其产业化, 中央高校基础人才计划。

2. 2016.3~2017.6, 变流器功率模块 IGBT 结温在线测量技术研究, 英飞凌（中国）公司。

3. 2015.1~2016.6, 光伏逆变器零电压穿越控制技术咨询, 武汉武新科技股份有限公司。

科研成果：

一、论文

1. 刘也可, 向大为, 袁逸超, 钱金子阳. PWM 变流器现场双脉冲测试方法研究［J］. 新型工业化, 2015, 16-20.

2. 王传东, 向大为, 王腾. 双馈风机转子侧变流器电热分析［J］. 新型工业化, 2015, 21-26.

3. 王腾, 向大为, 刘也可. 光伏发电系统低电压穿越现场测试方法研究, 第 21 届中国电源学会年会, 2015.11.

4. 王传东, 向大为, 刘也可. 双馈风机转子侧变流器开关频率动态优化技术, 第 21 届中国电源学会年会, 2015.11.

5. Xiang D. Ran L., Tavner P. Yang S. Bryant A. and Mawby P. Condition Monitoring Power Module Solder Fatigue UsingInverter Harmonic Identification［J］. IEEE Transaction on Power Electronics, Vol. 27, No. 1, Jan. 2012, pp: 235-247.

6. Xiang D. Ran L. Tavner P. Yang S. Bryant A. and Mawby P. Monitoring Solder Fatigue in a Power Module Using Case-Above-Ambient Temperature Rise［J］. IEEE Transaction on Industry Applications, Vol. 47, No. 6, Nov. 2011, pp: 3019-3031.

7. Bryant A. Yang S. Mawby P. Xiang D. Ran L. and Tavner P. Investigation into IGBT dV/dt during Turn-Off and its Temperature Dependence［J］. IEEE Transaction on Power Electronics, Vol. 26, No. 10, Oct. 2011, pp: 2578-2591.

8. Ran L. Xiang D. and Kirtley Jr. J. L. Analysis of Electromechanical Interactions in a Flywheel System with a Doubly-Fed Induction Machine［J］. IEEE Transaction on Industry Applications, Vol. 47, No. 3, May 2011, pp: 1498-1506.

9. Yang S. Bryant A. awby P. Xiang D. Ran L. and Tavner P. An Industry-Based Survey of Reliability in Power Electronic Converters［J］. IEEE Transaction on Industry Applications, Vol. 47, No. 3, May 2011, pp: 1441-1451.

10. Yang S. Xiang D. Bryant A. Mawby P. Ran L. and Tavner P. Condition Monitoring for Device Reliability in Power Electronic Converters-A Review［J］. IEEE Transaction on Power Electronics, Vol. 25, No. 11, Nov. 2010, pp: 2734-2752.

二、专利

1. 向大为, 刘也可, 袁逸超. 一种变流器 IGBT 功率模块现场双脉冲测试系统及方法: 中国, 201510900434. 1 [P]. 2015-12-08.

2. 向大为, 袁逸超. 一种变流器中功率二极管结温测量的系统与方法: 中国, 201510527128. 8 [P]. 2015-8-26.

3. 向大为, 韩旭. 一种基于谐振原理的变流器电容容量现场检测方法: 中国, 201510387200. 1 [P]. 2015-7-6.

4. 向大为, 王腾, 刘也可. 一种光伏发电的低电压穿越测试系统及方法: 中国, 201510279545. 5 [P]. 2015-5-28.

5. 向大为, 王传东. 一种双馈风电变流器开关频率的优化方法及系统: 中国, 201510136652. 2 [P]. 2015-3-27.

6. 向大为, 王腾. 一种 Boost 变流器的风电机组低电压穿越测试系统及方法: 中国, 201510096464. 1 [P]. 2015-3-4

7. 向大为, 王腾. 一种全功率变流器风电机组低电压穿越测试系统及方法: 中国, 201410448425. 9 [P]. 2014-9-5.

8. 向大为, 王腾. 一种电气测试系统中的变流器并联方法: 中国, 201410448440. 3 [P]. 2014-9-5.

9. 向大为. 一种基于谐波监测的变流器功率模块在线故障诊断方法: 中国, 201310099893. 5 [P]. 2015-11-11.

69. 同济大学—电力电子与电气传动研究室

地址: 上海市曹安公路 4800 号同济大学电信学院电气工程系

邮编: 201804

电话: 17721085566

团队人数: 24

团队带头人: 康劲松

主要成员: 康劲松、向大为、项安、袁登科、韦莉

研究方向: 电动汽车电驱动技术, 轨道车辆牵引控制, 电力电子可靠性状态检测, 新能源发电

团队简介:

多年来, 研究团队始终围绕电动汽车、高速列车、低速磁浮列车的高性能电气传动技术开展了大量研究工作, 在永磁电机弱磁控制、牵引变流器可靠性评估、IGBT 状态检测与故障预诊断等方面取得了大量成果, 有效提高了传动系统的运行性能和可靠性。目前, 部分研究成果已取得产业化应用与推广, 产生了良好的社会与经济效益。

在研项目:

1. 2016.01 ~ 2019.12, 车用机电复合传动广义主动阻尼同步注入原理和关键技术, 国家自然科学基金。

2. 2015.10 ~ 2018.09, 电动汽车机电复合传动转矩动态精确控制及扭振主动抑制理论基础, 中央高校基本科研业务费专项资金（重点项目）。

3. 2016.1 ~ 2017.08, 变流器功率模块 IGBT 结温在线测量技术研究, 英飞凌科技（中国）有限公司。

4. 2016.09 ~ 2017.06, 低速磁浮牵引变流系统方案设计, 国家磁浮研究中心。

科研成果:

项目:

主持承担国家"九五"重点科技攻关项目子课题、国家"十五""十一五""十二五"863 计划重大专项课题、国家自然基金、铁道部重点项目和上海市国际合作等 30 多项项目。

论文: 在期刊、重要国际会议上发表学术论文共 150 多篇（ESI 高引 3 篇）。

专利-申请或授权 20 余项发明专利。

出版专著教材: 4 本。

所获荣誉:

1. 2001, 地铁一号线车辆 IGBT 静止辅助逆变器研制, 上海市科技进步奖三等奖。

2. 2011, 中国电源学会首届科技进步奖-青年奖。

70. 同济大学—电力电子与新能源发电课题组

地址: 上海市嘉定区曹安公路 4800 号

邮编: 201804

电话: 13867150432

团队人数: 11

团队带头人: 钱挺

研究方向: 功率变换器的新型拓扑与超快速控制, 新能源转换与控制, 新器件在功率变换器中的应用, 功率变换器的芯片集成, 有源滤波器的控制方案等

团队简介:

团队带头人钱挺, 1977 年 12 月生, 博士, 教授, 同济大学电气工程系主任, 第五批"国家青年千人计划"入选者, IEEE Transactions on Power Electronics, Associate Editor。1999 年 6 月和 2002 年 3 月分别获得浙江大学学士和硕士学位; 2008 年 1 月获得美国东北大学（Northeastern University）博士学位; 2007 年 10 月至 2013 年 2 月留美工作, 任美国德州仪器公司（Texas Instruments）系统工程师; 2013 年 6 月至今在同济大学工作, 先后任副教授、教授。已发表第一作者论文包括 9 篇 SCI 国际期刊论文（其中 7 篇为 IEEE Transactions 论文）和 12 篇 EI 收录论文。

团队依托同济大学电气工程系开展电力电子与新能源方向的研究工作, 目前有教授 1 人, 研究生 10 人, 主要研究方向包括: 功率变换器的新型拓扑与超快速控制, 新能源转换与控制, 新器件在功率变换器中的应用, 功率变换器的芯片集成, 有源滤波器的控制方案等。课题组一直致力于学术探索与工程应用相结合的研究, 长期与美国东北大学 Brad Lehman 教授的电力电子团队保持紧密合作, 并与领域内的知名公司开展合作研究。

在研项目:

1. 太阳能光伏系统的智能化控制与高密度集成。

2. 微型光伏逆变器的高密度集成。

3. 基于 GaN 与 SiC 器件的功率变换技术研究。

4. 用于新能源汽车的隔离型高密度逆变器。

科研成果:

团队带头人已发表第一作者论文包括 9 篇 SCI 国际期刊论文（其中 7 篇为 IEEE Transactions 论文）和 12 篇 EI 收

录论文。

所获荣誉：

团队带头人入选第五批"国家青年千人计划"。

71. 武汉大学—大功率电力电子研究中心

地址： 湖北省武汉市武昌区武汉大学电气工程学院

邮编： 430072

电话： 027-68775879

传真： 027-68775879

网址： http://cgpes.whu.edu.cn/

团队人数： 42

团队带头人： 查晓明

主要成员： 查晓明、孙建军、刘飞、黄萌

研究方向： 电力电子功率变换及系统，智能电网及新能源发电中的电力电子技术应用，大功率电力电子系统及微电网的分析与控制，电能质量分析与控制，高压大功率电机的变频调速技术，电力电子可靠性，电力电子系统非线性。

团队简介：

本研究中心团队以大功率电力电子技术课题为研究主体，依托于武汉大学电气工程学院，和国内大功率电力电子研究领域的专家学者进行广泛的技术交流与合作，不断探寻大功率电力电子技术研究领域的最新科研动态和技术前沿。本团队在查晓明教授的带领下已发展成为一个拥有1名教授、4名副教授、10余名博士研究生，20余名硕士研究生，人员结构合理、分工明确、目标统一的科研团队。

团队自成立以来始终坚持基础理论研究与工程应用实践并重的原则，紧跟电力科技领域的大功率电力电子技术前沿，充分发挥自身优势，合理运用武汉大学丰富的科研与教学资源，与国家电网公司、南方电网公司等国内多家企业保持良好和持久的合作关系，在大功率电力电子变换装置及其应用系统等领域取得了良好的成绩。

在研项目：

一、国家自然科学基金项目

1. 国家重点研发计划（2017 YFB 0903100），智能配电柔性多状态开关技术、装备及示范应用，课题三牵头单位。

2. 国家自然科学基金重点项目（51637007），电力系统安全性框架下并网电力电子变流器运行韧性分析及评估研究。

3. 国家自然科学基金面上项目（51177113），基于微分几何同调的微电网等值建模理论与模型降阶方法。

4. 国家自然科学基金青年项目（51107091），一种基于部分单元能量回馈的级联多电平逆变器研究。

5. 国家自然科学基金面上项目（51277137），微电网逆变器交互作用分析及建模方法研究。

6. 国家自然科学基金青年项目（51307126），一种新型级联多电平变换器的高压大功率电机准矢量控制方法。

7. 国家自然科学基金面上项目（51577137），多端口级联型中高压大功率变换器及功率平衡控制策略研究。

8. 国家自然科学基金青年项目（51507118），新能源发电并网变流器故障穿越能力的多时间尺度评估方法研究。

9. 国防973项目专题1项（独立电力系统能量管理与运行安全研究的国防973项目专题，2015年）。

10. 国防973项目专题1项（舰船综合电力网络结构理论研究的国防973项目专题，2007年）。

科研成果：

一、主要专利

1. 一种多并网逆变器系统的动态等值方法，2015.02.28。

2. 用于提高LCL并网逆变器稳定性的控制方法，2015.04.27。

3. 一种电压暂降过渡过程模拟装置及方法，2015.05.22。

4. 一种基于四象限电力电子变流器的电机模拟装置及方法，2015.05.22。

5. 硬件在环仿真装置，2014.08.28。

6. 一种380V电压等级的APF的检测平台，2015.03.16。

7. 一种10kV电压等级的STATCOM检测平台，2015.03.16。

8. 一种直流微网的固态电子开关的短路保护电路及保护方法，2014.05.28。

9. 硬件在环仿真方法和系统，2014.08.28。

10. 基于虚拟阻抗的多并网逆变器系统全局谐振抑制装置及方法，2015.05.28。

二、主要论文

1. P. Wang, F. Liu, X. Zha, J. Gong F. Zhu and X. Xiong. A regenerative hexagonal – cascaded multilevel converter for two – motor asynchronous drive[J]. IEEE Journal of Emerging & Selected Topics in Power Electronics, 2017, 5 (4): 1687 – 1699.

2. X. Zha, P. Wang, F. Liu, J. Gong, F. Zhu. Segmented power distribution control system based on hybrid cascaded multilevel converter with parts of energy storage[J]. IET Power Electronics, 2017, 10(15): 2076 – 2084.

3. Z. Yang, J. Sun, S. Li, M. Huang, X. Zha and Y. Tang. An adaptive carrier frequency optimization method for harmonic energy unbalance minimization in a cascaded h – bridge – based active power filter[J]. IEEE Transactions on Power Electronics, 2018, 33(2): 1024 – 1037.

4. M. Huang, H. Ji, L. Wei, J. Sun and X. Zha. Bifurcation based stability analysis of photovoltaic – battery hybrid power system[J]. IEEE Journal of Emerging and Selected Topics in Power Electronics, 2017, 5(3): 1055 – 1067.

5. M. Huang, Y. Peng, C. K. Tse, Y. Liu and X. Zha, Bifurcation and large signal stability analysis of three – phase voltage – source converters under grid voltage dips[J]. IEEE Transactions on Power Electronics, 2017, 32 (11): 8868 – 8879.

6. Y. Liu, M. Huang, H. Wang, X. Zha, J. Gong and J. Sun. Reliability – oriented optimization of the lc filter in a buck dc – dc converter[J]. IEEE Transactions on Power Electronics, 2017, 32(8): 6323 – 6337.

7. F. Liu, W. Liu, X. Zha, H. Yang and K. Feng. Solid –

state circuit breaker snubber design for transient overvoltage suppression at bus fault interruption in low – voltage dc micro – grid [J]. IEEE Transactions on Power Electronics , 2017, 32(4): 3007 – 3021.

8. T. Ouyang, X. Zha, L. Qin, Y. Xiong and T. Xia. Wind power prediction method based on regime of switching kernel functions[J]. Journal of Wind Engineering and Industrial Aerodynamics, 2016, 153: 26 – 33.

9. X. Zha, T. Ouyang, L. Qin, Y. Xiong, H. Huang. Selection of time window for wind power ramp prediction based on risk model [J]. Energy Conversion and Management, 2016, 126: 748 – 758.

10. J. Gong, L. Xiong, F. Liu, X. Zha. A regenerative cascaded multilevel converter adopting active front ends only in part of cells[J]. IEEE Transactions on Industrial Applications, 2015, 51 (2): 1754 – 1762.

11. X. Zha, L. Xiong, J. Gong and F. Liu. Cascaded multilevel converter for medium – voltage motor drive capable of regenerating with part of cells[J]. IET Power Electronics, 2014, 7 (5): 1313 – 1320.

12. J. Sun, J. Gong, B. Chen and X. Zha. Analysis and design of repetitive controller based on regeneration spectrum and sensitivity functioning active power filter system[J]. IET Power Electronics, 2014, 7 (8): 2133 – 2140.

13. C. Wan, M. Huang, C. K. Tse, and X. Ruan. Effects of interaction of power converters coupled via power grid: a design – oriented study[J]. IEEE Transactions on Power Electronics, 2015, 30 (7): 3589 – 3600.

14. 廖书寒, 查晓明, 黄萌, 孙建军, 胡伟. 适用于电力电子化电力系统的同调等值判据 [J]. 中国电机工程学报: 1 – 11.

15. 查晓明, 张茂松, 孙建军. 链式 D – STATCOM 建模及其状态反馈精确线性化解耦控制 [J]. 中国电机工程学报, 2010, 30 (28): 107 – 113.

所获荣誉:
1. 2017 年教育部高等学校科学研究技术发明二等奖
2. 2013 年湖北省科技进步二等奖
3. 2013 年国家电网公司科技进步三等奖
4. 2010 年军队科技进步奖一等奖
5. 国家科技部"十一五"科技计划执行优秀团队奖
6. 2007 年武汉市科技进步奖三等奖
7. 2005 年湖北省科技发明二等奖
8. 2005 年中国电力科学技术进步三等奖

72. 武汉理工大学—电力电子系统可靠性与控制技术研究团队

地址: 湖北省武汉市珞狮路 122 号
邮编: 430070
电话: 18971400950
团队人数: 17
团队带头人: 朱国荣

主要成员: 黄云辉、张侨、孟培培
研究方向: 电力电子系统可靠性分析, 状态监测与故障诊断技术, 可再生能源稳定与控制, 新能源汽车电气驱动, 电力电子中的电磁兼容问题。

团队简介:

电力电子系统可靠性与控制技术研究团队成立于 2012 年, 基于武汉理工大学在材料, 船舶和交通运输领域的行业优势, 依托武汉理工大学自动化学院, 开展元器件可靠性分析与寿命预测, 新能源电动汽车驱动与可靠性设计, 电力电子系统电磁兼容方面的研究工作。

科研团队长期与清华大学、浙江大学、香港理工大学、香港大学、丹麦奥尔堡大学、弗吉尼亚理工大学、俄亥俄州立大学和密歇根大学迪尔伯恩分校等国内外知名高校保持紧密的沟通和合作, 联合培养硕士, 博士。

与东风汽车公司、中原电子、华为、中兴、爱信精机和丰田等公司及研究机构保持密切的交流合作。

目前研究团队发表论文 90 余篇, 受理发明专利 10 项, 授权专利 4 项, 4 项技术被爱信精机采纳, 实现产品化用于丰田混合动力汽车产品中。

在研项目:

1. 主持国家自然科学基金, 51107092/E070602, 燃料电池供电系统低频纹波抑制技术研究于 2014 年底结题, 得到优秀等级。

2. 主持中国博士后科学基金面上项目, 2012M511693, 消除分布式电源并网系统中低频纹波的策略研究。

3. 主持湖北省科技攻关项目, 电动汽车磷酸铁锂离子动力电池管理系统。

4. 主持湖北省重大科技创新计划项目, 高性能大功率起重专用变频器。

5. 主持江苏扬州市"绿扬金凤计划"优秀博士人才项目, 新型高压大功率金属化薄膜电容器关键技术研发与产业化。

6. 参加国家电网公司科技项目, 5211HQ120001, 风电并网基础研究平台建设与检测能力提升子课题三。

7. 主持校企合作项目, 高性能通用交流伺服系统开发。

科研成果:

一、论文

1. G. R. Zhu*, K. H. Loo, Y. M. Lai, and C. K. Tse. Quasi-Maximum Efficiency Point Tracking for Direct Methanol Fuel Cell in DMFC/Super capacitor Hybrid Energy System[J]. IEEE Transaction on Energy conversion, 2012. 27 (3): 561-571.

2. G. R. Zhu*, S. C. Tan, Y. Chen, and C. K. Tse. Mitigation of Low-Frequency Current Ripple in Fuel-Cell Inverter Systems Through Waveform Control[J]. IEEE Transactions on Power Electronics, 2013, 28(2): 779-792.

3. S. L. Li, G. R. Zhu, S. C. Tan, and S. Y. R. Hui*, Direct AC/DC Rectifier with Mitigated Low-Frequency Ripple through Inductor-Current Waveform Control[J]. IEEE Transactions on Power Electronics, 2015. 30(8): 4336-4348.

4. Guo-rong Zhu*, Hao-Ran Wang, Biao Liang, Siew-

Chong Tan, Jin Jiang. Enhanced Single-Phase Full-Bridge Inverter with Minimal Low-Frequency Current Ripple［J］. IEEE Transactions on Industrial Electronics, 2016, 63（2）: 937-943.

5. Zhu, G-. R. Wang, H-. R. Ma, S-. Y. Tan, S-. C. Closed-Loop Waveform Control of Boost Inverter［J］. IET Power Electronics, 2016, in press.

6. Yunhui Huang, Xiaoming Yuan, Jiabing Hu*, and Pian Zhou. Modeling of VSC connected to weak grid for stability analysis ofDC-link voltage control［J］. IEEE Journal of Emerging and Selected Topics in Power Electronics, 2015, 3（4）: 1193-1204.

7. Yunhui Huang, Xiaoming Yuan, Jiabing Hu*, and Pian Zhou. DC-bus voltage control stability affected by AC-bus voltage control in VSCs connected to weak AC grids［J］. IEEE Journal of Emerging and Selected Topics in Power Electronics, 2015, 4（2）: 445-458.

8. Jiabing Hu*, Yunhui Huang, Dong Wang, Hao Yuan, and Xiaoming Yuan. Modeling of grid-connected DFIG-based wind turbines for DC-link voltage stability analysis［J］. IEEE Trans. Sustain. Energy, 2015, 6（4）: 1325-1336.

9. X. Luo, Q. P. Tang, A. W. Shen, Q. Zhang. PMSM Sensorless Control by Injecting HF Pulsating Carrier Signal into Estimated Fixed-Frequency Rotating Reference［J］. IEEE Trans. on Industrial Electronics, 2016, 63（4）: 2294-2303.

10. R. Min, Q. L. Tong, Q. Zhang*, X. C. Zou, Z. L. Liu. Digital Sensorless Current Mode Control based on Charge Balance Principle for DC-DC Converters in DCM［J］. IEEE Trans. on Industrial Electronics. 2016, 63（1）: 155-166.

11. Q. Zhang, R. Min, Q. L. Tong, X. C. Zou, Z. L. Liu and A. W Shen. Sensorless Predictive Current Controlled DC-DC Converter with a Self-Correction Differential Current Observer［J］. IEEE Trans. on Industrial Electronics, 2014, 61（12）: 6747-6757.

12. Q. L. Tong, Q. Zhang*, R. Min, X. C. Zou, Z. L. Liu and Z. C. Chen. Sensorless Predictive Peak Current Control for Boost Converter Using Comprehensive Compensation Strategy［J］. IEEE Trans. on Industrial Electronics, 2014, 61（6）: 2754 -2766.

13. R. Min, C. Chen, X. D. Zhang, X. C. Zou, Q. L. Tong and Q. Zhang. An Optimal Current Observer for Predictive Current Controlled Buck DC-DC Converters［J］. Sensors, 2014, 14（5）: 11542-11556.

14. Q. L Tong, Q. Zhang*, R. Min, X. C. Zou. Bayesian Estimation in Dynamic Framed Slotted ALOHA Algorithm for RFID System［J］. Computers and Mathematics with Applications. 2012, 64（5）: 1179-1186.

15. Q. L. Tong, C. Chen, Q. Zhang*, X. C. Zou. A sensorless predictive current controlled boost converter by using an EKF with Load Variation Effect Elimination Function［J］. Sensors. 2015, 15: 9986-10003.

16. K. Liu, Z. Q. Zhu, Q. Zhang, J. Zhang. Influence of Nonideal Voltage Measurement on Parameter Estimation in Permanent-Magnet Synchronous Machines［J］. IEEE Trans. on Industrial Electronics. 2012, 59（6）: 2438 -2447.

17. K. Liu, Q. Zhang, J. T Chen, Z. Q Zhu. Online Multi-parameter Estimation of Nonsalient-pole PM Synchronous Machines with Temperature Variation Tracking［J］. IEEE Trans. on Industrial Electronics, 2011, 58（5）: 1776 -1788.

18. 孟培培, 吴新科, 赵晨, 张军明, 钱照明, 一种新型临界模式控制的变频软开关全桥 DC/DC 变流器［J］. 中国电机工程学报, 2012, 32（6）, 106 -112.

19. 孟培培, 吴新科, 张军明, 钱照明, 新型磁集成零电压零电流软开关全桥变流器方案研究［J］. 中国电机工程学报, 2012, 32（3）, 15-21.

二、授权发明专利

1. 朱国荣等. 抑制逆变系统低频纹波的自适应波形控制方法: ZL201210289178.3［P］.

2. 朱国荣等. 基于最大平均均衡电流的电池均衡控制方法及系统: ZL201310475414.5［P］.

3. 朱国荣等. 基于动态均衡点的电池组均衡控制系统及控制方法: ZL201310476602.X［P］.

4. 胡家兵, 黄云辉, 袁小明. 一种用于风力发电系统的直流电压控制单元及方法: CN 103337877A［P］.

所获荣誉:

1. 黄云辉以第一作者发表的论文"Effect of reactive power control on stability of DC-link voltage control in VSC connected to weak grid"入选 2014 年 IEEE 电力与能源学会年会最佳论文 section（top10%）。

2. 湖北省优秀学士论文 EMI 滤波电路优化与设计、模块化差分逆变器低频纹波抑制技术研究、基于 SMC 的单级隔离型功率因数校正变换器的研究与设计、基于 18kWp 光伏微电网 SCADA 系统混合组网设计、"三相四线制维也纳整流器散热分析与设计、基于电动汽车感应式无线充电的耦合线圈设计与研究、基于滑模变结构控制的 S4PFC 研究与实现、三相四线维也纳整流器设计与仿真。

湖北省优秀硕士论文磷酸铁锂电池模型参数与 SOC 联合估算研究, 无电解电容单相变换器功率解耦技术研究。

73. 武汉理工大学—夏泽中团队

地址: 湖北省武汉市洪山区珞狮路 205 号
邮编: 430070
电话: 18771025810
团队人数: 10
团队带头人: 夏泽中
主要成员: 唐智、纪晓泳、马一鸣、欧阳雷
研究方向: DC-DC 变换器, 双向 AC-DC 变换器
团队简介:

年轻有活力的团队, 对电力电子有兴趣, 大家都在探索中不断成长。

在研项目：

1. 单相 PWM 变换器研究。

2. 电动汽车车载充电器（OBC）设计。

科研成果：

1. 基于单相 PWM 变换器，发表论文：单周期控制双向 AC-DC 变换器研究（已录用，《电气传动》）。

2. 设计标准车载充电机，采用交错 PFC（AC-DC）+ FB-ZVS（DC-DC）拓扑，完成 85～264V 交流输入到 200～420V 直流输出，能够对电动汽车动力电池完成高效充电。

74. 武汉理工大学—自动控制实验室

地址：湖北省武汉市洪山区珞狮路 205 号武汉理工大学马房山校区东院自动化学院实验楼

邮编：430070

电话：15827553507

团队人数：43

团队带头人：苏义鑫

主要成员：苏义鑫、张丹红、谌刚、姜文、顾文磊、朱敏达、金铸浩、左立刚、夏慧雯等

研究方向：网络通信，嵌入式控制，电机运行与控制

团队简介：

团队有四十几人，主要包括几位导师、在读研究生和在读博士，主要研究方向包括：神经网络算法与应用、风力发电并网运行与控制、永磁同步电机运行与控制等。

在研项目：

1. 核电厂核辐射检测与火灾故障报警。

2. 异步电机无速度传感器控制。

科研成果：

一、科研项目

1. 双向 DC – DC 变换器设计。

2. 基于 DSP28035 的永磁同步电机伺服系统的设计。

3. 核电厂 DCS 系统。

二、发表文章

1. 用于风电功率预测的 RPCL 优化神经网络模型。

2. 基于矢量控制的步进电机细分驱动技术。

3. 时滞系统的二自由度 IMC-PID 控制研究。

所获荣誉：

武汉理工大学自动化学院"优秀实验团队"

75. 西安电子科技大学—电源网络设计与电源噪声分析

地址：西安市太白南路 2 号西安电子科技大学电路 CAD 研究所 376 信箱

邮编：710071

电话：029-88203008

传真：029-88203007

网址：http://seeweb.710071.net/iecad/index.asp

团队人数：20

团队带头人：李玉山

主要成员：初秀琴、刘洋、路建民、李先锐、史凌峰、代国定、王君

研究方向：电源完整性分析与电源分配网络设计，EBG 结构、DC-DC 稳压源芯片设计

团队简介：

负责人李玉山教授/博士生导师，教育部超高速电路设计与电磁兼容重点实验室学术委员会副主任；初秀琴副教授/硕士生导师，电路 CAD 研究所常务副所长、教育部超高速电路设计与电磁兼容重点实验室副主任；史凌峰教授/电路与系统学科博士生导师；代国定副教授/硕士生导师；刘洋副教授/硕士生导师；李先锐副教授/硕士生导师；路建民讲师；王君博士。

在研项目：

1. 高速高密度互连封装的电源完整性可靠性分析。

2. 电源完整性前仿真工具优化。

3. 电源完整性分析。

科研成果：

1. 李玉山，张木水等译，芯片及系统中的电源完整性建模与设计，电子工业出版社，2009.8（原著：M. Swaminathan，E. Enginet，Power Integrity Modeling and Design for Semiconductors and Systems，Prentice Hall，2007）。

2. 李玉山，刘洋等译，信号完整性与电源完整性分析，电子工业出版社，2015（原著：Eric Bogatin. Signal and Power Integrity – Simplified. Prentice Hall，2010）。

3. XDJF04 稳压电路，2002 年 3 月获国家知识产权局颁发集成电路布图登记证书，登记号：BS.025000403。

所获荣誉：

1. 全国百篇优秀博士学位论文 2012 年提名奖（博士生张木水，导师李玉山，论文题目：《高速电路电源分配网络设计与电源完整性分析》）

2. 华为技术有限公司优秀技术合作项目奖（创新研究计划项目 < 2011.1～2013.1 >：电源完整性分析，项目负责人：李玉山）。2013 年 11 月。

76. 西安交通大学—电力电子与新能源技术研究中心

地址：陕西省西安市咸宁西路 28 号交大电气学院

邮编：710049

电话：029-82667858

传真：029-82665223

网址：http://www.perec.xjtu.edu.cn/

团队人数：16

团队带头人：刘进军

主要成员：杨旭、卓放、裴云庆、肖国春、王跃、王来利、甘永梅、贾要勤、何英杰、张笑天、雷万钧、王丰、刘增、易皓、张岩

研究方向：电力电子技术在电能质量控制、输配电系统中的应用，电力电子技术在新能源发电及新型电能系统中的应用，开关电源与特种电源技术，电力传动及运动控制技术，电力电子集成封装技术

团队简介：

本团队学术带头人刘进军教授大学就读于西安交通大学电气工程系，于1992年和1997年先后获得工学学士学位和工学博士学位，随即留校在电气工程学院任教至今。1999年12月至2002年2月，在美国弗吉尼亚理工大学电力电子系统研究中心做博士后访问研究。2002年8月晋升教授，2005年~2010年兼任电气工程学院副院长，2009年4月~2015年1月兼任西安交通大学教务处处长。2014年获聘教育部长江学者特聘教授。2014年获得"全国优秀科技工作者"荣誉称号。2015年入选西安交通大学首批"领军学者"。现为IEEE电力电子学会副主席、学报副主编，中国电工技术学会电力电子学会副理事长，中国电源学会副理事长，中国电机工程学会直流输电与电力电子专业委员会委员，教育部全国电气类专业教学指导委员会副主任委员。

团队共有教师16人，其中长江学者1人，科技部中青年科技创新领军人才1人，中组部"青年千人计划"入选者1人，教育部新世纪优秀人才计划入选者3人，教授7人。主要从事电力电子技术的应用基础研究，研究方向涵盖了电力电子技术的各个方面，部分教师还涉及计算机控制网络与微机控制技术。本团队是国内电力电子技术领域研究水平居于领先地位的团队之一，也有广泛的国际交流与合作，形成了重要的国际影响。

在研项目：

近年来主要在研项目：

1. 多变流器电能系统协调控制及稳定性基础理论与关键技术。
2. 基于分布式多变流器的微网控制方法与系统稳定性研究。
3. 基于大信号模型的高精度波形控制策略的研究。
4. 基于神经网络的微电网阻抗测量关键技术研究。
5. 静止同步发电机（SSG）技术及应用前期研究。
6. 多变流器电能系统协调控制及稳定性基础理论与关键技术。
7. 五电平高频直流变换装置技术。
8. GaN功率器件集成技术研究。
9. 电力电子系统与集成技术。
10. 天广直流换流阀寿命评估项目可行性研究报告。
11. 柔性直流输电相关技术研究。
12. 有源电力滤波器与并联电容器混合补偿系统的控制方法。
13. 有源电力滤波器技术开发协议。
14. 微电网能量管理及控制保护系统。
15. 三相380V/300A静止无功发生器（SVG）技术。
16. 智能化电能质量治理模块与闭环控制系统的研发。
17. 崇明微网联合优化配置及运行控制策略研究。
18. 分布式光伏能效建模与评价研究和开发。
19. 专利：一种微型电网用多功能动态无功补偿装置及其控制方法。
20. 一种基于混合电力滤波器的抑制振荡的控制方法。
21. 电动汽车充（放）电机与电网双向互通技术研究。
22. 400V HVDC均流合路技术。
23. 集成滤波器关键技术研究。
24. 1000kW光伏并网逆变器与储能发电控制器。
25. 光伏并网关键控制技术研究与应用。
26. 间歇式能源发电系统抑制电网低频振荡的关键技术研究。

科研成果：

十几年来，本群体先后承担了10余项国家自然科学基金项目（其中重点项目3项），国家科技支撑计划重点项目课题3项，国家863项目5项，国家973项目子项目3项，国家级或者部级科研项目20项，其研究成果出版著作10余部。

近5年来发表论文200余篇，其中SCI收录论文约100余篇，EI收录论文约200篇，获得中国及美国发明专利近20项，获国家科技进步奖2项（2011年、2015年）、省部级奖多项。

所获荣誉：

1. 低纹波高稳定电源控制技术，2011年获陕西省科学技术二等奖。
2. 供用电系统谐波的有源抑制技术及应用，2011年获国家科学技术进步二等奖。
3. 电力电子功率模块的封装工艺和集成技术的研究，2011年获西安市科学技术进步一等奖。
4. 微型电网的系统结构、控制技术、关键装备及其集成化研究，2012年获陕西省科学技术一等奖。
5. 在国际化与信息化背景下紧密跟踪学科发展的电力电子技术课程教学改革与实践，2013年获陕西省教学成果特等奖。
6. 大功率特种电源的多时间尺度精确控制技术及其系列产品开发，2015年获国家科学技术进步二等奖。
7. 国际期刊《IEEE Transactions on Power Electronics》（IEEE电力电子学报）2016年最佳论文奖。

77. 西安理工大学—电力电子技术与特种电源装备研究团队

地址： 陕西省西安市金花南路5号西安理工大学110信箱

邮编： 710048

电话： 029-82312013

传真： 029-82312663

团队人数： 14

团队带头人： 孙向东

主要成员： 孙强、尹忠刚、任碧莹、张琦、宋卫章、李金刚、李洁、安少亮、徐艳平、王建渊、陈桂涛、伍文俊、杨惠

研究方向： 现代交流调速技术，新能源发电与微电网控制技术，特种开关电源技术等

团队简介：

研究团队主要由14人组成，其中教授3人、副教授7人、11人具有博士学位、5人具有国外留学或进修经历。主要从事现代交流调速技术、新能源发电与微电网控制技

术、特种开关电源技术等三个研究方向。现代交流调速技术主要研究交流异步电机、永磁同步电机等速度控制、转矩控制以及位置控制等。新能源发电与微电网控制技术主要涉及光伏发电技术、蓄电池、飞轮和超级电容器等储能技术、微电网电压频率控制技术等。特种开关电源技术主要研究铝镁合金等轻金属微弧氧化电源控制技术、磁控溅射电源技术、电磁搅拌电源技术、感应加热电源技术等。

在研项目：

1. 国家自然科学基金面上项目，多台 T 型三电平逆变器并联的大功率光伏并网逆变器控制技术研究，基金号 51577155，主持人孙向东。

2. 国家自然科学基金面上项目，不平衡非线性负载下基于下垂控制的组合式三相逆变器并联技术，基金号 51477139，主持人任碧莹。

3. 国家自然科学基金青年基金项目，基金号 51507137，主持人安少亮。

4. 西安交通大学电力设备电气绝缘国家重点实验室开放课题，基于 IMM 的交流电动机无速度传感器控制自适应抗差机理与控制方法研究，基金号 EIPE13206，主持人尹忠刚。

5. 西安交通大学电力设备电气绝缘国家重点实验室开放课题，VIENNA 整流器鲁棒抗扰控制研究，基金号 EIPE14207，主持人宋卫章。

6. 西北农林科技大学国家重点实验室开放课题，多通道坡面—坡沟流场流速水流自动测定仪研究，主持人王建渊。

7. 教育部高等学校博士点专项基金（新教师类），交流电动机转速辨识策略自适应抗差机理与控制方法研究，基金号 20126118120010，主持人尹忠刚。

8. 教育部高等学校博士点专项基金（新教师类），Z-源矩阵变换器工作机理及非最小相位控制研究，基金号 20126118120009，主持人宋卫章。

科研成果：

近年来，"铝镁合金微弧氧化处理系列设备"获国家科技进步二等奖。2015 年获得中国产学研合作创新成果二等奖 1 项。近 10 年来，获得陕西省科技一等奖 1 项、三等奖 1 项，获得陕西省教育厅科技进步二等奖 2 项，获得新疆建设兵团科技进步三等奖 1 项，新疆建设兵团十二师科技进步一等奖 1 项和三等奖 1 项，天水市科技进步二等奖 1 项，陕西省高等学校科学技术一等奖 1 项。

主持或主要参与国家"十五"攻关重大专项、科技部西部专项、国家 863 计划等 5 项；主持完成或在研国家自然科学基金面上项目 2 项、青年基金项目 5 项、教育部高等学校博士点专项基金 2 项。主持或主要参与教育部重点科研计划、公安部重大科研攻关计划等计划项目 3 项；主持完成或在研陕西省工业攻关项目及协同创新项目 4 项、陕西省自然科学基金项目 7 项、陕西省教育厅专项科研基金及产业化项目 20 项、西安市科技支撑计划项目 5 项。主持完成美国波音公司、博世力士乐电力传动有限公司、一汽、二汽东风、重庆长安、富士康、比亚迪企业集团、中科院近代物理研究所、永济电气集团等横向课题 80 余项。

出版专著 1 部，发表论文 130 余篇，其中在 IEEE Transactions on Industrial Electronics、IEEE Transactions on Industrial Applications、IEEE Transactions on Industrial Informatics 等期刊上发表 SCI 检索论文 13 篇，在中国电机工程学报、电工技术学报等期刊上发表 EI 检索论文 30 余篇，获得发明专利授权 21 项。

所获荣誉：

获得陕西省高等学校科学技术一等奖 1 项，陕西省优秀教学成果一等奖 1 项，"电力电子技术"获批陕西省精品课程，获批陕西省教学团队。

78. 西南交通大学—电能变换与控制实验室

地址：四川省成都市二环路北一段 111 号
邮编：610031
电话：028-87600733
传真：2017/3/20
团队人数：8
团队带头人：许建平
主要成员：许建平、周国华、吴松荣、徐顺刚、杨平、
　　　　　何圣仲、马红波、沙金

研究方向：开关变换器建模与控制，电力电子系统数字控制技术，分布式发电与并网逆变技术，储能系统及其能量管理，功率因数校正变换器技术，LED 照明电源电路及控制技术，无线电能传输技术，现代电力电子动力学分析。

团队简介：

电能变换与控制实验室（Power Conversion and Control Lab，PCC Lab），是依托于西南交通大学国家重点（培育）学科"电力电子与电力传动"、磁浮技术与磁浮列车教育部重点实验室的研学团队，以电力电子技术与新能源行业为背景，重点开展开关变换器建模与控制、电力电子系统数字控制技术、分布式发电与并网逆变技术、储能系统及其能量管理、功率因数校正变换器技术、LED 照明电源电路及控制技术、无线电能传输技术、现代电力电子动力学分析等方面的教学和科研工作。

十多年来，实验室共指导博士生 30 余人、硕士生 130 余人，实验室指导的博士生和硕士生分别获得了全国优秀博士论文、四川省优秀博士论文、四川省优秀硕士论文、詹天佑铁道科学技术奖专项奖、西南交通大学优秀博士学位论文培育基金、西南交通大学博士生创新基金、中央高校基本科研业务费专项资金优秀学生资助、国际会议最佳论文奖等荣誉/奖励。

实验室长期致力于与国内外教育机构和企业单位的学术交流、合作，并保持与毕业博士生和毕业硕士生的深度联系。多名研究生赴美国（弗吉尼亚理工大学）、英国（斯特拉斯克莱德大学）、法国（里尔中央理工大学）、香港（理工大学、城市大学）等著名高校进行深造、访问、进修；多名研究生在东方电气集团、华为、易事特、中电 29 所、Intel、O2 Micro、Emerson 等著名企业参观、实习、就业；实验室邀请著名专家来访交流，接收多名来自越南、中国台湾、国内高校的访问、交流学者；实验室成员积极

参加国际、国内学术会议，与国内外专家、学者进行了广泛的学术交流和探讨。

在研项目：

1. 国家自然科学基金，基于双缘调制的开关功率变换器数字控制技术研究，项目编号：61371033。

2. 国家自然科学基金，基于功率流向图的多端口DC/DC变换器拓扑衍生方法研究，项目编号：61601378。

3. 国家自然科学基金，高能源效率、高可靠性HB-LED驱动电源关键技术研究，项目编号：51407149。

4. 国家自然科学基金，脉冲序列调制开关功率变换器控制技术研究，项目编号：51177140。

5. 国家自然科学基金，基于纹波控制的开关变换器控制方法研究，项目编号：50677056。

6. 国家自然科学基金，具有快速动态响应开关变换器拓扑结构和控制方法研究，项目编号：50077018。

7. 国家自然科学基金，变结构系统的神经网络控制方法研究，项目编号：69101004。

8. 国家科技支撑计划，高速列车牵引传动系统优化控制策略仿真研究，课题编号：2009BAG12A05。

9. 国家高技术研究发展计划（863计划）重点项目，高速检测列车动车组技术——供电监测及故障诊断技术研究，课题编号：2009AA110303-16。

10. 霍英东教育基金会高等院校青年教师基金，直流微电网运行优化及数字控制技术研究。

11. 霍英东教育基金会高等院校青年教师基金，高功率因数开关功率变换器的拓扑结构和控制方法研究。

12. 高等学校博士学科点专项科研基金，基于双缘脉冲频率调制的开关变换器数字控制技术及其动力学研究。

13. 高等学校博士学科点专项科研基金，低电压大电流开关功率变换器拓扑结构和控制方法研究。

14. 四川省杰出青年基金，新能源发电系统接口三态开关变换器的控制技术与动力学特性。

15. 四川省科技成果转化项目，城市轨道交通综合监控系统研究与应用。

科研成果：

一、主要著作

1. 许建平，王金平等译. 开关变换器动态特性：建模、分析与控制［M］. 机械工业出版社，2011年.

2. 周国华，许建平. 开关变换器数字控制技术［M］. 科学出版社，2011年.

3. 周国华，许建平，吴松荣. 开关变换器建模、分析与控制［M］. 科学出版社，2016年.

二、主要论文

实验室团队发表论文400余篇，其中SCI论文120余篇，EI论文200余篇，部分代表性论文如下：

1. Xueshan Liu, Qi Yang, Qun Zhou, Jianping Xu and Guohua Zhou. Single-stage single-switch four-output resonant LED driver with high power factor and passive current balancing［J］. IEEE Transactions on Power Electronics, 2017, 32(6): 4566-4576.

2. Zhengge Chen, Ping Yang, Guohua Zhou, Jianping Xu and Zhangyong Chen. Variable duty cycle control for quadratic boost PFC converter［J］. IEEE Transactions on Industrial Electronics, 2016, 63(7): 4222-4232.

3. Jin Sha, Duo Xu, Yiming Chen, Jianping Xu and Barry W. Williams. A Peak Capacitor Current Pulse-Train Controlled Buck Converter with Fast Transient Response and a Wide Load Range［J］. IEEE Transactions on Industrial Electronics, 2016, 63(3): 1528-1538.

4. Xi Zhang, Jianping Xu, Bocheng Bao and Guohua Zhou. Asynchronous-switching map based stability effects of circuit parameters in fixed off-time controlled buck converter［J］. IEEE Transactions on Power Electronics, 2016, 31(9): 6686-6697.

5. Hongbo Ma, Jih-Sheng Lai, Cong Zheng and Pengwei Sun. A High-efficiency Quasi-Single-Stage Bridgeless Electrolytic Capacitor-free High-power AC-DC Driver for Supplying Multiple LED Strings in Parallel［J］. IEEE Transactions on Power Electronics, 2016, 31(8): 5825-5836.

6. Ping Yang, Chikong Tse, Jianping Xu and Guohua Zhou. Synthesis and analysis of double-input single-output DC-DC converters［J］. IEEE Transactions on Industrial Electronics, 2015, 62(10): 6284-6295.

7. Xueshan Liu, Jianping Xu, Zhangyong Chen and Nan Wang. Single-Inductor Dual-Output Buck-Boost Power Factor Correction Converter［J］. IEEE Transactions on Industrial Electronics, 2015, 62(2): 943-952.

8. Jin Sha, Jianping Xu, Shu Zhong, Shuhan Liu and Lijun Xu. Control Pulse Combination Based Analysis of Pulse Train Controlled DCM Switching DC-DC Converters［J］. IEEE Transactions on Industrial Electronics, 2015, 62(1): 246-255.

9. Tiesheng Yan, Jianping Xu, Fei Zhang, Jin Sha and Zheng Dong. Variable On-Time Controlled Critical Conduction Mode Flyback PFC Converter［J］. IEEE Transactions on Industrial Electronics, 2014, 61(11): 6091-6099.

10. Jin Sha, Jianping Xu, Bocheng Bao and Tiesheng Yan. Effects of Circuit Parameters on Dynamics of Current-Mode Pulse Train Controlled Buck Converter［J］. IEEE Transactions on Industrial Electronics, 2014, 61(3): 1562-1573.

11. Guohua Zhou, Jianping Xu and Jinping Wang. Constant-Frequency Peak-Ripple-Based Control of Buck Converter in CCM: Review, Unification and Duality［J］. IEEE Transactions on Industrial Electronics, 2014, 61(3): 1280-1291.

12. Jinping Wang, Jianping Xu, Guohua Zhou and Bocheng Bao. Pulse Train Controlled CCM Buck Converter with Small ESR Output Capacitor［J］. IEEE Transactions on Industrial Electronics, 2013, 60(12): 5875-5881.

13. Qin Ming and Jianping Xu. Improved Pulse Regulation Control Technique for Switching DC-DC Converters Operating in DCM［J］. IEEE Transactions on Industrial Electronics, 2013, 60(5): 1819-1830.

14. Jinping Wang, Bocheng Bao, Jianping Xu, Guohua Zhou and Wen Hu. Dynamical Effects of Equivalent Series Resistance of Output Capacitor in Constant On-Time Controlled Buck Converter[J]. IEEE Transactions on Industrial Electronics, 2013, 60(5): 1759-1768.

15. Shungang Xu, Jinping Wang and Jianping Xu. A Current Decoupling Parallel Control Strategy of Single Phase Inverter with Voltage and Current Dual Closed-loop Feedback[J]. IEEE Transactions on Industrial Electronics, 2013, 60(4): 1306-1313.

16. Hongbo Ma, Jih-Sheng Lai, Quanyuan Feng, Wensong Yu, Cong Zheng and Zheng Zao. A Novel Valley-fill SEPIC-derived Power Supply without Electrolytic Capacitors for LED Lighting application[J]. IEEE Transactions on Power Electronics, 2012, 27(6): 3057-3071.

17. Jinping Wang and Jianping Xu. Peak Current Mode Bi-Frequency Control Technique for Switching DC-DC Converters in DCM with Fast Transient Response and Low EMI[J]. IEEE Transactions on Power Electronics, 2012, 27(4): 1876-1884.

18. Guohua Zhou, Jianping Xu and Bocheng Bao. Comments on "Predictive Digital-Controlled Converter With Peak Current-Mode Control and Leading-Edge Modulation[J]. IEEE Transactions on Industrial Electronics, 2012, 59(12): 4851-4852.

19. Jinping Wang, Jianping Xu and Bocheng Bao. Analysis of Pulse Bursting Phenomenon in Constant On-time Controlled Buck Converter[J]. IEEE Transactions on Industrial Electronics, 2011, 58(12): 5406-5410.

20. Fei Zhang and Jianping Xu. A Novel PCCM Boost PFC Converter With Fast Dynamic Response[J]. IEEE Transactions on Industrial Electronics, 2011, 58(9): 4207-4216.

21. Jianping Xu and Jinping Wang. Bi-frequency Pulse-Train Control Technique for Switching DC-DC Converters Operating in DCM[J]. IEEE Transactions on Industrial Electronics, 2011, 58(8): 3658-3667.

22. Bocheng Bao, Guohua Zhou, Jianping Xu, and Zhong Liu. Unified Classification of Operation State Regions for Switching Converters with Ramp Compensation[J]. IEEE Transactions on Power Electronics, 2011, 26(7): 1968-1975.

23. Qin Ming and Jianping Xu. Multi Duty Ratio Modulation Technique for Switching DC-DC Converters Operating in Discontinuous Conduction Mode[J]. IEEE Transactions on Industrial Electronics, 2010, 57(10): 3497-3507.

24. Guahua Zhou, Jianping Xu and Yanyan Jin. Elimination of Subharmonic Oscillation of Digital Average Current Controlled Switching DC-DC Converters[J]. IEEE Transactions on Industrial Electronics, 2010, 57(8): 2904-2907.

25. Guohua Zhou and Jianping Xu. Digital Average Current Controlled Switching DC-DC Converters with Single-Edge Modulation[J]. IEEE Transactions on Power Electronics, 2010, 25(3): 786-793.

26. Guohua Zhou and Jianping Xu. Digital Peak Current Control for Switching DC-DC Converters with Asymmetrical Dual-edge Modulation[J]. IEEE Transactions on Circuits and Systems II: Express Briefs, 2009, 56(11): 815-819.

27. Jianping Xu, Guohua Zhou and Mingzhi He. Improved Digital Peak Voltage Predictive Control for Switching DC-DC Converters[J]. IEEE Transactions on Industrial Electronics, 2009, 56(8): 3222-3229.

28. Jianping Xu and C. Q. Lee. A Unified Averaging Technique for the Modeling of Quasi-Resonant Converters[J]. IEEE Transactions on Power Electronics, 1998, 13(3): 556-563.

29. Jianping Xu and C. Q. Lee. Generalized state space averaging approach for a class of periodically switched networks[J]. IEEE Transactions on Circuits and Systems I: Fundamental Theory and Applications, 1997, 44(11): 1078-1081.

30. Jianping Xu and M. Grotzbach. Time-domain analysis of half-wave zero-current-switch quasi-resonant-converters by using SPICE[J]. IEEE Transactions on Industrial Electronics, 1993, 40(6): 577-579.

三、授权发明专利

1. 许建平, 王金平, 秦明, 周国华, 吴松荣, 牟清波. 开关电源的双频率控制方法及其装置: 中国, ZL200910058418.7[P].

2. 许建平, 张斐, 周国华, 吴松荣, 王金平, 秦明. 伪连续工作模式开关电源功率因数校正方法及其装置: 中国, ZL200910058127.8[P].

3. 许建平, 王金平, 周国华, 吴松荣, 秦明. 准连续工作模式开关电源双频率控制方法及其装置: 中国, ZL200910058420.4[P].

4. 许建平, 秦明. 一种开关电源的控制方法及其装置: 中国, ZL200810044884.5[P].

5. 许建平, 王金平, 秦明, 周国华, 吴松荣, 牟清波. 准连续工作模式开关电源的多频率控制方法及其装置: 中国, ZL200910058419.1[P].

6. 许建平, 阎铁生, 张斐, 周国华, 沙金. 一种临界连续模式单位功率因数反击变换器控制方法及其装置: 中国, ZL201210359424.8[P].

7. 许建平, 高建龙, 华秀洁, 刘雪山. 一种工频纹波电流的抑制方法及其装置: 中国, ZL201310234878.7[P].

8. 许建平, 董政, 舒立三, 张士宇. 一种宽输入电压宽负载范围直直变换器控制方法及其装置: 中国, ZL201310188962.X[P].

9. 许建平, 刘雪山, 王楠, 高建龙. 一种并联整合式Buck-Flyback功率因数校正PFC变换器拓扑: 中国, ZL201310597600.6[P].

10. 周国华, 金艳艳, 吴松荣, 许建平. 开关变换器双缘脉冲频率调制C型控制方法及其装置: 中国, ZL201310022501.7[P].

11. 周国华, 杨平, 沙金, 许建平. 输出电容低ESR开关变换器双缘PFM调制电压型控制方法及其装置: 中国, ZL201310022469.0[P].

12. 周国华，许建平，王金平，张斐. 伪连续导电模式开关变换器自适应续流控制方法及其装置：中国，ZL201210115359.4[P].

13. 周国华，金艳艳，许建平，杨平，张斐. 开关变换器双缘恒定导通时间调制电压型控制方法：中国，ZL201310005129.7[P].

14. 周国华，金艳艳，阎铁生，许建平. 开关变换器双缘脉冲频率调制 V2C 型控制方法：中国，ZL201310022460.X[P].

15. 周国华，周述晗，王瑶，陈兴. 单电感双输出开关变换器双环电压型 PFM 控制方法及其装置：中国，ZL201510089074.1[P].

16. 周国华，周述晗，张凯暾，李振华. 连续导电模式单电感双输出开关变换器变频控制方法及其装置：中国，ZL201510070974.1[P].

17. 吴松荣，何圣仲，许建平，周国华，王金平. 固定关断时间峰值电流型脉冲序列控制方法及其装置：中国，ZL201310236584.8[P].

18. 王金平，许建平，周国华，秦明. 改进的开关电源脉冲宽度调制技术及其实现装置：中国，ZL200910059156.6[P].

19. 秦明，许建平. 一种改进的开关电源脉冲序列控制方法及其装置：中国，ZL2010101448801[P].

20. 秦明，许建平，牟清波，王金平. 伪连续模式开关电源的单环脉冲调节控制方法及其装置：中国，ZL201010004308.5[P].

所获荣誉：

1. 许建平、周国华、徐顺刚等获教育部自然科学奖二等奖。

2. 许建平获首批国家级百千万人才工程人选。

3. 许建平获国务院政府特殊津贴。

4. 许建平获铁道部青年科技拔尖人才。

5. 许建平获四川省学术技术带头人。

6. 周国华获全国百篇优秀博士学位论文。

7. 周国华获四川省杰出青年基金。

8. 周国华获詹天佑铁道科学技术奖青年奖。

9. 杨平获四川省"千人计划"青年人才。

79. 西南交通大学—高功率微波技术实验室

地址： 四川省成都市二环路北一段 111 号

邮编： 610031

电话： 028-87601752

传真： 028-87603134

团队人数： 20

团队带头人： 刘庆想

主要成员： 刘庆想、李相强、张健穹、王庆峰、张政权、王邦继等

研究方向： 电能变换与控制，高功率微波天线，脉冲功率技术，高功率微波器件，电机驱动与控制

团队简介：

高功率微波技术实验室成立于 2003 年，实验室瞄准国家重大战略需求，主要从事高功率微波技术及其相关领域的研究工作。实验室以"尽职尽责、团结和谐，挖掘每个人的潜能，创造更大价值，服务于社会"为理念，本着"想别人所不想的，做别人所不能做的"的信念，近五年来，承担了 20 余项国家 863 计划项目以及 10 余项横向项目，年科研经费突破 1000 万元，形成了一支团结和谐、勤于钻研、勇于创新的年轻科研团队。在研究过程中，实验室重视开展创新性的研究，目前已在电能变换与控制技术、电机控制技术、高功率微波辐射技术等方面取得了多项研究成果，并在新能源汽车、工业控制系统与机器人、微波天线与波导元器件、脉冲功率系统及微波源、高储能密度薄膜电容器技术等方向积累了深厚的技术储备。

在研项目：

1. 国家 863 项目，xxx 天线关键技术和实验研究。

2. 国家 863 项目，xxx 波束控制系统关键技术和实验研究。

3. 国家 863 项目，xxx 电源关键技术和实验研究。

4. 横向项目，高密度电容充电电源研制。

5. 横向项目，红外成像镜头控制系统研制。

科研成果：

已累计承担国家级项目 20 余项，获得国家发明专利 20 余项、发表论文 100 余篇。

所获荣誉：

2013 年、2014 年获得省部级科技进步二等奖。

80. 西南交通大学—列车控制与牵引传动研究室

地址： 四川省成都市二环路北一段 111 号西南交通大学九里校区电气馆 3231 室

邮编： 610031

电话： 028-86465637

传真： 028-86465637

团队人数： 52

团队带头人： 冯晓云

主要成员： 丁荣军、葛兴来、宋文胜、熊成林、王青元、孙鹏飞

研究方向： 电力牵引交流传动系统控制与仿真，电力牵引系统稳定性分析，电力牵引系统故障预测、诊断及容错控制，电力电子变压器，动力集成设计研究，虚拟同相柔性供电系统，列车运行节能优化，车线匹配评估与列车在线跟踪，重载列车辅助驾驶

团队简介：

由冯晓云教授创建于 2000 年的列车控制与牵引传动研究室（Train Control & Traction Drive Lab，简称为 TCTD），以国家重点（培育）学科"电力电子与电力传动"为依托，以轨道交通行业为背景，主要开展轨道交通电力牵引传动及其控制、电力电子变流技术、列车运行控制、优化控制与辅助驾驶领域的教学和科研工作。著名的交流传动控制专家丁荣军院士（我校双聘）也在团队指导博士和硕

士研究生。目前，研究室现有教师 7 人，其中院士 1 人，教授 2 人，副教授 1 人，讲师 1 人，助理研究员 2 人；博士生 7 人，硕士生 40 人。在科学研究方面，长期以来研究室逐渐形成了以学生为主体，以项目为依托，以创新为目标的科学研究方式，本着严谨治学、求实务真的态度不断努力提升科研能力。

在研项目：

1. 国家自然科学基金，基于电力电子变压器的高速列车牵引传动系统网侧控制技术研究（No. 51577160）2016. 01 ~ 2019. 12，主持。

2. 国家自然科学基金，基于阻抗特性的高速列车牵引变流系统谐波谐振稳定性研究（No. 51677156）2017 ~ 2020，主持。

3. 列车多效应耦合及智能控制技术研究"十三五"国家重点研发计划子课题 2016 ~ 2020，主持。

4. 国家自然科学基金-高铁联合基金重点项目，高速列车车网电气安全防护理论与方法研究（No. U1434203），2015. 01 ~ 2018. 12，主研。

5. 企业技术开发项目，列车电气系统匹配与仿真平台，2015. 06 ~ 2016. 07，主持。

6. 企业技术开发项目，整流器控制算法开发与测试，2015. 06 ~ 2016. 12，主持。

7. 企业技术开发项目，牵引变流器 PWM 算法 FPGA 开发，2016. 05 ~ 2017. 05，主持。

8. 四川省科技厅项目，高铁电力牵引系统车-网电气耦合与安全防护，2016 ~ 2019，主持。

9. 中国电力科学研究院课题，柔性光储并网系统控制技术研究，2016 ~ 2017，主持。

10. 成都运达科技创新股份有限公司课题，牵引控制单元（DCU）电机控制算法开发，2015 ~ 2016，主持。

11. 中车大连电力牵引研发中心合作课题，城轨车辆牵引传动系统耦合振荡研究——LC 振荡机理分析和抑制方法的研究，2015 ~ 2016，主研。

科研成果：

一、出版著作

1. 冯晓云编. 电力牵引交流传动及其控制系统［M］. 北京：高等教育出版社，2009.（普通高等教育"十一五"国家级规划教材）

2. 宋文胜，冯晓云，著. 电力牵引交流传动控制与调制技术［M］. 北京：科学出版社，2014.

二、发表 SCI 论文

1. Song W, Ma J, Zhou L, Feng X. Deadbeat Predictive Power Control of Single Phase Three Level Neutral-Point-Clamped Converters Using Space-Vector Modulation for Electric Railway Traction［J］. IEEE Transactions on Power Electronics, 2016, 31(1): 721-732.

2. Song W, Deng Z, Wang S, Feng X. A Simple Model Predictive Power Control Strategy for Single-phase PWM Converters with Modulation Function Optimization［J］. IEEE Transactions on Power Electronics, 2016, 31(7): 5279-5289.

3. Hou N, Song W*, Wu M. Minimum-Current-Stress Scheme of Dual Active Bridge DC-DC Converter with Unified-phase-shift Control［J］. IEEE Transactions on Power Electronics, 2016, 31(12): 8552-8561.

4. Ma J, Song W*, Feng X, Zhao J. Power Calculation for Direct Power Control of Single Phase Three Level Rectifiers without Phase Lock Loop［J］. IEEE Transactions on Industrial Electronics, 2016, 63(5): 2871-2882.

5. Wang S, Song W*, Zhao J, Feng X. A Hybrid Single-Carrier-Based PWM Scheme for Single-Phase Three-Level NPC Grid-side Converters in Electric Railway Traction［J］. IET Power Electronics, 2016, 9(13): 2500-2509.

6. Wang S, Song W*, Feng X, Ding R. A Hybrid CBP-WM Scheme for Single-Phase Three-Level Converters［J］. Journal of Power Electronics, 2016, 16(2): 480-489.

7. Song W, Feng X, Smedley K M. A Carrier-Based PWM Strategy With the Offset Voltage Injection for Single-Phase Three-Level Neutral-Point-Clamped Converters［J］. IEEE Transactions on Power Electronics, 2013, 28(3): 1083-1095.

8. Liu Y, Ge X, Tang Q, Deng Z, Gou B. Model predictive current control for four-switch three-phase rectifiers in balanced grids［J］. Electronics Letters. 2017, 53(1): 44-46.

9. Gou B, Ge X, Liu Y, Feng X. Load-current-based current sensor fault diagnosis and tolerant control scheme for traction inverters［J］. Electronics Letters. 2016, 52(20): 1717-1719.

10. Ge X, Pu J, Liu Y. Online open-switch fault diagnosis method in single-phase PWM rectifiers［J］. Electronics Letters. 2015, 51(23): 1920-1921.

11. Gou B, Ge X, Wang S, Feng X, Kuo J B, Habetler T G. An open-switch fault diagnosis method for single-phase PWM rectifier using a model-based approachin high-speed railway electrical traction drive system［J］. IEEE Transactions on Power Electronics, 2016, 31(5): 3816-3826.

12. Liu Y, Ge X, Feng X, Ding R. Relationship between SVPWM and carrier-based PWM of eight-switch three-phase inverter［J］. Electronics Letters, 2015, 51(13): 1018-1019.

13. Cui H, Song W, Fang H, Ge X, Feng X. Resonant harmonic elimination pulse width modulation-based high-frequency resonance suppression of high-speed railways［J］. IET Power Electronics, 2015, 8(5): 735-742.

14. Liu Y, Ge X, Zhang J, Feng X. General SVPWM strategy for three different four-switch three-phase inverters［J］. Electronics Letters, 2015: 51(4): 357-359.

15. Fang H, Feng X, Song W, Ge X, Ding R. Relationship between two-level space-vector pulse-width modulation and carrier-basedpulsewidth modulation in the over-modulation region［J］. IET Power Electronics, 2014, 7(1): 189-199.

16. Xiong C L, Wu X J, Diao F, et al. Improved nearest level modulation for cascaded H-bridge converter［J］. Electronics Letters, 2016, 52(8): 648-650.

17. Xiong C L, Ma J P, Wu X J, et al. Virtual co-phase traction power supply system adopting the cascaded H-bridge multilevel converter[J]. Electronics Letters, 2016, 52(10).

授权发明专利:

1. 葛兴来, 郝琪, 冯晓云, 宋文胜, 熊成林. 两电平整流器及逆变器高速实时仿真方法: 中国, ZL 2014 1 0230683. X [P].

2. 葛兴来, 韩坤, 冯晓云, 熊成林, 宋文胜, 苟斌, 崔恒斌. 电力牵引交流传动两电平脉冲整流器故障建模仿真方法: 中国, ZL 2013 1 0335516. 7 [P].

3. 葛兴来, 韩坤, 冯晓云, 宋文胜, 张靖, 苟斌. 电力牵引交流传动两电平三相逆变器故障建模仿真方法: 中国, ZL 2013 1 0507182. 7 [P].

4. 葛兴来, 苟斌, 冯晓云, 熊成林, 宋文胜, 韩坤. 电力牵引交流传动变流器中间直流回路故障建模仿真方法: 中国, ZL 2013 1 0698537. 5 [P].

5. 崔恒斌, 冯晓云, 葛兴来, 熊成林, 宋文胜, 王青元. 一种牵引供电系统谐波谐振辨识方法: 中国, ZL 2013 1 0159571. 5 [P].

6. 宋文胜, 吴瑕杰, 冯晓云, 王顺亮, 葛兴来. 低载波比在线计算多模式空间矢量脉宽调制核: 中国, ZL201410145537. 7 [P].

7. 宋文胜, 马俊鹏, 熊成林, 冯晓云, 葛兴来, 王青元. 一种单相工频系统无锁相环瞬时功率计算及无锁相环频率补偿算法: 中国, ZL201410384303. 8 [P].

8. 熊成林, 冯晓云, 吴瑕杰, 宋文胜, 韩昆. 一种改进的最近电平逼近调制算法: 中国, ZL201410561811. 9 [P].

9. 熊成林, 马俊鹏, 吴瑕杰, 冯晓云. 一种基于锁相环的电压重构方法: 中国, ZL201510133802. 4 [P].

10. 熊成林, 韩坤, 冯晓云, 王顺亮, 宋文胜. 一种基于级联多电平的地面过电分相装置: 中国, ZL201410036222. 9 [P].

11. 熊成林, 王顺亮, 冯晓云. 一种基于级联多电平地面过电分相装置的控制方法: 中国, ZL201410036720. 3 [P].

软件著作权:

1. CRH3 型动车组牵引系统故障建模仿真软件 V1.0, 登记号: 2015SR227446。

2. 高速列车牵引传动系统动态仿真软件 V1.0, 登记号: 2015SR179933。

3. 城市轨道交通定时节能优化操作仿真软件 1.0 登记号: 2009SR040606. 2008。

4. 城市轨道交通机车拟合软件 1.0 登记号: 2009SR033921. 2008, 12。

5. 高速列车运行仿真软件 1.0 登记号: 2010SR017995. 2009, 3。

所获荣誉:

1. 面向国家重大需求, 改革培养模式, 有效提升研究生创新实践能力, 2014 年获国家级教学成果二等奖。

2. 面向国家重大需求, 整体建构电气工程教育体系,

培养轨道交通一流人才, 2009 年获国家级教学成果一等奖。

3. 客运专线电分相设置方案与运行时分目标关系仿真评估 2011 年获中国铁道学会科技进步三等奖。

4. 高速动车组牵引及信息监控系统 2008 获中国铁道学会科学技术奖二等奖。

81. 西南交通大学—汽车研究院

地址: 四川省成都市金牛区二环路北一段 111 号
邮编: 610031
电话: 18628264826
团队人数: 30
团队带头人: 胡广地
主要成员: 胡广地、刘伟群、祝乔、郭峰、刘丛志等
研究方向: 新能源汽车与汽车工程相关方向
团队简介:

西南交通大学汽车研究院概况:

机构性质: 西南交通大学校内独立二级单位, 中国振动工程学会机械动力分会理事单位, 中国内燃机学会大功率柴油机分会会员单位, 中国汽车工程学会振动噪声分会会员单位和四川省新能源汽车产业推进办成员单位。

发展定位: 整合校内优势资源, 树立西南交大汽车领域强势学科形象, 实现 "大交通" 战略。

技术重点: 以发展新能源汽车、汽车电子、汽车节能减排为主。

建设资金: 将汽车学科列为西南交大重点学科, 初期投入 2000 万建设资金, 及 300 万/年汽车学科发展资金。

主要职能: 校内协同创新、检验检测与认证、技术成果孵化与转化、人才培养。

在研项目:

振动能量回收、电动汽车电池管理系统、电动汽车用空调系统、SCR 后处理装置。

科研成果:

1. 一种固体铵盐 SCR 的计量喷射系统。

2. H∞ 控制器在倒立摆控制中的应用。

3. 一种参数可调智能高性能发动机主构架。

4. 基于 HELS 方法的噪声诊断技术研究。

5. 一种客车电动空调电路。

6. A new method of modeling and state of charge estimation of the battery

7. Model-based urea injection control strategy and ammonia storage estimation for diesel engine SCR system.

82. 厦门大学—微电网课题组

地址: 福建省厦门市翔安区新店镇厦门大学能源学院和木楼 A111
邮编: 361102
电话: 15960221861
团队人数: 6
团队带头人: 孟超
主要成员: 孙纯鹏、杨赟、纪承承、魏闻、陈颖

研究方向：直流微电网及其控制策略，能源互联网与园区能源规划，不间断电源设备，电能质量治理与装备

团队简介：

厦门大学微电网研究团队主要致力于直流微电网系统建模、控制策略分析及其工程产业化。在此基础上，团队积极延伸研究领域，正在配合国内某大型能源集团共同向国家能源局申请某大型科技园区能源互联网示范项目，并作为主要参与人及子课题负责人参与其中。电力电子变换器是能源互联网和微电网的核心设备，在该研究领域，团队先后开展了高性能大功率不间断电源、有源电力滤波器、静止无功补偿器、双向 AC/DC 变换器等技术和设备的研究，并取得了一些成果，部分研究成果已经实现产业化。

在研项目：

纵向课题：

1. 福建省重大产学研专项，核电站用不间断电源的研究，主持。

2. 厦门市重点产学研项目，有源滤波与无功补偿关键技术研究及产业化，主持。

3. 福建省经贸委重点项目，太阳能建筑一体化微电网智能能源管理系统开发，主要参与人。

企业委托研究课题：

1. 某大型科技园区能源互联网示范项目，主要参与人及子课题负责人。

2. 直流微电网关键技术开发，主要参与人及子课题负责人。

3. 小型建筑用直流微电网示范工程，主持。

4. 数字化不间断电源的研究，主持。

5. 有源滤波与无功补偿关键技术研究，主持。

科研成果：

1. Fengyan Zhang, Yun Yang, Chao Meng *. Power management strategy research for DC microgrid with hybrid storage system. DC Microgrids（ICDCM）[J]. 2015 IEEE First International Conference on, pp: 62-68.

2. Fengyan Zhang, Wen Wei, Chao Meng *. Control strategy of electric charging station with V2G function based on DC micro-grid. DCMicrogrids（ICDCM）[J]. 2015 IEEE First International Conference on, pp: 222-227.

3. Chao Meng, Yongqiang Hong. A novel passive control strategy for transformerless shunt hybrid active power filter [J]. Automation of electric power systems, 37（7）: 108-112, 2013.

4. Chao Meng, Yongqiang Hong. A novel control strategy for three-phase shunt active power filter using a Lyapunov function [J]. IEEE 7th international power electronics and motion control conference-ECCE Asia, 2754-2759, 2012.

5. Jiakun Zheng, Chao Meng, Yongqiang Hong. The study of transformerless shunt hybrid active power filter compensation for unbalanced load [J]. IEEE 7th international power electronics and motion control conference-ECCE Asia, 2849-2853, 2012.

另有专利若干。

83. 湘潭大学—智能电力变换及其应用技术

地址：湖南省湘潭市湘潭大学信息工程学院

邮编：411105

电话：58292224

团队人数：4

团队带头人：邓文浪

主要成员：邓文浪、谭平安、李利娟、陈才学

研究方向：电力电子技术及其应用

团队简介：

湘潭大学智能电力变换技术及应用研究团队主要从事电力电子技术及其应用方面的研究，近十年来在新型电力电子拓扑及其控制、电网安全、功率半导体器件建模及可靠性、无线电能传输、风力发电控制技术等方面开展科学研究。承担了多项国家自然科学基金、湖南省自然科学基金等项目。

在研项目：

1. 国家自然科学基金青年项目，考虑脆弱性指标的电力系统差异化规划理论与方法（编号：51307148）。

2. 湖南省科技计划项目，抗灾型城市电网差异化规划研究（编号：2013GK3168）。

3. 国家自然科学基金青年项目，二阶随机占有约束优化问题的高效数值算法、理论及其应用（编号：11301445）。

4. 国家自然科学天元基金项目，延迟微分代数系统的迭代算法及其在智能电网中的应用（编号：11226322）。

5. 湖南教育厅一般项目，无刷双馈风力发电系统控制策略的研究（编号：13C905）。

6. 国家自然科学基金青年项目，51207134、半控型功率器件并联均流控制的非线性稳定运行机理及安全域研究、2013.01~2015.12、25万元、结题、主持。

7. 国家自然科学基金面上项目，柔性带材电磁功率元件集成拓扑与设计方法，51577161。

8. 国家自然科学基金面上项目，配电网故障时逆变型分布式电源的运行特性及短路电流计算方法研究。

9. 湖南省教育厅一般项目，09C962、HAPF 与 SVC 构成的并联型电能质量综合补偿器控制技术研究5、国家自然科学基金面上项目，50877028、电力电子系统的小世界网络特征及动态故障诊断、2009/01-2011/12、35万元、已结题、参与。

10. 湖南省自然科学基金项目，08JJ6029、基于自抗扰控制技术的双级矩阵变换器控制策略研究。

11. 湖南省教育厅一般项目，06C833、矩阵变换器电流控制策略的优化研究。

科研成果：

1. Recent Progress of SiC Power Devices and Applications [J]. IEEJ Transactions on Electrical and Electronic Engineering [J].2013, 8（5）: 515-521.（SCI）

2. 多电平矩阵变换器的等效电路及其应用. 高电压技术 [J].2013, 39（3）: 741-748.（EI）.

3. Procedure and Model of Anti-disaster Differentiated Planning for Power Distribution System［J］. Journal of Energy engineering, 2015. DOI: 10.1061/（ASCE）EY.1943-7897.0000267.（SCI）

4. A novel model for wind power forecasting based on Markov residual correction［J］. 2015 IEEE 6th International Renewable Energy Congress（IREC）: 1-5.（EI）

5. 使用空间矢量调制的三电平矩阵变换器控制策略［J］. 中国电机工程学报, 2008, 28（9）: 12-16.（EI）

6. 三电平矩阵变换器的电路拓扑与控制策略［J］. 电力自动化设备, 2008, 28（3）: 63-67.（EI）

7. 基于精简矩阵变换器的海上风电高压直流输电控制策略. 电力系统自动化, 37（8）: 34-37, 2013.

8. 高频链TSMC的双极型空间矢量调制［J］. 电机与控制学报, 17（11）: 75-82, 2013.

9. 基于双级矩阵变换器的直驱永磁同步风力发电系统有功功率平滑优化控制［J］. 电网技术, 37（12）: 3419-3425, 2013.

10. 基于新型两步换流的高频链矩阵整流器控制［J］. 电力自动化设备, 33（10）: 130-135, 2013.

11. 基于优化换流策略的双级矩阵变换器实验研究［J］. 电力电子技术, 47（5）: 97～99, 2013.

12. 基于电流空间矢量预测控制的HFLMR研究［J］. 电力系统保护与控制, 41（14）: 108-114, 2013.

13. 应用双级矩阵变换器的永磁直驱风力发电系统集成控制策略［J］. 太阳能学报, 33（4）: 577-581, 2012.

14. 段斌. 双级矩阵变换器直驱风力发电系统最大风能追踪［J］. 电网技术, 36（5）: 73-78, 2012.

15. TSMC励磁的双馈风力发电系统研究［J］. 太阳能学报, 31（5）: 648-653, 2010.

16. 提高双馈感应式风力发电系统故障穿越能力的控制策略［J］. 电机与控制学报, 14（12）: 15-22, 2010.

17. 基于合成矢量的双级矩阵变换器驱动感应电机电流控制策略［J］. 电网技术, 34（2）: 64-70, 2010.

18. A Frequency-tracking Method Based on a SOGI-PLL for Wireless Power Transfer System to Assure Operation in the Resonant State［J］. Journal of Power Electronics, 2016, 16（3）: 1056-1066.

19. Phase Compensation, ZVS Operation of Wireless Power Transfer System Based on SOGI-PLL［C］. 2016 IEEE Applied Power Electronics Conference and Exposition（APEC）, Long Beach, CA, USA, 2016, pp. 3185-3188.

20. Adjustable Coupler for Inductive Contactless Power Transfer System to Improve Lateral Misalignment Tolerance［C］. IEEE ECCE Asia, 2016.

21. 晶闸管混沌行为的延迟反馈控制与尖峰电流抑制［J］. 物理学报, 2010, 59（8）: 5299.（SCI收录号: 000281024100023.）

22. 负微分电导下晶闸管的动力学行为与混沌现象［J］. 物理学报, 2010, 59（6）: 3747.（SCI收录号: 000278672300019.）

23. 基于微分几何理论的参数失配系统时空同步研究［J］. 物理学报, 2013, 62（23）: 230507.（SCI收录号: 000328931400013.）

84. 燕山大学—可再生能源系统控制团队

地址: 河北省秦皇岛市海港区河北大街西段438号燕山大学电气工程学院

邮编: 061001

团队人数: 教师6人, 学生若干

团队带头人: 张纯江

主要成员: 李珍国、阚志忠、王晓寰、郭忠南、董杰

研究方向: 逆变器并网控制, 微电网运行控制, 风力发电

团队简介:

团队成立于2005年, 由张纯江教授为带头人, 由李珍国副教授、阚志忠副教授、王晓寰副教授, 郭忠南讲师和董杰讲师为主要成员, 开展可再生能源系统控制相关研究。已经完成国家基金项目4项, 河北省基金项目2项, 在研的国家基金1项, 省级项目3项, 建立风力双馈、直驱发电平台两个, 光伏发电平台1个, 逆变器并网平台1个, 开关磁阻电机运行平台1个。发表论文70余篇, 申请专利4项, 培养博士生5名, 研究生近百余名。

在研项目:

1. 国家自然科学基金项目, 基于直流母线接入的大功率模块化储能双向DC/DC变换器及功率流控制研究, 2015～2018。

2. 河北省教育厅科学研究计划河北省高等学校自然科学研究青年基金项目, 基于下垂特性的低压微电网孤岛检测方法研究, QN2014183 2014.6～2017.6。

3. 河北省教育厅科学研究计划河北省高等学校自然科学研究重点项目, 风光互补微电网中即插即用逆变器及控制研究 ZH2012053。

4. 河北省自然科学基金面上项目基于微电网运行的分布式光伏逆变器关键技术研究, E2013203380。

科研成果:

1. 张纯江, 董杰, 刘君, 贲冰. 蓄电池与超级电容混合储能的控制策略［J］. 电工技术学报, 2014, 29（4）: 334-340.

2. 张纯江, 王勇, 杨海军, 柴秀慧. 电网电压不平衡条件下双馈风力发电机转矩脉动抑制研究［J］. 太阳能学报, 2013, 34（6）: 924-932.

3. 王晓寰, 张纯江. 分布式发电系统无缝切换控制策略［J］. 电工技术学报, 2012,, 27（2）: 217-222.

4. 张纯江, 王晓寰, 薛海芬, 阚志忠, 邬伟扬. 微电网中三相逆变器类功率下垂控制和并联系统小信号建模与分析［J］. 电工技术学报, 2012, 27（1）: 32-39.

5. 李珍国, 王江浩, 高雪飞, 方一鸣. 一种合成电流控制的无刷直流电机转矩脉动抑制系统［J］. 中国电机工程学报, 2015, 21: 5592-5599.

6. 李珍国, 周生海, 王江浩, 方一鸣. 无刷直流电动机双闭环调速系统的转矩脉动抑制研究［J］. 电工技术学

报，2015，15：156-163.

7. 专利：一种基于电流控制的无刷直流电机瞬时转矩控制方法：中国，ZL201210237086.0［P］. 2014-10.

85. 浙江大学—GTO 实验室

地址：浙江省杭州市西湖区浙江大学玉泉校区应电楼103

邮编：310012

电话：0571-87951950

团队人数：21

团队带头人：吕征宇、姚文熙

主要成员：靳晓光、胡进、黄龙、刘威、虞汉阳、陈发毅、王斌斌、黄羽西、谢良等

研究方向：电力电子系统集成，电力电子功率变换及其控制技术，变模态柔性变流器，电机控制

团队简介：

团队属于浙江大学电气工程学院电力电子技术研究所，主要由1名教授、1名副教授及博士研究生和硕士研究生组成。主要研究方向为电力电子系统集成，电力电子功率变换及其控制技术，变模态柔性变流器和电机控制等。

在研项目：

1. 变模态柔性变流器。

2. 高效率变模态无桥 PFC 变换器。

3. 电动汽车充电桩研发。

4. 三相并网逆变器控制。

5. 电机控制。

6. 三相 Vienna 变换器控制。

科研成果：

近年来在国内外发表学术论文 300 余篇，其中被 SCI、EI、ISTP 收录 100 余篇。申请和授权的中国发明专利 30 余项。获得省部级科研成果 4 项，其中一等奖一项，二等奖两项。

1. 2001、2003 年有源电力滤波器问题研究、通用电力电子装置数字式控制开发平台项目分别获得台达电力电子科教发展基金会优秀项目奖。

2. 有源电力滤波器及电磁兼容研究项目获 2001 年浙江省教育厅科研成果一等奖。

3. 多电平变换器拓扑理论、控制技术和容错方法的研究项目列入教育部 2002 年科技成果获（主要成员）。

4. 电力系统短路限流技术研究项目获 2006 浙江省教育厅科技成果二等奖（主要成员）。

5. 多电平变换器电路拓扑控制技术与容错方法的研究项目获得 2009 年浙江省科技一等奖（主要成员）。

所获荣誉：

1. 2001 年有源电力滤波器问题研究项目获得台达电力电子科教发展基金会优秀项目奖。

2. 2001 年有源电力滤波器及电磁兼容研究项目获得浙江省教育厅科研成果一等奖。

3. 2002 年电力电子装置电磁干扰及控制对策研究项目获教育部科技成果二等奖。

4. 2003 年台达电力电子科教发展基金会"通用电力电子装置数字式控制开发平台项目获得优秀项目奖。

5. 2006 年电力系统短路限流技术研究项目获得浙江省教育厅科技成果二等奖（主要成员）。

6. 2009 年多电平变换器电路拓扑控制技术与容错方法的研究项目获得浙江省科技一等奖（主要成员）。

86. 浙江大学—陈国柱教授团队

地址：浙江省杭州市西湖区浙大路 38 号浙江大学玉泉校区电气工程学院

邮编：310027

电话：13958133125

团队人数：25

团队带头人：陈国柱

主要成员：陈国柱教授、博士生、硕士生

研究方向：电力电子装置及其数字控制，包括：电能质量控制及节能电气装备，如 APF，UPQC，SVC，dSTATCOM 及 dFACTS；新能源与分布式发电并网、组网及储能技术；PEBB（系统集成）技术应用及高可靠性、模块化技术；特种电力电子变换电源

团队简介：

浙江大学电力电子与电力传动学科（国家重点）研究团队。导师陈国柱教授、博士生导师、留美博士后，兼任中国能源学会副理事长、江苏省风力机高技术设计重点实验室学术委员会委员、浙江省电源学会理事、江苏省电力电器产业技术创新战略联盟技术委员会委员。是中国"教育部新世纪优秀人才"（2006）、浙江省重点"新能源电力电子技术创新团队核心成员（2010）"、"南太湖科技精英计划人才"（2012）、浙江省"千人计划"人才（2013）。负责科研项目约 25 项，包括多个重大项目、国家自然科学基金项目、国际资助项目等；培养毕业研究生约 40 名，目前在读硕士生 10 名、博士生 13 名、留学生 2 名、合作博士后 1 名。

在研项目：

1. 基于 PSI 的电力电子线路可靠性及电磁兼容（EMC）技术。

2. 中压动态无功补偿（DSTATCOM）及电力有源滤波（APF）技术产业化开发。

3. 海上风力发电并网变流器设计关键技术。

4. 储能装置系统与控制策略。

5. 节能电气设备技术与应用。

6. 智能电力仪表设计及应用。

科研成果：

1. 中低压动态无功补偿 DSTACOM 成套装置及技术。

2. 三相/三线及四线制模块化电力有源滤波（APF）技术。

3. 690V/3.3kV 大功率（2～6MW）风力发电并网变流器。

4. 混合储能技术。

5. 电铁制动储能节能技术。

6. 中低压电动机保护器、中低压多功能电力仪表。

发表科技论文 200 余篇、授权和申请发明专利 23 项。

所获荣誉：

获科技成果奖励 9 项，其中包括：

1. 中国教育部科技进步二等奖。

2. 浙江省科技进步一等奖。

3. 浙江省教委科研成果一等奖。

87. 浙江大学—电力电子技术研究所徐德鸿教授团队

地址： 浙江省杭州市西湖区浙大路 38 号浙江大学玉泉校区应电楼 105 室

邮编： 310027

电话： 0571-87953103

传真： 0571-87951797

团队人数： 27

团队带头人： 徐德鸿

主要成员： 徐德鸿、陈敏、胡长生、林平、谌平平、杜成瑞、董德智、张文平、何宁、李海津、陈烨楠、严成、施科研、朱晔、贾晓宇、朱楠、马杰、王昊、王晔、胡锐、王小军、刘超、朱应峰、叶正煜、刘亚光、邱富君、吴俊雄

研究方向： 高效率不间断电源，新能源和电动汽车用电力电子变换器，高可靠性多能源储能系统，功率半导体器件封装及应用

团队简介：

本科研团队的带头人徐德鸿教授是 IEEE fellow，中国电源学会理事长，浙江大学电力电子技术研究所所长，长期从事电力电子领域科学研究和产品开发。团队在新能源发电用电力电子装置、大功率不间断电源、高效率高可靠性功率变换器设计等研究方向均有丰富的研究和实践经验。欢迎广大高校和企业与我们合作研究，共同学习。

在研项目：

1. 多能源储能系统协同控制，国家自然科学基金重点项目。

2. 燃料电池不间断电源容错技术，国家自然科学基金。

3. 大功率 T 型三电平智能功率模块研制，国家自然科学基金。

4. 高效率不间断电源，企业合作项目。

5. 500kW 大功率 T 型三电平光伏逆变器，企业合作项目。

6. 高电压双输入光伏逆变器，企业合作项目。

7. 复合有源箝位软开关光伏逆变器，企业合作项目。

8. 电动汽车用逆变器、充电桩、车载充电器，企业合作项目。

9. SiC 功率器件封装研究，自研项目。

10. EMI 滤波器集成，自研项目。

科研成果：

近几年发表的 SCI 论文：

1. Dehong Xu, Haijin Li, Ye Zhu, Keyan Shi, Changsheng Hu. High-surety Microgrid: Super Uninterruptable Power Supply with Multiple Renewable Energy Sources [J]. ELECTRIC POWER COMPONENTS AND SYSTEMS, vol 43, IS 8-10, pp: 839-853, JUN 15, 2015.

2. Guofeng He, Dehong Xu, Min Chen. A Novel Control Strategy of Suppressing DC Current Injection to the Grid for Single-Phase PV Inverter [J]. IEEE Transactions on Power Electronics, vol. 30, no. 3, pp: 1266, 1274, March 2015.

3. Wenping Zhang, Dehong Xu, Prasad N. Enjeti, Haijin Li, Joshua T. Hawke, Harish S. Krishnamoorthy. Survey on Fault-Tolerant Techniques for Power Electronic Converters [J]. IEEE Transactions on Power Electronics, vol. 29, No. 12, pp: 6319-6331, Dec. 2014.

4. Cheng Deng, Dehong Xu, Pingping Chen, Changsheng Hu, Wenping Zhang, Zhiwei Wen, Xiaofeng Wu. Integration of Both EMI Filter and Boost Inductor for 1-kW PFC Converter [J]. IEEE Transactions on Power Electronics, vol. 29, No. 11, pp: 5823-5834, Nov. 2014.

5. Cheng Deng, Min Chen, Pingping Chen, Changsheng Hu, Wenping Zhang, Dehong Xu. A PFC Converter With Novel Integration of Both the EMI Filter and Boost Inductor [J]. IEEE Transactions on Power Electronics, vol. 29, No. 9, pp: 4485-4489, Sep. 2014.

6. Ye Zhu, Dehong Xu, Ning He, Jie Ma, Jun Zhang, Yangfan Zhang, Guoqiao Shen, Changsheng Hu. A Novel RPV (Reactive-Power-Variation) Antiislanding Method Based on Adapted Reactive Power Perturbation [J]. IEEE Transactions on Power Electronics, vol. 28, no. 11, pp: 4998-5012, Nov. 2013.

7. Guofeng He, Min Chen, Wei Yu, Ning He, Dehong Xu. Design and Analysis of Multiloop Controllers With DC Suppression Loop for Paralleled UPS Inverter System [J]. IEEE Transactions on Industrial Electronics, vol. 61, no. 12, pp: 6494-6506, Dec. 2014.

8. Yenan Chen, Dehong Xu, Jiangbei Xi, Guangcheng Hu, Chengrui Du, Yawen Li, Min ChenA ZVS Grid-Connected Full-Bridge Inverter with a Novel ZVS SPWM Scheme" [J]. IEEE Transactions on Power Electronics（已收录）.

9. Chengrui Du, W. G. Hurley, Dehong Xu. Design Methodology of Resonant Inductor in a ZVS Inverter [J]. IEEE Journal of Emerging and Selected Topics in Power Electronics,（已收录）.

近几年获得授权的发明专利：

1. 徐德鸿、邓成、胡长生、温志伟. 一种功率因数校正电路的无源元件集成装置：中国，ZL201210439993.3 [P]. 2014-10-08.

2. 徐德鸿、陈烨楠、杜成瑞、胡光铖、延汇文. 一种单相逆变器的调制方法：中国，ZL201210418400.5 [P]. 2014-08-06.

所获荣誉：

1. 2012 年面向电网谐波污染治理与电能质量优化的电

力电子关键技术及工程化应用获得浙江省科学技术奖一等奖。

2. 2015 年 9 月高电能质量节能型大功率不间断电源系统关键技术与产业化获得中国电源学会科技进步奖特等奖。

88. 浙江大学—电力电子学科吕征宇团队

地址： 浙江省杭州市浙大路 38 号浙大电气学院

邮编： 310027

网址： http://ee.zju.edu.cn/

团队人数： 15

团队带头人： 吕征宇

主要成员： 吕征宇、姚文熙、张德华

研究方向： 电力电子学科

团队简介：

本团队为浙江大学电气工程学院电力电子学科教师组成，具有教授博导、副教授、博士生、硕士生等组成的团队，与国家科研大院、国内外多家企业有长期合作关系，具有研究、设计及后续工程研究开发能力，完成过多项国家与企业委托开发及咨询项目。近年来致力于新能源微网、车载充电、电蓄电池充放电管理、新型电机驱动、工业特种电源等开发，具有整合前端探索性研究、应用型原型样机研究，以及工程样机开发的能力，愿意为推动产学研合作做出贡献。

在研项目：

1. 车载充电器。

2. 同步磁阻电机驱动。

3. 锂电池管理。

4. 三相有源整流器。

5. 多电平高压开关。

6. 高效率变模态 LLC 功率变换器。

7. 基于规模化交错并联的并网变流技术——国家自然科学基金。

科研成果：

1. 高密度模块电源。

2. 并网逆变器。

3. 蓄电池充放电管理。

4. 三相 PFC 有源整流。

5. 感应电机无传感器控制。

6. 直流高压电源。

7. 永磁电机驱动。

8. 高压隔离多路电量传感器。

9. 相关发明专利及学术论文。

所获荣誉：

近年来获得荣誉：

1. 变拓扑柔性变流器理论（50677063），获自然科学基金优秀结题项目。

2. 变模态柔性变流器理论（51177148），获自然科学基金优秀结题项目。

89. 浙江大学—何湘宁教授研究团队

地址： 浙江省杭州市浙大路 38 号，浙江大学电气工程学院

邮编： 310027

团队人数： 39

团队带头人： 何湘宁

主要成员： 石健将、邓焰、吴建德、李武华、胡斯登

研究方向： 电力电子技术及其工业应用，包括大功率变换器与智能控制系统，特种电源及其网络化系统，电力电子器件、电路和系统的建模、仿真和测试等。

团队简介：

SEEEDS（Sustainable & Efficient Electric Energy Delivery Systems）团队依托于浙江大学电力电子技术国家专业实验室。团队目前拥有教授 3 名，副教授 3 名。主要研究方向包括电力电子技术及其工业应用，包括大功率变换器与智能控制系统，特种电源及其网络化系统，电力电子器件、电路和系统的建模、仿真和测试等。与美国通用电气、日本富士电机、台达、中国电科院、上海电气等公司及研究机构保持密切的交流合作。

在研项目：

1. 国家自然科学基金重大项目课题，多时间尺度下大容量电力电子混杂系统运行匹配规律研究，项目批准号：51490682，起止年月：2015.1～2019.12。

2. 国家自然科学基金，基于功率开关变换电路理论的能量/信号复合传输方法和系统研究，编号：61174157。

3. 浙江省自然科学基金"杰出青年基金"项目，即插即用型新能源直流微网运行控制的基础研究，项目编号：LR16E070001，起止年月：2016.1～2019.12。

4. 科技部 973 青年科学家专题柔性直流输电换流器安全运行裕度的基础研究，项目编号：2014CB247400，起止年月：2013.8～2018.7。

5. 国家自然科学基金面上项目，非隔离型分布式光伏发电系统对地共模漏电流抑制机理研究，项目批准号：51377112，起止年月：2014.1～2017.12。

科研成果：

在多电平功率变换器基础与应用研究，仿生学意义下的电力电子系统分布式结构，可再生能源功率变换系统与控制等方面取得创新性成果。同时在电力电子技术应用于有机材料处理工程、环境保护工程领域开展交叉学科方向的研究，并实现了产业化。国内外发表论文 620 余篇，440 多篇被 SCI/EI 所收录。授权国家发明专利 50 项。

所获荣誉：

获国家自然科学二等奖 1 项，国家技术发明二等奖 1 项，省部级科学技术成果一等奖 3 项。

90. 浙江大学—电力电子先进控制实验室

地址： 浙江省杭州市西湖区浙大路 38 号浙大大学玉泉校区电气工程学院应电楼 109 室

邮编： 310027

团队人数： 23

团队带头人： 马皓

主要成员：马皓、白志红、周晶、祝帆、王均、唐云宇、李战等

研究方向：电力电子技术及其应用、电力电子先进控制技术、电力电子系统故障诊断理论和方法、新型高效功率变换拓扑与控制技术、电力电子系统网络控制技术、逆变器无线并联技术、电能非接触传输技术、电动汽车中电力电子技术等。

团队简介：

本团队属于浙江大学电力电子与电力传动学科（国家重点学科）研究团队、浙江省重点科技创新团队。带头人马皓教授，现任浙江大学伊利诺伊大学厄巴纳香槟校区联合学院副院长；浙江省科协委员；中国电源学会常务理事、学术工作委员会主任、直流电源专业委员会副主任、无线电能传输技术及装置专业委员会副主任；浙江省电源学会副理事长、秘书长。团队完成科研项目 50 余项，包括国家自然科学基金项目、国家高技术研究发展计划（863 计划）项目、国际合作项目、企业合作项目等。培养毕业研究生 69 名，目前在读硕士生 13 名、博士生 8 名。

在研项目：

1. 基于三维磁场分析方法的电动汽车感应耦合式非接触电能传输系统研究。

2. 混合能源分布式逆变器并网系统中的网络控制技术研究。

3. 多能源储能系统的故障诊断和容错技术。

4. 特殊环境中高效率高功率密度直流－直流变换器研究。

科研成果：

1. 电力电子系统故障诊断理论和应用。

2. 新型软开关功率变换拓扑及其应用。

3. 新型高效率照明驱动电源及其控制技术研究与应用。

4. 新一代汽车无汞 HID 电子镇流器

5. 单相或三相逆变器并联系统的无线并联技术。

6. 电力电子系统的网络控制技术

发表学术论文 200 余篇，授权和申请发明专利 27 项。

所获荣誉：

1. 浙江省科技进步一等奖 1 项。

2. 浙江省科技进步奖二等奖 1 项。

3. 教育部提名国家科学技术奖自然科学奖二等奖 1 项。

4. 教育部科技进步二等奖 1 项。

5. 上海市科技进步奖三等奖 1 项。

6. 国家级教学成果奖二等奖 1 项。

7. 浙江省教学成果奖一等奖 1 项。

91. 浙江大学—石健将老师团队

地址：浙江省杭州市浙江大学玉泉校区工业电子楼 102 室

邮编：310027

电话：18268874591

团队人数：9

团队带头人：石健将

主要成员：何昕东、侯庆会、李竞成、汪洋等

研究方向：高频电力电子变流技术，高可靠性中大功率高频组合直流变换器，高可靠性高功率密度航空静止变流器，单相/三相中大功率高频逆变器（包括输出 50 赫兹工频和 400Hz 中频两类），三相高功率因数高频 PWM 整流器，固态电力变压器（SST），光伏发电，智能电网等

团队简介：团队有 9 名成员，1 名博士。

在研项目：

国防军工科技开发项目、国家自然科学基金面上项目、国际合作项目及国内企业合作项目等 10 多个科研项目

科研成果：

已研制完成多个型号的航空静止变流器电源、舰船混合电力推进控制系统，以及大功率零时间切换三相 UPS 电源系统等多个科研项目。

所获荣誉：

曾获得国防科学技术三等奖 1 项，浙江省科学技术奖一等奖 1 项；已在《电工技术学报》、《中国电机工程学报》等国内核心期刊以及电力电子技术国际顶级（TOP）IEEE 期刊和国际会议上发表学术论文 50 多篇，其中 SCI 检索的国际 TOP 期刊论文 6 篇，EI 检索论文 40 余篇；申请国家发明专利 10 余项（已授权 5 项）。

92. 浙江大学—微纳电子所韩雁教授团队

地址：浙江省杭州市西湖区浙大路 38 号浙江大学玉泉校区信电学院微电子楼

邮编：310027

电话：0571-87953116

传真：0571-87953116

网址：www. isee. zju. edu. cn/IC

团队人数：15

团队带头人：韩雁

主要成员：韩雁、张世峰、韩晓霞

研究方向：集成电路与功率器件设计

团队简介：

团队共有教授 1 名，副教授 1 名，讲师 1 名，专职科研岗教师 1 名，博士生 5 名，硕士生 6 名。

在研项目：

1. 国家自然科学基金面上项目，61274035，纳米工艺下面向参数成品率增强的电路设计方法研究，2013/01-2016/12。

2. 企业委托开发项目，交流接触器节能芯片 ZDLX-1H 应用开发，2016. 3. 16-2019. 3. 15。

3. 企业委托开发项目，铁路轨旁电子单元 LEU 的开发，2014-9. 1-2016. 3. 31。

4. 企业委托开发项目，先进电磁技术，2015. 11-2017. 11。

科研成果：

承担并完成国家 863 IC 设计专项、国家核高基重大专项、国家基金面上项目、教育部博士点基金、浙江省科技重大专项、省自然基金、省部级政府招标项目、海外合作项目、企业委托重大横向和普通研发项目共计六十多项科

研项目。

近五年内共出版论著五部，发表 SCI 论文 26 篇（其中 1 篇发表在 JSSC，3 篇发表在 EDL），获授权发明专利 50 余项（含日本授权专利 1 项，美国公告专利 1 项，欧洲申请专利 1 项）。应 InTech 出版社之邀为其新书撰写的 Chapter 10，因提出了 On Chip ESD 防护器件"有效性、鲁棒性、敏捷性、透明性"的定量判定方法，受到国际同行的广泛关注，出版三年内被各国学者下载七千多次。还曾因发表文章揭示了 JEDEC 国际标准在 IC ESD 测试方法上存在的漏洞，被美国科学网站报道为 New Funding on Science。

新近研制出一款基于国内 40 nm CMOS 工艺的 60GHz 锁相环射频芯片，技术国际先进，国内领先。完成了浙江省重大科技专项 1700V IGBT 的研发与产业化项目。

93. 浙江大学—智能电网柔性控制技术与装备研发团队

地址：浙江省杭州市西湖区浙大路 38 号

邮编：310027

电话：0571-87951541

团队人数：50

团队带头人：江道灼

主要成员：甘德强、赵荣祥、梁一桥、文福拴、李海翔、丘文千、江全元、郭创新、周浩

研究方向：交直流电力系统运行与控制，柔性输配电控制技术与装备

团队简介：

团队由浙江大学牵头，合作单位为浙江省电力公司（含其下属企业）、浙江省电力设计院。团队规模约 50 人，拥有副高职以上技术职称人数约占 57%；核心成员 10 人，其中中科院院士 1 人，教育部"新世纪优秀人才支持计划"入选者 3 人，浙江大学求是特聘教授 1 人。

团队依托浙江大学电气工程国家一级重点学科（涵盖电力系统及其自动化、电力电子技术、电机与电器 3 个国家二级重点学科）、电力电子应用技术国家工程研究中心和电力电子技术国家专业实验室，汇集了浙江省乃至全国一流的业界专家，且团队成员有着长期紧密的合作历史和合作基础。团队注重"产学研"结合，并紧密围绕分布式发电与并网技术、特高压交直流输电技术、智能电网技术等国际和我国电力行业最新发展趋势，针对浙江省重大需求开展创新性研究，为浙江省电力工业的现代化改造与发展提供基础理论和核心技术支撑。

在研项目：

1. 固态短路限流技术及装置研发（863）。

2. 直流断路器关键技术研究（863）。

3. 电动汽车与智能电网的接口及网络交互（国家基金中英合作项目）。

4. 统一潮流控制器 UPFC 在含分布式电源智能配电网关键技术研究及工程应用。

科研成果：

1. 共发表科研论文 70 余篇，其实 SCI/EI 近 50 篇。

2. 获得省部级科技奖 4 项。

3. 申请专利 30 余项，其中发明专利 7 项。

4. 团队培养及引进了一批高层次科研人员，引进海外优秀人才 1 人、培养国家级和省部级优秀人才 3 名、多位项目成员完成职务晋升，同时培养了一批较高理论和专业素质的研究生。

所获荣誉：

1. 500kV 直流融冰见动态无功补偿系统研制与工程试点浙江省电力科学技术二等奖（浙江大学）。

2. 无功电压及优化辅助决策系统开发及应用福建省科学技术进步奖三等奖（浙江大学）。

3. 500 千伏直流融冰见动态无功补偿系统研制与工程试点浙江电力科学技术一等奖（江道灼）。

4. 500 千伏直流融冰见动态无功补偿系统研制与工程试点浙江电力科学技术一等奖（浙江大学）。

5. 500 千伏直流融冰见动态无功补偿系统研制与工程试点浙江省电力公司科学技术进步特等奖（江道灼）。

6. 500 千伏直流融冰见动态无功补偿系统研制与工程试点浙江省电力公司科学技术进步特等奖（浙江大学）。

7. PES2013 最佳论文奖。

8. WeGet2014 最佳论文奖等。

94. 中国东方电气集团中央研究院—智慧能源与先进电力变换技术创新团队

地址：四川省成都市高新西区西芯大道 18 号

邮编：611731

电话：18602832917

传真：028-87898139

网址：http：//www.dongfang.com

团队人数：15

团队带头人：唐健

主要成员：田军、周宏林、杨嘉伟、刘静波、刘征宇、代同振、舒军、肖文静、何文辉、王多平、吴小田、边晓光、武利斌、王正杰

研究方向：智能电网与微电网，新能源发电与并网，大功率变流器与系统，新器件与应用

团队简介：

带头人简介：

唐健，男，34 岁，博士，高级工程师。唐健博士 2010 年毕业于华中科技大学，获电气工程专业博士学位；2007—2008 年，留学英国 STAFFORD，从事智能电网高压直流输电及无功功率控制方面的研究工作；2010 年至今，就职东方电气中央研究院，从事电力电子及电能变换领域相关研究工作。现为东方电气中央研究院电力电子技术研究室副主任。近五年来，唐健博士共主持承担省级重点科研项目两项：主持承担四川省科技支撑计划项目"光伏发电逆变系统及光伏电池组件关键技术研究"，200 万元；主持承担四川省重大技术装备创新研制项目"3MW 直驱风电全功率变流器及集成化电控系统研制"，120 万元。

团队简介：

唐健博士带领的智慧能源与先进电能变换技术创新团队直属中国东方电气集团中央研究院，始创于 2010 年，团队创建之初紧密围绕企业级创新团队的特点，明确了自主研发掌握重大关键技术、核心技术为产品创新和产业升级服务的目标。近年来，在国家、地方政府以及集团公司的高度关怀与重视下，在国家产业结构升级的大背景下，智慧能源与先进电能转换技术团队高速稳定发展。团队成员全部毕业于国内外知名高校，现已形成以 4 名博士、15 名硕士为核心成员的富有活力与创造力的年轻化创新团队，核心人员队伍涵盖电力电子、电机与驱动、电力系统、自动控制、计算机、测量技术等专业。团队研究方向紧密围绕国家、行业发展需要，做到关键技术提前布局、提前预研，目前已形成"互联网＋"智慧能源互联网、电厂远程监测与诊断、智能微电网、大型发电设备与分布式能源发电控制、高效大功率电力电子变流等稳定的研究方向，开展实施电力电子、微电网、光伏发电、风力发电、光热发电、大容量储能、电动汽车功率组件及车载电源、电厂远程监测诊断、大型同步发电机励磁控制等多项课题，发表论文数十篇，形成一批专利、软件和核心技术，完成一项 MW 级风光储微电网示范工程，其实际发电量已逾百万，团队还承担了风电、光伏领域两项省级重点项目。团队采用协同管理模式，做到人员梯队分层和核心人员复用，保证团队高效运转与密切协作。东方电气中央研究院现已为智慧能源与先进电能转换技术团队基础实验设施建设投资逾千万，已建成实验场地近 400 平方米，建成 4RACK 等级 RTDS 数字实时仿真平台、基于 RTLAB 的同步/异步电机拖动实验平台、远程信息显示发布平台、具有电网模拟功能的发电能量转换与控制实验平台、大功率电力电子组件动态测试平台、高压大容量电力电子装置去离子循环水冷系统测试实验平台等先进实验平台；在建实验场地近 600 平方米，容量与电压等级达 5MW/35kV，内循环实验能力达 20Mvar，达到国际先进水平。

在研项目：

科技创新与产业化项目：

1. 四川省科技支撑计划项目，光伏发电逆变系统及光伏电池组件关键技术研究。

2. 四川省科技支撑计划项目，应用于风场的实时数字仿真系统关键技术验证。

3. 四川省经信委重大技术装备创新研制项目，3MW 直驱风电全功率变流器及集成化电控系统研制。

4. 企业技术示范项目，杭州风光储智能微电网项目。

技术咨询服务项目：

1. 高压变频器 RTDS 仿真测试技术。

2. 于 RTDS 的永磁同步发电机组变流器控制器检测、模型验证和改进控制方案研究。

3. 主变高压侧短路对无刷励磁系统影响的仿真分析。

科研成果：

1. 在国际国内知名学术期刊发表论文数十篇。

2. 四川省科技支撑计划项目，光伏发电逆变系统及光伏电池组件关键技术研究成果在国家光伏监测中心效率测试最高效率超过 99%，达到领跑者计划的效率要求，达到国际先进水平。

3. 数十件专利取得发明专利授权证书。

4. 自主开发多个 CAD 辅助设计软件，持有软件著作权一项。

5. 完成一项 MW 级风光储微电网示范工程，工程其实际发电量已逾百万。

6. 四川省科技成果鉴定国际先进一项。

所获荣誉：

四川省发改委"四川省新能源与智能电网自动化技术工程实验室"2015 年正式在东方电气中央研究院挂牌。

95. 中国工程物理研究院流体物理研究所—特种电源技术团队

地址：四川省绵阳市绵山路 64 号

邮编：621000

电话：0816-2491069

传真：0816-2485139

团队人数：7

团队带头人：李洪涛

主要成员：马勋、王传伟、马成刚、栾崇彪、肖金水、易晗

研究方向：特种电源技术及其应用

团队简介：

带头人简介：

李洪涛，博士研究生导师，担任中国博士后基金评审委员会专家，中国电源学会特种电源专委会秘书长，中国兵工学会复杂电磁环境专委会委员，全国高电压试验技术委员会测试技术与设备专家组委员等学术职务。从事特种电源技术研究 20 余年，主持或主要参加国家大科学工程专项等科研项目 20 余项，发表 SCI/EI 论文 50 余篇，在大功率开关技术、脉冲形成方法、真空放电物理等领域有较高的学术造诣。带领团队研制成功 4MV/500kA 激光触发多级多通道气体开关、500kV 全固态 Marx 发生器、基于光导开关的全固态重复频率功率源、天蝎-I 闪光 X 光机、6MV 低抖动 Marx 发生器等，总体技术和研究能力处于国内外领先水平，相关研究成果引起美国圣地亚哥国家实验室等国际同行广泛关注，并为我国首台自主研制、达到国际先进水平的多路并联超高脉冲功率输出装置聚龙一号（8 ~ 10MA 电流）研制成功等做出重要贡献，获得军队科技进步一等奖等学术奖励 10 余项。

团队简介：

流体物理研究所电子技术应用团队主要从事特种电源技术及其应用研究，在固态脉冲功率技术及器件物理、真空放电物理、高压大电流产生技术、精密时序控制和高速采集技术等方面具有数十年的积累，研制出系列中低能闪光 X 光机、高性能固态脉冲功率源、高压脉冲触发系统和高压电源，团队研究成果不仅为我国流体动力学实验研究做出了重要贡献，也在国内科研单位、高等院校中得到较多应用。

在研项目：

1. 高重复频率固态脉冲功率技术研究，国家基础科研项目。

2. 激光触发大功率半导体开关载流子输运、增益、汇聚机理及调控方法研究，中国工程物理研究院院长基金。

3. AlGaN/GaN 电离电子器件中极化库仑场散射机制研究，国家基础科研项目。

4. 微晶玻璃电介质界面极化形成与放电机制研究，国家基础科研项目。

科研成果：

期刊论文：

1. Li Hongtao, Deng Jianjun, Xie Weiping, et al. The delay and jitter characteristics of laser-triggered multistage switch: a parametric study[J]. IEEE Transactions on Plasma Science. 35(6): 1787-1790, 2007.

2. Hongtao Li, WEiping Xie, SHuping Feng, et al. Development of a high-reliability low jitter 6MV/300kJ Marx generator [J]. Plasma Science &Technology, 17 (1): 1500115001, 2008.

3. Li Hongtao, Deng Jianjun, Wang Yujuan, et al. Development of a 4MV laser-triggered Multi-Stage Switch[J]. Plasma Science &Technology, 10(2): 235-239, 2008.

4. Li Hongtao, Deng, Jianjun, Feng Shuping, et al. A Multiplex Multi-Stage Surface Flashhover Switch[J]. Plasma Science &Technology, 10(4): 491-493, 2008.

5. Hongtao Li, Hong-Je RYoo, Jong-Soo Kim, et al. Development of Rectangle-Pluse Marx Generator Based on PFN[J]. IEEE Transactions on Plasma Science. 37(1): 190-194, 2009.

6. Luan Chongbiao, Wang BO, Huang Yupeng, et al. Study on the high-power semi-insulating GAAS PCSS with quantum well structure [J]. ALP Advances, 2016, 6: 055216.

7. Luan Chongbiao, Feng Yuanwei, Huang YuPeng, et al. Research on a novel high-power semi-insulating GAAS photo-conductive semiconductor switch [J]. IEEE Transactions on Plasma Science. 2016, 44(5): 839-841.

8. Ma Xun, Yuan Jianqiang, Liu Hongwei, et al. Investigation on emission characteristics of metal-ceramic cathode applied to industrial X-ray diode[J]. Review of scientific Instruments, 2016, 87: 063301.

9. Ma Xun, Deng Jianjun, Liu Hongwei, et al. Development of all-solid-state flash x-ray generator with photo conductive semiconductor switches[J]. Review of scientific Instruments, 2014, 85(9): 093307.

所获荣誉：

全军科技进步一等奖 1 项，二等奖 5 项，三等奖 3 项，中国电源学会科技进步二等奖 2 项。

96. 中国科学院电工研究所—大功率电力电子与直线驱动技术研究部

地址：北京市海淀区中关村北二条 6 号
邮编：100190
电话：010-82547068
网址：http://www.iee.ac.cn
团队人数：60
团队带头人：李耀华
主要成员：李耀华、严陆光、王平、葛琼璇、史黎明、杜玉梅、李子欣、韦榕、张树田、王晓新、王珂、刘洪池、朱海滨、吕晓美、程宁子、刘育红、胜晓松、李伟、董贯洁、陈敏洁、张瑞华、徐飞、张志华、李雷军、高范强、赵鲁、马逊、楚遵方、殷正刚、张波等

研究方向：

1. 轨道交通牵引变流与控制系统，1）高速磁悬浮交通牵引变流与控制技术，2）直线电机轨道交通牵引变流与牵引控制技术，3）高速列车牵引变流与牵引控制技术。

2. 新能源与智能电网用电力电子装置
1）高压柔性直流输电技术，2）电力电子变压器技术，3）有源滤波技术和动态无功补偿技术。

3. 高压大功率变流基础理论研究
1）高压大功率变流系统的拓扑和应用研究，2）高压大功率变流系统测量与评估基本理论与技术。

团队简介：

中国科学院电工研究所大功率电力电子与直线驱动技术研究部主要面向国家能源、电力和交通的战略需求，重点解决电力电子与电能变换领域的重大应用基础理论和战略高技术问题，是中国科学院电力电子与电气驱动重点实验室的重要组成部分。主要从事大功率电力电子与电能变换、高功率密度电力驱动、大功率直线驱动等方向的核心关键技术和重要基础理论研究工作。现有固定人员 30 人，其中中国科学院院士 1 名、正高级职称研究人员 6 名。

总体目标：面向国家能源、电力和交通的战略需求，重点解决电力电子与电气驱动领域的重大应用基础理论和战略高技术问题，为我国电力电子与电气驱动及相关领域的发展，发挥重要的支撑和骨干引领作用。

研究部在"十五""十一五""十二五"期间先后承担了多项国家项目，取得了一系列研究成果，培养了一大批年轻有为的中青年技术骨干，形成了一支由多名学术带头人引领、一批技术骨干为支撑以及众多基础扎实、研究和技术经验丰富的高素质研究人员为基础的研究团队。

近年来研究部主要承担的科研项目包括：

承担南方电网世界电压等级最高、容量最大的科研示范工程项目"云南电网与南方电网主网鲁西背靠背直流异步联网工程"——±350kV/1044MW 换流站及阀控系统的研制任务。在项目实施过程中，所研制 MMCon-G4 换流器控制保护系统完成了数千项 FPT、DPT 测试试验。所研制的云南鲁西柔直工程广西侧换流器于 2016 年 8 月 29 日成功投运，测试和运行结果表明，系统运行稳定可靠，性能满足设计。云南异步联网柔直工程的顺利建成投运创造该技术领域新的世界纪录：单台柔性直流换流器容量最大——1044MW，直流电压最高——±350kV，换流器电路

最复杂——高压环境下 5616 只 IGBT 同时实时协调工作。

完成全球首个 ±160kV 多端柔直柔性直流输电示范工程中青澳换流站换流器及阀控系统的攻关研制工作。攻克了多端柔性直流输电控制保护这一世界难题,成为世界上第一个完全掌握多端柔性直流输电成套设备设计、试验、调试和运行全系列核心技术的企业,建成了世界上第一个多端柔性直流输电工程,在中国乃至世界电力发展史上具有划时代的重要意义。

在高效轨道交通牵引驱动系统研发与应用领域:

承担了"十二五"国家科技支撑计划重大项目子课题"高速磁浮半实物仿真多分区牵引控制设备研制"任务,完成了高速磁悬浮列车牵引控制系统、高速磁浮多分区牵引控制系统、1.5km 试验线双分区升级和 28km 半实物仿真系统牵引控制系统设备研制、7.5MVA IGCT 高压大功率牵引变流器、新型 15MVA 四象限变流器系统、满足三步法供电的 15MVA 变流器研制;建立并完善了大功率同步直线电机控制理论,解决了大功率交直交变流器的理论、控制、模块化设计、制造、集成及工程试验等重大难题。首次在国内研制成功具有自主知识产权的基于 VME 的高速磁悬浮列车牵引控制系统,在上海高速磁悬浮试验线实现了磁悬浮列车的双分区、双端供电、双车无人驾驶智能牵引控制,填补了国内空白。

研制成功了国内单机容量最大的 7.5MVA IGCT 交直交牵引变流器,研究成果获 2009 年度中国电工技术学会科技进步一等奖、2009 年度北京市科技进步一等奖、2010 年度国家科技进步二等奖。

在高速铁路牵引控制及牵引变流器方面:

承担了基于场路耦合的高速列车牵引电机控制特性研究、高速铁路 TCU 控制系统研制;深入研究了高速铁路电机牵引特性、多场耦合机理、牵引控制关键技术、系统工程化优化设计方法,突破了高铁牵引控制技术难题,研制成功了具有自主知识产权的三型车牵引控制系统,完成了 TCU 系统的电磁兼容测试和功能测试,填补了国内空白。

在城市轨道交通牵引控制及牵引变流器方面:

承担了大功率非粘着直线电机轨道车辆牵引系统研制与应用、A 型地铁车辆大功率牵引变流器研发与应用、高性能有轨电车牵引传动系统研发与应用、机场线直线电机牵引变流系统国产化工程应用等项目。突破了大功率直线异步电机高性能控制技术难题,研制了 190kW 直线异步电机,1.3MVA 大功率直线电机牵引变流器及牵引控制系统,已应用在北京机场线直线车辆上完成了 10 万公里考核验证,性能与庞巴迪进口产品性能相当,具备了全面替代进口系统进行应用的技术能力。研究成果获 2013 年度北京市科技发明一等奖和 2013 年度中国电工技术学会科技进步一等奖。

研制了系列化兆瓦级城轨车辆牵引变流器及全数字化高性能牵引控制器,并通过了各项型式试验并获得国家相关认证。已批量应用于大连低地板有轨电车线路上,已安全载客运营超过 7 万公里。

承担并完成中车唐山机车车辆公司的无弓受流系统研制任务,研制成功国内第一套轨道交通车辆用百 kW 无接触受流系统装置系统样机,安装在一辆实际车辆的转向架,测试表明,实际输出功率 160kW、效率 83%,满足轨道交通非接触式供电运行要求。同时研制成功满足磁浮列车非接触车辆供电的"多模块化"高频无线电能传输工程样机,包括敷设于轨道沿线的高频线缆绕组、高耦合车载接收板、并联式高频逆变模块,满足实际磁浮列车供电需求。可在磁浮交通、城市轨道交通供电领域推广应用。

承担了国家高技术研究发展计划(863 计划)"新型超大功率场控电力电子器件的研制及其应用"项目中子课题"新型高压场控型可关断晶闸管器件的研制与应用"科研任务。研究新型高压场控型可关断晶闸管器件芯片的设计、工艺、制造与测试技术,研制出满足高电压、大电流需求的芯片样品;研究新型高压场控型可关断晶闸管器件的智能化驱动、封装及测试技术,研制出满足高电压、大电流需求且具有智能化低驱动功率特性的器件样品;研究新型高压可关断晶闸管器件的测试技术,研制一套具有自动检测和监控功能的新型高压可关断晶闸管器件测试平台;基于本课题研制的新型高压场控型可关断晶闸管器件,研制了一台 5MVA 三电平大功率变流器样机,推动了基于大功率新型高压场控型可关断晶闸管器件相关技术的跨越式发展和相关产品的产业化。

在研项目:

1. "十三五"重点研发计划先进轨道交通重点专项课题:600km/h 高速磁浮交通牵引供电技术。

2. "十三五"重点研发计划先进轨道交通重点专项课题:200km/h 中速磁浮交通牵引供电技术。

3. "十三五"重点研发计划先进轨道交通重点专项课题:轨道交通无接触供电系统。

4. 国家高技术研究发展计划(863 计划):交直流混合配电网关键技术。

5. 国家重点研发计划"先进轨道交通"重点专项:虚拟同相柔性供电系统电磁耦合机理研究。

6. 国家重点研发计划"先进轨道交通"重点专项:大功率车载电力电子牵引变压器故障隔离保护机制与控制策略研究。

横向课题:

1. 中速磁浮列车地面牵引系统研究。

2. 电动摆渡车大功率轮毂电机及控制器的研制。

3. 交直流柔性互联配电网络构建及协调控制关键技术。

科研成果:

中国科学院电工研究所大功率电力电子与直线驱动技术研究部在国家"十五""十一五""十二五"期间先后承担了多项国家项目,取得了一系列研究成果,培养了一大批年轻有为的中青年技术骨干,形成了一支由多名学术带头人引领、一批技术骨干为支撑以及众多基础扎实、研究和技术经验丰富的高素质研究人员为基础的研究团队。

1. 实验室承担了国家重点研发计划先进轨道交通重点专项"磁浮交通系统关键技术项目"。

2. 承担南方电网公司世界电压等级最高、容量最大的 ±350kV/1000MW 柔性直流输电工程项目。

3. 全球首个 ±160kV 多端柔直柔性直流输电示范工程

中青澳换流站换流器及阀控系统的攻关研制工作。

4. 国家高技术研究发展计划（863 计划）"新型高压场控型可关断晶闸管器件的研制与应用"。

5. 中国科学院重点部署项目课题"高效高压大功率电机系统节能共性技术研发与示范"。

6. 完成科技支撑计划课题"新型 15MVA 四象限变流器研制"的研究任务。

所获荣誉：

北京市科学技术奖一等奖 2 项和国家科技进步奖二等奖 1 项。

97. 中国科学院—近代物理研究所电源室

地址： 甘肃省兰州市南昌路 509 号

邮编： 730000

电话： 0931-4969539

传真： 0931-4969560

网址： http：//www.impcas.ac.cn

团队人数： 50

团队带头人： 高大庆

主要成员： 高大庆、周忠祖、闫怀海、吴凤军、黄玉珍、张华剑、上官靖斌、赵江、燕宏斌、封安辉、芦伟

研究方向： 离子加速器用直流电源技术脉冲电源技术脉冲功率及高压电源技术，数字控制技术，电气技术，电磁兼容等

团队简介：

电源室由电源组、电气组、电气安全与电子兼容、数字组和脉冲功率高压组组成。主要负责：

1. 加速器系统交流供配电系统的运行维护、调试改进，及全所各实验室供配电系统设计施工、监督和验收。

2. 研制和生产了各种功率等级的加速器用直流稳流电源三百多台，满足了 HIRFL 磁场系统的需要，填补了当时国内空白。从 1998 年起，承担了兰州重离子加速器冷却储存环（HIRFL-CSR）电源系统的研制任务，开展了各种脉冲电源的研究工作，相继研制成功了晶闸管脉冲电源、IGBT 脉冲开关电源，以及 KICKER 电源、BUMP 电源、三角波扫描电源等各种用途的特种电源，填补了国内多项电源技术空白。

3. 正在进行的重离子肿瘤治疗专用装置的电源研制。

在研项目：

1. HIRFL 加速器运行与维护及升级改造。

2. 碳离子治疗加速器（HIMM）电源系统设计与建设。

3. 十二五立项项目-强流重离子加速器（HIAF）电源系统设计与建设。

4. 中国科学院战略性创导科技专项-加速器驱动的嬗变装置超导质子直线加速器 2（ADS）电源系统设计与建设。

5. HIRFL-SSC 低压配电系统改造。

6. 10MVA 高低压系统改造项目。

7. 十二五立项的大科学工程 HIAF 电源系统设计与建设。

科研成果：

中国科学院近代物理所电源技术团队几十年来专注于加速器电源研究与设计，先后完成了 HIRFL 高稳定度直流稳流电源、大功率晶闸管脉冲电源、大功率脉冲开关电源、特殊需求的加速器凸轨电源、踢轨电源、基于 FPGA 的全数字控制技术、基于 DSP 的全数字控制技术等等，满足了兰州重离子加速器（HIRFL）、兰州重离子加速器冷却储存环（HIRFL-CSR）、加速器驱动的嬗变装置（ADS2）等国家大科学工程的需要，也满足了碳离子医用治疗装置（HIMM）等科技成果转化项目的需求，其中多项技术填补了国内空白。几十年来，电源技术团队紧盯电源技术发展前沿，肩负国家重托，牢记国家需求，团结一心，带动国内生产企业将加速器电源技术不断向前推进。

所获荣誉：

团队主要人员先后获得国家科技进步二等奖 1 次，甘肃省科技进步二等奖 2 次，甘肃省科技进步一等奖 1 次；

发表文章 20 余篇；

申请发明专利 10 余项。

98. 中国矿业大学（北京）—大功率电力电子应用技术研究团队

地址： 北京市海淀区学院路丁 11 号中国矿业大学（北京）逸夫实验楼 701

邮编： 100083

电话： 010-62331257

传真： 010-62331370

网址： http：//jdxy.cumtb.owvlab.net/virexp/

团队人数： 10

团队带头人： 王聪

主要成员： 程红教授、卢其威副教授、邹甲工程师

研究方向： 大功率电力电子应用技术，大功率电力电子传动控制技术，电力电子技术在煤矿中的应用

团队简介：

本科研团队所在实验室依托中国矿业大学（北京）"电力电子与电力传动"国家级重点学科及北京市电气工程实验教学示范中心的科研优势，先后得到国家"211 工程"、国家普通高校修购专项以及基于校企联合实验室的国际知名公司大学计划等多项建设项目的投入和资助，已具有完善的从事电力电子相关领域科学研究的实验条件和设备。同时自主研制了光伏并网发电系统实验平台、100kW 三电平静止无功发生器实验系统用于后续研究。另外，本课题组多年从事电力电子与电力传动技术和理论的教学与研究，取得了一系列高水平的学术成果，使得课题组具备从事电力电子相关研究的能力与经验。

在研项目：

1. 横向项目：游梁式气井抽水机直流微网供电系统关键技术研究。

2. 纵向项目：国家自然基金，新一代高频隔离级联式中高压变频器关键技术研究，编号：5157070726。

3. 纵向项目：中央高校基本科研业务费项目，基于级

联逆变器光伏高压并网系统的研究，编号：2009KJ02。

4. 纵向项目：中央高校基本科研业务费项目，无工频变压器级联式多电平整流器关键技术研究，编号：2010YJ03。

科研成果：

本科研团队长期以来从事电力电子与电力传动方面的教学与科研工作。先后承担过多项与高频电力电子变换技术和大功率电力传动技术相关的科研课题，如：国家经贸委科技发展项目"煤矿井下电机车交流调速系统的研究"（1996年—1999年）。煤炭科学基金项目"人工神经元网络在交流调速系统中的应用"（1995年—1998年）。"微机控制多能源无人值守通信电源系统"（1996年—1999年）；智能化电力操作电源系统（1999年—2002年）；新型串并联UPS和EPS系统的研制（2003年—2004年）；大功率机车充电电源的研制（2003年—2004年）；煤矿直流架线电源漏电保护技术及装置的研究（2005年—2006年）；开关型本安电源的开发与研制（2006年—2007年）；矿用三电平背靠背式大功率变频器系统研究（2007年—2009年）；煤矿井下局部通风机应急电源的研究（2009年—2011年）等；国家自然科学基金面上项目"无工频变压器级联式多电平变换器关键技术研究"（2010年—2013年）；北京市教委资助项目"基于三电平660/1140V矿用隔爆型SVG的研制"（2013年—2014年）。

所获荣誉：

本科研团队近年来获得的省部级奖项：1997年度北京市科技进步二等奖；1998年度北京市科技进步三等奖；1999年度江苏省科技进步二等奖；2008年度河北省科学技术奖三等奖；2008年度中国煤炭工业协会科学技术奖三等奖；2010年度中国有色金属工业科学技术奖三等奖；2009年国家安全生产科技成果奖二等奖；2011年度中国煤炭工业协会科学技术奖二等奖；2009年河北省科技进步奖三等奖；2013年度中国煤炭工业协会科学技术奖三等奖。

99. 中国矿业大学—电力电子与矿山监控研究所

地址：江苏省徐州市大学路1·号中国矿业大学
邮编：221116
电话：0516-83590819
团队人数：10
团队带头人：伍小杰
主要成员：伍小杰、原熙博、戴鹏、周娟、夏晨阳、张同庄、宗伟林、于月森、耿乙文、王颖杰
研究方向：电机与控制，有源电力滤波器，无线电能传输，本安防爆电器，光伏并网发电，无功补偿与谐波治理，矿井无线通信等

团队简介：

中国矿业大学电力电子与矿山监控研究所团队主要从事电力电子、电力传动与电控、矿井电气自动化及通信方面的研究。目前，团队成员10人，其中教授4人，副教授5人，讲师1人，团队目前有10名博士，90多名硕士，科研实力强劲。

在研项目：

1. 国家高技术研究发展计划（863计划）资助项目子课题，超大容量电力电子变换装备VME总线控制实验研发平台。
2. 国家重点研发计划课题，2016YFC0600906，深井提升大功率传动控制关键技术。
3. 国家自然科学基金重点项目，U1510205，重载刮板输送机智能驱动系统基础研究。
4. 国家自然科学基金面上项目，非理想接入条件三相变换器并网适应性分析及优化控制研究。
5. 国家自然科学基金青年项目，四桥臂有源电力滤波器脉宽调制机理及电流预测控制研究。
6. 高等学校博士学科点专项科研基金，弱电网及直流侧大扰动条件下变换器并网稳定机理研究。
7. 江苏省科技厅产学研前瞻性联合研究项目，基于OpenCV主板插件装配自动检测技术的研究。

科研成果：

中国矿业大学电力电子与矿山监控研究所团队，目前累计获得过国家863项目、国家自然科学基金项目及各类省部级项目近20项、承担企业委托项目近50项，累计经费超过1亿元。团队发表论文200余篇，其中SCI/EI检索论文100余篇，授权发明专利近40项，获得各类人才称号5项，出版专著5本，获奖15项。

所获荣誉：

1. 大型矿井提升系统传动控制理论与关键技术研究，中华人民共和国教育部，科技进步一等奖，2013。
2. 超大容量高精度电解铝全数字电源系统与设备，中华人民共和国教育部，科技进步二等奖，2011。
3. 获得煤炭协会科技奖二等奖2项、三等奖8项。
4. 团队获得中国矿业大学电力电子优秀创新团队。

100. 中国矿业大学—信电学院505实验室

地址：江苏省徐州市泉山区中国矿业大学文昌校区505室
邮编：221000
团队人数：22
团队带头人：周娟
主要成员：周娟、魏琛博士、郑婉玉硕士、甄远伟硕士、刘刚硕士、王超硕士、宋振浩硕士、董浩硕士等
研究方向：电能质量控制

团队简介：

主要针对基于三相三线制及三相四线制有源电力滤波器的谐波检测方法、调制方法及电流控制策略算法进行理论研究，提出改进方法，进行MATLAB仿真验证，并搭建实验平台编写DSP程序进行实验验证。

在研项目：

四桥臂有源电力滤波器脉宽调制机理及电流预测控制研究

科研成果：

一、软件著作权
电容极性检测软件v2.3.3，2014SR017789。

二、发明专利

1. 基于 gh 坐标系的三电平变流器空间矢量调制方案，CN201410151453.4（实审）。

2. 一种基于 H 桥级联型 STATCOM 改进的软启动方法，CN201410331424.6（实审）。

3. 一种直流侧电压自适应调节的 APF 电流预测控制算法，CN201510310192.0（实审）。

101. 中科院等离子体物理研究所—ITER 电源系统研究团队

地址： 安徽合肥蜀山湖路 350 号等离子体物理研究所

邮编： 230031

电话： 0551-65593257

网址： http://psdb.ipp.ac.cn

团队人数： 38

团队带头人： 傅鹏

主要成员： 傅鹏、高格、许留伟、黄懿赟、宋执权

研究方向： 大功率电源系统设计和单元研发

团队简介：

ITER 电源采购包团队现有人员 38 人，其中正高级职称 6 人，副高级职称 5 人，具有博士学位者 12 人，专业、职称、学历结构合理，具有较为雄厚的科研实力。

团队近年来承担国家 973 计划、ITER 磁约束聚变专项，科技部国际合作项目十余项，对现代聚变电源系统进行了深入的研究。项目组成员针对电源、负载、系统的特点，创新性的在系统和单元两个层面，集成了多项技术，提出了无功超前计算、新型四象限运行模式、一体化设计，完成了系统和单元的研发。项目组对 ITER 磁体电源系统所进行的分析、设计和提出的解决方案，得到了国际独立专家组认可，并通过了试验验证，被 ITER 组织作为设计基准采纳。

ITER 电源采购包团队不仅与国内相关机构和科研院所保持良好的交流合作，同时还与国际相关组织与团队保持良好的沟通与交流，如法国 ITER 组织、韩国 KSTAR 超导核聚变装置研究团队、美国 DIII-D 装置研究团队、美国通用原子能公司等。

在研项目：

1. 国际热核聚变实验堆（ITER）计划变流器电源系统采购包设计及国内集成合同（4.1.P2.CN.01/1A）。

2. ITER 计划脉冲高压变电站（PPEN）设备采购包设计资料的分析、转换及系统集成（合同编号 4.1.P18.CN.01/1A）。

3. ITER 脉冲高压变电站聚变站控制系统和相关附件（含配件）设备的设计、制造和试验合同（合同编号 4.1.P1B.CN.01/2A）。

科研成果：

项目组对现代聚变电源系统进行了深入的研究，提出了新的聚变电源的电路拓扑结构；提出了聚变电源系统的优化控制方法和运行模式；研制了大功率四象限变流单元及 66kV 光控晶闸管无功补偿单元，成功地解决了：数千兆伏安现代聚变电源运行带来的电网接入及兼容问题、电源为数十个强耦合的超导线圈供电所带来的负载耦合、保护以及特殊运行模式控制问题、聚变电源系统单元关键技术问题。

项目组拥有该电源系统设计和单元研发的全部知识产权，获得了发明专利及实用新型专利共 30 项，在 ITER 国际组织申报背景知识产权 1 项。

申请中国电源学会 4 项标准并立项，分别为 1）核聚变装置用电流传感器检测规范；2）高功率大电流四象限变流系统技术规范；3）大功率变流器短路试验方法；4）功率聚变变流系统集成测试标准。

所获荣誉：

获得安徽省科学技术奖一等奖（2015 年）、辽宁省科学技术奖二等奖（2016 年）、鞍山市科学技术进步奖一等奖（2016）。

102. 中山大学—第三代半导体 GaN 电力电子材料与器件研究团队

地址： 广东省广州市海珠区新港西路 135 号中山大学

邮编： 510275

电话： 020-39943836

传真： 020-84037549

团队人数： 52

团队带头人： 刘扬

主要成员： 刘扬、张佰君、江灏、黄丰、付青、黄智恒、王自鑫、陈辉、陈鸣、杜晓荣、郭建平、粟涛、胡杰峰

研究方向： 宽禁带半导体 GaN 基电力电子材料与器件

团队简介：

本团队的研究工作主要依托于中山大学光电材料与技术国家重点实验室下属的宽禁带半导体 GaN 材料与器件研发平台、电力电子及控制技术研究所。研发团队主要成员均来自于该领域国内外的先端研究院所，集中了一批 GaN 电力电子领域内的知名专家和学者，共同打造一支校企强强联合的国际化研究开发团队（52 人），其中教授 9 名、副教授 6 名、高级工程师 7 名、讲师 3 名、研究员 1 名，博士研究生 29 人，硕士研究生 8 人及工程技术人员若干。科研团队的学科背景涵盖凝聚态物理、材料物理、化学、微电子学与固体电子学、电力电子学等多个方面。每年还有大批客座研究人员到实验室开展科研工作。

本团队是国内首批开展第三代半导体 GaN 功率电子材料与器件研究的科研团队之一，早在 2006 年他们就开始组建研发平台，团队核心成员均来自于国际著名的 Si 衬底异质外延研究机构——日本名古屋工业大学极微器件系统研究中心，主要定位于 GaN 功率电子材料、器件制备及其产业化关键技术的研发。本团队有别于国内其他研究单位的主要特点是同时关注 GaN 的材料和器件两个方面，从器件研究引导材料开发，而材料质量的改进有利于器件性能的提升。经过多年积累，该平台拥有世界一流、功能完备的从材料外延、芯片制备、器件封装及分析表征的仪器设备，

可以完成 GaN 电力电子器件全链条技术的开发，近年在 GaN 电力电子材料与器件制造方面取得了重要进展，并于 2014 年末被广东省科技厅认证为广东省第三代半导体 GaN 电力电子材料与器件工程技术研究中心。

在研项目：

本团队目前主持各类在研科研项目 30 余项，包括 973 计划项目、863 计划项目、国家基金重点项目、国家自然基金项目、国家杰出青年科学基金项目、广东省应用型科技研发专项资金项目、广东省科技计划项目、广东省自然科学基金研究团队项目、广东省协同创新与平台环境建设项目、广州市科技计划项目等国家级省部级项目多项，科研经费达 6000 多万元。

科研成果：

本团队以 GaN 电力电子技术为主攻方向，瞄准国际最新科学前沿和关键科学技术问题，从事宽禁带化合物半导体材料外延生长、高性能 GaN 基电力电子器件研发制备以及新技术的开拓研究，在 GaN 基电力电子材料外延和器件制备方面均取得了一系列国际先进的科研成果。本团队通过积极推动与传统集成电路企业的产学研合作，形成了强强联合的有效机制，加快了产业化进程的步伐。在材料、器件、封装和系统集成技术等关键技术领域申请 50 余项国内发明专利，取得具有自主知识产权的创新性研究成果 5 项以上，在国内外具有重要影响的刊物上发表论文 100 余篇。

在宽禁带半导体 GaN 基材料外延方面，中山大学通过采用多种应力缓冲层技术有效解决 Si 衬底 GaN 外延层翘曲与龟裂问题，全面掌握 Si 衬底上高耐压、高电导、高质量 GaN 外延生长技术，材料耐压达 1500V 以上，晶片翘曲度小于 50μm，材料质量达到器件制备级水平，目前该技术已经达到国际先进水平。基于中山大学 2in 和 4in Si 衬底 GaN 基电力电子材料外延技术，与国内 GaN 材料生产企业合作开发出了运用于 GaN 电力电子功率器件制备的六英寸 GaN-On-Silicon 材料外延技术。

在 GaN 基电力电子器件制备方面，中山大学在国际公认的科技难点——常关型（Normally-off）GaN 基异质结构（HFET）场效应晶体管的研究方面有了重大进展，实现高性能增强型 GaN 开关器件的制备。该技术具有自主知识产权（ZL200910036617.8），填补了国内空白，有效地克服了欧美的专利技术的不足之处，提高器件阈值电压的稳定性、可控性和均匀性，器件结果达到世界先进水平，相关成果被知名杂志 Semiconductor Today 转载报道。

在 GaN 基电力电子器件产业化方面，自 2013 年起中山大学与国内集成电路龙头企业合作进行 Si 衬底 GaN 基电力电子器件的 CMOS 兼容工艺研发，在企业自有生产线上，利用 6in 硅基氮化镓外延片完成了氮化镓功率器件流片，器件性能基本达到实验室开发器件的水平，目前正在开发常关型 GaN 基电力电子器件的产业化工艺技术。

所获荣誉：

基于本团队在 GaN 电力电子材料与器件制造方面取得的重要进展，于 2014 年末被广东省科学技术厅认证为"广东省第三代半导体 GaN 电力电子材料与器件工程技术研究中心"。该中心目前承担着国家 863 项目、科技部国际合作项目、广东省科技计划项目多项，该中心的宗旨是通过与国内龙头集成电路企业及 GaN 材料外延企业合作，共同推动 GaN 电力电子器件的国内产业化进程。

103. 中山大学—绿色电力变换及智能控制研究团队

地址：广东省广州市番禺区大学城中山大学工学院大楼 C 栋 5 楼

邮编：510275

电话：020-39332864

网址：http：//www.powmen.com

团队人数：11

团队带头人：付青

主要成员：付青、杜晓荣、许银亮、陈鸣、王东海、丁喜东

研究方向：绿色能源开发利用技术，电力电子应用技术及软件开发

团队简介：

致力于绿色能源开发利用技术、电力电子应用技术及软件开发方面的研究，注重与企业、高校和研究院所的交流合作，合作申报和承担政府项目，参与企业技改和产品开发，联合建有先进电源创新科技研究院、光伏发电与电能质量综合实验平台、电力安全智能防误研发实验平台、新能源微电网仿真模拟实验平台、电动汽车充电检测与研发平台等大型研究实验平台，提供电子产品、电动汽车充电系统、光伏发电应用产品检测服务，面向电力电子应用学科前沿，立足创新，理论与实践并重，为企业和社会培养技术精英，高校和科研院所提供高级研发人员及预备人才。

在研项目：

1. 广东省产学研项目，面向新能源应用的低磁 DC-DC 变换器研究及产业化"，立项编号：2016B090918107，经费：100 万元。

2. 广东省产学研项目，先进电源创新科技研究院，立项编号：2014B090903009，经费：200 万元。

3. 广东省科技计划项目，微电网预估技术及其智能光伏逆变器开发，立项编号：2013B010405009，经费：10 万元。

4. 广东省粤港关键领域重点突破项目，华南电源创新科技园公共创新服务平台，立项编号：2012BZ100221，经费：197.6 万元。

5. 广东省部产学研项目，光伏发电系统集成及光伏逆变器研发成果产业化，立项编号：2011B090400066，经费：3 万元。

6. 广东省科技计划项目，通用型光伏阵列（组件）测试仪开发及产业化，立项编号：2012B060100004，经费：10 万元。

7. 广东省部产学研项目，光伏发电电网电能质量治理研究，立项编号：2012B091100179，经费：40 万元。

8. 珠海市高新区战略性新兴产业重大项目，调控一体化模式下高智能综合防误管理系统研发及产业化，立项编号：2014D0601990002，经费：300万元。

9. 瓦特电力设备有限公司项目，光伏并网逆变与电能质量综合治理一体化系统，经费：90万元。

10. 珠海市特聘学者，立项编号：20167413042070001，经费：30万元。

科研成果：

发表论文：

1. 基于改进BP-SVM-ELM与粒子化SOM-LSF的微电网光伏发电组合预测方法，中国电机工程学报，已刊载。

2. 基于NARX神经网络的光伏发电功率预测研究，电气传动，已刊载。

3. 微电网能量管理和控制简述，新能源进展，已刊载。

4. 微电网并联逆变器的模糊PI控制，电器与能效管理技术，已刊载。

5. 一种光伏发电系统的双扰动MPPT方法研究，太阳能学报，已录用。

6. 基于神经网络自适应预测算法的谐波检测，电工技术学报，已刊载。

7. 新型电池检测馈电节能系统的研究与设计，电力电子技术，已刊载。

8. 户用型光伏供电系统DC/DC变换器的研究，舰船电子对抗，已刊载。

9. 非均衡负载独立光伏发电系统参数设计方法的研究，新能源进展，已刊载。

10. 基于SAA算法的光伏系统MPPT技术研究，中山大学学报（自然科学版），已刊载。

发明专利：

1. 基于相似日聚类的微电网光伏出力空间预测方法：中国，ZL201610222346.5［P］。

2. 一种带相角偏移正反馈的主动移频式孤岛检测方法：中国，ZL201610222347.X［P］。

3. 一种微电网光伏电站发电量组合预测方法：中国，CN104992248A［P］。

4. 一种光伏发电系统的双扰动MPPT控制方法：中国，CN105048800A［P］。

5. 一种基于自适应预测的光伏系统最大功率点跟踪控制方法：中国，ZL201110135842.4［P］。

6. 具有水压控制功能的光伏水泵系统：中国，ZL200710029601.5［P］。

7. 一种基于TMS320F2812的光伏并网发电：中国，ZL201210005187.5［P］。

所获荣誉：

获广东省科技进步奖二等奖。

电源相关企业科研团队介绍

（按照中国电源学会会员单位级别、同级别汉语拼音顺序排列）

1. 广东志成冠军集团有限公司（副理事长单位）

地址：广东省东莞市塘厦镇田心工业区
邮编：523718
电话：0769 - 87722374
传真：0769 - 87927259
团队人数：70
技术负责人姓名：李民英
研究方向：UPS 电源，EPS 电源，海岛电源，大功率特种电源等
团队简介：

本团队以国内著名高校专家为指导，平均拥有超过 10 年的行业经验，专注于电力电子、电源、电池领域的技术发展，拥有超过 20 年的研发与生产制造经验，具备丰富的产业经验，取得了丰硕的技术成果。成为"全国电力电子标准化技术委员会不间断电源分技术委员会秘书处单位"，专利 ZL00135897.9《大容量不间断电源》荣获全国第十届发明专利金奖；专利 ZL200710026450.8《一种多制式 UPS 电源及其实现方法》荣获中国专利优秀奖。《海岸工程兆瓦级特种变流电源关键技术及应用》荣获教育部科学技术进步一等奖。《海岛/岸基大功率特种电源系统关键技术与成套装备及应用》荣获中国机械工业科学技术特等奖。此外团队还荣获了多项省市级科技进步及专利奖项。

团队科研成果：

2008 年 1 月专利 ZL00135897.9《大容量不间断电源》荣获全国第十届发明专利金奖；

2009 年 4 月一种基于异构网络的视频服务器（ZL200520065914.2）荣获东莞市专利金奖；

2009 年 4 月多制式模块化 UPS（ZL200620067591.5）荣获东莞市专利优秀奖；

2010 年被中国科学技术协会授予"全国优秀科技工作者"称号；

2011 年 4 月一种多制式 UPS 电源及其实现方法（ZL200710026450.8）荣获东莞市专利金奖；

2011 年 08 月一种多制式 UPS 电源及其实现方法荣获广东省专利优秀奖；

2011 年 4 月多级联网监控报警系统（ZL2006 20154426.5）荣获东莞市专利优秀奖；

2011 年 11 月多制式模块化绿色 UPS 电源荣获中国电源学会技术发明二等奖；

2011 年 2 月城市安防视频监控报警多级联网系统平台关键技术研究荣获广东省科技进步奖二等奖等；

2012 年 10 月多制式模块化绿色 UPS 电源获得中国机械工业科学技术奖二等奖；

2014 年 11 月专利 ZL200710026450.8《一种多制式 UPS 电源及其实现方法》荣获中国专利优秀奖；

2016 年 2 月《海岸工程兆瓦级特种变流电源关键技术及应用》荣获教育部科学技术进步一等奖；

2017 年《海岛/岸基大功率特种电源系统关键技术与成套装备及应用》荣获中国机械工业科学技术特等奖。

团队主要成员简介：

技术负责人李民英同志是广东志成冠军集团有限公司总工程师，"全国优秀科技工作者"，享受国务院政府特殊津贴专家，全国电力电子标准化技术委员会不间断电源分技术委员会秘书长；电力电子技术领域的知名专家，拥有发明专利 11 项，实用新型 17 项，制定国家和行业标准 11 项。

团队主要成员均具备本科以上学历，并有多人获评高级工程师。技术负责人李民英同志 2010 年被中国科学技术协会授予"全国优秀科技工作者"称号；2012 年获批享受国务院政府特殊津贴。

李民英同志带领团队在国内率先研制出大容量 UPS 电源，打破国外垄断。并在 2008 年荣获中国专利金奖。

此后，该同志带领团队不断创新，开拓产品，在国内率先研制出多制式模块化 UPS 电源，并成功研发了高压直流电源、充电桩等产品；其中多制式模块化 UPS 电源产品在 2014 年荣获中国专利优秀奖。

2016 年以来，继续攀登高峰，积极推进产业升级，顺应中央海上丝绸之路发展战略以及国家大力发展海洋经济、海洋国防的大政方针，参与研制海岛，岸基用特种电源装置，取得了显著的成绩：

2. 台达电子企业管理（上海）有限公司（副理事长单位）

地址：上海市浦东新区民雨路 182 号
邮编：201209
电话：021 - 68723988
传真：021 - 68723996
团队人数：16 人
技术负责人姓名：李华斌
研究方向：智能照明，涵盖户外大功率性照明、室内智能面板控制系统等
团队简介：

我们团队主要负责智能照明产品的开发，如 HVDC 解

决方案、后台管理软件、室内智能控制面板、直流智能驱动器、交流智能驱动器等。我们目前有成员16名，其中电子工程师6位，软件工程师4位，机构工程师5位及layout工程师1位。

我们的团队不仅在照明技术上处于行业前端，我们更注重将客户的需求转化成为稳定可靠、高性价比及高附加值的产品。我们大多是理科出身，在机械、软件、电子、工业造型、散热等各学科我们都有研究，能更好地将客户的需求实现。

团队科研成果：

我们团队主攻智能产品的产品，涵盖户外大功率性照明产品、室内智能照明产品。

获得过浦东新区科技创新奖。

目前已经取得中国发明专利7项，其中1项已经取得美国、日本及中国台湾专利。

3. 厦门科华恒盛股份有限公司（副理事长单位）

地址：厦门火炬高新区火炬园马垅路457号
邮编：361006
电话：0592－5160516
传真：0592－5162166
团队人数：700
技术负责人姓名：苏先进
研究方向：智慧电能、云服务、新能源

团队简介：

公司不断加大研发投入，形成技术核心驱动力，以技术创新引领行业发展。当前，公司组建了以自主培养的3名享受国务院特殊津贴专家为核心的700多人研发团队，依托"国家认定企业技术中心"平台优势，与清华大学、浙江大学等十余个高等院校及科研机构积极开展产学研合作，不断加强自主创新能力，实现了科研成果快速市场化。

团队科研成果：

智慧电能方面，公司陆续推出、优化了云动力生态节能型数据中心、模块化数据中心、微型数据中心等各种行业级整体解决方案和产品系列，包括基础的硬件产品和软件产品，如千柜级以上大型数据中心的动环和运维管理系统，广域多层级用户的复杂动环和运维管理系统，有效提升了数据中心单位面积的经济效益，积极助力公共领域、政企用户、互联网公司等用户持续性节能降耗及高可靠性信息化建设，获得了行业大型代表性客户的肯定。同时，公司继续优化领先的量子通信技术在高安全等级数据中心解决方案中的应用、系统性能，可为国防军工、政府、金融等重要客户打造新型节能、高安全保密等级的数据中心。

云服务方面，开发了基于锂电池后备储能的高效率UPS产品，并获得客户批量订单；开发的800kVA高效率大功率高频化UPS、480V系统的工业用大功率UPS系列产品、2MW的城市轨交能量回馈系统，丰富了高端电源产品线配置。在自主研发的核心UPS通过核电厂1E级K3类产品认证后，成功将400kVA的核电UPS应用到防城港二期的华龙一号中，继续保持公司在大功率高端电源市场国内领先

的行业地位。获得的荣誉有：公司的"重大工程灾备电源关键技术与产业化"获得了福建省2016年度科学技术进步一等奖；"大功率多能源不间断电源系统关键技术及应用"获得我国教育部2017年度技术发明一等奖。

新能源方面，除了持续优化和提升全系列产品外，开发了20MW级的包括光伏发电、锂电池储能、柴油发电、水力发电、多级用户等的微电网系统技术，3MW户外应用箱变一体的大容量光伏发电系统，继续提升公司在光伏发电、储能、能源互联网领域的市场竞争力。

新能源电动汽车充电方面，开发了新一代高效率的AC/DC充电模块，全面提升了充电系统的运行效率和经济效益；开发的大容量柔性充电系统技术和产品、基于广域应用的充电桩运营云管理系统等全面提升了公司在城市站级充电站、高速公路电动汽车充电站、酒店及停车场电动汽车充电站、家庭电动汽车充电桩等应用场合的市场竞争能力，为公司在电动汽车能源与管理业务拓展方面奠定了坚实的产业化基础。

公司共有有效专利：发明专利51项、实用新型194项、外观专利128项，合计有效授权专利373项；软件著作权备案111项，即获得有效知识产权484项。

技术负责人及主要成员简历：

技术负责人

苏先进，男，出生于1969年12月，本科学历，高级工程师。现任厦门科华恒盛股份有限公司副总工程师兼研发部经理。

1994年毕业于华东工业大学光电子技术专业，毕业后至今一直在厦门科华恒盛股份有限公司从事不间断电源（UPS）技术的研发工作，拥有丰富的电力电子技术经验，获得国家专利22个。先后参与"数字化节能型工业动力优化装置""节能型电梯安全保护电源""20～100kVA中大功率并联型UPS""FR10在线式不间断电源"等国家重点新产品的开发；参与"太阳能光伏发电系统""100～400kVA三相模块化不间断电源""基站用直流远供电源"等国家火炬计划项目的开发，并且参与国家发改委高技术产业化计划项目1个，省部级科技计划项目10余个。参与了公司10多个项目关键技术的研究开发。

学习经历

1990年9月—1994年6月华东工业大学光电子技术学士；

2014年9月—至今福州大学电气工程硕士研究生。

主要工作经历：

1994年8月—1999年10月漳州科华电子有限公司技术员/助理工程师；

2002年1月—2002年6月日本YEC电源公司（科华公司派遣到该公司研修）学员/工程师；

2002年7月—2004年6月漳州科华电子有限公司项目经理/工程师；

2004年6月—2010年1月漳州科华技术有限责任公司研发部经理/工程师；

2010年2月—现在漳州科华技术有限责任公司副总工程师、研发部经理/高级工程师。

地市级及以上科技奖项情况：

2018年1月核级UPS关键技术研究及应用获厦门市科技进步三等奖，排名第1；

2016年6月微模块数据中心配套装备节能技术研发及推广获福建省科技进步奖三等奖，排名第1；

2015年11月太阳能光伏发电系统并网逆变器获中国电源学会科技进步奖二等奖，排名第2；

2015年11月高电能质量节能型大功率不间断电源系统关键技术与产业化获中国电源学会特等奖，排名第7；

2011年1月一种带有功率因数校正的三相输入均流控制器获福建省专利奖三等奖，排名第3；

2016年2月储能式超级电容器不间断电源（UPS）获漳州市科技进步奖二等奖，排名第1；

2013年11月风光互补路灯获海峡两岸（漳州）工业设计科技创新产品奖三等奖，排名第2；

2011年11月论文"400kVA大功率不间断电源多机并联控制技术"获中国电源学会第十八届优秀论文奖优秀奖，排名第1；

2015年4月中共中央委员会、国务院授予"全国劳动模范"；

2012年8月中共漳州市委、市人民政府授予"漳州市第二批优秀人才称号"；

2008年10月中共漳州市委组织部、市人事局、市科技局、市科协联合授予"第二届漳州青年科技奖"；

2006年5月中共漳州市委、市人民政府授予"漳州市第四批优秀青年科技人才称号"。

主要成员

易龙强，男，1978年5月生，博士后，工程师。2007年毕业于湖南大学电路与系统专业，获博士学位，2010年于华中科技大学完成博士后科研项目并顺利出站。现就任科华恒盛股份有限公司研发中心软件总工程师兼研发一部经理，负责公司电力电子产品数字控制技术的研发、生产与管理工作。近年来主要研究成果包括：省部级科技进步奖7项、知识产权16项（其中发明专利5项）、国内外核心期刊署名论文30余篇（其中SCI收录1篇、EI收录6篇）。

曾奕彰，男，出生于1974年11月，本科学历，高级工程师职称。现任厦门科华恒盛股份有限公司研发中心产品线经理。1996年毕业于华侨大学电气技术专业，毕业至今一直在厦门科华恒盛股份有限公司从事不间断电源（UPS）技术的研发工作，拥有丰富的电力电子技术经验，获得国家专利18个。先后参与"智能化小卫士""多能源混合应用系统""20～100kVA中大功率并联型UPS""小功率光伏并网发电系统"等国家重点新产品开发；参与"风能并网发电系统""户外基站用智能混合能源保障系统""基站用直流远供电源"等国家火炬计划项目开发，并且参与国家发改委高技术产业化计划项目1个，省部级科技计划项目10余个。参与了企业立项科技项目10余个关键技术的研究开发。

王志东，男，出生于1983年11月，本科学历，工程师职称。现任厦门科华恒盛股份有限公司研发一部副经理、二级项目经理。2006年毕业于湖北工业大学机械设计制造

及其自动化专业，毕业至今一直在厦门科华恒盛股份有限公司从事不间断电源（UPS）技术的研发工作，拥有丰富的电力电子技术经验，获得国家专利10个。先后参与"KR/B3330三相高频UPS项目""KR/B3360三相高频UPS项目""KR/B33100三相高频UPS项目""KR/B33200三相高频UPS项目"等公司重点新产品的开发。

苏宁焕，男，出生于1984年2月，硕士学历，工程师职称。现任厦门科华恒盛股份有限公司软件副总工程师。2010年毕业于西安交通大学电力电子与电力传动专业，毕业至今一直在厦门科华恒盛股份有限公司从事新能源、不间断电源（UPS）技术的研发工作，拥有丰富的电力电子技术经验，获得国家专利2项。先发参与"100～500kW太阳能并网逆变器""模块化UPS"等重点新产品的开发，参与公司多个项目关键技术的研究开发。

4. 阳光电源股份有限公司（副理事长单位）

地址： 合肥市高新区习友路1699号
邮编： 230088
电话： 0551 - 65327878
团队人数： 257
技术负责人姓名： 陶磊
研究方向： 光伏及储能逆变器研发及系统方案提供
团队简介：

本团队为阳光电源光伏与储能逆变器及其相关产品核心研发团队，团队成员由技术、管理等多方面综合型人才组成，团队硕博研究生占比在70%左右，平均年龄30岁左右，是一支充满活力与创新能力、又不乏经验的综合技术型研发团队。团队致力于研发清洁高效、让人人享受清洁电力的目标，一直致力于光伏与储能逆变器的最新技术产品的研发。团队研发的产品涵盖大型集中式逆变器、组串式逆变器、户用及组件式逆变器、各种机型储能逆变器以及光伏智能运维系统。且各种型号逆变器一直在技术上不断突破创新，引领行业发展，多款产品成为行业标杆产品。团队曾多次突破行业技术，如低电压穿越技术、高电压穿越技术、最大99%效率等。

团队科研成果：

2008年12月—2010年3月，参与国家863计划课题"中小功率风机并网变流器及控制技术2008AA05Z409"主课题，技术负责人在项目中担任副组长，项目攻克了中小功率封胶的技术难关，提高了系统发电效率。

2009年4月—2010年10月，参与国家科技支撑计划课题"世博中国馆、主题馆光伏建筑一体化关键应用技术研究"主课体，技术负责人担任课题负责人，项目解决了工程应用中所涉及的影响并网发电系统大规模发展的技术瓶颈，解决光伏组件与建筑结合技术、建筑一体化技术。

2012—2014年，参与国家863计划课题"区域分布式建筑光伏系统集成技术研究与示范2011AA05A308"主课题，项目完成区域建筑光伏系统设计集成、功率可调节、监测等关键技术及区域建筑光伏发电系统实际运行特性，建成10兆瓦级光伏发电系统与建筑一体化示范工程。

2011 年 1 月—2012 年 12 月，参与安徽省科技攻关计划项目"面向智能电网的大型光伏并网逆变技术及产业化 11010201001"主课题，项目研制出面向智能电网的单机 1MW 并网光伏逆变器，样机不低于 2000 小时的现场运行，并达到产业化能力。

2011 年 1 月—2012 年 12 月，参与安徽省战略性新兴产业专项"年产 100 万千瓦太阳能光伏逆变器"主课题。通过项目的实施，达到了年产 100 万千瓦光伏逆变器的产能，超额完成了销售收入 10 亿元、累计纳税 5400 万元的目标。

2015 年 1 月—2015 年 12 月，参与安徽省科技攻关计划项目"基于三电平技术的高效大功率光伏逆变器产业化关键技术研究"主课题。项目研制出基于三电平技术的高效大功率 500kW 光伏逆变器，产品最大效率达到 99%，并实现批量生产与销售，达到产业化的目的。

团队累计获得专利达 607 项，其中核心发明专利 207 项。

技术负责人及主要成员简历：

技术负责人：

陶磊，男，汉族，出生于 1977 年 8 月。2003 年 7 月份毕业于合肥工业大学电力电子与电力传动专业，获得硕士学位。现任阳光电源股份有限公司光储事业部副总裁，高级工程师，主管光储事业部的研发工作。2011 年获得国家能源科技进步二等奖，2016 年获得国家科学技术进步二等奖，2017 年 4 月被授予"合肥市劳动模范"荣誉称号。

在阳光电源股份有限公司一直承担产品及技术开发工作，在 8 年时间内，把一个最初仅有两三个人组成的单一产品团队建设成为一个 300 人左右的，横跨储能、光伏以及新领域产品预研的研发体系，成为集团公司不断发展的源动力。带领团队在国内首次实现大功率光伏并网逆变器产业化。研发的产品国内市场占有率连续多年超过 30%，产品出货量也在 2015、2016 年连续两年达到世界第一，可靠性也成为业界的标杆，为国家新能源行业发展做出贡献。研发的产品远销美国、欧洲及东南亚地区，产品在国际上的地位，不仅代表了中国高新技术产业的自主研发能力，更为中国本土品牌的世界影响力添砖加瓦。

他获得有效专利 83 件，其中发明专利 49 件，实用新型专利 34 件，另有 27 件专利正在审查中；发表 3 篇学术论文；参与"十五"国家科技攻关计划课题、"十一五"科技支撑计划课题、国家"863"课题、国家火炬计划等多项国家级科技项目。

主要成员：

潘年安：技术带头人助理，1983 年 10 月出生，中国农业大学电力系统自动化硕士学位，2006 年 12 月毕业，加入山特电子（深圳）有限公司，担任控制软件工程师职务，从事中小功率 UPS 的软件开发工作，参与公司多个新产品项目的研发工作。2010 年 3 月加入阳光电源股份有限公司，从事光伏并网逆变器的研发工作，先后担任高级控制软件工程师、资深软件工程师，软件部经理，现任阳光电源-光储研发中心研发总监职务。主导公司所有光伏逆变器的 DSP 软件开发工作，建立基于 RTOS 的软件系统架构，制定公司软件编程规范。负责逆变器核心软件开发过程，研发

的逆变器的出货量多年稳居国内首位，是国内第一家获得德国 BDEW 认证证书，国内最早通过实验室低电压穿越（零电压穿越），以及国内最早通过现场低电压穿越验收的光伏逆变器。他获授权发明专利 37 项、实用新型专利 10 项。

倪华，高级工程师，阳光电源股份有限公司平台开发部经理，负责公司光伏逆变器硬件及相关平台开发工作。申请专利 20 余项，目前已获授权发明专利 8 项，获得 2012 年度国家能源科技进步一等奖 1 项。

丁杰：1985 年 11 月出生，合肥工业大学电力电子与电力传动硕士学位，2011 年 5 月毕业加入通用电气（中国）研发中心有限公司，担任控制工程师职务，从事大功率风能变流器和光伏逆变器的软件开发工作，参与研制 GE 1.6MW DFIG 风机变流器 1.6e 等产品；2013 年 10 月加入阳光电源股份有限公司，从事大功率光伏逆变器和储能逆变器的研发工作，先后担任控制软件工程师、系统工程师、项目经理等职务，现任阳光电源储能逆变器产品线研发总监，成功研制 1500V 光伏逆变器 SG1250HV 等产品。熟悉光伏系统和储能系统，熟悉光储系统各项前沿技术，掌握控制、系统构架等核心技术，对光储先进技术的产业化有丰富的开发经验。他获得授权发明专利 13 项、实用新型专利 6 项。

5. 易事特集团股份有限公司（副理事长单位）

地址：广东省东莞市松山湖科技产业园区工业北路 6 号
邮编：523808
电话：0769 – 22897777
团队人数：700
技术负责人姓名：徐海波
研究方向：新能源及电力电子
团队简介：

易事特集团股份有限公司（以下简称易事特）长期以科技创新为核心驱动力，海纳百川、广聚英才，先后引进以全球著名轨道交通电气专家钱清泉院士和全球著名新能源专家张榴晨院士率领的强大科技攻关研发团队，组建起国家级企业技术中心、博士后科研工作站等十大高端科研平台，与清华大学、浙江大学、华中科技大学、西南交通大学、合肥工业大学等全国二十多所高校建立起长期的战略合作关系。截至目前，易事特拥有研发人才多达 700 余人，先后获得国家火炬计划重点高新技术企业、国家知识产权优势企业、国家专利优秀奖、国家认定企业技术中心、广东省自主创新 100 强企业等荣誉。易事特集团股份有限公司技术中心聚集了大量拔尖人才。公司技术中心现有出站任职博士后 2 名，在站博士后研究人员 3 名，进站博士 3 人，高级工程师 15 名，硕士研究生 52 名，大学生 125 名。公司将为创新团队配备 35 名科研助理：博士后研究人员 2 名，招收博士后研究人员 2 名，硕士 10 名，高级工程师 5 名，工程技术人员 16 名。

先后与浙江大学、上海交通大学、华南理工大学、西南交通大学联合培养博士后研究人员，取得了一系列相关

科技成果。

团队科研成果：

公司完全自主知识产权的 EA66＼EA88＼EA99 UPS 电源产品，高效光伏逆变器，分布式发电设备因采用先进的国内外技术标准，具有技术先进、性价比高而行销国内外市场，累计创造出数亿元直接技术经济效益。结合国家省部级重大项目实施，逐步建立起先进的基于现代电力电子技术的电能变换装备关键技术研发与成果产业化高端产业技术平台，系统开展高效电能变换、分布式光伏、风力发电、机电系统节能、绿色变频驱动关键技术研究、新产品开发及产业化工作，取得丰硕成果。

易事特注重知识产权体系建设。累计申请专利 893 项，实发专利 313 项，授权专利 600 项，授权实发 123 项；截至目前，公司掌握了 50 多项核心技术，发表科研论文 47 篇。

公司参与起草及制定 15 项国家及行业技术标准，构筑起易事特在业界领先的强大技术优势、人才优势、品牌优势和综合资源优势。

易事特荣获国家知识产权优势企业称号。

易事特树立起东莞市在国内 UPS 电源行业的龙头地位，加速推动东莞市分布式光伏发电产业技术发展。易事特公司 UPS 电源产业持续快速发展，凸显出东莞 UPS 电源产业链综合实力；组建起的广东省新能源战略性新兴产业基地——高效光伏逆变器、分布式光伏发电电气设备与系统集成制造基地快速提升了东莞在光伏新能源行业地位和影响力。易事特 EA100KTF、EA500KTF 大功率光伏并网逆变器被列为 2012 年国家火炬计划项目新产品、广东省首批绿色低碳建筑技术产品，荣获广东省科技进步奖，广泛应用于国内"金太阳示范工程""光电建筑示范应用工程""分布式光伏发电工程"建设。

主持研究的《分布式发电电气设备与系统集成制造》项目被列为发改委、工信部技术改造专项、广东省战略性新兴产业发展专项、广东省现代工业 500 强、广东省高新技术产业发展"十二五"规划项目、被规划为易事特公司上市募投项目，成为易事特公司重点发展的战略性新兴产业重要力量。

团队主要成员简介：

徐海波，1983 年华中工学院工业自动化专业毕业，获得学士，1986 年获得华中理工大学水电站自动化硕士学位，1987 年加拿大 Calgary University 访问学者，1992 年获得华中理工大学发电厂工程专业工学博士。现任易事特集团股份有限公司副董事长、技术中心副主任、博士后工作站主任、广东省工程技术中心主任、中国电源学会专家委员、高级会员、交流专业委员会委员、东莞市自动化学会理事、《UPS 应用杂志》编委、合肥工业大学兼职教授、东莞职业技术学院客座教授。

参与制定国家及行业标准 10 项，荣获国家发明专利优秀奖 1 项、广东省发明专利优秀奖 1 项、省科技进步奖 2 项、中国电源学会科学技术奖 2 项、东莞市科技进步奖 4 项、市优秀金桥工程奖 2 项，被评为市专业技术拔尖人才、优秀科技工作者、培养科技领军人才，获 2014 年度技术领军人物荣誉类市长奖提名公示。

主持完成国家科技攻关及产业化项目 4 项、省部及市级项目 10 余项，取得授权发明专利 26 项，PCT 3 项，实用新型专利 37 项，软件著作权登记 5 项，发表研究论文 20 多篇，参与国家、行业标准制定 10 项。

6. 北京中大科慧科技发展有限公司（常务理事单位）

地址：北京市海淀区东北旺村南 1 幢 5 层 517 号
邮编：100094
电话：010 - 82484848
传真：010 - 82484848 - 8006
团队人数：15
技术负责人姓名：李根群
团队简介：

北京中大科慧科技发展有限公司有一批从事银行业数据中心（机房）建设和管控的行业最权威的专家团队，团队整体年轻、专业，平均年龄 28 岁，均为大专以上学历。公司团队是集软硬件调试、安装、服务于一身的多能型人才团队，为上百个数据中心进行技术服务。

团队主要成员简介：

李根群，清华大学电子工程系毕业，中国科学院高级工程师。李老师是我国国内数据中心供配电、防雷接地、安防监控和综合布线领域资深专家，曾主导过多家大型数据中心安全建设，参与制定诸多行业标准，有着丰富的数据中心安全方面授课及数据中心项目实施经验，是我公司 CNAS 动力检测实验室不可或缺的重要专家。

张广明，高级职称，中科院高级工程师，数据中心供配电动力系统专家。

苏森，博士后，毕业于北京邮电大学。

王其英，高级职称，中科院高级工程师，UPS 专家、数据中心供配电动力系统专家。

汤中才，高级职称，中科院高级工程师，空调制冷专家。

7. 佛山市欣源电子股份有限公司（常务理事单位）

地址：广东省佛山市南海区西樵科技工业园富达路
邮编：528211
电话：0757 - 86866051
传真：0757 - 86816598
团队人数：40
技术负责人姓名：王占东
研究方向：电源专用电容器
团队简介：

欣源电子股份有限公司的技术团队具有深厚的专业理论知识和多年的研发经验，是一支强有力的专业电容器研发团队。其中管理团队稳定有序，在市场赢得了国内外知名客户的信任和口碑，品牌、技术和管理的积淀深。专业的客户技术服务团队，能针对客户的需求量身定制出最优的方案，解决技术难题，赢得成本优势。

团队科研成果：

每年年初，公司都会专门成立由研发总监组成的多个研发小组，对公司新产品的相关技术课题进行可行性研究分析、立项，制定项目设计目标与计划。2017 年，公司共计完成 7 个研发项目，其中一个是佛山市攻关科技项目，并获得市级科研扶持 100 万元。公司现拥有专利 56 个，其中 2 个发明专利，为公司技术革新做好了铺垫。

技术负责人及主要成员简历：

王占东先生从事电容器行业 16 年，具有丰富的薄膜电容器科研知识，拥有电容器相关专利共 15 个，目前主要负责汽车用薄膜电容直流支撑电容模组的研发。负责"广东省科技计划项目——超小型金属化复合电极聚丙烯电容器的研发与产业化"项目。

李玉金先生毕业于内蒙古大学半导体专业，后在中国政法大学学习企业管理。高级工程师，国务院专家津贴获得者。在公司大力推行 TPM 管理，督导实施全员管理，为公司提高自动化程度，节能降耗，降低成本，做出了巨大贡献。

8. 航天柏克（广东）科技有限公司（常务理事单位）

地址： 佛山市禅城区张槎一路 115 号华南电源创新科技园 4 座 6 楼

邮编： 528051

电话： 0757 - 82207158

传真： 0757 - 82207159

团队人数： 45 人，其中外聘教授级技术顾问 7 人

技术负责人姓名： 罗蜂

研究方向： 光伏储能分布式发电及其能源互联网系统开发与产业化、基于三电平技术高效节能型模块化 UPS 电源研发

团队简介：

航天柏克（广东）科技有限公司是国家高新技术企业、广东省民营科技企业、广东省企业技术中心、博士后创新实践基地、广东省名牌企业。航天柏克企业技术中心实行公司董事会领导下的主任负责制。中心设主任 1 名，由公司董事长叶德智担任；副主任 1 名，由公司常务副总裁兼总工程师罗蜂担任，全面管理技术中心日常事务。

技术中心成立技术委员会和专家委员会，技术委员会由公司内各部门主要负责人组成，专家委员会主要由公司聘请的国内外知名专家、学者组成，负责公司重大专项的技术咨询认证工作。

技术中心下设综合管理办公室、战略委员会、信息资源部、项目管理部、研发中心和检测中心。

团队科研成果：

公司拥有一支高素质的技术研发团队，拥有长期外聘专家 6 人，其中教授 2 人，博士 3 人。在现有技术团队中，作为研发人员有三人曾经获得过国家科技进步奖，在电源相关领域创造出了突出的业绩。主要表现在以下方面：

1) 技术创新领域，公司研究开发了中大功率电源三电平 IGBT 整流技术模组、三电平 IGBT 驱动与逆变技术模组，产品升级换代，进一步提升了产品智能化、模块化程度。

同时，加强在 APF 有源滤波技术、SVG 有源功率因素矫正技术、微电网双向变流技术、风能变桨技术、快速充电技术等新能源技术领域的研发力度，并在实现产业化布局。

2) 产学研合作领域，公司将继续深化与中国科学院广州能源研究所、中国科学院微电子所、华南理工大学等科研机构的产学研合作。2012 年，在中国科学院广州能源所设立了第一个企业奖学金"航天柏克创新人才奖"。

3) 科技平台建设，以航天柏克为牵头单位，依托国内科研院校并结合佛山其他龙头电源企业共同建设了"功率器件检测分析与电源核心共性技术研发公共服务平台"，公司为发起单位成立"华南电源创新科技园创新平台"获得广东省的科技项目支持。结合电源产业集群特点，为本产业内各相关企业提供科技创新与成果转化、项目试验、元器件和电源配套产品检测分析和解决方案等深层次的创新技术服务。

4) 承担省市科研项目。截至 2017 年底，与科研院所共同承担或公司委托全部在研及完成的技术研发项目共 20 个，其中省级项目 7 个、市级项目共 9 个、对外合作项目 2 个。2017 年公司科技活动经费投入 1100 万元。

近三年专利情况：

2015 年，获得授权专利 27 个，获得发明专利 4 个，获得实用新型专利 11 个，获得外观专利 12 个；

2016 年，获得授权专利 1 个，获得实用新型专利 1 个；

2017 年，获得授权专利 8 个，获得发明专利 3 个，获得实用新型专利 5 个。

近三年公司获得奖励：

2015 年 5 月，被北京电子学会、UPS 应用杂志社评为绿色环保奖；

2015 年 10 月，被佛山市经济和信息化局、佛山市财政局评为市级企业技术中心；

2015 年 12 月，被广东省仪器仪表行业协会评为广东省仪器仪表行业协会会员；

2015 年 12 月，被佛山市禅城区人民政府评为 2015 年禅城区专利奖金奖；

2015 年 12 月，被广东省名牌产品推荐委员会评为广东省名牌产品（EPS）；

2016 年 1 月，获得广东省高新技术企业协会颁发的广东省高新技术产品证书（BK - D 系列应急照明集中电源）；

2016 年 1 月，获得广东省高新技术企业协会颁发的广东省高新技术产品证书（HS 系列高频化 UPS 电源）；

2016 年 4 月，被广东卓越质量品牌研究院评为网络人气之星；

2016 年 6 月，被佛山市工行行政管理局评为广东省守合同重信用企业；

2016 年 7 月，被佛山市人民政府评为佛山市科学技术奖金奖；

2016 年 7 月，被佛山市企业征信建设促进会评为立信单位；

2016 年 8 月，被佛山市禅城区人民政府评为 2016 年禅城区专利奖优秀奖；

2016 年 10 月，被广东省研究生联合培养基地（佛山）

评为研究生创新培养示范点；

2016年11月，获得广东省高新技术企业协会颁发的高新技术企业证书；

2016年12月，获得广东省高新技术企业协会颁发的广东省高新技术产品证书（BKH-M系列模块化不间断电源）；

2016年12月，获得广东省高新技术企业协会颁发的广东省高新技术产品证书（三电平高效节能型UPS电源）；

2016年12月，被佛山市禅城区人民政府评为佛山市禅城区科学技术奖二等奖；

2016年12月，被广东省名牌产品推荐委员会评为广东省名牌产品（UPS）；

2016年12月，被佛山市禅城区人民政府评为2016禅城区优质品牌企业；

2016年12月，被佛山市禅城区人民政府评为2016禅城区科技创新企业；

2017年3月，获得佛山市禅城区青年商会颁发的突出贡献奖；

2017年5月，获得用户满意方案奖；

2017年5月，获得用户满意服务奖；

2017年5月，被深圳联合信用管理有限公司评为资信等级AA；

2017年5月，被中国石油和石化工程研究会、石油化工技术装备专业委员会评为石油化工安全供电解决方案技术中心；

2017年7月，获得佛山市人民政府颁发的2017年佛山市科学技术奖励证书（优秀奖）；

2017年9月，获得佛山市禅城区人民政府颁发的佛山市禅城区专利奖优秀奖。

技术负责人及主要成员简历：

罗蜂，高级工程师，擅长于嵌入式系统的软硬件开发和电力电子的控制算法设计；熟练掌握单片机、DSP和CPLD等数字器件的应用，在电力电子的逆变器领域有丰富的数字化控制经验和技术积累；曾在几个企业主持过多种逆变器的控制软件开发工作，开发的逆变器功率范围从0.5~800kVA。

1）早在2002年就成功开发了大功率三进三出UPS的控制软件，在当时国内属于绝对领先地位。

2）针对电力电子的控制特点，开发了具有自主知识产权的嵌入式实时操作系统（RTOS）。该操作系统占用系统资源极少，即使是在普通的8位机上也可以流畅运行；其稳定性高，目前已在航天柏克的几十万台UPS和EPS上稳定运行。

3）针对市场需求，开发出具有国家发明专利的多模式工作UPS电源。

4）针对当时国内EPS切换时间短的缺点，重点攻关开发出了切换时间≤2ms的检测软件，使该公司成为国内唯一一家可以达到此指标的厂家。

5）很早就在UPS行业的人机显示界面内引入图形+触摸操作方案。在2008年更是有针对性地开发出了低成本的7寸彩色液晶屏和语言报警信号并大规模推广使用，引领

行业技术潮流。

6）成功主持开发了模块化UPS，在行业内继续保持领先地位。模块化UPS的开发成功标志着航天柏克在高频大功率的技术上获得重大突破，航天柏克将进入高频大功率UPS领域大展拳脚。

从业至今，罗蜂已拥有发明专利5项，实用新型26项；软件著作权4项。

潘世高，高级工程师，擅长电力电子的开发与应用，具有20多年从事开关电源、UPS电源、EPS电源的研发经验。

1）1997年参与研制了《TF-HCB-30kVA型不间断电源》项目，主要负责硬件设计和规划，并荣获1999年广东省电子工业厅科学技术进步二等奖和广东省科学技术三等奖。

2）1998年与德国一家UPS公司联合开发出当时国内最大功率UPS（三相120kVA）。

3）2000年自主研发出国内第一台三相200kVA大功率系列UPS。产品定型后先后获得国家信息产业部认证、中国人民解放军总参入网认证等多个认证，并入围军队、通信等行业。

从业至今，已拥有发明专利11项，实用新型专利26项。

黄敏，高级工程师，擅长于嵌入式系统的软硬件开发和电力电子的控制算法设计；熟练掌握单片机、DSP和CPLD等数字器件的应用，在电力电子的逆变器领域有丰富的数字化控制经验和技术积累。曾在几个企业主持过多种逆变器的控制软件开发工作，开发的逆变器功率范围从0.5~800kVA。

1）早在2002年就成功开发了大功率三进三出UPS的控制软件，在当时国内属于绝对领先地位。

2）针对电力电子的控制特点，编写了具有自主知识产权的嵌入式实时操作系统（RTOS）。该操作系统占用系统资源极少，即使是在普通的8位机上也可以流畅运行；其稳定性也高，目前已在航天柏克公司的几十万台UPS和EPS上稳定运行。

3）针对市场需求，开发出具有国家发明专利的多模式工作UPS电源。

4）针对当时国内EPS切换时间短的缺点，重点攻关开发出了切换时间≤2ms的检测软件，是国内唯一一家可以达到此指标的厂家。

5）很早就在UPS行业的人机显示界面内引入图形+触摸操作方案。在2008年更是有针对性地开发出了低成本的7寸彩色液晶频和语言报警信号并大规模推广使用，引领行业技术潮流。

6）成功主持开发了模块化UPS，在行业内继续保持领先地位。本机器的开发成功标志着航天柏克在高频大功率的技术上获得重大突破，航天柏克将进入高频大功率UPS领域大展拳脚。

从业至今，已拥有发明专利5件，实用新型26件；软件著作权4件。

9. 鸿宝电源有限公司（常务理事单位）

地址：浙江省乐清市象阳工业区
邮编：325619
电话：18958728125
传真：0577 - 62777738
团队人数：10
技术负责人姓名：陈运意
研究方向：新品的设计开发
团队简介：

公司成立了鸿宝电源研究所，由公司董事长任所长，与清华大学、浙江大学、福州大学、杭州电子工学院、温州大学等12所高等院校建立了良好的合作关系，同时，聘请了国内电源界具有"东方骄子"之称的张广明、张乃国、何湘宁、阮秉涛等专家，以及省际电源界知名专家刘长樵、朱丰毅、林周布等20多位专家、学者。该研究所对原有产品的优、弱点进行了无数次的测试和反复市场论证，又成功地开发了 SJW - WB 微电脑无触点补偿式电力稳压器和高频在线式 UPS 不间断电源，该产品采用单片微机进行逻辑选择，并具有补足和抵消两大功能。在激烈的国内国际市场竞争中，以上乘的质量、独特的设计、适中的价格、完美的服务赢得了国内外客户的信赖，其中，稳压器在市场上占有量不仅在国内第一，而且超过了以稳压电源起家的日本松永株式会社。新研制和开发了风能、太阳能转换装置，被浙江省科技厅评为浙江省重大科技项目，绿色环保电瓶车被评为乐清市重大科技项目。同时研究开发了许多科技含量高、性能好的高新技术产品，如风力发电机、太阳能/风能并网逆变器、太阳能路灯控制器、直流电源柜，UPS 方面新研究开发了 - E 型、 - S 型、 - G 型，变频器方面新研究开发了 V9 型、S9 型等新产品，使产品始终走在时代的前列。新产品的研制和开发方面，我们吸收了国内外产品的优点，采用了最新的科技成果，使产品外形美观、高效节能、调节快速、价格合理。

团队科研成果：

1）直流电源：2001 年曾成功开发生产了 480V2000A 直流稳压电源，2004 年又成功开发了 0 ~ 36V/500A 直流稳压电源。2000—2003 年间成功开发了全系列 300V 以内高压直流稳压电源和全系列新型 0 ~ 30V 线性直流稳压电源。

2）开关电源：2003—2005 年期间成功开发了 10 ~ 500VA 全系列高频开关电源。

3）逆变电源：2000—2005 年期间成功开发了鸿宝第一代用 MOSFET 取代传统晶体管或达林顿模块构成的推挽式逆变器。2002 年参与鸿宝和浙大联合开发的 HBC - P 系列微电脑智能型修正正弦波逆变器，独立完成全套 PCB 线路的设计，并获得了此 PCB 线路的专利，开发完成后组织了成品的批量生产以后的不断改进。2003 年对第一代的推挽式小功率 MOSFET 逆变器进行了改进，成功开发出了新一代的全桥式 MOSFET 逆变器，使其应用范围更广、适应性更强、效率和可靠性更高。2003 年还成功开发了 HBN 系列高频逆变电源。2004 年主持成功开发了 HBC - PSW 微电脑智能型正弦波逆变器。成功开发的多种逆变电源性能稳定

可靠、负载性能良好、适应能力强，得到了国内外广大客户的认可，让鸿宝的逆变器出口金额由原来的几百万升到几千万元。

4）车载逆变电源：2002—2004 年主持开发了 150 ~ 1700VA 三个系列的几十种高频高效车载逆变电源。2006 年成功开发出 1500VA/12V 高频正弦波车载逆变电源，现又已完成 2000VA/12V 车载逆变电源的模型样机。2010—2012 年成功开发了 HBC - S 系列正弦波高频逆变电源。

5）充电器：2002—2006 年期间，主持开发了 PCA 智能型充电器及 KCA 高频快速充电器系列、KGCA 可控硅大功率稳压稳流快速充电器系列、风光能多功能全自动充电器。这些产品推入市场后，得到了广大用户的一致认可。

6）交流稳压电源：2007—2010 年期间成功开发了多种转接式交流稳压器，2011—2013 年期间成功开发了大功率交流净化电源，并对原有净化电源进行了改造升级，开发了大功率稳压器用多功能液晶数显表。2014—2017 年期间重新设计开发了数控无触点交流稳压器，使得产品上升到了 1000kVA 功率等级，响应速度、可靠性大幅提高；成功设计开发出了多种多功能 LED 数显表，受到国内外诸多用户的广泛好评。

获得专利：

（1）大功率太阳能充电控制器控制电路实用新型技术申报

线路设计人：胡万良、张辉、黄建波、陈运意
所有权人：鸿宝电气集团股份有限公司

（2）大功率可调直流稳压电源实用新型技术申报

线路设计人：胡万良、张辉、陈运意
所有权人：鸿宝电气集团股份有限公司

（3）大功率稳压器控制线路的电源实用新型设计

线路设计人：胡万良、黄建波、陈运意
所有权人：鸿宝电气集团股份有限公司

技术负责人及主要成员简历：

技术负责人：陈运意

1994—1997 年，在湖北荆门大学电气技术专业学习；

1997—1998 年，在鸿宝电气集团股份有限公司参与 UPS 的开发设计和生产检验；

1998—1999 年，在鸿宝电气公司负责直流稳压电源、逆变电源、充电器的技术改进和生产管理；

1999—2000 年，在鸿宝电气公司负责 PCB 线路的设计和检验测试；

2000—2005 年，在鸿宝电气公司任部门经理职务，负责直流电源、逆变电源、充电器、开关电源等多项产品的技术改进和新品开发，并负责技术文件的编制和产品的生产管理；

2005—2006 年，负责逆变器、充电器、开关电源等多项产品的开发；

2007—2017 年，在鸿宝电气集团股份有限公司任职技术副总职务，负责直流电源、交流稳压电源、逆变器、充电器开关电源等多项产品的技术改进和新品开发，并负责技术文件的编制和管理；

获得的证书与荣誉：

2004年获得浙江省计算机三级证书；获得了助理工程师职称；获得象阳镇人民政府颁发的2004年度先进工作者荣誉证书；获得微电脑智能型逆变器PCB的外观设计专利证书；2005年获得由温州人民政府颁发的PCA系列智能充电器的科技进步三等奖。

10. 茂硕电源科技股份有限公司（常务理事单位）

地址：深圳南山西丽松白路路1061号
邮编：518000
电话：0755 – 27657000
传真：0755 – 27657908
团队人数：80
技术负责人姓名：邓勇
研究方向：大功率LED驱动电源、HVDC集中供电系统及LED照明控制系统
团队简介：

由行业知名电源专家带领的团队主导研发，拥有近100人的高学历专业人才，与知名高校开展多项研发合作，多次主导组织电源技术高峰论坛。参与、主导40多项国家标准、行业标准地方标准及联盟标准的制定、修订工作，并承担了10多项国家级、广东省及深圳市行业技术攻关项目。

团队科研成果：

研发产品：

1）户外道路照明：LDP系列60~320W红外遥控&可编程电源、LCP系列60~200W DALI& Class II智能电源；

2）景观照明：LSV系列24~320W恒压源；

3）工业照明：LTP系列60~240W智能电源；

4）HVDC高压直流集中供电控制系统；

5）40~120W太阳能LED控制器。

主导及参与相关科研项目：

1）2010年，承担广东省科技厅战略性新兴产业项目《LED产业项目高可靠大功率LED智能驱动电源技术研发及应用》；

2）2011年，承担广东省战略性新兴产业专项资金LED产业项目《高导热高绝缘纳米涂层技术在LED系统集成模组产品上的应用及产业化》；

3）2014年，承担深圳市经信委新能源产业发展专项资金资助项目《太阳能LED智能驱动产业化》；

4）2015年，承担深圳市工业设计业发展专项资金项目《G5系列大功率智能LED驱动电源设计成果转化应用》；

5）2017年，承担深圳市发展改革委战略性新兴产业《深圳集中供电智能驱动工程实验室》。

专利（部分）：

1）一种无变压器的串联有源交流电压质量调节器及控制方法 ZL200610041914.8 发明专利，已授权；

2）一种比例式电压跟随器及采用该跟随器的恒流电源 ZL201110028125.1 发明专利，已授权；

3）LED控制装置防水与散热结构装置 ZL201010271976.4 发明专利，已授权；

4）一种LED恒流源输出短路保护电路 ZL201010151363.7 发明专利，已授权；

5）一种输入跟随式过压保护电路 ZL201110005601.8 发明专利，已授权；

6）一种PFC升压跟随电路 ZL201110158955.6 发明专利，已授权；

7）一种磁集成的高效率升压电源 ZL201210175588.5 发明专利，已授权；

8）一种LED密封电源及其密封方法 ZL201210510489.8 发明专利，已授权；

9）一种带双重过温保护电路的电源 ZL201110248682.4 发明专利，已授权；

10）一种原副边绕组组合式结构的高频功率变压器 ZL201110447839.6 发明专利，已授权；

11）电网异常的三重抑制电路 ZL201110444963.7 发明专利，已授权；

12）基于无线通讯网络的大功率LED智能控制装置系统 ZL201110363337.5 发明专利，已授权；

13）一种太阳能综合智能利用结构 ZL201120086398.7 实用新型，已授权；

14）一种单向RS – 485控制LED控制装置系统 ZL201120069157.1 实用新型，已授权；

15）一种RS485路灯智能照明远程控制系统 ZL201120082694.X 实用新型，已授权；

16）一种RS485照明智能节能控制装置 ZL201120086397.2 实用新型，已授权；

17）基于Zigbee技术的LED智能控制电源系统 ZL201120086732.9 实用新型，已授权；

18）一种采用特殊防水和散热结构LED电源 ZL201120126203.7 实用新型，已授权；

19）集中冗余式控制LED路灯电源系统 ZL201120115480.8 实用新型，已授权；

20）一种半桥电路结构 ZL201220274846.0 实用新型，已授权；

21）一种实现零光衰的自动补偿LED灯 ZL201220342981.4 实用新型，已授权；

22）一种功率因数检测电路 ZL201220449289.1 实用新型，已授权；

23）电源保护电路模块 ZL201220392627.2 实用新型，已授权；

24）短路保护电路及具有短路保护电路的电源电路 ZL201220393437.2 实用新型，已授权；

25）一种集中供电输出线缆均流系统 ZL201220422951.4 实用新型，已授权；

26）一种恒光LED路灯控制装置 ZL201220534285.3 实用新型，已授权；

27）一种利用电容实现两路LED恒流的驱动电路 ZL201010125609.3 实用新型，已授权；

28）一种LED电源四合一调光电路 ZL201320086573.1 实用新型，已授权；

29）一种电力载波通讯控制电源的结构 ZL201320109089.6 实用新型，已授权；

30）一种带分体式防水电位器的室外电源 ZL201320434975.6 实用新型，已授权；

31）一种原边反馈单级 PFC 输出零纹波电路 ZL201320345760.7 实用新型，已授权；

32）一种电源取样信号放大电路 ZL201320572161.9 实用新型，已授权；

33）一种抑制电流漂移的温度补偿电路 ZL201320648235.2 实用新型，已授权；

34）一种输出功率恒定的智能开关电源 ZL201120375718.0 实用新型，已授权；

35）一种智能控制的输入过压保护电路及采用该电路的开关电源 ZL201120416120.1 实用新型，已授权；

36）一种简单实用的浪涌抑制电路及开关电源 ZL201320030176.2 实用新型，已授权；

37）一种采用智能控制的节能电路的开关电源 ZL201320531603.5 实用新型，已授权；

38）一种太阳能充放电控制控制器 ZL201520801834.2 实用新型，已授权；

39）一种太阳能电池组的 GFDI 接地故障检测电路 ZL201420501843.5 实用新型，已授权；

40）一种具有分布式 MPPT 功能的智能升压光伏汇流箱电路 ZL201420501753.6 实用新型，已授权。

技术负责人简历：

邓勇，专注于开关电源研发、管理工作 12 年，熟悉中大功率服务器电源、LCD 电源、LED 防水电源的设计、可靠性规范及相关流程控制，善于激励研发团队。

11. 深圳市英威腾电源有限公司（常务理事单位）

地址：深圳市南山区北环路猫头山高发工业区高发 1 号厂房 5 层东

邮编：518055

电话：0755 - 26784847

传真：0755 - 26782664

团队人数：62

技术负责人姓名：杨成林

研究方向：UPS 电源及数据中心研究开发

团队简介：

在研发方面英威腾集团在国内设有 10 个研发中心，建有电力电子工控行业最全的实验室体系，涉及器件测试、安规测试、EMC 测试、功能性能测试、环境测试、可靠性测试。整个集团的研发都采用 IPD 集成产品开发管理模式。同时英威腾集团拥有 4 个生产基地，分布在深圳、上海、苏州、西安，采用了 ISCM 集成供应链管理。整个英威腾集团从研发质量管理、供应商质量管理、服务质量管理、制造质量管理等 4 个方面推行了全面质量管理。在英威腾集团强大而完善的平台支撑下，使得英威腾电源所有产品从一开始的市场需求、立项开发到后面的批量生产、交付服务都遵循了产品开发的科学管理。即便是最早期的产品，

从一推向市场就得到了巨大的认可。

作为业内知名的科技型企业，英威腾电源有限公司注重科技创新，每年将销售收入的 10% 用于研发投入，研发人员约占员工总人数的 36.54%，形成了由多名高端技术人才组建的行业领先水平、结构合理的创新团队，研发团队中 27% 以上技术人员具备高级、中级职称，其中核心团队在电源领域具备 10 年以上研发经验，且在业内享有盛名。

团队科研成果：

在电源领域，公司已取得专利 39 项，其中发明专利 11 项，实用新型专利 8 项，外观专利 20 项。软件著作权 19 项。

2015 年深圳市科技计划项目《节能型信息化电源系统研发》；

2017 年《高效节能大功率 UPS 电源系统研发与产业应用》获深圳市科学技术奖一等奖；

2018 年深圳市科技计划项目《高效节能型微模块数据中心系统的关键技术研发》。

团队主要成员简介：

杨成林，男，1977 年 8 月出生，中国电源协会理事会理事，广东省不间断电源标准化技术委员会委员。2004 年 4 月获浙江大学电力电子与电力传动专业硕士学位，2004—2010 年历任艾默生网络能源有限公司软件事业部经理、广东易事特电源股份有限公司研发总监，现任深圳市英威腾电源有限公司研发总工兼副总经理，主要负责公司产品研究开发。

12. 石家庄通合电子科技股份有限公司（常务理事单位）

地址：石家庄高新区漓江道 350 号

邮编：050035

电话：0311 - 66685604

传真：0311 - 86080409

团队人数：25

技术负责人姓名：马晓峰

研究方向：电力电子技术

团队简介：

本团队现有科研人员 25 人，其中高级工程师 4 人，工程师 16 人，助理工程师 5 人。

团队长期致力于电力电子领域相关技术的研发和应用。主要研究方向为直流功率变换技术和电机控制功率变换技术。承担了国家能源局项目，河北省科技厅项目，石家庄市科技局项目、高新区项目等多个项目。取得国家授权专利 50 余项，软件著作权 30 余项，获得科技奖励 1 次，发表专业论文 50 余篇。拥有科研平台：河北省企业技术中心，新能源汽车电力变换技术河北省工程实验室、测试中心；电力电子相关仪器科研设备投资 2000 多万，场地 3000 多平方米。具备开展电力电子技术研究的各项条件。测试中心于 2017 年通过 CNAS 认证。

团队科研成果：

产品主要包括充电机、直流电源、并网设备和电机控

制器产品。

科研项目包括微型电力二次操作电源的研发、新一代电动汽车充电机的研发、双向功率变换技术的研发等多个已完成及在研项目。

获得一种双向隔离直流－直流变换器等多项专利成果。

技术负责人及主要成员简历：

马晓峰，大学学历，华中科技大学（原华中工学院）电力工程系高电压技术与设备专业，高级工程师。1991—1993年任职于北京燕山石化动力厂；1993—1998年任职于河北科华通信设备制造有限公司，从事技术研发工作；1998—2012年8月任职于石家庄通合电子科技股份有限公司，历任生产部经理、总经理、执行董事；2012年8月至今任公司董事长。

贾彤颖，大学学历，中国科技大学无线电系无线电技术专业，高级工程师。1977－1984年任职于中科院兰州近代物理研究所；1984－1989年任职于兰州市科学技术研究所；1989－1994年任职于石家庄无线电八厂，曾任副厂长兼总工程师；1994－1997年任职于河北科华通信设备制造有限公司，曾任总经理助理兼研制中心主任；1998—2012年8月任石家庄通合电子科技股份有限公司董事长；2012年8月至今任公司董事。

祝佳霖，大学学历，郑州轻工业学院控制工程系自动化专业，高级工程师。1992—1999年任职于河北省邮电科学研究所，从事市场销售、研发工作；1999－2008年任职于河北电信设计咨询有限公司，历任项目经理、副主任；2008－2012年8月任职于石家庄通合电子科技股份有限公司，历任技术部经理、技术总监；2012年8月—2016年8月，担任公司董事、副总经理。2016年8月至今，担任公司董事、副总经理、董事会秘书。

徐卫东，大学学历，吉林大学电子信息工程专业，高级工程师。2003—2012年8月任职于石家庄通合电子科技股份有限公司，从事研发工作；2012年8月－2016年12月任公司研发部经理、监事会主席；2017年1月至今任公司技术研发中心主任、监事会主席。

主要成员有董顺忠、张逾良、李浩鸣、刘爱华、杨飞、田超、彭玉成、李金洁、宾文武、侯涛涛、唐光伟、王红坡、司建龙、齐会士、白亚辉、焦凌云、张龙、李维旭、张航、徐艳超、吴飞飞。

13. 苏州纽克斯电源技术股份有限公司（常务理事单位）

地址：江苏省苏州市相城区黄埭镇春兰路81号
邮编：215000
电话：0512－65907797
传真：0512－65907792
团队人数：86
技术负责人姓名：邱明
研究方向：智慧交通、智慧农业、城市照明、智能电源、通信电源、照明驱动电源、特种电源、物联网控制系统及相关产品的研发

团队简介：

研发团队由副总经理邱明做团队领头人，提升了研发团队的技术水平。团队内目前有研发人员86名，占公司总人数的24.9%。其中博士后1人，博士2人，硕士2人，本科48人。核心团队的成员均拥有丰富的跨国电子企业和国内领先电子企业的从业经历，研发和管理经验丰富，技术专业度一直走在行业前列。

设立博士后工作站，与政府部门对接，引进专业性人才，建立人才培养与团队建设任务管理制度。坚持以"内部培养为主，外部培养为辅"的原则。建立完善的研发人员绩效考核与奖励制度。鼓励员工利用业余时间进行自学，积极参加专业技术资格评审和考试，进一步扩大专业技术人才队伍规模，提高专业技术人才创新能力。

公司每年平均投入500多万用于升级和完善研发的实验室建设，目前已配备了数十台先进型研发设备，其中多数为外国进口的一流设备，如：电波暗室电磁兼容测试系统、HAAS2000光色电测试系统、GO－2000配光性能分析系统、IPX1－X7测试设备等。可以覆盖所有驱动电源及周边主要配套产品的测试项目，可以有效保障研发设计输出的有效性和及时性。

同时外部技术资源丰富，与外部高端技术团队保持着经常性的协同开发。多年行业深耕，与上下游配套厂商都保持着紧密而良好的合作关系。与苏州大学、南京农业大学建立了长期合作关系，共享实验、检测设施，形成合作基地。

团队科研成果：

我司自2006年成立以来，主要从事智能电源、通信电源、照明驱动电源、特种电源、物联网控制系统及相关产品的研发，农业补光设备、智慧农业集中控制系统及相关设备、植物工厂整体解决方案的研发。获得江苏省高新技术产品数字化城市照明节能镇流器、数字智能电子镇流器、植物补光用智能照明设备、高集成的数字农业补光设备、植物补光控制系统、大范围舒适环境光自动调节系统等共计13项。授权专利、软著126项。2016年电子镇流器的照明电流控制系统及其控制方法获得苏州市颁发的发明专利二等奖、获"金手指奖——优秀照明电源供应商"、"21届广州国际照明展览会——阿拉丁神灯奖·优秀技术奖"，承担区级科技项目基于照明节点的智慧城市无线异构网络的研发。2017年一种舒适环境光自动调节系统获得中照照明科技创新奖一等奖，承担市科技项目基于道路照明节点的智慧城市立体感知平台的研发、承担国家级项目设施果蔬生产LED关键技术研究与应用示范的研发。2014年、2017年两次获得江苏省高新技术企业荣誉称号。

团队主要成员简介：

邱明，本科毕业于天津大学电气与自动化专业；工商管理硕士（MBA），苏州纽克斯电源技术股份有限公司技术负责人，从事电源行业产品开发和技术管理工作15年，具有丰富的专业技术知识及管理知识，主持开发的研发成果有高新技术产品13个，获得各项专利120项，发明专利达10余项，其中LED智能电源获中照奖一等奖。组建的研发团队坚持以市场需求为导向，取得了良好的科研成果，

公司先后获得"高新技术企业""苏州市企业技术中心""科技创新奖""技术创新奖""江苏省民营科技企业""苏州市企业技术中心""苏州市工程技术研究中心""江苏省企业技术中心""江苏省工程技术中心""江苏省管理创新优秀企业""苏州市专精特新百强企业"等科技创新奖励。

王文明，应用电子技术专业工学学士学位，先后于松下电器研究开发（苏州）有限公司，苏州至上智控科技有限公司，苏州纽克斯电源技术股份有限公司担任研发经理、技术合伙人。2015 年被评为苏州市人力资源和社会保障局、苏州市姑苏高技能重点人才，2014 年被评为苏州工业园区园区管理委员会金鸡湖双百人才（高技能领军人才）。

研发团队其他主要成员：

1）季清，男，博士后，技术领域：电力电子与电力传动，职称/职务：研发专家组；

2）李云飞，男，博士，技术领域：计算机，职称/职务：研发专家组；

3）贾俊铖，男，博士，技术领域：计算机，职称/职务：研发专家组；

4）李惠，女，硕士，技术领域：作物栽培学与耕作学，职称/职务：应用工程师；

5）李勇，男，本科，技术领域：应用电子，职称/职务：硬件设计工程师；

6）张明，男，本科，技术领域：电器工程及自动化，职称/职务：硬件设计工程师；

7）杨国帅，男，本科，技术领域：电子电器，职称/职务：硬件设计工程师；

8）岳一丘，男，本科，技术领域：通信工程，职称/职务：软件设计工程师；

9）王二毛，男，本科，技术领域：电气工程及自动化，职称/职务：软件设计工程师；

10）邓冠星，男，本科，技术领域：自动化，职称/职务：软件设计工程师；

11）王宁，男，本科，技术领域：汽车运用技术，职称/职务：结构设计工程师；

12）冯坚，男，本科，技术领域：包装工程，职称/职务：包装设计工程师；

13）周丽萍，女，本科，技术领域：工业设计，职称/职务：工业设计工程师；

14）孙宗坤，男，本科，技术领域：汽车运用技术，职称/职务：工程师。

14. 无锡芯朋微电子股份有限公司（常务理事单位）

地址：无锡新区龙山路 4 号旺庄科技创业中心 C 幢 13 楼

邮编：214028

电话：0510 - 85217718

传真：0510 - 85217728

团队人数：104

技术负责人姓名：易扬波

研究方向：模拟及数模混合集成电路的研发

团队简介：

公司注重科技创新和人才队伍建设，公司建有国家级博士后流动工作站和江苏省功率集成电路工程技术中心。拥有一支由数十名海外专家和博士硕士领衔的一百余人的国际化科研开发团队。技术团队在电路设计、半导体器件结构设计、特殊性能的优化、器件模型提取等方面积累了丰富经验。他们在知识结构和工作经历方面相互补充、强强互补。研发团队积极开展多种形式的国内合作、国际合作和学术交流。主要包括：邀请国内外同行专家来工程中心讲学或合作研究；同国内外有关单位建立合作关系，开展联合研究；鼓励优秀中青年参加学术会议和技术交流活动。历经多年发展，造就了一支年龄结构合理、凝聚力强的多元化、高素质的专业技术队伍。

团队科研成果：

通过与国内一流高校的产学研合作，公司在电源管理 IC、显示驱动 IC、智能驱动功率 IC 等方面取得了突出优势。公司现已推出包括交直流转换（AC - DC）/直流转换（DC - DC）/马达驱动（Motor Driver）三大系列 70 余种产品。可以为家电产品、便携式电子产品等消费类和工业类产品提供一站式的电源系统解决方案。公司在国内创先开发成功并量产了 1000V 智能保护 MOS 开关电源芯片、单片 700V 高低压集成开关电源芯片、200V SOI MOS/LIGBT 集成芯片、100V CMOS/LDMOS 集成芯片等产品，多项产品获得国家重点新产品认定，在市场中得到了用户认可，推动了家电、网络通信、智能电表等整机行业产品的绿色环保节能。现已成为国内电源芯片行业中的主流供应商。

目前，公司共有授权国际及中国专利 50 项，布图登记保护 83 项，注册商标 6 项。2012 年获得了"江苏省知识产权管理规范化示范单位"荣誉称号。

团队主要成员简介：

易扬波，男，工学博士。目前担任芯朋微电子（Chipown）股份有限公司的董事副总，致力于 Power Device 和 Power IC 领域的研发，获 7 项美国专利授权。曾获江苏省科技进步一等奖 1 项、教育部技术发明一等奖 1 项、国家技术发明二等奖 1 项。目前担任中国电源学会理事、国家技术标准起草工作组成员（TC46）、江苏省产业教授。

15. 艾思玛新能源技术（江苏）有限公司（理事单位）

地址：苏州市向阳路 198 号

邮编：215011

电话：0512 - 69370998

传真：0512 - 69373159

团队人数：70

技术负责人姓名：廖小俊

研究方向：光伏并网逆变器技术，包括相关电力电子技术、控制技术和软件技术等

团队简介：

团队成员 50% 以上具有研究生学历，核心成员具有十年以上光伏逆变器产品研发经验，多个成员来自德国总部

或具有国外工作经验。

团队非常重视技术创新，截至 2017 年获已授权专利 80 余件，其中已授权发明专利 20 余件，正在受理审查的专利 70 余件，在国内光伏逆变器行业处于前列。研发团队完成的项目和产品荣获多项大奖，得到国内外专家的一致好评。户用型单相光伏逆变器得到 PHOTON A + 的评级，获得亚洲最佳逆变器评价，在欧洲和澳大利亚销售量一直保持领先。分布式三相光伏逆变器是国内最早通过德国低压 VDE - AR - 4105 和中压 BDEW 认证的产品，大量应用于鱼塘、丘陵等复杂环境。

团队坚持以德国品质为基本目标，中德两国工程师近些年已联合开发多个产品，相关产品获得市场的高度认可。中德两地研发团队保持频繁高效的技术交流，保证中国研发团队一直处于国际领先水平。团队采用德国最先进的产品开发流程和质量管理体系，在每个专业技术领域都采用国际上最先进的软件工具，确保系统建模、开发设计、测试验证等环节都能够高效和高质量地完成。

团队还与浙江大学、复旦大学等著名高校保持密切的技术交流和项目合作，把握最新科技进展，把高新技术和实际产品开发设计相结合。同时不断吸引优秀的人才加入团队，增强团队的发展活力和创新动力。

团队科研成果：

研发产品：

1）国内领先的户用单相光伏并网逆变器；

2）国内领先的三相分布式光伏并网逆变器；

3）国内领先的集中式光伏并网逆变器；

4）高效户用三相光伏并网逆变器；

5）新一代国际领先的高效、高安全可靠、高功率密度户用单相逆变器；

6）新一代国际领先的高效、高安全可靠、高功率密度三相分布式光伏并网逆变器。

科研项目：

1）江苏省省级现代服务业（软件产业）发展专项引导资金项目：光伏并网逆变控制及其集群监控系统系列化及产业化；

2）江苏省科技成果转化专项资金项目（BA2011115）：兆瓦级高性能光伏并网发电装置的研发与产业化。

部分授权发明专利：

1）一种光伏逆变器的多路 MPPT 输入类型自动判别方法 ZL201410464337.8；

2）一种光伏组件阵列对地绝缘阻抗检测方法及电路 ZL201410673800. X；

3）逆变器保护电路 ZL201210271918.0；

4）并网逆变器的孤岛检测方法 ZL201210311179.3；

5）高功率光伏并网逆变器 ZL201210339476.9；

6）光伏并网逆变器的逆变控制方法 ZL201310185708.4；

7）单级式光伏逆变器的 MPPT 控制方法 ZL201310576811.1；

8）一种三相并网逆变器的孤岛检测方法及装置 ZL201310628876.6；

9）一种三相并网逆变器的单相、两相孤岛检测方法及装置 ZL201310626605.7；

10）单两相孤岛和/或三相孤岛效应的检测方法 ZL201410060231.1；

11）基于电网负序的单两相孤岛检测方法 ZL201410059892.2；

12）一种固件升级方法及其装置 ZL201410344837.8；

13）一种光伏逆变器发电系统及控制方法 ZL201410404666.3；

14）隔离逆变拓扑电路 ZL201110380041.4；

15）双极性调制 MOSFET 全桥逆变电路 ZL201110162208.X；

16）半桥三电平并网逆变器的正负输入电容的电压调节方法 ZL201210266628.7；

17）逆变器调制方法及其用途 ZL201210303744.1；

18）逆变拓扑电路的无功功率控制方法 ZL201210564260.2；

19）一种逆变拓扑电路的无功功率控制方法 ZL201210564888.2；

20）基于单相并网逆变系统的继电器电路的自检方法 ZL201310628667.1；

21）一种多路 Boost 电路的控制方法 ZL201510501389.2；

22）一种基于级联双向 DC - DC 变换器的控制方法 ZL2015109550270；

23）一种基于空间电压矢量脉宽调制的调制方法 ZL2015109534352；

24）一种功率环控制限载方法和装置 ZL201610128665X。

获得荣誉：

1）江苏省科学技术进步二等奖；

2）2017SNEC 十大亮点最高奖——太瓦级钻石奖；

3）2017 全球智能逆变器创新技术贡献奖；

4）第四届电源科技奖——优秀产品创新奖。

团队主要成员简介：

廖小俊，SMA 中国技术副总裁，硕士研究生，先后就读于北京交通大学和武汉大学。先后就职于伊顿电气集团公司和艾思玛新能源技术有限公司。光伏测试网逆变器创新论坛首批专家成员，国家农业光伏产业战略创新联盟首批专家成员，中国电源学会高级会员。

舒成维，软件部经理，硕士研究生，先后就读于电子科技大学和上海交通大学。先后就职于山特电子技术公司和艾思玛新能源技术有限公司。

卢盈，硬件部经理，硕士研究生，毕业于南京航空航天大学，先后就职于安伏电子技术公司和艾思玛新能源技术有限公司。

顾超宇，机构部经理，硕士研究生，毕业于南京理工大学，先后就职于山特电子技术公司和艾思玛新能源技术有限公司。

吴招米，系统与预研部经理，硕士研究生，毕业于华中科技大学，先后就职于上海燃料电池汽车动力技术公司和艾思玛新能源技术有限公司。

16. 佛山市杰创科技有限公司（理事单位）

地址：广东省佛山市南海区桂城夏东涌口村工业区石龙北路东区二横路 3 号
邮编：528250
电话：0757 - 86795444
传真：0757 - 86798148
团队人数：15
技术负责人姓名：任航
研究方向：智能、高效、节能电源技术
团队简介：

佛山市杰创科技有限公司是一家专业从事大功率高频开关电源研发、生产的高新技术企业，成立于 2009 年，通过 ISO9001：2008 认证。企业拥有一支力量雄厚的研发团队，技术始终处于行业的前沿，通过多年自主研发，开发了目前广泛应用、技术领先的多种型号多个应用领域的大功率高频开关电源。在各表面处理行业（如镀铬、镀铜、镀锌、镀镍、镀金、镀银、镀锡、合金电镀等各种电镀场所），以及在铝型材、有色金属、五金、光伏、选矿、冶金、电力等各个行业得到了广泛应用。设备高效节能、绿色环保，比传统的高频开关电源节能 15% 以上。目前公司的主打产品有单晶炉电源、多晶炉电源、选矿电源、铝氧化电源、电镀电源等，其中单晶炉电源、多晶炉电源、选矿电源为行业首创，为行业首台套产品，多项技术在行业内领先。
团队科研成果：

1）自 2011 年至今获得两项发明专利和十一项实用新型专利。

2）2015 年"自动换向高频开关电源"获得高新技术产品证书。

3）2017 年研发出"高稳定性可控硅整流器""节能型高频开关电源"两项高新技术产品。
团队主要成员简介：

任航，1992 年毕业于吉林电气化高等专科学校自动化仪表专业，1996 年创建南海誉新电器有限公司（2009 年更名为佛山市杰创科技有限公司），二十多年来一直从事于高频开关电源行业，带领公司技术团队从普通的高频电源投入生产到如今最新技术的双脉冲电源、同步整流电源等的研发创新，一路见证高频电源的飞速发展，将来也将在电源行业继续深耕，为绿色环保的高频电源事业继续贡献。

周琦钦，2014 年毕业于广东佛山职业技术学院电气自动化技术专业，毕业后在佛山杰创科技有限公司从见习技术员到独当一面担任电气工程师职位至今，一直致力于高频开关电源的研发创新，在公司产品单脉冲电源、双脉冲电源、单晶硅加热电源的技术革新中有卓越贡献，使公司这一系列电源在客户实际使用中更节能更稳定高效。

黄嘉栋，2014 年毕业于广东佛山职业技术学院机电设备与维修管理专业，毕业后在佛山杰创科技有限公司从见习技术员到独当一面担任工程师职位至今，一直致力于高频开关电源的研发创新，在公司的新产品自动换向电源、同步整流电源以及电源网络控制系统的研发实践中有突出

贡献。

黄楠森，2017 年毕业于北京理工大学珠海学院电气工程及其自动化专业，毕业后进入杰创科技担任有限公司助理工程师，从事高频开关电源行业。

于洋，电气化机电专业，2007 年毕业后进入中国安钢钢铁集团鲅鱼圈分公司任助理电气工程师，主要负责电气线路改造、电气设备设计等工作，积累了一定的工作经验，于 2010 年 9 月加入杰创科技有限公司担任电气工程师。

甘重光，2009 年进入杰创科技有限公司捏任电气工程师，主导产品的设计和开发，通过与技术部合作，为公司成功设计了单水冷、油浸水冷、风冷三个系列的产品。

17. 广州回天新材料有限公司（理事单位）

地址：广州市花都区新华街岐北路 6 号
邮编：510800
电话：020 - 36867996
传真：020 - 36867991
团队人数：14 人
技术负责人姓名：张银华
团队简介：

回天集团公司研发团队与中科院成立工程技术技术中心，现有国家千人计划专家一名、18 名博士、120 名硕士研发人员。回天研发团队分 25 个课题组，研发方向包括硅胶、环氧胶、UV 胶、聚氨酯、丙烯酸酯等不同体系产品的高新技术。
团队科研成果：

电源防水灌封胶 4120M，该产品突破缩合型灌封胶高温条件下易返原问题，耐湿热，对材质有良好粘接力，解决了电源防水问题。

18. 杭州博睿电子科技有限公司（理事单位）

地址：浙江省杭州市萧山区蜀山街道万源路一号
邮编：313200
电话：0571 - 82616510
传真：0571 - 82610970
团队人数：25
技术负责人姓名：武俊灿
研究方向：中大功率 LED 驱动电源、中大功率高压激光电源、高频正弦波逆变器、电动汽车智能充电器、工业和通信电源、医疗电源等。
团队简介：

公司研发团队均毕业于国内知名高校，有多年的大型台资开关电源企业任职经历，对中大功率 LED 驱动电源、中大功率高压激光电源、高频大功率正弦波逆变器、电动汽车智能充电器、工业和通信电源、医疗电源等有较深的研究和实际的项目开发管理经验。
团队科研成果：

1）CO_2 脉冲和 YAG 连续高压激光电源获上海市中小功率激光电源产学研项目发明创造三等奖。

2）16kW/680A 大功率横机脉冲电源及 50kW 直流屏项

目被评为中国轻工业自动化研究所重点节能项目。

团队主要成员简介：

李积明，45 岁，总经理，高级工程师，全国电源与新能源行业专家智库专家；

郭永志，42 岁，副总经理，高级工程师，负责高压激光电源项目的研制；

武俊灿，36 岁，副总经理，高级工程师，负责 LED 驱动电源项目的研制。

19. 杭州飞仕得科技有限公司（理事单位）

地址：杭州市拱墅区祥兴路 100 号 2 号楼

邮编：310011

电话：0571 - 88171615

传真：0571 - 88173973

团队人数：30

技术负责人姓名：李军

研究方向：IGBT 驱动器

团队简介：

飞仕得科技有限公司于 2011 年创立之初便成立了研发部门，2013 年初成立企业内部研发中心，拥有 1200m² 研发试验场地，公司每年投入销售收入的 15%～25% 作为年度研发经费，公司三大股东均是浙江大学电力电子学科方向硕士研究生，同时公司研发团队人员曾就职于通用电气、华为、汇川等知名企业，研发人员专业涉及电力电子、电气工程及自动化、机械设计与制造、自动化控制等领域，公司研发人员年龄结构合理、专业技术知识扎实、实践经验丰富，是 IGBT 产品研发方面的顶尖人才。公司目前正在与浙江大学电力电子与电力传动专业及中国计量大学建立产学研联盟，借助高校强大的研发实力及产品分析测试的评价体系，为公司可持续发展提供强大的平台优势，保证 IGBT 驱动产品在理论和客户使用中的完美结合。

团队科研成果：

飞仕得科技有限公司研发中心共有研发人员 30 人，占公司总人数的 48.57%，飞仕得科技于 2011 年创立之初便成立研发部门，2013 年初成立企业内部研发中心，拥有 1200m² 研发试验场地，公司每年投入销售收入的 15%～25% 作为年度研发经费，研发经费实行单独核算，公司目前已申请发明专利 5 项，拥有授权发明专利 1 项，授权实用新型专利 2 项，授权软件著作权 8 项。

团队主要成员简介：

技术负责人李军，技术副总监，高级工程师，浙江大学电力电子与电力传动专业硕士研究生。李军在研究生期间参与了"控制工程国家实验室""985"工程—可再生能源分布式发电并网控制，在上海电气工作期间负责开发了 2MW 风冷双馈风力发电变流器，全程参与 4.2MW，双馈风力发电变流器开发，本项目中主要负责项目框架制定，软件程序编写。曾先后发表 EI 论文 3 篇，申请专利 5 项，其中发明专利 3 项。

王文广，技术副总监，华中科技大学高电压技术专业工学硕士。

工作期间负责美国半导体公司 intersil 在中国的应用产品开发，解决其面向亚太区的产品应用，并解决各大客户产品问题。负责军用 IGBT 驱动器开发，通过军工的各项测试，并获得成功应用。成功开发全球首款 8 并联 XHP 封装 IGBT 驱动。XHP 封装为下一代 IGBT 主流产品，各大厂家都先后推出自己的类似产品，但对于与之匹配的驱动器都缺乏相应的方案，该产品总体不均流度小于 3%，可靠性高，处于行业领先地位。

程加昌，工程师，浙江大学控制工程专业工学硕士。2010 年进入新能源汽车行业，参与国家"863"项目，与团队一起开发出了国内第一代电动大巴车，并成为上海世博会指定运营客车。负责与国外某巨头公司合作开发电动车电机控制器，打造了两款高性能电机控制器，通过国家各项认证并得到客户高度认可。2014 年加入富士电机，赴日本参与汽车级 IGBT 产品开发，参与丰田、本田、日产、宝马等公司的电动汽车 IGBT 开发项目。负责汽车级 IGBT 产品在中国的推广工作，使公司在中国电动商用车市场连续三年高增长，达到 30% 以上的市场份额。新一代高性能汽车级 IGBT 进入多家整车厂和主流电机控制器厂家。2017 年加入杭州飞仕得科技有限公司。他拥有国内大型公司和国际大型公司工作经历，掌握国际一流公司开发及市场运作，了解国际尖端技术；拥有丰富的电动汽车关键器件开发和运营推广经验，深入了解电动汽车行业，是第一届新能源汽车专委会委员，获得一项实用新型专利，申请一项发明专利。

洪磊，工程师，浙江大学电力电子与电力传动专业硕士研究生工学硕士学位。洪磊在工作期间结合新能源汽车行业的需求，带领团队开发了一系列的车载高性能智能化一体 IGBT 驱动器，产品具有体积小、功能强大、可靠性高等特点，部分产品技术达到国际领先水平，获得了包括宝马、吉利等车厂的关注与合作，并大批量在新能源汽车上应用。

20. 南京中港电力股份有限公司（理事单位）

地址：江苏省南京市江宁区东麒路 6 号东山国际企业研发园 C2 栋

邮编：211103

电话：025 - 69618577 * 8013/8014

传真：025 - 69618574

团队人数：50 人左右

技术负责人姓名：瞿鹏、孙勇

研究方向：车载电源系统

团队简介：

技术顾问一览表

1）全书海，博士，技术领域：电气自动化，工作单位：武汉理工大学，职务：教授；

2）王恩荣，研究生，技术领域：应用电子，工作单位：南京师范大学，职务：教授级；

3）马刚，研究生，技术领域：应用电子，工作单位：南京师范大学，职务：副教授；

4）颜伟，研究生，技术领域：应用电子，工作单位：南京师范大学，职务：讲师；

5）张海龙，研究生，技术领域：应用电子，工作单位：南京师范大学，职务：讲师；

6）赖兴华，研究生，技术领域：应用电子，工作单位：南京师范大学，职务：中级职称；

7）黄毅，研究生，技术领域：应用电子，工作单位：南京师范大学，职务：中级职称。

团队科研成果：

公司近三年来11项科技项目全部通过南京市科技局备案，其中"新能源汽车车载 DC/DC 转换器的研制及生产"于2016年获得了"江宁区中小企业技术创新专项"扶持。

1）RD01 - 项目名称：一种带储能的智能充电桩的研发，起止时间：2013.4—2014.8，技术领域：新能源汽车动力系统；

2）RD02 - 项目名称：一种可实现相邻电池间电能智能转移的电路的研发，起止时间：2013.4—2014.12，技术领域：新能源汽车动力系统；

3）RD03 - 项目名称：用于新能源汽车的一体式充电及逆变装置的研发，起止时间：2013.4—2014.3，技术领域：新能源汽车动力系统；

4）RD04 - 项目名称：中港车载 1.2kW DC - DC 转换器控制程序的研发，起止时间：2014.3—2015.5，技术领域：新能源汽车动力系统；

5）RD05 - 项目名称：中港 3.3kW 车载充电机控制程序的研发，起止时间：2014.3—2015.5，技术领域：新能源汽车动力系统；

6）RD06 - 项目名称：中港充电机 CAN 通讯程序的研发，起止时间：2014.8—2015.7，技术领域：新能源汽车动力系统；

7）RD07 - 项目名称：中港车载锂电池充电机通讯监控程序的研发，起止时间：2014.8—2015.7，技术领域：新能源汽车动力系统；

8）RD08 - 项目名称：中港车载 800W DC - DC 转换器控制程序的研发，起止时间：2015.1—2015.9，技术领域：新能源汽车动力系统；

9）RD09 - 项目名称：新能源汽车交楼接口控制导引电路，起止时间：2016.4—2016.10，技术领域：新能源汽车动力系统；

10）RD10 - 项目名称：D3 型 DC/DC 电源，起止时间：2016.4—2016.6，技术领域：新能源汽车动力系统；

11）RD11 - 项目名称：D3 型车载充电机，起止时间：2016.2—2016.6，技术领域：新能源汽车动力系统；

12）RD12 - 项目名称：水冷充电机 DCDC 二合一，起止时间：2016.1—2016.6，技术领域：新能源汽车动力系统。

取得专利情况：

公司申请专利18项，其中申请发明专利8项；其中授权专利10项，包括1项发明专利和9项实用新型专利；公司拥有软件著作权5项。

团队主要成员简介：

技术总监瞿鹏，本科；曾任艾默生电气 Team Leader、台达能源 EESupervisor、光宝通信电源研发经理，从事电源行业20余年，是行业内少有的经验丰富的研发人员。

技术副总孙勇，电池管理系统专家，曾任职知名军工所，设计的电池管理系统多次中标中国移动、中国电信、中国联通移动基站后备储能管理。

21. 上海科梁信息工程股份有限公司（理事单位）

地址： 上海市宜山路829号海博1号楼2楼海博2号楼1 - 3楼

邮编： 200233

电话： 021 - 54234718

传真： 021 - 54234721

团队人数： 104

技术负责人姓名： 邹毅军

研究方向： 电力系统控制保护装置的半实物仿真测试技术、电力电子系统仿真测试技术、新能源汽车动力总成系统测试技术

团队简介：

团队拥有研发人员104人，占公司总人数的53%，拥有硕士及以上学历56人，占科研团队总人数54%。近年来科研团队在机电系统与电力电子系统控制相关测试技术、EMC 测试解决方案等都完成了重要领域的技术研究，并为今后的科研奠定了基础。

2016年，公司被认定为徐汇区技术中心，进一步完善了企业技术创新体系，形成了有效的运行机制，为充分调动科技人员的积极性，进一步提高企业的市场反应能力和自主创新能力，营造了良好的创新环境，从根本上提高了企业的核心竞争能力和发展动力。

团队科研成果：

团队研发产品包括：综合电力系统仿真平台、嵌入式软件自动化测试系统、新能源光伏电站无功、电压控制系统实时仿真测试平台、新能源车辆整车能量控制系统测试平台。

主导及参与科研项目有以下几个，上海市创新资金项目：半物理仿真自动化测试系统，项目编号 1401H159000；2015 年承担上海张江国家自主创新示范区专项发展资金重点项目：针对嵌入式软件的自动化黑盒测试系统，项目编号 201505 - XH - CHJ - C104 - 021；中国南方电网有限责任公司科技项目：海南电网电力试验基地微电网实时仿真实验平台建设研究等。

目前，公司已取得发明专利6项，实用新型专利5项，软件著作权30项，申请中的发明专利36项，有32篇专业论文被国内科技核心期刊、学术会议录用/发表。

团队主要成员简介：

技术负责人：邹毅军，硕士，毕业于上海交通大学控制理论与控制工程专业。有近20年的研究开发经验，历任工程师、技术部经理，现任副总经理，全面负责公司技术研发工作，确定公司技术发展规划，制定产品研发目标和技术路线，把关产品核心技术指标，并组织与协调公司内

外部资源，确保公司所有研发项目正常开展。他带领公司研发了一系列仿真测试软硬件产品，并在多家国内科研单位得到成功应用；另外，参与了多项国家重大项目的研发及工程实施工作，包括南方电网国家863计划课题"大型风电场柔性直流输电接入技术研究与开发"、国家电网五端MMC柔性直流输电全数字仿真及装置测试、振华重工船舶电力推进系统半物理仿真平台等。

张鲁华，博士，毕业于上海交通大学电力电子与电力传动专业，高级工程师。目前主要从事新能源变流器以及电力电子与电力传动领域的产品研发工作。作为主要负责人和研究者研发的风电变流器已有1300台/套广泛应用在国内30个风场。获得授权发明专利1项，实用新型专利7项，发表论文20余篇。参与省部级项目6项。2012年被授予上海电气集团"青年岗位能手"以及上海电气输配电集团"优秀共产党员"。

陈强，博士，毕业于上海交通大学，主要研究方向为大功率电力电子变换器在风电、储能等领域的应用。作为主要负责人和研究者，参与国内首个2MW/2MWh高压直挂大容量电池储能系统的研究与设计。现主要从事仿真系统模型建模、开发以及相关的理论研究等工作。先后发表SCI检索论文"Analysis and fault control of hybrid modular multi-level converter with integrated Battery energy storage system (HMMC – BESS)"、EI会议论文"Impedance modeling of Modular multilevel converter based on harmonic state space (HSS)"等国际、国内学术论文十余篇。

22. 深圳市保益新能电气有限公司（理事单位）

地址：深圳市宝安区67区隆昌路大仟工业园2号楼5楼08、09、10、11A室

邮编：518000

电话：0755 – 36698873

传真：0755 – 36698870

技术负责人姓名：李伦全

研究方向：逆变器、模块电源、UPS电源等

团队简介：

公司的研发团队有16年逆变器产品及其他高性能电源产品研发经验，管理层及绝大部分研发人员都具有世界500强著名公司工作经验。目前研发团队已有40余人，40%以上为硕士研究生学历，并有外聘专家教授团队，主要专攻军工、铁路、电动汽车、锂电池等特种应用领域。

团队科研成果：

1. 发明专利

1) 一种交流 – 直流变换电路及其控制方法 ZL201410021284.2；

2) 直流 – 交流变换电路及控制方法 ZL201510024386.4；

3) 一种高频隔离交流直流双向变换电路及控制方法 ZL201510119493.5；

4) 一种交流 – 直流变换电路控制方法及其电路 ZL201710672554.X；

5) 一种宽范围软开关直流变换电路及其控制方法 ZL201710691684.8；

6) 一种电路控制方法 ZL2017108886739；

7) 一种基于云服务的电池生产设备管理方法及系统 ZL201710948181.4；

8) 一种单级隔离型三相PFC变换器及其控制方法 ZL201710970362.7；

9) 一种非隔离型三相PFC变换器及其控制方法 ZL201710970323.7；

10) 一种宽范围双向软开关直流变换电路及其控制方法 ZL201711025676.6。

2. 实用新型专利

1) 一种直流 – 交流的变换电路 ZL201420028976.5；

2) 一种交流 – 直流变换电路和交流 – 直流变换器 SL201420028663.X；

3) 直流 – 交流变换电路 ZL201520033506.2；

4) 一种高频隔离交直流交流电路 ZL2015201547608；

5) 一种高频隔离交直流变换电路 ZL201720827416.X；

6) 一种高频隔离交直流变换电路 ZL201720894915.0；

7) 一种交流 – 直流变换电路 ZL201720985136.1；

8) 一种宽范围软开关直流变换电路 ZL201721012741.7；

9) 一种高频隔离交直流变换电路 ZL201721249127.2；

10) 一种单级隔离型三相PFC变换器 ZL2072332660.5；

11) 一种非隔离型三相PFC变换器 ZL2072332595.6；

12) 一种宽范围双向软开关直流变换电路—ZL7A200270ST – S（实用新型） ZL2072429726.2；

13) 一种高压双向直流变换电路—ZL8A20003ST（实用新型） 2082046753.7；

14) 一种高频隔离交直流变换电路—ZL8A200034ST（实用新型） 2082046746.7。

3. 外观设计专利

1) 台式电源 ZL20430208635；

2) 壁挂式电源 ZL20430208757.0；

3) 太阳能控制器 ZL20430208765.5；

4) 不间断电源（3kVA） ZL20730208458.0。

4. 软件著作权

1) 保益多功能数字整流器控制软件 V.0 204SR07724；

2) 保益中频数字整流器控制软件 V.0 204SR5622；

3) 保益回馈逆变器控制软件 V.0 204SR72922；

4) 基于ARM的通讯服务软件 V.0 204SR7227；

5) 保益智能型双向逆变器控制软件 V.0 204SR72775；

6) 保益数码调节显示控制软件 V.0 204SR93584；

7) 保益高功率密度三相PFC铝基板模块控制软件 207SR56290；

8) 保益高功率密度DCDC铝基板模块控制软件 207SR564835；

9) 保益单相UPS控制软件 207SR563473；

10）保益单相 0KVAUPS 控制软件 207SR568377；

11）保益三相 UPS 并机系统控制软件 207SR56576；

12）保益三进单出逆变器控制软件 207SR56288。

5. 美国专利

一种交流－直流变换电路及其控制方法，美国专利，李伦全，美国申请号：15/202，576　国际申请号：PCT/CN2015/070808，美国专利号：US9748854B2。

团队主要成员简介：

李伦全，总经理，硕士研究生，毕业于哈尔滨工业大学电力电子系。

主要工作经历：

2001 年参与中国的韶 9 改高速机车等铁路大提速重大项目电源及逆变器设计工作。2003 年参与我国第一辆高速列车"中华之星"项目的控制电源研发设计。

2003 年底加入艾默生网络能源 CDE 设计部工作，从事高功率密度电源及谐振软开关技术研究。

2006 年作为大陆优秀人才引进到香港工作。

2007 末年加入全球知名企业伊顿集团工作，负责 UPS 电源、逆变器等产品新技术研究设计工作，并有两项发明专利；2010 年获伊顿集团全球"杰出工程师"称号。

2011 年加盟华为，担任电源专家，主要负责 UPS 电源及逆变器产品的技术战略规划以及重大项目系统相关技术研究、评审工作。

2013 年加盟深圳保益新能电气有限公司，任公司总经理兼技术总监。主持节能环保的双向逆变器、节能回馈电源、储能逆变器、大功率充放电控制器、三相三线 APFC、高功率密度铝基板模块等数字化电源产品开发，主要运用在国防、高铁等敏感领域，如鱼雷防护系统电源、拖曳式声呐电源、机载反潜电源、机载、光电吊舱电源、车载紧急通风电源、车载短波通讯电源……现已开始批量运用。

获取专利：

1）李伦全，刘嘉键，燕沙．一种高频隔离交直流变换电路：中国，CN201520154760.8P．2015.07.08；

2）李伦全，刘嘉键，燕沙．直流－交流变换电路及控制方法：中国，CN201510024386.4P．2015.04.29；

3）李伦全，刘嘉键，燕沙．DC－AC conversion circuit and control method 中国，CN201510024386：AP．2017.02.22.

4）李伦全．一种直流－交流变换电路及控制方法：中国，CN201410021150.0P．2015.05.21.

5）李伦全．一种交流－直流变换电路及控制方法：中国，CN201410021284.2P．2015.05.21.

6）李伦全．一种直流－交流变换电路：中国，CN201420028976.5P．2014.07.09.

7）李伦全．一种交流－直流变换电路和交流－直流变换器：中国，CN201420028663.xP．2014.07.16；

8）李伦全．一种交流－直流变换电路及控制方法：中国，CN201410021284.2P．2016.08.17.

9）李伦全．Alternating current－direct current converting circuit and control method：中国，CN201410021284.AP.

2016.08.17.

10）李伦全，万凯，蒋远志，刘嘉键．倒扣式晶体管安装固定机构：中国，CN201120504688.9P．2012.10.10.

11）李祥忠，王军，吴樟植，李伦全，燕沙．电源监控系统、方法及 WIFI 收发装置和智能电源设备：中国，CN201110204457.0P．2011.12.07.

12）李祥忠，王军，吴樟植，李伦全，王善良．电源监控系统及 WIFI 收发装置和智能电源设备：中国，CN201120258517.2P．2012.07.04.

13）李伦全，李和明，庄书琴，贺峰，顾亦磊．一种 UPS 前级升压装置：中国，CN201010103696.2P．2010.07.28.

14）李伦全，顾亦磊，王超．一种有源箝位正－激变换器：中国，CN200910190385.1P．2010.04.07；

15）李伦全，马建荣．太阳能控制器：中国，CN201430208765.5P．2014.12.10.

16）李伦全，马建荣．台式电源：中国，CN201430208635.1P．2014.12.10.

17）李伦全，马建荣．壁挂式电源：中国，CN201430208757.0P．2014.12.10.

刘斌，顾问，博士学历，毕业于上海交通大学专业为控制理论与控制工程。曾先后就职于山特电子（深圳）有限公司技术研究中心、上海电器科学研究所（集团）有限公司电力电子部、伊顿山特（深圳）有限公司技术研究中心、南昌航空大学，现就任深圳市保益新能电气有限公司顾问。

近三年主持或参与的项目：

1）逆变器约束优化及其高速在线算法的研究与应用，国家自然科学基金项目；

2）基于共轭理论的连续 T－S 模糊系统局部控制研究，国家自然科学基金项目；

3）高速约束模型预测控制算法在光伏逆变器中的研究和实现，省教育厅科技项目；

4）配电台区补偿技术差异化分析及一体化补偿柜智能控制技术研究，江西省电力科学研究院；

5）多线圈电子变压器外特性的可视化建模方法研究，国家自然科学基金项目。

近三年发表的论文

1）刘斌，等．A novel PFC controller and selective harmonics suppression. Electrical Power and Energy Systems，2013，44（1）：680－687.

2）刘斌，等．谢积锦，李俊，伍家驹．基于自适应比例写真的新型并网电流控制策略．电工技术学报，2013，28（9）：186－195.

3）刘斌，等．一种基于状态估计的鲁棒型预测控制器、控制与决策，2012，27（10）：1531－1536.

4）刘斌，夏龙清，等．并网逆变多目标约束预测控制器设计及在线算法．中国电机工程学报，2014，34（30）：5277－5286.

5）刘斌，胡质良，等．Multi－Objective Constrained Model Predictive Controller Design of Grid－Inverter，2003－

2007，Proceedings of the 10th Asian Control Conference 2015（ASCC 2015）Kota Kinabalu，31st May – 3rd June 2015.

6）刘斌，周银星，等 . On – line Self – adaptive Repetitive Controller for PFC systems. 上海交通大学学报（英文版），2016，21（3）：263 – 269.

7）刘斌，卢雄伟，等 . 负荷按容分配的无线并联逆变系统收敛性分析，电工技术学报，2015，30（21）：90 – 98.

8）刘斌，王蒙蒙 . 基于电感电流反馈的电流修正新型LCL逆变控制器及其状态估计实现 . 电网技术，2016，40（2）：556 – 562.

9）刘斌，胡质良，等，Multi objective Constrained Model Predictive Controller Design of Grid inverter，2003 – 2007，2015.

10）刘斌，刘君，等 . 按容量比例分配功率的微电网逆变器并联技术 . 电力电子技术，2016，50（1）：49 – 54.

燕沙，软件经理，硕士研究生，毕业于华中科技大学，专业为电工理论与新技术。

主要成就及工作经历：

2007 – 2011 年在伊顿集团山特电子（深圳）有限公司从事 UPS 产品的软件开发工作，主要参与了 10 ~ 80kW、200kW、Panda30 ~ 60kW 等大功率 UPS 的软件开发，先后担任工程师、系统专案工程师。

2011 – 2013 年在深圳市中兴昆腾有限公司担任系统工程师，从事光伏逆变器的研发工作。SEA 系列 100 ~ 630kW 逆变器和通信显示模块、WIFI 无线模块等工作。

2014 至今就职于深圳市保益新能电气有限公司，任软件经理，从事软件开发和管理工作，先后主导开发了各种高低频整流器、车载逆变器、双向逆变器、特种直流电源、特种 UPS、回馈老化系统等，产品已经应用于电池老化、铁路、军工船舶等领域。

23. 深圳市智胜新电子技术有限公司（理事单位）

地址：深圳市宝安区西乡固戍航城大道安乐工业区 B1 栋
电话：0755 – 83526100
传真：0755 – 83526199
团队人数：15
技术负责人姓名：马义勋
研究方向：

400V、450V 电解液的性能改进；500V、550V、105℃电解液研发；600 ~ 750V 电解液研发；700 ~ 750V 超高压铝电解电容器的研发；焊针型 105℃超大纹波电流铝电解电容器的研发；螺栓型 105℃超大纹波电流铝电解电容器的研发；105℃超小尺寸铝电解电容器的研发；125℃焊针型铝电解电容器的研发。

团队简介：

智胜新电子技术有限公司科研团队掌握铝电解电容器的核心技术，创新多项制造工艺，拥有 8 项自主开发专利，13 项实用新型专利和 6 项软件著作权，并与西交大成立研发中心，与广工大建立产学研合作基地，为企业技术提供

了可靠的保障。

智胜新电子技术有限公司科研团队共 20 余人；核心研发团队有 10 人，均具有 15 年以上的铝电解电容器产品研发经验。其中，部分资深研发人员源于 rubycon 与国内合资工厂的技术团队。

2011 年引进 EPCOS 团队，大大增强了企业的综合研发能力；智胜新电子技术有限公司在大型铝电解电容器的市场占有率和工厂产能都居国内前五名。

2011 年公司成功研发出宽温高压铝电解电容器用工作电解液，电解液成功应用在公司 400 ~ 450V 105℃产品上。

2012 年研发出 105℃400V 5000h 螺栓产品。

2013 年成功研发出 TJ 快速充放电系列产品，充放电次数达 100 万次；2014 年成功研发出 105℃400V 10000h 螺栓产品、LF、TA 系列 85℃600V 产品以及 650 ~ 700V 超高压铝电解电容器工作电解液等。

2015 年成功研发出 400V 大牛角产品（Snap – in Φ42 ~ 50mm），TA 系列 700V 产品；目前正在开发 TA 与 LF 系列 750V 产品以及小体积大纹波系列产品等。

团队科研成果：

企业拥有包括发明专利、实用新型专利及软件著作权共 30 项。

团队主要成员简介：

马义勋，项目总负责人，总工程师，吉林大学数学系毕业。曾先后担任吉林市无线电元件厂技术经理、总工程师，深圳市特发信息股份有限公司吉光电子分公司技术经理、总工程师，深圳市杰容电子有限公司、总工程师。

林翠华，项目技术负责人，技术部经理，长沙理工大学硕士研究生。曾在深圳赛特康电子有限公司任工程师，现任深圳市智胜新电子技术有限公司工程师、技术经理。

24. 深圳市中电熊猫展盛科技有限公司（理事单位）

地址：深圳市坪山新区大工业区青兰二路 6 号兰亭科技工业园 C 栋 3 – 4 楼
邮编：518118
电话：0755 – 86238746/86238876/86238849
传真：0755 – 86238829
团队人数：29
技术负责人姓名：陈国荣
研究方向：主要面向新能源市场，智能充电管理，物联网智能 LED，金融机，工业安防类等领域电源产品的研发制造。结合当下的新能源领域技术的发展和用户需求，优化并推出新产品具有独特的功能和外观，提升产品性能，实现产品智能化、人性化，使产品朝用户友好型发展；同时公司将继续开发具备新能源汽车充电模组智能化管理的前瞻性产品，深挖运营商需求，在细分市场继续保持领先地位。

团队简介：

公司现有科研研发人员 29 人，占公司总人数的 20%，所有研发人员全部为大专及以上学历，其中高级工程师 6

人，工程师 12 人，本科生 17 人，大专 12 人。公司有大约 1000 平方米的研发办公场地及研发实验室，共有高端精密研发设备 50 多台，设备原值 800 多万元。另外，公司每年投入销售额的 8% 以上作为研发费用……

未来三年公司将继续优化流程，打造先进的研发、制造平台，建立完善的协同机制，使团队建设、流程设计、绩效管理、风险管理、成本管理、项目管理等一系列经营环节标准化为可量化，使得市场、研发和生产活动形成有效对接，为未来新产品的问世提供一体化的制造平台，打造一支在设计与生产方面具备高效、品质可控的综合性队伍。

团队科研成果：

主要研发产品有 ATM 电源、工业机器人电源、安防监控电源、智能充电桩模块电源、LED 产品电源（包括智能家居照明，显示屏电源，常规 LED 照明，户外 LED 路灯等产品）、办公设备类电源（包括打印机、传真机、通信电源等产品）、智能充电电源。

公司始终注重自主研发和科技创新，拥有 2 项发明专利，12 项实用新型专利，2 项外观专利，3 项软件著作权。产品通过 ISO9001 2015 新版体系、CCC、UL、SGS、CQC、DEMKO、CSA、JQA 等认证。

获得国家级高新技术企业、3A 级信用企业、信息技术产业创新联盟理事单位等荣誉称号。

团队主要成员简介：

陈国荣，1987 年毕业于南京大学信息物理系无线电专业。1987－1993 年工作于国营南京 898 厂研究所，从事军品电源研发和磁心材料研究，先后担任了产品主设计师、室主任等职。1993－1997 年为全国多家主要企业进行重点项目电源配套，在 4 年中共有 6 项产品通过省级鉴定，先后担任总工、分厂厂长。1997－2001 年成立深圳展盛电子有限公司，从南京调任深圳担任研发部长和市场部长，为新公司的发展壮大奠定了基础。2001－2010 年开始担任公司副总经理、总经理等职，公司目前已成为日本 OKI、TOSHIBA、NEC、HITACHI、CASIO、SANYO 等国际大企业主要供应商，在欧洲主要以锂动力电池充电器为销售方向，产品主要销往德国、法国等国家。2010 年至今，公司已加入 CEC 集团，成为南京中电熊猫一家专业化设计制造开关电源产品的企业，公司已在安徽含山、江苏南京等地成立新的分公司，在南京中电熊猫集团内成立电源研发中心，目前已为核达、北汽等多家新能源企业进行配套和服务。除为在加大市场开拓方面研发新产品外，还亲自挂帅带领团队申请多项发明专利、实用专利和软件著作权。

25. 田村（中国）企业管理有限公司（理事单位）

地址： 上海市淮海中路 527 号新国际购物中心 A 座 13 楼
邮编： 200001
电话： 021－63879388
传真： 021－63879268
团队人数： 30
研究方向： 电感，变压器等电子元器件

团队简介：

从事电感、变压器等磁性元器件的研发多年，在技术上处于行业前端。在电气、结构、生产技术上有丰富的工作经验，能够轻松理解和满足客户的要求，为客户提供满意的产品。磁性元器件的产品具有独特的田村新技术，如：磁集成技术、混合磁路技术、Spike Blocker 技术、超大型磁粉芯技术、大功率立绕工艺等。具有专业的磁仿真、热传导仿真、对流换热仿真，能够对进行磁心元器件的各种参数进行测试和验证。

团队科研成果：

主要从事电感、变压器等磁性元器件的研发。获得相关专利 20 多项。

26. 无锡新洁能股份有限公司（理事单位）

地址： 无锡市高浪东路 999 号 B1 栋 2 层
邮编： 214131
电话： 0510－85629718
传真： 0510－85627839
团队人数： 39
技术负责人姓名： 叶鹏
研究方向： 半导体功率器件及模块领域的研究，包括功率 MOSFET、IGBT 及相应功率模块产品

团队简介：

公司研发团队共有 39 人，占据公司总人数 45% 以上，其中硕士 8 人，博士 1 人，17 人以上具有 10 年以上半导体行业工作经验。

公司总经理朱袁正毕业于新加坡国立大学工程学院，工学硕士学位。曾在新加坡国立大学、德国西门子、无锡华润上华等国内外知名的公司和机构从事功率器件的研发工作，曾获得 2008 姑苏创新创业领军人才、2012 无锡市科技创新领军人才、2017 年无锡留学创业人才奖等荣誉称号，拥有丰富的功率器件开发经验和前瞻性的行业经验，指引公司产品研发的发展方向，使企业走上可持续发展的良性轨道。

公司研发副总经理叶鹏，复旦大学硕士研究生，有 10 年以上半导体功率器件的研发经验，领导公司开发普通沟槽型 MOSFET、屏蔽栅功率 MOSFET、超结功率 MOSFET 数百款产品，曾获无锡市科技进步奖，在项目研发关键技术点突破方面有丰富的经验。

此外，公司还积极与东南大学展开紧密的产学研合作，建立有江苏省企业研究生工作站。产学研团队凭借着雄厚的研发能力，共同发表了 9 篇国际高水平论文，包括在 IEEE 国际顶尖期刊上发表论文 3 篇（SCI 收录），在 ISPSD 国际顶级功率半导体会议上发表论文 4 篇（EI 收录），研究成果得到国内外功率半导体研究人员的广泛认可。

团队主要成员简介：

叶鹏，无锡新洁能股份有限公司研发副总经理，新洁能创始人之一。毕业于四川大学物理学院微电子专业，工学学士学位，研究生在读。曾任无锡华润上华半导体有限公司技术开发处 DMOS 开发部经理，与多家世界知名功率

半导体公司，如 Fairchild、IR、NEC、DIODES 共同合作多个项目，开发出多款领先的功率半导体器件。作为公司技术带头人，负责功率器件的技术研发工作，带领团队成功研发出多个技术平台及 200 多款器件产品，帮助公司成为国内产品种类丰富、技术平台先进的功率半导体设计公司。主持国家级、省级和市级科技项目 5 项，开发高新技术产品 4 项。主持研发自主立项项目十多个。个人拥有 30 余项专利，其中发明专利 15 项。获得无锡市科学技术进步三等奖、专利优秀奖。

公司研发团队核心成员有：

1）李宗清，产品开发处长，职责：项目统筹，学历/专业：硕士/微电子学，工作年限：10 年；

2）王根毅，高级产品经理，职责：设计开发，学历/专业：本科/微电子学，工作年限：17 年；

3）李恩求，产品经理，职责：设计开发，学历/专业：硕士/电子科学技术，工作年限：8 年；

4）刘晶晶，产品经理，职责：设计开发，学历/专业：硕士/微电子学，工作年限：4 年；

5）张硕，产品经理，职责：设计开发，学历/专业：硕士/微电子学，工作年限：4 年；

6）程月东，测试经理，职责：测试考核，学历/专业：硕士/电子信息科学，工作年限：8 年；

7）杨卓，市场技术总监，职责：设计开发，学历/专业：博士/微电子，工作年限：1 年；

8）朱久桃，模块开发经理，职责：模块开发，学历/专业：本科/微电子学，工作年限：14 年；

9）呆永亮，封装经理，职责：封装开发，学历/专业：本科/电气自动化，工作年限：13 年。

27. 西安爱科赛博电气股份有限公司（理事单位）

地址：陕西省西安市高新区信息大道 12 号
邮编：710119
电话：029 - 88887953
传真：029 - 85692080
团队人数：150
技术负责人姓名：石涛
研究方向：电力电子电能变换和控制核心技术
团队简介：

公司十分重视研发团队建设，目前公司有 150 人的技术研发队伍。公司总部所在地西安是全国第三大高校聚集地之一，为公司人才的引进提供了良好的先机。经过多年积累，公司陆续引进技术带头人、博士、专家等十余人，目前已组建了一支专业配置完备、年龄结构合理、工作经验丰富、创新意识较强的优秀团队，核心技术团队中有多名国内电力电子电能变换和控制领域的资深专家。同时，公司还通过在职研究生培养、国内外研修进修、在职培训等多种方式，支撑技术骨干深造提高，以使得我公司研发团队在业内具有持续竞争力。目前大部分核心技术人员均持有公司股份，团队凝聚力较强。

团队科研成果：

公司电能质量控制关键技术"供用电系统谐波的有源抑制技术及应用"成果荣获 2011 年度国家科技进步二等奖，特种电源关键控制技术"大功率特种电源的多时间尺度精确控制技术及其系列产品开发"成果荣获 2015 年度国家科技进步二等奖，新能源电能变换关键技术"微型电网的系统结构、控制技术、关键装备及其集成化研究"成果获得陕西省科学技术奖一等奖，电源的"低纹波高稳定电源控制技术"成果荣获 2011 年度陕西省科技技术奖二等奖。飞机地面静止变频电源产品获得国家重点新产品称号，公司掌握多项业界领先的核心技术。

目前公司共取得和获受理专利 49 项，其中发明专利 20 项，参与国家和行业标准制定 10 项。

团队主要成员简介：

李春龙，西安爱科赛博电气股份有限公司，博士；主要研究方向为基于电力电子技术的电能质量控制装置，并负责有源电力滤波器产品、动态无功补偿装置及电能质量综合治理装置等研发项目和总体设计工作。

卢家林，西安爱科赛博电气股份有限公司，博士、高级工程师；主要研究方向为基于电力电子技术的电源和电能质量控制技术。

28. 英飞特电子（杭州）股份有限公司（理事单位）

地址：浙江省杭州市滨江区江虹路 459 号英飞特科技园 A 座
邮编：310052
电话：0571 - 56565800
传真：0571 - 86601139
团队人数：185 人
技术负责人姓名：华桂潮
研究方向：LED 驱动电源的研发
团队简介：

英飞特技术团队有合作院士 1 人，拥有专职技术研发人员 185 人（其中国家"千人计划"人才 1 名，浙江省"千人计划"人才 2 名，市"115"引智人才 2 名，省"151"人才 2 名，市"131"人才 3 名，钱江特聘专家 1 名，硕士博士共 50 名，中高级工程师 22 名）。英飞特相继承担国家科技支撑计划、国家 863 计划、国家重点科技计划、浙江省重大专项、杭州市重大专项等 10 余项重点科技项目。

团队科研成果：

英飞特技术团队一直从事 LED 驱动电源的研发工作，产品采用自主研发的多谐振软开关变流器技术、同步整流驱动技术、宽负载下高功率因数技术、防雷击和浪涌保护设置技术等关键技术，在 LED 驱动电源领域处于国内领先、国际先进的水平。近三年成功研发 11 个项目，成果转化 19 项，其中"高效均流 LED 驱动电源""高效、高可靠性大功率 LED 驱动电源""无源自多路直驱式 LED 驱动电源"三个项目被鉴定为国际先进水平。截至 2017 年 6 月 30 日，公司拥有已授权专利共 255 项，其中美国专利 23 项，国家发明专利 117 项。2014 年获批省企业研究院（全称为 LED 驱动技术研究院）。

团队主要成员简介：

华桂潮，公司董事长、总经理，1965 年 5 月出生，美国弗吉尼亚理工大学电气工程博士。1993 年联合创办美国 VPT 公司，任副总裁；1999 年 4 月创办伊博电源（杭州）有限公司，任董事长；2007 年 9 月创办英飞特电子（杭州）有限公司。截至目前，华博士拥有 28 项美国发明专利，并在国际刊物及学术会议上发表了 70 多篇学术论文，在国际开关电源领域享有盛誉。华博士 2009 年入选国家"千人计划"，2010 年获得中国侨界（创新人才）贡献奖和西湖友谊奖，2011 年获 CCTV2010 年度中国经济年度人物提名奖，2014 年获中国发明协会"当代发明家"荣誉称号，同年获国家半导体照明研发及产业（CAS）联盟"十年贡献奖"。

李泽元，公司首席技术顾问，中国工程院外籍院士。2016 年与公司签订项目合作协议，主要负责大功率充电产品的技术指导、人才引进及培养。李院士 1968 年在台湾成功大学获得电气工程学士学位；1972 年和 1974 年在美国杜克大学（Duke University）分别获得电气工程硕士和博士学位；是美国弗吉尼亚理工大学（Virginia Tech）著名教授。被清华大学、浙江大学等国内十几所知名高校授予荣誉教授，现担任美国电力电子系统研究中心（CPES）主任，他所领导的 CPES 联合了美国五所大学和 100 多家公司，是美国最著名的国家科学基金工程研究中心（ERC）之一。拥有 30 个美国专利，发表了超过 175 篇的期刊论文和 400 多篇学术会议论文，合作编辑 2 本 IEEE 杂志，11 本 CPES/VPES 论文集。

熊代富，研发事业部副总监、核心技术人员，1975 年 12 月出生，浙江大学硕士，高级工程师。曾任杭州神通通信设备有限公司硬件开发助理工程师、伊博电源（杭州）有限公司开发工程师、产品经理、研发副经理。2009 年 4 月至今历任公司研发部经理、研发事业部副总监等职。

29. 浙江艾罗网络能源技术有限公司（理事单位）

地址： 浙江省杭州市西湖区西溪路 525 号浙大科技园 A 西 506
邮编： 310007
电话： 0571 – 56260099
传真： 0571 – 56075753
团队人数： 大于 100
技术负责人姓名： 郭华为
研究方向： 光伏新能源、储能等领域产品和技术解决方案的研究
团队科研成果：

并网光伏逆变器：单相机 0.7 ~ 8kW，三相机 5 ~ 36kW；

储能 Hybrid 逆变器：单相 3 ~ 5kW，三相 5 ~ 10kW。

以"SolaXPower"为品牌的光伏逆变器产品远销 47 个国家，积累了 100 多个行业客户，这些有"SolaX Power"品牌逆变器等产品先后成功用于国内外的很多家庭，这些标志性项目的完成，巩固了公司在业内的地位，取得了良好的业绩和品牌效应。2017 年，"SolaxPower"品牌逆变器被外媒 CER 评为全球 TOP5 逆变器。

30. 北京力源兴达科技有限公司（会员单位）

地址： 北京市海淀区西三旗建材城中路 12 号院
邮编： 100096
电话： 010 – 82922202
传真： 010 – 82923776
团队人数： 65 人
研究方向： 电力自动化配网智能电源、工业自动化控制系统电源、轨道交通信号智能控制电源设计开发
团队主要成员简介：

李军町，高级工程师，目前任职公司军品事业部总工程师，就读于中国地质大学（北京），先后就职于北京新雷能科技股份有限公司、北京迪赛奇正科技有限公司。

韩煜，历任北京力源兴达科技有限公司研发工程师、研发部部长、目前任职研发技术总监。

尹安全，中级工程师，先后就职于北京新雷能科技股份有限公司、华为技术公司，历任研发项目负责人、研发工程师。目前任职公司军品事业部研发项目经理。

刘微，毕业于黑龙江省八一农垦大学应用电子系，2003 年 6 月毕业后一直从事开关电源研发设计工作。2008 年进入北京新雷能科技股份有限公司研发部，历任电源设计工程师、项目经理。现任公司电源事业部研发部副部长、产品经理、工程师。

孙建锋，毕业于哈尔滨工业大学电气工程及其自动化专业，先后就职于北京新雷能科技股份有限公司、通用电气（中国）医疗集团，历任工程师、项目经理、高级电气工程师等职务。现任公司军品研发部大功率电源项目电源项目经理，带领团队开发设计了车载 6kW 电源、8kW 电源等系列产品。

辛金明，现任公司军品研发部项目经理、研发工程师。毕业于西安理工大学电力系统及自动化专业。2003 年 2 月~2011 年 5 月在北京新雷能科技股份有限公司工作，历任工程师、项目负责人等职务。2011 年进入公司，现主管公司军品事业部特殊项目电源技术研发工作，带领设计人员开发出了 LRD 系列产品。

31. 长沙竹叶电子科技有限公司（会员单位）

地址： 湖南省长沙市高新区尖山路 39 号中电软件园 5 栋 601
邮编： 414100
电话： 0731 – 85149001
传真： 0731 – 85144728
团队人数： 8
技术负责人姓名： 朱润贵
研究方向： 低纹波通信电源，超低输出车载电源
团队简介：

长沙竹叶电子科技有限公司成立于 2010 年，研究团队成员均具有军工行业工作经验，团队主要围绕模块电源在通信、车载、航空航天等领域的应用展开研究，立足于模块电源研究的最前沿，致力于提供客户最优的解决方案。团队研发的产品获得了多家国企的高度认可。

团队研究的产品被广泛应用于军工、通信、铁路、航空航天、电力、医疗等行业。

团队科研成果：

发明专利：电子模组抽取装置；

已受理发明专利：一种用于存储信息设备实时参数的电路装置，一种 USB 触摸屏控制器；

实用新型：一种简单实用纹波抑制模块，一种满足GJB 181 抗浪涌、尖峰、50ms 掉电保持模块，一种抗启动冲击电路。

团队主要成员：

朱润贵、陈海鹏、杨鑫鹏、谌礼刚、胡江、刘进、黄林、易冬琴。

32. 常熟凯玺电子电气有限公司（会员单位）

地址： 江苏市常熟市高新技术产业开发区金麟路 16 号 3B

邮编： 215558

电话： 0512 – 52956256

传真： 0512 – 52956356

团队人数： 5

技术负责人姓名： 陈晓鹏

研究方向： 射频源

团队简介：

公司科研团队由上海交通大学副教授袁斌领衔，具有多年机械电气设计的陈晓鹏工程师主导，多位热情的年轻人参与其中，秉承公司"可靠、绿色、优秀、强大"的信条，立足于技术，服务于客户，以精益求精的态度对待自身的产品，不断完善设计，确保产品高可靠性。目前团队已经研发出 KX – RFG500WI01 射频源，并且在此基础上增加了多项保护功能，诞生了新型号 KX – RFG500WI02 射频源。

团队科研成果：射频电源、空气电容自动匹配器、真空电容自动匹配器、直流电源。

团队主要成员简介：

陈晓鹏，吉林工业大学毕业，技术总监。数控弧齿锥齿轮铣齿机曾获得天津市科技进步二等奖，参与编写《高级维修电工》等书并出版。多年从事数控齿轮机床的电气设计、调试、维修；从事睡眠监护系统、心电监护系统以及射频电源的设计、调试、维修。

袁斌，上海交通大学电子信息与电气工程学院高速电路与电磁兼容实验室主任，硕博士研究生导师，副教授；日本科学解决国际实验室高级研究员；电气和电子工程师协会（IEEE）高级会员（Senior Member），中国教育部科技进步一等奖获得者，中央军委科技进步一等奖获得者，中国博士后优秀论文获得者，主持或参与国家重点研发项目二十余项，在国际国内刊物及国际会议发表论文 80 余篇，作为第一发明人申请发明专利 18 项，已授权 4 项，合作由科学出版社出版专著一部《电磁场与波分析中半解析法的理论方法与应用》。

何一松，苏州大学物理学学士，物理学等离子体专业硕士。2016 年 8 月—2017 年 3 月，在苏州微系统创业中心负责北斗模块研发；2017 年 3 月至今，在常熟凯玺电子电气有限公司任射频电源研发首席工程师。

周欢，河海大学学士学位，常熟凯玺电子电气有限公司电子电气工程师。

吴越帆，南京大学自动化专业学士，常熟凯玺电子电气有限公司电子电气工程师。

33. 常州市创联电源科技股份有限公司（会员单位）

地址： 江苏省常州市钟楼经济开发区童子河西路 8 号

邮编： 213000

电话： 0519 – 85215050

传真： 0519 – 85215252

团队人数： 43

技术负责人姓名： 张俊亮

研究方向： LED 电源的研发

团队科研成果：

创联电源专业从事显示屏电源、景观亮化电源、防水驱动电源、工业控制电源等产品的研发、制造与销售。产品涵盖 2000 多个规格品种，是中国著名品牌电源制造商。历经多年发展，创联电源已经成长为年产各类电源超过 800 万台的行业标杆企业。

团队主要成员简介：

邹明宇，男，1977 年 9 月出生，中国籍，毕业于中国矿业大学，大学本科学历；1999 年 6 月—2001 年 2 月，任职江苏常嘉电器有限公司研发部工程师；2001 年 3 月—2013 年 7 月，任职常州市创联电源有限公司研发部经理；2013 年 8 月—2016 年 3 月任职常州市创联电源有限公司研发 1 部经理；2016 年 3 月至今任职常州市创联电源科技股份有限公司研发 1 部经理。

马士亮，男，1983 年 5 月出生，中国籍，毕业于哈尔滨工业大学，硕士研究生学历；2008 年 8 月—2012 年 7 月，任职台达电子集团照明电源事业部资深研发工程师；2012 年 7 月—2013 年 7 月，任职中恒电气 LED 电源事业部高级研发工程师；2013 年 8 月—2016 年 3 月，任职常州市创联电源有限公司研发 2 部经理；2016 年 3 月至今，任职常州市创联电源科技股份有限公司研发 2 部经理。

34. 东莞市镁力电子有限公司（会员单位）

地址： 东莞市常平镇桥沥南门路鸿泰科技园

邮编： 523000

电话： 0769 – 81099595

传真： 0769 – 81099595 – 8016

团队人数： 8

技术负责人姓名： 刘晓亮

研究方向：电源配套及订制化服务

团队科研成果：2 项实用新型专利、2 项省级高新技术产品、7 项软件著作权、30 多项各种认证。

团队主要成员简介：

刘晓亮，1994 年以来一直从事电源及变压器技术研究。目前是中国民主建国会会员、中国电源学会高级会员、资深工程师。1999 年起在多家大型上市公司、集团公司任职研发经理、技术监、总工程师，主导和参与了 30 多个大型项目，多项技术创新并获得专利。

35. 佛山市顺德区瑞淞电子实业有限公司（会员单位）

地址：广东省佛山市顺德区北滘镇坤洲工业区

邮编：528312

电话：0757 – 26666876

传真：0757 – 26606087

团队人数：17

技术负责人姓名：徐海洪

团队简介：

佛山市顺德区瑞淞电子实业有限公司成立于 2005 年，是专业从事整流桥器件设计、研发、生产和销售的企业。凭借准确的市场定位、强大的生产能力、可靠的品质保证、严格的成本管理，确保公司制造出的产品在当今激烈的市场竞争中保持优良的性价比。瑞淞电子的整流桥产品已经越来越被国内外众多的电子电器制造商认知和采用。

公司秉承诚信原则，加强同客户的联系和合作，采取有效改善措施和服务方式，满足合作伙伴的需求。在未来的发展中，公司将致力于新产品开发，提高品质，降低成本，提供优质产品和服务，让顾客满意，正派经营，执事规范，共赢发展。

团队科研成果：

1）2007 年 5 月 16 日获得单列直插全波整流桥堆实用新型专利；

2）2012 年 12 月 12 日获得豆浆机用新型整流桥实用新型专利；

3）2013 年 5 月 15 日获得整流桥外观设计专利；

4）2013 年 7 月 3 日获得塑封式整流桥（KBU）外观设计专利；

5）2013 年 7 月 10 日获得塑封整流桥（RXB）外观设计专利；

6）2013 年 8 月 28 日获得塑封式整流桥实用新型专利；

7）2013 年 11 月 20 日获得整流桥（KBU）外观设计专利；

8）2015 年 5 月 13 日获得一种豆浆机用新型整流桥发明专利；

9）2015 年 12 月 16 日获得一种直插单相三相兼容整流桥堆实用新型专利；

10）2017 年 2 月 22 日获得一种集成电流采样的新型整流桥实用新型专利。

团队主要成员简介：

徐海洪，技术副总，本科学历，从事半导体工艺 20 年。

李泽文，工艺工程师，大专学历，从事整流桥开发 6 年。

陈学凯，技术工程师，大专学历，从事电子产品生产 15 年。

李永强，设备工程师，大专学历，从事半导体设备 17 年。

36. 佛山市众盈电子有限公司（会员单位）

地址：佛山市张槎镇张槎一路 115 号 7 座

邮编：528000

电话：0757 – 82962331

传真：0757 – 82021699

团队人数：23

技术负责人姓名：杜杰德

研究方向：电源逆变与节电工程技术研究

团队简介：

众盈电源逆变与节电技术工程技术研究中心，为集应用解决方案研究、产品检测、人才培养等综合能力于一体的实体，为各种电源逆变与节电系统的发展提供基础技术、共性技术、关键技术的研究攻关和行业服务支撑。研发的技术主要覆盖 UPS、逆变器、光电与风电高效的转换以及各种节电装置等领域，中心将以各种高效的电源逆变电路与控制技术为研究方向，以节能环保为目标，将中心建设成为具备自有核心技术与前端技术的研发、新产品开发的能力；具备电源逆变电路与控制系统技术人才培养和技术辐射能力。

通过加强与华南理工大学的项目合作，进一步拓宽产、学、研思路和加强学术技术研发能力，致力于生产出具有自主知识产权的电源逆变与节电技术的 UPS 产品，综合解决产品开发与市场需求脱离的问题，确保产品的质量和性能达到国际先进水平。

团队科研成果：

研发团队、技术创新、经费投入、知识产权管理、技术转化、制度建设、人才培养与产学研合作等各方面均达到预定目标，经过技术创新升级与平台建设升级，2015 年通过省级研发中心认定，为依托企业的发展提供强有力技术保障与支撑。中心投入 100 万元资金为中心新添设备与办公环境改善，投入 3000 万元研发投入，鼓励与激励技术创新，完全形成自主核心的知识产权，获得了 17 项专利和 8 项著作权，其中申请发明专利 2 项，获得实用新型专利 10 项，2015 年成功通过高新技术企业认定，2016 年通过 GB/T29490 – 2013 企业知识产权管理规范体系认定，进行 23 个课题研究，其中 90% 以上得以成果转化，不断转化出产品，并快速推向市场，公司每年的销售额均保持在 1 亿元以上。如近两年来，电梯安全受到社会与政府高度重视，电梯电源就备受关注，公司抓住机遇，研发电梯电源系列，扩充发展到卷帘门等应用场所，取得了较好利益与较大的市场空间。

团队主要成员简介：

1）杜杰德，1969 年出生，总经理，中心主任；

2）韩书兵，1970 年出生，众盈电子总工，技术研发室负责人；

3）覃美票，1974 年出生，众盈电子经理，产品设计室负责人；

4）郑彬洪，1983 年出生，众盈电子主管，信息资料室负责人；

5）罗焕均，1966 年出生，众盈电子副经理，产品实验室负责人。

37. 杭州中恒电气股份有限公司（会员单位）

地址：浙江省杭州市滨江区东信大道 69 号

邮编：310053

电话：0571 - 56532188

传真：0571 - 86699755

团队人数：168

技术负责人姓名：郭卫农

研究方向：电力电子制造、电力信息化、能源互联网

团队简介：

中恒科研团队，积极走技术进步和技术创新之路，不断加大人才的吸收和培养，增强团队的科研实力，同步提高中恒的核心竞争力。企业技术中心拥有一批长期从事电源行业开发工作的高素质人才，科研团队共有成员 168 人，大专及以上学历占总人数的 90% 以上。团队研发骨干人员基本保持长期稳定，专业从事为电力、通信、轨道交通事业的建设与发展提供高质量的技术产品、解决方案和系统集成的工作。现有研发人员的知识储备主要涉及电力、通信、电子系统、网络应用设计、计算机、自动化控制、人工智能等领域。中恒电气与研究机构、大专院校有着广泛的合作关系，与浙江大学、南京航空航天大学、浙江省电力设计研究院等多家研究机构建立了长期密切的关系。公司逐渐形成了以自主开发为主，联合研发为辅的整合式研发模式，充分利用院校的前沿技术资源，促进了优势互补，增加了研发活动的灵活性，不仅为在研产品开发的质量和效率提供了技术支持和保障，而且为后续新产品的开发提供了信息来源和构想。

团队科研成果：

研发产品有通信电源产品、电力电源产品、高压直流电源系统产品、电动汽车充电站设备。主导科研项目有浙江省科技计划项目重大科技专项重点工业项目、杭州市高技术产业化项目、杭州市重大科技创新项目等。

获得专利情况：发明专利 8 项，实用新型专利 18 项，外观设计专利 5 项。

获得荣誉情况：2017 年获杭州市科技进步三等奖，被评为浙江省名牌产品、高新技术企业、"守合同重信用"AA 企业、2015 年杭州市专利试点企业、浙江省著名商标、三体系认证、浙江省企业技术中心、浙江省重点企业研究院等。

团队主要成员简介：

郭卫农，技术负责人。2004 年获国家自然科学基金会优秀结题项目奖，1998—2001 年以主要成员身份参加了国家自然科学基金项目——非线性负载条件下基于鲁棒状态观测器的逆变电源输出波形控制技术研究（59777025）。2010 年 4 月申请国家发改委新型电力电子器件产业化专项资金：年产 500 套 HVDC（高压直流电源）产业化项目，为国产电力电子器件的应用奠定基础。2011 年 3 月，浙江省重点科技创新团队—新能源用电力电子技术科技创新团队成员。2011 年 8 月 26 日，浙江省科学技术厅聘任郭卫农同志为浙江省"十二五"节能技术成果转化工程咨询专家。2012 年 11 月，带领团队研发的《通信用 240V 直流供电系统》获得 2012 年度杭州市科技进步三等奖。

张金磊，2008 年毕业后进入艾默生网络能源有限公司。2007 年开始从事产品研发工作，涉及纺织行业、电梯行业、电力行业、通信行业、充电机行业等；2007 年 6 月从事 PLC 产品的开发，2008 年 3 月开始电梯控制器 PLC 产品的开发，2008 年 9 月开始从事可编程文本显示器产品的开发，2008 年 12 月从事电力监控产品的开发工作，2009 年 7 月从事直流配电监控产品的开发，2010 年 3 月从事电力行业集成监控产品的开发。2011 年加盟杭州中恒电气股份有限公司，担任监控开发项目经理，从事电力电子产品的软件开发和监控产品的设计，参与 HVDC 电源产品、充电机、直流充电模块、通信充电模块等产品的开发，主要基于 TI 公司的 DSP 平台，精通电力电子软件的逻辑及控制算法设计。主持了 ARM 平台监控的开发和 STM32 监控平台的开发工作。

朱益波，2006 年浙江大学自动化专业本科毕业，2010 年上海大学电力电子与电力传动专业研究生毕业，高级工程师，在校期间在中文核心期刊《电工电能新技术》《电力电子技术》等发表过文章；毕业后曾在台达能源（上海）公司担任过研发工作，开发过电动车充电电源、通信电源等产品；参加工作培训，获得开关电源设计及新技术专题研修班证书；现任杭州中恒电气股份有限公司研发部高压直流（HVDC）及远供电源项目经理。具备丰富的电源产品和电动汽车充电桩产品开发经验，具有很强的电源产品开发能力，开发了多款电动汽车充电桩产品。

范德育，1999 年毕业于东北电力大学电力系统及其自动化专业，毕业后一直供职于中恒电气股份有限公司，有 15 年的行业从业经验，现任杭州中恒电气股份有限公司研发部电力模块及充电机开发项目经理。曾参与开发继电保护测试仪，主导开发自冷式电力操作电源系列模块的开发及升级换代、自冷式调压模块的设计开发以及电动汽车充电器的开发。具备丰富的电源产品开发经验，尤其在电源模块的开发上具备很强的能力。参加过精益生产、项目管理、EMC 设计、安规设计等专业培训。

黄鸿喜，1997 年毕业于北京机械工业学院机械制造专业，高级工程师，有 14 年的电源行业从业经验，现任杭州中恒电气股份有限公司研发部系统开发项目经理。毕业后曾经在杭州伊顿施威特克电源有限公司从事过 10 年通信电源系统设计工作，开发过室内大功率、中功率、小功率通信电源系统以及户外通信电源系统、室内外嵌入式和壁挂

电源系统；高压直流各容量电源系统（含中国电信240V、中国移动336V、腾讯、阿里巴巴等互联网数据中心 HVDC 以及华数广电、银行等多种客户定制系统），以及多种类型客户定制非标产品。参加过防雷设计培训、在电子设备结构设计培训、项目管理等培训；在全国期刊发表过 1 篇论文，获得了 3 项实用新型专利，多次获得公司奖励。在充电桩项目中参与系统设计、造型设计评审等职责。

韦康，2003 年毕业于浙江理工大学（信息电子学院）电子信息专业，有 10 年行业从业经验，现在杭州中恒电气股份有限公司研发部从事通信模块开发。毕业后曾在浙江依网科技工程有限公司担任开发工作，参与开发了国内首创的 PHS 小灵通远供一体化电源系统，该系统复用原 ISDN 双绞线路供电，大量节省线路资源，该系统在浙江电信大批量使用，并被中达电通选为 OEM 产品；2005 进入浙江千能电力电子有限公司从事开发工作，参与开发电能量采集与管理系统；2007 年进入杭州中恒电气股份有限公司从事开发工作，主要参与通信电源的开发。

38. 湖南晟和电源科技有限公司（会员单位）

地址：长沙高新开发区桐梓坡西路 468 号威胜科技园二期工程 11 号厂房 101 三楼 1 – 8 号
邮编：410205
电话：0731 – 88619957
传真：0731 – 88619957
团队人数：12
技术负责人姓名：龙志进
研究方向：仪器仪表、新能源、轨道交通和音视频等行业完整电源解决方案
团队简介：

公司位于长沙高新企业开发区，自成立以来，始终专注于电力电子电源产品领域，坚持以市场需求为导向，与多家高校科研院所展开合作，依托高水平、高学历的专业研发队伍，已成功申报多项有自主知识产权的专利，所研发的产品和提供的技术解决方案在众多领域的多家企业得到了广泛应用。

公司将秉承"电源解决方案与服务专家"的使命，始终坚持"至诚致精，合作共赢"的经营宗旨，积极倡导电源技术创新，为客户提供优质的电源产品和解决方案，力争成为电源行业标杆。团队勇于进取，敢于探索，奋力拼搏，大胆创新，相信现在和未来，能让每一位客户都因享用我们的产品和服务而持久受益！

团队科研成果：

团队主要研发产品：中国南方电网智能单、三相表电源模块及方案，中国南方电网用电信息采集终端电源模块及方案，海外智能单、三相表电源模块及方案，智能配网、智能微断电源模块及方案，户外音响广播系统音柱电源模块，1.5kW 新能源车载电源模块等。

相关科研项目：无电解电容仪表电源项目。

获得专利：ZL201610314618.4 用于计量仪表的电源装置，BS. 165512121 一种内置功率管 DC – DC 变换器的芯片，

ZL201610316867.7 功率芯片的快速启动电路和用该电路制成的计量仪表等 10 多项专利。

团队主要成员简介：

龙志进，男，1982 年 12 月生，大学本科学历，具有多年的电能表硬件设计经验，并曾在上市公司参与诸多重大项目开发，并有多年与东芝、西门子、ITRON 等公司联合开发项目的经验，拥有丰富的项目管理和产品交付管理经验，负责开发的电能表电源和硬件目前可靠稳定地在国内国际市场上运行。

39. 溧阳市华元电源设备厂（会员单位）

地址：江苏溧阳市昆仑开发区民营路 3 号
邮编：213300
电话：0519 – 87383088
传真：0519 – 87383088
团队人数：3 人
技术负责人姓名：李杏元
研究方向：高效节能型高频开关电源的新技术、新产品研发
团队简介：

本团队不具有高学历、高职称的优势，但有长期从事开关电源技术和产品开发生产的较丰富的实践经验。在实践中能运用自己的经验，针对国内外同类产品的优缺点，采用缺点发明法，努力开创出自主的具有独特技术特色的新技术和新产品，特别突出自己的"高可靠、节能环保"的技术特色，受到了用户的欢迎。

团队科研成果：

1）采用自主知识产权研发的 3 ~ 20V/10000 ~ 30000A 低压大电流技术，效率可达98%、不均流率≤1%；

2）采用自主知识产权研发的金卤灯、氙灯、LED 灯等光源大功率驱动电源，高效节能，能延长灯的寿命；

3）自主研发的电池组大电流主动均衡新技术，能有效提高二次电池的使用效果和使用寿命；

4）现有发明专利 1 项、实用新型专利 15 项，今年准备再申报发明专利 2 ~ 3 项。

40. 南京泓帆动力技术有限公司（会员单位）

地址：南京市江宁区诚信大道 885 号
邮编：210000
电话：025 – 52168511
传真：025 – 52168511
团队人数：10
技术负责人姓名：张侃
研究方向：复杂电力电子系统实时控制平台，基于模型的实时系统开发技术
团队简介：

公司核心研发成员具有超过 8 年商用风电变流器和光伏逆变器的开发设计经验，在新能源并网技术和柔性输电技术方面拥有丰富的经验和全面的技术积累，在储能变流器、充电机和 SVG 等设备领域也都有丰富的工业产品设计

经验。

团队科研成果：

泓帆动力自始致力于高性能复杂电力电子系统控制平台研制和基于模型的 MBD 开发技术平台构建。目前已成功推出 RepowerC 系列高性能电力电子通用控制器和基于 PowerCube 模组构造的 MMC 柔性输电和电力电子变压器实验开发系统。

团队主要成员简介：

技术负责人张侃，工学硕士，自 2008 年起从事风电变流器开发设计工作，先后负责低电压穿越项目、控制系统软件和产品的总体设计。目前主要致力于复杂实时控制系统设计和基于模型的系统工程技术平台开发。

41. 青岛威控电气有限公司（会员单位）

地址： 青岛即墨大信镇天山三路 42 号

邮编： 266299

电话： 0532 – 82530096

团队人数： 15

技术负责人姓名： 初升

研究方向： 大功率变频器

团队简介：

研发团队拥有完备的软、硬件研发能力，是国内煤矿隔爆变频器组件核心供应商，公司自主研发的煤矿用两象限、四象限防爆变频器，性能先进，质量可靠，销量稳定，市场占有率达到 40% 以上，产品性能已达到国内领先水平。公司自主研发的 3300VAC 系列矿用三电平变频器，是国内首套研发并投入现场使用的煤矿生产核心设备，经科技局、经信委专家联合鉴定，性能已达到国际先进水平，比肩西门子、ABB 等跨国企业。

公司顺应国家政策号召，响应国家推进节能减排，实现能源可持续发展的宏远目标，积极向风力发电储能，风、光、电融合的智能微电网等领域进行拓展，致力于"清洁能源""智能电网"方面产品的研究，并取得了较好的社会效应和环境效应，协同研发了国内第一台风储互补演示验证系统，公司研发的针对铅酸、锂电、全钒液流电池、锌溴电池、飞轮等化学、物理储能系统的 PCS、DC – DC 变换器等，已在英利集团 863 课题"园区智能微电网关键技术研究与集成示范"、国家电网辽宁电力科学研究院风光储微电网系统、中科院大连化学物理研究所的全钒液流电池系统等项目中投入并验收通过。公司研发的智能微电网系统，已获得国家科技部中小企业创新基金扶持。公司目前正在承担国家重点研发计划"智能电网技术与装备—重点专项 2017—10MW 级液流电池储能技术—项目编号 2017YFB0903500"中多模式运行三电平 PCS 设备的研制工作。

团队科研成果：

公司拥有一支高学历、高素质的专业化研发队伍，已申请发明专利 9 项，实用新型专利 10 项目，目前授权发明专利 1 项，实用新型专利 9 项。

团队主要成员简介：

初升，1998 年沈阳工业大学电气传动及其自动化专业毕业后，到昌硕（青岛）电子有限公司工作，历任工程师、部门经理、副总经理等职务，2008 年加入青岛威控电气有限公司担任总工程师。他先后从事 DoubleConverter 三相 UPS 研发、IGBT 应用支持、特种变流器及变频器研发等工作，是国内 IGBT 应用及大功率变频器设计领域的知名专家。

42. 汕头市新成电子科技有限公司（会员单位）

地址： 广东省汕头市泰山路珠业北街 2 号

邮编： 515000

电话： 0754 – 88813426

传真： 0754 – 88813429

团队人数： 26

技术负责人姓名： 陈健武

研究方向： 电子信息、新型电子元器件、敏感元器件与传感器

团队简介：

新成电子科技有限公司的研发人员是由公司各生产部门专职负责技术的工程人员组成，是一支工作经验丰富、承担着对公司产品深入研究、开发、设计和产品升级改造的研发队伍，有独立的实验工作室及一批专用实验设备（由于产品制造的特殊性，研发过程中有些数据采集需要用生产线上指定生产设备来完成实验采集数据，具有共用性），同时也利用共建单位江苏大学、中船 712 研究所等院校的大型实验室设备对产品试验数据进行复核。近几年来研发部门获得了实用新型专利 4 项，软件著作权 3 项，成果转化 28 项，为汕头市新成电子科技有限公司 2016 年成功认定国家级高新技术企业打下良好的基础，同时依托单位也不断对扩建实验室提供资金支持。

团队科研成果：

1）NTC 负温度系数热敏电阻器管理软件、电阻器出产合格检验系统、电阻器检测管理系统等软件著作权。

2）一种热敏电阻稳态电流测试仪、一种热敏电阻最大允许容量测试仪、一种金属化薄膜卷绕机的封口烙铁等实用新型专利。

3）一种高性能的 NTC 热敏陶瓷材料及其制备方法发明专利（知识产权局正审核中）。

43. 上海文顺电器有限公司（会员单位）

地址： 上海市浦东新区沈梅路 290 号

邮编： 201318

电话： 021 – 50864311

传真： 021 – 64293473

团队人数： 25

技术负责人姓名： 陆峰

研究方向： 智能电力负载测试系统

团队简介：

团队专注于智能控制、自动化负载测试领域的研究，针对太阳能光伏逆变器、电动汽车充电桩、电焊机领域研

发智能型负载测试系统，产品应用于国内各大制造商和研究院所。团队以为用户创造更大的价值为核心，主导产品的发展方向，提供完善的电力负载测试解决方案。

团队科研成果：

1）"智能负载测试系统"发明专利；

2）"电焊机自动调试检验测试系统"发明专利；

3）"充电桩智能程控负载测试系统"发明专利。

44. 深圳青铜剑科技股份有限公司（会员单位）

地址： 深圳市南山区粤海街道高新区南区南环路29号留学生创业大厦二期22楼

邮编： 518057

电话： 0755－33379866

传真： 0755－33379855

团队人数： 50

技术负责人姓名： 汪之涵

研究方向： 电力电子核心器件及整体解决方案的研发

团队简介：

研发团队以国家"千人计划"特聘专家汪之涵博士为核心，由英国剑桥大学、美国TAMU大学、清华大学、电子科技大学等一流大学的博士、硕士组成，组成了层次高、结构合理、专业性强的研发队伍。

团队带头人汪之涵博士，"千人计划"特聘专家，入选国务院侨办重点华侨华人创业团队、中国留学人员回国创业启动支持计划、广东省科技创业领军人才、深圳市孔雀计划等人才计划，荣获中国侨界贡献奖、中国电源学会青年奖、深圳市青年科技奖、南山区青年创新创业成长之星等荣誉。

团队核心成员高跃博士，电气工程博士，研究员，硕士生导师，现任公司副总裁兼整机事业部总经理。曾任中船重工第七一二研究所系统控制与永磁推进事业部研发部部长，先后荣获国家工信部颁发的国防科技进步奖一等奖、湖北青年五四奖章等荣誉称号、中国电工技术学会电控系统与装置专业委员会委员、中国船舶重工集团公司有突出贡献专家、中国船舶重工集团公司装备预先研究先进个人等荣誉。

团队核心成员和巍巍博士，清华大学电气工程专业学士，英国剑桥大学电力电子专业博士，负责公司的碳化硅器件研发团队，获得深圳市高层次专业人才认定，具有丰富的电力电子器件研发经验和团队管理经验。

团队科研成果：

青铜剑科技研发团队坚持持续创新，专注于先进电力电子器件和整体解决方案的研发，已成功研发出了全系列IGBT驱动产品和电力电子功率模组产品并实现了产业化，产品达到国际领先水平，广泛应用于新能源、工业节能、轨道交通、国防军工等领域，客户包括中国中车、中船重工、国家电网、中兴通讯等企业，成功打破国外技术垄断，为电力电子核心器件国产化做出了贡献。青铜剑科技近几年实现了跨越式发展，目前已成为国内电力电子行业知名企业，公司目前已获得的60余项电力电子器件专利授权，

其中11项发明专利。公司在先进电力电子器件研制和电力电子集成方面技术优势突出，独立承担了一系列国家部委、市政府立项的电力电子功率模块研发和产业化项目。

团队主要成员简介：

技术负责人：汪之涵博士，男，国家"千人计划"特聘专家。入选国务院侨办重点华侨华人创业团队、中国留学人员回国创业启动支持计划、广东省科技创业领军人才、深圳市孔雀计划等人才计划，荣获中国侨界贡献奖、中国电源学会青年奖、深圳市青年科技奖、南山区青年创新创业成长之星等荣誉。现为中国电工技术学会电力电子学会理事、深圳市决策咨询委员会委员、深圳市青联委员、深圳中英科技创新中心理事长、深圳市青年科技人才协会常务副会长、深圳市欧美同学会副会长、深圳剑桥大学校友会执行副会长。

主要成员：高跃博士，男，电气工程博士，研究员，硕士生导师，先后就读于太原理工大学、天津大学与清华大学，现任公司副总裁兼整机事业部总经理。曾任中船重工第七一二研究所系统控制与永磁推进事业部研发部部长，先后荣获国家工信部颁发的国防科技进步奖一等奖、湖北青年五四奖章、中国船舶重工集团公司装备预先研究先进个人等荣誉称号，现为中国电工技术学会电控系统与装置专业委员会委员、中国船舶重工集团公司有突出贡献专家。

主要成员：巍巍博士，男，清华大学电气工程专业学士，英国剑桥大学电力电子专业博士，负责公司的碳化硅器件研发团队，获得深圳市高层次专业人才认定，具有丰富的电力电子器件研发经验和团队管理经验。

主要成员：傅俊寅，男，清华大学电气工程专业学士，负责公司的产品研发和运营管理，获得深圳市高层次专业人才认定。曾就职于北京四方清能电气技术有限公司和上海思源电气集团，具有丰富的新能源领域变频器、无功补偿器、有源滤波器等产品的设计开发经验，获得十多项发明和实用新型专利授权，参与研发的产品累计销售额超过亿元人民币。

主要成员：黄辉，男，电子科技大学学士，现任器件事业部副总经理兼研发中心研发总监，负责公司的产品研发。曾就职于比亚迪集团，负责IGBT驱动、IPM模块、LED驱动等产品的研发工作，具有丰富的电力电子产品开发经验和研发管理经验。

45. 深圳市瑞必达科技有限公司（会员单位）

地址： 深圳市宝安区福永街道桥头社区富桥第二工业区北A3幢

电话： 0755－33850600

传真： 0755－29912756

团队人数： 36

技术负责人姓名： 谢宝棠

研究方向： 智能健康保健按摩椅、电动床、升降桌、电动沙发马达推杆驱动电源以及智能电池充电器的开发设计以及制造生产

团队简介：

研发团队有 36 人，其中主力设计工程师有 8 人，均有在大型开关电源设计及生产公司工作的经历，设计经验丰富，能够独当一面担当起案件整个开发过程，所设计的产品口碑良好，得到客户的极大认可，性价比高。

团队向心力强，责任心强，协作意识超前。

团队科研成果：

1）兼备交流输出插座的适配器，实用新型专利（2012 - 10 - 10）ZL201220146458.4RD02、RD03PS03 自主研发。

2）一种充电电路及三段式电池充电器，实用新型专利（2012 - 10 - 31）ZL201220193020.1 RD04、PS02 自主研发。

3）一种充电器及其温度补偿控制电路实用新型专利（2012 - 10 - 31）ZL201220150427.6 RD05、PS02 自主研发。

4）一种恒功率电路实用新型专利（2012 - 10 - 21）ZL201220177087.6 RD06、PS01、PS03 自主研发。

5）一种电源防水外壳结构实用新型专利（2012 - 11 - 07）ZL201220203252.0 RD07、PS01、PS03 自主研发。

6）一种电池连接检测电路及电池充电器实用新型专利（2013 - 01 - 30）ZL201220174311.6 RD08、PS01 自主研发。

7）一种充电电路及充电器发明专利（2013 - 06 - 26）ZL201010209451.8 RD01、PS02 自主研发。

8）开关电源电性功能测试安装台实用新型专利（2014 - 11 - 05）ZL201420320210.4 RD09、PS01 自主研发。

9）LED 灯片与外壳溶接设备实用新型专利（2014 - 11 - 05）ZL201420311072.3 RD10、PS01 自主研发。

10）集成电路锁散热片治具实用新型专利（2014 - 11 - 05）ZL201420291895.4 RD11、PS01 自主研发。

11）LED 灯引脚整形剪脚治具实用新型专利（2014 - 11 - 05）ZL201420311072.3 RD12、PS02 自主研发。

12）集成电路锁散热片可调治具实用新型专利（2014 - 11 - 05）ZL201420293087.1 RD13、PS02 自主研发。

13）一种电池充电器的控制电路实用新型专利（2015 - 01 - 28）ZL201420548802.1 RD14、PS02 自主研发。

14）可换插头电源适配器实用新型专利（2015 - 01 - 28）ZL201420536014.0 RD15、PS02 自主研发。

团队主要成员简介：

赵素芳，大学学历，1988 年 8 月开始参加工作，一直从事开关电源的设计开发与制造，有多项发明专利。

谢宝棠，大学学历，1997 年 7 月开始参加工作，一直从事开关电源的设计开发与制造，有多项发明专利。

郑阳辉，大学学历，2008 年 12 月开始参加工作，一直从事开关电源的设计开发与制造，有多项发明专利。

46. 武汉武新电气科技股份有限公司（会员单位）

地址： 武汉市武湖工业园立山路

邮编： 430345

电话： 027 - 82341783

传真： 027 - 82341251

团队人数： 46

技术负责人姓名： 孙林波

研究方向： 主要方向为电力电子技术在电力系统中的应用；三个子方向为电能质量控制装备、微电网控制装备、智慧能源管理云平台

团队简介：

武新电气科技股份有限公司研发中心专注于电力电子与能源数字化管理方向的研究与产业化，团队近 50 人均拥有本科及以上学历，是一支勇于开拓、充满狼性执行力的研发队伍；主研产品包括 APF、高低压 SVG、有源不平衡补偿装置、低电压复合调压装置、光伏并网逆变器、电动汽车充电桩、微机综合保护装置、电能质量在线监测装置、智慧能源管理云平台等。

中心拥有一流研发试验平台：电能质量高低压全载试验平台、750kW 级光伏并网逆变模拟试验平台、电动汽车充电模拟试验平台、泰克混合图像示波器等价值 3000 多万元的设备与仪器，主持国家电网和南方电网横向项目各 1 项、武汉市科技项目 2 项、企业合作项目多项；并与清华大学、华中科大等高校紧密合作，与 CPSS 积极互动，并参与标准制定。

团队秉承"主人翁心态，认真、快、守承诺，追求好结果"理念，坚持自主创新，恪守产品领先战略，先后被评为电网智能控制与装备省工程技术研究中心、光伏在线监测省工程研究中心，获发明专利 10 余项，省市科技成果鉴定 2 项；中心所研发如高低压 SVG、APF 等产品已在电力、通信、医疗、造船、汽车制造、芯片制造、煤矿石化等行业得到广泛应用，产值逾 5 亿元人民币，依靠科技创新服务节能社会，为高效环保、可持续发展不断贡献力量。

团队科研成果：

研发产品：30kvar 低压有源不平衡补偿模块、50kvar 低压有源不平衡补偿模块、75 ~ 100kvar 低压有源不平衡补偿模块、第三代有源电力滤波器、10kV/15Mvar 高压静止无功发生器、6kV 高压静止无功发生器、低电压复合调压装置、电能质量在线监测装置、100kW 光伏并网逆变器、500kW 光伏并网逆变器、60kW 直流充电桩、120kW 直流充电桩、智慧能源云管理平台等。

主导参与相关科研项目：国家电网横向项目低电压治理解决方案，正在参与南网横向项目电能质量控制装备。

获得专利： 近三年获得各项专利近 30 项，发明专利授权 4 项。

获得荣誉： 2015 年获省科技成果鉴定 1 项，武汉市重点新产品 4 项，依靠电能控制装备的研发与产业化优势获湖北省隐形冠军企业称号，2016 年被认定为光伏在线监测系统湖北省工程研究中心等。

团队主要成员简介：

孙林波，1980 年生，华中科技大学电力电子与电力传动专业硕士，现任公司副总经理兼研发总监，先后主导光伏逆变器、APF、高低压 SVG 等产品研发；现为 CPSS 电能质量专委会和青工委委员、光伏在线监测系统省工程研究中心主任，入选武汉市"第五批黄鹤英才计划"，获授权发明专利 4 项，授权实用新型专利 9 项，软件著作权 3 项，

发表论文 5 篇, 所研发产品累计产值近 1.2 亿元。

徐冲, 1987 年生, 武汉科技大学自动控制方向硕士, 毕业后一直就职于武汉武新电气科技股份有限公司, 从事电能质量控制装备产品研发。获授权 2 项发明专利。

魏四海, 1984 年生, 华中科技大学硕士, 在武汉武新电气科技股份有限公司从事充电桩产品研发。参与的一项科研项目获省科技成果鉴定通过。

郑重, 1986 年生, 武汉科技大学自动控制方向硕士, 毕业后一直就职于武汉武新电气科技股份有限公司从事电能质量控制装备产品研发。

申兴宇, 1986 年生, 江苏大学电气工程及自动化方向硕士, 在武汉武新电气科技股份有限公司从事光伏发电控制装备产品研发。

潘毅, 1979 年生, 武汉大学电气工程及自动化方向硕士, 在武汉武新电气科技股份有限公司从事光伏发电控制装备产品研发。获授权 3 项实用专利。

47. 浙江巨磁智能技术有限公司 (会员单位)

地址: 浙江省嘉兴市昌盛南路 36 号嘉兴智慧产业创新园 4 号楼 101 室
邮编: 314001
电话: 0573 – 83853278
传真: 0573 – 83853277
团队人数: 20
技术负责人姓名: 陈全
研究方向: 传感器
团队科研成果:

电流传感器、漏电流传感器领域获 5 项专利: ZL201420402371. 8、ZL201420459226. 3、ZL201520228192. 1、ZL201621150586. 0、ZL201621150580. 3。

基于磁电传感 SoC 芯片, 通过片上可编程系统, 研发的漏电检测模块实现了对各个工况下漏电的精确检测。解决了逆变、直流微网等系统中平滑直流漏电的检测。同时也能检测 2kHz 及以下正弦交流剩余电流; 交流剩余电流叠加平滑直流剩余电流等漏电类型。

具有全球独特的 Self – Check 功能。具有全温区线性度

高、精度良好、单电源供电、电路应用简单, 其模块化的设计、PCB 插件式的安装让客户在实际使用更加方便和快捷, 使得逆变器 AC 端的布局可以更加灵活。

团队主要成员简介:

陈全, 本科就读于中南大学化学工程专业, 硕士研究生就读于中南大学控制理论与控制工程专业, 2004 后曾先后就任 GE 中国研发中心研发工程师、瑞士 LEM 集团中国区汽车行业总监、Magtron Holdings USA 总经理。现任浙江巨磁智能技术有限公司总经理。

48. 中国威尔克通信实验室 (信息产业数据通信产品质量监督检验中心) (会员单位)

地址: 北京市海淀区学院路 40 号研 7 楼 B 座 300 – 507 号
邮编: 100191
电话: 010 – 62301146
传真: 010 – 62301146
团队人数: 10 人
技术负责人姓名: 耿国庆
研究方向: 通信电源类标准及测试方法
团队科研成果:

1) 通信标准化协会通信电源工作组 (CCSA/TC4/WG1) 会员, 参与行业标准制定。

2) 泰尔认证中心电源工作组成员, 参与泰尔认证及测试规范制定。

团队主要成员简介:

耿国庆, 本科, 学士学位;

2011 – 2015: 北京工业大学电子信息与控制工程学院通信工程专业学习;

2015 至今: 中国威尔克通信实验室 (信息产业数据通信产品质量监督检验中心) 业务部从事通信电源类产品检测。

(电源相关企业科研团队信息通过中国电源学会会员单位内部征集获得)

电源相关科研项目介绍

（按照项目名称汉语拼音顺序排列）

1. **"十二五"国家科技支撑计划重大项目子课题"高速磁浮半实物仿真多分区牵引控制设备研制"**

主要完成人：李耀华、葛琼璇、王晓新、吕晓美、韦榕、张波

完成单位：中国科学院电工研究所

项目来源：国家计划

项目时间：2011 年 1 月 1 日—2016 年 12 月 30 日

项目简介：

本项目完成了高速磁悬浮列车牵引控制系统、高速磁浮多分区牵引控制系统、1.5km 试验线双分区升级和 28km 半实物仿真系统牵引控制系统设备研制及 7.5MVA IGCT 高压大功率牵引变流器、新型 15MVA 四象限变流器系统、满足三步法供电的 15MVA 变流器研制；建立并完善了大功率同步直线电机控制理论，解决了大功率交 - 直 - 交变流器的理论、控制、模块化设计、制造、集成及工程试验等重大难题。首次在国内研制成功具有自主知识产权的基于 VME 的高速磁悬浮列车牵引控制系统，在上海高速磁悬浮试验线实现了磁悬浮列车的双分区、双端供电、双车无人驾驶智能牵引控制，填补了国内空白。

2. **"新型超大功率场控电力电子器件的研制及其应用"项目中子课题"新型高压场控型可关断晶闸管器件的研制与应用"**

主要完成人：葛琼璇、吕晓美、张树田、刘洪池、王晓新、张波

完成单位：中国科学院电工研究所

项目来源：国家计划

项目时间：2014 年 1 月 1 日—2017 年 3 月 16 日

项目简介：

本项目研究新型高压场控型可关断晶闸管器件芯片的设计、工艺、制造与测试技术，研制出满足高电压、大电流需求的芯片样片；研究新型高压场控型可关断晶闸管器件的智能化驱动、封装及测试技术，研制出满足高电压、大电流需求具有智能化低驱动功率特性的器件样件；研究新型高压可关断晶闸管器件的测试技术，研制出一套具有自动检测和监控功能的新型高压可关断晶闸管器件测试平台；基于本课题研制的新型高压场控型可关断晶闸管器件，研制出了一台 5MVA 三电平大功率变流器样机，推动了基于大功率新型高压场控型可关断晶闸管器件相关技术的跨越式发展和相关产品的产业化。

3. **1MW 光伏并网逆变器模块关键技术研究与开发**

主要完成人：胡安、周亮、吴振兴、揭贵生、陈明亮、阳习党、朱威

完成单位：中国人民解放军海军工程大学

项目来源：部委计划

项目时间：2013 年 1 月 1 日—2015 年 12 月 31 日

项目简介：

本项目属于先进能源技术领域，是光伏光热联合供能（PV/T）关键技术研究与示范项目子课题。

本课题的总体任务：开展大容量光伏并网逆变器关键技术的研究，包括 1MW 模块化光伏并网逆变单元的优化设计、光伏发电并网逆变器的控制策略研究、全局最大功率点跟踪算法研究、模块化并联方式的研究、防孤岛技术研究、电网短时异常穿越技术研究、逆变器冷却系统的优化设计技术研究、光伏并网逆变器与监控中心的实时通信技术研究等，最终进行系列大容量光伏并网逆变器的开发研制。

主要创新点：

1）结构精巧，成本较低。光伏并网发电逆变器采用一级变换方案，功率器件和损耗都有所减少，采用模块化和标准化及规模生产的方法来降低成本。

2）全局最大功率点跟踪算法。采用该算法，可以使得光伏发电系统在复杂气象条件、局部有阴影、多云、光伏方阵出现热岛的条件下，仍能保证光伏方阵输出最大功率，该项技术可以使系统的能量转换效率提高 5% 左右。

3）被动与主动相结合的孤岛检测方法。采用被动与主动相结合的检测方法，可以实现在减小孤岛检测盲区、提高孤岛检测可靠性的同时，减小孤岛光伏发电系统电能质量的影响。

4）完善的保护功能。具有过电压、欠电压、频率过高、频率过低、过电流、过载、短路、防孤岛、恢复并网、误操作、极性反接、逆功率、过热、雷击等保护功能。

5）模块化设计。输出功率在 1~4MW 之间的变换器以 1MW 并网逆变单元为基本模块，4MW 变换器则采用 4 个这种基本模块，采用 4 路独立全局最大功率点跟踪算法。并且采用集群控制，可根据光照强弱，自动确定变换器内部模块是否运行，提高低输出功率时的效率。

关键技术指标：搭建了 1MW 模块化光伏并网逆变器试验平台，研制了 2 台 1MW 光伏并网逆变器，交流侧额定输出电压为 380Vac，额定交流输出电流 1520A，最大交流输出电流 1671A，样机挂网运行时间 2208h。

4. 4500 米水下 HMI 灯灯具开发

主要完成人：张相军、刘汉奎、徐殿国

完成单位：哈尔滨工业大学

项目来源：其他单位委托

项目时间：2016 年 1 月 1 日—2016 年 2 月 29 日

项目简介：

本项目是与上海交通大学合作承担。在灯具方面，采用了飞利浦 4500K 色温的 MOS 短弧灯作为光源。针对输入电压大范围纹波条件，加入了输入电压扰动补偿的前馈方法，实现了恒定流明输出的要求，同时采用了 25kV 最高启动电压解决了瞬间热启动要求。提供的 10 只样品得到了七〇二所的首肯。

5. 7MW 级风电发电机产业化关键技术研发

主要完成人：曲荣海、王晋、陈红

完成单位：中科盛创（青岛）电气有限公司

项目来源：部委计划

项目时间：2012 年 2 月 1 日—2015 年 12 月 31 日

项目简介：

目前，我国的大型永磁直驱风力发电机仍处于研究阶段，5MW 以上等级的直驱式风力发电机的设计技术仍是空白。本项目的研究工作，很好地填补了我国在这个领域的技术需求，对于我国风电事业的发展有着重要作用。

本项目总体目标为开发两种大型永磁风力发电机机型，一种为永磁半直驱蒸发冷却风力发电机，一种为高功率密度永磁直驱风力发电机，结合这两种机型，分别展开关键技术研究，从发电机拓扑结构、冷却结构、设计方法和制造工艺等方面解决大型永磁风力发电机的技术需求。团队主要负责项目中 7MW 高功率密度永磁直驱风力发电机关键技术与工程样机部分。根据 7MW 整机的总体要求，完成 7MW 永磁直驱发电机的设计，进行了 7MW 和 1.5MW 永磁直驱风力发电机最终方案设计和系统仿真分析，并利用综合精确设计技术进行了优化。针对 7MW 永磁直驱风力发电机的最终设计的电磁、机械和冷却方案，进行了整机的图纸制作。针对本项目充磁能量高的需求，设计了模块化大容量高功率电源系统，并进行了仿真和初步试验验证。研究了充磁部件与电机转子的配合结构，解决强电磁力作用下磁钢与电机的保护问题。分析了充磁过程中冲击振动对磁钢磁特性的影响，确保脉冲强磁场作用下充磁后磁钢性能的一致性和稳定性。针对内置式转子磁钢为矩形，采用平行充磁等特点，进行了充磁线圈的结构设计和磁场位形优化，解决了线圈机械强度与冷却散热的问题。进行了 1.5MW 内、外转子直驱永磁发电机的设计。研究采用电磁计算和电磁场仿真结合的方法进行电机的电磁设计；利用蒸发冷却良好的冷却效果，在电磁设计中提高电机的定子电流密度和电机热负荷，结合变流器参数实现电机和变流器的最佳配合，对电磁设计进行优化，减少有效材料的用量，实现电机的轻量化，满足海上风电机组的轻量化要求。研究适合于大型永磁直驱发电机的新型分数槽非重叠集中绕组拓扑结构及其电磁性能、设计方法和加工制造工艺；

研究内置式转子磁路结构的设计和优化方法，探索磁钢用量最少的设计方案。研究大型永磁直驱发电机的电磁、机械与冷却系统一体化精确设计技术，提高功率密度、可靠性和效率。

6. PLC 选主、组网、路由项目

主要完成人：刘晓胜、周岩、姚友素、张芮、刘佳生、徐殿国

完成单位：哈尔滨工业大学

项目来源：其他

项目时间：2015 年 6 月 10 日—2015 年 11 月 10 日

项目简介：

本项目属于工业自动化通信领域。主要科技内容：围绕工业、家庭电力线通信网络自动组网应用，从电力线载波通信逻辑拓扑结构、自动选主方式、自动组网、自动路由及维护等方面展开了研究。

主要技术创新点包括：1）提出了电力线作为自动选择主节点与备份主节点方法，实现主节点管理网络通信，备份主节点监督网络状态功能，提高电力线通信网络可靠性；2）提出了多播、分簇组网算法，实现 Mesh 网络组网，提供了网络拓扑的强壮性；3）在最短路径算法基础上提出了动态冗余路由算法，实现 4 级自动路由。

关键技术指标：1）32 个节点组网时间小于 100s；2）4 级自动路由。

本项目获得华为公司高度认可。在该项目成果基础上，华为公司已于 2016 年完成相关功能的芯片设计，并成功流片。

7. XXMW 级变频调速装置关键制造工艺研究与样机制造

主要完成人：肖飞、胡亮灯、楼徐杰

完成单位：中国人民解放军海军工程大学

项目来源：部委计划

项目时间：2016 年 1 月 1 日—2017 年 12 月 31 日

项目简介：

一、研制背景

综合电力系统技术是舰船动力平台的一次跨越式发展，代表了舰船动力系统的发展方向。电力推进系统作为大型舰船动力平台中核心和关键模块之一，是整个舰船基本航行功能的保障。本项目主要研究内容为新型护卫舰综合电力系统大容量推进变频调速装置深化研究，关键部组件、初样机及正样机优化设计、制造及试验。

二、主要成果

1）提出了一种中点电压 C 平衡控制策略，实现了无中性线控制，增强了装置可靠性及布置灵活性；

2）提出了一种振动抑制策略，使推进电机高频振动明显降低，进一步提高了综合电力推进系统的各项性能；

3）提出了完善的故障分级保护策略，提高了变频调速

装置的运行可靠性。

三、成果应用

本成果已应用于 XX 舰综合电力系统研制等。该成果还可推广应用于豪华游轮、大型渡轮、科考船等大型民用船舶的电力推进以及机车牵引、采矿机械、盾构机等民用大容量交流传动领域，具有重大的军事及经济效益。

8. XXMW 级推进电机及其配套变频调速装置研制

主要完成人：王东、肖飞、余中军、胡亮灯、艾胜
完成单位：中国人民解放军海军工程大学
项目来源：部委计划
项目时间：2016 年 1 月 1 日—2017 年 12 月 31 日
项目简介：

一、研制背景

综合电力系统技术是舰船动力平台的一次跨越式发展，代表了舰船动力系统的发展方向。电力推进系统作为大型舰船动力平台中核心和关键模块之一，是整个舰船基本航行功能的保障。项目组根据实战需要，研制成功 XXMW 级推进电机及其变频调速装置，为舰船综合电力系统提供了重要的支撑。

二、主要创造性成果

1）首次发明了一种新型高转矩密度感应推进电机，提出 3 次谐波注入和新型冷却等技术实现了电机的高效运行，解决了传统低速感应电动机转矩密度低、功率因数低和效率不高等缺点。

2）提出了分布式磁路计算方法，实现了注入 3 次谐波的新型感应推进电机电磁优化设计。

3）提出了大型电机整体强迫式浸泡喷淋混合蒸发冷却技术，拓展了蒸发冷却技术的应用范围。

4）攻克了磁脂密封技术，解决了船用条件下大间隙、大密封线速度和分瓣结构形式的旋转密封难题。

5）提出了一套完整的中压、大容量、多相电力电子变流器的主电路和控制系统的分布式设计方法，提高了推进变频器的功率密度、可靠性和可维护性。

6）提出了一种数据源可切换式高速光纤环网通信拓扑和相应的高性能同步方法，解决了大功率多相变频驱动中同步误差的累积问题。

7）提出了针对舰船应用特点的多相无缝切换与冗余控制策略，满足各种工况下推进分系统的控制性能要求，提高了舰船的机动性和生命力。

三、成果应用

本成果为我国舰船综合电力系统的标志性技术之一，已应用于舰船综合电力系统技术演示验证项目、XX 舰综合电力系统研制等。该成果还可推广应用于豪华游轮、大型渡轮、科考船等大型民用船舶的电力推进以及机车牵引、采矿机械、盾构机等民用大容量交流传动领域，具有重大

的军事及经济效益。

9. 变模态柔性变流器

主要完成人：吕征宇、姚文熙、黄龙、杭丽君、张达敏、林辉品、胡进、林辉品、刘威
完成单位：浙江大学电气工程学院
项目来源：基金资助
项目时间：2012 年 1 月 1 日—2015 年 12 月 31 日
项目简介：

本项目提出了"变模态柔性变流"的学术思想：不改变电路连接关系、不设专门投切开关，仅通过改变变流模态，主动转换为最适应当前环境的拓扑形式及工作模式，以适应变流系统在宽广范围（电流/电压/负载变化）条件下高效、可靠工作的要求。

通过本项目研究取得了理论成果与应用成果验证：1）变模态柔性变流器构造方式分类、模态切换实现电路状态的柔性过渡精确控制方法；2）通过多种变模态的应用实施案例研究，证明了多模态柔性变流的参数优越特性和广泛适应性、多个变模态拓扑相互结合能够产生相辅相成的更好综合效果。

项目系统性地研究了变模态变流的理论与关键技术，在多样化的柔性变流形式的基础上，更广泛地探索了有价值的柔性变流拓扑、与之相适应的模态控制方法、变模态变流的电路生成及性能评价方法。项目拓宽了柔性变流研究领域，丰富和实践柔性变流学术思想，以高效、可靠、宽范围变流特色满足新能源发电与新能源动力的特殊要求，并促进电力电子系统集成技术的发展。

本项目为自然科学基金优秀结题项目。经过项目组的多年努力，研究成果已经推广到基于功率路由器的风电/光伏微网、高密度模块电源、特种高压电源、低压大电流电源、汽车充电、电机驱动等应用领域，提高了电路性能。

该成果还有望推广到高压陡脉冲发生器、电力系统直流断路器等领域。

10. 变频空调室外无高压电解电容控制系统开发

主要完成人：王高林、赵楠楠、齐江博、曲立志、徐殿国
完成单位：哈尔滨工业大学
项目来源：其他单位委托
项目时间：2014 年 4 月 1 日—2016 年 2 月 29 日
项目简介：

在家用空调变频调速电机控制系统中，采用薄膜电容代替电解电容，可以延长系统的使用寿命，提高系统的稳定性及可靠性，并且降低系统的成本。研究基于无电解电容驱动器的空调永磁电机控制策略对提升变频调速电机驱动系统的性能有深远的影响，本项目对基于无电解电容驱动器的空调永磁电机位置观测器、基于下桥臂三电阻采样的相电流重构方法以及基于逆变器输出功率控制和基于母线电压控制的控制策略进行了深入研究。研究成果已应用于广东美的制冷设备有限公司的产品中。

11. 超大型超导式海上风电机组设计技术研究

主要完成人：曲荣海、王晋、张斌、方海洋、刘迎珍、祝喆、李亮

完成单位：国电联合动力技术有限公司

项目来源：部委计划

项目时间：2012年4月1日—2014年9月1日

项目简介：

研发超大型海上风电机组是我国大力发展海上风电、掌握海上风电前沿技术的必然趋势。目前国外已经有5～7MW功率等级的大型多兆瓦级海上风电机组样机，而国内目前海上运行的最大兆瓦级风电机组为3MW，这方面已经落后于国际海上风电的发展。开展超大型超导式海上风电机组的设计技术研究，不仅能够为下一代海上机型储备相关技术，为我国海上风电的发展培养有设计创新能力的多方面人才队伍，带动并提高以海上超大型机组研发和制造为中心的相关产业研发和制造生产水平以及为安装和维护提供大型海上安装设备的研发制造能力，赶上甚至超过国外海上风电的发展步伐，而且将有利于提高我国风电技术研发实力和地位，掌握超大型风电整机设计的自主知识产权，为未来我国在海上风电领域占有一席之地提供重要保证。

本项目围绕海上风电机组开展关键技术研究，完成12MW整机及其关键零部件设计，形成设计报告、生产图纸以及技术规范与说明书，掌握整机自主设计技术和自主知识产权，设计技术达到世界领先水平。其中，超导发电机部分由华中科技大学单独承担，课题组在充分调研国内外超导风力发电机研究和发展现状的基础上，围绕超大型超导直驱风力发电机设计技术开展了深入细致的研究工作；突破并掌握了超导风力发电机的电磁设计、超导磁体设计和冷却系统设计等核心关键技术；根据12 MW海上风电机组的技术要求，利用精确设计方法和先进的有限元仿真技术，完成了配套超导发电机的方案设计。所设计的超导风力发电机效率达到96%以上，重量比同规格常规技术发电机可减重30%以上，达到了预期的考核指标。电机采用直驱式超导发电机结构，容量达13.2MW，达到世界领先水平。

12. 城际列车动力驱动系统升级与国产化

主要完成人：李耀华、葛琼璇、王珂、张瑞华、张树田、杜玉梅、赵鲁

完成单位：中国科学院电工研究所

项目来源：部委计划

项目时间：2013年1月1日—2016年5月10日

项目简介：

本项目突破了牵引系统工程化中的网络接口、轻量化、抗振性、高可靠性等一系列的技术难题，研制成功了一辆车所需的牵引动力系统工程化样机，包括2台大功率牵引直线电机、1台1.5MVA大功率牵引变流器及一套无人驾驶智能牵引控制系统，并成功应用在北京地铁机场线直线电机轨道交通车辆上，现已安全载客运营超过10万公里，得到了用户单位（北京地铁公司）的好评。

13. 纯电动汽车动力电池系统热管理分析与设计优化

主要完成人：胡晓松、李隆键、杨亚联

完成单位：重庆大学

项目来源：部委计划，企业合作项目

项目时间：2016年9月1日—2017年1月30日

项目简介：

本项目研究电动汽车中动力电池包使用过程的生热模型和热管理策略，通过不同充放电倍率、温度、SOC等参数条件下电池的充放电特性实验，建立了动力电池的生热模型，并在HWFET、NEDC、FTP等整车测试循环条件下，对电池的性能进行了模拟分析，并在FLUNT环境下，对各电池单元的热分布和流体流场特性进行了CAE分析，提出了优化的电池结构，满足了EV在各种严苛运行条件下的温度均衡和单体电池的性能均衡要求。所提出的方法和结果在某整车厂得到了应用，并协助该企业顺利通过了国家电动汽车生产资质的认证。

14. 磁悬浮垂直轴外转子风机的风光互补路灯

主要完成人：刘淑琴、边忠国、郭人杰、张宇喆、周君民

完成单位：济南磁能科技有限公司，山东大学

项目来源：其他单位委托

项目时间：2013年1月1日—2015年12月31日

项目简介：

本项目属于新能源领域。

1）垂直轴外转子风力机。结构形式可以是塔杆的上端是太阳电池板和路灯，垂直轴风机在中间。也可以塔杆的上端是垂直轴风机和路灯，太阳电池板在中间。其安装方式灵活。而且垂直轴风机比水平轴噪声小。

2）磁悬浮的轴承。微风可以发电，而且由于无摩擦使其效率高，寿命长，并且垂直轴风力机叶片是本项目的关键技术。风力机功率400W，转速500r/min。

3）盘式永磁同步发电机。功率300W，额定转速400rpm，效率不低于75%。

4）风光互补智能控制器。标准充电电压：24V（范围为21.6～27V）功能包括风能、太阳能多路充电控制，并实现最大功率跟踪。防过充、防过放控制，浮充控制，防飞车、防电池反接等保护功能，具有温度补偿、风机自动卸荷、刹车等功能。路灯夜晚亮灯小时数根据需要可以灵活设置，并可以设置为根据天黑、天亮程度自动亮灭。

5）项目刚完成，开始推广。

15. 磁悬浮垂直轴自调桨距风力发电机

主要完成人：刘淑琴、李德广、边忠国、郭人杰、侯明伟、赵闻

完成单位：济南磁能科技有限公司，山东大学

项目来源：省、市、自治区计划

项目时间：2011年1月1日—2014年12月31日

项目简介：

本项目属于新能源领域。

主要解决的关键技术：1）垂直轴风力发电机叶片调桨技术（申请了专利）；2）实现了垂直轴磁悬浮技术的应用；3）低速风力发电机。

创新点：

1）桨距自动调节技术。与现有的垂直轴风力机比较，本垂直轴风力机不需要推杆或者其他复杂的结构而实现桨距自动调节。受风无方向限制，且可以自起动。

2）叶片可以做成尺寸不同的备用套件，根据风力资源情况的不同，同规格主机可使用不同尺寸的叶片。这一点是其他任何风力发电机不具备的独特之处。

3）五自由度磁悬浮轴承的技术的应用。本项目采用五自由度磁悬浮轴承的技术，使得风力发电机摩擦小、噪声小、起动风速低、发电效率提高。

技术指标：

1）风轮直径：2000 mm；2）风轮高度：1300mm；3）起动风速：1.5m/s；4）工作风速：2.5～25m/s；5）额定风速：10m/s；6）安全风速：40m/s；7）额定功率：300W；8）输出电压：DC 24V；9）逆变器输出电压：AC 220V，50Hz；10）塔架高度：5.5m；11）限速类型：自动。

获得奖励情况：中国产学研合作创新成果奖"垂直轴磁悬浮自调桨距风力发电机"，刘淑琴，边忠国，李德广，于文涛，张云鹏，赵方，周舟，2014 年 11 月，国科奖社证字第 0191 号。

16. 大功率 IGBT 状态监测与可靠性在线评估

主要完成人：刘宾礼、罗毅飞、肖飞、揭贵生、唐勇

完成单位：中国人民解放军海军工程大学

项目来源：基金资助

项目时间：2013 年 1 月 1 日—2016 年 12 月 31 日

项目简介：

本项目属于电力电子与电力传动领域，主要研究电力电子器件的封装失效机理与失效模式，以及封装失效的状态监测方法，从而实现电力电子器件健康状态的有效评估。主要创新点包括：1）查明了 IGBT 器件封装失效机理和失效模式，包括 Al 薄膜电迁移、电化学腐蚀疲劳机理以及表面重构机理，焊料层与 Al 键丝疲劳失效机理；2）查明了表征封装疲劳的器件端口特征量及其变异规律；3）基于端口特征量变异规律，建立了基于集射极饱和压降和关断电压变化率的 IGBT 健康状态评估方法。本项目所建立的基于集射极饱和压降和关断电压变化率的健康状态评估方法，可为电力电子电能变换装置的可靠性评估提供重要的参考依据。

17. 低温下抑制析锂的锂离子电池交流预热与快速充电方法

主要完成人：葛昊、李哲、张剑波

完成单位：清华大学汽车工程系

项目来源：基金资助

项目时间：2014 年 1 月 1 日—2017 年 12 月 31 日

项目简介：

本项目研究了低温充电工况下的析锂。利用核磁共振方法定量检测析锂。结合模拟与实验结果，对析锂机理与析锂判据进行辨析，指出负极局部固液相电势差达到析锂反应平衡电势是析锂发生的指标。

开发了抑制析锂的锂离子电池交流预热方法。锂离子电池在交流电流激励下的有效产热成分只有电池阻抗实部对应的焦耳热，基于等效电路建立了频域产热模型。结合析锂约束条件的频域表述，得出了不同温度下抑制析锂的交流预热电流最大幅值－频率线簇。进一步利用阻抗对温度的敏感性，开发了温度反馈的、抑制析锂的交流预热方法，开发了抑制析锂的锂离子电池直流充电方法。采用热－电化学耦合模型描述低温充电过程。结合析锂约束条件的时域表述，得出了不同温度下抑制析锂的最大充电电流－荷电状态线簇，进而开发了抑制析锂的直流充电方法。

结合开发的交流预热与直流充电方法，组合形成预热－充电规程，并对其进行效用评价。对开发的交流预热方法与直流充电方法抑制析锂的有效性进行了检验。分析讨论了不同预热－充电切换温度时的总时间与总能耗。结果表明，开发的预热－充电规程具有无析锂、快速、低能耗的特点。

本项目研究结果具有较高的学术价值和工程应用潜力，受到了业界的广泛关注。项目进行过程中，相关内容共发表论文 14 篇，共计被引 160 余次；其中 SCI 论文 11 篇。相关内容申请发明专利 3 项，其中已授权 1 项，该授权专利以普通许可方式授权给一家企业。

18. 低压供配电设备关键技术研究及研制

主要完成人：肖飞、范学鑫、王瑞田、谢桢、揭贵生、杨国润

完成单位：中国人民解放军海军工程大学

项目来源：部委计划

项目时间：2016 年 1 月 1 日—2017 年 12 月 31 日

项目简介：

一、研制背景

综合电力系统技术是舰船动力平台的一次跨越式发展，代表了舰船动力系统的发展方向。由于我国舰船综合电力系统开创性地采用了中压直流电制，为适应我国舰船综合电力系统跨越式发展的需求，项目组提出了中压直流电制下分区、分布式供电的直流区域变配电系统，以实现中压直流电制下变配电系统的高功率密度、高可靠性与高开放性，为舰船综合电力系统的应用提供核心技术支撑。

二、主要创造性成果

1）在国内首次研制出 MW 级直流区域变配电系统，实现了中压直流供电网至不同电制

低压交/直流配电网络的电能传递，解决了中压直流电

制的舰船综合电力系统中大容量、高功率密度、高可靠性的变电难题。

2）提出了基于区域异构和设备级联的开放式变配电网络拓扑及其多时间尺度的分层分布控制器设计方法，具有供电冗余性好、重构能力强和配置灵活等优点，提高了舰船变配电网络的供电连续性和可扩展性。

3）提出了中压直流区域变配电系统完备的保护方法，通过变电模块及各种保护装置的协调配合，实现各层级网络的选择性和匹配性保护，提高了变配电系统的安全性。

4）揭示了区域变配电系统中异构电力电子装置互联系统失稳机理，提出了系统稳定性分析方法、稳定判据以及提高系统稳定性的措施，形成了一套完整的直流区域变配电系统稳定性分析理论。

5）提出了一种自适应非线性的直流变换稳压控制策略，解决了中压直流变换器全工况下各种工作模式切换时稳态与暂态性能之间的矛盾，实现了大功率中压高变比隔离型直流变换。

6）提出了一种比例谐振加状态反馈和滑动平均滤波的控制策略，解决了三相逆变器控制参数的最优整定及输出直流偏置问题，改善了逆变器及组网系统的动静态性能。

三、成果应用

本成果为我国舰船综合电力系统的标志性技术之一，已应用于舰船综合电力系统技术演示验证项目、XX舰综合电力系统研制等。该成果还可推广应用至其他全电武器装备平台，并可转化应用于交通、柔性高压直流输配电、分布式供电、可再生能源接入、微网系统和智能电网建设等民用领域，具有重大的军事及经济效益。

19. 电动汽车充电对电网的影响及有序充电研究

主要完成人： 郭春林、颜湘武、肖湘宁
完成单位： 华北电力大学
项目来源： 国家计划
项目时间： 2011 年 11 月 1 日—2014 年 12 月 31 日
项目简介：

（1）电动汽车充电对电网的影响及有序充电研究，国家"863"计划重大项目课题子课题，项目号：2011AA05A109，2011.11~2013.12。

本课题以促进电动汽车与电网和谐发展为目标，主要研究电动汽车充电的需求特性及负荷特性、规模化电动汽车充电对电网的影响、有序充电的控制策略、电动汽车有序充电控制管理系统、电动汽车有序充电试验系统。

（2）电网信息可视化及互动化技术研究，国家"863"计划重大项目子课题（2012AA050804），2012.1~2014.12。

本项目立足电动汽车充换电服务网络的智能化、互动化发展需求，自主研制电动汽车充换电服务网络广域运营的电池感知模块、充换电设施内智能通信网关等感知设备；建立支撑广域电动汽车智能充换电服务网络的高可靠、高性能通信网络；攻克充换电信息统一数据采集以及编码技术，实现设备的互联、互通、互换；突破电动汽车、电池、

充换电设施以及电网相互之间的信息可视化与互动技术，实现支撑平台与相关应用之间的信息集成和友好交互，建立了成果验证系统。

20. 电动汽车与电网互动技术研究

主要完成人： 周雒维、杜雄、罗全明、卢伟国、孙鹏菊
完成单位： 重庆大学
项目来源： 国家计划
项目时间： 2012 年 1 月 1 日—2015 年 12 月 30 日
项目简介：

电动汽车的规模化应用是解决煤炭、石油等传统化石能源短缺及其造成的环境污染问题的重要手段。大量的电动汽车充电将带来用电负荷的快速增长，其无序充电会给用电负荷峰谷差日益加大的电力系统再次增加巨大的供电压力。依托电池更换站的大量动力电池并利用其储能特性，通过电池更换站用充放电机和集群控制调度系统等设备和系统进行动力电池与电网之间能量的双向流动，可实现电动汽车对电网的削峰填谷，增加电网对新能源的消纳能力，促进电动汽车与电网的协调发展。

通过本项目的研究，课题组申请了国家发明专利8项，发表科技论文22篇（其中SCI收录2篇，EI收录11篇），形成能源行业标准1项，申报软件著作权1项，参与撰写电动汽车充换电设施相关专著2部，培养博士2人，硕士10人，培养了一支专业化的电池更换站系统及充放电机研发设计团队。

21. 电力电子混杂系统多模态谐振机理及其多功能复合有源阻尼抑制技术

主要完成人： 戴珂、刘聪、徐晨、陈新文、张雨潇、彭力
完成单位： 华中科技大学
项目来源： 基金资助
项目时间： 2013 年 1 月 1 日—2016 年 12 月 31 日
项目简介：

在配电系统中，感性负载消耗的无功，常用补偿电容器进行功率因数校正。非线性负载产生的谐波电流，常用无源电力滤波器进行抑制。电容器、无源电力滤波器等容性元件，会与系统内部等效感性阻抗产生并联谐振，谐振频率和品质因数与结构、参数和工况有关，导致 PCC 点电压严重畸变，不满足电能质量标准要求，并联型电能质量调节装置不能正常完成无功补偿和谐波抑制任务，必须同时进行谐振阻尼复合控制。

本项目紧紧瞄准无功补偿、谐波抑制和谐振阻尼等电能质量控制目标，搭建了常规两电平有源电力滤波器 SAPF，模块化多电平电能质量调节器 MMC－SPQC，以及动态电容器 D－CAP 等三相有源并联型电能质量调节装置样机及其实验平台，进行了谐振机理分析、谐振频率和阻尼系数自适应检测、谐振阻尼程度闭环调节等研究。

对于 SAPF，如果存在线性容性元件，系统并联谐振频率将随 SAPF 补偿系数不同产生漂移，通过 SAPF 向系统注入适当方波信号可以实时准确检测谐振频率和阻尼程度；

如果电流补偿指令检测中不含电容电流,系统稳定;如果电流补偿指令检测中包含电容电流,系统不稳定;非谐振谐波电流可以正常抑制,谐振谐波电流则必须通过检测 PCC 电压谐振谐波构成虚拟电阻进行闭环阻尼。

对于 MMC - SPQC,设计了基于多个 DSP 的主从式分层控制系统,解决了实时通信和同步问题,给出了电容电压和环流计算公式,实现了电容电压均衡控制。对于 MMC - DSTATCOM,实现了动态无功补偿、PCC 电压下垂调节和不平衡控制;对于 MMC - SAPF,采用四重采样载波移相 PWM 技术扩展了控制带宽,实现了低频谐波电流的有效抑制。

对于 D - CAP,解决了 AC - AC 变换器开关器件的有源缓冲问题,量化了补偿电流波形畸变的原因,发现无功补偿和谐波抑制之间存在耦合,采用偶次谐波调制 PWM 和协调控制技术,实现了无功补偿、谐波抑制和谐振阻尼的复合控制。

以上研究不仅为并联型电能质量调节装置的推广应用开辟了道路,而且也对串联型、混合型电能质量调节装置的实用化有较大的借鉴意义,同时对并网变换器以及电力电子化系统的稳定与控制具有一定的参考价值。

22. 电能质量高级分析关键技术研究及应用
主要完成人:肖湘宁、徐永海、陶顺、马素霞、齐林海
完成单位:华北电力大学
项目来源:部委计划
项目时间:2012 年 1 月 1 日—2014 年 12 月 31 日
项目简介:

项目属于电工学科。

本项目提出了电能质量监测终端及监测系统的检测评估体系,建立了电能质量数据交换标准文件格式及电能质量监测终端入网检测技术规范;开发了分层分布的标准化电网电能质量综合数据服务系统,提出了实用化电能质量数据高级分析及信息挖掘方法。研究成果主要有:

1)提出了能够对电能质量监测终端准确度、测量方法、统计方法以及监测系统的性能进行检测评估的体系,提高了我国电能质量监测终端和系统技术水平。

2)提出了电能质量数据交换格式标准文件的一致性方法,实现不同监测系统数据集成。

3)提出了电能质量监测系统性能检测方法研究,包括基于 IEC 61850 标准的监测终端数据及通信一致性方法研究、基于 IEC 61850 和 IEC 61970 标准的监测系统通信协议一致性方法研究等;提出了各网省公司电能质量监测系统数据与应用集成方案。

4)提出了实用化高级电能质量数据分析及信息挖掘方法,提高了电能质量数据对生产管理的决策支持能力。形成了面向时间层次、空间层次、指标内容和结果形式的电能质量评估的基础理论,并在此基础上,设计并提出了面向基础应用服务、扩展应用服务以及各种用户的电能质量评估算法模型,构建了多层次、多视角、多时间尺度的全方位电能质量评估体系。基于先进的评估理论体系,利用

电网的 SCADA 系统、PMU 系统、AMI 系统以及电能质量系统等多种监测数据,采用云平台大数据处理、面向服务总线数据融合、数据挖掘等先进信息技术,建立了集电能质量监测、评估、治理、预测预警及辅助决策支持于一体的电能质量智能信息系统,系统兼容多种标准的基础数据源,具有标准的横向及纵向接口,支持 3500 个监测点的数据管理功能。

开发的系统在山西、河北、福建、广东、广州、上海、北京等多家省级电力公司实际运行,取得了很好的经济效益和社会效益。

本项目已获得 2015 年度山西省科学技术进步二等奖(证书号:2015 - J - 2 - 023)。

23. 电潜泵采油井下多参数综合测量关键技术研究
主要完成人:高强、徐殿国
完成单位:哈尔滨工业大学
项目来源:基金资助
项目时间:2013 年 1 月 1 日—2015 年 12 月 31 日
项目简介:

所属科学技术领域:仪器仪表,电气工程。

主要研究内容:通过对油井井下参数(井底压力、机组温度、机组振动、系统漏电流)的连续在线测量,为电潜泵井下机组故障预测与诊断、机组优化控制、油藏精确描述提供数据支撑。重点研究并解决井下测量单元无缆供电机制、测量数据无缆长线传输、背景噪声抑制等关键技术难题。

主要技术创新点:采用无缆方式实现井下测量单元供电、测量数据远距离传输,机组变频驱动共模噪声抑制。

关键技术指标:

1)工作制式:长期连续。

2)井下单元供电与测量数据传输机制:无需额外专用电缆。

3)测量参数:8 个(入口温度、机组温度、入口压力、出口压力、机组 XY 轴振动、漏电流、供电电压)。

4)数据更新周期:16s。

推广情况:采用本技术研制的产品已在大庆油田力神泵业实现产业化,年销售 1000 套。

24. 电压暂降特性分析与评估指标研究
主要完成人:徐永海
完成单位:华北电力大学
项目来源:基金资助
项目时间:2013 年 1 月 1 日—2016 年 12 月 31 日
项目简介:

项目属于电工学科。

本项目提出了电压暂降分析中应关注的特征量,给出了典型敏感用电设备的暂降耐受特性曲线,提出了电压暂降评估新指标与方法。研究成果主要有:

(1)实际电压暂降事件特性分析与特征量研究

对国内多个省市电能质量监测系统所捕获的电压暂降

事件，进行了多方位的统计与分析；结合电压暂降对敏感设备影响机理分析以及实验研究，提出了应将电压暂降起始点与相位跳变作为除幅值、持续时间与发生频次之外的重要的特征量的建议，给出了描述电压暂降特性应考虑的特征量。

（2）电压暂降对敏感设备影响机理研究

建立了包括交流接触器、PC、开关电源、可编程逻辑控制器（PLC）、可调速驱动、光伏逆变器、双馈风力发电机组以及电动汽车充电机等的模型。研究了暂降起始点与接触器线圈和短路环中磁通能量的关系等；进行了不对称电压暂降对光伏逆变器正常运行影响机理的研究，提出了限制电流峰值的方法，以及新的光伏逆变器输出电流参考值算法；分析了低电压和过电流保护阈值、负载转矩、电机转速、控制策略、暂降类型、多重暂降和连续暂降等因素对变频器暂降敏感度的影响机理和影响程度。

（3）典型用电设备电压暂降敏感性实验研究

提出了一种基于源侧暂降特征、设备敏感机理和负荷特性的电压暂降耐受力测试方法，建立了电压暂降耐受特性试验平台，针对照明负荷、交流接触器、开关电源、节能灯、变频器、可编程逻辑控制器和 PC 进行了多种因素影响下的针对性实验研究，提取了大量的实验数据，绘制了电压暂降敏感度曲线，建立了典型敏感设备暂降耐受特性曲线数据库。

（4）电压暂降指标与评估体系研究

1）从设备免疫能力评估的角度提出了一种多暂降阈值和持续时间序列的电压暂降描述新方法，避免了对非矩形暂降的过度评估；同时提出了站点暂降描述图的概念，可与设备电压耐受曲线方便地结合起来，评估设备因暂降发生故障的频次、频次区间。

2）提出了电压暂降影响度的概念，综合熵权法、层次分析法、权值函数法，提出了具有可实施性的基于多暂降阈值和持续时间电压暂降新型描述方法的暂降事件、电网公共连接点与区域电网的电压暂降影响评估体系。

本项目研究成果对于正确认识电压暂降问题，采取有效的措施防治电压暂降提供了科学依据，同时部分研究成果已形成电压暂降国家标准的一部分，促进了我国电压暂降监测、分析与评估工作的开展。

25. 调控一体化模式下高智能综合防误管理系统研发及产业化

主要完成人：付青
完成单位：中山大学
项目来源：省、市、自治区计划
项目时间：2014 年 10 月 1 日—2016 年 12 月 31 日
项目简介：

调控一体化技术是近年来迅速发展起来的电网运行管理模式，有效抑制了传统管理模式的人力资源浪费，是今后电力系统发展的重要趋势。本项目系统研究调控一体化模式下的电力系统安全防误，研制高智能综合防误管理系统并实现产业化。本项目研究重点突破调度令智能分解为

操作票技术、操作行为的智能化安全校核判断技术、跨区数据交换的安全机制、异构数据共享互融处理技术、图模一体化技术和智能移动操作终端等多项创新技术，包括采用 HTML5 下 SVG 的先进技术，并在智能移动操作终端采用了基于物联网的先进技术，更加有效地实现"五防"，提高现场作业的安全性和可靠性。实现一套调控防误系统集中控制、管理、维护全局防误数据，归集输电、变电、调度防误数据，进行统一的维护和管理，保证数据唯一性及正确性。软件系统性能指标：操作票出票时间 ≤2s，单步模拟耗时 ≤0.5s，单步安全校核耗时 ≤0.5s，操作票出票成功率 =100%，操作票系统可用率 >99.99%，与 EMS 系统数据交互，CIM、SVG 图形每天一次。实时数据每 5min 一次。智能终端性能指标：一次接收操作票项数 ≥1000，内存容量 ≥1024KB，闭锁点数 ≥4096，读码感应时间 ≤2s，解锁次数 ≥50000 次。本项目已经实现产业化，目前产品销售额超过 1 亿元。

26. 多电飞机高速涡轮发电机独立供电系统能量匹配过程机理研究

主要完成人：张相军、李冬、徐殿国
完成单位：哈尔滨工业大学
项目来源：其他
项目时间：2013 年 7 月 1 日—2015 年 2 月 1 日
项目简介：

本项目针对独立供电的高速涡轮发电机运行过程中的能量失配问题，建立了定性分析模型，总结运行过程中的能量适配机理及再匹配方法。主要的创新点包括：1）通过实验研究提出了定性分析模型，并采用谐振逆变恒功率源的模拟电路分析方法；2）在体积和重量的限制条件下，提出了采用负载自动匹配的再匹配电能变换器的设计方法。共发表学术 SCI 论文 1 篇和 EI 论文 1 篇，申请国家发明专利 1 项。研究成果已经在高速发电机研究项目中得到应用。

27. 多源分布式新能源发电直流供电运行控制技术研究与应用

主要完成人：袁晓冬、何国庆、李强、徐晓慧、徐青山、李群、柳丹、吕振华、史明明、蔡冬阳、孙健、陈兵、贾萌萌、戴强晟、朱卫平、罗珊珊
完成单位：国网江苏省电力公司，中国电力科学研究院，南瑞集团公司，东南大学，上海交通大学
项目来源：其他
项目时间：2015 年 1 月 1 日—2016 年 12 月 31 日
项目简介：

（1）项目属于新能源发电领域，主要研究内容为：

1）适用于分布式新能源的直流供电模式研究。

2）分布式新能源直流供电系统数模混合仿真及运行特性研究。

3）分布式新能源直流供电控制与保护技术研究。

4）分布式新能源直流供电系统示范应用。

（2）主要创新点

创新点1：适应多源分布式新能源接入的分层式直流供电技术。

创新点2：计及潮流均衡的直流供电系统源荷互补优化配置技术。

创新点3：基于RT-LAB/RTDS的分布式新能源直流供电系统硬件在环平台。

创新点4：计及交直流分层与控制分级的供电系统协调运行技术。

创新点5：基于有效区域划分的分布式新能源直流供电系统网络化保护技术。

（3）关键技术指标

1）建立直流供电系统性能评估指标体系，提出适用于分布式新能源的直流供电系统的典型拓扑结构；直流供电系统中电源和负载的优化配置方案。

2）掌握分布式新能源直流供电系统中电源和负载的运行特性；建立直流电源/负载实时仿真模型，直流电源/负载类型均不少于3种；完成分布式新能源交/直流供电系统变流器硬件在环实证性研究，其中：数字仿真步长≤10μs，功率在环模拟仿真开关频率≥5kHz、风电容量≥20kW、光伏容量≥30kW、混合储能容量≥50kW。

3）提出分布式新能源直流供电的多电源及负荷的协调控制策略，开发工程实用化的直流供电控制系统，满足示范工程应用需求；掌握直流供电系统的继电保护协调配置技术，提出实用的直流供电系统的继电保护协调配置方案。

4）提出分布式新能源直流供电系统能量管理的功能框架，研发实用的分布式新能源直流供电能量管理系统；提出实用化的直流供电系统集成方案；实现直流供电技术在试验系统和现场示范工程中的应用。

（4）应用推广情况

基于传统负荷，研制了可以直接接入直流微电网的新型负荷；研发了即插即用接口，在江苏建成了直流微电网示范工程。

28. 分布式新能源并网检测与运维管理技术研究与应用

主要完成人：文乐斌、袁晓冬、张军军、冯炜、李群、李强、史明明、柳丹、罗珊珊、孙蓉、崔林、陈兵
完成单位：国网江苏省电力公司，中国电力科学研究院，南京南瑞集团公司，东南大学，国网上海市电力公司
项目来源：其他
项目时间：2014年1月1日—2015年12月31日
项目简介：

（1）项目属于新能源发电领域，主要研究内容为：

1）分布式光伏发电接入设计自动优选技术研究及应用。

2）分布式新能源并网关键设备检测技术研究与应用。

3）分布式光伏发电安全检修与运维管理技术研究。

（2）主要创新点

1）基于配电网GIS收缩数据库的分布式光伏接入方案自动优选系统。

2）分布式光伏接入方案模糊匹配与效益加权均衡化优选。

3）网源特性可定制的MW级分布式新能源并网关键设备检测平台。

4）基于型式试验与模型验证的储能变流器充放电特性评价方法。

5）基于模拟直流源输出特性曲线自校正和拓扑结构灵活调节的光储联合发电系统测试方法。

6）支持网源数据指标权重分级的区域分布式光伏安全评价技术。

7）具备跨系统数据分析的区域分布式光伏运维管理平台。

（3）关键技术指标

1）提出了分布式光伏接入系统设计模型匹配与优选方法，研制了具有接入系统方案自动优选功能的计算机辅助设计平台。

2）建立了面向省级电网的大规模分布式光伏发电运维管理综合技术体系架构，开发了集安全分析、故障诊断等功能的分布式光伏发电系统运维管理系统，并在省级电网开展示范应用；掌握低压反孤岛装置的开断机理和分布式光伏发电检修专用反孤岛技术，制定了安全检修反孤岛方案；在分布式光伏发电系统供电区域中实现低压反孤岛装置的示范应用。

3）掌握分布式新能源并网关键设备的测试技术，提出并网接口装置、储能变流器、反孤岛装置等分布式新能源并网关键设备并网要求技术规范或检测规程；掌握分布式新能源并网关键设备检测平台开发技术，完成了集成化分布式新能源并网关键设备检测平台开发，开展多种并网关键设备的测试；掌握基于实验室测试数据的分布式新能源并网性能评价技术；提出了适用于分布式光伏发电的集成化并网检测技术和规程，实现推广应用。

（4）获得奖励情况

2016年国网江苏省电力公司科技进步奖二等奖。

（5）应用推广情况

研究成果在河南省电力公司电力科学研究院、镇江供电公司、连云港供电公司、浙江金贝能源科技有限公司、阳光电源股份有限公司、扬州昊翔电力设备有限公司、广东易事特电源股份有限公司开展了应用，累计经济效益为1335万元。

29. 风光互补交流母线系统关键技术研究

主要完成人：王兴贵、李晓英、杨维满、钱九阳、马平、郭群、郭永吉
完成单位：兰州理工大学
项目来源：省、市、自治区计划
项目时间：2012年12月1日—2015年12月1日
项目简介：

项目所属科学技术领域：电气工程。

风光互补发电系统在资源上具有最佳的匹配性，这种系统利用资源条件最好的独立电源系统，它有直流母线和

纯交流母线两种结构。纯交流母线系统具有兼容常规电网、运行简单、可分散布置发电设备、系统扩充容易等特点。本项目主要研究了系统的拓扑结构、系统建模、稳定性分析方法、最大功率点跟踪控制、功率平衡和优化协调方法、变流器控制等关键技术。

所研究的最大功率跟踪、斩波式卸载、并网逆变器控制等一些技术在相关联合企业生产的"光伏发电装置""风光互补发电系统"和"风光柴互补发电系统"等产品中得到了有效应用。风光互补发电系统广泛应用于边远乡村、海岛和边防哨卡等无电网地区。这些先进控制技术的应用提高了装置的性能，增加了产品的技术附加值，具有良好的应用前景和明显的经济效益。

30. 功率变换器 EMI 高频段特性及其控制技术研究

主要完成人：董纪清、陈庆彬、陈为
完成单位：福州大学
项目来源：基金资助
项目时间：2014 年 1 月 1 日—2016 年 12 月 31 日
项目简介：

本项目研究功率变换器高频段 EMI 噪声特性的分析和预测，包括对高频段噪声关键影响因素的辨识，变压器 EMI 特性参数测量和电磁多物理场仿真，研究成果将 EMI 噪声诊断与预测由目前的低频段推至中、高频段，实现传导 EMI 噪声全频段控制。项目的研究深化了对变压器电磁兼容特性的分析，除考虑电场耦合外，还考虑了磁场对电场耦合的影响，建立一个磁、电集成的综合模型，将传导 EMI 噪声的分析和预测拓宽至更高频段。提出变压器 EMI 噪声特性评估的新方法，新方法考虑中、高频段磁场对噪声电位分布的影响，使测量的结果反映变压器内磁、电的综合作用，获得了更接近高频状态下的变压器 EMI 噪声特性参数。

31. 功率变换器磁元件磁心损耗关键技术研究

主要完成人：陈为、董纪清、何建农、刘金海、汪晶慧、叶建盈、黄晓生
完成单位：福州大学电气工程与自动化学院
项目来源：基金资助
项目时间：2013 年 1 月 1 日—2016 年 12 月 31 日
项目简介：

所属科学技术领域：电力电子高频磁技术。

主要科技内容：本项目从新角度研究磁心损耗测量新方法，从原理上完全克服现有方法固有误差，同时保持电气测量法简捷实用的优点，并能测量复杂励磁波形下的损耗；通过对新方法的误差分析，采取优化、消除以及补偿等综合措施，使得测量精度明显优于现有方法，满足研究分析和实际应用要求；结合磁心损耗机理分析、损耗实验设计以及数据智能分析，研究磁心在复杂任意励磁波形下的损耗特征，揭示对磁心损耗有本质作用的具有外部电气可测性的各个影响因素，建立适用于任意复杂励磁波形下

的磁心损耗通用高精度模型。研究成果将促进功率变换器磁元件设计与应用水平提高。

主要技术创新点：

1) 在研究内容上，将磁心损耗测量和损耗模型的研究从目前的高频铁氧体材料（阻抗角 < 86°）扩大到高频磁粉芯材料（阻抗角 > 88°），填补了目前国内外对高频磁粉芯材料损耗测量和损耗模型的缺失。

2) 提出了磁心损耗测量的新原理和新方法。新原理既要具有电气测量方法简单快捷的优点，又能避免传统方法对高阻抗角磁心损耗测量难以克服的固有误差来源。

3) 将磁心损耗测量和模型的研究从简单的正弦励磁波形和方波励磁波形扩展到任意复杂的励磁波形。

4) 揭示了能表征磁心损耗的更本质的、且具有外部电气可测性的影响因素。

关键技术指标：

1) 提出的测量新原理和实现方法，在原理上可以克服现有方法的固有误差问题。目标效果是使得新方法的测量精度在励磁频率 300kHz 以下和被测磁心阻抗角 89°以下，达到 5% 的精度；在 500kHz 以下和被测磁心阻抗角 89°以下以及 1MHz 和 88°以下，均能达到 8% 的精度。

2) 建立了可适用于功率变换器应用条件下任意波形励磁的高频磁心损耗通用模型。模型具有普遍应用性，精度达到 5% 以内。

32. 功率变换器磁元件电磁兼容磁电综合模型研究

主要完成人：陈庆彬、陈为、董纪清、汪晶慧、林苏斌
完成单位：福州大学
项目来源：基金资助
项目时间：2014 年 1 月 1 日—2016 年 12 月 31 日
项目简介：

本课题以磁元件为核心研究对象，从磁、电综合的新角度研究磁元件的电磁噪声特性。通过理论方法分析磁元件的电磁特性，并设计新的测试方案以评估不同频率下磁元件内磁场对噪声电场的影响因素。在此基础上采用电磁场仿真手段，通过电场、磁场的多物理场耦合仿真分析以明确磁元件内磁场对噪声电场分布的影响规律并提取相应的磁、电综合参数。综合理论分析、实验测试评估和电磁多物理场仿真，建立了能反映磁元件电磁兼容特性的磁、电综合模型，以指导磁元件的结构设计和工艺控制。研究成果将丰富传导 EMI 噪声高频段的理论，并为其诊断与抑制提供指导。提出将磁元件作为噪声源网络，而不是传统的噪声路径，从磁元件内部的电、磁特性深化分析磁元件在传导电磁干扰机理中的作用，进一步丰富和完善了功率变换器电磁噪声诊断与抑制的理论和应用。提出磁元件的电磁兼容特性并不仅仅是传统认识下的容性参数，低频下磁场对噪声电场分布的影响较小，磁元件的噪声特性参数呈现容性，而高频下磁场的影响增大将导致噪声电场分布改变，使磁元件的高频电磁特性参数趋于复杂，使对高频下磁元件内电磁特性的认识更加准确、全面。提出了能反映高频下磁场影响噪声电场的新测量方案，并采用多物理场仿真磁元件电磁特性的磁、电耦合，抽取磁元件的电气参数，在此基础上建立了反映磁元

件内磁、电集成的综合模型，将传导 EMI 噪声的分析和预测拓宽至更高频段。提出了用于传导噪声控制的磁元件参数控制方法，研究了噪声特性对变压器不同结构参数的敏感程度，并以此为依据指导磁元件的结构设计和工艺控制，对工程应用起到指导作用。

33. 功率差额补偿型嵌入式光伏系统的拓扑与控制技术研究

主要完成人：王丰、卓放、朱田华、史书怀、孙乐嘉
完成单位：西安交通大学
项目来源：其他单位委托
项目时间：2014 年 6 月 1 日—2016 年 6 月 1 日
项目简介：

本研究基于分布式最大功率跟踪的概念，提出并探索了一种嵌入式光伏发电模块的一体化技术。所提方案利用并联型的电力电子开关网络替代传统光伏板接线盒中的旁路二极管，通过功率差额补偿的原理消除了模块内部各个光伏电池组之间因失配现象造成的功率失衡问题，提高了模块的抗扰性和运行效率；同时在模块输出侧通过最大功率控制实现恒功率的输出特性，提高了基于该模块的光伏阵列电产率。研究内容从嵌入式光伏模块的拓扑演化、协同控制策略优化、数学模型建立和级联特性分析几方面依次展开，旨在寻求嵌入式电路和光伏电池板一体化的解决思路，构造高抗扰性、高效率的紧凑型、模块化光伏发电单元，力争为光伏系统的无扰发电、高效馈电、稳定消纳提供一条具有指导意义的新思路。

34. 故障条件下电能质量调节器的强欠驱动特性与容错控制研究

主要完成人：张晓华、郭源博、周鑫、李林、张铭、李浩洋、夏金辉
完成单位：大连理工大学
项目来源：基金资助
项目时间：2014 年 1 月 1 日—2017 年 12 月 31 日
项目简介：

本项目提出了电网电压/功率器件故障条件下电能质量调节器的故障诊断与容错控制问题，难点是电网故障时电网电压信号的快速同步，以及功率器件故障后容错系统的性能维持。采用低阶 FIR 滤波器与低阶 Kalman 滤波器相结合的复合滤波辨识方法，来辨识电网电压正序基波的幅值、相位和频率，提出了一种具备谐波抵抗能力的三相电网电压快速同步方法，提高了典型电网电压故障的检测速度；通过对四开关容错逆变器的参考电压矢量进行补偿，显著提高了容错逆变器的直流电压利用率，进一步提高了功率开关器件故障后系统的带载能力和电气性能，具有较大的实际应用价值。

35. 光伏发电系统中开关电容微型逆变器及其控制研究

主要完成人：王萍、贝太周、王尉、杨柳、亓才、李楠、

张博文
完成单位：天津大学
项目来源：基金资助
项目时间：2013 年 1 月 1 日—2015 年 12 月 31 日
项目简介：

本项目涉及的研究领域包括电力电子与控制、新能源学科及电力系统等。本项目研究了具有宽升压范围的单相新型开关电容微型逆变器及其控制。包括：研究了新型高增益开关电容微型变换器拓扑与控制，提出了新型的含有耦合电感 – 开关电容网络的交错并联高增益直流变换器及其动态滑模演化控制策略；研究了光伏并网逆变器并网控制策略，提出了一种无需虚拟正交量的单相并网逆变器矢量控制方法和基于自适应陷波滤波器的有源阻尼控制方法；研究了微型逆变器并联均流控制策略，提出一种基于虚拟阻抗的并联逆变器控制策略；研究光伏孤岛检测技术，提出一种注入三次谐波扰动的分布式光伏并网逆变器孤岛检测方法。

36. 基于不确定干扰估计的 LCCL 型并网逆变器控制策略

主要完成人：叶永强、熊永康
完成单位：南京航空航天大学
项目来源：其他
项目时间：2016 年 10 月 1 日—2017 年 4 月 1 日
项目简介：

LCCL 是 LCL 逆变器的一种变形结构，其既保留了较高的高频谐波抑制能力，又将逆变器对象由三阶系统降为一阶系统，简化了控制器设计难度。但其降阶特性是以参数匹配为前提的，而在实际应用中硬件参数却是会发生改变的，这就会导致降阶特性不能总是成立。对此申请人根据 LCCL 的特点提出一种基于不确定干扰估计（UDE）的 LCCL 并网逆变器控制策略，该控制策略通过设计合适的参考模型形式和滤波器结构将 UDE 控制器的设计转换成了对参数 α、β 和 k 的设计，等效出一个 PI 控制器和微分前馈的控制器结构，再根据 1.5 拍延时等实际需要设定了参数的具体取值范围，最终仅通过一个参数的调节就实现了对系统的控制的目的，该工作简化了控制器设计，方便了工程实现。主要研究结果发表在国际权威 SCI 期刊（IEEE Trans. Ind. Electron.，2018）上。

37. 基于不确定干扰估计器的 PMSM 驱动电流控制方案及一种简单的参数整定算法

主要完成人：任建俊、叶永强
完成单位：南京航空航天大学
项目来源：其他
项目时间：2015 年 10 月 1 日—2016 年 9 月 1 日
项目简介：

高性能的电流控制策略一直是国内外学术和工业界关注的焦点。目前，如何简单而快速地整定电流控制器参数以获得良好的控制性能，是困扰工业界的一个非常棘手的

问题。由 IEEE Fellow、ABB 资深科学家、瑞典皇家理工学院兼职教授 Lennart Harnefors 于 1998 年提出的基于模型的电流环 PI 增益整定方法在国际上最为认可和广泛应用。虽然该方法将 PI 增益整定问题简化为单带宽参数化整定问题，但是严重依赖电机模型参数，在实际工况下电机电阻和电感参数的不确定性给该方法的实施带来了诸多不便。对此，本项目组首次提出了一种双带宽参数化鲁棒电流控制方法，不仅对电机模型参数误差不敏感，而且控制器参数（PI 增益）能简单地表示为两个带宽（即期望的闭环带宽和集总干扰带宽）之和与积的形式。与单带宽参数化整定方法相比具有更多的自由度，从理论上彻底消除了对模型参数的依赖性，在实际应用中很好地克服了参数不确定性对 PI 增益整定的影响，实现了单调参数优化整定效果，大大提升了控制器整定效率，在一定程度上突破了国际上目前主流的基于模型和基于经验试凑的参数整定方法的局限性，具有重要的工业推广应用价值。主要研究结果发表在国际权威 SCI 期刊（IEEE Trans. Power Electron., 32, 5712, 2017）上，得到包括期刊副主编和 3 位匿名审稿人在内的多位专家的高度评价和肯定。

38. 基于分布式最大功率跟踪光伏优化器研究

主要完成人：王丰、卓放、朱田华、史书怀、贺鑫露
完成单位：西安交通大学
项目来源：其他单位委托
项目时间：2013 年 12 月 1 日—2015 年 12 月 1 日
项目简介：

本研究从根本上消除了失配问题对光伏系统的影响、在现有工业化产品的基础上进一步降低了 DMPPT 光伏系统的成本、优化了 DMPPT 系统的整体运行效率，提高了光伏优化模块的可集成度。从理论上对 DMPPT 概念的单元到系统都进行了较为深入的阐述。"紧凑型的智能光伏发电模块"被认为是当前新能源智能化应用领域中一个非常有价值的研究课题，更是光伏发电技术未来的发展趋势，相信通过本项目的成果，对 DMPPT 光伏系统的认识会更加深入，同时为光伏发电系统的模块化和智能化进程提供理论基础和设计指导，不仅响应"节能减排"的社会需求，也有利于光伏产业的进一步推广。

39. 基于交互式多模型的交流电动机无速度传感器控制抗差机理与控制方法研究

主要完成人：尹忠刚、陈桂涛、朱群、张延庆
完成单位：西安理工大学
项目来源：基金资助
项目时间：2014 年 1 月 1 日—2016 年 12 月 31 日
项目简介：

外部误差干扰和内部估算误差是影响交流电动机转速辨识的重要因素。研究表明，尽管有内部校正环节的转速辨识方法具有较强的抗干扰能力，但是面对误差尤其是粗差时仍然会出现较大的抖动，影响系统的控制性能。采用交互式多模型方法解决抗差问题，可以有效避免不同噪声

模式之间的切换过于保守，兼顾系统的最优性。项目以感应电机无速度传感器控制系统为研究对象，研究了非线性因素对无速度传感器控制性能的影响，尤其是误差对转速辨识环节的影响；建立了感应电机转速辨识的多模型抗差数学模型，并研究了抗差机理；提出了基于交互式多模型抗差理论的扩展卡尔曼滤波转速辨识方法，并研究了极低速条件下系统性能的提高；将多模型思想进一步延伸，提出了一种多模型 EKF 协同马尔科夫链的转速估计方法，利用后验信息修正先验信息，得到模型间更准确的转换情况以及模型与电机实际运行状态的匹配情况，最后根据每个模型的似然函数进行最终结果的输出融合，实现对系统状态的精确估计，解决了抗差和低速问题。研究了基于 Lya-punov 函数的无速度传感器控制多模型抗差系统稳定性与参数敏感性分析方法。为了减弱固定的先验噪声模型对扩展卡尔曼滤波器状态估计的影响，提出了一种基于粒子群优化的感应电机模糊 EKF 转速估计方法，将 PSO 算法引入模糊控制器，监视实际残差与理论残差的偏离程度，自适应选择模糊调整因子，在线递推修正测量噪声协方差矩阵的加权值，使其逐渐逼近真实噪声水平，并减小了外部干扰和时变测量噪声对系统性能的影响。搭建了以浮点 DSP 为核心的实验样机，验证了理论分析及控制策略的正确性和有效性。

40. 基于九开关变换器的双馈风电系统研究

主要完成人：陈宇
完成单位：华中科技大学
项目来源：基金资助
项目时间：2012 年 1 月 1 日—2015 年 12 月 31 日
项目简介：

在目前的双馈风电系统中，双馈电机转子绕组通过背靠背变换器与电网连接，在此结构下实现低电压穿越（LVRT）需增加辅助电路或额外的器件容量，这导致了系统成本的增加和正常运行时容量的浪费。为解决上述问题，本项目用新型九开关变换器代替背靠背变换器，并提出九开关双馈风电系统的器件容量动态分配思路，依此展开了一系列研究：

1）阐述了双馈电机与九开关变换器优化组合的思路；
2）提出九开关变换器的滑模脉冲宽度调制策略，实现了九开关变换器端口电流的良好动态性能控制；3）提出了九开关双馈风电系统的直流母线电压以及端口电流的动态分配策略与优化方案，在不增加额外撬棒电路或辅助变换器的情况下，即能用系统已有功率容量满足 LVRT 的各项指标；4）对九开关双馈风电系统进行了工程量化分析，指出九开关双馈风电系统较之背靠背系统在器件数量、器件总伏安（VA）数、容量利用率上占有一定优势，并对九开关双馈风电系统的优化运行区域进行了分析，给出了九开关双馈风电系统的工程应用建议。

本研究使九开关变换器的额定容量在正常与 LVRT 过程中均得以充分利用，有利于减少成本，提高功率密度。除了为双馈风电系统增加新的备选方案和技术储备外，本

项目还可在风电并网中发挥积极作用，具有广阔的应用前景。

41. 基于模块化电压源换流器的多端直流输电系统关键技术研究

主要完成人：徐殿国、张学广、苏勋文、李卫星、杨荣峰、武健、李彬彬、刘瑜超、刘怀远等

完成单位：哈尔滨工业大学

项目来源：其他

项目时间：2012年8月1日—2015年7月31日

项目简介：

本项目所属科学技术领域：电力电子与电力传动。

科技内容：本项目针对多端柔性直流输电风电并网系统关键技术开展研究。提出了模块化多电平电压源型换流器的设计与控制方法、换流站并联运行的控制策略；评估了多端柔性直流输电系统拓扑结构；提出了风电场等值建模方法及功率协调控制方法；设计完成模块化多电平换流器、多端柔性直流输电实验室模拟平台各一套。为多端柔性直流输电的系统设计及应用建立了基础。

主要技术创新点：

1）针对柔性直流输电系统中的模块化多电平换流器，分析了其载波移相调制的谐波特性与移相角选择依据；分别对其电容电压平衡、电容器启动预充电、电容电压波动抑制问题提供了解决方案；提出了一种MMC的子模块冗余机制，以平稳穿越子模块故障。

2）针对换流器并联存在的环流问题，提出了基于电压零矢量前馈环流闭环控制技术，并给出了当三相系统不对称情况下的控制方案。

3）提出了一种新型连接风电场的多端直流输电系统拓扑，提高了风电场并网效率；在此基础上提出了一种基于自适应下垂调节的VSC-MTDC功率协调控制策略，改善了多个换流站之间功率的分配。

4）提出了MMC-MTDC系统的复合主站型控制策略以及含风电场的MMC-MTDC系统协调控制策略。

5）针对风速波动下定速机组风电场，提出了一种变参数等值方法。利用该方法建立的风电场模型可有效解决无功功率误差问题。

6）提出了一种适用于低电压穿越分析的风电场等值方法，该方法更适用于双馈机组风电场低电压穿越能力的分析。

关键技术指标：

基于模块化多电平换流器的多端直流输电系统，从系统拓扑、系统建模分析及控制方面提出了相应的解决方案与优化策略，主要包括：模块化多电平换流器的载波移相调制、电容电压平衡、启动预充电、电容电压波动抑制、子模块冗余与故障恢复的控制策略；换流站并联扩容时的环流问题及其控制策略，电网不对称、换流站参数不对称情况下的运行机制；提出了一种新型连接风电场的多端直流输电系统拓扑，提出了自适应下垂调节以及复合主站型的VSC-MTDC功率协调控制策略；给出了三种无功补偿

方式的柔性直流输电系统风电场等效建模方法，丰富了电力系统等值建模理论。通过对以上关键技术的研究，形成了一套完整的VSC-MTDC控制技术理论体系，为今后多端柔性直流输电系统的建设应用提供了基础和参考。

获得奖励情况：

1）"Invasion of High Voltage Direct Current till 2014"获2014 IEEE CCSSE excellent oral presentation；

2）"Modeling and control of multi terminal VSC HVDC transmission system for integrating large offshore wind farms"获17th IEEE INMIC优秀论文奖；

3）"一种模块化多电平换流器的启动充电控制方法"获中国电机工程学会第二届直流输电与电力电子专委会学术年会优秀论文奖；

4）"模块化多电平变换器与级联H桥型变换器在电机驱动中的对比研究"获第九届中国高校电力电子与电力传动学术年会（SPEED2015）优秀论文奖。

42. 基于全阶状态观测器无速度传感器矢量控制

主要完成人：于泳、孙伟、王勃、徐殿国

完成单位：哈尔滨工业大学

项目来源：其他单位委托

项目时间：2013年11月1日—2015年6月1日

项目简介：

本项目属电机控制领域。本项目开发了基于状态观测器的异步电机无速度传感器矢量控制系统。在极低转速（含零速）和超高转速两个方面扩展变频器的调速比。实现了零速下200%转矩，8倍弱磁控制技术。

创新点含状态观测器的稳定性设计方法、高精度快速离散化方法等。

本项目适于在变频器行业推广应用。

43. 基于神经网络的微电网阻抗测量关键技术研究

主要完成人：卓放

完成单位：西安交通大学

项目来源：国家计划

项目时间：2012年1月1日—2015年2月1日

项目简介：

微电网作为对单一大电网的有益补充，其广泛应用的潜力巨大。但是由于微电网中含有大量电力电子设备，系统的稳定性是微电网安全的关键问题。而系统稳定性又与微电网各组网部分阻抗参数有着密切的关系，因此微电网系统中阻抗参数的测量具有非常重要的意义。

本项目在深入研究交流微电网系统中阻抗参数与系统稳定性的关系的基础上，提出了一种新型微电网阻抗测量技术。该技术利用两种新型谐波发生装置对系统注入测量所需的各次谐波，这两种新型谐波发生装置与传统装置相比具有更为广阔的应用范围，结构和控制方法更简单。并且该技术把神经网络技术与谐波测量技术结合起来，能够大幅地缩短在线测量时间，同时还能减少阻抗测量对被测系统稳定运行造成的影响。

本项目的研究，将对解决微电网稳定性问题提供一种行之有效的新方法，具有深刻的学术意义和实用价值。

44. 基于实时仿真的风电场 SVG 控制保护装置检测平台

主要完成人：田军、唐健、舒军、刘静波、刘征宇、肖文静
完成单位：东方电气中央研究院
项目来源：部委计划
项目时间：2015 年 7 月 1 日—2016 年 12 月 30 日
项目简介：

基于实时仿真的风电场 SVG 控制保护装置检测平台项目属于电力电子与控制领域和新能源发电领域。

本项目的主要技术内容有：

1）四川省风电时空分布特性研究，分析了典型风电场出力特性，根据四川各区域风电装机进度、相关规划风场的测风数据研究了多区域风电群的集聚和平滑效应，以及风电接入对四川电网调峰调频的影响；

2）研究了基于实时仿真的风电机组建模方法，建立了风场模型、风电机组机械控制模型和其他电气设备模型，形成风电机组控制系统的检测环境；

3）研究了基于实时仿真的无功补偿设备 SVG 控制器检测技术和模型验证技术；

4）基于容量加权的参数聚合等值方案建立风电场模型，并利用实际风电场的测试数据进行对比，验证模型有效性；

5）建立了基于实时仿真的风电场涉网保护装置检测平台，实现各项性能检测和性能评估，并提出合理的涉网保护配置方案。

本项目的主要创新点有：

1）基于风电集群效应及历史数据统计方法分析了不同时空尺度四川风电的出力特性，提出了四川电网在电力平衡、调峰、调频方面的应对措施；

2）搭建基于实时仿真的风电场 SVG 硬件在环检测平台，基于实时仿真平台搭建 1.5MW 直驱风电机组、10Mvar 风电场 SVG 模型，仿真平台与实际机组的风速 - 功率曲线对比，通过与实际产品特性曲线校核，得到具有工程精度的风电机组、SVG 仿真模型；

3）提出以容量加权的参数聚合风电场等值方法，在实时仿真平台上搭建风电场等值模型，并与实际风电场现场录波波形进行比对、校核，验证了风电场聚合模型的正确性。

4）提出了基于滑动平均滤波器的锁相环算法，改善了锁相环节在电网谐波或不平衡时的抗干扰能力，同时提出了风电机组在电网电压不平衡、SVG 在电网电压畸变时的改进控制策略，显著提高了风电控制系统的电网适应性。

本项目的关键技术指标有：

1）基于实时仿真的风电场 SVG 硬件在环检测平台，与实际产品校核，得到了具有工程精度模型；

2）容量加权的参数聚合风电场等值方法，与实际风电场校核，得到了具有工程精度的风电场模型；

3）基于滑动平均滤波器的锁相环算法，显著提高了风电场的电网适应性。

本项目的应用推广情况：

本项目已经在某电力公司、某 49.5MW 风电场进行现场测试、验证，效果良好。

45. 基于双级矩阵变换器的交流起动/发电机系统的控制策略

主要完成人：周波
完成单位：南京航空航天大学
项目来源：基金资助
项目时间：2012 年 1 月 1 日—2015 年 12 月 31 日
项目简介：

本项目属于电气工程领域，主要研究内容包括：1）基于双级矩阵变换器的起动/发电机（TSMC – S/G）系统的原理、建模与仿真方法；2）TSMC – S/G 系统起动时 TSMC 的调制策略及其与系统起动控制策略的配合规律；3）TSMC – S/G 系统的发电以及起动/发电转换过程的控制策略；4）双级矩阵变换器中间直流环节无储能单元对系统性能的影响；5）基于双级矩阵变换器的起动/发电机系统的实现技术与试验验证；6）TSMC – S/G 系统中 TSMC 的稳定性与有源阻尼控制策略。

本项目的主要创新之处是：1）首次将双级矩阵变换器作为双向功率流变换器应用于交流起动/发电机系统，研究了 TSMC – S/G 系统双级矩阵变换器的拓扑结构，建立了起动、发电一体化仿真模型；2）提出了 TSMC – S/G 系统起动、发电工作时双级矩阵变换器调制策略，揭示了变换器调制策略与系统控制策略的配合规律；3）分析了双级矩阵变换器无中间储能单元对 TSMC – S/G 系统起动、发电性能的影响，提出了相应的补偿控制策略。

本项目的主要技术指标为：发电功率 5kVA，输出交流电压 115V/400Hz，发电机（用可编程交流电源模拟）频率 360～800Hz。

项目执行期间，培养博士研究生 3 名，其中已毕业 2 名；培养硕士研究生 3 名，其中已毕业 2 名；共发表或录用相关论文 21 篇，其中 SCI 收录的论文 6 篇，EI 收录的论文 8 篇，以及 EI 收录的会议论文 6 篇；申请了 22 项发明专利，其中获得授权 8 项。

本项目 2016 年被评为国家自然科学基金电工学科优秀结题项目。

46. 截止型 EC 电路短路火花放电机理及关键技术研究

主要完成人：于月森、伍小杰等
完成单位：中国矿业大学
项目来源：基金资助
项目时间：2014 年 1 月 1 日—2016 年 12 月 31 日
项目简介：

以本质安全型开关电路为研究对象，建立了截止放电

模式下容性感性复合电路模型。从研究安全火花放电机理入手，研究了截止放电模式下本质安全型复合电路火花放电特征，研究了因截止时间不同而引起的短时放电与长时放电在引燃能力方面的区别，研究了感性电路的多次击穿放电过程，确定最危险的放电形式，研究了电感电路的放电时间大于电路时间常数这一统计规律的理论依据，从而全面揭示了截止型本质安全开关电路的火花放电机理。研究了截止放电模式下复合电路火花放电规律及数学模型，分析了火花放电能量影响因素，研究了截止型本质安全开关电源开减小火花能量的方法，以提高本质安全开关电源的功率。从理论方面和数学角度解释清楚能量判别与功率判别之间的内在关系，最终确定评价电路本质安全性能的功率判据，为大功率本质安全电源的设计提供理论基础与优化设计依据。

47. 开放式高档数控系统、伺服装置和电机成套产品开发与综合验证

主要完成人：曲荣海、杨凯、李大伟、吴磊磊
完成单位：武汉华中数控股份有限公司
项目来源：部委计划
项目时间：2012 年 1 月 1 日—2015 年 12 月 31 日
项目简介：

伺服电机是数控系统的动力执行部件，其性能直接决定了机床装备的动态特性、精度、加工速度、振动和噪声等关键技术指标，对机床性能、结构布局和制造成本均具有决定性的影响。"十二五"发展规划提出建设世界一流数控系统产业的宏伟目标，其中伺服电机产值占了 35%。因此设计出高性能的伺服电机，对完成国家数控系统产业的历史重任具有重要作用。

本项目主要内容为全系列交流永磁同步伺服/主轴电机型谱设计技术研究（对初始方案进行参数化和优化设计，以获取最佳设计方案，并进行有限元分析和 2D 仿真）；电机电磁学/热力学/动力学仿真技术（3D 有限元深入分析、优化设计：静态、交流稳态、瞬态；运动耦合、发热温升）；低转矩波动和高过载能力的电机优化设计技术；电机损耗和温升抑制技术；多场耦合、机电混合仿真技术（电机在系统中的性能分析）；生成系统模型。针对上述目标，团队完成了交流同步伺服/主轴电机电磁方案的改进与完善，并基于此优化方案进行了样机的研制与验证。交流主轴电机对高速性能要求较高。性能要求该电机具有较宽的恒功率调速范围及过载能力。在达到或者超过国际知名厂商交流主轴电机的性能的情况下，将尽可能地提高其效率、功率因数，降低其体积、重量、成本为其优化设计目标。系列化交流伺服电机采用分数槽集中绕组表贴式内转子结构。由于采用分数槽集中绕组结构的永磁电机具有绕组端部短、槽满率高（特别是在采用了定子分段拼接技术时）、高效率、高功率和高转矩密度、齿槽转矩小等优势。但另一方面，分数槽集中绕组存在次谐波，并且空间谐波含量相对比较丰富，转子损耗特别是永磁体的涡流损耗较大；并且，由谐波引起的诸如噪声、振动、不平衡磁拉力和转

矩脉动等寄生效应对电机的整体性能也会产生影响，这对该结构电机的设计形成一定的挑战。团队针对分数槽集中绕组的特点，分别从极槽配合、主要尺寸和电磁负荷的选择、细节尺寸的优化、转矩密度的提升和转矩脉动的抑制、损耗等方面对电机的电磁设计进行了优化，从而扬长避短，使电机各方面的性能在总体上达到相对最优的结果。最终的设计方案中，主轴电机调速范围提高到以前的 2 倍，交流同步伺服电机的齿槽转矩/平均转矩设计值 <1%，同时参考同类型西门子的交流主轴电机，其过载倍数在 2.5 倍以上，设计指标全部达到指标要求。

48. 开关电源传导 EMI 的仿真预测频率扩展技术

主要完成人：陈庆彬、谢静逸、张伟豪、陈为
完成单位：福州大学
项目来源：其他
项目时间：2016 年 6 月 12 日—2017 年 3 月 6 日
项目简介：

本项目研究了功率变换传导频段（150kHz ~ 30MHz）EMI 噪声特性仿真。包括对高频段噪声源和噪声路径的获取；PCB 结构的宽频建模；关键电磁元件（差模滤波器、共模滤波器、电感器、功率变压器等）的宽频模型和模型参数的确认；磁心材料宽频磁导率参数的确定；电容器的高频阻抗特性建模与参数测试提取；电容器直流偏压、正弦偏压和正弦半波偏压下参数的确定；分布电磁耦合参数高频模型及参数的提取方法。在综合考虑产品实际，确定关键器件和器件间耦合模型及相应参数后，进行了系统级建模仿真，完成了 150kHz ~ 30MHz EMI 噪声频谱特性分布的仿真。

49. 考虑电源噪声的 DDR 信号快速时域分析

主要完成人：初秀琴、李玉山、路建民、王君、李桃、王卓超、陈海龙
完成单位：西安电子科技大学
项目来源：其他单位委托
项目时间：2015 年 9 月 16 日—2017 年 4 月 16 日
项目简介：

研究分析在电源噪声存在的前提下，存储器 DDR 的眼图和发生的误码率。

50. 考虑基波频率动态行为的交流分布式电源系统稳定性研究

主要完成人：刘增
完成单位：西安交通大学
项目来源：国际合作
项目时间：2014 年 7 月 1 日—2016 年 1 月 31 日
项目简介：

交流分布式电源系统内部变流器之间的相互作用容易导致系统稳定性问题，基于模块端口特性模型的频域方法较传统电力系统中采用的基于系统状态空间模型的时域方法更适合于交流分布式电源系统稳定性研究。越来越多的

交流分布式电源系统采用下垂控制实现电源之间的功率分配，这将导致系统基波频率不再恒定，且其动态行为与功率传输直接相关，而现有频域方法尚未考虑到该基波频率动态行为。针对该基本科学问题，本项目对存在基波频率动态行为的交流分布式电源系统中系统级联稳定性、电源子系统并联稳定性、变流器端口频率特性建模及测量进行了研究。已建立起含基波频率动态行为的交流分布式电源系统稳定性频域理论体系，同时解决了基波频率动态变化时变流器端口频率特性测量中的关键技术问题。

51. 可再生能源发电中功率变流器的可靠性研究

主要完成人：周雒维、杜雄、罗全明、卢伟国、孙鹏菊
完成单位：重庆大学
项目来源：基金资助
项目时间：2012 年 1 月 1 日—2016 年 12 月 30 日
项目简介：

随着新能源发电容量占电力系统容量比例的增大，电力系统对新能源发电的可靠性提出了更高的要求，要求其具有与传统水电和火电相近的可靠性。然而由于新能源发电输入功率的随机波动和其恶劣的工作环境，导致在新能源发电中应用的功率变流器处理的功率一直处于变化之中，交变的电热应力和机械应力使其可靠性受到极大影响。

本项目从新能源发电中变流器的设计和运行层面来研究提高变流器可靠性的方法。重点研究了引入功率波动等因素的多维多变流器稳定性分析方法及其相关的稳定控制策略，为新能源发电变流器的稳定运行提供了理论基础；研究了变流器端部信息与变流器状态之间的关系，以及基于端部信息的变流器状态监测方法，通过状态检测实现变流器故障前的预警，避免故障造成的强制停机，实现变流器的安全运行，提高了系统可靠性；研究了通过对变流器载荷及载荷变化率的控制，以及对散热系统的实时管理，并结合状态监测等方法，对引起变流器疲劳老化的电热应力进行管理，减缓了变流器的失效进程，延长了变流器的工作寿命，实现未来高效、可靠变流器系统的综合控制与设计。本项目的研究将为新能源系统变流器的可靠性分析与设计提供理论支撑。

本项目为国家自然科学基金重点项目，在 IEEE Trans.、IET Trans.、Microelectronics Reliability、中国电机工程学报、电工技术学报等国内外知名刊物上发表和录用学术论文 76 篇。被 SCI 检索 19 篇，EI 检索 33 篇。申请发明专利 18 项。举办学术会议两次，参加学术会议 14 次，已培养博士生 4 名，在培养博士生 2 名。在培养硕士生 15 名。

52. 空间电压矢量的异步电动机软起动器

主要完成人：孟彦京、陈景文、王素娥、谢仕宏
完成单位：陕西科技大学
项目来源：自选
项目时间：2013 年 1 月 1 日—2015 年 12 月 31 日
项目简介：

本项目属于电机及其系统领域中的电力电子系统及其控制技术，主要研究内容包括：感应电机起动过程的空间电压矢量控制理论研究，电压空间矢量软起动器的实现方法和控制策略研究以及空间电压矢量控制软起动器相关的参数测量和方法研究等主要内容。项目主要特色如下：

1）针对电动机软起动器这个传统的电力电子装置，提出了一种全新的基于空间电压矢量的控制原理和方法。对现有的异步电动机软起动性能有显著的提升和技术突破，理论分析和实验结果表明，控制原理和实现方法是可行和有效的。

2）本项目将空间电压矢量技术产生的正六边形、十二边形及多边形磁链轨迹控制应用到了以晶闸管等为主电路的传统调压软起动系统中，具有思路清晰，实现方法直观，硬件结构简单和价格低廉的特点，同时提高了软启动器的性能和品质，具有高性能价格比的特色。

3）本项目的原理和硬件拓扑结构不仅可以应用于软起动器的设计和开发，而且还可以应用于简易变频器的产品开发和制造中，沿着这一思路和原理将可能打开一条区别于现有变流器电路结构和控制方案的全新控制路线，为普通电机的调速控制和节能降耗产生重大影响。

项目的创新点：

1）控制思想和工作原理创新。将基于空间电压矢量的正六边形、十二边形等多边形磁链轨迹控制方法应用到电动机软起动器的控制中，使电动机在带有一定负载或较大惯性负载时的起动能力提高，同时又使电流保持相对较小值。是继传统软起动器控制到晶闸管调压软起动器控制再到离散变频软起动器控制方法之后的一种新型的电机晶闸管起动控制原理和策略。

2）控制方法和技术路线创新。基于空间电压矢量的软起动器，可以采用三种不同的主回路拓扑结构，分别对应普通晶闸管反并联电路的空间电压矢量的软起动器和具有自关断功能的多边形软起动器以及同时具有自关断功能又具有斩波功能的高性能空间电压矢量的软起动器。这种电路结构加上不同的软件控制方法，可以用于多种不同的软起动器控制中，可以适应不同的使用需求。因而开辟了一条高起动转矩、低电机电流的新软起动器技术路线，同时也是一条简易变频器开发和实现的途径。本项目的目标全部实现后，将有可能改变现有变频器和软起动器的技术路线和控制方法，成为新兴的生产力。

3）优化控制方法在空间电压矢量软起动器设计实现上的应用创新。采用 SCR、GTO、IGBT 等半控或全控型器件都会遇到频率切换时的转矩和电流波动的问题。通过矢量组寻优和开关时刻的优化选择方法，实现多边形磁链轨迹控制以及伏秒积的精确控制，实现电机频率切换的最小波动控制和工频接入的连续切换，实现高起动转矩低电机电流的新型软起动器控制。

本项目获得 2016 年度中国轻工业联合会科技进步二等奖，同时在西安市的合作企业中已生产出部分产品，目前处于应用反馈完善阶段。

53. 锂离子动力电池热设计

主要完成人：吴彬、滕冠兴、李哲、张剑波

完成单位：清华大学汽车工程系

项目来源：自选

项目时间：2012 年 1 月 1 日—2017 年 6 月 1 日

项目简介：

　　本项目聚焦锂离子电池单体（而非电池模块或电池组）在正常状态（区别于热失控状态）下的热问题，从热参数估算、热模拟、热设计三个方面开展了系统性的研究。其中，热参数的估算结果是电池热模拟的重要输入，而电池热模拟是开展热设计的必要手段。

　　针对层叠式锂离子电池的结构特点，本项目提出了热参数估算方法。通过测量电池被外热源加热后的时域温度响应，建立反映实验过程的传热模型，调整传热模型中的参数以使模拟结果与实验结果的差异最小，实现了比热容、导热系数等多个热参数的原位、同步估算。利用等温量热仪器，开发量热过程中时延环节的修正方法，完成了锂离子电池产热的精确测量。

　　利用热参数的估算结果，建立了锂离子电池的多维热电耦合模型，电池表面多点的温度测量结果验证了模型的准确性。运用经过验证的热电耦合模型，分析了影响电池温度分布的原因，发现极耳与电芯间的热量交换对电池的温度分布起主导作用。

　　对电池的热设计进行了优化。首先，优化了同侧和异侧两种极耳布置方案下的电芯长宽比和极耳位置。其次，基于多维热电耦合模型的数值解，建立了针对层叠式电池的热设计方法，优化了电池的结构尺寸，比较了不同容量电池的热特性，从热特性的角度提出了电池容量上限确定方法。

　　本项目提出的热参数估算方法和量热方法，已经在各大电芯企业有所应用；提出的热电耦合模型构建方法和热设计方法，也已经应用在某家电芯企业的电池设计过程中。

54. 利用 STATCOM 提高 HVDC 运行可靠性的机理研究

主要完成人： 赵成勇、郭春义、许建中

完成单位： 华北电力大学

项目来源： 基金资助

项目时间： 2012 年 1 月 1 日—2015 年 12 月 31 日

项目简介：

　　本项目结合了电压源和电流源换流器各自的运行特点和优势，提出了将 STATCOM 和 HVDC 接入同一交流母线以提高 HVDC 的运行可靠性的方案。课题难点在于如何设计结合电压源和电流源换流器的混合直流系统的协调控制方法，如何对混合直流输电系统进行高效精确建模，如何定量分析混合直流系统的相互影响关系。通过采用理论分析、数字仿真、数字物理实时仿真相结合的研究方法，解决了混合直流输电系统的建模和协调控制策略、STATCOM 对 HVDC 运行特性的影响机理、STATCOM 对 HVDC 系统强度的定量评估方法等关键问题，进而改善了 HVDC 运行独立性和可靠性。

　　取得的成果有：出版著作 2 部，即将出版 1 部，包括

科学出版社的《混合直流输电》、中国电力出版社的《柔性直流输电建模和仿真技术》和《模块化多电平换流器直流输电建模技术》，其中《混合直流输电》入选周孝信院士为主编的"十二五"国家重点图书出版规划项目"智能电网研究与应用丛书"；发表论文 50 余篇，其中 SCI 收录12 篇，EI 收录 41 篇；申请发明专利 30 项，其中已授权 12项；参加国内外学术交流会议 13 次，其中赵成勇教授做大会报告 10 次；邀请国际知名教授和专家来访 9 次、出访 5次；荣获省部级科技进步奖二等奖一项；培养博士生 8 名，硕士生 25 名。

55. 脉冲序列调制开关功率变换器控制技术研究

主要完成人： 许建平

完成单位： 西南交通大学

项目来源： 国家计划

项目时间： 2012 年 1 月 1 日—2015 年 12 月 31 日

项目简介：

　　本项目系统深入地研究了基于脉冲序列调制的开关变换器控制技术，研究了脉冲序列调制开关变换器实现快速瞬态响应速度的原理、实现方法，及对开关变换器瞬态控制特性和稳态控制特性的影响；研究了控制脉冲占空比的离散分布方式及对离散分布的占空比进行调制的调制规则，研究了其对脉冲序列组合方式的影响；研究了占空比离散分布的控制脉冲组成的脉冲序列对开关变换器瞬态和稳态控制特性的影响；研究了同时改善开关变换器的瞬态响应速度和稳压精度的优化的占空比离散分布方式及其调制规则，在简化控制电路的同时，实现开关变换器的优化控制；基于平均和能量平衡原理，研究了脉冲序列调制开关变换器的建模分析方法，进行了稳态特性和小信号特性的分析；研究了脉冲序列调制开关变换器的大信号特性、非线性动力学特性和控制系统的稳定性问题；对理论研究成果进行了计算机仿真和实验验证工作，研制了实验样机，研究了控制电路的集成化实现，建立了基于脉冲序列调制开关变换器控制技术的理论体系。

56. 面向燃料电池单体流场设计的水热管理模拟

主要完成人： 司德春、胡佳音、肖运聪、孙瑛、张剑波

完成单位： 清华大学汽车工程系

项目来源： 基金资助

项目时间： 2016 年 1 月 1 日—2017 年 12 月 1 日

项目简介：

　　针对燃料电池电堆大面积带来的水、热、电流分布不均及相互耦合问题，本项目开发出了既能反映核心材料特性又能进行快速耦合计算的燃料电池电堆单元模型及解法，用于研究单元内水、热、电化学耦合机理，为电堆单元的设计提供理论指导和优化工具。

　　项目建立了耦合水、热、电流的实用化燃料电池模型，并开发出了快速计算的算法，能够预测电池极化曲线及内部电流密度分布，流场对电池性能的影响，电池内部水分布及电池热特性，并用于进行电池的设计及优化。项目提

出了一种反映核心材料特性的方法，能够预测不同工况下电池的水传输特性及极化曲线。同时，项目开发了分布式EIS测量系统原型，用于燃料电池内部反应过程及物质传输的表征和诊断。

项目开发的实用化燃料电池单体模型，通过实验输入，减少模型参数，针对当前燃料电池电堆在大面积情况下水热分布不均的情况，能够快速进行模拟，成本低，可用于电堆的优化设计。另外，项目开发的分布式EIS测量装置能够测量燃料电池面内的EIS分布，通过EIS包含的不同频率下的信息，能够揭示电池内部反应及物质传输情况，可望为电堆在大面积下的水、反应、气体分布情况进行诊断，从而来指导燃料电池的优化设计。

57. 面向新能源发电负荷应用的混合多电平并网逆变器研究

主要完成人：何英杰、袁申
完成单位：西安交通大学
项目来源：省、市、自治区计划
项目时间：2014年6月1日—2016年12月1日
项目简介：

本项目针对中高压电网新能源接入的相关问题，将太阳能、风力发电系统和储能系统构成混合级联模块，组成混合多电平风光储互补分布式发电系统。研究找出了一种优化可行的该混合多电平分布式发电系统拓扑设计方法；基于分级建模的思想建立了合理的稳态、暂态模型，分析整个系统的稳定性和动态特性；研究了合适的控制方法实现风电模块、太阳能模块和储能模块的有功功率协调控制。设计出了一种合适的混合多电平调制策略，能合理利用高低压风光模块的特性，合理分配各个模块的指令电压进行调制。通过本项目的深入研究，实现风光储互补复合应用，解决了混合多电平变流器实现中高压风电光伏并网发电功能的相关问题，增强我国在分布式发电应用领域的自主创新能力，具有十分重要的理论意义和很有价值的应用前景。

58. 面向智能电网的蛛网动态多径链路路由机理研究

主要完成人：刘晓胜、周岩
完成单位：哈尔滨工业大学
项目来源：基金资助
项目时间：2013年1月1日—2016年12月30日
项目简介：

本项目属于智能电网通信领域。主要科技内容是：围绕智能电网通信网络的可靠性，从通信网络拓扑可靠性、通信实时性与确定性、链路路由的可用性以及流量最大化保障等几个方面展开了深入细致的研究。

主要技术创新点包括：1）提出了智能变电站通信网络的蛛网拓扑结构，提高了智能变电站通信网络可靠性和经济性；2）提出了基于逻辑节点的组网方法，提高了智能变电站通信网络实时性；3）提出了基于MPLS改进的无缝流量分配方式，增强了变电站站内通信网络应对流量突增的

能力；4）提出了基于MPLS改进的不间断式双冗余热备份通信方式，增强了变电站内通信网络应对链路故障的能力；5）基于MPLS的全网平均带宽多径路由算法，用以实现智能电网"大节点"间的动态多径路由。

关键技术指标：1）通信实时性全面满足IEC61850标准；2）零时间路由切换；3）单位经济可靠性提高了7%～36%。本基金项目被评为国家基金优秀结题。

59. 内置式永磁同步电机效率在线优化控制方法研究

主要完成人：王高林、詹翰林、李卓敏
完成单位：哈尔滨工业大学
项目来源：部委计划
项目时间：2013年1月1日—2014年12月30日
项目简介：

目前内置式永磁同步电机应用日益广泛，为了充分利用磁阻转矩，研究新型的效率在线优化控制方法具有重要意义。本项目对影响IPMSM效率优化控制效果的非理想因素进行了分析，包括：损耗模型建模误差、模型参数变化以及磁场定向误差等非理想因素，定量分析了各非理想因素导致电机效率优化控制结果与目标的偏差，以及电流控制轨迹与最优轨迹的偏差。提出了基于电流矢量角自校正的在线最大转矩/电流控制策略，有效提高了永磁电机的运行效率。

60. 燃料电池纳米纤维膜电极的制备和表征

主要完成人：司德春、黄俊、王悦、张剑波
完成单位：清华大学汽车工程系
项目来源：其他单位委托
项目时间：2015年12月1日—2016年12月1日
项目简介：

现阶段质子交换膜燃料电池（Proton Exchange Membrane Fuel Cell，PEMFC）的主要挑战是降低成本和延长寿命。PEMFC核心部件——催化剂层（Catalyst Layer，CL）作为电化学反应的发生场所，是决定着其性能、寿命与成本的关键因素。"大电流密度、低铂载量、低加湿运行"的时代趋势对CL的结构设计提出了前所未有的挑战。

本项目研究思路是以离子聚合物相的有序化为核心构筑质子、电子和气体传输三相介质有序的催化剂层。项目开发了有序纳米纤维催化剂层制备方法。方法主要包括催化剂层的优化配方确定，静电纺丝参数确定及纳米纤维的收集。通过上述方法，可直接在质子交换膜上制备得到有序纳米纤维催化剂层。项目也开发了低铂、高效无序纳米纤维催化剂层的制备方法。采用静电纺丝法制备的低铂纳米纤维催化剂层在多种温、湿度下的性能超过相同铂载量的传统喷涂催化剂层。其在铂载量为0.087 mg/cm^{2}就达到0.6 V@1.5 A/cm^2，（70℃，RH 60%，常压测量）。

项目采用的静电纺丝法制备纳米纤维催化剂层具有高效、低成本和操作简单等优点，可望大规模商业化。

61. 柔性直流供电关键技术研究

主要完成人：赵成勇、许建中、郭春义

完成单位：华北电力大学

项目来源：国家计划

项目时间：2013年1月1日—2015年12月31日

项目简介：

本课题属先进能源技术领域，为"柔性直流输电装置关键技术与应用"项目课题。本课题针对大城市供电及400~500MW容量要求的柔性直流换流器关键技术问题，从系统拓扑结构及控制保护策略、数字－物理混合实时仿真平台和控制保护样机研制、换流站关键电磁问题三个角度开展研究。首先提出了大容量柔性直流供电系统的建模、系统分析和控制、多端柔性直流供电协调控制、系统损耗、黑启动分析等方面的理论和方法。其次开发完成了柔性直流系统离线式全数字仿真平台、实时全数字仿真平台和数字－物理混合实时仿真平台。研究了交直流供电系统各种故障对控制保护系统的影响，掌握实时控制保护和监测的换流阀基控制器设计关键技术，研制了控制保护实验样机。最后通过搭建IGBT模块实验测量系统，建立了表征IGBT宽频动态行为的电磁分析模型。利用频域扫频法和时域脉冲法测量获得换流阀模块内关键设备及器件的宽频阻抗特性或时域脉冲响应特性，并在此基础上研究线性、无源设备及元件的宽频等效电路建模方法。根据换流回路的实际结构尺寸，研究了换流阀系统的寄生参数提取方法以及故障暂态情况下换流阀系统的瞬态电压和电流应力分布特性。

本课题主要创新点有：1）提出了高压大容量柔性直流供电系统电磁暂态高效建模方法；2）研制了高压大容量柔性直流供电系统控制保护样机；3）提出了高压大容量柔性直流换流系统关键设备及部件的宽频电磁模型与优化设计方法。

本课题主要技术指标有：完成了4800个节点的柔直供电系统仿真，控制规模可以达到单桥臂400个子模块，控制保护样机控制周期约62μs，有功功率稳态控制误差小于±2%，单位功率阶跃下的电压波动小于±5%等。

在2016年4月的结题验收会上，经验收专家组评议，一致通过课题验收。课题研究成果直接应用于厦门柔性直流输电工程的换流阀研制和阀厅内阀塔布局设计。所研制的控制保护设备在厦门柔性直流输电工程的阀控调试过程中发挥了重要作用，正在应用于上海南汇柔性直流工程的现场调试中。目前课题研究成果在其他工程的应用工作也在积极开展当中。

62. 三电平光伏发电逆变系统及光伏电池组件关键技术研究

主要完成人：唐健、杨嘉伟、何文辉、刘静波、舒军、章晓沛、李琼、胡凡荣、边晓光、王正杰、肖文静、田军

完成单位：东方电气中央研究院

项目来源：省、市、自治区计划

项目时间：2015年1月1日—2016年12月31日

项目简介：

1. 项目所属科学技术领域

三电平光伏逆变器研制项目属于电力电子与控制领域，亦属于新能源发电领域。

2. 项目主要技术内容

1）开发了新一代高性能紧凑式模块化功率组件，组件采用先进的三电平技术，具有转换效率高的特点，有效降低了散热器与滤波器设计体积与成本，提高了系统的整体性能；2）研究一种更高效率的新型三电平逆变器控制技术并在产品样机中应用；3）研究了功率模块并联技术，抑制并联环流电流，进一步提升了系统可靠工作；4）开发出了先进的组合式集中控制器，可在保证集中控制器成本优势的同时兼容可扩展性；5）工业产品结构设计紧凑美观安装检修方便，提升了工业现场应用可维护性。

3. 项目主要创新

1）更高效率、更好兼容性和通用性的三电平功率组件及其包含的关键技术攻关，且具有更好的可维护性；2）先进的组合式控制系统设计理念及高速通信技术；3）多功率模块并联运行的高性能保证；4）更低损耗的三电平逆变器调制技术。

4. 项目关键技术指标

经国家太阳能光伏产品质量监督检验中心测试，最高转换效率达99%，居于国际领先水平。

5. 项目应用推广

本项目将在某20MW级光伏发电站进行现场示范应用。

63. 三相并网变流器在电网暂态故障情况下的安全运行与控制研究

主要完成人：杜雄、孙鹏菊、时颖、吴军科

完成单位：重庆大学

项目来源：基金资助

项目时间：2013年1月1日—2016年12月30日

项目简介：

随着新能源发电的快速发展和大规模应用，三相并网变流器得到了广泛的应用。电网要求并网变流器在电网暂态故障情况下不仅能持续并网运行，而且还能对电网故障进行支撑，以利于故障后的电网恢复。但电网暂态故障情况下，并网变流器面临负序电流、谐波、直流母线电压波动，以及过电压、过电流等一系列问题，变流器自身的安全运行受到挑战。为了实现故障时并网变流器的安全运行并对电网进行支撑，本项目研究了电网暂态故障对并网变流器的安全运行影响机理，描述故障情况下并网变流器的安全运行能力，为故障时对电网支撑提供理论依据。提出了瞬时功率缓冲器的概念，采用超级电容实现，通过研究优化的控制策略来实现并网变流器在对称和不对称故障情况下的统一控制，解决了直流母线电压波动和二倍工频纹波的问题，实现暂态故障情况下变流器的安全运行和对电网支撑的统一。本项目的研究将有助于增强并网变流器的故障穿越能力，并实现对电网故障的支撑，拓展并网变流器的功能。

项目执行期间，发表SCI论文1篇，在国内一级刊物

发表论文 7 篇，发表国内会议论文 2 篇，国际会议论文 1 篇，授权发明专利 2 项，申请发明专利 3 项，培养硕士研究生 3 名。

64. 时速 350 公里中国标准化动车组"复兴号"对外辐射骚扰机理研究及辐射 EMI 超标整改

主要完成人：姬军鹏、高永军、曾光、陈文洁、杨旭、陈恒林、路景杰、管俊青、李金刚、成凤娇

完成单位：西安理工大学　中车永济电机有限公司　西安交通大学　浙江大学

项目来源：其他单位委托

项目时间：2017 年 5 月 10 日—2017 年 9 月 10 日

项目简介：

西安理工大学姬军鹏老师带领的电磁兼容技术创新团队与中国中车永济电机有限公司于 2017 年 5 月开展了"时速 350 公里中国标准化动车组'复兴号'对外辐射骚扰机理研究及辐射 EMI 超标整改"的科研项目合作。该项目针对中国具有完全自主知识产权的"复兴号"动车组展开电磁干扰研究，建立了可描述动车组电磁干扰特性的整车 EMI 模型，其中包括车底实际布线、设备网络化接地、牵引变流器柜体等高频传导和低频辐射 EMI 模型。基于西安理工大学与西安交通大学联合研发的 2 项技术：数字有源 EMI 抑制技术、可变频带和抑制效果的智能 EMI 滤波技术，整改了"复兴号"中国标准化动车组低频辐射超标的问题，于 2017 年 7 月 13 日在山西省忻州市忻州西站通过了中国铁道科学研究院的测试，达到了国标 GB/T 24338.3 - 2009《轨道交通 电磁兼容 第 3 - 1 部分：机车车辆 列车和整车》的要求，解决了阻碍中国标准化动车组不能全面量产的瓶颈问题。

65. 双级矩阵变换器高抗扰性解耦控制

主要完成人：宋卫章、李敏远、梁德胜

完成单位：西安理工大学

项目来源：基金资助

项目时间：2014 年 1 月 1 日—2016 年 12 月 31 日

项目简介：

本项目属电气科学领域，主要研究内容为：

针对双级矩阵变换器（Two Stage Matrix Converter, TSMC）一体化拓扑带来的耦合影响和弱抗扰性两个固有缺陷，传统空间矢量调制策略需要两级协调而相互影响，是一种近似开环控制，更加剧了上述两个问题的产生。

针对上述问题，研究了一种 TSMC 解耦控制算法——模型预测控制，利用 TSMC 离散数学模型和 72 种开关状态，以输入无功和输出电流为控制目标，通过一个采样周期水平上预测和直观控制，选择合适的开关状态，在正常和非正常工况下均能实现输入瞬时无功功率和输出电流参考误差最小，从而消除 TSMC 整流与逆变级耦合影响和提高非正常工况下系统抗扰性，时刻确保输入输出性能，实现了 TSMC 解耦控制。最后对 TSMC 模型预测控制和空间矢量调制策略进行比对研究，以探索模型预测算法实现 TSMC

解耦控制的机理。

主要技术创新点：

1）首次利用模型预测控制算法实现双级矩阵变换器一体化硬件拓扑解耦控制；

2）在不增加任何额外硬件和算法的前提下，利用模型预测控制一套算法解决双级矩阵变换器两个固有关键问题：一体化拓扑内部耦合问题和非正常工况下的弱抗扰性问题。

项目执行过程中产生的成果：

结合本项目研究，以第一作者在国内外高水平期刊上发表学术论文 11 篇，其中 SCI 检索 1 篇，EI 检索 5 篇；已授权发明专利 3 项；培养硕士生 9 名。

应用推广情况：

本项目实现了双级矩阵变换器前后两级解耦，提高了其在非正常工况下的抗扰性，为其在工业中应用解决了两个固有关键问题。在此项目资助下衍生出一种双向型精简矩阵变换器，在 V2G，加速器励磁电源方面等具有重大潜在应用价值。

66. 双馈风电场的电网不对称故障穿越问题研究

主要完成人：杨耕

完成单位：清华大学

项目来源：基金资助

项目时间：2013 年 1 月 1 日—2016 年 12 月 31 日

项目简介：

以提高电网不对称故障下双馈型风力发电系统的低压穿越（LVRT）能力为目标，项目取得了以下成果：1）给出了典型的不对称电网电压的幅值和相位特征，分析了电网电压不对称跌落时双馈型（DFIG）风电机组的控制难点及其安全运行的约束条件，提出了 DFIG 机组正序无功电流输出能力的分析方法，并给出了量化指标。2）改进了用于电网电压不对称故障检测的数字锁相环子系统，提出了基于并网规则和电网需求的 DFIG 机组正负序有功、无功电流的控制方法。3）提出了配置于 DFIG 风电场的静止无功发生器（STATCOM）容量配置方法及其不对称 LVRT 控制策略。4）作为增加内容，分析了新能源并网发电系统的高电压穿越能力，并提出了改进的控制策略。

67. 双馈风电功率变换器检测系统故障自诊断及重构方法研究

主要完成人：张学广、徐殿国

完成单位：哈尔滨工业大学电气工程系

项目来源：基金资助

项目时间：2012 年 1 月 1 日—2014 年 12 月 31 日

项目简介：

本项目从提高双馈风电机组安全性和可靠性方面入手，通过本项目研究，使双馈风力发电机在部分检测系统故障情况下实现可控运行。在双馈电机参数的在线辨识方面，本项目将模型参考自适应控制思想应用于双馈电机参数的在线辨识，提出了依据 Lyapunov 稳定性理论设计稳定且收敛的自适应算法。建立了双馈电机定转子电流降阶观测器，

提出了基于电流预测的电流检测系统故障诊断方案。考虑电流重构方法的实用性，采用了降阶电流观测器重构电流故障信号。在转速信号检测系统方面，在转子电流降阶观测器的基础上利用模型参考自适应理论，建立了转速自适应观测器，能够准确快速观测出电机转速。同时设计了一种速度检测系统故障诊断方案，能够快速诊断出转速故障信号。以上方法均通过了仿真和实验验证。

在本项目资助下，在双馈电机参数在线辨识、定转子电流检测系统故障诊断及容错控制、转速检测系统故障诊断及容错控制等方面均取得了创新性成果，另外在双馈风电变流器死区补偿，双馈变流器并联运行方面也取得了一定成果。共发表文章 10 余篇，其中 SCI 检索 4 篇，EI 检索 6 篇。申请国家发明专利 5 项，1 项已授权。培养硕士研究生 4 人，完成了项目立项的预期目标。

68. 伺服驱动系统机械谐振抑制技术研究

主要完成人：杨明、徐殿国
完成单位：哈尔滨工业大学
项目来源：国家计划
项目时间：2012 年 1 月 1 日—2016 年 12 月 31 日
项目简介：

由于伺服系统动态性能的不断提升，原本被忽略的传动装置中弹性部件的影响越发显著。不断拓展的伺服系统带宽将超过系统固有机械谐振频率，控制器综合设计中如不考虑此因素，将会使系统性能严重恶化，甚至造成系统失稳。因此，伺服驱动系统机械谐振抑制的综合设计是电机驱动领域的关键共性技术，对于提升伺服系统动态响应品质、提高系统安全性具有十分重要的意义。是否具备在线抗机械谐振能力已成为当今高档伺服系统的重要标志。

本课题主要从机械谐振机理分析、被动方式抑制谐振、主动方式抑制谐振等三个方面开展了研究。

1. 机械谐振机理分析

1）研究带弹性负载的双惯量系统机械谐振的模型与机理。速度开环，系统谐振频率为 NTF；进入闭环，谐振频率为 ARF。离散化后，若控制系统刚度过大，系统会以 NTF 持续振荡。

2）传动间隙的存在等效降低传动系统弹性系数，加剧机械谐振的影响。在位置环控制中，降低半闭环伺服系统的控制精度，为全闭环系统引入极限环振荡。

3）通过 PRBS 或 Chirp 信号的功率谱分析法获取谐振系统 Bode 图。辨识过程快速、准确，可用于离线预判是否存在潜在的谐振危害。

2. 被动方式谐振抑制技术

1）实现双 T 型陷波滤波器的设计；提取交轴电流谐波成分，进行 FFT 蝶形算法，根据频率辨识结果在线整定陷波滤波器参数，可自动消除机械谐振。

2）分析小数阶滤波器的结构并利用折线逼近法实现，通过实验分析其鲁棒性，并得出针对不同系统需要同时调节滤波器阶次及时间常数，达到最优控制效果。

3）针对位置环定位末端抖振问题，提出一种最小相角滞后的陷波滤波方案。而零相角滞后滤波器是基于非因果系统的理论设计，实践效果受到限制。

3. 主动方式谐振抑制技术

1）三种极点配置策略使速度环 PI 控制参数得到优化，提高系统动态响应。但 PI 控制器参数有限使得系统零极点自由度受限，因此控制效果一般。

2）针对轴系限幅安全问题，研究了 MPC 算法，转化为 EMPC 查表得出当前最优控制率，解决了在线实现问题。理论推导及实验验证轴距限幅控制的制约条件。为了将算法实现于存储空间有限的嵌入式系统，提出 EMPC - PI 切换控制策略，更接近工业应用。

3）针对含间隙的谐振抑制问题，常规陷波滤波措施失效。提出基于轴距扰动观测器方案，等效增加电机的视在惯量，进而消除谐振，实现轴距限幅控制。针对位置环极限环振荡，提出状态反馈控制，通过对闭环系统极点的配置获得反馈系数，进而消除极限环振荡，提高位置控制精度。

通过项目研究，建立了多套实物平台：可预置谐振特征的双惯量弹性负载平台、可预置传动间隙的谐振平台以及轴距限幅测试平台。

69. 微电网预估技术及其智能光伏逆变器开发

主要完成人：付青
完成单位：中山大学
项目来源：省、市、自治区计划
项目时间：2013 年 10 月 1 日—2015 年 12 月 31 日
项目简介：

本项目属新能源技术领域。本项目结合多种智能算法对微电网的新能源发电量进行短期预测，并将其应用于光伏发电系统中，深入研究了微电网的参数识别技术，通过建立微电网的预估模型，通过对微电网的监测和预估获取微电网的整体运行状态和参数，找出了适合于微电网预估的理论和方法，只需要少量的监测数据即可把握微电网运行全局。项目综合运用了小波分析、相似日聚类、神经网络等多种智能算法，充分发挥各种智能算法的优势，经三方机构检测，预测误差低于 5%。本项目同时将此技术应用于光伏并网逆变器，可以减少远距离互联线路引起的成本及风险，并有效降低数据通信压力。研制出了具有微电网预估功能的光伏并网逆变器，实现了产业化，获得了用户好评，相关产品销售额约 8000 余万元。

70. 无称重传感器电梯高效无齿轮永磁曳引系统控制方法研究

主要完成人：王高林、张国强、李铁链、徐进、王博文
完成单位：哈尔滨工业大学
项目来源：国家计划
项目时间：2013 年 1 月 1 日—2015 年 12 月 30 日
项目简介：

本项目拟针对直驱式电梯永磁曳引系统无称重传感器控制的关键科学问题开展研究。研究计划包括电磁抱闸释

放过程对曳引系统非线性动力学特性进行分析与建模，直驱永磁曳引机无称重传感器预转矩控制方法，电机效率在线优化控制方法。已按照研究计划完成，在曳引系统建模及电磁抱闸释放过程非线性动力学特性分析、基于电磁转矩斜率在线自调节的预转矩全局收敛搜索方法、基于预测控制的无称重传感器预转矩控制方法、基于模型失配矫正的无静差模型预测控制策略、基于电流矢量角自整定的效率在线优化控制策略等方面进行了深入研究，并取得了创新性成果。共发表 SCI 和 EI 论文 20 篇，申请国家发明专利 5 项，已授权 4 项。研究成果已应用在上海新时达股份有限公司的产品中。

71. 锌空燃料电池极片干嵌法成形过程控制的理论与技术

主要完成人：关玉明
完成单位：河北工业大学
项目来源：其他单位委托
项目时间：2014 年 1 月 1 日—2016 年 12 月 30 日
项目简介：

本项目属于电池组组装领域，具体涉及一种电解液立式循环锌空电池组。解决的技术问题是提供了一种电解液立式循环锌空电池组。该电池组中锌阳极板和空气阴极板的放置方式，改善了电极摆放方式所造成的产生电流强度不足的缺陷。锌阳极板与空气阴极板之间存在一定缝隙，当电解液水平液面的高度超过锌阳极板的高度后，电解液由于重力作用沿缝隙以类似瀑布的形式落下。电解液下落过程中，接触锌阳极板和空气阴极板，电池随即放电。

本项目的主要技术创新点：

1）锌阳极板和空气阴极板与水平面呈大于 0° 且小于 180° 的夹角，改善了电极摆放方式所造成的产生电流强度不足的缺陷。同时锌阳极板和空气阴极板均采用可拆卸的形式，使后期维修、更换及拆卸更加简便。

2）锌阳极板与空气阴极板之间存在一定缝隙，当电解液水平液面的高度超过锌阳极板的高度后，电解液由于重力作用沿缝隙以类似瀑布的形式落下。电解液下落过程中，接触锌阳极板和空气阴极板，电池随即放电。这样提高了电池组空间利用率，产生更大的电流强度。

3）电解液入口和电解液回流孔的使用实现了电解液在电池组内外部之间的循环，不仅改善了电池组在反应过程中发热和电解液稀释的缺陷，而且调节了电解液的温度和浓度，使锌空电池组能够持续稳定地产生电能。

4）能够通过调节空气口的开闭或者电解液液面高低，达到控制电池组起停的效果。

72. 新能源电池电芯干燥系统研究与开发

主要完成人：关玉明
完成单位：河北工业大学
项目来源：其他单位委托
项目时间：2015 年 1 月 1 日—2017 年 3 月 1 日
项目简介：

本项目属于专用机械领域。

本项目从现有半自动间歇式电芯真空干燥设备入手，针对其自动化程度低、电芯干燥不均匀、手工上下料、密封性能差、不能实时监测等缺点对现有设备进行优化改进，设计成功了一种全自动智能化电芯真空干燥设备。

主要技术创新点：

1）设计了自动上下料装置。该装置主要包括一个运车装置，可以实现与前后工位的对接，实现自动上下料，提高了设备的自动化程度。

2）设计了前后门装置，主要包括一个气缸驱动的闸门，该闸门的启闭可以实现电芯小车的进出，同时特殊的导轨设计可以提高整个干燥筒体的密封性，降低了能源消耗。

3）设计了可检测电芯烘烤质量的侧门窗，可以在完成一个工作流程后对电芯烘干质量进行检测，如果不合格则可以继续干燥，克服了之前不能继续干燥只能报废的缺点，降低了成本。

4）本设备包括两个干燥筒体，可以交替进行工作，节约了工作时间，提高了工作效率。

应用推广与社会效应：

本项目研发的全自动智能型电芯真空干燥设备及其智能控制系统设备具有广阔市场前景。本设备的成功研发与应用，将大幅度提升电芯干燥的质量和效率，促进新能源汽车的普及与发展，有助于清洁能源的应用推广，提升企业的产品技术附加值，有利于企业掌握自主知识产权，提升了企业的市场竞争力，形成一系列具有自主知识产权的技术专利、高级技术与管理人才，有效地促进校企合作，为企业培养高级实用人才，大大促进国家制造业的发展，产生良好的经济与社会效益。

73. 新能源电池极片轧制装备开发

主要完成人：关玉明
完成单位：河北工业大学
项目来源：其他单位委托
项目时间：2015 年 1 月 1 日—2016 年 12 月 30 日
项目简介：

本项目属于专用机械领域。

本项目从极片的轧制机理入手进行研究，找出了影响极片轧制精度的主要因素以及相对应的极片轧机的机械结构与其控制系统上的问题并加以改进，从而弥补了现有极片轧机机械结构上的缺陷并能实施对整个极片轧机的智能控制。将极片轧机整体的机械结构加以改善，从而使结构更加简单并且可以有力地提高极片的轧制精度，使轧机整机的生产、使用、维修过程的成本大大降低。

主要技术创新点：

1）在轧机结构精简、刚度强化、高精度轧制的多目标约束下，采用 TRIZ 理论进行顶层设计，运用 Inventiontool–Ⅱ软件对结构环境的设计进行分析，基于宏观的矛盾矩阵法（冲突矩阵法）和微观的物场变换法，以解决设计过程中的冲突与缺陷。

2）在总体设计上，采用空间模型理论，建立空间模型，变多维问题为二维或三维问题，通过力学分析与软件仿真，研究结构参数与结构刚度、精度的关系，进行结构参数优化，并以此为依据最终确定轧机的结构及尺寸。

3）采用动力学理论、振动理论和有限元理论，研究各个运动机构刚度及动力学性能。首先通过理论建模，建立关键机构结构刚度与运动机构动态特性的关系模型，借助有限元软件的模态分析进行验证和仿真。

关键技术指标：

1）在轧机结构精简、刚度强化、高稳定性、高精度的多目标约束下，设计出能保证轧制出的极片表面形状、表面粗糙度、整体厚度符合要求的高精度轧机的力学、结构模型。

2）结合极片轧机轧制全工艺过程提出了相应的智能控制模型和智能化的故障诊断控制模型。

3）结合极片轧机轧制过程，研究了轧辊动力学、轧机牌坊受力的静力学问题，探究了轧机整体结构的关系及结构参数与稳定性、结构刚度、精度的关系。

4）当轧辊高速旋转时，解决了高速旋转的两轧辊静平衡等一系列的静态、动态平衡问题。

5）结合所需要的极片轧制误差和精度等问题，确定了各种运动参数，如运动参数、定位参数、控制参数、测量参数等，满足运动和控制精度，考察各类误差对轧机轧制精度及稳定性的影响；通过控制研究了确定各个参数之间的关系，确定控制算法及其控制实现方式。

应用推广与社会效应：

本项目研发的高精度、稳定性强的电池极片轧机及其智能控制系统设备单价约为 300 万元，潜在市场为 3 亿元。本装备的成功研发与应用，将大幅度提升电池极片轧制精度，提高动力锂电池极片轧制的质量及效率，促进新能源汽车的普及与发展，有助于清洁能源的应用推广，提升企业的产品技术附加值，有利于企业掌握自主知识产权，提升了企业的市场竞争力，形成一系列具有自主知识产权的技术专利、高级技术与管理人才，有效地促进了校企合作，为企业培养高级实用人才，大大促进国家制造业的发展，产生了良好的经济与社会效益。

74. 新能源发电系统接口三态开关变换器的控制技术与动力学特性

主要完成人：周国华
完成单位：西南交通大学
项目来源：省、市、自治区计划
项目时间：2014 年 1 月 1 日—2016 年 12 月 31 日
项目简介：

本项目研究了影响新能源发电系统接口变换器——三态开关变换器特性的关键要素，明确了电感电流及输出电压与输入电流、负载电流、输出功率等之间的关系，揭示了不同功率等级、效率等要求下参考电流和电感续流时间的选择规律；研究了三态开关变换器的调制方法及控制策略，提出了兼顾变换器瞬态性能、稳态性能、系统稳定性

和效率的调制与控制的组合方案，建立了三态开关变换器调制与控制技术的理论基础；对三态开关变换器进行建模与分析，研究了变换器动力学特性以及电路参数变化对变换器性能的影响，揭示了三态开关变换器安全或稳定运行的电路参数域；针对新能源发电系统对接口变换器的电压、电流、功率、效率等指标要求，设计和实现了三态开关变换器装置，研究了三态开关变换器的实用化技术。在该项目的支持下，已授权发明专利 5 项、实用新型专利 3 项，受理发明专利 3 项；已在国内外学术期刊上或国际会议上发表或录用论文 16 篇，其中 SCI 收录 6 篇，EI 收录 10 篇。

75. 新能源汽车能量变换与运动控制的安全运行关键技术

主要完成人：康劲松、徐国卿、向大为、袁登科
完成单位：同济大学
项目来源：国家计划，部委计划，基金资助，国际合作
项目时间：2008 年 1 月 1 日—2016 年 12 月 31 日
项目简介：

本项目属于电动汽车领域。作为战略性新兴产业，发展新能源汽车对改善我国能源消费结构、减少大气污染、推动汽车产业和交通运输行业转型升级具有积极意义。项目组围绕新能源汽车能效提升、主动安全控制以及电力电子部件可靠性三方面开展了大量工作。

1. 整车智能能量管理与动力控制技术

依托国家、中国科学院知识创新工程等研究课题，开发了纯电动汽车和混合动力汽车的能量管理和动力控制技术，研制了具有自主知识产权的智能整车控制系统；研究开发了基于电池松弛效应的高安全电池管理技术与系统；开发了基于预测控制的快速充放电技术和智能充电规划技术。

2. 电动汽车与先进运动控制技术

针对电动车辆电驱动系统激励所具有的测量方便、响应快速、调节精确等优点，研究提出了多项电动车辆的新型运动控制方法，包括附着参数感知方法，附着稳定性的判定方法，新型车辆运动控制方法等。此外，将车轮防滑控制与再生制动能量回收结合，开发了高能效电动汽车控制方法；针对电动汽车研究开发的新型动力学控制技术，不仅对电动汽车的能效提高和快速安全控制具有重要的学术价值，对实现中国电动汽车高端电控技术的自主知识产权也具有重要意义。

3. 电力电子可靠性状态检测技术

为满足电动汽车安全运行的要求，项目组从状态检测与健康管理的新角度，研发了一系列电力电子器件高可靠性关键技术并进行产业化推广。状态检测与健康管理技术通过检测器件状态参数的变化及时获取故障类型、程度与位置等信息，在此基础上采取合理措施以提高系统运行寿命、预防事故发生，同时制定有效的运维计划。围绕该方向，项目组发表 SCI 论文 6 篇（两篇 ESI 高引论文）、申请发明专利 10 项。

在获奖方面，项目组获得上海市科技进步奖三等奖、

中国电源学会首届科技进步奖－青年奖等奖励。

在工程应用方面，项目组积极推进产业化工作。2007年成功研制国内首辆混合动力码头牵引车，并在深港码头示范运行。与上海中科深江电动车辆有限公司合作，主持开发了包括中科力帆620EV纯电动汽车、混合动力公交车、电动中巴等三款车型，2014年，该公司营业收入3000多万。2008年与深圳市精能奥天导航技术有限公司合作开发车载智能安全信息系统。2008－2014年，该公司销售额达4.416亿，净利6000多万，已成为我国智能辅助驾驶领域的行业领先企业。

76. 新能源汽车整车控制与电池管理系统关键技术研究（重大前沿）

主要完成人：郭峰、张露、向顺、黄锐森等
完成单位：西南交通大学汽车研究院
项目来源：省、市、自治区计划
项目时间：2014年9月12日—2016年8月31日
项目简介：

整车控制技术是新能源汽车公认的"电池、电机、电控"三大核心技术之一，整车的所有传感器信息、故障信息均汇集到整车控制器，经整车控制器处理后，整车的所有顶级控制指令均由整车控制器发出。整车控制器的技术水平将直接决定新能源汽车的技术水平。

电池管理系统（BMS）是确保新能源汽车动力电池安全功能管理、提高新能源汽车的续航里程的重要设备，其主要功能是提高电池的利用率，防止电池出现过充电、过放电及过热，延长电池的使用寿命，监控电池的状态。但目前动力电池仍存在一些不足，如循环次数有限、串并联应用问题、使用安全性低、电池电量估算困难等。

新能源汽车的研究与发展，一方面，能有效缓解日益严重的能源危机，从源头上治理传统汽车尾气排放造成的雾霾等环境污染问题；另一方面，也是缩小我国与世界汽车先进技术差距、跻身世界汽车强国、实现汽车行业"弯道超车"的重要机遇。整车控制器和电池管理系统均为新能源汽车的核心技术，目前国外技术较为成熟，而国内深入研究相关技术的高校和企业较少，现有技术不够成熟。对新能源汽车的整车控制器和电池管理系统的关键技术进行深入研究，有利于建立完整的新能源汽车理论体系，对打破国外技术垄断、形成自主品牌和促进整个行业的产业化、提高企业的自主创新能力具有重要的意义。

整车控制策略研究：

本项目以新能源汽车整车控制器安全失效模型的建立为出发点，以功能安全架构建模和实现方法为研究点，以开发面向功能安全的新能源汽车整车控制器工程样件为落脚点，理论联系实际，重点开展以下内容的研究：

1）根据失效案例，建立了新能源汽车整车控制器安全失效模型，针对各种失效状态提出了相应的应对策略，提高了车辆的可靠性。

2）基于新能源汽车整车控制器安全失效模型，建立了基于多级分层监控的新能源汽车整车控制器安全架构模型，

提高了车辆的安全性。

3）针对整车控制的需求，设计了整车控制算法，开发出面向功能安全的新能源汽车整车控制器，高效地实现了相应的控制功能。

电池管理策略研究：

随着汽车工业的发展，新能源汽车对电池使用寿命及电池容量要求愈加严格。高效的纯电动、混合动力汽车电池管理系统（BMS），一方面需要实时监视和平衡单个电池的电压，另一方面还要避免数据采集电路在高压和热插拔方面的危险，这给开发设计工作带来了巨大挑战。

基于模块标准化、产品系列化、电路通用化的设计原则，使用成熟稳定的电路设计、简化设计、冗余设计、降额设计、热设计等设计方法，实现了BCU和MCU的系统架构设计。

1）结合新型的非耗散法分流器与阈值法，提出了新的电池均衡控制策略，解决了充放电均衡问题。

2）提出了基于电池均衡策略的分配算法，提高了回收能量的存储效率。

3）采用一种基于EKF（扩展卡尔曼滤波）的SOC估算方法，提高了估算准确性，并结合自动校正算法，提高在时间维度上的适应性。

4）建立了基于模型的热管理策略，使单个电池始终保持在最佳温度状态，同时均衡了各电池间的温度，提高了电池的性能。

77. 忆阻器的动力学特性及其在电力电子软开关电路中的应用

主要完成人：陆益民、黄险峰、黄阳
完成单位：广西大学
项目来源：基金资助
项目时间：2012年1月1日—2015年12月31日
项目简介：

功率开关器件一般工作在较高开关频率下，器件的开关损耗大，导致系统的效率下降并产生电磁噪声，因而研究降低开关损耗的软开关技术具有重要的理论和实际意义。项目将第四种无源元件——忆阻器应用于软开关电路中，提出新型的电力电子软开关技术原理。本项目从忆阻器电路的建模、分析、控制以及在电力电子软开关技术中的应用四个方面进行了较为系统的研究，结合该项目的研究，已培养硕士11名，在国内外学术期刊、国内外学术会议上发表论文15篇，其中核心期刊5篇，SCI收录2篇，EI收录7篇，ISTP收录3篇。获发明专利授权2项，实用新型专利授权2项。

78. 抑制电网无源补偿支路谐振的有源频变电阻控制策略研究

主要完成人：雷万钧
完成单位：西安交通大学
项目来源：国家计划
项目时间：2013年1月1日—2015年12月1日
项目简介：

在各种无源 LC 补偿装置中设置电阻器,可以有效防止无源支路引起的谐振现象,但也会造成大量有功损耗。本项目研究了一种基于高频电力电子变流器的有源频变电阻控制策略。采用这种控制策略,变流器对外表现为随频率变化的电阻特性,可以取代无源支路中的电阻器,在不影响无源支路补偿无功、滤除谐波功能的情况下,阻尼潜在谐振,增强电网稳定性。同时,除少量开关损耗外,变流器不会消耗有功能量,仅完成能量交换的功能。与现有混合滤波器抑制谐振的实现方式相比较,变流器始终处于阻性工作状态,不需要在供电高压端增设 CT/PT 电量传感器,也不需要无源支路的精确参数,从而简化了应用条件。

本项目从有源谐波电阻频率特性的分析出发,研究变流器中非基波频率能量与基波频率能量之间实时转换的控制方式,探索配合不同拓扑结构无源支路时变流器的两类控制方法,进而获得无源支路阻抗变化情况下的控制策略。

79. 云南电网与南方电网主网鲁西背靠背直流异步联网工程—±350kV/1044MW 换流站及阀控系统的研制任务

主要完成人:李耀华、王平、李子欣、高范强、徐飞、马逊、楚遵方

完成单位:中国科学院电工研究所

项目来源:国家计划

项目时间:2015 年 8 月 1 日—2016 年 8 月 29 日

项目简介:

本项目承担南方电网重大科研示范工程项目"云南电网与南方电网主网鲁西背靠背直流异步联网工程"——±350kV/1044MW 换流站及阀控系统的研制任务。项目实施过程中,所研制的 MMCon - G4 换流器控制保护系统完成了数千项 FPT、DPT 测试试验;所研制的云南鲁西柔直工程广西侧换流器于 2016 年 8 月 29 日成功投运,测试和运行结果表明,系统运行稳定可靠,性能满足设计。云南异步联网柔直工程的顺利建成投运创造了该技术领域新的世界纪录:单台柔性直流换流器容量最大——1000MW,直流电压最高——±350kV,换流器电路最复杂——高压环境下5616 只 IGBT 同时实时协调工作。

80. 直流区域配电组件标准化技术

主要完成人:肖飞、刘计龙、范学鑫、王瑞田、谢桢、杨国润、李超然

完成单位:中国人民解放军海军工程大学

项目来源:部委计划

项目时间:2011 年 9 月 1 日—2015 年 11 月 1 日

项目简介:

直流区域配电系统将发电设备和用电设备连接成系统,是整个舰船综合电力系统的构成基础。其主要任务就是合理分配电能,以保证舰船电力负荷得到规定品质的电力供应,确保电网发生故障时,维持最大范围内的供电连续性。直流区域配电组件标准化技术被提出以解决直流区域配电电能变换装置的标准化问题。设计者可以利用直流区域配电组件标准化技术设计出低成本、高性能的电能变换装置。而使用者只需要理解直流区域配电标准化单元及其组成,就能够很好地使用结构复杂的电能变换装置。

项目的主要研究内容包括:

1. 直流区域配电顶层设计研究

考虑系统效率、功率密度、可靠性、保护和重构的可实现性、供电连续性、潮流调控以及系统稳定性等条件下,直流区域配电网络拓扑结构的优化设计。

2. 组件标准化集成设计及测试方法研究

与美国海军电力电子积木模块(PEBB)概念类似,直流区域配电组件也将采取标准化、模块化集成设计。同时,提出相应设计的测试规范与方法,保证研究组件的持续性与可扩展性;依靠上述优化设计与测试方法,提高组件的集成性、通用性,进一步增强配电组件的可靠性与替换性,提高了综合电力系统供电连续性。

3. 组件智能化并联组网技术及稳定性分析

研究标准组件并联组网后,带来的组件间的环流、有功、无功分配以及阻抗稳定性等多种问题,引入数字智能控制方法,实现利用多台标准组件快速、可靠构成更高功率等级装置。

4. 直流区域配电组件冗余保护技术

由若干标准组件构成的直流区域配电网络,必须具备在故障时还可以有条件、持续配供电的能力,这也是综合电力系统的一项显著优点。由于组件的标准化,对其网络在线冗余与重构方法的研究也具有鲜明的现实意义。

5. 变流器组件组网信息监控与管理技术

标准组件及由其构成的装置与网络之间的信息传递、交换、分享与调度,为综合电力系统的监测、控制、能量调度与保护生成必要数据,其将对系统的稳定起到至关重要的作用。引用借鉴 IT 技术成果,结合自身特点,提出合理且开放的信息传递描述与设计方法,实现能量调度与管理,提高了新一代组件标准化区域配电网络的兼容性和效率。

项目的主要创新点包括:

1)提出了一套适用于直流配电的混杂级联电力电子系统稳定性分析方法;

2)提出了直流区域配电组件的标准化集成架构、接口形式与设计方法;

3)提出了电力电子标准化组件的多模块冗余保护及切换控制方法;

4)提出了一种适用于电力电子标准化组件的双光纤环网通信方法。

81. 直流微电网的暂态特性分析及其控制策略研究

主要完成人:方炜

完成单位:安徽工业大学 电气与信息工程学院

项目来源:基金资助

项目时间:2013 年 1 月 1 日—2015 年 12 月 31 日

项目简介:

本项目重点研究了直流微电网的动态性能控制问题,

包括并网运行条件下的基于单周期控制的并网接口变换器控制系统设计；基于电容充放电平衡控制原理的动态性能优化控制算法，并拓展应用于不同拓扑结构类型的 DC－DC 接口变换器中，提高了接口变换器在大信号扰动下的动态性能。结合本项目的研究，培养研究生 6 名，已毕业 4 名，在国际学术期刊、国际会议和国内核心期刊上发表论文 13 篇，被 SCI 收录 2 篇，EI 收录 7 篇，申请国家发明专利 1 项，实用新型发明专利 1 项。

82. 中车唐山机车车辆公司的无弓受流系统

主要完成人：史黎明、朱海滨、张志华、杜玉梅、张瑞华
完成单位：中国科学院电工研究所
项目来源：其他单位委托
项目时间：2014 年 1 月 1 日—2016 年 6 月 1 日
项目简介：

本项目研制成功国内第一套轨道交通车辆用百 kW 无接触受流系统装置系统样机，安装在一辆实际车辆的转向架上，测试表明，实际输出功率达 160kW、效率达 83%，满足轨道交通非接触式供电运行要求。同时研制成功满足磁浮列车非接触车辆供电的"多模块化"高频无线电能传输工程样机，包括敷设于轨道沿线的高频线缆绕组、高耦合车载接收板、并联式高频逆变模块，满足实际磁浮列车供电需求。可在磁浮交通、城市轨道交通供电领域推广应用。

83. 中压大功率静止无功发生器（SVG）的研制

主要完成人：于泳、杨荣峰、徐殿国、徐殿国
完成单位：哈尔滨工业大学
项目来源：省、市、自治区计划
项目时间：2013 年 11 月 1 日—2014 年 12 月 1 日
项目简介：

本项目针对 6kV、10kV 中压电网，对中压大功率（2～10Mvar）静止无功发生器（Static Var Generator，SVG）进行产业化。创新点包含：

1）基于扇合矢量变换的正序基波电流检测方法；
2）基于离散状态观测器的无差拍控制技术；
3）基于调制波平移的直流侧电容电压相内平衡控制策略。

最终达到的技术指标：功率因数为 0.95 以上，响应时间为 5ms。

84. 主动配电网谐振生成机理与模态分析方法研究

主要完成人：武健、徐殿国
完成单位：哈尔滨工业大学

项目来源：其他
项目时间：2014 年 7 月 1 日—2015 年 12 月 31 日
项目简介：

随着主动配电网的建设，谐波谐振势必呈现更为复杂的特性，如何科学合理地评估谐波谐振在主动配电网中的发生机理与危害程度是迫切需要解决的问题。本项目以主动配电网谐波谐振特性为研究对象，对其演化过程、动态特性和形成机理进行了基础科学研究。具体内容包括：主动配电网串并联谐振发生机理与固有特征，电气参数、逆变器工作特性以及包含微网和分布式电源的主动配电网拓扑结构对谐振特性的影响规律；主动配电网数学建模与谐波谐振特性理论模态分析，确定谐振频率、振荡幅度、发生位置和危害范围，揭示模型中的非线性因素对谐振特性的影响规律；基于运行数据的谐振特性工作模态分析，揭示工作状态下真实的谐波谐振特性，修正主动配电网数学模型。本项目旨在揭示含多微网和分布式电源条件下主动配电网的谐波谐振形成机理，为主动配电网的优化设计和谐波谐振防治奠定理论基础。

85. 自配置非对称无线蜂窝网供电机制及关键技术研究

主要完成人：夏晨阳、伍小杰、于月森等
完成单位：中国矿业大学
项目来源：基金资助
项目时间：2014 年 1 月 1 日—2016 年 12 月 31 日
项目简介：

针对传统"点对点"和"广播式"无线供电模式对受电设备磁能拾取单元与源设备磁能发射单元之间的横向位置偏差低容忍度限制，引入蜂窝网相关理论，提出了一种自配置无线蜂窝网供电概念，构建了一种网内受电设备可大范围自由移动的新型无线供电体系，实现了平面内自由随机分布受电设备群高效并行供电。本课题重点研究：

1）无线蜂窝网供电系统基本架构及工作机制；
2）无线蜂窝供电细胞识别算法研究；
3）电压拾取盲点抑制低杂散磁场改进型非对称磁路拓扑研究；
4）无线蜂窝网供电系统非线性建模及鲁棒性研究。

其研究成果可望应用于平面内随机分布移动受电设备群的灵活、高效、并行无线充供电。

（以上电源相关科研项目截止时间为 2014—2017 年）

第六篇　电　源　标　准

中国电源学会团体标准 2016—2017 年度工作综述

培育发展团体标准，是发挥市场在标准化资源配置中的决定性作用、加快构建国家新型标准体系的重要举措。2015 年，国务院颁布了《深化标准化工作改革方案》；2016 年 3 月，国家质检总局和国家标准委印发了《关于培育和发展团体标准的指导意见》，鼓励具备相应能力的社团组织和产业联盟制定满足市场和创新需要的标准，以增加标准的有效供给。

2017 年 3 月 21 日，国务院再次下发《贯彻实施 < 深化标准化工作改革方案 > 重点任务分工（2017—2018 年）》的通知，强调要发展壮大团体标准，鼓励社会团体发挥对市场需求反应快速的优势，制定一批满足市场和创新需要的团体标准，优化标准供给结构，促进新技术、新产业、新业态加快成长。鼓励在产业政策制定以及行政管理、政府采购、认证认可、检验检测等工作中适用团体标准。长期以来，由于没有专门的标准化组织针对电源产品进行标准的统筹制定，电源行业标准存在多头制定、缺乏体系规划、更新不及时等问题，难以满足行业发展的需要。

一、团体标准建设工作概要

为解决以上出现问题，推动行业技术有序发展，中国电源学会于 2016 年正式启动团体标准制定工作。本着"行业主导、需求为先、系统规划、务实高效"的原则，学会积极建立产学研用共同参与的学会标准工作体系，制订并发布了《中国电源学会团体标准管理办法》，并针对目前电源行业急需领域和课题，于 2016 年 6 月面向行业征集标准提案，得到了学会各专委会以及电源企业、科研院所的广泛关注和积极参与。首批 8 项团体标准经立项、起草、公开征集意见、初审、会审查修改后，将于 2018 年正式发布，为电源行业团体标准填补空白。

另外，中国电源学会将制订团体标准长效机制，每年定期开展新的团体标准制订项目。2017 年 10 月，中国电源学会第二批团体标准项目启动，并于 2017 年 11 月 25 日完成了提案征集并完成立项审批。

二、起草组织工作概要

2016 年，中国电源学会面向行业征集标准提案，接到申报 14 项，经审查首批立项以下 12 项团体标准见表 1。

表 1　首批立项 12 项团体标准

立项号	项目名称（中文）	主要起草单位
T/CPSS 1001－2016	低压配电网有源型不平衡补偿装置	安徽大学
T/CPSS 1002－2016	低压有源电力滤波器	西安交通大学

（续）

立项号	项目名称（中文）	主要起草单位
T/CPSS 1003－2016	光储一体化变流器性能检测技术规范	国网江苏省电力公司电力科学研究院
T/CPSS 1004－2016	电压暂降监测系统技术规范	国网江苏省电力公司电力科学研究院
T/CPSS 1005－2016	磁性材料高励磁损耗测量方法	福州大学
T/CPSS 1006－2016	电动汽车运动过程无线充电方法	重庆大学
T/CPSS 1007－2016	LED 照明先导标准	西安明泰半导体科技有限公司
T/CPSS 1008－2016	大功率聚变变流系统集成测试标准	中国科学院等离子体物理研究所
T/CPSS 1009－2016	大功率变流器短路试验方法	中国科学院等离子体物理研究所
T/CPSS 1010－2016	高功率大电流四象限变流系统技术规范	中国科学院等离子体物理研究所
T/CPSS 1011－2016	核聚变装置用电流传感器检测规范	中国科学院等离子体物理研究所
T/CPSS 1015－2016	低压静止无功发生器	西安交通大学

以上 12 个标准在中国电源学会团体标准领导小组及相关专业委员会指导及组织下，在术语定义、技术指标、实验方法、产品性能、存储运输等方面进行大量考察、实验与研讨等工作，在编写过程中会同大专院校、研究机构及相关一线企业进行多次编制会议，使团体标准制定工作顺利进行。

（一）《低压配电网有源型不平衡补偿装置》标准起草组工作会议

2016 年 11 月下旬，在中国电源学会电能质量专委会的组织下，《低压配电网有源型不平衡补偿装置》标准起草组在苏州召开标准启动工作会议，会议由项目负责人朱明星副教授主持，共有 28 位起草组成员及企业代表参会。

会议由组织单位代表中国电源学会电能质量专委会秘书长白小青介绍了该项团体标准立项与编制的情况有关要求，由项目负责人介绍了目前低压不平衡补偿的应用需求。参与标准编制的各制造商对已应用的补偿装置技术特点和应用情况做了介绍，讨论并完善了标准编写大纲草案。最终会议确定了标准制定的计划与进度安排。

（二）《低压有源电力滤波器》《低压静止无功发生器》起草组工作会议

2016 年 11 月下旬，《低压有源电力滤波器》《低压静止无功发生器》起草组在中国电源学会电能质量专委会和亚洲电能质量联盟的组织下在苏州召开标准启动工作会议，会议由项目负责人卓放教授主持，共有 26 位起草组成员及企业代表参会。

会议由项目负责人介绍了起草组参与单位及人员情况，并陈述了立项背景和前期工作情况。此两项标准的起草组人员来源广泛，包括制造厂商、学术团体、检测单位、用户等单位，在来源上保证了标准公正性及对各方面权益的维护。会议进行了编制框架和技术内容的讨论，力求保证标准时效性，即满足近几年行业需要及一定时期人员保持技术不落后的水平。与会人员就现行电力、机械、通信等行业标准，从制造、试验等实际应用中所发现的问题或不合理的情况，在会议中进行具体讨论，为标准制定打下基础。最终会议确定了标准编制的工作计划和时间进度，并制定了对技术参数的测试计划。

（三）《光储一体化变流器性能检测技术规范》起草组第一次工作会议

2017 年 1 月下旬，《光储一体化变流器性能检测技术规范》起草组在江苏省南京市召开起草组工作会议，共有 4 家起草单位代表共计 14 人参会。

会议由项目负责人江苏电科院李强主任介绍光储一体化变流器性能检测的意义和本标准的前期工作开展情况，并由主要起草人员汇报了《光储一体化变流器性能检测技术规范》起草情况。与会专家通过深入讨论，研究确定了标准主要的内容框架，明确了标准的编制原则、适用范围和边界条件，确定了标准编制分工和后续进度安排。

（四）《光储一体化变流器性能检测技术规范》起草组第二次工作会议

2017 年 5 月中旬，《光储一体化变流器性能检测技术规范》起草组在江苏省南京市召开第二次工作会议，共有 5 家起草单位代表共计 6 人参会。

会议基于汇总形成的标准《光储一体化变流器性能检测技术规范》内容，讨论修改。会议提出相关标准内容、标准结构、技术参数、实验方法、表述方式等多项修改意见，并据此修改形成征求意见稿。

（五）《电压暂降监测系统技术规范》起草组第一次工作会议

2017 年 1 月下旬，《电压暂降监测系统技术规范》起草组在江苏省扬州市召开起草组工作会议，共有 9 家起草单位代表共计 16 人参会。

会议由项目负责人江苏电科院陈兵主任介绍本项标准立项的意义和重要性，参与单位和人员，并通报了标准编写前期已开展的工作情况。标准起草人代表在会议上汇报了《电压暂降监测系统技术规范》初稿编制情况及所形成草案。与会专家针对该草案进行了深入讨论，研究确定了标准主要的内容框架，明确了标准的编制原则、适用范围和边界条件，确定了标准编制分工和后续时间进度安排。

（六）《电压暂降监测系统技术规范》起草组第二次工作会议

2017 年 5 月初，《电压暂降监测系统技术规范》起草组第二次工作会议在江苏省南京市召开，共有 11 家起草单位代表共计 19 人参会。

会议由项目负责人江苏电科院陈兵主任主持，与会专家结合各自领域特长对标准初稿的范围、规范性引用文件、术语和定义、电压暂降监测系统组成、电压暂降监测系统功能要求、通讯要求、测试方法以及附录内容进行了逐条讨论和修订。与会专家通过深入讨论，形成了标准二次修订稿。

（七）《LED 照明先导标准》起草组第一次工作会议

2017 年 1 月下旬，《LED 照明先导标准》起草组召开第一次工作会议。会议总结了已开展的工作，包括起草小组成立、承办《电源技术应用》LED 照明专刊、现有 LED 照明标准化与认证体系调研、先导标准框架提案收集等。会议确定了后续工作计划及时间进度，明确了标准草案的撰写方式和目标。

（八）《LED 照明先导标准》起草组第二次工作会议

2017 年 6 月 7～9 日，《LED 照明先导标准》起草组召开第二次工作会议。会议对起草工作做了阶段性总结，并进行了标准草案说明。与会专家就标准草案进行了研讨，明确了标准的后续修改方向，形成了初步决议。

（九）《大功率聚变变流系统集成测试标准》《大功率变流器短路试验方法》《高功率大电流四象限变流系统技术规范》三项标准起草组第一次工作会议

2016 年 12 月下旬，中科院等离子体物理研究所就《大功率聚变变流系统集成测试标准》《大功率变流器短路试验方法》《高功率大电流四象限变流系统技术规范》三项标准在等离子物理研究所 ITER 测试大厅召开起草组第一次工作会议。主持人为项目负责人高格研究员，参会人员有傅鹏研究员、宋执权研究员等 10 位起草组主要成员。

会议介绍了标准起草组的人员构成、标准主要负责人、三项标准的制定意义及进程。并由三项标准起草组的主要成员宋执权研究员及张秀青助研对相应标准的选型、参数、设备设计、控制、保护、监控和试验设计等内容进行详细介绍，到会人员进行了讨论。

（十）《核聚变装置用电流传感器检测规范》起草组第一次工作会议

2016 年 12 月下旬，《核聚变装置用电流传感器检测规范》起草组成员在等离子物理研究所 ITER 测试大厅召开了起草组第一次工作会议。主持人为项目负责人高格研究员，参会人员有傅鹏研究员、王林森高级工程师等 10 位起草组主要成员。

会议对于起草组的人员构成、制定标准的内容及进程做出通报，并详细介绍了电流传感器及其标准简介、检测规范制定的技术依据及具体内容、编写中的主要问题等。会议对于以下问题做出讨论：标准的定位；标准的测试参数选择；标准的环境测试、振动测试、温升试验等试验项目的必要性和参数选择等标准撰写的基础问题。同时会议也确定该项团体标准的编制方向为填补其他标准的空白，并适用于生产企业。

（十一）《核聚变装置用电流传感器检测规范》《大功率聚变变流系统集成测试标准》《大功率变流器短路试验方法》《高功率大电流四象限变流系统技术规范》四项标准

起草组第二次工作会议

2017年4月中旬，在合肥举行了《核聚变装置用电流传感器检测规范》《大功率聚变变流系统集成测试标准》《大功率变流器短路试验方法》《高功率大电流四象限变流系统技术规范》4项标准第二次工作会议。主持人为傅鹏研究员，与会人员共30人，分别为来自中国电源学会、中科院等离子体物理研究所、西物院流体所、西安爱科赛博有限责任公司、中国计量院、安徽省电力科学院、合肥工业大学、安徽大学、华中科技大学、厦门科华恒盛股份有限公司等研究机构、大专院校及企业的相关专家和资深从业人员。

4个团体标准的起草组成员张秀、周奇、王林森分别代表起草组对标准草稿做了报告，高格研究员对其中部分结构及相关内容向与会专家进行讲解。与会专家听取起草组成员报告后，积极地对标准内容进行了讨论，得出修改意见并形成征求意见反馈汇总表。意见主要集中在：编写须严格按照标准语言进行排版及描述；严格按照要求编写标准编制说明，重点强调标准中出现的公式引用、数据来源、专利涉及等内容；对标准当前的标题进行了调整，适当扩大范围；对标题中出现的术语进行定义等。

会议决定：根据专家意见对标准草案进行修改，并确定下一次标准草案修改稿的评审时间。

三、审查组织工作概要

（一）征求意见

2017年7月，各主要起草单位经过数月的广泛调研、充分讨论和认真起草，共有10项团体标准完成征求意见稿，进入征求意见阶段。学会本着科学、严谨、公开、透明的原则，通过学会官网、官微、相关行业媒体及专业委员会等渠道，以定向及公开征求方式向生产单位、企业客户、业内专家等数十家单位、上百位专家广泛征求意见，力争做到标准先进、可行。此次征求意见共收到各方意见近300项，涵盖标准结构、术语定义、写作规范、参数设定、测量设备、考核指标等多项内容。起草单位成员在7～8月对反馈意见进行逐一处理，根据处理结果对标准征求意见稿进行修改，形成标准报审稿。

部分意见来源单位：中国电源学会、中物院流体所、中国计量院、国家智能电网输配电设备质量监督检验中心、青岛市产品质量监督检验研究院、国网安徽省电科院、国网湖南电科院、重庆电科院、中电38所、南京航空航天大学、哈尔滨工业大学、华中科技大学、东南大学、安徽大学、安徽建筑大学、陆军军官学院、合肥工业大学、施耐德电气、飞利浦照明、SBF照明、许继集团有限公司、西安爱科赛博电气股份有限公司、厦门科华恒盛股份有限公司、湖南中科电气股份有限公司、江苏辉伦太阳能科技有限公司、上海追日电气有限公司、浙江方圆电气设备检测有限公司、陕西国强光电科技股份有限公司、四川科陆新能电气有限公司、嘉兴市光泰照明有限公司、新乡市中宝电气有限公司（以上公司排名不分先后）

（二）审核组织工作

2017年8月起，中国电源学会对起草组提交的10项团体标准报审稿（初稿）组织了2轮评审，先后共计30余位业内专家参与了评审工作。

1. 初审

2017年8～9月，在中国电源学会团体标准工作领导小组的指示下，团体标准工作办公室邀请相关专家对起草组提交的报审稿以函审方式进行初审。每项标准安排2～3名相关领域的专家进行初审。

部分受邀专家所在单位：清华大学、浙江大学、安徽大学、福州大学、西安交通大学、中国矿业大学、湖南大学、合肥工业大学、华中科技大学、解放军防空学院、中科院近代物理研究所、广州电科院、国网河北省电科院、北京机械设备研究所、兵器工业206所、国电南瑞科技股份公司、西安博宇电气有限公司、杭州英飞特电子、广东欧普照明有限公司等（以上单位排名不分先后）。

中国电源学会团体标准工作办公室按照团体标准工作领导小组的安排，将《初审邀请函》、团体标准送审稿及编制说明、标准征求意见汇总表及《团体标准送审稿初审单》等相关文件以通信形式提交初审专家，评审专家组按照下列评审标准对标准报审稿（初稿）进行了认真评审，并于9月中旬提交了评审意见。

评审标准如下：

1）团体标准应符合国家有关法律、法规和政策要求，积极贯彻我国电源行业有关方针、政策、法律、法规，满足行业发展的需要。

2）原则上应无相应涵盖该团体标准内容的国家标准或行业标准发布实施，如有与相关国家或行业标准明显不符、不适应的状况，可酌情处理，但不得与有关国家标准、行业标准相抵触。

3）应具有科学性、实用性和前瞻性，以市场需求为导向，重点突出、科学合理。

4）有效采用国际标准和国外先进标准，有利于更好地参与国际竞争。

5）标准的编写应力求完整、准确和清楚，便于实施，遵循《中国电源学会团体标准管理办法》，符合《GB/T 1.1－2009标准化工作导则．第1部分：标准的结构和编写》的相关规范。

6）应遵循开放、公平、透明和协商一致的原则，吸纳利益相关方广泛意见并进行制定，遵守WTO/TBT协定中关于制定、采用和实施标准的良好行为规范，符合团体标准化工作相关的管理办法。

7）有利于电源行业技术进步、自主创新、产业升级，与产业政策、行业规划相互协调，有利于科学技术成果的推广应用，促进产业升级、结构优化。

2. 审查会

2018年3月24日、25日，中国电源学会团体标准审查会议在武汉召开。评审专家以及起草组代表共计30余人参加会议。会议对学会首批立项并完成起草的10项团体标准报审稿进行了审查。中国电源学会党委书记兼副理事长韩家新担任审查委员会主任并主持会议，15位专家组成的审查委员会分为三组，听取了标准起草单位关于标准报审稿的编制情况汇报和说明，从合法性、合理性、可行性、精确性以及协调性等方面对提交的报审稿进行审查、讨论。

最终，《电压暂降监测系统技术规范》等8项团体标准报审稿顺利通过审查。专家组认为相关标准整体结构合理，内容系统全面，具有较强的现实需求和实用价值，符合当前行业发展要求，有利于推动行业有序发展。同时专家组也就标准的关键指标、技术水平、规范用语和准确性等方面提出了修改意见和建议。

有关团体标准起草单位将根据审查会议提出的修改意见对标准进一步修改完善并形成报批稿，按规定程序进行报批。

附：中国电源学会团体标准审查会通过项目
低压配电网有源不平衡补偿装置
低压有源电力滤波装置
低压静止无功发生器
光储一体化变流器性能检测技术规范
电压暂降监测系统技术规范
大功率聚变变流系统集成测试规范
大功率聚变变流器短路试验方法
核聚变装置用电流传感器检测规范

注：部分标准在起草过程中项目名称有调整。

四、2017 年度团体标准简况

2017 年 10 月，中国电源学会启动新一批团体标准制定，并于 2017 年 11 月 25 日完成了提案征集。2017 年 12 月 29 日至 2018 年 1 月 8 日，学会团体标准工作领导小组对 2017 年度学会团体标准审查立项意见进行审批。根据反馈意见以及《中国电源学会团体标准管理办法》的有关规定，2017 年度 9 项团体标准正式获批立项，见表 2。

表 2　2017 年度 9 项团体标准正式获批立项

立项号	项目名称（中文）	发起单位
CPSS（L）2018-001	低压混合式动态无功补偿装置	上海电气电力电子有限公司、西安交通大学、上海电器设备检测所有限公司、西安爱科赛博电气股份有限公司
CPSS（L）2018-002	低压有源电压质量控制装置技术规范	西安爱科赛博电气股份有限公司
CPSS（L）2018-003	低压直流型电压暂降补偿装置技术规范	深圳供电局有限公司电力科学研究院
CPSS（L）2018-004	电气设备电压暂降及短时中断耐受能力测试方法	广州供电局有限公司、华南理工大学、亚洲电能质量产业联盟
CPSS（L）2018-005	智能变电站电能质量测量方法	国网安徽省电力公司电力科学研究院
CPSS（L）2018-006	中压静止无功发生器	武汉武新电气科技股份有限公司
CPSS（L）2018-007	锂离子电池模块通用标准接口技术规范	杭州高特电子设备股份有限公司
CPSS（L）2018-008	锂离子动力电池模组测试系统标准	山东大学
CPSS（L）2018-009	超级不间断电源设备	浙江大学

中国电源学会团体标准管理办法

第一章 总 则

第一条 为规范开展中国电源学会团体标准工作，根据《中华人民共和国标准化法》《中华人民共和国标准化法实施条例》和《深化标准化工作改革方案》及有关规定，制定本办法。

第二条 本办法所称的团体标准，是指由中国电源学会根据市场需求，组织有关单位提出并制定，并由中国电源学会组织审查、发布的团体标准，是国家标准和行业标准的有效补充。

第三条 中国电源学会（以下简称"学会"）代表全体分支机构与会员单位共同负责团体标准的制订、修订，实施，以及日常管理等工作。

第四条 团体标准应积极贯彻我国电源行业有关方针、政策、法律、法规，满足行业发展需要，有利于电源行业技术进步、自主创新、产业升级，有利于维护国家安全、人民生命财产安全、生态环境安全。

第五条 学会标准编号由团体标准代号（T/）、社会团体代号、发布顺序号和发布年号构成。社会团体代号由中国电源学会英文名称缩写 CPSS 大写英文字母构成，形式为：

第二章 组织机构

第六条 中国电源学会团体标准组织体系包括：团体标准领导小组、团体标准审查委员会、学会各专业委员会、标准化工作委员会、团体标准工作办公室。

第七条 团体标准领导小组，由学会主要领导、标准化工作委员会负责人、副理事长单位代表组成，设组长1人，成员4至6人，名单由学会常务理事会审议批准。主要职责包括：

1）指导团体标准相关工作的开展。

2）负责团体标准的立项审批。

3）负责团体标准的审批、发布。

4）负责对团体标准工作重大事项进行决策。

第八条 团体标准审查委员会，原则上由学会常务理事、分支机构负责人以及熟悉标准工作的相关专业人员组成，委员总数10至15人，其中主任委员1人、副主任委员3至5人。委员构成需遵循覆盖领域广，各方利益均衡的原则，名单由团体标准工作领导小组审批。审查委员会主要职责包括：

1）对团体标准提案进行审查，并向领导小组提交审查意见。

2）对团体标准草案进行审查，并向领导小组提交审查意见。

第九条 学会各专业委员会在各自领域内，承担团体标准具体工作，主要包括：

1）在各自领域内，梳理细分领域，制定完善团体标准体系。

2）按周期（一年或两年）拟定本领域内团体标准制定计划。

3）在本领域内征集或提出团体标准提案。

4）提案获批立项后，组织开展团体标准的起草工作。

第十条 标准化工作委员会的主要职责包括：

1）负责无归口单位的标准提案组织起草工作。

2）根据各专委会细分领域团体标准体系，制定完善中国电源学会团体标准体系。

3）对标准起草工作组提供规范性指导，负责起草过程中的答疑工作。

4）为完善团体标准建言献策。

5）积极参与国内外标准化活动。

6）协助团体标准的推广工作。

第十一条 团体标准工作办公室设于学会秘书处，主要职责：

1）负责团体标准的日常工作。

2）负责建立团体标准档案。

第三章 团体标准制订、修订、废止

第十二条 团体标准制订流程

团体标准制订流程为：提案阶段、审查立项阶段、起草阶段、征求意见阶段、审查阶段、批准阶段、发布阶段、实施阶段。各阶段生成的标准文件见表1。

表1 标准文件

序号	标准制订阶段	形成的标准文件
1	提案	标准提案
2	审查立项	审查意见
3	起草	标准草案
4	征求意见	标准征求意见稿
5	审查阶段	标准审查稿
6	批准、发布	标准正式稿

第十三条 团体标准工作经费由发起单位与参与单位共同承担。

第十四条 团体标准的提案

1. 提案来源

1）学会各专委会、标准工委及团体会员均可发起标准提案。

2）可由领导小组根据行业发展需要提出标准提案。

3）可承担相关政府部门委托，提出团体标准提案。

2. 每年 10 至 11 月为团体标准集中提案期，学会各专业委员会集中将本领域提案提交团体标准工作办公室，现有各专业委员会未覆盖的领域由标准化工作委员会汇总提交或发起单位直接提交团体标准工作办公室，工作办公室汇总并进行格式审查后，统一将提案提交审查委员会审查。

3. 根据发展需要，有关单位也可在其他时间提交临时提案，并说明提出临时提案的必要性，由领导小组审定是否追加审查，或是延后至下一提案期审查。

第十五条 团体标准的审查立项

1. 标准提案由审查委员会主任组织委员进行审查，参与审查委员不得少于委员总人数的 2/3。审查视情况可通过会议或通讯方式进行。

2. 在审查委员充分审议讨论的基础上，采用投票形式进行表决。获得参评委员 2/3 以上赞成票的提案可向领导小组上报，申请批准立项，赞成票未达到 2/3 的项目，需由审查委员会向发起单位提出修改或驳回意见。审查委员会应在收到提案后的 1 个月内给出审查意见。

3. 领导小组根据审查委员会审查意见，对提案进行审批，批准通过当日即为立项日期。

第十六条 团体标准的起草

1. 获得批准立项的团体标准，原则上由相关专业委员会、标准工作委员会会同发起单位组建标准起草工作组。起草工作组的构成应符合利益相关方代表均衡的原则，并需报领导小组批准。原则上，起草工作组应至少由 3 家单位组成，每家参与单位原则上不得超过 3 位代表参与起草工作，同时可邀请行业内专家加入起草工作组，起草工作组人员应不多于 25 人。参与单位共同协商确定一家主要起草单位，并在主要起草单位中确定一名项目负责人，负责标准各阶段文件的撰写、修改，标准项目计划的进度控制，以及与其他单位的沟通协调工作。

原则上，主要起草单位应为学会理事以上单位。

2. 由领导小组提出的或政府委托的标准提案，由归口专委会、无归口委员会的标准化工作委员会组织开展起草工作，具体方式参照本条第 1 项。

3. 原则上，团体标准起草完成时限不超过 1 年（从立项日期起算，草案提交管理办公室日期截止）。逾期 1 年未提交审查的，且没有申请延期的，项目终止。如有特殊情况不能按时提交审查，可由项目主要负责人申请一次延期，延期时限为半年。

第十七条 团体标准草案征求意见

起草工作结束后，应采用公开征求意见与定向征求意见相结合的方式，广泛征求有关单位、技术专家和其他相关专业委员会的意见。

公开征求意见可采用在学会官网以及主要起草单位网站发布标准草案全文的方式进行意见征集。

定向征求意见由主要起草单位负责，可采用将标准草案发送非起草组成员、单位的方式。定向征求意见的对象应能代表标准所涉及的主要技术领域和使用环节。征求意见的形式主要以通讯方式为主。征求意见的期限一般为 30 日。反馈意见不少于 15 个。

由管理办公室负责对相关意见归纳整理，与标准草案一同提交审查委员会。

第十八条 团体标准的审查

1. 审查委员会组织标准审查组对团体标准草案进行审查，审查组成员由审查委员及相关专业人员组成，人数不少于 5 人。获得审查组人数 2/3 以上赞成票的标准草案，可提交领导小组申请批准。赞成票未达到 2/3 的项目，需由审查委员会向主要起草单位提出修改意见，起草单位修改后进行重新审查。

2. 标准草案的审查工作，应在审查委员会收到草案和相关反馈意见后的 3 个月内给出审查意见。

3. 审查委员会正式审查意见，发送团体标准工作办公室进行存档，并提交领导小组。

第十九条 团体标准的批准、发布

根据审查委员会审查意见，相关标准由领导小组批准，并组织发布。

第二十条 团体标准的修订、废止

团体标准发布、实施后，根据行业发展情况，发现已经发布实施的团体标准内容有过时或错误信息，或者需要新增内容时，应启动团体标准的修订。修订申请一般由领导小组、学会各专业委员会、标准化工委会、原起草组成员提出，审查委员会审查后提交领导小组批准。

原则上修订工作由原主要起草单位组织开展，原主要起草单位无法承担工作的，可由归口委员会另行组织，组织方式请参见第十四条第 1 项。

如相关团体标准已无修改必要，可由领导小组、标准化工委会、学会各专业委员会、原起草组成员提出废止申请，审查委员会审查后提交领导小组批准。

第四章　团体标准的实施与监督

第二十一条 学会团体标准为资源性标准，学会会员单位及其他有关单位可自愿采用。

第二十二条 领导小组根据实际需求，统一组织对团体标准的宣贯和推广工作，由团体标准工作办公室及各委员会具体执行。

第二十三条 任何单位和个人均可以对团体标准实施中发现的问题，向学会进行反馈。

第二十四条 团体标准实施后，领导小组根据需要可组织审查委员会或其他相关单位对其进行复审，或对实施效果进行评价，以确认标准继续有效或者予以修订、废止。复审和实施效果评价应遵循客观公正、公开透明、广泛参与、注重实效的原则。

第五章　附　则

第二十五条 本办法由中国电源学会七届六次常务理事会议审议通过。

第二十六条 本办法自公布之日起实施，由中国电源学会秘书处负责解释。

中国电源学会首批团体标准简介

一、低压配电网有源型不平衡补偿装置（标准号：T/CPSS 1001—2018）

（一）归口专委会：中国电源学会电能质量专业委员会

（二）起草单位：安徽大学、西安交通大学、中国电科院配电研究所、深圳市盛弘电气股份有限公司、西安爱科赛博电气股份有限公司、山东华天电气有限公司、亚洲电能质量产业联盟、安徽武怡电气科技有限公司、国网江苏省电力公司电力科学研究院、上海追日电气有限公司、北京英博电气股份有限公司、上海电器科学研究所（集团）有限公司、浙江方圆电气设备检测有限公司、清华大学、北京星航机电装备有限公司、上海电气电力电子有限公司、思源清能电气电子有限公司、苏州电器科学研究院股份有限公司、中达电通股份有限公司、中国质量认证中心。

（三）项目负责人：朱明星副教授，安徽大学教育部电能质量工程研究中心测试评估所所长

（四）执笔人：朱明星（安徽大学）、王启华（西安爱科赛博电气股份有限公司）、耿华（清华大学）

（五）起草组成员：朱明星、卓放、雷万钧、吴鸣、刘帅、赵龙腾、李春龙、王启华、王德涛、王语洁、高敏、史明明、彭华良、马丰民、史贵风、黄芳、耿华、赵东元、王新庆、陈国栋、王天宇、陈源、吴书涛、陈剑。

（六）标准 ICS 号：01.040.29

（七）中国标准文献分类号：K46

（八）标准范围：

本标准规定了低压配电网有源不平衡补偿装置（以下简称装置）的术语和定义、功能要求、技术要求、试验方法、检验规则等要求。

本标准适用于 50Hz、额定工作电压不超过 1000V（1140V）的低压配电网中用于补偿三相不平衡的有源补偿装置。

（九）主要内容与目的意义：

根据国家能源局发布 2015 年全社会用电量的数据，2015 年全社会用电量 55500 亿 kWh，其中第三产业和城乡居民生活用电量分别为 7158 亿 kWh 和 7276 亿 kWh，占全社会用电量的 26%。第三产业和城乡居民供电多以低压三相四线为主，配电变压器均采用三相变压器，低压配电网中三相负荷与单相负荷共存，设备数量众多，受季节性、生产和生活周期的影响，设备启停频繁，负荷具备显著的不平衡性、时变性和波动性的特点，单相的电动汽车充电设施和分布式光伏的接入，进一步加剧了负荷的不平衡性、时变性和波动性。三相负荷不平衡问题是低压配电网突出的电能质量问题之一。

在日本、美国、欧洲等发达国家和地区已经得到了广泛的应用。国内已经有多家装置制造商推出了具有三相不平衡补偿功能的低压 SVG（Static Var Genterator，静止无功发生器）装置，技术与产品已经相当成熟与稳定。经过文献检索，未检索到与本团体标准相对应的国际标准或国外先进标准。

目前，国内没有相关的国家标准，相关的行业标准有 NB/T42057 – 2015《低压静止无功发生器》和 NB/T41006 –2014《低压动态无功谐波综合补偿装置》两项标准，NB/T42057 标准要求有源型装置具备动态无功补偿功能，不平衡电流补偿仅作简单介绍，并说明为可选功能。NB/T41006 标准虽然要求有源型装置具备谐波滤波、动态无功补偿和不平衡补偿功能，但对其使用条件、技术要求和基本电路及构成等均未做明确的规定，实际应用中，有源型装置用作谐波滤波、动态无功补偿和不平衡补偿时，其生产制造成本有很大的差异，因此单独制定标准有源型不平衡补偿装置，以规范其功能与性能。

（十）标准目录：

前言

1　范围

2　规范性引用文件

3　术语和定义

4　功能要求

4.1　运行模式

4.2　输出限流功能

4.3　保护及告警功能

4.4　通信接口

5　技术要求

5.1　额定值

5.2　环境条件

5.3　结构

5.4　性能要求

5.5　温升

5.6　绝缘性能

5.7　电气间隙与爬电距离

5.8　电磁兼容性能

6　试验方法

6.1　试验条件

6.2　试验项目

7　检验规则

7.1　试验分类

7.2　出厂试验

7.3　型式试验

8　标志、包装、运输、贮存

8.1　标志和随机文件

8.2　包装与运输

8.3　贮存

附录 A（资料性附录）　电流不平衡度计算方法

A.1　幅值和相位均已知的情况

A.2　幅值已知但相位不确定的情况

附录 B（资料性附录）　并联型有源不平衡补偿装置补偿需量计算

B.1　不平衡电流补偿需量计算

B.2　无功电流补偿需量计算

B.3　总补偿电流需量计算

二、低压有源电力滤波装置（标准编号：T/CPSS 1002—2018）

（一）归口专委会：中国电源学会电能质量专业委员会

（二）起草单位：西安交通大学、安徽大学、西安爱科赛博电气股份有限公司、山东华天电气有限公司、深圳市盛弘电气股份有限公司、亚洲电能质量产业联盟、国网江苏省电力公司电力科学研究院、上海电器科学研究所（集团）有限公司、北京星航机电装备有限公司、北京英博电气股份有限公司、上海追日电气有限公司、浙江方圆电气设备检测有限公司、清华大学、上海电气电力电子有限公司、思源清能电气电子有限公司、苏州电器科学研究院股份有限公司、天津百利机械装备集团有限公司中央研究院、中达电通股份有限公司、中国质量认证中心。

（三）项目负责人：卓放教授，西安交通大学

（四）执笔人：雷万均（西安交通大学），朱明星（安徽大学），王启华（西安爱科赛博电气股份有限公司）

（五）起草组成员：卓放、雷万钧、朱明星、李春龙、王启华、迟恩先、刘帅、赵龙腾、王语洁、陈兵、史明明、史贵风、古金茂、马丰民、彭华良、黄芳、耿华、赵东元、陈国栋、王天宇、刘亚芳、孙强、杜楠、李亮、陈剑。

（六）标准 ICS 号：01.040.29

（七）中国标准文献分类号：K46

（八）标准范围：

本标准规定了低压有源电力滤波装置（以下简称滤波装置）的术语和定义、功能要求、技术要求、试验方法、检验规则等要求。

本标准适用于频率 50Hz、额定工作电压不超过 1000V（1140V）的低压配电网，采用电压源型逆变器结构的并联型滤波装置。

（九）主要内容与目的意义：

由于我国国民经济的快速发展，先进的设备和工艺在工业领域被广泛应用，同时这些设备和工艺对供电质量的影响和要求也在提高，加上能源危机日益严重，因此为提高电网电能质量水平和响应国家节能降耗的号召，近年来，无功补偿装置、谐波治理行业在国内外飞速发展，已经渗透到电能的产生、输送、分配和应用的各个环节，广泛应用到工业系统、电力系统、交通系统、通信系统、计算机系统、新能源系统和日常生活中，是使用电能的其他所有产业的基础技术。同时在国家对先进制造业的大力支持下促进了无功补偿、谐波治理装置行业的发展，在全社会提倡节能减排和安全生产宏观背景下，产品市场需求仍将保持增长，市场空间逐步扩大，给经营与发展带来良好的机遇与广阔的空间。同时，世界性的金融危机也使行业用户需求放缓，需要进一步开拓新的市场领域，加快新产品产业化进程及扩大销售规模来应对金融危机带来的影响。

低压有源电力滤波器已广泛应用于新能源、建筑、通信、轨道交通、冶金、石化、矿业等国民经济重点行业，年实现产值超 100 亿元。

由于 APF 产品虽然有机械、建筑、通信等三个行业标准，但上述标准存在定义、性能指标、测试规范等定义不统一等问题，加上该类标准发布时间较长，修订流程复杂，为了适应行业发展需要，中国电源学会电能质量专业委员会特提出编制低压有源电力滤波器的团体标准。

有源电力滤波器作为无功补偿、谐波治理装置的高端产品，是无功补偿、谐波治理装置的发展方向，本团体标准制定后，将规范低压有源电力滤波器行业的发展，对于行业的健康发展有着积极的推动作用和指导意义。

本团体标准的制定有利于行业联盟的建立，通过合作，行业联盟的企业可以互相享受彼此的生产设备、生产经验、营销渠道和知识产权，大大节约一些不必要的、重复的费用和消耗，加快资金周转，也为经济活动提供了充足的人才保证。产业联盟使企业摆脱了地域和规模上的限制，它不仅创造了企业的获利机会，而且扩大了企业规模的界限和企业获利的空间，从而有利于各企业优化资源配置，降低成本，产生资源配置上的外部规模经济效应。

（十）标准目录

前言

1　范围

2　规范性引用文件

3　术语和定义

4　功能要求

4.1　谐波补偿能力

4.2　输出过载能力

4.3　保护功能

4.3.1　输出过电流保护

4.3.2　超温保护

4.3.3　交流输入欠电压保护

4.3.4　交流输入过电压保护

4.3.5　交流输入欠频率保护

4.3.6　交流输入过频率保护

4.3.7　主电路器件损坏切除保护

4.4　通信功能

5　技术要求

5.1　额定值

5.2　环境条件

5.2.1　正常使用条件

5.2.2　电网条件

5.3　结构

5.4　性能要求

5.5　温升限值

5.6　绝缘性能

5.6.1　绝缘电阻

5.6.2　介电强度

5.6.3　冲击电压

5.7　电磁兼容性

5.7.1　设备的抗扰性能

5.7.2　电磁发射

6　试验方法

三、低压静止无功发生器（标准编号：T/CPSS 1003—2018）

（一）归口专委会：中国电源学会电能质量专业委员会

（二）起草单位：西安交通大学、安徽大学、山东华天电气有限公司、西安爱科赛博电气股份有限公司、深圳市盛弘电气股份有限公司、亚洲电能质量产业联盟、国网江苏省电力公司电力科学研究院、上海电器科学研究所（集团）有限公司、北京星航机电装备有限公司、北京英博电气股份有限公司、上海追日电气有限公司、浙江方圆电气设备检测有限公司、清华大学、上海电气电力电子有限公司、思源清能电气电子有限公司、苏州电器科学研究院股份有限公司、天津百利机械装备集团有限公司中央研究院、中达电通股份有限公司、中国质量认证中心。

（三）项目负责人：卓放教授，西安交通大学

（四）执笔人：雷万均（西安交通大学），朱明星（安徽大学），王启华（西安爱科赛博电气股份有限公司）

（五）起草组成员：卓放、雷万钧、朱明星、迟恩先、李春龙、王启华、刘帅、赵龙腾、王语洁、陈兵、史明明、史贵风、古金茂、马丰民、彭华良、黄芳、耿华、赵东元、陈国栋、王天宇、刘亚芳、孙强、杜楠、李亮、陈剑。

（六）标准 ICS 号：01.040.29

（七）中国标准文献分类号：K46

（八）标准范围：

本标准规定了低压静止无功发生器（以下简称装置）的术语和定义、功能要求、技术要求、试验方法、检验规则等要求。

本标准适用于频率 50Hz、额定工作电压不超过 1000V（1140V）的低压配电网，采用电压源型逆变器结构的并联型装置。

（九）主要内容与目的意义：

由于我国国民经济的快速发展，先进的设备和工艺在工业领域被广泛应用，同时这些设备和工艺对供电质量的影响和要求也在提高，加上能源危机日益严重，因此为提高电网电能质量水平和响应国家节能降耗的号召，近年来，无功补偿装置、谐波治理行业在国内外飞速发展，已经渗透到电能的产生、输送、分配和应用的各个环节，广泛应用到工业系统、电力系统、交通系统、通信系统、计算机系统、新能源系统和日常生活中，是使用电能的其他所有产业的基础技术。同时在国家对先进制造业的大力支持下促进了无功补偿、谐波治理装置行业的发展，在全社会提倡节能减排和安全生产宏观背景下，产品市场需求仍将保持增长，市场空间逐步扩大，给经营与发展带来良好的机遇与广阔的空间。同时，世界性的金融危机也使行业用户需求放缓，需要进一步开拓新的市场领域，加快新产品产业化进程及扩大销售规模来应对金融危机带来的影响。

静止无功发生器已广泛应用于新能源、建筑、通信、轨道交通、冶金、石化、矿业等国民经济重点行业，年实现产值超 100 亿元。

SVG 有电力、能源等两个行业标准，但上述标准存在定义、性能指标、测试规范等定义不统一等问题，加上该类标准发布时间较长，修订流程复杂，为了适应行业发展需要，中国电源学会电能质量专业委员会特提出编制静止无功发生器的团体标准。

静止无功发生器作为无功补偿、谐波治理装置的高端产品，是无功补偿、谐波治理装置的发展方向，本团体标准制定后，将规范静止无功发生器行业的发展，对于行业的健康发展有着积极的推动作用和指导意义。

本团体标准的制定有利于行业联盟的建立，通过合作，行业联盟的企业可以互相享受彼此的生产设备、生产经验、营销渠道和知识产权，大大节约一些不必要的、重复的费用和消耗，加快资金周转，也为经济活动提供了充足的人才保证。产业联盟使企业摆脱了地域和规模上的限制，它不仅创造了企业的获利机会，而且扩大了企业规模的界限和企业获利的空间，从而有利于各企业优化资源配置，降低成本，产生资源配置上的外部规模经济效应。

（十）标准目录：

前言

1 　范围

2 　规范性引用文件

3 　术语和定义

4 　功能要求

四、光储一体化变流器性能检测技术规范（标准编号：T/CPSS 1004—2018）

（一）归口专委会：中国电源学会电能质量专业委员会

（二）起草单位：国网江苏省电力有限公司电力科学研究院、中国电力科学研究院有限公司南京分院、厦门科华恒盛股份有限公司、台达电子企业管理（上海）有限公司、南京南瑞太阳能科技有限公司。

（三）项目负责人：李强（国网江苏省电力公司电力科学研究院主任/高级工程师）

（四）执笔人：柳丹（国网江苏省电力公司电力科学研究院）、吕振华（国网江苏省电力公司电力科学研究院）、曾春保（厦门科华恒盛股份有限公司）

（五）起草组成员：李强、吕振华、庄俊、黄强、韩华春、曾春保、柳丹、黄地、郝飞琴、陶以彬、李官军、余豪杰、詹碧英、王伟、曹智杰、吴洪洋、朱选才。

（六）标准ICS号：29.200

（七）中国标准文献分类号：K46

（八）标准范围：

本标准规定了光储一体化变流器的性能技术要求及检测技术要求。

本标准适用于直流侧电压不超过1500V，交流侧电压有效值不超过1000V的光储一体化变流器。

（九）主要内容与目的意义：

随着新一轮能源变革的蓬勃兴起，以光伏发电为代表的新能源供电逐步成为构建未来能源供应体系的核心单元。

随着新能源发电在电力系统比重逐步增大，其随机性、间歇性、波动性和反调峰性等固有特性会加大电力系统的不确定性和风险性，给电网的安全稳定运行带来了新的挑战。

传统方案中储能均以交流方式接入光伏，呈现光伏、储能独立分体运行控制，此方案增加了转换层级、复杂了控制算法、降低了运行效率。因此，光储一体化发电系统可以克服传统方案的缺点，平滑光伏发电的波动性和随机性，平移用电需求，合理利用峰谷电价，提高用电经济性和可靠性，随着分布式光伏的快速发展和储能成本的逐步降低，光储一体化发电系统预计迎来大规模的发展。

光储一体化发电系统的核心单元是光储一体化变流器，其可影响光储一体化发电系统的并网效率、电能质量、响应特性等诸多并网特性，对实现光储一体化发电系统安全可靠并网起着重要的作用，由于现有标准体系中缺乏对光储一体化变流器的规范要求，亟需制订相关标准加以规范。

本标准制定光储一体化变流器性能检测技术规范，主要内容包括光储一体化变流器性能要求和性能检测要求。本标准将规范光伏一体化变流器并网性能，实现光储一体化发电系统的高效运行和友好并网，引领光储一体化变流器行业健康有序发展。

（十）标准目录：

5.5.1　虚拟惯量
5.5.2　一次调频能力
5.5.3　低电压穿越检测
6　检测报告
附录A（资料性附录）　变流器检测参考电路

五、电压暂降监测系统技术规范（标准编号：T/CPSS 1005—2018）

（一）归口专委会：中国电源学会电能质量专业委员会

（二）起草单位：国网江苏省电力有限公司电力科学研究院、南京国臣信息自动化技术有限公司、国际铜业协会、南京灿能电力自动化股份有限公司、江苏中凌高科技股份有限公司、北京臻迪科技股份有限公司、广州供电局有限公司电力试验研究院、国网山西省电力有限公司电力科学研究院、国网浙江省电力有限公司电力科学研究院、国网北京市电力有限公司电力科学研究院、上海捷实机电科技有限公司。

（三）项目负责人：陈兵，国网江苏省电力公司电力科学研究院主任，高级工程师

（四）执笔人：李斌（国网江苏省电力公司电力科学研究院）、罗珊珊（国网江苏省电力公司电力科学研究院）、费骏韬（国网江苏省电力公司电力科学研究院）

（五）起草组成员：陈兵、史明明、黄强、李斌、李忠、陈文波、林宇、罗珊珊、费骏韬、张宸宇、黄炜、宗海峰、许中、李胜文、张艳妍、吕文韬、王俊、姚东方、王语洁、徐雁翔、俞友谊、张海江、余学文、马智远、刘向东。

（六）标准ICS号：29.240.01

（七）中国标准文献分类号：F29

（八）标准范围：

本标准规定了电压暂降监测主站、监测终端、主站与监测终端间通信的技术要求、功能要求、测试方法。

本标准适用于35kV及以下公用电网、用户供电系统电压暂降监测系统。

（九）主要内容与目的意义

当前，随着现代化敏感电力电子设备的广泛应用以及新型电力负荷的迅速发展，动态电能质量问题日益受到关注，其中最为突出、影响最大的问题之一就是电压暂降。

开展电压暂降监测，掌握电网电压暂降指标，可为电网运行方式的合理调整、用户供电方案的优化设计、暂降问题治理提供可靠数据源，促进电压暂降监测、分析、治理行业发展。

本标准参考了国内外电能质量监测技术相关标准、规定，重点对电压暂降监测系统的组成、监测主站、监测终端、通信的功能和性能要求、测试方法做出了规定，可指导公用电网电压暂降监测系统和用户供电系统电压暂降监测系统的建设，对电网和用户电压暂态事件实施有效的监测，对监测信息进行有效的分析和评估。

（十）标准目录：
前言
1　范围
2　规范性引用文件
3　术语和定义
4　电压暂降监测系统组成

5　电压暂降监测系统功能要求
5.1　系统总体要求
5.2　主站功能要求
5.3　终端功能要求
6　电压暂降监测系统性能要求
6.1　主站性能指标要求
6.2　主站硬件要求
6.3　主站软件要求
6.4　终端性能指标要求
7　通信要求
7.1　通信方式
7.2　传输通道要求
7.3　通信协议
7.4　数据交换格式
8　测试方法
8.1　主站测试
8.2　终端测试
9　标志、包装、运输和存储
附录A（规范性附录）　数据交换格式要求
附录B（规范性目录）　通信格式要求
附录C（规范性附录）　主站具体测试要求和方法
附录D（规范性附录）　终端具体测试要求和方法

六、大功率聚变变流系统集成测试规范（标准编号：T/CPSS 1006—2018）

（一）归口专委会：中国电源学会特种电源专业委员会

（二）起草单位：中国科学院等离子体物理研究所、华中科技大学、荣信电力电子股份有限公司、合肥中科电器科学研究有限责任公司。

（三）项目负责人：高格，中科院等离子体物理研究所研究员

（四）执笔人：张秀青（中科院等离子体物理研究所）、周奇（荣信电力电子股份有限公司）

（五）起草组成员：高格、张秀青、傅鹏、张明、周奇、焦东亮。

（六）标准ICS号：29.200

（七）中国标准文献分类号：K46

（八）标准范围：

本标准规定了额定容量超过20MVA的使用晶闸管的大功率聚变变流系统集成测试的试验条件、试验方法、测试流程以及检验规范。

本标准适用于核聚变电源等领域的大功率变流器系统的集成性能测试。

（九）主要内容与目的意义：

本标准的目的在于为应用于特殊场合的大功率聚变变流系统的集成测试提供科学的和标准的测试方法、测试流程以及验收准则。

变流器系统肩负着为等离子体击穿、位形控制、加热、控制系统以及附属设备提供所需的电能的重要使命。聚变变流系统运行的可靠性和稳定性对整个托卡马克的运行至关重要，在其投入运行之前，应严格地对其进行集成测试，以确保变流系统在托卡马克装置中安全可靠地运行。

现行的国家标准 GB 3859.1 和国际标准 IEC60146－1－1 规定了常规变流器的试验方法，对于用于特殊场合的大功率聚变变流系统，目前没有标准规定其集成测试的试验项目及其测试方法、测试流程和验收准则。

目前，迫切需要建立一套完善的大功率聚变变流系统集成测试标准，为应用于特殊领域的大功率聚变变流系统集成测试提供科学的和标准的测试方法、测试流程以及验收准则。

（十）标准目录：

前言

1 范围

2 规范性引用文件

3 术语和定义

4 集成测试的要求

4.1 总则

4.2 试验条件

4.2.1 环境条件

4.2.2 供电电网

4.2.3 测试负载

4.3 试验项目

4.4 运行模式分析

5 大功率聚变变流系统集成测试方法及流程

5.1 外观检查

5.1.1 检查方法及流程

5.1.2 合格判定准则

5.2 绝缘电阻测量

5.3 控制器测试

5.3.1 同步信号测试

5.3.2 脉冲封锁测试

5.3.3 设备状态监测测试

5.3.4 模拟故障测试

5.3.5 通信测试

5.4 空载试验

5.4.1 空载试验测试流程

5.4.2 合格判定准则

5.5 轻载试验

5.5.1 试验方法及测试流程

5.5.2 合格判定准则

5.6 六脉波桥全电流试验

5.6.1 试验方法

5.6.2 测试流程

5.6.3 合格判定标准

5.7 电压响应试验

5.8 环流运行试验

5.8.1 试验方法及测试流程

5.8.2 合格判定准则

5.9 并联运行试验

5.9.1 试验方法及测试流程

5.9.2 合格判定准则

5.10 四象限运行能力试验

5.10.1 试验方法及测试流程

5.10.2 合格判定准则

5.11 额定电流试验

5.11.1 试验方法及测试流程

5.11.2 合格判定准则

5.12 触发旁通保护试验

5.13 温升试验

5.13.1 试验方法及测试流程

5.13.2 合格判定标准

七、大功率聚变变流器短路试验方法（标准编号：T/CPPS 1007—2018）

（一）归口专委会：中国电源学会特种电源专业委员会

（二）起草单位：中国科学院等离子体物理研究所、厦门科华恒盛股份有限公司、华中科技大学、荣信电力电子股份有限公司、合肥中科电器科学研究有限责任公司。

（三）项目负责人：高格，中科院等离子体物理研究所研究员

（四）执笔人：张秀青（中科院等离子体物理研究所）

（五）起草组成员：高格、张秀青、傅鹏、周奇、焦东亮、王志东、张明。

（六）标准 ICS 号：29.200

（七）中国标准文献分类号：K46

（八）标准范围：

本标准规定了额定容量 20MVA 以上的使用晶闸管的大功率变流器短路试验方法，包括相关专业术语的定义、短路试验的要求、动稳定能力试验和热稳定能力试验的试验方法、测试流程及其合格判定准则。

本标准适用于核聚变电源应用领域，电解铝应用领域的电压超过 1000V 的大功率变流器短路试验也可参考本标准。

（九）主要内容与目的意义：

大功率变流器广泛应用于聚变电源、铝电解、电力机车牵引、高压直流输电等领域。变流器因短路故障导致的爆炸或火灾事故在电解铝行业多次发生，变流器对短路故障的抑制能力直接影响变流器系统运行的可靠性和安全性。短路试验可有效地因短路故障导致的爆炸或火灾事故的发生。

目前，没有标准规定大功率变流器短路试验方法，基于变流器的广泛应用性及其短路试验的重要性，迫切需要建立一套完善的大功率变流器短路试验的测试标准，规范其测试方法、测试流程以及验收准则。

（十）标准目录：

前言

1 范围

2 规范性引用文件

3 术语和定义

4 短路试验的要求

4.1 总则

4.2 确定短路电流

4.2.1 基本假定

4.2.2 直流侧直接短路的故障电流

4.2.3 直流侧经电抗器后短路的故障电流

4.3 试验环境条件

5 动稳定能力试验

5.1　试验目的
5.2　试验方法
5.3　测试流程
5.3.1　计算试验电流对应的调压阻抗接入值
5.3.2　试验电路整定
5.3.3　测量绝缘电阻
5.3.4　记录试品的初始状态
5.3.5　小电流试验
5.3.6　100%短路电流试验
5.3.7　空载试验
5.4　合格判定准则
6　热稳定能力试验
6.1　试验目的
6.2　试验方法
6.2.1　直接试验法
6.2.2　等效试验法
6.3　测试流程
6.3.1　直接试验法的测试流程
6.3.2　等效试验法的测试流程
6.4　合格判定准则

八、核聚变装置用电流传感器检测规范（标准编号：T/CPSS 1008—2018）

（一）归口专委会：中国电源学会特种电源专业委员会

（二）起草单位：中国科学院等离子体物理研究所、合肥中科电器科学研究有限责任公司、北京森社电子有限公司、北京创四方电子股份有限公司。

（三）项目负责人　王林森，中科院等离子体物理研究所高级工程师

（四）执笔人　傅鹏（中科院等离子体物理研究所）、李亚（合肥中科电器科学研究有限责任公司）

（五）起草组成员：王林森、傅鹏、高格、焦东亮、武旭、李亚、左英。

（六）标准ICS号：17.220.20

（七）中国标准文献分类号：A55

（八）标准范围：

本标准适用于准确度等级（0.1~5.0）级核聚变装置用电流传感器的使用、检测，其他领域可参考本标准执行。

（九）主要内容与目的意义：

核聚变装置电源系统主要包括：磁体电源、快控电源、波驱动和加热电源等，电源的特点是大电流输出、高准确度、宽电流调节和频率输出范围。同时恶劣的电磁环境对电流传感器的电磁兼容能力提出了严格要求。

本标准对核聚变装置用电流传感器的检测活动进行指导，采用计量领域误差分析、不确定度评价、符合性评定等方法，给予定量分析。对受控核聚变领域的电流传感器在延时时间、幅频响应、最大电流变化率等测量指标的测量、计算、评价分析给出操作说明。根据核聚变领域的电磁环境系统，对电磁兼容测试进行了明确的规定。

（十）标准目录：
前言
引言
1　范围
2　规范性引用文件
3　术语和定义
4　电流传感器原理
5　试验条件
6　仪器设备
6.1　检测用标准电流传感器
6.2　测量仪器的选择
6.3　检测用电源
6.4　绝缘电阻表
6.5　耐压试验表
7　检测项目
8　外观检查
9　绝缘性能
9.1　绝缘电阻测试
9.2　绝缘强度测试
10　准确度等级检测
10.1　检测方法
10.2　直接比较法检测
11　频率响应特性的检测
11.1　检测项目
11.2　试验电流源和设备要求
11.3　检测方法
11.4　试验数据处理
12　环境影响试验
12.1　温升测试
12.2　运输过程中的振动与冲击
12.3　环境耐受测试
13　电磁兼容考核
13.1　电磁兼容要求
13.2　测试条件
13.3　测试结果的评估
附录A（规范性附录）　直接比较法检测电流传感器比例系数测量不确定度评定示例
附录B（规范性附录）　电流传感器比例系数检测值示值误差的符合性评定
附录C（规范性附录）　并联叠加法检测电流传感器比例系数测量不确定度评定示例
参考文献

2017年终止和新实施国家、行业及地方相关标准

一、2017年终止标准

电工（50）
国家标准（29）

电力变压器、电源、电抗器和类似产品的安全 第1部分：通用要求和试验
标准编号：**GB 19212. 1 – 2008**
实施日期：2009 – 06 – 01
发布部门：中华人民共和国国家质量监督检验检疫总局、
　　　　　中国国家标准化管理委员会
替代情况：被 GB/T 19212. 1 – 2016 代替

电力变压器、电源装置和类似产品的安全
标准编号：GB 19212. 4 – 2005
实施日期：2006 – 08 – 01
发布部门：中华人民共和国国家质量监督检验检疫总局、
　　　　　中国国家标准化管理委员会
替代情况：被 GB/T 19212. 4 – 2016 代替

电力变压器、电源装置和类似产品的安全 第9部分：电铃和电钟变压器的特殊要求
标准编号：GB 19212. 9 – 2007
实施日期：2008 – 04 – 01
发布部门：中华人民共和国国家质量监督检验检疫总局、
　　　　　中国国家标准化管理委员会
替代情况：被 GB/T 19212. 9 – 2016 代替

地面用光伏（PV）发电系统 概述和导则
标准编号：GB/T 18479 – 2001
实施日期：2002 – 05 – 01
发布部门：中华人民共和国国家质量监督检验检疫总局
替代情况：废止公告：国家标准公告 2017 年第 31 号

电工电子产品环境试验 第2部分：试验方法 试验 Cab：恒定湿热方法
标准编号：GB/T 2423. 3 – 2006
实施日期：2007 – 09 – 01
发布部门：中华人民共和国国家质量监督检验检疫总局、
　　　　　中国国家标准化管理委员会
替代情况：被 GB/T 2423. 3 – 2016 代替

电工电子产品环境试验 模拟贮存影响的环境试验导则
标准编号：GB/T 2424. 19 – 2005
实施日期：2005 – 08 – 01
发布部门：中华人民共和国国家质量监督检验检疫总局、
　　　　　中国国家标准化管理委员会
替代情况：被 GB/T 24826 – 2016 代替

船舶和近海装置用电工产品的额定频率 额定电压 额定电流
标准编号：GB/T 4988 – 2002
实施日期：2003 – 04 – 01
发布部门：中华人民共和国国家质量监督检验检疫总局
替代情况：被 GB/T 4988 – 2016 代替

电工电子产品着火危险试验 第27部分：烟模糊 小规模静态试验方法 仪器说明
标准编号：GB/T 5169. 27 – 2008
实施日期：2009 – 10 – 01
发布部门：中华人民共和国国家质量监督检验检疫总局、
　　　　　中国国家标准化管理委员会
替代情况：废止公告：国家标准公告 2017 年第 31 号

电工电子产品着火危险试验 第28部分：烟模糊 小规模静态试验方法 材料
标准编号：GB/T 5169. 28 – 2008
实施日期：2009 – 10 – 01
发布部门：中华人民共和国国家质量监督检验检疫总局、
　　　　　中国国家标准化管理委员会
替代情况：废止公告：国家标准公告 2017 年第 31 号

电工电子产品环境试验设备检验方法 总则
标准编号：GB/T 5170. 1 – 2008
实施日期：2009 – 03 – 01
发布部门：中国电器工业协会
替代情况：被 GB/T 5170. 1 – 2016 代替

电工电子产品环境试验设备检验方法 湿热试验设备
标准编号：GB/T 5170. 5 – 2008
实施日期：2009 – 03 – 01
发布部门：中华人民共和国国家质量监督检验检疫总局、
　　　　　中国国家标准化管理委员会
替代情况：被 GB/T 5170. 5 – 2016 代替

行业标准

电力系统继电保护整定计算数据交换格式规范
标准编号：DL/T 1011－2006
实施日期：2007－03－01
发布部门：中华人民共和国国家发展和改革委员会
替代情况：被 DL/T 1011－2016 代替

接地装置特性参数测量导则
标准编号：DL/T 475－2006
实施日期：2006－10－01
发布部门：中华人民共和国国家发展和改革委员会
替代情况：被 DL/T 475－2017 代替

环境标志产品技术要求 干式电力变压器
标准编号：HJ/T 224－2005
实施日期：2006－01－01
发布部门：中华人民共和国工业和信息化部
替代情况：被 HJ 2543－2016 代替并废止

小功率电动机机械振动 振动测量方法、评定和限值
标准编号：JB/T 10490－2004
实施日期：2005－04－01
发布部门：中华人民共和国国家发展和改革委员会
替代情况：被 JB/T 10490－2016 代替

半导体电力变流器 型号编制方法
标准编号：JB/T 1505－1975
实施日期：1975－07－01
发布部门：中华人民共和国机械工业部
替代情况：暂无

电力传动控制装置的产品包装与运输规程
标准编号：JB/T 3085－1999
实施日期：2000－01－01
发布部门：国家机械工业局
替代情况：废止公告：中华人民共和国工业和信息化部公
　　　　　告 2017 年（第 23 号）

电压互感器试验导则
标准编号：JB/T 5357－2002
实施日期：2002－07－16
发布部门：国家经济贸易委员会
替代情况：暂无

两个输入激励量的方向继电器及功率继电器
标准编号：JB/T 5861－2002
实施日期：2002－12－01
发布部门：全国量度继电器和保护设备标委会
替代情况：废止公告：中华人民共和国工业和信息化部公
　　　　　告 2017 年（第 23 号）

YASO 系列小功率增安型三相异步电动机 技术条件 （ 机座号 56～90）
标准编号：JB/T 6200－1992
实施日期：1993－01－01
发布部门：中华人民共和国机械电子工业部
替代情况：暂无

电力半导体器件额定电压和电流
标准编号：JB/T 7063－1993
实施日期：1994－01－01
发布部门：中华人民共和国机械工业部
替代情况：废止公告：中华人民共和国工业和信息化部公
　　　　　告 2017 年（第 23 号）

热带电力变压器、互感器、调压器、电抗器
标准编号：JB/T 831－2005
实施日期：2005－11－01
发布部门：中华人民共和国国家发展和改革委员会
替代情况：被 JB/T 831－2016 代替

交流电气化铁道牵引供电用互感器第 2 部分：电压互感器
标准编号：JB/T 8510.2－2007
实施日期：2007－07－01
发布部门：中华人民共和国国家发展和改革委员会
替代情况：被 JB/T 8510.2－2016 代替

电控设备用低压直流电源
标准编号：JB/T 8948－1999
实施日期：2000－01－01
发布部门：国家机械工业局
替代情况：废止公告：中华人民共和国工业和信息化部公
　　　　　告 2017 年（第 23 号）

自愈式高电压并联电容器
标准编号：JB/T 8958－1999
实施日期：2000－01－01
发布部门：国家机械工业部
替代情况：废止公告：中华人民共和国工业和信息化部公
　　　　　告 2017 年（第 23 号）

电力系统继电器、保护及自动装置通用技术条件
标准编号：JB/T 9568－2000
实施日期：2000－01－10
发布部门：国家机械工业局
替代情况：废止公告：中华人民共和国工业和信息化部公
　　　　　告 2017 年（第 23 号）

灯用附件 高频冷启动管形放电灯（霓虹灯）用电子换流器和变频器性能要求
标准编号：QB/T 2986－2008

实施日期：2008 – 12 – 01
发布部门：中华人民共和国国家发展和改革委员会
替代情况：暂无

光伏器件 第 6 部分：标准太阳电池组件的要求
标准编号：SJ/T 11209 – 1999
实施日期：1999 – 12 – 01
发布部门：中华人民共和国信息产业部
替代情况：暂无。

综合
国家标准

移动式平台及海上设施用电工电子产品环境试验一般要求
标准编号：GB/T 13951 – 1992
实施日期：1993 – 07 – 01
发布部门：国家技术监督局
替代情况：被 GB/T 13951 – 2016 代替

移动式平台及海上设施用电工电子产品环境条件参数分级
标准编号：GB/T 13952 – 1992
实施日期：1993 – 07 – 01
发布部门：国家技术监督局
替代情况：被 GB/T 13952 – 2016 代替

电工电子产品环境试验 规范编制者用信息 试验概要
标准编号：GB/T 2421.2 – 2008
实施日期：2009 – 11 – 01
发布部门：中华人民共和国国家质量监督检验检疫总局、
　　　　　中国国家标准化管理委员会
替代情况：废止公告：国家标准公告 2017 年第 31 号

电工电子产品环境条件分类 自然环境条件 火灾暴露
标准编号：GB/T 4797.8 – 2008
实施日期：2009 – 11 – 01
发布部门：中华人民共和国国家质量监督检验检疫总局、
　　　　　中国国家标准化管理委员会
替代情况：废止公告：国家标准公告 2017 年第 31 号

行业标准

直流数字电压表试行检定规程
标准编号：JJG 315 – 1983
实施日期：1984 – 03 – 01
发布部门：国家计量局
替代情况：被 JJF 1587 – 2016 代替

耐电压测试仪检定规程
标准编号：JJG 795 – 2004
实施日期：2004 – 09 – 02

发布部门：中华人民共和国国家质量监督检验检疫总局
替代情况：被 JJG 795 – 2016 代替

CAD 绘制电子产品图样用图形和符号库 标准结构件图形
标准编号：SJ/T 10224 – 1991
实施日期：1991 – 12 – 01
发布部门：中华人民共和国工业和信息化部
替代情况：被 YD/T 5090 – 2005 替代

电子元器件与信息技术
国家标准

通信用电感器和变压器磁心 第四部分：分规范 电源变压器和扼流圈用磁性 氧化物磁心
标准编号：GB 9628 – 1988
实施日期：1989 – 02 – 01
发布部门：中华人民共和国电子工业部
替代情况：废止公告：国家标准公告 2017 年第 31 号

通信用电感器和变压器磁心 第四部分：空白详细规范
标准编号：GB 9629 – 1988
实施日期：1989 – 02 – 01
发布部门：中华人民共和国电子工业部
替代情况：废止公告：国家标准公告 2017 年第 31 号

电子设备用固定电阻器 第 4 部分：空白详细规范：功率型固定电阻器 评定水平 F
标准编号：GB/T 15885 – 1995
实施日期：1996 – 08 – 01
发布部门：国家技术监督局
替代情况：废止公告：国家标准公告 2017 年第 31 号

电子设备用固定电阻器 第 2 部分：空白详细规范 低功率非线绕固定电阻器 评定水平 F
标准编号：GB/T 17034 – 1997
实施日期：1998 – 09 – 01
发布部门：国家技术监督局
替代情况：废止公告：国家标准公告 2017 年第 31 号

电子设备用固定电阻器 第 4 部分：空白详细规范 带散热器的功率型固定电阻器 评定水平 H
标准编号：GB/T 17035 – 1997
实施日期：1998 – 09 – 01
发布部门：国家技术监督局
替代情况：废止公告：国家标准公告 2017 年第 31 号

仪器、仪表
行业标准

工业自动化仪表通用试验方法 第 2 部分：电源电压频率变

化抗扰度试验

标准编号：JB/T 6239.2－2007

实施日期：2008－03－01

发布部门：中华人民共和国国家发展和改革委员会

替代情况：废止公告：中华人民共和国工业和信息化部公
告 2017 年（第 23 号）

工业自动化仪表通用试验方法 第3部分：电源电压低降抗
扰度试验

标准编号：JB/T 6239.3－2007

实施日期：2008－03－01

发布部门：中华人民共和国国家发展和改革委员会

替代情况：暂无

工业自动化仪表通用试验方法 第5部分：电源快速瞬变单
脉冲抗扰度试验

标准编号：JB/T 6239.5－2007

实施日期：2008－03－01

发布部门：中华人民共和国国家发展和改革委员会

替代情况：暂无

功率表和无功功率表

标准编号：JB/T 9286－1999

实施日期：2000－01－01

发布部门：国家机械工业局

替代情况：废止公告：中华人民共和国工业和信息化部公
告 2017 年（第 23 号）

相位表、功率因数表和同步指示器

标准编号：JB/T 9287－1999

实施日期：2000－01－01

发布部门：国家环境保护总局（现为环境保护部）

替代情况：暂无

船舶
国家标准

电压为 1kV 以上至 11kV 的船舶交流电力系统

标准编号：GB 13031－1991

实施日期：1992－04－01

发布部门：中国船舶工业集团公司

替代情况：废止公告：国家标准公告 2017 年第 31 号

船舶电气设备 电力和照明变压器

标准编号：GB/T 22194－2008

实施日期：2009－04－01

发布部门：中华人民共和国国家质量监督检验检疫总局、
中国国家标准化管理委员会

替代情况：废止公告：国家标准公告 2017 年第 31 号

车辆
行业标准

电动汽车传导式充电接口

标准编号：QC/T 841－2010

实施日期：2011－03－01

发布部门：中华人民共和国工业和信息化部

替代情况：废止公告：中华人民共和国工业和信息化部公
告 2017 年（第 23 号）

电动汽车电池管理系统与非车载充电机之间的通信协议

标准编号：QC/T 842－2010

实施日期：2011－03－01

发布部门：中华人民共和国工业和信息化部

替代情况：废止公告：中华人民共和国工业和信息化部公
告 2017 年（第 23 号）

工程建设
行业标准

电力系统部分设备统一编号准则

标准编号：SD 240－1987

实施日期：1987－11－24

发布部门：水利电力部

替代情况：被 DL/T 1624－2016 替代

二、2017 年新实施标准

电工
国家标准

电力变压器 第18部分：频率响应测量

标准编号：GB/T 1094.18－2016

实施日期：2017－03－01

发布部门：中华人民共和国国家质量监督检验检疫总局、
中国国家标准化管理委员会。

归口单位：全国变压器标准化技术委员会（SAC/TC 44）

起草单位：广东电网有限责任公司电力科学研究院、沈阳
变压器研究院股份有限公司、中国合格评定国
家认可中心、南方电网科学研究院有限责任公
司、国网吉林省电力有限公司电力科学研究院、
卧龙电气集团北京华泰变压器有限公司、海南
威特电气集团有限公司等。

起草人：林春耀、张显忠、陈迪、刘杰、周丹、赵林杰、
敖明、何宝振、郭满生、谢文英、许秘、蔡定国、
王文光。

标准简介：GB 1094 的本部分规定了设备在现场及出厂时
进行频率响应测量的方法及设备，既可用于对
新设备的测量，也可用于对已运行设备的测量。
对测量结果的解释分析不属于本部分的规范性
内容，仅在附录 A 中给出了一些指导性建议。

本部分适用于电力变压器、电抗器及类似设备。

变压器、电抗器、电源装置及其组合的安全 第 15 部分：调压器和内装调压器的电源装置的特殊要求和试验

标准编号：GB/T 19212. 15－2016

实施日期：2017－03－01

发布部门：中华人民共和国国家质量监督检验检疫总局、中国国家标准化管理委员会。

归口单位：全国小型电力变压器、电抗器、电源装置及类似产品标准化技术委员会（SAC/TC 418）。

起草单位：沈阳变压器研究院股份有限公司、国家广播电视产品质量监督检验中心、上海市质量监督检验技术研究院、工业和信息化部电子第五研究所赛宝质量安全检测中心、工业和信息化部电子工业标准化研究院、天津光电惠高电子有限公司、上海出入境检验检疫局机电产品检测技术中心、中山市保利金电子有限公司、明珠电气有限公司、东莞市盈聚电子有限公司、东莞市大忠电子有限公司。

起草人：林然、张雅芳、俞毅敏、孙建龙、王晓冬、李东波、张红、梁辉、林俊容、毛启武、王里树、王又雄。

标准简介：GB 19212. 1－2016 的该章用下列内容代替：GB 19212 的本部分规定了一般用途调压器和内装一般用途调压器的电源装置的安全。内装电子电路的变压器也包括在本部分中。

变压器、电抗器、电源装置及其组合的安全 第 9 部分：电铃和电钟用变压器及电源装置的特殊要求和试验

标准编号：GB/T 19212. 9－2016

实施日期：2017－03－01

发布部门：中华人民共和国国家质量监督检验检疫总局、中国国家标准化管理委员会。

归口单位：全国小型电力变压器、电抗器、电源装置及类似产品标准化技术委员会（SAC/TC 418）

起草单位：沈阳变压器研究院股份有限公司、国家广播电视产品质量监督检验中心、上海市质量监督检验技术研究院、工业和信息化部电子第五研究所赛宝质量安全检测中心、上海出入境检验检疫局机电产品检测技术中心、明珠电气有限公司、中山市保利金电子有限公司。

起草人：林然、张雅芳、俞毅敏、孙建龙、张红、梁辉、毛启武、林俊容、丁玺。

标准简介：GB 19212. 1－2016 的该章用下列内容代替：GB 19212 的本部分规定了电铃和电钟变压器及内装电铃和电钟变压器的电源装置的安全要求。带有电子电路的变压器也包括在本部分中。

电能质量经济性评估 第 3 部分：数据收集方法

标准编号：GB/T 32880. 3－2016

实施日期：2017－03－01

发布部门：中华人民共和国国家质量监督检验检疫总局、中国国家标准化管理委员会。

归口单位：全国电压电流等级和频率标准化技术委员会（SAC/TC 1）

起草单位：国网山西省电力公司电力科学研究院、中机生产力促进中心、华北电力大学、国网江苏省电力公司电力科学研究院、国际铜业协会、上海市电力公司电力科学研究院、国网河南省电力公司电力科学研究院、南瑞（武汉）电气设备与工程能效测评中心、西安博宇电气有限公司等。

起草人：王金浩、陶顺、吴玉龙、肖湘宁、张苹、陆宠惠、袁晓冬、徐龙、雷达、黄炜、李琼林、潘爱强、刘军成、杜晨红、王昕、彭旭东、杜慧杰、徐佩、朱明星、齐林海、钟庆、肖楚鹏、吴命利。

标准简介：本部分规范了用于电力用户和公用配电网电能质量经济性评估的数据收集的范围、内容和收集方法。本部分适用于电力用户和公用配电网电能质量经济性评估中的数据收集。

光伏发电站继电保护技术规范

标准编号：GB/T 32900－2016

实施日期：2017－03－01

发布部门：中华人民共和国国家质量监督检验检疫总局、中国国家标准化管理委员会。

归口单位：中国电力企业联合会

起草单位：国家电网西北电力调控分中心、国家电力调度控制中心、中国南方电网电力调度控制中心、青海电力调度控制中心、新疆电力调度控制中心、山东电力调度控制中心、甘肃电力调度控制中心、西北勘测设计研究院、中国电力科学研究院、浙江电力科学研究院、江苏电力设计院等。

起草人：张健康、粟小华、陆明、胡勇、李红志、孟兴刚、马杰、陈新、奚瑜、沈晓凡、袁龙威、宋旭东、黄晓明、廖泽友、王淑超、李玉平、郭勇。

标准简介：本标准规定了光伏发电站中电力设备继电保护的配置原则、整定原则及整定管理要求。本标准适用于经 35kV 及以上电压等级送出线路并网的集中式光伏发电站与继电保护相关的科研、设计、制造、施工、调度和运行。通过其他电压等级送出的光伏发电站可参照执行。

充电电气系统与设备安全导则

标准编号：GB/T 33587－2017

实施日期：2017－12－01

发布部门：中华人民共和国国家质量监督检验检疫总局、中国国家标准化管理委员会。

归口单位：全国电气安全标准化技术委员会（SAC/TC 25）

起草单位：机械工业北京电工技术经济研究所、上海电动工具研究所、上海电器设备检测所、苏州电器科学研究院股份有限公司、威凯检测技术有限公司、深圳市标准技术研究院、西门子（中国）有限公司、ABB（中国）有限公司、杭州之江开关股份有限公司、广东产品质量监督检验研究院等。

起草人：李锋、李邦协、李新强、朱珊珊、方晓燕、王爱国、胡醇、陈永强、陈展展、王益群、张珺、彭文科、戴水东、马桂芬、蒲勇、张萍、王科。

标准简介：本标准规定了额定电压交流 1 000 V 及以下、直流 1 500 V 及以下充电电气系统与设备的使用环境条件、额定值、电气安全、机械安全、充电接口和连接、接地装置、运行安全、电磁兼容、安全信息等。本标准适用于充电电气系统与设备（以下简称系统与设备）。注：本标准为电气安全基础通用导则，相关要求若与产品标准要求不一致时，应当符合产品标准的要求。

智能电网调度控制系统技术规范 第 2 部分：术语

标准编号：GB/T 33590.2 – 2017

实施日期：2017 – 12 – 01

发布部门：中华人民共和国国家质量监督检验检疫总局、中国国家标准化管理委员会。

归口单位：全国电网运行与控制标准化技术委员会（SAC/TC 446）

起草单位：国家电网公司国家电力调度控制中心、中国南方电网电力调度控制中心、国电南瑞科技股份有限公司、国家电网公司华中分部、中国电力科学研究院、南方电网科学研究院、国家电网公司华北分部、国家电网公司西南分部、国网辽宁省电力有限公司、广东电网有限责任公司。

起草人：南贵林、程芸、胡荣、滕贤亮、陆进军、陈国平、许洪强、严亚勤、周华锋、张喜铭、汤卫东、潘毅、冯树海、陈波、翟明玉、马发勇、孙云枫、张勇、王民昆、句荣滨、向德军。

标准简介：本部分规定了智能电网调度控制系统中使用的术语、定义和缩略语。本部分适用于智能电网调度控制系统标准的编制和系统设计、开发、建设，也可供专业技术交流参考。

电动汽车充电用电缆

标准编号：GB/T 33594 – 2017

实施日期：2017 – 12 – 01

发布部门：中华人民共和国国家质量监督检验检疫总局、中国国家标准化管理委员会。

归口单位：全国电线电缆标准化技术委员会（SAC/TC 213）

主管部门：全国电线电缆标准化技术委员会（SAC/TC 213）

起草单位：上海电缆研究所、上海国缆检测中心有限公司、中国质量认证中心、无锡鑫宏业特塑线缆有限公司、广东奥美格传导科技股份有限公司、衡

阳恒飞电缆有限责任公司、中天科技装备电缆有限公司、无锡市明珠电缆有限公司、中利科技集团股份有限公司等。

起草人：李娜、朱永华、曲文波、肖继东、杨娟娟、谢志国、关丽丽、关勇、刘瑶勋、王福珊、徐鹏飞、于金花、孙建宇、杨志强、陆枝才、张强、管新元、王志辉、汪传斌、刘焕新、祝军、高骏、贾云鹏、洪健、刘伟海、卢圣杆、王灿。

标准简介：本标准规定了电动汽车充电用电缆的使用特性、表示方法、技术要求、标志、试验方法和要求、检验规则以及电缆的包装、运输和贮存。本标准适用于电动汽车传导充电连接装置用额定电压交流 450/750 V 及以下、直流 1.0 kV 及以下充电用电缆（可包括信号或控制线芯）。

LED 灯具可靠性试验方法

标准编号：GB/T 33721 – 2017

实施日期：2017 – 12 – 01

发布部门：中华人民共和国国家质量监督检验检疫总局、中国国家标准化管理委员会。

归口单位：全国照明电器标准化技术委员会（SAC/TC 224）

起草单位：上海时代之光照明电器检测有限公司、国家灯具质量监督检验中心、国家电光源质量监督检验中心（上海）、常州光电技术研究所、通用电气照明有限公司、道康宁（中国）投资有限公司、广东省东莞市质量监督检测中心、飞利浦灯具（上海）有限公司、常州市产品质量监督检验所等。

起草人：李为军、张涛、吕家伟、章海骢、李中凯、虞再道、李本亮、桑高元、施朝阳、周钢、周鼎、朱华荣、熊飞、李妙华、陈以平、龚朴、许建兴、陈龙、倪伟、施晓红、陈超中。

标准简介：本标准规定了电源电压不超过 1 000 V 的室内和室外用 LED 灯具可靠性的一般试验方法。本标准适用于 LED 灯具的可靠性试验，为了进行产品可靠性的验证，可根据产品的特性和使用环境，选择本标准中适宜的可靠性试验项目。

船舶和近海装置用电工产品 额定频率、额定电压和额定电流

标准编号：GB/T 4988 – 2016

实施日期：2017 – 03 – 01

发布部门：中华人民共和国国家质量监督检验检疫总局、中国国家标准化管理委员会。

归口单位：中国电器工业协会

起草单位：上海电器科学研究院、中国船级社上海规范研究所、中国船级社上海分社。

起草人：徐玉英、章定邦、孙武、孙戟、江舒。

标准简介：本标准规定了船舶和近海装置用电工产品的额定频率、额定电压和额定电流值。本标准适用

于船舶和近海装置（移动式及固定式）的电工产品。该电工产品包括可靠固定及永久连接的动力、照明、电热、炊具设备；自动控制系统和通信、导航设备的外部通用供电电源装置；电工仪表；在安全电压下工作的移动电动工具及移动照明器件和设备等。本标准不适用于下列情况：1）设备内部专用的供电电源及连接于这些电源的器件和部件；2）热继电器的热元件和熔断器的熔断体（对额定电流参数）；3）发电机的励磁设备；4）专用设备和电缆等。

电工电子产品环境试验设备检验方法 第1部分：总则

标准编号： GB/T 5170.1–2016

实施日期： 2017–07–01

发布部门： 中华人民共和国国家质量监督检验检疫总局、中国国家标准化管理委员会。

归口单位： 全国电工电子产品环境条件与环境试验标准化技术委员会（SAC/TC 8）

起草单位： 工业和信息化部电子第五研究所、广州五所环境仪器有限公司、中国电器科学研究院有限公司、中国航空工业集团公司北京长城计量测试技术研究所、广东电网有限责任公司电力科学研究院、无锡苏南试验设备有限公司。

起草人： 伍伟雄、谢晨浩、黄开云、吕国义、苏伟、倪一明、赖文光、吕旺燕、郑术力、谢凯锋。

标准简介： GB/T 5170 的本部分规定了环境试验设备（以下简称"设备"）检验所用术语和定义、检验条件、检验用仪器及要求、检验周期、检验负载、外观和安全、检验记录表、检验结果处理等。本部分适用于电工电子产品进行环境试验所用设备的检验，其他产品进行环境试验所用设备的检验亦可参照使用。

电工电子产品环境试验设备检验方法 第5部分：湿热试验设备

标准编号： GB/T 5170.5–2016

实施日期： 2017–07–01

发布部门： 中华人民共和国国家质量监督检验检疫总局、中国国家标准化管理委员会。

归口单位： 全国电工电子产品环境条件与环境试验标准化技术委员会（SAC/TC 8）

起草单位： 工业和信息化部电子第五研究所、广州五所环境仪器有限公司、中国电器科学研究院有限公司、中国航空工业集团公司北京长城计量测试技术研究所、广东电网有限责任公司电力科学研究院、无锡苏南试验设备有限公司。

起草人： 伍伟雄、谢晨浩、黄开云、吕国义、刘世念、倪一明、谢凯锋、苏伟、蔡锦文、赖文光。

标准简介： GB/T 5170 的本部分规定了湿热试验设备（以下简称"设备"）的检验项目、检验用仪器及要求、检验负载、检验条件、检验方法、检验

结果、检验周期等内容。本部分适用于对 GB/T 2423.3、GB/T 2423.4、GB/T 2423.16、GB/T 2423.50 所用试验设备的检验。本部分也适用于类似试验设备的检验。

小功率电动机 第21部分：通用试验方法

标准编号： GB/T 5171.21–2016

实施日期： 2017–03–01

发布部门： 中华人民共和国国家质量监督检验检疫总局、中国国家标准化管理委员会。

归口单位： 全国旋转电机标准化技术委员会（SAC/TC 26）

主管部门： 全国旋转电机标准化技术委员会（SAC/TC 26）

起草单位： 中国电器科学研究院有限公司、广东威灵电机制造有限公司、北京京仪敬业电工科技有限公司、威凯检测技术有限公司、卧龙电气集团股份有限公司、开平市三威微电机有限公司、杭州富生电器股份有限公司、珠海凯邦电机制造有限公司、浙江京马电机有限公司、合肥美的电冰箱有限公司。

起草人： 伍云山、张传甲、姚磊、张兵、杨中华、王建乔、周新根、张运昌、漆凌君、朱春富、李洋、金宇航、孙静。

标准简介： GB/T 5171 的本部分规定了小功率电动机通用试验方法涉及的术语和定义、符号、试验的基本要求、试验准备、温升试验、效率的测定以及堵转试验等试验项目的试验方法。本部分适用于 GB/T 5171.1 界定的产品。本部分未规定的各类型小功率电动机的特殊试验项目、方法，需在该类型小功率电动机的试验方法标准中作补充。

电能质量经济性评估 第1部分：电力用户的经济性评估方法

标准编号： GB/Z 32880.1–2016

实施日期： 2017–07–01

发布部门： 中华人民共和国国家质量监督检验检疫总局、中国国家标准化管理委员会。

起草单位： 华北电力大学、华南理工大学、中机生产力促进中心、安徽大学、台积电（中国）有限公司、国网江苏省电力公司电力科学研究院、国网山西省电力公司电力科学研究院、国际铜业协会等。

起草人： 陶顺、钟庆、肖湘宁、张苹、朱明星、陆宠惠、翟静、袁晓冬、王金浩、钱叶牛、周健、陈志刚、李琼林、黄炜、刘军成、许国昌、解绍锋、王玥娇、彭旭东。

标准简介： 本部分规范了电力用户的电能质量经济性评估原则、经济成本构成、经济损失评估方法、治理方案经济性评估方法、评估流程及评估指标。本部分对经济损失的评估仅限电能质量问题造成的直接经济损失和电能质量问题造成产品数

量减少或形成次品而产生的间接经济损失。本部分适用于电力用户的电能质量经济性评估。

电能质量经济性评估 第 2 部分：公用配电网的经济性评估方法

标准编号：GB/Z 32880.2 - 2016

实施日期：2017 - 07 - 01

发布部门：中华人民共和国国家质量监督检验检疫总局、中国国家标准化管理委员会。

归口单位：全国电压电流等级和频率标准化技术委员会（SAC/TC 1）

起草单位：国网江苏省电力公司电力科学研究院、中机生产力促进中心、华北电力大学、国网山西省电力公司电力科学研究院、安徽大学、中国电力企业联合会、国际铜业协会、国网上海市电力公司电力科学研究院等。

起草人：袁晓冬、柳丹、张苹、陶顺、王金浩、刘军成、李群、朱明星、陆宠惠、黄炜、潘爱强、陈志刚、周作春、周胜军、顾伟、彭旭东、孙浩。

标准简介：本部分规范了公用配电网的电能质量经济性评估方法，给出了典型电能质量问题引起的公用配电网经济损失的评估方法以及配电网经营主体电能质量治理方案的经济性评估方法。本部分适用于公用配电网中的电能质量问题的经济性评估。厂用电等其他配网可参照执行。

能源、核技术
国家标准

光伏发电系统模型及参数测试规程

标准编号：GB/T 32892 - 2016

实施日期：2017 - 03 - 01

发布部门：中华人民共和国国家质量监督检验检疫总局、中国国家标准化管理委员会。

归口单位：中国电力企业联合会

起草单位：中国电力科学研究院

起草人：吴福保、朱凌志、曲立楠、葛路明、陈宁、施涛、赵亮、姜达军、迟永宁、马珂、李琰、张磊、王湘艳、赵大伟、罗芳。

标准简介：本标准规定了光伏发电系统机电暂态模型验证及参数测试的技术要求。本标准适用于通过 10（6）kV 及以上电压等级与公共电网连接的光伏发电系统。

户用分布式光伏发电并网接口技术规范

标准编号：GB/T 33342 - 2016

实施日期：2017 - 07 - 01

发布部门：中华人民共和国国家质量监督检验检疫总局、中国国家标准化管理委员会。

归口单位：中国电力企业联合会

起草单位：中国电力科学研究院、国网北京经济技术研究院。

起草人：刘纯、何国庆、王伟胜、迟永宁、赵伟然、史梓男、冯凯辉、李光辉、郝木凯。

标准简介：本标准规定了户用分布式光伏发电并网接口遵循的一般原则、技术要求及其设备要求。本标准适用于总容量 30 kW 及以下，通过 380 V/220 V 接入的新建、扩建或改建户用并网光伏发电系统。

微电网接入电力系统技术规定

标准编号：GB/T 33589 - 2017

实施日期：2017 - 12 - 01

发布部门：中华人民共和国国家质量监督检验检疫总局、中国国家标准化管理委员会。

起草单位：中国电力科学研究院

起草人：刘纯、何国庆、李光辉、迟永宁、王伟胜、冯凯辉、赵伟然、郝木凯、汪海蛟、孙艳霞、孙文文。

标准简介：本标准规定了微电网接入电力系统运行应遵循的一般原则和技术要求。本标准适用于通过 35 kV 及以下电压等级接入电网的新建、改建和扩建并网型微电网。

分布式电源并网技术要求

标准编号：GB/T 33593 - 2017

实施日期：2017 - 12 - 01

发布部门：中华人民共和国国家质量监督检验检疫总局、中国国家标准化管理委员会。

归口单位：中国电力企业联合会

主管部门：中国电力企业联合会

起草单位：中国电力科学研究院、中电普瑞张北风电研究检测有限公司。

起草人：刘纯、何国庆、李光辉、冯凯辉、赵伟然、迟永宁、王伟胜、汪海蛟、郝木凯、孙艳霞、孙文文。

标准简介：本标准规定了分布式电源接入电网设计、建设和运行应遵循的一般原则和技术要求。本标准适用于通过 35 kV 及以下电压等级接入电网的新建、改建和扩建分布式电源。

光伏发电站并网运行控制规范

标准编号：GB/T 33599 - 2017

实施日期：2017 - 12 - 01

发布部门：中华人民共和国国家质量监督检验检疫总局、中国国家标准化管理委员会。

归口单位：中国电力企业联合会

起草单位：中国电力科学研究院、国家电力调度控制中心。

起草人：刘纯、董存、黄越辉、王跃峰、许晓艳、范高锋、礼晓飞、许彦平、马烁、刘德伟、张楠、高云峰、唐林、梁昌波、王晶、潘霄峰、李驰、何国庆。

标准简介：本标准规定了光伏发电站并网运行控制的基本规定，以及运行管理、功率预测、发电计划、有功功率控制、无功功率控制、继电保护及安全自动装置运行、电力通信运行、调度自动化运行、设备检修、事故记录与报告的要求。本标准适用于通过 35 kV 及以上电压等级并网，以及通过 10 kV 电压等级与公共电网连接的新建、改建和扩建光伏发电站。

智能电网调度控制系统总体框架

标准编号：GB/T 33607 – 2017

实施日期：2017 – 12 – 01

发布部门：中华人民共和国国家质量监督检验检疫总局、中国国家标准化管理委员会。

归口单位：全国电网运行与控制标准化技术委员会（SAC/TC 446）

起草单位：国家电网公司国家电力调度控制中心、中国南方电网电力调度控制中心、中国电力科学研究院、国家电网公司华北分部、国家电网公司华东分部、国网北京市电力公司、广东电网有限责任公司、国电南瑞科技股份有限公司、北京科东电力控制系统有限责任公司等。

起草人：辛耀中、陶洪铸、周劼英、严亚勤、赵曼勇、胡荣、周华锋、潘毅、周京阳、严剑峰、杨争林、张哲、毕晓亮、王永、邓大为、戴则梅、沈国辉、彭晖、孟勇亮、翟明玉、米为民、施建华、张仕鹏、崔晖、鲁广明、唐林等。

标准简介：本标准规定了智能电网调度控制系统的整体设计和体系框架，规范了基础平台、实时监控与预警类应用、调度计划与安全校核类应用、调度管理类应用、电网运行驾驶舱类应用的功能定位和构成，系统总体性能要求等。本标准适用于省级及以上智能电网调度控制系统的设计、研发、建设、验收、运行和维护。地县（配）级调度控制系统参照执行。

独立光伏系统验收规范

标准编号：GB/T 33764 – 2017

实施日期：2017 – 12 – 01

发布部门：中华人民共和国国家质量监督检验检疫总局、中国国家标准化管理委员会。

归口单位：中国标准化研究院

起草单位：国家太阳能光伏产品质量监督检验中心、常州天合光能有限公司、浙江晶科能源有限公司、中科恒源科技股份有限公司、中国合格评定国家认可中心、中节能太阳能科技（镇江）有限公司、江苏欧力特能源科技有限公司等。

起草人：恽旻、鲍军、陈耀、陈迪、肖桃云、张臻、李卿韶、金浩、黄爱军、王宁、勾宪芳、黄国平、吴媛、吴晓丽、吕振华、丁建宁、丁春明。

标准简介：本标准规定了独立光伏系统的系统安装基本要求、验收程序和安全检查。本标准适用于系统功率在 1 kW 及以上的地面用独立光伏系统的

验收。

地面光伏系统用直流连接器

标准编号：GB/T 33765 – 2017

实施日期：2017 – 12 – 01

发布部门：中华人民共和国国家质量监督检验检疫总局、中国国家标准化管理委员会。

归口单位：中国标准化研究院

起草单位：浙江人和光伏科技有限公司、国家太阳能光伏产品质量监督检验中心、浙江佳明天和缘光伏有限公司、晶科能源有限公司、史陶比尔（杭州）精密机械电子有限公司、常熟市福莱德连接器科技有限公司等。

起草人：高银涛、段利军、张栋兵、王冬、王福安、王洪昌、刘亚锋、沈钱平、许建明、段正刚、陈士昂、郭玉昆、彭祁军、史曙明、吴媛、徐艮根、黄定军、吴精益、卢杭杰、张湘、张盛忠。

标准简介：本标准规定了地面光伏系统用连接器（以下简称连接器）的术语和定义、结构和性能要求、试验方法、检验规则、标识、包装、运输、贮存等内容。本标准适用于按 GB/T 20047.1 定义的应用等级 A 的光伏系统用无分断能力的直流连接器，且额定电压不大于 DC1 500 V、额定电流不大于 125 A。按 GB/T 20047.1 定义的应用等级 B 及 C 的光伏组件连接器可参照应用。注：在负载情况下，不允许对连接器进行插合或分离操作。

独立太阳能光伏电源系统技术要求

标准编号：GB/T 33766 – 2017

实施日期：2017 – 12 – 01

发布部门：中华人民共和国国家质量监督检验检疫总局、中国国家标准化管理委员会。

归口单位：中国标准化研究院

主管部门：中国标准化研究院

起草单位：深圳市创益科技发展有限公司、国家太阳能光伏产品质量监督检验中心、厦门冠宇科技股份有限公司等。

起草人：李志坚、杨舸、高银涛、张魏娜、张明、孙坚、赵敬江、李化铮等。

标准简介：本标准规定了独立太阳能光伏电源系统的术语和定义、技术要求和试验方法等。本标准适用于光伏组件额定功率为 1.0 kW 以下，直流输出为 72 V 及以下或 AC220 V 的独立太阳能光伏电源系统。

综合

国家标准

移动式平台及海上设施用电工电子产品环境试验一般要求

标准编号：GB/T 13951－2016

实施日期：2017－07－01

发布部门：中华人民共和国国家质量监督检验检疫总局、中国国家标准化管理委员会。

归口单位：全国电工电子产品环境条件与环境试验标准化技术委员会（SAC/TC 8）

起草单位：中国电器科学研究院有限公司、北京科技大学、苏州苏试试验仪器股份有限公司、广州市标准化研究院、无锡苏南试验设备有限公司、中海油天津化工研究设计院。

起草人：黄开云、李晓刚、徐立义、揭敢新、刘鑫、王俊、冯文希、倪一明、郭志佳、吴俊升、高瑾。

标准简介：本标准规定了安装在移动式平台及海上设施（以下简称为"平台"）上不同处所的电工电子产品所需进行的环境试验项目、试验方法及严酷等级。本标准适用于平台用电工电子产品在制定技术条件时，对环境试验项目、试验方法及严酷等级的选定。其中有关的试验细则和考核指标在产品技术条件中规定。单点系泊装置和海上浮式装置用电工电子产品的环境试验一般要求可参照本标准。

移动式平台及海上设施用电工电子产品环境条件参数分级

标准编号：GB/T 13952－2016

实施日期：2017－07－01

发布部门：中华人民共和国国家质量监督检验检疫总局、中国国家标准化管理委员会。

归口单位：全国电工电子产品环境条件与环境试验标准化技术委员会（SAC/TC 8）

起草单位：中国电器科学研究院有限公司、苏州苏试试验仪器股份有限公司、北京科技大学、中海油天津化工研究设计院、广州市标准化研究院。

起草人：刘鑫、徐立义、李晓刚、黄开云、王俊、揭敢新、郭志佳、冯文希、高瑾、吴俊升。

标准简介：本标准规定了移动式平台及海上设施（以下简称为"平台"）上使用的电工电子产品承受到的各种环境条件及参数分级。本标准适用于平台用的电工电子产品在设计和制定技术条件时选定环境条件及其参数等级。单点系泊装置和海上浮式装置用电工电子产品可参照本标准。

电子元器件与信息技术
国家标准

实验室仪器及设备安全规范 仪用电源

标准编号：GB/T 32705－2016

实施日期：2017－01－01

发布部门：中华人民共和国国家质量监督检验检疫总局、中国国家标准化管理委员会。

标准简介：本标准适用于预定用作由电网电源供电的独立电源的通用安全要求，但不包括不间断电源、设备内部不独立销售的电源，本标准规定了检查和型式试验来鉴定设备是否符合本标准要求的方法。

轻工、文化与生活用品
行业标准

洗衣机直流变频驱动装置技术规范

标准编号：QB/T 4981－2016

实施日期：2017－01－01

发布部门：中华人民共和国工业和信息化部

归口单位：全国家用电器标准化技术委员会（SAC/TC 46）

主管部门：全国家用电器标准化技术委员会（SAC/TC 46）

起草单位：中国家用电器研究院、惠而浦（中国）股份有限公司、无锡小天鹅股份有限公司、宁波吉德电器有限公司等。

起草人：朱焰、杨宇澄、黎辉、吉学农等。

标准简介：本标准规定了家用和类似用途电动洗衣机用直流变频驱动装置的术语和定义、要求及试验方法。本标准适用于家用和类似用途电动洗衣机用驱动洗涤、脱水机构的直流变频驱动装置。

医药、卫生、劳动保护
地方标准

电动汽车充电基础设施消防安全技术规程

标准编号：DB37/T 2908－2017

实施日期：2017－03－10

发布部门：山东省质量技术监督局

归口单位：山东省消防标准化技术委员会

主管部门：山东省消防标准化技术委员会

起草单位：山东省公安消防总队、烟台市公安消防支队。

起草人：张明灿、盖永兴、王海港、陈兵、宋玉华、宋萌萌、张磊。

标准简介：本标准规定了电动汽车充电基础设施的范围、规范性引用文件、术语、一般要求、设施组成及消防设计、施工、验收要求。本标准适用于新建、改建、扩建的地上电动汽车充电基础设施。本标准不适用于电动摩托车、电动自行车、电动三轮车等非机动车辆充电设施的建设。电动汽车充电基础设施的建设除应符合本规程规定外，尚应符合国家现行有关标准和规范的规定。

第七篇　主要电源企业简介

（同类企业按单位名称汉语拼音字母顺序排列）

会员企业按主要产品索引

通用开关电源（75 个）

UPS 电源（73 个）

新能源电源（光伏逆变器、风力变流器等）（69 个）

通信电源（62 个）

模块电源（56 个）

照明电源、LED 驱动电源（48 个）

特种电源（44 个）

EPS 电源（41 个）

其他（39 个）

稳压电源（器）（38 个）

蓄电池（32 个）

直流屏、电力操作电源（31 个）

变频电源（器）（28 个）

功率器件（24 个）

半导体集成电路（21 个）

电焊机、充电机、电镀电源（21 个）

电子变压器（21 个）

电抗器（17 个）

电容器（15 个）

电源配套设备（自动化设备、SMT 设备、绕线机等）（15 个）

磁性元件/材料（14 个）

电感器（13 个）

滤波器（12 个）

PC、服务器电源（8 个）

电源测试设备（7 个）

电阻器（6 个）

胶（5 个）

机壳、机柜（4 个）

绝缘材料（3 个）

风扇、风机等散热设备（2 个）

副理事长单位

1. 广东志成冠军集团有限公司

地址： 东莞市塘厦镇田心工业区
邮编： 523718
电话： 0769 - 87725486
传真： 0769 - 87927259
邮箱： zcz@ zhicheng - champion. com
网址： www. zhicheng - champion. com
简介：

广东志成冠军集团有限公司（以下简称"志成冠军集团"）位于毗邻深圳特区的东莞市塘厦镇，是一家集科、工、贸、投资于一体的国家火炬计划重点高新技术企业，始创于1992年8月，注册资金1亿元人民币，占地15万平方米，自有资产过6亿元人民币。

志成冠军集团设有3个研发机构，4个生产厂区，32个分公司办事处，有员工700余名，其中各类专业人才300多名。技术上以国内多所著名高校为依托，致力从事于电子信息、光机电一体化、能源与高效节能、软件四大高新技术领域的自主创新、研发、生产、销售不间断电源（UPS），逆变电源（INV），应急电源（EPS），高压直流电源，电动汽车充电站及管理系统，太阳能光伏并网发电系统，新型阀控密封式免维护铅酸蓄电池，嵌入式多媒体软件，网络安防监控系统等，广泛应用于各个领域，覆盖国内和40多个国家与地区市场，是广东省20家装备制造业重点企业之一。

近年来，志成冠军集团的不间断电源产品成功地应用于武警部队、西昌卫星发射基地、北京地铁工程、北京奥运新闻中心和奥运鸟巢场馆、世博会、第21届世界大学生运动会、第十届全国运动会、广州亚运会场馆、广州超级计算中心等重大项目。安防产品在东莞市的科技强警工程和广东省公安厅交通管理系统的车载移动报警设备招标中相继中标。

志成冠军集团通过自主创新，构建和完善了以企业为主体、市场为导向、产学研相结合的技术创新体系，并成功地组建了"广东省企业技术中心""广东省大功率不间断电源工程研究开发中心""博士后科研工作站"，先后填补了国家10项产品空白，其中有9项产品被列入国家火炬计划和国家重点新产品，并率先将国内电源产品的生产规模化，将设计、生产、经营及售后服务等各个环节逐步进行专业化的改革和优化，在提升产品质量的同时，又以合理的价格定位开拓出更大的市场空间，为持续健康发展奠定了坚实的基础。在短短的几年间，作为国内电源研发制造的领军企业，以非凡的业绩赢来了数不胜数的荣誉。

志成冠军集团先后被认定为"国家高新技术企业""国家火炬计划重点高新技术企业""国家创新型试点企业"、首批29家"广东省创新型企业"、50家"广东省装备制造业骨干企业"、"广东省百强民营企业"及4A级"标准化良好行为企业"等。2000年获得国家广播电影电视总局"广播电视入网设备器材认定"和中国人民解放军参谋部"国际通信设备器材进网许可证"，此外，产品还获得了欧盟的CE、美国的UL和FCC，德国的TÜV、澳洲的AS/NZS等国际认证，并拥有近百项专利及软件著作权。

志成冠军集团大力推广品牌战略。为了培育属于自己的品牌，提出了"质量第一，信誉为本"的质量方针，在国内同行业中首批通过了ISO9001质量管理体系认证和ISO14001环境管理体系认证。连续7年被广东省工商行政管理局评定为"守合同重信用"企业，不间断电源、EPS应急电源、蓄电池产品被评为"广东省名牌产品"，企业注册商标被评为"广东省著名商标"，2010年又被国家工商总局商标局认定为"中国驰名商标"。

主要产品介绍：

多制式模块化UPS（30K模块）

本模块化UPS是目前一款先进的、高效率的、高性能的双转换纯在线UPS冗余并联系统。由功率模块、旁路模块和显示模块三大部分组合成一台冗余并联UPS，在整机中可以对各个模块进行热插拔操作，系统中功率模块的功率为30kVA，具有输入功率因数高、体积小、容量扩展性好、效率高、电池节数动态可调、绿色环保等优点。

高层专访：
被采访人： 李民英　总工程师

▶请您介绍公司2017年总体发展情况？公司的独特优势有哪些？

2017年度，志成冠军集团在技术上继续与湖南大学、华中科技大学等国内著名高校合作，在产品方向上继续以不间断电源（UPS）、逆变电源（INV）、应急电源（EPS）、储能电站装置、新型阀控密封式免维护铅酸蓄电池、磷酸铁锂电池等先进电源产品及配套产品为重点。

2017年，志成冠军集团积极布局电源市场的新方向、新领域，进军海岛特种电源这一军民融合新兴市场领域，通过与湖南大学等单位合作，联合研制了"海岛/岸基大功率特种电源系统关键技术与成套装备及应用"，并通过中国机械工业联合会重大科技成果鉴定，荣获中国机械工业科学技术奖特等奖。

为了进一步掌握海洋工程、海洋供电系统领域的核心技术，志成冠军集团申报了 2017 年广东省"珠江人才计划"引进创新创业团队项目，拟引进湖南大学罗安院士领衔的"电能绿色变换与控制创新团队"专门开展完整的海洋供电系统的开发。经过重重选拔，目前已进入拟入选名单，并通过了公示。

总体而言，志成冠军集团在 2017 年保持稳定的发展态势，并通过进军新兴领域为后续的、长远的、可持续发展奠定了坚实的基础。

▶请您介绍公司 2018 年的发展规划及未来展望？

在 2018 年，公司将重点做好以下两个方面的工作：

1）维持好现有的市场和产品，巩固已有的优势。继续做好现有的 UPS 电源、EPS 电源、蓄电池等。通过不断地技术创新进行升级优化、持续改进，确保产品始终处于行业的先进水平。

2）加大投入进军海洋特种电源领域。在 2018 年将扩大研发团队，强化研发，确保在领域内处于领先地位。同时将扩大市场队伍，重点实施一些示范性工程，为今后的大规模应用积累经验。

▶您对电源行业未来市场发展趋势有什么看法？公司会迎来哪些机遇？如何把握？

电源行业正在步入新的里程，以海洋装备、军民融合为代表的新兴市场正在成长，也对我们企业提出了更高的要求。要求企业能站在国家战略和国家安全的层面进行产品的研制和生产。公司将全力投入对海洋特种电源产品的技术研发，以抢占市场和技术的制高点。

2. 深圳市航嘉驰源电气股份有限公司

Huntkey 航嘉

地址： 广东省深圳市龙岗区坂田坂雪大道航嘉工业园
邮编： 518129
电话： 0755 – 89606666
传真： 0755 – 89606333
网址： www.huntkey.com
简介：

深圳市航嘉驰源电气股份有限公司（以下简称"航嘉机构"（Huntkey））总部位于深圳，设有深圳市航嘉驰源电气股份有限公司、河源涌嘉实业有限公司、航嘉电器（合肥）有限公司、深圳嘉源锐信管理软件有限公司等主导企业。目前，拥有深圳、河源、合肥三地工业园区近百万平方米，在美国、日本等地设有分公司，在巴西、阿根廷、印度等国家拥有合作工厂。自主设计、研发、制造开关电源，计算机机箱、显示器、适配器等计算机周边产品，手机等移动电子产品所用的充电器、旅行充等消费周边产品，智能插座、智能小家电、智能 LED 照明等智能家居产品，充电桩、新能源汽车车载电源（充电机、DC – DC 等）。销售网络覆盖世界各地。

航嘉机构创立于 1995 年，从事 IT、消费、小家电领域的产品，及其产品所属的电力、电子系统的研发、设计、制造、销售一体化的专业服务企业。航嘉机构是国际电源制造商协会（PSMA）会员单位、中国电源行业协会（CPSS）副会长单位、高新技术企业。

航嘉机构研发技术实力雄厚，其产品中心拥有行业先进的可靠性实验室、材料实验室、功能实验室、光学实验室、仿真实验室、安全实验室、电磁兼容实验室、声学实验室、HALT 等专业实验室和检测中心，专注于研发设计、新材料、实验技术应用、产品功能测试等领域。2012 年，公司通过了中国合格评定国家认可委员会（CNAS）认可资格，是深圳市指定的电力电子工程技术中心，拥有德国 TÜV、挪威 Nemko、美国 FCC、国标 9254 授权实验室，具备 TÜV、CE、UL 及泰尔等国际认证的能力。

多年来，航嘉机构为联想、华为、海尔、中兴、DELL、BESTBUY 等国内外大型企业提供优质、可靠的产品和解决方案，获得了客户的认可和信任。

主要产品介绍：

数字化工业电源——仓储机器人（AGV）充电机

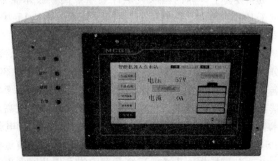

产品应用：仓储机器人电池组的智能充电。

电气特性：输入 AC220V、输出可通过 RS485 和显示屏控制、输出电压设置范围为 30 ~ 58V、输出电流设置范围为 1 ~ 30A；显示屏显示充电（电压、电流、告警）信息，也可通过 RS485 上传上位机。

保护功能：输出短路、反接、过电压、过电流、欠电压、过温。

高层专访：

被采访人：刘茂起　执行总裁

▶请您介绍公司 2017 年总体发展情况？公司的独特优势有哪些？

2017 年，围绕"适用才是最好的"主题，在电竞和矿机方面所做的工作，获得了明显的成绩，如屡获殊荣的航嘉 MVP 机箱，以及在电竞显示器方面，面向 DIY 行业中高端群体推出了更加适合他们的产品。

▶公司当前面临的难题或挑战是什么？准备用什么策略来应对？

国内 DIY 容量再创新低；品牌商之间竞争惨烈；电源上游产业的持续洗牌，导致各种原材料价格上涨；而随着客户对品质、服务和成本的高要求，航嘉产品在供应链、品质、交付、效率、客户满意度等全方位面临高难度挑战。

在如此焦灼的形式下，公司各部门悉心梳理各流程，切实贯彻公司推行的 IVC 管理模式，齐心协力应对新的挑战。

▶请您介绍公司 2018 年的发展规划及未来展望？

2018 年，把航嘉做成行家是我们的目标。不管从事各行业哪个领域的产品，我们都应作为行业当中的领首的心态来充实产品的研发、市场的开拓及产品的制造和生产。只有这样，我们才能够达到用心做好每件事，做出的产品才能够满足用户不断的高端需求。所以，用一句话来总结："航嘉要成为真正的行家，成为行家领首的航嘉"。这是我们对航嘉2018年最大的期许。

3. 台达电子企业管理（上海）有限公司

地址：上海市浦东新区民雨路182号
邮编：201209
电话：021 – 68723988
传真：021 – 68723996
邮箱：yan. wy. wang@ deltaww. com
网址：www. delta – china. com. cn
简介：

台达电子企业管理（上海）有限公司（以下简称"台达集团"）创立于1971年，为电源管理与散热管理解决方案的领导厂商，并在多项产品领域居世界级重要地位。面对日益严重的气候变迁议题，台达秉持"环保 节能 爱地球"的经营使命，运用电源设计与管理的基础，整合全球资源与创新研发，深耕三大业务范畴，包含"电源及元器件""能源管理""智能绿生活"。

基于对环境保护的承诺，台达集团不断提高电源产品的转换效率，并成为全球电源及可再生能源整合方案的领导者。目前，产品转换效率都已达90%以上，其中先进的通信电源效率超过97%，光伏逆变器效率高达98.7%。我们坚信，发展环保节能产品，对台达的业务成长与环境保护的实践均具有正面助益。

自2010—2015年，台达在高效节能产品与解决方案的整体节能成果卓著，共为客户节省了173亿度电，相当于减少了920万吨二氧化碳排放量。在众多的节能产品中，台达亦研发出全球首款符合"80 PLUS"钛金级服务器电源，效率高达96%。提供环保、洁净与更具能源效率的解决方案，是台达企业发展的愿景，台达期待藉由世界级的电力电子核心技术与能力，让未来更美好。

台达持续通过多元方式应对不断变化的世界，并积极落实品牌承诺："Smarter. Greener. Together."，这不只象征了台达对自身的要求，也代表对股东、客户与员工的承诺。"Smarter"代表台达在电源效率与可再生能源的核心技术能力，"Greener"则是台达创立以来所坚持的"环保 节能 爱地球"的企业经营使命，"Together"是台达的经营哲学，与客户建立长期伙伴关系。台达深信技术与合作的重要性，藉由领先的技术与客户合作，持续创造高效率、可靠的电源及元器件产品、工业自动化、能源管理系统以及消费性商品，为工业客户与消费者提供多元的产品与服务。

台达集团的运营网点遍布全球，在中国、美国、泰国、新加坡、日本、墨西哥、印度、巴西以及欧洲等设有研发中心和生产基地。

近年来，台达陆续荣获多项国际荣耀与肯定。自2011年起，台达连续六年入选为道琼斯可持续发展指数（Dow Jones Sustainability Indexes）之世界指数，并连续四年蝉联"新兴市场指数"（DJSI – Emerging Markets）；2015年国际碳信息披露项目（Carbon Disclosure Project, CDP）年度评比，台达从全球近2 000家参与CDP评比的上市企业中脱颖而出，获得气候变迁"领导等级"评级；2011—2016年连续五年入选"台湾二十大国际品牌"；2010—2014年连续四年荣登《中国绿色公司》百强榜民营企业50强；入选中国社科院"中国外资企业100强社会责任发展指数"10强等。

台达电子企业管理（上海）有限公司是台达集团的全资子公司，主要从事电能有效利用和计算机、信息、通信、网络、机电、光电、汽车电子领域，以及太阳能、风能等绿色能源的研究开发和技术支持，配合集团整体策略，运用电源设计与管理的基础，结合相关领域创新技术及软硬件开发，深耕三大业务范畴，使台达逐步从产品制造商转型为整体节能解决方案的提供商。

主要产品介绍：

LED智能直流照明电源系统：

台达LED照明智能直流电源系统前段供电是先将三相380V市电整流为250V高压直流，然后再经由原有配电线路供电到灯杆单元。

智能直流供电系统内置有监控单元，可经由输出线路载波和各个灯杆单元通信，也可利用CAN总线和冗余电源模块通信，还可以由GPRS模块和上一级的监控设备通信，以实现遥信、遥测、遥控功能。

智能路灯监控管理平台

基于地图模式的后台管理中心，能实时反映现场电源柜及灯具的运行状态，且可做远程控制。各种控制策略及能耗报表分析，使得照明更加智能化。

高层专访：

被采访人：郑平　台达执行长

▶请您介绍公司 2017 年总体发展情况？公司的独特优势有哪些？

智造升级：新架构锻造牵引力

台达成立于 1971 年，最初主要以生产电源及元器件起家。自 2010 品牌元年伊始，台达已逐步从关键元器件制造商转型为整体节能解决方案提供商。据悉，在 2017 年 5 月台达最新的业务调整中，位于台北的两栋办公楼承接物联网、大数据相关研发的项目，全力发展新一代"中国制造2025"相关的技术与产品。截至目前，台达已完成从元器件走向解决方案、从 OEM 走向自有品牌的重大转型。

以往台达根据产品与技术来区分事业单位，最新的事业单位则是按照市场来区分。从 2017 年 5 月，台达重新调整了组织架构，形成了电源及元器件、自动化和基础设施三大业务范畴。通过这一变革，台达应对市场快速变化和业务成长的动能将进一步加强。

作为节能环保的重要实施单位，台达将工业自动化事业群独立运营，无疑是面向智能制造的重要举措。工业自动化事业群由台达原有的四个工业自动化单位、2016 年并购的羽冠科技以及内部的服务单元构成。工业自动化事业群技术能力涵盖现场设备层、控制层、物理系统和信息系统的衔接层 MES 系统，以及与企业资源规划系统（ERP）接口整合能力，为拓展工业自动化软硬件结合能力和布局智能制造提供有力支撑。

楼宇自动化技术是楼宇智能化的基础，台达致力于研发领先业界技术的楼宇自动化产品，完美协助客户实现对于楼宇运营与有效管理的目标。台达提供全方位的楼宇自动化产品系列，有从顶层的能源分析与楼宇管理到各场域所需要的楼宇控制器，以及满足智能照明所需的高效率 LED 驱动电源与灯具，还有具备影像安防技术的智能安防系统。

台达基础设施业务范畴包含网络通信基础设施和能源基础设施两大业务板块。对于网络通信基础设施的规划，郑平先生介绍说："台达力争在有线、无线、光纤等领域实现技术的突破和变化，形式上台达将所有数据上传到同一个平台，但这些真正的实体设施其实是分布在各个地方，现在我们将其统一到云架构中。台达研发的楼宇自动化、电动车充电、智能照明、储能等诸多创新技术，皆是针对'中国制造 2025'这一趋势下的有效解决方案，更是协助全球城市实践低碳转型的基础。"

▶公司当前面临的难题或挑战是什么？准备用什么策略来应对？

物联网时代来临，制造业必须迈向智能化生产以因应市场需求的转变，而发展智能制造核心技术和系统，需透过跨领域合作来加速研发脚步，掌握市场先机，满足未来制造的需求。

"我们已在工业自动化领域从业 20 年，如今台达可谓是桃李之年。"郑平先生表示："从最开始从业应用于马达上的变频器，到现在各类工业自动化产品的设计，台达的发展愈加全面。台达以自己的行业为核心，希望能够做到整条产线和整厂的方案。台达凭借在电力电子领域累积的自动化、硬件设计制造和软件开发能力，结合新收购的多家自动化企业的先进技术，不仅可大幅减少台达自行开发智能制造解决方案的时间和成本，更能快速发展工业自动化重要的核心技能、提供完整的智能自动化产品服务，满足未来制造的需求。"

台达区别于其他智能制造解决方案的供应商的特质在于，台达所有的解决方案都是"由己惠人"，台达机电事业群总经理刘佳容先生在介绍台达桃园三厂研发中心的管理系统时说："我们所有的产品和技术都是在自己的工厂应用、改进、成熟后，才推广到客户端去的，是极具适用性和可靠性的方案。"

▶您对电源行业未来市场发展趋势有什么看法？公司会迎来哪些机遇？如何把握？

从元器件到电源的转换效率、再到电池效能，台达的电源产品对企业有很大的影响。"对于产品而言，重要的是效能、效率和体积，怎样在小的投入上有大产出。"郑平先生精于产品及企业运作，他表示："企业的道路长远取决于企业的眼光。台达使用本地化策略，运用企业自身的节能技术及解决方案，针对不同区域市场的需求，设计不同的理念和节能的方式来建设建筑，打造'智能绿建筑'，并积极推广可再生能源及绿色建筑技术，这是我们的理念。"

4. 厦门科华恒盛股份有限公司

KELONG
科华技术

地址：福建省厦门火炬高新区火炬园马垄路 457 号
邮编：361000
电话：0592 – 5160516
传真：0592 – 5162166
邮箱：fuwenlin@ kehua. com
网址：www. kehua. com. cn
简介：

厦门科华恒盛股份有限公司（以下简称"科华恒盛"）前身创立于1988年，2010年深圳A股上市（股票代码002335），30年专注电力电子设备研发、制造，是行业首批"国家认定企业技术中心""重点国家火炬计划项目"承担者、"国家重点高新技术企业""国家技术创新示范企业"和全国首批"两化融合管理体系"评定企业。公司拥有智慧电能、云服务、新能源三大产品方案体系，产品方案广泛应用于金融、工业、交通、通信、政府、国防、军工、核电、教育、医疗、电力、新能源、云计算中心、电动汽车充电等行业，服务于全球100多个国家和地区的用户。

科华恒盛始终坚持"技术自主、品牌自有"的发展理念，自主培养的3名国务院特殊津贴专家领衔700多人的研发团队。科华恒盛专注电源技术，致力于动力创新，先后承担国家、省部火炬计划，国家重点新产品计划，863计划等项目30余项，参与了60多项国家和行业标准的制定，获得国家专利、软件著作权等知识产权300余项。科华恒盛一系列高端电源的技术突破，打破国际品牌长期以来的技术垄断，为全球用户提供高性价比的高端电源产品，对于国家信息保障、国防安全、提高"中国制造"的整体装备水平具有积极意义。

目前，科华恒盛电源产品及解决方案已成功入围中国人民银行、中国银行、中国建设银行、中国农业银行、中国人寿、国税总局、中国电信、中国联通、中国铁通、中央国家机关等UPS设备选型，获军队装备物资采购、中国石油天然气管道、蓝星化工集团等供应商资格，并与国内外等知名企业建立了战略合作伙伴关系。众多重要工程都选择KELONG®，如G20杭州峰会、港珠澳大桥、广西防城港核电站、南京青奥、奥运鸟巢、上海世博、三峡枢纽、金税工程、首都机场、广电总局、中海石油钻井平台、上海商飞、埃塞俄比亚铁路等。

科华恒盛一直保持着高速的业绩增长，赛迪顾问发布报告显示：2014年，科华恒盛主营业务在所有国内外品牌中排名第四，位居国产品牌首位；（20kVA以上大功率UPS）在所有国内外品牌中排名第四，位居国产品牌首位，领跑中国本土电源产业。恒盛在全国建立16个技术服务中心、50余个厂家技术服务网点、300余位技术工程师组成专业服务团队。新型的3A服务，从传统的应急维修转变为以预防为主的维护和主动服务模式，厂商级服务模式给科华恒盛带来了"用户满意方案/品牌奖""中国高效能数据中心优秀品牌奖""UPS服务满意金奖"等殊荣。

主要产品介绍：

KeCloud系列微模块数据中心

根据客户不同使用场景，科华恒盛推出KeCloud微模块数据中心解决方案。KeCloud系列微模块数据中心解决方案以微模块为独立单位进行工厂预制、快速部署的数据中心，其中可包含多个不同功能、功率的微模块配合使用，满足客户快速部署、扩展业务需求。

科华"慧"系列模块化数据中心解决方案

科华恒盛新一代绿色智慧模块化数据中心基于数据中心物理基础架构保障，"慧"系列模块化数据中心从前端总投资规划设计，融合可靠供配电系统、高效制冷系统、智能化监控管理技术和丰富的行业级应用经验，以及技术服务保障，全流程贯穿融合起来，帮助用户构建高效可靠的智慧绿色数据中心。

高层专访：

被采访人：陈成辉　董事长兼总裁

▶请您介绍公司2017年总体发展情况？公司的独特优势有哪些？

2017年，科华恒盛在"一体两翼"的战略指导方针下，进一步深化向项目解决方案商和技术服务提供商的转型。公司聚焦行业，深耕市场，在智慧电能、云服务、新能源三项业务均取得战略性的进展。根据赛迪顾问（CCID）的证明，公司在2016年中国UPS销售额整体市场中列UPS厂商第3名、本土UPS厂商首位，在2016年中国大功率UPS市场中列UPS厂商第3名、本土UPS厂商首位。公司主营业务连续20年居国产品牌首位。

经历30年的行业经验积累与技术沉淀，公司建立了包含3名享受国务院特殊津贴专家为核心的700多人研发团队，产品品质及技术创新能力均得到了保证。

▶请您介绍公司2018年的发展规划及未来展望？

2018，在智慧电能业务方面，公司将在保持原有优势行业基础上，重点抓住军工、核电、轨道交通领域等发展机会。军工方面，抓住军改和军民融合的机遇，将公司军工产品开发计划与部队装备发展规划相结合，加快产品线的开发和布局。核电方面，抓住国产核装备出海的机遇，利用公司在"华龙一号"积累的经验及口碑，继续开拓国内及海外市场。轨道交通方面，利用公司及康必达集成的优势，深耕细分领域市场，持续扩大市场占有率。云服务业务方面，经过整合的云集团利用全产业链的服务能力，加快和三大运营商及一线互联网运营商合作，持续做大云集团规模、增强公司云业务盈利。新能源业务方面，公司继续加大在电站（集中或分布式）开发的规模，积极拓展储能、微网、售电等新业务，做大光伏新能源的规模。同时，在充电系统领域，积极拓展充电系统EPC工程，打通从模块、充电桩、充电站、云平台到EPC的全方位业务结构。

▶您对电源行业未来市场发展趋势有什么看法？公司会迎来哪些机遇？如何把握？

得益于大数据、物联网、人工智能等行业的发展，IDC行业进入高峰建设期，带动了不间断电源需求的增长。同时，经过十几年的发展，国内大功率UPS技术已经逐步追上国外龙头企业，未来有望进一步扩大大功率产品市场份额与出口。

在此背景下，公司将会进一步发挥自身的技术优势，以及在UPS行业累计的品牌效应与客户资源，同时协同公司数据中心业务，为客户提供安全高效、绿色节能的数据中心整体解决方案，实现公司业务的多级发展。

5. 阳光电源股份有限公司

SUNGROW
阳光电源

地址：安徽省合肥市高新区习友路 1699 号
邮编：230088
电话：0551 – 65327878
网址：www. sungrowpower. com

简介：

阳光电源股份有限公司（股票代码：300274）是一家专注于太阳能、风能、储能等新能源电源设备的研发、生产、销售和服务的国家重点高新技术企业。主要产品有光伏逆变器、风能变流器、储能系统、新能源汽车驱动系统、漂浮式光伏电站专用浮体等，并致力于提供全球一流的光伏电站解决方案。

自 1997 年成立以来，公司始终专注于新能源发电领域，坚持以市场需求为导向、以技术创新作为企业发展的动力源，培育了一支研发经验丰富、自主创新能力较强的专业研发队伍；先后承担了 20 余项国家重大科技计划项目，主持起草了多项国家标准，是行业内为数极少的掌握多项自主核心技术的企业之一。公司核心产品光伏逆变器先后通过 UL、TÜV、CE、Enel – GUIDA、AS4777、CEC、CSA、VDE 等多项国际权威认证与测试，已批量销往德国、意大利、澳大利亚、美国、日本等 50 多个国家。截至 2017 年年底，公司在全球市场已累计实现逆变设备装机 6000 万千瓦。

公司先后荣获"国家重点新产品""中国驰名商标"、中国新能源企业 30 强、全球新能源企业 500 强、国家级"守合同重信用"企业、安徽"最佳雇主"等荣誉，是国家级博士后科研工作站设站企业、国家高技术产业化示范基地、国家认定企业技术中心、《福布斯》"中国最具发展潜力企业"等，综合实力跻身全球新能源发电行业第一方阵。

未来，阳光电源将秉承"让人人享用清洁电力"的发展使命，立足新能源装备业务，加快光伏发电系统集成业务发展，创新拓展清洁电力转换技术领域新业务，不断贴近客户需求，积极参与全球竞争，努力将公司打造成为受人尊敬的全球一流企业。

主要产品介绍：

SG1250UD

1. 高效发电

最大效率 99%；

45℃1.1 倍长期过载，50℃满载运行。

2. 节省投资

集成 SVG 功能，100MW 电站节省 500 万元以上。

3. 安全可靠

关键部件 IP65 高防护等级，可直接应用在户外各种恶劣环境；

专利 PID 修复与防护，双重保护。

4. 智慧友好

集成智能控制单元，发电量异常实时分析诊断，统一方阵内通信接口，调试运维更便捷。

高层专访：

被采访人：赵为　阳光电源高级副总裁

▶请您介绍公司 2017 年总体发展情况？公司的独特优势有哪些？

公司 2017 年继续保持稳健发展，取得了非常好的业绩，领跑行业。截至 2017 年年底，逆变设备全球累计装机超过 60GW，其中组串逆变器发货超 13GW，户用逆变器发货超过 15 万台；储能业务持续发力，再次受到国际高端市场的认可；浮体工厂正式投产，190MW 全球最大漂浮电站，引发全球瞩目。

而公司之所以能够取得如此成绩，与我们一直坚持追求极致，不断创新密不可分。为给客户带来最大价值，我们每年都会推出数款新品。2017 年，仅逆变器我们就发布了 10 余款新品，涵盖大型光伏电站、光伏扶贫、分布式、领跑者等市场。以成就客户为核心价值观，追求极致，坚持创新，这就是公司独特的优势。

▶公司当前面临的难题或挑战是什么？准备用什么策略来应对？

光伏行业就像耀眼的阳光，有着诱人的吸引力。然而灿烂的背后，其实我们还面临着诸多挑战。"领跑者"竞争依然激烈，低价竞争形成趋势；2018 年分布式市场空间很可能受到挤压；户用光伏血拼也会更加激烈，补贴拖欠问题依然成为制约行业发展不容忽视的因素；而受"双反"影响，中国光伏产品出口及海外工厂的运营将遭遇较大挑战，外贸形势也不容乐观……这不仅是公司面临的挑战，也是整个中国光伏行业面临的挑战。

公司始终相信，营造优良的行业竞争环境，并坚持技术创新，才能够为行业带来高品质产品和解决方案，推动行业健康发展，早日实现平价上网。

▶您对电源行业未来市场发展趋势有什么看法？公司会迎来哪些机遇？如何把握？

未来，全球电源市场肯定会保持稳步增长趋势，中国电源市场也不例外。据专业调研机构的数据表明，到 2020 年，中国电源市场的规模将达到 2567 亿元。而随着能源枯竭和环保意识的增加，太阳能、风能等可再生能源的发展会越来越受到重视，而这必然会带来电源产业的新发展。

机遇的话，首先市场需求越来越旺，前面说过，全球包括中国未来市场可以说是"稳中有升"；其次就是国家与地方政府的各项政策支持越来越强，国务院把节能环保、新能源等产业确定为战略性新兴产业，这些产业都是重点扶持的对象；最后，行业做"大"做"强"的基础越来越好。

所以说现在是天时地利人和的大好局面，我们要做的就是抓住机遇，在认清面临的挑战的基础上，以客户需求为导向，坚持创新，击破行业发展遭遇的技术与生产管理难题，取得质的飞跃！

6. 易事特集团股份有限公司

EAST®易事特

地址：广东省东莞市松山湖工业园区工业北路6号
邮编：523808
电话：0769 – 22897777
传真：0769 – 22898866
邮箱：info@eastups.com
网址：www.eastups.com

简介：

易事特集团股份有限公司（以下简称"易事特"）（股票代码：300376）创立于1989年，注册资本23.29亿元，是一家员工规模达万人的国际化集团上市公司。集团总部坐落在风光秀丽的东莞松山湖国家级高新区，拥有全资或控股子公司80多家，在国内主要城市深圳、南京、合肥、昆山设有研发基地，在"一带一路"沿线国家越南斥资29亿元布局光伏、电池两大研发生产基地，在全球同步设立268个客户中心，产品及营销网络覆盖全球百余个国家和地区。

易事特是智慧城市和智慧能源系统解决方案优秀企业，是国家火炬计划重点高新技术企业，是全球新能源500强企业以及全球新能源竞争力100强第18位企业。易事特立足于智慧城市和大数据，智慧能源（含光伏发电、储能、微电网、充电桩、智能电网），轨道交通（含监控、通信、供电）三大战略新兴产业领域的高新技术产品的研发、制造及销售和维护，提供系统化、集成化、一体化解决方案，并积极介入国家军民融合（含通信指挥、装备、基地）发展战略。

主要产品介绍：

EA660系列 200~800kVA UPS

EA660系列是易事特全新推出的三进三出高频模块化UPS，产品采用全数字化控制技术，单机最大可扩容到800kVA，包含功率模块、旁路模块、控制模块等所有模块均支持热插拔操作。EA660系列UPS采用大屏幕触摸屏LCD设计及菜单式架构，通过LCD可以监控UPS的各种信息，使所有操作一目了然。

高层专访：

被采访人：何思模 董事长

▶请您介绍公司2017年总体发展情况？公司的独特优势有哪些？

公司不断发展与完善营销渠道，积极布局国内外市场，国内、国际业务均保持持续增长。凭借28年的技术沉淀和在中国移动、中国电信、广电、百度、腾讯等优质IDC数据中心项目的经验积累，公司高端电源装备、智慧城市与IDC数据中心业务竞争优势凸显，实现快速增长；公司前瞻性部署投建的光伏电站现已陆续并网发电，进入业绩释放期，2017年光伏发电收入大幅增长；随着充电桩市场的逐步回暖，城市轨道交通工程项目建设增速扩容，公司充电桩及轨道交通供电系统业务实现较大突破，2017年预计比上年同期增长30%~60%，同时为公司此类业务在2018年度实现更大幅度增长奠定了殷实基础。公司积极开展光伏扶贫项目，光伏系统集成产品销售业绩在报告期内继续保持稳定增长，此外公司的储能业务也逐步形成了新的利润增长点。

▶公司当前面临的难题或挑战是什么？准备用什么策略来应对？

预计明年全球新能源产业将保持稳中有升的增长趋势，如何不断推进降本增效，保证产业中长期较快发展趋势，是公司当前面临的挑战。公司准备通过产业链整合，有效实现降本增效的目标。

▶请您介绍公司2018年的发展规划及未来展望？

以自有知识产权和品牌为核心竞争力，致力于成为全球电源和新能源系统解决方案领导品牌，营业额突破200亿元。大力推进UPS、高压直流电源、逆变器、充电桩、储能设备、精密空调、智能配电柜及轨道交通等战略新兴产业，为全球用户提供优质IDC数据中心、云计算系统、光储充一体化智慧能源系统、轨道交通智能供电系统等全方位解决方案。

▶您对电源行业未来市场发展趋势有什么看法？公司会迎来哪些机遇？如何把握？

相关产业规模与日俱增，是朝阳产业。易事特以全球化战略为契机，实现"光、储、充"系统集成解决方案的战略目标。以越南光伏和越南电池为支点，带动产业向东南亚乃至欧美全球延伸，带动公司立足于越南电能市场，大力拓展储能业务在海外市场的空间。

7. 中兴通讯股份有限公司

ZTE中兴

地址：深圳市南山区西丽留仙大道中兴通讯工业园
邮编：518055

电话：0755 - 26774170
邮箱：Li. li51@ zte. com. cn
网址：www. zte. com. cn
简介：

中兴通讯股份有限公司（以下简称"中兴通讯"）是全球领先的综合通信解决方案提供商，通过为全球160多个国家和地区的电信运营商和企业网客户提供创新技术与产品解决方案，让全世界用户享有语音、数据、多媒体、无线宽带等全方位沟通。中兴通讯能源产品部已成为通信能源全球市场最为成功的中国企业和具有全球服务能力的综合动力解决方案提供商，持续围绕市场与客户需求进行创新，为客户提供具有竞争力的能源产品和解决方案。中兴通讯能源产品包括通信电源、模块化数据中心、通信新能源和政企新能源等，为全球客户提供面向运营商的方案群和面向政企网新能源的方案群。通过这些方案，帮助运营商及政企用户确保能源保障可靠性、提高网络运行质量、最大化社会与经济效益、降低运营成本，为他们提升核心竞争力，确保他们业务的可持续发展。

主要产品介绍：

- 48V 直流电源系统

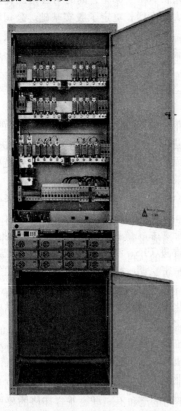

中兴通讯提供全系列的 - 48V 电源系统，容量从600W ~ 240kW，结构形式包括组合式、嵌入式、壁挂式、分立式等，满足各种容量及各种场景对直流电源的需求。

中兴通讯提供的直流电源系统具备高可靠性、高效率、高功率密度的特点。该产品经过严格的实验室检验和长期的市场应用，24 年持续不间断的产品研发投入和市场应用，确保了产品的可靠性。全系列产品的峰值效率均达到96%以上，节省能耗。3000W 的模块功率密度达 50W/in^3，行业领先。

高层专访：

被采访人：马广积　能源产品部总经理

▶请您介绍公司 2017 年总体发展情况？公司的独特优势有哪些？

中兴通讯能源产品在 2017 年保持了稳定的发展势头，全球市场业绩最大的特点是均衡。通信能源、数据中心基础设施和政企能源三个领域均衡发展均取得了优异的市场业绩。我们和全球各大电信运营商开展了更加深入的合作，继续保持国内运营商市场通信电源市场保有量首位、中国铁塔市场通信电源新增占有率首位等。

中兴通讯能源产品的独特优势主要有：

1）全球化市场与服务：我们目前已为全球 160 多个国家和地区的 386 家运营商提供优质的能源产品及服务，特别是与大国大 T 的战略合作渐入佳境。

2）高研发投入带来的技术领先：我们在通信电源整流器、数据中心用高压直流系统及新能源汽车充电模块等产品和方案方面的丰厚积累中不断创新，并保持技术领先。

持续努力下建立的品牌优势：2017 年我们在全球范围内获得多项重量级奖项，包括非洲 & 中东铁塔论坛"年度能效项目"奖、Datacenterdynamics 亚太区"数据中心优秀运营"奖、CDCC 年度论坛三项科学技术进步奖等，并荣登 2017 年"ICT 行业龙虎榜"，深得客户、权威机构的认可及好评。

▶公司当前面临的难题或挑战是什么？准备用什么策略来应对？

我们面临的挑战也正是全行业面临的挑战——通信能源市场增速放缓及竞争的加剧。

面对这样的局面，我们主要有三个方面策略：

1）在传统的通信电源市场继续包括并扩大市场占有率，不惧竞争，在竞争中继续巩固已有的优势，并实现进一步的市场版图扩展。

2）更加深入把握市场变化与新需求的产生，基于客户需求持续创新，通过服务于创新为客户创造价值，更加巩固与客户的战略合作关系。

3）在数据中心及新能源汽车充电领域加大拓展力度，重点研发具有技术领先性及竞争力的产品及方案，不仅仅满足需求，更创造机会。

中兴能源产品将基于自身拥有的核心技术和原创动力，继续沿着提升技术水平、产品质量、组织效率这三个方向，力求突破与创新。

▶请您介绍公司 2018 年的发展规划及未来展望？

2018 我们发展的关键词——聚焦，聚焦重点客户，聚焦重点市场，聚焦核心方案，聚焦新业务机会。生存与发展并重，务实与创新并重，步伐稳健地在选定领域进行全球拓展。

▶您对电源行业未来市场发展趋势有什么看法？公司会迎来哪些机遇？如何把握？

任何时候都要相信机遇的存在，旧市场的没落后是新市场的兴起，旧技术的退场就有新技术的登台。盲目创新或为了创新而创新是没有出路的。我们认为大数据应用、新能源汽车、5G 移动通信这几个领域将给电源带来新的发展机会。把握这些机会就要提前感知发展的脉搏，并要深入而精准地把握客户的核心需求；只有为客户带来价值才能创造出自己的价值。

▶未来网络对通信电源构建将带来哪些新的变化？

5G 时代即将来临，贯穿多年的电源发展趋势依旧存在，诸如高可靠性、高效率、高功率密度、智能化等。我们认为，5G 时代对通信电源构建带来的最大影响的将是 5G 的网络架构、部署及应用的变化，其对电源系统的结构、与 5G 主设备的融合以及面向网络管理及综合成本降低的智能化都提出新的要求。我们对此正密切关注并在持续努力中。

常务理事单位

8. 安泰科技股份有限公司非晶金属事业部

地址：北京市海淀区永丰产业基地永澄北路 10 号 B 区
邮编：100094
电话：010 – 58712641
传真：010 – 58712642
邮箱：nano@ atmcn. com
网址：www. atmcn. com
简介：

非晶金属事业部隶属于安泰科技股份有限公司，从事非晶金属材料及制品的产业化及研究开发。非晶金属事业部依托于国家非晶微晶合金工程技术研究中心（国家科技部 1995 年 12 月批准建立的国家级非晶工程中心），是国内非晶、纳米晶软磁材料研发先驱。国家非晶微晶合金工程技术研究中心拥有专业全面、结构合理的研发团队，立足于自主研发，突破非晶纳米晶材料制备核心技术，共取得50 余项科技成果，荣获国际科技进步二等奖二项，授权专利 38 项。

非晶金属事业部包含非晶技术研究所、永丰纳米晶制品分公司、安泰南瑞非晶科技有限责任公司、江苏扬动安泰非晶科技有限公司、上海安泰至高非晶金属有限公司，分别在北京、涿州、江苏、上海建有生产基地，是世界三大非晶、纳米晶软磁材料供应商之一。

非晶金属事业部主要产品为非晶、纳米晶带材、铁心制品及磁性器件，广泛应用于输配电、电力电气、工业电源、新能源、消费电子、航空航天、轨道交通和无线充电等领域，为客户提供先进的绿色节能材料及解决方案。

主要产品介绍：

纳米晶带材

纳米晶带材是在 106℃/s 冷却速度下快冷，其成分主要由铁、硅、硼、铜、铌组成，经适当退火后获得具有超细尺寸晶粒（10nm）的软磁合金材料。

纳米晶带材的显著特点：生产制造流程短，一步成型，节约能耗；其突出优点在于兼备了铁基非晶合金的高饱和磁感应强度和钴基非晶合金的高磁导率和低损耗，能够很好地满足高频低损耗的性能要求。主要用于制作高精度电感、高频开关、高频电源、高频变压器和高端磁放大器等高端产品；相关铁心器件主要应用于数字电子产品、智能电网中的智能电表、光伏发电并网逆变器及新能源汽车充电、驱动系统等，以满足电力电子技术向高频、大电流、小型化、节能等发展趋势的要求。

高层专访：

被采访人：刘天成　分公司总经理

▶请您介绍公司 2017 年总体发展情况？公司的独特优势有哪些？

2017 年对于纳米晶制品分公司来说，是具有跨时代意义的一年，在"十九大"精神的指引下，纳米晶带材及制品取得了长足的进步。纳米晶带材在国内外的销售节节攀升，在海外市场捷报频传，突破了各种行业垄断，得到了全球纳米晶用户的认可。同时，纳米晶铁心及器件产品得到了高端超薄纳米晶带材的支持，产品性能水平达到世界先进水平，得到了国际知名企业的认可和批量订单支持。公司 2017 年销售突破 2 亿元，产值增长超过 60%。

公司在纳米晶行业优势突出，纳米晶带材的全套生产装备为自主研制，并具备不断更新换代的能力；纳米晶材料实现系列化，低磁导 2 000μ 到高磁导 200 000μ，厚度从 14μm 到 26μm，宽度达到 80mm；纳米晶铁心制品能够满足不同频段、不同电流和不同电磁兼容环境的要求，批量生产高阻抗宽频带电感、低损耗大功率高频变压器、抗直流单铁心互感器铁心、无线充电系列配套产品等一系列高端产品。在高频电源和电磁兼容领域具有提供整体解决方案的能力和独特优势。

▶公司当前面临的难题或挑战是什么？准备用什么策略来应对？

公司目前运转良好，团队稳定，客户市场增长趋势明显，不存在难题；唯一的挑战是产能不足，随着市场订单的增长，现有产能不能完全满足客户的需求。解决办法是采用生产自动化的方式，提高生产效率和产能，以及计划新建产能解决长远发展问题。

▶请您介绍公司 2018 年的发展规划及未来展望？

2018 年市场预期和形势向好，市场更加趋向理性发展，恶性竞争的问题在国家政策的引导和治理下，在"十九大"会议精神的指导下，电源行业的发展会走向稳健，而且对环境的关注日益增强，电磁兼容的治理越来越规范和具有强制性，对于纳米晶行业发展带来了爆发式的利好，而且纳米晶材料的特性决定了高频化、大功率和大电流下的绝对优势，是未来软磁行业的发展方向。

▶您对电源行业未来市场发展趋势有什么看法？公司会迎来哪些机遇？如何把握？

对电源行业的发展趋势，发表一下个人的看法，仅代表个人，对行业认知有限，敬请谅解。电源行业发展的趋势一定是绿色环保的电源，高频高效电源。例如高频大功率的电源，快速充放电的大电流电源，以及特种电源等。所有的电源发展，离不开高性能的软磁材料，涉及电力变换的问题，功率元件都要求满足低损耗的要求，以及电感满足电磁兼容的高阻抗特性要求，这也是纳米晶材料的优势之一。作为纳米晶行业的领导者，公司在过去五年的布局谋划，完全适应了电源行业的发展需求，迎来了高速发展的机遇。完全具备了提供高性能纳米晶材料、纳米晶元器件以及综合解决方案的能力。

9. 北京动力源科技股份有限公司

地址：北京丰台科技园区星火路 8 号
邮编：100070
电话：010 - 83682266
网址：www. dpc. com. cn

简介：

北京动力源科技股份有限公司（以下简称"动力源"）是一家致力于电力电子技术及其相关产品的研发、制造、销售和服务的高科技上市公司（股票代码：600405）。是国内电源行业首家上市企业，是国家人力资源和社会保障部授权的能源审计师和能源管理培训单位；也是国家发改委批准并第一批公布、面向全社会的节能服务公司之一。

公司总部坐落于北京中关村科技园丰台园区，旗下拥有全资子公司北京迪赛奇正科技有限公司、安徽动力源科技有限公司、深圳动力聚能科技有限公司及控股子公司北京科耐特科技有限公司。

动力源获得科技部、中科院、北京市政府联合颁发的"百强创新企业"称号；国家五部委联合颁发的"国家重点新产品"称号；北京市"诚信纳税企业""守信企业"称号；中关村企业信用促进会优秀会员称号；中国技术监督情报协会通信电源类"全国用户产品质量满意、售后服务满意十佳企业"；中国电源行业"诚信企业""中国电信

行业通信工程优秀服务商"等称号。

动力源是中国电源产业技术创新联盟会员单位；中国电源学会常务理事单位；全国高科技健康产业空气净化专业委员会会员；中国电子学会洁净技术分会、中国制冷空调工业协会洁净技术委员会会员；中国节能协会节能服务产业委员会会员。北京市工业促进局授予的"北京市技术中心"的称号。

动力源目前拥有三处生产基地和多条生产流水线，在30 个省市设有办事处，形成了遍布全国的营销和服务网络，及时、全面地为客户提供技术支持和培训、远程技术诊断、物流配送、现场技术服务和工程建设等。公司在全国建立了一个一级备件储备库和 30 余个二级备件储备库，24 小时的服务热线，保障了公司与客户的信息沟通。

经过十几年的发展，动力源已经形成直流电源、交流电源、高效模块电源、低压配电产品、逆变电源、应急电源、动力环境监控系统、机房新风及热交换系统、高压变频器、空气净化机、新能源储能设备、农村饮用水处理及粮储设备、太阳能光伏逆变系统等近百种产品，拥有全部产品的知识产权；公司的各类产品遍布全国三十多个省、市、自治区和欧美及东南亚市场，产品广泛应用在中国移动、中国电信、中国联通等国家公网以及石油石化、军队、公安、铁路、交通、地铁、水利电力、冶金矿山、建材水泥、石油石化等行业专网上。同时，动力源每年投入超过年营业额 5% 的资金，对研发项目给予全方位的支持，一批电力电子业界精英的技术骨干保障了强大的电力电子技术及其相关产品的研发实力。

主要产品介绍：

隔离型燃料电池 DC - DC 变换器

DC - DC 变换器作为氢燃料电池发动机系统的关键部件，用于将燃料电池输出的低压直流电升压为高压直流输出，为电动汽车提供电能，同时为动力电池充电。

DC - DC 变换器通过对燃料电池发动机输出功率的精确控制，实现整车动力系统之间的功率分配以及优化控制。

我公司开发的隔离型燃料电池 DC - DC 适配多种电堆类型：Hydrogenics 30kW 电堆（HyPM - HD - 30）、Ballard 30 - 36kW 电堆、新源动力 36kW 电堆等。

输出电压范围宽：DC250 ~ 750V（输出电压范围可根据实际需求定制）

高层专访：

被采访人：王新生 常务副总裁

▶请您介绍公司 2017 年总体发展情况？公司的独特优势有哪些？

2017年，动力源面临传统主业铁塔电源需求下滑的情况下，积极调整经营结构，大力拓展海外电源业务，最终基本实现年度销售目标，并在新一代通信电源、交流电源、高压变频器，电动汽车充电和车载电源，以及电机电控系统的产品开发和市场开拓上取得长足进步，为公司进一步发展打下了基础。

2017年，公司致力于构建起供应链成本优势，大力推进供应商管理体系建设和智能工厂建设，进一步提高公司电源产品成本竞争力和产品质量。

▶公司当前面临的难题或挑战是什么？准备用什么策略来应对？

2017年，4G基站建设量大幅度下滑，5G尚未商用，对于传统的通信行业而言是艰难的一年。公司将继续调整经营结构，大力推进新业务，如电动汽车充电、传统应急电源、光伏逆变器、高压变频器（节能领域）和电动汽车电控业务。未来公司将围绕通信信息产业、新能源产业和电动汽车产业深入挖掘客户需求，开发高质量的电源产品，进一步提高公司的品牌价值。

▶请您介绍公司2018年的发展规划及未来展望？

2018年，动力源继续调整和优化业务经营结构和资产结构，提高盈利能力，加快资产周转效率；大力推进电动汽车充电和电控系统、光伏逆变器、功率优化器等业务竞争策略落地；继续大力推进国际化战略，实现国际大客户和重点地区电源业务拓展目标；加速构建以成本领先为核心目标的供应链能力，强化竞争优势；同时，继续推进组织建设和文化建设，筑牢业务线经营主体地位，完善公司运营体系，平衡中长期目标和短期目标之间的关系，做好目标与资源之间匹配，扩大战略共识和文化共识，努力实现年度经营目标，落实公司发展规划。

10. 北京中大科慧科技发展有限公司

中大科慧

地址：北京市海淀区东北旺村南1幢5层517
邮编：100094
电话：010 – 82484848
传真：010 – 82484848 – 8006
邮箱：zdkh@zdkh.net
网址：www.zdkh.net

简介：

北京中大科慧科技发展有限公司（以下简称"中大科慧"）是数据中心动力安全管控领域的行业推动者、技术引领者和标准制定者。公司成立于2000年，专注于数据中心（以下简称"信息中心"）动力安全技术的研发与应用，致力于数据中心关键信息基础设施的运行安全，成功研发出拥有自主知识产权的IDP动力管控系统，已全面应用于中国工商银行、中国银行、中国建设银行、华夏银行等，中大科慧同时拥有中国合格评定国家认可委员会、中国认证认可监督委员会、北京质量技术监督局所认可并授权的CNAS、CMA数据中心动力系统国家实验室检测资质，填补

了我国数据中心领域动力运维安全的技术空白。在中大科慧持续的技术服务过程中，成功完成了金融业行业标准与军用相关数据中心动力系统建设和安全检测标准的调研、研究，形成了相关的行业标准，为数据中心机房动力系统的规范化设计与安全运维，提供了全面而坚实的理论和技术支撑。

2011年，中大科慧为华夏银行数据中心机房进行动力检测，开启了金融业数据中心动力安全运维的新时代。

2012年至2013年，中大科慧在中国银行河北分行全面部署IDP动力管控系统，使中国银行河北分行跨入全省"本地治理，全网管控，多级管理"的动力管控新局面。

中大科慧获得了国家高新技术企业资质，北京市AAA信用企业资质，工信部的"工业和信息化人才培养平台人才培养示范机构"，CMA检验检测机构资质，CNAS数据中心动力检测国家实验室资质，CQC国家质量认证中心的检验机构。并荣获中国电源学会常务理事单位，是北京质量评价协会理事单位。产品荣获中国电源学会科学技术奖。

主要产品介绍：

IDP数据中心动力管控系统

IDP数据中心动力管控系统（以下简称"IDP系统"）是针对数据中心动力系统安全的综合管理系统，包括电力

参数监测、分析、评估、预警以及电能质量治理等多项功能，是有效提高数据中心动力运维水平和保障数据中心运行安全的成熟产品及解决方案。

高层专访：

被采访人：赵希峰 董事长

▶请您介绍中大科慧 2017 年总体发展情况？中大科慧的独特优势有哪些？

2017 年，中大科慧在稳步发展的基础上，实现了在金融业全行业的业务推广，包括产品 IDP 系统、数据中心动力环境及关键设施检测服务，并于中国建设银行达成全国范围项目合作，中信银行全国数据中心的检测服务等，全面推进在金融业的技术和产品系统的应用；于 2017 年通过中央军委装备承制单位的审验，标志着中大科慧在军民两大领域的业务全面展开！

▶中大科慧当前面临的难题或挑战是什么？准备用什么策略来应对？

如何实现中大科慧业务在既定领域的快速发展，财务的支撑力量以及打造优质的技术、产品以及技术培训平台，全面实现各行业数据中心关键基础设施的安全维护与管理，实现更智能的管控平台和技术服务平台。

为实现该目标，还需要资本的介入，以及学研单位的更深入、更全面的合作，才会变中大科慧力量为社会力量，全方位推进相关技术的发展，高效服务于社会的高速发展！

▶请您介绍中大科慧 2018 年的发展规划及未来展望？

在 IDP 产品和数据中心检测服务更全面推进的基础上，推进数据中心安全运维技术实用技能的培训；并实现从国家标准高度建设、服务于数据中心的安全运维。

另外，全力推进 IDP 产品和数据中心检测业务的系统应用，提升服务的标准，全面为数据中心安全运维而努力，实现金融单位的两个以上新客户的系统应用，并实现军方的应用与业务推进。

▶您对电源行业未来市场发展趋势有什么看法？中大科慧会迎来哪些机遇？如何把握？

电源行业会更系统、更智能地服务于社会发展，产品、技术会更深入地与应用融合，形成更高效、安全的系列产品，有效推进社会进步。

在电源动力管控领域和安全检测领域，以及运维技术、人才领域形成一个更好的平台，在电源学会的领导下实现电源的智能管控、运行检测服务，有效推进社会技术的整合，加快智能社会的推进速度。

11. 东莞市石龙富华电子有限公司

UE Electronic

地址：广东省东莞市石龙镇新城区黄州祥龙路富华电子工业园

邮编：523326

电话：0769 – 86022222

传真：0769 – 86023333

邮箱：fuhua@ fuhua – cn. com

网址：www. fuhua – cn. com

简介：

东莞市石龙富华电子有限公司（以下简称"UE Electronic"）创立于 1989 年，为国家火炬计划重

点高新技术企业。它坐落于东莞市石龙镇新城区黄洲祥龙路富华电子工业园内，园区为现代化的智能型花园式工业园区。

UE Electronic 于 1999 年取得了 ISO9001 体系认证，2008 年取得了 ISO14001 体系认证，2013 年取得了 OHSAS 18001：2007 职业健康体系认证。同时，公司先后获得了东莞市专利试点企业、慧聪网电源高峰论坛十大品牌、中国电子行业知名品牌、2001—2003 中国行业质量优秀产品、2011—2014 广东省民营科技企业、国家高新科技企业、广东省名牌产品、东莞市民营企业 50 强、2013 年东莞市科技进步一等奖、2013 年广东省科学技术奖励二等奖、广东省著名商标、2014 年东莞市政府质量奖等荣誉称号，并且先后承担了国家火炬计划产业化示范项目、2009 年省部产学研合作引导项目、广东省战略性新兴产业发展专项资金（LED 产业）推进类计划项目、2009 年粤港关键领域重点突破项目（东莞专项）、2011 年广东省科技成果登记等项目。

UE Electronic 拥有庞大的研发队伍，现有研发人员近 160 人，并且长期以来与华南理工大学合作。UE Electronic 的产品主要分为 LED、I. T. E.、医疗和消费类电子电源，大部分产品已获得 UL、CSA、TÜV – GS、CE、BEAB、C – TICK、PSE – JET、K – MARK、TLC、CCC、IRAM、CB、EMC、FCC 以及可靠度评定证书等各种认证。

UE Electronic 的愿景：成为世界最具竞争力的电源供应商！

UE Electronic 的使命：为客户提供更多的增值服务！

UE Electronic 因你而变！

主要产品介绍：

UE Electronic 医疗电源

UE Electronic 医疗电源功率涵盖 5～240W，符合最新国际医疗产品安规及 EMC 要求—2MOPP 标准及最新 UL 医疗认证第三版标准，并符合国际最新六级能源之星标准，并通过 UL、CSA、TÜV – GS、CE、BEAB、C – TICK、PSE – JET、K – MARK、TLC、CCC、IRAM、CB、EMC、FCC 以及可靠度评定等各种认证，得到了业界同行与客户的高

度认可。有桌面式、插墙式以及可换插头等多种款式。

12. 佛山市欣源电子股份有限公司

地址：广东省佛山市西樵科技工业园
邮编：528211
电话：0757 - 86866051 - 8002
传真：0757 - 86816598
邮箱：541290983@qq.com
网址：www.nh - xinyuan.com.cn
简介：

佛山市欣源电子股份有限公司（股票代码：839229）位于广东省佛山市南海区西樵科技工业园富达路，是一家集研发、生产、销售及售后服务于一体的高新技术企业。该公司拥有广东省电容器工程技术研究开发中心，广东省院士专家企业工作站，能为客户专门设计各种电容器。电容器年生产量达到40亿只左右，具有较强的生产能力和及时供货能力。公司已通过ISO9001、TS16949等国际质量管理体系认证，ISO14000环境认证，OHSAS18001职业卫生健康管理体系，并获得德国VDE、TÜV、美国UL等安全认证。

公司主营产品：

（1）全系列薄膜电容器、电容电池模组。

（2）柔性锂离子电池，安全、柔性、可快充，适用于各类可穿戴设备、物联网卡等。

（3）锂电池负极材料，产品涵盖人造石墨、天然石墨和钛酸锂材料，倍率性能好，安全性能突出，适用于各类高能量密度电池。

主要产品介绍：

直流支撑（DC - Link）电容器

直流支撑（DC - Link）电容器，属于无源器件的一种，采用聚丙烯薄膜介质材料，其具有耐电压高、耐电流大、低阻抗、低电感、容量损耗小、漏电流小、温度性能好、充放电速度快、使用寿命长（约10万小时）、安全防爆稳定性好、无极性安装方便等优点，被广泛应用于电力

电子行业。主要应用如下：

1）在逆变电路中，主要是对整流器的输出电压进行平滑滤波。

2）吸收来自于逆变器向"DC - Link"索取的高幅值脉动电流，阻止其在"DC - Link"的阻抗上产生高幅值脉动电压，使直流母线上的电压波动保持在允许范围。

3）防止来自于"DC - Link"的电压过冲和瞬时过电压对IGBT的影响。

高层专访：

被采访人： 谢志懋 总经理

▶请您介绍公司2017年总体发展情况？公司的独特优势有哪些？

公司2017年的主营业务呈上升状态，主营产品升级换代，公司的客户群也正在发生转变，从原来的照明行业逐步转换到电源、新能源、汽车等行业。我们的优势主要体现在公司具备足够的学习能力，在转型的过程中不断学习新的管理理论知识并实践，相信我们的努力会得到客户的认可。

▶公司当前面临的难题或挑战是什么？准备用什么策略来应对？

公司在转型升级的过程中，遇到了技术性人才和管理性人才的短缺问题，公司计划通过股权激励引入更多优秀的人才。

▶请您介绍公司2018年的发展规划及未来展望？

1. 经营方面

近年来，传统薄膜电容器市场增长缓慢，公司将继续加大家电、风能、地铁等新市场扩展力度，提高新能源市场的供货份额；加快转型升级，研发新的电容电池模组、柔性电池等适应发展趋势的新产品。

2. 资本市场

公司将利用新三板挂牌和国家对新三板市场的扶持政策，充分利用新三板的做市商制度和融资功能，为公司的资源整合做好准备。

13. 佛山市新光宏锐电源设备有限公司

地址：广东省佛山市国家高新技术开发区禅城园区张槎一路115号华南电源创新科技园新区6座
邮编：528000
电话：0757 - 82236302
传真：0757 - 82305809
邮箱：sun@sunshineups.com
网址：www.sunshineups.com

简介：

佛山市新光宏锐电源设备有限公司（以下简称"新光宏锐"）是一家专注于不间断电源、储能逆变器、太阳能发电电源、稳压器等产品的研发、制造、销售和服务的高新技术企业。产品主要应用于国防、交通、通信、医疗、金融、数据机房、智能制造等领域。

新光宏锐坚持"有品质才有市场,有创新才有永续经营"的方针,在创新道路上坚定不移的前行。其中高频数字化 UPS 电源、太阳能离并网逆变器技术处于行业领先地位。近三年,"太阳能高频离网逆变器""双向馈电高频大功率不间断电源""高效三电平软开关不间断电源"等 12 类产品被认定为广东省高新技术产品。此外,新光宏锐还拥有"广东省 UPS 电源与新能源工程技术研究中心"、长期与各大院校合作,先后成立博士后工作站,研究生创新培养示范基地,现拥有核心知识产权近 50 项。自主品牌"金武士"已被认定为广东省名牌产品。

2012 年,成为佛山市电源行业协会会长单位,在地方政府领导下,以新光宏锐为主导,促成华南电源创新科技园公共创新服务平台的搭建。从 2015 年起,大力推动全国现代电源(不间断电源)产业知名品牌示范区的创建,为电源产业的快速发展做出了重要的贡献。

14. 广州金升阳科技有限公司

MORNSUN®

地址:广州市萝岗区科学城科学大道中科汇发展中心科汇一街 5 号

邮编:510663

电话:020 – 38601850

传真:020 – 38601272

邮箱:sales@ mornsun. cn

网址:www. mornsun. cn

简介:

广州金升阳科技有限公司(以下简称"金升阳")是连续两年荣登广东省制造业 500 强前列的国家高新技术企业,致力于工业、医疗、能源、电力、轨道交通等行业,为客户提供完整的电源解决方案,帮助客户提高生产效率和能源效率,同时降低对环境的不良影响。

金升阳成立于 1998 年,注册资本达 2 亿元,拥有 2000 多名员工和超过 10 万平方米的办公及研发基地,是国内集研发、生产、销售一体,规模最大的模块电源制造商之一。金升阳采用集团化运作,拥有德国子公司、美国子公司、怀化子公司、金升阳科技园四家企业;自主创立"MORN-SUN"品牌,商标已在全球 40 多个国家与地区注册;产品线囊括 AC – DC 电源模块、DC – DC 电源模块、EMC 辅助器、隔离变送器、IGBT 驱动器、适配器等。其中,主导产品之一的微功率 DC – DC 电源产品市场占有率稳居国内外前列。随着海外子公司的相继建立,金升阳经销网络覆盖全球,获得了众多行业领袖企业的赞誉。

作为省级技术企业中心、技术创新标杆企业,金升阳在电路创新方面提出了 8 种电源电路拓扑结构改良方案,是国内少数几家具有自主知识产权的集成电路、创新性变压器结构、装配系统及外观结构的电源厂家。截至目前,金升阳已申请国内外知识产权 490 余项(发明专利申请 270 项),是拥有强大自主研发和知识产权优势的创新型企业;参与制定了两个行业标准:NB/T 42039—2014《宽压输入稳压输出隔离型直流—直流模块电源》、能源 20130817

《定压输入非稳压输出隔离型直流—直流模块电源》;加入工信部电子产品安全标准工作组,并参与修订强制性国家标准 GB 4943. 1 及 IEC 62368—1 国标草稿。与此同时,金升阳在行业内率先通过了 IATF16949 汽车电子质量管理体系认证。自创立伊始,金升阳持续获得政府、行业协会及业内人士的广泛赞誉和认可,如"福布斯 2012 中国最具潜力非上市公司 100 强第 18 名""中国好雇主优秀企业奖""广东省出口名牌产品""广东省专利金奖""广东省著名商标""中国电源学会科学技术奖""广东省知识产权示范企业"等。

金升阳以领先的技术实力为起点、以持续的创新为发展动力,矢志于磁电隔离技术和电源产品的研究与应用。面对未来,金升阳将一如既往地践行"值得信赖"的宗旨,力争将民族工业品牌推向更广阔的国际舞台,服务世界!

主要产品介绍:

LDE/LHE 系列 AC – DC 电源模块

AC – DC电源模块·DC – DC电源模块·EMC辅助器·隔离变送器
IGBT驱动器·LED驱动器·适配器

金升阳重磅推出高隔离小体积高性价比的 AC – DC 电源模块新品 – LDExx – 20Bxx 及 LHExx – 20Bxx 系列。该系列分别基于原有产品 LD、LH 系列进行技术及工艺创新,产品设计符合 IEC62368、UL62368、EN62368 认证标准(认证中),且在性能、体积等方面有更多升级。

全球通用电压:AC85 ~ 264V、DC100 ~ 370V

工作温度范围: – 40 ~ 70℃(LDE 系列); – 40 ~ 85℃(LHE 系列)

高隔离电压:AC4000V

低纹波噪声:50mV TYP

输出短路、过电流、过电压保护,全塑料外壳,符合 UL94V – 0,EMC 性能满足 CISPR32/EN55032 CLASS B,符合 IEC62368、UL62368、EN62368 认证标准(认证中)。

15. 航天柏克(广东)科技有限公司

BAYKEE 航天柏克
智领全球产业源动力

地址:广东省佛山市禅城区张槎一路 115 号华南电源创新科技产业园 4 座

邮编:528051

电话:0757 – 82207158

传真:0757 – 82207159

邮箱：lxd@ baykee. net

网址：www. baykee. net

简介：

航天柏克（广东）科技有限公司（以下简称"航天柏克"）是中央直属国有特大型高科技企业——航天科工集团下属子公司。航天科工下属6个研究院、1个科研生产基地、11个公司制、股份制企业，控股7家上市公司。航天柏克是集团电子电力产业的中坚力量，专业从事研发、生产、销售于一体的军工级、工业级电源、定制化电源等的尖端技术及整体解决方案，目前是国内少数能同时研发制造大功率UPS电源及EPS电源的生产厂商，已形成网络能源、新能源、应急供电系统、行业专用电源、电能质量管理五大业务板块。

航天柏克（原柏克新能科技股份有限公司）是高新技术企业和广东省知识产权示范企业、广东省名牌。10多年以来公司坚定秉承"合作、守信、专业"的价值观和"创新驱动发展"的经营理念，持续打造强化科技创新和自主品牌建设，拥有专利技术96件，参与了8项行业标准制定，相继在佛山设立了2个高端电源研究中心，主型产品的技术均处于国内领先水平。电源产品成功牵手国内多个重点、地区标志性工程的建设，在交通行业的市场占有率位居前列，成功服务于南京青奥会、广州亚运会80%场馆、粤港澳大桥、广州电视塔、阳江核电站、广州白云机场、海南文昌卫星发射基地、粤赣高速、武广高铁在内的十多条高铁项目、中国大飞机项目、海军航母等军工项目；并与万达、中石化、阿里巴巴、上海宝之云数据中心、万国数据中心等知名企业建立了战略合作伙伴关系。

航天柏克的营销模式包括经销业务、行业直销业务及国际贸易。目前，在全国各地拥有80多个销售与服务网点，2015年成立7个行业事业部制度，实现多对一"大服务"。售后服务网络全面覆盖到全国主要省市，能以行业最快捷的本地化服务，较快地解决客户的后顾之忧。

主要产品介绍：

航天柏克一体化电源解决方案：

航天柏克以研发和生产销售数据中心IT基础设施系统解决方案以及电气系统应用中的中大功率的UPS电源及EPS电源产品与服务，为高端用户提供优质服务和电源保证。以该业务为基础，航天柏克形成了模块化机房、制冷系统供电、UPS电源、EPS电源、充电桩、光伏系统、风力变桨系统、疏散指示系统和APF九大产品系列。

高层专访：

被采访人：叶德智　总经理

▶请您介绍公司2017年总体发展情况？公司的独特优势有哪些？

回首2017，这是航天柏克发展史上意义非凡的一年，这一年是航天柏克为理想奋斗的第10年。从护航天舟一号顺利升空到助力C919国产大飞机首飞，从中标四川移动应急电源项目到入驻云南电网电力调度中心及信息机房项目，从七套集装箱式太阳能储能系统成功应用巴基斯坦拉合尔市高速公路到几百套太阳能光伏系统试点山东日照分布式光伏发电项目，从吉安儿童医院微模块机房顺利部署到大同公安局模块化数据中心稳定运行，从5台500kVA等大功率UPS电源进驻东湖高新电网质量改造项目到6台400kVA大功率UPS电源牵手光谷激光产业园，从800多套EPS电源驻扎宝兰高铁到700多台应急电源助力西成高铁，从云南晋红高速到重庆九永高速可靠电源守护，航天柏克人追逐理想的步伐始终不停息。

这一年航天柏克成功联姻北京航天长峰股份有限公司，成为航天科工集团的一员，拉开了航天柏克发展的新篇章；各项产品的销售指标稳步提升7%；成果和技术实力屡创新高。一种获得软件著作权的航天柏克"云端采集服务器程序"，使得跨越空间监管电源设备变成了一种可能；电源界由此正式拉开了步入物联网新时代的序幕。备受用户青睐的航天柏克管廊应急集中电源被认定为高新技术产品，自主研发的通信应急电源让航天柏克深耕于移动四川区域市场，智能防霜配电柜已完美融入怀邵衡铁路等诸多项目当中，空调电源依然是IDC数据中心应急供电的首选方案，大功率模块化UPS电源及工频UPS电源呈现强劲增长势头。这一年，源自细分市场需求的创新型产品，让航天柏克人前进的步伐迈得更加坚实。

▶公司当前面临的难题或挑战是什么？准备用什么策略来应对？

电源行业在当下是机会和挑战并存。一方面中国UPS消费市场不断升级，市场应用范围与渗透程度不断提高：互联网＋战略、一带一路战略的深度推进，带动电源行业的蓬勃发展……另一方面相应的对产品的细分领域的定制化能力和服务提出了更高的需求。2016年航天柏克就提出了"大服务"的经营方针，产品系统服务为核心的综合实力是企业成功的关键因素。2018年在产品组合解决方案的基础上，构建更多的服务价值，整合航天科工体系的核心价值，加快研发进度，创新技术，开发个性化定制产品和服务。

▶请您介绍公司2018年的发展规划及未来展望？

2018年航天柏克通过持续不断的技术创新，把握中国制造2025的机遇，加大人才引进与研发力度，广泛开展"产学研"合作，推进细分市场的产品定制服务。

▶您对电源行业未来市场发展趋势有什么看法？公司会迎来哪些机遇？如何把握？

从技术角度来讲，高频化是电源市场的发展趋势。航天柏克是目前市场上少数同时拥有大功率塔式高频技术和模块化高频技术市场化的厂家，单机功率可定制化，覆盖10~600kW，全功率段满足市场个性化需求。同时在绿色节能方面的指标也非常出色，符合并超越国际 I 类指标。

从用户需求角度来讲，客户一体化需求的发展趋势将进一步加强。模块化机房产品是航天柏克近三年来的主推产品，2017 年实现了跨越性增长。相对于行业同类产品，航天柏克同时拥有机柜级、排级、池级三种不同的模块化形式，可满足不同客户对机房的个性化定制需求；同时，航天柏克模块化数据中心的标准化程度相对更高。精密配电、模块化 UPS、服务器机柜、空调统一柜体，确保模块整体外观一致，使机房建设和运维更加快速、便捷；节省运维成本，增强设备使用寿命。航天柏克一体化机房是依托于科工集团专业的规划与设计、解决方案与集成建设的管理经验上，形成了专业的一体化电源技术积淀，可为不同规模的数据中心建设需求提供定制化的整体解决方案。全生命周期的专业服务：从规划→设计→实施→验证→运营→优化，航天柏克致力于让客户从机房设计的细节中解放出来，从而能够更加关注数据中心的外部性能。

从产品开发的角度，同源技术在新能源领域应用日益扩大。以 UPS、EPS 技术为核心，航天柏克产品链更为完整，有能力为客户提供电能质量管理、新能源、行业定制电源等产品。目前均实现良好的发展势头，逐步成为企业新的增长极。

16. 合肥华耀电子工业有限公司

![CETC 合肥华耀电子工业有限公司 ECU ELECTRONICS INDUSTRIAL CO.,LTD.]

地址：安徽省合肥市蜀山区淠河路 88 号
邮编：230031
电话：0551 - 62731110
传真：0551 - 68124419
邮箱：sales@ ecu. com. cn
网址：www. ecu. com. cn

简介：

合肥华耀电子工业有限公司（以下简称"华耀"）于 1992 年由中国电子科技集团第三十八研究所全资创办，专注于军用和民用电源类产品的研发、生产和销售。早在 1996 年就通过 ISO 质量认证、军方质量体系认证。凭借扎实的发展，现在的华耀已是国家高新技术企业、国家企业技术中心、安徽省智能供电工程技术研究中心、安徽省产学研示范企业、安徽省技术创新示范企业、安徽省自主创新品牌示范企业、合肥市电源电子工程技术中心。

华耀拥有合肥、上海两大研发基地，相继成立院士工作站和博士后工作站，与南京航空航天大学、中科院等多所高校、科研机构紧密合作，拥有强大的研发及生产能力、标准化生产厂房、标准化作业流程和物料管理体系，具有国家第三方监测资格的实验室。20 多年的不懈努力，华耀积累了丰富的电源行业经验，所生产的电源产品广泛应用于工业控制、国防安全、LED 照明、新能源汽车、医疗、轨道交通等领域，产品销往美国、欧洲、澳洲等世界各地，并与多个世界 500 强公司结成优质合作伙伴关系，品牌和产品在业内具有较高的知名度和美誉度。

未来，华耀将一如既往地秉承"协作、创造、卓越"

的核心价值观，致力于打造国际化专业电源品牌和成为国际能源电子专家。

合肥华耀电子工业有限公司是国内首家提供机载预警雷达批产电源的公司，是国内首家提供高空系留气球供配电系统的公司，是国内率先提供大型运输机襟缝翼控制电源的公司，是国内率先提供小型高频医用高压发生器的公司，是国内率先提供受控核聚变（EAST）辅助加热系统兆瓦级电源（PSM）的公司。

主要产品介绍：

DC - DC 模块电源 - 1 × 1 到标准砖全系列（30 ~ 1500W）

自主设计 DC - DC 模块电源系列，采用工业标准封装方式和引脚设计，可完全替代同类型进口电源。从 1 × 1 到标准砖全系列（标准砖为 1/16 砖到全砖），功率由 30W 到 1500W，其产品性能、品质和可靠性均达到业界先进水平。

我们能够为分布式供电架构提供标准的解决方案，可以满足各式各样直流电压转换和直流电源的需求，还可根据客户特殊要求迅速提供各种定制方案，为客户提供高效、贴心服务。

高层专访：

被采访人： 周世兴　总经理

▶请您介绍公司 2017 年总体发展情况？公司的独特优势有哪些？

2017 年，公司围绕经营目标，大力开拓航天、军品、工控电源市场业务，全年实现收入同比增长 19%。在科技创新方面，获得"国家技术创新示范企业"认定，再添国家级资质。

华耀目前最大的优势是可参与客户前期开发，快速响应标准产品平台上的快速改制需求。这个核心竞争力来源于三个方面：1）技术优势：国家级技术创新平台建设，研发资源投入，聚焦 AC - DC 和 DC - DC，不断完善提升技术水平；2）完善的生产保障、品质控管；3）产品领先，提升产品竞争力；充分了解客户需求，提供高质量产品。在模块电源、车载电源、工业电源、军工电源，做出精品，取代进口产品。

▶公司当前面临的难题或挑战是什么？准备用什么策略来应对？

1）是技术创新很难跟上市场的需求变化，投入的风险难以把控。

策略：加强战略性投入比例，加强对市场需求和行业导向的了解。

2）优质客户对于产品可靠性验证要求越来越高。

策略：公司建立可靠性保障体系（SJ20668 标准、HALT/HASS/ORT 试验能力），规范运行 CNAS 实验室。

▶请您介绍公司 2018 年的发展规划及未来展望？

一要聚焦现有业务。不断提供新产品，提供持续的客户价值。提高电源产品的智能化水平。

二要持续创新，不断优化产品结构。加大研发投入，加强跟高校和企业的合作，积极引进高端技术人才，使公司的电源技术水平占据国内领先地位。

三要积极开拓国际化业务。加大海外市场的推广力度，积极申请国际认证，开展重点区域海外展会，争取公司的工业电源系列产品和车载电源系列产品在欧美和韩国市场取得进一步增长。同时，积极筹建海外分公司生产线和市场开拓，探索公司国际化经营的新模式。

17. 鸿宝电源有限公司

HOSSONI 鸿宝®

地址：浙江省乐清市象阳鸿宝工业区
邮编：325619
电话：0577 – 62762615
传真：0577 – 62777738
邮箱：774058299@qq.com hongbaohui@163.com
网址：www.hossoni.com

简介：

鸿宝集团鸿宝电源有限公司（以下简称"鸿宝公司"）是一家专注于电源领域产品研发、制造、销售、信息及服务一体化的大型高新技术企业。30 多年来，公司拥有上海、浙江两大生产基地、300 余家专业协作工厂、500 余家国内销售代表，产品销往海外市场 150 多个国家与地区。公司专业生产各种稳压电源、EPS 应急电源、UPS 不间断电源、变频器、软起动器、变压器、充电器、绿色能源－太阳能/风能并离网逆变器、光伏控制器、铅酸/胶体蓄电池、断路器及 LED 灯具等 60 多个系列、3000 多个品种的电源产品，是国内电源行业"龙头"企业。

鸿宝公司作为中国电源学会常务理事单位，在同行业中率先通过 ISO9001 质量管理体系、ISO14001 环境管理体系、OHSAS18001 职业健康安全管理体系认证。所生产的产品先后获得 CE、CB、SEMKO、SASO 等国际产品质量认证，以及 CCC、CQC、信息产业部 TLC 等国内产品质量认证。"HOSSONI 鸿宝"牌商标被认定为"浙江著名商标"，"HOSSONI"商标在马德里国际商标体系中 100 多个国家成功注册。

"HOSSONI 鸿宝"牌电源产品连续被省、市评为"质量连续稳定产品""质量信得过产品""浙江名牌产品""浙江出口名牌"；其中微电脑智能型充电器列入国家级"火炬计划"项目、荣获市科学技术进步奖；UPS 不间断电源曾荣获"产品质量国家免检"；太阳能/风能并离网逆变器列入浙江省重大项目。所有产品均由太平洋财产保险股份有限公司承保。

鸿宝公司连续被省、市人民政府评定为明星企业、出口创汇先进企业、重合同守信用企业、银行 AAA 信用、百强纳税大户和质量管理先进企业。"HOSSONI 鸿宝"品牌成为品质保证和优质服务体系的象征，在国内外赢得广泛的信誉和褒奖。

鸿宝公司一直对电源技术富有前瞻性理解，孜孜不倦追求完善的工艺和优质的产品质量，不断推陈出新；一直致力于满足用户不断变化的需求，致力于服务用户、社会、员工，创造共赢价值，维护国内、国际市场良好的电源企业形象；公司秉承"立鸿鹄之志，创电源瑰宝"，"我们要做最好的电源"的经营理念，逐步成为一个管理科学、技术先进、规模宏大、高效益的现代化名牌企业，"HOSSONI 鸿宝"品牌在世界电源的舞台上熠熠生辉。鸿宝电源与您携手共进，期待您的合作！

主要产品介绍：

SJW 系列微电脑无触点补偿式电力稳压器

本产品采用高速 DSP 芯片为控制核心，利用计量控制、快速交流采样、有效值校正、电流过零切换和快速补偿稳压等技术，将智能仪表、快速稳压和故障诊断结合在一起，实现了无触点控制，使产品精密、安全高效、节能环保。

广泛应用于金属加工、生产流水线、电梯、医疗器械、刺绣轻纺、广播电视及大楼照明等需要稳定电压的用电环境中。

高层专访：

被采访人：王丽慧 监事长

▶请您介绍公司 2017 年总体发展情况？公司的独特优势有哪些？

2017 年，我国发展面临着国际国内复杂严峻的环境，鸿宝公司在董事会的正确领导下，全体员工共同努力，管理人员科学管理，鸿宝公司在逆境中稳步前进，品牌知名度有了更大的提高，新产品开发和市场投入进一步扩大，内部管理进一步完善，鸿宝公司的整体销售也保持了一个平稳发展趋势。

▶请您介绍公司 2018 年的发展规划及未来展望？

现在是一个信息化的时代，网络营销作为当前最为热门的营销模式，已经占据了营销市场的半壁江山。我们正在全面加入这个市场紧跟时代趋势，进行线上、线下同步衔接。站在信息化时代的前缘，做好网络销售，这对鸿宝公司的销售及未来发展发挥重要作用。

▶您对电源行业未来市场发展趋势有什么看法？公司会迎来哪些机遇？如何把握？

电源行业的需求量一直是比较大的，但是同时现在电源研发企业也很多，这就势必导致竞争激烈和利润下滑。因此，电源行业当然不能和现在火热的互联网行业相比，但仍然算是个常青行业，比上不足，比下有余。同时，在大功率方面，现在电力电子技术和电力系统结合得越来越紧密，将来电力电子在电力系统中的应用（如无功补偿、有源滤波、新能源并网发电等）会是一个新的行业发展点。公司将研发标准产品向市场及客户推广，积极拓展电子行业客户，展示公司研发设计能力、生产规模和质量管理能力。

18. 华东微电子技术研究所

地址：安徽省合肥市蜀山区高新合欢路 19 号
邮编：230088
电话：0551 – 65743712
传真：0551 – 63637579
邮箱：Info@ cetc43. com. cn
网址：www. cetc43. com. cn
简介：

华东微电子技术研究所创建于 1968 年，是我国最早从事微电子技术研究的国家一类研究所，也是我国唯一定位于混合微电子的专业研究所。该所数十年如一日，致力于混合集成电路（HIC）及相关产品的研制与生产，为电子信息系统提供小型化解决方案，先后主持制定了《混合集成电路通用规范》等 30 余项国家及行业通用规范和标准，已成为我国高端混合集成电路领域的领军者，为推动国内混合集成电路行业的发展做出了贡献。

该所坐落于合肥市，下辖东、西两区，占地 170 亩（1 亩：666.67m²）。在册员工 1485 人，其中专业技术人员 643 人，占员工总数的 43%。拥有一支由首席专家、高级专家、专家等 53 人组成的科技领军人才队伍，专家人数占专业技术人员总数的 8.2%。

2003 年 8 月通过国家二级保密资格认证；2004 年 8 月通过军工电子装备生产许可证审查；2008 年 10 月通过武器装备承制资格审查；2009 年 1 月通过职业健康安全与环境

管理体系认证；拥有国家、国防、总装认证的混合集成电路与电子元器件检测实验室，设有 EDA 设计、质量检测、技术情报和标准化 4 个中心，是我国专业设置最为齐全的混合集成电路专业研究所。长期承担中国电子学会元件分会混合集成电路技术部主任单位、国内混合集成电路行业协会副理事长单位、国内混合集成电路专业情报网网长单位、中国电源学会常务理事长单位、GJB 2438《混合集成电路通用规范》及 GB/T 8976《膜集成电路和混合膜集成电路总规范》起草单位。

华东微电子技术研究所长期致力于系统、装备和整机的小型化需求，在混合微电子及相关技术领域为国防事业积极贡献。经过 40 多年发展，已拥有厚膜混合集成、薄膜混合集成、低温共烧陶瓷（LTCC）、表面安装（SMT）、金属外壳、电子窑炉、AlN 材料、电子浆料等生产线，在混合集成电路及微组装技术领域具有明显的综合优势并引领国家行业发展，是国内军工市场中 DC – DC 电源、功率驱动电路、金属外壳、LTCC/AlN 基板等产品的最大供应商。产品广泛应用于航空、航天、船舶、电子、通信、雷达、兵器等高可靠电子设备及工业领域。在"长征"系列火箭、"神舟"系列飞船、"天宫"飞行器、"飞天"宇航服等百余项国家重点工程研制生产任务中，部分产品和技术已接近或达到国际先进水平，并荣获百余项省部级以上科技奖项。

"十三五"期间，将秉承"创新发展、开放发展、和谐发展"理念，加强科技创新步伐，培育发展新型产业，实现"强人才、强科技、强产业、强经济"目标，为我国高新技术持续发展做出贡献。
主要产品介绍：

1. 抗浪涌 DC – DC 变换器系列产品

抗浪涌 DC – DC 变换器现有输出功率为 6W、20W、40W、65W 四大系列的厚膜混合集成抗浪涌电源产品。全系列产品主要采用单端反激式电路拓扑，外形结构采用双列直插及扁平式金属全密封。输入电压范围为 15 ~ 50V，并可承受 80V/1s 的浪涌电压，产品的启动电流小。前端抗浪涌模块，产品体积小，输出功率大，可同时承受 80V/ 50ms、8V/50ms 的浪涌电压。

2. MV24 和 MV48 系列 DC–DC 变换器

MV24 和 MV48 系列 DC–DC 变换器采用软开关拓扑结构，变频调制，工作频率高达 1MHz；具有 1/4 砖、半砖、全砖三种封装外形，与国外同类产品引脚兼容。系列产品输出功率 75~500W，效率高达 83%~90%；具有输入过电压、欠电压封锁，输出过电压保护，输出过电流、短路保护功能，输入–输出隔离 AC3000V。产品广泛适用于航空、航天、船舶、兵器、雷达、铁路等军民用高可靠电子系统。产品设计与制造完全满足 SJ 20668—1998《微电路模块总规范》和产品详细规范的要求。

3. 全砖 M300A 系列 DC–DC 变换器

全砖 M300A 系列 DC–DC 变换化器采用 LLC 谐振软开关技术、BUCK 加 LLC 结构。电路由 BUCK 加 LLC 控制、主功率、变压器、二次侧整流部分及反馈电路等部分组成。该系列产品为模块式电路结构，采用 PCB 表面组装工艺，内部采用导热材料灌封，铝底板散热。外形与国外的同类产品完全兼容，并做到引脚互换。该系列产品广泛适用于航空、航天等高可靠电子系统。产品的设计和制造完全满足 SJ 20668—1998《微电路模块总规范》和产品详细规范要求。

高层专访：

被采访人：袁宝山　中国电科首席专家

　▶请您介绍公司 2017 年总体发展情况？公司的独特优势有哪些？

　公司拥有 30 多年高端开关电源研发经验，世界一流电源产品自动化生产线、国家认证的检测实验室，主导产品技术水平已达到国际先进水平。2017 年电源类新产品研发和销售继续保持较高的增长速度。

　▶公司当前面临的难题或挑战是什么？准备用什么策略来应对？

　核心芯片国产化任重道远。

　▶请您介绍公司 2018 年的发展规划及未来展望？

　2018 年重点研发宇航级 DC–DC 变换器和 EMI 滤波器、高效大功率电源模块等。

19. 茂硕电源科技股份有限公司

MOSO® 茂硕电源
股票代码：002660

地址：深圳市南山区西丽松白路茂硕科技园广东深圳南山区西丽松白路 1061 号

邮编：518108

电话：0755–27657908

传真：0755–27657908

邮箱：Hao. chen@ mosopower. com

网址：www. mosopower. com

简介：

茂硕电源科技股份有限公司（以下简称"茂硕电子"）是国内首家 LED 驱动电源上市企业茂硕电源科技股份有限公司（股票代码：002660）旗下子公司，是全球领先的 LED 智能照明解决方案商和国内电源行业的标志性企业；"茂硕"及"MOSO"也是深圳知名品牌、广东省著名商标、中国驰名商标。公司自成立以来，经过多年的快速发展，得到多家世界 500 强企业的认可，并结成战略合作伙伴关系。

茂硕电子集产品研发、制造、销售及服务于一体，是国家高新技术企业。已在北美、欧洲、东南亚以及我国香港、我国台湾等地设有分公司或办事处，能够为国内外客户提供迅捷的专业服务。

茂硕电子以国家节能低碳产业政策为引导，致力于为世界 LED 照明产业提供稳定可靠的物联网智能电源及控制系统。得益于多年的核心技术积累和勇于创新的高效团队，公司开发的智能 LED 驱动电源及控制系统覆盖了户外道路照明、工业照明、景观照明、室内商业照明及城市轨道交通等通用或细分应用领域，凭借着高可靠的产品特性在行业树立了"茂硕电源高效可靠"的品牌形象和影响力。

公司坚持以技术创新作为发展的核心动力，拥有国内领先的研发团队，研发中心于 2011 年被深圳经信委评定为"深圳市市级技术中心"。同时拥有独立的、行业领先的检测中心，为产品的可靠性提供了有效保证，公司产品广泛应用于各种 LED 照明应用领域，并与多家世界 500 强企业结成良好的合作伙伴关系，为客户全面提供 ODM、OEM 业务。公司将继续以国家节能低碳产业政策为引导，努力打造一个民族的、世界的 LED 物联网智能驱动领军企业。致力于成为世界级的新能源解决方案提供商，为全球节能减碳贡献力量！

主要产品介绍：

LDP 系列红外遥控和可编程智能 LED 驱动电源

LDP 系列产品输出功率范围为 42 ~ 320W。以标准化、兼容性设计为目标，创新地将恒功率输出、0 ~ 10V/PWM 调光、时间控制等功能集成在一起。输出具有宽负载适应性，能够通过微距红外遥控器对输出规格进行自定义，同时配备相应的软件自动定义时序功能，满足节能要求。

高层专访：

被采访人：丁华　总经理

▶请您介绍公司 2017 年总体发展情况？公司的独特优势有哪些？

2017 整体发展良好，LED 驱动业务量增长 61% 以上。公司的独特优势主要在于技术上的沉淀与研发团队的创新精神。在智能驱动电源上首提"归一化"设计理念，以兼容性、标准化为设计目标，实现由传统的 LED 点对点驱动到点对面驱动的突破。

▶公司当前面临的难题或挑战是什么？准备用什么策略来应对？

面临的问题在于竞争越来越激烈，企业要找到新的发展极和新的利润增长点。主要策略是：通过差异化竞争，走出同质化怪圈，同时提升产品的附加值，顺应行业大势，在智能照明中找到合适的发展方向。

▶请您介绍公司 2018 年的发展规划及未来展望？

2018 茂硕电源将进一步深化经营体制改革，坚持以技术创新作为公司发展的核心动力、推进多元化产品的研发与销售，推动公司向物联网化方向转型、寻求更大的发展空间和抗御市场风险的能力。

2018 是公司重大战略转型的一年，公司将以 LED 智能照明与智慧城市的建设为契机，逐步转型为物联网智慧照明服务提供商，推动公司由传统制造型企业向高尖技术型企业转型。公司将立志成为全球互联互通、智能物联网 LED 照明行业的领航者，与集团合力将"茂硕"打造成世界级的知名品牌。

20. 宁波赛耐比光电科技股份有限公司

地址：宁波市高新区科达路 56 号
电话：0574 – 27902725
传真：0574 – 27902591
邮箱：chenxing@ snappy. cn
网址：www. snappy. cn

简介：

宁波赛耐比光电科技股份有限公司（以下简称"赛耐比"）为国家高新技术企业，始创于 2003 年 8 月 20 日，现有员工 300 余名，是一家专业从事各种 LED 灯具、LED 光源、LED 驱动和相关配件的研发、制造和销售的企业。自 2010 年以来以开发生产 LED 电源为主业，产品的外观设计和质量深受全球客户好评。公司于 2015 年 12 月在新三板挂牌，2017 年 7 月经中国证监会宁波监管局批准，进入 IPO 创业板辅导，并计划于 2019 年正式在创业板上市。我们拥有一支创新型的技术团队，企业的核心竞争力是拥有完整且现代的管理经验和不断推出的新的产品。

主要产品介绍：

LED 驱动电源

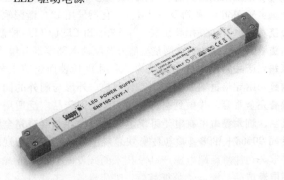

公司主营产品是 LED 驱动电源，LED 驱动电源是把电源供应转换为特定的电压电流以驱动 LED 发光的电源转换

器。主要应用于 LED 照明、LED 显示屏和 LED 背光领域。公司生产的 LED 驱动电源主要有防水系列，经济系列及超薄系统，产品绝大部分都是直接出口，目前客户以欧洲发达国家为主。

高层专访：

被采访人：张莉　总经理

▶请您介绍公司 2017 年总体发展情况？公司的独特优势有哪些？

过去一年来，我们坚持以科学发展观为指针，围绕年初制定的经营发展目标，团结一致，奋力拼搏，勤俭创业，开拓创新，抓机遇快发展，靠管理增效益，凭实干争一流，赛耐比呈现出全面、持续、快速和谐发展的良好局面。外贸出口再创新高。公司接单、开票、盈利同比均保持二位数的增长，其中研发费用同比增幅 20%，连续第二年占营收占比突破 6%。

▶公司当前面临的难题或挑战是什么？准备用什么策略来应对？

在当前 LED 驱动电源国内外市场竞争激烈的情况下，赛耐比的发展面临着各种矛盾和问题，解决好这些矛盾和问题，重点要在三个方面努力。一是靠自身练内功，强管理，提高效益；二是靠加快发展，调整上下游产业链结构，针对市场变化临时性与日常性备货并举，延长上游供应链条，降低采购成本；三是争取国家政策，吸纳各方支持，融合各界力量。只要我们始终坚定信心，按照现有思路，做到向上争取政策支持和内部加快发展、强化管理相结合，就一定能引领赛耐比公司又好又快地发展。

▶请您介绍公司 2018 年的发展规划及未来展望？

2018 年我们将面对更多的困难与风险，当然，也是更大的挑战与机遇，我们将着重巩固欧洲市场的区域整合，从零散的中小客户群体逐渐整合到经销商服务的模式。继续提高以欧洲为主要市场的市场占有率，进一步夯实公司在细分市场地位，同时开拓北美和亚太市场，提升公司全球视野和夯实持续业绩增长的基础。

21. 深圳华德电子有限公司

WATT

地址：深圳南山区南海大道兴华大厦 5 栋 A 座 6 楼
邮编：518066
电话：0755 - 26693168
传真：0755 - 26693918
邮箱：wangg@ watt. com. cn
网址：www. watt. com. cn

简介：

深圳华德电子有限公司建立于 1987 年，是随经济特区共同发展成长的专业电源技术公司。

公司注重高端电源产品及技术的开发研究，已成规模的电源产品，涵盖了数据通信、医疗设备、工业设备、测量仪器、汽车及工程机械动力控制系统、高端计算机及服务器、民用航空飞行器等领域。

在不断发展和完善产品研发及销售平台的基础上，公司积极地引进国内外先进技术和专利技术，采取自主设计、定制、合作开发等灵活的方式，为全球的客户提供最佳的解决方案、高可靠产品及优质服务。

公司不断强化企业的现代化管理水准和体系建设，重视人才，重视质量。以自动化的生产能力和先进的生产工艺使产品品质得到有效的保证。

主要产品介绍：

1. WP2162R 系列 PCB 敞开型单通道电源模块

2″×4″160W系列，电源模块

尺寸 51cm×101cm×33cm（2″×4″×1.3″）
输入电压 90～264V/47～64Hz；
额定输出功率 160W；
直流输出电压 12V、24V、48V 可选；
另附 12V/1A 风扇通道；
整机效率大于 90%；具有输出过电流和过电压保护；
安规符合 IEC60601/IEC60950；
EMC 传导符合 EN55022 ClassB。

2. WP3362R 系列 PCB 敞开型单通道电源模块

3″×5″360W系列 电源模块

尺寸 76cm×127cm×33cm（3″×5″×1.3″）
输入电压 90～264V/47～64Hz；
额定输出功率 360W；
直流输出电压 12V、24V、48V 可选；
另附 12V/1A 风扇通道；整机效率大于 90%；具有输出过电流和过电压保护；
安规符合 IEC60601/IEC60950；
EMC 传导符合 EN55022 ClassB。

22. 深圳科士达科技股份有限公司

KSTAR 科士达

地址：广东省深圳市南山区高新中区科技中二路软件园 1 栋 4 楼

邮编：518057

电话：0755 - 86169858

传真：0755 - 86168482

邮箱：zhaocr@ kstar. com. cn

网址：www. kstar. com. cn

简介：

1. 综合介绍

深圳科士达科技股份有限公司（以下简称"科士达"）成立于 1993 年，是专注于电力电子及新能源领域，产品涵盖 UPS 不间断电源、数据中心关键基础设施（UPS、蓄电池、精密配电、精密空调、网络服务器机柜、机房动力环境监控）、太阳能光伏逆变器、逆变电源的国家火炬计划重点高新技术企业、国家企业技术中心。是中国大陆本土规模最大的 UPS 研发生产企业及高品质阀控式密封铅酸蓄电池专业制造商之一，行业领先的数据中心关键基础设施一体化解决方案提供商、新能源电力转换产品领域行业主导厂商。产品覆盖亚洲、欧洲、北美、非洲 90 多个主要国家和地区市场。2010 年 12 月 7 日，公司在深圳证券交易所成功上市（股票代码：002518）。科士达使命和责任就是成为电源及电子领域具有全球产业影响力的世界级优秀电源企业。

2. 市场业绩

根据中国电子信息产业发展研究院赛迪顾问（CCID）统计，2000 年科士达国内 UPS 销量以领先优势，连续 18 年市场占有率排名各国产品牌首位，是中央国家机关、国家教育部、国家税务总局、国家气象总局、国家广电总局、国家海关总署、解放军总参、中国电信、中国移动、中国联通、中国石化、中国石油、中国银行、中国工商银行、中国农业银行、中国建设银行、中国人寿等众多大型行业机构产品选型入围供应商。为国家三峡工程、青藏铁路、西气东输工程、大庆油田、2008 北京奥运会、2010 年上海世博会、2010 广州亚运会、2014 北京 APEC 峰会等在内的众多国家重点工程提供高可靠电力保护，全力护航中国信息化建设事业。

根据国家商务部研究院快睿咨询（ChinaQuery）历年发布的《中国 UPS 配套铅酸电池产品市场报告》统计，科士达在 2015 年、2016 年、2017 年中国 UPS 配套阀控式密封铅酸蓄电池市场占有率连续三年排名本土品牌首位。

2010 年，科士达公司以领先优势中标由财政部、科技部、住建部、国家能源局共同组织的"金太阳示范工程和太阳能光电建筑应用示范工程"并网光伏逆变器供应商入围招标，成为取得国家重点太阳能示范工程市场准入资格的少数几家太阳能逆变器主力供应商之一。

基于享誉业内的优质产品和完善服务体系，科士达公司成为中电投、中广核、国电集团、保利协鑫、南瑞集团、顺风光电、三峡水电、中国建材集团、华为、无锡尚德、上海太阳能科技、中利腾晖、阿特斯、顺风光电、赛维 LDK、正泰太阳能、广西玉柴集团、深圳拓日、珠海兴业、粤电集团、山东力诺、中科恒源等众多发电集团、系统集成商及大型厂商机构的太阳能逆变器产品选型入围供应商，在众多太阳能电站建设重点工程项目中频频中标，并以出色的系统产品配套能力和良好的运行业绩获得客户的一致信赖。

公司较早对充电桩技术进行了储备，2008 年科士达直流充电模块组成的兆瓦级充电系统成功应用于军方项目，2013 年公司产品已通过日本 CHAdeMO 认证、并批量出口日本，2014 年通过国家智能电网用户端质量监督检测中心认证、中国计量认证、中国质量认证、中检南方相关充电桩测试，转换效率、兼容性等各项指标都处于行业领先水平。

由于公司数据中心产品、光伏逆变器、电动汽车充电设施产品三类主要产品技术都属于电力电子同源技术，其大部分核心器件和前端生产工艺相同，供应链平台可实现共享，原材料采购具有成本优势，并可在各产线间灵活调度产能以应对周期性的生产高峰和快速响应市场需求，满足产能要求；公司是国内充电桩市场布局较早的厂商之一，2013 年公司充电桩产品已经实现出口，2015 年收到订单约 1 亿元，具有较成熟的销售案例和市场铺设。2016 年直流 60kW 及以上充电机销量突破 3000 套，充电模块销量突破 3 万台，巩固了充电桩行业第一梯队地位，国内市场公司亦在积极寻求与国内大型运营企业的接洽。

3. 资质认证

科士达公司通过 ISO9001 国际质量体系认证、ISO14001 国际环境体系认证、OHSAS18001 职业健康安全管理体系认证、IECQ QC080000 有害物质过程管理体系认证。产品取得泰尔认证、CCC 认证、节能认证、生产许可证、欧洲 CE 认证、美国 UL 认证、TUV 认证、澳洲 SAA 认证、意大利 ENEL、英国 G83/1、法国 BV 认证、金太阳认证、国家电网零地电压穿越认证等多项国内外产品质量/安规认证，是业内认证最为齐全的全线产品供应商之一。

4. 服务体系

科士达在业内率先建立起"全国客户服务中心 - 大区技术支持中心—省区服务中心 - 地市服务站"为架构的覆盖广泛、布局合理、贴近用户的多级服务体系，可为用户提供基于快速响应特性的全方位现场和远程技术服务，在全国性区域分布的行业系统大型重点工程服务方面，拥有丰富成熟经验、确保用户关键应用系统可靠运行。

5. 研发与创新

科士达公司自成立以来，始终坚持"市场导向 + 技术驱动"的技术开发方向，于 2000 年在原有技术开发部基础上组建了科士达研发中心，目前研发中心有 300 余位专业研发技术工程师，拥有业界领先的专业试验室，已取得 205 多项国家专利（其中核心技术发明专利 30 余项），参与 20 多项国家和行业标准起草/参与修订，是国内电源和数据中心关键基础设施行业标杆性企业级研发中心。

6. 发展规划

自 2005 年起，科士达开始在全球 92 个主要国家和地区注册 KSTAR 商标，不断加大海外营销服务网络建设力度，加速布局全球营销网络体系，致力通过技术创新和品牌全球化运营，迈进全球领先的数据中心关键基础设施和新能源电力转换领域产业链领先供应商之列，成长为电力电子行业领域具有全球产业影响力的世界级企业。

主要产品介绍：

模块化数据中心：微模块 3.0

科士达 ITCubeTM 一体化解决方案的 IDU（Integrated Data Center Unit）微单元数据中心解决方案和 IDM（Integrated Data Center Module）微模块数据中心解决方案主要面向中小型数据机房解决方案；整合公司 UPS、精密空调、精密配电、机柜、冷通道密封系统产品资源，提供一体化的数据中心解决方案。通过工厂端模块化设计理念和标准生产和预组装调试，为用户提供可快速部署、灵活扩展、高效运行，管理便捷、绿色节能的新型数据中心。

特点：

1）快速部署：模块化部件、标准化接口、工厂预组装、现场快速安装。

2）高效节能：模块化 UPS、精密制冷、密闭通道。

3）一站式服务：整体方案设计、整体设备安装、工厂级统一售后服务。

4）高性价比：设计费用低、工程费用低、维保费用低。

23. 深圳市汇川技术股份有限公司

INOVANCE

地址： 深圳市龙华新区观澜街道高新技术产业园汇川技术总部大厦

电话： 0755 – 29799595

传真： 0755 – 29619897

网址： www. inovance. com

简介：

深圳市汇川技术股份有限公司（股票简称：汇川技术，股票代码：300124）专注于工业自动化控制和新能源相关产品的研发、生产和销售，定位服务于中高端设备制造商，以拥有自主知识产权的工业自动化技术为基础，在经营过程中坚持进口替代、行业营销、为细分市场客户提供整体解决方案的经营模式，实现企业价值与客户价值共同成长。

经过 10 多年的发展，公司已经从单一的变频器供应商发展成电气综合产品及解决方案供应商。目前公司主要产品包括：1）服务于智能装备＆工业机器人领域的工业自动化产品，包括各种变频器、伺服系统、控制系统、工业视觉系统、传感器等核心部件及电气解决方案。2）服务于新能源汽车领域动力总成核心部件，包括各种电机控制器、辅助动力系统等。3）服务于轨道交通领域牵引与控制系统，包括牵引变流器、辅助变流器、高压箱、牵引电机和 TCMS 等。4）服务于设备后服务市场的工业互联网解决方案，包括智能硬件、信息化管理平台等。公司产品广泛应用于新能源汽车、电梯、空压机、机器人/机械手、3C 制造、锂电设备、起重、机床、金属制品、电线电缆、塑胶、印刷包装、纺织化纤、建材、冶金、煤矿、市政、轨道交通、光伏等行业。

公司是国家高新技术企业，掌握了高性能矢量变频技术、PLC 技术、伺服技术和永磁同步电机等核心平台技术。截至 2016 年 12 月 31 日，公司拥有已获证书的专利 630 项，其中发明专利 182 项，实用新型专利 367 项，外观专利 81 项。公司 2016 年新增发明专利 80 项，新增实用新型专利 51 项，新增外观专利 21 项。公司已向国家知识产权局申报，但尚未获得证书的专利申请 261 项，其中发明专利申请 165 项，实用新型专利申请 63 项，外观专利申请 33 项。公司及其控股子公司共取得 121 项软件著作权。

2017 年公司的销售收入 47.78 亿元，同比增长 30.55%，归属于上市公司股东的净利润为 10.65 亿元，同比增长 14.24%；汇川技术相继入选 “2017CCTV 中国上市公司 50 强社会责任十强”、“2017 江苏省创新型企业百强榜单”、首批国家重点研发计划 “智能机器人” 重点专项支持、“2016 福布斯亚洲中小上市企业 200 强”、”2015 年中国年度最佳雇主 100 强企业之一。

汇川技术拥有苏州、杭州、南京、上海、宁波、长春、香港等 10 余家分子公司，截至 2017 年 12 月 31 日，公司有员工 5687 人，其中专门从事研究开发的人员有 1405 人，占员工总数 24.7%。

为了持续提升产能，促进公司可持续发展，2013 年 7 月 4 日，苏州汇川二期工程开工建设。苏州汇川二期厂房总投资 6 亿元，总占地面积 200 亩（1 亩 = 666.67m²），总建筑面积 30 万平方米，二期厂房建设含生产车间、研发大楼、客户接待中心等项目，其中生产车间自开始建设，历时两年正式竣工，于 2015 年 9 月 17 日正式投产。苏州汇川二期厂房生产车间投产，满足了汇川未来发展对场地的需求，极大地提升了公司的产能，有助于促进公司可持续发展，助力汇川二次腾飞！

主要产品介绍：

1. 全新多传伺服系统 SV820N

全新多传伺服系统 SV820N，该系统采用双轴设计，不仅体积缩减 50%，还汇聚了性能强劲、便捷自如、应用灵活、安全可靠四大功能优势。汇川 SV820N 集成了位置、速度、转矩控制等模式，不同的控制模式适用于多种应用场合，同时 625K 电流环刷新周期，带来更加快速的动态响应。

2. MS1 电机

MS1 电机，紧凑小巧，350% 转矩动力强劲，更高可靠性（一步锁紧式连接器带来 IP67 高防护等级），同时提高抗震性，MS1 电机与 SV820N 伺服驱动器组成的伺服驱动系统带来更多优异动态性能：性能更强劲、运行更可靠、应用更灵活。

24. 深圳市英威腾电源有限公司

invt

地址：深圳市南山区北环路猫头山高发工业区高发 1 号厂房 5 层东

邮编：518055

电话：0755 – 26784847

传真：0755 – 26782664

邮箱：shangyating@ invt. com. cn

网址：www. invt – power. com. cn

简介：

深圳市英威腾电源有限公司是深圳市英威腾电气股份有限公司（股票代码：002334）的子公司，国家高新技术企业，专注于模块化 UPS 与数据中心关键基础设施一体化解决方案研发生产与应用，向全球客户提供高可靠、高品质的产品解决方案与全方位的优质服务。公司凭借专业的研发团队，先进的产品性能，高效的服务团队，一流的生产规模等综合优势，始终处于业界的领先地位。

公司专注于数据中心关键基础设施产品线（高端模块化 UPS、智能 UPS、精密空调、精密智能配电、蓄电池、智能监控、微模块数据中心等），拥有产品的核心技术与 900 多项知识产权专利，产品以高可靠性、高性价比，赢得了广大客户的一致赞誉，产品广泛应用于政府、金融、通信、教育、交通、气象、广播电视、工商税务、医疗卫生、能源电力等各个领域及全球 80 多个国家和地区。

快速为客户提供全方位、专业的解决方案是公司的经营宗旨，持续创新是公司追求的目标。不断推出的具有竞争力的解决方案和优质服务满足了各行各业用户对于数据中心基础设施供电系统高可靠性和绿色智能化的需求。我们将致力于通过技术创新和品牌全球化运营，成长为数据中心基础设施电源及电力电子相关领域受人尊敬的世界级企业。

企业愿景：

成为全球领先、受人尊敬的工业自动化和能源电力领域的产品和服务提供者。

企业价值：

诚信：始终以诚信的心态面对所有的人。

创新：我们不断求索行业技术的发展趋势，不断创新产品为客户带来更大的价值。

坚持：不论商业环境如何快速多变，我们始终坚持对客户、合作伙伴、员工的承诺。

互信：我们致力于与所有的客户达成互信的原则，所有员工的互信亦是企业发展的源动力。

企业使命：引领电源及电力电子领域科技发展，为创造更可靠、高效、节能的产品而不懈努力。

主要产品介绍：

RM 系列 25～200kVA 机架式模块化 UPS

RM 系列机架式模块化 UPS 是一款具备热插拔、高度可扩展性的在线双变换 UPS 产品，系统容量 25～200kVA，是现代化数据中心的理想选择。该系列采用先进的 IGBT 三电平变换、双 DSP 控制技术，具有极高的易用性和可靠性。高功率密度：25kVA 模块，2U 高度，极大节省了占地面积，扩容简单。

高层专访：

被采访人：徐辉　副总经理

▶请您介绍公司 2017 年总体发展情况？公司的独特优势有哪些？

2017 年公司各项财务指标仍旧保持高速增长的态势，研发方面：公司对 UPS 电源产品线继续进行延伸，功率段实现 1～1500kVA，目前是业内 UPS 产品功率段最全的厂家，其中大功率段产品性能指标更是处于业内绝对领先地位。同时公司向市场推出了英智 ISmart 系列、威智 IWit 系列、腾智 ITalnt 系列等数据中心产品解决方案，一经推出获得用户端高度认可。市场方面：英威腾电源公司国内及海外市场，在重点行业、重点客户及业务覆盖区域等多方面实现了重大突破，同时树立了轨道交通（地铁）、运营商、大型数据中心、广电、金融等多个行业及领域经典案例，并获得了来自海内外合作伙伴及终端用户一致好评，目前公司产品已远销至全世界 82 个国家和地区。

公司销售额连续实现 40% 以上的高速复合增长；

模块化 UPS 稳居行业市场占有率第二位，连续四年列居前三；

中大功率产品（200~500kVA）发货量大幅攀升；

国内外重点客户及市场取得了突破性的胜利；

公司的核心竞争优势在于强大的创新研发能力、奋发向上积极进取的优秀人才团队和完备的生产质量体系，以及优质的合作伙伴。我们清醒地认识到这些竞争力就是我们的立足之本，我们也将在这些方面继续努力。

▶请您介绍公司 2018 年的发展规划及未来展望？

2018 年，公司继续坚持以 UPS 电源产品发展为基础，持续布局数据中心基础设施及周边领域，坚持自主创新研发，以适应市场不同用户的需求。英威腾电源公司势必再攀新的高峰！

▶您对电源行业未来市场发展趋势有什么看法？公司会迎来哪些机遇？如何把握？

未来几年，模块化 UPS 市场将继续保持较快的增长速度。经过长期的市场验证，模块化的概念正在被各行业的用户所认可。随着能源成本持续增加及用户对供电系统的灵活性、可用性等要求的进一步提高，模块化 UPS 必将得到更广泛的应用。

公司作为行业模块化 UPS 领导者企业，在大功率模块化 UPS 关键技术方面取得了突破性的成就，未来将继续加大行业主流模块化 UPS 产品的研发投入，为市场带来更具竞争力的优质产品和服务。

25. 石家庄通合电子科技股份有限公司

石家庄通合电子科技股份有限公司
TonHe　Shijiazhuang Tonhe Electronics Technologies Co.,Ltd.

地址： 石家庄高新区漓江道 350 号
邮编： 050035
电话： 0311 - 86967416
传真： 0311 - 86080409
邮箱： thdz@ sjzthdz.com
网址： www. sjzthdz.com
简介：

石家庄通合电子科技股份有限公司（以下简称"通合电子"）位于中国近代电力电子产业发源地之一的石家庄市，毗邻京津地区，是环渤海经济圈中重要城市之一。公司成立于 1998 年，现有员工 500 多人，是一家极具发展潜力的智力密集型和知识密集型高新技术企业。总建筑面积 40000 多平方米新厂区目前正在建设中。公司于 2015 年 12

月 31 日在深交所创业板成功上市，股票简称：通合科技，股票代码：300491。

通合电子是一家致力于电力电子技术创新，以高频开关电源及相关电子产品研发、生产、销售、服务于一体，为客户提供系统能源解决方案的高新技术企业。历经 10 余年的快速发展，公司已开发出了八大系列 100 多种高新技术产品，涉及电力、高速列车、冶金、军事工业、船舶、广播电视、应急电源、新能源汽车充换电及车载充电电源等多个领域，销售网络遍及全国 20 多个省市自治区，产品远销海外。领先的技术优势、可靠的质量保证和卓越的服务品质得到了国内外客户的一致好评。

作为一家秉持"技术立企"的创新型企业，公司技术力量雄厚，拥有百人的专业研发团队。通合电子一直专注于前沿技术发展平台，公司在功率变换技术领域拥有多项国家专利技术，特别是"谐振电压控制型功率变换器"技术被中国电源协会名誉理事长、清华大学教授蔡宣三和赵良炳等著名专家评为国际先进水平，是国内首创实现功率变换全程软开关的电力电子企业。

近几年，公司的产品在电力等传统领域继续保持良好的发展势头；在国家扶持的新能源汽车领域里发展势头迅猛，电动汽车充换电电源、电动汽车车载电源的市场占有率稳步提高；同时公司还加强了新能源领域光伏发电、电机控制器等产品的研制和开发。

主要产品介绍：

TH750Q38ND - A 恒功率充电模块

功率等级 15kW，广泛应用于各类充电桩/充电堆等相关设备，满足国网公司最新恒功率功能要求.

恒功率区间：400~750V

输出可调节范围（DC）：200~750V

最大输出电流：38A

稳压精度：≤ ±0.5%

稳流精度：≤ ±1%

并机不均流度：≤ ±3%

纹波系数：≤ ±1%

模块效率：≥95%

谐波（THD）含量：半载≤8%，满载≤5%

功率因数：满载≥0.99

重量≤13kg　　工作环境温度：-35~70℃

高层专访：

被采访人： 徐卫东　研发中心主任

▶请您介绍公司 2017 年总体发展情况？公司的独特优

势有哪些?

肩负"秉承创业精神、专注电力电子,高效利用能源,服务全球用户。"的企业使命。2017 年通合科技公司专注于新能源汽车电力电子技术发展,在技术、产品和市场上不断探索,取得了一定行业技术积累和客户美誉度。

公司主要优势集中在:

1)全程软开关功率变换技术得天独厚,应用成熟,相关技术应用成熟,产品转化速度快,适应能力强。

2)对新能源汽车及其配套产品的工作状态,工作环境,特殊需求,潜在需求比较了解,能为客户提供全套电源解决方案和优质的产品。

3)拥有遍布全国的销售和服务体系,网点多,响应快,第一时间可以为客户解决各种问题。

▶公司当前面临的难题或挑战是什么?准备用什么策略来应对?

难题:战略选择难。

策略:产品以市场导向为主、技术以自我坚持为主。

▶您对电源行业未来市场发展趋势有什么看法?公司会迎来哪些机遇?如何把握?

电源行业未来市场会越来越大,呈现出快速增长的态势。

一个是新能源市场的新应用;一个是传统供电系统下的设备更新换代都有很大的市场空间。

在这种情况下,公司面临的机会比较多,如何做好取舍,拒绝诱惑,集中精力,做好基础预研,开发优质产品,不断迭代,坚持不懈,必有斩获。

26. 苏州纽克斯电源技术股份有限公司

纽克斯
LUMLUX

地址:江苏省苏州市相城区春秋路 16 号
邮编:215143
电话:0512 - 65907797
传真:0512 - 65907797
邮箱:fei. wang@ lumlux. com
网址:www. lumlux. cn
简介:

苏州市纽克斯照明有限公司(以下简称"纽克斯"),是一家专业致力于大功率电源和控制系统研发、生产与销售的高新技术企业。公司总部坐落于美丽的苏州,紧邻沪宁高速和苏州绕城高速,坐拥便捷的立体交通网络。

纽克斯拥有智能化办公楼 20000 多平方米,配备完善的研发、生产及质量控制体系,产品品种齐全,制造工艺精良,应用范围覆盖公共照明、道路照明、商业照明及植物补光等众多领域。尤其在全球化市场竞争中,走出了一条自主创新的国际化发展之路,产品远销北美、西欧、澳大利亚、日本、南非等国家和地区,为中国制造赢得了良好的国际地位和世界口碑。

纽克斯汇聚各类专业人员 300 余名,技术研发人员比例超过 30%,拥有全球领先的电子技术研发中心,获得加

拿大 CSA 认证机构认可,具备完善的认证测试能力。公司在 HID、LED 电源以及智能化控制系统等关键技术领域,拥有多项核心技术。纽克斯坚持将严谨的态度融入制造生产的每个环节,以专业实力打造非凡品质。公司不断提高制造工艺水平,建设世界一流的生产测试线,注重关键工序控制,全面实施 RoHS 管制,实现产品的高品质、规范化生产管理,于 2006 年通过获得 ISO9001:2000 质量体系认证,并有 60 多个型号产品取得 CE、FCC、UL、CSA、CCC、中国节能等认证等。

伴随世界节能产业的发展,纽克斯将继续秉承"诚信、敬业、高效、共赢"的企业理念,携手有志于节能事业的合作伙伴,为建设绿色环保的人性化照明环境而努力,让绿色光源照亮世界!

主要产品介绍:

100W 三合一调光电源

1. 产品特点

1)恒流模式

2)效率高达 89%

3)具有主动式 PFC 功能

4)满足 3C/UL/CE 认证

5)防雷等级(L - N:5kV;LN - CND:6kV)

6)适用于干燥、潮湿、雨淋环境

7)适用于各种 LED 照明及路灯照明应用

8)三合一调光:程序调光,1~10V 调光,PWM 调光、DALI 调光、DMX512 调光(可选)

2. 技术参数

输入电压:AC90~305V;浪涌电流:65AMAX;防护等级:IP67

保护功能:过电压、过电流、短路、过温

工作温度: -40~ +60℃

高层专访:

被采访人:邱明 副董事长

▶请您介绍公司 2017 年总体发展情况?公司的独特优势有哪些?

2017 年公司业务量较上一年增长 30%,新研发产品 100 多个,其中高新技术产品系列 3 个,2017 年获得市科技创新奖,江苏省企业技术中心等荣誉。公司人员拟达到 400 人,其中研发人员 100 多人,2017 年新厂房的投入使用,生产设施和产能进一步提升,新投入实验室启用,检测能力达到更专业水平,为后续的发展提供了有效的保障。我公司的产品符合国家产业发展方向,重点应用在节能领域,农业生产领域,产品线丰富,专利数量在同行业领先,特别是具备一支专业和高效的研发团队,可以为客户提供

多样化的定制需求。

▶公司当前面临的难题或挑战是什么？准备用什么策略来应对？

对新型的电源需求应对不足，对新型市场拓展能力不足是最大的困难，公司目前通过人才引进，人员激励，建全考核与激励机制，打造具有竞争力的团队。并重点投入技术研发，在市场宣传上加大力度，力争跟上市场的变化，满足市场需求，拿出更具有优势的产品，获得更好的利润。

▶请您介绍公司2018年的发展规划及未来展望？

建立合作品牌和合资企业，加大国际、国内的市场拓展能力，通过市场的有效信息开发新产品适应市场；利用智能电源的研发平台优势，扩大产品品类。与科研机构合作，充分利用外部人才优势提升专业电源产品开发能力；规划新生产基地，进一步提升产能，降低成本，扩大新产品的品类，获得业绩持续健康增长。

▶您对电源行业未来市场发展趋势有什么看法？公司会迎来哪些机遇？如何把握？

对行业发展充满信心，高品质的产品具有较好的市场前景和利润，公司明年将加大市场的投入力度，投入销售额6%的研发费用于新产品的开发，提高产品性价比，利用具有优势的国际市场地位，建立自主合作平台，打造自有国际品牌，与主要客户联手，加强市场拓展能力。

▶请您简单介绍一下公司是如何履行企业社会责任的？

在公司上下齐心合力的基础上，以一种强烈的责任感和使命感，大胆开拓，大胆创新，以项目管理模式不断的推进优化管理，以客户需求为导向，研发制造高品质的产品，力争取得更好的社会价值和经济价值。企业始终强调履行公共责任、公民义务、恪守道德规范，坚持以"诚信、敬业、高效、共赢"为理念，为用户提供高品质的产品和服务。

27. 温州大学

地址：温州市茶山高教园区温州大学南校区
邮编：325035
电话：0577 – 86598000
邮箱：wzdx@ wzu. edu. cn
网址：www. wzu. edu. cn
简介：

温州大学是一所地方综合性大学，办学历史可追溯到温州近代著名爱国爱乡人士黄溯初先生1933年创办的温州师范学校，文化底蕴深厚，有着优良的办学传统。

学校位于浙江省南部美丽的沿海城市温州。学校占地总面积1985亩（1亩 = 666.67m²），分茶山校区和学院路校区。茶山主校区位于温州高教园区内，南眺罗山群峰，北蕴三垟湿地，山水灵秀与翰墨书香相得益彰，是莘莘学子修身治学的绝佳所在。学校校舍面积101.28万平方米，教学科研仪器设备总值5.39亿元，校本部馆藏纸质图书178.8万册，电子图书约177.5万册，各类中外文电子期刊和资料数据库78个。

学校本部下设15个学院，现有全日制在校生14481人，各类成人继续教育学生9846人；教职工1744人，其中专任教师1061人，专任教师中具有正高职称教师188人、副高职称教师389人。有各级各类人才工程入选者328人（560人次），拥有双聘院士2人、国家"万人计划"人选2人、"长江学者"特聘教授2人、国家杰出青年基金获得者1人、国家"有突出贡献中青年专家"2人、卫生部"有突出贡献中青年专家"1人、"国家百千万人才工程"人选4人、国家"千人计划"人选3人、国家优秀青年基金获得者1人、教育部"新世纪人才支持（培养）计划"人选1人、享受国务院政府特殊津贴专家9人、外专高端文教专家5人、浙江省特级专家2人；全国先进工作者1人、全国"五一"劳动奖章获得者1人、全国优秀教师2人等一批高层次人才。举办瓯江学院（独立学院），开设44个本科专业，全日制在校生7306人，拥有一支相对独立的教师队伍。

学校现有6个一级学科硕士点，41个二级学科硕士点，有教育硕士、工程硕士（机械工程领域、建筑与土木工程领域、环境工程领域）2个硕士专业学位门类。化学、中国语言文学为浙江省一流学科A类支持学科，电气工程、法学、马克思主义理论、应用经济学、机械工程、生态学、土木工程为浙江省一流学科B类支持学科。化学学科进入ESI全球1%，浙江省内排名第3。根据《中国研究生教育及学科专业评价报告》统计，我校研究生教育竞争力排行由2010年的63%连续7年持续提升到2016年的38%。

在招44个本科专业，涵盖文学、理学、工学、法学、教育学、经济学、历史学、管理学、艺术学等学科门类，拥有2个国家级特色专业建设点、1个国家级专业综合改革试点、5个教育部卓越工程师教育培养计划试点专业、37个省级重点（建设）和优势、特色（国际化）专业；10门国家级精品课程和精品资源共享课程、38门省级精品课程、6部国家级规划教材、31部省重点教材、1个国家级虚拟仿真实验教学中心、1个国家级大学生校外实践教育基地、1个省级大学生校外实践教育基地、4个省级重点实验教学示范中心（建设点）、8个省级实验教学示范中心、4个省级教学团队。

学校牢固树立人才培养质量是办学生命线的观念，坚持教学工作的中心地位，致力于培养"重实践、强创新、能创业、懂管理、敢担当"的高素质应用型人才。建立以素质教育为主线、通识教育与专业教育有机结合的人才培养机制；积极融合地方元素，不断创新人才培养模式，全面加强大学生的创新创业教育；积极开展教学质量工程建设，不断提高本科教学质量与水平。在2008年教育部本科教学工作水平评估中获得"优秀"等级，2015年圆满完成教育部本科教学工作审核评估。学校形成"教师教育""工程教育"和"创业教育"等办学特色；被确立为国家创业型人才培养温州模式创新实验区、全国创业教育示范院校、首批国家"大学生创新创业训练计划"高校、首批"全国高校创新创业50强"、首批"全国深化创新创业教育改革示范高校 100 强"、国家众创空间、教育部"卓越工程师教育培养计划"试点高校和浙江省教师教育基地；近五年来，获得国家教学成果一等奖 1 项、二等奖 1 项、浙江省教学成果一等奖 9 项、二等奖 17 项。学生参加各类竞赛获得国际奖项 28 项、国家奖项 687 项、省奖项 2644 项。

学校始终以服务地方经济社会发展为己任，坚持基础研究与应用研究协同发展，坚持人文社会科学、自然科学和工程技术研究同步推进，科研水平不断提升，服务地方能力持续增强。学校设有 135 个科研机构；建有 2 个国家科研平台、1 个浙江省"2011 协同创新中心"、2 个浙江省行业（区域）科技创新服务平台、6 个浙江省重点实验室、4 个浙江省工程实验室、1 个浙江省国际科技合作基地、2 个中国机械工业联合会工程研究中心（实验室）、1 个中国轻工业重点实验室、2 个浙江省哲学社会科学重点研究基地、1 个浙江省中国特色社会主义理论研究基地、1 个教育部研究基地、1 个浙江省非物质文化研究基地；拥有 1 个教育部长江学者创新团队、5 个浙江省重点创新团队和 3 个浙江省高校创新团队。近五年来，主持承担了国家重点研发计划项目课题 3 项、国家社科基金重大项目 4 项、国家自然科学基金重点项目 4 项、国家社科基金重点项目 6 项、国家 973 计划课题 1 项等国家科研项目 266 项，省部项目 768 项；科研成果获得国家科技进步二等奖 1 项（主持人、第 3 单位）、教育部高等学校科学研究优秀成果奖（科学技术）一等奖 1 项、二等奖 1 项、教育部高等学校科学研究优秀成果奖（人文社会科学）二等奖 1 项、三等奖 5 项、浙江省科学技术一等奖 2 项、二等奖 6 项、三等奖 4 项、浙江省哲学社会科学优秀成果一等奖 5 项等省部级以上科研成果奖励 51 项。

学校大力推进国际化办学进程，在教学、科研各方面开展了广泛的国际交流与合作。迄今已与 18 个国家和地区的 75 所院校建立了交流与合作关系。与美国肯恩大学合作创办温州肯恩大学，与泰国东方大学合作举办孔子学院，与意大利佛罗伦萨大学、锡耶纳大学合作创办温州大学意大利分校。举办电子信息工程和市场营销 2 个国（境）外合作办学本科教育项目，开设机械工程、生物技术、化学、土木工程、国际经济与贸易、市场营销、工商管理、通信工程、软件工程、电子信息科学与技术、国际法等 11 个全英文授课本科专业和机械工程、化学、软件工程、创业教育等 4 个全英文授课硕士项目。学校是中国政府奖学金委托培养院校，具备招收港澳台侨本科、硕士学生的资格，是国务院侨办首批华文教育基地，是首批 10 所"浙江省国际化特色高校建设工程"单位之一。学校秉承"厚培德本、深濬智源"的办学传统，弘扬"求学问是、敢为人先"的校训精神，坚持"顶天立地、自主开放、分类分层、协同创新"的发展理念，扎根温州、服务浙江、辐射全国、面向世界，努力建设具有鲜明地域特色、国内知名的教学研究型综合性大学和一流应用型大学，成为省内外有影响的应用型创新创业人才培养基地、基础教育师资培养基地、区域内高端人才集聚与培养中心、科技创新研发服务中心和先进文化培育发展中心。

28. 温州现代集团有限公司

电能质量优化专家

地址：温州鹿城区金丝桥路 20 号
邮编：325000
电话：0577 – 88835717
传真：0577 – 88845711
邮箱：modern@ wzmodern. com
网址：www. wzmodern. com

简介：

温州现代集团有限公司坐落于中国民营经济发源地——温州，是由原创办于 1979 年的温州市精密电子仪器厂经公司化改制，在 1994 年组建成立了温州现代集团有限公司，下辖温州现代电力成套设备有限公司、温州现代电器制造有限公司、上海华陶电器有限公司、苏州现代电工仪器有限公司等几个全资分公司。

公司是电能质量产品（谐波治理/滤波补偿装置、稳压（节电）电源/变频电源、电抗器、CVT 抗干扰电源、零线电流消除器等电能质量综合治理产品）、电源测试设备（调压器、测试台电源）和干式变压器的开发、设计和生产制造专业厂家，JB/T7620—1994 标准起草单位之一，ISO 9001：2008 质量体系认证，信息产业部通信设备进网许可认证，美国通用电气（GE）公司中国地区稳压电源供应商，美国 EMERSON 公司和上海三菱电梯稳压电源 OEM 商，航天科技集团环境试验认证，军用抗干扰电源定点生产厂家，是浙江省区外高新技术企业。

公司产品已广泛应用于冶金、通信、国防军工、医疗设备、大型数据中心、精密仪器、实验室、广播电视、楼宇电梯、数控机床、生产流水线、交通设施、金融、教育、工矿企业等国民经济各个领域。

产品已覆盖欧洲、北美、澳洲等发达国家及东南亚、拉丁美洲、非洲和中东等发展中国家。

公司始终如一的致力于坚持可靠的产品质量和提高用户满意度，所提供的优质设备和完善的售后服务得到了用户的一致好评。

主要产品介绍：

1. LBJ 滤波节电柜

针对直流轧机和中频炉等产生大量谐波，污染电网的设备。本公司专业生产滤波节电柜，既可提高功率因数，又能抑制谐波，使系统运行稳定，节能效果明显。

2. DFC – CW 中性线电流消除器

大型场所由于大量使用节能照明灯具、计算机、变频空调、UPS、EPS 等负荷，在节能的同时会产生大量的 3 次谐波，本公司开发生产的中性线电流消除器是解决各行业电气设备在中性线电流过大引起的设备故障和安全隐患的高科技产品。

3. SJD – Z 智能化照明稳压节电柜

本公司开发生产的新型智能化照明稳压节电柜是根据照明的特性而设计的理想节电产品，大大地减少了照明系统的维护费用。节电率均达 15% ~ 25% 以上，节电效果显著，一次投资长期受益。

4. TJA 抗干扰电源 – CVT

TJA 抗干扰电源 – CVT 电源集隔离变压器、双向滤波器、宽范围稳压器优点于一体，输入输出隔离，对电网中的 3 ~ 13 次谐波、浪涌冲击、尖峰脉冲、雷击等干扰具有良好的抗干扰能力。目前已广泛应用于航天、航空、核工业、铁路、医院、金融、证券、军工、通信、公安、工矿等需要更高可靠性电源的场合，特别适用于电网谐波污染严重的配电线路中的仪器设备配套使用。

本系列电源产品质量通过航天科技集团（原航天部）检测及产品环境试验，为军用定点专配电源。

29. 无锡芯朋微电子股份有限公司

芯朋微电子
Chipown
高性能电源芯片供应商

地址：无锡新区龙山路 4 号旺庄科技创业中心 C 幢 13 楼
邮编：214028
电话：0510 – 85217718
传真：0510 – 85217728
邮箱：Wangjj@ chipown. com. cn
网址：www. chipown. com. cn
简介：

无锡芯朋微电子股份有限公司（以下简称"芯朋"）是一家专业从事模拟及数模混合集成电路设计的高科技创新企业，总部位于江苏省无锡市高新技术开发区内，并在苏州和中国香港设有研发中心、在深圳设有销售服务支持中心、在厦门、中山、顺德和南京设立了办事处。公司成立于 2005 年，专注于开发绿色电源管理和驱动芯片，为客户提供高效能、低功耗、品质稳定的集成电路产品，同时提供一站式的应用解决方案和现场技术支持服务，使客户的系统性能优异、灵活可靠，并具有成本竞争力。公司已于 2014 年 1 月成功登陆"全国中小企业股份转让系统"，成为挂牌公众公司，股票简称"芯朋微"，股票代码为 430512。

公司具有国内领先的研发实力，特别在高低压集成半导体技术方面更是拥有业内一流的研发团队。公司在国内创先开发成功并量产了单片 700V 高低压集成开关电源芯片、200V SOI MOS/LIGBT 集成芯片、100V CMOS/LDMOS 集成芯片等产品，均获得国家/省部级科技奖励和国家重点新产品认定。公司拥有国家级博士后企业工作站和由中国工程院院士领衔的江苏省功率集成电路工程技术中心。公司研发团队中约 70% 工程师拥有硕士及以上学位，并有多名博士主持项目的开发。公司建立了科技创新和知识产权管理的规范体系，在电路设计、半导体器件及工艺设计、可靠性设计、器件模型提取等方面积累了众多核心技术，拥有 60 余项国际、国内发明专利，2012 年取得"江苏省知识产权管理规范化示范单位"荣誉称号。

公司是国家工信部认定的集成电路设计企业、科技部认定的高新技术企业，"中国电源学会"常务理事单位，江苏省民营科技企业，江苏省创新型企业，承担并完成了多项国家级的科研开发任务项目，参与多项家用电器国家标准的起草制定，得到各级政府的嘉奖和支持，并在各类行业评比中多次获得奖项。

公司具有完备的 ISO9001 质量体系，主要产品包括 AC – DC、DC – DC、LED Driver、Motor Driver、Charger、MOSFET 等，广泛应用于个人计算机及周边产品、移动电话、个人数字终端、家电产品、平板显示系统等领域，目前公司已发展成为国内家电行业、手持设备行业电源类芯片的领先供应商，是家用电器类国家标准起草工作组成员。

"进取、承诺、和谐"是芯朋的企业文化，为员工提供精彩的发展空间，为客户提供精良的产品服务，我们真诚期待与您携手共赢未来。

主要产品介绍：

PN 8147T

PN8147T 内部集成了脉宽调制控制器和 1000V 功率 MOSFET，专用于高性能、外围元器件精简的交直流转换开关电源。提供了极为全面和性能优异的智能化保护功能，包括周期式过电流保护（外部可调）、过载保护、过电压保护、CS 短路保护、软启动功能。通过 Hi – mode、Eco – mode、Burst – mode 的三种脉冲功率调节模式混合技术和特殊器件低功耗结构技术实现了超低的待机功耗、全电压范围下的最佳效率。为需要超低待机功耗的高性价比反激式开关电源系统提供了一个先进的实现平台，非常适合高可靠性电力电子市场、六级能效标准、Eur2.0、能源之星的应用。

高层专访：

被采访人：易扬波　董事副总

▶请您介绍公司 2017 年总体发展情况？公司的独特优势有哪些？

2017 年公司的电源芯片产品在智能家电、标准电源、移动数码、工业驱动四大主力市场布局深耕，以市场引领产品开发、聚焦服务行业顶级客户，以技术突破提供客户独特价值，以最终效果调整资源配置，取得了良好的成效。2017 年实现销售增长 19%，净利润增长 58%。公司可以按

行业顶级客户需求，完成从产品定义到自主设计，已建立完整的 IP 复用技术管理体系；聚积了一批优秀的技术和管理人才。

▶请您介绍公司 2018 年的发展规划及未来展望？

2018 公司将继续针对现有的智能家电、标准电源、移动数码和驱动四大市场，与客户协同开发下一代电子整机设备需要的电源管理芯片。公司将围绕着电源管理芯片"高效率、高集成、低能耗、可交互" 4 个价值点潜心研发，深挖高低压集成核心技术，拓展研发高功率密度模块技术，储备 GaN/SiC 宽禁带功率半导体技术。保持原有"先研发核心技术平台，再基于平台开发芯片产品"的稳健开发模式，以高可靠、可持续为前提，缩小在细分领域与国际领先公司的核心技术差距，致力于成为国际一流的专业化电源管理芯片设计公司。

▶您对电源行业未来市场发展趋势有什么看法？公司会迎来哪些机遇？如何把握？

从整体市场份额来看，目前国内电源管理市场的主要参与者仍主要为欧美日企业，占据了 70% 以上的市场份额，但中国的电源管理芯片设计产业正处于上升期。由于终端消费品的制造中心向亚太和中国聚集，受成本影响，欧美大型芯片设计企业正在逐步从消费类市场转向汽车级、工业级、军品级乃至宇航级等利润更丰厚、性能更高的市场。在产业转移的过程中，国内企业将更容易切入民用消费市场，具备高品质口碑和独特技术优势的国内芯片设计公司将面临巨大的发展空间与机遇。

30. 先控捷联电气股份有限公司

少·U 先控
SICON EMI

地址： 石家庄高新区湘江道 319 号第 14、15 幢
邮编： 050035
电话： 0311 – 85906057
传真： 0311 – 85903718
邮箱： Dongmei. li@ scupower. com
网址： www. scupower. com
简介：

先控捷联电气股份有限公司（股票代码：833426，简称：先控电气）是全球领先的电力电子类产品的设计和制造公司之一，我们始终致力于电力电子类产品的研发、生产和推广。先控电气主要为数据中心领域、新能源充电领域和绿色储能这三大业务领域提供完整的解决方案。

公司总部位于河北石家庄，负责产品生产与制造；研发中心位于广东深圳，负责新产品的研发；并在全国设立了 27 个办事处，负责全国的销售、工程和售前售后服务。公司下设 4 个全资子公司，分别位于北京、上海、中国香港和欧洲荷兰，并已成为 Newfloor 架空地板在中国地区的总代理公司。

公司秉承"专注、专业、卓越"的发展理念，完全实现了生产工业化、标准化、专业化和模块化，并通过了 ISO9001、ISO14001、OHSAS18001 等资质认证。先进的生

产工艺在进一步保证产品交货周期的同时更是大大提升了产品品质。目前，公司拥有各项商标、专利和产品著作权共计100多项，先控电气还参与并起草了相关行业标准的制定。拥有中国电源学会常务理事、中国通信标准化协会会员等众多头衔，并且连续多年都被评为10强企业、科学技术创新奖等。

因为专注，所以专业。先控电气始终保持技术的前瞻性，积极拓展新能源行业和绿色储能行业，开启了产品在创新、绿色、节能、环保、融合、创收的新里程碑。目前，数据中心产品主要包括各类UPS供电系统、配电系统、电池柜、服务器机柜、架空地板，除了数据中心产品外，还包括户外直流充电桩、交流充电桩、交直流一体充电桩、车载充电机、微型数据中心、锂电池成组、BMS管理单元、储能式UPS等多种产品系列。

先控电气产品多次入围各级政府单位，涉及国家重点项目、数据中心、电力、军事工业、轨道交通、金融、通信、能源、电动汽车充电行业等领域，产品覆盖全球50多个国家和地区。先控电气坚持在全球范围内贯彻可持续发展理念，实现社会、环境及利益相关者的和谐共生，为社会造福！

作为行业的领跑者，数十年来，先控电气不仅致力于电力电子类产品的研发、生产、销售和服务，同时也在公益事业方面身体力行，始终以强烈的社会责任感和使命感服务社会，感恩社会，积极参与教育、救助、扶贫等社会公益事业的发展。

主要产品介绍：

模块化UPS

先控电气在模块化UPS产业中，形成单台模块容量为10kVA、25kVA、50kVA、60kVA，4种模块组成不同容量段的UPS系统，系统容量涵盖10~800kVA，将产品标准化。先控电气已然了解UPS行业发展趋势必将是模块化UPS取代传统UPS，先控电气模块化UPS的技术和产品发展与整个UPS行业发展相辅相成，它在一定程度上推动了行业发展，行业发展又加快了先控电气的模块化技术和产品的发展。

高层专访：

被采访人：陈冀生　总经理

▶请您介绍公司2017年总体发展情况？公司的独特优势有哪些？

2017年2月，公司的不间断电源产品被河北省工业和信息化厅认定为河北省中小企业名牌产品。

2017年4月，公司承担河北省重大科技成果转化项目"储能式串并联双变换补偿式UPS产业化项目"，并于6月份收到该项目政府补助资金100万元。

2017年9月，公司通过"中国移动UPS设备供应商常态认证"审核。

2017年5月，先控电气应邀出席"2017第十三届UPS供电系统及其基础设施技术峰会暨用户满意度调查结果揭晓大会"并获得"十强企业品牌奖"、"技术创新奖"、"绿色环保奖"三项大奖。

2017年6月，先控电气微模块数据中心产品为河北联通打造新一代高效节能的IDC机房，为成功转型IDC机房"一体化整体解决方案"的供应商奠定坚实基础。

2018年2月，公司通过国网2017年度充电设备供应商资格审查。

2018年3月，公司中标"2017—2018年中国联通UPS设备集中采购"项目。

▶您对电源行业未来市场发展趋势有什么看法？公司会迎来哪些机遇？如何把握？

1. 电源行业的发展态势

模块化UPS凭借模块热插拔易扩容、易维护以及可靠性高等特点已经在市场上获得充分认可，在缩短维护时间、降低维护难度以及节约人力成本等方面具有不可替代的优势。从近几年的模块化UPS全球年销售额来看，模块化UPS份额逐年上升，年均增长率超过6%，未来两年的预测增长率更将超过10%。随着用户对供电系统的灵活性、可用性等要求的进一步提高，模块化UPS全面取代高频塔式UPS将成为现实。

2. 公司在UPS行业的策略及目标

1）巩固模块化UPS的绝对领先地位：先控电气在模块化UPS产业中，形成单台模块容量为10kVA、25kVA、50kVA三种模块组成不同容量段的UPS系统，将产品标准化。

2）创新策略：根据市场的变化趋势，加大新产品的开发力度，2016年度，先控电气60kVA模块问世，该模块将是业内功率密度最大、单台模块容量最大的产品，完成了技术上的突破。先控电气将继续在产品层面不断精研，把开拓市场同开发新技术、新产品、新产业结合起来，创造和引领市场，不断提高产品的科技含量。

▶公司在UPS行业的发展规划重点及策略目标是什么？

1）通过完善的规模化、标准化产业链条来降低产品生产和销售成本、促进技术创新，使产品具有绝对的竞争力，从而稳定地提高市场占有率。

2）对于UPS电源产品而言，更高的效率、更好的性能指标、更低的成本是衡量产品优良的决定性因素，2017年及以后，先控将继续通过技术创新在产品原有优秀品质的基础上进行进一步提高。凭借领先的技术和产品以及优质的服务与竞争对手形成明显的差异化，从而提高企业的整体竞争力。

3）随着市场环境的变化，对于有优势的行业及领域：通过长期业务维护进行巩固，保持稳定的业务发展；对于相对薄弱的行业及领域：通过有效的市场调研和评估，以及专业的业务人员进行市场开发，实现深度业务拓展。从而进一步推动企业适应和满足市场的需求。

4）先控电气依托现有产品和技术的优势，为数据中心和大客户提供电力保障服务、能源管理的创新商业模式。

31. 浙江东睦科达磁电有限公司

地址：浙江省德清县武康镇曲园北路 525 号
邮编：313200
电话：0572 - 8085881
传真：0572 - 8085880
邮箱：info@ kdm - mag. com
网址：www. kdm - mag. com
简介：

　　浙江东睦科达磁电有限公司（KDM）成立于 2000 年 9 月，位于杭州北郊，距上海 150 公里，占地面积 40000 平方米，是中国最具规模的软磁金属磁粉芯制造商，也是国家高新技术企业。

　　公司通过了 ISO9001：2008 和 ISO14001：2004 体系认证，所有产品均符合欧盟 RoHS 规范。目前公司年产能 5 亿只金属磁粉芯，主要产品有：铁硅铝磁粉芯（Sendust Cores）、硅铁磁粉芯（Si - FeCores）、铁硅镍磁粉芯（Neu Flux Cores）、铁镍磁粉芯（High FluxCores）、铁镍钼磁粉芯（MPP Cores）、铁粉芯（Iron Powder Cores）及纳米晶磁粉芯（NanodustCores）、低成本铁硅（KW Cores）、超级铁硅铝（KS - HFCores）等。产品主要应用于高效率电源、太阳能、风能、新能源汽车等领域。

主要产品介绍：

　　超级铁硅铝磁粉芯

　　超级铁硅铝磁粉芯（KS - HF 系列）是 KDM 推出的一款新型磁性材料。该磁粉芯损耗低，DC - Bias 特性好，能有效解决铁硅铝磁粉芯抗饱和能力差，铁硅磁粉芯损耗大的问题，具有很高的性价比。

　　超级铁硅铝磁粉芯（KS - HF 系列）具有很广泛的应用场合。26 ~ 60μ 拥有较好的 DC - Bias 特性，可以适用于大多数大电流应用，如 UPS、逆变器、工业电源等；60 ~ 125μ 是高磁导率的经济之选，可以应用于低功率开关电源、服务器电源等。

高层专访：

被采访人：柯昕　总经理

　　▶请您介绍公司 2017 年总体发展情况？公司的独特优势有哪些？

　　KDM 在 2017 年保持良好的增长趋势，全年的订单还是比较充裕的，同时公司积极推进新工厂的建设来满足日益增长的订单需求和快速交期。公司最大的优势在于全系列的产品线能实现客户的一站式采购和客制化设计来满足客户的新需求，同时公司具有很强的技术能力，能为客户提供产品开发、设计等服务，从而提高产品开发的效率，降低研发成本，从而达到双赢。

　　▶请您介绍公司 2018 年的发展规划及未来展望？

　　东睦科达新厂一期将于 2018 年正式落成并投入使用。新厂区占地面积 106 亩（1 亩 = 666. 67m²），增加了自动化先进设备，能极大地提高产能以及产品质量。未来公司将建成年产 2 万吨高性能金属磁粉芯产线。

　　▶您对电源行业未来市场发展趋势有什么看法？公司会迎来哪些机遇？如何把握？

　　电源行业未来市场总体来讲应该是会有更好的发展，电源行业的需求量一直是比较大的，最大的问题是激烈的竞争和利润的降低。随着新一代功率器件 SiC 和 GaN 的更新，电源行业同时也会产生很大的变革。公司作为电源行业中重要的组成部分，希望能紧随潮流，积极与电源厂商配合，开发新材料，这样我们才能走在市场的前沿。

理事单位

32. 艾思玛新能源技术（江苏）有限公司

地址：江苏省苏州市高新区向阳路 198 号 9 栋
邮编：215011
电话：0512 - 69372978
传真：0512 - 69373159
邮箱：Sales@ SMA - China. com. cn
网址：www. zeversolar. com www. sma - china. com
简介：

　　艾思玛新能源技术（江苏）有限公司（简称：SMA 中国）是一家专注于逆变器研发与制造的高新技术企业和软件企业，是全球领先的光伏逆变器生产商 SMA 集团两大研发与制造基地之一。

　　SMA 中国凭借自身的技术领先性，成为多项国家标准和国际标准的制定者，是中国《光伏系统用逆变器安全要求》强制性国家标准主编单位，IEC TC8 PT62786 - 2《用户侧电源接入电网》国际标准参编单位。

　　作为 SMA 集团成员，SMA 中国获得了德国总部资金和技术上的强大支持。2015 年 12 月 SMA 控股增至 100%，注册资本增至 3. 43 亿元人民币。SMA 逆变器应用技术在 SMA 中国得到引进，研发技术、生产工艺获得精细优化，质量管控引用德国标准，产品性能与质量飞速提升。整个公司的管理体系也获得了优化整合，整体运营效率与竞争力不断提升。这一切，都为 SMA 中国品牌国际化之路提供了强大支撑。

目前，公司拥有 1k～60kW 全系列光伏并网逆变器产品、2GW 的产能；公司生产的逆变器产品已行销数十个国家和地区，把太阳能带给了全球用户。同时，通过国内外不断完善的售后服务体系，为客户带来了持续稳定的质量保障，以及更多的增值服务。

主要产品介绍：

工业、商业、公共事业级电站用光伏逆变器 SMA SOLID－Q 50／PRO 60

SMA SOLID－Q 系列光伏逆变器将德国品质和中国智造完美结合，致力于高可靠性和卓越的性价比体验。SOLID－Q 50 可灵活应用于商业屋顶、光伏扶贫等通过低压并网的中小型分布式电站。SOLID－Q PRO 60 得益于更高的电压输出和无 N 线设计，可广泛应用于大型屋顶、山地丘陵、农光互补等通过中高压并网的 MW 级大中型分布式和地面电站，显著降低安装和维护成本，提高投资收益。

33. 安徽博微智能电气有限公司

CETC 安徽博微智能电气有限公司
CETC ECRIEEPOWER (ANHUI) CO.,LTD.

地址： 安徽省合肥市高新技术开发区香樟大道 168 号
邮编： 230011
电话： 0551－62724742
传真： 0551－65311615
邮箱： czh@ ecthf. com
网址： www. ecrieepower. com
简介：

安徽博微智能电气有限公司是中国电子科技集团第三十八研究所全资子公司（以下简称"博微智能"），位于合肥国家级高新技术产业开发区。2005 年自主研发出国内第一套高端医疗装备智能供配电系统，目前主要致力于 UPS、智能供配电、医疗装备电子、汽车电子、物联网类等产品的研发、生产和销售。

博微智能拥有国际先进水平的设计研发与电子制造平台，拥有国内先进的电子测试、试验平台，在业内率先提出"绿色、节能、环保"的产品理念，始终执行 RoHS 环保指令，并逐步推行 REACH 管理程序，针对研发设计、生产制造、原材料供应链等制定一整套实施方案，开发出性

能国际领先的电源产品和智能供配电系统，为客户提供更完善的智能供配电解决方案。

博微智能率先开发出业界高端水平的智能供配电系统中核心设备－数字阵列 UPS，功率覆盖范围 10～900kVA，获得软件著作权和实用型专利共 20 多项，已取得泰尔、节能、CQC、广电等权威认证证书。同时，系列产品以其高可靠性已经占据全球高端医疗装备行业市场 15% 以上份额。

博微智能已经与全球知名企业建立了战略合作伙伴关系。为更好地服务全球战略客户，海外办事处及仓储中心多达 12 个，遍布欧美、日本、中亚、东南亚等地区。目前产品广泛应用于医疗装备、工业自动化、公共安全、交通、广电、金融、教育、通信、制造、政府、国防等领域。

34. 北京创四方电子股份有限公司

TransFar　BingZi

地址： 北京市朝阳区酒仙桥北路甲 10 号院 201 号楼 C 门三层
邮编： 100015
电话： 010－57589069
传真： 010－57589168
邮箱： liup@ bingzi. com
网址： www. bingzi. com
简介：

北京创四方电子股份有限公司（股票名称：创四方股票代码：838834）是一家专业致力于各类小型精密电磁器件、精密电量传感器以及新能源电抗器和特种变压器和 AC－DC、DC－DC 模块电源的高新技术企业，公司总部位于北京市朝阳区中关村电子城 IT 产业园，集开发、生产和销售及配套为一体，拥有"BingZi 兵字"和"TransFar 创四方"两大自有品牌，产品覆盖全国并远销海外。公司自从 1992 年诞生中国第一款全封闭式变压器以来，产品品种和业务规模得到快速的发展，今天"BingZi 兵字"已成为业界知名品牌。拥有占地面积 80 余亩（1 亩＝666.67m²），建筑面积 2 万平方米的福建生产基地。公司系中国电源学会理事单位，北京电源行业协会常务理事单位，中国电子质量管理协会单位会员，北京福建企业总商会常务副会长单位，ISO9001—2008 质量体系认证单位，中国电子行业用户满意企业、用户满意产品单位。

经过多年的发展，公司汇聚了一批高素质的专业技术人才，在各类产品上都能实现有针对性的专业性设计和高品质制造。所有产品都具有结构布局合理、隔离耐压高、散热好、环境适应能力强等显著优点，可广泛应用于工业控制系统、电力电子装置、智能仪器仪表、通用电器设备以及光伏、铁路、电力等不同行业复杂的使用环境中。

我公司的设计将以市场需求为导向，不断创新，关注客户并努力为客户创造价值，与业界同仁携手并进，共同为电子元器件市场和电力电子行业的繁荣与发展做出应有的贡献。

质量方针：

提供优质产品，满足顾客不断增长和变化的需求，实现市场领先和利润增长的目标，从而体现"创造一流，四海皆知，方显卓越"的企业宗旨。公司文化"敬业、实干"、"平等、尊重及团队精神"

公司目标：

"以新颖的设计思想，独到的经营理念和卓有成效的管理为基础，立足创新，实现市场领先和利润增长。"

主要产品介绍：

HS92 – A – C

HS92 – A – C 系列电流传感器主要应用于电池管理系统，参与电池包的充放电管理和剩余电量估算。①在性能方面，该系列电流传感器采用独特的双通道测试方案。解决传统电流传感器大电流和小电流测试精度不能兼顾问题。辅助提高电池包充放电效率。同时测试精度的提高，更有利于电池组剩余电量估算的精度，能够更精确的计算电动汽车的续航里程。②在带宽方面，该传感器拥有 80、500、1000、2000Hz4 个通道，顾客根据不同的电磁环境进行选择。③在机械结构方面，采用塑胶超声密封替代传统的树脂封装。除解决了密封，固定问题外，极大地提高了生产效率问题。

35. 北京大华无线电仪器有限责任公司

 DAHUA

地址：北京市海淀区安宁庄东路 18 号（总部：北京市海淀区学院路 5 号）

邮编：100085

电话：010 – 62937169 62937102

传真：010 – 62937171

邮箱：marketing@ dhtech. com. cn

网址：www. dhtech. com. cn

简介：

北京大华无线电仪器有限责任公司（简称大华电子）于 1958 年建厂，原国营 768 厂，北京大华无线电仪器厂，是我国最早建成的微波测量仪器专业大型军工骨干企业。

隶属于北京电子控股有限责任公司的国有企业。拥有 6.8 万平方米的园区及 1 万平方米科研生产区。主要从事国防、科研及重点工程配套仪器的研制和生产。大华电子的产品包含大功率直流电源、交流电源、交直流电子负载、单路及多路线性电源等以及自动化测试系统及解决方案，并广泛应用于军工、科研、高校、通讯、工业控制、汽车电子、新能源等领域。大华电子于 2017 年 10 月由北京大华无线电仪器厂变更为北京大华无线电仪器有限责任公司，已经成为军工级电子测试行业解决方案供应商。

36. 北京落木源电子技术有限公司

落木源
IGBT 驱动领域专家

地址：北京市西城区教场口街一号 6 号楼一层

邮编：100120

电话：010 – 51653700

传真：010 – 51653700 – 880

邮箱：pwrdriver@ pwrdriver. com

网址：www. pwrdriver. com

简介：

北京落木源电子技术有限公司是国内最早从事 IGBT 驱动技术开发的公司，公司技术底蕴深厚，独立创新的发明专利技术始于 1995 年，目前拥有多项核心技术。

随着电力电子技术的发展，公司的产品不断向高电压、大电流、高频率、高效率等方向发展。目前最新的产品系列包括 6500V 超高压 IGBT 驱动板、3600A 超大功率 IGBT 驱动板、2MHz 高频 MOSFET 驱动芯片等。产品应用在高压变频器、风力发电变流器、逆变焊机、电动汽车、电力机车、感应加热、电力系统、电能质量改善等高端领域，同时也在通信、冶金化工、医疗机械、家电设备等工业领域有大量应用。目前，公司在全球有数千家客户，客户数量更以每年 30% 以上速度增长，是优秀的 IGBT/MOSFET 驱动技术解决方案供应商。

37. 北京中科泛华测控技术有限公司

泛华恒兴
PANSINO SOLUTIONS

地址：北京市海淀区西小口路 66 号东升科技园 A4 楼

邮编：100192

电话：010 – 82156688

传真：010 – 82156006

邮箱：sales@ pansino – solutions. com

网址：www. pansino – solutions. com

简介：

北京中科泛华测控技术有限公司（以下简称"泛华"）作为国内领先的测控领域高科技企业，致力于发展专业测控技术，为各行业用户提供高品质的测试测量解决方案和成套的检测设备。公司成立以来，始终坚持"以专业技术为立身之本，诚信服务为承诺，卓越品质为追求，精益求精为精神"，综合实力明显提高，从 1997 年公司成立至今，员工总人数超过 200 人，并实现了利税连年快速增长。

泛华在众多关键领域拥有一批具备行业背景的测控技术专家，拥有丰富的测试测量工程经验和多项自主知识产权，主要研制和生产装备保障设备、自动化测试设备、试验数据管理平台、工程教育产品等。泛华核心产品涉及国防军工、电子、汽车、能源、雷达通信、科研教学等行业。

38. 成都金创立科技有限责任公司

地址：四川省成都市新都区班竹园镇鸦雀口社区
邮编：610506
电话：028 – 83988111
传真：028 – 83989066
邮箱：jcl. cdjcl@ 163. com
网址：www. cdjcl. com
简介：

成都金创立科技有限责任公司是一家以等离子技术产业化推广为目标的高科技公司。公司依托大型科研院校和控股企业、科研开发能力强、技术积累深厚。通过几年的努力，全面掌握了"等离子体发生器技术"及大功率脉冲电源技术。在环保领域实施"电弧等离子体技术应用开发"为专项的高科技项目、高压静电除尘专用电源及控制技术：在材料表面改性领域实施真空镀膜电源技术、等离子表面处理专用电源技术、形成了一定的研发能力和生产能力。

公司现有环保、物理、材料、机械、真空、电气、电子等学科各类技术人员。专业从事低温等离子体技术应用、材料表面改性处理技术设备、大功率开关电源和专用脉冲电源研究生产型高科技企业。

公司成功开发生产大功率开关电源和专用脉冲电源、高压电源、工业生产用微弧氧化设备、等离子抛光技术和成套表面处理设备。可根据用户对材料表面处理的需求，提供整套解决方案或研制非标设备。

公司遵从平等互利、友好合作、坚持服务至上、信誉第一的宗旨，竭诚为科技界、实业界提供技术产品和各种形式的技术服务和合作。

39. 重庆荣凯川仪仪表有限公司

地址：重庆市北碚区澄江桐林村 1 号
邮编：400701
电话：023 – 68226587
传真：023 – 68221017
网址：www. rongkai. com. cn
简介：

重庆荣凯川仪仪表有限公司（以下简称"荣凯川仪"）是中国四联重庆川仪旗下的电源科技公司，是一家专业从

事电力电子领域产品的生产、销售、研发为一体的高新技术企业。公司现已通过 ISO9001 国际质量体系认证，建立了一套完整的质量监控体系。产品通过国家高新技术产品鉴定，并获得欧盟 CE 认证、TLC 认证、英国 NQA 质量认证、中国计量中心 EMC 认证等。

荣凯川仪从事电源产品的研发、设计及生产制造已有40 多年的历史，公司从 20 世纪 70 年代初开发出国内首台晶闸管逆变器到 90 年代引进美国先进电源技术，通过不断消化、吸收、改进，于国内率先推出工业型 UPS 不间断电源及其系统；进入 21 世纪后公司产品经全面智能化升级改造，现已成为国内最具规模的智能化交直流不间断电源系统领军企业。

荣凯川仪拥有一支有多年从事国内外工业电源研究的技术精英，拥有一批先进的高精尖加工检测设备和先进的自动化流水线和成套产品生产线。目前，公司具备为年产600 万吨钢铁项目、1200MW 机组、60 万吨合成氨，80 万吨乙烯、年产 300 万吨水泥生产线等大型工程提供 UPS 电源产品的配套能力。先后向北京地铁、重庆地铁、成都地铁、广州地铁、深圳地铁等国内重点工程提供 UPS 电源装置数万套。在占有国内市场的同时，公司积极拓展海外市场，为印尼、巴西、越南、缅甸等国家重点建设项目提供 UPS 电源配套产品，奠定了公司在国内外工业制造行业及轨道交通领域电源产品应用市场的主导地位。

面向未来，荣凯川仪将秉承"诚信、品质、人本、创新"的经营理念，以产业报国，造福员工的经营宗旨，以永不间断的创新精神，向"国内最大的绿色、节能、环保电源整体方案提供商"而迈进！

40. 佛山市杰创科技有限公司

地址：广东省佛山市南海区桂城夏东涌口村工业区石龙北路东区二横路 3 号
电话：0757 – 86795444
传真：0757 – 86798148
邮箱：jiechuangkeji@ 163. com
网址：www. jc – power. com
简介：

佛山市杰创科技有限公司（以下简称"杰创"）创建于 1996 年，2000 年通过吸收和引进国内外先进的高频开关电源技术开发了目前市面上运用较为广泛的高频开关电源，产品中主要电子元器件模块以进口大功率绝缘栅双极型晶管"IGBT"模块为主功率器件，以超微晶（又称纳米晶）软磁合金材料及铁氧体为主变压器磁芯，控制系统采用了自主研发的主控 IP 技术，结构上采用了冷轧板面、喷环氧树脂漆技术，提高了设备外表抗氧化、抗酸碱的效果。通过多年的生产实践和客户使用反馈，产品质量有了飞跃提升，在各表面处理行业如镀铬、镀铜、镀锌，镀镍、镀金，镀银、镀锡、合金电镀等各种电镀场所，以及在国防、冶金、电力、电解、阳极氧化、电铸、电泳、单晶硅加热、PCB 制版等各个行业得到了大力的推广和应用；从电力应用和原材料上大大降低了客户的生产成本，该设备体积小、重量轻，是晶闸管体积的（1/2），节能效果和晶闸管相比能节省 15% 以上，堪称"绿色环保电源"。

本着"杰出品质、创造未来"的企业精神，公司不断向国内外客户提供不同种类的表面处理电源。多年来企业一直坚持技术变革创新，成立至今公司已拥有 20 多项实用新型及发明专利，并且已实际投入到产品使用中，使公司的技术水平始终处于本行业的技术领先前沿，公司坚持以发展作为永恒的主题，倡导"以人为本"的经营管理理念，培育"客源 + 资本"的核心竞争力，打造市场认可的品牌，注重提升公司价值、满足市场需求，为社会创造财富。

杰创：做最适合的整流器，做最值得依赖的供应商。

主要产品介绍：

单晶炉加热电源

2017 年主打产品之———单晶炉加热电源，此项产品通过多年研发实践，从最开始的小批量试产试用到 2017 年的批量生产运用，公司产品技术满足了该行业最新发展趋势，是集高功率因数整流技术、功率转换技术与脉宽调制技术于一体的高效节能大功率开关电源，在光伏行业运用中得到了认可。

41. 广东寰宇电子科技股份有限公司

地址：广州市南沙区东涌镇马克村（厂房）自编号 202
邮编：511475
电话：020 – 34835888
传真：020 – 84744966
邮箱：cominfo@ gdhuanyu. com
网址：www. gzhuanyu. cn
简介：

广东寰宇电子科技股份有限公司是一家从事研发、生产、销售电梯控制信息技术的民营高新技术企业，也是"国家火炬计划重点高新技术企业"。主要产品有电梯应急救援装置、松闸电源、应急电源、五方对讲、防电扶梯逆转保护系统、带能量反馈的一体化电梯控制系统等 10 多个电梯配套产品；并为行业一线品牌的多家电梯厂商提供优质的产品配套服务！

42. 广州回天新材料有限公司

地址：广州市花都区新华街岐北路 6 号
邮编：510800
电话：020 – 36867996 – 8006
传真：020 – 36867991
邮箱：dengbeiwei@ huitian. net. cn
网址：www. huitian. net. cn
简介：

广州回天新材料有限公司是由湖北回天新材料（集团）股份公司投资组建的高新科技企业。湖北回天新材料股份有限公司是国内胶粘剂的龙头企业，回天品牌是民族胶粘剂第一品牌，"回天"是国内胶粘剂行业首家上市公司（股票代码：300041）。

广州回天新材料有限公司坐落于广州市花都区汽车产业开发区，占地 37 亩（1 亩 = 666. 67m²），建筑面积 1. 2 万平方米。公司完善并建立了法人治理结构等现代企业管理制度，有完整的科研、生产、质检和销售管理架构，建立健全了先进的质量和环境管理体系，并且已通过 ISO9001：2000 ISO14001：2004 国际质量和环境管理体系认证、美国 UL、SGS 等认证。公司专业科研所出身，拥有较雄厚的科研力量，中级以上职称的技术人员占总人数的 60% 左右，硕士研究生占员工总数 10% 以上。

广州回天新材料有限公司在硅橡胶、UV 光固化胶、丙烯酸酯胶、环氧胶等方面的基础研究处于国内领先地位。公司产品广泛应用于 LED 显示与照明、LCD 液晶显示、车灯、电源、电器、医疗、移动终端等行业，与美的、格兰仕、松下、比亚迪、利亚德、明纬、茂硕、三思、GE、天马等国内外知名企业形成了长期的合作伙伴关系，是国内光学、光电显示、医疗、电器、电工等领域用胶粘剂和密封剂的最大供应商之一。

主要产品介绍：

1. 电源、逆变器导热灌封胶 5299

低黏度、低密度、高导热、阻燃 UL94V – 0 级，适用于 LED 电源、光伏逆变器的导热灌封。

2. 电源元器件固定胶 9661E

高挤出率、固化速度快、阻燃 UV94V – 0 级，适用于电源、充电器、适配器的元器件固定。

3. 电源防水灌封胶 4120M

对金属、部分塑料有良好粘接性，防水等级可达 IP67，适用于有防水要求的电源、逆变器灌封。

43. 广州致远电子有限公司

致远电子

地址：广州市天河区车陂路黄州工业区 7 栋 2 楼
邮编：510660
电话：020 – 22644261
传真：020 – 28267891
邮箱：support@ zlg. cn
网址：www. zlg. cn
简介：

广州致远电子有限公司隶属于周立功集团，由著名嵌入式系统专家周立功教授于 2001 年创建。ZLG 致远电子是国内领先的工业 IoT 系统解决方案供应商，专注于电子领域，从数据采集、通信网络、控制实现到云计算提供有竞争力的专业解决方案，为用户创造价值，并坚持聚焦战略，对高精度数据采集、无线通信、现场总线和嵌入式控制技术持续投入，以用户需求和前沿技术驱动创新，推动行业进步。ZLG 致远电子每年将营业收入的 20% 以上投入研发，超过 55% 的员工从事创新、研究与开发，并在多个标准组织任职，为中国工业互联网发展创造价值。
主要产品介绍：

表贴式隔离 RS485 收发器

致远电子表贴式隔离 RS485 收发器是一款应用于工业现场 RS485 总线传输及隔离的模块产品，能有效解决总线干扰、通信异常等问题。与传统的设计相比，表贴式产品不仅具备更高的集成度与可靠性，并且支持业内所有常用的贴片封装，适用于需要高稳定性总线通讯的场合，能够最大程度的提升用户的生产效能，帮助用户提升总线通信防护等级。

波特率支持：40k ~ 1Mbit/s
节点数量：64 个
工作电压：3.15 ~ 5.25V
工作温度：– 40 ~ 105℃
隔离电压：DC3500V
外壳及灌封材料符合 UL94 V – 0 标准，具有极低的电磁辐射和极高的抗电磁干扰性，封装形式为 BGA、LGA、邮票孔等常用贴片封装。

44. 杭州博睿电子科技有限公司

地址：浙江杭州萧山区蜀山街道万源路 1 号
邮编：313200

电话：0571 – 2616510
传真：0571 – 2610970
邮箱：jmli@ hzbrdz. com. cn
网址：www. hzbrdz. com. cn
简介：

杭州博睿电子科技有限公司前身为博才电源，现为中国电源学会理事单位，始创于 2005 年，公司主要核心管理层，均来自于大型台资开关电源企业，具有丰富的品质管控和生产管理经验，使公司的品牌和产品品质，得到了客户的高度认可，公司研发团队成员，主要由多位具有高级专业技术职称的资深科技精英领衔，多次承接国内知名高校和研究院所等攻关项目的研制，是一家集 LED 中大功率驱动电源，高频逆变电源，大功率电力和通信电源，电动汽车充电器，高压激光电源，医疗电源，智能控制等产品的研发、制造、销售为一体的节能环保产业型高新技术企业，公司所有产品均通过国际及国内安全和标准认证，并可根据客户要求进行定制和开发。
主要产品介绍：

大功率高压激光电源

该产品的输出光功率为 180W，输入输出电源转换功率为 1000W，交流输入电压适合全球使用，高压输出电压为 30000V，具有高效率，高功率因素，低温升，抗干扰强，高寿命等突出优点，广泛应用于中大功率激光切割设备中，该产品已申请国家发明专利。

45. 杭州飞仕得科技有限公司

地址：杭州市北部软件园祥兴路 100 号 2 号楼
邮编：310011
电话：0571 – 88171615
传真：0571 – 88173973
邮箱：fangping. qian@ firstack. com
网址：www. firstack. com
简介：

杭州飞仕得科技有限公司（Firstack）是 IGBT 智能驱动器领域全球技术与市场的领航者，致力于智能 IGBT 驱动器、功率 STACK 的研发和销售，为客户提供完整、高品质的功率模组整体解决方案。目前已获得国家高新技术企业、国家双软企业、杭州市研发中心等荣誉称号，并已通过 ISO9001、TS16949 质量体系认证。

作为全球首家将智能驱动引入到新能源发电领域的企业，Firstack 致力于通过数字化技术实现变流器全状态监控与保护，提升变流器长期运行可靠性，助力风场、光伏电站大数据化管理。凭借数字化带来的"高可靠性""高灵活性"与"高智能化"，Firstack 已成功将智能驱动批量应用于军工、电力系统、轨道交通、地铁馈能等多个高可靠性领域，并已成为国内最大的风电变流器驱动供应商之一。目前，有超过 10 000 台风机变流器正搭载着 Firstack 智能驱动，在高原、草原、近海等恶劣自然条件下，稳定可靠地运行着。

主要产品介绍：

2FSD0115 + IGBT 驱动器

2FSD0115 + 是基于 Firstack 数字驱动技术，专门针对 EconoDUALTM 封装模块开发的"高性价比""高可靠性"即插即用驱动器，尺寸和引脚定义完全兼容市面上同类产品，客户无需做任何修改即可使用。

2FSD0115 + 集成了短路保护（软关断）、欠电压保护等多项保护功能；采用光信号传输，确保了在恶劣 EMC 环境下 PWM 信号的传输可靠性与信号完整性；在 85℃环境温度下，单路输出能力 2W/20A，可支持 FF600R12ME4 在 20kHz 开关频率下可靠运行。

46. 杭州祥博传热科技股份有限公司

XENBO 祥博传热
—1998—

地址： 杭州市萧山区金城路 1068 号水务大厦 B 座 1201 室
邮编： 311200
电话： 0571 – 82308151
传真： 0571 – 82308081
邮箱： xenbo@ xenbo. com
网址： www. xenbo. com
简介：

杭州祥博传热科技股份有限公司（以下简称：祥博传热"）是一家专业对电力电子热管理系统产品研发、制造、销售及技术服务为一体的国家高新技术企业，公司已于 2017 年 3 月 6 日正式在新三板挂牌上市，股票代码为 871063。

祥博传热成立的研发中心——杭州祥博电力电子传热高新技术研究开发中心是杭州市级高新技术研发中心，重点研发用于特高压直流输电、柔性直流输电、轨道交通、新能源汽车、光伏、风电等装置的散热技术和产品。研发队伍及技术支持由一支来自散热器行业专家及相关领域从业多年的专家及博士、硕士专业人才组成。祥博传热凭着专业的技术团队和创新的技术理念先后承担了国家火炬计划项目、科技部创新基金项目、浙江省重大科技专项、萧山区重点科技项目等各级科技项目的研发任务，科研成果丰硕，掌握了行业内最前沿的工艺和生产技术。近年来，祥博传热已取得 30 余项专利技术，并研发了数十项省级新产品和新技术。凭着强大的技术研发和创新能力祥博传热已成为了行业的引领者，祥博传热是《电力半导体器件用散热器标准》和《静止无功补偿装置水冷却设备》标准的起草单位之一，并参与制定了《柔性直流输电设备监造技术导则》等行业标准。

祥博传热产品和技术广泛应用于直流输电、新能源汽车、风力发电、轨道交通、电能质量治理等领域。多年来祥博传热以技术研发为基础，以客户需求为导向，以满足市场为目标，实现了个性化技术服务。凭着扎实的技术实力，祥博传热进入了国内输变电行业、机车行业所需的高端市场，同时也满足了欧美及中东市场对高端产品的需求。祥博传热已与中国电科院、许继集团、西安西电、荣信集团、南瑞继保、中国中车、ABB、BOMBARDIER 等国内外知名企业建立了稳定的业务合作关系。

祥博传热在安徽省绩溪县建有占地面积 33300 平方米的专业生产基地，装备了国际领先的真空钎焊和搅拌摩擦焊等生产线，并配备了先进的检测设备，能满足各类中高档散热设备的生产加工，是中国电力半导体器件用散热器行业最具竞争力的企业，是国内首家搅拌摩擦焊通过 EN15085 焊接体系认证单位。

祥博传热专注于散热技术的创新发展，立志成为该行业的引领者与资源的整合者，引领世界大功率半导体散热器的科技进步，"创精湛传热技术，树百年祥博品牌"是祥博人的追求和目标。

47. 合肥博微田村电气有限公司

CETC 合肥博微田村电气有限公司
HEFEI ECRIEE-TAMURA ELECTRIC CO.,LTD.

地址： 合肥高新区天智路 41 号
邮编： 230088
电话： 0551 – 62724892 62724895
传真： 0551 – 65311615
邮箱： wl@ ecthf. com lmb@ ecthf. com
网址： www. ecthf. com
简介：

合肥博微田村电气有限公司（以下简称"博微田村"）位于合肥高新技术产业开发区内，创办于 2000 年 6 月，是中国电子科技集团第 38 研究所和田村（香港）有限公司共同投资的高新技术企业。目前公司，拥有员工 731 人，注册资本 832. 65 万美元（合计约 5300 万元人民币）。

公司依靠中国电子科技集团第三十八研究所的人才优势和科研开发能力，采用国际先进技术，将其应用到产品中。与此同时，在企业管理上还得到了日本田村在品质管理上的全面指导，用先进的生产管理模式生产高品质的产品。公司现已成为富士通、大金、东芝、夏普、西门子、飞利浦、GE能源、施耐德、三洋、海尔、格力、美的等世界著名企业的供应商，多年来深受客户好评。

博微田村本着"尊重伙伴，激励创新，体现个人价值，承担社会责任"的企业价值观，以人为本，确立了公司明确的技术路线图，不断开发新技术、新产品、新工艺，使公司在市场竞争如此激烈的环境下，保持利润成倍的增长。

目前的主营产品是各种民用、工业用系列电抗器、EI变压器、高频变压器、R型变压器、特种铁心、大功率电抗器和变压器，从2008年开始逐步开发了MDU/PDU、滤波器、智能充电机、高效逆变器、UPS电源等新产品，部分产品在2010年已经开始了产业化，获得了良好的经济效益。

公司重视内部管理和产品质量，在2002年9月11日通过ISO9001质量管理认证，取得了ISO9001质量管理体系认证证书；2003年7月21日取得了CQC的产品认证证书；2003年9月取得了TUV的认证证书；2002~2004年连续三年获得了安徽省外经贸厅和安徽省外商投资企业协会颁发的"出口创汇双优奖"；2003年、2004年连续两年被评为全国的双优企业；2006年通过环境管理体系认证，取得ISO14000环境管理体系认证证书；2006年公司荣获安徽省履行社会责任优秀企业奖；2006年至2009年连续四年被评为安徽省先进技术性企业；2008年荣获由安徽省颁发的"高新技术企业"的称号；2008年被安徽省经济和信息化委员会认定为省级企业技术中心；2007年、2008年连续两年荣膺中国电子元件百强企业；2009年建立了获UL专业机构认定的实验室和检测中心。2010年被认定为合肥市创新型企业；2011年被认定为合肥市科技创新型试点企业。2011年通过国家高新技术企业复审，荣获"国家高新技术企业"证书；2011年，40kV及以下电源变压器产品，被认定为安徽省名牌产品；2012年，被认定为合肥市工程技术中心；2013年，公司被认定为国家火炬计划重点高新技术企业；2014年，公司高新技术企业第三次通过认定；2015年，公司被认定为安徽省第七批创新型试点企业，并被认定为合肥市知识产权示范企业、合肥市两化融合示范企业；2016年7月，荣获中国电子元器件行业百强企业第58名，为华东地区最大的电子元器件研发、生产企业之一；2017年，被再次认定为国家高新技术企业、安徽省企业技术中心，同年获得安徽省磁性材料及器件工程研究中心、安徽省博士后工作站、安徽省"三重一创"高企成长性企业、合肥市工业设计中心、数字化车间等。截至目前，已累计申请的各类知识产权35项，其中发明专利9项、实用新型专利15项、计算机软件著作权8项，1项美国PDU结构设计版权证书。

48. 河北奥冠电源有限责任公司

地址： 河北省衡水市故城县衡德工业园
邮编： 253800
电话： 400 - 807 - 8811
传真： 0534 - 2469588
邮箱： aoguan@126.com
网址： www.aoguan.com
简介：

奥冠集团是一家集胶体电池、锂电池研发、生产、销售、服务于一体的高科技集团企业。下设河北奥冠电源有限责任和山东奥冠新能源科技有限公司，集团成立于1987年，位于冀鲁交界处的河北省故城县衡德工业园，山东奥冠位于山东德州经济技术开发区东方红路东首，高铁站西侧。

公司主打产品为电动汽车用、太阳能风能发电用、电动助力车用、固定阀控密封式等用途的动力型、储能型胶体电池和锂电池，包括五大类一百多个品种和规格。广泛应用于动力能源、新能源储能、通信、电力等领域。

公司引进德国胶体技术和自动化生产设备，并进行了升级改造，使技术更加先进，电池性能更加稳定、可靠。

公司为中国电源学会长期会员、中国电源学会理事、中国电器工业协会会员、中国化学与物理电源行业协会会员。先后通过了ISO9001质量管理体系、ISO14001环境管理体系和OHSAS18001职业健康安全管理体系认证，产品获得了欧盟CE认证、泰尔认证、金太阳认证、北方车辆研究所权威认证。

公司始终坚持"科技兴企，人才强企"发展战略，与德国艾诺斯电池公司、华南师范大学、山东大学以及多家科研院所建立了长期的产学研合作关系，通过共建平台、项目合作研发和人才培养等形式，大大提高了公司技术研发实力。先后获得"国家高新技术企业""河北省著名商标""河北科技型中小企业""河北中小企业名牌产品"、"省消费者满意单位"等荣誉称号。获得省市级科技成果鉴定5项、国家专利8项。

我们以为客户提供专业化、现场化、主动化、超值化服务为宗旨，满足客户现实和潜在需求，努力与客户结成战略合作伙伴关系，实现合作共赢。公司销售网络覆盖全国，并出口美国、韩国、东南亚国家。

未来，我们将致力于新能源电池研发、可再生能源的开发和循环经济的推进，从"传统的蓄电池供应商"向"新能源系统解决方案提供商"全速升级，开启人类绿色能源开发、利用新纪元。

49. 核工业理化工程研究院

地址：天津市河东区津塘路 168 号
邮编：300180
电话：022 - 84801274
传真：022 - 84801274
邮箱：hlhy_ dy@ 163. com
网址：www. cnnc. com. cn
简介：

核工业理化工程研究院系我国大型央企中国核工业集团公司所属的一所自然科学和工业应用研究院，始建于1964 年，坐落于天津市河东区，目前承担着多项重点科研和生产任务，受到国家高度重视。50 年来，为我国核工业建设和发展做出了重大贡献。现有在职职工 1100 余人，其中专业技术人员 700 余人，包括研究员和研究员级高级工程师 80 余人，副研究员和高级工程师 300 余人，助理研究员和工程师 300 多人。并有中科院院士 1 人，中国工程院院士 2 人，国家级有突出贡献的中、青年专家 3 人，省部级有突出贡献的中、青年专家 10 人，天津市授衔专家 4 人。

在国家重点攻关科研项目共获科研成果奖 300 余项。其中，国家级奖励 27 项，省部级科技进步奖 270 余项，国家专利共计 400 余项。

该院长期从事核技术开发研究，已发展成为多学科的综合性研究院。专业涉及基础理论、超净过滤、机械设计与制造、自动化控制、新材料、化工、理化分析、光电技术、科技信息、环境评价、质量保证等研究室。建立了多个装备先进具有现代化水平的试验室，配备了一批高精度仪器、仪表和设备。

核理化院在电源技术领域拥有多项核心技术，其中在大功率中频变频器、冗余并联中频变频器、中频感应加热电源、永磁体充磁电源和永磁同步电动机伺服控制器等技术方向都具有较强的科研和生产能力。

50. 江苏宏微科技股份有限公司

江苏宏微科技股份有限公司
地址：常州市新北区华山路 18 号
邮编：213022
电话：0519 - 85166088
传真：0519 - 85162297
邮箱：jli@ macmicst. com
网址：www. macmicst. com
简介：

江苏宏微科技股份有限公司成立于 2006 年，位于江苏省常州市高新区。主要经营：功率半导体器件 IGBT、FRED、VDMOS 等芯片及分立器件、模块、模块化整机产品的设计、研发、制造及销售。公司宗旨：自主创新，设计、研发、生产国际一流的 IGBT、FRED、VDMOS、分立器件及其模块，打造民族品牌，成为提供绿色高效节能电子产品和电力电子系统解决方案的专家。

公司已被认定为国家火炬计划重点高新技术企业、国家高技术产业化示范基地、江苏省高新技术企业、新型电力半导体器件领军企业、江苏省著名商标。设有江苏省企业院士工作站、江苏省新型高频电力半导体器件工程技术研究中心、江苏省认定企业技术中心、江苏省博士后创新实践基地；承担、参与了 30 余项国家级、省市级科技项目；获授权中国专利 63 件，其中发明专利 25 件；获认定国家重点新产品 1 只、江苏省高新技术产品 8 只。作为国家 IGBT 和 FRED 标准的起草组长单位之一，已完成 2 项国标制定。

公司自产 IGBT、FRED 芯片技术已达国际先进、国内领先水平，打破国外垄断，填补了国内的空白，现已形成批量生产规模。已开发 IGBT、VDMOS、FRED、晶闸管、整流芯片模块共计 300 余个型号，年产量大于 150 万只，IGBT 已有 30 余种封装种类，电流范围从 10 ~ 1000A，电压范围从 600 ~ 6500V；产品荣获中国电源学会科学技术奖一等奖、江苏省科学技术进步奖三等奖、常州市科学技术进步奖一等奖、中国半导体创新产品和技术奖，广泛应用于工业控制、家用电器、电动汽车充电桩及控制器、新能源、照明等领域，产品绝大部分替代国外进口，个别产品在国内的市场份额已经占到了 50% 以上。

主要产品介绍：

IGBT 模块、IGBT/MOSFET/FRED 分立器件

a) IGBT模块

b) IGBT/MOSFET/FRED分立器件

公司自产研发生产的 GTU 系列快速型 IGBT 模块导通损耗低、开关速度快、短路能力强，在焊机领域广泛应用；GT 系列低损耗 IGBT 模块导通损耗低、短路能力强、可靠性高，在变频器领域广泛应用，同时开发出 1500V/3A 高压 MOS 单管，已在客户处批量应用；自主研发和生产的 FU（超快速）和 FC（快充）系列 FRED 单管恢复时间快、软恢复特性，在充电桩电源领域广泛应用；公司自主产品均为国内首创、填补国内空白。

51. 龙腾半导体有限公司

LONTEN 龙腾
Power the Future

地址：西安市经开区凤城十路出口加工区
邮编：710021
电话：029 - 86658666
传真：029 - 86658666 - 5555

邮箱：info@ lonten. cc
网址：www. lonten. cc
简介：

　　龙腾半导体有限公司是一家致力于新型功率半导体器件产品的研发及销售于一体的高新技术企业。公司由一批在电力电子、半导体等相关行业的资深人士创立，管理团队由具备国际化视野及上市公司管理背景的专业化人员组成。公司视技术创新为企业发展的核心竞争力，建有国内一流水准的研发中心及应用测试实验室。公司已通过ISO9001：2008 质量体系认证，在功率半导体器件设计及应用领域已申请 70 项专利。公司为开关电源、逆变器等电能变换产品的应用领域提供 500～900V 超级结 MOSFET 系列产品、中低压 Trench 和 SGT 技术 MOSFET 系列产品、600～1200V 单管 IGBT 系列产品、1200～1700V IGBT 模块系列产品。公司功率半导体产品采用优化的设计、先进的工艺和可靠的封装，具有低功耗和高可靠性，尤其适用于对功率密度和能效要求较高的产品，产品已在 LED 驱动电源、TV 板卡电源、充电器、适配器、PC 电源、工业电源、四轮电动车控制器、车载充电机和充电桩电源模块等多个领域得到广泛应用。

52. 罗德与施瓦茨（中国）科技有限公司

ROHDE&SCHWARZ

地址：北京市朝阳区紫月路 18 号院 1 号楼
邮编：100012
电话：010 - 64312828 - 286031
传真：010 - 64379888
邮箱：Rolams. Luo@ rohde - schwarz. com
网址：www. rohde - schwarz. com. cn
简介：

　　罗德与施瓦茨公司作为一家独立的国际性科技公司，开发、生产以及销售面向专业用户的先进信息和通信技术产品。主要业务领域包括测试与测量、广播电视与媒体、网络安全、安全通信、监测与网络测试，覆盖多个行业及政府市场分支。公司成立 80 多年来，销售与服务网络遍及全球 70 多个国家和地区。截至 2017 年 6 月 30 日，罗德与施瓦茨公司员工人数约为 10 500 名。2016/2017 财年（2016 年 7 月至 2017 年 6 月），集团净营收约 19 亿欧元。公司总部设在德国慕尼黑，在亚洲和美国设有强大的区域中心。

53. 南京中港电力股份有限公司

地址：江苏省南京市江宁区东麒路 6 号 东山国际企业研发园 C2 栋
邮编：211103

电话：025 - 69618577 - 8013 8014
传真：025 - 69618574
邮箱：shayq@ zg - ps. com
网址：www. zg - ps. com
简介：

　　南京中港电力股份有限公司，是一家以清洁能源汽车产业为核心业务的国家级高新技术企业，拥有汽车级体系认证标准的专业化工厂，秉承"以客户价值为导向，致力清洁能源汽车发展"的理念，致力于为客户提供高可靠性、高效率、高功率密度的电力电子解决方案。

　　公司自 2013 年成立以来，业务快速发展，建立了业界一流的产品研发、测试及制造的软硬件平台，通过了 ISO9001、ISO14001、ISO16949 等权威认证，赢得了北汽新能源、东风日产、长安、江淮、奇瑞、吉利、众泰、知豆等国内外一流的清洁能源汽车整车制造企业的信任合作。研制开发的清洁能源汽车车载产品广泛应用于纯电动及混动乘用车、纯电动商用车、纯电动客车、纯电动专用车等车型。

　　2016 年 10 月，公司完成 B 轮战略融资，北京工业、宝安集团（000009），清研资本，江苏省高投、北大协同等知名公司成为公司战略股东。公司凭借科学的管理、稳定的质量、可靠的性能和合理的性价比，以及周到的售后服务为基础，将追求产品质量和售后服务零缺陷为目标，致力发展成为国内外一流的清洁能源汽车核心零部件供应商。

　　公司使命：聚焦客户需求，提供有竞争力的电力电子解决方案，持续为客户创造最大价值。

　　企业愿景：致力发展成为国内外清洁能源汽车核心零部件供应商的领跑者。

　　主要产品介绍：

3.3kW OBC + 1kW DC 二合一

1. 技术特点
1）集充电机、DCDC 于一体。
2）高度集成化、技术性能稳定、效率高、体积小。
3）采用风冷方式散热、散热好、防护等级高、噪声小。
2. 技术指标
1）输入电压：OBC AC90～265V，DCDC110～180V。
2）输出电压范围：DC110～180V，DCDC8～16V。
3）最大输入功率：OBC3.3kW，DCDC1kW。
4）低压辅路输出电压：13.5V（可选配置）。
5）低压辅路输出电流：4A（可选配置）。
6）最高效率：OBC≥94%，DCDC≥90%。

7）防护等级：IP67。

8）通信接口：CAN2.0。

3. 外形尺寸

1）尺寸：300mm×209mm×194mm。

2）重量：≤10kg。

4. 典型应用车型

北汽 EC180；长沙众泰云 100S。

54. 南通新三能电子有限公司

地址：江苏省南通市通州区兴仁工业园区

邮编：226371

电话：0513 – 86562925

传真：0513 – 86561788

邮箱：yb@ sunion. cc

网址：www. sunion. cc

简介：

南通新三能电子有限公司成立于 1995 年，是专业从事电容器研发、制造和销售的国家级高新技术企业，也是东南大学产学研合作伙伴，合作开发了多项用于工业电源、新能源领域及绿色节能照明专用的电容器。

公司产品运用领域广泛，门类齐全，性能优异、质量可靠。目前，"Threecon"品牌共分为两大系列产品，分别是用于电力电子领域的薄膜电容器和用于节能照明、工业控制等领域的电解电容器。均已形成相当规模。主要为工业变频器、电能质量、UPS 电源、光伏风能、轨道交通、通信电源、电力机车、电梯、逆变电焊机、LED 照明、CFL 照明等提供配套服务。

优质的品质和满意的服务使我司成功通过 OSRAM、PHILIPS、GE 等国际著名的跨国公司的供应商认证，成为全球供应链采购合格供方。我司还成为中国电源学会的理事单位和中国工业电器协会的会员单位，其产品被授予质量可信产品等荣誉称号，公司严格实行 ISO9001 质量保证体系、ISO14000 环境保证体系和 QC080000 有害物质控制体系，完全符合 RoHS 环保标准、CE 欧盟电工委员会安全标准，公司获得了"国家科技部创新基金"，拥有自主知识产权和多项发明专利。获得"江苏省电容器工程技术研发中心"的光荣称号。

我们的目标：成为国内外工业控制、新能源产业及绿色节能照明专用电容器的首选品牌。

55. 宁夏银利电气股份有限公司

地址：银川（国家级）经济技术开发区光明路 45 号

邮编：750021

电话：0951 – 5045200 5041081

传真：0951 – 5045200 – 8012

邮箱：sales@ yinli. com. cn

网址：www. yinli. com. cn

简介：

宁夏银利电气股份有限公司（以下简称"银利公司"）

成立于 1992 年，现位于银川国家级经济开发区，注册资本 2000 万元，占地面积 2 万多平方米，员工人数 166 人，是国家级高新技术企业。公司已全面建立健全了科学完善的综合管理 QES 体系，并于 2012 年取得了轨道交通国际质量 IRIS 认证，2014 年通过了国际焊接认证 EN15085CL4。

公司拥有国家专利 16 项；拥有多台全套先进的变压器、电感的生产和检测设备；拥有线绕、箔绕和 VPI 真空压力浸漆等先进的专业生产设备，拥有雄厚的技术研发基础及强大的科学生产能力，拥有具备国家级权威检验认可资质的"国家联合地方工程实验室"。

公司自主研发设计生产的产品品种丰富、系列健全，涵盖面广。自 1999 年起，公司先后涉足于轨道交通、新能源、电能质量、航天航空、船电等行业，并在技术条件要求苛刻的新兴工业环境中不断地取得经验、获得成果、赢得声誉。为国内外诸多客户提供质量保障的产品，及时完善的售后服务。

公司始终坚持以市场为导向，以客户为中心，2008 年全资注册深圳银利电器制造有限公司，并与 2012 年分别在北京、上海、武汉、深圳等地成立了华北、华东、华中、华南办事处。在全国范围内围绕着有价值的客户群，建立并发展着互惠互利的良好合作关系。

56. 赛尔康技术（深圳）有限公司

地址：深圳市宝安区沙井镇新桥芙蓉工业区赛尔康大道

邮编：518125

电话：0755 – 27255111

传真：0755 – 27255255

邮箱：Leon. Liu@ salcomp. com

网址：www. salcomp. com

简介：

赛尔康技术（深圳）有限公司（以下简称"赛尔康"）是一家芬兰独资企业，主要从事销售、研发和制造各应用领域的充电器和电源适配器。赛尔康成立于 1975 年，公司总部位于芬兰。赛尔康在全球各地设有销售中心，在芬兰、深圳和台北设有研发中心，在中国、巴西和印度设有生产基地。

赛尔康致力于开发和提供最具创新和绿色环保的手机电源适配器产品及其他电源。赛尔康在全球手机电源适配器行业处于世界领先地位，公司年度总销售额达到 7 亿美元，主要客户涵盖排名世界前列的手机制造商。赛尔康自主研发的电源产品适用于各类手机（包括智能手机）、无绳电话、蓝牙耳机、平板计算机、路由器、机顶盒、POS 机、笔记本计算机等。

赛尔康位于深圳市宝安区沙井芙蓉工业区，是国家评定的"高新技术企业"，同时赛尔康研发中心是深圳市评定的"企业技术中心"。赛尔康在深圳和贵港的制造基地拥有 6000 多名员工。

主要产品介绍（以下为赛尔康主要产品类别和功率等级）：

（1）手机充电器和平板计算机充电器：5V/500mA ~ 5V/850mA, 5V/1A, 5V/1.2A, 5V/2A, 5V/2.4A, 5V/3A, 5V4.5A, 9V2A, 12V1.5A

（2）路由器、机顶盒适配器：12V/1A，12V/1.5A，12V/2A，12V/2.5A，12V/3A，12V/4A，12V/5A

（3）笔记本计算机适配器：19V/2.1A（40W），19V/3.42A（65W），19V/4.74A（90W）

（4）无线充电器：符合 QiB 标准的 5W，10W，15W

57. 陕西柯蓝电子有限公司

CRIANE 柯蓝电子

地址：西安市高新区草堂科技产业基地秦岭大道西 2 号科技企业加速器 11 号楼 3C

邮编：710075

电话：029 – 65659353

传真：029 – 65659354

邮箱：Luhuan@ xaguanggu. com

网址：www. criane. com

简介：

陕西柯蓝电子有限公司成立于 2003 年 12 月，是一家专业从事通信测试维护系列设备的设计、开发、生产、销售、维修和技术服务的公司。公司现位于西安高新技术产业开发区草堂科技产业基地秦岭大道西 2 号科技企业加速器 11 栋楼 3C，注册资金为 1000 万元人民币。

公司产品主要包括通信用蓄电池测试维护类仪表、光纤通信测试维护类仪器仪表、后备电源油机测试维护设备、集中化智能化的监测系统等，并具有完全自主产权。公司是一家拥有核心技术、前沿技术、管理正规、质量可靠、信誉良好的国内规模较大、品种较齐全的通信设备智能检测、信号传输、光缆测量设备行业的领先企业。

公司对售出产品一律实行半年内包换新机，5 年内免费维修，终身技术服务等政策。柯蓝电子产品已经在全国各电信运营商、电力系统、通信专网、石油煤炭、金融系统、交通系统、公安系统及大型工矿企业、全军各军区、各兵种等行业领域广泛应用。

相信通过我们的创新和努力，将更好地为用户提供更优质的产品、先进的技术和全面的服务！

58. 上海长园维安微电子有限公司

CYG WAYON
Let's make electronics safer!

地址：上海市浦东新区施湾七路 1001 号

邮编：201202

电话：021 – 68969993

传真：021 – 68969990

邮箱：qindp@ way – on. com

网址：www. way – on. com

简介：

上海长园维安微电子有限公司（以下简称"长园维安"）是国内领先的半导体防护器件及系统解决方案供应商，立志成为全球电子线路保护行业创新技术的领导者。

长园维安研发团队来自中国航天九院 771 所、中科院上海微系统研究所、清华大学、吉林大学等高校及相关领域资深人员，凭借艰苦攻关精神，至今已获得 7 项授权发明专利、8 项授权实用新型专利和 10 项集成电路布图设计证书。

长园维安致力于开发高性能的新型半导体器件，包括低压电气过载及静电防护保护器（EOS &ESD Protector）、瞬态电压抑制器（TVS）、多功能集成保护 IC（ESD&EMIProtection IC）、晶闸管浪涌保护器（TSS）、可编程序语音接口保护 IC（SLIC protection IC）、超级结功率场效应晶体管（SJ MOSFET）等，应用领域涵盖 IT 设备、汽车电子、工控设备、各大消费类电子与动力电池等新兴战略产业。主要客户目前涵盖了全球该行业 80% 的高端客户，如韩国的三星、日本的索尼、松下等，国内的华为、中兴、海康威视等。

主要产品介绍：

第二代 SJ – MOSFET C2

SOT–223–2L　　TO–220 ISO　　TO–220F SL

长园维安第二代 SJ – MOSFET C2 系列产品采用优化的设计及专利工艺，品质因数相比 C1 系列提升 38% 以上。由于 SJ – MOS C2 具有极低的导通电阻和极小的栅极电荷，相比传统的 VDMOS 可大幅提升电源效率，利于电源微型化，C2 系列提升了性价比，可完美替换传统 VDMOS，应用于充电器、适配器、LED、PC、TV、服务器等领域。长园维安针对 SJ – MOS 产品开发了全新的封装形式 SOT – 223 – 2L、TO – 220 ISO、TO – 220F SL 等，进一步提升了 SJ – MOS 的功率密度，可以让开关电源做的更小、更薄。

59. 上海超群无损检测设备有限责任公司

地址：上海市松江区九亭镇松江高科技园区洋河浜路 188 号

邮编：201615

电话：021 – 37633088

传真：021 – 37633078

邮箱：sales@ sandt. com. cn

网址：www. sandt. com. cn

简介：

上海超群无损检测设备有限责任公司是在国内外具有领先地位的专业 X 光设备制造商，在 X 光领域有 50 多年的经验。本公司与电源相关的技术产品为高压电源（30 ~ 450kV）。

本公司专业设计、制造的主要产品包括 X 光实时成像系统、X 光实时线扫描系统、高精度高稳度高频 X 射线源、专用中高频 X 射线源、X 射线管、气绝缘便携式 X 射线探伤机、油绝缘移动式 X 射线探伤机、移动式金属陶瓷管 X 射线探伤机、工业用电子源等。

公司产品应用和销售的领域涵盖航空航天、兵器工业、安全检查、骑车摩托车、铸件、医疗卫生、印刷、压力容器管道耐火材料等行业。本公司多数产品远销欧美市场，并在某些领域领先欧美同行，获得好评。

60. 上海科梁信息工程股份有限公司

地址：上海市宜山路 829 号海博 1 号楼 2 楼 海博 2 号楼 1 - 3 楼
邮编：200233
电话：021 - 54234718
传真：021 - 64851060
邮箱：Nian. zheng@ keliangtek. com
网址：www. keliangtek. com
简介：

上海科梁信息工程股份有限公司（以下简称"科梁"）是国内领先的嵌入式仿真测试解决方案提供商，专注于机电系统与电力电子系统控制相关测试技术。自 2007 年成立以来，致力于为中国高端装备制造、新能源等战略性新兴产业的研发与生产提供专业的嵌入式系统仿真与测试产品、一体化仿真测试系统以及全周期工程服务。

科梁立足于自主创新，并积极引进国内外先进技术，不断开拓研制出一系列具有鲜明特色的测试软硬件产品与专业解决方案。公司业务领域涉及高端装备、智能电网、电动汽车、电力机车等多个行业的研发、制造、科研与教育单位。业务范围覆盖系统开发的全生命周期，可为用户提供工程系统仿真分析、控制系统开发与快速原型、软件在环测试、控制系统在环测试、功率级装置在环测试、工程试验管理系统等一系列测试系统。并积极响应用户的应用需求，提供定制化开发与专业的工程咨询服务。

主要产品介绍：

科梁功率级仿真测试系统解决方案

科梁结合国内外领先的产品及技术为客户提供系统级的解决方案，引入比利时 Triphase 功率级快速控制原型开发系统及德国 Spitzenberger & Spies 公司（SPS）四象限线性功率放大器技术，结合自身多年的 HIL 系统研发与应用经验，推出 PHIL 功率硬件在环测试系统或 PRCP 功率级快速控制原型仿真测试系统，实现了信号级实时仿真向功率级测试装置的扩展，是分布式能源系统研发、电器设备检测的关键技术手段。

61. 深圳晶福源科技股份有限公司

地址：深圳市南山区西丽南岗第二工业区第十二栋 5 楼
邮编：518360
电话：0755 - 26632536
传真：0755 - 26505986
邮箱：support@ jfy - tech. com
网址：www. jfy - tech. com
简介：

深圳市晶福源电子技术有限公司创建于 2003 年，总部坐落于深圳特区，拥有 16000 平方米的标准生产厂房和先进的研发实验室，是国家认定的高新技术企业，ISO9001：2008 国际质量体系认证通过企业。深圳市晶福源电子技术有限公司以 10 年的专业电源产品设计、生产经验向客户提供中高端电源产品与一体化电源系统解决方案，产品包括系列齐全的太阳能并网逆变器、UPS 不间断电源、通信电源、太阳能离网混合动力电源等；产品出口到包括北美和欧盟在内 50 多个国家和地区，其稳定的表现和优异的性能得到用户的普遍认可。

62. 深圳可立克科技股份有限公司

地址：广东省深圳市宝安区福永街道桥头社区正中工业厂区 7 栋
邮编：518103
电话：0755 - 29918540
传真：0755 - 29918005
邮箱：licheng@ clicktec. net
网址：www. clickele. com
简介：

深圳可立克科技股份有限公司（以下简称"可立克"）成立于 2004 年，是一家在电源和磁性元件领域内具有高增长性的高新技术企业，专业从事 LED 照明电源、动力电池充电器、通信电源、适配器、磁性元件等产品的研发设计、生产、销售和服务。公司已拥有数十条电源产品制造生产线和百条以上磁性元件产品生产线，年产电源 3500 万只以上、磁性器件1.6亿只以上的生产能力。

公司自成立以来,保持了快速发展的态势。产品畅销国内外市场,80%产品远销欧美、澳洲、南美及亚洲等国家和地区,是亚太地区乃至国际市场有影响力的电源和磁性元件厂商之一。公司产品获得世界各国的安规认证,并取得ISO9001 TS16949、QC080000国际质量体系、ISO14001国际环境体系及BABT的认证。2011年还获得了ISO14064低碳环保认证,同时在公司内部推行OHSAS18001、EDS系统、MES系统、集成产品开发(IPD)管理及EICC准则。

在技术研发和工艺工程方面,可立克紧跟行业技术前沿,坚持自主创新,兼收并蓄,不断引进吸收先进技术和设计理念,现拥有100多人的研发队伍,拥有一整套现代化的电源验证和检测实验室(如EMI、EMS、HALT等);研发中心已成为市级技术中心,每年获得多项专利。公司于2010年已获得广东省著名商标企业,品牌价值在不断提升。

可立克公司经过近五年的快速发展,在2015年12月成为深圳上市公司。为了更广更好地开拓市场,满足客户的需求,在2016年,可立克公司在美国成立分公司,在中国台湾地区成立办事处,以提高服务为宗旨,开拓创新实现跨越式发展。

主要产品介绍:

电动工具快速充电器

1. 产品特点

1)双电池充电,功率600W。

2)各种操作状态设计指示灯显示。

3)获取软件著作权保护。

4)保护模式:OVP, OCP, SCP, OTP。

5)二级双绝缘保护。

2. 技术参数

1)输入参数:AC90~264V,50/60Hz。

2)输出参数:DC58V/5A×2,DC5V/2A。

3)效率:>80%。

4)静态功耗:<4W。

5)工作温度:0~40℃。

6)MTBF≥10 000Hrs(MIL-HDBK-217F)。

7)安规认证: US AU。

63. 深圳欧陆通电子股份有限公司

欧陆通 HONOTO

地址: 深圳市宝安区西乡街道固戍二路星辉科技园A栋(又名星辉工业厂区厂房一)(洲石路富源工业城C7、C8栋)

邮编: 518126

电话: 0755-33857166

传真: 0755-81453432

邮箱: zhongxiao@honor-cn.com

网址: www.honor-cn.com

简介:

深圳欧陆通电子有限公司(以下简称"欧陆通")成立于1996年,由境内资本100%控股,是集消费级和工业级电源的研发、设计、生产、销售于一体的国家高新技术企业;总部位于深圳,同时在多个发达国家、地区设立分、子公司及办事处。公司集中生产开关电源适配器、IT设备智能电源、通信电源、工业计算机电源、服务器电源等,服务客户有亚马逊、华为、霍尼韦尔、飞利浦、浪潮、三星、富士康、LG等世界500强及国际知名企业,产品远销美国、欧洲、韩国、日本等国家和地区。

欧陆通总部目前设有2个事业部,3个生产基地,2个研发中心;深圳制造基地建筑面积25000余平方米,其中研发人员约159人,先后被评为国家高新技术企业、深圳市高新技术企业、深圳市企业技术中心、深圳知名品牌、深圳市自主创新示范企业、深圳市质量百强企业、博士后创新实践基地(市级)、中华区开关电源适配器行业前10强、宝安区技术中心、宝安区自主创新型优势企业、宝安区五类百强企业等多项荣誉。公司产品已通过UL、CUL、CE、VDE、GS、CCC、PSE、EK、NOM、PSB、GOST、BS-MI、SAA等国际高水平认证,优秀的产品质量广受客户好评,常年获LG、大华、乐轩等企业"优秀供应商"称号。深圳欧陆通品牌旗下现有两个子商标——欧陆通(HONOTO)和ASPOWER。公司目前专注于为全球知名品牌及其高端客户提供标准化或定制化的电源,采用行业高端技术为客户终端设备配套设计电源,以高端制造技术生产高端品质的电源,概为4个高端战略:高端客户、高端技术、高端制造、高端品质。

主要产品介绍:

高功率密度CRPS整机电源

本公司主推CRPS电源、BMS电源、CRPS整机电源等大功率电源,涉及应用范围如服务器、存储、交换机等多个领域。

主要特点:

1) CRPS 电源目前在同尺寸下完成 2000W 电源以及以下功率的兼容。

2) 可满足 90 ~ 264V 交流和高压直流 400V 输入特性要求。

3) CRPS 电源满足雷击共模 6kV 的耐受能力。

4) 在宽温度范围可达到 -40℃ ~70℃。

5) CRPS 整机工作可实现双倍功率启动技术。

6) 与 CRPS 模块配套使用的 BMS 电源可以达到 800W/1.5min 的保持时间。

7) 支持输出并机负载调偏技术,满足效率最优点的设计。

64. 深圳市保益新能电气有限公司

地址: 深圳市宝安区 67 区隆昌路高新奇工业园 2 期 2 号楼 508

邮编: 518000

电话: 0755 - 36698873

传真: 0755 - 36698870

邮箱: sales@ boynelectric. com

网址: www. boynelectric. com

简介:

深圳市保益新能电气有限公司,双软企业及国家高新技术企业,坐落于深圳宝安区著名的高新奇科技创新园,拥有良好的研发环境及政府资源支持。公司本着技术创新、追求卓越、诚信合作共赢的经营理念,专注于数字电源的开发设计与生产,拥有多项自主知识产权,申请并获得 40 多项专利及软件著作权。产品涵盖双向逆变器、储能电源、铝基板模块电源、整流器等系列产品。公司 AC - DC 双向转换专利技术具备双向变换智能识别及快速自动切换等功能,在电池化成设备及储能产品上得到广泛应用。先进的数字控制技术及成熟的硬件模块化架构以及特有的专利方案,保证产品充分满足客户对性能及可靠性的需求。一直以来与国内、国际知名企业及研究所合作,获得客户的一致好评。

主要产品介绍:

1. 双向逆变器

高效率、低发热损耗、高可靠性,高中低压产品种类齐全,满足单相及三相交流系统;根据系统需要分 1U/2U 产品,功率等级设置在应用中具备明显系统方案优势,其

中单相产品 1U 系列电流高达 185A,在全球同类产品中处于领先水平。目前已经广泛应用于电池化成分容、测试设备;焊机电源老化;AC - DC、DC - DC 电源老化,储能系统等。

2. 高功率密度模块

先进的 PFC 变换技术及高频 DC - DC 软开关全数字化控制技术,在同类产品中体积最小,效率最高,可广泛应用于机载、无人机、雷达、电子对抗等高可靠性电子设备,可明显降低重量,提升效率寄可靠性。

65. 深圳市铂科新材料股份有限公司

POCO MAGNETIC
深圳市铂科新材料股份有限公司
POCO Holding Co.,LTD

地址: 广东省深圳市南山区高新技术产业园北区朗山

邮编: 518052

电话: 0755 - 26654881

传真: 0755 - 29574277

邮箱: sales@ pocomagnetic. com

网址: www. pocomagnetic. com

简介:

深圳市铂科新材料股份有限公司是一家成立于 2009 年的国家高新技术企业,公司自设立以来始终专注于合金软磁粉、合金软磁粉芯及相关电感元件产品的研发、生产和销售,为下游的电力电子设备实现高效稳定、节能环保运行提供高性能软磁材料、模块化电感以及整体解决方案,主要产品包括合金软磁粉、合金软磁粉芯及电感元件等。

公司作为全球能够规模化生产全系列铁硅金属软磁粉芯的主要厂商,拥有一流的研发生产设备、员工 700 余人,粉体产能已达万余吨,可为广大客户及用户提供大批量高性能的合金软磁产品。公司产品应用领域广泛,已广泛应用于光伏逆变器、变频空调、UPS、新能源汽车、充电桩等众多新兴领域,并获得了包括 ABB、伊顿、华为、格力、美的、阳光电源、比亚迪等在内的众多行业领军企业的认可。

公司将坚持致力于成为"全球领先的金属粉芯生产商和服务提供商"的企业愿景,秉承"让电更纯·静"的使命,紧密结合市场发展方向,通过持续的技术创新,为客户提供更"高效率、小体积、低噪声"的环保节能产品,服务更多的客户及应用领域。

66. 深圳市迪比科电子科技有限公司

地址：深圳市宝安区龙华街道华联社区龙观路北侧金源公司龙华工业园第1栋1~5层

邮编：518109

电话：0755-61569366

传真：0755-61569399

邮箱：jituan@dbk.com.hk

网址：www.dbk.com.hk

简介：

深圳迪比科电子科技有限公司（以下简称"迪比科"）成立于2004年8月，注册资金5000万元人民币，是一家集研发、生产、销售、自主品牌运营于一体的高新科技企业。迪比科以"成为一个具有生命力的、持续发展的绿色智能生活高科技企业"为愿景，在10年时间里，践行"高效率、快领先"的竞争策略，实现了从行业中二级市场向一级市场的战略转移，产品品质从中、下游水平跃居行业领先地位。成立至今，迪比科始终秉持"人人都是人才，人人都可成才，爱才惜才用好人才"的理念，凝聚了一批志同道合的高素质人才，他们以不断的创新和勤勉的努力开拓出了一条具有迪比科特色的"以电池及电源上下游产品为核心、以配件为辅"的全配件产业化道路，形成了以聚合物电芯系列、消费类电池系列、电源系列、动力储能系列、摄影光学系列及智能生活与可穿戴设备系列等6大系列、总计5000多款产品，获得超过180项专利技术（含已授权，不含正在申请的）。现量产的六大类产品中，约千余个产品获得CE、UL、CCC等10余种国际认证证书及PSE/VCCI/QI等协会标准的认定或认可。2007年引入ISO质量体系的理念后，迪比科于2009年先后通过ISO9001、ISO14001的认证，于2007年和2009年被授予"深圳市高新技术企业"和"国家级高新技术企业"的荣誉称号，于2015年荣获"深圳市知名品牌"称号。长路漫漫，迪比科将"优质严谨、至诚守信、团结奋进、务实创新、感恩共赢"放在心里、用每一个脚印去实践每一个理念。

67. 深圳市京泉华科技股份有限公司

地址：深圳市宝安区观澜街道库坑新圩龙工业区1号京泉华工业园

邮编：518110

电话：0755-27040111

传真：0755-27040555

邮箱：everrise@everrise.net

网址：www.jqh.cc

简介：

深圳市京泉华科技股份有限公司成立于1996年6月，

注册资本6000万元人民币，是深圳市高新技术企业。公司为客户提供自行研制的电源、磁性器件、特种变压器等产品，同时，还为客户提供上述产品的ODM服务和专用产品的开发、研制及配套服务。产品广泛应用于商业和个人电子设备上，客户包括APC、施耐德、伟创力、GE、SONY等国际知名企业。

公司技术研发中心具有行业内领先的独立EMI实验室、传导实验室等，同时拥有如Chroma的电子负载仪、变频器、功率分析仪等，美国安捷伦的示波器、数据采集器、EMI测试仪、3C test的自动群脉冲发生器、自动周波跌落测试仪器、ESD静电测试仪器等先进的可靠性测试设备，完整的实验设施及高素质高技术的研发团队保证了能为顾客提供物超所值的一流产品。

10多年来，公司以"开拓进取，诚信务实，树品牌"的经营理念，秉承"公平、公正、合理、竞争"的原则，以满足用户需求为宗旨，先后荣获"国家高新技术企业"、"第24届中国电子元件百强企业""广东省著名商标""深圳市知名品牌""深圳市高新技术企业""深圳市企业技术研究中心""深圳市自主创新百强民营中小企业"、"深圳市鹏城减废行动先进企业"等荣誉称号。

68. 深圳市商宇电子科技有限公司

地址：深圳市光明区田寮光明高新区森阳科技园1栋4楼

电话：18911170535

传真：0755-23321358

邮箱：2851792752@qq.com

网址：www.cpsypower.com

简介：

深圳市商宇电子科技有限公司（以下简称"商宇公司"）是国家高新技术企业，也是深圳科创委孵化企业对象之一。公司在成立之初既通过了ISO9001质量管理体系认证、ISO14001环境管理体系认证、OHSAS18001职业健康安全管理体系认证。

商宇公司目前获得了"中国质量、服务、信誉AAA级企业"荣誉称号，这是市场对商宇公司的再次肯定。此外，凭借其在产品质量、售后服务等方面的杰出表现，商宇公司还连续获得中国质量检验协会颁发的"全国产品和服务质量诚信示范企业"等荣誉证书。

商宇公司作为中国电源协会理事单位，其产品先后通过了泰尔认证、节能认证、CCC认证、CE认证、广电入网许可证等多项行业认证。公司自主研发生产的模块化UPS CPY系列及绿色高效节能的HP系列高频UPS获得"数据中心优秀产品奖"；仅2015年，商宇公司既向国家专利局递交申请了20多项专利证书，公司研发部软体组结合产品的软体部分向国家版权局申请了15项软件著作权，并且获一致通过。

主要产品介绍：

安全与环境监控

以太网型监控盒　　WIFI型监控盘　　GPRS型监控盒

UPS 不间断电源、蓄电池、精密空调、精密配电、一体化机柜、动力环境监控、云 APP 监控软件，PDU 等机房设备产品。

69. 深圳市智胜新电子技术有限公司

 ZEASSET
ELECTRONIC TECHNOLOGY

地址：深圳市宝安区西乡固戍航城大道安乐工业区 B1 栋
电话：0755 – 29083115
传真：0755 – 83526199
邮箱：sale@ zeasset. com
网址：www. zeasset. com
简介：

深圳市智胜新电子技术有限公司成立于 2004 年。企业系从事大型铝电解电容器和超级电容器研发、生产与销售为一体的科技企业。本企业先后荣获"深圳市高新技术企业"和"国家高新技术企业"称号，同时获得深圳市政府"民营成长工程计划企业"称号。

企业设有研发中心，研发工程师占企业总人数的 25%，均具有 15 年以上研发工作经验。企业拥有包括发明专利、实用新型专利及软件著作权共 30 项；同时承接深圳市科创委 2013 年新能源用铝电解电容器关键技术的研发项目。

企业引进欧美、日本、等国家和中国台湾地区的先进生产设备，配备齐全与精密的检测和试验设备；企业已通过了 ISO9001 质量管理体系、ISO14001 环境管理体系，以及 RoHS 环保认证和 UL 安全标准的权威认证；同时结合企业"7S"系统的工作落实，在管理环节、制造环节、服务环节等诸多方面实现了标准化、数据化、制度化，确保产品品质的保障。

企业在以中国大陆为主要销售市场外，已先后与欧美、亚洲诸多厂商保持着长期与良好的合作关系，获得了客商的一致好评。

主要产品介绍：

大型铝电解电容器（螺栓型、焊针型）

应用领域：新能源设备、变频器、伺服驱动、光伏逆变器、通信电源、UPS、医疗设备、电焊机、变频家电，以及电动汽车、电力机车及新能源（太阳能、风能）等众多领域，并广泛用于开关电源等军工及民用产品。

70. 深圳市中电熊猫展盛科技有限公司

 展盛科技
JENSIN TECHNOLOGY
www.jensin.cn

地址：深圳市坪山新区大工业区青兰二路 6 号兰亭科技工业园 C 栋 3 – 4 楼
邮编：518118
电话：0755 – 86238746 86238876 86238849
传真：0755 – 86238829
邮箱：webmaster@ jensin. cn
网址：www. jensin. cn
简介：

深圳市中电熊猫展盛科技有限公司成立于 1996 年，隶属于世界 500 强中国电子集团，是一家集研发、生产、销售为一体的国家级高新技术企业！公司成立至今，专注于高端电源、大功率电源的生产、制造，产品多服务于新能源、监控、金融、电力、医疗、通信等行业。20 多年来，我们坚持为客户提供高品质的电源制造服务，客户多为国内外世界 500 强企业或行业领先企业。成功获得 ISO9001、TUV、PSE 等认证并成功获得 DENSO、OKI、NEC、日立、KARCHER 等知名企业的合格供应商资质认定。

工厂建有一万平方米高标准、自动化厂房，直接作业人员达到 200 名，拥有松下高速贴片线 4 条，30 米流水线 8 条，月产能可达到 10 万台，同时拥有锡膏厚度测试仪、AOI 自动光学检测系统、全自动电源测试系统 Chroma8200 等多种检测设备。

基于对客户需求的精准把握，我们坚持研发的投入，开发经验丰富、运作高效的专家团队，深圳与南京设立的研发中心以及多项发明专利，成为产品研发和技术革新的有利保障。我公司开发的电动工具充电器等多项产品获得国家先进产品技术鉴定，开发的高可靠性 ATM 取款机电源、川崎工业机器人电源则广泛应用各领域。

主要产品介绍：

1. ATM 电源

采用目前较为领先的开关电源技术，融合了小型化、高功率密度、有源 PFC、软开关全桥拓扑等成熟电路，实现了一体化的方案。一台电源驱动 ATM 机器外部的主板、显示器、打印、通信、闸机、验钞模块等多个外部单元，达到了集中式供电，降低成本，提高效率的目的。软开关全桥拓扑技术，具有开关频率高，重量轻，体积小，EMI

噪声小，开关应力小；它可以在负载大范围变化的情况下，有良好的电压输出调节；输出采用高效整流技术，线路简单，零件少、成本低、损耗低，可靠性高。

2. 工业机器人电源

超薄体积、有源 PFC + 半桥拓扑，来实现功率转换控制的智能型高效 AC – DC 变换器。运用 DSP 数字电源技术，结合智能型 MCU 驱动、控制能量转换，实现通信及软件检测、保护功能的完美对接，克服原有电源缺少核心控制单元（MCU），不能通信、不能软件控制的缺陷。

3. 安防监控电源

根据安防监控设备实际应用要求，采用业界目前领先的开关电源控制技术，融入软开关拓扑电路设计。实现安防监控设备驱动电源模块 AC – DC 转换、电池管理、主备电换、多重保护等一体化的方案，使产品达到高效率、长寿命、抗干扰性强、高可靠性的设计目的。整个电源严格按照安规要求设计，符合信息技术设备安全标准要求。采用脉冲电流方式给电池充电，提高充电速度，也延长电池使用寿命，同时实现备电故障检出。

4. 智能 LED 产品电源

具有高效率、高功率因数、还具有极低待机功耗优点，整机待机功耗小于 0.5W。次级恒流部分通过一个芯片需做多路 LED 输出，能提供多种照明模式，并分别可调光，还

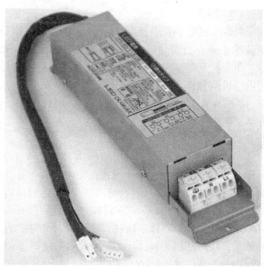

可实现冷，暖色的混色功能。电源整体结构紧凑、性能可靠、恒流输出精度高、电源输出效率高、低待机功耗、高功率因数、输入电压范围宽的特点。整体结构元件少、体积小、兼顾材料成本。

5. 智能快充模组

智能风冷设计：风扇转速随功率大小自动调节，有效延长风扇寿命；产品体积小，重量轻：合理的结构与散热设计，使得整机体积与重量达到最小，方便充电器的移动便携性；先进的技术：整机采用有源功率校正技术，全桥移相软开关技术，智能充电技术；稳定可靠，故障率极低，可靠性更高。采用脉宽调制技术，高效率，高功率密度，纹波系数小，EMI 更好，对其他设备的干扰更小；充电特性采用智能充电技术，充电过程实现无人值守功能。

71. 深圳索瑞德电子有限公司

SOROTEC®
Power Solutions Expert

地址： 深圳市宝安区松岗潭头西部工业区 B22 栋
邮编： 518105
电话： 0755 – 81495850
传真： 0755 – 81495855
邮箱： 15818635356@139.com
网址： www. soroups. com

简介：

深圳索瑞德电子有限公司（以下简称"索瑞德"）是高新技术企业，公司总部在深圳，在南宁、北京、新疆、长沙、西安、上海、成都成立办事处/省区售后服务中心。公司内部机构包括：总经理办公室、技术开发部、原料采供部、品质保证部、工程部、产品部、售前技术部、客户服务部、国内销售部、市场部、财务部、人力资源部、国际业务部。

公司共计员工 310 人，厂房面积达 15408.66 平方米，注册资金 5010 万元人民币。索瑞德在国内电源产品及技术解决方案等领域占据领先地位，公司产品已达到国内、国际同类产品的领先水平。公司率先通过了 ISO9001、ISO14001、OHSM18000 体系认证，并且建立了完整的质量监控体系，从产品的来料，加工，组装到测试等重要环节严格监控。产品均通过泰尔认证、节能认证、CE 认证、UL 认证。公司产品应用于全国各地的政府，金融，通信，交通，电力，工业控制，军事，医疗等重要领域，同时出口到欧洲、北美、南美、非洲、中东、西亚、东南亚、澳洲等市场区域。

索瑞德作为通信行业的设备供应商，消化吸收国内先进的通信电子信息技术，投入大量的研发经费并对产品的应用技术领域进行不断优化，完全贴近通信用电的需求，并可能过个性化设备设计生产，满足通信电用不同场合对 UPS 系统的要求。另外，索瑞德一系列的对源材料来料的管控及生产制成过程中的管控及想对完善的售后服务措施保障索瑞德出厂的设备质量可靠稳定，用户无后顾之忧。

索瑞德室外 UPS 系统均通过第三方权威质量监督检测中心的检验。至今已广泛应用在广东移动、河北移动、济南联通、青岛联通、西安联通以及其他行业用户，深受用户的赞誉。

经过多年的积累，索瑞德拥有一支经验丰富、不断创新的高素质科研开发队伍和勇于拼搏、开拓进取的营销队伍以及专业、成熟、高效的技术支持工程师服务队伍，不断在电源领域刷新成绩。今后，索瑞德将一如既往地坚持"技术领先、品质优良、服务到位"的经营理念，努力实现"电源领域世界级企业"的长远目标！

72. 四川长虹精密电子科技有限公司

地址：四川省绵阳市高新区绵兴东路 35 号
邮编：621000
电话：0816 - 2417857
传真：0816 - 2417198
邮箱：sinew. sales@ changhong. com
网址：www. changhong. com
简介：

四川长虹精密电子科技有限公司始于 1992 年，一直致力于为客户提供专业、高品质的 EMS 电子产品制造服务。公司业务包括以 SMT/AI 为核心的 OEM 代工服务，功率组件、（变频）控制组件以及整机的 ODM 研发、制造服务，产业领域覆盖 TV、冰箱空调等家用电器，空净、水净、加湿器等小家电，打印机、投影仪等办公设备，手机、通信、计算机、汽车等高精产品，医疗健康等专业特种产品类型。公司拥有 20 余年丰富的 SMT/AI、板卡等研发和制造经验以及快速反应的能力，总部位于绵阳，分别在中山、广元、合肥设立了分公司。

73. 苏州东山精密制造股份有限公司

地址：苏州市吴中区东山镇石鹤山路 8 号
邮编：215107
电话：0512 - 66302057
传真：0512 - 66307223
邮箱：Jacky. zou@ sz - dsbj. com
网址：www. sz - dsbj. com
简介：

苏州东山精密制造股份有限公司成立于 1998 年，位于苏州市吴中区，注册资本 19200 万元。2011 年总资产 194986 万元、销售收入 117944 万元、入库税收总额 3800 万元、净利润 6347 万元。公司为高新技术企业，拥有市级企业技术中心，已获得专利 2 项，已受理的专利申请 12 项。2011 年，公司对研发的投入经费占销售的比例为 3.72%。

公司主营业务目前为通信与 LED 背光及 LED 照明项目，其中通信项目客户是华为、爱立信等国际知名公司；LED 直下式背光是国内最大的直下式 LED 背光制造商。LED 照明品牌为东山照明。

公司连续多年获得资信等级 AA 级，被苏州银行业协会被为信贷诚信企业，先后荣获江苏省技术改造先进企业、江苏省十佳民营企业、苏州市科技创新示范企业、优秀民营创新型企业、苏州市吴中区劳动关系和谐企业等称号，2010 年 6 月获得江苏省《高新技术企业》证书，近年来有 3 项自主创新产品被认定为江苏省高新技术产品。2010 年 4 月公司股票在深交所挂牌上市，股票代码：002384。

74. 天长市中德电子有限公司

地址：安徽省天长市天冶路 98 号
邮编：239300
电话：0550 - 7304948
传真：0550 - 7306809
邮箱：zdec@ zdec. cn
网址：www. zdec. cn
简介：

天长市中德电子有限公司成立于 2005 年元月。公司通过专业化的研发、设计、生产组织体系及以客户为中心的营销服务体系，致力于为客户提供优质的软磁产品及系统整体解决方案。公司所有制性质为民营有限责任公司，注册资本 7886 万元。公司顺应新材料、新能源领域发展趋势，谨遵"实业回馈社会"的企业愿景，牢记对顾客、员工、社会的责任，目前已成为国内软磁行业前十名的企业。

公司位于安徽省天长市天冶路 98 号和经济开发区经七路纬一路交叉口，公司生产厂地 74000 余平方米，研发试验室 2000 平方米，试验检测设备 70 多台套。通过 ISO9001：2015 质量管理体系认证和 ISO9001：2015 环境管理体系认证。2016 年 10 月被再次认定为国家高新技术企业，2016 年被评为天长市"二十强企业"，2015 年 9 月被认定为安徽省技术中心企业。2014 年 10 月被认定为滁州市创新型企业、两化融合企业。2014 年 12 月公司注册商标"盛德"字母图形商标被安徽省工商局评为"安徽省著名商标"。

75. 田村（中国）企业管理有限公司

地址：上海市淮海中路 527 号锦江国际购物中心 A 座 13 楼
邮编：200020
电话：021 – 63879388
传真：021 – 63879268
邮箱：g. shao @ tamura – ss. co. jp　tech. support @ tamura – ss. co. jp
网址：www. tamurash. com
简介：

田村（中国）企业管理有限公司成立于 2003 年（原"田村电子（上海）有限公司"），是日本田村集团海外最重要的产品研发和市场营销基地，现有员工近百名，其中研发中心员工占人数一半以上。

田村（中国）企业管理有限公司研发中心成立于 2006 年，主要从事高频开关电源、电感变压器等电子元器件的研发及市场开拓。主要客户遍及全球国际性知名企业，如三菱电机、Sony、丰田、欧姆龙、施耐德、牧田、FANUC、珠海格力等。根据田村集团的战略定位，上海研发中心与日本技术总部具有同等技术研发资质，是日系公司在中国展开高水平技术研发的少数公司之一；特别是通过不断的技术创新，上海技术研发中心正逐步成为国际新能源电源磁元件技术领域研发的开创者和领导者。

公司具有完善的职业培训制度，坚持严谨、规范、高效的技术研发作风，通过严格的 OJT 开发实战训练，给本地员工提供与国际著名企业的世界一流研发队伍进行定期交流的技术平台。

田村集团的母公司——日本田村制作所是一家拥有 90 年历史，早于 20 世纪 70 年代在东京证券交易所上市的机电制造业国际性公司，田村集团在中国主要从事电子材料、电子元件、电路板焊接设备等业务，目前在中国台湾、中国香港、深圳、惠州、东莞、上海、苏州、常熟、合肥、

北京等地方分别设立了大型生产基地、营业部、办事处及上海和台北地区两个研发机构。

主要产品介绍：

主要产品覆盖全部功率等级的 PV 光伏逆变器、变频空调、UPS、服务器电源等各种 Boost 电感、PFC 电感、逆变滤波电感、EMC 共模扼流圈等。通过对磁材料、磁元件技术的不断创新、形成了领先世界的独特的磁集成技术、混合磁路技术、L – I Trimming 技术、电磁静音技术、Spike Blocker 怜技术等一系列磁元件设计技术。

新开发的产品有 CF 系列扁平线大电流共模电感、扁平线立绕绕线，其磁心采用高磁导率的铁氧体或者纳米非晶设计。满足大功率、大电流的应用，可以做到 25 ~ 125A，单相、三相、四相共模电感。散热结构优良，同时寄生电容小，具有优越的 EMI 抑制效果。

TE 系列扁平线立绕高频电感，环形立绕卷线技术，工作频率可以做到 100kHz，具有高功率密度、低损耗的特点，散热良好，可自然风冷，尤其适合风冷。

76. 无锡新洁能股份有限公司

地址：无锡市高浪东路 999 号 B1 栋
邮编：214131
电话：0510 – 85629718
传真：0510 – 85627839
邮箱：zhuyz@ ncepower. com
网址：www. ncepower. com
简介：

无锡新洁能股份有限公司是专业从事半导体功率器件的研发与销售。目前主要产品包括：12 ~ 200V 沟槽型功率 MOSFET（N 沟道和 P 沟道）、30 ~ 300V 屏蔽栅功率 MOS-FET（N 沟道和 P 沟道）、500 ~ 900V 超结功率 MOSFET、600 ~ 1350V 沟槽栅场截至型 IGBT，相关核心技术已获得多项专利授权，四大系列产品均获得江苏省高新技术产品认定。

公司产品凭借低损耗、高可靠性品质，已成功进入汽车电子、电机驱动、家用电器、消费电子、LED 照明、电动车、安防、网络通信等市场领域，获得国内外知名公司的认证。公司利用自身技术优势，与国际知名的 8″晶圆代工厂、封装测试代工厂紧密合作，具备完善的质量管理体

系，确保产品的持续优质和稳定供货。

公司是高新技术企业、中国半导体功率器件十强企业（中国半导体协会 2016 年），拥有无锡市功率器件工程研究中心、江苏省研究生工作站，注重先进半导体功率器件的研发与产业化，多项研发成果在 IEEE、ISPSD 等国际期刊/国际会议上发表，并被 SCI、EI 索引。公司将持续加大研发投入，提升产品竞争力，目标成为具有国际竞争力的半导体功率器件产品与服务供应商。

公司总部位于江苏无锡，设有深圳分公司。公司宗旨是诚信对待、忠诚服务所有客户和合作者，致力于建立合作共赢的长期协作关系。

主要产品介绍：

1. 同步整流专用 MOSFET – SynR MOS 系列产品

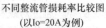

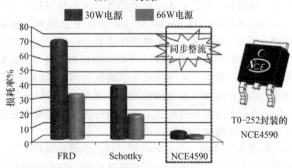

T0–252封装的
NCE4590

SynR MOS 系列产品包含 N40V、N45V、N50V、N60V 等系列，专用于同步整流，明显降低了整流损耗，提高了 DC – DC 电源转换器的效率，且不存在死区电压的问题。由于该系列产品具有更优的雪崩击穿耐量和较强的 ESD 能力，可使应用系统有更高的稳定性。

2. 75 – 150V Super Trench MOSFET 芯片

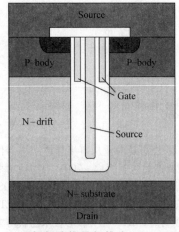

T0–220封装的
Super Trench MOSFET

无锡新洁能最新推出 75 ~ 150V Super Trench MOSFET 芯片系列，适用于同步整流、大功率电动车控制器和电动工具电源等领域。产品采用屏蔽栅深沟槽技术，显著降低了器件的特征导通电阻 R_{sp} 与栅极电荷 Q_g，与上一代产品相比，品质因子优化了 45%。此外，该系列产品全面提升了导通电阻温度特性，有效控制了器件导通电阻随温度增加而上升的幅度。

3. 第三代 Super Junction MOSFET 系列产品

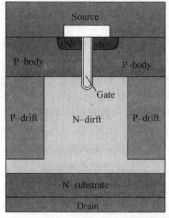

T0–252封装的
Super Junction MOSFET

第三代 Super Junction MOSFET 系列产品广泛应用于光伏逆变、大功率电源、LED 照明、手机充电器、笔记本适配器等领域；具有更快的开关速度、更低的导通损耗，更低的栅极电荷，从而降低器件的功率损耗，提高系统效率。此外，产品具有更优的雪崩耐量和 ESD 能力，以及抗电磁干扰能力，为系统设计提供更大的余量。

77. 西安爱科赛博电气股份有限公司

地址：陕西省西安市高新区信息大道 12 号
邮编：710119
电话：029 – 88887953
传真：029 – 85692080
邮箱：xueym@ cnaction. com
网址：www. cnaction. com

简介：

西安爱科赛博电气股份有限公司（以下简称"爱科赛博"）创业成立于 1996 年，专业从事高性能电力电子电能变换和控制的高科技企业。位于西安高新区，占地面积 20 亩（1 亩 = 666. 67m²），厂房面积 18000 平方米，员工人数 400 人。2012 年成立全资子公司苏州爱科博瑞电源技术有限责任公司。

公司是国家级高新技术企业，是国家火炬计划重点高新技术企业，公司技术中心先后被认定为西安市企业技术中心、陕西省企业技术中心和陕西省电能质量工程研究中心；公司先后通过了 GJB9001B—2009 质量体系、三级保密资格单位、武器装备科研生产许可、武器装备承制单位资格等军工产品资质的认证。

专注电力电子，提升电能价值。爱科赛博专注于电力电子电能变换和控制领域，主要为用户提供高性能特种电源和新型电能质量控制设备和解决方案。布局新能源电能变换设备，产品主要应用于航空军工、特种工业、精密装备和电力新能源四大领域，是国内相关领域领先的设备制造商和解决方案提供商之一。

公司以技术研发作为生存发展之本，研发实力是公司核心竞争力。目前掌握电力电子功率变换和控制领域相关的自主知识产权和核心技术，共取得和获受理专利 48 项，其中发明专利 20 项，参与国家和行业标准制定 8 项，获得包括两项国家科技进步二等奖在内的多项技术奖励和成果，技术水平国内领先、国际先进。公司采用业内领先的 IPD 全流程全要素的集成产品开发管理方式，坚持产学研相结合，与西安交通大学等高等院校积极开展合作，积累了比较丰富的产学研管理经验、取得众多技术成果。

公司始终秉承"洁净电能、绿色地球"的使命，加速技术创新和应用拓展，为客户持续提供创新产品和解决方案，创建一流品牌，使"中国智造、走向世界"。

主要产品介绍：

特种电源

爱科赛博从 1997 年开始，进入航空军用中频静变电源和直流电源领域。专注于电力电子电能变换和控制，主要为用户提供高性能特种电源和解决方案。特种电源主要包括加速器电源、测试电源、工业特种电源、航空军工电源和轨道交通电源等，应用于精密装备、特种工业、航空军工和轨道交通领域。特种电源采用多品种小批量定制模式，采取双替策略，为客户和行业提供高端产品和服务。

78. 西安伟京电子制造有限公司

Weiking 伟京

地址：陕西省西安市高新区锦业二路 87 号 3 号楼
邮编：710077
电话：029 – 65660060
传真：029 – 65660061
邮箱：sales@ weiking. com
网址：www. weiking. com
简介：

西安伟京电子制造有限公司于 2004 年成立，是一家集电源模块和厚膜混合集成电路类产品研发、生产、销售和服务为一体的高新技术企业，现已形成了通用 DC – DC 电源模块、高电压输出 DC – DC 电源模块、低纹波输出 DC – DC 电源模块、线性稳压器、开关稳压器、电源滤波器、预稳压模块、保持模块、线性放大器、开关放大器及无刷马达驱动器等产品系列，能够为客户提供小功率军用直流变换的全套解决方案和直流无刷电机驱动解决方案。产品广泛应用于航天、航空、兵器、船舶等军工领域。

79. 西安翌飞核能装备股份有限公司

infisrc

地址：陕西省西安市高新区秦岭大道西 6 号科技企业加速器二区 15 栋
邮编：710304
电话：029 – 68065000
传真：029 – 68065111
邮箱：infisrc@ infisrc. com
简介：

西安翌飞核能装备股份有限公司成立于 2010 年，公司制造基地坐落于风景优美的西安高新区国家级科技企业加速器园区。公司依托电力电子、自控、通信技术研发为核电产业提供核心供配电设备、监控设备等，是集设备研发、制造、销售为一体的高新技术企业。

公司主营业务中，中频大功率专用电源设备功率密度在国内同类产品中最高，并率先实现基于全数字并联技术的中频供电解决方案。目前，公司已定型四大系列、共数十种产品，均可通过设备组合，实现多种系统解决方案，已参与了多项国家重点大型核工业建设工程。公司始终致力于专用电源及其配套产品的技术研发与生产，累计投入研发资金数千万元，掌握相关核心技术，全面替代国外同类电源产品，为我国核电产业发展做出了独特贡献。

公司主营产品"供配电设备及其配套设备系列产品"，被陕西省发改委确认为"符合国家（产业结构调整指导目录）《鼓励类》"产品。公司是"国家级高新技术企业"、"陕西省发改委认定的国家高端装备制造企业"、"中国核工业集团公司合格供应商"，顺利通过了"ISO9001 质量体系认证"、"武器装备质量管理体系认证"、"军工装备科研生产单位三级保密资格认证"、"工况商贸从业单位安全标准化证书"。公司于 2012 年被西安市高新区纳入规模以上企业，2016 年荣获核工业某公司"战略采购优秀供应商"，2017 年初被评选为"西安高新区 2016 年度战略性新兴产业明星企业"。

80. 厦门市爱维达电子有限公司

绿色电源专家
EVADA

地址：厦门市海沧新阳工业区霞阳路 39 号
邮编：361026
电话：0592 – 8105999
传真：0592 – 5746808
邮箱：market@ evadaups. com
网址：www. evadaups. com
简介：

厦门市爱维达电子有限公司（以下简称"爱维达"）是一家总部位于福建省厦门市的提供全面电源解决方案及电源保护产品的设计、开发、生产和销售的高科技公司。主要产品有 UPS 电源、太阳能、风能、光伏逆变器、LED

驱动电源、通信电源、氢燃料电池逆变器等，产品功率容量从 0.5 ~ 6400kVA。

公司已获得"厦门市著名商标"、"福建省著名商标"、"中国 UPS 电源十强企业"、"中国通信市场最有影响力行业品牌"、"2010 年中国行业信息化值得信赖品牌"等称号，并且已连续 6 年被评为厦门市成长型中小企业和纳税大户。

已通过了 ISO9001 质量管理体系认证和 ISO14001 环境管理认证以及 ISO18000 职业健康安全管理体系。爱维达公司现有厂房面积一万平方米，现有员工 175 人，研究开发人员 36 人。

公司在北京、天津、沈阳、乌鲁木齐、西安、西宁、兰州、济南、太原、武汉、长沙、郑州、杭州、南京、南昌、福州、广州、南宁、成都、重庆、昆明、海口等 25 个地方设有驻外分公司或办事处，组成了全国营销、服务网络。

81. 英飞凌科技（中国）有限公司

infineon

英飞凌

地址：上海市浦东张江高科技园区松涛路 647 弄 7 - 8 号
邮编：201203
电话：021 - 61019100
传真：021 - 61649802
网址：www.infineon.com
简介：

英飞凌科技股份公司总部位于德国纽必堡，为现代社会的三大科技挑战领域——高能效、移动性和安全性提供半导体和系统解决方案。2012 财年（截至到 9 月 30 日），公司实现销售额 39 亿欧元，在全球拥有约 26 700 名雇员。英飞凌科技公司的业务遍及全球，在美国苗必达、亚太地区的新加坡和日本东京等地拥有分支机构。公司目前在法兰克福股票交易所（股票代码：IFX）和美国柜台交易市场（OTCQX）International Premier（股票代码：IFNNY）挂牌上市。

英飞凌科技（中国）有限公司（以下简称"英飞凌"）于 1995 年正式进入中国市场。自 1996 年在无锡建立第一家企业以来，英飞凌的业务取得非常迅速的增长，在中国拥有 1 300 多名员工，已经成为英飞凌亚太乃至全球业务发展的重要推动力。英飞凌在中国建立了涵盖研发、生产、销售、市场、技术支持等在内的完整的产业链，并在销售、技术研发、人才培养等方面与国内领先的企业、高等院校开展了深入的合作。

82. 英飞特电子（杭州）股份有限公司

INVENTRONICS

英飞特电子

地址：杭州市滨江区江虹路 459 号
邮编：310051

电话：0571 - 56565800
传真：0571 - 86601139
邮箱：Evsales@ inventronics - co. com
网址：Cn. inventronics - co. com
简介：

英飞特电子（杭州）股份有限公司成立于 2007 年 9 月 5 日，是一家专业从事 LED 驱动电源研发、生产、销售及技术服务的高新技术企业。公司于 2016 年 12 月首次公开发行股票并在创业板上市（股票代码：300582）。公司董事长 Guichao Hua 先生是国家"千人计划"的电源行业专家，在行业内具有国际影响力。公司设有省级企业研究院、省级国际科技合作基地、杭州市院士工作站、企业博士后科研工作分站等，并先后承担和参与了"国家科技支撑计划"、"国家高技术研究发展计划（国家 863 计划）"、"国家重点研发计划"等重点研究开发项目。截至 2017 年 6 月 30 日，公司及子公司共拥有专利 255 项，其中 23 项美国发明专利，117 项中国发明专利。

公司总部位于浙江省杭州高新（滨江）区，生产基地位于桐庐经济开发区，在欧洲和美国设有子公司，且在东南亚、印度、韩国、巴西、深圳等地设立办事处，建立了覆盖全球的独立营销和服务网络，产品销往全球 50 多个国家和地区，在国内外拥有较高的品牌知名度及美誉度。

秉承"驱动创新、全球领航"的品牌理念，英飞特电子将继续专注于开发高效率、高可靠、智能化 LED 驱动电源。推进创新的同时，紧握品质红线，不断丰富拓展产品线，以极具特色和差异化的产品继续引领行业发展。

主要产品介绍：

EUK

EUK 系列为 75 ~ 240W 恒流驱动器产品，其输入电压（AC）范围为 90 ~ 305V，且具有超高的功率因数，专为工矿灯、高杆灯及路灯等应用而设计；超高的效率，紧凑的外壳设计，良好的散热，极大地提高了产品的可靠性，延长了产品的寿命；包括防雷保护、过电压保护、短路保护及过温保护等全方位的保护，保证了产品的无障碍运转。具有以下特点：

1）EUK 系列 75 ~ 240W 恒流 LED 驱动器。
2）效率高达 93.5%。
3）恒流输出。
4）非调光控制。
5）防雷保护：线对线 6kV，线对地 10kV。
6）全方位保护：过温保护，过电压保护，短路保护。
7）IP67 且适用于 UL 干燥，潮湿及多水环境。

8）SELV。

9）可用于北美 Class I，Division 2 的危险场合。

10）5 年质保。

83. 浙江艾罗网络能源技术有限公司

地址：浙江省杭州市西湖区西溪路 525 号浙大科技园 A 西 506

邮编：310007

电话：0571 – 56260099

传真：0571 – 56075753

邮箱：guohuawei@ solaxpower. com

网址：www. solaxpower. com

简介：

公司是国内并网逆变器的重要生产厂家，本公司的注册商标"SolaXPower"品牌在可再生能源领域已经经营了近 3 年，公司自 2011 年开始，每年都参加至少 5 次以上的国际大型光伏产品展览会，如德国的 Intersolar 展会，上海的 SNEC 展会，澳洲、英国等国的展会，并通过德国《Photon》杂志以及行业网络等媒体对"SolaX Power"品牌进行广泛宣传，进一步提升了产品的国际知名度，其中 17kW 机器取得 Photon 双 A 证书。继欧洲推出世界上首台储能机之后，浙江艾罗电源有限公司独立自主研发并推出亚洲首台储能机 X – Hybrid（3kW、3.7kW、5kW），自 2011 年起借助浙江大学的科技实力研发、生产、销售逆变器，产品推广至全世界，主要遍布欧盟、澳大利亚及东南亚等地区。并且在英国、荷兰、澳洲设有仓库及售后服务中心，借助浙大桑尼在全球的销售渠道，将我们的产品推向更广阔的市场。我们的宗旨是为我们的客户提供一个更加先进，更加可靠、安全、经济的光伏产品和能源系统方案，满足世界日益增长的能源需求。2013 年 3 月，我们的产品有单相机 1.5~5kW，三相机 10~17kW 和 2013 年 12 月 1 日储能机 3~5kW。

以"SolaXPower"为品牌的光伏逆变器产品远销 47 个国家，积累了 100 多个行业客户，这些有"SolaX Power"品牌逆变器等产品先后成功运用于国内外的很多家庭，这些标志性项目的完成，巩固了公司在业内的地位，取得了良好的业绩和品牌效应。

主要产品介绍：

三相储能逆变器 SOLAX X3 – Hybrid 系列

三相储能逆变器将其命名为 SOLAX X3 – Hybrid 系列，型号包括 5kW、6kW、8kW 和 10kW 等，其最大电池充放电功率达到 10kW，处于世界领先水平。齐全的型号，为家用和商用客户的使用提供了灵活和扩展性的解决方案。X3 –

Hybrid 三相储能逆变器还有 EPS 应急离网、远程监控、多种通信方式等多种功能，这将为电网老化、供电不足等电网不稳定的国家和地区客户带来福音。

84. 浙江矛牌电子科技有限公司

地址：浙江省丽水市水阁工业区成大街 10 号

邮编：323000

电话：0578 – 2553355

传真：0578 – 2553355

邮箱：jmli@ spearpower. com

网址：www. spearpower. com

简介：

浙江矛牌电子科技有限公司是一家以 LED 驱动电源、激光电源、开关电源和智能控制产品为主，集研发、生产、销售为一体的新兴绿色环保节能高新技术企业。公司拥有一支对 LED 驱动电源、激光电源、开关电源、工业和医疗电源、健身控制板等有多年设计和管理经验的资深团队，还拥有多条配备先进的生产流水线。严格贯彻 ISO9001/ISO14000 国际管理体系，全面导入 6S 管理理念及先进的可靠性智能测试系统，使公司品牌知名度和产品品质均得到了客户的高度评价及业界的充分肯定。产品广泛应用于健身器材、民用、工业、医疗、通信、安防、照明、电力电子等领域。

公司的所有产品均已通过中国质量认证中心的 CQC、CCC 国内系列认证，还通过了 GS/VDE、UL、CUL、CE、CB、PSE、SAA、KC、BSMI、PSB、巴西等国际安规认证及能效认证。本公司所有产品均符合 ROSH、REACH、PAHS 等国际环保指令，产品远销国内外多个国家和地区。

公司在杭州、广东、上海等地设有驻外分公司或办事处。公司研发中心于 2015 年 6 月取得 TUV – TMP 实验室资质，具有 CB 认证权限，拥有厂房面积 51 亩（1 亩 = 666.67m²）。公司引进了先进的生产设备，包括 5 台韩国三星的大型高速 SMT 设备，8 台无铅波峰焊接机，40 台注塑成型机，5 台 AI 自动插件机等，同时在生产线上配有国内外极为先进的全套综合自动化测试设备。

85. 浙江榆阳电子有限公司

地址：桐乡经济开发区同德路 656 号
邮编：314500
电话：0573 – 89817002
传真：0573 – 89817000
邮箱：sales@ link – power. cn
网址：www. link – power. cn
简介：

　　浙江榆阳电子有限公司为外商独资企业，公司前身杭州池阳电子有限公司创立于 1997 年，经过近 20 年的发展壮大，于 2010 年在浙江桐乡建新生产基地（浙江榆阳电子），现有员工 600 余人。

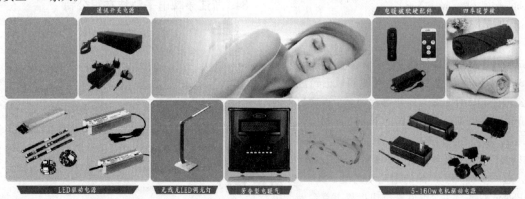

　　公司主要产品：用于安防、通信和医疗等领域的电源，其涵盖功率范围 5 ~ 160W，待机功耗低于 0.1W，大功率、高 PF 的产品系列，优于业界水平；电机驱动电源，涉及 24 ~ 160W 高/低 PF 系列；高效可靠的 LED 驱动电源，功率范围涵盖 5 ~ 300W 系列，调光/非调光方式，且雷击等级达差模 6kV/共模 10kV；以及智能电暖产品：电暖被、电暖器等，可支持蓝牙或远程 WIFI 控制。

86. 中国长城科技集团股份有限公司

中国航天事业合作伙伴
A COOPERATIVE PARTNER OF CHINA SPACE

地址：深圳市南山区科技园长城计算机大厦
邮编：518057
电话：0755 – 26639997
传真：0755 – 29519395
邮箱：yaokw@ greatwall. com. cn
网址：www. greatwall. cn
简介：

　　中国长城科技集团股份有限公司是由中国电子信息产业集团有限公司（简称"中国电子"）所属中国长城计算机深圳股份有限公司、长城信息产业股份有限公司、武汉中原电子集团公司、北京圣非凡电子系统技术开发有限公司等四家骨干企业重组整合组成，注册资本 29.4 亿元。1997 年在深交所上市（股票简称长城科技；代码 000066）。

　　公司以国家低碳节能产业政策为指引，立足新能源电子产业方向，目前已形成三大主营产业品线：电源驱动线、LED 照明产品线和智能产品线，应用领域遍布通信、公共安全、电机驱动、新能源、医疗电子、智能家居和汽车等行业，在世界范围内为工业和消费市场提供优质、安全、健康舒适的产品及服务。

　　公司具有明显的区位优势。凤栖梧桐，水乡风韵，世界互联网峰会永久举办地、江南古镇——乌镇便坐落于桐乡，距离公司仅 11 公里；交通便利，宜居乐业，公司距离杭州 50 公里，上海 145 公里，苏州 96 公里，宁波 165 公里，沪杭高铁贯穿。

　　公司一直以客户信任为己任，秉承以人为本的理念，坚持自主创新和精益管理，拥有一支配备精良的高素质研发、品管、工程、制造团队，力求为客户提供高性价比、富有市场竞争力的产品。

主要产品介绍：

　　作为中国电子网络安全与信息化的专业子集团，中国长城科技集团股份有限公司核心业务覆盖自主可控关键基础设施及解决方案、军工电子、重要行业信息化等领域，是能够做到从芯片、整机、操作系统、中间件、数据库、安全产品到应用系统等计算机信息技术各方面完全自主可控且产品线完整的上市公司。相关业务水平处于国内领先地位，掌握众多自主可控和信息安全的核心技术，在军队国防、党政等关键领域和重要行业具有深厚的行业理解、丰富的服务经验、稳定良好的合作关系。公司在中国深圳、长沙、武汉、北京、株洲以及海外设有研发中心和生产基地，占地面积约 130 余万平方米，员工约 1 万 5 千人。

　　在电源领域，公司自 1989 年开始从事开关电源的研发和制造，具有国内一流的研发团队，具有丰富的技术底蕴。长城电源在国内电源行业中率先通过了 ISO9001 质量体系认证，荣获首张节能证书，同时长城电源也是微型计算机电源国家标准的主要起草单位。长城电源的产品包括服务器电源、台式机电源、通信产品电源、LED 驱动电源、各种适配器。其产品已被浪潮、曙光、同方、富士康、Corsair 等公司选用，产品远销欧美、日韩等国家和地区。

87. 珠海格力电器股份有限公司

GREE 格力

地址：珠海市前山金鸡西路 789 号
邮编：519070

电话：0756 – 8974023

传真：0756 – 8668281

邮箱：zxb@ cn. gree. com

网址：www. gree. com

简介：

　　珠海格力电器股份有限公司是一家多元化的全球型工业集团，主营家用空调、中央空调、智能装备、生活电器、空气能热水器、手机、冰箱等产品。2016 年格力电器实现营业总收入 1 101.13 亿元，纳税 130.75 亿元。

　　公司总部位于中国风景如画的南海滨城——珠海，拥有 8 万多名员工，在全球建有珠海、重庆、合肥、郑州、武汉、石家庄、芜湖、长沙、杭州、巴西、巴基斯坦等 11 大生产基地以及长沙、郑州、石家庄、芜湖、天津 5 大再生资源基地，下辖凌达压缩机、格力电工、凯邦电机、新元电子、智能装备、精密模具 6 大子公司，覆盖了从上游零部件生产到下游废弃产品回收的全产业链条。

　　目前，公司获批建设"空调设备及系统运行节能国家重点实验室"，建有"国家节能环保制冷设备工程技术研究中心"和"国家认定企业技术中心"等 2 个国家级技术研究中心、1 个国家级工业设计中心，制冷技术研究院、机电技术研究院、家电技术研究院、智能装备技术研究院、新能源环境技术研究院、健康技术研究院、通信技术研究院、

机器人研究院、数控机床研究院、物联网研究院、电机系统技术研究院、装备动力技术研究院等 12 个研究院、1 个机器人工程技术研究开发中心、72 个研究所、727 个先进实验室、10 000 多名科研人员，开发出超低温数码多联机组、高效离心式冷水机组、G – Matrik 低频控制技术、超高效定速压缩机、1 赫兹低频控制技术、R290 环保冷媒空调、多功能地暖户式中央空调、无稀土磁阻变频压缩机、永磁同步变频离心式冷水机组、双级变频压缩机、光伏直驱变频离心机系统、磁悬浮变频离心式制冷压缩机及冷水机组、高效永磁同步变频离心式冰蓄冷双工况机组、环境温度 – 40℃工况下制冷技术、三缸双级变容压缩机技术、应用于热泵空调上的分布式送风技术、面向多联机的 CAN + 通信技术、基于大小容积切换压缩机技术的高效家用多联机、NSJ 系列车用尿素智能机共 19 项"国际领先"级技术，公司累计申请专利 34 927 项，获得授权专利 20 277 项。生产出 20 个大类、400 个系列、12 700 多种规格的产品，远销 160 多个国家和地区。

　　2005 年至今，格力家用空调产销量连续 12 年领跑全球，2006 年荣获"世界名牌"称号。2016 年格力电器实现营业总收入 1101.13 亿元，净利润 154.21 亿元，纳税 130.75 亿元，连续 15 年位居中国家电行业纳税首位，累计纳税达到 814.13 亿元。

会员单位

广东省

88. 宝士达网络能源（深圳）有限公司

地址：广东省深圳市宝安区松岗街道东方大道 22 号 B 栋

邮编：518105

电话：0755 – 27639970 27639971

传真：0755 – 27639972

邮箱：info@ powerstarups. com

网址：www. powerstarups. com

简介：

　　宝士达网络能源（深圳）有限公司（以下简称"宝士达"）作为行业领先的高品质网络能源产品生产商，长期致力于数据中心产品的设计、制造、销售，为客户提供可靠的数据中心产品解决方案。

　　宝士达公司的主要产品包括 UPS、精密空调、智能配电、监控软件等，其中 UPS 电源容量从 500 ~ 1200kVA，分为 HR、HP、GP、HPOWER、EPOWER、SPOWER、MP、MT 等多种系列，可实现单机运行、冗余并联、多机并联、模块化系统等，能够满足各方面用户的需求。

　　宝士达公司始终把为用户提供优质、迅捷的服务作为一种不懈的追求。宝士达公司已在全国各大城市建立分销服务点，在北京、上海、深圳、南京、成都、沈阳、大连等地均设有代表处和联络处，配备了数十名训练有素的工

程技术及安装调试人员。

　　目前，宝士达的产品已广泛应用于军事、宇航、电信、医疗、金融、证券、科研、制造、商业、传播等领域。合作的重要客户有：IBM、INTEL、MICROSOFT、GOOGLE、APPLE、中国移动、中国电信、中国联通、人民银行、工商银行、交通银行、汇丰银行、招商银行、民生银行、浦发银行、兴业银行、银河证券、国泰君安证券、CAAC、上海浦东国际机场、北京首都国际机场、大众汽车、中科院、公安部、交通部、商务部、广电总局、海关总署、联想集团、方正集团、海尔集团、西昌卫星发射中心、酒泉卫星发射中心等。

　　创新是宝士达发展的不竭动力，"绿色、节能、环保"是宝士达永恒的理念。让科技引领宝士达可持续发展，为各行业提供可靠的数据中心产品解决方案！

89. 比亚迪汽车工业有限公司第十四事业部电源工厂

地址：广东省深圳市坪山新区比亚迪路 3009 号

邮编：518118

电话：0755 – 89888888

传真：0755 – 89937043

邮箱：weiqian1@ byd. com

网址：www. byd. com. cn

简介：

比亚迪汽车工业有限公司第十四事业部（以下简称"比亚迪"）成立于 2008 年 1 月 1 日。经过 7 年不断地发展壮大，现拥有员工 6 000 余人，主要生产基地坐落于坪山工业园区。第十四事业部主要负责电动汽车核心零部件的研究开发与生产。事业部下设电动汽车研究所、电源工厂、电喷工厂、电控工厂、电机工厂、电动总成工厂、副总裁办公室、综合部、财务部、采购部、人力资源部、品质保障部。

在全球资源日期紧张的今天，比亚迪利用产品和技术优势，不断致力于新能源开发和电池储能技术开发。我们自主研发出具有世界领先水平的动力电池管理体系、主电机研发与制作、电机控制与驱动技术、动力电池充电系统、助力转向系统、发动机管理系统、高压配电箱总成、高压连接系统等。公司在 2008 年针对私家车市场率优先推出全球首款不依赖专业充电站的双模混合动力汽车 F3DM，此后又陆续推动出了纯电动汽车 e6、秦、唐等多款车型。纯电动车 e6 也得到国家领导人以及巴菲特、比尔·盖茨等众多国内外知名人士的一致好评。去年 5 月起，比亚迪新能源车综合销量持续超越海内外对手，稳居全球新能源汽车销量榜首。同时拥有先进的软件、硬件、结构件研发平台及共享资源，拥有电机、电控、电源全集成解决方案，安全可高，经济节能，科技环保。

第十四事业部将秉承公司"技术为王、创新为本"的发展理念，为公司新能源汽车发展打下坚实的基础。

90. 东莞宏强电子有限公司

地址：广东省东莞市南城区宏远路 22 号
邮编：523087
电话：0769 - 22414096
传真：0769 - 22414097
邮箱：sj_ zhang@ decon. com. cn
网址：www. decon. com. cn
简介：
成立于 1995 年的广东宏远集团下属企业东莞宏强电子有限公司主要从事铝电解电容器的研发、生产和销售服务，是广东省高新技术企业。公司通过长期和 SAE - MSL 的合作以及国际国内的科研工作，形成了拥有自主知识产权的技术工艺体系和多批发明、实用型专利，培养和造就了大批专业技术人才。公司先后通过了 IECQ、ISO 9001 质量管理体系认证、ISO 14001 环境管理体系认证，产品符合RoHS、Reach 相关规定。未来，公司将进一步加强宏远集团下属关联企业的铝箔原材料垂直整合资源，突出专业化、精细化、个性化，使公司成为全球优质铝电解电容器的优秀供应商。

91. 东莞立德电子有限公司

地址：广东省东莞市塘厦镇第一工业区
邮编：523710
电话：0769 - 87937117
邮箱：Galen. yu@ l - e - i. com
网址：www. lei. com. tw
简介：
东莞立德电子有限公司位于东莞市塘厦镇第一工业区，公司注册资本：8050 万港币，员工总人数近 4 000 人。总公司于 2002 年 12 月于台北交易所正式公开上市，全球事业处分布在 10 个不同的地点遍及 6 个国家和地区。东莞立德电子有限公司主要生产和销售变压器、三相变压器、电抗器、整流器、充电器、电源供应器、半导体、元器件专用材料（多层线路板）、新型电子元器件（电力电子器件：电子安定器，不间断电源）、锂离子电池、数字放声设备（激光唱机）、宽带接入网通信系统设备（网络卡）、交换设备（交换机）、高端路由器（路由器）、数字音/视频编译码设备、电子专用设备（电源供应器，电磁锁）等各类电子元器件系列产品。

92. 东莞市百稳电气有限公司

地址：东莞市常平九江水东深路 88 号
邮编：523000
电话：0769 - 81184549
传真：0769 - 86318670
邮箱：13823693076@ 139. com
网址：www. baiyundianqi. com. cn
简介：
东莞市百稳电气有限公司是专业从事电力变压器、稳压器、调压器、UPS 的生产型产销公司。并经销和代理国内外名牌 UPS、EPS、除湿机等产品，保证了各行业对优质电源的需要。

公司自建立以来便全面导入 ISO 质量管理体系，严格控制每个程序以保证产品合格率 100%。凭借多年完善的管理，公司通过了 ISO9001：2008 体系的认证，产品通过了CE 认证。

目前，公司生产及营业场地 6000 余平方米，有本行业生产经验的员工 50 余人，其中研发及工程技术人员占50%，并具备了齐全的工装和检测设备，以保障公司产品完全有能力处于行业领先地位。

全国各地分布有办事机构。现在上海、苏州设立办公地点，并在深圳、厦门、北京等地建立销售售后服务点。以确保我们的售后服务工作能及时到位，充分满足对用户的承诺。

93. 东莞市瓷谷电子科技有限公司

地址：广东省东莞市厚街镇宝屯社区宝塘厦宝宏路 29 号 D栋 3A

邮编：523000
电话：0769 – 85751860
传真：0769 – 85750505
邮箱：Ly@ cigu. cc
网址：www. cigu. cc
简介：

东莞市瓷谷电子科技有限公司（CGE）位于中国广东省东莞市，公司于2013年成立，注册资金100万元人民币。是中国专业研发生产陶瓷电容器、薄膜电容器和压敏电阻器的大型民营企业之一。

公司主要研发生产销售中高压陶瓷电容器（CC81/CT81）、安规交流陶瓷电容器（Y1/Y2）、金属膜安规交流电容器（X2）、金属膜电容器（CBB21/CL21）、氧化锌压敏电阻器（ZOV）。公司现有研发生产设备100台套，年生产能力4亿只。

公司已经通过 ISO9001：2008 质量管理体系认证，安规交流陶瓷电容器（Y1/Y2）已经通过了中国 CQC、美国/加拿大 CUL、德国 VDE、欧盟 ENEC、国际电工委员会 CB 等产品安全认证；金属膜安规交流电容器（X2）已经通过了中国 CQC、美国/加拿大 CUL、德国 VDE、欧盟 ENEC、韩国 KTL 产品安全认证；锌压敏电阻器（ZOV）已经通过了美国/加拿大 CUL、德国 VDE 产品安全认证。产品环保指标符合 ROHS2.0 版、REACH、无卤等指令要求。

公司本着尊重知识和人才、着眼于全球市场、依靠过硬的品质和服务致力于发展民族自主产业，为广大用户提供超值期望的服务理念，大力推广电源类、机电类、光伏驱动类、小家电类和电视机显示器类等电子整机领域的应用，协助终端做好四样事情："合理选型、合理应用、合理节约、齐全配套。"

94. 东莞市金河田实业有限公司

地址：广东省东莞市厚街镇科技工业城
邮编：523943
电话：0769 – 85585691 – 8012
传真：0769 – 85587456 – 8012
邮箱：iso@ goldenfield. com. cn
网址：www. goldenfield. com. cn
简介：

东莞市金河田实业有限公司（以下简称"金河田"）成立于1993年，是一家集研发、生产、销售、服务于一体的民营高新技术企业。主要产品有计算机机箱、开关电源、多媒体有源音箱、键盘、鼠标等，是国内主要的"计算机周边设备专业制造商"之一。

金河田是国家高新技术企业，是中国优秀民营科技企业、广东省民营科技企业、广东省知识产权优势企业、广东省创新型试点企业和东莞市工业龙头企业等。金河田主导产品计算机机箱、开关电源、多媒体有源音箱均为广东省名牌产品。

金河田产品销售和服务网点已覆盖全国各大中城市，并进入了韩国、印度、俄罗斯、阿联酋、德国、巴西、澳大利亚等40多个国家和地区。

95. 东莞市镁力电子有限公司

地址：广东省东莞市常平镇桥沥南门路鸿泰科技园
邮编：523777
电话：0769 – 81089595
传真：0769 – 81089595 – 8016
邮箱：puretek@ 163. com
网址：www. dg – puretek. com
简介：

东莞市镁力电子有限公司成立于2009年7月，是依托技术快速成长的高新科技企业。公司专业研发、生产、销售、服务高品质高频变压器、电感线圈；精密连接器、po-go pin 等电源配套及订制化产品，产品广泛应用于通信、光纤网络、家电照明、便携式电子设备等领域和各类精密电子产品终端；2013年开始在内陆多地开设加工分厂，通过9年的不断发展壮大，目前具备年综合生产能力2亿只。

公司拥有行业领先的生产、检测设备，同时拥有一批经验丰富的研发及管理团队，取得了多项实用新型专利、多项软件著作权、多项省高新技术产品和30多项各种认证，为服务客户提供强劲信心和品质保障。公司率先升级 ISO9002：2015 国际质量管理体系认证，并建立完善的品管体系：持续提高、追求零缺陷、满足客户要求。始终以"客户至上、品质第一"为管理方针，秉承"专业、高效、诚信、服务"的合作精神，已经成为多家全球一流企业的合格（优秀）厂商。

真诚期待您的支持与信赖，让我们携手共创佳绩、共享未来！

96. 佛山市禅城区华南电源创新科技园投资管理有限公司

地址：广东省佛山市禅城区张槎一路 127 号 1 座 3 层
邮编：528000
电话：0757 – 82580666 82208102
传真：0757 – 82503337
邮箱：495620638@ qq. com
网址：www. hndy. gd. cn
简介：

1. 精细、集约化的电源产业综合体
华南电源创新科技园投资管理有限公司（以下简称"华南电源创新科技园"）大力发展开关电源、逆变器、

UPS、EPS 等电源电子产业，打造现代电源及节能技术科技园区的标杆，推动电源产业精细化、集约化、国际化，建设集产品研发、生产、检测、展示、交易、人才培训、孵化中心等为一体的电源产业创新基地，成为汇集金融、科技、项目、商务会展等多位一体的电源产业综合体。

2. 优质信誉的电源专业园区

"中国首个电源创业主题园区""全国现代电源（不间断电源）产业知名品牌创建示范区""国家现代电源高新技术产业化基地培育单位""中国电源学会副理事长单位""中国电源学会现代电源产业基地""佛山中德工业服务区生产基地""禅城区低碳试点园区"。

3. 五大平台提供一体化专业服务

园区已引入科技服务平台、金融服务平台、人才服务平台、招商服务平台、园区合作平台五大平台，为入园企业提供技术升级、人才培养、金融支持、政策引导扶持、合作交流等一体化专业服务。

4. 都市里配套设施至齐全的厂房

华南电源创新科技园大力打造、扶持、发展电源电子类产业，以都市型厂房为核心，以总楼大楼和商业办公楼为服务载体，配备了会议办公、展厅、会展中心、培训中心、商会协会办公区、银行、自助服务中心、回廊书吧、中西餐厅、酒店、车位、人才公寓、员工饭堂、图书馆、超市、运动及休闲等配套设施。

5. 活性商务、产业空间

华南电源创新科技园是区域内规模较大的主题园区，总占地面积330 亩（1 亩 = 666.67m²），建成后总建筑面积达42.6 万平方米，分核心区及外延区两部分进行打造。

总部大楼定位为电源企业总部办公、园区服务平台及产业商务配套的功能，目前部分主力商业及区域内的电商龙头开始陆续进驻，包括四星级标准精品酒店、五星级豪华多功能影院、港台餐饮白领餐厅、商协会平台、互联网 + 电商企业，创客、创新孵化器等，签约面积超过2.3 万平方米。

2#商业办公楼，建筑面积约3.3 万平方米，分为南塔（7 层）和北塔（9 层），首二层为商业旺铺，三层以上为商务办公，200 ~ 3000 平方米活性商务空间自由组合。

园区都市型厂房，户型为方正的1300 平方米和2000 平方米空间，拥有独立产权，可租、可售、可按揭，五大服务平台促进产业发展，百强龙头企业率先抢驻。

6. 上市企业与骨干企业的选择

华南电源创新科技园的企业总数已经达到202 家，累计入园的电源、电子类及其上下游产业的企业达 90 多家，占园区总企业数的46.5%，其中2015 年新增入园企业达45 家，包括：厦门科华、湖南科力远两家上市企业，佛山电源行业协会中的骨干企业（柏克、新光宏锐、众盈、欧立、飞星、朗博等）。

97. 佛山市哥迪电子有限公司

地址：广东省佛山市禅城区塘头村华粤泰物流中心6 座二楼

邮编：528000

电话：0757 - 82724179

传真：0757 - 82721428

邮箱：market02@ gedi - lighting. com

网址：www. gedi - lighting. com

简介：

佛山市哥迪电子有限公司（以下简称"哥迪电子"）是一家专门从事照明产品研发、生产、销售的综合性合资企业。公司创办于 1987 年，是最早进入照明行业的企业之一。

公司一直信奉"以质量求生存，以信誉求发展，以管理求效益"管理理念。在充分引进吸收国内外先进技术的基础上，哥迪电子不断与国内多个科研机构交流合作，使技术更成熟，产品更稳定。产品全部采用高品质原辅材料，采用先进的生产设备、检测设备及仪器，保证了前期研发的准确性和先进性。以严格的生产管理体系为保障，使产品质量达到了国际先进水平。

公司质量管理体系顺利通过了 TUV 德国莱茵公司的 ISO9000：2001 认证，关键产品取得了 VDE、UL、CUL、GS、SAA、TUV、CE、EMC 等各种认证。

20 年风雨兼程，哥迪电子一路走来，以诚立商，在竞争日益激烈的电子市场立于不败之地。今后，哥迪电子将以更高的效率研发新品，以更大的诚意谋求与海内外客户的合作。

98. 佛山市汉毅电子技术有限公司

汉毅
Han Yi

地址：广东省佛山市禅城区岭南大道北 131 号碧桂园城市花园南区 3 座 28 楼

邮编：528000

电话：0757 - 63223916

传真：0757 - 83835018

邮箱：hanny@ hanny. com. cn

网址：www. hanny. com. cn

简介：

佛山市汉毅电子技术有限公司创建于1997 年，现有生产基地 5 处，分别位于佛山市禅城区、佛山市顺德区陈村镇、佛山市顺德区伦教镇、东莞市长安镇、江西省南昌市。现有员工 1000 多人；主导产品为开关电源，开关电源年产量 2000 万件；拥有高速插件机 8 台，1 个电磁干扰测量室，还有波峰焊机、红外线温度测试仪、RoHS 光谱扫描仪、耐压测试仪、电参数测量仪、高频示波器、漏电流测试仪、晶体管多功能筛选仪、数字电桥等电子电气测量设备。

公司产品全部为自主研发，自有知识产权，拥有发明专利、实用新型专利30 余件；主要用于电子制冷饮水机、净水机、电子冰箱、超声波雾化器、数字音响等领域；主要客户有美的水家电、沁园水处理、安吉尔等。同时出口德国、荷兰、美国、日本等发达国家。

自1999 年以来，一直是美的优秀供应商，同时多次获得沁园优秀供应商，安吉尔优秀供应商、质量优胜奖等荣誉！

99. 佛山市力迅电子有限公司

地址： 广东省佛山市三水区范湖工业园
邮编： 528138
电话： 0757 – 87360282
传真： 0757 – 87360189
网址： www. netion. com. cn
简介：

力迅电子有限公司（以下简称"力迅"）成立于 2001 年，公司位于佛山市三水区乐平镇范湖工业区，总资产 5500 多万元。是专注于电源、电子电力及新能源电力转换领域的高新技术企业。主营业务是为全球用户提供高端的电源、电子电力产品和全套电源及电力转换系统集成解决方案，产品涵盖全系列不间断电源（UPS），各种逆变电源、专用电源、蓄电池、机房监控系统、机房温控系统、机房配电系统等。

力迅已经通过 ISO9001 国际质量体系认证，ISO14001 国际环境体系认证，OHSAS18001 职业健康安全管理体系认证，多个系列产品荣获中国泰尔认证，欧洲 CE 认证，ROHS 认证，美国 UL 认证，FCC 认证，也取得了国内多个行业入围进网许可。

力迅拥有覆盖全国的营销网络和专业团队，力迅产品被政府机构和大型行业成功中标、入围或采用。同时承接着某些国际知名品牌的 OEM/ODM 指定任务，产品畅销欧洲、美洲、东南亚、中东、非洲等世界各地。

力迅秉承"领先的技术，钻石的品质，心级的服务"的一贯理念，以"创新不断，动力无限"的专业精神，致力成为全球用户心目中最可信赖的"世界领先的电源专家"。

100. 佛山市南海区平洲广日电子机械有限公司

GRJGRXJ

廣日電子機械

地址： 广东省佛山市南海区平洲夏西工业区一路 3 号
邮编： 528251
电话： 0757 – 87691200
传真： 0757 – 86791244
邮箱： windingchina@ 126. com
网址： www. windingchina. com
简介：

广日电子机械有限公司是中国最大的环形绕线机械制造商之一。专业生产环形变压器绕线机、环形电感线圈绕线机、稳压器、调压器专用绕线机、矩形绕线机/包带机、环形小孔包带机、电力变压器绕线机、EI 型变压器绕线机、环形包绝缘胶带机以及环形线圈匝数/匝比测量仪等产品。

本公司已通过德国 TUV9001（2000）国际质量体系，

良好的品质和完善的售后服务已赢得了众多客户的青睐和支持，产品远销东南亚及欧美等国家和地区。

101. 佛山市南海赛威科技技术有限公司

地址： 广东省佛山市南海区桂城深海路 17 号瀚天科技城 A 区 7 号楼 6 楼 604 单元
邮编： 528200
电话： 0757 – 81220912
传真： 0757 – 81220912
邮箱： Vivian@ sifirsttech. com
网址： www. sifirsttech. com
简介：

佛山市南海赛威科技技术有限公司（以下简称"赛威科技"）成立于 2009 年，是由佛山市南海区高技术产业投资有限公司投资的佛山市首家集成电路设计企业。公司总部位于佛山市南海区瀚天科技城，在上海设有研发中心，深圳设有商务中心，中山和台湾地区设有办事处。业务覆盖全国，辐射全球。赛威科技拥有一支由留美博士、硕士及国内半导体资深设计专家组成的创新型精英设计团队，他们曾在国内外著名半导公司工作 10 年以上，具有广泛的理论基础和丰富的实践经验，在模拟与数字混合电路芯片设计领域里领导开发出多款世界一流的芯片产品。

102. 佛山市锐霸电子有限公司

RAIBA

地址： 广东省佛山市高明区高明大道东 898 号
邮编： 528511
电话： 15015803879
传真： 0757 – 88325003 – 111
邮箱： biqunliu@ r – box. com. cn
网址： www. r – box. com. cn
简介：

佛山市锐霸（R – Box）电子有限公司（以下简称锐霸电子）是一家专业研发、设计、生产、销售 LED 驱动电源和各种工业开关电源，及为客户订制独家电源方案的制造商。产品主要应用于娱乐舞台灯具、LED 商业建筑照明灯具、LED 显示屏。

锐霸电子有资深的研发团队，先进的生产设备（如多条 SMT 全自动流水线、老化室），专业的检测设备（如 Chroma 电子负载、自动测试系统 ATS、EMC 检测实验室）及严谨的生产、检测制程（100% 测试、24 小时老化）。确保产品拥有高可靠性和高性价比，各项技术参数完全符合安规要求和电磁兼容标准。新科技飞速发展的今天，我们将提供更新、更好的科技产品服务于用户。

锐霸电子一直致力于产品的创新，不断地努力，以为客户提供高可靠性和高性价比的电源解决方案为使命。

103. 佛山市顺德区冠宇达电源有限公司

GVE®

地址：广东省佛山市顺德区伦教熹涌工业区

邮编：528308

电话：0757 - 27736306 13380509161

传真：0757 - 27725706

邮箱：gve01@ gve - cn. com

网址：www. gve. com. cn

简介：

佛山市顺德区冠宇达电源有限公司是专业多年生产开关电源的中型厂商，工厂面积 20000 平方米，员工 800 多人，月产量 180 万台，主要优势产品：中大功率电源适配器/充电器，还生产外置电源、大功率电源 500～5000W），产品通过 UL、FCC、CCC、CE、GS、CB、PSE、KETI、SAA 等各国认证，产品三年质保，年返修率小于 0.1%，长期供货于美的、格力、海尔等各大企业客户。

产品理念：GVE，放心好电源，用更好的材料，只为更高的品质（IC 用通嘉、富士、ON、ST，场效应管用东芝、富士，肖特基用富士、京瓷（英达），电容用红宝石、化工、万裕。）

104. 佛山市顺德区国力电力电子科技有限公司

Koklik
国力·电力电子

地址：广东省佛山市顺德区杏坛镇马齐工业区科技一路全业大厦三楼

邮编：528325

电话：0757 - 22895396

传真：0757 - 22895396

邮箱：zoofeecn@ qq. com

网址：www. glpowercn. com

简介：

佛山市顺德区国力电力电子科技有限公司是目前中国技术领先，品质卓越，实力雄厚的表面处理整流器与新型高频开关电源的专业生产企业之一，致力于向客户提供高端创新的满足其需求的产品，以及提供最佳解决方案与服务支持，确保客户创造长期持续的价值。公司主创团队多年来一直致力于大功率整流器与新型开关电源产品的研发和生产，有着丰富的电力电子、开关电源的研究、开发、设计、生产和实践经验，产品采用的核心技术已申报多项国家专利。

本公司以"国力"为品牌的系列产品及电源系统解决方案已经涵盖于电镀、电解、电化学、氧化、电泳、冶炼、表面处理、水处理环保、通信、加热等领域，并广泛地应用在航天、航空、钢铁、铜箔、汽车、电子、铝材、机械、稀土、核工业、气体、兵器工业等国家重点军改工程等行业以及国内铝轮毂电镀、活塞环镀铬、发泡镀镍、镍网铸镀、汽油机、柴油机起动电源、航空维修专用电源、铝合金硬质氧化、稀土电解等。为客户提供各种规格、大小功率的硅整流、晶闸管（电流：10～100000A；电压：1～2000V）、高频开关电源、脉冲电源等系列数十个品种，其中新型的特大功率开关电源（电流：10～50000A；电压：1～1000V）以进口大功率绝缘栅双极型晶体管"IGBT"模块为主功率器件，以超微晶（又称纳米晶）软磁合金材料为主变压器铁心，主控制系统采用了多环控制技术，结构上采取了防盐雾酸化措施，整机设计科学超前，稳定实用，性能优越、节能、稳定、高效！

公司产品类型有：晶闸管整流电源，晶闸管换向电源，晶闸管电泳涂漆电源，十二相低纹波电源，高频开关电源，硬质氧化脉冲电源，大电流电解电源，铝型材氧化、着色电源，硅整流电源。公司研发的适用于军工、钢铁、重工机械等镀硬铬的大功率十二相低纹波换向电源，能够高效地解决全范围十二相输出、相电流不平衡度等问题，已成功用于航空、军工、重工机械等行业。同时公司开发的多波形氧化电源含直流、脉冲、直流叠加脉冲、双脉冲于一体，适用于铝、镁、钛等多种轻金属及其合金的氧化及硬质工艺，广泛应用于型材氧化、航空、军工重工机械等并出口越南、南非、泰国等国家。

本公司技术力量雄厚，生产设备先进，品质管理严格，设计创意新颖，售后服务完善，不断引进、吸收国内外先进电源技术，研发生产了适应国内外多个领域的各类电源类产品。公司研发机构研发出来的产品、项目及科研成果多年来成功销往并应用于国内外上千多家用户，晶闸管整流器及新型的开关电源产品同时销往美国、英国、韩国、西班牙、越南、南非、马来西亚、泰国等 10 多个国家。

公司宗旨：国力利国、诚信经营、品誉天下！

经营理念：创新 专业 实力 品质 诚信 共赢

竭诚为国内外广大用户服务，诚盼新老用户亲临指导。公司设计团体依托 20 多年的先进技术经验积累，密切结合最新市场动态及客户需求，融合整合现代化的生产营销理念，把握市场先机、用心服务于客户、持之以恒、追求卓越品质的优质产品，贡献服务于社会！国力电源深信："中国制造、国力利国、品质永恒"！

105. 佛山市顺德区瑞淞电子实业有限公司

地址：广东省佛山市顺德区北滘镇坤洲工业区

邮编：528312

电话：0757 - 26666876

传真：0757 - 26606087

邮箱：sales@ recl. cn

网址：www. recl. cn

简介：

佛山市顺德区瑞淞电子实业有限公司成立于 2005 年，

是专业从事整流桥器件生产的企业。公司产品包括 GBJ 系列、GBU 系列、RXB 系列、GBL 系列、RBU 系列、GBPC 系列、GBP 系列、KBP 系列、KBL 系列、KBU 系列、DIP 系列及三相桥 PSD 系列、DF 系列、DXT 系列等。

公司位于佛山市顺德区北窖镇坤洲工业区内，交通便利。公司有超过 4000 平方米标准生产厂房，生产关键设备全部为国外进口，引入全自动装配焊接设备和自动测试打印包装设备，每月产能达到 600 万只的生产规模。公司产品品质优良，供货及时，开发和生产能力强大，服务热情周到。产品的电性、外观、可靠性、安规指标、环保指标均达到相关标准要求。并可按照客户要求提供各种规格整流桥器件。

公司全部产品通过了 UL 认证，UL 号为 E303851，同时符合 RoHShe REACH 指令的相关要求。公司拥有 7 项产品专利，RBU 系列的设计获得了国家发明专利的认可，专利号为 201210196578. X。

公司秉承诚信原则，加强同客户的联系和合作，采取有效该站措施和服务方式，满足合作伙伴的需求。在未来的发展中，公司将致力于新产品开发，提高品质，降低成本，提供优质产品和服务，让顾客满意。

106. 佛山市众盈电子有限公司

众盈电子
UNIPOWER ELECTRONIC

地址：广东省佛山市禅城区张槎镇张槎一路 115 号 7 座
邮编：528000
电话：0757 - 82962331
传真：0757 - 82021699
邮箱：svc@ svcpower. com
网址：www. svcpower. com. cn
简介：

佛山市众盈电子有限公司（以下简称"众盈"）建立于 2002 年，现有生产场地 16000 平方米，企业员工规模 400 多人，专业不间断电源设计、生产、销售服务为一体的高新技术企业，自主品牌的 SVC 产品认定为广东省著名产品，产品销售全国各地及东南亚、非洲各国，国内设立 30 多个分销商与 10 多个售后维修服务网点，为所有产品与客户保驾护航，我们力求出品精良，精益求精。

非凡十年，专注研发，高效生产。企业建立有省级研发工程技术中心，拥有自主的核心技术及完善的知识产权管理体系与 ISO9000 质量管理体系，企业已经从一间专业生产后备式 UPS 的工厂蜕变成一家集中、小功率后备式 UPS，中、大功率在线式 UPS 以及家用逆变器、太阳能逆变器、稳压器等多样化电源产品，并逐步向生活类电源产品方向迈进的企业。打造节能环保产品是众盈公司的发展方向。

企业也为全球客人提供优质的 OEM 服务，提供高质量的产品和极具竞争力，赢得了客人的信任。"诚信、负责、守信"是我们获得持续良好口碑的基石，我们欢迎各界朋友加入。

107. 广东宝星新能科技有限公司

Prostar 宝星

地址：广东佛山市南海区罗村联和工业区石碣朗大道 1 号
邮编：528226
电话：0757 - 81285481
传真：0757 - 81285480
邮箱：ups@ prostar - cn. com
网址：www. prostar - cn. com
简介：

广东宝星新能科技有限公司（以下简称"宝星新能集团"）主要从事不间断电源（UPS）、消防应急电源（EPS）、蓄电池等电源产品以及光伏发电系统中的太阳能组件和太阳能逆变器两大核心部件产品的专业设计、研发、制造，自主运营并全权负责 Prostar 全球业务的推广和服务。为了响应中国市场不断提升的电力电源安全需求，对本地客户提供更加全面和直接的支持，宝星新能集团相继在北京、上海、广州、深圳、重庆、天津、南京等 30 多个省、市、自治区成立办事处和维修服务中心，在全国范围内建立了一套完善的销售、服务体系，以保证及时迅速地响应客户的各种需求和服务。经过 10 多年的市场开拓，宝星新能集团业务迅速发展，销售、物流、服务等机构日益完善。凭借雄厚的技术研发实力，可靠的产品品质，完备、快捷、高效的售后服务，得到了国内各行业用户的一致肯定和好评，产品广泛应用在中国的政府、金融、电信、电力、财税、石化、制造等系统。宝星新能集团拥有专业资深的光伏工程师团队，丰富的光伏发电方案设计、施工、电站运营经验，为用户提供全程无忧的分布式光伏发电一站式服务。

"给世界永续光明与快乐"是宝星新能集团的企业使命，将始终不渝地坚持精益改善产品性能和电力电源解决方案给整个世界及其人民的能源需求做出奉献。

108. 广东创电科技有限公司

创电
CHADI

地址：广东省佛山市南海区桂城瀚天科技城 A 区 7 号楼 2 号门 3 楼
邮编：528200
电话：0757 - 86766266
传真：0757 - 86766266 - 218
邮箱：liaohui12@ 163. com
网址：www. ups - chadi. com
简介：

广东创电科技有限公司成立于 1997 年，原名广东创电电源有限公司，是国家高新技术企业，是较早从事电源系统设备研制和生产专业厂家。公司注册资本 5010 万元，拥有 6000 平方米的厂房，员工 100 余人，核心产品为 UPS、EPS、智能配电系统、蓄电池智能化监控系统等，自主研发的大功率工业级 UPS 单机功率达 800kVA，可实现 10 台冗余并机。产品通过了泰尔认证、节能认证和消防认证等。公司是广东省金融高新区股权交易中心挂牌企业和南海区"雄鹰计划重点扶持企业"。公司高度重视研发，2015 年由省科技厅批准组建"广东省大功率智能控制电源工程技术研究中心"，中心目前有专职研发工程师 19 人，其中博士 2 人、硕士 3 人，拥有专利和软件著作权 30 余件。新型大功率电源产品应用基于双核 DSP 的数字控制技术，电源/电池系统实现了智能无线监控，连接采用铜条/铝条加 PVC 塑胶技术，结构紧凑美观，散热良好。公司长期与华南理工大学、佛山科技学院等高校合作，目前承担省级重点科研项目 2 项，是广东省研究生培养基地和广州市属高校产学研结合基地。新型电源研究项目获教育部 2015 年度高校技术发明二等奖和 2015 年度中国机械工业科技进步奖一等奖。

创电/CHADI 电源主要应用于轨道交通、公安、部队、公路、公安、金融、电信、邮政、广电、医院等系统。近年在北京地铁、成都地铁、广东公安系统、大型医院、广电、海军雷达基地等大型工程项目中多次中标，产品性价比高，运行可靠，获得了用户的好评。

109. 广东大比特资讯广告发展有限公司

Big-Bit 大比特资讯
Big-Bit Information

地址：广东省广州市天河区黄埔大道西翠园街 36 号 2 楼
邮编：510630
电话：020 – 37880700
传真：020 – 37880701
邮箱：isc@ big – bit. com
网址：www. big – bit. com www. globalsca. com
简介：

广东大比特资讯广告发展有限公司（以下简称"大比特资讯"）历经 12 的创业发展，已成长为中国电子制造业优秀的资讯提供商。

大比特资讯业务范围涉及，行业门户网站、平面媒体宣传、市场调查、行业专题研讨会策划、展览展示、人力资源服务等一系列围绕中国电子制造业提升竞争力的服务举措。

大比特资讯旗下拥有以下成熟媒体：

1）大比特商务网　http：//www. big – bit. com/
2）磁性元件与电源网　http：//mag. big – bit. com/
3）半导体器件应用网　http：//ic. big – bit. com/
4）电源供应器网　http：//power. big – bit. com/
5）传感器应用网　http：//sensor. big – bit. com/
6）微电机世界网　http：//emotor. big – bit. com/
7）连接器世界网　http：//conn. big – bit. com/
8）中国电子制造人才网　www. emjob. com
9）《磁性元件与电源》杂志（月刊）

110. 广东丰明电子科技有限公司

地址：广东省佛山市顺德区北滘镇工业园环镇东路 1 号

邮编：528311
电话：0757 – 26601282 18928664200
传真：0757 – 23608828
邮箱：bmsales@ fm – cap. com
网址：www. bm – cap. com
简介：

广东丰明电子科技有限公司创建于 2004 年的港资企业，位于经济发达的珠江三角洲黄金腹地——顺德北滘工业园。公司拥有现代化的工业生产基地，占地面积 3 万平方米，设备原值近 9000 万元，总投资规模过亿元，员工共有 1000 多名，电容器年生产产能约 7 亿只，后续还将不断投资完善生产设备的自动化、技术更新及提升，力争公司人均产能再上新台阶。

目前，公司主要生产电力电子电容、交直流滤波电容、高频高压谐振电容、IGBT 吸收电容、CBB60、CBB61、CBB65、CBB20、CBB21、CBB80、MKP – X2 型金属化薄膜电容器，产品广泛应用于各类电子设备、变频器、电源、光伏风电新能源行业、工业感应加热设备、照明灯具、空调器、电冰箱、洗衣机、电磁炉等家用电器及电力系统中。其中，风扇用电容器、空调风机用电容器、电磁炉专用电容器三大主导产品的产销量连续领先业界多年，稳居全国首位。

为了增强客户对公司产品的信心，我们已经获得了 CQC、UL、CUL、TÜV、VDE、CB 等多项国内外产品认证，通过丰明人倾力打造的"BM"商标电容器现正销往全国各地电机、电器制造商，远销东南亚、非洲及欧美等国。后续公司还计划专项增资实验室检测硬件的扩充与完善，建立起行业内具有先进水平的产品实验室。

公司以"科技、品质、环保"为核心，秉承"研发的产品市场满意、制造的产品我们满意、交付的产品顾客满意"的质量方针，以"顾客满意"为宗旨，坚持严格的质量管理，全面建立和执行 ISO9001 国际质量管理体系和 ISO14001 国际环境管理体系，现已发展成为品种齐全、质量可靠、绿色环保、技术先进、配套能力强的规模性企业，赢得了众多合作伙伴的一致好评，并被多家客户评为优秀供应商。

公司竭诚欢迎广大用户的来电垂询和莅临，我们一定向您提供最优质的产品、最合理的价格、最佳的合作方式、最热情的服务，为我们共同的利益而真诚合作！

111. 广东捷威电子有限公司

JURCC

地址：广东省东莞市厚街镇白濠工业区
邮编：518132
电话：518132
传真：0769 – 81266732
邮箱：DMJ@ JURCC. COM
网址：WWW. JURCC. COM
简介：

广州捷威电子有限公司要致力于 X2 安规电容器和各种

结构形式的金属膜盒式电容器的设计、开发、制造拥有自主品牌 JURCC；经过公司全体人员共同努力，利用 10－20 年的时间内在金属膜盒式电容器领域占有重要的领导地位，成为品质稳定、性价比高、知名度高、受人尊敬的企业品牌！

建设自己的产业工业园，占地 7000 平方米，建筑面积 25000 平方米。预计 2019 年 1 月进驻，以全新的面貌迎接全新的事业！

112. 广东金华达电子有限公司

地址：广东省广州市天河区棠下涌东路大地工业区 C 栋 5 楼

邮编：510665

电话：020－38240010

传真：020－38259275

邮箱：13922298699@139.com

网址：www.020k.net

简介：

广东金华达电子有限公司（以下简称"金华达"）成立于 1995 年 7 月，总部设于中国广州市，是一家中外技术合作高新科技企业，主要从事通信电源、电力电源、汽车照明等电源，防雷配电设备研发、生产、销售、工程设计施工等业务。公司自成立以来致力于打造"金华达"品牌，严格执行"技术领先、质量可靠、服务满意，客户至上"的经营方针，经过近年来的努力，金华达通信、电力电源产品广泛应用于通信，电力，铁路，军队等行业。并以优良的品质和服务，赢得了广大客户信赖。

2003 年金华达与欧州企业合作共同开发了高级时尚车灯系列——金华达 HID 高压氙气车灯系列。主要用于奔驰、宝马、奥迪等高级汽车前车灯。目前，金华达 HID 高压氙气车灯系列的各项技术指标及品质达国际中高、国内领先地位，并符合 ECE R98 的近光配光性能要求。为国内车灯的革命注入了新的活力。产品热销海内外，并已在全国大部分地区拥有销售、服务网络。

113. 广东南方宏明电子科技股份有限公司

SHM

地址：广东省东莞市望牛墩镇牛顿工业园

邮编：523216

电话：0769－22407479

传真：0769－22407481

邮箱：officeclerk@gdshm.com

网址：www.gdshm.com

简介：

本公司始建于 1988 年，原名为东莞宏明南方电子陶瓷有限公司。2001 年经国家批准设立广东南方宏明电子科技股份有限公司。公司位于东莞市望牛墩镇牛顿工业园，是国家高新技术企业、广东省技术创新优势企业、广东省守合同重信用企业等。公司注册商标 SHM® 荣获广东省著名商标称号。

公司专业生产各种高品质瓷介电容器、压敏电阻器和热敏电阻器等。年综合生产能力超过 30 亿只。产品主要用于设备电源、通信器材、计算机、电视机、视听设备、空调、电子厨具、灯具和设备保护装置等。产品远销美洲、欧洲和亚洲诸国。在国内市场中，我们的产品被大部分知名大型电子设备生产企业采用，产品品质和服务在行业中享有很高的声誉。

公司通过 ISO9001：2015 质量体系认证，ISO14001：2015 环境管理体系认证，GJB9001B—2009 中国军工产品质量体系认证，GJB546B 贯彻国军标生产线认证，GB/T29490—2013 知识产权管理体系认证等。产品符合国际、国军标、美国 EIA 标准和国际电工委员会 IEC 标准。安规瓷介电容取得美国 UL、德国 VDE、欧洲 ENEC、加拿大 CSA、中国 CQC、瑞士 SEV、瑞典 SEMKO、挪威 NEMKO、丹麦 DEMKO、芬兰 FIMKO 和韩国 KTC 安全质量认证；压敏电阻器取得中国 CQC、美国 UL 和德国 VDE 安全质量认证；NTC 热敏电阻器取得美国 UL、加拿大 CUL 认证；片式压敏电阻器取得美国 UL 安全质量认证；片式安规电容器取得中国 CQC、美国 UL、欧洲 ENEC、韩国 KTC 安全质量认证。

公司的质量方针是"全员参与、品质先行、真诚服务、顾客满意"。

公司的环境方针是"遵守法规，齐心协力，持续改进，预防污染，满足顾客环境要求，造福社会"。

公司知识产权方针是"自主创新，有效运用，加大保护，科学管理"。

公司的经营方针是"以市场客户为中心、开拓进取、务实创新、精益管理、控制成本、可持续发展"。

114. 广东施奈仕实业有限公司

施奈仕
SIRNICE®
电子工业胶粘剂方案服务商

地址：广东省东莞市东城区立新管理区金汇工业园

邮编：523000

电话：0769－81025555

传真：0769－222145555

邮箱：alisa@sirnice.com

网址：www.sirnice360.com

简介：

广东施奈仕实业有限公司隶属于施奈仕控股有限公司，负责中国南部战区市场运营，施奈仕集团创立于 2007 年，是集研发、制造、销售、服务、培训为一体化综合性电子工业胶粘剂方案服务民族企业。自有民族品牌知识产权，自主研发产品技术配方，自建实验检测中心，自有施胶机研发制造体系，自有全品类产品体系，自有质量控制体系，自有技术服务体系，自建教育培训体系。完整五维八度经营体系优势为您提供安全环保、品质稳定的电子工业胶粘剂方案服务。

115. 广东顺德三扬科技股份有限公司

地址：广东省佛山市顺德区勒流街道富安工业区 30 – 3 号
邮编：528322
电话：0757 – 25563570
传真：0757 – 25566961
邮箱：sales@ samyang. cc
网址：www. samyang. cc www. kingsunny. com
简介：

广东顺德三扬科技股份有限公司（原广东金顺怡科技有限公司），经过 10 多年的市场砥砺，如今，其三大类型产品——电源设备、电镀生产线和拉链机械设备涵盖电力电子整流、电镀行业和金属拉链行业，在业内树起品牌，形成口碑。

通信电源产品凭借过硬的品质长期服务于公安、三防、消防、远洋通信等领域，市场覆盖全国各地，电镀电源产品在表面处理行业享有高效、节能、质量稳定的赞誉。全自动电镀生产线广泛应用于五金、塑胶、线路板、电子电镀等行业；全自动电镀生产线、半自动电镀生产线、手动电镀线、废气处理系统等产品均可根据客户要求设计、制造，并提供整厂交付服务。拉链机械设备应用在金属拉链生产的企业，下游配套服装业、箱包业和体育用品业的产品，产品较国外进口设备具有极强的价格优势，是同类进口设备的首选替代品。

三大产品，三箭齐发，源于强大的创新能力。公司历来重视产品信息化、自动化和智能化的研发，在微电子技术与精密机械制造领域具有多年行业经验，设立有工程技术研发中心，并获得多项国家专利。优良的品质，精湛的工艺，全面的售后服务，优惠的价格，现代化的管理是公司对您的保证。

116. 广州东芝白云菱机电力电子有限公司

GIMBU

地址：广东省广州市白云区江高镇神山管理区大岭南路 18 号
邮编：510460
电话：020 – 26261623
传真：020 – 26261285
网址：www. gtmbu. com. cn
简介：

广州东芝白云菱机电力电子有限公司被认定为广东省高新技术企业、广东省自主创新示范企业、广州市安全生产标准化达标企业、广州市清洁生产企业。先后荣获广州市白云区促进专利授权奖二等奖、三等奖，中国质量评价协会科技创新产品优秀奖。

建有广东省电力电源及变频调速装置工程技术研究中心、广州市高低压电源工程技术研究开发中心。先后承担

了广东省教育部"变电站交直流一体化电源"产学研结合项目；广州市"起重机用变频器"产业关键共性技术研究项目、"6.6kV 高压 IGBT 变频器"科技攻关计划项目、"高效节能型高压变频器产业化"专利技术产业化示范项目；白云区"10kV 大容量高压 IGBT 变频器产业化"科技支撑项目。

拥有实用新型专利 32 件，外观设计专利 14 件，计算机软件著作权 1 件；是《电力工程直流电源设备通用技术条件及安全要求》（GB/T19826—2014）标准的修订、审定单位之一。

"变电站交直流一体化电源"被确认为广东省科学技术成果，"6.6kV 高压 IGBT 变频器"被确认为广州市科学技术成果。"高压 IGBT 变频器""微机控制高频开关直流电源柜"被认定为广东省新技术产品。"高压 IGBT 变频器"被认定为广东省自主创新产品。

117. 广州汉铭通信科技有限公司

HanMing Communication

地址：广东省广州市天河区长福路 217 号长兴智汇商务中心 G 栋 407 室
邮编：510665
电话：020 – 38259019 38383476
传真：020 – 38259723
邮箱：Hmdanae_ yan@ 126. com
网址：www. gzhanming. com
简介：

广州汉铭通信科技有限公司成立于 2003 年，公司总部位于广州市天河区智汇软件园，生产基地设在广州市花都区空港工业区，是一家专业从事定制化通信机柜开发、生产、销售和服务的民营高新技术企业。公司拥有完全知识产权，自主研发生产的户外通信一体化机柜广泛应用于中国电信、中国移动、中国联通、中国铁塔的基站建设，是广东省通信基础设施产业联盟首批会员单位。

公司在华南地区建立了完善的销售渠道和服务网络，在北京设有办事处，与中国电信、中国联通、中国移动大三运营商以及中国铁塔建立了稳定信赖的长期合作关系，是中达电通、艾默生、海信、日立等知名企业的重要合作伙伴。

公司坚持以客户为中心，一贯奉行"崇尚目标，诚信立业"的企业宗旨。全面的品质保证，完善的售后服务是我们郑重的承诺。我们通过建立企业社会责任长效机制，为客户创造最大价值，倡导员工团结协作，尊崇敬业创新的精神，使企业成为阳光企业。

汉铭通信将竭诚为广大用户服务，做用户最可靠的合用伙伴。

用智慧积累财富，用财富去实现利他事业，是汉铭的精神。

不予不取是汉铭的原则；让我们的伙伴都成为真正的

赢家，这是汉铭的责任！

　　弘扬这种精神，坚持这项原则，完成这份责任，是汉铭的使命。

118. 广州华工科技开发有限公司

地址：广东省广州市天河区五山华南理工大学内 28 号楼西侧二楼

邮编：510641

电话：020 – 85511281

传真：020 – 85511287

邮箱：gqgong@ 32163. com

网址：www. 32163. com

简介：

　　广州华工科技开发有限公司（原名：华南理工大学科技开发公司）是直属于华南理工大学的全资公司，在中国率先引进国外先进电力电子器件，先后获得日本富士电机功率半导体中国代理、日本日立电容器中国代理、日本三社电机半导体的中国代理。公司多年来致力于富士功率半导体在中国的推广与应用，是富士电机公司合作最长、最具实力的代理商。经过 20 多年的努力，业务遍及 UPS、变频器、逆变焊机、开关电源、风电、光伏、电动汽车等领域，与国内多家知名企业建立了长期稳定的合作关系，在中国电力电子半导体市场有着广泛的影响力。

　　广州华工科技开发有限公司实力雄厚，重守信誉，每种元件皆为原厂订购，库存充足，质量保证，交货最快，价格最优。公司以用户需求为导向，以产品、技术和服务为依托，为顾客提供完善的技术支持和选型方案。经过多年不懈的努力，同时在富士电机及广大客户的大力支持下，公司经营业务蓬勃发展，在长期的发展过程中，始终坚持"诚信经营，服务至上"的经营理念，不断完善发展，竭诚为广大用户提供最优质的服务。

119. 广州健特电子有限公司

JETEKPS健特

地址：广东省广州市经济技术开发区科技园 4 栋 2 – 6 楼

邮编：510730

电话：020 – 32029926

传真：020 – 32029929

邮箱：sales@ jetekcn. com

网址：www. jetekps. com

简介：

　　广州健特电子有限公司（以下简称"广州健特"）成立于 2008 年，拥有一支资深研究与开发工程师队伍，是一家集研发、设计、生产和销售为一体的企业。产品广泛应用于军工、铁路、电力、船舶、医疗、通信、自控等领域。各系列产品 以其出众的高可靠性、高稳定性及高性价比的特点深受各行业客户的喜爱。

　　健特人有着坚忍不拔、不屈不挠的钻研精神，多年来致力于磁电隔离技术和产品的研发与应用，并创造了高品质的 DC – DC 系列产品，公司是国内少数同时具有塑封、

灌封和包封电源厂家，以及微点焊、激光打标、无铅生产、车间温湿度控制系统的电源厂家之一。与此同时，公司通过了 ISO9001：2008 质量管理体系认证、ISO14001：2004 环境管理体系认证。随着各项标准的完善，广州健特成为中国电源模块研发制造技术与诚信方面，最值得信赖的公司之一。

　　广州健特以"技术创新、质量第一"为公司理念，以"诚信为本、用户至上"为原则，不断为客户推出高端技术产品。制造业的使命是一切以客户的需求为导向，对客户提供最好的产品，以优良的品质及快速负责的工作热忱来获取客户的信赖和支持，并为公司创造利润奠定基石，建立开创永继经营的有利条件，建立符合持续改善品质管理要求，是广州健特务求技术创新、质量第一的品质承诺。

　　公司产品与当前国家重点发展的轨道交通、电动汽车、智能电网、新能源、物联网等新兴行业大量需求关键电子零部件相匹配。产品质量和技术设计符合国际标准，兼容国内外大多数知名品牌，能满足振动、潮湿、高低温等工业级环境下工作条件。在电力控制、通信器材、仪器仪器、医疗设备、工业控制、汽车电子、安防监控、广电仪器、军工装备等行业得到广泛应用。

　　我们致力于满足客户的个性化要求，及时提供优质的产品。

　　服务网点遍布全国 20 多个城市，能够为客户提供个性化、全方位、最直接的服务。

　　未来，我们将不断努力开拓海外市场，并提供更优质、环保、高性价比的产品与服务。

120. 广州市宝力达电气材料有限公司

Bothleader®

地址：广东省广州市花都区花山镇南村

邮编：510880

电话：020 – 86947862

传真：020 – 86947863

邮箱：info@ gzbld. com

网址：www. gzbld. com

简介：

　　广州市宝力达电气材料有限公司是电气绝缘漆的专业研发和制造厂家，是中国电器工业协会绝缘材料分会及中国电源学会会员单位，是全国绝缘材料标准化技术委员会成员，是我国绝缘漆行业国家标准和行业标准的主要起草单位。

　　本公司具有丰富的生产制造经验及各类中高级技术人才，拥有强大的研制开发能力，通过精心的设计，先进的生产工艺及完善的检测手段，确保产品性能优异，质量稳定，完全能满足用户的特殊要求。

　　本公司注重产品质量及职业健康安全管理，先后取得了 ISO9001：2008 质量管理体系认证证书、危险化学品生产企业安全生产许可证、危险化学品从业单位安全标准化二级企业证书、广东省环保慈善单位称号。

　　广州市宝力达电气材料有限公司是广州市守合同重信

用企业，以"专业、诚信"为宗旨，以顾客要求为最高标准，以用户满意为最终目的，以严格管理创最佳产品，竭诚为国内外用户提供优质产品和服务。

121. 广州市昌菱电气有限公司

地址：广东省广州市天河北路900号高科大厦A410房
邮编：510630
电话：020 – 22233181
传真：020 – 22233183
邮箱：shoryo@ cl – ele. com
网址：www. cl – ele. com
简介：

广州市昌菱电气有限公司是一家以供应 UPS 电源为核心的电源综合解决方案供应商，是日本三菱 UPS 中国总代理，东芝三菱 TMEIC 品牌 UPS 中国全国代理，日本共立（KYORITSU）双电源转换开关中国代理。

广州市昌菱电气有限公司的主要成员由三菱电机（香港）有限公司原三菱 UPS 中国事业部人员组成。

公司拥有包括多名留学生在内的博士、硕士等高级人才，公司董事长原在三菱 UPS 的基干工厂——神户工厂从事技术工作，后调任三菱电机（香港）有限公司三菱 UPS 中国事业部经理，统管三菱 UPS 在中国的销售和服务工作。其他工程技术人员也在日本三菱 UPS 神户工厂接受过严格的专业训练，多年来一直负责三菱 UPS 在中国的技术支持工作，在三菱 UPS 中国事业的发展过程中发挥了重要作用。

2008 年 5 月，广州市昌菱电气有限公司获得 ISO 认证机构颁发的 ISO9001：2008 质量管理体系认证证书（证号：11408Q10251R0S），成为 UPS 销售与服务行业少有的通过 ISO 认证的企业。引入国际标准的 ISO 质量管理体系，使昌菱电气的管理水平迈上了一个新台阶，为企业提高核心竞争力和进入国际竞争创造了有利的条件。

公司非常重视可持续发展。在提供销售和技术的服务的同时，非常重视技术研发工作，目前已在 UPS 技术、LED 照明和其他电源技术领域取得了多项国家专利。

122. 广州市锦路电气设备有限公司

KINGROAD

地址：广东省广州市天河区中山大道89号C211房
邮编：510665
电话：020 – 85566613
传真：020 – 85565253
邮箱：cici@ gzkingroad. com
网址：www. gzkingroad. com
简介：

广州市锦路电气设备有限公司努力融合创新，不断开拓进取，永续稳健运营，自 2004 年成立以来，长期致力于 UPS 电源、EPS 电源、机房通信产品及机房节能产品的研

发、生产、销售及服务，是国内领先的绿色电源系统集成供应商之一，同时还和国际著名品牌：美国 3M 公司、美国 PROTEK 公司、法国 SOCOMEC 公司等展开了深入、密切的合作。

公司产品品质卓越，性能稳定，优质服务于广州亚运会主会场、亚运场馆、广州塔、广州地铁、武汉地铁等标志性行业客户，并荣获客户的一致好评。

公司坚持于"大行业、大客户、大项目、大团队"的营销理念，秉承"开拓，进取，创新"的创业精神，保证产品从研发到售后服务整个环节的高质高效地运转，最大限度地满足客户发展与改进的需求，以"科技创新"的观念不断提升客户的竞争力和赢利能力。

123. 海丰县中联电子厂有限公司

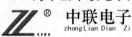

地址：广东省海丰县金园工业区 A 六座
邮编：516411
电话：0660 – 6400997
传真：0660 – 6405708
邮箱：eee@ zldyc. com
网址：www. zldyc. com
简介：

海丰县中联电子厂有限公司公司成立于 1991 年，位于海丰县城金园工业区。拥有自己的工业园区，占地面积为 14600 平方米。自建厂房建筑面积为 4000 余平方米，拥有现代化生产流水线 4 条，具有完善的生产、研发和检测设备。公司目前有员工 100 多人，其中科研、工程技术人员 30 多名。

公司为国内电源行业知名高新技术企业及国内率先进入开关电源邻域的专业研发生产厂家之一。专业从事各类开关电源、充电机等电源设备的研发、生产、销售，可为客户度身定制各种开关直流稳压电源和充电机等系列产品（电压 1000V 内，电流 6000A 内）。公司推出的系列开关电源和系列充电机已在 UPS/EPS、电力自动化、广播电视、仪器仪表、通信系统和工业控制、电镀氧化、元器件老化、部队等邻域广泛应用，用户遍及全国各地。

公司的产品品种多、种类全，产品详情请登录公司的网站查看。

124. 浩沅集团股份有限公司

地址：广东省广州市天河区龙口东路34号1903
邮编：510635
电话：020 – 85519378
传真：020 – 85519378
网址：www. gzhooy. com
简介：

浩沅集团股份有限一家集团式经营股份制的公司，旗下公司包括：电子技术研究院、山肯实业、慧能软件、汉林装饰、维谛制冷技术、铭登蓄电池。经营范围包括：机房工程及产品、电力产品、安防监控、综合布线、装修工程和服务、机电安装等，同时代理：NET 恩亿梯整体配电保护方案、艾默生整体机房产品、施耐德物理架构、海康威视监控产品、美国 LEVITON 合布线和智能照明、山肯UPS，蓄电物理架构、整体机房动力环境监控、理士蓄电池、佳力图机房精密空调等国内外知名品牌产品，配套工程项目上使用。浩沅集团股份公司与相关业务公司保持紧密的联系联合开发和参与本公司产品的研究、开发、创新等。

浩沅集团股份有限公司通过 ISO9001 质量体系认证、ISO14001 环境体系认证、OHSAS18001 职业健康安全体系认证，是一家高新认证企业，公司也自主开发了多项软件著作权，包括：电力运维管理系统、电力远程监控采集系统、远程电源监控系统、电力网络信号故障分析系统、机房动力环境监控系统平台等。申请了多项国家专利有：UPS 安全电路、防爆 UPS 电源、UPS 电源电路等。产品通过了国家泰尔中心认证，欧盟 CE 认证，美国联邦通信认证 FCC，欧盟强制性有害物质认证 RoHs 和产品质量检测报告等机构检测。为了更好地服务各行业用户同时赢得各用户的青睐。

浩沅集团股份有限公司是一家承载着社会责任使命感的企业，公司内部成立了基金会，以公司销售总额为基数，合理分配，精准服务社会。同时也承载着企业每位员工的梦想。

125. 华为技术有限公司

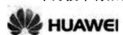

地址：广东省深圳市龙岗区坂田华为基地
邮编：518129
电话：0755 - 28780808
传真：0755 - 89550100
邮箱：vivian. huhua@ huawei. com
网址：www. huawei. com
简介：

华为技术有限公司（以下简称"华为"）是全球领先的信息与通信解决方案供应商。华为于 1987 年成立于中国深圳，发展到 2011 年已经将近 12 万员工。华为围绕客户的需求持续创新，与合作伙伴开放合作，在电信网络、终端和云计算等领域构筑了端到端的解决方案优势。华为致力于为电信运营商、企业和消费者等提供有竞争力的综合解决方案和服务，持续提升客户体验，为客户创造最大价值。目前，华为的产品和解决方案已经应用于 140 多个国家，服务全球 1/3 的人口。

华为以丰富人们的沟通和生活为愿景，运用信息与通信领域专业经验，消除数字鸿沟，让人人享有宽带。为应对全球气候变化挑战，华为通过领先的绿色解决方案，帮助客户及其他行业降低能源消耗和二氧化碳排放，创造最佳的社会、经济和环境效益。

126. 惠州三华工业有限公司

地址：广东省惠州仲恺高新区 14 号小区
邮编：516006
电话：0752 - 2771183
传真：0752 - 2771199
邮箱：luojh@ cnsanhua. com
网址：www. cnsanhua. com
简介：

惠州三华工业有限公司的产品为逆变电源、太阳能风能并网逆变电源、LCD、LED 彩电和计算机显示用电源及适配器、打印机复印机用电源及新兴医疗器械等高科技含量产品。公司产品市场前景广阔，销量一直保持全国前三甲。公司通过了 ISO9001：2000、ISO14001、CQC、UL、VDE 等认证，获历届广东省、首批国家高新技术企业，惠州市软件和系统集成行业协会首批会员企业之一，是 TCL、Sony、Samsung、松下、创维、长城、日本 JVC、美国 P&G 等国内外知名企业的合作伙伴，海外销售客户遍及欧洲、北美、日本、巴西、印度及东南亚等地。多年来，一直凭借着稳定可靠的产品质量、极具竞争优势的产品价格、全面及时的售后服务，被三星、松下、长城、TCL 等国际知名公司评为"优秀供应商"、"十佳供应商"等荣誉称号。

127. 江门市安利电源工程有限公司

地址：广东省江门市新会区会城银海大道 6 号
邮编：529100
电话：0750 - 2630178 2630180
传真：0750 - 2630179
邮箱：7506192880@ 163. com
网址：www. jmanli. com
简介：

江门市安利电源工程有限公司是专业从事大功率变频电源设备的研发设计、生产制造、销售、安装调试一条龙服务的电源设备工程公司，是以技术为导向，专注大功率变频电源行业、修造船厂以及港口码头大功率船舶变频岸电行业的高新科技企业。公司本着"专业、专心、专注、专一"的精神，提供技术先进、性能可靠的大功率变频电源设备系列产品及提供完整的大功率变频电源解决方案及工程服务。

公司总部和生产基地坐落于广东省江门市新会今古洲经济开发区银海大道 6 号（广东省级高新技术开发区），自有工业生产用地十亩，建有现代化园林式主生产车间 2200

平方米，办公场地 1000 平方米，配套有产品研发实验中心、大功率负荷试验设备、电能质量分析测试设备等完善的研发和生产设备。公司的产品研发能力、生产制造能力及产品的检测试验手段处于我国同行的领先水平。

目前，公司主要产品有六大产品类别，分别是：①单台功率容量由 50kVA ~ 12MVA 大功率变频电源设备系列产品；②单台功率容量由 400 ~ 4000kVA 室外移动舱式船舶变频岸电电源设备系列产品；③船舶岸电电缆圈筒和岸电接线箱；④船舶逆变式轴带发电机；⑤大功率并网逆变器；⑥大功率能量回馈式测试电源。对于客户的特殊要求可提供个性化的订制产品，以及任意功率容量的超级大功率变频电源系统和设备。

128. 乐健科技（珠海）有限公司

RAYBEN Technologies

地址： 广东省珠海市斗门区新青科技工业园西埔路 8 号
邮编： 519180
电话： 0756 – 6320666
传真： 0756 – 6320558
网址： www. rayben. com
简介：

乐健科技（珠海）有限公司成立于 2001 年，是一家外商独资的高新技术企业，在 LED、电力电源、汽车模组等散热管理领域上，拥有极其丰富研发、设计及制造经验。公司以专业设计及制造大功率 LED、电力电源、汽车模组等散热基板为主营业务，集模组的研发、制造、销售、售后服务于一体，是 LED 行业中技术创新驱动的 LED 热解决方案的领头羊及电力电源、汽车模组的先驱者。公司自成立以来一直专注于高导热率与高反射率封装基板的设计与研究以及其模组的制作，尤其在封装散热管理的创新和研发制作上做出了突出的成绩。从 2008 年到 2018 年，公司投入大量的人力物力对散热基板展开卓有成效的开发工作，并且研发出了一批高水平具有市场竞争力的产品。2008 年至今，针对大功率、高光密 LED 的散热基板生产量逐年增长，产品销售网络不仅覆盖中国大陆、港澳台地区，而且远销美国、日本、德、英、法等国。在供应链方面，产品已经涉及医疗设备、高端照明、汽车、工业设备等领域，并且在今后几年会逐步渗透到其他领域。

公司经过自身长期坚持不懈的努力，目前已经获得广东省高新技术企业、广东省 LED 封装散热基板工程技术研究中心、珠海市重点企业技术中心、广东省名牌产品等荣誉称号。

公司发展的战略目标是：成为集研发、制造、生产、销售一体化，为模组封装提供高效与优质的散热管理解决方案，成为电子行业中有突出影响、技术领先的科技开发型企业，并向国际化进军，提升我国在国际 LED、电力电源领域的核心竞争力。乐健科技正是以不断创新的科技精神，以高效散热基板和模组为主导产品，运用新材料、新技术，不断地开发新产品及高新技术产品。

129. 理士国际技术有限公司

地址： 广东省肇庆国家高新开发区理士电池工业园
邮编： 526238
电话： 0758 – 3103299
传真： 0758 – 3103300
邮箱： domestic@ leoch. com
网址： www. leoch. com
简介：

理士国际技术有限公司（以下简称"理士国际"）始于 1999 年，是专门从事 LEOCH（理士）牌全系列铅酸蓄电池的研发、制造和销售的国际化新型高科技企业，于 2010 年 11 月 16 日在香港联交所主板上市（股票代码：00842. HK），是中国最大的铅酸蓄电池制造商及出口商之一。

理士国际在国内广东、江苏、安徽和国外马来西亚、斯里兰卡、印度建有 8 个区域性生产基地，在美国、欧洲、香港及新加坡建立了销售公司及仓库，拥有国内外 30 多个销售公司及办事处，产品销往全球 100 多个国家和地区。建有肇庆、安徽、江苏 3 个专门的蓄电池研究开发中心和博士后研究工作站。

目前共拥有职工一万余人，国内外技术研发人员 400 余人，生产全系列铅酸蓄电池，包括：AGM 阀控式密封铅酸蓄电池，胶体（GEL）电池，纯铅电池，铅碳电池，OPzV、OPzS、PzS、PzV、PzB 管式极板电池，汽车用蓄电池，摩托车用蓄电池，高尔夫球车用蓄电池，电动助力车用蓄电池等系列产品，年生产能力总和超过 2000 万 kVA·h。

130. 山特电子（深圳）有限公司

SANTAK
An Eaton Brand

地址： 广东省深圳市宝安 72 区宝石路 8 号
邮编： 518100
电话： 0755 – 27572666
网址： www. santak. com. cn
简介：

山特电子（深圳）有限公司根植中国三十余年，凭借雄厚的技术研发实力，可靠的产品品质，完备、快捷、高效的售后服务体系，得到了国内各行业用户的一致肯定，产品已广泛应用于政府、金融、电信、电力、交通、科研院所、制造业及军队等行业，数以千万的用户正在依靠山特 UPS 为其设备提供安全、可靠的电源环境。山特电子（深圳）有限公司于 2008 年加入伊顿。

131. 汕头华汕电子器件有限公司

HUASHAN

地址： 广东省汕头市兴业路 27 号
邮编： 515041

电话: 0754 - 88324709
传真: 0754 - 88630152
邮箱: jay@ huashan. com. cn
网址: www. huashan. com. cn
简介:

汕头华汕电子器件有限公司是创建于 1983 年 11 月的汕头华汕电子器件公司经改制后设立的有限责任公司, 专业生产和销售半导体器件及其芯片。

公司生产用地两万平方米, 其中厂房面积一万平方米, 现有资产 3.1 亿元, 专业技术人员占公司员工 30% 以上。

公司制造和检测设备绝大部分从先进国家和地区引进, 高度自动化、技术先进, 是国家机电产品出口基地之一, 也是广东省确认的高新技术企业, 多次荣获信息产业部优秀质量管理小组一等奖, 拥有国家外经贸部授予的中华人民共和国进出口企业资格证书和挪威船级社 (DNV) 颁发的 ISO9001 质保体系国际认证证书。产品全部采用 IEC 标准, 性能优越, 质量可靠。

自 1993 年以来, 先后与韩国三星电子株式会社、美国快捷半导体公司、台湾华昕电子股份有限公司、飞利浦公司建立合作伙伴关系。

132. 汕头市新成电子科技有限公司

地址: 广东省汕头市新成电子科技有限公司
邮编: 515000
电话: 0754 - 8813426
传真: 0754 - 8813429
邮箱: sc@ xincheng - in. com
网址: www. xincheng - ic. com
简介:

汕头市新成电子科技有限公司成立于 2002 年 7 月, 是中国专业制造陶瓷电容器、负温度热敏电阻、薄膜电容器和压敏电阻器的大型民营科技企业之一, 是 2016 年国家认定通过高新技术企业, 市级元器件工程技术研究中心, 并拥有自主的注册商标证, 2 项发明专利, 4 项实用新型专利, 3 项软件著作权及广东省认定高新技术产品 4 项, 是中国船舶重工集团公司第七一二研究所、江苏大学联合共建产学研和研究生实习基地长期合作单位。

公司主营产品 (服务) 所属技术领域: 电子信息—新型电子元器件—敏感元器件与传感器。公司经过 10 多年的积累与沉淀, 拥有一支高效的管理团队, 集研发、生产、营销为一体, 自动生产设备已实现规模化生产, 产品通过 ISO9001 质量管理体系认证、并获颁英国 UKAS 认证证书, 全系列产品符合并通过 SGS 环保要求和中国 CQC、美国 UL/CUL、德国 VDE 及 ENEC 等安规标准。产品被广泛应用于工业电子设备、通信、电力、交通、医疗设备、汽车电子、家用电器、测试仪器、电源设备等领域, 产品质量处于国内领先水平。

133. 深圳奥特迅电力设备股份有限公司

 奥特迅

地址: 广东省深圳市南山区科技园北区松坪山路 3 号奥特迅电力大厦
邮编: 518057
电话: 0755 - 26520500
传真: 0755 - 26615880
邮箱: atcsz@ 163. net
网址: www. atc - a. com
简介:

深圳奥特迅电力设备股份有限公司 (以下简称 "奥特迅"), 是大功率直流设备整体方案解决商, 是直流操作电源细分行业的龙头企业。公司成立于 1998 年, 位于深圳高新技术产业园区, 是国家高新技术企业, 于 2008 年在深圳证券交易所成功上市, 公司销售额连续九年位居同业榜首并负责起草或参与制定了多项国家及电力行业标准。

奥特迅秉持 "拥有自主知识产权, 独创行业换代产品" 之理念, 致力于新型安全、节能电源技术的研发, 创新新型电源技术在多领域的应用, 研究开发的多项技术填补国内空白, 产品有直流操作电源系列, 核电安全电源系列, 电动汽车充电站完整解决方案, 通信高压直流电源系列。主要应用在电动汽车、通信、核电、智能电网、太阳能储能、水电、风能等新能源领域, 如在举世瞩目的长江三峡工程、西电东送工程、南水北调工程、岭澳核电站、大亚湾核电站以及全国最大规模的深圳大运中心充电站均有奥特迅的产品在运行。

134. 深圳蓝信电气有限公司

蓝信电气
LANXIN ELECTRICAL

地址: 广东省深圳市宝安区沙井街道南浦路 531 号 7 层 E 区
邮编: 518104
电话: 0755 - 23311001
传真: 0755 - 23068500
邮箱: lxpower809@ 163. com
网址: www. lxpower. com. cn
简介:

深圳蓝信电气有限公司是一家专业从事电力系统操作电源及电力自动化设备研发、生产、销售和服务的创新型高新技术企业。公司的主要产品有: 交直流一体化电源、小容量直流电源、多功能直流电源、电力专用 UPS、蓄电池在线监测系统及变电站综合自动化设备, 可应用于各级变电站、开闭所、环网柜、柱上开关和箱式变电站等场合。

公司秉承 "诚信、创新、专业、共赢" 的理念, 始终坚持 "质量立企, 塑造精品, 为顾客创造价值" 的经营战略。经过多年的积累和发展, 公司拥有一批电源及电力自动化领域的技术精英, 在国内电源和电力自动化产品等领域占据领先地位, 公司产品已达到国内、国际同类产品的领先水平。

公司拥有完整的产品系列，能满足从小容量客户终端到大容量变电站、发电厂的需求。公司自主研发生产的小容量直流电源、多功能直流电源、电力专用 UPS 等产品，具有节约资源、小型化、智能化和高可靠性等特点，获得了广大客户的欢迎和认可，已广泛应用于全国各大电力、铁路、钢铁、煤炭、化工、石油、矿山、交通运输等行业，用户遍及全国各地并出口到海外。

公司在科研和开发方面的投资占年营业额的 10% 以上，拥有先进的研发、测试、生产仪器设备，集中了电源和电力自动化领域最优秀的行业专家，并与国内多家科研单位和高等院校建立了良好的合作关系，产品不断创新，目前在智能电网相关领域进行了大量科研并取得了丰硕的成果。

我们诚邀合作伙伴，共同为广大用户提供优质的产品和服务。

135. 深圳麦格米特电气股份有限公司

MEGMEET

地址： 广东省深圳市南山区科技园北区朗山路资格信息港 5 层

邮编： 518057

电话： 0755 – 86600500

传真： 0755 – 86600999

邮箱： megmeet@ megmeet. com

网址： www. megmeet. com

简介：

深圳麦格米特电气股份有限公司是一家以电力电子及工业控制技术为核心，立志成为全球一流的电气控制与节能领域的方案提供者，业务涵盖智能家电、工业自动化、定制电源三大领域，产品广泛应用于平板显示、智能家电、医疗、通信、IT、电力、交通、节能照明、工业自动化、新能源汽车等数十大行业，荣获首批国家高新技术企业。

公司至 2003 年成立以来，业务取得快速发展，已拥有近 500 名专业研发工程师，近 300 项的专利技术，建立了业界一流的产品研发、测试及制造的软硬件平台，通过了 ISO9001、ISO14001、ISO13485、TS16949 等权威认证，赢得了 40 多个国家的 600 多家客户的信任。

136. 深圳青铜剑科技股份有限公司

青铜剑科技
Bronze Technologies

地址： 广东省深圳市南山区粤海街道高新区南区南环路 29 号留学生创业大厦二期 22 楼

邮编： 518057

电话： 0755 – 33379866

传真： 0755 – 86329521

邮箱： info@ qtjtec. com

网址： www. qtjtec. com

简介：

深圳青铜剑科技股份有限公司（以下简称"青铜剑科技"）是由国家"千人计划"特聘专家汪之涵博士带领清

华大学和剑桥大学博士团队创立于 2009 年，获得国内知名天使投资人和创业投资基金的支持。

青铜剑科技创业团队以 IGBT 驱动技术、电量传感技术和碳化硅功率器件技术为核心，充分发扬"工匠精神"，瞄准国际上最领先的竞争对手，从高端产品入手，占领技术和市场制高点，陆续推出了国内第一款大功率 IGBT 驱动芯片组、第一批基于 6 英寸晶圆的量产碳化硅功率器件等产品，在多个领域成为唯一能够与进口产品抗衡的国产品牌。作为中国中车、中船重工、国家电网、中兴通讯、阳光电源、金风科技、龙净环保等知名企业的供应商，为新能源、智能电网、电动汽车、轨道交通、节能环保、国防军工等领域超过 300 家客户提供优质的电力电子核心器件产品和解决方案服务，成功打破了国外技术垄断，改变了我国在此领域严重依赖进口的被动局面，有力促进了中国电力电子行业的技术创新和发展。

青铜剑科技先后荣获国家高新技术企业、中国留学人员创业园百家最具创业潜力企业、2013 中国清洁技术 20 强、2015 深圳市自主创新百强中小企业、2015 德勤高科技高成长中国 50 强和深圳高科技高成长 20 强等荣誉。

青铜剑科技自成立以来，立足深圳，并在北京、上海、南京、青岛设立子公司，构建全国性的布局，实现了跨越式的发展。

137. 深圳市爱维达新能源科技有限公司

地址： 广东省深圳市宝安区沙井街道新玉路北侧圣佐治科技工业园 A3 栋 4 楼

邮编： 518104

电话： 0755 – 23123688

传真： 0755 – 23123698

邮箱： hjg@ evadasz. com

网址： www. evadaups. com

简介：

深圳市爱维达新能源科技有限公司（以下简称"爱维达"）为厦门市爱维达电子有限公司控股子公司，爱维达是一家致力于提供全面电源解决方案及电源保护产品的设计、开发、生产和销售的高科技公司，是中华人民共和国科学技术部认定的高新技术企业和市重合同守信用单位，是福建省电源学会常务理事单位，厦门电力电器产业联盟理事单位，厦门光电协会理事单位，承担过八项市科技计划和三项国家重点新产品计划。

作为爱维达在深圳的子公司，将从事新能源产品的研发、销售、服务为一体的高新技术企业，生产产品有太阳能光伏控制器、风能控制器、LED 驱动电源、各种通信订制电源，覆盖全国各地的 28 个办事处为用户提供全方位的售前、售后服务体系。

注重客户利益和满足客户的需要是爱维达公司的一贯宗旨，爱维达人将以"敬业，诚信，合作，创新"经营理念，一如既往地向广大用户奉献出优质的产品和服务。爱维达公司将以"成为行业规模化、专业化的制造企业，新技术、新产品的研发中心"为目标，向国际型企业迈进。

138. 深圳市安科讯实业有限公司

ACT®

地址：广东省深圳市盐田区北山大道北山工业区 5 号楼

邮编：518083

电话：0755 – 25552808

传真：0755 – 25558229

邮箱：lixiaohui@ szaction. com service015@ szaction. com

网址：www. szaction. com

简介：

深圳市安科讯实业有限公司成立于 1999 年，是一家集产品研发、生产和销售为一体的高新技术企业。依靠多年积累的行业技术经验和自身强大的研发创新能力，在彩色平板显示领域不断取得突破，现有产品包括：数字电视、数码相框、手机、笔记本、电源等。产品主要销往欧美、澳大利亚、亚洲等 20 多个国家和地区。

通过 ISO9001：2008、TS16949：2002 及 ISO14001：2004 体系认证，建立了一套从产品研发、生产、到出货的全过程品质管理体系，产品取得了 CCC、CE、FCC、UL 等产品认证证书。

139. 深圳市安托山技术有限公司

地址：广东省深圳市宝安区沙井镇新沙路安托山高科技工业园 6 栋

邮编：518104

电话：0755 – 33842888

传真：0755 – 33923833

邮箱：salesc@ atstek. com. cn

网址：www. atstek. com. cn

简介：

深圳市安托山技术有限公司是深圳市安托山投资发展有限公司下属的一家致力于逆变器、光伏发电系统、电子电控产品的开发、生产、销售的高科技企业，产品辐射新能源、通信、电力、工业控制及其他高科技领域，属国家高新技术企业和深圳市高新技术企业。公司已通过 ISO9001 – 2008 质量体系认证和 ISO14001 – 2004 环境体系认证。

公司位于深圳市沙井安托山高科技工业园内。安托山集团投资 10 多亿元人民币建造的安托山沙井高科技工业园，占地 28 万平方米，总建筑面积 86 万平方米，有商住楼 4 栋 13 单元，高标准工业厂房 21 栋，是集工业、研发、商住、商务酒店为一体的大型综合性高科技工业园区。

公司拥有数位国务院津贴的专家，聚集了电力电子、热学、结构、硬件、软件等多学科的一支梯次配置合理的技术骨干队伍，整个团队具有强大的新产品开发和快速响应能力。

公司在设计、工艺和设备等方面均达到国际先进水平，

生产工艺机械化、自动化程度高；并配备有一级实验室，引进国际先进检测设备，建立完备的试验、检测系统，确保产品保持国际国内领先水平。

产品选用经过长期验证的、高可靠性的元器件，以精细的工艺流程，100% 的受控过程，经过严格完备的测试与评审，制造出高品质和高可靠性的 ATSTEK 精品。

我们本着精益求精的原则，顺应产品绿色潮流，响应人类社会与自然环境的和谐发展，走可持续性发展之道路，在规范的管理体系运行下，以良好的质量，合理的价格来满足专业用户的需求。根据客户提出的产品性能指标，我们会以最快、最好、最到位的解决方案，为客户提供优质的服务。

140. 深圳市柏瑞凯电子科技有限公司

PolyCap®柏瑞凯

地址：广东省深圳市龙华区清祥路 1 号宝能科技园 7 栋 A 座

邮编：518111

电话：0755 – 33086600

传真：0755 – 33692186

邮箱：xingygc@ 126. com

网址：www. polycap. cn

简介：

柏瑞凯（PolyCap）电子科技有限公司（以下简称"柏瑞凯"）是一家专注于导电高分子型固态铝电解电容器（固态电容或固态铝电容器）研发、制造和销售的国家高新技术企业，拥有完备而先进的固态铝电容器制造技术和生产线，产品系列齐全。产品工作电压范围涵盖 2.5 ~ 200V，最长工作寿命可达 105℃/5000 小时，最高工作温度可达 135℃，技术指标居全球业界前列。当前生产规模居国内同行业之首，公司将持续扩大产能以应对日益增长的市场需求。柏瑞凯赣州工业园一期厂房预计将于 2016 年春季建成投产，届时柏瑞凯的生产能力将得到大幅提升。

公司不断研发新产品，以适应市场对固态电容各种新的需求，公司近期推出小型化、大容量固态电容，以及细长型超大容量高性能固态电容，以适应电源客户对小型化、大功率的应用要求。

公司高度重视科技创新，积极实施产品和制造技术创新，不断推出新产品，并保证产品技术指标和质量的持续提升以及成本持续下降，为市场持续提供富有竞争力的高性价比固态铝电容器产品。目前已有 5 项发明专利和 20 余项实用新型专利获得授权。另有 20 余项专利处于申请审核程序，公司立志打造具有较强创新动能的高科技固态电容民族品牌。

公司已建立起一套完整的质量管理体系和环境管理体系，先后通过 ISO9001：2008 质量管理体系认证和 ISO14001：2004 环境管理体系认证，所有产品均满足 RoHS 指令和 REACH 法规要求。

公司贯彻精益求精、追求卓越的经营理念，依托优秀

的产品性能、可靠的产品质量和优质的售前、售后服务在固态铝电容器市场赢得一席之地，越来越多的国际知名企业成为柏瑞凯的用户。

2013～2014 年，公司先后引进招商科技集团投资有限公司、招科创新基金、天创资本、深圳市高新投创业投资有限公司等知名投资机构，机构投资人的引入极大地促进了公司的发展。

竭诚欢迎新老客户联络洽谈和技术交流。

发展目标：成为全球固态铝电容器主要制造商之一。

经营理念：精益求精、追求卓越。

141. 深圳市比亚迪锂电池有限公司

地址：广东省深圳市龙岗区宝龙工业城宝坪路 1 号

邮编：518116

电话：0755 - 89888888 ext. 553256

传真：0755 - 89643262

邮箱：Fu. cejian@ byd. com

简介：

深圳市比亚迪锂电池有限公司（以下简称"比亚迪锂电"）成立于 1998 年，是比亚迪股份有限公司的全资子公司。现有产品主要包括锂离子电池、聚合物电池、磷酸铁锂电池、硅铁模块、UPS、DPS、通信电源等，广泛应用于手机、电动车、通信基站、光伏路灯、储能基站、轨道交通等领域。2009 年，锂离子电池总销量超过 5 亿只，在全球手机电池领域，市场占有率位居前列。

比亚迪锂电 2010 年开始和国内运营商紧密合作，配套通信基站 -48V 开关电源、48V 整流模块、通信 UPS 以及 48V 通信用电池产品，2014 年为中国移动研发供应 HVDC336V 高压直流设备。2014—2016 年相继中标电信、移动、联通等集团招标项目，同时双方高层签订多项战略合作项目。

比亚迪一直致力于清洁能源的研发应用，旨在减少环境污染，保护家园，造福人类。新能源汽车、太阳能路灯、家庭能源等产品已广泛应用于国内外。为了解决城市日趋严重的交通拥堵，比亚迪于 2016 年斥巨资建设云轨试验线，随着 10 月 13 日通车而低调进入云轨交通领域。将云轨修到人员密集区域如商场、学校、医院、小区门口，提高出行效率、增加居民幸福感，促进城市发展社会和谐进步，此目标与 Build Your Dreams（BYD）的企业宗旨相适应。

142. 深圳市创容新能源有限公司

地址：广东省深圳市松岗街道燕川北部工业园研发中心楼 7 层

邮编：518107

电话：0755 - 29948998

传真：0755 - 29948906

邮箱：sales@ csdcap. com

网址：www. csdcap. com

简介：

深圳市创容新能源有限公司专业生产销售全系列金属化薄膜电容，各种工业大电容，X2 安规电容，CBB 电容等。公司自 2001 年创立以来，凭借全套先进的进口设备和精湛的生产工艺以及全面推行国际质量体系，使我们的产品以优异的品质在电力电子行业、新能源汽车、风能发电、太阳能发电等光伏行业，以上乘的服务和极具竞争力的价格赢得了广大客户良好的声誉和口碑。

143. 深圳市东辰科技有限公司

地址：广东省深圳市宝安区宝城 68 区留仙二路鸿辉工业区 2 号厂房

邮编：518101

电话：0755 - 26632038

传真：0755 - 26633000

邮箱：market@ dctec. com. cn

网址：www. dctec. com. cn

简介：

深圳市东辰科技有限公司成立于 2004 年，注册资本 3068 万元，是专注于 Dctec 品牌高频开关电源的研发、生产与销售的高科技企业。公司坚持以服务客户为己任，立足于自主研发，专业从事高频开关电源的定制服务。

公司聚集和培养了大量电源行业的精英，组成了强大的研发、生产、品控和管理队伍。拥有一万多平方米的研发与生产基地，员工近 300 人。于 2005 年 3 月顺利通过 ISO9001 质量体系认证，从 2006 年 3 月开始导入 ROHS 管理体系，多数产品通过了 UL、TUV、CE、CSA、CCC、PCT、EK、IRAM、NOM 等多项认证，并获得了数十项产品发明专利。

现有 600 余种 AC - DC、DC - DC、DC - AC 客户定制产品的种类和系列，功率覆盖 2～10000W 等级，广泛应用于移动通信、网络通信、服务器、金融 ATM、工业控制、医疗设备、高速铁路、新能源以及其他高科技领域。欢迎广大客户来电咨询，我们将为您提供专业的参考建议和解决方案。

144. 深圳市飞尼奥科技有限公司

地址：广东省深圳市南山区桃源街道大园工业区 7 栋 1 楼

邮编：518052

电话：0755 - 82838425

传真：0755 - 82838444

邮箱：hr - fineio@ fineio. com

网址：www. fineio. com

简介：

深圳市飞尼奥科技有限公司（以下简称"飞尼奥"）是一家集创新、高新技术、代理贸易为一体的企业，公司成立之初为德国 INF INEON 代理商，INF INEON 中国区第三方设计公司及战略合作伙伴，公司拥有国内顶尖的自主研发设计方案，包括家电、工业加热、直流电机等，客户覆盖全国 20 多个省市主要城市。有优秀工程团队及销售团队，能为客户提供全方位的更加贴心的配套服务。

145. 深圳市港特科技有限公司

港特科技
KTRANSFORMERS

地址： 广东省深圳市宝安区松岗街道燕川社区广田路永建鸿工业园 2 栋
邮编： 518105
电话： 0755 – 29095011 29095012 29095055
传真： 0755 – 29095058
邮箱： ktt@ kttchina. com
网址： www. kttchina. com
简介：

深圳市港特科技有限公司（以下简称"港特公司"）具有十余年丰富的变压器研发、生产经验的积累，已成为电源行业知名的优质供应商，公司始终坚持"诚信是企业的生命，创新是公司的灵魂"的企业发展理念。本公司引进了先进的生产与检测设备，以完善的品质管理，严格的生产工艺要求以及优质的售后服务，更以专业的技术研发使之不断的创新突破。

146. 深圳市海德森科技股份有限公司

HEADSUN
海德森科技

地址： 广东省深圳市南山区科技园高新南九道威新软件科技园 1 号楼 1 楼东翼
邮编： 518000
电话： 0755 – 86325258
传真： 0755 – 86325411
邮箱： zhangyueheadsun@ 139. com
网址： www. szheadsun. com
简介：

深圳市海德森科技股份有限公司成立于 2004 年，是专注于数据机房整体解决方案等相关电力电子产品研发、生产、销售、服务的国家高新科技企业。

公司管理和研发团队全部来自艾默生、华为、施耐德等世界 500 强公司，拥有自己的研发中心，与国内多所重点大学有深入合作，能快速为数据中心客户提供机房能量管理综合解决方案。

公司拥有自主知识产权和多项国家专利，涵盖机房微模块解决方案、智能配电一体化解决方案、蓄电池智能管理解决方案、机房"绿境"能效管理系统等产品线。

公司设立了七大市场片区，20 多个办事处，提供覆盖

全国的营销和服务，竭诚为广大客户提供专业化的能量管理解决方案和服务。

2017 年 1 月新三板挂牌，股票代码为 870945。

147. 深圳市皓文电子有限公司

HAWUN 皓文电子

地址： 广东省深圳市南山区西丽学苑大道 1001 号智园 A5 栋 5 楼
邮编： 518055
电话： 0755 – 26805439
传真： 0755 – 26696592
邮箱： cherry. chen@ hawun. com
网址： www. hawun. com
简介：

深圳市皓文电子有限公司（以下简称"皓文电子"）是一家专业从事电源产品设计、生产和销售的企业。公司成立于 2001 年，总部位于深圳市南山智园，在深圳和成都分别设有研发中心，工厂位于深圳市光明新区，办公及研发面积 4000 多平方米，工厂面积近 5000 平方米。皓文电子先后通过 ISO/GJB9001 质量体系认证，具备相关保密资质，并荣获国家级高新技术企业称号，专利及软件著作权均超过 20 项，产品广泛应用于军工、铁路、通信、工业控制及新能源等领域。

皓文电子经过多年的技术积累，拥有高素质的专业设计团队和先进的技术开发平台，技术实力达到世界领先水平。皓文电子一直致力于设计和生产具有高可靠性、高效率的电源产品，产品具有高功率密度、宽范围、高电压输入、系列化等特点，并广泛应用于雷达、无人机、加固计算机、电台、导弹、火控和通信设备等国防项目。皓文电子坚持自身不断创新，努力成为提供高端可靠开关电源产品和服务的领先供应商，为国防事业的发展贡献最坚实的力量。

148. 深圳市核达中远通电源技术股份有限公司

VAPEL

地址： 广东省深圳市龙岗区龙岗街道宝龙工业区宝龙大道三路 4 号
邮编： 518116
电话： 0755 – 33599662
传真： 0755 – 33229850
邮箱： yeshunli@ vapel. com
网址： www. vapel. com
简介：

深圳市核达中远通电源技术股份有限公司隶属广东核电集团，是国家核准认定的高新技术企业。20 多年专业致力于 VAPEL 品牌高频开关电源的研发、生产和销售。公司已通过 ISO9001 国际质量体系认证、ISO14001 国际环境体

系认证和 TS16949 汽车质量体系管理认证，是北汽福田、海马、宇通、长春一汽、长安汽车、华为、中兴、诺基亚、爱立信、惠普等国内外知名企业的优秀供应商。

总部设在深圳，拥有 80000 多平方米的开发和生产基地。现有员工 1900 多人，400 多名的研发队伍，具有强大的新产品开发和快速响应能力。公司每年研发投入占上年销售收入 10% 左右。巨资建设各种国际标准实验室，配置国际先进的实验设备，采用国际先进的测试手段，进行各种元器件应力分析、高低温及其循环试验、振动试验、冲击试验、交变湿热试验、安规测试、EMC 测试、MTBF 分析试验、FMEA 分析试验、加速老化试验、HALT 实验等，保证了 VAPEL 电源产品的高可靠性。

电源通过 UL、TUV、CE、CSA、CCC、TLC 等国内外的产品安规认证，其中 TUV 达到 ACT 水平，UL 达到 CTDP 水平。现有 8000 余种 AC－DC、DC－DC、DC－AC 标准产品、非标准产品、客户定制产品的种类和系列，功率覆盖 2W 到 15000W 等级，广泛应用于新能源、通信、电力、工业控制、仪器仪表、医疗、铁路、军工等其他高科技领域。自主研发设计的电动汽车交直流智能充电桩满足低速车、乘用车、物流车、大巴车、装备车等所有车型和各种充电方式。模组化全系列宽电压车载充电机、车载转换电源，满足所有电动汽车车载充电机应用和所有车型的电源转换，是国内最全面的电动车电源厂家之一，是国内最全面的电动车电源、充电桩研发、生产、销售厂家之一，国内外地区均已被大批量应用。

149. 深圳市嘉莹达电子有限公司
KAYOCOTA OHM
值得信赖的品牌

地址：广东省深圳市龙岗区平湖镇鹅公岭春湖工业区 3 栋
邮编：518000
电话：0755－88873811
传真：0755－28213116
邮箱：Kayocodk@126.com
网址：www.kayocota.com
简介：

KAYOCOTA OHM 企业成立于 1973 年，设厂在中国台湾，同时引进日本技术与设备，长期成为日本 KAMAYA、KOA 的重要合作伙伴。

1993 年，在中国内地投资 3000 万人民币，在深圳设厂——深圳市嘉莹达电子有限公司，开拓国内市场。通过拓展研发领域，成为拥有核心材料工艺，具备自主设计和制造能力的专业化电阻器生产厂商。产品广泛用于精密仪器、电表、水表、机顶盒、小家电及手机充电器、适配器、照明驱动电源等，并得到各大品牌厂商的认可，同时占有市场一席之地。

企业通过了 ISO9001：2015 质量管理体系认证、ISO14000：2015 环境管理体系认证，产品均符合 RoHS2.0、REACH169 项、HF、21P，检测标准依据日本 JIS－C－5201。产品通过 UL、CUL、CQC、VDE 安规认证，同时获

得国家多项专利。

企业拥有超过 40 多年的生产经验，并具备专业知识和能力设计特殊电阻器。

新产品：纯金属膜电流传感器（电流分流器）。

特色产品：半短路电阻器、过温保护型绕线熔丝电阻器（温控电阻、OTP 电阻器）、抗雷击浪涌绕线熔丝电阻器（防爆型）、无引线（脚）绕线熔丝电阻器。

常规产品：普通型绕线电阻器、无感绕线电阻器、无引线（脚）精密金属膜电阻器、金属膜电阻器、金属氧化膜电阻器、碳膜电阻器、玻璃釉电阻器、毫欧电阻器、水泥电阻器、大功率电阻器等。

150. 深圳市坚力坚实业有限公司
CHNKONGFU®

地址：广东省深圳市宝安区沙井街道蚝乡路教师村 3 栋 102 室
邮编：518104
电话：0755－27722489
传真：0755－27722739
邮箱：sz27727887@126.com
网址：www.china－jlj.com
简介：

自主研发系列高效开关电源厚膜集成电路。自置半导体封装设备，产能为每月 28 万片。涵盖 PFC、BUCK、BOOST、RD、PP、BTL、SR 等拓扑，供电源整机选配。

151. 深圳市捷益达电子有限公司
Jeidar®
UPSsystems

地址：广东省深圳市宝安区固戍东方建富愉盛工业园 12 栋 2 楼
邮编：518126
电话：0755－26696338
传真：0755－26811099
邮箱：jeidar@163.com
网址：www.jeidar.com
简介：

深圳市捷益达电子有限公司（以下简称"捷益达"）1993 年成立，是集研发、生产、销售、服务为一体的电源专业制造商，是获得中国政府认定的国家高新技术企业、深圳市高新技术企业、深圳市双软企业和深圳市自主创新企业。

捷益达在中国多个省市建立办事与服务机构，并在海外多个国家建立了品牌经销商和服务商。具备年产电源 15 万台的生产能力。目前产品有商用 UPS 电源、工业用 UPS 电源、通信用逆变电源、光伏并网逆变电源、电力专用 UPS 电源、蓄电池及动环监控产品。23 年来，捷益达产品以先进的技术、高可靠的品质、高性价比以及突出的服务，赢得了各行业用户的好评。

捷益达在持续推动品牌的建设的战略下，以自主创新，

掌握产品的核心技术，走国际化、标准化、规范化的管理之路；在产品的研发和制造上，我们始终围绕着："高可靠的根本理念"，采用国际先进技术和制造工艺精益求精。

在捷益达，我们以客户为至尊，珍惜所有为我们企业付出努力的员工，以及与我们一起携手合作的伙伴。

"真诚、互信、沟通、合作"，我们愿与您携手同行！

152. 深圳市金威源科技股份有限公司

Goldpower 金威源

地址： 广东省深圳市坪山新区大工业区聚龙山片区金威源工业厂区 A 栋 1 – 3 层，B2 栋 1 – 5 层

邮编： 518101

电话： 0755 – 83433146

传真： 0755 – 29799837

邮箱： cehua@ gold – power. com

网址： www. gold – power. com

简介：

深圳市金威源科技股份有限公司（以下简称"金威源"）成立于 1995 年，金威源（Goldpower）是业界领先的卓越整体电源解决方案合作伙伴。历经这 20 年磨炼，一群以核心技术攻关、突破和创新的佼佼者，以活跃的思维创造销售业绩奇迹者，以团结合作、共同奋进的后台支持者，已将金威源打造成集优质品牌营销、敏捷产品制造和个性化本地服务为一体的国家高新技术企业。

Goldpower 产品覆盖通信、太阳能绿色环保、汽车应用电子和新能源领域等形成六大核心产品系列，包括标准通信电源、远供电源、高压直流电源、太阳能光伏、LED 电源和汽车充电控制电源、直流充电桩等，产品广泛应用于通信、电力电子、自动化控制、铁路、军工、医疗、LED、太阳能发电和汽车充电控制系统。

各类电源产品年生产能力 600 万台，销往世界 30 多个国家和地区，已成为中国移动、中国电信、中国联通、Indonesia PT. TELKOM、India Reliance、华为、中兴、日立、京瓷、阿朗、大唐电信等国内外著名企业的优选服务商。

金威源（Goldpower）在深圳坪山新区建有 80000 平方米的自主产业园区，拥有博士、硕士组成的百人专家技术团队、员工 800 多人、多项核心自主知识产权、20 多年经验的业务服务团队和严格的质量管理体系。金威源愿与业界的能人志士真诚合作、互惠共赢，随着坪山科技园的投入使用，公司业务的扩大，国际化全球布局，在前进的道路上，我们期待您的加入与合作。

153. 深圳市巨鼎电子有限公司

地址： 广东省深圳市宝安区宝田一路 231 号凤凰岗第三工业区 B5 栋 5 楼

邮编： 518102

电话： 0755 – 26974799

传真： 0755 – 26974522

邮箱： sales@ judingpower. com

网址： www. judingpower. com

简介：

深圳市巨鼎电子有限公司是一家专业的高频开关电源制造商，成立于 1998 年，一直专注于开关电源的研发、生产、销售与服务，致力于为客户提供高品质的、高可靠的电源产品和完美的电源解决方案。

产品包括 AC – DC 一次电源、DC – DC 二次电源、ADAPTER 适配器电源、DC – AC 逆变电源、PFC 功率因素校正电源及 UPS 不间断电源六大系列，1000 多种标准与非标电源产品，单机电源功率涵盖 0.5 ~ 5000W。

目前，产品在国内电子检测设备和银行监控等应用领域处于领先地位，其中集中供电电源入围多家银行监控工程的产品。

"高质求生存，低价赢客户，优服促发展"是公司的经营宗旨。制造高品质、高可靠性的电源产品仅仅是我们迈出的第一步，为每一个客户提供最完美的电源解决方案才是我们的最终目标。

"创新源于专业制造，放心自在巨鼎电源"！

每一个产品，我们，巨鼎人，都将为您精诚打造！

154. 深圳市科陆电源技术有限公司

CLOU 科陆

地址： 广东省深圳市南山区科技园北区宝深路科陆大厦 21 楼电源公司

邮编： 518055

电话： 0755 – 36901166

传真： 0755 – 26632050

邮箱： wangwencheng@ szclou. com

网址： www. szclou – power. com

简介：

深圳市科陆电源技术有限公司（以下简称"科陆电源"）是一家专业从事电力电源产品（直流操作电源设备、不间断 UPS 电源设备、电力用直流和交流一体化不间断电源设备、电力专用电源设备等）的研发、生产、销售与服务的公司。成立于 2005 年，其前身是深圳市科陆电子科技股份有限公司的电源事业部。

科陆电源自成立以来，紧密依托高新技术、以发展民族工业为己任，创造国际品牌、永居电力行业高峰为目标，得以持续快速发展；其产品先后在 1000MW 及以下的发电行业、750kV 及以下等级的变电站行业，以及在轨道交通、石油化工、水利行业都得以广泛使用。产品具备的技术先进性、安全可靠性、易操作性、抗干扰性、可扩展性、开放性，适用性的特点，得到广大的用户一致好评。

目前，公司拥有几十项国家专利及软件著作权，其电力电源产品全部具有自主知识产权，使用"科陆"商标。科陆电源是中国电源学会、全国电力系统直流电源委员会委员单位，也是广东省电机工程学会交直流电源专业委员

会常务委员会委员。

科陆电源的愿景："打造世界级能源服务商"。

155. 深圳市库马克新技术股份有限公司

地址：广东省深圳市宝安区石岩镇塘头大道宏发工业园3栋2楼

邮编：518108

电话：0755 – 81785111 – 345

传真：0755 – 81785108

邮箱：business@ cumark. com. cn

网址：www. cumark. com. cn

简介：

深圳市库马克新技术股份有限公司（以下简称"库马克"）成立于 2001 年 3 月 19 日，并于 2014 年在全国中小企业股份转让系统挂牌（证券代码 831251）。公司是一家专注于电力电子传动与自动化产品研发、生产和销售的国家高新技术企业，依靠优异的技术和多年积累的行业应用经验，为用户提供高效可靠的智能驱动产品和自动化完整解决方案。

公司的高、中、低压系列智能变频器及其自动化集成产品，具有广泛的应用前景，是通过信息化弱电信号控制强电、从而驱动电动机实现各类机械调速和运动控制的信息化电力电子设备，可被广泛应用于数控机床和机器人、海洋工程装备及船舶、轨道交通装备、节能与新能源汽车、农业机械装备、物流与仓储、电力、煤炭、石化、化工、环保、制药、有色金属、钢铁等领域，可以帮助生产企业提高装备自动化水平、节能增效、降低生产成本，帮助装备制造业产品绿色智能化升级换代、提高市场竞争力。

公司目前拥有专利 30 多项，各种技术资质及企业荣誉百来项。在国际化进程中，公司将以"智能驱动创造美好生活"为企业使命，以"务实高效、开拓创新"的企业精神，克服一切困难，实现企业愿景。未来的库马克，是服务的库马克、高科技的库马克、世界的库马克！

156. 深圳市鹏源电子有限公司

地址：广东省深圳市福田区新闻路侨福大厦 4F

邮编：518034

电话：0755 – 82947272

传真：0755 – 82947262

邮箱：sales@ szapl. com

网址：www. szapl. com

简介：

深圳市鹏源电子有限公司（以下简称"鹏源电子"）是一家专业为新型能源产品提供核心电子零件的代理商，既提供包括各类 IGBTs、MOSFET、快速二极管、整流桥、晶闸管、碳化硅二极管和场效应管和控制 IC 等关键的半导体器件，也提供薄膜电容器、铝电解电容器、电流传感器和高压直流继电器等产品，能为功率变换的各个环节提供关键的元器件。

我们不仅拥有专业的销售工程师团队，能为客户提供正确、高效和经济的元器件方案，同时还拥有业界领先的宽禁带半导体应用实验室，能为客户提供高效率的技术支持。公司先后完成针对电动汽车、光伏逆变器等相关应用的几十个项目的研发，形成了几十项专利技术和软件著作权。鹏源电子也与相关的大学院校展开深入的合作，是华南理工大学的研究生培养基地。

我们代理的产品包括 ixys，wolfspeed，Tamura，Payton，Hjc，Panjit，ICEL，Electronic Concepts，等等。

157. 深圳市瑞必达科技有限公司

地址：广东省深圳市宝安区福永街道桥头社区富桥工业二区北 A3 幢

邮编：518103

电话：0755 – 33850600

传真：0755 – 29912756

邮箱：guoguiyuan@ rbdpower. com

网址：www. rbdtech. com

简介：

深圳市瑞必达科技有限公司（以下简称"瑞必达"）是瑞达国际集团旗下的全资子公司，成立于 2006 年，是一家集研发、制造、销售和服务于一体的高新技术企业，产品远销 40 多个国家和地区。公司产品广泛应用于智能家居、智能医疗、康复保健、智能办公、工业自动化、大型装备等多个领域，瑞必达现已成为领先的开关电源产品、控制系统及解决方案供应商之一。

瑞必达始终坚持"专注、高效、创新、共赢"的经营理念，秉持追求极致的工匠精神，为客户提供卓越的产品和解决方案。工厂通过了 ISO9000 品质保障体系和 ISO14001 环境管理体系，相关产品通过了 TUV、CB、CE、UL、FCC、PSE、C – Tick、CCC、EMC、EAC、KC、RCM、ETL、GS、DOE、RoHS 等各项国际安全规范认证。

经过 10 年多的发展，瑞必达先后被评为广东省质量检验协会理事单位、中国电源学会会员单位、深圳知名品牌、医疗电源 10 年新兴品牌。目前，已与国内外多家最具实力的客户建立了长期稳定的战略合作关系。

158. 深圳市瑞晶实业有限公司

 深圳市瑞晶实业有限公司

地址：广东省深圳市南山区西丽镇丽山路民企科技园 3 栋 6 楼

邮编：518055

电话：0755 – 88860609

传真：0755 – 26515068

邮箱：zhen. xiuping@ rjsz. net

网址：www. rjsz. net

简介：

　　深圳市瑞晶实业有限公司成立于 1997 年，是一家集科、工、贸于一体的民营股份制企业，坐落于深圳市内著名的大型工业区——西丽红花岭工业区，毗邻深圳著名学府——深圳大学城，以及西部风景旅游点：西丽湖度假村、动物园等。工业区内配套完善，交通十分便利。

　　目前，公司主要从事开关电源类产品的研制、开发、生产，现拥有 10000 平方米生产平台，1000 名员工和一批专业技术骨干，生产装配线 20 条及 4 台 SMT 自动贴片机，各种专业电子测试仪器，信赖性测试设备，及可同时 BURN—IN7200pcs 的老化室。日平均产能 35k，峰值产能可达到 50k。2005 年的年产值已超过亿元大关。

　　1999 年开始为国外内主流通信设备及相关厂商提供各类规格的开关电源、工业电源和 LED 驱动电源。主要客户包括了深圳中兴通讯股份有限公司、福建星网锐捷通讯股份有限公司、德赛电子（惠州）有限公司，韩国 LG 等大型厂商。

　　2006 年，中国电子科技集团公司（CETC）第九研究所（原信息产业部电子九所）与我公司合资合作，资产整合后注册资本为 959 万元，现今公司是国有控股的军转民形式的股份制科技企业，依托于九所这一强大技术后盾，致力于发展成为国内一流的电源产品研制、生产、销售一体化的专业公司。

　　2009 年，深圳市瑞晶实业有限公司成为深圳市 LED 产业标准联盟核心会员单位（该联盟是深圳市计量院与标准局牵头创建），积极参加深圳市 LED 产业标准的制定工作，并已成为深圳市有关 LED 产业中电源产品核心生产厂家。

159. 深圳市三和电力科技有限公司

地址：广东省深圳市南山区西丽镇官龙村第二工业区 6 号厂房 1 – 3 楼

邮编：518000

电话：0755 – 26749992

传真：0755 – 26749991

邮箱：samwha2002@ vip. 163. com

网址：www. samwha – cn. com

简介：

　　深圳市三和电力科技有限公司是一家立足于深圳的高科技企业，主要从事以电力节能为中心的高科技产品的研发、制造，同时与大专院校联合承担科研开发课题。凭借多年的研发和生产经验，在无功补偿、滤波方面积累了丰富的经验，多项技术引领行业发展，公司受国家委托参与了多个国家行业标准起草和制定工作。

　　我们的核心技术：供电系统的无功补偿技术和智能型控制，供电系统高、低压谐波治理，供电系统的稳定性分析，电容器装置的安全运行，柔性输电技术 SC、SVC、SVG、APF、UPFC 系统，稳定的产品质量、专业化的咨询、一流的服务，使我们每天都迈向新的高度。

160. 深圳市实润科技有限公司

地址：广东省深圳市福田区彩田路中银大厦 B 座 9A – 9E 室

邮编：518026

电话：0755 – 83517204

传真：0755 – 82468308

邮箱：alex@ sprintek. com. cn afael@ sprintek. com. cn

网址：www. sprintek. com. cn

简介：

　　深圳市实润科技有限公司是一家专业的电力电子器件代理商。以"成就你我"的心为来自全球的电子元器件生产厂家和中国的设计工程师们架起一座畅通的"桥梁"，一直致力于产品线拓展和新项目推广是我们不断发展的基石。依托中国和深圳地区近 30 多年的高速发展，现已成为中国范围内、工业领域最值得信赖的合作伙伴。

　　我们的产品线包括：碳化硅二极管、快恢复二极管、肖特基二极管、桥式整流器、三相整流桥、高压硅堆、整流二极管、IGBT、MOSFET、SIC MOSFET、整流二极管模块、快恢复二极管模块、肖特基二极管模块、晶闸管模块、三相整流模块、隔离光耦、驱动光耦、高速光耦、电流传感器、电压传感器、IGBT 驱动器、安规电容、电解电容、薄膜电容器、电力薄膜电容、平面电感、平面变压器以及高压直流继电器等。

　　在科技与市场日新月异的今天，我们将不断地扩展更多的产品线，挖掘更新的市场机会，和我们的供应商和客户伙伴一起成长。积累成实，润泽万物，成就你我！

161. 深圳市思科赛德电子科技有限公司

地址：广东省深圳市光明新区新坡头工业区 3 栋

邮编：518106

电话：0755 – 28769022

传真：0755 – 28769522

邮箱：jiaolong@ sceddz. com

网址：www. sceddz. com

简介：

　　深圳市思科赛德电子科技有限公司专业从事接线端子的研发、生产和销售，是亚太地区最大接线端子制造商之一。公司总部位于深圳，2014 年在苏州设立分厂，全集团现共有员工 1000 余人。

公司通过了 ISO9001：2008 质量管理体系认证、ISO4000 环境管理体系认证，产品具有 UL、CUL、CE、VDE、CQC 等安规认证，产品符合 ROHS、REACH 欧盟环保标准，拥有富恶化 UL、VED 标准的实验室。公司始终坚持"众和德厚、诚接天下"的核心理念，用科学技术打造品牌，用真诚服务塑造信誉，持之以恒，锐意进取，把最好的产品和服务奉献给广大客户。

162. 深圳市斯康达电子有限公司

SKONDA 斯康达

地址：广东省深圳市宝安区福永桥头社区永福路吉安泰工业园 3 栋 3 楼
邮编：518100
电话：0755 - 26016812
传真：0755 - 26016813
邮箱：skonda@ skonda. com. cn
网址：www. skonda. com. cn
简介：

深圳市斯康达电子有限公司专注于 SKONDA 品牌的市场开拓。多年来公司凭借优质的测试方案和过硬的产品品质，以及良好的客户服务，积累并得到大量行业客户的认可。主营业务包含：充电桩测试系统，电动车测试系统，电源测试系统，PCBA 测试系统，电子负载，回馈式负载，交流电源，直流电源，双向电源，自动测试系统集成，生产测试自动化方案，技术服务等，并与众多世界知名仪器企业合作，已成为电源和电子产品完整测试方案的供应商。

公司秉承以市场为导向，以成为测试领域知名企业为远景目标。依靠研发创新为核心心力，凭借丰富的行业经验，运用先进的技术，开发出适应市场需求的产品。被广泛应用于家电、电机、电动工具、开关电源、医疗电子、信息通信、灯具照明、电子元器件、低压配电、电池检测、新能源等众多领域。

高科技技术型企业持续发展的核心竞争力源于技术领先，创新的技术源动力是拥有高素质、专业级人才。深圳市斯康达电子有限公司 90% 以上员工具备大学本科以上学历，30% 以上员工具备研究生学历。由他们组成的研发、营销和售后服务团队，具备非常高的创造力、开拓力和职业素养。开发出独特、精准和稳定的测试设备，提供最完整、全面的解决方案，服务好每一位客户，正是斯康达人一直追求的价值目标。

过硬的品质和优质的服务是我们对客户的承诺，打造中国知名测试仪器品牌是我们的不懈追求！

163. 深圳市威日科技有限公司

地址：广东省深圳市龙华新区大浪街道英泰工业园 5 栋三楼 A 区

邮编：518109
电话：0755 - 28133003
传真：0755 - 29787957
邮箱：vr2008@ 126. com
网址：www. weiri. net. cn
简介：

深圳市威日科技有限公司（以下简称"威日公司"）/ 深圳市兆伟科技开发有限公司位于深圳宝安区龙华二线拓展区内，是以开发生产电子元器件检测仪器和元器件数控自动生产设备为主的高科技型公司。现公司有 9 大类别 30 余种型号产品：精密 LCR 测试仪、精密直流电阻测试仪、变压器综合参数测试仪、直流叠加程控恒流源、磁性材料功耗测试仪、绝缘耐压安规测试仪器、无刷电机程控绕线机、CNC 自动排线式绕线机、无刷电机数控驱动器，威日公司还正在研制开发电容纹波测试仪、精密电解电容测试仪、高频功率计、开关电源综合参数测试仪等新产品。公司所投产的所有产品都要收集国内外最新的相关产品进行详细研究，综合各家之所长，并加上本公司独创的电路及根据从广大用户收集来的意见改进的电路。形成既有先进性又符合用户需求的独创产品。

164. 深圳市伟鹏世纪科技有限公司

WeledPower®

地址：广东省深圳市宝安区福永街道和平村蚝业路祥利工业园 A 栋 2 楼
电话：0755 - 29107971
传真：0755 - 86104343
邮箱：sales@ wepedpower. com
网址：www. weleddianyuan. com
简介：

深圳市伟鹏世纪科技有限公司（以下简称"伟鹏世纪"）是国家高新技术企业，公司成立于 2008 年，注册资金 1000 万元，是全球先进的电源解决方案供应商和国内电源行业的标志性企业；也是深圳知名品牌、广东省著名商标企业。公司现在拥有员工 400 人，办公及厂房面积 10000 平方米，拥有独立的标准测试实验室。伟鹏世纪作为一个专业的 LED 电源生产商及方案解决商，10 年来我们只专注于高端的 LED 驱动电源。在全体员工以及近千家客户的认可与大力支持下，公司的产能突破了 100 万台/月。伟鹏世纪经过 10 年快速发展，重新树立全新的目标"专注于北美高端 LED 灯具驱动电源"，致力成为全球最可靠的 LED 驱动电源生产制造商。

165. 深圳市新能力科技有限公司

新能力 SINOLY

地址：广东省深圳市宝安区 67 区留仙二路中粮商务公园 3 栋 303A

邮编：518101

电话：0755 – 83409828

传真：0755 – 83417621

邮箱：sinoly@ sinoly. com

网址：www. sinoly. com

简介：

深圳市新能力科技有限公司自 1999 年成立以来，就全身心致力于绿色直流电源、直流储能、节能技术及计算机控制技术的研究、开发和生产。是国家科技部、财政部、深圳市科技局和财政局重点扶持的高科技企业。

公司产品现包括：地铁屏蔽门电流系统、智能照明系统、模块化直流不间断电源、电力高频开关电源模块、微机高频开关电源监控器、智能电力参数仪表、智能电能表、电能质量谐波分析仪表、电力操作电源小系统、BZW 系列壁挂电源和 XPZM 微机控制高频开关直流系统。本公司并分别通过了电力工业部电力设备及仪表检测中心和国家继电器检测中心的严格检验，并通过英国赛瑞的认证 SIRA ISO9001：2000 质量的体系认证。

作为国内首家电力操作电源系统解决方案服务商，本公司产品自成体系，为客户提供全方位的多种电力操作电源产品和解决方案。我们秉承"创新、合作、服务、双赢"的经营理念；坚持"全员参与、制造优质产品，坚持改进，满足客户需求"的方针政策；崇尚"求实创新，质量第一；用户至上，服务社会"的服务宗旨。以可靠的质量、优质的性能、互惠的价格、殷实的服务与社会各界广大用户共进步、同发展。

166. 深圳市兴龙辉科技有限公司

地址：广东省深圳市龙岗区横岗镇西坑村西湖工业区 19 栋

邮编：518002

电话：0755 – 89737829 89737228 89737666

传真：0755 – 89737108 89737118

邮箱：admin@ unitefortune. com

网址：www. gd – battery. com

简介：

深圳市兴龙辉科技有限公司成立于 1998 年，是一家专门从事设计，制造镍氢电池、锂电池、聚合物电池的生产企业。产品广泛应用于数码/摄像机、PDA、手机、无绳电话等。

自公司成立以来，我们始终坚持"技术第一，品质卓越，顾客至上"的原则。其先进的品质检测设备及严格的质量管理体系确保金龙电池在生产过程中品质更完善，性能更稳定。

经过多年的研究与发展，凭借良好的产品品质与不断的技术创新，我们金龙品牌电池已逐渐成为国内电池业畅销产品。其产品同时远销美国、欧洲、东南亚、中东等国家。

我们热烈欢迎新老客户拜访我司参观与指导，并期待着与您进一步的合作！

167. 深圳市雄韬电源科技股份有限公司

地址：广东省深圳市大鹏镇同富工业区雄韬科技园

邮编：518120

电话：0755 – 84318700

传真：0755 – 84318700

邮箱：sales@ vision – batt. com

网址：www. vision – batt. com

简介：

深圳市雄韬电源科技股份有限公司是全球最大的蓄电池生产企业之一，成立于 1994 年。现有员工 4200 人，两大生产基地——深圳雄韬科技园及越南雄韬总占地面积 260 000 平方米。在中国内地、中国香港、越南、欧洲、美国、印度拥有制造基地或销售中心，分销网络遍布全球 100 多个国家和地区。

公司产品涵盖密封铅酸、锂电子电池两大品类，密封铅酸蓄电池包括 AGM、深循环、胶体、纯铅四大系列；锂电子电池包括钴酸锂、锰酸锂、磷酸铁锂。

公司在全球 100 多个国家和地区的通信、电动交通工具、光伏、风能、电力、UPS、电子及数码设备等领域为客户提供完善的产品应用与服务。目前，在全球的主要合作伙伴有艾默生（EMERSON）、施耐德、APC – MGE、伊顿（EATON）、中国移动、中兴、南方电网等。

168. 深圳市英可瑞科技股份有限公司

地址：广东省深圳市南山区马家龙工业区 77 栋

邮编：518052

电话：0755 – 26586000

传真：0755 – 26545384

邮箱：increase@ increase – cn. com

网址：www. increase – cn. com

简介：

深圳市英可瑞科技股份有限公司成立于 2002 年，专注于电力电子产品的研发、生产和销售的高新技术企业，定位服务于中高端直流电源系统制造商，以拥有自主知识产权为基础，在经营过程中坚持走自主研发，技术创新的道路，为客户提供设备配套及其服务，实现企业价值与客户价值共同成长。

2016 年公司实现销售收入约 6 亿元。目前，公司有员工 240 余人，其中专门从事研究开发的人员有 50 余人。经过 15 年的发展，英可瑞公司在技术研发能力、产品品质和市场占有率在电源行业内已经占有一定的地位。公司主要产品有汽车充电电源、电力电源、通信电源、工业电源等。产品已经大量运行在国内及世界各地，广泛地应用于汽车充电、电力、铁路、城市交通、冶金、能源等多种行业。

为了致力于新能源电动汽车的市场开拓，公司自 2011 年开始汽车直流充电模块的开发，目前有 3.5kW、7.5kW、10kW、15kW 系列，共计 40 余款型号的产品；充电桩标准系统从 21~450kW 多个功率等级的覆盖。目前参与典型的项目有北京 APEC 会议中心充电站、首都国际机场充电站、上海公交充电站、南京公交充电站、苏州公交充电站、国家高速高路充电站等项目，在新能源汽车充电桩领域享有较好的美誉度。

169. 深圳市振华微电子有限公司

地址：广东省深圳市南山区高新技术工业村 W1－B 栋

邮编：518057

电话：0755－26525998

传真：0755－26520788

邮箱：shzjg11@ ceczhsys. com

网址：www. zhm. com. cn

简介：

深圳市振华微电子有限公司 1994 年成立，隶属于中国振华（集团）科技股份有限公司，地址位于深圳市高新技术工业村。公司注册资本 6810 万元，总资产为 2.14 亿元，共有员工 500 人。

公司主要产品为厚膜混合集成电路、高压直流电源系统，有独立的研发中心及可靠性实验室。

公司于 1994 年被评为深圳市首批高新技术企业，先后获得信息部军工电子质量先进单位、信产部军工电子质量年活动先进单位、总装备部、国防科工委、信息产业部"十五"军用电子元器件科研生产先进单位、2010 年评为国家高新技术企业。

公司拟申报专利 50 项，已授权 33 项，其中实用性专利 31 项，发明专利 2 项。

170. 深圳市知用电子有限公司

CYBERTEK
Test & Measurement

地址：广东省深圳市龙岗区天安数码城 4 号大厦 A1702

邮编：518100

电话：15986618000

传真：0755－26612081

邮箱：cybertek@ cybertek. cn

网址：www. cybertek. cn

简介：

深圳市知用电子有限公司（CYBERTEK）是一家专注于专业测试仪器领域的高科技公司。公司开发的高性能高频电流/电压探头和传感器、高精度电流互感器、全数字化电磁兼容接收机及专业测量附件等产品系列，广泛用于电子产品研发生产的各领域，性能全面达到世界先进水平。目前是国内独有掌握高频电流探头核心科技的生产厂家，

打破了国外公司的长期技术垄断格局。公司创始人及其开发团队在精密传感器、数字信号处理、射频技术等方面经过长期的技术积累，拥有相关的知识产权和专利、以及核心专业技术能力。公司的研发生产体系在 ISO9000 质量管理体系的管理下，产品通过了各种认证如 CE 和各国家权威计量单位的计量。通过提供各类高性能的测量和测试解决方案，为我们的客户快速研发生产高可靠高性能低成本的产品提供强有力的保障，从而使客户实现产品与服务的增值。

171. 深圳市中科源电子有限公司

CPET®

地址：广东省深圳市光明新区公明楼村社区世峰工业园 F 栋 3 楼

邮编：518100

电话：0755－23429958

传真：0755－23429958－808

邮箱：sean@ szcpet. com

网址：www. szcpet. com

简介：

深圳市中科源电子有限公司（CPET）致力于电源、家电、灯具老化设备、自动化设备、测试仪器、软件产品等多类相关产品的研发、制造、销售与服务，在华东与华南设有营销服务机构，国内拥有 40 多家合作伙伴，是业界典范的老化测试设备制造商。

CPET 始终以技术创新为发展的源动力，我们非常重视对研发的投入，现已获得发明专利与软件著作权 50 多项，获得了深圳市双软企业，深圳市优秀软件类企业，深圳市高新技术企业，国家高新技术企业等殊荣，CPET 产品广泛应用于电源的研发设计、生产测试、电池、LED 照明、家电、光伏、电力新能源等产业。

CPET 已服务于全球上千家客户，如 Philips 飞利浦、SAMSUNG 三星、Panasonic 松下、CVTE 视源、NVC 雷士、三雄极光、MTC 兆驰、MOSO 茂硕、BYD 比亚迪、Inventronics 英飞特、MOONS′鸣志等知名企业，CPET 在国内外市场上享有较高的品牌知名度和美誉度。

现在 CPET 在产品创新上不断获得成功，但 CPET 人从未停下前进的脚步，以客户为中心，我们不断追求着更好的技术、品质、服务、价值为经营理念。

让我们共同见证中国创造。

172. 深圳市卓越至高电子有限公司

EXCELLENT TOP

地址：广东省深圳市龙岗区龙城街道新联社区嶂背一村园湖路横二巷 18 号 3 楼

邮编：518129

电话：0755－89395358

传真：0755－22640117

邮箱：ad@ excellenttop. com. cn

网址：www. etopower. com

简介：

深圳市卓越至高电子有限公司是一家优秀的电源解决方案供应商，拥有 10 余年的电源研发、制造经验，我们致力于以最优的价格、最准时的交货时间为客户提供最优质的产品与服务。经国家对外贸易经济合作部批准，拥有对外经营权。公司电源产品系列包括：标准通信系统电源产品、标准嵌入式系统电源产品、定制电源产品、标准模块电源产品、标准工业电源产品、标准仪器电源系统产品、交直流配电系统产品等，产品广泛用于通信、电力电子、自动化控制、铁路、军工、医疗等行业，并大量销往欧美、日本、印度、中东等国家和地区；公司重视技术、重视人才，不断强化内部管理，狠抓产品质量，我们的产品 100% 经过高温老化，符合 CCC、CE、UL 多个国家权威机构的安全认证的标准、公司以 "卓越质量，高效服务" 为宗旨，竭诚为您提供最优质的服务。

为了保证及时交货，我们一直保持标准品库存，为您解决燃眉之急。如果您不能从我们的产品展示上找到合适的机型，或者您无法在市场上找到合适您规格的产品，请联系我们，我们强大的研发队伍一定能按您的需求为您开发定制出您满意的产品。

奉行 "诚信、严谨、创新、高效" 的理念，坚持以顾客满意为中心、以环境友好为己任、以安全健康为基点、以品牌形象为先导的价值观，一如既往地为国内外顾客提供优质的技术服务和工程产品。

173. 深圳欣锐科技股份有限公司

地址：广东省深圳市南山区学苑大道 1001 号南山智园 C1 栋 14 层

邮编：518055

电话：0755 – 8626 1588

传真：0755 – 8632 9100

邮箱：evcs@ shinry. com

网址：www. shinry. com

简介：

深圳欣锐科技股份有限公司成立于 2005 年 1 月，是以新能源汽车产业为核心业务的国家高新技术企业，是国家科技部 863 项目和国家发改委战略性新兴产业项目的主承接单位。拥有汽车级 IATF16949 体系认证标准的专业化工厂，为客户提供高效率、高功率密度、智能化、高可靠性的电力电子解决方案，产品服务全球。

公司自 2006 年初进入新能源汽车产业，拥有车载电源（DC – DC 变换器、车载充电机等的总称）原创性核心技术的全部自主知识产权。在车载电源和大功率充电领域积累了丰富的研发及产业经验，拥有业界领先的研发创新能力及工程制造能力，产品技术水平居行业前列。欣锐科技的车载电源配套了国内外众多主流车型，促进国内新能源汽

车行业朝产业化方向发展。

公司秉承锐意进取、特设服务的理念，通过频繁的国际交流开拓全球化专业视野。以卓越的产品创新理念，为行业客户提供专业价值服务，致力于成为全球领先的电力电子企业。

174. 协丰万佳科技（深圳）有限公司

地址：广东省深圳市龙岗区平湖街道良安田社区良白路 179 号

邮编：518111

电话：0755 – 84687559

传真：0755 – 84687810

邮箱：trm1@ hipfunggroup. com

网址：http：//hipfunggroup. com

简介：

协丰万佳科技（深圳）有限公司是香港协丰公司在中国内地投资兴建的企业，本公司在中国内地的加工生产基地主要向客户提供各种电子产品加工生产服务，完全有能力满足各种 OEM 客户的需求和各种复杂产品的加工要求。

本公司于 2002 年 5 月积极的引进无铅焊接技术，现今完全有能力生产无铅产品，目前公司的生产设备可以满足欧洲市场。

此外，本公司还加强了环境管理体系，参与了一些客户的 "绿色伙伴" 计划，并根据 ROHS 指示减少、逐渐停止或随后禁止采购和使用破坏环境的物质。

本公司在亚洲和美国都设有采购办事处，在中国澳门设立了一个办事处以满足一些特别客户的需求，具有稳定的人力资源、国际最新和专门的生产设备、良好的质量控制、准时交货，与相关方保持互利的合作与信任，使公司与来自日本、美国、欧洲及澳大利亚等大型电子公司客户保持着良好的商业合作关系。

175. 伊戈尔电气股份有限公司

EAGLERISE
伊戈尔电气股份有限公司
EAGLERISE ELECTRIC & ELECTRONIC (CHINA) CO., LTD.

地址：广东省佛山市南海区简平路桂城科技园 A3 号

邮编：528200

电话：0757 – 86256765/888

传真：0757 – 86256886

邮箱：sales@ eaglerise. com

网址：www. eaglerise. com

简介：

伊戈尔电气股份有限公司始创于 20 世纪 90 年代，总部位于佛山，现有 2 个生产基地和 2 个研发中心，拥有标准厂房 120000 平方米，员工约 2100 余人，致力于向全球市场提供最优质的电力、电源及电源组件产品和解决方案，

主要产品系列有 LED 驱动器、开关电源、电源变压器、电感器、特种变压器、电抗器、配电变压器共 7 大类 400 余个品种，广泛应用于照明、电力、新能源、工控等行业。伊戈尔电气坚持以市场为导向，以客户为中心，在北京、上海、日本、美国、德国分别设有驻外机构，在全球范围内围绕着有价值的客户群，建立并发展着互惠互利的良好合作关系。

176. 亿铖达（深圳）新材料有限公司

地址：广东省深圳市宝安区宝城 76 区前进二路 38 号亿铖达大厦
邮编：518000
电话：0755 - 27473328
传真：0755 - 27473196
邮箱：willie@ yikst. com；xiaojuntao@ yikst. com
网址：www. yikst. com
简介：
　　亿铖达（深圳）新材料有限公司（以下简称"亿铖达"）成立于 2010 年，是一家以生产与销售电子工业高分子辅材为主的高新技术企业。总部位于广东省深圳市，有东莞和昆山两个生产基地，总占地 46000 平方米。
　　亿铖达拥有一支以博士、硕士为主的优秀研发团队。公司已经通过 ISO9001 质量管理体系和 ISO14001 环境管理体系以及 QC080000 等质量认证。先进的技术和一流的设备使得产品从研制、原料、采购、生产制造等一系列制程都在严密的控制下进行，确保优良的产品质量。公司秉承"发展与环保并重"理念，现形成以敷型涂覆、底部填充、结构粘接、导热与导电材料、密封固定、低 VOC 塑胶清漆为主的主要产品系列。广泛应用于智能家电、汽车电子、变频电源、军工设备、3C 产品、工业控制、能源系统等领域。
　　亿铖达始终坚持"以更优的公司服务，为客户创造更大的价值，以更高的服务理念，为社会承载更多重任"的企业宗旨，不断努力、创新科技力量，倾力打造质优价良的国际品牌，为各类型客户提供专业、快捷的服务。

177. 亿曼丰科技（深圳）有限公司

地址：广东省深圳市龙华新区观澜街道横坑环观中路 59 - 69
邮编：518110
电话：0755 - 28035501 28035502
传真：0755 - 28085122
邮箱：xiang@ szymf. cn
网址：www. szymf. com

简介：
　　亿曼丰科技（深圳）有限公司是一家深圳注册集专业无源电子元器件——电容器的研发、设计、生产、销售于一体的国家高新技术企业。
　　公司成立于 2004 年 6 月，注册资金 500 万元（港币），固定资产投资达 5000 万元，年产量 12Gpcs，产品符合 IEC 标准，广泛应用于通信、工业控制、家用电器（节能灯、LED 照明、音视频设备）、计算机以及新能源等领域，公司已成为中国最大和最具发展潜力的电容器制造企业之一，总部位于深圳市龙华新区观澜街道横坑社区环观中路 69 号。亿曼丰科技（深圳）有限公司以"诚信、务实、开拓、卓越"为宗旨和"做科技行业的领跑者，打造国际品牌"的执着追求，由小到大，已拥有从韩国、日本等国家引进的电容器生产线和检测仪器，自动化程度高，生产设备先进，检测手段完善，技术力量雄厚，具有科学的生产管理，先进的生产技术和严谨的质量保证体系。公司自成立以来一直致力于研发、生产各种规格和款式的高品质电容器。主要系列有金属化薄膜电容器系列 X2、CL11、CL21、CBB13、CBB81、CBB28 等，应用广泛的金属化薄膜电容器具有自己的注册商标。
　　公司有完善的质量管理体系，2009 年通过 ISO9000 国际质量管理体系认证，并获得 CQC、VDE、IEC、UL、ENEC 等著名产品的安全认证，能满足不同市场和电器制造行业的需求，并为客户提供放心满意的产品和售后服务。
　　公司集合了一批有几十年电容器制造技术和工艺的专家和工程技术人员，对电容器科技产业发展的信息有着高度的敏感性和快速响应能力，在全面研究国内外本行业技术工艺材料等的最新动态基础上，博采众长，紧紧结合本地实际资源和环境，根据电容器新材料新工艺新技术设计制造具有亿曼丰特点的产品投放市场。公司特别致力于根据用户的特殊环境和要求与用户共同携手创意个性化的电容器产品。
　　公司全体成员以"丰满的意志、宽宏的容量、耐久的服务"为理念，全方位满足客户要求。

178. 中和全盛（深圳）股份有限公司

地址：深圳市光明新区高新西路 11 号研祥科技工业园研发楼 7 楼 05 单元
邮编：518107
电话：0755 - 23696836
传真：0755 - 23696839
邮箱：zhqs88@ 163. com
简介：
　　中和全盛（深圳）股份有限公司成立于 2016 年，是一家多元化发展的科技技术企业，由北京恒安公司（是一家致力于提供高效节能的电源解决方案，帮助用户更好的管理电力资源的专业电源制造商）、智充科技（是集电动汽车充电桩产品设计、研发、制造及商业运营为一体的高新技术企业，着力打造基于互联网共享经济模式的"X - CHARGER 智充"充电产品）和华泰源通技术服务公司（专注农产品追溯平台的研发和销售）组合而成，致力于的新能源领域、环保领域的研发、生产，业覆盖认证、咨询、企业孵化、政府扶持项目技术支持、企业管理和战略规划服务综合服务的一体平台企业。

目前，公司总部设立于深圳市光明新区研祥智谷，拥有专业工作团人，其中专门从事核心平台技术的研究、应用技术的研究和产品开发的研发团队 67 人，与深圳中科院、华南理工大学、中山大学等进行产学结合，在新能源领域，2017 年公司研发出 C - 6 智能直流充电桩，全方面雷达定位，实现 15～40 分钟的智能快充，广泛运用于公交系和共享新能汽车平台，荣获了德国工业红点设计大奖，产品通过了中国质量认证中心的国标和能标认证。

公司不断投入在传统的不间断电源、应急电源、智能配电等产品的创新和优化，致力于为客户提供智能电源整体解决方案，通过平台化实现大数据的共享。

担当、负责是我们的社会责任感和使命，为实现农业产品的质量追溯和监督，华泰源通与中国农垦中心联合开发出了一套农业产品的质量追溯平台，在农业部的支持，2017 年度面向全国进行推广和普及，为产品的溯源提依据，为广大用户提供放心安全的食品。

创新、包容和责任是我们发展的价值观，担当、负责是我们的社会责任感和使命，您的支持，是我们前行的动力，欢迎您的加盟！

179. 中惠创智（深圳）无线供电技术有限公司

地址： 广东省深圳市龙岗区腾飞路留学生创业园一园北区 134 室

邮编： 518100

电话： 0755 - 28993997

传真： 0755 - 84564996

网址： www. zonecharge. net；www. zonecharge. com

简介：

中惠创智（深圳）无线供电技术有限公司成立于 2015 年，注册资金 2000 万元，公司致力于当今科技前沿的无线供电和充电技术的研究及产业化运营，自主研发的无线供电/充电核心芯片、模组及多功率产品，应用在手机、电动车、机器人、无人机、厨房电器等各类需要电能驱动的产品上。

公司是目前世界上首家全面掌握点对点、轨道式、平面式、空间式和大功率无线供电技术的高新技术企业，目前中惠创智一共拥有核心知识产权专利技术 198 项，其中授权 125 项，发明专利 6 项。也是世界上首位能将三维立体无线供电技术进行实景展示的公司。

2015 年 9 月，在第四届中国创新创业大赛中，中惠创智无线供电项目一举夺得全国总决赛第一名。

2016 年 1 月，"三维无线供电技术的研究与应用"经国家科技部认定处于国际领先水平。因此，公司董事长徐宝华先生应科技部邀请，作为山东省唯一的创新型企业代表，参加 2016 年 5 月底在北京召开的"全国科技创新大

会、两院院士大会、中国科协第九次全国代表大会"并受到习近平总书记的亲切接见。

2017 年，中惠创智（深圳）无线供电技术有限公司获得深圳市高新技术企业、通过深圳市创新型中小微企业备案、知识产权管理体系认证等荣誉。

180. 珠海科达信电子科技有限公司

地址： 广东省珠海市香洲区梅华西路 1089 号 2 栋 601

邮编： 519070

电话： 0756 - 8658523

传真： 0756 - 8620978

邮箱： marinasun@ qq. com

网址： www. zhcodasun. com

简介：

珠海科达信电子科技有限公司是专业致力于交流稳压器及相关动力设备的研制、生产和销售的高新技术企业，拥有一大批多年从事电源开发的专业技术人员，不断创新，为用户提供符合国情电网环境的优质电源产品，提供动力系统的全方位技术解决方案。

秉承"科技为先，诚信为本"的企业理念，以满足用户的需求为己任。1997 年自主研制开发出国内首台"晶闸管步进调压式无触点电力稳压器"，先后获得八项国家专利。该产品一经推出，其卓越的技术性能即受到广大用户的认可和欢迎并得以迅速推广使用。几年来，它倡导了"无触点"稳压技术新概念，在信息产业部及各省份的选型检测中连续名列榜首，一度成为替代传统机械稳压器的好产品。

多年来，我公司不仅重视产品的质量，更看重对用户的服务，为用户提供技术咨询、产品配套、精心选型及完善的售前、售中、售后全方位的服务。用优异的产品质量和完善的售后服务来赢得各方用户的信赖。

目前，我公司生产的稳压器在全国二十几个省、市、自治区应用于国防、广电、通信、金融、民航、医疗、厂矿等不同行业。

181. 珠海山特电子有限公司

地址： 广东省珠海市唐家湾镇哈工大路 1 号 - 1 - C102

邮编： 519000

电话： 0756 - 3388866

传真： 0756 - 3388877

邮箱： ata@ ataups. com

网址： www. ataups. com

简介：

珠海山特电子有限公司是目前国内具有较完整产品系列的不间断电源（UPS）和免维护蓄电池生产制造企业之

一。ATA 系列产 80 是珠海山特电子有限公司的自主品牌。

公司的产品主要有不间断电源（UPS）、逆变器、稳压电源以及免维护蓄电池。其中，不间断电源有后备式、高频在线式、工频在线式、在线互动式等几大系列 100 余种规格；有世界各种型号汽车的免维护蓄电池，以及广泛用于通信、电力、消防等各个行业用的 2 ~ 24V 电池。以上产品能够满足世界不同用户的要求，并可根据客户要求设计生产，接受 OEM 订单。

公司采用先进的设备进行生产，产品质量的管理体系通过 ISO9001 国际质量管理体系认证，并大力引进世界著名企业的管理理念，以确保满足用户对高品质产品的要求。

ATA 系列产品广泛用于金融证券、医疗、通信、教育、交通等各个领域，并大量出口至东南亚、中东、南非和欧美等世界各个地区。

182. 珠海泰坦科技股份有限公司

地址：广东省珠海市石花西路 60 号泰坦科技园

邮编：519015

电话：0756 – 3325899

传真：0756 – 3325889

邮箱：titans@ titans. com. cn

网址：www. titans. com. cn

简介：

泰坦全称为"中国泰坦能源技术集团有限公司"，为香港联交所主板上市企业（股票代码 2188），包括珠海泰坦科技股份有限公司、珠海泰坦自动化技术有限公司、珠海泰坦新能源系统有限公司、北京优科利尔能源设备公司等企业，公司以电力电子为主要行业定位，集科研、制造、营销一体化，围绕发电、供电、用电的各类用户，运用先进的电力电子和自动控制技术，解决电能的转换、监测、控制和节能的需求，通过技术创新和新技术新产品的推广应用取得企业的发展。公司成立于 1992 年 9 月，总部设在风景优雅的珠海市石花西路泰坦科技园。公司拥有专业化、高素质的员工团队和雄厚的研发实力，以及覆盖全国的营销和技术服务网络。

公司研制和营运的主要产品：电力直流产品系列、电动汽车充电设备、电网监测及治理设备、风能太阳能发电系统等产品。

183. 专顺电机（惠州）有限公司

CSEpower

地址：广东省惠州市博罗县石湾镇科技产业园科技大道一号

邮编：516127

电话：0752 – 6928301

传真：0752 – 6928311

邮箱：csc@ csepower. com

网址：www. csepower. com

简介：

专顺电机（惠州有限公司（以下简称"专顺电机"）在中国台湾，成立于 1978 年，是一家致力于变压器设计和制造的专业厂商，并在变压器行业取得了骄人的成绩。2002 年，成立了专顺电机（惠州）有限公司，工厂位于中国惠州市石湾镇，占地面积 60000 多平方米，现有员工 1500 多人。为更好地服务客户需求，还在苏州、菲律宾、印度设立生产服务据点。我们的主要产品包括：电源变压器、UPS 变压器、环形变压器、自耦变压器、三相变压器、高频变压器、线圈、非晶电抗器等。经过多年的努力，我们已成为许多全球知名品牌客户的一级供货商。

我们始终以质量和创新的理念来经营管理，通过了 UL 认证（Class B、F、H、N、R），以及 TUV ISO9001 质量认证，并全面执行 RoHS 标准。我们有欧洲研发团队，也有经验丰富的管理人员和高效熟练的员工。公司现代化设备使我们成为变压器行业的先驱，并为客户提供物美价廉的产品。

完善的质量体系、严格的原材料和生产质量检测以及优质的售后服务，树立了客户对公司产品的信心，在国际及国内市场享有较好信誉，期待与您的真诚合作！

北京市

184. 北京柏艾斯科技有限公司

RAS 柏艾斯

地址：北京市顺义区林河开发区林河大街 28 号

邮编：101300

电话：010 – 89494921

传真：010 – 89494925

邮箱：ayu@ passiontek. com. cn

网址：www. passiontek. com. cn

简介：

北京柏艾斯科技有限公司是一家专业的电参数隔离测量方案提供商，成立于 2004 年，经过多年的高速发展，公司拥有完善的生产体系、研发体系、质量保证体系及高素质的销售及客服队伍。公司员工均经过严格的专业技术培训，拥有强大的技术开发、生产和销售的实力。

公司早在 2005 年已顺利通过了 ISO9000 质量体系认证并严格执行，部分产品通过了 CE 等国内国际权威认证。柏艾斯掌握最核心的电测量技术，拥有数 10 项专利技术、如电磁隔离技术、霍尔零磁通技术、磁通门技术、柔性罗氏线圈技术等，技术水平与世界水平同步，多项产品填补国内空白。

PAS 系列产品型号齐全，包含霍尔电流传感器、霍尔电压传感器、电流变送器、电压变送器、功率变送器、漏电流变送器、开关量变送器以及智能电量变送器等产品。柏艾斯提供 OEM、ODM、服务，已经为大量定制用户提供过高品质的可靠产品，并获得了用户的一致好评，使企业在日趋激烈的市场竞争中更具优势。

185. 北京北创芯通科技有限公司

北京北创芯通科技有限公司
Beijing Creative Chip Expert Technology Co., Ltd

地址：北京市经济技术开发区运成街 2 号泰豪智能大厦 B 座 401

邮编：100176

电话：010 - 56928318

传真：010 - 56928318

邮箱：sales@ rtcce. com

网址：www. rtcce. com

简介：

　　北京北创芯通科技有限公司是一家专业从事电力及电力电子实时半实物仿真、电力系统分布式同步测控、无人平台智能感知识别系统的高科技公司，成立于 2009 年。目前已有自主品牌 SpaceR 的多个系列近 20 款产品投入批量生产：分体式/一体式实时仿真平台、嵌入式实时仿真控制器、FPGA 小步长实时仿真平台、变电站无线同步测控系统、主动配电网微型同步相量测量单元、智能配电单元、无人平台智能感知识别控制系统、电网异物激光清除器等。

　　我们与多家高校和科研机构在技术合作、人才交流等方面建立了长期伙伴关系。公司技术团队拥有丰富的行业经验，已参与并完成了电力系统、电力电子、自动化控制、信息安全等领域的多项创新科技项目。我们秉持锐意进取、合作共赢的精神创建开放式平台，助力电力能源、工业控制、海军船舶、兵器军工、航空航天、教育科研等领域项目研发和产品设计，帮助客户创新、提高市场竞争力。

186. 北京锋速精密科技有限公司

SHARP SPEED

地址：北京市朝阳区酒仙桥东路 1 号 M3 楼东一层

邮编：100016

电话：010 - 64364661

传真：010 - 64360466

邮箱：qjt@ bjsharpspeed. com

网址：www. bjsharpspeed. cn

简介：

　　北京锋速精密科技有限公司，成立于 2013 年 8 月，为一家法人独资的民营高科技企业，隶属于北京金橙子科技股份有限公司。

　　北京锋速精密科技有限公司具备深厚的软件、电子、机械一体化开发能力，拥有完备的软硬件设计开发团队和机械加工生产车间。自成立以来，公司全力专注于激光调阻机的研发生产。北京锋速精密科技有限公司依托母公司在激光控制领域 10 余年的技术积累，结合自身优势，自主设计开发出独特的激光调阻技术，该方法现在已成功申请发明专利（专利号：201410258503、9），以及我公司自主研发的拥有自主知识产权的 Trimlab 调阻软件系统。公司以成为世界最顶尖的激光调阻专家为目标，致力于为合作伙伴提供高品质的产品和服务，实现合作共赢。

187. 北京航天星瑞电子科技有限公司

地址：北京经济技术开发区万源街 18 号四层

邮编：100176

电话：010 - 67878915

传真：010 - 67888906

邮箱：sale@ xrpower. com

网址：www. xrpower. com

简介：

　　北京航天星瑞电子科技有限公司是一家高新技术企业，位于北京经济技术开发区。公司致力于航空航天及各种军用领域测控电源设备以及民用测控电源的设计、开发、生产、服务，是中国电源学会会员单位。

　　公司成立之初就确立了高技术、高质量、高可靠的产品策略，并始终以"宽一寸、深百里"的经营理念在所处的电源行业中精耕细作，立志成为国内电源行业的著名企业。同时公司以"以人为本、诚信于心"的管理理念对待员工和客户，努力体现企业的社会价值，成为一个广受尊重的企业。

　　公司主要产品包括程控直流电源、程控中频交流电源、大功率直流电源、军品定制电源。此外，还可根据用户需求设计专用电源，提供军用测控系统供配电解决方案。公司各类军品电源产品已应用于海军、陆军、空军以及火箭军的多种武器系统。

　　公司拥有《国军标质量管理体系认证证书》《三级保密资格单位证书》《武器装备科研生产许可证》以及《装备承制单位注册证书》。

　　我们渴望与客户一起为国家国防事业的发展做出贡献！

188. 北京航星力源科技有限公司

HISOON
航星电源

地址：北京市昌平区白浮泉路 10 号兴业大厦七层

邮编：102200

电话：01069704908

传真：01069710196

邮箱：191991304@ qq. com

简介：

　　北京航星力源科技有限公司位于北京市中关村科技园昌平园区，是一家专业从事大功率高频开关电源模块、高精度恒流源、智能化电源系统、UPS、逆变电源、太阳能并网设备等系列产品的研发、生产、销售和服务的高科技工业企业。作为电源行业的大型龙头企业，正处于引领国内市场，步入国际化发展阶段。

　　公司拥有自己的现代化标准工业厂房、先进的研发和生产设备，通过了 ISO9001：2008 国际管理体系认证。公司拥有产品的全部自主知识产权和十余项专利技术，技术水平处于国际前沿水平。"航星电源"为绿色节能产品，在业界以"八高一低"而著称，即高可靠性、高性价比、高适应性、高合格率、高转换效率、高负载率、高功率因数、高功率密度及低返修率。

公司为"北京市高新技术企业""航星电源"至今已具有 19 年的历史，为电源行业的知名品牌，"航星电源"广泛应用于军工、航空、航天、广电、铁路、电力、医疗、通信、科研等领域，并出口到日本、德国和第三世界国家。

189. 北京恒电电源设备有限公司

地址：北京市海淀区温泉路 26 号
邮编：100086
电话：010 – 62451119
传真：010 – 62451121
邮箱：wuchao@ hendan. com. cn
网址：www. hendan. com. cn
简介：

北京恒电电源设备有限公司（以下简称"恒电"）是北京恒电创新科技有限公司全资子公司，是我国最早研发、生产 UPS 电源的高新技术企业之一，也是我国最早研发、生产新能源电源的企业之一。公司成立于 1993 年，注册资金 2000 万元，在北京海淀区拥有自己的生产基地。

恒电自主研制、开发、制造恒电牌（HENDAN）系列电源产品并获得德国莱茵公司 ISO9001、TUV、CE 等国际认证。2003 年被中国国家发改委列入"可再生能源项目"合格供应商名单。产品各项技术指标均通过中国国家电子部质量检测中心的检测。多种产品取得中国国家"金太阳"认证。

从 20 世纪 90 年代第一台 HENDAN 牌电源问世到今天，恒电在电源领域拥有 20 多年的研发、生产经验，在新能源领域也已经拥有 15 年以上的经验。凭借丰富的行业积累，恒电多年来不断为客户提供完整、满意的解决方案，以及细致入微的全面的咨询及定制化服务。恒电产品在金融、证券、邮电、通信、国防、医疗、铁路、交通、税务、教育、电力、水力等国内外重点行业领域里都有应用。并且恒电的新能源产品被广泛应用于金太阳工程、三江源自然保护区生态移民工程、光明工程及供电到乡工程等新能源和地域性扶贫项目中。

弘扬民族工业，打造恒电品牌，恒电要以高品质的产品、系统化的管理、周到全面的服务，成为中国及世界电源品牌的佼佼者。

190. 北京汇众电源技术有限责任公司

地址：北京市海淀区上地七街一号
邮编：100085
电话：010 – 62974051
传真：010 – 62974057
邮箱：Huizhong_ gyj@ 163. com
网址：www. huizhong. comc. cn
简介：

北京汇众电源技术有限责任公司始建于 1986 年，位于海淀区上地七街一号，自有土地 10000 平方米，三栋科研及生产大楼，建筑面积 23 500 平方米。30 年来一直致力于电源产品的设计、开发、生产和服务，获得了丰富的工艺理念、可靠的技术储备和全系统质量管理经验，建立了一支稳定可靠的职工队伍。2008 年，获国家科技进步奖一等奖。

产品包括：模块电源、车载电源、逆变电源、军用微电路电源和高精度定制电源。

主要应用于航天、航空、船舶、兵器、铁路通信、电力等领域。

资质认证：有武器装备质量管理体系认证证书，军工保密资格证书，武器装备科研生产许可证，武器装备承制资格单位证书和 TS16949 汽车行业管理体系认证。

191. 北京机械设备研究所

地址：北京市海淀区永定路 50 号（142 信箱 208 分箱）
邮编：100854
电话：010 – 88527004
传真：010 – 68386215
邮箱：m15027842488@ 163. com
简介：

航天科研系统是我国最大的科研系统之一。中国航天科工集团（即原中国航天工业总公司）第二研究院是航天科研系统中的一个重要的、多学科及专业的综合性科研单位，有两弹一星功勋奖章获得者黄纬禄、有 6 名中国工程院院士、2000 多名高级科研人员和 4000 多名中级科研人员。其中，既有我国电子界、宇航界的老前辈，又有实践经验十分丰富的中、青年科技专家。

我院不仅承担多种类型飞行器系统的总体、控制、制导、探测、跟踪、动力及地面系统的设计与生产，还承担空间高科技产品的研制；不仅承担国内的重大科研项目，还承担着外贸出口任务。研究院采用现代科学的系统工程管理方法，把众多的研究所与生产厂有机地组成一体。近年来，共获国家与国防科工委各种发明奖以及重大科技成果奖数千项。

我院拥有现代化的科学研究设备，尤其是电子和光学仪器设备大都是全国一流的；拥有世界先进水平的计算机系统与控制系统仿真实验室；有 863 高科技技术等多个国家重点实验室，可为从事科研工作提供先进的研究与测试手段。

192. 北京京仪椿树整流器有限责任公司

地址：北京市丰台区三顷地甲 3 号
邮编：100040

电话：010 - 88680221

传真：010 - 88681899

网址：www.chunshu.com

简介：

北京京仪椿树整流器有限责任公司始创于1960年，总部位于北京市丰台区，隶属于北京控股集团有限公司，注册资金7284万元，资产总额超过2.2亿元，是中国最早生产电力电子器件和电力电子变流装置的高新技术企业之一。

公司目前拥有市级企业技术中心、博士后科研工作站以及北京市优秀创新工作室，与清华大学、北京交通大学联合研制开发产品，与西安理工大学联合开展工程硕士培养。拥有国内一流的半导体器件生产超净车间及防静电电源生产车间。2000年通过ISO9001质量体系认证，2008年通过GJB/Z 9001A—2001军工质量管理体系认证。

公司产品秉承"优质环保、高效节能"的发展方向，电源产品主要有电解电镀电源、LED用蓝宝石炉电源、电弧炉电源、中频感应加热电源、多晶硅还原炉电源、氢化炉电源、单晶炉电源、铸锭炉电源等系列装置。近年来，致力于开关电源、有源滤波器APF、静止无功发生器、PWM整流器、直流斩波电源等产品领域的研究与开发。

公司为航天科技集团提供了世界大单套电源系统，在国内首创实现了MW级开关电源在多晶制备直流系统的应用，并推广到多个行业；多个产品获得德国、英国、美国等装备厂家认可，近几年出口额增幅巨大；拥有自主知识产权10余项；连续三年获得北京市科学技术奖。

193. 北京力源兴达科技有限公司

地址：北京市海淀区西三旗建材城中路12号院

邮编：100096

电话：010 - 82922202

传真：010 - 82923776

邮箱：Hr@ liyuanxingda. com. cn

网址：www. liyuanxingda. com. cn

简介：

北京力源兴达科技有限公司成立于2001年3月30日，注册资本2500万元，注册地址：北京市昌平区科技园区超前路37号6号楼4层1201号，经营地址：北京市海淀区西三旗建材城中路12号院27号楼；自2009年12月成为北京市高新技术企业，分别于2012年10月30日、2015年11月24日通过北京市高新技术企业复审。2013年1月28日成为中关村高新技术企业，2016年1月28日通过中关村高新技术企业复审。

公司主要开发设计、生产制造各种交流－直流变换器（AC－DC）、直流－直流变换器（DC－DC）、直流－交流变换器（DC－AC），电容和电池充电等中小功率（3～3000W）的模块化高频开关电源产品。公司研发团队开发了电力系统、工业自动化系统、通信系统、铁路信号及铁

路通信、仪器仪表、军用车载电源（电池）、机载电源（发电机）、舰载电源（发电机）等各类设备提供高稳定性的供电、转换电压、实现供电保护功能。多年来保持研发队伍稳定，与军工企业、科研院校建立了合作机制，不断开发新技术、新工艺，保证产品的技术质量。使公司产品始终保持行业领先地位。

公司拥有从业人员198人，其中大专以上学历占总人数的50%以上。本科以上学历52人，占总人数的26%，大专53人，占总人数的27%；公司研发人员主要毕业于电力电子、电气自动化、测控技术与仪器、电子科学技术信息等专业，具有专业技术教育背景，大力加强了我公司的研发技术力量，通过研发人员的努力工作，使我公司研发出质量稳定、技术先进的电源产品，得到了用户的肯定。公司研发实行项目负责制度，发挥了研发技术人员的积极性、探索性及自主空间发展，保证了研发人员的稳定性，使研发项目顺利进行。

公司在发展过程中，取得了1项实用新型专利，40项软件著作权，2项发明专利在申请过程中。取得的证书有：质量管理体系认证证书、武器装备质量体系认证证书、安全生产标准化三级企业证书、三级保密资格单位证书等，目前正在申请武器装备科研生产许可证及装备承制单位资格证书。

194. 北京铭电龙科技有限公司

地址：北京市顺义区林河工业开发区林河大街28号

邮编：101300

电话：010 - 89493662

传真：010 - 89493772

邮箱：Whl6688@ 126. com

网址：www. mdlkj. cn

简介：

北京铭电龙科技有限公司（以下简称"铭电龙科技"）注册于北京市林河工业开发区，是集研发、生产、销售于一体的高科技企业，在国内开关电源及电源解决方案等领域处于领先地位。主要生产军品电源、工业电源、车载电源、通信电源、LED驱动电源等高可靠的电源产品。生产车间拥有成套先进的生产设备和检测仪器，公司通过国军际GJB9001B—2008标准质量管理体系。

公司拥有一支超强研发能力的专业团队，在高压电源、超宽输入电压电源、数字电源、软开关谐振、LLC谐振、全桥移相软开关等开关电源技术前沿领域，取得巨大成果，填补国内的技术空白，并申请了具有完全知识产权的专利，使公司处于遥遥领先的地位。公司拥有34个大系列几千个型号的成熟产品供客户选择，公司的系列电源产品已广泛应用通信、铁路、航天航空、车载设备、电力设备等，取得广大客户的认可。

除上述众多产品与服务外，铭电龙科技尊重客户需求，

给客户提供完整的技术解决方案和定制产品，只需客户提出具体的需求，公司将提供整套的技术解决方案和定制产品。

195. 北京普罗斯托国际电气有限公司

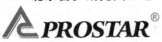

地址：北京市通州区马驹桥联东 U 谷工业园 15 号 9D
邮编：101102
电话：010 – 88861981
传真：010 – 88861976
邮箱：market@ prostarele. com
网址：WWW. PROSTARELE. COM
简介：

　　普罗斯托国际电气有限公司坐落于日新月异的国家开发区——亦庄开发区（联东 U 谷），是一家专业致力于研发设计、制造太阳能逆变器、太阳能离网发电系统、太阳能控制器、UPS 不间断电源、隔离变压器、稳压电源产品的国际化集团公司。以其享誉全球的电源产品和尖端技术，为世界工业和电力等行业客户提供完善全面的电力解决方案。

　　作为电源领域的专家，普罗斯托国际电气拥有强大的产品研发及制造能力。普罗斯托除了提供标准配置的电源产品，其主要竞争优势还在于能够根据用户的不同要求，提供满足客户要求的"非标"特殊产品。

　　普罗斯托国际电气率先通过 ISO9001 国际质量体系认证，产品通过严格的欧盟 CE、ROHS 产品质量认证，其产品具有高可靠性、稳定性、耐用性及适用性。

　　普罗斯托建立了完整的销售及售后服务网，产品已出口世界 50 多个国家并拥有多个服务机构，为所有普罗斯托产品提供快速方便的服务。

196. 北京森社电子有限公司

地址：北京市朝阳区双桥西里 7 号院
邮编：100121
电话：010 – 85361516
传真：010 – 51667521
邮箱：2850326117@ qq. com
网址：www. bjsse. com. cn
简介：

　　北京森社电子有限公司是专业设计、生产、销售（霍尔）电流、电压传感器/变送器（即宇波模块）的高新技术企业，公司前身是北京七零一厂传感器事业部。

　　20 世纪 80 年代初，我公司在国内率先开展了霍尔技术的研究。1989 年，通过引进国外先进的闭环霍尔传感器技术，研制生产了（霍尔）电流、电压传感器/变送器，目前已经生产了上千个品种，可测量直流、交流及脉冲电流或

电压，电流量程从 10mA ~ 100kA；电压量程从 10mV ~ 10kV。

　　1999 年，宇波模块的设计、生产及服务通过 ISO9001：2000 质量管理体系认证。

　　2012 年，通过武器装备质量管理体系认证，依据标准：国家之军用标准 GJB9001B—2009。经过多年的不懈努力，宇波模块已成功地应用于各种电源、焊接设备、工业自动化控制、电气传动、数控机床、电力系统、铁路信号及机车、整流系统、军用装备等众多技术领域，近年来在航空航天、核物理研究、清洁能源等高新技术领域亦得到良好的应用，多年的应用实践表明，宇波模块的性能稳定、可靠，较好地满足不同应用的技术要求，产品受到客户的一致好评。

　　我们将本着诚信、专业、持续改进的企业经营理念，不遗余力地在传感器技术的研发、应用领域继续努力，为客户提供优质的产品及服务，与我们的客户共同发展，共创美好的明天。

197. 北京韶光科技有限公司

地址：北京市海淀区知春路 108 号豪景大厦 B 座 2002 室
邮编：100086
电话：010 – 62105512
传真：010 – 62101976
邮箱：xuyp@ shaoguang. com. cn；duanr@ shaoguang. com. cn
网址：www. shaoguang. com. cn
简介：

　　北京韶光科技有限公司成立于 1998 年，是国内较早从事代理仙童功率器件产品的公司，公司主要致力于半导体器件的推广：MOFET，IGBT 单管及模块，超快恢复二极管及模块。公司还代理美格纳、东芝、瑞萨及南京晟芯半导体 IGBT、MOS、FRD 单管及模块产品（适应半导体国产化的趋势）。晟芯半导体产品由原美国知名半导体厂商工程师设计，单管产品由原仙童代工厂等代工生产，晟芯的质量管控贯穿在产品实现的整个过程当中，尤其是增加了晟芯自己的二次测试步骤，确保交付到客户手中的产品有 100% 的质量保证。公司的产品主要应用于充电桩、开关电源（AC – DC、DC – DC）、逆变电源、UPS/EPS 电源、通信电源、车载电源、电焊机、特种电源、马达控制器、高频感应加热、纺织机械、仪器仪表等。公司在北京、深圳、南京、上海、佛山、成都设有办事处，公司各办都设有技术支持部门，技术实力雄厚，可以给客户提供技术解决方案，解决客户的技术难题。公司在北京、上海、南京、深圳均设有库房，备有大量的现货库存，价格具有竞争性，并且可为客户配套服务。

　　以质量和诚信占有市场是我们公司始终坚持的宗旨。以创新和共赢求发展。光阴如织，时间似箭，世界在变，商海也在剧变，唯一不变的是，我们对事业永恒的追求。

挑战与机遇同在，我们时刻充满自信。

198. 北京世纪金光半导体有限公司

地址：北京亦庄经济技术开发区排干渠西路 17 号

邮编：100176

电话：010 – 56993369

传真：010 – 56993389

邮箱：sales@cengol.com

网址：www.cengol.com

简介：

北京世纪金光半导体有限公司（以下简称"世纪金光"）成立于 2010 年 12 月 24 日，注册资金 23 656 万元，位于北京经济技术开发区，始建于 1970 年，其前身为"国营 542 厂"（即中原半导体研究所）。公司主营宽禁带半导体晶体材料、外延和器件的研发与生产，是半导体领域国防重点研制企业、国家高新技术企业、中国国防科技工业协会理事单位、中国宽禁带功率半导体产业联盟理事单位、中国半导体材料协会会员单位。

公司经过 40 多年的发展，已成为第二代、三代半导体晶体材料、外延、器件、模块的研发、设计、生产与销售的科技型企业。是国内首家贯通整个碳化硅全产业链的高新技术企业，既碳化硅高纯粉料→单晶材料→外延材料→器件→功率模块制备。

公司主要产品为碳化硅（SiC）高纯粉料、碳化硅（SiC）单晶片、磷化铟（InP）单晶片、锑化镓（GaSb）单晶片、碳化硅（SiC – SiC）同质外延片、氮化镓（SiC – GaN）基外延片、石墨烯、碳化硅（SiC）SBD 器件、碳化硅（SiC）MOSFET 器件、碳化硅（SiC）功率模块、IGBT 模块等。

公司拥有强大的技术研发团队，团队主要成员由具有博士、硕士学历人员和教授、研究员等高级职称人员组成，研发力量雄厚。成立以来，陆续转接并承担了国家科研任务 50 多项，其中国家科技重大专项 8 项，取得国家专利近百项。

世纪金光作为一家充满活力的现代化企业，愿同国内外朋友广泛合作，共同创造半导体行业辉煌的未来。

199. 北京索英电气技术有限公司

地址：北京市海淀区永丰产业基地永捷北路 3 号永丰科技企业加速器（一区）A 座

邮编：100094

电话：010 – 58937318

传真：010 – 58937315

邮箱：soaring@soaring.com.cn

网址：www.soaring.com.cn

简介：

北京索英电气技术有限公司（以下简称"索英电气"）创立于 2002 年，是国内最早专注于电能回收及可再生能源发电设备及系统自主研发、生产和销售的国家高新技术企业之一。

凭借十几年扎根节能回馈技术和三相逆变技术领域的研发优势，索英电气已为全球各顶级电源企业提供一体化的适合多种电源产品的节能回馈型老化测试系统。有效实现企业产线智能化管理的同时，可极大降低测试环节的电能开销（节能效率最高达 95% 以上），降低生产成本、提高老化产能、降低火灾隐患。

2003 年，公司便率先推出中国首套自主研发并实现商业化应用的三相节能回馈负载，其先进的技术、较高的回馈效率、智能化的应用设计得到了众多国际大型电源企业的一致好评，且已成为艾默生、华为、中兴、GE、Power – One 等全球知名企业的长期独家供应商，至今已连续 10 年国内市场占有率领先，是中国电源老化节能测试领域的市场开拓者和教育者！

通过索英电气提供的测试老化节能改造，每年为全球各地的电源制造企业减少高达 1 亿多度的电力开销，相当于每年减排 10 万多吨 CO_2，极大地降低了成本，提升了品质，真正实现了绿色制造。

200. 北京通力盛达节能设备股份有限公司

TONLIER

地址：北京市经济技术开发区科创 14 街 9 号

邮编：101111

电话：010 – 81508899

传真：010 – 81508855

邮箱：sales@tonlier.com

网址：www.tonlier.com

简介：

北京通力盛达节能设备股份有限公司集节能产品研发、生产、销售及服务为一体的综合型高新技术企业，是中国最早研制智能通信电源、最早参加起草技术标准和最具专业实力的企业之一。公司以节能减排、保护环境理念为核心，努力成为中国节能环保产业的领军企业。

公司主营产品有通信用高频开关电源系统（包括室内型、室外一体化型、室内外壁挂型、嵌入型）、机房智能换热空调、LED 路灯、LED 驱动电源等，是北京市认定的质量 AAA 级单位。

公司先后通过了 ISO9001 质量管理体系认证、ISO14001 环境管理体系认证和 GB/T28001 职业安全管理体系认证，不断引进先进的 ERP（企业资源管理系统）和 CRM（客户管理系统）管理系统，使企业运营管理效率和市场竞争力不断提升。

公司技术一直瞄准国际先进水平，奉行生产一代、研制一代的产品创新策略，确立市场化的设计思想，组建了一支敬业、团结、奋进的研发队伍。公司现拥有专利几十项、多项软件著作权证书，是北京市专利工作试点单位，被评为国家高新技术企业。

201. 北京维通利电气有限公司

地址：北京市通州区聚富苑民族发展产业基地聚富南路8号

邮编：101105

电话：010 – 81556123

传真：010 – 81583804 – 8005#

邮箱：huliang@ beijingvictory. com. cn

网址：www. beijingvictory. com. cn

简介：

北京维通利电气有限公司创建于1994年，20多年来坚持走"进口替代、柔性制造、专业化生产"的发展道路，专门为客户提供的导电连接件解决方案，围绕特种焊接工艺，逐步开发形成了"铜铝导电连接件、触头系统、柔性触指、叠层母排、散热器、旋变变压器"六大产品系列。产品广泛应用于电力电工、输配电、新能源、电动汽车、轨道交通等行业。

公司经营面积55000平方米，在北京和无锡分别建立了生产基地。公司目前拥有大功率分子扩散焊、银钎焊、感应焊、米格焊、氩弧焊、摩擦焊、真空焊等焊接设备80多台套，配套的CNC，水切割机、线切割机等加工设备达到400多台，并拥有配套的模具制造中心和电镀厂。以其自身技术实力、生产规模、品牌知名度为国内外300多家电气制造企业提供配套服务，与ABB、GE、Siemens、Schneider等世界500强确立长期的战略合作关系。

202. 北京汐源科技有限公司

地址：北京市朝阳区建国路15号院

邮编：100022

电话：010 – 89943450

传真：010 – 65747411

邮箱：Sales@ syource. com

网址：www. syource. com

简介：

北京汐源科技有限公司（以下简称"汐源科技"）是一家专业从事半导体器件失效分析以及电子材料销售的公司。我们有行业一流的技术团队以及先进的设备，服务于航天军工、科学院所、设计公司。

一流的售后服务流程，这是一支充满活力的队伍；联系您身边的技术专家：汐源科技自创立以来始终专注于半导体、电源、新能源、汽车行业胶黏剂产品，拥有严谨实用的技术体系，汇聚了失效分析专家，公司致力于为您的企业提供专业分析技术、电子材料等一站式解决方案。

汐源科技拥有一支成熟的技术团队，均拥有本科或本科以上学历。依靠其强大的技术实力，汐源科技不但为客户提供产品不良解决方案，同时也为客户提供国内外电子材料（导电胶、灌封胶、焊锡膏，三防漆，密封胶等），2016年与汉高股份有限公司签订合作战略伙伴。

公司主要经营品牌包含：汉高、乐泰、Ablestik、道康宁、洛德、3M等。

公司主要经营产品包含：导热胶、导电胶、灌封胶、密封胶、三防漆、导热垫片、UV胶等。

汐源科技拥有自主产品品牌，并取得了ISO9000体系认证。公司所销售产品均通过了ROHS环保认证，产品广泛应用到电子、电气、电力、新能源、半导体、汽车、医疗等各行各业。

203. 北京新雷能科技股份有限公司

地址：北京市昌平区科技园区超前路9号B座285室

邮编：100096

电话：010 – 82912892

传真：010 – 82912862

邮箱：webmaster@ suplet. com 或 innerbusiness@ suplet. com

网址：www. suplet. com

简介：

北京新雷能科技股份有限公司成立于1997年，专业从事模块电源和客户定制电源研发、生产的民营股份制上市企业。公司总部位于北京，旗下拥有深圳市雷能混合集成电路有限公司、西安市新雷能电子科技有限责任公司、成都市新雷能电子科技有限责任公司，目前员工总数合计1000余人。

公司长期坚持"科技领先"的发展战略，通过高比例研发投入，追踪全球领先的电源设计技术，是北京市第一批验收合格的专利引擎试点单位，已获得授权专利78项，其中发明专利24项。此外，公司被北京市经信委评为"北京市企业技术中心"；被北京市昌平区科委评定为"昌平科技研发中心"；被北京市发改委评为航空航天级电源及整机系统关键技术"北京市工程实验室"；公司还与成都电子科技大学成立了"电源芯片联合研发中心"；与哈工大深圳研究生院合作进行了多项技术预研，建立了联合硕士培养机制。

公司追求质量第一，通过军工产品质量管理体系认证，通过厚膜混合集成电路国军标认证，通过武器装备科研生产单位保密资质（秘密级）认证，通过北京市安全生产标准化二级企业认证，空军装备部京昌代表室在公司派驻有专职军代表，负责有关产品质量监管及验收。

公司可为客户提供从器件级到系统级的电源产品。服务领域涵盖通信、网络、航空、航天、车载、船舶、铁路、交通、电力、工控、新能源等行业。新雷能迄今已获得多家行业大客户战略供应商、优秀供应商荣誉称号。

204. 北京银星通达科技开发有限责任公司

地址：北京市西城区北三环中路甲 29 号华尊大厦 A 座
403 室

邮编：100029

电话：010 – 82021883/884

传真：010 – 62034689

邮箱：yxtd@ silverst. com

网址：www. silverst. com

简介：

　　北京银星通达科技开发有限责任公司前身创建于 1994
年 5 月，是北京中关村高新技术企业。本公司自成立以来，
始终致力于国际知名品牌电源产品在国内市场的推介工作，
是国内外各知名品牌 UPS 电源、特种电源、蓄电池、机柜、
发电机以及相关电子产品的销售、服务代理商，是专业从
事各行业数据中心机房建设、UPS 供配电、制冷、监控等
系统整体解决方案的提供商。公司与中环物研检测中心合
作，具有国家质量监督部门批准的对机房环境、基础设施
检测资质；可为数据中心提供设计规划、竣工验收、等级
评定、测试鉴定等服务项目。多年来，公司同仁不断开拓
进取，凭借良好的敬业精神、过硬的专业技术及竭诚服务
于用户的意识，得到了广大用户和业界的认可。公司自
2004 年起至今通过了 ISO9001 质量管理体系认证，并历年
被北京市工商行政管理局评为“守信企业”、被北京市企业
评价协会评为“北京市信用企业”，并获得“中国电源行
业诚信企业”证书。公司是中央国家机关政府采购中心、
北京市政府采购中心信息类产品协议供货商。

　　公司秉承“和谐、求实、敬业、创新”的理念，追求
绿色环保、高效节能的目标，努力为广大用户提供专业科
学的技术、安全可靠的方案、周到精湛的服务，力争成为
用户最可信赖的基础设施解决方案、电源供电系统专家。

205. 北京英博电气股份有限公司

地址：北京市丰台区南四环西路 188 号总部基地 10 区 2
号楼

邮编：100070

电话：010 – 63805588

传真：010 – 82600608

邮箱：info@ in – power. net

网址：www. in – power. net

简介：

　　北京英博电气股份有限公司一般经营项目：电能质量
系统解决方案、高低压滤波补偿成套装置（无功补偿、无
源滤波、有源滤波装置）、高低压滤波电抗器、滤波补偿控
制器、输配电系统监测、检测技术及节能技术的设计、研
发、供应、安装调试及技术服务；能源系统的优化设计、
能效管理的系统集成；新型高效能量转换与储存技术的研

发及技术服务。

206. 北京宇翔电子有限公司

地址：北京市朝阳区东直门外西八间房万红西街 2 号

邮编：100015

电话：010 – 64320432 – 2076

传真：010 – 64320432 – 8082

邮箱：anhuali789@ 163. com

简介：

　　北京宇翔电子有限公司是一家专业从事半导体集成电
路和分立器件设计制造的企业。该公司于 2012 年由宇翔公
司（原北器三厂）、北器五厂、北器六厂以及莎威公司
（原国营 878 厂）等几家企业整合重组而成，具有 40 余年
研发、生产半导体器件的悠久历史。

　　公司建有一条 4in 铝栅 CMOS 集成电路制造线和一条
6in 双极集成电路制造线；具备军（民）用集成电路和分立
器件三大类数百种型号上千种规格产品的设计、研发、生
产和服务的能力。

　　公司产品包括：数字集成电路：CC4000 系列、C000 系
列、54HC 系列、BH 系列专用集成电路等；电源管理电路：
CW7800/CW7900 固定正/负压电压调整器系列、CW117/
CW137 可调正/负压电压调整器系列、LDO 低压差电压调
整器系列、PWM 脉冲宽度调制器、精密电压基准电路等；
半导体分立器件：PN 硅单结晶体管、开关/稳压/恒流二极
管、SBD – SiC 二极管、TVS 瞬态电压抑制二极管、JFET、
MOSFET 等及 SOT/SOD/DFN/QFN 等多种封装形式产品。

　　公司执行 GB/T19001 质量管理体系和 IECQ – HSTM
QC080000 控制要求，产品质量安全可靠。

　　顾客的想法就是我们的目标，本公司将一如既往地为
新老客户提供高品质的产品和优质的服务。

207. 北京智源新能电气科技有限公司

地址：北京市大兴区金苑路 26 号金日科技园 A 座 613 室

邮编：100085

电话：010 – 62947495

传真：010 – 62947495

邮箱：Majianli501@ 163. com

网址：www. apfsvg. com

简介：

　　北京智源新能电气科技有限公司是一家致力于电力电
子功率变换和新能源领域的国家级高新技术企业，主要提
供提升配网电能质量的设备和新能源电能变换相关的技术
和解决方案，产品有有源电力滤波器、低压静止无功发生
器、配网三相不平衡、能源路由器、有源前端等。在新能
源微电网、低压配网直流输电、机车能量回馈等方面有深

厚的技术储备。

智源新能公司以技术研发作为企业生存发展之本，研发实力是公司核心竞争力。目前，掌握电力电子功率变换和控制领域相关的自主知识产权和核心技术，共取得和获受理专利 8 项，其中发明专利 4 项，软件著作权 15 项，取得了中关村高新技术企业及国家高新技术企业证书。公司坚持产学研相结合，与清华大学、中国矿业大学、兰州理工大学、北方工业大学等高等院校积极开展合作，积累了比较丰富的产学研管理经验、取得众多技术成果。

智源新能公司注重产品品质和服务，依靠自身雄厚的技术力量，持续创新、积极适应市场的需求，不断追求成长与突破，力争为国家节能减排，建设低碳和谐社会做出更大的贡献。

208. 北京中天汇科电子技术有限责任公司

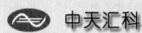

地址：北京市昌平区沙河镇七里渠育荣教育园区（北门）
邮编：102206
电话：010 - 80707609
传真：010 - 80707609 - 8009
邮箱：sun - zthk@ sohu. com
网址：www. zthk. com. cn
简介：

北京中天汇科电子技术有限责任公司系一家专业的电力电子制造企业，具有 18 年生产开关电源的历史。产品累计生产达数万余台，广泛应用于通信设备、广播发射、电力自动化、EPS 应急电源等多个行业。

该公司注册于北京中关村昌平科技园区，是中国电源学会的团体会员，并取得了高新技术企业认证。本公司下设开发部、生产部、销售部、质管部等职能部门，并拥有一批高新技术人才，其中具有大专学历以上的人员（含高级职称）占员工的 60% 。

我公司自创业以来以诚为本，坚持以科技为先导。与中国矿业大学紧密合作采取校企协作，以知名教授及高级工程师为技术后盾，不断的研制出各种新型的电力、电子产品。

我公司已通过 ISO9001：2000 质量体系认证，产品安全及电气性能完全符合信息产业部"YD/T731—2000 高频开关整流器标准"，并通过了"北京市产品质量监督检验所"及"国家电力科学院"等权威部门的检测。

209. 华康泰克信息技术（北京）有限公司

地址：北京市海淀区上地中关村软件园 10 号楼 205
邮编：100094
电话：010 - 82826018

传真：010 - 82826233
邮箱：xuxiaomei@ wahcom. cn
网址：www. wahcom. cn
简介：

华康泰克信息技术（北京）有限公司（以下简称"华康泰克"）2010 年注册成立，位于石景山区八大处高科技园区，是一家技术开发、生产销售和技术服务为一体的高科技企业，注册资金为 5000 万元。

公司自成立以来，一直致力于工程系统以及电力解决方案的开发与研究，公司主要承接机房工程、配电及 UPS 系统工程、音频及视频会议系统、计算机系统集成等工作。近年来，公司经过不懈努力，凭借自身的技术力量推出多元化、全系列的工程系统解决方案，同时根据不同客户的需求，采用革新与演进，继承和发展相结合的策略，为用户提供各种全面的工程解决方案。

华康泰克信息（北京）有限公司依靠自身的技术实力以及良好的行业实践经验，依靠清华大学研究院的技术研发平台联合开发出拥有自主品牌的各种电源系列，电源涵盖 1 ~ 800K UPS 不间断电源系列、- 48V 通信电源系列、220V 电力操作电源、一体化交直流电源系统以及混合供电系统（风、光、油、储能混合），为各个行业提供全面一体化个性解决方案！并取得了良好的成绩和声誉！

公司拥有一支专业技术服务队伍，多位工程师通过数据中心应用环境集成设计顾问证书，能够及时修复和解决高技术、高难度的不间断电源故障问题，受到客户的一致好评。

2010 年成立质量管理委员会，任命管理者代表组织标准化小组。并在产品实现过程中严格实施，坚持内部评审和管理评审，确保体系运行有效。严格挑选、优先合格供方；坚持配套设备、原材料、元器件入库前 100% 检验制度；严把生产过程质量关、系统集成测试关，产品出厂检验关，实现了产品质量的持续稳定、安全可靠。

公司将保持诚信经营理念，不断提高质量管理水平，确保质量管理体系持续、有效运行，确保产品质量稳中有升，努力为客户提供更加优良、稳定可靠、安全的产品，提供更加及时、周到、优质的服务，力争成长为行业的积极推动者和领跑者！

210. 派沃力德（北京）电子科技有限公司

地址：北京市昌平区沙河镇白各庄新村 4 号楼 1 单元 101 室
邮编：102206
电话：010 - 52728212 18600334099
传真：010 - 58851231
邮箱：buyanfen@ byconn. com
网址：www. pwleader. com
简介：

派沃力德（北京）电子科技有限公司成立于2014年公司致力于测控电源、工控领域电源的设计、开发、生产、服务，产品广泛应用于航空航天、军用测控以及通信、铁路、电力、工控、新能源等领域，为客户提供高性能、专业的电源解决方案，主要包括智能程控电源系列、CPCI电源系列及定制化电源系列。秉承创新就是创造一种资源的理念，凭借我们的专业、高效与热情，全心全意为客户提供优质服务，实现价值最大化。

公司的宗旨：致力于成为高品质智能电源的领导者！

211. 威尔克通信实验室

地址：北京市海淀区学院路40号研7楼B座300-507号
邮编：100191
电话：010-62301146
传真：010-62301146
邮箱：jczx@ chinawllc. com
网址：www. chinawllc. com
简介：

威尔克通信实验室是公正权威的国家第三方信息通信实验室，从事网络信息安全服务、软件及信息系统评测、第三方委托检测验收、工业和信息化部电信设备进网认证检测、泰尔认证检测、行业/企业标准制定、新领域项目课题合作研究等检测评估和技术服务。

实验室前身为1990年成立的邮电部数据通信产品质量监督检验中心，隶属于数据通信科学技术研究所（1972年成立），并作为国家数据通信工程技术研究中心的依托单位，是我国首家从事数据通信的标准编制、产品进网检测、技术研究、支撑政府的国家机构。2003年，经信息产业部批准在信息产业部数据通信产品质量监督检测中心基础上组建了中国威尔克通信实验室/北京通和实益电信科学技术研究所有限公司，成为独立法人单位、国家高新技术企业和中关村高新技术企业。

实验室开展的电源类产品泰尔认证/委托测试业务涵盖通信系统用户外机柜、通信用高频开关整流器、通信用高频开关电源系统、通信用不间断电源、通信用配电设备、传输设备用电源分配列柜、通信用直流—直流变换设备、通信用逆变设备、通信用交流稳压器、通信用直流—直流模块电源、室外型通信电源系统、无触点交流稳压器、通信用240V直流供电系统、通信设备用电源分配单元（PDU）等。

212. 中科航达科技发展（北京）有限公司

地址：北京市大兴区黄村镇兴华大街绿地财富中心D座712
邮编：100085
电话：010-82758895

传真：010-82758895-8002
邮箱：xy@ bjzkhd. com；wxq@ bjzkhd. com
网址：www. bjzkhd. com
简介：

中科航达科技发展（北京）有限公司（以下简称"中科航达"）注册于北京市海淀区中关村科技园北区，依托于中科院以及中关村科技园强大的科研平台，以及多年积淀的雄厚技术背景，专注于铁路、电力、军工以及公网、专网等高端通信设备所需要的整体化电源提供方案的设计、研发、生产以及产品销售。为信息产业及国防电力以及铁路系统提供全方位、高品质的电源方案。

主要产品包括：研制应用满足于通信交换、基站、电源系统、监控传输设备、铁路信号、铁路通信、工业自动化控制、电力监控以及传输系统的自动化控制、航空、航天和军工等领域特殊要求的高功率密度模块电源以及模块拼装化多输出系统电源产品。

一体化、智能化、低能耗是中科航达电源产品发展的终极目标，通过为铁路电力以及军工行业服务所积累的近20年的设计经验，目前已为国内主流设备厂家提供了全面、系统、智能化的电源解决方案。凭借强大的技术创新以及强大的市场开发能力；树立GJB9001B-2009质量体系思想作为管理核心，以完备的市场体系作为技术支持和服务保障；为客户提供全面，迅捷，智能化的电源解决方案。

上海市

213. 昂宝电子（上海）有限公司

昂宝电子（上海）有限公司

地址：上海市张江高科技园区华佗路168号商业中心3号楼
邮编：201203
电话：021-50271718
传真：021-50271680
邮箱：andrew_ lin@ on-bright. com
网址：www. on-bright. com
简介：

昂宝电子（上海）有限公司（以下简称"昂宝电子"）坐落在国家信息技术产业基地——上海浦东张江高科技园区，是一家从事高性能模拟及数模混合集成电路设计的企业。

公司专注于设计、开发、测试和销售基于先进的亚微米CMOS、BIPOLAR、BICMOS、BCD等工艺技术的模拟及数字模拟混合集成电路产品，以通信，消费类电子，计算机及计算机接口设备为市场目标，致力成为世界一流的模拟及混合集成电路设计公司。

昂宝电子拥有一批来自国内外顶尖半导体设计公司的资深专家组成核心技术团队，既有在模拟及混合集成电路领域多款成功产品的开发经验，也带来了鲜活的创新思维。

核心技术团队的数位成员来自美国的著名半导体公司，拥有超过 40 项美国专利。通过将这支资深的技术专家队伍与本地优秀的设计人才相结合，昂宝电子为客户提供高品质、具有成本竞争力的半导体精品芯片、解决方案以及优良的服务。在这竞争日益激烈的市场，昂宝电子坚持以创新、务实、高效、共赢为经营理念，为您提供最适合的半导体解决方案，是您最佳的策略合作伙伴。

主要产品涵盖：电源管理 I_c，高速、高精度数模/模数转换器，无线射频 I_{cs}，混合信号的系统级芯片（SOC）。

214. 登钛电子技术（上海）有限公司

地址：上海市浦东新区张江高科蔡伦路 1690 号 2 号楼 302 室
邮编：201203
电话：021 - 50875986
传真：021 - 50876659
邮箱：Sam. zuo@ densitypower. com
网址：www. densitypower. com
简介：

登钛电子技术（上海）有限公司是美国 Density Power Group 在中国设立的一家高科技公司，公司位于上海浦东新区张江高科技园区。公司旨在全球化营运，提供快速、高效、优质的本地化支持和客户服务。公司致力于全球领先的，高效率、高功率密度，高可靠性电源产品的研究、生产和销售，并为客户提供电力电子变换器、工业应用电源的完整解决方案。

"锐意创新、务实诚信、客户至上、合作共赢" 是 Density Power 一直秉承的经营理念。公司产品广泛应用于工业控制、电力、轨道交通、仪器仪表、船舶、通信和数据中心等，高性能与高可靠性的领域。公司主要产品包括：DC - DC 模块、AC - DC、UPS、EPS 和逆变器等，并为客户提供专业的定制和解决方案。公司核心管理和技术团队拥有 20 多年的电源行业经验。

215. 美尔森电气保护系统（上海）有限公司

mersen
Eldre | Ferraz Shawmut | m.schneider | R-Theta

地址：上海市松江区书山路 55 弄 6、7、8 号
邮编：201611
电话：021 - 67602388
传真：021 - 67760722
邮箱：liuxiong. mao@ mersen. com
网址：www. ep - cn. mersen. com
简介：

美尔森电气保护系统（上海有限公司）（以下简称 "美尔森"）作为世界领先的电气保护专家，为市场提供高品质的、安全可靠且不断创新的产品和符合客户需求的解决方案，从而帮助客户优化他们的电力效率，满足不同客户的需求。美尔森拥有世界上较全面的中低压熔断器产品及熔断器底座、浪涌保护器、散热冷却产品、大电流隔离开关、低压接触器以及叠层母排等，广泛应用于电力控制、输配电、大功率低压配电和电力电子等领域。

216. 上海大周信息科技有限公司

地址：上海市徐汇区桂平路 470 号 12 号楼 419 室
邮编：200233
电话：021 - 64959258
传真：021 - 64959258
邮箱：sales@ greatzhou. com
网址：www. greatzhou. com
简介：

上海大周信息科技有限公司（以下简称 "大周"），研发位于上海，销售及服务网络覆盖全国，主营业务是研发/销售直流微电网变流器与能源管理产品，承担直流微电网系统集成。目前，主要客户有各电力装备企业、电网公司、电力科研院所、高校电气专业等。自成立以来，大周利用上海信息便力和科研人才众多的优势，为用户提供完备的新能源系统解决方案、产品样机和实验系统建设服务，并以先进电力电子和信息技术为核心，研发分布式能源终端产品，逐步从科研市场扩展到工商业及家庭能源市场。

217. 上海德创电器电子有限公司

DECHUANG®
可靠 电源 供应

地址：上海市普陀区同普路 1225 弄 16 号
邮编：200333
电话：021 - 52704506
传真：021 - 52700380
邮箱：edetron@ intech - tron. com
网址：www. e - detron. com
简介：

上海德创电器电子有限公司（以下简称 "德创电源"）是一个具有近 20 年历史的专业电源供应公司，位于上海市长征经济开发区。厂房面积近 3000 平方米，现有员工 300 多人，是国内最早也是最大的电力系统自动化装置开关电源供应商之一，在电力系统自动化领域极具影响力，其品牌和产品得到了业界和电力系统自动化专业市场的肯定及认可。德创电源集自主研发设计与生产制造于一体，公司不仅拥有一支具有多年丰富电力系统自动化装置电源设计经验的设计团队，并且有多条配备先进的制造和检测设备的生产线。德创电源以可靠电源供应作为公司的立命之本，可靠是电源最基本的要求，也是赖以生存和发展的保障。因此，德创电源始终将建立、健全质量管理体系作为质量

管理的重点，根据质量管理体系，从原材料检验到样品检验、生产过程巡检、测试中心例行试验、成品检验等，建立了完整的品质保证流程，确保给客户最可靠的电源供应。公司通过 ISO9000 质量管理体系认证、CCC、ESD 和 UL、TUV 工厂认证，部分产品远销欧、美市场，是上海地区最具规模的专业电源公司之一。

218. 上海谷登电气有限公司

地址：上海市长宁区新华路 543 号 10 楼 C 座
邮编：200052
电话：021 - 62813011
传真：021 - 32813010
邮箱：gddy@ sh - gddy. com
网址：www. sh - gddy. com
简介：

上海谷登电气有限公司（以下简称"谷登"），是一家集研发、生产、销售为一体的现代化企业。谷登公司所生产的产品，有着严格的质量检测手段，配备先进的试验设备，对质量层层把关。企业通过了 ISO9001 国际质量管理体系认证，谷登公司所生产仪器、仪表等产品均已通过国家有关检测机构认可，并取得证书。同时由 Auger Certificationg&Testing Service LTD、检测达 CE 认证，出口欧洲。

上海谷登电气有限公司主要产品包括：变频电源、直流电源、开关电源、稳压器、稳压电源、低压变压器、隔离变压器、UPS 电源器等，其中自主研发的高精度大功率无触点智能稳压电源，获得国家专利证书（专利号：1228994）。产品广泛应用于冶金、石化、电力、建筑、市政、环保、国防、水利等行业，部分产品与成套设备一起出口。

谷登公司的宗旨：以人为本，诚信经营。

219. 上海豪远电子有限公司

地址：上海市宝山区呼兰路 515 弄 3 号 A 区
邮编：200431
电话：021 - 66213593
传真：021 - 66213591
邮箱：hy1288@ 126. com
网址：www. haoyuandianzi. com
简介：

上海豪远电子有限公司是一家致力于各类电源变压器、稳压电源、逆变电源、开关电源等产品的开发、设计、制造、销售、服务于一体的民营高科技企业。公司自 1997 年成立至今，一直秉承以客户为中心，以产品质量为根本的

指导思想，在激烈的市场竞争中站稳了脚跟，取得了骄人的成绩。公司先后通过了 ISO9001：2000 国际质量管理体系认证、中国质量认证中心 CQC 认证、欧盟 CE 认证、环保认证、部分产品已通过 UL 认证，并荣获国家"3·15 诚信承诺单位"、"2006 年全国产品质量稳定合格企业"、"百家知名品牌企业"等，经过公司员工的辛勤努力，公司赢得了海内外客商的一致赞誉和好评，产品出口世界各地。

根据公司发展需要 2003 年 10 月公司投资 1000 多万元在安徽马鞍山建成了占地 22 亩（1 亩 = 666.67m²）规模庞大的马鞍山豪远电子工业园，形成了以上海总公司为窗口，以马鞍山为生产基地的集团化发展模式。

我们不仅仅是生产产品，更着重于品质与信誉，"以客户为中心，以品质为先驱"是我们的宗旨，希望我们能成为您信赖的合作伙伴。

220. 上海华翌电气有限公司

地址：上海市杨浦区翔殷路 128 号 1 号楼 B 座 123 - 124 室（上海理工大学国家大学科技园）
邮编：200433
电话：021 - 35072926
传真：021 - 56688889
邮箱：13901680595@ 139. com
网址：www. huayi - power. com
简介：

上海华翌电气有限公司成立于 1999 年，是一家专业生产直流电源、EPS 应急电、消防照明及设备专用 EPS 应急电源、UPS 不间断电源的企业。公司共有员工 100 多人，其中工程技术人员 30 多人。公司总部位于上海理工大学国家科技园，主要是从事研发、设计、销售及售后服务及部分生产，二分部位于军工路 2390 号主要从事产品制造加工，三分部位于青浦区天一路 451 号主要从事结构制造。制造采用日本进口的数控冲床、数控折弯机、数控剪板机、数显铜排加工机、低压开关实验台、耐压实验仪、恒温箱、模拟负载箱、CI312 三项电能表现场校验仪、CHXLW 微电阻测试仪、LBO - 522 日本 LEADER 示波器、HSI801 电涌绝缘测试仪、QT2 型半导体管特性图示仪、HF2811C 型 LCR 数字电桥等先进加工、检测设备。

本公司具有先进的生产、检测手段和国内一流的制造技术，本公司一直以"质量为本，科技立业"为宗旨，把产品的质量视为企业的生命，本公司按 ISO9001 标准建立了质量管理体系，2002 年获得了该质量体系认证证书，2003 年 7 月获得中国国家强制性产品 3C 认证证书，并获得公安部消防产品合格评定中心颁发的消防应急灯具专用应急电源国家强制性产品认证证书及消防设备应急电源国家强制性产品认证证书，开发 GZTW 智能型系列直流电源柜 1998 年在中国香港获得世界华人发明博览会银质奖。于 2003 年加入中石化总公司战略合作伙伴。

公司生产的直流电源、EPS 应急电源、消防照明及设

备专用 EPS 应急电源、UPS 不间断电源、智能照明控制柜、交流稳压电源、电机分批自启动柜及低压开关柜 MAS（MNS）在燕山石化、安庆石化、新疆塔河石化、扬子石化、中石化仪征化纤、天津石化、泰州东联石化、镇海石化、四川维尼纶厂、青岛炼化、青岛石化、济南石化、海南炼化、茂名石化、中原油田、中海油、中化集团泉州石化、中化集团南京南化、海宁供电局、上海南桥 50 万伏变电站、上海宝钢、宝钢湛江基地、武钢武汉基地、武钢广西防城港基地、首钢水城钢厂基地、上海国际博览中心等国家重点工程中获得一致的好评，被中国石化总公司及中海油公司、中化集团公司、冶金、电力等国家重点企业选为资源市场成员之一。

221. 上海吉电电子技术有限公司

地址：上海市闵行区纪展路 288 号
邮编：201107
电话：021 – 52964208
传真：021 – 52964207
邮箱：zhaorunjie@ jd – ele. com
网址：www. jd – ele. com
简介：

上海吉电电子技术有限公司成立于 2005 年，是全球诸多家著名半导体、电子元器件、工控产品生产企业在亚太地区的重要代理商，获得 ISO9001 认证。在北京、深圳、沈阳、南京、株洲、成都、重庆、香港地区等主要城市，以及日本、新加坡等地设有分公司。

公司自成立以来，始终坚持"品质第一，诚信服务"的经营理念。多年来活跃于新能源电力、工业自动化、轨道交通、新能源车、电梯，以及智慧城市等领域，为具有高科技含量的制造企业提供专业的系统解决方案，与众多世界知名电子制造商和研发企业结为战略合作伙伴。

近年来，我们致力于推广节能、环保、高效产品，与社会、自然环境和谐、稳步、持续发展。将国际著名品牌最新推出的核心技术产品进行优化组合配套，助力现代制造业提升科技含量和市场竞争力。

我们拥有优秀的销售与专业的技术支持团队，及时分析市场变化和新技术发展趋势，制定超前配套策略；我们创建卓越的设计链支持，为客户定向研发、定制专用设备；我们采用与国际接轨的企业经营管理系统，为客户提供优质高效的物流链配送服务。

222. 上海科泰电源股份有限公司

地址：上海市张江高新区青浦园天辰路 1633 号
邮编：201712
电话：021 – 59758500
传真：021 – 69758500
邮箱：zhanghaixia@ cooltechsh. com
网址：www. cooltechsh. com
简介：

上海科泰电源股份有限公司于 2002 年在青浦工业园成立。公司立足于发电设备制造，逐步向集团化、多元化产业发展。公司于 2008 年完成股份制改造，并于 2010 年在深圳交易所正式挂牌上市（股票代码：300153）。

电力设备制造是公司的第一主业。位于上海青浦的电力设备成套厂房面积约 80000 平方米，拥有大、中、小功率自动化组装流水线，6 间设备测试台位及配备国际一流设备的钣金车间，产品包括标准型机组、静音型机组、移动发电车、拖车型机组、集装箱型机组、方舱型机组等备用电源整体解决方案，并具有混合能源、分布式电站等新型电力系统的设计、制造和运维能力。标准化、智能化、环保性、高品质是科泰电力设备产品的主要特点。

全资子公司上海捷泰新能源汽车有限公司专注于新能源汽车整体解决方案，提供新能源汽车的设计开发、租赁、维修保障、充电设施建设及车辆运营，服务对象以纯电动物流车为主，应用领域包括快递物流、冷链物流、商超配送、第三方同城货运等多个领域。

近年来，公司获得了"上海市高新技术企业""上海市实施卓越绩效管理先进企业""AAA 资信等级企业""上海市明星侨资企业"等诸多荣誉。"科泰电源（COOLTECH）"品牌被评为"上海名牌""上海市著名商标""2016 年度推荐出口品牌"，得到了社会各界的广泛认可。

目前，公司围绕上述两大主业，实行双轮驱动的发展战略。其中，电力设备制造板块，向上游配套件制造和下游以混合能源、分布式电站为代表的新型电力系统应用延伸，实行全产业链制造；新能源汽车板块，定位为新能源物流车一站式解决方案供应商。两大板块以储能为纽带联为一体，相互依存，双向促进，协同发展，共同打造一流品质，一流服务，绿色发展，环境友好，以人为本，安全第一，科学规范，智慧运营的中国制造企业。

223. 上海全力电器有限公司

全力电源

地址：上海市静安区新闸路 568 弄 445 号
邮编：200041
电话：021 – 62535836
传真：021 – 62558838
邮箱：querli@ querli. com
网址：www. querli. com
简介：

上海全力电器有限公司坐落于上海市嘉定区南翔蓝天开发区，占地面积 20000 平方米，建筑面积 12000 平方米，属中国电源学会会员单位，是一家专业从事各种交直流电源研究、开发、生产、销售于一体的综合性企业。

公司创办以来，一贯坚持"以质量求生存，以科技求发展"的发展纲领，不断引进和吸收国内外新技术、新工艺、新器件，产品品质不断提高，功能不断完善，性能更加可靠。全力人本着"追求永无止境"的理念，不断创新、努力开拓，先后取得中国电工产品安全认证（长城认证）、ISO9001 国际质量体系认证，并由中国人民保险公司承担质量责任保险。经过 10 年拼搏、奋斗，现已发展成为具有多项国内领先技术，以高科技为基础的初具规模的电源生产基地。目前，公司生产的产品主要有精密净化交流稳压器、直流稳压电源的、逆变电源、各种充电机、调压器、变压器等 10 大系列 300 多种规格，年产各种产品达 10 万台（套），产品畅销全国近 100 个城市，部分产品远销国际市场，深受国内外用户的好评。

224. 上海申世电气有限公司

Runzi®

地址：上海市嘉定区北和公路 68 号
邮编：201807
电话：021 – 59160872
传真：021 – 39968137
邮箱：runzi@ runzi. cc
网址：www. runzi. cc
简介：

上海申世电气有限公司主要从事电抗器系列、功率电阻系列、制动单元等电力电子产品的研发、制造、销售及服务。应用的领域包括：变频传动、光伏发电、风力发电、无功补偿等。公司严格执行 ISO9001，是精细化管理、傻瓜式作业的极力倡导企业，全过程实现产品质量的稳定控制。

225. 上海文顺电器有限公司

WENSHUN
Automatic Electric Power Test Solution

地址：上海市浦东新区沈梅路 290 号
邮编：201318
电话：021 – 50864311
传真：021 – 64293473
邮箱：idfx@ 163. com
网址：www. sh – wenshun. com
简介：

上海文顺电器有限公司是一家专业从事非标负载和电力测试设备研发和制造的企业，致力于电力负载测试领域，为用户提供多元化的解决方案，公司始终坚持引进国内外先进技术、集成创新、自主研究、合作开发的发展战略，我们拥有一支技术全面的高素质研发及生产队伍，坚持以客户需求为导向，为追求用户体验，产品均可按用户需求进行定制设计。

我们的产品现已应用于发电机发动机组、UPS、新能源汽车充电桩、太阳能、铁道机车、军工科研院所等行业内的各个领域，是各类产品研发和出厂检验中不可或缺的专用仪器。

226. 上海稳利达科技股份有限公司

地址：上海市嘉定区高石公路 2439 号
邮编：201816
电话：021 – 63534701 63534702
传真：021 – 63533418
邮箱：sales@ wenlida. com
网址：www. wenlida. com
简介：

上海稳利达科技股份有限公司（以下简称"稳利达"）成立 1995 年，是专业生产稳压器、变压器、节电器、无源（有源）谐波滤除装置、太阳能逆变器等系列产品的大型生产基地及电源系统服务供应商。目前公司正致力于发展绿色、环保、节能、安全等新能源产品的开发。以"行业专用稳压器""变压器""谐波滤除装置""节能产品"为基础，努力将公司创建为国内新能源产品制造现代企业。多年来，公司以先进技术、优异产品、稳定质量和一流的服务，在市场上赢得了良好的美誉度。产品远销欧美、东南亚、南美洲、中东、非洲等世界各地。

公司现有：上海嘉定和浙江嘉善二处标准型生产基地和研发中心。

先后成立：北京、广州、青岛、济南、长春、沈阳、西安、重庆、成都、苏州、新疆分公司与办事处。

公司荣获：《泰尔产品认证证书》《国家广播入网认定证书》《CCC 认证》《ISO14001 环境认证》《ISO9001 体系认证》《太阳能产品认证证书》《高新成果转化证书》《CE 证书》《SGS 认证供应商》《SONCAP 认证》等一系列认证。

我们的客户：华为、中兴、海尔、海信、中国移动、中国石油、百超、斗山、三菱重工、海德堡、梅兰日兰、上海明珠、娃哈哈、胜利油田、中国英利、时风集团、临工机械、正泰集团、朝阳轮胎、上海宝钢等知名企业指定供应商。

企业资质：国家信息产业部"稳压器"行业标准起草单位。

227. 上海香开电器设备有限公司

地址：上海市松江区香车路 299 号
邮编：201611
电话：021 – 61556222
传真：021 – 69787227
邮箱：3279693437@ qq. com
网址：www. xkaitech. com
简介：

上海香开电器设备有限公司（以下简称"上海香开"）坐落在交通便利、环境优美的国家经济技术开发区 – 松江车墩工业园，是一家以 EPS 电源、UPS 电源、消防巡检柜的生产销售和安装服务为一体的无区域性股份制企业。

上海香开自创立以来，一直践行"科技创新，以质量求生存，以服务求发展"的经营方针，所生产的 EPS 电源、UPS 电源、消防巡检柜等产品广泛服务于民用建筑、工矿企业、消防、交通设施、金融设施、电力系统和人防设施等行业。

近来，上海香开优质高效地完成了中国电信湖北东西湖运营中心、南京南站、上海第一人民医院南院、南昌红谷滩绿地中央广场、北京民航空管局、西安唐延路隧道、平顶山博物馆、甘肃酒泉发电厂、世博中国国家馆改造等众多国家大中型项目，受到客户的广泛赞誉。

228. 上海阳顿电气制造有限公司

YUTTON®阳顿

地址：上海市嘉定区江桥镇曹丰路 618 号
邮编：201812
电话：021 – 33519445/46/47 400 – 820 – 4420
传真：021 – 33519449
网址：www. yutton. com
简介：

上海阳顿电气制造有限公司是一家生产不间断电源、应急电源的公司，专业为用户提供智慧电源系统及解决方案。总部位于上海市嘉定区招贤路 655 号高科园智能制造创业中心，是上海交通大学的电源研发基地。

公司通过了 ISO9000 质量管理、ISO14000 环境管理体系和 OHSAS1800 职业健康安全管理体系认证，主力产品通过了中国泰尔认证中心权威认证，拥有 20 多项与电源有关的专利技术。2017 年 1 月，公司与上海交大战略重组，设立了校企合作基地，致力于高端电源产品及管理系统的研发。公司是中国电源学会会员，上海阳顿电气制造有限公司是知名房企绿地集团的指定电源品牌，"电老虎网"的签约合作伙伴，是中央政府采购网、国家电网、上海市政府采购网的入选品牌。

公司产品主要应用于全国各地的智慧城市建设、智慧交通、智慧医疗、教育、酒店、电气成套、工业控制、消防控制、智能制造等重要领域，是众多机房工程公司、系统集成公司、安防智能化公司、建筑工程公司和电气总包公司的常年战略合作伙伴。

主营业务：UPS 不间断电源、EPS 应急电源。

质量环境方针：专注电源，绿色环保，节能高效，合作双赢。

服务承诺：全年无休，及时响应，快速维护，保障有力。

229. 上海鹰峰电子科技股份有限公司

EAGTOP

地址：上海市松江区石湖荡工业园唐明路 258 号
邮编：201617
电话：021 – 57842298
传真：021 – 57847517
邮箱：zhaozhanglong@ eagtop. com

网址：www. eagtop. com
简介：

上海鹰峰电子科技股份有限公司是一家专注于电力电子无源器件研发、生产销售的高新技术企业。2016 年公司在新三板成功上市，股票代码839991。

公司跟随着新能源汽车行业的起步与发展，为用户提供母线薄膜电容器、IGBT 水冷散热器、电池液冷板、高频电感等，产品已成熟应用于各大主流 PHEV、EV。

2012 年，公司通过 ISO/TS16949 质量管理体系认证。随着新能源汽车用户需求的不断提升，公司也将在技术和服务上继续创新，为客户提供更加信赖的产品和解决方案支持，为绿色低碳出行做出我们的贡献。

230. 上海宇帆电气有限公司

yifine ELECTRICAL

地址：上海市南翔蕴北路 1755 弄 26 号楼
邮编：201802
电话：021 – 63638888
传真：021 – 39125597
邮箱：yifine@ yifine. com
网址：www. yifine. com
简介：

上海宇帆电气有限公司是中国电源学会会员单位，10 几年来专业制造电力电子控制设备及各种工业配套电源，主要产品有微控智能充电机、风光能充电控制器、直流电源、大功率开关电源、纯正弦波逆变器、风光能离网逆变器、并网逆变器、变频电源、交流稳压稳频电源等。

公司拥有雄厚的技术实力，严格的质量控制方式和先进的生产检测设备，已通过 ISO9001 国际质量体系认证。我公司本着"质量 科技 真诚 拼搏"的企业精神，竭力向市场提供各种高品质的电源产品。

231. 上海远宽能源科技有限公司

ModelingTech
远宽能源

地址：上海市杨浦区长阳路 2588 号科技园 306 室
邮编：200090
电话：021 – 65011357
传真：021 – 65011629
邮箱：info@ modeling – tech. com
网址：www. modeling – tech. com
简介：

上海远宽能源科技有限公司（以下简称"远宽能源"）专注于电力与能源行业中的控制与仿真等应用领域，远宽能源的核心研发人员均拥有丰富的电力专业专业知识与软件开发经验，具备 LabVIEW 开发认证 CLD 与 CLED，有着多年实时仿真系统和建模经验。同时，远宽能源也是美国国家仪器有限公司在电力与能源行业的重要合作伙伴。

远宽能源是世界上少数几家掌握电力与电力电子实时仿真核心技术的公司之一，远宽能源的技术核心——Star-Sim 电力与电力电子仿真软件最大的特点是：不仅可以如传统的仿真软件一样支持在 PC 上的非实时的离线仿真，还能够在实时 CPU 和 FPGA 组成的硬件平台上直接支持电力与电力电子系统的实时仿真。远宽能源也据此发表了多篇学术文献，取得了一些专利与软件授权，同时也获得了上海市的创新基金立项支持。

远宽能源在新能源与电力电子实时仿真与控制领域，如混合电动车的电机控制器硬件在环测试、无功功率补偿系统控制与实时仿真、双馈风力发电系统控制与实时仿真、直流输电系统控制与仿真等领域都有成功的案例。远宽能源已经为国内多家知名的科研单位与院校如中国电科院、北京电科院、江苏电科院、清华大学、上海交通大学、华中科技大学、华北电力大学、华南理工大学等提供产品与服务，深受客户的好评。

232. 上海正远电子技术有限公司

地址：上海浦东新区锦绣东路 1999 号 524 室
邮编：201206
电话：021 - 60487428
邮箱：yanjunsc@ foxmail. com
简介：

上海正远电子技术有限公司成立于 2010 年，并创办上海正远 EMC 整改及培训中心，以黄敏超博士为引领的 20 位国际化电磁专家团队，全球率先创办上海电磁兼容整改与培训中心，为国内外企业提供电磁兼容整改以及工程师培训服务。公司的技术服务地域从北美、欧洲到国内各大主要城市，行业领域覆盖医疗、通信、电力、新能源发电、电动汽车、照明、军用、航天和家电等。

电磁兼容整改业务已为国内外数百家知名企业提供电磁兼容整改服务，如 DELTA、SALVI、INVENTRONICS、上海电气集团、宁波远东照明、阳光电源、方太集团等。

电磁兼容培训业务中，2016 年全球首创"EMC 实操培训"业务，真正让工程师在操作专用仪器和工具中进行实际样机 EMC 整改学习，掌握电磁兼容的实际诊断和整改技能。目前已完成 3000 多人次的电磁兼容理论培训，实操培训学员已超过 60 人。参加的工程师来自多个行业：通信、医疗、家电、电动汽车、轨道交通、光伏发电、风能发电、航运、航天和军用等；地域有来自深圳、广州、北京、天津、成都、重庆、苏州、无锡、杭州、宁波和上海多地；同时也在各地高校进行研究生的授课培训如浙江大学，上海交大，上海海事大学、北京交通大学、北京工业大学、成都电子科技大学和重庆大学。

公司主营：EMC 理论及实操培训、EMC 整改服务、EMC 企业专家定制服务、EMC 正向设计服务、EMC 设计评审、EMC 设计规范。

233. 上海众韩电子科技有限公司

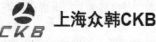

地址：上海市虹口区欧阳路 196 号法兰桥创意园区 10 号楼 308 室
邮编：200081
电话：021 - 55159880
传真：021 - 55159883
邮箱：ckb@ ckb - sh. com
网址：www. ckb - sh. com
简介：

上海众韩电子科技有限公司成立于 2007 年，作为 30 家海内外元器件厂商的授权一级代理，上海众韩以"信赖、专业、全面、迅速"，致力于高品质电子元器件的推广。代理产品包括：电容、电感、IC、变压器、触摸屏等。终端客户涉及：工业仪表控制、新能源汽车、轨道交通、航空航天、家电等。总部位于上海，已在沈阳、天津、青岛、郑州、合肥、无锡、苏州、宁波等多个城市设立办事处。

234. 上海灼日新材料科技有限公司

地址：上海市松江区长塔路 85 号
邮编：201617
电话：021 - 51872995
传真：021 - 51872995 - 802
邮箱：jorle@ jorle. net
网址：www. jorle. net
简介：

上海灼日新材料科技有限公司（以下简称"灼日新材料"）致力于环氧树脂、有机硅、聚氨酯新材料的研发、生产和销售，一直以电子封装材料为主要研发方向，着重开发电子、电气、电力、太阳能及其他行业所需要的各类特殊封装材料。

"科技，点燃灼日的魅力"，灼日新材料是勇于追求、不断超越、积极创新的企业，我们将始终不渝的以诚信为纽带，构建信任的桥梁，与您携手，同步世界。

235. 晟朗（上海）电力电子有限公司

地址：上海市钦州北路 1089 号 53 幢 4F
邮编：200233
电话：021 - 64857422
传真：021 - 64857433
邮箱：infor@ slpower. com
网址：www. slpower. com

简介：

晟朗（上海）电力电子有限公司隶属美国上市公司 SL 实业集团公司（AMEX：SLI）。SL 公司是全球独立医用电源的提供者，也是产品线覆盖广泛世界领先的电源供应商。凭借高超的设计制造能力及完善的售后服务体系，我们不仅能为客户提供优质可靠的高端产品，而且能提供整体的系统集成解决方案。良好的客户服务使公司在医疗和工业客户群中享有极高的声誉。公司的电源产品涉及的领域包括医疗仪器、工业设备、军用电源、网端电源（POE）、通信产品以及其他市场。

公司的产品包括各种内/外置开关电源、线性电源、充电器等，电源功率从 1~6000W，以满足不同的客户需求。

236. 西屋港能企业（上海）股份有限公司

地址： 上海市虹桥商务区万科时一区 T1 - 816 室
邮编： 201103
电话： 021 - 57153777
网址： www.whk.hk
简介：

西屋港能企业（上海）股份有限公司于 2009 年在上海市工业综合开发区创立，注册资本 10 180 万元，占地 23000 平方米，建筑面积 21000 平方米，是一家专业从事新能源电动汽车充电设施和高低压成套开关设备、箱式变电站等输配电设备研发设计、生产制造及销售服务的高新技术企业。2015 年完成股份制改制并在全国中小企业股权转让系统挂牌上市，股票简称：西屋港能，股票代码：835115。公司以"开拓进取·创新求变·务实高效·追求卓越"的经营理念，始终坚持"持久地为用户提供优质的产品和满意的服务"的质量方针，着力引进高端的技术和管理人才，为专注新能源电动汽车充电领域以及输配电控制设备的研发和前沿市场拓展，致力以不断健全的技术创新体系、不断完善的质量保证体系和不断超越的售后服务体系为用户提供个性化的终极服务打下坚实的基础。公司视产品质量为企业的生命，先后取得 SO9001 质量管理体系认证、ISO14001 环境管理体系认证和 OHSAS18001 职业健康安全管理体系认证。在中国强制性"CCC"认证的基础上并通过高压自愿性"PCCC"认证。

公司以先进的科技引领，可靠的产品质量，高效快捷的客户服务，诚实信用的经营作风，为生存环境的改善，高品质生活的追求尽心尽力。为了同一片天空下的美好健康生活，我们将在绿色新能源的创新道路上不断前行。

大事记：

2009 年，由美国西屋电气全资成立。

2010 年，为 WESTINGHOUSE、ABB、Schneider 加工电气成套开关柜。

2012 年，引进有源谐波治理和智能变频技术。

2014 年，基于谐波和智能变频技术开发智能充电技术。

2015 年，完成企业股份制改革，在新三板上市；。

2016 年，进军新能源领域，产品获得国网、上海电科所的新国标认证。

237. 伊顿电源（上海）有限公司

地址： 上海市长宁区临虹路 280 弄 3 号
邮编： 100022
电话： 021 - 52000099
网址： www.eaton.com.cn
简介：

伊顿电源（上海）有限公司（以下简称"伊顿"）是一家全球领先的动力管理公司，2016 年销售额达 197 亿美元。我们提供各种节能高效的解决方案，以帮助客户更有效、更安全、更具可持续性地管理电力、流体动力和机械动力。伊顿致力于利用动力管理技术和服务，提高人类生活品质和环境质量。伊顿在全球拥有约 9.5 万名员工，产品销往超过 175 个国家和地区。

自 1993 年进入中国以来，伊顿通过并购、合资和独资的形式在中国市场持续稳步增长，旗下所有业务集团——电气、宇航、液压和车辆都已在中国制造产品和提供服务，并将亚太区总部设在上海。伊顿目前在中国拥有 18 个主要的生产制造基地，超过 10000 名员工、4 个研发中心，年销售额超过 10 亿美元。

伊顿旗下伊顿电气集团百年来一直致力于电力应用安全，为客户提供包括整体方案前期规划、产品配置和售后服务在内的一站式服务，更有丰富的产品系列涵盖电源品质、输入输出配电、机柜、制冷和机房气流管理、电力监控和管理，为客户提供高效、安全、可靠的整体解决方案。

238. 中达电通股份有限公司

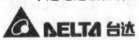

中达电通股份有限公司

地址： 上海市浦东新区民夏路 238 号
邮编： 201209
电话： 021 - 58635678
传真： 021 - 58630003
邮箱： qi.pd.li@deltaww.com
网址： www.deltagreentech.com.cn
简介：

中达电通股份有限公司（以下简称"中达电通"）1992 年成立于上海，自营业以来，保持着年均增长 35.5% 的高速发展，为工业级用户提供高效可靠的动力、视讯、自动化及能源管理解决方案。在通信电源的市场占有率位居全国首位，同时也是视讯显示及工业自动化方案的领导厂商。

中达电通整合母公司台达集团优异的电力电子及控制

技术,持续引进国内外性能领先的产品,在深入了解中国客户营运环境下,依据各行各业工艺需求,提出完整解决方案,为客户创建竞争优势。秉持"环保、节能、爱地球"的经营使命,成为中国移动的绿色行动战略伙伴,在节能减排、楼宇节能的技术上,陆续开展多项新应用。

为满足客户对不间断运营的需求,中达电通在全国设立了 41 个分支机构、64 个技术服务网点与 12 个维修网点。依靠训练有素的技术服务团队,中达得以为客户提供个性化、全方位的售前、售中服务和最可靠的售后保障。

20 年深耕,在近 2000 名员工的努力下,中达电通 2011 年的营业额超过 36 亿人民币。未来,中达更将不断推陈出新,藉由与客户的紧密合作,共同开创更智能、更环保的未来。

中达电通——可靠的工业伙伴!

江苏省

239. 艾普斯电源(苏州)有限公司

地址:江苏省苏州市新区科技工业园火炬路 39 号
邮编:215009
电话:0512 - 68098868
传真:0512 - 68083816
邮箱:service@ acpower. net
网址:www. acpower. cn
简介:

艾普斯电源(苏州)有限公司成立于 1989 年,为一家横跨两岸、世界领先的交流及直流电源供应器制造商之一,专注于电力电子领域,运用电源转换的核心技术拓展市场,致力发展电源相关解决方案(Total Power Solutions),主力产品为交流电源供应器、直流电源供应器、能馈型电网模拟电源、航空军用电源及稳压电源、不间断系统 UPS、测试解决方案等,客户涵盖世界 500 强与主要认证机构。艾普斯电源 20 多年来以研发 + 生产 + 销售 + 售前/售后服务,经营自有品牌,2010 年更以新品牌 Preen(Power & Renewable Energy)踏入新能源产业。

240. 安伏(苏州)电子有限公司

地址:江苏省苏州市工业园区星龙街 428 号 21 幢 A&B
邮编:215126
电话:0512 - 67671500
传真:0512 - 62833080
邮箱:jackie. zhu@ efore. com
网址:www. efore. com
简介:

安伏(苏州)电子有限公司(以下简称"安伏")是

Efore 集团在中国的全资子公司,总部位于芬兰 Espoo,是专业设计、制造和销售电源相关产品的国际化公司。创立于 1975 年,在欧洲、亚洲、非洲设有工厂,在芬兰、瑞典、中国、意大利设有技术研发中心。安伏集团利用先进的全球物料系统,优秀的设计、制造能力为通信、照明、工业、电子行业客户提供产品设计及制造服务。

安伏专注于一流设计的一体化定制电源解决方案、直流电源系统以及产品维护,密切配合客户需求,为客户提供有效的电源产品以及电子产品。

安伏在产品的研发中致力于减少能耗,提高效率,以及环境友好。

多年的专注经营与管理,如今安伏已成为众多知名企业的合作伙伴。

241. 百纳德(扬州)电能系统股份有限公司

BND®

地址:江苏省仪征市新集镇工业集中区创业路 10 号
邮编:211403
电话:0512 - 67671500
传真:0514 - 80857711 - 821
邮箱:online@ bnd - ups. com
网址:www. efore. com
简介:

百纳德(扬州)电能系统股份有限公司(以下简称"百纳德")为国内领先的备用、应急电源系统解决方案供应商,国家认定的高新技术企业;在南京设立了产品研发中心。公司生产和销售自主开发的 UPS/EPS 电源、交直流稳压电源、精密净化电源、直流电源、逆变器、铅酸免维护蓄电池等全系列电源相关产品。

自百纳德创立以来,我们的产品和服务得到了政府、轨道交通、高速公路、金融、科研高校、医疗、石油化工、广电、电力、军队、工矿及其他系统用户的一致认可。为用户提供性能优良、质量可靠、价格合理、服务一流的产品,既是百纳德人一直不变的承诺,也是我们持之以恒的努力。我们按用户的需求,为客户量身定制适合的产品和技术解决方案,超越用户的期望提供超值的产品和服务。

百纳德人坚持"创新"与"服务"相结合,相信只有不断开发技术先进、性能优良、质量可靠的产品,才能在激烈的市场竞争中立于不败之地。因此,我们不仅非常重视自身技术人才的引进与培养,而且特别注重与高等院校、科研机构的合作。我们的研发中心目前拥有 22 名本行业资深开发工程师,下设信息部、研发部、工艺部、试验室和技术部。到目前为止,获得了 11 项专利证书。2013 年,我们成为南京理工大学教授柔性进企业定点单位、研究生实习基地,双方合作成立了联合研发中心。2016 年,我们又与南京航空航天大学合作,共同开发国内外技术领先的 UPS 系统,并对现有产品进行全面技术升级。

公司倡导"海纳百川、以德为先"的企业文化,以"严谨细致、高效卓越"为管理理念,以"为用户提供超值的产品和服务"为经营宗旨。百纳德人以千方百计满足和超越用户的期望为工作目标,从售前方案选型、免费提供技术支持,到售中现场考察、检测用电环境、设备安装调试,再到设备售后三年免费保养维护、产品使用情况定期跟踪,我们以一丝不苟的严谨细致,为用户提供优质的产品和服务。正是凭借十几年不变的承诺与实践,如今百纳德已成为一个值得信赖的知名品牌,一个受人尊敬的企业。

242. 常熟凯玺电子电气有限公司

地址: 江苏省常熟市高新技术产业开发区金麟路 16 号 3B
邮编: 215558
电话: 0512 – 52956256
传真: 0512 – 52956356
邮箱: jinyiting@ kxeeg. com
网址: www. kxeeg. com
简介:

常熟凯玺电子电气有限公司成立于 2014 年 9 月,注册资本人民币 3000 万元,拥有科研及生产性设备 1600 万元,科研及生产场地 2000 余平方米,位于上海交通大学常熟科技园(江苏省苏州市常熟市金麟路 16 号 3B)。公司以人才为基石、创新为引领、精益生产、追求卓越、打造高端电源明星企业。专门从事各种不同频率的高端电源、射频集成电路、新型微波元器件与系统、工程软件类产品的生产、销售及新技术研发。已通过 ISO9001、14001、CE、MSDS 体系认证。合法授权使用上海凯玺电子电气有限公司拥有的"凯玺"商标,是江苏省民营科技企业(第 EC20150314 号)、常熟领军人才高科技创新型企业,荣获首届国际科创园区博览会"优秀科创企业奖"。

公司与多家国内外优秀大学及大型科研单位有着良好的互补合作关系。现有主要技术人员:正副教授 4 名、博士 3 名、硕士 2 名、高级工程师 2 名、会计师 1 名、ISO9000 内审员 6 名。已申请国家发明专利 2 项,拥有授权专利 1 项。

"可靠、绿色、优秀、强大"是我们的信条!

243. 常州诚联电源股份有限公司

地址: 江苏省常州市新北区春江镇百丈工业园创业东路 15 号
邮编: 213000
电话: 0519 – 69882589
传真: 0519 – 69882520
邮箱: 978782016@ qq. com

网址: www. czchenglian. com
简介:

常州诚联电源股份有限公司成立于 2001 年,坐落于美丽的江南水乡江苏省常州市新北区,是专业从事 LED 显示屏电源、景观标识电源、照明电源等研究、开发,生产,制造的高新技术企业,中国电源学会会员,全国各地标识行业协会会员单位,产品广泛应用于 LED 广告标识、LED 灯箱展柜、LED 显示屏、LED 照明亮化等行业,公司致力于成为开关电源行业龙头企业,目前已经开发了全系列防雨电源,显示屏电源,灯具电源,应用于重大景观亮化以及广告标识项目。目前,诚联电源拥有多项专利,公司现有常州、深圳两大研发基地,研发人员 50 多名。拥有自己的研发实验室,内置实验设备齐全,目前已自主研发出多项电源产品均已申请专利,公司产品已经荣获 CCC、CE、UL、TUV、ROSH 等多项国内国际认证。

全国各大中城市建立了几十个销售网点,拥有完善的质量跟踪与售后服务体系,能快捷、周到地为客户提供全方位服务。

244. 常州东华电力电子有限公司

地址: 江苏省常州市金坛区下塘桥 108 号
邮编: 213200
电话: 0519 – 82358200
传真: 0519 – 82359200
邮箱: tzb8896@ qq. com
网址: www. donghuaelec. com
简介:

常州东华电力电子有限公司成立于 2008 年,注册资金 100 万元,是规模化的电力半导体模块制造企业,是一家拥有自主知识产权的高新技术企业,公司地处长江三角洲,交通便利,现拥有年产 50 万只电力半导体模块的自动化生产线 1 条,拥有员工 30 人。

目前主要产品有:晶闸管、快速晶闸管、整流管和超快恢复二极管等各种桥臂模块、单(三)相整流桥模块、单(三)相交流开关模块、绝缘型降压硅堆模块以及三相整流桥与晶闸管集成的模块、NBC 焊机及充电机专用硅整流组件、IGBT 单管、MDST 组合模块以及 IPM 智能功率模块等。产品已广泛用于军工、通信、电子、交直流电机控制、励磁电源、斩波调速、光电电源、控温调光、静止无功补偿、电镀电解、交流无触点动力开关、数控机械、交流电机软起动以及各种工业自动化工业装置、逆变电源等多种行业,并在多项国家重点工程项目中得到了应用,部分产品已配套出口,稳定、可靠的产品质量深受广大用户好评。

公司秉承"亲如一家,多干实事,品质优先"的企业精神,不断引进先进技术及设备为客户提供完善的技术支持和诚挚的售后服务。东华电子渐渐建立了属于自己的领域,并愿景于创造出自己的品牌,跻身于行业发展的前端!

245. 常州瑞华电力电子器件有限公司

地址：江苏省金坛市社头工业园 8 号
邮编：213231
电话：0519 - 68080108
传真：0519 - 68080121
邮箱：Meijun. zhou@ ruihuaelec. com
网址：www. ruihuaelec. com
简介：

　　常州瑞华电力电子器件有限公司属国内最早、最具实力的专业化、规模化电力半导体模块制造企业之一，是一家拥有自主知识产权的国家高新技术企业，江苏省著名商标，成立了江苏省电力半导体器件模块工程中心，同行业中首批通过了 ISO9000 质量管理体系认证及 ISO14000 环境体系认证。

　　目前，畅销国内外市场的产品主要有：晶闸管、快速晶闸管、整流管和超快恢复二极管等各种桥臂模块以及单（三）相整流桥模块、单（三）相交流开关模块、绝缘型降压硅堆模块以及三相整流桥与晶闸管集成的模块、NBC 焊机及充电机专用硅整流组件、IGBT 单管、MDST 组合模块以及 IPM 智能功率模块等，产品均通过了国家电力电子产品质量监督检验中心的测试以及 UL 认证和 CE 认证。

　　公司与西安电力电子技术研究所、清华大学、秦皇岛燕山大学等知名院校签署了长期产学研合作协议，成立了浙江大学汪槱生院士工作站以及燕山大学研究生工作站，与国外专家团签订了长期的技术合作协议，全面引进国外知名公司的封装工艺、设计理念以及品质管理等相关技术。拥有一支由教授、高工、硕士等高级专业技术人员组成的研发团队，该研发团队勇于创新、坚持创新，取得了多项自主创新成果，并多次参与电力电子产品国家及行业标准的编审，现已拥有 20 多项国家专利。

246. 常州市创联电源科技股份有限公司

地址：江苏省常州市钟楼区童子河西路 8 号
邮编：213000
电话：0519 - 85215050, 85210525
传真：0519 - 85215252, 85215770
邮箱：www. cl - power. com
网址：cls@ cl - power. com
简介：

　　常州市创联电源科技股份有限公司（以下简称"创联电源"）成立于 2000 年 3 月，位于长江下游金三角地区重要的中心城市——江苏常州；公司占地面积 20000 平方米，注册资本 2800 万元，员工 600 余人。

　　创联电源专业从事 LED 显示屏电源、景观亮化电源、防水驱动电源、工业控制电源等产品的研发、制造与销售，公司拥有先进的自动化生产线，包括 ROHS 生产线、AI 自动插件生产线、SMT 贴片生产线等，日生产电源 3 万多台，年产各类电源超过 900 万台，公司所有产品均进行 24 小时满载高温老化，产品老化一次合格率大于 99%，年返修小于 2‰，确保了产品出厂品质。

　　创联电源广泛应用于 LED 显示屏、工业控制、广告标识、景观亮化、安防监控、楼宇照明、实验室、金融、电力、通信、医疗、机床设备、磨边设备、交通、航运、停车、游戏机等多个领域，同时也可根据客户需求，针对规格尺寸、功率、电压、电流等参数进行产品定制，最大限度地满足客户需求；创联电源大部分都通过了 3C/UL/CE/TUV/CB/FCC/KC/BIS 等各国认证，除了满足国内市场的需求，创联电源还远销欧洲、美洲、非洲、中东及东南亚 50 多个国家和地区。

　　创联电源一直致力于打造卓越的产品品质，公司拥有 2 个研发部门 40 多人的研发团队，配备有一整套国际先进的测试仪器与设备，以年销售额 2% 的研发经费投入建设了行业领先的试验室，公司及产品分别荣获高新技术企业、高新技术产品称号。

　　创联电源拥有遍布全国的销售网络，通过完善的质量跟踪与售后服务体系，能快捷、周到地为客户提供全方位服务。

　　经过 18 年的稳步发展与市场验证，创联已经成为国内最具规模的品牌电源研发制造基地、电源行业标杆企业！

　　创联人一直秉持创新驱动，联合发展的理念，以产品创新、品质优良、服务优先的经营理念不断推动开关电源领域的技术革新与进步，以对合作伙伴负责、对行业负责、对社会负责的态度，为城市添光彩，为光源提供恒久动力源。

247. 常州市武进红光无线电有限公司

HGPOWER® 红光

地址：江苏省常州市武进青洋路桂阳路 1 号
邮编：213176
电话：0519 - 86733545 86732495
传真：0519 - 86731270
邮箱：ww@ hgpower. com
网址：www. hgpower. com
简介：

　　常州市武进红光无线电有限公司成立于 1998 年，一直致力于交换式电源产品的开发及生产。公司已成为国内知名的开关电源生产基地，拥有先进的生产工艺和完善的品质保证体系，主要产品全部 CCC、UL、CE、GS、FCC 认证，并通过国际 ISO9001：2008；ISO14000：2004；GJB9001B：2015；TS16949：2015 等到质量体系认证。

　　目前，公司产品广泛应用于家电、通信网络、LED 驱动、电动汽车充电、模块电源等领域，现有固定资产 15000

万元，厂房及宿舍面积达 50000 平方米，生产开关电源 2 万台/天。

公司拥有一支作风严谨、高素质的研发队伍，可以灵活高效地为客户提供全面的电源解决方案。

创一流品质，持续不断推出高效、节能、绿色电源产品，打造中国电源品牌是我们的宗旨。

248. 固纬电子（苏州）有限公司

地址：江苏省苏州市新区珠江路 521 号
邮编：215011
电话：0512 - 66617177
传真：0512 - 66617277
邮箱：marketing@ instek. com. cn
网址：www. gwinstek. com. cn
简介：

固纬电子（苏州）有限公司（以下简称"固纬电子"）成立于 1975 年，深耕大陆市场 20 余年，是中国台湾首批电子测试测量仪器领域的股票上市公司。中国营运总部与制造基地坐落于江苏省苏州市，是全球主要的专业电子测试仪器生产厂之一。固纬电子延续 40 多年信誉与用心经营，遍布中国台湾、中国、美国、日本、韩国、马来西亚、印度及欧洲荷兰等地，行销服务全球五大洲近 100 个国家。产品阵容一应俱全，包括示波器、频谱分析仪、信号发生器、电源、基础测试测量仪器、智能实验室系统、电力电子开发设计与实训系统（PTS）、电池测试系统、自动测试系统（ATE）以及可靠性环境试验设备、可靠性委托测试验证、录像监控系统等共 400 多种产品，被广泛应用于电工电子产业的研发设计、生产制造、高校教育实验实训、科研、军工和其他电子相关领域。

固纬电子深耕产业市场，与众多知名企业长期、深入合作，研发设计的产品更符合行业测试需求。根据与产业长期的深入合作，固纬电子提供了大量符合各个产业的测试方案。

如电源测试方案、EMC 测试方案、汽车电子电源测试方案、手持式设备测试方案等。

249. 江苏爱克赛电气制造有限公司

EKSI
Electrical Powerware

地址：江苏省扬州经济技术开发区金山路 142 号
邮编：225131
电话：0514 - 87525888 87525668
传真：0514 - 87526268
邮箱：webmaster@ eksi. cn
网址：www. eksi. cn

简介：

江苏爱克赛电气制造有限公司（以下简称"爱克赛"）创立于 1999 年，是国家高新技术企业，国内大型智慧城市、云计算、大数据系统解决方案供应商和绿色能源供应商。公司专业致力于 UPS 不间断电源、EPS 消防应急电源、微模块一体化机房、锂电池管理系统（BMS）、机房精密空调、太阳能并网/离网逆变器、光伏逆控一体机、控制器、免维护铅酸蓄电池、智能微电网等高科技产品的研发、制造、EPC 系统集成与运维服务。

爱克赛长期致力开展科技创新平台建设，先后组建江苏省省级技术中心、教育部光伏系统工程研究中心产业化基地等科学研究和技术开发机构，已拥有 60 多项专利，并在同行中率先通过 ISO9001 质量管理体系、ISO14001 环境管理体系认证、OHSAS18001 职业健康安全管理体系认证、中国节能认证、泰尔认证、公安部消防认证、电信设备抗震性能检测合格证、欧洲 CE 认证、德国 TUV 认证和澳洲的 AS4777 等国际产品认证。

爱克赛拥有完善的产品销售服务网络，在国内设有 30 个分公司（办事处）和 200 多家一级销售和服务网点，用户遍及全国各地及各行各业。在海外：印尼、非洲等地设有 5 个办事处，产品远销美国、德国、加拿大等 30 多个国家。凭着一流的技术优势、过硬的质量水平、优质的服务体系，赢得各国用户的广泛赞誉。

250. 江苏禾力清能电气有限公司

地址：江苏省宜兴市经济开发区创业园二期 C2
邮编：214213
电话：0510 - 87868659
传真：0510 - 87868609
邮箱：seanjiang@ 126. com
网址：www. helinice. com

简介：

江苏禾力清能电气有限公司成立于 2011 年，地处太湖之滨江苏宜兴，为江浙沪三大都市圈的中心区域，地理位置优越，周边交通发达。公司一期注册资金 1000 万元，办公与生产面积共计 6000 平方米。2012 年公司入选无锡市引进领军型海外留学归国创业人才"530"企业，江苏省可再生能源行业协会理事单位，并通过国家太阳能产品认证，属无锡市重点高新技术企业。

公司长期致力于太阳能发电、光伏并网逆变系统、稳压系统、不间断 UPS 及光伏并网发电相关电气产品的研发、制造、销售与技术服务并提供一体化的整体解决方案。

公司现有行业专家 10 多名，行业领先的研发实力。公司拥有光伏并网逆变器、UPS、EPS 的自主开发平台和中试基地，华东地区最具现代化的电力电子专业实验室及多项相关发明专利。公司自主研发生产的 500kW 大功率逆变器、模块化 UPS 不间断电源产品获得市场一致好评。

251. 江苏坚力电子科技股份有限公司

地址：江苏省常州市钟楼区香樟路 52 号
邮编：213023
电话：0519 – 86926679
传真：0519 – 86960580
邮箱：505241319@ qq. com
网址：www. czjianli. com
简介：

　　江苏坚力电子科技股份有限公司是国内领先的变频驱动电能质量整体解决方案相关配套产品的专业制造商，公司产品包括变频周边各类电抗器、电源滤波器、正弦波滤波器、谐波滤波器、中高频变压器等，公司在同行业中率先通过了 ISO9001 质量体系认证、ISO14001 环境管理体系、OHSAS18001 职业健康管理体系以及国军标武器装备质量管理体系认证，专业的设计理念结合先进的测试设备和严格的品质管理形成了我们坚力科技独特的优势，相关产品先后通过了 UL、CSA 和 VDE 等国际安规认证。坚力科技重点关注工业自动化运用市场，紧密跟进电梯、HVAC（供暖通风和空气调节）、空气压缩机、新能源、数控机械机床等各大细分行业，公司可为客户提供标准产品以及特殊运用定制产品设计服务，可在项目初期根据不同需求为客户提供专业的测试服务以及整体解决方案设计，完美的解决变频周边出现的各类电能质量问题，公司产品目前广泛应用于通信、轨道交通、变频伺服、人工智能、航空航天、军用船舶、新能源各大领域，各行业都有突出的业绩表现。

252. 雷诺士（常州）电子有限公司

地址：江苏省常州市新北区华山中路 38 号
邮编：213022
电话：0519 – 85190886
传真：0519 – 85190886 – 8228
邮箱：zhangjun@ rerosups. com
网址：www. rerosups. com
简介：

　　雷诺士（常州）电子有限公司（以下简称"雷诺士"）是国内知名电源设备制造商，是集成设计、生产、销售、服务于一体的高科技股份制企业。公司总部及科研生产基地坐落于国家常州高新技术开发区，毗邻上海、南京，是国内电源设备制造重点企业之一。目前拥有两大生产基地、4 个生产厂区、工厂占地面积 35000 平方米。

　　公司长期从事电源产品的制造与销售，在产品的电源设计、制造工艺、出厂检验、开通调试等方面具有丰富的经验。主要产品有：UPS 不间断电源、EPS 应急电源、精密空调、精密配电柜、稳压电源、电池以及机房一体化集

成配套设备，为国内多家知名品牌 UPS 电源厂商提供 OEM 服务，相关产品已经出口到包括欧美在内的 80 多个国家和地区。公司产品具有个性化、智能化、环保化、品质高等性能特点。同时，公司具备强大的技术研发实力，能根据用户需求，量身定制非标电源产品，以满足特殊供电环境的需求。

　　公司已通过 ISO9001 质量管理体系、ISO14001 环境管理体系以及 ISO18001 职业健康安全管理体系的国际标准，并获得认证证书。相关产品已经连续入围"中央政府采购网""国税总局采购平台"企业获得"江苏省高新技术企业""绿色与创新企业""江苏省 UPS 研发机构""中国通企业协会会员""中国电源学会会员单位""最具用户满意度品牌"等荣誉称号。雷诺士产品广泛应用于医疗卫生、政府机关、税务金融、电力、教育、铁路、冶金、科研、消防、交通、国防、航空航天、广电等重要领域，在各个行业发挥着电力保护神的重要作用。

253. 溧阳市华元电源设备厂

地址：江苏省溧阳市经济开发区民营路 3 号
邮编：213300
电话：0519 – 87383088
传真：0519 – 87383088
网址：www. huayuan – power. com. cn
简介：

　　溧阳市华元电源设备厂重点自主研制和生产高可靠、节能环保型高频开关电源新产品，拥有多项专利技术和专有技术，是省级科技型民营企业。主要新产品有氙灯、金卤灯、LED 灯等电光源大中功率驱动电源，高可靠、高性能、能延长灯的使用寿命的优点，完全能替代进口同类产品；大功率高频开关电源、低压大电流高频开关电源，具有高效率、高可靠、均流好、环保等特色，可应用于太阳能、风能、谷电等的特大功率的充电储能，还可应用于高能物理、化工冶炼、航天航空、军事等领域；自主研发的电池组大电流主动均衡创新技术，能有效提高二次电池的使用性能和使用寿命。

254. 南京泓帆动力技术有限公司

地址：江苏省南京市江宁区诚信大道 885 号
邮编：210000
电话：025 – 52168511

传真：025 – 52168511

邮箱：info@ sailingdeep. com

网址：www. sailingdeep. com

简介：

南京泓帆动力技术有限公司致力于深度掌握控制系统 MBD 和机电设计 MBD 技术，为学院、科研机构和制造企业提供全面的高效工具链和完整工作流的技术服务。目前主要从事智能电网领域电力电子设备和运动控制领域高性能控制平台和开发平台的研制。

255. 南京时恒电子科技有限公司

地址：江苏省南京市江宁区湖熟镇金阳路 18 号

邮编：211121

电话：025 – 52121868

传真：025 – 52122373

邮箱：export@ shiheng. com. cn

网址：www. shiheng. com. cn

简介：

南京时恒电子科技有限公司（SHIHENG）为国家高新技术企业，专业生产全系列 NTC 热敏电阻器、NTC 温度传感器、PTC 热敏电阻器和氧化锌压敏电阻器等敏感元器件，是国内最大的敏感元器件专业生产企业之一。公司通过了 ISO9001 质量管理体系认证、TS16949 质量管理体系认证、ISO14001 环境管理体系认证，并先后被认定为"南京市民营科技企业""南京市高新技术企业""江苏省民营科技企业""国家高新技术企业"。公司还是中国电子元件协会（CECA）会员单位和中国电源学会会员单位。

公司不断研发出具有国际先进水平的新产品，多项科技项目获得包括国家火炬计划、国家科技部创新基金在内的各级政府的立项和资助。

主要产品均通过了 CQC 标志认证、美国 UL、C – UL 安全认证和德国 TUV 认证，产品广泛应用于工业电子设备、通信、电力、交通、医疗设备、汽车电子、家用电器、测试仪器、电源设备等领域。

256. 南通嘉科电源制造有限公司

地址：江苏省启东市和平中路 855 号

邮编：226200

电话：0513 – 83688802

传真：0513 – 83688802

邮箱：nijianjian@ 126. com

网址：www. jkzhiliudianyuan. com

简介：

南通嘉科电源制造有限公司专注生产 JKDY 系列开关型直流稳压稳流电源，是产品研发、产品集成、产品认证、生产测试及老化、自动化制造测试和过程控制等应用领域的可靠高性能直流电源供应器。产品采用高频 PWM 硬件调整软开关控制技术，具备交、直流兼容输入及各种保护功能。采用进口 IGBT 模块功率器件及全桥变换技术，具体高效能、高精度、高稳定性、小体积等特性，优化于线性电源和硅整流电源的高效率，产品可长时间运行可靠，过载能力强。别名：可调开关电源，可调直流稳压电源，大功率直流稳压电源，直流可调稳压电源，直流电源供应器，大功率直流电源，高压直流稳压电源。

JKDY 系列开关型直流稳压稳流电源，其电压电流值从零到额定值连续可调，恒压恒流自动转换，在额定范围内任意选择且限制保护点。电压、电流同时数字显示。产品具有过电压、过电流、输入缺相、输入欠电压、输入过电压、短路、过载等保护功能。开机延时软启动，避免开机输出电压过冲。产品可多台并串机，实现功率扩容。产品控制可手动旋钮、按键、计算机、PLC 等可选。

目前，JKDY 系列开关型直流稳压稳流电源广泛应用于电力、工控、通信、科研、铁路、汽车、船舶、蓄电池充电、航空航天、表面处理、电化学、新能源、电容器、电机、污水处理、电子产品生产检测、LED 照明、加热、地质勘探、医疗设备（MRI）、半导体设备（MOCVD）、真空镀膜设备等行业。国内已有众多企业单位使用 JKDY 系列直流稳压稳流电源用于产品测试和老化，另外，众多科研单位、军工电子研究所、航空电器、有色金属等单位，使用此电源进行高精度高强度电源供应下的科研工作，广受好评！

257. 苏州锴威特半导体有限公司

地址：江苏省张家港市杨舍镇沙洲湖科创园 A1 幢 9 层

邮编：215600

电话：0512 – 58979952

传真：0512 – 58979952

邮箱：sales@ convertsemi. com

网址：www. convertsemi. com

简介：

苏州锴威特半导体有限公司成立于 2015 年，位于张家港市高新技术产业开发区，设有西安子公司和无锡研发中心。公司专注于智能功率器件与智能功率集成芯片的研发、生产和销售，先后获评张家港市创业领军人才、姑苏天使计划以及姑苏创业领军人才重点项目，是省民营科技企业及国家高新技术企业。

我们的主要成员在功率半导体领域累积了 10 年以上的产品开发经验，已成功开发了 7 个系列，共计超 200 个产品，功率器件产品主要包括：VDMOS、SJ MOSFET、Smart-MOS、集成 FRD 或 ESD 功率器件，智能功率集成芯片产品主要包括：功率驱动芯片，工业控制芯片，智能电源管理芯片等。广泛应用于工业控制、家用电器、电动车、机器人、无人机、充电桩等领域。拥有品牌客户 60 多家，与中国台湾汉磊签署有自主知识产权的功率器件相关技术专有协议，成为汉磊仅次于英飞凌的第 2 大客户；与西安卫光签署有战略合作协议，独家民品代工，高端功率器件研发协议。公司通过了 ISO9001、ISO14001 体系认证。目前，累计申请专利 22 项，获得发明专利授权 3 项、实用新型专利授权 8 项、高新技术产品认证 4 项、集成电路布图保护 6 项，其中"1500V 高压功率 MOSFET CS4N150"产品获评 2017 年第十二届中国半导体创新产品和技术奖。未来，公司将逐步组建或引入配套资源，在西安和苏州形成以功率半导体和功率集成电路为核心的产业园。

258. 苏州市申浦电源设备厂

地址：江苏省苏州市吴中区角直镇凌港村角胜路（胜浦大桥南 100m）
邮编：215127
电话：0512 – 65043983
邮箱：515596668@ qq. com
网址：www. sz – spdy. com
简介：

苏州市申浦电源设备厂坐落于美丽富饶的长江三角洲，南临苏沪机场路，北靠 312 国道，交通便利，环境优美，本厂技术先进，实力雄厚，是集科研生产一体化的专业企业。

本厂专业生产 BT – 33 型多功能大功率晶闸管触发板、BT – 1 型多功能恒流压调节板、整流器、晶闸管硅调压器、直流调速器、电子负载、充电机、恒流源及各种规格晶闸管硅调压变流设备。普通硅整流设备，大功率高频开关电源，贵金属电镀用脉冲电源，铝氧化用大功率脉冲电源，蓄电池生产测试用大功率充放电电源，大功率直流电机调速装置及其他蓄电池生产测试用相关设备。

公司的市场营销策略：优质低价，服务快捷，相同档次的产品我们的价格达到最低。

我们将以一流的创业精神、全新的质量观念、优质的服务态度和精诚的团结信念广结中外朋友，共谋事业发展。

259. 太仓电威光电有限公司

EPE
電威光電有限公司
ETHER POWER
ELECTRONICS TECHNOLOGY CO.,LTD.

地址：江苏省太仓市城厢镇新毛区新港西路 66 号
邮编：215400
电话：0512 – 82775558
传真：0512 – 82776898
邮箱：epe@ powerepe. com
网址：www. powerepe. com
简介：

太仓电威光电有限公司于 1999 年在中国台湾台北成立，专业从事各类电子式安定器的研发与生产，应市场需求，于 2000 年在江苏太仓设立工厂，本着"专业研发、专业生产、共享市场、创造双赢"的发展策略全方位满足客户需求，提供客户最可靠的品质与服务。

太仓电威光电有限公司是第一家完成数字电路超薄化安定器的华人企业，拥有专用芯片，产品畅销全球。

太仓电威光电有限公司于 2004 年通过 ISO/TS16949 品质保证系统的认证，确保产品通过 FCC、CE/CB、TUV、UL、CQC 等权威国际认证，符合 RoHS 法规中产品有害物质使用禁令限制，维护环境。

公司主要产品：
1）LED 驱动电源：室内、室外照明。
2）CDM 陶瓷金卤灯电子式安定器：路灯、商业空间照明，民用照明。
3）HID 石英金卤灯电子式安定器：舞台演出灯具、摄影棚灯具、船舶照明、汽车头灯。

260. 无锡东电化兰达电子有限公司

TDK

地址：无锡市行创二路 6 号
邮编：214028
电话：0510 – 85281029
传真：0510 – 85282585
邮箱：david. wei@ cn. tdk – lambda. com
网址：www. cn. tdk – lambda. com
简介：

无锡东电化兰达电子有限公司（TDK – Lambda）是全球领先的工业电源制造商，创立至今已有 70 年的历史，隶属于世界著名电子元器件品牌 TDK 集团。产品广泛应用于医疗、智能电网、轨道交通、测试测量、科研、半导体、通信等行业，约占全球工业电源 1/5 的市场。在北美、欧洲与中东、东南亚，日本和中国等 14 个国家和地区拥有研发中心、生产基地、销售网络和客户服务系统，向全球客户提供安全可靠的开关电源产品，方案和技术支持。

TDK – Lambda 立足中国超过 20 年，工厂位于江苏省无锡市新加坡工业园区，年产值已达 6 亿元人民币，员工近千人，在北京、大连、无锡、南京、上海、杭州、成都、西安、武汉、长沙、深圳、广州、中国香港和中国台湾台北设立了销售分公司或办事处。其中，上海分公司作为 TDK – Lambda 中国的研发中心、销售和市场总部，与美国、以色列、英国、德国、新加坡和日本等集团公司有着广泛密切的交流与合作，一直致力于高可靠性 AC – DC、DC – DC 开关电源的新品研发和技术革新，提高效率，降低噪音，为持续改善社会与自然环境做出贡献。

261. 扬州凯普电子有限公司

KPR

地址：江苏省高邮市高邮镇工业园区
邮编：225600

电话：0514 - 84540882
传真：0514 - 84540883
邮箱：service@ yzkprdz. com. cn
网址：www. yzkprdz. com. cn
简介：

扬州凯普电子有限公司是一家致力于军用高可靠性全系列薄膜电容的研发、制造、营销和服务的高新技术企业。通过引进国内外最先进的制造和试验设备、自主研发及高校科研院所合作已建立市级研发和工程中心，及江苏省研究生工作站，并获得多项自主知识产权的专利技术。公司在研制过程中，完全按照 GJB 9001B、TS16949 等标准体系构建并有效运行，系列产品获得"江苏省高新技术产品"、"江苏新产品新技术"多项认定，并均通过专业机构的认证。

公司以市场需求与科技发展为导向，以一流的品质、完善的服务为依托，获得了全球客户的信赖，产品广泛应用于军事装备、新能源汽车工业控制及消费电子等多个领域，并可根据客户的设计要求提供个性化定制产品。

262. 越峰电子（昆山）有限公司

地址：江苏省昆山市黄浦江北路 533 号
邮编：215337
电话：0512 - 57932888
传真：0512 - 57664667
邮箱：info@ acme - ks. com. cn
网址：www. acme - ferrite. com. tw
简介：

越峰电子（昆山）有限公司成立于 2000 年，为中国台湾企业，本公司主要业务为锰锌和镍锌软性铁氧磁铁心之制造及销售，产品属于电感类被动电子组件，为功率变压器、负载线圈、抗流圈、消磁线圈、感应天线棒/平板等的原材料，应用于交换式电源供应器、计算机显示器、笔记型计算机、宽频网络系统、车用电力电子、车用天线棒/感应钥匙、无线充电器、电话交换机、中继站、行动电话、PDA、液晶电视、数位相机、数位摄影机、掌上型电玩以及扫描器等 3C 产品。

263. 张家港市电源设备厂

地址：江苏省张家港市长安中路 599 号
邮编：215600
电话：0512 - 58683869
传真：0512 - 58674019
邮箱：zjgpower@ hotmail. com
简介：

江苏省张家港市电源设备厂位于风景秀丽、美丽富饶的长江三角洲畔的新兴城市——张家港市，紧靠苏锡常沪等发达地区，交通便捷。

我厂始创于 1983 年，主要生产通信电源、高频开关稳压电源、直流稳压恒流电源、逆变电源、变频电源、交流稳压电源、UPS 不间断电源和中频电源等各种电源，集开发、生产、销售、工程设计施工等多种业务于一体的专业工厂。我们的产品以体积小、重量轻、效率高、智能化程度高、维护操作方便等诸多优点，赢得了用户的一致好评。

本厂通过了 ISO9001 质量体系认证，形成了完备的质量管理体系（原材料采购、物料管理、产品制造与质量控制、生产技术工艺与设备管理、产品储运等）。我们将紧随国际电力电子技术的发展步伐，不断研发更高性能的电源系列产品，以高标准、高品质、高性价比来满足广大用户的要求，同时我们也为客户量身定做电源产品来满足用户的特殊需求。

浙江省

264. 杭州奥能电源设备有限公司

地址：浙江省杭州市西湖区科技经济园区振中路 202 号 1 号楼
邮编：310030
电话：0571 - 88966622
传真：0571 - 88966986
邮箱：on@ on - eps. com
网址：www. on - eps. com
简介：

杭州奥能电源设备有限公司是一家集开发、生产、销售、服务为一体的国家高新技术企业和软件企业，专业生产逆变电源、UPS 电源、高频开关电源、电力用智能一体化电源、高压直流电源（hvdc）系统、新能源电动汽车充换电系统等系列产品及一体化解决方案的主流供应商。

"质量第一，客户至上"是公司的经营理念，我们奉献给用户的不仅是品质优良的产品，同时也是我们优质、可靠、及时的服务。随着企业的不断发展，公司已全面贯彻实 ISO9001 质量管理体系并顺利通过认证。

客户的满意是我们永远的追求！

创一流企业是我们最终的目标！

企业使命：致力于为社会节能做出贡献，并在此过程中，为全体员工追求物质与精神两方面幸福搭建平台。

企业愿景：成为行业内极具实力和倍受尊敬的企业。

核心价值观：创造价值、创造快乐、守正出奇、敬业爱岗、分享共赢。

发展理念：做大、做专、做快、做强。

员工管理理念：以人的发展为本。

265. 杭州快电新能源科技有限公司

地址：浙江省杭州市滨江区秋溢路 500 号 1 号楼 2 楼
邮编：310053

电话：0571 – 87700871

传真：0571 – 87700502

邮箱：yejun@efastcharge.cn

网址：www.efastcharge.cn

简介：

　　杭州快电新能源科技有限公司（以下简称"杭州快电"）是一家专注于电力电子产品和新能源技术的高科技企业，公司坐落于风光秀丽的钱塘江南岸杭州滨江高新技术产业开发区，公司主要业务为面向行业应用的电源一体化系统、新能源电动汽车充换电系统、电力电源和储能装置的研发设计、生产制造以及系统集成和服务，向客户提供从前端设备到后端系统的完整解决方案。

　　成立之初，就立志为电力能源行业贡献技术先进、质量稳定的产品，致力于为各行业提供高效稳定的电源产品和电源管理平台的整体解决方案，为新能源汽车制造商、新能源汽车车主、充电设施运营商提供充电设备、充电系统以及充电运营整体解决方案，为客户提供一站式服务。公司长期扎根于交直流电源产品领域，并与浙江大学、武汉大学、国网电科院等国内知名高校院所建立合作研究机制，在电源设备的关键技术上具有深厚的技术底蕴，具备多个发明专利和软件著作权。经过多年的快速发展，杭州快电如今已拥有一个自动化生产基地以及高新技术研发中心，在全国各个主要城市设有销售与服务办事处，已经在智能电网、工业电源、电动汽车充换电、电力电源和储能领域具备了很强的自主开发、生产、服务优势。同时，公司在电源系统的行业应用中积累了丰富的建设和服务经验，在新能源电动汽车领域中也形成了对充电设备、充电站整体建设、充电运营等产业链的全覆盖。

　　杭州快电先后引入一系列质量管理体系来持续提高企业管理水平，确保产品质量和服务水平，公司具有 ISO 质量管理体系、职业健康安全管理体系以及环境管理体系认证证书，产品均通过国家权威检测机构的认证测试。公司几年来不断总结产品投运期间的各种使用经验，坚持改进升级，不断优化产品设计，持续提高产品性能。杭州快电的电源一体化解决方案和电动汽车充换电解决方案，以时尚的外观、良好的用户体验揽获客户青睐，合作伙伴遍布全国，远销海外。

　　将与合作伙伴一道，利用先进的技术创造零污染的绿色生活方式，不断为中国的新能源战略助力。

266. 杭州易泰达科技有限公司

地址：浙江省杭州市上城区钱江路 58 号太和广场 3 号 15 楼

邮编：310008

电话：0571 – 85464125

传真：0571 – 85464128

邮箱：sales@easi – tech.com

网址：www.easi – tech.com

简介：

　　杭州易泰达科技有限公司致力于为以电源为主的机电产品创新设计提供解决方案，包括设计工具提供与集成、产品开发与优化、研发流程改造与定制、设计团队能力建设与提升。

　　多年来，我们凭借在电磁场、温度场、结构应力场、流体场及多场耦合领域的技术优势，围绕电机、电源、控制器、电磁装备、复杂机电系统等产品，为国防军工、航空航天、轨道船舶、汽车、工业自动化、家电、电梯、石油化工、新能源等行业提供设计仿真工具产品及设计咨询服务。我们从工程设计方法和项目数据管理手段两个方面出发，帮助客户解决技术难题，提升技术能力，实现技术创新，增强竞争力并提高效益。

267. 杭州远方仪器有限公司

地址：浙江省杭州市滨江区滨康路 669 号

邮编：310053

电话：0571 – 86699998

传真：0571 – 86673318

邮箱：emc@emfine.cn

网址：www.emfine.cn

简介：

　　杭州远方仪器有限公司是远方光电（股票代码：300306）的全资子公司，专业从事电磁兼容（EMC）& 电子测量仪器的研发及 EMC 实验室整体解决方案的提供，是国内最早独立进行全系列电磁兼容测试仪器研发的国家重点高新技术企业之一。建有企业院士工作站、博士后工作站、省企业技术中心、省研发中心等科研平台，并多次承担国家高技术研究发展计划（863 计划）课题和省市级重大科技攻关项目，拥有国内外发明专利 30 余项。2013 年被评为福布斯潜力上市公司 100 强企业（排名第四）。

　　经过多年的技术发展与积累，远方公司的 EMC& 电子测量仪器已远销全球 70 多个国家和地区，应用于 LED 和照明、家用电器、电动工具、低压电器、医疗器械、国网电力、通信、广播音视频、汽车电子、军工等领域，客户包括中国科学院、中国计量院（NIM）、ETL 国际认证实验室、中检集团、深圳计量院、广东省出入境检验检疫局、清华大学、浙江大学、四川大学、philips、三星、松下、西门子、海尔、美的、TCL 等著名国际检测认证机构、跨国企业、研究所及高校。

268. 杭州中恒电气股份有限公司

地址：浙江省杭州市滨江区东信大道 69 号

邮编：310053

电话：0571 – 56532188

传真：0571 – 86699755

邮箱：zhangning@ hzzh. com
网址：www. hzzh. com
简介：

　　杭州中恒电气股份有限公司（股票代码：002364，简称"中恒电气"）自 1996 年创立以来，始终秉承"至诚至精，中正恒久"的企业价值观，以"致力于创新应用电力电子和互联网技术，为用户提供世界一流的产品"为使命，稳健务实，精简高效，快速成长。

　　专注于主营业务，围绕两大业务板块深耕细作，电力信息化板块，为电网企业、发电（含新能源）企业、工业企业的"自动化、信息化、智能化"建设与运营提供整体解决方案；电力电子产品制造板块，为客户提供通信电源系统、高压直流电源系统（HVDC）、电力操作电源系统、新能源电动汽车充换电系统等产品及电源一体化解决方案。

　　以市场为导向，不断发掘客户的需求，坚持技术驱动，持续创新，不断为客户创造新的价值，为客户提供增值服务，是行业的领军企业。国家电网、南方电网、中国移动、中国电信、腾讯、阿里巴巴、百度、戴尔等都是公司长期合作的核心客户。

　　"守拙出奇，恒久致远"，中恒人既坚守自己的信念，也善于抓住时代机遇，依托自身深厚的电力行业背景，以及跨界的技术优势，实现从软件和设备供应商向智慧能源综合解决方案服务商的升级，逐步将产业重点转向能源互联网，完成公司跨领域的产业整合。

269. 弘乐电气有限公司

地址：浙江省乐清市柳市镇象阳产业功能区
邮编：325604
电话：0577 – 61762777
传真：0577 – 61755177
邮箱：linfor@ honle. com
网址：www. honle. com
简介：

　　弘乐电气有限公司是国内知名的电源供应商，是中国电源学会会员。公司自创立以来，一贯坚持"科技是第一生产力"的理论导向，以品牌战略为先导，凭着对电源技术前瞻性理解，以完善的工艺和对品质的孜孜追求，为各行各业的精密设备提供安全稳定的电力供给保障，在国内外市场上树立了美好形象。

　　公司以"弘扬和谐，乐享世界"的企业精神为核心，先后推出稳压电源，精密净化电源，直流电源，逆变电源，调压器等系列多种电源产品，实行供、销一体化。公司在电源的品种、质量、规模和管理模式等方面已得到了完善，使公司产品质量达到先进技术水平，畅销全国，部分出口国外，深受广大客户的好评。

　　本公司产品由中国人民保险公司承保。公司始终以"质量求生存，创新求发展"的方针，通过了 ISO9001 质量管理体系认证。

270. 康舒电子（东莞）有限公司杭州分公司

地址：浙江省杭州市西湖科技园区西园八路 11 号杭州数字信息产业园 D 座 3 楼
邮编：310030
电话：0571 – 87997535
传真：0571 – 87963179
邮箱：hr_ hz@ acbel. com
网址：www. acbel. com
简介：

　　康舒电子（东莞）有限公司杭州分公司（以下简称"康舒科技"）创立于 1981 年，一直谨守创新、和谐、超越的经营理念，并以客户满意为目的行事，经过持续不断的技术创新及客户开拓，以电源管理技术为核心的康舒科技已成为众多世界一级大厂的主要合作伙伴，并进入全球电源供应器产业的领导厂商之列。

　　康舒科技目前以中国台湾为全球研发总部，在中国内地、美国及马来西亚等地亦设有专业研发团队。近年来，康舒科技有感于地球暖化情形日益显著，除了积极改进产品设计以提高电源供应器产品的电力转换效率，协助客户的终端系统节能减碳外，也积极投入照明、能源及电力通信等新触角，期以电源管理的核心技术为基础，发展出整体解决方案。

　　杭州分公司作为康舒科技的电能转换研发部，主要围绕电动汽车用各类电源开展应用：客户遍及整车厂、动力电池厂及国家电网等，产品包括车载产品、非车载产品和动力电池的管理与均衡系统等。公司为优秀人才搭建了良好的发展平台，在这里，您将接触到业界领先的技术和富有激情的工作团队。

271. 宁波博威合金材料股份有限公司

boway 博威合金

地址：浙江省宁波市鄞州经济开发区宏港路 288 号
邮编：315145
电话：400 – 9262 – 798
传真：0574 – 83064819
邮箱：sales@ pwalloy. com
网址：www. pwalloy. com
简介：

　　宁波博威合金材料股份有限公司创建于 1993 年，注册资本 627 219 708 元人民币，拥有博威云龙、博威滨海、博威尔特（越南）三大工业园区，占地面积 36.44 万平方米，员工 3000 余人，其中博士、硕士以上的专业研发人员有 49 人。公司于 2011 年 1 月在上交所主板上市（股票代码：601137），历经多年发展，现已成为中国首批创新型企业、国家技术创新示范企业、中国重点高新技术企业、国际有色金属加工协会（IWCC）董事单位和技术委员会委员，拥有博士后科研工作站、国家认可实验室、国家认定企业技术中心和国家地方联合工程研究中心。根据公司战略，博威合金构建起"新材料""新能源""资本合作"三轮驱动的产业格局，近年来完成新材料创新项目50多项，目前已申报65项发明专利，其中授权国家发明专利37项，美国发明专利1项。公司主导或参与我国有色合金棒、线21项国家标准、5项行业标准编制，推动我国有色合金材料产业快速发展。

272. 温州楚汉光电科技有限公司

地址：浙江省温州市乐清市柳市镇前州工业区南河路25号
邮编：325604
电话：0577－62861001
传真：0577－62861003
邮箱：1393136625@ qq. com
网址：www. chinachuhan. com
简介：

温州楚汉光电科技有限公司是一家拥有自主知识产权的专业从事低压电源及大功率LED电源研发、制造、销售的高科技企业。公司目前涉及的产品系列包括开关电源、LED电源、逆变器、整流器，产品广泛运用于高低压配电、仪表仪器电源、景观照明、商业照明、工矿照明等领域。我们以"专业，合作，诚信"为原则，以严于律己的管理，获得广大国内外客户的青睐。

273. 浙江创力电子股份有限公司

地址：浙江省温州市龙湾区高新技术产业园区F幢2楼
邮编：325013
电话：0577－86557922
传真：0577－86557923
邮箱：gulitao@ makepower. cc
网址：www. makepower. cc
简介：

浙江创力电子股份有限公司（以下简称"创力电子"）成立于1996年，发展至今已成为一家集科技、工贸为一体的高科技企业。目前，公司是在国内通信行业从事微电子技术开发与推广应用及系统整合的知名企业，是专门从事各类数据测量、传输及设备自控、信息技术等产品的设计、开发、生产及系统整合的高新技术企业。

通过多年的经营发展，创力电子已通过国家高新技术企业和浙江省软件企业的认定，2005年被接纳为中国电源学会、中国通信电源标准协会会员单位。自2002年以来，公司一直坚持贯彻各类国际先进体系标准，先后通过了

ISO9001质量体系标准、ISO14001环境管理体系、OH-SAS18001职业健康安全管理体系、ISO20000－1信息技术服务管理体系、ISO27001信息安全管理体系的认证。

公司管理规范，质量保证体系完善，公司管理层创新意识和开拓能力强，有较强的新产品研究攻关能力，从事新产品生产的条件、项目实施所需的设施基本具备，原材料的来源、供应渠道有可靠保障，环境保护措施达标，劳动保护与安全健康管理工作实际有效。自成立以来，企业已获得各类授权专利151项，其中发明专利4项，另有计算机软件著作权21项，企业牵头或参与行业标准制定达30余项。

274. 浙江高泰昊能科技有限公司

地址：浙江省杭州市西湖区振中路208号艾健科技园
邮编：310000
电话：0571－85826623
传真：0571－88909603
邮箱：gthn@ qualtech. com. cn
网址：www. qualtech. com. cn
简介：

浙江高泰昊能科技有限公司是一家致力于发展新能源领域电池管理系统和电动汽车整车控制系统研发、设计、生产与销售为一体的高新技术企业。是国内技术领先，市场占有率高的电动汽车电池管理系统（BMS）供应商和整车控制器（VCU）供应商。

于2011年成立，目前已形成了本、硕、博完整的研发团队，累计已经有近15万台车的项目供货经验。

公司成立至今，积累了大量的行业经验和运营模式（如杭州微公交模式、电动汽车换电模式、电动汽车随借随还租赁模式），已形成包括电池管理系统、整车控制系统、高压配电箱和电池充换电站/储能站控制系统等四大产品线，覆盖了新能源电动汽车基础设施建设和整车控制的关键产品领域，并可以运用于储能领域的电池管理系统。基于多年对BMS、VCU的研究积累，公司拥有业界领先的核心技术，BMS、VCU产品性能领先、可靠性高，目前产品已广泛应用于国内各大整车厂的纯电动大巴车、纯电动乘用车、纯物流车、储能系统上，产品已经通过严格测试和整车厂量产运营，经过产业化运作，目前公司对接的客户已覆盖全国18个省市地区。

公司已通过IATF16949/ISO9001质量管理体系认证，规范了产品的开发和生产的流程，严格把控产品质量，使得公司的产品在国内处于领先地位。公司已申请并通过了4项发明专利和15项实用新型专利，以及20余项著作权和软件产品登记证书。公司已经获取软件企业资质，同时获取国家高新企业资质，公司《电动汽车电池安全智能管理系统》获得国家创新基金项目的资助并通过验收。

公司本着服务客户、客户至上的原则，针对客户需求

所研发和生产了具有高可靠性、高性价比的系列汽车级产品，公司专注于电动汽车动力总成控制系统的开发和应用，积极快速响应客户需求，第一时间解决客户问题，为电动汽车整车行驶和电池安全保驾护航。

浙江高泰昊能科技有限公司期待与您精诚合作，发挥协同创新优势，以求互惠互利，共同推进中国新能源产业的发展！

275. 浙江海利普电子科技有限公司

地址：浙江省海盐县武原镇新桥北路 339 号
邮编：314300
电话：0573 – 86169999
传真：0573 – 86158001
邮箱：xuliqun@ danfoss. com
网址：www. holip. com
简介：

浙江海利普电子科技有限公司（以下简称"海利普"）成立于 2001 年，于 2005 年被 Danfoss（丹佛斯）纳入旗下，成为其全资子公司，丹佛斯是丹麦最大的跨国工业制造公司，创立于 1933 年，丹佛斯以推广应用先进的制造技术，并关注节能环保而闻名于世，是制冷和空调控制，供热和水控制，以及传动控制等领域处于世界领先地位的产品制造商和服务供应商。

海利普共有员工 500 余人，是一家集研发、生产、销售于一体的国家高新技术企业，同时企业也拥有省变频研发中心，省企业研究院的殊荣。其核心产品 HLP 系列变频器，广泛应用于纺织、化工、机床、塑料等行业，先后被列入"国家重点新产品""国家火炬计划项目"，并于 2004 年被授予"浙江省名牌产品""国内最具潜力的产品"，同时海利普也是国内最大的变频器生产厂家之一。

为迎合丹佛斯在中国建立第二家乡市场的战略，海利普依靠丹佛斯的强大支持，寻求高速发展。更加巩固海利普在国产变频器领域的领先地位，同时逐渐成为丹佛斯旗下的传动控制部在亚太地区的制造和物流中心。

276. 浙江宏胜光电科技有限公司

地址：浙江省乐清市柳市镇柳黄路 2285 号 5 楼
邮编：325604
电话：0577 – 61676211
传真：0577 – 61676212
邮箱：9029226@ qq. com
网址：http://hosgd. 1688. com
简介：

浙江宏胜光电科技有限公司创立于 2010 年 3 月，是一家集开发、设计、生产、销售、服务于一体的高科技专业化电源制造企业。

公司重视人才的培养与引进，以人为本的理念，拥有一批高素质专业人才。公司员工 200 余人，其中高级技术人员 10 多人，专业管理人员 20 余人，质检人员 10 余人；年产量达 200 多万台电源，厂房面积 5000 平方米；公司注册资金 1020 万元，是国内最具规模的开关电源专业制造企业。

本公司以产品质量为方针，注重产品的研发，技术的更新；同时公司引进全自动插件机、自动化生产流水线，采用精确完善的检测设备，筛选优质的进口电子元件；产品经过 100% 烧机老化、耐压检测，合格率高达 99% 以上，通过先进的管理和流程，铸就高品质的电源产品。

公司主要产品：防水电源、防雨电源、AC – DC 单组、多组开关电源、超薄型、小体积、导轨型、大功率开关电源、DC – DC 开关电源、充电开关电源、适配器开关电源、逆变器开关电源等上千种电源规格产品。另外，公司可快速开发各种非标电源及特殊定做规格电源产品，来满足客户对不同产品的需要。产品广泛应用于 LED 亮化工程、LED 显示屏、监控设备、医疗设备、工控自动化、电力通信等领域。

企业宗旨：服务员工、服务顾客、服务社会。
企业方针：技术创新；质量创新，服务创新。
企业口号：全力打造中国电源第一品牌。
本公司竭诚欢迎各界朋友前来考察、洽谈、合作、共图发展！

277. 浙江暨阳电子科技有限公司

地址：浙江省诸暨市暨阳街道大侣路 60 号
邮编：311800
电话：0575 – 87327588
传真：0575 – 87995599
邮箱：wangyang@ zjjiyangdz. com
网址：www. zjjiyangdz. com
简介：

浙江暨阳电子科技有限公司是一家集研发设计、生产制造、销售服务于一体的专业磁环电感元件生产企业。由浙江菲达集团公司（股票代码：600526）与诸暨斯通电子有限公司实行股份制合作成立而来，现注册资金为 3500 万元。

公司电子磁环电感产品专注为电源系统、电源适配器、LED 照明、消费电子、新能源汽车、光伏电源等领域提供最适合的电感配套解决方案。公司拥有 20 年的自动化设备研发经验，目前拥有发明专利 3 项、其他专利 15 项。其自主研发的磁环全自动绕线机、自动上锡机、全自动检测机，均填补了国内磁环全自动化生产制造的空白，是真正实现了磁环电感全自动化生产的制造企业。

公司现有员工 135 人，其中研发技术人员 15 人，工厂厂房总面积为 10000 平方米。目前拥有全自动绕线机 200 台，可日绕线 100 万只，日产电感 70 万只，具备大批量稳定供货的能力。公司已通过 ISO9001 质量管理体系认证。

278. 浙江巨磁智能技术有限公司

MAGTRON

地址：浙江省嘉兴智慧产业院 4 号楼
邮编：314001
电话：0573 – 83853278
传真：0573 – 83853277
邮箱：info@ magtron. com. cn
网址：www. magtron. com. cn
简介：

浙江巨磁智能技术有限公司是一家专业从事智能传感器芯片技术开发与应用的高科技公司，为全球智能磁电传感产业发展提供极具创新的 SoC 单芯片级别解决方案。将创新产品带给智能交通、汽车、新能源、机器人、运动控制、轨迹追踪等多个行业和应用。

公司核心开发基于巨磁阻（GMR）及磁通门（Fluxgate）传感集成的单芯片 SOC 产品，为业界带来全球首发 Quadcore 集成 FPGA 可编程及 DSP 的电流传感器 SOC 芯片，可实现任意电流等级、任意增益以及真正的零漂移，单芯片封装芯片 MS 系列产品将优化光耦放大器或互感器等采样方式，将电阻变为更加智能，彻底改变使用电流传感器昂贵以及光耦电路匹配负责等现状，而全集成可编程序的传感器模块 JCB、MX 等系列，将为节省客户成本、实现任意电流增益，为客户提供便捷的定制服务。全球首款集成磁通门以及安全自检功能单芯片 Self – Check 的剩余电流检测芯片方案 MT 系列，以及其各个功率段漏电流传感模块（RCMU），为新能源电动汽车、充电站以及光伏逆变器提供一种超高性价比的产品方案，已经成为行业众多领先厂家应用开发的不二选择。

279. 浙江琦美电气有限公司

QME® 琦美电气
QIMEI ELECTRC

地址：浙江省乐清市北白象象塔南路 63 号
邮编：325604
电话：0577 – 62898207
传真：0577 – 62897207
邮箱：284687208@ qq. com
网址：www. qmdianqi. com
简介：

浙江琦美电气有限公司（以下简称"琦美电气"）坐落在享有三山之一的雁荡山脚下、同时坐拥极富盛名的中国"电气之都"柳市。本公司是一家专业从事高科技电源电子产品的研发、生产及销售于一体化企业。公司技术实力雄厚，积多年与欧洲知名电气公司、国内知名高院校的合作技术成果和经验，研发并制造国内外领先的高科技电源系列产品。

经过多年克难攻坚，公司在国内外已形成以省市为办事处的经销网络，产品用户遍及全国各地，如：智能建筑、消防、交通、体育中心、地铁、电信、军工、银行、工厂、证券、医院等各个用电单位及居民楼。公司主要生产：双电源，稳压电源，EPS 消防应急电源系列、UPS 不间断电源系列、消防巡检柜，电气火灾监控系统、消防监控系统、蓄电池，应急电源变压器，直流配电柜，变频恒压供水控制柜，智能软启动控制柜，自耦减压启动柜，逆变电源，直流屏，智能操控电源，智能高频电源模块，变频电源系列等电源产品。

琦美电气将继续以"科技创新、机制创新、管理创新、营销创新"的理念，坚持以人为本，打造和谐企业，始终如一的走"以质量立厂、以科技兴业"的发展道路，不断投入新产品研发，全力进行新产品推广，更加完善售后服务保障机制，努力满足客户对产品功能、质量和服务的需求。

琦美人将"追求卓越、回报社会"视为自己的奋斗目标，在前进的道路上积极进行改革创新，不断调整产品结构，实施品牌战略，真诚与国内外客商及社会人士携手并进，引领科技，共创辉煌！

售优质产品、保一流服务、是所有琦美人永远不变的服务承诺！

280. 浙江腾腾电气有限公司

TTN
TTN ELECTRIC

地址：浙江省温州市鹿城轻工产业园区创达路 28 号
邮编：325019
电话：0577 – 56968888
传真：0577 – 56556999
邮箱：hr@ ttnpower. com
网址：www. tinglang. cnwww. ttnpower. com
简介：

浙江腾腾电气有限公司系国家高新技术企业、浙江省科技型中小型企业、浙江省企业技术研究开发中心、浙江省专利示范企业，是中国电源学会会员单位、中国电器工业协会会员单位。公司成立于 1994 年，是一家集研发、生产、销售各种规格光伏离网发电系统、智能交直流稳压电源、UPS、EPS、智能家居、计算机万年历等产品为一体的现代化电气行业翘楚。在公司 100 多类 1000 余种研发产品中，共覆盖家庭、工业、农业、消防、通信、医疗等诸多领域，销售网点 500 多处遍及全国各地，办事机构延伸到莫斯科、法兰克福、洛杉矶、迪拜、拉各斯等国际大都市，产品畅销全球 50 多个国家和地区。目前，新研发的 3D 打印设备即将投产，产品系列包含从单头单色打印到多头多色打印，材质包含打印塑料及打印金属；GPRS 智能路灯控制系统，通过网络控制调节，为现在普遍使用的路灯系统节省 40% 以上的电能；IGBT 智能高频电子式稳压电源产品为各领域高、精、尖设备的必备配套产品，此项科技产品的研发成功将是国际上高端电源产品中的一次革命；之外，公司正在与西北工业大学合作研发的大功率激光电源、伺服电机等高科技系列产品。

281. 浙江宇光照明科技有限公司

地址：浙江省绍兴市柯桥区平水镇会稽村工业集聚区
邮编：312051
电话：0575 – 85739999
传真：0575 – 85730969
邮箱：info@ universelite. com
网址：www. uvlte. com
简介：

 浙江宇光照明科技有限公司（UNIVERSELITE CO.，LTD.）是一家专业生产照明产品的科技型企业。公司占地面积约 50 亩，建筑面积 30000 平方米，注册资金 568 万美元，总投资 1080 万美元。现有员工 300 余人，其中具有中高职称人员 50 多人。公司秉承"诚实守信，品质为先，客户至上，持续发展"的经营理念，是一家重品质、守诚信、服务优、发展快的稳健型企业。

 浙江宇光照明科技有限公司是研究和制造绿色环保光源产品的专业厂家，专注于生产无极灯、HID 气体放电灯及 LED 三大系列产品。宇光照明是国家重点扶持高新技术企业、浙江省省科技型企业、浙江省清洁生产试点示范企业、浙江省创新型中小企业、中国无极灯联盟副理事单位、复旦大学教育科研实验基地、无极灯国家标准起草单位。公司拥有强大的技术研发团队与实力，设立了宇光照明省级高新技术企业研究开发中心，每年均有几十项创新技术获得国家专利。公司通过 ISO9001：2008、ISO14000 管理体系认证；产品符合 CCC、CE、FCC、CB、UL 等认证。

 美好灯光、美好世界，宇光照明将专注于照明领域，服务于全球照明事业，为人类创造更加美好的明天而不懈努力。

282. 浙江正泰电源电器有限公司

CHNT

地址：浙江省温州经济技术开发区滨海 2 道 1318 号
邮编：325000
电话：0577 – 86800767
传真：0577 – 86800726
邮箱：wwb@ chint. com
网址：www. chint – e. com
简介：

 浙江正泰电源电器有限公司专业从事低压变压器、太阳能光伏逆变电网变压器、电抗器、调压器、稳压电源、开关电源、互感器、起动器、频敏变阻器、电力保护继电器和漏电保护器的研发和生产，产品达 70 多个系列，7000 多种规格。公司属"浙江省高新技术企业"，是国内最大的

电源电器生产供应商之一。

 公司通过自主研发等途径，不断加快现有产品的更新换代及新技术、新材料、新工艺的研究和运用，共获得各类专利 60 多项。正泰牌变压器获浙江省名牌产品，正泰牌互感器获温州市名牌产品。

 公司在行业内率先通过了 ISO9001 质量管理体系认证、ISO14001 环境管理体系认证、OHSAS18001 职业健康安全管理体系认证。需强制性认证产品全部通过 3C 认证，部分产品通过了国内 CQC、欧共体 CE、凯码（KEMA）、俄罗斯 PCT 等认证，产品远销亚洲、非洲、美洲、欧洲、中东等 30 多个国家和地区。

283. 中川电气科技有限公司

地址：浙江省乐清市经济开发区纬六路 219 号
邮编：325600
电话：0577 – 62772888
传真：0577 – 62779168
邮箱：china8007@ 163. com
网址：www. jonchn. com
简介：

 中川电气科技有限公司成立于 1997 年，前身为创立于 1988 年的乐清市振华稳压器厂，下属企业有浙江中川智能安防设备有限公司、温州中川电子科技有限公司。专业从事 EPS 应急电源、消防应急照明与疏散指示系统、UPS 不间断电源、稳压电源、蓄电池等相关产品的研发、生产、销售和服务。经过 20 多年的发展，现已成为国内智能应急疏散系统和电源行业的龙头企业之一。

 公司先后荣获"浙江省著名商标""浙江省名牌产品""国家火炬计划项目""浙江省科技进步三等奖"等荣誉称号，2012 年被评为"国家高新技术企业"。2014 年"JONCHN 中川"商标被国家工商总局评为"中国驰名商标"。企业通过自主研发等途径，不断加快现有产品的更新换代及新产品、新材料、新工艺的研究和运用，共获得各类专利 50 多项。

山东省

284. 海湾电子（山东）有限公司

地址：山东省济南市高新技术开发区孙村片区科远路 1659 号
邮编：250104
电话：0531 –83130301
传真：0531 –83130303
邮箱：mk_ king@ gulfsemi. com
网址：www. gulfsemi. com
简介：

海湾电子（山东）有限公司（GULF 以下简称"海湾电子"）是以专业玻璃钝化及玻璃封装技术，提供电子照明、LED 照明、LCD 电源供应器、工业类电源、仪器仪表等业界广泛使用的整流器件；10 多年来直接服务于各领域的国际知名公司（Samsung、Philips、GE、Emerson、Delta、Panasonic、Sharp 等）。

长期以来，海湾电子依托二极管最先进的玻璃球钝化工艺技术，已完整开发了 PHILIPS 原 BYV、BYM、BYT 等系列产品，满足业界对高性能，高可靠性产品的需求；海湾电子近年来又相继引进了外延、玻璃钝化技术，已替代原 SANKEN、ON SEMI、TOSHIBA、IR 等知名公司的系列产品，满足业界对高频率、低 VF、高效整流的需求；海湾电子还大量开发了肖特基、高性能桥堆等系列产品，满足各个领域的整流方案。

285. 临沂昱通新能源科技有限公司

昱通新能源

地址：山东省临沂市高新区新华路中段
邮编：276000
电话：0539 - 7109391
传真：0539 - 7109391
邮箱：wsc76821@163.com
网址：www.ytxny.cn
简介：

临沂昱通新能源科技有限公司是以生产电子变压器、滤波器、电感、锰锌软磁铁氧体为主的高新技术企业。产品主要应用于家电、通信、绿色照明、汽车电子、太阳能等领域。

286. 青岛航天半导体研究所有限公司

地址：山东省青岛市高新区新悦路 87 号
邮编：266114
电话：0532 - 85718548
传真：0532 - 85718548
网址：www.qdsri.com
简介：

青岛航天半导体研究所有限公司，原为创建于 1965 年的青岛半导体研究所，2011 年年底，青岛市国资委与中国航天科工集团对其进行了重组，性质为全资国有。

公司现有职工 310 人，占地面积 96022 平方米，拥有 21975 平方米的工业厂房（含净化厂房 4000 平方米）和 11105 平方米的后勤保障楼。公司是我国高可靠电子元器件研究与生产定点单位，为国家重点工程承担配套研制生产任务已有 50 多年的历史，产品主要用于航空、航天、兵器、船舶、电子、石油和工业控制等领域。

公司通过了 GJB9001A—2001 质量管理体系认证，被认

定为《高新技术企业》《青岛市企业技术中心》等。厚膜混合集成电路生产线年生产能力为 5 万只；微电路模块（SMT）生产线年生产能力为 5 万只；电力电子器件生产线年生产能力为 50 万只。

1）信号变换类混合集成电路产品：（V/F、I/F、F/V、V/I、C/V）转换器、滤波器、加速度计伺服电路、陀螺解调电路、单片集成电路、运算放大器等。

2）电源功率类产品：中小功率 DC - DC、DC - AC、高低压电源模块；Interpoint、Victor 兼容产品；二、三相陀螺电源、功率模块、尖峰浪涌抑制器等。

3）电力电子类产品：中小功率整流器件、晶闸管、MOSFET 功率器件、晶体管、IGBT 模块、固态继电器等。

4）压力、振动、温度传感器等。

287. 青岛威控电气有限公司

VECCON

地址：山东省青岛即墨市天山三路 42 号
邮编：266200
电话：0532 - 82530096
传真：0532 - 82530096 - 3008
邮箱：wenjuan.miao@veccon.com.cn
网址：www.veccon.com.cn
简介：

青岛威控电气有限公司始创于 2006 年，是一家专门从事煤矿用防爆变频器、智能微电网系统、储能 PCS 和特种变频器研发、制造，为矿山、可再生能源发电、储能等行业提供系统解决方案和产品的专业化公司。公司是国家高新技术企业、山东省守合同重信用企业、青岛市大功率变频器工程研究中心、青岛市矿用防爆变频器技术研发中心、青岛市企业技术中心、青岛市智能微网专家工作站、青岛市专精特新示范企业、即墨市工业设计中心、青年文明号，并荣获"德勤 - 青岛明日之星"等称号，通过了国家 ISO9001 质量体系认证，2015 年 4 月 23 日，公司在青岛蓝海股权交易中心正式挂牌，成功登陆价值优选版。

公司拥有一支高学历、高素质的专业化员工队伍，博士、硕士及本科学历员工人数占公司总人数的 50% 以上。建有高度协同的，包括 PLM、ERP、MES 等的数字化管理系统，被认定为青岛市信息化和工业化深度融合示范企业。公司拥有完备的软、硬件研发能力，是国内煤矿隔爆变频器组件核心供应商，公司自主研发的煤矿用两象限、四象限防爆变频器，性能先进，质量可靠，销量稳定，市场占有率达到 40% 以上，产品性能已达到国内领先水平，公司自主研发的 AC3300V 系列矿用三电平变频器，是国内首套研发并投入现场使用的煤矿生产核心设备，经科技局、经信委专家联合鉴定，性能已达到国际先进水平，比肩西门子、ABB 等跨国企业。

公司顺应国家政策号召，响应国家推进节能减排，实现能源可持续发展的宏远目标，积极向风力发电储能，风、光、电融合的智能微电网等领域进行拓展，致力于"清洁能源"，"智能电网"方面产品的研究，并取得了较好的社

会效应和环境效应，协同研发了国内首台风储互补演示验证系统，公司研发的针对铅酸、锂电、全钒液流电池、锌溴电池、飞轮等化学、物理储能系统的 PCS、DC – DC 变换器等，已在英利集团 863 课题"园区智能微电网关键技术研究与集成示范"、国家电网辽宁电力科学研究院风光储微电网系统、中科院大连化学物理研究所的全钒液流电池系统等项目中投入并验收通过。公司研发的智能微电网系统，已获得国家科技部中小企业创新基金扶持。目前，公司正在承担国家重点研发计划"智能电网技术与装备—重点专项 2017—10MW 级液流电池储能技术—项目编号 2017YFB0903500"中，多模式运行三电平 PCS 设备的研制工作。

在企业发展壮大的同时，公司始终坚持"责任、创新、协助、共赢"的核心价值观，践行"以人为本、管理规范、专业敬业、预防为主、开拓创新、永续经营"的质量理念，从客户的价值实现出发，遵循价值管理的规律，打造与客户一体的价值管理链条，是公司对"践行良知、恒以致远"宗旨的具体实现。公司始终坚持企业效益与社会效益并重，携手同行，共同推动企业和行业的健康发展。

288. 青岛云路新能源科技有限公司

QDYL

地址：山东省青岛市即墨区蓝村镇火车站西
邮编：266232
电话：0532 – 82599910
传真：0532 – 82593000
邮箱：kaifa – ht@ yunlu. com. cn
网址：www. yunlu. com. cn
简介：

青岛云路新能源科技有限公司成立于 1996 年，前身为青岛云路电气有限公司，自 2008 年起，与中航工业沈阳黎明航空发动机公司合资的央企控股企业，是集电磁器件及新材料研发、制造、销售和服务于一体的高新技术企业。

1. 公司组织结构

公司拥有青岛、珠海两大生产基地，下设城阳分公司、珠海子公司、非晶事业部和 HT 事业部。

2. 公司产业板块结构

主打产业板块家电电磁器件板块、工业及新能源行业电磁器件板块、非晶功能材料板块。主要产品有微波炉变压器、变频空调电抗器、PFC 电感、EMI 滤波器、光伏变流器专用滤波水冷电抗器、光伏逆变器配套变压器、超高压水冷饱和电抗器、非晶材料、纳米晶、非晶磁粉芯衍生等 1000 余种电磁器件新材料产品。其中，微波炉变压器的生产能力和市场占世界份额前三强，变频空调电抗器连续 12 年排名国内领先，市场占有率长期保持在 60% 以上。

3. 公司研发能力

公司设有中航工业动力非晶技术研究院；下设家电、

工业及新能源电磁器件研发中心、非晶冶金设计院，非晶冶金实验室。拥有一支以中科院金属研究所院士任首席技术顾问的博士、硕士、本科学历 310 余名的科研人员为主体的专业研发队伍，具有行业丰富的研发经验和领先的自主创新能力。

4. 公司产品应用客户及认证

公司客户主要分布于亚洲、欧洲、北美洲。

产品先后通过 ISO9001、ISO14001、IECQ QC080000、UL、CCEE、TUV、CQC 等多项体系认证。

在致力于为客户提供精湛一流产品和服务的同时，让全球两亿以上的用户在使用产品中享受（节能、环保、安全、高效）快乐。

公司秉承"为人、为学，建设智慧云路"的企业理念，创新务实，以让客户、投资方、合作方及社会共赢为宗旨，打造国内最大、世界领先的电磁器件新材料产、学、研基地，做国内外同行先进技术的领跑者。

289. 山东镭之源激光科技股份有限公司

地址：山东省济南市高新区颖秀路 1356 号知慧大厦
邮编：250003
电话：0531 – 88190005
传真：0531 – 88190005 – 814
邮箱：2881582403@ qq. com
网址：www. laserpwr. com
简介：

山东镭之源激光科技股份有限公司是一家专业从事电源设备的开发、设计、生产和销售，并为客户提供技术咨询、培训、安装、维修等售前、售后服务的高新技术企业。公司下辖全资子公司两家，分公司一家，拥有总资产超 1 亿元，员工 100 余人，年生产各类电源 10 万多台套。公司于 2015 年 9 月 30 日在全国中小企业股转系统上市，股票代码为 833611。

公司主要产品为激光电源、医疗美容电源系统，系综合利用激光器放电特性和电气电子信息技术的集成创新供电产品及解决方案，包括气体激光电源（如 CO_2、氦氖、CO 等）、固体激光驱动电源（如半导体、YAG 等）、步进电机驱动一体电源、高压电源、开关电源以及其他特种电源一体化解决方案。定制化、智能化、安全性、稳定性是公司产品的主要特点。

2017 年，我公司加大研发的各项投入，共申请、获得各类专利 8 项。公司推出第五代智能型激光电源、IPL 五合一、七合一光子美容电源系统、主动、被动调 Q 皮秒激光器电源系统、点阵激光美容电源、二氧化碳点阵激光扫描电源、OPT 大功率光子美容电源、大功率半导体激光电源系统等大类产品。

我们通过 15 年持续的研发投入，不断提升创新能力的同时，凭借在行业内领先地位和技术优势，积极参与各种学术研讨。申请并授权了多项专利，并先后获得 ISO9001 质量体系认证、欧盟国家 CE 认证等。

多年来，公司坚持"以客为主，甘当配角；竭诚服务，精益求精"的经营宗旨，视质量为生命，诚意接受广大用户的监督，并真诚希望能够成为您事业成功的助手。

290. 山东山大华天科技集团股份有限公司

地址：山东省济南市高新开发区颖秀路 2600 号
邮编：250101
电话：0531 – 82959900 82670168
传真：0531 – 82670075
网址：www. huatian. com. cn
简介：

山东山大华天科技集团股份有限公司创立于 1991 年，2000 年改制为股份有限企业，注册资本 6000 万元，正式职工 500 余人。公司主要从事电力电子产品的研发、制造和销售，核心技术均由公司自主研发，主要业务领域包括电能质量综合治理产品、应急电源与智能消防电子产品、机房工程总包等三大类业务，主要产品包含有源电力滤波器、动态无功补偿装置、静止无功发生器、智能电能质量优化装置、再生制动能量逆变回馈装置、应急电源、消防应急照明与疏散指示系统、电气火灾监控系统、消防设备电源监控系统、防火门监控系统等产品。

公司拥有省级企业技术中心、山东省电能质量控制工程中心、山东省电能质量控制工程实验室三大技术创新平台，科研成果丰硕。先后通过了 ISO9001 质量管理体系认证、ISO14001 环境管理体系认证、ISO18001 职业健康安全管理体系认证，公司产品通过了 CCC、CQC、CE 认证。公司承担多项国家、省市科技项目，拥有数 10 项国家专利，多次荣获国家科技进步奖和省部级科技进步奖，公司产品获国家重点新产品、山东名牌等荣誉；"山大华天"被认定为山东省著名商标。

291. 山东圣阳电源股份有限公司

圣阳电源
SACRED SUN

地址：山东省曲阜市圣阳路 1 号
邮编：273100
电话：0537 – 4438666
传真：0537 – 4411980
邮箱：gongjianbo@ sacredsun. cn
网址：www. sacredsun. cn
简介：

山东圣阳电源股份有限公司（简称"圣阳股份"，股票代码002580）创建于1991年，2011年在深交所中小板上市；公司目前拥有总资产20亿元人民币，员工2000余

人，下属 4 家全资子公司，市场地位居国内行业前列，是全球同业知名企业之一，是国家高新技术企业，拥有国家认定企业技术中心；公司在面向海内外市场，向客户提供储能电源、备用电源、动力电源和系统集成电源产品和解决方案。

292. 山东泰开自动化有限公司

地址：山东省泰安市高新区龙潭南路 10 号泰开南区工业园
邮编：271000
电话：0538 – 8933196/8933065
传真：0538 – 8933196/8933065
邮箱：tk8933196@ 126. com
网址：www. tkzdh. cn
简介：

山东泰开自动化有限公司是专业从事直流一体化电源的研制生产，是一家顺应国家电力发展，特别是响应国家电网公司提出"建设坚强智能电网"的需要而崛起的高新技术企业。公司拥 1000 平方米的科研楼和 2500 平方米的生产场地。

公司拥有卓越的管理队伍和优秀的研发人才，其中本科以上专业技术人员占 75% 以上，是一支充满朝气和富有协作精神的团队。

公司 10 多年专注于电力电网电源产品的研发，先后开发出了 GZG49 智能高频直流电源系统、TKDY49 电力用直流和交流一体化不间断电源系统、TKE 电动汽车充电系统、TECP 微机型通信电源系统、PK – 20/800 UPS 电源系统等系列产品，形成了门类齐全的产品系列，所有产品均通过了国家权威机构严格测试和入网测试，其中 GZG49 智能高频直流电源系统于 2017 年获得"山东名牌"称号。

公司拥有多种国际领先的检测仪器和先进的生产设备，具备了良好的生产和试验检测环境。目前，公司产品广泛应用于国家电网工程及地产、冶金、石油、煤炭、化工、轨道交通等企业，用户遍布国内 30 多个省区并出口到俄罗斯、印度、厄瓜多尔、坦桑尼亚等国家。

293. 新风光电子科技股份有限公司

地址：山东省汶上县经济开发区金成路中段
邮编：272500
电话：0537 – 7237909
传真：0537 – 7212091
邮箱：fgdzscb@ 126. com
网址：www. fengguang. com
简介：

新风光电子科技股份有限公司是由兖矿集团投资控股的专业从事电力电子节能控制技术及相关产品研发、生产、销售和服务于一体的国家高新技术企业。公司注册资本8200万元，占地183亩（1亩＝666.67m²），建筑面积80000平方米。公司现有员工422人，其中研发、技术调试、质量管理人员占37%，本科以上学历占60%，硕士以上学历15人。公司拥有一支经验丰富、勇于实践、不断创新的高素质科研队伍。

公司是变频调速器国家标准起草审定单位之一、中国电器工业协会变频器分会副理事长单位，建有山东省变频调速技术研究推广中心，山东省电力电子与变频工程技术研究中心，山东省电力电子技术及新能源装备院士工作站，山东省企业技术中心，山东省软件工程技术中心等科技创新平台。

公司产品主要为各类高、中、低压变频器、轨道交通能量回馈装置、高压动态无功补偿装置（SVG）、风力发电并网变流器、特种电源等，广泛应用于电力、煤炭、冶金、采矿、水泥、石油、化工、市政、风力发电、轨道交通等领域，可以为客户量身打造调速节能、智能控制、改善电能质量等方面的产品及解决方案。

公司通过ISO9001、ISO14001、OHSAS18001"三标一体"管理体系认证。2007年公司生产的风光系列变频器被国家质检总局认定为"中国名牌"产品，并获得山东省重大节能成果奖。2009年，公司被授予"中国电器工业最具影响力品牌"称号；2009—2016年，公司连续八年被行业权威机构评为"中国变频器用户满意十大品牌"，2016年荣获山东省省长质量奖提名奖，国家"守合同重信用"单位荣誉，山东省知识产权示范企业，公司先后参与11项国家行业标准的制修订工作。

截至目前，公司拥有知识产权120项，其中发明专利21项，软件著作权证书25项，产品先后获得了1项国家技术发明二等奖，5项国家重点新产品称号，3项国家火炬计划，2项科技部中小企业技术创新基金项目，4项山东省科技进步奖，参与了3项国家"863"计划产品研制和1项国家大科学工程装备的研制。2015年7月，公司成功挂牌新三板，正式登陆资本市场。面对未来，公司紧紧围绕"建成国内一流，国际知名，具有国际竞争力的节能及新能源装备研发制造企业"，不断追求成长与突破，力争为国家节能减排，建设低碳和谐社会做出更大的贡献。

安徽省

294. 安徽明瑞智能科技股份有限公司

地址： 安徽省滁州市黄山北路11号
邮编： 239000
电话： 0550 – 3018020
传真： 0550 – 3018989
邮箱： 48990593@qq.com

网址： www.ahmrzn.com
简介：

安徽明瑞智能科技股份有限公司（前身：滁州南瑞继远电力设备有限公司）自2004年创立以来，始终秉承超越、创新、务实的理念，以致力于智能电源系统（其中交直流一体化电源系统是该行业唯一获得国家创新基金支持的项目）以及综合自动化微机保护监控通讯系统的研发、生产、销售、服务领域并拥有完整解决方案的双软企业和高新技术企业。

安徽明瑞智能科技股份有限公司目前坐落于滁州市国家经济技术开发区，公司占地近9000平方米，现有员工近120人，平均年龄30岁左右，大专以上学历占60%，公司与国网电科院形成长期合作及产学研关系。安徽明瑞智能科技股份有限公司始终以市场为导向，目前公司产品涉及的领域包括石油、电力发电以及新能源行业，是行业的优质领军企业。

国家电网、中石油宁夏石化、延长石油、国电南瑞、南瑞继保、太阳纸业、晨鸣集团、淮化集团、中电投、中广核等都是公司长期合作的核心客户。

公司愿以高品质技术和产品为客户提供最优服务方案，为完善中国能源消费结构，提高环境质量，创造绿色生态家园贡献全部力量！

295. 安徽首文高新材料有限公司

地址： 安徽省宿州市经济开发区金泰二路
邮编： 234000
电话： 0557 – 3250935
传真： 0557 – 3256788
邮箱： sales@swmagnetic.com
网址： www.swmagnetic.com
简介：

安徽首文高新材料有限公司（以下简称"首文公司"），是一家专业从事金属磁粉芯系列产品研发、生产和销售的高新技术企业。首文公司由中国首钢国际贸易工程公司（简称"中首"）和安徽博文集团共同出资成立，并由中首公司控股。公司成立于2010年6月，项目整体规划占地面积约240亩（1亩＝666.67m²），其中包括一期厂房7000平方米、办公楼6000平方米、科研楼等。公司位于安徽省宿州市经济技术开发区，配备了一流的生产、研发和检测设备，并拥有一支经验丰富、技术实力雄厚的科研队伍，核心技术人员均在磁性材料领域工作多年。公司采用现代化的管理体系，按照国际化标准进行生产过程中的管控，从而保证了产品的稳定性和先进性，并先后顺利通过了RoHS认证以及ISO9001认证。同时，首文公司与宿州市人民政府、合肥工业大学于2011年6月合作成立了"磁性材料工程技术研究院"。

公司所有产品均符合国际质量标准，并始终致力于为用户提供高性能的产品以及优质的服务，满足用户的不同需求。我们期待与您携手，共创未来。

296. 安徽中鑫半导体有限公司

地址：安徽省宣城郎溪县经济开发区分流东路

电话：0563 - 7372081

传真：0563 - 7372080

邮箱：m18861495296@163.com

网址：www.cz - zg.com.cn

简介：

企业简介：

安徽中鑫半导体有限公司成立于 2010 年，是一家民营技术企业。公司占地面积 30 亩（1 亩 = 666.67m²），一期厂房面积达到了 5000 平方米，内有全套的二极管自动生产线。公司有员工 200 余人，其中研发人员为 18 人，具有多年的生产经验。公司有自主品牌"ZG"商标。公司主要生产各种型号的二极管，产品远销国内外。公司具备强劲的技术开发能力，先进的技术设备，完善的检测手段以及全面的售后服务，通过了 ISO9001：2000 认证，SGS 环境认证及 CTI 认证，从而为客户提供优质的产品和高效的服务。

公司以市场需求与科技发展为导向，本着"质量第一，用户至上"和科技为依托，以信誉求发展，获得了广大客户的信赖。产品广泛应用于照明、通信、家电、电源、工业控制、汽车电子、绿色能源、军事装备等各个领域。并可根据客户的需求定制产品。

297. 合肥东胜汽车电子有限公司

东胜电子
DONGSHENG ELECTRONICS

地址：安徽省合肥市高新区创新产业园 2 期

邮编：230000

电话：0551 - 65553849

邮箱：dsdz@dsxny.net

网址：www.dsqcdz.net

简介：

合肥东胜汽车电子有限公司是由合肥东胜新能源汽车股份有限公司（简称：东新股份，股票代码：839945）投资控股的一家专业从事新能源汽车关键零部件研发、生产及销售的高新技术企业。东新股份于 2014 年开始涉足新能源汽车零部件领域，2016 年产品已批量供应于国内各大汽车主机厂商。为更好地拓展新能源业务板块，实现产业化发展，2017 年东新股份出资成立东胜电子，将新能源业务全部移植其下。为打造企业核心竞争力，汇聚高科技研发人才，了解新能源汽车最前沿的技术及市场，东胜电子于

2017 年在深圳成立全资子公司——深圳东胜汽车电子科技有限公司，与母公司技术部协同，专门从事新能源汽车电控系统的研究。

公司始终专注于新能源汽车关键零部件领域，专业为客户提供电源及辅助控制系统和热管理系统关键零部件，矢志成为世界一流的新能源汽车零部件供应商。

298. 合肥海瑞弗机房设备有限公司

HAIRF 海瑞弗

地址：安徽长丰双凤经济开发区辉山路以东

邮编：231131

电话：0551 - 63358563

传真：0551 - 63358560

邮箱：445733446@qq.com

网址：www.hairf.com.cn

简介：

合肥海瑞弗机房设备有限公司（以下简称"海瑞弗"）是全球领先的机房制冷系统及关键电源系统供应商。公司旗下主要产品为机房精密空调、UPS 电源、免维护铅酸蓄电池、STS、智能配电系统、雷电防护产品等。

海瑞弗采用机房精密空调解决方案、交流不间断电源解决方案、直流不间断电源解决方案、低压配电解决方案、动力环境集中监控解决方案组成了一体化的 IXC/IDC 机房动力系统整体解决方案。

海瑞弗专业的系统工程师以及国际化的销售和服务团队遍及墨西哥、俄罗斯、巴基斯坦、阿尔及利亚、印度尼西亚和中国，为 4 大洲 30 多个国家的用户保驾护航。充分满足用户的售前技术支持、设备现场安装调试，以及后期设备运行维护、备件供应等全方位的服务需求。

299. 合肥科威尔电源系统有限公司

地址：安徽省合肥市高新区望江西路 4715 号沪浦工业园 2 栋

邮编：230088

电话：0551 - 65837951 65837952

传真：0551 - 65837953 - 6006

邮箱：yan.wang@kewell.com.cn

网址：www.kewell.com.cn

简介：

合肥科威尔电源系统有限公司专业致力于电力电子变换技术的研发和应用，是国内先进的专业测试电源及仪器供应商。总部位于安徽合肥，在北京、深圳、上海、西安共设立 4 个分公司。属国家高新技术企业、安徽省创新型示范企业、合肥市光伏测试电源工程技术研究中心、合肥市科技小巨人培育企业。

公司为新能源发电、新能源汽车、航空军用、轨道交通及通用器件测试等众多行业提供测试用电源系统解决方案。产品采用全数字控制，具有高精度、高动态响应特性。

在新能源汽车测试领域，公司产品应用于多家国家测试认证中心，并广泛运用于国内多家车企、三电（电机、电控、电池）及充电桩配套企业。

公司注重研发团队的建设及技术创新，先后在合肥工业大学、清华大学、浙江大学、南京航空航天大学、华中科技大学、西安交通大学及西安理工大学等国内多所高校设立奖学金，并与合肥工业大学长期合作，是"产、学、研"合作的典范。

"专业、价值、服务"是公司核心的文化，科威尔电源将以专业的产品和服务为客户、公司及员工创造价值！

300. 合肥联信电源有限公司

地址：安徽省合肥市高新区玉兰大道 61 号联信大楼
邮编：230088
电话：0551 - 65323322
传真：0551 - 65313339
邮箱：hflx88@ 163. com
网址：www. lianxin. net
简介：

合肥联信电源有限公司位于合肥国家高新技术开发区，成立于1997 年 9 月，注册资金 1.05 亿元，连续五年通过中国消防协会 AAA 信用企业认定。联信以打造应急电源第一品牌为目标，坚持走自主研发与科技创新之路，产品有消防应急照明电源、消防设备动力电源、节能型不间断电源、交直流电源、轨道站台门电源等，广泛运用于文化场馆、医疗卫生、商业综合、学校教育、数据机房、高速交通、高铁地铁、煤化石化和机场车站等各种项目的重要负载，包括应急照明、疏散指示、消防泵、喷淋泵、冷却水泵、排烟风机、消防电梯和防火卷帘门等。联信参与 15 个城市地铁电源投标，中标和配套上海、武汉、广州、深圳、杭州、合肥地铁项目。

产品应用于首都体育馆等 20 个场馆，国家非典实验室等 100 多个医院，北京交通大学 50 多所院校，南京禄口等 12 个机场，安粮城市广场等 50 多个综合体，绩黄高速 50 多条公路隧道，以及石化煤化 40 多个乙二醇、甲醇项目运行。

作为合肥市应急电源工程研究中心，联信向用户提供最优质的 500 ~ 500kVA 全系列 350 个品种应急电源产品。自主创新电源主机模块化抽屉式工艺设计，延长主机寿命受到用户欢迎，全国最大功率500kVA 光纤传输应急电源，良好运行多年；应急照明集中控制系统获得国家发明专利证书；与中科大建立紧密的战略合作关系，主编四项工信部产品行业标准。成熟、先进、适用、安全、可靠的应急电源产品，行销全国各地！

301. 合肥通用电子技术研究所

地址：安徽省合肥市高新区玉兰大道机电产业园
邮编：230088
电话：0551 - 65842896
传真：0551 - 65317880
邮箱：api_ power@ 126. com
网址：www. apii. com. cn
简介：

合肥通用下辖通用电子技术研究所和通用电源设备有限公司，位于合肥市高新区机电产业园内，本公司采用科研和生产相结合的方式，科技研发有效地保证了产品技术的领先地位，专业化的生产及时高效的将研发成果转化为电源产品。

公司坚持走"专业定制"之道，秉承"造电源精品，创世界品牌"的企业目标，致力于解决系统设备的馈电问题，为广大客户提供性能稳定的开关电源。从研发生产到服务一次性通过了 GJB9001A—2001 标准的认证，目前电源在业内以性能稳定而著称，并受到广大客户的青睐和好评，通用电源已广泛应用到自动控制、军工兵器、智能办公、医疗设备以及科研实验等领域，并累计向业界提供了 120 多万台高品质电源。

通用电源拥有两条生产线、两条装配线、两条产品老化线、一条产品测试线和高低温老化房等，引进国外先进的测试仪、频谱分析仪、多功能电子负载、存储示波器等检测仪器。本着"效益源于质量，质量源于专注"的企业宗旨，严把质量关，强化细化过程管理，精雕细琢，成就完美。

302. 宁国市裕华电器有限公司

地址：安徽省宁国市振宁路 31 号
邮编：242300
电话：0563 - 4183768
传真：0563 - 4012888
邮箱：czy@ ngyh. com
网址：www. ngyh. com
简介：

宁国市裕华电器有限公司是一家专注于薄膜电容器研发、设计、生产、销售及售后服务于一体的国家高新技术企业，拥有国际先进水平的薄膜电容器生产设备和高精度的试验、检测设备。公司已荣获"安徽省名牌产品""安徽省著名商标""省认定企业技术中心"等荣誉，先后通过 ISO9001 管理质量体系认证、ISO14001 环境管理体系认证、TS16949 质量管理体系认证、武器装备质量管理体系认证，主导产品薄膜系列电容器先后通过 CQC、德国 VDE、

TUV、美国 UL、加拿大 CSA 等国际权威认证。

自 1997 年成立以来，公司坚持以市场需求为导向、以技术创新作为企业发展的动力源，培育了一支研发经验丰富、自主创新能力极强的专业研发队伍，拥有多个国家发明及实用新型专利。公司是全国电力电子电容器标准化技术委员会委员单位、全国能源行业无功补偿和谐波治理装置标准化技术委员会委员单位，上述两项标准起草单位。

目前，公司的薄膜电容器产品已在光伏发电逆变器、风力发电变流器、无功补偿及谐波治理（SVG）、冰箱压缩机等领域取得了骄人的市场业绩，公司更将下一步市场目标锁定到高铁、城铁及新能源汽车（混合动力及纯电动汽车）、国家直流输电工程领域的薄膜电容器。今后我们在技术上进一步提升，牢牢把握产品占据市场前沿技术制高点，不断加大高端智能制造设备的投入，以期在未来的新能源产品领域，处于行业领先位置。

"科学管理、追求卓越、竭诚服务、遵信守约"是企业的经营宗旨，争创一流的产品和一流的服务，是公司努力追求的目标；致力于智能电网、电力新能源等新领域是公司未来发展的方向，前进中的裕华电器愿与各界朋友携手共进，共创美好明天。

303. 中国科学院等离子体物理研究所

地址：安徽省合肥市蜀山区蜀山湖路 350 号（合肥市 1126 信箱）

邮编：230031

电话：0551 - 65591322

传真：0551 - 65591310

邮箱：shyhuang@ ipp. ac. cn

网址：www. ipp. ac. cn

简介：

中国科学院等离子体物理研究所电源及控制研究室主要从事脉冲电源的研究、开发、运行和维护工作，并为托克马克核聚变装置的运行提供电源。

近年来，本研究室致力于高功率脉冲电源技术、超导储能技术、二次换流技术、大功率直流发电机励磁控制等方面的研究，并取得了较为成熟的研究成果和实践经验。主要承担了 EAST、HT - 7、HT - 6B、HT - 6M 等托卡马克装置的磁体电源及辅助加热电源的设计、运行和维护等课题。

目前，本研究室拥有一套自主设计的直流断路器型式试验设备，该试验系统主要由 4 台脉冲发电机组成，该电机单台额定输出电流 50kA，额定电压 500V。多年来，我们已依据国家标准、欧洲标准和 IEC 标准，多次为众多国内

及外企断路器厂家进行型式试验。

本研究室拥有一支非常专业的科研团队，主要从事大功率变流技术、电力电子技术、高压绝缘技术、自动控制、电磁兼容和接地技术等方面的研究。截至目前，曾先后获得 46 次国家科技奖，22 项国家技术专利。此外，本研究室还招收相关专业的硕士和博士研究生，至今已培养出 51 位硕士、博士毕业生，他们大都在国内外高新技术领域的科研院校和企业工作，表现出色。本研究室现有在读研究生 24 名。

同时，本研究室还与众多企业、国际科研院所和组织保持着紧密的交流和合作，如 ABB 变流器公司、中日核心大学项目、美中磁约束装置研讨组、德国马普学会、通用原子能公司核聚变工作组等。

湖南省

304. 长沙竹叶电子科技有限公司

地址：湖南省长沙市高新区尖山路 39 号中电软件园 5 栋 601

邮编：410000

电话：0731 - 85149001

传真：0731 - 85144728

邮箱：ydq@ cszydz. com. cn

网址：www. cszydz. com. cn

简介：

长沙竹叶电子科技有限公司是位于美丽的岳麓山旁，尖山湖畔中电软件园内的一家民营企业。2010 年由长沙市工商局批准成立，注册资本 1000 万元。公司拥有各类技术管理人才 35 人，技术人员 8 人，拥有发明专利 1 项，在申请发明专利 3 项，软件著作权 2 项。2017 年公司通过了国家保密局三级保密资质，国军标体系认证，武器装备承制资格认证，且已被列入湖南省 2017 年第二批拟认定高新技术企业名单。长沙竹叶电子主要为客户提供模块电源、滤波器的定制和研发服务。公司不断完善科研生产条件、整合优势资源，踏实为客户提供电源最优解决方案。目前，产品已广泛应用于航天、航空、铁路、通信、雷达发射、接收系统、船舰系统、无人机、医疗、纺织、新能源以及装备、弹载系统、加固计算机、军用通信交换机等高可靠性行业。

企业宗旨：成为全国特种电源行业的一流服务商。

305. 湖南东方万象科技有限公司

地址：湖南省长沙市芙蓉区万家丽北路 569 号银港水晶城

E4 栋 304 房

邮编：410016

电话：0731 – 88156696

传真：0731 – 88156695

邮箱：470798290@ qq. com

简介：

湖南东方万象科技有限公司成立于 2006 年 7 月，注册资金 508 万元，是计算机机房辅助设备（不间断电源系统、开关电源、低压配电系统、环境监控系统、设备监控系统、机房精密空调）的专业服务商和设备供应商，以向客户提供最好、最专业的服务为宗旨，面向通信、银行、保险、证券、外企、军队系统以及科研院所等重要部门的交换机房、计算机机房和仪器设备机房提供全线产品和其相关的售前售后技术服务。

306. 湖南丰日电源电气股份有限公司

地址：湖南省浏阳市工业园

邮编：410331

电话：0731 – 83281148

传真：0731 – 83281113

网址：www. fengri. com

简介：

湖南丰日电源电气股份有限公司是国内最早生产蓄电池和直流电源、电气成套设备的专业企业之一。产品注册"丰日"牌，为中国驰名商标。

公司是国家高新技术企业，成立了化学电源研发中心，并与中南大学等高等大专院校长期合作，共同进行电池、电源新产品的开发创新。拥有 56 项国家专利，3 项国际专利。

丰日产品经全国 20 余省市通信、电力、铁路、广电、部队、工矿企业等行业数千家单位的多年使用，并与德国西门子、日本东芝公司、美国 GE 公司、法国阿尔斯通、美国 EMD 公司、加拿大庞巴迪等大公司长期合作配套，以其质量稳定、价格合理、服务周到赢得了用户的一致好评和信赖。

公司坚持贯彻"诚信服务顾客、产品件件质优、管理持续改进、铸造丰日品牌"的质量方针，致力于不断革新产品技术，优化生产工艺，严格产品的过程控制。公司通过了 ISO9001 质量体系和 ISO14001 环境体系、GB/T28001—2001 职业健康安全管理体系认证。

307. 湖南科明电源有限公司

地址：湖南省长沙市麓谷工业园桐梓坡西路 183 号

邮编：410205

电话：0731 – 88996378

传真：0731 – 88996468

邮箱：keming@ sina. com

网址：www. hnkmdy. com

简介：

湖南科明电源有限公司是以国家大型企业湖南仪器仪表总厂为中方在 1994 年 11 月在长沙高新开发区成立的高新技术企业。从事各种交、直流电源装置的专业厂家。产品获得国家新产品证书及国家新技术新产品金奖。本公司全部产品均通过了国家权威检测机构的型式试验和省（部）级鉴定。

公司主要产品有通信电源屏、电力用交直流电源屏（高频开关电源、晶闸管全控桥整流电源）、一体化电源系统、电力、通信用高频开关直流电源及高频模块、晶闸管全控桥智能充电机、直流系统微机监控系统、蓄电池自动巡检装置、蓄电池综合测试系统（恒流放电、容量及内阻检测）、微机绝缘在线监测装置、绝缘、电压、闪光多功能继电器、低压配电成套设备等，是国内配套最为齐全的直流电源生产专业厂家之一。

1999 年，公司通过了 ISO9001 国际质量体系认证，拥有先进的设备和检测仪器及雄厚的技术力量，并有专门的训练有素的技术服务队伍。公司生产的直流电源屏及低压配电成套设备已广泛用于全国各省市铁路、电力、冶金化工等系统，享有良好声誉。在铁路近年的国家重点工程高铁、客专、货运专线建设中多次中标，设备运行良好。

本公司的交直流电源产品曾多次在国际招标和国内重大项目招标中中标，并有部分产品销往白俄罗斯、越南、印度、巴基斯坦、巴西等国外市场。

本公司为中国直流电源十佳企业之一。

308. 湖南晟和电源科技有限公司

地址：湖南省长沙高新开发区桐梓坡西路 468 号威胜科技园二期工程 11 号厂房 101 三楼 1 – 8 号

邮编：410125

电话：0731 – 88619957

传真：0731 – 88619957

邮箱：seehre@ seehre. com

网址：www. seehre. com

简介：

湖南晟和电源科技有限公司是一家致力于为仪器仪表、新能源、轨道交通和音视频等行业提供完整电源解决方案的高科技企业。公司始终坚持管理水平的提升，并通过了 ISO9001 质量管理体系认证。

公司位于长沙高新区，自成立以来，始终专注于电力电子电源产品领域，坚持以市场需求为导向，引进多项国内外先进的试验及生产设备，并与多家高校科研院所展开合作。依托高水平、高学历的专业研发队伍，已成功申报多项自主知识产权的专利技术，所研发的技术解决方案和专业产品在众多领域的多家企业得到了广泛应用。

本公司将秉承"电源解决方案与服务专家"的使命，始终坚持"至诚致精，合作共赢"的经营宗旨，积极倡导电源技术创新，为客户提供优质的电源产品和解决方案，力争成为电源行业标杆。勇于进取，敢于探索，奋力拼搏，大胆创新，相信现在和未来，公司均能让每一位客户因享用我们的产品和服务而持久受益。

309. 湘潭市华鑫电子科技有限公司

地址：湖南省湘潭市雨湖区二环线
邮编：411100
电话：0731 - 52338338
传真：0731 - 52328738
邮箱：2355842968@ qq. com
网址：www. hnhxdz. com
简介：

湘潭市华鑫电子科技有限公司位于风景秀丽的湘江河畔——湘潭市，是一家集电源产品研发、生产、销售于一体的科技实体公司，拥有一支专业、资深的研发团队和管理队伍。公司旗下产品有"开关电源""电源适配器"两大类别。产品广泛应用于工业自动化，LED 照明、显示、城市亮化及通信，医疗，矿山等领域。

公司拥有高标准的现代化生产设备设施，先后通过 ISO9001；2008 国家质量体系认证；国家强制"CCC"质量认证、欧盟国际"CE"韩国"KC"质量认证；并于 2008 年正式吸纳为"中国电源学会"会员单位。

公司自成立就确立"诚信开拓市场、品质巩固市场、服务决胜市场"的经营方针，和诚信、敬业、创新、卓越的企业精神。不断进取，以高度严谨的敬业态度，致力于成为全球最大的电源供应商。

河北省

310. 保定科诺沃机械有限公司

地址：河北省保定市高阳县庞口农机市场中区 14 栋 10 号
邮编：071504
电话：0312 - 6854777 6856777
传真：0312 - 6853699
邮箱：pangdun_ pd@ 163. com
网址：www. pdnjpj. cn
简介：

保定科诺沃机械有限公司是专业生产充电机、蓄电池、起动机的企业，公司已通过 ISO9001：2008 国际质量体系认证，由清华电力系教授指导研究，拥有先进的检测和生产设备，和国内众多电动三轮车厂配套，产品行销国内 27 个省市及中东、东南亚等国家和地区。我们以优异的质量、合理的价格、良好的服务赢得了海内外广大客户的青睐。

多年来公司被评为中国电源学会会员单位，省、市、消费者信得过单位。省、市守合同、重信用单位等众多荣誉称号。

"大鹏一日同风起，扶摇直上九万里！"跨入新世纪，我公司全体员工以不断创新、赶超一流的气势，奋力开拓、积极进取，为您创造更满意的产品. 提供更优质的服务。我们愿与广大新老朋友携手发展、共创辉煌！

311. 盾石磁能科技有限责任公司

地址：河北省唐山市高新技术开发区大庆道 35 号
邮编：063000
电话：4009931908
邮箱：dscnkj@ dscnkj. com
网址：www. dscnkj. com
简介：

盾石磁能科技有限责任公司成立于 2014 年 4 月，注册地位于河北唐山国家高新技术开发区，注册资本 1 亿元人民币。分别在石家庄市内和正定新区建有大型生产基地，并于北京设立子公司、美国设有全资海外子公司、英国设有研发设计中心。公司是国内独有的商业化飞轮生产和研发企业，河北省创新驱动发展示范企业，河北省储能行业重点支持科技型企业。

公司具有国际先进的高速磁悬浮电机及控制核心技术；其三大产品线均属于新能源、节能减排、环保等国家重点支持新兴产业；主要业务领域包括城市轨道交通、高铁、新能源发电、余热回收、电机节能等领域。

公司利用高速磁悬浮电机及控制核心技术，形成了磁飞轮、磁悬浮超低温余热发电机和磁悬浮离心鼓风机三个产品线；公司面向客户提供集技术研发、生产制造、方案设计、市场营销、工程建设、操作培训、安装调试、售后服务、融资服务等于一体的一站式储能和节能系统解决方案。

公司致力于打造"全球领先的飞轮科技公司"，一贯秉承"创新、包容"的企业核心文化，及"与员工一起成长，与客户共同发展"的核心价值观。

312. 河北汇能欣源电子技术有限公司

地址：河北省石家庄市新华区合作路 113 号

邮编：050051

电话：0311 – 87040435

传真：0311 – 87040436

邮箱：hnxy04@163. com

网址：www. xypower. net

简介：

　　河北汇能欣源电子技术有限公司（以下简称"欣源公司"）成立于2004年8月，注册资金750万元。公司位于中集团第十三研究所院内，是一家研发、生产、销售特种电源为主的高新技术企业。

　　欣源公司通过了双软认证，是软件企业，拥有多项软件产品；通过ISO9001：2008质量体系认证和GJB9001B—2009质量管理体系认证；具备三级保密单位资格；取得武器装备科研生产许可证。

　　在发展的道路上，荣获省、市多项荣誉：石家庄市信息产业化暨信息产业工作先进单位；河北省信息产业先进单位；河北省信息产业科技创新先导型企业；河北省信息产业与信息化首批诚信单位；河北省优秀软件企业等。

　　欣源公司致力于高频开关电源的研制和生产。多年来，公司承担了国家自然科学基金计划、国家中小企业技术创新基金项目、省、市科技攻关计划和省信息发展计划。

　　在企业自主知识产权基础上，引进国内、国际先进技术并进行消化吸收，开发生产了7个系列，500余种电源产品，拥有1项专利和6项软件著作权，产品处于国内领先和国际先进水平，其中高功率脉冲电源、大功率密封防水电源分别获得石家庄市科学技术进步二、三等奖。

　　欣源公司电源产品广泛用于军民两用领域，取得较好的经济效益和社会效益。

　　经过多年的培养和积累，今天的欣源公司已经拥有了职业化的管理团队，专业的研发团队、高素质的生产团队和市场销售团队。是一家极具发展潜力的智力和知识密集型企业。

313. 河北远大电子有限公司

地址：河北省沧县薛官屯乡工业园

邮编：061037

电话：0317 – 4883888

传真：0317 – 4889185

邮箱：570774485@qq. com

网址：www. czyuanda. com

简介：

　　河北远大电子有限公司始建于1996年，位于河北省沧州市薛官屯乡工业园区，是生产各种非标准电源、电子变压器、电源变压器、煤矿防爆变压器、变频变压器、电抗器、交流电源、交流稳压电源的专业公司。厂区面积23

300平方米，厂房建筑面积16 800平方米。7个车间，1个研发中心。

　　公司拥有变压器、电源专业人才，员工130人，其中研发人员18人，技术人员20人，销售人员8人，拥有先进的设备和雄厚的技术力量。以及遍及山东、山西、河南、河北、北京、上海、陕西、东北三省

　　等十几个省市的销售网络，煤矿防爆变压器已占到全国市场65%的份额。

　　公司荣获纳税功臣称号；获得河北省科技型中小企业称号。并于2002年获得了ISO9001：2000质量管理体系认证，2009年获得了CE产品质量认证，公司生产的电源变压器、牵引变压器、控制变压器、高压限流变压器、变频变压器、煤矿防爆变压器、电抗器等产品，随机销往美国、日本、中东等地，并获得了广泛认可和赞誉。创造100%高可靠、高品质产品是远大公司的质量方针。

　　公司广交各界朋友，竭诚为客户服务，为客户加工定制特殊产品。

　　公司正在进行的技术开发的新产品主要有三大项：1）SH15系列非晶合金铁心电力变压器；2）SHM系列全密封电力变压器；3）干式电力变压器。其空载损耗比普通变压器的降低约70%，节能效果十分显著。干式电力变压器也获得了广泛的应用，既环保又安全。该项目2014年1月份正式投产。

　　我们与客户共同努力，创造一个实现双赢的美好合作环境！

314. 任丘市先导科技电子有限公司

地址：河北省任丘市城东津保南路北张工业区

邮编：062562

电话：0317 – 2968283

传真：0317 – 3369058

邮箱：hbxdkj@126. com

网址：www. xdkjw. com

简介：

　　任丘市先导科技电子有限公司始建于2001年，是一家集科研、生产、销售于一体的现代化科技型企业。公司技术力量雄厚，生产设备先进，专业生产蓄电池充放电设备，电动车充电机，电动汽车充电桩、充电站。蓄电池充放电设备以其独特的功能设计，新型的专利技术，广泛应用于蓄电池生产企业；"征程"牌系列电动车充电机现已行销全国各地，为国内众多电动车生产厂家选为优质配套产品，深受广大消费者的青睐，并已成功打入韩国及东南亚市场。

　　2005年，先导公司正式加入中国电源学会，成为优秀会员单位。在有关专家的精心指导和公司全体员工的不懈努力下，公司产品质量和管理水平突飞猛进，于2006年顺

利通过 ISO9001：2000 国际质量管理体系认证。为企业进一步发展奠定了坚实的基础。

"铸诚信、保质量"乃企业发展之根本，我们将一如既往地为您提供一流的产品和完善的服务。先导人愿与各位同仁携手，共同步入更加辉煌的明天！

315. 唐山尚新融大电子产品有限公司

地址：河北省唐山市滦南县职业教育中心实训基地
邮编：063500
电话：0315 - 4166302
传真：0315 - 4166301
邮箱：creativemix@126．com
网址：www．creativemix．cn
简介：

　　唐山尚新融大电子有限公司创立于 2008 年 4 月。公司分为电力电子事业部军品及标准事业部、定制批产事业部三大事业部。尚新融大致力于为军用电源电路、UPS、智能电网、轨道交通、光伏并网逆变器、通信电源提供磁性元器件系统化解决方案，是国内少数同时具备金属磁粉芯、非晶纳米晶磁芯、平面变压器、电感器、MIL - STD - 1553B 总线变压器、平面磁集成滤波器，研制、生产力的综合性科技企业。已通过 ISO9001 及 GJB9001B—2009 国军标质量体系认证，通过武器装备制造单位三级保密认证。公司依托磁电结合核心竞争力，为广大客户提供感性器件解决方案！

福建省

316. 福建联晟捷电子科技有限公司

地址：福建省福州市华林路 338 号锦绣福城 2 座 25 层
　　　1913 室
邮编：350013
电话：0591 - 87516665
传真：0591 - 87515299
网址：www．lsjie．com
简介：

　　福建联晟捷电子科技有限公司是一家以网络能源产品为主营，集设计、销售、安装和维护于一体的综合性公司。公司自 2004 年成立以来，相继成为美国伊顿、美国艾诺斯、德国世图兹、法国 SAFT、意大利雷乐士等国际知名企业在中国的合作伙伴。

我们秉承"依靠科学管理，创建一流工程，提供优质服务"的质量方针，承接了众多项目，使我们的业务在金融、石油化工、天然气、政府、交通、电力、大型工业企业等多领域取得了良好的发展。

面对未来，福建联晟捷电子科技有限公司的奋斗目标：本着"坚持不懈，将科技与应用完美结合，为用户提供最有利的应用解决方案，为客户创造竞争优势"的理念，为用户提供全线高科技产品和专业化服务。

317. 福建泰格电子技术有限公司

TAIGE　福建泰格电子技术有限公司
Fujian Taige Electronics Technology Co., Ltd.

地址：福建省福州市鼓楼区梅峰梁厝路 1 号华雄大厦 13 层
邮编：350000
电话：0591 - 83751081
传真：0591 - 87271080
邮箱：13306913658@189．cn
网址：www．taigefj．com
简介：

　　1. 专业·专注
　　福建泰格电子技术有限公司（以下简称"泰格电子"）是一家专业从事机房基础设施配套产品的销售、技术服务及工程安装于一体的综合性服务公司。泰格电子专注机房行业服务 15 年，已通过 ISO9001：2000 质量管理体系认证。

　　2. 与国际品牌同行
　　泰格电子是艾默生全系列产品销售核心代理商；雷诺威精密空调福建地区独家代理商；科华 UPS 福建联通行业代理单位，施耐德 APC 全系列金牌认证服务合作伙伴。

　　3. 机房整体解决方案
　　多年来我司本着"以技术为根本，以服务为基础"的经营理念，致力于专业技术服务，实现并提供一站式综合性原厂配件支援和设备维护保养业务，在机房精密空调方面，泰格电子提供艾默生、海洛斯、STULZ、雷诺威、佳力图、APC 等所有品牌技术服务和原厂配件，在不间断电源方面，泰格电子注重施耐德 APC、艾默生一线品牌原厂战略合作，进行返签服务合作，同时，我司为用户提供电源系统、监控系统及机房整体维护保养、设计规划、技术咨询等全方面机房整体解决技术方案，彻底解决客户的后顾之忧。

　　4. 专业团队保障
　　泰格电子拥有一批专业的技术服务人才，上岗人员均通过专业的知识培训，具有丰富的理论和实践经验，目前公司与各大国际品牌合作，正在加大培训力度，其中经艾默生公司培训认证高级工程师 8 名，雷诺威公司认证工程师 6 人等。

　　泰格人以诚信为本，一如既往地坚持"技术精益求精、施工追求卓越、服务全心全意"的宗旨，进一步开拓市场并愿和社会各界同行加强交流合作，同时向客户提供一流的全方位专业机房解决方案，真正做到使客户放心满意。

318. 福州福光电子有限公司

福光，让您的测试更简单

地址：福建省福州市台江区广达路 68 号金源大广场东区
　　　24 楼

邮编：350005

电话：0591 - 83305858

传真：0591 - 83375868

邮箱：cailei@ fuguang. com

网址：www. fuguang. com

简介：

　　福州福光电子有限公司（以下简称"福光电子"）成立于 1993 年，是一家专注于仪器仪表的研发、生产、销售，并提供全套测试维护解决方案的高新技术型企业。目前公司注册资金 2530 万元人民币，员工人数 170 位，年仪表销售额近 2 亿元。产品涉及蓄电池维护、常规电源测试、接地测试、机房环境测试等工业测试设备领域；客户遍及移动、电信、联通、铁塔、电力、铁路、石化、广电、部队及各企业专网等。

　　福光电子销售服务网络已覆盖全国各省份和城市，在全国多地设有办事处与售后服务中心，可高效快捷地提供良好的售前、售中及售后服务。在通信市场，福光电子是中国电信集团和中国移动集团仪器仪表集采入围厂家；在电力市场，福光电子是多省电力公司仪器仪表超市化采购的中标厂家；在国际市场，福光电子品牌产品已经远销至全球 30 多个国家和地区。

　　公司每年投入大量资源用于创新研发，目前已拥有 20 余项国家技术专利和软件著作权。未来，福光还将不断地向行业内推出更多拥有自主知识产权、更加科学方便、更加安全节能、更加经济实惠的仪器仪表及测试维护解决方案，为客户带来更大的效益，为社会创造更大的价值。

319. 厦门兴厦控恒昌自动化有限公司

地址：福建省厦门市集美区汽车工业城（三期）灌口南路
　　　598 号

邮编：361023

电话：0592 - 6368300

传真：0592 - 6368308

邮箱：liping - feng@ hcxec. com

网址：www. hcxec. com

简介：

厦门兴厦控恒昌自动化有限公司是一家致力电力系统配网自动化设备研发、生产、销售和服务的高新技术企业。公司汇聚了各类专业人才，吸收消化国内外先进技术，将专注于在智能电网、节能减排等绿色能源建设方面提供更先进、更环保、更可靠完善的全套智能电气解决方案。

　　自公司成立以来，致力于持续自主研发创新，先后开发了拥有自主知识产权，并获得多项国家专利的各类产品，如户外柱上智能断路器、户外智能分界负荷开关；智能交直流一体化电源系统、新型插框式直流电源屏、小微分布式电源装置、基于总线布置方案的电动机保护装置等。目前，广泛应用在各类发电厂、冶金、石化和矿山、国家电网、南方电网、城镇建设等领域。公司严格按照 ISO9001 质量管理体系和 ISO14000 环境管理体系要求运作，良好的企业信誉、产品质量和售后服务深得用户的信赖，赢得了许多中外客商的好评。

　　厦门兴厦控恒昌自动化有限公司将秉承"科技创新，顾客满意"的理念，以新技术、高质量的产品和服务为客户创造价值。

湖北省

320. 武汉泰可电气股份有限公司

地址：湖北省洪山区珞狮南路 519 号明泽丽湾 1 栋 C 单元
　　　14 层

邮编：430070

电话：027 - 87227071/2

传真：027 - 87227071/2

邮箱：gba8786@ 163. net；124707646@ qq. com

网址：www. tkdl. net

简介：

　　武汉泰可电气股份有限公司（以下简称"泰可电气"）是在 2015 年 1 月新三板上市企业（证券代码：831921）、国家高新技术企业、软件企业。从事电力行业高压输电线路在线监测系统、感应电源及通信系统、无线能量传输系统、变电站微机防误闭锁系统、配网设备等电力装备的生产制造、安装调试服务，是集研发、生产、销售和服务为一体的经济实体。泰可电气自 2000 年成立以来，依托武汉大学等多所国内一流高等院校的支持，自主研发多项新型高科技产品并拥有完全的知识产权，企业已通过了 ISO9001：2008 国际质量管理体系认证。企业目前拥有员工 30 多人，50% 的员工为技术研发人员，90% 的员工具备大学以上学历，在经营实践中立足电力行业、服务电力生产，积累了丰富的行业经验，赢得了业内普遍赞誉和客户信赖。

321. 武汉武新电气科技股份有限公司

地址: 湖北省武汉市武湖工业园立山路

邮编: 430345

电话: 027 – 82341783

传真: 027 – 82341251

邮箱: wx9000@ sina. cn

网址: www. woostar. cn

简介:

　　武汉武新电气科技股份有限公司(以下简称"武新电气")是专注电力电子变换与控制装备研发及应用的国家高新技术企业,成立于1995年,位于武汉"长江新城"核心区,占地40000平方米。公司于2015年登陆"新三板"(股票代码832349)。

　　公司致力于为商业伙伴提供电能质量控制装备(SVG静止无功发生器、APF有源滤波、LBD有源不平衡补偿、MEC电能质量综合优化模块等)、微电网控制装备与系统(光伏发电与电动汽车充电系统)、智能配网成套电气设备及智慧能源管理云平台解决方案,用户遍及各地,在行业内享有较高盛誉。

　　武新电气拥有100余人研发技术团队,先进的高、低压电力电子全载试验平台,立足自主创新,获得数十项专利及软件版权,并与清华大学、华中科大有着紧密的合作关系,是中国电源学会会员单位。武新电气坚持产品领先战略,先后获国家火炬计划项目、中央预算内电能质量产业化投资项目,获批省工程研究中心等五个省级研发平台、省著名商标等荣誉;产品通过了3C认证、CGC认证、CQC认证、零电压穿越及电网适应性等多项国内外产品认证及检验,并参与行业标准制定,力求持续领先。

　　武新电气坚持亲近客户的经营理念,提供基于赋能模式的快速响应和远程服务,持续为商业伙伴带来超值回报,以崭新形象与商业伙伴共谋发展。

322. 武汉新瑞科电气技术有限公司

地址: 湖北省武汉市东湖高新技术开发区东二产业园财富一路8号

邮编: 430205

电话: 027 – 87166570

传真: 027 – 87166933

邮箱: newrock2004@ 126. com

网址: www. newrock. com. cn

简介:

　　武汉新瑞科电气技术有限公司成立于2000年,位于武汉市东湖开发区东二产业园内,是集研发、生产、销售为一体的高新技术企业。公司占地13亩(1亩=666.67m²),拥有现代化的生产厂房和专业的生产及检验设备,现有员工70余人,是中国电源学会会员单位,武汉电源学会秘书处挂靠单位,拥有ISO9001:2000质量管理体系认证,是多家军工企业的合格分承制方。公司设有三个事业部:电子元器件事业部、特种变压器事业部及电源事业部。公司在温州、深圳等地设立办事处,并在香港成立子公司,服务遍及全球客户。

　　电子元器件事业部一直致力于功率半导体及其配套的电力电子元器件的代理销售,包括IGBT模块、晶闸管、整流桥、LEM传感器、中国台湾SUNON风扇、铃木电解电容等;特种变压器事业部长期为广大科研院所及电源设备厂家设计、生产多种特殊用途和特殊要求的变压器和电感产品;电源事业部主要生产特种用途的逆变电源、充电机等电源产品。

323. 武汉永力科技股份有限公司

地址: 湖北省武汉东湖新技术开发区流芳园南路19号永力产业园

邮编: 430223

电话: 027 – 87927990 87927991 87927992

传真: 027 – 87927916

邮箱: yl@ ylpower. com

网址: www. ylpower. com

简介:

　　武汉永力科技股份有限公司成立于2000年9月,位于武汉、中国光谷,是一家专业从事电源技术的研究和应用的高新技术企业。公司拥有移相式全桥软开关变换技术、三相有源功率因数校正技术、大功率恒流并联均流技术、射频环境的抗干扰技术、计算机控制技术等多项核心技术及专利,可为客户量身定制AC – DC、DC – DC、DC – AC系列电源产品。

　　公司产品具有体积小、重量轻、效率高、可靠性强、绿色环保等显著特点,特别是大功率通信发射机电源、干扰发射机电源、雷达发射机电源、船舶压载水环保处理设备配套电源等产品,其电磁兼容性、抗干扰能力和环境适应性方面,多项指标优于国内同类产品,获得了用户的广泛好评,被重点应用于军队武器装备系统、重大国防科研项目及中央预算内投资项目。

　　公司是多家科研院所及企业的军用装备、民用设备配套物资合格供方。公司致力于将科技与应用工程完美结合,为客户提供最有竞争力的产品技术解决方案。

天津市

324. 安晟通（天津）高压电源科技有限公司

地址：天津市河东区津塘路 174 号

邮编：300180

电话：022 58714976

传真：022 - 58714976

邮箱：tjanshengtong@163. com

网址：www. anshengtong. cn

简介：

安晟通（天津）高压电源科技有限公司坐落于天津市北方创业园，公司长期致力于高压电源研发、设计，生产工作，产品涉及稳压电源、恒流电源、脉冲电源、专用特种电源等各类军、民两用电源及相关产品，在现有的产品中有多项产品局国内外领先地位，应用领域覆盖军工、航空、航天、兵器、机载、雷达、船舶、通信、科研及仪器仪表、工业控制等众多领域。主要产品有充放电类高压电源、静电纺织设备高压电源、静电喷涂电源、X 射线电源、低压系统供电模块、臭氧高压电源、X 光管高压电源、高压点火电源、电子枪高压电源、等离子高压电源、高精密度模块电源。

我们长期与国内多个高校建立横向竖向联合，拥有一支活力四射积极向上并富有创新精神的专业技术团队，为公司的技术研发提供了保证。

公司注册资金 300 万元，企业奉行"以顾客为关注焦点，并根据客户要求量体裁衣"，研制各种高低压电源。"科技领先，优质服务，遵信守约"是我们的企业理念。

我们遵循以人为本、以客户为中心、以市场为导向、以创新为手段的经营思想，依托于科技，以先进、科学、严谨、务实的管理为基础，以规范化、标准化、合理化、高效率为原则、努力建造现代企业制度，力求早日跻身世界先进科技企业的行列。

325. 东文高压电源（天津）股份有限公司

地址：天津市河西区洞庭路 24 号 C 座

邮编：300220

电话：15022125842

传真：022 - 24311577

邮箱：saled@ tjindw. com

网址：www. tjindw. com

简介：

东文高压电源（天津）股份有限公司，是国家高新技术企业，坐落于天津市河西区洞庭路 24 号 C 座，占地 4000 平方米。公司创立于 1998 年，以高压电源为核心产业，研发生产近千余种军、民两用高压电源。应用于航空、航天、兵器、船舶等领域。应用范围：惯性导航、雷达通信、电子对抗、等离子体推进及变轨、电磁脉冲武器、声呐、水下非声探测、核探测、激光测距、大功率激光武器及超声探伤、高端医疗分析和高端精密分析仪器等。公司注册资金 500 万元，在职员工百余人。2015 年在新三板挂牌上市，现已取得了军工科研生产的全部 4 个资质。

迄今为止共申请专利 130 余项，已获授权专利 100 余项，其中发明专利 30 余项，有多项产品在国家科技部及天津市立项，并获得资金支持。

军工资质：

2008 年通过国家相关军工保密资格认证；2013 年通过国军标体系认证；2015 年通过军工科研生产相关认证 2015 年通过总装备部相关认证。

326. 天津市华明合兴机电设备有限公司

地址：天津市东丽区华明镇南坨工业园华盛道

邮编：300300

电话：022 - 84901298

传真：022 - 84900608

邮箱：tjhmhx@ 126. com

网址：www. tjhmhx. com

简介：

天津市华明合兴机电设备有限公司（以下简称"华明合兴"）坐落于天津华明高新区，毗邻天津滨海国际机场。华明合兴紧紧抓住国家电力事业建设飞速发展的契机，依靠科技力量，研发生产与低压电器配套相关的高端产品，在国内同行业中居于领先水平，受到用户的广泛赞誉，被称为"低压电器制造专家"。

天津市华明合兴机电设备有限公司成立于 1997 年，占地面积 14000 平方米，建筑面积 7600 平方米，现有员工 150 余人，其中工程技术人员 35 人。公司成立以来，已形成具有自主知识产权的核心技术，顺利通过 ISO9001 国际质量体系的认证。公司主要产品有：电源自动转换开关、电涌保护器、微型断路器、塑壳断路器、电弧保护断路器、自复式过欠电压保护器、控制与保护开关电器、应急电源、电气火灾监控产品、低压电器成套等系列产品，广泛应用于军事基地、重点工业、公安消防、高层楼宇、公益设施等相关行业。产品畅销东北、华北、西北、中南地区和津京两市，销售网络覆盖国内 20 多个省市自治区。

327. 天津市鲲鹏电子有限公司

地址：天津市静海经济开发区金海道 18 号
邮编：301600
电话：022 - 68687673
传真：022 - 68680568
邮箱：kunpeng_ vip@ 126. com
网址：www. tj - kp. cn
简介：

　　天津市鲲鹏电子有限公司创建于 1984 年，厂区面积 23000 余平方米，建筑面积 18000 余平方米，毗邻京沪高速，环境优美，交通便利。

　　公司现有资深设计人员 14 人，其中高级人才 6 名。具有国内、国外同行业先进生产设备 100 余台套，其中计算机自动绕线机 28 台，R 型绕线机 6 台，大型自动箔式绕线设备 5 套，真空浸漆流水线 2 条，全自动真空环氧浇注设备、干燥设备 2 套及与生产配套机械冲压设备 18 台套，各种检测仪器 55 台套。

　　公司主要产品有 EPS 电源，UPS 电源，变频电源，专用单相、三相变压器，电抗器。其中 SB 三相隔离变压器最大可做到 25000kVA；单相、三相电源变压器、R 型变压器；环型变压器；单相、三相 C 型变压器；各种高频开关变压器和电感器。及按客户要求加工定制各种特殊变压器。

　　公司生产电力系统配电变压器已获得国家认证。生产 SB10、S11、S13、S15 等系列油浸变压器、干式变压器、非晶合金变压器和配套电抗器。功率 30 ~ 25000kVA。在 2012 年国家质检总局的质量抽查中，产品质量全部达标，获得好评。

　　公司年产各类变压器、电源模块、稳压电源 55 万台套以上，铁路智能综合信号电源系统 1200 台套，产品行销全国。广泛应用于科研、电子、能源、交通、医疗、安防、家用电器、节能产品、光伏风能发电等领域。

　　企业通过 ISO9000：2008 质量管理体系认证和 ISO14000：环境管理体系认证。产品通过 CQC 认证和 CE 认证，及国家大型企业优秀供应商认证。

　　2011 年公司获得科技型企业称号，2013 年、2016 年获得国家高新技术企业称号承接国家科技研发项目，已获得专利 19 项其中发明专利 3 项。多次为国家重点工程和出口项目配套，在国内同行业中居领先地位。

　　鲲鹏人愿与您携手共进，创造美好未来！

甘肃省

328. 兰州精新电源设备有限公司

地址：甘肃省兰州市城关区雁西路 1376 号工业城北五区 10 栋

邮编：730010
电话：0931 - 4613615
传真：0931 - 2186976
邮箱：jxps126@ 126. com
网址：www. jxps. com
简介：

　　兰州精新电源设备有限公司位于兰州国家高新技术开发区内，是专业从事电力电子技术及其相关产品研发、生产和销售的高新技术企业。

　　公司拥有一批实力雄厚的专业技术人员，并以高等院校、科研院所的专家、教授为技术后盾。凭借先进的开关电源、脉冲功率技术、自动控制技术，以长期研制生产核物理加速器、高稳定度、高频、高压、高功率脉冲、三角波扫描、超导电源为基础，研发出一批具有国内领先水平、具有自主知识产权并获得多项国家专利的高、精、新电力电子产品。公司特种电源在材料改性、表面处理、废水、废气、烟尘治理、电化学领域都发挥着不可替代的作用。

　　公司以诚信为本，视提高中国特种电源，高频、高压、高功率、快脉冲电源技术为己任，锐意进取、精益求精、不断创新的技术形成核心竞争力，以完善可靠的产品质量和优良售后服务立足于市场。

329. 天水七四九电子有限公司

地址：甘肃省天水市泰州区双桥路 14 号
邮编：741000
电话：0938 - 8631053
传真：0939 - 8214627
网址：www. ts749. cn
简介：

　　天水七四九电子有限公司是由原天水永红器材厂改制重组的高新技术企业，公司前身国营永红器材厂，1969 年始建于甘肃省秦安县，1995 年整体搬迁至甘肃省天水市。公司占地面积 16675 平方米，总资产 1. 15 亿元，拥有各种仪器仪表 768 套。现有职工 306 人，专业技术人员 95 人。公司是国内领先研制生产集成电路的企业之一，主要产品：单片集成电路、混合集成电路、电源模块（包括厚膜化电源）三大类产品 600 多个品种，产品以其优良的品质广泛应用于航空、航天、兵器、船舶、电子、通信及自动化领域。曾为"长征系列"火箭、"风云"卫星、"嫦娥"探月工程、"神舟"号宇宙飞船等多个重点工程提供过高质量的产品，曾荣获"省优"、"部优"及"国家重点新产品"称号。

330. 中国科学院近代物理研究所

地址： 甘肃省兰州市南昌路 509 号
邮编： 730000
电话： 0931 – 4969563
传真： 0931 – 4969560
网址： www. impcas. ac. cn
简介：

中国科学院近代物理研究所创建于 1957 年，以重离子核物理基础研究和相关领域的交叉研究为主要方向，相应发展加速器物理与技术及核技术。50 多年来，中科院近代物理研究所已成为国际上有较高知名度的中、低能重离子物理研究中心之一。与此同时，兰州重离子加速器（HIRFL）也发展成为我国规模大、加速离子种类多、能量高的重离子研究装置，主要技术指标达到国际先进水平。

中国科学院近代物理研究所电源室负责兰州重离子加速器（HIRFL）励磁电源系统以及供配电系统的设计、运行、维护工作，在大功率高稳定度直流稳流电源技术、大功率脉冲开关电源技术以及特种电源技术方面形成自己鲜明的特色。我所电源技术由直流输出发展到脉冲输出，由慢脉冲发展到快脉冲，由模拟控制发展到全数字控制，电源性能不断提高，满足了重离子加速器的发展需要。

广西壮族自治区

331. 广西吉光电子科技有限公司

地址： 广西壮族自治区贺州市平安东路
邮编： 542899
电话： 0774 – 5132000
传真： 0774 – 5132111
邮箱： jiconoffice@ jicon. net
网址： www. jicon. net
简介：

广西吉光电子科技有限公司（以下简称"吉光电子"）通过 ISO9001 质量管理体系、ISO14001 环境管理体系和 GB/T 29490—2013 企业知识产权管理规范认证的高新技术企业、国家知识产权优势企业和自治区企业技术中心，注册资金 1.25 亿元人民币。

公司一直致力于铝电解电容器的研发、生产和销售，产品覆盖全系列引线式、焊针式和螺栓式铝电解电容器，产品各项性能指标稳定可靠，质量水平居于国内领先地位，部分产品达到国际先进水平，广泛应用于工业变频器、通信电源、UPS 电源、工业焊机、家用电器、电子消费品、

汽车电子、风能和太阳能等领域。

经过 30 多年的发展，公司拥有注册商标 2 个，软件著作权 1 件，共申报专利 40 件（发明专利 12 件，实用新型 28 件）。

吉光电子将始终坚持"专业、创新、健康、价值"的企业精神和"为顾客创造价值"的经营理念，把"创一流品牌，建一流公司"作为企业的发展目标，力争把"吉光电子"打造成为技术、产品和服务输出的一流品牌和一流公司。

332. 广西科技大学

地址： 广西壮族自治区柳州市城中区东环大道 268 号
邮编： 545006
电话： 0772 – 2685979
传真： 0772 – 2687698
邮箱： zhangyin0830@ 126. com
网址： www. gxut. edu. cn
简介：

广西科技大学是一所以工为主，专业涵盖工、管、理、医、经、文、法、艺术、教育等 9 大学科门类，直属广西壮族自治区政府管理的普通高等学校。学校坐落在南中国古人类"柳江人"的发祥地、广西工业支柱和广西第二大城市——柳州市。学校现有东环、柳石和柳东（规划建设中）3 个校区，占地面积近 4700 亩（1 亩 = 666.67m²）；面向全国 27 个省（区、市）招生，有全日制本专科学生、研究生、留学生共 25 000 余人；设 20 个二级学院，19 个研究所（中心），4 个附属医院，77 个本专科专业；有专任教师 1400 多人。学校现有 8 个硕士学位授权一级学科，8 个硕士专业学位授权点，3 个新增博士学位授权建设一级学科。

电源学会团体会员单位主要依托电气与信息工程学院（简称"电气学院"），电气学院现有"控制科学与工程"一级学科学术型硕士点和"控制工程"专业学位硕士点，控制科学与工程学科为博士点建设支撑学科，开办电气工程、自动化、测控技术与仪器、机器人工程等 7 个本科专业，现有在校全日制本科生 1700 多名，全日制硕士研究生 120 多名。建有教育部工程研究中心 1 个，广西区重点实验室 1 个，广西高校重点实验室 1 个等科研平台。电气学院具有良好的师资队伍，现有教授 19 人，副教授 34 人；具有博士学位 19 人，在读博士的教师 9 人，具有硕士、博士学位教师占 93%。

333. 桂林斯壮微电子有限责任公司

地址：广西壮族自治区桂林市国家高新区信息产业园 D－8 号

邮编：541004

电话：0773－5858088 5852696 5825199 5852939

传真：0773－5855299 2183788

邮箱：gsme@gsme.com.cn；sales@gsme.com.cn

网址：www.gsme.com.cn

简介：

　　桂林斯壮微电子有限责任公司以设计、开发、生产各种高性能半导体功率器件为主营业务，目前主要产品有低导通电阻和低栅电荷密度的功率场效应晶体管（Low Rdson、LowQg MOSFET）及低导通电压的肖特基二极（LowVF）、开关二极管、稳压二极管等桂微牌产品，产品广泛应用于开关电源适配器 UPS、逆变器变频器、移动通信基站、智能家居产品、物联网硬件产品、汽车电子产品、安防系统、智能手机及其附属产品、计算机及其附属产品、小型视听多媒体终端产品等消费类电子信息产品、家用电器、工业自动化控制设备等。

　　"桂微牌"产品不断提高专业水平，为客户提供高性能和低成本的优质产品，推行"精益求精、卓越品质、客户满意"的品质政策，努力成为客户必备的优质供琏伙伴。

四川省

334. 成都顺通电气有限公司

地址：四川省成都市龙泉驿区界牌工业园区

邮编：610100

电话：028－84854598

传真：028－84859059

邮箱：cdstdq@vip.163.com

简介：

　　成都顺通电气有限公司（以下简称"顺通公司"）坐落在国家成都经济技术开发区内，是一家通过了 ISO9001 质量管理体系认证，并专业致力于直流电源系统、低压成套开关设备、消防应急电源系统的研究、开发、生产和销售的高新技术企业。本公司与电子科大、佛山大学等高校紧密长期合作，成立了"电子科大顺通电气技术研发中心"。现拥有了成熟的产品研发、生产组织、市场营销和服务的能力，并能根据顾客的要求提供个性化的成熟的产品

解决方案。

　　顺通公司自行研发的具有自主知识产权的消防应急电源系统已一次性通过了国家消防电子产品质量监督检验中心（沈阳）的型式检验，并取得了国家公安部消防评定中心（北京）颁发的产品型式认可证书；公司生产低压成套开关设备（SP系列产品）已通过了中国质量认证中心的型式检验，并取得了中国国家强制性产品认证证书（CCC 产品认证）；公司生产的 GZDW 微机型高频开关直流电源系统也已一次性通过了国家继电器质量监督检验中心的型式检验，并取得了 GZDW 微机型高频开关直流电源系统产品型号使用证书及四川省经委颁发的产品鉴定证书及已取得国家知识产权局的专利证书，同时被艾默生网络能源有限公司认证为电力电源合作厂等，使顺通公司的电源产品具备了推向市场，服务社会的良好条件。

335. 四川厚天科技股份有限公司

地址：四川省天府新区仁寿视高经济开发区

邮编：610200

电话：028－85186517

传真：028－85186517

邮箱：hdn@sc-hdn.com

网址：www.sc-hdn.com

简介：

　　四川厚天科技股份有限公司致力于电力电子技术研究，专注于电能质量治理领域和新能源领域，公司聚集了一批国内电力系统及自动化、计算机和自动控制领域的专家和研究人员。公司立足于自主开发，积极跟踪和掌握电力电子科技技术的发展，与国内相关高校和研发机构、团体有良好的合作关系。

　　公司是高新技术企业，研发团队由研发经验丰富的教授、博士、硕士、专业研发人员等组成。在大功率电力电子应用和供配电成套设备领域不断创造佳绩，并不断成长和壮大。产品涉及电力、石油、煤炭、机械、冶金等行业的电能质量服务和供配电成套设备等。

　　公司产品涉及 35kV 及以下配电、电能质量、优化控制与节能降耗整体解决方案；柔性交流输配电装置技术；输配电系统稳定性分析、电能质量咨询、治理服务；电动汽车的整体充电方案和太阳能逆变设备的研发和制造。

　　公司有较强的成套配套能力，有先进的调试、测试仪器、高压试验设备和数控冲、剪、切等机床，可以完整地完成从研发、设计、生产、调试、测试、成套等所有的产

品制作流程。

336. 四川英杰电气股份有限公司

地址：四川省德阳市金沙江西路 686 号

邮编：618000

电话：0838 - 2900585 2900586

传真：0838 - 2900985

邮箱：injet@ injet. cn

网址：www. injet. cn

简介：

四川英杰电气股份有限公司成立于 1996 年，是专业的工业电源、特种电源、功率控制器的设计与制造企业。

公司是国家高新技术企业，拥有省企业技术中心，被授予院士专家工作站。通过多年的发展，已形成了完善的技术创新体系，拥有众多的专利技术，公司自 2002 年起通过了 ISO9001 质量管理体系认证、3C 认证等。

公司自成立以来，始终以自主研发为核心，产品广泛应用于石油、化工、冶金、机械、建材等传统行业及核电、光伏、晶体生长、半导体、特种金属材料等新兴行业，同时也销往世界多个国家和地区。

公司位于具有中国"西部鲁尔"之称的"中国重大技术装备制造业基地"、"联合国清洁技术与再生能源装备制造业国际示范城市"——四川省德阳市，公司占地 80 余亩（1 亩 = 666. 67m²）。公司以技术创新为核心，以质量提升为突破，持续开展管理优化，提升公司综合实力和核心竞争力，为客户提供优质的产品和高效的服务，创"英杰"品牌，立志成为一流的设备制造商。

河南省

337. 洛阳隆盛科技有限责任公司

地址：河南省洛阳市西工区凯旋西路 25 号

邮编：471009

电话：400 - 0379 - 613

传真：0379 - 63917137

邮箱：rosen. rosen@ 163. com

网址：www. rosen - tech. com

简介：

洛阳隆盛科技有限责任公司成立于 1996 年 4 月，位于驰名中外的十三朝古都——洛阳，是中国航空工业集团公司洛阳电光设备研究所下属的一家全资子公司。公司成立

20 多年来，专注于设计和制造高效率、高可靠性的电源产品，已经形成了定制电源、模块电源、标准电源、系统电源和 DC - DC 转换器五大电源专业方向，成为国内军品电源领域颇具影响的综合性电源企业。

公司现有员工 330 余人，配套完善的研发、生产、调测以及环境试验中心，总面积约 8000 平方米，年生产能力达近万台套。公司作为河南省的高新技术企业，具备全套的军工产品生产与服务资质。目前，已拥有应用于航天、航空、兵器、船舶、雷达、机车、通信等多个领域 10 余种各具优势和特色的系列产品，并持续为 510 多家用户以及多项国家重点工程提供数万台套电源产品，受到军方和用户的一致好评。

"怀凌云之志，铸稳定之源"，隆盛人秉承"用军工技术打造优质电源，以可靠质量赢得用户信赖"的理念，依托成熟的航空技术和多年的电源研发经验，不断努力开拓和超越自我，竭诚为每一位客户提供优质的产品和真诚的服务。

338. 许继电源有限公司

地址：河南省许昌市中原电气谷许继新能源产业园

邮编：461000

电话：0374 - 3219505

传真：0374 - 3215203 - 678

邮箱：weizhongdy@ 126. com

网址：www. xjgc. com

简介：

许继电源有限公司是国家电网许继集团有限公司下属的子公司，是专业从事电力电子产品研发、生产及系统设计的厂商，主要产品涵盖电动汽车充换电系统、电力电源、电能质量控制设备、军工特种电源、光伏发电并网逆变电源产品等高新技术领域。产品已广泛应用于在电力、石化、煤炭、水利、环保、国防、轨道交通和公共事业中。

许继电源有限公司秉承"尊重、超越、共赢"的企业核心价值观，以"推进绿色电能变换技术，美好我们的生活和工作"为使命，以"成为中国领先的电力电子电能变换设备供应商及系统集成商"为愿景，许继电源有限公司将携同客户及合作伙伴一起开拓中国电力电子产品的美好未来。

辽宁省

339. 大连零点信息动力科技有限公司

地址：辽宁省大连市甘井子区轻工苑 1 号

邮编：116034
电话：0411－86322338
邮箱：zero_ chensong@ 163. com
网址：www. zero－dl. com
简介：

　　大连零点信息动力科技有限公司，成立于 2015 年 1月，注册资金 5000 万元，是东北老工业基地拥有新型工业化、信息化理念的科技、行业创新企业。在节能环保领域聚焦于战略性新兴产业和传统制造业融合，是依托于高校、行业机构、技术专家等科研力量，以"专注节能环保、创造社会价值"为使命的新型科技公司。

　　零点信息动力作为集节能环保产品设计、研发、制造和专业智能控制服务于一体的现代服务公司，通过组建顶尖的技术和服务团队，整合高校、行业机构和技术专家等优良资源，采用行业先进技术，并与国内外多个权威节能环保机构保持良好的技术交流，针对项目进行现场评估，为客户制定专属的节能环保方案，与客户共同分享技术价值和服务价值。

340. 航天长峰朝阳电源有限公司

地址：辽宁省朝阳市电源路 1 号
邮编：122000
电话：0421－2732351
传真：0421－2828501
邮箱：50hz@ vip. sina. com
网址：www. 4nic. com. cn
简介：

　　航天长峰朝阳电源有限公司是经中国航天科工集团批准，由中国航天科工防御技术研究院和朝阳市电源有限公司于 2007 年 9 月 5 日投资组建的国有控股公司，注册资金 11 760 万元。

　　公司前身为朝阳市电源有限公司，成立于 1986 年，是国内首家专业电源公司，具有 31 年的电源设计制造和测试经验，是当前国内最大的专业电源生产基地之一。以"4NIC"、"航天电源"及"CASIC 中国航天科工集团"为品牌，生产 30 多个系列 30 余万品种稳压电源、恒流电源、UPS 电源、脉冲电源、滤波器等各种电源和电源相关产品。应用领域覆盖航空、航天、兵器、机载、雷达、船舶、机车、通信及科研等领域，尤其是在需要高可靠性的军工领域发挥着不可替代的作用，为国家的国防建设和经济建设做出了卓越贡献。

　　公司位于辽宁省朝阳市电源路 1 号，现址占地 20 多万平方米，建筑面积 15 万平方米。新厂区占地面积 42 万平方米，建筑面积 20 万平方米。公司在国内 30 多个主要城市设有办事处，履行"航天电源就在您身边"的承诺。企业奉行"以顾客为关注焦点，量体裁衣做电源"的经营战略，满足个性化需求。

其他

341. 南昌大学教授电气制造厂

地址：江西省南昌市南京东路 351 号教授科技楼
邮编：330029
电话：0791－88301618
传真：0791－88332483
邮箱：chinaprofessor@ alibaba. com. cn
网址：www. chinaprofessor. com
简介：

　　南昌大学教授电气制造厂（以下简称"教授电气"）是由南昌大学教师、教授创办的科技型企业，主要从事计算机、通信设备、机床设备精密交流稳压电源、家用冰箱空调稳压器、UPS、逆变电源、充电器充电机、太阳能光伏发电系统等多系列电源类产品的研发和制造，已有 20 年的制造历史，产品畅销国内各省，并远销非洲、印度、中东等电压特别不稳定地区。教授电气是国内最大家用电源生产企业之一。

　　教授电气依托南昌大学的研发力量，有能力不断创新，因此产品更新换代非常快，总是以最新、最适合消费者的产品为各级经销商创造新的商机，为终端用户提供更好的产品。

　　教授电气 2001 年就通过了 ISO9000 质量管理体系，有着严格的质量控制程序，因此产品质量一直深受用户信赖，在市场有着良好的口碑。

　　教授电气的核心价值观：以科技让人们生活得更好！教授电气全心全意以客户为中心，依靠自己的技术优势和勤奋工作，努力创造更好、更多的新产品，与消费者共享科技成果带来的快乐。

342. 勤发电子股份有限公司

地址：台湾省新北市汐止区大同路一段 239 号 11 楼，台湾
邮编：221
电话：＋886－2－26478100
传真：＋886－2－26478200

邮箱：helen@ chinfa. com

网址：www. chinfa. com

简介：

　　勤发电子股份有限公司自 1985 年创立以来，是一家取得 ISO9001、UL、TUV 认证的公司，在秉持着不断地创新思考、成为世界全方位解决方案的翘楚、满足客户的需求及长期经营的理念。所有交换式电源供应器产品皆自行研发设计与生产，不论在技术研发、质量稳定度或降低成本上，以多年的经验来满足客户对于交换式电源供应器的各种要求，并追求更卓越效能的交换式电源供应器。

　　Isolated DC/DC converter：1 ~ 100W、AC/DC power module：3 ~ 40W、AC/DC DIN Rail mountable power supply：5 ~ 960W、DC/DC DIN Rail mountable power supply：15 ~ 40W、AC/DC DIN Rail compact size power supply：120W ~ 480W、AC/DC enclosed power supply：20 ~ 150W、Battery charger：30W&60W、DC UPS controller：30A、Redundant module：10A&20A。

343. 陕西长岭光伏电气有限公司

长岭光伏

地址：陕西省宝鸡市清姜路 75 号

邮编：721006

电话：0917 - 3607661

传真：0917 - 3607650

邮箱：13772662816@ 163. com

网址：www. changlingpv. com

简介：

　　陕西长岭光伏电气有限公司（以下简称"长岭光伏电气公司"）由陕西长岭电气有限责任公司和陕西光伏产业有限公司共同出资组建。公司注册资本 2 亿元人民币。公司主要从事光伏逆变器、控制器、汇流箱、配电柜、安装支架、追日系统等光伏发电相关配套产品的开发、生产、销售、服务以及以上产品的进出口业务。

　　陕西长岭电气有限责任公司的前身国营第七八二厂是国家"一五"期间投资建设的 156 项重点工程之一，国家军工骨干企业。经过 50 多年的发展，已形成以军工电子产品、纺织机电产品、家用电器产品和太阳能光伏产品为支柱的大型国有企业。公司总资产 16.8 亿元，在职员工 4300 余人，其中各类专业技术人员 1000 余人。公司拥有先进的电子产品装联生产线、家用电器产品生产线和大批性能优良的机械加工设备，齐全的环境实验设备和先进的精密检测设备，先后通过了 GJB/9001 质量管理体系认证、ISO10012 计量体系认证和 ISO14001 环境管理体系认证，是国家技术监督局批准的一级计量单位，荣获全国电子行业用户满意先进单位，全国诚信企业，陕西省质量服务双满意企业等荣誉称号。

　　长岭光伏电气公司可为用户提供 BIPV、BAPV、LSPV、

CPV 等光伏发电系统的整体解决方案，提供逆变器、汇流箱、配电柜、电站监控系统、安装支架、追日系统等产品及光伏电站设计、施工、安装调试、系统检测、软件升级、技术咨询、人员培训等多方面的服务。

　　公司坚持"品质第一，规范管理，持续改进，用户满意"的质量方针，通过了 GB/T28001—2011/OHSAS18001：2007 职业健康安全管理体系认证、GB/T19001—2008/ISO9001：2008 标准质量管理体系认证、GB/T24001—2004/ISO14001：2004 环境管理体系认证，建立了完善的质量管理体系。

会员企业按主要产品索引

通用开关电源（75）

1. 北京大华无线电仪器有限责任公司
2. 北京航天星瑞电子科技有限公司
3. 北京航星力源科技有限公司
4. 北京汇众电源技术有限责任公司
5. 北京落木源电子技术有限公司
6. 北京通力盛达节能设备股份有限公司
7. 北京新雷能科技股份有限公司
8. 北京中天汇科电子技术有限责任公司
9. 常州诚联电源股份有限公司
10. 常州市武进红光无线电有限公司
11. 东莞市镁力电子有限公司
12. 东莞市石龙富华电子有限公司
13. 佛山市汉毅电子技术有限公司
14. 佛山市南海赛威科技技术有限公司
15. 佛山市顺德区冠宇达电源有限公司
16. 固纬电子（苏州）有限公司
17. 广东金华达电子有限公司
18. 广州市昌菱电气有限公司
19. 海湾电子（山东）有限公司
20. 杭州博睿电子科技有限公司
21. 合肥博微田村电气有限公司
22. 合肥华耀电子工业有限公司
23. 合肥科威尔电源系统有限公司
24. 合肥通用电子技术研究所
25. 河北汇能欣源电子技术有限公司
26. 湖南晟和电源科技有限公司
27. 华东微电子技术研究所
28. 康舒电子（东莞）有限公司杭州分公司
29. 溧阳市华元电源设备厂
30. 南通嘉科电源制造有限公司
31. 派沃力德（北京）电子科技有限公司
32. 任丘市先导科技电子有限公司
33. 赛尔康技术（深圳）有限公司
34. 山东镭之源激光科技股份有限公司

35. 上海德创电器电子有限公司
36. 上海谷登电气有限公司
37. 上海吉电电子技术有限公司
38. 上海正远电子技术有限公司
39. 深圳华德电子有限公司
40. 深圳可立克科技股份有限公司
41. 深圳蓝信电气有限公司
42. 深圳麦格米特电气股份有限公司
43. 深圳欧陆通电子股份有限公司
44. 深圳市柏瑞凯电子科技有限公司
45. 深圳市保益新能电气有限公司
46. 深圳市航嘉驰源电气股份有限公司
47. 深圳市核达中远通电源技术股份有限公司
48. 深圳市坚力坚实业有限公司
49. 深圳市京泉华科技股份有限公司
50. 深圳市巨鼎电子有限公司
51. 深圳市库马克新技术股份有限公司
52. 深圳市瑞必达科技有限公司
53. 深圳市瑞晶实业有限公司
54. 深圳市威日科技有限公司
55. 深圳市新能力科技有限公司
56. 深圳市中电熊猫展盛科技有限公司
57. 深圳市卓越至高电子有限公司
58. 晟朗（上海）电力电子有限公司
59. 四川英杰电气股份有限公司
60. 四川长虹精密电子科技有限公司
61. 台达电子企业管理（上海）有限公司
62. 太仓电威光电有限公司
63. 天津市华明合兴机电设备有限公司
64. 温州楚汉光电科技有限公司
65. 无锡东电化兰达电子有限公司
66. 武汉永力科技股份有限公司
67. 湘潭市华鑫电子科技有限公司
68. 协丰万佳科技（深圳）有限公司
69. 亿曼丰科技（深圳）有限公司
70. 张家港市电源设备厂
71. 浙江宏胜光电科技有限公司
72. 浙江矛牌电子科技有限公司
73. 浙江榆阳电子有限公司
74. 浙江正泰电源电器有限公司
75. 珠海泰坦科技股份有限公司

UPS 电源（73）

1. 艾普斯电源（苏州）有限公司
2. 安徽明瑞智能科技股份有限公司
3. 百纳德（扬州）电能系统股份有限公司
4. 宝士达网络能源（深圳）有限公司
5. 北京航星力源科技有限公司
6. 北京恒电电源设备有限公司
7. 北京普罗斯托国际电气有限公司

8. 北京韶光科技有限公司
9. 北京银星通达科技开发有限责任公司
10. 重庆荣凯川仪仪表有限公司
11. 佛山市力迅电子有限公司
12. 佛山市新光宏锐电源设备有限公司
13. 佛山市众盈电子有限公司
14. 福建联晟捷电子科技有限公司
15. 福建泰格电子技术有限公司
16. 广东宝星新能科技有限公司
17. 广东创电科技有限公司
18. 广东志成冠军集团有限公司
19. 广州东芝白云菱机电力电子有限公司
20. 广州市昌菱电气有限公司
21. 广州市锦路电气设备有限公司
22. 杭州奥能电源设备有限公司
23. 航天柏克（广东）科技有限公司
24. 航天长峰朝阳电源有限公司
25. 合肥海瑞弗机房设备有限公司
26. 合肥联信电源有限公司
27. 弘乐电气有限公司
28. 鸿宝电源有限公司
29. 湖南东方万象科技有限公司
30. 湖南丰日电源电气股份有限公司
31. 湖南科明电源有限公司
32. 华康泰克信息技术（北京）有限公司
33. 华为技术有限公司
34. 江苏爱克赛电气制造有限公司
35. 江苏禾力清能电气有限公司
36. 雷诺士（常州）电子有限公司
37. 理士国际技术有限公司
38. 厦门科华恒盛股份有限公司
39. 厦门市爱维达电子有限公司
40. 山东镭之源激光科技股份有限公司
41. 山东泰开自动化有限公司
42. 山特电子（深圳）有限公司
43. 上海谷登电气有限公司
44. 上海华翌电气有限公司
45. 上海香开电器设备有限公司
46. 上海阳顿电气制造有限公司
47. 深圳奥特迅电力设备股份有限公司
48. 深圳晶福源科技股份有限公司
49. 深圳科士达科技股份有限公司
50. 深圳蓝信电气有限公司
51. 深圳市海德森科技股份有限公司
52. 深圳市皓文电子有限公司
53. 深圳市捷益达电子有限公司
54. 深圳市金威源科技股份有限公司
55. 深圳市京泉华科技股份有限公司
56. 深圳市科陆电源技术有限公司

57. 深圳市商宇电子科技有限公司
58. 深圳市新能力科技有限公司
59. 深圳市雄韬电源科技股份有限公司
60. 深圳市英威腾电源有限公司
61. 深圳市振华微电子有限公司
62. 深圳索瑞德电子有限公司
63. 四川厚天科技股份有限公司
64. 先控捷联电气股份有限公司
65. 许继电源有限公司
66. 伊顿电源（上海）有限公司
67. 易事特集团股份有限公司
68. 浙江琦美电气有限公司
69. 浙江腾腾电气有限公司
70. 中川电气科技有限公司
71. 中达电通股份有限公司
72. 中兴通讯股份有限公司
73. 珠海山特电子有限公司

新能源电源（光伏逆变器、风力变流器等）（69）

1. 安泰科技股份有限公司非晶金属事业部
2. 北京北创芯通科技有限公司
3. 北京动力源科技股份有限公司
4. 北京恒电电源设备有限公司
5. 北京落木源电子技术有限公司
6. 北京普罗斯托国际电气有限公司
7. 北京索英电气技术有限公司
8. 常州市创联电源科技股份有限公司
9. 东莞立德电子有限公司
10. 佛山市新光宏锐电源设备有限公司
11. 佛山市众盈电子有限公司
12. 广东宝星新能科技有限公司
13. 广东顺德三扬科技股份有限公司
14. 航天柏克（广东）科技有限公司
15. 合肥东胜汽车电子有限公司
16. 合肥科威尔电源系统有限公司
17. 河北奥冠电源有限责任公司
18. 湖南晟和电源科技有限公司
19. 华为技术有限公司
20. 江苏爱克赛电气制造有限公司
21. 临沂昱通新能源科技有限公司
22. 龙腾半导体有限公司
23. 南昌大学教授电气制造厂
24. 南京中港电力股份有限公司
25. 宁夏银利电气股份有限公司
26. 任丘市先导科技电子有限公司
27. 山东泰开自动化有限公司
28. 陕西长岭光伏电气有限公司
29. 上海吉电电子技术有限公司
30. 上海稳利达科技股份有限公司
31. 上海宇帆电气有限公司
32. 深圳晶福源科技股份有限公司
33. 深圳科士达科技股份有限公司

34. 深圳可立克科技股份有限公司
35. 深圳青铜剑科技股份有限公司
36. 深圳市爱维达新能源科技有限公司
37. 深圳市安托山技术有限公司
38. 深圳市保益新能电气有限公司
39. 深圳市东辰科技有限公司
40. 深圳市皓文电子有限公司
41. 深圳市核达中远通电源技术股份有限公司
42. 深圳市汇川技术股份有限公司
43. 深圳市捷益达电子有限公司
44. 深圳市金威源科技股份有限公司
45. 深圳市威日科技有限公司
46. 深圳市雄韬电源科技股份有限公司
47. 深圳市中电熊猫展盛科技有限公司
48. 深圳索瑞德电子有限公司
49. 石家庄通合电子科技股份有限公司
50. 四川厚天科技股份有限公司
51. 台达电子企业管理（上海）有限公司
52. 田村（中国）企业管理有限公司
53. 温州楚汉光电科技有限公司
54. 无锡新洁能股份有限公司
55. 武汉泰可电气股份有限公司
56. 武汉武新电气科技有限公司
57. 厦门科华恒盛股份有限公司
58. 厦门市爱维达电子有限公司
59. 先控捷联电气股份有限公司
60. 新风光电子科技股份有限公司
61. 阳光电源股份有限公司
62. 伊戈尔电气股份有限公司
63. 亿曼丰科技（深圳）有限公司
64. 易事特集团股份有限公司
65. 浙江腾腾电气有限公司
66. 浙江正泰电源电器有限公司
67. 中达电通股份有限公司
68. 中国长城科技集团股份有限公司
69. 中兴通讯股份有限公司

通信电源（62）

1. 安伏（苏州）电子有限公司
2. 北京动力源科技股份有限公司
3. 北京航星力源科技有限公司
4. 北京汇众电源技术有限责任公司
5. 北京普罗斯托国际电气有限公司
6. 北京新雷能科技股份有限公司
7. 北京中天汇科电子技术有限责任公司
8. 东莞市石龙富华电子有限公司
9. 佛山市顺德区冠宇达电源有限公司
10. 广东创电科技有限公司
11. 广东金华达电子有限公司
12. 广东顺德三扬科技股份有限公司
13. 广州市锦路电气设备有限公司
14. 海湾电子（山东）有限公司

15. 杭州博睿电子科技有限公司
16. 杭州中恒电气股份有限公司
17. 合肥联信电源有限公司
18. 河北奥冠电源有限责任公司
19. 湖南丰日电源电气股份有限公司
20. 华康泰克信息技术（北京）有限公司
21. 华为技术有限公司
22. 江苏禾力清能电气有限公司
23. 康舒电子（东莞）有限公司杭州分公司
24. 雷诺士（常州）电子有限公司
25. 理士国际技术有限公司
26. 勤发电子股份有限公司
27. 山东泰开自动化有限公司
28. 上海科泰电源股份有限公司
29. 深圳奥特迅电力设备股份有限公司
30. 深圳华德电子有限公司
31. 深圳晶福源科技股份有限公司
32. 深圳可立克科技股份有限公司
33. 深圳麦格米特电气股份有限公司
34. 深圳欧陆通电子股份有限公司
35. 深圳市爱维达新能源科技有限公司
36. 深圳市安托山技术有限公司
37. 深圳市柏瑞凯电子科技有限公司
38. 深圳市保益新能电气有限公司
39. 深圳市比亚迪锂电池有限公司
40. 深圳市东辰科技有限公司
41. 深圳市航嘉驰源电气股份有限公司
42. 深圳市核达中远通电源技术股份有限公司
43. 深圳市金威源科技股份有限公司
44. 深圳市巨鼎电子有限公司
45. 深圳市瑞晶实业有限公司
46. 深圳市雄韬电源科技股份有限公司
47. 深圳市英可瑞科技股份有限公司
48. 深圳市英威腾电源有限公司
49. 深圳市卓越至高电子有限公司
50. 深圳索瑞德电子有限公司
51. 晟朗（上海）电力电子有限公司
52. 台达电子企业管理（上海）有限公司
53. 无锡东电化兰达电子有限公司
54. 武汉永力科技股份有限公司
55. 厦门科华恒盛股份有限公司
56. 厦门市爱维达电子有限公司
57. 浙江矛牌电子科技有限公司
58. 浙江榆阳电子有限公司
59. 中达电通股份有限公司
60. 中国长城科技集团股份有限公司
61. 中科航达科技发展（北京）有限公司
62. 中兴通讯股份有限公司

模块电源（56）

1. 安伏（苏州）电子有限公司
2. 北京创四方电子股份有限公司

3. 北京航天星瑞电子科技有限公司
4. 北京航星力源科技有限公司
5. 北京汇众电源技术有限责任公司
6. 北京韶光科技有限公司
7. 北京新雷能科技股份有限公司
8. 北京银星通达科技开发有限责任公司
9. 常州市武进红光无线电有限公司
10. 东文高压电源（天津）股份有限公司
11. 广州健特电子有限公司
12. 广州金升阳科技有限公司
13. 广州致远电子有限公司
14. 杭州奥能电源设备有限公司
15. 航天长峰朝阳电源有限公司
16. 合肥东胜汽车电子有限公司
17. 合肥华耀电子工业有限公司
18. 河北汇能欣源电子技术有限公司
19. 湖南晟和电源科技有限公司
20. 华东微电子技术研究所
21. 华为技术有限公司
22. 江苏禾力清能电气有限公司
23. 兰州精新电源设备有限公司
24. 雷诺士（常州）电子有限公司
25. 洛阳隆盛科技有限责任公司
26. 南京中港电力股份有限公司
27. 勤发电子股份有限公司
28. 青岛航天半导体研究所有限公司
29. 深圳蓝信电气有限公司
30. 深圳市爱维达新能源科技有限公司
31. 深圳市安托山技术有限公司
32. 深圳市保益新能电气有限公司
33. 深圳市皓文电子有限公司
34. 深圳市核达中远通电源技术股份有限公司
35. 深圳市科陆电源技术有限公司
36. 深圳市三和电力科技有限公司
37. 深圳市新能力科技有限公司
38. 深圳市英威腾电源有限公司
39. 深圳市振华微电子有限公司
40. 深圳市中电熊猫展盛科技有限公司
41. 深圳市卓越至高电子有限公司
42. 石家庄通合电子科技股份有限公司
43. 四川英杰电气股份有限公司
44. 天津市鲲鹏电子有限公司
45. 天水七四九电子有限公司
46. 温州楚汉光电科技有限公司
47. 无锡东电化兰达电子有限公司
48. 无锡芯朋微电子股份有限公司
49. 武汉泰可电气股份有限公司
50. 武汉武新电气科技股份有限公司
51. 武汉永力科技股份有限公司
52. 西安伟京电子制造有限公司
53. 协丰万佳科技（深圳）有限公司

54. 张家港市电源设备厂

55. 中科航达科技发展（北京）有限公司

56. 中兴通讯股份有限公司

照明电源、LED 驱动电源（48）

1. 安伏（苏州）电子有限公司

2. 北京通力盛达节能设备股份有限公司

3. 常州诚联电源股份有限公司

4. 常州市创联电源科技股份有限公司

5. 常州市武进红光无线电有限公司

6. 东莞立德电子有限公司

7. 东莞市石龙富华电子有限公司

8. 佛山市哥迪电子有限公司

9. 佛山市汉毅电子技术有限公司

10. 佛山市南海赛威科技技术有限公司

11. 广东金华达电子有限公司

12. 海湾电子（山东）有限公司

13. 杭州博睿电子科技有限公司

14. 合肥华耀电子工业有限公司

15. 河北奥冠电源有限责任公司

16. 康舒电子（东莞）有限公司杭州分公司

17. 溧阳市华元电源设备厂

18. 茂硕电源科技股份有限公司

19. 宁波赛耐比光电科技股份有限公司

20. 赛尔康技术（深圳）有限公司

21. 上海豪远电子有限公司

22. 上海稳利达科技股份有限公司

23. 深圳麦格米特电气股份有限公司

24. 深圳市爱维达新能源科技有限公司

25. 深圳市安托山技术有限公司

26. 深圳市比亚迪锂电池有限公司

27. 深圳市东辰科技有限公司

28. 深圳市航嘉驰源电气股份有限公司

29. 深圳市金威源科技股份有限公司

30. 深圳市巨鼎电子有限公司

31. 深圳市科陆电源技术有限公司

32. 深圳市中电熊猫展盛科技有限公司

33. 深圳市卓越至高电子有限公司

34. 晟朗（上海）电力电子有限公司

35. 苏州东山精密制造股份有限公司

36. 苏州纽克斯电源技术股份有限公司

37. 温州楚汉光电科技有限公司

38. 无锡新洁能股份有限公司

39. 厦门市爱维达电子有限公司

40. 湘潭市华鑫电子科技有限公司

41. 伊戈尔电气股份有限公司

42. 亿曼丰科技（深圳）有限公司

43. 英飞凌科技（中国）有限公司

44. 英飞特电子（杭州）股份有限公司

45. 浙江矛牌电子科技有限公司

46. 浙江榆阳电子有限公司

47. 浙江宇光照明科技有限公司

48. 中国长城科技集团股份有限公司

特种电源（44）

1. 安泰科技股份有限公司非晶金属事业部

2. 北京北创芯通科技有限公司

3. 北京创四方电子股份有限公司

4. 北京航天星瑞电子科技有限公司

5. 北京恒电电源设备有限公司

6. 北京京仪椿树整流器有限责任公司

7. 北京新雷能科技股份有限公司

8. 常州市创联电源科技股份有限公司

9. 成都金创立科技有限责任公司

10. 东文高压电源（天津）股份有限公司

11. 佛山市顺德区冠宇达电源有限公司

12. 广东创电科技有限公司

13. 广东顺德三扬科技股份有限公司

14. 杭州博睿电子科技有限公司

15. 杭州飞仕得科技有限公司

16. 杭州快新能源科技有限公司

17. 杭州远方仪器有限公司

18. 航天长峰朝阳电源有限公司

19. 合肥华耀电子工业有限公司

20. 合肥科威尔电源系统有限公司

21. 河北汇能欣源电子技术有限公司

22. 核工业理化工程研究院

23. 江苏爱克赛电气制造有限公司

24. 兰州精新电源设备有限公司

25. 溧阳市华元电源设备厂

26. 山东镭之源激光科技股份有限公司

27. 深圳华德电子有限公司

28. 深圳市皓文电子有限公司

29. 深圳市振华微电子有限公司

30. 四川英杰电气股份有限公司

31. 苏州市申浦电源设备厂

32. 武汉泰可电气股份有限公司

33. 武汉新瑞科电气技术有限公司

34. 武汉永力科技股份有限公司

35. 西安爱科赛博电气股份有限公司

36. 西安伟京电子制造有限公司

37. 西安翌飞核能装备股份有限公司

38. 新风光电子科技股份有限公司

39. 许继电源有限公司

40. 扬州凯普电子有限公司

41. 伊戈尔电气股份有限公司

42. 浙江矛牌电子科技有限公司

43. 中国空空导弹研究院

44. 中科航达科技发展（北京）有限公司

EPS 电源（41）

1. 安徽明瑞智能科技股份有限公司

2. 百纳德（扬州）电能系统股份有限公司

3. 北京动力源科技股份有限公司

4. 北京银星通达科技开发有限责任公司

5. 常州市武进红光无线电有限公司
6. 成都顺通电气有限公司
7. 重庆荣凯川仪仪表有限公司
8. 福建联晟捷电子科技有限公司
9. 广东宝星新能科技有限公司
10. 广东创电科技有限公司
11. 广东寰宇电子科技股份有限公司
12. 广东志成冠军集团有限公司
13. 广州东芝白云菱机电力电子有限公司
14. 广州市锦路电气设备有限公司
15. 航天柏克（广东）科技有限公司
16. 合肥联信电源有限公司
17. 鸿宝电源有限公司
18. 湖南科明电源有限公司
19. 江苏爱克赛电气制造有限公司
20. 江苏禾力清能电气有限公司
21. 雷诺士（常州）电子有限公司
22. 理士国际技术有限公司
23. 赛尔康技术（深圳）有限公司
24. 山东山大华天科技集团股份有限公司
25. 上海华翌电气有限公司
26. 上海香开电器设备有限公司
27. 上海阳顿电气制造有限公司
28. 深圳华德电子有限公司
29. 深圳晶福源科技股份有限公司
30. 深圳科士达科技股份有限公司
31. 深圳市捷益达电子有限公司
32. 深圳市商宇电子科技有限公司
33. 深圳市英威腾电源有限公司
34. 深圳索瑞德电子有限公司
35. 四川厚天科技股份有限公司
36. 天津市华明合兴机电设备有限公司
37. 厦门科华恒盛股份有限公司
38. 易事特集团股份有限公司
39. 浙江琦美电气有限公司
40. 浙江腾腾电气有限公司
41. 中川电气科技有限公司

其他（39）

1. 保定科诺沃机械有限公司
2. 北京北创芯通科技有限公司
3. 北京锋速精密科技有限公司
4. 北京机械设备研究所
5. 北京索英电气技术有限公司
6. 北京维通利电气有限公司
7. 北京中大科慧科技发展有限公司
8. 比亚迪汽车工业有限公司第十四事业部电源工厂
9. 成都金创立科技有限责任公司
10. 大连零点信息动力科技有限公司
11. 东文高压电源（天津）股份有限公司
12. 佛山市禅城区华南电源创新科技园投资管理有限公司

13. 固纬电子（苏州）有限公司
14. 广东大比特资讯广告发展有限公司
15. 广东寰宇电子科技股份有限公司
16. 杭州飞仕得科技有限公司
17. 杭州易泰达科技有限公司
18. 湖南东方万象科技有限公司
19. 美尔森电气保护系统（上海）有限公司
20. 南昌大学教授电气制造厂
21. 宁波博威合金材料股份有限公司
22. 上海超群无损检测设备有限责任公司
23. 深圳市安科讯实业有限公司
24. 深圳市迪比科电子科技有限公司
25. 深圳市兴龙辉科技有限公司
26. 深圳市亿铖达工业有限公司
27. 深圳欣锐科技股份有限公司
28. 四川长虹精密电子科技有限公司
29. 太仓电威光电有限公司
30. 温州大学
31. 武汉泰可电气股份有限公司
32. 武汉武新电气科技股份有限公司
33. 西安爱科赛博电气股份有限公司
34. 浙江高泰昊能科技有限公司
35. 浙江巨磁智能技术有限公司
36. 浙江榆阳电子有限公司
37. 中国科学院等离子体物理研究所
38. 中国科学院近代物理研究所
39. 珠海格力电器股份有限公司

稳压电源（器）（38）

1. 百纳德（扬州）电能系统股份有限公司
2. 北京大华无线电仪器有限责任公司
3. 北京普罗斯托国际电气有限公司
4. 常州诚联电源股份有限公司
5. 东文高压电源（天津）股份有限公司
6. 佛山市汉毅电子技术有限公司
7. 佛山市顺德区冠宇达电源有限公司
8. 佛山市新光宏锐电源设备有限公司
9. 佛山市众盈电子有限公司
10. 海丰县中联电子厂有限公司
11. 杭州远方仪器有限公司
12. 航天长峰朝阳电源有限公司
13. 合肥通用电子技术研究所
14. 河北汇能欣源电子技术有限公司
15. 弘乐电气有限公司
16. 鸿宝电源有限公司
17. 江苏宏微科技股份有限公司
18. 南昌大学教授电气制造厂
19. 南通嘉科电源制造有限公司
20. 山东镭之源激光科技股份有限公司
21. 山东山大华天科技集团股份有限公司
22. 上海谷登电气有限公司
23. 上海豪远电子有限公司

24. 上海华翌电气有限公司
25. 上海全力电器有限公司
26. 上海稳利达科技股份有限公司
27. 深圳欧陆通电子股份有限公司
28. 深圳市巨鼎电子有限公司
29. 苏州市申浦电源设备厂
30. 天津市鲲鹏电子有限公司
31. 温州现代集团有限公司
32. 协丰万佳科技（深圳）有限公司
33. 新风光电子科技股份有限公司
34. 张家港市电源设备厂
35. 浙江腾腾电气有限公司
36. 浙江正泰电源电器有限公司
37. 中川电气科技有限公司
38. 珠海科达信电子科技有限公司

蓄电池（32）

1. 百纳德（扬州）电能系统股份有限公司
2. 保定科诺沃机械有限公司
3. 北京银星通达科技开发有限责任公司
4. 佛山市力迅电子有限公司
5. 佛山市新光宏锐电源设备有限公司
6. 佛山市众盈电子有限公司
7. 福建联晟捷电子科技有限公司
8. 福州福光电子有限公司
9. 广东宝星新能科技有限公司
10. 广东志成冠军集团有限公司
11. 广州市昌菱电气有限公司
12. 广州市锦路电气设备有限公司
13. 航天柏克（广东）科技有限公司
14. 合肥海瑞弗机房设备有限公司
15. 河北奥冠电源有限责任公司
16. 鸿宝电源有限公司
17. 湖南丰日电源电气股份有限公司
18. 湖南科明电源有限公司
19. 理士国际技术有限公司
20. 山东圣阳电源股份有限公司
21. 上海香开电器设备有限公司
22. 深圳科士达科技股份有限公司
23. 深圳市比亚迪锂电池有限公司
24. 深圳市商宇电子科技有限公司
25. 深圳市雄韬电源科技股份有限公司
26. 先控捷联电气股份有限公司
27. 易事特集团股份有限公司
28. 浙江创力电子股份有限公司
29. 浙江琦美电气有限公司
30. 中川电气科技有限公司
31. 珠海山特电子有限公司
32. 珠海泰坦科技股份有限公司

直流屏、电力操作电源（31）

1. 安徽明瑞智能科技股份有限公司
2. 北京恒电电源设备有限公司

3. 北京智源新能电气科技有限公司
4. 常州市创联电源科技股份有限公司
5. 成都顺通电气有限公司
6. 重庆荣凯川仪仪表有限公司
7. 福建联晟捷电子科技有限公司
8. 杭州奥能电源设备有限公司
9. 杭州快电新能源科技有限公司
10. 杭州中恒电气股份有限公司
11. 合肥联信电源有限公司
12. 湖南丰日电源电气股份有限公司
13. 湖南科明电源有限公司
14. 美尔森电气保护系统（上海）有限公司
15. 勤发电子股份有限公司
16. 山东泰开自动化有限公司
17. 上海大周信息科技有限公司
18. 上海香开电器设备有限公司
19. 深圳奥特迅电力设备股份有限公司
20. 深圳蓝信电气有限公司
21. 深圳市比亚迪锂电池有限公司
22. 深圳市科陆电源技术有限公司
23. 深圳市三和电力科技有限公司
24. 深圳市商宇电子科技有限公司
25. 深圳市英可瑞科技股份有限公司
26. 石家庄通合电子科技股份有限公司
27. 西屋港能企业（上海）股份有限公司
28. 厦门兴厦控恒昌自动化有限公司
29. 许继电源有限公司
30. 浙江琦美电气有限公司
31. 珠海泰坦科技股份有限公司

变频电源（器）（28）

1. 北京大华无线电仪器有限责任公司
2. 北京动力源科技股份有限公司
3. 北京航天星瑞电子科技有限公司
4. 北京京仪椿树整流器有限责任公司
5. 广州东芝白云菱机电力电子有限公司
6. 杭州远方仪器有限公司
7. 合肥科威尔电源系统有限公司
8. 核工业理化工程研究院
9. 江门市安利电源工程有限公司
10. 南通嘉科电源制造有限公司
11. 勤发电子股份有限公司
12. 青岛威控电气有限公司
13. 上海谷登电气有限公司
14. 深圳麦格米特电气股份有限公司
15. 深圳市汇川技术股份有限公司
16. 深圳市库马克新技术股份有限公司
17. 四川长虹精密电子科技有限公司
18. 苏州市申浦电源设备厂
19. 台达电子企业管理（上海）有限公司
20. 天津市鲲鹏电子有限公司
21. 西安爱科赛博电气股份有限公司

22. 先控捷联电气股份有限公司
23. 新风光电子科技股份有限公司
24. 张家港市电源设备厂
25. 浙江海利普电子科技有限公司
26. 中达电通股份有限公司
27. 珠海格力电器股份有限公司
28. 珠海泰坦科技股份有限公司

功率器件（24）

1. 北京京仪椿树整流器有限责任公司
2. 北京落木源电子技术有限公司
3. 北京韶光科技有限公司
4. 北京世纪金光半导体有限公司
5. 北京宇翔电子有限公司
6. 常州东华电力电子有限公司
7. 常州瑞华电力电子器件有限公司
8. 桂林斯壮微电子有限责任公司
9. 江苏宏微科技股份有限公司
10. 龙腾半导体有限公司
11. 南京时恒电子科技有限公司
12. 青岛航天半导体研究所有限公司
13. 汕头华汕电子器件有限公司
14. 上海吉电电子技术有限公司
15. 上海长园维安微电子有限公司
16. 上海众韩电子科技有限公司
17. 深圳青铜剑科技股份有限公司
18. 深圳市飞尼奥科技有限公司
19. 深圳市鹏源电子有限公司
20. 深圳市实润科技有限公司
21. 苏州锴威特半导体有限公司
22. 无锡新洁能股份有限公司
23. 武汉新瑞科电气技术有限公司
24. 中惠创智（深圳）无线供电技术有限公司

半导体集成电路（21）

1. 昂宝电子（上海）有限公司
2. 北京落木源电子技术有限公司
3. 北京宇翔电子有限公司
4. 佛山市南海赛威科技技术有限公司
5. 桂林斯壮微电子有限责任公司
6. 湖南晟和电源科技有限公司
7. 江苏宏微科技股份有限公司
8. 龙腾半导体有限公司
9. 青岛航天半导体研究所有限公司
10. 上海吉电电子技术有限公司
11. 上海长园维安微电子有限公司
12. 上海众韩电子科技有限公司
13. 深圳青铜剑科技股份有限公司
14. 深圳市坚力坚实业有限公司
15. 深圳市鹏源电子有限公司
16. 深圳市实润科技有限公司
17. 苏州锴威特半导体有限公司
18. 无锡芯朋微电子股份有限公司

19. 无锡新洁能股份有限公司
20. 浙江高泰昊能科技有限公司
21. 中惠创智（深圳）无线供电技术有限公司

电焊机、充电机、电镀电源（21）

1. 保定科诺沃机械有限公司
2. 北京韶光科技有限公司
3. 广东顺德三扬科技股份有限公司
4. 海丰县中联电子厂有限公司
5. 杭州奥能电源设备有限公司
6. 杭州快电新能源科技有限公司
7. 合肥东胜汽车电子有限公司
8. 康舒电子（东莞）有限公司杭州分公司
9. 兰州精新电源设备有限公司
10. 溧阳市华元电源设备厂
11. 南昌大学教授电气制造厂
12. 南京中港电力股份有限公司
13. 宁波赛耐比光电科技有限公司
14. 任丘市先导科技电子有限公司
15. 上海全力电器有限公司
16. 上海宇帆电气有限公司
17. 深圳市振华微电子有限公司
18. 石家庄通合电子科技股份有限公司
19. 四川英杰电气股份有限公司
20. 苏州市申浦电源设备厂
21. 西屋港能企业（上海）股份有限公司

电子变压器（21）

1. 北京创四方电子股份有限公司
2. 东莞立德电子有限公司
3. 东莞市镁力电子有限公司
4. 佛山市哥迪电子有限公司
5. 合肥博微田村电气有限公司
6. 河北远大电子有限公司
7. 江苏宏微科技股份有限公司
8. 临沂昱通新能源科技有限公司
9. 宁夏银利电气股份有限公司
10. 青岛云路新能源科技有限公司
11. 上海豪远电子有限公司
12. 上海全力电器有限公司
13. 深圳可立克科技股份有限公司
14. 深圳市港特科技有限公司
15. 深圳市京泉华科技股份有限公司
16. 深圳市库马克新技术股份有限公司
17. 天津市鲲鹏电子有限公司
18. 温州现代集团有限公司
19. 武汉新瑞科电气技术有限公司
20. 浙江正泰电源电器有限公司
21. 专顺电机（惠州）有限公司

电抗器（17）

1. 北京创四方电子股份有限公司
2. 北京英博电气股份有限公司
3. 东莞立德电子有限公司

4. 宁夏银利电气股份有限公司
5. 青岛云路新能源科技有限公司
6. 上海豪远电子有限公司
7. 上海申世电气有限公司
8. 上海稳利达科技股份有限公司
9. 上海鹰峰电子科技股份有限公司
10. 深圳市铂科新材料股份有限公司
11. 深圳市京泉华科技股份有限公司
12. 深圳市三和电力科技有限公司
13. 田村（中国）企业管理有限公司
14. 温州现代集团有限公司
15. 伊戈尔电气股份有限公司
16. 浙江东睦科达磁电有限公司
17. 专顺电机（惠州）有限公司

电容器（15）

1. 东莞宏强电子有限公司
2. 广东丰明电子科技有限公司
3. 广东南方宏明电子科技股份有限公司
4. 南通新三能电子有限公司
5. 宁国市裕华电器有限公司
6. 上海鹰峰电子科技股份有限公司
7. 上海众韩电子有限公司
8. 深圳市柏瑞凯电子科技有限公司
9. 深圳市创容新能源有限公司
10. 深圳市鹏源电子有限公司
11. 深圳市三和电力科技有限公司
12. 深圳市实润科技有限公司
13. 深圳市智胜新电子技术有限公司
14. 扬州凯普电子有限公司
15. 亿曼丰科技（深圳）有限公司

电源配套设备（自动化设备、SMT设备、绕线机等）（15）

1. 北京锋速精密科技有限公司
2. 北京森社电子有限公司
3. 北京英博电气股份有限公司
4. 佛山市南海区平洲广日电子机械有限公司
5. 固纬电子（苏州）有限公司
6. 广州市昌菱电气有限公司
7. 任丘市先导科技电子有限公司
8. 陕西长岭光伏电气有限公司
9. 深圳市库马克新技术股份有限公司
10. 深圳市新能力科技有限公司
11. 深圳市中科源电子有限公司
12. 四川长虹精密电子科技有限公司
13. 唐山尚新融大电子产品有限公司
14. 天津市华明合兴机电设备有限公司
15. 浙江创力电子股份有限公司

磁性元件/材料（14）

1. 安徽首文高新材料有限公司
2. 安泰科技股份有限公司非晶金属事业部
3. 临沂昱通新能源科技有限公司
4. 青岛云路新能源科技有限公司

5. 上海正远电子技术有限公司
6. 上海灼日新材料科技有限公司
7. 深圳市铂科新材料股份有限公司
8. 深圳市鹏源电子有限公司
9. 深圳市威日科技有限公司
10. 唐山尚新融大电子产品有限公司
11. 天长市中德电子有限公司
12. 田村（中国）企业管理有限公司
13. 越峰电子（昆山）有限公司
14. 浙江东睦科达磁电有限公司

电感器（13）

1. 安泰科技股份有限公司非晶金属事业部
2. 北京柏艾斯科技有限公司
3. 东莞市镁力电子有限公司
4. 合肥博微田村电气有限公司
5. 临沂昱通新能源科技有限公司
6. 宁夏银利电气股份有限公司
7. 上海众韩电子有限公司
8. 深圳市铂科新材料股份有限公司
9. 唐山尚新融大电子产品有限公司
10. 田村（中国）企业管理有限公司
11. 武汉新瑞科电气技术有限公司
12. 浙江东睦科达磁电有限公司
13. 专顺电机（惠州）有限公司

滤波器（12）

1. 北京英博电气股份有限公司
2. 北京智源新能电气科技有限公司
3. 东莞市镁力电子有限公司
4. 江苏坚力电子科技股份有限公司
5. 青岛云路新能源科技有限公司
6. 山东山大华天科技集团股份有限公司
7. 上海申世电气有限公司
8. 上海鹰峰电子科技股份有限公司
9. 上海正远电子技术有限公司
10. 四川厚天科技股份有限公司
11. 唐山尚新融大电子产品有限公司
12. 温州现代集团有限公司

PC、服务器电源（8）

1. 东莞市金河田实业有限公司
2. 海湾电子（山东）有限公司
3. 深圳欧陆通电子股份有限公司
4. 深圳市柏瑞凯电子科技有限公司
5. 深圳市东辰科技有限公司
6. 深圳市航嘉驰源电气股份有限公司
7. 协丰万佳科技（深圳）有限公司
8. 中国长城科技集团股份有限公司

电源测试设备（7）

1. 北京大华无线电仪器有限责任公司
2. 北京中科泛华测控技术有限公司
3. 广州致远电子有限公司
4. 龙腾半导体有限公司

5. 上海科梁信息工程股份有限公司

6. 深圳市中科源电子有限公司

7. 西安爱科赛博电气股份有限公司

电阻器（6）

1. 北京锋速精密科技有限公司

2. 广东南方宏明电子科技股份有限公司

3. 南京时恒电子科技有限公司

4. 上海申世电气有限公司

5. 上海鹰峰电子科技股份有限公司

6. 深圳市嘉莹达电子有限公司

胶（5）

1. 北京汐源科技有限公司

2. 广东施奈仕实业有限公司

3. 广州回天新材料有限公司

4. 上海灼日新材料科技有限公司

5. 深圳市亿铖达工业有限公司

机壳、机柜（4）

1. 广州汉铭通信科技有限公司

2. 弘乐电气有限公司

3. 陕西长岭光伏电气有限公司

4. 伊顿电源（上海）有限公司

绝缘材料（3）

1. 北京汐源科技有限公司

2. 广州市宝力达电气材料有限公司

3. 上海灼日新材料科技有限公司

风扇、风机等散热设备（2）

1. 杭州祥博传热科技股份有限公司

2. 乐健科技（珠海）有限公司

第八篇　电源重点工程项目应用案例及相关产品

2017 年电源重点工程项目应用案例

1. 上海电器科学研究所汽车事业部新能源汽车部件测试供电电源项目

参与单位：

艾普斯电源（苏州）有限公司

地址：上海市徐汇区古美路 1515 号 19 号楼 1203

电话：021 - 54452200 传真：021 - 54451502

网址：www. preenpower. com

E - mail：sales@ acpower. net

主要产品：

ADG 大功率可编程直流电源

项目概况：

2017 年 5 月上海电器科学研究所汽车事业部新增新能源汽车的相关电气部件检测项目，项目需求是能提供大功率，高稳定度及相应速度的模拟电池供电的电源，以为高压系统与低压系统的被测产品提供最佳的检测环境。

产品应用概况/解决方案：

1. 测试产品

（1）新能源汽车高低压系统 EUT

1）主动力电动机控制器及电动机。

2）辅助制动系统控制器及辅助电动机。

3）转向系统控制器及辅助电动机。

4）DC - DC 功率模块。

5）空调系统控制器及空调。

6）PTC 驱动控制器及 PTC。

（2）新能源汽车低压系统 EUT

车载控制系统、仪表、监控系统等。（雾灯、前照灯、夜行灯、安全警告灯、转向灯等），鼓风机、雨刮、电动门窗、喇叭、安全气囊、防盗系统、辅助设备（车载监控，冰箱）等。

2. 电源电压等级涵盖目前市场上所有新能源汽车高压系统电气供电等级（且公司产品输出最高电压定位在 2000V，应对国内电池包行业电压等级的发展进行覆盖）。

3. 电源应对上述新能源产品电瞬态传导干扰耦合脉冲测试及模拟高低压系统瞬间掉负荷等测试工况要求增加了相应部件，保证向产品提供稳定测试供电。

产品优势及应用成果：

1. 产品优势

1）单机大容量电源可靠性高。

2）电压对目前新能源汽车电气系统测试电压全覆盖。

3）暂态反应不同机型为 <4 ~ 12ms，针对测试过程中扭矩与转速的突增突减可以做到稳定的输出。

4）低纹波、高稳压率、保证测试环境对控制器的影响。

2. 应用成果

上海电器科学研究所（新能源汽车）、华域三电汽车空调有限公司（新能源汽车）、杭州远方（新能源检测）、格力集团（新能源汽车）、杭叉集团（电动叉车）等。

2. 上海 ABB 工厂屋顶 3.2MWp 光伏电站项目

参与单位：

艾思玛新能源技术（江苏）有限公司

地址：江苏省苏州市高新区向阳路 198 号 9 栋

电话：0512 - 69372978

E - mail：sales@ sma - china. com. cn

网址：www. zeversolar. com. cn www. sma - china. com

主要产品：

光伏逆变器

项目概况：

时　　间：2017 年

案例地点：上海

装机容量：3.2MWp

采用逆变器型号：SOLID - Q PRO 60

产品应用概况/解决方案：

该项目工厂屋顶光伏电站项目，采用了 SMA SOLID - Q PRO 60 组串型逆变器。

产品优势及应用成果：

SMA SOLID - Q 系列光伏逆变器将德国品质和中国智造完美结合，致力于高可靠性和卓越的性价比体验。SOLID - Q 50 可灵活应用于商业屋顶、光伏扶贫等通过低压并网的中小型分布式电站。SOLID - Q PRO 60 得益于更高的电压输出和无 N 线设计，可广泛应用于大型屋顶、山地丘陵、农光互补等通过中高压并网的 MW 级大中型分布式和地面电站，显著降低安装和维护成本，提高投资收益。

1. 投资回报率高

1）德国品质，中国智造。

2）高发电收益，适用于多种恶劣环境。

2. 安全性强

1）集成交直流防雷。

2）集成专利绝缘阻抗和残余电流检测保护。

3. 应用灵活

1）3 路 MPPT，最高支持 12 路组串输入

2）体积小、重量轻，支持 0°~90°角安装。

4. 新技术导入

1）内置式抗 PID。

2）智能组串检测。

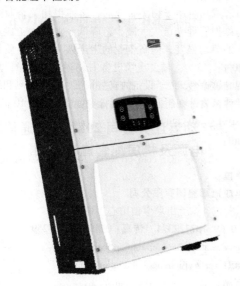

3. 手机无线充电模块接收端项目

参与单位：

安泰科技股份有限公司非晶金属事业部

地址：北京市海淀区永澄北路 10 号 B 区

电话：010 - 58712633　传真：010 - 58712642

网址：www. atmcn. com

E - mail：nano@ atmcn. com

主要产品：

非晶、纳米晶带材；功率变换元器件；电磁兼容类铁心及器件；电力测量类铁心及器件

项目概况：

我司产品现已在小米、华为以及三星等多个品牌的多个型号产品上获得了成功应用，例如三星的 J5、J7 和 Note 系列手机，我司的导磁片产品主要应用于无线充电模块的接收端，该产品要求纳米晶带材宽度约为 50～55mm，带材表面要求无任何劈裂、孔洞、鼓包、划痕等缺陷，否则会出现绝缘膜隆起等缺陷而导致一些未知的隐患。以三星 Note8 产品举例，由于该机型同时具有无线充电和 NFC 功能，两者使用频率不同，对导磁材料性能要求较高，在 200kHz 频率条件下，电感 Ls 需达到 $6.13\mu H$，电阻低于 1.62Ω，同时在 13.56MHz 频率条件下，频率 Fre 需达到 12.25MHz，VSWR 低于 2.1，如需在两种频率下均达到客户要求，需要降低材料损耗，增加高频磁导率。首先，通过改变热处理工艺，增加初始磁导率，再经碎化降损后，材料可以在保持较高磁导率的同时，减少损耗。另外，三星体系对产品外观要求较高，表面不平整位置尺寸需小于 0.02mm，我司针对此产品的高要求，优化了制带工艺，目前项目开发已经完成，开始持续批量供货最终成功获得了一定份额的订单，仅 2017 年下半年导磁片项目的创收即超过了 2000 万元。相信随着无线充电项目的推广，纳米晶带材将会有更广阔的应用空间。

产品应用概况/解决方案：

近年，随着 NFC 近场通信以及非接触式无线充电技术和功能的推广，对具有较大宽幅的纳米晶带材需求越来越大，而且由于手机行业的特殊要求，对带材的表面质量要求极高，诸如传统纳米晶带材表面存在的气泡、孔洞、劈裂、划痕及棱等缺陷，在最终成品的无线充电接收模块有很明显的不良反应，而不被行业接受。

本项目基于优化的快速凝固技术，实现了具有近乎完美的带面、最大宽幅达 80mm 纳米晶带材的批量制备，该技术目前处于国际领先水平。

NFC 和无线充电应用要求导磁片具有更高的磁导率，同时由于手机、笔记本电脑、平板电脑等产品轻薄化的需求，接收端模块应具有尽可能小的厚度。针对以上应用的需求，解决方案如下：

非晶、纳米晶合金熔炼→制带（带材厚度 $20\mu m$ 及以下）→热处理→覆膜→模切→与铜线圈集成模组。其中纳米晶带材的磁性能由热处理过程调制，在具体的应用中，导磁片的形状由接收端的整体方案决定，并配合铜线圈共同设计。

产品优势及应用成果：

1）手机、平板电脑等产品的无线充电接收端总厚度要求约 $100\mu m$，因此具有较小厚度的非晶、纳米晶带材在尺寸设计上具有先天的优势。

2）为提高无线充电的效率，要求导磁材料具有较高的磁导率，而非晶、纳米晶材料的高磁导率特性与此要求契合。

3）当无线充电效率提高时，导磁片中磁性材料的工作点会由低变高，具有更大饱和磁感的非晶、纳米晶软磁合金带材在相同的工况下的温升相比传统的铁氧体更低。

非晶、纳米晶软磁合金带材的导磁片解决方案已成功应用于三星、华为、LG 等手机，以及 TI - watch 等领域。目前，国内外多款手机计划 2018 年增设无线充电功能，本项目涉及的导磁片将获得更大的舞台，纳米晶软磁合金带材市场将迎来新一轮的拉动。

4. IDP 数据中心动力管控系统应用项目

参与单位：

北京中大科慧科技发展有限公司

地址：北京市海淀区东北旺村南 1 幢 5 层 517 号

电话：010 - 82484848　传真：010 - 82484848 - 8006

网址：www. zdkh. net

E - mail：zdkh@ zdkh. net

主要产品：

IDP 数据中心动力管控系统

项目概况：

建设银行全国各数据中心的动力管控系统应用；

中国银行上海张江数据中心动力管控系统应用。

产品应用概况/解决方案：

根据中国建设银行的整体生产部署，以建行总行为中心，以下辖 38 个一级分行，304 个二级分行为整体，其整体系统的用电安全是一个庞大的系统工程。中大科慧以其先进的设备、精湛的技术和完善的服务，全力为中国建设银行提供全面而良好的服务。

服务计划如下：

1）技术交流 以北京中大科慧科技发展有限公司的各种技术和服务为核心，与中国建设银行进行总行、分行和具体的技术部门的不同层次的交流。包括动力系统现状、动力管控设备的功能、系统管理的展示等。时间为一个月。

2）试点样板 以公司的各种产品和技术检测服务为本，以中国建设银行一个省进行服务，提供公司服务的标杆，为全面而系统的服务做好示范。时间为 2 个月。

3）技术服务 先为中国建设银行提供一项或打包的检测技术服务，找出中国建设银行数据中心的运行现状，再根据检测结果，提供系统化解决方案和设备。时间为 6 个月。

4）系统服务 作为数据中心专业的动力系统检测与管控专家，为中国建设银行全面提供系统的检测与管控服务，保障建行安全、高效地生产运行。时间以年为单位，全面而系统地对中国建设银行提供动力管控及整体检测服务。

5. 组建"大功率开关电源工程技术研究中心"

参与单位：

佛山市杰创科技有限公司

地址：广东省佛山市南海区桂城夏东涌口村工业区石龙北路东区二横路 3 号

电话：0757 - 86795444 **传真：**0757 - 86798148

网址：www. jc - power. com

E - mail：Jiechuangkeji@ 163. com

主要产品：

高频开关电源

项目概况：

工程中心建成后，将成为佛山市技术先进、覆盖面广、业务广泛、示范明显的大功率开关电源工程技术研究中心，成为佛山地区特别是高新工业园区南海工业园、禅城工业园、顺德工业园、三水工业园、高明工业园区内的铝型材、有色金属、五金、光伏、汽车、冶金、电力等行业企业新技术辐射中心、科技成果转化中心、企业与高校"产 - 学 - 研"联盟示范中心及工程技术人才的培养中心。通过工程中心的技术服务，提高园区内相关企业的产品质量、降低生产成本、提高生产效率，提升企业生产的自动化水平，进而提升企业产品的核心竞争力。

产品应用概况/解决方案：

工程中心拟突破制约大功率开关电源的关键技术：模块化、数字化、智能化、高效节能等关键技术，开发研制出具有完全自主知识产权，与国外技术水平相当的基于软开关技术、同步整流技术、并联均流技术的模块化、智能化、高效节能大功率开关电源。实现电源的分布式控制，在运行中能够快速更换模块，可非常方便地根据企业不同产品和不同生产规模的电源容量需求，灵活配置不同数量的模块。实现电源智能控制，自动进行各种运行参数的监控，自动进行故障诊断与保护处理。可有效地提升电源效

率，节约电能，资源浪费少、环境污染小。

产品优势及应用成果：

预计新增产值 2000 万元，研发的高效节能环保大功率开关电源成功应用于相关企业后，将使得相关企业的设备操作与维护管理人员大大减少，降低企业的人工成本；减轻工人的劳动强度，提高企业的生产效率和产品质量；可节能 10% ～15%；减少现场设备安装调试工作量，降低设备运行的故障率，便于设备的安装调试、故障检测和维修维护；带动相关行业企业和关联行业企业新增产值 10 亿元。

6. 广东移动湛江分公司 2017 年度通信机楼电源及机房配套建设项目

参与单位：

广东志成冠军集团有限公司

地址：广东省东莞市塘厦镇田心工业区

电话：0769 - 87722374 **传真：**0769 - 87927259

网址：www. zhicheng - champion. com

E - mail：zcz@ zhicheng - champion. com

主要产品：

UPS 电源、EPS 电源、电池

项目概况：

广东移动湛江分公司 2017 年度通信机楼电源及机房配套建设项目，本项目一共从广东志成冠军集团采购了 12 台 500kVA 模块 UPS 电源，及 24 台 500kVA 模块 UPS 电源配套电池开关箱，组成不间断电源供电系统为该机房的通信设备提供可靠、纯净、稳定的供电支持，并在停电时保障系统运行。

产品应用概况/解决方案：

针对本项目需求，采用了广东志成冠军集团有限公司多制式模块化 UPS，单模块功率 20kVA。采用单元模块组建的 N + X 并联冗余模式，单套系统容量 500kVA。每套系统架构图如下：

产品优势及应用成果：

1. 产品优势

1）具有多种工作制式 该产品具有多种制式可供选择，用户无需对机器进行复杂操作，只需拨动机身侧面的拨码开关即可完成制式选择。

2）超宽的输入范围 该产品具有市电宽输入电压/频率的范围，适应恶劣的电网环境。

3）输入功率因素高，对电网产生的谐波污染小 使输入谐波电流小于 3%，输入功率因数达到 0.99 以上，减少了线路损耗，降低了对电网的污染。

4）整机效率高，具有节能、省电等特点 逆变效率可达 95% 以上，提高了整机工作效率、降低了损耗、节省了电能。

5）模块式结构设计，便于安装、维护、升级 采用了模块塔式叠加安装结构，各模块尺寸均按照标准 19in 结构设计，使整机外形与标准机架一致，通用。

6）模块支持热插拔操作 逆变模块、显示模块均可实现热插拔功能，方便了用户快速更换、维护模块、减少了维护时间。

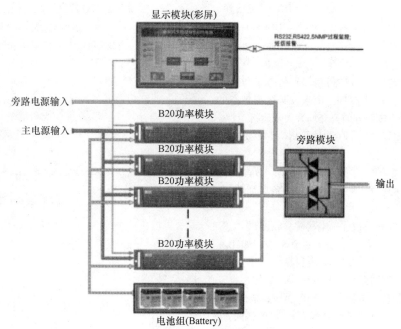

7）全数字化控制　运用最先进的 DSP 全数字化控制技术，具备自我保护和故障诊断能力，高度保护了整个系统的稳定性和可靠性。

8）采用 N + X 冗余技术　该产品采用了 N + X 冗余技术，比传统的双机并联更具有可靠性。

9）分散式并联逻辑控制　各模块之间的并联控制采用了分散式逻辑控制方式，没有主机与从机之分，这样既增加了整机工作的可靠性，又简化了用户维护难度。

2. 应用成果

产品已在广东移动湛江分公司通信机楼投入应用，表现良好。应用数量达到 12 台。累计总容量超过 6000kVA。

7. 国网北京电力公司昌平、房山、门头沟供电公司公共充电站

参与单位：

杭州奥能电源设备有限公司

地址：浙江省杭州市西湖区科技经济园区振中路 202 号 1 号楼

电话：0571 - 88966622 传真：0571 - 88966986

网址：www. on - eps. com

E - mail：on@ on - eps. com

主要产品：

充电桩

项目概况：

北京充电桩项目，本次项目共 5 个站，370 套设备，规格：60kW 整车充电设备、桩，属于国网统招供货项目。

北京昌平供电公司 1 号、2 号、3 号公共充电站新建，3 个站共 210 套设备；北京房山供电公司 2 号公共充电站新建，80 套；北京门头沟供电公司 2 号公共充电站新建，80 套。

产品应用概况/解决方案：

场站现场在车型总量上看，以北汽品牌的电动汽车为主，支持 200 ~ 500V 乘用车或属于该电压范围的物流车辆等使用；场站除门头沟镇政府的充电站专用，其他都属于向社会公开的，24h 营业，为附近电动汽车提供有效充电；60kW 充电桩支持快速充电，以乘用车北汽 EU260 为例，支持 0.5 ~ 1h 充满。

产品优势及应用成果：

1）部分技术参数优于国网招标要求：功率因数、稳压、

稳流精度等。

2）设备控制器采用奥能自主研发的 AN – DCCM03，经过国网电科院、开普实验室、国网电动汽车服务公司多机构测试，高于国网电网要求。

3）成功运行于福建高速、浙江高速、河北高速和山东高速等多省份的高速公路应用案例。山东、浙江等多省的城际快充，上海、安徽等多地方的公交均有大量运行。

4）外型采用自主设计，有符合国网总体尺寸要求的 60kW 直流快速充电桩。

5）外购器件经过严格筛选，保证器件质量。液晶屏选用带背光自动调节功能触摸彩屏，计费单元具备蓝牙功能，高于国网招标要求。

6）本项目供货产品顺利通过北京电科院验收测试。

7）较强的车辆兼容性，兼容市场上主流车型，如比亚迪、北汽、东风、江淮、奇瑞、众泰、吉利等。

8）可选择兼容 2011 版国标和 2015 版国标。

9）宽电压范围整流模块，满足 100 ~ 550V 范围，根据国网要求软件调整到 200 ~ 500V，并具有恒功率 416 ~ 500V 区间。

10）完善的保护功能，对充电桩进行全方位保护，具备急停保护功能，直流输出对地绝缘监视，满足整个运行期间安全保障，具备烟雾报警等扩展口，对远期功能扩展无需大范围改造。

目前，所有供货的充电桩都已在场站现场投入运行。

8. 阳泉采煤沉陷区光伏领跑技术基地项目 ——光伏发电基础设施工程

参与单位：

杭州奥能电源设备有限公司

地址：浙江省杭州市西湖区科技经济园区振中路 202 号 1 号楼

电话：0571 – 88966622　传真：0571 – 88966987

网址：www. on – eps. com

E – mail：on@ on – eps. com

主要产品：

一体化电源

项目概况：

阳泉市境内光能资源比较丰富，年日照数 2500 ~ 3000h，全年辐射量为 5400 ~ 5760MJ/m^{2}a（1500 ~ 1600kWh/m^{2}a），太阳能资源很丰富，光能利用潜力十分可观，阳泉市采煤沉陷区国家先进技术光伏发电示范基地涵盖阳泉市域范围，面积为 4569.91km^2，包括城区、矿区、开发区、郊区及平定、盂县两县。规划总装机容量为 2200MWp，2017 年实施完成 1000MWp 光伏项目，总投资 100 亿元，主要利用采煤沉陷稳定区的荒地、采矿回填的废弃地、性质较稳定的堆积煤矸石山以及其他用地等建设地面光伏电站。

阳泉采煤沉陷区光伏领跑技术基地项目是国家能源局"领跑者计划"的示范项目。

产品应用概况/解决方案：

我司负责山西阳泉采煤沉陷区光伏发电基础设施工程的 8 个站 110kV 的一体化电源设备和 2 个站的 220kV 的一体化电源设备。

阳泉市采煤沉陷区国家先进技术光伏发电基地—一期场址规划地理位置示意图

110kV：单套 11 面柜子，1 充电柜、1 馈线柜、2 逆变电源柜、4 交流柜、2 电池柜及 1 事故照明柜。

220kV：单套 16 面柜子，2 充电柜、2 馈线柜、2 逆变电源柜、7 交流柜、1 事故照明柜及 2 分电柜 + 2 套电池架。

系统采用新一代智能变电站方式，全预制方案，即前接线前显示前维修方案；断路器采用北京人民品牌，蓄电池采用双灯品牌；监控单元采用奥能电源自主开发产品，一体化总监控 ANM – 2B，直流监控 PSM – 3E，交流监控 PSMX – A，UPS 监控 PSMX – U；采用自主开发的工频电力专用 UPS 电源 GES 系列，与直流系统共享蓄电池，减少蓄电池维护。

一体化总监控能综合分析各种数据和信息，对整个系统实施控制和管理，对直流监控、交流监控、UPS 监控等监控进行通信。

直流监控单元是高频开关电源及其成套装置的监控、测量、信号和管理系统的核心部分，能精准控制蓄电池均浮充，并对电池充电过程实时监控，保证电池使用寿命。

屏柜按照国网及各地招标要求自主设计、生产、组屏，采用 800mm × 800mm × 2260mm 和 800mm × 600mm × 2260mm 的屏柜，根据总体设计情况而定。

产品优势及应用成果：

1）具有完整的、自主研发的监控系统，包括直流监控、交流监控、绝缘巡检仪、通信电源监控和 UPS 监控等子系统。

2）具有自主研发的电力专用 UPS、电力整流模块和电力专用通信电源等模块。

3）具有多项实用新型专利和发明专利；

4) 直流、一体化、UPS 等操作电源设备已在全国各发电厂、光伏电站、变电站等进行多年成功案例，并运行多年；可选择兼容 2011 版国标和 2015 版国标；

目前所有供货的充电桩都已在场站现场投入运行。

9. 北京百度亦庄机房改造高压直流（HVDC）项目

参与单位：

杭州中恒电气股份有限公司

地址：浙江省杭州市滨江区东信大道 69 号

电话：0571 – 56532188　传真：0571 – 86699755

网址：www. hzzh. com

E – mail：zhangning@ hzzh. com

主要产品：

高压直流电源系统、能源互联网产品

项目概况：

中恒电气中标"北京百度亦庄机房改造高压直流项目"，项目规模为 2.4MW（8000A）高压直流电源，为了保证百度亦庄机房数据中心可靠稳定运行，将原有 UPS 供电系统改为高压直流供电系统，匹配百度云计算业务，进一步推动互联网云计算数据中心高压直流电源取代传统 UPS 供电。中恒高压直流系统构架精简、模块化设计、高效节能、功率密度业绩领先，完全满足云计算业务需求。中恒电气高压直流电源为大型云计算数据中心提供安全可靠源动力。

产品应用概况/解决方案：

1) 240V 直流电源系统　40V 直流电源系统是专为 IT 设备设计的新型不间断、高可靠性供电系统，代替传统的 UPS 给相关设备/负荷供电。相对传统 UPS 具有低投资成本、高可靠性、高效率、绿色环保、维护极其容易等显著特点，是 IDC 机房、号百中心、电力监控机房等的最佳选择。240V 直流电源系统分组合式和分立式两种。组合式电源系统将交流配电、整流模块、直流配电、监控单元、绝缘监察及接地部分等设置在同一个机架内。适用于 600A 及以下系统；分立式电源系统的交流配电、整流模块、直流配电分别设置在不同的机架内，适用于 600A 及以上系统。下面为两款典型配置，可根据用户要求定制。

2) 336V 直流电源系统　ZHDCS336900 由独立的交流柜、整流柜（含控制单元）和直流配电柜组合而成的电源系统；系统最大容量为 336V/360kW，适用于中、大型 IDC 机房、号百中心，为服务器、交换机、路由器等 IT 设备提供稳定可靠的新型 336V 不间断直流电源。

3) HVDC – MDC 的应用。

产品优势及应用成果：

1) 占地面积减少 50% 以上　相对于传统的数据中心 HVDC 设备，减少直流配电柜、列头柜等，大大减少了占地面积，为数据中心提高了面积利用率。

2) 高功率密度　单机柜功率可达 210kW。

3) 高安全性设计　系统采用直流输出，正负浮地供电，具备完善的电池健康管理系统。

4) 投资成本减少 30% 以上　电源系统的高度集成，减少分立屏柜数量，以及缩减配套设备，相对于传统数据中

心减少投资成本 30% 以上。

5) 高效节能，绿色环保　通过选择不同的供电方案，HVDC 电源实际效率 95% ~ 100%，减轻数据中心的运营成本。

10. 某绿色智慧园区微电网项目

参与单位：

杭州中恒电气股份有限公司

地址：浙江省杭州市滨江区东信大道 69 号

电话：0571 – 56532188　传真：0571 – 86699756

网址：www. hzzh. com

E – mail：zhangning@ hzzh. com

主要产品：

高压直流电源系统、能源互联网产品

项目概况：

公司设计承建的某园区微电网项目于 2017 年 12 月底建设完成，并于近期顺利通过客户验收，该微电网项目由 608kW 分布式光伏发电，250kW/500kWh 铅炭电池储能，134kW 交直流充电桩，约 400kW 园区空调、照明等负荷以及由中恒云能源自主研发的微电网能量管理系统（EMS）组成。能量管理系统是微电网控制的核心，通过对微电网内所有设备进行数据采集管理和协调控制，保障微电网安全、稳定、经济运行。能量管理系统基于分层分布式技术与实时数据库技术，采用本地控制 + 云端管理的架构，对微电网系统进行实时控制、集中监测、智能运维以及数据分析等。

产品应用概况/解决方案：

智能微网能量管理系统可以智能高效地管理由分布式能源、储能系统、负荷、监控和保护组成的微电网系统，满足用户高质量、差异化、互动化的用电需求。该能量管理系统可执行多种控制策略：

1）削峰填谷，根据电网分时电价及时间段，自动控制储能系统的充放电，在电网低谷时通过储能系统存储电能，在电网高峰时释放储能电能。同时，能量管理系统实时监测关口实时用电状况，控制储能系统放电和充电功率，保证储能系统放电时不向电网倒送功率，充电时不会导致变压器过载。

2）需量控制，通过实时监测企业关口用电功率，结合企业的申报需量，在企业用电负荷超出申报需量一定时间段后，及时控制储能放电，降低企业关口负荷，可有效降低企业基本电费。

3）平滑新能源发电波动，针对新能源发电间歇性、不稳定等导致的发电波动，能量管理系统可基于联络线的限功率、定功率等控制模式，平滑新能源发电波动，降低新能源发电对配电网的影响。

4）并离网无缝切换，当大电网出现故障时，微电网可快速与故障电网断开，储能系统从 P/Q 控制切换到 V/f 控制，为微电网系统提供电压与频率参考。储能和光伏为负荷持续供电。微电网离网运行时，能量管理系统实时追踪负荷波动，自动调控分布式能源发电功率，实现微电网离网稳定运行。

5）自动无功补偿，能量管理系统实时监测关口功率因数、关口无功功率、负荷无功功率，当关口功率因数低于定值时，能量管理系统首先会控制储能系统向电网发送无功（无功不消耗电池电能），其次会设定光伏逆变器功率因数至合适的值，动态调整使关口功率因数维持在较高水平。

产品优势及应用成果：

1）削峰填谷。该园区储能系统采用每天两充、两放的策略。储能系统在电价谷时充电、峰时放电，从而减少在用电峰时从电网取电。在项目试运行期间，储能系统可以为园区节约电费 6500 元/月。

2）自动无功补偿。目前，很多企业园区都接入了光伏等清洁能源，但企业往往忽略其对园区功率因数的影响。光伏系统一般工作在最大功率点，不能自动补偿无功功率。光伏发电时，园区对电网的有功功率需求将减少，但无功功率需求不变，从而导致功率因数下降。该园区在接入光伏系统后，如果不采取无功补偿，关口功率因数一直在 0.6~0.7 之间波动。采用自动无功补偿策略后，能量管理系统将关口功率因数维持在 0.95 以上，不仅可获得供电局力调电费的减免，同时改善园区的电能质量。

3）并离网无缝切换。该园区在 2018 年 1 月的某一天接到电网公司提前通知第二天将对企业停电一天，园区对生产工人进行放假，但考虑到微电网可以对园区照明、计算机等进行离网供电，行政人员第二天照常上班。在当天上午 7:30，电网计划停电时，微电网及时检测电网断电并执行微电网无缝切换，保障了办公负荷持续供电。

中国经济在不断发展，对电力、能源的需求也持续增长，新能源及可再生清洁能源可有效地解决经济可持续发展的难题，而微电网技术为高渗透率清洁能源并网提供了切实有效的技术途径。

11. C919 国产大飞机首飞项目

参与单位：

航天柏克（广东）科技有限公司

地址： 佛山市禅城区张槎一路 115 号华南电源创新科技园 4 座 6 楼

电话： 0757 – 82207158　　**传真：** 0757 – 82207159

网址： www. baykee. net

E – mail： lxd@ baykee. net

主要产品：

EPS 电源、工频 UPS 电源、中频电源、变频电源

项目概况：

2010 年年底，航天柏克（广东）科技有限公司（以下简称航天柏克）在上海大飞机生产基地的电源招标项目中拔得头筹。由航天柏克提供其试验厂房所需的电源产品，全面保障"大飞机"项目研发基地的建设。2015 年 11 月 2 日，C919 大型客机首机在中国商飞新建成的总装制造中心浦东基地总装下线。历时多年，航天柏克系列电源产品依旧以优质的状态坚守"电力守护神"的职责，以可靠的品质、专业的技术服务，确保大飞机生产制造基地的电力安全。

作为国产大型客机未来的批量生产中心，国内最大、最先进的民用飞机总装制造基地，中国商飞公司总装制造中心浦东基地已经建成全机对接装配、水平尾翼装配、中央翼装配、中机身装配和总装移动 5 条先进生产线、采用了自动化制孔、钻铆设备、自动测量调姿对接系统等设备，可实现飞机的自动化装配、集成化测试、信息化集成和精益化管理。为有效确保大飞机各项生产研发工作顺利进行，亟需配置具备极高可靠性的电力保障体系。

产品应用概况/解决方案：

航天柏克旗下明星品牌 CHP3000 系列大功率 UPS 电源为大飞机 C919 总装下线安全护航，C919 总装车间照明系统采用航天柏克 YJS 系列应急供电 EPS 电源系统，调试车间采用航天柏克直流电源 WYK 系列产品，模拟车间采用航天柏克变频电源 400Hz 产品。

以高品质的电源产品及技术领先的电源解决方案助力构建可靠的电力系统，为试验厂房提供可靠的电能质量保障，是对航天柏克的考验，亦是对航天柏克的认可。在最初的电源品牌选型阶段，航天柏克就在众多国际知名品牌的角逐中，凭借着高效节能、绿色环保、安全可靠和极具人性化的优势脱颖而出。

产品优势及应用成果：

运行多年，航天柏克为中国商飞浦东基地部署的后备电力保障系统凸显出的优异性能，及经济性、节能性、高可用性等特征，受到了用户的极力认可，航天柏克多年来坚持节能环保、安全可靠产品品质的理念再受肯定。

12. SKA 国际大科学工程

参与单位：

合肥华耀电子工业有限公司

地址： 安徽省合肥市蜀山区淠河路 88 号

电话：0551 – 62731110　传真：0551 – 68124419

网址：www. ecu. com. cn

E – mail：sales@ ecu. com. cn

主要产品：

天线供电接口单元和方舱智能功率分配单元

项目概况：

2017 年 10 月 31 日至 11 月 1 日，中国（合肥）SKA 孔径阵列技术国际高峰会议在合肥举行，多名专家学者汇聚一堂，合肥华耀电子工业有限公司李副总经理携项目组成员参会。会议分享了 SKA 孔径阵列技术研究的经验和最新成果，交流探讨了 SKA 技术研究的未来发展思路。SKA（Square Kilometre Array 平方公里阵列射电望远镜），它是相当"高大上"的国际大科学装置，是继"国际热合聚变实验堆（ITER）计划"后，中国参与的第二个国际大科学工程。

产品应用概况／解决方案：

在这个国际大项目中，合肥华耀电子工业有限公司共参与研制两款电源：天线供电接口单元和方舱智能功率分配单元。

因天线供电接口单元长期在户外使用，需要满足防雨、防尘、防晒、防雷等要求。一个天线供电接口单元为 SKA LFAA 的 256 个天线提供电源供电和光纤接口，设计要求接口和天线为 1：1 对应关系，因此整机内部的线缆数量达 512 组之多，这对我们的结构、工艺和装配是个全新的挑战，在各部门的全力配合下，我们圆满完成了整机装配工作。

无线供电接口单元　　　　　方舱智能功率分配单元

产品优势及应用成果：

方舱智能功率分配单元是公司的第一款智能配电箱，不仅可根据负载供电时序实现一键启停，而且参考智能手机设计，通过显控触摸屏，可以实时观测供电状态，方便现场人员操作和监控。

13. 山东恒安纸业四期产线配电稳压系统项目

参与单位：

鸿宝电源有限公司

地址：浙江省乐清市象阳工业区

电话：0577 – 62762615　传真：0577 – 62777738

网址：www. hossoni. com

E – mail：774058299@ qq. com

主要产品：

SJW 系列微电脑无触点补偿式电力稳压器

项目概况：

山东恒安纸业新上四期工程是集造纸、后加工和智能立体仓为一体的高档生活用纸项目，项目总投资 10 亿元人民币，于 2018 年 4 月建成投产。

1）生产环境安全要求高，传统的柱式补偿式电力稳压器属于有碳刷触点接触，触点温升高甚至有火花产生，而生产材料及产成品均属于易燃纸品，存在安全隐患。

2）生产设备频繁起动且起动电流大，造成电网电压波动大，传统的柱式补偿式电力稳压器响应时间及电压调整速度无法保证生产设备正常运行。

3）生产设备开机 24h 连续运行，传统的柱式补偿式电力稳压器属于机械调压稳压模式，机械噪声及磨损大，产品可靠性低。

产品应用概况／解决方案：

综合以上造纸及后期加工产线的特殊性，公司在多年生产的补偿式电力稳压器的基础上，进行工艺升级，成功研制并生产出造纸产线专用的微电脑无触点补偿式电力稳压器，主要对稳压器做了优化改进：

1）优化无触点稳压器的柜体工艺，外壳防护等级达到 IP42 以上，对机内关键部位增加风机散热，实现了稳压器使用安全等级高。

2）采用最新的 DSP 运算计量芯片控制技术、快速交流采样技术、有效值校正技术、电流过零切换技术和快速补偿稳压技术，将智能仪表、快速稳压和故障诊断结合在一起，使稳压器实现安全、高效、精密。

3）提高无触点稳压器的模块组电流等级、实现稳压器耐受动力负载频繁起动冲击不损坏，保证负载设备正常运行。

产品优势及应用成果：

1）高效率：有效功率达到 99% 以上。

2）高精度：稳压精度（ ±1% ~ ±5% 可调）。

3）稳压模式可调：根据使用要求，同调及分调两种稳压模式可调。

4）智能仪表显示：智能仪表实时电流、电压、功率等。

5）高速反应：稳压反应速度在 40ms 以内。

6）无畸变：采用电流过零切换技术，输出波形无畸变。

7）损耗低：电力损耗小于 0.5%，节省大量电费。

8）保护功能齐全：设有过电压、欠电压、过载、短路等故障显示及保护功能。

9）预置功能强：保护限值可以任意设定。

10）过载能力强：可在 100% 额定条件下连续使用，可承受瞬时过载不损坏。

11)适用性强：可在各种恶劣电网及复杂负载情况下，连续稳定工作。

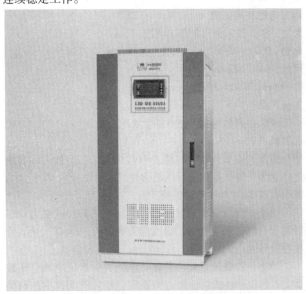

14. 威胜集团有限公司智能三相表项目

参与单位：

湖南晟和电源科技有限公司

地址：长沙高新开发区桐梓坡西路 468 号威胜科技园二期工程 11 号厂房 101 三楼 1 – 8 号

电话：0731 – 88619957　传真：0731 – 88619957

网址：www. seehre. com

E – mail：seehre@ seehre. com

主要产品：

仪器仪表电源、电力电源、通信电源、UPS、新能源电源等

项目概况：

威胜集团有限公司是中国能源计量设备、系统和服务供应商，2016—2017 年成功中标国南网智能三相表，为了整体提升国南网智能三相表的性能及可靠性，威胜集团有限公司摒弃原有电源方案，对技术指标提出了更高的要求。湘南晟和电源科技有限公司（以下简称"晟和电源"）作为此次威胜集团入围厂家，提供了具有超高性价比的一体化国南网智三相表电源产品

产品应用概况/解决方案：

晟和电源一体化国南网三相表电源产品是晟和电源公司基于国南网最新的 IR46 标准趋势进行设计的。主要针对国内各大中小电力仪表企业对电源更新换代的需求，在国内推出的首款基于 IR46 标准的一体化智能三相表电源产品和方案。目前，该产品及方案已经完成运用于威胜集团的所有智能三相表上，在国网和南网出货量已达十多万台。该方案以国网三相表标准外壳尺寸为基础，通过将计量、MCU、供电电路进行一体化整合，将原有的电源板去掉，构建一体化单板解决方案。其主要构成包括：开关电源模块部分、MCU/计量部分、通信部分等。由于方案组成产品采用模块化设计，自动化生产，大大缩短了开发周期，减

少了各构成部分间的相互干扰，大大提升了系统的兼容性，同时增强了智能三相表对输入电压范围的自适应性。充分运用了系统空间，使得产品集成度更高、一致性更好、适应性更强。

产品优势及应用成果：

该项目是国内电力仪表首家完全采用一体化单板设计的企业，该项目已成功运用并大批量供货，供货的产品已成为行业内该类型产品的技术标杆。

晟和电源是行业内首家把该类产品运用到电力仪表上，通过使用一体化电源解决方案使国南网智能三相表产品更加智能化、简捷化，更有利于生产自动化。产品各项性能指标已达到国南网智能三相表产品标准要求，甚至高于标准要求。该产品已经成功应用于威胜集团所有三相表上，并且已在国网、南网大批量供货，目前产品正常运行中，受到同行业的极大认可。

15. 厦门地铁一号线站台公共照明工程

参与单位：

茂硕电源科技股份有限公司

地址：深圳南山区西丽松白路 1061 号

电话：0755 – 27657000　传真：0755 – 27657908

网址：www. mosopower. com

E – mail：Hao. chen@ mosopower. com

主要产品：

LED 智能驱动电源及相应控制系统

项目概况：

厦门地铁 1 号线（厦门轨道交通 1 号线）是厦门市的第一条地铁，也是厦门市轨道交通线路网中一条南北向线路，由厦门轨道交通集团有限公司负责运营，该线于 2013 年 11 月 13 日部分开工，2014 年 4 月全面开工，2017 年 3 月全线贯通，并于 2017 年 12 月 31 日开始试运营；全长 30.3km，共设 24 座车站，其中一般车站 17 座，换乘站 7 座。起自厦门本岛思明区南部镇海路站，连接了思明区、湖里区、集美区等重要组团，终于集美区后溪镇岩内站。是由本岛向北辐射形成跨海快速连接通道的骨干线路，该线路拥有高崎停车场 1 个车辆段。项目总投资约 203.9 亿元。

产品应用概况/解决方案：

根据地铁建设和运营经验，车站照明系统占整个车站设备负荷的 15% 左右，并且具有长期持续运行的特点。所以，照明系统是车站节能的重点领域。目前，地铁车站使用的照明控制方式是在自动化领域里被大量应用的可编程序控制器（PLC）方式。这种简单的控制方式，不能满足更高要求的照明节能控制。例如，照明调光节能手段被限制，使照明节能效果无法最大化；照明控制的多样化受限制；终端控制器件存在能耗问题等。运营部门对车站照明控制的需求是：通过合理的管理，在需要的时间区域将灯点亮，以优化能源利用率；除了节能环保之外，还应该给人们提供恰到好处的照明环境，使照明成为享受；同时还必须便于操作和管理，灵活多变，以节省维护成本。智能照明控制系统作为专业的照明控制系统能够很好地实现这些需求。

针对当前的照明现状与需求，本次方案要求预定多种

场景，实现公共照明智能需求，在控制方案采用了 DALI 调光系统。DALI 的每个灯具（驱动电源）有其独立的地址，因此可以实现对每个灯具（驱动电源）直接通信；通过程序重新设定，可容易地改变照明的场景、功能，而不需改变任何硬件及布线。由于可对每一只灯具进行独立控制，因此类似售票机、扶梯、屏蔽门等处对亮度有特殊要求的场合，可在调试时根据实际使用情况做亮度调节。采用 DALI（数字式可编程灯光控制接口）控制器对 LED 灯进行调光节能控制。DALI 控制器所采用的调光具有多个亮度等级，使得 LED 灯调光曲线更加平滑，视觉效果极佳。

产品优势及应用成果：

数字可寻址照明接口（Digital Addressable LightingInterface，DALI），是一个数据传输协议，DALI 定义了照明电器与系统设备控制器之间的数字通信方式，DALI 不是一种新的总线，但支持开放式系统。设计应用 DALI 最初目标是为了优化一个智能型的灯光控制系统，该系统具备结构简单，安装方便，操作容易，功能优良的特点，不仅可用于一个房间内的灯光控制，还可以与大楼管理系统（BMS）对接。DALI 系统与 BMS，EIB 或 LON 总线系统不同，不是将它扩展成具有各种复杂控制功能的系统，而仅仅是作为一个灯光控制子系统应用，通过网关接口集成于 BMS 中，可接受 BMS 控制命令，或回收子系统的运行状态参数。

DALI 技术的最大特点是单个灯具具有独立地址，可通过 DALI 系统对单灯或灯组进行精确的调光控制。DALI 系统软件可对同一强电回路或不同回路上的单个或多个灯具进行独立寻址，从而实现单独控制和任意分组。因此 DALI 调光系统为照明控制带来极大的灵活性，用户可根据需求，随心所欲地设计调节相应的照明方案，这种调节可以在安装结束后的运行过程中仍可使用，而无须对线路做任何改动。DALI 系统是专为满足当今调光照明技术需要而设计的理想、简化的数字化通信系统。

16. 哈工大三端直流实验系统项目

参与单位：

南京泓帆动力技术有限公司

地址： 南京市江宁区诚信大道 885 号

电话： 025 – 52168511　**传真：** 025 – 52168511

网址： www. sailingdeep. co

E – mail： info@ sailingdeep. com

主要产品：

RepowerC 系列实时控制器、PowerCube 电力电子模组

项目概况：

该项目为哈尔滨工业大学航天学院先进控制技术实验室复杂电力电子拓扑控制技术研究专门定制的动模实验平台。

由南京泓帆动力技术有限公司提供三端直流实验系统，包括两台 13 电平 MMC—HVDC 变流器，1 台 ANPC 三电平变流器，直流电压 1200V，系统总功率 100kW。满足各种交直流互联实验需求。

产品应用概况/解决方案：

打造具有灵活拓扑组合能力的最高 DC1200V 直流电

压，交流并网 660V/380V 的三端 HVDC 实验系统。硬件有两组 MMC 柔直变换器、NPC 逆变器、并网切换柜、交直流模拟负载等 6 个部分组成：

1）MMC 换流器、13 电平、30kW、最大交直流电流为 30A，最高直流电压为 DC1200V。

2）NPC 换流器、三相四线、30kW、每个桥臂采用 A – NPC 拓扑，最大交直流电流为 30A，最高直流电压为 DC1200V。

3）无源交流负载、三相四线制、总功率为 20kW、额定线电压为 AC660V，5 档电阻调节。

4）无源直流负载，单相为 20kW，额定线电压为 DC1200V，10 档功率调节。

5）并网切换柜，提供 7 路交流接口，5 路直流接口，内部提供并网隔离变压器和多路切换开关和测量设备。

产品优势及应用成果：

PG – FX – 2000 系统的技术优势在于针对开发平台所做的特殊设计，包括：

1）柔直变流器采用分布式控制系统，操作指令响应延迟控制在 5μs 以内，最大程度减少了控制模型的畸变。

2）针对柔直控制算法的特点，定制二次开发数据接口使得编程更加高效。

3）柔直变流器模块化功率单元设计，方便电平数扩展和多种拓扑的转换，如 H 桥全桥混联等，都非常方便地进行相关转换。

4）ANPC 三电平拓扑控制，可以选择高速 DSP 也可以使用 FPGA 来生产 PWM 调制策略，DSP 平台更加高效，而 FPGA 更加灵活。平台支持客户自由选取进行二次开发。

5）针对切换柜的多种拓扑切换或产生的多种配置，采用了大量的防反接和错接设计，手动和自动混合的功能开关构造，取得了可靠性、安全性和便利性的平衡。

17. 北汽新能源 EC180 项目

参与单位：

南京中港电力股份有限公司

地址： 江苏省南京市江宁区东麒路 6 号东山国际企业研发园 C2 栋

电话： 025 – 69618577 – 80138014　**传真：** 025 – 69618574

网址： www. zg – ps. com

E – mail： shayq@ zg – ps. com

主要产品：

车载充电机、DC – DC 转换器、DC&OBC 集成控制器

项目概况：

北汽新能源 EC180 项目为 5 门 4 座汽车定位自主超值的"国民"微型车，抢占自主品牌同类车型众泰云 100、奇瑞 eQ 和御捷 330 等价格梯度间的市场空白。外观主打年轻化风格，双色车身设计搭配黑色的轮眉、小包围以及车顶行李架，营造出了一些跨界风格。EC180 的侧身短小紧凑，高配车型的双色铝合金轮圈带来别样的时尚感。车身的长宽高分别是 3675mm，1630mm，1518mm，轴距为 2360mm。我司为之配套的 OBC&DC 集成控制器，功率为 3.3kW 及 1.2kW，防护等级 IP67，效率高达 94%，提供了完善的充

电电源模块，满足了 EC180 项目控制成本的开发意向及完整的配套解决方案。

产品应用概况/解决方案：

OBC&DC 集成控制器是集充电机、DC‐DC 转换器于一体，充电机功率为 3.3kW 平台，DC‐DC 转换器功率为 1.2kW 平台，具有高度集成化、技术性能稳定、效率高、体积小等行业趋势性特点，电压等级及结构特点要求可根据客户要求进行定制，可多方面满足客户的技术要求，电气要求及尺寸安装等要求；产品采用风冷方式散热、散热效果好、防护等级高、噪声小，保证了产品的质量稳定性，提高了整车充电电源模块的性能、效率，更稳定，更高效，给终端客户带来更好的用户体验，并坚持主机厂客户的成本价值为导向，提供完善的电源模块配套解决方案，加强产品的可靠性、稳定性，树立和完善产品的品牌性及用户体验。

产品优势及应用成果：

OBC&DC 集成控制器的高度集成化提高了产品的整体性能，减小了产品的体积及重量，可满足客户多样化的要求，适应性更强，配套范围更广，且产品中的部件及元器件 80% 采用汽车级，有效提高了产品的品质等级。产品的高度集成化也保证了产品质量的稳定，使 PPM 降到最低，同时集成化也降低了产品的生产成本及维护成本，满足更多客户的成本要求，可以提供更强劲的市场竞争力，集成化中的高效率更有效提高车辆充电过程中的高效性及稳定性，集成化的可靠性和稳定性更有助于提升主机厂产品的质量及良品率，改善终端客户对纯电动汽车的局限性想法，树立客户新能源事业的品牌效应。

18. 全国多家金融机构模块化数据中心建设项目

参与单位：

厦门科华恒盛股份有限公司

地址：厦门火炬高新区火炬园马垄路 457 号

电话：0592‐5160516　传真：0592‐5162166

网址：www.kehua.com.cn

E‐mail：chenyusc@kehua.com

主要产品：

UPS、组串式逆变器、模块化数据中心

项目概况：

作为国内金融数据中心技术标准主导企业，厦门市科华恒盛股份有限公司依托国内领先的金融信息基础设施解决方案——"慧云"模块化数据中心，结合金融机构自身业务发展和信息数据设施升级需求，中标大型国有银行、股份制商业银行、城市商业银行、农信社等多家金融机构的模块化数据中心建设项目，全方位满足其业务发展和数据信息管理需求。

产品应用概况/解决方案：

2017 年，工行首个模块化数据中心机房在衡阳分行落地上线，该项目采用科华恒盛慧云模块化机房解决方案，从技术设计到快速部署，从节能降耗到便捷运维，从空间优化到智能监控，全方位地满足工行对业务发展和数据信息管理的需求，树立工行模块化机房建设标杆项目。

截至目前，厦门市科华恒盛股份有限公司（以下简称科华恒盛）已参与 20＋工行模块化机房建设项目，提供 30＋模块化机房，服务于总行数据中心、山西分行、吉林通化分行、江苏南通/宿迁分行、河北衡水分行、甘肃酒泉/定西/临夏分行、新疆昌吉分行、深圳分行、湖南衡阳/娄底分行、贵州凯里分行、广西梧州分行、浙江台州/舟山分行等。

同时，科华恒盛为中国银行打造的行内首个模块化机房落户山西，成为中行信息建设的样板工程，更是二级分行机房建设的技术标杆；基于"慧云"模块化数据中心解决方案，对建行清远分行/河源分行机房功能区、气流组织等进行合理规划，高度集成 UPS 系统、精密配电、列间空调、机柜、冷通道和动环监控系统；为广发银行量身定制了"慧云"绿色模块化数据中心解决方案，含模块化 UPS、精密配电柜、精密空调、配电系统等配套设备，先后为重庆分行、南昌分行、昆明分行、南宁分行、太原分行、沈阳分行、长春分行等构建了高效节能、智能简捷和极具扩展性的绿色数据中心。

产品优势及应用成果：

在全国各地的一系列落地案例中，厦门科华恒盛股份有限公司"慧云"模块化数据中心解决方案不仅凭借出众颜值令人眼前一亮，更以专业表现博得客户好评。充分考虑了客户业务需求、功率负载和使用场景特点，据此提出机房定制化与灵活性兼顾的解决方案，具有快速部署、降低成本、安全可靠、绿色高效等优势。

一方面占用空间小，机房能效高。据工行衡阳分行科技处负责人介绍，此前该行的机柜设备分置于 4 间办公室，占据大量空间，给设备维护和日常监控带来不少麻烦，现在经过重新设计，所有机柜设备集中管理放置，只需1间不到70m²的房间。

由于机房设备全部采用工厂预制的微模块，科华恒盛数据中心解决方案的快速部署优势明显。相较于传统机房动辄数月的建设周期，模块化机房仅需10个工作日左右即可完成搭建，能帮助用户节省30%的投资。

另一方面在湿热环境下，机房内部环境的温湿度控制是一个技术挑战。科华恒盛售前技术工程师通过CAE仿真设计，合理布局冷通道、机柜、列间空调，达到客户对于机房效率技术指标的要求，实现高效节能运行。

在监控管理方面，模块化机房采用科华恒盛数据中心监控系统，可实时监控机房的UPS、空调、配电、门禁、视频等设备以及温度、湿度、烟雾等指标。遇到紧急情况，除传统的声光电告警提示，还具备手机短信报警发送功能，第一时间将异常点发送给机房管理负责人，提高机房监控效率。这些系统应用帮助数据中心机房向无人值守模式迈进重要一步。

19. 中国海洋石油海上平台工业电源保障项目

参与单位：

厦门科华恒盛股份有限公司

地址：厦门火炬高新区火炬园马垄路457号

电话：0592 - 5160516　传真：0592 - 5162167

网址：www. kehua. com. cn

E - mail：chenyusc@ kehua. com

主要产品：

UPS、组串式逆变器、模块化数据中心

项目概况：

自2015年以来，厦门科华恒盛股份有限公司已经为中国海洋石油总公司某分公司海上平台项目连续服务三年，高可靠的海工类电源保障解决方案深度应用于船舶、海洋石油平台的控制系统、主报警系统ICMS、紧急停车系统ESD等，保障了项目的安全可靠运行。

产品应用概况/解决方案：

中国海洋石油总公司是我国最大的海上油气生产商，也是世界500强企业。经过30多年的发展，形成了油气勘探开发、工程技术与服务、炼化与销售、天然气及发电、金融服务等五大业务板块。

海洋工业应用类型电源保障系统（简称"海工类电源保障系统"）在船舶、海洋石油平台的电力安全保障中发挥着

关键作用，它被广泛应用在导航、海事、应急照明等与安全和巡航相关的系统；科考实验设备、计算机与网络系统等关键设备；探测、钻井、监控系统、自动化控制系统等海上作业的定制系统；船上餐厅、现场监控等商业系统。因海洋性气候环境存在潮湿、盐雾、油雾、霉菌侵蚀的情况，导致设备的安装、运行、维护、检修都很不易。在这样特殊的环境下，用户对设备的高安全、高可靠有着十分严格的要求。

科华恒盛凭借强大的研发实力，推出了包括海工类电源保障系统在内的一系列高可靠工业级电源解方案，获得中国海洋石油总公司的青睐，为其提供高可靠的海工类电源保障解决方案，深度应用于船舶、海洋石油平台的控制系统、主报警系统ICMS、紧急停车系统ESD等。

产品优势及应用成果：

来自国土资源部的数据显示，南海大陆架已知的主要含油盆地有10余个，面积约85.24万km²，几乎占南海大陆架总面积的一半，堪称油气资源宝库。

尽管海上石油资源的开发利用有着广阔前景，但是其作业环境与在陆地上有巨大差异，因此海洋石油的开发对于技术装备的应用提出了更高的要求。

科华恒盛海工类电源保障系统通过了中国船级社CCS的权威认证，特殊设计可满足石油化工、船舶、海洋钻井平台等应用环境。随着科华恒盛工业电源解决方案在船舶及海上石油平台项目的稳定应用，不仅打破国际品牌在该技术领域的长期垄断，对于提高中国海工装备的整体水平和关键设备的国产化替代也具有积极意义。

事实上，中国海油并非科华恒盛服务的唯一石油石化类客户，中石油、中石化、长庆油田、大港油田、胜利油田等也都采用了科华恒盛的工业级电源解决方案。

目前，科华恒盛已形成完备的工业控制系统和动力系统电源解决方案体系，可广泛应用在石化、冶炼、半导体、

食品、制药等工业行业。

20. 第 13 届全国运动会电源保障项目

参与单位：

厦门科华恒盛股份有限公司

地址：厦门火炬高新区火炬园马垄路 457 号

电话：0592 – 5160516　传真：0592 – 5162168

网址：www. kehua. com. cn

E – mail： chenyusc@ kehua. com

主要产品：

UPS、组串式逆变器、模块化数据中心

项目概况：

2017 年 8 月，第 13 届全国运动会在天津奥林匹克中心体育场开幕。作为这场体育盛会的核心场馆，"水滴"体育场承办开幕式以及田径等重要赛事，各系统运行必须确保万无一失。基于近年来多次参与重大活动、工程、会议服务保障工作的经验，厦门科华恒盛股份有限公司携手合作伙伴天津市海天量子科技发展有限公司，为"水滴"体育场的照明系统提供高可靠电源解决方案。

产品应用概况/解决方案：

作为大型赛事的重头戏，开幕式的精彩程度向来不亚于任何一场焦点赛事。天津全运会开幕式在昵称为"水滴"的天津奥林匹克中心体育场举行，将全程全屏激光投影与真人表演、场外建筑灯光秀进行巧妙合成，成就了开幕式展演的一次重大创新。

"水滴"是天津的地标建筑，占地面积 8 万 m^2，可容纳观众 6 万人。如此庞大的体育建筑对于照明系统的供电保障有着极为严苛的要求。针对"水滴"启动电流大、功率因数低等特点，科华恒盛在开幕前组建了专业技术团队进行实地勘察，量身定制了完整的电源保障解决方案，最终获得天津市体育局专家团认可。

据悉，"水滴"属于旧场馆改造，虽然时间紧任务重，但科华恒盛仅用时 24h 就完成了从产品下单到运抵现场的过程，后经过连续 7 天的安装调试和带载测试，圆满地完成了系统的安装，科华恒盛应时而动的高效服务赢得了客户的肯定。

为保证方案应用万无一失，科华恒盛在开幕前进行了多次带载测试与综合演练，制定了完备的应急预案，相应的备板备件也提前就位。

在当晚的演出中，科华恒盛数 10 套大功率 UPS 以及近百套 EPS 为场馆的照明金卤灯、应急疏散照明等照明系统提供了可靠的电力支持。由近 10 位资深技术工程师组成的服务保障队伍值守现场，践行了科华恒盛主动式服务的理念。

产品优势及应用成果：

科华恒盛高端电源产品系列采用先进的全数字化控制技术，具备快速的故障自诊断和处理能力，大大提升了供电可靠性。同时，通过关键部件冗余设计、独立双风道结构、强大的电池管理功能，令整机使用更安全耐用，可为大型场馆的核心设备、重要负载等提供高可靠性的纯净电能。

本届全运会，科华恒盛高可靠电源解决方案还应用在天津科技大学体育馆、团泊体育中心橄榄球场、天津中医药大学体育馆、团泊体育基地田径训练馆、天津全运会主新闻中心等 10 个重要场馆，全方位护航田径、游泳、跳水、花样游泳、橄榄球、艺术体操、蹦床、篮球和射击等赛事以及新闻媒体报道的顺利进行。在赛事举办期间，科华恒盛团队以优秀的执行力，全程确保"水滴"体育场的开幕式文体展演以及田径等重要赛事的顺利举行。为此，"水滴"体育场特别向科华恒盛送来锦旗与感谢信。

科华恒盛创立于 1988 年，专注电力电子技术领域，连续 19 年领跑中国高端电源产业。在"一体两翼"发展战略的引领下，致力于为企业客户和消费者提供具有竞争力的智慧电能、云服务、新能源三大解决方案，助力全球 100 + 国家和地区的用户提升业绩、优化运营，创造更大价值。

21. 江苏电科院主动配电系统数模混合实时仿真平台

参与单位：

上海科梁信息工程股份有限公司

地址：上海市宜山路 829 号海博 1 号楼 2 楼 海博 2 号楼 1 - 3 楼

电话：021 - 54234718 传真：021 - 64851060

网址：www. keliangtek. com

E - mail：marketing@ keliangtek. com

主要产品：

RT - LAB 实时仿真系统及 Triphase 四象限功率放大器

项目概况：

江苏电科院开发搭建出国内首套面向主动配电系统的数模混合实时仿真平台，并完成主动配电系统模型实时运行和分布式电源功率在环仿真运行。上海科梁信息工程股份有限公司（以下简称科梁公司）为其提供基于 RT - LAB 的实时仿真系统和 Triphase 四象限功率放大器产品、系统模型搭建和调试服务。

产品应用概况/解决方案：

传统电力系统仿真平台对于分布式电源的发电物理现象以及极快速的动态过程数字建模不够准确，需依赖动态物理模拟手段。随着主动配电系统不断接入高比例的分布式电源和电力电子设备，传统的电力系统仿真平台已无法满足主动配电系统多时间、尺度精确仿真的需求。为有效开展具有分布式能源高渗透率的主动配电网的各类运行工况精确仿真分析、策略优化、设备在环测试和故障反演复现等研究，江苏省电科院结合数字仿真和真实物理模拟的优势，开发了面向主动配电系统的数模混合实时仿真平台。

该数模混合实时仿真平台由实时数字仿真系统、物理模拟系统和功率接口系统三部分组成。其中，实时数字仿真系统用以仿真主动配电系统的详细电网模型，物理模拟系统用以模拟真实分布式电源的物理特性，功率接口系统用以实现实时数字仿真系统与物理模拟系统的功率和信息交互控制。

产品优势及应用成果：

目前，该仿真平台已搭建苏州主动配电网示范工程的实时模型，包括基于柔直的交直流混合主动配电网、多类型分布式电源、储能、电动汽车及相应控制策略等详细建模，并通过四象限功放和功率接口算法，在主动配电系统的实时模型中接入了江苏省电科院园区的 30kW 分布式光伏、30kW 风电和 78kW 时储能装置，以模拟分布式电源和储能的物理特性，更精确和真实地仿真了分布式电源接入主动配电系统的动态过程及对其影响，将有效支撑主动配电网示范工程的稳定可靠运行。

江苏电力依托重点实验室"新能源及主动配电网协调控制实验室"，历时半年有序开展了仿真平台方案设计、实时数字系统调试、主动配电系统实时建模、分布式电源接线改造和功率在环调试等工作，先后攻克了交直流混合主动配电网实时建模、分布式电源功率硬件在环和跨平台信息与功率的交互控制等关键技术和难点，完成了分布式电源

功率在环测试，为主动配电系统、新能源等领域的前沿研究提供了技术手段。

22. 施耐德电气上海有限公司大功率UPS 负载测试系统

参与单位：

上海文顺电器有限公司

地址：上海市浦东新区沈梅路 290 号

电话：021 - 50864311 传真：021 - 64293473

网址：www. sh - wenshun. com

E - mail：ifdx@ 163. com

主要产品：

交流负载箱、直流负载箱、UPS 测试负载箱、发电机测试负载箱、充电桩测试负载箱、焊机负载箱

项目概况：

上海文顺电器有限公司为施耐德电气上海有限公司研发定制了 400kVA 的混合型负载测试系统，负载箱可以满足 480V/400V/208V 多国电压等级，负载性质涵盖了纯电阻性，组感性负载，RCD 非线性负载，可以全方位的对大功率 UPS 设备的带载能力进行测试。设备采用网络模块化设计，通过 PC 的上位机软件实现远程的智能监控。

产品应用概况/解决方案：

目前，我们的阻性负载和非线性负载均在国内各大 UPS 厂家得到应用，产品按照 UPS 国标测试规范进行设计开发，通过测试了解 UPS 的真实的带载能力。

产品优势及应用成果：

1）负载测试类型多，一机多用，兼容性可以，可以满足多国电压系统的测试。

2）完善的系统保护，多重保护让设备使用更可靠顺心。

3）支持多机并联，采用上位机集中监控。

23. 浙江桐乡、江苏南通工行网点机房改造

参与单位：

深圳科士达科技股份有限公司

地址：广东省深圳市南山区高新中区科技中二路软件园 1 栋 4 楼

电话：0755 - 86169858 传真：0755 - 86168482

网址：www. kstar. com. cn

E - mail：zhaocr@ kstar. com. cn

主要产品：

模块化数据中心：微模块 3. 0

项目概况：

为顺应互联网技术的快速发展，为向广大消费者提供更具效率、更富价值的金融服务，广东工行深入贯彻落实工总行"互联网金融升级发展战略"、积极推进电商平台（融 e 购）、即时服务平台（融 e 联）、开放式网络银行平台（融 e 行）和网络融资中心建设，为客户搭建起覆盖和贯通金融服务、电子商务、社交生活的互联网金融整体架构。同时随着业务的不断发展及机房智能设备使用年限到期。深圳科士达科技股份有限公司（以下简称"科士达"）携机房一体化解决方案牵手工行，为其信息化建设提供高可靠的

绿色电源保障。

产品应用概况/解决方案:

在该项目建设中,针对工行浙江桐乡、江苏南通网点机房的设备用电环境及业务安全的重要性,科士达凭借多年在金融行业用户需求的深刻理解和应用经验,经过与工行多次技术交流沟通,力求为工行提供最具针对性和实用性的产品及解决方案。为此,该方案是以 19in 标准网络机柜为基础,通过增强网络机柜功能,构建一体化 IT 设备运行环境解决方案。其构成包含 ATS、综合配电、UPS 不间断电源、电池、防雷、智能管理、线缆管理、机柜、温度控制功能,可使用户的服务器、交换机等核心 IT 设备,能够长期在符合运行标准的室内环境中正常运行。由于方案组成产品的组件采用标准化生产和标准机架设计安装方式,所以在缩短了建设周期、减少了各功能模块间的单路径故障点、大大提高了系统间的兼容性的同时,最大限度提高了用户机房的空间利用率,为用户提供一个更加一致性、更高集成度、更高管理性和扩展性的小型智能机房系统。

产品优势及应用成果:

一体化的设计和实施方案,极大地方便了网点管理人员的维护和管理工作,最大程度降低了人为故障的发生。由于产品单一厂家供应,有效杜绝了多源供应带来的供应商互相推诿扯皮,保证了服务承诺的兑现,提高了服务质量,缩短了服务响应时间,从而有效保证了数据设备的高可用性及用户的投资收益。并且在监控管理上,可以做到集中式管理,能够实现省级中心机房对盟市、旗县、网点多级智能化监控管理,真正实现省总行对全区网点终端 IT 运行的动力及环境状态远程化管理。

24. 锦州港绿色港口建设项目

参与单位:

深圳市汇川技术股份有限公司

地址: 深圳市龙华新区观澜街道高新技术产业园汇川技术总部大厦

电话: 18606279073

网址: www.inovance.com

主要产品:

服务于智能装备＆工业机器人领域的工业自动化产品,包括各种变频器、伺服系统、控制系统、工业视觉系统和传感器等核心部件及电气解决方案,服务于新能源汽车领域动力总成核心部件,包括各种电机控制器、辅助动力系统等,服务于轨道交通领域牵引与控制系统,包括牵引变流器、辅助变流器、高压箱、牵引电机和 TCMS 等,服务于设备后服务市场的工业互联网解决方案,包括智能硬件、信息化管理平台等

项目概况:

深圳市汇川技术股份有限公司(以下简称汇川技术)岸电行业线,成功中标锦州港 2MW 岸电项目。这也是汇川技术在国内建设的第 15 套港口岸电。至此,汇川技术牢牢占据国内港口岸电市场份额首位。

产品应用概况/解决方案:

"锦州港项目工期紧,施工难度大,而且应对的船型复杂,对系统的兼容性要求很高,这在项目初始阶段就遇到了很大挑战",锦州港岸电系统项目经理如是说,"之前这种大功率的低压变频电源技术,一直掌握在进口品牌的手中,不仅价格高,而且货期长。汇川技术 MD880 模块化变频电源组成的岸电系统方案,不仅在安装空间、供电接口方面满足港口的实际需求,而且系统的经济性、可靠性、货期也完全满足项目的要求。同时,汇川技术丰富的港口应用业绩也彻底打消了我们的顾虑。"

汇川技术为锦州港定制的高可靠性的方案,通过模块化、标准化和系列化的设计思路,使整流器和逆变器完全可以互换,整套系统的备件统一,可以只备用一个模块,大大节省系统的维护成本。

四象限结构的变频电源,具有全容量能量回馈功能,通过软件算法的逆功率控制的技术,即便并网过程中出现了逆功率,也可以回馈到电网上,保证顺利并网,不会意外断电。

通过变频电源模块化并联设计的冗余能力和输出自动同步,以及增加备份模块实现 N＋1 的配置,保证了输出的可靠性,实现输出母线上从发电机供电到变频电源供电的无缝切换,并网切换过程船舶不断电,故障时不间断供电,并可在线维修,保证了船舶供电的连续性。

产品优势及应用成果:

项目选用 MD880 模块化变频电源,作为国内多传变频系统的革命性产品,更有德国 IF 设计大奖的加持,内外兼修。

1)整套变频系统输出符合 IEEE 519—1992 及中国供电部门对电压失真和电流失真最严格的要求,高于国标 GB

14549—1993 对谐波失真的要求；输出电压波形总谐波失真度：输入电流畸变 THDI < 5%，输出电压谐波 THDV < 5%。

2）变频电源在实施与船舶电源连接，在并网及解列过程中船舶不断电，实现无缝切换，可选择由船侧或电源侧实现负载转移及同步并网。

3）变频电源具备智能逆功率控制技术，用四象限方案或软件控制完全抑制逆功率产生方案。

4）变频电源具备三相电压不平衡自适应能力，即便负载不均衡，也可以保证输出电压的稳定。

25. 诸永高速公路 2016 – 2017 年度 UPS 主机与蓄电池采购更新项目

参与单位：

深圳市商宇电子科技有限公司
地址：深圳市光明区田寮光明高新区森阳科技园 1 栋 4 楼
电话：18911170535
网址：www. cpsypower. co
E – mail：2851792752@ qq. com

主要产品：

UPS 不间断电源、蓄电池、精密空调、精密配电、一体化机柜、动力环境监控、云 APP 监控软件、PDU 等机房能基设备产品

项目概况：

诸永高速公路是浙江省的一条高速公路，起于绍兴诸暨市，经过东阳、磐安、仙居，止于温州永嘉，全长约225km，大部分为双向四车道。于 2010 年 1 月 7 日全线贯通，7 月 22 日全线通车，将杭州和温州间的高速公路里程缩短约 300km。由于地理条件复杂，诸永高速公路是浙江省已建成高速公路中最为复杂的高速公路。

产品应用概况/解决方案：

深圳市商宇电子科技有限公司（以下简称商宇公司）产品广泛应用于政府、医疗卫生、金融、通信、教育、广电、能源和军队等各个行业领域，为多个国家重点工程项目提供高效、可靠的电力保障。

至此，商宇公司的产品已经获得了包括北京市、山东省、河南省、浙江省、广西壮族自治区、四川省、江西省、杭州市、南昌市、成都市和柳州市等多个省级或市级政府

协议供货中标厂商之一；同时商宇公司的产品入围金融行业、国税系统、广电行业、互联网行业的菜鸟网络、物流行业的百世物流、元元集团等统一采购协议供货商。

整体解决方案不仅提供产品的销售，还提供相关的技术服务、维修保养服务、使用培训服务、保险服务等系列服务。

产品优势及应用成果：

1. 先进的工作模式

1）双变换在线式设计，使 UPS 的输出为频率跟踪、锁相稳压、滤除杂讯、不受电网波动干扰的纯净正弦波电源，为负载提供更全面保护。

2）输出零转换时间，满足精密设备对电源的高标准要求。

3）带输入滤波器后输入功率因数可达到 0.99，提高了电能利用率，极大地消除了 UPS 对市电电网的谐波污染，降低了 UPS 的运行成本。

2. DSP 全数字化控制

采用数字化控制，各项性能指标优异，避免模拟器件失效带来的风险，使控制系统更加稳定可靠。

3. N + X 并联冗余

1）采用 N + X 并联冗余设计，用户可以根据负载的重要程度配置不同的冗余程度。

2）自适应无主从并机：在几台并联的 UPS 中，其中先开机的一台为主 UPS，其他为从 UPS，主从 UPS 可以互换，如果一台 UPS 的逆变器出现故障，该 UPS 自动切断输出，此时负载由剩下的 UPS 来提供电源。

4. 环境适应性强

1）宽广的电压范围 AC301 ~ 476V，避免电网电压变化大时频繁地切换至电池供电，适应于电力环境恶劣的地区。

2）输入频率范围为 45 ~ 65Hz，保证接入各种燃油发电机均可稳定工作，满足用户对油机使用的要求。

5. 充电电压、电流可调

整机效率高达 92% 使得 GP33 系列更加节能高效。

6. 抗冲击能力强

具备超强的抗冲击性，完全适用于工业环境、机床设备等。

7. 优异的直流参数设定

1）直流充电电流最大可调 40A，适应于电池组较多的场合。

2）充电电压可根据不同的电池进行调整，亦可根据现场电池节数进行 29 ~ 32 节调整。

8. 保护周全可靠

1）具有开机自诊断功能，可及时发现 UPS 的隐性故障，防患于未然。

2）集交流输入过、欠电压保护，输出过载、短路保护，逆变器过热保护、电池欠电压预警保护和电池过充电保护等多功能保护于一体，极大地保证了系统运行的稳定性和可靠性。

3）具有旁路功能，当输出过载或 UPS 发生故障时，可无间断地转到旁路工作状态由市电继续向负载供电，并提供报警信息。

9. 智能管理

RS232 本地监控。UPS 标配 RS232、RS485、USB、干接点等接口，支持 4 路同时监控，通过附送的监控软件，可以方便地进行本地监控。

26. 珠海金湾人防指挥中心数据中心项目

参与单位：

深圳市英威腾电源有限公司

地址：深圳市南山区北环路猫头山高发工业区高发 1 号厂房 5 层东

电话：0755 - 86667263　**传真：**0755 - 26782664

网址：www. invt - power. com. cn

E - mail：tangwei@ invt. com. cn

主要产品：

UPS 电源、电池、空调、数据中心

项目概况：

本次机房项目为改造工程，机房原址为一楼办公区域，整体面积约 110m²（楼层层高约 3.6m），由于柜体数量多且空间有限，本项目最终采用微模块架构设计，将原办公区域划分成两块区域，一边用作封闭通道布局，一边用作配电 & 电池区域（静电地板下将两区域分隔开）。

产品应用概况/解决方案：

微模块机房采用双排机柜组成封闭冷通道架构，封闭通道由 36 个服务器机柜 + 2 台列头柜组成。机房制冷系统由 2 台 81.2kW 下送风精密空调（外置在通道两端）承担，既保证了通道内设备的制冷需求，同时也可保证在一台空调宕机后，封闭通道内仍然具有相当的制冷效果，具备一定的冗余性。通道外部的机房内将根据后期使用情况考量另行添加精密空调。

产品优势及应用成果：

在供电系统方面，本机房采用 2 台英威腾 RM180 主机组成 1 + 1 冗余并机后与 1 路市电直通做 2N 双母线运行。保证用户数据运行的高可靠性。免维护铅酸蓄电池全部采用开放式电池架摆放，便于维护和散热。

27. 新疆石河子市公安局机房新建工程项目

参与单位：

深圳市英威腾电源有限公司

地址：深圳市南山区北环路猫头山高发工业区高发 1 号厂房 5 层东

电话：0755 - 86667263　**传真：**0755 - 26782665

网址：www. invt - power. com. cn

E - mail：tangwei@ invt. com. cn

主要产品：

UPS 电源、电池、空调、数据中心

项目概况：

新疆石河子市距离新疆维吾尔自治区乌鲁木齐市 220km，深圳市英威腾电源有限公司数据中心机房产品腾智系列微模块冷通道、模块化 RM200/50X UPS、房间级精密空调 INCR6026 等设备成功在该市公安厅顺利安装，通过长达 8 天的施工周期，公司售前、售后相关施工人员通过设

备进场、施工、项目调试、验收及最后给甲方的交付。

产品应用概况/解决方案：

通过长达 8 天的施工周期，公司售前售后相关施工人员通过前期现场勘测、设计、设备进场、施工到项目的调试、验收及最后给客户交付。

1) 通道门体安装解决方案。

2) 通道门体内嵌门禁一体机安装解决方案。

3) 通道机柜垂直走线槽问题解决方案。

4) 通道假体面板安装问题解决方案。

5) 通道顶部楣板灯箱安装等解决方案。

6) 通道顶部 LED 灯安装问题解决方案。

7) 门禁系统安装解决方案。

产品优势及应用成果：

公司此次提供的腾智微模块化产品具有：

1. 安全可靠

1) 所有部件遵循国内、国际标准化生产标准、保证产品质量。

2) 数据中心产品化、工程产品化可靠性高达 99.999%。

3) 数据中心配电和制冷系统按照国际 A 级机房设计（国际标准 Tier IV 级别）。

4) UPS 供电采用模块化 N + X 冗余设计，提高系统可靠性。

5) 集成智能监控系统，确保机房运营的安全可靠。

2. 高效节能

1) 行级空调、模块化 UPS、封闭冷热通道、智能配电柜等联合应用可使全年平均 PUE 降至 1.50。

2) 采用列间空调制冷，封闭制冷空间实现就近精确制冷，极大地提升了制冷效率，与传统机房比较可节能 25% 以上。

3) UPS 彩页 N + X 纯在线高效率的模块化 UPS，可实现智能休眠功能，节省更多能耗。

4) 高密部署，单柜最大功率可达 10kW。

5) 供配电一体化集成，节约空间，可多部署 1~2 个设备机柜。

6) 远程运维无人值守，节能 TCO。

3. 简单快速

1) 标准化部件，模块化架构，匹配业务快速按需部署。

2) 无需专业机房，可直接安装在楼宇水泥地面上，减少外配套工程。

3) 产品标准化、模块化、即插即用，安装便捷，大大缩短业务上线周期。

4. 智能管理

1) 可实现对数据中心基础设施动力、环境、视频、门禁等进行统一监控管理。

2) 具有告警管理、报表管理、用户管理、能效管理等功能，实现全面智能管理。

28. 超级电容太阳能路灯节能项目

参与单位：

苏州纽克斯电源技术股份有限公司

地址：江苏省苏州市相城区黄埭镇春兰路 81 号

电话：0512 – 65907797　传真：0512 – 65907792
网址：www. lumlux. com
E – mail：sales@ lumluxlighting. com

主要产品：

智能电源、通信电源、照明驱动电源、特种电源、物联网控制系统及相关产品的研发、生产、销售；农业补光设备、智慧农业集中控制系统及相关设备、植物工厂整体解决方案的研发、生产、销售；自营和代理各类商品及技术的进出口业务。

项目概况：

2017 年 3 ~ 8 月，湖南长沙街头共安装 34000 余盏超级电容太阳能路灯，该灯的控制器由苏州纽克斯电源技术股份有限公司提供，该控制器使用最大功率追踪技术，充电效率比常规太阳能控制器高 20%，保障了在不同天气状态下的充电效率。

产品应用概况/解决方案：

公司照明智能控制系统，可实现对设备工作状态监控及工作参数的远程配置。本系统由监控中心系统管理软件、集中控制器和 ZigBee 太阳能控制器等几部分组成。其中集中控制器安装防水箱内并挂在灯杆上，ZigBee 太阳能控制器安装于各灯杆上。该系统采用 GPRS/CDMA 与 Internet 技术实现监控中心与各集中控制器之间的通信，采用 Zigbee 低功耗无线通信技术实现集中控制器与各 ZigBee 太阳能控制器之间的通信，检测设备工作状态及配置工作参数，使用该系统实现了远程控制、远程调光、远程监控、远程实时动态管理的功能，可有效地监控路灯的工作状态和故障反馈，方便管理。

我公司自主研发的 LCOH 系列超容太阳能单灯控制器是一款基于 ZigBee 通信、配合不同电压段的超级电容组应用、充放电与 LED 驱动为一体的、智能化、高效率降压型太阳能控制器。

其充电部分采用微处理器编程动态验算技术，实现了真正意义上的 MPPT（最大功率追踪）工作状态；同时采用 MOS 同步整流、输出理想二极管等低功耗电路、元器件，在同等光照条件下，相比传统充电方式提升 20% 以上充电效率。同时具备输入防反接、充电过电压保护、充电短路保护、防夜间电流倒灌等完备保护措施。

LED 驱动部分采用高效率 BOOST 升压恒流电路；结合微处理器实现可定制的、基于时间和电压的复合型照明控制策略，确保按需照明亮度调节，并实现照明时长最大化。同时具备输出开路保护、短路保护功能。

使用我公司超容太阳能控制器，安装方便，超容及控制器只需安装于太阳能板下方，同时也有利于后期维护。现在安装于长沙的 4000 多盏超级电容太阳能路灯的控制器运行稳定，可实时监测路灯运行情况，遇到故障及时报警，根据需要随时调节输出功率。

产品优势及应用成果：

1）系统软件架构：系统为 B/S 结构，无需客户端软件，直接通过浏览器接入，非常方便。

2）脱机运行：系统可靠性强，当前端设备与监控中心失去连接，终端设备继续按照既定策略执行，不影响亮灯。

3）远程管理与维护：系统支持远程访问和远程数据维护功能，当用户具有相应权限时，可以通过 Web 端进行远程访问和远程数据维护。

4）数据备份：系统具备数据库备份功能，可以自动、手动备份数据，也可以设定备份策略，系统自动进行全量、增量、差量等数据备份，并具备系统恢复功能。

5）系统日志：系统可记录路灯历史运行数据，便于维护人员维护路灯，方便路灯管理人员执行亮灯策略。

使用 MPPT 超级电容太阳能控制器具有良好的经济效益，因为其具有更高的充电效率，可以使用相对更便宜（功率低）的太阳能电池板，并且超级电容使用寿命更长，可以降低整个发电系统的成本。

同时，使用带 ZigBee 通信的 MPPT 超级电容太阳能控制器，可对控制器进行策略配置。可调节开灯后每个时段控制器的输出功率值及每个输出功率下工作的时间，从而合理有效地利用电能。比如在上半夜人流量、车流量都比较大的时候，功率可设置高一点，下半夜人流量、车流量几乎没有的时候，功率可以设置低一点。同时在超容电压降低的情况下控制器自行降功率，保证能够在持续阴雨天连续工作。

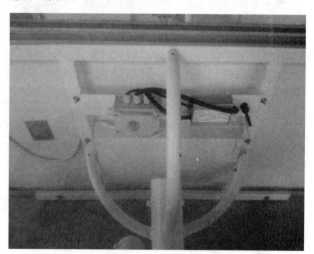

29. LED 智能直流照明电源系统隧道照明

参与单位：

台达电子企业管理（上海）有限公司
地址： 上海市浦东新区民雨路 182 号
电话： 021 – 68723988　**传真：** 021 – 68723996
网址： www. delta – china. com. cn
E – mail： Huabin. li@ deltaww. com

主要产品：

集中直流供电柜，直流驱动器，后台管理软件

项目概况：

一方面，在隧道中的照明要解决好驾驶员在进出隧道时的"黑洞效应"与"白洞效应"，因而要求隧道口的亮度会随着洞外亮度的变化而调节，且不能产生眩光。

另一方面，除了照明需求外，对安全性的考虑至关重要，即 LED 灯要时刻保障照明，不能灭灯；在调光时需要即时执行，不能延后。

再则要能实现远程控制，让维保人员通过远程监视与控制对照明状况随时了解与可控。

LED智能直流照明电源系统能很好地实现以上的需求。该解决方案在隧道环境中的首例成功应用，也是业界首创，不仅为隧道照明的安全运行保驾护航，更能节省可观的投资成本。

产品应用概况/解决方案：

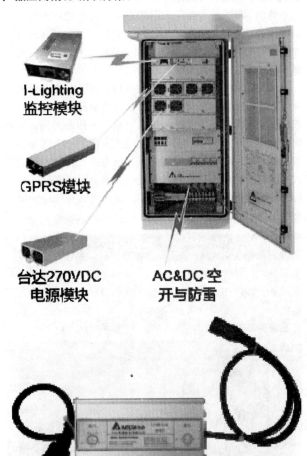

如图，集中供电柜将AC380V市电整流成直流输出到驱动器端，驱动器再供应给LED隧道灯具；调光时，集中供电柜中的CSU对输出电压做一个扰动产生高低电平，经由动力线缆到驱动器端，驱动器里面的MCU解读这个扰动信号，继而来实现驱动器输出电流的调节，及隧道灯具的调光；这些设备的工作状况都会透过GPRS模组通过无线的方式到达客人的管理平台，继而实现远程控制。

本案中，应用集中直流供电柜11台，高压直流模块61pcs，直流驱动器超过1400pcs，系统运行至今稳定可靠。

产品优势及应用成果：

1）直流集中供电 将Delta的通信用高压直流模块创新运用在了LED照明行业，高可靠性AC－DC地面集中电源柜易于维护。灯杆驱动单元DC－DC无电解电容，或是长效电解设计，高可靠寿命长，后期保固成本低。

2）数字化控制，调光节能 独创的DLM（Delta Lighting Modulation）调光技术。

3）稳定抗扰 不需ZigBee或PLC或类似单灯控制器，监控单元按照协议生成数字信号即可调光，更稳定抗扰，减少了故障节点。

4）远程监控 基于地图的电源柜定位，透过GPRS远距离监视与控制电源柜及灯杆单元。

5）线缆节省 每个分路输出只需2根线，而交流为做到三相平衡需要4根线缆。在同等线缆截面积的情况下，直流线缆造价较交流线缆造价可节省约15.9%。（E. g. 2 * 35mm² 与 4 * 16mm² 比对）。

30. 深圳高斯宝1800W工业服务器电源重要功率元器件项目

参与单位：

无锡新洁能股份有限公司

地址：无锡市高浪东路999号B1栋2层

电话：0510 － 85629718 传真：0510 － 85627839

网址：www. ncepower. com

E － mail：zhuyz@ ncepower. com

主要产品：

快恢复超结MOSFET、屏蔽栅深沟槽MOSFET

项目概况：

深圳高斯宝为国内著名大功率高能效电源生产商，产品主要有工业服务器电源、通信电源等，其对电能的使用效率要求较高，对超低能耗功率器件有较高的需求，而这类产品技术难度高，国内厂商通常需要进口国外产品，无锡新洁能股份有限公司（以下简称新洁能）在2017年初成功导入NCE65TF130F和NCEP40T15G，应用于1800W工业服务器电源，成为高斯宝重要功率元器件供应商。

产品应用概况/解决方案：

该1800W工业服务器电源产品采用主动式PFC＋LLC谐振开关＋12V同步整流＋3.3V和5V的DC－DC降压变换的设计。其中LLC拓扑的功率MOS采用新洁能的NCE65TF130F，同步整流MOS采用NCEP40T15G。

LLC拓扑的以下特点使其广泛地应用于各种开关电源之中：

1）LLC转换器可以在宽负载范围内实现零电压开关。

2）能够在输入电压和负载大范围变化的情况下调节输出，同时开关频率变化相对很小。

3）采用频率控制，上、下管的占空比都为50%。

4）减小次级同步整流MOSFET的电压应力，可以采用更低的电压MOSFET从而减少成本。

5）无需输出电感，可以进一步降低系统成本。

6）采用更低电压的同步整流MOSFET，可以进一步提升效率。

LLC拓扑以其高效，高功率密度等特点，在高端服务器电源领域受到了广泛应用，但是这种软开关拓扑对MOSFET的要求却超过了以往任何一种硬开关拓扑。特别是在电源启机、动态负载、过载和短路等情况下，需要元器件优异的鲁棒性。新洁能的快恢复超结MOS具有快恢复体二极管，低Qg和Coss，最高达650V的击穿电压，完全能够满足需求并大大提升电源系统的可靠性。快恢复超结MOS-

FET 大幅度提高了单位面积内的电流密度，产品特征导通电阻(Rdson * A)降低40%，开关损耗降低12%，大大降低器件总损耗，大幅提高电源效率；其中快恢复体二极管具有极短的 trr 和极低的 Qrr，降低了二极管反向恢复阶段的 dv/dt，确保 LLC 拓扑电源可靠性的同时也轻易实现了较低的 EMI 噪声。

同步整流采用通态电阻极低的专用功率 MOS，取代整流二极管以降低整流损耗。它能大大提高 DC - DC 转换器的效率，满足低电压、大电流的整流需求。近年来随着电源技术的发展，同步整流技术正在向低电压、大电流输出的 DC - DC 变换器中迅速推广应用。DC - DC 变换器的损耗主要由 3 部分组成：功率开关管的损耗，高频变压器的损耗，输出端整流管的损耗。在低电压、大电流输出的情况下，整流二极管的导通压降较高，输出端整流管的损耗尤为突出。快恢复二极管(FRD)或超快恢复二极管(SRD)可达 1.0 ~ 1.2V，即使采用低压降的肖特基二极管(SBD)，也会产生大约 0.6V 的压降，这就导致整流损耗增大，电源效率降低。功率 MOSFET 的导通压降比较小，一般只能达到 0.01V 左右，可以很好地提高电路效率。新洁能的屏蔽栅深沟槽 MOS 具有极低的导通电阻和 Qg，30 ~ 250V 的击穿电压确保应用的灵活性，软体二极管性能可以有效降低同步整流中的电压尖峰，实现在 DC - DC 变换器的同步整流中快速开关。

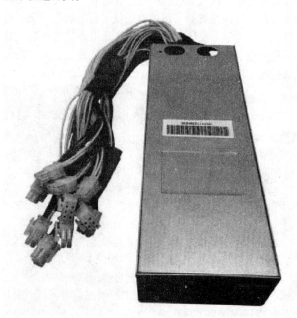

产品优势及应用成果：

该工业服务器电源产品广泛应用于工业主机服务器，需要长时间可靠运行，对功率器件的要求很高，器件替换可能性小，长期被国外厂家霸占该领域。

深圳高斯宝作为行业龙头，具有代表性；新洁能在国内率先推出超结及 SGT 的功率器件，凭借着优异的性价比成功打入深圳高斯宝产品系列，成为合格供应商。产品深受广大厂商的信赖。此外，也奠定了新洁能在该领域的技术标杆地位。

31. 武汉后湖泵站四期110kV 变电站

参与单位：

武汉武新电气科技股份有限公司
地址： 武汉市武湖工业园立山路
电话： 027 - 82341783　**传真：** 027 - 82341251
网址： www. woostar. cn
E - mail： wx9000@ sina. cn

主要产品：

高低压静止无功发生器、有源电力滤波器、光伏逆变器、充电桩等

项目概况：

武汉市后湖泵站承担武汉市汉口片区 51km² 范围的雨水抽排任务，服务人口达 200 多万；于 2017 年上半年扩建四期泵站；建成后，包括二期、三期、四期在内的整个后湖泵站抽排能力达到 249m³/s，成为亚洲最大城排泵站。后湖泵站四期工程包括进水明渠、格栅间、前池、主泵房、压力管道、电气自控系统等 10 项，工程总投资 12 亿元。

后湖四期泵站 110kV 变电站，由武汉市城投集团负责投资，作为武汉市重点市政工程，承担全市的防汛排渍的重要保障任务。本项目由武新电气科技股份有限公司(以下简称武新电气)作为电气工程总包方，提供高压静止无功发生器、微机保护装置等核心产品和 110kV 变压器等成套电气设备，要求在 2017 年 6 月前完成供货、施工并正常运行验收。

产品应用概况/解决方案：

2017 年 5 月 30 日，武新电气承建的武汉后湖泵站 110kV 变电站，在团队三个月的辛勤努力下于 5 月 30 日正式送电，创造了新的记录！这也标志着亚洲最大城排泵站从此有了坚强的电力保障。

武新电气以全站信息数字化、通信平台网络化、运行状态可视化为基本要求，采用集成、低碳、环保的智能设备，对电气系统进行了整体合理布置，完成了电力信息智能采集、测量、控制、保护、计量和监测，使后湖泵站在汛期来临前顺利投运，具备了防汛抽排能力。

武新电气两套高压静止无功发生器 8Mvar 成功投运并完成带载联调，这是武新电气 HSVG 产品在变电站应用零的突破，功率因数控制模式下投运后功率因数达到 1，无功

给定额定模式下，控制精度、实际发出无功、电流谐波畸变率和损耗等指标均优于产品手册和业内同行，通过连续72h对冲无故障运行，进一步验证了产品应用的可靠性与稳定性。

产品优势及应用成果：

武新电气WX-HSVG产品

1. 产品优势

1）响应速度快　无功补偿瞬态响应时间小于200μs，IGBT短路保护响应时间小于8μs，控制失电保护时间小于1s。

2）补偿控制指标高　典型产品额定补偿容量下，损耗小于0.8%额定容量，电流谐波畸变率小于<2%；直流电压波动控制在30V以内等指标均处于业内顶尖。

3）设备节能性价比优：具备1A小电流精准控制减小待机损耗，具备与投切电容器等传统SVC联合控制功能，额定容量下补偿功率因数大于0.98接近于1。

2. 应用成果

1）当前亚洲最大泵站成功应用WX-HSVG产品，两套WX-HSVG产品长期稳定运行无故障记录且指标优于行业标准要求。

2）新疆、内蒙古、河北、山西、湖北等多个省、自治区新能源发电领域批量应用，2017年无一项故障售后服务。

32. 朔黄铁路"铁路牵引27.5kV/10kV电源净化装置"项目

参与单位：

西安爱科赛博电气股份有限公司

地址：西安市高新区新型工业园信息大道12号

电话：029-85691870　传真：029-85691870

网址：www.cnaction.com

E-mail：zongjb@cnaction.com

主要产品：

电力电子变流器、交直流电源、电能质量控制产品、新能源和智能微网电能变换产品

项目概况：

朔黄铁路是I级干线双线电气化重载路基铁路，设计年运输能力为3.5亿t。该铁路穿越了公用电力匮乏地区，为获得贯通电源，大量牵引变电站从牵引变压器二次侧接引贯通电源。取自牵引变压器二次侧的贯通线电源存在严重的电能质量问题，朔黄铁路公司肃宁分公司于2017年3月组织设备招标以解决电能质量问题。西安爱科赛博电气股份有限公司以专业的技术方案及产品中标该项目。于2017年完成产品安装、调试并投入运行，投用后该站贯通电源各项指标得到大幅提升，达到铁路电力指标要求。

产品应用概况/解决方案：

铁路牵引27.5/10kV电源净化装置是西安爱科赛博电气股份有限公司针对铁路贯通供电的具体问题推出的首款专用电源产品。该产品包括输入变压器、高压开关柜、电源变压器、耦合变压器、功率变换单元、高压保护装置、高压旁路装置和低压旁路装置等组成部分。

本产品安装于铁路牵引变电站内，从牵引变压器副边取得27.5kV输入电源，经过变压、稳压调节、滤波等净化处理，消除牵引电源的电压跌落、突升、突降、过电压、欠电压、电压波动、三相电压不平衡和电压谐波等电能质量问题，得到稳定的符合铁路贯通供电电能质量要求的三相10kV电源馈电。并且当自闭线主电源停电时，该电源设备可向自闭线提供后备供电，也可向牵引/变电所内提供高质量的所用电电源。是贯通线二路电源的首选解决方案。

依据用户现场条件，本产品具有灵活的组成方式，可集成组装在集装箱内，减少现场占地面积和现场施工工作量；也可分散安装于专用电源室内。

产品优势及应用成果：

产品投入运行后，对运行状态及输出指标进行了6个月的连续观察，各项指标均达到要求。具体表现在：原有10kV馈线上的电压波动，三相电压不平衡问题，消除电压谐波问题得到大幅改善。

1）三相电压不平衡度得到改善，从投入前超过10.3%降低到2%以内。

2）三相电压偏差从投入前最大超过18.4%降低到最大5.3%。

3）电压谐波从投入前最大超过12%降低到最大5%。

产品故障或计划检修期间，通过投入短路开关或高压旁路，可以保持输出侧连续供电。

该项目是铁路行业第一台串联式贯通线供电电源产品，倍受业界关注，且入围后的产品已成为业内该类型产品的技术标杆，为铁路贯通二路供电提供了标准解决方案，对后续铁路贯通电力设计和既有铁路贯通电源技术改造具有重大借鉴意义。同时本产品除可应用于铁路行业外，也可拓展应用于电力、矿业等行业，已解决供电品质问题。

33. 上海超级充电站项目

参与单位：

先控捷联电气股份有限公司

地址：石家庄高新区湘江道319号第14、15幢

电话：400-612-9189　传真：0311-85903718

网址：www.scupower.com

E-mail：Wenjing.hao@scupower.com

主要产品：

UPS电源、模块化UPS、微模块、逆变电源、充电桩、

储能式 UPS、PCS 双向变流器、储能电池防静电地板、配电柜等

项目概况：

2017 年先控捷联电气股份有限公司（以下简称先控）参与主导了上海超级充电站的建成工作。上海充电站是我国首个运用储能技术实现用电网络削峰填谷的超大型充电站，是技术的突破也是行业的突破。实现了多能互补应用的技术难点，突破了充电站供电网络的技术瓶颈！

本超级充电站系统是由两大部分组成，由光伏系统、储能系统和电网组成供电系统部分；由 750V 直流充电堆、充电终端组成充电系统部分。

产品应用概况/解决方案：

超级充电站一共设置 72 个直流充电车位，并且全部为柔性功率分配充电车位，一期工程为场地中央的三块充电区域，共 48 个直流充电车位。供电系统为 1 套 1000kW 的 SPS 加 1.37MW 电池组加 189kW 的光伏系统。一期充电车位的最多可满足 48 台车辆同时充电。二期设计增加 24 个充电车位，配电系统增加一套 1000kW 的 SPS 加 1.37MW 的电池组加 400kVA 的变压器；车位具备柔性功率分配功能，可以适应各种新能源车型进行充电，便于服务社会上的电动车辆。

供电系统由光伏系统、储能系统和电网协调工作，日照充足时，优先利用自然能源，由光伏系统提供供电电能，当自然能源不足时，由储能系统提供能源，当储能系统容量不足时，再由电网输出能源。若有负载量突然增加的情况，储能系统可与电网并行输出，扩大电网容量，保证充电系统正常工作。

储能系统由 SPS 系统、离并网控制柜、储能电池组成。与太阳能系统及电力系统协调优化运行，实现峰谷电价调节、并网扩容等功能。

先控 SPS 储能系统，专门用于储能系统的大功率储能系统。系统采用灵活的模块化结构，单套系统功率为 1000kW，既可独立使用，也可多台并联应用于更大规模储能项目中。设备采用高性能 DSP 全数字化控制技术，优化的输入 LCL 滤波电路，具有优异的转换效率、完善的系统保护功能，宽泛的电压范围和更高的稳定性、可靠性等。

充电系统由 750V 直流充电电堆、充电终端组成。先控 EVDS 系列户外分体式充电系统是应市场需要推出的一款智能直流充电系统，由直流充电电堆和充电终端两部分构成。

直流一体化充电电堆，采用一体化、模块化的设计理念，可对系统实现智能柔性功率输出。直流输出部分可实现功率柔性分配，可为不同容量的新能源汽车按需分配充电功率。直流一体化电堆，使得充电设施的监测控制简单易行，充电电堆外接交直流充电终端，用户通过终端进行刷卡充电操作。所有终端的充电状态都可通过集中监控系统进行监测和控制，可有效地解决因充电设施分散，通信协议不统一而导致的管理难、设备利用率低等问题。

产品优势及应用成果：

本场站通过光伏发电和储能电池的综合管理应用，将场站仅有的 190kW 供电容量，从容的带起 1.4MW 的充电机负载。通过储能系统，结合充电堆的柔性充电的技术解决了当前充电站建设领域最棘手的电容量难题：供电容量和充电功率利用率平衡问题，并且可降低充电站的用电成本。该超级充电站将在未来公司的储能领域和充电站运营领域提供更多真实有效数据，并以此为模板，复制更多的相关案例，帮助用户降低运营成本，推动新能源产业进一步发展！

34. 西藏开投岗巴 20MW 光伏项目

参与单位:

阳光电源股份有限公司

地址: 合肥市高新区习友路 1699 号

电话: 0551 - 65327878　传真: 0551 - 65327877

网址: www. sungrowpower. com

主要产品:

光伏逆变器、风能变流器、储能系统、电动车电机控制器

项目概况:

西藏开投岗巴 20MW 光伏项目是全球最高海拔"逆""变"一体化大型并网光伏项目。项目建设地岗巴县, 地处藏南谷地, 紧邻世界屋脊——珠穆朗玛峰, 平均海拔为 4700m 以上。高海拔、高寒等严酷的自然环境, 给项目的施工带来了极大的挑战, 同时也对逆变器等核心设备提出了更高的要求。为了打造首个高海拔的标杆电站, 业主经过公开招标、严苛比选, 最终选用了阳光电源股份有限公司(以下简称阳光电源)箱式中压逆变器 SG1250 - MV。

产品应用概况/解决方案:

该项目采用阳光电源箱式中压逆变器 SG1250 - MV

产品优势及应用成果:

阳光电源箱式中压逆变器 SG1250 - MV 进一步提升精密部件防护等级, 适应各种恶劣环境; 集成定制高效中压变压器、配电及监控, 更加简洁, 实现"逆""变"一体化统一维护, 有效简化施工环节; 同时集装箱设计, 方便运输及安装, 极大地缩短施工周期。

"岗巴县自然环境恶劣, 电网环境也比较弱, 阳光电源产品在耐高寒、高海拔以及电网适应性等方面上都有突出的表现。此外, 我们还要特别感谢阳光电源的工程师, 他们长期坚持在岗巴如此恶劣的环境下工作, 为我们提供技术支持和培训, 为此次项目一次性顺利并网做了突出的贡献。"项目业主对阳光电源的产品和服务给予了高度评价。

35. 中国移动通信集团汕头数据中心项目

参与单位:

易事特集团股份有限公司

地址: 广东省东莞市松山湖高新技术产业开发区工业北路 6 号

电话: 0769 - 22897777　传真: 0769 - 22898866

网址: www. eastups. com

E - mail: info@ eastups. com

主要产品:

EA66500、EA66200

项目概况:

云计算、大数据和人工智能发展势头迅猛, 数据中心作为基础支撑, 重要性日益凸显。在"互联网 +"战略推动下, 业界对数据中心的需求呈爆炸式增长。为顺应市场形势, 及时做好部署并满足 IDC 日益增长的需求, 中国移动积极推动国内云计算和大数据的发展, 在全国范围内加快互联网数据中心的建设。

借力中央提出建设"海上丝绸之路"战略构想的东风, 处于海上丝绸之路黄金航线上的汕头, 目前在大力发展外向型大数据产业, 致力打造 21 世纪"信息海上丝绸之路"。

广东移动粤东数据中心就是中国移动在华南地区精心规划、打造的新一代数据中心, 也是目前华南地区建设规模较大的 IDC 机楼项目。粤东数据中心位于汕头市濠江区南山湾科技园, 占地面积 167 亩, 规划建筑面积达 30 万 m^2。整个数据中心按照国际 T3 + 标准建设, 采用模块化设计, 具备可扩展性和灵活性, 可根据客户需求定制机房, 实现 IT 设备的快速部署, 也可根据业务需求划分电子政务、互联网、视频、游戏和中小企业等不同的功能区域, 满足不同类型客户的个性化需求, 为客户提供五星级的托管服务。

在国内数据中心进入大规模建设的阶段, 以及愈加激烈的 IDC 业务市场竞争中, 如何让数据中心走进客户心里, 需要数据中心在"风火水电"各方面具备一定优势, 才能够尽全力为客户托管服务"保驾护航"。

产品应用概况/解决方案:

根据用户的使用情况, 易事特集团股份有限公司(以下简称易事特集团)提供了多套三进三出高频模块化大功率 UPS 电源。该系列大功率 UPS 适用于数据中心、计算机机房、电信、金融和证券等领域。其具有如下特点:

1. 可靠

1)该产品采用全数字化控制技术, 使系统更加快速、精准、稳定、可靠。

2)UPS 内部器件采用全球顶尖品牌设计, 保证系统的可靠运行。

3)UPS 功率模块采用独立风道设计和三防处理技术, 提供系统的可靠性。

4)UPS 内部电源、风扇、控制信号采样冗余设计, 提供系统可靠性。

5)完善的冗余设计, 能源控制单元、通信总线等均采用冗余设计; 风扇采用容错设计, 单个风扇故障仍可带载 50%, 两个风扇故障可带载 30%。

6)优异的电网适应性: 宽电压输入范围: AC138 ~ 485V 均可正常运行。

7)6kV/5kA 的防雷设计, 有效降低雷击失效率。

2. 适应能力

(1)超宽输入电压范围, AC140 ~ 485V ± 5V, 满足各种恶劣电网环境使用, 减少电池放电次数, 延长电池使用寿

命。超宽的输入频率范围：40～70Hz，可兼容匹配各种类型发电机使用，适应性好。

（2）超强的过载能力

1）EA660系列逆变过载：在过载情况下也可以稳定运行一定时间。

2）可靠性。

3）三防漆加强涂覆，适应粉尘、盐雾等恶劣环境。

4）高温环境下可满载工作，充电容量等也不降额，优异的环境适应性。

3.智能性

1）UPS智能化电池管理功能，延长电池的使用寿命。

2）UPS具备智能化休眠功能，保障低负载率时UPS高效运行，超级节能。

4.经济性

1）业界超强的带载能力，输出功率因数高达0.9，可带更多负载，为用户节省更多设备采购成本。

2）高效节能，50%负载时，效率高达96%，降低用户的运行成本。

3）单机可边成长边扩容，用户初级不必选择满配，后期根据业务量需求再增购功率模块，有效节约投资。

4）96%超高运行效率，低负载下保持高效率，最常用负载率段即效率最高段。

5）ECO模式效率可以达到99%以上，获取极致节能效果。

6）低谐波及高功率因数，有效降低配电系统投资。

7）软启动技术可提升油机配比至1:1.1，节省油机投资成本。

5.易用性

1）电池组的电池节数可以在30～46节任意使用；电池节数30～46节可调，易于维护延长电池使用寿命。

2）UPS采用超大LCD触摸屏设计，采用大屏幕触摸屏LCD设计及菜单式架构，通过LCD可以监控UPS的各种信息，使所有操作一目了然。智能化人机界面，方便运维人员操作使用。

3）占地面积小，工程界面友好：单柜功率密度最高可达800kVA，节约占地面积50%。

4）完全前维护设计，操作简便。

6.易维护

UPS内部的所有模块均采用在线热插拔技术，包含功率模块、旁路模块、控制模块，所有模块均支持热插拔操作。全面的模块化设计，关键部件均支持热插拔，避免了停机、分析、修复的冗长过程，系统的修复时间可以缩短至几分钟以内。可实现维护设备的同时系统也能不间断运行，使客户效益最大化。

7.工程使用便利性

EA660系列具备自老化功能，专门为大容量UPS模拟带载测试提供一种灵活的解决方案；UPS系统安装完毕后，不需要租用任何假负载和电缆连接，只需要通过设置UPS的自老化功能，就可以模拟UPS系统带满载运行，测试UPS系统前后输入、输出配电（开关）、UPS主机以及相关连接电缆是否能可靠运行；节省测试时间和租用测试设备

的成本。

UPS自老化测试时，电能也可以回馈到电网中，再次利用，不会浪费任何电能。

易事特集团为用户提供了数套大功率模块化UPS电源产品，同时配合区域配备多路市电接入和两个110kV专用变电站，还配有主备多台大功率的高压油机，组成综合供电网络，保障机房用电万无一失。

新一代数据中心是云计算、大数据发展的基石，粤东数据中心凌"云"腾飞尽显光辉，易事特集团不仅为中国移动大展"云"途添上浓墨重彩的一笔，更为华南地区乃至全国的云计算、大数据等产业快速发展注入全新动力。未来，更助力广东移动粤东数据中心将持续以优质技术与服务，为广大企业客户添砖加瓦，助力万物互联时代发展新突破！

产品优势及应用成果：客户需要一个强大的供配电系统。

汕头国际海缆登陆站是目前中国规模较大的海底光缆登陆站，也是国际海底光通信骨干网络的重要登陆站之一。目前已有"亚欧"、"中美"、"亚太二号"和"东南亚—日本"共4条国际海底光缆在汕头登陆并开通运营，这4条国际海缆出口带宽约占中国大陆国际海缆出口总带宽的45%，经过美国、日本、韩国、澳大利亚等34个国家和地区，全世界36家电信运营商通过汕头站进行转接业务。汕头还将成为"金砖国家光缆"在我国唯一的登陆站。

充足和稳定的电力供应是数据中心的基础和命脉。

36.厦门金砖会议——厦门城市亮化工程

参与单位：

英飞特电子（杭州）股份有限公司

地址：杭州市滨江区江虹路459号

电话：0571－56565800　**传真：**0571－86601139

网址：Cn. inventronics－co. com

E－mail：Athenazhang@ inventronics－co. com

主要产品：

LED驱动电源

项目概况：

为迎接金砖会议及提高城市的影响力，厦门市深入建设城市亮化工程，英飞特电子（杭州）股份有限公司（以下简称英飞特）做了LED驱动电源的研发、生产厂家，参与多个亮化工程，如婺江夜景、香山游艇会、会展中心等。

产品应用概况/解决方案：

EUV系列36～300W户外恒压驱动器产品，输入电压范围为AC90～305V，具有超高的功率因数；是专为工矿灯、高杆灯、球场灯及路灯而设计。超高的效率，良好的散热，极大地提高了产品的可靠性，并延长了产品的寿命。过电压保护、过电流保护、短路保护及过温保护等全方位的保护，保证了此款产品的无障碍运转。

产品优势及应用成果：

1.产品优势

1）高防雷。

2）高效率。

3）IP67防水。

4）长寿命。

5）较宽的工作温度。

2. 应用成果 景观亮化、工矿亮化、舞台照明、高杆灯、球场灯及路灯等。

37. 湘计海盾加固计算机项目

参与单位：

长沙竹叶电子科技有限公司

地址：湖南省长沙市高新区尖山路 39 号中电软件园 5 栋 601

电话：0731 - 85149001　**传真：**0731 - 85144728

网址：www. cszydz. com. cn

E - mail：ydq@ cszydz. com. cn

主要产品：

模块电源、开关电源、模块、滤波器

项目概况：

长沙湘计海盾科技有限公司作为长城信息产业股份有限公司的全资子公司，专门从事高新电子产品的开发、生产、销售及服务。为使其生产的计算机能在恶劣环境下使用，适应军用。2017 年中旬，长沙竹叶电子科技有限公司中标湘计海盾加固计算机项目。ATX 电源专用于加固计算机和加固服务器上，为了达到湘计海盾加固计算机军用要求，竹叶电子提出"宽温导冷 ATX 电源"方案，在传统 ATX 电源基础上增加某些功能，使其在高温或恶劣环境下也能正常工作。

产品应用概况/解决方案：

"宽温导冷 ATX 电源"主要针对常规计算机 ATX 电源无法在高温以及恶劣环境下工作的现状，进行创新性设计开发，实现在高温或恶劣环境下正常工作，输出符合 ATX12V2.31 电源规范，同时满足 GJB150A - 2006、GJB151A - 1997 等测试要求，保证工作的稳定性。此产品采用模块化设计，核心器件、发热器件采用传导散热，替代传统分立元件设计，显著提高电源效率和可靠性，实现"无风扇"应用。"宽温导冷 ATX 电源"不采用传统的市电开关来控制电源是否工作，而是采用" + 5VSB、PS - ON"的组合来实现电源的开启和关闭，控制"PS - ON"信号电平的变化，来控制电源的开启和关闭。可以让操作系统直接对电源进行管理，有远程开机功能。

产品优势及应用成果：

1）技术优势 采用模块化设计，核心器件、发热器件采用传导散热，替代传统分立元件设计。同时，电路前端采用 EMI 滤波电路，大幅降低纹波噪声对电路的影响，提高电源效率和可靠性。采用五种模块电源进行 DC - DC 转换，实现 + 12V、+ 5V、+ 3.3V、- 12V、+ 5VSB 的五种输出电压的输出。

2）实用优势 整体设计可实现 - 55 ~ 85℃的宽温环境下仍能保持稳定工作，导冷导热能力强，无需再依赖风扇，克服传统 ATX 电源缺陷。

3）结构优势 电源表面上科学设计散热槽，增大散热面积，产品散热能力强。此外，设计了电子模组抽取装置，不仅外观大方美观，还可以达到省力、省空间的作用，有利于产品小型化。已与两单位签订了长期合作协议，为其提供宽温导冷 ATX 电源。后期会继续改进和推广，使"宽温导冷 ATX 电源"有更大的应用范围。

38. 杭州联通管业有限公司厂房项目

参与单位：

浙江艾罗网络能源技术有限公司

地址：浙江省杭州市西湖区西溪路 525 号浙大科技园 A 西 506

电话：0571 - 56260099　**传真：**0571 - 56075753

网址：www. solaxpower. com

E - mail：guohuawei@ solaxpower. com

主要产品：

光伏逆变器

项目概况：

杭州联通管业有限公司位于富阳区富春街道公园西路 1177 号，共安装 320Wp 多晶硅组件 12000 块，容量 3840kWp。

产品应用概况/解决方案：

厂房为钢结构厂房，采用 BIPV 安装方式，光伏组件每 18 块一串，每 7 个组串并联接入一台 36k 组串逆变器，102 台组串逆变器再并联接入 29 台交流柜，然后接入 2 台 1250kVA 和 1 台 1600kVA 升压变压器，通过 1 台 10kV 并网柜 T 接至国网 10kV 线路并网。

共使用 102 台 36kW 组串逆变器，29 台 4 进/5 进交流柜，2 台 1250kVA 和 1 台 1600kVA 升压变器，1 台 10kV 并网柜。

产品优势及应用成果：

目前工作状况良好，发电量高，收益稳定。

39. 腾讯西部实验室(IDC)项目

参与单位：

中兴通讯股份有限公司

地址：深圳市南山区西丽留仙大道中兴通讯工业园研一楼

电话：0755 - 26774170　**传真：**0755 - 26771999

网址：www. zte. com. cn

E - mail：Li. li51@ zte. com. cn

主要产品：

通信电源、新能源电源、模块电源、电动汽车充电和驱动

项目概况：

腾讯西部实验室位处贵阳，占地 500m²。基于腾讯积木理念和技术要求，在配电、制冷、结构和管控四大方面实现了全模块化数据中心部署。腾讯西部实验室项目经工信部 24h 不间断带载实测 PUE≤1.10，它的竣工标志着我国在绿色数据中心建设方面达到国际领先水平。

项目亮点：

1. 新能源供电方案

白天，光伏板为机柜提供 100% 供电，并为电池充电；夜间，市电高压直流为机柜提供 100% 供电，并为电池充电。当光伏板和 HVDC 同时故障或检修时，交流 PDU 可

100%供电。

2. 间接和直接风侧自然冷却技术

冬季换热器内冷热空气直接交换，春秋季高压微雾喷淋进行绝热蒸发＋换热器内冷热空气交换；夏季高压微雾喷淋进行绝热蒸发＋换热器内冷热空气交换＋机械制冷。

3. 新一代直流后备技术

正常工作时，设备负载100%由市电交流承载，效率达到100%，市电出现波动时，切换到电池侧，直到市电恢复或柴油发动机起动。AC－DC只作为充电器为电池充电，不直接带载IT机柜，故体积成本相比于传统高压直流系统均大幅降低。

4. 模块化数据中心远程管控系统

对相关基础设施进行自动化控制，实现资源、电力、人力的高效利用。最终达到：提供统一监、管、控的自动化平台；实现数据整合、资源优化、智能管控、并为设备健康度等提供合理化建议。

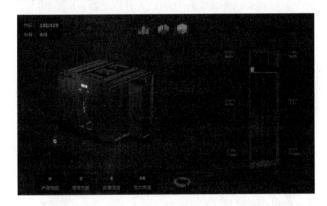

5. 资源部署机位识别技术

自动将现场机位使用情况直观展示，并将信息及时同步至后台数据库。后台数据库可对现场反馈信息进行综合分析，反映出机柜的真实使用情况，给予资源管理者和现场运营者可靠、有效的指导。

6. 两相蒸发冷却

利用制冷剂工质泵，驱动制冷剂在室外冷凝器与室内蒸发器间循环，利用制冷剂相变换热带走IT设备产生的热量。

应用产品概况/解决方案：中兴通讯ZEGO全模块数据中心

中兴通讯ZEGO全模块数据中心，是指数据中心通过预先设计，同时系统（包含硬件和软件在内）在出厂前预先完成组装、集成和测试，从而缩短施工现场部署时间，提

高性能的可预见性的系统组态。

ZEGO，基于全模块理念设计，可以根据客户的需要进行不同模块的设计组合，实现不同密度的灵活设计。系统分为配电系统（UPS模块、高压直流模块、低压模块、中压模块、柴发模块、光伏模块）；制冷系统（制冷模块、AHU模块、蓄冷模块）；IT系统（IT模块）；辅助系统（NOC模块、办公模块等）。

ZEGO全模块组成：

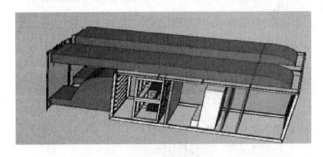

制冷模块

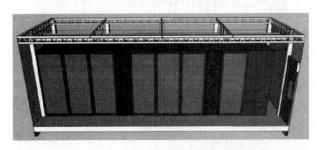

IT模块

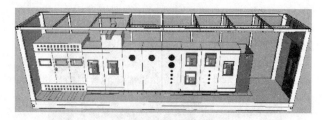

中压模块 + 消防

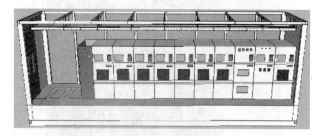

低压模块 + 消防

UPS 模块

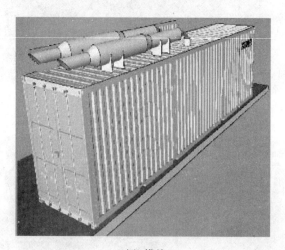

油机模块

辅助模块

ZEGO 全模块数据中心典型形态：

垂直扩展型

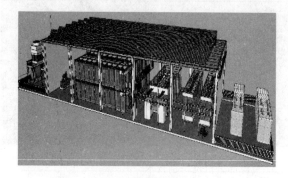

复合扩展型

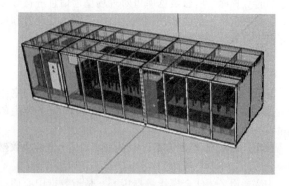

横向扩展型

典型应用场景：

1) 拥有闲置空间 比如一处空仓库，不但可以利用闲置空间还能避免新建建筑可能引起的工期延误和施工成本。

2) 时间紧迫的新建项目：来自时间成本压力，用户期望尽早交付。

3) 多租户设计数据中心情况：需要将 IT 设施按租户分区操作，并扩展电源系统和制冷系统资源。

4) 数据中心希望以"分阶段""可重复"的方式部署设备。

5) 在租赁场地上运行的数据中心，租赁业务可以使得客户不需要浪费资金用于固定资产投资。

产品优势及应用成果：

1) 产品优势 全模块数据中心是一种预先设计、组装和集成，且事先测试过的数据中心物理基础设施系统（电源、制冷系统等），它们作为标准化"即插即用式"模块被运输到数据中心现场。由于模块化的供配电系统和制冷系统是以标准化方式建设和安装数据中心物理基础设施，因此可以大幅地节省成本。相比传统数据中心供电和制冷基础设施而言，标准化、预组装和集成化的数据中心电源和制冷基础设施模块可以加快至少60%的部署速度，并且节约13%以上的初期投入成本。

但目前市面上各种类型的预组装模块之间有着重大的区别。有的并不具备预制式全模块的关键属性，给客户分析及业务选择带来困扰，有时甚至会带来实际的业务危害。有的"模块化设计"虽然是一次性设计，但所有组装、安装和集成都在施工现场完成。无法有效节省时间和成本。详见表1。

表1

全模块数据中心对比		
部署时间	以 1000 个机架为例，可以在 6 个月内完成设计、交付、安装及运行	通常需要 12 个月以上
PUE	可做到 1.1X（采用光伏等技术）	可做到 1.3X
设计	通过模型设定，工厂预制完成所有模块组装及测试	设备采购后发货在现场把每个设备拼装，安装过程和传统数据中心无异。只能做到标准化设计，无法达到标准化预制
部署密度	可以通过两层堆叠，有效利用厂房空间，提升机架部署密度	单层设计，无法堆叠，密度低
运行效率	基础设施模块采用标准化和模块化的内部组件，可以按照预期设定 PUE，实现模块最佳效率	复杂的定制化及安装过程会造成系统运行不佳，降低效率

2) 应用成果

以全模块产品理念，预制集装箱形态及模块化拼接方式打造的腾讯西部项目经工信部 24h 不间断带载实测 PUE ≤1.10，标志着我国在绿色数据中心建设方面达到国际领先水平。

2017 年电源产品主要应用市场目录

产品名称或规格型号	上市时间	公司名称	2017 年度销售额	技术特点	产品图片
1. 金融/数据中心					
MDC8200	2012 年	中兴通讯股份有限公司	未统计	"即插即用式"全模块化数据中心，可以加快至少 60% 的部署速度，并且节约 13% 以上的初期投入成本	
IDP 数据中心动力管控系统	2010 年	北京中大科慧科技发展有限公司	1337.54 万元	2～50 次谐波治理、运程监控、数据对比，预警	
模块化数据中心	2016 年	航天柏克（广东）科技有限公司	3000 万元	产品一致性高：精密配电、模块化 UPS、服务器机柜、空调统一柜体，确保模块整体外观一致，使机房建设和运维更加快速、便捷；同时节省运维成本，增强设备使用寿命	
CMS 系列（10～800kVA）模块化 UPS	2006 年	先控捷联电气股份有限公司	未统计	形成单台模块容量为 10kVA、25kVA、50kVA、60kVA 的 4 种模块，组成不同容量的 UPS 系统，将产品标准化。可 4 台并机使用，该产品可用性高，可靠性高，投资、运营、维护成本低	
CRPS - 2000W	2017 年	深圳欧陆通电子股份有限公司	未统计	功率密度达 60W/in³；支持 400V 高压直流输入；满足雷击共模 6kV，差模 6kV 耐受能力和 1500V/10mA/60s 的性能指标；输出小信号纹波可满足 250mV@500M 带宽	
CRPS - BMS 系列	2017 年	深圳欧陆通电子股份有限公司	未统计	可实现电量检测和电池管理系统控制技术；可作为 CRPS 电源实现备份电源；可支持双 BMS 电源并机均流工作；满足 800W/1.5min 放电时间	
P1A - E10455 - D 系列	2017 年	深圳欧陆通电子股份有限公司	未统计	Open frame 电源设计，实现 455W 功率输出；功率密度 15.2W/in³；54V 和 12V 双路隔离控制，并且支持单路 12V 可选择输出；AC 输入满载 100% 效率可满足 93%	

（续）

产品名称或规格型号	上市时间	公司名称	2017年度销售额	技术特点	产品图片
1. 金融/数据中心					
ATM电源	2016年	深圳市中电熊猫展盛科技有限公司	3200万元	具有开关频率高、重量轻、体积小、EMI噪声小、开关应力小；良好的电压输出调节；输出采用高效整流技术、线路简单、损耗低、可靠性高	
UPS不间断电源	2002年	佛山市众盈电子有限公司	5000万元	自主技术智能化控制、性能稳定、成本优势大	
2. 工业/制造业					
导轨电源EDP系列	2016年	合肥华耀电子工业有限公司	未统计	经济型、超薄设计的全新系列导轨电源，功率涵盖45~240W，满足宽范围输出可调；具备过载/过电压/过温/短路等保护功能，安全可靠	
P1A-J10370-D系列	2017年	深圳欧陆通电子股份有限公司	未统计	功率密度15.4W/in³，单路54V输出。功率半导体锁附在U型铝壳，内部无散热片设计结构；满足雷击共模6kV，差模6kV的耐受能力；满负载100%效率可满足93.3%以上	
双向逆变器	2017年	深圳市保益新能电气有限公司	5.52万元	高效率、低发热损耗、高可靠性，单相产品1U系列电流高达185A	
工业机器人电源	2016年	深圳市中电熊猫展盛科技有限公司	800万元	运用DSP数字电源技术，结合智能型MCU驱动、控制能量转换，实现通信及软件检测、保护功能的完美对接，克服原有电源缺少核心控制单元（MCU），不能通信、不能软件控制的缺陷	
安防监控设备驱动电源模块	2017年	深圳市中电熊猫展盛科技有限公司	200万元	小型化、高效化、模块式、长寿命、高可靠性功率转化器、不间断智能充电管理	

（续）

产品名称或规格型号	上市时间	公司名称	2017 年度销售额	技术特点	产品图片
2. 工业/制造业					
低压电功率直流电源	2010 年	西安爱科赛博电气股份有限公司	未统计	晶体炉加热用低压大功率直流开关电源是专门针对新能源材料单晶、多晶、宝石等晶体制备加热使用需求和特点设计制造，采用 IGBT 高频器件，以高频逆变、移相全桥、PWM 控制技术为基础，并在多项专利技术上进行改进。该系列产品在高可靠的双闭环控制及截流技术下同时采用多模块并联结构，具备高可靠性、高效率、高精度、高功率因数、低谐波等显著优点	
电流传感器	2010 年	北京森社电子有限公司	2000 万元	可同时测量交流、直流和脉冲电流，量程从 0.25mA ~ 100kA，产品已广泛地应用于国内电力电子技术领域	
电压传感器	2010 年	北京森社电子有限公司	500 万元	可同时测量交流、直流和脉冲电流，量程从 0.1V ~ 20kV	
变送器	2010 年	北京森社电子有限公司	400 万元	可分别测量直流、交流电流和电压，产品应用于领域广泛，在同类产品中处于技术领先	
服务器电源/工业定制电源	2017 年	北京新雷能科技股份有限公司	未统计	用户定制外形规格；转换效率高；宽输入电压范围；输入过、欠电压保护；单路或多路输出；输出过电压、过电流、短路保护	
电梯 UPS 电源	2015 年	佛山市众盈电子有限公司	1000 万元	可同时输出交直流两种电压，启动电流大，瞒足电梯行业需要	
KX – RFG500WI01	2014 年	常熟凯玺电子电气有限公司	210.78 万元	智能启动保护机制，效率超出同类产品 5% ~ 10%，耐反射功率超出同类产品 20W 以上，匹配速度超出同类产品 20%	

（续）

产品名称或规格型号	上市时间	公司名称	2017 年度销售额	技术特点	产品图片
2. 工业/制造业					
GGDS	2012 年	佛山市顺德区国力电力电子科技有限公司	400 万元	节能稳定	
KDF	2012 年	佛山市顺德区国力电力电子科技有限公司	100 万元	节能稳定	
3. 充电桩/站					
充电模块	2016 年	中兴通讯股份有限公司	未统计	全段恒功率输出充电模块，兼容性更强，具有高效、高功率密度、稳定、可靠、超强环境适应能力等优势	
电动汽车车载电源及充换电站充电电源系统	2012 年	石家庄通合电子科技股份有限公司	11564 万元	自主专利 – 谐振电压型双环控制的谐振开关电源技术、恒功率快速收敛核心算法、高效拓扑结构，保证高可靠性	
EVDS 系列直流充电桩	2014 年	先控捷联电气股份有限公司	未统计	EVDS 系列直流充电桩有落地式、壁挂式、移动式、便携式多种宽电压输入范围 功率因数大于 0.99； 单枪输出、双枪输出、四枪输出	
EVDS 系列直流充电电堆	2015 年	先控捷联电气股份有限公司	未统计	可同时提供多路直流输出，且每路输出功率动态可调，满足不同车辆的充电需求，具有可靠性高、可用性高、可维护性高、效率高等优点	

（续）

产品名称或规格型号	上市时间	公司名称	2017年度销售额	技术特点	产品图片
3. 充电桩/站					
电动汽车充电桩	2015年	西安爱科赛博电气股份有限公司	未统计	交流充电产品为电动车提供交流电源，采用先进的嵌入式控制技术，具有多种计费方式与智能化管理，满足国家最新充电标准，具有过电流保护、漏电保护，紧急停机等功能。人机界面友好，使用简单方便，环境适用性强，稳定可靠 直流充电桩将充电站和直流充电机功能结合为一体，是一种直接可以为纯电动公交车、插电式混合动力公交车智能充电的设备，由于体积小，可广泛的建设于公交场站、大型停车场以及新能源汽车生产和维修企业等	
壁挂交流充电桩 ANAC－1－220V/32A－1	2015年	杭州奥能电源设备有限公司	未统计	实现对电动汽车充电的管理、计费和相应的电池状态监测和自动化充电全过程，具有多重保护功能	
立式交流充电桩 ANAC－5－220V/32A－1	2015年	杭州奥能电源设备有限公司	未统计	实现对电动汽车充电的管理、计费和相应的电池状态监测和自动化充电全过程，具有多重保护功能	
流媒体交流充电桩 ANAC－2－220V/32A－1	2015年	杭州奥能电源设备有限公司	未统计	具有平面广告和流媒体广告功能，能和任何充电管理后台及协议标准对接，能与智能流媒体服务平台对接	
流媒体直流充电桩 ANDC4－500V/60A－1	2015年	杭州奥能电源设备有限公司	未统计	最大充电功率30~200kW，从局部散热和整桩散热都进行了严格论证和测试，在高温条件下能正常充电工作	

（续）

产品名称或规格型号	上市时间	公司名称	2017 年度销售额	技术特点	产品图片
3. 充电桩/站					
充电模块 ZHC70015K、ZHC50015K、ZHC45015K	2016 年	杭州中恒电气股份有限公司	未统计	功率因数≥0.99 工作频率：50Hz±10% 效率：95% 此模块在历代产品的基础上优化设计，稳压稳流精度高、波纹系数小、抗干扰性强、可靠性高、工艺优、成本低等优点	
动力电池测试系统 ZHPBTS	2016 年	杭州中恒电气股份有限公司	未统计	系统监控可以实时显示标记单电池电压最高和最低的电池以及单电池最高电压和最低电压的压差；系统内部多串口通信，确保采样数据的实时性，真正做到监控系统的实时快速监测和控制	
TKE 电动汽车充电系统	2015 年	山东泰开自动化有限公司	900 万元	通过 BMS 的数据以及充电机自身检测的电池特性数据，依据柔性充电模型，动态调整充电策略，实现对电池的柔性充电	
WS – DEV200T	2010 年	上海文顺电器有限公司	1000 万元	智能可编程、支持 RS485 远程通信、精度自动补偿技术、风扇智能调速功能	
4. 新能源					
SG36KTL – M SG50KTL – M	2016 年	阳光电源股份有限公司	未统计	高效能组串逆变器	
SG3K – S/ SG4/5/6K – D SG5/6KTL – MT/ 8KTL – M SG10/12KTL – M SG15/17/20KTL – M	2017 年	阳光电源股份有限公司	未统计	高效能组串逆变器	
SG80KTL – M	2017 年	阳光电源股份有限公司	未统计	效率超越 99% 大功率组串逆变器	

（续）

产品名称或规格型号	上市时间	公司名称	2017 年度销售额	技术特点	产品图片
4. 新能源					
SG1250UD	2017 年	阳光电源股份有限公司	未统计	中国首款户外集中逆变器	
SG80BF	2017 年	阳光电源股份有限公司	未统计	全球首款双面逆变器	
DC – LINK 电容器	2015 年	佛山市欣源电子股份有限公司	1050 万元	生产灵活、可根据客户要求定制生产	
车载 DC – DC 转换器 G3 MINI 3kW	2016 年	合肥华耀电子工业有限公司	未统计	小体积设计搭载 97% 的转换效率；输出功率为 3kW；200 ~ 720V 宽范围电压输入；采用国际先进的数字模拟混合控制技术，输入与输出完全电气隔离，更加安全可靠	
Zeverlution 3680 4000 5000	2016 年	艾思玛新能源技术（江苏）有限公司	未统计	安装简便（重量轻）、环境友好（低噪声）、通信灵活、优质高效、小型单相电站的理想选择	
Evershine TLC 4 – 10K	2013 年	艾思玛新能源技术（江苏）有限公司	未统计	安装简便（重量轻）、环境友好（低噪声）、通信灵活、优质高效、户用三相电站的理想选择	
Zeverlution Pro 33 K/40K – MV	2015 年/2016 年	艾思玛新能源技术（江苏）有限公司	未统计	安装简便（重量轻），双路 MPPT，最大效率追踪；多场景安装，应用灵活；商用和兆瓦级电站理想选择	

（续）

产品名称或规格型号	上市时间	公司名称	2017 年度销售额	技术特点	产品图片
4. 新能源					
SOLID – Q 50／PRO 60	2017 年	艾思玛新能源技术（江苏）有限公司	未统计	可广泛应用于大型屋顶、山地丘陵、农光互补等通过中高压并网的 MW 级大中型分布式和地面电站，显著降低安装和维护成本，提高投资收益	
146DF、FJ	2017 年	杭州飞仕得科技有限公司	1000 万元	APM146DF（含飞仕得数字 IGBT 驱动软件 V1.0）驱动是以 Firstack IGBT 驱动技术为基础，专门针对 T 型三电平 PrimePACK™ 封装开发的即插即用型驱动。让客户缩短系统开发的周期，并保证驱动器能长期安全可靠的运行	
智能快充模组	2017 年	深圳市中电熊猫展盛科技有限公司	450 万元	采用 ZVS 技术，高转换效率，更节能环保、智能充电管理，自动实现 CC、CV 模式充电、多重保护模式	
储能双向变流器	2017 年	西安爱科赛博电气股份有限公司	未统计	储能 DC – AC 双向变流器是控制能量在交流电网和储能设备之间双向流动的装置，输出功率 50～500kVA 可应用在分布式发电系统、微电网、后备电源、缓冲冲击性负载以及电动汽车等多种场合	
WM 级光伏并网测试电源	2013 年	西安爱科赛博电气股份有限公司	未统计	WM 级光伏并网测试电源（回馈型电网模拟源）是针对逆变器并网性能检测而开发的交流电源，包括电压/频率响应特性、零/低电压穿越模拟、电能质量指标模拟等。电源采用能量双向流动拓扑结构，满足能量全反馈的测试要求	
X3 – Hybrid	2017 年	浙江艾罗网络能源技术有限公司	未统计	高压平台的三相储能逆变器，功率段 5～10kW，具有高效可靠等特点	

（续）

产品名称或规格型号	上市时间	公司名称	2017 年度销售额	技术特点	产品图片
4. 新能源					
X1 – Hybrid	2017 年	浙江艾罗网络能源技术有限公司	未统计	高压平台的单相储能逆变器，功率段 3～5kW，具有高效可靠等特点	
X1 – Mic	2017 年	浙江艾罗网络能源技术有限公司	未统计	光伏并网逆变器、4～10kW 小三相、三电平拓扑、高效可靠	
X1 – Boost	2015 年	浙江艾罗网络能源技术有限公司	未统计	光伏并网逆变器、3～5kW 单相、H6 拓扑、高效可靠	
在线式大功率 UPS 不间断电源	2009 年	佛山市众盈电子有限公司	1000 万元	输出准度与质量高、功率大、稳定性好	
光伏系统驱动方案：4QP0430T12 – NC – ID；4QP0430T12 –SUN1 – I；4QP0430T12 – ZT – I；4QP0430T12 – FUJI；4QP0115T12 – 3L – F；4QP0430T12 – Danfoss；4QP0115T12 – 3L – D；4QP0115T12 – 3L – I；4QP0115T12 – 3L – S；2QP30A17K – SUN；2QP30A17K –4ED；	2011 – 2017 年	深圳青铜剑科技股份有限公司	未统计	针对 1500V 系统和 1000V 系统光伏逆变器推出的高性价比、高可靠性的驱动方案，适配英飞凌、富士、丹弗斯、赛米控等各类型封装	
SM3	2018 年	浙江巨磁智能技术有限公司	未统计	全球体积最小的漏电流传感器	

（续）

产品名称或规格型号	上市时间	公司名称	2017 年度销售额	技术特点	产品图片
4. 新能源					
RP5100 标准控制器	2017 年	南京泓帆动力技术有限公司	20 万元	高性能处理器，配套电力系统标准协议，丰富的 IO 接口，满足工业级应用环境	
PG - WT 系列风电并网实验平台	2017 年	南京泓帆动力技术有限公司	160 万元	面向产品开发，最大程度逼近产品实际性能	
PG - FX 系列柔性直流实验系统	2017 年	南京泓帆动力技术有限公司	90 万元	丰富灵活的配置和可扩展性，强大的开发辅助工具	
新能源变频器	2017 年	青岛威控电气有限公司	1100 万元	系统具备并网/离网无扰切换、暗启动、孤岛模式、低电压穿越、下垂控制等功能	
5. 传统能源/电力操作					
LBA300DB220D27DE	2015 年	北京力源兴达科技有限公司	110 万元	体积小，转换效率高，性能稳定，功能齐全	
LBA500DE220T54/27DE - G	2015 年	北京力源兴达科技有限公司	226 万元	体积小，转换效率高，性能稳定功能齐全	
继电保护/电力操作电源	2017 年	北京新雷能科技股份有限公司	未统计	由系统各配电单元组成，可根据功率需要灵活配置模块单元数量及配电设计	

（续）

产品名称或规格型号	上市时间	公司名称	2017 年度销售额	技术特点	产品图片
5. 传统能源/电力操作					
电力仪表芯片	2016 年	湖南晟和电源科技有限公司	400 万元	宽输入电压、文波噪声小、EMC 性能稳定、功耗低	
6. 电信/基站					
− 48V 直流电源系列	1994 年	中兴通讯股份有限公司	未统计	经过 24 年持续不间断的产品研发投入和市场应用，产品具备高可靠性、高效率、高功率密度的特点	
4G 通信专用 UPS 电源	2015 年	一款为 4G 专用基站定制化的智能多功能 UPS 电源，具有自适应输出频率调整、智能交互式调压、全数字化控制技术特性	800 万元	一款为 4G 专用基站定制化的智能多功能 UPS 电源，具有自适应输出频率调整、智能交互式调压、全数字化控制技术特性	
整流器	2017 年	北京新雷能科技股份有限公司	未统计	全数字控制，标准 1U 高度，交流输入，输出电压：24V/48V，输出电流：15 ~ 100A	
大功率电源系统	2017 年	北京新雷能科技股份有限公司	未统计	由整流器单元、监控单元及配电单元组成，可根据功率需要灵活配置整流器单元数量及配电设计，并由监控单元实现对电源系统的智能监控和电池管理	
通信 UPS	2012 年	深圳市比亚迪锂电池有限公司	>2000 万元	搭配铁锂电池、电池循环寿命长、体积小重量轻、备电长充电快、耐高温，转换效率高	
通信后备电池	2012 年	深圳市比亚迪锂电池有限公司	>1 亿元	具备智能通信功能，实时监测各种参数状态，稳定的晶体结构和化学键以及周详的电池结构设计安全可靠	

（续）

产品名称或规格型号	上市时间	公司名称	2017 年度销售额	技术特点	产品图片
7. 照明					
LED 智能直流照明电源系统	2013 年	台达电子企业管理（上海）有限公司	近 200 万元	直流集中供电，可靠度高，效率高，减少维保；调光无需增加单灯控制器，无需额外拉信号线，数字调光，稳定抗扰	
LED 驱动电源 EWE 系列	2016 年	合肥华耀电子工业有限公司	未统计	金属外壳–智能大功率的全新系列 LED 驱动电源，功率涵盖 60~600W，典型效率高达 95%，多种调光功能可选，具备过载/过电压/过温/短路等保护功能	
LDP 系列	2016 年	茂硕电源科技股份有限公司	26000 万元	1. 兼容性设计，集成恒功率、0~10V/PWM、时间控制等功能 2. 输出规格可通过红外遥控或可视化软件编程可调软件自定义 3. 高防雷等级（模：5kV，共模：10kV）等	
LCP 系列	2016 年	茂硕电源科技股份有限公司	8000 万元	1. 兼容性设计，输出规格可通过红外遥控或软件自定义 2. 强调安全，采用 Class II 绝缘系统标准 设计，同时输出与控制信号隔离，输出可关断 3. 满足 DALI 协议 4. 提供 12V/200mA（或 5V、16V）辅助电源，为智能外设供电，待机功耗<0.5W 5. 高防雷等级（模：5kV、共模：10kV）等	
SNP100 – VF – 1/SNP100 – VF – 1S	2017 年	宁波赛耐比光电科技股份有限公司	未统计	此款产品性价比颇高，电路中设计有短路、过载和过温保护功能。产品符合 CLASS 2 要求，寿命达 30,000h 以上	
超级电容器—光伏路灯控制器	2017 年	苏州纽克斯电源技术股份有限公司	60 万元	MPPT 充电模式，充电效率高，四时段调光设计，远程控制、调光、监测、防反接、过电压、欠电压、短路、开路保护，夜间电流防倒灌保护	
LED 工矿灯驱动器	2017 年	杭州博睿电子科技有限公司	1000 万元	抗干扰好，高 PF 值，高精度调光，有线损补偿	

（续）

产品名称或规格型号	上市时间	公司名称	2017 年度销售额	技术特点	产品图片
7. 照明					
智能 LED 产品电源	2017 年	深圳市中电熊猫展盛科技有限公司	120 万元	结构紧凑、性能可靠、恒流输出精度高、电源输出效率高、低待机功耗、高电功率因数、宽范围输入压。整体结构元件少、体积小、兼顾材料成本	
EUG 系列	2015 年	英飞特电子（杭州）股份有限公司	12520.12 万元	效率高达 94.0% • 全功率宽输出电流范围（恒功率） • 多种调光控制可选：0~5V，0~10V，PWM，时控 • 防雷保护：线对线 6kV，线对地 10kV • 全方位保护：过温保护，过电压保护，短路保护 • IP67 • SELV	
A-200AF 超薄显示屏电源	2015 年	常州市创联电源科技股份有限公司	1 亿元	超薄设计，效率高，体积小	
CV-400RD 高效防雨电源	2015 年	常州市创联电源科技股份有限公司	5000 万元	防雨设计，效率高，超长质保	
8. 轨道交通					
汽车平滑电容	2015 年	佛山市欣源电子股份有限公司	50 万元	生产灵活、可根据客户要求定制生产	
10kV 中压静止无功发生器（SVG）	2011 年	西安爱科赛博电气股份有限公司	未统计	爱科赛博 Sinpower 品牌的 SVG 产品主动发出无功电流和谐波电流，以补偿系统无功、消除电网谐波。在不改变电网参数的前提下，可动态快速连续调节无功输出，最大限度满足功率因数补偿要求；无需配置滤波支路，SVG 在补偿系统功率因数的同时，具备谐波治理能力，可消除 13 次以下谐波；SVG 的电流源输出特性，不存在发生谐振或放大谐波的风险；可以补偿负载不平衡，减小系统损耗	

（续）

产品名称或规格型号	上市时间	公司名称	2017 年度销售额	技术特点	产品图片
8. 轨道交通					
UP（A）D智能型轨道交通专用电源系统	2004 年	重庆荣凯川仪仪表有限公司	3700 万元	1. 是一种轨道交通屏蔽门/安全门专用电源系统 2. 产品全系列获得全电磁兼容测试 3. 可采用直流供电方案，也可采用交流供电方案	
铁路模块电源	2017 年	北京新雷能科技股份有限公司	未统计	高效率；宽输入范围；标准尺寸；环境适应性强；符合铁路相关应用标准	
GTR 飞轮储能	2016 年	盾石磁能科技有限责任公司	轨道交通	GGTR 飞轮储能系统具有大功率频繁充放电、毫秒级快速响应、超长使用寿命和环保无污染4大技术优势	
9. 车载驱动					
DFD30 - 60，隔离型燃料电池 DC - DC 变换器	2017 年	北京动力源科技股份有限公司	1000 万元	电气隔离，高变比，高效率，功率密度高	
DFD30 - 145，隔离型燃料电池 DC - DC 变换器	2017 年	北京动力源科技股份有限公司	600 万元	电气隔离，高变比，高效率，功率密度高	
新能源汽车驱动方案： 6AP0215T08 - HPD2 6AP0215T08 - HPD 6AP0108T07 - HP1 6AP0215T08 - M653 2QP0115T12 - C 6QP0115T12 - LHHT 2QP0320T12 - C	2016—2017 年	深圳青铜剑科技股份有限公司	未统计	针对新能源汽车电动机控制器推出的高可靠性、高性价比即插即用型驱动方案，配套英飞凌、富士等品牌车用 IGBT 使用	
电动汽车产品： DCDC 电源 电动汽车驱动器	2017 年	深圳青铜剑科技股份有限公司	未统计	针对新能源电动汽车、新能源燃料电池汽车开发的车载电力变换及电动机控制器，具有功率密度大、电压范围广、功能完善、可靠性高等优点	

（续）

产品名称或规格型号	上市时间	公司名称	2017 年度销售额	技术特点	产品图片
10. 计算机/消费电子					
ADS – 25SE – 19 25W	2017 年	深圳欧陆通电子股份有限公司	未统计	PSR 方案，低成本；高效率，低空载功耗；COC T2 能效标准，空载功耗 230V 小于 75mW；高抗 SURGE 能力；高抗 ESD 能力	
ADS –210NL – 19 – 3 210W	2017 年	深圳欧陆通电子股份有限公司	未统计	低功耗、高转换效率、高可靠性、内置过电压、过电流和短路保护、安全隔离等优点，且抗浪涌性能优越	
ADT – 65RIC – D3 65W	2017 年	深圳欧陆通电子股份有限公司	未统计	全电压输入的桌面型充电器，采用 Type – C 连接器，支持 PD 3.0 协议，五段输出电压，具有体积小，温度低，效率高，性能稳定等优点 空载功耗 < 0.1W；满足六级能效；支持 PD 3.0 协议；输出 5 段电压 OCP. OVP 可编程精密控制；保护种类：短路保护/过载保护/过电流保护/过电压保护/过温保护	
MU27 – 3	2017 年	东莞立德电子有限公司	未统计	领先于 2018 年 2 月 16 日通过 USB – IF 协会之 USB PD 3.0 Charger Test Procedure, Power Brick Products 认证	
FU65 – 5	2017 年	东莞立德电子有限公司	未统计	领先于 2018 年 2 月 16 日通过 USB – IF 协会之 USB PD 3.0 Charger Test Procedure, Power Brick Products 认证	
12 ~ 32V	2016 年	深圳市瑞必达科技有限公司	1.8 亿元	优良的品质，精湛的技术	
75W 定制电源	2017 年	长沙竹叶电子科技有限公司	100 万元	交直流双输入，高效率、高可靠性、有过电压保护功能	

（续）

产品名称或规格型号	上市时间	公司名称	2017年度销售额	技术特点	产品图片
10. 计算机/消费电子					
通用模块	2017年	湖南晟和电源科技有限公司	300万元	抗干扰能力强、噪声小、超小体积、发热小	
11. 航空航天					
DC-DC模块电源全砖1500W	2016年	合肥华耀电子工业有限公司	未统计	最新全砖1500W DC-DC模块电源效率高达94%，具备逻辑控制功能、并联功能；另具备齐全的保护功能与优异的散热性能；引脚与封装可兼容进口模块	
DC-DC模块电源1/2砖500W	2016年	合肥华耀电子工业有限公司	未统计	最新1/2砖功率高达500W，兼备高效率与高功率密度，具备逻辑控制功能与并联功能，另具备齐全的保护功能；引脚与封装可兼容进口模块	
高功率密度模块	2017年	深圳市保益新能电气有限公司	1308.36万元	先进的PFC变换技术及高频DC-DC软开关全数字化控制技术，在同类产品中体积最小，效率最高	
飞机地面静变电源	2000年	西安爱科赛博电气股份有限公司	未统计	飞机地面静变电源是我公司采用最新电力电子和智能控制技术，针对飞机和机载设备地面供电需要，专门为机场、航空公司、航空工业部门、部队研制的400Hz交流电源设备。产品可广泛用于登机桥、机坪、机库、附件车间、实验室等场所，具有波形品质好、体积小、重量轻、噪声低、无污染、运行费用低等优点	
航天及军工模块电源	2017年	北京新雷能科技股份有限公司	未统计	宽应用温度范围（-55~+105℃），适应严酷应用环境，单路或多路输出，全金属屏蔽	
厚膜混合集成电源	2017年	北京新雷能科技股份有限公司	未统计	宽应用温度范围（-55℃~+125℃），裸芯片键合工艺，金属气密封装，可长时间存储，适应严酷应用环境	

（续）

产品名称或规格型号	上市时间	公司名称	2017 年度销售额	技术特点	产品图片
11. 航空航天					
特种定制电源	2017 年	北京新雷能科技股份有限公司	未统计	满足用户空间需求，提供定制外形和接口服务，宽范围交流输入，多路输出，多种保护和附加功能可选，输入输出加强滤波，低输出波纹噪声，配置电源智能管理系统，适用于特种应用环境	
定制电源	2016 年	长沙竹叶电子科技有限公司	23.8 万元	同时具备过电压、过电流、短路、过热保护，输出含控制开关	
12. 环保/节能					
共模电感铁心	2010 年	安泰科技股份有限公司 非晶金属事业部	3600 万元	具有优良的电感和阻抗频率特性，在较大频率范围内保持高阻抗特点，优良的温度稳定性	
R2A – DV1200 – N 系列	2017 年	深圳欧陆通电子股份有限公司	未统计	典型整机（module + PDB）效率可以达到91%；支持并机双倍功率启动功能；支持 AC 模块 + AC 模块 or BMS 模块冗余并机；支持输出并机负载调偏技术，满足效率最优点的设计	
逆变电源	2010 年	佛山市众盈电子有限公司	1500 万元	可利用清洁能源充电，最大限度使用清洁能源，市电互补充电技术	
直流 UPS 不间断电源	2016 年	佛山市众盈电子有限公司	1500 万元	体积小，多种直流电压输出、网络、监控、数据传输与外出的最佳配置电源	
三电平变频器	2016 年	青岛威控电气有限公司	800 万元	领先的中点平衡控制算法，– 30% ~ +20% 的宽电压设计，实现多机功率平衡，无速度传感器矢量控制，散热系统简单可靠，模块化设计，便于维护	

（续）

产品名称或规格型号	上市时间	公司名称	2017 年度销售额	技术特点	产品图片
13. 安防/特种行业					
管廊行业专用电源	2016 年	航天柏克（广东）科技有限公司	500 万元	该系列产品在"电源一体化与应用环境协调"的理念指引下，采用"多负载电源综合"、"地下环境有机协调"等设计技术，同时融合航天柏克（广东）科技有限公司快速切换专利技术，突破以往后备电源产品的设计理念束缚，使得"BK - GL 系列城市地下管廊后备应急电源"的性能更加稳定可靠、绿色节能、占地面积小、性价比较高，为城市地下管廊这个新兴的应用场合提供了一款理想的产品	
MW 级大功率高精度加速器电源	2009 年	西安爱科赛博电气股份有限公司	未统计	大功率、高精度（10PPM）、高稳定度（10PPM）、快响应、数字化 输入功率波动 <5% 输出电流动态跟踪精度：1×10^{-3}，分辨率：5PPM 专用数字控制器 + PLC + 工业 PC 模块化、单元化组件结构 高数度静态电源、动态电源、脉冲电源、功率 200W ~ 3MW；可按客户需求定制	
通用模块	2017 年	湖南晟和电源科技有限公司	300 万元	抗雷击浪涌能力力强、性能稳定	
电梯液晶显示系统	2015 年	上海吉电电子技术有限公司	2000 万元	低成本高画质液晶显示系统，高分辨率全视角 LCD 显示屏，支持动画显示，支持不同的显示风格，支持视频多媒体播放，高端产品显示内容支持网络发布	
电梯监控物联网系统	2015 年	上海吉电电子技术有限公司	1000 万元	电梯运行数据采集，包括运行信息、故障信息、报警信息，支持远程语音报警，支持远程数据传输和数据管理及分析，每服务器支持 10 万台电梯联网，支持服务器集群，支持负载平衡设备，为厂家、保养公司、质量监督部门提供实时的电梯运行数据和分析统计	

（续）

产品名称或规格型号	上市时间	公司名称	2017 年度销售额	技术特点	产品图片
14. 通用产品					
30K 模块化 UPS	2017 年	广东志成冠军集团有限公司	400 万元	输入功率因数高、体积小、容量扩展性好、效率高、热插拔、电池节数动态可调、绿色环保、可靠性高	
一体化 UPS	2016 年	广东志成冠军集团有限公司	1800 万元	体积小、重量轻，搬运方便，适应恶劣电网环境，性能好，可靠的三防设计满足室外工作	
磷酸铁锂电池	2014 年	广东志成冠军集团有限公司	3000 万元	体积小，能量密度大，可定制，智能电池均衡管理，可靠性高	
高频机 UPS	2013 年	广东志成冠军集团有限公司	1600 万元	体积小，效率高，输入功率因数高，超宽输入电压范围，完善的保护功能，可靠性高	
20K 模块化 UPS	2012 年	广东志成冠军集团有限公司	3000 万元	输入功率因数高、体积小、容量扩展性好、效率高、热插拔、绿色环保，安全可靠	
工频机 UPS	2010 年	广东志成冠军集团有限公司	2500 万元	IGBT 整流，DSP 全数字化控制，效率高，智能管理，可靠性高	

（续）

产品名称或规格型号	上市时间	公司名称	2017 年度销售额	技术特点	产品图片
14. 通用产品					
KR 系列智能化高效率在线式 UPS 1000 ~ 3000kVA（立式、机架式）	2005 年	厦门科华恒盛股份有限公司	总计 5.34 亿元	输出功率因数 > 0.99，输入电流谐波 < 5%，提高电源利用率，本系列产品符合通信用电源 – UPS 标准（YD/T1095 – 2008）一类产品标准	
KR 系列（6 ~ 10kVA）UPS	2005 年	厦门科华恒盛股份有限公司		安全可靠、智能易用、绿色高效。功率高达 95%，输入 PF > 0.99，输入电流谐波 < 5%	
KR 系列高频化三进单出 UPS（10 ~ 20kVA）	2005 年	厦门科华恒盛股份有限公司		智能化高频在线式 KR 系列，采用全数字化控制技术和最新高频变换技术，输入功率因数可超过 0.99，整机效率最高达 93%	
KR33 系列高频化三进三出 UPS（300 ~ 600kVA）	2005 年	厦门科华恒盛股份有限公司		此系列设计采用新的配置，其中包括确保正弦输入电流的 IBGT 整流器，以取代传统晶闸管整流器。输入 PF 高达 1，整机效率最高达 97%，同类塔式产品功率密度最高	
KR33 20 ~ 200kVA	2005 年	厦门科华恒盛股份有限公司		整机效率高达 96%，极大地节省了能耗；输出功率因数默认 1.0，具有更高性价比；市电质量较高时，可使用 ECO 经济模式为负载供电，整机效率高达 99%，节能效益显著	
MVP P850 白金	2017 年	深圳市航嘉驰源电气股份有限公司	约 300 万元	80Plus 白金转换效率，其功率密度超越市面上的竞品品牌，电压精度和纹波性能优秀，散热风扇具备智能启停特色功能，终端用户可以自己调节控制	
工频 UPS 电源 EA890 系列	2003 年	易事特集团股份有限公司	大于 2 亿元	工频 UPS 具备高输入功率因数 > 0.99，低输入谐波电流 < 3%，效率高达 94% 以上，DSP、辅助电源采用冗余设计，标配输出隔离变压器	
纳米晶带材	2000 年	安泰科技股份有限公司 非晶金属事业部	7500 万元	兼备铁基非晶合金的高饱和磁感应强度（Bs）和钴基非晶合金的高磁导率、低矫顽力和低损耗	

（续）

产品名称或规格型号	上市时间	公司名称	2017 年度销售额	技术特点	产品图片
14. 通用产品					
安规类产品	2014 年	佛山市欣源电子股份有限公司	2500 万元	自动化规模生产、一致性好	
LDE/LHE 系列 AC－DC 电源模块	2018 年	广州金升阳科技有限公司	未统计	·全球通用电压：AC85～264V、DC100～370V ·工作温度范围：－40～70℃（LDE 系列）；－40～85℃（LHE 系列）； ·高隔离电压：AC4000V ·低纹波噪声：50mV TYP ·输出短路、过电流、过电压保护 ·全塑料外壳，符合 UL94V－0 ·EMC 性能满足 CISPR32/EN55032 CLASS B ·符合 IEC62368、UL62368、EN62368 认证标准（认证中）	
模块化 BKH 系列	2015 年	航天柏克（广东）科技有限公司	1800 万元	超 I 类产品指标，性价比高 u 超 1 类电能质量及 0ms 响应时间 u30～50 节超强电池电压可调范围 u 单机容量：10～600kVA，支持 4 机架并联 u 支持在线热插拔 u 支持无旁路模块运行 获得泰尔认证，节能认证，广电入网证书，高新技术产品证书	
SJW－WB50～800kVA	2015 年	鸿宝电源有限公司	1.8 亿元	1. 反应速度最快可达 40ms 2. LCD 液晶显示运行和故障参数 3. 实现了无触点控制，使产品精密、安全高效、节能环保	
模块化数据中心：微模块 3.0	2017 年	深圳科士达科技股份有限公司	未统计	快速部署、高效节能、一站式服务、高性价比	
全新多传伺服系统 SV820N	2017 年	深圳市汇川技术股份有限公司	未统计	性能强劲、便捷自如、应用灵活、安全可靠	

（续）

产品名称或规格型号	上市时间	公司名称	2017 年度销售额	技术特点	产品图片
14. 通用产品					
MS1 电机	2018 年	深圳市汇川技术股份有限公司	未统计	紧凑小巧，350% 转矩 动力强劲，更高可靠性 一步锁紧式连接器带来 IP67 高防护等级，同时提高抗震性	
RM 系列 UPS 电源	2010 年	深圳市英威腾电源有限公司	7265.2 万元	随需配置更加灵活、性价比更高、隔离风道散热效率高，机柜间并联可以提高系统总容量、安全性高	
HT11 系列 UPS 电源	2011 年	深圳市英威腾电源有限公司	799.4 万元	智能化电池管理，超强的网络管理功能 高速智能 DSP 控制 输出功率因数高达 1 自老化功能	
HT33 系列 UPS 电源	2011 年	深圳市英威腾电源有限公司	2262.4 万元	高分辨率；更强功率密度，更适应机房高密度房展趋势；更高效率，平均修复时间（MTTR）降至 5min，返修更加迅速	
HT3i 系列 UPS 电源	2011 年	深圳市英威腾电源有限公司	1386.8 万元	业内最高的输出功率因数 高速智能 DSP 控制，实现完美的系统性能与保护功能 可靠、稳定的正弦波输出 超宽输入电压范围	
HR 系列 UPS 电源	2011 年	深圳市英威腾电源有限公司	317.5 万元	支持机架式、塔式安装；客户配置灵活，安装更加快捷方便；功率因数为 1；全新极简的内部设计；自老化模式	
PN8370	2016 年	无锡芯朋微电子股份有限公司	未统计	内置 650V 高雪崩能力智能功率 MOSFET 内置高压启动电路，小于 30mW 空载损耗（AC230V） 采用准谐振与多模式技术提高效率，满足 6 级能效标准，全电压输入范围 ±5% 的 CC/CV 精度	
DC – DC 电源模块	2006 年	广州致远电子有限公司	1900 万元	隔离电压高达 3000V，具备高效率、低纹波等特点。且针对特殊行业应用，如 BMS、车载电子等，可提供行业解决方案	

（续）

产品名称或规格型号	上市时间	公司名称	2017 年度销售额	技术特点	产品图片
14. 通用产品					
CTM 隔离模块	2007 年	广州致远电子有限公司	2400 万元	CAN 总线隔离模块首创者，产品支持 3500V 隔离电压、支持 CAN FD 协议、超小体积，引领行业最高性能	
嵌入式核心板及工控板	2004 年	广州致远电子有限公司	3600 万元	支持 Cortex – A7/A8/A9 等多种嵌入式平台，支持多种无线通信方式，内置独有的 AWorks 嵌入式开发平台	
2FSD0115 +	2017 年	杭州飞仕得科技有限公司	50 万元	2FSD0115 + 集成了短路保护（软关断）、欠电压保护等多项保护功能；采用光信号传输，确保了在恶劣 EMC 环境下 PWM 信号的传输可靠性与信号完整性；在 85℃环境温度下，单路输出能力 2W/20A，可支持 FF600R12ME4 在 20kHz 开关频率下可靠运行	
高频机 HP 系列	2011 年	深圳市商宇电子科技有限公司	总计 8000 万元	绿色　节能　高效	
后备机 S 系列	2012 年	深圳市商宇电子科技有限公司		绿色　节能　高效	
工频机 GP 系列，	2013 年	深圳市商宇电子科技有限公司		绿色　节能　高效	
模块机 CPY 系列	2014 年	深圳市商宇电子科技有限公司		绿色　节能　高效	
蓄电池 GW 系列	2015 年	深圳市商宇电子科技有限公司		绿色　节能　高效	

（续）

产品名称或规格型号	上市时间	公司名称	2017 年度销售额	技术特点	产品图片
14. 通用产品					
Pre - A100 系列精密可编程交流电源	2015 年	西安爱科赛博电气股份有限公司	未统计	Pre - A100 精密可编程交流电源可以在较大范围内模拟电网变动与扰动、精度高、可编程功能丰富；适合在工业与消费电子、航空军工、核工业等不同领域的产品开发、测试、制造中使用	
MAC 系列电能质量综合治理模块	2014 年	西安爱科赛博电气股份有限公司	未统计	MAC 采用电力电子换流技术，"10kg、88mm、55db"，以轻、薄、静等卓越指标领跑业界，是目前业内功率密度最大的电能质量综合治理模块 本系列产品包括智能模块化有源电力滤波器、静止无功发生器、有功功率平衡装置三个系列化产品，系列化产品的技术指标达到国际领先水平	
有源电力滤波器	2003 年	西安爱科赛博电气股份有限公司	未统计	爱科赛博自主研制的 Sinpower 品牌有源电力滤波器具有以下特点： 最稳定——国内率先满足国军标要求的 APF，365a24h 保证不停机； 最可靠——通过瑞典 SGS 实验室最严电磁兼容试验，服务全球 最省电——国内首家无级变速风机设计 最易装——模块化设计，任意组合安装，可与电容补偿完美组合 主要参数： 单模块容量：25A、50A、100A 滤波范围：2~61 次	
ADG - L 系列	2018 年	艾普斯电源（苏州）有限公司	未统计	4~24kW，仅 3U 高度却能输出最高达 12kW。涟波最小达≤0.05%，电源稳压率≤0.08%，最小达≤0.02%，瞬时响应时间≤4~20 ms，CV/CC/CP 模式	
AFV - P 系列可编程交流电源	2017 年	艾普斯电源（苏州）有限公司	未统计	600~5000VA，交直流输出、体积小重量轻。输出电压 AC0~310V，频率 40~500Hz（可选配 15~1000Hz），THD<0.3%，响应时间<300μS。PLD 模拟，相位角设定，CC 电流恒定模式	
ADG 系列可编程大功率直流电源	2016 年	艾普斯电源（苏州）有限公司	未统计	30~100kW，电压可达 2000V，电流可达 2000A 的大功率可编程电源。纹波<0.1%~0.2%，响应时间 4~12ms；内建步阶、渐变、CV 恒压、CC 恒流等功能。远程补偿，有效防止压降	

（续）

产品名称或规格型号	上市时间	公司名称	2017年度销售额	技术特点	产品图片
14. 通用产品					
通用模块电源	2017年	北京新雷能科技股份有限公司	未统计	高效率；高功率密度；工业标准尺寸，兼容性好；使用方便	
模块组合集成电源	2017年	北京新雷能科技股份有限公司	未统计	模块自由搭建组合、开发周期短；输入输出宽范围可选；外形接口方式多样；快速灵活响应应用户需求	
微模块一体化机房	2017年	江苏爱克赛电气制造有限公司	2068万元	一体化整合方案、绿色节能，满足快速部署、柔性扩张的需求，数据中心高效运行，集中管理便捷，售后服务完善	
UPS	2004年	江苏爱克赛电气制造有限公司	16055万元	采用32位DSP全数字化控制技术，适应电网能力强，保护功能完善，整机效率高、内部模块化设计，保护功能完善	
EPS	2015年	江苏爱克赛电气制造有限公司	1130万元	采用高速DSP数字信号处理器，具有切换时间短、环境和负载适应能力强、运行故障率低、效率高的特点	
电能质量： 三电平 APF－100A 型号：QTJA1004004HS 三电平 SVG－100kvar 型号：QTJS1004004HS 三相不平衡治理装置 型号：QTJL1004004PS	2017年	深圳青铜剑科技股份有限公司	未统计	针对400V配电系统拥有全方位电能质量治理功能，实时监控用电状态，模块化结构，傻瓜式操作与维护	
定制产品： 电力电子积木 PEBB 微网系统	2017年	深圳青铜剑科技股份有限公司	未统计	支持客户定制，强大的控制功能及应用接口，完整的系统拓扑设计或定制	
WX－HSVG 高压静止无功发生器	2014年	武汉武新电气科技股份有限公司	2650万元	瞬态补偿响应小于200μs，保护响应10μs内，整机损耗低于0.8%，谐波电流畸变率＜2%和最小待机电流控制精度均业内顶尖	

（续）

产品名称或规格型号	上市时间	公司名称	2017年度销售额	技术特点	产品图片
15. 电源配套产品					
JUMPER 500	2010年	深圳市航嘉驰源电气股份有限公司	预计2000万元	80Plus转换效率，上市销售八年，产品稳定性出色，用户口碑好，一直名列电商平台销售前列，是经济性电源的不错选择	
WD500K金牌	2018年	深圳市航嘉驰源电气股份有限公司	预计1000万元	80Plus金牌转换效率，相比普通市面的电源，电压精度和交叉负责性能优秀，节能性能突出	
小功率高频逆变铁心	2000年	安泰科技股份有限公司非晶金属事业部	3000万元	低损耗，高饱和磁感应强度	
大功率高频主变铁心	2016年	安泰科技股份有限公司非晶金属事业部	700万元	高饱和磁感应强度、高磁导率、低矫顽力、低损耗，较好的温度稳定性	
功率变压器	2012年	安泰科技股份有限公司非晶金属事业部	1400万元	低损耗，高饱和磁感应强度	
马达电容器	2014年	佛山市欣源电子股份有限公司	2000万元	自动化规模生产、一致性好、性价比高	
谐振电容器	2016年	佛山市欣源电子股份有限公司	500万元	自动化规模生产、一致性好	
YDC3300系列	2009年	深圳科士达科技股份有限公司	未统计	满足用户对UPS的高可靠性要求。带载能力强，超高整机效率为用户安全可靠的电源保护	

（续）

产品名称或规格型号	上市时间	公司名称	2017 年度销售额	技术特点	产品图片
15. 电源配套产品					
铁硅铝磁粉芯	2004 年	浙江东睦科达磁电有限公司	8000 万元	低成本，高性价比	
铁硅磁粉心	2008 年	浙江东睦科达磁电有限公司	5000 万元	高储能，抗饱和能力强，可用于各种大功率应用	
铁镍磁粉心	2008 年	浙江东睦科达磁电有限公司	1300 万元	具有最高的直流偏置能力，磁芯损耗低	
纳米复合磁粉心	2012 年	浙江东睦科达磁电有限公司	3400 万元	镍含量低，能有效较低成本，同时磁粉芯损耗低	
超级铁硅铝磁粉心	2015 年	浙江东睦科达磁电有限公司	1500 万元	比铁硅铝更高的抗饱和能力，是高性价比的软磁材料	
单双组份硅胶	2010 年	广州回天新材料有限公司	15600 万元	灌封胶高导热、阻燃型、RTI150℃、流动性好	
900W 医疗电源	2017 年	杭州博睿电子科技有限公司	500 万元	恒压恒流，高精度可调，低纹波，高 PF 值，高效率	
3.3kW OBC + 1kW DC 二合一	2016 年	南京中港电力股份有限公司	1 亿元	1. 集充电机、DC–DC 于一体 2. 高度集成化、技术性能稳定、效率高、体积小 3. 采用风冷方式散热、散热好、防护等级高、噪声小	

（续）

产品名称或规格型号	上市时间	公司名称	2017 年度销售额	技术特点	产品图片
15. 电源配套产品					
3.3kW OBC	2014 年	南京中港电力股份有限公司	200 万元	1. 集成高频充电器，行业领先的更小体积 2. 先进的电力电子设备提供高效率和整功率因数，极广的交流输入电压范围 3. 风冷设计，散热性能良好，极高的充电效率	
1KW DC	2014 年	南京中港电力股份有限公司	800 万元	1. 体积小，高工作效率 2. 自冷设计，免维护，寿命长，防护等级高	
科梁功率级仿真测试系统解决方案	2014 年	上海科梁信息工程股份有限公司	未统计	1. 基于 RT-LAB 的先进实时仿真系统 2. 合理的功率放大设备——SPS/Triphase 四象限功率放大器 3. 正确的功率接口算法 4. 专业的工程实施服务	
新一代高压超结功率 MOSFET	2016 年	上海长园维安微电子有限公司	3000 万元	高效节能，高功率密度，超低温升，创新封装技术，高可靠性	
铝电解电容器	2004 年	深圳市智胜新电子技术有限公司	11929.29 万元	大纹波品（相比同行同类产品纹波电流大 30%） 长寿命品（85℃ 20000/h，105℃ 10000/h） 超低温品（-40℃/-55℃） 超高温品（115℃/125℃） 超高压品（550V/700V） 急充放电（1,000,000 次）	
沟槽型功率 MOSFET 芯片	2013 年	无锡新洁能股份有限公司	40371.44 万元	高可靠性、低导通电阻、高性价比	
超结功率 MOSFET 芯片	2013 年	无锡新洁能股份有限公司	4538.62 万元	高频、高压、超低损耗、高可靠性	

（续）

产品名称或规格型号	上市时间	公司名称	2017 年度销售额	技术特点	产品图片
15. 电源配套产品					
IGBT 芯片	2013 年	无锡新洁能股份有限公司	6.23 万元	高压、大电流、超低损耗	
屏蔽栅功率 MOS-FET 芯片	2016 年	无锡新洁能股份有限公司	5455.39 万元	高频、超低损耗、高可靠性、高性能	
全系列二极管	2010 年	安徽中鑫半导体有限公司	7000 万元	20 年成熟二极管生产经验，保证了产品的一致性和优异的高温特性。供应常州诚联、创联等电源、车充行业全系列二极管	
整流桥	2005 年	佛山市顺德区瑞淞电子实业有限公司	7010 万元	产品一致性好，高可靠性和稳定性，低功耗。我司产品已获得十项专利	
脉冲功率电容器	2017 年	扬州凯普电子有限公司	105 万元	具有高储存密度和较宽的脉冲宽度，是新概念电磁武器等的关键元件，也是激光激发核聚变系统的基础	

CHAMPION CHESHING ®

公司名称：广东志成冠军集团有限公司
地址：东莞市塘厦镇田心工业区
邮编：523718
电话：0769-87722374
传真：0769-87927259
网址：www.zhicheng-champion.com
E-mail：zcz@zhicheng-champion.com

多制式模块化UPS（30K模块）

2017年销售额：400万元

产品简介：

本多制式模块化UPS是目前一款先进的、高效率的、高性能的双转换纯在线UPS冗余并联系统，由功率模块、旁路模块和显示模块三大部分组成。在整机中可以对各个模块进行热插拔操作，在系统中功率模块的功率为30kVA，具有输入功率因数高、体积小、容量扩展性好、效率高、电池节数动态可调和绿色环保等优点。

产品创新性：

● 电池节数动态调整：本产品的电池输入采用了±16节～±20节，电池节数总量低，配置更方便。
● 强大的扩展性：它采用了模块叠加式设计，UPS容量可增可减。
● 更高的节能性：逆变效率高达95%以上，为用户节约了宝贵的能源。
● 更好的环保性：采用了CCM电流连续运作方式，大大降低了电源干扰，输入功率因数近似于1（0.99），输入总谐波失真度（THD）小于4%。
● 高功率密度：本产品的工作效率高，功率密度大。
● 高输出功率因数：本产品提供了产品功率密度及有功传输比，输出功率因数达到1。

产品面向市场：

金融/数据中心；电信/基站；工业/自动化；制造、加工及表面处理；轨道交通；传统能源/电力操作；新能源；计算机；消费电子；航空航天；安防；环保/节能；特种行业。

主要参数：

输出容量		30～420kVA
单模块容量		30kVA
输入	电压范围	线电压304～456Vac；相电压176～264Vac
	频率范围	50Hz±5Hz
	电流谐波	≤5%
	功率因数	0.99
输出	输出电压	380Vac±1% 或 220Vac±1%
	输出频率	50±0.01Hz （锁相期间为市电频率）
	功率因数	1.0
	电压失真度	≤2%（线性负载），≤4%（非线性负载）
	效率	≥94%
电池	连接方式	正负两组蓄电池供电
	额定电压	+192Vdc～+240Vdc，-192Vdc～-240Vdc，每组16～20节电池可调
噪声		≤65db（100%负载），散热风扇采用智能调速
显示		采用中文触摸式大屏幕显示器
通信		RS232或RS422、RS485、网卡
主机尺寸		宽600mm×深1000mm×高2000mm

模块化数据中心

2017年销售额：15145.6万元

厦门科华恒盛股份有限公司
地址：厦门火炬高新区火炬园马垄路457号
邮编：361006
电话：0592-5160516
传真：0592-5162166
网址：www.kehua.com.cn

KELONG 科华技术

产品简介：

　　KeCloud 系列微模块数据中心解决方案以微模块为独立单元进行工厂预制、快速部署的数据中心，其中包含多个不同功能、不同功率的微模块配合使用，满足客户快速部署、扩展业务的需求。

　　"慧"系列模块化数据中心从前端总投资规划设计，融合可靠的供配电系统、高效制冷系统、智能化监控管理技术和丰富的行业级应用经验，到技术服务保障，全流程贯穿融合，帮助用户构建高效、可靠的智慧绿色数据中心。

产品创新性：

● 严格执行国内数据中心建设标准和规范，采用高可靠性设计标准，具备完整的安全策略和可靠的安全手段，器件/部件/系统/防护多重可靠设计。

● 实现标准模块化，根据客户业务需求，将UPS、空调、配电、监控等功能模块整合为一，积木式灵活、快速地搭建简单、经济、按需求的数据中心。

● 采用高效、可靠的微模块供配电系统，先进、节能的微模块精确制冷系统，以及"冷、热通道"微模块机柜系统，节省能耗20%~30%。

● 365天7x24小时综合监控及智能管理，支持多地点异地远程管理，实现无人值守、快速故障定位和问题处理。

● 根据客户的IT需求、建筑空间，即可提供模块化的建设方案，保证数据中心安全可靠，后期扩容互不影响，最大化地提高交付速度，建设周期提前50%以上。

● 采用端到端的服务，为客户节省可观的设计费，可缩短资金占用周期，提高运营效率，减少日常运行费用，缩短投资回报期，最大化地提高客户的资金使用率。

产品面向市场：

金融/数据中心；计算机。

主要参数：

KeCloud系列微模块数据中心

型号 主要参数	K12	K18	K22	B18
长×宽×高	6680×3600×3150	8540×3600×3150	8440×3600×2650 8440×3600×2850	10000×3600×2650 10000×3600×2850
模块最大功率/kW	80	120	100	40
单柜平均功率/（kW/R）	6.5	6.5	4.5	2
电源配置	1路市电+1路高压直流		2路UPS	
制冷类型	冷冻水列间空调		风冷列间空调	
制冷量/kW	25×（3+1）	25×（5+1）	35×（3+1）	25×（3+1）
后备时间/min	30	25	可选	120

"慧"系列模块化数据中心解决方案：

型号 主要参数	KDU02-006-051	KDU03-010-085	KDU04-010-085
尺寸/长×宽×高	1500×1400×2000	2100×1400×2000	2700×1400×2000
噪声	低至60/dB		
UPS功率	6kVA/4.8kW	10kVA/8kW	15kVA/12kW 20kVA/16kW（可选）
系统制冷量/kW	5.1	8.5	8.5/12.5（可选）
后备时间/min	1h（可选）		

Huntkey 航嘉

公司名称：深圳市航嘉驰源电气股份有限公司
地址：深圳市龙岗区坂田坂澜大道航嘉工业园
邮编：518129
电话：0755-89606666
传真：0755-89606333
网址：www.huntkey.com

大功率适配器

2017年销售额：3000万元

产品简介：

多款120~310W大功率适配器，12V、19V、24V 多种电压输出、恒压、恒流、恒功率多种模式。功率大、体积小、功率密度高、能效高、性价比高。

产品创新性：

功率大、体积小、功率密度高、能效高。

产品面向市场：

工业/自动化；制造、加工及表面处理；传统能源/电力操作；新能源；计算机；消费电子；安防；人工智能领域。

主要参数：

● 输入电压：90~264V
● 输出：12V/19V/24V,
● 能效:VI级
● 保护：输入欠电压、输出短路、过电压、过电流、过温、防反接
● 安规：CCC、UL 、CE、CB、FCC、KC

新产品介绍 | CONDUCT OF NEW PRODUCT

台达电子企业管理（上海）有限公司
地址：上海市浦东新区民雨路182号
邮编：201209
电话：021-68723988
传真：021-68723996
网址：www.delta-china.com.cn
E-mail：Huabin.li@deltaww.com

LED智能直流照明电源系统

2017年销售额：近200万元

产品简介：

台达LED照明智能直流电源系统的前段供电是先将三相380V市电整流为250V高压直流，然后再经由原有配电线路供电到灯杆单元。

灯杆单元内部的直流-直流驱动器则负责将250V高压直流变换为LED灯所需的电源，以实现照明和调光的功能。智能直流供电系统内置监控单元，可经由输出线路载波和各个灯杆单元通信，也可利用CAN总线和冗余电源模块通信，还可以由GPRS模块和上一级的监控设备通信，以实现遥信、遥测、遥控功能。基于地图模式的后台管理中心，能实时地反映现场电源柜及灯具的运行状态，且可作为远程控制，各种控制策略及能耗报表分析，使得照明更加智能化。

产品创新性：

● 直流集中供电：将Delta的通信用高压直流模块创新运用在了LED照明行业，高可靠性AC-DC地面集中电源柜易于维护，灯杆驱动单元DC-DC 无电解电容，或是长效电解设计，高可靠寿命长，保固成本低。
● 调变电压数位化控制、调光节能：独创的DLM (Delta Lighting Modulation)调光技术。
● 稳定抗扰：不需ZigBee 或PLC，监控单元按照协议生成数字信号调光。较ZigBee或PLC模块调光更稳定、抗扰。
● 远程监控：基于地图的电源柜定位，透过GPRS远距离监视与控制电源柜及灯杆单元。

产品面向市场：

照明。

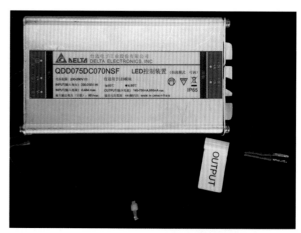

主要参数：

集中供电柜：

系统输入	市电输入	三相五线制，380Vac±20%
	输入防雷	AC防雷模块（C级防雷模块）
	效率	92%
	功率因素	>0.99
系统输出	直流输出	200~290Vdc，最大120A，36kW
	输出防雷	每个分路有防雷保护单元
通信	4G无线或光纤	4G无线通信功能或电信号转光信号
监控	监控单元+ HMI	采用4行液晶显示屏，菜单化操作
对外接口	支持多种形式	模拟量、干接点、RS485
环境	运行温度	-10℃~50℃

直流驱动器：

直流输入	200~290Vdc					
输出功率/ W	60	120	75	100	180	260
输出电压	50~90Vdc @700mA	85~180Vdc @700mA	44~88Vdc @700mA	60~125Vdc @860mA	100~215Vdc @860mA	150~300Vdc @860mA
输出电流	0~860mA±2%					
效率	100%负载：>93%					
调光等级	20%~100%，步长为5%@额定输出电流					
	700~860mA区域不可调节					
分区控制	/		最大支持8个地址设定			
安全标准	GB19510.1-2009、GB19510.14-2009、GB7000.1-2007					
可靠性/MTBF	25℃环境温度，250Vac输入，满载输出条件下，MTBF >400000h					
工作温度	-30℃~70℃					
防护等级	IP65					

阳 光 电 源
SUNGROW

阳光电源股份有限公司
地址: 合肥市高新区习友路1699号
邮编: 230088
电话: 0551-65327878
网址: www.sungrowpower.com

双面逆变器SG80BF

产品简介:

● 单串直流输入电流12.5A 、短路电流达20A。
● 20%背面增益条件下, 支持1.2以上超配。
● 45℃环境130%额定功率持续输出, 不弃光。
● 轻载更高效, 最大化发挥双面组件弱光发电优势。
● 五电平技术, 最大效率为99%, 中国效率为98.49%。
● 直流1500V、交流800V 、降低系统损耗。

产品创新性:

   阳光电源推出的双面逆变器SG80BF, 直流侧每串输入电流提升至12.5A, 交流侧最大输出功率为104kW, 超强吞吐能力, 不仅能匹配双面组件, 还可以为跟踪系统提供双冗余、稳定可靠的电源。此外, 值得注意的是, 由于双面组件发电量提升, 同时跟踪系统让逆变器高功率运行时间段加长, 所以逆变器长时间处于满载运行状态, 对散热的要求更高。SG80BF采用智能风扇散热, 避免高温降额带来的发电量损失, 同时逆变器内部器件温升更低, 运行更可靠。

产品面向市场:

   新能源。

主要参数:

最大输入电压: 1500V
启 动 电 压: 550V
额定输入电压: 1160V
M P P T 数量: 5
最大输入电流: 10×12.5A
额定输出功率: 80000W
最大输出功率: 104000W
最大输出电流: 75A
最 大 效 率: 99.00%
中 国 效 率: 98.50%

EA890系列10~600kVA UPS

2017年销售额：预计超过73亿元

易事特集团股份有限公司
地址：广东省东莞市松山湖高新技术产业开发区
工业北路6号
邮编：523808
电话：0769-22897777
传真：0769-22898866
网址：www.eastups.com
E-mail: info@eastups.com

产品简介：

EA890系列UPS采用全新数字化DSP芯片控制，工业级高冗余功率器件，特殊防护喷涂技术和抗干扰防护措施，可靠的双变换技术，集远程报警、故障预诊断、电池管理等技术的新一代工频UPS，能彻底消除电网中断、噪声等异常给负载带来的危害，为在各行业应用中的关键设备提供可靠、安全、纯净的持续电力保护。可用于金融、通信、互联网（大数据）行业重要设备（机房空调、服务器、监控系统等），医疗行业重要设备（核磁共振MRI、CT、直线加速器等），LED\LCD\半导体等制造行业重要设备（MOCVD设备、光刻机、离子注入机等），以及其他行业的重要负载。

产品创新性：

- 极高可用性设计

  整机采用类模块化设计，关键部件可在短时间内更换维护，有效提升可用性。

  超强的过载能力，静态旁路能承受瞬间30倍额定电流，逆变器能承受瞬间6倍额定电流。

  采用离心风机设计，有效地保障功率器件的散热，提供系统的稳定性。

  输出隔离变压器采用自主专利技术的Dzn型绕制方法，超强散热的同时实现真正的100%不平衡带载能力，适合带各种类型的负载。

- 超高运行效率

  系统效率≥94%；ECO模式效率可以达到98%以上，获取极致节能效果。

- 优异的易用性

  高输入功率因数和低输入谐波电流，有效降低配电系统投资和降低用户侧电网谐波干扰。

  充电电流可调范围广，满足超大容量电池和超长后备时间要求。

  智能电池管理，有效延长电池寿命。

- 完善的可靠性保障

  内部DSP、辅助电源采用冗余设计，提高系统的可靠性。

  优异的电网适应性。

  优异的环境适应性。

产品面向市场：

金融/数据中心，通信/互联网（大数据），工业/自动化，轨道交通，电力/石化，新能源，计算机，消费电子，航空航天，安防，环保/节能，特种行业。

主要参数：

输入额定电压	380Vac/400Vac/415Vac
输入功率因数	＞0.99
输入电流谐波成分	≤3%
输出额定电压	380/400/415Vac（可选）
输出电压稳压精度	±1%
输出频率精度	±0.1%
输出功率因数	0.9（可定制1）
逆变过载能力	负载＜105%时，长时间工作 105%≤负载＜110%时，60min后转旁路 110%≤负载＜125%时，10min后转旁路输出 200%≤负载时，持续100ms逆变器关闭（关机）
系统效率	≥94%，ECO 模式≥98%
运行温度	0~40℃
贮存温度	-25℃~55℃(不含电池)
相对湿度	0~95%（无冷凝）

EA890 10~120kVA

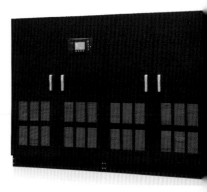

EA890 200~300kVA

EA890 400~600kVA

ZTE中兴

中兴通讯股份有限公司
地址：深圳市南山区西丽留仙大道中兴通讯工业园研一楼
邮编：518055
电话：0755-26774170
网址：www.zte.com.cn
E-mail：Li.li51@zte.com.cn

−48V直流电源系列

产品简介：

中兴通讯股份有限公司提供全系列的−48V电源系统，容量从600W~240kW，结构形式包括组合式、嵌入式、壁挂式、分立式等，满足各种容量及各种场景对直流电源的需求。

中兴通讯股份有限公司提供的直流电源系统具备高可靠性、高效率、高功率密度的特点。产品经过严格的实验室检验和长期的市场应用，24年持续不间断的产品研发、投入和市场应用，确保了产品的可靠性。

产品创新性：

● 新一代3000W的模块峰值效率高达98.1%，行业领先。
● 新一代3000W的模块功率密度高度50W/in3，行业领先。
● 新一代室外pad电源，IP防护等级达到IP66，行业最高。
● 铁塔共享电源，具备多用户计量、多用户下电管理等功能。

产品面向市场：

电信/基站。

主要参数：

参数	描述
电压范围	交流输入：AC 80 ~300V 高压直流输入：DC 130~400V
交流防雷	不低于20 kA (8/20 μs)
输入功率因数	≥0.99（100%负载）
额定输出功率	1700W
额定输出电压	DC 55.5V
效率	≥96.2%（峰值）
负载输出分路	5路
散热	自然散热
防护等级 huan	IP66
MTBF	≥$5×10^5$小时
工作温度范围	−40℃~+55℃
工作相对湿度	5% RH~95%RH
适用大气压：	54 kPa~106 kPa
尺寸/H×D×W	415mm×296mm×64 mm
重量	9kg

嵌入式电源系统

PAD电源

安泰科技股份有限公司非晶金属事业部
地址：北京市海淀区永澄北路10号B区
邮编：100094
电话：010-58712641
传真：010-58712642
网址：www.atmcn.com
E-mail：nano@atmcn.com

纳米晶带材

产品简介：

纳米晶带材是在106℃/秒冷却速度下快冷，其成分主要由铁、硅、硼、铜、铌组成，经适当退火后获得具有超细尺寸晶粒（~10nm）的软磁合金材料。

纳米晶带材的显著特点：生产制造流程短，一步成型，节约能耗；其突出优点在于兼备了铁基非晶合金的高饱和磁感应强度（Bs）和钴基非晶合金的高磁导率和低损耗，能够很好地满足高频低损耗的性能要求。主要用于制作高精度电感、高频开关、高频电源、高频变压器和高端磁放大器等高端产品；相关铁心器件主要应用于数字电子产品、智能电网中的智能电表、光伏发电并网逆变器及新能源汽车充电、驱动系统等，以满足电力电子技术向高频、大电流、小型化、节能等发展趋势的要求。

产品创新性：

● 高饱和磁感/高磁导率/低损耗。
● 超薄:厚度可达14μm以下。
● 超宽:宽度最大可达80mm。

产品面向市场：

轨道交通、充电桩/站、车载驱动、新能源、环保/节能、消费电子、电力电气、工业电源

主要参数：

名称 Name		材料 Material （wt. %）	相对磁导率		矫顽力 Hc （A/m）	饱和磁感应强度 Bs （T）	电阻率 ρ （$\mu\Omega\cdot cm$）
			初始磁导率 μ_i	最大磁导率 μ_{max}			
纳米晶 1K107 Antainano®	LM	FeCuNbSiB	＞30000	～800000	≤1.5	1.25	120
	NM		＞60000	～400000			
	TM		＞80000	～200000			

北京动力源科技股份有限公司
地址：北京市丰台科技园区星火路8号
邮编：100070
电话：010-83682266
网址：www.dpc.com.cn

隔离型燃料电池DC-DC变换器

产品简介：

DC-DC变换器作为氢燃料电池发动机系统的关键部件，用于将燃料电池输出的低压直流电升压为高压直流输出，为电动汽车提供电能，同时为动力电池充电。

该隔离型燃料电池DC-DC适配多种电堆类型：Hydrogenics 30kW 电堆 (HyPM-HD-30)、Ballard 30~36kW电堆、新源动力36kW电堆等。

输出电压范围宽：DC250V~750V（输出电压范围可根据实际需求定制）。

产品创新性：

隔离型燃料电池DC-DC产品特点：
- 输入端与输出端电气隔离。
- 系统瞬态响应快速良好。
- 谐振软开关技术,高升压比，升压变比达1:12 。

产品面向市场：

车载驱动，新能源。

主要参数：

技术参数				
型号	DFD30-60	DFD38-80	DFD36-120	DFD40-150
额定工作点	60V×500A	80V×475A	120V×300A	150V×267A
输入电压范围/ V	DC60~120	DC80~165	DC120~240	DC120~240
最大输入电流/ A	550	470	300	300
输入额定功率（最大功率）/ kW	30（33）	38 (40)	36 (43.5)	40 (45)
输出电压范围	匹配整车动力电池电压范围，额定电压范围DC250~750V（支持定制）			
额定点效率	96%			
辅电输入电压/ V	DC10~36			
保护功能	输入过、欠电压保护，输入过电流保护，输出过、欠电压保护，过温保护，通信保护等			
隔离端口	FC输入、高压输出、低压输出、辅电输入、通信口			
防护等级	IP67			

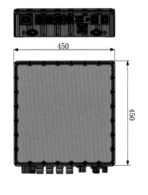

450

450

120

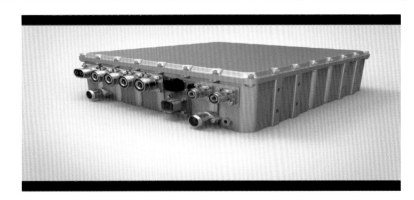

IDP数据中心动力管控系统

2017年销售额：1857.54万元

北京中大科慧科技发展有限公司
地址：北京市海淀区东北旺村南1幢5层517号
邮编：100094
电话：010-82484848
传真：010-82484848-8006
网址：www.zdkh.net
E-mail：zdkh@zdkh.net

产品简介：

　　IDP数据中心动力管控系统（以下简称"IDP系统"）是针对数据中心动力系统安全的综合管理系统，包括全项电力参数监测、分析、评估、预警以及电能质量治理等多项功能，是有效提高数据中心动力运维水平和保障数据中心运行安全的成熟产品及解决方案。

产品创新性：

● 采用开关交错纹波对消技术。
● 采用IPM模块，单模块容量大，可靠性高。
● 采用两电平逆变器技术，成熟可靠。
● 采用螺栓电容，并联数量少，基本没有故障隐患。
● 使用大容量ABB高分断能力断路器，可保证IDP系统故障时可靠分断，防止事故扩大。
● 符合国家标准要求，安全性高。
● 采用富士工业级接触器，多继电器并联且无反馈点。
● 内置防雷模块，可避免或降低前级避雷器泄露雷电波对设备的损伤。
● 治理模块模拟量采用互感器、变送器实现隔离；结构稳定、可靠。
● 采用冗余设计，多重保护，可以保证故障时设备的安全。

产品面向市场：

　　金融/数据中心，军方信息中心，大型装备信息系统。

主要参数：

● 4个差分电压通道(0~2750 V，RMS)。
● 4个差分电流通道(0~6 A，RMS)。
● 可以用于任何电网如单相、三线或四线系统(Y和Δ接法)。

UE Electronic

东莞市石龙富华电子有限公司
地址：广东省东莞市石龙镇新城区黄洲
　　　祥龙路富华电子工业园
邮编：523326
电话：0769-8602 2222
传真：0769-8602 3333
网址：www.fuhua-cn.com
E-mail：fuhua@fuhua-cn.com

医疗电源UES90

上市时间：2015年9月

产品简介：

UES90为富华电子医疗电源。

产品创新性：

● 采用UE自主专利技术，漏电流上限≤0.092mA，属业内先进的节能型高品质医疗电源。
● 可实现模块化、智能化。
● 具有防短路、防过电流、防过电压、防负载、防漏电五重保护，能满足2～4kV抗雷击检测要求。
● 符合医疗最高要求——2MOPP标准，符合六级能源之星标准，平均无故障时间≥50000h。

产品面向市场：

医疗检测设备、康复保健类设备。

主要参数：

功率：90W
输出电压：12～52V。
输出电流：0.01～7.00A。

新能源汽车电控系统 DC-link薄膜电容器

佛山市欣源电子股份有限公司
地址：广东省佛山市南海区西樵科技工业园内
邮编：528211
电话：0757-86866051
传真：0757-86816598
网址：www.nh-xinyuan.com.cn
E-mail：XYDZ@NH-XINYUAN.COM.CN

电容器专业制造专家
Capacitor Manufacturing Expert

2017年销售额：12707万元

产品简介：

　　该器件具有体积小、比容量大和耐压高等特点，研制具有较大技术和工艺难度。本项目将通过运用超薄高温聚丙烯薄膜介质材料优化工艺，解决生产中的关键技术问题，生产并开展示范应用。本项目的实施将会提高国产电控器的水平，将有效地推动国产新能源汽车的发展。

产品创新性：

● 结构：采用新型进口全自动卷绕机绕制。
● 介质：高方阻金属化聚丙烯薄膜。
● 母排结构：叠层母排结构材料。

产品面向市场：

　　轨道交通，充电桩/站，车载驱动，新能源。

主要参数：

● 额定容量：100~1800μF 容量范围：±5%（J），±10%（K）
● 额定电压：DC450~900V 介质损耗：<0.0002
● 自放电参数：>10 000s(2℃±5℃，1min) 存储温度范围：－40℃~＋105℃

佛山市新光宏锐电源设备有限公司
地址： 广东省佛山市国家高新技术开发区
　　　 禅城园区张槎一路115号华南电源
　　　 创新科技园新区6座
邮编： 528000
电话： 0757-82236302
传真： 0757-82305809
网址： www.sunshineups.com
E-mail： sun@sunshineups.com

ST33 60-80K高频在线式不间断大功率电源

上市时间：2016年8月

产品简介：

　　ST33 60~80K高频在线式不间断大功率电源，产品采用IGBT模块作为主功率元件进行PFC和INV开关器件，电池设计采用单组电池，通过电感和IGBT模块进行升压，同时电池电压可在一定范围内调整，方便客户使用。整机设计所使用电感采用新型材料，使整机满载效率实际测试达到95%以上。本次开发的此款机型布局合理、体积小、性能优良、稳定性高。

产品创新性：

● 软件控制方式更简洁，双DSP分别控制PFC及INV部分，整机性能及稳定性更高。
● 支持多达8台并机，冗余数量更多，系统稳定性更好。
● LCD触摸显示屏采用公司自主专利的研发技术，显示内容图文结合，操作方便。
● PFC及INV均采用软件限流加硬件限流，系统具有双重电流保护措施，有效提高系统的可靠性及安全性。

产品面向市场：

　　新产品可应用的主要行业有IT、金融、电力、钢铁、建筑等，其中最为主要的下游行业是 IT、金融、电力及钢铁行业、交通城建设施、通信等。

主要参数：

● 输入功率因数大于0.99。
● 整机效率大于93%。
● 输入THDI小于10%。
● 输出THDV小于5%。
● 输入频率范围40~70Hz。
● 输出电压精度：±1%。
● 输出功率因素0.8。

佛山市新光宏锐电源设备有限公司
SUNSHINE&CELL POWER SYSTEM EQUIPMENT CO.,LTD.FOSHAN

广州金升阳科技有限公司
地址：广东省广州市萝岗区科学城科学
　　　大道科汇发展中心科汇一街5号
邮编：510663
电话：020-38601850
传真：020-38601272
网址：www.mornsun.cn
E-mail: sales@mornsun.cn

LDE/LHE系列 AC-DC电源模块

产品简介：

　　金升阳重磅推出高隔离小体积高性价比的AC-DC电源模块新品——LDExx-20Bxx及LHExx-20Bxx系列。该系列分别基于原有产品LD、LH系列进行技术及工艺创新，产品设计符合 IEC62368、UL62368、EN62368认证标准（认证中），且在性能、体积等方面有更多升级。

产品创新性：

● 性能参数较大提升
　　拓宽工作温度范围：LDE系列-40℃ to 70℃；LHE系列-40℃ to 85℃。
　　高隔离电压：AC4000V，有效提高产品可靠性、保护系统安全。
　　EMC性能更优：EMI性能满足 CISPR32/EN55032 CLASS B。

● 体积减小，价格更优
　　LDE、LHE系列将产品内部元器件集成化，产品体积减小幅度高达20%。
　　产品自动化工艺提升，产品一致性、可靠性更高，性能更好、价格更优。

● 高可靠，保护功能齐全
　　该系列产品平均无故障时间（MTBF）>300000 h，且具有输出短路、过电流、过电压保护等功能，在降低电源自身故障几率的同时大大提升了模块电源工作异常情况下电源及其负载的安全性能。
　　LDExx-20Bxx系列包含6个功率段产品：3W、5W、6W、10W、15W、20W；
　　LHExx-20Bxx系列包含5个功率段产品：5W、10W、15W、20W、25W。

产品面向市场：

　　广泛适用于LED、路灯控制、电力、仪器仪表，工业控制、通信及民用等多个领域。

主要参数：

● 全球通用电压：AC85~264V、DC100~370V。
● 工作温度范围：-40℃ to 70℃（LDE系列）；-40℃ to 85℃（LHE系列）。
● 高隔离电压：AC4000V。
● 低纹波噪声：50mV TYP。
● 输出短路、过电流、过电压保护。
● 全塑料外壳，符合UL94V-0。
● EMC性能满足 CISPR32/EN55032 CLASS B。
● 符合IEC62368、UL62368、EN62368认证标准(认证中)。

航天柏克（广东）科技有限公司
地址：佛山市禅城区张槎一路115号华南电源创新科技园4座6楼
邮编：528051
电话：0757-82207158
传真：0757-82207159
网址：www.baykee.net
E-mail：lxd@baykee.net

航天柏克模块化数据中心BK-IMC系列

2017年销售额：1800万元

产品简介：

BK-IMC系列一体化标准化、智能化设计，集成机柜、制冷、配电、监控、安防等系统。模块化部署，扩容性高，建设成本低，获得大同公安局、大同交警支队、上海松江财政局、上海开放大学、遂川县气象局、吉安儿童医院、南通深南电路有限公司、新疆库尔勒电视台和石嘴山星海中学等客户的高度认同。

产品创新性：

系统高度一致性	模块内的服务器机柜、模块化UPS、列头配电柜、列间空调和电池柜采用统一的柜体，外观高度一致，可以融合所有系统，真正实现模块化
机柜系列多样性	柜体有600/750/800/1000mm宽，1000/1100/1200/1400mm深，2000mm高42U，2200mm高46U各种系列供选择，支持定制
动环系统模块化	动环产品模块化架构，嵌入式设备固化Linux软件系统，稳定可靠
智能化配电结构	配电单元可监测显示各IT设备、基础设施用电参数（电压、电流、功率等），自动计算并实时显示PUE值，故障时可自动报警
自动化可视冷通道	可调微波自动控制LED通道照明，自动开启和关闭天窗结构，APP可编辑LED滚动显示屏，高度集中的机架式控制单元

产品面向市场：

金融/数据中心，轨道交通，航空航天，通用产品。

主要参数：

- 模块化UPS工作效率高达0.96。
- 列间空调能效比2.9。
- PUE值低于1.4。
- IT设备机柜数量可定制6~40个。
- 空调制冷量从25~200kW可选。
- 21.5寸超大集中监控显示屏。

DC-DC标准砖模块电源

上市时间：2015年8月

合肥华耀电子工业有限公司
地址：合肥市蜀山区泗河路88号
邮编：230031
电话：4006659997/0551-62731110
传真：0551-68124419
网址：www.ecu.com.cn
E-mail：sales@ecu.com.cn

产品简介：

　　华耀自主设计的DC-DC标准砖系列模块电源，从1/16砖到全砖全系列具备高功率密度与高效率，最高功率达1500W，满足宽范围DC输入，产品性能、品质和可靠性均达到业界先进水平。系列产品广泛应用于工业控制、轨道交通、电力设备、军事设备等领域。

产品创新性：

● 华耀DC-DC标准砖模块电源具备逻辑控制功能。
● 支持并联功能（1/4砖、1/2砖及全砖）。
● 全系列模块采用工业标准封装方式和引脚设计。
● 可完全替代同类型进口电源。

产品面向市场：

　　通信网络、自动化测试、军事设备、航空航天、船舶重工、工业控制等领域。

主要参数：

● 功率高达1500W。
● 效率高达94%。
● MTBF≥1000000H。
● 保护功能齐全。
● 全系列逻辑控制功能。
● 支持并联功能（1/4砖、1/2砖及全砖）。
● 灌胶封装，具备良好的散热和抗震性能。
● 金属/塑壳封装，多种安装方式可选。
● 所有机种工业级和军工级（均符合GJB150A和GJB299C-2009标准）可选。